Im Text verwendete Abkürzungen:

Au = Österreich
Ba = Bayern
Be = Belgien
Bgl = Burgenland
Br = Brandenburg
BW = Baden-Württemberg
Bz = Provinz Bozen
CH = Schweiz
ČR = Tschechische Republik
Da = Dänemark
Dt = Deutschland
E = Elsaß
FL = Liechtenstein
Gr = Graubünden
He = Hessen
Ho = Holland (Niederlande)
Kt = Kärnten
Lx = Luxemburg
MeVp = Mecklenburg-Vorpommern
NÖ = Niederösterreich + Wien

NrWe = Nordrhein-Westfalen
NS = Niedersachsen + Bremen
OÖ = Oberösterreich
OPr = Ostpreußen
OTi = Osttirol
Pf = Pfalz
Pl = Polen
Po = Pommern
RhPf = Rheinland-Pfalz + Saarland
Sa = Sachsen
SaAn = Sachsen-Anhalt
Sb = Salzburg
Schl = Schlesien
SH = Schleswig-Holstein + Hamburg
St = Steiermark
Th = Thüringen
Ti = Tirol
Ts = Tessin
Vb = Vorarlberg
Vs = Wallis
WPr = Westpreußen
Afr. = Afrika
Am. = Amerika
As. = Asien
Eur. = Europa
Ob. = Ober-, z.B. Ob.Schl
Unt. = Unter-, z.B. Unt.Fr
M- = Mittel-, mittlere(r)(s)
N = Nord(en)
O = Ost(en)
S = Süd(en)
W = West(en)

Schmeil · Fitschen

Die Flora Deutschlands

Schmeil · Fitschen

Die Flora Deutschlands und der angrenzenden Länder

Ein Buch zum Bestimmen aller wildwachsenden und häufig kultivierten Gefäßpflanzen

95., vollständig überarbeitete und erweiterte Auflage

Von Siegmund Seybold

Quelle & Meyer Verlag Wiebelsheim

Prof. Dr. Siegmund Seybold
Kornwestheimer Str. 19/5
71640 Ludwigsburg
Deutschland

Bibliografische Information der Deutschen Nationalbibliothek
Die Deutsche Nationalbibliothek verzeichnet diese Publikation in der Deutschen Nationalbibliografie; detaillierte bibliografische Daten sind im Internet über http://dnb.d-nb.de abrufbar.

95., vollständig überarbeitete und erweiterte Auflage 2011

www.verlagsgemeinschaft.com

Umschlagfotos: W. Willner, Moosburg; G. Stahl
Die Zeichnungen stammen z.T. aus „Licht: Einführung in die Pflanzenbestimmung“, Quelle & Meyer Verlag 1995
Druck und Verarbeitung: CPI, Ebner & Spiegel, Ulm
Printed in Germany/Imprimé en Allemagne

ISBN 978-3-494-01498-2

Vorwort

Mit dieser neuen Auflage ist nun auf Wunsch des Verlegers das Gebiet der Flora auch auf die Schweiz, Liechtenstein, die Provinz Bozen und die Tschechische Republik ausgedehnt worden. Damit umfasst diese Flora nun annähernd ganz Mitteleuropa. Dieses Ziel schien wegen der heutigen leichten Reisemöglichkeiten wünschenswert zu sein. Dass damit die Bestimmungsschlüssel länger und komplizierter geworden sind, ist bedauerlich, aber unvermeidlich.

Aber gleichzeitig sollten auch die neuen Erkenntnisse der natürlichen Verwandtschaften in der Flora Berücksichtigung finden. Damit mussten die Familien wieder in eine neue Reihenfolge gebracht werden, die nun hoffentlich im Prinzip für längere Zeit Bestand haben wird. Um den Umfang des Buchs nicht über Gebühr zu vergrößern, wurden öfter die Verbreitungsangaben verkürzt oder vereinfacht.

Ich habe manchen Mitarbeitern zu danken, die mit zum Gelingen beigetragen haben. Zum Ersten Herrn Dr. H. Kretzschmar, Bad Hersfeld, der Vorschläge für die Schlüssel von Orchideengattungen gemacht hat, und Herrn M. Engelhardt, Tübingen, der bei der Gattung Gagea mithalf. Weiter bin ich zahlreichen Helfern zu großem Dank verpflichtet, die mich auf Fehler hingewiesen haben. Ich nenne hier zunächst die Mitarbeiter von Prof. Dr. J. Rohwer in Hamburg, die Fehler des Buches im Internet zusammengestellt haben. Ich danke ferner Herrn Dr. W. Dietrich, Bedburg, für seine Verbesserungsvorschläge. Besonders viel Mühe hat sich auch Frau U. Lehna, Rosenheim, damit gemacht, Unstimmigkeiten aufzuspüren. Ich danke außerdem Herrn Prof. Dr. U. Kull, Stuttgart, der Hinweise gab und mir wichtige Publikationen zugänglich gemacht hat. Danken möchte ich aber auch dem Verlag, besonders aber Frau Claudia Huber, Erfurt, die das Manuskript sorgfältig umgesetzt und auch sonst für manche Bereinigung gesorgt hat. Durch diese reibungslose und fruchtbare Zusammenarbeit war es möglich, die neue Auflage ohne große Diskussionen zu erstellen

Und schließlich danke ich herzlich dem Verleger, Herrn G. Stahl, der mich zu dieser Aufgabe ermuntert hat, sowie meiner lieben Frau, die der Arbeit gegenüber viel Verständnis entgegengebracht hat.

Ludwigsburg, im November 2010 — Siegmund Seybold

Frühere Auflagen:

1. Aufl., Dez. 1903: O. Schmeil & J. Fitschen „Flora von Deutschland. Ein Hilfsbuch zum Bestimmen der in dem Gebiet wildwachsenden und angebauten Pflanzen"
32. Aufl., 1923: alleiniger Bearbeiter wird J. Fitschen
37. Aufl., 1927: gründl. Neubearb. u. Erweiterung durch J. Fitschen
50. Aufl., 1939: Jubiläumsausgabe, aber nur Überarb. (Fitschen)
64. Aufl., 1954: Neubearb. durch W. Rauh nach dem Tod von J. Fitschen
70. Aufl., 1960: Neubearb. durch W. Rauh, Bearbeitung der Compositen und Monocotylen durch K. Senghas
81. Aufl., 1967: Neubearb. u. Gebietserweiterung („Flora von Deutschland und seinen angrenzenden Gebieten" wie in vorliegender Aufl., jedoch noch ohne Österreich) durch W. Rauh & K. Senghas (516 S.)
87. Aufl., 1982: Gründl. Neubearb. u. Erweiterung (606 S.; ohne Gebietsänderung) durch W. Rauh & K. Senghas
89. Aufl., 1993: Gründl. Neubearb. u. Gebietserweiterung um die österreichischen Bundesländer Oberösterreich, Steiermark, Kärnten sowie um Osttirol (802 S.) durch K. Senghas & S. Seybold
93. Aufl., 2006: Gründl. Neubearbeitung und Gebietserweiterung auf ganz Österreich (863 S.) durch S. Seybold

Die meisten Auflagen waren unveränderte Nachdrucke, einige waren „durchgesehen", z. B. 84., 86., 88., 90. und 92. Aufl.

Inhaltsverzeichnis

Erklärung der botanischen Fachausdrücke, dargestellt an den Grundzügen pflanzlicher Gestaltung

Die Kenntnis der in diesem Kapitel erläuterten Fachausdrücke wird in den Bestimmungstabellen vorausgesetzt.

Die Blütenpflanzen (die **Nackt**- und **Bedecktsamigen**, d. s. die **Gymno**- und **Angiospermen**), die Hauptmasse des heutigen Pflanzenkleids, treten uns in einer unübersehbaren und verwirrenden Formenmannigfaltigkeit entgegen. Es wird bei flüchtiger Betrachtung der Anschein erweckt, dass keine Pflanze der anderen gleicht; dennoch weisen alle Blütenpflanzen einen in den Grundzügen übereinstimmenden Bauplan (Grundbauplan) auf, der durch das Vorhandensein der drei Grundorgane **Wurzel, Sprossachse** und **Blatt** gegeben ist. Wenn diese Grundorgane an der erwachsenen Pflanze auch so stark umgebildet sein können, dass ihr wahrer Charakter nicht immer unmittelbar zu erkennen ist, so sind sie – von wenigen Ausnahmen abgesehen – doch stets vorhanden und bereits am **Keimling** (Embryo, *1a*, E) nachweisbar. Dieser, zusammen mit einem besonderen, nährstoffreichen Gewebe, dem **Nährgewebe** (*1a*, N), das von einer meist derben Schale, der **Samenschale** (*1a*, S), umgeben ist, bildet den wesentlichsten Bestandteil der pflanzlichen **Samen** *(1a)*, die bei den Bedecktsamigen, den Angiospermen, in einem besonderen, von den Fruchtblättern gebildeten Gehäuse, dem **Fruchtknoten**, eingeschlossen sind *(90–93)*, bei den Nacktsamigen, den Gymnospermen, aber frei heranreifen *(89)*.

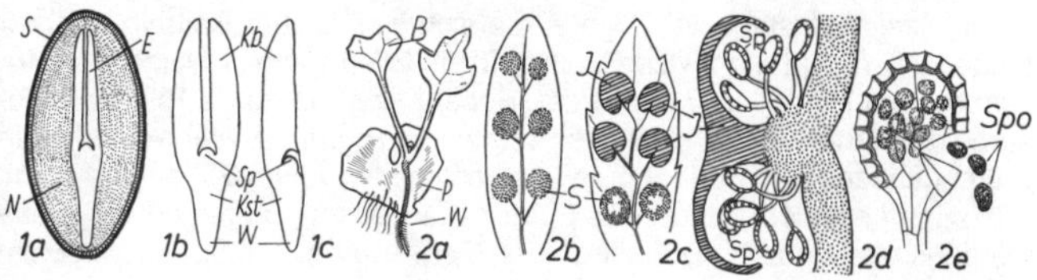

Lösen wir einen Embryo aus dem Samen heraus *(1b)*, so lassen sich an ihm bereits die 3 Grundorgane bzw. deren Anlagen erkennen. Die Blätter des Embryos werden als **Keimblätter** *(1b–c,* Kb) bezeichnet. Bei den Zweikeimblättrigen, den Dikotyledonen, sind sie in Zweizahl *(1b)*, bei den Einkeimblättrigen, den Monokotyledonen, in Einzahl *(1c)* vorhanden. Gleich den normalen Laubblättern sitzen sie an einer Achse, dem **Keimstängel** (**Hypokotyl**; *1b–c,* Kst), dessen basales Ende die Anlage für die **Keim**- oder **Hauptwurzel** (W) bildet. Dieser gegenüber befindet sich die Anlage für die spätere **Sprossachse** (Sp).

In diesem Zustand macht der Embryo eine Zeit der Ruhe, die sog. **Samenruhe**, durch, bevor er seine Weiterentwicklung aufnimmt. Sie wird durch den Prozess der **Keimung** eingeleitet. Legen wir im Frühjahr einen Samen in feuchte Erde, so saugen sich dessen Zellen voll Wasser. Dieser Vorgang hat zur Folge, dass sich das Volumen des Samens vergrößert; er beginnt zu quellen. Die Samenschale zerreißt, und der Keimstängel mit der Wurzelanlage tritt aus dem Samen nach außen. Letztere wächst schnell zur Haupt- oder Primärwurzel aus, an der als Seitenorgane Seiten- oder Nebenwurzeln auftreten, die dem Keimling Wasser, darin gelöste anorganische Salze und Wirkstoffe zuführen. Nach kurzer Zeit beginnt auch die Sprossanlage auszutreiben und entwickelt sich zum **Primär**- oder **Hauptspross**, der an bestimmten Stellen, den Knoten, die grünen Blätter als Assimilationsorgane erzeugt. In deren Achseln entstehen Knospen, die zu Seitenästen auswachsen. Nach Erreichen eines bestimmten Alters beschließen Primärspross und Seitenäste ihr Längenwachstum oft mit der Bildung von Blüten, welche die Geschlechtsorgane, die Staubblätter mit den Pollenkörnern (s. S. 19) und die Fruchtblätter mit den Samenanlagen (s. S. 19) enthalten. Durch den Vorgang der Befruchtung gehen aus den Letzteren wiederum die Samen mit den Embryonen hervor.

Bei den **Pteridophyten**, die zu den **Sporenpflanzen** gehören, nimmt die Entwicklung einer Pflanze nicht von einem mehrzelligen Samen, sondern von einer einzelligen, von einer derben Wand umgebenen **Spore** (*2e*, Spo) ihren Ausgang. Ihr Inhalt keimt zunächst zu einem kurzen Keimschlauch aus, der sich dann weiter zu einem kleinen, ungegliederten, grünen (bei Farnen und Schachtelhalmgewächsen) oder bleichen (bei Bärlappgewächsen) Gebilde, dem **Prothallium** (*2a*, P), entwickelt, an dem in besonderen Behältern die männlichen und weiblichen Keimzellen, die Spermatozoiden und Eizellen, entstehen. Aus der Vereinigung eines Spermatozoids mit einer Eizelle entsteht die Zygote, die sich weiter zum Embryo und zur jungen Pflanze (*2a*) entwickelt, die bald die Gliederung in Wurzel (*2a*, W), Spross und Blatt (*2a*, B) aufweist. Sobald sich die junge Pflanze selbständig ernähren kann, geht das Prothallium zugrunde. Während nun die Blütenpflanzen nach Erlangen eines bestimmten Alters Blüten und damit auch Samen bilden, bringen die Sporenpflanzen nur Sporen hervor. Diese werden in besonderen Behältern, den **Sporangien** (*2d*, Sp), erzeugt, die bei Farnen meist zu mehreren in besonderen Sporangienhäufchen, den **Sori** (*2b–d*, S), stehen. Diese sind entweder nackt *(2b)* oder von einem **Schleier**, dem **Indusium** (*2c–d*, J), bedeckt, dessen Form bei der Bestimmung der einzelnen Farngattungen und -arten eine wichtige Rolle spielt.

Die Sori selbst finden sich an besonderen Blättern, den **Sporophyllen**, die in ihrer Form häufig von normalen Laubblättern abweichen *(160, 161)*. Bei einigen Sporenpflanzen – *Equisetum (323, 324)*, *Lycopodium (313, 314a)*, *Selaginella (316a)* – treten die Sporophylle mit den Sporangien zu **Sporophyllständen** zusammen. Mit Hilfe eines besonderen Mechanismus werden die Sporen (*2e,* Spo) ausgeschleudert, fallen auf den Boden und keimen zu einem neuen Prothallium aus.

Beim Wasserfarn *Salvinia* werden die Sporangien von einem umgebildeten Wasserblattzipfel (*137b,* S) umschlossen, wobei kugelige

Sporangienbehälter entstehen. Diese Behälter nennt man **Sporokarpien** oder **Sporenfrüchte**. Sie enthalten bei *Salvinia* entweder nur Mikro- oder nur Makrosporangien. Bei den *Marsileaceae (Marsilea, Pilularia)* werden mehrere Sori, die jeweils ein Makrosporangium und mehrere Mikrosporangien umfassen, von einem gemeinsamen Blattabschnitt umschlossen. Hier befinden sich die Sporokarpien an der Basis der Laubblätter. Bei *Marsilea* sind sie bohnenförmig und gestielt (*140,* S), bei *Pilularia* kugelig und sitzend (*139,* S).

Ausbildung und Umbildung der einzelnen Organe

A. Wurzel

Während die Sprosse normalerweise grün sind und dem Licht entgegenwachsen, ist die Wurzel bleich und dringt in den Boden ein. Die für die Sprossachse charakteristischen Blätter fehlen den Wurzeln völlig. An der Blattlosigkeit sind deshalb mit Sicherheit echte Wurzeln von wurzelähnlichen, unterirdischen Sprossen, Ausläufern und Rhizomen (s. S. 6f) zu unterscheiden, die zumindest bleiche Schuppenblätter tragen bzw. deren Narben erkennen lassen.

Die aus der Wurzelanlage des Embryos hervorgehende Wurzel wird als **Primär**- oder **Hauptwurzel** bezeichnet. An dieser entstehen **Seitenwurzeln**, die sich selbst wieder verzweigen können. Hauptwurzel und Seitenwurzeln zusammen bilden das **Wurzelsystem**. Während bei den meisten Dikotylen und Gymnospermen die Primärwurzel mit ihren Seitenwurzeln erhalten bleibt, geht sie bei den Monokotylen frühzeitig zugrunde und wird durch Wurzeln ersetzt, die aus der Sprossachse, meist an den Knoten, hervorbrechen. Diese werden als **sprossbürtige Wurzeln** bezeichnet. Aber auch viele Dikotyle können, insbesondere an niederliegenden Sprossen, sprossbürtige Wurzeln bilden. Bei den Pteridophyten unterbleibt von vornherein die Ausbildung einer Hauptwurzel, sodass schon die erste am Embryo auftretende Wurzel eine sprossbürtige Wurzel ist.

Einige Blütenpflanzen *(Ceratophyllum, Utricularia, Corallorhiza, Wolffia)* sind überhaupt wurzellos.

Umbildungen der Wurzel

Neben ihrer eigentlichen Funktion, den Spross im Boden zu verankern und mit Wasser und mineralischen Stoffen zu versorgen, übernehmen die Wurzeln noch vielfach die Aufgabe der Stoffspeicherung. Sie erfahren dadurch mannigfache Umbildungen und werden vor allem dick und fleischig.

Wir sprechen von einer:

Pfahlwurzel, wenn die Primärwurzel nur mäßig verdickt ist, tief in den Boden hinabsteigt und nur wenige Seitenwurzeln hervorbringt (Löwenzahn, Meerrettich, usw.; *3*, I).

Rübe, wenn die Primärwurzel dick und fleischig ist. In die Rübenbildung wird auch häufig der Keimstängel einbezogen (Möhre, Futter-, Zuckerrübe; *3*, II).

Speicherwurzel, wenn sich sprossbürtige Wurzeln verdicken, aber noch deutlich ihren Wurzelcharakter erkennen lassen (Dahlie; *3*, III).

Wurzelknolle, wenn sprossbürtige Wurzeln knollenförmig anschwellen, aber keine Seitenwurzeln mehr erzeugen (Knabenkraut, Scharbockskraut; *3*, IV–V).

Die Wurzeln zahlreicher Pflanzen (Leinkraut, Zypressenwolfsmilch, Ackerwinde u. a.) sind zur Bildung von Sprossen befähigt, die man als **Wurzelsprosse** bezeichnet.

B. Spross

Die Sprossanlage des Keimlings entwickelt sich zum **Haupt**- oder **Primärspross**, der in den meisten Fällen lotrecht nach oben wächst. Er ist in **Knoten** oder **Nodien** und in **Internodien (Stängelglieder)** gegliedert. An den Knoten, die bei manchen Pflanzengruppen (Knöterichgewächse, Gräser) auffällig verdickt sind, stehen in bestimmter Anordnung die grünen Blätter. Ein mit entfalteten Blättern besetzter Spross wird auch als **Trieb**, seine von jungen Blattanlagen umhüllte, wachsende Spitze hingegen als **Knospe** bezeichnet. In den wenigsten Fällen nur wächst die Spitze des Primärsprosses unverzweigt weiter, meistens erzeugt er Seitenäste, welche aus **Seiten**- oder **Achselknospen** hervorgehen, die in den Achseln der Laubblätter, die dann als **Tragblätter** bezeichnet werden, entstehen. Diese Seitenäste 1. Ordnung können sich wiederum verzweigen, woraus schließlich ein System von Seitenästen, ein **Sprosssystem**, resultiert.

Bei den Holzgewächsen entwickeln sich die Achselknospen erst im folgenden Jahr zu Seitenästen. Damit nun die jungen Blätter und die Anlage für den Seitenspross nicht den Winterfrösten zum Opfer fallen, werden die Knospen von derben, verkorkten, auf der Innenseite oft filzig behaarten und Leim absondernden **Knospenschuppen** eingehüllt. Wir bezeichnen solche Knospen als **bedeckte Knospen** *(4)*. Fehlen die Knospenschuppen, so spricht man von **offenen Knospen** (Wolliger Schneeball; *5*). Als **ruhende Knospen** oder „schlafende Augen“ bezeichnen wir solche, die jahrelang im Knospenstadium verharren können und vielfach erst unter besonderen Bedingungen, z. B. Verletzung des Sprosssystems, austreiben. Hierauf beruhen u. a. die **Stockausschläge** abgeschlagener Bäume (z. B. Eiche, Pappel).

Je nach dem Verhalten der Endknospe des Primärsprosses und der Seitenäste ist zwischen **monopodialer** und sympodialer Verzweigung

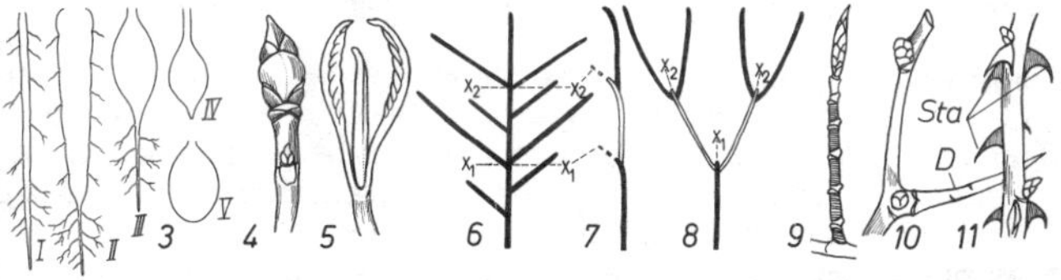

zu unterscheiden. Im ersteren Fall wächst die Endknospe zeitlebens fort. Es entsteht eine kräftige, durchgehende Hauptachse, an der in regelmäßiger Anordnung alljährlich Seitenäste stehen, wobei häufig, wie bei den Nadelhölzern (Fichte, Tanne, Kiefer), aber auch bei Laubgehölzen, eine auffallende Etagierung des Sprosssystems resultiert *(6)*. Diese kommt dadurch zustande, dass die Knospen des vorjährigen Triebs zu Seitenästen auswachsen, deren Länge und Dicke im Bereich des Jahreszuwachses spitzenwärts zunimmt. Die kräftigsten Seitenäste sind deshalb unmittelbar der Endknospe benachbart, die ihrerseits das Sprosssystem fortführt *(6)*. Wir sprechen in diesem Fall von einer akrotonen Förderung der Verzweigung. Die Wachstumsgrenzen sind in Abb. *6* mit x_1 und x_2 gekennzeichnet.

Bei **sympodialer** Verzweigung fehlt die durchgehende Hauptachse; die Endknospe der Triebgeneration geht alljährlich zugrunde (*7–8*, x_1 … x_2 u. s. f) bzw. wird an blühfähigen Pflanzen zur Bildung einer Blüte oder eines Blütenstands aufgebraucht. Unterhalb des Triebendes gelegene Achselknospen übernehmen im darauffolgenden Jahr die Fortführung des Sprosssystems. Entwickelt sich nur eine Achselknospe zu einem kräftigen Seitenast, der sich dann meist in die Richtung des vorausgegangenen Triebs stellt, so sprechen wir von einem **Monochasium** (Linde, Ulme; *7*); treiben zwei Knospen zu gleichwertigen Seitenästen aus, so entsteht ein gabelförmiges, als **Dichasium** (Flieder; *8*) bezeichnetes Verzweigungsbild. Treiben mehrere bis viele Achselknospen unterhalb der in Verlust geratenen Endknospe zu Seitenästen aus, so entsteht ein **Pleiochasium** (= vielstrahliger doldenähnlicher Blütenstand, z. B. bei *Euphorbia*, S. 474).

Die Ausbildungsformen der Sprossachse

Stängel, wenn die Sprossachse krautig ist und im Herbst abstirbt.

Halm, wenn die Sprossachse hohl und durch Querscheidewände deutlich gegliedert ist (Gräser).

Schaft, wenn der Stängel nur aus einem einzigen Internodium besteht und mit einer Blüte oder einem Blütenstand abschließt (Löwenzahn, Primel).

Stamm, wenn die Sprossachse mehrere bis viele Jahre ausdauert, verholzt und dabei vielfach stark in die Dicke wächst (Bäume).

Weitere Ausbildungsformen und Umbildungen

Langtriebe sind verholzte Sprosse mit zahlreichen, verlängerten Internodien. Sie bewirken den Längenzuwachs der Bäume und Sträucher.

Schösslinge sind Triebe von Gehölzen, die sich oft infolge einer Störung entwickeln. Sie haben meist verlängerte Internodien und übergroße Blätter und sind daher zur Bestimmung ungeeignet.

Kurztriebe sind Seitenäste von Holzgewächsen mit stark verkürzten Internodien. Sie erreichen in einem Jahr einen Längenzuwachs von nur wenigen Millimetern *(9)*. Bei einer Reihe von Pflanzen übernehmen die Kurztriebe besondere Funktionen: so bei den Obstgehölzen die Blütenbildung, bei Kiefer und Berberitze die Assimilation, da nur die Kurztriebe mit normalen Laubblättern ausgestattet sind, während die Langtriebe mit braunen Schuppen- (Kiefer) bzw. mit Dornblättern besetzt sind (Berberitze).

Sprossdornen sind in eine Dornspitze auslaufende und manchmal mit Schuppenblättern besetzte Kurztriebe (Weißdorn; *10* D); **Stacheln** hingegen sind nur Auswüchse der Sprossepidermis unter Beteiligung subepidermalen Rindengewebes (Rose, Brombeere; *11*, Sta).

Windesprosse: Der Primärspross besitzt stark verlängerte Internodien, ist aber zu schwach, um sich allein aufrecht zu halten und steigt in Schraubenwindungen an einer Stütze empor (Bohne, Hopfen, Winde).

Rankensprosse: Teile der Sprossachse sind zu Ranken umgebildet, mit deren Hilfe die Pflanze zu klettern in der Lage ist (Wein).

Rosettensprosse: An der aufrecht wachsenden Sprossachse unterbleibt die Längenentwicklung der Internodien, sodass die Blätter dicht gedrängt beieinander stehen und als Rosette dem Boden aufliegen (Wegerich, Löwenzahn); sie sind **grundständig**.

Zwiebeln sind unterirdische Sprosse mit verdickten Blättern als Speicherorganen. Die Sprossachse ist extrem kurz, scheiben- oder kegelförmig; an ihr sitzen dicht gedrängt fleischig verdickte Nieder- und/ oder Laubblätter.

Rhizome sind ausdauernde, mit schuppenförmigen Niederblättern besetzte (s. S. 16), unterirdische, horizontal wachsende, verdickte Speichersprosse, an denen Internodienstreckung unterbleibt. Nur die über die Erde tretenden Blüten- und Laubtriebe tragen normale Laubblätter. Die Rhizome sterben von hinten her allmählich ab, wachsen an der Spitze aber ständig weiter. Die Bewurzelung ist sprossbürtig.

Bei den **Schuppenrhizomen** ist die Sprossachse selbst relativ dünn; die Stoffspeicherung wird entweder von verdickten, erhaltenbleibenden Blattbasen *(Oxalis)* oder von fleischigen Niederblättern *(Lathraea, Tozzia)* übernommen.

Ausläufer sind horizontal, ober- oder unterirdisch wachsende, häufig schuppenförmige Niederblätter tragende Seitensprosse mit stark verlängerten Internodien und sprossbürtiger Bewurzelung. Schreiten die Ausläufer zur Blütenbildung, so erfolgt meist unter Aufrichtung der Ausläuferspitze Internodienstauchung und Rosettenbildung (Erdbeere), wobei auf die Niederblätter Laubblätter folgen. Die Ausläufer stehen im Dienste der vegetativen Vermehrung.

Sprossknollen sind die zu Speicherorganen umgebildeten Enden von Ausläufern (= **Ausläuferknollen**, Kartoffel). In selteneren Fällen bildet sich auch die aufrecht wachsende Primärachse zu einer **aufrechten Sprossknolle** (Kohlrabi) um.

Die Sprossachse ist:

rund oder **stielrund**, wenn sie einen kreisförmigen Querschnitt aufweist *(12a)*;

kantig, wenn der Querschnitt eckig ist (bei Labiaten sind die Achsen zumeist deutlich vierkantig; *12b*);

geflügelt, wenn die Sprosskanten zu längsverlaufenden, flügelartigen Leisten auswachsen *(12c)*;

gefurcht oder **gerieft**, wenn die Sprossoberfläche mit längsverlaufenden Rillen versehen ist (z. B. bei vielen Umbelliferen; *12d)*.

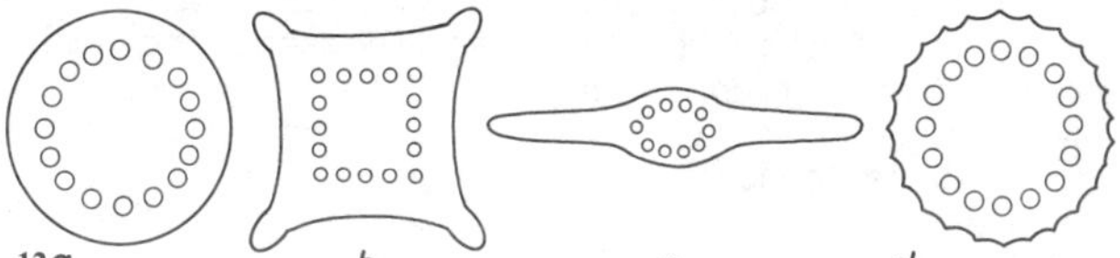
12*a* *b* *c* *d*

Die Lebensdauer der Pflanzen

Nach ihrer Lebensdauer ist zwischen ein-, zwei-, mehrjährigen und ausdauernden Pflanzen zu unterscheiden. Die ersteren, auch als **Hapaxanthe** oder **Kräuter** bezeichnet, gelangen innerhalb ihres Lebenszyklus nur ein einziges Mal zur Blüte und Samenreife, um dann abzusterben, während die **Ausdauernden** oder **Perennierenden**, zu denen die Stauden, Halbsträucher und Holzpflanzen gehören, mehrere bis viele Jahre hintereinander Blüten und Samen hervorbringen.

Kräuter sind **einjährig** oder **annuell** (⊙), wenn Keimung, Blüte, Samenreife und Absterben sich innerhalb eines Jahres vollziehen. Erfolgt die Keimung im Frühjahr, die Blüte und Samenreife im Sommer, so spricht man von **Sommerannuellen**; keimen die Samen im Herbst, tritt Blüte und Samenbildung aber erst im nächsten Frühjahr ein, so spricht man von **Winterannuellen** (Wintergetreide). Annuelle werden auch als **Therophyten** bezeichnet. Im Gegensatz zu den Ausdauernden entwickeln sie nur wenige Wurzeln und lassen sich daher leicht aus dem Boden ziehen.

Zweijährige oder **Bienne** (⊙) leben im ersten Jahr vegetativ und gelangen erst im zweiten Jahr zur Blüte und Samenreife. Bei **Mehrjährigen** tritt die Blütenbildung erst nach mehreren Jahren ein.

Perennierende (♃):

a) **Stauden**: Die Sprosse sind in allen Teilen krautig. Man unterscheidet **Krypto-** oder **Geophyten**, wenn die Teile, die im nächsten Jahr das Sprosssystem fortführen, im Boden überwintern. Je nach Art der Überwinterungsorgane spricht man von **Knollen-, Rhizom-, Zwiebel-, Rüben-** oder **Wurzelgeophyten**. Die Tiefenlage der Geophyten wird durch kontraktile Wurzeln (**Zugwurzeln**) reguliert. Die Knospen, welche das neue Sprosssystem bilden, werden **Erneuerungsknospen** genannt. Liegen diese Erneuerungsknospen dem Erdboden dicht an, nennt man die Pflanzen **Hemikryptophyten**. In Mitteleuropa ist das die häufigste Form der Überwinterung.

b) **Chamaephyten.** Hierher gehören z. B. **Halbsträucher** (♄) und Polsterpflanzen. Bei den Halbsträuchern sind die basalen Triebe schwach verholzt, der übrige Teil der Jahrestriebe stirbt im Herbst großenteils ab. Die **Polsterpflanzen** der Hochalpen sind Stauden mit gestauchten, dicht beblätterten Sprossen, die sich durch geringen Längenzuwachs auszeichnen und deren Spitzen in eine kompakte, flache oder halbkugelig aufgewölbte Oberfläche zu stehen kommen. Im Gegensatz zu den Stauden sterben die Triebe nicht ab, sondern wachsen ständig fort, wobei sich die Innovationsknospen von der Erdoberfläche entfernen. Polsterpflanzen sind immergrüne Gewächse.

c) **Holzpflanzen**: Die Sprossachsen sind in allen Teilen verholzt und bleiben in ihrer Gesamtheit erhalten.

Zwergsträucher (♄) sind bis etwa 1 m hoch mit aufrechtem, von der Basis her verzweigtem Sprosssystem.

Spaliersträucher (♄) sind Zwergsträucher der hochalpinen Region. Ihr Sprosssystem ist flach dem Boden angedrückt. Zwerg- und Spaliersträucher werden auch als **Nanophanerophyten** bezeichnet.

Sträucher (♄) sind Holzpflanzen, deren Überdauerungsknospen sich 50–300 cm über dem Erdboden befinden, die keinen besonderen Stamm ausbilden und neue Triebe aus der Basis heraus entwickeln, die **Schösslinge**.

Bäume (♄) sind meist in einen unverzweigten Stamm und eine reich verzweigte **Krone** gegliedert. Sie zeichnen sich durch eine spitzenwärts geförderte Verzweigung (Akrotonie) aus. Es ist zwischen monopodial (Gymnospermen, aber auch Angiospermen) und sympodial wachsenden Bäumen (Linde, Ulme u. a.) zu unterscheiden.

Höhere Bäume und Sträucher werden auch als **Phanerophyten** bezeichnet.

C. Blatt

1. Blattstellung

Die Blätter sind in der Regel grüne, flächig entwickelte Organe, die im Dienste der organischen Stoffversorgung der Pflanze stehen. Sie entstehen als seitliche Ausgliederungen der Sprossachse und sind an dieser in gesetzmäßiger Weise angeordnet. Man spricht demzufolge auch von einer bestimmten **Blattstellung**. Über die verschiedenen Formen der Blattstellung verschafft man sich am besten einen Überblick durch Anfertigung von **Blattstellungsdiagrammen**. Man denkt sich die einzelnen, an der Pflanze aufeinanderfolgenden Knoten in eine Ebene projiziert und stellt sie als konzentrische Kreise dar, wobei der größte, äußere Kreis dem ältesten, der kleinste, innerste dem jüngsten Knoten entspricht. Trägt man nun in diese Kreise die Signaturen der Blätter ein, so erhält man die in *13a–d* und *14a–d* wiedergegebenen Grundformen der Blattstellung:

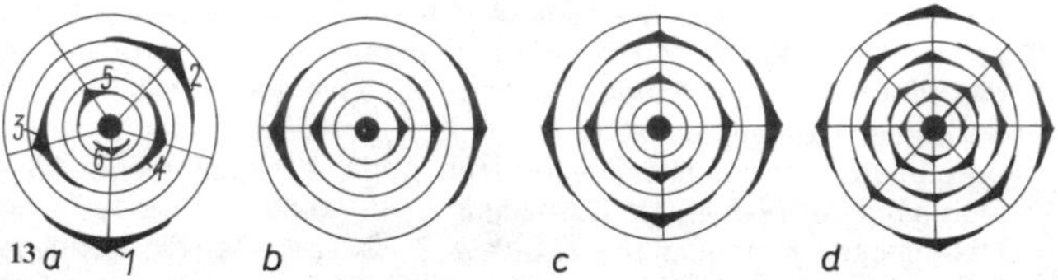

13 *a* *b* *c* *d*

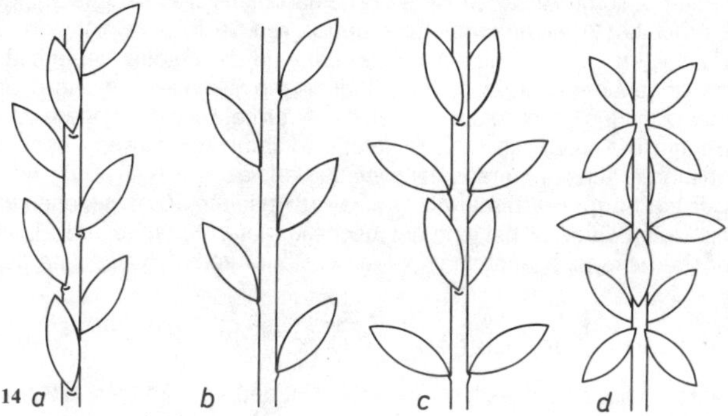

14 *a* *b* *c* *d*

a) **wechselständige**, **zerstreute** oder **spiralige Blattstellung** *(13a, 14a):* An jedem Knoten steht nur ein Blatt, das gegenüber dem vorausgegangenen jeweils um einen bestimmten Winkelbetrag verschoben ist. Die aufeinanderfolgenden Blätter kommen deshalb auf eine um die

Sprossachse herumlaufende Spirallinie zu stehen (*13a* 1–6). Diese Form der Blattstellung ist typisch für die meisten Dikotylen.

Ein Sonderfall der wechselständigen Beblätterung sind die mehrgliedrigen **Scheinwirtel (Scheinquirle)**. Sie kommen dadurch zustande, dass auf ein verlängertes Stängelglied jeweils einige verkürzte (gestauchte) Internodien folgen, sodass die zu den Knoten gehörigen Blätter dicht beisammen stehen und einen mehrgliedrigen Quirl vortäuschen, dennoch entspringen die Blätter nicht wie bei **echten Quirlen** *(13d, 14d)* einem einzigen Knoten. Solche Scheinquirle sind weiter verbreitet bei Monokotylen. Sie treten entweder in Einzahl auf (*Paris quadrifolia*, S. 207) oder zu mehreren etagenförmig übereinander (*Lilium martagon*, S. 208, *Polygonatum verticillatum*, S. 239). Auch die 3-quirlig angeordneten Blattorgane am Blütenspross von *Anemone*-Arten bilden eigentlich einen Scheinquirl *(584)*.

b) **zweizeilige** oder **distiche Blattstellung** *(13b, 14b)*: Dieser Sonderfall der wechselständigen Beblätterung liegt vor, wenn die Blätter zweier aufeinanderfolgender Knoten sich im Winkel von 180° gegenüberstehen. Die Blätter sind dann in zwei Längszeilen angeordnet. Diese Blattstellung ist charakteristisch für die meisten Monokotylen.

c) **gegenständige** oder **dekussierte Blattstellung** *(13c, 14c)*: An jedem Knoten stehen 2 Blätter und zwar so, dass jedes folgende Blattpaar sich mit dem vorausgegangenen im rechten Winkel kreuzt (Labiaten, Caryophyllaceen, Oleaceen). Gegenständige Blattstellung liegt auch bei den Rubiaceen (S. 634) vor, obwohl die Blätter in mehr als zweizähligen, etagenförmigen Quirlen angeordnet erscheinen; doch stehen die Blätter der aufeinanderfolgenden Quirle nicht auf Lücke, wie dies bei echten Quirlen der Fall ist (s. Punkt d), sondern übereinander (superponiert). Bei den Rubiaceen beruht nun die Bildung mehrzähliger Quirle auf der *blattartigen* Ausbildung der für diese Familie typischen Nebenblätter. In der Gattung *Cruciata* (S. 636) kommen die 4-zähligen Quirle dadurch zustande, dass die beiden Stipeln der gegenständigen Laubblätter zu einer sogen. **interpetiolaren Stipel** vereinigt sind. Bei 6-zähligen Quirlen *(Galium, Asperula)* sind die beiden Nebenblätter der gegenüberstehenden Laubblätter diesen gleichgestaltet; bei 8- und mehrzähligen Quirlen kommt es zu einer Vermehrung der blattähnlichen Stipeln. Die eigentlichen Quirlblätter sind daran zu erkennen, dass nur aus ihren Achseln heraus Verzweigung erfolgt.

d) **quirlständige Blattstellung** *(13d, 14d)*: An jedem Knoten stehen drei bis viele Blätter, wobei jene des nächstjüngeren Knotens in die Lücke der des vorausgegangenen Knotens zu stehen kommen *(Hippuris, 304)*.

2. Gliederung des Blattes

Ein vollständiges Blatt lässt die folgende Gliederung erkennen: die grüne **Blattspreite** oder **Lamina** (*15*, Spr), den in der Regel verschmälerten **Blattstiel** (St) und den **Blattgrund** (G). Blattspreite und Blattstiel werden zusammen auch als **Oberblatt**, der Blattgrund als **Unterblatt** (U) bezeichnet.

Bei den Farnpflanzen nennt man das Blatt auch **Wedel**.

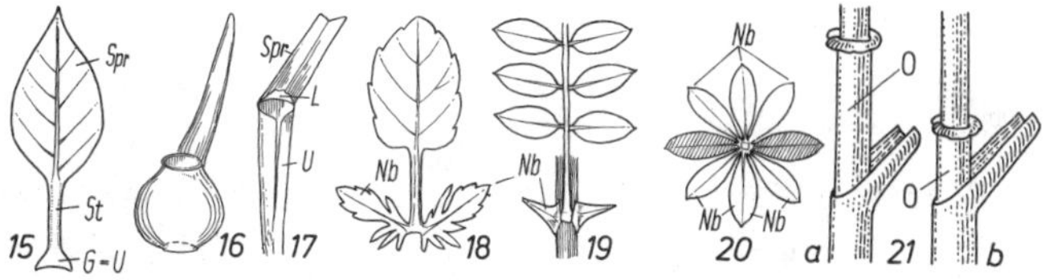

a) Blattgrund

Bei vielen Dikotylen setzt sich der Blattgrund nicht scharf vom Blattstiel ab und bildet nur eine leichte Verbreiterung der Blattstielbasis *(15)*; bei anderen aber tritt der Blattgrund als mächtig entwickeltes Organ in Erscheinung. So ist er bei vielen Lauch-Arten allseits röhrig geschlossen und fleischig verdickt *(16)*; bei vielen Doldenblütlern und Gräsern ist er als lange, offene Scheide *(17)* ausgebildet, die bei den Gräsern als Stützorgan für den dünnen Halm fungiert. Als seitliche Auswüchse des Blattgrundes treten die **Nebenblätter** oder **Stipeln** (*18–19*, Nb) auf, die bei den Rosaceen, Fabaceen, Violaceen u. a. stark entwickelt sind und zeitlebens erhalten bleiben, bei der Linde, Hainbuche, Haselnuss, Kirsche, Pappel u. a. hingegen sehr früh abfallen. Bei den Knöterichgewächsen und bei *Zannichellia* bildet der Blattgrund eine als **Ochrea** bezeichnete, ± weniger verlängerte Röhre oder Tüte (*21a–b*, O), die die Basis des folgenden Stängelglieds umgibt, bei der Robinie sind die beiden Nebenblätter als Dornen ausgebildet (*19*, Nb); bei den Labkräutern aber sind sie den Laubblättern (*20*, schraffiert) völlig gleichgestaltet (*20*, Nb).

Bei manchen dicht zweizeilig beblätterten Einkeimblättrigen (z. B. der Schwertlilie und Simsenlilie) ist der Blattgrund ebenfalls scheidig entwickelt, sitzt aber der kriechenden Sprossachse an wie ein Reiter auf dem Pferd. Man spricht deshalb auch von **reitenden** Blättern.

b) Blattstiel

Der Blattstiel kann vielfach in seiner Entwicklung unterdrückt sein. So fehlt er den Grasblättern: der scheidig entwickelte Blattgrund (*17*, U) geht unmittelbar in die Spreite (Spr) über. An der Grenze zwischen beiden findet sich ein kleines Häutchen, das **Blatthäutchen** oder die **Ligula** (*17*, L). Aber auch bei vielen anderen Mono- und Dikotylen fehlt der Blattstiel. In diesen Fällen werden die Blätter, sofern der Blattgrund nicht besonders stark in Erscheinung tritt, als **sitzend** *(22)* bezeichnet; sie sind

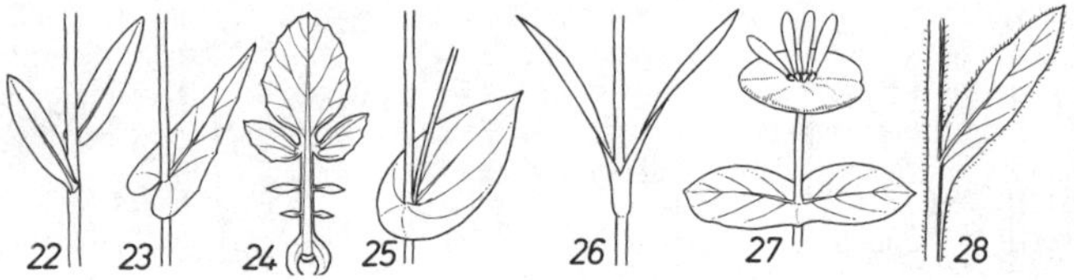

stängelumfassend, wenn der Spreitengrund den Stängel fast oder ganz umgreift *(23)*;

geöhrt, wenn der Spreitengrund mit 2 Lappen oder Anhängseln (**Öhrchen**) versehen ist *(24)*;

durchwachsen, wenn der Spreitengrund den Stängel so umgibt, dass dieser durch die Spreite durchgewachsen erscheint (Hasenohr, *25*);

verwachsen, wenn der Spreitengrund zweier an einem Knoten gegenüberstehender Blätter miteinander vereinigt ist (Karde; Nelken, *26*; Jelängerjelieber, *27*);

herablaufend, wenn sich der Spreitengrund noch ein Stück an der Sprossachse herabzieht (Beinwell, *28*).

c) Blattspreite

Die Blattspreite, die sehr unterschiedlich gestaltet sein kann, ist ein wichtiges Bestimmungsmerkmal.

Nach dem Verlauf der **Adern** oder **Nerven** ist zwischen parallelnervigen und fiedernervigen Blättern zu unterscheiden:

parallel- oder **bogennervig** *(29–30)*: Die Nerven verlaufen längsgerichtet parallel *(29)* oder bogenförmig *(30)*; ein Mittelnerv tritt nicht auffällig hervor. Diese Form der Nervenanordnung findet sich vorwiegend bei Monokotylenblättern, bei den Dikotylen bei *Bupleurum-, Plantago-* und *Gentiana*-Arten.

fiedernervig *(31–33)*: Hier gehen von einem hervortretenden Hauptnerv, der **Blattspindel** (Rhachis), schwächere **Seitennerven** ab *(31)*. Da diese durch dünne Seitennerven 2. und höherer Ordnung miteinander verbunden sind und auf diese Weise ein Netz von Nerven entsteht, spricht man auch von **netznervigen** Blättern. Sie sind typisch für die

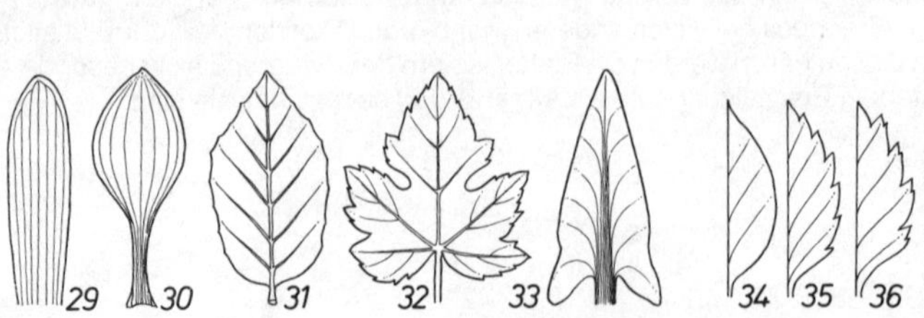

Dikotylen. Scheinbar fiedernervige Monokotylenblätter finden sich z. B. bei Araceen *(33)*. Eine abgewandelte Fiedernervigkeit stellt die **hand-** oder **fingerförmige** Nervatur dar, die dadurch zustande kommt, dass mehrere kräftige Seitennerven vom Ende des Blattstiels wie die Finger an einer Hand in die Blattspreite eintreten (z. B. Ahorn, *32*).

Nach der Gliederung unterscheidet man einfache und zusammengesetzte Blätter.

Einfache Blätter

Die Blattspreite ist ungeteilt, kann aber ± tief eingeschnitten sein. Der Umriss der Blattspreite ist recht mannigfaltig: **nadelförmig** (Nadelhölzer, *45*), **lineal** (Gräser, *46*), **binsenförmig**, wenn die Blattspreite stielrund ist (Binsen, 47), **pfriemlich,** wenn sie sehr schmal und starr ist und eine lang ausgezogene Spitze hat, **lanzettlich** *(48)*, wenn sie die Form einer Lanze hat, **spatelförmig** *(49)*, **eiförmig** *(50)*, **verkehrt eiförmig, elliptisch** *(51)*, **kreisrund** *(52)*, **schildförmig**, wenn der Blattstiel der Mitte des Blattes entspringt (Kapuzinerkresse, *53*), **rautenförmig** (Wassernuss, *54*), **nierenförmig** *(55)*, **herzförmig** *(56)*, **pfeilförmig** *(57)*, **spießförmig** *(58)*, **schwertförmig**, wenn die seitlich abgeflachte Spreite einem Schwert ähnelt (z. B. bei der Schwertlilie).

Nach der Beschaffenheit ihres Randes ist die Blattspreite:

ganzrandig, wenn der Rand keine Einschnitte zeigt und völlig glatt ist *(34)*;
gesägt, wenn die spitzen Sägezähne durch spitze Buchten getrennt sind *(35)*;
doppelt gesägt, wenn große Zähne mit kleinen abwechseln *(36)*;
schrotsägeförmig, wenn die großen, meist rückwärts gerichteten Zähne wiederum fein gesägt sind (Löwenzahn, *37)*;
gezähnt, wenn die Vorsprünge spitz und die Einschnitte abgerundet sind *(38)*;
gekerbt, wenn die abgerundeten Vorsprünge durch spitze Buchten getrennt sind *(39)*;
gebuchtet, wenn die Vorsprünge und Einschnitte abgerundet sind *(40)*.

Sind die Einschnitte tiefer, so tritt eine Aufteilung der Blattspreite ein, die dem Verlauf der Nerven entspricht.

Ein Blatt ist **fiederspaltig,** wenn die Einschnitte nicht allzu tief sind, die Teile aber Fiedern andeuten;

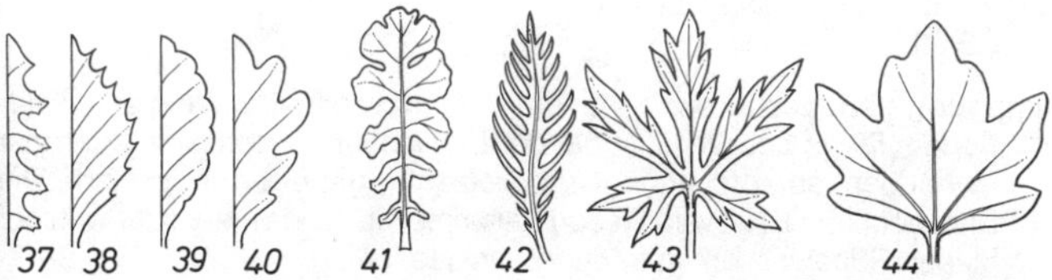

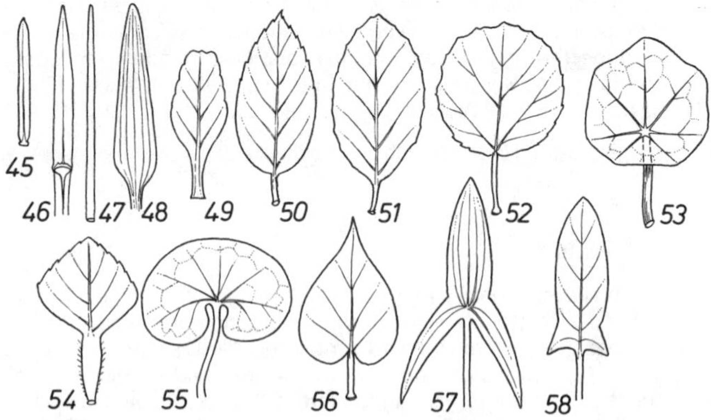

fiederteilig, wenn die paarweise angeordneten Einschnitte fast bis zur Mittelrippe reichen;

leierförmig fiederspaltig oder **leierförmig gefiedert**, wenn das fiederspaltige bzw. gefiederte Blatt einen auffallend großen Endlappen besitzt *(41)*;

kammförmig gefiedert, wenn die Fiedern wie die Zähne eines Kammes angeordnet sind (z. B. Wasserfeder, *42*);

handförmig geteilt, wenn die mehr oder weniger tiefen Einschnitte alle nach dem Grund der Spreite zu gerichtet sind *(43)*;

gelappt, wenn die Blattfläche durch spitze Einschnitte in breitere, meist stumpfe und abgerundete Lappen geteilt ist *(44)*.

Umriss und Rand sind auch wichtige Merkmale der Blättchen zusammengesetzter Blätter.

Zusammengesetzte Blätter

Dem einfachen Blatt gegenüber steht das zusammengesetzte, das dadurch charakterisiert ist, dass die Blattfläche aus mehreren, voneinander getrennten, selbständigen **Blättchen** oder **Fiedern** besteht. Man spricht deshalb auch von **Fiederblättern**. Die Fiedern sitzen meist paarweise an der verlängerten **Blattspindel** oder **Rhachis**, die dem Mittelnerv eines einfachen Blatts entspricht.
Das Blatt ist:

unpaarig gefiedert, wenn es mehrere Paare von Fiedern und eine **Endfieder** (*59*, E) besitzt. Ist außer der Endfieder nur noch ein Fiederpaar vorhanden, so spricht man von **dreizählig gefiederten** Blättern. Die Endfieder (*60*, E) ist vom Fiederpaar immer durch ein mehr oder weniger langes Rhachisstück getrennt (Steinklee, *60*);

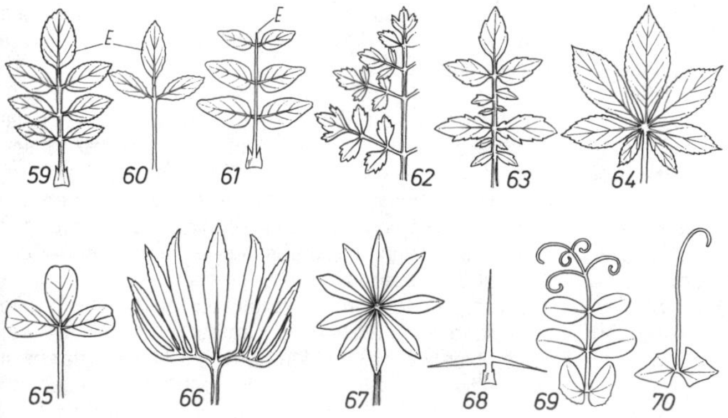

paarig gefiedert, wenn die Endfieder in der Entwicklung zurückbleibt, verkümmert und nur als kurze Stachelspitze zwischen dem obersten Fiederpaar zu beobachten ist (*61*, E);

doppelt gefiedert, wenn die Fiedern (= Fiedern 1. Ordnung) selbst wieder gefiedert sind und damit Fiedern 2. Ordnung entstehen (*62*);

mehrfach gefiedert, wenn Fiedern 2. Ordnung selbst wieder gefiedert sind und damit Fiedern 3. Ordnung oder bei weiterer Fortsetzung Fiedern entsprechend höherer Ordnung entstehen (Doldenblütler, Farne);

unterbrochen gefiedert, wenn zwischen den großen Fiederpaaren kleinere stehen (viele Rosengewächse, Kartoffel, Tomate, *63*).

Unterbleibt die Längenentwicklung der Rhachis, sodass alle Fiedern von einem Punkt ausstrahlen, so entsteht das **gefingerte** Blatt *(64, 65, 67)*. Fünfzählig gefingert sind z. B. die Blätter vieler Fingerkräuter, dreizählig gefingert die Blätter des Klees *(65)*. Ein solches Blatt unterscheidet sich von einem dreizählig gefiederten darin, dass End- und Seitenfiedern **nicht** durch einen kurzen Rhachisabschnitt voneinander getrennt sind *(65)*.

Entwickelt sich die Rhachis statt in die Länge quer zum Blattstiel, so entsteht das **fußförmig gefiederte** Blatt (Nieswurz, *66,72a*).

Umbildungen des Blattes

Dornblätter: Die Ausbildung der Blattspreite ist unterdrückt. Es bleiben nur die Hauptnerven übrig, die in eine harte Dornspitze auslaufen (Berberitze, *68*).

Rankenblätter: Bei vielen Schmetterlingsblütlern unterbleibt an den obersten Paaren der Fiederblätter die Ausbildung der Spreite; die Mittelrippe tritt deshalb als eine für Berührungsreize empfindliche Ranke hervor, mit deren Hilfe die Pflanze an Stützen emporrankt *(69)*. In seltenen

Fällen, z. B. bei der Ranken-Platterbse, ist das gesamte Blatt zur Ranke umgebildet; in diesem Falle sind die Nebenblätter laubig entwickelt *(70)* und dienen als Assimilationsorgane.

Niederblätter sind einfache, schuppenförmige Blätter (Saubohne, *71a–c*), die sich von normalen Laubblättern *(71d)* dadurch unterscheiden, dass bei ihnen nur das Unterblatt ausgebildet ist. Unterirdische Sprossachsen wie Ausläufer, Rhizome und Knollen sind in der Regel mit Niederblättern besetzt. Holzgewächse haben Niederblätter, die als **Knospenschuppen** bezeichnet werden. Sie übernehmen hier den Schutz der jungen Blatt- und Blütenanlagen des neuen Triebs gegen ungünstige Außeneinflüsse. Nach Erfüllung dieser Aufgabe fallen sie meist ab.

Hochblätter sind gleich den Niederblättern einfach gestaltete, häufig schuppenförmige Blattorgane *(72b–e)*, die an den oberen Teilen der Sprossachse oberhalb der Laubblattregion stehen, nicht zur Blüte selbst gehören, sich aber öfter an der Bildung der Blütenhülle beteiligen. So wird bei vielen Hahnenfußgewächsen (z. B. Nieswurz, Winterling, Trollblume u. a.) der äußere Blütenhüllkreis aus Hochblättern gebildet *(72f)*. Im Bereich der Blütenstände werden die Hochblätter, die Blüten tragen, als **Deck-** oder **Tragblätter (Brakteen)** bezeichnet; in ihren Achseln stehen die einzelnen Blüten; bei den Korbblütlern bilden Hochblätter den **Hüllkelch (Involucrum)**; bei den Doldenblütlern die **Hülle** und das **Hüllchen**. Vielfach sind die Hochblätter blumenblattartig gefärbt und übernehmen bei kleinen, unscheinbaren Blüten Blumenblattfunktionen, so beim Schwedischen Hartriegel *(225)* und vielen Wachtelweizenarten.

Primärblätter sind die ersten Blattorgane des Stängels, welche auf die Keimblätter folgen. Gegenüber den **Folgeblättern** sind sie oft von einfacher Gestalt. So sind bei der Gartenbohne die Primärblätter einfach, die Folgeblätter dreizählig gefiedert. In solchen Fällen spricht man auch von

Heterophyllie oder **Verschiedenblättrigkeit**. Besonders ausgeprägt ist diese bei vielen Wasserpflanzen (z. B. Wasserhahnenfuß): die Unterwasserblätter besitzen eine in haarfeine Zipfel aufgelöste, die Schwimmblätter hingegen eine ungeteilte Spreite.

Sonderbildungen

Als Auswüchse der Oberhaut der Blattspreite und auch der Sprossachse treten vielfach **Haare** auf, die in mannigfacher Ausbildung anzutreffen sind:

Borstenhaare sind einfache, ungegliederte, steife Haare (Boraginaceen).

Brennhaare enthalten ein scharfes, auf der Haut einen Brennreiz hervorrufendes Sekret (Brennnessel).

Drüsenhaare besitzen an der Spitze ein kugeliges, meist von ätherischen Ölen erfülltes Köpfchen.

Sternhaare sind sternartig verzweigte,

Wollhaare unverzweigte, aber gekräuselte Haare.

Spreuschuppen sind dünne, häutige Schuppen an Blättern und Rhizomen von Farnpflanzen.

D. Blüte

Die Blüte ist ein Spross begrenzten Wachstums: An einer **Blütenachse** (*73*, Ba), auch als **Blütenboden** bezeichnet, sitzen in spiraliger oder wirteliger Anordnung in mehreren Kreisen übereinander Blattorgane, die in ihrer Gestalt von normalen Laubblättern stark abweichen. Von der Basis bis zur Spitze, bzw. von außen nach innen, können wir an der Achse der meisten Blüten die folgenden Blattgebilde feststellen: die aus **Kelch** (*73*, K) und **Blumenkrone** (*73*, Bl) gebildete **Blütenhülle**, die Staubblätter (*73*, St) und den/die aus Fruchtblättern gebildeten **Fruchtknoten** (*73*, F).

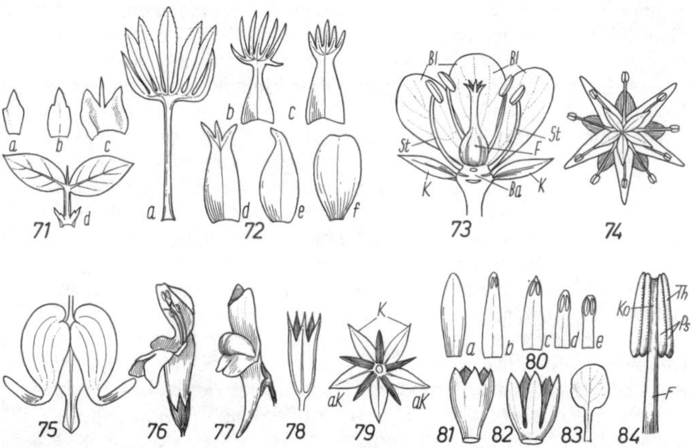

Eine Blüte ist **strahlig** oder **radiär** *(74)*, wenn sie durch mehr als 2 Schnittebenen in 2 spiegelbildliche Hälften zerlegt werden kann; sie ist **disymmetrisch**, wenn nur zwei aufeinander senkrecht stehende Schnittebenen sie in zwei spiegelbildliche Hälften zerlegen (*75*, Tränendes Herz); Blüten sind **zygomorph** oder **dorsiventral**, wenn sie sich nur durch eine Schnittebene in 2 spiegelbildliche Hälften zerlegen lassen *(76–77)*. Ein Blumen-, zuw. auch ein Kelchblatt kann dabei häufig gespornt sein *(77)*. Asymmetrische Blüten – ohne jede Symmetrieebene – finden sich nur bei den *Valerianaceae* (S. 539).

1. Blütenachse

Diese tritt in den meisten Blüten kaum in Erscheinung; sie ist kurz und leicht kegelförmig aufgewölbt (*73* Ba, *85*); bei Koniferen, der Magnolie und dem Mäuseschwänzchen *(386)* ist sie zapfenartig verlängert, bei der Kirsche und Rose krug- bis becherförmig eingetieft *(86–87)*; als **Diskus** bezeichnet man einen scheibenartigen Auswuchs der Blütenachse (Ahorn, Wein, Raute).

2. Blütenhülle

Die **Blütenhülle (= Perianth)** ist **homoiochlamydeisch**, wenn sie aus gleichartigen Hüllblättern gebildet wird. Wir sprechen auch von einem **Perigon** und die einzelnen Blütenblätter heißen **Tepalen**. Sie sind entweder alle unscheinbar grün oder alle blumenblattartig gefärbt. Das Perigon kann dabei aus 2 oder mehreren Kreisen bestehen. Ist nur 1 Kreis von Blütenhüllblättern vorhanden, so ist die Blütenhülle einfach, man spricht auch von einem **haplo-** oder **monochlamydeischen Perianth** (z. B. *Urtica, Amaranthaceae, Aristolochia, Daphne* u. a.).

Die **heterochlamydeischen** Blüten hingegen besitzen eine **doppelte** Blütenhülle. Die äußeren Blütenorgane sind die zumeist grünen, in manchen Fällen auch gefärbten Kelchblätter, während die zarteren, inneren, zumeist lebhaft gefärbten Kronblätter, die Blumenkrone bilden.

Eine Blüte ist **nackt**, **a-** oder **apochlamydeisch**, wenn die Blütenhülle fehlt (z. B. Weide, Pappel).

Die **Kelchblätter (Sepalen)** sind in der Regel aus Hochblättern hervorgegangen, die in den Bereich der Blütenregion rücken. Bei vielen Pflanzen (z. B. Nieswurz, *72b–f)* lässt sich der Übergang von Hoch- zu Kelchblättern deutlich beobachten. Solange die Blüte im Knospenzustand verharrt, dienen die Kelchblätter als Schutz für die inneren Blütenorgane. Nach der Entfaltung der Blüte fallen sie gelegentlich ab (Mohngewächse), bei den meisten Pflanzen aber bleibt der Kelch erhalten, wächst zuweilen nach der Befruchtung noch stark heran und umhüllt später die reife Frucht (Bilsenkraut, *119;* Judenkirsche). Die Kelchblätter können frei oder miteinander verwachsen sein (Nelkengewächse, *78;* Schmetterlings-, Lippenblütler u. a.). Wird der Kelch am Grunde noch von einer Hülle kleinerer Hochblätter umgeben, so spricht man von einem **Außenkelch** (viele Rosaceen, *79,* aK; Malvaceen, Caryophyllaceen).

Die **Kronblätter (Petalen)** sind vielfach umgebildete (verlaubte) Staubblätter. Übergänge zwischen beiden Blütenorganen sind in schöner Weise in den Blüten der Weißen Seerose *(80a–e)* und bei vielen Rosen zu beobachten. Die „Füllung" von Blüten, wie sie bei vielen Gartenblumen anzutreffen ist, beruht auf einer solchen Umwandlung von Staub- in Kronblätter.

Die Kronblätter sind entweder untereinander frei, **choripetal** (= Freikronblättrige Pflanzen, Choripetalae) oder miteinander zu einer Röhre verwachsen, **sympetal** (*81–82;* = Verwachsenkronblättrige Pflanzen oder Sympetalae). An der Anzahl der freien Zipfel der **Kronröhre** lässt sich bei den Sympetalen die Zahl der an ihrer Bildung beteiligten Blumenblätter erkennen. Die Kronröhre kann jedoch oft so kurz und die **Kronzipfel** können so lang sein, dass der Eindruck einer Freikronblättrigen erweckt wird *(Anagallis, Veronica, 931)*. Beim Herauszupfen löst sich jedoch die Blumenkrone der Sympetalen meist in ihrer Gesamtheit ab.

Ein Kronblatt ist **genagelt**, wenn sich dessen auch als **Platte** bezeichneter Spreitenteil scharf von einem stielartigen Gebilde **(Nagel)** absetzt *(83)*.

Sonderbildungen

Sporn ist ein schlauchförmiges Anhängsel meist eines Kelch- oder Kronblatts (vgl. *77*)

Spelzen sind Hochblätter, die die Blüte der Süßgräser (S. 289) oder Sauergräser (S. 255) umgeben

Schlauch (Utriculus) ist eine flaschenförmige Hülle um den Fruchtknoten bei *Carex* (S. 266)

zerschlitzt sind Blütenblätter, die in schmale, unregelmäßige Zipfel zerteilt sind (z. B. *968*)

Nebenkrone: Auswüchse der Blütenblätter, die sich häufig im Übergangsbereich vom Nagel zur Platte finden. Diese Auswüchse sind entweder frei (Caryophyllaceen, *967*, NK) oder zu einer mehr oder weniger langen Röhre verwachsen (Narzisse); bei verwachsenblättrigen Blumenkronen werden diese Auswüchse als **Schlundschuppen** [Boraginaceen (*1057, 1061*, S), Gentianaceen *(1049, 1050)*] bezeichnet.

Sonderformen der Blüten sind:
Schmetterlingsblüte der Fabaceen *(647)*,
Lippenblüte der Lamiaceen *(76)*,
Rachenblüte bei vielen Scrophulariaceen *(77)*,
Zungenblüte der Asteraceen *(1145, 1152)*,
Röhrenblüte der Asteraceen *(1143, 1153)*.

3. Staubblätter oder Stamina

Sie werden in ihrer Gesamtheit als **Androeceum** bezeichnet, sind gleich den Kelch- und Blütenblättern spiralig oder in Wirteln angeordnet; häufig sind 2 Wirtel von Staubblättern vorhanden, die mit den Kelch- und Blütenblättern auf Lücke stehen.

Jedes einzelne Staubblatt besitzt einen **Staubfaden** oder **Filament** (*84*, F) und die **Anthere (Staubbeutel)**. Diese besteht aus 2 Hälften, den beiden **Theken** (Th), die durch ein steriles Mittelstück, das **Konnektiv** (Ko), miteinander verbunden sind. Jede Theka enthält 2 **Pollensäcke** (Ps), in denen die Pollenkörner gebildet werden, die meist mit Hilfe eines Längsrisses entleert werden.

Als **Staminodien** bezeichnet man unfruchtbare Staubblätter. Eine besondere Form der Staminodien sind die nektarabsondernden **Nektarblätter**, die sich zwischen den Blumen- und Staubblättern finden. Bei manchen Pflanzen (Trollblume) sind sie klein und unauffällig, bei anderen (Hahnenfuß, Akelei) sind sie blumenblattartig (petaloid) und täuschen dann Blumenblätter vor *(567, 568, 574, 507)*.

4. Fruchtblätter oder Karpelle (Carpelle)

Sie bilden in ihrer Gesamtheit das **Gynoeceum**, welches bei den Angiospermen zu einem Gehäuse umgestaltet ist und die Samenanlagen (Ovulae) birgt; das Gynoeceum selbst besteht in seltenen Fällen aus einem

(z. B. Fabaceae, S. 403), häufiger aber aus mehreren Fruchtblättern. In letzterem Fall sind 2 Ausbildungsformen zu unterscheiden: das apokarpe und coenokarpe Gynoeceum. **Apokarp** heißt ein aus mehreren bis zahlreichen freien, nicht miteinander verwachsenen Karpellen bestehendes Gynoeceum (*90, 572, 579b*, z. B. Ranunculaceen, S. 364); beim **coenokarpen** sind die Fruchtblätter zu einem gemeinsamen Gehäuse verwachsen *(91, 92)*. Wird das Gynoeceum nur aus einem einzigen Fruchtblatt gebildet, so spricht man von einem **monokarpischen Gynoeceum**. Ein solches eignet sich besonders zur Demonstration der verschiedenen Abschnitte: An einer jungen Frucht der Erbse beispielsweise, wie sie in *88a* dargestellt ist, sind folgende Abschnitte zu unterscheiden: Der mit B bezeichnete bauchige Abschnitt; er stellt den fertilen Abschnitt, das **Ovar** (Ovarium), dar und birgt die äußerlich nicht sichtbaren Samenanlagen (*88b–c*, Sa). Infolge seiner bauchigen oder knotigen Ausbildung wird er auch als Fruchtknoten bezeichnet. In seinem oberen Teil verlängert er sich in den **Griffel** (*88a*, G), der an seiner Spitze als Empfangsorgan für die Pollenkörner die **Narbe** (*88a*, N) trägt. Fruchtknoten mit Griffel und Narbe bilden insgesamt den **Stempel** oder das **Pistill**. Bei einem Vergleich mit einem normalen Laubblatt entspricht der fertile Abschnitt des Fruchtblatts der Blattspreite, die aber nicht flach ausgebreitet ist, sondern sich zu einem Gehäuse einfaltet *(88c)*, wobei ihre beiden Ränder miteinander zur **Bauchnaht** (*88c*, Bn) verwachsen. An dieser stehen an wulstförmigen Leisten, den **Plazenten**, die **Samenanlagen** oder Samenknospen (Sa). Der Bauchnaht gegenüber liegt der Mittelnerv des Fruchtblatts, die **Rückennaht** (Rn). Die Samen sind also vom Fruchtblatt eingeschlossen oder bedeckt, worauf der Name Bedecktsamige oder Angiospermae, zu denen die Mono- und Dikotylen gehören, Bezug nimmt.

Bei den Gymnospermen, den Nacktsamigen, dagegen stehen die Samenanlagen und damit später auch die Samen frei am Fruchtblatt, das sich nicht zu einem geschlossenen Gehäuse umbildet *(89)*.

In den meisten Fällen aber besteht das Gynoeceum aus mehreren Karpellen, die, wie erwähnt, entweder **frei** (apokarp) sind [d. h. jedes Fruchtblatt bildet ein mit Ovar, Griffel und Narbe ausgestattetes Pistill *(90)*] oder die einzelnen Karpelle sind zu einem einheitlichen Gehäuse verwachsen (*91–92*, **coenokarpes Gynoeceum**). Sein häufig angeschwollener, die Samenanlagen tragender Basalteil wird wiederum als Fruchtknoten (Ovar) bezeichnet und verlängert sich spitzenwärts in einen gemeinsamen Griffel, der mit der Narbe endet *(91a)*. Fehlt der Griffel, so sitzt die Narbe unmittelbar dem Fruchtknoten auf (*92a*, z. B. bei vielen *Brassicaceae*). Aus

85

86

87

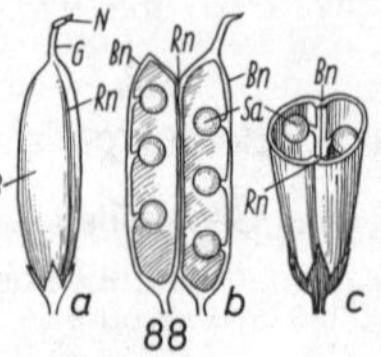

88

89

der Anzahl der Narbenäste kann man auf die Anzahl der an der Bildung des Gynoeceums beteiligten Fruchtblätter schließen. An den Rändern der Fruchtblätter, also marginal, stehen die Samenanlagen. Nur bei den *Nymphaeaceae* und einigen *Alismatales* entspringen diese der Fläche der Spreite der Fruchtblätter. Wir sprechen in diesem Falle von **laminaler Plazentation** *(93b)*. Verwachsen die Fruchtblätter nur mit ihren Rändern, so entsteht eine einheitliche, ungefächerte Fruchtknotenhöhle. Die Samenanlagen scheinen in diesem Fall den Wänden des Fruchtknotens zu entspringen *(92b)*; in Wirklichkeit aber gehen sie gleichfalls aus den Fruchtblatträndern hervor. Man spricht deshalb auch von **wandständiger** oder **parietaler Plazentation** (Veilchen, Mohn). Meist besitzt der Fruchtknoten dann keinen Griffel *(92a)*; das Gynoeceum ist **ungefächert** oder **parakarp**. Falten sich aber die Fruchtblätter bis zur Mitte der Fruchtknotenhöhle ein, so entsteht ein **gefächerter, synkarper** Fruchtknoten *(91b)*; die miteinander verwachsenen Abschnitte der Fruchtblätter werden als **Scheidewände** oder **Septen** bezeichnet. Die Samenanlagen stehen dann in der Mitte des Fruchtknotens, und zwar in den von den Scheidewänden gebildeten Winkeln. Man spricht deshalb auch von **zentralwinkelständiger Plazentation** *(91b)*.

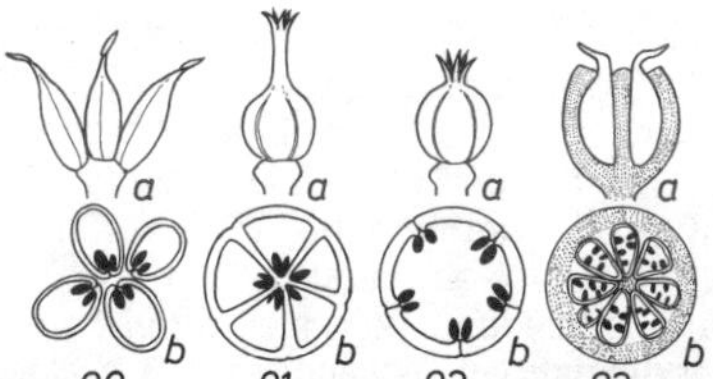

90 *91* *92* *93*

Außer diesen „echten" Scheidewänden gibt es auch **„falsche"** Scheidewände, bei denen der parakarpe Fruchtknoten noch nachträglich durch Auswüchse der Plazenten gefächert wird (z. B. *Brassicaceae, 115a*; Lein).

Daneben gibt es auch noch eine Sonderform der **Parakarpie**, vor allem bei den Primulaceen (s. S. 621), die durch die Bildung einer sog. **Zentralplazenta** gekennzeichnet ist. Vom Grunde des Fruchtknotens aus ragt in dessen ungefächerte Höhlung hinein ein Plazentakörper, der die Samenanlagen trägt, sodass auf Querschnitten durch das Ovar keine Verbindung mit der Wand besteht; bei den Polygonaceen (s. S. 569) steht anstelle der Zentralplazenta mit vielen Samenanlagen eine einzige basal stehende Samenanlage. Die **falsche Zentralplazenta** vieler Caryophyllaceen (s. S. 579) kommt durch eine frühzeitige Auflösung der Septen zustande. Es gibt nun eine Reihe von Blüten (z. B. Nymphaeaceen, einige Ranunculaceen), deren Gynoeceum zwar freiblättrig (apokarp) ist, aber von der Blütenachse *(93a–b)* so umwallt wird, dass das Bild eines verwachsenblättrigen (coenokarpen) Gynoeceums entsteht *(93b)*. Man spricht hier von einem **pseudocoenokarpen** Gynoeceum.

Von großer Bedeutung für die Bestimmung von Pflanzen ist die Stellung des Gynoeceums (Fruchtknotens) in der Blüte, die wiederum in enger Beziehung zur Ausbildung der Blütenachse steht.

Der Fruchtknoten ist **oberständig**, wenn die Blütenachse kegelförmig aufgewölbt ist und Staub- und Perianthblätter unterhalb des Fruchtknotens inseriert sind *(85)*; Blüten mit oberständigem Fruchtknoten sind **hypogyn**. Der Fruchtknoten ist **unterständig**, wenn die Blütenachse becher- oder krugförmige Ausbildung zeigt und der Fruchtknoten mit dieser verwachsen ist. Die dem Becherrand inserierten Staub- und Perianthblätter stehen oberhalb des Fruchtknotens *(87)* = **epigyne** Blüte. Bei einigen Pflanzen *(Epilobium, Oenothera)* verlängert sich die Blütenachse über den Fruchtknoten hinaus *(242)*. Es wird auf diese Weise eine Kronröhre vorgetäuscht, die in Wirklichkeit ein Achsengebilde ist und als **Hypanthium** bezeichnet wird.

Ist der Fruchtknoten nicht mit der becherförmigen Achse verwachsen, so spricht man von einem **mittelständigen** Fruchtknoten (*86*, Kirsche) oder **perigynen** Blüten.

5. Vollständige, Unvollständige Blüten

Enthält eine Blüte sowohl Staub- als auch Fruchtblätter, so ist sie **zwittrig** (⚥) oder **vollständig**. Sind in einer Blüte entweder nur die Staub- oder nur die Fruchtblätter ausgebildet, so ist diese **eingeschlechtig** (unvollständig). Im ersteren Fall spricht man von **Staub-** oder **männlichen** (♂) Blüten, im letzteren von **Stempel-** oder **weiblichen** (♀) Blüten. Finden sich beide auf derselben Pflanze, so ist diese **einhäusig** oder **monözisch** (Haselnuss); sind beide auf zwei verschiedene Individuen verteilt, so spricht man von **zweihäusigen** oder **diözischen** Gewächsen (z. B. Weiden).

6. Blütendiagramme

Will man sich einen Überblick über den Bau einer Blüte und die Stellungsverhältnisse der einzelnen Organe zueinander verschaffen, so stellt man ein sog. **Blütendiagramm** her, indem alle Blütenorgane in eine Ebene projiziert werden. Die aufeinander folgenden Blütenkreise oder -wirtel werden durch konzentrische Kreise symbolisiert, von denen der größte dem untersten, d. h. dem Kreis der Kelchblätter entspricht. In diese Kreise trägt man von außen nach innen, d. h. vom Kelch zu den Fruchtblättern fortschreitend, die einzelnen Blütenorgane und ihre Stellung zueinander ein. Auf diese Weise erhält man Diagramme, wie sie in Abb. *131* für eine Monokotylen- und in Abb. *133* für eine Dikotylenblüte dargestellt sind. Steht die Blüte in der Achsel eines Tragblatts, so werden auch die Abstammungsachse (im Diagramm oben) und das Tragblatt (unten) eingezeichnet. Die durch beide, Abstammungsachse und Tragblatt, hindurchgelegte Schnittebene ist die **Mediane** der Blüte, die senkrecht zu ihr stehende die **Transversale**. Bei dorsiventralen (zygomorphen) Blüten, z. B. den gespornten Blüten des Leinkrauts *(77)*, fällt die einzige Symmetrieebene in die Mediane, und der Sporn wird im Diagramm durch eine Aussackung des nach unten weisenden Blütenblatts gekennzeichnet.

7. Blütenstände

Nur selten beschließt ein Spross sein Längenwachstum mit der Ausbildung einer einzigen Blüte; meist werden mehrere erzeugt, die sich in bestimmter Anordnung an besonderen, mit Hochblättern (Tragblättern oder Brakteen) besetzten Sprossachsen finden. Diese blütentragenden Sprossabschnitte, die sich ihrerseits auch verzweigen können, werden als **Blütenstände** oder **Infloreszenzen** bezeichnet. Nach dem Verhalten der Infloreszenzachse ist in Übereinstimmung mit der vegetativen Region zwischen monopodialen oder razemösen (s. S. 23ff.) und sympodialen oder zymösen (s. S. 25) Infloreszenzen zu unterscheiden.

Razemöse Infloreszenzen

a) einfach-razemöse Infloreszenzen

Die Infloreszenzachse ist unverzweigt:

Traube: In den Achseln von Tragblättern (die auch fehlen können: Brassicaceen) stehen gestielte Einzelblüten: Die Traube ist **geschlossen**, wenn eine Endblüte *(94)* vorhanden ist; sie ist **offen**, wenn die Endblüte fehlt *(95)*.

Doldentraube (besser **Schirmtraube**): Traube, bei der die verschieden lang gestielten Blüten in einer Ebene zu stehen kommen *(96)*.

Ähre: Die Blüten sitzen ungestielt in den Achseln der Brakteen (*97*, Wegerich).

Zapfen sind die weiblichen Blütenstände der Erle und Nadelhölzer. Es sind Ähren, deren Achse und Tragblätter bei der Reife verholzen.

Kolben: Die Ährenachse ist fleischig verdickt (*99*, Kalmus, Aronstab).

Köpfchen oder **Körbchen** sind dem Kolben nahe verwandt, nur entwickelt sich die Infloreszenzachse nicht in die Länge, sondern mehr in die Breite; sie ist entweder schwach kegelförmig aufgewölbt *(100)*, scheibenförmig verbreitert oder leicht krugförmig vertieft. An der Infloreszenzbasis findet sich oft ein sog. **Hüllkelch** (Involucrum; *100*, J), der aus dicht beisammen stehenden Hochblättern besteht. Dieser Hüllkelch wird meist kurz „Hülle" genannt. Beispiele: Korbblütler (Asteraceen), viele Caprifoliaceen.
Die auf dem Blütenboden des Köpfchens sitzenden Tragblätter werden als **Spreublätter** (*1143* S) bezeichnet. Die randlichen (= basalen) Blüten der Köpfchenachse sind die **Rand-**, die zentralen die **Scheibenblüten**. Beide können von verschiedener Gestalt und Färbung sein. Zuweilen können auch die oberen Hüllkelchblätter blumenblattartig ausgebildet sein; sie sind dann von strohiger Beschaffenheit (z. B. *Carlina*, Eberwurz).

Dolde: Traube, an der die Längenentwicklung der Internodien unterbleibt und die gestielten Blüten in den Achseln der rosettig angeordneten Brakteen von einem Punkt ausstrahlen (*101*, Primel, Große Sterndolde).

Die Blüten bilden dann eine ± ebene oder kugelige Fläche. Sie blühen von außen nach innen auf. Ist die Aufblühfolge anders, ist die Infloreszenz meist zymös und wird dann als **Trugdolde** bezeichnet. Da dies nicht immer leicht erkennbar ist, sind im Schlüssel meist Trugdolden und Dolden unter letzterer Bezeichnung zusammengefasst.

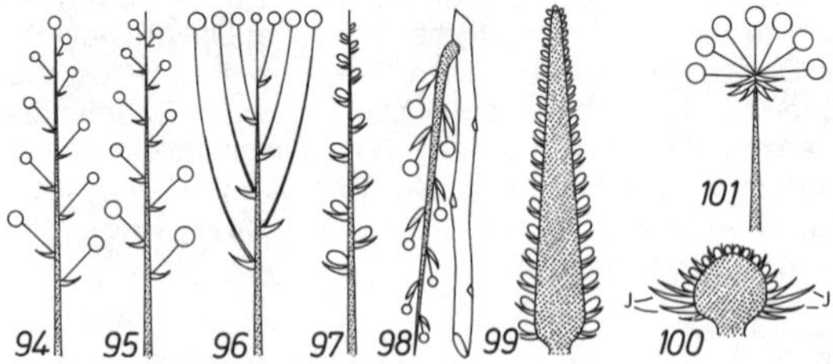

b) zusammengesetzt-razemöse Infloreszenzen

Die Infloreszenzachse erzeugt Seitenäste 1. und höherer Ordnung:

Rispe: Die Blütenstiele stehen entlang einer Achse und sind mindestens zum Teil mehrfach verzweigt *(104);* eine Endblüte ist vorhanden. Sogar die „Traube" der Weinrebe ist daher eine Rispe.

Schirmrispe, Doldenrispe oder **Ebenstrauß**: Rispe, bei der die Blüten zwar in einer Ebene enden (Eberesche, *105*; = **Corymbus**), aber die Stiele nicht vom gleichen Punkt ausgehen.

Spirre oder **Trichterrispe** *(107)*: Rispe, bei der die basalen Seitenäste so stark verlängert sind, dass die Blüten in ihrer Gesamtheit trichterförmig angeordnet sind. Die Endblüten (*107*, E, E_1–E_2) finden sich jeweils am Grunde der „Trichter". Spirren finden sich bei Simsen und Mädesüß.

Doppeltraube: An Stelle der Einzelblüten der Traube steht eine Traube *(102).*

Zusammengesetzte Ähre: Dieser Blütenstand entsteht, wenn an Stelle der Einzelblüte einer Ähre wieder jeweils eine Ähre steht *(103);* so etwa bei Ährengräsern (Weizen, Gerste, Roggen).

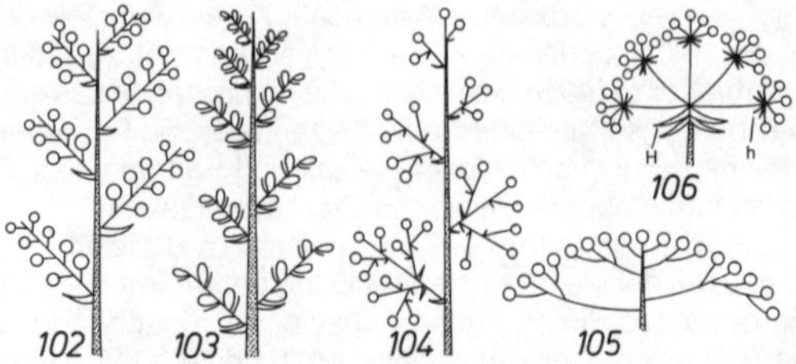

Zusammengesetzte Dolde: Die Doldenstrahlen 1. Ordnung enden mit kleinen, als **Döldchen** bezeichneten Dolden 2. Ordnung. Ihre Tragblätter werden als **Hüllchen** bezeichnet (sehr viele Umbelliferen, *106*).

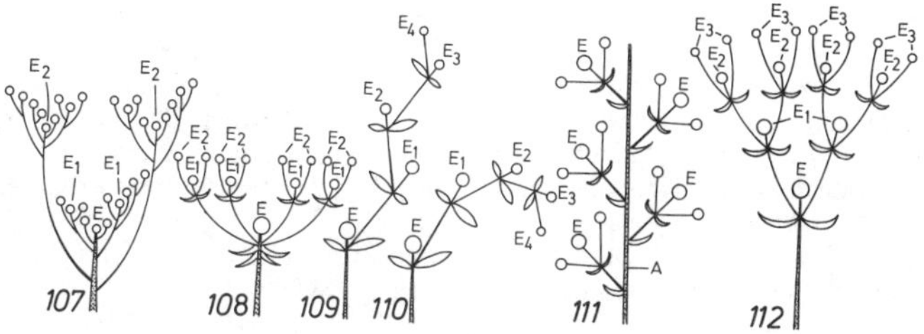

Zymöse Infloreszenzen

Die Infloreszenzachse beschließt ihr Längenwachstum mit der Ausbildung einer Blüte und wird von Seitenachsen übergipfelt, die ihr Wachstum wiederum mit der Ausbildung von Blüten beschließen. Diese Form der Verzweigung kann sich mehrmals wiederholen.

Dichasium: Unterhalb der Endblüte E *(112)* entwickeln sich in den Achseln von Tragblättern 2 Seitenäste, die ihrerseits mit den Blüten E_1 abschließen, von zwei Seitenästen fortgeführt werden u. s. f. (*112* E_1–E_3).

Pleiochasium: Unterhalb der Endblüte E *(108)* des Primärsprosses entwickeln sich mehrere Seitenäste, die ihrerseits wieder mit Blüten (E_1) abschließen. Die letzten Auszweigungen eines Pleiochasiums können in Dichasien übergehen (bei vielen Euphorbien, *767*).

Wickel: Die mit der Endblüte abschließenden Hauptachsen (*109*, E) werden jeweils nur von einem Seitenast fortgeführt (**Monochasium**, s. S. 5), wobei die aufeinanderfolgenden Triebgenerationen abwechselnd nach rechts und links fallen (Natternkopf; *109*, E_1– E_3).

Doppelwickel: Es entwickeln sich beide Dichasialäste mit wickeliger Blütenanordnung.

Schraubel: Unterscheidet sich von der Wickel darin, dass die Fortsetzungssprosse alle nach einer Seite fallen (*110*, E_1–E_4).

Doppelschraubel: Die beiden Dichasialäste tragen die Blüten in schraubeliger Anordnung.

Thyrsus: Blütenstand mit durchgehender monopodialer Achse, an der an Stelle von Einzelblüten zymöse Teilinfloreszenzen stehen (*111*, z. B. Dichasien, Schraubel oder Wickel).

Hier anzuschließen sind auch die **Kätzchen**. Es sind die meist hängenden, männlichen Blütenstände der Haselnuss, Pappel, Erle, Walnuss etc. Es handelt sich um Ähren, Trauben oder Thyrsen mit unscheinbaren Blüten und biegsamer Achse. Die männlichen Kätzchen fallen nach der Blüte als Ganzes ab. Die Tragblätter der Kätzchen heißen **Kätzchenschuppen**.

E. Frucht

Als Frucht wird die Blüte im Zustand der Samenreife bezeichnet. Perianth- und Staubblätter trocknen meist ab und werden zu Beginn der **Postfloration**, des Verblühens, abgeworfen. Auch der Griffel geht verloren und bleibt nur an jenen Früchten erhalten, bei denen er zu deren Verbreitung dient (*Geum, Dryas* u. a.). Erhalten bleibt in allen Fällen der Fruchtknoten, der sich zur eigentlichen Frucht umbildet; aus dem Fruchtknotengewebe geht dabei die die Samen umschließende **Fruchthülle**, das **Perikarp**, hervor. Auch die Blütenachse kann sich in mannigfacher Weise an der Fruchtbildung beteiligen; selbst der Kelch kann in vielen Fällen erhalten bleiben *(Physalis, Hyoscyamus).*

Nach der Ausbildung des Gynoeceums ist zwischen Einzel- und Sammelfrüchten zu unterscheiden.

I. Einzelfrüchte

Sie gehen aus einem verwachsenblättrigen (coenokarpen) Fruchtknoten hervor bzw. aus einem solchen, der nur aus einem einzigen Fruchtblatt gebildet wird. Je nachdem, ob sich die Frucht bei der Reife öffnet und die Samen ausgestreut werden oder diese geschlossen bleibt und zusammen mit den Samen verbreitet wird, ist zwischen Öffnungs- (Spring- oder Streu-) und Schließfrüchten zu unterscheiden.

1. Öffnungsfrüchte

Das Perikarp wird bei der Reife **trockenhäutig**.

Die **Balgfrucht** wird aus nur einem Fruchtblatt gebildet und öffnet sich bei der Reife an der Bauchnaht (balgfrüchtige Hahnenfußgewächse, *113a–b*).

Die **Hülse** der Fabaceen wird wie die Balgfrucht aus nur einem Fruchtblatt gebildet. Sie öffnet sich bei der Reife an Bauch- und Rückennaht *(114a–b).* Die beiden Fruchtblatthälften rollen sich bei Trockenheit spiralig zusammen.

Die **Schote** der *Brassicaceae* wird aus 2 Fruchtblättern gebildet, zwischen denen sich eine falsche Scheidewand ausbildet (*115a–b*, S). Bei der Reife lösen sich die beiden Fruchtblätter von dieser ab, und die Samen bleiben noch längere Zeit an der Scheidewand wie an einem Rahmen stehen (*115a–b*, S). **Schötchen** werden diejenigen Schoten genannt, die höchstens 3-mal so lang wie breit sind.

Die **Kapsel** wird aus zwei oder mehreren Fruchtblättern gebildet. Nach der Öffnungsweise sind verschiedene Formen zu unterscheiden:

a) **Spaltkapsel:** Weichen die Fruchtblätter in den Scheidewänden auseinander, so ist die Kapsel wandspaltig (**septicid**, *116c*; *Hypericum*). Springen die Kapseln im Bereich der Mittelnerven der Fruchtblätter auf, so ist die Kapsel **loculicid** *(Iris, 116 a, b).* Lösen sich die Fruchtblätter

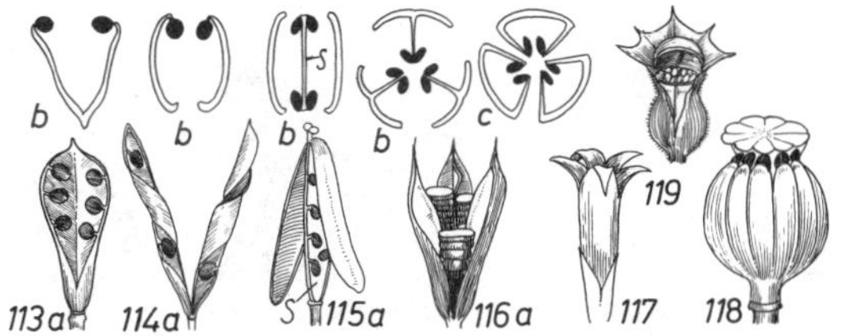

nur unvollständig ab, so öffnet sich die Kapsel am Scheitel mit Zähnen (Caryophyllaceen, *117*).

b) **Deckelkapsel:** Die Kapsel öffnet sich mit Hilfe eines Deckels (Bilsenkraut, *119*).

c) **Porenkapsel:** In der Kapselwand entstehen an scharf umrissenen Stellen Löcher, durch welche die Samen ausgestreut werden (Mohn, *118*; Glockenblume, Löwenmäulchen).

2. Schließfrüchte

Beere: Das Perikarp wird bei der Reife in allen seinen Teilen fleischig und saftig (*120*, punktiert: Stachel-, Heidelbeere, Gurke u. a.).

Nuss: Das Perikarp wird bei der Reife zu einem harten, dickwandigen Gehäuse, das meist nur einen Samen umschließt (Haselnuss, Buchecker, Eichel; *121*, doppelt schraffiert).

Nüsschen: Sind sehr kleine Nüsse (viele Ranunculaceen und Rosaceen) von Sammelnussfrüchten.

Sonderformen der Nussfrüchte sind:

a) **Karyopse** der Gräser (Getreidefrucht): Die sehr dünne Samenschale verwächst mit dem dünnwandigen Perikarp. Die Frucht täuscht deshalb einen Samen vor.

b) **Achäne** der Kompositen: Frucht- und Samenschale sind fest miteinander vereinigt. Der häufig als **Pappus** ausgebildete Kelch (*123*, P) bleibt erhalten und dient als Flugorgan zur Verbreitung der Früchte.

c) **Spaltfrüchte:** Die einzelnen Fruchtblätter weichen bei der Reife an den Verwachsungsnähten auseinander und stellen einsamige Nüsschen (Apiaceen, *124*, Ahorn) dar, ebenso die **Klausenfrüchte** der Boraginaceen.

d) **Gliederhülsen:** Zwischen den Samen einer Hülse bilden sich Scheidewände aus, sodass einsamige Glieder entstehen, die bei der Reife auseinanderbrechen (Fabaceen). Bei den Brassicaceen kommt es in gleicher Weise zur Ausbildung von **Gliederschoten** *(Raphanus, 125).*

Steinfrüchte: Das Perikarp differenziert sich bei der Reife in einen inneren **Steinkern** (*122*, doppelt schraffiert) und einen äußeren Teil, der entweder fleischig-saftig (*122*, punktiert, Pflaume, Kirsche, Aprikose) oder ledrig-faserig wird (Walnuss, Mandel).

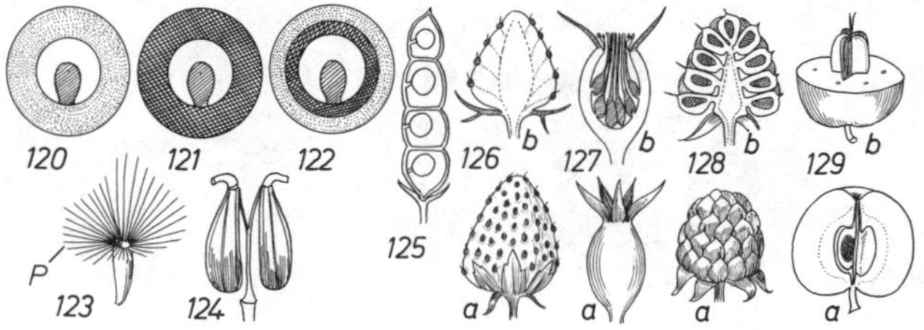

II. Sammelfrüchte

Sie werden auch als **Scheinfrüchte** bezeichnet und gehen aus Blüten mit apokarpem Gynoeceum hervor. Jeder einzelne Fruchtknoten (Stempel) bildet ein Früchtchen für sich. Man spricht aber nur dann von einer **Sammelfrucht**, wenn diese das Aussehen einer Einzelfrucht annimmt und die Einzelfrüchte sich in ihrer Gesamtheit ablösen. An der Sammelfruchtbildung kann sich in mannigfacher Weise die Blütenachse beteiligen:

1. **Sammelnussfrüchte:** Die einzelnen Teilfrüchte werden bei der Reife zu **Nüsschen**. Bei der Erdbeere entwickelt sich der Blütenboden zu einem fleischigen, kegelförmigen, aufgewölbten Gebilde, dem die kleinen Nüsschen aufsitzen *(126a–b)*; bei der Hagebutte, der Rosenfrucht, sind die Nüsschen von der fleischigen, krugförmigen Blütenachse umschlossen *(127a–b)*.
2. **Sammelsteinfrüchte:** Die einzelnen Teilfrüchte entwickeln sich bei der Reife zu **Steinfrücht(ch)en.** Sie sitzen bei der Brom- und Himbeere der kegelförmigen Blütenachse auf *(128a–b)* und lösen sich bei der Reife von dieser in ihrer Gesamtheit ab.
3. **Apfelfrucht:** Wie bei der Hagebutte ist die Blütenachse becherförmig vertieft; zum Unterschied von dieser verwachsen aber Fruchtblätter und Blütenachse miteinander. Bei Apfel, Birne und Quitte werden die Fruchtblätter bei der Reife pergamentartig (**Kernapfel**, *129a–b*), bei der Mispel und beim Weißdorn hingegen nussartig **(Steinapfel)**.

III. Fruchtstände

Diese gehen aus einem ganzen Blütenstand hervor, nehmen bei der Reife das Aussehen einer Einzelfrucht an und lösen sich gleich den Sammelfrüchten in ihrer Gesamtheit ab. An der Fruchtbildung beteiligen sich außer dem Fruchtknoten die Blütenhülle, die Infloreszenzachse und die Brakteen (Maulbeere, Erdbeerspinat).

Einige Bemerkungen zur Gliederung des Pflanzenreichs und zur Nomenklatur der Pflanzen

Heute sind rund 300 000 Arten von Blütenpflanzen bekannt; fortlaufend werden auf Reisen in wenig erforschten Ländern neue entdeckt, aber viel mehr noch werden leider ausgerottet. Um diese beschreiben und in das „System der Pflanzen" einordnen zu können, hat man das gesamte Pflanzenreich in systematische Einheiten (= Taxa; Einzahl: Taxon[1]) unterteilt. Die Grundeinheit der Systematik ist die **Art** (species). In ihr werden alle jene Individuen, einschließlich ihrer Vorfahren und Nachkommen, zusammengefasst, die sich untereinander in allen wesentlichen, erblich konstanten Merkmalen gleichen und sich in diesen von anderen, nächstverwandten Arten unterscheiden. Eine Art kann also nur durch den Vergleich mit einer anderen erfasst und abgegrenzt werden. Die Art ist jedoch nicht die kleinste taxonomische Einheit. Sie kann je nach dem Grad ihrer Merkmalsvariabilität weiter in **Unterarten** (subspecies = ssp.), **Varietäten** (varietas = var.) und **Formen** (forma = f.) unterteilt werden. Die beiden Letzteren werden in diesem Buch meist nicht aufgeführt. Unterarten finden stets Berücksichtigung, wenn sie von größerer Bedeutung und weiterer Verbreitung sind und wenn auch der Anfänger sie mit den jeweils nur wenigen angeführten Merkmalsunterschieden mit einiger Sicherheit zu bestimmen vermag. Hingegen wurde häufig von der Möglichkeit Gebrauch gemacht, „Großarten" (Sammelarten, besser als Artengruppe oder **Aggregat** bezeichnet, abgekürzt agg.) in **Kleinarten** aufzugliedern. Kleinarten erfahren die gleiche nomenklatorische Behandlung wie Arten. Oft liegt es allein im Ermessen des Spezialisten, ob er eine formenreiche Artengruppe in mehrere Kleinarten oder ob er sie in eine Art mit Unterarten gliedert. Bei einer Gliederung in Kleinarten erhält die typische Art meist den Zusatz s. str. (= sensu stricto, im engeren Sinn). Bei einer Gliederung in Unterarten erhält die Unterart, die den Typus der Art einschließt, als Namen die Wiederholung der Artbezeichnung, aber ohne Angabe eines Autors (z. B. *Carex atrata* L. ssp. *atrata*). Beispiele für solche, in ihrer stammesgeschichtlichen (phylogenetischen) Entwicklung stabilisierte Verhältnisse von Artengruppen oder Gruppen von Unterarten – etwa durch Entstehung von getrennt vorkommenden Öko- oder Chromosomentypen – liefern die Gattungen *Ranunculus, Rhinanthus, Melampyrum, Thymus, Myosotis, Achillea, Centaurea, Epipactis, Carex, Bromus, Poa, Festuca, Stipa* u. a.

Untereinheiten einer Art treten häufig räumlich voneinander getrennt auf oder sie wachsen an verschiedenen Standorten. Man spricht dann auch von geographischen oder ökologischen Rassen. So werden von der Alpen-Anemone *(Pulsatilla alpina)* die beiden Unterarten ssp. *alpina* und ssp. *apiifolia* unterschieden (S. 373). Erstere ist kalkliebend, Letztere

---

[1] Taxon oder Sippe sind neutrale, rangstufenunabhängige Bezeichnungen.

kalkmeidend. Wir haben es mit ökologischen Rassen zu tun, die sich aber auch morphologisch unterscheiden lassen. Über den Charakter ökologischer Rassen sind wir durch die Forschungen insbesondere während der vergangenen Jahrzehnte in zahlreichen Fällen recht gut informiert. Oft haben morphologisch schwierig zu unterscheidende vikariierende Sippen – wechselseitiger, geographisch oder ökologisch bedingter Ausschluss im Vorkommen – ihre Ursache in unterschiedlichen Chromosomenzahlen; insofern kann man z. B. von diploiden und tetraploiden Rassen sprechen (z. B. *Dactylorhiza maculata* und *D. fuchsii*, S. 221f.).

Es gibt eine Reihe von Arten (vor allem in den Gattungen *Rubus, Taraxacum* und *Hieracium*), die noch in lebhafter Entwicklung begriffen und deshalb außerordentlich formenreich sind. Sie werden z. T. in **Sammel-** oder **Kollektivarten** bzw. **Artengruppen** gegliedert und in viele, oft sehr schwierig zu bestimmende **Kleinarten** aufgespalten. In der vorliegenden Flora werden in solchen Fällen nur die Artengruppen aufgeführt. Wer sich eingehender mit diesen beschäftigen will, muss zur Spezialliteratur greifen. Ebenso sind in diesem Buch nur wenige **Hybriden**, d. h. Kreuzungen (**Bastarde**, im Text mit × gekennzeichnet) zwischen zwei verschiedenen Arten aufgenommen worden; bei Gattungen aber, in denen häufig Hybridbildung erfolgt, ist am Ende der Gattungstabelle darauf hingewiesen worden.

Alle Arten, die mehrere gemeinsame Merkmale erkennen lassen, die also näher miteinander verwandt sind, werden zur nächst höheren taxonomischen Einheit, der **Gattung**, zusammengefasst. Mehrere Gattungen können nun ihrerseits in wesentlichen Merkmalen miteinander übereinstimmen, sodass sie zur **Familie**, dem nächsten Taxon, vereinigt werden können. Jeder Familie ist in diesem Buch eine kurze Charakteristik der typischen Merkmale ihrer mitteleuropäischen Vertreter vorangestellt. Mehrere Familien werden zu Ordnungen, mehrere Ordnungen zu Klassen, mehrere Klassen zu Unterabteilungen, Letztere wieder zu Abteilungen zusammengefasst. So gehört beispielsweise die **Familie** der *Kieferngewächse* (Pinaceae) zur **Ordnung** der Coniferales, diese zur **Klasse** der Coniferopsida, den *Kiefernähnlichen*, diese Klasse zur **Unterabteilung** der *Nacktsamigen Pflanzen* (Gymnospermae) und die wiederum zur **Abteilung** der *Samenpflanzen* (Spermatophyta).

Sämtliche systematischen Einheiten werden mit lateinischen Namen belegt, da diese international verständlich sind, die deutschen Pflanzennamen (*Kursivdruck* im vorliegenden Buch) hingegen von Gebiet zu Gebiet wechseln können. Carl von Linné hat 1753 die binäre Nomenklatur für Arten eingeführt. Hierbei kennzeichnet der erste (großgeschriebene) Name die Gattung, in Verbindung mit dem zweiten (kleingeschriebenen) die Art.

Als **Synonyme** bezeichnet man Namen, die neben dem in diesem Buch verwendeten zusätzlich vorhanden und gebräuchlich sind. Sie sind als solche korrekte Namen, wenn durch sie nur eine andere Meinung über den Status einer Gattung oder Art ausgedrückt wird. Sie sind aber – häufiger – inkorrekt, z. B. dann, wenn eine Pflanze (Gattung oder Art) zwei- oder gar mehrmals beschrieben und benannt worden ist. Korrekt (legitim) ist dann jeweils nur der ältere Name (Prioritätsregel). Synonyme finden sich im vorliegenden Buch in Klammern und im Kursivdruck jeweils am Ende der Artdiagnose. Wir haben uns bemüht, alle jene Synonyme anzuführen, die einen Vergleich mit anderen, auch älteren Florenwerken ermöglichen. An den wissenschaftlichen Pflanzennamen schließen sich, meist in abgekürzter Form, noch jeweils ein oder mehrere Personennamen an. Es handelt sich um die Namen derjenigen Botaniker, welche die Art – und jede andere systematische Einheit – zuerst gültig beschrieben haben. Die Angabe der Autorennamen ist wichtig, um Namensverwechslungen zu vermeiden. Ein Verzeichnis der Abkürzungen der Autorennamen findet sich auf S. 884f.

Häufig steht vor dem Autorennamen noch ein weiterer in Klammern. Hierdurch wird ausgedrückt, dass der so verwendete Name vom sog. Klammerautor geprägt worden ist, aber vom nachfolgenden Autor entweder in einen neuen Status (Kategorie) oder aber in eine andere Gattung versetzt worden ist. Der Klammerautor hat damit das sog. Basionym (den Grundnamen) begründet, der vom nachfolgenden Autor bei dessen Umkombination den internationalen Nomenklaturregeln zufolge (meist) beibehalten werden muss.

Als Hilfe zur richtigen Aussprache sind die gültigen wissenschaftlichen Namen in den Tabellen der Familien, Gattungen und Arten mit Betonungszeichen versehen. Diese sind aber kein Bestandteil der Namen und fallen daher sonst weg.

Bemerkungen zur Umgrenzung des von der Flora erfassten Gebiets

Das Gebiet, das von der vorliegenden Flora erfasst wird, geht über die Grenzen von Deutschland hinaus. Es umfasst im Norden ganz Dänemark, im Westen Belgien, die Niederlande und Luxemburg, von Frankreich das Elsass und die Vogesen, im Süden die Schweiz, Liechtenstein und Österreich, von Italien die Provinz Bozen, im Osten die Tschechische Republik und von Polen Schlesien, Pommern und Westpreußen, dazu das ganze ehemalige Ostpreußen. Damit umschließt diese Flora das Gebiet von Mitteleuropa annähernd vollständig. Die Karten auf den Vorsatzblättern vorne und hinten zeigen die Abgrenzung des Gebiets und die wichtigsten Landschaften, Flüsse und Gebirge. Hier finden sich auch die in der Flora verwendeten geografischen Abkürzungen.

Angaben zur Häufigkeit der Pflanzen

Die in der vorliegenden Flora aufgeführten Pflanzenarten sind unterschiedlich häufig. Sie sind entweder im gesamten Gebiet gleichmäßig verteilt, oder sie sind auf eng umgrenzte Areale (Wohngebiete) beschränkt. Die Verbreitung einer Pflanze ist
gemein *(g),* wenn sie im gesamten Gebiet (fast) lückenlos verbreitet ist.
Eine Pflanzenart ist
verbreitet *(v),* wenn ihr Verbreitungsgebiet regionale Lücken aufweist.
zerstreut *(z),* wenn ihr Verbreitungsgebiet durch größere Lücken unterbrochen ist.
selten *(s),* wenn sie im Gebiet nur an wenigen, ökologisch oft spezialisierten Fundorten auftritt.
fehlend *(f),* wenn sie in dem (den) genannten Gebiet(en) überhaupt nicht vorkommt.
häufig *(h),* wenn sie in der Regel an ihren Fundplätzen in großer Individuenzahl vorkommt.

Bemerkungen zur Verbreitung der Pflanzen

1. Vertikale Verbreitung

Steigt man in Gebirgen von niederen Lagen bis in die Region des ewigen Schnees und Eises empor, so ist eine deutliche Höhenzonierung der einzelnen Pflanzen und Pflanzengesellschaften festzustellen, und es sind verschiedene, ± scharf gegeneinander abgrenzbare Stufen zu unterscheiden (nach EHRENDORFER):

a) Die **planar-colline** Stufe, bis 500 m. Ihre Obergrenze fällt mit der Obergrenze des Weinbaus zusammen. Es ist das Gebiet der Eichenmischwälder und der Kiefernwälder. Hier finden sich auch an Steilhängen Trockenrasen, besonders im Bereich großer Flusstäler, auf denen zahlreiche wärmeliebende und trockenresistente Arten wachsen.
b) Die **submontane** Stufe, ca. 500–1000 m. Hier finden sich überwiegend Buchenwälder, an speziellen Standorten aber auch andere Laubmischwälder. Sind die Wälder durch die menschliche Wirtschaft umgewandelt, so finden sich an ihrer Stelle meist Wiesen, Weiden und Äcker.
c) Die **hochmontane** Stufe, ca. 1000–1600(–1800) m. Dies ist die Stufe des Bergwalds, in dem die Buche sich mit Tanne oder Fichte mischt. Im obersten Bereich dominiert meist die Fichte allein oder sie tritt zusammen mit der Lärche auf. Submontane und hochmontane Stufe werden auch öfter zur **montanen** Stufe zusammengefasst.

d) Die **subalpine** Stufe, ca. (1600–)1800–2200(–2400) m. Dies ist die Kampfwald- und Krummholzstufe. Einzelne Vorposten von Lärche oder Arve stehen verzahnt in größeren Beständen der Legföhre oder der Grünerle. Durch die Almwirtschaft ist das heute meist ein Bereich von Viehweiden mit vielen Zwergsträuchern.
e) Die **alpine** Stufe, ca. 2200–3000 m. Im unteren Bereich dominieren hier Zwergstrauchheiden, im oberen alpine Rasengesellschaften.
f) Darüber erheben sich die **subnivale** (ca. 3000–3300 m) und die **nivale** Stufe. In ihnen finden sich nur vereinzelt noch Polsterpflanzen, dazu Moose und Flechten. Im Gebiet wird die höchste Höhe am Monte Rosa mit 4634 m erreicht.

Die einzelnen Abstufungen beginnen und enden nicht überall in gleicher Meereshöhe. In weiter südlich gelegenen Gebieten können Pflanzen größere Höhen erreichen als weiter nördlich. Dies ist bei den Abgrenzungen zu berücksichtigen.

2. Horizontale Verbreitung

Hinsichtlich der horizontalen Verbreitung lassen sich unterscheiden:

a) **arktisch-nordische** Arten: sie haben ihre Hauptverbreitung in dem arktischen Tundrengebiet jenseits der polaren Waldgrenze. Mit einigen Arten (z. B. *Dryas octopetala, Linnaea borealis* u. a.) treten sie auch in den Alpen auf und werden dann als **arktisch-alpine** Florenelemente bezeichnet (s. auch S. 36).
b) **nordische** (boreale) Arten: sie haben ihre Hauptverbreitung in den nordischen Nadelwaldgebieten.
c) **atlantische** Arten: sie finden sich bevorzugt nahe der atlantischen Küstenregion, strahlen z. T. aber auch weit nach Osten aus *(Hymenophyllum tunbrigense, Ulex europaeus, Teucrium scorodonia* u. a.).
d) **mediterrane** Arten: Pflanzen, die vom Mittelmeergebiet bis in die warmtrockenen Gebiete Süd- und Westdeutschlands eingewandert sind (viele Orchideen, *Tamus communis* u. a.).
e) **pontische** Arten: Pflanzen, die in der nacheiszeitlichen Wärmezeit aus den östlichen Ländern (Südrussland, Balkan) nach Mitteleuropa (Mittel- und Westdeutschland) gelangt sind *(Stipa-, Pulsatilla-, Adonis-*Arten) und als nacheiszeitliche **Wärmereliktpflanzen** trocken-warme Gebiete besiedeln.

3. Erklärung einiger wichtiger pflanzengeographischer Ausdrücke

Reliktpflanzen sind Pflanzen, die in frühen erdgeschichtlichen Epochen der Nacheiszeit eine weitere Verbreitung hatten und sich heute nur noch an Standorten extremer klimatischer Bedingungen finden. Sie nehmen deshalb, hinsichtlich ihrer Gesamtverbreitung, zerrissene, zerstückelte, sog. **disjunkte** Areale ein. Beispielsweise finden sich **arktisch-alpine** Reliktpflanzen, die während der letzten Eiszeit die schmale eisfreie Zone Mitteldeutschlands besiedelten, heute nur in der Arktis und in den Alpen oder an extremen Standorten (sog. Exklaven, z. B. Schwäbische Alb, Vogesen, Schwarzwald), wo sie geeignete Lebensbedingungen finden. Das gleiche gilt auch für die **pontischen** Reliktpflanzen, die in der nacheiszeitlichen Wärmezeit eine weite Verbreitung hatten, sich heute aber außer in ihren Hauptarealen nur noch in Exklaven mit heiß-trockenem Klima finden.

Endemiten sind Pflanzensippen mit relativ kleinem Verbreitungsgebiet. Ein Endemit der Ostalpen z. B. kommt daher nur in den Ostalpen und sonst nirgends vor.

Den Pflanzen mit begrenzter, häufig disjunkter Verbreitung gegenüber stehen:

Kosmopoliten, Pflanzen, deren Areal sich nahezu über die ganze Welt erstreckt (extrem trockene, heiße und kalte Gebiete ausgenommen); so z. B. Sonnentau *(Drosera)*, Rohrkolben *(Typha)* u. v. a.

Eingebürgerte, Pflanzen, die in historischer Zeit aus fremden Gebieten eingeschleppt worden sind, sich eingebürgert haben und heute den Eindruck erwecken, als seien sie Bestandteile der ursprünglichen, natürlichen Vegetation, so die an Bahndämmen, Straßenböschungen etc. weit verbreitete Nachtkerze *(Oenothera)*, die aus Nordamerika stammt, ferner das ebenfalls nordamerikanische Berufkraut *(Erigeron canadensis)*, die heute in die Auwälder eindringenden Goldruten (*Solidago gigantea* und *S. canadensis*), die Wasserpest *(Elodea canadensis)*, die ostasiatische Kalmus *(Acorus calamus)* u. v. a. Diese Fremdlinge der heimischen Vegetation werden als **Neophyten** bezeichnet, wenn sie sich nach 1500 eingebürgert haben. Als Kriterium der Einbürgerung gilt, ob eine Art sich an Ort und Stelle schon in dritter Generation aus Samen erneuert hat.

Bei den **Archäophyten** handelt es sich, im Gegensatz zu den Neophyten, um Pflanzen, vorwiegend Unkräuter (z. B. *Agrostemma githago, Anagallis arvensis* u. a.), die mit dem Ackerbau bereits in vorgeschichtlicher Zeit (Stein- und Bronzezeit) oder später bis zum Jahr 1500 nach Mitteleuropa gelangt sind.

Adventivpflanzen sind Pflanzen, die vorwiegend aus Übersee eingeschleppt wurden, sich bevorzugt in Häfen, an Bahnhöfen oder sonstigen Warenumschlagplätzen finden; sie verschwinden häufig nach einigen Jahren wieder, da sie sich den veränderten Umwelt- und Klimabedingungen nicht anzupassen vermögen oder der Konkurrenz der heimischen Vegetation erliegen. Vorkommen von Pflanzen, die durch direkte Einwirkung des Menschen entstanden sind, nennt man **synanthrop**.

Ruderalpflanzen sind Gewächse, die in ihrer Verbreitung an menschliche Wohnstätten gebunden und stickstoffliebend sind (z. B. Amaranthaceen, Urticaceen u. a.). Sie finden sich häufig in Dörfern, wo Mist oder sonstiger Dünger gelagert wird.

Damit im Zusammenhang stehen auch jene Pflanzen, die in den Alpen als **Lägerpflanzen** bezeichnet werden. Es handelt sich gleichfalls um stickstoffliebende, nitrophile Pflanzen, die sich in der Umgebung von Almen, also dort, wo sich das Vieh lagert, ansiedeln (z. B. *Rumex alpinus, Chenopodium bonus-henricus, Senecio alpinus* u. a.).

Nachfolgend sei noch auf zwei besondere Pflanzenvergesellschaftungen vor allem der Alpen und höheren Mittelgebirge hingewiesen:

Hochstaudenfluren sind Vergesellschaftungen von großblättrigen Stauden (z. B. *Adenostyles*-Arten, *Aconitum*-Arten, *Lactuca alpina* u. a.), die in der unteren alpinen Stufe auf sehr nährstoffreichen und gut durchfeuchteten Böden, vor allem in Mulden und Runsen, siedeln. Wachsen sie in alten Gletscherkaren, in denen der Schnee länger liegen bleibt, so werden sie auch als **Karfluren** bezeichnet. In den höheren Mittelgebirgen (Schwarzwald, Vogesen, Riesengebirge) finden sich in den Karfluren als Reliktpflanzen auch eine Reihe subalpiner und alpiner Florenelemente.

Schneetälchen sind muldenförmige Vertiefungen der alpinen Mattenregion, in welchen der Schnee sehr lange liegen bleibt und wo sich demzufolge eine besondere Vegetation, die nur eine kurze Vegetationsperiode benötigt, ansiedelt (z. B. *Gnaphalium supinum, Sibbaldia procumbens* u. a.).

Kurze Bemerkungen zur Geschichte der mitteleuropäischen Flora

Ein einschneidendes Ereignis für die heutige Verteilung des Pflanzenkleids im behandelten Gebiet war der Höhepunkt der **Eiszeit**, als (vor ca. 20 000 Jahren) das Eis einerseits vom Norden südwärts und andererseits die Gletscher aus den Alpen heraus nordwärts wanderten und die Eismassen nur einen schmalen, eisfreien Streifen zwischen sich frei ließen. Wärmeliebende Pflanzen wurden nach Südwest bzw. nach Südost abgedrängt, während die kälteliebenden Pflanzen den schmalen, eisfreien Streifen besiedelten. So entstand eine Vegetation, die jener der heutigen nordischen Tundra ähnlich war, und wir finden Ablagerungen von Pflanzenresten (z. B. *Dryas octopetala* und Gletscherweiden), die man heute nur in der Subarktis und in den Alpen antrifft. Nach allmählichem Rückgang des Eises[1] – etwa

---

[1] Es sei in diesem Rahmen lediglich darauf hingewiesen, dass es mehrere Eiszeiten, d. h. Perioden des Rückzugs und des Vorstoßes der Eisdecke gab, bevor sich ein endgültiger Rückzug der geschlossenen Eisdecke nach Norden und Süden vollzog.

vor 12 000 Jahren – wanderte ein Teil der damaligen **Tundrenvegetation** nach Norden, ein anderer aber nach Süden, woraus sich die disjunkte Verbreitung der **arktisch-alpinen Florenelemente** erklären lässt. Nach weiterem Rückgang der Eisdecke und fortschreitender Erwärmung (vor etwa 10 000–8000 Jahren v. Chr.) gelangten nun in das weithin eisfrei gewordene Mitteleuropa auch Gehölze, zuerst Birke und Kiefer, sodass man von der **Kiefern-Birkenzeit** spricht. Etwa um 7000 v. Chr. erreichte der Temperaturanstieg ein Maximum; die Temperaturen lagen höher als in der Jetztzeit, und aus dem Südosten (Südosteuropa) sowie aus dem Südwesten (Mediterrangebiet) wanderten wärmeliebende Pflanzen ein. Die ersteren sind als **pannonische** (aus Ungarn) resp. **pontische** (aus der Ukraine) Florenelemente der heimischen Vegetation bekannt; aus dem Mittelmeergebiet aber gelangten mediterrane Arten in unser Gebiet (vor allem Orchideen, *Tamus communis* u. a.) und sie werden als **mediterrane Florenelemente** bezeichnet. Bäume wie Kiefer und Birke wurden auf Spezialstandorte (Sand und Moore) oder nach Norden abgedrängt, während wärmeliebende Gehölze wie Haselnuss, Eiche, Ulme, Hainbuche u. a. das Vegetationsbild beherrschten. Man spricht deshalb von der **Eichen-Mischwaldzeit**, die der nacheiszeitlichen **Wärmezeit** entspricht. Etwa um 2500 v. Chr. begann sich dann das Klima erneut zu verschlechtern; es wurde kühler und feuchter. Die wärmeliebenden Pflanzen wurden auf Extremstandorte verdrängt (z. B. steile, südexponierte Felshänge von Flusstälern wie Donau, Main, Elbe, Saale, Unstrut u.a.), wo sie als **xerotherme** oder wärmezeitliche Reliktpflanzen überlebten. Der vorherrschende Waldbaum wurde in niederen Lagen die Buche *(Fagus sylvatica),* ein Baum des feuchteren, ozeanischen Klimas, und mit ihm wanderten jene Pflanzen ein, die als **atlantische Florenelemente** bekannt sind (Stechpalme, Stechginster, Roter Fingerhut, *Erica*-Arten u. v. a. m.). In dieser **Nachwärmezeit**, dem Subatlantikum, befinden wir uns noch immer.

So stellt also das heutige Vegetationskleid, sofern es nicht oder nur wenig vom Menschen beeinflusst worden ist, ein Abbild der nacheiszeitlichen Entwicklung, d. h. etwa der letzten 12 000 Jahre dar. Allerdings hat der Mensch durch Nutzung, Ackerbau, Rodung, Forstwirtschaft und Industrialisierung in den letzten Jahren umgestaltend in die primäre Vegetation eingegriffen; es ist oft schwierig, das ursprüngliche Vegetationsbild zu rekonstruieren. Deshalb ist es zu begrüßen, dass der Gedanke des Naturschutzes und der Naturerhaltung heute von Jahr zu Jahr mehr an Bedeutung gewinnt, um die wenigen Reste intakter Vegetation zu schützen und der Nachwelt zu erhalten. Jeder Benutzer der vorliegenden Flora kann dazu beitragen, den Naturschutzgedanken zu verwirklichen! Deshalb die dringende Bitte an jeden Naturliebhaber: **Schützt und rettet unsere Natur!**

Naturschutz

Gegenüber früheren Jahrhunderten ist heute der Gedanke des Naturschutzes eine Selbstverständlichkeit. Dass die Natur von verschiedenen Seiten bedroht ist, ist allgemein bekannt. Der wichtigste Schutz zur Erhaltung biologischer Vielfalt ist der Biotopschutz. Daneben können für spezielle Arten auch Erhaltungskulturen sehr wichtig sein. Aber der Biotopschutz erhält eben auch die Lebewesen, von denen man noch wenig weiß. Blütenpflanzen leben schließlich nicht allein, sondern hängen von vielen anderen Tier- oder Pflanzenarten mehr oder weniger stark ab.

Außer dem Schutz für Biotope gibt es auch den gesetzlichen Schutz für einzelne Arten. Hier ist die Situation kompliziert geworden, da zu den Gesetzen der Länder und der Bundesländer noch die Bestimmungen der EU hinzukommen. Durch die Erweiterung der EU, die nun große Teile des Gebiets der Flora umfasst, ist immerhin in Zukunft eine Angleichung der Gesetze zu erwarten. Da jedes einzelne Land aber oft spezielle Arten besitzt, wird es je nach Gebiet auch immer andere zu schützende Arten geben.

Diese komplizierten Sachverhalte können in einer Flora nur mit einigen Vereinfachungen wiedergegeben werden. Hier sollen hier nur 3 Kategorien unterschieden werden:

Ⓖ

Die Art oder Unterart ist nach der Bundesartenschutzverordnung in Deutschland speziell geschützt oder sie ist nach der FFH-Richtlinie der EU oder nach dem Washingtoner Artenschutzabkommen geschützt. Sie ist möglicherweise auch außerhalb Deutschlands geschützt und sollte dort ebenso sorgsam behandelt werden wie innerhalb Deutschlands!

Ⓖ!

Die Art ist in Deutschland besonders streng geschützt, da sie im Gebiet vom Aussterben bedroht ist.

[G]

Die Art ist in einem Land der Flora außerhalb Deutschlands, also z. B. in Dänemark, Belgien, den Niederlanden, im Elsass oder in einem Bundesland Österreichs geschützt, aber nicht in Deutschland.

Eine Liste der Arten, die zu den beiden ersten Kategorien zählen, findet sich auf den S. 881–883.

Der Benutzer der Flora ist in jedem Fall gezwungen, sich über den Naturschutz des betreffenden Landes, in dem er sich befindet, zu informieren. Er sollte aber auch wissen, ob er sich innerhalb eines Schutzgebiets aufhält. Denn dort ist meistens das Abreißen von Pflanzenteilen aller Arten ganz verboten. Befindet er sich in freier Natur, aber außerhalb eines Schutzgebiets, so sollte er im Umgang mit ihm unbekannten Pflanzen sehr vorsichtig sein, denn sie könnten unter Naturschutz stehen. Er tut also immer gut daran, sich so zu benehmen, dass in der Natur auf jeden Fall keine nennenswerten Schäden entstehen.

Floristische Kartierung

Die Natur schützen kann man am ehesten, wenn man genau Bescheid weiß, was wo vorhanden ist. Darüber hinaus besteht auch ein wissenschaftliches Interesse an der genauen Aufklärung der Verbreitung aller Arten. Aus beiderlei Gründen, der Wissenschaft und des Naturschutzes, wurde in Mitteleuropa zum Teil schon vor über 60 Jahren begonnen, die Flora zu kartieren. Um ein größeres Gebiet gleichmäßig zu erfassen, ist es zweckmäßig, es in kleinere Rasterflächen (Grundfelder) aufzuteilen. Solche Grundfelder können die Größe von topographischen Karten 1: 25 000 (etwa 11 x 12 km) haben; es können Viertel davon (sog. Quadranten, etwa 5 x 6 km) sein oder noch kleinere Flächen. Für jedes solche Grundfeld wird nun durch Suche im Gelände eine Liste der dort vorkommenden Pflanzenarten erarbeitet. Auf einer Verbreitungskarte erhält eine Art, wenn sie dort vorkommt, einen Punkt. Auf diese Weise entstand in über zwanzigjähriger Arbeit für die alte Bundesrepublik Deutschland, unterstützt durch mehr als 1200 ehrenamtliche Kartierer, ein Verbreitungsatlas (HAEUPLER & SCHÖNFELDER 1988), dem ein Atlas für Ostdeutschland folgte (BENKERT et al. 1996). Damit ist für diese Gebiete eine erste Übersicht geschaffen. Aber die Arbeit ist noch nicht zu Ende. Für viele Gebiete benötigt man besonders für Zwecke des Naturschutzes eine genauere Erfassung mit kleineren Grundfeldern. Daran können sich noch viele Interessierte beteiligen.

Auch in manchen Nachbarländern Deutschlands gibt es schon Verbreitungsübersichten. So für Dänemark (HULTÉN 1950), für Belgien und Luxemburg (VAN ROMPAEY & DELVOSALLE 1979) und für die Schweiz (WELTEN & SUTTER 1982). In Polen, in der Tschechischen Republik und besonders in Österreich sind Kartierungen im Gang, die z. T. weit fortgeschritten sind.

Oft wird der Einwand erhoben, dass seltene Arten durch Veröffentlichungen eher gefährdet als geschützt werden. Bei entsprechender Sorgfalt beim Datenschutz (Offenlegung nur für Naturschutzbehörden oder deren legitimierte Vertreter) ist aber die positive Wirkung viel größer als die negative. Gerade die Kartierung nach Rasterfeldern bietet auch einen gewissen Schutz für die Fundstellen. Denn diese können aus der Karte nicht ohne weiteres entnommen werden.

Es gibt jedoch von Land zu Land und von Gebiet zu Gebiet verschiedene Kartierungsprojekte. Welche Kartierungen in welchen Gebieten Mitteleuropas im Gange sind und was dort geplant ist, darüber gibt ein Heft von E. BERGMEIER (Hrsg.; 1992) Aufschluss. Darin sind auch die Adressen angegeben, an die man sich, wenn man mitmachen möchte, wenden kann. Der bisherige Aufschwung, den die botanische Wissenschaft und der Naturschutz durch die Kartierungen erhalten haben und der nebenbei zum Schutz vieler Gebiete geführt hat, fordert geradezu heraus, zur Weiterarbeit aufzurufen. Denn nun gilt es, die Veränderungen der Flora zu beobachten und dann deren Ursachen zu erforschen.

Literatur: Floristische Rundbriefe, Beiheft **2**, Grundlagen und Methoden floristischer Kartierungen in Deutschland (Hrsg. E. Bergmeier); Verlag E. Goltze, Göttingen.

Hinweise zum Sammeln und Bestimmen von Pflanzen

Der Anfänger ist zuweilen bei einem Bestimmungsversuch außerstande, eine für die sichere Bestimmung erforderliche Entscheidung zu treffen, wenn ihm ein für die Klassifizierung der betreffenden Pflanze wichtiges Organ fehlt. Diese Schwierigkeit kann durch Beachtung der folgenden Hinweise vermieden werden:

1. **a)** Man sammle **von jeder Pflanze nicht nur blühende, sondern auch fruchtende Triebe in verschiedenen Entwicklungsstadien!** Die Vertreter mehrerer Familien (Brassicaceen, Apiaceen, Asteraceen u. a.) lassen sich mit Sicherheit nur nach **reifen** Früchten bzw. Samen bestimmen, **b)** Stellt man beim Sammeln fest, dass eine Pflanze **eingeschlechtige** und **zweihäusig verteilte** Blüten besitzt, so muss das andere Geschlecht gesucht werden. **c)** Soweit es sich um krautige Pflanzen handelt, sind stets die **Grundblätter** (wenn überhaupt vorhanden) zu sammeln, da diese häufig von den Stängelblättern verschieden sind. **d)** Bei größeren Pflanzen, von denen nur kleinere Stücke mitgenommen werden können, achte man auf die **Stängelbasis** (verholzt oder krautig) und, wenn möglich, auf die Beschaffenheit der unterirdischen Organe (ob Ausläufer, Rhizome, Zwiebeln, Knollen usw.). **e)** Beim Sammeln von **Parasiten**, insbesondere Orobanchen (s. S. 508ff), sind stets die sie umgebenden **Wirtspflanzen** zu notieren, da diese für die spätere Bestimmung wichtig sind. **f)** Man merke sich ferner den **Charakter des Standorts**, um später mit der Standortangabe in der Artbeschreibung zu vergleichen.

2. Bevor mit dem eigentlichen Bestimmen nach den Tabellen begonnen wird, orientiere man sich über den Bau der Pflanze: Blattstellung, Form der Blätter, Verzweigung, Art der Blütenstände und halte sich dabei an die in der Einleitung gegebenen Definitionen.

3. Um den **Bau einer Blüte** genau kennenzulernen, wird diese in ihre einzelnen Teile zerlegt. Es ist erforderlich, stets **mehrere** Blüten zu untersuchen, denn gelegentlich weisen einzelne vom Normalverhalten abweichende Zahlenverhältnisse ihrer Organkreise auf.

Um zu entscheiden, ob ein **Kelch** vorhanden ist, müssen auch die **Blütenknospen** herangezogen werden. Es gibt Pflanzen (z. B. Mohngewächse), bei denen der Kelch früh abfällt und nur an Blütenknospen nachzuweisen ist.

Zum Studium des **Feinbaus der Blüte** bediene man sich einer guten Lupe, einiger Präpariernadeln und eines kleinen Skalpells.

4. Können Pflanzen nicht an Ort und Stelle bestimmt werden, so sollen sie auf dem Transport vor dem Verwelken geschützt werden. Hierzu eignen sich verschließbare Blechkästen (Botanisiertrommeln) oder Plastik-(Polyethylen-)Beutel.

Wer sich eine umfassende Pflanzenkenntnis aneignen und immer wieder vergleichen will, dem sei die Anlage eines **Herbars** empfohlen. Man benutze hierzu käufliche Gitterpressen und lege die Pflanzen zwischen Zeitungen oder spezielles, besonders saugfähiges Pflanzentrockenpapier. Um ein Verschimmeln zu verhindern, wird die Presse an einem sonnigen, luftigen Ort aufgestellt und häufiger das Papier gewechselt. Sind die Pflanzen trocken, so werden sie auf weißes Papier mit Hilfe von Klebstreifen (kein Tesafilm!) aufgezogen und jedes Exemplar mit einem **Etikett**, auf welchem **Familie, Art, Fundort, Standort** und **Sammeldatum** vermerkt sein soll, versehen. Wenngleich auch sorgfältig getrocknete Pflanzen noch bestimmt werden können, so verwende man als Anfänger zunächst nur **frisches** Material.

5. **Sammeln darf man überall dort, wo ein Gebiet nicht ausdrücklich als Naturschutzgebiet gekennzeichnet oder als solches bekannt ist,** aber **geschützte** oder **gefährdete** Arten dürfen nirgendwo gesammelt werden!

Alphabetisches Verzeichnis häufiger botanischer Fachausdrücke

Die Ziffern verweisen auf die Seite, auf der die Begriffe im Fettdruck erklärt sind

heterostyl = wenn die Länge der Griffel in verschiedenen Blüten unterschiedlich ist (bei *Linaceae* vgl. S. 506, Nr. 9, oder bei *Primulaceae, Lythraceae*)
Hochblatt 16
hochmontan 32
Holzpflanze 8
homoiochlamydeisch 18
Honigblatt s. Nektarblatt
homostyl = wenn bei allen Individuen einer Art in allen Blüten die Griffel gleich lang sind
Hüllchen 16, 25
Hülle 16
Hüllkelch 16
Hüllspelze 743
Hülse 26
Hybride = Bastard 30
Hypanthium 22
Hypochil 214
hypogyn 22
Hypokotyl 1
indigen = ureinheimisch, also vor dem Auftreten des Menschen schon vorhanden gewesen
Indusium 2
Infloreszenz = Blütenstand 23
inserieren = angeheftet sein
Internodium = Stängelglied 4
interpetiolare Stipel 10
Involucrum 23
kammförmig gefiedert 14
kantig 7
Kapsel 26
Karpell = Fruchtblatt 19
Karpophor 834
Karyopse 27
Kätzchen 25
Kätzchenschuppe 25
Keimblatt 1
Keimling 1
Keimstängel 1
Keimwurzel 1
Kelch 17
Kelchblatt 18
Kernapfel 28
Klausenfrucht 27
Kleinart 29, 30
kleistogam 500
Knolle = verdickte Wurzel oder verdickter Spross 4, 7
Knollengeophyt 8
Knospe 4
Knospenschuppe 4, 16
Knoten = Ansatzstelle des Blattes 4
Kolben 23
Kollektivart = Sammelart 30
Konnektiv 19
Köpfchen 23
Köpfchenboden 741
Körbchen 23
Kosmopolit 34
Kraut 7
kreisrund 13
Kronblatt 18
Krone 8
Kronröhre 18
Kronzipfel 18
Kryptophyt 8
Kurztrieb 6
Labellum 211
Lamina = Blattspreite 10
laminale Plazentation 21
Langtrieb 6
lanzettlich 13
leierförmig gefiedert 13
Ligula = Blatthäutchen 11
lineal 13
Lippenblüte 19
loculicid 26
Lodiculae 289
Makrospore = Großspore der Farnpflanzen
männliche Blüte 22
marginale Plazentation 21
maskiert 671, Nr. 14
Mediane 22
mediterran 33
mehrfach gefiedert 15
mehrjährig 7
Mikrospore = Kleinspore der Farnpflanzen
mittelständig 22
Monochasium 5, 25
monochlamydeisches Perianth 18
monokarpisches Gynoeceum 20

Anleitung zum Gebrauch der Bestimmungstabellen

Die nachfolgenden Bestimmungstabellen sind so gestaltet, dass auch der Anfänger bei sorgfältiger Beobachtung ohne große Mühe den Namen einer ihm unbekannten Pflanze auffindet. Er hat stets zwischen zwei Möglichkeiten zu wählen: Die erste ist durch eine **Zahl** im Fettdruck, die zweite durch einen Strich (—) am linken Seitenrand gekennzeichnet. Hat man sich nun für eine der beiden Möglichkeiten entschieden, so findet man am rechten Seitenrand wiederum eine fettgedruckte Zahl, bei der die Bestimmung fortgeführt wird usf., bis man zu einem Familien-, Gattungs- oder Artnamen gelangt; die bei diesem stehende Zahl im **Normaldruck** verweist auf die Seite, wo nach Familien- und Gattungstabellen der Name der Gattung und schließlich der Art aufzusuchen ist. Die Bestimmung führt zum Ziel, wenn alle in den Tabellen und in der Artbeschreibung aufgeführten Merkmale mit denen der vorliegenden Pflanze übereinstimmen. Zuweilen kann der Anfänger an einen Punkt gelangen, bei dem er sich, obwohl alle zur Bestimmung einer Pflanze wichtigen Teile gesammelt worden sind, für keine der beiden Möglichkeiten entscheiden kann. In diesem Falle wird angeraten, beide Wege weiter zu verfolgen. Führt keiner zum Ziel, so kann das folgende Gründe haben:

a) Die Pflanze ist im vorliegenden Buch nicht aufgenommen, da es sich um einen Fremdling der heimischen Vegetation (z. B. Gartenzierpflanze) handelt oder die Pflanze ist in einem Gebiet gesammelt worden, das außerhalb des von der „Flora" erfassten liegt.

b) Es liegt ein untypisches Exemplar vor. Es wird deshalb empfohlen, stets mehrere Exemplare der gleichen Art zu sammeln.

c) Man ist auf dem falschen Wege, da ein wichtiges Merkmal nicht richtig erkannt oder infolge oberflächlicher Beobachtung übersehen worden ist. In diesem Falle ist noch einmal von vorn mit der Bestimmung zu beginnen. Außer den Tabellen I–X können auch die Tabellen XI (S. 108ff.) bis XIV benutzt werden, nach denen die Bestimmung vorwiegend an Hand vegetativer Merkmale wie Blattstellung und Blattform vorgenommen wird (Kontrollmöglichkeit!).

Nachfolgend soll an einigen Beispielen die Handhabung der Tabellen gezeigt werden:

Iris pseudacorus, Sumpfschwertlilie

Wir beginnen auf S. 59, wo es unter der Überschrift: „Tabellen zum Bestimmen der Hauptgruppen" heißt:

1. Tabellen zum Bestimmen in erster Linie nach vegetativen Merkmalen
. . . . **C. Tabellen XI–XIV**, 108
— Tabellen zum Bestimmen in erster Linie nach generativen Merkmalen **2**

Wir wollen nach Blütenmerkmalen bestimmen, was meist der kürzere Weg ist, und müssen daher bei Nr. **2** fortfahren:

2. Pflanze stets ohne Blüten und Samen (usf.) **Pteridophyta, Tabelle I**
— Pflanze mit Blüten (usf.) **3**

Da unsere Pflanze auffällige Blüten besitzt, gehen wir bei Nr. **3** weiter:

3. Samenanlagen frei, nicht in einen Fruchtknoten eingeschlossen (usf.)
— Samenanlagen in einen Fruchtknoten eingeschlossen (usf.)
Bedecktsamige Pfl., **Angiospermae, 4**

Ein Schnitt durch den unterständigen Fruchtknoten überzeugt uns davon, dass die Samen eingeschlossen sind, wir es also mit einer Angiosperme zu tun haben. Da es sich um eine Pflanze mit grünen Blättern, aber um keinen Baum oder Strauch handelt, müssen wir bei Nr. **6** weitergehen. Die hier aufgeführten Merkmale lassen die Zugehörigkeit zu den **Monokotyledonen** erkennen, sodass wir die Tab. IV auf S. 66 zu benutzen haben.

In dieser gelangen wir von Nr. **1** (Land- u. Sumpfpfl.) nach Nr. **10**; von Nr. **10**— über **11**— (Bltnhülle meist größer als 5 mm) nach **12**—, denn der Frkn. unserer Pflanze ist unterständig; Nr. **13**— (Bltn. radiär) führt uns zu Nr. **14**. Die 3 Staubblätter und die blumenblattartigen Narbenäste verweisen auf die Familie der **Iridaceae**. In den Gattungs- und Artentabellen (s. S. 230) wird ohne Schwierigkeit der Name der Art ermittelt.

Anemone nemorosa, Buschwindröschen

Die Pflanze gehört mit ihren *gefingerten* Blättern zu den *Dicotyledoneae,* sodass wir auf Tabelle V, S. 71, verwiesen werden. Da es sich um eine mit *grünen Blättern* versehene *krautige* Staude handelt, *deren Blüten keine Sonderung in Kelch und anders gefärbte* Krone aufweisen und deren Blumenkronblätter *nicht* miteinander verwachsen sind, müssen wir die Bestimmung in der Tabelle VIII, S. 83, fortsetzen. Von Nr. **1** gelangen wir über **3** zu **43**. Der *quirlständigen* Anordnung der Stängelblätter zufolge müssen wir bei Nr. **71** fortfahren, wo wir bereits bei der Familie **Ranunculaceae** angelangt sind. Die Bestimmung der Gattung erfolgt nach der Tabelle auf S. 365f., die der Art auf S. 374.

Veronica chamaedrys, Gamander-Ehrenpreis

Auch diese Pflanze gehört zu den *Dicotyledoneae,* denn die *Blattspreite* ist mit *fiedriger Nervatur* versehen. Die Blüten besitzen eine *doppelte,* in *Kelch* und *Blumenkrone gegliederte Blütenhülle.* Zupfen wir die Blumenkrone ab, so stellen wir fest, dass die Blumenkronblätter zu einer, wenn auch nur *kurzen Röhre miteinander verwachsen* sind. Wir müssen demzufolge die Bestimmung nach Tabelle X, S. 99, durchführen. Von Nr. **1** gelangen wir zu **5** (Pfl. nicht windend od. rankend). Die *radiären* Blüten führen uns zu **25**, die *freien Staubbeutel* und *Staubfäden* zu **26** und **27**, die *gegenständige* Beblätterung zu **28**, der nicht 2-spaltige Kelch und die blauen Blüten über **28** und **29** zu **30**. Da nur 2 Staubblätter vorhanden sind, müssen wir bei **41** fortfahren. Die *gegenständigen* Blätter verweisen uns zu **42**, von hier zu **43** (Stbblätt. 2 od. 4), weiter zu **44** (Bltn. nicht zu 2 auf langen Stielen), zu **45** (Blkr. nicht trockenhäutig), zu **46** (Frkn. oberst.). Von **46**— müssen wir zurück zu Nr. **22**, von wo wir über Nr. **23** (Fruchtknoten nicht 4-teilig) zu Nr. **24** und damit wegen der Staubblattanzahl = 2 über Nr. **82** und **83** zur Familie der *Plantaginaceae,* S. 670, gelangen. In der Gattungstabelle finden wir schnell die Gattung **Veronica** und im Artenschlüssel die Art: *V. chamaedrys.*

Die Handhabung der Tabellen XI–XIV (Bestimmung nach vegetativen Merkmalen) erfolgt in der gleichen Weise, nur hat man sich zuvor genauestens über Blattstellung und Blattform zu orientieren, wozu wiederum das Lesen der Einleitung erforderlich ist.

Wenn man sich bei Angabe der Blütenfarbe (z. B. gelbl.grün, grünl. weiß u. a.) nicht ganz im Klaren ist, sollte man beide Wege der Bestimmung gehen. In jedem Fall sind *junge* und *alte* Blüten zur Bestimmung heranzuziehen.

Erläuterung der verschiedenen Druckarten in den Tabellen

Die Bestimmungstabellen bestehen aus Zeilengruppen, von denen jeweils zwei Gruppen zusammengehören und gegensätzliche (alternative) Fragen beinhalten. Die erste Frage ist durch eine **fettgedruckte Zahl** (z. B. **1, 2, 3** usf.), die Gegenfrage durch einen **Strich** (—) gekennzeichnet. Die Merkmale der zu bestimmenden Pflanze treffen stets nur auf *eine* der beiden Fragen zu. Die **fettgedruckten** Zahlen am Ende der Zeilen verweisen auf das nächste Fragenpaar usf., bis man zu einem Familien- oder Gattungsnamen gelangt; die hinter diesem stehende Zahl in **magerer Schrift** gibt die Seite an, auf der die Art ausführlicher besprochen wird, bzw. die Bestimmung fortzuführen ist (so bedeutet 80 = Seite 80). **Kursiv in Klammern** gesetzte Zahlen sind Hinweise auf Abbildungen (so bedeuten beispielsweise *20* = Abb. 20; *206a* = Abb. 206a).

Die in den Artdiagnosen der speziellen Gattungstabellen aufgeführten römischen Ziffern (I–XII) geben bei Blütenpflanzen die Monate der Blütezeit, bei den Sporenpflanzen die der Sporenreife an: so besagt etwa V–VII, dass die betreffende Art von Mai bis Juli blüht bzw. ihre Sporen zu dieser Zeit heranreifen. In **Kleindruck** gesetzt sind alle Kleinarten, alle Unterarten (= ssp.) und Varietäten (= var.), alle Zier- und Kulturpflanzen sowie alle jene Gewächse, die durch Handel und Verkehr aus fremden Ländern eingeschleppt wurden (sog. Adventivpflanzen, s. S. 34), sowie Neophyten, sofern sie noch nicht weiträumig eingebürgert sind, – die Grenzziehung ist hier freilich fließend.

Erklärung der im Text verwendeten Abkürzungen

(Geographische Abkürzungen werden auf den Umschlagseiten erklärt)

abw. = abwärts
alp., Alp. = alpin, Alpen
angepfl.: = angepflanzt
...art. = …artig (gleichartig)
aufw. = aufwärts
b. = bei (in Verbreitungsangaben)
bes. = besonders
bisw. = bisweilen
Blattgrd. = Blattgrund
Blattspr. = Blattspreite
Blätt. = Laubblätter
Blkr. = Blumenkrone
Bltn. = Blüten
Bltzt. = Blütezeit
…bltg. = …blütig, …ger, -e, -en etc.
bzw. = beziehungsweise
dk. = dunkel… (z. B. dunkelgrün)
Dm = Durchmesser
eingschl. = eingeschlechtig
em. = emendavit, verbessert bzw. erweitert
entw. = entweder
f = fehlend
…f. = förmig (z. B. eiförmig)
Fied. = Fiedern
fied. = fieder...
Fr. = Frucht
Frkn. = Fruchtknoten
Frzt. = Fruchtzeit
g = gemein
Geb., …geb. = Gebirge, …gebirge
gefied. = gefiedert, …ter
gefing. = gefingert, …ter
geglied. = gegliedert, …ter
glzd. = glänzend, … der
Gr. = Griffel
Grd. = Grund, -de
grd. = grund...
h = häufig
hgd. = hängend, …en
höh. = höhere, -s, -r, -n, -m
Infl. = Infloreszenz
K. = Kelch
kult. = kultiviert
…l. = …lich (z. B. länglich, grünlich)
lg. = lang, ...en, ...m
…lgd. = liegend, …der (z. B. niederliegend)
M = Mittel-, mittlere (s, r)
m. = mit
mittl. = mittlere, -r, -es
N = Norden
nied. = nieder, -e, -es, -er
O = Osten
ob. = obere, -r, -es, -en
od. = oder
Ordn. = Ordnung
Pfl. = Pflanze
p.p. = pro parte (zum Teil)
Reg. = Region
S = Süden
s = selten
s.l. = sensu lato, im weiteren Sinn
spitzenw. = spitzenwärts
Spr. = Spreite
s. str. = sensu stricto, im engeren Sinn
ssp. = subspecies, Unterart
…st. = …ständig (z. B. unterständig)
Stb. = Staub... (z. B. Staubblätter, -beutel, -fäden)

stellenw.	=	stellenweise
Stg.	=	Stängel
…stgd.	=	…steigend (z. B. aufsteigend)
sthd.	=	stehend, …der
…sts.	=	…seits (z. B. oberseits)
teilw.	=	teilweise
u.	=	und
unt.	=	untere, -r, -s, - en, -em
v	=	verbreitet
var.	=	varietas, Varietät
verbr.	=	verbreitet
Verbr.	=	Verbreitung
verwild.	=	verwildert, …ter
vorwgd.	=	vorwiegend
W	=	Westen
…w.	=	…wärts (z. B. einwärts)
z	=	zerstreut
zahlr.	=	zahlreich
z. T.	=	zum Teil
z. Bltzt.	=	zur Blütezeit
z. Frzt.	=	zur Fruchtzeit
z. Reifezt.	=	zur Reifezeit
zuw.	=	zuweilen
zw.	=	zwischen

±	=	mehr oder weniger
☉	=	einjährige Pflanzen
⚇	=	zweijährige Pflanzen
♃	=	ausdauernde Pflanzen
h	=	Halbstrauch
ħ	=	Strauch
ħ̶	=	Baum
♂	=	männliche Blüte
♀	=	weibliche Blüte
⚥	=	zwittrige Blüte
>	=	größer als
<	=	kleiner als
Ⓖ	=	in Deutschland geschützte Art
Ⓖ!	=	in Deutschland geschützte und vom Aussterben bedrohte Art
[G]	=	außerhalb Deutschlands geschützte Art
*	=	(vor dem wiss. Namen) Art wird im „Taschenlexikon der Pflanzen Deutschlands“ behandelt (s. Literaturverzeichnis)

Das der Flora zugrundeliegende System der Pflanzen

Tabellenschlüssel

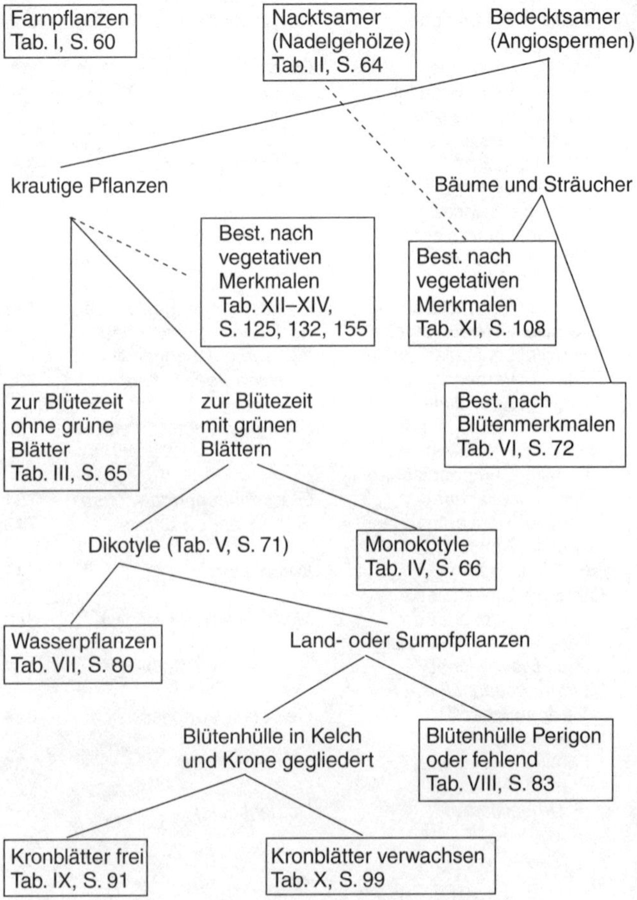
Farnpflanzen
Tab. I, S. 60
Nacktsamer
(Nadelgehölze)
Tab. II, S. 64
Bedecktsamer
(Angiospermen)
krautige Pflanzen
Bäume und Sträucher
Best. nach
vegetativen
Merkmalen
Tab. XII–XIV,
S. 125, 132, 155
Best. nach
vegetativen
Merkmalen
Tab. XI, S. 108
zur Blütezeit
ohne grüne
Blätter
Tab. III, S. 65
zur Blütezeit
mit grünen
Blättern
Best. nach
Blütenmerkmalen
Tab. VI, S. 72
Dikotyle (Tab. V, S. 71)
Monokotyle
Tab. IV, S. 66
Wasserpflanzen
Tab. VII, S. 80
Land- oder Sumpfpflanzen
Blütenhülle in Kelch
und Krone gegliedert
Blütenhülle Perigon
oder fehlend
Tab. VIII, S. 83
Kronblätter frei
Tab. IX, S. 91
Kronblätter verwachsen
Tab. X, S. 99

A. Tabelle zum Bestimmen der Hauptgruppen

1. Tabellen zum Bestimmen in erster Linie nach vegetativen Merkmalen . . . . **C. Tabellen XI–XIV,** 108

— Tabellen zum Bestimmen in erster Linie nach generativen Merkmalen. **2**

2. Pflanze stets ohne Blüten und Samen, Vermehrung durch mikroskopisch kleine einzellige Sporen *Sporen-, Farnpfl.,* **Pteridophyta, Tabelle I,** 60

— Pflanze mit Blüten, die Staubblätter oder Fruchtblätter oder beides enthalten und Samen bilden **3**

3. Samenanlagen frei, nicht in einen Fruchtknoten eingeschlossen *(89)*; Bäume und Sträucher mit nadelförmigen oder schuppenförmigen, meist immergrünen[1] Blättern *(362–364),* Fruchtstände als Zapfen oder beerenartig *Nacktsamige Pfl.,* **Coniferophytina, Tabelle II,** 64

— Samenanlagen in einen Fruchtknoten eingeschlossen *(88c, 90–93)* . . . . *Bedecktsamige Pfl.,* **Angiospermae, 4**

4. Bäume, Sträucher oder Halbsträucher (Stängel nur am Grunde verholzt und mehrjährig) . . . . **Tabelle VI,** 71

— Kräuter und Stauden, deren Stängel an der Basis nicht oder kaum verholzt ist **5**

5. Pflanze zur Blütezeit ohne grüne Blätter, oder Blütenstängel nur mit bleichen, bräunlichen oder violetten Schuppenblättern . . . . **Tabelle III,** 65

— Pflanze zur Blütezeit mit voll entwickelten grünen Blättern **6**

6. Blattspreite parallelnervig oder bogennervig, selten einnervig[2] einfach und ungeteilt, zuweilen stielrund *(Juncus),* schwertförmig oder nadelförmig *(Asparagus)* oder netznervig[3];
Blätter häufig in 2 Zeilen oder in zwei- bis mehrzähligen Quirlen;
Spross mit zerstreut angeordneten Leitbündeln *(130);*
Blütenorgane meist in 3-zähligen Kreisen[4];

---

1 Wenn sommergrün, dann Nadeln in Büscheln zu 15–30 (*Larix,* S. 187).

2 Meist Wasserpflanzen wie *Najas* (S. 201), *Zannichellia* (S. 206), *Elodea* (S. 200) oder *Potamogetonaceae* (S. 202).

3 Netznervig sind *Paris* (S. 207, Blätter zu 4 in einem Quirl unterhalb der 4-zähligen Blüte), *Arum* (S. 195, Blätter pfeilförmig, zahlreiche Blüten in einem von einem Hochblatt umschlossenen Kolben *(180)*), *Tamus* (S. 207), Blätter herzförmig, Windepflanze mit eingeschlechtigen Blüten).

4 Ausnahmen: *Potamogetonaceae* (S. 202), *Maianthemum* (S. 239), *Paris* (S. 207), *Cyperaceae* (S. 255), *Poaceae* (S. 289), *Araceae* (S. 194), *Orchidaceae* (S. 211).

Keimling nur mit 1 Keimblatt *(1c)*
Einkeimblättrige Pfl., **Monocotyledoneae, Tabelle IV**, 66

— Blattspreite mit fiederig, fingerig, handförmig oder netzartig miteinander verbundenen Nerven, seltener bogen-, parallel- oder einnervig[1];
Blätter einfach, gefiedert oder gefingert, am Stängel zerstreut, gekreuzt-gegenständig oder in mehrzähligen Wirteln;
Spross krautig oder holzig, Leitbündel im Querschnitt ringförmig angeordnet *(132)*;
Blütenorgane meist in 5-zähligen Kreisen[2];
Keimling mit 2 Keimblättern *(1b)*
Zweikeimblättrige Pfl. (**Urdikotyle** und **Dikotyle**), **Tabelle V,** 71

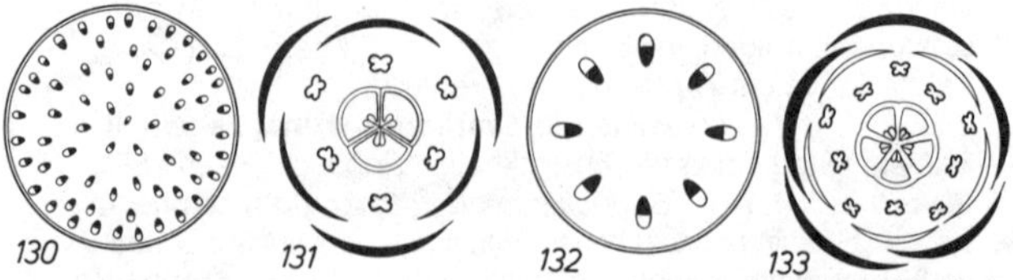

130 131 132 133

B. Tabellen zum Bestimmen der Familien in erster Linie nach Blütenmerkmalen[3]

Tabelle I
Sporenpflanzen, Farnpflanzen, Pteridóphyta

1. Stg. deutl. gegliedert, leicht in ± gleichlange, ineinander geschachtelte Glieder zerreißbar, hohl, einfach *(135)* od. quirlig verzweigt *(134);* Blätt. schuppenf., zu gezähnter, die Knoten umgebender Scheide verwachsen *(134–135, 323–333);* Sporangien in endst. Ähren *(135)* . . . . **Equisetaceae,** 167

— Stg. nicht deutl. geglied., nicht hohl; Blätt. nicht zu Scheide verwachsen **2**

---

[1] Ausnahmen: *Lathyrus nissolia (673), Bupleurum,* viele *Caryophyllaceae, Rubiaceae, Gentiana, Plantago (30), Arnica.*

[2] Hiervon gibt es zahlreiche Ausnahmen. 3-zählige Blüten bei den Dicotyledoneae besitzen *Berberis, Peplis, Aristolochiaceae; Pulsatilla* hat eine 6-zählige (3+3) Blütenhülle.

[3] Tabellen zum Bestimmen der Familien u. Gattungen nach einfachen, vorwgd. vegetativen Merkmalen s. S. 108 ff.

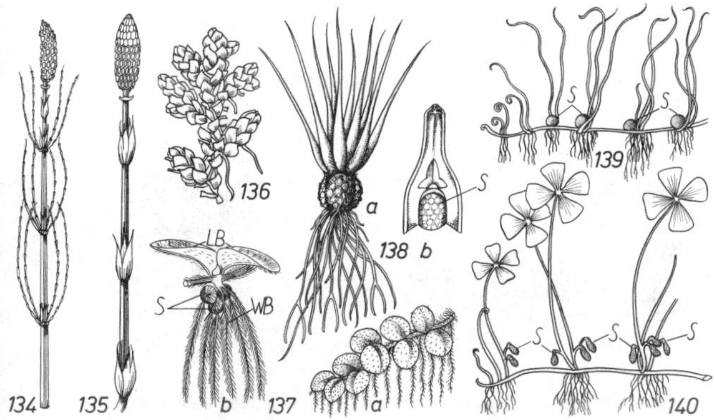

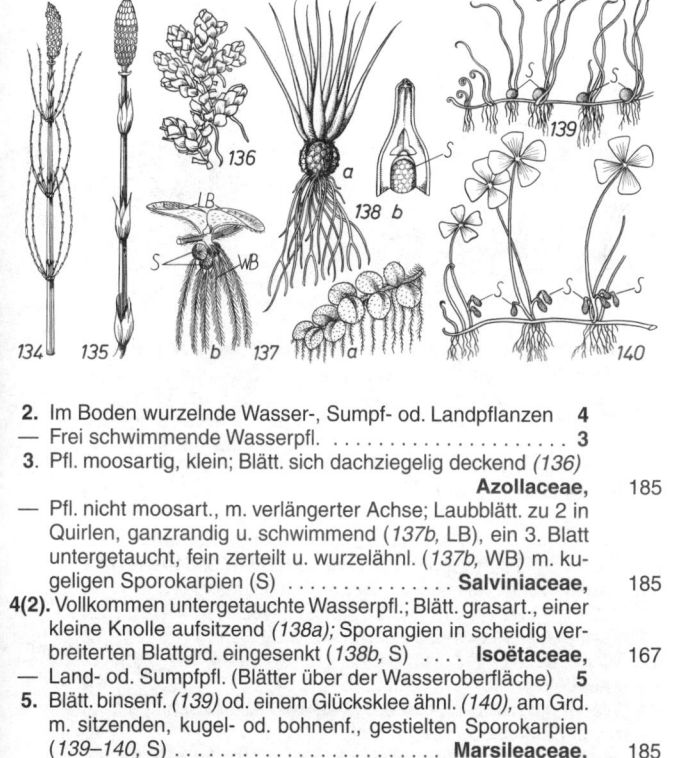

2. Im Boden wurzelnde Wasser-, Sumpf- od. Landpflanzen **4**
— Frei schwimmende Wasserpfl. **3**
3. Pfl. moosartig, klein; Blätt. sich dachziegelig deckend *(136)* **Azollaceae,** 185
— Pfl. nicht moosart., m. verlängerter Achse; Laubblätt. zu 2 in Quirlen, ganzrandig u. schwimmend (*137b,* LB), ein 3. Blatt untergetaucht, fein zerteilt u. wurzelähnl. (*137b,* WB) m. kugeligen Sporokarpien (S) . . . . **Salviniaceae,** 185
4(2). Vollkommen untergetauchte Wasserpfl.; Blätt. grasart., einer kleine Knolle aufsitzend *(138a);* Sporangien in scheidig verbreiterten Blattgrd. eingesenkt (*138b,* S) . . . . **Isoëtaceae,** 167
— Land- od. Sumpfpfl. (Blätter über der Wasseroberfläche) **5**
5. Blätt. binsenf. *(139)* od. einem Glücksklee ähnl. *(140),* am Grd. m. sitzenden, kugel- od. bohnenf., gestielten Sporokarpien (*139–140,* S) . . . . **Marsileaceae,** 185
— Blätt. nicht kleeblattähnl. od. binsenf. **6**
6. Blätt. > 1 cm, m. flächiger, ganzrandiger od. gefied. Spreite **8**
— Blätt. höchstens 1 cm lg., lineal od. schuppenf., zahlr., stets ungeteilt, von der Sprossachse sparrig absthd. *(311–313)* od. sich dachziegelig deckend *(314)* **7**
7. Pfl. zart, moosart. *(142),* m. spiralig od. 4-zeilig gestellten, 1–3 mm lg. Blätt. *(316a),* am Grd. m. kleinem Häutchen (= Ligula); Sporangien verschieden gestaltet, m. Makro- und Mikrosporen (Lupe!); Sporophylle in Ähren (*142,* S) . . **Selaginellaceae,** 166
— Pfl. kräftiger; Blätt. meist > 3 mm lg., ohne Ligula; Sporangien nierenf. *(141b),* m. gleichgestalteten Sporen; diese entw. in Achseln normaler Laubblätt. (*Huperzia, 311*) od. Sporophylle in verlängerten Ähren (*141a,* B) . . . . **Lycopodiaceae,** 163
8(6). Sporangien in endst. Ähren od. Rispen *(145–146)* **24**

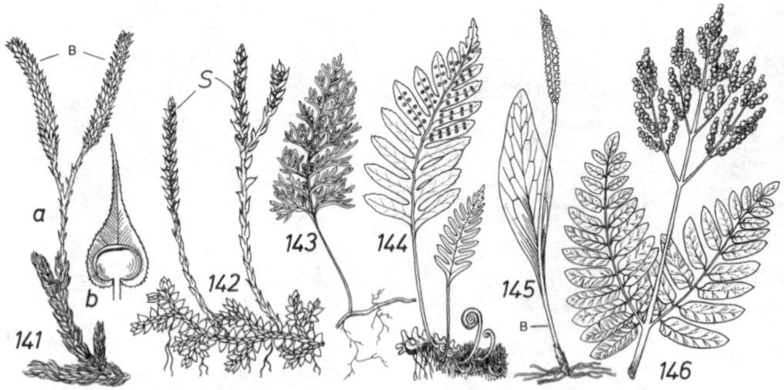

— Sporangien auf der Unterseite *(2b–c)* oder am Rand der Blätt. *(143, 147)*, meist zu Sori vereint **9**

9. Pfl. zart, 3–8 cm groß, moosähnlich *(143);* Sori am Rand hautdünner Fied., von becherf., 2-klappigem Schleier umgeben *(147)* . . . . *(Hymenophyllum)* **Hymenophyllaceae,** 174

— Pfl. kräftiger, meist > 8 cm, nicht moosähnl.*;* Sori stets auf der Blattunterseite *(144)* **10**

10. Wedel[1] ungeteilt, zungenf., ganzrandig *(159)* *(Asplenium scolopendrium)* **Aspleniaceae**, 177

— Wedel gefied., gelappt od. gabelteilig *(160–163, 340–341)* **11**

11. Fertile Wedel von den sterilen auffallend verschieden *(158, 160–161)* **22**

— Fertile u. sterile Wedel ± gleich gestaltet **12**

12. Wedel deutlich (1- bis mehrfach) gefied. (ähnl. *161, 163*) od. gabelteilig *(340)* **14**

— Wedel nur fiedteilig, gelappt *(144, 162),* die Abschnitte breit mit der Mittelrippe verbunden **13**

13. Wedel unterssts. dicht graubraun beschuppt (*148,* rechte Seite) . . . . *(Asplenium ceterach)* **Aspleniaceae**, 177

— Wedel untersts. kahl, m. großen, runden, schleierlosen Sori *(144, 149)* . . . . **Polypodiaceae**, 184

14(12). Wedel untersts. dicht mit Spreuschuppen bedeckt *(Cheilanthes)* **Pteridaceae**, 175

— Wedel untersts. ohne od. nur m. vereinzelten Spreuschuppen **15**

15. Sori am Blattrand sthd., manchmal vom zurückgerollten Blattrand bedeckt („falscher Schleier", *150*) **25**

— Sori einzeln, nicht vom Blattrand bedeckt; Pfl. fast stets unter 100 cm hoch **16**

---

[1] **Wedel** = Farnblatt; Fiedern: Blattauszweigungen 1. Ordnung, **Fiederchen** bei doppelt u. mehrfach gefied. Blättern die Auszweigungen 2. Ordnung.

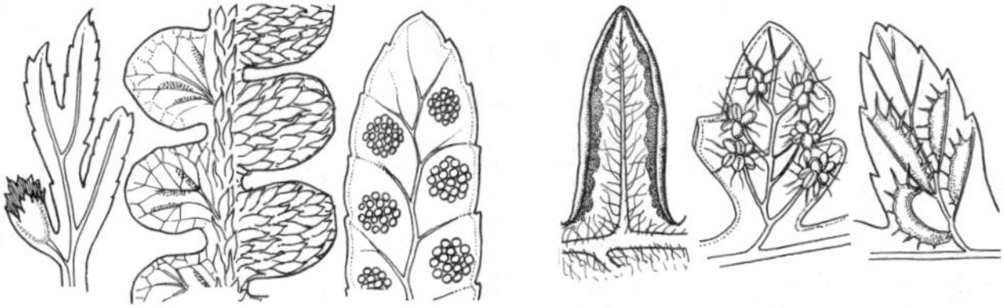

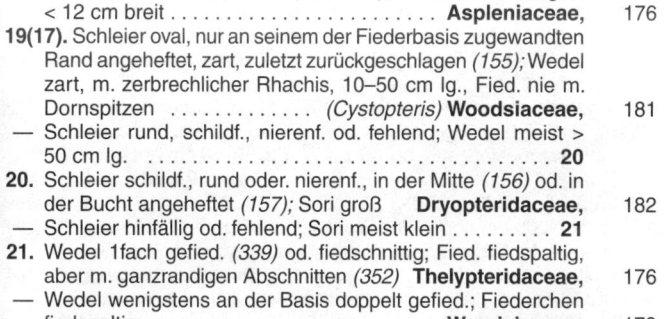

147 148 149 150 151 152

16. Schleier der Sori fransig zerschlitzt u. in haarf. Zipfel aufgelöst *(151),* Blattunterseite dadurch behaart erscheinend *(Woodsia)* **Woodsiaceae,** 180

— Schleier nicht in haarf. Zipfel aufgelöst, höchstens am Rand etwas gefranst od. ganz fehlend **17**

17. Sori u. Schleier rundl., oval, nierenf. oder fehlend **19**

— Sori u. Schleier längl., lineal od. hakenf. **18**

18. Sori u. Schleier längl. od. hakenf. *(152);* Wedel 30–150 cm lg. u. > 15 cm breit, 2–3fach gefied. *(Athyrium filix-femina)* **Woodsiaceae,** 180

— Sori u. Schleier meist lineal *(153–154);* Wedel 5–40 cm lg. u. < 12 cm breit . . . . **Aspleniaceae,** 176

19(17). Schleier oval, nur an seinem der Fiederbasis zugewandten Rand angeheftet, zart, zuletzt zurückgeschlagen *(155);* Wedel zart, m. zerbrechlicher Rhachis, 10–50 cm lg., Fied. nie m. Dornspitzen . . . . *(Cystopteris)* **Woodsiaceae,** 181

— Schleier rund, schildf., nierenf. od. fehlend; Wedel meist > 50 cm lg. **20**

20. Schleier schildf., rund oder. nierenf., in der Mitte *(156)* od. in der Bucht angeheftet *(157);* Sori groß **Dryopteridaceae,** 182

— Schleier hinfällig od. fehlend; Sori meist klein **21**

21. Wedel 1fach gefied. *(339)* od. fiedschnittig; Fied. fiedspaltig, aber m. ganzrandigen Abschnitten *(352)* **Thelypteridaceae,** 176

— Wedel wenigstens an der Basis doppelt gefied.; Fiederchen fiedspaltig . . . . **Woodsiaceae,** 179

22(11). Fertile Wedel 2–4fach gefied. . . . . **Pteridaceae,** 174

— Fertile Wedel 1fach gefied., sterile Wedel 1–2fach gefied. **23**

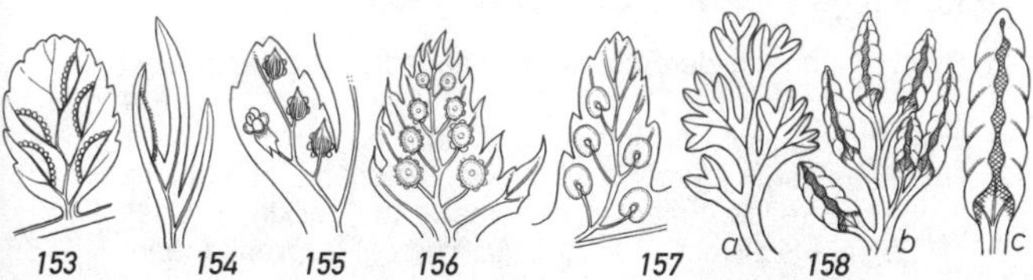

153 154 155 156 157 158

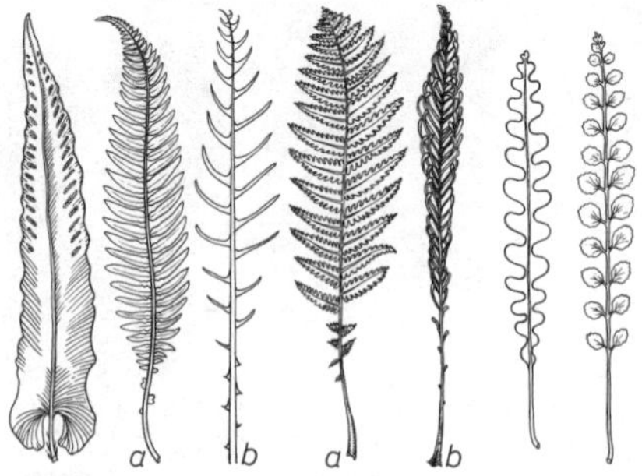

159 160 161 162 163

23. Sterile Wedel flach ausgebreitet, fiedteilig; Fied. ganzrandig *(160a);* fertile Wedel aufrecht *(160b)* ..... **Blechnaceae,** 184

— Sterile Wedel aufrecht *(161a),* einen Trichter bildend; Fied. fiedspaltig; fertile Wedel in der Trichtermitte, später braun *(161b)* .... *(Matteuccia)* **Woodsiaceae,** 180

24(8). Pfl. nur bis 30 cm hoch, m. 1 ganzrandigen *(145)* od. gefied. Blatt *(334–338);* Sporangien in gestielten Ähren *(145)* od. Rispen *(334–338)* .... **Ophioglossaceae,** 172

— Pfl. 50–180 cm hoch; Sporangien in reichverzweigter Rispe am Ende doppelt gefied. Blätt. *(146)* .... **Osmundaceae,** 173

25(15). Wedel 1-fach gefied. od. untere Fied. zusätzl. gegabelt; Fied. schmal lanzettl., bis 40 cm lg.; Pfl. 50–70 cm hoch *(Pteris)* **Pteridaceae,** 175

— Wedel 2–4-fach gefied. **26**

26. Pfl. 60–200 cm hoch; Wedelstiel gelbl., > 1 mm dick; Fiederchen letzter Ordnung kammartig sitzend, ganzrandig, am Grd. breit .... **Dennstaedtiaceae,** 174

— Pfl. 10–50 cm hoch; Wedelstiel schwarz, glzd., < 1 mm dick; Fiederchen fächerf., keilf. in den Stiel übergehend, vorn meist kerbig gezähnt .... *(Adiantum)* **Pteridaceae,** 175

Tabelle II
Nacktsamige Pflanzen, Coniferophytina

1. Blätt. schuppenf., der Sprossachse angedrückt (oft ähnl. *164*) **4**

— Blätt. nadelf., von der Sprossachse absthd. **2**

2. Nadeln meist in Quirlen zu 3 *(165a),* stechend, obersts. m. weißem Streifen; Frzapfen beerenart., m. 3-eckigem Spalt *(165b),* blauschwarz .... *(Juniperus)* **Cupressaceae,** 189

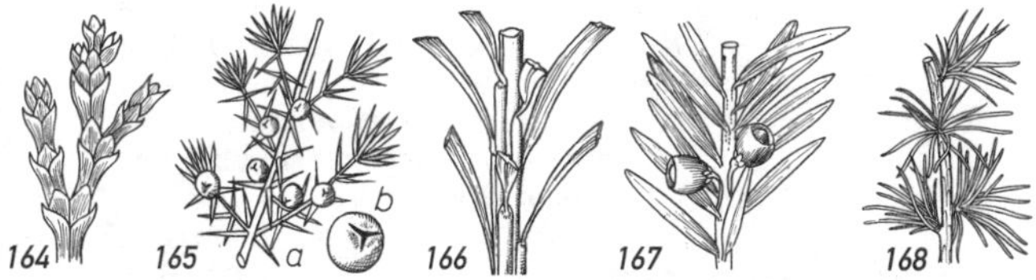

— Nadeln nicht in Quirlen zu 3, sondern spiralig od. büschelig angeordnet; Frzapfen nicht beerenart. u. blauschwarz . . . **3**

3. Nadelbasis als grüne Leiste am Zweig herablaufend *(166)*; Nadeln unterststs. hellgrün, obersts. m. hervortretenden Mittelnerven; Pfl. 2-häusig; Samen von fleischigem rotem Becher umgeben *(167)* . . . . **Taxaceae,** 190

— Nadeln nicht als grüne Leiste herablaufend, einzeln, zu 2, 3, 5 od. in Büscheln *(168)* an Kurztrieben; Pfl. 1-häusig; Frzapfen verholzend . . . . **Pinaceae,** 186

4(1). Sprosse dicht mit zahlreichen Schuppen besetzt; Internodien sehr kurz; Sträucher od. Bäume . . . . **Cupressaceae,** 188

— Sprosse mit wenigen verkümmerten Blattschuppen; Internodien lang, grün; stark verzweigte Sträucher, an Schachtelhalme (S. 167) erinnernd; Fr. beerenartig, rot **Ephedraceae,** 190

Tabelle III
Kräuter u. Stauden zur Blütezeit ohne grüne Blätter od. Blütenstängel nur mit Schuppenblättern

1. Pfl. ohne oberirdische Stg., Bltn. daher nahe am Erdboden **10**

— Pfl. mit oberirdischem Stg. **2**

2. Stg. stockwerkartig gegliedert **9**

— Stg. nicht stockwerkartig gegliedert **3**

3. Stg. windend, fädl. u. dünn, gelbl. od. rötl.; Bltn, klein, meist in Knäueln *(243)* . . . . *(Cuscuta)* **Convolvulaceae,** 662

— Stg. nicht windend **4**

4. Bltn. in Köpfchen; Frühjahrsblüher, Laubblätt. nach der Blüte erscheinend **8**

— Bltn. in Trauben od. Ähren, nicht in Köpfchen **5**

5. Frkn. unterst.; Bltn. meist gespornt (*175,* Sp); Stbblätt. m. dem Gr. zu Säulchen verwachsen *(382)* . . . . **Orchidaceae,** 211

— Frkn. oberst.; Stbblätt. mehr als 1 . . . . **6**

6. Bltntraube allseitswendig (*Orobanche)* **Orobanchaceae,** 712

— Bltntraube einseitswendig, zu Beginn der Bltzt. nickend . . **7**

7. Pfl. wachsgelb; Sommerblüher; Bltn. radiär; Stbblätt. 8–10 *(Hypopitys)* **Ericaceae,** 631

— Pfl. gelbl.weiß u. rosa; Frühjahrsblüher; Bltn. zygomorph, rosa; Stbblätt. 4 ...... *(Lathraea squamaria)* **Orobanchaceae,** 723

8(4). Bltnköpfchen einzeln, endst., m. goldgelben Randbltn; Köpfchen bis 15 mm im Dm .... *(Tussilago)* **Asteraceae,** 780

— Bltnköpfchen zu mehreren in traubig-rispigem Bltnstand; Bltn. weißl. od. rötl.bräunl.; Köpfchen kleiner *(Petasites)* **Asteraceae,** 780

9(2). Am Grd. jedes Stggliedes eine Scheide aus reduzierten Blätt. *(323–333);* Sporenpfl.; Sporophylle zu endst. Ähre vereinigt *(135)* .... **Equisetaceae,** 167

— Stgglieder am Grd. ohne Scheide; Stg. dickfleischig *(987),* armleuchterart. verzweigt; Bltnpfl.; Pfl. von Salzstandorten *(Salicornia)* **Amaranthaceae,** 614

10(1). Bltn. radiär, 6-zipfelig, fleischfarbig, aufrecht; Stbblätt. 6; Herbstblüher; Blätter im Frühjahr erscheinend *(Colchicum)* **Colchicaceae,** 208

— Bltn. zygomorph, violett; Stbblätt. 4; Frühjahrsblüher; Vollparasit ohne grüne Blätt. *(Lathraea clandestina)* **Orobanchaceae,** 722

Tabelle IV
Einkeimblättrige Pflanzen, Monocotyledóneae[1]

1. Land-, Sumpf- od. Wasserpfl., die m. ihren Stg. u. Blätt. größtenteils od. ganz aus dem Wasser herausragen **15**

— Schwimmpfl. od. untergetaucht lebende Wasserpfl. **2**

2. Pfl. nicht in Stg. u. Blätt gegliedert, entweder eif. od. linsenf. *(169, 171, 172),* 1–10 mm groß, auf dem Wasser schwimmend

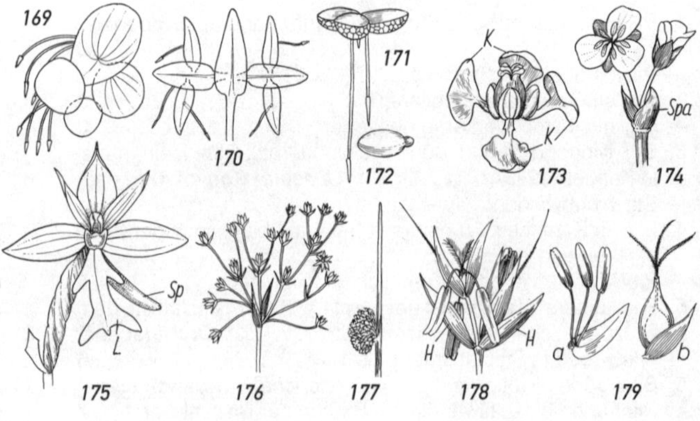

[1] Holzpfl. bestimme mit Tab. **VI,** S. 72.

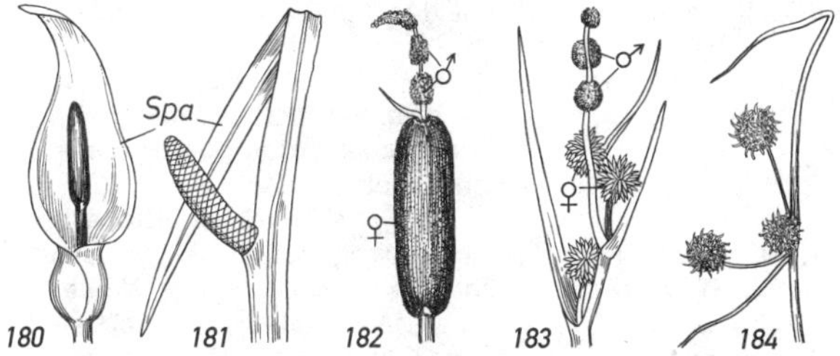

od. untergetaucht, dann flügelart., m. kreuzweise verbundenen Gliedern *(170)* . . . . **Araceae,** 194

— Pfl. in Stg. u. Blätt. gegliedert, meist größer **3**

3. Pfl. im Boden wurzelnd od. frei, aber unter Wasser schwimmend **5**

— Rosettenpfl., frei auf der Wasseroberfläche schwimmend **4**

4. Blätt. entweder breit lineal u. stachelig gezähnt *(Stratiotes, 174)* od. gestielt u. herzf. *(Hydrocharis)* . . . . . **Hydrocharitaceae,** 199

— Blätt. weder herzf. noch stachelig gezähnt, vorn keilig gestutzt, hellgrün . . . . *(Pistia)* **Araceae,** 196

5(3). Bltnhülle m. 3 grünen Kblätt. u. 3 weißen od. rosafarbenen, > 2 mm lg. Blkrblätt. . . . . **Alismataceae,** 197

— Bltnhülle fehlend od. unscheinbar **6**

6. Blätt. quirlst. od. gegenst. **12**

— Blätt. grdst. od. wechselst. (außer zuw. den obersten) . . . **7**

7. Blätt. in Rosetten, lg. bandf., lineal *(Vallisneria)* **Hydrocharitaceae,** 200

— Stg. beblättert, meist 2-zeilig beblättert **8**

8. Bltn. eingschl., die ♀ zu igeligen od. morgensternf. Köpfchen vereinigt (*183,* ♀) . . . . *(Sparganium)* **Typhaceae,** 243

— Bltn. meist zwittrig, in Ähren **9**

9. Grasähnl. Meerespfl.; Bltn. in Ähren m. flacher Achse, z. Bltzt. in die Scheiden des obersten Laubblatts eingeschlossen **Zosteraceae,** 201

— Ähre z. Bltzt. die Wasseroberfläche überragend **10**

10. Ähre 2-bltg.; Bltn. einander gegenübersthd., m. je 2 Stbblätt. u. 4 Frblätt.; Stbblätt. sitzend, gespalten u. dadurch 4 Stbblätt. vortäuschend *(378);* Frblätt. gelb u. rot punktiert, m. löffelf. Narbenlappen; Fr. gestielt, doldig *(379);* Stg. an den Knoten wurzelnd; Pfl. in Salz- od. Brackwasser . . . . **Ruppiaceae,** 206

— Ähre m. > 2 Bltn.; Bltn. allseitswendig; Fr. sitzend; Pfl. in Süß- od. Brackwasser **11**

11. Bltnhülle 4-blättrig (*173* K); Stbblätt. 4; Bltnähren meist länger als 5 mm . . . . **Potamogetonaceae,** 202

— Bltn. ohne Bltnhülle, m. je 1 Spelze; Ähren 3–5 mm lg. u. 1,5–2 mm breit *(438);* Stbblätt. 3 *(Eleogiton)* **Cyperaceae,** 260

12(6). Blätt. gegenst., m. Blattscheide od. m. Ochrea; Bltn. sitzend, eingschl. **14**
— Blätt. ohne Blattscheide od. Ochrea (vgl. *21 a, b,* O) **13**
13. Blätt. gegenst. od. paarweise dicht genähert, > 4 mm breit *(Groenlandia)* **Potamogetonaceae,** 202
— Blätt. zu 2–6 quirlst., fein gesägt od. gezähnt **Hydrocharitaceae,** 199
14(12). Blätt. lineal bis längl., stachelspitzig gezähnt *(373);* ♂ Bltn. m. 1 Stbblatt *(374a),* ♀ Bltn. m. 1 Frkn. u. 3-fädigen Narben *(374b)* . . . . *(Najas)* **Hydrocharitaceae,** 201
— Blätt. ganzrandig, schmal lineal, m. Ochrea; Bltn. blattachselst., eingschl., ♂ u. ♀ auf gleicher Höhe sthd. *(377);* Fr. geschnäbelt, meist 4 pro Knoten *(Zannichellia)* **Potamogetonaceae,** 206
15(1). Bltn. in kugeligen Köpfchen *(183–184),* Dolden, Trugdolden od. keulenf. od. walzl. *(182),* zuw. fleischigen u. dann von einem Hochblatt (Spatha, *180–181,* Spa) umgebenen Kolben **32**
— Bltn. (wenigstens die ♂, *Zea*) nicht in kugeligen Köpfchen, (Trug-)Dolden oder Kolben **16**
16. Bltnhüllblätt. klein, meist nicht > 5 mm, gelbl.grün, weiß, bräunl., oft nur in Form von schuppenf. Blätt. (Spelzen, *178*), Borsten od. Haaren vorhanden od. ganz fehlend **24**
— Bltnhüllblätt. meist > 5 mm und meist auffälliger gefärbt, seltener gelbl.grün **17**
17. Frkn. oberst. **22**
— Frkn. unterst. **18**
18. Bltn. zygomorph (unregelmäßig, *175*) **21**
— Bltn. radiär (regelmäßig, *79*) **19**
19. Stbblätt. 3; Griffeläste blumenblattart. . . . . **Iridaceae,** 230
— Stbblätt. 6 . . . . **20**
20. Bltnstand > 4 m hoch; Blätt. ca. 1 m lg. *(Agave)* **Asparagaceae,** 238
— Bltnstand < 2 m hoch . . . . **Amaryllidaceae,** 233
21(18). Stbblätt. 3; Frkn. nicht gedreht; Bltn. rot, in einstswendigen Trauben . . . . *(Gladiolus)* **Iridaceae,** 232
— Stbblatt 1 (mit 2 getrennten Pollenfächern, *380b*), selten 2 *(Cypripedium, 380a),* m. der großen Narbe zu einem Säulchen *(380a)* verwachsen; Frkn. oft gedreht; nach unten weisendes inneres Perigonblatt zu einer oft gespornten Lippe *(175,* L) umgebildet . . . . **Orchidaceae,** 211
22(17). Bltn. zygomorph; größere Bltnhüllblätt. blau, das kleinere dritte weiß . . . . **Commelinaceae,** 243
— Bltn. radiär **23**
23. Frblätt. 6 bis zahlr., frei (apokarp) od. nur am Grd. miteinander verbunden; Stbblätt. 6 bis viele . . . . **Alismataceae,** 197
— Frkn. aus 3 *(131),* seltener 4 *(Paris)* miteinander verwachsenen Frblätt. besthd.; Stbblätt. 6 *(131),* selten 8 *(Paris)* od. 4 *(Maianthemum);* Fr. Kapsel od. Beere **41**

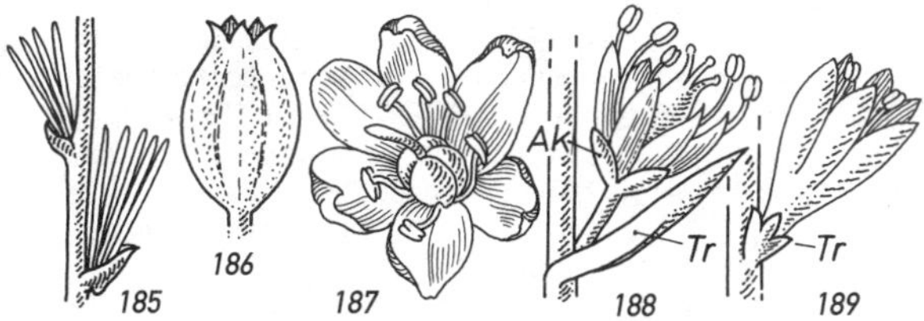

185 186 187 188 189

24(16). Bltnhülle in Form von Spelzen, Borsten, Haaren od. fehlend **31**

— Bltnhülle 4-blättrig od. 6-blättrig **25**

25. Bltnhülle 4-blättrig, weiß od. grünl.weiß; Laubblätt. meist 2, gestielt, m. herzf. Spreitengrd. *(Maianthemum)* **Asparagaceae,** 239

— Bltnhülle 6-blättrig **26**

26. Stg. windend; Blätt. lg. gestielt, herz-eif.; Bltn. eingschl., 2-häusig . . . . **Dioscoreaceae,** 207

— Stg. nicht windend; Bltn. ⚥ **27**

27. Blätt. der Langtriebe zu Schuppen umgebildet, in deren Achseln 1 blattart. abgeflachter bltntragender Kurztrieb od. ein Büschel von grünen Nadeln; Fr. rote Beeren **47**

— Blätt. normal entwickelt **28**

28. Blätt. flach, schwertf. u. reitend wie bei *Iris,* meist grundst.; Pfl. 10–30 cm hoch . . . . **Tofieldiaceae,** 197

— Blätt. nicht schwertf. **29**

29. Bltn. in ± dichten Knäueln *(177)* od. lockeren Spirren *(176);* Perigonblätt. weiß, gelbl. od. bräunl., lederig, trocken; Frkn. 1, Gr. 1 m. 3 Narben; Blätt. flach, grasart. od. stielrund **Juncaceae,** 246

— Bltn. in Trauben **30**

30. Stg. beblättert; Bltn. *(375)* m. Tragblätt. **Scheuchzeriaceae,** 201

— Stg. blattlos, Blätt. grdst.; Bltn. ohne Tragblätt. **Juncaginaceae,** 201

31(24). Jede Blüte von 2 kahnf. Blattorganen (Spelzen) umschlossen, zu Ährchen vereinigt, diese am Grd. mit 1–2 Hüllspelzen (*178,* H); Ährchen zu Ähren, Rispen od. Ährenrispen zusammentretend *(488–492);* Stg. (Halm) knotig geglied., meist hohl, rund, selten zusammengedrückt; Blattgrd. meist als offene Scheide, m. Ligula *(17)* od. Haarreihe . . . . **Poaceae,** 289

— Jede Blüte nur von 1 Spelze umschlossen (*179 a, b);* Ährchen am Grd. ohne Hüllspelzen; Bltnhülle schlauchf., borstenf., od. ganz fehlend; Stg. meist knotenlos, oft 3-kantig, selten hohl *(Carex hirta);* Blattscheiden meist geschlossen **Cyperaceae,** 255

32(15). Bltn. in kugeligen Köpfchen *(183–184)* od. in meist von Hüllblätt. umgebenen Dolden od. Trugdolden **36**

— Bltn. in walzenf. Kolben *(180–182)* **33**
33. Kolben zu 2 übereinander, der ob. mit ♂, der unt. mit ♀ Bltn. *(182)*, schwarzbraun; Röhrichtpfl. . . . *(Typha)* **Typhaceae,** 245
— Kolben einzeln, am Grd. von einem flachen od. kesselfg. Hochblatt umgeben od. scheinbar seitl. stehend....... **34**
34. Nur ♀ Bltn. in Kolben, ♂ Blüten in endst. Rispen *(Zea)* **Poaceae,** 357
— Alle Bltn. in Kolben *(180, 181)* **35**
35. Blätt. lineal-schwertf. *(181),* am Rand stellenweise wellig, stark aromatisch riechend; Bltnhülle 6-blättrig ..... **Acoraceae,** 194
— Blätt. herzf., pfeilf., umgekehrt eif., 3-teilig od. fußf. geteilt; Bltnhülle fehlend .... **Araceae,** 194
36(32). Bltn. eingschl., die ♀ zu igeligen od. morgensternf. Köpfchen vereinigt (*183*, ♀) .... *(Sparganium)* **Typhaceae,** 243
— Bltn. ⚥ **37**
37. Einzelbltn. sitzend .... **Cyperaceae,** 255
— Einzelbltn. ± lg. gestielt, m. deutl. Bltnhülle, in (Trug-)Dolden **38**
38. Frkn. unterst.; Bltn. weiß .... (*Leucojum)* **Amaryllidaceae,** 237
— Frkn. oberst. **39**
39. Stbblätt. 9; Bltn. rosa; Blätt. im unt. Teil 3-kantig; Uferpfl., 50–150 cm hoch .... **Butomaceae,** 199
— Stbblätt. 6 .... **40**
40. Äußere u. innere Bltnhüllblätt. von verschiedener Farbe *(Baldellia)* **Alismataceae,** 198
— Äußere u. innere Bltnhüllblätt. von gleicher Farbe **43**
41(23). Stbblätt 8; Blätt. zu 4–5 quirlst. *(Paris)* **Melanthiaceae,** 207
— Stbblätt. 4 od. 6 .... **42**
42. Stbblätt. 4; Blätt. herzf. *(Maianthemum)* **Asparagaceae.** 239
— Stbblätt. 6 .... **43**
43(40, 42). Pfl. nach Lauch riechend; Bltn. in doldenähnl. Bltnstand .... *(Allium)* **Amaryllidaceae,** 233
— Pfl. nicht nach Lauch riechend **44**
44. Blätt. schwertf., reitend (ähnlich *Iris*) **59**
— Blätt. nicht schwertf. reitend **45**
45. Bltn. grdst., einem Krokus ähnl. .... **Colchicaceae,** 208
— Bltn. m. Bltnstg., nicht grdst. **46**
46. Gr. 3 .... *(Veratrum)* **Melanthiaceae,** 207
— Gr. 1 (zuw. aber m. 3 Narben) od. Gr. 0 .... **47**
47(46, 27). Am Stg. Büschel von Nadeln (Sprossen) vorhanden *(Asparagus)* **Asparagaceae,** 239
— Stg. ohne Büschel von Nadeln **48**
48. Bltn. (od. Fr.) auf verbreitertem, blattähnl. Spross aufsitzend *(Ruscus)* **Asparagaceae,** 239
— Bltn. nicht auf blattähnl. verbreitertem Spross aufsitzend **49**
49. Bltnhüllblätt. zu mehr als der Hälfte verwachsen **Asparagaceae,** 237

— Bltnhüllblätt. getrennt od. weniger als bis zur Hälfte verwachsen **50**
50. Blkr. groß, 3–10 cm lg., am Grd. verwachsen u. zu mehreren am Stg. . . . . **Xanthorrhoeaceae,** 233
— Bltnhüllblätt. bis zum Grd. getrennt od. Bltn. einzeln od. kleiner **51**
51. Bltn. groß, über 18 mm lg., einzeln an der Spitze des Stg. **Liliaceae,** 208
— Bltn. meist zu mehreren am Stg. od. kleiner **52**
52. Blkrblätt. außen grün od. m. grünen Streifen **57**
— Blkrblätt. außen nicht grün **53**
53. Bltn. weiß **55**
— Bltn. blau, rotbraun, feuerrot od. orange **54**
54. Bltn. blau . . . . *(Scilla, Hyacinthoides)* **Asparagaceae,** 240
— Bltn. rotbraun, feuerrot od. orange . . . . . *(Lilium)* **Liliaceae,** 208
55(53). Alpenpfl., 5–15 cm hoch, 1–3-bltg. *(Lloydia)* **Liliaceae,** 209
— Pfl. > 30 cm hoch, meist mehr als 3-bltg. **56**
56. Bltnkrblätt.ganz getrennt *(Anthericum)* **Asparagaceae,** 238
— Bltnkrblätt. am Grund verwachsen **Xanthorrhoeaceae,** 233
57(52). Blätt. wechselst., herzf. *(Streptopus)* **Asparagaceae,** 239
— Blätt. (außer den Hochblätt.) grdst., nicht herzf. **58**
58. Bltn. gelb od. gelbgrün . . . . *(Gagea)* **Liliaceae,** 209
— Bltn. weiß od. gelbgrün, dann aber in verlängerten Trauben *(Ornithogalum)* **Asparagaceae,** 241
59(44). Blkrblätt. 6–9 mm lg., gelb; Gr. 1; Stbblätt. wollig behaart **Nartheciaceae,** 206
— Blkrblätt. 1,5–3,5 mm lg., gelbl.grün od. weiß; Gr. 3 (*188, 189); *Stbblätt. kahl . . . . **Tofieldiaceae,** 197

Tabelle V

Zweikeimblättrige Pflanzen (Urdikotyle und Dikotyle)[1]

1. Pfl. m. holzigem Stg. od. Stamm; Bäume od. Sträucher (bei kleinen Sträuchern ist der Stg. nur an der Basis verholzt = Halbsträucher) . . . . **Tabelle VI,** 72
— Kräuter od. Stauden, deren Stg. auch an der Basis nicht od. kaum verholzt sind **2**
2. Untergetaucht lebende od. mit Schwimmblätt. versehene Wasserpfl., die nur die Bltn. über die Wasseroberfläche erheben od. die Bltn. unter Wasser entfalten . . . . **Tabelle VII,** 80

[1] Kräuter u. Stauden, die z. Bltzt. keine grünen Blätter besitzen, können auch nach **Tabelle III**, S. 65, bestimmt werden!

— Land-, Sumpf- u. Wasserpfl., deren Bltnstg. u. Blätt. sich größtenteils über die Wasseroberfläche erheben **3**
3. Bltnhülle fehlend od. einfach (nur 1 Kreis von Bltnhüllblätt.) od. doppelt (2 Kreise von Bltnhüllblätt.), dann aber alle Bltnhüllblätt. entweder unscheinbar, kelchart. od. auffällig, blumenblattart. .... **Tabelle VIII,** 83
— Bltnhülle doppelt, in meist grünen K. u. meist andersfarbige Blkr. geschieden. (Man beachte, dass der K. bei der Bltnentfaltung zuw. abfällt u. dann nur an Bltnknospen vorhanden ist, z. B. bei den *Papaveraceae*; selten sind 3 Perianthkreise vorhanden, z. B. bei den *Malvaceae* mit einem 3. Kreis als Außen-K.) **4**
4. Blkrblätt. frei, bis zum Grd. voneinander getrennt **Tabelle IX,** 91
— Blkrblätt. miteinander verwachsen, zuw. aber tief geteilt u. nur am Grd. zu kurzer Röhre verbunden *(81–82)*; Blkr. löst sich beim Abzupfen in ihrer Gesamtheit ab .... **Tabelle X,** 99

Tabelle VI
Holzgewächse: Bäume, Sträucher und Halbsträucher

1. Samenanlagen frei, nicht in einen Frkn. eingeschlossen *(89)*; Blätt. nadel- od. schuppenf., immergrün (od. sommergrün, dann aber Nadeln in Büscheln von 15–30) *Nacktsamige Pfl.,* **Coniferophytina, Tabelle II,** 64
— Samenanlagen in einen Frkn. eingeschlossen *(88c, 90–93)* **2**
2. Stg. windend od. rankend **87**
— Stg. nicht windend od. rankend **3**
3. Blätt. nadel- od. schuppenf., z. T. als Dornen ausgebildet **82**
— Blätt. nicht nadel- od. schuppenf., zur Bltzt. zuw. noch nicht entfaltet **4**
4. Pfl. zur Bltzt. m. entwickelten od. zumindest zusammen m. den Bltn. austreibenden Blätt. **20**
— Pfl. z. Bltzt. ohne Blätt.; diese erst nach der Blüte erscheinend od. zu Dornen umgebildet od. so früh abfallend, dass die Triebe blattlos erscheinen **5**
5. Bltn. schmetterlingsf. *(647a)*; Blätt. entweder gleich den Sprossen verdornt od. Blätt. an rutenf. grünen Zweigen, klein, früh abfallend .... **Fabaceae,** 403
— Bltn. nicht schmetterlingsf. **6**
6. Bltn. nicht in Kätzchen **11**
— Bltn., zumindest die ♂, in Kätzchen **7**
7. Nur die ♂ Bltn. in hgd., schon im Spätsommer des Vorjahres erscheinenden Kätzchen; Stbbeutel an der Spitze m. Haarbüschel; ♀ Bltn. in knospenf. Bltnständen, an der Spitze m. roten

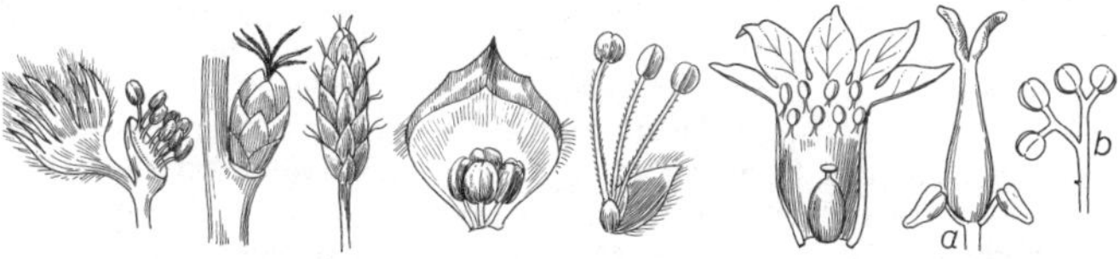

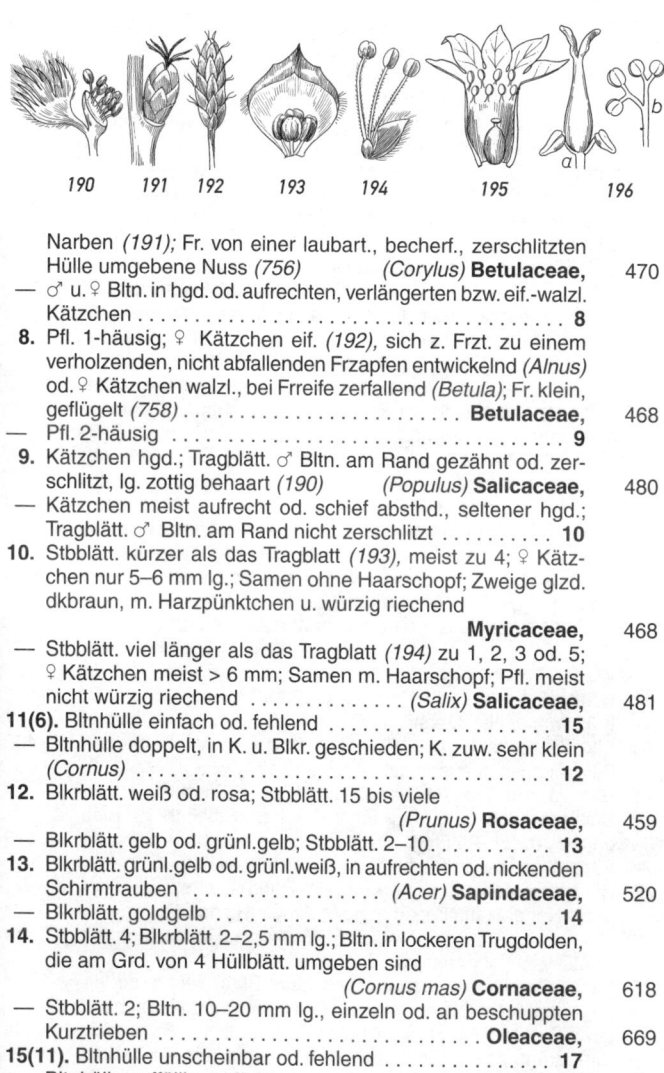

190 191 192 193 194 195 196

Narben *(191);* Fr. von einer laubart., becherf., zerschlitzten Hülle umgebene Nuss *(756)* *(Corylus)* **Betulaceae,** 470

— ♂ u. ♀ Bltn. in hgd. od. aufrechten, verlängerten bzw. eif.-walzl. Kätzchen **8**

8. Pfl. 1-häusig; ♀ Kätzchen eif. *(192),* sich z. Frzt. zu einem verholzenden, nicht abfallenden Frzapfen entwickelnd *(Alnus)* od. ♀ Kätzchen walzl., bei Frreife zerfallend *(Betula)*; Fr. klein, geflügelt *(758)* . . . . **Betulaceae,** 468

— Pfl. 2-häusig **9**

9. Kätzchen hgd.; Tragblätt. ♂ Bltn. am Rand gezähnt od. zerschlitzt, lg. zottig behaart *(190)* *(Populus)* **Salicaceae,** 480

— Kätzchen meist aufrecht od. schief absthd., seltener hgd.; Tragblätt. ♂ Bltn. am Rand nicht zerschlitzt **10**

10. Stbblätt. kürzer als das Tragblatt *(193),* meist zu 4; ♀ Kätzchen nur 5–6 mm lg.; Samen ohne Haarschopf; Zweige glzd. dkbraun, m. Harzpünktchen u. würzig riechend **Myricaceae,** 468

— Stbblätt. viel länger als das Tragblatt *(194)* zu 1, 2, 3 od. 5; ♀ Kätzchen meist > 6 mm; Samen m. Haarschopf; Pfl. meist nicht würzig riechend . . . . *(Salix)* **Salicaceae,** 481

11(6). Bltnhülle einfach od. fehlend **15**

— Bltnhülle doppelt, in K. u. Blkr. geschieden; K. zuw. sehr klein *(Cornus)* **12**

12. Blkrblätt. weiß od. rosa; Stbblätt. 15 bis viele *(Prunus)* **Rosaceae,** 459

— Blkrblätt. gelb od. grünl.gelb; Stbblätt. 2–10. . . . . **13**

13. Blkrblätt. grünl.gelb od. grünl.weiß, in aufrechten od. nickenden Schirmtrauben . . . . *(Acer)* **Sapindaceae,** 520

— Blkrblätt. goldgelb **14**

14. Stbblätt. 4; Blkrblätt. 2–2,5 mm lg.; Bltn. in lockeren Trugdolden, die am Grd. von 4 Hüllblätt. umgeben sind *(Cornus mas)* **Cornaceae,** 618

— Stbblätt. 2; Bltn. 10–20 mm lg., einzeln od. an beschuppten Kurztrieben . . . . **Oleaceae,** 669

15(11). Bltnhülle unscheinbar od. fehlend **17**

— Bltnhülle auffällig, gefärbt **16**

16. Bltnhülle rot, rosa od. weiß, verwachsen *(Daphne)* **Thymelaeaceae,** 525

— Bltnhülle gelb, Blkrblätt. getrennt *(Cornus mas)* **Cornaceae,** 618
17(15). Dornenbewehrter Strauch od. Baum mit lineal-lanzettl., unterstts. silbergrauen bis kupferroten Blätt.; 2-häusig; ♂ Bltn. *(736)* in knospenart. Bltnständen an der Basis der Triebe des selben Jahres; Fr. orangerot *(Hippophaë)* **Elaeagnaceae,** 462
— Dornenlose Bäume od. Sträucher **18**
18. Blätt. od. Knospen wechselst., 2-zeilig; Blätt. ungeteilt; Bltn. ⚥, in achselst. Knäueln . . . . **Ulmaceae,** 463
— Blätt. od. Knospen gekreuzt-gegenst.; Blätt. gefied. **19**
19. Bltnhülle doppelt; junge Triebe oft blaugrün bereift; Blätt. mit 3–7 Fiedblätt.; Spaltfr. geflügelt *(Acer negundo)* **Sapindaceae,** 520
— Bltnhülle einfach oder fehlend; junge Triebe nicht blaugrün bereift; Blätt. m. 5–13 Fiedblätt.; Stbblätt. 2 *(196a, b);* Knospen braun od. schwarz; Fr. geflügelte Nuss *(Fraxinus)* **Oleaceae,** 669
20(4). Blattspr. ungeteilt, am Rand glatt od. gezähnt, gelappt od. gebuchtet **34**
— Blattspr. gefied. od. gefing. **21**
21. Fied. schmal lineal, fächerf. gefaltet, lederig; Blätt. immergrün, lg. gestielt, nur an d. Spitze des Stammes **Arecaceae,** 243
— Fied. nicht fächerart.gefaltet; Blätt. sommergrün, wenn immergrün, dann nicht nur an der Stammspitze vorhanden **22**
22. ♂ Bltn. in hgd. Kätzchen am vorjährigen Holz; ♀ Bltn. zu 1–3, klein, m. 2 großen, blassgrünen Narben, am Ende diesjähriger Triebe; Blätt. beim Zerreiben aromatisch riechend **Juglandaceae,** 468
— Weder ♀ noch ♂ Bltn. in Kätzchen **23**
23. Blätt. gegenst. **29**
— Blätt. wechselst. (zerstreut od. 2-zeilig) **24**
24. Blkr. schmetterlingsf. *(647a);* Stbblätt. 10 . . . . . **Fabaceae,** 403
— Blkr. nicht schmetterlingsf. **25**
25. Bltn. m. nur 1 dkvioletten–braunvioletten Blkrblatt, an der Spitze zu 2–6 in lg. ährenähnl. Trauben; Stbblätt. 10; Blätt. gefied., m. 11–25 Fied. . . . . *(Amorpha)* **Fabaceae,** 423
— Bltn. m. mehreren Blkrblätt., diese nicht dkviolett **26**
26. Blätt. derb, lederig, wintergrün, am Rand stachelig gezähnt, ohne Nebenblätt.; Blkr. goldgelb; Bltn. in Rispen od. Trauben *(Mahonia)* **Berberidaceae,** 364
— Blätt. weich, sommergrün **27**
27. Bltn. goldgelb, rot, rosa od. rein weiß; Blätt. gefied. od. gefingert, junge Blätt. m. Nebenblätt. (wenn ohne Nebenblätt., dann Blkr. rein weiß); Stbblätt. zahlreich . . . . . . **Rosaceae,** 434
— Bltn. grünl. gelb, grünl. weiß od. rötl., nicht rein weiß; Blätt. gefied., ohne Nebenblätt. **28**
28. Blattstiel, Bltnrispen u. junge Zweige wollig-zottig; Bltn. grünl. gelb; Fr. in rötl., kolbenähnl. Frstand *(Rhus)* **Anacardiaceae,** 519

— Blattstiel nicht wollig-zottig; Blätt. sehr groß, gefied.; Fied. am Grd. grob gezähnt; Bltn. grünl.weiß, in Rispen
Simaroubaceae, 522

29(23). Blätt. 5–7-zählig gefing. *(64);* Bltn. in Thyrsen; Stbblätt. frei, aus d. Blüte herausragend; Frhülle stachelig
(Aesculus) **Sapindaceae,** 521

— Blätt. gefied. **30**

30. Bltn. in hgd. Trauben od. Rispen **33**

— Bltn. in aufrechten Rispen od. Trauben (die aber später überhängen können), in Schirmrispen od. Köpfchen **31**

31. Bltn. gelb, in Köpfchen; Blätt. sehr schmal, höchstens 4 mm breit . . . . *(Genista)* **Fabaceae,** 408

— Bltn. weiß od. grünl.gelb, Blättchen breiter **32**

32. Bltn. in anfangs aufrechten, später überhgd. Rispen; Blkrblätt. 2 od. 4, weiß, schmal lineal, am Grd. paarweise verbunden
(Fraxinus) **Oleaceae,** 669

— Bltn. in kegelf.-rispigen od. doldigen Infl.; Blkr. radf., m. 3–6 Zipfeln, weiß od. grünl.gelb . . . . . *(Sambucus)* **Adoxaceae,** 823

33(30). Bltn. grünl.gelb, lg. gestielt, eingschl., 2-häusig; Fr. bei Reife in 2 geflügelte Nüsschen zerfallend
(Acer) **Sapindaceae,** 520

— Bltn. weiß, in lg. gestielten Rispen; Fr. aufgeblasene, blassgrüne, häutige Kapsel . . . . **Staphyleaceae,** 519

34(20). Pfl. mit riesigen Blattrosetten; Blätt. ca. 1 m lang, dick, am Rand stachelig gezähnt. . . . . *(Agave)* **Asparagaceae,** 238

— Pfl. nicht m. riesigen Blattrosetten u. Blätt. meist kleiner **35**

35. Blätt. wechselst. (zerstreut od. 2-zeilig) **53**

— Blätt. gegenst. **36**

36. Auf Bäumen wachsende, grüne Halbparasiten m. gabelig verzweigtem Sprosssystem *(934)* **52**

— Pfl. im Erdboden wurzelnd **37**

37. Stbblätt. 2–10 . . . . **41**

— Stbblätt. mehr als 10 . . . . **38**

38. Kblätt. 5, 3 größere u. 2 andere, meist kleinere; bis 50 cm hohe Sträucher od. Halbsträucher; Bltn. gelb od. weiß
Cistaceae, 526

— Kblätt. 5–7, alle gleich groß **39**

39. Blkrblätt. rot; Blätt. ganzrandig, sommergrün; 1–3 m hoher Strauch od. kleiner Baum . . . . *(Punica)* **Lythraceae,** 514

— Blkrblätt. weiß od. gelb **40**

40. Blkrblätt. weiß; Blätt. gezähnt, sommergrün; 150–400 cm hoher Strauch . . . . **Hydrangeaceae,** 619

— Blkrblätt. gelb; Blätt. ganzrandig, immergrün; 20-80 cm hoher Strauch . . . . **Hypericaceae,** 507

41(37). Blkr. 2-lippig *(76);* Stbblätt. 2 od. 4 . . . . **Lamiaceae,** 691

— Blkr. nicht 2-lippig, od. 2-lippig, dann aber m. 5 Stbblätt. **42**

42. Stg. niederlgd. od. aufstgd., wenn nur an der Basis verholzt, dann Bltntriebe aufrecht **50**

— Aufrechte Bäume od. Sträucher **43**

43. Blätt. immergrün, nur 2–3 cm lg. u. untersts. kahl; Bltn. gelbl. weiß, in blattachselst. Knäueln . . . . **Buxaceae** 385

— Blätt. sommergrün, falls immergrün, dann länger als 3 cm **44**

44. Bltn. grünl. oder gelbl.grün **48**

— Bltn. weiß, gelbl.weiß, gelb, rötl. od. violett **45**

45. Stbblätt. 5; Blkr. verwachsenblättrig; Frkn. unterst. **95**

— Stbblätt. 2 od. 4 . . . . **46**

46. Blkrblätt. frei; Frkn. unterst.; Stbblätt. 4 . . . . . . **Cornaceae,** 618

— Blkrblätt. verwachsen; Frkn. oberst. **47**

47. Stbblätt. 4; Blätt. sommergrün, gezähnt, untersts. grau- od. weißfilzig; Blkr. lilarot od. weiß *(Buddleja)* **Scrophulariaceae,** 687

— Stbblätt. 2; Blätt. kahl od. untersts. weißfilzig, dann aber ganzrandig u. wintergrün; Blkr. weiß, rötl., bläul.violett od. gelb **Oleaceae,** 669

48(44). Stbblätt. meist 8; geflügelte Spaltfr.; Blattspr. 3–7-lappig *(862–864)* od. ungeteilt u. unregelmäßig doppelt gesägt *(Acer)* **Sapindaceae,** 520

— Stbblätt. 4–5; Blattspr. nicht gelappt, sondern ganzrandig und gesägt **49**

49. Bltn. einzeln od. zu mehreren in achselst. Büscheln, unvollkommen eingschl. u. 2-häusig; Stbblätt. 4, vor den Blkrblätt. stehend; Fr. steinfruchtart., m. 2–4 Kernen; Zweigenden zuw. verdornt . . . . **Rhamnaceae,** 462

— Bltn. in gestielten, blattachselst. Dichasien; Fr. rote, stumpfkantige Kapsel; Zweigenden niemals verdornt; Äste jung meist 4-kantig, zuw. geflügelt . . . . . . *(Euonymus)* **Celastraceae,** 472

50(42). Blattspr. am Rand umgerollt, 5–8 mm lg.; Bltn. zu 2–5, in endst. Schirmtrauben; niederlgd. Spalierstrauch d. Alp. *(Loiseleuria)* **Ericaceae,** 632

— Blattspr. am Rand nicht umgerollt, > 5–8 mm **51**

51. Bltn. blau, einzeln, lg. gestielt, blattachselst.; Blkr. radf. ausgebreitet *(197a),* in der Knospe gedreht *(197b);* Sprossbasis nur schwach verholzt . . . . *(Vinca)* **Apocynaceae,** 650

— Bltn. hellrosa, glockig, zu 1–2 auf lg. Stielen, nickend *(198)* *(Linnaea)* **Caprifoliaceae,** 825

52(36). Pfl. sommergrün, auf Eichen od. Esskastanien wachsend; mehrjährige Zweige schwarzbraun; Beeren gelbl. **Loranthaceae,** 567

— Pfl. immergrün, fast nie auf Eichen od. Esskastanien wachsend; mehrjährige Zweige grün; Beeren weiß bis gelbl. grün *(Viscum)* **Santalaceae,** 567

53(35). Bltn. klein, unscheinbar, häufig eingschl., 1- od. 2-häusig; die ♂ nicht selten in dichten od. lockeren Kätzchen od. Ähren, bzw. in lg. herabhgd., kugeligen Büscheln od. Köpfchen **74**

— Bltn. größer u. auffällig, nicht in Kätzchen **54**

54. Bltn. in Köpfchen, blau; niederlgd. Spalierstrauch *(Globularia)* **Plantaginaceae,** 683

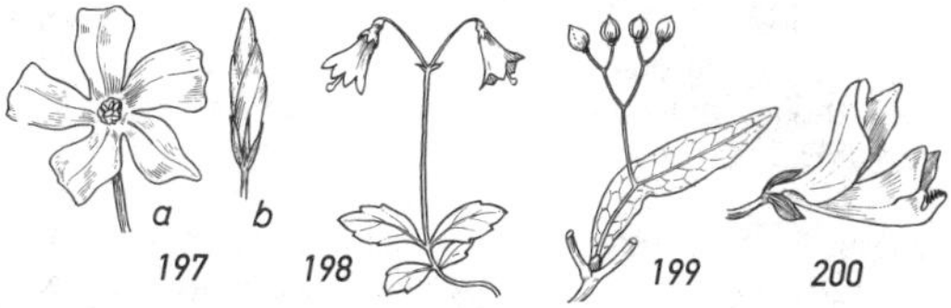

— Bltn. nicht in Köpfchen **55**
55. Stbblätt. höchstens 10 . . . . **59**
— Stbblätt. mehr als 10, bis zu 20 und mehr **56**
56. Bltnstand m. bleichem, bis zur Mitte angewachsenem u. als Flugorgan dienendem Blattorgan *(199)* *(Tilia)* **Malvaceae,** 524
— Bltnstand ohne ein solches Blattorgan **57**
57. Bltnhülle einfach; Blätt. immergrün, lederig, zerrieben aromatisch riechend . . . . **Lauraceae,** 193
— Bltnhülle doppelt **58**
58. Bltn. weiß od. rötl., m. krugf. od. becherf. Bltnboden; Blätt. meist m. Nebenblätt., diese zuw. früh abfallend **Rosaceae,** 434
— Bltnboden nicht krugf. od. becherf.; niederlgd. od. aufstgd. Zwerg- od. Halbsträucher; Bltn. gelb od. weiß **Cistaceae,** 526
59(55). Blkr. schmetterlingsf. *(647a)* od. ähnlich *(200)* **94**
— Bltn. nicht schmetterlingsf. **60**
60. Blattspr. gebuchtet u. stachelig gezähnt *(285)* od. gelappt **72**
— Blattspr. nicht gebuchtet od. gelappt, sondern ganzrandig, gesägt, gezähnt od. gekerbt **61**
61. Bltnhülle doppelt, in K. u. Blkr. geschieden, letztere zuw. sehr klein *(Rhamnaceae)* **64**
— Bltnhülle einfach **62**
62. Bltn. gelbl.weiß, ohne lg. Röhre; Blätt. immergrün, lederig, zerrieben aromatisch riechend . . . . **Lauraceae,** 193
— Bltn. m. langer Röhre **63**
63. Stbblätt. 4–5; Bltn. gelbl. *(738);* Blätt. untersts. dicht silbrig glzd. . . . . *(Elaeagnus)* **Elaeagnaceae,** 462
— Stbblätt. 8; K. blumenblattart. *(195),* grünl.gelb, weiß, rot, rosa od. rot gestreift; Blätt. untersts. nicht silbrig glzd.; Pfl. ohne Dornen . . . . *(Daphne)* **Thymelaeaceae,** 525
64(61). Blkr. gelb od. gelbl. weiß **69**
— Blkr. nicht gelb, aber zuw. 2-farbig (ohne gelb) **65**
65. Stbblätt. 8–10; Blkr. verwachsen (selten fast bis zu Grd. frei, Blkr. abzupfen, *Rhododendron tomentosum*), rosafarbig, rot, purpurviolett, weiß od. grünl.weiß, röhrig, glockig, krugf. od. becherf. . . . . **Ericaceae,** 629
— Stbblätt. 5 (od. 6, dann diese verschieden lg.) **66**
66. Stbblätt. 6, 4 lange u. 2 kurze; Blkr. zygomorph; Blkrblätt. 4, die beiden äußeren vergrößert, weiß; Zierpfl. *(Iberis)* **Brassicaceae,** 559
— Stbblätt. 5, gleich lg. **67**

67. Bltn. rötl. od. violett . . . . **Solanaceae,** 665
— Bltn. grünl.weiß od. grünl. **68**
68. Bltn. in 2–10-bltg., achselst. Infl.; Kblätt. länger als Blkrblätt.; Stbblätt. vor Blkrblätt. sthd.; Fr. schwarzviolette, 2–4-samige Steinfr. . . . . **Rhamnaceae,** 462
— Bltn. in endst. Rispe, deren Äste z. Frreife m. lg. absthd. Haaren bedeckt sind . . . . *(Cotinus)* **Anacardiaceae,** 519
69(64). Bltn. 4- od. 6-zählig, radiär od. disymmetrisch **71**
— Bltn. 5-zählig **70**
70. Strauch, 2–4 m hoch; Blätt. > 6 cm lg., nicht fleischig *(Rhododendron luteum)* **Ericaceae,** 631
— Zwergstrauch, 20–50 cm hoch; Blätt. < 6 cm lg., dickfleischig *(Sedum sediforme)* **Crassulaceae,** 399
71(64). Bltn. 6-zählig., in hgd. Trauben; Blätt. derb, am Rand häufig stachelig gezähnt *(549a),* in rosettiger Anordnung in den Achseln von Dornblätt. *(549b);* 30–300 cm hoher Strauch *(Berberis)* **Berberidaceae,** 364
— Bltn. 4-zählig; Stbblätt. 6, vier lange u. zwei kurze; Bltn. in aufrechten Trauben; Blätt., bes. unterststs., von Sternhaaren grau; 15–40 cm hoher Halbstrauch *(Aurinia saxatilis)* **Brassicaceae,** 551
72(60). Blätt. immergrün, lederig, am Rand oft stachelig gezähnt *(285);* Bltn. weiß, zu 1–3 in Blattachseln; Stbblätt. 4; 1–10 m hoher Strauch . . . . **Aquifoliaceae,** 730
— Blätt. sommergrün, gelappt od. am Rand stachelig gezähnt **73**
73. Blattspr. gelappt *(298);* Bltn. einzeln, zu wenigen od. in vielbltg., hängenden od. aufr. Trauben, gelbgrün (bei Zierarten auch goldgelb od. tiefrot); Stbblätt. 4–5; Zweige zuw. mit Stacheln **Grossulariaceae,** 386
— Blattspr. längl.-eif., am Rand scharf stachelig gesägt, rosettig an Kurztrieben *(549a);* Blätt. der Langtriebe verdornt; Bltn. in hgd. Trauben, goldgelb; Stbblätt. 6; Frkn. oberst. *(Berberis)* **Berberidaceae,** 364
74(53). Pfl. m. Milchsaft; Fr. sind Sammelfr., die brombeerähnlich, dkviolett, weiß, rosa od. birnf. sind (Feige); Bltn. eingschl.; Blattspr. ungeteilt *(284a)* od. gelappt (ähnl. *284b*), am Grd. herzf. . . . . **Moraceae,** 464
— Pfl. ohne Milchsaft; Fr. anders gestaltet **75**
75. Bltnhülle einfach od. fehlend **77**
— Bltnhülle doppelt, 4–5-zählig **76**
76. Blattspr. ungeteilt, ganzrandig od. am Rand fein gesägt, meist m. kleinen Nebenblätt.; rote bis schwarze 2–4-samige Steinfr.; Bltnhülle 4–5-zählig; Triebspitzen häufig verdornt **Rhamnaceae,** 462
— Blattspr. gelappt *(298);* Nebenblätt, meist fehlend; Äste, z. T. auch d. vielsamige Beerenfr. *(641)* bestachelt; Frkn. unterst.; Bltnhülle 5-zählig . . . . **Grossulariaceae,** 386

77(75). Bltn. einzeln, nicht in Kätzchen, od. ♂ Bltn. in nicht abfallendem Bltnstand **81**
— Bltn. in Kätzchen od. lg. herabhgd. kugeligen Büscheln od. Köpfchen, stets eingschl. **78**
78. Bltn. 2-häusig, die ♂ u. ♀ in aufrechten od. absthd., selten hgd. Kätzchen; Fr. 2-klappig aufspringende Kapsel; Samen m. Haarbüschel . . . . *(Salix)* **Salicaceae,** 481
— Bltn. 1-häusig **79**
79. Seitennerven der Blätt. handf. angeordnet, am Spreitengrd. entspringen sternf. mehrere kräftige Nerven; Blattspr. groß, meist über 10 cm breit, lg. gestielt, gelappt *(44);* Kätzchen kugelig, an lg. Stielen hgd. . . . . **Platanaceae,** 385
— Seitennerven fiedrig angeordnet, erst oberhalb des Spreitengrds entspringend **80**
80. ♀ Bltn. entweder zahlreich in Kätzchen od. zu wenigen, dann in Knospen mit roten Narben eingeschlossen; ♂ Bltn. in walzenf., meist hgd. Kätzchen (nur bei niedrigen Sträuchern in Mooren aufrecht) . . . . **Betulaceae,** 468
— ♀ Bltn. zu wenigen od. einzeln in einen Becher teilweise eingeschlossen, dieser zur Frzt. verholzt; ♂ Bltn. in kugeligen Köpfchen, in lockeren hgd. Kätzchen od. in Knäueln in aufrechter Ähre, an deren Grd. die ♀ Bltn. stehen **Fagaceae,** 466
81(77). Bltn. einzeln; Blätt. gesägt; bis 25 m hoher Baum *(Celtis)* **Cannabaceae,** 464
— Bltn. in dichtem Bltnstand; Blätt. ganzrandig; bis 1 m hoher, stark ästiger Strauch *(Krascheninnikovia)* **Amaranthaceae,** 612
82(3). Stamm lappenartig gegliedert (Kaktus); Bltn. radiär **Cactaceae,** 618
— Stamm nicht lappenartig verbreitert, nicht kaktusartig **83**
83. Stark dornige Sträucher; Bltn. schmetterlingsf. *(647)* **Fabaceae,** 403
— Sträucher ohne Dornen; Bltn. nicht schmetterlingsf. **84**
84. Stbblätt. 20–40; Bltn. gelb; 10–20 cm hohe, niederlgd. od. aufstgd. Zwergsträucher . . . . **Cistaceae,** 526
— Stbblätt. 3–10; Bltn. rötl. **85**
85. Stbblätt. 3; kleiner, heideähnl. Zwergstrauch; Blätt. eingerollt, untersts. mit weißem Strich *(253, 254);* Bltn. klein, eingschl. od. ⚥; Fr. schwarz, beerenartig *(Empetrum)* **Ericaceae,** 634
— Stbblätt. 8–10; Bltn. ⚥; Blätt. nadelf. od. schuppenf. **86**
86. Stbblätt. 8; Stbbeutel oft mit spitzen Anhängseln *(1031);* 50–80 cm hohe Zwergsträucher m. sommergrünen od. immergrünen, häufig nadelf. Blätt. . . . . **Ericaceae,** 629
— Stbblätt. 10; Stbbeutel ohne Anhängsel; Äste rutenf. m. schuppenf. Blätt.; Flussbegleiter . . . . **Tamaricaceae,** 568
87(2). Blätt. gefied. od. gefing. **93**
— Blätt. ungeteilt od. gelappt, zuw. 3-zählig **88**

88. Bltn. röhrig, U-förmig gekrümmt, bräunl.grün *(Aristolochia)* **Aristolochiaceae,** 193

— Bltn. nicht röhrig od. nicht U-förmig gekrümmt **89**

89. Bltn. violett; Stbblätt. 5; Stbbeutel kegelf. zusammenneigend *(252)* *(Solanum)* **Solanaceae,** 667

— Bltn. grünl., gelbl.weiß, weiß od. bläul. **90**

90. Blätt. gegenst.; Bltn. weiß, gelbl. od. rötl., 2-lippig, m. lg. Röhre *(Lonicera)* **Caprifoliaceae,** 825

— Blätt. wechselst. od. 2-zeilig **91**

91. Blätt. wintergrün, derb, 5-eckig *(271a),* 2-zeilig od. eif. *(271b)* u. dann Blätt. spiralig angeordnet; Bltn. grünl., in einfachen Dolden; Sprosse m. Haftwurzeln kletternd *(Hedera)* **Araliaceae,** 834

— Blätt. sommergrün **92**

92. Pfl. m. Sprossranken; Bltn. klein, grünl. . . . . **Vitaceae,** 402

— Pfl. ohne Sprossranken; Bltn. weiß *(Fallopia)* **Polygonaceae,** 577

93(87). Blätt. unpaarig gefied.; Stiel, Rhachis u. Fiedstiele rankend; Bltn. weiß od, bläul., m. behaarten Perigonblätt.; Stbblätt. zahlr., kürzer als d. Bltnhülle; Fr. zahlr. Nüsschen m. fedrig behaartem Gr. *(573)* . . . . *(Clematis)* **Ranunculaceae,** 372

— Blätt. gefing.; Stg. m. Sprossranken, deren Enden zu Haftscheiben umgebildet sind *(303);* Stbblätt. 5; Fr. blaue Beeren; Zierpfl. . . . . *(Parthenocissus)* **Vitaceae,** 402

94(59). Beide seitl. Kblätt. blumenblattart. *(200);* Stbblätt. 8 *(Polygala chamaebuxus)* **Polygalaceae,** 432

— Kblätt. nicht blumenblattart., grün od. trockenhäutig; Stbblätt. 10 . . . . **Fabaceae,** 403

95(45). Bltn. in Schirmrispen, die randst. Bltn. oft vergrößert *(Viburnum)* **Adoxaceae,** 823

— Bltn. in Köpfchen, Quirlen, Ähren od. Trauben **Caprifoliaceae,** 824

Tabelle VII
Dikotyle Wasserpflanzen
(mit untergetauchten od. schwimmenden Blättern u. sich unter od. über dem Wasser entfaltenden Blüten)[1]

1. Untergetauchte Blätt. ungeteilt od. fehlend; Schwimmblätt., wenn vorhanden, ganzrandig od. nur gezähnt **9**

---

[1] Die **monokotylen** Sumpf- u. Wasserpfl. sind nach **Tabelle IV**, S. 66, zu bestimmen. Sie sind von den **dikotylen** durch ihre schmal bandf., grasart. bzw. bogen- od. parallelnervigen Blätt. u. den Bau ihrer Bltn. zu unterscheiden. In **Tabelle XIV** (S. 155) sind alle Wasserpfl. noch einmal zusammengestellt.

— Untergetauchte Blätt. in viele lineale, oft fadenf. Zipfel zerschlitzt *(202, 204)* od. m. lg. Borsten versehen *(201);* Schwimmblätt., wenn vorhanden, gelappt od. gefied. **2**

2. Blätt wechselst. **6**

— Blätt. quirlst. **3**

3. Blattspr. rundl.-nierenf., 5–7 mm lg., ihre Hälften auf einen Reiz hin zusammenklappend; Blattstiel verbreitert, an d. Spitze m. lg. Borsten *(201);* Pfl. wurzellos, frei schwimmend *(Aldrovanda)* **Droseraceae,** 579

— Blattspr. nicht rundl.-nierenf. **4**

4. Blattspr. mehrfach gabelteilig *(202);* Bltn. unscheinbar, untergetaucht, blattachselst.; Pfl. wurzellos, frei schwimmend **Ceratophyllaceae,** 358

— Blattspr. kammf. gefied. *(203)* **5**

5. Bltn. klein, unscheinbar, rosa, in 3–5 cm lg., aus dem Wasser ragenden Ähren . . . . *(Myriophyllum)* **Haloragaceae,** 401

— Bltn. groß, weiß bis blassrosa, in etagenf., bis 30 cm lg., aus dem Wasser ragenden Trauben; Blätt. in Quirlen, am Ende der Sprosse; häufig Landformen bildend *(Hottonia)* **Primulaceae,** 627

6(2). Wasserblätt. m. kleinen. tierfangenden Schläuchen *(204);* Bltn. auf lg. Schaft, gelb, m. einem spornart. Anhängsel *(Utricularia)* **Lentibulariaceae,** 729

— Wasserblätt. ohne Schläuche; Bltn. weiß **7**

7. Bltn. einzeln, den Blätt. gegenübersthd.; Stbblätt. zahlr.; Zipfel untergetauchter Blätt. handf. angeordnet; Schwimmblätt. rundl., m. tiefen Einschnitten *(205)* *(Ranunculus)* **Ranunculaceae,** 375

— Bltn. in Trauben od. Dolden; Stbblätt. 5; alle Blätt. gefied. **8**

8. Bltn. bis 2 cm im Dm, in etagenf. Trauben; Blkr. verwachsenblättrig; Blätt. kammf. gefied. *(203)* *(Hottonia)* **Primulaceae,** 627

— Bltn. kleiner, in meist 5-bltg. Dolden; Blkr. freiblättrig; Wasserblätt. 2–4fach fiedteilig, mit linealen Zipfeln; Luftblätt. einfach fiedteilig . . . . *(Helosciadium)* **Apiaceae,** 851

9(1). Stg. beblätt. **15**

— Alle Blätt. grdst. **10**

10. Blätt. sehr groß (10–20 cm breit), lg. gestielt, einem dicken Rhizom entspringend; Spr. am Grd. tief herzf. *(366–368),* der

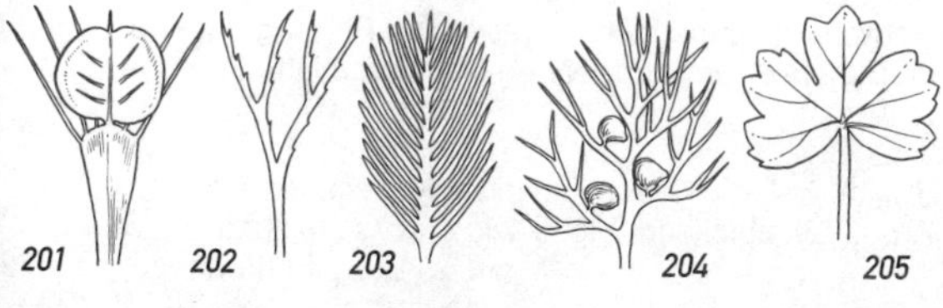

201 *202* *203* *204* *205*

Wasseroberfläche auflgd.; Bltn. einzeln, lg. gestielt, weiß od. gelb .... **Nymphaeaceae,** 191

— Blätt. viel < 10 cm, schmal; Spr. am Grd. nicht herzf. **11**

11. Pfl., wenn submers wachsend, meist nicht blühend u. sich nur vegetativ durch Ausläufer vermehrend *(206);* Blätt. zylindrisch, steif aufrecht, pfrieml. zugespitzt; Pfl. im Wuchs an *Isoëtes (138a)* erinnernd .... *(Plantago uniflora)* **Plantaginaceae,** 684

— Pfl. m. Bltn. **12**

12. Bltn. einzeln, grundst., auf 2–5 cm lg. Stielen; Blätt. lg. gestielt, lineal-spatelig bis lanzettl., in ihren Achseln wurzelnde Ausläufer entspringend *(208)* *(Limosella)* **Plantaginaceae,** 675

— Bltn. stets zu mehreren, meist in Trauben **13**

13. Bltn. eingschl.; ♂ Blüte 1, mit 4 lg. heraushgd. Stbblätt.; an der Basis ihres lg. Stiels 2–3 ♀ Bltn. *(206b);* Blätt. steif aufrecht, pfrieml. zugespitzt *(206a)*
(Plantago uniflora) **Plantaginaceae,** 684

— Bltn. ⚥ **14**

14. Bltn. bläul.weiß, 2-lippig *(207a),* auf 10–40 cm hohem Stg.; Blätt. in grdst., submerser Rosette *(207b),* lineal, von 2 Längshöhlen durchzogen .... *(Lobelia)* **Campanulaceae,** 740

— Bltn. weiß, sehr klein, nicht 2-lippig, in 2–8-bltg. Traube; Blätt. grasart. *(209)* .... *(Subularia)* **Brassicaceae,** 562

15(9). Bltn. nicht gelb **17**

— Bltn. goldgelb od. grünl.gelb **16**

16. Blattspr. fast kreisrund, am Grd. tief herzf., seerosenähnl. (vgl. *366, 368)*; Blätt. wechselst.; Bltnhülle doppelt
(Nymphoides) **Menyanthaceae,** 740

— Blätt. lanzettl. od. verkehrt eif., in den Stiel verschmälert (nicht herzf.), wechselst. od. gegenst.; Bltnhülle doppelt od. einfach .... *(Ludwigia)* **Onagraceae,** 515

17(15). Blätt. wechselst.; größere Pfl. **23**

— Blätt. gegenst., oft in mehrblättrigen Quirlen; meist kleinere Pfl. **18**

18. Blätt. in mehrblättrigen Quirlen **22**

— Blätt. gegenst., d. h. in 2-blättrigen Quirlen **19**

19. Blätt. spatelf., ihre Stiele am Grd. verbreitert; Bltn. weiß, in 2–5-bltg. Wickeln; Blkrblätt. 5, am Grd. zu einseitig gespaltener Röhre verwachsen; Stbblätt. 3 ..... *(Montia)* **Montiaceae,** 617

— Blätt. lineal-lanzettl. **20**

20. Bltn. ohne Bltnhülle, eingschl., am Grd. häufig m. 2 sichelf. Vorblätt. *(210)*; Fr. m. 4 scharfen Kanten *(1093);* Pfl. m. od. ohne Schwimmblattrosetten . *(Callitriche)* **Plantaginaceae,** 686

— Bltn. m. Bltnhülle, am Grd. ohne sichelf. Vorblätt.; Fr. ohne scharfe Kanten **21**

21. Fr. fast kugelige Kapsel *(778b, 779b)*; Bltn. einzeln, blattachselst.; Kblätt. 2–4, am Grd. miteinander verwachsen; Blkrblätt. 3–4 *(776–779),* abfallend; Stg. glasig durchscheinend
Elatinaceae, 479

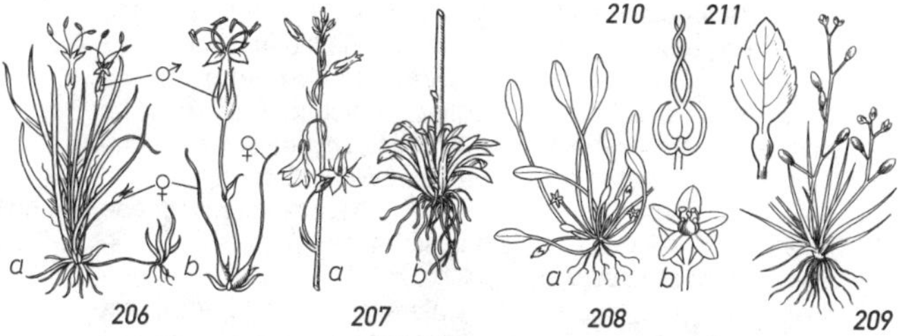

— Fr. aus 4, am Grd. vereinigten, sonst freien Balgfr. bestehend; Bltn. 4-zählig, einzeln, blattachselst.; Stg. reichästig *(Crassula aquatica)* **Crassulaceae,** 396

22(18). Unterwasserblätt. in 8–16-zähligen Quirlen, Luftblätt. in 3-zähligen Quirlen *(305);* Bltn. einzeln, blattachselst., ⚥, 4-zählig, m. 2 Stbblattkreisen . . . . **Elatinaceae,** 479

— Alle Blätt. in 6–12(–16)-zähligen Quirlen *(304);* Bltn. klein, unscheinbar, einzeln, blattachselst.; Blkr. fehlend; Stbblatt 1 *(952)* . . . . *(Hippuris)* **Plantaginaceae,** 685

23(17). Blätt. eif. bis lanzettl., am Grd. mit röhrenf. Nebenblattscheide (Ochrea, *946–948*); Bltn. rötl., in Ähren über d. Wasseroberfläche . . . . . . *(Polygonum amphibium)* **Polygonaceae,** 574

— Blätt. rautenf. od. nierenf. **24**

24. Blätt. rautenf., an d. Spitze gezähnt, in schwimmenden Rosetten; Blattstiel bauchig aufgetrieben *(211);* Bltn. einzeln, weiß . . . . *(Trapa)* **Lythraceae,** 514

— Blätt. nierenf., gekerbt od. gelappt; Blattstiel nicht bauchig aufgetreiben; Bltn. in Dolden *(Hydrocotyle ranunculoides)* **Araliaceae,** 834

Tabelle VIII

Dikotyle Kräuter und Stauden. Blütenhülle fehlend, einfach oder doppelt, dann aber alle Blütenhüllblätter gleichgestaltet[1]

(Wasserpfl. mit untergetauchten od. schwimmenden Blättern **Tabelle** VII, S. 80)

1. Pfl. m. wohlentwickelten, grünen Blätt., diese zuw. erst nach der Blüte erscheinend **3**

— Blätt. fehlend od. zu bleichen Schuppen reduziert **2**

---

[1] In dieser Tabelle sind auch jene Pfl. aufgenommen, bei denen der K. frühzeitig abfällt od. klein u. unscheinbar ist u. deshalb leicht übersehen wird.

2. Stg. perlschnurart. geglied. *(987)*, dick, saftig, zerbrechl., meist verzweigt, grün od. rot; Pfl. nur auf salzhaltigen Böden *(Salicornia)* **Amaranthaceae,** 614

— Stg. nicht perlschnurart. geglied., wachsgelb, getrocknet schwarz, erst nickend, z. Frzt. aufrecht, unverweigt, m. schuppenf. gelben Blätt.; Pfl. in schattigen Wäldern *(Hypopitys)* **Ericaceae,** 631

3(1). Blätt. quirl- od. gegenst. (wenigstens die unt.) **44**

— Blätt. wechselst., zuw. nur grdst. **4**

4. Laubblätt. nur 2, lg. gestielt, m. nierenf. *(55)*, ledriger, wintergrüner Spr., eine nickende, braunrote Blüte zwischen sich einschließend *(369)* . . . . *(Asarum)* **Aristolochiaceae,** 192

— Blätt. meist mehr als 2; wenn Spr. nierenf., dann nicht wintergrün; Bltn. anders angeordnet **5**

5. Blattspr. nicht schildf. **7**

— Blattspr. schildf. *(53)*, am Rand glatt od. gekerbt **6**

6. Bltn. 3–6 cm im Dm, einzeln, orange, gespornt; Gartenpfl. **Tropaeolaceae,** 528

— Bltn. deutl. kleiner, weiß od. rötl., in wenigbltg., kopff. zusammengezogenen Dolden; Stg. kriechend.; Sumpfpfl. *(Hydrocotyle)* **Araliaceae,** 834

7(5). Pfl. ohne weißen od. gelbl. Milchsaft **11**

— Aus allen Pflanzenteilen bei Verletzung weißer od. gelbl. Milchsaft austretend **8**

8. Milchsaft gelbl. . . . . **Papaveraceae,** 358

— Milchsaft weiß, zuw. farblos **9**

9. Viele zungenf. Bltn. in auffälligem, am Grd. von grünen Hüllblätt. umgebenen Köpfchen . . . . **Asteraceae,** 741

— Bltn. nicht in Köpfchen **10**

10. Bltn. groß, rot, rötl.violett, weißl. od. gelb, einzeln; Kblätt. 2, z. Bltzt. abgefallen; Frucht eine keulenf., kugelige od. lg.-schotenf. Kapsel *(558–561)* . . . . **Papaveraceae,** 358

— Bltn. klein, wenig auffällig, eingschl.; zahlr., aus 1 Stbblatt bestehende ♂ Bltn. u. eine aus 1 gestielten Frkn. bestehende ♀ Blüte zu kleinen, von becherf. Hülle umgebenen Teil-Bltnständen *(768)* zusammentretend, diese wiederum in Di- od. Pleiochasien *(108, 112, 767)* **Euphorbiaceae,** 474

11(7). Stbblätt. bis zu 10 od. Bltn. nur m. Frkn., diese meist m. pinself. Narben **15**

— Stbblätt. mehr als 10, Stbbeutel deutlich voneinander getrennt **12**

12. Bltnstand bis 40 cm lg. Traube, den Blättern gegenüber- sthd.; Blätt. ungeteilt; Fr. beerenart. . . . . **Phytolaccaceae,** 616

— Bltnstand nicht traubig od. wenn in Trauben, dann nicht d. Blätt. gegenübersthd.; Blätt. meist gefied. od. gelappt . . . **13**

13. Stbblätt. kürzer als die Bltnhüllblätt.; Bltn. groß, auffällig, gelb, weiß, blau, violett, selten grün od. braun, radiär od. zygomorph

212

213
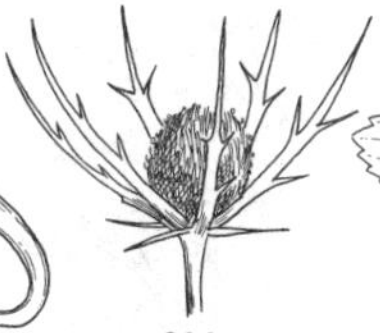
214
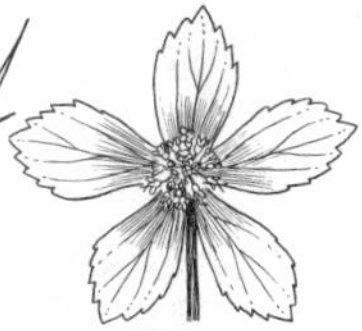
215

(helmf. od. gespornt), häufig mit andersart. gestalteten od. blumen-blattart. Nektarblätt. *(567–570)* **Ranunculaceae,** 364
— Stbblätt. länger als die Bltnhüllblätt.; Bltn. klein **14**
14. Bltn. in lg. gestielten, kugeligen bis eif. Köpfchen, grünl.rot, ⚥ od. eingschl.; Stbblätt. 20–30 *(689);* Blätt. gefied. *(697)*, mit Nebenblätt. . . . . *(Sanguisorba)* **Rosaceae,** 440
— Bltn. nicht in kugeligen od. eif. Köpfchen, in Trauben, Rispen od. Schirmrispen *(Actaea, Thalictrum)* **Ranunculaceae,** 364
15(11). Bltn. nicht gespornt **18**
— Bltn. m. längerem, spitzem *(213, 229)* od. kürzerem, sackf. *(212)* Sporn **16**
16. Blätt. gefied. od. doppelt 3-zählig; Kblätt. 2, früh abfallend; Blkrblätt. 4, das obere gespornt *(212)* od. Bltn. herzf. *(75)* **Papaveraceae,** 358
— Blätt. ungeteilt; Spr. am Rand aber zuw. gesägt **17**
17. Frkn. oberst.; Bltn. gelb (wenn rot, dann Spr. am Rand drüsig gesägt u. Pfl. bis 2,5 m hoch), in wenigblt., achselst. Trauben; die beiden seitl. Kblätt. klein, unscheinbar, das hintere groß, blumenblattart. u. gespornt *(213);* Fr. saftige, bei Berührung aufspringende Kapsel . . . . **Balsaminaceae,** 619
— Frkn. unterst.; Bltn. rot, seltener weiß, aufrecht, am Grd. m. lg., dünnem Sporn *(229),* in reichbltg. Bltnständen; Blätt. ganzrandig u. ohne Drüsen . . . . **Caprifoliaceae,** 824
18(15). Viele Bltn. zu einem Köpfchen vereinigt, das am Grd. von größeren Hüllblätt. umgeben ist u. zuw. eine Einzelblüte vortäuscht *(214–216)* **43**
— Bltn. anders angeordnet od. in Köpfchen, die am Grd. nicht von Hüllblätt. umgeben sind **19**

216

217

218
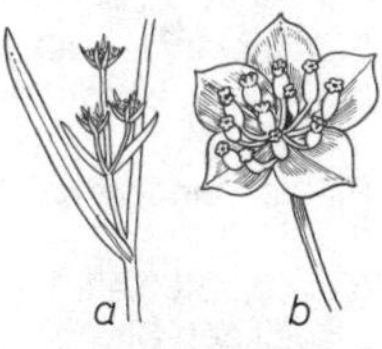

219

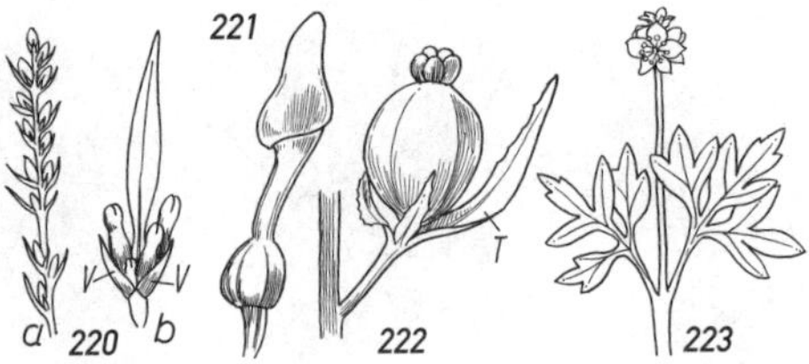

19. Wenigstens basale Stgblätt. gefied., gefing., fiedspaltig od. gelappt **37**
— Alle Blätt. m. ungeteilter, höchstens gesägter, gezähnter od. gekerbter, am Grd. zuw. spieß- od. pfeilf. Spr. **20**
20. Alle Blätt. in grdst. Rosette; Fr. zahlr., an verlängerter Fr.-Achse *(578);* Blätt. linealisch; Pfl. ⊙ *(Myosurus)* **Ranunculaceae,** 383
— Stg. beblättert (wenn basal gedrängt, dann Blätt. ± nierenf. od. Pfl. ♃) **21**
21. Blätt. bzw. Blattstiel am Grd. m. längerer od. kürzerer, zuw. früh aufreißender, röhriger, die Basis der Internodien umgreifender Scheide (Ochrea, *21, 946–948);* Stgknoten oft deutl. hervortretend; Stg. z. T. windend *(Fallopia,* S. 258); Bltn. weiß, rötl. od. grün, in einfachen, walzenf. od. verzweigten Scheinähren od. Rispen; Gr. 2–3; Narben häufig pinself. *(936–938)*
Polygonaceae, 569
— Blätt. u. Blattstiele am Grd. ohne röhrig geschlossene Scheide **22**
22. Bltnhüllblätt. gelb, braun, innen weiß, außen grünl. od. weißl. bis weißl.grün **33**
— Bltnhüllblätt. grünl.gelb od. innen u. außen grün **23**
23. Blätt. oft nur wenige mm breit, eif. längl., zuw. grasart. **29**
— Blätt. viel breiter u. nicht grasart. **24**
24. Bltn. röhrig, m. am Grd. bauchig erweiterter Blkr. *(221, 370);* Frkn. unterst. . . . . *(Aristolochia)* **Aristolochiaceae,** 193
— Blkr. nicht röhrig u. nicht bauchig erweitert **25**
25. Stbblätt. 8; Blattspr. rundl.; Bltn. in gestauchten, flachen Bltnständen, von gelben Hochblätt. umgeben *(642a)*; an feuchten, schattigen Standorten *(Chrysosplenium)* **Saxifragaceae,** 388
— Stbblätt. 1–5; Blattspr. meist nicht rundl., viel länger als breit
26
26. Blattspr. längl.-elliptisch, häufig zugespitzt, stets viel länger als breit, zuw., besonders auf der Unterseite, mehlig bestäubt
28
– Blattspr. anders gestaltet; Blkr. fehlend; K. 4-zählig, mit Außenk. **27**
27(26 u. 40). Stbblätt. 1; Bltn. geknäuelt in den Achseln der handf., 3-spaltigen Stgblätt. *(716);* Pfl. ⊙, ohne Grdblattrosette
(Aphanes) **Rosaceae,** 448

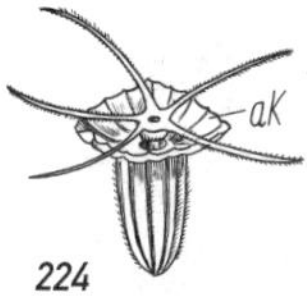

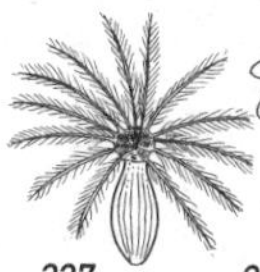

224 225 226 227 228 229

— Stbblätt. 4; Bltn. in reich verzweigten Rispen; Blattspr. rundl., am Grd. tief herzf., gelappt, am Rand gezähnt od. fingerf. gefied. *(718–722);* Pfl. ♃, m. Grdblattrosette *(Alchemilla)* **Rosaceae,** 448

28(26). Blätt. kurzhaarig, ohne Drüsen, lg. gestielt, längl. eif., ganzrandig; Bltn. in blattachselst. Knäueln *(218)* *(Parietaria)* **Urticaceae,** 466

— Blätt. kahl od. drüsenhaarig .... **Amaranthaceae,** 604

29(23). Blätt. eif.-lanzettl., höchstens 4-mal so lg. wie breit, die unt. gegenst., die ob. wechselst.; Bltn. klein, in blattachselst. Knäueln *(974a);* Pfl. niederlgd., dichtrasig bis polsterf. *(Herniaria)* **Caryophyllaceae,** 583

— Blätt. > 4-mal so lg. wie breit, ± grasart. **30**

30. Bltn. in kleinen Döldchen *(219a),* die am Grd. von Hüllblätt. umgeben sind, wodurch eine Einzelblüte vorgetäuscht wird *(219b)*; Frkn. unterst.; Gr. 2; Blätt. zuw. in grdst. Rosette *(Bupleurum)* **Apiaceae,** 849

— Bltn. nicht in Dolden; Frkn. oberst. **31**

31. Bltnhüllblätt. trockenhäutig .... **Amaranthaceae,** 604

— Bltnhüllblätt. krautig **32**

32. Bltn. einzeln od. zu 2–3, blattachselst. *(220a),* am Grd. mit 2 seitl. Vorblättern *(220b, V);* Bltnhülle krugf., 4-zipfelig; Stbblätt. 8 .... *(Thymelaea)* **Thymelaeaceae,** 525

— Bltn. in knäueligen od. doldenähnl. Teilbltnständen; Bltnhülle 1–5-blättrig; Stbblätt. 1–5 .... **Amaranthaceae,** 604

33(22). Bltnhülle röhrig, am Grd. bauchig erweitert *(221),* mit zugenartigem, gelbem od. schwarzbraunem Saum; Stbblätt. 6, m. dem Gr. zur Säule verwachsen; Frkn. unterst. *(Aristolochia)* **Aristolochiaceae,** 193

— Bltnhülle anders gestaltet, nicht röhrig u. am Grd. nicht bauchig erweitert **34**

34. Bltn. auf das Tragblatt hinaufgerückt (*222,* T), in Trauben od. Rispen; Bltnhülle trichterf.; Frkn. unterst.; Blätt. lineal, 1–3-nervig .... *(Thesium)* **Santalaceae,** 566

— Bltn. nicht auf das Tragblatt hinaufgerückt **35**

35. Frkn. unterst. .... **Apiaceae,** 834

— Frkn. oberst. **36**

36. Pfl. 1–30 cm hoch, blaugrün; Bltn. stecknadelkopfgroß, kugelig, sich selten öffnend .... *(Corrigiola)* **Caryophyllaceae,** 582

— Pfl. 1–3 m hoch; Bltn. ca. 1 cm groß, offen; Frblätt. 8–10, frei, nur am Grd. etwas verwachsen **Phytolaccaceae,** 616

37(19). Bltn. in längl., rundl. od. fast würfelf. Köpfchen **41**

– Bltn. in Trauben, Rispen, Dolden, Trugdolden od. ährenf. Knäueln **38**

38. Stbblätt. 6 (4 lange u. 2 kurze), 4 od. 2 *(Lepidium, Cardamine);* Bltnhüllblätt. 4, zuw. fehlend; Fr. Schote od. Schötchen *(115a)* . . . . **Brassicaceae,** 529

— Stbblätt. 1–5, zuw. fehlend; Fr. weder Schoten noch Schötchen **39**

39. Bltn. in einfachen od. zusammengesetzten Dolden, weiß, rötl. od. gelb, selten grünl.; Stbblätt. 5, zuw. fehlend; Bltnhüllblätt. 5; Fr. bei Reife in zwei Teilfr. zerfallend *(124)* . . . **Apiaceae,** 834

— Bltn. nicht in Dolden **40**

40. Blätt. m. Nebenblätt.; Spr. 3–9-lappig od. gefing. *(718–721);* Stbblätt. 1 od. 4; Bltn. gelbl.grün **27**

— Blätt. ohne Nebenblätt.; Stbblätt. 5; Pfl. oft mehlig bestäubt **Amaranthaceae,** 604

41(37). Köpfchen fast würfelf., grünl.; Stbblätt. 4 oder 5, geteilt (daher scheinbar 8 od. 10); Blätt. 3-zählig od. doppelt 3-zählig gefied. *(223);* Pfl. 5–15 cm hoch, am Grd. m. Ausläufern, diese an der Spitze verdickt . . . . *(Adoxa)* **Adoxaceae,** 823

— Köpfchen kugelig od. längl.; Pfl. > 20 cm **42**

42. Pfl. distelart., 50–200 cm hoch; Köpfchen zusammengesetzt, kugelf., m. stahlblauen od. bläul.weißen Bltn., diese von linealen bis borstenf. Hüllblätt. umgeben; Stbblätt. 5, ihre Stbbeutel miteinander vereinigt . . . . *(Echinops)* **Asteraceae,** 789

— Pfl. nicht distelart.; Blätt. einfach gefied. *(696)*, m. Nebenblätt.; Köpfchen einfach, rundl. od. längl.; Bltn. rötl.braun; Stbblätt. 4 *(Sanguisorba)* **Rosaceae,** 440

43(18). Stbbeutel der 5 Stbblätt. zu den Gr. umgebender Röhre vereinigt; Bltn. entw. alle zungenf. od. nur die äußeren des Köpfchens zungenf. und die inneren röhrig *(216)* od. alle Bltn. des Köpfchens röhrig; Fr. oft m. Haarkrone *(123)* **Asteraceae,** 741

— Stbbeutel der 5 Stbblätt. frei; Blkrblätt. frei; Fr. ohne Haarkrone, bei Reife in 2 Teilfr. zerfallend *(124)* . . . . **Apiaceae,** 834

44(3). Blätt. quirlst. (mehr als 2 Blätt. an einem Knoten) **72**

— Blätt. gegenst. [2 Blätt. an einem Knoten; nur bei *Asarum* (s. Nr. **4**) sind die beiden einzigen Laubblätt. scheinbar gegenst., in Wirklichkeit sind sie wechselst., 2-zeilig] **45**

45. Bltn. in Köpfchen ohne Hüllblätt. od. Bltn. nicht in Köpfchen **47**

— Bltn. in Köpfchen, die am Grd. von Hüllblätt. umgeben sind **46**

46. Stbblätt. 5, ihre Beutel zu den Gr. umgebender Röhre vereinigt; Fr. oft m. Haarkrone *(123)* . . . . **Asteraceae,** 741

— Stbblätt. 4, m. freien Stbbeuteln; K. aus Borsten bestehend; darunter meist noch ein schüssel- od. becherf. Außenk. (*224*, aK) . . . . **Caprifoliaceae,** 824
47(45). Blätt. gefied., gefing. od. 3-zählig **69**
— Blätt. ungeteilt; Spreite am Rand zuw. buchtig od. gelappt **48**
48. Bltn. m. enger, am Grd. in dünnen Sporn ausgezogener Röhre *(229);* Stbblätt. 1 . . . . . . *(Centranthus)* **Caprifoliaceae,** 833
— Bltn. ohne Sporn **49**
49. Blätt. etwa so lg. wie breit, nierenf., > 1 cm lg.; am Rand glatt od. schwach buchtig gekerbt **68**
— Blätt. länger als breit, nicht rundl.-nierenf. **50**
50. Bltn. weiß, rötl., bräunl. od. bläul. **64**
— Bltn. grün, gelbl.grün, grünl.weiß, oft unscheinbar u. eingschl. **51**
51. Stg. nicht windend **53**
— Stg. windend **52**
52. Pfl. ♃: Bltn. eingschl., 2-häusig; ♂ Bltn. in Rispen, ♀ in Ähren, die sich bei Reife zu zapfenähnl. Frständen entwickeln; Blätt. gelappt, am Grd. m. paarweise verwachsenen Nebenblätt. *(Humulus)* **Cannabaceae,** 464
— Pfl. ⊙; Bltn. ⚥; Narbe kopfig, fast sitzend; Blätt. ganzrandig; Spr. am Grd. bisw. herzf. . . . . . . *(Fallopia)* **Polygonaceae,** 577
53(51). Pfl. mit Milchsaft (Bltnbau s. Nr. **10**—) *(Euphorbia)* **Euphorbiaceae,** 474
— Pfl. ohne Milchsaft **54**
54. Blattspr. ganzrandig **57**
— Blattspr. am Rand gesägt, gezähnt od. gekerbt **55**
55. Pfl. m. Brennhaaren; Bltn. eingschl., 1- od. 2-häusig, in knäueligen od. kugeligen Bltnständen *(744);* Bltnhüllblätt. 4; Stbblätt. 4 . . . . *(Urtica)* **Urticaceae,** 465
— Pfl. ohne Brennhaare **56**
56. Bltn. eingschl., 2-häusig, in achselst., verlängerten Scheinähren; ♂ Bltn. m. 8–12 Stbblätt. *(766a),* ♀ m. 2-, seltener 3-fächrigem Frkn. *(766b),* in achselst. Büscheln od. armbltg. Trauben; Bltnhülle 3–4-teilig . . . . . . *(Mercurialis)* **Euphorbiaceae,** 474
— Bltn. ⚥, wenn eingschl., dann in knäueligen Teilbltnständen; Stbblätt. u. Bltnblätt. 1–5 . . . . **Amaranthaceae,** 604
57(54). Bltn. einzeln, achselst., sitzend od. gestielt **59**
— Bltn. zu mehreren in Knäueln zusammengedrängt od. dichasial **58**
58. Pfl. oft mehlig bestäubt od. schülferig; Bltn. eingschl.; Frhülle ♀ Bltn. 2-blättrig *(1006–1007)* . . . . **Amaranthaceae,** 604
— Pfl. nicht mehlig bestäubt; Bltn. ⚥ od. eingschl.; Bltnhülle 5-zählig; Blätt. klein, eif. od. lineal . . . . . **Caryophyllaceae,** 579
59(57). Bltnhülle 12-zähnig *(846)*; Stbblätt.6; Stg. rötl., niederlgd., an d. Knoten wurzelnd; Blätt. gegenst., verkehrt eif. bis spatelig . . . . *(Peplis)* **Lythraceae,** 513

— Bltnhülle weniger als 12-zähnig **60**

60. Bltn. deutl. gestielt; K. 4–6-zählig; Stbblätt. 4–10 **Caryophyllaceae,** 579

— Bltn. sitzend od. sehr kurz gestielt **61**

61. Im Wasser od. auf schlammigem Boden lebende Pfl. . . **63**

— Landpfl. **62**

62. Bltn. endst., einzeln; Blkrblätt. meist fehlend; Kblätt. am Rand trockenhäutig; Polsterpfl. der Alpen *(Minuartia sedoides)* **Caryophyllaceae,** 585

— Bltn. blattachselst., einzeln; Bltnhüllblätt. trockenhäutig; ☉; locker ästige Kräuter der niederen Lagen *(Polycnemum)* **Amaranthaceae,** 606

63(61). Bltn. nackt, eingschl., am Grd. häufig m. 2 sichelf. Vorblätt. *(210)*; Blätt. lineal . . . . *(Callitriche)* **Plantaginaceae,** 686

— Bltn. m. 4-blättrigem, grünl.gelbem K., ⚥; Blätt. eif. *(Ludwigia)* **Onagraceae,** 515

64(50). Bltn. 4-zählig, in 8–25-bltg., von 4 weißen, breit elliptischen Hochblätt. umgebenen Trugdolden *(225)* *(Cornus suecica)* **Cornaceae,** 618

— Bltn. nicht in von Hüllblätt. umgebenen Dolden **65**

65. Kblätt. knorpelart. verdickt, m. schnabelart. Spitze *(226)*, weiß; Bltn. in 4–6-bltg., achselst. Knäueln, 5-zählig, weiß; Stg. niederlgd.; Blätt. verkehrt eif., 2–5 mm lg. *(Illecebrum)* **Caryophyllaceae,** 582

— Kblätt. nicht knorpelig und nicht m. schnabelart. Spitze, zuw. aber von strohiger Beschaffenheit u. dann gefärbt **66**

66. Stbblätt. 3; Bltn. ⚥ od. eingschl., in Rispen od. Schirmrispen; Blkr. am Grd. etwas ausgesackt *(228)*; K. z. Frzt. oft zu fedrigen Strahlen auswachsend *(227)* . . . . **Caprifoliaceae,** 824

— Stbblätt. 5 od. 8 . . . . **67**

67. Stbblätt. 5; Bltn. sitzend in den Achseln der mittl., lanzettl. bis breitlanzettl., fleischigen Stgblätt.; Kblätt. rötl. od. weiß; Blkr. fehlend; Sprosse niederlgd. bis aufstgd.; nur an salzhaltigen Orten . . . . *(Glaux)* **Primulaceae,** 628

— Stbblätt. 8; Kblätt. 4, violett-rosa, strohig; Bltnblätt. halb so lg. wie diese; Bltn. nickend, in dichtbltg. Bltnständen; Blätt. schuppenf., 4-zeilig-dachig *(255)*; Zwergstrauch *(Calluna)* **Ericaceae,** 634

68(49). Blattspr. rundl., buchtig gekerbt, gegen- od. wechselst.; Bltn. gelbl.grün, in gestauchten Bltnständen *(642a)*; Stbblätt. 8 . . . . *(Chrysosplenium)* **Saxifragaceae,** 388

— Blattspr. nierenf., ledrig, wintergrün, zu 2, zwischen sich eine nickende, braunrote Blüte einschließend *(369)*; unterhalb der Blätt. am kriechenden Rhizom 2–3 Niederblätt.; Pfl. zerrieben nach Pfeffer riechend . . . . . . *(Asarum)* **Aristolochiaceae,** 192

69(47). Bltn. grün, zu 5–10 in gestieltem endst., fast würfelf. Köpfchen *(223)* . . . . *(Adoxa)* **Adoxaceae,** 823

— Bltn. nicht in endst. Köpfchen **70**
70. Blätt. 3–7-zählig gefing.; Bltn. grün, eingschl., 2-häusig *(Cannabis)* **Cannabaceae,** 464
— Blätt gefied.; Bltn. weiß od. rötl., ⚥ **71**
71. Stbblätt. 3; Blkr. trichterf., am Grd. bauchig ausgesackt *(228)*; Frkn. 1, unterst. .... **Caprifoliaceae,** 824
— Stbblätt. zahlr.; Frkn. zahlr., frei .... **Ranunculaceae,** 364
72(44). Stg. m. nur 1 Blattquirl *(584, 601, 603);* Blätt. gefied. od. gefing.; Bltn. > 1 cm im Dm .... **Ranunculaceae,** 364
— Stg. m. mehreren Blattquirlen: Bltn. < 5 mm im Dm **73**
73. Wasserpfl.; Bltn. klein, achselst.; Stbblätt. 1 *(1091)* *(Hippuris)* **Plantaginaceae,** 685
— Landpfl. **74**
74. Blätt. m. häutigen Nebenblätt.; Kblätt. 5, hautrandig *(Polycarpon)* **Caryophyllaceae,** 583
— Blätt. ohne häutige Nebenblätt.; Blkr. weiß, rot, gelb od. gelbgrün, verwachsen .... **Rubiaceae,** 634

Tabelle IX

Dikotyle Kräuter u. Stauden. Blüten mit doppelter, deutlich in Kelch u. Blumenkrone gegliederter Blütenhülle; Blütenkronblätter getrennt, bis zum Grund frei[1]

1. Blkr. regelmäßig (radiär-symmetrisch, *74, 79*) od. disymmetrisch *(75)* **18**
— Blkr. zygomorph (mit nur 1 Symmetrieebene, *76, 77, 890*) **2**
2. Bltn. mit Sporn *(77, 212, 213)* **14**
— Bltn. ohne Sporn **3**
3. K. 2- od. 3-blättrig **11**
— K. 4–5-blättrig, 5-zähnig od. 4–8-teilig **4**
4. Bltn. schmetterlingsf. *(647a);* Stbblätt. 10, entw. alle zur den Frkn. umgebenden Röhre verwachsen od. 1 Stbblatt frei *(659, 660)* .... **Fabaceae,** 403

---

[1] K. u. Blkr. sind meist von verschiedener **Farbe**, **Größe** u. **Gestalt**. Häufig sind die Kblätt. grün u. unscheinbar, können aber im Gegensatz zu den Blkrblätt. zu einer Röhre verwachsen sein (z. B. bei den *Caryophyllaceae*). Sind die Kblätt. gefärbt, so unterscheiden sie sich in Form u. Größe deutl. von den Blkrblätt. Man beachte, dass die Kblätt. beim Aufblühen zuw. abfallen!
In dieser Tabelle finden sich auch jene **Verwachsenblumenblättrigen**, bei denen die Blkr. fast bis zum Grd. in freie Zipfel gespalten ist!
Untergetaucht lebende od. mit Schwimmblätt. versehene **Wasserpfl.**, die nur ihre Bltn. über der Wasseroberfläche entfalten, sind nach **Tabelle VII** (S. 80) od. **Tabelle XIV** (S. 155) zu bestimmen.

— Bltn. nicht schmetterlingsf. **5**
5. Stbblätt. meist 8; Blkrblätt. 4, rot, rosa od. weißl.; Kblätt. 4
(Epilobium) **Onagraceae,** 515
— Stbblätt. nicht 8 . . . . **6**
6. Frkn. unterst.; Bltn. in einfachen od. zusammengesetzten Dolden, nur die Randblüten zygomorph . . . . **Apiaceae,** 834
— Frkn. oberst. **7**
7. Blkrblätt. 4 od. 6, zerschlitzt *(230a, 871);* Stbblätt. meist zahlreich; Frkn. u. Fr. an der Spitze offen *(230b, 872)*
Resedaceae, 528
— Blkrblätt. nicht zerschlitzt **8**
8. Stbblätt. zahlr., > 10; Blkr. helmf. *(404–407, 576),* blau, hellgelb, od. weißblau gescheckt; Blätt. handf. 5–7-spaltig (ähnl. *588, 589*) . . . . *(Aconitum)* **Ranunculaceae,** 370
— Stbblätt. 10 od. weniger **9**
9. Stbblätt. 6; Blkrblätt. 4 . . . . **Brassicaceae** , 529
— Stbblätt. 10 . . . . **10**
10. Blätt. gefied.; Bltn. groß, rosa od. weiß, dunkel geadert *(859)* . . . . *(Dictamnus)* **Rutaceae,** 521
— Blätt. ungeteilt, untersts. rot; Bltn. m. 2 weißen Blkrblätt.
(Saxifraga stolonifera) **Saxifragaceae,** 393
11(3). Blkr. schmetterlingsf.; vorderes Blkrblatt schiffchenartig *(647a, b,* Sch) **13**
— Blkr. nicht schmetterlingsf. **12**
12. Blkrblätt. 4, gelb; Blätt. doppelt gefied.
(Hypecoum) **Papaveraceae,** 363
— Blkrblätt. weiß od. grünlich; Blätt. nicht gefied.
(Fallopia) **Polygonaceae,** 577
13(11). Beide seitl. Kblätt. blumenblattart. u. Flügel vortäuschend *(200),* 3 übrige Kblätt. klein u. grün; das schiffchenf. Blkrblatt meist m. gefranstem Anhängsel; Blätt. wechselst.
Polygalaceae, 432
— Kblätt. nicht blumenblattart., sondern grün od. trockenhäutig
Fabaceae, 403
14(2). Kblätt. 5, entw. alle grün od. alle blumenblattart., zuw. etwas ungleich groß **16**
— Kblätt. 2 od. 3 . . . . **15**
15. Blätt. 3-zählig od. doppelt gefied.; Kblätt. 2, früh abfallend
Papaveraceae, 358
— Blätt. einfach, ungeteilt, gesägt; 2 seitl. Kblätt. grün, das hintere gespornt *(213)* u. blumenblattart.; Blkrblätt. 5, die seitl. u. hinteren an der Basis paarweise miteinander verwachsen
Balsaminaceae, 619
16(14). Blätt. schildf.; Bltn. einzeln, blattachselst., lg. gestielt, gespornt; Blkrblätt. in der Mitte gewimpert; Gartenzierpfl.
Tropaeolaceae, 528
— Blätt. nicht schildf. **17**

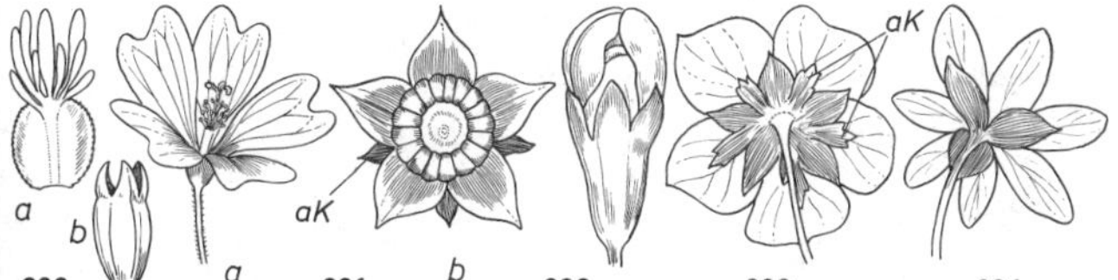

17. Alle Kblätt. grün, am Grd. oft m. krautigen Anhängseln (*815*, A); Blätt. m. gefransten od. gefied. Nebenblätt. *(823–826)* **Violaceae,** 500

— Alle Kblätt. blumenblattart., blau (bei Gartenformen auch weiß od. rosa), das ob. lg. gespornt *(575);* Blätt. finger- bis handf. geteilt; Frkn. 5–1 *(Consolida, Delphinium)* **Ranunculaceae,** 364

18(1). Stbblätt. höchstens 10 (od. nur Frkn. vorhanden) **29**

— Stbblätt. 12 u. mehr **19**

19. K. 2-spaltig od. 2-blättrig **28**

— K. 3- u. mehrblättrig od. mehrzipfelig **20**

20. Blätt. dick, saftig u. fleischig; Frkn. 4–20, frei od. nur am Grd. verwachsen .... **Crassulaceae,** 395

— Blätt. nicht dick, fleischig u. saftig **21**

21. Blätt. quirl- od. gegenst. (zuw. nur die ob.) **25**

— Blätt. grd.- od. wechselst. (bei *Ranunculus ficaria* und *Potentilla* auch teilw. scheinbar gegenst.) **22**

22. Stbfäden zu den Gr. umgebender Röhre vereinigt *(231a);* Frkn. vielblättrig, bei Reife in Teilfr. zerfallend; K. häufig m. Außenk. *(231b,* aK) .... **Malvaceae,** 522

— Stbfäden frei, bis zum Grd. getrennt **23**

23. K. dem Rand einer kegelf. od. krugf. vertieften Bltnachse ansitzend *(674–678),* daher im unt. Teil scheinbar verwachsen, 4–5-, seltener 7–9-blättrig *(Dryas),* häufig m. Außenk. (*233*, aK); Blätt am Grd. m. Nebenblätt. (nur bei *Aruncus* fehlend) **Rosaceae,** 434

— Kblätt. (zuw. blumenblattart.) bis zum Grd. getrennt *(234);* Bltnachse nie becherf.; Blätt. selten m. Nebenblätt. *(Thalictrum)* **24**

24. Bltn. > 5 cm, rot, selten weiß; Frkn. 2–5, frei, groß, filzig behaart, m. auffälligen roten Narben; Balgfr. m. großen, schwarz glzd. Samen; wild in den Südalpen, oft kultiviert **Paeoniaceae,** 386

— Bltn. < 5 cm, wenn größer, dann gelb; Frkn. nicht m. roten Narben; Bltn. häufig m. blumenblattart. *(567),* z. T. gespornten *(Aquilegia, 568, 574)* Nektarblätt. ..... **Ranunculaceae,** 364

25(21). Bltn. purpurn, in lockeren zylindrischen Bltnständen; K. 4–12-zähnig m. ebenso vielen Zwischenzähnen *(846)* *(Lythrum)* **Lythraceae,** 514

235

236

237

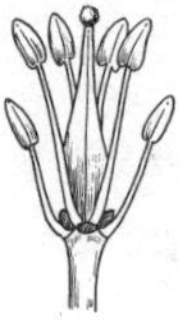
238

239

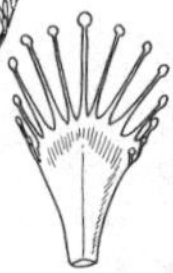
240

— Bltn. gelb od. weiß; Kblätt. 5 od. weniger, zuw. ungleich groß **26**

26. Kblätt. 5, gleich groß; Bltn. gelb; Stbblätt. zahlr., in 3–5 Bündeln *(827);* Gr. 3–5; Blätt. gegenst. od. quirlst., oft durchscheinend punktiert . . . . **Hypericaceae,** 507

— Kblätt. 5, ungleich groß (2 davon kleiner) od. weniger als 5 (meist 3) **27**

27. Kblätt.5, 3 größere und 2 andere, meist kleinere; Frblätt. zu einem Frkn. m. nur 1 Gr. verwachsen; Bltn. in traubigen Wickeln; Blkrblätt. gelb od. weiß, am Grd. ohne Nektardrüse, in der Knospe gedreht . . . . **Cistaceae,** 526

— Kblätt. 3, gleich groß, zuw. abfallend *(234);* Frblätt. zahlr., frei, nicht verwachsen, Gr. daher zahlr.; Bltn. einzeln, endst., mit 6–14 schmal eif., goldgelben, fettig glzd. Blkrblätt. (= Nektarblätt.), diese am Grd. m. Nektardrüse *(Ranunculus ficaria)* **Ranunculaceae,** 375

28(19). Blkrblätt. 5; Bltn. sitzend, gelb; Blätt. ungeteilt, ganzrandig, fleischig; Pfl. ohne Milchsaft, meist niederlgd. **Portulacaceae,** 617

— Blkrblätt. 4; Bltn. gestielt; Blätt. gefied., fiederspaltig od. gezähnt; Pfl. m. Milchsaft . . . . **Papaveraceae,** 358

29(18). Blattspr. ungeteilt, am Rand zuw. aber gesägt, gekerbt od. gezähnt **43**

— Blattspr. gefied., gefing. od. tief geteilt **30**

30. Blkr. 4-blättrig **40**

— Blkr. 5-blättrig **31**

31. Blätt. nicht 3-zählig gefing. *(65)* und nicht 3-zählig gefied. *(60)* **35**

— Blätt. 3-zählig gefing. *(65)* od. 3-zählig gefied. *(60)* **32**

32. Stbblätt. 5 . . . . **34**

— Stbblätt. 10; Bltn. größer als 5 mm **33**

33. Blätt. 3-zählig gefing.; Bltn. weiß bis rosa (dk. geadert) od. gelb . . . . **Oxalidaceae,** 473

— Bltn. rot, rötl., blauviolett, rotbraun bis schwarzviolett; Fr. lg. geschnäbelt *(236),* in 5 1-samige Teilfr. zerfallend; Frschnabel sich dabei aufw. biegend *(830)* *(Geranium)* **Geraniaceae,** 509

34(32). Blkrblätt. gelbgrün, 1–2 mm lg.; Blattfied. an der Spitze 3-zähnig; niederlgd. Pfl. der Gebirge (Schneetälchen) *(Sibbaldia)* **Rosaceae,** 447

— Blkrblätt. weiß; Bltn. in Dolden od. Köpfchen . . . **Apiaceae,** 834

35(31). Viele kleine Bltn. zu walzenf. od. kugeligem Köpfchen *(214–215)* od. zu zusammengesetzter Dolde *(106)* vereinigt, deren Randbltn. oft vergrößert u. zygomorph *(1269);* Stbblätt. 5; Frkn. unterst., 2-blättrig, bei Reife in 2 Teilfr. *(124)* zerfallend **Apiaceae,** 834

— Bltn. weder in Köpfchen noch in zusammengesetzten Dolden. **36**

36. Blätt. von Öldrüsen durchscheinend punktiert, doppelt gefied., graugrün, etwas fleischig; Bltn. in Schirmrispen; Blkrblätt. 4–5, löffelf. *(857),* gelb; Stbblätt. 8–10; Pfl. aromatisch duftend *(Ruta)* **Rutaceae,** 521

— Blätt. nicht durchscheinend punktiert **37**

37. Bltn. in einfacher, von auffälligen Hochblätt. umgebener Dolde *(235)* u. einzelne Blüte vortäuschend . . . . **Apiaceae,** 834

— Bltn. anders geordnet **38**

38. Blätt. paarig gefied.; Bltn. gelb . . . . **Zygophyllaceae,** 402

— Blätt. nicht paarig gefied. **39**

39. Fr. storchschnabelart. *(236),* bei Reife in 3–5 1-samige Teilfr. zerfallend *(830, 831)* . . . . **Geraniaceae,** 509

— Fr. 2-hörnige, bei Reife nicht zerfallende Kapsel *(639)* *(Saxifraga)* **Saxifragaceae,** 388

40(30). Bltn. herzf. *(75)* . . . . . (*Lamprocapnos)* **Papaveraceae,** 363

— Bltn. nicht herzf. **41**

41. Bltn. rot, m. gelben, schuhf. Nektarblätt. *(237);* Kblätt. grünl. rot, hinfällig . . . . *(Epimedium)* **Berberidaceae,** 364

— Bltn. ohne schuhf. Nektarblätt. **42**

42. Stbblätt. 8–10, Bltn. 4- od. 5-zählig, gelb; Pfl. stark duftend (s. Nr. **36**) . . . . *(Ruta)* **Rutaceae,** 521

— Stbblätt. 6 (4 lange u. 2 kurze, *238*), selten 4; K.- u. Blkrblätt. 4; Fr. Schote *(115)* od. Schötchen *(878)* . . . **Brassicaceae,** 529

43(29). Stg. bis zur Bltnregion m. Laubblätt., zuw. nur m. 1 stgumfassenden Blatt **48**

— Blätt. in grdst. Rosette; Bltn.- od. Inflspross höchstens m. einigen Schuppenblätt. **44**

44. Blätt. m. roten, ein klebriges Sekret absondernden Drüsen *(963–965);* Bltn. weiß, in Wickeln *(Drosera)* **Droseraceae,** 578

— Blätt. ohne rote Drüsenhaare **45**

45. Unterhalb des traubenähnl. Bltnstands 1 Paar auffallender Hochblätt., die getrennt sind od. trichterf. miteinander verwachsen sind . . . . *(Claytonia)* **Portulacaceae,** 617

— Bltnstg. ohne Hochblätt. od. Bltnstand ein Köpfchen . . . **46**

46. K.- u. Blkrblätt. 4; Stbblätt. 6 *(238)* . . . . **Brassicaceae,** 529

— K. u. Blkr. 5-zählig **47**

241

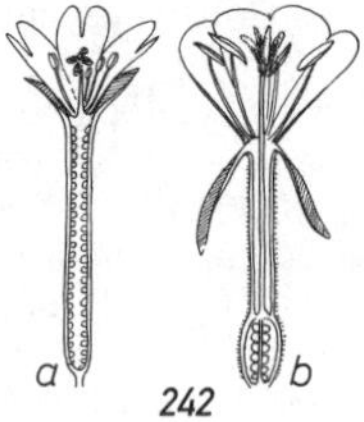

242

243

244

47. Stbblätt. 5; Bltn. in Köpfchen od. in reich verzweigten, einstswendigen, rispenart. Bltnständen *(239);* K. meist trockenhäutig . . . . **Plumbaginaceae,** 568

— Stbblätt. 10; Bltn. einzeln, in Dolden od. Trauben, oft nickend; Blätt. meist wintergrün **59**

48(43). Blätt. gegen- od. quirlst. **64**

— Blätt. wechselst., zuw. rosettig gehäuft od. nur 1 Stgblatt od. Blattpaar vorhanden **49**

49. Bltn. in Köpfchen od. walzenf. Ähren, blau, violett, gelbl. od. weiß; Blkrblätt. zuw. anfangs an der Spitze verbunden, später sich fast bis zum Grd. trennend *(250)*
(Phyteuma, Jasione) **Campanulaceae,** 731

— Bltn. nicht in Köpfchen od. walzenf. Ähren. **50**

50. Blkrblätt. weiß, 1–2 mm im Dm *(973),* zu end- u. seitenst. gestauchten Bltnständen gehäuft; Stg. niederlgd.
(Corrigiola) **Caryophyllaceae,** 582

— Bltn. größer oder anders angeordnet **51**

51. K. 8–12-zähnig; Bltn. rot, sitzend, meist zu 2 in den Blattachseln und insgesamt zu zylindrischen Bltnständen vereinigt
(Lythrum) **Lythraceae,** 514

— K. nicht 8–12-zähnig; Bltn. anders angeordnet **52**

52. Blkr. 4-blättrig **62**

— Blkr. 5- u. mehrblättrig **53**

53. Bltnstg. m. mehreren Blätt. od. Blattpaaren **55**

— Bltnstg. außer den lg. gestielten Grdblätt. nur 1 stgumfassendes Blatt od. 1 unterhalb des Bltnstands stehendes Blattpaar, das frei od. miteinander verwachsen ist **54**

54. Bltn. 2–3 cm im Dm, einzeln endst.; Stg. nur m. 1 sitzenden, herzf. Blatt . . . . *(Parnassia)* **Celastraceae,** 473

— Bltn. kleiner, in mehrbltg. Bltnständen; Stg. m. 1 Paar freier oder miteinander verwachsener Hochblätt.
(Claytonia) **Portulacaceae,** 617

55(53). In jeder Blüte mehrere freie od. am Grd. verbundene Frkn. (od. nur 8 Stbblätt.); Blätt. dickfleischig . . . . **Crassulaceae,** 395

— In jeder Blüte nur 1, aus 2 od. mehreren, miteinander verwachsenen Frblätt. gebildeter Frkn. **56**

56. Blkr. meist 7-zählig, weiß; unt. Stgblätt. klein, ob. bis 5 cm lg., rosettig gehäuft *(241)* . . . . *(Trientalis)* **Primulaceae,** 628

— Blkr. 5-blättrig **57**

57. Bltn. sitzend, m. 8–15 Stbblätt.; Blkrblätt. klein, 6–10 mm lg., gelb; Blätt. stumpf, fleischig; Pfl. meist niederlgd.; Stg. oft rot überlaufen . . . . **Portulacaceae,** 617

— Bltn. lg. od. kurz gestielt, falls sitzend, dann aber Blkrblätt. > 12 mm lg., gelb **58**

58. Stbblätt. 5, (wenn 10, dann Filamente an ihrer Basis verbreitert u. ± hoch zu einer Röhre vereinigt); Bltn. blau, gelb od. rötl. *(Linum)* **Linaceae,** 505

— Stbblätt. 10; Filamente am Grd. nicht verbreitert u. nicht zu Röhre verwachsen **59**

59(58, 47). Frkn. 2-griffelig *(638);* Bltn. aufrecht; Blätt. oft behaart . . . . *(Saxifraga)* **Saxifragaceae,** 388

— Frkn. m. 1 od. m. 3 Gr. **60**

60. Bltn. gelb, groß; Blkrblätt. 12-30 mm lg.; Frkn. unterst., m. nur 1 Gr. . . . . *(Ludwigia)* **Onagraceae,** 515

— Bltn. weiß, grünl.weiß od. rosa; Frkn. oberst. **61**

61. Bltn. lg. gestielt, oft nickend; Blkrblätt. weiß od. grünl.weiß, in Trauben, in Dolden od. einzeln; Pfl. aufrecht; Frkn. m. 1 Griffel; Blätt. kahl, meist wintergrün . . . . **Ericaceae,** 629

Bltn. kurz gestielt, in dicht gedrängtem kopfigem Bltnstand; Stg. niederlgd. od. aufsteigd.; Frkn. m. 3 Griffeln *(Telephium)* **Caryophyllaceae** 583

62(52). Stg. fädig dünn, verholzt, zwischen Torfmoos kriechend; Blkrblätt. rot, zurückgeschlagen; Fr. eine rote Beere *(Vaccinium oxycoccos)* **Ericaceae,** 633

— Stg. meist aufrecht; Blkrblätt. nicht zurückgeschlagen **63**

63. Frkn. unterst., vollkommen m. röhren- od. becherf. Bltnachse (Längsschnitt!) verwachsen *(242a–b)*; K.-, Blkr.- u. Stbblätt. dem oberen Rand des oft gefärbten Achsenbechers eingefügt; Stbblätt. 8 . . . . **Onagraceae,** 514

— Frkn. oberst.; Stbblätt.6 [4 lange u. 2 kurze *(874)*]; Fr. Schote od. Schötchen . . . . **Brassicaceae,** 529

64(48). Bltn. in von 4 weißen Hochblätt. umgebener Trugdolde *(225),* klein, rotbraun . . . . . *(Cornus suecica)* **Cornaceae,** 618

— Bltn. ohne weiße Hochblätt. **65**

65. Niedrige, kaum 10 cm hohe, z. T. polsterbildende Alpenpfl. od. auf armen, feuchteren Böden wachsende, z. T. dichasial verzweigte Pfl. m. dünnen, aufrechten od. aufstgd. Stg.; Blätt. meist 1-nervig **83**

— Pfl. > 10 cm; wenn niederlgd., dann Blätt. breiter u. meist mehrnervig, seltener 1-nervig **66**

66. Blattspr. ganzrandig, zuw. am Rand aber gewimpert. . . . **70**

— Blattspr. gezähnt od. gezähnelt **67**

67. Blkrblätt. 2 . . . . *(Circaea)* **Onagraceae,** 518

— Blkrblätt. 4–5 . . . . **68**

68(67, 74). Blätt. saftig-fleischig, oft stielrund; Bltn. m. mehreren, freien, oberst. Frkn. **Crassulaceae,** 395
— Blätt. nicht saftig-fleischig **69**
69. Frkn. unterst. *(242a);* Stbblätt. 8 *(Epilobium)* **Onagraceae,** 515
— Frkn. oberst.; Stbblätt. 6 . . . . *(Lunaria)* **Brassicaceae,** 550
70(66). Bltn. nicht gelb **73**
— Bltn. gelb **71**
71. Blattspr. bogennervig, bis 30 cm lg. u. bis 15 cm breit; Bltn. in 3–10-bltg. Bltnständen in den Achseln schalenf. Tragblätt.; Pfl. 50–140 cm hoch . . . . *(Gentiana lutea)* **Gentianaceae,** 645
— Blattspr. nicht bogennervig, kleiner **72**
72. Blätt. nicht dick od. fleischig; Stbblätt. 5 *(Lysimachia)* **Primulaceae,** 628
— Blätt. dick-fleischig; Stbblätt. 10 *(Sedum sarmentosum)* **Crassulaceae,** 398
73(70). Blätt. nicht zugespitzt, verkehrt eif.; Stg. niederlgd. bis aufstgd. **79**
— Blattspr. zugespitzt od. kurz bespitzt, häufig schmal lineal; Stg. aufrecht od. niederlgd. bis schlaff aufstgd. **74**
74. Bltn. m. mehreren, freien, oberst. od. 1 unterst., stielf. *(242a)* Frkn. **68**
— Bltn. m. 1 oberst. Frkn. od. nur m. Stbblätt. **75**
75. K. 8–12-zähnig; Bltn. rot . . . . *(Lythrum)* **Lythraceae,** 514
— K. nicht 8–12-zähnig **76**
76. Bltn. sitzend od. kaum gestielt; K. 2–4-spaltig; Blkrblätt. 3–4 *(776, 777)*; Stg. glasig durchscheinend; Wasser- u. Uferpfl. **Elatinaceae,** 479
— Bltn. meist deutl. gestielt; Kblätt. 4–5(–6), frei od. zu 4–5 (–6)-zähniger Röhre verwachsen; Blkrblätt. 4–5, zuw. tief gespalten (Blkr. deshalb scheinbar 10-blättrig), häufig genagelt u. m. Nebenkrone (*967*, Nk) **77**
77. Blkrblätt. weiß, am Grd. innen u. außen gelb, ohne Nebenkrone; Bltn. ± 5 mm im Dm; Stbblätt. 5; Stg. dünn, gabelästig *(Linum catharticum)* **Linaceae,** 505
— Blkrblätt. am Grd. nie gelb (wenn grünl. gelb, dann Bltn. größer); Stbblätt. 5 od. 10 od. nur Frkn. vorhanden **78**
78. Stbblätt. 5, ihre Filamente am Grd. zu ± breiter Röhre verwachsen; Frkapsel mit Deckel aufspringend; Stg. niederlgd.; Blkr. blau, rot od. rosa . . . . *(Anagallis)* **Primulaceae,** 628
— Stbblätt. (1–)5 od. 10, ihre Filamente bis zum Grd. frei od. nur Frkn. vorhanden; Fr. sich mit Zähnen öffnende Kapsel, seltener Beere; Blkr. häufig m. Nebenkrone (*967*, Nk) **Caryophyllaceae,** 579
79(73). Blätt. nur am Rand od. auf ganzer Fläche drüsig bewimpert **82**
— Blätt. kahl **80**
80. K. 12-zähnig; Stg. rund, niederlgd.; Blkrblätt. klein, rosa od. weiß od. fehlend . . . . *(Peplis)* **Lythraceae,** 513

— K. 5-zipfelig od. 5-blättrig **81**

81. Stg. 4-kantig, niederlgd. od. aufstgd.; Frkapsel sich mit Deckel öffnend; Blkrblätt. blau od. rot . . . *(Anagallis)* **Primulaceae,** 628

— Stg. rundl., aufrecht od. aufstgd.; Frkapsel sich mit Zähnen öffnend . . . . **Caryophyllaceae,** 579

82(79). Blätt. nur am Rand drüsig bewimpert, klein, dickl., oft dicht geschindelt; Bltn. rosa, beim Abblühen blau; lockere Rasen od. dichte Polster bildende Alpenpfl. *(Saxifraga)* **Saxifragaceae,** 388

— Blätt. auf ganzer Fläche drüsig behaart; Bltn. weiß *(Cerastium)* **Caryophyllaceae,** 592

83(65). K. 5-spaltig od. 5-zähnig; Blkrblätt. 5, weiß od. rot **Caryophyllaceae,** 579

— K. 2–3-spaltig od. 3–4-blättrig **84**

84. Sprosse aufrecht, sehr dünn, gabelästig; Bltnäste anfangs nickend; Frkn.1; feuchte, moorige u. sandige Orte *(Radiola)* **Linaceae,** 506

— Stg. niederlgd., aufstgd.; Frkn. 3–4; Bltn. 3–4-zählig; schlammige Orte, Äcker . . . . *(Crassula)* **Crassulaceae,** 396

Tabelle X

Dikotyle Kräuter u. Stauden. Blüten mit doppelter, in Kelch u. verwachsenblättrige Blumenkrone gegliederter Blütenhülle[1]

1. Stg. nicht windend od. rankend **5**

— Stg. windend od. rankend **2**

2. Stg. m. spiralig sich einrollenden Ranken; Bltn. gelb od. gelbgrün, eingschl., 1- od. 2-häusig; Blkr. 5-, selten 6-zipfelig; Frkn. unterst. . . . . **Cucurbitaceae,** 471

— Stg. ohne Ranken, in seiner Gesamtheit windend **3**

3. Pfl. ohne grüne Blätt.; Stg. fadenf., gelb od. rötl., auf grünen Pfl. parasitierend; Bltn. in Knäueln *(243)* *(Cuscuta)* **Convolvulaceae,** 664

— Pfl. m. grünen Blätt. **4**

4. Bltn. einzeln, blattachselst.; Blkr. trichterf., m. breitem, seicht gebuchtetem Saum *(251)* . . . . **Convolvulaceae,** 662

— Bltn. in endst., kopfigen Quirlen; Blkr. stark 2-lippig *(1247, 1248)* . . . . *(Lonicera)* **Caprifoliaceae,** 825

5(1). Bltn. radiär (selten m. leicht gekrümmter Röhre, *250a);* Randbltn. der Infl. zuw. vergrößert **25**

— Bltn. zygomorph (Blkrzipfel von verschiedener Größe u. Gestalt od. Blkrröhre gekrümmt); Blkr. zuw. undeutl. zygomorph **6**

---

[1] Siehe auch Anmerkung auf S. 91; die Blkr. löst sich in ihrer Gesamtheit ab.

6. Pfl. mit fein zerteilten Blätt. u. tierfangenden Schläuchen *(204)*, meist im Wasser; Bltn. in Trauben, gelb, gespornt (*Utricularia)* **Lentibulariaceae,** 729
— Land- od. Sumpfpfl. **7**
7. Stbbeutel der 5 Stbblätt.zu einer den Gr. umschließenden-Röhre vereinigt **24**
— Stbblätt. 5 u. nicht röhrig verwachsen, meist aber Stbblattanzahl nicht 5 . . . . **8**
8. Blätt. gegen- od. quirlst. **18**
— Blätt. wechselst., grdst. od. schuppenf. bis fast fehlend . . **9**
9. Bltn. nicht gespornt **11**
— Bltn. gespornt **10**
10. Blätt. auch höher am Stg.; Stbblätt. 4; Bltn. verschiedenfarbig **86**
— Blätt. in grdst. Rosette, gelbl., am Rand nach oben umgerollt; Stbblätt. 2; Bltn. violett od. weiß m. gelbem Schlund *(Pinguicula)* **Lentibulariaceae,** 728
11(9). Stbblätt. 10, davon 9 zu den Gr. umgebender Röhre verwachsen; Bltn. schmetterlingsf. *(647)*, in längl. Köpfchen; Blätt. 3-zählig . . . . *(Trifolium)* **Fabaceae,** 413
— Stbblätt. 2–8; Bltn. nicht schmetterlingsf.; Blätt. ungeteilt od. gefied. **12**
12. Frkn. älterer Bltn. tief 4-teilig, bei der Reife in 4 Teilfr. zerfallend *(245);* Blkr. mit schief 5-lappigem Saum *(246)* od. Blkrröhre gekrümmt *(1058);* Pfl. meist rau behaart . . **Boraginaceae,** 651
— Frkn. nicht tief 4-teilig u. nicht in 4 Teilfr. zerfallend **13**
13. Stbblätt. 2 od. 4 . . . . **16**
— Stbblätt. 5 od. 8 . . . . **14**
14. Stbblätt. meist 8; Blkrblätt. 4; Kblätt. 4 *(Epilobium)* **Onagraceae,** 515
— Stbblätt. 5; Stbfäden entw. alle od. nur 3 wollig od. fein behaart **15**
15. Stg. klebrig-drüsig; Blkr. schmutzig gelb, violett geadert; Fr. Deckelkapsel, vom erhärteten K. umgeben *(119)* *(Hyoscyamus)* **Solanaceae,** 666
— Stg. nicht klebrig-drüsig, aber z. T. dicht wollig; Bltn. undeutl. zygomorph *(248)*; Stbfäden alle od. nur 3 weiß od. violett-wollig . . . . *(Verbascum)* **Scrophulariaceae,** 687
16(13). Pfl. ohne grüne Blätt. . . . . **Orobanchaceae,** 712
— Pfl. mit grünen Blätt. **17**
17. Bltn. nicht in Köpfchen; Blkr. 2-lippig od. mit 4–5 ausgebreiteten ungleichen Zipfeln *(248, 1070)* **86**
— Bltn in kugeligem, am Grd. von Hochblätt. umgebenem Köpfchen; Blkr. blau, mit 4–5 ungleichen Zipfeln *(247)*; Stbblätt. 4 *(Globularia)* **Plantaginaceae,** 683
18(8). Zarte Sumpfpfl.; K. 2-spaltig; Blkr. weiß, einseitig gespalten, 2 mm lg. . . . . *(Montia)* **Montiaceae,** 617

— Kräftigere Landpfl.; Blkr. nicht einseitig gespalten **19**
19. Stg. dünn, niederlgd., schwach holzig; Bltn. glockenf., zu zweien, lg. gestielt, nickend *(198)*; Stbblätt. 4
(Linnaea) **Caprifoliaceae,** 825
— Stg. aufrecht, kräftig, wenn niederlgd., dann Bltn. nicht zu 2 auf lg. Stiel **20**
20. Frkn. unterst. ..... **Caprifoliaceae,** 824
— Frkn. oberst. **21**
21(20, 46). Bltn. klein, 3–5 mm lg., in vielbltg., rutenf. Ähren; Blkr. blass lila, undeutl. 2-lippig; Stbblätt. 4 (2 längere u. 2 kürzere); Fr. in 4 Teilfr. zerfallend ..... **Verbenaceae,** 730
— Bltn. auffälliger, nicht in rutenf. Ähren **22**
22. Frkn. bereits z. Bltzt. deutl. 4-teilig *(245);* Bltn. meist deutl. 2-lippig *(76),* oft zu mehreren in Scheinquirlen, in den Achseln laubiger Hochblätt.; Stg. ± deutl. 4-kantig .... **Lamiaceae,** 691
— Frkn. nicht 4-teilig **23**
23. Stbblätt. 2–4, wenn 5, dann (z. T.) wollig behaart; Trockenkapsel; Blkr. ohne od. m. Sporn **86**
— Stbblätt. 5, kahl; Fr. bei Berührung aufspringende, saftige Kapsel; hinteres Kblatt m. gekrümmtem Sporn ..... **Balsaminaceae,** 619
24(7). Bltn. gestielt, in Trauben od. Rispen
(Lobelia) **Campanulaceae,** 740
— Bltn. meist zu mehreren in einem von grünen Hüllblätt. umgebenen Köpfchen sitzend *(1152)* ..... **Asteraceae,** 741
25(5). Beutel der Stbblätt. zur Zeit der Pollenabgabe zu einer Röhre, einem Kegel od. Kranz vereinigt (bei den *Campanulaceae* nur in noch geschlossenen Bltn. sichtbar) **81**
— Beutel der Stbblätt. frei u. nicht zu einem Kegel od. Kranz zusammenneigend **26**
26. Stbfäden wenigstens bis zur Mitte zur Röhre verwachsen **80**
— Stbfäden getrennt od. nur am Grd. verwachsen **27**
27. Blätt. grd.- od. wechselst. **48**
— Blätt. gegen- od. quirlst., zuw. gegen die Triebspitze gehäuft **28**
28. Bltn. in fast würfelf. Köpfchen, grünl.; Stbblätt. 4 od. 5, gespalten (daher scheinbar 8 od. 10); Blätt. 3-zählig od. doppelt 3-zählig gefied. *(229);* Pfl. 5–15 cm hoch
(Adoxa) **Adoxaceae,** 823
— Bltn. nicht in würfelf. Köpfchen **29**
29. K. 2-spaltig; ; Bltnhüllblätt. weiß bis rosa od. gelb **47**
— K. nicht 2-spaltig **30**
30. Stbblätt. 1–4 ..... **41**
— Stbblätt. 5–8(–10) **31**
31. Frkn. deutl. u. gleichmäßig 4-teilig *(245)*, in 4 1-samige Nüschen zerfallend; Pfl. rauhaarig
(Asperugo) **Boraginaceae,** 653
— Frkn. nicht deutl. tief 4-teilig **32**

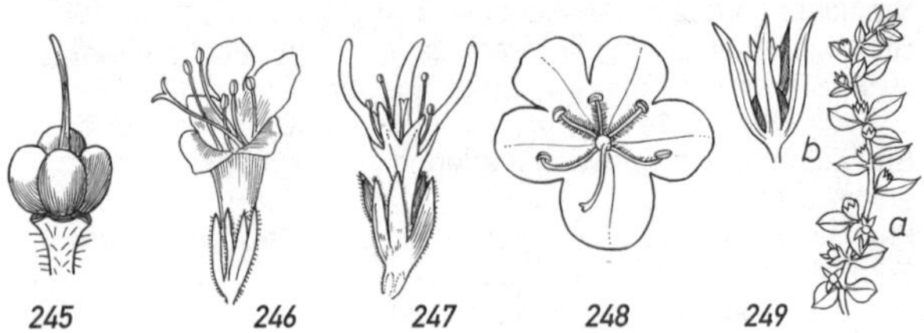

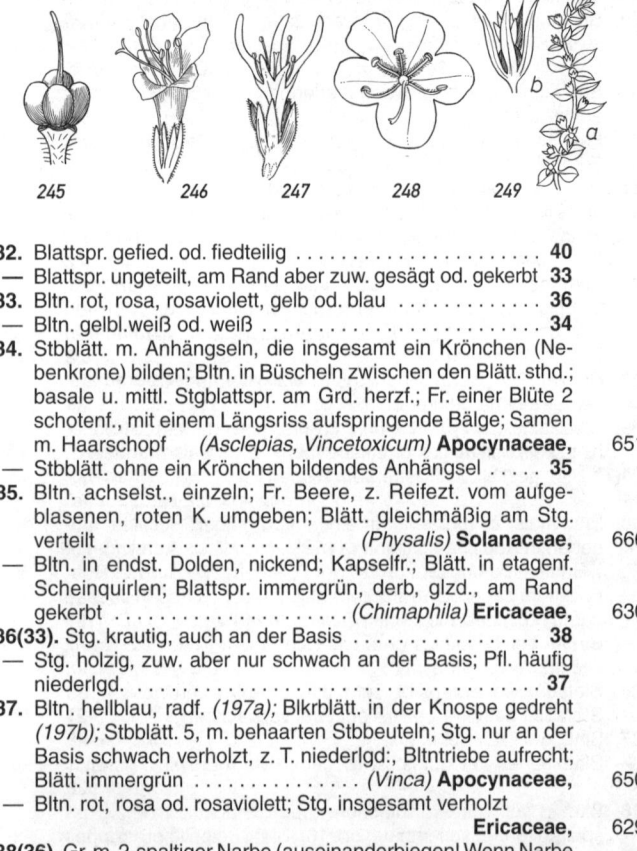

245 *246* *247* *248* *249*

32. Blattspr. gefied. od. fiedteilig **40**
— Blattspr. ungeteilt, am Rand aber zuw. gesägt od. gekerbt **33**
33. Bltn. rot, rosa, rosaviolett, gelb od. blau **36**
— Bltn. gelbl.weiß od. weiß **34**
34. Stbblätt. m. Anhängseln, die insgesamt ein Krönchen (Nebenkrone) bilden; Bltn. in Büscheln zwischen den Blätt. sthd.; basale u. mittl. Stgblattspr. am Grd. herzf.; Fr. einer Blüte 2 schotenf., mit einem Längsriss aufspringende Bälge; Samen m. Haarschopf *(Asclepias, Vincetoxicum)* **Apocynaceae,** 651
— Stbblätt. ohne ein Krönchen bildendes Anhängsel **35**
35. Bltn. achselst., einzeln; Fr. Beere, z. Reifezt. vom aufgeblasenen, roten K. umgeben; Blätt. gleichmäßig am Stg. verteilt . . . . *(Physalis)* **Solanaceae,** 666
— Bltn. in endst. Dolden, nickend; Kapselfr.; Blätt. in etagenf. Scheinquirlen; Blattspr. immergrün, derb, glzd., am Rand gekerbt . . . . *(Chimaphila)* **Ericaceae,** 630
36(33). Stg. krautig, auch an der Basis **38**
— Stg. holzig, zuw. aber nur schwach an der Basis; Pfl. häufig niederlgd. **37**
37. Bltn. hellblau, radf. *(197a);* Blkrblätt. in der Knospe gedreht *(197b);* Stbblätt. 5, m. behaarten Stbbeuteln; Stg. nur an der Basis schwach verholzt, z. T. niederlgd:, Bltntriebe aufrecht; Blätt. immergrün . . . . *(Vinca)* **Apocynaceae,** 650
— Bltn. rot, rosa od. rosaviolett; Stg. insgesamt verholzt **Ericaceae,** 629
38(36). Gr. m. 2-spaltiger Narbe (auseinanderbiegen! Wenn Narbe kopfig erscheint, dann Bltn. intensiv blau); Stbblätt. zwischen den Blkrzipfeln sthd. . . . . **Gentianaceae,** 642
— Gr. m. kopfiger Narbe od. Gr. an der Spitze zu Ring verdickt, dieser auf der Unterseite mit 5 Haarbüscheln (Lupe!). . . **39**
39. Gr. an der Spitze zum Ring verdickt, dieser mit 5 herabhgd. Haarbüscheln; Blkr. blau, stieltellerf. und windradf. *(197a),* in der Knospe m. links gedrehten Zipfeln *(197b);* Frblätt. 2 *(Vinca)* **Apocynaceae,** 650
— Gr. m. kopfiger Narbe; Blkr. regelmäßig 5-zipfelig, nicht windradf. . . . . **Primulaceae,** 621

40(32). Wasserpfl., seltener Sumpfpfl.; Blätt. kammf. gefied. *(42);* Bltn. rosa od. weiß, in etagenf. Quirlen *(Hottonia)* **Primulaceae,** 627

— Landpfl.; Blätt. gefied., jedoch nicht kammf.; Bltn. weiß od. grünl.gelb, in dichten schirmf. od. kegelf. Bltnständen; Fr. schwarzblau od. scharlachrot *(Sambucus)* **Adoxaceae,** 823

41(30). Blätt. quirlst. *(20);* Bltn. klein, in meist reichbltg. Bltnständen; Frkn. unterst.; Fr. in 2 Teilfr. zerfallend *(1034)* **Rubiaceae,** 634

— Blätt. gegenst. **42**

42. Bltn. m. 1 od. 3 Stbblätt. (od. nur m. Frkn.); Bltnröhre am Grd. zuw. ausgesackt *(228)* od. gespornt *(229);* Frkn. unterst.; K. z. Bltzt. undeutl., später oft zu fedrig behaarten Strahlen auswachsend *(227)* . . . . **Caprifoliaceae,** 824

— Stbblätt. 2 od. 4 (zuw. 5); K. z. Bltzt. immer deutl. **43**

43. Bltn. meist zu 2, lg.gestielt, nickend, 7–10 mm lg., trichterf.-glockig *(198);* Stg. fädig, kriechend, schwach verholzt *(Linnaea)* **Caprifoliaceae,** 825

— Bltn. anders angeordnet **44**

44. Bltn. m. trockenhäutiger Blkr.; Stbblätt. 4, aus der Blüte heraushgd.; Bltn. in dichten, kugeligen od. kurz walzl. Ähren *(Plantago arenaria)* **Plantaginaceae,** 684

— Blkr. nicht trockenhäutig, weiß, gelb, rot od. blau **45**

45. Frkn. unterst.; K. meist borstenf., m. schüsself., trockenhäutigem Außenk. *(224);* Bltn. in dichten, von Hüllblätt. umgebenen Köpfchen od. walzenf. Ähren . . . . **Caprifoliaceae,** 824

— Frkn. oberst.; K. ohne Außenk. **46**

46. Blattspr. bogennervig, völlig ganzrandig; Blkr. gelb, blau, violett od. rötl., 4–5-zipfelig, trichter-, teller- od. glockenf.; Stbblätt. 4–5. . . . . **Gentianaceae,** 642

— Blattspr. fiednervig, am Rand häufig gekerbt od. gelappt bis fiedteilig; Stbblätt. 2 od. 4, seltener 5 . . . . **21**

47(29). Bltnhüllblätt. gelb, auffällig; Stbblätt 8–15 **Portulacaceae,** 617

— Bltnhüllblätt. weiß bis rosa od. weiß, klein und unscheinbar **Montiaceae,** 616

48(27). Stg. beblättert, zuw. kriechend; Blätt. wechselst. . . . **56**

— Blätt. alle grdst., höchstens am Bltnstg. od. unterhalb des Bltnstandes einige kleine Hochblätt. **49**

49. Blkr. 4-zipfelig; Stbblätt. 4, weit aus der Blüte herausragend; Bltn. in walzl. od. kugeligen Ähren; Blätt. bogennervig *(Plantago)* **Plantaginaceae,** 684

— Blkr. 5-zipfelig od. m. zerschlitztem Saum *(1023, 1024)* **50**

50. Stbblätt. 4; Blätt. lg.gestielt, spatelf.; kleine, Schlamm bewohnende Pfl. *(208)* . . . . *(Limosella)* **Plantaginaceae,** 675

— Stbblätt. 5–10 . . . . **51**

51. Bltn. in dichten Köpfchen od. einstswendigen, rispigen Bltnständen *(239),* rosa od. violett; jede Blüte m. 1–2 trockenhäutigen Vorblätt. **Plumbaginaceae,** 568

— Bltn. einzeln, in Dolden od. Trauben **52**

52. Blattspr. bogennervig, undeutl. gestielt; Bltn. einzeln, leuchtend blau . . . . **Gentianaceae,** 642

— Blattspr. fied.- od. netznervig, meist deutl. gestielt; Bltn. einzeln, in Trauben, traubigen Rispen od. Dolden, niemals leuchtend blau **53**

53. Blkr. weiß, fransig zerschlitzt u. ihre Zipfel oberst. bärtig behaart; Sumpfpfl. m. kriechendem Rhizom *(Menyanthes)* **Menyanthaceae,** 740

— Blkr. nicht gleichzeitig weiß u. m. oberst. bärtig zerschlitzten Zipfeln **54**

54. Stbblätt. 5 od. 7, wenn 10, dann nur 5 m. Stbbeuteln; Blätt. meist sommergrün . . . . **Primulaceae,** 621

— Stbblätt. 8 oder 10 . . . . **55**

55. Blkrblätt. frei, weiß od. rosa; Blätt. nicht fleischig **Ericaceae,** 629

— Blkrblätt. röhrenf. verwachsen; Blätt. fleischig, nabelf. vertieft *(Umbilicus)* **Crassulaceae,** 396

56(48). Blkr. 5-spaltig, 5-zipfelig od. 5-lappig, zuw. 6–8-teilig . . **60**

— Blkr. 4-spaltig od. 4-zipfelig **57**

57. Stbblätt. 2 od. 4 . . . . **59**

— Stbblätt 8; Frkn. unterst. od. oberst. **58**

58. Blätt. ledrig, oft wintergrün, nadelf.; kleine, bis 80 cm hohe, verholzte Zwergsträucher . . . . **Ericaceae,** 629

— Blätt. u. Stg. krautig; Frkn. unterst. . . . . **Onagraceae,** 514

59(57). Bltn. deutl. gestielt; Stbblätt. 2 od. 4; Blätt. fast stets gekerbt od. gezähnt **86**

— Bltn. fast sitzend, einzeln, blattachselst., weiß od. rötl., sehr klein *(249)*; Stbblätt. 4; Blätt. ganzrandig *(Centunculus)* **Primulaceae,** 629

60(56). Stbblätt. 2–5 od. Bltn. nur mit Frkn. **62**

— Stbblätt. 8–10. . . . . **61**

61. Blätt. immergrün; Sträucher od. Zwergsträucher **Ericaceae,** 629

— Blätt. sommergrün, dickl., schildf.; Stg. nicht verholzt *(Umbilicus)* **Crassulaceae,** 396

62 (60.) Hochalp. Polsterpfl.; Blätt. klein; Blkr. tellerf., weiß od. rosa od. Blkr. röhrig u. gelb . . . . **Primulaceae,** 621

— Pfl. nicht polsterf. **63**

63. Pfl. mit Ranken; Bltn. gelb od. gelbl.grün, eingschl., 1- od. 2-häusig; Frkn. unterst. . . . . **Cucurbitaceae,** 471

– Pfl. ohne Ranken; Stg. aber zuw. windend **64**

64. Frkn. schon z. Bltzt. deutl. 4-teilig *(245),* meist in 4 Teilfr. zerfallend; Bltn. meist in Wickeln; Pfl. meist rauhaarig (Ausnahmen: *Cerinthe,* Bltn. gelb; *Omphalodes*, Pfl. schwach behaart, m. vergissmeinnichtähnl. Bltn.; *Mertensia,* Strandpfl.) **Boraginaceae,** 651

— Frkn. nicht tief 4-teilig **65**

65. Stbfäden alle od. nur die ob. 3 dicht weiß od. violett wollig behaart *(248)* . . . . *(Verbascum)* **Scrophulariaceae,** 687

— Stbfäden nicht wollig **66**

66. Blattspr. gefied., fiedspaltig od. 3-zählig; Fied. bzw. Fiederabschnitte zuw. gebuchtet od. gelappt **76**

— Blattspr. nicht gefied. u. nicht 3-zählig **67**

67. Wasserpfl. m. kreisrunden, am Spreitengrd. herzf., seerosenähnl. (vgl. *366, 368*) Schwimmblätt.; Bltn. goldgelb *(Nymphoides)* **Menyanthaceae,** 740

— Landpfl. **68**

68. Zipfel der Blkr. anfangs zu den Gr. u. die Stbblätt. einschließender, krallenf. gekrümmter Röhre verbunden *(250a),* später sich fast bis zum Grd. trennend *(250b)*; Bltn. weiß, gelbl.weiß, blau od. dkviolett, in Ähren od. Köpfchen *(Phyteuma, Physoplexis)* **Campanulaceae,** 737

— Zipfel der Blkr. schon am Grd. getrennt u. Knospen nicht krallenf. gekrümmt **69**

69. Bltn. in von Hüllblätt. umgebenen Köpfchen, erst gelb, dann fleischfarben . . . . *(Collomia)* **Polemoniaceae,** 620

— Bltn. nicht in Köpfchen **70**

70. Blkr. trichterf., m. seicht gebuchtetem Saum *(251),* weiß od. rosa; Frkn. oberst.; Blattspr. oft herz- od. pfeilf.; Stg. meist windend . . . . **Convolvulaceae,** 662

— Blkr. nicht trichterf. od Blkr. trichterf. m. deutl. gebuchtetem Saum u. Frkn. unterst.; Pfl. nicht windend **71**

71. Blkr. rot, grünl.gelb, bräunl., zuw. violett geadert, schmutzigweiß od. reinweiß (dann aber Blätt. tief gezähnt), selten blau . . . . **Solanaceae,** 665

— Blkr. reinweiß, blassgelb, blau od. violett **72**

72. Bltn. groß, blassgelb, blau od. violett, einzeln, in Rispen od. Trauben **74**

— Bltn. klein, weiß, in Wickeln od. Trauben **73**

73. Bltn. in Trauben *(310);* Pfl. kahl *(Samolus)* **Primulaceae,** 622

— Bltn. in Wickeln, die an der Spitze eingerollt sind; Pfl. dicht angedrückt behaart . . . . . . *(Heliotropium)* **Boraginaceae,** 653

74(72). K. scharf 5-kantig, z. Frzt, stark aufgeblasen u. die Beerenfr. einhüllend; Blkr. hellblau, am Grd. weiß; Frkn. oberst. *(Nicandra)* **Solanaceae,** 666

— K. nicht scharf 5-kantig, z. Frzt. nicht aufgeblasen. **75**

75. Frkn. oberst.; Blätt. lg.gestielt, Spr. im Umriss herzf.; Pfl. ⊙, drüsig behaart . . . . *(Phacelia)* **Boraginaceae,** 662

— Frkn. unterst.; Pfl. ♃, nicht weich drüsig behaart **Campanulaceae,** 731

76(66). Blätt 3-zählig; Blkrblattzipfel oberststs. bärtig behaart, weiß; Sumpfpfl. m. kriechendem Stg. *(Menyanthes)* **Menyanthaceae,** 740

— Blattspr. mehrzählig gefied., fiedspaltig od. gekerbt **77**

77. Wasserpfl. (zuw. auch Landformen bildend); Blätt. kammf. gefied. *(42);* Bltn. zu 3–6 in etagenf. übereinander sthd. Quirlen, blassrosa . . . . *(Hottonia)* **Primulaceae,** 627

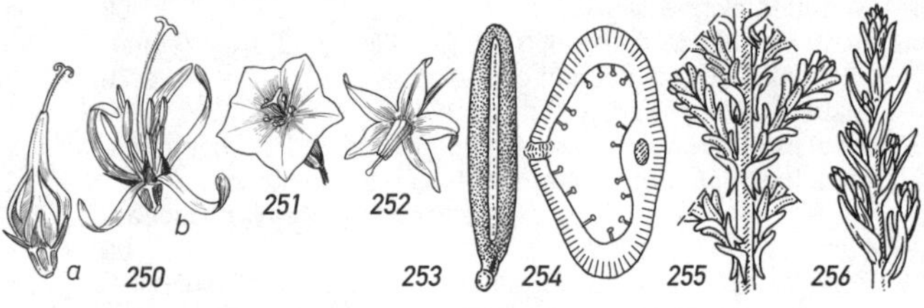

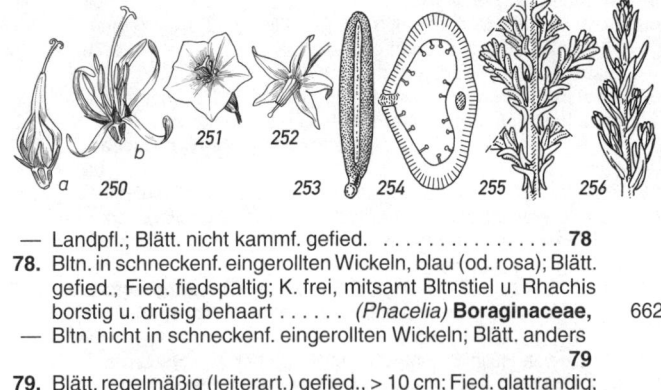

— Landpfl.; Blätt. nicht kammf. gefied. **78**

78. Bltn. in schneckenf. eingerollten Wickeln, blau (od. rosa); Blätt. gefied., Fied. fiedspaltig; K. frei, mitsamt Bltnstiel u. Rhachis borstig u. drüsig behaart . . . . . . *(Phacelia)* **Boraginaceae,** 662

— Bltn. nicht in schneckenf. eingerollten Wickeln; Blätt. anders **79**

79. Blätt. regelmäßig (leiterart.) gefied., > 10 cm; Fied. glattrandig; Bltn. in Rispen, himmelblau (seltener weiß); Stbblätt. 5 *(Polemonium)* **Polemoniaceae,** 620

— Blätt. kaum > 3 cm, spatelig, m. 2–3 Kerbungen; Bltn. in Trauben, hell purpurviolett (seltener weißl.); Stbblätt. 4 *(Erinus)* **Plantaginaceae,** 675

80(26). Stbblätt. zahlr.; K. m. Außenk.; Frkn. bei Reife in zahlr., 1-samige Teilfr. zerfallend . . . . **Malvaceae,** 522

— Stbblätt. 5; K. ohne Außenk.; Frkn. bei Reife nicht zerfallend **Primulaceae,** 621

81(25). Zahlr. Bltn. in von Hüllblätt. umgebenem Köpfchen; die Randbltn. des Köpfchens zuw. zygomorph, ♀ od. steril **85**

— Bltn. nicht in von Hüllblätt. umgebenen Köpfchen **82**

82. Stbbeutel kegelf. zusammenneigend; Blkr. radf. *(252)* **84**

— Stbbeutel nicht kegelf. zusammenneigend (an den geöffneten Bltn. bei den *Campanulaceae* bereits geschrumpft); Kapselfr. **83**

83. Blkr. rad-, trichter- od. glockenf.; Stbbeutel nur in jungen Bltn. vereinigt, sich nach innen öffnend und den Pollen auf Haare des Griffels entleerend . . . . **Campanulaceae,** 731

— Blkr. radf.; Stbblätt. m. dem Frkn. zu einem Säulchen vereinigt, auf dem Rücken mit kronblattart. Anhängseln **Apocynaceae,** 650

84(82). Frkn. schon z. Blzt. deutl. 4-teilig *(245),* in Nüsschen zerfallend; Blkr. himmelblau; Pfl. rauhaarig *(Borago)* **Boraginaceae,** 662

— Frkn. nicht 4-teilig; Beerenfr.; Blkr. weiß, gelb, violett od. rosa *(Solanum)* **Solanaceae,** 667

85(81). Bltn. kurz gestielt, blau; Stbbeutel nur am Grd. verbunden. . . . . *(Jasione)* **Campanulaceae,** 739

— Bltn. sitzend, Stbbeutel zu einer Röhre verbunden **Asteraceae,** 741

86(10, 17, 23, 59). Stbblätt. 5, alle fertil
(Verbascum) **Scrophulariaceae,** 687
— Stbblätt. 2–4. . . . . **87**
87. Alle 4 Stbblätt. m. Stbbeuteln **89**
— Nur 2 Stbblätt. m. Stbbeuteln. **88**
88. Blkr. 10–18 mm lg., viel länger als der K., unmittelbar unter dem K. noch 2 Vorblätt. . . . . . . *(Gratiola)* **Plantaginaceae,** 674
— Blkr. 3–8 mm lg., nur wenig länger als der K.; Bltnstiele ohne Vorblätt. . . . . **Linderniaceae,** 690
89(87). Alle Blätt. grdst. *(208a);* Blätt. ganzrandig
(Limosella) **Plantaginaceae,** 675
— Stg. beblättert od. Blätt. fiedspaltig **90**
90. Blkr. am Grd. m. deutl. Sporn *(1068)* . . . . **Plantaginaceae,** 670
— Blkr. am Grd. nicht gespornt, zuw. aber sackf. ausgestülpt **91**
91. Schlund der Blkr. durch Ausstülpung der Unterlippe geschlossen („maskiert"), am Grd. sackf. ausgestülpt
(Antirrhinum, Asarina) **Plantaginaceae,** 672
— Schlund der Blkr. offen **92**
92. Blätt. wechselst., ungeteilt
(Digitalis, Erinus) **Plantaginaceae,** 675
— Blätt. gegenst., quirlst. od. wechselst., dann aber Blätt. fiedspaltig **93**
93. Bltn. in endst. Rispen od. achselst. Dichasien od. Wickeln; Mittellappen der Unterlippe zurückgeschlagen *(1099)*
(Scrophularia) **Scrophulariaceae,** 689
— Bltn. in Ähren, Trauben od. einzeln blattachselst. **94**
94. Blätt. fiedspaltig od. gefied. *(Pedicularis)* **Orobanchaceae,** 713
— Blätt. ungeteilt, höchstens tief gezähnt; gegenst. **95**
95. Oberlippe helmf. gewölbt . . . . **Orobanchaceae,** 712
— Oberlippe flach u. meist aufw. gebogen, kleiner als die Unterlippe **96**
96. Kzipfel 4; Bltn. gelb, 3–7 mm lg. gestielt
(Tozzia) **Orobanchaceae,** 722
— Kzipfel 5; Bltn. 6–25 mm lg. gestielt. **97**
97. Blkr. 4–6 mm lg., weiß od. rötl.; Pfl. einjährig **Linderniaceae,** 690
— Blkr. 14–40 mm lg., gelb; Pfl. ausdauernd **Phrymaceae,** 712

C. Tabellen zum Bestimmen der Familien und Gattungen in erster Linie nach vegetativen Merkmalen[1]

1. Holzgewächse (Stg. zuw. nur an der Basis verholzt) **Tabelle XI**, 108

— Kräuter u. Stauden; Stg. nicht od. an der Basis nur schwach verholzt u. im Herbst absterbend; Stauden m. Hilfe unterirdischer Organe (Knollen, Zwiebeln, Rhizomen, Ausläufern) od. in Bodennähe sich befindl. Knospen überdauernd . . . **2**

2. Wasserpfl. (Ein- und Zweikeimblättrige samt Sporenpflanzen) . . . . **Tabelle XIV,** 155

— Land- u. Sumpfpfl. (die mit ihren Stg. u. Blätt. größtenteils aus dem Wasser herausragen od. an feuchten Standorten wachsen) **3**

3. Pfl. z. Bltzt. ohne grüne Blätt. od. Infl.stiel nur m. schuppenf. Blätt. . . . . **Tabelle III,** 65

— Pfl. z. Bltzt. m. grünen Blätt. **4**

4. Blattspr. gelappt, gebuchtet, fiedteilig, gefied. od. gefing. *(40–44, 59–67)* . . . . **Tabelle XII,** 125

— Blattspr. ungeteilt, m. glattem, gekerbtem, gesägtem od. gezähntem Rand; Sprgrd. zuw. herz-, pfeil- od. spießf. *(56–58)* **Tabelle XIII,** 132

Tabelle XI
Holzgewächse, zu bestimmen nach dem Laub[2]

1. Blätt. nadel- od. schuppenf. *(45, 164),* einzeln, in Quirlen *(165)* od. gebüschelt *(168)*[3] . . . . **XIa,** 109

— Blätt. weder nadelf. noch schuppenf. **2**

2. Blätt. gekreuzt-gegenst. (fast gegenst.) od. quirlig . . . . **XIb,** 110

— Blätt. wechselst. (zerstreut od 2-zeilig), an Triebenden od. Kurztrieben zuw. rosettig gehäuft **3**

3. Blattspr. zusammengesetzt (gefied. od. gefing.) od. tief gebuchtet od. gelappt . . . . **XIe,** 123

---

[1] S. auch **Tabelle I–III**, S. 60, 64, 65.

[2] Die in dieser Tabelle angegebenen Blattgrößen sind Durchschnittswerte. Wasserreiser u. Schösslinge können viel größere Blätter besitzen.

[3] Bei *Ruscus* täuschen die blattf. verbreiterten lederigen Sprosse Blätt. vor. Bei *Kakteen* sind die blattart. fleischigen Lappen Sprossteile.

— Blattspr. ungeteilt, m. glattem, gesägtem, gezähntem od. gekerbtem Rand **4**
4. Blattrand glatt . . . . **XIc,** 113
— Blattrand gezähnt, gesägt od. gekerbt . . . . **XId,** 117

XI a. Blätter nadel- oder schuppenförmig

1. Pfl. entweder kaktusartig, in dickfleischige Teile gegliedert, od. m. verbreiterten, blattartigen Sprossen, auf deren Flächen die Bltn. angeordnet sind (die eigentl. Laubblätt. sind schuppenf.) **11**
— Pfl. ohne blattartig verbreiterte Sprosse, nicht kaktusartig **2**
2. Stark dorniger, bis 2 m hoher Strauch; Bltn. gelb, schmetterlingsf. *(647)* . . . . **Ulex,** 408
— Pfl. dornenlos **3**
3. Blätt. nadelf. **7**
— Blätt. schuppenf. **4**
4. Pfl. mit wenigen schuppenf. Blätt.; reich verzweigter, an Schachtelhalme erinnernder Strauch m. roten beerenartigen Früchten . . . . **Ephedra,** 190
— Pfl. reich an schuppenf. Blätt. **5**
5. Blätt. am Grd. mit 2 abw. gerichteten Öhrchen *(255),* 4-zeilig angeordnet; Bltn. violett-rosa; Kblätt. 4, strohig **Calluna,** 634
— Blätt. am Grd. ohne Öhrchen **6**
6. Blätt. schuppenf., wechselst., sich dachziegelig deckend *(256);* Zweige rutenf.; 1–2 m hoher Strauch sandig-kiesiger Alpenflüsse . . . . **Myricaria,** 568
— Blätt. gegenst, die Zweige dicht bedeckend (ähnl. *164*); Zweige nicht rutenf.; Sträucher od. Bäume m. zapfenart. Früchten **Cupressaceae,** 188
7(3). Bäume od. hohe Sträucher m. nadelf. Blätt., diese einzeln, zu 2 od. 5 an Kurztrieben od. in Büscheln (*168);* Nadelhölzer **Coniferophytina, Tab. II,** 64
— Kleinere, selten bis 1 m hohe Zwergsträucher **8**
8. Nadeln stechend, in 3-zähligen Quirlen *(165)* **Juniperus,** 189
— Nadeln stumpf od. spitz, aber nicht stechend **9**
9. Blätt. wechselst., unterst. m. einer weißen Furche *(253),* im Querschnitt hohl (Lupe !, *254*); Fr. schwarz, beerenartig **Empetrum,** 634
— Blätt. nicht hohl; Kapselfr. **10**
10. Blätt. wechselst., sommergrün; Bltn. gelb . . . . **Fumana,** 527
— Blätt. quirlst., zu 3–5, immergrün; Bltn. rötl. . . . . **Erica,** 634
11(1). Pfl. nicht kaktusartig; blattähnliche Sprossglieder dünn, ohne Borstenhöcker, auf der Fläche Bltn. (od. Fr.) tragend **Ruscus,** 239
— Pfl. kaktusartig; Sprossglieder dick, abgeflacht od. zylindrisch, m. Höckern von borstl. Haaren od. m. Dornen **Opuntia,** 618

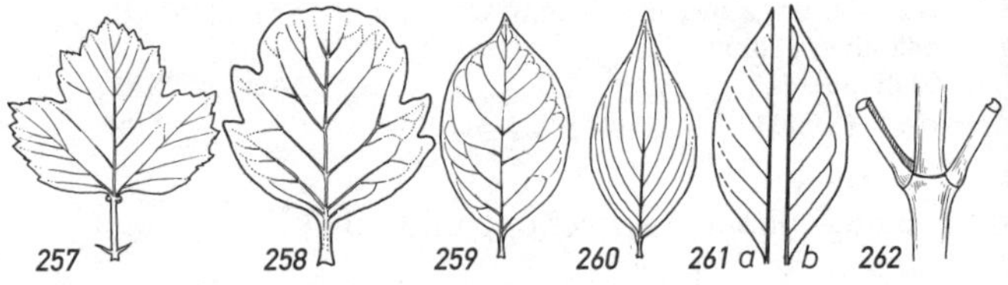

XIb. Blätter gekreuzt-gegenständig od. quirlig

1. Blattspr. gefied. od. gefing. **32**
— Blattspr. einfach, ganzrandig, gelappt, gebuchtet, gekerbt, gesägt od. gezähnt **2**
2. Stg. windend; Bltn. entw. zu 2 auf gemeinsamem Stiel *(1247a)* od. in kopfigen Bltnständen *(1246);* Frkn. unterst., die Frkn. zweier benachbarter Bltn. oft miteinander verwachsen *(1247b)* . . . . **Lonicera,** 825
— Stg. nicht windend, zuw. aber niederlgd. **3**
3. Blattspr. ganzrandig od. am Rand mit seichten Einschnitten **6**
— Blattspr. gelappt od. tief geteilt **4**
4. Blattstiel am Spreitengrd. m. napff. Drüsen; Blattspr. breit eif., 3-lappig, m. borstenf., später abfallenden Nebenblätt. *(257)* **Viburnum,** 823
— Blattstiel ohne napff. Drüsen **5**
5. Blattspr. stets 3–5-lappig, doppelt gesägt, buchtig gezähnt od. ganzrandig *(862–865);* Fr. in 2 1-samige, geflügelte Nüsschen zerfallende Spaltfr. *(861);* Bäume, selten Sträucher **Acer,** 520
— Blattspr. ein und desselben Zweiges (kräftige Schösslinge) z. T. gelappt *(258),* z. T. ganzrandig, oft rundl. *(259);* Fr. weiße Beeren; bis 1,5 m hoher Strauch . . . . . **Symphoricarpos,** 825
6(3). Blattspr. am Rand gesägt, gekerbt, gezähnt **22**
— Blattrand glatt **7**
7. Auf Bäumen wachsende, grüne Halbparasiten, m. gabelig verzweigtem Sprosssystem *(934)* **39**
— Pfl. im Erdboden wurzelnd **8**
8. Bltn. zygomorph, m. Oberlippe, Unterlippe u. 4 Stbblätt. **Lamiaceae,** 691
— Bltn. radiär od. zygomorph, dann aber Stbblattzahl nicht 4 **9**
9. Blätt. 5–7 mm lg., bis 2 mm breit, m. nach unten eingerollten Rändern; ledrig, wintergrün; niederlgd. Spalierstrauch der Hochalpen . . . . **Loiseleuria,** 632
— Blätt. größer, am Rand kaum umgerollt; aufrechte Sträucher **10**
10. Blätt. 2–3 cm lg., längl. elliptisch, obersts. dk.-, untersts. mattgrün, wintergrün, sehr derb; Bltn. geknäuelt . . **Buxus,** 385

— Blätt. anders gestaltet, meist sommergrün **11**
11. Blätt. in 3-zähligen Scheinquirlen, eif., längl.-stumpf; Bltn. napff., rötl., bis 1 cm breit . . . . **Kalmia,** 632
— Blätt. gegenst. **12**
12. Pfl. höchstens bis 70 cm hoch; nichtblühende Stg. zuw. niederlgd. u. nur am Grd. verholzt; blühende Triebe aufrecht **19**
— Pfl. meist > 1 m, m. aufrechten od. bogigen Ästen **13**
13. Die stärksten Seitennerven bogenf. zur Spitze hinlaufend *(260)* . . . . **Cornus,** 618
— Die stärksten Seitennerven zum Blattrand hinlaufend u. allmähl. aufhörend *(261a)* od. sich bogenf. m. dem nächst oberen Nerv vereinigend *(261b)* **14**
14. Blätt. lederig, wintergrün, untersts. weißfilzig . . . . . . **Olea,** 670
— Blätt. untersts. nicht weißfilzig **15**
15. Junge Zweige schmalflügelig 4-kantig; Blkr. 3–4 cm im Dm, rot; Apfelfr. . . . . **Punica,** 514
— Zweige rundl., nicht geflügelt; Blkr. kleiner **16**
16. Stielansatz eines Blattpaars durch Querlinie verbunden *(262)* **18**
— Stielansatz der Blätt. nicht durch Querlinie verbunden **17**
17. Blattstiel bis 5 mm lg.; Blattspr. längl. elliptisch, nicht herzf., mindestens 3-mal so lg. wie breit; Fr. schwarze Beere **Ligustrum,** 670
— Blattstiel 20–30 mm lg.; Blattspr. breit eif., am Grd. herzf. *(56),* 3–10 cm lg.; Sprosse gabelig verweigt; Kapselfr. **Syringa,** 670
18(16). Blattspr. untersts. heller, an der Spitze stumpf od. abgerundet, einfach od. gelappt *(258–259)*, kahl; Fr. weiße Beeren **Symphoricarpos,** 825
— Blattspr. beidersts. gleichfarbig, ± zugespitzt, behaart od. kahl; Fr. rote od. blaubereifte Beeren (häufig Doppelbeeren) **Lonicera,** 825
19(12). Blätt. immergrün, > 15 mm breit, durchscheinend punktiert; Bltn. gelb; Stbblätt. zahlreich, > 5 . . . . **Hypericum,** 507
— Blätt. nicht durchscheinend punktiert **20**
20. Kblätt. frei, 3 größere u. 2 andere, meist kleinere **Cistaceae,** 526
— Kblätt. verwachsen, gleich groß **21**
21. Blkr. rosa, glöckchenf., nickend (*198);* Blattspr. kreisrund, ca. 1 cm im Dm . . . . **Linnaea,** 825
— Blkr. blau, flach ausgebreitet, mit windradähnlichen Zipfeln *(197a);* Blattspr. längl.-elliptisch, obersts. glzd. . . . . . . **Vinca,** 650
22(6). Blattzähne weit (0,5–1,5 cm) voneinander entfernt *(268)* **31**
— Blattzähne dicht sthd. *(263–266)* **23**
23. Pfl. zerrieben stark aromatisch duftend, 0,5–1 m hoch, an der Basis verholzt; Blattspr. lanzettl., jung weißfilzig; Bltn. blau, in 4–10-bltg. Quirlen . . . . **Salvia,** 705
— Pfl. nicht stark duftend **24**

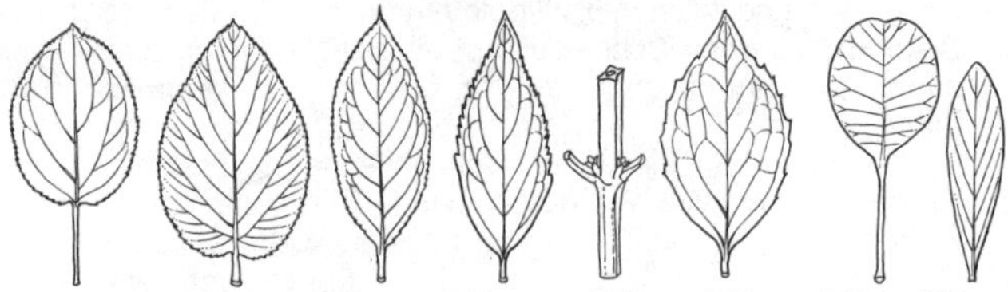

263 *264* *265* *266* *267* *268* *269* *270*

24. Blattrand im unt. Drittel ganzrandig *(266)* **30**
— Blattrand im unt. Drittel wenigstens m. vereinzelten Zähnen **25**
25. Mittelnerv m. 3 Paaren kräftiger Seitennerven, die sich bogenf. nach der Blattspitze krümmen *(263);* Zweigenden häufig in Dornspitze auslaufend; bei *Rhamnus pumila* (dornenloser Zwergstrauch der K-Alp.) Blätt. fast gegenst., häufiger aber wechselst. . . . . **Rhamnus,** 462
— Mittelnerv m. mehr als 3 Paaren kräftiger Seitennerven **26**
26. Blattspr. kaum zugespitzt, am Grd. ausgerandet, unterstѕ. dicht behaart; Seitennerven stark hervortretend, sich zum Blattrand hin mehrmals gabelnd *(264)* . . . . **Viburnum,** 823
— Blattspr. deutl. zugespitzt *(265)* **27**
27. Blätt. kahl; Bltn. klein, grünl.; 4–5-teilige rote Kapselfr. m. orangefarbigen Samen . . . . **Euonymus,** 472
— Blätt. untersts. wenigstens auf den Nerven behaart **28**
28. Bltn. grünl.weiß; Stbblätt. 8 . . . . **Acer tataricum,** 520
— Bltn. rot od. lila; Stbblätt. 4–5 . . . . **29**
29. Blätt. untersts. grau- od. weißfilzig; Bltn. klein, in vielbltg. Bltnstand . . . . **Buddleja,** 690
— Blätt. untersts. nicht filzig; Bltn. groß, rot . . . . **Weigela,** 826
30(24). Stielgrd. an der Sprossachse herablaufend *(267);* Blätt. grob gezähnt *(266);* Bltn. gelb, vor den Blätt. erscheinend **Forsythia,** 670
— Stielgrd. nicht herablaufend; Blätt. lineal-lanzettl., fein gesägt, untersts. blaugrün, z. T. gegen-, oft wechselst.; Bltn. in Kätzchen. . . . . **Salix purpurea,** 488
31(22). Stielbasen eines Blattpaars durch Querlinie verbunden *(262);* Blätt. *(268)* untersts. auf den deutl. hervortretenden Seitennerven behaart . . . . **Philadelphus,** 619
— Blattstielbasen nicht durch Querlinie verbunden, aber herablaufend *(267)*; Blätt. untersts. kahl . . . . **Forsythia,** 670
32(1). Blätt. 5–7-zählig gefing. *(64);* Bltn. in aufrechten Thyrsen; bis 15 m hohe Bäume . . . . **Aesculus,** 521
— Blätt. gefied. **33**
33. Zweige 4-kantig, grün . . . . **Jasminum,** 670
— Zweige nicht 4-kantig **34**

34. Blättchen sehr schmal, nur 2–4 mm breit; Strauch m. gegenst. Zweigen; Bltn. schmetterlingsf. *(647)* . . . **Genista radiata,** 408
— Blättchen breiter **35**
35. Fied. lg. gestielt; Rhachis u. Fiederstiele rankend **Clematis,** 372
— Fied. sitzend od. kurz gestielt **36**
36. Junge Zweige glatt, bläul. bereift; die 3–7 Fied. eines Blatts ungleich grob gesägt, bisw. fast ganzrandig; Bltn. eingschl., ohne Bltnhülle, meist vor den Blätt. erscheinend, 2-häusig; Fr. geflügelt . . . . **Acer negundo,** 520
— Junge Zweige nicht bläul. bereift; Fied. feiner und regelmäßiger gesägt **37**
37. Blätt. 7–13-zählig gefied., ohne Nebenblätt.; junge Zweige grün; Knospenschuppen grau bis schwarz; Bltn. eingschl. od. ⚥ *(196a–b)*, m. od. ohne Bltnhülle; Fr. geflügelt; bis 40 m hohe Bäume . . . . **Fraxinus,** 669
— Blätt. 5–7-zählig gefied., m. kleinen, hinfälligen Nebenblätt., deren Narben sichtbar **38**
38. Junge Zweige glatt; Fied. sitzend, sehr fein gesägt; Bltn. in hgd. Rispen, gelbl.weiß; Fr. aufgeblasene Kapsel . . . . **Staphylea,** 519
— Junge Zweige ± warzig-höckerig; Fied. kurz gestielt, fein gesägt; Bltn. weiß od. grünl.gelb, in schirmf. od. kegelf. Rispen; Fr. schwarze od. rote Steinbeeren . . . . **Sambucus,** 823
39(7). Pfl. sommergrün, auf Eichen od. Esskastanien wachsend; mehrjährige Zweige schwarzbraun . . . . **Loranthus,** 567
— Pfl. immergrün, fast nie auf Eichen od. Esskastanien wachsend; mehrjährige Zweige grün . . . . **Viscum,** 567

XIc. Blätter wechselständig (zerstreut oder zweizeilig), mit glattem Rand

1. Blätt. unterst s. rostrot, wintergrün . . . . **Rhododendron,** 631
— Blätt. untersts. nicht rostrot, zuw. aber beidersts. rotbraun beschuppt **2**
2. Blattspr. ohne Stiel bis 1,5 cm lg. **32**
— Blattspr. länger als 1,5 cm **3**
3. Blattspr. untersts. entw. samtart., m. weichem, abreibbarem, wolligem Filz od. weiß bis weißgrau schülferig behaart **25**
— Blattspr. beidersts. grün **4**
4. Pfl. höchstens bis 40 cm hoch, selten höher *(Chamaedaphne)*, dann aber Blätt. wintergrün u. beidersts. dicht rotbraun beschuppt **22**
— Pfl. meist > 40 cm; Blätt. selten wintergrün u. nicht rotbraun beschuppt **5**
5. Blätt. untersts. gelb punktiert, am Rand lg. absthd. behaart; Bltn. hellrot, m. drüsiger Röhre, lg. gestielt, in endst. Dolden; bis 90 cm hoher Strauch der subalp. Zwergstrauchstufe, vorwgd. der K-Alp. . . . . **Rhododendron hirsutum,** 632

— Blätt. unterst s. nicht gelb punktiert, höchstens in der Jugend am Rand behaart **6**
6. Zweige meist überhgd., lg. u. dünn, oft m. Dornen; Bltn. rötl. **Lycium,** 666
— Zweige stets aufrecht od. windend **7**
7. Stg. nicht windend **9**
— Stg. windend **8**
8. Bltn. einzeln, braun, röhrig, U-förmig gekrümmt; Blätt. 2-zeilig, herzf., meist 10–25 cm lg. . . . **Aristolochia macrophylla,** 193
— Bltn. in Rispen, weiß, klein; Blätt. wechselst., 3–8 cm lg. **Fallopia baldschuanica,** 577
9(7). Bltn. schmetterlingsf. *(647)* . . . . **Fabaceae,** 403
— Bltn. nicht schmetterlingsf. **10**
10. Seitennerven der Blätt. kaum verzweigt u. stark hervortretend **21**
— Seitennerven der Blätt. entw. deutl. verzweigt od. wenig hervortretend **11**
11. Blätt. lg. gestielt (2–5 cm); Spr. breit eif., rundl., m. fast rechtwinkelig vom Mittelnerv abzweigenden, gegabelten Seitennerven *(269)*; Bltnstiele z. Frzt. fedrig behaart . . . . **Cotinus,** 519
— Blattstiel kürzer; Bltnstiele z. Frzt. nicht behaart **12**
12. Blätt. selten breiter als 2 cm u. länger als 4 cm **19**
— Blätt. breiter als 2 cm od. länger als 6 cm **13**
13. Blattspr. in der Mitte od. am Grd. am breitesten **15**
— Blattspr. über der Mitte am breitesten **14**
14. Bltnhülle einfach; Stbblätt. 8; Blätt. kahl . . . . **Daphne,** 525
— Bltnhülle doppelt; Stbblätt. 5 od. 10; Blätt. immergrün, kahl oder sommergrün u. oberst s. behaart . . . . **Rhododendron,** 631
15(13). Blätt. krautig, sommergrün, eif.-lanzettl., zugespitzt, am Grd. oft herzf.; obere Stgblätt. zuw. spießf. od. 3-zählig, zerstreut behaart; Stg. nur an der Basis verholzt, kletternd od. niederlgd.; Bltn. blau; Fr. scharlachrote Beeren **Solanum dulcamara,** 667
— Blätt. wintergrün. **16**
16. Stg. mit Haftwurzeln kletternd; Blätt. weich, die der blühenden Triebe rautenf. *(271b),* die der nichtblühenden Triebe 3–5-lappig *(271a)* . . . . **Hedera,** 834
— Stg. nicht mit Haftwurzeln kletternd **17**
17. Blattspr. lederig, dünn, am Rand etwas wellig, zerrieben aromatisch riechend; Adernetz unterst s. deutl. kleinfelderig; Bltn. in Büscheln, gelbl. weiß . . . . **Laurus,** 193
— Blattspr. lederig, dick; Adernetz unterst s. undeutl. gefeldert; Bltn. weiß **18**
18. Blattspr. hart, am Rande wellig, oft stachelig gezähnt *(285);* Bltn. in Büscheln . . . . **Ilex,** 730
— Blattspr. weicher, am Rande nicht wellig, gesägt od. glatt; Bltn. in 10–12 cm lg. Trauben . . . . **Prunus laurocerasus,** 459
19(12). Blattspr. verkehrt eif., an der Spitze stumpf, unterst s. blaugrün, m. stark hervortretender Nervatur, oberst s. hell

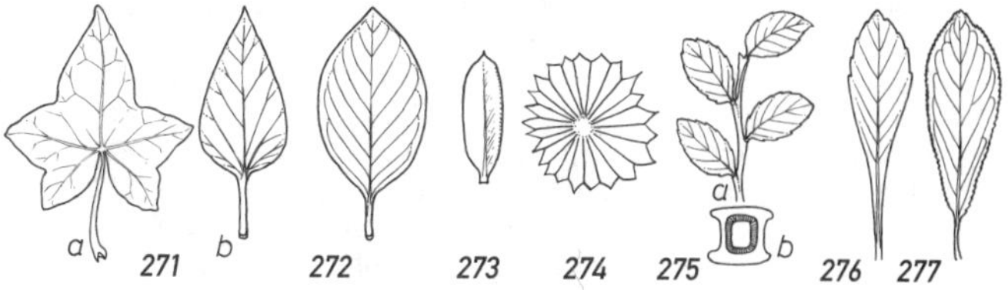

mattgrün; Fr. blaubereifte Beere; Pfl. bis 80 cm hoch **Vaccinium uliginosum,** 633

— Blattspr. zugespitzt, in der Mitte am breitesten, wenigstens in der Jugend behaart **20**

20. Blattunterseite m. deutl. Nervennetz; Blätt. nicht auffallend an den Zweigenden gehäuft; Bltn. in Kätzchen . . . . **Salix,** 481

— Blattunterseite m. undeutl. Nervenverzweigungen; Blätt. an den Zweigenden gehäuft, beidersts. anlgd. behaart; Bltn. weiß, nicht in Kätzchen . . . . **Daphne,** 525

21(10). Seitennerven etwas bogig, vor dem Sprrand deutl. nach oben biegend *(272);* Fr. anfangs rote, später schwarze, mehrsamige Steinfr.; Strauch . . . . **Frangula,** 462

— Seitennerven gerade, erst unmittelbar vor dem oft leicht gebuchteten Sprrand umbiegend *(291);* Baum . . . . **Fagus,** 467

22(4). Blätt. entw. m. feinen bräunl. Schüppchen od. untersts. dk. punktiert (Lupe!) **24**

— Blätt. untersts. weder m. feinen Schüppchen noch dk. punktiert **23**

23. Blätt. längl.-lineal, m. aufgesetzter Stachelspitze *(273),* fast sitzend, ledrig, immergrün; Bltn. groß, gelb od. 2-farbig gelbviolett bzw. gelbbraun, m. 2 blumenblattart. ausgebildeten Kblätt. *(200);* niederlgd., ausläuferbildender Halbstrauch **Polygala chamaebuxus,** 432

— Blätt. an der Spitze stumpf, zuw. ausgerandet, breit verkehrteif., obersts. dkgrün, untersts. bläul.weiß, seidig behaart, m. hervortretendem, rotmaschigem Adernetz od. beidersts. grün, ohne rotes Adernetz; Bltn. in aufrechten Kätzchen; hochalp. Spaliersträucher . . . . **Salix,** 481

24(22). Blattspr. beidersts. braun schülferig, wintergrün, 2–3 cm lg., eif.-lanzettl.; Blattspr. am Rand umgebogen, zuw. undeutl. gezähnt, bis 1 m hoher, meist aber niedriger (bis 40 cm hoher) Strauch m. rutenf. Ästen . . . . **Chamaedaphne,** 632

— Blattspr. nur untersts. braun punktiert, verkehrt eif., an der Spitze stumpf, oft ausgerandet, am Rand umgebogen, wintergrün; bis 30 cm hoher Zwergstrauch m. unterirdischen Ausläufern **Vaccinium vitis-idaea,** 633

25(3). Seitennerven auch auf der Blattunterseite undeutl.; Blätt. schmal (5–7 mm breit u. 5–8 cm lg.), untersts. dicht weiß- od.

grauschülferig; verdornter Strauch od. bis 6 m hoher Baum mit orangeroten od. gelben Fr. . . . . **Hippophaë,** 462

— Seitennerven auf der Blattunterseite deutl.; Blätt. meist breiter als 7 mm **26**

26. Blattspr. untersts. nur m. einfachen Haaren (Lupe!) **29**

— Blattspr. dicht m. Sternhaaren besetzt **27**

27. Blattspr. untersts. silberweiß von Schildhaaren *(274);* Bltn. ⚥, trichterf. *(738),* innen goldgelb; Strauch, oft >1 m hoch **Elaeagnus,** 462

— Blattspr. sternhaarig, nicht schildhaarig; Bltn. unscheinbar, eingschl. **28**

28. Bis 1 m hoher, ästiger Strauch in Niederösterreich; Blätt. stumpf, < 15 mm breit, ganzrandig . . . **Krascheninnikovia,** 612

— Strauch od. Baum, meist > 1 m; Blätt. meist spitz, > 15 mm breit, ganzrandig od. am Rand stachelig gesägt **Quercus ilex,** 467

29(26). Blätt. 8–12 cm lg. u. 4 cm breit, in den zottig behaarten Stiel verschmälert, obersts. dkgrün, untersts. behaart; Nebenblätt. 1–2 mm groß, hinfällig; Bltn. groß, weiß bis rosa; dorniger, bis 3 m hoher Strauch . . . . **Mespilus,** 458

— Blätt. kleiner, selten bis 12 cm lg. u. dann untersts. weiß od. grauweiß **30**

30. Blattspitze oft zurückgekrümmt; Spr. am Rand zuw. umgerollt u. dann lg. u. schmal, häufig wellig; Nebenblätt. oft früh abfallend . . . . **Salix,** 481

— Blattspr. an der Spitze abgerundet od. m. ganz kurzer, gerader Spitze, am Rand nie umgerollt od. wellig, meist nicht viel länger als breit **31**

31. Blätt. breit eif., bis 10 cm lg. u. 7,5 cm breit; Nebenblätt. verkehrt eilängl., bis 12 mm lg.; Bltn. einzeln, weiß od. rosa; bis 8 m hoher Baum . . . . **Cydonia,** 454

— Blätt. kleiner; Nebenblätt. pfrieml.; Bltn. in wenigbltg. Trauben; bis 2 m hohe Sträucher . . . . **Cotoneaster,** 458

32(2). Stg. niederlgd., kaum > 10 cm **37**

— Stg. aufrecht, höher **33**

33. Blattspr. am Rand deutl. umgerollt **36**

— Blattspr. am Rand nicht umgerollt **34**

34. Blattspr. derb ledrig, wintergrün, am Rand m. weißen, borstenf. Haaren; Bltn. groß, hellrosa; Zwergstrauch der subalp. Reg. **Rhodothamnus,** 632

— Blätt. nicht wintergrün, am Rand ohne borstenf. Haare . . . **35**

35. Blätt. einfach od. 3-zählig gefied., klein, hinfällig; Stg. kantig, grün, rutenf.; Bltn. groß, gelb, schmetterlingsf. *(647);* 60–120 cm hoher Strauch . . . . **Cytisus scoparius,** 409

— Blätt. alle einfach; Bltn. gelb, schmetterlingsf.; Sträucher, selten > 60 cm . . . . **Genista,** 408

36(33). Blätt. untersts. weißl., 1–3 mm breit; Bltn. kugelig-eif., hellrosa, nickend; Hochmoorpfl. . . . . **Andromeda,** 632

— Blätt. untersts. grün, m. feinen, dunklen Punkten, 5–10 mm breit, derb, wintergrün; Fr. rote Beeren .... **Vaccinium,** 633

37(32). Stg. fadenf., kriechend; Blätt. obersts. dkgrün, untersts. blaugrün, am Rand umgerollt; Bltn. rot, 4-zählig, m. zurückgeschlagenen Blkrblätt.; Hochmoorpfl. **Vaccinium oxycoccos,** 633

— Stg. dicker, nicht fadenf. u. kriechend **38**

38. Blätt. untersts. seidenhaarig; Bltn. gelb, schmetterlingsf. *(647),* in verlängerten Trauben .... **Genista pilosa,** 408

— Blätt. untersts. nicht seidenhaarig **39**

39. Blätt. bis 0,5 cm breit, m. aufgesetztem Stachelspitzchen, ledrig, oft an den Stgspitzen gehäuft; Bltn. rot od. hellrot gestreift, wohlriechend; Kblätt. blumenblattart.; Stbblätt. 8 *(195)* **Daphne,** 525

— Blätt. breiter, derb, glzd., immergrün, an der Spitze stumpf od. leicht ausgerandet; Bltn. m. K. u. weißer od. rötl., ei-krugf. Blkr. .... **Arctostaphylos uva-ursi,** 633

XId. Blätter wechselständig (zerstreut oder zweizeilig); Blattspreite mit gesägtem, gezähntem oder gekerbtem Rand

1. Pfl. m. riesigen Rosetten; Blätt. ca. 1 m lg., am Rand stachelig gezähnt, > 1 cm dick .... **Agave,** 238

— Blätt. < 1 m lg., weniger dick od. nicht in Rosetten **2**

2. Blätt. der Langtriebe zu 3-teiligen od. einfachen Dornen *(68)* umgebildet, in ihren Achseln rosettig beblätterte Kurztriebe *(549a);* deren Blätt. derb, eif.-lanzettl., am Rand stachelig gezähnt; Bltn. gelb, in Trauben .... **Berberis,** 364

— Blätt. der Langtriebe nicht zu Dornen umgebildet **3**

3. Blattspr. (ohne Stiel) länger als 4 cm **18**

— Blattspr. (ohne Stiel) kürzer als 4 cm **4**

4. Zweige grün, scharfkantig *(275b);* Blätt. eif. *(275a);* Bltn. krugf., rötl.; Fr. blau bereifte Beeren m. rotem Saft; bis 50 cm hoher Zwergstrauch m. unterirdischen Ausläufern **Vaccinium myrtillus,** 633

— Zweige nicht scharfkantig **5**

5. Pfl. ± aufrecht, wenn niederlgd., dann nicht in den K-Alp. **7**

— Niederlgd. Strauch der K-Alp. **6**

6. Blätt. untersts. grün .... **Rhamnus,** 462

— Blätt. untersts. weiß .... **Dryas,** 440

7(5). Blattspr. nur an der Spitze gezähnt, zur glatten Basis hin verschmälert *(276),* m. Harzdrüsen, stark duftend; Bltn. eingschl., in kurzen Ähren; Strauch der Heidemoore .... **Myrica,** 468

— Blattspr. am ganzen Rand gezähnt od. gekerbt **8**

8. Blattspr. untersts. m. bleichgelben Drüsenschuppen; Rand schwach umgebogen, seicht gekerbt, m. lg., weißen Borsten-

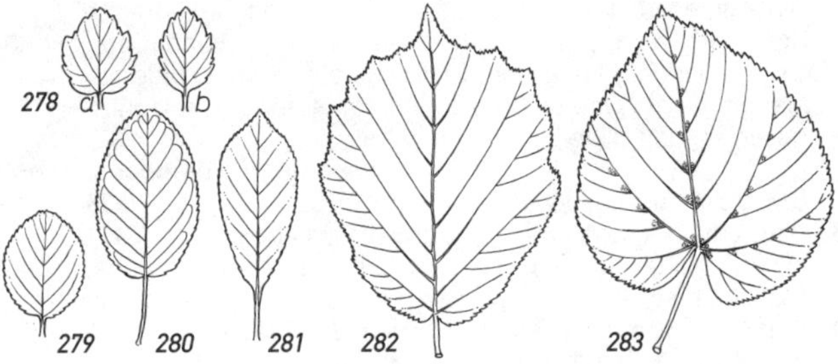

haaren; Bltn. rosarot; subalp. Zwergstrauch
Rhododendron hirsutum, 632
— Blattspr. untersts. nicht gelb punktiert **9**
9. Strauch m. Kurztriebdornen u. schwärzl. Rinde; Blattspr. zugespitzt, gegen den Grd. verschmälert *(277);* Bltn. einzeln od. zu 2; Fr. kugelige, blau bereifte Steinfr. **Prunus spinosa,** 460
— Zweige nicht verdornt; Rinde nicht schwärzl. **10**
10. Blattspr. zugespitzt. **15**
— Blattspr. an der Spitze stumpf od. abgerundet **11**
11. Höhere Sträucher m. aufrechten Ästen **13**
— Niederlgd., z.T. m. unterirdischen Ausläufern versehene hochalp. Zwergsträucher **12**
12. Pfl. m. unterirdischen Ausläufern; jeder Laubtrieb nur mit 2 fast kreisrunden Blätt. *(279, 788)* . . . . **Salix herbacea,** 482
— Pfl. ohne unterirdische Ausläufer; Blätt. an jedem Laubtrieb zu mehreren, am Grd. lg. bewimpert, beidersts. netznervig; Fr. schwarzblaue Beeren . . . . **Arctostaphylos alpina,** 633
13(11). Blattstiel 1–2 cm lg.; Spr. untersts. anfangs wollfilzig behaart, später kahl, am Rand fein gekerbt, am Grd. seicht herzf. *(280);* Blkrblätt. schmal, weiß; Fr. schwarzblau; bis 3 m hoher Strauch . . . . **Amelanchier,** 458
— Blattstiel kürzer; Spr. untersts. nicht filzig **14**
14. Blätt. rundl. *(278a)* od. eif., stumpf gekerbt od. ungleich doppelkerbig gesägt *(278b);* Seitennerven fast geradlinig in die Zähne verlaufend; Bltn. in Kätzchen; 0,5–2 m hohe Sträucher der Moore . . . . **Betula,** 469
— Blätt. verkehrt eif. bis elliptisch, fein gesägt *(281);* Seitennerven vor dem Blattrand endend; Bltn. zu 2–5 an Kurztrieben, weiß; bis 1 m hoher, ausläuferbildender Strauch
Prunus fruticosa, 461
15(10). Blattspr. am Grd. herzf., m. od. ohne Drüsen; Stiel 1–2 cm lg.; Bltn. weiß, zu 4–12 in Schirmtrauben *(731)*
Prunus mahaleb, 460
— Blattspr. nach dem Grd. verschmälert, untersts. m. hervortretenden Nerven **16**

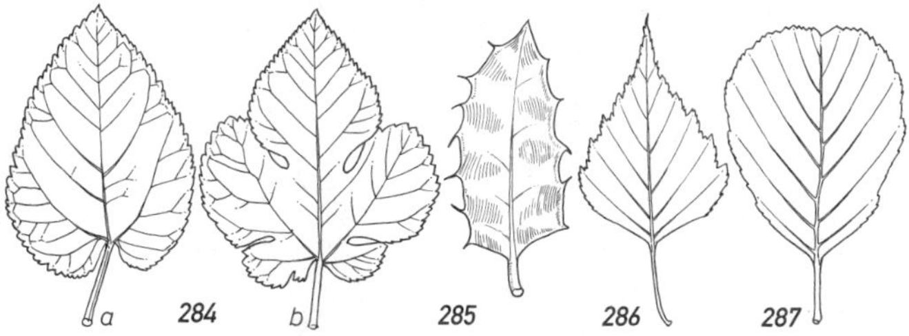

16. Blattspr. derb ledrig, beidersts. kahl, längl.-verkehrt-eif.; Bltn. in weißfilzigen Schirmrispen; 1–3 m hoher Strauch der subalp. Reg. . . . . **Sorbus chamaemespilus,** 455
— Blattspr. nicht ledrig, untersts. oft grauweiß **17**
17. Strauch trockener Standorte in Burgenland u. Niederösterreich, höchstens 1,5 m hoch; Bltn. lebhaft rosa **Prunus tenella,** 460
— Sträucher od. Bäume meist feuchter Standorte; Blattspitze oft zurückgekrümmt; Bltn. unscheinbar, in Kätzchen . . . **Salix,** 481
18(3). Erste kräftige Seitennerven etwas oberhalb der Sprbasis entspringend *(281, 285, 286, 292)* **24**
— 2–5 kräftige (bei *Carpinus* auch schwächere) Seitennerven unmittelbar an der Sprbasis entspringend *(282–284)* . . . **19**
19. Blattstiel meist länger als 2 cm **22**
— Blattstiel nicht länger als 2 cm **20**
20. Blattspr. rundl.-verkehrt-eif., zugespitzt, beidersts. behaart *(282)* . . . . **Corylus,** 470
— Blattspr. längl.-eif., obersts. kahl, untersts. vor allem am Mittelnerv u. in den Nervenwinkeln schwach behaart; Rand doppelt scharf gesägt; Zähne der Nervenenden größer als die Zwischenzähne **21**
20. Nerven obersts. vertieft; Blattrand schwach gelappt *(292);* Frstd. locker; Frhülle offen, flach, 3-teilig gelappt, das Nüsschen frei liegend . . . . **Carpinus,** 470
— Nerven nicht vertieft liegend; Oberseite der Blattspr. gleichmäßig flach; Blattrand doppelt gesägt, aber nicht gelappt; Frstand dicht, hopfenartig; Frhülle das Nüsschen sackf. umschließend . . . . **Ostrya,** 470
22(19). Blattspr. untersts. in den Nervenwinkeln m. weißen od. braunen Haarbüscheln od. weißfilzig u. dann m. rundem Blattstiel; Spr. am Grd. tief herzf., ungleichhälftig (asymmetrisch, *283*) . . . . **Tilia,** 524
— Blattspr. untersts. in den Nervenwinkeln ohne Haarbüschel, wenn weißfilzig, dann Blattstiel seitl. zusammengedrückt **23**
23. Blattstiel seitl. zusammengedrückt od. im Querschnitt 4-eckig; Spr. rundl., elliptisch, herzf. od. eif., zuw. untersts. weiß od. grau . . . . **Populus,** 480

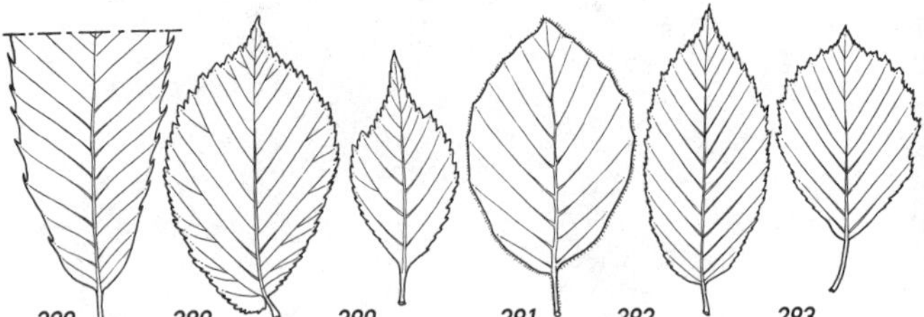

288 289 290 291 292 293

— Blattstiel seitl. nicht zusammengedrückt od. 4-eckig; Spr. eif.-rundl., zuw. buchtig gelappt *(284a–b)*, grob gezähnt, am Grd. herzf., beidersts. od. nur untersts. rauhaarig . . . . . . **Morus,** 464

24(18). Blätt. nicht wintergrün u. nicht ledrig **27**

— Blätt. wintergrün, ledrig **25**

25. Blätt. untersts. von Sternhaaren graufilzig . . . **Quercus ilex,** 467

— Blätt. untersts. kahl **26**

26. Blattspr. am Rand wellig u. häufig stachelig gezähnt *(285);* Bltn. klein, weiß, in achselst. Büscheln; rote, mehrsamige Steinfr. **Ilex,** 730

— Blattspr. am Rand nur entfernt klein gesägt, aber auch glatt; Bltn. in achselst., 10–12 cm lg. Trauben **Prunus laurocerasus,** 459

27(24). Seitennerven 1. Ordnung den Blattrand nicht erreichend, sich vorher entw. bogenf. vereinigend od. sich in dünnere Seitennerven gabelnd *(264–265)* **39**

— Seitennerven 1. Ordnung meist geradlinig fast ganz bis zum Blattrand verlaufend. **28**

28. Blattspr. 3-eckig od. schief 4-eckig, auch eif.-zugespitzt, grob gesägt, lg. gestielt *(286, 761, 762)* . . . . **Betula,** 469

— Blattspr. nicht 3- od. 4-eckig **29**

29. Blattspr. rundl., an der Spitze oft ausgerandet, am Grd. verschmälert *(287),* obersts. kahl . . . . **Alnus glutinosa,** 470

— Blattspr. länger als breit **30**

30. Blattspr. 10–20 cm lg., am Rand lg. stachelspitzig gezähnt *(288);* Blätt. 2-zeilig . . . . **Castanea,** 467

— Blattspr. meist kürzer als 10 cm; Rand nicht stachelspitzig **31**

31. Blattspr. kaum asymmetrisch (beide Spreitenhälften gleich groß) **33**

— Blattspr. stark asymmetrisch (Spreitenhälften ungleich groß, *289*) **32**

32. Borke des Stammes rissig; Blätt. 2-zeilig; Blattspr. am Rand doppelt gesägt *(289);* Bltn. alle ⚥, in Büscheln am vorjährigen Holz, vor den Blätt. erscheinend; Fr. ringsum breit geflügelte Nuss *(742, 743)* . . . . **Ulmus,** 463

— Borke des Stammes glatt; Blattspr. am Rand einfach gesägt; Bltn. ♂ u. ♀, einzeln, zusammen m. den Blätt. am diesjährigen Holz erscheinend; Fr. orangefarbige bis violettbraune Steinfr. **Celtis,** 464

33(31). Blattspr. lg. u. schmal zugespitzt *(290),* an der Spitze oft 3-lappig, untersts. behaart . . . . **Prunus triloba,** 460

— Blattspr. nicht lg. u. schmal zugespitzt **34**

34. Blattspr. untersts. weiß od. grau. **38**

— Blattspr. untersts. grün **35**

35. Strauch der Krummholzregion der Alp. u. höheren Mittelgeb.; ♂ Bltn. in Kätzchen, erst nach den herb riechenden Blätt. erscheinend; Blattspr. eif.-spitz, beidersts. grün, kahl, am Rand doppelt scharf gesägt . . . . **Alnus viridis,** 470

— Bäume u. Sträucher nicht der alp. Krummholzregion . . . **36**

36. Seitennerven bogig verlaufend, die unt. den Blattrand meist nicht erreichend; Blattrand bis über die Mitte grob gezähnt **Spiraea,** 438

— Seitennerven geradlinig bis zum Blattrand verlaufend . . **37**

37. Blattspr. nur schwach wellig gerandet od. entfernt klein gezähnt, jedersts. mit 5–8 Seitennerven *(291);* Knospen spindelf.; Äste braungrau . . . . **Fagus,** 467

— Blattspr. am Rand scharf doppelt gesägt, jedersts. mit 10–17 Seitennerven *(292);* Blätt. 2-zeilig; Nussfr. m. 3-teiliger *(Carpinus)* od. sackf. Hülle *(Ostrya)* . . . . **Betulaceae,** 468

38(34). Blattspr. zugespitzt, am Grd. abgerundet od. schwach herzf., jedersts. mit 8–13 Seitennerven *(293),* untersts. graufilzig, später verkahlend; Rinde glzd. weißgrau . . . . **Alnus incana,** 470

— Blattspr. an der Spitze stumpf, am Rand ungleichmäßig doppelt gesägt *(294),* untersts. weißfilzig; junge Triebe weißfilzig, später braunrot . . . . **Sorbus aria,** 456

39(27). Blattspr. am ganzen Rand mit Einschnitten **43**

— Blattspr. wenigstens im unteren Drittel am Rand glatt, sonst gezähnt **40**

40. Blattspr. bis 12 cm lg. u. 4 cm breit, untersts. weichhaarig; Nebenblätt. meist nur 1–2 mm groß, hinfällig . . . **Mespilus,** 458

— Blattspr. schmäler u. kürzer **41**

41. Ganze Pfl. stark duftend; Äste dkbraun; Blattspr. am Rand oberw. grob gesägt *(276);* 2-häusiger Strauch in Flachmooren, vorwgd. im NW . . . . **Myrica,** 468

— Ganze Pfl. geruchlos **42**

42. Bltn. ⚥, in endst., weißfilzig behaarten Rispen; Fr. kugelig, scharlachrot; 1–3 m hoher Strauch der subalp. Reg. **Sorbus chamaemespilus,** 455

— Bltn. eingschl., in achselst. Kätzchen; Kapselfr. m. behaarten Samen; Nebenblätt. groß, oft früh abfallend . . . . **Salix,** 481

43(39). Blattstiel seitl. zusammengedrückt, sehr lg.; Blattspr. 3–4-eckig, die größeren meist über 8 cm breit . . . **Populus,** 480

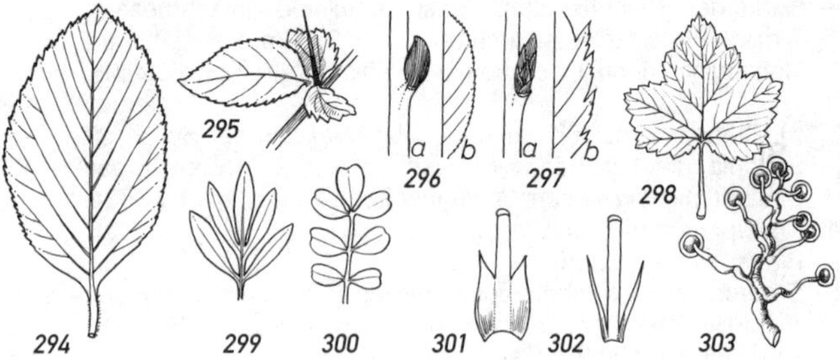

— Blattstiel seitl. nicht zusammengedrückt; Spr. selten bis 8 cm breit **44**

44. Blattstiel kürzer als die halbe Länge der Spr. **48**

— Blattstiel so lg. wie od. länger als die halbe Länge der Spr. **45**

45. Blätt. klein (im Durchschnitt 4–5 cm lg.), am Rand fein gezähnt; Bltn. zu 4–12 in Schirmtrauben . . . . **Prunus mahaleb,** 460

— Blätt. im Durchschnitt länger als 4–5 cm **46**

46. Mittelnerv beidersts. m. zahlr. wenig hervortretenden Seitennervenpaaren; Blattstiel etwa so lg. wie die untersts. bläul. grüne Spr. . . . . **Pyrus,** 454

— Mittelnerv beidersts. m. 3–7 stärker hervortretenden Nerven; Blattstiel kürzer als die Spr. **47**

47. Äste kahl, glzd. grün bis rot; Blattstiel 2–3 cm lg., m. mehreren großen Drüsen; Blattspr. bis 10 cm lg., rundl.-eif., plötzl. zugespitzt, kahl . . . . **Prunus armeniaca,** 460

— Äste jung zottig behaart; Blattspr. eif., kurz zugespitzt, anfangs untersts. dicht behaart; Blattstiel ohne Drüsen . . . . **Malus,** 455

48(44). Blätt. untersts. weiß od. grauweiß. . . . . **Salix,** 481

— Blätt. untersts. grün **49**

49. Sparrig verzweigter Strauch m. Kurztriebdornen; Blattspr. scharf gesägt, obersts. glzd. dkgrün, untersts. hellgrün, m. großen, eirundl., gesägten Nebenblätt. *(295)*; Bltn. rot **Chaenomeles,** 454

— Pfl. ohne Kurztriebdornen **50**

50. Winterknospen nur m. 1 Knospenschuppe *(296a);* Blattrand fein u. gleichmäßig gesägt *(296b);* junge Zweige glatt, hellgrün, rot od. rotbraun . . . . **Salix,** 481

— Winterknospen m. mehreren, dachig angeordneten Schuppen *(297a)* **51**

51. Seitennerven erst dicht am Blattrand umbiegend, bis dahin auffallend geradlinig und so gut wie unverzweigt, Blatt stumpf; Bltn. 4-zählig . . . . **Rhamnus,** 462

— Seitennerven nicht auffallend geradlinig, sich schon ab der Mitte verästelnd, Blätt. zugespitzt, Blattrand oft ungleichmäßig gesägt *(297b);* Bltn. 5-zählig . . . . **Prunus,** 459

XIe. Blätter wechselständig (zerstreut od. zweizeilig); Spreite ± tief gebuchtet, gelappt, gefiedert od. gefingert

1. Blattspr. zusammengesetzt (gefied. od. gefing.) **14**
— Blattspr. einfach (gelappt od. gebuchtet) **2**
2. Sprosse rankend od. kletternd. **12**
— Sprosse aufrecht od. niederlgd., aber nicht rankend od. kletternd **3**
3. Pfl. mit Kurztriebdornen in den Blattachseln *(10,* D) od. Stacheln *(11, Sta)* **11**
— Pfl. ohne Dornen u. Stacheln **4**
4. Blattspr. groß (über 10 cm breit), lg. gestielt, 3–7-lappig, am Grd. quer abgestutzt od. schwach herzf.; Borke in größeren Stücken abblätternd; Stämme dadurch grünl., gelbl. od. bräunl. gefleckt . . . . **Platanus,** 385
— Blätt. kleiner **5**
5. Seitennerven handf. angeordnet (am Sprgrd. entspringen 2–4 kräftige Seitennerven, *298, 634*) **7**
— Seitennerven fiedrig angeordnet (*294*, erste Seitennerven entspringen einige mm oberhalb des Sprgrd.) **6**
6. Blätt. mit Buchten, die wenigstens teilw. gerundet sind *(749–754)* . . . . **Quercus,** 467
— Blätt. mit engen und spitzen Buchten *(726–728)* **Sorbus,** 455
7(5). Blätt. unterst. weißfilzig. . . . . **Populus,** 480
— Blätt. unterst. grün **8**
8. Pfl. von strauchf. Wuchs; Blattspr. gelappt **10**
— Pfl. von meist baumf. Wuchs **9**
9. Pfl. m. Milchsaft; Blätt. am Rand grob gesägt od. gekerbt, gelappt (ähnl. *284b*) od. ungeteilt *(284a)* . . . . . **Moraceae,** 464
— Pfl. ohne Milchsaft; Blätt. mit spitzen od. runden Lappen, nicht dicht gesägt od. gekerbt *(749–754)* . . . . **Quercus,** 467
10(8). Mittellappen der Spr. länger als die seitl. **Physocarpus,** 438
— Mittellappen der Spr. kaum länger als die seitl. *(298)* **Ribes,** 386
11(3). Unterhalb der Blätt. einfache od. 3-teilige, kräftige Stacheln; dünnere Stacheln zuw. über die ganzen Äste verteilt **Ribes,** 386
— In den Achseln der Blätt. (jedoch nicht in allen) einfache Kurztriebdornen *(10)* . . . . **Crataegus,** 457
12(2). Sprosse ohne Sprossranken, m. sprossbürtigen Wurzeln (Haftwurzeln) an Bäumen od. Mauern emporstgd.; Blätt. der Jugendform meist 5-lappig *(271a),* 2-zeilig; jene der Alters-

form eif. *(271b),* ganzrandig, spiralig gestellt, immergrün; Nervennetz weißl. hervortretend; Bltn. in Dolden; Fr. schwarze Beeren .... **Hedera,** 834
— Sprosse m. Sprossranken, diese zuw. m. Haftscheiben **13**
13. Ranken ohne Haftscheiben; Blätt. gelappt mit ungleich gezähnten Lappen; Kulturpfl. .... **Vitis,** 402
— Ranken m. Haftscheiben *(303);* Blätt. 3-teilig eingeschnitten od. 5–7-zählig gefing.; Zierpfl. .... **Parthenocissus,** 402
14(1). Blätt. 3-zählig od. 3-zählig gefing. **31**
— Blätt. mehrzählig gefied. od. gefing. **15**
15. Blätt. gefing., immergrün; Fied. schmal, v-förmig gefaltet **Trachycarpus,** 243
— Blätt. gefied. od. Fied. anders gestaltet **16**
16. Fied. gesägt od. gezähnt **26**
— Fied. ganzrandig od. nur am Grd. m. wenigen Zähnen **17**
17. Blätt. unpaarig gefied. m. laubiger Endfied. *(300)* **19**
— Blätt. paarig gefied.; Endfieder verkümmert od. verdornt **18**
18. Strauch od. Baum, bis 7 m hoch, am Stamm ohne Dornen; Fiedblätt. 5–13 mm breit .... **Caragana,** 423
— Bis 20 cm hoher Halbstrauch, am Stamm m. zahlr. lg. Dornen; Fiedblätt. < 2 mm breit .... **Astragalus sempervirens,** 417
19(17). Fied. im Durchschnitt über 8 cm lg. **25**
— Fied. wesentl. kleiner **20**
20. Endfied. sitzend od. kurz gestielt *(299–300)* **23**
— Endfied. m. längerem Stiel **21**
21. Blattstiel am Grd. m. einer Ringfurche (Lupe!); Blätt. m. 3–5 Fiedpaaren; Bltn. schmetterlingsf. *(647),* gelb ... **Colutea,** 423
— Blattstiel am Grd. ohne Ringfurche **22**
22. Winterknospen bereits im Sommer in den Blattachseln sichtbar als kleine, eif., dem Stg. flach anliegende Gebilde; Bltn. m. nur 1 dkvioletten-braunvioletten Blkrblatt .... **Amorpha** 423
— Winterknospen in der Blattachsel versteckt, nicht sichtbar; Nebenblätt. meist als Dornen erhalten bleibend *(19);* Bltn. schmetterlingsf. *(647),* weiß od. rosa .... **Robinia,** 423
23(20). Oberste Seitenfied. an der Blattrhachis herablaufend *(299);* Fied. untersts. stark behaart .... **Dasiphora,** 441
— Oberstes Seitenfiedpaar nicht an der Blattrhachis herablaufend *(300)* **24**
24. Blätt. kahl, m. 2–4 Paaren Seitenfied. **Hippocrepis emerus,** 424
— Blätt. behaart, m. 8–20 Paaren Seitenfied. **Anthyllis montana,** 417
25(19). Fied. am Grd. m. einigen Zähnen, in 6–12 Paaren; Blätt. bis 90 cm lg. .... **Ailanthus,** 522
— Fied. am Grd. ohne Zähne, ganzrandig, meist in 3–9 Paaren; Blätt. kleiner, aromatisch duftend .... **Juglans,** 468
26(16). Fied. jedersts. m. 6–9 stacheligen Zähnen, glzd., steif, wintergrün .... **Mahonia,** 364
— Fied. ohne stachelige Zähne, sommergrün, krautig **27**

27. Blätt. meist m. 5 u. mehr Paaren von Fied. **30**
— Blätt. in der Regel m. weniger als 5 Paaren von Fied. od. mehrzählig gefing. **28**
28. Stg. m. Ranken, deren Enden zu Haftscheiben umgebildet sind *(303);* Blätt. 5–7-zählig gefing. od. 3-teilig eingeschnitten **Parthenocissus,** 402
— Stg. ohne Ranken, aber fast stets m. Stacheln; Blätt. gefied. od. gefing. **29**
29. Nebenblätt. zumeist hoch m. dem Blattstiel verwachsen *(301);* Blätt. gefied.; Bltnachse vertieft *(127b)* . . . . **Rosa,** 449
— Nebenblätt. frei, fädl. *(302);* Blätt. gefied. od. gefing.; Bltnachse kegelf. aufgewölbt; schwarze od. blaubereifte Sammelfr. **Rubus,** 453
30(27). Zweige braun-zottig; Pfl. m. Milchsaft . . . . **Rhus,** 519
— Zweige zuw. behaart, aber nicht braun-zottig; Pfl. ohne Milchsaft . . . . **Sorbus,** 455
31(14). Rand der Fied. gesägt **34**
— Rand der Fied. glatt **32**
32. Zweige kantig, gefurcht, rutenf., grün; Blätt. 3-zählig, die ob. einfach . . . . **Cytisus scoparius,** 409
— Zweige rund, nicht gefurcht **33**
33. Alle Blätt. 3-zählig; Bltn. schmetterlingsf. . . . . . **Fabaceae,** 403
— Außer 3-zählig gefied. Blätt. auch einfache m. spießf. bis geöhrter Spr.; Bltn. violett, radiär **Solanum dulcamara,** 667
34(31). Fied. über 2 cm lg. **36**
— Fied. höchstens 2 cm lg. **35**
35. Fied. nur an der Spitze m. Zähnen; K. mit Außenkelch (*233, aK*) . . . . **Potentilla,** 442
— Fied. am ganzen Rand gesägt; K. ohne Außenkelch **Ononis,** 410
36(34). Stg. u. Blattstiele meist mit Stacheln; Nebenblätt. vorhanden *(302);* Bltn. rosa od. weiß . . . . **Rubus,** 453
— Stg. u. Blattstiele stachellos; Nebenblätt. meist fehlend; Bltn. grünl.gelb . . . . **Rhus,** 519

Tabelle XII
Kräuter u. Stauden mit wechsel- od. gegen-, z.T. grundständigen, gefiederten, gefingerten, gebuchteten od. gelappten Blättern

1. Pfl. windend od. rankend **92**
— Pfl. weder windend noch rankend **2**
2. Blätt., Stg. od. Bltnstand bestachelt **88**
— Pfl. stachellos, zuw. aber borstig behaart, wenn Blätt. stachelig, dann Bltn. eingschl. u. 2-häusig **3**
3. Blätt. gefing. *(64–65)* **75**

— Blätt. gefied. *(59–63),* fiedteilig, fußf. gefied. *(66),* gebuchtet *(40)* od. gelappt *(41, 44)* **4**

4. Blätt. gegenst. *(14c)* od. quirlst. *(14d),* zuw. nur die ob. od. unt. **58**

— Blätt. wechselst. [zerstr. *(14a),* 2-zeilig *(14b)*] od. in grdst. Rosette **5**

5. Sporenpfl. . . . . **Tabelle I,** 60

— Blütenpfl. **6**

6. Bltn. schmetterlingsf. *(647)* . . . . **Fabaceae,** 403

— Bltn. nicht schmetterlingsf. **7**

7. Bltn. nicht in Dolden **10**

— Bltn. in einfachen od. zusammengesetzten, bisweilen kopff. zusammengezogenen Dolden *(101, 106)* **8**

8. Pfl. m. orangefarbigem Milchsaft; Blkrblätt. 4, Staubblätt. zahlr. . . . . **Chelidonium,** 360

— Pfl. ohne Milchsaft; Staubblätt. 5 . . . . **9**

9. Bltn. glockig, rosa, ca. 1 cm lg., in einfachen Dolden; Blätt. alle grdst., gelappt od. grob gesägt . . . . **Primula matthioli,** 622

— Bltn. nicht glockig; Stg. meist beblättert; Blätt. meist gefied. od. tief geteilt . . . . **Apiaceae,** 834

10(7). Pfl. 2-häusig; Blätt. groß, bis 1 m lg.; Bltn. weiß od. gelbl. weiß, in lg., zuletzt überhgd. Rispen . . . . **Aruncus,** 438

— Bltn. ⚥, wenn eingeschl., dann Pfl. 1-häusig **11**

11. Blätt. an der Basis des Stg. ± rosettig gehäuft, aus der Rosette zuw. rosettenbildende Ausläufer treibend; Bltn. einzeln od. Inflstg. m. einfacheren Laubblätt., bzw. m. Schuppenblätt. od. blattlos **51**

— Blätt an der Stgbasis nicht auffallend rosettig gehäuft; Inflstg. auch über dem Grd. m. Laubblätt. **12**

12. Bltn. grünl. od. grünl.gelb, blassgelb, aber nicht reingelb **42**

— Bltn. andersfarbig **13**

13. Zahlr. Bltn. in Köpfchen, walzenf. Ähren od. Dolden (ähnl. *214–216),* die zuw. Einzelblüte vortäuschen **38**

— Bltn. in anders gestalteten Bltnständen od. einzeln **14**

14. Bltn. m. 1 od. mehreren Spornen **35**

— Bltn. nicht gespornt **15**

15. Stbblätt. zahlr. (mehr als 10) **30**

— Stbblätt. höchstens 10 . . . . **16**

16. Bltn. zygomorph *(76–77)* **28**

— Bltn. radiär *(74)* od. disymmetrisch (z. B. *75*) **17**

17. Blkr. 4-blättrig od. 4-zipfelig (nur bei *Ruta,* Nr. **25**, sind die Endbltn. eines Dichasiums 5-zählig) **24**

— Blkr. 5-blättrig, frei od. 5-zipfelig u. dann Blkrblätt. zur Röhre verwachsen *(81–82)* **18**

18. Stg. fädig, schlaff, niederlgd.; Blätt. lg. gestielt; Spr. herzf.-rundl., 5-lappig, m. breit 3-eckigen, kurz bespitzten Lappen; Bltn. blau . . . . **Wahlenbergia,** 739

— Stg. aufrecht, nicht fädig dünn **19**

19. Bltn. in schneckenf. eingerollten Wickeln, blau; Blätt. fiedteilig m. gesägt-gekerbten Abschnitten; Pfl. borstig behaart **Phacelia,** 662
— Bltn. nicht in schneckenf. eingerollten Wickeln, blau od. andersfarbig; Blattspr. einfach gefied., unterbrochen gefied. *(63)* od. gelappt **20**
20. Stbbeutel kegelf. zusammenneigend *(252)* . . . . **Solanum,** 667
— Stbbeutel frei, nicht kegelf. zusammenneigend **21**
21. Blattspr. einfach gefied.; Bltn. blau od. weiß **Polemonium,** 620
— Blattspr. unterbrochen gefied. od. nur gelappt **22**
22. Bltn. in reichbltg. Trichterrispen *(107),* weiß . . **Filipendula,** 439
— Bltn. nicht in Trichterrispen, weiß od. gelb **23**
23. Bltn. weiß . . . . **Saxifraga,** 388
— Bltn. gelb . . . . **Rosaceae,** 434
24(17). Stbblätt. 2 . . . . **Veronica,** 676
— Stbblätt. 4, 6, 8 od. 10 . . . . **25**
25. Bltn. herzf. *(75)* . . . . **Lamprocapnos,** 363
— Bltn. nicht herzf. **26**
26. Blätt. 2–3fach gefied., blaugrün, kahl, aromatisch riechend; Staubblätt. 8 od. 10 . . . . **Ruta,** 521
— Blätt. nicht aromatisch riechend; Staubblätt. 4 od. 6 . . . . **27**
27. Stbblätt. 4; Blkrblätt. am Grd. m. 4 schuhf. Nektarblätt. *(237)* **Epimedium,** 364
— Stbblätt. 6 (4 lange u. 2 kurze, *874*); Blkrblätt. ohne schuhf. Nektarblätt. . . . . **Brassicaceae,** 529
28(16). Stbblätt. 10; Pfl. nach Zitrone riechend, Bltn. weiß-rosa-rot *(859)* . . . . **Dictamnus,** 521
— Stbblätt. 2 od. 4 od. 6 . . . . **29**
29. Blkrblätt. 4, bis zum Grd. frei, 2 davon tief eingeschnitten od. Bltn. herzf. *(75)* . . . . **Papaveraceae,** 358
— Blkrblätt. 4, wenigstens am Grd. zu kurzer Röhre verwachsen . . . . **Plantaginaceae,** 670
30(15). Filamente zu den Gr. umgebender Röhre verwachsen, die am Grd. m. den Blkrblätt. verbunden ist *(231a)* **Malvaceae,** 522
— Filamente frei, nicht miteinander verwachsen **31**
31. Kblätt. am Grd. scheinbar miteinander verwachsen *(232–233),* da sie am Rand einer verbreiterten od. schüsself. vertieften Bltnachse sitzen . . . . **Rosaceae,** 434
— Kblätt. bis zum Grd. getrennt *(234),* zuw. früh abfallend od. fehlend **32**
32. K. 2-blättrig (*550*, K), früh abfallend; Fr. kugelig od. schotenf. *(553–555);* Blkr. 4-blättrig; Pfl. m. Milchsaft **Papaveraceae,** 358
— K. 3- bis mehrblättrig od. fehlend **33**
33. Bltnblätt. in 2 od. mehrere Zipfel zerschlitzt *(230a);* Bltn. klein; Frkn. an der Spitze häufig offen *(230b)* . . . . **Reseda,** 528
— Blkrblätt. nicht zerschlitzt; Frkn. frei, 2 bis zahlr.; Bltn. zuw. einzeln u. sehr groß **34**

34. Bltn. rot, 7–13 cm im Dm; Frkn. 3–5, 20–35 mm groß, behaart . . . . **Paeonia,** 386
— Bltn. kleiner, gelb, weiß, rosa, rot od. blau; Frkn. kahl od. behaart *(Pulsatilla)* . . . . **Ranunculaceae,** 364
35(14). Stbblätt. zahlr.; Bltn. mit 1 od. 5 Spornen **Ranunculaceae,** 364
— Stbblätt. nicht mehr als 6 . . . . **36**
36. Blkr. m. längerem Sporn; Stbblätt. 4; Blkrblätt. verwachsen **Cymbalaria,** 672
— Blkrblätt. frei **37**
37. Blattstiel am Grd. m. Nebenblätt. *(823–826);* Bltnkr. hell bis dk. blau-violett, seltener weiß od. mehrfarbig . . . . **Viola,** 500
— Blattstiel am Grd. ohne Nebenblätt.; Bltnkr. rot, gelb od. weiß, nicht blau . . . . **Papaveraceae,** 358
38(13). Bltn. in kugeligen od. walzenf. Köpfchen, die am Grd. nicht von Hüllk. (Involucrum) umgeben sind **41**
— Bltn. in Dolden od. Köpfchen, die am Grd. von auffällig gefärbtem od. grünem Hüllk. umgeben sind **39**
39. Stbbeutel der 5 Stbblätt. miteinander vereinigt; Bltn. in Köpfchen *(1154, 1155)* . . . . **Asteraceae,** 741
— Stbbeutel frei, nicht miteinander verwachsen **40**
40. Unterhalb d. borstenf. K. noch häutiger, schüsself. Außenk. *(224);* Blätt. gegenst., selten wechselst., häufig am Grd. paarweise miteinander verwachsen . . . . **Caprifoliacaeae,** 824
— Fr. z. Reifezt. ohne schüsself. Außenk.; Fr. in 2 Spaltfr. zerfallend; Pfl. häufig von distelart. Tracht; Blätt. wechselst. **Apiaceae,** 834
41(38). Bltn. schmetterlingsf. *(647),* klein, verschiedenfarbig (weiß, rosa, gelb); Stbblätt. 10, die Filamente zu einer Röhre verwachsen; Fr. Hülse; Blätt. 3-zählig gefing. od. gefied. **Fabaceae,** 403
— Bltn. nicht schmetterlingsf., ⚥ u. dann mit 4 Staubblätt. od. eingschl. u. die ♂ dann mit 10–30 lg. heraushgd., freien Filamenten; Nüsschenfr.; Blätt. vielzählig gefied. **Sanguisorba,**
42(12). Blätt. fußf. gefied. *(66);* Bltn. mindestens 1 cm breit; zwischen den zahlr. Stbblätt. u. Bltnhüllblätt. finden sich tütenf. Nektarblätt. *(566, 568)* . . . . **Helleborus,** 367
— Blätt. nicht fußf. gefied. **43**
43. Bltn. eingschl., in Köpfchen; die ♂ nickend in endst. Trauben, die ♀ in den Achseln fiedteiliger Laubblätt. *(1149; Ambrosia)* od. ♂ Köpfchen knäuelig in den Achseln gelappter Blätt.; ♀ Köpfchen 2-bltg., von Stachelhülle umgeben *(1150, Xanthium)* . . . . **Asteraceae,** 741
— Bltn. nicht in eingschl. Köpfchen **44**
44. Blätt. oft weiß-mehlig, wenn drüsig behaart, dann Pfl. aromatisch riechend; Bltn. sitzend, zu endst., unregelmäßigen Knäueln vereinigt; Bltnhülle 2- od. 5-blättrig **Amaranthaceae,** 604
— Blätt. nicht mehlig, wenn drüsig, dann Pfl. nicht aromatisch riechend; Bltn. nicht in endst. Knäueln **45**

45. Bltnhülle einfach, zuw. vor der Entfaltung abfallend. **49**
— Bltnhülle doppelt **46**
46. Stbblätt. zahlr. **48**
— Stbblätt. 6 od. 10 . . . . **47**
47. Blkrblätt. 5; Stbblätt 10. . . . . **Saxifraga paradoxa,** 391
— Blkrblätt. 4; Stbblätt. 6 . . . . **Brassicaceae,** 529
48(46). Blkrblätt. zerschlitzt; Bltn. ohne Außenkelch. . . **Reseda,** 528
— Blkrblätt. nicht zerschlitzt; K. m. Außenkelch . . . . **Hibiscus,** 522
49(45). Stbblätt. zahlr. **Ranunculaceae,** 364
— Stbblätt. 1 od. 4; Bltn. sehr klein, gelbl.grün, 4-zählig; K. m. Außenk. **50**
50(49, 83). Pfl. ⊙; Blätt. handf. 3-spaltig; Bltn. m. 1 Stbblatt, in achselst. Knäueln . . . . **Aphanes,** 448
— Pfl. ♃; Blätt. gefing. od. gelappt; Bltn. in endst., rispig-knäueligen Bltnständen; Stbblätt. 4 . . . . **Alchemilla,** 448
51(11). Bltn. sitzend, in Köpfchen, Kolben od. Ähren auf lg., blattlosem Schaft **56**
— Bltn. gestielt, nicht in Köpfchen od. Ähren **52**
52. Bltn. zygomorph; Stbblätt. 5 . . . . **Viola pinnata,** 500
— Bltn. radiär od. bilateral; Stbblätt. 6 od. 10 od. mehr **53**
53. Bltnhülle 4-zählig; Stbblätt. 6, 4 lange u. 2 kurze *(874)* **Brassicaceae,** 529
— Blkr. 5- u. mehrblättrig; K. 3- bzw. 5-blättrig od. fehlend; Stbblätt. 10 od. mehr **54**
54. Stbblätt. 10; Frkn. 2, oberw. frei, nur an der Basis verwachsen, von der becherf. Bltnachse ganz od. teilw. umwachsen **Saxifraga,** 388
— Stbblätt. zahlr.; Frkn. meist zahlr., frei (apokarp); Gr. sich teilw. verlängernd und fedrig behaart od. hakig gekrümmt. . . . **55**
55. Blätt. ohne Nebenblätt.; K. (sofern vorhanden) ohne Außenk. . . . . **Ranunculaceae,** 364
— Blätt. m. Nebenblätt.; K. m. Außenk. (*233,* aK); Blätt. z. T. unterbrochen gefied. . . . . **Rosaceae,** 434
56(51). Bltn. in Ähren; Stbblätt. 4 . . . . **Plantago,** 684
— Bltn. in Köpfchen, die am Grd. von grünen Hüllblätt. umgeben sind, od. in Kolben, die von einem Hochblatt (Spatha) umschlossen sind **57**
57. Bltn. in Köpfchen; Stbbeutel miteinander vereinigt **Asteraceae,** 741
— Bltn. in Kolben, von lg. Hochblatt (Spatha) überragt **Araceae,** 194
58(4). Wasserpfl., die beim Austrocknen der Gewässer auch Landformen bilden können **73**
— Landpfl. **59**
59. Bltn. grünl. **71**
— Bltn. andersfarbig **60**
60. Bltn. in Köpfchen od. Ähren, die meist von einer Hochblatthülle umgeben sind **70**

— Bltn. einzeln od. in andersart. Bltnständen **61**
61. Grüner K. vorhanden **64**
— Grüner K. fehlend **62**
62. Stbblätt. mehr als 10; Frkn. meist zahlr., frei .... **Clematis,** 372
— Stbblätt. 3–5 .... **63**
63. Stbblätt. 3; K. zur Frzt. zu Pappus (ähnl. Löwenzahn, *227*) auswachsend; Pfl. von eigenart. Geruch .... **Valeriana,** 831
— Stbblätt 5; Fr. schwarze Beere; Fied. dicht gesägt, das mittl. oft asymmetrisch; Blätt. beim Zerreiben stinkend **Sambucus ebulus,** 823
64(61). Bltn. an blattlosen, rutenf. Zweigen, klein; Blkr. 5-spaltig, m. etwas ungleichen Zipfeln .... **Verbena,** 730
— Bltn. anders angeordnet **65**
65. Frkn. schon z. Bltzt. tief 4-teilig *(245);* Bltn. zygomorph, m. Ober- u. Unterlippe, erstere selten fehlend *(Teucrium, 894);* Stbblätt. 2 od. 4; Stg. meist 4-kantig .... **Lamiaceae,** 691
— Frkn. nicht 4-teilig, zuw. aber herzf. ausgerandet....... **66**
66. Bltn. gelb; Blätt. paarig gefied.; Fr. mit Stacheln **Tribulus,** 402
— Bltn. nicht gelb **67**
67. Bltn. weiß od. grünl., in schirmf. od. kegelf. Rispen; Blätt. gefied. .... **Sambucus,** 823
— Bltn. rot, blau, violett od. braunviolett, nicht in Schirmrispen **68**
68. Stbblätt. 5 od. 10; Blkrblätt. frei; Frkn. schnabelart. verlängert *(236)* .... **Geraniaceae,** 509
— Stbblätt. 2 od. 4 .... **69**
69. Stbblätt. 2 .... **Veronica,** 676
— Stbblätt. 4 .... **Pedicularis,** 713
70(60). Stbblätt. 5; Stbbeutel zur Röhre verklebt; K. borstenf. od. fehlend, nicht m. häutigem Außenk. .... **Asteraceae,** 741
— Stbblätt. meist 4; Stbbeutel frei; K. borstenf., m. schüsself., häutigem Außenk. *(224)* .... **Caprifoliaceae,** 824
71(59). Grdblätt. doppelt 3-zählig; Bltn. in einem endst., fast würfelf. Köpfchen *(223)* .... **Adoxa,** 823
— Grdblätt. nicht 3-zählig, höchstens gebuchtet **72**
72. Blätt. nierenf., gekerbt, etwas behaart, jung nicht mehlig bestäubt; Bltn. in beblätt. Bltnständen *(642a)* **Chrysosplenium,** 388
— Blätt. buchtig geschweift, kahl, jung mehlig bestäubt; Bltn. in blattlosen Scheinähren .... **Atriplex,** 610
73(58). Blätt. gabelteilig *(202);* Bltn. eingschl., einzeln, sitzend, sich unter Wasser entfaltend .... **Ceratophyllum,** 358
— Blätt. kammf. gefied. *(203)* **74**
74. Bltn. gestielt, in etagenf., über das Wasser ragenden Trauben; Blkr. groß, 5-zipfelig....................... **Hottonia,** 627
— Bltn. sitzend, in Ähren; Blkr. klein, 4-blättrig, hinfällig **Myriophyllum,** 401
75(3). Fied. ganzrandig, wenigstens die der Stgblätt. **84**

— Fied. nicht ganzrandig **76**
76. Bltn. grünl. od. grünl.gelb **82**
— Bltn. andersfarbig **77**
77. Bltn. in 4–6-bltg. Köpfchen, die ihrerseits zu einer schirmf. Infl. zusammentreten; Blätt. gegenst., handf. 3–7-teilig **Eupatorium,** 754
— Bltn. nicht in Köpfchen **78**
78. Stbblätt. höchstens 10 . . . . **80**
— Stbblätt. mehr als 10 . . . . **79**
79. Stbblätt. frei; Bltn. meist weiß od. gelb . . . . **Rosaceae,** 434
— Stbblätt. zu einer den Gr. umgebenden Röhre vereinigt; Bltnblätt. 20–35 mm lg., rosa . . . . **Malva,** 523
80(78). Bltn. in zusammengesetzten od. einfachen, von Hochblätt. umgebenen Dolden *(215, 235),* Stbblätt. 5, Frkn. unterst. **Apiaceae,** 834
— Bltnstände anders gestaltet **81**
81. K. u. Blkr. 4-blättrig; Stbblätt. 6, 4 längere u. 2 kürzere *(238)* **Cardamine,** 545
— Blkr. 5-blättrig; Stbblätt. 5 od. 10; Frkn. schnabelart. verlängert . . . . **Geranium,** 509
82(76). Bltn. eingschl.; Pfl. 2-häusig, 30–150 cm hoch; Blätt. 5–7 (–9)-zählig; Fied. schmal, gesägt . . . . **Cannabis,** 464
— Bltn. ⚥; Pfl. meist niedriger als 30 cm **83**
83. Blkr. fehlend; Stbblätt. 1 od. 4; Außenk. vorhanden **50**
— Blkr. vorhanden, aber kleiner als der K.; Stbblätt. 5; Hochalpenpfl. . . . . **Sibbaldia,** 447
84(75). Bltnlose Sumpfpfl.; Blätt. 4-zählig, einem kriechenden Rhizom entspringend, an der Basis mit bohnenf. Sporokarpien *(140)* . . . . **Marsilea,** 185
— Bltnpfl. (Sumpf- od. Landpfl.) **85**
85. Bltn. zygomorph, schmetterlingsf.; Stbblätt. 10 **Fabaceae,** 403
— Bltn. radiär **86**
86. Stbblätt. 5; Blkrblätt. obersts. bärtig behaart; Blätt. 3-zählig, m. ± 10 cm großen Fied.; Sumpfpfl. m. kriechendem Rhizom **Menyanthes,** 740
— Stbblätt. 10 od. mehr **87**
87. Stbblätt. 10; Blätt. 3-zählig, kleeartig; Teilblättchen vorne ausgerandet . . . . **Oxalis,** 473
— Stbblätt. zahlreich; Teilblättchen an der Spitze nicht ausgerandet, nicht kleeartig . . . . **Ranunculus,** 375
88(2). Blätt. gegenst., am Grd. oft becherart. miteinander verwachsen; Stbblätt. 4 . . . . **Dipsacus,** 827
— Blätt. wechselst. **89**
89. Blätt. paarig gefied.; Stbblätt. 10; Bltn. schmetterlingsf. *(647)* **Astragalus sempervirens,** 417
— Blätt. nicht paarig gefied.; Stbblätt. 5; Bltn. nicht schmetterlingsf. **90**
90. Bltn. einzeln . . . . **Solanum,** 667

— Bltn. in Köpfchen **91**

91. Stbblätt. 5, frei . . . . **Eryngium,** 844

— Stbblätt. 5, Stbbeutel verwachsen *(1145)* . . . . **Asteraceae,** 741

92(1). Pfl. m. fadenf., einfachen od. verzweigten Ranken od. Blattstielranken **95**

— Pfl. ohne Ranken; Stg. in seiner Gesamtheit windend. . . **93**

93. Blätt. gegenst.; Blattspr. 3–5-lappig, am Grd. herzf.; Bltn. grünl. . . . . **Humulus,** 464

— Blätt. wechselst., einfach od. gefied. **94**

94. Blätt. 3-zählig gefied., jede Fied. gestielt; Bltn. schmetterlingsf. *(647)* . . . . **Phaseolus,** 432

— Blätt. ungeteilt, gelappt od. gefied., aber Fied. ungestielt; Bltn. radiär, violett . . . . **Solanum,** 667

95(92). Blätt. gelappt; Ranken einfach od. verzweigt; Bltn. eingschl.; Frkn. unterst. . . . . **Cucurbitaceae,** 471

— Blätt. gefied. **96**

96. Fiederstiele u. Blattrhachis rankend; Stbblätt. zahlr.; Stg. schwach verholzt . . . . **Clematis,** 372

— Obere Blattfied. *(69),* seltener das ganze Blatt, zu Ranken umgebildet *(70)* **97**

97. Blätt. einfach gefied.; Bltn. ohne Sporn, schmetterlingsf. *(647)* **Fabaceae,** 403

— Blätt. doppelt gefied.; Bltn. gelbl. weiß, 5–6 mm lg., mit kurzem Sporn . . . . **Ceratocapnos,** 362

Tabelle XIII
Kräuter u. Stauden mit ungeteilten Blättern

(Spreite am Rand glatt, gekerbt, gesägt od. gezähnt; Spreitengrund zuw. herzf., spießf., pfeilf. od. geöhrt)

1. Blätt. grdst., in Rosette (der verlängerte Bltn.- od. Inflspross ist entw. völlig blattlos od. m. kleineren Hochblätt. besetzt) **XIII b,** 141

— Blätt. zerstreut od. mehrzeilig am Stg. verteilt *(14a–b),* (bisw. außer den grdst. Blätt. nur noch 1 laubiges Stgblatt vorhanden) od. gegenst. od. quirlst. **2**

2. Blätt. gegenst. *(14c)* od. quirlst. *(14d)* . . . . **XIIIa,** 133

— Blätt. wechselst. (zerstreut od. mehrzeilig). **3**

3. Blätt. ganzrandig . . . . **XIIIc,** 146

— Blätt. am Rand gesägt, gezähnt od. gekerbt . . . . **XIIId,** 153

XIII a. Blätter gegen- od. quirlständig

1. Blätt. gegenst. (nur 2 Blätt. an einem Knoten, in gekreuzt-gegenst. Anordnung *(14c);* bei Schatten- od. Kriechformen können die Blätt. der aufeinanderfolgenden Wirtel in einer Ebene ausgebreitet sein), zuw. nur 1 Blattpaar vorhanden **25**
— Blätt. quirlst. (mehr als 2 Blätt. an einem Knoten, *14d*) od. in Scheinquirlen (s. S. 10) **2**
2. Sporenpfl. . . . . **Tabelle I,** 60
— Bltnpfl. **3**
3. Wasser- u. Sumpfpfl. **21**
— Landpfl. **4**
4. Blätt. fleischig u. saftig; Bltn. m. 10 Stbblätt. u. mehreren freien Frblätt. . . . . **Crassulaceae,** 395
— Blätt. nicht fleischig od. saftig **5**
5. Stg. m. mehreren, etagenf. übereinander sthd. Quirlen od. Scheinquirlen **8**
— Stg. nur m. einem Blattquirl **6**
6. Stg. nur m. 2, fast in der Mitte des Stg. sthd. Blätt.; Bltn. in Trauben, stark zygomorph, grünl.gelb bis rötl.braun, m. lg., tief 2-spaltiger Lippe . . . . **Neottia,** 218
— Stg. m. mehr als 2 Blätt. in einem Scheinquirl **7**
7. Blätt. meist zu 4 in einem Scheinquirl, deutl. netznervig; Bltn. einzeln, endst., grünl., 4-zählig; Stbblätt. 8; Fr. schwarze Beere . . . . **Paris,** 207
— Blätt. zu 5–12 in einem Scheinquirl, auf etwas ungleicher Höhe sthd.; unterhalb des Blattquirls noch einige kleine, schuppenf. Stgblätt. *(241);* Bltn. weiß, m. meist 7 Blkrblätt. u. Stbblätt. **Trientalis,** 628
8(5). Blätt. pfrieml., kaum 1 mm breit; Bltn. klein, in Dichasien *(112)* . . . . **Spergula,** 583
— Blätt. breiter als 1 mm **9**
9. Bltn. sehr klein, unscheinbar, m. hinfälliger, weißl.grüner Blkr., in dichtbltg. Dichasien; Blätt. meist zu 4; Pfl. vielstängelig, nicht höher als 15 cm . . . . **Polycarpon,** 583
— Bltn. > 2 mm, nicht weißl.grün; Pfl. meist höher als 15 cm **10**
10. Bltn. gespornt . . . . **Linaria,** 672
— Bltn. nicht gespornt **11**
11. Blattspr. am Rand deutl. gesägt od. gezähnt **18**
— Blattspr. ganzrandig od. undeutl. gezähnt **12**
12. Frkn. 2-blättrig, unterst., bei der Reife in 2 kugelige Teilfr. zerfallend *(1034);* Bltn. 2–6 mm groß, weiß, gelb od. rot **Rubiaceae,** 634
— Frkn. oberst., nicht in 2 kugelige Teilfr. zerfallend; Bltn. meist > 6 mm **13**
13. Stbblätt. m. dem Frkn. zum Säulchen verwachsen; Stbbeutel auf dem Rücken m. Anhängseln, die insgesamt eine Neben-

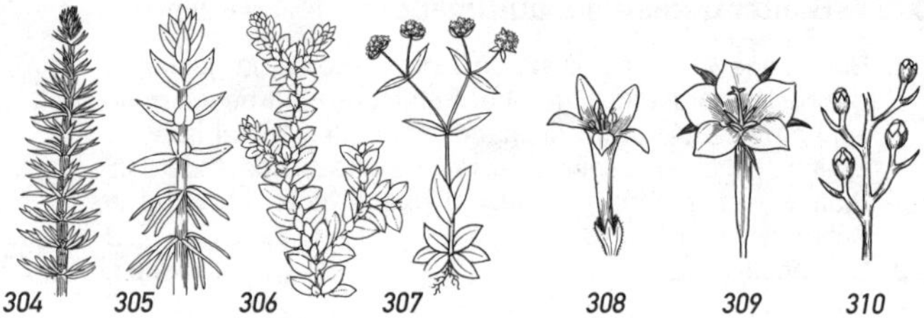

304 *305* *306* *307* *308* *309* *310*

krone bilden; Bltn. gelbl.weiß; 2-hörnige Balgfr.; Blattspr. am Grd. herzf. . . . . **Vincetoxicum,** 651

— Stbblätt. nicht m. dem Frkn. verwachsen, ohne Nebenkrone **14**

14. Bltn. ohne grünen K.; Bltnhülle 6-blättrig **17**

— Bltn. m. K. u. Blkr. **15**

15. Bltn. rot; Stbblätt. 12. . . . . **Lythrum,** 514

— Bltn. gelb; Stbblätt. 5 od. mehr als 12 . . . . **16**

16. Stbblätt. 5; Blätt. breiter als 2 cm, wenn schmaler, dann Blkr. 7-zipfelig . . . . **Lysimachia,** 628

— Stbblätt. mehr als 12, in 3 Bündeln; Blkrblätt. 5; Felspfl. **Hypericum coris,** 507

17(14). Perigonblätt. am Grd. miteinander verwachsen; Bltn. grünl. weiß . . . . **Polygonatum,** 239

— Perigonblätt. frei, zurückgekrümmt; Bltn. hell braunrot, gefleckt . . . . **Lilium,** 208

18(11). Blkr. blau, verwachsen, 4-zipfelig; Stbblätt. 2 . **Veronica,** 676

— Blkr. gelb, rötl. od. weiß; Stbblätt. mehr als 2 . . . . **19**

19. Stbblätt. zahlr.; Bltn. gelb; Frkn. zahlr., fre i . . . . **Rosaceae,** 434

— Stbblätt. höchstens 10; Bltn. andersfarbig **20**

20. Blkr. 4-blättrig; Stbblätt. 8; Frkn. m. der lg. becherf. Bltnachse *(242b)* verwachsen . . . . **Epilobium,** 515

— Blkr. 5-blättrig; Stbblätt. 10; Frkn. oberst.; Blätt. derb, ledrig, z. T. wintergrün . . . . **Ericaceae,** 629

21(3). Pfl. frei schwimmend, wurzellos; Blätt. rundl.-nierenf., am Sprgrd. m. 4–6 lg. Borsten *(201)* . . . . **Aldrovanda,** 579

— Pfl. im Schlamm festgewurzelt; Blätt. lineal **22**

22. Blätt. ganzrandig; Bltn. sitzend, grünl. **24**

— Blätt. gezähnt od. gesägt; Bltn. lg. gestielt, weiß **23**

23. Blattquirle 2–8-zählig; Blätt. gezähnt, stachelspitzig; Internodien 1–3(–6) cm lg. . . . . **Hydrilla,** 199

— Blätt. meist zu 3 in einem Quirl, fein gesägt (Lupe); Internodien 3–7 mm lg.; Pfl. selten blühend . . . . **Elodea,** 200

24(22). Wasser- u. Luftblätt. gleich gestaltet, 1–3 mm breit, am ganzen Stg. in 6–12-zähligen Quirlen *(304)* . . . . **Hippuris,** 685

— Wasserblätt. schmal lineal (1 mm breit), in 8–12-zähligen Quirlen; Luftblätt. breiter, in 3-zähligen Quirlen *(305)* **Elatine alsinastrum,** 479
25(1). Blütenpfl. **27**
— Sporenpfl.; Blätt. an vegetativen Sprossen in einer Ebene od. in 4 Reihen angeordnet **26**
26. Auf der Oberseite vegetativer Sprosse 4 Blattzeilen sichtbar *(306)* . . . . **Selaginella helvetica,** 166
— Auf der Oberseite vegetativer Sprosse 3 Blattzeilen sichtbar od. Stg. gleichmäßig 4-kantig beblätt. . . . **Diphasiastrum,** 165
27(25). Blätt. gekreuzt-gegenst. (od. nur 1 Blattpaar vorhanden) **30**
— Blätt. in übereinander sthd., sich nicht kreuzenden Paaren **28**
28. Landpfl., m. Milchsaft, meist niederlgd. . . . . . . **Euphorbia,** 474
— Wasserpfl. **29**
29. Blätt. eif.-lanzettl., 1,5–3 cm lg., an der Spitze gezähnelt; Bltn. in Ähren über der Wasseroberfläche . . . . . . **Groenlandia,** 202
— Blätt. lineal, am Rand gezähnt, am Grd. scheidig erweitert *(373);* Bltn. einzeln, eingschl., unter Wasser sich entfaltend **Najas,** 201
30(27). Blattspr. (fast) ganzrandig. **46**
— Blattspr. am Rand gezähnt od. gekerbt **31**
31. Bltn. in zusammengezogenen, von gelben Hochblätt. umgebenen Bltnständen *(642a),* grünl.gelb; Stg. 3–4-kantig, zerbrechl.; Pfl. nicht höher als 10 cm . . . . **Chrysosplenium,** 388
— Bltn. anders angeordnet **32**
32. Stg. niederlgd., häufig wurzelnd od. nur die blühenden Triebe aufrecht **45**
— Alle Stg. aufrecht od. aus niederlgd. Basis aufrecht-aufstgd.; Pfl. zuw. m. Ausläufern an der Basis der aufrechten Bltntriebe **33**
33. Bltn. grünl. **43**
— Bltn. nicht grünl. **34**
34. Blkr. m. lg., fadenf. Sporn *(229)* . . . . **Centranthus,** 833
— Blkr. ohne Sporn, am Grd. aber zuw. ausgesackt **35**
35. Blkr. 2-lippig *(76)* od. rachenf. *(77);* Stbblätt. 4 od. 2 . . . . **41**
— Blkr. weder lippig noch rachenf. **36**
36. Bltn. sitzend, in meist von Hüllblätt. umgebenen Ähren od. Köpfchen; Stbblätt. 4 od. 5 . . . . **42**
— Bltn. anders angeordnet **37**
37. Blkr. 2-blättrig, weiß od. rötl.; Stbblätt. 2 . . . . **Circaea,** 518
— Blkr. mehr als 2-blättrig od. 2-zipfelig **38**
38. Blkrblätt. miteinander verwachsen; Stbblätt. 2–4 . . . . . . **40**
— Blkrblätt. frei; Stbblätt. 8 bis viele **39**
39. Bltn. gelb, 6–14-blättrig; Frkn. oberst. . . . . . . **Ranunculus,** 375
— Bltn. rötl.; Blkr. 4-blättrig; Frkn. unterst. *(242a)* **Epilobium,** 515
40(38). Stbblätt. 3 od. nur 1 Frkn.; K. wenig entwickelt **Valeriana,** 831
— Stbblätt. 4 od. 2; K. deutl. ausgebildet **41**

41(40, 45, 35). Frkn. tief 4-teilig *(245)*. . . . . **Lamiaceae,** 691
— Frkn. ungeteilt, zuw. herzf. ausgerandet . . . . **Tab. X, Nr. 86,** 107
42(36). Stbblätt. 4, m. freien Stbbeuteln; unterhalb des borstenf. K. ein schüsself., häutiger Außenk. *(224);* Bltn. in Köpfchen od. Ähren . . . . **Caprifoliaceae,** 824
— Stbblätt. 5; Stbbeutel zu einer Röhre verklebt; K. zur Haarkrone auswachsend *(244)* od. fehlend . . . . **Asteraceae,** 741
43(33). Pfl. mehlig bestäubt; Fr. m. 2-klappiger, von den Vorblätt. gebildeter Frhülle *(990)* . . . . **Atriplex,** 610
— Pfl. nicht mehlig bestäubt; Bltn. eingschl., 1-od. 2-häusig **44**
44. Stg. u. Blätt. m. Brennhaaren; Spr. am Rand grob gesägt *(744–746)* . . . . **Urtica,** 465
— Pfl. ohne Brennhaare; Rand der Blattspr. nur m. seichten Einschnitten . . . . **Mercurialis,** 474
45(32). Stg. dünn, schwach verholzt; Bltn. zu 1–2, lg. gestielt, glockenf., rosa *(198)* . . . . **Linnaea,** 825
— Stg. krautig; Bltn. anders angeordnet **41**
46(30). Stg. aufrecht od. aufsteigend, zuw. m. niederlgd. Ausläufern; Pfl. zuw. dichte Rasen od. Polster bildend **69**
— Stg. niederlgd., kriechend, häufig wurzelnd, z. T. rhizomart. od. nur an der Spitze aufgerichtet **47**
47. Bltn. rein gelb, zuw. am Grd. mit schwarzem Fleck, seltener weiß **65**
— Bltn. nicht gelb **48**
48. Stg. kriechend, wurzelnd, m. 2 nierenf., gestielten, meist immergrünen Laubblätt.; Pfl. zerrieben nach Pfeffer riechend **Asarum,** 192
— Stg. m. mehr als 2 Laubblätt., diese kurz gestielt od. sitzend; Pfl. zerrieben nicht nach Pfeffer riechend **49**
49. Blkr. u. K. 2-lippig, hellrot; Stbblätt. 4; Frkn. 4-teilig **Thymus,** 708
— Blkr. nicht 2-lippig **50**
50. Bltn. blau od. violett (selten rosa), windradf. *(197a),* mit mehr als 2 cm Dm; Blkrröhre > 9 mm lg. . . . . **Vinca,** 650
— Blkr. nicht windradf., meist kleiner **51**
51. Stg. an der Basis schwach verholzt **64**
— Stg. in allen Teilen krautig **52**
52. Blätt. od. Stg. behaart bzw. klebrig **61**
— Blätt. u. Stg. kahl **53**
53. Bltn. zu mehreren in den Blattachseln, in Dichasien od. einzeln endst. . . . . **Caryophyllaceae,** 579
— Bltn. einzeln in den Blattachseln **54**
54. Blätt. etwa 1 mm breit **112**
— Blätt. mindestens 2 mm breit (u. breiter) **55**
55. Kräftigere Land- u. Sumpfpfl. **57**
— Zarte Wasser- u. Sumpfpfl. **56**
56. Bltn. eingschl., m. 1 Stbblatt od. einem 4-kantigen, oft von 2 sichelf. Vorblätt. umgebenen Frkn. *(210)* . . . . . **Callitriche,** 686

— Bltn. ⚥, ohne sichelf. Vorblätt., 3- od. 4-zählig *(776, 777)*, weiß od. rosa, hinfällig; Stg. glasig durchscheinend .... **Elatine,** 479
57(55). Blätt. an der Spitze stumpf; K. 12-zähnig (6 große u. 6 kleine Zähne, *846*); Stg. meist rötl. .... **Peplis,** 513
— Blätt. zugespitzt; K. nicht 12-zähnig od. fehlend **58**
58. Bltnhülle doppelt **60**
— Bltnhülle einfach **59**
59. Bltnhülle rosa; Stg. dicht m. fleischigen Blätt. besetzt; salzliebende Pfl. .... **Glaux,** 628
— Bltnhülle grünl.gelb; Stg. oft purpurrot; Wasser- u. Sumpfpfl. **Ludwigia,** 515
60(58). Blkr. verwachsen, entw. ungleich 4-zipfelig *(1070)* od. 2-lippig, zuw. gespornt *(1068, 1069, 1099, 1117)*; Stbblätt. 4 od. 2 .... **Tab. X, Nr. 86,** 107
— Blkr. m. 5 gleichen Zipfeln, rot od. blau; Stbblätt. 5 **Anagallis,** 628
61(52). Blätt. klein, rundl., dicht geschindelt; Bltn. rot bis violett od. purpurn .... **Saxifraga,** 388
— Blätt. nicht rundl. od. rundl. u. Bltn. weiß **62**
62. Bltn. grün, weiß od. rötl. .... **Caryophyllaceae,** 579
— Bltn. blau **63**
63. Frkn. tief 4-teilig *(245)* .... **Boraginaceae,** 651
— Frkn. ungeteilt, höchstens an der Spitze etwas ausgerandet *(1078)* .... **Tab. X, Nr. 86,** 107
64(51). Pfl. mehlig bestäubt, 30–80 cm hoch, salzliebend; Bltn. klein, in lockerährigen Knäueln; Blätt. mindestens 2 cm breit **Halimione,** 610
— Pfl. nicht mehlig bestäubt, niedriger; Blätt. schmäler **Caryophyllaceae,** 579
65(47). Stbblätt. 4 .... **Mimulus,** 712
— Stbblätt. 5 od. mehr **66**
66. Stbblätt. 5 .... **Lysimachia,** 628
— Stbblätt. mehr als 5 .... **67**
67(66 u. 99). K. 2-spaltig; Blätt. fleischig; Stg. oft rot überlaufen **Portulaca,** 617
— K. nicht 2-spaltig **68**
68. Kblätt. gleich groß; Stbblätt. zu 3 od. 5 Bündeln vereinigt *(827)*; Blätt. durchscheinend punktiert .... **Hypericum,** 507
— Kblätt. ungleich groß (3 große u. 2 andere, meist kleinere); Blätt. nicht durchscheinend punktiert .... **Cistaceae** 526
69(46). Kleine, bis 15 cm hohe, z. T. polsterbildende Pfl. der Alp. **105**
— Pfl. meist höher als 15 cm, wenn kleiner, dann nicht in den Alp. vorkommend **70**
70. Pfl. m. weißem Milchsaft, aufrecht, bis 1 m hoch; Blätt. deutl. in 4 Reihen od. Pfl. niederlgd., m. purpurfarbigen Blätt. **Euphorbia,** 474

— Pfl. ohne Milchsaft **71**

71. Unterhalb der traubig-rispigen Infl. 2 grüne, auffällige, miteinander verwachsene od. getrennte Hochblätt.; Stg. sonst nur am Grd. beblättert . . . . **Claytonia,** 617

— Unterhalb des Bltnstandes keine Hochblätt. od. Bltnstand nicht traubig-rispig **72**

72. Unterhalb der kopfig-trugdoldigen Infl. 4 weiße bis rötl. getönte Hochblätt. *(225)* . . . . **Cornus,** 618

— Unterhalb der Bltn. nicht m. 4 weißen Hochblätt. **73**

73. Pfl. mehlig bestäubt; Bltn. klein, grünl., in geknäuelten Ähren . . . . **Halimione,** 610

— Pfl. nicht mehlig bestäubt **74**

74. Bltn. in Köpfchen, die randl. zungenf. *(244),* die zentralen röhrenf. *(216)* . . . . **Asteraceae,** 741

— Bltn. eines Bltnstands alle gleich gestaltet **75**

75. K. 8–12-zähnig . . . . **Lythraceae,** 513

— K. nicht 8–12-zähnig, zuw. fehlend **76**

76. Bltn. in dichten, rundl. od. längl. Köpfchen od. Ähren; Stbblätt. 4, weit aus der Blüte herausragend **101**

— Bltn. nicht in Köpfchen od. Ähren, zuw. aber in dichten od. lockeren Scheinquirlen in Achseln von Laubblätt. od. schalenf. Hochblätt. **77**

77. Blkr. rein gelb od. blassgelb u. am Grd. dkviolett punktiert **95**

— Bltn. andersfarbig **78**

78. Bltn. sehr klein (1 mm), bläul.weiß; Stbblätt. 3; Stg. gabelig verzweigt *(307)* . . . . **Valerianella,** 830

— Bltn. größer als 1 mm **79**

79. Blätt. höchstens 1 mm breit; Bltn. grünl. od. weiß **Caryophyllaceae,** 579

— Blätt. breiter als 1 mm **80**

80. Pfl. nur m. 1 Paar großer, elliptisch-eif. od. kleinerer, herzf.-3-eckiger Blätt.; Bltn. grünl., m. tief gespaltener Lippe; die inneren Bltnhüllblätt u. die Lippe zuw. rötl. . . . . **Neottia,** 218

— Stg. stets m. mehr als 1 Paar von Blätt. **81**

81. Unterhalb der weißen, 2 mm lg. Blüte aus 2 freien Blätt. bestehende, kelchähnl. Hochblatthülle; Pfl. zart, an sehr nassen Standorten . . . . **Montia,** 617

— Pfl. ohne 2-spaltige Hochblatthülle **82**

82. Blkr. getrenntblättrig **91**

— Blkr. verwachsenblättrig, aber zuw. tief gespalten **83**

83. Stbblätt. 4 . . . . **Lamiaceae,** 691

— Stbblätt. 1, 2 od. 5 . . . . **84**

84. Stbblätt. 5 . . . . **86**

— Stbblätt. 1 od. 2; Blkrzipfel etwas ungleich groß; Blkr. zuw. gespornt **85**

85. Stbblätt. 1; Blkr. rötl. od. weiß, m. fadenf. Sporn *(229)* **Centranthus,** 833

— Stbblätt. 2; Blkr. ohne Sporn; Blkrzipfel häufig von ungleicher Größe, blau, rötlich od. weiß .... **Veronica,** 676

86(84). Stbblätt. m. Frkn. verwachsen; Stbbeutel m. Anhängseln, die insgesamt eine Nebenkr. bilden; Bltn. cremeweiß od. rötl. .... **Apocynaceae,** 650

— Stbblätt. nicht m. Frkn. verwachsen; Stbbeutel ohne Anhängsel **87**

87. Frkn. 4-teilig; Bltn. blau .... **Omphalodes,** 654

— Frkn. nicht 4-teilig **88**

88. Bltn. weiß, nickend; Fr. vom aufgeblasenen, orangeroten K. umhüllt; Blätt. lg. gestielt .... **Physalis,** 666

— Bltn. selten weiß, dann aber Blätt. sitzend **89**

89. Blkr. lg. röhrig, 4–5-zipfelig; Zipfel zuw. am Rand bewimpert (Bltn. blau), Blkr. im Schlund bärtig (Bltn. rötl.violett, selten weiß) od. Saum der Blkr. flach ausgebreitet (Blkr. rot) **Gentianaceae,** 642

— Blkr. fast bis zum Grd. geteilt **90**

90. Grdblätt. gestielt; Bltn. graublau, selten weiß, dunkler punktiert .... **Swertia,** 644

— Alle Blätt. sitzend; Stbfäden zottig; Bltn. blau, rot od. rosa; Stg. niederlgd. bis aufstgd. .... **Primulaceae,** 621

91(82). Frkn. unterst., stielf. *(242a);* Bltn. rot, 4-blättrig; Stbblätt. 8; ob. Stgblätt. wechselst. .... **Epilobium,** 515

— Frkn. oberst. od. Bltn. nur m. Stbblätt.; Blkr. 5-blättrig ... **92**

92. In jeder Blüte nur 1 Frkn. od. nur Stbblätt. **94**

— In jeder Blüte mehrere freie Frkn. **93**

93. Blätt. fleischig .... **Crassulaceae,** 395

— Blätt. nicht fleischig .... **Clematis,** 372

94(92). Stbblätt. 5, am Grd. verwachsen; Blkrblätt. weiß, am Grd. gelb; Stg. dünn, gabelästig .... **Linum catharticum,** 505

— Stbblätt. bis zum Grd. getrennt, 5–10 od. fehlend; Blkrblätt. zuw. tief eingeschnitten od. am Schlund m. Nebenkrone (*967,* NK), am Grd. nie gelb .... **Caryophyllaceae,** 579

95(77). Nebenblätt. laubblattart.; Spr. zu einfacher Ranke umgebildet (*672;* die Laubblätt., d. h. die Ranken, stehen in Wirklichkeit in 2 Zeilen, ihre großen Nebenblätt. deshalb in 2-zähligen, übereinander sthd. Wirteln); Stg. 4-kantig **Lathyrus aphaca,** 429

— Pfl. ohne Ranken **96**

96. Bltn. röhrig, m. 2-lippigem Saum, in den Achseln oft lebhaft gefärbter Hochblätt.; Stbblätt. 4 .... **Melampyrum,** 721

— Bltn. nicht lippig (alle Zipfel gleich gestaltet) **97**

97. Bltn. 2–6 mm breit, 4-zählig; Stg. fadenf. dünn, 3–12 cm hoch .... **Cicendia,** 643

— Bltn. größer; Stbblätt. mindestens 5 .... **98**

98. K. meist 8-spaltig; Stbblätt. 6–8; Bltn. gelb, in Schirmtrauben **Blackstonia,** 643

— K. nicht 8-spaltig; Stbblätt. 5–6 od. 12 bis viele **99**

99. Stbblätt. 12 bis viele **67**
— Stbblätt. 5–6 . . . . **100**
100. K. 2-teilig, einseitig aufgeschlitzt; Blkr. röhrig, purpurn, innen gelbl. od. Blkr. fast bis zum Grd. 5–6-teilig; Bltn. dann zahlr., in den Achseln schalenf. Hochblätt.; wenn K. 5–7-zähnig, dann Blkr. gelbl.grün u. dkviolett punktiert **Gentianaceae,** 642
— K. 5–6-teilig; Bltn. reingelb . . . . **Lysimachia,** 628
101(76). Blkr. gelbl.; Bltn. in köpfchenf. Ähren, ca. 1 cm breit; Pfl. stark verzweigt, einjährig; Blätt. lineal, bis 2 mm breit **Plantago arenaria,** 684
— Blkr. blau, weiß od. rosa **102**
102. Blätt. lineal, grasartig, bis 3,5 mm breit, am Grd. rosettig, dicht seidig behaart; Bltn. in > 2,5 cm breiten Köpfchen **Lomelosia,** 830
— Blätt. > 5 mm breit, nicht lineal **103**
103. Blkr. weiß od. rosa; Pfl. aromatisch duftend **Origanum majorana,** 708
— Blkr. blau od. lila; Pfl. nicht auffallend aromatisch **104**
104. Außenk. rauhaarig, m. 4 Spitzen; Blkr. dkblau **Succisa,** 827
— Außenk. kahl, m. 4 stumpfen Lappen; Blkr. lila od. hellblau **Succisella,** 827
105(69). Blkr. vorhanden; Bltnhülle doppelt od. K. z. Bltzt. kaum entwickelt, z. Frzt. zu behaarten Strahlen auswachsend **107**
— Blkr. fehlend; Bltnhülle einfach **106**
106. Pfl. von dicht polsterf. Wuchs; Blätt. dicht geschindelt; Bltn. einzeln, sitzend; Stbblätt. 8–10 . . . . **Minuartia,** 585
— Pfl. nicht polsterf.; Stg. locker beblätt.; Bltn. gelbl., weißl. od. lilafarbig, in gestielten, ± dichten Bltnständen, die an der Basis von Hüllblätt. umgeben sind . . . . **Valeriana,** 831
107(105). Blkr. lg. röhrig, ihre Zipfel tellerf. ausgebreitet u. häufig gedreht, leuchtend blau, blassblau, seltener weiß **Gentianaceae,** 642
— Blkr. m. kurzer Röhre, sehr tief eingeschnitten **108**
108. Bltn. bis 3 mm im Dm, m. 5 weißen Blkrblätt. . . . **Montia,** 617
— Blkr. anders **109**
109. Blkrblätt. am Grd. verwachsen **111**
— Blkrblätt. bis zum Grd. frei **110**
110. Stg. dünn, gabelig verzweigt; Blkrblätt. 4, weiß **Radiola,** 506
— Pfl. lockere Rasen od. kompakte Polster bildend; Blkrblätt. 5, rot, lila od. purpurn . . . . **Saxifraga,** 388
111(109). Pfl. steif aufrecht, ästig; Bltn. blassblau od. weiß; Alpenpfl. . . . . **Lomatogonium,** 644
— Pfl. niederlgd. od. aufstgd.; Bltn. rot, rosa od. dkblau **Anagallis,** 628
112(54). Jede Blüte m. 3–4 Frkn. u. 3–4 Blkrblätt. . . . **Crassula,** 396
— Jede Blüte m. nur 1 Frkn. u. 4–5 Blkrblätt. **Caryophyllaceae,** 579

XIIIb. Blätter in grundständiger Rosette

(Blüten- od. Infloreszenzspross völlig blattlos od. nur 1 od. mehrere kleine Hochblätter tragend)

1. Blattrosetten stets m. Bltn., Infl. od. Sporen **3**
— Blattrosetten meist erst nach der Bltzt. (Frühjahr) od. erst im nächsten Frühjahr erscheinend **2**
2. Blattrosetten erst im nächsten Frühjahr erscheinend; Spr. breit lanzettl., die aufgeblasenen Kapseln umhüllend; Bltn. im Herbst; Perigonblätt. 6, lila; Stbblätt. 6; Pfl. mit unterirdischer Knolle . . . . **Colchicum,** 208
— Blattrosetten noch im Frühsommer des gleichen Jahres erscheinend; Blattspr. z. T. sehr groß, am Rand gebuchtet-gezähnt, z. T., v. a. untersts., wollig behaart bis weißfilzig; Inflstg. entweder 1-köpfig m. goldgelben Zungenbltn. *(Tussilago)* od. vielköpfig m. rötl. od. weißl. Röhrenbltn. *(Petasites)* **Asteraceae,** 741
3(1). Außer den lg. gestielten Rosettenblätt. nur noch in der Mitte des Bltnstg. 1 herzf., sitzendes Blatt; Bltn. einzeln; Blkrblätt. weiß, grün genervt; Stbblätt. 5, abwechselnd m. 5 vorn fingerig gefransten, m. gelben Drüsenköpfen besetzten Staminodien *(240, 765a–b)* . . . . **Parnassia,** 473
— Pfl. u. Bltn. anders gestaltet **4**
4. Blattspr. am Rand m. lg. gestielten, roten, klebrigen Drüsenhaaren *(963–965);* Bltn. weiß, in Wickeln . . . . **Drosera,** 578
— Blattspr. am Rand nicht m. Drüsenhaaren **5**
5. Land-, Wasser- u. Sumpfpfl., deren Stg. u. Blätt. zum größten Teil aus dem Wasser herausragen, od. Wasserpfl., die auf der Wasseroberfläche schwimmen **11**
— Vollständig untergetaucht lebende, im Boden wurzelnde u. nur m. den Bltn. (wenn vorhanden) über die Wasseroberfläche tretende Wasserpfl. od. submerse Sporenpfl. **6**
6. Blätt. lineal-pfrieml., zugespitzt, binsenf. **9**
— Blätt. lineal od. bandf., grasart., nicht binsenf. **7**
7. Bltn. eingschl. u. 2-häusig, die ♂ in kurz gestielten Knäueln, die ♀ einzeln, auf lg., dünnem, spiralig gewundenem Stiel; Blätt. bandart., flutend . . . . **Vallisneria,** 200
— Bltn. ⚥ **8**
8. Blätt. lineal, in submerser Rosette *(207b);* Bltnstand 5–10-bltg., über die Wasseroberfläche ragende Traube *(207a);* Bltn. weiß m. bläul. Röhre; Süßwasserpfl. . . . . **Lobelia,** 740
— Blätt. grasart., einem Rhizom ansitzend; Bltn. 2-reihig auf einer Seite einer flach gedrückten, vor der Bltzt. von einer Spatha umgebenen Achse angeordnet; Salzwasserpfl., z. T. unterseeische Wiesen bildend . . . . **Zostera,** 201
9(6). Pfl. m. rosettenbildenden Ausläufern *(206a),* submers, selten blühend; sonst Bltn. eingschl., die ♂ lg. gestielt, einzeln, an

ihrem Grd. 2–3 sitzende ♀ Bltn.; Blätt. bis 12 cm lg., lineal-zylindrisch, am Grd. scheidig .... **Plantago uniflora,** 684
— Pfl. ohne Ausläufer **10**
10. Sporenpfl; Blätt. einem kurz-knollenf., an der Basis häufig gelappten Stamm entspringend *(138a);* auf der Oberseite des verbreiterten Blattgrd. in Grube eingesenkte u. von Häutchen überdeckte Mikro- u. Makrosporangien *(138b)* ... **Isoëtes,** 167
— Bltnpfl.; Bltn. meist vorhanden, klein, in lockeren Trauben *(209)* .... **Subularia,** 562
11(5). Land-, Wasser- od. Sumpfpfl., deren Stg. u. Blätt. größtenteils aus dem Wasser ragen **17**
— Auf der Wasseroberfläche od. flach unter dem Wasser schwimmende Pfl. (zumindest die Blätt. als Schwimmblätt. ausgebildet) **12**
12. Pfl. nicht in Stg. u. Blätt. geglied., aus 1–15 mm großen, linsenf. od. lanzettl., auseinandersprossenden, zuw. gestielten, wurzellosen od. wurzelnden Gliedern bestehend *(169–172);* Bltn. selten vorhanden; Pfl. oft in geschlossenen Decken die Oberfläche nährstoffreicher, sthd. Gewässer bedeckend **Araceae,** 194
— Pfl. deutl. in Stg. u. Blätt. geglied., diese > 15 mm; Bltn. meist vorhanden **13**
13. Blattspr. rautenf., am Rand gezähnt, m. blasig aufgetriebenem Stiel *(211),* zahlr. in großer Schwimmblattrosette; Bltn. einzeln, achselst.; die 4 Kblätt. sich nach der Blüte zu hakigen Dornen umbildend *(849)* .... **Trapa,** 514
— Blätt. anders gestaltet; Fr. nicht m. hakigen Dornen **14**
14. Blattspr. lanzettl., am Rand stachelig gezähnt; Blätt. zahlr. in großer, trichterf., z. Bltzt. halb aus dem Wasser ragender Rosette; Bltn. weiß, eingschl., m. derber, bleibender Spatha **Stratiotes,** 200
— Blattspr. kreisf., am Grd. m. tiefem Einschnitt *(366),* ganzrandig, der Wasseroberfläche auflgd. **15**
15. Bltn. eingschl. u. 2-häusig; die ♂ Bltnstände gestielt, die ♀ sitzend; Blätt. etwa 5 cm groß, am Grd. mit 2 großen Nebenblätt. .... **Hydrocharis,** 200
— Bltn. ⚥; Schwimmblätt. am Grd. ohne Nebenblätt. **16**
16. Blkrblätt. frei, weiß od. gelb; Blattspr. meist länger als 10 cm **Nymphaeaceae,** 191
— Blkrblätt. am Grd. verwachsen, goldgelb; Blattspr. höchstens 8 cm lg. .... **Nymphoides,** 740
17(11). Sporenpfl.; Blätt. breit zungenf. *(159),* am Ende der kriechenden od. kurz aufrechten Sprossachse gehäuft, untersts. meist mit strichf. Sporangienhäufchen **Asplenium scolopendrium,** 177
— Bltnpfl. **18**
18. Bltn. nicht in walzenf. Kolben, die am Grd. von auffälligen Hochblätt. umgeben sind **22**

— Bltn. in walzenf., am Grd. z.T. von 1 auffälligen Hochblatt umgebenem Kolben m. fleischiger Achse **19**

19. Kolben grün bis schwarzbraun, meist zu 2 übereinander; der ob. m. ♂, der unt. m. ♀ *(182)* Bltn. . . . . **Typha,** 245

— Kolben stets einzeln; Kolbenende zuw. ohne Bltn.. . . . . . **20**

20. Kolben scheinbar seitenst. *(181),* m. ⚥ Bltn.; Spatha blattart. (*181*, Spa); ganze Pfl. aromatisch riechend . . . . . **Acorus,** 194

— Kolben endst.. . . . . **21**

21. Hochblatt weiß, ausgebreitet, den bis zur Spitze mit Bltn. besetzten Kolben nicht umschließend; Blätt. rundl.-herzf.; Pfl. nasser Standorte . . . . **Calla,** 195

— Hochblatt grünl., an der Basis tütenf. eingerollt; Kolbenspitze ohne Bltn., violett, braun od. gelb *(180);* Blätt. pfeilf. **Arum,** 195

22(18). Bltn. nicht in dichten Ähren, Trauben, Köpfchen od. einseitswendigen Rispen **29**

— Bltn. in dichten Ähren, Trauben, Köpfchen od. einstswendigen Rispen **23**

23. Bltn. 6-zählig, weiß . . . . **Asphodelus,** 233

— Bltn. 4- od. 5-zählig **24**

24. Bltn. 4-zählig, in kugeligen bis zylindrischen Ähren; Stbblätt. 4, m. lg. herausragenden Filamenten; Blätt. oft bogennervig **Plantago,** 684

— Bltn. 5-zählig, in Köpfchen od. einstswendigen Rispen **25**

25. Stbbeutel miteinander zur den Gr. umgebenden Röhre vereinigt; K. fehlend od. zu teilw. fedrig behaarten Borsten auswachsend; Bltn. in einem von einer Hülle umgebenen Köpfchen, Einzelbltn. zungenf. od. röhrig; Pfl. häufig mit Milchsaft **Asteraceae,** 741

— Stbbeutel frei, nicht miteinander vereinigt **26**

26. Bltn. zygomorph; Blkr. tief 5-spaltig, fast 2-lippig *(247),* blau; Stbblätt. 4, paarweise ungleich lg. . . . . . **Plantaginaceae,** 670

— Bltn. radiär od. disymmetrisch, 4–5-zählig (od. 3-zipfelig u. dann nickend); Blkr. nicht 2-lippig **27**

27. Kblätt. trockenhäutig; Bltnstände ährig, kopfig od. rispig *(239)* . . . . **Plumbaginaceae,** 568

— Kblätt. krautig. **28**

28. Bltnhülle einfach, m. 3 dkbraunen bis dkpurpurnen Zipfeln *(369);* Pfl. nur mit 2 lg. gestielten, nierenf. Blätt. **Asarum,** 192

— Pfl. anders gestaltet **29**

29(22, 28). Unterhalb des Bltnstands ein auffäliger Kragen eines Paars von Hochblätt., die miteinander verwachsen od. frei sind **53**

— Unterhalb des Bltnstands kein auffälliger, aus Hochblätt. gebildeter Kragen **30**

30. Pfl. meist > 10 cm, wenn kleiner, dann vorwgd. in Alp., jedoch nicht an Ufern von Seen u. Tümpeln wachsend **33**

— Pfl. meist < 10 cm, an sandigen Ufern von Seen u. Tümpeln wachsend **31**

31. Bltn. ⚥, klein, weiß od. blasslila, von den lg. gestielten Blätt. weit überragt *(208a–b)* . . . . **Limosella,** 675
— Pfl. von anderem Habitus; Bltn. ⚥ od. eingschl. **32**
32. Bltn. ⚥ . . . . **Brassicaceae,** 529
— Bltn. eingschl.; die ♂ Bltn. lg. gestielt, einzeln, m. 4 weit heraushgd. Stbblätt.; ♀ Bltn. zu 2–3 am Grd. des Stiels der Blüte sitzend; Blätt. pfrieml.-lineal; Pfl. ausläufertreibend *(206a–b)* **Plantago uniflora**, 684
33(30). Bltnhülle in grünen K. u. andersfarbige Blkr. geglied. **42**
— Bltnhülle nicht in grünen K. u. andersfarbige Blkr. geglied. **34**
34. Bltn. zygomorph; Bltnhülle 6-blättrig, das meist nach unten weisende Bltnblatt häufig abweichend gestaltet u. oft gespornt; Frkn. stielart. verlängert u. oft gedreht *(175)* **Orchidaceae,** 211
— Bltn. radiär **35**
35. Bltn. > 4 mm, häufig auffällig gefärbt . . . . **Tab. IV,** 66
— Bltn. unscheinbar, meist < 4 mm **36**
36. Blätt. häufig 3-zeilig; Blattscheide meist geschlossen; Inflstg. selten knotig geglied.; Bltn. ⚥ od. eingschl., in den Achseln trockenhäutiger Tragblätt.; diese in 1- bis mehrbltg. Ährchen, die zu Ähren, Köpfchen od. Spirren zusammentreten; Bltnhülle fehlend od. in Form von Borsten od. Haaren; Stbblätt. 3; Frkn. 1, oberst.; Pfl. meist feuchter Standorte. . . . . **Cyperaceae,** 255
— Blätt. nicht 3-zeilig; Bltn. selten eingschl. **37**
37. Blätt. 2-zeilig; Blattspr. flach ausgebreitet od. gefaltet; ihre Scheiden meist offen; an der Grenze von Scheide zu Spr. ein Häutchen (Ligula; *17,* L) od. Borstenkranz; Stg. meist knotig geglied.; Bltn. meist ⚥, von Spelzen umgeben, in 1- bis mehrbltg. Ährchen; diese in Ähren, Rispen od. Ährenrispen angeordnet . . . . **Poaceae,** 289
— Blätt. nicht 2-zeilig; Bltn. nicht von Spelzen umgeben . . . **38**
38. Bltn. in einfachen od. zusammengesetzten Dolden; Döldchen häufig kelchart. von Hochblätt. umgeben; Blätt. zuw. grasart. **Bupleurum,** 849
— Bltn. in Trauben od. Rispen **39**
39. Blätt. nierenf. . . . . **Oxyria,** 574
— Blätt. linealisch **40**
40. Bltnhüllblätt. zu einer krugf. Blüte verwachsen *(186);* Bltn. meist blau . . . . **Muscari,** 241
— Bltnhüllblätt. nicht krugf. verwachsen **41**
41. Blätt. schwertf., reitend (wie bei *Iris*); Bltnhülle länger bleibend; Stbfäden länger als die Stbbeutel . . . . **Tofieldia,** 197
— Blätt. schmal lineal; Bltnhülle rasch abfallend; Stbbeutel sitzend . . . . **Triglochin,** 201
42(33). Blkr. gespornt **52**
— Blkr. nicht gespornt **43**
43. In jeder Blüte 1 Frkn. **48**
— In jeder Blüte mehrere, freie Frkn. **44**

44. Blkr. 3-blättrig, weiß od. rötl.; Stbblätt. 6 od. mehr; Frkn.6
Alismataceae, 197
— Blkr. mehrblättrig od. andersfarbig **45**
45. Bltn. blau (selten weiß), m. 3-blättrigem, grünem K. *(385a);* Blätt. 3-lappig *(577b),* immergrün ...... **Hepatica nobilis,** 375
— Bltn. gelb od. andersfarbig, m. od. ohne petaloide Nektarblätt. **46**
46. Bltn. gelb, mit petaloiden Nektarblätt.; die Bltnachse sich postfloral mäuseschwanzart. verlängernd *(578);* Blätt. schmal lineal .... **Myosurus,** 383
— Bltn. rot od. weiß, wenn gelbl.grün, dann Blkrblätt. nicht als Nektarblätt. ausgebildet **47**
47. Blätt. dickfleischig, in dichten Rosetten; Inflstg. beblättert; Bltn. 5- u. mehrblättrig; Stbblätt. so viele od. doppelt so viele wie Blkrblätt. (od. mehr); Frkn. meist mehrere, frei od. nur am Grd. verwachsen .... **Crassulaceae,** 395
— Blätt. nicht dickfleischig, einfach (z. T. nadelf.) od. gestielt, am Rand zuw. m. Kalkdrüsen; Frkn. 2, z. T. m. der becherf. Bltnachse verwachsen; Stbblätt. 5; Inflstg. blattlos od. m. wenigen Hochblätt.; Verbr. vorwgd. Alp. .... **Saxifraga,** 388
48(43). Blkrblätt. 4, am Grd. zu kurzer Röhre verwachsen od. frei, ohne Schlundschuppen **50**
— Blkrblätt. 5; wenn 4, dann m. Schlundschuppen *(1049, 1050)* **49**
49. Gr. m. 2-spaltiger Narbe (auseinanderbiegen!, *1044–1046),* wenn Narbe kopfig erscheint, dann Blkr. intensiv blau; Stbblätt. zw. den Blkrzipfeln sthd. .... **Gentianaceae,** 642
— Gr. m. kopfiger Narbe; Stbblätt. 5, vor den Blkrzipfeln sthd.
Primulaceae, 621
50(48). Stbblätt. 2; Bltn. blau od. blauviolett; Gebirgspfl.
(Veronica, Wulfenia) **Plantaginaceae,** 670
— Stbblätt. 6 od. 10 .... **51**
51. Stbblätt. 6 (4 lange u. 2 kurze) .... **Brassicaceae,** 529
— Stbblätt. 10; Bltn. nickend; Blätt. ledrig u. meist immergrün
Ericaceae, 629
52(42). Blätt. nicht drüsig-klebrig, m. Nebenblätt. .... **Viola,**
— Blätt. gelbl.grün, obersts. drüsig-klebrig, ohne Nebenblätt.
Pinguicula, 728
53(29). Grdst. Blätt. gesägt; Bltn. rosa, in Dolden
Primula matthioli, 622
— Grdst. Blätt. ganzrandig **54**
54. Bltn. gelb, in Dolden; grdst. Blätt. meist grasart.; Frnkn. unterst. .... **Bupleurum,** 849
— Bltn. weiß od. rosa, in traubig-rispiger Infl.; grdst. Blätt, breit elliptisch .... **Claytonia,** 617

XIIIc. Blätter wechselständig; Blattspreite ganzrandig

(Blätt. spiralig [zerstreut] od. 2-zeilig am Stängel verteilt[1], selten 3-zeilig, zuw. nur 1 Stängelblatt am Blütenstängel vorhanden; Blattspreite zuw. stielrund)

1. Pfl. od. Bltnstg. stets mit 2 u. mehr Blätt. **3**
— Pfl. od. Bltnstg. nur mit 1 Blatt **2**
2. Sporenpfl. mit einfacher, verlängerter, gestielter Sporangienähre *(145)* . . . . **Ophioglossum,** 172
— Bltnpfl.; unterhalb der lg. gestielten weißen Blüte nur 1 sitzendes, herzf. Blatt; Grdblätt. lg. gestielt; fertile Stbblätt. 5, abwechselnd m. 5 gelbgrünen, vorn fingrig gefransten, in Drüsenköpfen endenden Nektarblätt. *(240, 765a–b)* **Parnassia,** 473
3(1). Blätt. m. flächiger Spr., zuw. mit ± lg., scheidigem od. röhrigem, oft stgumfassendem Blattgrd. **9**
— Blätt. stielrund, stgähnl., oft röhrig-hohl **4**
4. Sporenpfl.; Blätt. in der Jugend an der Spitze spiralig eingerollt, am Grd. m. erbsengroßen Sporokarpien *(139);* Sumpfpfl. **Pilularia,** 185
— Pfl. m. Bltn., diese aber oft klein u. unscheinbar **5**
5. Bltn. in kugeligen, anfangs von einem Hüllblatt eingeschlossenen Trugdolden; Blätt. röhrig-hohl, stiel- od. halbstielrund, untersts. zuw. scharf gekielt u. mit allsts. geschlossenem Blattgrd.; Pfl. selten m. Rhizomen, meist m. Schalenzwiebeln; Brutzwiebeln zuw. auch in den Bltnständen . . . . . . **Allium,** 233
— Bltn. nicht in kugeligen, von einem Hüllblatt eingeschlossenen Trugdolden; Pfl. ohne Zwiebeln **6**
6. Bltn. in geknäuelten, seitenst. od. endst., reich verzweigten Spirren *(176),* Stbblätt. 3 od. 6 . . . . **8**
— Bltn. nicht geknäuelt, in Trauben od. Wickeln **7**
7. Blätt. am Grd. m. lg. Scheide; Hochmoorpfl. **Scheuchzeria,** 201
— Blätt. am Grd. ohne lg. Scheide . . . . **Crassulaceae,** 395
8(6). Bltnhülle 6-blättrig, grünl. od. braun, papierart.; Stbblätt. 6; Stg. meist knotenlos, stielrund . . . . **Juncus,** 246
— Bltnhülle borstenf. od. fehlend; Stbblätt. 3; Bltn. zu vielbltg. Ährchen vereinigt, die insgesamt eine kopfige od. verzweigte Spirre (ähnl. *176, 177*) bilden . . . . **Cyperaceae,** 255
9(3). Blätt. 3-zeilig, m. geschlossener, selten offener Scheide, häufig grdst.; Stg. meist scharf 3-kantig, selten knotig geglied.; Bltn. klein, unscheinbar, ⚥ od. eingschl., stets in den Achseln trockenhäutiger Tragblätt., in 1- bis mehrbltg. Ährchen; diese zu Ähren, Köpfchen od. Spirren vereinigt; Bltnhülle fehlend

[1] Man beachte die Ansatzstellen (Knoten) der Blätt., da die Spreiten sekundär oft aus der Zweizeiligkeit herausgedreht werden.

od. in Form von Borsten od. Haaren, die bei der Frreife zu lg. Wollhaaren auswachsen können .... **Cyperaceae,** 255
— Blätt. nicht 3-zeilig **10**
10. Blätt. spiralig (zerstreut) am Stg. verteilt **29**
— Blätt. deutl. in 2 Zeilen[1], im Bereich der Bltnregion nicht selten zerstreut **11**
11. Stg. windend; Blattspr. tief herzf., zugespitzt, bogennervig; Bltn. unscheinbar, grünl., in achselst. Trauben .... **Tamus,** 207
— Stg. nicht windend **12**
12. Frei auf dem Wasser schwimmende Sporenpfl. von moosähnl. Habitus; Blätt. die Sprossachse 2-lappig umgreifend u. sich dachziegelig deckend *(136)* .... **Azolla,** 185
— Im Boden festgewurzelte Bltnpfl. **13**
13. Bltn. auffällig, wenn unscheinbar, dann m. wohlausgebildeter Bltnhülle **19**
— Bltn. klein, unscheinbar; Bltnhülle oft fehlend **14**
14. Bltn. in Ähren, Rispen, Spirren od. Dolden **16**
— Bltn. In walzenf. Kolben od. igelf. Köpfchen **15**
15. Bltn. in 2 übereinander sthd., schwarzbraunen Kolben *(182),* der ob. mit ♂ Bltn. .... **Typha,** 245
— ♀ Bltn. in gestielten, igelf., ♂ in kugeligen, sitzenden Köpfchen, oberhalb der ♀ sthd. *(183);* Bltnstg. einfach od. ästig **Sparganium,** 243
16(14). Untergetaucht lebende od. m. Schwimmblätt. versehene Wasserpfl.; Bltn. in Ähren, grünl.; Bltnhülle fehlend; Stbblätt. m. blumenblattart. Anhängseln *(173)* **Potamogetonaceae,** 202
— Land- od. Sumpfpfl. **17**
17. Bltnhülle fehlend; Bltn. in zusammengesetzten Ähren *(487),* Ährenrispen *(490),* Rispen *(492)* od. fingerf. Rispen *(489)* m. häutigen Spelzen *(178);* Stg. an den Knoten verdickt, hohl (markig nur bei *Zea mays:* ♂ Bltn. in endst. Rispen, ♀ in seitenst. Kolben); Blätt. m. lg., offener, den Stg. umschließender Scheide; an der Grenze von Scheide u. Spr. zartes Blatthäutchen (Ligula; *17, 493–496,* L) od. Haarkranz **Poaceae,** 289
— Bltnhülle vorhanden **18**
18. Bltn. in Dolden *(219a),* die am Grd. von 5 gelb gefärbten Hochblätt. umgeben sind *(219b);* Blkrblätt. 5; Stbblätt. 5; Blätt. meist bogennervig .... **Bupleurum,** 849
— Bltn. in Spirren *(176),* grünl. od. braun; Bltnhülle 6-zählig; Stbblätt. 6; Blätt. grasart., flach .... **Juncaceae,** 246
19(13). Blätt. nicht schwertf. u. nicht reitend **21**
— Blätt. schwertf. u. reitend **20**
20. Frkn. unterst.; Stbblätt. 3; Bltn. groß .... **Iridaceae,** 230
— Frkn. oberst.; Stbblätt. 6 .... **Tab. IV, Nr. 58,** 71

---

[1] Vgl. Anmerkung S. 146

21(19). Bltnhülle in K. u. Blkr. geglied. **27**
— Bltnhülle nicht in K. u. Blkr. geglied. oder einfach **22**
22. Bltn. zygomorph **26**
— Bltn. radiär **23**
23. Bltnhülle 3-zipfelig; Blätt. 2, m. nierenf., meist immergrüner Spr. *(369)* . . . . **Asarum,** 192
— Bltnhülle 5- od. 6-blättrig bzw. 6-zipfelig **24**
24. Bltnhülle 5-blättrig; Stbblätt. 8–10; Frkn. 8–10, nur am Grd. frei, Fr. beerenart., meist schwarzviolett; Infl. groß, endst., aber durch Übergipfelung von Seitenästen der obersten Blätt. unterhalb der Infl. scheinbar seitenst. u. den Blätt. gegenübersthd. . . . . **Phytolacca,** 616
— Bltnhülle 6-blättrig od. 6-zipfelig; Stbblätt. 6, frei **25**
25. Frkn. oberst. . . . . **Tab. IV, Nr. 41,** 70
— Frkn. unterst. . . . . **Amaryllidaceae,** 233
26(22). Bltnhüllblätt. 6, nicht verwachsen *(175, 383–389)* **Orchidaceae,** 211
— Bltnhüllblätt. zu einer Röhre vereinigt *(221)* **Aristolochia,** 193
27(21). Bltn. blau, nicht schmetterlingsf. . . . . **Commelina,** 243
— Bltn gelb od. rot, schmetterlingsf. *(275)* **28**
28. Stg. m. breiten, nur an den Knoten unterbrochenen Flügeln; Bltn. gelb . . . . **Chamaespartium,** 409
— Stg. nicht geflügelt; Blätt. lineal *(673);* Bltn. purpurn **Lathyrus,** 429
29(10). Blätt. zahlr., dicht sthd., oft dachziegelig angeordnet u. den Stg. fast ganz verdeckend **95**
— Blätt. entfernt sthd. od. nur am Grd. des Stg. gedrängt . . **30**
30. Blätt., zumindest die basalen Stgblätt., m. lg. scheidigem, offenem od. geschlossenem, stgumfassendem Grd. *(17);* Spr. nicht gestielt, parallelnervig **88**
— Blätt. ohne od. m. röhrigem, die Basis der Internodien umgreifenden Grd. (= Ochrea; *21, 947, 948),* ± deutl. gestielt; Spr. fiednervig **31**
31. Bltn. nicht in Köpfchen **34**
— Bltn. in Köpfchen, die am Grd. von grünen Hochblätt. umgeben sind **32**
32. Stbblätt. 5; Stbbeutel zu den Gr. umgebender Röhre verklebt; K. zur Frreife häufig zu fedrig behaarten Borsten auswachsend . . . . **Asteraceae,** 741
— Stbblätt. 5 od. 4; Stbbeutel, wenigstens postfloral, frei; Bltn. meist blau **33**
33. Blätt. ledrig, kahl, die grdst. oft rosettig; Blkr. röhrig, 2-lippig, in lineale Zipfel gespalten *(247)*; Stbblätt. 4 . . . . **Globularia,** 683
— Blätt. nicht ledrig; Blkr. röhrig, 5-zipfelig; Zipfel anfangs an der Spitze miteinander verbunden u. sich später vom Grd. her voneinander lösend *(250; Phyteuma, Jasione)* **Campanulaceae,** 731
34(31). Blätt. schildf. *(53);* Bltn. gespornt . . . . **Tropaeolum,** 528

— Blätt. nicht schildf. **35**
35. Blkr. reingelb, gelbl.weiß, gelbl.grün od. grünl.weiß **65**
— Blkr. rein weiß, rot, blau, violett, bräunl., schwärzl. od. 2-farbig **36**
36. Bltn. nicht in K. u. Blkr. geglied. (Perigon) **62**
— Bltn. in K. u. Blkr. geglied. **37**
37. Bltn. radiär **43**
— Bltn. zygomorph **38**
38. Bltn. schmetterlingsf. *(200);* vorderes Blkrblatt mit gefranstem Anhängsel . . . . **Polygala,** 432
— Bltn. nicht schmetterlingsf. **39**
39. Äußere Bltnhülle 3-blättrig . . . . **Fallopia,** 577
— Äußere Bltnhülle 5-zähnig od. 5-blättrig **40**
40. Blätt. mit Nebenblätt. . . . . **Viola,** 500
— Blätt. ohne Nebenblätt. **41**
41. Blkr. freiblättrig . . . . **Reseda,** 528
— Blkr. verwachsen **42**
42. Blkr. 4-zipflig, 2-lippig od. ± lg. gespornt u. dann der Eingang der Blkrröhre durch gaumenähnl. Vorwölbung *(77)* verschlossen; Stbblätt. 2–4 . . . . **Tab. X, Nr. 86,** 107
— Blkr. röhrenf.-trichterf., mit schiefem Saum *(246);* Stbblatt. 5; Stg. u. Blätt. rauhaarig . . . . **Echium,** 658
43(37). Blkr. verwachsenblättrig **51**
— Blkr. freiblättrig **44**
44. Bltn. 1–2 mm im Dm, kopfig gehäuft *(973a);* Stg. niederlgd. **Corrigiola,** 582
— Bltn. größer **45**
45. Frkn. unterst.; Bltnachse stielart. verlängert *(242a),* Stbblätt. 8 **Epilobium,** 515
— Frkn. oberst. od. mittelst. **45**
46. Bltnstg. nur m. 1 sitzenden, stgumfassenden Blatt, alle übrigen Blätt. grdst., lg. gestielt; Bltn. einzeln, weiß, m. 5 Stbblätt. u. 5 drüsig gefransten Staminodien *(240, 765a–b)* **Parnassia,** 473
— Bltnstg. m. mehreren Blätt. **47**
47. Bltn. m. mehreren freien Frblätt. **50**
— Bltn. m. nur 1 Frkn. **48**
48. K. 8–12-zähnig; Blkrblätt. meist 6, rot, rosa od. purpurn **Lythrum,** 514
— K. 5-zählig; Blkrblätt. 5 . . . . **49**
49. Pfl. niederlgd. od. aufstgd.; Blätt. verkehrt eif., stumpf, bis 13 mm lg.; Blkrblätt. weiß, kaum länger als die Kblätt. **Telephium,** 583
— Pfl. aurecht; Blätt. lineal, lanzettl. od. längl. oval, meist spitz; Blkrblätt. blau, rot, lila od. weiß, viel länger als die Kblätt. **Linum,** 505
50(47). Blätt. fleischig, dickl.; Stbblätt. 10–12 . . . **Crassulaceae,** 395
— Blätt. nicht fleischig; Stbblätt. > 12; Blkr. weiß; Alpenpfl. **Ranunculus,** 375

51(43). Bltn. trichterf. *(251)* m. seicht gebuchtetem Saum; Frkn. oberst.; Stg. meist windend od. niederlgd. **Convolvulaceae,** 662
— Bltn. nicht trichterf. od. Blkr. trichterf. u. Frkn. unterst.; Stg. nicht windend, aufrecht, höchstens kletternd **52**
52. Bltn. blau od. violett, aber nicht rot **60**
— Bltn. andersfarbig, oft rot **53**
53. Blkr. 5-zipfelig od. 6–8-teilig **55**
— Blkr. 4-teilig **54**
54. Blätt. 3–5 mm lg.; Pfl. 2–8 cm hoch *(249a);* Blkr. sehr klein, 1–2 mm lg., weiß bis rosa *(249b);* Frkn. oberst. **Centunculus,** 629
— Blätt. länger als 10 mm; Blkr. rot, rosa od. weißl; Frkn. unterst. *(242a)* . . . . **Epilobium,** 515
55(53). Blkr. anfangs gelb, später fleischfarben, in Köpfchen; Blkr. m. lg., dünner Röhre *(308)* . . . . **Collomia,** 620
— Blkr. anders gefärbt **56**
56. Frkn. unterst., stielart. verlängert *(309);* Bltn. purpurrot; Pfl. 8–15 cm hoch . . . . **Legousia,** 737
— Frkn. oberst. **57**
57. Obere Stgblätt. rosettig gehäuft, basale Stgblätt. kleiner; Blkr. 7-zählig *(241)* . . . . **Trientalis,** 628
— Obere Stgblätt. nicht rosettig; Blkr. 5-zipfelig **58**
58. Bltnstiele in der Mitte m. lanzettl. Tragblatt *(310);* Bltn. klein, weiß; Blätt. am Grd. des Stg. gehäuft . . . . **Samolus,** 622
— Bltnstiel in der Mitte ohne Tragblatt **59**
59. Frkn. schon z. Bltzt. tief 4-teilig *(245);* Pfl. meist stark rauhaarig . . . . **Boraginaceae,** 651
— Frkn. nicht tief geteilt; Blätt. zuw. behaart, aber nicht rauhaarig . . . . **Solanaceae,** 665
60(52). Stbbeutel zu Röhre vereinigt u. meist kegelf. zusammenneigend *(252)* . . . . **Solanum,** 667
— Stbbeutel frei **61**
61. Frkn. oberst., 4-teilig, in 4 Nüsschen zerfallend **Boraginaceae,** 651
— Frkn. unterst.; Fr. Kapsel . . . . **Campanulaceae,** 731
62(36). Frkn. unterst., stielart. verlängert, meist gedreht; Bltn. häufig gespornt *(175)* . . . . **Orchidaceae,** 211
— Frkn. nicht stielart. verlängert u. nicht gedreht **63**
63. Blätt. gestielt (wenigstens die Grdblätt.), breit, fiednervig **92**
— Blätt. ungestielt, lineal, wenn breiter, dann bogennervig **64**
64. Bltn. klein, auf das Tragblatt hinaufgerückt *(222);* Stbblätt. 4 od. 5; Frkn. unterst.; Blätt. lineal . . . . **Thesium,** 566
— Bltn. nicht auf das Tragblatt hinaufgerückt; Stbblätt. 6; Frkn. oberst. . . . . **Tab. IV, Nr. 41,** 70
65(35). Ganze Pfl. m. weißem Milchsaft; 1 gestielter Frkn. u. mehrere Stbblätt. von becherf., gelbgrüner Hülle umgeben *(770)* **Euphorbia,** 474

— Pfl. ohne Milchsaft **66**
66. Bltn. nicht in Dolden **68**
— Bltn. in Dolden **67**
67. Alle Blätt. ungeteilt, z. T. stgumfassend od. vom Stg. durchwachsen *(25);* unterhalb der Döldchen z. T. große, gelbe Hochblätt. . . . . **Bupleurum,** 849
— Nur die oberen, gelbgrünen Stgblätt. einfach, ungeteilt, m. tief herzf. Grd., stgumfassend; Grdblätt. 1- bis mehrfach 3-zählig gefied. . . . . **Smyrnium,** 848
68(66). Bltnhüllblätt. alle gleich gestaltet bzw. nicht in deutl. unterscheidbaren K. u. Blkr. geglied. **82**
— Bltnhülle in einen meist grünen K. u. eine meist andersfarbige Blkr. geglied. **69**
69. Bltn. gespornt *(77)* . . . . **Plantaginaceae,** 670
— Bltn. nicht gespornt **70**
70. K. 2-spaltig; Blätt. fleischig; Blkr. gelb . . . . **Portulaca,** 617
— K. nicht 2-spaltig **71**
71. Blkr. freiblättrig **75**
— Blkr. verwachsen (zuw. nur am Grd.), 5-zipfelig **72**
72. Der abw. weisende Zipfel der Blkr. deutl. größer *(248);* Stbfäden wollig behaart . . . . **Verbascum,** 687
— Zipfel der Blkr. alle gleich gestaltet; Stbfäden nicht wollig behaart **73**
73. Frkn. unterst.; Bltn. in dichter Ähre . . . . **Campanula,** 732
— Frkn. oberst. **74**
74. Frkn. 4-teilig; Pfl. meist stark behaart, größer als 20 cm **Boraginaceae,** 651
— Frkn. nicht 4-teilig; Blätt. höchstens 12 mm lg. und 1–2 mm breit; Bltn. gelb; bis 12 cm große Alpenpfl. **Androsace vitaliana,** 634
75(71). Blkr. 5–8-blättrig **77**
— Blkr. 4-blättrig, selten fehlend **76**
76. Frkn. oberst.; Stbblätt. meist 6 (4 lange u. 2 kurze) **Brassicaceae,** 529
— Frkn. unterst.; Bltnachse becherf., stielart. verlängert *(242b)*; Bltn. gelb . . . . **Oenothera,** 518
77(75). Stbblätt. mehr als 10, kürzer als die Blkr.; Frkn. zahlr., frei . . . . **Ranunculaceae,** 364
— Stbblätt. 5–10 . . . . **78**
78. Blätt nicht fleischig; Bltn. m. 1–2 Frkn. **80**
— Blätt. fleischig; Bltn. m. mehreren freien Frblätt. **79**
79. Gr. 3 u. mehr; Blätt. meist stumpf . . . . **Crassulaceae,** 395
— Gr. 2; Bltn. gelb bis orange; Blätt. m. Stachelspitze **Saxifraga,** 388
80(78). Stbblätt. 5; Frkn. 1 . . . . **Linum,** 505
— Stbblätt. 10 . . . . **81**
81. Frkn. meist 2, frei od. m. der Bltnachse verwachsen *(638),* oberst. . . . . **Saxifraga,** 388

— Frkn. 1, unterst.; Bltn. gelb, groß . . . . **Ludwigia,** 515
82(68). Alle Blätt. od. doch die grdst. kurz bis ± lg. gestielt . . **89**
— Blätt. ungestielt, zuw. m. lg. scheidigem Blattgrd. **83**
83. Blätt. bis 1 mm breit, pfrieml. zugespitzt **Amaranthaceae,** 604
— Blätt. breiter als 1 mm od. stumpf *(973a)* **84**
84. Stg. meist niederlgd.; Bltn. klein, in Knäueln *(Corrigiola, 973a; Herniaria, 974a)* . . . . **Caryophyllaceae,** 579
— Stg. aufrecht, wenn niederlgd., dann Bltn. nicht geknäuelt **85**
85. Bltnhülle nicht 6-zählig **87**
— Bltnhülle 6-zählig **86**
86. Bltn. radiär, nahe der Mitte eines „Blatts" (= blattart. Kurztrieb) entspringend; Frkn. oberst.; Fr. rote Beere . . . . . . **Ruscus,** 239
— Bltn. zygomorph, meist in Trauben od. Ähren; Frkn. unterst., oft gedreht; Kapselfr. . . . . **Orchidaceae,** 211
87(85). Bltnhülle 4-zipfelig, krugf., gelbgrün; Bltn. zu 1–3 in den Blattachseln *(220a),* am Grd. mit 2 seitl. Vorblätt. *(220b,* V); Blätt. lineal . . . . **Thymelaea,** 525
— Bltnhülle 2-blättrig od. 5-zipfelig, zuw. fehlend; Stbblätt. 1–5 od. nur 1 Frkn. in der Blüte. . . . . **Amaranthaceae,** 604
88(30). Bltn. trockenhäutig, meist bräunl., klein, in Spirren *(176);* Frkn. oberst., 3-kantig . . . . **Juncaceae,** 246
— Bltnhülle nicht trockenhäutig, oft gespornt; Frkn. unterst., stielart., oft gedreht *(175)* . . . . **Orchidaceae,** 211
89(82). Bltn. nicht alle in blattachselst. Knäueln **92**
— Bltn. alle in blattachselst. Knäueln od. einzeln, dann aber Blattstiel mit röhriger Scheide **90**
90. Blattstiel am Grd. mit röhriger Scheide *(947, 948)* **Polygonum,** 574
— Blattstiel am Grd. ohne röhrige Scheide **91**
91. Blätt. in eine (stumpfe) Spitze auslaufend, kurzhaarig **Parietaria,** 466
— Blätt. nicht in eine Spitze auslaufend, kahl **Amaranthus,** 615
92(89 u. 63). Bltn. m. oft stechenden Vorblätt., klein, dicht gedrängt in Knäueln, die zu kopfigen od. verlängerten, einfachen od. verzweigten, traubig-rispigen, endst. Bltnständen zusammentreten . . . . **Amaranthus,** 615
— Bltn. ohne stechende Vorblätt., anders angeordnet **93**
93. Blätt. am Grd. m. stgumfassender, kürzerer od. längerer Röhre (Ochrea; *21a–b);* Bltn. klein, ⚥ od. eingschl.; Bltnblätt. 3–6 u. oft m. der Nussfr. abfallend . . . . **Polygonaceae,** 569
— Blätt. am Grd. ohne Ochrea; Pfl. zuw. mehlig bestäubt . . **94**
94. Bltnhülle 2–4- od. bis 5-teilig; Bltn. klein, unscheinbar, in knäueligen, rispigen od. scheinährigen Bltnständen; Fr. ganz od. teilw. von der Bltnhülle umgeben u. zusammen mit dieser abfallend; Pfl. häufiger mehlig bestäubt **Amaranthaceae,** 604
— Bltnhülle 5-blättrig, weißl.grün bis weißl., sich postfloral purpurn verfärbend; Bltn. auffällig, bis 1 cm im Dm, in 10–40 cm

lg., blattgegenst. Trauben; Frblätt. 8–10, frei od. nur am Grd. etwas verwachsen; Fr. beerenart., saftig; Kultur- u. Zierpfl. aus N-Am., bes. in Weinbaugebieten . . . . **Phytolacca,** 616

95(29). Sporenpfl. **97**

— Bltnpfl. **96**

96. Blätt. fleischig-saftig, stiel- od. halbstielrund; Bltn. weiß od. gelb; Blkr. freiblättrig . . . . **Crassulaceae,** 395

— Blätt. nicht fleischig-saftig, dachziegelig angeordnet; Blkr. verwachsenblättrig; hochalp. Polster- u. Rasenpfl. **Primulaceae,** 621

97(9). Pfl. moosähnl., 3–5 cm hoch; Blätt. 1–3 mm lg., spitz, am Rand gewimpert; Sporangien blattachselst., verschieden groß *(142, 306)* . . . . **Selaginella,** 166

— Pfl. nicht moosähnl., kräftiger; Sporangien gleichgestaltet, entw. blattachselst. (*311*, Sp) od. in scharf vom vegetativen Spross abgesetzten Ähren *(313–314)* . . **Lycopodiaceae,** 163

XIII d. Blätter wechselständig; Blattspreite am Rand gesägt, gezähnt, gekerbt od. gelappt

1. Blattspr. schildf., lg. gestielt **28**

— Blattspr. nicht schildf., z. T. aber nierenf. **2**

2. Pfl. m. Milchsaft; Bltn. in kleinen, becherf., von Nektardrüsen umgebenen Cyathien *(767, 768);* ♀ Blüte (= Frkn.) z. Blzt. lg. gestielt u. aus dem Cyathienbecher heraushgd. *(768);* die Cyathien in Di- od. Pleiochasien (s. S. 25) angeordnet *(767)* **Euphorbia,** 474

— Bltn. nicht in Cyathien, anders angeordnet **3**

3. Bltn. in schirmf., von gelben Hochblätt. umgebenen Bltnständen *(642);* Bltnhülle einfach, 4-zählig; Stbblätt. 8; Blätt. fast kreisrund . . . . **Chrysosplenium,** 388

— Bltn. anders angeordnet **4**

4. Blätt. am Grd. mit röhrenf., stgumfassender Scheide (Ochrea; *21,* O); Bltn. klein; Bltnhülle in zwei 3-zähligen Kreisen **Polygonaceae,** 569

— Blätt. am Grd. ohne Ochrea **5**

5. Bltn. grünl., sitzend; Bltnhülle 2-5-teilig **Amaranthaceae,** 604

— Bltn. nicht grünl. **6**

6. Bltn. gespornt **26**

— Bltn. nicht gespornt **7**

7. Pfl. m. Ranken; Bltn. eingschl.; Frkn. unterst. **Cucurbitaceae,** 471

— Pfl. ohne Ranken **8**

8. Bltn. in wenig- (1-) bis vielbltg., von einer Blatthülle (Involucrum) umgebenen Köpfchen; Stbblätt. 5, ihre Antheren miteinander

verklebt; Nussfr., häufig m. fedrig behaartem Pappus *(1144 P, 1147 P, 1148 P)* . . . . **Asteraceae,** 741
— Bltn. nicht od. nur selten in Köpfchen, dann aber Stbbeutel frei **9**
9. Blätt. am Grd. mit röhrenf., stgumfassender Scheide (Ochrea; *21*, O); Bltnhülle in zwei 3-zähligen Kreisen, der innere vergrößert u. z. Frzt. die Fr. einschließend *(942–945);* Bltn. klein **Polygonaceae,** 569
— Blätt. am Grd. ohne Ochrea **10**
10. Blkr. verwachsenblättrig **22**
— Blkr. freiblättrig (z. T. aus blumenblattart. Nektarblätt.) . . **11**
11. Blkr. 4-blättrig **18**
— Blkrblattzahl nicht 4, entweder 2, 5 od. mehr **12**
12. Stbblätt. zahlr. **16**
— Stbblätt. 5–10, beim Aufblühen zuw. schon geschrumpft **13**
13. Blätt. dickfleischig; in jeder Blüte mehrere freie Frkn. **Crassulaceae,** 395
— Blätt. nicht dickfleischig; Bltn. m. 1–2 Frblätt. **14**
14. Bltn. in Ähren od. Köpfchen; Blkrblätt. anfangs vereinigt u. sich später vom Grd. her lösend *(250a–b),* blau, schwarzviolett od. gelbl.weiß . . . . **Campanulaceae,** 731
— Bltn. nicht in Köpfchen od. Ähren u. nicht wie Abb. *250* **15**
15. Blätt. derb, ledrig, oft wintergrün; Frkn. mit 1 Gr. **Ericaceae,** 629
— Blätt. nicht ledrig; Frkn. mit 2 Gr. *(638, 640)* . . . **Saxifraga,** 388
16(12). Bltn. weiß; K. u. Blkr. 8–9-blättrig; Gr. fedrig behaart; niederlgd. Spalierstrauch der Hochalp. . . . . **Dryas,** 440
— Bltn. gelb od. rot **17**
17. Filamente zu einer den Gr. umgebenden Röhre verwachsen *(231a)* . . . . **Malvaceae,** 522
— Filamente nicht verwachsen; Bltn. gelb . . **Ranunculaceae,** 364
18(11). Bltn. mit 6–8 Stbblätt. **20**
— Bltn. mit 12 bis vielen Stbblätt. **19**
19. Pfl. ohne Milchsaft; Blkrblätt. zerschlitzt *(230a, 871);* Bltn. klein, gelbl. od. gelbl.weiß . . . . **Reseda,** 528
— Pfl. m. Milchsaft; Blkrblätt. ungeteilt; Bltn. groß, rot, rötl.violett, weiß od. gelb . . . . **Papaveraceae,** 358
20(18). Frkn. unterst., stielart. verlängert *(242);* Stbblätt. 8 **Onagraceae,** 514
— Frkn. oberst. **21**
21. In jeder Blüte 1 Frkn.; Stbblätt. 6 (4 lange u. 2 kurze) **Brassicaceae,** 529
— In jeder Blüte entweder 4 freie Frblätt. od. 8 Stbblätt.; Blätt. dick, keilf., dicht gedrängt . . . . **Rhodiola,** 400
22(10). Stbblätt. 2 od. 4 . . . . **Tab. X, Nr. 86,** 107
— Stbblätt. 5 od. 10 . . . . **23**
23. Staubfäden z.T. wollig behaart . . . . **Verbascum,** 687
— Staubfäden nicht wollig behaart **24**

24. Blkr. mit lg., schmaler Röhre, rot od. gelb . . . **Primulaceae,** 621
— Blkr. nicht m. lg., schmaler Röhre **25**
25. Frkn. unterst. . . . . **Campanulaceae,** 731
— Frkn. oberst. . . . . **Solanaceae,** 665
26(6). Blätt. m. Nebenblätt.; Blkr. freiblättrig; Kblätt. 5, am Grd. m. krautigen Anhängseln . . . . **Viola,** 500
— Nebenblätt. fehlend; Blkr. am Grd. verwachsen **27**
27. Stg. aufrecht; Blätt. am Grd. verschmälert; Bltn. gelb, rot od. verschiedenfarbig *(213)* . . . . **Impatiens,** 620
— Stg. niederliegend; Blätt. nierenf.; Bltn. violett **Cymbalaria,** 672
28(1). Stg. kriechend; Bltn. in kopfigen Dolden od. wenigbltg. Wirteln; Sumpfpfl. . . . . **Hydrocotyle,** 834
— Stg. aufrecht; Bltn. in langen Trauben; Mauer- od. Felspfl. **Umbilicus,** 396

Tabelle XIV
Wasserpflanzen (Ein- und Zweikeimblättrige samt Sporenpflanzen)

1. Pfl. völlig untergetaucht lebend, festgewurzelt od. freischwimmend; auch ihre Bltn. od. Sporen unter Wasser ausbildend; Wasserbestäubung . . . . **XIVa,** 155
— Pfl. untergetaucht lebend, aber wenigstens ihre Bltn. od. Bltnstände über die Wasseroberfläche erhebend (selten auf der Wasseroberfläche schwimmend) **2**
2. Pfl. nicht im Boden wurzelnd, frei im od. auf dem Wasser schwimmend . . . . **XIVb,** 157
— Pfl. im Boden festgewurzelt **3**
3. Pfl. ohne Schwimmblätt., völlig untergetaucht u. nur ihre Bltn. od. Bltnstände über die Wasseroberfläche ragend . . . **XIVc,** 158
— Wasserpflanze mit Schwimmblätt. od. Sumpfpfl., deren Stg. u. Blätt. größtenteils aus dem Wasser ragen **4,**
4. Wasserpfl. mit Schwimmblätt.; diese zuw. in Rosetten; Unterwasserblätt. (wenn vorhanden) fein zerteilt . . . . **XIVd,** 158
— Sumpfpfl. am Rand von Teichen u. Flussufern, deren Stg. u. Blätt. größtenteils aus dem Wasser ragen . . . . **XIVe,** 160

XIVa. Pflanzen völlig untergetaucht, festgewurzelt od. freischwimmend, ihre Blüten od. Sporen unter Wasser entwickelnd; Wasserbestäubung

1. Sporenpfl.; Blätt. pfrieml.-binsenf., rosettig, m. 2-teilig-knolligem Rhizom *(138a);* Blattgrd. scheidig verbreitert, m. Mikro- u. Makrosporangien *(138b,* S) an verschiedenen Blätt.; die ersteren an inneren, die letzteren an äußeren Rosettenblätt. sthd. . . . . **Isoëtes,** 167

— Bltnpfl., z.T. selten blühend **2**

2. Pfl. des Süßwassers, selten im Brackwasser **4**

— Pfl. des Salz- u. Brackwassers, auch der salzhaltigen Binnengewässer **3**

3. Bltn. zahlr., ohne Bltnhülle, mit 1 Stbblatt u. 1 Frkn., 2-reihig angeordnet auf der einen Seite einer flachgedrückten Ährenachse, die z. Bltzt. in die Scheide (Spatha) des obersten Blattes eingeschlossen ist; Pfl. ausgedehnte, unterseeische Wiesen bildend . . . . **Zostera,** 202

— Ähren 2-bltg., endst.; Bltnhülle fehlend; Stbblätt. 2, gespalten u. dadurch 4 vortäuschend; Frkn. 4, frei, m. löffelf. Narbenlappen *(378);* Stg. u. Blätt. fadenf.; Stg. an den Knoten wurzelnd; Brackwasserpfl. . . . . **Ruppia,** 206

4(2). Blätt. am ganzen Stg. verteilt **6**

— Blätt. in grdst. Rosetten **5**

5. Pfl. m. Ausläufern *(206),* die bei Landformen fehlen können; Bltn. nur bei Landformen entwickelt, eingschl., die ♂ gestielt, die ♀ an der Basis dieser Stiele sitzend *(206b)*
Plantago uniflora, 684

— Pfl. ohne Ausläufer, Blätt. pfrieml.-grasart.; Bltn. weiß, 4-blättrig, in 2–8-bltg. Traube *(209);* Pfl. 2–8 cm hoch . . . . . **Subularia,** 562

6(4). Pfl. starr u. zerbrechl.; Stg. an den Knoten wurzelnd; Blätt. in übereinander sthd., sich nicht kreuzenden Wirteln, am Rand stachelspitzig gezähnt *(373);* Bltn. einzeln, blattachselst., eingschl. *(374)* . . . . **Najas,** 201

— Pfl. nicht starr u. zerbrechl.; Blätt. anders angeordnet u. gestaltet **7**

7. Blätt. 2-zeilig, 1–10 cm lg., fadenf., am Grd. m. großem, stgumfassendem Blatthäutchen (Ochrea); Bltn. klein, eingschl., 1-häusig; die ♂ Bltn. ohne Bltnhülle, mi 1(–3) Stbblätt., die ♀ Bltn. m. meist 4 Frkn. u. becherf. od. m. 3-blättrigem Perigon *(377);* geschnäbelte Steinfr.; St. dünn, an den Knoten wurzelnd; im Brack- u. Süßwasser . . . . **Zannichellia,** 206

— Blätt. gegenst. od. in mehrzähligen Quirlen **8**

8. Blätt. gegenst., ganzrandig, < 2 cm . . . . **Callitriche,** 686

— Blätt. in mehrzähligen Quirlen u. nicht ganzrandig **9**

9. Blattspr. mehrfach gabelteilig *(202),* hornart.-knorpelig; Bltn. eingschl., 1-häusig, achselst., unscheinbar; Bltnhüllblätt. 8–15; Stbblätt. 10–20; Frkn. 1; Nussfr. m. od. ohne stachelige Fortsätze *(547, 548);* Pfl. wurzellos . . . . . **Ceratophyllum,** 358

— Blätt. m. keilig verbreitertem Stiel, am vorderen Ende mit 4–6 Borsten; Spr. rundl., obersts. mit Fühlborsten *(201),* ihre beiden Hälften längs der Mittelrippe auf einen Reiz hin zusammenklappend; Blätt. in 6–9-zähligen Quirlen; Pfl. wurzellos
Aldrovanda, 579

XIVb. Pflanzen untergetaucht, nicht im Boden festgewurzelt, häufig wurzellos, frei im od. auf dem Wasser schwimmend

1. Pfl. nicht in Stg. u. Blätt. geglied., entweder eif. od. linsenf. *(169, 171, 172),* 1–10 mm groß, auf dem Wasser schwimmend **od.** untergetaucht, dann flügelart., mit kreuzweise verbundenen Gliedern *(170)* . . . . **Araceae,** 194
— Pfl. in Stg. u. Blätt. geglied. **2**
2. Bltnpfl. **4**
— Sporenpfl.; Sori in kugeligen, ins Wasser hgd. Sporokarpien **3**
3. Blätt. klein, schuppenart, 2-lappig gefaltet, 2-zeilig an den reich verzweigten Stg. angeordnet; Pfl. moosart. *(136)* . . . **Azolla,** 185
— Blätt. größer, nicht schuppenf., in 3-zähligen Quirlen, 2 davon scheinbar gegenst., als ovale, oberststs. behaarte Schwimmblätt. ausgebildet, das dritte Blatt wurzelähnl. ins Wasser hgd. u. die Sporangienbehälter tragend *(137);* Pfl. wurzellos **Salvinia,** 185
4(2). Blätt. wechselst., in zahlr. Zipfel aufgelöst; diese z. T. m. 0,5–2 mm großen, tierfangenden Schläuchen *(204);* Pfl. wurzellos; Bltntrauben aus dem Wasser ragend; Bltn. gelb, 2-lippig, gespornt . . . . **Utricularia,** 729
— Blätt. ohne tierfangende Schläuche **5**
5. Blattspr. meist kammf. gefied. *(644),* in 3–5-zähligen Quirlen; Bltn. klein, unscheinbar, 4-zählig, eingschl. od. ⚥, insgesamt zu quirligen Ähren zusammentretend . . . . . **Myriophyllum,** 401
— Blattspr. nicht kammf. gefied. **6**
6. Pfl. m. auf dem Wasser schwimmenden Rosetten; Blätt. vorn keilig gestutzt . . . . **Pistia,** 196
— Pfl. nicht mit schwimmenden Blattrosetten od. Blätt. nicht keilig gestutzt **7**
7. Blätt. m. rautenf., am Rand gezähnter Spr. u. blasig aufgetriebenen Stielen *(211),* insgesamt bis 30 cm breite Schwimmblattrosette bildend; Bltn. weiß, 4-zählig; Kblätt. sich bei Reife zu 4 harten Dornen umbildend *(849)* . . . . **Trapa,** 514
— Blätt. anders gestaltet **8**
8. Blattspr. kreisrund, ledrig, am Grd. herzf., m. 2 Nebenblätt., lg. gestielt; Bltn. groß, weiß, am Grd. gelb, eingschl.; Pfl. m. Ausläufern . . . . **Hydrocharis,** 200
— Blattspr. breit lineal, am Rand stachelig gezähnt, in großer halb aus dem Wasser ragender Rosette; Bltn. groß, eingschl., 2-häusig, von Scheide (Spatha) umgeben *(174);* Pfl. m. Ausläufern . . . . **Stratiotes,** 200

XIVc. Pflanzen im Boden festgewurzelt, untergetaucht lebend; Blüten od. Blütenstände über das Wasser ragend

1. Blätt. nicht in grdst. Rosette, am ganzen Stg. verteilt **3**
— Blätt. alle in grdst. Rosette **2**
2. Bltn. ⚥; Blkr. 2-lippig, weiß m. bläul. Röhre; Blätt. lineal, bis 10 cm lg. *(207)* . . . . **Lobelia,** 740
— Bltn. eingschl., 2-häusig verteilt; ♂ Bltn. frei auf dem Wasser schwimmend, ♀ Bltn. auf spiralig eingerollten Stielen; Blkr. nicht 2-lippig; Blätt. bandf., bis 80 cm lg. u. 5–12 mm breit **Vallisneria,** 200
3(1). Bltn. ⚥ **5**
— Pfl. eingschl.; Pfl. 1- od. 2-häusig **4**
4. Internodien 1–3 cm lg.; ob. Blätt. zu (3–)4–6; Pfl. 1- od. 2-häusig . . . . **Hydrilla,** 199
— Internodien 3–7 mm lg.; Blätt. zu 3–4; Pfl. 2-häusig **Elodea,** 200
5(3). Blattspr. ungeteilt, haarf. bis lanzettl.-eif. **7**
— Blattspr. fein zerschlitzt od. kammf. gefied. **6**
6. Blattspr. fein zerschlitzt *(608, 609);* Bltn. weiß, m. 5–12 blumenblattart. Nektarblätt.; Stbblätt. u. Frkn. zahlr., frei **Ranunculus,** 375
— Blattspr. kammf. gefied. *(203);* Bltn. in 3–6-bltg. Quirlen; Blkr. verwachsen, hellrosa, im Schlund gelb . . . . **Hottonia,** 627
7(5). Bltnhülle 4-blättrig (*173* K); Stbblätt. 4; Bltnähren größer, länger als 5 mm . . . . **Potamogetonaceae,** 202
— Bltn. ohne Bltnhülle, m. je 1 Spelze, in 3–5 mm lg. u. 1,5–2 mm breiten Ähren *(438);* Stbblätt. 3 . . . . **Eleogiton,** 260

XIVd. Im Boden wurzelnde od. freischwimmende Wasserpflanzen mit Schwimmblättern od. Schwimmblattrosetten; Unterwasserblätter (wenn vorhanden) fein geteilt

1. Sporenpfl.; Blätt. 4-zählig, einem Glücksklee ähnelnd, lg. gestielt, am Grd. m. bohnenf. Sporokarpien *(140)* **Marsilea,** 185
— Bltnpfl. **2**
2. Schwimmblätt. gefied.; Bltn. klein, in 2–3(– 6)-strahligen, den Blätt. gegenübersthd. Dolden . . . . **Helosciadium,** 851
— Schwimmblätt. nicht gefied. **3**
3. Blkr. gelb, am Grd. verwachsen; Schwimmblätt. rundl.-herzf.; Stbblätt. 5 . . . . **Nymphoides,** 740
— Blkr. andersfarbig, anders gestaltet od. Stbblätt. zahlreicher **4**
4. Schwimmblätt. m. großer, bis 20 cm lg., am Grd. tief herzf. Spr. *(366–368)* . . . . **Nymphaeaceae,** 191

— Schwimmblätt. kleiner u. anders gestaltet, wenn ganzrandig u. am Grd. tief herzf., dann Stielbasis m. Nebenblätt. u. Bltn. eingschl. **5**

5. Bltn. eingschl., 1-häusig; ♂ Bltnstand 1–6 cm lg. gestielt, ♀ Bltnstand sitzend; Einzelbltn. über der Spatha aber 3–8 cm lg. gestielt . . . . **Hydrocharis,** 200

— Bltn. ⚥ **6**

6. Blattspr. der Schwimmblätt. rundl., handf. gelappt bis geteilt **11**

— Blattspr. der Schwimmblätt. längl.-oval, ganzrandig od. rautenf., häufig in Rosette **7**

7. Blattspr. rautenf., am Rand gezähnt, m. bauchig aufgetriebenem Stiel *(211);* Blätt. in dichter, der Wasseroberfläche auflgd. Rosette; Bltn. klein, mit 4 verhärtenden Kzähnen; Fr. mit Dornen versehene Nuss *(849)* . . . . **Trapa,** 514

— Blattspr. längl.-oval, ganzrandig **8**

8. Schwimmblätt. m. Stiel nicht > 2 cm, gegenst., die ob. rosettig *(1096);* Bltn. ohne Bltnhülle, am Grd. mit 2 sichelf. Vorblätt. *(1097)* . . . . **Callitriche,** 686

— Schwimmblätt. ohne Stiel meist > 5 cm; Bltn. in Ähren, Rispen od. rispigen Thyrsen **9**

9. Bltn. in Rispen od. Thyrsen, in quirlig-etagenf. Infl. od. einzeln, weiß od. rosa; Blattstiel ohne Nebenblätt. od. Ochrea; Stbblätt. 6 u. mehr; Frkn. 6 bis viele, frei . . . . **Alismataceae,** 197

— Bltn. in Ähren; Bltnstiel am Grd. m. 1 großen, achselst. Nebenblatt od. röhriger Scheide (Ochrea) **10**

10. Blattspr. parallelnervig; Blattstiel am Grd. mit 1 achselst. Nebenblatt; Bltn. grünl. od. bräunl.; Bltnhülle fehlend; Stbblätt. 4, m. blumenblattart. Anhängseln *(173)* **Potamogetonaceae,** 202

— Blattspr. fiednervig; Blattstiel am Grd. m. röhriger Scheide (Ochrea), Perigonblätt. 5, rosafarbig; Stbblätt. 5 **Polygonum amphibium,** 574

11(6). Bltn. groß, weiß, Stbblätt. mehr als 5; Unterwasserblätt. meist fein zerteilt . . . . **Ranunculus,** 375

— Bltn. grünl. od. rötl., ca. 1 mm groß; Stbblätt. 5; Unterwasserblätt. fehlen . . . . **Hydrocotyle ranunculoides,** 834

XIVe. Wasserpflanzen, die mit ihren Stängeln u. Blättern größtenteils aus dem Wasser ragen od. Teich- u. Flussufer besiedeln[1]

1. Bltnpfl. **3**
— Sporenpfl. **2**
2. Stg. dünn, kriechend; Blätt. binsenf., bis 10 cm lg., in der Jugend an der Spitze spiralig eingerollt, an ihrem Grd. kugelige, bis erbsengroße Sporokarpien *(139)* m. Mikro- u. Makrosporangien; an überfluteten Teichufern . . . . **Pilularia,** 195
— Stg. aufrecht, deutl. geglied., einfach od. verzweigt; Blätt. schuppenf., quirlig, zu ± gezähnten Scheiden verwachsend; Sporangien auf der Unterseite schildf. Sporophylle; diese insgesamt endst. Ähre bildend *(134);* Verlandungszone **Equisetum,** 167
3(1). Überwasserblätt. gegen-, wechsel- od. grdst. **5**
— Überwasserblätt. in 3- oder mehrzähligen Wirteln **4**
4. Überwasserblätt. in 3-zähligen Wirteln, diese viel breiter als die in 8–16-zähligen Quirlen angeordneten Unterwasserblätt. *(305)* . . . . **Elatine alsinastrum,** 479
— Überwasserblätt. in vielzähligen Wirteln, kaum breiter als die Unterwasserblätt. *(304);* Sprossachse im Querschnitt mit vielen unregelmäßig angeordneten Hohlgängen; Bltn. klein, ohne Blkr., blattachselst.; Stbblätt.1 . . . . **Hippuris,** 685
5(3). Blätt. wechsel- od. grdst. **12**
— Blätt. gegenst. od. quirlig **6**
6. Stg. spitzenw. gleich den Blätt. dicht weißhaarig; Bltn. gelb, in wenigbltg. Rispen, Kblätt. eif., am Rand rotdrüsig **Hypericum elodes,** 507
— Stg. u. Blätt. nicht dicht weißhaarig, kahl od. z.T. locker behaart **7**
7. Bltn. rot, bläul.purpurrot od. rosa . . . . **Lythraceae,** 513
— Bltn. nicht rot od. bläul.-purpurrot **8**
8. Blätt. elliptisch bis verkehrt eif., > 1 cm breit, gestielt; Stg. meist kriechend od. flutend, an den Knoten wurzelnd; Bltn. einzeln, blattachselst., grünl. od. gelb, 4-zählig . . . . **Ludwigia,** 515
— Blätt. längl. bis spatelf., schmäler als 1 cm **9**
9. Blattstiel am Grd. etwas verbreitert; Stg. aufrecht od. flutend; unterhalb der kleinen, weißen Blüte aus 2 freien Blätt. besthd. kelchähnl. Hochblatthülle; Pfl. 10–30 cm hoch **Montia fontana,** 617
— Blattstiel am Grd. nicht scheidig verbreitert **10**

[1] Diese Tabelle enthält auch die wichtigsten Sumpfpfl. der Verlandungszone stehender Gewässer.

10. Bltnhülle fehlend; Bltn. am Grd. mit 2 sichelf. Vorblätt. *(210)*, eingschl.; Stbblätt. 1; Frkn. 1; Fr. 4-teilig m. 4 ± scharfen Kanten . . . . **Callitriche,** 686
— Bltn. ohne sichelf. Vorblätt., ⚥; Fr. nicht 4-kantig **11**
11. Bltn. 4-zählig, einzeln, achselst.; Stg. 2–5 cm hoch **Crassula aquatica,** 396
— K.- u. Blkrblätt 3–4; Stbblätt. 3, 6 od. 8; Fr. fast kugelige Kapsel . . . . **Elatine,** 479
12(5). Bltn. nicht in Kolben od. kugeligen Köpfchen **16**
— Bltn. in Kolben od. kugeligen Köpfchen **13**
13. Bltn. in mehreren kugeligen, übereinander sthd., eingschl. Köpfchen, die basalen ♀ u. morgensternf. *(183)*, die ob. ♂; Verlandungszone . . . . **Sparganium,** 243
— Bltn. in Kolben **14**
14. Kolben meist 2 übereinander, der unt. mit ♀ Bltn., z. Frreife hell- bis schwarzbraun, der ob. m. ♂ Bltn. . . . . **Typha,** 245
— Kolben einzeln *(180, 181)* **15**
15. Blätt. lineal, schwertf., zerrieben angenehm aromatisch riechend; Spatha grün *(181);* Bltnhülle aus schuppenf. Blättchen **Acorus,** 194
— Blätt. nicht lineal, herzf., pfeilf. od. verkehrt eif.; Bltnhülle fehlend . . . . **Araceae,** 194
16(12). Bltn. zahlr., lg. gestielt, in Trugdolden; Perigonblätt. rosa, dk. geadert; Frkn. rot, meist 6, frei (apokarp); Bltnstg. stielrund; Blätt. in grdst. Rosette, bis 1 m lg., im unt. Teil 3-kantig; Verlandungszone . . . . **Butomus,** 199
— Pfl. anders gestaltet **17**
17. Blätt. schwertf.-reitend, einem dicken Rhizom entspringend; Bltn. radiär, groß, gelb; Stbblätt. 3 . . . . . **Iris pseudacorus,** 230
— Blätt. nicht schwertf.-reitend **18**
18. Frkn. 3 bis viele, frei (apokarp); Bltn. in quirlig-etagenf. Infl., weiß od. rosa . . . . **Alismataceae,** 197
— Frblätt. verwachsen, wenn frei, dann Bltn. groß u. gelb; Infl. anders gestaltet **19**
19. Bltn. nicht in zusammengesetzten od. köpfchenart. Dolden **24**
— Bltn. in zusammengesetzten Dolden, diese zuw. köpfchenart. zusammengezogen **20**
20. Blattspr. schildf., am Rand gekerbt; Bltn. klein, weiß, in köpfchenf. Dolden; Verlandungszone . . . . **Hydrocotyle,** 834
— Blattspr. nicht schildf. **21**
21. Stg. m. dickem, aufrechtem, hohlem, durch Querwände gekammertem Rhizom von möhrenart. Geruch; Pfl. kahl; Blätt. 2–3fach gefied. *(1287)* . . . . **Cicuta,** 851
— Stg. an der Basis ohne gekammertes Rhizom, zuw. aber m. Ausläufern **22**
22. Stg. niederlgd.-kriechend od. flutend, im Schlamm wurzelnd; Blätt. entw. alle einfach gefied. od. Unterwasserblätt. (wenn

vorhanden) doppelt gefied. m. haarfeinen Zipfeln; Dolden 2–3(–6)-strahlig, den Blätt. gegenüberstḥd.; Hüllchen stets vorhanden . . . . **Helosciadium,** 851

— Stg. aufrecht; Dolden vielstrahlig **23**

23. Luftblätt. einfach, Unterwasserblätt. fein doppelt gefied.; Stg. gefurcht od. gerillt, dann am Grd. m. Ausläufern; Pfl. bis 1,5 m hoch; Verlandungszone . . . . **Sium,** 853

— Alle Blätt., zumindest aber die Grdblätt., 2–4fach gefied. (bei *Oenanthe fistulosa* Stgblätt. zuw. einfach gefied., dann aber Blatt- u. Doldenstiele röhrig hohl); Hüllblätt. ungeteilt; K. deutl. 5-zähnig; Fr. walzl., vom K. überragt; Verlandungszone **Oenanthe,** 853

24(19). Blätt. 3-zählig gefied. m. großen, verkehrt eif. Fied., lg. gestielt, einem kriechenden Rhizom entspringend; Blkrblätt. weißl.rosa, obersts. dicht bärtig, in aufrechten Trauben, Verlandungszone u. Flachmoore . . . . **Menyanthes,** 740

— Blätt. nicht 3-zählig gefied. **25**

25. Bltn. gelb **27**

— Bltn. nicht gelb, klein, unscheinbar **26**

26. Jede Blüte nur von 1 Spelze umschlossen *(179a–b);* Ährchen am Grd. ohne Hüllspelzen; Bltnhülle schlauchf., borstenf. od. ganz fehlend; Stg. meist knotenlos, oft 3-kantig, selten hohl *(Carex hirta);* Blattscheiden meist geschlossen **Cyperaceae,** 255

— Jede Blüte von 2 kahnf. Blattorganen (Spelzen) umschlossen, zu Ährchen vereinigt, diese am Grd. mit 1–2 Hüllspelzen (*178,* H); Ährchen zu Ähren, Rispen od. Ährenrispen zusammentretend *(488–492);* Stg. (Halm) knotig geglied., meist hohl, rund, selten zusammengedrückt; Blattgrd. meist als offene Scheide, m. Ligula *(17)* od. Haarreihe . . . . **Poaceae,** 289

27(25). Stbblätt. zahlreich, > 10; Frkn. oberst.; Bltn. 2–4 cm breit, innere Bltnhüllblätt. fettig glänzend . . . **Ranunculus lingua,** 378

— Stbblätt. 10; Frkn. unterst. . . . . **Ludwigia,** 515

D. Tabellen zum Bestimmen der Gattungen und Arten

Abteilung: **Pteridóphyta,** *Gefäßsporenpflanzen*[1]

In Wurzel, Stamm u. Blätt. geglied., blütenlose Pfl.; Vermehrung durch einzellige, braune Sporen (*2e*, Spo), die in besonderen Behältern, den Sporangien (*2d–e*, Sp), entstehen; Sporangien u. Sporen entw. gleich od. verschieden gestaltet, wenn verschieden, dann ♂ Sporen (= Mikrosporen) kleiner, ♀ Sporen (= Makrosporen) größer; Sporangien entw. einzeln, oft an besonderen Blätt. (= Sporophyllen) od. zu ährenf. Sporangien- od. Sporophyllständen *(313, 314b, 323a, 324a)* od. gruppenweise zu Sori (*2b–c*, S) vereinigt: letztere oft von zartem Häutchen, dem Schleier (= Indusium, *2c–d*, J), überdeckt.

Unterabteilung: **Lycopodiophýtina**, *Bärlappähnliche*

Klasse: **Lycopodiópsida,** *Bärlappe*

Ordnung: **Lycopodiáles**

Familie: **Lycopodiáceae,** *Bärlappgewächse* ⓖ

Ausdauernde Pfl., m. spärl. bis reich gabelig verzweigten Sprossen u. dichtgedrängten, spiralig od. wirtelig gestellten, sehr kleinen Blätt.; Sporangien einzeln in der Achsel gewöhnl. Laubblätt. *(311a)* od. an abweichend gestalteten, zu endst. Ähren vereinigten Sporophyllen *(313, 314a, 315);* Sporangien rundl.-nierenf. od. quer eif. *(312b);* Sporen gleichgestaltet.

1. Sporangien nicht in einem endstd., ± abgegrenzten Teil des Sprosses; Stg. aufstgd., gabelästig *(311a),* 5–15 cm lg. **Huperzia,** 164

— Sporangien in endstdg. Ähren, ± deutl. vom sterilen Teil des Sprosses abgesetzt *(141a, 312a, 313–315)* **2**

2. Blätt. gekreuzt-gegenst. (in 4 Reihen), schuppenf., der Sprossachse angedrückt *(314–315);* Pfl. m. ober- od. unterirdischen Ausläufern . . . . **Diphasiastrum,** 166

[1] Bei den *Pteridophyta* geben die römischen Ziffern die Reifezeit der Sporen an.

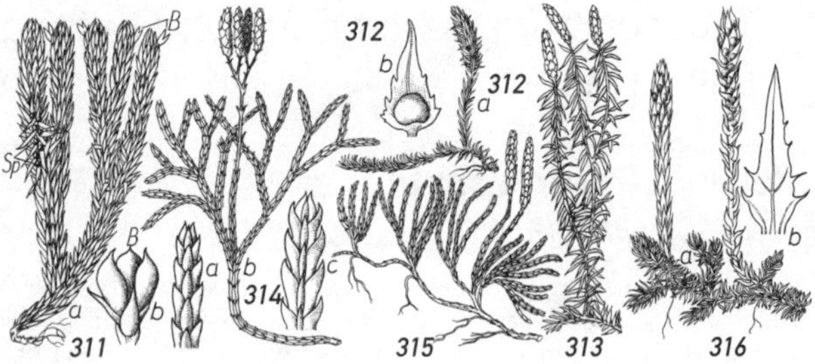

— Blätt. spiralig angeordnet, von der Sprossachse absthd. *(312a, 313)* **3**

3. Stg. 2–10 cm lg. kriechend, meist m. 1 aufstgd. Ast; Sporangienähre weniger deutl. vom sterilen Sprossteil abgesetzt *(312a)* . . . . **Lycopodiella,** 164

— Stg. > 20 cm lg. kriechend, wiederholt gabelästig; Sporangienähren deutl. vom sterilen Sprossteil abgesetzt *(141a, 313)* . . . . **Lycopodium,** 164

1. Hupérzia Bernh., *Tannenbärlapp*[1]

Sprosse aufrecht, regelmäßig gabelig verzweigt *(311a);* Blätt. aufrecht, dkgrün, meist in 8 Zeilen; an der Spitze der Triebe bei Berührung leicht abfallende Brutsprosse *(311a–b,* B); ♃; VII–X. Feuchte Wälder, vorwgd. der montanen Reg., kalkmeidend; *z,* im N *s.* (= *Lycopodium selago* L.)

Stark giftig! Ⓖ * **H. selágo** (L.) Bernh. ex Schr. & Mart.

2. Lycopodiélla Holub, *Sumpfbärlapp*

Kriechspross 2–10 cm lg., sich dann aufrichtend u. einschließl. Sporangienähre 4–8 cm lg. *(312a);* Blätt. aufw. gebogen; Sporophylle am Grd. breit eif., gesägt *(312b);* ♃; VIII–X. Nackte Hochmoorböden; *z.* [= *Lycopodium inundatum* L.; = *Lepidotis inundata* (L.) C. Börner]

Ⓖ * **L. inundáta** (L.) Holub

3. Lycopódium L., *Bärlapp* Ⓖ

1. Blattspitze nicht haarf. zugespitzt; Blätt. absthd.; Kriechspross > 1 m lg., oberirdisch, wiederholt gabelästig. Fertile Äste aufrecht, bis 30 cm lg.; Sporangienähre kurz gestielt, unverzweigt *(313);* Sporophylle gelbl. m. zurückgekrümmten Spitzen, am trockenhäutigen Rand ausgefressen gezähnelt; ♃; VIII–IX. Nadelwälder; *z,* aber gesellig.

Ⓖ *Sprossender B., Wald-B.,* * **L. annótinum** L.

— Blätt. m. lg., weißer Haarspitze; Sporangienähren zu 1–3 auf lg., locker beblättertem Stiel *(141a);* ♃; VII–VIII. Heiden, Nadelwälder, kalkmeidend; *z.* Ⓖ *Keulen-B.,* * **L. clavátum** L.

[1] Zuw. als eigene Familie: **Huperziáceae** (= *Urostachydaceae,* Teufelsklauengewächse) betrachtet.

a. Sporangienähren meist zu 2–3, auf lg. Stielen ssp. **clavátum**
b. Sporangienähren einzeln, sitzend od. kurz gestielt. Alpine Heiden, Blockhalden; *s,* Vs, Gr, Vb, Ti, Bz, Sb, Kt, St. [= *L. lagopus* (LAESTADIUS) KUZENEVA] *Schneehuhn-Bärlapp,* ssp. **monostáchyon** (GREVILLE & HOOK.) SELANDER

4. Diphasiástrum HOLUB, *Flachbärlapp* ©

1. Sporangienähren kurz gestielt *(315);* Grdachse meist oberirdisch kriechend 4
— Sporangienähren lg. gestielt *(314);* Grdachse meist unterirdisch kriechend 2
2. Sterile Äste ± niederlgd., flach; Bauchblätt. der Achse angedrückt, viel kleiner als die Flankenblätt. *(314c, 319);* Mitteltrieb meist unfruchtbar, nur die Seitenäste Sporangienähren tragend; Sporophyll breit oval, plötzl. in kurze Spitze zusammengezogen; ♃; VIII–IX. Trockene Nadelwälder, Heiden; *z.* [= *Lycopodium complanatum* L.; = *L. anceps* WALLR.; = *L. complanatum* L. ssp. *anceps* (WALLR.) ASCH.; = *Diphasium complanatum* (L.) ROTHM.] © *Gewöhnlicher F.,* * **D. complanátum** (L.) HOLUB
— Sterile Äste ± aufrecht; Bauchblätt. so groß wie od. nur wenig kleiner als die Flankenblätt. *(314a),* nicht od. kaum angedrückt; Seitentriebe meist unfruchtbar; Mitteltrieb Ähren tragend *(314b);* Sporophyll oval, m. längerer Spitze 3
3. Sprosse dicht gebüschelt; Bauchblätt. den Flankenblätt. gleichgestaltet *(314b, 317);* Sporophylle in lg. Spitze ausgezogen; ♃; VIII–IX. Trockene Nadelwälder; *s.* [= *Lycopodium chamaecyparissus* A. BR.; = *L. complanatum* L. ssp. *chamaecyparissus* (A. BRAUN) DÖLL; = *Diphasium tristachyum* (PURSH) ROTHM.] © Zypressen-F., **D. tristáchyum** (PURSH) HOLUB
— Sprosse locker u. länger; Bauchblätt. kürzer als die Flankenblätt. *(318);* Sporophylle m. kürzerer Spitze; ♃; VIII–IX. Trockene Nadelwälder; *s* in M- u. S-Dt, auch NS (Harz), MeVp, Ho, Be, Schl, OPr, Kt, ČR, früher St. [= *Lycopodium complanatum* L. var. *zeilleri* ROUY; = *Diphasium zeilleri* (ROUY) DAMBOLDT] © *Zeillers* F., **D. zeílleri** (ROUY) HOLUB
4(1). Sterile Zweigenden nicht abgeflacht, 4-kantig *(315)*; Bauchblätt. der sterilen Äste 0,5 mm breit, kellenartig, kurz gestielt *(321)*; Sporophylle lanzettl., zugespitzt; ♃, VIII–IX. Magermatten der Alp. u. höh.

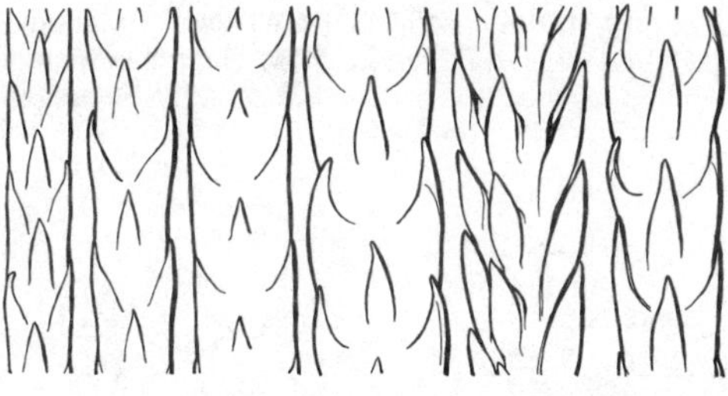

317 318 319 320 321 322

Mittelgeb.; *s.* [= *Lycopodium alpinum* L.; = *Diphasium alpinum* (L.) ROTHM.] Ⓖ *Alpen-F.,* * **D. alpínum** (L.) HOLUB

— Sterile Zweigenden deutl. abgeflacht, 2–2,5 mm breit; Bauchblätt. steriler Äste sitzend, lineal **5**

5. Sterile Zweige mit taillenartigen Einschnürungen, 2–2,5 mm breit; Seitenblätt. absthd., mit Spr. etwa halb so lg. wie ihr schmal herablaufender Flügel *(320)*; Bauchblätt. mit der Spitze die Basis des nächstoberen nicht erreichend; Sporophylle oval, plötzlich zugespitzt; ♃; VIII–IX. Magermatten der Alp. u. höh. Mittelgeb.; *s.* [= *Lycopodium alpinum* L. ssp. *issleri* (ROUY) DOMIN; = *Diphasium issleri* (ROUY) HOLUB] Ⓖ *Isslers F.,* **D. íssleri** (ROUY) HOLUB

— Sterile Zweige fast gleichmäßig breit, nur mit geringen Einschnürungen, 2 mm breit, blaugrün *(322)*; Bauchblätt. $^1/_3$ so breit wie der Zweig, mit der Spitze die Basis des nächstoberen Bauchblatts erreichend oder fast erreichend; ♃; VIII–IX. Zwergstrauchheiden der Mittelgeb., E, S-Dt, Th, SaAn, OÖ, Ti, Bz, Da, ČR, *s.* Ⓖ *Oellgaards F.,* **D. oellgaárdii** STOOR et al.

Klasse: **Selaginellópsida**, *Moosfarne*

Ordnung: **Selaginelláles**

Familie: **Selaginelláceae**, *Moosfarngewächse*

Pfl. von moosähnl. Habitus *(142, 316),* m. dünnen, meist gabelig verzweigten Sprossen u. kleinen Blätt. *(316b);* Sporangien in Ähren *(316a);* m. Makro- u. Mikrosporen.

Selaginélla P. B., *Moosfarn*

1. Blätt. spiralig angeordnet, wimperig gezähnt *(316b),* alle gleichgestaltet; Sprosse aufstgd.-aufrecht, 2–5 cm lg. *(316a);* ♃; VII–VIII. Weiden, Rasen der subalp. u. alp. Reg.; Alp. *v, s* Vorland u. Harz (Brocken), Schw., Riesengeb. (ob noch?), Da. Ⓖ *Gezähnter M.,* * **S. selaginoídes** (L.) LK.

— Blätt. 4-reihig, ganzrandig, paarweise ungleich groß, die seitl. waagrecht absthd., die oberseitigen kleiner, anlgd. *(306);* Sprosse bis 20 cm lg., niederlgd. *(142);* ♃; VI–VIII. Feuchte Felsen u. Mauern, Tonböden; *v* in Alp., *s* Vorland, Schl, Erzgeb., Thw., Sa, früher Fichtgeb., ČR. Ⓖ *Schweizer M.,* * **S. helvética** (L.) LK.

Klasse: **Isoëtópsida**, *Brachsenkräuter*

Ordnung: **Isoëtáles**

Familie: **Isoëtáceae**, *Brachsenkrautgewächse*

Pfl. submers lebend in Kaltwasserseen m. sandigem od. kiesigem Grund; Achse knollenf. m. Rosette binsenf. Blätt. *(138a);* Sporangien *(138b,* S) in Grube am Grd. der scheidig erweiterten Blätt.; Makro- u. Mikrosporophylle gleichgestaltet; die ersteren außen, die letzteren im Innern der Rosette stehend.

Isoëtes L., *Brachsenkraut*

1. Blätt. dkgrün, steif, kurz zugespitzt; Makrosporen dicht kleinhöckerig; ♃; VII–IX. Sandiger Grund von Seen u. Teichen; *s* in Schw., Vog., NS, Da, Ho, OPr, Po, Vs, Gr, früher auch MeVp, SH.
Ⓢ *See-B.,* **I. lacústris** L.

— Blätt. hellgrün, durchscheinend, biegsam, allmähl. fein zugespitzt; Makrosporen m. zerbrechl. Stacheln, ♃; VII–IX. Sandiger Seengrund; *s* in Schw., Vog., SH, Ts, Da, Ho, Be, Po, ČR (Böhmw.). (= *I. tenella* LEM. ex DESV.; = *I. setacea* auct. non LAM.)
Stachelsporiges B., **I. echinóspora** DUR.

Unterabteilung: **Equisetophýtina**, *Schachtelhalmartige*

Klasse: **Equisetópsida**, *Schachtelhalme*

Ordnung: **Equisetáles**

Familie: **Equisetáceae**, *Schachtelhalmgewächse*

Ausdauernde Pfl., m. geglied., hohlen, meist gefurchten Sprossen; Blätt. schuppenart., in Quirlen angeordnet, zu die Knoten umgebender Scheide verwachsen *(323c–333)*; Sporangien auf der Unterseite schildf. Blätt. in endst. Ähre *(323a, B).* Fertile u. sterile Sprosse zuw. verschieden gestaltet *(323a–b).*

Equisétum L., *Schachtelhalm*

1. Fertile u. sterile Sprosse stets grün, zu gleicher Zeit erscheinend, gleich gestaltet **5**

— Fertile u. sterile Sprosse verschieden gestaltet; erstere *(323a)* wenigstens anfangs weißl. od. gelbl.bräunl. **2**

2. Fertile Sprosse unverzweigt *(323a),* sich stets vor den grünen, reich verzweigten, sterilen entwickelnd *(323b)* u. nach der Sporenreife absterbend **4**

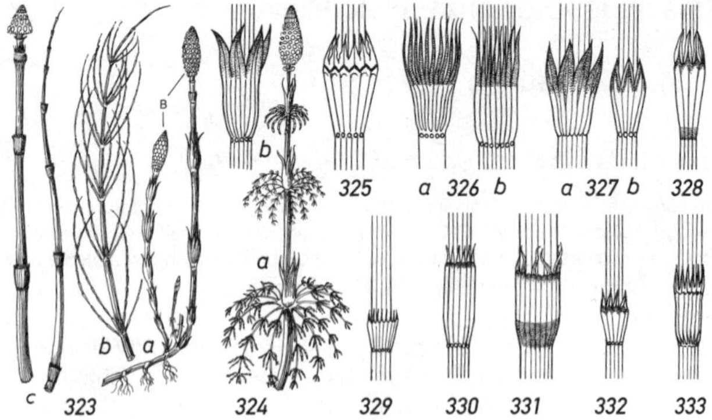

— Fertile Sprosse sich gleichzeitig m. den sterilen entwickelnd; die ersteren anfangs gelbl.braun u. unverzweigt, später ergrünend u. sich verzweigend **3**

3. Zähne der bis 2,5 cm lg. Blattscheiden zu 3–5 häutigen Lappen vereinigt *(324b);* Stg. 8–18-rippig; fertile Sprosse sich nach der Sporenreife verzweigend u. ergrünend; Seitenäste 2-mal quirlig verzweigt u. bogig überhgd; Pfl. 15–60 cm hoch *(324a);* ♃; IV–VI. Feuchte, schattige Wälder, Bergwiesen, kalkmeidend; *v.* *Wald-Sch.,* * **E. sylváticum** L.

— Zähne der trichterf., bläul.grünen Blattscheiden frei u. gleich der Anzahl der 12–20 Stgrippen *(325);* Seitenäste meist nur einfach verzweigt; Pfl. 15–60 cm hoch; ♃; V–VI. Feuchte Wälder u. Gebüsche; in N-Dt sowie den Ostalpen *z,* sonst *s.* *Wiesen-Sch.,* **E. praténse** Ehrh.

4(2). Fertile Sprosse bis 15 mm dick, gelbbraun, bis 50 cm hoch, nach der Sporenreife absterbend; Blattscheiden genähert, m. 20–40 haarfeinen Zähnen *(326a);* Sporangienähren 4–8 cm lg., m. hohler Achse; sterile Sprosse bis 150 cm hoch, weißl., m. anlgd. Scheiden *(326b),* im ob. Teil reich verzweigt; ♃; III–V. Feuchte, quellige Waldstellen; *v* im S, sonst *z,* im NO *f.* (= *E. maximum* Lam.)
Riesen-Sch., * **E. telmatéia** Ehrh.

— Blattscheiden der gelbl.braunen, schwach gefurchten, fertilen Sprosse stets entfernt, m. 6–16 zugespitzten, schmutzigbraunen Zähnen *(323a, 327a);* sterile Sprosse grün, bis 5 mm dick u. bis 50 cm lg., gefurcht, verzweigt *(323b)*; Zähne der Scheiden 3-eckig-lanzettl., halb so lg. wie die Scheidenröhre *(327b);* ♃; III–IV. Äcker, Dämme, Wege; *g.*
Acker-Sch., Zinnkraut, * **E. arvénse** L.

a. Pfl. meist 20–60 cm hoch; Spross meist aufrecht; unverzweigter Teil des Stg. meist < 1/5 der gesamten Länge des Stg.; *g.* ssp. **arvénse**

— Pfl. < 15 cm hoch; Spross niederlgd. bis aufstgd., unverzweigter Teil des Stg. meist > ¼ der gesamten Länge des Stg.; Quellfluren, Gletscherbäche der Alp.; *s,* Vb, Bz. ssp. **alpéstre** (Wahl.) Schönswetter & Elven

5(1). Sporangienähre bespitzt; Sprosse meist rau u. hart **8**
— Sporangienähre stumpf; Sprosse glatt od. etwas rau **6**
6. Zentralhöhle weniger als $^2/_3$ des Stg-Dm einnehmend; Stg. deutl. gerippt, bis 4 mm dick, meist verzweigt *(134);* Blattscheiden m. 4–12 breit weißhäutig berandeten Zähnen *(328);* ♃*;* V–VII. Nasse Wiesen, Flachmoore, Ufer; *v.* **Giftig!** *Sumpf-Sch., Duwock,* * **E. palústre** L.
— Zentralhöhle etwa $^2/_3$ bis $^3/_4$ des Stg-Dm einnehmend **7**
7. Stg. nur gerillt, ohne vorspringende Rippen, bis 8 mm dick, einfach od. nur unregelmäßig quirlig verzweigt; Blattscheiden eng anlgd., m. 10–30 schwarzen, sehr schmalhäutig weiß berandeten Zähnen *(329);* Pfl. 30–120 cm hoch; ♃; V–VI. Röhrichte, Ufer; *v.* (= *E. limosum* L.; = *E. heleocharis* Ehrh.) *Teich-Sch.,* * **E. fluviátile** L.
— Stg. deutl. gerippt, 4–5 mm dick, etwas rau; Blattscheiden m. ca. 12 Zähnen, glockig erweitert, bis 12 mm lg.; Pfl. bis 1 m hoch; ♃; VI–VII. Nasse Wiesen, Gräben, Ufer; *z.* (= *E. arvense* L. × *E. fluviatile* L.) *Ufer-Sch.,* **E.** × **litorále** Kühlewein
8(5). Sprosse sommergrün, grau- bis blaugrün, meist ästig, höchstens gänsekieldick, bis 80 cm lg., m. 6–16 gewölbten (nicht kantigen) Rippen, diese m. Querbändern; Blattscheiden bis 22 mm lg., grün, m. hinfälligen Zähnen *(330);* Seitenäste 4–9-kantig; ♃; V–VII. Kiesufer; *s,* meist nur im Bereich der Hauptströme, im Rheintal vom Bodensee bis Be, Ho, dazu Ba, Th, SaAn, MeVP, CH, Bz, Au, ČR, früher Sa. *Ästiger Sch.,* **E. ramosíssimum** Desf.
— Sprosse wintergrün, nur am Grd. bisw. verzweigt, sonst unverzweigt *(323c);* Rippen gefurcht **9**
9. Rippen flach od. m. wenig vertiefter Längsrinne, zu 15–25; Sprosse sehr rau, aufrecht, bis 150 cm lg.; Blattscheiden eng anliegd., am Grd. u. am Saum m. schwarzer Querbinde *(331);* Zähne schwarzbraun, weiß berandet, früh abfallend und stumpf gekerbten Rand zurücklassend *(323c);* ♃*;* VI–VIII. Auwälder; *z,* stellenw. *v* (SH, S-Ba). *Winter-Sch.,* * **E. hyemále** L.
— Rippen m. deutl. Längsrinne; Blattzähne bleibend od. nur deren Spitze abfallend; Stg. häufig niederlgd., dünn **10**
10. Blattscheiden oberw. glockig, absthd.; Blattzähne häutig, längl.-eif., m. später abfallender, aufgesetzter, grannenart. Spitze *(332);* Sprosse 20–50 cm lg., m. 4–12 Rippen, bis 2 mm dick, an der Basis unverzweigt; ♃; VI–VIII. Ufer u. Gräben, kalkhaltige Flachmoore; Alp. u. Vorland *z,* sonst *s.* *Bunter Sch.,* **E. variegátum** Schleich. ex Web. & Mohr
— Blattscheiden walzl., eng anlgd., unt. meist ganz schwarz, ob. am Saum m. schwarzer Querbinde; Blattzähne bleibend, rau, lanzettl.-pfrieml., etwa so lg. wie die Röhre *(333);* Sprosse bis 50 cm lg., sehr rau, m. 7–14 Rippen, bis 3 mm dick, an der Basis verzweigt; ♃; VII–VIII. Nasse Wiesen; *s* am Rhein zwischen Konstanz und Mainz, E, Ba, BW (Bastard *E. hyemale* × *E. variegatum).* *Rauer Sch.,* **E.** × **trachýodon** A. Br.

Auch sonst sind **Bastarde** bekannt!

Tabelle zum Bestimmen von **Equisetum** nach vegetativen, ährenlosen Sprossen

(Stg. = Hauptspross; Seitenäste sind die Auszweigungen des Stgs.)

1. Stg. sich reich quirlig verzweigend, an fertilen Sprossen (z. B. *E. sylvaticum* u. *E pratense)* erst nach der Sporenreife **5**

— Stg. unverzweigt, wenig od. nur an der Basis verzweigt, häufig überwinternd **2**

2. Stg. ohne hervortretende Rippen, nur weißl. gestreift; Zentralhöhle des Stg. sehr weit, etwa $^{4}/_{5}$ des ± 8 mm dicken Stgs einnehmend; Stgscheiden eng anlgd., glzd. grün, m. 10–30 schwarzen, sehr schmal weißhäutig berandeten Zähnen; fertile u. sterile Sprosse gleich gestaltet, gleichzeitig erscheinend, bis 1,5 m hoch, unverzweigt od. oberw. m. wenigen, unverzweigten Seitenästen; sommergrüne Sumpfpfl. der Verlandungszone . . . . **E. fluviatile**, 169

— Stg. m. deutlich erhabenen, sehr rauen Rippen; Zentralhöhle enger, nur $^{1}/_{4}$–$^{2}/_{3}$ des Stg.-Dm einnehmend; Sprosse meist grün überwinternd **3**

3. Stg. meist astlos, selten am Grd. m. einigen Seitenästen, bis 1,5 m hoch, überwinternd; Rippen 15–25, flach, sehr rau; Stgscheiden dem Stg. eng anliegend., am Grd. m. schwarzer Querbinde *(331);* Zähne schwarzbraun, weiß berandet, früh abfallend; fertile u. sterile Stg. gleichgestaltet. Auwälder . . . . **E. hyemale**, 169

— Stg. meist nur am Grd. ästig., viel kürzer **4**

4. Stgscheiden spitzenw. absthd., kurz glockenf. am Grd. m. schwarzer Querbinde, ihre Zähne häutig, längl.-eif., m. später abfallender Spitze *(332);* Stg. 10–30 cm hoch, dünn (2–3 mm), niederlgd.-aufstgd., 4–12-rippig, nur an der Basis ästig; Internodien 1–3 cm lg. Ufer, Gräben, kalkhaltige Flachmoore . . . . **E. variegatum**, 169

— Stgscheiden walzl., eng anlgd., ihre Zähne lg. pfrieml., m. schmalem Hautrand; Internodien 1–2 mm dick, 2–5 cm lg. m. 7–14 deutl. Rippen; Stg. bleich- bis graugrün; Pfl. meist überwinternd, nur an der Basis verzweigt. Nasse Wiesen . . . . **E. × trachyodon**, 169

5(1). Zentrale Stghöhle mehr als $^{2}/_{3}$ des Stg.-Dm einnehmend **11**

— Zentrale Stghöhle höchstens $^{2}/_{3}$ des Stg.-Dm einnehmend **6**

6. Stg. bis zur Spitze elfenbeinweiß, bis 1,5 m hoch und bis 20 mm dick, im oberen Teil reich ästig verzweigt; fertile u. sterile Sprosse verschieden gestaltet und nicht gleichzeitig erscheinend. Quellige Waldstellen **E. telmateia**, 168

— Stg. grün od. grau- bis blaugrün, nicht elfenbeinweiß **7**

7. Seitenäste sehr dünn, sich regelmäßig reich quirlig verzweigend und bogig abwärts gekrümmt *(324a);* Stgscheidenzähne zu 5–18, diese gruppenweise zu 3–4(–6) zu stumpfen Lappen verwachsen (*324b*); fertile und sterile Sprosse verschieden gestaltet; die ersteren nach der Sporenreife ergrünend, sich verzweigend u. dadurch den sterilen gleich werdend. Feuchte, schattige Wälder, Bergwiesen . . . **E. sylvaticum**, 168

— Seitenäste nicht reich und fein quirlig verzweigt und abw. gebogen; Stgscheidenzähne nicht gruppenweise verwachsen **8**

8. Stgscheiden zur Spitze hin deutl. glockig erweitert, m. schwarzbraunen, abfallenden Zähnen *(330);* Stg. grau bis blaugrau, bis 9 mm dick, mit

6–26 Rippen; Internodien 3–10 cm lg.; Seitenäste hohl, 5–9-rippig; Pfl. bis 80 cm hoch. Kiesufer .... **E. ramosissimum**, 169

— Blattscheiden spitzenw. nicht od. kaum erweitert; Zähne bleibend; Sprosse grasgrün **9**

9. Seitenäste dünn, meist nur einfach verzweigt, 3(–5)-rippig, nicht hohl; Stgscheiden m. 10–20 Zähnen, diese so lg. wie die Scheide selbst; fertile und sterile Sprosse verschieden gestaltet, aber gleichzeitig erscheinend, die ersteren nach der Sporenreife ergrünend und sich verzweigend und dadurch den sterilen gleich werdend. Feuchte Wälder und Gebüsche .... **E. pratense**, 168

— Seitenäste kräftiger, 4–5(–7)-rippig; Zähne der Stgscheiden nur zu 4–12(–18), kürzer als die Scheidenröhre **10**

10. Unterstes Internodium der Seitenäste so lg. wie od. länger als die Stgscheide; Zähne der Stgscheiden (6–)10–12(–18); fertile u. sterile Sprosse verschieden gestaltet *(323a+b)* u. nicht gleichzeitig erscheinend, bis 50 cm hoch. Acker, Dämme, Wege .... **E. arvense**, 168

— Unterstes Internodium der Seitenäste deutlich kürzer als die Stgscheide; Zähne der Stgscheiden (4–)7–8(–10), m. hellem Hautrand; fertile u. sterile Sprosse gleichgestaltet u. gleichzeitig erscheinend; Pfl. 60 (–100) cm hoch. Nasse Wiesen, Ufer .... **E. palustre**, 169

11(5). Blattscheiden eng anlgd., m. 10–30 Zähnen *(329);* Stg. ohne hervortretende Rippen (s. auch Nr. **2**)................... **E. fluviatile**, 169

— Blattscheiden glockig erweitert, m. ca. 12 Zähnen; Stg. deutl. gerippt, 4–5 mm dick, etwas rau .... **E. × litorale**, 169

Unterabteilung: **Polypodiophýtina**, *Farnähnliche*

Blätt. groß, einfach od. stark gefied., einzeln od. in Vielzahl; Sporangien zahlr., an gesonderten Blattabschnitten od. Blätt. od. auf der Unterseite der Blätt., oft zu Häufchen (Sori) vereinigt, Sporangienwand 1-schichtig (außer *Ophioglossales*).

Klasse: **Polypodiópsida**, *Farne*

Sporangien an besonderen Blattabschnitten, m. mehrschichtiger Wand.

Ordnung: **Ophioglossáles**

Familie: **Ophioglossáceae**, *Natternzungengewächse*

Stamm kurz, unterirdisch, alljährl. nur 1 Blatt hervorbringend, das in einen unfruchtbaren sterilen, ganzrandigen *(145)* od. gefied. *(334–338)* u. einen sporentragenden, fertilen Abschnitt geglied. ist; Sporangien m. mehrschichtiger Wand, groß, in einfacher Ähre *(145)* od. Rispe *(334–338)*. Alle Sporen gleichartig.

1. Steriler Blattabschnitt ungeteilt, eif., ganzrandig; Sporangienstand ährig *(145)* . . . . **Ophioglossum,** 172
— Steriler Abschnitt fiedspaltig od. gefied.; Sporangienstand rispig *(334–338)* . . . . **Botrychium,** 172

1. Ophioglóssum L., *Natternzunge*
Pfl. gelbgrün, 10–30 cm hoch *(145);* ♃; VI–VIII. Kalkhaltige Magerwiesen, feuchte Wiesen, Flachmoore; *z.* * **O. vulgátum** L.

2. Botrýchium Sw., *Mondraute*
1. Steriler Spreitenabschnitt breit 3-eckig, breiter als lg. *(336–337)*, wenigstens in der Jugend behaart. **5**
— Steriler Spreitenabschnitt länger als breit, kahl *(334–335, 338)* . . **2**
2. Fertiler Abschnitt in der unt. Hälfte der Blattlänge abzweigend; steriler Abschnitt rundl. bis verkehrt eif., fied.- od. 3-teilig *(338);* ♃; V–VI. Magerrasen; *s* im NO, Da, We (Paderborn), St, früher NS (Oldenburg), Br, Schw, Ti, Schl, Vs, Gr, Ti, ČR. Ⓖ *Einfache M.,* **B. símplex** Hitchc.
— Fertiler Abschnitt in der Mitte od. in der ob. Hälfte der Blattlänge abzweigend **3**
3. Steriler Blattabschnitt einfach gefied., m. halbmondf., sich meist deckenden Fied. *(334);* ♃; V–VII. Magerrasen, Bergwiesen; *z,* bis in die alp. Reg. aufstgd. Ⓖ *Echte M.,* * **B. lunária** (L.) Sw.
— Steriler Blattabschnitt doppelt fiedteilig; Fied. 1. Ordn. jedersts. 2–6, entfernt sthd. **4**

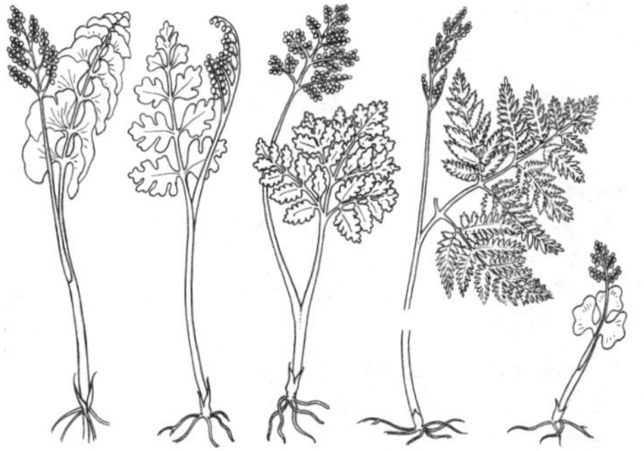

334 335 336 337 338

4. Blattabschnitte u. -zähne abgerundet, gestutzt od. ausgerandet *(335);* ♃*;* VI–VII. Magerrasen, Heiden, lichte Wälder; *s.* (= *B. ramosum* Asch.; = *B. rutaceum* Willd. non Sw.)

Ⓖ! *Ästige M.,* **B. matricariifólium** A. Br. ex Koch

— Blattabschnitte u. -zähne spitz; ♃; VII–VIII. Magerrasen der Alp., sehr *s*, nur Ts, Gr, OTi, Bz, Kt, früher Ti.

Ⓖ *Lanzettliche M.*, **B. lanceolátum** (Gmel.) Ångström

5(1). Steriler Abschnitt bis 6 cm lg. gestielt, dick, fleischig, gelbgrün, 2–3fach gefied.; Fied. rundl. bis eif., ganzrandig od. gekerbt *(336);* ♃; VII–IX. Magerrasen, Weiden, lichte Wälder; NS, Da, Me, Br, Th, Sa, Ba, E, Au, Bz, früher BW, ČR, *s.* (= *B. rutaceum* Sw. non Willd.; = *B. rutaefolium* A. Br.) Ⓖ! *Vielteilige M.,* **B. multífidum** (Gmel.) Rupr.

— Steriler Abschnitt fast sitzend, dünn, 2–4fach gefied.; Fied. längl., eingeschnitten bis fiedspaltig *(337);* ♃*;* VII–VIII. Bergwaldwiesen; Ramsau b. Berchtesgaden, am Eibsee b. Garmisch, Ti, Sb, Kt, St, OÖ, NÖ, Gr, *s,* früher OPr.

Ⓖ *Virginische M.,* **B. virginiánum** (L.) Sw.

Ordnung: **Osmundáles**

Familie: **Osmundáceae**, *Königsfarngewächse*

Ausdauernde Farne m. großen, spreuschuppenlosen, gefied. Wedeln; Sporangien an besonderen Wedelabschnitten *(146)* knäuelig gehäuft.

Osmúnda L., *Königsfarn*
Wedel 50–160 cm lg., m. längl. abgerundeten Fied.; Sporangien in reich verzweigter Rispe *(146);* ♃; VI–VII. Erlenbrüche, feucht-schattige Wälder; im N u. W *z,* im S u. O *s.* Ⓖ * **O. regális** L.

Ordnung: **Hymenophylláles**

Familie: **Hymenophylláceae**, *Hautfarngewächse*

Zarte, kleine Farne vorwgd. tropischer Verbreitung. Sori am Rand des Blattes *(147)*.

Hymenophýllum Sm., *Hautfarn*
Wedel fein zerteilt, zart, m. linealen, gesägten Zipfeln *(143)*; Pfl. moosart., 2–8 cm lg.; ♃; VII–VIII. Feuchte Sandsteinschluchten; sehr *s;* N-Vog., Lx, RhPf (Bollendorf östl. der Sauer), früher in Sa (Elbsandsteingeb.).
Ⓖ! **H. tunbrigénse** (L.) Sm.

Ⓖ *Dünnfarn,* **Trichómanes speciósum** Willd. Seine Prothallien wurden neu entdeckt in Höhlen in Lx, Vog, RhPf, Ba, BW, He, NrWe, Sa, ČR.

Ordnung: **Dicksoniáles**

Familie: **Dennstaedtiáceae** *(= Hypolepidaceae), Adlerfarngewächse*

Pfl. ausdauernd; Rhizom von dünnen Schuppen bedeckt; Sori zu einem linienart. Randsaum vereinigt u. vom umgebogenen Blattrand bedeckt; dieser einen falschen Schleier bildend *(150)*.

Pterídium Kuhn, *Adlerfarn*
Wedel 2–4fach gefied., sehr groß (60–200 cm), übergebogen, m. lg. gelbl. Stielen, diese auf dem Querschnitt m. adlerähnl. Figuren; ♃; VII–X. Wälder, Kahlschläge, Weiden, kalkmeidend; *v.* * **P. aquilínum** (L.) Kuhn

Ordnung: **Pteridáles**

Familie: **Pteridáceae,** *Saumfarngewächse* (incl. *Adiantaceae, Sinopteridaceae* u. *Cryptogrammaceae*)

Sori ohne Schleier, meist am Blattrand, Wedel 1–4fach gefiedert.

1. Wedel 1fach gefied. od. untere Fied. zusätzl. gegabelt; Fied. schmal lanzettl., bis 40 cm lg.; Pfl. 50–70 cm hoch **Pteris,** 175
— Wedel 2–4fach gefied. **2**
2. Wedel unterst. m. zahlreichen Schuppen . . . **Cheilanthes,** 175
— Wedel unterst. ohne Schuppen **3**
3. Fied. letzter Ordnung m. dünnen schwarzen Stielen, > 5 mm breit; fertile u. sterile Wedel gleich gestaltet . . . **Adiantum,** 175
— Fied. letzter Ordnung m. grünen Stielen; fertile und sterile Wedel verschieden gestaltet *(158 a, b)* **4**
4. Fertile Fied. letzter Ordnung am Rand umgerollt *(158 b,c)*, schmal lineal, 1–2 mm breit; Sori am Blattrand *(158 c)*
Cryptogramma, 175

— Fertile Fied. letzter Ordnung flach, am Rand nicht umgerollt, teilweise > 2 mm breit, keilig eif., gebuchtet; Sori auch auf der Blattfläche . . . . **Anogramma,** 175

1. Ptéris L., *Saumfarn*
Pfl. 50–70 cm hoch; Wedelstiel 2–3 mm dick, hellbraun; Wedel m. bis zu 7 Fiedpaaren; Sori am Blattrand im unt. u. mittl. Teil der Fied.; ♃; VI–VII. Schattige Felsen, nahe Wasserfällen; sehr *s,* Waadt, Ts. **P. crética** L.

2. Cheilánthes Sw., *Pelzfarn*
Wedelstiel dk. rotbraun, zerstreut schuppig; Spr. 2fach gefied., dkgrün, obersts kahl, untersts. dicht m. hellbraunen od. farblosen Spreuschuppen besetzt; ♃; VI–VII. Felsen, bes. auf Serpentin, auch auf Porphyr und Silikat; *s,* St (Murtal), Ts, Bz, Bgl, ČR (Mähren). [= *Notholaena marantae* (L.) Desv.] **Ch. marántae** (L.) Domin

3. Cryptográmma R. Br., *Rollfarn*
Pfl. rasig; sterile Wedel gelbgrün, zart, ihre Spr. im Umriss 3-eckig-eif. *(158a);* ♃; VI–IX. Geröllhalden, auf Urgestein, bis 2800 m; *s,* Alp., Schw., Vog., Bayrw., Hohes Venn, Be, Lx, Böhmw., Iser- u. Riesengeb. [= *Allosorus crispus* (L.) Bernh.] Ⓖ **C. crispa** (L.) R. Br. ex Hook.

4. Adiántum L., *Venushaarfarn*

Wedel zweizeilig, 10–60 cm lg.; Fied. letzter Ordnung keilig verkehrt eif., vorn kerbig gezähnt; Wedel nicht benetzbar; ♃; VI–IX. Überrieselte Felsen, Brunnen; *s,* Ts, Bz. 🄶 **A. capíllus-véneris** L.

5. Anográmma Lk., *Nacktfarn*

Wedel bis 25 cm hoch, sein Stiel unten dunkelbraun; fertile Wedel aufrecht; Spr. dünn, 3-fach gefied.; ⊙–⊙; V–VI. Feuchte schattige Felsen; sehr *s,* Vs, Ts, Bz. **A. leptophýlla** (L.) Lk.

339 340 341

Ordnung: **Blechnáles**

Familie: **Thelypteridáceae**, *Sumpffarngewächse*

Pfl. ausdauernd; Rhizom behaart od. m. behaarten Spreuschuppen; Wedelstiele m. 3–7 Leitbündeln; Wedel einfach gefied.; Sori randnah *(352–353).*

1. Unterste Fied. kleiner als die folgenden; Blattunterseite m. goldgelben Drüsen, beim Zerreiben nach Zitrone duftend; Rhizom kurz, Wedel daher in dichter Rosette, 30–100 cm lg. . . . . **Oreopteris,** 176

— Unterste Fied. kaum größer als die folgenden *(339);* Wedel beim Zerreiben nicht nach Zitrone duftend; Rhizom verlängert, Wedel daher nicht in Trichterrosette **2**

2. Unterstes Fiedpaar oft rückw. gerichtet *(339);* Blattspr. unterssts. kurzhaarig, obersts. zerstreut lghaarig; Sori ohne Schleier **Phegopteris,** 176

– Unterstes Fiedpaar nach der Seite od. leicht vorw. gerichtet; Blattspr. nur jung untersts. spärl. behaart u. m. gelbl. Drüsen; Sori m. hinfälligem Schleier . . . . **Thelypteris,** 176

1. Oreópteris Holub, *Bergfarn*
Pfl. 50–100 cm hoch; Fiederchen ganzrandig od. leicht geschweift, am Rand herabgekrümmt *(352);* Sori dem Rand genähert, nicht zusammenfließend; ♃; VII–IX. Laubwälder, Weideflächen, Böschungen, auf kalkarmen Böden vor allem der montanen u. subalp. Stufe, im S *v*, im N *z*. [= *Dryopteris montana* (Vogler) Ktze.; = *D. oreopteris* (Ehrh.) Maxon; = *Lastrea oreopteris* (Ehrh.) Bory; = *L. limbosperma* (All.) Holub & Pouzar; = *Thelypteris limbosperma* (All.) H. P. Fuchs] * **O. limbospérma** (All.) Holub

2. Phegópteris (C. Presl) Fée, *Buchenfarn*
Pfl. 15–30 cm hoch; Wedel 3-eckig-eif. *(339);* ♃; VI–VIII. Wälder, kalkmeidend; gesellig u. *v*. [= *Dryopteris phegopteris* (L.) C. Christensen; = *Gymnocarpium phegopteris* (L.) Newm.; = *Aspidium phegopteris* (L.) Baumg.; = *Thelypteris phegopteris* (L.) Slosson] * **Ph. connéctilis** (Michx.) Watt

3. Thelýpteris Schmidel, *Sumpffarn*
Pfl. 30– 80 cm hoch, Wedel aufrecht; Fiederchen der fertilen Wedel m. zurückgerolltem Rand, schmal lineal; ♃; VI–IX. Moore, Erlenbrüche, Röhrichte, im N *v*, im S *z–s*. [= *Lastrea thelypteris* (L.) Bory; = *Dryopteris thelypteris* (L.) Gray] * **Th. palústris** Schott

Familie: **Aspleniáceae**, *Streifenfarngewächse*

Pfl. ausdauernd; Blattstiel m. 2 Leitbündeln, die sich häufig zu einem x-förmig gestalteten Bündel vereinigen; Sori m. Schleier (Indusium) auf der Blattfläche.

Asplénium L., *Streifenfarn*

1. Wedel ungeteilt, lanzettl.-zungenf., kurz gestielt, m. herzf. Grd. u. oft welligem Rand; Sori lineal *(159);* ♃; VII–IX. Felsige Schluchtwälder,

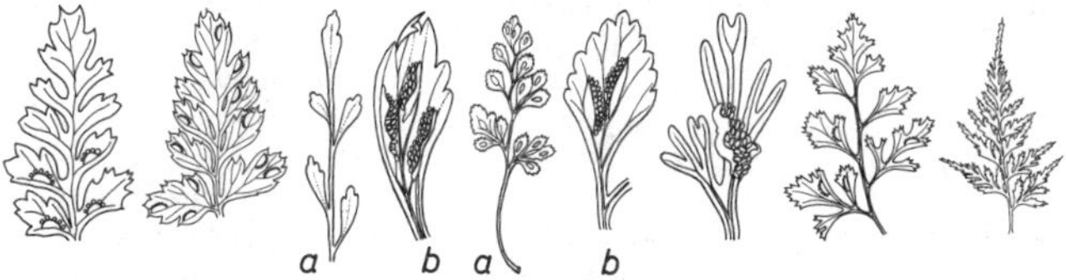

342 343 344 345 346 347 348

Mauern, auf Kalk; im S, W u. Alp. *z*, sonst *s*, im NO *f*. [= *Scolopendrium vulgare* Sm.; = *Phyllitis scolopendrium* (L.) Newm.]

Ⓖ *Hirschzunge*, * **A. scolopéndrium** L.

— Wedel gefied. od. fiedteilig. **2**

2. Wedel untersts. dicht schuppig *(148)*, fiedteilig *(162)*; Wedelabschnitte längl. bis rundl., ganzrandig; Sori längl., erst nach Entfernung der Spreuschuppendecke sichtbar (*148*, linke Fied.); ♃; VII–IX. Mauern, Felsen; *z* im S u. W, CH, Bz, Au, *s* im M-Gebiet, ČR. (= *Ceterach officinarum* DC.) Ⓖ *Schriftfarn, Milzfarn*, * **A. céterach** L.

— Wedel untersts. nicht dicht schuppig, 1- bis mehrfach gefied. od. schmal gabelf. *(340)* **3**

3. Wedel deutl. gefied., einfach od. doppelt bis mehrfach *(163, 345)* . **5**

— Wedel unregelmäßig gabelteilig *(340)*, 3-spaltig od. 3-zählig gefing. *(341)*, lg. gestielt; Sori zusammenfließend. **4**

4. Spr. kahl, ungleich gabelteilig, m. 2–4 schmal linealen, 1–2 mm breiten, ledrigen Fied. *(340)*; Sori sehr lg. *(154)*; ♃; VII–VIII. Trockene Felsen, Mauern, kalkmeidend; im S *z*, CH, BZ, Au, M-Dt *v*, im N *s*.

Nördlicher St., Gabel-St., * **A. septentrionále** (L.) Hoffm.

— Spr. beidersts. weißfilzig, fingerf. 3-teilig, m. rhombischen od. am Grd. verlängert-keilf. Abschnitten *(341)*; Sori 2-reihig; Schleier am Rand ausgefressen gezähnt; ♃; VII–IX. Trockene Kalk- u. Dolomitfelswände; Dt (Bad Reichenhall), Bz, OTi, Kt, St, OÖ, NÖ.

🄶 *Dolomit-St.*, **A. seelósii** Leyb.

5(3). Wedelstiel so lg. wie od. länger als die Spr. **11**

— Wedelstiel kürzer als die Spr. **6**

6. Wedel doppelt bis 3fach gefied., im Umriss lineal-lanzettl. **9**

— Wedel einfach gefied. *(163)* **7**

7. Blattstiel und Rhachis schmalhäutig braun geflügelt (Lupe!), bis zur Spitze glzd. rot- bis schwarzbraun; unt. Fied. voneinander entfernt, die ob. genähert, später von der bleibenden Spindel abfallend, m. borstenf. zugespitzten u. bewimperten Spreuschuppen; ♃; VII–IX. Felsen, Mauern; im *S v*, sonst *z*.

🄶 * *Brauner St.*, **A. trichómanes L.**

a. Rhizomschuppen bis 3,5 mm lg.; Fied. längl.-rundl., 2,5–7,5 mm lg.; diploide Sippe (2n = 72); kalkmeidend. (= ssp. *bivalens* D. E. Meyer)

ssp. **trichómanes**

b. Rhizomschuppen bis 5 mm lg.; Wedel 6–35 cm lg., aufrecht od. überhgd., mit 16–48 getrennten, sich selten berührenden Fiedpaaren; Fied. eif. bis längl., 4–12 mm lg., dichter als bei voriger Unterart; Sporen dkbraun, selten hellbraun; tetraploide Sippe (2n = 144); kalkliebend; *v.*

ssp. **quadrívalens** D. E. MEYER

c. Rhizomschuppen bis 3,5 mm lg.; Fied. waagrecht absthd., längl. oval, m. parallelen Seiten, zart, 4–8 mm lg.; diploide Sippe (2n = 72); auf Kalk; *s,* St, Kt, NÖ. ssp. **inexpéctans** LOVIS

d. Wedel 2–12 cm lg., meist seesternartig dem Fels angeschmiegt; Fied. dicht gestellt, m. keiligem Grd. spießf., gesägt, unterst. m. kurzen Drüsenhaaren; Sporen bernsteinfarbig, ± durchscheinend; tetraploide Sippe (2n = 144); *s,* BW, Ba, Th, Sa, NS, Vs, Bz, OTi, Kt, St, NÖ, ČR.

ssp. **pachýrachis** (CHRIST) LOVIS & REICHSTEIN

e. Fied. dicht gestellt, untere bis mittlere oft spießf., beiderst. geöhrt, gelb-dkgrün; vollreife Sporen dkbraun bis gelbbraun; tetraploide Sippe (2n = 144); senkrechte Kalk- od. Dolomitfelsen; *s,* Th, Sa, E, BW, Ba, RhPf, CH, Bz, Kt, St, NÖ. ssp. **hastátum** (CHRIST) S. JESSEN

— Blattstiel und Rhachis nicht geflügelt, die letztere wenigstens oben grün **8**

8. Blattstiel nur am Grd. braun, sonst gleich der Rhachis grün; Fied. gekerbt, grün, weich, in einer Ebene ausgebreitet *(163),* an der Rhachis welkend; ♃; VII–VIII. Feuchte, schattige Kalkfelsen; Alp. u. Vorland *v,* im S *z,* sonst *s.* Ⓖ *Grüner St.,* **A. víride** HUDS.

— Gesamter Blattstiel u. Basis der Rhachis rotbraun, sonst grün; ♃; VII–VIII. Serpentinfelsen; *s* in Fichtgeb., Frw., Sa, Schl, ČR (Böhmen), Ts, Gr, Au. Ⓖ *Braungrüner St.,* **A. adulterínum** MILDE

9(6). Wedelstiel nur am Grd. schwarzbraun, sonst grün; Wedel zum Grd. stark verschmälert; Sori dem Mittelnerv der Fied. genähert *(342);* ♃ VI –IX. Schattige Kalkfelsen; *s,* BW (Geislingen, früher Höllental), Th (Kyffhäuser), früher He (Marburg), NrWe (Wuppertal), Vb, St, CH.

Ⓖ *Jura-St.,* **A. fontánum** (L.) BERNH.

— Wedelstiel bis zur Rhachis od. weiter braun; Wedel zum Grd. wenig od. nicht verschmälert **10**

10. Wedelstiel braun; Rhachis grün; unterstes Fiedpaar oft abw. zurück gerichtet; Fiederchen eckig gezähnt; Sori vom Rand entfernt; ♃; VII–IX. Silikatfelsen, Mauern; nur RhPf (Bad Ems), Vs, Ts.

Ⓖ *Französischer St.,* **A. foreziénse** MAGNIER

— Auch Teil der Rhachis unterst. braun; unt. Fiedpaar meist rechtwinklig abstehend, meist etwas kürzer als das folgende; Sori dem Rand genähert *(343);* Fiederchen gesägt; ♃; VII–IX. Feuchte, beschattete Sandsteinfelsen; *s* S-Pf, N-E, N-Vog., Lx, Ts, Schw. (= *A. lanceolatum* HUDS. non FORSSK.; = *A. billotii* F. W. SCHULTZ)

Ⓖ *Lanzettlicher S.,* **A. obovátum** VIV. ssp. **lanceolátum** (FIORI) P. SILVA

11(5). Wedel einfach (am Grd. oft doppelt) gefied., 4–12 cm lg., m. 5–11 schief keilf. Fied. *(344),* die unt. sehr entfernt u. gestielt, die obersten zu fiedspaltiger Endfied. vereinigt; ♃; VII–IX. Trockene Mauer- u. Felsspalten, kalkmeidend; CH, Bz, Au, im W *z,* sonst *s.* [Bastard *A. septentrionale* × *trichomanes* (diploid); = *A. germanicum* auct.; = *A. breynii* RETZ.) *Deutscher St.,* **A.** × **alternifólium** WULF.

— Wedel 2–4fach gefied.; Wedelstiel braun od. grün **12**

12. Wedelstiel braun, ca. 2 mm dick; Spr. lg. zugespitzt **15**

— Wedelstiel grün, nur am Grd. braun, 1 mm dick; Spr. an der Spitze meist stumpf **13**

13. Wedel 3fach gefied., letzte Abschnitte lineal-keilf. *(346),* meist nicht > 0,5 mm breit; ♃; VII–VIII. Felsspalten, Geröll, 800–2400 m, kalkliebend; *s,* Ba (Ruhpolding), St, OÖ, NÖ.
Ⓖ *Zerteilter St.,* **A. físsum** Kit. ex Willd.

— Wedel 2–3fach gefied. *(345a),* letzte Abschnitte > 2 mm breit .. **14**

14. Fied. m. zahlr. kurzen gestielten Drüsen, lichtgrün, zart; Sporangien z. Reifezt. die Unterseite nicht bis zur Spitze deckend; ♃; VII–IX. Nischen von Kalkfelsen; *s,* nur St, NÖ. *Zarter St.,* **A. lépidum** C. Presl

— Fied. drüsenlos od. nur m. vereinzelten Drüsen, dunkelgrün, etwas lederig *(345a);* Sporangien z. Reifezt. die Fiedunterseite oft ganz bedeckend; ♃; VI–VII. Fels- u. Mauerspalten, besonders der montanen Reg.; *v,* formenreich. *Mauerraute,* * **A. rúta-murária** L.

a. Sporen 42–51 µm lg.; *v.* ssp. **rúta-murária**

— Sporen 31–41 µm lg.; *s,* Bz, Kt, OTi. ssp. **dolomíticum** Lovis & Reichstein

15(12). Wedel nicht glzd., weich, nicht überwinternd; Fied. meist gerade absthd., nicht aufw. gebogen, letzte Abschnitte rhombisch bis keilf., vorn gestutzt *(347);* ♃; VII–VIII. Felsen, Geröll, steinige Abhänge, nur auf Serpentin; *s,* Fichtgeb., Frw., Th, Vogtl., Erzgeb., Schl, Sb, St, Bgl, NÖ, ČR. (= *A. serpentini* Tausch; = *A. forsteri* Sadler)
Ⓖ *Serpentin-St.,* **A. cuneifólium** Viv.

— Wedel ledrig od. silbrig glzd., überwinternd **16**

16. Fied. gerade absthd., selten aufw. gekrümmt, m. eif. bis längl. aufrecht absthd. Abschnitten; ♃; VII–VIII. Felsen, Mauern, Geröll, kalkmeidend; im S u. W *z,* sonst *s.* *Schwarzer St.,* **A. adiántum-nígrum** L.

— Fied. aufw. gekrümmt u. zusammenneigend, wie die Spr. lg. zugespitzt, m. meist schmal längl., stachelspitzig gezähnten Abschnitten *(348);* ♃; V–VIII. Felsen, Wälder, kalkmeidend; *s,* Ts, Gr, Schl. [= *A. adiantum-nigrum* L. ssp. *onopteris* (L.) Luerssen]
Spitziger St., **A. onópteris** L.

Es sind zahlr. *Asplenium*-**Bastarde** bekannt. Sie sind, wie alle Farnbastarde, an den oft verklumpten Sporen u. den häufig unentwickelten Sporangien zu erkennen.

Familie: **Woodsiáceae** *(= Athyriaceae), Wimperfarngewächse*

Pfl. ausdauernd; Rhizom m. durchsichtigen Spreuschuppen; Blattstiel rinnig, m. 2 Leitbündeln, die sich zur Spr. hin zu u-förmiger Figur vereinigen; Sporangien auf der Spr., asymmetrisch.

1. Sterile u. fertile Blätt. verschieden gestaltet *(161);* letztere straußenfederähnl., nach den sterilen erscheinend u. nach der Sporenreife sich braunschwarz verfärbend **Matteuccia,** 180

— Alle Blätt. gleich gestaltet **2**

2. Schleier (Indusium) fransig zerschlitzt u. in haarf. Zipfel aufgelöst *(151);* Blattunterseite dadurch behaart erscheinend
Woodsia, 180

— Schleier nicht in haarf. Zipfel aufgelöst, höchstens am Rand etwas gefranst od. fehlend **3**
3. Sori u. Schleier längl. od. hakenf. *(152);* Wedel > 20 cm, bis 120 cm lg. .... **Athyrium filix-femina,** 180
— Sori rund; Schleier oval od. fehlend **4**
4. Schleier vorhanden .... **Cystopteris,** 181
— Schleier fehlend oder vergänglich **5**
5. Unterste Fied. größer als die folgenden; Wedelspreite im Umriss 3-eckig .... **Gymnocarpium,** 181
— Unterste Fied. kleiner als die folgenden; Wedelspreite im Umriss lanzettl. .... **Athyrium distentifolium,** 180

1. Matteúccia Tod. (= *Struthiopteris* Willd.), *Straußfarn*
Fertile Wedel m. straußenfederart. eingerollten, später dkbraunen Fied. *(161b),* von den längeren, sterilen Wedeln *(161a)* trichterf. umstellt; ♃; VI–VII. Wald- u. Gebirgsbäche; *z* Alp., südl. Mittelgeb., ČR, Be u. Da *s; f* im NW; *v* als Zierpfl. [= *Struthiopteris germanica* Willd.; = *St. filicastrum* All.; = *Onoclea struthiopteris* (L.) Roth] ⓖ * **M. struthiópteris** (L.) Tod.

2. Woódsia R. Br., *Wimperfarn* ⓖ
1. Wedel in allen Teilen m. Spreuschuppen *(151)* u. Gliederhaaren; Blattstiel rotbraun; Fied. eif.-längl., m. 5–8 Fiederchen; ♃; VII–VIII. Sonnige Felsen, kalkmeidend; *s* in BW (Schw.), He, Sa, Schl, NS, Ti, Kt, St, Ts, Gr, OTi, Bz, ČR, früher Sb. ⓖ *Südlicher W.*, **W. ilvénsis** (L.) R. Br.
— Wedel in allen Teilen nur m. wenigen Spreuschuppen od. Haaren bzw. völlig kahl **2**
2. Wedel unterststs. m. wenigen Spreuschuppen u. Haaren; Wedelstiel oberhalb des schwarzen Grd. bräunl.; Fied. beiderststs. m. 1–4 stumpfen Lappen; ♃; VII–VIII. Silikatfelsspalten; *s* in Bayr. Alp. (Höfats im Allgäu), Au, CH, früher ČR. [= *W. ilvensis* (L.) R. Br. ssp. *hyperborea* (Lilj.) Hartm.; = *W. ilvensis* (L.) R. Br. ssp. *alpina* (Bolt.) Asch.] ⓖ *Alpen-W.,* **W. alpína** (Bolt.) Gray
— Wedel unterststs. völlig kahl; Wedelstiel nur am Grd. schwarz, sonst grün bis gelb; Fied. beiderststs. mit 2–7 stumpfl., gelbl. Lappen; ♃; VII–VIII. Schattige Kalkfelsen; Bayer. Alp. (Funtensee), Ti, Kt, St, CH, Bz, *s.* (= *W. glabella* auct.) ⓖ *Zierlicher W.,* **W. pulchélla** Bertol.

3. Athýrium Roth, *Frauenfarn*
1. Schleier bleibend, bewimpert; Sori längl. od. hakig, von den Buchten etwas entfernt *(152);* Wedel 1–2fach gefied., kurz gestielt (Fied. 2. Ordnung durch schmalen Hautsaum verbunden); Fiederchen 1- bis mehrfach gesägt, am Grd. ungleichhälftig; Wedelstiel m. schmal lanzettl. Spreuschuppen; ♃; VII–IX. Wälder, Bergweiden; *v.* *Wald-F.,* * **A. fílix-fémina** (L.) Roth
— Schleier verkümmernd, sehr vergängl.; Sori klein, später kreisrund, kurz gestielt; Wedel 2fach gefied.; Fiederchen breit lanzettl., m. gesägten Abschnitten *(349);* Wedelstiel m. breit lanzettl. Spreuschuppen; ♃; VII–VIII. Bergwälder, Grünerlengebüsch; in Mittelgeb. *s,* Alp. *v.* [= *A. alpestre* (Hoppe) Milde] *Gebirgs-F.,* * **A. distentifólium** Tausch ex Opiz

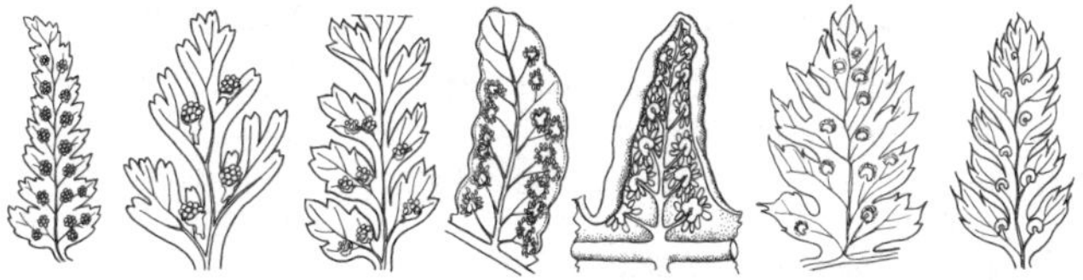

349 350 351 352 353 354 355

4. Cystópteris Bernh., *Blasenfarn*

1. Rhizom lg. kriechend; Wedel deshalb entfernt sthd., 2–4fach gefied.; Spr. kürzer als der Stiel, 3-eckig bis breit eif. 3

— Rhizom kurz; Wedel deshalb rosettig, 10–40 cm lg., zart, durchscheinend, meist 2fach gefied.; Spr. im Umriss längl.-lanzettl., meist länger als der Stiel; unterstes Fiedpaar kürzer als die folgenden 2

2. Fiederchen aus keilf. Grd. schmal längl., an der Spitze ausgerandet bis eingeschnitten; die letzten Nervenäste in die Buchten laufend *(350);* ♃; VII–VIII. Felsspalten u. Geröll, kalkliebend; Alp. *z,* Bayrw. (Arber) *s.* [= C. *fragilis* (L.) Bernh. ssp. *alpina* Lam. (Briq.); = *C. fragilis* ssp. *regia* auct.; = *C. regia* auct.) *Alpen-B.,* **C. alpína** (Lam.) Desv.

— Fiederchen eif. bis lanzettl. zugespitzt, kurz gestielt, letzte Nervenäste in die Spitzen auslaufend *(351);* ♃*;* VII–IX. Mauern, Felsen; *v,* im N *s.* *Zerbrechlicher B.,* * **C. frágilis** (L.) Bernh.

a. Sporenoberfläche stachelig; *v.* ssp. **frágilis**

b. Sporenoberfläche runzelig; *s,* Ba, BW, Sb., Vs, Ts, Glarus, Bz, ČR. (= *C. dickieana* R.Sim) ssp. **dickieána** (R. Sim) Moore

3(1). Spreuschuppen am Rand drüsig; Blätt. im Umriss 3-eckig-eif.; Schleier fast kahl; Rhachis feindrüsig; ♃; VII–VIII. Feuchtes Kalkgeröll in Bergwäldern; SchwAlb *s,* Alp. *z.* ⓖ *Berg-B.,* **C. montána** (Lam.) Desv.

— Spreuschuppen meist drüsenlos; Blätt. im Umriss breit eif.; Schleier dicht drüsig; Rhachis kahl; ♃; VII–VIII. Feuchte Fichtenwälder; *s* in Ba (Berchtesgaden), früher Sudeten. ⓖ *Sudeten-B.,* **C. sudética** A. Br. ex Milde

5. Gymnocárpium Newm. (incl. **Lástrea** Bory p.p.), *Eichenfarn, Ruprechtsfarn*

1. Wedel kahl; Stiel 2–3-mal so lg. wie die fast waagrecht übergebogene Spr.; basales Fiedpaar fast so groß wie die restl. Spr.; ♃; VII–VIII. Laub- u. Mischwälder, besonders der montanen Reg.; *v.* [= *Phegopteris dryopteris* (L.) Fée; = *Lastrea dryopteris* (L.) Bory; = *Dryopteris linnaeana* C. Chr.] *Eichenfarn,* * **G. dryópteris** (L.) Newm.

— Wedel untersts. dicht kurzdrüsig, gelbgrün; basales Fiedpaar kleiner als die übrige Spr.; Wedelstiel nur 1,5-mal so lg. wie die aufrechte Spr.; Sori später meist zusammenfließend; ♃; VII–VIII. Kalkschutthalden, Mauern; Alp. *v,* im S *z,* im N *s.* [= *Phegopteris robertiana* A. Br.; = *Dryopteris robertiana* (Hoffm.) C. Chr.; = *Lastrea calcaria* (Sm.) Bory] *Ruprechtsfarn,* * **G. robertiánum** (Hoffm.) Newm.

Familie: **Dryopteridáceae** *(= Aspidiaceae), Wurmfarngewächse*

Pfl. ausdauernd; Rhizom m. kahlen, durchsichtigen Schuppen; Blattstiel m. 3–7 Leitbündeln; Blattrhachis rinnig; Blatthaare mehrzellig.

1. Schleier schildf., in seiner Mitte angeheftet *(156);* Blattfied. an der Basis deutlich asymmetrisch *(359–361)* **Polystichum,** 182
— Schleier nierenf., seitl. angeheftet; Basis der Blattfied. wenig od. nicht asymmetrisch . . . . **Dryopteris,** 182

1. Polýstichum Roth, *Schildfarn* Ⓖ

1. Wedel 1fach gefied., 10–15 cm lg., kurz gestielt, derb, überwinternd, jedersts. m. 30–50 sichelf., aufw. gekrümmten, doppelt gesägten bis stachelig gezähnten Fied. *(359);* ♃*;* VII–IX. Kalkschutt, Felsspalten; Alp. *v;* in S- u. M-Dt, Be, Lx, ČR *s.* [= *Aspidium lonchitis* (L.) Sw.]
Ⓖ *Lanzen-Sch.,* * **P. lonchítis** (L.) Roth
— Wedel 2–3fach gefied. **2**
2. Blätt. hellgrün, beidersts. spreuhaarig; unt. Fied. stumpfl.; Fiederchen kerbig bis weichstachelig gesägt; Sori groß, m. hinfälligem Schleier; ♃; VII–IX. Schluchtwälder; Alp. *z,* Mittelgeb. *s.* (= *Aspidium braunii* Spenn.) Ⓖ *Weicher Sch.,* **P. bráunii** (Spenn.) Fée
— Blätt. derb, ledrig, auf der Oberseite nicht od. kaum behaart; Fied. zugespitzt **3**
3. Unterstes, der Spitze zu gerichtetes Fiederchen aller Fied. deutl. größer als die folgenden; Fiederchen sitzend od. undeutl. kurz gestielt, obere herablaufend *(361);* Wedel überwinternd; Sori groß, m. derbem, bleibendem Schleier; ♃; VII–IX. Schattige Wälder der montanen Reg.; *z,* im N *s.* [= *P. lobatum* (Huds.) Chev.; = *Aspidium lobatum* (Huds.) Sw.] Ⓖ *Gelappter Sch.,* * **P. aculeátum** (L.) Roth
— Unterstes Fiederchen der unt. Fied. kaum größer als die folgenden; Fiederchen etwa 1 mm gestielt *(360);* Wedel meist nicht überwinternd; Wedelspindel dicht spreuschuppig; Sori zieml. klein, Schleier zart; ♃; VI–IX. Feuchte Hangwälder; *s* in den Flusstälern des W, S-He, vom Saartal bis Be u. Ho, CH, Kt, St. [= *P. angulare* (Kit.) C. Presl; = *P. aculeatum* auct. non (L.) Roth]
Ⓖ *Borstiger Sch.,* * **P. setíferum** (Forssk.) Moore ex Woyn.

2. Dryópteris Adans, *Wurmfarn* (nach Fraser-Jenkins u. Reichstein)

1. Wedel 2fach gefied. m. fiedspaltigen Fiederchen od. 3–4fach gefied. **5**
— Wedel einfach gefied. m. fiedspaltigen Fied. od. 2fach gefied. . . . **2**
2. Fertile Wedel aufrecht, am Grd. wenig verschmälert; Fied. jedersts. 17–20, die untersten aus herzf. Grd. 3-eckig *(356);* Wedelstiel dünn (1,5–2 mm), spärl. spreuschuppig; ♃; VII–IX. Torfmoore, Erlenbrüche, kalkmeidend; im N *v,* im S *s.* [= *Aspidium cristatum* (L.) Sw.]
Ⓖ *Kammfarn,* **D. cristáta** (L.) Gray
— Wedelstiel dicker (3–4 mm), dicht spreuschuppig; Wedel jedersts. m. 20–35 Fied., am Grd. meist verschmälert **3**
3. Wedel ledrig, dunkelgrün, überwinternd; Stiel u. Wedelspindel m. lg., an der Basis dunklen Spreuschuppen besetzt; Fiedansatz unterst.

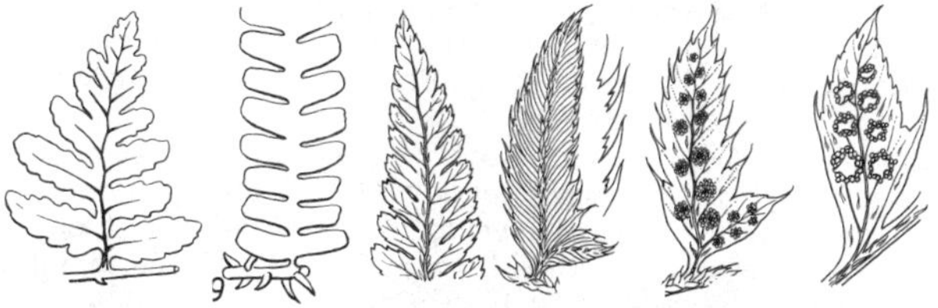

356 357 358 359 360 361

violettschwarz; letzte Fiedabschnitte schief gestutzt, m. parallelen, ganzrandigen Seiten *(357);* ♃; VI–IX. Feuchte, schattige Laubwälder; in S-, M-Dt, Be, Lx, CH, Bz, Au, ČR *z.* [= *Aspidium paleaceum* D. T.; = *D. paleacea* auct. non (Sw.) Hand.-Maz.; = D. *pseudomas* (Wollaston) Holub & Pouzar; = *D. borreri* Newm.] m. mehreren Unterarten, formenreich. *Schuppiger W.,* **D. affínis** (Lowe) Fraser-Jenkins

— Wedel weicher, meist sommergrün; Stiel u. Spindel m. hellen Spreuschuppen besetzt; Fiederansatz untersts. nicht violett; letzte Abschnitte ringsum gezähnt, gelappt, abgerundet od. zugespitzt. **4**

4. Wedelstiel u, -spindel m. bleichen Schuppen besetzt; Wedelfläche ohne Drüsenhaare; Schleier dünn, meist drüsenlos; ♃; VI–IX. Wälder, Gebüsche, Mauern; *v.* [= *Aspidium filix-mas* (L.) Sw.] *Gewöhnlicher W.,* * **D. fílix-mas** (L.) Schott

— Wedelstiel u. -spindel m. rötl.braunen Schuppen besetzt; Wedelfläche oft m. Drüsenhaaren; Schleier ledrig, am Rand oft drüsig, ♃; VI–IX. Felsspalten, Geröll, kalkmeidend; *s.* Art aus W-Europa, nur NrWe (Olpe). (= *D. abbreviata* auct.) *Geröll-W.,* **D. oréades** Fomin

5(1). Wedel 3–4fach gefied. **8**

— Wedel 2fach gefied. m. fiedspaltigen Fiederchen *(354, 355)* **6**

6. Wedel hellgrün, wenigstens untersts. u. auf den Spindeln dicht gelbdrüsig; Wedelstiel höchstens halb so lg. wie die Spr.; Schleier drüsig; ♃; VII–VIII. Geröll, Felsen, 900–2500 m, kalkstet; Alp. *v.* [= *D. rigida* (Hoffm.) Underw.; = *Aspidium rigidum* Sw.; = *Polystichum rigidum* (Sw.) DC.) *Starrer W.,* **D. villárii** (Bell.) Woynar ex Sch. & Th.

— Wedel dunkelgrün; Wedelstiel etwa so lg. wie die Spr. **7**

7. Wedelstiel u. Rhachis m. blassen, einfarbigen Schuppen besetzt (Gegensatz: *D. dilatata);* Fiedspindel am Grd. nicht violettschwarz; Segmente der Fiederchen nahestehend, lg. stachelspitzig gezähnelt, drüsenlos; ♃; VI–IX. Feuchte Wälder, Moore, Erlenbrüche; *v.* [= *Aspidium spinulosum* (Muell.) Sw.; = D. *austriaca* (Jacq.) Woyn. ssp. *spinulosa (*Muell.) Sch. & Th.; = *D. spinulosa* (Muell.) Watt] *Gewöhnlicher Dornfarn,* * **D. carthusiána** (Vill.) H. P. Fuchs

— Wedelstiel u. Rhachis m. 2-farbigen Schuppen besetzt, die an der Basis dkbraun, am Rand hellbraun sind; Wedel dkgrün; Fiedspindel am Grd. 2–8 mm violettschwarz; Fiederchen leicht gelappt: ♃; VII–IX. Wälder der montanen Reg., kalkmeidend; *s,* Alp. u. Mittelgeb. *Verkannter Dornfarn,* **D. remóta** (A. Br.) Druce

8(5). Wedel bis in den Winter grün, unterstes nach unten gerichtetes Fiederchen des untersten Fiedpaars meist kürzer als die Hälfte dieser Fied.; Wedel dkgrün; Schuppen m. dunklem Mittelstreifen (Gegensatz: *D. carthusiana);* Sporen dkbraun; ♃; VI–IX. Schattige Laub- u. Nadelwälder, kalkmeidend; *v.* [= *D. austriaca* auct.; = *D. austriaca* ssp. *dilatata* (HOFFM.) SCH. & TH.] *Breitblättriger Dornfarn,* * **D. dilatáta** (HOFFM.) GRAY

— Wedel schon im Herbst absterbend; unterstes Fiederchen oft länger als die Hälfte seiner Fied.; Wedel hellgrün; Sporen hellbraun; ♃; VII–VIII. Feuchte Nadelwälder; *s,* Dt, E, Au, CH, Bz, ČR (genaue Verbr. nicht bekannt). (= *D. assimilis* S. WALKER)
Feingliedriger Dornfarn, **D. expánsa** (C. PRESL) FRASER-JENKINS & JERMY

Familie: **Blechnáceae**, *Rippenfarngewächse*

Pfl. ausdauernd; Rhizom m. Spreuschuppen; Blattstiel m. 2 Leitbündeln; sterile u. fertile Blätt. verschieden gestaltet *(160a–b)*; Sori einer jeden Fied. sich zu einem **Coenosorus** vereinigend; Schleier vorhanden, sich zur Mittelrippe hin öffnend.

Bléchnum L., *Rippenfarn*
Sterile Wedel rosettig, längl.-lanzettl., kammf. gefied. *(160a),* niederlgd.; fertile Wedel m. sehr viel schmäleren Fied. *(160b),* im Inneren der Wedelrosette steif aufrecht; ♃; VII–IX. Fichtenwälder, Erlenbrüche, kalkmeidend; im Bergland *v,* sonst *z,* im NO *s.* Ⓖ * **B. spícant** (L.) ROTH

Ordnung: **Polypodiáles**

Familie: **Polypodiáceae**, *Tüpfelfarngewächse*

Pfl. ausdauernd, m. kriechendem, dorsiventralem (unterssts. abgeflachtem, obersts. gewölbtem) Rhizom; dieses m. schildf. Schuppen; Blätt. in 2 Reihen der Rhizomoberseite entspringend, einfach gefied. od. fiedteilig, kahl, ohne Schuppen, im Umriss längl.-lanzettl.; Fied. ganzrandig od. gezähnt; Blattstiel m. 1–3 Leitbündeln; Sori ohne Indusium.

Polypódium L., *Tüpfelfarn, Engelsüß*
Blätt. meist wintergrün, bis 60 cm lg.; ♃; VII–X. Felsen, Mauern, Dünen, Eichenwälder, *v.* Artengruppe *Gewöhnlicher T.,* * **P. vulgáre** L. agg.

a. Sori rund; Sporangien m. Ring (Anulus) von 10–15 dickwandigen Zellen; Sekundärnerven der untersten Fied. meist 2-, selten 3fach gegabelt (Lupe!); VII–IX. Kalkmeidend, *v.* *Gewöhnlicher T.,* **P. vulgáre** L. s. str.

b. Sori oft oval; Sporangien m. Ring (Anulus) von 6–10 dickwandigen Zellen; Sekundärnerven der untersten Fied. 3–4fach gegabelt (Lupe!); IX–X. Felsen, Mauern, im N *v,* sonst *z–s.* (= *P. vulgare* L. ssp. *prionodes* ROTHM.)
Gesägter T., **P. interjéctum** SHIVAS

c. Sori längl.-elliptisch, zwischen den Sporangien m. verzweigten Fäden; Sporangien m. Ring (Anulus) von 4–7 dickwandigen Zellen; Sekundärnerven der untersten Fied. 3–4-fach gegabelt (Lupe!); XII–III. Felsen, Mauern; *s*, Ts, Bz. (= *P. australe* FÉE) *Südlicher T.*, **P. cámbricum** L.

Ordnung: **Marsileáles**

Familie: **Marsileáceae**, *Kleefarngewächse*

Im Boden wurzelnde Sumpfpfl. m. kleeblattähnl. od, stielrunden Blätt.; Sporokarpien am Grd. der Blätt. kugelig od längl.-bohnenf. *(139–140)*.

1. Blätt. lg. gestielt, einem Glücksklee ähnl. *(140)* **Marsilea,** 185
— Blätt. stielrund, fädl., jung spiralig eingerollt *(139)* **Pilularia,** 185

1. Marsílea L., *Kleefarn*
Fied. breit keilf.; Sporokarpien bohnenf. (*140,* S), zu 2–4 am Grd. des Blattstiels; ♃; VIII–X. Stehende Gewässer; nur noch Bz, St, Schl, früher Oberrhein, Kt, OÖ, Bgl.. Ⓖ **M. quadrifólia** L.

2. Pilulária L., *Pillenfarn*
Rhizom m. binsenf. Blätt., am Grd. m. erbsengroßen, kugeligen Sporokarpien *(139,* S); ♃; VII–IX. Gräben, Teichufer; im N u. NW *z,* sonst *s, f* Au, CH, Bz. **P. globulífera** L.

Ordnung: **Salviniáles**

Familie: **Salviniáceae**, *Schwimmfarngewächse*

Schwimmpfl. m. kugeligen Sporenbehältern (*137b,* S) u. wurzelähnl. Blätt.

Salvínia ADANS., *Schwimmfarn*
Achse waagrecht, 5–10 cm lg. *(137a);* Blätt. in 3-zähligen Quirlen, 2 davon als laubige, behaarte Schwimmblätt. (*137b*, LB), das 3. untergetauchte fein zerschlitzt (*137b,* WB); Sporangienbehälter erbsengroß; ♃; VI–VIII. Langsam fließende Gewässer; *s,* nur Oberrhein, Main, Oder, Elbe, Havel, auch WPr (Weichsel), Bz. Ⓖ * **S. nátans** (L.) ALL.

Familie: **Azolláceae**, *Algenfarngewächse*

Pfl. klein, moosähnl., gabelig verzweigt *(136),* schwimmend; Blätt. in 2 Zeilen, 2-lappig; echte Wurzeln vorhanden.

Azólla LAM., *Algenfarn*
1. Ob. Blattlappen stumpf, m. breitem, membranösem Rand, glzd., oft rotbraun; Pfl. 1–3(–19) cm groß; ♃; VIII–X. Langsam fließende Gewässer; *s*, BW, Ba, RhPf, He (Rhein), NrWe, Sa, SaAn, Br (Berlin), Be, Ho, ČR. Aus Am. eingeschleppt. *Großer A.*, * **A. filiculoídes** LAM.
— Ob. Blattlappen spitzl., m. sehr schmalem Hautrand; Pfl. 7–15 mm groß, bleichgrün; ♃; VIII–X. Sthd. Gewässer; *s*, MeVp, Ho. Aus Am. eingeschleppt. (= *A. caroliniana* auct.) *Kleiner A.*, **A. mexicána** C. PRESL

Abteilung: **Spermatóphyta**, *Samenpflanzen*

Pfl. mit echten Blüten; Vermehrung durch Samen.

Unterabteilung: **Coniferophýtina** *(= Gymnospermae), Nacktsamige Pflanzen*[1]

Holzpfl. m. nadel- od. schuppenf. Blätt.; Bltn. eingschl., ohne Bltnhülle, oft in Zapfen; Samenanlagen frei, nicht in Frkn. eingeschlossen *(88)*.

Klasse: **Coniferópsida**, *Kiefernähnliche*

Ordnung: **Coniferáles** *(= Pinales)*

Familie: **Pináceae**, *Kieferngewächse*

Bäume, seltener Sträucher, m. nadelf. Blätt.; ♂ Bltn. in kätzchen- od. zapfenart. Bltnständen; ♀ Bltn. (= Samenlagen) in den Achseln von Deckschuppen, zu später verholzenden Zapfen vereinigt; Samen nussartig, einseitig geflügelt, z.T. essbar.

1. Nadeln in Büscheln zu 15–30 an Kurztrieben *(168)*, weich, im Herbst abfallend . . . . **Larix,** 187

— Nadeln einzeln (*362*) od. zu 2 od. 5 an Kurztrieben *(364)*, wintergrün **2**

2. Nadeln zu 2 od. 5 an Kurztrieben, am Grd. m. kurzer Scheide häutiger Schuppenblätt.; Langtriebe m. braunen Schuppenblätt.; Zapfen hgd. . . . . **Pinus,** 187

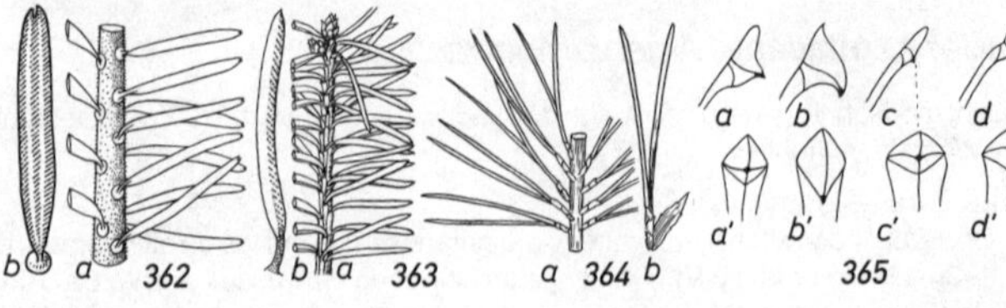

[1] Die als Zierbäume u. -sträucher angepflanzten Gymnospermen (ausgenommen wichtige Forstbäume) sind hier nicht aufgeführt. Sie können bestimmt werden nach **Fitschen: Gehölzflora**, 12. Aufl., bearb. von F. H. Meyer u. a., Wiebelsheim 2006.

— Nadeln einzeln, nicht an Kurztrieben **3**

3. Nadeln m. scheibenf. verbreitertem Grd. der Achse aufsitzend *(362a),* meist kammf. 2-reihig, untersts. m. 2 weißen Wachsstreifen *(362b);* blattlose Zweige glatt; Zapfen aufrecht, bei der Reife zerfallend . . . . **Abies**, 188

— Nadeln am Grd. nicht scheibenf. verbreitert **4**

4. Nadeln meist gleichmäßig rings um den Zweig gestellt, ± deutl. 4-kantig, spitz *(363);* Zapfen groß, zur Reife hgd., bei Reife nicht zerfallend . . . . **Picea**, 188

— Nadeln ± 2-zeilig (= kammf. gescheitelt), nicht 4-kantig . . **5**

5. Nadeln kurz, bis 1,5 cm lg., stumpfl., am Grd. breiter als an der Spitze; oberst. glzd. dkgrün, untersts. m. 2 bläul.-weißen Längsstreifen; Nadelstiel dem Zweig anlgd.; Zapfen 1,5–2,5 cm lg. . . . . **Tsuga**, 188

— Nadeln länger als 1,5 cm, stumpfl., obersts. glzd. grün, untersts. matt graugrün, ihr Stiel vom Zweig absthd., zerrieben nach Orangen riechend; Zapfen bis 10 cm lg., hgd. **Pseudotsuga**, 188

1. Lárix Mill., *Lärche*

1. Nadeln grün; ♀ Zapfen reif m. anlgd., am Rand welligen Fr.-Schuppen; Rinde grau bis braun; ♄; IV–VI. Alp. *v,* sonst angepflanzt. (= *L. europaea* DC.) *Europäische L.,* * **L. decídua** Mill.

— Nadeln bläul.grün; reife Zapfen m. zurückgerollten Fr.-Schuppen; Rinde rotbraun; ♄; IV–V. (Heimat: Japan.) Als Forstbaum vielfach angepflanzt. [= *L. leptolepis* (S. & Z.) Endl.] *Japanische L.,* * **L. kaémpferi** (Lamb.) Carr.

2. Pínus L., *Kiefer*

1. Nadeln zu 5 in einer Scheide **4**

— Nadeln zu 2 in einer Scheide *(364)* **2**

2. Nadeln 8–15 cm lg., steif, dkgrün; Zapfen sitzend, glzd. gelbbraun; Stamm schwarzgrau, tief rissig. Bis 20 m hoch; ♄; V–VI. Felsen auf Kalk u. Dolomit; *s,* Kt, Bgl, NÖ. Hier in der ssp. **nígra**. Auch als Forst- u. Zierbaum angepflanzt. (= *P. austriaca* Hoess; = *P. nigricans* Host) *Schwarz-K.,* * **P. nígra** Arnold

— Nadeln 3–8 cm lg. **3**

3. Nadeln blaugrün; Zapfen gestielt, bald nach der Blüte herabgekrümmt, reif meist glanzlos. Bis 40 m hoch; ♄; V–VI. Wälder, Felsen, Dünen; *v.* *Gewöhnliche K., Föhre,* * **P. sylvéstris** L.

Von *P. sylvestris* sind mehr als 150 Varietäten u. Rassen, einige davon als Unterarten, beschrieben worden. Die systematische Gliederung ist noch sehr unklar, sodass hierauf nicht eingegangen werden soll. Spezial-Literatur benutzen!

— Nadeln hell- od. dkgrün; Zapfen fast sitzend, waagrecht od. schief absthd., reif glzd.; Rinde schwärzl.; Pfl. strauchig, seltener baumf.; ♄; V–VI. (= *P. montana* Mill.) Ⓖ *Berg-K.,* * **P. múgo** Turra

a. Zapfen stark asymmetrisch, am Grd. schief; Schuppenschilder warzig, buckelig *(365a)* od. hakig *(365b);* Strauch od. bis 10 m hoher Baum; Hochmoore, Schotterböden; *z* Alp. u. Vorland, Schw., Vog., Bayrw., Nordböhmen.

(= *P. uncinata* DC.; = *P. uliginosa* NEUMANN; = ssp. *rotundata* (LK.) JANCH. & NEUM.) *Spirke, Haken-K., Moor-K.*, ssp. **uncináta** (DC.) DOM.

— Zapfen symmetrisch, am Grd. gleichmäßig abgerundet; Schuppenschilder flach *(365c–d)*; Pfl. nur strauchig wachsend; subalpine Gebüsche, gern auf Felsen; *v* Alp. u. Voralp., Bayrw., Böhmw., Riesengeb., auch angepflanzt. [= ssp. *pumilio* (HAENKE) FRANCO] *Latsche, Legföhre, Krummholz-K.*, ssp. **múgo**

4(1). Junge Zweige rostrot filzig; Nadelbüschel dicht sthd.; Nadeln 5–12 cm lg., stumpf, an den Rändern fein gesägt; Zapfen kurz gestielt, 6–8 cm lg., dickschuppig; Samen flügellos, essbar („Zirbelnüsse"). Bis 18 m hoch; ♄; VI–VII. Subalpine Nadelwälder, *z*, Alp.; oft angepflanzt. Ⓖ *Zirbel-K., Arve*, * **P. cémbra** L.

— Junge Zweige fein grauhaarig, im 2. Jahr verkahlend, dünn; Nadelbüschel locker sthd.; Nadeln dünn, meist zugespitzt, bis 14 cm lg.; Zapfen 10–15 cm lg., schlank, hgd.; Samen geflügelt. Bis 30 m hoch; ♄; V. Heimat: N-Am. Als Waldbaum angepflanzt. *Weymouths-K.*, * **P. stróbus** L.

3. Ábies MILL., *Tanne, Weißtanne*

Rinde weißgrau; Nadeln ± gescheitelt *(362)*; Jungtriebe fein, aber nicht drüsig behaart; Nadeln 15–30 mm lg.; Zapfen aufrecht; Krone oben breit abgeplattet, bis 50(–65) m hoch; ♄; V–VI. Bergwälder von M-Eur.; *v–z*. [= *A. pectinata* (LAM.) DC.] * **A. álba** MILL.

4. Pícea DIETR., *Fichte, Rottanne*

Rinde braun bis grau; Nadeln ± deutl. 4-kantig *(363)*; junge Zweige kahl, braun bis rötl.gelb; Zapfen 10–16 cm lg., hgd.; Krone spitz kegelf., bis 40(–60) m hoch; ♄; IV–VI. Nadelwälder, ursprüngl. nur in der subalp. Reg. der Geb., durch Forstkultur weit *v*. (= *P. excelsa* LK.) ***P. ábies** (L.) KARST.

5. Pseudotsúga CARR., *Douglastanne, Douglasie*

Nadeln obersts. lebhaft grün, untersts. m. 2 weißl. Linien. Bis 40 m hoch; ♄; IV–V. Heimat: N-Am., als Waldbaum kultiviert. [= *P. taxifolia* (POIR.) BRITT.; = *P. douglasii* (LIND.) CARR.] * **P. menziésii** (MIRB.) FRANCO

6. Tsúga (ANT.) CARR., *Hemlocktanne, Schierlingstanne*

Nadeln gescheitelt, obersts. dkgrün, untersts. m. 2 weißen Wachsstreifen; 10–30 m hoch; ♄; IV–V. Heimat: N-Am.; Forst- u. Zierbaum. [= *T. americana* (MILL.) FARW.] * **T. canadénsis** (L.) CARR.

Familie: **Cupressáceae**, *Zypressengewächse*

Bäume od. Sträucher m. gegenst., schuppenf. *(164)* od. quirlig angeordneten, nadelf. *(165a)* Blätt.; Zapfen klein, holzig od. beerenart. *(165b)*.

1. Blätt. alle nadelf. . . . . **Juniperus communis,** 189

— Blätt. alle od. teilweise schuppenf. **2**

2. Junge Zweige rundl. od. 4-kantig **5**

— Junge Zweige abgeflacht; flächenst. Schuppenblätt. anders geformt als die kantenst. **3**

3. Zapfen kugelig, m. schildf. Schuppen . . . . **Chamaecyparis,** 189

— Zapfen längl. od. eif., m. dachziegeligen Schuppen 4
4. Zapfenschuppen auf dem Rücken m. hornartigem Fortsatz
Platycladus, 189
— Zapfenschuppen ohne hornartigen Fortsatz . . . . **Thuja,** 189
5(2). Niederlgd. Strauch; Blätt. zerrieben unangenehm riechend; Frschuppen zu einer blauschwarzen, beerenart. Fr. verwachsen, 4–6 mm Dm . . . . **Juniperus sabina,** 189
— Aufrechter, spitz kegelf., bis 30 m hoher Baum; Fr. runder brauner Zapfen, 25–40 mm Dm . . . . **Cupressus,** 189

1. Thúja L., *Lebensbaum*
Zweige nicht in senkrechten Ebenen sthd.; Zapfen längl., m. 8–10 sich dachziegelig deckenden Schuppen; Samen geflügelt; ♄; IV–V. Zierbaum, *s* an Felsen verwild. u. eingebürgert, z. B. Ti, Bz, NÖ. (Heimat: N-Am.).
Giftig! *Abendländischer L.,* * **Th. occidentális** L.

2. Platycládus Spach, *Lebensbaum*
Zweige fächerf. in senkrecht aufeinander sthd. Ebenen, beidersts. gleichfarbig; Zapfenschuppen m. zurückgekrümmtem, hornart. Fortsatz; Samen ungeflügelt; ♄; IV–V, Zierbaum (Heimat: O-As.), *s* an Felsen od. Mauern verwild. u. eingebürgert (BW, RhPf, Bz, Kt, St, NÖ). (= *Thuja orientalis* L.).
Giftig! *Morgenländischer L.,* * **P. orientális** (L.) Franco

3. Chamaecýparis Spach, *Scheinzypresse*
Zapfen 8 mm dick; Gipfeltrieb oft überhgd.; kantenst. Blätt. nach vorn gerichtet *(164);* ♄; III–IV. Zierbaum (Heimat: N-Am.), *s* an Mauern verwild.
* **Ch. lawsoniána** (Murr.) Parl.

4. Juníperus L., *Wacholder*
1. Blätt. alle nadelf., stechend, in 3-blättrigen Quirlen *(165a).* ♄; IV–VI. Heiden, Lichte Wälder, Alpenmatten.
🄶 *Gewöhnlicher W.,* * **J. commúnis** L.
a. Aufrechter Strauch od. Baum; Nadeln 6–21 mm lg. *(165);* Schafweiden, lichte Wälder; *v–z*, seltener werdend. *Heide-W.,* ssp. **commúnis**
— Niederlgd., höchstens bis 1 m hoher Strauch; Nadeln 5–12 mm lg.; in der subalp. u. alp. Stufe (bis 3750 m). Alp. *v*, Riesengeb., *s,* früher OPr. (= var. *saxatilis* Pall.; = *J. nana* Willd.; = *J. sibirica* Burgsdorff; = *J. communis* ssp. *nana* Syme) *Zwerg-W.,* ssp. **alpína** (Suter) Čel.
— Blätt. alle od. z. T. schuppenf. *(164)*; Stamm niederlgd., m. aufstgd. Ästen; Zweige zerrieben unangenehm riechend; Beerenzapfen 5–6 mm dick, hgd., braunschwarz. Bis 2 m hoch; ♄; IV–V. Sonnige Berghänge u. Felsfluren der Voralpenstufe; Alp. *z,* sonst angepflanzt. **Giftig!**
🄶 *Stink-W., Sadebaum,* * **J. sabína** L.

5. Cupréssus L., *Zypresse*
Aufrechter, einhäusiger Baum von schmal kegelf. Umriß; ♄; II–IV. Im Tessin viel gepflanzt, besonders auf Friedhöfen. (Heimat: Östl. Mittelmeergebiet).
* **C. sempérvirens** L.

Familie: **Taxáceae**, *Eibengewächse*

Bltn. 2-häusig verteilt, in den Achseln der Nadeln; die ♂ in kleinen gelbl. Zapfen; die ♀ einzeln; Samen von einem roten (bei Kulturformen auch gelben), fleischig-schleimigen, essbaren Samenmantel umgeben *(167);* Harzgänge fehlend.

Táxus L., *Eibe*
Nadeln bis 3 cm lg., 2–2,5 mm breit, unterst. grün *(166, 167);* Mittelrippe zur Spitze auslaufend. Bis 10 m hoch; ♄; III–IV. Schattige Geb.-Wälder; Alp. u. Vorland *v,* sonst *s,* häufig angepfl. u. oft verwildert. **Giftig** (ausgenommen der Samenmantel). Ⓖ * **T. baccáta** L.

Klasse: **Gnetópsida,** *Gnetumähnliche*

Ordnung: **Ephedráles**

Familie: **Ephedráceae,** *Meerträubelgewächse*

Zweihäusige Rutensträucher mit zu Schuppen reduzierten Blättern.

Éphedra L., *Meerträubel*
20–50 cm hoher Strauch m. zahlr. grünen Zweigen; Schuppenblätt. den Stg. scheidenf. umfassend; ♂ Bltnstand m. 4–8 Bltnpaaren, gelb; ♀ Bltnstand 2-blütig; beerenartige Zapfen kugelig, rot, 6–7 mm dick; ♄; III–V. Felsensteppen; sehr *s*, Vs, Bz. (incl. *E. helvetica* Mey.)
Ⓖ **E. distáchya** L.

Unterabteilung: **Angiospérmae**, *Bedecktsamige Pflanzen*

Holzpfl., Stauden od. Kräuter; Bltn. meist m. Bltnhülle; Samen in einen Frkn. eingeschlossen *(88c, 90–93)*.

Klasse: **Magnoliópsida**, *Magnolienpflanzen, Urdikotyle*

Unterklasse: **Magnolíidae**, *Magnolienähnliche*

Ordnung: **Nymphaeáles**

Familie: **Nymphaeáceae**, *Seerosengewächse*

Wasserpfl. m. großen Schwimmblätt. u. dicken, stärkereichen Rhizomen; Bltnorgane spiralig angeordnet, Bltnhülle einfach od. doppelt; Blkr. u. Stbblätt. zahlr., durch Übergänge miteinander verbunden *(80a–e);* Frkn. zahlr., frei (apokarp), jedoch von der becherf. Achse umwachsen *(93a–b),* die sich bei der Reife wieder ablöst; Samen auf der Fläche der Frknwand.

1. Bltnhülle doppelt; Kblätt. 4, grün; Blkrblätt. 15–25, weiß (bei Zierformen auch andersfarbig); Seitennerven der Blätt. gegen den Rand rechtwinklig verzweigt u. miteinander verbunden *(366)* . . . . **Nymphaea,** 191

— Bltnhülle einfach; Kblätt. 5, gelb, blumenblattart., ± 13 kleinere Nektarblätt.; Seitennerven der Blätt. 3-mal gabelig verzweigt u. strahlig zum Blattrand verlaufend, nicht miteinander verbunden *(368)* . . . . **Nuphar,** 192

1. Nymphǽa L., *Seerose* ©

1. Schwimmblätt. m. weit auseinander sthd. Basallappen, deren Hauptnerven fast gerade, kaum gebogen *(366, 367a);* Bltn. weit geöffnet, ihre Basis abgerundet; K. u. Blkrblätt. fast gleich lg.; Filamente der innersten Stbblätt. höchstens so breit wie die Stbbeutel; Narbenstrahlen

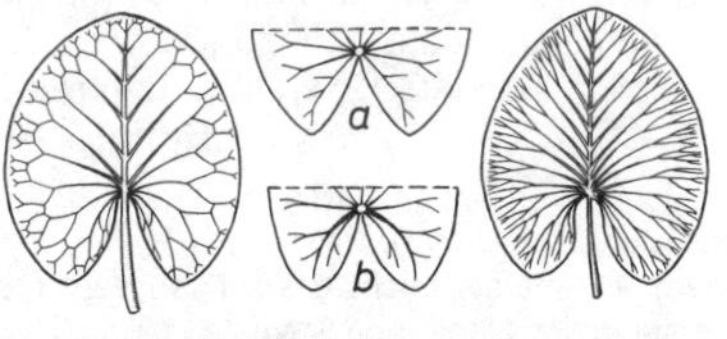

366 *367* *368*

11–22, gelb, Narbenkopf flach; ♃; VI–X. Langsam fließende u. sthd. Gewässer; *v.* ⓖ *Weiße S.,* * **N. álba** L.

— Schwimmblätt. m. genäherten Basallappen, deren Hauptnerven stark gebogen *(367b);* Bltn. nur halb geöffnet, ihre Basis ± 4-kantig; Blkrblätt. kürzer als die Kblätt.; Filamente der innersten Stbblätt. breiter als die Stbbeutel; Narbenstrahlen 6–14, Narbenkopf deutl. konkav, ♃; VI–IX. Sthd. u. langsam fließende Gewässer; in Böhmen u. N-Mähren *z* u. häufiger als *N. alba;* Ba, BW, Br, NS, Th, Sa, Be, Kt *s,* früher RhPf, Sb, St. ⓖ *Glänzende S.,* **N. cándida** C. Presl

2. Núphar Sm., *Teichrose, Mummel* ⓖ

1. Bltn. 4–5 cm im Dm, intensiv riechend; Stbblätt. etwa 3–4-mal so lg. wie breit, Narbenscheibe in der Mitte trichterig vertieft, ganzrandig, ihre Strahlen vor dem Rand endigend; ♃; IV–IX. Sthd. od. langsam fließende Gewässer; *v.* ⓖ *Gelbe T.,* * **N. lútea** (L.) Sm.

— Bltn. nur 2–3 cm im Dm, wenig riechend; Stbblätt. etwa doppelt so lg. wie breit; Narbenscheibe in der Mitte flach, sternf. gezackt, m. 8–12, in den Rand auslaufenden Strahlen; ♃; VI–IX. Moorseen; *s* in Sb, Ti, Kt, OÖ, BW, E, Ba, MeVp, SaAn, Be, Da, CH, S-ČR, früher NS, NÖ. ⓖ! *Kleine T.,* **N. púmila** (Timm) DC.

Bastard: *N. lutea* × *N. pumila* = ***N.* × *intermedia*** Ledeb., *s.*

Ordnung: **Piperáles**

Familie: **Aristolochiáceae**, *Osterluzeigewächse*

Stauden od. windende Holzpfl. m. 2-zeilig gestellten, ganzrandigen Blätt.; Bltn. ⚥, radiär od. zygomorph; Bltnhülle einfach, blumenblattart., verwachsen, röhrig od. glockig; Stbblätt. 6 od. 12, m. dem Gr. zu einem Säulchen verwachsen *(370);* Frkn. unterst., 4–6-fächerig; Narbe 6-strahlig.

1. Pfl. < 10 cm hoch, m. 2 nierenf., meist immergrünen Blätt. *(369);* Bltnhülle radiär, glockig . . . . **Asarum**, 192

— Pfl. > 10 cm hoch, m. > 2 Blätt.; Blätt. herzf., sommergrün; Bltnhülle zygomorph, röhrig od. u-förmig gekrümmt *(370, 371);* **Aristolochia**, 193

1. Ásarum L., *Haselwurz*

Grdachse kriechend, m. 2–3 bräunl.grünen, 2-zeilig gestellten Niederblätt. u. 2 lg. gestielten, nierenf., obersts. glzd. Blätt. *(369)* von pfefferart. Geruch u. Geschmack; Bltn. einzeln, endst., nickend *(369),* m. 3, außen bräunl., innen dkpurpurnen Zipfeln; Stbblätt. 12; ♃; III–V. Laubwälder, vorwgd. auf Kalk; *v,* im N *s,* im NW *f.* **Giftig!** * **A. europáeum** L.

a. Blätt. auf beiden Seiten behaart; (Blattoberseite m. Papillen; Ba, *s.* var. **románicum** Kukkonen & Uotila); *v.* ssp. **europáeum**

— Blätt. sommergrün, untersts. höchstens auf den Nerven behaart, oft zugespitzt, Oberseite m. Papillen, ohne Stomata. *s,* Ba, Ti, Sb, Kt, St, Bgl, Bz, Ts. (= *A. ibericum* Stev. ex Woronov) ssp. **caucásicum** (Duch.) Soó

2. Aristolóchia L., *Osterluzei*

1. Stg. windend, verholzend, 3–6 m lg., m. großen herzf. Blätt., Bltn. m. u-förmig gekrümmter brauner Röhre (alter Tabakspfeife ähnl.) u. 3-lappigem Saum *(371);* ♃; VII–VIII. Angepflanzt, selten verwild. (Heimat: östl. N-Am.) (= *A. sipho* L'HÉR.; = *A. durior* hort.) *Pfeifenwinde,* * **A. macrophýlla** LAM.

— Stg. krautig, nicht windend, 20–60 cm hoch 2

2. Bltn. in Büscheln, achselst., grüngelb, m. am Grd. bauchig erweiterter u. oben in eine eif. Zunge verbreiterter Röhre *(370);* Blätt. herzf., gestielt; ♃; V–VI. Weinberge, Böschungen, Hecken; im N u. NE *s, f* Da. Als ehem. Arzneipfl. (Heimat: Mittelmeergebiet) aus Kulturen verwild., besonders in Gegenden mit Weinbau.
Giftig! *Gewöhnliche O.,* * **A. clematítis** L.

— Bltn. einzeln, achselst.; Röhre m. brauner od. schwarzbrauner Zunge; Blätt. herzf., fast sitzend; Pfl. 20–40 cm hoch; ♃; V. Hecken, Magerwiesen; *s,* CH (Lugano, Buchs).
Giftig! *Rundknollige O.,* **A. rotúnda** L.

Ordnung: **Lauráles**

Familie: **Lauráceae**, *Lorbeergewächse*

Holzpfl. m. immergrünen, wechselst. Blätt.; Bltnhülle 4–6-teilig; Stbblätt. 8–12; Fr. Beere.

Laurus L., *Lorbeer*

2-häusiger Baum od. Strauch, 2–5 m hoch; Blätt. lederig, ganzrandig, am Rand etwas wellig, zerrieben aromatisch riechend; Bltn. in Büscheln in den Blattachseln; Bltnhüllblätt. gelbl.weiß; Fr. schwarze Beere; ♄; IV. Gebüsch an Felsen; *s* im Ts, Gr, Bz verwild. od. eingebürgert (Heimat: Mittelmeergebiet). **L. nóbilis** L.

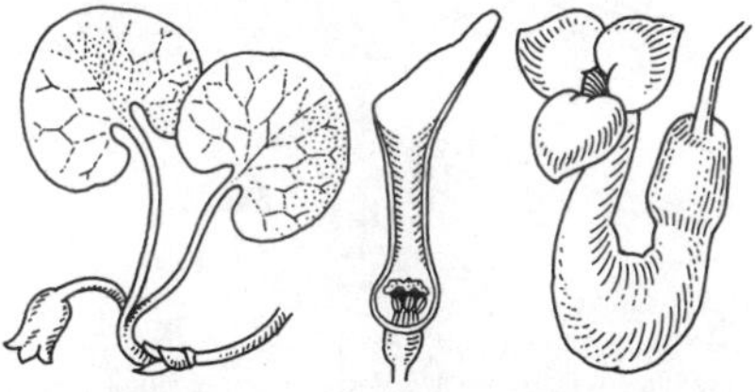

369 *370* *371*

Klasse: **Monocotyledóneae** *(= Liliopsida), Einkeimblättrige Pflanzen*

Unterklasse: **Alismátidae,** *Froschlöffelähnliche*

Ordnung: **Acoráles**

Familie: **Acoráceae**, *Kalmusgewächse*

Rhizomstauden; Blätt. schwertf.; Spatha die Fortsetzung des Stg. bildend *(181 Spa);* Bltnhüllblätt. 6; Stbblätt.6; Frkn. oberst. Ursprünglichste Familie der Monocotyledoneae.

Ácorus L., *Kalmus*

Rhizom aromatisch riechend; Blätt. aufrecht, 50–125 cm lg., m. auffallender Mittelrippe, am Rand oft wellig; Kolben grünl., scheinbar seitl. *(181),* dicht m. Zwitterbltn.; Bltnhülle 6-blättrig; ♃; VI–VII. Gräben, Teiche, Ufer; *v–z,* im 16. Jahrh. eingeführt u. seither vollständig eingebürgert. (Heimat: O-As.)
Ⓖ * **A. cálamus** L.

Ordnung: **Alismatáles**

Familie: **Aráceae** (incl. *Lemnaceae*), *Aronstabgewächse*

a) Landpfl. als Rhizom- od. Knollenstauden; Blätt. häufig netznervig *(Arum, 33);* Bltn. eingschl. od. zwittrig, in vielbltg. Kolben, am Grd. von oft auffälligen Hochblatt (= Spatha; *180* Spa) umgeben; m. Beerenfr.;

b) Frei schwimmende Wasserpfl., entweder m. Blattrosette *(Pistia)* od. aus grünen, anfangs miteinander verketteten Gliedern bestehend *(169–170),* die sich fast ausschließl. vegetativ vermehren; Bltn. (selten ausgebildet) eingschl., ohne Blütenhülle, in unscheinbaren, von einer Spatha *(372, Sp)* umgebenen Kolben; ♂ Blüten aus 1 Stbblatt (*372,* ♂), ♀ aus 1 flaschenf. Frkn. bestehend (*372,* ♀). Nach neueren Erkenntnissen ist die Familie der *Lemnaceae* heute in die *Araceae* einzugliedern.

1. Pfl. im Wasser schwimmend od. auf Schlamm aufsitzend **4**
— Landpfl. **2**

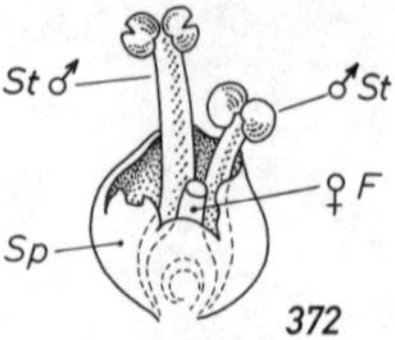

372

2. Blätt. 3-zählig od. fußförmig geteilt **7**
— Blätt. ungeteilt **3**
3. Kolbenende nackt, meist violett, selten gelb, von tütenf. eingerollter grünl. Spatha umgeben *(180 Spa);* Blätt. spießf. bis pfeilf.; Bltn. eingschl., an der Basis des Kolbens ♀, darüber ♂ u. über diesen geschlechtslos . . . . **Arum**, 195
— Kolben bis zur Spitze m. Bltn. besetzt; Blätt. rundl.-herzf.; Bltn. meist ⚥, obere oft ♂; Spatha fast flach, innen weiß **Calla**, 195
4(1). Rosetten-Wasserpfl. m. zahlr. Ausläufern u. samtig hellgrünen, bis 6 cm breiten Blätt. . . . . **Pistia**, 196
— Pfl. ohne Blattrosetten **5**
5. Pfl. wurzellos *(172);* Glieder < 1,5 mm lg. . . . . **Wolffia**, 197
— Pfl. mit Wurzeln; Glieder > 1,5 mm lg. **6**
6. Jedes Glied m. einem Büschel von Wurzeln *(169)*
Spirodela, 196
— Jedes Glied nur m. 1 Wurzel (ähnl. *171*) . . . . **Lemna**, 196
7(2). Blätt. 3-zählig; Spatha 5–7 cm lg. . . . . **Pinellia,** 196
— Blätt. fußf. geteilt; Spatha 20–55 cm lg. . . . . **Dracunculus**, 195

1. Cálla L., *Schlangenwurz*

Grdachse walzl., grün, lg. kriechend; Blätt. rundl.-herzf., fast ledrig; Fr. scharlachrot; ♃; V–VII. Waldsümpfe, Bruchwälder, Teichufer; im N stellenw. *v,* sonst *z* bis *s.* **Giftig!** Ⓖ * **C. palústris** L.

2. Árum L., *Aronstab*

1. Blätt. im Herbst erscheinend, hellgrün; Blattspr. 15–35 cm lg.; Blattnerven der Oberseite weiß; steriler Kolbenteil meist gelb; Pfl. 25–60(–100) cm hoch; ♃; IV–V. Hecken; *s,* nur Ts, Genf.
Giftig! *Italienischer A.,* **A. itálicum** Mill.
— Blätt. im Frühjahr erscheinend, grün, manchmal dk. gefleckt; Blattspr. 15–25 cm lg.; Pfl. 15–40 cm hoch **2**
2. Knollen horizontal im Boden, bis 25 mm dick; Blätt. ungefleckt od. m. schwärzl. Flecken; Fr. rote, giftige Beeren; ♃; IV–V. Laubwälder; *v* im S- u. M-Gebiet, sonst *z–s.*
Giftig! *Gefleckter A.,* * **A. maculátum** L.
— Knollen aufrecht im Boden, bis 50 mm dick; Blätt. stets ungefleckt; Fr. rote, giftige Beeren; ♃; IV–VI. Laubwälder.
Giftig! *Orientalischer A.,* **A. orientále** Bieb.
a. Steriler Kolbenteil an seiner Basis stielart. verschmälert; Blätt. frischgrün, glzd.; Knolle scheibenf.; Schl? ssp. **orientále**
— Steriler Kolbenteil ohne verschmälerten Basalteil; Blätt. dkgrün, matt; *s* O-Da, NÖ, Bgl, ČR, Kt. (= *A. cylindraceum* Gasparrini)
Dänischer A., ssp. **dánicum** (Prime) Prime

2. Dracúnculus Mill., *Drachenwurz*

Pfl. bis 1 m hoch; Blätt. lg. gestielt, fußf. geteilt; Blattstiel tigerart. gefleckt, m. lg. Blattscheide; Spatha innen dkbraunrot; Kolben bis 30 cm lg.; ♃; V. Gebüsche, früher S-Ts. **D. vulgáris** Schott

3. Pinéllia TEN., *Pinellie*

Blätt. lg. gestielt, 3-zählig; Infl. länger als die Blätt.; Spatha grün, offen an der Basis, weiter oben geschlossen, ganz oben tütenf. geöffnet, m. lg. pfrieml. Spitze; ♃; V–VII. Mehrfach aus Bot. Gärten verwild. (Heimat: Japan) **P. ternáta** (THUNB.) MAKINO

4. Pístia L., *Wassersalat*

Infl. reduziert, in der nur bis 1,5 cm lg. hellgrünen Spatha versteckt; ⊙–♃; VII–X. Langsame, thermisch begünstigte Fließgewässer; als Aquarien-Adventivpfl. zuw. eingeschleppt, z. B. Erfttal (Rheinl.), Ho, St. (Heimat: Tropen) **P. stratiótes** L.

5. Spirodéla SCHLEID., *Teichlinse*

Glieder 3–10 mm groß, rundl.-verkehrt-eif., flach, nur zu wenigen zusammenhgd. *(169),* untersts. rot; ♃; V–VI. Stehende Gewässer; *z,* im N häufiger. * **Sp. polyrhíza** (L.) SCHLEID.

6. Lémna L., *Wasserlinse*

1. Glieder untergetaucht, nur z. Bltzt. an die Oberfläche kommend, lanzettl., gestielt, kreuzweise zusammenhgd. *(170); ♃;* VI. Gräben, Teiche; *z,* im N häufiger. *Dreifurchige W.,* * **L. trisúlca** L.
— Glieder an der Wasseroberfläche schwimmend, fast rund, nicht gestielt 2
2. Glieder 4–7-nervig, untersts. meist stark bauchig aufgetrieben, 2–3 mm lg. *(171); ♃;* IV–VI. Stehende Gewässer; *v* im NO, *z* im N, *s* im S. *Buckel-W.,* * **L. gíbba** L.
— Glieder 1–3-nervig, beidersts. flach 3
3. Glieder nur 1-nervig (Durchlicht!), nur 1,5–2,5 mm groß, oft stark asymmetrisch. Stehende u. langsame, wärmere Fließgewässer, gemeinsam m. *L. minor; s,* vermutl. Verschleppung durch Vögel, z. B. Bodensee, ObRhein, E, Erfttal (Rheinl.), N-We, SaAn. (Heimat: Am.) (= *L. minima* PHIL; = *L. minuscula* HERTER) *Zierliche W.,* * **L. minúta** H.B.K.
— Glieder 3-nervig, kräftiger, zuw. bis 7 mm groß 4
4. Glieder schmal elliptisch, aber deutl. asymmetrisch; Wurzelscheide geflügelt, Wurzelende spitz. Thermisch begünstigte, langsame Fließgewässer; *s,* vermutl. durch Vögel vorübergehend eingeschleppt, z. B. Rheinl. (Heimat: Am., Afr., As.) (= *L. perpusilla* TORR.) *Schiefe W.,* **L. aequinoctiális** WELW.
— Glieder breit eif., symmetrisch; Wurzelscheide ungeflügelt; Wurzelende spitz (Lupe!) 5
5. Glieder schmutzigviolett, bes. am Wurzelansatz intensiver violett; Glieder fast so breit wie lg., etwas kleiner als bei folgender Art (2–3 mm); Überwinterungsorgane (Turionen) vorhanden (außer im Hochsommer), 1 mm groß, dunkler als die Glieder; ♃; VI–VII. Kleinere leicht erwärmbare, saubere Gewässer; Rhein-, Donau-, Maintal, N- u. O-Dt, Ho, ČR, Vb, OÖ, NÖ. *Rote W.,* **L. turionifera** LANDOLT
— Glieder hell graugrün, länger als breit, etwas größer als bei voriger Art (2–7 mm); ohne Turionen; ♃; V–VI. Nährstoffreiche Tümpel, Gräben, Weiher; *g.* *Kleine W.,* * **L. mínor** L.

7. Wólffia HORKEL ex SCHLEID., *Zwerglinse*
Glieder beidersts. gewölbt, 1–1,5 mm groß (kleinste Bltnpfl.!), immer nur 2 zusammenhgd. *(172);* ♃; in Eur. nicht blühend. Stehende Gewässer; *s* Be, Ho, NS, SH, MeVp, Br, O-Sa, NrWe (Moers), Ba (Nürnberg), ČR (Mähren), früher BW, NÖ. * **W. arrhíza** (L.) HORKEL ex WIMM.

Familie: **Tofieldiáceae**, *Simsenliliengewächse*

Stauden m. Rhizom, Pfl. m. schwertf., wie bei *Iris* reitenden, 2-zeilig gestellten Blätt., Bltn. in Trauben, radiär, doppelt 3-zählig *(188, 189),* Stbblätt. 6, Frblätt. 3, Frkn. oberst., Kapselfr.

Tofiéldia HUDS., *Simsenlilie*

1. Bltn. in der Achsel eines lanzettl. Tragblatts (*188,* Tr), unterhalb des Perigons ein kleiner, 2-lappiger Außenk. (Ak); Bltnstand länger als 3 cm; Pfl. 10–30 cm hoch; ♃; VI–VIII. Flachmoore, quellige Stellen, kalkliebend; Alpen (bis 2200 m) u. Vorland *v,* sonst *s*, in Dt nördl. bis Th, S-Br, auch ČR, WPr, OPr. *Kelch-S.,* * **T. calyculáta** (L.) WAHL.

— Bltn. in der Achsel eines 3-lappigen Tragblättchens, ohne Außenk. (*189,* Tr); Bltnstand kürzer als 3 cm; Pfl. 5–10 cm hoch; ♃; VII. Moorige Plätze, Schneetälchen der Alpen, oberhalb 1600 m; *z* Alp. von CH, Au, Bz, in Dt. nur Wettersteingeb. u. Berchtesgaden. (= *T. palustris* HUDS.) *Kleine S.,* **T. pusílla** (MICHX.) PERS.

T. × **hýbrida** KERN. (= *T. calyculata* × *T. pusilla;* = *T. pusilla* ssp. *austriaca* H. KUNZ), *s,* Au.

Familie: **Alismatáceae**, *Froschlöffelgewächse*

Sumpf- u. Wasserpfl., m. grdst., oft flutenden od. schwimmenden Blätt.; Bltn. in doldenart. od. quirligen Infl., radiär, ⚥, selten eingschl. *(Sagittaria);* Bltnhülle doppelt (m. K. u. Blkr.), 3-zählig; Stbblätt. 6 bis viele; Frblätt. 3 bis viele, frei (apokarp); Samen wandst. (laminal).

1. Luftblätt. gestielt, pfeilf. *(57);* Wasserblätt. lineal, sitzend; Bltn. eingschl., 1-häusig, die ob. ♂, die unt. ♀; Stbblätt. zahlr. **Sagittaria,** 198

— Blätt. nie pfeilf.; Bltn. ⚥; Stbblätt. 6 . . . . **2**

2. Fr. zahlr., der gewölbten Bltnachse aufsitzend (ähnl. *Ranunculus);* Bltnstand doldig . . . . **Baldellia,** 198

— Fr. ± kreisf. angeordnet, einer flachen Bltnachse aufsitzend **3**

3. Stg. am Grd. m. lg. bandf. bis kürzeren, linealen, flutenden, oberw. m. lg. gestielten, (herzf. bis) längl.-elliptischen Schwimmblätt., zuw. nur m. einer Blattform; Bltn. achselst., weiß, einzeln . . . . **Luronium,** 198

— Stg. nur am Grd. beblätt.; Bltn. in endst., quirligen Rispen od. Trauben **4**

4. Blattspr. am Grd. tief herzf., stumpf; Bltn. weiß . . **Caldesia,** 198

— Blattspr. in den Stiel verschmälert od. abgerundet, zugespitzt; zuw. nur m. lg. bandf., flutenden Blätt.; Bltn. rötl. od. weiß **Alisma**, 198

1. Alísma L., *Froschlöffel*
Auch als Gesamtart *A. plantago-aquatica* m. 3 ssp. angesehen.

1. Gr. kürzer als der Frkn., hakig, ausw. gekrümmt; reife Fr. m. 2 Rückenfurchen; Antheren rundl.; Blätt. fast ausschließl. flutend, lg. bandf.; ♃; VI–IX. Seen, Ufer; sehr *s,* z. B. Elbe, Oder. (= *A. loeselii* GORSKI) *Grasblättriger F.,* **A. gramíneum** LEJ.

— Gr. länger als der Frkn., fast gerade; reife Fr. m. einer Rückenfurche; Antheren elliptisch; Blätt. auch bei untergetauchten Pfl. lanzettl. bis eif. **2**

2. Bltn. vormittags geöffnet, Blkrblätt. ab Mittag welkend; Überwasserblätt. eif.-zugespitzt bis fast herzf.; Blkrblätt. intensiv rosa; ♃; VI–IX. Ufer, Teiche, Gräben; *v.* *Gewöhnlicher F.,* * **A. plantágo-aquática** L.

— Bltn. nachmittags geöffnet; Überwasserblätt. lanzettl.-zugespitzt, basal gleichmäßig verschmälert; Blkrblätt. weißl. bis rosa; ♃; VI–IX. Seen, Teiche, Ufer; sehr *z,* häufiger nur entlang der Stromtäler. *Lanzettblättriger F.,* **A. lanceolátum** WITH.

2. Caldésia PARL., *Herzlöffel, Caldesie*
Blkrblätt. weiß; Fr. 8–15, auf dem Rücken m. 3 scharf vorspringenden Nerven; ♃; VII–IX. Seen, Tümpel, Gräben; *s* E, Ba (Schwandorf), CH (Zürichsee), früher Au, O-Dt. Ⓖ **C. parnassiifólia** (BASSI) PARL.

3. Lurónium RAF. (= *Elisma* BUCH.), *Froschkraut*
Pfl. flutend; Blätt. lineal; Bltnstand m. laubigen Tragblätt., 1- bis wenigbltg., schwimmend; Blkrblätt. weiß; Fr. 6–12, 12–15-rippig, durch den Gr. bespitzt; ♃; V–IX. Stehende Gewässer; *z* NW-Dt, Ho, Be, *s* Da, SH, MeVp, Br, Sa, ČR, Hohes Venn, Taunus, Fichtgeb., E. Ⓖ **L. nátans** (L.) RAF.

4. Baldéllia PARL., *Igelschlauch*
Blätt. lg. gestielt, lanzettl., 3–5-nervig; Bltn. weiß bis schwach rosa (ähnl. *Alisma*); Fr. 5-kantig, m. hakigem Gr.; ♃: VI–VIII. Ufer, Gräben, Seen; *z* NW-Dt, Ho, Be, *s* SaAn, Br, W-CH. [= *Echinodorus ranunculoides* (L.) ASCH.] **B. ranunculoídes** (L.) PARL.

5. Sagittária L., *Pfeilkraut*

1. Fr. m. kurzem, aufrechtem Schnabel an der Spitze; innere Perigonblätt. weiß, m. Purpurfleck an der Basis; Antheren purpurn; Mittelzipfel des Blatts in der Mitte bis 2 cm breit; ♃; VI–VIII. Stehende u. langsam fließende Gewässer; *v–z* N- u. O-Dt, Da, Ho, Be, N-Ba, sonst *z–s.* Ⓖ *Echtes Pf.,* * **S. sagittifólia** L.

— Fr. m. verlängertem, horizontalem, rückenst. Schnabel; innere Perigonblätt. weiß, ohne Purpurfleck; Antheren gelb; Mittelzipfel des Blatts in der Mitte bis 4 cm breit; Blattstiel unterw. rot gefleckt; ♃; VI–VIII. Wie vorige, doch mehr Trockenheit vertragend; des öfteren eingeschleppt u. zuw. eingebürgert (z. B. Ho, Hochrhein u. Oberrhein). *Breitblättriges Pf.,* **S. latifólia** WILLD.

Familie: **Butomáceae**, *Schwanenblumengewächse*

Sumpf- u. Wasserpfl.; Bltn. radiär; Perigonblätt. 3 + 3; Stbblätt. 6 + 3; Frblätt. 6, apokarp, m. laminaler Plazentation.

Bútomus L., *Schwanenblume*

Blätt. in grdst. Rosette, bis 1 m lg., 10 mm breit; Inflstiel rund, bis 1,5 m hoch; Bltn. in Trugdolden, rosa, dk. geadert; ♃; VI–VIII. Stehende u. langsam fließende Gewässer; *v–z.* Ⓖ * **B. umbellátus** L.

Familie: **Hydrocharitáceae** (incl. *Najadaceae*), *Froschbissgewächse*

Untergetauchte od. schwimmende, oft 2-häusige Wasserpfl.; Blätt. grdst., wechselst. od. quirlst.; Bltn. 3-zählig, oft eingschl., entweder radiär, groß u. auffällig od. klein u. reduziert; Stbblätt. 3–15, bei *Najas* nur 1 Stbblatt, von 2 becherf. Hüllen umgeben *(374a);* Frblätt. 2–15, frei od. durch becherf. vertiefte Bltnachse vereinigt, bei *Najas* nur 1 Frblatt *(374b);* Fr. Nuss od. beerenart. Nach neueren Erkenntnissen ist die Familie der *Najadaceae* in die der *Hydrocharitaceae* einzugliedern.

1. Blätt. lg. gestielt, schwimmend, kreisrund, am Grd. tief herzf., m. Nebenblätt. (Gegensatz zu *Nymphoides,* S. 740) **Hydrocharis**, 200
— Blätt. sitzend, halb od. ganz untergetaucht, längl. od. lineal, nicht herzf. **2**
2. Blätt. in Rosetten, bis 40 cm lg.; Pfl. m. Ausläufern **6**
— Blätt. quirlst. od. wechselst., nicht alle in Rosetten **3**
3. Blätt. wechselst., aber dicht sthd., gezähnelt, weit zurückgebogen . . . . **Lagarosiphon,** 200
— Blätt. gegenst. od. quirlst., gezähnt od. gesägt, gerade od. wenig zurückgebogen **4**
4. Blätt. m. kurzer Blattscheide, ausgeschweift stachelig gezähnt, gegenst. od. quirlst.; Stg, meist zerbrechl. . . . . **Najas**, 201
— Blätt. ohne Blattscheide, quirlst. **5**
5. Blätt. in 4–6-zähligen Quirlen; Internodien 1–3 cm lg.; Pfl. 1- od. 2-häusig . . . . **Hydrilla**, 199
— Blätt. in 3–4-zähligen Quirlen; Internodien ca. 3–5 mm lg.; Pfl. 2-häusig . . . . **Elodea,** 200
6(2). Pfl. frei schwimmend; Blätt. breit lineal, steif, stachelig gezähnt . . . . **Stratiotes**, 200
— Pfl. im Schlamm wurzelnd; Blätt. lg. bandf., weich, flutend, nur an der Spitze gezähnelt . . . . **Vallisneria**, 200

1. Hydrílla Rich., *Grundnessel*

Stgglieder 1–3 cm lg.; Bltn. 1- od. 2-häusig, lg. gestielt, 5 mm im Dm; Blkrblätt. weiß; ♃; VII–VIII. Stehende Gewässer; *s* Br (Müggelsee), Po, OPr, Kt. [= *H. lithuanica* (Bess.) Dandy] **H. verticilláta** (L. f.) Royle

2. Elódea MICHX. (incl. **Egéria** PLANCH. u. **Anácharis** L. C. RICH.), *Wasserpest*

1. Blätt. in meist 4-zähligen Quirlen, 2 cm lg.; Blkrblätt. weiß, viel länger u. breiter als die Kblätt.; ♂ Bltn. zu 2–3, 10–20 mm im Dm; Pfl. kräftiger als die folg. Arten; ♃; VII–IX. Kanäle, Abwässer; *s* eingebürgert, z. B. Ho, Kt, auch Ts, St, NÖ, NrWe, Sa, MeVp, früher BW, RhPf. (Heimat: südl. S-Am.; bisher nur ♂ Pfl.) (= *Egeria densa* PLANCH.) *Dichtblättrige W.,* * **E. dénsa** (PLANCH.) CASP.

— Blätt. in meist 3-zähligen Quirlen, die unt. sogar nur gegenst., nur 5–15 mm lg.; Pfl. zarter **2**

2. Blätt. m. ± parallelen Rändern, vorn gerundet, fast gerade, in sich nicht gedreht, 2–3 mm breit; Stiel der ♂ Blüte 10–20 cm lg., ♀ kürzer; Perianthblätt. nur bis 5 mm lg.; ♃; VII–VIII. Fast nur ♀ Pfl., fast nur vegetative Vermehrung; klare u. kühle, nicht zu tiefe, stehende u. langsam fließende Gewässer; *v–z* eingebürgert. (Heimat: N-Am.) [= *Anacharis canadensis* (MICHX.) PLANCH.]
Kanadische W., * **E. canadénsis** MICHX.

— Blätt. nicht m. ± parallelen Rändern; Stiel d. ♂ Bltn. nur bis 10 cm lg. **3**

3. Blätt. aus breiterem Grd. allmähl. zur Spitze hin verschmälert u. zugespitzt, 1–3 mm breit, 3–10-mal so lg. wie breit; Kblätt. 2 mm lg., Kronblätt. meist fehlend; Stiel der ♂ Blüte sehr kurz, zuletzt abreißend u. Blüte frei schwimmend; ♃; VII–IX. Stehende Gewässer, Süßwasserseen u. Brackwasser, auch verschmutzt; bisher nur ♂ Pfl.: sehr *z* u. sehr *s* eingebürgert (nicht immer dauerhaft), z. B. Vs, NÖ. [= *E. occidentalis* (PURSH) ST. JOHN]
Amerikanische W., * **E. nuttállii** (PLANCH.) ST. JOHN

— Blätt. 1–2 mm breit, 7–15-mal so lg. wie breit; Perianthblätt. länger als 5 mm; Stiel der ♂ Blüte bis 10 cm lg.; ♃; VII–IX. Bisher nur ♂ Pfl.; Seen, Gräben, langsam fließende Gewässer; bisher nur b. Darmstadt, um Straßburg u. Rastatt (ObRhein), b. Köln. (Heimat: Argentinien) (= *E. ernstiae* ST. JOHN).
Argentinische W., **E. callitrichoídes** (RICH.) CASP.

3. Lagarosíphon HARVEY, *Scheinwasserpest*

Sprosse bis 50 cm lg.; Blätt. wechselst., die ob. dicht genähert, alle stark zurückgekrümmt; Pfl. 2-häusig. In Dt nicht blühend; vermutl. eingeschleppt durch Wasservögel; *s*, Ba (Füssen), BW, RhPf, He, Kt, Ts. (Heimat: S-Afr.)
L. májor (RIDL.) MOSS ex WAGER

4. Stratiótes L., *Krebsschere*

Blätt. z. Bltzt. aus dem Wasser ragend; Bltn. m. derber, bleibender Spatha *(174);* ♃; V–VII. Stehende u. langsam fließende Gewässer; *v–z* im N u. O, sonst *s.* ⓖ * **S. aloídes** L.

5. Hydrócharis L., *Froschbiss*

Bltn. 1-häusig; ♂ Bltnstände 1–6 cm lg. gestielt; ♀ Bltnstand sitzend, Einzelbltn. über der Spatha aber 3–8 cm lg. gestielt; ♂ Bltn. m. 12 Stbblätt., ♀ m. 3–6 Staminodien; ♃; V–VIII. Teiche, langsam fließende Gewässer; zieml. *v* im N, *z* im S, in CH, Au u. ČR *s.* Ⓖ * **H. mórsus-ránae** L.

6. Vallisnéria L., *Wasserschraube*

Zweihäusig, im Gebiet bisher nur ♂ Pfl., deren Bltn. kurz gestielt u. geknäuelt; Blätt. grdst., bandart., flutend; ♃; VI–IX. Fließende Gewässer; unbeständig, eingebürgert z. B. BW (Karlsruhe), Moselgebiet, We, Ho (Maastricht), Be, Lx, Ts, Kt, NÖ. (Heimat: Tropen u. Subtropen) **V. spirális** L.

7. Nájas L., *Nixenkraut*

1. Stg. u. Blattrücken meist bestachelt; Blattscheiden ganzrandig; Frkn. m. 3 Narben *(374b);* Pfl. 2-häusig; ⊙; VI–IX. Langsam fließende u. stehende Gewässer; *s* Be, Ho, Da, ab SH östl., ob. Mosel, Ob- u. M-Rhein, Bodensee, Ba, Bz, CH, Sb, Kt, NÖ, Bgl, St, ČR. (= *N. major* All.) *Meer-N.,* **N. marína** L.

— Stg. u. Blattrücken ohne Stacheln; Blattscheiden wimperig gezähnt *(373);* Pfl. 1-häusig; Fr. m. 2 Narben **2**

2. Blätt. ausgeschweift gezähnt, zurückgekrümmt; Scheide scharf vom Sprgrd. abgesetzt *(373);* Stg. dünn, reichl. gabelästig verzweigt, zerbrechl.; ⊙; VI–IX. Seen, Altwässer; *s* Be, Ob-Rhein, Ba, SaAn, Br, CH, Au, ČR, früher Bz. ⓖ *Kleines N.,* **N. mínor** All.

— Blätt. fein stachelspitzig gezähnt; Blattscheiden allmähl. in den Sprgrd. übergehend; Stg. dünn, fast fadenf., biegsam; ⊙; VII–VIII. Seen (bis 2 m tief); *s* Da, Bodensee.

ⓖ *Biegsames N.,* **N. fléxilis** (Willd.) Rostk. & Schm.

Familie: **Scheuchzeriáceae**, *Blumenbinsengewächse*

Krautige Pfl. in Mooren m. grasart. Blätt. m. scheidig entwickeltem Blattgrd. u. m. Blatthäutchen (Ligula); Bltn. ⚥ *(375),* in Trauben m. Brakteen; Perigonblätt. 6, Stbblätt. 6, Frblätt. 3(–6), nur am Grd. verwachsen; Frkn. oberst.; Balgfr.

Scheuchzéria L., *Blumenbinse*

Blätt. schnittlauchähnl.; Bltnhüllblätt. 6, gelbl.grün, hinfällig; Fr. 3 (selten 2 od. 4), getrennt, aufgeblasen, schief eif. *(375);* ♃; V–VII. Hochmoore; *v–z* Alp. u. Vorland. *s* Mittelgeb., sehr *z* im N. ⓖ * **Sch. palústris** L.

Familie: **Juncagináceae**, *Dreizackgewächse*

Krautige Pfl. nasser Standorte; Blätt. grasart., grdst., m. Blatthäutchen (Ligula); Bltn. ⚥, in Ähren od. Trauben, ohne Brakteen; Perigonblätt. 6, Stbblätt. 6, Frblätt. 3 od. 6, oft verwachsen; Frkn. oberst.

Triglóchin L., *Dreizack*

1. Narben 3 *(376);* Fr. in 3 Teilfr. zerfallend; Bltntraube locker; ♃; VI–IX. Ufer, Teiche, Sumpfwiesen, Quellmoore; *z,* in M-Dt *s,* vielfach verschwunden. *Sumpf-D.,* * **T. palústre** L.

— Narben 6; Fr. in 6 Teilfr. zerfallend; Bltntraube dicht; ♃; V–VIII. Strandwiesen der Meeresküsten *v,* im Binnenland *s.*

Strand-D., * **T. marítimum** L.

Familie: **Zosteráceae**, *Seegrasgewächse*

Untergetauchte Wasserpfl. des Meeres; Blätt. bandf. grasartig; Bltn. ⚥, ohne Bltnhülle, 2-reihig auf flacher Ährenachse angeordnet, Bltnstand in die Scheide des obersten Laubblatts eingeschlossen, Stbblätt. 1, Frblätt. 1, Nussfr.

Zostéra L., *Seegras*

1. Blätt. 4–9 mm breit, meist 5-nervig, bis 1 m lg.; Bltnsprosse verzweigt; Samen schwach längs gerunzelt; Antherenkonnektiv ohne Anhängsel; Narben doppelt so lg. wie der Gr.; ♃; VI–X. Schlammige, sandige Meeresböden, unter Wasser oft große Wiesen bildend; Küste u. Mündungsgebiete der Flüsse; *v* bis 10 m Tiefe.
Gewöhnliches S., * **Z. marína** L.

— Blätt. schmäler, 1–3-nervig, bis 60 cm lg. **2**

2. Blätt. 2–3 mm breit, meist 3-nervig; Bltnsprosse verzweigt; Samen schwach längs gerunzelt; Narbe so lg. wie der Gr.; ♃; VI–VIII. Wie vorige, doch nur bis 4 m Tiefe u. lockerer wachsend; *v* Da, ob in Dt?
Schmalblättriges S., **Z. angustifólia** (Hornem.) Rchb.

— Blätt. 1 mm breit, 1-nervig; Bltnsprosse unverzweigt; Samen glatt; Antherenkonnektiv m. Anhängsel; ♃; VI–VIII. Wie vorige, bis 1 m Tiefe; *v* Nordsee, Da, *z* Ostsee bis Rügen. (= *Z. noltii* Hornem.)
Zwerg-S., * **Z. nána** Roth

Familie: **Potamogetonáceae** (incl. *Zannichelliaceae*), *Laichkrautgewächse*

Untergetauchte od. m. Schwimmblätt. versehene Wasserpfl.; Blätt. wechselst. od. gegenst., meist m. deutl. Blattscheide (Ausnahme: *Groenlandia*); Infl. ährig und ohne Brakteen od. stark reduziert (*Zannichellia*); bei *Potamogeton* u. *Groenlandia:* Bltn. ⚥, Bltnhülle 4-blättrig (eigentlich 4 blütenblattähnl. Anhängsel der Stbblätt., *173* K), Stbblätt. 4, Frblätt. 4, frei, selten am Grd. verwachsen; bei *Zannichellia:* Bltn. 1-häusig, ♂ Bltn. m. 1 od. 2 Stbblätt, ohne Perianth, ♀ Bltn. m. häutiger Hülle (= Perianth, *377*) u. meist 4 gestielten Frblätt. m. trichterf. Narbe. Nach neueren Erkenntnissen sind die *Zannichelliaceae* in die *Potamogetonaceae* einzugliedern.

1. Blätt. nahezu gegenst., ohne Blattscheide, breit halb stgumfassend .... **Groenlandia**, 202

— Blätt. m. Blattscheide, meist wechselst. **2**

2. Blattspr. am ob. Ende der Blattscheide abgehend
Potamogeton, 202

— Blattspr. am unt. Ende der Blattscheide abgehend **3**

3. Blätt. m. röhriger Ochrea; Bltn. zu wenigen in den Blattachseln, unter Wasser *(377)* .... **Zannichellia**, 206

— Blätt. m. achselst. Nebenblätt.; Bltn. in gestielten Ähren, über Wasser .... **Potamogeton**, 202

1. Groenlándia Gay, *Fischkraut, Dichtes Laichkraut*

Blätt. paarweise (zuw. zu dritt) einander genähert, fast gegenst., lanzettl.-eif., zugespitzt, ohne Scheide; Ähren wenigbltg., zuletzt zurückgekrümmt; ♃; VI–IX. Langsam fließende od. stehende Gewässer; *z–s,* im S etwas häufiger. (= *Potamogeton densus* L.) **G. dénsa** (L.) Fourr.

2. Potamogéton L., *Laichkraut*

1. Blätt. am Grd. ohne röhrige Scheide od. diese nur sehr kurz, zuw. aber m. großem Blatthäutchen am Grd. **4**

— Blätt. am Grd. m. lg., röhriger Scheide, fadenf.; Ähren locker unterbrochen-quirlig **2**

2. Unt. Blattscheiden aufgeblasen, bis 6 cm lg.; Pfl. nicht fruchtend, wintergrün; ♃; VI–IX. Ufer; *s* im südl. Oberrheintal bis Bodensee, CH. [= *P. pectinatus* var. *helveticus* (G. FISCHER) GLÜCK]
Schweizer L., **P. helvéticus** (G. FISCHER) W. KOCH

— Blattscheiden nicht od. kaum aufgeblasen **3**

3. Blätt. bis 2,5 mm breit, allmähl. zugespitzt; Blattscheiden offen, eingerollt; Stg. reich gabelästig verzweigt; Fr. 4 mm lg., fast kugelig, auf dem Rücken meist gekielt, gelbbraun; ♃; VI–VIII. Gräben, Flüsse, Seen, Brackwasser; *z*, oft bestandsbildend.
Kamm-L., * **P. pectinátus** L.

— Blätt. fast haarf., sehr spitz; Blattscheiden in unt. Hälfte röhrig verwachsen, wenn jung; Stg. nur am Grd. gabelästig; Fr. 2 mm lg., elliptisch, ungekielt, grünl.; ♃; VI–VIII. Seen u. Bäche; *s* Alp. u. Vorland, auch östl. der Elbe.
Ⓖ *Fadenblättriges L.*, **P. filifórmis** PERS.

4(1). Blattspr. alle schmal lineal (bis 5 mm) **16**

— Blattspr. rundl. bis schmal lanzettl., aber nicht lineal **5**

5. Stg. 4-kantig bis abgeflacht; Blätt. lineal-lanzettl. (bis 12 mm breit), fein gesägt, stark wellig-kraus; Fr. am Grd. miteinander verwachsen, Frschnabel hakig, so lg. wie der Frkn. (2 mm); ♃; V–IX. Stehende u. langsam fließende Gewässer; *v*. *Krauses L.*, * **P. críspus** L.

— Stg. stielrund; Fr. nicht verwachsen **6**

6. Wasserblätt. sitzend od. sehr kurz (bis 1 cm) gestielt, Stiel oft geflügelt; Schwimmblätt. oft fehlend **10**

— Alle Blätt. deutl. gestielt; Schwimmblätt. meist vorhanden, Wasserblätt. z. Bltzt. oft fehlend **7**

7. Schwimmblätt. durchscheinend häutig, meist rötl.; Spr. mehrmals länger als ihr Stiel, bis 10 x 5 cm groß; Fr. 1,5 mm lg., stumpf gekielt; ♃; VI–IX. Stehende Gewässer; *s* Rhein-, Isar-, Lechgebiet, SO-NS, O-We, Be, An, CH, Vb, OÖ, NÖ, ČR, früher Bz.
Gefärbtes L., **P. colorátus** HORNEM.

— Schwimmblätt. derb, ihre Spr. wenig länger od. kürzer als der Stiel; Fr. länger, mind. 2 mm **8**

8. Ährenstiele spitzenw. verdickt; Blätt. längl.-elliptisch, in den Stiel keilig verschmälert, grün od. rötl.; Pfl. z. Bltzt. noch m. zahlr. längl.-lanzettl. Wasserblätt.; Schwimmblattspr. bis 15 x 6 cm; Fr. 3–4 mm lg., gekielt; ♃; VI–IX. Flüsse, Seen; *z–s*. (= *P. fluitans* auct.)
Ⓖ *Flutendes L.*, **P. nodósus** POIR.

— Ährenstiele spitzenw. nicht verdickt; Fr. ungekielt **9**

9. Schwimmblattspr. elliptisch-lanzettl., in den Stiel keilig verschmälert, bis 9 cm lg. u. bis 4 cm breit; Blattstiel obersts. flach, ohne biegsames Gelenk; Wasserblätt. z. Bltzt. noch vorhanden; Fr. 1,5 –2,5 mm lg.; ♃; VI–VII. Heideseen; *v* im NW, sonst *s*. (= *P. oblongus* VIV.)
Ⓖ *Knöterich-L.*, **P. polygonifólius** POURR.

— Schwimmblattspr. eif. bis längl., bis 12 cm lg. u. bis 7 cm breit, am Grd. herzf., selten schmal u. m. keiliger Basis (dann submerse Blätt. stets spreitenlos); Blattstiel obersts. rinnig, länger als die Spr., an der

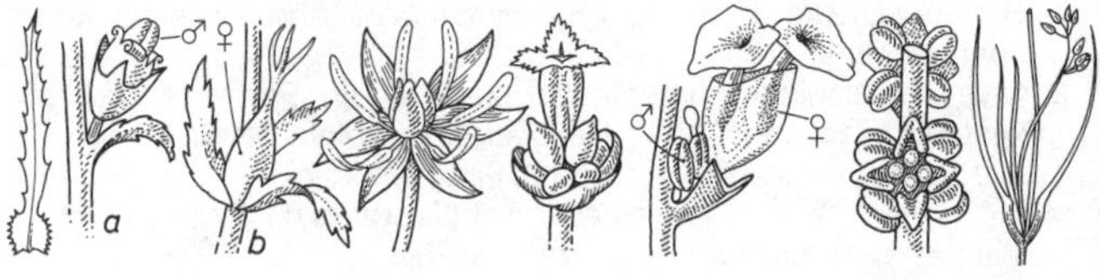

373 374 375 376 377 378 379

Spitze m. andersfarbigem Gelenk; Wasserblätt. z. Bltzt. meist nicht mehr vorhanden; Fr. 3–4 mm lg.; ♃; V–VIII. Seen, Teiche; *v.*
Ⓖ *Schwimmendes L.,* * **P. nátans** L.

10(6). Ährenstiele oberw. verdickt, dicker als der Stg.; Fr. auf dem Rücken stumpf; Blattspr. spitz auslaufend **13**

— Ährenstiele oberw. nicht verdickt, kaum dicker als der Stg.; Fr. auf dem Rücken scharf gekielt; Blattspr. stumpfl. auslaufend **11**

11. Blätt. nicht stgumfassend, in den Stiel keilig verschmälert, graugrün od. rötl. überlaufen, untergetaucht, glattrandig; Stg. oberw. meist einfach; Fr. 2–3 mm lg.; ♃; VI–VIII. Klarwasserseen, langsam fließende Gewässer; *z,* im Alp.-Gebiet verbreiteter.
Ⓖ *Alpen-L.,* **P. alpínus** Balb.

— Blätt. stgumfassend; Stg. ± stark verzweigt **12**

12. Blätt. herzf., am Rand entfernt gezähnelt u. wellig, Stg. gestreckt, bis 6 m lg.; Blatthäutchen klein, hinfällig; Fr. 3–3,5 mm lg.; ♃; VI–VIII. Flüsse, Teiche, Seen, bis 1900 m; *z–s.*
Durchwachsenes L., * **P. perfoliátus** L.

— Blätt. längl., am Rand glatt, zuw. gekräuselt; Stg. knickig hin- u. hergebogen, bis 2 m lg.; Blatthäutchen bis 6 cm lg., derb; Fr. 4–5 mm lg.; ♃; VI–VII. Seen, Flüsse; *s,* Ho, Be u. Da bis OPr, sonst vereinzelt in Schl, BW, Ba, Au, ČR. *Langblättriges L.,* **P. praelóngus** Wulf.

13(10). Schwimmblätt. fehlend, Wasserblätt. 8–20 cm lg. u. bis 5 cm breit, am Rand fein gesägt, glzd. grün; Blatthäutchen bis 8 cm lg.; Blattstiel ± rund; Ähren bis 6 cm lg.; ♃; VI–VIII. Flüsse, Seen, Teiche; *v–z,* zuw. submerse Wiesen bildend. *Glänzendes L.,* * **P. lúcens** L.

— Blätt. kleiner, bis 3 cm breit; Ähren höchstens 3 cm lg. **14**

14. Wasserblätt. kurz gestielt, stachelspitzig; Schwimmblätt. länger gestielt, bis 10 x 3 cm; entwickelt Fr.!; ♃; VI–VIII. Wie vorige; *z–s, f* Be, Da, NS, MeVp, NrWe, RhPf, Au. (= *P.* × *zizii* Koch ex Roth; = *P. gramineus* × *P. lucens*) *Schmalblättriges L.,* **P.** × **angustifólius** J. Presl

— Wasserblätt. sitzend, klein, schmal lanzettl. od. breiter (unter 1,5 cm), nicht stachelspitzig; Schwimmblätt. sitzend od. gestielt **15**

15. Wasserblätt. am Grd. verschmälert, lineal-lanzettl., bis 8 mm breit, durchscheinend, gezähnelt; Schwimmblätt. selten, derb, lg. gestielt, elliptisch bis eif.; ♃; VI–VIII. Stehende, seltener langsam fließende Gewässer; sehr *z,* vielfach erloschen.
Ⓖ *Grasartiges L.,* **P. gramíneus** L.

— Wasserblätt. am Grd. abgerundet u. halb stgumfassend, bis 13 mm breit; Schwimmblätt. selten; entwickelt keine Fr.; ♃; VI–VII. Seen, langsam fließende Gewässer; *z–s* MeVp bis OPr, Schl, SH (Hamburg), SaAn, Br, CH, NÖ, St. (= *P. perfoliatus* × *P. gramineus*)
Schimmerndes L., **P. × nítens** WEB.

16(4). Stg. wenig abgeflacht, m. abgerundeten Kanten; Blätt. außer dem Mittelnerv nur m. wenigen Längsnerven **18**

— Stg. flach zusammengedrückt; Blätt. bis 4 mm breit, vielnervig (3–5 stärkere Nerven, daneben schwächere) **17**

17. Blätt. 5-nervig, an der Spitze stumpf abgerundet; Ähre 10–15-bltg., viel kürzer als ihr Stiel; Fr. kurz u. krumm geschnäbelt; Blatthäutchen bis 4 cm lg.; Stg. fast geflügelt; ♃; VII–VIII. Seen, Altwässer; *z* im N, *s* im M-Gebiet u. S. *Flachstängeliges L.*, **P. compréssus** L.

— Blätt. 3-nervig, zugespitzt, am Grd. m. 1–2 schwärzl. Höckern; Ähre 4–6-bltg., so lg. wie ihr Stiel; Fr. deutl. u. fast gerade geschnäbelt; Blatthäutchen bis 2 cm lg.; Stg. flach; ♃; VI–VIII. Gräben, Teiche; sehr *z*.
Ⓖ *Spitzblättriges L.*, **P. acutifólius** LK.

18(16). Ährenstiele so lg. wie die Ähre; Blätt. stumpf, 3(–5)-nervig; Ähren dicht 6–8-bltg.; Blatthäutchen offen, eingerollt; Frkn. 4, Frschnabel breit u. sehr kurz; ♃; VI–VIII. Teiche, Gräben; sehr *z*, im S *s*.
Stumpfblättriges L., * **P. obtusifólius** MERT. & KOCH

— Ährenstiele 2–3-mal so lg. wie die kurze, z. Frzt. lockere Ähre **19**

19. Blätt. lg., borstenförmig u. fein zugespitzt, 1-nervig; Frkn. 1(–3); Blatthäutchen offen, eingerollt; Fr. halb kreisrund, Rückseite höckerig, m. kaum sichtbarem, kurzem Schnabel; Ähre 4–8-bltg.; Stg. dünn, fadenf., brüchig; ♃; V–VII. Gräben, Teiche, Torfstiche; sehr *z*.
Ⓖ *Haarförmiges L.*, **P. trichoídes** CHAM. & SCHLDL.

— Blätt. 3–5-nervig; Fr. oval od. halboval, auf der Bauchseite deutl. konvex; Frkn. 4 .... **20**

20. Blatthäutchen offen, eingerollt; Blätt. bis 2 mm breit; Fr. 2–2,5 mm lg., m. stumpfem Kiel, ihr Schnabel kurz hakig; ⊙; VI–IX. Stehende u. langsam fließende Gewässer; *z*. (= *P. pusillus* auct. p. p.)
Ⓖ *Kleines L.*, **P. berchtóldii** FIEB.

— Blatthäutchen in der unt. Hälfte (zumindest jung) röhrig geschlossen; Fr. 1,5–2 mm lg. **21**

21. Fr. auf dem Rücken abgerundet, nicht gekielt, halb oval; Blätt. nur bis 2 mm breit, starr, m. borstl. Spitze, 3-nervig; Ähre 1 cm lg., locker; Stg. meist rotbraun; Ährenstiel oberw. kaum verdickt; ♃; VII–VIII. Flüsse, Gräben; *s* Da, SH (Kiel), Br, N-SaAn, östl. ab Po.
Rötliches L., **P. rútilus** WOLFG.

— Fr. auf dem Rücken gekielt, schief oval; Blätt. bis fast z. Spitze gleich breit, dann fein zugespitzt; Fr. fast ungeschnäbelt............ **22**

22. Blätt. meist > 2 mm breit, (3–)5-nervig; Blatthäutchen oft bis z. Grd. 2-spaltig; Stg. etwas zusammengedrückt, m. zahlr. achselst. Kurztrieben; ♃; VI–VIII. Flüsse, Seen, Gräben; sehr *z*, im N etwas häufiger. (= *P. mucronatus* SCHRAD. ex SOND.)
Stachelspitziges L., **P. fríesii** RUPR.

— Blätt. meist < 2 mm breit, 3-nervig, biegsam; Blatthäutchen sehr zart, später aufreißend; ♃; V–VII. Gräben, Tümpel; *z.* (incl. *P. panormitanus* Biv.) Ⓖ *Zwerg-L.,* **P. pusíllus** L.

Ungewöhnl. Variabilität (Sprosslänge, Blattgröße u. -form, Verzweigung) bei zahlr. Arten, außerdem häufige **Bastard**bildung!

3. Zannichéllia L., *Teichfaden*

Blätt. 1–10 cm lg., fadenf., m. großem, stgumfassendem Blatthäutchen; Stg. an den Knoten wurzelnd; ♃; V–IX. Süßwasser u. Mündungsgebiet der Flüsse, bis 2,5 m Wassertiefe; *z.* Sehr variable Art. * **Z. palústris** L.

a. ssp. **palústris**: Fr. meist 2–4, fast sitzend, 2–3 mm lg., Gr. 0,5 mm lg., höchstens 1/3 so lg. wie die Fr.; Blätt. 0,5 mm breit. Süßwasser m. flachen Ufern.

b. ssp. **polycárpa** (Nolte) Richt.: Fr. zu 4–6, ihr Stiel höchstens 0,5 mm lg., 3,5–4,5 mm lg.; Gr. 1–2 mm lg., höchstens ½ so lg. wie die Fr.; Blätt. 1–2 mm breit. *z* Brackwasser.

c. ssp. **pedicelláta** (Wahl. & Rosen) Arcang.: Fr. 1–2 mm lg. gestielt, 2,5–3,5 mm lg., Gr. 1,5–2,5 mm lg., mehr als ½ so lg. wie die Fr. bis gleich lg.; Blätt. 0,3–1,2 mm breit. *v* Brackwasser, *s* im Binnenland, z. B. Bz, ČR, in Au, NÖ, Bgl, OÖ, St.

Familie: **Ruppiáceae**, *Saldengewächse*

Untergetauchte Wasserpfl.; Stg. fadenf, an den Knoten wurzelnd; Blätt. 2-zeilig, am Grd. m. Blattscheide, Bltn. ⚥, in 2-bltg. Ähren, Stbblätt. 2 *(378),* Frblätt. 4, Fr. lg. doldenartig gestielt *(379).*

Rúppia L., *Salde*

1. Inflstiel ca. 10 cm lg., nach Bestäubung spiralig eingerollt; Blätt. abgerundet od. stumpf; Fr. fast symmetrisch; ♃; VI–X. Flach- u. Brackwasser der Meeresküsten, unterseeische Wiesen; *z* (= *R. spiralis* L. ex Dum.) *Spiralige S.,* **R. cirrhósa** (Petagna) Grande

— Inflstiel nie länger als 4 cm, nicht spiralig; Blätt. zugespitzt; Fr. stark asymmetrisch; ♃; VI–X. Wie vorige, außerdem an Salzstellen des Binnenlandes; Küsten *v, s* SaAn, E. *Geschnäbelte S.,* **R. marítima** L.

Unterklasse: **Liliídae,** *Lilienähnliche*

Ordnung: **Dioscoreáles**

Familie: **Nartheciáceae**, *Beinbrechgewächse*

Stauden m. Rhizom; Blätt. schwertf., 2-zeilig, reitend; Bltn. radiär, doppelt 3-zählig; Bltnhülle frei, nicht verwachsen; Stbblätt. 6; Stbfäden behaart; Gr. 1; Frkn. oberst.; Kapselfr.

Narthécium Huds., *Beinbrech*
Blätt. meist kürzer als der Bltnstg.; Bltn. lg. gestielt; Bltnhüllblätt. außen grün, innen gelb; ♃; VII–VIII. Hochmoore, Heidemoore; *z* im NW (Be, Ho, NrWe, NW-RhPf, NS, SH, Da), früher SaAn.
Giftig! Ⓖ * **N. ossífragum** (L.) Huds.

Familie: **Dioscoreáceae**, *Schmerwurzgewächse*

Windestauden m. knolligem Rhizom; Blätt. herzf. m. fingerart. Nervatur; Bltn. klein, radiär, m. 3-zähligem Perigon, in kurztraubiger Infl.; Frkn. unterst.; Fr. Kapsel od. Beere.

Támus L., *Schmerwurz*
Blätt. oberst. glzd., bogennervig; Bltn. unscheinbar, in achselst. Trauben, eingeschl., ♂ m. glockigem, ♀ m. fast freiblättrigem Perigon; Frkn. unterst.; Fr. scharlachrote Beeren; ♃; V–VI. Schattige Wälder; *z* CH, *s* W-Bodensee, Hegau, E, ObRhein (nördl. bis Rastatt), Saarland, S-St, Vb, Be. [= *Dioscorea communis* (L.) Caddick & Wilken] **Giftig! T. commúnis** L.

Ordnung: **Liliáles**

Familie: **Melanthiáceae** (incl. *Trilliaceae*), *Einbeerengewächse*

Stauden m. Rhizom; Bltn. radiär, Stbblätt. 6 od. 8; Frkn. oberst.; Kapselfr. od. Beere. Nach neueren Erkenntnissen ist die Familie der *Trilliaceae* in die *Melanthiaceae* einzugliedern.

1. Blätt. wechselst., längs gefaltet, parallelnervig; Bltn. in reichbltg. Rispen . . . . **Veratrum**, 207
— Blätt. in 4-zähligem Quirl, netznervig; Bltn einzeln, grünl.
Paris, 207

1. Verátrum L., *Germer*
1. Perigonblätt. innen weiß, außen grünl. od. beidersts. grünl., gelbgrün bis schmutziggrün; Blätt. wechselst. (Unterschied zu *Gentiana!*); ♃; VI–VIII. Feuchte Wiesen, Matten, Viehläger, bis 2200 m.
Sehr giftig! *Weißer G.*, * **V. álbum** L.
a. Perigonblätt. innen weiß, außen grünl.; Tragblätt. kürzer. *v* Alp., *s* ČR.
ssp. **álbum**
— Perigonblätt. beidersts. grünl.; Tragblätt. länger. *v* Alp., *z* Voralp. u. Vorland, *s* SW-SchwAlb, N-Schw., S-Bayrw., ČR. ssp. **lobeliánum** (Bernh.) Arcang.
— Perigonblätt. schwarzpurpurn; ♃; VII–VIII. Bergwiesen, -wälder; *s* Ts, St, NÖ, Bgl, ČR. **Giftig!** *Schwarzer G.*, **V. nígrum** L.

2. Páris L., *Einbeere*
Bltnhülle 8–10-blättrig; Stbblätt. 8; Anthere so lg. wie das Filament, m. verlängertem Konnektiv; Fr. schwarze, giftige Beere; ♃; IV–VI. Laubwälder, Auwälder; *v*, im N *z*, stellenweise *f*. **Giftig!** * **P. quadrifólia** L.

Familie: **Colchicáceae**, *Herbstzeitlosengewächse*

Stauden m. Knollen; Bltn. radiär, Bltnhülle 6-blättrig, verwachsen od. getrennt; Stbblätt. 6; Gr. 1 od. 3; Frkn. 3-blättrig, oberst.; Kapselfr.

Cólchicum L., *Herbstzeitlose*

1. Pfl. z. Blzt. im Frühjahr m. grünen Blätt.; Perigonblätt. über dem Grd. nicht verwachsen; Gr. nur 1, dieser oben 3-spaltig, bis 5 mm lg.; ♃; II–III. Grasige Südhänge; *s,* Vs, Kt. (= *Bulbocodium vernum* L.)
Ⓖ *Lichtblume,* **C. bulbocódium** Ker-Gawl.

— Pfl. z. Blzt. im Spätsommer od. Herbst ohne grüne Blätt.; Perigonblätt. zu lg., über dem Grd. sichtbarer weißer Röhre verwachsen; Gr. 3 **2**

2. Perigonzipfel 40–60 mm lg. u. 10–15 mm breit, blassrosa; Narben lg. herablaufend; ♃; VIII–X. Wiesen, Auwälder; *v* im S, *z–s* im N.
Giftig! *Gewöhnliche H.,* * **C. autumnále** L.

— Perigonzipfel 17–30 mm lg. u. 4–6(–10) mm breit; Narben kopfig; ♃; VII–IX. Bergwiesen; *s,* nur Vs, Ts (Maggiagebiet).
Giftig! *Alpen-H.,* **C. alpínum** DC.

Familie: **Liliáceae**, *Liliengewächse*

Stauden m. Zwiebeln zum Überwintern; Bltn. in Trauben, Trugdolden od. einzeln; Bltn. radiär, auffällig gefärbt; Bltnhülle 6-blättrig, frei, in 2 gleichgestalteten Kreisen (Perigon); Stbblätt. 6, Frblätt. 3, Frkn. oberst., Kapselfr. Früher umfasste diese Familie auch die *Asparagaceae* und weitere kleinere Familien; heute rechnet man dazu nur noch wenige Gattungen.

1. Blüten groß, einzeln an der Stgspitze **4**

— Blüten zu mehreren in (Trug-)Dolden od. Trauben, wenn einzeln, dann klein **2**

2. Bltn. groß, Krblätt. > 3 cm lg. . . . . **Lilium,** 208

— Bltn. kleiner; Krblätt. < 3 cm lg. **3**

3. Bltn. gelb od. grüngelb . . . . **Gagea,** 209

— Bltn. weiß, mit braunroten Streifen . . . . **Lloydia,** 209

4(1). Blätt. gefleckt . . . . **Erythronium,** 209

— Blätt. nicht gefleckt **5**

5. Bltn. schachbrettart. gefleckt, nickend . . . . **Fritillaria,** 209

— Bltn. nicht gefleckt, aufrecht, höchstens als Knospe nickend; Narben sitzend . . . . **Tulipa,** 209

1. Lilium L., *Lilie* Ⓖ

1. Perigonblätt. zurückgerollt, hell braunrot, dk. gefleckt; Bltn. nickend, in Trauben; mittl. Blätt. quirlig; ♃; VII–VIII. Bergwiesen, Hochstaudenfluren, Gebüsche, kalkliebend; *v* im S, *z* M-Dt, ČR, *s* bis *f* im N.
Ⓖ *Türkenbund-L.,* * **L. mártagon** L.

— Bltnhülle glockig-trichterf., orangefarben bis rot, innen warzig-rau; Blätt. wechselst. **2**

2. Bltn. hgd., einzeln; Perigonblätt. zinnoberrot, am Grd. m. schwarzen Punkten; Antheren gelb bis orange; ♃; VI. Wiesen, Hochstaudenfluren der montanen u. subalp. Reg., kalkliebend; nur S-Kt (Karawanken, Dobratsch). ⓖ *Berg-L., Krainer L.,* **L. carniólicum** Bernh.

— Bltn. aufrecht, einzeln od. wenige; Perigonblätt. rot bis orangefarben; Antheren rot; ♃; VI–VII. Bergwiesen. ⓖ *Feuer-L.,* * **L. bulbíferum** L.

a. Ob. Blattachseln fast stets m. Brutzwiebeln; alle Bltn. ⚥; Perigonblätt. orangefarben; *z* Alp., *s* Voralp., S-Schw. (Feldberg). ssp. **bulbíferum**

— Ob. Blattachseln nur sehr selten m. wenigen Brutzwiebeln; außer ⚥ Bltn. auch ♂ Bltn. od. Pfl. nur ♂; Perigonblätt. dunkelorange bis rot, m. auffälligen schwarzen Flecken; *z* CH, Bz, *s* im NO u. O. ssp. **cróceum** (Chaix) Arcang.

2. Fritillária L., *Schachbrettblume*

Laubblätt. meist 4–5, lineal-rinnig, graugrün; Bltn. bräunl.-purpurn, schachbrettart. gefleckt; ♃; IV–V. Feuchte Wiesen; sehr *z* bis *s, f* Be, Da, E, Po; auch Zierpfl. u. verwild. **Giftig!** ⓖ **F. meléagris** L.

3. Túlipa L., *Tulpe*

1. Perigonblätt, meist stumpf od. mit aufgesetzter kurzer Spitze, rot, gelb, weiß od. bunt; Stbfäden kahl; Bltn. auch als Knospe aufrecht; Blätt. breit lanzettl., meist > 2 cm breit; ♃; IV–V. Alte Zierpfl., häufig in Gärten gepflanzt, *s* verwild. (z. B. Vs). (Heimat: Vorderas., Zentralas.) (= *T. didieri* Jord., = *T. grengiolensis* Thommen) *Garten-T.,* * **T. gesneriána** L.

— Perigonblätt. zugespitzt, gelb; Stbfäden am Grd. behaart; Blätt. lineal, < 2 cm breit; Pfl. m. Ausläufern; ♃; IV–VI. ⓖ *Wild-T.,* * **T. sylvéstris** L.

a. Bltn. vor dem Aufblühen nickend; alle Perigonblätt. rein gelb; IV–V. Weinberge, Obstgärten, Böschungen; alte Zierpfl., vielfach verwild. u. eingebürgert; *z*. ssp. **sylvéstris**

— Bltn. vor dem Aufblühen aufrecht; äußere Perigonblätt. außen rot überlaufen; V–VI. Bergwiesen; *s,* Vs. ssp. **austrális** (Lk.) Pampanini

4. Erythrónium L., *Zahnlilie, Hundszahn*

Laubblätt. 2, fast gegenst.; Bltn. ca. 4 cm im Dm; Frkn. m. 3-mal längerem Gr.; Perigonblätt. zurückgeschlagen, rosa; ♃; II–IV. Laubwälder; *z* St, *s* Genf, Ts, O-Kt, S-ČR. (= *E. maculatum* Lam.) ⓖ **E. déns-cánis** L.

5. Llóydia Rchb., *Faltenlilie*

Grdst. Blätt. 2, fast fadenf.; Stgblätt. lineal-lanzettl.; Pfl. 5–15 cm hoch; ♃; VII–VIII. Hochalp. Rasen, 1800–3050 m, kalkmeidend; *z* Alp., in Dt nur Allgäu, Berchtesgaden. ⓖ **L. serótina** (L.) Rchb.

6. Gágea Sal., *Goldstern, Gelbstern* (nach M. Engelhardt)

1. Bltnstiele u. Perigonblätt. außen kahl **4**

— Bltnstiele u. Perigonblätt. außen ± behaart; Grdblätt. 2 . . . . **2**

2. Grdblätt. (selten nur 1) röhrig-hohl, halb stielrund, lineal; Bltnstg. m. 2 fast gegenst. Blätt.; Bltnstiele ± zottig behaart; Perigonblätt. stumpf; ♃; VI–VII. Lägerfluren, steinige Matten der Ur-Alp., oberhalb 1200 m; *v* CH, Au, in Dt nur an der Grenze zu Au (Allgäu). (= *G. liotardi* Sternbg.; = *G. fistulósa* auct.) ⓖ *Alpen-G.,* **G. fragífera** (Vill.) Ehr. Bayer & Lopez

— Grdblätt. flach od. rinnig, oft fadenf. **3**

3. Pfl. 10–15 cm hoch; grdst. Blätt. lineal, bis 4 mm breit, zumindest obersts. flachrinnig; Bltnstg. m. 2, dem Bltnstand sehr genäherten, fast

gegenst. Blätt.; Perigonblätt. spitzl.; Gr. kurz behaart; Bltn. zu 2–10; ♃; III–V. Äcker, Weinberge, Wegränder; *z, s* im N, Be, in Au nur St, NÖ, Bgl, früher OÖ. (= *G. arvensis* (PERS.) DUM.)

Ⓖ *Acker-G.,* * **G. villósa** (BIEB.) DUBY

— Pfl. 3–8 cm hoch; grdst. Blätt. fast fadenf.; Bltnstg. m. 2 vom Bltnstand u. untereinander etwas entfernten Blätt.; Perigonblätt. stumpf; Gr. kahl; Bltn. zu 2–3; ♃; III–V. Sandtrockenrasen, steinige Hügel; *s,* RhPf, SaAn, Th, Br, NÖ, Bgl. Ⓖ *Felsen-G.,* **G. bohémica** (ZAUSCHN.) R. & SCH.

a. Stg. u. Stgblätt. kahl od. wenig behaart; Bltnstg. bis 2 cm lg.; Perigonblätt. 13–17 mm lg.; *s* (Verbreitung ungenügend bekannt). ssp. **bohémica**

— Stg. u. Stgblätt. dicht behaart; Bltnstg. 3–8 cm lg.; Perigonblätt. 11–13 mm lg.; *s,* Vs, ČR. (Verbreitung ungenügend bekannt) (= *G. saxatilis* (MERT. & K.) SCHULT & SCHULT. f.) ssp. **saxátilis** (MERT. &. K.) PASCHER

4(1). Grdst. Blätt. 2, röhrig-hohl; Bltnstand 2–5-bltg.; Stgblätt. 1, an der Spitze kapuzenf. zusammengezogen, vom Tragblatt deutl. verschieden; ♃; IV–V. Feuchte Laubwälder; *v* im N, *s* im M-Gebiet u. bis Schl, auch BW (Lußhardt), Ba (Königshofen).

Ⓖ *Scheiden-G.,* **G. spathácea** (HAYNE) SAL.

— Nur 1 grdst. Blatt vorhanden **5**

5. Grdst. Blätt. breit lineal, 4–12 mm breit, an der Spitze kapuzenart. zusammengezogen; Perigonblätt. stumpf, 15–18 mm lg., gelbgrün; Jugendblätt. 5-kantig; ♃; III–V. Auwälder, Obstgärten, Wiesen; *v,* im NW seltener. [= *G. silvatica* (PERS.) LOUD.]

Ⓖ *Gewöhnlicher G.,* * **G. lútea** (L.) KER-GAWL.

— Grdst. Blätt. bis 4 mm breit, an der Spitze nicht kapuzenart. zusammengezogen **6**

6. Grdst. Blätt. 2–6 mm breit, gekielt, bewimpert, an der Basis rötl.; Perigonblätt. 15–20 mm lg. **8**

— Grdst. Blätt. nur bis 2(–3) mm breit, kahl od. fast kahl; Perigonblätt. nur 10–15 mm lg. **7**

7. Perigonblätt. am Ende stumpfl.; Stg. am Grd. nur m. 1 Zwiebel; Stgblätt. fast gegenst., direkt unter der Infl.; Stbblätt. $^2/_3$ so lg. wie die Perigonblätt.; ♃; III–IV. Trockenrasen u. Äcker; *s,* NÖ, Bgl, ČR, früher St.

Ⓖ *Zwerg-G.,* **G. pusílla** (F. W. SCHM.) R. & SCH.

— Perigonblätt. spitzl.; Stg. am Grd. m. je 1 größeren u. kleineren Zwiebel; Stgblätt. deutl. voneinander entfernt, aber nahe der Infl.; Stbblätt. $^1/_3$–½ so lg. wie die Perigonblätt.; ♃; III–V. Laubwälder, Waldränder, kalkliebend; *s.* *Kleiner G.,* **G. mínima** (L.) KER-GAWL.

8(6). Tragblätt. schmal lineal, den Bltnstand meist weit überragend, ihn am Grd. nicht scheidig umfassend; Perigonblätt. schmal u. lg. m. stumpf zugespitzten Enden; grdst. Blätt. bogig bis schlaff niederlgd.; ♃; III–IV. Äcker, Trockenrasen, Wiesen; *z,* im S u. NW *s.* (= *G. stenopetala* RCHB.) Ⓖ *Wiesen-G.,* * **G. praténsis** (PERS.) DUM.

— Tragblätt. schmal lanzettl., wenig länger als der Bltnstand, diesen scheidig umfassend; Perigonblätt. breit u. kurz, m. stumpfer Spitze; grdst. Blätt. aufrecht od. bogig; ♃; III–IV. Äcker, Trockenrasen; *s,* BW, Ba, He, Th, SaAn, MeVp, ČR. (= *G. transversalis* auct.)

Pommern-G., **G. pomeránica** RUTHE

Ordnung: **Asparagáles**

Familie: **Orchidáceae**, *Orchideen, Knabenkrautgewächse*

Stauden, m. oft kugeligen od. handf. geteilten Wurzelknollen; Bltn. zygomorph, ⚥, in den Achseln zuw. laubiger u. gefärbter Hochblätt., in ährigen od. traubigen Bltnständen; Bltnhülle aus zwei 3-zähligen Kreisen bestehend. Das mittl. Blatt des inneren Kreises zu einer meist in Form u. Farbe abweichenden, häufig gespornten Lippe, dem **Labellum**, umgestaltet. Durch Drehung des unterst. Frkn. zeigt diese in der entfalteten Blüte nach abw. u. unten (Ausnahmen: *Nigritella, Epipogium, Malaxis* u. *Liparis);* Stbblätt. 2 *(Cypripedium, 380a),* sonst stets nur 1 *(380b),* das m. dem Gr. u. den Narben zu einem Säulchen, dem **Gynostemium**, verwachsen ist; Pollenmasse eines Stbbeutels zu einem **Pollinium** *(380c)* vereinigt; Kapselfr.

Ⓖ Sämtliche Orchideen sind geschützt![1] Ⓖ

1. Lippe schuhf., 3–4 cm lg., gelb; Bltn. meist einzeln; Stbblätt. 2 *(380a,* St) . . . . **Cypripedium**, 215
— Lippe nicht schuhf.; Stbblätt. 1, aber m. 2 Pollenfächern *(380b* od. ähnl.) **2**
2. Pfl. m. grünen Blätt. **6**
— Pfl. ohne grüne Blätt.; Stg. nur m. gelbl., bräunl., violetten od. weißl. Schuppenblättern **3**
3. Stg. dkviolett; Bltn. hellviolett, m. lg., pfrieml. Sporn u. ungeteilter Lippe . . . . **Limodorum**, 218
— Stg. bräunl., gelbl.grün od. weißl.; Lippe geteilt **4**
4. Stg. bräunl.; Bltn. in dichter, reichbltg. Traube; Lippe 2-spaltig . . . . **Neottia nidus-avis**, 218
— Stg. gelbl.grün od. weißl.; Bltn. entfernt, hgd., in armbltg. Traube **5**
5. Stg. weißl.; Bltn. m. kurzem, dickem Sporn *(408),* gelbl.weiß, rot überlaufen . . . . **Epipogium**, 219
— Stg. grünl.gelb; Bltn. ungespornt, gelbl.grün m. weißl.rot punktierter Lippe . . . . **Corallorhiza**, 229
6(2). Stg. m. nur einem (selten 2) grdst., 2–4 cm breiten u. 4–6 cm lg. Laubblatt; Bltn. grünl.gelb, in lockerer, reichbltg. Traube **Malaxis**, 229
— Stg. m. 2 od. mehr Laubblätt. **7**
7. Stg. m. 2, zuw. fast in dessen Mitte sitzenden, gegenst. Blätt.; Lippe schmal, tief 2-spaltig . . . . **Neottia**, 218
— Blätt. mehr als 2 (wenn nur 2, dann am Grd. des Stg.), wechselst., zuw. in grundst. Rosette **8**

---

[1] Aus Gründen des Naturschutzes wird in den Schlüsseln die für die meisten Gattungen und Arten charakteristische Form der unterirdischen (Speicher-)Organe nicht verwendet; die Bestimmung ist dadurch an einigen Stellen schwieriger.

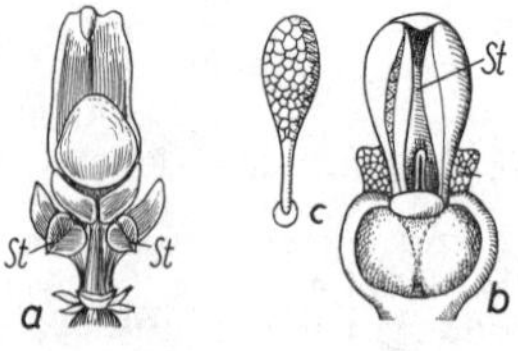

380

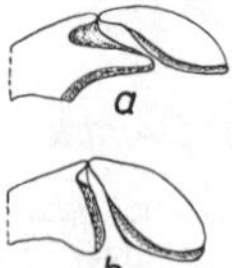

381

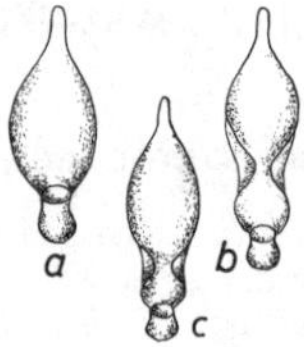

382

8. Lippe ungespornt od. nur undeutl. sackf. vertieft **24**
— Lippe deutl. gespornt, zuw. kurz sackf. **9**
9. Mittellappen der Lippe die Seitenlappen weit überragend und spiralig od. schraubig gedreht, 3–6 cm lg., mindestens doppelt so lg. wie die Seitenlappen .... **Himantoglossum,** 229
— Lippe ungeteilt od. Mittellappen höchstens doppelt so lg. wie die Seitenlappen, nicht gedreht **10**
10. Mittellappen d. Lippe 2-spaltig; Seitenlappen breit u. m. welligem äußerem Rand; Lippe 13–20 mm lg.
Himantoglossum robertianum, 229
— Lippe ungeteilt od. Seitenlappen am Rand nicht wellig gerollt **11**
11. Lippe nach oben weisend (da Frkn. nicht gedreht), ungeteilt u. spitzl. zulaufend; Bltn. schwarzpurpurn od. rosa, nach Vanille od. Kakao duftend; Bltnstand kugelig od. eif.-längl., dichtbltg.; Alpenpfl. .... **Nigritella**, 219
— Lippe herabhgd., da Frkn. um ± 180° gedreht; Lippe meist geteilt.. **12**
12. Sporn kurz- bis längl.-walzl., ± sackf. **15**
— Sporn lg. fadenf. (1–4 cm lg.) **13**
13. Bltnstand gedrängt, pyramiden- bis eif., bis 5 cm lg.; Lippe breiter als lg., am Grd. m. 2 Lamellen *(383);* Bltn. fleischfarben bis purpurrot .... **Anacamptis pyramidalis**, 228
— Bltnstand ährig verlängert **14**

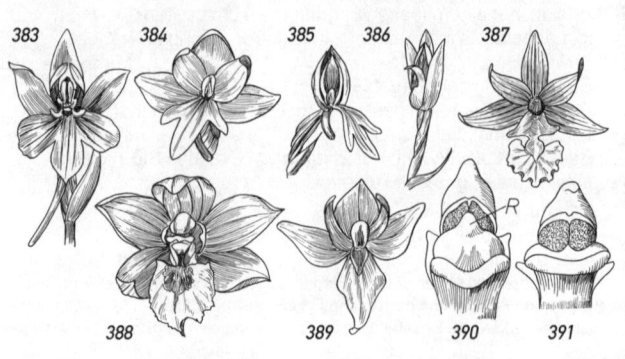

383 384 385 386 387

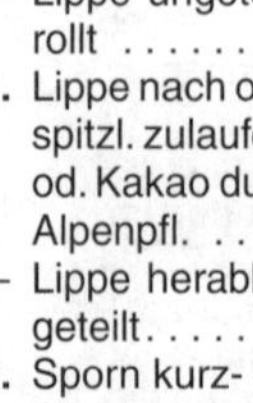

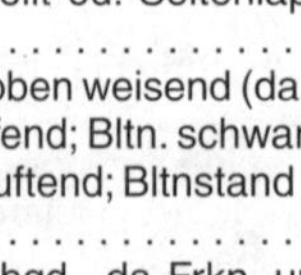

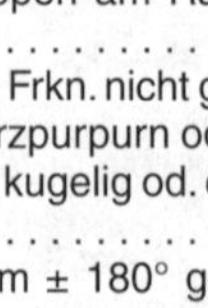

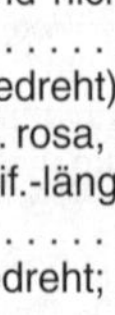

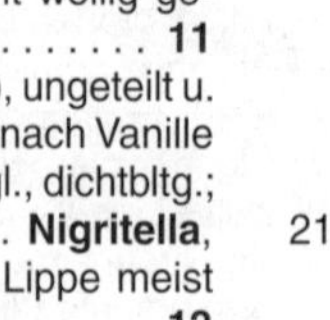

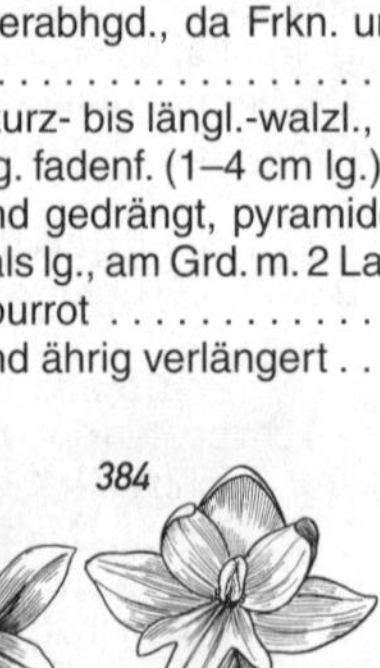

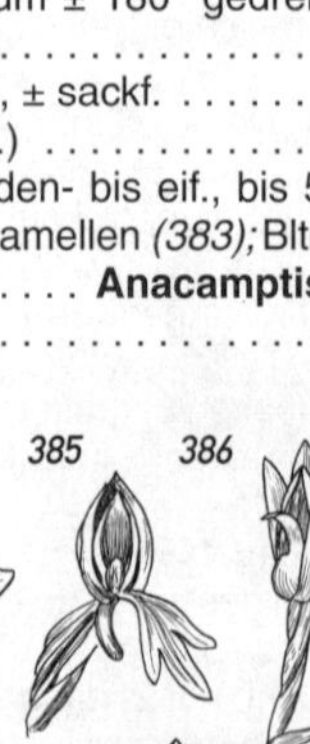

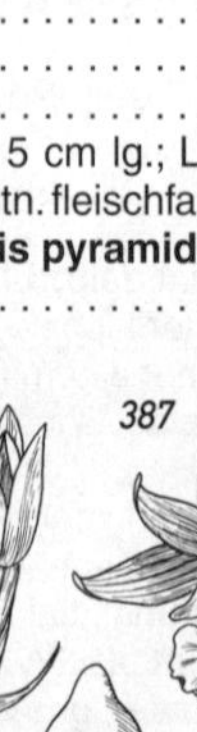

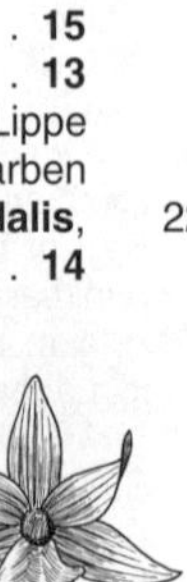

388 389 390 391

14. Lippe ungeteilt, schmal lanzettl., viel länger als breit, weiß *(403, 404);* Laubblätt. 2, grdst. . . . . **Platanthera**, 219
— Lippe ± deutl. gelappt, im Umriss stumpf 3-eckig, vorn am breitesten, nur etwa so lg. wie breit, ± rosa; Stgblätt. mehrere . . . . **Gymnadenia**, 219
15(12). Sporn kurz sackf., nach vorw. gerichtet, der an der Spitze 3-zähnigen Lippe anlgd.; Bltn. grünl., zuw. rötl., ± 1 cm groß **Dactylorhiza viridis**, 221
— Sporn walzl., meist deutl. nach rückw. gerichtet; Bltn. nicht grünl. **16**
16. Bltnstand allstswendig; Perigonblätt. meist > 7 mm **18**
— Bltnstand schwach einstswendig; Perigonblätt. kaum 4 mm lg. **17**
17. Bltn. weißl.; Stg. m. 4–6, z. T. grdst. Laubblätt.; Perigonblätt. ± ausgebreitet od. etwas einw. neigend *(384)* **Pseudorchis**, 220
— Bltn. fleischfarben od. rosa; Laubblätt. 2, grdst.; Stgblätt. 2, entfernt stehend od. ± genähert-gegenst., klein, tragblattähnl.; Perigonblätt. helmf. zusammenneigend; Lippe fast waagerecht vom Perigon absthd. *(385)* . . . . **Neottianthe**, 225
18(16). Bltn. intensiv duftend; Perigonblätt. etwa 5 mm lg., ± rosa; Lippe ungefleckt, m. 3 fast gleich großen Lappen **Gymnadenia**, 219
— Bltn. nicht od. kaum duftend; Perigonblätt. > 5 mm **19**
19. Bltnstand im Umriss halb- bis fast kugelig, höchstens kurz kegelf., dichtbltg.; Bltn. rosa bis hellpurpurn, selten weißl.; Perigonblätt. lg. zugespitzt, die 3 mittl. helmf. zusammenneigend; die beiden seitl. ± absthd. bis zurückgeschlagen; Tragblätt. häutig. . . . . **Traunsteinera**, 226
— Bltnstand verlängert, im Umriss längl., höchstens kurz walzl., selten ± kugelig, meist lockerbltg.; Tragblätt. häutig o. krautig **20**
20. Alle Perigonblätt. helmf. zusammenneigend *(405, 407)* **35**
— Die beiden seitl. Perigonblätt. absthd. od. zurückgeschlagen, die 3 mittl. helmf. zusammenneigend *(406)* **21**
21. Tragblätt. krautig, nicht häutig, meist netzadrig u. länger als der Frkn.; Sporn abw. gerichtet; Stg. beblättert **Dactylorhiza,** 221
— Tragblätt. häutig, oft gefärbt, ± so lg. wie der Frkn., Sporn waagrecht absthd. od. aufstgd.; Stg. nur m. einem meist scheidigen Blatt **22**
22. Bltn. gelb . . . . **Orchis,** 226
— Bltn. rot, rosa od. purpurn, selten weißl. **23**
23. Blätt. locker am Stg. verteilt, lineal, von der Basis zur Spitze allmähl. verschmälert . . . . **Anacamptis,** 228
— Blätt. am Grd. des Stg. gehäuft, zungenf. bis breit längl., in od. über der Mitte am breitesten; Lippe 3-teilig; Tragblätt. meist rotviolett überlaufen . . . . **Orchis,** 226
24(8). Lippe in der Mitte nicht eingeschnürt **27**

— Lippe in der Mitte eingeschnürt, dadurch in einen vorderen Teil (= **Epichil**) u. hinteren Teil (= **Hypochil**) gegliedert **25**

25. Perigonblätt. zusammenneigend, einen spitzen Helm bildend, rotbraun bis violett; Tragblätt. häutig, braun .... **Serapias**, 228

— Die beiden seitl. Perigonblätt. meist absthd.; Tragblätt. krautig, grün **26**

26. Perigonblätt. meist zusammenneigend (*386*; nur bei der rosa- bis rotlila blühenden *C. rubra* z. Bltzt. absthd.); Stg. oberw. meist kahl; Bltn. aufrecht; Frkn. sitzend u. gedreht **Cephalanthera**, 215

— Perigonblätt. meist absthd., *(387, 388);* Bltn. meist leicht hgd.; Frkn. kurz gestielt; Stg. oberw. meist behaart **Epipactis**, 215

27(24). Lippe gewölbt, samtig behaart, nicht tief gespalten, Insektenkörper nachahmend; Bltn. bunt, niemals einfarbig **Ophrys**, 225

— Lippe kahl; Bltn. meist einfarbig weiß, gelbl. od. grünl. . . **28**

28. Lippe 4-teilig, gelbgrün bis hellbraun, viel länger als die helmart. zusammenneigenden, grünl.gelben, rot überlaufenen od. gestreiften Perigonblätt. .... **Orchis anthropophora**, 226

— Lippe ungeteilt od. 3-lappig **29**

29. Blätt. lineal, grasartig; Bltn. gelbl.grün; Lippe eif. bis rhomboidisch *(389);* zuw. seitl. schwach gelappt; 5–10 cm hohe Alpenpfl. .... **Chamorchis**, 225

— Blätt. breiter, nicht grasart. **30**

30. Lippe deutl. 3-lappig, seitl. Lappen kleiner als der mittl. Abschnitt u. spießf.; Lippe nur wenig länger als die Perigonblätt.; Bltn. klein, gelbl.weiß, in verlängerter, reichbltg., zuw. einstswendiger Ähre .... **Herminium**, 225

— Lippe ungeteilt, nur an der Spitze zuw. schwach gezähnelt, gekerbt od. gefranst **31**

31. Bltn. reinweiß, nur die Nerven grün od. die äußeren Perigonblätt. grünl. überlaufen; Bltn. spiralig angeordnet **34**

— Bltn. gelbl. od. gelbl.grün; Infl. nicht schraubig **32**

32. Infl. 3–8-bltg., wenig länger als die Blätt.; alle Perigonblätt. ca. 5 mm lg., die inneren fast fadenf., viel schmäler als die am Rand nach unten eingerollten äußeren; 2 grdst. Laubblätt. **Liparis**, 229

— Infl. reichbltg., viel länger als die Laubblätt.; Bltn. kleiner, äußere Perigonblätt. nicht > 3 mm. **33**

33. Blätt. 3–4, eif., etwa 3 cm lg., am Rand u. an den Scheiden häufig m. winzigen Brutknospen (Lupe!); das oberste Blatt in der Achsel eine kleine Sprossknolle tragend **Hammarbya**, 229

— Blätt. 1 [selten 2(–3)], 4–6 cm lg. (s. auch Nr. **6**) **Malaxis**, 229

34(31). Blätt. schmal lanzettl. od. breiter, dann aber schwach bogennervig; Lippe nicht ausgesackt; Schafweide- od. Moorpfl. .... **Spiranthes**, 218

— Blätt. zugespitzt, elliptisch, breit bogen- u. netznervig, oft gescheckt od. Nerven silbrig glzd.; Lippe am Grd. kurz, aber deutl. ausgesackt; Waldpfl. . . . . **Goodyera**, 219

35(20). Lippe so breit wie od. breiter als lg. *(405);* Sporn waagrecht absthd. od. aufstgd.; Perigonblätt. rot, grün gestreift **Anacamptis morio,** 228

— Lippe länger als breit; Sporn abw. gerichtet **36**

36. Lippe ungeteilt, fächerf. dk. geadert, m. nach oben gebogenen Seiten . . . . **Anacamptis papilionacea,** 228

— Lippe (mindestens seicht) 3-teilig **37**

37. Mittellappen der Lippe ungeteilt *(407);* Bltn. schmutzig-grünl.-purpurn . . . . **Anacamptis coriophora,** 228

— Mittellappen der Lippe geteilt **38**

38. Tragblätt. höchstens 1/3 so lg. wie der Frkn.; Mittellappen der Lippe 2-lappig, zw. beiden Lappen stets deutl. ein kleines Spitzchen *(397–399)* . . . . **Orchis,** 226

— Tragblätt. so lg. wie od. länger als der Frkn., mindestens ½ so lg. wie dieser; Mittellappen der Lippe 2-lappig, zw. den beiden Lappen nur zuw. ein kleines Spitzchen . . . . **Neotinea,** 226

1. Cypripédium L., *Frauenschuh*

Blätt. breit elliptisch, stgumfassend; Infl. m. 1–2 großen Bltn.; Schuh (= Lippe) 3–4 cm groß; äußere Perigonblätt. schokoladenbraun, etwas gedreht; ♃; V–VII. Lichte Wälder, Waldränder, auf Kalk; *z* im S- u. M-Gebiet, sonst *s*. Ⓖ * **C. calcéolus** L.

2. Cephalanthéra Rich., *Waldvögelein*

1. Perigonblätt. rot, z. Bltzt. absthd.; Stg. oberw. samt den Frkn. kurzhaarig; ♃; VI–VII. Lichte Wälder, auf Kalk; *z* im S- u. M-Gebiet, sonst *s*. Ⓖ *Rotes W.*, * **C. rúbra** (L.) Rich.

— Perigonblätt. weiß od. gelbl.weiß, zusammenneigend *(386);* Stg. kahl **2**

2. Bltn. gelbl.weiß; äußere Perigonblätt. 15–20 mm lg.; Blätt. längl.-eif., höchstens 4-mal so lg. wie breit; ♃; V–VI. Schattige Laubwälder, kalkliebend; *v–z,* im N *s*. [= *C. alba* (Cr.) Sim.; = *C. grandiflora* S. F. Gray] Ⓖ *Weißes W.,* * **C. damasónium** (Mill.) Druce

— Bltn. reinweiß; äußere Perigonblätt. 10–15 mm lg.; Blätt. lanzettl. od. schmal lanzettl., mehr als 10-mal so lg. wie breit; ♃; V–VI. Waldränder, Wälder; *v–z* Alp., *z–s* im S u. M-Gebiet, NW-Grenze: SO-Ho/Münster/Braunschweig/MeVp. [= *C. ensifolia* (Murray) Rich.] Ⓖ *Schwertblättriges W.,* **C. longifólia** (L.) Fritsch

3. Epipáctis Zinn, *Sumpfwurz, Stendelwurz*

(nach Wucherpfennig, Kretzschmar, Baumann u. Lorenz)

1. Hinteres Lippenglied (Hypochil) weiß/gelb mit roten Adern, vorderes Glied (Epichil) weiß, bewegl., rundl., durch tiefen Einschnitt vom hinteren Abschnitt getrennt *(387);* ♃; VI–VIII. Sumpfwiesen, Wiesenmoore; *v–z* im S, *z–s* M-Gebiet u. N, oft erloschen. Ⓖ *Echte S.,* * **E. palústris** (L.) Cr.

— Hypochil einfarbig (dunkelbraun, selten rötl. oder grünl.), Epichil unbewegl., kurz zugespitzt, dem Hypochil breit aufsitzend *(388)* **2**

2. Mittl. Stgblätt. 2–3 cm lg., lanzettl., kürzer als die Stgglieder; Bltnstand arm- und lockerbltg.; Bltn. grünl.weiß, rötl. überlaufen; unt. Tragblätt. nicht länger als die Bltn., mittl. nur so lg. wie der weichhaarige Frkn.; ♃; VI–VII. Schattige Bergwälder, kalkliebend; sehr *z* im S u. M-Gebiet, nördl. bis Be, Aachen, Osnabrück, Braunschweig, Oranienburg, Schl. Ⓖ *Kleinblättrige St.,* **E. microphýlla** (Ehr.) Sw.

— Mittl. Stgblätt. so lg. wie od. länger als die Stgglieder **3**

3. Blüten einfarbig bräunl.rot bis purpurn, nach Vanille duftend; Frkn. flaumig behaart, deutl. von einem Stiel abgesetzt; Blätt. steifl., oft rot; Epichil m. ± 2-geteilter, höckeriger, runzliger Schwiele *(388)*; ♃; VI–VII. Lichte Wälder, sonnige, buschige Hänge, Dünenwälder, alp. Bachränder, kalkliebend; *v–z* im S- u. M-Gebiet, sonst *s.* [= *E. atropurpurea* Raf.; = *E. rubiginosa* (Cr.) Gaud.] Ⓖ *Braunrote St.,* * **E. atrórubens** (Hoffm. ex Bernh.) Bess.

— Äußere Perigonblätt. ± grünlich; Bltn. duftlos, Frkn. ± kahl, allmählich in seinen Stiel verschmälert **4**

4. Stg. im Bereich der Bltn. ± kahl; Hypochil weißl.-grün; Epichil weißl.-rosa, an der Spitze grünl.; oberstes Stgblatt die unterste Blüte meist überragend; Blattrand unregelm. bewimpert; Bltnstand locker; Bltn. waagrecht bis hgd., glockig, oft geschlossen; ♃; VII–VIII. Laubwälder, Dünen; *s,* O-Da, NrWe. (= *E. confusa* Young) Ⓖ *Englische St.,* **E. phyllánthes** G. E. Sm.

— Stg. im Bereich der Bltn. deutl. behaart **5**

5. Frisch geöffnete Bltn. mit deutl. abgesetzter kugelf. weißer Rostelldrüse (*390,* R) **6**

— Frisch geöffnete Bltn. ohne *(391)* oder mit verkümmerter bräunl. Rostelldrüse (selbstbestäubend) **11**

6. Blätt. untersts. violett überlaufen, lanzettl., weniger als 2-mal so lg. wie die Stgglieder; Infl. dicht- und reichbltg.; innere Perigonblätt. grünl.-weiß, glzd.; Stg. oft büschelweise wachsend; ♃; VIII–X. Schattige Wälder; *z* im SW, sonst sehr *z–s.* [= *E. violacea* (Durand) Bor.; = *E. sessilifolia* Pet.; *E. viridiflora* Hoffm. ex Krock.] Ⓖ *Violette S.,* **E. purpuráta** Sm.

— Blätter untersts. nicht violett überlaufen **7**

7. Rostelldrüse klebrig (funktionsfähig); ♃; VII–VIII. Laubwälder; *v,* im N- u. M-Geb. stellenw. *z.* (= *E. latifolia* (L.) All.; incl. *E. nordeniorum* Robatsch) Formenreich. Ⓖ *Breitblättrige St.,* * **E. helleboríne** (L.) Cr.

a. Waldpfl., 40–100 cm hoch; Laubblätt. am Stg. verteilt; Infl. lockerblütig; unt. Tragblätt. länger als ihre Bltn.; *v.* ssp. **helleboríne**

b. Dünenpfl., nur 15–35 cm hoch; Laubblätt. am Stggrund gedrängt; Infl. dichtblütig; unt. Tragblätt. kürzer als ihre Bltn.; *z* Dünen der Nord- u. Ostseeküste. (= *E. renzii* Robatsch) ssp. **neerlándica** (Verm.) Buttler

c. Lichte Kiefernwälder, Gebüsche, 40–60 cm hoch; oft büschelig wachsend, nur m. 3–5 gelbgrünen Laubblätt., diese etwa so lg. wie die Stgglieder; *s,* Alp., FrAlb, N-Dt (Ostsee). (= *E. distans* Arvet-Touvet) ssp. **orbiculáris** (K. Richt.) Klein

— Rostelldrüse nicht klebrig (funktionslos); Pfl. selbstbestäubend **8**

8. Pfl. 30–70 cm hoch; Bltnstand m. 7–35 Bltn., locker einstswendig; Epichil länger als breit, herzf., lg. zugespitzt u. vorgestreckt, rosa bis grünl., m. hellem Rand; Bltn. nickend, äußere Perigonblätt. grünl.; Stbbeutel deutl. gestielt; ♃; VII–VIII, Buchenwälder, kalkliebend; *s*, gebietsweise *f*, nördl. bis Be, Hannover/O-Da, Th, SaAn.
Ⓖ *Schmallippige St.*, **E. leptochíla** (GODF.) GODF.

a. Übergang Hypochil/Epichil V-förmig; (= *E. peitzii* H. NEUMANN & WUCHERPFENNIG) ssp. **leptochila**

b. Übergang Hypochil/Epichil sehr eng; Epichil zurückgeschlagen; (= *E. leutei* ROBATSCH; = *E. neglecta* (KÜMPEL) KÜMPEL). ssp. **neglécta** KÜMPEL

— Pfl. klein (bis 30 cm); Epichil so lg. wie breit, stumpfl., zurückgeschlagen; Stbbeutel sitzend **9**

9. Stgblätt. höchstens so lg. wie das zugehörige Internodium; Pfl. gern in Gruppen wachsend, 15–65 cm hoch; Bltnstand locker, einseitswendig, dicht u. fein behaart; Hypochil weiß berandet; Epichil weiß-rosa; Frkn. flaumhaarig; ♃; VI–VII. Auwälder; *s*, CH, Ba, Au. (= *E. rhodanensis* GÉVAUDAN & ROBATSCH) Ⓖ *Rhone-St.*, **E. bugacénsis** ROBATSCH ssp. **rhodanénsis** (GÉVAUDAN & ROBATSCH) WUCHERPFENNIG

— Stgblätt. länger als ihre Internodien **10**

10. Laubblätt. breit eif., höchstens 2-mal so lg. wie breit, flach, waagrecht absthd.; Bltn. waagrecht; Epichil weiß-rosa **E. helleborine** vgl. Nr. **7**

— Laubblätt. lanzettl., mindestens 2,5-mal so lg. wie breit, etwas überhgd.; Bltn. hgd.; innere Perigonblätt. u. Epichil weißl., ohne jede Rottönung; Epichil stumpf; Übergang Hypochil/Epichil breit; ♃, VII–IX. Laubwälder, kalkliebend; *s* St, NÖ, Bgl, ČR (Mähren). (= *E. póntica* TAUBENHEIM)
Ⓖ *Pontische St.*, **E. pérsica** (HAUSSKN. ex SOÓ) NANNFELDT ssp. **póntica** (TAUBENHEIM) H. BAUMANN & R. LORENZ

11(5). Dünenpfl. von Jütland, 10–40 cm hoch; äußere Perigonblätt. rot überlaufen; Epichil rosa; Hypochil innen dkrot bis dkbraun; Übergang zum Epichil zieml. breit; Pollenschüssel reduziert, m. kaum erkennbarer Mittelleiste *(381b)* **E. helleborine** ssp. **neerlandica** vgl. Nr. **7b**

— Äußere Perigonblätt. blass grün bis hell gelbgrün **12**

12. Pollenschüssel fehlend *(381b);* Pollinien die Narben gänzl. überragend od. auf der Narbe sitzend; Epichil zurückgeschlagen **14**

— Pollenschüssel vorhanden *(381a);* Pollinien die Narbe nur wenig überragend; Epichil spitz, gerade vorgestreckt **13**

13. Pfl. klein, meist < 25 cm hoch; Bltnstand m. wenigen (5–10) waagrecht sthd., kleinen, glockenf. Bltn.; unt. Tragblätt. etwa so lg. wie die Bltn.; ♃; VIII–IX. Auwälder, Bruchwälder; *s* in Br, O-Sa, NÖ (March), ČR. (= *E. latifolia* (L.) ALL. fo. *gracilis* DAGEFÖRDE; = *E. albensis* NOVÁKOVÁ & RYDLO). Ⓖ *Elbe-St.*, **E. pérsica** (HAUSSKN. ex SOÓ) NANNFELDT ssp. **morávica** (BATOUŠEK) H. BAUMANN & R. LORENZ

— Pfl. groß, bis 70 cm hoch; Bltn. zahlreicher, groß, hgd.,wenigstens einzelne weit geöffnet; unt. Tragblätt. viel länger als die Bltn.
E. leptochíla, Nr. **8**

14(12). Pfl. sonniger bis halbschattiger Standorte; Blätt. lanzettl., im Querschnitt U-förmig, etw. sichelf., am Rand leicht gewellt, Stbbeutel m. gebogener Spitze; Bltn. sehr hell, hgd.; Hypochil innen hellrot,

Epichil weiß; Übergang zwischen beiden sehr breit; Stg. am Grd. rötl. überlaufen; Pfl. bis 80 cm hoch; ♃; VI–VIII. Waldränder, Gebüsche, Halbtrockenrasen, kalkliebend; *z* im S, sonst *s,* nördl. bis Be, Ho, Eifel, Gießen/ Hannover/ Sa, O-Br, ČR. ⓖ *Müllers St.,* **E. mu͡elleri** Godf.

— Pfl. schattiger Wälder; Blätt. im Querschnitt flach; Stbbeutel meist stumpf **15**

15. Laubblätt. breit eif., schräg aufgerichtet; Tragblätt. u. Bltn. waagrecht; Hypochil innen braun; Epichil blassrosa; Übergang von Hypochil zu Epichil schmal U-förmig . . . . **E. leptochíla,** Nr. **8**

Hierher wohl auch die 1993 neu beschriebene Art:
Bltnstand m. 10–30 Bltn.; Blätt. viel länger als ihre Internodien; Bltn. nickend, häufig ziemlich geschlossen; Lippe klein, 6–8 mm lg.; Hypochil außen rosa, innen purpurn bis rotbraun; Hypochil 3-eckig zugespitzt, rosa; ♃; VII–VIII. Schattige Wälder, meist auf Silikat; *s,* CH.
ⓖ *Piacenza-St.,* **E. placentína** Bongiorni & Grünanger

— Laubblätt. lanzettl.-eif., waagrecht; unt. Tragblätt. sehr lg., wie die Bltn. hgd.; Hypochil innen hellgrün; Epichil weiß; Übergang breit U-förmig; Bltn. m. lg. (5–10 mm lg.) Stiel u. dünnem Frkn.; ♃; VII–VIII. Feuchte Wälder, kalkliebend; *s* Th, NÖ, ČR.
ⓖ *Greuters St.,* **E. gre͡uteri** H. Baumann & Künkele

Es wurden noch weitere seltene Kleinarten in dieser Gattung neu beschrieben, deren Bedeutung sich erst noch bestätigen sollte.

4. Limodórum Boehm., *Dingel, Dingelorchis*

Bltnstand locker, mehr als 4-bltg.; Blüte (geöffnet) bis 4 cm breit; ♃; V–VII. Lichte Kiefernwälder, kalkliebend; *s* SO-Be/Lx/unt. Mosel, Rheintal, südl. ab Kaiserstuhl, E, CH, FL, Bz, Au, ČR (Mähren). ⓖ * **L. abortívum** (L.) Sw.

5. Neóttia Guett. (incl. **Lístera** R. Br.), *Nestwurz*

1. Pfl. ohne grüne Blätt., nur m. bleichen scheidigen Blätt.; Bltn. hellbraun; Endteil der Lippe 2-lappig auswärts spreizend; ♃; V–VI. Schattige Buchen- und Nadelwälder; *v* im S, *v–z* im M-Gebiet, *s* im N.
ⓖ *N.,* * **N. nidus-avis** (L.) Rich.

— Pfl. m. 2 grünen Blätt. **2**

2. Pfl. 20–65 cm hoch; Blätt. breit eif., derb, 4–13 cm lg.; Lippe am Grd. ohne Seitenlappen; ♃; V–VII. Wälder, Gebüschränder, Halbtrockenrasen; *v,* im N *z.* [= *Listera ovata* (L.) R. Br.]
ⓖ *Großes Zweiblatt,* * **N. ováta** (L.) Bateman et al.

— Pfl. 4–20 cm hoch; Blätt. am Grd. herzf., dünn, 1–3 cm lg., obersts. glzd.; Lippe am Grd. m. deutl. Seitenlappen; ♃; V–VIII. Feuchte Nadelwälder, Moore, bes. der montanen Reg.; sehr *z* Alp. u. südl. M-Geb., sonst *s,* im N oft verschwunden. [= *Listera cordata* (L.) R. Br.]
ⓖ *Kleines Zweiblatt,* * **N. cordáta** (L.) Bateman et al.

6. Spiránthes Rich., *Drehwurz, Wendelähre*

1. Stg. beblättert; Blätt. m. dem Bltnstand erscheinend; Basisblätt. lineal, z. Bltzt. grün; Ähre locker; ♃; VII. Flachmoore; *s* Alp. u. Vorland, südl. Ob-Rhein bis Straßburg, früher auch Ho, Be.
ⓖ *Sommer-D.,* **Sp. aestivális** (Poir.) Rich.

— Blätt. grdst., z. Bltzt. bereits vertrocknet, an der Seite des Bltnstands neue Rosette bildend, deren Blätt. längl.-eif.-spitzl.; Ähre dichtbltg.; ♃; VIII–X. Schafweiden; sehr *z* od. *s*, früher auch Be, sehr stark zurückgegangen. (= *Sp. autumnalis* RICH.) Ⓖ *Herbst-D.,* **Sp. spirális** (L.) CHEV.

7. Goodyéra R. BR., *Netzblatt*
Bltnstg. oberw. drüsig kurzhaarig; Infl. dichtbltg., schwach gedreht; ♃; VII–VIII. Moosige Nadel- u. Mischwälder; sehr *z,* gebietsweise *f.*
Ⓖ * **G. répens** (L.) R. BR.

8. Epipógium S. G. GMEL. ex BORKH., *Widerbart*
Bltn. blassgelb, rötl. gestreift; Lippe nach oben weisend, da Frkn. nicht gedreht *(408);* ♃; VII–VIII. Schattige, humusreiche Wälder; *s,* nördl. bis Be/Eifel/Harz/Th/ČR, außerdem Rügen. Ⓖ **E. aphýllum** (F. W. SCHM.) SW.

9. Platanthéra RICH., *Kuckucksblume, Waldhyazinthe*

1. Stbbeutelfächer parallel gestellt *(403);* Sporn fadenf., gleich dick; Bltn. stark duftend; ♃; V–VII. Laubwälder, Gebüsch, Magerrasen; im S *v* od. *z,* nördl. seltener, vielfach verschwunden.
Ⓖ *Zweiblättrige K.,* * **P. bifólia** (L.) RICH.

— Stbbeutelfächer nach unten auseinandertretend *(404);* Sporn walzl.-keulig; Bltn. kaum duftend; Pfl. kräftiger u. großblütiger als vorige; ♃; V–VII. Laubwälder, Waldränder, Magerrasen; *z,* im N seltener. [= *P. montana* auct., non (F. W. SCHM.) RCHB. f.]
Ⓖ *Grünliche K., Berg-K.,* * **P. chlorántha** (CUST.) RCHB.

P. × **hybrida** BRÜGG.: Bastard *P. bifolia* × *P. chlorantha, z.*

10. Gymnadénia R. BR., *Händelwurz*

1. Sporn 1,5–2-mal so lg. wie der Frkn.; Bltn. duftend od. nicht duftend; Bltnstand 7–30 cm lg., m. 25–140 Bltn. locker od. dichter (var. **densiflóra** (WAHL.) LDL.) besetzt; Blätt. lineal bis schmal lanzettl.; ♃; VI–VIII. Trockenrasen, Flachmoore, Alpenmatten, bis 2400 m; *v* im S, *z* M-Geb., *s* im N. Ⓖ *Mücken-H.,* * **G. conopséa** (L.) R. BR.

— Sporn höchstens so lg. wie der Frkn., 3,5–6 mm lg.; Bltn. stark duftend, rosa bis weiß; Blätt. lineal, bis 8 mm breit; ♃; VI–VIII. Magerrasen, Kiefernwälder, Flachmoore, auf Kalk; *z* Alp., S- u. M-Gebiet, sonst *s.* Ⓖ *Wohlriechende H.,* * **G. odoratíssima** (L.) RICH.

11. Nigritélla RICH., *Kohlröschen* (bearbeitet von H. KRETZSCHMAR)

1. Infl . im Umriss ± kugelig; Perigonblätt. rot- bis schwarzbraun, selten gelbl., orangefarben od. rosa; Lippe konkav, an der Basis nicht sattelf. verengt *(382a);* innere Perigonblätt. kaum mehr als ½ so breit wie die äußeren; ♃; V–IX. Bergwiesen, 900–2500 m, kalkliebend; *v–z* Alp. (CH, Dt, FL, Au, Bz). Ⓖ *Schwarzes K.,* * **N. nígra** (L.) RCHB. f.

a. Tragblätt. weitgehend (bes. oberw.) randl. papillös (gute Lupe!); Bltn. klein, Lippe (ohne Sporn) nur 5–7 mm lg. (unt. Bltn. der Infl .), etwa 4-mal so lg. wie der 1,5 mm lg. Sporn; hellere Bltnfarben nicht selten. (2n = 40; geschlechtl. Fortpfl .) (= *N. rhellicani* TEPPNER & KLEIN)
ssp. **rhellicáni** (TEPPNER & KLEIN) H. BAUMANN et al.

— Nur vereinzelte Tragblätt. randl. teilw. papillös; Bltn. größer, Lippe (ohne Sporn) 7–10 mm lg., etwa 5–6-mal so lg. wie der 1,5 mm lg. Sporn; hellere

Bltnfarben sehr selten; Ba, Au, Bz. (2n = 80; ungeschlechtl. Fortpfl .)
ssp. **austríaca** Teppner & Klein

— Infl . im Umriss längl. (meist deutl. länger als breit); Perigonblätt. rosa bis weißl., innere kaum schmaler als äußere; Lippe konkav, oberhalb der Basis sattelf. verengt *(382b, c)* **2**

2. Perigonblätt. fuchsienfarben; (2n = 80); ♃; VI–VIII. Bergwiesen, 1300–2200 m; *z* CH, Au, *s* Ba (Grenznähe).
Ⓖ *Rotes K.*, **N. rúbra** (Wettst.) Richt.

— Perigonblätt. rosa od./bis weißl. **3**

3. Bltn. halb geschlossen bleibend, nur die seitl. Sepalen abspreizend; Lippe relativ schlank (8 mm lg., 3–4 mm breit); basale Bltn. der Infl. heller, m. weißl. Partien; ♃; VI–VIII. Bergwiesen, 1800–2000 m; *s* Au (St: Totes Geb.). (2n = 80) (= *N. archiducis-joannis* Teppner & Klein) Ⓖ *Erzherzog-Johann-K.*, **N. rúbra** ssp. **archidúcis-joánnis** (Teppner & Klein) H. Baumann & R. Lorenz

— Bltn. geöffnet, alle Perigonblätt. abspreizend **4**

4. Perigonblätt. 2-farbig, rosalila m. weißen Spitzen; Lippe deutl. oberhalb ihres Grd. sattelf. verengt, relativ breit (6 mm lg., fast 4 mm breit); ♃; VI–VIII. Bergwiesen; *s* Au (OÖ/Sb/NW-St: Salzkammergut). (2n = 80) (= *N. stiriaca* (Rech.) Teppner & Klein)
Ⓖ *Steirisches K.*, **N. rúbra** ssp. **stiríaca** (Rech.) H. Baumann & R. Lorenz

— Perigonblätt. 1-farbig; wenn 2-farbig, dann an der Spitze dunkler (nicht weißl.) **5**

5. Lippe an der Basis stark bauchig erweitert, breiter als im Vorderabschnitt; ♃; VI–VIII. Bergwiesen, oberhalb 1500 m; *s* Dt (Chiemgauer u. Ammergauer Alp., Karwendel), Au (N-St, Sb, NÖ, OÖ, Ti). (= *N. widderi* Teppner & Klein) Ⓖ *Widders K.*, **N. rúbra** ssp. **wídderi** (Teppner & Klein) H. Baumann & R. Lorenz

— Lippe an der Basis nur schwach bauchig erweitert, hier schmaler als ihr Vorderabschnitt **6**

6. Verengung der Lippe $^1/_3$ von der Lippenbasis entfernt *(382b);* Perigonblätt. rosarot, Bltn. an der Basis der Infl . blasser; *s,* CH. (Fortpfl. geschlechtl.) (= *N. corneliana* (Beauv.) Gölz & Reinhard)
Ⓖ *Cornelias K.*, **N. nígra** ssp. **corneliána** Beauv.

— Verengung der Lippe ganz an der Lippenbasis *(382c);* Perigonblätt. kräftiger als bei voriger gefärbt, mehr lilarosa; Bltn. an der Basis der Infl. blasser; ♃; VI–VIII. Bergwiesen; *s* Au (Kt, St: Koralpe, Karawanken, Sanntaler Alp.). (2n = 40; Fortpfl. geschlechtl.) (= *N. lithopolitanica* Ravnik) Ⓖ *Steineralpen-K.*, **N. nígra** ssp. **lithopolitánica** (Ravnik) H. Baumann & R. Lorenz

12. Pseudórchis Séguier (= *Leucorchis* E. Meyer), *Weißzüngel (384)*
Bltnähre schmal, 2–6 cm lg., Bltn. nickend; Mittellappen der Lippe doppelt so lg. wie die Seitenlappen; ♃; V–IX. Magerrasen, kalkmeidend; *v–z* Alp., *s* Mittelgeb., auch Da, früher Ho. [= *Gymnadenia albida* (L.) Rich.]
Ⓖ * **P. álbida** (L.) Á. & D. Löve

Die Arten der Gattungen *Gymnadenia, Nigritella* u. *Pseudorchis* bilden nicht selten untereinander charakteristische **Bastarde!**

13. Dactylorhíza NECKER ex NEVSKI[1] (= *Dactylorchis* VERM.), *Knabenkraut*

1. Bltn. grün od. bräunl.-grün; Bltnstand 5–25-blütig; Sporn kurz, sackf., nach vorw. gerichtet, der Lippe anlgd.; Lippe zungenf., 5–9 mm lg., m. parallelen Seitenlappen u. zahnf. Mittelappen; Pfl. 6–25 cm hoch; Bltn. in lockerer Ähre; ♃; V–VIII. Kurzgraswiesen der Alp., Magerrasen, bis 2900 m; Alp. *z,* sonst *s,* in N nur Da, OPr. [= *Coeloglossum viride* (L.) HARTM.] Ⓖ *Hohlzunge,* * **D. víridis** (L.) BATEMAN et al.

— Bltn. rosa bis purpurn, weiß od. gelb **2**

2. Bltn. weiß od. rosa bis purpurn, nicht gelb. **4**

— Bltn. gelb **3**

2. Wiesen- u. Waldpfl. (s. Nr. **4**) . . . . **D. sambucina**

— Sumpfpfl. (s. Nr. **9a**–) . . . . **D. incarnata** ssp. **ochroleuca**

4(2). Bltn. trübrot, aber Lippe am Grd. gelbl. m. purpurnen Punkten; Lippe fast ungeteilt, aber m. wellenf. gekerbtem Rand *(392,* ähnl. *400),* etwa so breit wie lg.; Sporn so lg. wie (zuw. länger als) der Frkn.; Blätt. ungefleckt; Pfl. bis 25 cm hoch, fast stets gemeinsam m. gelbblühenden Exemplaren wachsend; ♃; IV–VI. Bergwiesen, buschige Hänge; *v* CH, Bz, Au, *s* E, S- u. M-Dt., auch Da, ČR. (= *Orchis sambucina* L.)
Ⓖ *Holunder-K.,* **D. sambucína** (L.) SOÓ

— Bltn. andersfarbig; Lippe meist deutl. 3-teilig; Sporn kürzer. **5**

5. Stgblätt. 3–6; Stg. hohl (± leicht zusammendrückbar); tragblattähnl. Blätt. unterhalb der Infl. 0–2; alle Blätt. am Grd. od. in der Mitte am breitesten; oberstes Blatt die Infl. oft erreichend; unt. Tragblätt. > 3 mm breit; Sporn kürzer als der Frkn., sein Dm meist > 2 mm **7**

— Stgblätt. 6–10 (seltener nur 3–5); Stg. markig (nicht zusammendrückbar); tragblattähnl. Blätt. unterhalb der Infl. mehr als 2; unt. Laubblätt. oberhalb der Mitte (zuw. in der Mitte u. selten in der unt. Hälfte) am breitesten; oberstes Blatt die Infl. nicht erreichend; unt. Tragblätt. < 3 mm breit; Sporn meist ± so lg. wie der Frkn. (selten deutl. kürzer), sein Dm < 2 mm; Lippe flach . . . . **D. maculata** agg.[2] **6**

6. Lippe seicht 3-teilig, Mittellappen nicht vorgezogen u. meist viel kleiner als die breit abgerundeten u. oft etwas gezähnelten Seitenlappen, Zeichnung oft ausgeprägt schleifenf. *(394);* unterstes Blatt zugespitzt, selten stumpfl.; ♃, VI–VII. Moore; *s,* N-Dt, Da, Ho, Be. (2n = 80) [= *Orchis maculata* L.; incl. ssp. *elodes* (GRIS.) SOÓ u. O. *ericetorum* (LINTON) MARSHALL] Ⓖ *Geflecktes K.,* * **D. maculáta** (L.) SOÓ

— Lippe tief 3-teilig, Mittellappen zugespitzt-vorgezogen, fast so groß wie od. etwas größer als die Seitenlappen, Zeichnung meist mehr strichelig u. punktiert *(395);* unterstes Blatt stumpfl.; ♃; VI–VII. (2n = 40) (= *Orchis fuchsii* DRUCE) Ⓖ *Fuchs-K.,* **D. fúchsii** (DRUCE) SOÓ

---

1 Gliederung der Gattung und Verbreitung ihrer Arten und ssp. z. T. noch ungenügend bekannt u. gesichert. **Bastard**bildung stellenw. sehr häufig u. dadurch Bestimmung oft sehr schwierig!

2 Die Untergliederung der Artengruppe *D. maculata* agg. ist immer noch unbefriedigend. Offenbar ist ihre Einteilung im W und O ihres Gesamtareals eher möglich, während im M-Gebiet (z. B. BW) Merkmale und Bestimmungen kaum kongruenzfähig sind.

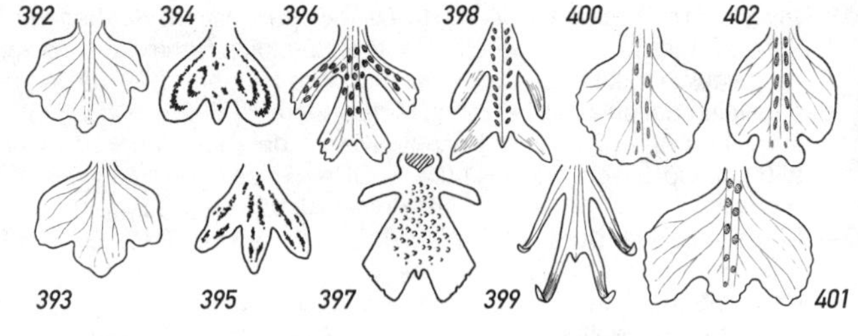

a. Pfl. m. 6–10 Blätt., 30–80 cm hoch; Sumpf- u. trockene Wiesen, Waldlichtungen, bis 2100 m, kalkliebend; *v*(?). ssp. **fúchsii**

— Pfl. m. 3–5(–6) Blätt., nur bis 25 cm hoch . . . . **b**

b. Blätt. gefleckt; Bltngrundfarbe rosa; Lippe m. roter bis purpurner Zeichnung; Bltn. duftlos. Flach- u. Hochmoore; *z* Alp. u. Vorland, Mittelgeb. ssp. **psychróphila** (SCHLTR.) HOLUB

— Blätt. ungefleckt od. sehr schwach gefleckt; Bltngrundfarbe weißl. bis gelbl.; Lippe ohne Zeichnung; Bltn. angenehm duftend. Moor- u. Bergwiesen; *s*, ČR, Sa (Erzgeb.?). [= *D. maculata* ssp. *transsilvanica* (SCHUR) SOÓ] ssp. **transsilvánica** (SCHUR) FRÖHNER

7(5). Blätt. höchstens 4-mal so lg. wie breit (sonst > 2 cm breit), etwa in der Mitte am breitesten (vgl. auch *D. majalis* ssp. *brevifolia* u. ssp. *baltica*, Nr. **15–a/b**) **15**

— Blätt. mehr als 4-mal so lg. wie breit, stets lineal, bis 1,5 (1,8) cm breit, vom Grd. an sich allmähl. verschmälernd (zuw. riemenf. u. fast über die ganze Länge gleich breit) **8**

8. Blätt. beidersts. m. größeren Flecken, seitl. absthd., aber nicht steif aufrecht u. an der Spitze nicht kapuzenf., bis 10 cm lg. u. bis 1,8 cm breit; oberstes Blatt die Infl. erreichend od. länger; Infl. bis 7 cm lg.; Bltn. purpurn, klein, Lippe nur 6 mm lg. u. breit, rhombisch m. gekerbt-gezähneltem Rand; Sporn bis 4 mm lg., kaum halb so lg. wie der Frkn. u. kürzer als die Lippe; Pfl. 15–30 cm hoch; Stg. hohl; ♃; VI(–VII). Feuchte Alpenmatten; *s*, Sb, Ti, OTi, Bz, CH, auch strandnahe Sumpfwiesen in Da, *f* Dt. [= *D. incarnata ssp. cruenta* (MÜLL.) P. D. SELL] ⓖ *Blutrotes K.*, **D. cruénta** (MÜLL.) SOÓ

— Blätt. nicht od. nur obersts. schwach gefleckt (wenn ungefleckt, dann Bltn. größer od. Blätt. steif aufrecht u. an der Spitze kapuzenf.) . . **9**

9. Stg. m. weiter Höhlung (leicht zusammendrückbar), deutl. kantig; Blätt. gelbl.grün, straff aufrecht, an der Spitze etwas, aber deutl. kapuzenf. zusammengezogen; oberstes Blatt die bis 20 cm lg. Infl. erreichend od. länger, einw. gebogen; Bltn. klein; Lippe < 8 mm breit, deutl. bis kaum 3-teilig, ihre Seiten(lappen) herabgeschlagen; Tragblätt. länger als die Bltn., einw. gekrümmt; Pfl. 20–100 cm hoch; ♃; V–VII. Kalkliebend. (= *Orchis incarnata* L.) ⓖ *Fleischfarbenes K.*, **D. incarnáta** (L.) SOÓ

a. Bltn. fleischfarben, zuw. kräftiger u. rosenrot od. weißl.; Blätt. meist ungefleckt. Flachmoore, Moorgebüsche; *z*. ssp. **incarnáta**

— Bltn. gelb (od. gelbweiß); Lippe stets 3-teilig. Flachmoore, Röhrichtgürtel; *z* (*f* NS, Ho, Be, NrWe?, RhPf?, E, FL, Waadt, Ti, OPr, Sa, Schl?, Kt, St, Bgl).
ssp. **ochroleúca** (BOLL) HUNT & SUMMERH.

— Blätt. grün, weniger steif aufrecht bis seitw. weisend, an der Spitze nicht od. nur wenig kapuzenf. zusammengezogen; Tragblätt. nicht bogenf. einw. gewandt (sonst vermutl. Bastarde m. *D. incarnata!);* Bltn. meist größer 10

10. Pfl. sehr kräftig, bis > 1 m hoch; Stg. m. 5–10 Laubblätt., diese bis 25 cm lg., etwa 5-mal so lg. wie breit, unterhalb der Mitte od. sogar an der Basis am breitesten; Brakteen länger als die Bltn., diese dkpurpurn bis rosalila; Lippe m. Schleifenzeichnung, kaum geteilt bis ungeteilt, 8–9 x 10–12 mm groß; Sporn bis 15 mm lg.; ♃; VI. Wiesenmoor; nur eine Fundstelle in SW-Ho (ob noch?). [= *D. sesquipedalis* (WILLD.) VERM.] Ⓖ *Hohes K.,* **D. eláta** (POIR.) SOÓ

— Pfl. weniger stattl.; Stg. m. meist weniger Blätt., diese nicht in der unt. Hälfte am breitesten; Bltn., Lippe u. Sporn kleiner bzw. kürzer . . 11

10. Pfl. bis 60(–70) cm hoch; Stg. m. 4–9 Blätt.; Blätt. aufw. weisend; Lippe fast ganzflächig m. einer Punktzeichnung od. der Andeutung eines Schleifenmusters 14

— Pfl. nur bis 30(–40) cm hoch; Stg. nur m. 2–4(–5) Blätt.; Laubblätt. meist ausw. weisend od. sogar etwas zurückgebogen; Lippe m. deutl. Schleifenzeichnung 12

12. Laubblätt. m. dichter, markanter, braunroter Fleckung, das längste Blatt etwa 5-mal so lg. wie breit; Stg. m. meist 3 Laubblätt., violett überlaufen, bes. oberw., hohl; Lippe fast flach od. nur wenig konvex, m. nur wenig abgesetztem Mittelläppchen; Perigonblätt. dkrot bis rotviolett; Schleifenzeichnung der Lippe häufig unterbrochen, in Striche übergehend; ♃; VI–VII. Hang-Quellfluren, kalkliebend; *s*, Alp. von CH, Bz, Au, Ba. (incl. *D. bohemica* BUSINSKÝ aus N-Böhmen) [= *D. pseudocordigera* (L. NEUMAN) SOÓ; = *D. traunsteineri* ssp. *lapponica* (HARTM.) SOÓ]
Ⓖ *Lappländisches K.,* **D. lappónica** (HARTM.) SOÓ

— Laubblätt. ungefleckt od. locker u. wenig markant gefleckt (das längste Blatt 8–10-mal so lg. wie breit); Stg. m. 3–5 Laubblätt., nur selten gering violett überlaufen; Lippe stark konvex, m. deutlicher abgesetztem Mittelläppchen; Perigonblätt. nur selten tief rotviolett, meist heller getönt 13

13. Stg. dünn, markig od. m. nur feiner Höhlung (nicht zusammendrückbar); Laubblätt. flach bis wenig gefaltet, schwach gefleckt od. ungefleckt; Infl. bis 10 cm lg., locker bis 12-bltg.; Lippe bis 10 x 13 mm groß; Sporn höchstens $^2/_3$ so lg. wie der Frkn.; ♃; VII–VIII. Gebirgsmoore (bis 1700 m); *z* Alp., *s* Schweizer Jura, Schw., Vog., ČR.[1] (= *Orchis traunsteineri* RCHB. f.) Ⓖ *Traunsteiners K.,* **D. traunsteíneri** (SAUT.) SOÓ

— Stg. kräftiger, hohl (zusammendrückbar); Blätt. fast rinnig gefaltet, schwach gefleckt; Infl. nur um 3 cm lg., dicht bis 20-bltg.; Lippe bis 8

---

[1] Die hiernach bestimmten Pfl. aus anderen Gebieten (Ho, W- u. N-Dt, Da, Alp.-Vorland, Th) sind **Bastarde**, die nicht zur alpinen *D. traunsteineri* gehören.

x 11 mm groß; Sporn nur wenig kürzer als der Frkn.; ♃; VI. Sumpfwiesen, kalkliebend; *s* MeVp bis OPr, Da, früher ČR. [= *D. russowii* (KLINGE) HOLUB; = *D. pycnantha* (L. NEUMAN) AVERYANOV]

Ⓖ *Ostsee-K., Sichelblättriges K.,* **D. curvifólia** (NYL.) CZEREPANOV

14(11). Größtes Laubblatt etwa 5-mal so lg. wie breit; Blätt. ungefleckt od. m. ringf. Flecken; Bltngrundfarbe (kräftig) rosalila; Lippe ± flach; Sporn meist kürzer als die Lippe; ♃; VI–VII. Sumpfwiesen, kalkliebend; *z* Ho, Be, *s* N-Rheinl., b. Rheine (W-NS), b. Hannover, Saarland, Da? [= *D. majalis* ssp. *praetermissa* (DRUCE) MOORE & SOÓ]

Ⓖ *Übersehenes K.,* **D. praetermíssa** (DRUCE) SOÓ

a. Blätt. ungefleckt; Lippe m. zahlr. winzigen, purpurnen Pünktchen.

var. **praetermíssa**

— Blätt. m. ringf. Flecken; Lippe m. größeren Punkten u. kürzeren Linien, die sich aber nicht schleifenf. vereinigen; *z* Ho. (= *Orchis pardalina* PUGSLEY)

var. **juniális** (VERM.) SENGH.

Hierher **D. rúthei** (M. SCHULZE & RUTHE) SOÓ: Blätt. riemenf., ungefleckt; Btngrundfarbe rosalila, m. spärl. Pünktchen; Seitenlappen der Lippe etwas herabgeschlagen. Feuchte Wiesen; bisher falsch beurteilt; früher Usedom, ob jetzt (noch) MeVp/ Po/PI?

— Größtes Laubblatt etwa 8-mal so lg. wie breit; Blätt. ungefleckt; Bltngrundfarbe rosalila od. viel blasser; Seitenteile der Lippe etwas herabgeschlagen; Sporn bis 1,3-mal so lg. wie die Lippe; ♃; VI. Hoch- u. Zwischenmoore, meist m. *Sphagnum* (Torfmoos); *s* Be, Ho, N-NS, b. Hamburg, Da; ob im Rheinl.? (Verbr. noch ungenau bekannt; vermutl. hybridogene Entstehung) [= *D. incarnata* ssp. *sphagnicola* (HÖPPNER) SUNDERMANN; = *D. wirtgenii* (HÖPPNER) SOÓ?]

Ⓖ *Torf-K.,* **D. sphagnícola** (HÖPPNER) SOÓ

15(7). Bltn. klein, intensiv purpurn; Lippe im Durchschnitt 7 x 9 mm groß, ungeteilt, im Umriss etwa rhombisch, fast eben od. die Seitenteile wenig herabgeschlagen, m. Punkten u. kräftigen Linien gezeichnet, aber kein markantes Schleifenmuster; Blätt. meist 4, ungefleckt od. gegen die Spitze zu m. sehr kleinen Flecken; Pfl. bis 25 cm hoch; ♃; VI. Sumpfwiesen, Dünensenken; *s* N-Jütland (Da), ob in Dt? [= *D. majalis* ssp. *purpurella* (STEPH'S) MOORE & SOÓ]

Ⓖ *Purpurblütiges K.,* **D. purpurélla** (STEPH'S) SOÓ

— Seitenlappen der deutl. 3-teiligen u. am Rand meist gezähnelten Lippe herabgeschlagen; Lippe meist m. intensiv purpurner Linienzeichnung, die sich schleifenf. ± schließt; Blätt. fast stets m. kräftigen Flecken; Pfl. bis 60 cm hoch; ♃; V–VI. (= *Orchis majalis* RCHB.; = *O. latifolia* auct.) Ⓖ *Breitblättriges K.,* * **D. majális** (RCHB.) HUNT & SUMMERH.

a. Pfl. 15–70 cm hoch; Infl. 3–10 cm lg. . . . . **c**

— Pfl. 15–30 cm hoch; Infl. 3–5 cm lg. . . . . **b**

b. Pfl. 15–20 cm hoch; Blätt. schmal, rinnig gefaltet, > 5-mal so lg. wie breit; Bltn. u. ob. Stgteil violett überlaufen; spätblühend. Flachmoore, kalkliebend; *s* MeVp, Br, Th. ssp. **brevifólia** (BISSE) SENGH.

— Pfl. 15–30 cm hoch; Blätt. meist nur 4, die unt. eif.-lanzettl. bis elliptisch, obersts. dicht u. groß gefleckt; Infl. armbltg.; Lippe undeutl. 3-teilig bis ungeteilt, m. wellig gekerbtem Rand, bis 15 mm breit; VI–VII. Moore u. Matten der Alp., bis 2000 m; *z*. (= *Orchis alpestris* PUGSLEY) ssp. **alpéstris** (PUGSLEY) SENGH.

c(a). Pfl. 25–70 cm hoch; Blätt. 4–7, aufrecht od. aufrecht absthd., 15–35 mm breit u. 10–25 cm lg., schwach gefleckt; Infl. 3–9,5 cm lg.; Lippe deutl. 3-teilig, 8–13 mm breit; Seitenlappen gekerbt; spätblühend (erst Ende VI). Strandwiesen, salzliebend; *s,* MeVp bis OPr. (= *Orchis baltica* Klinge) ssp. **báltica** (Klinge) Sengh.

— Pfl. 15–60 cm hoch; Blätt. meist 5–6, die unt. breit lanzettl., allmähl. zugespitzt, meist kräftig gefleckt; Infl. reichbltg., bis 8 cm lg.; Lippe fast stets deutl. 3-teilig; frühblühend. Flachmoore, Nasswiesen; *v–z.* ssp. **majális**

14. Neottiánthe Schltr., *Kapuzenorchis*

Pfl. 10–30 cm hoch; Lippe tief 3-teilig, m. kurzem, nach vorn gebogenem Sporn *(385)*; ♃; VII–VIII. Moorige Nadelwälder; *s* OPr. [= *Gymnadenia cucullata* (L.) Rich.] Ⓖ **N. cuculláta** (L.) Schltr.

15. Chamórchis Rich., *Zwergstendel (389)*

Laubblätt. rinnig-lineal, fast so lg. wie der 5–10 cm hohe Bltnstg.; Ähre armbltg.; ♃; VII–VIII. Steinige Magermatten, 1600–2700 m, kalkstet; *z* Alp. Ⓖ **Ch. alpína** (L.) Rich.

16. Hermínium L., *Einknolle*

Pfl. 10–30 cm hoch; Blätt. 2, einander genähert; ♃; V–VII. Trockene Magerwiesen, bis 1800 m, kalkliebend; *z* Alp., sonst *s,* gebietsweise *f* (vielfach verschwunden). Ⓖ * **H. monórchis** (L.) R. Br.

17. Óphrys L., *Ragwurz*

1. Lippe an der Spitze m. kahlem Anhängsel; äußere Bltnhüllblätt. weiß od. rötl. **3**

— Lippe an der Spitze ohne Anhängsel; äußere Bltnhüllblätt. grünl. **2**

2. Lippe 3-spaltig, m. tief 2-lappigem Mittelzipfel, flach, schmal, etwa 1½–2-mal so lg. wie breit u. fast doppelt so lg. wie die übrigen Perigonblätt., braunrot, m. kahlem, fast 4-eckigem Fleck; innere Perigonblätt. fädl., insektenfühlerähnl.; ♃; V–VI. Halbtrockenrasen; *z* im S u. M-Gebiet, sonst *s.* (= *O. muscifera* Huds.) Ⓖ *Fliegen-R.,* * **O. insectífera** L.

— Lippe ungeteilt, an der Spitze ausgerandet, gewölbt, breit, etwa so lg. wie breit, m. 2(–4) kahlen, am Grd. quer verbundenen Längslinien; ♃; IV–VI. Ⓖ Artengruppe *Spinnen-R.,* **O. sphegódes** Mill. agg.

a. Bltn. klein, Lippe 5–7 mm groß, fast flach u. rund, schwarzbraun od. schwarzgrün, ± gelb umrandet. Trockenrasen, buschige Hänge; *s* E, BW, Maintal, b. Mühlhausen (Th), (Verbr. ungenügend bekannt). [= *O. litigiosa* Cam.; = *O. sphegodes* ssp. *litigiosa* (Cam.) Bech.] Ⓖ **O. aranéola** Rchb.

— Bltn. größer, Lippe um 10(–12) mm groß, längl.-eif., gewölbt, rotbraun. Trockenrasen, Gebüsche; sehr *z* u. lückenhaft, im N vielfach verschwunden. (= *O. araneifera* Huds.) Ⓖ **O. sphegódes** Mill. (s.str.)

3(1). Lippe so lg. wie breit, ungeteilt; Konnektiv stumpf; Lippenanhängsel aufw. gebogen; ♃; V–VI. Halbtrockenrasen; *s,* im N *f.* [= *O. arachnites* (L.) Reich.; = *O. fuciflora* (F. W. Schm.) Moench] Ⓖ *Hummel-R.,* **O. holoserícea** (Burm. f.) Greut.

a. Rosettenentwicklung Herbst bis Frühjahr; Bltzt. V–VI; Stg. z. Bltzt. bis 25 cm hoch, grün, 7–8 mm dick; Bltn. bis 25 mm Dm.; Perigonblätt. weißl. bis hell rosenrot. ssp. **holoserícea**

— Rosettenentwicklung im Sommer; Bltzt. VII–VIII; Stg. z. Bltzt. bis 80 cm hoch, schwärzlich, 2–4 mm dick; Bltn. kleiner, nur bis 20 mm Dm., Perigonblätt. intensiv rosenrot. *s* Oberrhein zw. Straßburg u. Basel.
ssp. **elátior** (GUMPR. ex ENGEL & QUENTIN) H. BAUMANN & KÜNKELE

— Lippe deutl. länger als breit, gelappt, m. kleinen, seitl. Zipfeln; Anthere gerade bis S-förmig verlängert; Lippenanhängsel abw. bis rückw. gebogen; ♃; V–VII. Halbtrockenrasen, Gebüsche; *z* im S, sonst *s*, im N *f*. Formenreich (incl. var. *friburgensis* FREYHOLD; innere Perigonblätt. ⅔ so lg. wie die äußeren; var. *botteronii* (CHODAT) BRAND; var. *trollii* (HEGETSCHW.) RCHB. f., Lippe flach). ⓖ *Bienen-R.,* * **O. apífera** HUDS.

Ophrys-Arten sind recht formenreich u. neigen außerdem zur **Bastard**bildung. Starke Veränderlichkeit in der Zeichnung der Lippe!

18. Traunsteínera RCHB., *Kugelknabenkraut*
Lippe spärl. dk. punktiert, 3-lappig, ihr Mittellappen so lg. wie breit, vorn meist rechtwinklig-wellig abgeschnitten; Bltnhüllblätt. zipfelig auslaufend; ♃; V–VIII. Gebirgswiesen, bis 2450 m; *z* Alp., *s* Schweizer Jura, Vog., Schw., SchwAlb, ČR, Schl. ⓖ **T. globósa** (L.) RCHB.

19. Neotinea RCHB. f., *Knabenkraut*

1. Bltnstand anfangs kugelig, später walzl.-längl, dichtbltg., an der Spitze schwärzl.; Sporn ⅓ bis ¼ so lg. wie der Frkn.; Lippe weiß, spärlich rot punktiert; ♃; V–VIII. Halbtrockenrasen, magere Wiesen, auf Kalk; *z–s* im S- u. M-Gebiet, sonst nur Da. (= *Orchis ustulata* L.; incl. var. *aestivalis* KÜMPEL, blüht VII–VIII) ⓖ *Brand-K.,* **N. ustuláta** (L.) BATEMAN et al.

— Bltnstand fast kugelig, an der Spitze hellpurpurn, auch die Knospen; Sporn wenigstens ½ so lg. wie der Frkn.; Lippe weißl., reichlich dk-violett punktiert, ihre Seiten- u. Mittellappen gezähnt *(396);* ♃; V–VI. Halbtrockenrasen, Waldränder, auf Kalk; *z* in S-CH, Bz, Au, M-Dt., *s* ČR, Po, Schl. (= *Orchis tridentata* SCOP.)
ⓖ *Dreizähniges K.,* **N. tridentáta** (SCOP.) BATEMAN et al.

20. Órchis L., *Knabenkraut*

1. Lippe ohne Sporn, 4-teilig, gelbgrün bis hellbraun, viel länger als die helmart. zusammenneigenden, grünl.-gelben, rot überlaufenen od. gestreiften Perigonblätt; ♃; V–VI. Halbtrockenrasen, Gebüsche, auf Kalk; *s* im SW u. W, Th, SaAn, Kt. [= *Aceras anthropophorum* (L.) AIT.] ⓖ *Ohnhorn, Puppenorchis,* * **O. anthropóphora** (L.) ALL.

— Lippe mit Sporn 2

2. Beide seitl. Perigonblätt. absthd. od. zurückgeschlagen, die 3 übrigen zusammenneigend *(406)* 6

— Alle Perigonblätt. (ohne die Lippe) helmf., zusammenneigend *(405, 407)* 3

3. Spitzen der Perigonblätt. verlängert, am Ende keulig verdickt
Traunsteinera, S. 226

— Spitzen der Perigonblätt. nicht auffallend verlängert, ohne keulige Spitzen 4

4. Mittellappen der Lippe in 2 lg., lineale Zipfel gespalten, die in Länge, Form u. Farbe den beiden seitl. Zipfeln gleichen *(399);* ♃; V–VI.

Halbtrockenrasen, auf Kalk; *s* W- u. N-CH, Bz, SW-Dt, E, Lx, Be, Ho.
Ⓖ *Affen-K.,* **O. símia** LAM.

— Lippe nicht in 4 sich gleichende lineale Zipfel gespalten **5**

5. Helm außen braunrot, kugelig-eif., dunkler als die Lippe; Mittellappen der Lippe am Grd. 3–4-mal so breit wie die Seitenlappen, nach vorn sich allmählich verbreiternd, weißl.-hellrosa, dkrot gefleckt *(397);* Pfl. 30–75 cm hoch; ♃, V–VI. Halbtrockenrasen, Waldränder, auf Kalk; *z–s* im S- u. M-Gebiet, sonst *s.* (= *O. fusca* JACQ.)
Ⓖ *Purpur-K.,* * **O. purpúrea** HUDS.

— Helm außen blassrosa, längl.-eif.; Mittellappen der Lippe am Grd. 1–2-mal so breit wie die Seitenzipfel, nach vorn sich plötzl. verbreiternd, tief geteilt, hellrot, dkrot punktiert *(398);* Pfl. 20–40 cm hoch; ♃; V–VI. Halbtrockenrasen, lichte Wälder, moorige Wiesen, auf Kalk; *z* im S- u. M-Gebiet, seltener im N. Ⓖ *Helm-K.,* * **O. militáris** L.

6. Bltn. rosa, rot od. purpurn **9**

— Bltn. gelb **7**

7. Lippe nicht deutl. gelappt, aber m. wellig-gekerbtem Rand *(392),* meist m. kleinen purpurnen Flecken; Blätt. ungefleckt; Sporn so lg. wie der Frkn., abw. gerichtet, dick; s. S. 221 Nr. **4** **Dactylorhiza sambucina**
Blassgelbe Bltn. m. abw. gerichtetem Sporn besitzt auch **D. incarnata** ssp. **ochroleuca** s. S. 222 Nr. **9a**–

— Lippe ± deutl. gelappt (ähnl. *393);* Sporn aufw. gebogen **8**

8. Blätt. ungefleckt, 2–4-mal so lg. wie breit; Lippe ohne rote Punkte *(393);* Bltnstand dicht, reichbltg.; Sporn 7–14 mm lg., aufw. gebogen; ♃; IV–VI. Lichte Laubwälder, Gebüsche, Bergwiesen, auf Kalk; *z–s* im S, *s* M-Dt, ČR, Schl. Ⓖ *Bleiches K.,* **O. pállens** L.

— Grdst. Blätt. obersts. gefleckt, 6–10-mal so lg. wie breit; Lippe am Grd. rot punktiert, schafsnasenf. (Mittellappen nach unten geknickt); Bltnstand locker, 5–20-bltg.; Sporn 13–19 mm lg., aufw. gebogen; ♃; IV–V. Halbtrockenrasen, Kastanienhaine; *s,* Ts, Gr (Misox).
Ⓖ *Provence-K.,* **O. provinciális** DC.

9(6). Seitl. Sepalen seitl. absthd bis nach vorn-ausw. gebogen, grünl. m. feiner rötl. Fleckung; Sporn abw. weisend, nur bis 10 mm lg. u. 3–4 mm dick; Tragblätt. 5–7-nervig; ♃; V–VI. Bergwiesen der Krummholzreg.; sehr *s* Sb, früher Kt, NÖ, OÖ, BW.
Ⓖ *Spitzels K.,* **O. spitzélii** SAUT. ex KOCH

— Seitl. Sepalen zurückgeschlagen *(406),* in roten Farbtönen, ohne Grün; Sporn waagrecht bis aufw. weisend, 11–21 mm lg. u. schlank; ♃; V–VI. Magerrasen, lichte Laubwälder, Bergwiesen, auf Kalk.
Ⓖ *Stattliches K.,* * **O. máscula** (L.) L.

a. Mittellappen der Lippe etwa so lg. wie die Seitenlappen; Perigonblätt. stumpfl. bis spitz; *z* im S- u. M-Gebiet, sonst *s.* ssp. **máscula**

— Mittellappen der Lippe bis doppelt so lg. wie die Seitenlappen; Perigonblätt. deutl. länger zugespitzt. Lichte Wälder, Bergwiesen; *z* Alp., *s* Vorland, BW, Th (Verbreitung nicht genau bekannt). (= *O. speciosa* HOST; = ssp. *signifera* (VEST) SOÓ ssp. **speciósa** (KOCH) HEGI

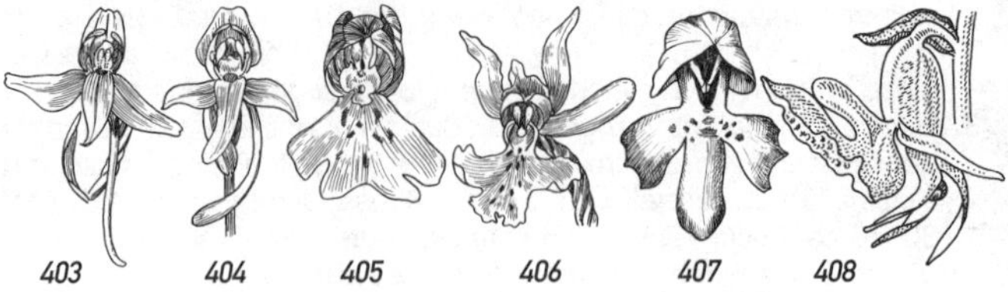

21. Anacámptis Rich., *Knabenkraut*

1. Sporn lg., fadenf.; Bltnstand pyramidenf., bis 5 cm lg.; Lippe breiter als lg., am Grd. m. 2 Lamellen *(383);* Bltn. fleischfarben bis purpurrot; Blätt. lineal; ♃; VI–VII. Halbtrockenrasen, auf Kalk; *z* im S, *s* im M-Gebiet u. N. Ⓖ *Hundswurz,* **A. pyramidális** (L.) Rich.

— Sporn kurz walzl., ± sackf. **2**

2. Alle Perigonblätt. (außer der Lippe) helmf. zusammenneigend . . . **4**

— Seitl. Perigonblätt. absthd. od. zurückgeschlagen **3**

3. Lippe breiter als lg., ihr Mittellappen von den seitl. überragt od. höchstens so lg. wie diese *(401);* Sporn am Ende etwas verdickt, höchstens 2/3 so lg. wie der Frkn.; ♃; IV–V. Sumpfwiesen; sehr *s,* Ts, Be (Hainaut). (= *Orchis laxiflora* Lam.)
Ⓖ *Lockerblütiges K.,* **A. laxiflóra** (Lam.) Bateman et al.

— Lippe ± länger als breit, ihr Mittellappen die seitl. überragend *(400, 402);* Sporn am Ende nicht verdickt, ± so lg. wie der Frkn.; ♃; V–VI. Flachmoorwiesen, auf kalkhaltigem Boden; *z* Br, *s* CH, FL, BW, Ba, He, Th, SaAn, ČR, Po, Schl, Au? (= *Orchis palustris* Jacq.)
Ⓖ *Sumpf-K.,* **A. palústris** (Jacq.) Bateman et al.

4(2). Lippe ungeteilt, m. nach oben gebogenen Seiten, rosa bis purpurn, m. dk. fächerf. verlaufenden Adern; Sporn abw. gerichtet; Bltnstand 4–14-bltg.; Pfl. 15–40 cm hoch; ♃; IV–V. Trockenrasen; sehr *s,* S-Ts. (= *Orchis papilionacea* L.)
Ⓖ *Schmetterlings-K.,* **A. papilionácea** (L.) Bateman et al.

— Lippe (mindestens seicht) 3-lappig **5**

5. Lippe breiter als lg. od. so breit wie lg., m. breiten Seitenlappen *(405);* Sporn waagrecht od. aufw. gerichtet; Perigonblätt. rot, grün gestreift; ♃; IV–VII. Magerwiesen; *z* im S, *s–f* im N. (= *Orchis morio* L.)
Ⓖ *Kleines K.,* * **A. mório** (L.) Bateman et al.

— Lippe länger als breit; Sporn nach unten gebogen; Bltn. schmutziggrünl.-purpurn, nach Wanzen riechend; Lippe braunrot od. grünl., m. roten Flecken *(407);* ♃; V–VIII. Magerwiesen; heute sehr *s,* vielfach verschwunden. (= *Orchis coriophora* L.)
Ⓖ *Wanzen-K.,* **A. corióphora** (L.) Bateman et al.

22. Serápias L., *Zungenstendel*

Pfl. 20–40 cm hoch; Bltnstand 3–8-bltg.; Blätt. schmal lanzettl.; vorderer Teil der Lippe abwärts geknickt, 20–28 mm lg., lg. zugespitzt, behaart; V–VI. Halbtrockenrasen; *s,* Ts, Gr (Misox). Ⓖ **S. vomerácea** (Burm.) Briq.

23. Himantoglóssum W. D. J. Koch, *Riemenzunge, Bocksorchis*

1. Mittellappen d. Lippe < 3 cm lg., 2-lappig; Lippe am Rand wellig, rosaviolett, grünl., od. weiß, in d. Mitte m. purpurnen Flecken; Pfl. m. 5–10 eif. od. elliptischen Blätt.; Blätt. fleischig, glzd., unt. 8–25 cm lg. u. 4–10 cm breit; Stg. kräftig; Pfl. 25–80 cm hoch; Bltnstand dicht, reichbltg.; ♃; II–IV. Halbtrockenrasen, Gebüsche; sehr *s*, nur BW (Istein). (= *Barlia robertiana* (Lois.) Greut.; = *B. longibracteata* (Biv.) Parl.)
© *Mastorchis*, **H. robertiánum** (Lois.) Delforge

— Mittellappen d. Lippe > 3 cm lg, gedreht; äuß. Perigonblätt. helmf. zusammenneigend **2**

2. Bltnstand dicht, m. 40–120 stark riechenden Bltn.; Mittellappen der Lippe vorn bis 3,5 mm gespalten; Tragblätt. doppelt so lg. wie der Frkn.; ♃; V–VII. Halbtrockenrasen, lichte Gebüsche, auf Kalk; *s* im SW, nördl. u. östl. bis S-Be, Ho, Eifel, Th, Ba.
© *Bocks-R.*, * **H. hircínum** (L.) Spr.

— Bltnstand locker, m. 15–50 Bltn., die wenig riechen; Mittellappen der Lippe vorn 5–18 mm lg. gespalten; Tragblätt. etwas länger als der Frkn.; ♃, V–VII. Halbtrockenrasen; *s*, Bz, NÖ, Bgl, ČR (Mähren).
© *Adria-R.*, **H. adriáticum** H. Baumann

24. Maláxis Sol. ex Sw., *Einblattorchis*

Pfl. 10–30 cm hoch; Lippe nach oben weisend; ♃; VI–VII. Moorige Stellen. feuchte, lichte Wälder, Bergwiesen; *v* Alp., *s* Ba, BW, MeVp bis OPr, Schl, Sudeten. [= *Microstylis monophyllos* (L.) Lindley]
© **M. monophýllos** (L.) Sw.

25. Hammárbya Ktze., *Weichwurz*

Pfl. 5–15 cm hoch; Lippe nach oben weisend (Drehung um 360°); ♃; VII–VIII. Hochmoore, Torfstiche, m. *Sphagnum*; *s*, im N sehr *s*, vielfach verschwunden. [= *Malaxis paludosa* (L.) Sw.]
© **H. paludósa** (L.) O. Ktze.

26. Líparis Rich., *Glanzkraut*

Pfl. 5–20 cm hoch; Bltnstand locker; 3–10-bltg.; ♃; V–VII. Torfsümpfe, Flachmoore zwischen Moos; *s*, im N sehr *s*, vielfach verschwunden.
© **L. loesélii** (L.) Rich.

27. Corallorhíza Gagnebin, *Korallenwurz*

Bltnstand locker, 4–9-bltg.; Fr. groß, hgd.; ♃; V–VII. Schattige Nadel- und Laubwälder, vor allem der montanen Reg., sehr *z* im S- u. M-Gebiet, sonst *s*, im N oft *f*, früher Ho. (= *C. innata* R. Br.) © * **C. trífida** Chat.

Familie: **Iridáceae**, *Schwertliliengewächse*

Knollen- od. Rhizomstauden; Blätter lineal grasartig *(Crocus)* od. schwertf. reitend *(Iris, Gladiolus);* Blüten radiär od. zygomorph *(Gladiolus);* Staubblätt. 3; Griffel m. 3, oft blumenblattart. Ästen *(Iris);* Frkn. unterst.; Kapselfr. *(116).*

1. Bltn. zygomorph, fast 2-lippig, purpurrot, in einstswendigen, ährigen Bltnständen . . . . **Gladiolus**, 232
— Bltn. radiär, nicht purpurrot **2**
2. Perigonblätt. verschieden gestaltet, äußere zurückgebogen, innere aufrecht; Griffeläste blumenblattart., unterst s. m. quer verlaufendem Häutchen (= Narbe) . . . . **Iris**, 230
— Perigonblätt. gleichgestaltet **3**
3. Perigonblätt. zu lg., im Boden steckender Röhre verwachsen; Bltn., meist einzeln; Narben zerschlitzt . . . . **Crocus**, 231
— Perigonblätt. nur m. sehr kurzer Röhre; Bltn. meist zu mehreren, blau; Blätt. 2–5 mm breit u. 15 cm lg. **Sisyrinchium**, 232

1. Íris L., *Schwertlilie* ⓖ
1. Äußere Perigonblätt. obersts. gegen den Grd. dicht bärtig behaart **6**
— Äußere Perigonblätt. bartlos, höchstens schwach flaumig **2**
2. Blätt. höchstens 1 cm breit **4**
— Blätt. 1–3 cm breit, schwertf. **3**
3. Perigonblätt. hellgelb, die inneren sehr klein, die äußeren breit eirund, m. orangefarbener Zeichnung, 2–3 cm breit; Blätt. sommergrün; Pfl. 60–120 cm hoch; ♃; V–VI. Ufer, Gräben, Erlenbrüche; *v.*
Ⓖ *Wasser-Sch.,* * **I. pseudácorus** L.
— Äußere Perigonblätt. trüblila od. gelbl.braun, 1–2 cm breit; Blätt. immergrün, dkgrün, zerrieben stinkend; Samen orangerot, in der Kapsel bleibend; ♃, VI. Kult., *s* verwild., S-CH. *Stinkende Sch.,* **I. foetidíssima** L.
4(2). Stg. 2-schneidig zusammengedrückt, 1–2-bltg., viel kürzer als die lineal grasart. Blätt; Pfl. 15–30 cm hoch; ♃; V–VI. Trockenrasen; *s,* Ts, Kt, St, Bgl, NÖ, ČR (Eger), früher OÖ, BW.
ⓖ *Grasblättrige Sch.,* **I. graminea** L.
— Stg. stielrund, z. Bltzt. länger als die Blätt. **5**
5. Stg. hohl, 45–90 cm hoch; Blätt. schmal lineal, 2–6 mm breit; äußere Perigonblätt. gegen den Grund weißl.blau geadert, plötzl. in den braungelben u. purpurn geaderten Nagel verschmälert; ♃; V–VI. Moorwiesen, Flachmoore; *z,* im N *s* od. *f.*
ⓖ *Sibirische Sch.,* * **I. sibírica** L.
— Stg. markig, 30–60 cm hoch; Blätt. 5–12 mm breit; äußere Perigonblätt. rundl., m. weißl., purpurn geadertem u. gelb mittelgestreiftem Nagel; ♃; V–VI. Moorwiesen; sehr *s,* nur Da, He.
ⓖ! *Sumpfwiesen-Sch.,* **I. spúria** L.
6(1). Stg. 1(–2)-bltg.; Pfl. 10–30 cm hoch **11**
— Stg. 2–6-bltg.; 80–100 cm hoch **7**
7. Hochblätt. z. Bltzt. trockenhäutig; Bltn. blasslila bis violett, wohlriechend; ♃; V–VI. Kult. u. zuw. verwild. (Heimat: Italien, Jugoslawien) *Bleiche Sch.,* **I. pállida** LAM.
— Hochblätt. z. Bltzt. wenigstens in der unt. Hälfte krautig **8**

8. Äußere Perigonblätt. weißl.gelb, braunrot od. violett geadert, gelbbärtig, innere goldgelb; Hochblätt. krautig, aufgeblasen; Stg. oberw. meist verzweigt; ♃; V–VI. Trockenrasen, buschige Abhänge; *s* nur b. Garching (nördl. München) u. SchwAlb, OÖ(?), sonst Kt, NÖ, Bgl, ČR; *s* verwildert. ⓖ! *Bunte Sch.*, **I. variegáta** L.

— Bltn. violett (wenigstens äußere Perigonblätt.) **9**

9. Hochblätt. nur am Rand od. an der Spitze trockenhäutig; grdst. Blätt. zuletzt länger als die Infl.; Perigon violett, weißl. bis hellviolett bärtig; ♃; IV–V. Trockenrasen, Bergwiesen; *s* SaAn, Harz, Th (Saale/Unstrut), ČR. (= *I. nudicaulis* Lam.; incl. ssp. *novakii* Soó u. ssp. *fieberi* (Seidl) Dostál). ⓖ *Nacktstängelige Sch.*, **I. aphýlla** L.

— Hochblätt. in ob. Hälfte trockenhäutig **10**

10. Stbfäden so lg. wie Stbbeutel; Gr-Äste an der Spitze auseinandergehend, blassblau; äußere Perigonblätt. dkviolett, gelbbärtig, innere heller; ♃; V–VI. Mauern, felsige Hänge; aus Kulturen *z* verwild. u. eingebürgert. (Heimat: O-Mittelmeergebiet) ⓖ *Deutsche Sch.*, * **I. germánica** L.

— Stbfäden länger als Stbbeutel; Gr-Äste zusammenneigend, dadurch Grlappen in der Mitte am breitesten. Gebietsweise eingebürgert (z. B. Donau, Neckar, M-Rhein, Mosel). (= *I.* × *lurida* Ait.) **I. germánica** × **I. pállida**

Hierher mehrere konstant gewordene Hybriden, häufig kultiviert u. zuw. verwildert, z. B.

a. Innere Perigonblätt. bleichgelb; Bart der äußeren Perigonblätt. gelb; Hochblätt. breit-oval-zugespitzt, kahnf.; ♃; VI. Steinige Hänge, Felsen; *s*, Bz. ⓖ *Gelbliche Sch.*, **I. squálens** L.

— Innere Perigonblätt. violett; Bart der äußeren Perigonblätt. weißl.gelb; Hochblätt. schmaler, weniger gewölbt; ♃; V–VI. Trockenrasen, Felsen; *s*, Bz, Vb, S-Dt. (= *I. pallida* × *variegata*) ⓖ *Holunder-Sch.*, **I.** × **sambucína** L.

11(6). Bltnröhre 25–90 mm lg.; Stg. kürzer als die 6–20 mm breiten Blätt.; Bltn. blauviolett od. gelbl.weiß; äuß. Perigonzipfel zurückgeschlagen; Hochblätt. m. breitem Hautrand; Rhizom ohne Ausläufer; ♃; IV–V. Trockenrasen; *z–s* in Bgl, NÖ, ČR, früher OÖ; auch Zierpfl. ⓖ *Zwerg-Sch.*, * **I. púmila** L.

— Bltnröhre 5–12 mm lg.; Blätt. 2–8 mm breit; Stg. meist 2-bltg.; Perigonzipfel gelb, am Grd. braun gestreift; äuß. Perigonzipfel absthd.; Hochblätt. m. häutigen Rand; Rhizom m. schlanken Ausläufern; ♃; IV–V. Trockenrasen; sehr *s*, NÖ (Weinviertel), ČR (Mähren). (incl. *I. arenaria* W. & K.) ⓖ *Sand-Sch.*, **I. húmilis** Georgi

Hierher auch die *Gelbliche Sch.*, **I. lutéscens** Lam.: Pfl. 25–30 cm hoch; Stg. 1–2-bltg.; Perigonblätt. gelbl.-weiß, rot od. grün geadert; Hochblätt. krautig; ♃; IV–V. Kultiviert, in Vs und Waadt an Felsen verwild.

2. **Crócus** L., *Krokus*

Perigonblätt. weiß, purpurn od. gestreift; Grdblätt. 2–4, 4–8 mm breit, z. Bltzt. meist noch sehr kurz; Gr. intensiv gelb bis orangefarben, selten weißl.; ♃; III–VI. Feuchte Bergwiesen u. Matten. ⓖ * **C. vérnus** (L.) Hill.

a. Gr. so lg. wie od. länger als Stbblätt.; Perigonblätt. meist purpurn, lila od. gestreift, groß (im Durchschnitt 4,5 x 1,5 cm). *s* Riesengeb., Schl, NÖ. (= *C. heuffelianus* Herb.; = *C. neapolitanus* Mordant & Lois.) ⓖ ssp. **vérnus**

— Gr. meist deutl. kürzer als Stbblätt.; Perigonblätt. meist weiß, kleiner (im Durchschnitt 2,5 x 0,8 cm). *v* Alp. (bis 2300 m), *z* Vor-Alp., *s* Schl., ČR, Vog., Schw., SchwAlb. (= *C. albiflorus* KIT.) ⓖ ssp. **albiflórus** (KIT.) A. & GR.

Mehrere Arten vielfach kult. u. a. * **C. tommasiniánus** HERB. m. violetten Bltn., heller Röhre u. 2–3 mm breiten Blätt.; od. **C. flávus** WESTON m. gelben Bltn, ohne braunen Fleck u. 2,5–4 mm breiten Blätt.

3. Gladíolus L., *Gladiole, Siegwurz*

1. Stbbeutel etw. länger als die Stbfäden; Samen ungeflügelt; Ähre 6–16-bltg., 2-zeilig; Bltn. rosa, bis 6 cm lg.; Pfl. 50–100 cm hoch; unterste Blätt. bis 16 mm breit, die Stgblätt. 5–10 mm breit; ♃; IV–VI. Äcker, Wiesen; *s,* früher Ts. (= *G. segetum* KER-GAWL.) *Italienische G.,* **G. itálicus** MILL.

— Stbbeutel so lg. wie od. kürzer als die Stbfäden; Samen geflügelt **2**

2. Bltnähre dicht, 5–10-bltg., einstswendig; Perigonröhre stark gekrümmt; Narbenlappen stumpf; unt. Laubblätt. stumpfl.; Blätt. bis 15 mm breit; ♃; VII. Feuchte Wiesen; *s* im O: Th, Sa, Schl, OPr, NÖ, Bgl, ČR, auch Ts, St. ⓖ *Wiesen-G.,* **G. imbricátus** L.

— Bltnähre locker; Perigonröhre nur schwach gebogen **3**

3. Bltnähre einstswendig, mit höchstens 6 Bltn.; Blätt. 4–10 mm breit; Perigonzipfel 6–16 mm breit; Knollenhaut (vorjährige Blätt.) grob netzartig zerfasernd; ♃, V–VII. Flachmoore, Moorwälder; *s* Alp. u. Voralp., Ba, Po bis OPr, ČR, früher O-Dt. ⓖ *Sumpf-G.,* * **G. palústris** L.

— Bltnähre 2-zeilig, m. 3–10 Bltn. **4**

4. Pfl. 25–50 cm hoch; Blätt. 10–40 cm lg. u. 4–10 mm breit; Ähre 3–10-bltg., unverzweigt; Perigonzipfel 6–16 mm breit; Knollenhaut nur dünn u. sehr eng zerfasernd; ♃; V. Feuchte Wiesen; *s,* nur Kt (Gailtal). ⓖ *Illyrische G.,* **G. illýricus** KOCH

— Pfl. 50–100 cm hoch; Blätt. 30–50 cm lg. u. 5–22 mm breit; Ähre 10–20-bltg., öfter verzweigt; Perigonzipfel 10–20 mm breit; ♃; VI–VIII. Gartenzierpfl., zuw. verwild. (Heimat: Mittelmeergebiet) *Gewöhnliche G.,* **G. commúnis** L.

Hierher auch die *Garten-G.,* **G. × hortulánus** BAILEY, Ähren 10–28-bltg.; Perigon verschiedenfarbig, oft > 5 cm lg.; Blätt. > 2 cm breit, häufige Zierpfl.; stammt von mehreren afrikanischen *Gladiolus*-Arten ab.

4. Sisyrínchium L., *Grasschwertel*

Blätt. grasart., bis 5 mm breit; Bltn. zu 1–4 büschelig angeordnet, bis 2 cm groß, von lg., spitzem Hüllblatt überragt; ♃; VI–VII. Aus Gärten gelegentl. verwild. (z. B. Br, MeVp, He, ObRhein, Bodenseegebiet, CH, Bz, Au). (Heimat: östl. N-Am.) (= *S. angustifolium auct.* non MILL.; = *S. montanum* GREENE) ⓖ **S. bermudiána** L.

Familie: **Xanthorrhoeáceae** (incl. *Asphodelaceae* u. *Hemerocallidaceae*), *Grasbaumgewächse*

Bäume od. Stauden; Perigon 6-teilig; Stbblätt.6; Frblätt. 3, Frkn. oberst.; Fr. Kapsel od. Nuss. Nach neueren Erkenntnissen sind die Familien *Asphodelaceae, Hemerocallidaceae* und *Xanthorrhoeaceae* zu vereinigen.

1. Bltn. hellgelb od. ziegelrot . . . . **Hemerocallis,** 233
— Bltn. weiß . . . . **Asphodelus,** 233

1. Asphódelus L., *Affodill*

Pfl. 30–150 cm hoch; Stg. meist unverzweigt; Blätt. 15–60 cm lg. u. 0,5–3 cm breit; Perigonblätt. 15–30 mm lg., weiß, m. braunem Mittelnerv; Fr. eine Kapsel; ♃; V–VI. Gebirgswiesen, 1000–2100 m; *s,* nur Vs, Ts.
Ⓖ **A. álbus** Mill.

2. Hemerocállis L., *Taglilie*

1. Bltn. hellgelb; Perigonzipfel spitz, flach; ♃; VI. Gartenzierpfl.; *s* verwild., in Au stellenw. eingebürgert (z. B. Vb, St, Kt). (Heimat: Italien, Slowenien, O-Asien) [= *H. flava* (L.) L.] Ⓖ *Gelbe T.,* **H. lilioasphódelus** L.
— Bltn. blass ziegelrot; Perigonzipfel stumpf, die inneren am Rand wellig; ♃; VII–VIII. Gartenzierpfl. stellenw. verwild., in Au stellenw. eingebürgert (z. B. CH, Bz,Vb, Ti, OTi). (Heimat: China, Korea) *Gelbrote T.,* **H. fúlva** (L.) L.

Familie: **Amaryllidáceae** (incl. *Alliaceae*), *Narzissengewächse*

Stauden m. Zwiebeln od. Knollen; Bltn. in Trugdolden od. einzeln; Perigonblätt. 6, frei od. zu Röhre verwachsen; Stbblätt. 6; Frblätt. 3; Fkn. oberst. od. unterst.; Fr. Kapsel od. Beere.

1. Frkn. oberst.; Bltn. in doldenähnl. Bltnstand; Pfl. nach Lauch riechend . . . . **Allium,** 233
— Frkn. unterst.; Pfl. nicht nach Lauch riechend **2**
2. Perigonblätt. ausgebreitet, m. lg. röhriger od. kurz schüsself. Nebenkrone; Bltn. ± aufrecht bis absthd. . . . . . **Narcissus,** 237
— Perigonblätt. glockenf. zusammenneigend, ohne Nebenkrone; Bltn. nickend **3**
3. Perigonblätt. fast gleich lg., an der Spitze gelbl. od. grünl. gefleckt . . . . **Leucojum,** 237
— Äußere Perigonblätt. ungefleckt, fast doppelt so lg. wie die an der Spitze grün gefleckten inneren . . . . **Galanthus,** 236

1. Állium L., *Lauch*

1. Blätt. röhrig, rinnig od. längl.-lineal, meist nicht > 12 mm breit . . . **6**
— Blätt. lanzettl. bis elliptisch (2–5 cm breit) od. linealisch u. wenigstens 15 mm breit **2**
2. Stg. rund, unterhalb der Mitte m. 2–3 kurz gestielten Blätt.; Trugdolde kugelig; Stbfäden länger als das grünl.gelbe Perigon; ♃; VII–VIII. Felsige Orte, steinige Matten; *v–z* Alp. (830–2300 m) u. Voralp., *s* Schw. (Feldberg), Vog., Riesengeb., Gesenke.
Allermannsharnisch, * **A. victoriális** L.

— Blätt. alle grdst. 3

3. Blätt. lg. gestielt; Stg. 3-kantig; Bltn. schneeweiß, in flacher bis halbkugeliger Dolde, stark nach Knoblauch riechend; ♃; IV–VI. Feuchte Laubwälder; *z,* oft in Massenbeständen, im N *s,* od. verwildert. *Bärlauch,* * **A. ursínum** L.

— Blätt. ungestielt 4

4. Perigon dk. weinrot; Stg. rund, bereift; Infl. bis > 50-bltg.; Pfl. bis 90 cm hoch; Grdblätt. 2–3, bis 40 cm lg. u. bis 2 cm breit; Bltn. wohlriechend; ♃; VI. Sandböden; eingebürgert b. Mannheim, Lx (Sauer), Ho, Bgl, früher NÖ. (Heimat: Ungarn/ Jugoslawien bis Sibirien) *Schwarzpurpurner L.,* **A. atropurpúreum** W. & K.

— Perigon weiß bis grünl.weiß 5

5. Grdst. Blätt. 3–4, breit lanzettl.; Stg. rund; Infl. reichbltg.; Perigon grünl.weiß od. m. rötl. Mittelstreif; ♃; V–VI. Aus Gärten *s* verwildert: Ti, OÖ, S-E, Bodenseegebiet (ob noch?). (Heimat: Mittelmeergebiet) (= *A. multibulbosum* Jacq.) *Schwarzer L.,* **A. nígrum** L.

— Grdst. Blätt. 1(–2), schmal lineal; Stg. 3-kantig; Infl. 1–3-bltg., m. Brutzwiebeln, Bltn. lg. gestielt; Perigon weiß; Pfl. bis 30 cm hoch; ♃; IV–V. Auwälder, Parks; vereinzelt aus der Kultur verwildert, eingebürgert Ba, He, Sa, SaAn, NS, Br, MeVp, Ho, Da, Au, ČR. (Heimat: Kaukasus, Iran) *Seltsamer L.,* **A. paradóxum** (Bieb.) G. Don

6(1). Perigonblätt. ± glockig, zusammenneigend; Blätt. flach od. rinnig, selten hohl 10

— Perigonblätt. ± sternf. ausgebreitet; Blätt. röhrig-hohl 7

7. Bltnstg. u. Blätt. unterhalb der Mitte weit bauchig aufgeblasen; Perigon weißl.grün 9

— Bltnstg. u. Blätt. walzl., nicht bauchig aufgeblasen; Perigon rosa 8

8. Stbblätt. nur ²/₃ bis ¾ so lg. wie die hellrosa Perigonblätt.; Stbfäden ohne Zähne; ♃; VII–VIII. Schotterfluren, Bachufer, auch Ruderalstellen; *z* Alp. u. Voralp., Schweizer Jura, Täler von Elbe, Saale, Rhein, Mosel, Da (Bornholm), vielfach in Gärten kult., auch verwild. u. eingebürgert. Formenreich. *Schnittlauch,* * **A. schoenóprasum** L.

— Stbblätt. etwa so lg. wie die Perigonblätt., die inneren am Grd. verbreitert, beidersts. m. 1 Zahn *(409);* nur selten blühend; an Stelle der Bltn. Brutzwiebeln sthd.; ♃; VI–VII. Kulturpfl., auch verwild., ist nur Kultur-Sorte von *A. cepa.* (= *A. ascalonicum* auct. non L.) *Schalotte,* **A. cépa** L. vgl. Nr. **9**

9(7). Bltnstiele etwa 8-mal so lg. wie die grünl.weißen Bltn.; innere Stbblätt. am Grd. verbreitert u. kurz 2-zähnig; ♃; VI–VIII. Kulturpfl., zuw. verwild. (Heimat: Iran bis Altai?, wild nicht bekannt) *Küchenzwiebel, Sommerzwiebel,* * **A. cépa** L.

— Bltnstiele etwa 3–4-mal so lg. wie die weißen, zuw. purpurrot gestreiften Bltn.; innere Stbblätt. am Grd. nur wenig verbreitert u. ungezähnt; ♃; VII–VIII. Kulturpfl., leicht verwild. (Heimat: W-China; wild nicht bekannt) *Winterzwiebel,* **A. fistulósum** L.

10(6). Stbblätt. alle zahnlos; Laubblätt. nur bis 5 mm breit 17

— Innere Stbblätt. am Grd. kurz od. lg. gezähnt *(410, 411)* 11

11. Dolde ohne Brutzwiebeln, nur m. Bltn.[1] 14

— Dolde mit Bltn. u. Brutzwiebeln 12

---

[1] Einige der hierher zu stellenden Arten bilden ebenfalls zuw. – aber nicht regelmäßig – Dolden m. wenigen od. reichl. Brutzwiebeln aus.

12. Äußere Stbfäden beidersts. m. kurzen Zähnchen (ähnl. *410),* kürzer als die Perigonblätt.; Hüllblätt. des Bltnstands m. lg., runder Spitze; Blatt. bis 15 mm breit, flach; Zwiebel aus zahlr. Nebenzwiebeln („Zehen") zusammengesetzt; ♃; VI–VIII. Kulturpfl. (Heimat: As.) * **A. satívum** L.

a. Blätt. am Rand rau; Nebenzwiebeln längl.-eif. *Knoblauch,* ssp. **satívum**

— Blätt. am Rand glatt; Stg. vor dem Aufblühen schlangenart. gebogen; Nebenzwiebeln kugelf.-eif. *Perlzwiebel,* ssp. **ophioscórodon** (Lk.) Schübl. & Martens

— Äußere Stbfäden schmal- od. breit-bandf., zahnlos (ähnl. *411*) **13**

13. Blätt. flach, 8–15 mm breit, am Rand rau bewimpert; Bltn. purpurn, länger als die Stbblätt.; Hülle des Bltnstands 2-lappig, kürzer als die Dolde; Zwiebel von zahlr., von Häuten eingeschlossenen Nebenzwiebelchen umgeben; ♃; VI–VII. Gebüsch, Wiesen, Ruderalstellen; *v* SaAn, Th, sonst *z* (bes. Stromtäler), *s* in CH, Au, Be. *Schlangen-L.,* * **A. scorodóprasum** L.

— Blätt. fast stielrund, schmäler als 6 mm; Stbblätt. stets viel länger als die stumpfen, hell- bis dkpurpurnen Perigonblätt.; Dolde armbltg., zuw. nur m. Brutzwiebeln; ♃; VI–VIII. Weinberge, Wegränder, Parkrasen, Dünen; *v* im S, *z* im N, *s* Alp. (incl. *A. kochii* Lge.) *Weinbergs-L.,* * **A. vineále** L.

14(11). Zähne der Stbfäden kurz u. stumpf *(410);* Stbblätt. etwas länger als die Perigonblätt.; Bltn. hellpurpurn; Blätt. lineal, obersts. etwas rinnig; ♃; VI–VIII. Felsen; sehr *s,* N-He, Vs, Sb, Ti (Ötztal u. Zillertal), St, S-CH, Schl. (ob noch?) ČR. (= *A. strictum* Schrad.) ⓖ *Steifer L.,* **A. lineáre** L.

— Zähne der Stbfäden lg. haarspitzig *(411)* **15**

15. Blätt. halb stielrund, breit rinnig, kürzer als der Stg.; Bltn. lebhaft purpurrot, kürzer als die Stbblätt.; ♃; VI–VIII. Sandige u. felsige Orte; *z* Rhein-, Mosel-, Maingebiet, CH, Bz, *s* Be, Rheinl., NW-Ba, Th, NÖ, Bgl, ČR, früher OÖ, Vb. *Kugel-L.,* **A. sphaerocéphalon** L.

— Blätt. flach **16**

16. Blätt. bis 2 cm breit, stark längsnervig, blaugrün; Bltn. rosa od. weiß; Perigonblätt. etwas kürzer als die Stbfäden; Blattscheiden einen verlängerten Scheinspross bildend; ⊙–♃; VI–VII. Kulturpfl., zuw. verwild. u. eingebürgert. (Heimat: Mittelmeergebiet; aus *A. ampeloprasum* L. entstanden) *Winter-L., Porree,* * **A. pórrum** L.

— Blätt. schmal lineal, bis 10 mm breit; Bltn. purpurrot; Perigonblätt. etwa so lg. wie die Stbblätt.; Zwiebel von mehreren Nebenzwiebelchen umgeben; ♃; VI–VIII. Äcker, Weinberge, buschige Hügel; *s* im S- u. M-Gebiet, *f* N-Dt, eingebürgert Da. [= *A. scorodoprasum* ssp. *rotúndum* (L.) Stearn] *Runder L.,* **A. rotúndum** L.

17(10). Stg. rundl. **19**

— Stg. oberw. kantig; Perigonblätt. rosarot, zuw. weißl. **18**

18. Stbblätt. etwa so lg. wie die Perigonblätt.; Blätt. schmal lineal, untersts. scharf gekielt; Dolde im Umriss flach; ♃; VII–IX. Nasse Wiesen; *v* M- u. ObRhein, *z* Bodensee, Donau m. Nebenflüssen, O-Dt (bes. Elbe, Oder), CH, Bz, Au, ČR, *s* im O. (= *A. acutangulum* Schrad.) ⓖ *Kanten-L.,* **A. angulósum** L.

— Stbblätt. deutl. länger als die Perigonblätt.; Blätt. untersts. nicht gekielt; Dolde im Umriss kugelig; ♃; VII–VIII. Trockenrasen, Felsspalten, kalkliebend; *z* CH, Bz, Au, S-Dt, E, *s* im O u. N, *f* im W. (= *A. fallax* Schult. & Schult. f.; = *A. lusitanicum* Lam.; = *A. montanum* F. W. Schmidt, non Schr.) ⓖ *Berg-L.*, * **A. senéscens** L. ssp. **montánum** (Fr.) Holub

19(17). Perigonblätt. gelb oder gelbl. bis weißl. 22

— Perigonblätt. m. Rottönen, selten weißl.grün 20

20. Hüllblätt. kürzer als die Dolde 23

— Hüllblätt. so lg. wie od. länger als die Dolde 21

21. Stbblätt. etwa so lg. wie die weißl.-grünen od. schmutzig rötl. Perigonblätt.; Hüllblätt. am Grd. eif., verbreitert; Bltnstand m. Brutzwiebeln; Blätt. halbstielrund, obersts. rinnig; ♃; VI–VIII. Gebüschränder, Halbtrockenrasen, Moorwiesen, Weinberge; *v–z*, im NW *z*.
Gemüse-L., **A. oleráceum** L.

— Stbblätt. deutl. länger als die rosa bis dkvioletten Perigonblätt.; Hüllblätt. am Grd. nur wenig verbreitert; Bltnstand m. Brutzwiebeln od. ohne Brutzwiebeln [ssp. **pulchéllum** Bonnier & Layens; *s*, Ts, Bz, Ba (Dingolfing, Freising); = *A. cirrhosum* Vandelli]; Blätt. fast flach; ♃; VI–VIII. Halbtrockenrasen, Moorwiesen; *z*, CH, FL, Au, Bz, S-Dt, sonst *s*, z. B. ČR.
Gekielter L., **A. carinátum** L.

22(19). Perigonblätt. gelb, 4,5–5 mm lg., glockig; Bltnstiele 3–25 mm lg., ungleich lg.; Hüllblätt. ungleich, in ein bis 11 cm lg. Anhängsel verschmälert; Stbbeutel gelb bis violett; Pfl. 10–60 cm hoch; ♃; VII–VIII. Trockenrasen; *z–s*, Ba (Frankenwald), BW (Kaiserstuhl), Bgl, NÖ, ČR. *Gelber L.*, **A. flávum** L.

— Perigonblätt. gelbl. bis weißl., 3,5–4 mm lg., becherf.; Bltnstiele 4–10 mm lg., ± gleich lg.; Hüllblätt. ungleich, kürzer als die dichtbltg. Trugdolde; Stbblätt. doppelt so lg. wie die Perigonblätt.; Stbbeutel braun; Pfl. 10–40 cm hoch; ♃; VII–VIII. Felsige Abhänge, auf Kalk, *s*, S-Kt (Karawanken). (= *A. ochroleucum* W. & K.)
Gelblichweißer L., **A. ericetórum** Thore

23(20). Perigonblätt. hellrosa bis rot; Dolde 20–35 mm im Dm; Blattscheiden den unt. Stgteil einhüllend; Bltnstiel 8–20 mm lg.; Stbblätt. bis 2-mal so lg. wie die Perigonblätt.; Pfl. 20–50 cm hoch; ♃, VII–IX. Flachmoore; *s* S-Dt, E, St. Gallen, FL, Vb, Bgl, NÖ.
Wohlriechender L., **A. suavéolens** Jacq.

— Perigonblätt. purpurrot; Dolde 15–20 mm im Dm; Blattscheiden den unt. Teil d. Stg. nicht einhüllend; Bltnstiel 5–7 mm lg.; Stbblätt. die Perigonblätt. überragend; Pfl. 15–30 cm hoch; ♃; VII–IX. Magerrasen, Schuttfluren, auf Kalk; sehr *s*, nur S-Kt (Steiner Alp.)
Rotvioletter L., **A. kermesínum** Rchb.

2. Galánthus L., *Schneeglöckchen*

Bltn. einzeln; Blätt. blaugrün bereift; ♃; II–IV. Laubwälder, Gebüsche; ursprüngl. u. *s* nur S-Ba, BW, CH, Au (*f* Ti), sonst *v* angepfl. u. häufig verwild.
ⓖ * **G. nivális** L.

3. Leucójum L., *Knotenblume* ⓖ

1. Inflstiel 1-, selten 2-bltg., 10–35 cm hoch; ♃; II–IV. Feuchte Laubwälder, Bergwiesen; *z*, stellenw. häufig, nördl. bis Be, Br, Schl.
Giftig! ⓖ *Märzenbecher, Frühlings-K.*, * **L. vérnum** L.

— Inflstiel 3–7-bltg., 35–60 cm hoch; ♃; IV–V. Feuchte, nasse Wiesen; ursprüngl. nur NÖ, Bgl, ČR, sonst *s* verwild. (ObRhein, E).
ⓖ *Sommer-K.*, * **L. aestívum** L.

4. Narcíssus L., *Narzisse* ⓖ

1. Perigon gelb, m. 13–45 mm lg. gelber Nebenkrone **3**

— Perigon weiß, m. < 13 mm lg., becherf. Nebenkrone **2**

2. Stg. meist 2-blütig; Rand der Nebenkrone weißl.; *s*, eingebürgert in Ts, Bz. (= *N. poeticus* × *tazetta*) *Zweiblütige N.*, **N.** × **mediolúteus** MILL.

— Stg. einblütig; Rand der Nebenkrone rot; ♃; III–V.
Giftig! ⓖ *Weiße N.*, * **N. poéticus** L.

a. Blätt. 6–12 mm breit; Perigonblätt. 20–25 mm lg., sich deutl. überdeckend, ungenagelt; Nebenkrone ca. 15 mm im Dm, unt. Stbblattquirl von ihr eingeschlossen. Oft angepfl., *s* verwildert. ssp. **poéticus**

— Blätt. 5–8 mm breit; Perigonblätt. 22–30 mm lg., sich nicht od. kaum überdeckend, an der Basis m. kurzem, aber deutl. Nagel; Nebenkrone 8–10 mm im Dm, alle Stbblätt. aus ihr herausragend. Feuchte Bergwiesen: *z* CH, Kt, St, OÖ, NÖ, *s* BW, Vog., sonst nur verwild. (= *N. radiiflorus* SAL.; = *N. angustifolius* auct.; = *N. stellaris* HAW.?; = *N. exsertus* HAW.)
ⓖ ssp. **radiiflórus** (SAL.) BAK.

— Perigon gelb, m. größerer, dottergelber Nebenkrone **2**

3(1). Nebenkrone nur halb so lg. wie die Perigonblätt.; ♃; III–IV. Als Zierpfl. kult., verwild. St, OÖ, NÖ. (= *N. poeticus* × *N. pseudonarcissus*)
Giftig! *Unvergleichliche N.*, **N.** × **incomparábilis** MILL.

— Nebenkrone so lg. wie die Perigonblätt.; ♃; III–IV. Feuchte Wiesen, lichte Wälder; ursprüngl. nur Ho, Be, Venn, Eifel, Hunsrück, Vog., CH, Bz, sonst zuw. verwild., auch eingebürgert (bes. Au).
Giftig! ⓖ *Osterglocke, Gelbe N.*, * **N. pseudonarcíssus** L.

Familie: **Asparagáceae** (incl. *Ruscaceae, Agavaceae, Hyacinthaceae*), *Spargelgewächse*

Stauden m. Rhizomen od. Zwiebeln; Bltn. 6-zählig, Perigonblätt. frei od. verwachsen; Stbblätt. 6, Frblätt. 3, Frkn.oberst., Fr. Kapsel od. Beere

1. Pfl. mit riesigen Blattrosetten; Blätt. ca. 1 m lg., > 1 cm dick, am Rand stachelig gezähnt; Bltnstd. 4–10 m hoch . . . . **Agave,** 238

— Blätt. < 1 m lg., < 1 cm dick; Bltnstd. < 2 m hoch **2**

2. Stg. m. Schuppenblätt., die in den Achseln Büschel von Nadeln tragen *(185)* . . . . **Asparagus,** 239

— Keine Nadelbüschel am Stg. vorhanden **3**

3. Bltn. stehen auf der Fläche blattart. verbreiterter Sprosse
Ruscus, 239

— Bltn. nicht auf blattart. verbreiterten Sprossen **4**

4. Stbblätt. 4; Blätt. herzf., gestielt; Bltn. weiß **Maianthemum,** 239
— Stbblätt. 6 . . . . **5**
5. Blkrblätt. nicht verwachsen od. nur am Grd. etwas verwachsen **9**
— Bltnkrblätt. zu mehr als der Hälfte verwachsen **6**
6. Bltn. blau od. grünl., an der Mündung krugf. zusammengezogen . . . . **Muscari,** 241
— Bltn. weiß od. grünl., an der Mündung kaum zusammengezogen *(186)* **7**
7. Blkrblätt. 3–5 cm lg.; Blätt. grasartig, bis 5 mm breit **Paradisea,** 238
— Blkrblätt. < 3 cm lg.; Blätt. breiter, nicht grasartig **8**
8. Bltn. rundl-glockig, hgd.; Blätt. 2, grdst.; Bltnstg. ohne Blätt. **Convallaria,** 240
— Bltn. längl.; Stg. beblättert . . . . **Polygonatum,** 239
9(5). Stg. beblättert; Blätt. herzf. . . . . **Streptopus,** 239
— Blätt. alle grdst., nicht herzf. **10**
10. Bltn. blau **12**
— Bltn. weiß od. gelbgrün **11**
11. Blätt. blaugrün, grasartig; Bltnstiele gegliedert; Pfl. m. Rhizom; Blkrblätt. beiderseits weiß . . . . **Anthericum,** 238
— Blätt. grün od. m. weißem Mittelstreifen; Bltnstiele ungegliedert; Pfl. m. Zwiebel; Blkrblätt. weiß, untsts. grünl., m. grünem Mittelstreifen od. beiderseits gelbl.-grün . . . **Ornithogalum,** 241
12(10). Entwickelte Bltn. offen ausgebreitet *(187);* jede Blüte m. 1 Tragblatt . . . . **Scilla,** 240
— Bltn. glockig; jede Blüte m. 1 Trag- u. 1 Vorblatt **Hyacinthoides,** 240

1. Agáve L., *Agave*
Pfl. 4–10 m hoch, nach der Blüte absterbend; Bltnstand m. 3-eckigen Blätt., kandelaberartig; Bltn. aufrecht, 7–9 cm lg., grünl.gelb; Rosettenblätt. 1–2 m lg. u. 15–25 cm breit, an d. Spitze m. 2–3 cm lg. Stachel; ♃; VII–VIII. Mauern, Felsen, im südl. Ts eingebürgert. (Heimat: Mexiko) **A. americána** L.

2. Anthéricum L., *Graslilie*
1. Bltn. in Rispen; Gr. gerade; Perigonblätt. 10–15 mm lg., die Stbblätt. nur um 2 mm überragend; Kapsel rundl.-stumpf; ♃; VI–VIII. Trockenrasen, Steppenheidewälder, kalkliebend; *v–z* im S u. M-Dt, *s–f* im N. Ⓖ *Ästige G.,* * **A. ramósum** L.
— Bltn. in Trauben; Gr. an d. Spitze zurückgekrümmt; Perigonblätt. 15–22 mm lg., mehr als 6 mm länger als die Stbblätt.; Kapsel eif., spitz; ♃; V–VII. Steppenheidewälder, Steppenhänge; *z* im S u. M-Gebiet, sonst *s.* Ⓖ *Astlose G.,* * **A. liliágo** L.

3. Paradísea Mazzucato, *Trichterlilie*
Blätt. zahlr., grasart., bis 5 mm breit; Pfl. 30–50 cm hoch; Stg. 2–10-bltg., in einstswendiger Traube; ♃; VI–VII. Bergwiesen; *s,* CH, Bz, S-Kt (Karnische u. Gailtaler Alp.). 🄶 **P. liliástrum** (L.) Bertol.

4. Aspáragus L., *Spargel*

1. Nadeln borstig; Schuppenblätt. der Langtriebe etwas ausgesackt *(185);* Antheren längl., der freie Teil ihrer Filamente kaum doppelt so lg. wie diese; ♃; V–VI. Angebaut u. *z* in sandigen u. ruderalen Trockenrasen verwildert u. eingebürgert. (Heimat: Orient?) *Gemüse-Sp.,* * **A. officinális** L.

— Nadeln haarf.; Schuppenblätt. der Langtriebe glatt; Antheren fast rundl., der freie Teil ihrer Filamente (zumindest der längeren) bis 4-mal so lg. wie diese; ♃; V–VI. Buschig-felsige Hänge; *s,* Ts, Gr, Ti, Bz, Kt. Ⓖ *Zartblättriger Sp.,* **A. tenuifólius** LAM.

5. Rúscus L., *Mäusedorn*

1. Blattart. verbreiterte Triebe stechend, < 4 cm lg.; Bltn. weißgrün; Pfl. 30–80 cm hoch, 2-häusig; Beeren rot; ♄; IV. Wälder, Gebüsche; *s,* CH, Bz, Lothringen, auch kult. Ⓖ *Stechender M.,* **R. aculeátus** L.

— Blattart. verbreiterte Triebe nicht stechend, 3–10 cm lg.; Bltn. weißgrün; Pfl. 20–40 cm hoch, 2-häusig; Beeren scharlachrot; ♄; IV–V. Laubwälder, sehr *s,* NÖ, OÖ, früher Bgl. *Zungen-M.,* **R. hypoglóssum** L.

6. Maiánthemum WEB., *Schattenblume*

Blätt. 2 (an nichtblühenden Pfl. nur 1); Bltn. in endst. Traube; Fr. kirschrote Beere; ♃; IV–VI. Schattige, humusreiche Wälder; *v.* **Giftig!** * **M. bifólium** (L.) F. W. SCHM.

7. Polygonátum MILL., *Weißwurz, Salomonssiegel*

1. Blätt. schmal lanzettl., 5–12 cm lg., in Scheinquirlen zu 3–8; Stg. aufrecht; ♃; V–VI. Schattige Wälder, vor allem der montanen Reg.; stellenw. *v,* sonst sehr *z,* nördl. bis Harz, *f* N-Dt. **Giftig!** *Quirlblättrige W.,* * **P. verticillátum** (L.) ALL.

— Blätt. breit elliptisch, 2-zeilig; Stg. meist überhgd. **2**

2. Stg. rund; Blätt. ausgebreitet; Bltn. zu 2–5; Stbfäden behaart; ♃; V–VI. Schattige Laubwälder, kalkliebend; *v.* **Giftig!** *Vielblütige W.,* * **P. multiflórum** (L.) ALL.

— Stg. kantig; Stbfäden kahl **3**

3. Blätt. u. Bltnstiele kahl; Bltn. zu 1–2, duftend; ♃; V–VI. Steinige, buschige Hänge, lichte Laub- u. Kiefernwälder; *v–z* im S, im N seltener; *f* NW-Dt. (= *P. officinale* ALL.) **Giftig!** *Wohlriechende W., Echtes Salomonssiegel,* * **P. odorátum** (MILL.) DRUCE

— Blätt. unterst. u. Bltnstiele kurzhaarig; Bltn. zu 1–5, geruchlos; Stbfäden mitunter schwach drüsig; ♃; V–VI. Laubwälder, Auwälder; *s* St. **Giftig!** *Auen-W.,* **P. latifólium** (JACQ.) DESF.

8. Stréptopus RICH. in MICHX., *Knotenfuß*

Stg. oben verzweigt; Blätt. tief herzf., stgumfassend, längl.-eif.; Bltn. grünl.-weiß, unter den Blätt. sthd., ihr Stiel in der Mitte gekniet; Fr. leuchtend rote Beere; ♃; V–VII. Schattige, feuchte Bergwälder; *z* Alp. u. Vor-Alp., *s* Schweizer Jura, S-Schw., Bayr/Böhmw., Erz-, Elbsandsteingeb., ČR. **St. amplexifólius** (L.) DC.

9. Convallária L., *Maiglöckchen, Maiblume*
Bltnstg. blattlos; Bltn. nickend, einstswendig; Fr. rote Beeren; ♃; V–VI. Lichte Laubwälder, kalkliebend; *v* u. *h*. **Giftig!** Ⓖ * **C. majális** L.

10. Hyacinthoídes Med. (= *Endymion* Dum.), *Hasenglöckchen*
1. Perigonblätt. am Grd. verwachsen, glockenf. zusammenneigend, blau, selten rötl. od. weiß; Blätt. breit lineal, bis über 10 mm breit; Bltn. m. 2 spitzl. Tragblätt. (1 davon = Vorblatt); Traube ± einstswendig; Bltn. duftend; Antheren blass; ♃; III–V. Laubwälder, schattige Haine; *s* Be, Ho, Rheinl., SaAn (Zerbst), auch kult. u. zuw. verwildert. [= *Scilla non-scripta* (L.) Hoffmgg. & Lk.]
Ⓖ *Gewöhnliches H.,* * **H. nón-scrípta** (L.) Chouard ex Rothm.
— Traube allstswendig; Bltn. geruchlos; Antheren blau; häufig kult. u. oft verwild.; ♃; IV–V. (Heimat: Spanien, Portugal)
Spanisches H., * **H. hispánica** (Mill.) Rothm.

11. Scílla L., *Blaustern* Ⓖ
1. Bltntraube bis 30-bltg.; Laubblätt. 5–6; ♃; VIII–X. Trockenrasen, gelegentl. in Weinbergen; *s*, S-E, BW (Kaiserstuhl).
Ⓖ *Herbst-B.,* **S. autumnális** L.
— Bltntraube bis 8-bltg **2**
2. Blätt. meist 2; Gr. 4–6 mm lg., deutl. vom Frkn. abgesetzt; Stg. pro Zwiebel 1; Bltnstiele aufrecht-absthd., länger als die Bltn.; ♃; III–IV. Laubwälder, Auenwiesen; *z* im S, nördl. bis Be/Bonn/Main/Th/Sa, häufiger nur entlang Mosel, Main, Rhein, Neckar, Donau, Elbe.
Ⓖ Artengruppe *Zweiblättriger B.,* * **S. bifólia** L. agg.
a. Perigonblätt. 8 mm lg.; Bltnknospen graublau; Samen dkbraun; *z*, Dt, Au.
Zweiblättriger B., **S. bifólia** L. s. str.
b. Perigonblätt. 9–10 mm lg.; Bltnknospen graublau bis violett; Samen dkbraun; *s*, St, OÖ, NÖ, Bgl, ČR. *Traun-B.,* **S. drunénsis** (Speta) Speta
c. Perigonblätt. 7–8 mm lg., Bltnknospen grün; Samen hellgelb; *s*, Sa, NÖ, Bgl, ČR. *Wiener B.,* **S. vindobonénsis** Speta
d. Perigonblätt. 12–15 mm lg., Bltnknospen vor der Blüte blau; *s*, NÖ.
Spetas B., **S. spetána** Kereszty
e. Ähnl. *S. vindobonensis*, aber Blätter breiter u. stumpfer; Samen hellgelb; *s*, ČR (Mähren). *Karpaten-B.,* **S. kládnii** Schur

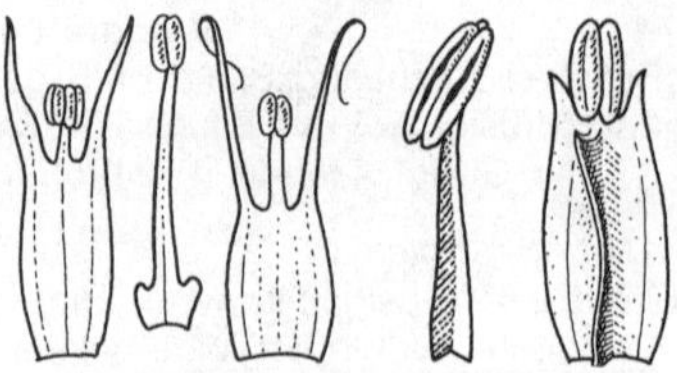
409 410 411 412 413

— Blätt. meist mehr als 2; Stg. pro Zwiebel meist zu 2(–4); Bltnstiele etwas kürzer als die Bltn. **3**

3. Bltntraube 1–3-bltg.; Bltnstiele absthd.-nickend; Blätt. 2–4, etwas kürzer als der Stg.; Perigonblätt. 12–15 mm lg.; ♃; III–V. Gartenzierpfl., oft verwild. (z. B. Ho, O-Dt, Kt, St). (Heimat: S-Russland) *Sibirischer B.,* * **S. sibérica** Haw.

— Bltntraube 2–6-bltg.; Bltnstiele absthd.-aufrecht; Blätt. 4–7, etwas länger als der Stg.; Perigonblätt. 9–12 mm lg., porzellanblau; ♃; III–V. Seltene Gartenzierpfl.; selten verwild. (z. B. Ba, Bodensee, St, Schl) (Heimat: Kleinas.?), wild nicht bekannt. *Schöner B.,* **S. amoéna** L.

12. Múscari Mill., *Traubenhyazinthe, Träubelhyazinthe* ⓖ

1. Bltntraube kurz, gedrungen, eif. bis längl. (2–6 cm lg.), an der Spitze m. wenigen geschlechtslosen Bltn. **3**

— Bltntraube locker, 8–20 cm lg., an der Spitze m. zahlr. gestielten, geschlechtslosen Bltn. **2**

2. Stiele der geschlechtslosen Bltn. 3–6-mal so lg. wie das Perigon; fertile Bltn. grünbraun, m. weißgrünen Zähnen; Blätt. 5–25 mm breit; ♃; V–VI. Trockene Wiesen, Weinberge; *z,* im N *s.*
ⓖ *Schopfige T.,* * **M. comósum** (L.) Mill.

— Stiele der geschlechtslosen Bltn. etwa so lg. wie ihr Perigon; fertile Bltn. weißgrün, m. schwarzbraunen Zähnen; Blätt. 8–20 mm breit; ♃; V–VI. Trockenrasen; *s* in N-Th, S-SaAn, NÖ, Bgl, ČR.
ⓖ *Schmalblütige T.,* **M. tenuiflórum** Tausch

3(1). Grdst. Blätter zu 2–3, aufrecht, bis 10 mm breit, etwa so lg. wie der Stg.; Perigon rundl., himmelblau, weiß gesäumt; ♃; IV–V. Trockene Hänge, Wiesen; *z,* doch stellenw. massenhaft, bes. im S (CH, SchwAlb), nördl. bis M-Rhein/Sauerland/Th/S-SaAn, ČR.
ⓖ *Kleine T.,* * **M. botryoídes** (L.) Mill.

— Grdst. Blätt. 3–7, bis 6 mm breit; Perigon eif. bis krugf., häufig dunkler blau, weiß gesäumt **4**

4. Perigonblätt. dk- bis schwarzblau; Blätt. dunkelgrün, zuw. rötl. an der Basis; ♃; III–V. Weinberge, Äcker; *z* CH, E, S- u. M-DT, Au, ČR, *s* im N. [incl. *M. racemosum* (L.) Mill.]
ⓖ *Übersehene T.,* * **M. negléctum** Guss. ex Ten.

— Perigonblätt. azurblau, zuw. purpurn getönt; Blätt. meist m. blaugrünem Glanz; ♃; III–V. Häufig kult., zuw. verwild., auch eingebürgert (z. B. Ruhrgebiet), bisher öfter m. voriger Art verwechselt. (Heimat: Balkan–Kleinas.)
Balkan-T., * **M. armeníacum** Leichtlin ex Bak.

13. Ornithógalum L., *Milchstern*

1. Bltnstand traubig; Bltnstiele ungefähr gleich lg. **4**

— Bltn. in Schirmtrauben; unt. Bltnstiele länger als die ob. **2**

2. Blätt. ohne weißen Mittelstreifen, am Rand bewimpert, z. Bltzt. oft verwelkt, 1,5–9 mm breit; Tragblätt. so lg. wie od. länger als die Bltnstiele; ♃; V–VI; Trockenrasen, *s,* NÖ, Bgl. (incl. *O. pannonicum* Chaix ex Vill.) Ⓖ *Schopfiger M.,* **O. comósum** L.

— Blätt. m. weißem Mittelstreifen **3**

3. Unt. Frstiele waagrecht absthd.; Gr. länger als die an der Spitze gestutzte Frkapsel; Blätt. 2–6 mm breit; Zwiebel meist von mehreren Brutzwiebeln umgeben (bzw. von nadelf. Blättchen); ♃; V–VI. Gärten, Weinberge, Äcker, Wiesen; *z.* (incl. *O. divergens* Bor. u. *O. vulgare* Sailer) **Giftig!** Ⓖ *Dolden-M.,* * **O. umbellátum** L.

— Unt. Frstiele aufrecht absthd.; Gr. kürzer als die an der Spitze vertiefte Frkapsel; Blätt. 1–3 mm breit; Zwiebel fast stets ohne Brutzwiebeln; ♃; IV–VI. Trockenrasen, Bergwiesen, Auwälder; *s.* (= *O. tenuifolium* auct.; = *O. gussonei* auct.)
Giftig! Ⓖ *Schmalblättriger M.,* **O. orthophýllum** Ten.

a. Frkn. m. geflügelten Kanten; Auwälder; nur St.
ssp. **orbélicum** (Vel.) Zahariadi

— Frkn. m. stumpfen Kanten; Trockenrasen, Bergwiesen; *s* E (Rüstenhart), BW (Müllheim), Ba, SaAn, Schl, Bz, Kt, Bgl, NÖ, ČR. (= *O. kochii* PARL.)
ssp. **kóchii** (Parl.) Maire & Weiller

4(1). Traube verlängert, 20–50-bltg. **6**

— Traube kürzer, 3–12-bltg.; Stbfäden gezähnt, blumenblattart. *(413)* **5**

5. Blätt. z. Bltzt. bereits welkend; Perigonblätt. längl.-lanzettl., am Rand wellig; wenigstens die inneren Stbfäden auf der Innenseite m. wellenf. u. in 1 Zahn endigender Leiste *(413);* Frkn. z. Bltzt. längl.; ♃; IV–V. Äcker, Gärten, Getreidefelder, Weinberge; *z,* in ČR ursprünglich, früher Zierpfl., auch eingeschleppt, eingebürgert z. B. Bz, St, Ti. (Heimat: SO-Eur.) Ⓖ *Garten-M.,* **O. boucheánum** (Kth.) Asch.

— Blätt. z. Bltzt. noch frisch, aufrecht; Perigonblätt. längl.-stumpf; Stbfäden auf der Innenseite m. zahnloser Leiste; Frkn. z. Bltzt. rundl.; ♃*;* IV–V. Gebüsch, Wiesen, Äcker, Weinberge; *z,* früher Zierpfl., zuw.eingebürgert. (Heimat: SO-Eur., Orient) *Nickender M.,* * **O. nútans** L.

6(4). Bltn. gelbgrün; Blätt. grasgrün, ziemlich flach, z. Bltzt. meist vertrocknet; ♃; V–VI. Laubwälder; *s,* BW (Schrozberg), E, Saarland, Lx, Be, Kt, Bz, CH. [= *O. flavescens* Lam.; = *O. pyrenaicum* ssp. *flavescens* (Lam.) Hegi] Ⓖ *Pyrenäen-M.,* **O. pyrenáicum** L.

— Bltn. weiß od. grünl., Blätt. rinnig **7**

7. Perigonblätt. innen milchweiß; Gr. kürzer als der Frkn.; ♃; VI–VII. Halbtrockenrasen; *s,* BW (Weinheim), E (Colmar), Bgl, NÖ, ČR. (= *O. brevistylum* Wolfner) *Pyramiden-M.,* **O. pyramidále** L.

— Perigonblätt. innen durchscheinend bis blass grünl.weiß; Gr. länger als der Frkn.; ♃; VI–VII. Wiesen, Auwälder; *s,* St. Gallen, Au, ČR. [= *O. pyrenaicum* L. ssp. *sphaerocarpum* (Kern.) Hegi]
Ⓖ *Kugelfrüchtiger M.,* **O. sphaerocárpum** Kern.

Unterklasse: **Commelínidae,** *Kommelinenähnliche*

Ordnung: **Arecáles**

Familie: **Arecáceae** *(Palmae), Palmen*

Bäume od. Sträucher m. meist ungeteiltem Stamm; Blätt. groß, immergrün, an der Stammspitze gehäuft; Bltn. in dichten Rispen.

Trachycárpus H. Wendland, *Hanfpalme*
Stamm 2–3(–12) m hoch, im ob. Teil von braunen Fasern eingehüllt; Blattspr. bis 90 cm im Dm, gefingert, obersts. glzd.; Zipfel 2-spaltig; Bltn. weiß; ♄; IV–VI. In Gärten u. Parks gepflanzt, Jungpfl. in Ts zuw. verwild. (Heimat: O-As.)
T. fortúnei (Hook.) H. Wendland

Ordnung: **Commelináles**

Familie: **Commelináceae**, *Kommelinengewächse*

Krautige Pfl.; Blätt. oft 2-zeilig; Bltn. m. doppelter Bltnhülle u. grünem K.; Stbblätt. 6; Frkn. oberst.

Commelína L., *Kommeline*
Pfl. 30–70 cm hoch, niederlgd. bis aufstgd.; Blätt. 5–10 cm lg. u. 1–3 cm breit; innere 2 Bltnhüllblätt. groß, blau, das dritte kleiner, weiß; ♃; VII–IX. Ruderalstellen, Hecken; *s,* Gr, Basel, St. Gallen, Bz, Au, in Ts eingebürgert. (Heimat: O-As.)
C. commúnis L.

Ordnung: **Poáles**

Familie: **Typháceae** (incl. *Sparganiaceae*), *Rohrkolbengewächse*

Wasserpfl. od. Sumpfpfl.; Blätt. 2-zeilig; Bltn. eingschl., 1-häusig, in kugeligen Köpfchen od. walzenf. Kolben, die unt. ♀, die ob. ♂ *(182, 183);* Stbblätt. 3–6; Frkn. 1- od. 2-blättrig, Steinfr. od. Nussfr.

1. Bltn in kugeligen Köpfchen *(183)* .... **Sparganium,** 243
— Bltn. in übereinander sthd., schwarzbraunen, walzenf. Kolben *(182)* .... **Typha,** 245

1. Spargánium L., *Igelkolben*
1. Bltnstg. ästig, auch an den Seitenästen unten m. ♀, oben m. ♂ Köpfchen, 30–80 cm hoch; Blätt. derb, an der Basis 3-kantig, bis zur Spitze gekielt, 5–15 mm breit, allmähl. zugespitzt; Fr. m. deutl. Schnabel

(416–418); Narbe unauffällig gekrümmt; ♃; VI–VIII. Teiche, Seen, Gräben, Röhricht; v. (= *Sp. ramosum* Huds.)

Ⓖ *Ästiger I.,* * **Sp. eréctum** L.

a. Fr. 5–10 mm lg., ungestielt, 4–6-kantig, matt schwarzbraun, Form wie *418;* Steinkern tief gefurcht, den Griffelansatz erreichend, vom umgebenden Gewebe schwierig zu lösen. *v.* [= *Sp. polyedrum* (A. & Gr.) Juzepczuk]

ssp. **eréctum**

b. Fr. 7–10 mm lg., sehr kurz gestielt, rundl., glzd. gelbbraun, Form wie *420;* Steinkern m. nur schwachen Längsfurchen, den Griffelansatz nicht erreichend, vom umgebenden Gewebe von oben her leicht zu lösen. *v?* (im S häufiger). ssp. **negléctum** (Beeby) Richt.

c. Wie vorige, aber Fr. nur 6–8 mm lg., Form wie *419;* Steinkern m. deutlicheren Längskanten; *s* u. sehr *z:* Ho, Rheinl., im NO, E, O-Ba, Sb, St, Ti, Kt.

ssp. **microcárpum** (Neuman) Dom.

d. Wie vorige, jedoch Oberteil der Fr. abgeflacht; in jedem Köpfchen entwickeln sich nur wenige Fr. (evtl. Hybride zwischen a und b?). *s* OÖ.

ssp. **oocárpum** (Čel.) Dom.

— Bltnstg. unverzweigt (wenn verzweigt, dann Seitenäste nur m. ♀ Köpfchen); Blätt. höchstens 8 mm breit **2**

2. ♂ Bltnköpfe 3–10, voneinander entfernt; Blätt. gekielt, 4–10 mm breit, am Grd. im Querschnitt 3-eckig, flutende wenigstens m. vorspringendem Mittelnerv; ♀ Köpfchen 3–6, die unt. meist gestielt; Gr. an der Fr. 2 mm lg.; Narbe 5-mal so lg. wie breit *(415);* Stg. u. Blätt. steif aufrecht, selten flutend; Pfl. 20–60 cm hoch, flutend länger; ♃; VI–VII. Teiche, Seen; *v–z,* im N häufiger. (= *Sp. simplex* Huds.)

Ⓖ *Einfacher I.,* * **Sp. emérsum** Rehm.

— ♂ Bltnköpfe 1–2, einander genähert; Blätt. am Grd. im Querschnitt nicht 3-eckig **3**

3. Gr. an der Fr. höchstens 0,3 mm lg. od. fehlend; Tragblatt des untersten weibl. Köpfchens deutl. länger als die Infl.; ♀ Köpfchen 2–3, die unt. meist gestielt u. entfernt sthd., die ob. sitzend und genähert; ♂ Köpfchen von den ♀ entfernt; Fr. breit eif.; Blätt. am Grd. nur schwach aufgeblasen; Pfl. 10–60 cm hoch, höchstens m. 5 Internodien; ♃; VII–VIII. Alpine Tümpel; sehr *s,* Bz (Sarntaler Alp.)

Nordischer I., **Sp. hyperbóreum** Laest. ex Beurl.

— Gr. an der Fr. 2 mm lg., schnabelart. **4**

4. Tragblatt des untersten ♀ Köpfchens 10–60 cm lg., mindestens doppelt so lg. wie die Infl.; Blätt. am Grd. stark aufgeblasen; ♂ Köpfchen 3–6, dicht beisammensthd., zuw. wie ein verlängertes Köpfchen erscheinend; ♀ Köpfchen 2–3; Fr. schlank; Gr. nur wenig kürzer als der Frkn.;

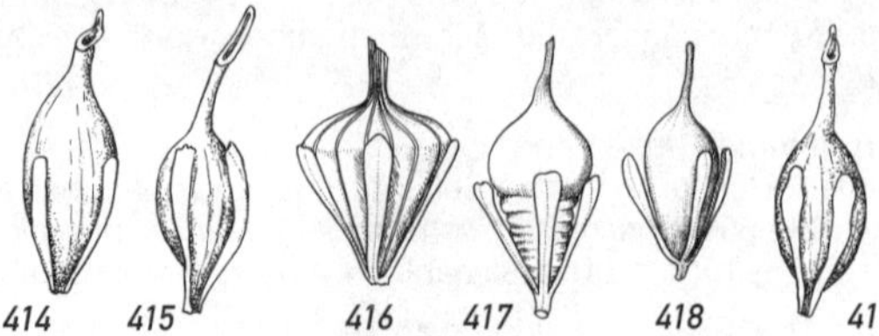

414 415 416 417 418 419

Narbe kaum länger als breit *(419);* Pfl. meist flutend, 10–180 cm lg., nicht flutend wesentlich kürzer; Blätt. schlaff aufrecht, 2–5 mm breit, allmähl. lg. zugespitzt, flutende nicht gekielt; ♃; VI–IX. Seen, Moorgräben, Heidetümpel; Alp. von CH, Bz, Au *z,* sonst sehr *z–s.* (= *Sp. affine* Schnizl.) Ⓖ *Schmalblättriger I.,* **Sp. angustifólium** Michx.

— Tragblätt. des untersten ♀ Köpfchens 1–8 cm lg., die Infl. kaum überragend; ♂ Bltnköpfe einzeln, kugelig, darunter 2–3 ♀; Narben eif. bis kopfig-kugelig, höchstens 3-mal so lg. wie breit *(414);* Fr. m. sehr kurzem Gr.; Blätt. 3–7 mm breit, zart, ungekielt, gleichmäßig breit, kurz spitzl., am Grd. schwach aufgeblasen; Bltnstg. aufrecht, 10–30 cm hoch, od. flutend, 60–80 cm lg.; ♃; VI–VIII. Seen, Teiche, Heidetümpel; *s,* bes. M-Gebiet, vielfach zurückgegangen. (= *Sp. minimum* Wallr.) Ⓖ *Zwerg-I.,* **Sp. nátans** L.

2. Týpha L., *Rohrkolben*

1. ♀ Kolben kurz, bis 3 cm lg., im Umriss kurz walzenf., ♂ Infl. 1–2-mal so lg. wie der ♀ Teil; beide ca. 7 mm voneinander getrennt; Blätt. 1–2 mm schmal, grasart.; Pfl. 30–75 cm hoch; ♃; V–VI. Ufer langsam fließender Gewässer; *s* Alpentäler von CH, Ti, Ba (Lech, Inn), BW (Lahr), früher auch ČR. (incl. *T. lugdunensis* Chab.; = *T. martinii* Jord.; = *T. gracilis* Jord.) Ⓖ *Zwerg-R.,* **T. mínima** Funck

— ♀ Kolben längl.-walzl.; Blätt. breiter; Pfl. meist > 1 m hoch **2**

2. ♀ Kolben vom ♂ deutl. getrennt (meist 2–4 cm); ♀ Bltn. m. je 1 haarf. Tragblatt **4**

— ♂ Kolben dem ♀ ± unmittelbar aufsitzend; ♂ Bltn. ohne Tragblätt. **3**

3. ♂ Kolben viel kürzer als der z. Frzt. silbriggrau behaarte ♀; Blätt. 5–10 mm breit; Stg. 0,5–1 m hoch; ♃; VI–VIII. Langsam fließende, nährstoffreiche Gewässer; *s,* CH, FL, Au, Ba, BW, ČR. Ⓖ *Grauer R.,* **T. shuttlewórthii** Koch & Sond.

— ♂ Kolben so lg. wie (od. etwas länger) wie der zuletzt schwarzbraune ♀ Blätt. 10–20 mm breit; Stg. 1–2 m hoch; ♃; VI–VII. Verlandungszone stehender Gewässer; *v.* Ⓖ *Breitblättriger R.,* * **T. latifólia** L.

4(2). ♂ Kolben etwa so lg. wie der ♀; Bltnstg. m. bis 8 Laubblätt., diese 5–8 mm breit; Stg. 1–2 m hoch; ♃; VI–VIII. Röhrichtzone langsam fließender u. stehender Gewässer; im N *v,* sonst *z–s.* Ⓖ *Schmalblättriger R.,* * **T. angustifólia** L.

— ♂ Kolben 2–4-mal so lg. wie der ♀; Bltnstg. nur m. lgscheidigen Niederblättern; Laubblätt. (2–5 mm breit) nur an sterilen Trieben; Stg. 70–120 cm hoch; ♃; VI–VIII. Kiesgruben, Tümpel; *s,* RhPf, BW, Ba, Sa, Bgl, NÖ, ČR, Ts, Bern; wohl eingeschleppt aus dem O-Mittelmeergebiet. Ⓖ *Laxmanns R.,* **T. laxmánnii** Lepechin

Familie: **Juncáceae**, *Binsengewächse*

Kräuter od. Stauden von grasähnl. Habitus; Stg. meist knotenlos; Blätt. entw. grasartig od. stielrund, stängelähnl. *(47)*, m. offenen od. verwachsenen Blattscheiden; Bltnstände von sympodialem Aufbau, köpfchenf. *(177)*, doldig od. rispenartig (= **Spirre**, *176, 107)*, an der Basis m. 1 od. mehreren Tragblätt. **(= Hüllblätt.)**; Bltn. klein, unscheinbar; Bltnhüllblätt. 6, grünl. od. braun, meist trockenhäutig, spelzenart.; Stbblätt. 6 od. 3; Frkn. oberst., 3-blättrig; Kapselfr.

1. Blätt. stängelähnl. od. borstenf., selten schwertf., kahl; Pfl. oft m. kräftigem, kriechendem Rhizom; Fr. vielsamig **Juncus**, 246
— Blätt. flach, grasart., am Rand meist lghaarig; Fr. 3-samig **Luzula**, 252

1. **Júncus** L., *Binse*[1]

1. Blätt. seitl. zusammengedrückt, schwertf. 2-schneidig, 2–6 mm breit; Spirre 2–6-köpfig; Köpfe dicht- u. reichbltg., ca. 10 mm im Dm; Perigonblätt. spitz; Sprosse entfernt, m. lg. Ausläufern; ♃; VI–VIII. Kult. u. verwild. an Teichen, bisher Ho, Lx, NrWe, NS, He, Fr, Ba, BW, OÖ, Sb. (Heimat: N-Am., O-As.) *Schwertblättrige B.*, **J. ensifólius** WIKSTRÖM
— Blätt. nicht schwertf., sondern stängelähnl., röhrig od. borstenf. **2**
2. Spirre deutl. endst. *(176)*, zuw. von den laubblattart. Hüllblätt. überragt **11**
— Spirre scheinbar seitenst.[2], das stängelähnl. Hüllblatt bildet die Fortsetzung des Stg. *(177)* **3**
3. Spirre 3–7-bltg., etwa in der Mitte des Stg.; Hüllblätt. deshalb etwa so lg. wie dieser; äußere Perigonblätt. fein zugespitzt, innere nur spitzl.; Perigonblätt. weißl.; basale Blattscheiden strohgelb; ♃; VI–VIII. Quellmoore, nasse Wiesen, Küstendünen; *v–z* im N, *z* im M- u. S-Gebiet, *s* im W. *Faden-B.*, * **J. filifórmis** L.
— Spirre in der ob. Hälfte des Stg. **4**
4. Spirre armbltg. (2–4 Bltn.), von 2–3 laubblattart., schmal linealen, obersts. rinnigen Hüllblätt. überragt; Perigonblätt. kastanienbraun; Blätt. schmal, tiefrinnig, am Grd. m. lg. gefransten Öhrchen *(426)*; ♃; VII–VIII. *Dreispaltige B.*, **J. trífidus** L.
a. Spr. an den Grdblätt. fehlend; Hüllblätt. viel länger als die mehrbltg. Spirre; Stgblätt. dem Hüllblatt genähert; Kapsel plötzlich zugespitzt. Trockene Matten, Felsspalten der Ur-Alp. (oberhalb 1200 m); *v* Alp., in Dt *s*, auch Bayrw., Böhmw., Riesengeb., Gesenke. ssp. **trífidus**
— Grdblätt. m. deutl., meist borstl. Spr.; Hüllblätt. kurz, allenfalls ob. Stgblatt dem Hüllblatt genähert; Spirre nur 1–3-bltg.; Kapsel allmähl. zugespitzt. Wie vorige, aber nur auf Kalk (oberhalb 1600 m); *v–z* Alp., in Dt *s*. (= *J. hostii* TAUSCH; = *J. monanthos* JACQ.) ssp. **monánthos** (JACQ.) A. & GR.
— Spirre reichbltg., nicht von 2–3 fadenf. Hüllblätt. überragt **5**

[1] Bei Überprüfung u. Berücksichtigung der Fruchtmerkmale achte man darauf, dass die Fr. reif sind!

[2] Der Bltnstand ist in Wirklichkeit endst., wird aber durch das Hüllblatt zur Seite gedrängt.

5. Spirre dichtkopfig, 1–3 cm lg. gestielt, Hüllblatt deshalb von dieser entfernt; Perigonblätt. glzd. schwarzbraun, alle kurz zugespitzt; Samen m. 2 lg. weißen Anhängseln; Pfl. dichtrasig; ♃; VII–X. Feuchte, quellige Orte der Ur-Alp., 1600–3000 m; *z*, in Dt *s*.
Jacquins B., **J. jacquínii** L.

— Spirre nicht gestielt, Hüllblätt. deshalb unmittelbar unter dieser ansetzend **6**

6. Unt. Hüllblatt (starr u. stechend) die stark verzweigte u. verlängerte Spirre nur wenig überragend; Perigonblätt. strohgelb, die äußeren stachelspitzig; Niederblätt. braun, m. kurzer, stechender Spitze; Pfl. ½–1 m hoch; ♃; VII–VIII. Strandwiesen der Meeresküsten, Schlickböden; *v* Ostfriesische Inseln, Ostsee-, *s* Nordseeküste, auch Bgl (Apetlon).
Strand-B., **J. marítimus** Lam.

— Unt., den Stg. fortsetzendes Hüllblatt die Spirre weit überragend . **7**

7. Stg. glatt, glzd. (nur trocken fein gestreift) **9**

— Stg. deutl. gestreift od. gefurcht, nicht glzd. **8**

8. Mark der graugrünen Stg. fächerig unterbrochen *(420)*; Niederblätt. schwarzbraun glzd.; Spirre locker; Stbblätt. 6; Fr. zugespitzt; Perigonblätt. rotbraun m. grünem Mittelstreif; ♃; VI–VIII. Feuchte Weiden, Gräben, Ufer; *v*, im NW nur *z*. (= *J. glaucus* Sibth.)
Graugrüne B., * **J. infléxus** L.

— Mark der mattgrünen Stg. nicht unterbrochen; Niederblätt. gelb bis rotbraun, nicht glzd.; Spirre meist kugelig-geknäuelt; Stbblätt. 3; Fr. an der Spitze gestutzt u. vertieft, hier Grrest auf einem Höcker sitzend; Perigonblätt. rotbraun bis rostfarben; Hüllblatt 5–15 cm lg., m. stark erweiterter bis aufgeblasener Scheide; Antheren länger als ihre Filamente; Gr. $^1/_3$ so lg. wie der Frkn. (wenn blühend!); ♃; V–VII. Moorige Wiesen; *v*. (= *J. leersii* Marss.) *Knäuel-B.*, * **J. conglomerátus** L.

9(7). Pfl. dichtrasig; Perigonblätt. grünl.-bräunl., breit hautrandig, alle zugespitzt; Stbblätt. 3; Fr. an der Spitze gestutzt u. etwas vertieft, hier Grrest nicht auf einem Höcker sitzend; Stgmark nicht unterbrochen; Niederblätt. nicht glzd.; Hüllblatt 15–30 cm lg., m. nicht od. kaum erweiterter Scheide; Antheren kürzer als ihre Filamente; Gr. (wenn blühend) nahezu fehlend; ♃; VI–VII. Nasse Wiesen, feuchte Waldstellen, Quellmoore; *v*. *Flatter-B.*, * **J. effúsus** L.

— Pfl. lockerrasig; Perigonblätt. rot- bis kastanienbraun m. grünem Mittelstreif, weiß hautrandig, äußere fein zugespitzt, innere nur spitzl.; Stbblätt. 6; Fr. zugespitzt **10**

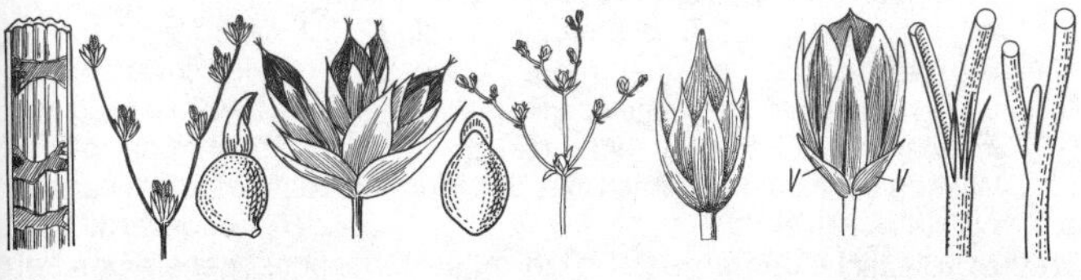

420 421 428 422 429 423 424 425 426 427

10. Strandpfl.; Stg. deutl. voneinander entfernt, da Rhizomabschnitte verlängert; Infl. locker trichterrispig, reichbltg.; Niederblätt. glzd.; Stg. m. unterbrochenem Mark; ♃; VI–VIII. Strandwiesen, Dünen; *z* Ostseeküste, *s* Borkum, W-Friesische Inseln (Ho).
Baltische B., **J. bálticus** WILLD.

— Alpenpfl.; Stg. wenig voneinander entfernt; Infl. dichtbltg., kopfart.; Niederblätt. nicht od. matt glzd.; Stgmark nicht unterbrochen; ♃; VII–VIII. Nasse, sandig-kiesige Stellen der Ur-Alp., 1580–2543 m; *s* CH, Vb, Ti. *Arktische B.,* **J. árcticus** WILLD.

11(2). Bltn. zu mehreren kopfig gehäuft; Köpfe in geknäuelten bzw. lockeren Spirren *(421)* od. einzeln *(422);* Bltn. ohne Vorblätt. **22**

— Bltn. einzeln *(423),* am Grd. m. 2 Vorblätt. *(425,* V), letzte Bltn. der Spirre oft einander genähert; Stbblätt. 6 . . . . **12**

12. Spirre m. 1–3 Bltn., von 2–3 laubblattart. Hüllblätt. weit überragt (s. auch Nr. **4**). **J. trífidus** L.

— Spirre reichbltg. (wenn armbltg., dann Perigonblätt. grünl.) **13**

13. Stg. bis zur Mitte 1–2 Blätt. tragend (außer dem Hüllblatt!) **16**

— Stg. nur am Grd. m. Blätt. (ihre Scheiden aber zuw. den Stg. bis $^1/_3$ seiner Länge umschließend; das unt. Hüllblatt zählt nicht!) **14**

14. Spirre von den Hüllblätt. nicht od. kaum überragt, starr aufrecht, ± zusammengezogen; Perigonblätt. stumpfl., so lg. wie die reife Kapsel; Blätt. matt, starr-borstl., in größerer Zahl pro Trieb; ♃; VI–VIII. Moorige Waldstellen, Heiden, kalkmeidend; *v* im N, Thw–Erzgeb., sonst *z.*
Sparrige B., **J. squarrósus** L.

— Die meist lockere Spirre vom untersten Hüllblatt weit überragt; Perigonblätt. zugespitzt, länger als die reife Kapsel; Blätt. grasart., aufrecht, saftig glzd., nur 1–3(–4) pro Trieb, daher derbe, feste Horste bildend **15**

15. Blattscheiden am Ende m. deutl. (1–3 mm lg.), stumpfl., zarten, trocken-weißl. Öhrchen; Spirre bis 8 cm lg.; ♃; VI–IX. Nasse Waldwege, Heiden; *v–z* eingebürgert. (Heimat: N-Am.) (= *J. macer* S. F. GRAY) *Zarte B.,* * **J. ténuis** WILLD.

— Blattscheiden am Ende m. wenig abgesetzten, zieml. stumpfen, derben, trocken gelbl. Öhrchen; Spirre nur bis 5 cm lg., armblütiger; ♃; VI–VIII. Wie vorige; eingebürgert bisher Th, Vb. (Heimat: N-Am.) *Dudleys B.,* **J. dudléyi** WIEG.

16(13). Pfl. ⊙; Stg. vom Grd. an verzweigt; Perigonblätt. zugespitzt **18**

— Pfl. ♃, m. kriechendem Rhizom; Perigonblätt. stumpf, zumindest die äußeren; Spirrenäste aufrecht **17**

17. Stg. zusammengedrückt; Perigonblätt. rötl.braun m. grünem Mittelstreif, ½–$^1/_3$ kürzer als die kugelig-eif. Fr.; Stbbeutel weniger als doppelt so lg. wie ihr Filament; Hüllblatt (so lg. wie od.) länger als die Infl.; ♃; VI–IX. Nasse Waldwege, Wiesenmoore; *g* u. *h.*
Zusammengedrückte B., * **J. compréssus** JACQ.

— Stg. fast stielrund, starr, aufrecht; Perigonblätt. rot bis schwarzbraun, wenig kürzer als die elliptische Fr. *(425);* Stbbeutel 2–6-mal so lg. wie ihr Filament; Hüllblatt kürzer als die Infl.; ♃; VI–VII. Feuchte, salzhaltige Wiesen der Küstengebiete *(v)* u. des Binnenlandes (*s*; tiefere Lagen), *f* CH. *Salz-B.,* * **J. gerárdii** LOIS.

18(16). Blattscheiden an der Spitze m. seitl. hochgezogenen Öhrchen *(427);* Perigonblätt. braun, m. grünem Mittelstreif, am Rand häutig, etwa so lg. wie die Kapsel; Spirre reich u. locker verzweigt *(423);* ⊙; VI–VIII. Feuchte Lehm- u. Sandböden, Heiden; sehr *z*; *f* Da, östl. ab Po; in Au vermutl. erloschen. *Sand-B.,* **J. tenagéia** EHRH. ex L. f.

— Blattscheiden ohne Öhrchen; Perigonblätt grünl.. . . . . **19**

19. Fr. bräunl., fast kugelig; Perigonblätt. bleichgrün, weiß berandet, von der Fr. absthd., viel länger als diese; Spirre wie bei voriger; Stg. schlaff niederlgd.; ⊙; VI–IX. Ufer, lehmige Äcker; sehr *z* u. *s* E, Rheintal südl. Mainz, M-Donau, UntFr., Th, Vs, OÖ, NÖ, Bgl., ČR (Böhmen). *Kugelfrüchtige B.,* **J. sphaerocárpus** NEES

— Fr. gelbl., grün od. rötl., längl.; Perigonblätt. der Fr. angedrückt; bltntragende Triebe ± steif aufrecht; Niederblätt. gelbl.-, gräul.- bis rötl.-braun **20**

20. Innere Perigonblätt. lanzettl., stumpf bis spitzl., ± häutig, die äußeren schmal oval, 3,5–6 mm lg., die inneren kürzer, aber so lg. wie die 3,5–5 mm große, umgekehrt eif. Fr.; Niederblätt. dkrot; Stbbeutel ½ so lg. wie ihre Filamente; Stbblätt. 6; Pfl. 5–20 cm hoch; ⊙; VI–IX. Nasse Wiesen, lehmige Äcker, salzliebend; *z* Meeresküsten, sonst sehr *s,* Ts, NÖ, Bgl, ČR. (= *J. ambiguus* auct.) *Frosch-B.,* **J. ranárius** SONG. & PERR.

— Innere Perigonblätt. spitz od. zugespitzt, länger als die ovale bis elliptische Fr. **21**

21. Fr. 3–5 mm groß, Stbbeutel ½ so lg. wie ihre Filamente; Stbblätt. 6; Perigonblätt. 6–8 mm lg., schmal oval, die äußeren krautig u. schmal hautrandig, die inneren spitz od. m. einem feinen Spitzchen, ± häutig; Pfl. 5–30 cm hoch; ⊙; VI–IX. Gräben, Waldwege, nasse Äcker; *v.* *Kröten-B.,* * **J. bufónius** L.

— Fr. 2,5–3 mm groß; Stbbeutel nur bis ⅓ so lg. wie ihre Filamente; Stbblätt. 3 (selten 6); Perigonblätt. schmal oval, breit hautrandig, die äußeren 4–6,5 mm lg., die inneren m. einem feinen Spitzchen; Bltn. kleistogam, Pfl. 0,5–5 cm hoch; ⊙; VI–IX. Feuchte, besonders sandige Böden; bisher m. *J. ranarius* od. Kümmerexemplaren von *J. bufonius* verwechselt; jetzt nachgewiesen Norderney, Me, Odenw., N-Schw., Au, ČR. *Kleinste B.,* **J. minútulus** ALB. & JAH.

22(11). Spirre vielköpfig; Blätt. stielrund od. zusammengedrückt, derb, m. Querwänden; Fr. spitz; Stbblätt. 6 . . . . **29**

— Spirre 1- bis wenigköpfig; Blätt. oft borstl., ohne od. m. undeutl. Querwänden; Höhe bis 30 cm **23**

23. Stg. schlaff, oft niederlgd., an den Knoten wurzelnd od. im Wasser flutend (var. **flúitans** FR.); Blätt. borstl. bis fadenf., gleich dem Stg. oft rötl.; Spirre verzweigt, m. 2–10-bltg. Köpfchen, diese nicht selten m. Laubtrieben (Viviparie); Perigonblätt. (hell-)braun, gleich lg., die äußeren spitzer als die inneren; Stbblätt. 3 (selten 6); Kapsel stachelspitzig; Wuchsform je nach Standort (Lebensweise) sehr veränderlich; ♃; VII–X. Moore, Wiesen, Tümpel; *z.* (= *J. supinus* MOENCH) *Rasen-B.,* * **J. bulbósus** L.

a. Stbblätt. meist 3, Stbbeutel so lg. wie ihre Filamente; Perigonblätt. grünl. bis rötl., stumpf; Fr. 2 mm groß; Stg. aufrecht, aufstgd. bis flutend; Pfl. (wenn nicht flutend) bis 15 cm hoch. *v* im N, sonst *z,* in Dt südl. der Donau *s; s* Au (ob Sb?). ssp. **bulbósus**

— Stbblätt. meist 6, Stbbeutel nur ½ so lg. wie ihre Filamente; Perigonblätt. hell- bis kastanienbraun, die inneren spitzl.; Fr. 3 mm groß; Stg. nur aufrecht bis aufstgd. (ob flutend?); Pfl. insgesamt kräftiger, höher u. reichbltger. *s* im N (Da?), südl. bis Be, RhPf, dann SaAn. ssp. **kóchii** (F. W. Sch.) Reichg.

— Stg. steif aufrecht; Infl. nur 1–3(–4)-köpfig **24**

24. Äußere Perigonblätt. nicht zugespitzt (*J. pygmaeus:* stumpfl., aber m. aufgesetztem Spitzchen) **26**

— Äußere Perigonblätt. fein zugespitzt, meist deutl. hautrandig, innere an der Spitze abgerundet **25**

25. Pfl. ⊙, m. kurzem Wurzelwerk; Stbblätt. 3; Fr. etwas kürzer als das Perigon; Köpfchen einzeln, endst. **od.** entfernt daneben noch 1–3 deutl. gestielte, meist 4–8-bltg. Köpfchen; Samen bis 0,5 mm lg., rotbraun, ohne Anhängsel; ⊙; VI–IX. Feuchte Äcker, sandige Orte; *z* im NO, sonst *s*, in Au NÖ, St. *Kopf-B.,* **J. capitátus** Weig.

— Pfl. ♃, m. dünnem Rhizom u. bis 10 cm lg. Ausläufern; Stbblätt. 6; Fr. fast doppelt so lg. wie das Perigon; Köpfchen einzeln, endst. **od.** dicht daneben noch 1–2 nur kurz gestielte, meist 2–3-bltg. Köpfchen; Samen 2–3 mm lg., weißl., m. doppeltem Anhängsel; ♃; VII–VIII. Quellfluren, ab 1700 m; *s* Vs, Gr, FL, OTi, Ti, Sb, Kt, St.
Kastanienbraune B., **J. castáneus** Sm.

26(24). Perigonblätt. etwas länger als die strohgelbe, glzd., zugespitzte Kapsel; Köpfchen je Trieb zu 1–4, das unterste sitzend, die übrigen lg. gestielt; Stbblätt. 3–6; Blattscheiden m. 2 spitzl. Öhrchen; Pfl. büschelig, oft rötl., 2–10 cm hoch; ⊙; V–IX. Feuchte Sandböden; nur Nordfriesische Inseln u. Helgoland, Be (ob noch?), Ho, Da. (= *J. mutabilis* auct.) *Zwerg-B.,* **J. pygmāēus** Rich. ex Thuill.

— Perigonblätt. kürzer als die Fr., nicht fein zugespitzt; Blattscheiden in 2 stumpfe Öhrchen vorgezogen (ähnl. *427*); Pfl. 4–25 cm hoch; Stbblätt. 6 . . . . **27**

27. Stg. m. 2–3 Laubblätt.; Köpfchen zuw. einzeln, endst., meist aber daneben m. 1–2 weiteren, deutl. gestielten, 1–5(meist 2–3)-bltg. Köpfchen; unterstes Hüllblatt laubblattart., 2–4-mal so lg. wie das Köpfchen; Perigonblätt. grünl. bis rötl.; ♃; VII–IX. Hochmoore; *s* Luzern, FL, S-Ba. ©! *Moor-B.,* **J. stýgius** L.

— Alle Blätt. grdst.; Köpfchen (fast stets) einzeln, endst., ungestielt; Hüllblatt (= unterstes Tragblatt) höchstens wenig länger als das Köpfchen; zierl. Pfl. **28**

28. Hüllblätt. meist etwas kürzer als das (1–)3–5-bltg. Köpfchen; alle Bltn. ± gleich kurz gestielt bis sitzend; Perigonblätt. rotbraun; Kapsel spitzl.; Samen einschl. ihres Anhängsels 2–3 mm lg.; ♃; VII–IX. Quellige Orte, 1400–2800 m, kalkmeidend; *s* Alp.
Dreiblütige B., **J. triglúmis** L.

— Unterstes Hüllblatt meist so lg. wie od. etwas länger als das 1–2(–4)-bltg. Köpfchen; unterste Blüte sitzend, die übrigen deutl. gestielt; Perigonblätt. schwarzpurpurn; Kapsel oben ausgerandet; Samen einschl. ihres Anhängsels 1–2 mm lg.; ♃; VII–IX. Feuchtquellige Orte; nur Radstädter Tauern um 2000 m (Sb).
Zweiblütige B., **J. biglúmis** L.

29(22). Alle Perigonblätt. gleich lg., stumpf, bleich, breit hautrandig, etwas kürzer als die braune od. gelbe, 3-fächerige Fr.; Infl. lockere, offene, mehrfache Spirre, deren Äste absthd. bis zurückgebogen; sterile Triebe nur m. 1 stgähnl. Blatt; Einzelköpfchen 5–10(–12)-bltg.; Pfl. m. sehr kräftigem Rhizom, 40–100 cm hoch; ♃; VI–VII. Flachmoore, nasse Wiesen, kalkliebend; *z,* im NW u. O *z–s.* (= *J. obtusiflorus* EHRH. ex HOFFM.) Ⓖ *Stumpfblütige B.,* **J. subnodulósus** SCHR.

— Perigonblätt. spitzl., spitz od. stachelspitzig, hierbei die äußeren von den inneren verschieden od. beide gleich gestaltet, dkbraun; Spirrenäste mehr aufrecht orientiert, nur selten zurückgebogen; sterile Triebe am Grd. beblätt.; Kapsel rot- bis schwarzbraun, 1-fächerig **30**

30. Kapsel länger zugespitzt *(424);* alle Perigonblätt. zugespitzt bis stachelspitzig **32**

— Kapsel im Umriss elliptisch, m. stumpfer Spitze, dort allenfalls m. einem winzigen Spitzchen (ähnl. *425*); innere Perigonblätt. etwas stumpfl., die äußeren zugespitzt bis stachelspitzig **31**

31. Stg. u. Blätt. rund; äußere Perigonblätt. unterhalb der Spitze kurz stachelspitzig, die inneren deutl. hautrandig, kürzer als die oberw. schwarz glzd. Fr.; Rhizom kurz; ♃; VI–VIII. Flachmoore, nasse Wiesen; *z,* im N vielfach verschwunden. (= *J. alpinus* VILL.) Formenreich. *Alpen-B.,* **J. alpinoarticulátus** CHAIX

— Stg. u. Blätt. stark zusammengedrückt, Perigonblätt. stumpf (aber zuw. m. einem feinen Spitzchen), hautrandig, der glzd. kastanienbraunen Kapsel angedrückt u. nicht od. kaum kürzer als diese; Rhizom verlängert, dünn; ♃; VI–VIII. Dünen; *s* N-Friesische Inseln, W-SH, W-Da, Ho, Be; Ostsee: b. Stralsund. (= *J. atricapillus* DREJ. ex LGF.) *Zweischneidige B.,* **J. ánceps** LAHARPE

32(30). Blätt. im frischen Zustand längsriefig, daher im Querschnitt kantig, m. undeutl. Querwänden; Kapselspitze meist etwas schief u. nur wenig länger als die glzd. schwarzen Perigonblätt.; ♃; VII–VIII. Sumpfwiesen, kiesige u. lehmige Orte; sehr *z* im O, westl. bis Po/Br, S-He (b. Worms u. südl. Aschaffenburg), auch NÖ, ČR. *Schwarze B.,* **J. atrátus** KROCK.

— Blätt. auch im frischen Zustand glatt, daher im Querschnitt rundl., Querfächer deutl. u. fühlbar; Kapselspitze nicht schief, das Perigon deutl. überragend **33**

33. Samen m. 2 verlängerten Anhängseln; Fr. etwas länger als die inneren Perigonblätt., diese etwas länger als die äußeren; Pfl. bis 1 m hoch; ♃; VI–VIII. Feuchte Wiesenränder; *s* eingebürgert Ho, Be. (Heimat: O-Nordam.) *Kanadische B.,* **J. canadénsis** J. GAY ex LAHARPE

— Samen ohne Anhängsel **34**

34. Alle Perigonblätt. ± gleich lg., alle stachelspitzig *(424),* farblich variabel (von grün bis dkbraun); Kapsel in kurze Spitze auslaufend; Pfl. 20–50 cm hoch; ♃; VII–X. Feuchte Wiesen, Gräben, Wege, Strandwiesen; *g.* Formenreich. (= *J. lampocarpus* EHRH. ex HORNEM.) *Glanzfrüchtige B.,* * **J. articulátus** L.

— Innere Perigonblätt. länger als die äußeren, innere stachelspitzig, äußere nur zugespitzt, kastanienbraun, schmal hautrandig; Kapsel auffällig schnabelart. verlängert (wenn reif!); Pfl. 30–100 cm hoch; ♃; VI–VIII. Wälder, Gräben, Moorwiesen; *z.* (= *J. silvaticus* auct.) *Spitzblütige B.,* * **J. acutiflórus** Ehrh. ex Hoffm.

Bastardbildung nicht selten!

2. Lúzula DC., *Hainsimse*

1. Die einzelnen Bltn. sitzend u. zu 2–10 in Ähren od. Köpfchen vereinigt; diese in Spirren **11**

— Bltn. kurz gestielt, einzeln od. zu wenigen gebüschelt (aber nicht in Ährchen od. Köpfchen); Bltnstand schirmrispig od. trichterrispig **2**

2. Bltn. gruppenweise genähert; Samen an der Spitze oft m. kleinem Anhängsel **6**

— Bltn. einzeln, entfernt; Samen m. deutl. Anhängsel *(428, 429);* Pfl. 15–30 cm hoch **3**

3. Blätt. nur an der Mündung der Blattscheiden bewimpert (od. am Rand spärl. behaart); Samen m. kleinem, basalem Anhängsel (s. Nr. **10**). Artengruppe **L. glabráta**

— Blätt. am Rand stets deutl. weißhaarig; Samen m. lg., spitzenst. Anhängsel **4**

4. Perigonblätt. strohgelb, meist hautrandig; Blattspr. 1,5–3 mm breit, flach; unt. Blattscheiden braun bis gelbl.; Pfl. m. 3–10 cm lg. Ausläufern, Wuchs locker; ♃; V–VI. Nadelwälder u. Zwergstrauchreg. der Alp. u. Vor-Alp., 800–2000 m; *z, s* auch ČR. [= *L. flavescens* (Host) Gaud.] *Gelbliche H.,* **L. luzulína** (Vill.) D.T.

— Perigonblätt. braun od. rötl. **5**

5. Samenanhängsel gerade *(429);* Spirrenäste aufrecht; Perigonblätt. grannig zugespitzt; Grdblätt. lineal-lanzettl., flach, 1,5–3 mm breit; Blattscheiden purpurrot bis violett; Pfl. dichtrasig, ohne verlängerte Ausläufer; ♃; IV–V. Bergwälder, Gebüsche; *s* S-Dt, RhPf, Vog., S-CH, NÖ, Bgl. *Forsters H.,* **L. fórsteri** (Sm.) DC.

— Samenanhängsel sichelf. *(428);* Spirrenäste nach der Blüte herabgeschlagen; Perigonblätt. kurz zugespitzt; Grdblätt. 5–10 mm breit, dicht weiß bewimpert; Blattscheiden dkrot; Pfl. lockerrasig, m. verlängerten Ausläufern; ♃; III–V. Wälder, Gebüsche, Waldwiesen; *v.* *Behaarte H.,* * **L. pilósa** (L.) Willd.

6(2). Perigonblätt. gelb; Blätt. lineal-lanzettl., fast kahl od. am Rand nur spärl. bewimpert, bläul.grün, ihre Scheiden graubraun bis rot; Infl. aus geknäuelten, zieml. dicht sthd. Teilinfl.; Pfl. 10–20 cm hoch; ♃; VII–VIII. Humöse Weiden, Felsspalten der Ur-Alp., 1500–3025 m; *z* CH, Bz, Vb, Ti. *Gelbe H.,* **L. lútea** (All.) DC.

— Perigonblätt. weiß, rötl. od. braun **7**

7. Blätt. fast kahl od. nur am Grd. bärtig; Hüllblätt. kürzer als der Bltnstand; Bltn. braun **10**

— Blätt. am Rand u. an der Scheidenmündung ± stark lghaarig bewimpert **8**

8. Unt. Hüllblätt. deutl. kürzer als der Bltnstand, nicht laubig; Blätt. starr, glzd. dkgrün, 4–20 mm breit; Perigonblätt. braun; Pfl. 30–90 cm hoch; ♃; IV–V. [= *L. maxima* (Reichard) DC.]
Wald-H., * **L. sylvática** (Huds.) Gaud.

a. Pfl. kräftig, bis 90 cm hoch; Blätt. 10–20 mm breit; Infl. groß u. reich (mehrfach) verzweigt. Humusreiche Wälder, bes. der montanen Reg., bis 2350 m; *v,* im N *z–s* (*f* MeVp, Da), *f* Vb. ssp. **sylvática**

— Pfl. zierlicher, Stg. zieml. dünn; Blätt. 4–6 mm breit; Infl. kleiner, wenig verzweigt. Meist Nadelwälder u. Zwergstrauchstufe der Alp.; *z,* Ba, Au, Bz, Ts. (= *L. sieberi* Tausch) ssp. **síeberi** (Tausch) Cif. & Giac.

— Hüllblätt. so lg. wie od. länger als der jeweilige Bltnstand, laubig **9**

9. Perigonblätt. schneeweiß, 4–6 mm lg.; Bltn. zu mehrbltg. Gruppen vereinigt, in dichten, aufrechten, schirmrispig zusammengezogenen Bltnständen; Kapsel ½ so lg. wie die Perigonblätt.; Pfl. 30–90 cm hoch; m. bis 10 cm lg. Ausläufern; ♃; VI–VIII. Buschige Hänge, Bergwälder, Zwergstrauchreg.; *z* Alp. u. Vor-Alp., CH, Ba, Vb, Ti, OTi, Bz, W-Kt.
Schnee-H., **L. nívea** (L.) DC.

— Perigonblätt. weißl. od. rötl., 2–4 mm lg.; Bltn. zu 2–8 genähert, in locker zusammengesetzten Bltnständen; 3–4(–6) mm breit; Kapsel etwa so lg. wie die Perigonblätt.; Pfl. 30–60 cm hoch; ♃; VI. Lichte, trockene Wälder; formenreich. [= *L. nemorosa* (Poll.) E. Mey., non Hornem.; = *L. albida* (Hoffm.) DC.] *Weiße H.,* * **L. luzuloídes** (Lam.) D. & Wilm.

a. Infl. locker; Perigonblätt. weiß od. weißl. *v,* im N seltener. ssp. **luzuloídes**

— Infl. dicht, zusammengezogen; Perigonblätt. rot überlaufen. *v* Alp. von Au, Bz, Dt, *s* Schw., Riesengeb. (genaue Verbreitung unbekannt). [= ssp. *cuprina* (Rochel ex A. & Gr.) Chrtek & Křísa] ssp. **rubélla** (Mert. & K.) Holub

10(7). Unt. Stgblätt. 2–12 mm breit; Pfl. stets m. (meist verlängerten) Ausläufern; Bltnstand aufrecht; Bltn. 2,5–3,5 mm lg.; Perigonblätt. dkbraun, die inneren heller, gleich lg. od. die äußeren etwas kürzer, alle fein u. allmähl. zugespitzt u. an der Spitze fein gesägt; Fr. 3-seitig-kugelig, deutl. zugespitzt, rötl.gelb; ♃; VI–VII.
Artengruppe *Kahle H.,* **L. glabráta** (Hoppe) Desv. agg.

a. Pfl. nicht höher als 40 cm; Grdblätt. 6–12 mm breit; Perigonblätt. 2,5–3,5 mm lg.; Samen bis 1,8 mm lg. u. sein Anhängsel winzig (0,1 mm). Steinige Matten, Krummholzreg., 1700–2400 m, kalkliebend; *z* Alp. von Au, *s* Dt (Berchtesgaden). *Kahle H.,* **L. glabráta** (Hoppe) Desv. (s. str.)

— Pfl. bis 70 cm hoch; Grdblätt. 2,5–6 mm breit; Perigonblätt. 2–2,5 mm lg.; Samen nur bis 1,2 mm lg., m. größerem Anhängsel (0,2 mm). Quellfluren, Runsen der montanen Reg., kalkmeidend; Schw. (Belchen), Vog. [= *L. glabrata* var. *desvauxii* (Kth.) Buch.] *Pyrenäen-H.,* **L. desvaûxii** Kth.

— Unt. Stgblätt. 1–8 mm breit; Pfl. selten m. Ausläufern, diese meist kurz; Bltnstand oft überhängend bis nickend; Bltn. 2–2,5 mm lg.; Perigonblätt. dkbraun, gleich lg., ganzrandig, die äußeren allmähl. fein zugespitzt, die inneren blasser u. zieml. plötzl. stachelig zugespitzt; Fr. 3-seitig-eif., nur kurz zugespitzt, kastanienbraun (auch bis rötl.-braun od. schwarzbraun); ♃; VI–VIII. Geröllhalden, feuchte Matten, Schneetälchen, Quellfluren, 1000–3150 m, kalkmeidend; *v* Alp. [= *L. spadicea* (All.) DC.] *Braune H.,* **L. alpinopilósa** (Chaix) Breistr.

a. Stg. schlaff bis aufstgd., kaum über 20 cm hoch; Infl. überhgd.; Kapsel kastanienbraun. *v* Alp. ssp. **alpinopilósa**

— Stg. straff, höher als 20 cm; Infl. aufrecht, zusammengezogen, später spreizend, aber nicht insgesamt überhgd.; Kapsel fast schwarz. *s* Ti, Bz. ssp. **candóllei** (E. MEY.) ROTHM.

11(1). Blätt. 1–3 mm breit, rinnig, am Rand kaum, hingegen an der Scheidenmündung deutl. bewimpert; Bltnstand eine dichte, bis 2,5 cm lg. Scheinähre; Pfl. 10–30 cm hoch; Samen nur m. sehr kleinem Anhängsel; ♃; VI–VII. Humöse Rasen, Felsen, Geröll, 1500–3470 m, kalkmeidend; *v–z* Alp. (in Dt *s*), *s* Riesengeb. *Ähren-H.*, **L. spicáta** (L.) DC.

a. Pfl. 15–25 cm hoch; Kapsel (reif!) 2,0–2,5 mm lg.; Filamente 0,5–0,7 mm lg.; genaue Verbreitung nicht bekannt, vermutl. seltener als nachfolgende Sippe. Au: Ti, Dt? ssp. **spicáta**

— Pfl. 7–15 cm hoch; Kapsel 1,7–2,0 mm lg.; Filamente 0,3–0,6 mm lg. *v*, Alp. von S-CH, Dt, Bz, Au. ssp. **mutábilis** CHRTEK & KŘÍSA

— Blätt. flach, breiter; geknäuelte Ährchen gestielt; Samen m. deutl. Anhängsel **12**

12. Perigonblätt. gleich lg. od. die äußeren wenig kürzer; Gr. so lg. wie od. länger als der Frkn.; ♃; III–V. Kalkmeidend. Artengruppe *Gewöhnliche H.*, * **L. campéstris** (L.) DC. agg.

a. Pfl. m. kurzen Ausläufern; Ährchen (Köpfchen) zu 3–6, kugelig-eif., je 6–10-bltg.; Stbbeutel 2–6-mal so lg. wie die Stbfäden; Pfl. 10–15 cm hoch. Wald- u. Wegränder, magere Wiesen; *g*. [= ssp. *vulgaris* (GAUD.) BUCH.] *Gewöhnliche H.*, **L. campéstris** (L.) DC. (s.str.)

— Pfl. ohne Ausläufer . . . . **b**

b. Ährchen 3–5; Stbbeutel 3–6-mal so lg. wie ihre Filamente; Stgblätt. dem Stg. eng anlgd., dadurch Pfl. schlank erscheinend. Magere, trockene Laubwälder, Trockenrasen; FrAlb., O-Sa, NÖ, Bgl, ČR. Verbreitung wenig bekannt, da bisher nicht von nachfolg. Kleinart unterschieden. *Schlanke H.*, **L. divulgáta** KIRSCHNER

— Ährchen 5–10; Stbbeutel höchstens 2-mal so lg. wie ihre Filamente . . . **c**

c. Perigonblätt., zumindest die inneren, m. kurzer Spitze; Ährchen gestielt (bisw. 1 Ährchen ungestielt), ihre Stiele teilw. > 3 cm lg.; Ährchen zu 4–17, 6–18-bltg.; Perigonblätt. 2–3 mm lg. Lichte Wälder, Gebüsche, trockene Wiesen, kalkmeidend; *v*. [= *L. campestris* ssp. *multiflora* (EHR.) ČEL.] *Vielblütige H.*, * **L. multiflóra** (RETZ.) LEJ.

— Perigonblätt. allmähl. lg. zugespitzt, 3–3,5 mm lg.; Ährchen ungestielt (dadurch Infl. kopfig); Infl. aus höchstens 8 Ährchen bestehend . . . . **d**

d. Perigonblätt. dk. schwärzl.braun, kürzer als die 2,5–2,8 mm lg. Kapsel; Ährchen bis 10-bltg. Feuchte Heiden, torfige Wiesen *(Molinia)*; *z?;* Be, Ho, im subatlantischen Dt. (O-Grenze?) [= *L. multiflora* ssp. *congesta* (THUILL.) ARCANG.] *Kopfige H.*, **L. congésta** (THUILL.) ARCANG.

— Perigonblätt. heller braun, auch bleich, etwas länger als die reife Kapsel; Ährchen bis 14-bltg. Alp. Magerrasen u. Wiesen, 1300–2300 m, kalkmeidend; *z*, CH, Bz, FL, Ba, Au. [= *L. multiflora* var. *alpina* (HOPPE) WILLK.; = *L. multiflora* var. *alpestris* BEYER] *Alpen-H.*, **L. alpína** HOPPE

— Perigonblätt. ungleich lg.; die inneren etwas kürzer, breiter u. weniger deutl. zugespitzt als die äußeren; Pfl. ohne Ausläufer, 20–50 cm hoch;

Gr. deutl. kürzer als der Frkn.; ♃; VI–VIII.

Artengruppe *Sudeten-H.,* **L. sudética** (WILLD.) SCHULT. agg.

a. Perigonblätt. dkpurpurn bis schwarzbraun; Köpfchen meist zu 3–5, oft dicht gedrängt; Anhängsel des Samens nur 1/5 bis 1/10 so lg. wie der Samen. Magerrasen, Heiden; *v* Alp., *z* böhm. Randgeb. von Bayr/Böhmw. bis Gesenke, *s* Vog., S-Schw., Harz, Thw.

Sudeten-H., **L. sudética** (WILLD.) SCHULT. (s. str.)

— Perigonblatt. gelbl.braun bis gelbl.weiß; Köpfchen meist zu 5–10, locker sthd.; Anhängsel des Samens 1/3 bis ½ so lg. wie der Samen. Lichte Wälder, Wegränder; *s* Ho, *z* im NO (westl. bis Br/SaAn/Th), b. Gunzenhausen (Ba), Ti, Kt, St, Bgl, NÖ, ČR. (= *L. sudetica* ssp. *pallescens* auct.; = *L. pallidula* KIRSCHNER) *Bleiche H.,* **L. palléscens** SW.

Zahlreiche **Bastarde**, wohl häufig übersehen u. schwierig zu erkennen!

Familie: **Cyperáceae**, *Sauergräser, Riedgräser* [1,2,3]

Meist feuchte Standorte besiedelnde Kräuter od. Stauden, m. oft 3-kantigem, selten knotig gegliedertem markigem Stg.; Blätter 3-zeilig gestellt, m. geschlossener, selten offener Scheide; Blüten klein, unscheinbar, ⚥ od. eingschl., **stets** in der Achsel trockenhäutiger Tragblätter (= **Spelzen**), in 1- bis mehrbltg. Ährchen, diese einzeln od. zu Ähren, Köpfchen od. Spirren vereinigt u. aus der Achsel von Hüllblätt. entstehend; Bltnhülle in Form von Borsten (oft 6) od. Haaren, meist ganz fehlend; Stbblätt. 2–3; Frkn. oberst., 1-fächerig, Narben 2–3; Nussfr.

1. Bltn. ⚥ (in der Achsel eines Tragblatts stehen Stbblätt. u. der Frkn., *433;* bei *Kobresia myosuroides, 431,* stehen je eine ♀ u. ♂ Blüte dicht beisammen!) **3**

— Bltn. eingschl. (Tragblätt. nur m. Stbblätt. od. Frkn., *430, 179*); ♀ u. ♂ Bltn. aber oft im gleichen Bltnstand, selten 2-häusig; Bltnhülle fehlend **2**

2. Frkn. (= ♀ Blüte) von krugf. geschlossener, oft geschnäbelter Hülle (= Utriculus, *430 U*) umschlossen . . . . **Carex,** 266

— Frkn. frei, ohne Utriculus; Pfl. 5–20 cm hoch, horstf. **Kobresia,** 265

3(1). Bltnstand nach der Blzt. ohne Wollschopf **5**

— Bltnstand nach der Blzt. m. dichtem od. lockerem weißem Wollschopf, der aus den verlängerten Perigonborsten hervorgeht *(433, 434)* **4**

4. Wollschopf dicht, glatt *(433)* . . . . **Eriophorum,** 259

— Wollschopf locker, gekräuselt *(434)*, m. ca. 6 Wollhaaren pro Blüte . . . . **Trichophorum alpinum,** 260

[1] Zur Bestimmung von Cyperaceen ist unbedingt eine gute Lupe erforderlich!

[2] Die Angaben der Blütezeiten beziehen sich in der Regel bereits auf das Frühstadium der Fruchtreife. Zahlreiche Cyperaceen (z. B. *Carex*) lassen sich nur mittels reifer Früchte bestimmen.

[3] Unter Mithilfe von K. KIFFE

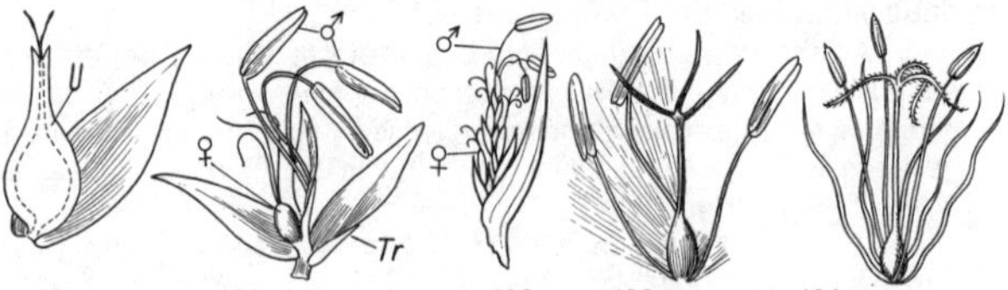

430 431 432 433 434

5(3). Ährchen reichbltg., die gekielten Tragblätt. stehen dicht u. 2-zeilig *(435)* (nur bei *C. michelianus* 3-zeilig, Bltnstand u. Hüllblätt. aber wie *436*); Infl. aus flachen Ährchen zusamngesetzt, diese ungestielt u. büschelig *(436)* od. gestielt u. in Trichterrispen angeordnet .... **Cyperus,** 257

— Tragblätt. der Bltn. nicht 2-zeilig angeordnet (wenn 2-zeilig, dann locker u. in der Achsel jedes Tragblatts mehr als 1 Blüte) **6**

6. Alle Blätt. spreitenlos, basale Blätt.nur als Blattscheiden; Stg. m. 1 endst., köpfchenart. Ähre, diese < 1 cm lg. *(437)* **Eleocharis,** 263

— Blätt. m. deutl. Spreite, diese flächig, zuw. schmal, borstl. od. rinnig; mindestens das oberste Blatt m. kleiner, flächiger Spreite; Infl. mehr- bis reichährig; Ährchen zuw. kopfart. zusammengezogen, selten Pfl. nur m. 1 Ährchen **7**

7. Ährchen 2–3-bltg.; Spelzen 2-zeilig sthd., die beiden unt. Spelzen steril; Infl. m. 2–12 kopfart. zusammengezogenen Ährchen .... **Schoenus,** 265

— Ährchen reichbltg., wenn armbltg., dann Spelzen allseits sthd. **8**

8. Ährchen vielbltg., alle Spelzen fertil (zuw. unt. 1–2 steril) od. wenigbltg. u. unt. Spelzen nicht kleiner **10**

— Ährchen arm-, meist nur 2–3-bltg, die basalen Spelzen steril („leer“) u. kleiner als die ob. fertilen **9**

9. Pfl. 80–200 cm hoch; Blattspr. am Grd. 10–15 mm breit, starr, graugrün, entlang des Rands schneidend scharf vorw. gesägt;

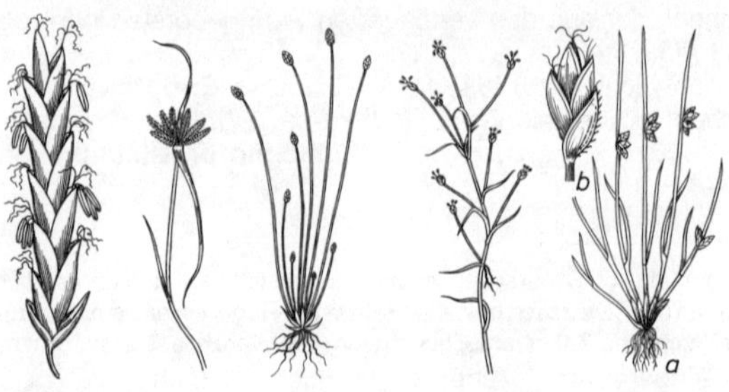

435 436 437 438 439

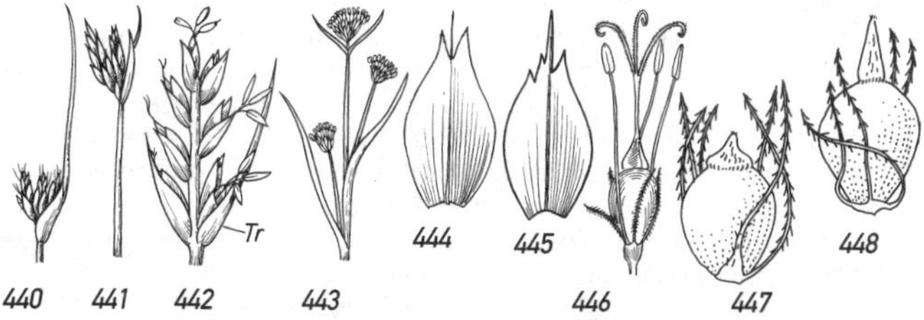

Infl. reichährige lg. verzweigte Rispe; Hüllblätt. kürzer als die Ährchen .... **Cladium,** 265

— Pfl. 10–40 cm hoch; Blattspr. 1–2 mm breit, m. glattem Rand; Infl. nur aus 1–3 kopfig zusammengezogenen Ährchen bestehend .... **Rhynchospora,** 265

10(8). Ährchen in einer 2-reihigen, endst. Ähre angeordnet **Blysmus,** 259

— Ährchen nicht in einer 2-reihigen Ähre angeordnet **11**

11. Ährchen in kugeligen Köpfchen *(184)* ...... **Scirpoides,** 260

— Ährchen nicht in kugeligen Köpfchen **12**

12. Stg. verzweigt *(438),* im Wasser schwimmend od. auf Schlamm niederlgd. .... **Eleogiton,** 260

— Stg. einfach, unverzweigt, aufrecht **13**

13. Ährchen einzeln an der Stgspitze .... **Trichophorum,** 260

— Ährchen zu mehreren in einer endst. od. seitenst. Infl. **14**

14. Infl. scheinbar seitenständig; 1 stängelart. Hüllblatt geradlinig in Fortsetzung des Stg. stehend (ähnl. *439a*), weitere Hüllblätt. klein u. kaum länger als die Ährchen............... **17**

— Infl. endst., falls 1 Hüllblatt zuw. in Fortsetzung des Stg., dann weiteres Hüllblatt abgespreizt und mehrfach länger als die Ährchen **15**

15. Infl. einen einfache od. kopfig zusammengezogene Spirre; Ährchen groß, 10–20 mm lg., braun .... **Bolboschoenus,** 262

— Infl. eine stark verzweigte, lockere Spirre; Ährchen kleiner, 2–8 mm lg. **16**

16. Pfl. einjährig, 5–20 cm hoch; Gr. m. lg. absthd. Haaren; Pfl. der Südalpen....................... **Fimbristylis,** 264

— Pfl. ausdauernd, meist > 20 cm hoch; Gr. ohne lg. absthd. Haare .... **Scirpus,** 262

17(14). Stg. nur 0,3–0,5 mm dick; Ährchen 2–5 mm lg. **Isolepis,** 260

— Stg. > 0,5 mm dick; Ährchen 5–10 mm lg.; Pfl. meist > 30 cm hoch .... **Schoenoplectus,** 261

1. Cypérus L. (incl. **Dichostýlis** P. B.), *Zypergras*

1. Pfl. einjährig, bis 30 cm hoch, ohne Ausläufer **7**

— Pfl. ausdauernd, meist über 30 cm hoch (Ausnahme: *C. pannonicus*) **2**

2. Blattspr. borstl. od. fehlend; Narben 2; Ährchen breit lanzettl. bis eif., 2–4 mm breit u. 5–10 mm lg.; Pfl. 4–30 cm hoch; Bltnstand scheinbar seitenst., kopfförmig, m. 2–8 Ährchen; Hüllblätt. borstenf., am Grd. auffallend verbreitert, das untere aufrecht, viel länger als die Infl.; Spelzen rötl. m. bleichgrünem Streifen; ♃; VII–IX. Feuchte Salzstellen; sehr s, Bgl (Seewinkel), früher NÖ. *Salz-Z.,* **C. pannónicus** JACQ.

— Blattspr. 2–10 mm breit; Narben 3; Bltnstd. endst **3**

3. Stbblatt 1; Spelzen lanzettl., zugespitzt, gelbl. bis strohfarben; Blattspr. 4–8 mm breit, freudig grün; Ährchen in Knäueln kopfig gedrängt, von 7–10 Hüllblätt. umgeben, 8–13 mm lg. u. 1,8–3 mm breit, m. 14–30 Bltn.; Fr. stumpf 3-kantig, grau; Pfl. 25–90 cm hoch; ♃; VI–X. Feuchte Ruderalstellen, schlammige Ufer; *s,* vermutl. Ölfruchtbegleiter, z. B. bei Hamburg eingebürgert. (Heimat: S-Am.) *Frischgünes Z.,* **C. eragróstis** LAM.

— Stbblätt. 3; Spelzen oval, stumpfl. **4**

4. Ährchen in kopfigen Knäueln; Spirre meist aus 2–6 bis 2 cm lg. Köpfchen zusammengesetzt; Blätt. 2–10 mm breit; Spirre m. 3–9 Ästen, diese 1–8 cm lg.; Ährchen 5–12 mm lg. u. 1–1,5 mm breit, m. 8–20 Bltn., hell rotbraun, m. grünem Kiel; Fr. 3-kantig, graubraun; Pfl. 30–150 cm hoch; ♃; VI–IX. Ufer, Sumpfwiesen; *s,* Ts, Bz. *Knäuel-Z.,* **C. glomerátus** L.

— Ährchen in lockerem Bltnstd. **5**

5. Ährchen blassgelb bis gelbl.-braun; Spirrenäste 4–10, bis 10 cm lg.; Fr. rötl. bis dkgrau; Rhizom m. essbaren, bis 15 mm lg., kugeligen bis längl. Knollen; Spelzen konkav, m. erhabenen Nerven; Pfl. 10–70 cm hoch; ♃; VII–IX. Maisfelder, Gräben, Teiche; kult. u. zuw. verwild., sich rasch ausbreitend, z.B. NS, BW, Ho, Ts, Kt, St. (Heimat: Kosmopolit warm-gemäßigter Gebiete) *Erdmandel,* **C. esculéntus** L.

— Ährchen braun od. rötl.; Spelzen gekielt, m. wenig auffälligen Nerven **6**

6. Pfl. 50–120 cm hoch; Spirrenäste zu 2–10, oft > 10 (bis 30) cm lg.; Ährchen 4–13(–60) mm lg. u. 1–2 mm breit, m. 6–32 Bltn. *(436a);* Spelzen dkbraun bis rötl.; Fr. rotbraun bis schwarz, scharf 3-kantig; Rhizom 3–10 mm im Dm, ohne Knollen, dicht m. breiten Schuppen besetzt; ♃; V–X. Flussufer, Gräben; *s,* Ba (Lindau), NÖ (Bad Vöslau), Bern, Ts, in BW, OÖ, Sb verwild. *Hohes Z.,* **C. lóngus** L.

a. Spelzen dkbraun, hell hautrandig ssp. **lóngus**

— Spelzen schwarzrot, fast ohne Hautrand; früher NrWe (Aachen) ssp. **bádius** (DESF.) MURB.

— Pfl. 10–60 cm hoch; Spirrenäste < 10 cm lg.; Rhizom ca. 1 mm im Dm, locker m. schmalen Schuppen besetzt, zuw. auch m. Knollen; Pfl. 10–40 cm hoch; Fr. graubraun bis braun; ♃; VI–X. Ufer, Wegränder; s, Ts, Kt. *Rundes Z.,* **C. rotúndus** L.

7(1). Spelzen schwarz od. grünl.braun, grün gekielt; Narben 3; Fr. 3-kantig; Stg. scharf 3-kantig; 1; VII–IX. Ufer, Moorböden, schlammige Sand- u. Tonböden, kalkmeidend; *z–s.* *Braunes Z.,* **C. fúscus** L.

— Spelzen hellgelb bis weißl., m. grünem Kiel; Narben 2; Fr. linsenf.; Stg. stumpf 3-kantig **8**

8. Spelzen 2-zeilig gestellt, eif. bis breit eif., spitzl., gelbl.; Stbblätt. meist 3; Hüllblätt. 2–3 *(436);* Fr. dkbraun; ☉; VII–X. Sumpfwiesen, Flachmoore, Sandböden; sehr z, vielfach verschwunden, f Da, NS, NrWe, RhPf, Th, SaAn. Ⓖ *Gelbliches Z.,* **C. flavéscens** L.

— Spelzen ringsum angeordnet, längl. zugespitzt, weißl., nicht 2-zeilig; Stbblätt. meist 2; Hüllblätt. 3–5; Fr. hellbraun; ⊙; VII–IX. Schlammig-sandige Ufer; nur Schl (wohl erloschen), NS (Gifhorn), SaAn (mittl. Elbe: Wittenberg-Coswig), Kt, St, NÖ, ČR. [= *Scirpus michelianus* L.; = *Dichostylis micheliana* (L.) NEES]
Ⓖ *Michelis Z.*, **C. micheliánus** (L.) DELILE em. LK.

Adventiv noch weitere **Cyperus**-Arten.

2. Erióphorum L., *Wollgras*

1. Ährchen zu mehreren, z. Frzt. überhängend **3**

— Ährchen einzeln, endst., aufrecht **2**

2. Pfl. ohne Ausläufer, dichtrasig, 30–70 cm hoch; Stg. oben 3-kantig; oberste Blattscheide aufgeblasen, m. verkümmerter Spr.; Blätt. am Rand schwach rau; ♃; III–IV. Hochmoore, Waldsümpfe; im N u. S *v*, im M-Gebiet *z*. Ⓖ *Scheiden-W.*, * **E. vaginátum** L.

— Pfl. m. Ausläufern, lockerrasig, 15–30 cm hoch; Stg. rund; oberste Blattscheide wenig aufgeblasen, m. kurzer, breiter Spr.; Blattränder glatt; ♃; VII–VIII. Tümpel, Wasserläufe; *z* Alp. (1500–2600 m).
Ⓖ *Scheuchzers W.*, **E. scheuchzeri** HOPPE

3(1). Pfl. ohne Ausläufer; oberste Blattscheide dem stumpf 3-kantigen Stg. dicht anlgd.; Ährchenstiele rau; Fr. rotbraun, 3 mm lg.; Blätt. flach, 3–8 mm breit; Ährchen 4–12; Tragblätt. 1-nervig; ♃; IV–V. Sumpfwiesen, Flachmoore; *v* im S, sonst *z*, vielfach verschwunden. (= *E. polystachyon* L. p.p.). Ⓖ *Breitblättriges W.*, * **E. latifólium** HOPPE

— Pfl. m. Ausläufern; oberste Blattscheide meist aufgetrieben; Ährchen 2–5 . . . . **4**

4. Stg. stielrund od. nur im ob. Teil stumpf 3-kantig; 20–70 cm hoch; Ährchenstiele glatt, abgeplattet, 2-kantig; Blätt. 3–4 (1–6) mm breit; Fr. 3 mm lg.; Tragblätt. 1-nervig; oberste Blattscheide etwas aufgeblasen; ♃; IV–VI. Flachmoore; *v* im N u. S, *z* im M-Gebiet. (= *E. polystachyon* L. p.p.) Formenreich.
Ⓖ *Schmalblättriges W.*, * **E. angustifólium** HONCK.

— Stg. 3-kantig, schlank, oft übergebogen, 10–40 cm hoch; Ährchenstiele kurz rauhaarig; Blätt. 1–2 mm breit; Fr. gelbbraun, 2 mm lg.; Tragblätt. am Grd. vielnervig; ♃; V–VI. Flach- u. Torfmoore; *s* im S.
Ⓖ *Schlankes W.*, **E. grácile** KOCH ex ROTH

3. Blýsmus PANZER ex SCHULT., *Quellried*

1. Pfl. 10–40 cm hoch, grasgrün; Stg. oberw. stumpf 3-kantig; Hüllblätt. so lg. wie od. länger als die Ähre; Blattspr. untersts. gekielt; Spelzen braun m. grünem Mittelstreif; Ährchen 6–8-bltg., zu 5–12 eine bis 3 cm lg. Ähre bildend; Perigonborsten 3–6, rückw. rau; ♃; VI–VIII. Nasse Weiden, Moore, feuchte Wege; *v* Alp. u. Voralp., sonst *z–s*. (= *Scirpus planifolius* GRIMM; = *S. caricinus* SCHRAD.)
Zusammengedrücktes Qu., **B. compréssus** (L.) PANZ. ex LK.

— Pfl. 10–25 cm hoch, graugrün; Stg. stielrund; Hüllblätt. viel kürzer als die Ähre; Blattspr. nicht gekielt, flach; Spelzen einfarbig braun; Ährchen meist 3-bltg., zu 3–7 eine kurze Ähre *(442)* bildend; Perigonborsten

0–2, weichhaarig; ♃; V–VII. Strandwiesen der Küsten; *z, s* im Binnenland (SH, SaAn), *f* Be, OPr. [= *Scirpus rufus* (HUDS.) SCHRAD.]
Fuchsrotes Qu., **B. rúfus** (HUDS.) LK.

4. Trichóphorum PERS. (= *Baeothryon* auct.), *Haarbinse*

1. Pfl. m. Ausläufern, 5–12 cm hoch; Perigonborsten sehr klein od. fehlend; ♃; VI–VIII. Quellige Stellen, 900–2800 m; *s,* Alp. von Vs, Gr, Bz. (= *Scirpus pumilus* VAHL) *Zwerg-H.*, **T. púmilum** (VAHL) SCH. & TH.

— Pfl. ohne Ausläufer; Ährchen < 4 mm lg. **2**

2. Stg. 3-kantig, rau; Ährchen 8–12-bltg., m. wenigen verlängerten, die Spelzen überragenden Wollhaaren (Perigonborsten, *434*), z. Blzt. also m. lockerem Wollschopf; ♃; IV–V. Hochmoore, bes. der montanen Reg.; *z* Alp. u. Vorland, *s* Schw., Bayrw., Da, SH, MeVp, Po bis OPr, ČR. [= *Scirpus hudsonianus* (MICHX.) FERNALD; = *Eriophorum alpinum* L.; = *B. alpinum* (L.) EGOR.] *Alpen-H.*, **T. alpínum** (L.) PERS.

— Stg. stielrund, glatt; Pfl. kompakte Horste bildend; Ährchen 3–6-bltg.; Perigonborsten nicht verlängert, die Spelzen nicht überragend, z. Blzt. Pfl. also ohne Wollschopf; ♃; V–VI. Flach- u. Hochmoore, bestandsbildend. [= *Scirpus cespitosus* L.; = *B. cespitosum* (L.) DIETR.]
Rasen-H., **T. cespitósum** (L.) HARTM.

a. Perigonborsten glatt; oberste Blattscheide m. nur ca. 1 mm hoher Scheidenöffnung, diese m. gelbl.weißem Hautrand; *v–z* Alp. u. Voralp., SH, sonst *z–s*, bes. Mittelgeb. ssp. **cespitósum**

— Perigonborsten deutl. papillös; oberste Blattscheide m. ca. 3 mm hoher, schiefer Scheidenöffnung, diese m. rötl. punktiertem Hautrand; *z–s,* Be, Ho, Da, N-Dt, He, Th, *s* Voralp., Schw., Vog.
ssp. **germánicum** (PALLA) HEGI

5. Isólepis R. BR., *Moorbinse*

Pfl. 3–30 cm hoch; Stg. 0,3-0,5 mm dick; Ährchen klein, eif., 2–5 mm lg., zu 1–4(–10); Hüllblätt. kürzer als der Stg.; Stbblätt. 2; Fr. längs gerippt; ⊙–♃; VI–X. Feuchte Sandböden, Teichufer; *z,* oft unbeständig. (= *Scirpus setaceus* L.) **I. setácea** (L.) R. BR.

6. Eleogíton LK., *Flutende Moorbinse*

Stg. verzweigt, im Wasser schwimmend od. auf Schlamm niederlgd. *(438);* Ährchen 3–5 mm lg. u. 1,5–2 mm breit, einzeln am Ende der Zweige; Narben 2; Stbblätt. 3; ♃; VII–IX. Heidetümpel, Gräben; *z* Da, Ho, Be, NS, NrWe, *s* SH, Br, SaAn, früher Sa, MeVp, vielfach verschwunden. [= *Scirpus fluitans* L.; = *Isolepis fluitans* (L.) R. BR.; = *Scirpidiella fluitans* (L.) RAUSCH.] **E. flúitans** (L.) LK.

7. Scirpoídes SÉGUIER, *Kugelsimse*

Pfl. 30–60 cm hoch; Ährchen in kugeligen Köpfchen *(184),* von denen eines meist sitzend, die übrigen lg. gestielt; Tragblätt. schwarzrot, kurz bewimpert; ob. Blattscheiden fadenf., rinnig; ♃; VII–VIII. Sandige Ufer, nasse Wiesen; *s* Be, Br, SaAn (Mittelelbe), Schl, BW (Hartheim), OÖ, NÖ, Bgl, Kt, ČR, früher St, Bz, RhPf. (= *Scirpus holoschoenus* L.; = *Holoschoenus vulgaris* LK.) Ⓖ **S. holoschoénus** (L.) SOJÁK

8. Schoenopléctus (RCHB.) PALLA, *Teichsimse*

1. Pfl. nur bis 20 cm hoch, 1-jährig; Ährchen längl., 5–10 mm lg., zu 3–5(–10); Hüllblätt. straff aufrecht, so lg. od. länger als der Stg. *(439a, 439b);* Stbblätt. 3; Fr. querrunzelig; ⊙; VI–X. Schlammböden, Ufer; *s,* E, BW, Ba, RhPf, NS, He, SaAn, Br, MeVp, Pl (Posen), Ts, NÖ, Bgl, früher ČR. (= *Scirpus supinus* L.)
Niederliegende T., **Sch. supínus** (L.) PALLA

— Pfl. größer, 30–300 cm hoch **2**

2. Stg. mindestens oben 3-kantig **4**

— Stg. rund **3**

3. Stg. bis 15 mm dick u. 1–3(–4) m hoch, grün; Narben 3; Spelzen glatt od. über dem Mittelnerv punktiert; Fr. undeutl. 3-kantig; ob. Konnektivanhängsel deutl. behaart; ♃; VI–VII. Seen, Teiche, röhrichtbildend; *v,* im M-Gebiet nur *z.* (= *Scirpus lacustris* L.)
Gewöhnliche T., * **Sch. lacústris** (L.) PALLA

— Stg. bis 1 cm dick u. 50–150 cm hoch, graugrün; Narben 2; Spelzen rau punktiert; Fr. 2-kantig; ob. Konnektivanhängsel fast kahl; ♃; VI–VII. Flachmoore, Salzwiesen; z–s, in N häufiger. [= *Scirpus tabernaemontani* GMEL.; = *S. lacustris* ssp. *tabernaemontani* (GMEL.) SYME]
Salz-T., * **Sch. tabernaemontáni** (GMEL.) PALLA

4(2). Stg. nur oberw. 3-kantig, bis 4 mm dick; Spr. der grdst. Blätt. zuw. bis 5 cm lg.; Perigonborsten etwa doppelt so lg. wie die Fr.; Ährchen sitzend; ♃; VII-VIII. Brackwasserröhrichte, Strandseen; *s* Ostseeküste: Rügen. (= *Sch. pungens* × *Sch. tabernaemontani*; = *Scirpus kalmussii* ASCH., ABR. & GR.)
Ostsee-T., **Sch. kalmússii** (ASCH., ABR. & GR.) PALLA

— Stg. in voller Länge 3-kantig **5**

5. Spelzen vorn nicht ausgerandet, stachelspitzig; Narben 3; Pfl. ohne Ausläufer, 40–100 cm hoch, in Horsten; Stg. > 2 mm dick; Perigonborsten 6; Fr. fast kugelig, 1,5–2 mm lg., querrunzelig; ♃; VIII–X. Teichufer; *s* E, BW (Gündelbach), Ba, Waadt, Gr, Vb, Kt, St, Schl. (= *Scirpus mucronatus* L.) *Stachelspitzige T.,* **Sch. mucronátus** (L.) PALLA

— Spelzen vorn ausgerandet, hier m. Granne; Narben 2; Fr. glatt od. undeutl. runzelig; Pfl. m. Ausläufern **6**

6. Stg. m. 2–3 Blätt., beide oberste Blätt. m. bis 20 cm lg. Spr.; Pfl. m. weithin kriechender Achse u. Ausläufern; Spelzen an der Spitze eingeschnitten u. stachelspitzig *(445),* rotbraun, m. hellerem Mittelstreif u. graublau berandet; Narben 2; Fr. eif., 2,5–3 mm lg.; Perigonborsten fehlend od. schwach entwickelt; ♃; VII–VIII. Ufer, Flüsse, Seen; *s* Ho, SH, MeVp (Usedom, Müritzsee), OPr, E, Bgl, früher NS, Ti. (= *Scirpus pungens* VAHL; = *Sch. americanus* auct.)
Amerikanische T., **Sch. púngens** (VAHL) PALLA

— Stg. 0–1-blättrig; Perigonborsten gut entwickelt **7**

7. Perigonborsten an der Spitze spatelig verbreitert, länger als die Fr.; Pfl. 30–200 cm hoch; Fr. 1–2(–3) mm lg.; ♃; VI–VIII. Seen; *s,* RhPf, Bgl (Neusiedler See). (= *Scirpus litoralis* SCHRAD.)
Strand-T., **Sch. litorális** (SCHRAD.) PALLA

— Perigonborsten lineal, nicht verbreitert, etwa so lg. wie die Fr.; Stg. meist dicker als 4 mm, in seiner ganzen Länge 3-kantig: Spr. der grdst. Blätt. höchstens 1 cm lg.; Pfl. 50–150 cm hoch; Fr. 2,5–3 mm lg.; Ährchen gestielt; ♃; VI–VII. Röhrichte; *z* Be, Ho, Weser, Ems, sonst *s* in NrWe, He, RhPf, BW, Ba, E, Ts, St. Gallen, NÖ, ČR, früher Th. (= *Scirpus triqueter* L.) *Dreikantige T.,* **Sch. tríqueter** (L.) PALLA

9. Bolboschoénus (ASCH.) PALLA, *Strandsimse*

1. Infl. ± kopfig, m. 1–2 kurz gestielten Spirrenästen; Ährchen längl., zugespitzt; Spelzen dkrotbraun bis dkbraun, an der Spitze ausgerandet, m. Stachelspitze *(444);* Perigonborsten hinfällig, an der reifen Fr. schon abgefallen; Narben 2–3; Fr. abgeflacht bis schwach 2-kantig; äußere Frwand etwa doppelt so dick wie die mittl.; Pfl. 30–100 cm hoch; ♃; VI–VIII. Röhrichte im Salz- od. Brackwasser, seltener Süßwasser; *v* Meeresküsten, sonst *z,* bes. SH, Elbe, Weser, Ems, Rhein, Mosel, Main. (= *Scirpus maritimus* L.)
Gewöhnliche S., **B. marítimus** (L.) PALLA

— Infl. ausgebreitet, m. 3–8 gestielten Spirrenästen; Ährchen ± oval, nicht zugespitzt; Spelzen kastanienrot, seltener braun bis dkbraun; Perigonborsten an der reifen Fr. noch vorhanden; Narben 3; äußere Frwand höchstens halb so dick wie die mittl. **2**

2. Fr. 2-seitig abgeflacht (bis schwach 3-kantig); Perigonborsten z. Frzt. teilw. abgefallen; Verhältnis äußere zur mittl. Frwand wie 1:2 bis 1:4; ♃; VII–X. Fluss- u. Bachufer; *s,* Dt, NÖ, OÖ, Ho, Da, ČR. (= ? *S. planiculmis* × *S. yagara*).
Breitfrüchtige S., **B. laticárpus** MARHOLD et al.

— Fr. deutl. 3-kantig; Perigonborsten z. Frzt. vorhanden; Verhältnis äußere Frwand zur mittl. wie 1:10; Pfl. 70–150 cm hoch; ♃; VII–X. Süßwasserröhrichte; *s,* bisher nur bekannt von SaAn, Sa, Ba. (= *Scirpus yagara* OHWI) *Verkannte S.,* **B. yagára** (OHWI) A. E. KOZHEVN.

10. Scírpus L. , *Simse*

1. Perigonborsten höchstens so lg. wie die Fr., gerade, durch rückw. gerichtete Zähnchen rau, selten Borsten fehlend **3**

— Perigonborsten mehr als 2-mal länger als die Fr., geschlängelt, glatt od. fast glatt **2**

2. Ährchen meist einzeln, seltener zu 2–3, gestielt, längl., zugespitzt, 4–8 mm lg.; Spelzen nicht gekielt, braungrün m. grünem Mittelstreif; Stg. scharf 3-kantig; Pfl. 40–100 cm hoch, m. bogenf., an der Spitze wurzelnden Ausläufern; ♃; V–VII. Fluss- u. Teichufer; *z* im O, sonst *s.*
Wurzelnde S., **S. radícans** SCHK.

— Ährchen meist gebüschelt, sitzend, nur wenige einzeln; Pfl. 10–20 cm hoch, in Horsten; Hüllblätt. die Spirre weit überragend, aber nur bis 5 mm breit; Stg. stumpf 3-kantig; Spelzen schmal eif., rötl.-schwärzl., m. grünem Mittelstreif; ♃; VI–VII. Teichränder, eingebürgert in NS (Bad Bentheim). (Heimat: östl. N-Am.)
Zypergras-S., **S. cyperínus** (L.) KUNTH

3(1). Ährchen zu 3–8 köpfchenart. gehäuft am Ende der Spirrenäste, eif., oben stumpf, 3–4 mm lg.; Spelzen schwach gekielt, m. feinem Spitzchen, braungrün m. hellerem Mittelstreif; Perigonborsten 6, gerade, rau, so lg. wie die Fr.; Stg. stumpf 3-kantig; Pfl. 30–100 cm hoch; ♃; VI–VII. Auwälder, Gräben, nasse Wiesen; *v.*

Wald-S., * **S. sylváticus** L.

— Ährchen zu 8–20 kopfig gehäuft; Spelzen rotbraun; Perigonborsten 1–3, in der unt. Hälfte glatt; Blätt. dkgrün; Pfl. 30–100 cm hoch; ♃; V–VII. Feuchte Rasen; *s* eingebürgert, BW, Ba, RhPf, NrWe, He, SH. (Heimat: N-Am.) (= *S. atrovirens* auct.) *Dunkelgrüne S.,* **S. georgiánus** Harper

11. Eleócharis R. Br. (= *Heleocharis* auct.), *Sumpfbinse, Sumpfried*

1. Stg. 4-kantig, gefurcht, fadendünn, 2–10 cm lg.; Ährchen 4 mm lg., spitz; Narben 3; Fr. längsrippig; Pfl. rasenf., m. kriechendem, auch verzweigtem Rhizom, ♃; VI–X. Ufer, Gräben, feuchte Wiesen, wechseltrockene Teiche; *z.* Ⓖ *Nadel-S.,* **E. aciculáris** (L.) R. & Sch.

— Stg. rundl. od. zusammengedrückt; Narben 2–3 . . . . **2**

2. Ährchen 3–7-bltg.; Narben 3; Gr. am Grd. nicht verdickt **9**

— Ährchen (10–)20–30-bltg., Narben 2–3; Gr. am Grd. verdickt *(446);* Stg. (vor allem trocken) meist fein gerillt **3**

3. Narben 3 *(446);* Fr. scharf 3-kantig; Ährchen bis 13 mm lg.; Tragblätt. stumpf, braun, m. grünem Mittelstreif, weiß hautrandig; Stg. oft lgd. u. an der Spitze wurzelnd; Pfl. dichtrasig wachsend; ♃; VI–VIII. Heidemoore; *z* im NW (W-Da, W-SH, NS, NrWe, Ho, Be), *s* Pf, Lausitz (Sa), Br, b. Stendal (SaAn), Schl.

Vielstängelige S., **E. multicaúlis** (Sm.) Desv.

— Narben 2 (seltener 3); Fr. bikonvex, zusammengedrückt. **4**

4. Stg. fadendünn; Stbblätt. 2; Basis der Gr. kaum breiter als ¼ der Fr.; Tragblätt. eif.-zugespitzt, gelbbraun m. hellerem Rand, Mittelnerv grün; ♃; VII–IX. Feuchte Äcker, Teichufer; *s* St, früher Kt.

Ⓖ *Krainer S.,* **E. carniólica** Koch

— Stg. etwas kräftiger; Stbblätt. 3; Basis der Gr. breiter als ⅓ der Fr. **5**

5. Ährchen 3–5 mm lg., im Umriss eif.; Tragblätt. stumpf, eif. bis abgerundet rhombisch; Fr. scharfrandig, 1 mm lg.; Pfl. dichtrasig, ohne Ausläufer, gelbl.grün, 5–35 cm hoch; ⊙; VI–X. Schlammige Ufer; sehr *z* im S u. O, unbeständig u. vielfach nicht mehr vorhanden, *f* Da, MeVp (nur b. Greifswald), Po, WPr, Vb. [= *E. soloniensis* (Dub.) Hara]

Ⓖ *Eiförmige S.,* **E. ováta** (Roth) R. & Sch.

— Ährchen 5–20 mm lg. (selten kürzer), im Umriss längl.-spitz, ob. Tragblätt. spitzl.; Fr. am Rand abgerundet, > 1 mm; Pfl. m. unterirdischen Ausläufern. [= *E. palustris* (L.) R. & Sch. agg.] **6**

6. Unterstes Tragblatt bltnlos, am Grd. fast das gesamte, bis 12 mm lg., schlanke Ährchen umfassend; Pfl. grasgrün; Stg. dünn, glzd.; Perigonborsten meist 4, zuw. schwach entwickelt (mehrere Bltn. untersuchen!), nicht länger als der der Fr. aufsitzende verdickte Grteil; ♃; V–VIII. Flachmoore, Seggenbestände, Gräben; *z.* (incl. ssp. *sterneri* Strandhede) *Einspelzige S.,* **E. uniglúmis** (Lk.) Schult.

— Unterstes Tragblatt am Grd. nur halbes Ährchen umfassend, hierdurch das nächsthöhere fast gegenst. erscheinend, beide bltnlos **7**

7. Stg. ± starr, matt- bis graugrün, trocken kaum gefurcht, im Querschnitt m. über 20 Leitbündeln, Tragblätt. z. Frzt. bleibend; Perigonborsten 3–4, zuw. schwach entwickelt, nicht länger als die Fr. *(446)*; ♃; V–VIII. Verlandungszonen, Flachmoore, Seggenbestände, nasse Wiesen.
Gewöhnliche S., * **E. palústris** (L.) R. & Sch.

a. Stg. graugrün, etwas gerieft; Bltn. kleiner (pro cm Ähre = 40 Bltn.); Spelzen bis 3,5 mm lg., bleich bis hellbraun; Fr. (ohne Gr.) bis 1,4 mm lg.; 2n = 16. Verbr. noch unsicher, aber seltener als folg. Art, wohl häufiger im O.
ssp. **palústris**

— Stg. grün, glatt; Bltn. größer (pro cm Ähre = 20 Bltn.); Spelzen länger als 3,5 mm, dkbraun m. grünem Mittelstreif; Fr. (ohne Gr.) bis 2,0 mm lg.; 2 n = 38. [= *E. vulgaris* (Walters) Á. & D. Löve] ssp. **vulgáris** Walters

— Stg. ± weich, hellgrün, trocken deutl. gefurcht, im Querschnitt m. 8–16 Leitbündeln; Tragblätt. z. Frzt. abfallend; Pfl. lockerrasig; 2 Arten von noch nicht abschließend bekannter Verbr., erst neuerdings unterschieden. **8**

8. Stg. im Querschnitt mit 8–12 Leitbündeln; verdickter Grteil breiter als hoch; Perigonborsten meist 6 (5–8), länger als die Fr. m. dem verdickten Grteil *(447)*; ♃; V–VIII. Flach- u. Zwischenmoore, Schlammböden; wohl *s*, mehr im O: sehr *z*: OPr, WPr, Po, b. Leer u. Celle (NS), O-Dt, He, NrWe, RhPf, BW, Fr, ObPf, CH, Vb, Sb, St, OÖ, NÖ, ČR.
Warzenfrüchtige S., **E. mamilláta** (Lindb. f.) Lindb. f. ex Dörfler

— Stg. im Querschnitt m. 12–16 Leitbündeln; verdickter Grteil höher als breit; Perigonborsten meist 5 (4–6), so lg. wie die Fr. ohne Gr. *(448)*; ♃; V–VIII. Schlammböden; sehr *z*, im S wohl weiter verbr., z. B. S-Dt, CH, Au, ČR (genaue Verbreitung noch nicht bekannt).
Österreichische S., **E. austríaca** Hay.

9(2). Stg. zart, 3–8 cm hoch, oft durchscheinend, am Grd. ohne od. m. zarthäutigen Blattscheiden, m. haardünnen Ausläufern, diese am Ende m. weißl. Knöllchen (Knospen); Ährchen 3–5-bltg.; unt. Tragblätt. ¾ so lg. wie das Ährchen; Perigonborsten etwas länger als die Fr.; ♃; V–IX. Salzhaltige Stellen der Küsten; *z* Ostsee, Po bis WPr, in SH nur b. Schleswig (?), *s* Nordseeküste Da.
Kleine S., **E. párvula** (R. & Sch.) Lk. ex Bluff, Nees & Schauer

— Stg. kräftig, 5–25 cm hoch, am Grd. m. derben braunroten Blattscheiden; Ausläufer am Ende ohne auffällige Knospen; Ährchen 3–7-bltg.; das unterste Tragblatt so lg. wie das Ährchen u. dieses umfassend; Perigonborsten meist etwas kürzer als die Fr.; ♃; V–VI. Nasse Wiesen, Ufer; *v–z* Alp., *z* im N, sonst *s*; vielfach verschwunden. [= *E. pauciflora* (Lightf.) Lk.]
Armblütige S., **E. quinqueflóra** (F. X. Hartmann) O. Schwarz

12. Fimbrístylis Vahl, *Fransenbinse*

Pfl. 5–20 cm hoch; Stg. beblättert; Bltnstand eine Spirre m. (1–)4–6(–10) Ährchen; Ährchen 4–8 mm lg. u. 2–4 mm breit; Spelzen stachelspitzig; Perigonborsten meist fehlend; Gr. unter der Narbe fransig; ⊙; VI–VII. Sandige Seeufer; früher Ts (Lago Maggiore), Bz. [= *F. annua* (All.) R. & Sch.] **F. dichótoma** (L.) Vahl

13. Schoenus L., *Kopfried*

1. Grdst. Blattscheiden schwarzbraun; Grdblätt. ½ so lg. wie der Stg.; Köpfchen m. 5–10 Ährchen, vom Hüllblatt weit überragt *(440);* Perigonborsten kürzer als die Fr.; ♃; VI–VII. Moore; *s* im S (Au, Ba, S-BW, E, CH, FL, Bz, ČR) u. Ostfriesische Inseln, sonst sehr *s:* MeVp, SaAn, Th, SH, NS, He, Sa, Schl, WPr, OPr.
Schwarzes K., **Sch. nígricans** L.

— Grdst. Blattscheiden dk. braunrot; Grdblätt. höchstens 1/3 so lg. wie der Stg.; Köpfchen m. 2–3 Ährchen, vom unt. Hüllblatt kaum überragt *(441);* Perigonborsten länger als die Fr.; ♃; IV–VII. Flachmoore; *z* im S (CH, FL, Bz, Au, Ba südl. d. Donau, SO-BW), sonst *s* Da, O-MeVp, Po, WPr, b. Eberswalde (Br), b. Erfurt (Th), ČR.
Rostrotes K., **Sch. ferrugíneus** L.

14. Cládium P. Br., *Schneide*

Pfl. 80–200 cm hoch, m. Ausläufern; Stg. stielrund od. stumpf 3-kantig; Ährchen zu 3–10 in lg. gestielten Köpfchen, diese in endst., zusammengesetzter Spirre angeordnet; Blattränder schneidend rau; ♃; VI–VII. Ufer, Moore, kalkliebend; *s, f* Schl, OTi. **C. maríscus** (L.) Pohl

15. Rhynchóspora Vahl, *Schnabelried (443)*

1. Ährchen weiß; endst. Bltnstand nur wenig kürzer als sein unt. Hüllblatt; Pfl. m. kurzen Ausläufern; Stbblätt. 2; ♃; VII–VIII. Hoch- u. Heidemoore; *v–z* im N, Alp. u. Vorland, sonst sehr *z* bis *s* (vielfach verschwunden). *Weißes Sch.,* **Rh. álba** (L.) Vahl

— Ährchen gelbbraun; Bltnstand viel kürzer als sein unt. Hüllblatt; Pfl. m. längeren Ausläufern; Stbblätt. 3; ♃; V–VII. Wie vorige; *z* im NW u. N, aber stark zurückgegangen; sonst *s, f* OPr, Th, He, OTi, NÖ, Bgl, St. Ⓖ *Braunes Sch.,* **Rh. fúsca** (L.) Ait.

16. Kobrésia Willd. (incl. **Elýna** Schrad.), *Schuppenried*

1. Bltnstand eine lineale, endst., 10–25 mm lg., von den Blätt. meist überragte Ähre aus 10–20 Ährchen; Ährchen 2-bltg., aus je einer ♀ u. ♂ Blüte bestehend *(431);* Tragblätt. der ♀ Blüte beide Bltn. umschließend; Blätt. borstl., steif; Pfl. 10–20 cm hoch; ♃; VI–VIII. Windexponierte Steinrasen, 1800–3100 m, auf Kalk; *z,* Alp. [= *Elyna myosuroides* (Vill.) Fritsch; = *E. bellardii* (All.) K. Koch]
Nacktried, **K. myosuroídes** (Vill.) Fiori

— Bltnstand aus 4–10 dicht gedrängten Ähren zu einer endst., spitz 3-eckigen, 10–30 mm lg. Infl. zusammengesetzt; Ährchen 1-bltg., zu 4–5 zu einer unt. ♀, ob. ♂ Ähre zusammengesetzt *(432);* Tragblatt der Ähre so lg. od. wenig länger als diese *(432);* Blätt. rinnig gefaltet, etwas absthd., deutl. kürzer als die Infl.; Pfl. 5–20 cm hoch; ♃; VII–VIII. Quellmoore, 1650–2800 m, kalkliebend; *z* CH, Bz, Au, *s* Dt (Berchtesgaden). (= *K. caricina* Willd.)
Sch., Schuppensegge, **K. simpliciúscula** (Wahl.) Mackenzie

10. Cárex L., *Segge*[1,3]

Jede in der Achsel eines Tragblatts[2] stehende ♀ Blüte *(431)* stellt ein 1-bltg. Ährchen dar; die sehr kurze Ährchenachse, die an der Spitze einen nackten Frkn. trägt, ist vom Utriculus, der dem an seinen Rändern verwachsenen Vorblatt entspricht, eingeschlossen *(431);* Fr. zusammen m. dem Schlauch abfallend (in der Tabelle als Fr. bezeichnet). Die Fr. (bzw. der Utriculus) ist spitzenw. entweder ohne Verlängerung (z. B. *459)* od. ihr Spitzenteil ist flaschenhalsf. verlängert („geschnäbelt"). Im letzteren Fall kann der Schnabel entweder gestutzt (z. B. *475)* od. gezähnt (z. B. *473*) sein. Ährchen zu Ähren zusammentretend.[4]

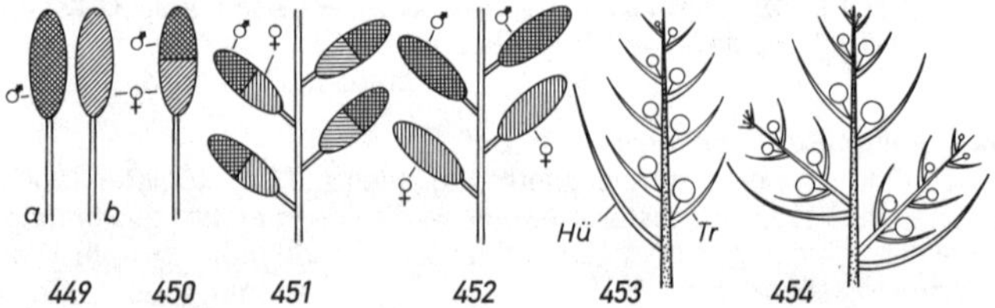

449 450 451 452 453 454

1. Stg. m. nur 1 endst., entw. ♂ od. ♀ *(449a, b)* od. gemischtgeschl. *(450)* Ähre[4,5] *Einährige Seggen,* 267

— Stg. m. mehreren kopfig, knäuelig, traubig, ährig od. rispig angeordneten Ähren **2**

2. Alle Ähren bei den meisten Arten gemischt, m. ♀ u. ♂ Bltn. *(451* ♀, ♂).[6] Untergattung: *Gleichährige Seggen,* **Carex** subgen. **Vignea**, 268

---

[1] Die meisten Arten lassen sich mit Sicherheit nur m. bereits ausgereiften Früchten bestimmen. Außerdem sind in zahlr. Fällen für die Bestimmung auch die noch blühende Pflanze (Anzahl der Narben!) und ihre unterirdischen Organe (Ausläufer!) erforderlich.

[2] Mit Tragblätter sind in der Tabelle stets diejenigen der ♀ Blüten gemeint!

[3] In der Praxis besteht auch ein Bedürfnis nach Bestimmungsmöglichkeiten nur anhand vegetativer Merkmale, vgl. hierzu E. Foerster, Göttinger Floristische Rundbriefe 16 (1/2), 3–21, 1982.

[4] Der Einfachheit halber wird in der Tabelle der Gattung **Carex** das 1-bltg. ♀ Ährchen als ♀ Blüte u. der meist aus zahlreichen 1-bltg. Ährchen zusammengesetzte ♂ u. ♀ Blütenstand als *Ähre* bezeichnet..

[5] Bei (scheinbar) 1-ährigen Carex-Arten vergewissere man sich sorgfältig, ob wirklich alle Tragblätt. an der Hauptachse stehen *(453)* od. ob nicht die Gesamtinfl. in Wirklichkeit verzweigt ist u. nur die meist kurzen Seitenzweige dem Endährchen genähert sind u. dadurch ein kopfiges Einzelährchen vortäuschen (*454*, im Umriss). Solche Infl. (= Ähren) sind „nicht unterbrochen"; bei den meisten *Vignea*-Arten sind die Ährchen – zumind. die unt. – deutl. voneinander entfernt, d. h. die Infl. ist „unterbrochen".

[6] Bei Arten aus der Verwandtschaft von *C. arenaria* (bes. *C. arenaria, C. ligerica, C. pseudobrizoides* und *C. repens*) sind häufig die oberen Ährchen rein ♂, die unteren ♀. Bei *C. disticha* sind häufig die mittleren ♂.

— Ähren getrenntgeschl.; ob. m. ♂, unt. m. ♀ Bltn. *(452)* (einige Ähren zuw. ♀ u. ♂ Bltn. enthaltend).
Untergattung: *Verschiedenährige Seggen,*
Carex subgen. **Carex**, 274

Einährige Seggen

1. Pfl. 1-häusig; Ähren an der Spitze m. ♂, an der Basis m. ♀ Bltn. *(450)* **3**
— Pfl. 2-häusig; Ähren nur m. ♂ *(449a)* od. ♀ Bltn. *(449b)* **2**
2. Stg. glatt; Ähren dichtfrüchtig; Fr. kurz geschnäbelt, 3 mm lg., zuletzt oft waagrecht absthd.; Pfl. lockerrasig, m. Ausläufern; ♃; IV–V. Flach- u. Quellmoore, Sumpfwiesen; *z* Alpenraum, sonst *s* u. in größeren Gebieten fehlend, vielfach erloschen. *Zweihäusige S.,* * **C. diŏica** L.
— Stg. oberw. meist rau; Ähren lockerfrüchtig, 1–2 cm lg.; Fr. lg. geschnäbelt, 4 mm lg.; Pfl. horstbildend, ohne Ausläufer; ♃; IV–VI. Flachmoore, kalkliebend; *z,* CH, FL, Bz, Au, ČR, S-Dt, sonst *s*, nördl. bis Lx, Eifel, He, Th, Sa, Schl. *Davalls S.,* * **C. davalliána** Sm.
3(1). Narben 3 . . . . **5**
— Narben 2; Blätt. borstl., rinnig **4**
4. Ähren fast kugelig, bis 8 mm lg. *(455);* Schläuche flach zusammengedrückt, aufrecht absthd., länger als die bleibenden, hellbraunen, weiß hautrandigen Tragblätt.; Fr. 2–3,5 mm lg.; Pfl. dicht-rasig, 15–20 cm hoch; ♃; V–VI. Moore; sehr *s,* Bz, Ti, in Dt ausgestorben.
Kopf-S., **C. capitáta** L.
— Ähren verlängert, 1–2 cm lg., m. nur 5–10 ♀ Bltn. *(456);* Tragblätt. rostrot, m. grünen Mittelnerven, vor den Fr. abfallend; Fr. 4–5 mm lg., zuletzt herabgeschlagen; Pfl. lockerrasig, 5–25 cm hoch; ♃; V–VI. Sumpfwiesen, Flachmoore; *z* im Alpenraum, sonst sehr *z–s;* vielfach verschwunden. Ⓖ *Floh-S.,* **C. pulicáris** L.
5(3). Fr. schmal kegelf., herabgeschlagen, von grannenart. Achsenspitze überragt *(457);* Ähren etwa 1 cm lg.; Tragblätt. spitz, dkbraun m. grünen Mittelnerven, vor den Fr. abfallend; Pfl. ausläuferbildend, 7–15 cm hoch; ♃; V–VII. Flachmoore; sehr *s* S-CH, Bz, W-Ti, St, OÖ?; in Dt u. Sb ausgestorben. *Kleine Grannen-S.,* **C. microglóchin** Wahl.
— Fr. ohne grannenart. Achsenspitze (z. T. aber m. verlängertem Gr.) **6**
6. Ähren wenigbltg., m. 2–4 ♀ u. 1–2 ♂ Bltn. (letztere z. Frzt.vertrocknet), 1–2 cm lg.; Fr. spindelf., zugespitzt, strohgelb, zuletzt zurückge-

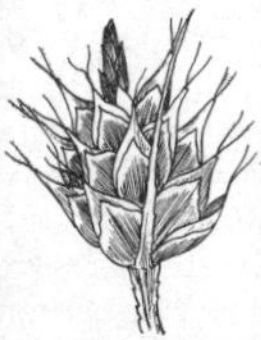
455

456

457

458

459

460

461

462

463

schlagen *(458);* Tragblätt. vor den Fr. abfallend; Pfl. m. oberirdischen Ausläufern, 5–20 cm hoch; ♃; V–VII. Heide- u. Hochmoore; *v–z* im Alpenraum (nördl. bis München), S-Schw. u. Vog., *s* Da, S-Be(?), Lx, Hunsrück, Harz, Thw, böhm. Randgeb. m. Sa u. Ba.
Armblütige S., **C. pauciflóra** Lightf.

— Ähren reichbltg.; Fr. aufrecht; Tragblätt. bleibend 7

7. Fr. verkehrt eif., kurz gestutzt *(459),* glanzlos, kürzer als die Tragblätt.; Ähren 10–15 mm lg., an der Basis m. 3–6 ♀ Bltn.; Stg. stumpf 3-kantig, unter den Ähren etwas rau; Pfl. ausläuferbildend, 5–15 cm hoch; ♃; VI–VII. Felsige Matten, Schutt, bis 3000 m, kalkliebend; *s* Allgäu, CH, Bz, Au, ČR. *Felsen-S.,* **C. rupéstris** All.

— Fr. stumpf 3-kantig, glzd. braungelb, kurz geschnäbelt, Schnabel gezähnt *(460),* etwa doppelt so lg. wie die Tragblätt.; Ähren 5–15 mm lg., an der Basis m. 5–10 ♀ Bltn.; Stg. am Grd. m. purpurbraunen Niederblätt.; Pfl. ausläuferbildend, 5–25 cm hoch; ♃; IV–V. Trockene Sandböden; nur Br (b. Rathenow). *Stumpfe S.,* **C. obtusáta** Lilj.

Untergattung: **Vígnea** (P. B. ex Lestiboudois) Kük., *Gleichährige Seggen*

1. Ähren nicht in kopfigen Bltnständen; wenn kopfig genähert, dann nicht von lg., laubigen Hüllblätt. überragt 3

— Ähren in kopfigen, von meist laubigen Hüllblätt. umgebenen Bltnständen *(462)* 2

2. Köpfchen z. Blzt. gelbgrün, reif hellbraun; Fr. lg. geschnäbelt, sehr schlank; ♀ Bltn. an der Spitze der Ähre; Narben 2 *(461);* Pfl. nasser Standorte; ⊙–♃; VI–X. Teichböden mit Sand oder Schlamm; *z,* Ba, Sa, Th, Br, sonst *s,* auch ČR, Au, Schweizer Jura, oft unbeständig. (= *C. cyperoides* Murr.) *Zypergras-S.,* **C. bohémica** Schreb.

— Köpfchen *(462)* z. Blzt. weiß; Fr. kürzer als die Tragblätt. *(463);* ♀ Bltn. an der Basis der Ähre; Narben 3; Pfl. trockener Standorte; ♃; VI–VII. Steinige Weiden, Geröll, kalkstet; *s,* Gr, Garmisch (Dt u. Au), Au (Ammergauer Alp.) ⓖ *Monte-Baldo-S.,* **C. baldénsis** L.

3(1). Pfl. ohne od. m. sehr kurzen Ausläufern, Wuchs daher dicht rasenf. od. horstf.; Blätt. am Rand rau; Narben 2 od. 3 13

— Pfl. m. weithin kriechender Grdachse u. Ausläufern; Wuchs lockerrasig; Stg. meist nur am Grd. beblätt.; Narben 2 4

4. Ähren zahlr., in verlängerten, mehrmals so lg. wie breiten Bltnständen 7

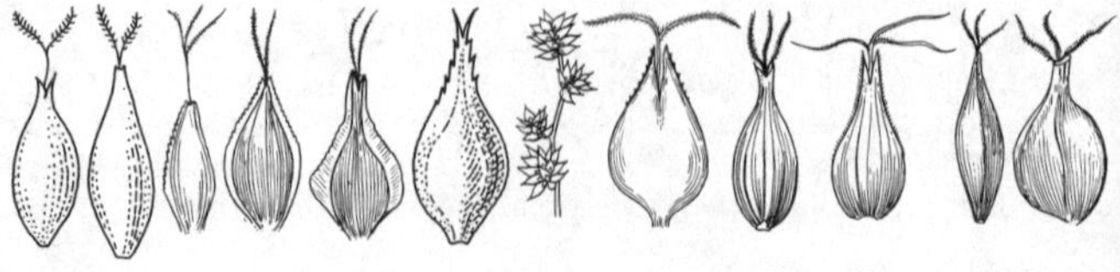

464 465 466 467 468 469 470 471 472 473 474 475

— Ähren wenig zahlr., kopfig genähert; ohne laubige Hüllblätt.; Bltnstände meist nicht doppelt so lg. wie breit (8–12 mm lg.) **5**

5. Pfl. m. (mehreren dm lg.) oberirdischen, peitschenf. Ausläufern, diese an jedem Knoten einen meist kurz bleibenden, nichtblühenden Spross treibend; Infl. im Umriss längl.-eif.; Fr. oval, kurz geschnäbelt, ihr Schnabel tief gezähnt *(464);* Pfl. 5–15 cm hoch; ♃; V–VI. Hochmoore; sehr *s* u. vielfach erloschen, nur noch Ba, BW, He, NS, SH, MeVp, Br, CH, Bz, Au, ČR, Da. Ⓖ *Strick-S.,* **C. chordorrhíza** L. f.

— Pfl. m. unterirdischen Ausläufern **6**

6. Blattspr. meist flach, 2 mm breit; Infl. ca. 20 mm lg., im Umriss längl.-oval; Tragblätt. grannig zugespitzt, m. hellem Mittelnerv u. weißl. Rändern, so lg. wie die Fr.; Fr. eif., m. kurzem, aber deutl. u. tief gespaltenem Schnabel, (hell)braun; Pfl. 10–40 cm hoch; ♃; IV–VII. Feuchte sandige Orte, salzliebend; *s* Be, Ho, NÖ, Bgl. *Geteilte S.,* **C. divísa** Huds.

— Blattspr. rinnig, borstenf., etwa 1 mm breit; Infl. ca. 10 mm lg., im Umriss kugelig bis eif.; Tragblätt. stumpf, aber stachelspitzig, grau, m. grünem Mittelnerv u. breit weißhäutigem Rand, etwas kürzer als die Fr.; Fr. schmal-eif.-zugespitzt, ohne Schnabel, an der Spitze schief abgeschnitten *(465),* (schwarz)braun; Infl. kaum länger als die Blätt.; Pfl. 5–12 cm hoch; ♃; VI–VIII. Gerölle, 1800–3000 m; *s,* Vs, Gr, Bz, Ti, auch Strand von Da. (= *C. incurva* Lightf.; = *C. juncifolia* All.) *Binsenblättrige S.,* **C. marítima** Gunnerus

Ähnl. ist: **C. stenophýlla** Wahl. – *Schmalblättrige Segge:* Pfl. nur bis 25 cm hoch; Fr. kurz, aber deutl. 2-spaltig, kastanienbraun; Tragblätt. braun, weiß hautrandig m. gelbl. Mittelstreif; Infl. deutl. länger als die Blätt.; ♃; IV–VIII. Trockenrasen; *s,* Bz, NÖ, ČR, Bgl, Kt (Pörtschach), früher St.

7(4). Fr. nicht (od. nur sehr schmal) geflügelt, nur m. scharf vorspringendem, rauem Rand *(464);* Tragblätt. rotbraun, weiß hautrandig; Ähren bis 40-bltg., einen längl.-pyramidenf., 3–5 cm lg. Bltnstand bildend; ob. u. unt. Ähren ♀, mittl. ♂, Infl. daher z. Frzt. . in der Mitte dünner; Stg. bis zur Mitte beblättert; ♃; V–VII. Großseggenbestände, Fluss- u. Seeufer; *v–z,* seltener Alp. (= *C. intermedia* Good.) *Zweizeilige S.,* **C. dísticha** Huds.

— Fr. am Rand geflügelt, Flügel rau *(467, 468);* Tragblätt. grün gekielt **8**

8. Tragblätt. rotbraun, weiß hautrandig od. weißl.; Fr. fast in ganzer Länge gleich breit geflügelt *(467);* Ähren am Grd. ♂, oben ♀ **11**

— Tragblätt. rostfarben bis kastanienbraun; Flügel der Fr. oberw. breiter *(468);* Sand- u. Dünenpfl. **9**

9. Stg. u. Rhizom kräftig; Blätt. rau, 2–3(–4) mm breit; Ähren zu 6–16 in dichter, bis 6 cm lg., meist etwas überhgd. ährenart. Rispe; unt. Ähren ♀, mittl. gemischtgschl., ob. ♂; Tragblätt. länger als die Fr.; Pfl. m. weithin kriechenden Ausläufern, oberirdische Triebe kettenart. miteinander verbunden; ♃; VI. Dünen, Heiden, Kiefernwälder; küstennahe Sandgebiete *v,* sonst *z* südl. bis Rheinl./We/SaAn/Br/Schl (früher Arzneipfl., zuw. verwild., z. B. ObRheintal, Nürnberg). *Sand-S.,* * **C. arenária** L.

— Stg. zierl., oft schlaff; Blätt. nur 1–2 mm breit; Ähren fast stets am Grd. ♂, an der Spitze ♀ **10**

10. Ähren zu 6–12, z. T. ausw. gekrümmt, verkehrt eif.; Tragblätt. lanzettl., strohfarben-bleich-rostbraun; Fr. längl.-lanzettl., strohfarben, grün; ♃; V–VI. Sandige Orte, lichte Kiefernwälder; *z–s,* Schl, ČR, Sa, Br, SaAn, SH, NrWe, Ho, Be. (= *C. reichenbachii* BONN.) *Reichenbachs S.,* **C. pseudobrizoídes** CLAVAUD

— Ähren zu 4–7, elliptisch; Tragblätt. eif., dk. kastanienbraun; Fr. (ohne die Flügel) eif., dkbraun *(468);* ♃; V–VI. Dünen der Meeresküsten *s* (*f* Be), *z* Unterlauf von Rhein, Weser, Elbe, sehr *s* im Binnenland (z. B. Br, SaAn), *f* im S. *Französische S.,* **C. ligérica** GAY

11(8). Ähren zu 6–8, blassgelb, meist abw. bzw. ausw. gekrümmt, schmal lanzettl., 8–10 mm lg.; Bltnstand locker; Tragblätt. rotbraun, weißhäutig, glzd., zuletzt strohgelb, stumpfl.; Blätt. schlaff, oft bogig überhgd.; Stg. scharf 3-kantig, bis > 60 cm hoch; ♃; V–VI. Wälder; *v* (oft bestandsbildend) S-Dt, E, *z* Au, CH, FL, Bz, sehr *z–s* M-Gebiet u. N, *f* Da, SH (noch 1 Fundort), MeVp, Po, WPr. *Zittergras-S.,* **C. brizoídes** L.

— Ähren nicht gekrümmt; Tragblätt. braun **12**

12. Rhizom 1 mm dick; Blätt. 1–2 mm breit; Infl. 1,5–2 cm lg., m. 3–5 Ähren; Fr. 3 mm lg., m. gleichmäßig schmalen Flügeln *(467);* ♃; V–VI. *Frühe S.,* **C. prǽcox** SCHREB.

a. Stg. stets aufrecht; Ähren stets gerade; Tragblätt. dkbraun; Fr. plötzl. in den Schnabel übergehend. Sandige, ruderale Trockenrasen; *z* nur Elbe, Rhein, Main, unt. Donau, sonst *s, f* Da; in Au nur Kt, St, OÖ. ssp. **prǽcox**

— Stg. nur z. Bltzt. aufrecht, später bogig abw. gekrümmt; Ähren meist schwach gebogen (ähnl. *C. brizoides!);* Tragblätt. hellbraun; Fr. allmähl. in den Schnabel übergehend. Warme Eichenwälder. Halbtrockenrasen; *s* E, Baden, Fr, Th, Sa, Br, Schl, OÖ, NÖ, ČR. (= *C. curvata* KNAF) ssp. **intermédia** (ČEL.) SCH.-MOT.

— Rhizom 2–2,5 mm dick, von schwarzbraunen, stark borstig zerfallenden Niederblättern bedeckt; Blätt. 2–4 mm breit; Infl. 3–7 cm lg., m. mehr als 6 Ähren, die ob. meist rein ♂, die mittl. oben ♂, an der Basis ♀, die unt. meist rein ♀; Fr. 5 mm lg. u. 1–1,5 mm breit, breiter geflügelt als vorige; unt. ♀ Ähren deutl. schlanker als die von *C. disticha,* 1–1,8 cm lg. u. bis 5 mm breit; ♃; V–VI. Kiefernwald; WPr, St, Kt, Bgl. *Kriechende S.,* **C. répens** BELL.

13(3). Ähren am Grd. ♂ (z. Frzt. an der Basis deshalb m. leeren Tragblätt.) **23**

— Ähren an der Spitze ♂ (z. Frzt. oben m. leeren Tragblätt.); Fr. in 2-zähnigen, am Rand rauen Schnabel zugespitzt *(469)* **14**

14. Narben 3; Blätt. borstl. gleich dem 5–10 cm hohen Stg. gekrümmt, von der Spitze her frühzeitig vergilbend; 5–6 Ähren kopfig genähert; Sprossbasis m. zerfaserten Resten der vorjährigen Blätt.; ♃; VII–VIII. Krummseggenrasen. *Krumm-S.,* **C. cúrvula** ALL.

a. Wurzeln hellbraun bis gelbl.; Stg,. u. Blätt. gekrümmt; Blätt. im Querschnitt flach V-förmig; Tragblätt. braun. Auf Urgestein, 1800–3000 m; *v,* CH, FL, Bz, Au, bestandsbildend ssp. **cúrvula**

— Wurzeln braun; Stg. gerade, Blätt. etwas gekrümmt; Blätt. im Querschnitt flach U-förmig; Tragblätt. bräunl.gelb bis hellbraun. Auf Kalkböden (Schiefer); *s* CH, Bz, Ti, Kt, O-Ti. ssp. **rósae** GILOMEN

— Narben 2; Pfl. höher als 10 cm **15**

15. Blätt. 1–3 mm breit, wenn breiter, dann Bltnstand rispig; Stg. m. ebenen od. gewölbten Seitenflächen, nur oberw. rau **18**

— Blätt. meist 4–8 mm breit; Stg. an den Kanten ± deutl. geflügelt, sehr rau; Fr. auf einer Seite flach, auf der anderen gewölbt (plankonvex) **16**

16. Tragblätt. der Bltn. plötzl. in sehr lg. pfrieml. Spitze verschmälert; Frschnabel so lg. wie od. länger als der Körper der Fr.; Fr. 2–2,7 mm lg., reif strohgelb, innen nervenlos, außen 3-nervig; Infl. meist etwas verzweigt, bis 15 cm lg.; Rand der Blattscheiden quer gefältelt; Pfl. 30–100 cm hoch; ♃; V–VI. Feuchte Wiesen; mehrmals eingeschleppt (Ho, SH, Po, OPr, NrWe, He, BW, Ba, Au außer Vb, FL, CH; wo eingebürgert?). (Heimat: N-Am.) *Vielblütige S.*, **C. vulpinoídea** MICHX.

— Tragblätt. der Bltn. oval-zugespitzt, nicht pfrieml. verlängert **17**

17. Hüllblätt. der Ähren meist kurz u. borstenf.; Fr. matt, innen nervenlos (bzw. sehr undeutl. nervig), auf der Außenseite deutl. nervig; Epidermis der Fr. papillös (sehr starke Lupe!); Schnabel auf der Außenseite der Fr. viel tiefer gespalten als auf der Innenseite; Bogen der Ligula einen stumpfen Winkel bildend, breiter als hoch; ♃; V–VI. Riedwiesen, Gräben, Seggenbestände; *z*, im NW Stromtalpflanze, ingesamt weniger verbreitet als folgende Art. *Fuchs-S.*, **C. vulpína** L.

— Hüllblätt. der Ähren meist länger, das unterste häufig wesentl. länger als die dazugehörende Ähre; Fr. meist glzd., beidseitig deutl. nervig, Epidermis glatt; Frschnabel auf beiden Seiten gleich tief gespalten; Bogen der Ligula einen spitzen Winkel bildend, höher als breit; ♃; V–VI. Nasse Waldstellen, Gräben, salzhaltige Orte; *v*, häufiger als vorige Art. (= *C. nemorosa* auct; = *C. cuprina* NENDTVICH)
Falsche Fuchs-S., **C. ótrubae** PODP.

18(15). Infl. köpfchenart., im Umriss eif., 10–15 mm lg., aus 8–12 dicht beisammensthd. Ähren; Fr. 3–4 mm lg., m. gelbl. Basis u. dkbrauner Spitze, tief geschnäbelt; Pfl. 10–30 cm hoch; ♃; VII–IX. Magerrasen, Schneetälchen, oberhalb 2000 m; *z* in CH, Bz, *s* in St (Seetaler Alp.), Niedere Tauern. *Stink-S.*, **C. foétida** ALL.

— Infl. lggestreckt, deutl. ährig od. rispig **19**

19. Fr. dkbraun, innen schwach, außen stark gewölbt; Infl. meist verzweigt; Pfl. nasser Standorte **21**

— Fr. innen flach, außen gewölbt; Infl. unverzweigt, z. T. am Grd. m. kurzen Seitenachsen **20**

20. Reife Fr. im unt. Drittel abgesetzt, schwammig-korkig, 4,5–5,5(–6) mm lg., grün bis gelbbraun; Infl. meist unverzweigt, 2–3,5(–5) cm lg.; unt. Blattscheiden violettrot oder nur m. dkvioletten Flecken; Rinde älterer Wurzeln dkviolett (Wurzeln ankratzen!), Stg. steif aufrecht (ausgenommen Schattenformen!); ♃; V–VIII. Wegränder, Grünland, Parkanlagen; *v*. (= *C. contigua* HOPPE) *Dichtährige S.*, **C. spicáta** HUDS.

— Reife Fr. im unt. Drittel nicht abgesetzt, nicht schwammig-korkig, 3–5(–5,5) mm lg., kastanienbraun; unt. Blattscheiden strohfarben bis schwarzbraun (jedoch ohne rote bzw. violette Töne); Rinde älterer Wurzeln braun bis braunschwarz.

Artengruppe *Sparrige S.*, * **C. muricáta** L. agg.

a. Infl. am Grd. aufgelockert, unterste Knäuel etwas entfernt; Bltnstand 4–10(–20) cm lg.; Bogen an der Ansatzstelle des Blatthäutchens so breit wie od. breiter als hoch . . . . **c**

— Infl. dicht, die untersten Knäuel höchstens 1 cm von einander entfernt; Bltnstand 2–3 cm lg.; Bogen an der Ansatzstelle des Blatthäutchens höher als breit . . . . **b**

b. Fr. 3,5–4,5 mm lg., deutl. geflügelt, plötzl. in einen kurzen Schnabel verschmälert, grünl. bis bräunl.; ♃; V–VII. Wälder, Ruderalstellen; *z*, im N seltener. *Sparrige S.*, **C. muricáta** L. s. str.

— Fr. 3–3,5 mm lg., undeutl. geflügelt, allmähl. in den Schnabel verschmälert, reif braun; ♃; V–VII. Wälder; *z–s*, im N seltener. (= *C. muricata* ssp. *pairae* (F. W. Sch.) Čel.; = *C. pairaei* auct.) *Pairas S.*, **C. paírae** F. W. Sch.

c(a). Infl. 5–10(–20) cm lg.; Fr. 3,5–4,5 mm lg. (*469)*, hellbraun; Blätt. 2–3 mm breit; Pfl. 20–60 cm hoch; ♃; V–VIII. Wälder, Gebüsche, Wegränder; *s*. (= *C. muricata* ssp. *divulsa* (Stok.) Čel.; incl. *C. chabertii* F. W. Sch.) *Unterbrochenährige S.*, **C. divúlsa** Stok.

— Infl. 4–8 cm lg.; Fr. 4,5–5 mm lg., dkbraun; Pfl. 30–100 cm hoch; ♃; V–VI. Wälder; *z–s*, bes. im südl. u. mittl. Gebiet, *f* meist im N u. NW. (= *C. leersii* F. W. Sch.; = *C. polyphylla* Karelin & Kirilov). *Westfälische S.*, **C. guestphálica** (Boenn. ex Rchb.) Boenn. ex Lang

21(19). Bltnstand ährenrispig, sehr dicht, 1,5–3 cm lg.; Fr. stark glzd., nervenlos, kastanienbraun; Blätt. bis 2 mm breit, rinnig gefaltet; Pfl. lockere Horste bildend; Stg. dünn, an der Basis stielrund, oben 3-kantig; Pfl. 20–60 cm hoch; Hüllblätt. der Ähren m. als Granne austretendem Mittelnerv; ♃; V–VI. Flachmoore, Erlenbrüche, Sumpfwiesen; sehr *z*, im S etwas häufiger, vielfach verschwunden. (= *C. teretiuscula* Good.) ⒢ *Draht-S.*, **C. diándra** Schr.

— Bltnstände ± deutl. rispig, d. h. Ähren ± lg. gestielt; Pfl. dicht horstf.; Blätt. breiter als 2 mm; Hüllblätt. grannenlos **22**

22. Fr. schwachnervig, glzd., allmähl. in Schnabel verschmälert; Blätt. 4–6 mm breit; Scheiden sich nicht in Fasern auflösend; Seitenflächen des 3-eckigen Stg. eben; Infl. deutl. rispig, Seitenzweige länger u. abgespreizt; Pfl. 40–150 cm hoch; ♃; V–VI. Flachmoore, Riedwiesen, Ufer; *v*, im M-Gebiet *z*. *Rispen-S.*, * **C. paniculáta** L.

— Fr. beidersts. stark nervig, matt, plötzl. in Schnabel verschmälert; Blätt. 2–3 mm breit; Scheiden sich in lg. schwarze Fasern auflösend; Seitenflächen des 3-eckigen Stg. etwas konvex; Infl. nur undeutl. rispig, Seitenzweige kürzer u. der Achse fast anlgd.; Pfl. 30–70 cm hoch; ♃; V–VI. Flachmoore, Sumpfwiesen; *z* im S; sonst sehr *z–s*, im N u. M-Gebiet vielfach verschwunden. (= *C. paradoxa* Willd.) ⒢ *Schwarzschopf-S.*, **C. appropinquáta** Schum.

23(13). Unt. Ähren weit (bis 7 cm) voneinander entfernt, ihre blattart. Hüllblätt. den schlaffen Stg. weit überragend; Tragblätt. weißl.; Ährchen 4–10 mm lg.; Pfl. horstf.; ♃; V–VII. Feucht-schattige Stellen in Laubwäldern, an Waldwegen; *z*. *Winkel-S., Entferntährige Wald-S.*, * **C. remóta** L.

— Ähren ± genähert, höchstens die unt. etwas entfernt; unt. Ährchen ohne od. m. kurzem, laubigem Hüllblatt. **24**

24. Fr. ungeflügelt **27**

— Fr. am Rand geflügelt, lg. geschnäbelt **25**

25. Schnäbel der reifen Fr. die Tragblätt. nicht überragend, Ähren daher nicht auffällig „stachelig" aussehend, meist längl. u. locker, ob. Fr. daher von der Seite meist vollständig sichtbar; ♃; V–VIII. Magerrasen, Wegränder, Wiesen; *v.* (= *C. ovalis* Good.) *Hasenfuß-S.,* * **C. leporína** L.

— Schnäbel der reifen Fr. die Tragblätt. überragend, Ähren daher „stachelig" aussehend, meist sehr kompakt und gedrungen, ob. Fr. daher von der Seite nicht vollständig sichtbar **26**

26. Fr. pfrieml., mit spitzer Basis, 4–5 x so lg. wie breit, gering geflügelt; ♃; VI–VIII (–X). Eingebürgert an Talsperren östl. Remscheid (S-We), b. Frankfurt (He), Be, E. (Heimat: N-Am.) *Falsche Hasenfuß-S.,* **C. crawfórdii** Fern.

— Fr. breit lanzettl., m. rundl. Basis, 2–2,5 x so lg. wie breit, deutl. (von der Basis bis zur Spitze) geflügelt; Pfl. gleichzeitig blühend u. fruchtend; Infl. 80 cm hoch; ♃; V–IX. Anmooriger Steig auf kalkreichem Boden; bisher nur b. Seefeld (Ti), (Heimat: N-Am.) *Große Hasenfuß-S.,* **C. bébbii** (Olney ex Bailey) Fern.

27(24). Fr. an der Spitze abgestumpft, kurz geschnäbelt od. ungeschnäbelt **29**

— Fr. geschnäbelt, Schnabel an der Spitze ± deutl. 2-zähnig, Fr. waagrecht absthd. od. etwas zurückgekrümmt; Ähren in einfachem, unterbrochen-ährigem Bltnstand **28**

28. Ähren längl., 5–12 mm lg., vielbltg., zu 8–12; Tragblätt. bräunl.; Fr. kurz 2-zähnig geschnäbelt, vielnervig; Blätt. 3–4 mm breit, schlaff, rau; Pfl. 30–60 cm hoch; ♃; V–VI. Erlenbrüche, Waldsümpfe; *z,* im S seltener. *Verlängerte S.,* * **C. elongáta** L.

— Ähren kugelig, 4–6 mm lg., zu 3–5 *(470);* Tragblätt. hellbraun, weiß hautrandig u. m. grünem Mittelnerv; Frschnabel oft gekrümmt, rau 2-zähnig; Fr. nur auf der gewölbten Seite nervig, reif sternf. spreizend; Blätt. starr, 1–2 mm breit; Pfl. 10–30 cm hoch; ♃; V–VII. Sumpfwiesen, Flachmoore; *v–z.* (= *C. stellulata* Good.) *Igel-S.,* **C. echináta** Murr.

29(27). Fr. ungeschnäbelt; Ähren nur 2–5-bltg. **33**

— Fr. geschnäbelt, eif.; Pfl. graugrün **30**

30. Ähren meist zu 4–6(–10); Infl. unterbrochen, die unt. Ähren deutl. voneinander entfernt, insgesamt > 4 cm **32**

— Ähren nur zu 3–4, sehr genähert; Infl. < 2 cm **31**

31. Stg. oben sehr rau, scharf 3-kantig, 15–30 cm hoch; Ähren kugelig; Fr. eif., graubraun, plötzl. kurz geschnäbelt; ♃; V–VI. Hochmoore; *s* CH, Bz, Ba, Ti, OÖ, St, NS, *z* Po bis OPr, früher SH, BW.
Torf-S., **C. heleonástes** L. f.

— Stg. glatt od. nur unter dem Bltnstand etwas rau, stumpf 3-kantig, 5–15 cm hoch; Blätt. 1–2 mm breit, starr; Fr. krugf., gelbbraun m. dkbraunem Schnabel; ♃; VI–VII. Schutthalden, quellige Stellen, Schneetälchen, 2000–2600 m; *z* Ur-Alp. von CH, Bz, Au. (= *C. lagopina* Wahl.) *Lachenals S.,* **C. lachenálii** Schk.

32(30). Ähren kugelig, 3–5 mm lg.; Tragblätt. braun, weiß hautrandig; Fr. eif., ihr Schnabel auf der Rückenseite aufgeschlitzt *(471);* Blätt. 1,5–2 mm

breit; Pfl. grasgrün; ♃; VII.
Bräunliche S., **C. brunnéscens** (PERS.) POIR.

a. Dichtrasig; Pfl. 15–40 cm hoch, kräftig, gerade; Blätt. kurz u. steif; Ähren eif. bis längl.-eif., dichtbltg.; Fr. 2–2,5 mm lg.; Frwand selten aufreißend, nur schwach nervig, gelb- bis dkbraun. Magerrasen, Flachmoore, humöse Matten vorwgd. der alp. Stufe (1000–2500 m); *v–z* Alp. (*f* OÖ), *s* Feldberg (Schw.)?, Erz- u. Riesengeb. ssp. **brunnéscens**

— Lockerrasig; Pfl. 30–70 cm hoch, zart; Stg. etwas geschlängelt; Blätt. lg., weich, schlaff; Ähren breit eif. bis längl., lockerbltg.; Fr. 2,5–3,5 mm lg.; Schlauchwand oft aufreißend, deutl. nervig (bes. die Außenseite), olivgrün m. violettbraunen Flecken. Schattige, feuchte Waldstellen m. beginnender Vermoorung; *s* OPr, Ba (Allmannshausen), Gr, Bz, Sb. (= *C. vitilis* FR. em. BLYTT) ssp. **vítilis** (FR. em. BLYTT) KALELA

— Ähren längl.-elliptisch, 5–10 mm lg.; Tragblätt. bleich, grün gekielt; Fr. nicht einseitig aufgeschlitzt; Blätt. schlaff, 2–3 mm breit; Pfl. graugrün; ♃; V–VIII. Hochmoore, Torfstiche, nasse Wiesen; *v* u. *h.*
Graue S., **C. canéscens** L.

33(29). Blätt. kürzer als der oberw. schwach raue Stg.; Ähren klein, fast kugelig, armbltg., m. (2–)6 ♀ Bltn. an der Spitze u. 1–4 ♂ Bltn. an der Basis, zu 3–5 in lockerer Infl.; Fr. stark zusammengedrückt; unt. Hüllblatt seine Ähre deutl. überragend; pfrieml.; ♃; VI–VII. Heidemoore; sehr *s* OPr, früher NS. *Lolchartige S.,* **C. loliácea** L.

— Blätt. so lg. wie der bis über die Mitte raue, sehr dünne Stg.; Ähren zu 2–4, entfernt, m. 2(–3) basalen ♀ u. 1–2 ♂ Bltn. an der Spitze; Fr. etwas aufgeblasen, schwach zusammengedrückt; unt. Hüllblatt m. pfrieml. Spitze, aber kürzer als die Ähre; ♃; VI–VIII. Erlenmoore; sehr *s* OPr (= *C. tenella* SCHK.) *Zarte S.,* **C. dispérma** DESV.

Untergattung: **Cárex**, *Verschiedenährige Seggen*

1. Fr. m. kürzerem od. längerem, 2-zähnigem od. 2-spaltigem Schnabel[1] *(472, 473);* Narben meist 3 . . . . **46**
— Fr. ungeschnäbelt (zuw. aber zur Spitze hin lg. verschmälert *474*) od. m. sehr kurzem, stielrundem, gestutztem *(475),* selten sehr kurz 2-zähnigem Schnabel[1]; Narben 2–3 . . . . **2**
2. Fr. behaart; Narben stets 3 . . . . **32**
— Fr. kahl (höchstens etwas rau). **3**
3. Narben 3 . . . . **14**
— Narben 2 . . . . **4**
4. Ähren zu 3–5, alle einander sehr ähnl., fast gebüschelt, insgesamt nur bis 1,5 cm lg. u. etwas nickend; Endährchen ganz od. nur an der Basis ♂; Hüllblatt. der untersten Ähre oft lg., laubblattart., m. bis 1 cm lg.

---

[1] Die Entscheidung, ob Fr. geschnäbelt sind od. nicht, ist wegen zahlr. – auch standörtlich bedingter – Übergangsformen oft schwierig u. nicht immer sicher. Bleibt ein Bestimmungsergebnis fraglich, so verfolge man m. der 2. Schnabel-Alternative auch den anderen Bestimmungsgang.

Scheide; Tragblätt. eif.-stumpf, schwarzrot m. grünem Mittelstreifen u. weißl. Rand; Fr. fast nervenlos, grauweiß bis hellgrün, dicht warzig; Pfl. 5–20 cm hoch, m. kurzen Ausläufern; ♃; VII. Feuchte bis schlammige Wiesen entlang der Alpenbäche (1600–3000 m); *s* in CH, Bz, Ti, Sb, Kt, OTi. *Zweifarbige S.,* **C. bícolor** ALL.

— ♂ u. ♀ Ähren verschieden; Ähren, bes. die unt., voneinander entfernt **5**

5. Tragblätt. der ♀ Bltn. gelbl.-blassrotbraun, m. aufgesetzter Granne, die bis 5-mal so lg. wie die Spelzenfläche ist; ♀ Ähren gestielt, ihr Stiel > die überhgd. Ähren; ♃; VI. Anmoorige, offene Dünentäler; *s* N-Jütland (erst 1990 b. Skagen entdeckt, Wuchsort inzwischen vernichtet). *Strand-S.,* **C. paleácea** WAHL.

— Tragblätt. der ♀ Bltn. allenfalls zugespitzt, niemals grannig; ♀ Ähren (fast) ungestielt, aufrecht **6**

6. Pfl. m. verlängerten Ausläufern; grdst. Blattscheiden m. Spr. (außer *C. buekii),* netzart. zerfasernd od. erhalten bleibend **8**

— Pfl. ohne verlängerte Ausläufer, dichte Horste bildend; grdst. Blattscheiden netzart. zerfasernd, spreitenlos **7**

7. Blattscheiden gelbbraun, grobmaschig-netzfaserig; Blätt. 4–5 mm breit, graugrün, scharf-rau; Fr. 5–7-nervig; Tragblätt. schwarzbraun m. grünem Mittelstreif; Verlauf des Blatthäutchens deutl. breiter als hoch; Stg. steif aufrecht, scharf 3-kantig, oberw. rau, 20–100 cm hoch; Pfl. feste, große, oft stockwerkart. aufgebaute Horste („Bulte") bildend; ♃; IV–V. Flachmoore, Erlenbrüche, Altwasserufer; *v–z* im N u. S, *z–s* im M-Gebiet. (= *C. stricta* GOOD.; = *C. reticulosa* PET.) *Steife S.,* * **C. eláta** ALL.

a. Blätt. 4–5(–6) mm breit; Tragblätt. abgerundet bis zugespitzt; Fr. deutl. genervt; Pfl. bis 120 cm hoch. Nährstoffreiche Standorte. ssp. **eláta**

— Blätt. 2–3,5(–5) mm breit; Tragblätt. deutl. zugespitzt; Fr. nervenlos od. undeutl. genervt; Pfl. bis 80 cm hoch. Nährstoffarme Standorte. Erst 1997 in Br entdeckt (westlichstes bekanntes Vorkommen) ssp. **omskiána** (MEINSH.) JALAS

— Blattscheiden purpurrot, feinmaschig-netzfaserig; Blätt. hellgrün, 3 mm breit, starr, fein rau; Fr. nervenlos; Tragblätt. schwarz m. rotbraunem Mittelstreif; Verlauf des Blatthäutchens deutl. höher als breit; Stg. schlank, dünn, scharf 3-kantig, bis zum Grd. rau, 15–60 cm hoch; Pfl. dichte Horste bildend; ♃; IV–V. Sumpfwiesen, Flachmoore; sehr *z* bis *s*, *f* Be, NrWe, Pf, CH, Bz, in Au nur Sb, Kt, St, Bgl. Ⓖ *Rasen-S.,* **C. cespitósa** L.

Mit rotbraunen Blattscheiden, 2–3 mm breiten Blätt. u. höchstens 60 cm hohen Stg. vgl. auch die *Binsenartige S.,* **C. juncélla** FR., S. 276, Nr. 12

8(6). Grdst. Blattscheiden spreitenlos, rotbraun, stark netzfaserig; Fr. nervenlos, innen flach, außen gewölbt; unterstes Hüllblatt laubblattart.; Stg. scharf 3-kantig, oben sehr rau, 45–90 cm hoch; ♃; IV–V. Wiesen, Gebüsch der Flussufer; *s* Schl, Oberelbe, b. Hamburg, b. Regensburg (Donau-, Naab-, Regental), Kt, St, OÖ, NÖ, Bgl, ČR. (= *C. banatica* HEUFF.) *Banater S.,* **C. büekii** WIMM.

— Grdst. Scheiden m. Spr., meist nicht netzig zerfasernd **9**

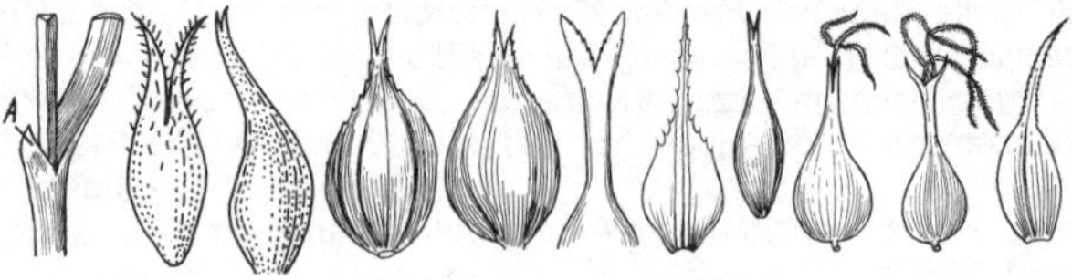

476 477 478 479 480 481 482 483 484 485 486

9. Laubblätt. meist kürzer als der Stg. (Infl.); ♀ Ähren bis 10 cm lg., ♂ Ähren 1(–2), 1–3 cm lg.; Tragblätt. der untersten Ähre meist kürzer als die Infl.; Ähren ± aufrecht **11**

— Laubblätt. so lg. wie od. länger als der Stg. (Infl.); ♀ Ähren bis 20 cm lg.; ♂ Ähren 2–4, die oberen 4–6 cm lg.; Tragblätt. der untersten Ähre meist länger als die Infl.; Ähren ± überhängend **10**

10. Stg. oberw. nicht sehr scharf 3-kantig, m. nur wenig eingesenkten Seitenflächen; dickste Wurzel (lebend!) 2 mm Dm.; unt. Blattscheiden an kräftigen vegetativen Trieben bis 10 mm breit, nur zuw. rötl. überlaufen; ♃; IV–V. Ufer, Großseggenbestände; *v.* (= *C. gracilis* CURT.; incl. var. *tricostata* (FR.) ASCH. = ssp. *intermedia* ČEL.)
Schlanke S., * **C. acúta** L.

— Stg. oberw. sehr scharf 3-kantig, mit. deutl. eingesenkten Seitenflächen; dickste Wurzeln (lebend!) 4 mm Dm.; untere Blattscheiden an kräftigen vegetativen Trieben bis 15 mm breit, rotbraun bis braunviolett überlaufen; ♃; IV–V. Ufer, Großseggengesellschaften, Bäche; *z* (bisher von voriger Art nicht unterschieden) Ba, Ti, Sb, OÖ, NÖ. (= *C. oenensis* auct.) *Inn-S.,* **C. randalpína** WALLNÖFER

Hybride (auch ohne die Eltern): **C.** × **oenénsis** NEUMANN ex WALLNÖFER (*C. acuta* × *C. randalpina*)

11(9). Unterstes Hüllblatt kurz, nur etwa so lg. wie seine Ähre, die ob. Hüllblätt. spelzenart.; Blätt. bis 7 mm breit, rau, oft zurückgekrümmt; Bltnstand kurz, m. 2–3 aufrechten ♀ u. 1 ♂ Ähren; Fr. eif., nervenlos, fast 3-seitig; ♃; V–VIII. Magerrasen, Zwergstrauchheiden der subalp. Reg.; *v* Sudeten, sonst *s* Harz, Sb, Kt, St. (= *C. rigida* GOOD.; = *C. fyllae* HOLM) *Starre S.,* **C. bigelówii** TORR. ex SCHWEINITZ ssp. **rígida** SCH.-MOT.

— Unterstes Hüllblatt so lg. wie die Infl., auch die ob. wenigstens m. kurzer Spr.; Blätt. nicht zurückgekrümmt **12**

12. Stg. scharf 3-kantig, oberw. rau, gleich den Blätt. graugrün; ♂ Ähren 1 (selten 2); Fr. bikonvex, grün, länger als die schwarzen, grün gestreiften Tragblätt.; Ähren kurz, aufrecht; unt. Hüllblatt den Bltnstand nicht selten überragend; ♃; V–VII. Flachmoore, Gräben; *v.* (= *C. vulgaris* FR.; = *C. goodenowii* GAY; = *C. stolonifera* HOPPE; = *C. fusca* auct. non ALL.) Formenreich. *Wiesen-S.,* * **C. nígra** (L.) REICH.

Hierher gehört vielleicht auch die *Binsenartige S.,* **C. juncélla** FR.; Pfl. ähnl. *C. elata*, horstf., höchstens 60 cm hoch; Blattscheiden rotbraun, glzd., nicht gekielt; Blätt. 2–3 mm breit; sehr *s,* nur Gr (Oberengadin).

— Stg. stumpf 3-kantig, glatt od. nur unterhalb des Bltnstands etwas rau; ♂ Ähren (1–)2–4 . . . . **13**

13. Stg. völlig glatt; Pfl. 10–40 cm hoch; Blätt. 2–3 mm breit; ♀ Ähren 2–3, fast sitzend, aufrecht, 1–4 cm lg., Fr. 3,5–5 mm lg., plankonvex, deutl. längsnervig (oft m. 3 stark hervortretenden Nerven), so lg. wie die Tragblätt. od. etwas länger als diese; Tragblätt. braun m. 3-nervigem, grünem Kiel u. schmalen Hauträndern; ♃; VI–VII. Dünen der Nordseeküste, Ost- u. Nordfriesische Inseln, Da (Küste S- u. M-Jütland, Inseln Rømø u. Fanø), *s.* *Dreinervige S.,* **C. trinérvis** DEGL.

— Stg. wenigstens oberw. etwas rau; Pfl. 30–90 cm hoch; Blätt. 3–7 mm breit; ♀ Ährchen 4–6 cm lg.; Stg. m. ebenen Seitenflächen (Gegensatz zu *C. acuta,* Nr. **10**); Fr. 2–3 mm lg., fast nervenlos, aber m. etwas vorspringenden Randkanten, breiter als die Tragblätt., meist steril; Tragblätt. purpurn bis kupferfarben, hell gekielt, weiß hautrandig; ♃; V–VII (aber später als *C. acuta).* Ufer, Sumpfwiesen, Moorbäche, Erlenbrüche; *z* NS (zwischen Leer u. Rotenburg östl. Bremen, südl. bis Meppen), Ho, OPr (ob weiter verbreitet? früher mit *C. acuta* verwechselt). *Wasser-S.,* **C. aquátilis** WAHL.

14(3). Endst. Ähre ♂ (zuw. am Grund m. wenigen ♀ Bltn.) **20**

— Endst. Ähre an der Spitze m. ♀, am Grd. m. ♂ Bltn. **15**

15. Grdst. Blattscheiden dkbraun, nicht netzfaserig; Fr. nervenlos, nur zuw. undeutl. nervig, etwas zusammengedrückt, braun od. schwarz; Grundfarbe der Tragblätt. schwarz; Pfl. horstf. bzw. m. kurzen Ausläufern **17**

— Grdst. Blattscheiden schwarzrot, fein netzfaserig; Fr. nervig, fast 3-kantig, graugrün, Pfl. lockerrasig, m. längeren Ausläufern; Grundfarbe der Tragblätt. dkbraun **16**

16. Endst. Ähren keulenf., 10–25 mm lg. u. 5–10 mm breit, meist nur oberw. ♂; Fr. undeutl. nervig, dicht m. auffälligen Papillen bedeckt, 3–4 mm lg., Grannenspitze des Tragblatts die Fr. überragend; Blätt. graugrün; ♃; V–VI. Pfeifengraswiesen, Bachränder, bes. montane Stufe; *z–s* (Verbreitung ungenügend bekannt). [= *C. polygama* SCHK. ssp. *subulata* (SCHUM.) CAJ.] Ⓖ *Buxbaums S.,* **C. buxbaumii** WAHL.

— Endst. Ähren zylindrisch, 15–35 mm lg. u. nur bis 5 mm breit, größtenteils ♀, nur am Grd. m. wenigen ♂ Bltn. (selten rein ♂ od. rein ♀); Fr. bikonvex, 2–3 mm lg., sehr fein papillös, etwa so lg. wie die Tragblätt.; Blätt. grasgrün; ♃; V–VI. Moorwiesen, Bachränder; sehr *z* Ho, Da, b. Hannover, Po bis OPr, Br, SaAn, Sa, Th, Schl, E, BW, Vorder-Pf, Ba, Bz, Au, ČR. [= *C. polygama* SCHK. ssp. *hartmanii* (CAJ.) DOM.] Ⓖ *Hartmans S.,* **C. hartmánii** CAJ.

17(15). Ähren zu 2–4 kopfig zusammengezogen, sitzend od. sehr kurz gestielt, rundl. eif.. . . . . **19**

— Ähren zu 2–6, längl. eif., gestielt, alle od. wenigstens die unt. entfernt u. länger gestielt **18**

18. Fr. schlank, zur Spitze hin allmähl. verschmälert (ähnl. *465*), meist kurz 2-zähnig, 4–6 mm lg., länger, aber schmaler als ihr Tragblatt; ♀ Ähren bis 5 cm lg. haarfein gestielt, überhgd. s. Nr. **64**, **C. fuliginosa**

— Fr. eif. bis verkehrt eif., 3,5–5 mm lg., kürzer, aber breiter als ihr Tragblätt; ♀ Ähren kurz gestielt, ± aufrecht; Blätt. mehr als ½ so lg. wie der Stg.;

♃; VI–VIII. Matten, Hochstaudenfluren; *z* Alp., 1500–3100 m, *s* ČR. *Schwarze S., Trauer-S.,* **C. atráta** L.

a. Stg. schlank, glatt; Pfl- 15–30 cm hoch; Fr. 3,5 mm lg., gelbbraun; Ähren 1–2 cm lg.; Blätt. 3–4 mm breit. VI–VIII. Steinige Matten, Geröll; *z* Alp., *s* Riesengeb., Gesenke. ssp. **atráta**

— Stg. dick, an den Kanten rau; Pfl. 30–60 cm hoch; Fr. 4–5 mm lg., schwarz; Ähren bis 3,5 cm lg.; Blätt. 5–9 mm breit. VII–VIII. Feuchtere Standorte, z.B. Hochstaudenfluren; wie vorige Unterart, doch weniger häufig. (= *C. aterrima* Hoppe) ssp. **atérrima** (Hoppe) Hartm.

19(17). Stg. glatt; Ähren eirund, sitzend (zuw. das unterste kurz gestielt); Tragblätt. schwarzbraun, weißl. berandet; Fr. braunschwarz, 3–4 mm lg.; ♃; VII–VIII. Humöse, steinige Matten, Felsspalten, Geröll; *s* alp. Reg. (2300–3210 m). [= *C. atrata* ssp. *nigra* (All.) Hartm.; = *C. nigra* All.] *Kleinblütige S.,* **C. parviflóra** Host

— Stg. unterhalb der Infl. stark rau; Ähren fast kugelig, kurz gestielt; Tragblätt. ohne od. selten m. sehr schmalem, weißhäutigem Rand; Fr. 1,8–3,5 mm lg., zuletzt gelbgrün bis braungrün; Blätt. 2,5–5 mm breit; ♃; VI–VIII. Feuchte Magerrasen u. Gesteinsfluren, Flachmoore; *s* Gr, Ti, OTi, Bz, St. *Norwegische S.,* **C. norvégica** Retz.

a. Fr. 1,8–2,5 mm lg., an der Spitze plötzlich in den Schnabel verschmälert; Tragblätt. ¾ so lg. wie die Fr.; Pfl. 5–30 cm hoch; VII–VIII. Gr, Ti, Bz. ssp. **norvégica**

— Fr. 2,5–3,5 mm lg. allmähl. in den Schnabel verschmälert; Tragblätt. halb so lg. wie die Fr.; Pfl. 10–40 cm hoch; VI–VIII. Bz, OTi, St. (= *C. media* R. Br. ssp. *pusteriana* (Kalela) Sch.-Mot.) *Pustertaler S.,* ssp. **pusteriána** (Kalela) Chater

20(14). Blätt. (bes. am Rand od. wenigstens jung) behaart; ♀ Ähren gestielt; Blatthäutchen in seinem Verlauf doppelt so hoch wie breit **31**

— Blätt. kahl **21**

21. Hüllblätt. (bes. der unt. Ähre) m. längerer, stgumfassender Scheide **25**

— Hüllblätt. ohne od. m. sehr kurzer Scheide; Pfl. m. längeren Ausläufern **22**

22. ♀ Ähren zu 1–3, genähert, sitzend, (1–)3–5-bltg.; Hüllblätt. am Grd. trockenhäutig; Fr. groß, glzd. gelbbraun, aufgeblasen; Blätt. flach, bis 1,5 mm breit; Stg. stumpfkantig, oberw. rau, 8–20 cm hoch; ♃; IV–V. Sandige Steppenrasen, Trockenwälder; *z* im O, westl. bis Br/SaAn/Th, *s* RhPf, Ba, Bz, NÖ, Bgl, ČR, früher St. *Niedrige S.,* **C. supína** Wahl.

— ♀ Ähren deutl. gestielt, zuletzt hgd., reichbltg. **23**

23. ♂ Ähren meist 2; grdst. Blattscheiden m. Spr.; Fr. nervenlos, purpurschwarz, rau punktiert; Blätt. flach, 2–6 mm breit, am Rand rau, grasgrün bis blaugrün, Stg. stumpf 3-kantig, 20–50 cm hoch; ♃; V–VI. Wiesen, Flachmoore, Gebüsch, Halbtrockenrasen, kalkliebend; *v,* im N stellenw. *f.* (= *C. glauca* Scop.) *Blaugrüne S.,* * **C. flácca** Schreb.

— ♂ Ähren einzeln; grdst. Blattscheiden ohne Spr.; Moorpfl. **24**

24. Fr. stark 5-nervig, gelbl.grün bis bräunl.; Tragblätt. rotbraun, m. grünen Mittelnerven; ♀ Ähren zu 1–2; Blätt. borstenf. zusammengefaltet, ca. 1 mm breit, graugrün; ♃; IV–VII. Heide- u. Hochmoore, bes. in Schlenken; *z* Alp. u. Vorland, sonst *s*, gebietsweise *f* od. verschwunden (z. B. SaAn). Ⓖ *Schlamm-S.*, **C. limósa** L.

— Fr. nervenlos, grasgrün; Tragblätt. dk. kastanienbraun, m. grünen Mittelnerven; ♀ Ähren zu 2–3; Blätt. flach, ca. 4 mm breit, grasgrün, schlaff; ♃; V–VIII. Quellmoore., *z* Alp. , Bayrw., ČR, OPr [= *C. magellanica* auct., incl. var. *planitiei* A. & GR.; = *C. irrigua* (WAHL.) SM. ex HOPPE] *Patagonische S., Riesel-S.*, **C. paupércula** MICHX.

25(21). ♀ Ähren auch z. Frzt. aufrecht; Fr. kugelig bis eif.; Pfl. m. längeren Ausläufern **28**

— ♀ Ähren, vor allem z. Frzt., hgd. (bei *C. strigosa* oft aufrecht); Fr. lanzettl.-elliptisch **26**

26. Pfl. bis 20 cm hoch, dichtrasig, ohne Ausläufer; Blätt. bis 2 mm breit, rinnig; ♀ Ähren lockerbltg., an haarfeinen, > 1,5 cm lg. Stielen; Fr. zugespitzt *(474)*, nervenlos, glzd. braun, 2–3,5 mm lg.; Tragblätt. braun, weiß hautrandig; ♃; V–VII. Quellmoore, kalkliebend; *v* Alp. (800–2900 m), *s* OPr, Riesengeb., Gesenke.
Haarstielige S., **C. capilláris** L.

— Pfl. 60–150 cm hoch; Blätt. flach; Waldpfl. **27**

27(26 , 76). ♀ Ähren dichtbltg., schlank-zylindrisch, bis 15 cm lg. u. 5 mm breit; Blätt. dkgrün, 1–2 cm breit, unterstst. gekielt; Tragblätt. rotbraun m. grünem Mittelstreifen, kürzer als die undeutl. nervigen, bleichgrünen, etwas aufgeblasenen, fast schnabellosen Fr.; Pfl. dichtrasig, ohne Ausläufer; ♃; V–VI. Feuchte Waldstellen, Eschenwälder; stellenw. *v* im S, nördl. sehr *z* bis Ho/Osnabrück/Hannover/Harz/Sa/Schl, sonst sehr *s* Da, O-SH, b. Rostock, Rügen.
Hängende S., * **C. péndula** HUDS.

— ♀ Ähren lockerbltg., schlank, kurz gestielt, fast aufrecht, bis 7 cm lg. u. 2–3 mm breit; Blätt. 5–10 mm breit, höchstens undeutl. gekielt, heller grün; Tragblätt. grünl., kürzer als die grünen, längsnervigen, kurz geschnäbelten Fr.; Pfl. m. Ausläufern (ist *C. sylvatica*, Nr. **76**, ähnl.); ♃; IV–VI. Feuchte Laubwälder, Waldwege; *z* NS, SH, BW, sonst *s*.
Dünnährige S., **C. strigósa** HUDS.

28(25, 61). Tragblätt. weiß glzd., m. grünem Mittelstreif, viel kürzer als die häutig geschnäbelten, nervigen, zuletzt glzd. dkbraunen Fr.; ♀ Ähren arm- u. lockerbltg.; Hüllblätt. spreitenlos; Blätt. 1–2 mm breit, borstl. gefaltet, an den Rändern scharf rau; Blatthäutchen fast eben verlaufend; Pfl. m. Ausläufern, 10–40 cm hoch; ♃; IV–V (–VI). Trockene Wälder, kalkstet; *v* Alp., *z* im S bis Donautal, ObRhein, S-E, *s* N-Ba, He, ČR. *Weiße S.*, **C. álba** SCOP.

— Tragblätt. braun od. schwärzl., oft weiß berandet u. m. grünen Mittelnerven; Hüllblätt. laubblattartig **29**

29. ♀ Ähren dicht- und bis 12-bltg., kurz walzl., 6–12 mm lg. u. etwa 5 mm breit; Blätt. kaum kürzer als Infl.; unterstes Hüllblatt kurzscheidig; Tragblätt. rotbraun, breit weiß hautrandig, m. grünem Mittelstreif; Fr. länger als ihr Tragblatt, kurz geschnäbelt, glzd. hellbraun; ♃; IV–V. Magerrasen; *s* CH, Bz, Ti, Kt, NÖ, Bgl, früher OÖ. (= *C. nitida* HOST)
Glanz-S., **C. liparocárpos** GAUD.

— ♀ Ähren lockerbltg.; Blätt. viel kürzer als Infl. **30**

30. Pfl. graugrün; Fr. kugelig-eif., graugrün, kurz geschnäbelt, viel länger als die schwärzl., grün gestreiften Tragblätt.; Hüllblattscheide glatt; Ähren länger u. schlanker: ♀ = 2–3 cm, ♂ = 1,5–2 cm; Pfl. 15–40 cm hoch; ♃; IV–VI. Riedwiesen, Wiesenmoore, Bachränder, feuchte Alpenmatten; *v*. *Hirsen-S.*, **C. panícea** L.

— Pfl. grasgrün; Fr. m. ausgerandetem Schnabel *(1214)*, hellbraun, so lg. wie die rostroten, grün gestreiften Tragblätt.; Hüllblätt. m. ± aufgeblasener Scheide; Ähren kürzer u. dicklicher: ♀ = 1–2 cm, ♂ = 1–1,5 cm; Pfl. 10–30 cm hoch; ♃; VII–VIII. Flachmoore, Hochmoore; *s* OPr, MeVp (Warnemünde), Harz, CH, Bz, N-Ti, Niedere Tauern, St (Seetaler Alp.), N-ČR. [= *C. sparsiflora* (WAHL.) STEUD.] *Scheiden-S.*, **C. vagináta** TAUSCH

31(20). Blätt. 2–3 mm breit, schlaff, nur zerstreut u. bes. die unt. bewimpert; ♀ Ähren 2–3, kurz zylindrisch, wenig entfernt, dichtbltg., bis 2 cm lg.; Tragblätt. bleich, kürzer als die glzd., schnabellosen Fr.; Pfl. 20–40 cm hoch, ohne Ausläufer; ♃; IV–VII. Lichte Wälder; *v*, im N m. Verbr.-Lücken. *Bleiche S.*, **C. palléscens** L.

— Blätt. bis 1 cm breit, weich, entlang der Ränder u. untersts. absthd. bewimpert; ♀ Ähren 2–4, weit entfernt, lockerbltg., bis 3 cm lg.; Tragblätt. braun, so lg. wie die mattgrünen, deutl. kurz 2-zähnig geschnäbelten Fr.: Pfl. 20–40 cm hoch, m. lg. Ausläufern; ♃; IV–V. Laubwälder, Lichtungen; *z* S-BW, S-Ba, S-He, OPr, WPr, CH, Au, ČR, *s* S-ObRhein (m. E), b. Göttingen (S-NS), Lx, Th, Schl. *Wimper-S.*, **C. pilósa** SCOP.

32(2). Unterste Ähre grdst., 10–20 cm lg. gestielt, die übrigen einander genähert, 2–5-bltg. **84**

— Alle Ähren in ob. Stghälfte (wenn grdst., dann kurz gestielt) **33**

33. ♀ Ähren lockerbltg., zumindest die unt. deutl. gestielt **42**

— ♀ Ähren dichtbltg., sitzend u. aufrecht; ♂ Ähre 1 . . . . **34**

34. Unterstes Hüllblatt trockenhäutig, am Grd. verbreitert, die dazugehörige Ähre meist nicht überragend **38**

— Unterstes Hüllblatt laubblattart., am Grd. wenig od. nicht verbreitert, die dazugehörige Ähre meist weit überragend **35**

35. ♂ Ähren (meist) 2; unt. Hüllblatt länger als Infl.; Fr. sehr kurz borstig; Blätt. blaugrün; Pfl. m. längeren Ausläufern; ♀ Ähren deutl. voneinander entfernt; Tragblätt. schwarzbraun; Fr. grün od. schwarz s. Nr. **23**, **C. flacca**

— ♂ Ähren nur 1; unt. Hüllblatt kürzer als Infl.; Fr. dicht behaart; Blätt. grasgrün bis graugrün **36**

36. Pfl. horstbildend, ohne Ausläufer; Stg. z. Frzt. niederlgd.; Bltnstand kurz, gedrungen, m. 2–4 kugeligen (nur bis 7 mm lg.), etwas voneinander entfernten ♀ Ähren; unt. Hüllblatt aufrecht absthd.; Tragblätt. grau- bis dkbraun, meist kürzer als die kugeligen, grauweißen Fr.; ♃; IV–V. Kiefernwälder, Waldränder, Heiden; *v*. *Pillen-S.*, * **C. pilulífera** L.

— Pfl. lockerrasig, m. Ausläufern; ♀ Ähren deutl. voneinander entfernt; unt. Hüllblatt bisweilen fast waagrecht absthd.; ♀ Ähren 1–2 . . . **37**

37. Fr. dicht weißhaarig, nervenlos, kurz 2-zähnig, eif.-kugelig; Tragblätt. rotbraun, grün genervt, eif.-zugespitzt; ♂ Ähren meist gestielt; ♃; IV–V. Halbrockenrasen, Moorwiesen; *z* im S, nördl. seltener u. bis Ho/Eifel/Paderborrn/Höxter/Hannover/MeVp (nur b. Demmin), *f* OPr.
Filzige S., **C. tomentósa** L.

— Fr. locker filzig, nervig; Tragblätt. braun, trockenhäutig, breit stumpf-3-eckig; ♂ Ähren meist sitzend; ♃; V–VI. Moorige Nadelwälder; *s* OPr. *Kugel-S.,* **C. globuláris** L.

38(34). Tragblätt. stumpf, breit-verkehrt-eif., weiß-trockenhautrandig, vorn oft fransig bewimpert; Fr. verkehrt eif., m. gestutztem, kurzem Schnabel; Pfl. m. Ausläufern, 10–30 cm hoch; Blattscheiden gelbbraun, zuw. purpurn überlaufen; ♃; III–V. Heidewiesen, lichte Kiefernwälder, Dünentäler; *z* im S, sonst *s*. *Heide-S.,* **C. ericetórum** Poll.

— Tragblätt. ± spitz, nicht fransig bewimpert **39**

39. Unterstes Hüllblatt m. kurzer Scheide u. blattart. Spr., zugehörige ♀ Ähre kurz gestielt; Blattscheiden braun; Blätt. 2–3 mm breit, steif **41**

— Unterstes Hüllblatt ohne od. m. sehr kurzer Scheide, zugehörige ♀ Ähre sitzend; Blätt. 1–2(–3) mm breit, fast stets weichhaarig **40**

40. Pfl. ohne Ausläufer; Blattscheiden blutrot; Tragblätt. schwarzviolett bis schwarzbraun, spitz; Blätt. obersts. schwach behaart, weich; Scheiden der Grdblätt. wenig zerfasernd; Fr. dicht zottig behaart, schlanker, schmal oval; unt. Hüllblatt oft ohne Spr. od. diese breit hautrandig; Blattrand rau (sehr fein gesägt); Pfl. 10–25 cm hoch; ♃; IV–VI. Laubwälder, Bergwiesen, Gebüsche, kalkliebend; *v, s* im N (*f* Ho, NW-Dt).
Berg-S., **C. montána** L.

— Pfl. m. kurzen Ausläufern; Blattscheiden blassbraun bis -grau; Tragblätt. braun m. blassem Rand, stachelspitzig; Blätt. kahl, obersts. nur rau, steif; Scheiden der Grdblätt. stark faserschopfig werdend; Fr. kurz u. locker flaumig, breiter, verkehrt eif.; unt. Hüllblatt laubartig; Blattrand (fast) glatt; Pfl. 40–60 cm hoch; ♃; IV–VI. Magerwiesen, lichte Laubwälder, kalkmeidend; *s* E (Hartwald), Ts, Gr, Kt, Bgl, ČR.
Ⓖ *Fritschs S.,* **C. frítschii** Waisb.

41(39). Pfl. horstbildend, am Grd. m. dichtem Faserschopf, 15–45 cm hoch; Vorjahresblätt. länger als der Bltnstg.; ♀ Ähren 1–3; Tragblätt. rostbraun, grün gestreift; unt. Hüllblatt zuw. laubig; ♃; IV–VI. Wälder, Magerrasen; *z,* nördl. seltener bis SO-Be/Köln/ Teutoburgerw./Hannover/Harz/Sa/Schl. *Schatten-S.,* **C. umbrósa** Host

— Pfl. rasig, m. kurzen Ausläufern, 5–30 cm hoch; Blätt. kürzer als der Bltnstg., meist zurückgekrümmt; ♀ Ähren 2–3; Tragblätt. rost- bis gelbl. braun, grün gestreift; ♃; III–V. Halbtrockenrasen, Magerrasen; *v,* im N *z–s*. (= *C. verna* Chaix ex Vill.) *Frühlings-S.,* * **C. caryophýllea** Lat.

42(33). ♀ Ähren 3, ihre Stiele fast ganz von scheidenf. Hüllblätt. eingeschlossen, meist 3-bltg.; Tragblätt. braun, breit trockenhäutig, m. weißem, glzd. Hautrand; Blätt. borstenf., eingerollt, graugrün, starr, rau, z. Frzt. den 3–10 cm hohen Stg. überragend; Pfl. dicht horstf.; ♃; III–IV. Steppenrasen, Kiefernwälder, kalkliebend; *z* im S, sonst *s* (nördl. bis SO-Be/Eifel/Lahntal/Hannover/Braunschweig/nördl. Berlin/südl. WPr/Schl). *Erd-S.,* **C. húmilis** Leyss.

— ♀ Ähren m. ihren Stielen aus den Hüllblätt. herausragend **43**

43. Pfl. ohne zentrale, sterile Blattrosette, Bltnstg. endst.; ♀ Ähren zu 2–3, weit voneinander entfernt, lg. gestielt; Stg. stumpf 3-kantig, rau; Tragblätt. stachelspitzig, glzd. rotbraun, weißhäutig, m. grünem Mittelstreifen: ♃: V–VI. Schattige Schluchten, Felsblöcke; *s* CR, NÖ (Thayatal), früher Schl.
Fuß-S., **C. pedifórmis** C. A. MEY. ssp. **rhizódes** (BLYTT) LINDB. f.

— Pfl. m. zentraler, steriler Blattrosette; ♀ Ähren einander fingerf. genähert; Stg. fast stielrund **44**

44. ♀ Ähren (bes. das unt.) etwas voneinander entfernt, 1,5–3 cm lg., locker 4–10-bltg.; Tragblätt. rotbraun, m. grünem Mittelnerv, weiß hautrandig, etwas fein gezähnelt, etwa so lg. wie die Fr.; ♃; IV–V. Laubwälder, Wegränder, kalkliebend; *z*, im NW *s*. *Finger-S.*, * **C. digitáta** L.

— ♀ Ähren fingerf. genähert, bis 1 cm lg., ± dicht 2–5-bltg.; Tragblätt. fast stets schmal hautrandig, nicht gezähnelt **45**

45. Stg. aufrecht (später wenig gekrümmt); Blattrand rau; ♀ Ähren 2–4, 6–10 mm lg., lockerbltg.; Fr. behaart, 2,5–3 mm lg.; Tragblätt. rot- bis blassbraun; ♃; IV–VI. *Vogelfuß-S.*, **C. ornithópoda** WILLD.

a. Stg. oberw. rau; Tragblätt. rot- bis gelbbraun; Fr. dicht behaart, matt. Laubwälder, Gebüsche, Halbtrockenrasen, kalkliebend; *z* Vor-Alp. u. Mittelgeb., sonst *s*, *f* im N von Ho bis OPr. (in O-Dt nur Th *z–v*). ssp. **ornithópoda**

— Stg. glatt; Tragblätt. kastanienbraun; Fr. locker behaart, glzd. Steinige Matten; *z–s* Alp. (var. *castanea* MURB.) ssp. **elongáta** (LEYB.) VIERH.

— Stg. bogig überhgd.; Blätt. glatt; ♀ Ähren 2(–3), bis 5 mm lg., dichtbltg.; Fr. fast kahl bis glzd., ca. 2 mm lg.; Tragblätt. dkrot bis schwärzl.; ♃; VII–VIII. Steinige Matten, Geröll, Felsspalten, Schneeböden, 1500–2500 m, kalkstet; *z–s*, Alp.
Vogelfußähnliche S., **C. ornithopodioídes** HAUSM.

46(1). Fr. kahl (bei *C. ferruginea* u. *frigida*, Nr. **68**, *C. flava* agg., Nr. **54**–, *C. sempervirens*, Nr. **65**, zuw. etwas behaart od. borstig-rau) . . . **52**

— Fr. behaart (bei *C. atherodes*, Nr. **50**–, zuw. kahl) **47**

47. Narben 2; ♀ Ähren 1–2, wenigbltg., ungestielt; Fr. braun, später verkahlend; Blätt. schmal, borstenf., meist gekrümmt; unterstes Hüllblatt kürzer als der Bltnstand, aber länger als seine Ähre, deutl. rau; Pfl. horstbildend, 7–30 cm hoch; ♃; V–VIII. Sonnige Felshänge, Geröll, 600–2700 m, kalkstet; *z* Alp., *s* m. Flüssen im Vorland.
Stachelspitzige S., **C. mucronáta** ALL.

— Narben 3 . . . . **48**

48. Blätt. sehr schmal, 1–1,5 mm breit, rinnig, kahl, graugrün; Fr. 3,5–5 mm lg., dicht filzig behaart; ♀ Ähren 2, entfernt; ♂ Ähren 1–3; Tragblätt. dkbraun, zugespitzt, m. hellem Mittelnerven, so lg. wie od. kürzer als die längl.-eif., etwas aufgeblasenen Fr.; ♃; V–VI. Moore, Waldsümpfe, Gräben; *z* im S u. N, *s–f* im M-Gebiet (= *C. filiformis* GOOD. non L.)
Ⓖ *Faden-S.*, **C. lasiocárpa** EHRH.

— Blätt. breiter als 1,5 mm, flach; ♀ Ähren meist 2–4 . . . . **49**

49. Fr. < 5 mm lg., nur schwach behaart **51**

— Fr. > 5 mm lg. **50**

50. Unterste Blattscheiden schwach netzfaserig; unt. Hüllblätt. lg. scheidig; ♀ Ähren 2–4, entfernt; Fr. ei-kegelf., gleichmäßig dicht behaart, m. lg., dicken u. innen rauen Zähnen; Pfl. 10–30 (–70) cm hoch; ♃; IV–VI. Wegränder, Wiesen, Ruderalstellen; *v.* *Behaarte S.,* * **C. hírta** L.

— Unterste Blattscheiden stark netzfaserig; unt. Hüllblätt. m. kurzen, behaarten Scheiden (Scheide des unt. zuw. bis 1 cm lg.); ♀ Ähren 3–4, etwas genähert; Fr. ei-kegelf., m. lg. Schnabelzähnen *(477),* ungleichmäßig behaart, oft verkahlend, m. lg., ausw. gekrümmten, rauen Zähnen; Pfl. 60–90(–120) cm hoch; ♃; V–VI. Nasse Wiesen; *s* b. Hamburg, b. Nauen (Br), Po, WPr, OPr, ehemals Schl. (= *C. aristata* R. Br.; = *C. siegertiana* Uechtr. ex Garcke)
Große Grannen-S., **C. atheródes** Spr.

51(49). Unterste ♀ Ähre aufrecht (s. Nr. **68a**) **C. ferruginea** ssp. **austroalpina**

— Unterste ♀ Ähre hgd. (s. Nr. **67**) **C. fimbriata**

52(46). Bltnstand m. meist mehreren ♂ Ähren **77**

— Bltnstand m. nur 1 ♂ Ähren (selten 2). **53**

53. ♀ Ähren etwa 7–10-mal so lg. wie breit, z. Frzt. nickend bzw. hgd. od. Stg. nickend **74**

— ♀ Ähren höchstens 5-mal so lg. wie breit, aufrecht od. nickend. . . **54**

54. Hüllblätt. m. lg. Scheide **58**

— Scheiden d. untersten Hüllblätt. meist 2–3, höchstens 5–10 mm lg.; Ähren rundl. bis höchstens kurz zylindrisch (= Artengruppe **C. flava** L. agg.) **55**

55. Fr. 4–7 mm lg., ihr Schnabel ± so lg. wie der übrige Frteil, wenigstens im unt. Ähren herabgekrümmt; ♀ Ähren rundl. bis breit elliptisch **57**

— Fr. 2–4 mm lg., ihr Schnabel deutl. kürzer als der übrige Frteil, gerade; ♀ Ähren längl.-elliptisch bis zylindrisch **56**

56. Stg. meist bogig aufstgd.; Blätt. 2–4 mm breit, hellgrün, flach; Fr. 3–4 mm, ihr Schnabel 1–1,5 mm lg.; ♂ Ähren gestielt bis sitzend; ♀ Ähren zu 2–3 dichter beisammensthd., ein weiteres davon deutl. entfernt (zuw. am Stggrd.) u. lg. gestielt; ♃; V–VII. Wegränder, Gebüsch, Flachmoore, kalkmeidend; *z.* [= *C. oederi* auct. ssp. *demissa* (Hornem.) A. Neumann; = *C. tumidicarpa* Anders.]
Grünliche Gelb-S., Grüne S., **C. demíssa** Hornem.

— Stg. meist starr; Blätt. 1,5–3 mm breit, dkgrün, gekielt; Fr. 2–3 mm, ihr Schnabel 0,5–1 mm lg.; ♂ Ähren sitzend; ♀ Ähren zu 2–8 dicht beisammensthd., unterstes zuw. etwas entfernt; ♃; VI–X. Flachmoore, Ufer; *z–s,* im Geb. *s.* (= *C. oederi* auct.; = *C. serotina* Mér.)
Späte Gelb-S., **C. virídula** Michx.

57(55). ♂ Ähren 5–30 mm lg. gestielt; ♀ Ähren 2–3, voneinander entfernt (aber nicht unterhalb der Mitte entspringend); mittl. Stgblatt bis 3 mm breit, m. höchstens 0,3 mm lg. Ligula (*17,* L); Fr. 4–5 mm lg., plötzl. in den geraden bis gekrümmten, 1,5–2 mm lg. Schnabel übergehend, absthd. od. herabgeschlagen; Blätt. 2–3,5 mm breit, meist kürzer als die Stghälfte; Stg. oberw. rau; ♃; VI–VII. Flach- u. Quellmoore, kalkliebend; im S fast *v,* im N *z,* sonst *s.*
Schuppenfrüchtige S., **C. lepidocárpa** Tausch

— ♂ Ähren sitzend; 2 ♀ Ähren der ♂ benachbart u. dicht beisammensthd., eine weitere ♀ deutl. von ihnen entfernt u. zuw. sogar unterhalb der Stgmitte entspringend; mittl. Stgblatt 3–5 mm breit, m. 0,5–1,5 mm lg. Ligula; Stg. glatt; Fr. 4–7 mm lg., allmähl. in den 2–3 mm lg. Schnabel verschmälert; Pfl. 20-50 cm hoch; ♃; VI–VII. Flachmoore, feuchte Wiesen, Waldwege; im S u. O *z,* sonst *s.* (incl. var. *alpina* KNEUCKER = *C. flavella* KRECZETOVICZ) *Gelbe S.,* **C. fláva** L.

58(54). Blattscheiden an ihrer Mündung (also gegenüber der Blattspr.) m. trockenhäutigem Anhängsel *(476,* A); ♀ Ähren meist voneinander entfernt **69**

— Blattscheiden an ihrer Mündung ohne ein solches Anhängsel; ♀ Ähren meist einander genähert **59**

59. Blätt. am Rand behaart (s. Nr. **31**–) **C. pilósa**

— Blätt. kahl **60**

60. Bltnstg. mindestens 3-mal so lg. wie die grdst., starren, absthd., 2–3(–4) mm breiten Blätt.; ♀ Ähren meist 2, gedrungen, 3–6-bltg.; Tragblätt. rotbraun; Frkanten rau; Pfl. feste Polster bildend, 10–15 cm hoch; ♃; VI–VIII. Steinige Matten, Felshänge, 1100–2900 m, kalkstet; Kalk-Alp. *g* u. meist bestandsbildend, zuw. tiefer (Flusskies). Ⓖ *Polster-S.,* **C. fírma** HOST

— Bltnstg. kürzer, nicht 3-mal so lg. wie die Blätt. **61**

61. Schnabel der Fr. abgestutzt, höchstens schwach ausgerandet **28**

— Schnabel verlängert, deutl. 2-spaltig **62**

62. Tragblätt. der ♀ Ähren rotbraun od. schwarzbraun, oft m. grünem Mittelstreifen; Gebirgspfl. **64**

— Tragblätt. der ♀ Ähren grünl. bis blassgelb **63**

63. ♀ Ähren 2–3, entfernt, 5–6-bltg.; dickl. gestielt, aufrecht; Fr. bis 1 cm lg., silbergrau, stark- u. vielnervig, lg. geschnäbelt u. kurz 2-zähnig; unt. Hüllblatt den Bltnstand zuw. überragend; ♃; IV–V. Steinige Wälder; sehr *s,* Lx, E (Colmar), Vs, früher Dt. *Armblütige S.,* **C. depauperáta** GOOD.

— ♀ Ähren 1–2, entfernt, 6–20-bltg., aufrecht; Fr. 6–7,5 mm lg., braun, fast nervenlos, in dünnen, an der Spitze in 2 scharfe Zacken geteilten Schnabel verschmälert; unt. Hüllblatt kurz, kaum das zugehörige Ährchen überragend; ♃; IV–V. Halbtrockenrasen, Laubwälder; *s,* Ba (Passau), Bz, Kt, St, NÖ, Bgl, OÖ, ČR, früher Schl. *Michelis S.,* **C. michélii** HOST

64(62). Endst. Ähren am Grd. ♂, an der Spitze ♀; Tragblätt. schwarz-violett, weiß hautrandig; Frschnabel fein gesägt, allmähl. verschmälert; Pfl. dicht horstf., 10–30 cm hoch, Stg. 2–3-mal länger als die Blätt.; ♃; VI–VIII. Felsspalten, steinige Matten, 1700–2600 m; Alp., *z* Au, Bz, *s* Dt (Berchtesgaden), *f* CH. *Ruß-S.,* **C. fuliginósa** SCHK.

— Endst. Ähren rein ♂ od. am Grd. m. ♀ Bltn. **65**

65. Pfl. m. verlängerten Ausläufern **67**

— Pfl. ohne od. m. kurzen Ausläufern **66**

66. Pfl. dicht horstf., ♀ Ähren zu 2–3, bis 2 cm lg. gestielt, zieml. gedrungen (auch z. Frzt.), ± aufrecht; Blätt. 2–3 mm breit, steif; Tragblätt. dkbraun, weiß hautrandig, kürzer als die scharf 3-kantigen, oberw. borstig bewimperten Fr.; Stg. nur wenig länger als die Blätt.; unt. Hüllblatt deutl. länger als seine Ähre; Stg. am Grd. m. dk. braunroten, glzd., faserigen Scheidenresten; ♃; VI–VIII. Magerwiesen, bis 3115 m, kalkliebend; *v* u. oft bestandsbildend Alp., *z* Alpenvorland, bes. Lech- u. Isartal, SW-SchwAlb. *Immergrüne S.,* **C. sempérvirens** VILL.

— Pfl. lockerrasig; ♀ Ähren zu 2–4, fadenf. gestielt, aufrecht bis überhgd., 8–15 mm lg., im Umriss eif.; Blätt. 3–4 mm breit; Tragblätt. rötl.- bis schwarzbraun, m. grünem Mittelstreifen, kürzer als gleichfarbige, flachgedrückte, nur am kurzen Schnabel raue Fr.; Stg. am Grd. ohne Scheidenreste; ♃; VII–VIII. Feuchte Rasen der Alp.; *s,* CH, Ti, Kt, Sb, früher St. (= *C. ustulata* WAHL.)
Schwarzrote S., **C. atrofúsca** SCHK.

67(65). ♀ Ähren aufrecht, 10–25 mm lg. u. 3-4 mm breit, nur unterste 10–35 mm lg. gestielt; Fr. 3–4 mm lg., kahl od. schwach behaart, allmähl. in den 2-spaltigen Schnabel zugespitzt; unt. Hüllblatt m. 5–15 mm lg. Scheide; Tragblätt. dkrotbraun, schmal hautrandig; Stg. scharf 3-kantig; Pfl. 10–40 cm hoch; grdst. Scheiden rotbraun; Blätt. 2,5–4 mm breit; ♃; VII–VIII. Feuchte Felsspalten; *s,* nur Vs (Zermatt), Gr (Misox, Puschlav). *Fransen-S.,* **C. fimbriáta** SCHK.

— ♀ Ähren zuletzt hgd. **68**

68. Stg. glatt; grdst. Scheiden purpurn; ♀ Ähren zu 2–4, das unt. bis 5 cm lg. gestielt, lockerbltg. u. lockerfrüchtig (m. sichtbarer Achse), überhgd., 10–30 mm lg., sehr schlank, 2,5–4,5 mm breit; Tragblätt. schwarzbraun, ohne od. m. schmalem Hautrand, wenig kürzer als die gleichfarbenen, 3–4,5 mm lg., an den Kielen borstig-rauen, spindelf. (4-mal so lg. wie breiten) Fr.; Stg. meist länger als die 1,5–3 mm breiten Blätt.; unt. Hüllblätt. meist kürzer als seine Ähre; ♃; VI–IX. Feuchte Kalk-Magerrasen (Rostseggenrasen), 1000–2500 m, kalkliebend; *v* u. *h* Alp. *Rostrote S.,* **C. ferrugínea** SCOP.

a. Pfl. m. Ausläufern; ♀ Ähren 10–20 mm lg.; Tragblätt. ohne Hautrand; Fr. meist kahl, 3–4 mm lg.; ♂ Ähren 12–25 mm lg.; Alp. *v.* ssp. **ferrugínea**

— Pfl. ohne Ausläufer; ♀ Ähren 20–30 mm lg.; Tragblätt. m. schmalem Hautrand; Fr. behaart, 3,5–4,5 mm lg., plötzlich in den Schnabel verschmälert; ♂ Ähren 25–50 mm lg.; nur Ts, Bz. (= *C. austroalpina* BECH.)
ssp. **austroalpína** (BECH.) W. DIETRICH

— Stg. oben rau; grdst. Blattscheiden gelbbraun; ♀ Ähren zu 3–4, dichtbltg. (ohne sichtbare Achse); Tragblätt. schwarzbraun, wenig kürzer als die gleichfarbigen, 5–7 mm lg., an den Kielen borstig-rauen, spindelf. (4-mal so lg. wie breiten) Fr.; ♃; VI–VIII. Quellige Orte; *z* Alp., in Dt nur Allgäu (1300–2600 m), Schw. (Feldberg), Vog. (Hohneck).
Kälteliebende S., **C. frígida** ALL.

69(58). Frschnabel am Rand von feinen Zähnen rau *(480, 481),* Pfl. m. kurzen Ausläufern; ♀ Ähren zu 2–3, entfernt sthd.; Hüllblätt. lg. scheidig u. meist viel länger als die Ährchen **72**

— Frschnabel an den Rändern glatt u. kahl **70**

70. ♀ Ähren zu 2–4, aufrecht, die ob. genähert, das unterste zuw. entfernt u. sein Stiel von der Scheide des bis 10 cm lg. laubigen Hüllblattes umschlossen; Blätt. schmal, borstl.-gefaltet, graugrün; Fr. deutl.

2–3-kantig, 3–4 mm lg., graugrün; beide unt. Hüllblätt. viel länger als die Infl.; Pfl. ohne Ausläufer, 10–30 cm hoch; ♃; VI–VIII. Feuchte Orte u. Salzsümpfe der Küsten (östl. bis Köslin/Po); *z*.
Strand-S., **C. exténsa** GOOD.

— Alle Ähren entfernt, ihre Stiele nicht von den Hüllblätt. umschlossen; Pfl. m. kurzen Ausläufern **71**

71. Pfl. 50–90 cm hoch; Fr. deutl. mehrnervig, eif.; Frschnabel verlängert, m. 2 borstl. Spitzen, außen sehr fein gesägt *(479);* Tragblätt. rotbraun, grün gestreift; ♀ Ähren zu 3–4, aufrecht, die unt. nickend; Blätt. bis 10 mm breit; ♃; IV–V. Feuchte, schattige Waldwiesen; *s* im W: Ho, Be, W-Eifel bis Aachen/Schnee-Eifel/Venn, Hunsrück, b. Düsseldorf, Westw. *Glatte S.*, **C. laevigáta** SM.

— Pfl. 15–40 cm hoch; Fr. nur m. 2 deutl. Randnerven, zuletzt waagrecht absthd., glzd., aufgeblasen, kurz geschnäbelt, aber deutl. 2-zähnig; Blätt. bis 5 mm breit; ♃; V–VII. Dünentäler, Strandwiesen; *s* Spiekeroog, Langeoog (Ostfriesische Inseln), Schiermonnikoog, b. Amsterdam, Wester-Schelde (Ho), WPr; Feuchtwiesen, Bachufer; Vs, Ts, Gr, Bz, Vb, Kt, St, früher OÖ. *Punktierte S.*, **C. punctáta** GAUD.

72(69). Tragblätt. eif.-stumpf bis spitz, aber nicht stachelspitzig, rot- bis dkbraun, schmal weiß hautrandig; Fr. gelbgrün, kugelig-eif., 3–5 mm lg.; Frschnabel tief 2-zähnig, innen glatt, außen rauzähnig *(480);* unt. Hüllblatt so lg. wie seine Ähre, lgscheidig; Pfl. graugrün, 25–45 cm hoch; ♃; V–VI. Moorige Wiesen, feuchte Heiden; *v–z* im S, sonst sehr *z* bis *s* m. großen Verbr.lücken; vielfach verschwunden. (= *C. hornschuchiana* HOPPE) *Saum-S.*, **C. hostiána** DC.

— Tragblätt. eif.-stachelspitzig; Frschnabel innen u. außen rau-gezähnt *(481)* **73**

73. Tragblätt. stachelspitzig, rotbraun; Fr. purpurn, m. 2 starken, hervortretenden, grünen Randnerven, 3-kantig; Pfl. m. kurzen Ausläufern; ♃; V–VI. Trockene Heiden; *s* S-Odw., b. Montabaur (Westw.), Hunsrück, Eifel/Schnee-Eifel/Venn. *Zweinervige S.*, **C. binérvis** SM.

— Tragblätt. stachelspitzig, rostrot, grünnervig; Fr. neben den Randnerven noch mehrnervig, gelbgrün, braun gefleckt bis braunspitzig; Pfl. ohne Ausläufer; ♃; V–VI. Sumpf- u. Strandwiesen, Flachmoore, salzliebend; *z*, im S u. N häufiger. *Entferntährige Sumpf-S.*, **C. dístans** L.

74(53). Tragblätt. fein gesägt, lg. zugespitzt *(482),* hellgrün od. braun, oberw. fein wimperig; ♀ Ähren 3–6, oft fast doldig genähert, zylindrisch, dichtbltg., über 4 cm lg. u. 10 mm dick, hgd., lg. gestielt; Fr. spindelf., gelbgrün, glzd., absthd., Schnabelzähne spreizend; Stg. scharf 3-kantig, rau, 40–100 cm hoch; ♃; V–VI. Ufer, Flachmoore, Erlenbrüche, nasse Gräben; *v* im N, sonst *z–s*.
Ⓖ *Scheinzypergras-S.*, * **C. pseudocypérus** L.

— Tragblätt. ganzrandig, zuw. an der Spitze etwas gesägt, nicht lg. zugespitzt; ♀ Ähren lockerbltg., viel dünner **75**

75. Blätt. fein borstl.; ♂ Ähren hellrostbraun; ♀ Ähren zu 2–3, lg. u. dünn gestielt, zuletzt hgd., m. purpurbraunen Tragblätt.; Fr. feinnervig, schlank, 3–4-mal so lg. wie dick; Stg. nur an der Basis beblätt.; Pfl. dichtrasig, 15–40 cm hoch; ♃; VI–VIII. Feuchte Felsen, Geröll, bis

2200 m, kalkstet; *z* Alp. (selten tiefer: Flussläufe), Schweizer Jura, BW (Wehratal). (= *C. tenuis* HOST)
Kurzährige S., **C. brachýstachys** SCHR.

— Blätt. flach u. breiter; ♂ Ähren gelbgrün **76**

76. Fr. 3-kantig, m. lg., 2-zähnigem Schnabel *(483);* ♂ Ähren gelbl.-grün; ♀ Ähren zu 2–6, sehr schlank, lockerbltg., von einander entfernt, lg. u. dünn gestielt, zuletzt hgd.; Tragblätt. dkgrün od. bräunl., weiß hautrandig; Blätt. 3–6(–8) mm breit; Stg. schlaff, oft überhgd.; ♃; IV–V. Laubwälder, Waldwege; *v, z* im NW u. östl. M-Gebiet.
Wald-S., * **C. sylvática** HUDS.

— Schnabel kurz, gestutzt, ohne Zähne; Blätt. > 5 mm breit **27**

77(52). Hüllblätt. nicht od. kurzscheidig **79**

— Hüllblätt. lg.scheidig, den Stg. überragend **78**

78. Fr. bis 1 cm lg. *(473),* deutl. 4–5-zeilig angeordnet, strohgelb, glzd., am Rand fein rau gesägt; ♀ Ähren zu 3–4, 8–10 mm dick, dichtbltg., entfernt sthd.; ♃; V–VII. Feuchte Wiesen, salzliebend; sehr *s:* Th (?), Wetterau (He), RhPf, NÖ, Bgl, ČR. Ⓖ *Gersten-S.*, **C. hordeistíchos** VILL.

— Fr. nicht in Zeilen, nur bis 7 mm lg., glanzlos, am Rand fein rau; ♀ Ähren zu 2–5, schlank-zylindrisch (6–7 mm dick) lockerbltg., entfernt sthd.; ♃; V–VI. Nasse Salzwiesen; *s* W-SaAn, NrWe (Köln), NÖ, Bgl, ČR. *Roggen-S.*, **C. secalína** WAHL.

79(77). Fr. olivgrün, kaum länger als die meist zugespitzten Tragblätt.; ♂ Ähren dkbraun **82**

— Fr. hellgrüngelbl., aufgeblasen, viel länger als die relativ stumpfl. Tragblätt.; ♂ Ähren hellbraun **80**

80. Fr. ei-kegelf., allmähl. in gerade-gezähnten Schnabel übergehend *(484),* reif schief-aufrecht weisend; Stg. scharf 3-kantig, oben rau; Blätt. 4–7 mm breit, scharf gekielt, rau; ♀ Ähren zu 2–3, 2–4 cm lg.; Pfl. 30–80 cm hoch, grasgrün; ♃; V–VI. Gräben, Ufer, nasse Wiesen, Torfmoore, Großseggenbestände; *v.*
Schmalblättrige Blasen-S., * **C. vesicária** L.

— Fr. fast kugelig, plötzl. in lg. Schnabel verschmälert, Zähne spreizend *(485),* reif fast waagrecht absthd.; ♀ Ähren 4–7 cm lg. **81**

81. Stg. glatt, stumpf 3-kantig; ♂ Ähren zu 2–3, ♀ zu 2–5, letztere 6–10 mm breit; Blätt. 3–5 mm breit, oft eingerollt; Pfl. 30–80 cm hoch, graugrün; ♃ ; V–VI. Röhrichte, Moore; *v.* (= *C. inflata* auct.) *Schnabel-S.*, * **C. rostráta** STOK.

— Stg. oben rau, scharf 3-kantig; ♂ Ährch Ähren en zu 3–7, ♀ zu 2–4, letztere 10–13 mm breit; Blätt. 7–15 mm breit, stets flach ausgebreitet; Pfl. 60–100 cm hoch, grasgrün; ähnl. voriger, doch in allen Teilen kräftiger; ♃; VI–VII. Wie vorige; *s* OPr. [= *C. laevirostris* (FR.) BLYTT & FR.]
Breitblättrige Blasen-S., **C. rhynchophýsa** C. A. MEY.

82(79). Fr. längsfurchig, ei-kegelf., allmähl. in 2-zähnigen Schnabel zugespitzt; ♀ Ähren zu 2–3, 5–7 mm breit, entfernt, aufrecht, nur die unt. oft gestielt u. nickend; ♂ Ähren schmal, 2–3 mm breit; Blätt. 2–3 mm breit; Tragblätt. dkpurpurn; grdst. Blattscheiden purpurn; Stg. 3-kantig, glatt, 30–50 cm hoch; ♃; V–VI. Gräben,

Wiesen; *s* Elbetal (Magdeburg), NÖ, Bgl, ČR. (= *C. nutans* HOST)
Schwarzährige S., **C. melanostáchya** WILLD.

— Fr. vielnervig, aber nicht längsfurchig; ♂ Ähren dick, dichtbltg.; Stg. scharfkantig, oben rau; Blätt. 5–15 mm breit; Pfl. 40–120 cm hoch **83**

83. Blätt. (5–)12–20(–30) mm breit, obersts. graugrün; grundst. Blattscheiden häutig zerreißend, nicht netzfaserig, braun; Frähre 8–10 mm dick, unt. oft hgd., reif im Mittelteil am dicksten; Fr. undeutl. nervig, graubraun *(472);* Tragblätt. der ♀ Ähren m. lg. Grannenspitze *(486);* Pfl. 60–150 cm hoch; ♃; V–VI. Teiche, Ufer, Gräben; *z,* im N *v,* im S gebietsweise *s.* *Ufer-S.,* **C. ripária** CURT.

— Blätt. 5–8(–10) mm breit, obersts. dkgrün; grdst. Blattscheiden stark netzfaserig, braunrot, Frähre reif gleichmäßig walzl., 6–7 mm dick, meist aufrecht; Fr. deutl. nervig, dkgrün; Tragblätt. der ♀ Bltn. m. kurzer Stachelspitze; Pfl. 30–120 cm hoch; ♃; V–VI. Nasse Wiesen, Bruchwälder, Röhrichte, Ufer; *v.* (= *C. paludosa* GOOD.)
Sumpf-S., * **C. acutifórmis** EHRH.

84(32). Fr. so lg. wie od. etwas länger als die Spelzen, plötzl. in kurzen Schnabel verschmälert; Blätt. bis 2,5 mm breit; ♀ Ähren bis 10 mm lg.; Fr. 4–5 mm lg., locker behaart; „echte" Fr. (nach Entfernung d. Utriculus) an der Spitze ohne Wulst; ♃; IV–V. Trockenrasen; nur b. Istein (S-Baden), unt. Nahetal (Pf), S-E, W-CH, Ts, Bz, OÖ, NÖ. (= *C. alpestris* ALL.)
Hallers S., **C. halleriána** ASSO

— Fr. kürzer als die Spelzen, allmähl. in sehr kurzen Schnabel verschmälert; Blätt. bis 4 mm breit; ♀ Ähren bis 20 mm lg.; Fr. nur 2–4 mm lg., aber dichter behaart als bei voriger Art; „echte" Fr. an der Spitze m. einem ringf. Wulst; Halme nach der Blüte bogig zum Boden herabhgd.; ♃; V–VI. Wald- u. Wiesenränder, Böschungen, Magerrasen; *z* St, Bgl. [= *C. depressa* LK. ssp. *transsilvanica* (SCHUR) EGOROVA] *Siebenbürger S.,* **C. transsilvánica** SCHUR

Die Gattung Carex ist neben *Hieracium* und *Rubus* die formenreichste der heimischen Flora. Von den insgesamt ca. 130 Arten, die im Gebiet vorkommen, sind zahlreiche ihrerseits wieder außerordentlich formenreich; außerdem wurden von den aufgeführten Arten bisher über 100 **Bastarde** beobachtet!

Familie: **Poáceae** *(= Gramineae), Süßgräser*

Stg. (= **Halm**) rundl. (niemals 3-kantig!), an den Knoten verdickt, hohl (Ausnahme: *Zea mays);* Blätt. 2-zeilig, m. lg., stgumfassender, meist offener, selten verwachsener Scheide, an deren oberem Ende zartes, bisweilen nur in Form von Haaren ausgebildetes Blatthäutchen (= **Ligula**, *17,* L, vgl. *493–496*); Bltn. unscheinbar, meist ⚥, ohne Bltnhülle, aber von trockenhäutigen Hochblättern (= **Spelzen**) eingehüllt, immer in **Ährchen** *(487:* 3-bltg. im schematischen Längsschnitt). Jedes Ährchen beginnt m. meist 2 **Hüllspelzen**, der **äußeren** (aH; = unt. Hüllspelze) u. der **inneren** (iH; = ob. Hüllspelze). Darauf folgen in 2-zeiliger Anordnung die **Deckspelzen** (D, = Tragblatt), die oft auf dem Rücken od. an der Spitze eine steife, vielfach gekniete Borste, die **Granne** (G) u. in ihrer Achsel die ⚥ Bltn. tragen; jede von ihnen beginnt m. einer 2-kieligen **Vorspelze** (V, = Vorblatt) u. besteht aus 2 kleinen Schüppchen, den **Schwellkörpern** (S) od. **Lodiculae**, 3 m. lg., dünnen Stbfäden versehenen Stbblätt. u. 1 m. 2 fedrigen Narben versehenen Frkn. (F). Jedes Ährchen enthält meist mehrere, bis zu 15, aber zuweilen auch nur 1 Blüte. Die Ährchen selbst treten wieder zu **ähren-, trauben- od. rispenf.** Gesamtbltnständen *(488–492)* zusammen. Fr. 1-samige Schließfr. (= Karyopse), bei der Fr.- u. Samenschale meist scheinbar miteinander verwachsen sind.

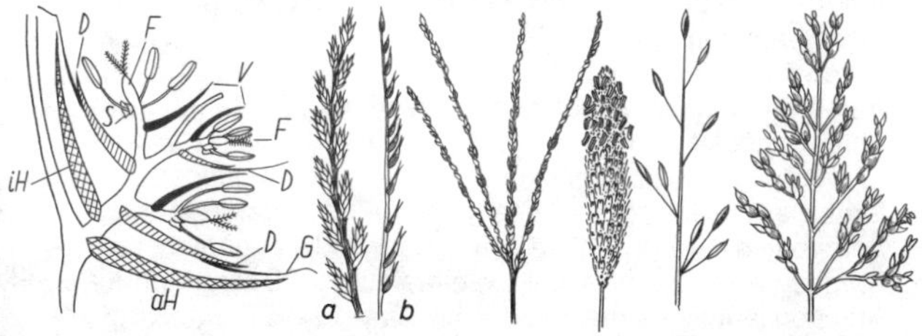

487 *488* *489* *490* *491* *492*

1. Bltn. eingschl., 1-häusig; ♂ Bltn. in endst. Rispe; ♀ Bltn. in dicken, von scheidigen Hüllblätt. umschlossenen, achselst. Kolben; Spross-Dm an der Basis bis 4 cm (Mais!) . . . **Zea**, 357

— Bltn. ⚥, in gemeinsamem Bltnstand (selten einzelne Bltn. eingschl., diese dann aber nicht von den ⚥ getrennt sthd.) **2**

2. Ährchen sitzend od. auf ganz kurzen, unverzweigten Stielen zu einer Ähre bzw. Traube angeordnet; Ähren einzeln an der Spitze des Halms (einfache Ähre, *488a, b*) od. zu mehreren

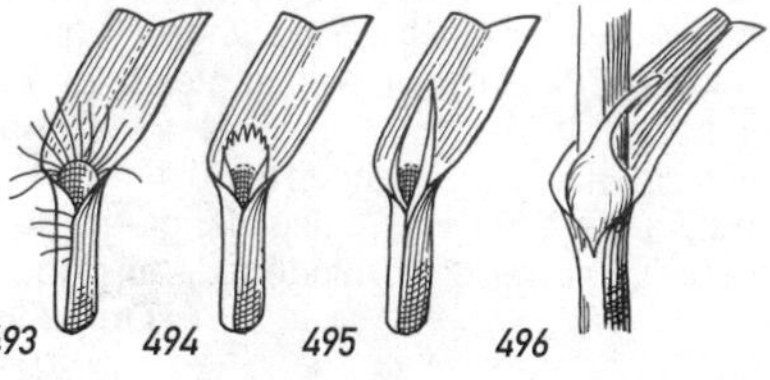

493 *494* *495* *496*

und dann entweder einander am Halmende ± fingerf. genähert *(489)* od. deutl. von einander entfernt (*497,* zusammengesetzte Ähre) .... **Ähren- u. Fingergräser**, 290
— Ährchen auf längeren, zuw. unverzweigten, od. kürzeren, verzweigten Stielen **3**
3. Ährchenstiele sehr kurz, dicht gedrängt (diese erst beim Umbiegen des Bltnstands zu erkennen!); Rispe deshalb zusammengezogen u. im Umriss ± walzenf. *(490)* **Ährenrispengräser**, 293
— Rispe locker, ± stark ausgebreitet; Ährchen einzeln, aber lg. gestielt (= Traubengräser, *491),* sonst m. verlängerten u. verzweigten Ästen (= Rispengräser, *492*); Ährchen zuw. am Ende der verlängerten Rispenäste gebüschelt **Trauben- u. Rispengräser**, 295

1. Ähren- u. Fingergräser

1. Ähren einzeln an der Spitze des Halms **10**
— Ähren zu mehreren an der Halmspitze ± fingerf. *(489)* od. traubig angeordnet **2**
2. Ähren fingerf. angeordnet **6**
— Ähren ährig, traubig oder rispig angeordnet **3**
3. Ährchen ringsum an der Achse angeordnet; Ähren kurz, walzl., ± unterbrochen u. bis 1 cm dick, am Halm von einander entfernt; Deckspelzen z. T. lg. begrannt *(497)* ... **Echinochloa,** 354
— Ährchen an der Achse 2-zeilig u. einstswendig angeordnet **4**
4. Ährchen rundlich, etwa so lg. wie breit ..... **Beckmannia,** 323
— Ährchen länger als breit **5**
5. Ährchen 2-bltg.; Strandpfl. der Nordsee .... **Spartina,** 332
— Ährchen 3–5-bltg.; Pfl. trockener Standorte **Cleistogenes**, 332
6(2). Ährchen einzeln an der Achse angeordnet **8**
— Ährchen paarweise an der Achse angeordnet **7**
7. Ährchen am Grd. rauhaarig; je ein Ährchen ♂, gestielt u. unbegrannt, das andere ♀, sitzend u. begrannt; Ligula als Haarreihe ausgebildet; Pfl. ♃ .... **Bothriochloa,** 356
— Ährchen kahl od. kurzhaarig, ohne Granne; Ligula häutig, kurz, gestutzt; Pfl. ⊙ .... **Digitaria,** 354
8(6). Ob. Hüllspelze so lg. wie das Ährchen .... **Spartina,** 332
— Beide Hüllspelzen kürzer als das Ährchen **9**
9. Ährchen 2–9-bltg.; Hüllspelzen ungleich lg.; Pfl. ⊙ **Eleusine,** 330
— Ährchen 1-bltg.; Ähren ziemlich genau fingerf. von einem Punkt ausgehend *(489);* Hüllspelzen fast gleich lg.; Pfl. ♃, m. Ausläufern .... **Cynodon,** 332
10(1). Ährchen 1-bltg., in Büscheln; Grannen 5–20 mm lg., klebrig; Infl. einstswendig, unterbrochen; Blattspr. längl.-eif., 4–8 cm lg. u. 8–15 mm breit, oft wellig; Pfl. niederlgd.-aufstgd. **Oplismenus,** 355

— Ährchen einzeln od. zu 2–3; Grannen fehlend od. nicht klebrig **11**

11. Unt. Ährchen steril od. ♂, anders als die oberen; Ligula ein Wimpernkranz; Grannen braun, im unt. Teil dicht behaart **Heteropogon,** 356

— Ährchen im unt. Teil der Ähre wie die im ob. Teil **12**

12. Ähren stets zwei- od. allstswendig (d. h. Ährchen an 2 Seiten der Ährenachse *(488a)* od. rings um diese angeordnet) **16**

— Ähren einstswendig (Ährchen nur auf 1 Seite der Ährenachse, *488b)* **13**

13. Hüllspelzen verkümmert bis fehlend; Frkn. m. 1 Narbe; Ährchen lineal, 7–15 mm lg. *(488);* Blätt. borstl.-pfrieml., am Grd. von alten Blattresten umgeben . . . . **Nardus,** 333

— Hüllspelzen vorhanden **14**

14. Ährchen lineal-pfrieml., 1-bltg., unbegrannt; Pfl. bis 10 cm hoch; beide Hüllspelzen 1-nervig . . . . **Mibora,** 349

— Ährchen längl.-elliptisch, mehrbltg., unbegrannt od. kurz begrannt **15**

15. Ähre eif., dicht, nur wenig länger als breit; Pfl. 10–20 cm hoch, ♃, im Gebirge über 1900 m wachsend **Oreochloa,**

— Ähre mehrmals länger als breit, locker; Pfl. 20–40 cm hoch, 324
⊙, in tieferen Lagen wachsend . . . . **Vulpia,**

16(12). Ährchen unterhalb der Hüllspelze m. mehreren, die Länge 313
des Ährchens überragenden, rauen Borsten; Ligula als schmaler Hautsaum, aufgelöst als Wimpernkranz **Setaria,**

— Unterhalb der Hüllspelzen ohne Borsten. **17** 355

17. Ährchen ganz in die Aushöhlung der Ährenachse eingesenkt *(498),* Ähre daher kaum dicker als der Halm. **34**

— Ährchen nicht in die Ährenachse eingesenkt, zuw. kurz gestielt, einzeln od. zu 2–6 nebeneinander auf den Absätzen der Ährenachse; Ähre stets dicker als der Halm **18**

18. Auf jedem Absatz der Ährenachse nur 1 gestieltes od. ungestieltes Ährchen. **21**

— Ährchen deutl. nebeneinander auf einer Seite der Ährenachse **19**

19. Ährchen ungestielt od. nur die seitl. gestielt, m. lg. Grannen; Ährchen 1(–2)-bltg.; Gipfelährchen verkümmert; Pfl. ⊙–⚇ **Hordeum,** 329

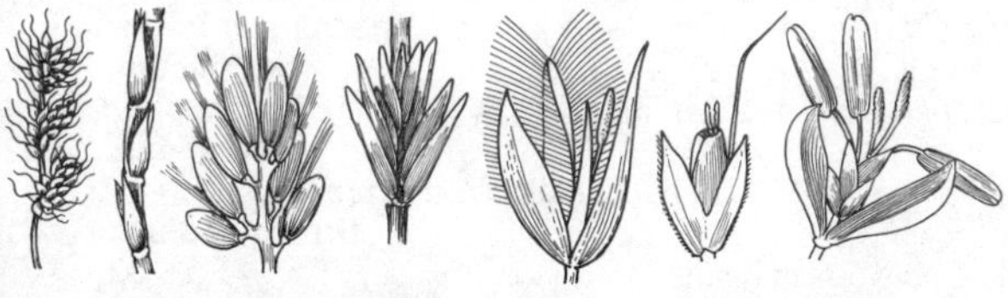

497 *498* *499* *500* *501* *502* *503*

— Ährchen innerhalb der Hüllspelzen deutl. gestielt; Gipfelährchen entwickelt; Pfl. ♃ 20
20. Stg. u. Blätt. blaugrün, m. Ausläufern; Hüll- u. Deckspelzen nicht begrannt, höchstens deutl. zugespitzt; Ährchen 3(–4)-bltg.; Strandpfl.. . . . . **Leymus**, 330
— Stg. u. Blätt. grasgrün, ohne Ausläufer; Hüll- u. Deckspelzen begrannt, letztere bis zu 25 mm lg.; Ährchen 1(–2)-bltg.; Waldpfl. . . . . **Hordelymus**, 330
21(18). Ährchen mehrbltg. 23
— Ährchen 1-bltg. (eigentl. Ährenrispengräser!) 22
22. Hüllspelzen am Grd. verwachsen, unbegrannt; Deckspelze begrannt *(502)* . . . . **Alopecurus**, 347
— Hüllspelzen frei, stachelspitzig od. begrannt; Deckspelze nicht begrannt *(504)* . . . . **Phleum**, 346
23(21). Deckspelzen auf dem Rücken m. knief. gebogener Granne; Ährchen 4–7-bltg.; Pfl. ⊙ . . . . **Gaudinia,** 336
— Deckspelzen m. geraden Grannen od. grannenlos 24
24. Ährchen m. der Schmalseite der Ährenachse zugekehrt *(488a),* meist m. nur 1 Hüllspelze . . . . **Lolium,** 325
— Ährchen die breite Seite der Ährenachse zukehrend *(500),* m. 2 Hüllspelzen 25
25. Ährchen kurz gestielt. 31
— Ährchen sitzend 26
26. Hüllspelzen m. mehreren Grannen, m. 1–2 Zähnen od. m. 1 Zahn u. 1 Granne 30
— Hüllspelzen m. nur 1 Granne od. m. 1 Spitze, aber ohne Zahn 27
27. Hüllspelzen mehrnervig; Wildpfl. 29
— Hüllspelzen einnervig; Kulturpfl. 28
28. Deckspelzen 5-nervig, 8–15 mm lg., gekielt, ob. am Rand bewimpert u. auf dem Kiel m. einer Reihe steifer, kammf. angeordneter Haare, in eine bis 10 cm lg. Granne auslaufend **Secale,** 327
— Deckspelzen 7-nervig, ca. 15 mm lg., im ob. Teil dicht behaart, die beiden ob. kurz begrannt od. ohne Granne × **Triticosecale,** 327
29(27). Ähre 4–35 cm lg., vielfach länger als breit . . . . **Elymus** 326
— Ähre 1,5–5 cm lg. u. bis 1–2,5 cm breit, m. 2-zeilig u. kammf. angeordneten Ährchen . . . . **Agropyron,** 326
30(26). Hüllspelzen an der Spitze m. 1 Zahn, 5–7-nervig, breit; Deckspelzen ohne eine Reihe kammf. angeordneter Haare; Kulturpfl. . . . . **Triticum,** 328
— Hüllspelzen m. 1–2 Zähnen und 1–4 Grannen; Ruderalpfl. **Aegilops,** 327
31(25). Pfl. ♃, 30–120 cm hoch; Blätt. > 3 mm breit **Brachypodium,** 314
— Pfl. ⊙, bis 50 cm hoch 32

32. Hüllspelzen deutl. ungleich lg. ...... **Vulpia unilateralis,** 313
— Hüllspelzen fast gleich lg. **33**
33. Ährchen viel länger als die Abschnitte zwischen den Ährchen; Infl. steif; Achse des Ährchens zur Reifezeit nicht sichtbar; Stbbeutel 0,4–0,6 mm lg.; Deckspelze stumpf bis abgerundet; Stg. niederlgd.-aufstgd.; Pfl. 5–20 cm hoch; Pfl. der Küste **Catapodium marinum,** 314
— Ährchen etw. kürzer od. etw. länger als die Abschnitte zwischen den Ährchen; Infl. weich; Achse des Ährchens zur Reifezeit sichtbar; Stbbeutel 0,5–1,2 mm lg.; Pfl. des Binnenlandes, 10–50 cm hoch .... **Micropyrum,** 333
34(17). Blatthäutchen 0,5 mm lg., gestutzt; Ährchen 1-bltg. **Parapholis,** 333
— Blatthäutchen spitz, 3–4 mm lg.; Ährchen 2-bltg. **Pholiurus,** 334

2. Ährenrispengräser

1. Ährchen am Grd. m. 1 bis mehreren lg. Borsten *(499),* bzw. kammf. od. fächerf. Blättchen *(505)* **21**
— Ährchen am Grd. ohne eine solche Hülle (nur bei *Ammophila,* Nr. **22**, am Grd. der Deckspelzen kürzere Haare) **2**
2. Ährchen 2- bis vielbltg. **13**
— Ährchen 1-bltg., zuw. aber m. einem pfrieml. od. keulenf. Ansatz zu 1 ob. u. 2 unt. Bltn. **3**
3. Deckspelze am Rand bis zur Spitze dicht zottig bewimpert *(501),* selten kahl (Ausnahme *M. altissima*: Pfl. 60–200 cm hoch, sehr *s* in NÖ); Ährchen m. einer fruchtbaren u. einer unfruchtbaren Blüte .... **Melica**, 323
— Deckspelze nicht lgzottig bewimpert **4**
4. Innere Hüllspelze klein, verkümmert, die äußere dicht m. hakigen Stacheln; Ährchen 4–5 mm lg., zu 3–5 in kurz verzweigtem, als Ganzes abfallendem Büschel ...... **Tragus**, 352
— Äußere Hüllspelzen ohne hakige Stacheln, zuw. m. Borsten, dann aber Hüllspelzen ± gleich **5**
5. Beide Hüllspelzen am Grd. od. bis über die Mitte deutl. miteinander verwachsen *(502),* gekielt, bewimpert; Deckspelze oft m. knief. gebogener Granne, schlauchart. die Blüte einschließend *(502)* .... **Alopecurus**, 347
— Hüllspelzen bis zum Grd. getrennt. **6**
6. Hüllspelzen 4[1], äußere auf dem Rücken breit geflügelt, viel länger als die Blüte, innere nur so groß wie Deck- u. Vorspelze *(503);* Ährenrispe eif.-kugelig, weißl.grün gestreift **Phalaris**, 353
— Hüllspelzen nicht geflügelt, oft ungleich lg. od. verkümmert; Ährenrispe nicht eif.-kugelig **7**

---

[1] Die beiden oberen Hüllspelzen sind in Wirklichkeit die Deckspelzen der beiden sterilen, unteren Blütchen.

7. Hüllspelzen 4[1], die beiden äußeren ungleich, die inneren kleiner, dkbraun behaart u. begrannt; Stbblätt. 2; Ährenrispe lockerbltg.. . . . . **Anthoxanthum**, 353
— Hüllspelzen stets 2; Stbblätt. 3 . . . . **8**
8. Ährchenachse über die Blüte hinaus verlängert u. an der Spitze pinself. behaart; Ährenrispe zylindrisch-walzenf., im Umriss etwas gelappt, beidendig zugespitzt; Hüllspelzen etwas ungleich lg., spitz; Deckspelzen am Grd. m. Haaren, ohne Grannen **22**
— Ährchenachse kahl, Ährenrispe zylindrisch-walzenf., zuw. auch kopfig, im Umriss ± glatt, nicht gelappt. **9**
9. Blatthäutchen als häutiger Saum ausgebildet od. fehlend **12**
— Blatthäutchen als Haarkranz ausgebildet **10**
10. Rispe dicht, im unt. Teil von verbreiterten Blattscheiden eingehüllt . . . . **Crypsis**, 333
— Rispe nicht von Blattscheiden eingehüllt **11**
11. Deckspelze 2,5-5 mm lg., grannenlos; Hüllspelze 1,5–5 mm lg. . . . . **Sporobolus,** 333
— Deckspelze (ohne Granne) 1,5–2 mm lg., m. 2–5 mm lg. Granne; Hüllspelze 0,1–0,5 mm lg. . . . . **Muhlenbergia,** 333
12(9). Hüllspelzen stachelig bis kurz begrannt *(533, 534);* Deckspelzen stumpf, unbegrannt . . . . **Phleum**, 346
— Hüllspelzen m. rückenst. Granne, diese mehrmals länger als der Spelzenteil; Deckspelze am ob. Ende gezähnelt, ihre endst. Granne länger als die Spelzenfläche . . **Polypogon**, 346
13(2). Ährenrispe verlängert, nicht rundl.-eif. **15**
— Ährenrispe rundl.-eif., kurz, < 3 cm lg. **14**
14. Halme aufrecht; Pfl. dicht horstf., ♃; Ährenrispe schiefergrau; unt. Rispenäste m. od. ohne schuppenf. Tragblätt.; Deckspelzen m. 1, 3 od. 5 grannigen Spitzen . . . . **Sesleria**, 324
— Halme niederlgd.; Pfl. nicht horstf. (☉), aber vom Grd. an büschelig verzweigt; Infl. einstswendig, vom obersten Halmblatt überragt; Deckspelzen stumpfl.; Pfl. bis 20 cm hoch **Sclerochloa**, 316
15(13). Hüllspelzen beide m. lg. Granne, diese glatt, klebrig; Blätt. lanzettl., 8–15 mm breit . . . . **Oplismenus,** 355
— Hüllspelzen unbegrannt od. begrannt, dann aber Granne nicht klebrig; Blätt. lineal **16**
16. Hüllspelzen kürzer als das Ährchen, die eine wenigstens doppelt so lg. wie die andere. **20**
— Hüllspelzen so lg. od. fast so lg. wie das Ährchen **17**
17. Deckspelzen an der Spitze kurz begrannt od. nur stachelspitzig bis stumpf, auf dem Rücken gekielt u. hier oft bewimpert **19**
— Deckspelzen auf dem Rücken lg. absthd. begrannt **18**

[1] Die beiden oberen Hüllspelzen sind in Wirklichkeit die Deckspelzen der beiden sterilen, unteren Blütchen.

18. Deckspelzen gekielt, Granne in ihrer ob. Hälfte entspringend . . . . **Trisetum**, 336
— Deckspelzen auf dem Rücken abgerundet, Granne an ihrem Grd. od. wenigstens unterhalb der Mitte entspringend **Aira praecox**, 334
19(17). Pfl. ⊙; Hüllspelzen ungleich lg. . . . . **Rostraria,** 341
— Pfl. ♃ . . . . **Koeleria,** 341
20(16). Blätt. borstenf.; Stbblätt. 1–3; Deckspelzen an der Spitze lg. begrannt; Ährenrispe lockerbltg., zuw. bis 20 cm lg. **Vulpia**, 313
— Blätt. flach, bis 4 mm breit; Stbblätt. 3; Deckspelzen nicht begrannt; Ährenrispe dichtbltg. (oberw. reine Ähre), schwach einstswendig, 1–3 cm lg. (s. auch Nr. **14**–) **Sclerochloa**, 316
21(1). Ährenrispe einstswendig; Ährchen 3–4-bltg.; unter jedem Ährchen eine kammf. Hülle (= steriles Ährchen m. leeren Spelzen, *505);* Deckspelzen kurz stachelspitzig od. begrannt **Cynosurus**, 323
— Ährenrispe allstswendig; Ährchen 1-bltg., am Grd. m. lg., borstenf. Haaren *(499),* diese entsprechen verkümmerten Seitenzweigen u. tragen zuweilen reduzierte Ährchen; Hüllspelzen 3[1], Deckspelzen unbegrannt; Ligula als schmaler Hautsaum, aufgelöst als Wimpernkranz . . . . **Setaria**, 355
22(8). Ligula 10–30 mm lg.; Rispe dicht, 7–15 cm lg.; Knoten am Stg. bis 2-mal so lg. wie breit; Pfl. 60–100 cm hoch **Ammophila**, 346
— Ligula 5–15 mm lg.; Rispe gelappt, 13–25 mm lg.; Knoten am Stg. so lg. wie breit; Pfl. 60–130 cm hoch × **Calammophila**, 346

3. Trauben- und Rispengräser[2]

1. Ährchen 2- bis mehrbltg., mindestens m. 2 ⚥ Blüten od. m. 1 ⚥ Blüte u. mehreren ♂ od. geschlechtslosen Bltn. **21**
— Ährchen 1-bltg., zuw. m. Ansatz einer 2. verkümmerten od. einer 2. ♂ Blüte **2**
2. Stiel unterhalb des Ährchens verdickt und dort m. gelb bis rotgelb glzd. Haarschopf . . . . **Chrysopogon**, 356
— Stiel unterhalb des Ährchens ohne gelbe Behaarung . . . **3**
3. Ährchen nur m. 1 ⚥ Blüte **6**
— Ährchen außer der ⚥ Blüte noch m. einer ♂ Blüte **4**

---

[1] Die 3., obere Hüllspelze ist eigentlich die Deckspelze des unteren, sterilen Blütchens.
[2] Von zahlreichen Gräsern sind als Seltenheit abweichende Formen mit nur 1-bltg. Ährchen bekannt. Gelingt die Bestimmung über Nr. **3**ff. nicht, dann bestimme man weiter nach Nr. **21**.

4. Ährchen paarweise an den traubigen Seitenzweigen der Infl. achse, die unt. sitzend, die ob. gestielt, 2-bltg., nur 1 Blüte begrannt, nur die unt. Ährchen fertil (⚥) . . . . **Sorghum**, 357

— Ährchen nicht paarweise an traubigen Seitenzweigen der Rispenachse angeordnet. **5**

5. Ährchen 7–11 mm lg., m. lg., geknieter Granne **Arrhenatherum**, 336

— Ährchen bis 5 mm lg., m. fehlender od. sehr kurzer Granne *(506)* . . . . **Holcus**, 335

6(3). Ährchen am Grd. der Deckspelze m. längeren Haaren *(507);* Hüllspelzen ± ungleich; Rispe reich verzweigt **Calamagrostis**, 344

— Ährchenachse kahl od. am Grd. der Deckspelze m. Haaren, die höchstens die halbe Länge der Deckspelze erreichen, zuw. aber Deckspelze selbst behaart **7**

7. Hüllspelzen vorhanden **9**

— Hüllspelzen fehlend **8**

8. Pfl. 2–6 cm hoch; Ährchen nur bis 1 mm groß, in doldenf. od. quirlf. Büscheln . . . . **Coleanthus**, 349

— Pfl. höher; Ährchen 4–5 mm lg., einzeln an Rispenästen; z. Bltzt. tritt höchstens der ob. Teil der Rispe aus der sie umschließenden Blattscheide heraus . . . . **Leersia**, 354

9(7). Hüllspelzen 3; Ährchen vom Rücken her zusammengedrückt u. daher nicht gekielt; Rispe reichbltg., zuletzt oft überhgd.; Blattscheiden oft absthd. behaart . . . . **Panicum**, 355

— Hüllspelzen 2 od. 4; Blattscheiden kahl **10**

10. Deckspelzen unbegrannt od. m. einer Granne, die höchstens doppelt so lg. ist wie ihre Spelze **14**

— Deckspelzen lg. begrannt; Grannen wenigstens 3-mal so lg. wie ihre Spelzen; Hüllspelzen 2 . . . . **11**

11. Granne 5–30 cm lg.; Ährchen vom Rücken her zusammengedrückt; Blätt. borstl., in der Knospenlage gefaltet **Stipa**, 349

— Granne viel kürzer, höchstens 2 cm lg.; Blätt. 1–5 mm breit, flach, trocken, meist borstl. zusammengerollt **12**

12. Deckspelzen auf dem Rücken lg. behaart; äußere Hüllspelze ± 9 mm, innere ± 7 mm lg.; Blätt. in der Knospenlage gerollt; Deckspelzengranne glatt; Pfl. ♃, dichte Horste bildend **Achnatherum**, 351

504

505

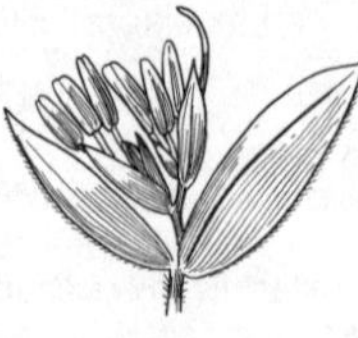
506

507

508

509

— Deckspelze nicht lg. behaart, höchstens kurz rauhaarig **13**

13. Pfl. ♃, m. zahlr. Erneuerungstrieben; Ligula 0,5–2 mm lg., kurz behaart; Granne bis 15 mm lg., geschlängelt; Hüllspelzen fast gleich lg. (3–4,5 mm) . . . . **Piptatherum**, 349

— Pfl. ⊙, büschelig wachsend; Ligula 2–6 mm lg., kurz behaart od. zerschlitzt; Granne bis 10 mm lg., ± gerade; Hüllspelzen ungleich lg. (1,5 bzw. 2,5 mm) . . . . **Apera**, 344

14(10). Halm knoten- u. blattlos (aber zuw. bis über die Mitte von Blattscheiden umgeben); Knoten an der Basis des Stg. gehäuft, knollig verdickt . . . . **Molinia**, 325

— Halm m. Knoten **15**

15. Ährchen von der Seite her ± stark zusammengedrückt; Hüllspelzen deshalb am Rücken ± stark gekielt *(511)* **18**

— Ährchen stielrund od. vom Rücken her zusammengedrückt; Hüllspelzen daher auf dem Rücken abgerundet *(510)* **16**

16. Infl.äste steif aufrecht; Infl. insgesamt nur m. ca. 25 Ährchen, diese 5 mm lg., rotbraun u. an den Enden der lg. gestielten Rispenäste; Blattscheiden geschlossen, an ihren Enden m. häutiger Spitze *(496),* aber fast ohne Ligula; Hüllspelzen rotbraun . . . . **Melica**, 323

— Infläste allstswendig abspreizend bis waagrecht absthd., später sogar ± zurückgeschlagen; Infl. insgesamt m. 50–200 Ährchen, diese nur bis 2 mm groß; Blattscheiden offen **17**

17. Rispenäste büschelig zu je 5–7 in 2 Zeilen, fadenf., leicht herabhgd.; Ligula breit, wenigstens 6 mm hoch; Blattspr. bis 15 mm breit; Hüllspelzen grün(l.), 3-nervig; Ährchen fast 3 mm lg. . . . . **Milium**, 352

— Rispenäste zwar in 2 Zeilen büschelig angeordnet, aber Rispe insgesamt allstswendig erscheinend, filigranart.; Ligula meist deutl. kürzer, nur selten bis 6 mm lg.; Blattspr. höchstens 10, meist nur wenige mm breit; Hüllspelzen weißl., grünl. od. rötl., 1-nervig; Ährchen viel kleiner, nur 1–2 mm lg. **Agrostis**, 342

18(15). Schilfart. Ufergras m. vor u. nach der Blüte zusammengezogener, gelappter, oft rötl. überlaufener Rispe; Hüllspelzen 4, beide äußere gleich lg. u. länger als die weißl. schuppenf., nur etwa 1 mm lg. inneren; Deckspelzen unbegrannt; Ährchen geknäuelt . . . . **Phalaris arundinacea**, 353

— Hüllspelzen 2. . . . . **19**

19. Ährchen sehr dicht 2-zeilig sthd.; schilfart. Gras ähnlich *Phalaris arundinacea,* bis 1 m hoch; Deckspelzen unbegrannt; Infl. verlängert, m. dichten, kurzen, steif aufw. weisenden Rispenästen . . . . **Beckmannia syzigachne,** 323

— Ährchen nicht dicht oder 2-zeilig sthd.; Pfl. nicht schilfart. **20**

20. Hüllspelzen unscheinbar, < 0,5 mm lg.; Infl. schmal; Ligula ein bewimperter Saum; Deckspelze m. gerader Granne, diese an der Spitze angeheftet . . . . **Muhlenbergia,** 333

— Hüllspelzen > 1 mm lg.; Infl. eine fein verästelte Rispe; Ligula häutig, unbewimpert od. fehlend; Deckspelzen unbegrannt od. begrannt, dann diese am Grd. od. in der Mitte angeheftet **Agrostis**, 342

21(1). Hüllspelzen viel kürzer als das Ährchen u. meist auch kürzer als die Deckspelzen ohne ihre Granne **45**

— Längere Hüllspelze wenigstens $^2/_3$ der Ährchenlänge erreichend **22**

22. Deckspelzen (wenigstens einer Blüte) begrannt; Granne zuw. zw. den Spelzen verborgen **30**

— Deckspelzen unbegrannt, zuw. stachelspitzig **23**

23. Ährchen nickend od. hgd. **29**

— Ährchen aufrecht (aber z. T. m. abgespreizten Rispenästen) **24**

24. Rispe schmal zusammengezogen, m. 4–16 grünen bis violett überlaufenen, 3–5-bltg. Ährchen; Deckspelzen derb, m. kurz 3-zähniger Spitze *(528);* Blätt. u. Blattscheiden wimperig behaart; anstelle Ligula eine Haarreihe **Danthonia decumbens**, 337

— Rispenäste z. Bltzt. absthd.; Ährchen zahlr.; Ligula häutig od. bis 5 mm lg. **25**

25. Halm oberw. knotenlos; Ährchen an den weit ausgebreiteten Rispenästen ± gleichmäßig verteilt, bräunl., meist 3-bltg.; Mittelblüte des Ährchens ⚥, m. 2 Stbblätt., die beiden seitl. ♂ m. je 3 Stbblätt. *(541, 542);* Hüllspelzen fast so lg. wie das Ährchen . . . . **Hierochloë**, 352

— Halm oberw. m. Knoten; Ährchen gelbl., grünl. od. violett überlaufen, nur m. ⚥ Bltn. **26**

26. Ährchen am Ende der Rispenäste knäuelig gehäuft, Infl. daher gelappt u. ausgebreitet oft über 10 cm breit . . . . . **Dactylis**, 322

— Ährchen nicht knäuelig gehäuft, ± gleichmäßig innerhalb der Infl. verteilt **27**

27. Deckspelzen kurz 3-spitzig, am Grd. m. kurzem Haarbüschel, 7-nervig; schilfart. Ufergras, 1–2 m hoch, m. raurandigen Blätt. u. fingerdickem Rhizom . . . . **Scolochloa**, 317

— Deckspelzen stumpfl. bis zugespitzt; Pfl. kleiner, zierlicher **28**

28. Rispenäste nur z. Bltzt. ausgebreitet u. dann Infl. bis 4 cm breit (sonst ährenrispig zusammengezogen); Ährchen 4–8 mm lg. . . . . **Koeleria**, 341

— Rispenäste auch nach der Bltzt. nicht zusammengezogen; Ährchen 2–3 mm lg. . . . . **Poa**, 317

29(23). Ährchen grün, bis 2,5 cm groß; Rispenäste z. Bltzt. waagrecht absthd.; Deckspelze der ob. Blüte zuw. begrannt; Kulturpfl. . . . . **Avena**, 328

— Ährchen ± braunrot, höchstens 1 cm lg., 2-bltg., die ob. Blüte häufig verkümmert; Deckspelzen knorpelig; Rispe einstswendig od. überhgd. . . . . **Melica**, 323

30(22). Grannen kurz, zwischen den Spelzen versteckt (*506,* Hüllspelzen wegbiegen!) od. diese nur wenig überragend **43**

— Grannen aus den Spelzen herausragend **31**

31. Ährchen 4–20 mm lg.; Grannen so lg. wie od. länger als das Ährchen **36**

— Ährchen 2–6 mm lg., Grannen kürzer als das Ährchen **32**

32(31, 44). Ährchen paarweise an den traubigen Seitenzweigen der Inflachse, die unt. sitzend, die ob. gestielt, 2-bltg., nur 1 Blüte begrannt, nur unt. Ährchen fertil (⚥) . . . . . **Sorghum**, 357

— Ährchen nicht paarweise an traubigen Seitenzweigen der Rispenachse angeordnet **33**

33. Unt. Blüte des Ährchens ⚥, unbegrannt; Deckspelze der ob., ♂ Blüte am Rücken begrannt *(506);* Halm an den Knoten weichhaarig; Blätt. flach, graugrün . . . . **Holcus**, 335

— Alle Bltn. des Ährchens ⚥; Halm an den Knoten kahl . . . **34**

34. Ährchen 2–4-bltg.; Deckspelzen an ihrer Spitze grannig verlängert; Blätt. flach od. zusammengerollt . . . . . . **Koeleria**, 341

— Ährchen 2-bltg.; Deckspelzen 2-spitzig od. 4-zähnig, vom Rücken od. nahe dem Grd. m. Granne; Blätt. oft borstl. **35**

35. Pfl. 5–30 cm hoch, zart; Ährchen 2–3 mm lg.; Hüllspelzen zarthäutig; Deckspelze meist 2-spitzig, m. geknieter, tief rückenst. Granne . . . . **Aira**, 334

— Pfl. 30–120 cm hoch; Ährchen 2–5 mm lg.; Deckspelze an der gestutzten Spitze gezähnelt, nahe über dem Grd. begrannt **Deschampsia**, 334

36(31). Unt. Blüte des 2-bltg. Ährchens ♂, ihre Deckspelze auf dem Rücken m. lg., geknieter od. gedrehter, 10–15 mm lg. Granne; Deckspelze der ob. ⚥ Blüte unbegrannt od. an der Spitze kurz begrannt; unt. Hüllspelze kürzer, 1-nervig, ob. länger, 3-nervig . . . . **Arrhenatherum**, 336

— Alle Bltn. des Ährchens ⚥, ihre Deckspelzen begrannt **37**

37. Ährchen < 1 cm; Fr. locker von den Spelzen umhüllt . . . **41**

— Ährchen > 1 cm (zuw. etwas kürzer, dann aber Granne nicht rückenst., sondern an der Spitze zw. 2 lg. Zähnen entspringend); Fr. von den Spelzen fest umhüllt **38**

38. Deckspelzen an der Spitze lg. 2-zähnig, Zähne etwa halb so lg. wie die ganze Spelze, dazw. lg., gedrehte u. gekniete, am Grd. dkbraune Granne entspringend; Hüllspelzen 5–7-nervig; Deckspelzen am Rand lgzottig behaart **Danthonia alpina**, 337

— Deckspelzen an der Spitze höchstens kurz 2-zähnig . . . **39**

39. Deckspelzen an ihrer Spitze in eine Granne auslaufend, die länger als ihr flächiger Teil ist; Bltn. häufig nur m. 1 Stbblatt **Vulpia**, 313

— Deckspelzengranne rückenst., in der Mitte, etwas oberhalb od. unterhalb der Mitte entspringend **40**

40. Pfl. ⊙; Ährchen lg. gestielt, meist hgd., bis 2,5 cm lg.; Hüllspelzen 7–11-nervig, m. breiten, durchsichtigen Rändern **Avena**, 338

— Pfl. ♃; Ährchen kurz gestielt, ± aufrecht; Hüllspelzen 1–5-nervig . . . . **Helictotrichon**, 338

41(37). Hüllspelzen 6–9-nervig; Deckspelze der ob. Blüte des Ährchens m. rückenst., gedrehter u. geknieter Granne, die der unt. in gerade Granne auslaufend; Ährchen bis 1 cm lg.; Ligula 3 mm lg., zerschlitzt, am Rand herablaufend **Ventenata**, 337

— Hüllspelzen 1–3-nervig; Deckspelzen m. gedrehter od. geknieter Granne **42**

42. Deckspelzen gestutzt u. fein gezähnelt, ihre Granne fast od. ganz grdst.; Ährchen 2-bltg. . . . . **Deschampsia**, 334

— Deckspelzen zugespitzt, ihre Granne rückenst.; Ährchen 3–4-bltg., bei Gebirgspfl. oft 1–2-bltg. . . . . **Trisetum**, 336

43(30). Granne in der Mitte m. behaartem Knoten, an der Spitze keulig verdickt *(508);* Ährchen weiß od. rot überlaufen; Blätt. borstl. . . . . **Corynephorus**, 340

— Granne an der Spitze nicht keulig verdickt, in der Mitte nicht m. behaartem Knoten **44**

44. Ährchen 3-bltg., nur die Mittelblüte ⚥, beide seitl. ♂, Pfl. nach Waldmeister duftend (s. auch Nr. **25**) . . . . **Hierochloë**, 352

— Ährchen 2-bltg. (mehrere Bltn. untersuchen!) **32**

45(21). Ährchenachse lghaarig, nur unter der unt. ♂ Blüte kahl; Haare etwa so lg. wie die Spelzen; Deckspelze kahl; Ährchen bis 1 cm lg.; Ligula als Haarkranz; Pfl. bis 5 m hoch; Blätt. bis 3 cm breit . . . . **Phragmites,** 330

— Ährchenachse kahl od. nur sehr kurz behaart **46**

46. Deckspelze im unt. Teil lg. behaart; Gras riesig, schilfart. **65**

— Deckspelze kahl od. nur ganz kurz behaart **47**

47. Halm knoten- u. blattlos (aber zuw. bis über die Mitte von Blattscheiden umgeben!); Knoten am Grd. des Halms gehäuft, knollig verdickt u. ganz von den Scheiden bedeckt; Ligula als Haarkranz . . . . **Molinia**, 325

— Halm meist bis über die Mitte hinauf m. Knoten **48**

48. Ligula häutig, nicht als Haarkranz ausgebildet. od. fehlend **50**

— Ligula als Haarkranz ausgebildet **49**

49. Stg. bis zum Bltnstand auffallend gleichmäßig u. starr absthd. beblättert, Blätt. hart u. zerbrechlich, in den ob. Blattscheiden oft noch versteckte Ährchen; Pfl. ♃ **Cleistogenes**, 332

— Stg. nicht auffallend starr u. absthd. beblättert, Blätt. nicht hart u. zerbrechlich; Pfl. meist ☉ . . . . **Eragrostis**, 331

50(48). Ährchen am Ende der Rispenäste geknäuelt-gehäuft, Infl. daher gelappt, etwas einstswendig . . . . **Dactylis**, 322

— Ährchen nicht geknäuelt-gehäuft; Infl. nicht gelappt **51**

51. Ährchen im Umriss rundl. bis herzf., seitl. zusammengedrückt, 4–7 mm lg., glzd., an dünnen Stielchen hgd.; Ährchenstiele meist geschlängelt . . . . **Briza**, 322

— Ährchen im Umriss eif., längl., lanzettl. od. lineal **52**

52. Deckspelzen kurz 3-spitzig, am Grd. m. kurzem Haarbüschel, 5–7-nervig; schilfart. Ufergras m. sehr rauen Blätt.; Blattscheiden offen (bei *Glyceria* geschlossen!) . . . . **Scolochloa**, 317
— Deckspelzen an der Spitze nicht 3-zähnig, am Grd. ohne Haarbüschel, zuw. aber kurz behaart **53**
53. Deckspelzen lg. begrannt **63**
— Deckspelzen höchstens stachelspitzig (kurz begrannt: *Poa violacea)* **54**
54. Deckspelzen am Rücken abgerundet; Hüllspelzen gekielt od. abgerundet **56**
— Deckspelzen ± gekielt; Hüllspelzen meist scharf gekielt, Ährchen daher ± seitl. zusammengedrückt *(511)* **55**
55. Ährchen bis > 2 cm, Deckspelzen 1 cm lg. . . . . . **Bromus**, 302
— Ährchen bis 1 cm lg.; Deckspelzen bis 6 mm lg. . . . . **Poa,** 317
56(54). Ährchenstiele dick, starr; Infl. steif, ± gedrungen, 2-zeilig; Ligula lg. zerschlitzt; Pfl. ⊙ . . . . **Catapodium**, 314
— Ährchenstiele nicht dick u. steif; Infl. nicht immer 2-zeilig **57**
57. Hüllspelzen nicht gekielt *(510);* Deckspelzen eif., abgerundet od. gestutzt, m. breit trockenhäutigem Saum **60**
— Hüllspelzen scharf gekielt *(511);* Deckspelzen lanzettl., meist stachelspitzig od. angedeutet 3-zähnig **58**
58. Ährchen > 15 mm; Narben der Seite des Frkn. ansitzend *(509);* Rispenäste 2-zeilig gestellt, da Infl.-Achse ± 4-kantig; Blattscheiden geschlossen; Deckspelzen fast stets kurz 2-zähnig, ihre Granne (fast grannenlos: *B. inermis)* etwas unterhalb der Spelzenspitze entsthd. . . . . **Bromus**, 302
— Ährchen bis 14 mm lg.; Narben an der Spitze des Frkn. sthd.; meist nur an 2 Seiten der 3-kantigen Infl.-Achse m. Rispenästen, Infl. daher etwas einstswendig; Blattscheiden meist offen **59**
59. Deckspelzen meist deutl. gekielt, im Querschnitt V-förmig *(511);* Ährchen unbegrannt (Ausnahme: *Poa variegata),* selten spitzl. *(P. alpina, P. badensis),* sonst stumpfl. bis abgerundet **Poa,** 318
— Deckspelzen nicht gekielt, im Querschnitt abgerundet *(510)* (Ausnahme: *F. pulchella),* zugespitzt, oft sogar kurz begrannt . . . . **Festuca**, 307

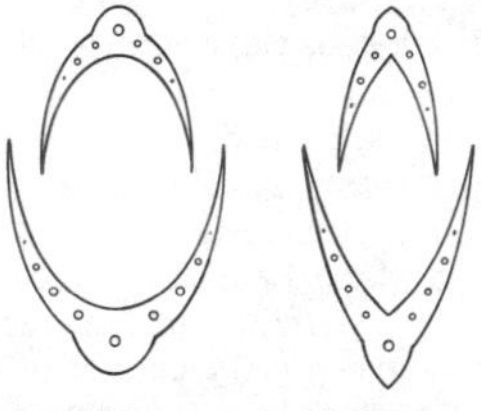

510 *511*

60(57). Ährchen 1–3 mm lg., nur 2-bltg.; Deckspelzen braunviolett; Blattscheiden zur Hälfte geschlossen . . . . **Catabrosa**, 322

— Ährchen > 4 mm, 3–11-bltg. (Ausnahme: *Glyceria striata* m. 2 mm lg. Ährchen) **61**

61. Deckspelze kurz begrannt, wenn unbegrannt, dann zugespitzt, nur selten deutl. hautrandig . . . . **Festuca**, 307

— Deckspelze an der Spitze abgerundet od. gestutzt, niemals begrannt, oft trockenhäutig **62**

62. Blätt. 2–6 mm breit; Blattscheiden offen; Deckspelzen höchstens 5-nervig; salzliebende Pfl., bes. der Küsten **Puccinellia**, 316

— Blätt. bis 10 mm breit; Blattscheiden fast bis zur Spitze geschlossen; Deckspelzen 7–9-nervig . . . . **Glyceria**, 315

63(53). Bltn. nur m. 1 Stbblatt; Deckspelzen aus der Spitze begrannt, Granne deutl. länger als der unbegrannte Teil; Pfl. ⊙, bis 50(–60) cm hoch . . . . **Vulpia**, 313

— Bltn. m. 3 Stbblätt.; Deckspelze unterhalb ihrer Spitze begrannt od. in Fortsetzung derselben, Granne aber kürzer als unbegrannter Teil; Pfl. ♃ **64**

64. Granne etwas unterhalb des Endes der Deckspelze, oft zw. 2 Zähnen derselben entspringend; Narben an der Seite des Frkn. ansitzend *(509);* Pfl. meist ⊙ (vgl. auch Nr. **58**) **Bromus**, 302

— Deckspelze in Granne auslaufend; Narben an der Spitze des Frkn. ansitzend; Pfl. ♃ (vgl. auch Nr. **59** u. **61**) **Festuca**, 307

65(46). Ligula bis 6 mm lg., häutig, gestutzt bis zerschlitzt; Pfl. bis 2 m hoch; Blätt. bis 40 cm lg. u. 12 mm breit **Scolochloa,** 317

— Ligula ca. 1 mm lg., ein häutiger, oben bewimperter Saum; Pfl. 2–5 m hoch; Blätt. 50–100 cm lg. u. 1–6 cm breit **Arundo,** 330

1. **Brómus** L., *Trespe*

1. Äußere Hüllspelze 1-, innere 3-nervig, beide ungleich lg., schmal lanzettl. **15**

— Äußere Hüllspelze 3–5-, innere 5–9-nervig, beide oft gleich lg., elliptisch **2**

2. Ährchen nicht flachgedrückt; Spelzen höchstens am Grd. etwas gekielt **4**

— Ährchen 2-schneidig-flachgedrückt, da die Spelzen deutl. gekielt; Deckspelzen stachelspitzig od. begrannt **3**

3. Deckspelze 7-nervig, m. 4–7 mm lg. Granne; Vorspelze fast so lg. wie die Deckspelze; ⊙–♃; VI–X. Straßenböschungen, Bahndämme, u. ä.; *z* im gesamten Gebiet verwildert auftretend aus Begrünungsansaaten, bereits eingebürgert Be, Ho, NrWe, NS, SH, Br, Sa, MeVp, Ba, BW, Ti, Bz, Kt, St. (Heimat: W-USA bis Costa Rica) *Plattähren-T.,* **B. carinátus** Hook. & Arn.

— Deckspelze 9–13-nervig, m. 1(–2) mm lg. Granne; Vorspelze nur halb so lg. wie die Deckspelze; ⊙–♃; VI–VIII. Vielfach adventiv, anscheinend nirgends beständig. (Heimat: S-USA bis Chile). (= *Festuca unioloides* Willd.; = *B. willdenowii* Kunth) *Pampas-T.*, **B. cathárticus** Vahl

4(2). Deckspelze unterhalb der Mitte beidersts. m. einem deutl. Zähnchen, lg. begrannt *(512);* Ährchen groß, 2,5–3 cm lg., oval; Pfl. 50–120 cm hoch; ⊙; V–VII. Getreidefelder (insbes. m. *Triticum spelta);* früher *s* S-Ho (1 Fundort) u. S-Be (hier endemisch), durch Rückgang der Dinkel-Kultur offenbar völlig ausgestorben (Bot. Gärten?). (= *B. arduennensis* Dum.) *Ardennen-T.,* **B. bromoídes** (Lej.) Crepin

— Deckspelze ohne Zähnchen **5**

5. Blattscheiden der unt. Blätt. kahl od. fast kahl (ausgenommen *B. pseudosecalinus*); Fr. dick, m. tiefer Rinne, dadurch eingerollt aussehend; Deckspelze z. Frzt. m. stark eingerollten Rändern u. die Fr. einhüllend; Ährchen nicht violett überlaufend; Ährchen nach der Bltzt. erhalten bleibend (nicht in Einzelglieder zw. den Bltn. zerfallend); Fr. 6–9 mm lg.; Infl. locker; Rispenäste 3–8 cm lg., z. Frzt. überhgd.; Pfl. bis 120 cm hoch; ⊙; VI–IX. Äcker. Artengruppe *Roggen-T.,* **B. secalinus** L. agg.

a. Scheiden der unt. Blätt. weich behaart; Rispe zusammengezogen, 5–10 cm lg.; Ährchen nur 8–12 mm lg.; Deckspelze nur 5–6 mm lg., m. nur 2–6 mm lg. Granne; Deckspelze länger als die Vorspelze u. länger als die Fr. Bisher nicht erkannt, aber ehedem in Dt (Th) u. Da gesammelt; ob noch od. wieder? (Heimat: England, Irland) *Falsche Roggen-T.,* **B. pseudosecalínus** P. M. Smith

— Scheiden der unt. Blätt kahl od. fast kahl; Ährchen deutl. länger . . . . . . **b**

b. Deckspelze 6,5–9,5 mm lg.; Antheren 1,2–1,8 mm lg.; Granne 0–10 mm lg.; Ährchen 13–25 mm lg., 5–7(–11)-bltg.; Deckspelze nicht länger als die Vorspelze. Getreidefelder; *z* (seltener werdend). *Roggen-T.,* * **B. secalínus** L. (s. str.)

— Deckspelze 10–12(–15) mm lg. *(513);* Antheren 1,7–2,6 mm lg.; Granne 10–14 mm lg.; Ährchen 20–34 mm lg., 8–15-bltg.; Deckspelze 1,5 mm länger als die Vorspelze; Kulturbegleiter nur von *Triticum spelta?; s* Be, Lx, Pf, E, BW, CH. (= *B. multiflorus* Sm.) ⓖ *Dicke T.,* **B. gróssus** Desf. ex DC.

— Blattscheiden der unt. Blätt. behaart; Deckspelzen der reifen Ährchen nicht od. nur undeutl. eingerollt; Fr. dünner, ohne Furche **6**

6. Stbbeutel (vor dem Öffnen) höchstens 3 mm lg., höchstens ½ so lg. wie die Deckspelze; Ährchen meist grün **8**

— Stbbeutel (vor dem Öffnen) 3,5–5 mm lg., etwa ⅓ so lg. wie die Deckspelze; Ährchen meist rotviolett überlaufen; Vorspelze ± so lg. wie die Deckspelze (wie *516*) **7**

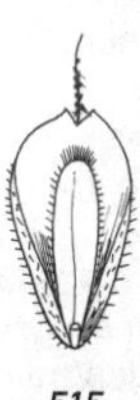

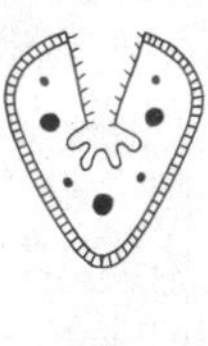
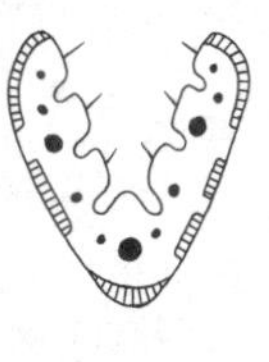

512 *513* *514* *515* *516* *517* *518* *519*

7. Ährchen 13–22 mm lg.; Deckspelze lanzettl., 7–10 mm lg., m. ebenso lg. Granne; Fr. kürzer als Deckspelze (wenn reif!); Rispe vielährig, locker-ausgebreitet, m. dünnen Ästen, z. Frzt. etwas nickend; Pfl. 25–100 cm hoch; ⊙; V–VIII. Äcker, Wegränder; *z*.
Ⓖ *Acker-T.,* **B. arvénsis** L.

— Ährchen 4–12 mm lg.; Deckspelze rhombisch (ähnl. *506),* 4 mm lg., ihre Granne nur ½ so lg. wie die Spelzenfläche, unterhalb der Spitze ansitzend; Fr. länger als Deckspelze (wenn reif!); Rispe im Vergleich ärmerbltg., m. kurzen u. fast starren Ästen, auch zuletzt nicht überhgd.; Pfl. 20–30 cm hoch; ⊙; VI–VII. Äcker, Wegränder; zuw. eingeschleppt, *s* eingebürgert (Heimat:?; *aus B. arvensis* entstanden?) *Kurzährige T.,* **B. brachýstachys** HORN.

8(6). Granne nur bis 1,5 mm unterhalb der Spitze der Deckspelze entspringend, gerade od. nur sehr schwach ausw. gebogen **10**

— Granne mind. 2 mm unterhalb der Spitze der Deckspelze entspringend, z. Frzt. stark ausw. spreizend, an den ob. Bltn. bis > 10 mm lg., an den unt. kürzer bis fehlend; Infl. locker; Ährchenstiele meist länger als die Ährchen od. Infl. nur traubig **9**

9. Rispenäste meist m. 3 (1–4) längl.-lanzettl., 2–3 cm lg., meist 7–10-bltg. Ährchen; Rispe deutl. verzweigt; Deckspelze 3,5–4 mm breit, ausgebreitet ± elliptisch (ähnl. *515); ⊙;* V–VI. Äcker, Schuttplätze, Wegränder; *z* zw. Rheinl. bis Unt.Fr, sonst sehr *z, f* Be, Ho, Da. (= *B. patulus* MERT. & K.) *Japanische T.,* **B. japónicus** THUNB.

— Rispenäste nur m. 1 (selten 2–3) 3–5 cm lg., bis 20-bltg., breit eilanzettl. Ährchen; Rispe wenig verzweigt, einstswendig; Deckspelze 5–7 mm breit, ausgebreitet fast (abgerundet) rhombisch (ähnl. *1245);⊙–⊙;* V–VI. Äcker, Wiesen, Schuttplätze; *s* eingeschleppt, im S zuw. eingebürgert. (Heimat: S- u. SO-Eur.)
Ⓖ *Sparrige T.,* **B. squarrósus** L.

10(8). Deckspelze 4,5–6,5 mm lg., m. breit häutigem, scharf winkligem Rand; reife Fr. länger als die Vorspelze, diese im ob. Drittel am breitesten, nur in den unt. ²/₃ bewimpert, deutl. kürzer u. schmaler als die reife Fr. (Fr. daher von innen sichtbar), fast so lg. wie die kahle Deckspelze *(514);* Ährchen 8–15 mm lg.; Stbbeutel 0,5–2 mm lg.; Pfl. 5–60 cm hoch; ⊙–⊙; V–VIII. Wiesen, Wegränder; *z* bis *s* Be, Ho, NS, SH, Da, Br, MeVp (Küste), Pl, Ba, Ti, Bz.
Zierliche T., **B. lépidus** HOLMB.

— Deckspelze meist > 6,5 mm, m. schmal häutigem, rundem bis höchstens stumpfl.-winkligem Rand; reife Fr. etwas kürzer als die Vorspelze (Fr. daher von innen nicht sichtbar, *515*), diese in ihrer Mitte am breitesten, bis zur Spitze bewimpert **11**

11. Rispe locker; Ährchen meist deutl. kürzer als ihre Stiele; Deckspelze derb, nicht häutig, daher ihre Nerven nur undeutl. sichtbar; Stbbeutel > 1 mm **13**

— Rispe zieml. dicht; Ährchen meist länger als ihre Stiele; Deckspelze häutig, dadurch auffällig genervt; Staubbeutel meist deutl. < 1 mm
Artengruppe *Weichhaarige T.,* **B. hordeáceus** L. agg. **12**

12. Pfl. 3–15 cm hoch, ihre Stg. niederlgd. bis aufstgd., von oben gesehen sternf. angeordnet; Deckspelze 6–7 mm lg., m. 3–7 mm lg. Granne, diese z. Frzt. etwas nach ausw. gebogen/gedreht; Ährchen (m. Gran-

nen) 10–14 mm lg. u. 2–3 mm breit, meist kahl, 3–6-bltg.; ♃; V–VI. Strandsande, Nord- u. Ostseeküste, NS (Emsland), Be, Ho, Da, auch Salzfluren im Bgl. [= *B. hordeaceus* ssp. *thominei* (HARDOUIN) HYL.]
Dünen-T., **B. thomínei** HARDOUIN

— Pfl. höher, ihre Stg. aufrecht, bis 90 cm hoch; Deckspelze 6–11 mm lg.; ⊙–⊙; V–VIII. *Weichhaarige T.,* * **B. hordeáceus** L.

a. Hüll- u. Deckspelze kahl; Fr. so lg. wie die Vorspelze; Rispe locker; Deckspelze 6,5–8 mm lg. Straßen u. Wegränder, Bahngelände; aus Rasenansaaten verwildert; häufig in Da, sonst verschleppt, (z. B. N-Ti), aber vielleicht weiter verbreitet. (= *B.* × *pseudothominei* P. SM.)
ssp. **pseudothomínei** (P. SM.) SCHOLZ

— Hüll- u. Deckspelze behaart; Fr. kürzer als die Vorspelze. . . . . **b**

b. Rispe wenigstens z. Bltzt. etwas ausgebreitet; längste Ährchenstiele wenigstens so lg. wie die Ährchen; Deckspelze 8–11 mm lg.; Kiele der Vorspelze m. aufrecht absthd. Wimperhaaren; *v.* ssp. **hordeáceus**

— Rispe stets dicht zusammengezogen; auch die längsten Ährchenstiele kürzer als die Ährchen; Deckspelze 7–8 mm lg.; Kiele der Vorspelze m. senkr. absthd. Wimperhaaren. Ob im Gebiet? Nur adventiv. (Heimat: Mittelmeergebiet). (= *B. molliformis* LLOYD ex GODR.)
ssp. **divaricátus** (BONNIER & LAYENS) KERGUÉLEN

13(11). Antheren 3–5 mm lg.; Rispe 10–30 cm lg.; Vorspelze so lg. wie Deckspelze (s. Nr. **7**) . . . . **B. arvénsis**

— Antheren 1–3 mm lg.; Rispe 3–20 cm lg.; Vorspelze so lg. wie od. kürzer als Deckspelze, diese pergamentart, dick, meist kahl; Pfl. 20–120 cm hoch **14**

14. Deckspelze 6,5–8 mm lg., ausgebreitet entlang ihrer Ränder ± gleichmäßig gerundet, dadurch im Umriss etwas elliptisch; unterstes Glied der Ährchenachse 0,5–1 mm lg.; Vorspelze etwa so lg. wie Deckspelze; Antheren 2–3 mm lg.; Rispe kurz, nur 3–10 cm lg., meist nur traubig, aufrecht bleibend; ⊙; V–VI. Wiesen, Wegränder, bis montane Reg.; *v* im NW, sonst *z–s.* *Trauben-T.,* **B. racemósus** L.

— Deckspelze 8–11,5 mm lg., ausgebreitet, in ihrer Mitte winkelig abgerundet, dadurch im Umriss ± rhombisch erscheinend; unt. Glied der Ährchenachse 1,5–1,8 mm lg.; Vorspelze deutl. kürzer als Deckspelze; Antheren 1–2 mm lg.; Rispe 7–20 cm lg., meist verzweigt, später nickend; ⊙; V–VIII. Feuchte Äcker, Wiesen; sehr *z,* im N seltener.
Wiesen-T., **B. commutátus** SCHRAD.

15(1). Deckspelzen unbegrannt, stachelspitzig od. kurz begrannt; Blätt. u. Blattscheiden kahl od. ± dicht wimperig behaart; Rispe groß, aufrecht bis ausgebreitet; Ligula nur als schmaler Saum; Pfl. m. Ausläufern, 30–150 cm hoch; ♃; VI–VII. Flussufer, trockene Hügel, Wegränder; *v–z, s* im NW (*f* in NW-Dt nördl. Hannover, aber zuw. aus Aussaaten verwild.). *Unbegrannte T.,* * **B. inérmis** LEYS.

— Deckspelzen deutl. begrannt **16**

16. Rispenäste weit absthd., zuletzt überhgd.; Ährchen sehr locker angeordnet u. lg. gestielt **21**

— Rispenäste aufrecht bleibend, nur bei kräftigen, reichblühenden Exemplaren wenig überhgd.; Ährchen dicht bis sehr dicht sthd., kürzer gestielt **17**

17. Deckspelzen 8–20 mm lg., ihre Grannen bis 20 mm lg. **19**
— Deckspelzen länger als 20 mm, ihre Grannen 3–5 cm lg.; Stbblätt. oft nur 2; Pfl. ⊙ **18**

18. Pfl. 40–90 cm hoch; Blattspr. zerstreut behaart; Rispenäste rau, meist nur m. 1 Ährchen; Ährchen 50–70 mm lg., sehr lg. gestielt; Vorspelze wenig kürzer als Deckspelze, deren Kallus (Narbe) rundl.; Stbbeutel 1–4 mm lg.; ⊙; VI–VII. Ruderalstellen, sandige Böschungen; sehr *s* W-Be eingebürgert, Berlin eingeschleppt, auch anderswo (z. B. BW). *Gussones T.,* **B. diándrus** Roth
— Pfl. 20–40 cm hoch; Blattspr. kurz u. dicht behaart; Rispenäste meist kurz behaart; Ährchen 25–35 mm lg., kurz gestielt; Granne bis 50 mm lg.; Vorspelze deutl. kürzer als Deckspelze, deren Kallus (Narbe) spitzl.; ⊙; VI–VII. Kulturbegleiter, Wegränder; entlang der Küste; *s* Be; adventiv Ho, E, St, Kt. *Steife T.,* **B. rígidus** Roth

19(17). Ährchenstiele länger als 10 mm; Deckspelze 12–20 mm lg., breiter als 3 mm, 12–20 mm lg.; Rispenäste zu 2–3 gemeinsam abzweigend, bis 3 cm lg.; Ährchen 30–40 mm lg. (einschl. Grannen), z. Spitze hin verbreitert, 6–10-bltg.; Stbbeutel 1 mm lg.; ⊙; VI–VII. Ursprüngl. nur Südtirol, im Gebiet immer wieder vorüberghd. eingeschleppt: Bahnhöfe, Häfen u. a., z. B. um Lindau (Ba), W-BW, E, Rheinl., St. *Mittelmeer-T.,* **B. madriténsis** L.
— Ährchenstiele kürzer als 10 mm; Deckspelze schmaler als 3 mm, 8–14 mm lg.; Ährchen 20–40 mm lg., zur Spitze hin nicht verbreitert, bis 12-bltg.; Pfl. ♃ **20**

20. Pfl. m. Ausläufern; alle Blattspr. flach; Rispenäste meist nur m. 1 Ährchen; Blattscheiden dicht zottig grauweiß behaart; Deckspelze 8–10 mm lg., ihre Granne 7–8 mm lg.; Stbbeutel 3–4 mm lg.; ♃; VI–VII. Trockenrasen, trockene Wiesen; *s,* St (Graz), NÖ, Bgl. *Ungarische T.,* **B. pannónicus** Kummer & Sendtner
— Pfl. horstbildend, ohne Ausläufer; unt. Blattspr. meist borstl. gefaltet; Rispenäste meist m. 2–3 Ährchen; Deckspelze 8–14 mm lg., ihre Granne 2–8 mm lg.; Stbbeutel 3–7 mm lg.; Ährchen nach der Blzt. zuw. rötl. überlaufen; ♃; V–VII. Trockenrasen, Magerwiesen, kalkliebend. Formenreich. *Aufrechte T.,* * **B. eréctus** Huds.
  a. Blattrand m. absthd. steifen Haaren; Rispe 10–20 cm lg.; längere Ährchenstiele oft so lg. wie die Ährchen; Deckspelze 10–14 mm lg., ihre Granne 2–8 mm lg.; Halbtrockenrasen; *v* im S, *z* im M-Gebiet, *s* im N, *f* Da. ssp. **eréctus**
  — Blattrand ohne absthd. steife Haare; Rispe auffallend dicht, 8–11 cm lg.; Ährchenstiele meist kürzer als die Ährchen; Deckspelze 8–9 mm lg., ihre Granne 3–5 mm lg.; Stbbeutel 3–4 mm lg.; Trockenrasen; *s,* Ts, Bz. ssp. **condensátus** (Hack.) Asch. & Gr.

21(16). Pfl. horstbildend, ♃; Ährchen nach der Spitze zu verschmälert; Rispe sehr groß, überhgd.; Rispenäste rau; Scheiden der unt. Blätt. rauhaarig; Spr. dünn, rau, 4–15 mm breit, am Grd. deutl. geöhrt, Ligula 3–6 mm lg.; Pfl. 50–150 cm hoch; ♃; VI–VIII. Humusreiche Laubwälder, Gebüsche; *v–z, s* im NW u. O. Artengruppe *Wald-T.,* * **B. ramósus** Huds. agg.
  a. Ob. Blattscheiden dicht u. lg. (3–4 mm) behaart; Rispe groß, locker ausgebreitet, überhgd., unterste Rispenäste zu 2, jeder m. mehreren (bis 8) Ährchen; Deckspelze 7-nervig; schuppenf. Tragblatt der untersten Rispenäste

dicht bewimpert; Blattöhrchen kahl; Pfl. 80–150 cm hoch; VII–VIII.
Späte Wald-T., **B. ramósus** HUDS. (s. str.)

— Ob. Blattscheiden dicht u. kurz (kürzer als 0,5 mm) flaumig; Rispe locker, kürzer; unterste Rispenäste zu 3–5, hiervon 1 od. 2 nur m. einem einzigen Ährchen; Deckspelze 5-nervig; schuppenf. Tragblatt der untersten Rispenäste kahl; Blattöhrchen behaart; Pfl. 50–90 cm hoch; VI–VII. [= *B. ramosus* ssp. *benekenii* (LGE.) SCH. & TH.; = *B. asper* auct.]
Benekens Wald-T., **B. benekénii** (LGE.) TRIMEN

— Pfl. ⊙; Ährchen zur Spitze hin verbreitert; Ligula zerschlitzt; Pfl. 30–80 cm hoch; Ligula 2–4 mm lg. **22**

22. Stg. unterhalb der Infl. kahl od. rau; Infl. traubig, Äste m. nur 1(–3) Ährchen; Stiele viel länger als die Ährchen u. bis 10 cm lg.; Deckspelze 14–20 mm lg., Granne 15–30 mm lg.; Vorspelze fast so lg. wie Deckspelze; Spelzen kahl od. m. nur 0,1 mm lg. borstigen Haaren; Ligula 2–4 mm lg.; ⊙; V–VI. Ruderalstellen, Äcker, Weinberge; *v.*
Taube T., * **B. stérilis** L.

— Stg. unterhalb der Infl. dicht u. fein behaart (Haare 0,1 mm lg.); Infl. rispig einstswendig, Ährchenstiele meist kürzer als die Ährchen, höchstens 5 cm lg.; Deckspelze 9–13 mm lg., Granne 10–18 mm lg.; Vorspelze deutl. kürzer als Deckspelze; alle Spelzen absthd. u. weich behaart; Ligula 1–4 mm lg.; ⊙; V–VI. Ruderalstellen, Bahnanlagen; *v* bis *z.* *Dach-T.,* **B. tectórum** L.

Weitere 15, meist ⊙ **Bromus**-Arten wurden bisher adventiv im Gebiet gefunden (Hafengebiete, Güterbahnhofe, Spinnereien).

2. Festúca L., *Schwingel* [1]

1. Ährchen kurz gestielt, in Trauben; Pfl. ⊙ . . . **Micropyrum**, s. S. 333

— Ährchen in Rispen; Pfl. ♃ **2**

2. Alle Blätt. flach, auch die grdst., 3–15 mm breit **28**

— Blätt., zumindest die grdst., borstl.; die flachen Stgblätt. höchstens 2(–2,5) mm breit **3**

3. Spr. der nichtblühenden Triebe 0,4–0,6 mm Dm, im Querschnitt 3-eckig, obersts. kurz u. zerstreut behaart; Stgblätt. deutl. hiervon verschieden, flach, 2–3(–4) mm breit; ♃; VI–VII (Geb. bis IX). Trockene, grasreiche Wälder, Gebüsche; *v–z* CH, FL, Bz, Au, ČR, E, BW, RhPf, He, sonst sehr *z–s*, nördl. bis Münster/Hannover/MeVp, östl. davon bis OPr zieml. *s.* *Verschiedenblättriger Schw.,* **F. heterophýlla** Lam.

— Blattspr. anders **4**

4. Ligula der ob. Stgblätt. kurz, nur 0,2–0,5 mm lg. **10**

— Ligula der ob. Stgblätt. länger, bis 7 mm lg. **5**

5. Nichtblühende Triebe außerhalb der untersten Blattscheiden wachsend, mit ihren Knospen diese am Grd. durchbrechend (extravaginal); Pfl. m. lg. Ausläufern; Frkn. an der Spitze dicht behaart; Ligula ohne Öhrchen;

---

[1] Einzelne Artengruppen der Gattung **Festuca** sind extrem formenreich und nicht immer eindeutig bestimmbar. Hier sind Bestimmungen nur möglich mit Hilfe von Blattquerschnitten. Vergleiche auch die Fußnote S. 308.

Pfl. 30–60 cm hoch; ♃; VII–VIII. Felsen, Schuttfluren; *s* Kt (Karawanken, Sanntaler, Julische Alp.) *Schlaffer Schw.*, **F. láxa** HOST

— Nichtblühende Triebe innerhalb der untersten Blattscheiden wachsend (intravaginal); Pfl. ± dichte Horste bildend .... **F. vária** agg. **6**

6. Ligula der ob. Stgblätt. 3–6 mm lg., spitz m. 3 sichtbaren Nerven; Blattspr. starr, fast stechend; ♃; VII–VIII. Steile, sonnige Schutthänge, kalkstet: *s* Bz, OTi (Lienzer Dolomiten). [= *F. varia* ssp. *alpestris* (R. & SCH.) HACK.] *Voralpen-Schw.*, **F. alpéstris** R. & SCH.

— Ligula der ob. Stgblätt. bis 2,5 mm lg., abgerundet, m. nur 1 sichtbaren Nerv **7**

7. Blattunterseite **ohne** geschlossenen Sklerenchymring, unter den Leitbündeln (Nerven) je eine Gruppe von Skelerenchymzellen[1] (‚Bündel'); Blattspr. grün, m. 5 od. 7 Leitbündeln, im Querschnitt 6-kantig, 0,5–0,6 mm Dm; Ligula deutl.; Ährchen graugrün, dkviolett überlaufen; Pfl. 10–20cm hoch; ♃; VII–IX. Steinige Alpenwiesen, Felswände, 1700–2800 m, kalkliebend; *v* Alp. (= *F. pumila* CHAIX)
Niedriger Schw., **F. quadriflóra** HONCK.

— Blattunterseite **mit** geschlossenem Sklerenchymring (ähnl. *518*) **8**

8. Auch oberhalb der Leitbündel (zumindest der seitl. kräftigen) ein Nest von Sklerenchymzellen; Blattspr. m. 9–11 Leitbündeln; Deckspelzen 5-nervig, 5–7 mm lg., spitz bis grannenspitzig; Blattspr. steif, fast stechend; Ährchen hellviolett gescheckt; ♃; VI–VIII. Gesteinsfluren, Felsen, 1500–2100 m, kalkliebend; *s* Kt (Karnische, Gailtaler, Steiner Alp., Karawanken). *Glatter Bunt-Schw.*, **F. cálva** (HACK.) RICHT.

— Oberhalb der Leitbündel keine Sklerenchymnester **9**

9. Unterste Blätt. ¼ bis ½ so lg. wie die ob.; Vorspelze dicht behaart, auf den Kielen wimperig; Sklerenchym der Blattunterseite (fast) geschlossen; Ährchen 8–10 mm lg.; Ligula 0,5–0,8 mm lg.; ♃; VII–VIII. Steinige Triften, Felsfluren der alp. Reg., kalkstet.
Verschiedenfarbiger Bunt-Schw., **F. versícolor** TAUSCH

a. Ährchensteile rau bis kurz behaart; Ährchen bleich. *s* Riesengeb., St (auch Grenze zu OÖ), NÖ. ssp. **pallídula** (HACK.) MGF.-DBG.

— Ährchenstiele glatt; Ährchen grün(l.), meist zart violett überlaufen .... **b**

b. Vorspelzen oberw. gering behaart, auf ihren Kielen zerstreut u. kurz bewimpert. Nur Riesengeb. ssp. **versícolor**

— Vorspelzen oberw. kurz u. dicht behaart, auf den Kielen dicht bewimpert. 1600–2100 m; *v–z* N-St, OÖ, NÖ.
ssp. **brachýstachys** (HACK.) MGF.-DBG.

— Unterstes Blatt $^1/_{10}$ bis höchstens ¼ so lg. wie das ob.; Vorspelze überall rau; Sklerenchym der Blattunterseite geschlossen; Ährchen 8–11 mm lg., violett gescheckt, ihre Stiele dicht u. sehr kurz behaart; Ligula 0,6–2,0 mm lg.; ♃; VII–VIII. Matten, steinige Rasen der subalp. u. alp.

---

[1] Blattquerschnitte zeigen das Verhältnis Oberseite/Unterseite (Art der oberseitigen Rinne und ihrer dadurch nicht möglichen Entfaltbarkeit), Anzahl und Größe der Leitbündel (‚Nerven'), Lage und Form des Sklerenchyms (‚Bast'). Querschnitte an entwickelten Blättern steriler Triebe zur Blütezeit.

Reg.; *s*, Sb, Bz, OTi, Kt, St. [= *F. pumila* ssp. *varia* (HAENKE) LITARDIÈRE]
Echter Bunt-Schw., **F. vária** HAENKE (s. str.)

10(4). Blattscheiden der nichtblühenden Triebe an ihrem ob. Ende **ohne** seitl. Öhrchen; diese nichtblühenden Triebe extravaginal (vgl. Nr. **5**) **18**

— Blattscheiden der nichtblühenden Triebe an ihrem ob. Ende **mit** seitl., abgerundeteten Öhrchen; diese nichtblühenden Triebe intravaginal **11**

11. Blattscheiden der nichtblühenden Triebe nur am Grd. od. im unteren Drittel verwachsen (geschlossen, durch Querschnitte zu überprüfen); Blattspr. im Querschnitt rundl.-oval oder V-förmig *(517, 518);* Ährchen klein, begrannt od. unbegrannt; Rispenäste aufrecht, der unterste so lg. wie 1/3 der Infl.; ♃; V–VIII. Magerrasen, Trockenwälder, Moore, Dünen, Felsfluren; *v.*
Artengruppe *Schaf-Schw.,* * **F. ovína** L. em. HACK. agg.

F. ovina agg. ist die formenreichste und schwierigste Artengruppe der mitteleuropäischen Gräser. Sie umfasst im Gebiet mindestens 20 verschiedene Kleinarten, die nur mit Spezialliteratur zu bestimmen sind (z. B. CONERT in HEGI, Ill. Flora, 3. Aufl., 1997).

— Blattscheiden der nichtblühenden Triebe wenigstens in ihrer unt. Hälfte, aber auch fast völlig verwachsen (geschlossen) **12**

12. Blattscheiden der nichtblühenden Triebe in der unt. Hälfte geschlossen u. hier entlang der Verwachsungsnaht m. einer Längsfurche; Blätt. dieser Triebe u. die des Bltnstg. einander gleich, schlaff, grün, meist m. 5 Leitbündeln, unterhalb derselben u. an ihren Rändern je ein Sklerenchymbündel, 0,5 mm Dm; Frkn. oben behaart; ♃; V–VI. Lichte Wälder (bes. *Pinus* u. *Quercus*), Waldränder; *z* Alp. von CH, FL, Au u. Voralp., sonst nur Schweizer Jura, BW, Ba, ČR. Formenreich. (= *F. austriaca* HACK.) Ⓖ *Amethyst-Schw.,* **F. amethýstina** L.

— Blattscheiden der nichtblühenden Triebe fast gänzl. geschlossen, aber ohne Längsfurche; Blattspr. meist nur 3-nervig; Frkn. kahl **13**

13. Unt. Rispenäste gering verzweigt, nur m. 1–3 Ährchen; Blattspr. m. 3–7 kleinen Sklerenchymbündeln **15**

— Unt. Rispenäste reicher verzweigt, m. 4–8 Ährchen: Blattspr. m. 3 großen Sklerenchymbündeln. **14**

14. Hüll- u. Deckspelzen pfrieml., erstere fast gleich lg.; Ährchen gelbl.-grün, ihre Stiele ± dicht u. kurz behaart; ♃; VI–VII. Felsritzen, -schutt, Kalk- u. Dolomitfelsen, bis 1800 m, kalkstet; *s*, Vs, Bz, NÖ, OÖ, St, Kt, Sb. [= *F. halleri* ssp. *stenantha* (HACK.) G. & GR. ex HEGI]
Schmalrispiger Schw., **F. stenántha** (HACK.) RICHT.

— Hüll- u. Deckspelzen lanzettl., erste deutl. ungleich lg.; Ährchen hellviolett überlaufen, ihre Stiele kahl bis zerstreut kurzhaarig; ♃; VII–VIII. Steinige Triften, Felsspalten, -schutt, 1300–2900 m, nur auf Urgestein; *z–s* Alp. von Bz u. Au. (= *F. dura* HOST)
Hart-Schw., **F. pseudodúra** STEUD.

15(13). Blattspr. m. 3 sehr kleinen Sklerenchymbündeln u. m. 3 Leitbündeln **17**

— Blattspr. m. 3 großen od. m. 5–7 kleinen Sklerenchymbündeln u. m. (5–)7 Leitbündeln **16**

16. Blattscheiden der nichtblühenden Triebe (fast) völlig geschlossen; Deckspelzengranne länger als die halbe Länge ihres flächigen Teils; Infl. 1–3 cm lg.; Stbbeutel 2–3 mm lg.; ♃; VI–VIII. Magerrasen, 1800–3500 m, kalkmeidend; *z–s*, CH, Bz, Vb, Ti, OTi. (= *F. gaudinii* KUNTH) *Felsen-Schw.,* **F. hálleri** ALL.

— Blattscheiden der nichtblühenden Triebe nur zu 2/3 geschlossen; Deckspelzengranne höchstens ½ so lg. wie die Länge ihres flächigen Teils; Infl. 2–5 cm lg.; Stbbeutel 1–1,5 mm lg.; ♃; VI–VIII. Weiden, Felsen, Schutt, oberhalb 1500 m, kalkmeidend; *z–s* ,CH, Bz, Au (*f* OÖ). [= *F. halleri* ssp. *intercedens* (HACK.) MGF.-DBG.] *Mittlerer Felsen-Schw.,* **F. intercédens** (HACK.) LÜDI ex BECH.

17(15). Deckspelzengranne kürzer als die halbe Länge ihres flächigen Teiles; Stbbeutel 2,0–2,5 mm lg.; Ährchen 6 mm lg., rotviolett bis schwärzl.; ♃; VII–VIII. Schuttfluren, Matten, Felsen, 1600–3000 m, kalkliebend; *v* Kalk-Alp., *z–s* Ur-Alp. *Gämsen-Schw.,* **F. rupicaprína** (HACK.) KERN.

— Deckspelzengranne mehr als halb so lg. wie ihre flächiger Teil; Stbbeutel ± 1 mm lg.; Ährchen 6 mm lg., blassgrün, ♃; VII–VIII. Matten, Felsspalten, 1500–3000 m, kalkstet; *v* Kalk-Alp., *z–s* Ur-Alp. [= *F. ovina* ssp. *alpina* (SUT.) HACK.] *Alpen-Schw.*, **F. alpína** SUT.

18(10). Pfl. horstf., **ohne** unteriridische Ausläufer **23**

— Pfl. rasenbildend, **mit** unteriridischen Ausläufern **19**

19. Blätt. der nichtblühenden Triebe borstenf., Stgblätt. breiter, rinnenf. **22**

— Stgblätt. u. Blätt. der nichtblühenden Triebe gleichart. **20**

20. Sklerenchymgewebe (Blattquerschnitt) zusammenhängend; Blattspr. m. 7–9 Nerven; Blattscheiden kahl, leicht zerfasernd; ♃; VII–VIII. Küstendünen; *z* Be, Ho. *Binsen-Schw.***,** **F. juncifólia** ST. AMANS

— Sklerenchymgewebe in einzelne Stränge aufgelöst **21**

21. Alle Blattspr. eng gefaltet, im Querschnitt 6-kantig-borstenf.; Deckspelze 4,5 mm lg.; Blattscheiden kahl, sehr stark zerfasernd; ♃; VI–VIII. Feuchte bis moorige Wiesen, *s* Dt (Ba, Rheinhessen, b. Mainz), Vs, Gr, Bz, Ti, Kt, NÖ, Bgl, ČR. Formenreich. Ⓖ *Haarblättriger Schw.*, **F. trichophýlla** (DUCR. ex GAUD.) RICHT.

— Alle Blattspr. breit rinnenf., deutl. gekielt; Deckspelze 7 mm lg.; Blattscheiden meist kurz u. dicht behaart, rötl. überlaufen; ♃; VI–VIII. Staudenfluren, feuchte Wiesen, bes. im Geb.; *z* Alp. u. Vorland (Verbreitung ungenügend bekannt; Bz, Kt, St, Sb, NÖ, Be. (= *F. diffusa* DUM.) *Flachblättriger Schw.,* **F. heteromálla** POURR.

22(19). Pfl. eher dichtere Horste bildend, m. nur kurzen, unteriridischen Ausläufern (vgl. Nr. **24**) **F. nigréscens**

— Pfl. locker rasenf., m. lg. unteriridschen Ausläufern; Blattnerven meist 7; Blattspr. der nichtblühenden Triebe 0,6–0,8 mm Dm; Ährchen 8–12 mm lg., grün od. graugrün, oft rötl. überlaufen; ♃; V–VII. [*F. ovina* ssp. *rubra* (L.) HOOK.] *Rot-Schw.*, * **F. rúbra** L.

a. Spr. der nichtblühenden Triebe weich, kahl bis kurz locker behaart . . . **c**
— Spr. der nichtblühenden Triebe steif, dicht behaart, m. 7–9 Nerven . . . **b**
b. Deckspelze 5–7 mm lg., kahl bis zerstreut behaart; Blattscheiden der nichtblühenden Triebe steif behaart; *z,* z. B. Au, Bz. (*F. unifaria* DUM.) ssp. **júncea** (HACK.) RICHT.
— Deckspelze 7–10 mm lg., wollig behaart; Blattscheiden der nichtblühenden Triebe ± kahl. Dünensande; *v* Nord- u. Ostseeküste, auch Inseln (= *F. villosa* SCHWEIGG.) ssp. **arenária** (OSB.) ARESCHOUG
c(a). Pfl. bis 40 cm hoch; Ährchen 10–11 mm lg.; Blattspr. der nichtblühenden Triebe bis 0,8 mm Dm. Salzwiesen der Meeresküsten einschl. Inseln; *z* Nord- u. Ostsee. (= *F. salina* NATHO & STOHR) ssp. **litorális** (MAYER) AUQUIER
— Pfl. bis über meterhoch; Ährchen 7–10 mm lg.; Blattspr. der nichtblühenden Triebe 0,9 mm Dm. Wiesen, Grasplätze, lichte Wälder, Straßenränder; *v.* ssp. **rúbra**

23(18). Blattscheiden kahl, nur in ihrer unt. Hälfte geschlossen u. hier m. tiefer Längsfurche; Blattspr. m. 7–9 Nerven; Sklerenchymgewebe bei den beiden starken Seitennerven über **und** unter dem Leitbündel; ältere Blattscheiden nicht zerfasernd; ♃; VII. Matten, Magerrasen, kalkstet; *z* Gr, Bz, Au, *s* Dt (Karwendel, Berchtesgaden). [= *F. violacea* ssp. *norica* (HACK.) ST. YV.] *Norischer Schw.*, **F. nórica** (HACK.) RICHT.
— Blattscheiden völlig geschlossen; Blattspr. m. 5–7 Nerven; Sklerenchym jeweils **nur** unterhalb der Leitbündel **24**

24. Frkn. kahl; Blattscheiden der unt. Blätt. der nichtblühenden Triebe im ob. Teil behaart; Stgblätt. flach, dkgrün; Rispe bis 12 cm lg., m. relativ wenigen Ährchen; ♃; VI–VIII. Wiesen u. Weiden, bes. der montanen u. subalp. Reg.; *v*, im N *s*, (z.T. als Neophyt), *f* Ho, Pl. (= *F. rubra* ssp. *commutata* GAUD.) *Horst-Schw.*, **F. nigréscens** LAM.
— Frkn. (meist deutl.) behaart, Stgblätt. hellgrün **25**

25. Obere Hüllspelze 3,5–6 mm lg., lg. zugespitzt; Stg. unterhalb der Infl. kahl; Ährchen dkviolett überlaufen; Deckspelze 7 mm lg., m. 2–4 mm lg. Granne; Blattscheide entlang ihrer Verwachsungsnaht mitunter m. einer schwachen Längsfurche; Pfl. 30–50 cm hoch; ♃; VI–VII. Gebirgswiesen, steinige Matten, 1300–2700 m; *z* Alp.; Dt: Allgäu, Wettersteingeb.; Vs, Gr, Bz, FL, Vb, Ti. [= *F. violacea* ssp. *nigricans* (HACK.) HACK. ex HEGI; = *F. puccinellii* auct.] *Schwärzlicher Schw.*, **F. melanópsis** FOGGI et al.
— Obere Hüllspelze bis 4,5 mm lg., stumpfl. bis kurz zugespitzt; Pfl. 15–40 cm hoch; Blattscheiden ohne Längsfurche. **26**

26. Kiele der Vorspelze deutl. bewimpert; Blattspr. derb, bis 0,75 mm Dm; ♃; VII–VIII. Steinige, feuchte Rasen/Rinnen, 1800–2300 m, kalkmeidend; *z,* Alp. von Au, Bz. (= *F. picta* PILS) *Gescheckter Schw.*, **F. picturáta** PILS
— Kiele der Vorspelze kahl od. nur oben m. zerstreuten Haaren; Blattspr. sehr fein, nur bis 0,5 mm Dm **27**

27. Stg. unterhalb der Infl. flaumig behaart, Frkn. an der Spitze dicht behaart; Deckspelze kahl, m. deutl., 1 mm lg. Granne; ♃; VI–VIII. Weiderasen, Lawinenrinnen, 1200–2200 m, kalkstet; *z–s,* Bz, Kt (Karnische Alp., Karawanken). [*F. violacea* ssp. *carnica* (HACK.) RICHT.] *Glanz-Schw.*, **F. nítida** KIT. ex SCHULT.

— Stg. unterhalb der Infl. kahl, allenfalls rau; Fr. an der Spitze (fast) kahl bis zerstreut behaart; Deckspelze im ob. Teil u. auf dem Mittelnerv rau, spitz (bis sehr kurz begrannt); ♃; VI–VII. Steinige Matten, 1300–2700 m, kalkliebend; *z*, nur W-Alp., Vs, Bern. [*F. rubra* ssp. *violacea* (SCHLEICH. ex GAUD.) HACK.] *Violetter Schw.*, **F. violácea** SCHLEICH. ex GAUD.

28(2). Deckspelze m. ± 20 mm lg., oft geschlängelter Granne; Blattspr. (bes. die unt.) 5–15 mm breit, am Grd. m. sich überkreuzenden Öhrchen, obersts. grau, untersts. dkgrün (Spr. von der Basis her umgedreht); Ligula bis 2,5 mm hoch; Rispe bis 40 cm, überhgd.; Ährchen 10–13 mm lg.; ob. Hüllspelze 3-nervig; Pfl. 60–200 cm hoch; ♃; VII–VIII. Schattige Laub- u. Auwälder, Gebüsche; *v*, im NW *z*. *Riesen-Schw.*, * **F. gigantéa** (L.) VILL.

— Deckspelze nicht od. kurz begrannt **29**

29. Ligula nur als schmaler Hautsaum ausgebildet, seitl. m. 2 kleinen Öhrchen; Deckspelzen breit hautrandig **33**

— Ligula oval bis längl., 1–3 mm hoch, ohne seitl. Öhrchen; Deckspelzen zugespitzt, aber unbegrannt **30**

30. Pfl. an der Basis etwas zwiebelf. verdickt; Grdblätt. graugrün; Ährchen 10–15 mm lg., gelb-rötl. bis braun; Hüllspelzen breit hautrandig; Fr. an der Spitze behaart; Deckspelzen m. 5 auffällig hervortretenden Nerven; Ligula der ob. Halmblätt. bis 3 mm lg.; Pfl. 50–100 cm hoch; ♃; VI–VIII. Bergwiesen, 1300–2500 m; *s*, Ts, Gr, Ti, OTi, Bz, Sb (Hohe Tauern), Kt, St. (= *F. spadicea* L.) *Goldbrauner Schw.*, **F. paniculáta** (L.) SCH. & TH.

— Pfl. an der Basis nicht zwiebelf. verdickt; Blätt. grün; Ährchen 5–7 mm lg., grün bis gelbl.grün; Hüllspelzen schmal hautrandig **31**

31. Blätt. 2–4 mm breit, am Rand rau; Blattscheiden wenigstens zur Hälfte geschlossen; Frkn. an der Spitze kahl; Deckspelze 5-nervig; Ährchen violett od. gelbl.; Ligula an den Halmblätt. nur 1 mm lg.; ob. Hüllspelze 3-nervig; Infl. 5–10 cm lg.; Pfl. 20–50 cm hoch; ♃; VI–IX. Feuchte Alpenmatten, Schutt, 1100–2700 m, kalkliebend; *v*, Alp. von CH, Bz, FL, Au, *s* Dt. *Schöner Schw.*, **F. pulchélla** SCHRAD.

a. Blätt. ± flach, im Querschnitt 13–21-nervig, jeder Nerv m. durchgehendem (von Ober- zur Unterseite reichendem) Sclerenchymbündel; Infl. dicht, Rispenäste oft einseitig u. nickend; Hüllspelzen 4,5 und 3,7 mm lg.; Wuchs rasenf., m. längeren Ausläufern. Humusreiche Böden, bes. Rostseggenrasen *(Carex ferruginea)*. ssp. **pulchélla**

— Blätt. gefaltet, im Querschnitt 11–13-nervig, nur die 3 Hauptnerven m. durchgehendem Sclerenchymbündel; Infl. locker, Rispenäste abspreizend; Hüllspelzen 5,7 und 4,8 mm lg.; Wuchs horstf., Pfl. ohne Ausläufer. Felsschutthalden; bisher nur Gr, Bz, Au, Ba (Berchtesgaden, Chiemgau). ssp. **jurána** (GREN.) MGF.-DBG.

— Blätt. 5–15 mm breit; Blattscheiden offen, ohne Öhrchen; Frkn. behaart; Infl. 10–30 cm lg., überhgd.; Pfl. 60–130 cm hoch **32**

32. Pfl. horstf., ohne Ausläufer; Deckspelzen 3-nervig; Ligula bis 4 mm lg., fein gesägt, wie der Scheidenrand kahl; Ährchen grün; beide Hüllspelzen 1-nervig; ♃; VI–VIII. Lichte Laub- und Bergwälder; *z*, *s* im NW, *f* Ho. [= *F. silvatica* (POLL.) VILL.] *Wald-Schw.*, * **F. altíssima** ALL.

— Pfl. lockerrasig, m. lg. Ausläufern; Deckspelzen 5-nervig; Ligula bis 3 mm lg., wie der Scheidenrand bewimpert; Ährchen bleichgrün; Hüllspelzen 1- bzw. 3-nervig; ♃; VI–VIII. Feucht-schattige Wälder der montanen Region, kalkstet; selten OÖ, St, NÖ, Bgl, ČR. (= *F. montana* BIEB.) *Berg-Schw.*, **F. dryméia** MERT. & K.

33(29). Blattscheiden wenigstens in der unt. Hälfte geschlossen (vgl. Nr. **31**). **F. pulchélla**

— Blattscheiden ganz offen **34**

34. Unt. Rispenast meist 5–15-ährig, Nebenast m. 5–8 Ährchen; Ährchen 4–8-bltg, 15 mm lg, 5-mal so lg. wie breit; Blätt. steif u. zäh, 25–70 cm lg., 2–10 mm breit u. m. am Rand bewimperten Öhrchen; Grdachse weitkriechend; Infl. bis 40 cm lg.; Pflanze 60–150 cm hoch; ♃; VI–VII. Feuchte Wiesen, Gräben; *v–z.* *Rohr-Schw.*, * **F. arundinácea** SCHREB.

a. Ährchen 5–9 mm lg.; Blätt. 3-4 mm breit; Rispe schmal, dicht, m. kurzen Seitenästen; *s,* nur Bz. ssp. **fénas** (LAG.) ARCANG.

— Ährchen 10–12 mm lg.; Blätt. 3–10 mm breit; Rispe zusammengezogen od. ausgebreitet, m. lg. Seitenästen . . . . **b**

b. Halme unterhalb der Rispe m. aufw. gerichteten Stachelhärchen, ebenso der ob. Teil der Blattscheiden; Deckspelzen der ob. Bltn. im Ährchen m. 1–3 mm lg. Granne; Blätt. 3–7 mm breit; nur Kt, St, NÖ, ČR. ssp. **uechtritziána** (WIESBAUR) HACK. ex HEGI

— Halme u. Blattscheiden glatt . . . . **c**

c. Deckspelzen meist unbegrannt; *v–z.* ssp. **arundinácea**

— Deckspelzen der ob. Bltn. im Ährchen 1–4 mm lg. begrannt; Blätt. 5–10 mm breit; östl. Unterart, westl. bis Weichsel/Th? ssp. **orientális** (HACK.) TZVELEV

— Unt. Äste der Rispe meist zu 2 u. diese m. 1–3 bzw. 4–6 Ährchen; Ährchen meist 7–8-bltg., 10 mm lg., nur 3-mal so lg. wie breit; Blätt. schlaff, bis 20 cm lg. u. 3–5 mm breit, mit am Rand kahlen Öhrchen; Grundachse meist kurz kriechend; Infl. bis 20 cm lg.; Pfl. 30–120 cm hoch; ♃; VI–VII. Wiesen, auch kult.; *g* u. *h.* (= *F. elatior* L. p.p.) *Wiesen-Schw.*, * **F. praténsis** HUDS.

a. Deckspelzen unbegrannt, nicht 2-zähnig; Blätt. 3–5 mm breit, Scheiden ihrer Erneuerungstriebe offen; Ährchen ± 10 mm lg.; Pfl. 30–70 cm hoch. ssp. **praténsis**

— Deckspelzen begrannt, die Granne ½ so lg. wie die Spelzenfläche, bis 3 mm, an der Spitze 2-zähnig; Blätt. 5–8 mm breit, Scheiden ihrer Erneuerungstriebe halb geschlossen; Ährchen ± 12 mm lg.; Pfl. 70–90 cm hoch. Ende VII. Feuchte Matten u. Hochstauden der montanen Stufe; *z* Au, Bz, selten Dt (Allgäu, Chiemgauer Alp.) (= *F. apennina* DE NOT.) ssp. **apennína** (DE NOT.) HACK. ex HEGI

3. **Vúlpia** GMEL., *Federschwingel*

1. Bltnstand einstswendige Traube; Stbblätt. 3; Grannen kaum länger als die Deckspelzen; Ährenachse 3-kantig, Ährchen aber nur entlang 2 Kanten angeordnet; Ährchen 2–5-bltg., alle ⚥; ⊙; V–VII. Trockene Ruderalstellen, bes. in Küstennähe; *z* Be, E, NrWe (Düren, Dortmund), SaAn. [= *Nardurus maritimus* (L.) MURB.] *Strand-F.*, **V. unilaterális** (L.) STACE

— Bltnstand rispig; Stbblätt. meist 1; Grannen meist viel länger als die Deckspelzen **2**

2. Deckspelzen entlang ihrer Ränder lg. bewimpert; innerhalb des Ährchens nur die unteren 1–2 Bltn. fertil; ⊙; V–VIII. Ruderalplätze; Be, sonst gelegentl. eingeschleppt: Häfen, Bahnanlagen u. a. (z. B. Elsass, CH, Allgäu, b. Bremen). (Heimat: Mittelmeergebiet) *Behaarter F.,* **V. ciliáta** DUM.

— Deckspelzen kahl bis kurzborstig, selten oberw. etwas bewimpert; alle Bltn. des Ährchens fertil (höchstens die ob. 1–2 steril) **3**

3. Oberste Blattscheide den Halm bis zur 20 cm lg., etwas überhgd. Rispe umscheidend; unt. Hüllspelze 1 mm, obere 4 mm lg.; Inflstiel 2–3-mal so lg. wie die Rispe, diese meist m. deutl. mehr als 20 Ährchen; ob. Hüllspelze bis 4-mal so lg. wie ihre Seitennerven; ⊙; V–X. Sandige Ruderalstellen; im W *z,* sonst *z–s, f* Da. *Mäuseschwanz-F.,* **V. myúros** (L.) GMEL.

— Oberste Blattscheide den Halm nicht bis zur 3–8 cm lg. Rispe umscheidend; unt. Hüllspelze 3,5, ob. 6,5 mm lg.; Inflstiel 3–6-mal so lg. wie die Rispe, diese meist m. deutl. weniger als 20 Ährchen; ob. Hüllspelze nur bis 2-mal so lg. wie ihre Seitennerven; ⊙; V–VII. Wie vorige, aber seltener; *s* im W u. S, im O oft *f* (außer Au, Mähren). [= *V. dertonensis* (ALL.) GOLA] *Trespen-F.,* **V. bromoídes** (L.) S. F. GRAY

5 weitere Arten zuw. adventiv auftretend

4. Catapódium LK., *Steifgras*

1. Stg. aufstgd. bis starr aufrecht; Infl. stets u. deutl. verzweigt; Ährchen kurz, aber deutl. gestielt, lockerbltg.; unt. Hüllspelze 1,3–2 mm, ob. 1,5–2,3 mm lg.; ⊙; V–VIII. Ruderalstellen; *s,* bes. in Großstädten, S-Ho, Be, Dt, CH. [= *Scleropoa rigida* (L.) GRIS.; = *Desmazeria rigida* (L.) TUT.] *Aufrechtes St.,* **C. rígidum** (L.) HUBB. ex DONY

— Stg. niederlgd.-ausgebreitet; Infl. unverzweigt (zuw. an der Basis wenig verzweigt); Ährchen sehr kurz gestielt bis sitzend, dichtbltg.; unt. Hüllspelze 2–3 mm, ob. 2,3–3,3 mm lg.; ⊙; IV–V. Dünen; *s* Ho (Scheldegebiet, Westfriesische Inseln), Be. [= *C. loliaceum* (HUDS.) LK.; *Scleropoa loliacea* (HUDS.) GREN. & GODR.; = *Desmazeria marina* (L.) DRUCE] *Niederliegendes St.,* **C. marínum** (L.) HUBB.

5. Brachypódium P. B., *Zwenke*

1. Granne der ob. Bltn. des Ährchens länger als ihre Deckspelzen; Bltnstand locker, mitsamt weichhaarigen Blätt. schlaff überhgd.; Pfl. horstbildend, dkgrün; ♃; VII–VIII. Schattige Wälder, Gebüsch; *v,* im NW *z–s.* *Wald-Z.,* * **B. sylváticum** (HUDS.) P. B.

— Granne kürzer als die Deckspelze; Bltnstand steif aufrecht; Pfl. m. unterirdischen Ausläufern **2**

2. Blätt. grasgrün, untersts. matt, nicht glzd., m. spitzenw. gerichteten Stachelhärchen, beim Darüberstreichen rau; ♃; VI–VII. Halbtrockenrasen, Böschungen, Waldränder, auf Kalk; *v,* im N *s.* *Fieder-Z.,* * **B. pinnátum** (L.) P. B.

— Blätt. freudig grün, untersts. glzd., fast ohne Stachelhärchen, glatt; ♃; VI–VII. Halbtrockenrasen, Kiefernwälder, auf Kalk; *v* S-CH, Bz, Au, *s* Ba, BW, He, Th, Sa, NrWe. *Felsen-Z.,* **B. rupéstre** (HOST) R. & SCH

6. Glycéria R. Br., *Schwaden*

1. Deckspelze m. 3 kräftigen u. 4 damit abwechselnden, schwächeren u. kürzeren Nerven, oben breit abgerundet; Ährchen meist 7-bltg., 9–13 mm lg.; Ligula der ob. Blätt. am Rand haarf. zerschlitzt, 1–2 mm lg.; ♃; VI–VII. Schattige Laubwälder, Erlenbrüche; *z* OPr bis MeVp, Schl, ČR, selten SO-SH.
Wald-Schw., **G. nemorális** (Uechtr.) Uechtr. & Körn.

— Deckspelze m. 7 kräftigen und fast gleich lg. Nerven **2**

2. Ährchen 2–10 mm lg., vor dem Aufblühen zusammengedrückt; Ligula bis 3 mm lg. **5**

— Ährchen 10–30 mm lg., 7–11-bltg., vor dem Aufblühen stielrund; Blattscheiden zusammengedrückt; Ligula 4–7 mm lg. **3**

3. Deckspelzen 5–8 mm lg., ± gleichmäßig zugespitzt; Fr. etwa 3-mal so lg. wie breit; Vorspelzen in 2 lg., scharfe Spitzen auslaufend, wenigstens so lg. wie die Deckspelze; Rispe einstswendig; Stbbeutel violett, 2–3 mm lg.; Pfl. 40–120 cm hoch; ♃; V–IX. Stehende u. langsam fließende Gewässer, Gräben, Bäche; *v.*
Manna-Schw., * **G. flúitans** (L.) R. Br.

— Deckspelzen 3–5 mm lg., stumpf od. gezähnt zugespitzt; Fr. nur 2-mal so lg. wie breit; Stbbeutel < 1,5 mm. **4**

4. Rispe locker ausgebreitet, allstswendig; Deckspelzen stumpf, abgestutzt oder gleichmäßig zugespitzt *(520);* Vorspelze an der Spitze höchstens schwach ausgerandet, die Deckspelze nicht überragend; Ligula der jüngsten Blätter der Blatttriebe gleichmäßig zugespitzt, 2–4 mm lg.; Blätt. grasgrün; Stbbeutel gelb; Pfl. 40–80 cm hoch; ♃; VI–VIII. Gräben, quellige Orte; *v* im S, *z* im N. [= *G. plicata* (Fr.) Fr.]
Falten-Schw., **G. notáta** Chev.

Bastard: *G. fluitans* × *G. notata* (= **G.** × **pedicelláta** Townsend) ist häufig! (Ährchen nach der Bltzt. erhalten bleibend; bei den Elternarten z. Frzt. zerfallend)

— Rispe nur wenig verzweigt, oft nur traubig; Deckspelzen an der Spitze kurz unregelmäßig 3–5-zähnig *(521);* Vorspelze tief in 2 etwas spreizende Spitzen gespalten, die Deckspelze überragend; Ligula der jüngsten Blätt. der Blatttriebe m. (ungleichmäßig) abgesetzter Spitze, 4–8 mm lg.; Blätt. bläul.grün; Stbbeutel (schwarz-)violett überlaufen; Pfl. 15–60 cm hoch; ♃; VI–VIII. Wie vorige; *z,* im S *s*, stellenweise *f.* [= *G. plicata* Fr. ssp. *declinata* (Bréb.) Weeda]
Blaugrüner Schw., **G. declináta** Bréb.

5(2). Ährchen 2–4 mm lg.; Deckspelze 1,4–2 mm lg.; unt. Hüllspelze 0,6–1 mm, ob. 0,8–1,5 mm lg.; Infl. locker, bis 20 cm lg., feingliedrig, an *Milium* erinnernd; Blätt. stark abgespreizt u. deutl. 2-zeilig; ♃; VII–VIII. Feuchte Waldwege, Wiesen, Bachränder; eingeschleppt u. sich weiter einbürgernd: Wendland (O-NS), westl. Bielefeld, Rheinl, Westw, Br, BW, S-Ba (Staffel-, Kochelsee), CH, FL, Kt, St, OÖ, Sb. (Heimat: N-Am) *Gestreifter Schw.,* **G. striáta** (Lam.) Hitchc.

— Ährchen 4–10 mm lg.; Deckspelzen 2,3–4 mm lg.; unt. Hüllspelzen 1–3 mm, ob. 1,4–4 mm lg.; Blätt. nicht weit abgespreizt u. auffällig 2-zeilig **6**

6. Rispe fast einstswendig, locker, nickend; Rispenäste haarf. dünn, wenigährig, zu 3 abgehend; Ährchen 3–6-bltg.; Spr. beiderstts rau; Stbblätter

2; Pfl. 50–150 cm hoch; ♃; VI–VII. Feuchte Laubwälder; *s* OPr (= *G. remota* FR.) *Nordischer Schw.,* **G. lithuánica** (GORSKI) GORSKI

— Rispe allstswendig, dicht; Rispenäste starr, vielährig, zu 5–10 abgehend, Ährchen 5–8-bltg.; Blattspr. obersts u. am Rand, unterstst. höchstens auf dem Mittelnerven rau; Stbblätt. 3; Pfl. 90–130 cm hoch; ♃; VII–VIII. Verlandungszone von Seen, Gräben, Röhrichte; *v,* stellenweise nur *z* [= *G. aquatica* (L.) WAHL.] *Wassser-Schw., Großer Schw.,* * **G. máxima** (HARTM.) HOLMB.

7. Scleróchloa P. B., *Hartgras*

Pfl. graugrün, 2–20 cm hoch, niederlgd.; Ährchen 3–6-bltg., zusammengedrückt; Deckspelzen knorpelig, ebenso wie die Hüllspelzen gekielt; Infl. im Umriss schmal eif., 2–3 cm lg., einstswendig; ⊙; V–VII. Festgetretene Wege, Schuttplätze; *s* Rheinhessen, Oberfranken, BW, He, Th, SaAn, ČR, OÖ, Vs. **S. dúra** (L.) P. B.

8. Puccinéllia PARL. [= *Atropis* (TRIN.) RUPR. ex GRIS.], *Salzschwaden*

1. Rispe dicht zusammengezogen; Ährchenstiel sehr dick; Stbbeutel 2–2,8 mm lg.; Pfl. m. oberirdischen Kriechsprossen, graugrün; ♃; VI–IX. Strandwiesen der Küste, *v,* oft bestandsbildend. *Andel, Strand-S.,* * **P. marítima** (HUDS.) PARL.

— Rispe ausgebreitet; Ährchenstiele dünn; Stbbeutel 0,4–2 mm lg.; Pfl. ohne oberirdische Kriechsprosse **2**

2. Deckspelzen breit gestutzt; Infl. allstswendig; Ährchen bläul. od. violett überlaufen; Stbbeutel 0,7–1 mm lg.; Pfl. graugrün; Infl. locker . . . **5**

— Deckspelzen zugespitzt od. spitzl., wenn nur abgerundet, dann Infl. einstswendig **3**

3. Pfl. frisch- (od. gelbl.-)grün; Infl. allstswendig, locker, ihre unt. Äste an ihrer Basis ohne Ährchen, nach der Blüte zurückgeschlagen; Stbbeutel 0,5–0,8 mm lg.; Deckspelzen 2,5–4 mm lg., zugespitzt, breit hautrandig, Mittelnerv nicht bis zur Spitze verlaufend; Blätt. meist gefaltet; ♃; VI–VII. Strandwiesen; *z* Küste u. Inseln von Ho, Dt, Da, Be (genaue Verbreitung nicht bekannt). [= *P. distans* ssp. *borealis* (HOLMB.) HUGHES; = *P. retroflexa* auct., non *Poa retroflexa* CURT.] *Zurückgebogener S.,* **P. capilláris** (LILJ.) JANSEN

— Pfl. graugrün; Infl. einstswendig, dicht, ihre unt. Äste m. Ährchen bis zur Basis, später nicht zurückgeschlagen; Deckspelzen ohne od. nur m. sehr schmalem Hautrand, Mittelnerv bis zur Spitze verlaufend **4**

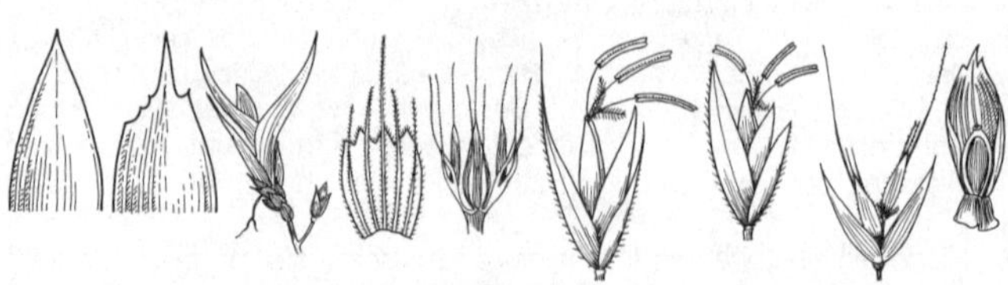

520 521 522 523 524 525 526 527 528

4. Deckspelzen 3–5 mm lg.; Ligula abgerundet, 2,5–3 mm hoch; Stgblätt. bis 6 mm breit; Ährchen längl., bis 10 mm lg., 4–9-bltg.; Infl. nicht unterbrochen; ⊙–⊙; V–VI. Strandwiesen der Küste; *s* Ho, Be. [= *Glyceria procumbens* (P. B.) Dum.]
Dichtblütiger S., **P. rupéstris** (With.) Fern. & Weath.

— Deckspelzen 1,5–2,5 mm lg.; Ligula breit gestutzt, 1–1,5 mm hoch; Stgblätt. 2–3 mm breit; Ährchen eiförmig, bis 6 mm lg., 4–8-bltg.; Infl. mehrmals unterbrochen; ♃; VI–VII. Strandwiesen; *z* Ho, Be. [= *P. borreri* (Bab.) Hitch.] *Büscheliger S.*, **P. fasciculáta** (Torr.) Bickn.

5(2). Rispenäste nach d. Bltzt. meist abwärts gerichtet; unterster Knoten m. 4–6 Ästen; Blattspr. flach od. rinnig; unterste Deckspelze 1,8–2,2 mm lg.; Epidermiszellen der Blattunterseite m. wenigen Papillen (Mikroskop!); ♃; VI–X. Salzwiesen, Straßenränder, Ruderalstellen; *v–z.*
Gewöhnlicher S., * **P. dístans** (Jacq.) Parl.

— Rispenäste nach d. Bltzt. aufrecht od. waagrecht absthd.; unterster Knoten m. 5–10 Ästen; Blattspr. eingerollt; unterste Deckspelze 2,2–2,6 mm lg.; Epidermiszellen beider Blattseiten dicht m. Papillen besetzt (Mikroskop!) **6**

6. Pfl. zart; Blattspr. dünn, zusammengefaltet, höchstens 0,8 mm breit; ♃; VII–VIII. Salzstellen; sehr *s*, SaAn, Th, He (Münzenberg), Bgl, ČR (Mähren), früher NÖ. [= *P. distans* ssp. *limosa* (Schur) Jav.]
Sumpf-S., **P. limósa** (Schur) Holmb.

— Pfl. kräftig; Blattspr. dick, zusammengefaltet u. binsenf., ca. 1 mm im Dm; ♃; VI–VIII. Salzstellen; nur Bgl (Seewinkel). [= *P. distans* ssp. *peisonis* (G. Beck) Soó; = *P. festuciformis* (Host) Parl. ssp. *intermedia* (Schur) W. E. Hughes]
Neusiedlersee-S., Zickgras, **P. peisónis** (G. Beck) Jav.

9. Scolóchloa Lk., *Schwingelschilf*

Pfl. hellgrün, bis 2 m hoch, oberw. gabelästig; Blattscheiden offen; Deckspelzen kurz 3-spitzig, am Grd. mit kurzem Haarbüschel; Fr. lg. behaart; Ligula bis 6 mm lg.; gestutzt bis zerschlitzt; Rispe groß, locker; Ährchen 3–4-bltg.; Pfl. an *Glyceria maxima* erinnernd; ♃; VI–VII. Stehende u. langsam fließende Gewässer, *z–s* im NO (MeVp, Br, Po, WPr, OPr). [= *Graphephorum festucaceum* (Willd.) Gray] **S. festucácea** (Willd.) Lk.

10. Póa L., *Rispengras*

1. Deckspelzen nur schwach gekielt, auf dem Rücken kahl od. gegen den Grd. undeutl. bewimpert; Ährchen 7 mm lg., 3–4-bltg., meist violett überlaufen; Blattspr. zusammengefaltet, blaugrün; Ligula bis 7 mm lg.; Ährchenachse unterhalb jeder Deckspelze (m. Grannenspitze) m. 0,5 mm lg. Borstenhärchen; unt. Rispenast m. 2 bis vielen grdst. Zweigen; Pfl. 20–50 cm hoch; ♃; VII–VIII. Felsen, Matten, 1500–2700 m, kalkmeidend; *z* S-CH, Bz, Ti, Sb, OTi, Kt, W-St. [= *Bellardiochloa violacea* (Bell) Chiov.; = *P. violacea* Bell.]
Violettes R., **P. variegáta** Lam.

— Deckspelzen deutl. gekielt, ohne Grannenspitze, auf dem Rücken zottig behaart (wenn unbehaart, dann Blätt. stets flach); Ährchenachse zwischen den Bltn. kahl **2**

2. Stg. u. Blattscheiden stielrund, wenn zusammengedrückt, dann niemals 2-schneidig-flach (s. *P. pratensis,* Nr. **7**–) **6**

— Stg. u. Blattscheiden flachgedrückt, 2-schneidig; unterster Rispenast m. 2–4 grdst. Zweigen **3**

3. Pfl. m. bis 30 cm lg. Ausläufern; Blätt. schmal lineal, obersts. rau; Deckspelzen undeutl. 5-, meist 3-nervig, Rückenhaare zuw. fehlend; Blätt. bis 5 mm breit; Halm knickig aufstgd.; Pfl. meist ohne nichtblühende Triebe; Pfl. graugrün; ♃; VI–VII. Bahnhöfe, Wegränder, Ruderalstellen; *v,* im NW *z.* *Flaches R.,* * **P. compréssa** L.

Hierher auch: *Langs R.,* **P. langiána** Rchb.; Deckspelzen m. 5 deutl. hervortretenden Nerven; Pfl. 70–110 cm hoch; früher BW (Isteiner Klotz).

— Pfl. ohne od. m. sehr kurzen Ausläufern, horstbildend; Blätt. 4–15 mm breit; Rispe groß, über 10 cm lg.; Deckspelzen deutl. 5-nervig; Pfl. stets auch m. sterilen (Blatt-)Trieben **4**

4. Blattscheiden glatt; Blattspr. der nichtblühenden Triebe allmähl. in eine lg. Spitze verschmälert; Deckspelzen am Grd. spärl. zottig, schmal, lg. zugespitzt, 5–6 mm lg.; Hüllspelzen glatt; Ligula der ob. Halmblätt. etwa 3–6 mm lg.; Pfl. 50–100 cm hoch; ♃; VII–VIII. Feuchte Bergwälder u. Bergwiesen, 1000–2200 m, kalkliebend; *z* Alp.
Großes R., **P. hýbrida** Gaud.

— Blattscheiden rau; Blattspr. der nichtblühenden Triebe in eine breite, kapuzenf. Spitze zusammengezogen; Deckspelzen kahl, 3–4 mm lg.; Hüllspelzen rau **5**

5. Ligula 0,5–1,5 mm lg., gestutzt, am Rand bewimpert; oberste Blattspr. kürzer als ihre Scheide; Rispe dicht u. schmal; Deckspelzen am Grd. ohne lg. Haare; Spr. des obersten Stgblatts 1–10 cm lg.; ♃; VI–VII. Bergwälder, Bergwiesen, kalkmeidend; *v–z* Alp. u. Mittelgeb., sonst *z–s, f* Ho, NW-Dt, Da, OPr. *Wald-R.,* * **P. chaīxii** Vill.

— Ligula 2,5–4 mm lg., breit abgerundet, kahl; oberste Blattspr. so lg. wie ihre Scheide; Rispe sehr locker u. lgästig; Deckspelzen zuw. am Grd. m. wenigen lg., krausen Haaren; Spr. des obersten Stgblatts 10–20 cm lg.; ♃; VI–VII. Schluchtwälder, Auwälder; sehr *z,* genaue Verbreitung noch unbekannt, *f* E, Ho, Be. [= *P. chaixii* var. *laxa* (G. Meyer) A. & Gr.]
Lockerblütiges R., **P. remóta** Fors.

6(2). Deckspelzen undeutl. 5-nervig **11**

— Deckspelzen deutl. 5-nervig, wenigstens am Grd. zottig behaart; oberste Scheide länger als die Spr.; unterster Rispenast m. 2–4 grdst. Zweigen; Deckspelzen behaart, am Grd. m. einem Schopf von Haaren, diese so lg. *(P. pratensis)* od. länger *(P. trivialis)* als die Spelze selbst **7**

7. Ligula (wenigstens die der ob. Blätt.) oft > 5 mm (bis 10 mm) lg., spitz; Rispe krängl., bis 20 cm lg.; Ährchen 3–4-bltg.; Deckspelzen zarthäutig, zugespitzt; Pfl. m. oberirdischen, niederlgd. Trieben, 50–90 cm hoch; ♃; VI–VII. Wiesen, Gebüsche, Äcker; *v.*
Gewöhnliches R., * **P. triviális** L.

a. Internodien der Stg. u. Ausläufer nicht verdickt; Ährchen 3–4-bltg., ca. 3,5 mm lg.; Pfl. hellgrün; *v.* ssp. **triviális**

— Internodien der Stg. u. Ausläufer perlschnurart. spindelf. verdickt; Ährchen meist 2-bltg., ca. 2,5 mm lg.; Pfl. auffallend dkgrün; frische Laubwälder; *s*, Ts, Waadt, Bz, Kt.(= *P. sylvicola* Guss.) ssp. **sylvícola** (Guss.) Lindb. f.

— Ligula kurz, gestutzt, selten > 1 mm lg.; Deckspelzen stumpfl., derbhäutig; Stg. u. Blattscheiden nicht selten zusammengedrückt; Pfl. m. lg. unterirdischen Ausläufern; ♃; V–VII. Wiesen, Wegränder, Alpenmatten. Artengruppe *Wiesen-R.*, **P. praténsis** L. agg. **8**

8. Blätt. 0,2–0,3 mm im Dm, eng eingerollt bis fadenf.; Rispenäste sehr rau; Pfl. schwach bläul.; Blätt. zwischen den Nerven auf der Oberseite kurzhaarig; Ligula 1–2 mm lg., abgerundet; Ährchen 3–5-bltg. Felsen, Geröllhalden, Waldränder; *s* Au. *Steirisches R.*, **P. stiríaca** Fritsch & Hay.

— Blätt. > 0,5 mm im Dm, gefaltet od. flach **9**

9. Pfl. bis 30 cm hoch, blaugrün; unt. Rispenäste zu 2–3; Ährchen bereift; Hüllspelzen ± gleich lg., beide 3-nervig (die unt. zuw. nur undeutl.); Halme meist einzeln, nicht od. nur m. wenigen Erneuerungssprossen; Ligula als schmaler kragenf. Saum, auf der halmabgewandten Seite kurz u. dicht behaart; ♃; VI–VII. Feuchte Wiesen, Flussläufe, Waldwege, Kahlschläge u. a.; Verbr. noch unvollständig bekannt; *z–s* im N u. W, Schw., Oberpfälzerw., Fichtgeb., ČR, OÖ, NÖ. (= ssp. *irrigata* (Lindm.) Lindb. f; = *P. subcoerulea* Sm.; = *P. irrigata* Lindm.; = *P. athroostachya* Oettinger)

Salzwiesen-R., Bläuliches R., **P. húmilis** Ehrh. ex Hoffm.

— Pfl. bis 60 cm hoch, nicht blaugrün; Rispe reichährig, unt. Äste zu 3–5; Ährchen nicht bereift, grün, zuw. gelbl.weiß od. violett überlaufen; Hüllspelzen ungleich lg., die unt. nur 1-nervig; Triebe zahlr. beieinander sthd., m. zahlr. Blattscheidenresten an ihrer Basis (Bltntrieb von zahlr. sterilen Trieben umgeben) **10**

10. Wuchs locker; Grd.- u. Stgblätt. flach, bis 5 mm breit; Rispe im Umriss pyramidal, wenig höher als breit; Ligula an der Blattscheide herablaufend. Feuchtere Standorte; *g* u. kult. Formenreich! *Wiesen-R.,** **P. praténsis** L.

— Wuchs dichter, fast horstf.; Grdblätt. borstl., Stgblätt. flach (zuw. borstl.); Rispe schmal, wenigstens doppelt so lg. wie breit; Ligula an der Blattscheide nicht herablaufend. Trockenere Standorte; *v*.

Schmalblättriges R., **P. angustifólia** L.

11(6). Beide Hüllspelzen 3-nervig, seitl. Nerven aber zuw. sehr kurz; Pfl. ♃; Vorspelzen auf ihren Kielen m. von ihrer Basis her dünner werdenden, 0,1 mm lg., steifen, absthd., oft gekrümmten Borstenhaaren (gute Lupe!) od. kahl **13**

— Äußere Hüllspelze 1-, innere 3-nervig; Stg. aus niederlgd. Grd. aufstgd., büschelig verzweigt; Pfl. 5–15(–30) cm hoch; unt. Rispenäste nur zu 1–2 (selten 3); Vorspelzen auf ihren Kielen m. zahlr. 0,1–0,3 mm lg., weichen, gebogenen bis krausigen, oft anlgd. Haaren od. kahl **12**

12. Oberste Blätt., auch der sterilen Triebe, mit bogig 3-eckiger, 1–3 mm lg. Ligula, die an der Blattscheide etwas herabläuft; Stbbeutel 0,8–1,2 mm lg., 3–4-mal so lg. wie breit (ungeöffnet!); unterste Rispenäste waagrecht absthd., m. grdst. Zweig; ob. Hüllspelze oberhalb od. in der Mitte am breitesten; Deckspelzen grün bis rotviolett; Ährchen am Ende der Äste nicht zusammengedrängt; ⊙; II–XI. Äcker, Gärten, Ruderalstellen, Weiden; *g* u. *h*. *Einjähriges R.*, * **P. ánnua** L.

— Oberste Blätt. der sterilen Triebe m. parallelrandiger, nur 1 mm breiter Ligula, diese nicht an ihren Blattscheiden herablaufend; Stbbeutel

1,5–2,0 mm lg., 5–8-mal so lg. wie breit; unterster Rispenast nach der Blüte abw. gerichtet; ob. Hüllspelze unterhalb der Mitte am breitesten; Deckspelzen dkbraun-violett überlaufen; Ährchen am Ende der Äste dicht sthd.; ♃; V–VIII. Colline bis alp. Reg., Wiesen, Ruderalstellen, Viehläger, 600–2500 m; *v* Alp., *z* Voralp., *s* Mittelgeb., O-Dt, ČR, Da (Bornholm). (= *P. annua* var. *varia* GAUD.) *Läger-R.,* **P. supína** SCHRAD.

13(11). Stg. am Grd. durch Blattscheiden zwiebelart. verdickt **23**

— Stg. am Grd. nicht deutl. zwiebelart. verdickt **14**

14. Rispe am Grd. m. 3–5 vom selben Knoten abzweigenden Ästen; Deckspelzen zottig; Pfl. locker horstf., 20–120 cm hoch **21**

— Rispe am Grd. m. 1–2 (selten 3 bei *P. cenisia)* vom selben Knoten abzweigenden Ästen; Pfl. 15–50 cm hoch **15**

15. Blätt. grasgrün; wenn Blätt. graugrünl., dann nicht m. knorpeligem Rand **17**

— Blätt. m. hellem, knorpeligem Rand, steif; Ligula an den obersten Blätt. bis 6 mm lg., spitz; Hüllspelzen m. feiner Grannenspitze; unt. Rispenäste aufrecht-absthd.; Spr. des obersten Halmblatts mehrmals kürzer als seine Scheide; Pfl. bis 40 cm hoch **16**

16. Blätt. 2–4,5 mm breit, flach bis schwach gefaltet, blaugrün, Knorpelrand breit; Ligula der unt. Blätt. bis 2 mm, die der ob. 2–6 mm lg.; Pfl. (10–)15–40 cm hoch; Ährchen grünl., nur selten purpurscheckig; V–VII. Steppenrasen; *s* SaAn, Th, He, RhPf, Ba, NÖ, Bgl, ČR, Bz, früher FL, BW. *Badener R.,* **P. badénsis** HAENKE ex WILLD.

— Blätt. 1,5–2,5 mm breit, rinnenf. bis stark gefaltet, graugrün, Knorpelrand ziemlich schmal; Ligula der unt. Blätt. bis 1 mm, die der ob. 1–2 mm lg.; Pfl. 10–20 cm hoch; Ährchen violettscheckig; VI–VIII. Trockenrasen; *z–s* Alp. von Vs, Gr, Bz, Ti, OTi, Sb, Kt, St. (= *P. badensis* var. *xerophila* BR.-BL.) *Trocken-R.,* **P. molinérii** BALB.

17(15). Stgbasis etwas durch Blattscheiden verdickt; Hüllspelzen scharf zugespitzt, zuw. sogar stachelspitzig; Ährchen meist auswachsend: an Stelle der Bltn. Jungpfl. sthd. *(1261);* Ligula der unt. Blätt. gestutzt, 1–2 mm, die der ob. längl., 3–5 mm lg.; Blätt. 2–4 mm breit; Ährchen 4–6-bltg.; Rispenäste z. Bltzt. weit absthd.; Ährchen am Ende der Äste gedrängt sthd.; Seitensprosse innerhalb der Blattscheiden emporwachsend (intravaginal); ♃; V–IX. Alpenmatten, Geröllhalden, bis 4200 m; *v* Alp. u. Vorland, Schweizer Jura, *s* ČR (Gesenke), Pl (Weichseltal), Vog. u. Harz eingebürgert. *Alpen-R.,* * **P. alpína** L.

— Stgbasis nicht verdickt; Hüllspelzen stumpfl., höchstens spitzl.; an Stelle der Bltn. niemals Jungpfl. sthd.; Ligula auch der unt. Blätt. meist längl. (seltener sehr kurz u. gestutzt bis fehlend); Ährchen am Ende der Äste nicht knäuelig gedrängt **18**

18. Seitensprosse innerhalb der Blattscheiden emporwachsend (intravaginal); Pfl. horstf.; Ligula 1–2 mm lg., die der unt. Blätt. stumpf, der ob. spitzl.; Deckspelzen zw. den Nerven kahl (Gegensatz zu *P. molinerii);* Rispenäste rau, die unt. meist zu 2; Stg. meist nur m. 1 Halmblatt; ♃; V–VII. Steinige Rasen, Felsen, kalkliebend; ob in Au? (W-Kt?). *Niederes R.,* **P. púmila** HOST

— Seitensprosse die Blattscheiden durchbrechend (extravaginal), Wuchs daher lockerer; unt. Rispenäste meist mehr als 2(–7); Stg. m. mehreren Halmblätt. bzw. Spreiten **19**

19. Rispenäste durch kurze, borstige Haare rau (Lupe!); Pfl. m. längeren Ausläufern, diese sterilen Triebe 2-zeilig beblätt.; Ligula der unt. Blätt. sehr kurz bis fehlend, die der ob. 3–6 mm lg.; Blätt. 2–3 mm breit; Ährchen 3–5-bltg.; unt. Rispenäste zuw. > 2; Pfl. 20–40 cm hoch; ♃; VII–VIII. Schutt, Felsspalten, 1500–3200 m, kalkliebend; *v–z* Alp. von CH, Bz, FL, Au, Dt. *Mont-Cenis-R.,* **P. cenísia** ALL.

— Rispenäste ± glatt; Pfl. höchstens m. kurzen Ausläufern; Blätt. 1–1,5(–2) mm breit **20**

20. Ährchen meist 3–4-bltg.; Blattscheiden die Halmknoten bedeckend; Blätt. kräftiger, bis 2,5 mm breit; Deckspelze etwa bis zu $^{2}/_{3}$ der seitl. Nervenlänge behaart; Rispenäste gefurcht; oberstes Halmblatt m. deutl. Scheide; Pfl. 10–20 cm hoch; ♃; VII–VIII. Geröll, feuchte, grasige Hänge, 2000–3516 m, kalkmeidend; *v–z* Alp. von CH, Bz, Au, *s* Riesengeb., Gesenke. *Schlaffes R.,* **P. láxa** HAENKE

— Ährchen meist 4–6-bltg.; Blattscheiden die Halmknoten nicht bedeckend; Blätt. zarter, nur bis 1,5 mm breit; Deckspelze nur etwa bis zur Hälfte der Länge der seitl. Nerven behaart; Rispenäste rund; oberstes Halmblatt (fast) scheidenlos; zuw. auch vivipar (S-Kt); Pfl. 5–30 cm hoch; ♃; VII–VIII. Felsspalten, Schutt, steinige Matten, 1500–2600 m, kalkstet; *v–z* Alp. u. Voralp., Isartal bis München. [*P. laxa* ssp. *minor* (GAUD.) HOOK.] *Kleines R.,* **P. mínor** GAUD.

21(14). Ligula aller Blätt. sehr kurz bis fast ganz fehlend; Spr. der Stgblätt. steif nach oben bis fast waagerecht absthd.; Rispe z. Bltzt. ausgebreitet; Ährchen grünl., 1–5-bltg., Ährchenachse behaart; Deckspelzen 3–4 mm lg.; Pfl. aufrecht, 20–90 cm hoch; ♃; V–VII. Lichte Laubwälder, Hecken; *v.* Formenreich. *Hain-R.,* * **P. nemorális** L.

— Ligula wenigstens der ob. Blätt. 1–3 mm lg. **22**

22. Pfl. feuchter Standorte, auch an Waldrändern; Blätt. 1–2 mm (selten mehr) breit, frischgrün; Rispe 8–20 cm lg., reichährig, viel lockerer als bei voriger Art; Ährchen 3–4-bltg., gelbl.; Deckspelzen 2,5 mm lg.; Spr. der Stgblätt. überhgd.; Pfl. aufstgd., 30–120 cm hoch; ♃; VI–VII. Feuchte Wiesen, Ufer, Ruderalstellen; *v.* (incl. ssp. *xerotica* CHRTEK & JIRÁSEK) *Sumpf-P.,* **P. palústris** L.

— Pfl. trockener, offener Standorte; Blätt. 2,5–3 mm breit; Rispe fast immer (8 cm; Blätt. blaugrün bereift; Ährchen 2–4-bltg., oft violett; alle Triebe m. Rispen, keine steril; Pfl. 20–40 cm hoch; ♃; VI–VIII. Felsspalten, Gesteinsschutt, bis 3030 m; *z* Alp. von CH, Bz, Au, ČR (Gesenke), *f* Dt. [= *P. caesia* SM.; incl. *P. riphaea* (A. & GR.) FRITSCH] *Blaugrünes R.,* **P. glaúca** VAHL

23(13). Ährchen 3–6 mm lg., 2–6-bltg., grün, oft violett überlaufen; Bltn. am Grd. lg. wollig behaart; Hüllspelzen 2–3,5 mm lg.; grdst. Blätt. meist borstl., Stgblätt. flach, 2 mm breit; Ligula d. ob. Stgblätt. spitz, 3-4 mm lg.; Ährchen oft zu Laubsprossen auswachsend (vivipar); Blattspr. graugrün, früh welkend; Pfl. 6–40 cm hoch; ♃; III–V. Trockenrasen,

Parks, Wegränder; sehr *z,* im N gebietsweise *f.*
Knolliges R., * **P. bulbósa** L.

a. Deckspelzen zw. den Nerven behaart, sehr *z.* ssp. **bulbósa**

— Deckspelzen zw. den Nerven kahl; *s,* NÖ, Bgl, ČR.
ssp. **pseudoconcínna** (Schur) Domin

— Ährchen 4–6 mm lg., 5–10-bltg., grün od. bräunl., oft violett überlaufen; Bltn. am Grd. nicht wollig behaart; Hüllspelzen 1,6–2 mm lg.; Ligula d. ob. Stgblätt. spitz, 1–2,5 mm lg.; Ährchen nicht zu Laubsprossen auswachsend; Pfl. 5–10(–15) cm hoch; ♃; IV–VIII. Trockenrasen; *s,* Vs. (= *P. concinna* Gaud.)
Niedliches R., **P. perconcínna** J. R. Edmondson

11. Bríza L., *Zittergras*

Rispe locker ausgebreitet; Ährchen an lg. geschlängelten Stielen, hgd., herzf.; ♃; V–IX. Trockene Wiesen, Halbtrockenrasen; *v,* im NW *z.*
* **B. média** L.

12. Catabrósa P. B., *Quellgras*

Stg. schlaff, knickig aufstgd., an den Knoten wurzelnd, m. Ausläufern; Rispe locker ausgebreitet, m. 4 u. mehr grdst. Zweigen; Ährchen 3 mm lg., meist nur 2-bltg.; Ligula eif., 4 mm hoch; ♃; V–X. Gräben, Tümpel, Quellfluren, Ufer; sehr *z,* vielfach verschwunden (z. B. Sa). Ⓖ **C. aquática** (L.) P. B.

13. Dáctylis L., *Knäuelgras*

1. Pfl. graugrün, ohne Ausläufer, horstbildend; unt. Rispenäste weit absthd.; ob. Teil der Rispe dicht geknäuelt; Ährchen 3–5-bltg.; Hüllspelzen grün (nicht durchscheinend!), behaart, auf dem Kiel lg. bewimpert, äußere 1-, innere 3-nervig; ob. Hüllspelze u. Deckspelzen dicht behaart, letztere m. 1–2 mm lg. Granne; ♃; V–VI. Wiesen, Weiden, Wegränder; *g* u. *h.* *Wiesen-K.,* * **D. glomeráta** L.

a. Deckspelzen am ob. Rand deutl. eingekerbt, zw. den Seitenlappen kurz begrannt; Rispe schmal, m. wenigen kurz gestielten Knäueln von Ährchen; *s,* Vs. (2n = 28) ssp. **hispánica** (Roth) Nym.

— Deckspelzen am ob. Rand ganzrandig, aus der Spitze begrannt; Rispe m. lg. gestielten Knäueln von Ährchen . . . . **b**

b. Pfl. 20–75 cm hoch; Rispe schmal, nur 1 kurzes Knäuel von Ährchen tragend; *s,* Ti, Bz. (2n = 14)
ssp. **reichenbáchii** (Hausm. ex D. T. & Sarnthein) Stebbins & Zohary

— Pfl. 40–120 cm hoch; Rispe breit, m. mehreren Knäueln von Ährchen; *g.* (2n = 28). ssp. **glomeráta**

— Pfl. lebhaft grün; Rispe locker, weniger geknäuelt als bei voriger; Ährchen 2–4-bltg.; Hüllspelzen kahl od. höchstens auf dem Kiel sehr kurz bewimpert, beide (z. T. kurz) 3-nervig; Deckspelzen nur auf dem Kiel kurz bewimpert, in eine bis 1 mm lg. Grannenspitze auslaufend; ♃; VI–IX. Laubwälder; *z, s* im N, *f* Be, W-Au. (= *D. aschersoniana* Gr.)
Wald-K., **D. polýgama** Horvátovszky

14. Cynosúrus L., *Kammgras*

1. Ährenrispe einstswendig, im Umriss längl.-lineal, 3–10 cm lg.; Grannen kürzer als ihre Spelzen; Ligula etwa 1 mm lg.; ♃; VI–VII. Wiesen, Weiden; *v.* *Wiesen-K.,* * **C. cristátus** L.

— Ährenrispe im Umriss kugelig-eif., 1–4 cm lg. u. (ohne Grannen) 1–2 cm breit; Grannen länger als ihre Spelzen *(505);* Ligula bis 7 mm lg.; ☉; V–VI. Ruderalstellen, bes. in Hafen- u. Industrieanlagen; *s,* in CH auf Äckern *z.* (Heimat: Mittelmeergebiet) *Grannen-K.,* **C. echinátus** L.

15. Beckmánnia Host, *Doppelährengras*

1. Blühende Stg. am Grd. knollig verdickt, 30–150 cm hoch; Ährchen meist 2-bltg.; Hüllspelzen stark aufgeblasen; Stbbeutel 1,2–1,8 mm lg.; Deckspelzen auf dem Rücken kurzhaarig, meist m. granniger Spitze; ♃; VI–VIII. Nasse Wiesen, Gräben, Teichufer; *s* ČR (Mähren), hier wohl ursprüngl., sonst Futterpfl., *s* verwild., Sa, Br, NS, SH (Hamburg). *Westsibirisches D., Fischgras,* **B. erucifórmis** (L.) Host

— Blühende. Stg. am Grd. nicht verdickt, 30–120 cm hoch; Ährchen mit 1 fertilen u. zuw. m. einer sterilen Blüte; Hüllspelzen schwach aufgeblasen; Stbbeutel 0,4–1,0 mm lg.; Deckspelzen auf dem Rücken kahl, ohne Grannenspitze; ☉; VI–IX. Futterpfl., eingeschleppt, sich einbürgernd, z. B. Ho, NrWe (Münster), MeVp, NS, SH (Hamburg), Th (Gera), Allgäu. (Heimat: N-Am., NO-Asien). *Amerikanisches D.,* **B. syzigáchne** (Steudel) Fern.

16. Mélica L., *Perlgras*

1. Deckspelzen kahl; Ährchen eif., in lockeren, armen Rispen **3**

— Deckspelzen auf den Randnerven dicht u. lg. seidig bewimpert *(501);* Ährchen in Ährenrispen **2**

2. Ährenrispe locker, oft etwas einstswendig; innere Hüllspelze höchstens um ¼ länger als die äußere; äußere Hüllspelze rau; Deckspelze 6,5–8 mm lg.; Blätt. graugrün, borstl., eingerollt, unt. Blattscheiden kahl; Blattspr. nicht gekielt; unterhalb der Infl. 1 Knoten ohne Spr.; ♃; V–VI. Trockenrasen, Steinriegel, kalkliebend; *z* im S- u. M-Gebiet. (= *M. nebrodensis* Parl.) *Wimper-P.,* * **M. ciliáta** L.

— Ährenrispe dichtbltg., allstswendig; innere Hüllspelze 1½–2-mal so lg. wie die äußere; äußere Hüllspelze glatt; Deckspelze 5–6,5 mm lg.; Blätt. grün, ihre Spr. etwas gekielt, ihre Scheiden meist behaart; unterhalb der Infl. 2–3 Knoten ohne Spr.; ♃; VI. Trockenrasen, Steinriegel; *z–s* im S- u. M-Gebiet. *Siebenbürgisches P.,* **M. transsilvánica** Schur

3(1). Ähre dicht walzl., m. > 20 Ährchen; Blätt. 5–15 mm breit; Pfl. 60–200 cm hoch; ♃; VI. Lichte Wälder; sehr *s,* NÖ (Thayatal), auch gepflanzt u. verwildert, z. B. Ba, SaAn, MeVP. *Hohes P.,* **M. altíssima** L.

— Ähre locker, traubig od. rispig, m. meist < 20 Ährchen; Blätt. 1–7 mm breit **4**

4. Ährchen aufrecht, m. nur 1 ♀ Blüte (u. 1–2 sterilen Blütchen), Rispe sehr locker, m. entfernt sthd., nicht deutl. nickenden Ährchen; Ligula kurz, der Spr. gegenüber in 1–2 mm lg. Anhängsel verlängert *(496);* ♃; V–VI. Humöse Laub- u. Mischwälder; *v,* im N z. T. *s–f.* *Einblütiges P.,* * **M. uniflóra** Retz.

— Ährchen nickend, m. 2 = Bltn.; Infl. einstswendig **5**

5. Grdachse dünn, kriechend; Pfl. lockerrasig; Ligula sehr kurz, braun; Deckspelzen deutl. 7–9-nervig; Hüllspelzen purpurbraun, oberw. weißhäutig; ♃; V–VI. Laubwälder, Gebüsch; *v* im S, sonst *z–s,* nordwestl. bis Eifel/Teutoburgerw./Hamburg, *f* Ho. *Nickendes P.,* * **M. nútans** L.

— Grdachse nicht kriechend; Pfl. dicht horstbildend; Ligula bis 2 mm lg., spitz, weißhäutig; Deckspelzen 7-nervig; Hüllspelzen grün, weißhäutig, violett gestreift; ♃; V–VI. Lichte Laubwälder, Gebüsche; *s* im S- u. M-Gebiet. *Buntes P.,* **M. pícta** K. KOCH

17. Oreóchloa LK., *Kopfgras*

Pfl. horstf., 16–30 cm hoch; Blätt. borstl.; Infl. ährig-2-zeilig, im Umriss eif., bis 15 mm lg.; Hüllspelzen zugespitzt, Deckspelzen stachelspitzig; Ährchen 3(–5-)bltg., 5 mm lg.; ♃; VII–IX. Steinige Matten, Felsspalten, 1900–3300 m, kalkmeidend; *z* CH, Bz, Au, in Dt *s* Allgäu. [= *Sesleria disticha* (WULF.) PERS.] **O. dísticha** (WULF.) LK.

18. Sesléria SCOP. (incl. **Psiláthera** LK.), *Blaugras*

1. Deckspelze m. einer mittl., längeren, u. 4 kürzeren, aber rauen Grannen *(523),* entlang der Ränder u. auf den Nerven kurz behaart; Infl. im Umriss kugelig-eif., bis 10 x 6 mm groß; Vorspelze tief 2-spitzig, m. 2 lg., rauen Grannen; Blätt. borstl.; Pfl. bis 10 cm hoch; ♃; VII–VIII. Felsschuttfluren, Felsspalten, 2200–3200 m, kalkliebend; *v–z* Alp. von Au, Bz, *s* Dt (nur Berchtesgaden). [= *Psilathera ovata* (HOPPE) DEYL] *Zwerg-B., Kleinköpfiges B.,* **S. ováta** (HOPPE) KERN.

— Deckspelze nicht 5-grannig, allenfalls 5-zähnig m. kurzer M-Granne; Vorspelze ohne lg. Grannen **2**

2. Deckspelze an der Spitze breit gestutzt, nur m. kurzem Mittelspitzchen/Granne, allenfalls m. sehr kurzen Zähnchen; Blätt. nur bis 10 cm lg. u. bis 1,5 mm breit, meist gefaltet; Infl. im Umriss kugelig, bis 12 x 12 mm groß; Vorspelze an der Spitze nur ausgerandet; Pfl. 12–20 cm hoch; ♃; VII–VIII. Wie vorige, 1800–2300 m, kalkliebend; *s* Alp. von Gr, Bz, Ti, OTi, Kt. *Kugelkopf-B.,* **S. sphaerocéphala** ARD.

— Pfl. viel höher; Infl. größer, bis 25 mm lg.; Blätt. 10–30 cm lg., flach, 2–5 mm breit; Deckspelze von anderer Form; Pfl. 10–60 cm hoch **3**

3. Deckspelze 5-zähnig, Mittelzahn als kurze Granne, äußeres Zahnpaar etwas spitzer als inneres, nur auf den Nerven behaart; Infl. im Umriss walzl., bis 30 x 10 mm groß; Vorspelze an der Spitze nur ausgerandet; Blattspr. grün, nicht wachsig bereift, flach; ♃; IV–VI. Trockenrasen, Felshänge, lichte Wälder, kalkstet; *v* im S: Alp. u. Voralp., Schweizer Jura, SchwAlb, FrAlb, sonst *z–s,* nördl. bis Be, Eifel, Hannover, Harz, ČR. (= *S. calcaria* OPIZ; = *S. albicans* KIT. ex SCHULT.) *Kalk-B.,* * **S. caerúlea** (L.) ARD.

— Deckspelze 5-zähnig, aber Mittelzahn entweder als 3-eckiger Zahn (nicht als Granne) od. die Seitenzähne als kurze Grannen; Infl. im Umriss kurz walzl.; Vorspelze 2-spitzig od. kurz 2-grannig **4**

4. Blätt. (bes. jung) wachsig bereift, trocken nach oben eingerollt; alle 5 Zähne der Deckspelze 3-eckig, mittl. länger als übrige, auch zw. den

Nerven behaart; Pfl. m. dichten Polstern, ältere Pfl. durch ihre Ausläufer ringf. wachsend (‚Hexenringe'); ♃; IV–VI. Wiesenmoore, Torfböden; *s* OPr, ČR, St, NÖ, OÖ, Bgl; *f* in CH, Dt. [= *S. caerulea* ssp. *uliginosa* (OPIZ) HAY] *Moor-B.,* **S. uliginósa** OPIZ

— Blätt. nicht bereift, flach bis gefaltet; mittl. u. beide äußere Zähne der Deckspelze grannig verlängert, Mittelgranne am längsten, zw. den Nerven kahl od. nur sehr kurz u. sehr locker behaart; Pfl. horstf.; ♃; III–V. Trockenrasen, kalkliebend; *s* Schl, Kt (Karawanken, Dobratsch, Steiner Alp.), St? (b. Graz), NÖ. [= *S. budensis* (BORB.) A. & GR.] *Ungarisches B.,* **S. sadleriána** JANKA

19. Lólium L., *Lolch, Raygras, Weidelgras*

1. Deckspelze zarthäutig; Hüllspelze etwa so lg. wie od. wenig länger als Deckspelzen; Pfl. ♃, m. nichtblühenden Blättertrieben **3**

— Deckspelzen derb, lederig-knorpelig; Hüllspelze 2–4-mal länger als Deckspelzen; Pfl. ⊙, ohne nichtblühende Blättertriebe **2**

2. Hüllspelze 15–30 mm lg., meist länger als das Ährchen, rau; Deckspelzen fast immer begrannt; Hüllspelze 7- od. 9-nervig; Ähre > 20 cm lg., locker; Blattscheiden rau; Pfl. 30–80 cm hoch: VI–VIII. Feuchte Getreideäcker; sehr *z*. Fr. **giftig**! Ⓖ *Taumel-L.,* * **L. temuléntum** L.

— Hüllspelze 7–10 mm lg., kürzer als das Ährchen, glatt; Deckspelzen unbegrannt; Hüllspelze 5-nervig; Blattscheiden glatt; Pfl. 30–60 cm hoch; Pfl. insgesamt schmächtiger als vorige; VI–VIII. Ackerunkraut, bes. in Leinfeldern; sehr *s*, vielfach nicht mehr beobachtet. Fr. **giftig**! Ⓖ *Lein-L.,* **L. remótum** SCHR.

3(1). Ährchen 11–24-bltg., der flachen Ährenachse anlgd.; Deckspelzen, zumindest die ob., begrannt; Stg. unterhalb der Ähre rau; Blätt. in Knospenlage gerollt; Hüllspelzen etwa so lg. wie die anlgd. Deckspelzen; Ährchen z. Blzt. meist absthd.; ♃; VI–VIII. Wiesen; *v*, häufig angesät, vielfach verwild. u. eingebürgert (Heimat: Mittelmeergebiet). *Italienisches R.,* * **L. multiflórum** LAM.

— Ährchen 3–11-bltg.; Deckspelzen meist unbegrannt **4**

4. Pfl. ♃; Pfl. zur Blzt. m. vielen nichtblühenden Sprossen; Deckspelzen stets unbegrannt; Blätt. in Knospenlage gefaltet, 2–4 mm breit; Hüllspelze wenig, aber deutl. länger als die anliegende Deckspelze; Stg. unterhalb der Ähre glatt; Ährchen 4–10-bltg.; ♃; V–IX. Wiesen, Wege, Parkrasen, Sportplätze; *g* u. *h,* vielfach angepfl. *Englisches R.,* * **L. perénne** L.

— Pfl. ⊙; Pfl. zur Blzt. ohne nichtblühende Sprosse; Deckspelzen meist unbegrannt; Blätt. in Knospenlage gerollt, 5–8 mm breit; Stg. unterhalb der Ähre rau; Ährchen 5–6-bltg., teilweise od. ganz von der Hüllspelze verdeckt; ⊙; V–VII. Äcker, Weinberge; *z,* CH. *Steifer L.,* **L. rígidum** GAUD.

20. Molínia SCHR., *Pfeifengras*

1. Deckspelze der untersten Blüte 3–4 mm lg., am Ende rundl.; Ährchen 2–5-bltg., 4–6 mm lg.; Pfl. 10–100(–150) cm hoch; ♃; VII–X. Moorwiesen, Heiden, Waldwiesen, bestandsbildend (‚Pfeifengraswiesen'), kalkmeidend; 2n = 36; *v.* *Blaues Pfeifengras, Besenried,* * **M. caerúlea** (L.) MOENCH

— Deckspelze der untersten Blüte 5–7 mm lg., zugespitzt, Ährchen 2–4-bltg., 6–9 mm lg.; Pfl. 100–250 cm hoch; ♃; VII–IX. Lichte Wälder, Moore, Auen, Schlickböden, bis 2000 m, kalkliebend; 2n = 90; *v* im S, sonst *s*, Verbr. ungenügend bekannt. [= *M. altissima* Lk.; = *M. coerulea* ssp. *arundinacea* (Schr.) Paul] *Rohr-Pf.*, **M. arundinácea** Schr.

21. Agropýron Gaertn., *Kammquecke*
Ähre 1,5–5 cm lg. u. 1,0–1,5 cm breit, im Umriss längl.-eif.; Ährchen 3–5-bltg., ohne Grannen bis 15 mm lg.; Hüll- u. Deckspelzen m. 2–3 mm lg. Granne; Ährchenachse kurz behaart; ♃; V–VII. Trockenrasen, steinige Hänge; *s* St, Bz, NÖ, Bgl, ČR (Mähren); auch in Begrünungssaaten, z. B. M-Rheintal (Heidelberg bis Bonn). [= *A. pectinatum* (M. B.) P. B.]
A. cristátum (L.) Gaertn. ssp. **pectinátum** (M. B.) Tzvelev

22. Élymus L., *Quecke* (= *Elytrigia* Desv.; = *Roegneria* Koch; = *Agropyron* auct., non Gaertn.)[1]

1. Deckspelzen begrannt; Granne so lg. wie oder länger als die Spelzen (bis 25 mm), geschlängelt, bes. an der Basis; Hüllspelzen 3–5-nervig; Ährchenachse kurzhaarig, brüchig; Blätt. obersts. matt graugrün, untersts. glzd. dkgrün; Pfl. horstbildend, 50–150 cm hoch; ♃; VI–VII. Flusskies, Wälder, buschige Hänge; *v*, *s* in N- u. NW-Dt. [= *A. caninum* (L.) P. B.; = *Roegneria canina* (L.) Nevski]
Hunds-Qu., * **E. canínus** (L.) L.

— Deckspelzen unbegrannt oder m. kurzer, die Länge der Spelze nicht erreichender Granne **2**

2. Pfl. ohne unteriridische Ausläufer, dichte Horste bildend; Blattspr. gefaltet, steif, m. 7–9 hervortretenden Rippen, am Grd. m. schmalen, stgumfassenden Öhrchen; ♃ ; VII–VIII. Ruderalstellen, sich zunehmend ausbreitend, z. B. He, Pf, M-BW, Ruhrgebiet, SH, MeVp, in Au z. B. Kt, NÖ. (Heimat: Balkan, nördl. bis Slowenien). [= *A. elongatum* (Host) P. B. ssp. *ponticum* (Podp). Sengh.]
Stumpfblütige Qu., **E. obtusiflórus** (DC.) Conert

— Pfl. m. lg. unteridischen Ausläufern, ausgedehnte Rasen bildend **3**

3. Blattspr. am Grd. ohne sichelf. Öhrchen; Blattnerven dick, einander genähert, m. vielen Reihen kurzer Haare; Spr. zuletzt eingerollt; Ährchenachse sehr brüchig; Hüllspelzen 9–11-nervig; Deckspelzen unbegrannt; Pfl. 30–60 cm hoch; ♃; VI–VIII. Dünen der Küsten; *v*, östl. der Oder *z–s*. [*A. junceum* (L.) P.B. ssp. *boreoatlanticum* Sim. & Guin.]
Binsen-Qu., * **E. fárctus** (Viv.) Runemark ex Melderis ssp. **boreoatlánticus** (Sim. & Guin.) Melderis

— Blattspr. am Grd. m. sichelf. Öhrchen, obersts. wellig bis gerippt, auf den Rippen in einzelnen Reihen stehende od. unregelmäßig angeordnete Haare **4**

4. Blattspr. weich, 3–15 mm breit, grün od. blau bereift, obersts. auf den Nerven je eine Reihe von Stachelhaaren (selten kahl); Nerven im

[1] Die Quecken sind eine taxonomisch und nomenklatorisch äußerst komplizierte Gruppe. Darstellung hier in Anlehnung an die verdienstvolle Neubearbeitung durch Conert (1997).

durchfallenden Licht als weiße Striche erscheinend, aber nicht als Rippen hervortretend; Hüllspelzen fast so lg. wie die anlgd. Deckspelzen, diese mit (sehr) kurzer Granne; ♃; VI–VII. Äcker, Weinberge, Ruderalstellen, Strand; *g.* [= *A. repens* (L.) P. B.; = *A. caesium* J. & C. Presl] Formenreich. *Gewöhnliche Qu.,* * **E. répens** (L.) Gould

— Blattspr. steif, stark gerippt, blau bis weißgrün, m. stark hervortretenden Nerven, dadurch das übrige Gewebe fast verdeckend u. Blätt. oft fast weiß erscheinend **5**

5. Hüllspelzen viel kürzer als die anlgd. Deckspelzen, am Ende stumpf bis gestutzt, breit hautrandig; Blattspr. obersts. m. zahlr. kurzen unregelmäßig sthd. Stachelhaaren; ♃; V–VII. Trockenrasen, Wegränder, steinige Böden; *s* im N u. O, ČR, auch E, BW, CH, Bz, Au. [= *A. hispidum* Opiz; = *A. intermedium* (Host) P. B.; = *A. glaucum* (Desf. ex DC.) R. & Sch.; incl. *A. trichophorum* (Lk.) Richt.]

Graugrüne Qu., **E. híspidus** (Opiz) Melderis

— Hüllspelzen fast so lg. wie die benachbarten Deckspelzen, spitz u. gekielt, schmal hautrandig **6**

6. Ähren dicht, 4-kantig erscheinend, da die Ährchen einander deutl. überlappen, 5–10(–20) cm lg.; Rippen der Blattspr. mit je einer Reihe von Stachelhaaren; Ährchen bis 9-bltg., z. Reifezt. als Ganzes von der Ährenachse abfallend ; ♃; VI–VIII. Meeresküsten, Dünen, Kiesbänke, Trockenrasen; *z* Nordseeküste von DT u. Da, *s* BW, E, Th, CH, Au, Bz. [= *A. littorale* Dum.; = *A. pycnanthum* (Godr.) Gren.; = *A. pungens* auct.; incl. *E. campestris* (Gren. & Godr.) Kerg.)]

Strand-Qu., **E. athéricus** (Lk.) Kerg.

— Ähren locker, dünn, da die Ährchen einander nur am Grd. überlappen; Ähre 4–8 cm lg.; Rippen der Blattspr. unregelmäßig kurz u. dicht behaart, dazwischen zerstreut m. lg. Haaren; Ährchen bis 5-bltg., z. Reifezt. zerfallend, Fr. einzeln ausfallend; ♃; VI–VIII. Dünen der Meeresküsten: Ho, Da; Binnenland: Kalkflugsande; *s* b. Mainz. [= *A. maritimum* Jansen & Wachter; = *A. repens* ssp. *maritimum* (Koch & Ziz) Rothm.] *Sand-Qu.,* **E. arenósus** (Spenner) Conert

23. Sécale L., *Roggen*

Blätt. blau bereift; Ligula weiß, 2 mm lg. *(529a, b);* Ähre 4-kantig, überhgd.; Deckspelzen 4–8 cm lg. begrannt; ⊙; V–VI. Äcker; *v* angebaut, zuw. verwild. (Heimat: SW-Asien) * **S. cereále** L.

24. × Triticosécale Wittmack ex A. Camus, *Tritikale, Rimpauweizen*

Pfl. je nach Sorte mehr dem Roggen od. Weizen ähnlich; Ährchen mehrbltg., meist 3 Körner ausbildend; Hüllspelzen breit, stumpf; ⊙; VI–VII. Äcker; *z* angebaut. (Bastard aus *Triticum durum* od. *T. aestivum* mit *Secale cereale*)

* × **T. blaringhémii** A. Camus

25. Ǽgilops L., *Walch*

1. Ähre eif., < 2 cm lg. (ohne Grannen), m. 5–8 Ährchen, die unt. 1–2 steril; Hüllspelzen m. 4 spreizenden, 2–3 cm lg. Grannen; Pfl. 10–30 cm hoch, in Büscheln wachsend; ⊙; V–VI. Wegränder, Ruderalstellen; *s* eingeschleppt, S-CH. (Heimat: Mittelmeergebiet) (= *Ae. geniculata* Roth) *Eiförmiger W.,* **Ae. ováta** L.

— Ähre schmal, 6–11 cm lg. (ohne Grannen), m. 2–4 Ährchen, die ob. 1–2 steril; endst. Ährchen m. bis 8 cm lg. Granne, die unt. m. kürzeren Grannen; Pfl. 30–60 cm hoch, in Büscheln wachsend; ⊙; V–VII. Wegränder, Ruderalstellen; *s* eingeschleppt, Basel, S-CH. (Heimat: O-Mittelmeergebiet)
Zylindrischer W., **Ae. cylíndrica** Host

26. Tríticum L., *Weizen*

Blattspr. am Grd. geöhrt u. deutl. bewimpert *(530a);* Ligula kurz, quer abgestutzt *(530b).* Kulturpflanzen. Die nicht (kaum) mehr angebauten Arten gelegentl. an Güterumschlagplätzen adventiv auftretend.

1. Fr. bei Reife lose von Spelzen umhüllt, ausfallend; Ährenachse nicht brüchig (= Nacktweizen) **4**

— Fr. bei Reife von Spelzen fest umschlossen; Ährenachse z. T. brüchig; Grannen bis 10 cm lg.; (= Spelzweizen) **2**

2. Ähre 4-kantig, Ährchen locker sthd., 3–5-bltg., meist m. 2 fertilen Bltn., m. dem über ihm sthd. Achsenstück abfallend; Halm dünnwandig, hohl; ⊙; VI. Nur kult. bekannt, vermutl. entstanden aus *T. dicoccon* × *T. compactum;* vorwgd. als Winterfr. z. Grünkernherstellung; noch kult. BW, RhPf, Lx, Be, Sb, OÖ. (hexaploid; 2n = 42) [= *T. aestivum* ssp. *spelta* (L.) Thell.] *Spelz, Dinkel,* * **T. spélta** L.

— Ähre abgeflacht, Ährchen dicht dachig sthd.; Halm markig od. starkwandig; Ährchen m. dem unter ihm sthd. Achsenstück abfallend **3**

3. Hüllspelzen fast geflügelt, scharf gekielt, an der Spitze m. 1 scharfen Zahn; Ährenachse an den Ansatzstellen der Ährchen m. Haarbüscheln; Ährchen 3(–4)-bltg., m. meist 2 fertilen Bltn., daher Ährchen 2-grannig; Vorspelze auch z. Reifezt. ungeteilt; Halmknoten kahl; ⊙; VI–VII. Nur kult. bekannt, kult. seit ca. 7500 v. Chr.; angebaut wohl nur noch ČR, Vb? (tetraploid, 2n = 28) [= *T. turgidum* ssp. *dicoccon* (Schr.) Thell.] *Emmer,* * **T. dicóccon** Schr.

— Hüllspelzen scharf gekielt, an der Spitze 2-zähnig; Ährenachse nur schwach behaart; Ährchen 2-bltg., m. nur 1 fertilen Blüte, daher 1-grannig; Vorspelze z. Reifezt. tief 2-spaltig; Halmknoten behaart; ⊙; VI–VII. Kult. seit ca. 7500 v. Chr., damals Hauptgetreide; Heimat: Kleinasien, Kaukasus, Transkaukasien; kaum noch angebaut (Vb?), (tetraploid, 2n = 28) *Einkorn,* * **T. monocóccum** L.

4(1). Deckspelzen 25–40 mm lg., z. Reifezt. papierart., 10-nervig; Achse an der Ansatzstelle des Ährchens m. Haarbüscheln; Hüllspelzen scharf gekielt; ⊙; VI–VII. Nur kult. bekannt; vermutl. entstanden aus *T. durum;* in M-Eur. kaum mehr kult. (Be?); Ursprung: Spanien; *nicht `Polnischer W.`*, da Galizien in Spanien, nicht in Pl gemeint; tetraploid, 2n = 28. *Galizischer W., Gommer,* **T. polónicum** L.

— Deckspelzen höchstens 12 mm lg. **5**

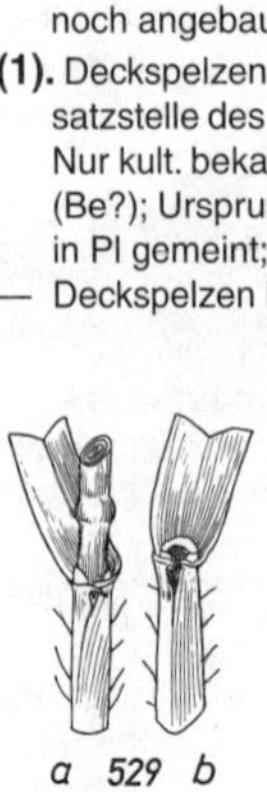

a 529 b
Roggen
Öhrchen kurz, kahl

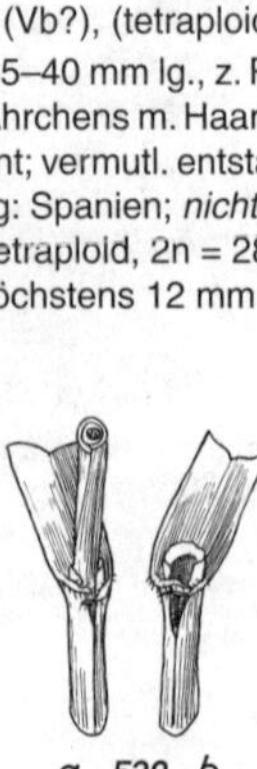

a 530 b
Weizen
Öhrchen sehr lang, bewimpert

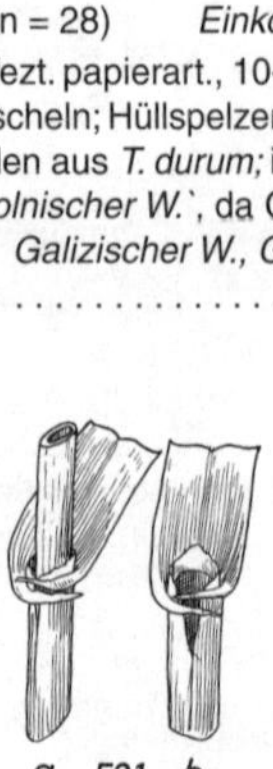

a 531 b
Gerste
Öhrchen sehr lang, kahl

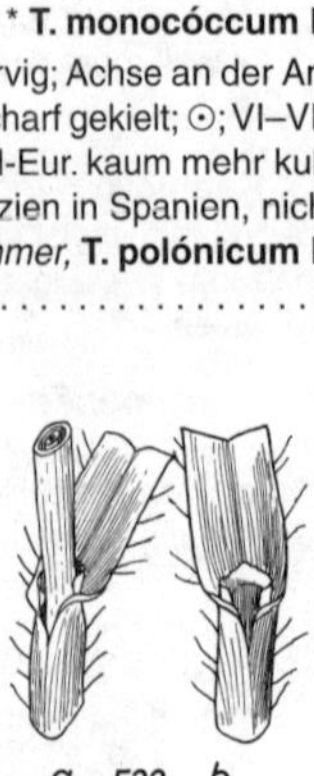

a 532 b
Hafer
Öhrchen fehlen

5. Hüllspelzen scharf bis flügelart. gekielt; Achse an der Ansatzstelle der Ährchen m. Haarbüschel; Halm im ob. Teil dickwandig (bis markig) **7**

— Hüllspelzen nur oberw. gekielt, im unt. Teil abgerundet; Achse an der Ansatzstelle der Ährchen ohne Haarbüschel; Halm in seiner ganzen Länge dünnwandig, hohl **6**

6. Ähre dicht, höchstens 3-mal so lg. wie breit; ob. Achsenabstände zw. den Ährchen 1–3 mm; Deckspelzen unbegrannt *(Binkel-W.)* od. m. Grannen bis 9 cm *(Igel-W.);* ⊙; VII. Nur kult. bekannt (ältester kult. Nacktweizen); kult. noch in Au (Vb, Ti, Sb, Kt). (hexaploid, 2n = 42) [= *T. aestivum* ssp. *compactum* (HOST) THELL.] *Zwerg-W.,* **T. compáctum** HOST

— Ähre locker, mehr als 3-mal so lg. wie breit; ob. Achsenabstände zw. den Ährchen 4–8 mm; Deckspelzen unbegrannt od. m. Grannen bis 15 cm lg.; ⊙; VI–VII. Weltweit wichtigste Getreideart, kult. seit 6. Jahrtsd. v. Chr.; entstanden aus *T. urartu* × *Aegilops speltoides* × *Ae. tauschii;* in zahlr. Sorten *v* kult. (hexaploid, 2n = 42) (= *T. hybernum* L. ssp. *aestivum)* *Saat-W.,* * **T. aestívum** L.

7(5). Ähre ohne Grannen 4–6 cm lg.; Hüllspelzen fast so lg. wie die unt. Blüte, fast flügelart. gekielt, außerdem noch m. schwach gezähntem Nebenkiel; Ähre schlank, seitl. zusammengedrückt; Blätt. fast kahl; Fr. längl.-spitz; ⊙; VI–VII. Wichtigste Weizenart nach *T. aestivum;* nur kult. bekannt; vermutl. entstanden aus *T. dicoccon;* kult. heute noch in Au (St) (ob noch in Dt?). (tetraploid, 2n = 28) [= *T. turgidum* ssp. *durum* (DESF.) HUSNOT]
Hart-W., Glas-W., Makkaroni-W., **T. dúrum** DESF.

— Ähre ohne Grannen 6–18 cm lg.; Hüllspelzen nur ²/₃ so lg. wie die unt. Blüte, scharf, aber nicht flügelart. gekielt, ohne Nebenkiele; Ähre kräftig, im Querschnitt (fast) quadratisch; Blätt. weichhaarig; Fr. dick-bauchig; ⊙; VI–VII. Nur kult. bekannt; vermutl. entstanden aus *T. dicoccon*; kult. heute noch in Au? (tetraploid, 2n = 42) (ssp. *turgidum*) *Rau-W., Englischer W.,* **T. túrgidum** L.

27. Hórdeum L., *Gerste*

1. Deckspelzen des mittl. Ährchens breit elliptisch, 6–12 cm lg. begrannt; Ährenachse nicht zerbrechlich; Blattöhrchen lg. sichelf., kahl *(531a, b);* ⊙; V–VI. Angebaut, *v.* *Gerste,* * **H. vulgáre** L.

- **a.** Grannen in 4 od. 6 Reihen an der Ähre sthd.; V. (= *H. hexastichon* L.; = *H. tetrastichon* STOK.) *Mehrzeilige G.,* ssp. **vulgáre**
- — Grannen in 2 Längsreihen sthd.; häufig als Braugerste angebaut; VI. (= *H. distichon* L.) *Zweizeilige G., Braugerste,* ssp. **dístichon** (L.) KÖRN.

— Deckspelzen des mittl. Ährchens 5–60 mm lg. begrannt; Ährenachse (reif!) zerbrechl. **2**

2. Hüllspelzen sehr lg. begrannt, bis 60 mm lg.; Deckspelzengranne bis 60 mm lg.; Ähren überhgd.-nickend, seidig glzd.; Pfl. hellgrün, 20–60 cm hoch; ⊙; VI–VII. Zierpfl., *s* an salzhaltigen Standorten eingebürgert, auch unbeständig an Straßenrändern z. B. NrWe, NS, He, BW, Ba, Sa, SaAn, Th, CH, Bz, Au, Ho, Be, Da. (Heimat: N-Am., O-As.) *Mähnen-G.,* **H. jubátum** L.

— Hüllspelzen höchstens bis 24 mm begrannt, m. starrer Granne; Ähren aufrecht **3**

3. Deckspelze des mittl. Ährchens 6–10 mm lg. begrannt *(524);* Pfl. 30–70 cm hoch, graugrün; ♃; V–VIII. Meeresküsten, *v–z, s* salzhaltige Standorte im Binnenland (= *H. nodosum* auct.).
Roggen-G., **H. secalínum** SCHREB.

— Deckspelze des mittl. Ährchens 10–50 mm lg. begrannt; Pfl. ⊙ . . . **4**

4. Hüllspelzen des mittl. Ährchens an den Rändern absthd. bewimpert, das Blütchen bestielt; Blattspr. am Grd. m. 2 sichelf. Öhrchen; Deckspelze des mittl. Ährchens 2–5 cm lg. begrannt; Blattscheiden kahl; Pfl. 15–40 cm hoch, hellgrün; ⊙; VI–XI. Ruderalstellen, Wegränder. *Mäuse-G.,* * **H. murínum** L.

a. Mittl. Ährchen der Dreiergruppe sitzend od. nur bis 0,5 mm lg. gestielt; seitl. Ährchen höchstens so lg. wie das mittl., *v* im W, sonst *z–s.* ssp. **murínum**

— Mittl. Ährchen 1–2 mm lg. gestielt; seitl. Ährchen länger als das mittl.; *s*, S-CH, Bz, sonst auch eingeschleppt (Heimat: S-Eur., As.) ssp. **leporínum** (Lk.) Arcang.

— Hüllspelzen des mittl. Ährchens am Rand nicht bewimpert; Blattspr. am Grd. ohne Öhrchen; unt. Blattscheiden behaart; ⊙; V–VIII. *Strand-G.,* **H. marínum** Huds.

a. Innere Hüllspelze der seitl. Ährchen auf der einen Seite leicht geflügelt, unten 0,6–1,4 mm breit; Pfl. 10–40 cm hoch, blaugrau; Marschwiesen, Deiche; *s* Nordseeküste, MeVp, Da (Ribe). (= *H. maritimum* Stokes) ssp. **marínum**

— Beide Hüllspelzen der seitl. Ährchen grannenf.,, im unt. Teil nur 0,2–0,5 mm breit; Ligula sehr fein bewimpert; Pfl. 5–50 cm hoch, graugrün; salzhaltige Ruderalstellen, *s,* Bgl (Neusiedler See), *s* verschleppt. (= *H. hystrix* Roth; = *H. geniculatum* All.) *Salz-G.,* ssp. **gussoneánum** (Parl.) Richt.

28. Léymus Hochst., *Strandroggen*

Pfl. bläul. bereift, m. lg. Ausläufern; Spelzen nicht begrannt; Ährchen meist 3-bltg.; Blattspr. steif, stechend, bei Trockenheit zusammengerollt; Pfl. 60–120 cm hoch; ♃; V–VII. *v* Dünen der Meeresküsten (angepfl. zur Dünenbefestigung), im Binnenland zuw. verwildert u. eingebürgert (Br, Pl). (= *Elymus arenarius* L.) * **L. arenárius** (L.) Hochst.

29. Hordélymus (Jessen) Harz, *Waldgerste*

Pfl. grasgrün, ohne Ausläufer; Deckspelzen bis 2,5 cm lg. begrannt; Ährchen 1–2-bltg.; Blattspr. flach, ihre Scheiden zottig behaart; Pfl. 60–120 cm hoch, ♃; VI–VIII. Laub- u. Mischwälder; *z,* gebietsweise *f*, z. B. NW-Dt, Ho. (= *Elymus europaeus* L.) * **H. europāeus** (L.) Jessen ex Harz

30. Eleusíne Gaertn., *Wilde Fingerhirse, Wilder Korakan*

Halme m. seitl. stark zusammengedrückten Blattscheiden, an ihrer Öffnung wimperig behaart; Infl. aus 2–8 Ähren; Ährchen 2-reihig, 3–6-bltg., kahl, nur Kiele der Hüll- u. Deckspelzen rau; ⊙; VII–IX. Auf warmen, sandigen, sauren Böden eingeschleppt u. z. B. in Ts, Bz u. Basel eingebürgert. (Heimat: Tropen u. Subtropen) **E. índica** (L.) Gaertn.

31. Arúndo L., *Pfahlrohr*

Gras riesige Horste bildend, 2–5 m hoch; Stg. am Grd. verholzend, 1–3 cm im Dm; Blätt. 50–100 cm lg., 1–6 cm breit, aufrecht od. vorn überhgd.; Rispe 20–60 cm lg.; Ährchen 2–6-bltg., 6–15 mm lg.; ♃; IX–XI. Ufer, Gräben; als Zierpfl. kultiviert, *s* in Ts verwildert (Heimat: Zentralasien). **A. dónax** L.

32. Phragmítes Adans., *Schilf, Schilfrohr*

Stg. steif aufrecht, meist 2–4 m hoch, am Grd. dicke, bis 10 m lg. Ausläufer treibend (an trockeneren Standorten oberirdische „Legehalme“, deren Neutriebe niedrig); an Stelle der Ligula weißl. Haarkranz; ♃; VII–IX. Röhrichte von Flüssen u. Seen, Moorwiesen, Auwälder; *g.* (= *Ph. communis* TRIN.) Formenreich. * **Ph. austrális** (CAV.) TRIN. ex STEUD. var. **pseudodónax** RABENH., Stg. bis 10 m hoch u. bis 2 cm im Dm; Rispe bis 50 cm lg., z. Bltzt. ausgebreitet; Ährchen bis 6-bltg. Nur Br (Luckau), Dortmund-Ems-Kanal, Berlin, Regensburg.

33. Eragróstis N. M. WOLF, *Liebesgras*

1. Pfl. ♃, 60–160 cm hoch, hohe Horste bildend; unt. Blattscheiden dicht seidigweiß behaart; Blätt. schmal, 1–3 mm breit, 20–50 cm lg., sichlig gebogen; Ährchen den Rispenästen anliegend, 4–10 mm lg., 4–13-bltg; ♃; VIII–IX. Böschungen, Flussufer; *s,* BW, NrWe, NS, Au (Wien), Bz, sich einbürgernd. (Heimat: Südafrika). *Gekrümmtes L.,* **E. cúrvula** (SCHRAD.) NEES

— Pfl. ⊙, meist < 70 cm hoch; Blattscheiden kahl **2**

2. Blätt. am Rand m. einer Reihe 0,1 mm großer Drüsen (Lupe !) **8**

— Blätt. entlang der Ränder ohne Drüsen (Lupe!) **3**

3. Unt. Rispenäste zu 3–6, quirlig; Öffnung der Blattscheide m. lg. Haaren **5**

— Unt. Rispenäste zu 1–2 . . . . **4**

4. Unt. Stgblätt. an der Öffnung der Blattscheide m. lg. Haaren, oberste Blattscheide meist kahl; Ährchenstiele 1–3 mm lg.; Ährchen ca. 3 mm lg., 4–7-bltg; unterste Hüllspelze < ½ so lg. wie unterste Deckspelze; Pfl. 10–60 cm hoch; ⊙; VIII–X. Sandig-kiesige Ufer, Ruderalstellen; *v* Elbe, *z–s* Oder, Weichsel, Rhein. Neu entdeckte Art. *Elbe-L.,* **E. albénsis** SCHOLZ

— Unt. Stgblätt. an der Öffnung der Blattscheide ohne lg. Haare; auch Achseln der Rispenäste ohne lg. Haare; Ährchen ca. 1,5 mm gestielt; Rispe dicht; Ährchen bis 8-bltg; Deckspelzen m. deutlichen Seitennerven; Pfl. 5–20 cm hoch; ⊙; VII–X. Kieswege, Friedhöfe, Pflasterfugen; *s,* BW, Ba, NrWe, Br, SH, Ho, Be, CH, St, Kt, Bz, sich einbürgernd. (Heimat: Asien). [= *E. pilosa* ssp. *damiensiana* (BONNET) THELL.; = *E. pilosa* ssp. *multicaulis* (STEUD.) TZVELEV] *Japanisches L.,* **E. multicaúlis** STEUD.

5(3). Ob. Hüllspelze etwa so lg. wie die unt.; Blattspr. kahl, höchstens am Grd. etwas bewimpert; unt. Blattscheiden m. seitenst. Infl.; Ährchen 7–15 mm lg., 10–20-bltg.; Pfl. 20–40 cm hoch; ⊙; VI–IX. Ruderalstellen; *s,* Vs. (Heimat: W-Mittelmeergebiet). *Barreliers L.,* **E. barreliéri** DAVEAU

— Ob. Hüllspelze 1,5–2-mal so lg. wie die unt. **6**

6. Unt. Rispenäste zu 1–2; unt. Hüllspelze 1 mm lg., die ob. 1,5 mm lg.; Deckspelze m. deutl. hervortretenden Seitennerven; Pfl. 15–30 cm hoch; Ährchen 4–6 mm lg.; ⊙; VI–IX. Ruderalstellen; *s,* Vs, Bz. (Heimat: N-Am.). *Kamm-L.,* **E. pectinácea** (MICHX.) NEES

— Unt. Rispenäste zu 3–6 . . . . **7**

7. Rispe 10-30 cm lg., zuletzt zusammengezogen, schlaff, überhgd.; unt. Rispenäste zu 5–6, häufig noch in der obersten Blattscheide; Ährchen 2,5 mm breit, 3–7-bltg; unt. Hüllspelze ca. 1,2 mm lg., die ob. bis 2,5 mm lg.; Pfl. 20–70 cm hoch; ⊙; VIII–X. Straßenränder, Ruderalstellen; *s* eingeschleppt, auch angesät (Heimat: Äthiopien). [= *E. abyssinica* (JACQ.) LK.] *Äthiopisches L., Tefgras,* **E. téf** (ZUCC.) TROTTER

— Rispe 4–16 cm lg. zuletzt sehr locker; unt. Rispenäste meist zu 3–4, zuletzt rechtwinklig absthd.; Ährchen 5–12-bltg, 1–1,5 mm breit; unt. Hüllspelze 0,5 mm lg., die ob. 1 mm lg.; Deckspelzen spitz, m. undeutl. Seitennerven; Pfl. 10–30 cm hoch; ⊙; VII–X. Pflasterfugen, Ruderalstellen; *s* eingebürgert in Dt, CH, Au, ČR, Ho, E, Bz (Heimat: Mittelmeergebiet). *Behaartes L.*, **E. pilósa** (L.) P. B.

8(2). Deckspelze 1,8–2 mm lg.; Ährchen 4–11 mm lg., 5–12(–20)-bltg., meist schwarzviolett; Blattscheiden u. Blattränder lg. behaart; ⊙; VII–IX. Straßenpflaster, Wege, Bahngelände, Ruderalstellen; *z*, *f* Da. (Heimat: Mittelmeergebiet) (= *E. poaeoides* P. B. ex R. et SCH.) *Kleines L.*, * **E. mínor** HOST

— Deckspelze 2–2,6 mm lg., m. stark hervortretenden Seitennerven; Ährchen 4–25 mm lg., 15–40-bltg., grün, oft violett überlaufen; Blattscheiden kahl, nur an der Öffnung m. längeren Haaren; ⊙; V–VI. Sandige Äcker, Ruderalstellen; zuw. eingeschleppt, *s* eingebürgert, Dt, CH, Au, Bz. (Heimat: subtrop. Eurasien). [= *E. major* HOST; = *E. megastachya* (KOCH) LK.] *Großähriges L.*, **E. cilianénsis** (ALL.) VIGNOLO ex JANCH.

Weitere ca. 15 **Eragrostis**-Arten *s* adventiv, doch bisher nicht eingebürgert.

34. Cleistógenes KENG, *Steifhalm*

Pfl. 30–90 cm hoch, m. 10–14 Blätt.; Ährchen 6–10 mm lg., dkpurpurn; ♃; VII–X. Trockenrasen, kalkmeidend; *s*, Vs, Ts, Bz, NÖ, ČR, Bgl (Leithagebirge). (= *Diplachne serotina* (L.) LK.) **C. serótina** (L.) KENG

35. Spártina SCHREB., *Schlickgras*

1. Ährchen zu 10–20(–25), 4–8 cm lg.; ob. Hüllspelze m. bis 7 mm lg. Granne, diese so lg. wie der flächige Spelzenteil; Pfl. bis 2 m hoch; ♃; IX–X. Flussböschungen; *s* eingeschleppt: SH (Hamburg), NS (Braunschweig), Br (Berlin, Oberspreewald), Th (Jena), He (Frankfurt), Ba. (Heimat: O- u. S-USA) *Prärie-Sch., Kamm-Sch.*, **S. pectináta** LK.

— Ährchen nur bis zu 10, kürzer; ob. Hüllspelze grannenlos **2**

2. Infl. aus 1–5 Ähren bestehend; Pfl. 15–70 cm hoch; Stg. an der Basis unbeblättert; Blätt. bis 6 mm breit; Ährchen 12–14 mm lg. *(526)*; Ligulahaare 0,5 mm lg.; ♃; VII–IX. Marschen der Küsten; *v* bis *z* Ho, Be. [= *S. stricta* (AIT.) ROTH] *Niederes Sch.*, **S. marítima** (CURT.) FERN.

— Infl. aus 3–6(–12) Ähren bestehend; Pfl. 30–130 cm hoch; Stg. bis zur Basis beblättert; Blätt. 7–15 mm breit; Ährchen 16–20 mm lg. *(525)* **3**

3. Antheren 8–13 mm lg.; Haare der Ligula 2–3 mm lg.; Stbbeutel m. (fertilen) kugeligen Pollenkörnern; Fr. 10 mm lg.; ♃; VII–IX. Schlammige, salzhaltige Böden der Nordseeküste; angepfl. u. zunehmend sich ausbreitend (Be bis Da). *Englisches Sch.*, * **Sp. ánglica** HUBB.

— Antheren 4–8 mm lg.; Haare der Ligula 0,3–2 mm lg.; Stbbeutel m. geschrumpften (sterilen) Pollenkörnern; ohne Früchte; Pfl. steril; ♃; VII–X. Marschen u. Salzwiesen d. Nordseeküste; in Ho, Dt u. Da zur Landgewinnung angepfl. u. eingebürgert. (Heimat: engl.-franz. Atlantikküste, N-Am.) (= *Sp. maritima* × *S. alterniflora* LOIS.) *Hohes Sch.*, * **S. × townséndii** GROV.

36. Cýnodon RICH., *Hundszahngras*

Pfl. m. lg., oberirdischen, dem Boden auflgd., wurzelnden Trieben; auf 2 kurze Stgglieder folgt jeweils 1 lg.; Blätt. schwach behaart, an der Scheidenmündung jederst. m. 1 Haarbüschel; ♃; V–VI. Sandige Orte, Wegränder, Ruderalstellen; *z–s* eingebürgert; Dt (*f* SH), CH, Bz, Au, ČR, Ho, Be (Heimat: Mittelmeergebiet) **C. dáctylon** (L.) PERS.

37. Crýpsis Ait. (incl. **Heleóchloa** Host), *Dorngras, Sumpfgras*

1. Ährenrispe kopff., 7 mm lg. u. 8–12 mm breit; Staubblätt. 2; Pfl. 3–30 cm hoch, m. zahlr. niederlgd. Trieben; ⊙; VII–IX. Salzfluren, Ränder der Lacken; sehr *s,* Bgl (Neusiedler See), ČR (Mähren), früher NÖ.
Dorngras, **C. aculeáta** (L.) Ait.

— Ährenrispe walzenf., länger als breit; Staubblätt. 3 . . . . **2**

2. Bltnstand eif., 10–15 mm lg. u. 6–10 mm breit; oberste Laubblattscheide deutl. aufgeblasen, kürzer als die Spr.; Pfl. 2–20 cm hoch, niederlgd. u. knickig aufstgd.; ⊙; VII–IX. Ufer, feuchte Salzfluren; sehr *s,* NÖ, Bgl, ČR (Mähren). [= *Heleochloa schoenoides* (L.) Host]
Kopf-Sumpfgras, **C. schoenoídes** (L.) Lam.

— Bltnstand walzl., 1–6 cm lg. u. 4–6 mm breit; oberste Laubblattscheide kaum aufgeblasen, länger als die Spr.; Pfl. 3–30 cm hoch, m. zahlr. Stg. knickig aufstgd.; ⊙; VI–IX. Feuchte, sandige Äcker, sehr *s,* NÖ, Bgl, früher ČR. [= *Heleochloa alopecuroides* (Piller & Mitterpacher) Host ex Roem.] *Fuchsschwanz-Sumpfgras,*
C. alopecuroídes (Piller & Mitterpacher) Schrad.

38. Muhlenbérgia Schreb., *Tropfensame*

Pfl. 10–30 cm hoch, am Grd. niederlgd. od. aufsteigend; Ligula ein bewimperter Saum; Rispen 3–12 cm lg., schmal; Ährchen (ohne Granne) 2–2,5 mm lg.; Hüllspelzen sehr klein, unscheinbar; Deckspelze in eine 2–5 mm lg. Granne auslaufend; ♃; VI–VIII. Wegränder, Gebüsche, Parks; *s,* Ts, Bz. (Heimat: N-Am.)
M. schréberi J. F. Gmel.

39. Sporóbolus R. Br., *Fallsamengras, Vilfagras*

1. Hüllspelzen 1,5–2,5 mm lg.; Ährchen 2–3 mm lg., 1-bltg.; Vorspelze so lg. wie Deckspelze; ⊙; VIII–IX. Straßenränder; *s,* Bz, Kt. (Heimat: N-Am.).
Verkanntes F., **S. negléctus** Nash

— Hüllspelzen 3–5 mm lg.; Ährchen 3–7 mm lg., 1-bltg.; Vorspelze länger als Deckspelze; Bltnstg. m. mehreren, 2–5 cm lg. Rispen, die lange Zeit von ihrer Blattscheide umschlossen sind; ⊙; VIII–IX. Ruderalstellen, Straßenränder; *s,* Bz, Kt. (Heimat: N-Am.). *Scheidenblütiges F.,* **S. vaginiflórus** (Torrey) Wood

40. Nárdus L., *Borstgras*

Pfl. dichte Horste bildend, m. dickem, unterirdischem Rhizom u. dicht sthd., einseitig fortwachsenden Bltn.- u. Blättertrieben; Blätt. borstl.; Ährchen 1-bltg., m. nur 1 verkümmerten Hüllspelze; ♃; V–VII. Feuchte, moorige Wiesen, Heiden, Bergwiesen; *v,* oft bestandsbildend (‚Borstgrasmatten'), in NW-Dt zurückgehend. * **N. stricta** L.

41. Micropýrum (Gaud.) Lk., *Dünnschwingel*

Ährenachse 4-kantig; Ährchen 2-zeilig angeordnet; Hüllspelzen etwa gleich lg.; Pfl. 20–40 cm hoch; ⊙; V–VII. Trockene, meist sandige Stellen; *s,* S-E, Ts, früher S-Baden. [= *Festuca lachenalii* (Gmel.) Spenn.; = *Nardurus halleri* (Viv.) Fiori; = *N. lachenalii* (Gmel.) Godr.] **M. tenéllum** (L.) Lk.

42. Parápholis Hubb., *Dünnschwanz*

Stg. meist lgd.; Blätt. schmal, zuletzt borstl. gefaltet; Ähre dünn, schmal, z. Reifezt. zerbrechend; ⊙; V–VII. Feuchte Salz- u. Strandwiesen; *z* Nordseeküste u. -inseln, Ostsee östl. bis Rügen. [= *Lepturus incurvatus* TRIN.; = *Pholiurus incurvus* auct.] *Gekrümmter D.,* **P. strigósa** (DUM.) HUBB.

43. Pholiúrus TRIN., *Schuppenschwanz*
Pfl. 5–20 cm hoch, büschelig wachsend; Stg. gekniet; Ähre 5–9 cm lg.; ⊙; VI–VII. Weideflächen auf Salzböden; sehr *s,* Bgl (Seewinkel), früher NÖ. [= *Lepturus pannonicus* (HOST) KUNTH] **Ph. pannónicus** (HOST) TRIN.

44. Aíra L., *Schmielenhafer, Nelkenhafer*

1. Ährchenstiele 2–5-mal länger als die silberweißen, 1,5–2,5 mm großen Ährchen; Rispenäste dünn, geschlängelt; ⊙; V–VIII. Trockenrasen, Waldränder; sehr *s,* Bz, NÖ (Hainburger Berge), Bgl, sonst kult. u. *s* verwild. (= *A. capillaris* HOST; = *A. elegans* WILLD. ex GAUD.) *Haar-Sch.,* **A. elegantíssima** SCHUR

— Ährchenstiele der meisten Ährchen kaum so lg. wie die Ährchen **2**

2. Rispe reichbltg., locker ausgebreitet; Rispenäste verlängert, nur im ob. Teil m. Ährchen; Ährchenstiele etwas länger als die Ährchen; ⊙; V–VII. Sandböden, bes. Wälder u. Heiden; *z* (*f* Sb, Kt). *Nelkenhafer,* * **A. caryophylléa** L.

a. Stg. meist einzeln, 5–30 cm hoch; Rispenäste absthd.; Ährchen ± purpurn überlaufen, 3 mm lg.; *z, s* im S, *f* S-Ba, Sb, Kt. ssp. **caryophylléa**

— Stg. zahlr., oft über 20, 30–50 cm hoch; Rispenäste straff aufrecht; Ährchen hellgrün, nur 2,5 mm lg.; nur b. Karlsruhe (BW), Bitche (Grenze E), Be, Ho, Sylt? (SH), Da, sonst übersehen? ssp. **multicúlmis** (DUM.) A. & GR. ex HEGI

— Ährenrispe armbltg.; Rispenäste kurz, anlgd., wenige Ährchen tragend; Ährchenstiele kürzer als die 2,5–3,5 mm lg. Ährchen; Granne 3–4,5 mm lg.; ⊙; V–VI. Sandböden, Heiden; *v* im N, südl. seltener, z. B. ČR (Mähren), *f* Au, S-Ba, BW (außer N-Rheintal), CH (früher Vs). *Früher Sch.,* **A. praécox** L.

45. Deschámpsia P. B. (incl. **Avenélla** DREJER), *Schmiele*

1. Granne fast an der Basis der Deckspelze ansitzend, deutl. gedreht u. gekniet, am Grd. bräunl., das Ährchen bis 3 mm weit überragend; Blattspr. gerollt od. zusammengefaltet **5**

— Granne kaum aus den Hüllspelzen herausragend, schwach gedreht, undeutl. gekniet, weißl., oft sehr kurz (Lupe!) **2**

2. Blätt. borstl., gefaltet, starr, in eine Spitze auslaufend; Rispe sehr locker; Granne der Mitte der Deckspelze entspringend, etwa so lg. wie die die Blüte meist überragenden Hüllspelzen; Ligula bis 8 mm hoch, spitz; Deckspelzen m. ungleich lg. Zähnen; Pfl. dichte, *Nardus*-ähnl., graugrüne Horste bildend, 30–60 cm hoch; ♃; VI–VII. Feuchte Wiesen; *s* Rheintal (Karlsruhe bis Mannheim). *Binsen-Sch.,* **D. média** (GOUAN) R. & SCH.

— Blätt. flach, obersts. rau u. m. deutl. Nerven; Pfl. bis 1,3 m hoch, dicht horstf. **3**

3. Blätt. wellblechart. gerillt u. sehr rau, schneidend; Ligula 6–8 mm lg., oft zerschlitzt; Ährchen 4–5 mm lg.; ob. Hüllspelze 3–4 mm lg.; Granne meist in den Hüllspelzen versteckt od. sie kaum überragend; ♃; VII–IX.

Feuchte, quellige Orte, Flachmoore, Wiesen; formenreich.
Rasen-Sch., * **D. cespitósa** (L.) P. B.

a. Infl. dicht, schmal, nicht ausgebreitet, Seitenäste aufrecht absthd., 10–20 cm lg.; Blattspr. der Erneuerungstriebe kurz, steif, fast gefaltet; Ährchen 2-bltg., 4–5 mm lg., bräunl., oft violett überlaufen. Nur alp. Reg.?; Alp., Sudeten bis Altvatergeb. ssp. **gaudínii** RICHT.

— Infl. locker, ausgebreitet, Seitenäste weit absthd. . . . . **b**

b. Ährchen 1–2-bltg., 2–3 mm lg.; Blattspr. der Erneuerungstriebe mehr aufrecht, die Infl. erreichend od. sogar länger, 2–3 mm breit; Stbbeutel 1–1,2 mm lg. Schattige Stellen in feuchten Wäldern u. Gebüschen; *z?* (genaue Verbreitung unbekannt). ssp. **parviflóra** (THUILL.) RICHT.

— Ährchen 2(–3)-bltg., 3-5 mm lg.; Blattspr. der Erneuerungssprosse 2–7 mm breit, flach ausgebreitet od. zusammengerollt; Stbbeutel 1,3–1,6 mm lg. **c**

c. Blattspr. der Erneuerungssprosse zusammengerollt, 1,8–3 mm breit, ihre Ligula 1,5–3 mm lg.; Ährchen 3,5–4 mm lg., violett überlaufen; Blütezeit: Ende V. Trockenes Grasland; *s,* nur S-ČR (Blatná).
ssp. **austrobohémica** (DEYL) CONERT

— Blattspr. der Erneuerungssprosse flach ausgebreitet, 2–7 mm breit, die Infl. nicht erreichend, ihre Ligula 6–8 mm lg.; Ährchen 3–5 mm lg.; Blütezeit: VI–VIII. Feuchte Standorte; *v.* ssp. **cespitósa**

— Blattspr. weniger rau; Ligula 2–5 mm lg.; ob. Hüllspelze 5–6 mm lg. **4**

4. Blattspr. kurz, 6–12 cm lg.; Ährchen um 7 mm lg., an Stelle der Bltn. oft Jungpflänzchen *(522);* Granne 4 mm lg., die Deckspelze wenig, aber deutl. überragend; ♃; VII–VIII. Kiesige, überflutete Ufer; *s,* nur Schweizer Jura, Gr, O-Bodensee. [= *D. rhenana* GREMLI; = *D. cespitosa* ssp. *littoralis* (GAUD.) RICHT.] *Ufer-Sch.,* **D. littorális** (GAUD.) REUT.

— Blattspr. lg., 20–50 cm lg.; Ährchen 4–6 mm lg., grün bis strohfarben, ohne Jungpflänzchen; Granne 4 mm lg., die Deckspelze nicht überragend; ♃; V. Schlammige Ufer; *s,* nur noch Unterlauf der Elbe zw. Hamburg u. Mündung. *Sumpf-Sch.,* **D. wibeliána** (SOND.) PARL.

5(1). Blätt. stielrund, fadenf.; Ligula 2 mm lg.; Rispenäste absthd., geschlängelt, meist purpurn; Ährchen bräunl. purpurn; beide Bltn. sehr dicht beieinander, Ährchenachse dazw. nur sehr kurz; ♃; VI–VIII. Trockene Nadelwälder, Heidewiesen; *g.* [= *Avenella flexuosa* (L.) PARL.]
Geschlängelte Sch., * **D. flexuósa** (L.) TRIN.

— Blätt. flach od. gefaltet; Ligula 3–8 mm lg.; Ährchen grün-violett; Ährchenachse zw. beiden Bltn. fast halb so lg. wie die ob. Blüte; ♃; VII–VIII. Heidemoore; *s* im NW: Be, Ho, NW-Dt (südl. bis Bonn/W-NS/W-SH), Lausitz, Oberpfalz. *Borsten-Sch.,* **D. setácea** (HUDS.) HACK.

46. Hólcus L. em. SW., *Honiggras*

1. Blattscheiden u. Knoten dicht weichhaarig; Granne der ob. ♂ Blüte zw. den Spelzen versteckt, zuletzt nach innen gekrümmt *(506);* Pfl. graugrüne Horste bildend, 30–100 cm hoch; ♃; VI–VIII. Wiesen, kalkmeidend; *g* u. *h,* bestandsbildend (‚Honiggraswiesen').
Wolliges H., * **H. lanátus** L.

— Halm nur an den Knoten behaart; Blattscheiden spärl. behaart od. kahl; Granne der ob. ♂ Blüte aus den Spelzen um etwa 1/3 hervorragend; Pfl. m. Ausläufern, 30–70 cm hoch; ♃; VI–VII. Wälder u. Waldränder,

kalkmeidend; *v,* aber weniger häufig als vorige.
Weiches H., * **H. móllis** L.

47. Arrhenátherum P. B., *Glatthafer*
Rispe z. Bltzt. ausgebreitet; Ährchen weißl.grün; unt. Blüte ♂, begrannt, ob. ⚥, unbegrannt; Granne gedreht, gekniet; Pfl. 50–180 cm hoch; ♃; VI–VII. Wiesen, Böschungen, lichte Wälder; *v* u. *h,* wichtigste Wiesenpfl., oft kult. * **A. elátius** (L.) J. & C. Presl

48. Gaudínia P. B., *Ährenhafer*
Scheiden der unt. Blätt. dicht lghaarig; Ligula fast fehlend; Ährchen in brüchiger Ähre; Hüllspelzen ungleich lg., unt. 3–4 mm u. undeutl. 2–4-nervig, ob. 9–12 mm m. 6–8 wulstigen Nerven; Deckspelzen m. etwa 7 mm lg., gedreht-geknieter Granne; ⊙; V–VI. Wegränder; zuw. eingeschleppt, *s* dauerhaft, z. B. E, b. Köln, b. Bielefeld, b. Siegen, St, St. Gallen. (Heimat: Mittelmeergebiet) **G. frágilis** (L.) P. B.

49. Trisétum Pers., *Goldhafer*

1. Ährenrispe dicht, eif. bis walzl., bis 3(–4) cm lg.; längste Seitenäste (einschl. Ährchen) 1–1,5 cm lg.; Halm unter der Infl. behaart . . . **6**

— Rispe wenigstens zur Blzt. locker ausgebreitet; längste Seitenäste (einschl. Ährchen) 2–3,5 cm lg.; Halm unter der Infl. kahl **2**

2. Pfl. ohne oberirdische Ausläufer; unt. Hüllspelze 1-, ob. 3-nervig; Ährchenachse sehr kurz behaart **4**

— Pfl. m. längeren, oberirdischen Ausläufern, bis 30 cm hoch; Ährchenachse dicht bis 3 mm lg. behaart; Rispe bis 6 cm lg. **3**

3. Haare der Ährchenachse fast bis zur Ansatzstelle der Deckspelzen hinaufreichend; Rispe im Umriss oval; Ährchen 6,5–9 mm lg.; Blattspr. starr, breiter (bis 3 mm); Blätt. der nichtblühenden Triebe deutl. 2-zeilig; ♃; VII–VIII. Schutthalden, Felsspalten, 1000–3000 m, kalkliebend; Alp., *z* CH, Fl, Bz, Au, *s* Dt.
Zweizeiliger G., **T. distichophýllum** (Vill.) P. B.

— Haare der Ährchenachse kaum die Hälfte bis zur Ansatzstelle der Deckspelzengranne hinaufreichend; Rispe im Umriss schmaler, fast lanzettl.; Ährchen kleiner, 4,5–6,5 mm lg.; Blattspr. schlaff, schmaler (bis 1,5 mm); ♃; VII–VIII. Schuttfluren, Felsen, oberhalb 1600 m, kalkstet; *s* Bz, OTi, Kt. *Silberhafer,* **T. argénteum** (Willd.) R. & Sch.

4(2). Unt. Blattscheiden kahl od. nur mit wenigen sehr kurzen anlgd. Haaren; Granne deutl. gekrümmt, aber nicht knickig; ♃; V–VII. Feuchtwiesen; *s* OPr (bisher mit *T. flavescens* verwechselt)
Sibirischer G., **T. sibíricum** Rupr.

— Unt. Blattscheiden wenigstens mit einigen längeren Haaren; Granne scharf geknickt **5**

5. Stgknoten von den Blattscheiden nicht bedeckt; oberste Blätt. die bis 20 cm lg. Rispe erreichend; längste Rispenäste m. bis 12 Ährchen (Gebirgsformen oft weniger); Rispenäste rau; ob. Hüllspelze umgekehrt eif. (oberhalb d. Mitte am breitesten); Frkn. behaart; Ährchen meist goldgelb (bis grünl.); Pfl. 30–80 cm hoch; ♃; V–VI. Bergwiesen, bis 2650 m; *v* im Geb. (Goldhaferwiesen), sonst *z.* (= *T. pratense* Pers.)
Wiesen-G., * **T. flavéscens** (L.) P. B.

a. Blätt. schmaler als 5 mm; Infl. locker, ausgebreitet, (gold)gelb; Ährchen 7,5 mm lg., 2-bltg.; 2n = 28. *v–z.* ssp. **flavéscens**

— Blätt. 5–10 mm breit; Infl. dicht, purpurfarben; Ährchen 7,5 mm lg., aber 3–4-bltg.; 2n = 12. Alp. von Dt, Vb, Ti, Bz. ssp. **purpuráscens** (DC.) Arcang.

— Stgknoten von den Blattscheiden bedeckt; oberste Blätt. die bis 6 cm lg. Rispe nicht erreichend; längste Rispenäste m. meist 3 (selten bis 6) Ährchen; ob. Hüllspelze oval (in der Mitte am breitesten); Frkn. kahl; Ährchen ± violett überlaufen; Pfl. bis 30 cm hoch; ♃; V–VII. Steinige Matten u. Hänge, bes. der Krummholz-Reg. (1000?–2000 m), kalkliebend; *z* Ti, *s* Sb, St, Kt, OÖ, NÖ, Hohneck/Vog.?, in Dt u. CH offenbar *f.* [= *T. flavescens* ssp. *alpestre* (Host) A. & Gr.] *Alpen-G.,* **T. alpéstre** (Host) P. B.

6(1). Pfl. ♃, m. zahlreichen sterilen Laubsprossen, 10–20 cm hoch; Blattspr. der Laubsprosse 2–10 cm lg.; Deckspelzen oben eingekerbt, m. 2 kurzen spitzen, in eine 0,5 mm lg. Granne auslaufenden Seitenlappen; Ährenrispe dicht, 2–3 cm lg. u. 0,5–1 cm breit, meist dunkel, zuw. einfarbig goldgelb; Ährchen 2-bltg., violett, grün od. gelbbraun gescheckt, 4,5–6,5 mm lg. (ohne Grannen); Granne 3–6 mm lg., gekniet; Haare der Ährchenachse bis 0,5 mm lg.; ♃; VII–IX. Felsen, Schuttrasen, windexponierte Grate, 2100–3425 m; Alp., *z* CH, FL, Bz, Au, *s* Dt. *Ähren-G.,* **T. spicátum** (L.) Richt. ssp. **ovatipaniculátum** Hult. ex Jonsell

— Pfl. ⊙, büschelig, 8–25 cm hoch; Blattspr. bis 4 cm lg.; Deckspelzen oben tief eingeschnitten, m. 2 schmalen, in je eine 2–3 mm lg. Granne auslaufenden Seitenlappen; Ährenrispe dicht, 1,5–3 cm lg. u. 0,5–1,5 cm breit; Ährchen 2-bltg., 4,5–5,5 mm lg. (ohne Grannen), gelb; Granne 6–12 mm lg., gekniet; Haare der Ährchenachse z. T. 1,5–2 mm lg. behaart; ⊙; IV–V. Felsgrusgesellschaften, Wege; sehr *s*, Vs. (= *T. cavanillesii* Trin.) *Löflings G.,* **T. loeflingiánum** (L.) C. Presl

50. Ventenáta Koel., *Grannenhafer*

Ligula bis 1 cm lg., da am Rand herablaufend; Blätt. oberst. rau; Rispe bis 20 cm lg.; Ährchen 2–3-bltg., grünl.; Hüll- u. Deckspelzen kurz begrannt, die ob. Deckspelze auch 2-spitzig, außerdem m. geknieter rückenst. Granne; ⊙–⊙; VI–VII. Ruderalstellen, Trockenrasen; *s* RhPf, M-He, Harz, N-Th, NÖ, Bgl, ČR, früher St, Be. (= *V. avenacea* Koel.) **V. dúbia** (Leers) Coss.

51. Danthónia DC., *Traubenhafer, Dreizahn*

1. Deckspelze tief eingeschnitten 2-spitzig, m. lg., gedrehter u. geknieter Granne; Blattscheiden kahl; ♃; V–VI. Halbtrockenrasen; *s,* Ba (Garching), St. Gallen, TS, NÖ, Bgl, ČR. [= *D. calycina* (Vill.) Rchb.; = *D. provincialis* DC.] *Traubenhafer,* **D. alpína** Vest

— Deckspelze an der Spitze 3-zähnig *(528);* Blattscheiden bewimpert; ♃; VI–VII. Magerrasen, Heiden, Kiefernwälder; *v–z.* [= *Sieglingia decumbens* (L.) Bernh.] *Dreizahn,* * **D. decúmbens** (L.) DC.

ssp. **decúmbens**, Pfl. horstig wachsend; 2n = 36; auf kalkfreien Böden verbreitet.

ssp. **decípiens** Bässler, Pfl. lockerrasig, kleiner; 2n = 24; Halbtrockenrasen auf kalkhaltigen Böden. Verbr. wenig bekannt (z. B. Th, St, Sb) [= *Sieglingia decumbens* ssp. *decipiens* (Bässler) Sengh.]

52. Avéna L., *Hafer*

1. Deckspelzen in der unt. Hälfte dicht lg. behaart; Ährchen 2–5-bltg. **3**

— Deckspelzen kahl od. fast kahl; Ährchenachse zur Reifezt. nicht zerfallend; Ährchen meist 2-bltg. **2**

2. Deckspelzen 12–25 mm lg., an der Spitze nur ausgerandet oder ganz kurz 2-zähnig, kahl, die unt. Blüte eines Ährchens meist begrannt (Granne 15–40 mm lg.), die ob. unbegrannt; Ährchen 2–3-bltg., bis 30 mm lg.; Hüllspelzen 7–9-nervig; Ligula kurz, m. 3-eckig-zugespitzten Zähnchen *(532b),* Sprgrd. ohne Öhrchen *(532a);* ⊙; VI–VII. *v* angebaut u. häufig verwildert; Kulturart (hexaploid). Zahlreiche Sorten. (incl. *A. orientalis* Schreb.) *Saat-H.,* * **A. satíva** L.

— Deckspelze tief 2-geteilt bis zur halben Spelzenlänge, am Grd. des Einschnitts sitzt die bis 35 mm lg. (Mittel-)Granne; Ährchenachse nicht gegliedert (z. Reifezt. nicht auseinanderfallend); ⊙; VI–VIII. Alte Kulturpfl., heute *s* Ackerunkraut, auf sandigen Böden. *Nackt-H.,* **A. núda** L.

a. Ährchen 3–4-bltg.; Hüllspelze kürzer als Deckspelze ssp. **núda**

— Ährchen 2-bltg. . . . . **b**

b. Ährchen (ohne Grannen) 16–20 mm lg. ssp. **strigósa** (Schreb.) Janch.

— Ährchen (ohne Grannen) 10–15 mm lg. ssp. **brévis** (Roth) Mansf.

3(1). Ährchen 16–25(–30) mm lg., 2–3-bltg.; Deckspelzen m. 2–4 mm lg. braunen (od. weißen) Haaren; Ährchenachse über den Hüllspelzen u. zw. den Blütchen zerfallend; Granne 25–40 mm lg., gekniet; Rispe meist allstswendig; ⊙; VI–VIII. Ackerunkraut; *v* im S, sonst *z,* stellenw. *s* bis *f.* (vielleicht Stammform des Saat-Hafers) *Wind-H., Flug-H.,* * **A. fátua** L.

— Ährchen 25–50 mm lg., 2–5-bltg.; Deckspelzen m. bis 8 mm lg. Haaren; Ährchenachse nur über den Hüllspelzen zerfallend, alle Blütchen gemeinsam abfallend; Granne 30–90 mm lg.; Rispe meist einstswendig; ⊙; VII–VIII. Ruderalstellen; *s* eingeschleppt, Dt, CH, Au, Bz. (vielleicht ebenfalls Stammform des Saat-Hafers). *Wilder H.,* **A. stérilis** L.

a. Ährchen 35–50 mm lg., 3–5-bltg; unterste Deckspelze 25–40 mm lg., m. 6–9 cm lg. Granne; Ligula 6–8 mm lg. ssp. **stérilis**

— Ährchen 25–30 mm lg., 2–3-bltg.; unterste Deckspelze 16–25 mm lg., m. 3–6 cm lg. Granne; Ligula 2–4 mm lg. ssp. **ludoviciána** (Durieu) Gillet & Magne

53. Helictotríchon Bess. [incl. **Avénula** (Dum.) Dum.; = *Avenastrum* Opiz; = *Avenochloa* Holub], *Wiesenhafer*

1. Blätt. der Erneuerungstriebe flach ausgebreitet, beidersts. glatt, nicht gerippt, im Querschnitt V-förmig **4**

— Blätt. der Erneuerungstriebe borstl. gerollt, obersts. stark gerippt, im Querschnitt U-förmig **2**

2. Ligula an den Halmblätt. u. den Erneuerungstrieben nur als kaum 1 mm lg., häutiger, gezähnelter bis bewimperter Saum; Ährchen 2-bltg., Ährchenachse lghaarig; Deckspelzen sehr kurz 2-spitzig, 7-nervig; ♃; VII. Kalk- u. Dolomitfelsspalten, 1250–1950 m; *s* Karawanken (Kt), im Grenzgebiet zu Slowenien. Lokalendemit. Ⓖ *Karawanken-W.,* **H. petzénse** Melzer

— Ligula wenigstens der Halmblätt. deutl. länger, mehr als 3 mm . . **3**

3. Ligula der Halmblätt. u. der Erneuerungstriebe gleich lg. (3–6 mm); Ährchen meist bräunl., 2–3-bltg.; Rispe aus 15–45 Ährchen zusammengesetzt; Pfl. 40–100 cm hoch; ♃; VI–VIII. Felsen, Geröllschutt, 1300–2400 m, auf Kalk, *z* Bz, Au, *s* S-Ba (= *Avena parlatorei* WOODS)

Staudenhafer, Parlatores W., **H. parlatórei** (WOODS) PILG.

— Ligula der Halmblätter 1–3 mm lg., die der Erneuerungstriebe 3–8 mm lg.; Rispe aus 7–17 Ährchen zusammengesetzt; Pfl. 30–60 cm hoch; ♃; V–VI. Steppenrasen, 240–400 m; auf Kalk; sehr *s,* NÖ, ČR. (= *Avena desertorum* LESS.)

Steppenhafer, **H. desertórum** (LESS.) NEVSKI ex KRASCHENINNIKOV

Im Gebiet in der ssp. **basálticum** (PODP.) HOLUB

4(1). Ährchenachse zw. den Bltn. m. bis 6 mm lg. Haaren; Blattscheiden der Erneuerungssprosse fast völlig geschlossen, ebenso wie die flachen Blattspr. weichhaarig; Ährchen grünl.violett u. bronzefarben bis silbrigweiß gescheckt; ♃; V–VII. (= *Avena pubescens* HUDS.)

Flaumiger W., * **H. pubéscens** (HUDS.) PILG.

a. Blattscheiden u. Spr. weich behaart; Ährchen 2–3-bltg., 10–15 mm lg. Trockene Wiesen, lichte Wälder, Ebene bis montane Reg.; *v,* in NW-Dt *z* bis *s.* ssp. **pubéscens**

— Blattscheiden (fast) kahl; Ährchen 3–4-bltg., 15–20 mm lg.; Matten d. subalp. u. alp. Reg. von Dt, Au, Bz. ssp. **laevigátum** (SCHUR) SOÓ

— Ährchenachse zw. den Bltn. kahl od. nur m. deutl. kürzeren Härchen; Blattscheiden kahl, glatt od. rau **5**

5. Blattscheiden bis zur Hälfte geschlossen; Deckspelzen violett u. braungelb gescheckt; Ährchen 3–6-bltg., Ährchenachse kurzhaarig; Blattspr. kahl u. glatt, ihre Ränder weißl. u. knorpelig-rau; Pfl. 15–30 cm hoch; ♃; VII–VIII. Kurzgrasige Alpenwiesen, Moore, 1800–3000 m; *v* Ur-Alp., sonst *s.* (= *Avena versicolor* VILL.)

Bunter W., **H. versícolor** (VILL.) PILG.

— Blattscheiden offen; Deckspelzen nicht bunt, meist grünl., allenfalls m. violett getöntem Grd. **6**

6. Ährchen 5–8(–12)-bltg.; Halmblätt. m. 4–8 mm lg. Ligula, ihre Spr-ränder an der Basis wimperhaarig; Blattscheiden u. wenigstens unt. Teil des Halms zusammengedrückt, fast 2-schneidig (Querschnitt!); Ährchenachse kurzhaarig; Blattspr. ausgebreitet bis 15 mm breit; Pfl. 50–120 cm hoch; ♃; VII–IX. Feuchte Wiesen, Bergwälder; *s* Gesenke, Altvatergeb. [= *Avena planiculmis* SCHRAD.; = *Avenula planiculmis* (SCHRAD.) W. SAUER & CHMEL.]

Platthalm-W., **H. planicúlme** (SCHRAD.) BESS.

— Ährchen nur 3–6-bltg.; Ligula der Halmblätt. kürzer, nur bis 4 mm lg. (wenn länger, dann zerrissen); Basis der Blattspr. nicht wimperig behaart **7**

7. Pfl. lockerrasig, m. längeren, unterirdischen Ausläufern; unt. Blattscheiden u. unt. Teil des Halms seitl. zusammengedrückt; Ährchen 3–5-bltg.; Ährchenachse kurzhaarig; Blattspr. der Erneuerungstriebe ausgebreitet bis 9 mm breit, ihre Ränder knorpelig u. stachelhaarig; Deckspelzen 5-nervig; ♃; VI–VII. Trockenrasen, Kiefernwälder; *s.*

[= *Avena adsurgens* SCHUR ex SIMK.; = *Avenula adsurgens* (SCHUR ex SIMK.) SAUER & CHMEL.]

Mittlerer W., **H. adsúrgens** (SCHUR ex SIMK.) CONERT

a. Ausläufer lg. (bis 30 cm); Seitennerven der Deckspelze vor durchsichtigem, weißl. Hautrand endend; Blattspr. der Erneuerungstriebe bis 9 mm breit, m. 17–21 Leitbündeln (Querschnitt!). Trockenrasen; *s* St, Kt, Bgl.

ssp. **adsúrgens**

— Ausläufer kürzer (bis 10 cm); Seitennerven der Deckspelze bis zu ihrem Rand verlaufend; Blattspr. der Erneuerungstriebe nur 2–3 mm breit, m. nur 15–17 Leitbündeln. Zwergstrauchheiden, Felsen; *s* Ti, OTi, Bz, Sb, St, Kt.

ssp. **ausserdórferi** (A. & GR.) CONERT

— Pfl. horstf., ohne od. nur m. sehr kurzen Ausläufern; unt. Blattscheiden u. Halme auch im unt. Teil rund (Querschnitt!); Blattränder knorpelig-rau **8**

8. Deckspelzengranne bis 22 mm lg., oberhalb der Mitte abgehend; Erneuerungssprosse innerhalb der untersten Blattscheide emporwachsend; Ligula der Halmblätt. 3–5 mm lg., gezähnelt; Blattspr. der Erneuerungstriebe beidersts. glatt; Pfl. 30–80 cm hoch; ♃; V–VIII. Trockenrasen, Magerweisen, Dünen; *v–z* im S, *z–s* im N, *f* NW-Dt. [= *Avena pratensis* L.; = *Avenula pratensis* (L.) DUM.; incl. *A. pratensis* ssp. *hirtifolia* (PODP.) HOL.] Formenreich.

Echter W., **H. praténse** (L.) BESS.

— Deckspelzengranne bis 15 mm lg., in der Mitte abgehend; Erneuerungssprosse ihre Blattscheiden bereits an deren Basis durchbrechend u. außerhalb von ihnen emporwachsend; Ligula der Halmblätt. 3–7 mm lg., oft zerschlitzt; Blattspr. der Erneuerungstriebe obersts. rau, untersts. rau od. glatt; ♃; VI–VIII. Rasengesellschaften der Alp.; *z*. [= *Avena praeusta* RCHB.; = *Avenula praeusta* (RCHB.) HOLUB]

Alpen-W., **H. praeústum** (RCHB.) TZVELEV

a. Halme bis 70 cm hoch, steif aufrecht; Rispe im Umriss bis 18 x 4 cm groß, längl.-eif., m. 10–25 Ährchen, diese 4–6-bltg.; Blattspr. der Erneuerungstriebe 2–3 mm breit, m. 13–15 Leitbündeln (Querschnitt!). Rasen, bes. Südlagen der montanen Reg., kalkliebend; *z* Vb, Ti, OTi, Bz, Kt (Gailtaler Alp.).

ssp. **praeústum**

— Halme bis 40 cm hoch, zarter, überhgd.; Rispe im Umriss bis 9 x 2,5 cm groß, lanzettl., aus nur 5–8 Ährchen bestehend, diese 4–5-bltg.; Blattspr. der Erneuerungstriebe 1,5–2 mm breit, m. nur 9–13 Leitbündeln. Rasen der subalp. u. alp. Reg., bis 2000 m; *s* Ti, Bz, Kt.

ssp. **pseudoviolàceum** (KERN. ex D.T.) CONERT

54. Corynéphorus P. B., *Silbergras*

Pfl. horstf., graugrün, 15–50 cm hoch; Blattscheiden zuw. purpurn; Blätt. borstl., steif; Rispe silbergrau, vor u. nach der Blüte zusammengezogen; Granne vor der Spelzenbasis, an der Spitze keulig verdickt *(508)*; ♃; VI–VIII. Sandböden, Heiden, Kiefernwälder; *v* im N, *s* im S, in Au nur NÖ (Marchtal). [= *Weingaertneria canescens* (L.) BERNH.]

* **C. canéscens** (L.) P. B.

55. Rostrária TRIN. (= *Lophochloa* RCHB.), *Büschelgras*
Pfl. ⊙, 10–40 cm hoch; Ährenrispe dicht, zylindrisch, nicht unterbrochen, bis über 10 mm breit; unt. Hüllspelze 1-nervig, viel kürzer u. schmaler als die 3-nervige obere, beide kahl od. wenig behaart; Deckspelze kurz 2-spitzig, m. bis 2 mm lg. Granne; Blattscheiden locker anlgd. behaart; IV–IX. Ruderalstellen, Wegränder; *s* eingeschleppt od. eingebürgert, z. B. bei Basel. (Heimat: Mittelmeergebiet) [= *Lophochloa cristata* (L.) HYL.; = *Koeleria phleoides* (VILL.) PERS.] **R. cristáta** (L.) TZVELEV

56. Koeléria PERS., *Schillergras*

1. Deckspelze kurz 2-spitzig, dazw. m. 1,5–2 mm lg. Granne; Hüll- u. Deckspelze behaart; Halm ganz od. wenigstens oberw. kurz zottig behaart, an der Basis durch alte, nicht zerfasernde Blattscheiden verdickt; Blätt. kahl, zusammengerollt; Ährenrispe meist violett überlaufen, an der Basis meist unterbrochen; ♃; VI–VIII. Trockene Alpenwiesen, steinige Matten, Felsen, Geröll, 1700–3000 m; *z* S-CH, Bz, Ti, Kt.
Behaartes Sch., **K. hirsúta** (DC.) GAUD.

— Deckspelzen höchstens zugespitzt, nicht begrannt **2**

2. Blätt. die Stgbasis zwiebelartig verdickend, ihre abgestorbenen Scheiden in miteinander verflochtene u. geschlängelte Fasern aufgelöst; Blätt. starr, meist zusammengerollt, seegrün; Deckspelzen spitz; Hüllspelzen gleich lg.; ♃; V–VI. Trockenrasen; sehr *s,* Vs, RhPf (Nackenheim), E (Rouffach).
Walliser Sch., **K. vallesiána** (HONCK.) GAUD.

— Alte Blätt. die Stgbasis nicht od. wenig verdickend, ihre abgestorbenen Scheiden nicht od. nur in gerade Fasern sich auflösend **3**

3. Hüll- u. Deckspelzen stumpf; Pfl. blaugrün; Stgbasis durch vertrocknete Blattscheiden etwas verdickt; ♃; V–VII. Sanddünen, sandige Wälder u. Heiden; *z* im O, westl. bis Hamburg, NS (Verden, Uelzen), sonst ObRhein, NÖ (Marchfeld), ČR.
Blaugrünes Sch., **K. glaúca** (SPR.) DC.

— Hüll- u. Deckspelzen zugespitzt **4**

4. Wuchs locker-rasenf., Grdachse kriechend; Scheiden der Grdblätt. bleich-weißl. u. samtig behaart; Infl. dicht, ungelappt; Blätt. deutl. eingerollt, scharf zugespitzt; Ährchen 2–3-bltg.; Stgbasis etwas zwiebelart. verdickt; Hüllspelzen fast so lg. wie das Ährchen; ♃; V–VI. Dünen der Nordseeküsten, sehr *s* noch küsteneinw.; *z* Be, Ho, Dt (nur Ostfriesische Inseln u. b. Cuxhaven). (= *K. albescens* auct., non DC.)
Sand-Sch., **K. arenária** (DUM.) CONERT

— Wuchs dicht, horstf., Grdachse nicht kriechend, Stgbasis nicht verdickt **5**

5. Hüllspelzen u. Deckspelze behaart (ähnl. *K. hirsuta),* aber beide zugespitzt, nicht grannig; unt. Hüllspelze viel kürzer u. schmaler als die ob.; Wuchs dichtrasig, da Pfl. m. kurzen Ausläufern; Erneuerungssprosse wachsen innerhalb der untersten Blattscheiden empor, nur diese ist kurz behaart, die höheren kahl; Ährchen 2–3-bltg., 6–8 mm lg.; Infl. 6–8 cm lg., dicht, an ihrer Basis meist etwas unterbrochen, violett überlaufen; ♃; VII–VIII. Trockene Matten, Schuttfluren, Felsen,1600–2100 m, kalkliebend; *s* CH, Bz, OTi, Kt. (= *K. carniolica* KERN.) *Wolliges Sch.,* **K. eriostáchya** PANCIC

— Hüll- u. Deckspelzen kahl od. rau bis nur sehr kurz behaart, z. T. nur spitzenw. 6

6. Rückwärtiger Wurzelstock kräftig, fast knollig; Erneuerungstriebe zu je 2–3 gemeinsam entstehend; nur die unt. Blattscheide solcher Triebe kurz-zottig behaart; Blattspr. 1–3 mm breit, flach od. gefaltet; Ährchen 2–3-bltg., 6–8 mm lg., grünl.weiß bis strohfarben; Ährenrispe im unt. Teil auffällig gelappt; ♃; V–VII. Magerwiesen, kalkliebend; *s* OTi?, Kt. (= *K. splendens* Presl)

Glänzendes Sch., **K. lobáta** (M. B.) R. & Schult.

— Rückwärtiger Wurzelstock unverdickt; Erneuerungstriebe einzeln entstehend 7

7. Halm unterhalb der Infl. kurzhaarig bis kahl; Rhachis u. Seitenäste zottig behaart; Blattspr. der Erneuerungstriebe fast flach, 2–3 mm breit, beidersts. kahl od. fast kahl, am Grd. m. bis 1,5 mm lg. steifen Härchen; Ährchen 2–3-bltg., 5,5–7 mm lg., glzd.; ♃; V–VII. Kalk-Magerrasen, Kiefernwälder, Lärchenwälder; *v–z* im S, nach N seltener, *f* N-Ho, NW-Dt, SH. [incl. ssp. *montana* (Hausm.) Dom.] Formenreich.

Pyramiden-Sch., **K. pyramidáta** (Lam.) P. B.

— Halm unterhalb der Infl. (fast) kahl; Rhachis u. Seitenäste kurz behaart; Blattspr. der Erneuerungstriebe borstl. gerollt, ausgebreitet bis 2 mm breit, beidersts. gleichmäßig dicht behaart, randl. am Grd. ohne steife Härchen; Ährchen 2–4-bltg., 3,5–5 mm lg., gelbl.- bis grünl.weiß; ♃: V–VIII. Trockene Wiesen, Heiden, Sandfluren, kalkliebend; recht formenreich; *z* im S (*f* Vb), stellenw. *f, s* im N, nördl. bis S-Ho/Wesel/ Sauerland/Bremen/Hamburg/MeVp. [= *K. cristáta* (L.) Pers.; = *K. gracilis* Pers.] *Zierliches Sch., Kamm-Sch.,* **K. macrántha** (Led.) Schult.

Nahe verwandt ist **K. grándis** Bess. ex Gorski; Pfl. m. unterird. Ausläufern, 50–100 cm hoch; Verbreitung noch nicht genauer bekannt, *s,* Br, Po.

57. Agróstis L., *Straußgras*

1. Deckspelzen am Grd. m. 2 seitl. Haarbüscheln, grannenlos; Haare ⅓–½ so lg. wie die Deckspelze; Ährchen 2–2,5 mm lg., meist rotbraun bis violett; Vorspelze fast verkümmert; Rispe fast zusammengezogen; ♃; VII–VIII. Geröllhalden, Zwergstrauchgebüsch, 1400–3000 m, kalkmeidend; *z* Alp. [= *A. agrostiflora* (Beck) Rauschert; = *Calamagrostis tenella* (Schrad.) Lk.; = *C. humilis* auct.]

Zartes St., **A. schraderiána** Bech.

— Deckspelzen am Grd. ohne od. m. sehr kurzen Haarbüscheln 2

2. Blätt. (wenigstens die grdst.) borstl. gefaltet; Vorspelze höchstens ⅕ so lg. wie die Deckspelze; Ligula längl.; Deckspelze begrannt . . . 6

— Blätt. flach, 2–4 mm breit (wenn borstl., dann graugrüne Strandpfl. od. Ligula fast fehlend); Deck- u. Vorspelze vorhanden, letztere wenigstens ½ so lg. wie die erstere 3

3. Rispe auch z. Frzt. ausgebreitet; Ährchen meist violett; Ligula der Erneuerungstriebe nur bis 1,5 mm lg.; Vorspelze ⅓–½ so lg. wie die grannenlose Deckspelze; Ährchenstiele glatt; ♃; VI–VIII. Magerwiesen, Heiden, lichte Wälder; *v.* (= *A. vulgaris* With.; = *A. tenuis* Sibth.) Formenreich. *Rotes St.,* * **A. capilláris** L.

— Rispe vor u. nach der Bltzt. zusammengezogen, meist bleich; Ligula bis 6 mm lg.; Vorspelze ½–¾ so lg. wie die Deckspelze; Ährchenstiele rau **4**

4. Deckspelzen auf dem Rücken dicht, aber nur kurz behaart (gute Lupe!), nahe der Basis m. bis 5 mm lg. Granne, das erste Seitennervenpaar bis 0,5 mm grannig aus der Spelzenfläche austretend (dies jedoch bei unbegrannten Bltn. fehlend!); Rispe zusammengezogen; Pfl. graugrün; ♃; VI–VII. Sandige Ruderalstellen; häufig in Rasensaaten, zuweilen verwildert u. eingebürgert: ObRhein, N-Dt, um Berlin, Ti. (Heimat: S-Eur.) *Kastilien-St.,* **A. castellána** Boiss. & Reut.

— Deckspelzen auf dem Rücken kahl, grannenlos, ihr erstes Seitennervenpaar nicht grannig aus der Spelzenfläche heraustretend; Infl. ausgebreitet, z. Frzt. zusammengezogen **5**

5. Pfl. m. kurzen, derben, unterirdischen Ausläufern, ohne oberirdische, kriechende Triebe, 40–120 cm hoch; Rispe 8–36 cm lg.; Blätt. 2–12 mm breit; ♃; VI–VIII. Wiesen, Auwälder; *v.* (= *A. alba* auct. p.p.) *Fioringras, Riesen-St., Großes St.,* * **A. gigantéa** Roth

— Pfl. 10–50(–150) cm hoch, aufrecht od. niederlgd., m. oberirdischen, kriechenden Trieben; Rispe 2–20(–30) cm lg.; Blätt. 1–6 mm breit; ♃; VI–VIII. Rasen, Ufer, Äcker, Wiesen; *v.* (= *A. alba* auct. p. p.) Formenreich *Weißes St.,* * **A. stolonífera** L.

6(2). Rispenäste u. Ährchenstiele glatt, kahl; Rispe auch nach der Blüte ausgebreitet; Deckspelzen häutig, 2-spitzig, m. deutl. geknieter, unterhalb der Mitte abgehender Granne; Pfl. horstbildend, 5–20 cm hoch; ♃; VII–VIII. Weiden, felsige Abhänge, 1500–3100 m; *v* Alp., *s* Bayrw., Riesengeb. *Felsen-St.,* **A. rupéstris** All.

— Rispenäste u. Ährchenstiele rau **7**

7. Deckspelze am od. nahe dem Grd. begrannt, an der Spitze 2-borstig; unt. Rispenäste zu 1–3; Stgblätt. 1–2, steif **9**

— Deckspelze etwas unterhalb der Mitte begrannt (selten ohne Granne); unt. Rispenäste zu 3–8 . . . . **8**

8. Rispe fast so lg. wie der Inflstiel, weit ausgebreitet, fast so breit wie lg. (bis 25 cm); Deckspelze ohne od. m. sehr kurzer Granne, auf dem Rücken sehr rau durch zahlr. aufwärts weisende Börstchen; Pfl. 30–70 cm hoch; ⊙ (♃?); VI–VII. Brachland, feuchte Waldstellen, Sand- u. Kiesgruben; eingebürgert, in Ausbreitung begriffen, z. B. ObPf (Ba), Br, NÖ. (Heimat: As., N-Am.) *Raues St.,* **A. scábra** Willd.

— Rispe höchstens ⅓ so lg. wie der Inflstiel, Rispenäste aufrecht-absthd., wenigstens doppelt so lg. wie breit (bis 15 cm); Deckspelze m. geknieter Granne, wenigstens um die Hälfte länger als die Spelze, auf dem Rücken nur m. wenigen rauen Zähnchen; ♃; VII–VIII. Artengruppe *Sumpf-St.,* * **A. canína** L. agg.

a. Sumpfpfl.; Stgblätt. flach, weich, graugrün; Rispe nach der Blüte etwas zusammengezogen; unterirdische Ausläufer fehlend; oberirdische Kriechtriebe reichl., lg., dicht beblättert. Sandige u. torfige Böden, verlandende Gewässer, Heidemoore; *z.* *Sumpf-St.,* **A. canína** L. (s. str.)

— Sandpfl.; Stgblätt. zusammengerollt, starr, grün; Rispe nach der Blüte stark zusammengezogen; unterirdische Ausläufer vorhanden, kurz; oberirdische Kriechtriebe fehlend. Sandtrockenrasen, Felsfluren; bisher nicht von *A. canina* getrennt, daher Verbreitung ungenügend bekannt: offenbar

z im N u. NW, im S nur ObRhein, im M-Gebiet (SaAn, Br), Bz, Au, ČR. (= *A. coarctata* EHRH. ex HOFFM.; = *A. stricta* J. F. GMEL.)
Sand-St., **A. vineális** SCHREB.

9(7). Rispe z. Bltzt. u. danach ausgebreitet; Ährchen dkviolett, Hüllspelzen in Seitenansicht breit lanzettl.; Spr. der Stgblätt. bis 1,5 mm breit; ♃; VII–IX. Magermatten, Felsfluren, 1500–3000 m; *v* Alp., *s* herabgeschwemmt, auch ČR (Gesenke). *Alpen-St.,* **A. alpína** SCOP.

— Rispe z. Bltzt. u. danach zusammengezogen; Ährchen gelbl. bis silbergrau, höchstens am Grd. violett; Hüllspelzen in der Seitenansicht lineal-lanzettl.; Spr. der Stgblätt. bis 1 mm breit; ♃; VII–IX. Steinrasen, 700–1700 m; Alp. *z* in CH, *s* Au, Ba. [= *A. alpina* ssp. *schleicheri* (JORD. & VERL.) NYM.] *Pyrenäen-St.,* **A. schléicheri** JORD. & VERL.

58. **Ápera** ADANS., *Windhalm*

1. Rispe z. Bltzt. bis 18 cm breit, ausgebreitet, nicht unterbrochen; Blätt. 1–8 mm breit; Ligula 4–6 mm lg.; Stbbeutel 1–1,8 mm lg.; Pfl. 30–100 cm hoch; ⊙; VI–VII. Sandige od. lehmige Äcker, Ruderalstellen; *v*, *s* Alp. *Gewöhnlicher W.,* * **A. spíca-vénti** (L.) P. B.

— Rispe z. Bltzt. bis 2 cm breit, eng zusammengezogen, unterbrochen; Blätt. 1–3 mm breit; Ligula 2–5 mm lg.; Stbbeutel 0,3–0,5 mm lg., Pfl. 20–30(–60) cm hoch; ⊙; VI. Ruderalstellen, *s* eingebürgert, RhPf, NrWe, NS, MeVp, E, Lx, Be, CH, NÖ, Bgl, früher ČR. (Heimat: W-Eur.) *Unterbrochener W.,* **A. interrúpta** (L.) P. B.

59. **Calamagróstis** ADANS., *Reitgras*

1. Deckspelzen grünl., derb, wenig kürzer als die Hüllspelzen, aber länger als die Haare an ihrem Grd.; Ährchen stets m. pinself. behaartem Achsenfortsatz; Deckspelzen 4–5-nervig; Pfl. m. lg. Ausläufern; Granne in der unt. Deckspelzenhälfte ansitzend (wenn ohne Granne, dann Übergangsart zu *Agrostis: A. schraderiana,* s. S. 342); Achsenfortsatz oberhalb der Blüte sehr kurz bis fehlend **7**

— Deckspelzen durchscheinend, zarthäutig, kürzer als die Haare an ihrem Grd. *(507);* Granne in der ob. Deckspelzenhälfte od. in der Mitte ansitzend **2**

2. Deckspelzen meist 3-nervig; Hüllspelzen lineal-pfrieml., an der Spitze von der Seite her zusammengedrückt; Ligula 2–4 mm lg. **6**

— Deckspelzen meist 5-nervig (bei grdst. Granne 4-nervig); Hüllspelzen lanzettl., zugespitzt **3**

3. Granne rückenst., kürzer als die Hüllspelzen, die Deckspelze wenig überragend, zuw. ganz fehlend; Rispe schlaff; Stg. knickig aufstgd., 60–150 cm hoch, am Grd. m. lg. Ausläufern; am Sprgrd. jedersts. 1 Haarbüschel; Hüllspelzen um die Hälfte länger als die Deckspelze; Ligula der ob. Halmblätt. 2–4 mm lg., gerundet, fein gezähnt bis eingerissen; ♃; VII–VIII. Gebüsch, Bergwälder; *v* Alp., *z* Mittelgeb., auch Lausitz, Br (Oder). [= *C. halleriana* (GAUD.) P. B.]
Wolliges R., **C. villósa** (CHAIX ex VILL.) J. F. GMEL.

— Granne endst., unscheinbar, kurz *(507),* in der Ausrandung der Deckspelze; Hüllspelzen fast doppelt so lg. wie die Deckspelze; Pfl. 60–150 cm hoch **4**

4. Ligula der ob. Halmblätt. 2–3 mm lg., kahl; Granne winzig, kaum länger als die Seitenspitzen der Deckspelze; Hüllspelzen ungleich, doppelt so lg. wie die Deckspelzen; Blattspr. obersts. m. zerstreuten weißen Haaren; Rispe schlaff, zuw. überhgd.; Ährchen ohne Achsenfortsatz; Antheren aus den Spelzen heraushgd., m. kugeligen, fertilen Pollen; ♃; VII–VIII. Flachmoore, Ufer, Gebüsch; *v* im O u. N, sonst *s*. (= *C. lanceolata* ROTH) *Sumpf-R.*, * **C. canéscens** (WEB.) ROTH

— Ligula der ob. Halmblätt. 5–12 mm lg.; Antheren in den Spelzen eingeschlossen bleibend, Pollen geschrumpft, steril (pollensterile Arten); Granne etwas länger als bei voriger Art, aber < 2 mm bleibend **5**

5. Hüllspelzen 6–8 mm lg., schmal-lanzettl.-zugespitzt; Granne von der Spitze der Deckspelze ausgehend; Ligula 4–6 mm lg.; Ährchenfortsatz meist gänzl. fehlend; ♃; VII. Flussufer, in Großseggenbeständen; *s*, aber bestandsbildend; S-SaAn/W-Sa (Dessau bis Zwickau) (Lokalendemit). (= *C. pseudopurpurea* GERSTLAUER ex HEINE) *Sächsisches R.*, **C. rivális** H. SCHOLZ

— Hüllspelzen 4–6 mm lg., breit-lanzettl.-zugespitzt; Granne rückenst., aber nahe dem Spelzenende ansitzend; Ligula 7–10 mm lg., m. Seitenzähnchen; Ährchenfortsatz winzig, aber deutl. (0,5 mm); ♃; VI–VIII. Feuchte Gebüsche, Sumpfwiesen; sehr *z* u. *s* Mittelgeb. oberhalb 700 m: He (Waldecker Bergland, Hoher Meißner, Vogelsberg, Rhön), S-Th, Be (Hohes Venn), S-Vog., N- u. S-Schw., Voralp. von Dt, auch St. Gallen, ČR. [= *C. purpurea* ssp. *phragmitoides* (HARTM.) TZVELEV] *Purpur-R.*, **C. phragmitoídes** HARTM.

6(2). Rispenachse steif aufrecht; Rispe knäuelig gelappt, höchstens an der Spitze u. vor dem Aufblühen nickend; Deckspelzen auf dem Rücken begrannt; Granne die Deckspelze um $^1/_3$ überragend, 3 mm lg.; Pfl. graugrün bis blaugrün, 60–150 cm hoch, am Grd. m. lg., unterirdischen, dünnen Ausläufern; ♃; V–VIII. Wälder, Waldwiesen, Ufer, Dünen; *v*. *Gewöhnliches R.*, * **C. epigéjos** (L.) ROTH

— Rispenachse schlaff; Rispe überhgd., nicht gelappt; Deckspelze etwas länger als ihre stets endst. (zw. 2 Zähnchen sthd.), 3 mm lg. Granne; Pfl. graugrün, m. lg., unterirdischen Ausläufern, 80–150 cm hoch; ♃; V–VI. Ufer der Gebirgsflüsse, Weidengebüsch; *z* CH, Au, *s* Bz, BW, RhPf, Ba, SaAn, ČR, Schl, Pl, früher Ho. *Schilf-R., Ufer-R.*, **C. pseudophragmítes** (HALL. f.) KOEL. em. BAUMG.

7(1). Granne gerade, die Deckspelze kaum überragend, wenig unterhalb ihrer Mitte entspringend, kürzer als die Hüllspelzen; Vorspelze $^1/_4$–$^1/_3$ kürzer als die Deckspelze; Infl. dicht schmal-zusammengezogen, nicht ausgebreitet; Ährchen graubraun od. heller; Blätt. schmal, obersts. u. an den Rändern stark rau; Pfl. 30–100 cm hoch; ♃; VI–VII. Flach- u. Heidemoore, Seeufer; *z* von Da u. SH ostw., südl. bis Lausitz/Schl/ČR (Böhmen), sonst BW (Federsee), Ba (München, Starnberg), Westw., N-Ho. [= *C. neglecta* (EHRH.) G. M. SCH.] *Moor-R.*, **C. stricta** (TIMM) KOELER

— Granne gekniet od. gedreht, viel länger als die Deckspelzen, deren Grd. eingefügt; Vorspelzen fast so lg. wie die Deckspelzen; Infl.

während der Bltzt. ausgebreitet, danach zusammengezogen; Pfl. 60–120 cm hoch **8**

8. Haare am Grd. der Deckspelzen reichl., halb so lg. bis gleich lg. wie diese; Granne ± so lg. wie die Hüllspelze; Blätt. beidersts. seegrün, matt; Ährchen gelbl.grün, violett gescheckt; ♃; VII–IX. Lichte Bergwälder, Gebüsche; *v* Alp., CH u. Au, *z* Vorland, BW, Ba, He, Th, SaAn, NS, Erzgeb., ČR. *Berg-R.,* **C. vária** (Schrad.) Host

— Haare am Grd. der Deckspelzen spärl. entwickelt, nur ¼ so lg. wie diese *(533);* Granne die Hüllspelzen um 2–4 mm überragend; Blätt. obersts. seegrün, matt, untersts. dkgrün, glzd.; Ährchen bleichgelb, violett gescheckt; Blätt. am Sprgrd. jedersts. m. 1 Haarbüschel; ♃; VI–VII. Lichte Bergwälder, Hochstaudenfluren, Auwälder u. Erlenbrüche; *v–z,* in N-Dt gebietsweise *f.* *Rohr-R.,* **C. arundinácea** (L.) Roth

60. Ammóphila Host, *Strandhafer*

Ligula 10–30 mm lg.; Infl. dicht, weißl.-gelbl., 7–15 cm lg.; Haare am Grd. der Deckspelze kaum $^1/_3$ so lg. wie die Spelze; Pfl. 60–100 cm hoch; ♃; VI–VII. Dünen; an den Küsten *v* u. *h,* im Binnenland *s,* zuw. kult. (Dünenbefestigung) u. eingebürgert, südl. bis Münsterland/Paderborn/SaAn/Br. *Gewöhnlicher St.,* * **A. arenária** (L.) Lk.

61. × **Calammóphila** Brand, *Bastardstrandhafer*

Ligula 5–15 mm lg.; Infl. gelappt, bräunl. bis violett überlaufen, 13–25 cm lg.; Haare am Grd. der Deckspelze ½ so lg. wie die Spelze; Pfl. 60–130 cm hoch; ♃; VI–VII. Meeresküsten, unt. Elbetal, *z* zw. den Eltern. (= *A. arenaria* x *Calamagrostis epigejos)* [= × *Ammocalamagrostis baltica* (Fluegge ex Schrad.) Fourn.] * × **C. báltica** (Fluegge ex Schrad.) Brand

62. Polypógon Desf., *Bürstengras*

Pfl. büschelig; Infl. walzl., ca. 3-mal so lg. wie dick; Ährchen sehr dicht sthd., ihre Hüllspelzen rau behaart, m. 4–7 mm lg., geknieter Granne; ⊙; VI–VIII. Bahnhöfe, Häfen, Ruderalstellen; immer wieder eingeschleppt. (Heimat: Mittelmeergebiet, As.) **P. monspeliénsis** (L.) Desf.

63. Phléum L., *Lieschgras*

1. Ährenrispe beim Umbiegen lappig; Ährchen m. der Vorspelze anlgd., bis 1 mm lg. Achsenfortsatz über die 1. Blüte hinaus **4**

— Ährenrispe auch beim Umbiegen gleichf.-zylindrisch bleibend; Ährchen ohne Achsenfortsatz über die 1. Blüte hinaus **2**

2. Oberste Blattscheide ± aufgeblasen; Ährenrispe kurz, 1–5 cm lg., dickl.; Blätt. nur am Rand rau; Ligula 1 mm lg., gestutzt; ♃; VI–VII. Artengruppe *Alpen-L.,* **Ph. alpínum** L. agg.

a. Hüllspelzengranne u. Spelzenkiel absthd. behaart; Granne ½ so lg. wie die Spelzenfläche; Ährenrispe 3–4 cm lg., trübviolett; Pfl. 20–50 cm hoch. Fettmatten, Lägerfluren der subalp. u. alp. Reg.; diploide Sippe, 2n = 14. *v* Alp., *s* Schweizer Jura, Bayrw., Erzgeb., Riesengeb., Gesenke. *Graubündener L.,* **Ph. rhaéticum** (Humphries) Rausch.

— Hüllspelzengranne nicht behaart, Granne fast so lg. wie die Spelzenfläche; Ährenrispe 1–3 cm lg., grün bis blassviolett; Pfl. 10–25 cm hoch. Schneetälchen, Bachufer, Schutt; tetraploide Sippe, 2n = 28. *v* Alp., *z* Schweizer Jura, Bayrw., Riesen-, Isergeb. (incl. *Ph. commutatum* GAUD.)

Alpen-L., **Ph. alpínum** L. (s.str.)

— Oberste Blattscheide nicht aufgeblasen; Ährenrispe schlank, 1–30 cm lg.; Blätt. beidersts. rau; Ligula spitz, (1–)5 mm lg.

Artengruppe *Wiesen-L.,* **Ph. praténse** L. agg. **3**

3. Ährenrispe 8–30 cm lg., 7–12 mm im Dm; Ährchen (m. Granne) 4,5–5,5 mm lg.; Stg. am Grd. kaum verdickt; Ligula kahl; Blätt. 3–10 mm breit; Pfl. 40–100 cm hoch; ♃; VI–VIII. Fettwiesen, Rasenflächen; *v.*

Wiesen-L., * **Ph. praténse** L.

— Ährenrispe 1–10 cm lg. u. 4–6 mm im Dm; Ährchen (m. Granne) 2,5–3,5 mm lg.; Stg. am Grd. meist verdickt; Ligula kurz absthd. behaart; Blätt. 1–6 mm breit; Pfl. 10–80 cm hoch; ♃; VI–VIII. Wegränder, Ruderalstellen, Trockenrasen, *z.* (= *Ph. nodosum* auct.)

Knolliges L., **Ph. bertolónii** DC.

4(1). Hüllspelzen auf dem Kiel lg. kammf. bewimpert, allmähl. grannig auslaufend *(533)* **6**

— Hüllspelzen auf dem Kiel rau, allenfalls m. kurzen, borstl. Haaren, plötzl. zugespitzt, wenig länger als die Deckspelze **5**

5. Hüllspelzen breit 3-eckig, nach oben verbreitert, aufgeblasen, plötzl. in zahnart. Granne zusammengezogen *(534),* ohne häutigen, durchsichtigen Rand; Ligula bis 5 mm lg., stumpfl.; Blätt. 4–10 mm breit; Ährenrispe dünn, bis 8 cm lg.; Pfl. büschelig verzweigt, 15–40 cm hoch; ⊙–⊙; V–VII. Äcker, Ruderalstellen, kalkliebend; *s* E, RhPf (nur linksrheinisch), S-He, BW, Ba (Lindau), Th, CH, Bz, oft unbeständig.

Raues L., **Ph. paniculátum** HUDS.

— Hüllspelzen lanzettl., schief abgestutzt *(535),* hautrandig; Ligula nur 1 mm hoch; Blätt. 2–4 mm breit; Ährenrispe dünn, bis 18 cm lg.; Pfl. 30–60 cm hoch, horstbildend, Halme oft purpurrot; ♃; VI–VII. Trockenrasen, kalkliebend; *z* im S, nördl. *s,* bis Be (Ardennen)/Eifel/ Sauerland/Hamburg/SaAn/MeVp, ČR. (= *Ph. boehmeri* WIB.)

Glanz-L., **Ph. phleoídes** (L.) KARST.

6(4). Ob. Blattscheiden etwas aufgeblasen; Hüllspelzen m. abgesetzter, granniger Spitze, 2,5 mm lg. m. 0,5 mm lg. Granne; Ährenrispe gedrungen, 15–55 mm lg. u. 3–7 mm dick; Blattspr. bis 6 cm lg.; Pfl. bis 25 cm hoch; ⊙; V–VII. Dünen der Küsten *z* (östl. bis Hiddensee), *s* Binnendünen N-ObRhein (zw. Ingelheim u. Darmstadt).

Sand-L., **Ph. arenárium** L.

— Ob. Blattscheiden dem Stg. anlgd.; Hüllspelzen allmähl. zugespitzt, 4,5 mm lg. m. 1,5 mm lg. Granne; Ährenrispe schlanker, 2–16 cm lg. u. 4–16 mm breit; Blattspr. bis > 20 cm lg.; Pfl. 20–90 cm hoch; ♃; VII–VIII. Sonnige, steinige Wiesen, Wälder, 1100–2400 m, kalkstet; *v* Alp., Schweizer Jura (= *Ph. michelii* ALL.)

Matten-L., **Ph. hirsútum** HONCK.

64. Alopecúrus L., *Fuchsschwanzgras*

1. Ährenrispe eif.; oberste Blattscheiden stark aufgeblasen; Hüllspelzen ledrig-knorpelig, bis z. Mitte verwachsen, über der Mitte durch Quer-

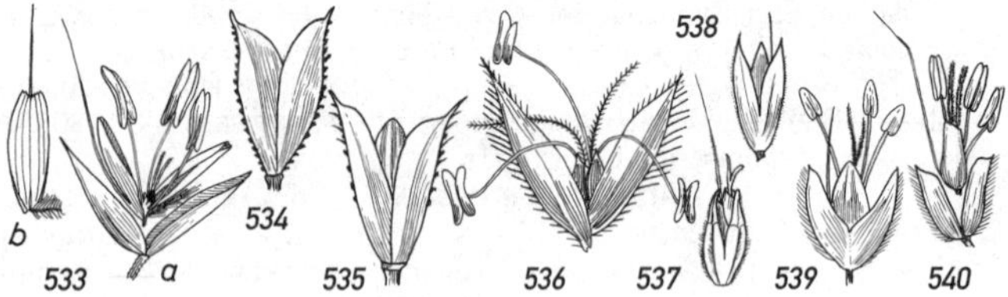

wulst gegliedert u. plötzl. in plattgedrückte, weichere, grüne Spitze zusammengezogen *(537),* am Grd. bewimpert; Granne gekniet, bis 15 mm lg.; ⊙; V–VI. Feuchte, salzhaltige Wiesen; *s* S-Be, Lx, N-E, in Dt nur b. Saarlouis. [= *A. utriculatus* (L.) SM., non BANKS ex SOL.]

Aufgeblasenes F., **A. réndlei** EIG

— Ährenrispe walzl.-längl.; Hüllspelzen krautig 2

2. Stg. niederlgd., wurzelnd, knickig aufstgd. 6

— Stg. meist aufrecht 3

3. Hüllspelzen kahl, nur in der unt. Hälfte kurz behaart, oberw. am Kiel geflügelt *(538);* Granne fast dem Grd. der Deckspelze eingefügt; Ährenrispe schmal, beidendig zugespitzt, bis 10 cm lg.; ob. Blattscheiden etwas aufgeblasen; ⊙; VI–V. Lehmige Äcker, Brachland; *v–z* im W u. S, sonst *z–s* od. nur eingeschleppt.

Acker-F., * **A. myosuroídes** HUDS.

— Hüllspelzen am nicht od. kaum geflügelten Kiel zottig bewimpert od. anlgd. behaart *(539, 540);* Ährenrispe zylindrisch, stumpf 4

4. Stg. am Grd. knollig (bis 8 mm im Dm) verdickt; Hüllspelzen nur am Grd. verbunden; Granne gekniet, dem Grd. der Deckspelze entspringend; Ährchen zu 1–2 an jedem Ästchen; ♃; V–VI. Nur salzhaltige Wiesen der Wesermündung, MeVp, Ho, Be. *Knollen-F.,* **A. bulbósus** GOUAN

— Stg. am Grd. nicht knollig verdickt; Ährchen zu 4–6 an jedem Ästchen 5

5. Grdachse wenig kriechend; Pfl. grasgrün; Ährenrispe 1 cm dick; Hüllspelzen fast bis z. Mitte verwachsen, an der Spitze aufrecht od. zusammenneigend *(539);* Granne dem Grd. der zugespitzten Deckspelze entspringend; Hüllspelzen nur auf den Nerven behaart; Ligula 1–3 mm lg.; ♃; V–VII. Wiesen; *g,* auch *v* kult.

Wiesen-F., * **A. praténsis** L.

a. Ährenrispe blassgrün bis grün, 3–10 cm lg. u. 7–10 mm breit; Ausläufer kurz, 2–4 cm lg.; *v* ssp. **praténsis**

— Ährenrispe schwärzl., 2–5 cm lg. u. 10–15 mm breit; Ausläufer bis 10 cm lg.; trockenere Standorte; *v?* ssp. **pseudonígricans** O. SCHWARZ

— Grdachse weithin (bis 20 cm) kriechend; Pfl. graugrün; Ährenrispe 1,5 cm dick; Hüllspelzen oberw. auseinanderweichend; Granne der Mitte der gestutzten Deckspelze od. etwas oberhalb entspringend; Hüllspelzen auf Nerven u. Flächen behaart; Ligula 3–5 mm lg.; ♃; V–VII. Salzwiesen der Ostsee; *s,* O-MeVp bis WPr, Da (Bogø, Falster). (= *A. ventricosus* PERS.) *Rohr-F.,* **A. arundináceus** POIR.

6(2). Deckspelze unterhalb der Mitte begrannt; Granne gekniet, viel länger als die Spelzen *(540)*, aus dem Ährchen weit herausragend; Stbbeutel hellgelb, später kaffeebraun; Ährchen 3 mm lg.; Pfl. 15–40 cm hoch; Halm schlaff, knickig aufstgd.; ⊙–♃; V–X. Ufer von Teichen u. Seen, Gräben, Nasswiesen; *v*, im S *z*. *Knick-F.*, * **A. geniculátus** L.

— Deckspelze in der Mitte begrannt; Granne nicht gekniet, kaum länger als die Spelzen, aus dem Ährchen kaum herausragend; Stbbeutel zuerst ziegelrot, später gelbl.weiß; Ährchen 2 mm lg.; Pfl. 10–25 cm hoch, Halm bogig aufstgd.; ⊙–♃; V–X. Ufer, nasse Wiesen; *z*. (= *A. fulvus* Sm.) *Gelbrotes F.*, **A. aequális** Sobolewsky

65. Mibóra Adans., *Zwerggras*

Pfl. nur am Grd. beblätt., 3–10 cm hoch; Ähre 1 cm lg.; Ährchen 2-zeilig, aber einstswendig; ⊙; III–V. Feuchte Sandfelder, Brachäcker; *s* N-Be, Ho, in Dt nur im Gebiet Mannheim/Bingen/Hanau/Miltenberg, b. Saarlouis. **M. mínima** (L.) Desv.

66. Coleánthus Seidl, *Scheidenblütgras*

Stg. meist niederlgd.; Pfl. 2–6 cm hoch; Scheiden der meist sichelf. zurückgebogenen u. gefalteten Blätt. aufgeblasen; Rispenachse knickig; Hüllspelzen fehlend; ⊙; VIII–X. Schlammboden, abgelassene Teiche; sehr *s*, Sa (Freiberg), SaAn (Wittenberg), He (Westerw.), ČR, früher Bz, NÖ. Ⓖ * **C. subtílis** (Tratt.) Seidl

67. Piptathérum P. B. (= *Oryzopsis* auct., non Mchx.), *Grannenreis*

Infl. m. aufw. weisenden, traubigen Seitenzweigen; äußere Hüllspelze 5-, innere 3-nervig; Blattspr. bis 35 cm lg., 4–8 mm breit; Pfl. 70–120 cm hoch; ♃; V–X. Lichte Wälder, Gebüsche der montanen Reg.; *s* OÖ, NÖ, Bgl. **P. viréscens** (Trin.) Boiss.

68. Stípa L., *Federgras* Ⓖ

1. Granne nicht behaart, durch vorw. gerichtete Zähne rau, 10–25 cm lg.; Blätt. graugrün, borstl.; Ligula 5–10 mm hoch, zugespitzt; ♃; VII–VIII. Trockenrasen, Sandböden, kalkstet; *z* SaAn, Th, ČR, Vs, Gr, Bz, Ti, *s* WPr, Br, NS, MeVP, Ba, BW, FL, Kt, St, NÖ, Bgl, Be, Da, früher OTi. Ⓖ *Haar-F.*, * **St. capilláta** L.

— Granne m. weichen, bei Trockenheit fedrig absthd. Haaren, bis > 40 cm lg.; ♃; V–VII. Trockenrasen, Felsfluren, kalkstet; formenreich, im Gebiet differenziert in 7 schwierig unterscheidbare Kleinarten.[1] Ⓖ Artengruppe *Echtes F.*, * **St. pennáta** L. agg.

a. Grdblätt. eng eingerollt, ausgebreitet 1–1,5 mm breit, lg. u. fadenf. borstl. ausgezogen u. zugespitzt, ± kahl (obersts. dicht m. winzigen Härchen, untersts. ähnl., aber Härchen mehr anlgd.); Ligula der Blätt. der Erneuerungstriebe als sehr schmaler Saum, der Halmblätt. bis 1,2 mm lg.; Blattscheiden ± kahl, matt, graubraun, Halm unterhalb der Knoten etwas behaart; randl. Haarrei-

[1] Zur Bestimmung (insbes. Behaarungsmerkmale der Blätt. u. Deckspelze) ist eine sehr gute Lupe nötig.

hen der Deckspelze 1–4 mm unterhalb des Grannenansatzes endend, die übrigen Haarreihen nur ½ so lg. wie die Spelze; Granne bis 40 cm lg. *v* ČR, *s* Th, An, M-Nahetal, NÖ. [= *St. stenophylla* (ČERN. ex LINDEM.) TRAUTV.]

Ⓖ *Rossschweif-F.,* **St. tírsa** STEV. em. ČEL.

— Grdblätt. seltener ± flach, meist deutl. eingerollt, ausgebreitet, jedoch nicht fadenf., sondern bis 4 mm breit; Ligula deutlicher, die der Halmblätt. bis 7 mm lg. . . . . **b**

b. Ob. Viertel (= 3–6 mm) der Deckspelzen kahl; junge Blattspitzen pinself. bis 3 mm lg. behaart; die eingerollten Blätt. ausgebreitet 1,5–2,5 mm breit; Blattscheiden ± kahl, matt u. graubraun; Ligula der Halmblätt. 3–5 mm lg., am Rand sehr fein bewimpert; Granne 25–30 cm lg.; *z* SaAn, Th, Br, ČR, Vs, Ts, Gr, Bz, Kt, NÖ, Bgl, *s* Po, WPr, M-Rhein, BW, Ba, E. [= *St. joannis* ČEL.; incl. var. *puberula* (PODP. & SUZA) KUBÁT]

Ⓖ *Grauscheidiges F.,* **St. pennáta** L. (s. str.)

— Deckspelzen behaart, wenigstens die randl. Haarreihen bis (fast) zur Spitze der Spelzenfläche reichend . . . . **c**

c. Die mittl. der 7 Haarreihen der Deckspelze kürzer als die beiden benachbarten; unterste Blattscheiden glatt u. glzd., nicht faserig werdend; Blattspr. meist gerollt . . . . **f**

— Die mittl. der 7 Haarreihen der Deckspelze länger als die beiden benachbarten. . . . . **d**

d. Blattspr. an der Spitze nicht pinself. behaart, auf der Unterseite von vielen großen Stachelhaaren rau, oft zusätzlich m. 0,3–0,6 mm lg. steifen anlgd. Borstenhaaren besetzt; beide Hüllspelzen 5–7-nervig; ♃; IV–V. Trockenrasen; *s,* nur ČR. (= *St. zalesskii* WILENSKY; = *St. smirnovii* MARTIN.)

Rötliches F., **St. glabráta** (P. SMIRNOW) MARTIN.

— Junge Blattspitzen pinself. bis 2 mm lg. behaart . . . . **e**

e. Blattscheiden der Halmblätt. im ob. Teil durch kurze Stachelhaare rau, unterste braun u. unregelmäßig zerfasernd; unt. Hüllspelze 3-, ob. 5-nervig; Ansatzstelle des Blütchens wenig gebogen; Blattspr. 30–75 cm lg., unterststs. kahl u. glatt od. etwas rau; VI. Sandtrockenrasen, Binnendünen; *s* Br, MeVp, Pl, ČR, NÖ, früher SaAn. [= *St. sabulosa* (PACZ.) LAVRENKO]

Ⓖ *Sand-F.,* **St. borysthénica** KLOKOW & PROKUDIN

A. Randl. Haarreihen der Deckspelzen 3-6 mm vor dem Grannenansatz endend; *s,* Br, MeVp, Pl, ČR, NÖ (Thaya), früher SaAn.

ssp. **borysthénica**

B. Randl. Haarreihen der Deckspelzen fast bis zum Grannenansatz verlaufend; *s,* Br (Gartz).

ssp. **germánica** (ENDTMANN) MARTIN. & RAUSCHERT

— Blattscheiden der Halmblätt. oberw. dicht (bis filzig) behaart, unterste bräunl. u. glzd., später graubraun u. zerfasernd; beide Hüllspelzen 5–7-nervig; Ansatzstelle des Blütchens krallenf. gebogen; Blattspr. 60–120 cm lg., unterststs. rau m. kurzen Stachelhaaren; VI. Trockenrasen auf Glimmerschiefer, 800–1100 m; *s,* aber bestandsbildend Kt, St (endemisch).

Ⓖ *Steirisches F.,* **St. styríaca** MARTIN.

f(c). Blattspr. 15–30 cm lg., gerollt, ausgebreitet 3 mm breit, graugrün, unterststs. u. oberststs. dicht u. weich m. absthd. Haaren; Ligula der Blätt. der Erneuerungstriebe 1–3 mm lg., kurz behaart, oft 3-zipfelig; Antheren 9–10 mm lg.; unterste Blattscheiden oft rotviolett getönt, die darüberstehd. bes. oberw. sehr dicht behaart, die obersten ± kahl; randl. Haarreihen der Deckspelzen bis zur Granne verlaufend od. 1–2 mm zuvor endend, die 3 mittl. Reihen ± gleich

lg.; Halme 30–80 cm hoch, unterhalb der Infl. kahl; Ährchen 50–70 mm lg.; V–VII. Trockenrasen, felsige Hänge; sehr *s*, SaAn (Nebra), ČR (Leitmeritz).
Ⓖ! *Weichhaariges F.*, **St. dasyphýlla** (Čern. ex Lindem.) Trautv.

— Blattspr. gerollt, nicht beidersts. weichhaarig; Ligula der Blätt. der Erneuerungstriebe nicht 3-zipfelig; Antheren höchstens 7 mm lg.; unterste Blattscheiden nicht rotviolett getönt; Halme unterhalb der Infl. behaart **g**

g. Halme 25–40 cm lg., unterhalb der Infl. längere Strecke dicht u. kurz behaart; Ährchen (ohne Granne) 40–50 mm lg., Granne 20–28 cm lg.; Blattspr. bis 35 cm lg., ausgebreitet 1,5–2 mm breit, obersts. auf den Nerven rau, randl. davon kurz u. dicht behaart; Scheiden der ob. Blätt. kurz u. fein behaart od. wenigstens rau; Ligula der Blätt. der Erneuerungstriebe entlang des Rands bewimpert, 4 mm lg.; Antheren 5–6 mm lg.; V–VII. Trockenrasen, felsige Hänge, Felsspalten (auch alp. Reg.).
Ⓖ *Zierliches F.*, **St. eriocáulis** Borb.

A. Randl. Haarreihen der Deckspelzen bis zum Grannenansatz verlaufend; Granne bis 22(–24) cm lg.; *s*, Alp. von CH, FL, Bz, Au, auch BW (Donau), früher Ba. Ⓖ ssp. **austríaca** (Mannagetta) Martin.

B. Randl. Haarreihen der Deckspelzen unterbrochen od. 3–4 mm vor dem Grannenansatz endend; Granne bis 28 cm lg.; S-E, S-Baden (Istein).
Ⓖ ssp. **lutetiána** Scholz

C. Randl. Haarreihen der Deckspelzen bis zum Grannenansatz verlaufend; Granne bis 28(–30) cm lg. Nur Bz. Ⓖ ssp. **eriocáulis**

— Halme 30–100 cm lg., unterhalb der Infl. nur kurze Strecke behaart; Ährchen (ohne Granne) 60–80 mm lg., Granne 30–45 cm lg.; Blattspr. bis 80 cm lg., ausgebreitet bis 3 mm breit, obersts. entlang der Nerven kurz u. dicht behaart (od. nur papillös), auf den Nerven nur rau; Ligula der Blätt. der Erneuerungstriebe entlang des Rands nur sehr fein behaart, bis 8 mm lg.; Antheren 6–7 mm lg.; V–VII. Trockenrasen, felsige Hänge.
Ⓖ *Großes F.*, *Gelbscheidiges F.*, **St. pulchérrima** K. Koch

A. Unt. Blattscheiden der Erneuerungstriebe u. der Halme kahl od. rau, nur an der Öffnung m. Wimperhaaren; Blattspr. beidersts. entlang der Nerven kurz behaart, auf den Nerven nur rau; mittl. Haarreihe der Deckspelzen so lg. wie die beiden benachbarten; *s* Pl (Odertal), Th, S-SaAn, N-Böhmen, Nahetal u. östl. Haardt (Pf), Kaiserstuhl, um Würzburg/ Schweinfurt (MainFr), S-FrAlb (Altmühltal bis Regensburg), Kt, NÖ. Ⓖ ssp. **pulchérrima**

B. Unt. Blattscheiden der Erneuerungstriebe u. der Halme kahl, oberw. dicht u. kurz behaart; Blattspr. beidersts. entlang der Nerven u n d auf diesen kurz u. dicht behaart; mittl. Haarreihe der Deckspelzen länger als die beiden benachbarten; nur b. Neuburg/Donau (endemisch?).
Ⓖ ssp. **bavárica** (Martin. & Scholz) Conert

C. Unt. Blattscheiden der Erneuerungstriebe u. Halme kahl, nur an der Öffnung m. Wimperhaaren; Blattspr. obersts. entlang der Nerven m. sehr kurzen Papillen besetzt; mittl. Haarreihe der Deckspelzen so lg. wie die beiden benachbarten; *s*, Bz. Ⓖ ssp. **epilósa** (Martin.) Tzvelev

69. Achnátherum P. B., *Raugras*

Halme am Grd. m. spreitenlosen Niederblätt., diese durch die Neutriebe durchbrochen; Granne ca. 1,5 cm lg., glatt, meist gekniet; Deckspelze dicht weißl. behaart; Ährchen meist goldgelb, glzd.; Antherenspitzen pinself. (Lupe!); Ligula nur als schmaler Saum; Rispe 20–30 cm lg.; ♃; VI–IX.

Steinige Hänge, Geröll, kalkliebend; *z* Alp., Schweizer Jura, *s* Vorland, BW (Donau), OÖ. [= *Stipa calamagrostis* (L.) WAHL.; = *Lasiagrostis calamagrostis* (L.) LK.] **A. calamagróstis** (L.) P. B.

70. Mílium L., *Flattergras*

1. Pfl. ♃; Grdachse kriechend m. kurzen Ausläufern; Stg. u. Blattscheiden weich; Blätt. 6–15 mm breit; Infl. 15–30 cm lg.; Hüllspelzen glatt; Rispenäste absthd. bis schräg abw. weisend; V–VII. Laubwälder, Hochstaudenfluren, Kahlschläge; *v.* *Weiches F.,* * **M. effúsum** L.

a. Rispen bis 30 cm lg., locker, ihre Äste zurückgeschlagen und bis 15 cm lg. ssp. **effúsum**

— Rispen 12–16 cm lg., dichter, ihre Äste nur 2–4 cm lg., ± aufrecht; Alp. oberhalb der Baumgrenze, auch Böhmw., Gesenke; genaue Verbr. noch unbekannt. ssp. **alpícola** CHRTEK

— Pfl. ⊙; Stg. u. Blattscheiden rau; Blätt. 1–4 mm breit; Infl. 3–10 cm lg.; Hüllspelzen rau; Rispenäste aufrecht bis aufrecht absthd.; IV–VI. Dünen, küstennahe Laubwälder, Gebüsche; *z* Ho, Be. (= *M. scabrum* RICH.) *Raues F.,* **M. vernále** BIEB.

71. Trágus HALL., *Klettengras*

Stg. am Grd. büschelig verzweigt, niederlgd. bis aufstgd., 10–30 cm hoch; Blätt. am Rand borstig bewimpert; Blattscheiden bauchig aufgeblasen; Ligula als Haarkranz; Ährchen in traubiger Rispe; ⊙; VI–VIII. Sandige, steinige Orte; zuw. eingeschleppt, *s* im S eingebürgert, z. B. ObRhein, NÖ, ČR. (Heimat: S-Eur.) **T. racemósus** (L.) ALL.

72. Hieróchloë R. BR., *Mariengras*

1. Deckspelzen der obersten ♂ Blüte m. 3 mm lg., etwas gedrehter, der Spelzenmitte ansitzender Granne *(542);* Pfl. ohne Ausläufer; Rispe gedrungen, m. aufrechten bis aufrecht absthd. Ästen; Ährchenstiele unterhalb der Hüllspelzen m. kurzem (bis 0,3 mm lg.) Haarbüschel; Stg. ohne sichtbare Knoten; oberste Blätt. ohne Spr.; ♃; III–V. Lichte Wälder, Kalkfelsen; *z* im O (westl. bis Po, O-Thw, N-FrAlb, b. Nürnberg, Naab-, Altmühlgebiet), Bz, St, Kt, Bgl, NÖ, OÖ, ČR. *Südliches M.,* **H. austrális** (SCHRAD.) R. & SCH.

— Deckspelzen zugespitzt od. m. ganz kurzer, höchstens 1 mm lg. Granne *(541);* Pfl. m. lg., unterirdischen Ausläufern; Stg. m. sichtbaren Knoten, oberstes Blatt m. kurzer, aber deutl. Spr.; Ährchenstiel unterhalb der Hüllspelzen ohne Haarbüschel, höchstens m. vereinzelten Härchen **2**

2. Rispe dicht; Ährchen büschelweise zusammengedrängt; Blätt. beiderst. blaugrün; ♃; V–VI. Kiefernwälder, sandige Orte; *s,* NÖ, Bgl, ČR. (= *H. odorata* ssp. *pannonica* CHRTEK & JIRÁSEK) *Rasen-M.,* **H. répens** (HOST) P. B.

— Rispe locker, ausgebreitet; Ährchen nicht büschelweise zusammengedrängt; Blätt. grün. Artengruppe *Wohlriechendes M.,* **H. odoráta** (L.) P. B. agg. **3**

3. Deckspelze der ♀ Blüte m. angedrückten Haaren; Deckspelzen der ♂ Bltn. spärl. bewimpert, zugespitzt od. m. sehr kurzer u. sehr zierlicher

Granne; Ligula 1,5–2,5 mm lg.; Rispe 4–10 cm lg.; ♃; IV–VI. Moorwiesen, Ufer; *z–s* im N von Ho bis OPr, südl. bis SaAn–Br–Schl, Ba, St, OTi, ČR. *Wohlriechendes M.,* * **H. odoráta** (L.) P. B.

— Deckspelze der ♀ Blüte m. absthd. Haaren; Deckspelze der ♂ Blüte dicht bewimpert, zugespitzt od. m. kurzer, aber dickl. Granne; Ligula 2,5–5,5 mm lg.; Rispe 8–15 cm lg.; ♃; IV–VI. Moorwiesen, Ufer, auf sandig-kiesigen Böden; *s* WPr, Po, SaAn, Br, MeVp, S-Ba (Isar- u. Ampertal), St. [incl. ssp. *arctica* (PRESL) WEIMARCK u. ssp. *praetermissa* WEIMARCK] Formenreich. *Raues M.*, **H. hírta** (SCHR.) BORB.

73. Anthoxánthum L., *Ruchgras*

1. Ährenrispe dicht; die beiden unt. der 4 Hüllspelzen zugespitzt, ohne aufgesetzte Stachelspitze, die beiden ob. m. Granne *(543);* innere Hüllspelzen am Rand u. am Rücken behaart; Stg. oberw. nicht verzweigt, 30–50 cm hoch.
Artengruppe *Gewöhnliches R.,* * **A. odorátum** L. agg.

a. Blattspr. flach ausgebreitet (auch nach der Blüte), beiderseits graugrün, matt; Deckspelzen der beiden unt. Bltn. dicht behaart, die der ob. Blüte glzd., kahl; tetraploide Sippe (2n = 20); ♃; IV–VI. Wiesen, Wälder; *g*.
Gewöhnliches R., **A. odorátum** L. (s. str.)

— Blattspr. röhrig gerollt, sichtbar ist nur die gelbgrüne, glzd. Unterseite; Deckspelzen der beiden unt. Bltn. im ob. Teil kahl u. m. breitem, weißhäutigem Rand, die der ob. Blüte m. absthd. Haaren entlang der Ränder, oft auch entlang des Rückens; diploide Sippe (2n = 10); ♃; IV–VII. Alp. u. subalp. Rasen- und Zwergstrauchgesellschaften, ca. 1400–3100 m; *v* Alp., *s* Mittelgeb. (z. B. Schw., Vog., Bayrw., Harz, Sudeten, Riesengeb.), genauere Verbr. nicht bekannt. *Alpen-R.,* **A. alpínum** Á. & D. LÖVE

— Ährenrispe locker, die beiden unt. Hüllspelzen m. deutl. Stachelspitze, die beiden ob. lg. begrannt *(544);* innere Hüllspelzen nur auf dem Rücken behaart; Spelzen insgesamt größer als bei voriger; Stg. stark verzweigt, 4–40 cm hoch; ☉; V–VI. Sandfelder, Äcker; *z* im N von Be bis OPr, südl. bis Rheinl./Sauerland/Th/Schl, im S *s* eingeschleppt. (= *A. puelii* LECOQ & LAMOTTE) *Begranntes R.,* * **A. aristátum** BOISS.

74. Phaláris L., *Glanzgras*

1. Pfl. 20–50 cm hoch; Ährchen in eif., 15-40 mm lg. Rispe; Hüllspelzen[1] 4, die beiden unt. weiß geflügelt *(504);* Ligula 3–6 mm lg.; ☉; V–X. Kulturpfl., an Ruderalstellen verwildert (Heimat: Mittelmeergebiet).
Kanariengras, * **Ph. canariénsis** L.

— Pfl. 50–300 cm hoch; Ährchen in ausgebreiteter, 5–30 cm lg. Rispe; Hüllspelzen 4, die beiden unt. nicht geflügelt; Ligula 3–15 mm lg.; ♃; VI–VIII. Ufer, nasse Wiesen, Ruderalstellen; *v.* Auch Zierpfl. [= *Baldingera arundinacea* (L.) DUM.; = *Typhoides arundinacea* (L.) MOENCH] *Rohr-G.,* * **Ph. arundinácea** L.

---

[1] Bei den inneren Hüllspelzen handelt es sich um ‚leere' Deckspelzen reduzierter, steriler Blütchen.

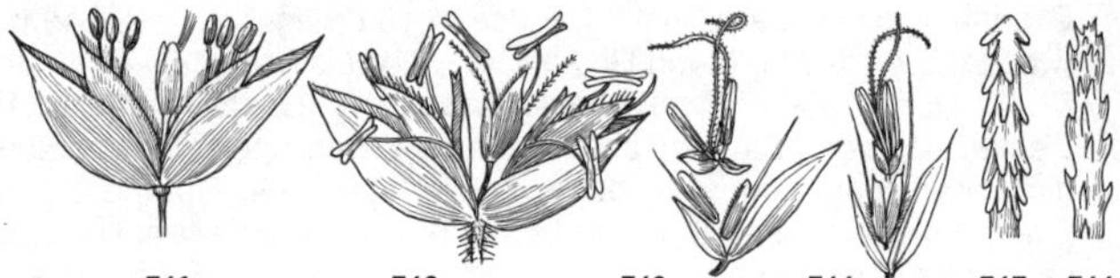

541 542 543 544 545 546

75. Leérsia Sw., *Reisquecke*
Pfl. 50–100 cm hoch, ausläuferbildend; Halme an den Knoten behaart; Spr. u. Scheiden rau; Rispenäste geschlängelt; Hüllspelzen fehlend; Ährchen 1-bltg.; Stbblätt. 3, aber auch bis 6!; ♃; VIII–IX. Flussufer, Wassergräben; sehr *z* bis *s,* häufiger nur Po bis OPr, vielfach verschwunden. [= *Oryza oryzoides* (L.) D. T. & S.] **L. oryzoídes** (L.) Sw.

76. Digitária Hall., *Fingerhirse*
1. Blätt. u. Scheiden (zumindest die ob.) kahl; Deckspelze u. ob. Hüllspelze ± gleich lg.; Ähren zu 2–4(–7), Ährchen elliptisch, stumpf, 2 mm lg.; ⊙; VII–X. Lehm- u. Sandböden, Äcker; *v–z.* (= *Panicum lineare* auct.; = *P. ischaemum* Schreb. ex Schweig.)
Faden-F., **D. ischaémum** (Schreb. ex Schweigg.) Schreb. ex Mühlenb.
— Unt. Blätt. u. Scheiden behaart; Deckspelze fast doppelt so lg. wie die ob. (längere) Hüllspelze; Ähren zu 3–6; Ährchen lanzettl., spitz, 3 mm lg.; Pfl. oft ganz rot überlaufen; ⊙; VII–X. Häufiges Unkraut, bes. auf Sandböden; *v* im SW, sonst *z*, stellenw. *f.* (= *Panicum sanguinale* L.) *Blut-F.,* * **D. sanguinális** (L.) Scop.
a. Deckspelzen der unt. Blüte beidersts. zw. den Randnerven ohne auf Wärzchen stehende Haare; *v–z.* ssp. **sanguinális**
— Deckspelzen der unt. Blüte beidersts. zw. den Randnerven m. lg., steifen, auf Wärzchen sthd. Haaren; *z–s* im W, häufiger im S, bes. Au.
ssp. **pectinifórmis** Henrard

77. Echinóchloa P. B., *Hühnerhirse*
1. Rispe schmal längl., ihre Äste straff aufrecht; Ährchen kürzer als 2,8 mm, spitz, grannenlos; Infl. nur bis 3 cm lg.; ⊙; VI–VIII. Adventiv (Futtermittelbegleiter) u. nur gelegentl. auftretend, z. B. Kt, St. (Heimat: Tropen)
Schamahirse, **E. colóna** (L.) Lk.
— Rispe breit eif. bis pyramidenf., ihre Äste aufrecht bis fast waagrecht absthd.; Ährchen 2,5–4,5 mm lg., begrannt *(497)* **2**
2. Deckspelzen reihig m. Borstenhaaren besetzt, die der unt. Blüte m. bis 3 cm lg. Granne; Deckspelze der ob. Blüte m. weicher, biegsamer, sehr kurz behaarter Spitze; ⊙; VII–X. Äcker, Gärten, Schuttstellen; *v–z.* (= *Panicum crus-galli* L.) *Echte H.,* * **E. crus-gálli** (L.) P. B.
— Deckspelze m. geraden bis gekrümmten Haaren besetzt, die der unt. Blüte m. bis 1 cm lg. Granne; Deckspelze der ob. Blüte mit harter, unbehaarter Spitze; ⊙; VII–IX. Wie vorige; vielfach adventiv, auch eingebürgert, aber bisher von voriger Art nicht unterschieden; nachgewiesen in RhPf, NrWe, MeVp, Sa, SaAn, Berlin, Da, Be. (Heimat: N-Am.) *Stachelige H.,* **E. muricáta** (P. B.) Fern.

78. Oplísmenus P. B., *Stachelspelze*

Pfl. lg. kriechend-aufstgd., 30–100 cm lg.; Blattscheiden lg. behaart; Blätt. längl.-eif., 4–8 cm lg. u. 8–15 mm breit, oft wellig; Ährchen (ohne Granne) 3,5–4,5 mm lg.; Granne 8–10 mm lg., klebrig, gerade; ♃; VII–X. Kastanienwälder, Erlenwälder, Waldränder; *s,* Ts, Gr, Bz.

O. undulatifólius (Ard.) P. B.

79. Pánicum L., *Hirse*

1. Blattscheiden kahl; unt. Hüllspelze nur bis ¼ so lg. wie das Ährchen, stumpfl. bis spitzl. **4**

— Blattscheiden behaart; unt. Hüllspelze ½ so lg. wie das Ährchen, spitz bis zugespitzt **2**

2. Infl. (über)hgd.; Ährchen 4,5–5 mm lg., bis 6 mm lg. gestielt; Pfl. bis 100 cm hoch; Fr. 3 mm lg., strohfarben bis rötl.braun; ⊙; VII–IX. Maisäcker, Ruderalstellen; *z, s* angebaut u. verwild.; auch aus Vogelfutter angesamt. (Heimat: Zentralas.)

Echte Hirse, **P. miliáceum** L.

— Infl. aufrecht; Ährchen 2–3,5 mm lg., bis 20 mm lg. gestielt; Pfl. bis 70 cm hoch **3**

3. Infl. m. ihrer Basis bis z. Reife noch in oberster Scheide verbleibend; Ährchen 2–2,5 mm groß; Infläste zart u. dünn; abgefallene Fr. an ihrer Basis ohne sichtbare Narbe; ⊙; VII–IX. Als Ziergras, bes. im S, zuw. kult. u. verwild., in S-Dt, CH, Bz u. Au auch eingebürgert. (Heimat: N-Am.) *Haarstielige H.,* **P. capilláre** L.

— Infl. schon vor der Reife deutl. aus oberster Scheide herausragend; Ährchen 2,5–3,5 mm groß; Infl.-Äste steifer u. derber; abgefallene Fr. an ihrer Basis m. deutl. halbmondf. Narbe; ⊙; VII–IX. Bisher nicht beachtet, gemeinsam m. *P. capillare* auftretend (Kt, St, NÖ, Bgl), ob weiter *v* verwild.? (Maisfelder!) (Heimat: W-USA) *Hilmans H.,* **P. hillmánii** Chase

4(1). Ährchen 2,4–3,2 mm lg., 1 mm breit; unt. Hüllspelze stumpfl.; Pfl. 50–180 cm hoch; ⊙; VII–IX. Aus Argentinien m. Wolle eingeschleppt, verwild. u. sich ausbreitend, bes. CH, Bz, Au (Vb, Kt, St, OÖ, Bgl), auch Ba, BW, NrWe, Sa, SaAn, MeVp, b. Oldenburg (NS). *Spätblühende H.,* **P. dichotomiflórum** Michx.

— Ährchen 2–2,5 mm lg., 1,2 mm breit; unt. Hüllspelze spitzl.; Pfl. bis 80 cm hoch; ⊙; VIII–X. Eingeschleppt, in Maisfeldern; eingebürgert Kt, St, Bgl (sich ausbreitend?). (Heimat: S-Afr.) *Südafrikanische H.,* **P. laevifólium** Hack.

80. Setária P. B., *Borstenhirse*

1. Ährenrispe beim Aufwärtsstreichen sehr rau, da die grünl. Borsten m. nach rückw. gerichteten Zähnchen besetzt sind *(545),* 3–10 cm lg., schmal-zylindrisch, am Grd. unterbrochen; ⊙; VII–IX. Gärten, Schuttplätze, Maisfelder; *z,* auch CH, Bz, Au, ČR, Be, Ho, Da.

Kletten-B., **S. verticilláta** (L.) P. B.

— Ährenrispe beim Aufwärtsstreichen nicht rau, da die Borstenzähne nach vorw. gerichtet sind *(546)* **2**

2. Borsten unterhalb des Ährchens bis zu 12, zunächst gelb, später fuchsrot; Deckspelze knorpelig, deutl. querrunzelig; Ährengras: jedes Ährchen m. seiner Borstenhülle direkt der Ährenachse ansitzend; ⊙; VII–X. Äcker, Schuttplätze, Wegränder; *v–z* im S, *z* bis sehr *z* im N, in Be u. Ho nur adventiv, *f* Da. [= *S. lutescens* (Weig. ex Stuntz) Hubb.; = *S. glauca* (L. p.p.) P. B.] *Fuchsrote B.,* * **S. púmila** (Poir.) R. & Sch.

— Borsten unterhalb des Ährchens wenige, selten mehr als 4; Deckspelze nicht querrunzelig, allenfalls papillös (Lupe!); Ährenrispengras: die von der Infl.-Achse abgehenden Zweige sind nochmals verzweigt . . . **3**

3. Ährchen 3–3,5 mm lg.; Rispe 2–3 cm breit; Stg. bis 1 cm dick; z. Reifezt. nur die ob. Blüte ausfallend (Hüllspelzen u. die unt. sterile Blüte bleibend); ⊙; VII–IX. Alte Kulturpfl., zuweilen noch als Vogelfutter angebaut u. verwild.
Kolbenhirse, * **S. itálica** (L.) P. B.

— Ährchen nur bis 2 mm lg.; Rispe nur bis 1,5 cm breit; Stg. nur bis 4(–5) mm dick; z. Reifezt. gesamtes Ährchen abfallend **4**

4. Borsten steif, nur 3–4 mm lg.; Infl. an der Basis unterbrochen; Infl.-achse kurzhaarig; Stg. meist aufrecht; ⊙ VII–X. Ruderalstellen, Gärten, Äcker; sehr *z* bis (im N) *s;* Verbr. ungenügend bekannt, z. B. Vs, Kt, St, NÖ. [= *S. ambigua* (Guss.) Guss.; = *S. decipiens* Schimp.; = *S. verticillata* var. *ambigua* (Guss.) Parl]
Täuschende B., **S. verticillifórmis** Dum.

— Borsten biegsam, bis 10 mm lg.; Infl. nicht unterbrochen; Infl.achse weichhaarig (Haare 1 mm lg.), dazw. kurze Borstenhaare **5**

5. Ährchen 2,5–3 mm lg.; Borsten zu 3–6 unterhalb des Ährchens; Infl. (auch schon jung) deutl. überhgd.; Fr. deutl. querrunzelig; ⊙; VII–IX. Eingeschleppt m. Vogelfutter, in Au auch in Maisfeldern, verwild. u. sich offensichtl. einbürgernd: Vb, Ti, Kt, St, UntFr, Rheinl., MeVp, NrWe, Br, Sa, ČR. (Heimat: China)
Fabers B., **S. fáberi** Herrm.

— Ährchen nur 1,8–2,2 mm lg.; Borsten zu 1–3 unterhalb des Ährchens; Infl. allenfalls später etwas überhgd.; Fr. etwas rau bis feinwarzig; ⊙; VII–IX. Ruderalstellen, Gärten, Äcker; *v.*
Grüne B., * **S. víridis** (L.) P. B.

a. Halme 30–60 cm hoch, 1–3 mm im Dm; Spr. 5–10 mm breit; Rispe bis 10 cm lg; *v.* ssp. **víridis**

— Halme ± 2 m hoch, 4–6 mm im Dm; Spr. bis 2,5 cm breit; Rispe bis 20 cm lg.; Maisfelder; S-St, Kt. [= var. *major* (Gaud.) Pospichal]
ssp. **pycnocóma** (Steud.) Tzvelev

81. Bothrióchloa Ktze., *Bartgras*

Stg. 80–100 cm hoch; Blätt. bis 4 mm breit, gegen den Sprgrd. borstig bewimpert; Ligula als bis 5 mm lg. Haarkranz; Scheinähren zu 2–6, ihre Achsen lghaarig; ♃; VII–X. Trockenrasen, sandige Orte; sehr *z,* CH, FL, Bz, Au, E, S-Dt, Th, Sa, ČR, früher NrWe. [= *Andropogon ischaemum* L.; = *Dichanthium ischaemum* (L.) Roberty] * **B. ischaémum** (L.) Keng

82. Chrysopógon Trin., *Goldbart*

Pfl. 30–180 cm hoch, Horste bildend; Rispe locker, 10–20 cm lg.; Deckspelze des mittl. Ährchens m. 3–4 cm lg. Granne; ♃; V–VIII. Trockenrasen; sehr *s,* Waadt, Ts, Gr, Bz, NÖ, Bgl. (= *Andropogon gryllus* L.)
Ch. grýllus (L.) Trin.

83. Heteropógon Pers., *Gedrehtes Bartgras*

Pfl. 30–80 cm hoch; Blätt. 3–8 mm breit; Ährchen paarweise angeordnet, eins sitzend, eins gestielt, die unt. steril od. ♂, unbegrannt, bei den ob. das sitzende begrannt, ⚥ od. ♀; Grannen 5–12 cm lg., 1–2-mal gekniet, braun, behaart, im unt. Teil seilartig miteinander verdreht; ♃; VII–X. Trockenrasen, steinige Hänge; *s,* Ts, Bz. **H. contórtus** (L.) R. & S.

84. Sórghum Moench, *Mohrenhirse*

1. Rispenachse gut sichtbar, da Seitenzweige absthd. bis ausgebreitet; unt. Ährchen der Ährchenpaare im Umriss längl., ± doppelt so lg. wie breit; ♃; VI–VII. Mit Vogelfutter eingeschleppt, in Maisfeldern, z. B. BW, Sa, CH, Bz, Au. (Heimat: östl. Mittelmeergebiet?) *Wilde M., Aleppohirse,* * **S. halepénse** (L.) Pers.

— Rispenachse kaum sichtbar, da Infl. dicht, ihre Seitenzweige aufw. weisend; unt. Ährchen der Ährchenpaare im Umriss eif. bis elliptisch, nur wenig länger als breit; ⊙; VII–IX. Adventiv, Häfen, Bahnhöfe, Ruderalstellen, z. B. BW, Sa, Au. (Heimat: O-Afrika?) (= *S. vulgare* Pers.) *Echte M., Durra,* **S. bícolor** (L.) Moench

85. Zéa L., *Mais*

Stg. markig, an der Basis bis 4 cm dick, bis 3 m hoch; Blätt. 5–12 cm breit; ⊙; VII–IX. In zahlr. Sorten *v* kultiviert, zuw. verwild., auch Zierpfl. (Heimat: M- u. S-Am.) * **Z. máys** L.

Klasse: **Dicotyledóneae**, *Zweikeimblättrige Pflanzen*

Ordnung: **Ceratophylláles**

Familie: **Ceratophylláceae**, *Hornblattgewächse*

Submerse, wurzellose Pfl. m. quirlig angeordneten, gabelig geteilten, hornart. Blätt. *(369–370)* u. eingeschl. Bltn.; Bltnhülle 9–12-blättrig; Stbblätt. 10–20; Frkn. 1. Einzige Gattung:

Ceratophýllum L., *Hornblatt*

1. Blätt. 1–2-mal gabelspaltig, starr, m. 2–4, dicht stachelig gezähnten Zipfeln *(547a);* Fr. m. endst. u. 2 basalen Stacheln *(547b)*; ♃; VI–IX. Langsam fließende u. sthd. Gewässer; *v.*
Raues H., * **C. demérsum** L.

— Blätt. 3–4-mal gabelspaltig, m. 6–13 haarfeinen, weichen, kaum stacheligen Zipfeln *(548a);* Fr. ohne Stacheln, m. kurzem, gebogenem Griffelrest *(548b);* ♃; VI–VII. Sthd. Gewässer; *s,* in SH *z.*
Zartes H., * **C. submérsum** L.

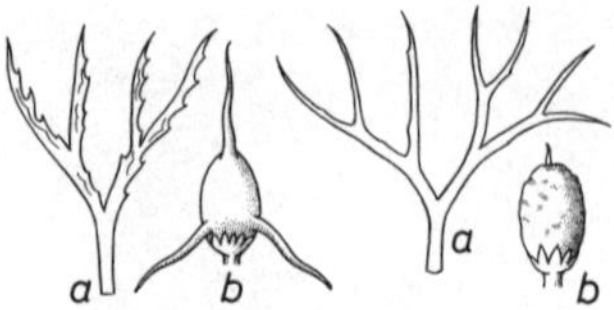

547 548

Unterklasse: **Ranunculídae**, Hahnenfußähnliche

Ordnung: **Ranunculáles**

Familie: **Papaveráceae** (incl. *Fumariaceae*), *Mohngewächse*

Kräuter od. Stauden, m. od. ohne Milchsaft; Bltn. radiär *(551),* disymmetrisch *(75)* od. zygomorph *(552, 562, 563, 565a);* Kblätt. 2 (*550*, K); Blkrblätt. 4; Frkn. oberst.; Fr. eine Kapsel *(558, 559),* Schote (ohne Scheidewand, *554*) od. Nüsschen *(555).*

1. Bltn. zygomorph od. disymmetrisch *(75),* meist gespornt; Pfl. ohne Milchsaft **6**

— Bltn. radiär; Pfl. m. Milchsaft **2**

2. Blätt. gefied. und Blattzipfel lineal; Kblätt. 2, verwachsen, beim Aufblühen sich mützenförmig abhebend, aber m. kragenf. bleibendem Ring; Milchsaft farblos, wässrig **Eschscholzia,** 360
— Blätt. nicht gefied., wenn gefied., dann aber ohne lineale Zipfel; Kblätt. 2, nicht verwachsen; Milchsaft meist weiß od. gelb **3**
3. Bltn. in Dolden; Pfl. m. orangefarbenem Milchsaft; Fr. 2-klappig sich öffnende Schote ohne Scheidewand *(553a);* Samen schwarz, m. weißem Anhängsel *(553b)* .... **Chelidonium,** 360
— Bltn. einzeln; Milchsaft meist weiß; Samen ohne Anhängsel **4**
4. Narben scheibenf., an der Spitze der Porenkapsel, 4–20-strahlig *(118, 558–560)* .... **Papaver,** 360
— Narbe 2- od. 4-lappig; Fr. eine Schote od. Spaltkapsel ... **5**
5. Narbe 4-lappig; Fr. eine Spaltkapsel .... **Meconopsis,** 360
— Narbe 2-lappig; Fr. eine Schote m. Scheidewand, 10–22 cm lg. .... **Glaucium,** 360
6(1). Bltn. m. Sporn **8**
— Bltn. ohne Sporn; Blkr. höchstens etwas ausgesackt **7**
7. Bltn. disymmetrisch, herzf. *(75),* hgd., rötl., in einstswendigen, bogig hgd. Trauben .... **Lamprocapnos,** 363
— Bltn. nicht herzf., gelb; Blkrblätt. 4, die inneren 3-spaltig, die äußeren ungeteilt .... **Hypecoum,** 363
8(6). Fr. 1-samige, kugelige Nuss *(555, 564, 565b);* Sporn kurz, nur sackf. *(562, 563, 565a);* Pfl. ☉; Blkr. rot od. weiß **Fumaria,** 362
— Fr. schotenf., mehrsamig *(554)* **9**
9. Stg. m. Hilfe von Blattranken kletternd, zart, 50–100 cm lg.; Bltn. klein, gelbl.weiß; Sporn kurz, sackf. **Ceratocapnos,** 362
— Pfl. nicht rankend, kleiner **10**
10. Pfl. einstängelig, am Grd. m. Knolle; Stg. meist 2-blättrig, 10–35 cm lg.; Bltn. in endst. Trauben, rot, purpurn od. weiß **Corydalis,** 362
— Pfl. mehrstängelig, ohne unterirdische Knolle; Stg. stets mehrblättrig; Blkr. gelb, gelbl.weiß od. weiß **11**
11. Sporn 5–7 mm lg., fast so lg. wie die Blkrblätt.; Blkr. weiß; Bltntraube 6–8-bltg.; unterstes Tragblatt der Bltn. fiedteilig, den Laubblätt. ähnlich, die ob. einfacher **Corydalis capnoides,** 362
— Sporn 2–4 mm lg., sackf.; Blkr. gelb od. gelbl.weiß; Tragblätt. alle ungeteilt, klein .... **Pseudofumaria,** 362

a b 549

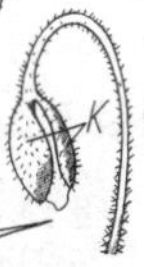

550

551

552

a b 553

554

555

1. Eschschólzia CHAM., *Kappenmohn*
Blätt. mehrf. gefied. m. blaugrünen, linealen Zipfeln; Blkrblätt. leuchtend orangegelb (selten rot od. weiß); ⊙; VI–X. Aus Kalifornien stammende, *s* verwild. Zierpfl.
E. califórnica CHAM.

2. Meconópsis VIG., *Scheinmohn*
Bltn. gelb od. orange; Blkrblätt. 2–4 cm lg.; Frkapsel ellipsoidisch, 2–4 cm lg., kahl; Blätt. gefied. od. fiedspaltig; ♃; V–VI. Zierpfl., an Waldrändern u. schattigen Stellen verwild.; *s*, Dt, CH, Au, Da, Ho. (Heimat: W-Eur.) **M. cámbrica** (L.) VIG.

3. Chelidónium *L., Schöllkraut*
Pfl. 30–70 cm hoch, oft wollig behaart: Blätt. gefied., untersts. blaugrün; Fied. ungleich doppelt gekerbt od. gelappt; Bltn. gelb, m. zahlr. Stbblätt.; Fr. bis 5 cm lg. *(553a)*;♃; V–IX. Feuchte Ruderalstellen; *g*. **Giftig!** * **Ch. május** L.

4. Glaucium MILL., *Hornmohn*
1. Bltn. gelb; Fr. 15–22 cm lg., lineal, hornart. gebogen; Blätt. dick, fiedteilig, m. gezähnten od. gelappten Fied., zerstreut behaart; Pfl. blaugrün bereift; ⊙–♃; VI–VII. Schutt- u. Sandfelder, Dünen; *v*, Küstengebiet von Be, Ho, SH, Da, früher VS, sonst nur *z* eingeschleppt.
Giftig! *Gelber H.*, **G. flávum** CR.
— Bltn. rot od. orange, am Grd. oft m. schwarzen Flecken; Fr. 10–20 cm lg., nur schwach gebogen; Blätt. buchtig fiedspaltig, m. ungleich gezähnten Fied.; Pfl. blaugrün bereift, steifborstig; ⊙–⊙; VI–VIII. Äcker, Sandplätze; *s*, Vs, ČR, auch eingeschleppt.
Giftig! *Roter H.*, **G. corniculátum** (L.) RUDOLPH

5. Papáver L., *Mohn*
1. Pfl. ♃; Blätt. in grdst. Rosette; Bltnstg. unverzweigt, 1-bltg.; Bltn. weiß od. gelb; ♃; VII–VIII. Schuttfluren der alp. Reg.
Ⓖ *Alpen-M.*, **P. alpínum** L.
a. Bltn. meist gelb. . . . . **d**
— Bltn. meist weiß . . . . **b**
b. Blattzipfel meist spitz, 0,7–2,5 mm breit, oft behaart; Narbenstrahlen meist 5; *z*, Ba, Vb, Sb, Ti, St, OÖ, Gr, Unterwalden. (= *P. sendtneri* KERN. ex HAY.)
Ⓖ *Salzburger Alpen-M.*, ssp. **séndtneri** (KERN. ex HAY.) SCH. & K.
— Blattzipfel meist stumpf; Narbenstrahlen meist 4 . . . . **c**
c. Alle Blätt. m. spreizenden Zipfeln; Zipfel schmal, 0,5–1,5 mm breit; *s* St, OÖ, NÖ. [= *P. burseri* CR.; = ssp. *burseri* (CR.) FEDDE]
Ⓖ *Nordöstlicher Alpen-M.*, ssp. **alpínum**
— Höchstens einzelne Blätt. m. spreizenden Zipfeln; Zipfel 2–3 mm breit; *s*, Waadt, Bern, Fribourg. [= *P. occidentale* (MARKGRAF) HESS & LANDOLT]
Ⓖ *Nordwestlicher Alpen-M.*, ssp. **tátricum** A. NYÁRÁDY
d(a). Blätt. meist behaart. asymmetrisch 1–2fach gefied.; Fied. stumpf. 1–6 mm breit; Narbenstrahlen 5–7; *z*, Sb, Ti, Kt, St, Gr, Bz. (= *P. rhaeticum* LERESCHE; = *P. aurantiacum* LOISEL.)
Ⓖ *Rätischer Alpen-M.*, ssp. **rhaéticum** (LERESCHE) NYM.
— Blätt. meist kahl, doppelt gefied.; Fied. ca. 0,5 mm breit; Narbenstrahlen 5; *s*, Kt (= *P. kerneri* HAY.) Ⓖ *Illyrischer Alpen-M.*, ssp. **kérneri** (HAY.) FEDDE
— Pfl. ⊙, m. beblättertem, meist verzweigtem Stg.; Bltn. rot (nur bei Kulturpfl. weiß, rosa od. violett) **2**

2. Blätt. wenig geteilt, stgumfassend, blaugrün bereift, kahl; Bltn. weiß, rosa od. violett, am Grd. m. dunklen Flecken; ⊙; VI–VIII. Als Ölpfl. angebaut, stellenw. verwild. (Heimat wahrscheinl. westl. Mittelmeergebiet)
Giftig! *Schlaf-M.,* * **P. somníferum** L.

— Blätt. stark zerteilt, nicht stgumfassend, behaart; Bltn. meist rot **3**

3. Stbfäden zur Spitze keulenf. verbreitert *(556);* Kapsel borstig *(560, 561),* selten kahl **5**

— Stbfäden spitzenw. nicht verbreitert *(557);* Kapsel kahl **4**

4. Kapsel verkehrt eif., m. abgerundetem Grd. *(558),* etwa doppelt so lg. wie breit; Narbenstrahlen 10 (8–14), sich gegenseitig m. den Rändern deckend; Bltnstiel, Stg. u. Blätt. absthd. od. anlgd. borstig behaart (hinsichtl. der Behaarung sehr variabel); ⊙; V–VII. Äcker; *v.* Formenreich. **Giftig!** *Klatsch-M.,* * **P. rhoeas** L.

— Kapsel keulenf.-walzl., allmähl. in den Stiel verschmälert, m. erhabenen Längslinien *(559);* Narbenstrahlen 4–9, sich meist nicht deckend; Bltnstiel angedrückt behaart, Stg. u. Blätt. absthd. behaart; ⊙; V–VI. Sandige Äcker; *v.* *Saat-M.,* * **P. dúbium** L.

a. Kapsel am Grd. fast stielart, konkav verschmälert; Milchsaft frisch farblos bis weiß, getrocknet dkbraun; v–z. ssp. **dúbium**

— Kapsel am Grd. konvex-bauchig bis gerade-keilf. . . . . **b**

b. Blkrblätt. frisch weiß bis rosa od. violettrot, am Grd. oft außen m. rotschwarzem Fleck; Milchsaft frisch gelb, getrocknet gelb bis rot; *s,* im SO-Gebiet (Verbr. bisher nicht genau bekannt). [= P. *albiflorum* (Bess.) Paczoski] ssp. **austromorávicum** (Kubát) Hörandl

— Blkrblätt. frisch orangerot, ohne dk. Fleck . . . . **c**

c. Milchsaft frisch gelb; Kapseln zylindrisch, am Grd. plötzl. verengt; *s,* sicher bisher nur CH, ČR. (= *P. lecoqii* Lamotte) ssp. **lecóqii** (Lamotte) Syme

— Milchsaft frisch farblos bis weiß, trocken rot; *z,* Verbr. bisher nicht genauer bekannt. (= *P. confine* Jord.; = *P. lecoqii* auct. p.p.)
ssp. **confíne** (Jord.) Hörandl

5(3). Kapsel lg. keulenf., mehrmals länger als breit, deutl. gerippt, spärl. m. aufrechten Borsten *(560);* Narbenstrahlen 4–6; Stg. u. Blätt. anlgd. borstig behaart; ⊙; V–VII. Sandige Äcker; *v.* *Sand-M.,* * **P. argemóne** L.

— Kapsel eif.-rundl., höchstens doppelt so lg. wie breit, dicht m. gelbl. weißen, aufw. gerichteten Borsten *(561);* Narbenstrahlen 5–8; Stg. absthd. od. angedrückt steifhaarig; ⊙; V–VII. Äcker u. Schuttplätze; *s* u. unbeständig. (= *P. hispidum* Lam.)
Krummborstiger M., **P. hýbridum** L.

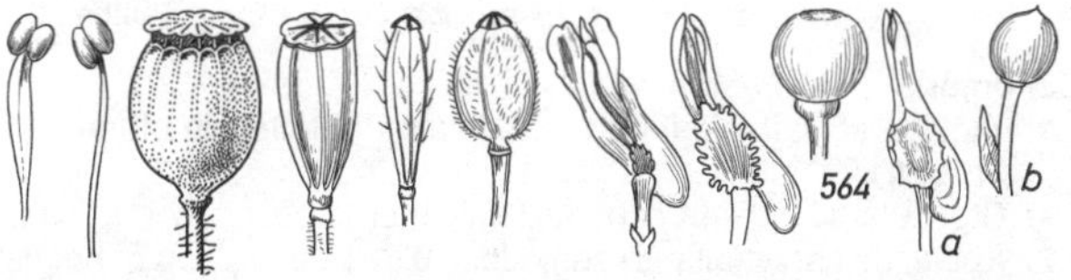

556 557 558 559 560 561 562 563 565

6. Ceratocápnos Dur., *Rankender Lerchensporn*
Stg. m. Blattranken kletternd, zart, stark verzweigt, 50–100 cm lg.; Bltn. klein, 5–6 mm lg., gelbl.weiß; Sporn kurz, sackf.; ⊙; VI–IX. Eichen- u. Kiefernwälder, kalkmeidend; *v–z* NS, Ho, Be, sonst *z–s,* vom NW ostw. bis Da, Br, Th, Sa, vereinzelt Ba, OÖ, Ti. [= *Corydalis claviculata* (L.) DC.]
C. claviculáta (L.) Lidén

7. Corýdalis Vent. *Lerchensporn*
1. Pfl. mehrstängelig, ohne unterirdische Knolle; Stg. verzweigt, m. mehr als 2 Blätt. u. mehreren Bltntrauben; Blkr. 11–16 mm lg., weiß; Sporn 5–7 mm lg.; ⊙; V–X. Felsspalten. Mauern; *s,* St, OTi, Bz, früher Kt, auch eingeschleppt. *Armblütiger L.,* **C. capnoídes** (L.) Pers.
— Pfl. einstängelig, am Grd. m. Knolle; Stg. meist unverzweigt; Blkr. purpurn, rot od. weiß; Blzt. III–V **2**
2. Bltntraube 1–5-bltg., nickend **4**
— Bltntraube 4–20-bltg., aufrecht **3**
3. Tragblätt. der Bltn. eif., ganzrandig; Stg. an der Basis ohne Niederblätt.; Knolle im Alter hohl; ♃; III–V. Laubwälder; *v* im S, *z* im NO, *s* im NW. [= *C. bulbosa* (L.) Pers. non (L.) DC.]
Hohler L., * **C. cáva** (L.) Schweigg. & Koerte
— Tragblätt. der Bltn. keilf., fingerf. eingeschnitten; Stg. am Grd. m. 1 bleichen Niederblatt; Knolle kugelig, massiv; ♃; III–IV. Lichte Wälder, Gebüsch; *z, s* im NW. [= *C. bulbosa* (L.) DC.]
Gefingerter L., * **C. sólida** (L.) Clairv.
4(2). Tragblätt. der Bltn. eif., ganzrandig; Stg. 7–15 cm hoch, am Grd. m. 1 bleichen Niederblatt; Knolle kugelig, massiv; ♃; III–IV. Lichte Wälder, Gebüsch; *z, f* Ho, Be, Lx. [= *C. fabacea* (Retz.) Pers.]
Mittlerer L., **C. intermédia** (L.) Mér.
— Tragblätt. der Bltn. keilf., fingerf. eingeschnitten; Stg. 7–20 cm hoch, am Grd. m. 1 bleichen Niederblatt; ♃; III–IV. Lichte Wälder, Gebüsch; *s,* NO-Dt, ČR, im W und S *f,* in Au nur NÖ, Bgl, OÖ?
Zwerg-L., **C. púmila** (Host) Rchb.

8. Pseudofumária Med., *Scheinerdrauch*
1. Blattstiel nicht geflügelt; Blätt. blaugrün; Pfl. reich verzweigt; Blkr. lebhaft gelb; Samen schwarz glzd.; ♃; V–IX. Felsen, Felsschutt; *s,* Ts, Bz, häufige Zierpfl, oft verwild. u. eingebürgert. [= *Corydalis lutea* (L.) DC.] *Gelber Sch., Gelber Lerchensporn,* * **P. lútea** (L.) Borkh.
— Blattstiel geflügelt; Blkrblätt. gelbl.weiß, an der Spitze gelb; Samen matt, schwarz, fein gekörnelt; ♃; VI–X. Zierpfl., *s* verwild. u. eingebürgert. (Heimat: Italien u. W-Balkan) [= *Corydalis alba* (Mill.) Mansf.; = *C. ochroleuca* Koch]
Blassgelber Sch., Blassgelber Lerchensporn, **P. álba** (Mill.) Lidén

9. Fumária L., *Erdrauch*
1. Stg. lg., schlaff, niederlgd. od. kletternd; Blattstiele oft rankend; reife Fr. glatt **7**
— Stg. aufstgd. od. aufrecht, selten kletternd od. kriechend **2**
2. Kblätt. (leicht abfallend) sehr klein, 0,5–1 mm lg. *(562),* höchstens ¼ so lg. wie die Blkr. **5**

— Kblätt. 2–3 mm lg., etwa 1/3 bis ½ so lg. wie die Blkr. ohne Sporn *(563)* . . . **3**

3. Kblätt. schmäler als die 5–8 mm lange Blkrröhre u. etwa 1/3 so lg. wie diese; Bltn. purpurrot, an der Spitze dkrot, m. grünem Kiel; Fr. breiter als hoch; ⊙; IV–X. Äcker u. Schuttplätze; *v.*
Gewöhnlicher E., * **F. officinális** L.

a. Traube mehr als 20-bltg.; Bltn. m. Sporn ca. 8 mm lg.; Fr. oben eingedrückt *(562); v.* ssp. **officinális**

— Traube 10–20-bltg.; Bltn. mit Sporn 5–6 mm lg.; Fr. oben nicht eingedrückt; *s.* ssp. **wirtgénii** (KOCH) ARCANG.

— Kblätt. so breit wie od. breiter als die Blkrröhre *(563a),* etwa ½ so lg. wie diese; Bltn. rosa bis weiß, an der Spitze dkpurpurrot **4**

4. Äußere Blkrblätt. kurz geschnäbelt *(565a);* Fr. kurz bespitzt *(565b),* schwach runzelig; ⊙; VI–IX. Äcker, Schuttplätze; *s,* nur in Br, SaAn, Th, Sa, Kt, St, NÖ, Bgl, ČR. *Geschnäbelter E.,* **F. rostelláta** KNAF

— Äußere Blkrblätt. nicht geschnäbelt, rosarot bis weiß, an der Spitze dkrot; Bltn. in anfangs gedrängten, sich später verlängernden Trauben: Fr. kugelig, stumpf, an der Spitze m. 2 rundl. Grübchen, etwa so lg. wie der Frstiel; ⊙; V–VI. Nur vorübergehend eingeschleppt. (Heimat: W- u. S-Eur.) (= *F. micrantha* LAG.)
Dichtblütiger E., **F. densiflóra** DC.

5(2). Tragblätt. der Bltn. etwa 1/3 so lg. wie die aufrecht-absthd. Frstiele; Bltn. ca. 5 mm lg., rosarot, an der Spitze dkrot, m. grünem Kiel; Fr. kugelig, kurz bespitzt; ⊙; V–X. Äcker; *s,* bes. im S, im N *f.*
Dunkler E., **F. schleícheri** SOY.-WILL.

— Tragblätt. der Bltn. etwa so lg. wie die Frstiele; Bltn. blassrot bis weiß, m. dunkler Spitze **6**

6. Fr. kugelig, stumpf [*s* bespitzt, var. **schrámmii** (ASCH.) HAUSSKN.], glatt, Bltn. blassrot; Kblätt. schmäler als der Bltnstiel; Blattfied. lanzettl., flach; ⊙; V–X. Äcker, Schuttplätze, Weinberge; *v* im S, *s* im N.
Buschiger E., * **F. vaillántii** LOIS.

— Fr. runzelig-rau, bespitzt, rundl.-eif.; Bltn. weißl., an der Spitze dkpurpurrot; Blattfied. lineal, rinnig; ⊙; VI–IX. Gemüseäcker, Weinberge; *s* im S (*f* CH, Au) u. W, meist unbeständig, im N *f,* sonst S-Eur. (= *F. tenuifolia* G. M. SCH.) *Kleinblütiger E.,* **F. parviflóra** LAM.

7(1). Bltn. rosa bis weiß, m. dkpurpurroter Spitze 10–15 mm lg.; Fr. kugelig abgestutzt, oben m. 2 rundl. Gruben; Frstiele stark herabgekrümmt; ⊙; V–IX. Wegränder, Ruderalstellen; *s,* Be, CH, zuw. eingeschleppt.
Rankender E., **F. capreoláta** L.

— Bltn. purpurn, an der Spitze fast schwarz, 5–12 mm; Fr. kugelig, nicht abgestutzt; Frstiele absthd.; ⊙; VI–IX. An Mauern; *s* in Be, Lx, Ho, Da, früher NW-Dt. *Mauer-E.,* **F. murális** SOND. ex KOCH

10. Hypécoum L., *Gelbäugelchen*
Bltn. gelb; ⊙; VI–VII. *s,* aus S-Eur. eingeschleppt. **H. péndulum** L.

11. Lamprocápnos ENDL. (= *Dicentra* BERNH.), *Herzblume, Tränendes Herz*
Bltn. rot, 2-seitig symmetrisch *(75),* hgd., in lg. einstswendigen Trauben; Pfl. 40–80 cm hoch; ♃; IV–V. Zierpfl. (Heimat: O-Asien). [= *Dicentra spectabilis* (L.) LEM.]
L. spectábilis FUKUHARA

Familie: **Berberidáceae**, *Berberitzengewächse*

Sträucher od. Stauden; Bltnorgane wirtelig angeordnet; Bltn. oft m. blumenblattart. Nektarblätt.; Stbblätt. 4 bis zahlr., Frblätt. 2–3, Frkn. oberst.; Beeren od. Kapselfr.

1. Bis 30 cm hohe Stauden m. 4-zähligen Bltn. **Epimedium,** 364
— 30–300 cm hohe Sträucher; Bltn. 6-zählig **2**
2. Blätt. sommergrün, ungeteilt, am Rand stachelig gezähnt *(549a);* Blätt. der Langtriebe zu Dornen umgebildet *(549b);* Fr. rote Beeren . . . . **Berberis,** 364
— Blätt. lederig, immergrün, unpaarig gefied.; Fied. am Rand stachelig gezähnt; Blätt. der Langtriebe nicht verdornt; Fr. blauschwarze Beeren . . . . **Mahonia,** 364

1. Bérberis L., *Sauerdorn, Berberitze*
Bltn. gelb, in hgd. Trauben; Stbblätt. 6, reizbar (nach dem Berühren sich auf den Frkn. legend); 0,3–3 m hoher Strauch; ♄; V–VI. Trockengebüsche, Waldränder; *z,* im N *s,* auch angepflanzt. * **B. vulgáris** L.

2. Mahónia Nutt., *Mahonie*
Bltn. gelb, in ± aufrechten Rispen od. Trauben; ♄; IV–V. Zierstrauch, *z* verwild. (Heimat: Westl. N-Am.) (= *Berberis aquifolium* Pursh) * **M. aquifólium** (Pursh) Nutt.

3. Epimédium L., *Sockenblume*
Pfl. 20–30 cm hoch, mit kriechender Grdachse; Blätt. doppelt 3-zählig gefied., m. lg. gestielten, herzf. wimperig-gesägten Fied.; Bltn. in überhgd. Rispe; Kblätt. 4, vor dem Aufblühen abfallend; Bltnhüllblätt. 4, blutrot; darüber noch 4 sackf. Nektarblätt. *(237);* Fr. 2-klappig aufspringende Kapsel; ♃; III–V. Feuchte Wälder; *s,* Bz, Kt (Arnoldstein, Mauthen), sonst angepfl. u. zuw. verwild. Ⓖ **E. alpínum** L.

Familie: **Ranunculáceae**, *Hahnenfußgewächse*

Kräuter od. Stauden, seltener Holzgewächse *(Clematis);* Blätt. wechsel-, seltener gegen- od. grdst.; Bltn. ⚥, radiär od. zygomorph; Bltnhülle einfach od. doppelt. Zwischen Bltnhüll- u. Stbblätt. oft besonders gestaltete (*566*, H; *568–570*), zuw. blumenblattart. Nektarblätt. *(567)* m. **Nektargrube**; Frkn. zahlr. bis 1, frei, seltener am Grd. miteinander verbunden *(571);* Balg- od. Nussfr. *(572),* m. häufig erhalten bleibendem, sich verlängerndem u. fedrig behaartem Griffel *(572),* selten Beeren *(Actaea).*

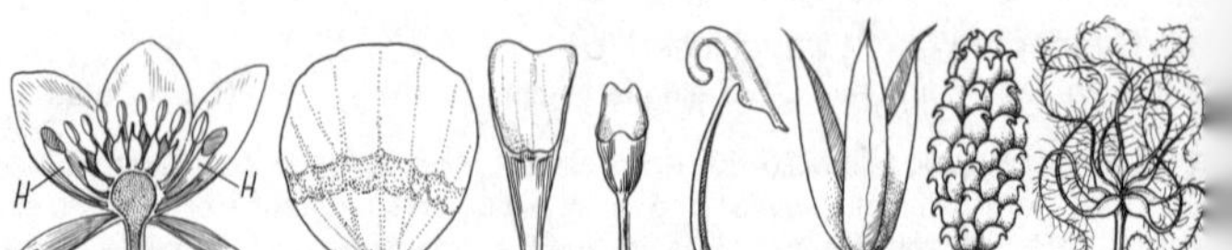

566 *567* *568* *569* *570* *571* *572* *573*

1. Bltn. m. 1 *(575)* od. 5 Spornen *(574)* **25**

— Bltn. nicht gespornt, zuw. aber helmf. *(576)* **2**

2. Bltn. helmf. *(576),* blassgelb, blau od. gescheckt **Aconitum**, 370

— Bltn. weder helmf. noch gespornt, stets strahlig, Blkrblätt. zuw. zusammenneigend *(581)* **3**

3. Wasserpfl. m. feinzerteilten, untergetauchten od. weniger zerteilten Schwimmblätt. od. m. beiden Blattformen *(606, 607);* Bltn. weiß . . . . **Ranunculus,** 375

— Landpfl. od. gelb bzw. weiß blühende Sumpfpfl. **4**

4. Blätt. gegenst., einfach od. gefied.; Stg. zuw. verholzt u. klimmend; Bltn. 4-zählig . . . . **Clematis,** 372

— Blätt. wechselst., in Quirlen od. in grdst. Rosette, zuw. erst nach der Blüte erscheinend **5**

5. Bltnstg. auch über dem Grd. beblättert **9**

— Alle Blätt. in grdst. Rosette **6**

6. Bltn. blau, selten weiß od. rötl., m. 3-blättrigem, grünem K. *(577a);* Blätt. 3-lappig *(577b),* überwinternd . . . . **Hepatica**, 375

— Bltn. gelb, weiß, rötl. od. grünl.; Blätt. nicht 3-lappig u. nicht überwinternd **7**

7. Blattspr. ungeteilt, lineal; Bltnachse später mäuseschwanzart. verlängert *(578)* . . . . **Myosurus,** 383

— Blattspr. tief geteilt od. fußf. gefied. **8**

8. Blattspr. tief geteilt *(579a);* Bltn. gelb; Fr. an kurz walzenf. Achse, lg. geschnäbelt *(579b),* 1-samig **Ceratocephala**, 383

— Blattspr. fußf. gefied. *(66);* Bltn. weiß, rötl. od. grünl., mit tütenf. Nektarblätt. *(569);* Frbälge zu wenigen, mehrsamig **Helleborus**, 367

9(5). Dicht unter der Blüte od. weiter davon entfernt am obersten Knoten 3 zuw. miteinander verwachsene quirlst. Stgblätt. *(583, 584, 601, 603);* alle übrigen Blätt. grdst. **22**

— Blätt. am Stg, verteilt (zuw. ein sehr lg. Internodium) . . . **10**

10. Stbblätt. kürzer als die normalen Bltnhüllblätt. (od. als die blumenblattart. Nektarblätt.) **13**

— Stbblätt. länger als die zuw. früh abfallenden u. z. Bltzt. nicht mehr vorhandenen Bltnhüllblätt. **11**

11. Jede Blüte der bis 10 cm langen Trauben m. nur 1 birnf., breit narbigem Frkn.; Fr. anfangs grüne, später glzd. schwarze Beere . . . . **Actaea spicata,** 369

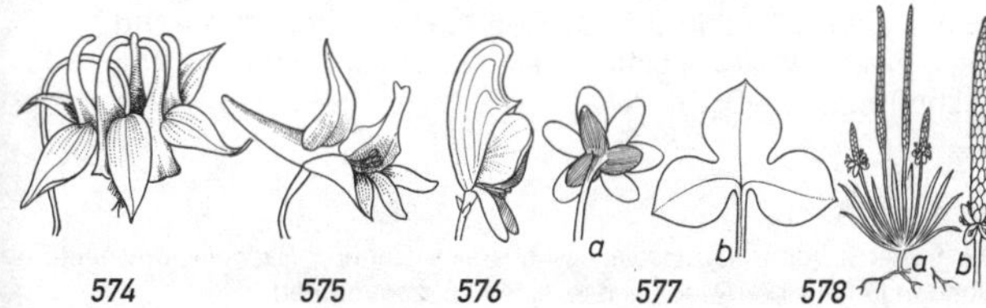

574 *575* *576* *577* *578*

— Jede Blüte m. mehr als 1 Frkn. **12**

12. Bltn. in dichten, langen Trauben; Bltnhülle doppelt; Fr. m. 4 klebrig-drüsigen Frblätt.; Pfl. unangenehm riechend **Actaea europaea,** 369

— Bltn. in Rispen od. in kurzen, lockeren Trauben; Bltnhülle einfach **Thalictrum,** 383

13(10). Bltn. m. Nektarblätt., diese entw. klein *(568–570)* od. blumenblattart. u. dann am Grd. kleine Nektardrüse tragend *(567)* **16**

— Bltn. ohne Nektarblätt. **14**

14. Bltnhülle einfach (nicht in K. u. Blkr. geglied.); Bltn. gelb; Fr. mehrsamige Bälge; Blattspr. herz- bis nierenf.; Sumpfpfl. **Caltha,** 367

— Bltnhülle doppelt (in K. u. Blkr. geglied.) **15**

15. Frstand walzl. m. zahlr. Nussfr. *(572);* Blattspr. 2–3fach gefied., m. fadenf. Fied. *(580);* Blkrblätt. 5–15, gelb od. rot **Adonis,** 384

— Frstand m. 3–5 filzig-behaarten Balgfr.; Blattspr. doppelt 3-zählig gefied., m. breiten Fied.; Bltn. sehr groß, rot (bei Gartenformen auch weiß) . . . . **Paeoniaceae,**[1] 386

16(13). Nektarblätt. nicht blumenblattart., kleiner als die Bltnhüllblätt. *(569, 570, 581b)* **19**

— Nektarblätt. blumenblattart., weiß, gelb od. rötl., größer als die kelchart., äußeren Bltnhüllblätt., am Grd. m. nackter od. von einer Schuppe überdeckter Nektardrüse (Lupe!; *567*) . . . **17**

17. Nektarblätt. gelb . . . . **Ranunculus,** 375

— Nektarblätt. weiß, rötl. od. rötl.violett **18**

18. Blätt. mehrfach gefied.; Nektarblätt. 6–20, am Grd. goldgelb **Callianthemum,** 368

— Blätt. ungeteilt od. handf. geteilt od. gefing.; Nektarblätt. 5, am Grd. nicht gelb . . . . **Ranunculus,** 375

19(16). Bltnhüllblätt. gelb, kugelig zusammenneigend *(581a);* Nektarblätt. löffelart. *(581b)* . . . . **Trollius,** 367

— Bltnhüllblätt. nicht gelb **20**

20. Grdst. Blätt. od. unt. Stgblätt. fußf. gefied. *(66, 72a);* Bltnhüllblätt. grünl., grüngelb, weiß, rosa od. teilw. schwarzviolett, bleibend . . . . **Helleborus,** 367

— Blätt. nicht fußf. gefied.; Bltnhüllblätt. hinfällig **21**

21. Blätt. 2–3fach gefied. m. schmal-linealen Zipfeln; Nektarblätt. becherf., kurz, 2-lippig *(569);* Frblätt. miteinander verwachsen *(585, 586),* nur Gr. (*582* G) frei; Pfl. ⊙ . . . . **Nigella,** 368

— Blätt. doppelt 3-zählig gefied.; Fied. breit eif.; Stgblätt. am Grd. m. 2 muschelf. Nebenblätt.; Nektarblätt. tütenf.; Frblätt. 2, frei; Bltnhüllblätt. weiß; Pfl. ♃ . . . . **Isopyrum,** 369

---

[1] Die früher zu den *Ranunculaceae* gestellte Gattung *Paeonia* wird heute der eigenen Familie der *Paeoniaceae,* s. S. 386, zugeordnet.

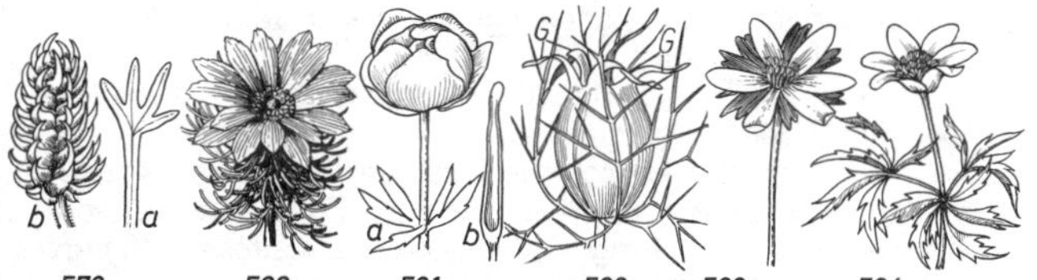

579 580 581 582 583 584

— Blätt. fußf. gefied. *(66, 72);* Fied. breiter; Bltnhüllblätt. grünl., weiß od. rosa, bleibend; Nektarblätt. röhrig-trichterf. u. gestielt, grünl.; Frkn. bis zum Grd. frei . . . . **Helleborus**, 367

22(9). Hochblattquirl dicht unter der gelben Blüte, kelchart. *(583);* mehrsamige Balgfr. . . . . **Eranthis,** 368

— Hochblattquirl während u. nach der Blüte von dieser entfernt, blattart. *(584)* od. fein zerschlitzt *(601, 603);* Fr. 1-samige Nüsschen **23**

23. Gr. schon zur Blzt. > 2 mm, behaart (ähnl. *573*); Bltn. violett, seltener weiß od. gelb . . . . **Pulsatilla,** 373

— Gr. auch zur Frreife < 2 mm *(572);* Bltn. weiß, rötl., gelb od. blassblau **24**

24. Bltn. in 3–8-bltg. Dolde; Bltnhüllblätt. weiß, außen zuw. rot überlaufen; Stgblätt. sitzend . . . . **Anemonastrum,** 374

— Bltn. einzeln (falls 2 od. 3, dann Bltn. gelb); Bltnhüllblätt. weiß, gelb od. blassblau; Stgblätt. gestielt . . . . **Anemone,** 374

25(1). Bltn. m. 5 Spornen *(574),* blau od. braun (bei Gartenformen auch andersfarbig) . . . . **Aquilegia**, 369

— Bltn. nur m. 1 Sporn *(575),* blau (bei Gartenformen auch andersfarbig **26**

26. Frkn. u. Balgfr. nur 1 . . . . **Consolida**, 370

— Frkn. u. Balgfr. 2 u. mehr . . . . **Delphinium**, 369

1. Cáltha L., *Sumpfdotterblume*

Stg. aufstgd. od. niederlgd., wurzelnd, mehrbltg.; Grdblätt. lg. gestielt, m. herzf., am Rand gekerbter bis gezähnter Spr.; Bltnhüllblätt. 5, dottergelb, glzd.; Frkn. 5– 8(–15); Balgfr. sternf. ausgebreitet; ♃; III–VI. Sumpfwiesen, Gräben, Bruchwälder, von der Ebene bis in die alp. Reg.; *v;* formenreich. **Giftig!** * **C. palústris** L.

2. Tróllius L., *Trollblume*

Stg. unverzweigt, 1-, selten mehrbltg.; Blätt. handf. geteilt; Bltnhüllblätt. 5–10 od. mehr, goldgelb, kugelig zusammenneigend *(581a);* Nektarblätt. 5–10, löffelf. verbreitert *(581b);* Balgfr. zahlr.; ♃; V–VI. Bergwiesen; im S *v,* sonst *z.* **Giftig!** Ⓖ * **T. europǽus** L.

3. Hellébórus L., *Nieswurz* Ⓖ

1. Blätt. alle stängelst., nach oben allmähl. *(72a–f)* in Hoch- u. Bltnhüllblätt. übergehend; Bltn. unangenehm riechend, grün; ♃; III–IV.

Bergwälder, steinige Abhänge, nur auf Kalk; in S- u. M-Dt., E, südl. NS u. Be, S-CH *z,* sonst *s, f* Au, ČR.
Giftig! Ⓖ *Stinkende N.,* * **H. fóetidus** L.

— Auch grdst. Blätt. vorhanden **2**

2. Blätt. des Bltnstängels ungeteilt; Bltn. weiß od. rötl.; ♃; (XII–)II–IV. Wälder, Gebüsch; östl. K-Alp. von Ba u. Au, Ts, *z,* sonst gepflanzt u. selten verwildert. **Giftig!** Ⓖ *Schnee-* od. *Christrose,* * **H. níger** L.

a. Bltn. 6–8 cm im Dm; Blätt. dunkelgrün; Blattabschnitte im vorderen Drittel am breitesten; *z,* Ba, Au, Ts. ssp. **níger**

— Bltn. 8–11 cm im Dm; Blätter bläulich-grün; Blattabschnitte über der Mitte am breitesten; *s,* Ts. ssp. **macránthus** (Freyn) Schiffner

— Blätt. des Bltnstängels geteilt **3**

3. Blätt. sehr fein gesägt; Kelchblätt. längl. eif., sich höchstens am Grd. m. den Rändern deckend; Bltn. meist < 4 cm im Dm; ♃; II–III. Waldränder, Gebüsche; *s,* St, Bgl, NÖ.
Giftig! Ⓖ *Hecken-N.,* **H. dumetórum** W. & K.

— Blätt. grob gesägt; Kblätt. breit eif., sich m. den Rändern deckend; Bltn. meist > 4 cm im Dm; ♃; III–V. Bergwälder, auf Kalk, auch angepflanzt u. verwild. **Giftig!** Ⓖ *Grüne N.,* **H. víridis** L.

a. Blätt. untersts. behaart; Bltn. 4–7 cm im Dm; im S *z,* im N *s.* ssp. **víridis**

— Blätt untersts. kahl; Bltn. 3–5 cm im Dm; nur im W.
ssp. **occidentális** (Reut.) Schiffner

4. Eránthis Salisb., *Winterling*

Stg. am Grd. m. Niederblätt., 1-bltg.; unterhalb der Blüte ein Quirl von 3 handf. geteilten Hochblätt. *(583);* Grdblätt. lg. gestielt, rundl.-herzf., 5–7-teilig, erst nach der Blüte erscheinend; Bltnhüllblätt. 5–8, gelb; Nektarblätt. gestielt, becherf. *(569);* Frkn. 4–6; Balgfr.; ♃; II–III. Zierpfl., *s* verwild. (Heimat SO-Eur.)
Giftig! * **E. hyemális** Sal.

5. Calliánthemum C. A. Mey., *Schmuckblume* Ⓖ

1. Nektarblätt. breit oval, Grdblätt. zur Bltzt. vorhanden; Fr. 3 mm lg.; ♃; VI–VIII. Feuchtes Weideland der Alp., meist auf Urgestein, bis 2800 m; *s,* St. Gallen, Gr, Bz, Ti, OTi, Sb, Kt, St, OÖ, *f* Dt. (= *Ranunculus rutifolius* L. p. p.)
Ⓖ *Korianderblättrige Sch.,* **C. coriandrifólium** Rchb.

— Nektarblätt. lineal od. eilängl.; Grdblätt. erst nach der Bltzt. erscheinend; Fr. 4,5–5 mm lg.; ♃; III–V. Schattige Felsen, Geröll, 700–1200 m, meist auf Kalk; *s,* St, OÖ, NÖ.
Ⓖ *Windröschen-Sch.,* **C. anemonoídes** (Zahlbr.) Endl. ex Heynh.

6. Nigélla L., *Schwarzkümmel*

1. Bltn. u. Fr. von haarf. zerschlitzter Hochblatthülle umgeben *(582);* Bltnhüllblätt. hellblau bis weiß; Frkn. völlig verwachsen, m. waagrecht absthd. Gr. *(582,* G); ⊙; V–VII. Zierpfl. aus dem Mittelmeergebiet.
Jungfer im Grünen, * **N. damascéna** L.

— Bltn. ohne Hochblatthülle **2**

2. Stbbeutel stachelspitzig *(585b);* Bltnhüllblätt. hellblau, grünl. geadert; Frkn. 3–5, bis zur Mitte verwachsen *(585a);* Balgfr. glatt; ⊙; VII–IX.

Lehm- u. Kalkäcker; *s,* stark zurückgegangen, *f* NW-Dt, Da.
*Acker-Sch., ** **N. arvénsis** L.

— Stbbeutel ohne Stachelspitze; Frkn. bis zur Spitze verwachsen, m. aufrechten Gr. *(584);* Balgfr. drüsig rau; ⊙; VI–VII. Zuw. als Gewürzpfl. angepflanzt u. verwild. (Heimat: SO-Eur.) *Echter Sch., ** **N. satíva** L.

7. Isopýrum L., *Muschelblümchen*

Stg. am Grd. m. breiten Niederblätt.; Grdblätt. lg. gestielt, doppelt 3-zählig gefied., blaugrün; Bltnhüllblätt. 5, hinfällig; Balgfr. 2; ♃; IV–V. Feuchte Laubwälder; *s,* Genf, Waadt, Kt, St, OÖ, NÖ, Bgl, Schl, ČR.
Giftig! I. thalictroídes L.

8. Actǣa L. (incl. *Cimicifuga* L.), *Christophskraut*

1. Bltntraube höchstens 8 cm lg.; jede Blüte nur m. 1 Frkn., dieser birnf.; Bltnhüllblätt.4–6, weiß, hinfällig; Fr. anfangs grüne, reif glzd. schwarze Beere; Blätt. doppelt 3-zählig gefied. *(591);* Pfl. 30–65 cm hoch; ♃; V–VII. Schattige Bergwälder, meist auf Kalk; *v* Alp. u. Mittelgeb., sonst *z.* **Giftig!** ⓖ *Christophskraut, ** **A. spicáta** L.

— Bltntraube oft über 10 cm lg.; jede Blüte m. 2–4 klebrig-drüsigen Frblätt.; Balgfr.; Bltnhüllblätt. 4, hellgrün, hinfällig; Pfl. 40–200 cm hoch, unangenehm riechend; ♃; VII–VIII. Laubwälder; *z* OPr, WPr, *s* ČR, früher NÖ. (= *Cimicifuga europaea* Schipcz.; = *C. foetida* auct.)
Wanzenkraut, **A. europǣa** (Schipcz.) J. Compton

9. Aquilégia L., *Akelei* ⓖ

1. Sporne der Nektarblätt. hakenf. gebogen *(568, 574);* ♃; V–VII. Laubwälder, Wiesen; *z.* **Giftig!** ⓖ *Gewöhnliche A., ** **A. vulgáris** L. s.l.

a. Stg. oberw. überwiegend m. Drüsenhaaren, Bltn. dk. blauviolett; Bltnhüllblätt. 25–35 mm lg. Stbblätt. 1–2 mm länger als die Blkrblätt. Steinige Abhänge, Felsen, auf Kalk; s Kt, St. (= *A. nigricans* Baumg.)
ⓖ *Dunkle A.,* ssp. **nígricans** (Baumg.) Domin

— Stg. oberw. drüsenlos od. m. einzelnen Drüsenhaaren . . . . **b**

b. Bltn. blauviolett (bei Gartenformen auch andersfarbig); Stbblätt. wenig aus der Blüte hervorragend. Lichte Laubwälder, Wiesen; *z,* im N *s,* auch Zierpfl. ⓖ *Gewöhnliche A.,* ssp. **vulgáris**

— Bltn. braunpurpurn; Stbblätt. weit aus der Blüte hervorragend; *z,* K-Alp. u. Vorland, SchwAlb. (= *A. atrata* Koch)
ⓖ *Schwarze A.,* ssp. **atráta** (Koch) Gaud.

— Sporne der Nektarblätt. gerade od. nur schwach gebogen *(587)* **2**

2. Bltn. 5–8 cm groß, intensiv blau; ♃; VI–VIII. Steinige Abhänge, Hochalp. bis 2600 m; *s,* Vb (Gamperdonatal), CH. ⓖ *Alpen-A.,* **A. alpína** L.

— Bltn. nur 2,5–4 cm groß *(587),* blauviolett; Stg. meist unverzweigt; ♃; VI–VIII. Felsige Abhänge, Schluchten; K-Alp. von Ba (Berchtesgaden, Mangfallgebirge), Ti, Kt, Ts, OTi, Bz, *s.* (= *A. bauhinii* Schott; = *A. aquilegioides* H. P. Fuchs) ⓖ *Kleinblütige A.,* **A. einseleána** F. W. Sch.

10. Delphínium L., *Rittersporn*

Frkn. 3(– 5), kahl od. zerstr. behaart; Bltn. stahlblau; Blätt. handf. geteilt, m. breiten, eingeschnitten-gesägten Abschnitten; Pfl. 60–150 cm hoch; ♃;

VI–VII. Lichte Gebirgswälder der Alp., Riesengeb.; *z;* auch als Gartenpfl.
© *Hoher R.*, * **D. elátum** L.

a. Nektarblätt. von gleicher Farbe wie Bltnhüllblätt., blau, höchstens die ob. blass od. gelbl.; *z,* Sb, Kt, St. ssp. **austríacum** Pawlowski

— Nektarblätt. schwärzl. od. schwarzbraun . . . . **b**

b. Untere Bltnhüllblätt. 1,5–2,5 mal so lg. wie breit; *z,* Bern, Gr, FL, Vb, Ti, OTi, Sb, St, Riesengeb. ssp. **elátum**

— Unt. Bltnhüllblätt. 2,5–3,5 mal so lg. wie breit; *s,* Vb, CH.
ssp. **helvéticum** Pawlowski.

11. Consólida (DC.) S. F. Gray, *Rittersporn*

1. Bltn. in wenigbltg. Trauben od. Rispen, blau, selten weiß; Sporn bis 22 mm lg., z. Bltzt. gerade od. schwach aufw. gebogen *(575);* Fr. kahl; Pfl. 20–40 cm hoch; ⊙; V–VIII. Äcker, kalkliebend; *z,* im NW *s.* (= *C. arvensis* Opiz; = *Delphinium consolida* L.)
Feld-R., * **C. regális** S. F. Gray

— Bltn. in reichbltg. Trauben od. Rispen; Fr. weichhaarig **2**

2. Bltntraube locker; Vorblätt. kürzer als der Bltnstiel; Fr. allmähl. in den kurzen Gr. zugespitzt; Pfl. 30–90 cm hoch; ⊙; VI–IX. Zierpfl., zuw. verwild. (Heimat Mittelmeergebiet) (= C. *ambigua* auct.; = *Delphinium ambiguum* auct.)
Garten-R., * **C. ajácis** (L.) Schur

— Bltntraube dicht; Vorblätt. länger als der Bltnstiel; Fr. am Grd. drüsig, plötzl. in den kurzen Gr. zugespitzt; ⊙; VI–IX. Gartenzierpfl., zuw. verwild. (Heimat: SO-Eur.) (= *Consolida orientalis* auct.)
Orientalischer R., **C. hispánica** (Costa) Greut. & Burdet

12. Aconítum L., *Eisenhut* ©

1. Bltn. blau od. violett, manchmal weiß gescheckt **3**

— Bltn. blassgelb **2**

2. Helm etwa so hoch wie breit; Blätt. m. sehr schmalen, linealischen Zipfeln; Wurzel rübenf.; Frblätt. 5; Pfl. dicht behaart; ♃; VII–IX. Felsige Abhänge, Gebüsch; *s,* Schweizer Jura, Ts, St, NÖ, ČR.
Giftig! © *Giftheil,* **A. ánthora** L.

— Helm viel höher als breit; Blätt. handf. 5–7-spaltig, m. breiteren Zipfeln *(588, 589);* Nektarblätt. m. eingerolltem Sporn *(570);* Frblätt. 3; ♃; VI–VII. Feuchte Bergwälder der submontanen bis subalp. Reg.; *v–z, f* im N u. O. **Giftig!** © *Wolfs-E.,* * **A. lycóctonum** L.

a. Blattspreite höchstens bis zu 4/5 ihrer Länge eingeschnitten *(589);* Blattzipfel stumpf oder kurz zugespitzt; *v–z.* ssp. **vulpária** (Rchb.) Nym.

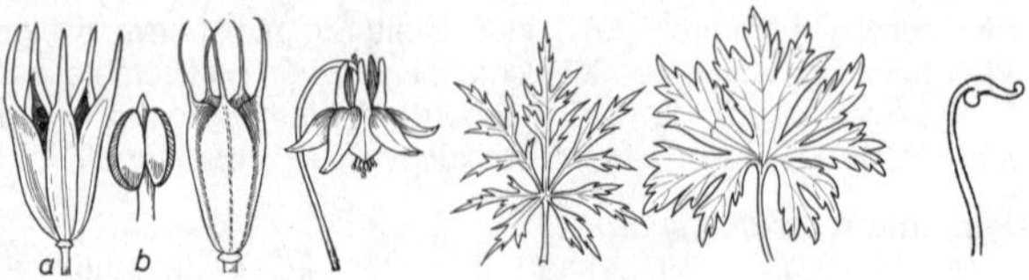

585 586 587 588 589 590

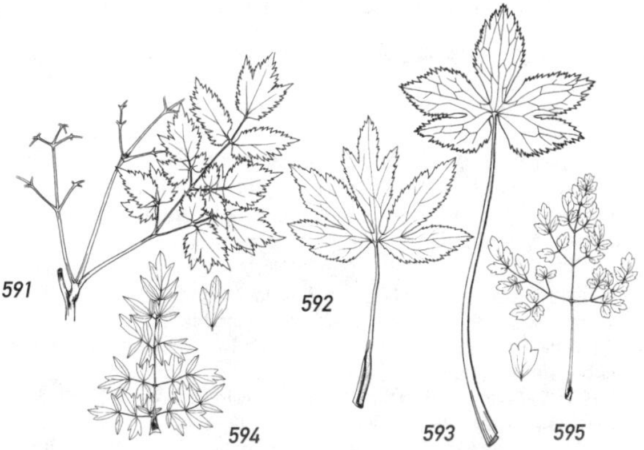

— Blattspreite zu mehr als $^4/_5$ ihrer Länge eingeschnitten *(588);* Blattzipfel lang zugespitzt; *s,* FL, Vb, Ti, OTi, Kt, Bz. (= *A. platanifolium* auct., = *A. lamarckii* auct.) ssp. **neapolitánum** (Ten.) Nym.

3(1). Helm breiter als hoch; Stiel der Nektarblätt. bogig gekrümmt *(590, 596b, 597b);* Samen schwarz; Stgblätt. unterststs. nicht deutl. netznervig; ♃; VI–X. Hochstaudenfluren, Bachufer, Lägerfluren; *v–z* montane bis alp. Region d. Alp. u. Mittelgeb., *s* Be, E, auch Zierpfl., formenreich *(596–599).* **Giftig!** Ⓖ *Blauer E.,* *** A. napéllus** L.

a. Bltnhüllblätt. außen kahl; Bltnstd. wenig ästig; Helm 12–20 mm lg.; Vorblätt. linealisch; Pfl. 10–80 cm hoch; VIII–X. Hochstaudenfluren d. Alp., *v–z,* Ba (Berchtesgaden), Au, Bz. (= *A. tauricum* Wulf.) ssp. **taúricum** (Wulf.) G.

— Bltnhüllblätt. außen behaart; Vorblätt. meist lanzettl. . . . . **b**

b. Griffel behaart; Bltnstd. stark verzweigt, in höheren Lagen auch unverzweigt; Helm groß, 18–32 mm lg. *(598, 599);* unterstes Vorblatt der Endtraube 3–10 mm lg.; Pfl. 20–300 cm hoch; *v–z,* Alp., CH, *s* S- u. M-Dt, E, Be. [= ssp. *neomontanum* (Wulf.) G.; = *A. lobelianum* (Rchb.) Host] ssp. **lusitánicum** Rouy

— Griffel ganz kahl . . . . **c**

c. Bltnstd. einfach u. nur wenig verzweigt; Helm 11–24 mm lg. *(596a, 597a);* unterstes Vorblatt der Endtraube 1–3 mm lg., linealisch bis 3-eckig; Frblätt. meist 2; Pfl. 30–150 cm hoch; Alp. von Ti, Sb, St, OÖ, *s* Ba, Isergeb., Erzgeb.

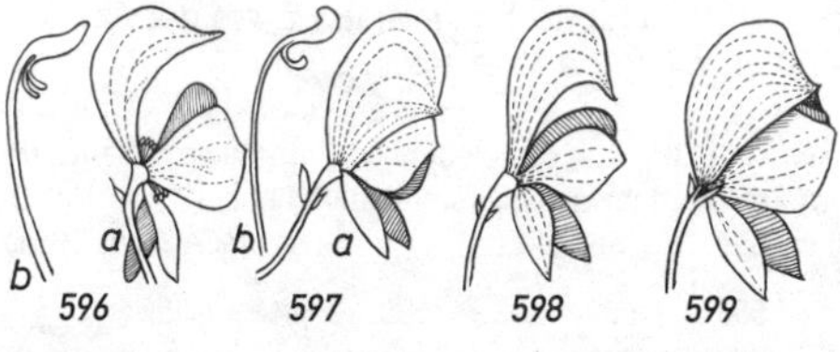

Riesengeb., Böhmen, Sudeten. [= ssp. *formosum* (Rchb.) G.; = *A. hians* Rchb.] ssp. **híans** (Rchb.) G.

— Bltnstd. meist stark verzweigt; Helm meist groß; unterstes Vorblatt d. Endtraube 3–15 mm lg., lanzettl. od. spatelig; Frblätt. meist 3; Pfl. 20–170 cm hoch; *v–z,* Alp., CH, *f* Ostalp. [= ssp. *compactum* (Rchb.) G.] ssp. **vulgáre** Rouy & Foucaud

— Helm höher als breit *(576)* od. etwa so hoch wie breit; Stiel der Nektarblätt. gerade od. gebogen; Samen braun; Stgblätt. untersts. deutl. netznervig; ♃; VII–IX. Hochstaudenfluren, Bachufer; Alp. *v,* Mittelgeb. u. ČR *z, s* WPr, OPr, auch Zierpfl., formenreich. **Giftig!** Ⓖ *Bunter E.,* * **A. variegátum** L.

a. Bltnstiele absthd. drüsig behaart; Stiel der Nektarblätt. gebogen (ähnl. *590*); Helm breiter od. etwa so breit wie hoch; Vorblätt. lineal . . . . **c**

— Bltnstiele kahl od. kraus behaart; Stiel der Nektarblätt. gerade; Helm deutl. höher als breit; Vorblätt. spatelig . . . . **b**

b. Frblätt. 3–5, an der Bauchnaht behaart; Bltnstiel kahl; Alp. *v,* Mittelgeb. u. ČR *z, s* WPr, OPr. [= *A. pilipes* (Rchb.) G.] ssp. **variegátum**

— Frblätt. 3, ganz kahl; Bltnstiele kahl od. kraus behaart; Alp., Ti, Kt, St, OÖ, NÖ. ssp. **nasútum** (Fisch. ex Rchb.) Götz

c(a). Frblätt. 3–4, kahl; Vorblätt. fädl., in der Mitte der Bltnstiele sthd., Bltnstiel meist ganz drüsig; Alp., *z.* (= *A. degenii* G.; = *A. paniculatum* auct.) ssp. **paniculátum** (Arcang.) Negodi

— Frblätt. 5, allseits behaart; Vorblätt. dicht unter der Blüte sthd.; Alp., Vs, Ts, Uri, Unterwalden (= *A. valesiacum* G.) ssp. **valesíacum** (G.) Greut. & Burdet

Bastarde: **A.** × **cammárum** L. (= *A. napellus* × *variegatum*?); Bltn. violett od. weiß u. blau gescheckt; junge Frblätt. zusamenneigend; Gartenpfl.

13. Clemátis L., *Waldrebe*

1. Stg. kletternd, verholzend **3**

— Stg. aufrecht, krautig, nicht kletternd **2**

2. Bltn. weiß; Blätt. gefied.; ♃; VI–VII. Gebüsche, wärme- u. kalkliebend; *s* Donau u. Nebenflüsse, Main, mittl. Elbegebiet, Th, Vs, Ts, Bz, Kt, St, OÖ, NÖ, Bgl, ČR. **Giftig!** *Aufrechte W.,* **C. récta** L.

— Bltn. violett od. blau; Blätt. ungeteilt; ♃; V–VI. Feuchte Wiesen; sehr *s,* St, NÖ, Bgl, früher ČR. *Ganzblättrige W.,* **C. integrifólia** L.

3(1). Bltn. in reichbltg. Rispen, lg. gestielt, weiß, m. 4 beiderststs. filzigen Bltnhüllblätt.; Nektarblätt. fehlend; Gr. behaart *(573);* ♄; VI–IX. Auwälder, Gebüsche; *v,* im N *s.* **Giftig!** *Gewöhnliche W.,* * **C. vitálba** L.

— Bltn. blau od, violett, einzeln, achselst. **4**

4. Bltn. m. 10–12 weißfilzigen, spatelf. Nektarblätt. u. 4 violett- bis hellblauen, filzig berandeten Bltnhüllblätt.; Blätt. einfach bis doppelt 3-zählig; ♄; V–VII. Gebüsch u. felsige Hänge der Alp. u. Voralp., von 1000–2400 m; *z.* (= *Atragene alpina* L.) Ⓖ *Alpen-W.,* * **C. alpína** (L.) Mill.

— Bltn. ohne Nektarblätt., m. 4 dkvioletten, am Rand filzig behaarten Bltnhüllblätt.; Fr. rundl., m. kahlem, schwach gekrümmtem Schnabel; ♄; VI–VIII. Gartenzierpfl., vereinzelt verwild. (Heimat: S-Eur.) *Italienische W.,* **C. viticélla** L.

14. Pulsatílla Mill., *Küchenschelle, Kuhschelle* ⓖ

1. Blätt. des Hochblattquirls kurz u. breit gestielt, den doppelt gefied. Grdblätt. ähnl.; Bltn. einzeln, fast aufrecht; Blkrblätt. ausgebreitet, außen zottig behaart, weiß od. gelb, häufig rot od. violett überlaufen, aber niemals rein violett; ♃; V–VII. Alpenmatten, Magerrasen, bis 2800 m; Alp. u. Mittelgeb. ⓖ *Alpen-K.,* * **P. alpína** (L.) Del.

a. Bltn. schwefelgelb; Pfl. kalkmeidend, bis 2800 m; Zentral-Alp. *v–z, f* O-Alp. [= ssp. *sulphurea* (DC.) Arcang.] ⓖ * ssp. **apiifólia** (Scop.) Nym.

— Bltn. weiß, außen zuw,. rötl. od. bläul. . . . . **b**

b. Blätt. zur Frzt. am Rand kahl . . . . **c**

— Blätt. z. Frzt. am Rand behaart . . . . **d**

c. Endabschnitt der Grdblätt. bis zur Mittelrippe geteilt; Perigonblätt. 10–25 mm lg; V–VI. Pfl. kalkmeidend, bis 2700 m; *s,* Harz, Vog., Alp. von Gr, Au, Bz, Sudeten. [= *P. alba* Rchb.; = *P. micrantha* (DC.) Sweet; = ssp. *alpicola* Neumayer; = ssp. *austriaca* Aichele & Schwegler] ⓖ! ssp. **álba** Domin

— Endabschnitt der Grdblätt. nicht bis zur Mittelrippe geteilt; Perigonblätt. 20–30 mm lg.; V–VII. Auf Kalk; N-Alp. *v* (1000–2800 m), Schweizer Jura. ⓖ ssp. **alpína**

d(b). Bltnstiele 17–21 cm lg.; Endzipfel der Grdblätt. ca. 2 cm lg. u. ca. 1 cm breit, mit 10–15 Zähnen; VII–VIII. *s,* Ts, Bz. ⓖ ssp. **austroalpína** D. M. Moser

— Bltnstiele 5–8 cm lg.; Endzipfel der Grdblätt. ca. 2,5–4 cm lg. u. 2–3 cm breit, m. 4–8 Zähnen; VI–VII. Auf Kalk od. Dolomit; *s,* nur NÖ, St, OÖ. ⓖ ssp. **schneebergénsis** D. M. Moser

— Blätt. des Hochblattquirls sitzend, am Grd. verwachsen, von den Grdblätt. verschieden; Bltn. glockig **2**

2. Ganze Pfl. einschließl. Bltn. bronzefarbig behaart; Blkrblätt. innen gelbl.weiß, außen violett; Grdblätt. nach der Blüte erscheinend, aber überwinternd, einfach gefied., mit 3–5 eif., 3-spaltigen Fied. *(600); ♃;* IV–VI. Magerrasen, sandige Kiefernwälder; Alp. (bis 3030 m), Bayr. Hochebene, Pfalz, E, M-, N- u. O-Dt, ČR, Da, *s,* früher NÖ. ⓖ! *Frühlings-K.,* **P. vernális** (L.) Mill.

— Stg. u. Bltnhüllblätt. nicht bronzefarbig behaart **3**

3. Grdblätt. handf. 3-spaltig, m. 2–3-teiligen Fied. *(604),* in der Jugend weißzottig, im Alter verkahlend; Bltnhüllblätt. violett, sternf. ausgebreitet; Bltn. aufrecht; ♃; III–IV. Trockenrasen, Kiefernwälder; *s,* ČR, Schl, Lausitz, O- u. WPr, O-Br, SO-MeVp u. S-Ba. ⓖ! *Finger-K., Stern-K.,* **P. pátens** (L.) Mill.

— Grdblätt. gefied. **4**

4. Bltn. aufrecht *(603)* **6**

— Bltn. nickend *(601)* **5**

5. Bltnhüllblätt. nur wenig länger als die Stbblätt., an der Spitze nach außen gekrümmt *(601);* Stgblätt. in ca. 30 Zipfel gespalten; Grdblätt. nach der Blüte erscheinend, 2–3fach gefied., m. schmalen weiß-zottig behaarten Fied.; ♃; IV-VI. Trockenrasen, trockene Kiefernwälder; *z–s.* **Giftig** ⓖ *Wiesen-K.,* * **P. praténsis** (L.) Mill.

a. Bltnhüllblätt. innen hellviolett, außen m. lg. seidig glzd. Haaren; Hochblätt. in 3 stark gefied. Abschnitte geglied. *(602a).* Auf Sand; *s,* nur MeVp, Da. ssp. **praténsis**

— Bltnhüllblätt. innen schwarzviolett, außen m. kurzen, nicht glzd. Haaren; Hochblätt. gleichmäßig in einfache, schmale Zipfel geteilt *(602b)*. Kalkliebend; *z* in M-Dt, Br, MeVp, SH, Kt, St, OÖ, NÖ, Bgl, ČR. (= ssp. *bohemica* SKALICKÝ) *Schwarze K.*, ssp. **nígricans** (STÖRCK) ZAMELS

— Bltnhüllblätt. doppelt so lg. wie die Stbblätt., an der Spitze nicht nach außen gekrümmt; Bltn. dunkelviolett, 2–3 cm lg.; Hochblattkranz in ca. 25 Zipfel gespalten; ♃. III–V. Trockenrasen; *s*, Vs, Ts, Gr, Bz. **Giftig!** Ⓖ *Berg-K.*, **P. montána** (HOPPE) RCHB.

6(4). Blattzipfel meist 2–4 mm breit; Bltnhüllblätt. anfangs zusammenneigend, später ausgebreitet *(603)*; Hochblattkranz in 17–27 Zipfel gespalten; ♃; II–V. Trockenrasen, vorwgd. auf Kalk; im S *z*, im N *s*. (= *Anemone pulsatilla* L.) **Giftig !** Ⓖ *Gewöhnliche K.*, * **P. vulgáris** MILL.

a. Grdblätt. vor od. m. den Bltn. erscheinend, m. 100–150 Zipfeln; Bltnhüllblätt. schmal elliptisch. Im Gebiet *z*, Alp. nur Gr, Ti, Sb? ssp. **vulgáris**

— Grdblätt. nach dem Bltn. erscheinend, m. 40–90 Zipfeln; Bltnhüllblätt. breit elliptisch. Im Gebiet *s*, Bayr. Hochebene, Jura, Th (Kyffhäuser), NÖ, Bgl, ČR. (= *P. grandis* WEND.) *Große K.*, ssp. **grándis** (WEND.) ZAMELS

— Blattzipfel meist 6–11 mm breit; Endblättchen lg. gestielt; Bltn. 2–3 cm lg.; ♃; III-V. Felsspalten, trockene Bergwiesen; *s*. Ⓖ *Hallers K.*, **P. hálleri** (ALL.) WILLD.

a. Grdblätt. 3–7 cm lg.; Hochblattzipfel durchschnittl. 25–30 mm lg; Bltnhüllblätt. meist < 35 mm; Pfl. < 10 cm hoch. Felsspalten; nur Vs (Vispertäler). ssp. **hálleri**

— Grdblätt. 5–11 cm lg.; Hochblattzipfel durchschnittl. 35–45 mm lg.; Bltnhüllblätt. meist > 35 mm; Pfl. ca. 10 cm hoch. Bergwiesen; nur St. *Steiermark-K.*, ssp. **styríaca** (PRITZEL) ZAMELS

15. Anemonástrum HOLUB, *Berghähnlein*

Bltn. in 3–8-bltg. Dolde; Bltnhüllblätt. weiß, außen zuw. rot überlaufen; Stgblätt. sitzend, 3-teilig, ungleich tief gespalten; Grdblätt. handf. 3–5-teilig, langzottig behaart; Fr. kahl, abgeflacht; ♃; V–VII. Matten der subalp. u. alp. Reg., meist auf Kalk; *z* Alp., *s* BW, Vog., Schweizer Jura, Riesengeb. Gesenke. (= *Anemone narcissiflora* L.) **Giftig! A. narcissiflórum** (L.) HOLUB

16. Anemóne L., *Windröschen*

1. Bltnhüllblätt. weiß, zuw. rötl.-purpurrot überlaufen **3**

— Bltnhüllblätt. gelb od. blassblau **2**

2. Bltnhüllblätt. gelb, untersts. schwach behaart; Bltn. zu 1–2; Stgblätt. fingerf. geteilt; ♃; III–IV. Auwälder, Laubwälder, vorwgd. auf Kalk u. Lehm; *v*. **Giftig!** Ⓖ *Gelbes W.*, * **A. ranunculoídes** L.

— Bltnhüllblätt blassblau, zu 8–14; Zierpfl.; *s* eingebürgert, Be, Ho, Da (Bornholm). (Heimat: S-Eur.) Ⓖ *Apennin-W.*, **A. apennína** L.

3(1). Bltnhüllblätt. untersts. weißfilzig behaart; grdst. Blätt. ± zahlr. . . . **5**

— Bltnhüllblätt. untersts. kahl od. schwach behaart; Grdblätt. 1 od. fehlend, 3-zählig gefied. **4**

4. Blattfied. ganzrandig od. gleichmäßig gesägt *(605)*; Stbbeutel weiß; Rhizom weißl.; ♃; V–VI. Steinige Wälder, Gebüsch; Au, Bz *s*. Ⓖ *Dreiblättriges W.*, **A. trifólia** L.

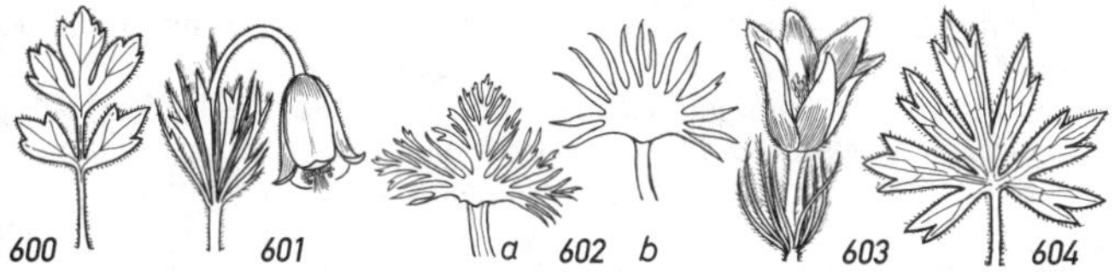

600 601 a 602 b 603 604

— Blattfied. 2–3-spaltig, m. ungleich eingeschnittenen Zipfeln *(584, 606)*; Bltn. weiß bis rötl.violett; Stbbeutel gelb; Rhizom gelb bis dkbraun; ♃; III–IV. Laubwälder, Gebüsch, Wiesen; *g* u. *h*.
Giftig! 🄶 *Busch-W.*, * **A. nemorósa** L.

5(3). Pfl. 15–30 cm hoch; Bltnhüllblätt. meist 5; Bltn. bis 6 cm im Dm; Grdblätt. hand- bis fußf. 5-teilig, m. 2–3-spaltigen Abschnitten; Fr. dicht weiß-wollig; ♃; IV–VI. Sonnige, buschige Abhänge, lichte Wälder, kalkliebend; in S-Dt, E u. ČR *z*, in Br, NS, NrWe *s*, früher CH, *f* W-Au.
Giftig! Ⓖ *Großes W.*, * **A. sylvéstris** L.

— Pfl. nur 5–15 cm hoch; Bltnhüllblätt. 8–10; Bltn. bis 4 cm im Dm; Grdblätt. doppelt 3-zählig m. 3–5-teiligen Abschnitten; ♃; VI–VIII. Steinige Matten der alp. Stufe, kalkliebend; Au, CH, Bz *s*.
🄶 *Tiroler W.*, **A. baldénsis** L.

17. Hepática Mill., *Leberblümchen*

Grdblätt. 3-lappig *(577b)*, erst nach der Blüte erscheinend, überwinternd; Stg. behaart, m. 3 ganzrandigen, kelchart. Hochblätt. dicht unter den blauen, seltener weißen Bltnhüllblätt. *(577a)*; Fr. längl., behaart, m. kurzem Schnabel; ♃; III–IV. Laubwälder; *v*, im N *z*, im W *s*. (= *Anemone hepatica* L.; = *H. triloba* Chaix) Ⓖ * **H. nóbilis** Schreb.

18. Ranúnculus L. [incl. **Batráchium** (DC.) S. F. Gray u. **Ficária** Schaeff.], *Hahnenfuß*

Der erhalten bleibende und erhärtende Gr. wird als Frschnabel bezeichnet. Die Blkrblätt. sind blumenblattart. Nektarblätt. und tragen an ihrer Basis eine Nektardrüse *(565)*. Die äußeren Bltnhüllblätt. werden auch als Kblätt. bezeichnet.

1. Blumenblattart. Nektarblätt. 6–14, goldgelb; kblattart. äußere Bltnhüllblätt. 3 *(234)*, selten bis 5; Grdblätt. m. herz-nierenf., fettig glzd., kahler Spr.; Stg. niederlgd. bis aufstgd., im Alter meist m. blattachselst. Brutknöllchen; Wurzeln z. T. keulenf. verdickt; ♃; III–V. Feuchte Wiesen, Gebüsche, lichte Laubwälder, *g*; formenreich. (= *Ficaria verna* Huds.) **Giftig!** *Scharbockskraut*, * **R. ficária** L.

a. Nach der Blzt. m. Brutknöllchen in den Blattachseln; *g*.
ssp. **bulbílifer** Lambinon

— Ohne Brutknöllchen in den Blattachseln . . . . **b**

b. Stg. niederlgd.; *s*, CH. ssp. **fertílis** Laegard

— Stg. aufrecht; *s*, nur NÖ, Bgl. [= ssp. *nudicaulis* (Kern.) Rouy & Fouc.]
ssp. **calthifólius** (Rchb.) Arcang.

— Blkrblätt. (= Nektarblätt.) u. Kblätt. je 5 . . . . **2**

2. Blkrblätt. (= Nektarblätt.) gelb **16**

— Blkrblätt. (= Nektarblätt.) weiß, rötl. od. rotviolett, zuw. an der Basis gelb 3

3. Wasserpfl. m. untergetauchten, zerteilten Wasserblätt. *(608, 609)*, zuw. nur m. ganzflächigen Schwimmblätt. *(607)* od. m. beiden *(609a, b);* Frstiele zurückgekrümmt. [= Untergattung *Batráchium* (DC.) ARCANG.] **11**

— Landpfl. od. Sumpfpfl. **4**

4. Grdblätt. tief geteilt od. gelappt **7**

— Grdblätt. ungeteilt **5**

5. Grdblätt. gekerbt od. gesägt, kreisf.; Pfl. 4–10(–15) cm hoch; Stg. 1–2-bltg; Bltn. 2–2,5 cm im Dm; ♃; VI–VII. Quellige Stellen, Felsspalten der Ur-Alp.; *s,* St. Ⓖ *Gekerbter H.,* **R. crenátus** W. & K.

— Grdblätt. ganzrandig **6**

6. Grdblätt. breit eif. bis herzf., am Rand behaart; Kblätt. zottig behaart; ♃; VI–VIII. Feuchter Gesteinsschutt der Alp., bis 2900 m, kalkliebend; *s,* CH, Ba (Karwendel), Vb, Ti, OTi, Bz, Kt, St. **Giftig!** Ⓖ
Herzblättriger H., **R. parnassiifólius** L. ssp. **heterocárpus** KÜPFER

— Grdblätt. linealisch, meist < 5 mm breit; Kblätt. kahl; ♃; V–VII. Feuchte Weiden der Alp., bis 3050 m; Z-Alp. *v,* CH, Vb, OTi, Bz, Ti, Kt *z.* (= *R. plantagineus* ALL.; = *R. kuepferi* GREUT. & BURDET)
Ⓖ *Pyrenäen-H.,* **R. pyrenǽus** L.

7(4). Stg. niedrig, 5–15 cm hoch, 1–2-bltg.; Hochalpenpfl. **9**

— Stg. 60–120 cm hoch, reich verzweigt, vielbltg.; Blätt. fingerig gelappt **8**

8. Mittelabschnitt der Blätt. bis zum Grd. frei *(592)*, gestielt, einfach od. doppelt gesägt; Bltnstiele 1–3-mal so lg. wie die Tragblätt., ± behaart; Seitenäste spreizend; ♃; V–VII. Bäche, Quellen; im S *z,* M u. N *f.* (= *R. aconitifolius* L. ssp. *aconitifolius*)
Giftig! *Eisenhutblättriger H.,* * **R. aconitifólius** L.

— Abschnitte der Blätt. am Grd. miteinander verbunden *(593)*; Bltnstiele 4–5-mal so lg. wie ihre Tragblätt., kahl; Seitenäste ± aufrecht; ♃; V–VII. Feuchte Bergwälder, Hochstaudenfluren; Alp., Voralp. u. Mittelgeb., *z.* [= *R. aconitifolius* L. ssp. *platanifolius* (L.) RIKLI]
Giftig! *Platanenblättriger H.,* * **R. platanifólius** L.

9(7). Kblätt. unterste. dk. rostbraun, bis z. Frreife bleibend, kürzer als die weißen, rosaroten od. rotvioletten, bleibenden Nektarblätt.; Grdblätt. dick, dkgrün, 3-zählig, m. 3- bis vielfachspaltigen Fied.; ♃; VII–VIII. Durchfeuchteter Felsschutt u. Moränen der Ur-Alp. von 1900–4275 m; stellenw. *h.* [= *Oxygraphis vulgaris* FREYN; = *O. gelidus* (HOFFMGG.) O. SCHWARZ] Ⓖ *Gletscher-H.,* * **R. glaciális** L.

— Kblätt. grün **10**

10. Pfl. behaart, später verkahlend; Blätt. im Umriss eckig; Zipfel mindest. bis zur Hälfte geteilt, dort keilig; Bltnboden behaart; ♃; VI–VII. Felsschutt der K-Alp.; *s,* O-Ti, Kt, OÖ, Bz, Bern, Unterwalden.
Seguiers H., **R. seguiéri** VILL.

— Pfl. kahl; Blätt. im Umriss rundl., nicht bis zum Grd. geteilt; Bltnboden kahl; ♃; VI–IX. Feuchte Matten der K-Alp., Schneetälchen, bis 2940 m; *v.* *Alpen-H.,* **R. alpéstris** L.

a. Grdblätt. nicht bis zum Grd. gespalten; Blattsprbasis gerade od. herzf.; *v* ssp. **alpéstris**

— Grdblätt. bis zum Grd. gespalten, mittl. Abschnitt am Grd. schmal, keilig; Blattsprbasis bildet spitzen Winkel; *s*, Kt. (= *R. traunfellneri* HOPPE) *Traunfellners H.*, ssp. **traunféllneri** (HOPPE) RCHB.

11(3). Blätt. verschieden gestaltet; Schwimmblätt. nierenf., ganzflächig *(609b),* Wasserblätt. fein zerteilt *(608, 609a),* zuw. nur letztere vorhanden **13**

— Alle Blätt. gleich gestaltet, nierenf., 3–5-lappig; Blattstiel am Grd. m. 2 breiten, stgumfassenden Öhrchen *(607);* haarf. Wasserblätt. fehlend **12**

12. Blätt. m. 3(–5) seichten, halbkreisf. od. 3-eckigen, ganzrandigen Lappen, die an der Basis am breitesten sind; Nektarblätt. nicht od. kaum länger als die Kblätt.; ♃; V–IX. Bäche, Gräben, Quellen; *s* im W, NW (bis Be, Ho), SH, Da, SaAn, W-Th, E, *f* im O. [= *Batrachium hederaceum* (L.) S. F. GRAY] *Efeublättriger H.,* **R. hederáceus** L.

— Blätt. 5-lappig, m. 3-kerbigem Mittel- u. 2-kerbigen Seitenlappen, die in den Buchten am schmalsten sind; Nektarblätt. 2–3-mal länger als die Kblätt.; ♃; V–IX. Bäche, Gräben; früher Ho. (= *R. lenormandii* F. SCHULTZ) *Lenormands H.,* **R. omiophýllus** TEN.

13(11). Wasserblätt. länger als die Internodien, m. langen, fast parallelen, pfrieml. Zipfeln *(608);* Schwimmblätt. fehlen; Stg. flutend, 1–3 m lg.; Nektarblätt. bis 15 (20) mm lg.; Nektarien birnf.; ♃; VI–VIII. Fließende Gewässer; *z.* [= *Batrachium fluitans* (LAM.) WIMM.] **Giftig!** *Flutender H.,* * **R. flúitans** LAM.

Die Kleinart **R. penicillátus** (DUM.) BAB. m. behaartem Bltnboden und meist m. Schwimmblätt. vgl. Nr. **15–c**.

— Wasserblätt. kürzer als die Internodien, meist m. abspreizend-ausgebreiteten, nicht parallelen Zipfeln *(609a)* **14**

14. Wasserblätt. auch nach dem Herausnehmen aus dem Wasser spreizend, nicht zusammenfallend; Blätt. im Umriss kreisrund; Blattzipfel in einer Ebene; Schwimmblätt. fehlend; Bltnboden behaart; ♃; V–IX. Sthd. u. langsam fließende Gewässer; z. [= *Batrachium circinatum* (SIBTH.) SPACH] *Spreizender H.,* **R. circinátus** SIBTH.

— Wasserblätt. außerhalb des Wassers pinself. zusammenfallend **15**

15. Bltn. nur bis 15 mm im Dm; ⊙–♃; V–VIII. Sthd. od. langsam fließende Gewässer.
Artengruppe *Haarblättriger Wasser-H.,* **R. trichophýllus** agg.

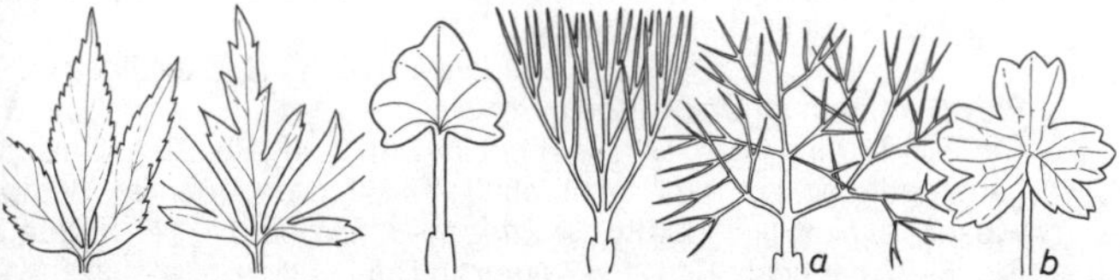

605 *606* *607* *608* *609*

a. Pfl. meist bis 1 m lg., ohne Schwimmblätt; Nektarblätt. 4–8 mm lg.; Nektardrüsen halbkreis- bis kreisf.; trockene Nüsschen 1,3–2,0 mm lg., vorn selten fleckig, zu 30–40. [= *R. flaccidus* PERS.; = *R. paucistamineus* TAUSCH; = *Batrachium trichophyllum* (CHAIX) VAN DEN BOSCH]
Haarblättriger Wasser-H., * **R. trichophýllus** CHAIX s. str.

aa. Fr. zerstreut borstenhaarig, *v.* ssp. **trichophýllus**

— Fr. kahl; Pfl. sehr zart, an allen Internodien wurzelnd; Gebirgsseen, Alp. *s.* [= *R. confervoides* (FR.) FR.; = *R. lutulentus* PERR. & SONG.]
ssp. **eradicátus** (LAESTAD.) COOK

b. Schwimmblätt. fehlend; Nektarblätt. 2,5–6 mm lg., Nektardrüsen röhrig, m. birnf. Mündung; trockene Nüsschen 0,8–1,3 mm lg., vorn stets violett fleckig, zu 50–90; *s,* Oberrheingebiet, Ti (Inntal), NÖ, ČR.
Rions Wasser-H., **R. riónii** LAGGER

c. Nektarblätt. 1–4,5 mm lg., Staubblätt. 5–10; Schwimmblätt. 3–5-lappig; Bltnboden behaart; Fr. kahl; *s,* stark zurückgehend, NS, früher SH, Ho, Be. [= *R. lutarius* (REVEL) BOUVET] *Dreiteiliger Wasser-H.,* **R. tripartítus** DC.

— Bltn. > 20 mm im Dm; ⊙–♃; VI– IX. Sthd. u. langsam fließende Gewässer. **Giftig!** Artengruppe *Wasser-H.,* **R. aquátilis** L. agg.

a. Nektarblätt. an der Basis gelb, 5–10 mm lg.; Staubblätt. 14–22; Nektardrüsen kreisf.; Bltnboden behaart; Pfl. bis 1 m lg.; Bltnstiele bis 4 cm lg., kürzer als zugehörige Blätt.; Schwimmblätt. ± tief gezähnt, *z.* (= *R. radians* REVEL)
Gewöhnlicher Wasser-H., * **R. aquátilis** L. s. str.

b. Nektarblätt. an der Basis gelb; Nektardrüsen birnf.; Pfl., bis 1 m, selten bis 2 m lg.; Bltnstiele bis 8(–12) cm lg.; Schwimmblätt. 3-teilig, wellig gekerbt; *z.* *Schild-Wasser-H.,* **R. peltátus** SCHRANK

c. Nektarblätt. 10–15(– 20) mm lg.; Nektardrüsen birnf.; Staubblätt. 20–40; Pfl. 2–4 m lg.; Schwimmblätt. oft länger als zugehörige Internodien, ähnl. wie bei *R. peltatus;* Bltnstiele bis 25 cm lg.; Bltnboden behaart; *z,* Dt, Be, Da, St. Verbreitung ungenügend bekannt. Vielgestaltig, zwischen *R. peltatus u. R. fluitans* stehend. *Pinsel-Wasser-H.,* **R. penicillátus** (DUM.) BAB.

d. Nektarblätt. rein weiß, 7–15 mm lg.; Nektardrüsen halbmondf.; Schwimmblätt. 3–5-lappig; Wasserblätt. auffallend zart; Fr. kahl; *s,* NS, Ho, Be, NrWe.
Reinweißer Wasser-H., **R. ololeūcos** LLOYD

e. Nektarblätt. an der Basis gelb, 5,5–10 mm lg.; Nektardrüsen halbmondf.; Schwimmblätt. 3–5-lappig; Staubblätt. 10–20; Bltnboden behaart; Fr. ca. 16–40, kahl, häutig gekielt. Salz- u. Brackwasser der Küsten *z,* im Binnenland nur an salzhaltigen Stellen, NÖ, Bgl, ČR. [= *Batrachium marinum* FR.; = *R. peltatus* ssp. *baudotii* (GODR.) MEIKLE ex COOK] *Brackwasser-H.,* **R. baudótii** GODR.

16(2). Alle Blätt., zumindest die mittl. u. ob. Stgblätt. geteilt; nur Grdblätt. zuw. ungeteilt **20**

— Alle Blätt. ungeteilt u. lanzettl. **17**

17. Bltn. 2,5–3 mm im Dm, sitzend, hellgelb; Pfl. 5–25 cm hoch; ⊙; V–VIII. Feuchte Weideflächen; früher NÖ, Bgl.
Seitenblütiger H., **R. lateriflórus** DC.

— Bltn. 5–40 mm im Dm, gestielt; Pfl. ♃ **18**

18. Stg. 50–150 cm hoch; Bltn. 2–4 cm im Dm, goldgelb; Blätt. lanzettl., ganzrandig od. schwach gezähnt; ♃; VI–VII. Ufer, Röhricht, Sumpfwiesen; *z, f* im N. **Giftig!** © *Zungen-H., Großer H.,* * **R. língua** L.

— Stg. 5–50 cm hoch; Bltn. 15–20 mm im Dm **19**

19. Pfl. feuchter Standorte, aufrecht od. niederlgd.-kriechend; unt. Blätt. gestielt, elliptisch; Stgblätt. lanzettl., ganzrandig od. schwach gesägt; ♃; VI–X. Sandige Ufer, nasse Wiesen, Gräben; *v.*
Brennender H., * **R. flámmula** L.
a. Stg. aufrecht od aufstgd., nur an den basalen Knoten wurzelnd; Bltn. 8–20 mm im Dm; *v.* ssp. **flámmula**
— Stg. fadenf., niederlgd.-kriechend, an allen Knoten wurzelnd u. dort Büschel von lineal-lanzettl. Blätt. tragend *(610);* Bltn. 5–10 mm im Dm, einzeln; sandig-kiesige Ufer; *s,* Ba, BW, CH, SH, MeVp, Au. (= *R. reptans* L.)
Ufer-H., ssp. **réptans** (L.) Korsh.
— Pfl. trockener Standorte, aufrecht, am Grd. m. Faserschopf, 10–30 cm hoch; Grdblätt. grasähnlich, schmal linealisch, fast sitzend; ♃; IV–V. Trockenrasen; *s,* nur Vs (Rhonetal).
Grasblättriger H., **R. gramíneus** L.
20(16). Alle Blätt. ± tief 3–5-spaltig od. -lappig, wenn Grdblätt. ungeteilt, dann nicht nierenf. od. kreisrund **24**
— Grdblätt. ungeteilt, nierenf. od. kreisrund, am Rand *(612a)* od. nur an der Spitze gekerbt bis gezähnt *(611)* **21**
21. Stgblätt. fingerig geteilt **23**
— Stgblätt. ungeteilt, höchstens vorne etwas eingeschnitten gelappt **22**
22. Grdblätt. z. Bltzt. vorhanden; unterstes Stgblatt quer oval, meist gestielt, nur vorne eingeschnitten gelappt *(611);* Pfl. 10–15 cm hoch; ♃; V–VIII. Felsschutt der K-Alp.; *s* Bz, Au, Dt, *f* Vb, CH.
Sehr giftig! *Nierenblättriger H.,* **R. hýbridus** Biria
— Grdblätt. z. Bltzt. fehlend; unterstes Stgblatt groß, nierenf., sitzend od. fast sitzend, fast am ganzen Rand gekerbt-gesägt; Pfl. 10–30 cm hoch; ♃; V–VII. Alpenmatten, *s,* nur Kt (Karawanken), Vs, Ts, Gr, FL.
Sehr giftig! Ⓖ *Schildblättriger H.,* **R. thóra** L.
23(21). Stg. am Grd. m. 1–2 Niederblätt.; Grdblätt. zu 1–3, ungeteilt, rundl.-nierenf., m. einfach gekerbt-gesägtem Rand *(612a);* Stgblätt. 5–7-teilig; Fr. eif., 3–4 mm lg., weich behaart, m. kurzem, geradem, an der Spitze hakigem Gr. *(612b);* ♃; IV–V. Laubwälder; *s* in W- u. OPr, Schl, Sb, OÖ. [= *R. auricomus* L. ssp. *cassubicus* (L.) Čel.]. Formenreich.
Wenden-H., **R. cassúbicus** L.
— Stg. am Grd. ohne Niederblätt.; Grdblätt. lg. gestielt, m. ungeteilter, nierenf.-rundl., ringsum gekerbt-gezähnter (ähnl. *612a),* aber auch 3–5- *(613a)* u. mehrspaltiger Spr.; Stgblätt. sitzend, fingerig geteilt, m. linealen Zipfeln *(613b);* Fr. eif., 3–4 mm lg., dicht behaart, m. kurzem, vom Grd. an hakigem Schnabel *(613c);* ♃; IV–VI. Feuchte Laubwälder, Wiesen,

610

611

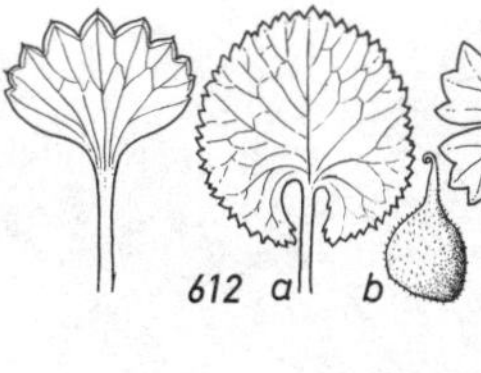

612 a b

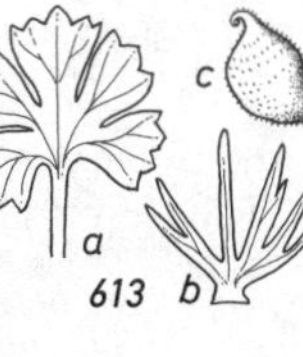

613 a b c

bis in die alp. Reg.; *v.* (Es sind mehr als 50 Kleinarten beschrieben!) Formenreich. Artengruppe *Gold-H.,* * **R. auricomus** L. agg.

Die zahlreichen, noch wenig erforschten Kleinarten, die sich apomiktisch vermehren, sind nur mit Spezialliteratur bestimmbar.

24(20). Bltnstiele deutl. gefurcht od. kantig. **32**

— Bltnstiele rund, nicht od. nur undeutl. gefurcht. **25**

25. Wurzeln knollig verdickt; ganze Pfl. seidig-wollig behaart; Grdblätt. 3-teilig, m. lineal-lanzettl. Abschnitten, selten ungeteilt; Kblätt. zurückgeschlagen; Nektarblätt. zitronengelb; Fr. auf verlängerter Bltnachse, mit langem, geradem Schnabel und ringsum geflügelt *(614);* ♃*;* V–VI. Trockenrasen, Äcker; *s*, Oder-, Elbe- u. unteres Saaletal, NÖ, Bgl, ČR, früher Schl, Ti. *Illyrischer H.,* **R. illýricus** L.

— Wurzeln nicht knollig verdickt; Pfl. nicht seidig, aber z. T. absthd. oder anlgd. behaart **26**

26. Pfl. sehr klein, 1–4 cm groß; Stg. 1-bltg., von den meist handf. gelappten *(616a),* kahlen Blätt. überragt; Nektarblätt. kürzer als die Kblätt.; Fr. zahlr., eif., glatt, m. längerem, abw. gebogenem Schnabel *(616b);* ♃; VII–VIII. Alp., auf Urgestein u. Schiefer, bis 2500 m; *s* in Sb, Ti, Kt, OTi, Bz, Gr. Ⓖ *Zwerg-H.,* **R. pygmǽus** Wahl.

— Pfl. > 4 cm **27**

27. Nüsschen nicht bestachelt **29**

— Nüsschen bestachelt **28**

28. Kblätt. zurückgeschlagen; Pfl. kahl; Bltn. m. 12–30 Nüsschen, diese bestachelt, m. glattem Rand u. 2–3 mm langem Schnabel; Blätt. gekerbt-gesägt, handf. gelappt; ☉; IV–V. Auf feuchten Böden; *s*, nur CH, aus dem Mittelmeergeb. eingeschleppt. *Stachelfrüchtiger H.,* **R. muricátus** L.

— Kblätt. nicht zurückgeschlagen; Pfl. etwas behaart; Bltn. m. 4–8 Nüsschen, diese bestachelt, m. glattem Rand u. 3–4 mm langem, leicht gekrümmtem Schnabel *(615c, d);* Bltn. hellgelb, 4–12 mm im Dm; Grdblätt. spatelf., an der Spitze grob gezähnt, die folgenden 3-teilig *(615a, b);* ☉; V–VII. Lehmäcker; *z–s,* stark zurückgegangen. **Giftig!** *Acker-H.,* * **R. arvénsis** L.

29(27). Bltnboden an der Spitze borstl. behaart; Bltnstg. 1–3-bltg., 10–15 cm hoch, angedrückt behaart; Stgblätt. sitzend, tief 3–5-spaltig, m. lineal-lanzettl. Zipfeln; ♃; V–IX. Wiesen u. Geröllhalden der Alp. u. Voralp., SchwAlb, Schw.; *v–z.* Artengruppe *Berg-H.,* **R. montánus** Willd. agg.

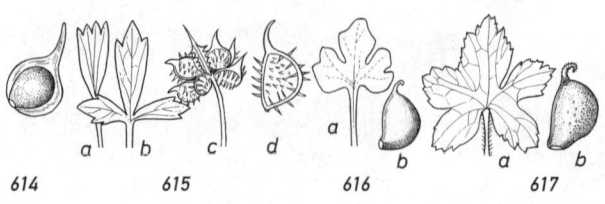

614

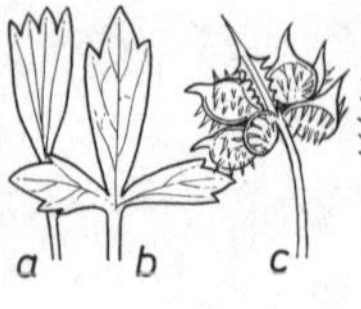

615

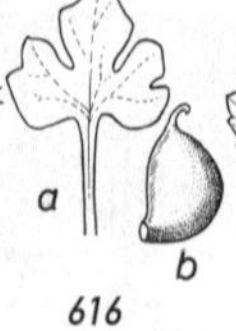

616

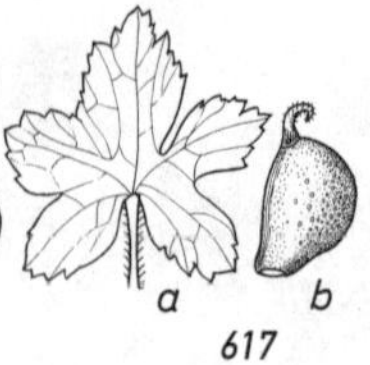

617

Im Gebiet werden folgende Kleinarten unterschieden:

a. Stgblätt. groß, m. lanzettl. Zipfeln; Frschnabel bis 1/2 mal so lg. wie die Fr. **c**

— Stgblätt. klein, m. 3–5 linealen Zipfeln; Frschnabel kurz; Kalkpfl. . . . . . **b**

b. Ob. Rhizomabschnitt, wie auch der gesamte Bltnboden behaart; Blätt. anlgd. behaart; Nektarblätt. oft ausgerandet. Alp., Bayr. Hochebene u. SchwAlb, CH, Bz, Au; *z.* (= *R. hornschuchii* Hoppe; = *R. oreophilus* Bieb.) *Gebirgs-H.,* **R. breynínus** Cr.

— Ob. Rhizomabschnitt u. unt. Teil des Bltnbodens, wie auch die Blätt. kahl; *s* in SchwAlb, sonst Kt, St, NÖ, CH, OTi, Ti, Bz. *Kärntner H.,* **R. carinthíacus** Hoppe

c(a). Blätt. glzd., kahl od. zerstreut behaart; kalkliebend; *v* in Alp., Bayr. Hochebene, Schw. *Berg-H.,* **R. montánus** Willd. s.str.

— Blätt. stark seidig behaart; kalkmeidend; *s* in Allgäu, Ba, Vb, Ti, OTi, Bz, CH. (= *R. grenierianus* Jord.) *Greniers H.,* **R. villársii** DC.

— Bltnboden kahl; Stg. 15–80(–100) cm hoch. **30**

30. Stg. u. Blätt. absthd. rauhaarig; Grdblätt. 3–5-spaltig, m. breit eif., unregelmäßig gesägten Abschnitten *(617a);* Nüsschen eif., kahl, seitl. stark zusammengedrückt; Schnabel stark hakig gekrümmt *(617b);* ♃; V–VII. Berg- u. Auwälder, *v,* s im NW u. W. *Wolliger H.,* * **R. lanuginósus** L.

— Stg. u. Blätt. angedrückt behaart od. kahl **31**

31. Grdblätt. handf. 3–5-teilig, im Umriss eckig, m. zieml. schmalen, 3-spaltigen, eingeschnitten-gesägten Abschnitten *(618a);* Nüsschen kahl, m. kurzem, fast geradem, nur wenig gekrümmtem Schnabel *(618b);* ♃; V–X. Wiesen, Gebüsch, bis in die alp. Reg.; *g.* (= *R. acer* L.) **Giftig!** *Scharfer H.,* * **R. ácris** L.

a. Rhizom kurz, senkrecht; *g.* ssp. **ácris**

— Rhizom verlängert, horizontal umgebogen . . . . **b**

b. Blätter weich, dünn, die Abschnitte sich seitl. deckend; Stbfäden kahl; *z,* bes. im SW, CH, Vb, Ti. (= *R. stevenii* auct.) ssp. **friesiánus** (Jord.) Syme

— Blätter dickl., lederig, die Abschnitte sich nicht deckend; Stbfäden behaart; *s,* nur NÖ (= *R. strigulosus* Schur) ssp. **strigulósus** (Schur) Hyl.

— Grdblätt. im Umriss rundl., durch tiefe Einschnitte 3–5- od. mehrteilig *(613a),* zuw. ungeteilt, nierenf., ringsum gekerbt (s. auch Nr. **22**–); Bltn. oft unvollständig; Nüsschen behaart. Artengruppe *Gold-H.,* **R. auricomus** L. agg.

32(24). Grdblätt. meist 5-lappig, im Umriss nierenf. bis breit herzf. *(616a);* 1–4 cm hohe Alpenpfl. (s. auch Nr. **26**). *Zwerg-H.,* **R. pygmaéus** Wahl.

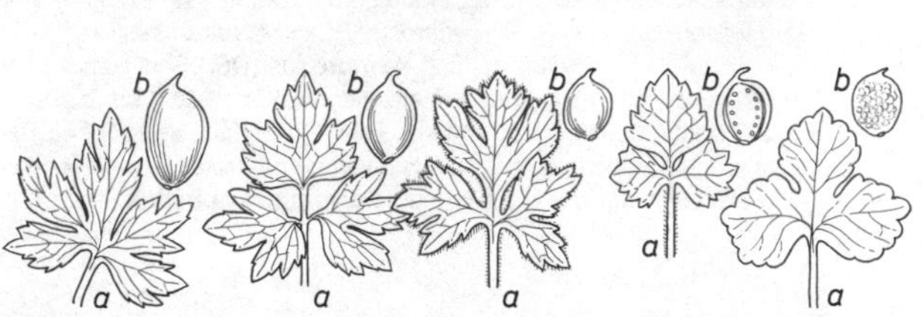

618 *619* *620* *621* *622*

— Grdblätt. handf. 3-teilig, 3-zählig od. doppelt 3-zählig gefied. . . . **33**

33. Grdblätt. handf. 3-teilig; Mittelabschnitt m. den seitl. verbunden *(622–624)* **36**

— Grdblätt. 3-zählig od. doppelt 3-zählig gefied., m. deutl. gestielten Fied. (zumindest Endfied. gestielt) *(619–621)* **34**

34. Pfl. m. oberirdischen, wurzelnden Ausläufern; Grdblätt. 3-zählig, m. gestielten, 3-spaltigen, unregelmäßig gezähnt-gelappten Fied. *(619a);* Kblätt. aufrecht; Fr. rundl., seitl. zusammengedrückt, mit kurzem, geradem bis schwach gekrümmtem Schnabel *(619b);* ♃*;* V–VIII. Äcker, feuchte Wiesen, Ufer; *g.* *Kriechender H.,* * **R. répens** L.

— Pfl. ohne Ausläufer; Kblätt. zurückgeschlagen **35**

35. Stg. am Grd. knollig verdickt, an der Basis absthd., oben anlgd. behaart; Grdblätt. 3-zählig *(620a);* Fr. m. kurzem, schwach gekrümmtem Schnabel *(620b);* ♃*;* V–VIII. Magere Wiesen, Weiden; *v,* im NW *z.* **Giftig!** *Knolliger H.,* * **R. bulbósus** L.

— Stg. am Grd. nicht knollig verdickt, bis zur Spitze absthd. behaart; Grdblätt. 3-zählig, m. ± gestieltem Mittelabschnitt *(621a),* Nektarblätt. doppelt so lg. wie die Kblätt., Fr. rund, m. scharf abgesetztem, grünem Rand, auf der Innenfläche meist m. kleinen Höckern *(621b),* ⊙; V–IX. Feuchte Lehmäcker; *z.* *Sardischer H.,* **R. sardóus** Cr.

36(33). Stg. kahl; Blätt. kahl, fettig glzd., etwas fleischig, handf. 3–5-teilig, m. eingeschnitten-gelappten Abschnitten *(622a);* Bltn. klein, blassgelb; Kblätt. zurückgeschlagen, hinfällig; Fr. zahlr., auf walzl. Bltnboden, rundl.-eif., querrunzelig, kurz geschnäbelt *(622b)* ⊙*;* VI–XI. Schlammige Ufer, Gräben, N *v,* S *z.* **Giftig!** *Gift-H.,* * **R. scelerátus** L.

— Stg. am Grd. absthd., oben anlgd. behaart; Fr. auf kugeligem Bltnboden; ♃; V–VII, Wälder, Wiesen, *v.* *Vielblütiger H.,* **R. polyánthemos** L. s. l.

a. Grdblätt. handf. 3–5-teilig, m. tief 3-spaltigen, schmal linealen Abschnitten *(623a);* Fr. m. kürzerem, gebogenem Schnabel *(623b).* Lichte, trockene Wälder, *z, s* od. *f* in W-Dt, W-Au, Be, Ho, CH.
Vielblütiger H., ssp. **polyánthemos**

— Grdblätt. 3–5-spaltig, m. breit-verkehrt-eif. Abschnitten *(624a);* Fr. m. 1,5 mm langem, gekrümmtem, an der Spitze eingerolltem Schnabel *(624b)* **b**

b. Stg. niederlgd., an den Knoten wurzelnd; Grd.- u. Stgblätt. tief 3-teilig, m. wenig zerteilten Abschnitten; *z,* Allgäuer Alp., Mittelgeb., Vb, Sb, Ti, OÖ, CH. (= *R. radicescens* Jord.; = *R. serpens* Schr.)
Wurzelnder Wald-H., ssp. **sérpens** (Schr.) Baltisberger

— Stg. steif aufrecht . . . . **c**

c. Alle Grdblätt. tief 3-teilig, m. 2–3-lappigen, gezähnten Abschnitten; Wälder, Bergwiesen; S *v,* N *s.* (= *R. nemorosus* DC.; = *R. tuberosus* Lap.)
Wald-H., ssp. **nemorósus** (DC.) Schübler & Martens

— Äußere Grdblätt. im Umriss kreisf., viel stärker zerteilt als bei vorigen; M-Abschnitt oft stielf. verschmälert; *s,* BW, Vb, Ti, Kt, St, NÖ, CH, Bz, Ba Verbr. ungenügend bekannt. (= *R. polyanthemophyllus* Koch & Hess)
Ⓖ *Schlitzblättriger Wald-H.,* ssp. **polyanthemophýllus** (Koch & Hess) Baltisberger

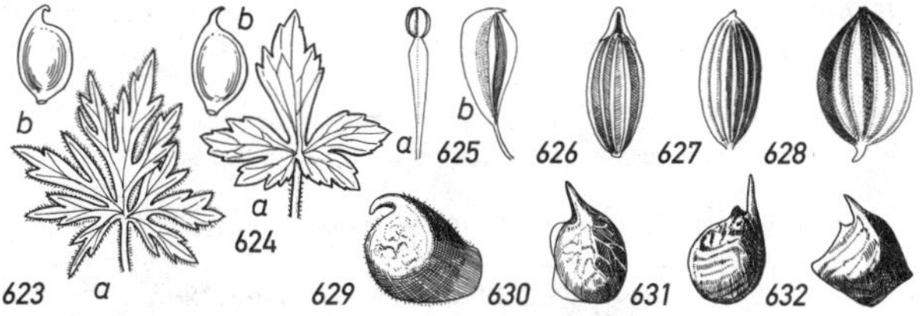

19. Ceratocéphala Moench, *Hornköpfchen*

1. Frschnabel sichelf., m. langer Spitze *(579b);* Blätt. grdst., 3-teilig *(579a);* ⊙*;* III–V. Lehmige Äcker; früher Ba, BW, Th, NÖ. (= *Ranunculus falcatus* L.) *Sichelfrüchtiges H.,* **C. falcáta** (L.) Cramer

— Frschnabel fast gerade, m. kurzer Spitze; Fr. 5–6 mm lg.; Bltn. 5–10 mm im Dm; ⊙; III–V. Ruderalstellen, Äcker, Weinberge; *s* eingebürgert, BW (Stuttgart), Bgl, NÖ, früher ČR. (Heimat: SO-Eur., As.). (= *C. orthoceras* DC.) *Geradfrüchtiges H.,* **C. testiculáta** (Cr.) Roth

20. Myosúrus L., *Mäuseschwänzchen*

Blätt. grdst., schmal lineal, grasart.; Kblätt. grünl.; Nektarblätt. stbblattart., spatelf.; Frkn. zahlr., z. Frzeit an verlängerter, mäuseschwanzähnl. Achse *(578);* ⊙*;* IV–VI. Feuchte, sandige u. lehmige Äcker, kalkmeidend; *z, f* in Alp. * **M. mínimus** L.

21. Thalíctrum L., *Wiesenraute*

1. Bltn. hell lila od. weiß, in reichbltg. Schirmrispen; Stbblätt. unterhalb der Stbbeutel keulig verdickt *(625a),* länger als die deutl. gestielten Frkn.; Fr. glatt, hgd., 3-kantig geflügelt *(625b);* ♃*;* V–VII. Feuchte Moor- u. Waldwiesen, Gebüsch, besonders der montanen u. subalp. Reg.*; z,* im NW *f,* im N nur in Br. *Akeleiblättrige W.,* * **Th. aquilegiifólium** L.

— Bltn. gelbl. od. grünl.; Stbblätt. nicht keulig verdickt **2**

2. Bltn. in Trauben; Pfl. klein, 5–20 cm hoch; Stg. 0- od. 1-blättrig; Blätt. klein, Spr. nur 1–4 cm lg.; ♃; VII–VIII. Matten der Alp., bis 2700 m; *s,* Gr, Bz, Ti, Sb, Kt, St. *Alpen-W.,* **Th. alpínum** L.

— Bltn. in Rispen; Stg. beblättert **3**

3. Bltn. u. Stbblätt. aufrecht, an den Spitzen der Äste dicht gedrängt . **6**

— Bltn. u. Stbblätt. hgd., in lockeren Rispen **4**

4. Fied. mindestens 1,5-mal so lg. wie breit; Bltn. grünl.; Blätt. im Umriss längl., doppelt gefied., m. längl. od. linealen Fied.; Fr. kantig gerillt, durch pfeilf. Narbe bespitzt *(626);* ♃*;* VI–VII. Mager-, Heide- u. Sumpfwiesen; *z, f* NW, Be, Ho. (= *Th. galioides* Nestl. ex Pers.; = *Th. bauhini* Cr.) Formenreich *Schmalblättrige W.,* **Th. símplex** L.

— Fied. rundl., etwa so lg. wie breit **5**

5. Narbe am Rand fransig gezähnelt; Pfl. meist reich drüsig; Stg. rund od. nur schwach gerillt; ♃; VI–VIII. Steinige Hänge der Alp., auf Kalk; *s,* CH, Ti, Bz, St, NÖ, ČR. *Stinkende W.,* **Th. foetidum** L.

— Narbe nicht fransig; Pfl. meist ohne Drüsen; Stg. gerillt bis kantig; ♃; V–VII. Trockenrasen, Felsen, Magerwiesen, Küstendünen, *z.* *Kleine W.*, * **Th. mínus** L.

a. Blätt. in od. unterhalb der Mitte am steifen, zuw. zickzackf. Stg. gehäuft; Fied. m. untersts. stark hervortretenden Nerven; *z–s.* (= *Th. saxatile* DC.) ssp. **saxatile** Cesati

— Blätt. ± gleichmäßig am geraden Stg. verteilt; *z.* [= ssp. *majus* (Cr.) Hook. f.; = ssp. *pseudominus* (Borb.) Soó] ssp. **mínus**

6(3). Grdachse kurz, nicht kriechend, ohne Ausläufer; Blätt. ohne Nebenblätt., 2–3fach gefied.; Fied. lanzettl. oder längl. keilf. bis schmal lineal, ungeteilt; Fr. m. 8–10 Längsrippen u. kurzem Schnabel *(627, 628)*; ♃; VI–VIII. Feuchte Wiesen; im O häufiger, *z* in Au, Ts, Bz, CR, *s* in S-NS, MeVp, Br, Sa, SaAn, Th, Ba. (= *Th. angustifolium* L.) Formenreiche Art. *Glänzende W.*, **Th. lúcidum** L.

— Grdachse verlängert, kriechend, zuw. Ausläufer treibend; Blätt. m. nebenblattart. Fied.; Fied. vorn oft 3–5-spitzig *(594)* **7**

7. Blattnerven unterststs. nicht hervortretend; Spr. unbereift; Blätt. 2–3fach gefied. *(594)*; Pfl. 5–120 cm hoch; ♃; VI–VIII. Feuchte Wiesen, Flussufer; *z.* (= *Th. morisonii* C. C. Gmel.) *Gelbe W.*, * **Th. flávum** L.

— Blattnerven unterststs. hervortretend; Blattspr. blaugrün bereift; Pfl. 100–180 cm hoch; ♃; V–VII. Flussufer; nur BW (Wiesental). (Heimat: Spanien, Portugal) *Blaugrüne W.*, **Th. speciosíssimum** L.

22. Adónis L., *Adonisröschen, Teufelsauge*

1. Bltn. gelb, einzeln, endst., 3–7 cm im Dm; Kblätt. breit eif., weichhaarig; Blkrblätt. 10–20 *(580)*; Fr. dicht gedrängt auf walzl. Bltnboden, runzl.-netznervig, behaart, m. hakenf. Schnabel *(629)*; ♃; IV–V. Trockenrasen, Heidewiesen u. Kiefernwälder, vorwgd. auf Kalk, aber auch auf Sand; *s.* **Giftig!** © *Frühlings-A.*, * **A. vernális** L.

— Bltn. rot, wenn gelb, dann < 3 cm im Dm; Blkrblätt. 5–8 . . . . **2**

2. Kblätt. absthd. bis zurückgeschlagen, kahl, hinfällig; Blkrblätt. dkblutrot, zusammenschließend, am Grd. schwarz; Fr. m. geradem Schnabel *(630)*;⊙; VI–IX. Kalkäcker; *s,* früher CH, Be, jetzt Gartenpfl., zuw. verwild. (Heimat S-Eur.) (= *A. autumnalis* L.) **Giftig!** *Herbst-A.*, **A. ánnua** L.

— Kblätt. den Blkrblätt. angedrückt **3**

3. Kblätt. ± weichhaarig; Blkrblätt. schmal eif., scharlach-blutrot, selten gelb; Fr. mit seitl., geradem, schwarzem Schnabel u. an der Spitze m. abgerundetem Zahn *(631)*; ⊙; V–VIII. Kalkäcker; *s,* stark zurückgegangen. **Giftig!** *Brennendes A.*, **A. flámmea** Jacq.

— Kblätt. kahl, Blkrblätt. mennigrot od. zitronengelb (var. **cítrina** Hoffm.); Fr. kahl, runzelig, m. einer Längskante, die am oberen Rand in 1, vorn in 2 Zähne vorgezogen ist; Schnabel gerade, aufrecht, grün *(632)*; ⊙; V–VII. Äcker, kalkliebend; *z, s* im N. **Giftig!** *Sommer-A.*, * **A. aestivális** L.

Unterklasse: **Trochodendrídae**, *Radbaumähnliche*

Ordnung: **Proteáles**

Familie: **Platanáceae**, *Platanengewächse*

Bäume; Borke in größeren od. kleineren Stücken abblätternd; Stamm dadurch grünl., gelbl. u. bräunl. gefleckt; Blätt. 3–7-lappig, ungleich grob gezähnt; Nebenblätt. groß, laubblattart., stgumfassend; Bltn. eingschl., in kugeligen, gestielten, hgd. Bltnständen; ♂ Bltn. m. 3–8 Stbblätt., ♀ Bltn. m. 3–8 freien Frkn.; sämtl. Arten angepflanzt. Einzige Gattung:

Plátanus L., *Platane*

1. Blätt. tief (bis über die Mitte) handf. 5–7-lappig, untersts. verkahlend; Borke in größeren Platten abspringend; Bltn. 4-zählig; Bltnstand m. 2–4(–7) Köpfchen; ♄; IV–VI. Parkbaum. (Heimat: Mittelmeergebiet)
Morgenländische P., * **P. orientális** L.

— Blätt. seicht (nur bis zur Mitte) 3–5-lappig **2**

2. Blätt. untersts. stets behaart; Borke kleinplattig abspringend; Bltn. 6-zählig, meist in 1 Köpfchen; ♄; V. Parkbaum. (Heimat: N-Am.)
Nordamerikanische P., **P. occidentális** L.

— Blätt. untersts. später verkahlend; Borke großplattig abspringend; Bltnköpfchen meist 2; ♄; IV-VI. Bastard zwischen *P. orientalis* und *P. occidentalis* [= *P. acerifolia* (AIT.) WILLD.]. Park- u. Allee-Baum, an Flussufern stellenw. (z. B. Berlin, Dresden, Rhein, Stuttgart) beinahe eingebürgert.
Gewöhnliche P., * **P. × hispánica** MILL. ex MÜNCHH.

Ordnung: **Buxáles**

Familie: **Buxáceae**, *Buchsbaumgewächse*

Immergrüne Sträucher m. ledrigen, ganzrandigen Blätt.; Bltn. eingschl., in achselst. Knäueln.

Búxus L., *Buchsbaum*
Strauch; Bltn. gelbl.weiß, geknäuelt; ♄; III–IV. Kalk- u. Porphyrfelsen; *s*, Be, E, RhPf (nur Moselgebiet), S-BW (bei Grenzach), CH, FL, Sb, OÖ (Steyr), NÖ, Bgl, sonst gepflanzt u. verwild. **Giftig!** © * **B. sempérvirens** L.

Unterklasse: **Rósidae**, *Rosenähnliche*

Ordnung: **Saxifrágales**

Familie: **Paeoniáceae**, *Pfingstrosengewächse*

Stauden m. knollig verdickten Wurzeln; Blätt. gefied.; Bltn. groß, rot; Stbblätt. zahlr.; Balgfr. Wurden früher zu den *Ranunculaceae* (s. S. 364) gestellt; unterscheiden sich von diesen aber u. a. in der Entwicklung des Embryos.

Paeónia L., *Pfingstrose*
Stg. krautig, 1-bltg.; Blätt. doppelt 3-zählig, untersts. hellgrün; Bltn. dkrot; Stbblätt. am Grd. zu Ring vereinigt; Frkn. 2–5, weißfilzig, m. breiter, roter Narbe; ♃; V–VI. Lichte, felsige Berghänge; *s,* Ts (Monte Generoso), Ti, Bz, in Ba (b. Hassfurt) eingebürgert, auch Zierpfl.
Giftig! * **P. officinális** L.

Familie: **Grossulariáceae**, *Stachelbeergewächse*

Sommergrüne Sträucher m. wechselst., gelappten Blätt. *(298),* ohne Nebenblätt.; Zweige zuw. m. einfachen od. geteilten Stacheln; Bltn. in wenig- bis vielbltg., aufrechten od. hgd. Trauben, radiär, 5-zählig *(640)*; Kblätt. frei; Frkn. unterst.; z. T. bestachelte Beerenfr. *(641).* Im Gebiet nur die Gattung:

Ríbes L., *Johannisbeere*

1. Bltn. zu 1–3, grünl.gelb; Fr. große, grüne, gelbe od. rote, glatte od. borstl. behaarte, vom K. gekrönte Beere; Äste meist stachelig; ♄; IV–V. Lichte Wälder, Steinriegel; *v,* auch Kulturpfl. u. verwild. (= *R. grossularia* L.) *Stachelbeere,* * **R. úva-críspa** L.

a. Pfl. fast stachellos, kahl, höchstens Blattstiel, Blätt. u. Kzipfel bewimpert; Äste bogig; Beeren rot; Kulturpfl. (Heimal: SO-Eur.) (= *R. reclinatum* L.) ssp. **reclinátum** (L.) O. Schwarz

— Äste stark bestachelt . . . . **b**

b. Frkn. weichhaarig, drüsenlos, Beeren kahl; Wälder; *v.* ssp. **úva-críspa**

— Frkn. u. Beeren drüsenborstig u. weichhaarig; Wälder; *s* im S; auch Kulturpfl. [= ssp. *glandulososetosum* (Koch) O. Schwarz] ssp. **grossulária** (L.) Schübler & Martens

— Bltn. in vielbltg. Trauben; Fr. klein; Äste stachellos **2**

2. Blkr. grünl. **4**

— Blkr. goldgelb od. rot; Zierpfl. **3**

3. Bltn. goldgelb, duftend; Blätt. kahl, 3-spaltig; ♄; IV–VI. Zierstrauch. (Heimat: N-Am.) *Gold-J.,* **R. āureum** Pursh

— Bltn. leuchtend purpurrot; Blätt. 3–5-lappig, untersts., graufilzig; ♄; IV–V. Zierstrauch. (Heimat: N-Am.) *Blutrote J.,* * **R. sanguíneum** Pursh

4(2). Bltntrauben aufrecht; Tragblätt. Bltnstiele u. Bltn. überragend; Blätt. untersts. glzd., 3–5-lappig *(633)*; Beeren scharlachrot, fade schmeckend; ♄; IV–VI. Hangwälder; *z,* auch angepfl. u. (im NW) verwild. *Alpen-J.,* **R. alpínum** L.

— Bltntrauben hgd.; Tragblätt. kürzer als Bltnstiele **5**

5. Blätt. untersts. m. gelbl. Harzdrüsen, groß, 3–5-lappig, auffallend riechend; K. behaart, glockig; Beeren kugelig, schwarz, drüsig punktiert, von schwach wanzenart. Geschmack; ♄; IV–V. Auwälder u. Erlengebüsch, *z;* auch angepfl. u. verwild. *Schwarze J.,* * **R. nígrum** L.

— Blätt. untersts. ohne Drüsen; K. kahl od. nur am Rand bewimpert; Fr. rot od. gelb **6**

6. K. am Rand bewimpert, glockig; Gr. am Grd. verbreitert; Tragblätt. u. Bltnstiele zottig behaart; Blätt. spitzlappig, untersts. an den Nerven spärl. flaumig *(634)*, Blattstiel länger als die Spr.; Fr. rot, säuerl. schmeckend; ♄; V–VI. Schattige Bergwälder; Alp., Vor-Alp., Schweizer Jura, Schw., Vog., Sudeten, *z.* *Felsen-J.,* **R. petrǽum** Wulf.

— K. am Rand nicht bewimpert; Gr. vom Grd. an gleich dick; Blattlappen stumpf *(298)* **7**

7. Stbbeutelhälften voneinander getrennt; Kbecher flach, auf der Innenseite mit 5-eckigem Ringwall; ♄; IV–V. Auwälder; *z;* auch angepfl. u. verwild. (= *R. vulgare* Lam.; = *R. sylvestre* Mert. & Koch)
Rote J., * **R. rúbrum** L.

— Stbbeutelhälften miteinander vereinigt; Kbecher schüsself. vertieft, auf der Innenseite ohne Ringwall; ♄; IV–V. Auwälder, wild wohl nur im NO, sonst angepfl. u. verwild. (= *R. schlechtendalii* Lge.)
Ährige J., **R. spicátum** Robs.

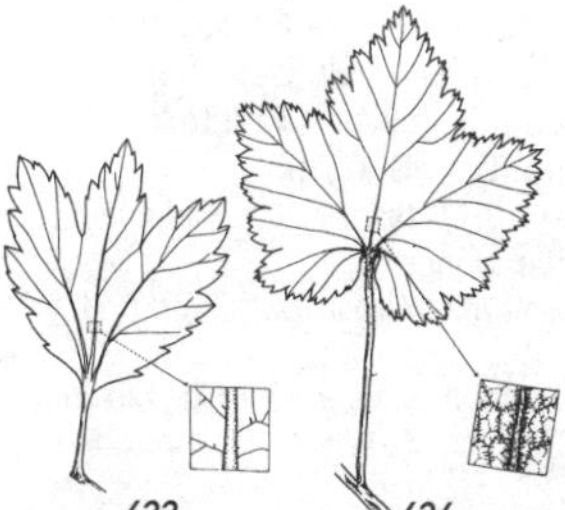

633 *634*

Familie: **Saxifragáceae**, *Steinbrechgewächse*

Kräuter od. Stauden m. wechsel-, selten gegenst., nebenblattlosen Blätt.; Bltn. ⚥, radiär, meist 5-zählig, m. einfacher od. doppelter Bltnhülle; Bltn. weiß, rot, gelb od. grün; Frkn. meist 2, an der Basis verwachsen, oberw. frei *(638);* Kapselfr. *(639).*

1. Bltnhülle einfach, 4-zählig *(642b);* Bltn. grünl.gelb, in von Hochblätt. umgebenen Bltnständen *(642a)*
Chrysosplenium, 388

— Bltnhülle doppelt, 5-zählig; Bltn. in Trauben od. Rispen, meist weiß, rot od. gelb . . . . **Saxifraga,** 388

1. Chrysosplénium L., *Milzkraut*

1. Blätt. gegenst., rundl., schwach gekerbt; Stg. 4-kantig, kriechend, an der Basis behaart; Bltn. klein, in von gelben Hochblätt. umgebenem Bltnstand *(642a);* Kblätt. 4; Blkrblätt. fehlend *(642b);* ♃*;* V–VII. Waldbäche, Quellfluren, vorwgd. der montanen Reg.; *z,* im NO *s,* Alp. nur W-CH. *Gegenblättriges M., * **Ch. oppositifólium** L.

— Blätt. wechselst., herzf.-nierenf., grob gekerbt; Stg. 3-kantig, am Grd. m. langen, dünnen Ausläufern; Bltn. größer als bei voriger; ♃; IV–VI. Bachufer, Au- u. Bergwälder; *v.* *Wechselblättriges M., Gold-M., * **Ch. alternifólium** L

2. Saxífraga L., *Steinbrech.* Fast alle Arten ⓖ

1. Blätt. grd.- od. wechselst.; Bltn. weiß, gelb, gelb.grün, grün, orange, rot od. purpurn **4**

— Blätt. gegenst.; Bltn. rot bis violett od. purpurn **2**

2. Bltnstg. 2–6-bltg.; Blkrblätt dk. violett, schmal lanzettl. bis verkehrt eif., 3–5-nervig; Blätt. dickfleischig, fast kreisrund; Pfl. lockerrasig, ♃; VII–VIII. Schuttfluren der alp. Stufe (bis 4200 m). ⓖ *Zweiblütiger St.,* **S. biflóra** All.

a. Blkrblätt. schmal lanzettl., 3-nervig, oft nur wenig länger als die Stbblätt.; K-Alp., Allgäu, Ti, Sb, Kt, CH, *z.* ssp. **biflóra**

— Blkrblätt. breit verkehrt-eif., stets länger als die Stbblätt.; vorwgd. auf Urgestein; Alp. von Sb, Ti, Vb, Kt, CH, *z.* (= *S. macropetala* Kern.) ssp. **macropétala** (Kern.) R. & Cam.

— Bltnstg. fast stets 1-, seltener 2- od. mehrbltg. **3**

3. Blätt. längl., verkehrt eif., nur an der Spitze zurückgekrümmt, mit 1–3 Kalkdrüsen; Kblätt. drüsenlos bewimpert; Blkrblätt. rötl.lila bis weinrot; Pfl. meist in kompakten od. lockeren Polstern; ♃; IV–VII. Schuttfluren u. Felsen der alp. Stufe (bis 3800 m). ⓖ *Gegenblättriger St., Roter St.,* **S. oppositifólia** L.

a. Pfl. lockerrasig; Stg. verlängert . . . . **c**

— Pfl. dichtrasig bis kompakt-polsterf.; Stg. verkürzt u. dicht beblätt.; Blätt. verkehrt eif. . . . . **b**

b. Blätt. ± spitz, selten stumpfl., über 2,5 mm lg., bis zur Spitze bewimpert, m. 1 Kalkdrüse, Blkrblätt. meist 7–12 mm lg.; Alp. *v,* Riesengeb. *s.* ssp. **oppositifólia**

— Blätt. stumpfl., höchstens bis 2 mm lg., sehr dicht sthd., die ob. drüsig bewimpert; Blkrblätt. 5–7 mm lg.; Pfl. sehr dichte u. kompakte Polster bildend, in allen Teilen kleiner als vorige; Felsen u. Schutt der alp. Reg., vorwgd. auf Urgestein; *s* in Alp. von Sb, OTi, Kt, St, Bz, *f* CH. (= *S. rudolphiana* Hornschuch) ssp. **rudolphiána** (Hornschuch) Engl. & Irm.

c(a). Blätt. m. 3 Kalkdrüsen u. nur am Grd. m. 5–6 Wimpern; Geröll u. Kiesbänke; am Ufer des Bodensees, ausgestorben. ssp. **amphíbia** (Sünd.) Br.-Bl.

— Blätt. nur m. 1 Kalkdrüse, ringsum lg. bewimpert, an der Spitze abgerundet; Felsen u. Schuttfluren der alp. Reg.; Ur-Alp. von Sb, Kt, St, *s.* (= *S. blepharophylla* Kern. ex Hay.) ssp. **blepharophýlla** (Kern. ex Hay.) Engl. & Irm.

— Blätt. lanzettl., von der Mitte an waagrecht zurückgekrümmt, glatt, glzd., m. 4 Kalkdrüsen; Pfl. größer, kompakte Polster bildend; Bltnstg. langdrüsig, 1–5-bltg.; Blkrblätt. purpurn, 3-nervig; Kblätt. kahl od. drüsig behaart, aber ohne Randwimpern; ♃; V–VIII. Felsen der Ur-Alp., bis 3150 m; *s,* Vs, Ts, Sb, St. (= *S. wulfeniana* SCHOTT)

Ⓖ *Gestutzter St.*, **S. retúsa** GOUAN

4(1). Blätt. am Rand ohne kalkabsondernde Grübchen, krautig, weich, seltener starr **14**

— Blätt. obersts. am Rand m. punktf., kalkabsondernden Grübchen, starr u. hart **5**

5. Stg. dicht dachig beblätt.; Stämmchen deshalb säulenf., zu kompakten Polstern zusammentretend; Blätt. blaugrün **10**

— Stg. rosettig beblätt., nicht säulenf.; Blätt. meist flach ausgebreitet, knorpelig berandet, am Rand vielgrubig; Pfl. häufig m. Ausläufern u. lockere Rasen bildend **6**

6. Bltn. zitronengelb bis tieforange, in lockerer Rispe; Stg. 20–60 cm hoch, spitzenw. dichtdrüsig; Rosetten groß, einzeln, nach der Blüte absterbend; Blätt. längl.-oval, fleischig, knorpelrandig, Grübchen undeutl.; ⊙; VI–VIII. Felsspalten, bes. an Nagelfluhfelsen der Alp. u. Vorland, *v;* früher bis München u. Augsburg.

Ⓖ *Kies-St.,* **S. mutáta** L.

— Bltn. weiß od. milchweiß **7**

7. Bltnstg. vom Grd. an verzweigt; Rosettenblätt. breit lineal, bis 1,5 cm breit u. 6 cm lg., bespitzt, regelmäßig fein gesägt; Blkrblätt. 3-mal so lg. wie die Kzipfel, zuw. m. purpurnem Fleck; ♃; VI–VIII. Feuchte Felsspalten der Ur-Alp., 900–2650 m; *s,* Vs, Ts, Gr, Be, Unterwalden, Uri, Vb (Montafon). Ⓖ *Pracht-St.,* **S. cotylédon** L.

— Bltnstg. nur im oberen Teil verzweigt; Blätt. schmäler **8**

8. Rosettenblätt. schmal, nur 2–3 mm breit, ganzrandig od. schwach gekerbt, im unt. Drittel lghaarig bewimpert, oft völlig von Kalk eingehüllt; Bltnstg. 12–40 cm hoch, reichbltg.; Blkr. 2,5–3-mal so lg. wie die Kzipfel; Pfl. m. zahlr. sterilen Rosetten; ♃; VI–VIII. Felsen der K-Alp.; *z* in OTi, Kt, St, Bz. (= *S. incrustata* VEST)

Ⓖ *Krusten-St.,* **S. crustáta** VEST

— Rosettenblätt. breiter als 3 mm, am Rand deutl. gekerbt od. gesägt **9**

9. Rosettenblätt. gekerbt, bis 10 mm breit, zungenf., am Grd. rötl.violett u. steifborstig, an der Spitze eher abw. gebogen, flache od. leicht konvexe Rosette bildend; Bltnstg. 20–60 cm hoch, Seitenzweige m. 4–12 Bltn.; ♃; V–VII. Kalkfelsen, 500–2500 m; *s,* Bz, OTi, Kt, St.

Ⓖ *Südalpen-St.,* **S. hóstii** TAUSCH

a. Grdblätt. vorn abgerundet; Blattrosetten 4–15 cm im Dm; Kt, St, OTi, Bz.

ssp. **hóstii**

— Grdblätt. vorn spitz; Blattrosetten 4–8 cm im Dm; Bz.

ssp. **rhaética** (KERN.) BR.-BL.

— Rosettenblätt. deutl. u. scharf gesägt, bis 5 cm lg. u. 6 mm breit, am Grd. steif bewimpert, eher aufw. gebogen, konkave, fast halbkugelige Rosette bildend; Bltnstg. 15–45 cm hoch, Seitenzweige m. 1–5 Bltn.; ♃; V–VIII. Felsen, Schutt, kalkliebend (bis 3415 m); *v* in Alp.; *s* in Schw., Vog., SchwAlb, Nahetal, Schweizer Jura, ČR. (= *S. aizoon* JACQ.)

Ⓖ *Trauben-St.,* * **S. paniculáta** MILL.

10(5). Bltn. groß; Blkrblätt. 6–15 mm lg. **12**
— Bltn. kleiner; Blkrblätt. 3–4 mm lg.; Blätt. vom Grd. an od. wenigstens an der Spitze zurückgekrümmt **11**
11. Blätt. vom Grd. an zurückgekrümmt, lanzettl., blaugrün, dick, starr, vorn stumpf, am Rand m. 5–7 Kalkdrüsen; Bltnstg. 4–15 cm hoch, ± 8-bltg., spitzenw. zerstreut drüsig; Blkrblätt. weiß, 3–4 mm lg.; Pfl. dichte, wenig harte Polster bildend; ♃; VI–IX. Felsspalten u. - schutt der K-Alp.; *v,* bis ins Vorland herabgeschwemmt.
Ⓖ *Blaugrüner St.,* **S. cǽsia** L.
— Blätt. nur an der Spitze zurückgebogen, lineal-längl., graugrün, vorn spitz, m. 1–5 Kalkdrüsen; Bltnstg. 3–8 cm hoch, kahl od. drüsig, 2–7-bltg.; Blkrblätt. weiß, 3,5–4 mm lg.; Pfl. harte, kompakte Polster bildend; ♃; VII–VIII. Felsen, Felsschutt, auf Kalk; *s* in OTi, S-Kt, Bz.
Ⓖ *Sparriger St.,* **S. squarrósa** Sieber
12(10). Blätt. meist > 6 mm lg., blaugrün, 3-kantig; Grdblätt. aufgerichtet, 4–14 mm lg., allmählich in eine lg. stechende Spitze verschmälert, obersts. m. 5–7 Kalkdrüsen; Stg. 1-bltg, dicht rotdrüsig; Blkrblätt. weiß, 5–15 mm lg.; Pfl. 3–8 cm hoch; ♃; V–VI. Kalkfelsen; *z,* O-Alp., Bz, *f* CH. Ⓖ *Stachelblättriger St.,* **S. burseriána** L.
— Blätt. höchstens 6 mm lg.; Stg. meist mehrblütig **13**
13. Blätt. blaugrün; Grdblätt. stumpf, 3–6 mm lg. u. 1–2 mm breit, im Querschnitt 3-eckig, dicht dachziegelig angeordnet; Stg. 2–9-bltg., drüsig behaart; Blkrblätt. weiß, 6–9 mm lg.; Pfl. 3–8 cm hoch, dichte, feste Polster bildend; ♃; VI–VII. Kalk- u. Dolomit-Felsen, 1800–2300 m; *s,* nur Vs. Ⓖ *Polster-St.,* **S. diapensioídes** Bell.
— Blätt. grün; Grdblätt. 2–3(–6) mm lg., m. aufgesetzter, nach innen gerichteter Spitze, obersts. m. 3–5 Kalkdrüsen; Stg. 1–6-bltg., dicht drüsig; Blkrblätt. weiß, 8–14 mm lg.; Pfl. 3–8 cm hoch; ♃; V–VI. Felsen, auf Kalk; sehr *s,* nur Bz (Mendel, wieder neu bestätigt).
Ⓖ *Tombea-St.,* **S. tombeanénsis** Sternbg.
14(4). Blkrblätt. rein weiß, am Grd. zuw. aber m. gelben od. roten Punkten **27**
— Blkrblätt. gelb, gelbl.weiß (rahmgelb), gelbgrün, selten rotbraun od. purpurn **15**
15. Kblätt. aufrecht od. absthd. **17**
— Kblätt. zurückgeschlagen, bisw. erst nach der Blüte **16**
16. Blkrblätt. hellgelb, 2,5–3-mal so lg. wie der K.; Bltn. einzeln od. zu 2–5; Stg. bis 40 cm hoch, dicht beblättert; Grdblätt. lanzettl., fast kahl, ganzrandig, in den langen Stiel verschmälert; Pfl. m. kurzen Ausläufern; ♃; VII–IX. Moore, Moorwiesen; *s,* Da, Schwyz, ob noch?, früher auch Ho, SH, Br, MeVp, Ba, BW, Waadt, Fribourg, Sb.
Ⓖ *Moor-St.,* **S. hírculus** L.
— Blkrblätt. grünl. od. purpur-bräunl., so lg. wie od. kürzer als die nach der Blüte herabgeschlagenen Kzipfel; Stg. blattlos, mit Drüsenhaaren; Bltn. in kopfiger, ährenf. Traubenrispe; Grdblätt. rosettig, eif., fast ganzrandig, in kurzen, geflügelten Stiel verschmälert, am Rand lg. bewimpert; Pfl. ohne Ausläufer; ♃; VII–VIII. Feuchte Felsen, kalkmeidend; *s* in Sb

(Lungau), Kt, St.
Ⓖ *Habichtskraut-St.,* **S. hieraciifólia** W. & K. ex Willd.

17(15). Blätt. nierenf., 1–3 cm breit, zart, 5–7-lappig; Blkrblätt. linealisch, grünl.; ♃; VI–VIII. Feuchte, schattige Felsen; *s,* Kt, St.
Ⓖ *Glimmer-St.,* **S. paradóxa** Sternbg.

— Blätt. < 6 mm breit, einfach od. 3-mehrspaltig **18**

18. Blkrblätt. orangegelb m. roten Punkten od. dkrot; Blätt. fleischig, linealisch; Stg. m. mehr als 10 Blätt.; Pfl. 5-30 cm hoch; ♃; VI–IX. Quellfluren, Bachufer, nasse Felsen, kalkliebend; Alp. *v, s* Vorland.
Ⓖ *Fetthennen-St., Bach-St.,** **S. aizoídes** L.

— Blkrblätt. nicht orangegelb m. roten Punkten und nicht dkrot . . . **19**

19. Blätt. nicht grannig zugespitzt, höchstens kurz bespitzt **22**

— Blätt. grannig zugespitzt, lineal-lanzettl., starr, bewimpert **20**

20. Frkn. halbunterst.; Blätt. am Rand ohne od. m. vereinzelten winzigen Wimpern; Blkrblätt. gelbl.weiß, 2–4 mm lg.; Pfl. 5–10 cm hoch; ♃; VI–VII. Felsen; *s,* Kt, St. Ⓖ *Grannen-St.,* **S. tenélla** Wulf.

— Frkn. oberst.; mindestens einige Stgblätt. am Rand m. Wimpern von halber Blattbreite od. länger; Blkrblätt. 5-8 mm lg., gelbl.weiß, am Grd. gelb **21**

21. Pfl. dichtrasig, große Flachpolster bildend, Stämmchen m. kugeligen Blattknospen in den Blattachseln; Blätt. der nichtblühenden Triebe gekrümmt, kaum länger als die Blattknospen; Stg. meist 1-bltg., 2–5 cm hoch; Blätt. des Blütenstg. 2–6 mm lg., aufrecht; ♃; VII–VIII. Felsen u. Schutt der alp. Reg., bis 4000 m, kalkmeidend; Zentral-Alp. *v, s* Riesengeb. [= *S. aspera* L. ssp. *bryoides* (L.) Gaud.]
Ⓖ *Moos-St.,* **S. bryoídes** L.

— Pfl. lockerrasig m. verlängerten Stämmchen; Blätt. der nichtblühenden Triebe gerade, viel länger als die Blattknospen; Bltnstg. mehrbltg., 8–20 cm lg.; Blätt. des Bltnstg. abstehend, 5–20 mm lg.; ♃; VII–VIII. Schattige Felsen u. Schutt der Ur-Alp., bis 2800 m; *z* in Au, CH, Bz. [= *S. aspera* L. ssp. *elongata* (L.) Gaud.] Ⓖ *Rauer St.,* **S. áspera** L.

22(19). Grdblätt. stets einfach, ungeteilt **24**

— Grdblätt. an der Spitze geteilt (selten einfach, *S. exarata)* **23**

23. Bltnstg. meist blattlos, selten mit 1 Stgblatt, 1–3-bltg.; Blätt. in hellgrünen, zu lockeren Rasen zusammenschließenden Rosetten, lanzettl., gegen die Spitze verbreitert, 3–5-spaltig; Mittellappen breiter u. länger als die seitl.; Blkrblätt. sehr schmal, 1/3 so breit wie die Kblätt., blassgelb; ♃; VII–IX. Geröll der K-Alp. (1900–2900 m), *v.*
Ⓖ *Blattloser St.,* **S. aphýlla** Sternbg.

Hierher wohl auch die neu entdeckte Art, *Steirischer St.,* **S. styríaca** Köckinger; Blkrblätt. 1—1,5 mm lg., ½ bis ¾ so lg. wie die Kblätt., blassgrün; Rasen und Schneetälchen der Steiermark (Niedere Tauern).

— Bltnstg. m. 2–5 linealen Blätt.; Blkrblätt. so breit wie od. breiter als die Kblätt., grünl.gelb od. gelbl.weiß; Grdblätt. 2–7-spaltig; ♃; VII–VIII. Felsen u. Schutt der alp. Region; *v, s* im Riesengeb. [incl. ssp. *pseudoexarata* (Br.-Bl.) D. A. Webb u. ssp. *basaltica* (Br.-Bl.) Jalas] Formenreich.
Ⓖ *Furchen-St.,* **S. exaráta** Vill. s. l.

a. Grdblätt. m. hervortretenden Nerven; Blkrblätt. gelbl.weiß, 4–6 mm lg., 1,5-mal so lg. wie breit; 1800–3400 m; *z* in Ti, Vb. ssp. **exaráta**

b. Grdblätt. ohne hervortretende Nerven, meist 3-spaltig od. ungeteilt; Blkrblätt. gelbl., 3–4 mm lg., 2-mal so lg. wie breit; 2500–3500 m; *v.* (= *S. moschata* WULF.) *Moschus-St.,* ssp. **moscháta** (WULF.) CAVILLIER

24(22). Blkrblätt. schmäler als die Kblätt. **26**

— Blkrblätt. so breit wie od. breiter als die Kblätt., vorn gestutzt od. etw. ausgerandet **25**

25. Blkrblätt. purpurn überlaufen, kaum länger als die Kblätt.; Grdblätt. lineal-lanzettl. (selten vorn 3-spaltig), am Rand und auf der Fläche kurzdrüsig, letztjährige an der Spitze silbergrau, 7–10 mm lg. u. 1–2 mm breit; Bltnstg. 1–4-bltg., drüsig behaart; Pfl. 1–4 cm hoch; ♃; VII. Felsspalten, Felsschutt, auf Kalk, 2000–3360 m; *s,* nur Bz (Dolomiten). Ⓖ *Facchinis St.,* **S. facchínii** KOCH

— Blkrblätt. nicht purpurn überlaufen, blassgelb od. zitronengelb, beim Trocknen verbleichend, 1,5–2-mal so lg. wie die Kblätt.; Grdblätt. lineal-lanzettl., am Rand kurzdrüsig, letztjährige an der Spitze silbergrau, 3–7 mm lg., 1–2 mm breit; Bltnstg. 1–3-bltg., dicht drüsig-zottig; Pfl. harzig riechend, 1–5 cm hoch; ♃; VI–VIII. Felsschutt der alp. Region (meist über 2300 m); *s,* CH, Sb, Kt. (= *S. planifolia* STERNBG.; = *S. tenera* SUT.) Ⓖ *Moos-St.,* **S. muscoídes** ALL.

26(24). Grdblätt. kurz stachelspitzig; Pfl. lockerrasig, kriechend; Grdblätt. lanzettl.-spatelig, drüsenhaarig, 6–12 mm lg. u. 2–4 mm breit; Bltnstg. aufsteigend, 2–7 cm hoch, 1–6-bltg.; Blkrblätt. blass grünl. bis zitronengelb, 1,5–3 mm lg. u. 0,3–0,5 mm breit; Kzipfel z. Blzt. waagrecht ausgebreitet; ♃; VI–VIII. Feuchter Felsschutt der K-Alp.; *z,* O-Alp., auch Bz, *f* CH. Ⓖ *Mauerpfeffer-St.,* **S. sedoídes** L.

a. Stg. blattlos u. m. 1–3 Bltn.; Stbbeutel gelb; Alp., *z.* ssp. **sedoídes**

— Stg. m. 3–5 Blätt. u. 3–6 Bltn.; Stbbeutel orange; nur S-Kt. (= *S. hohenwartii* VEST) ssp. **hohenwártii** (VEST) O. SCHWARZ

— Grdblätt. nicht stachelspitzig; Pfl. dichte Polster bildend; Bltnstg. m. 1 Stgblatt, 2–8 cm hoch, meist 1-bltg.; Blkrblätt. so lg. wie die Kblätt., gelbl.; Grdblätt. lanzettl.-spatelig, allmählich in den breit geflügelten Stiel verschmälert, m. drüsentragenden Gliederhaaren, letztjährige braun; Pfl. nicht harzig riechend; ♃; VII–VIII. Feuchter Felsgrus u. Felsschutt der alp. Region, 1400–3260 m, kalkmeidend; *s,* CH, Vb, Ti, Bz. Ⓖ *Seguiers St.,* **S. seguiéri** SPR.

27(14). Bltn. 2-seitig symmetrisch; Blkrblätt. weiß, m. roten Punkten, 2 besonders lg.; Pfl. m. lg. fadenf. Ausläufern; Blätt. rundl., gestielt, unterst. dkrot; ♃; V–VII. Mauern, schattige Felsen; in Ts, Gr, Sb stellenweise eingebürgert. (Heimat: O-As.) (= *S. sarmentosa* L. f.)
Kriechender St., Judenbart, **S. stolonífera** MEERBURGH

— Bltn. radiär symmetrisch **28**

28. Blkrblätt. ohne gelbe od. rötl. Punkte **32**

— Blkrblätt. am Grd. m. gelben od. roten Punkten **29**

29. Kblätt. aufrecht-absthd.; Blkrblätt. am Grd. gelb u. rot punktiert, 2–3-mal so lg. wie die Kblätt.; Stg. 15–60 cm lg., an der Spitze drüsen-, an der Basis weichhaarig; Grdblätt. herzf.-nierenf., ungleich grob gezähnt, weichhaarig; ♃; VI–X. Feuchte, schattige Orte der subalp. Reg.; Alp. *v, s* in Vor-Alp. u. SW. Ⓖ *Rundblättriger St.,* * **S. rotundifólia** L.

— Kblätt. z. Bltzt. herabgeschlagen; Grdblätt. nicht herzf.-nierenf. **30**

30. Blkrblätt. am Grd. m. 2 gelben Punkten; Blätt. verkehrt-eif.-keilig, an der Spitze gezähnt, fleischig, unterst. nicht purpurfarbig; ♃; VI–VIII. Quellfluren, Bachufer, nasse Felsen; Alp. *v, s* in Schw., Vog. [incl. ssp. *robusta* (ENGL.) GREMLI u. ssp. *prolifera* (STERNBG.) TEMESY] Formenreich. Ⓖ *Stern-St.,* **S. stelláris** L.

— Blkrblätt. meist m. zahlr. gelben od. roten Punkten; Blätt. unterst. purpurviolett **31**

31. Blattspr. fast bis zum Grd. gesägt od. gekerbt, m. lg., wollig-filzigem Stiel; Blkrblätt. meist m. roten Punkten; ♃; VI–VIII. Als Zierpfl. kult. u. stellenw. verwild. (Heimat: Pyrenäen) *Schatten-St.,* **S. umbrósa** L.

— Blattstiele kahl; Blattspr. im unt. Drittel meist ganzrandig; Blkrblätt. ohne rote Punkte; ♃; VI–VII. Wälder, Felsen der voralp. Reg., kalkmeidend; *s* in Ti, Vb, Sb, Kt, CH, Bz. Ⓖ *Keilblättriger St.,* **S. cuneifólia** L.

32(28). Bltn. kopfig gehäuft; Bltnstg. spitzenw. dichtdrüsig, blattlos; Grdblätt. rosettig, fleischig, verkehrt eif., stumpfzähnig, unterst. meist purpurn, in kurzen Blattstiel verschmälert; ♃; VI–VIII. Feuchte Basaltfelsen, nur im Riesengeb. (Kleine Schneegrube als Glazialrelikt), sonst nur N-Eur. Ⓖ *Schnee-St.,* **S. nivális** L.

— Bltn. nicht kopfig gehäuft **33**

33. Blätter ungeteilt, lanzettl. od. linealisch **42**

— Blätt. gelappt od. tief gekerbt, nur die Grdblätt. zuw. ungeteilt . . . **34**

34. Stg. stets 1-bltg., m. Brutknöllchen in den Achseln der Stgblätt., 3–35 cm hoch, oft etwas nickend; Grdblätt. rundl.-herzf.-nierenf., 5–7-lappig, lg. gestielt; ♃; VII. Feuchte Wiesen; *s,* Vs, Waadt, Gr, Ti (Nauders), Bz, Kt, St. Ⓖ *Nickender St.,* **S. cérnua** L.

— Stg. mehrblütig **35**

35. Stg. am Grd. m. Brutknöllchen **39**

— Stg. ohne Brutknöllchen **36**

36. Pfl. ausdauernd, große lockere od. dichte Rasen bildend **41**

— Pfl. ein- od. zweijährig **37**

37. Spr. der Grdblätt. 8–30 mm lg. u. 10–35 mm breit, diese handf. 3-lappig, am Grd. nierenf., lgdrüsig behaart; unt. Stgblätt. lg. gestielt; Bltnstand weit verzweigt; Blkrblätt. ausgerandet, 7–10 mm lg; Pfl. 10–25 cm

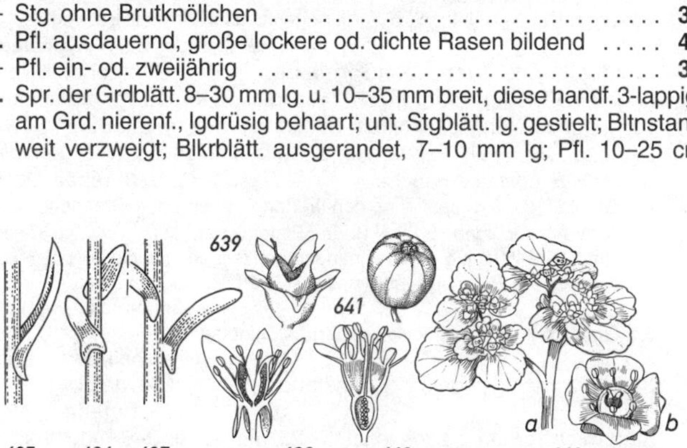

635 *636* *637* *638* *640* *642*

hoch; ⊙;VI–VII. Schattige Felswände, auf Kalk; *s*, nur Kt (Sattnitz).
Ⓖ *Felsen-St.*, **S. petraéa** L.

— Blätt. schmäler **38**

38. Grdblätt. z. Bltzt. abgestorben, schwach 3-lappig, Stgblätt. tief 3–5-lappig, Stg. meist rötl., dicht kurzhaarig-drüsig, 2–18 cm hoch; Blkrblätt. weiß, 2,5–3 mm lg.; Frstiele zuletzt 10–20 mm lg.; ⊙, IV–VI. Bahnhöfe, Kiesdächer, Sandfelder, Mauern; *z, s* im N.
Dreifinger-St., * **S. tridactylítes** L.

— Grdblätt. z. Bltzt. noch vorhanden, 3–5-zähnig, dicht kurzdrüsig; Stgblätt. lanzettl., ungezähnt; Pfl. 4–25 cm hoch; Blkrblätt. 3,5–5 mm lg., weiß; Frstiele zuletzt höchstens 8 mm lg.; ⊙–⊙, VI–VII. Feuchte Weiden der alp. Reg., kalkliebend; *z* in CH, Bz, Au. (= *S. tridactylites* ssp. *adscendens* (L.) A. Blytt)
Ⓖ *Aufsteigender St.*, **S. adscéndens** L.

39(35). Pfl. klein, 6–15 cm hoch, in feuchten Felsfluren wachsend; Blkrblätt. 5–7 mm lg. u. 2–3 mm breit; ♃; V–VI. Felsfluren, kalkmeidend; nur St (Seckauer Alp.) Ⓖ *Karpaten-St.*, **S. carpática** Sternbg.

— Pfl. größer, 15–50 cm hoch, nicht in feuchten Felsfluren wachsend **40**

40. Blkrblätt. 7–10 mm lg., an der Spitze schwach ausgerandet; Stgblätt. m. Brutzwiebelchen; Stg. 10–16-blättrig, 15–40 cm hoch, drüsig-klebrig; Kzipfel 2,5–3,5 mm lg.; ♃; V–VII. Trockenrasen, magere Wiesen; *s*, Vs, NÖ, Bgl. Ⓖ *Zwiebel-St.*, **S. bulbífera** L.

— Blkrblätt. 9–16 mm lg., an der Spitze abgerundet; Stgblätt. ohne Brutzwiebeln; Stg. 2–6-blättrig, nur am Grd. mit zahlr. rundl. Brutzwiebeln, 20–50 cm hoch, drüsig-klebrig; Kzipfel 3–5 mm lg.; Grdblätt. tief gekerbt; ♃; V–VI. Magere Wiesen, Wegraine; *v*, in Au u. CH *s*.
Ⓖ *Knöllchen-St.*, * **S. granuláta** L.

41(36). Nichtblühende Triebe in den Blattachseln gestielte, spinnwebig behaarte Knospen tragend, vereinzelt m. ungeteilten Blättern; Blätt. starr, bis zum Grd. eingeschnitten 3-lappig, m. grannig bespitzten Abschnitten; Bltnknospen nickend; Bltnstg. zahlr., 3–12-bltg.; ♃; IV–VII. Angepflanzt u. verwild.; Be, Vog.
Ⓖ *Astmoos-St.*, **S. hypnoídes** L.

— Nichtblühende Triebe ohne Knospen in den Blattachseln, ohne ungeteilte Blätter; Blätt. weich, breit keilf., 3–9-spaltig, m. stumpfen, vorw. gerichteten Abschnitten; Bltnknospen aufrecht; Bltnstg. zahlr., 2–9-bltg.; ♃; V–VII. Felsblöcke, Schutt; Mittelgeb. *s*. (= *S. decipiens* Ehrh.; = *S. cespitosa* auct.) Ⓖ *Rasen-St.*, **S. rosácea** Moench

a. Grdblätt. tief 3–9-spaltig m. genäherten Lappen ohne Grannenspitze; *s*, SchwAlb, Fichtgeb., Saale-, Bode-, Elstergebiet. Ⓖ ssp. **rosácea**

b. Grdblätt. 3–5-lappig, m. auseinanderspreizenden, grannig bespitzten Lappen, nur am Rand etwa bewimpert; *s*, RhPf, He, Lx, Schl, ČR.
Ⓖ ssp. **sponhémica** (Gmel.) Webb

c. Grdblätt. 3–5-lappig, zottig behaart.; *s*, Sudeten.
Ⓖ ssp. **steinmánnii** (Tausch) Holub

42(33). Blätt. grannig zugespitzt; Bltnstand 2–9-bltg.; Blkr. gelbl.weiß
S. tenélla, s. Nr. **20**

— Blätt. nicht grannig zugespitzt, 7–25 mm lg. u. 3–6 mm breit, am Rand langdrüsig; Bltnstand 1- od. 2(–5)-bltg., drüsig; Blkr. weiß; Pfl.

rasig-polsterbildend, 1–6(–13) cm hoch; ♃; V–VII. Schneetälchen, durchfeuchtete Rasen, 1450–3125 m, kalkliebend; Alp. *v.*
© *Mannsschild-St.*, **S. androsácea** L.

Familie: **Crassuláceae**, *Dickblattgewächse*

Stauden od. Kräuter m. wechsel-, gegen- od. grdst., einfachen, flachen bis stielrunden, nebenblattlosen, saftigen Blätt.; Bltn. 4–5-zählig, seltener 3-zählig, radiär, ⚥, mit doppelter Bltnhülle, in Wickeln; Stbblätt so viele od. doppelt so viele wie die freien od. verwachsenen Blkrblätt. *(74);* Frkn. meist mehrere, oberst., frei od. am Grd. verwachsen; Balgfr.

1. Unt. Blätt. lg. gestielt, schildf., rund, am Rand gekerbt, m. vertieftem Nabel; Blkrblätt. zu einer Röhre verwachsen **Umbilicus,** 396
— Blätt. nicht schildf.; Blkrblätt. frei od. höchstens am Grd. verwachsen **2**
2. Stbblätt. doppelt so viele wie Blkrblätt. **4**
— Stbblätt. ebenso viele wie Blkrblätt. (3–5) **3**
3. Blätt. gegenst.; Btnhülle 3–4-blättrig; Pfl. feuchter Standorte **Crassula,** 395
— Blätt. wechselst.; Blkrblätt. u. Stbblätt. 5 **Sedum rubens,** 397
4(2). Blkrblätt. meist 5, selten 4 od. 6; Blätt. am Stg. verteilt **6**
— Blkrblätt. 6–20; Blätt. in grdst., häufig kugeliger Rosette **5**
5. Blkrblätt. 6, am Rand gefranst, gelb . . . . **Jovibarba,** 397
— Blkrblätt. 8–20(–30), am Rand glatt, rot. od. rötl., selten gelb bis gelbl.weiß . . . . **Sempervivum,** 396
6(4). Blätt. stielrund, halbstielrund od. flach, dann aber < 8 mm breit und ganzrandig . . . . **Sedum,** 397
— Blätt. flach u. breiter als 8 mm, meist gekerbt od. gesägt **7**
7. Bltn. eingschl., 4-zählig; Blkrblätt gelb, 3–4 mm lg. **Rhodiola,** 400
— Bltn. zwittrig, 5-zählig **8**
8. Blätt. ganzrandig, vorn meist abgerundet; Bltn. in dichten, halbkugeligen Bltnständen; Blkr. trüb purpurrot, 4–5 mm lg. **Hylotelephium anacampseros,** 400
— Blätt. wenigstens vorn gekerbt od. gezähnt **9**
9. Pfl. rasenbildend, m. blhd. u. sterilen Trieben; Blkrblätt. 6–15 mm lg.; Blätt. 1–4 cm lg. . . . . **Phedimus,** 400
— Pfl. nicht rasenbildend, ohne kriechende (sterile od. blühende) Triebe; Blkrblätt. 3–5 mm lg., sternf. ausgebreitet; Blätt. bis 10 cm lg. . . . . **Hylotelephium,** 400

1. **Crássula** L. (= incl. **Tillǣa** L.) *Dickblatt*

1. Bltn. zu 2–4 achselst., 3-zählig; Stg. niederlgd., 1–5 cm hoch, wurzelnd; Blätt. genähert, eif., sich oft deckend; ☉; V–IX. Feuchte Sandäcker; *s* in SaAn, Br, Be, Ho, früher N-We. [= *Tillaea muscosa* L.; = *C. muscosa* (L.) Roth]
Moosblümchen, **C. tillǣa** Lester-Garland

— Bltn. einzeln, achselst., 4-zählig; Stg. 2–5 cm hoch, niederlgd. od. aufrecht; Blätt. entfernt, lineal-lanzettl.; ⊙; VII–IX. Schlammige, überschwemmte Orte; *s*, nur in Da, NÖ (Waldviertel), ČR, früher N-Dt, Br, Po (Kolberg). [= *Tillaea aquatica* L.; = *Bulliarda aquatica* (L.) DC.]
Wasser-D., **C. aquática** (L.) SCHOENL.

Hierher auch: Pfl. größer, 10–30 cm hoch; Bltn. einzeln, lg. gestielt; *s* eingeschleppt, RhPf, We, SH. (Heimat: Australien-Neuseeland) [= *C. recurva* (HOOK f.) OSTENF.] *Nadelkraut*, **C. hélmsii** (T. KIRK) COCKAYNE

2. Umbílicus DC., *Venusnabel*

Pfl. 10–40 cm hoch; unt. Blätt. schildf., m. Nabel; zahlr. Bltn. in aufrechter Traube, kurz gestielt, etwas hängend; Blkr. 5-zipfelig, grünl. od. gelbl.weiß; Staubblätt. 10; ♃; V–VII. Mauern, Felsspalten; *s*, Ts. (= *U. pendulinus* DC.) **U. rupéstris** (SAL.) DANDY

3. Sempervívum L., *Hauswurz* ⓢ

1. Blkrblätt. rot **4**
— Blkrblätt. gelb bis gelbl.weiß **2**
2. Blätt. auf der Fläche kahl, blaugrün, am Rand bewimpert, plötzlich in eine starre Spitze zusammengezogen; Bltn. 18–33 mm im Dm; Stbfäden rot; Pfl. 10–25 cm hoch; ♃; VII–VIII. Magermatten, Schuttfluren der O-Alp., kalkmeidend; *s*, Gr, Ti, Sb, St, Kt, OTi, Bz, *f* Dt.
ⓢ *Wulfens H.*, **S. wulfénii** HOPPE ex MERT. & KOCH
— Blätt. auf der Fläche beidersts. drüsig behaart, grün **3**
3. Staubfäden rotviolett; Pfl. stark harzig riechend, 10–25 cm hoch, m. 10–20 cm lg. Ausläufern; Bltn. 12–14-zählig, 30–40 mm im Dm; ♃; VI–VIII. Felsen, kalkmeidend; nur Vs.
Ⓖ *Großblütige H.*, **S. grandiflórum** HAW.
— Staubfäden weiß od. gelbl.; Rosetten gehäuft; Pfl. m. 2–3 cm lg. Ausläufern, 5–5 cm hoch; Bltn. 9–12-zählig, 10–30 mm im Dm; ♃; VII–VIII. Serpentinfelsen; nur St (Kraubath).
ⓢ *Serpentin-H.*, **S. pittónii** SCHOTT, NYM. & KOTSCHY
4(1). Rosetten 3–14 cm im Dm, sternf. ausgebreitet; Rosettenblätt. verkehrt eif., grün, an der Spitze meist braunrot, am Rand dicht bewimpert; Blkrblätt. sternf. ausgebreitet, blassrot; ♃; VII–IX. Felsen, Dächer u. Mauern; Alp., sonst angepfl. u. verwild. Formenreich.
ⓢ *Echte H.*, * **S. tectórum** L.
— Rosetten nur 1–3 cm im Dm, ± geschlossen **5**
5. Rosettenblätt. an der Spitze mit spinnwebigen Wollhaaren, braunrot; Blkrblätt. hellrot, m. dunklem Mittelnerv; ♃; VII–IX. Felsen u. Mauern, vorwgd. auf Urgestein, bis 2900 m; Alp. *v;* in Dt nur im Allgäu; im Schw. (Belchen) u. Fichtgeb. angepfl. u. eingebürgert; *v* als Zierpfl.
ⓢ *Spinnweben-H.*, * **S. arachnoídeum** L.

a. Blattrosetten 5–15 mm im Dm, ihre Blätt. gegen die Spitze wenig verbreitert; *v.* ssp. **arachnoídeum**
— Blattrosetten 15–30 mm im Dm, ihre Blätt. gegen die Spitze deutl. verbreitert; *z*, Vs, Ts, Bz. ssp. **tomentósum** (C. B. LEHMANN & SCHNITTSPAHN) SCHINZ & THELL.

— Rosettenblätt. an der Spitze nicht m. spinnwebigen Wollhaaren, auf der Fläche dicht drüsig-kurzhaarig **6**

6. Haare am Rand der Rosettenblätt. mehr als 2-mal so lg. wie die auf den Blattflächen; Rosettenblätt. allmähl. zugespitzt; Staubfäden ganz kahl; ♃; VII–IX. Felsfluren; *s,* Bz (Dolomiten).
Ⓖ *Dolomiten-H.,* **S. dolomíticum** FACCHINI

— Haare am Rand der Rosettenblätt. < 2-mal so lg. wie die auf den Blattflächen; Rosettenblätt. kurz zugespitzt; Staubfäden am Grd. etwas drüsenhaarig; Blkrblätt. außen drüsig-zottig, innen violett bis purpurn; ♃; VII–IX. Magermatten, Schutt, nur auf Urgestein, 1100–3050 m; Alp. *v, f* Dt. Ⓖ *Berg-H.,* **S. montánum** L.

a. Rosetten > 2 cm im Dm; Blätt. grün, nicht spitzig; Haare am Rand der Rosettenblätt. wenig länger als die auf den Blattflächen; Blkrblätt. 12–15 mm lg.; *v–z.* ssp. **montánum**

— Rosetten 2–4,5 cm im Dm; Blätt. m. rotbrauner Spitze; Haare am Rand der Rosettenblätt. deutl. länger als die auf den Blattflächen; Blkrblätt. 16–20 mm lg.; *v,* Sb, Kt, St, NÖ. (= *S. braunii* FUNK ex KOCH)
ssp. **stiríacum** WETTST. ex HAY.

4. Jovibárba OPIZ (= *Diopogon* JORD. & FOURR.), *Donarsbart* Ⓖ
Rosettenblätt. am Rand drüsig bewimpert, Pfl. m. Ausläufern; Krblätt. 12–17 mm lg., blassgelb, fransig bewimpert, am Rücken gekielt; ♃; VII–IX. Trockenrasen, Felsen. (= *Sempervivum globiferum* L.) Formenreich
Ⓖ * **J. globífera** (L.) J. PARNELL

a. Stgblätt. so breit wie od. breiter als die Rosettenblätt. . . . . **c**

— Stgblätt. schmäler als die Rosettenblätt. . . . . **b**

b. Blätt. m. 0,5–0,8 mm lg. Wimperhaaren; Kblätt. auf der Fläche kahl, ohne Drüsen; Rosettenblätt. 14–20 mm lg.; ♃; kalkmeidend; *s,* OTi, Bz.
Ⓖ *Mittlerer D.,* ssp. **pseudohírta** (LEUTE) R. LETZ.

— Blätt. m. 0,2–0,4 mm lg. Wimperhaaren; Kblätt. auf der Fläche m. Drüsenhaaren; Rosettenblätt. 8–15 mm lg.; ♃; kalkmeidend; *s,* Alp. von Kt, St, Sb, OTi, Bz. [= *J. arenaria* (KOCH) OPIZ] Ⓖ *Fels-D.,* ssp. **arenária** (KOCH) J. PARNELL

c(a). Rosettenblätt. in od. unterhalb der Mitte am breitesten; Rosette offen, 3–7 cm im Dm; Blätt. gerade od. sternf. spreizend, ohne rote Spitze; Stgblätt. 15–20 mm lg. u. 7–10 mm breit; ♃; *z,* Alp., Kt, St, OÖ, NÖ, OTi, Bgl, ČR. (incl. *S. neilreichii* SCHOTT) [= *J. hirta* (L.) OPIZ] Ⓖ *Kurzhaar-D.,* ssp. **hírta** (L.) J. PARNELL

— Rosettenblätt. oberhalb der Mitte am breitesten, an der Spitze meist braunrot; Rosette 2,5–4 cm im Dm, kugelig, geschlossen; Stgblätt. 20 mm lg. u. 10 mm breit; ♃; *z* ČR, Pl, *s* Dt (bes. im S u. O), NÖ, auch angepfl. u. verwild. [= *J. sobolifera* (SIMS) OPIZ] Ⓖ *Sprossender D.,* ssp. **globífera**

5. Sédum L., *Fetthenne, Mauerpfeffer*

1. Blkr.- u. Stbblätt. 5; Blätt. wechselst., halbstielrund, obersts. leicht rinnig; Bltn. einzeln, sitzend, weiß od. rosa, m. dunklerem Mittelnerv; Bltn. in meist 3-ästiger Scheindolde; ⊙; V–VI. Sandige Trockenrasen, Brachäcker, Mauern, Weinberge; *s* im SW (Rheintal u. Moseltal bei Trier), Be, CH. [= *Crassula rubens* (L.) L.] *Rötliche F.,* **S. rúbens** L.

— Blkrblätt. 5(–6), Stbblätt. 10(–12) **2**

2. Blätt. stielrund od. halbstielrund **4**

— Blätt. flach, ganzrandig **3**

3. Blkrblätt. hellrosa, m. Grannenspitze, 5 mm lg.; Stg. aufstgd., 10–30 cm hoch, oberw. flaumig-drüsig; Blätt. gegenst., in 3-zähligen Quirlen od. wechselst., schmal längl.-lineal, stumpf; Bltn. in lockerer Rispe; ⊙–♃; VI–VII. Wälder, schattige Felsen, Mauern; *s,* Ts, Gr, E, früher Be. *Rispen-F.,* **S. cepǽa** L.

— Blkrblätt. gelb, spitz, 5–8 mm lg.; Stg. kriechend, 5–15 cm hoch; Blätt. alle zu 3 quirlst., 15–28 mm lg. u. 3–6 mm breit, am Grd. plötzl. verschmälert; ♃; V–VI. Gartenpfl., *s* verwild., He, Kt, St, Ts, Gr. (Heimat: Ostasien). *Ausläufer-F., Kriechender Mauerpfeffer,* **S. sarmentósum** BGE.

4(2). Pfl. ausdauernd, rasenbildend, m. kriechenden sterilen Stg. u. aufstgd. Bltnstg. **8**

— Pfl. 1–2-jährig, nicht rasenbildend, nur m. Bltnsprossen **5**

5. Blkrblätt. 6, weiß, m. rötl. Rückenstreifen, etwa 4-mal so lg. wie der K.; Blätt. blaugrün bereift, lineal, halbstielrund; ⊙; VI–VII. Felsen, Mauern; *z* CH, Au, auch Gartenpfl., in S- u. M-Dt z. T. eingebürgert *Blaugrüner Mauerpfeffer,* **S. hispánicum** L.

— Blkrblätt. 5, kaum doppelt so lg. wie der K. **6**

6. Stg. spitzenw. drüsig behaart; Blätt. obersts. fast flach, 3–5 mm lg.; Bltn. in armbltg. Trauben; Blkrblätt. rosarot, am Rücken m. dunklem Mittelstreifen; ⊙ (bis ♃); VI–VII. Flachmoore, feuchte Wiesen; sehr *s,* stark zurückgegangen. Ⓖ *Behaarte F.,* **S. villósum** L.

— Stg. völlig kahl **7**

7. Blätt. fast stielrund, keulig; Bltn. 5-zählig, in gedrängten, wenigbltg. Wickeln, weiß, grünl. od. rötl.; ⊙ überwinternd; VI–VIII. Kalkfelsen, Schotterfluren, 1000–3000 m; *v* Alp., *s* Schweizer Jura. *Dunkle F.,* **S. atrátum** L.

a. Pfl. meist rötl. überlaufen; Blkr. rot; Alpen *v, s* Schweizer Jura. ssp. **atrátum**

— Pfl. gelbgrün; Blkr. gelbgrün; *s,* Alpen von Kt, Bz, früher Vb, OTi. ssp. **carinthíacum** (PACHER) WEBB

— Blätt. halb stielrund, lineal; Bltn. in reich verzweigten, lockeren Wickeln, Blkr. gelb; ⊙; VI–VIII. Kalkarme Felsen, bis 2800 m; Alp. *v, s* im Schw., Vog., Fichtgeb., früher ČR. *Einjährige F.,* **S. ánnuum** L.

8(4). Bltn. gelb **10**

— Bltn. weiß od. rosa bis blassviolett; Blkrblätt. untersts. (oft) m. purpurnem Mittelstreifen **9**

9. Ganze Pfl. blaugrün; Stg. im ob. Teil drüsig behaart; Blätt. 3–7 mm lg., obersts. flach, untersts. stark gewölbt; ♃; VI–VIII. Felsspalten u. steinige Waldböden, besonders der montanen u. subalp. Region; *z* in Alp., *s* in S-Dt, E, Be, Schweizer Jura, in M- u. N-Dt nur verwild. *Dickblatt-F.,* **S. dasyphýllum** L.

— Pfl. grasgrün, oft rot überlaufen; Blätt. längl.-lanzettl., beidersts. gewölbt, absthd.; Blkrblätt. weiß od. blassviolett; Bltnstand kahl; ♃; VI–VII. Felsen, Mauern, Ruderalstellen; *v,* bis in die subalp. Reg., *s* im N, oft gepfl. u. verwildert. *Weiße F.,* * **S. álbum** L.

10(8). Blätt. stumpf, ohne Stachelspitze **15**

— Blätt. kurz stachelspitzig, am Grd. stets gespornt *(633);* Bltnstand vor dem Aufblühen an der Spitze zurückgekrümmt, kahl **11**

11. Blätt. an der Spitze der sterilen Triebe zapfenf. gehäuft, obersts. flach; abgestorbene Blätt. lange erhalten bleibend; ♃; VI–VIII. Sonnige Felsen; nur im westl. Rheingebiet, E, Be, Lx *s,* früher Ho. [= *S. elegans* LEJ.; = *S. rupestre* ssp. *elegans* (LEJ.) HEGI & SCHMID]
Zierliche F., **S. forsteriánum** SM.

— Blätt. an der Spitze der sterilen Triebe nicht gehäuft; abgestorbene Stgblätt. bald abfallend **12**

12. Blkrblätt. blassgelb od. grünl.weiß **14**

— Blkrblätt. leuchtend gelb **13**

13. Kblätt. 3–4 mm lg., kahl, spitz; Blkrblätt. 6–7 mm lg.; Bltnstand zunächst nickend, z. Blzt. aufgewölbt, z. Frzt. eingetieft; Blätt. am Grd. kurz gespornt *(635);* ♃; VI–VII. Felsköpfe, Dünen, Trockenrasen, Böschungen; *z.* (= *S. reflexum* L.) *Felsen-F.,* * **S. rupéstre** L.

— Kblätt. 5–7 mm lg., etwas drüsig-flaumig; Blkrblätt. 7–12 mm lg.; Bltnstand aufrecht, z. Frzt. flach; ♃; VI–VIII. Felsen, Trockenrasen, Mauern; *s,* CH, Au, Bz. *Berg-F.,* **S. montánum** SONG. & PERR.

a. Staubfäden ganz kahl; *s,* CH, Bz. (= *S. ochroleucum* ssp. *montanum* (SONG. & PERR.) D. A. WEBB) ssp. **montánum**

— Staubfäden unten kurzhaarig; *s,* Ti, NÖ, Bgl, Bz. (= *S. thartii* HEBERT)
ssp. **orientále** `T HART

14(12). Kblätt. 5–7 mm lg., drüsig-weichhaarig; Blkrblätt. 8–10 mm lg., beim Aufblühen aufrecht; Bltn. m. Tragblätt.; Bltnstand fast eben; Pfl. 15–30 cm hoch; ♃; VI–VII. Kalkfelsfluren, Weinberge; *s* in Th, Ts. (= *S. anopetalum* DC.) *Blassgelbe F.,* **S. ochroleúcum** CHAIX

— Kblätt. 1,5–2,5 mm lg., kahl; Blkrblätt. 5-8 mm lg., seitl. absthd., blassgelb bis weiß; Bltn. ohne Tragblätt.; Bltnstand mit zurückgekrümmten Ästen; Pfl. 25–50 cm hoch; ♃–zwergstrauchig; V–VII. In Vs, Waadt *s* verschleppt (Heimat: S-Eur). (= *S. nicaeense* ALL.)
Nizza-F., **S. sedifórme** (JACQ.) PAU

15(10). Blätt. eif. bis 3-eckig-lanzettl., am breitesten unterhalb der Mitte **17**

— Blätt. lineal-walzenf., in der Mitte od. oberhalb am breitesten . . . **16**

16. Blkrblätt. stumpf, 3,5–4 mm lg., blassgelb, aufrecht; Blätt. am Grd. ohne Sporn, 4–6 mm lg., obersts. stark abgeflacht; Bltn. in kurzen Wickeln; ♃; VI–VIII. Felsen, Felsschutt, kalkmeidend; *z* Alp. (bis 3500 m), Vog. *Alpen-F.,* **S. alpéstre** VILL.

— Blkrblätt. spitz, 4–5 mm lg., zitronengelb; Blätt. am Grd. m. Sporn *(637),* ohne scharfen Geschmack; ♃; VII–VIII. Felsen, Trockenrasen, Mauern, *v.* (= *S. mite* GIL.; = *S. boloniense* LOIS.)
Milder Mauerpfeffer, * **S. sexanguláre** L.

17(15). Abgestorbene Blätt. weiß, dünn, bald abfallend; Stg. in der unt. Hälfte meist ohne abgestorbene Blätt.; Blätt. dick *(636),* obersts. flach, 3–6 mm lg., von scharfem Geschmack; Blkrblätt. goldgelb, fast waagrecht absthd., 5-9 mm lg., spitz; ♃; VI–VIII. Trockenrasen, Felsen, Ruderalfluren; *v.* *Scharfer Mauerpfeffer,* * **S. ácre** L.

— Abgestorbene Blätt. an der Spitze grau od. schwarz, lederig; Stg. in der unteren Hälfte von abgestorbenen Blätt. bedeckt; Blkrblätt. ca. 6 mm lg.; ♃; V–VII. Trockenrasen; früher Bgl (Neusiedler See) [= *S. sartorianum* Boiss. ssp. *hillebrandtii* (Fenzl) D. A. Webb]
Ungarischer Mauerpfeffer, **S. urvíllei** DC.

6. Rhodíola L., *Rosenwurz*
Stg. unverzweigt, 10–35 cm hoch, dicht beblättert; Blätt. wechselst., längl., vorn gesägt; Bltn. eingschl., 4-zählig, in endst., vielbltg. Schirmrispen; Blkrblätt. gelb, rot überlaufen, die der weibl. Bltn. verkümmert; ♃; VI–VIII. Felsen, Blockhalden, Quellfluren; *z* Alp., *s* Vog., Schw, Riesengeb., auch Zierpfl. [= *Sedum roseum* (L.) Scop.] Ⓖ **Rh. rósea** L.

7. Phédimus Raf., *Fetthenne*
1. Blkr. rot, rosa od. weiß; Blkrblätt. 10–15 mm lg.; Blätt. gegenst.; Stg. niederlgd. bis aufstgd.; Blätt keilig verschmälert, vorn kerbig gesägt; Pfl. 10–20 cm hoch, m. blhd. u. nichtblhd., überwinternden Trieben; ♃; VII–VIII. Zierpfl., auf Mauern, an Wegrändern u. Böschungen *z* verwild. (Heimat: Kaukasus) (= *Sedum spurium* Bieb.; = *S. oppositifolium* Sims) *Kaukasus-F.,* * **Ph. spúrius** (Bieb.) 't Hart
— Blkr. gelb; Blkrblätt. 6–9 mm lg., spitz; Blätt. wechselst., verkehrt eif., stumpf gezähnt; Stg. aufstgd., 15–20 cm hoch; ♃; V–VI. Zierpfl., *s* verwild., z. B. Dt, Da, ČR. (Heimat: Ural, N-As.) (= *Sedum hybridum* L.)
Sibirische F., **Ph. hýbridus** (L.) 't Hart

8. Hyloteléphium Ohba, *Fetthenne*
1. Blätt. ganzrandig, oval, stumpf, blaugrün; Blkrblätt. trüb purpurrot, 4–5 mm lg.; Bltnstd. gedrängt, doldenartig, halbkugelig; nichtblhd. Triebe m. Blattrosette; Pfl. 10–30 cm hoch; VII–IX. Felsen, Felsschutt, kalkmeidend, 1400–2500 m; *s,* nur CH (Rhonegebiet). (= *Sedum anacampseros* L.) *Rundblättrige F.,* **H. anacámpseros** (L.) Ohba
— Blätt. wenigstens vorn gekerbt od. gesägt; Stg. aufrecht, m. dicken, rübenf. Wurzeln, 20–80 cm hoch; Blätt. längl-eif., ungleichmäßig gezähnt, 2–10 cm lg.; Bltn. gelbgrün, weißl.gelb od. purpurn; Blkrblätt. 3–5 mm lg.; ♃; VI–IX. Feldraine, Mauern, Schotterfluren; *v–z,* im NO seltener. (incl. *S. jullianum* Bor.) *Rote F.,* * **H. teléphium** (L.) Ohba
a. Blkrblätt. meist gelbgrün od. weißl.gelb; ob. Stgblätt. eif., m. schwach stgumfassendem Grd., gegenst., zuw. quirlst.; Pfl. meist grün; *v–z.* [= *Sedum maximum* (L.) Hoffm.] ssp. **máximum** (L.) Ohba
— Blkrblätt. meist rot; ob. Stgblätt. nicht stgumfassend, wechselst.; Pfl. meist blaugrün bereift . . . . **b**
b. Ob. Stgblätt. längl.-lanzettl. bis verkehrt eif., am Grd. keilf., aber breit sitzend; Blkrblätt. rot, oberhalb der Mitte zurückgekrümmt; v–z, im NW *s.* [= *Sedum purpureum* (L.) Schult.; = *Sedum telephium* L.; = *S. purpurascens* (Tausch) Koch] ssp. **teléphium**
— Ob. Stgblätt. längl.-lanzettl., am Grd keilf. u. fast stielart. verschmälert; Blkrblätt. purpurn, gerade absthd. Feuchte schattige Felsen, kalkmeidend; *s* in S- u. W-Dt, CH, Schl, ČR (Verbreitung insgesamt ungenügend bekannt). [= *Sedum fabaria* Koch; = *S. vulgare* (Haw.) Lk.] ssp. **fabária** (Koch) Ohba

Familie: **Haloragáceae**, *Tausendblattgewächse*

Wasserpfl. (heimische Arten); Bltn. klein, unscheinbar, 4-zählig, eingschl. *(643a, b)* od. ⚥.

Myriophýllum L., *Tausendblatt* (nach WALTER WIMMER, 1997)

Für die Blattmerkmale verwende man junge Blätter, um die Drüsen zu sehen

1. Tragblätt. der Bltn. sämtl. fiedspaltig od. kammf. gefied. *(203),* meist länger als die Bltn.; Blätt. in 5–6-zähligen Quirlen; Endfied. in der Mitte teilweise breiter als an der Basis; Spr. d. Blätt. mit Drüsen; Sprossachse meist grün; ♃; VI–IX. Sthd. u. langsam fließende, kalkarme Gewässer, *z.* *Quirlblättriges T.,* * **M. verticillátum** L.

— Ob. Tragblätt. der Bltn. ungeteilt **2**

2. Tragblätt. länger als die Bltn.; Stbblätt. 4; Endfied. der Blätt. vom Grd. zur Spitze immer schmäler werdend; Blätt. viel länger als die Internodien; Blattspr. m. Drüsen; Fied. meist wechselst.; Sprossachse oft rot; ♃; VI–IX. Sthd. Gewässer, in Einbürgerung begriffen (Heimat: N-Am.); *s,* Rhpf, NrWe, NS, Br, Sa, früher St. *Verschiedenblättriges T.,* **M. heterophýllum** MICHX.

— Tragblätt. kürzer als die Bltn.; Stbblätt. 8; Blätt. meist in 4-zähligen Quirlen **3**

3. Bltnstand reichbltg., verlängert, stets aufrecht; alle Bltn. in Quirlen, rötl.; Blätt. m. ± gegenst. Fied. *(644);* Fied. nur an der Basis mit Drüsen; Sprossachse bleich, rosa überlaufen, ♃; VI–IX. Sthd. u. langsam fließende Gewässer, *v–s.* *Ähriges T.,* * **M. spicátum** L.

— Bltnstand wenigbltg., kurz, anfangs überhgd.; Bltn. gelb, die ob. wechselst.; Blätt. m. meist wechselst. Fied. *(645),* Spr. u. Basis der Fied. ohne Drüsen; ♃; VII–IX. Kalkarme Seen u. Tümpel; *v* im NW, *z* im NO, sonst *s.* *Wechselblütiges T.,* * **M. alterniflórum** DC.

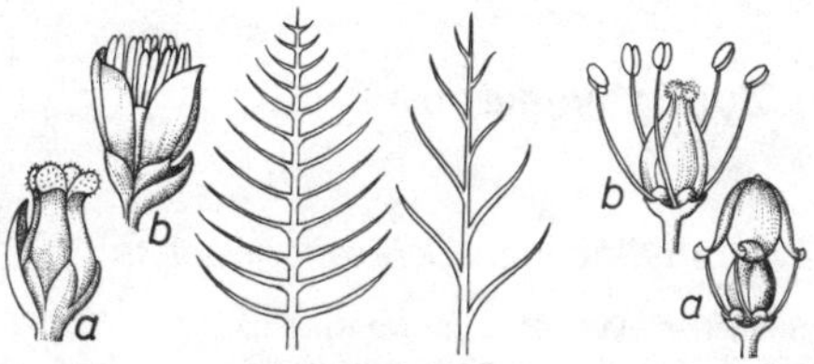

643 *644* *645* *646*

Ordnung: **Vitáles**

Familie: **Vitáceae**, *Weinrebengewächse*

Holzpfl., m. Ranken; Blätt. wechselst. (2-zeilig), m. Nebenblätt.; Bltn. radiär, ⚥ *(646);* Beerenfr.

1. Rinde sich in Streifen ablösend; Rankenäste ohne Haftscheiben; Kronblätt. sich in ihrer Gesamtheit mützenartig abhebend *(646a)* . . . . **Vitis**, 402
— Rinde sich nicht in Streifen ablösend; Rankenäste häufig m. Haftscheiben *(303);* Blkrblätt. strahlig ausgebreitet **Parthenocissus**, 402

1. Vítis L., *Weinrebe*
Bltnstand rispig; Beeren saftig; Blätt. buchtig gelappt, 2-zeilig; Ranken ohne Haftscheiben, den Blätt. gegenüber; ♄; VI–VII. * **V. vinífera** L.
a. Bltn. 2-häusig; Beeren längl., 5–7 mm lg., m. 3 kugelig-herzf. Samen. *s* in Auwäldern des Oberrheins, NÖ, ČR (Mähren). ◎! *Wilde W.*, ssp. **sylvéstris** (GMEL.) BEG.
— Bltn. ⚥ *(646b);* Beeren größer, m. meist 2 schlanken Kernen. In zahlr. Sorten kultiviert. [ssp. *sativa* (DC.) BEG.] *Kulturrebe,* ssp. **vinífera**

2. Parthenocíssus PLANCH., *Jungfernrebe, Wilder Wein*
1. Blätt. 3-teilig eingeschnitten; ♄; VII–VIII. Zierpfl. aus N-Am. *Dreilappige J.,* * **P. tricuspidáta** (S. & Z.) PLANCH.
— Blätt. 5–7-zählig gefing. **2**
2. Ranken 5–8-teilig, m. Haftscheiben; ♄; VII–VIII. Zierpfl. aus N-Am. *Gewöhnliche J.,* * **P. quinquefólia** (L.) PLANCH.
— Ranken 3–5-teilig, ohne Haftscheiben; ♄; VII–VIII. Zierpfl. aus N-Am., öfter verwild. *Fünfblättrige J.,* * **P. insérta** (KERN.) FRITSCH

Ordnung: **Zygophylláles**

Familie: **Zygophylláceae,** *Jochblattgewächse*

Kräuter od. Sträucher; Blätt. gefied., m. Nebenblätt.; Bltn. radiär, 4–5-zählig; Blkrblätt. nicht verwachsen; Stbblätt. doppelt so viele wie Blkrblätt.; Frkn oberst.; Fr. in Teilfr. zerfallend.

Tríbulus L., *Burzeldorn*
Stg. kriechend, 10–50 cm lg.; Blätt. gegenst., öfter ungleich groß, m. 10–16 Fiederblätt.; Bltn. blattachselst.; Blkrblätt. gelb, 4–5 mm lg.; Teilfr. am Rücken stachlig; ⊙; V–X. Sandflächen, Ruderalstellen; *s,* BW (Stuttgart), Basel, früher NÖ (March), ČR. **T. terréstris** L.

Ordnung: **Fabáles**

Familie: **Fabáceae** *(= Leguminosae, = Papilionaceae), Schmetterlingsblütler*

Holzpfl., Halbsträucher, Stauden od. Kräuter; Blätt. wechselst., oft 2-zeilig, stets m. Nebenblätt.; Bltn. zygomorph (schmetterlingsf., *647a*), ⚥; K. 5-zählig, oft verwachsen *(647, K, 648);* Blkr. 5-blättrig; das nach oben weisende, vergrößerte Blkrblatt ist die **Fahne** *(647, F),* die beiden seitl. sind die **Flügel** *(Fl),* die beiden vorderen, miteinander verwachsenen bilden das **Schiffchen** *(Sch);* Filamente der 10 Stbblätt. entw. alle zu geschlossener od. nur 9 zu oben offener, den Frkn. umgebender Röhre verwachsen *(649);* Frblätt. 1; Fr. klappig aufspringende *(650),* in 1-samige Glieder zerfallende *(655)* od. schneckenf. *(661)* gewundene Hülse.

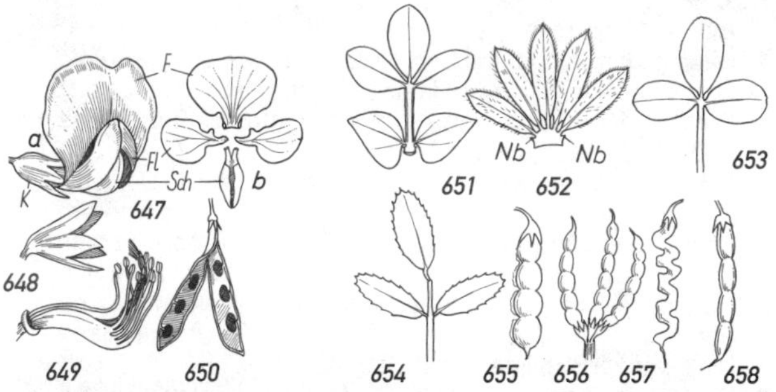

1. Krautige Pflanzen; Stg. nicht od. nur an der Basis schwach verholzend **20**
— Bäume, Sträucher od. Zwergsträucher m. holzigem Stg. (auf die Stgbasis achten!) **2**
2. Blätt. gesägt . . . . **Ononis**, 410
— Blätt. ganzrandig **3**
3. Strauch m. grünen, rutenf., kantigen Zweigen, ohne Dornen; Gr. kreisf. eingerollt . . . . **Cytisus scoparius,** 409
— Zweige nicht rutenf. **4**
4. Jede Blüte nur m. 1 dkvioletten-braunvioletten Blkrblatt.; Bltn. in mehreren, dichten, ährenähnl. Trauben an der Spitze; Blätt. m. 11–25 Fiedblättchen . . . . **Amorpha,** 423
— Bltn. jeweils m. mehr als 3 Blkrblätt. **5**
5. Blätt. zusammengesetzt, gefing. od. gefied. (zumindest die basalen), selten einfach **9**
— Blätt. ungeteilt, zuw. fehlend, früh abfallend, od. nadelf. u. stechend **6**
6. Blätt. nadelf., gleich den Ästen stechend; K. wollig-zottig, fast bis zum Grd. geteilt . . . . **Ulex**, 408

— Blätt. nicht stechend u. nadelf. **7**
7. Sprosse breit geflügelt. . . . . **Chamaespartium**, 409
— Sprosse nicht geflügelt **8**
8 Bltnstiele so lg. wie od. länger als der K. . . . . **Cytisus**, 409
— Bltnstiele viel kürzer als der K. . . . . **Genista**, 408
9(5). Blätt. mehrzählig gefied. od. mehrzählig gefing. *(652)* **13**
— Blätt. 3-zählig gefied. (*654;* Endfied. gestielt!) od. 3-zählig gefing. *(653),* selten einfach **10**
10. Bltn. in hgd. Trauben . . . . **Laburnum**, 409
— Bltn. nicht in hgd. Trauben **11**
11. Blätt. gegenst. . . . . **Genista radiata**, 408
— Blätt. wechselst. **12**
12. Bltnstiele so lg. wie od. länger als der K. . . . . **Cytisus,** 409
— Bltnstiele kürzer als der K. . . . . **Chamaecytisus**, 410
13(9). Bltn. gelb od. rotgelb. **17**
— Bltn. weiß od. rosa **14**
14. Bäume; Bltn. in hgd. Trauben; Nebenblätt. verdornt **Robinia,** 423
— Halbsträucher; Bltn. nicht in hgd. Bltnständen **15**
15. Endfied. der Blätt. verdornt . . . **Astragalus sempervirens,** 417
— Endfied. der Blätt. nicht verdornt **16**
16. Blätt. 5–7-zählig gefied., fast gefing. *(652);* Bltn. in Dolden **Dorycnium,** 421
— Blätt. 8–20-paarig gefied.; Bltn. 10–12 mm groß, fleischfarben, in Köpfchen . . . . **Anthyllis,** 417
17(13). Blätt. paarig gefied.; Bltn. in armbltg. Dolden an Kurztrieben . . . . **Caragana**, 423
— Blätt. unpaarig gefied. **18**
18. Blkrblätt. lg. genagelt; Bltn. in Dolden; reife Hülsen nicht aufgeblasen *(658)* . . . . **Hippocrepis,** 424
— Blkrblätt. nicht genagelt; Bltn. in armbltg. Trauben **19**
19. Hülsen nicht geglied., z. Reifezt. aufgeblasen; 2(–3) m hoher Strauch . . . . **Colutea,** 423
Hülsen geglied.; Glieder z. Reifezt. hufeisenf. *(657);* kleiner, niederlgd. Halbstrauch; Triebe nur an der Basis schwach holzig . . . . **Hippocrepis**, 424
20(1). Blätt. mehrzählig gefied. *(651*[1]*, 667, 668),* die oberen Fied. zuw. zu Ranken umgebildet, aber mind. 1 Fiedpaar laubig; Grdblätt. zuw. ungeteilt *(Anthyllis)* **37**
— Alle Blätt. einfach, ungeteilt, 3-zählig gefied. *(654),* 3- od. mehrzählig gefing. *(652, 67)* **21**
21. Blätt. 3-zählig gefied., 3- od. mehrzählig gefing. **24**
— Blätt. einfach u. ungeteilt **22**

---

[1] Die nebenblattartigen Gebilde in Abb. *651* sind keine Nebenblätt., sondern das basale an den Blattgrund gerückte Fiedpaar des Blatts; sie werden deshalb auch als Pseudostipeln bezeichnet, weil sie echte Nebenblätt. vortäuschen, die selbst völlig verkümmert sind.

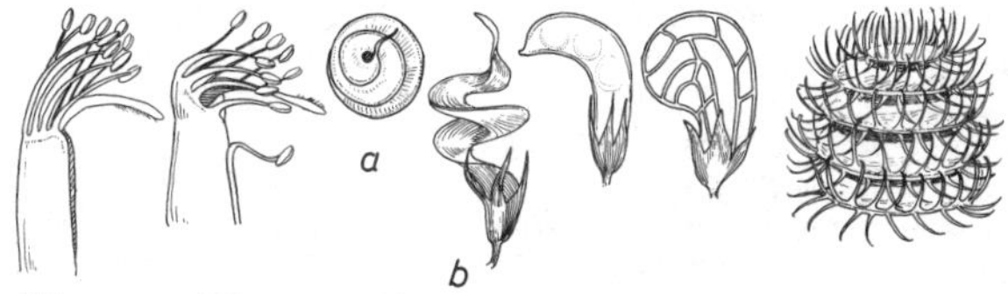

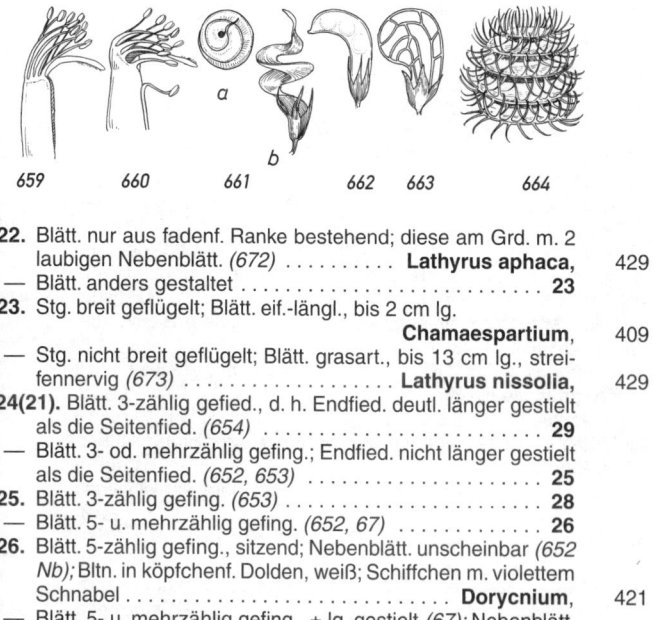

659 660 661 662 663 664

22. Blätt. nur aus fadenf. Ranke bestehend; diese am Grd. m. 2 laubigen Nebenblätt. *(672)* .... **Lathyrus aphaca,** 429
— Blätt. anders gestaltet **23**
23. Stg. breit geflügelt; Blätt. eif.-längl., bis 2 cm lg. **Chamaespartium**, 409
— Stg. nicht breit geflügelt; Blätt. grasart., bis 13 cm lg., streifennervig *(673)* .... **Lathyrus nissolia,** 429
24(21). Blätt. 3-zählig gefied., d. h. Endfied. deutl. länger gestielt als die Seitenfied. *(654)* **29**
— Blätt. 3- od. mehrzählig gefing.; Endfied. nicht länger gestielt als die Seitenfied. *(652, 653)* **25**
25. Blätt. 3-zählig gefing. *(653)* **28**
— Blätt. 5- u. mehrzählig gefing. *(652, 67)* **26**
26. Blätt. 5-zählig gefing., sitzend; Nebenblätt. unscheinbar *(652 Nb);* Bltn. in köpfchenf. Dolden, weiß; Schiffchen m. violettem Schnabel .... **Dorycnium**, 421
— Blätt. 5- u. mehrzählig gefing., ± lg. gestielt *(67);* Nebenblätt. deutl. entwickelt **27**
27. Nebenblätt. viel kürzer als der Blattstiel; Blätt. 5–15-zählig gefing.; Infl. verlängert; Bltn. in etagenf. Quirlen, blau, weiß od. gelb .... **Lupinus**, 408
— Nebenblätt. so lg. wie od. länger als der Blattstiel; Bltn. köpfchenart., purpurrot; Blätt. 5–8-zählig gefing. **Trifolium lupinaster**, 414
28(25). Nebenblätt. viel kleiner als die Fied.; Bltn. in meist vielbltg. Köpfchen od. Ähren; Blkrblätt. ± verwachsen, nicht abfallend; Hülse nur wenig länger als der K. .... **Trifolium,** 413
— Nebenblätt. den übrigen 3 Fied. ähnlich od. wenigstens etwa halb so groß wie diese[1]); Hülse viel länger als der K. **Lotus,** 422
29(24). Jede Fied. m. besonderen Nebenblättchen (Stipellen); mehr als 5 cm lg.; Stg. meist windend ...... **Phaseolus**, 432
– Fied.ohne Stipellen **30**
30. Bltn. in reichbltg. Köpfchen, Trauben od. Ähren **33**
— Bltn. einzeln od. bis zu 3 an blattachselst., zuw. verdornenden Kurztrieben **31**

---

[1] Vgl. Fußnote S. 404.

31. Bltn. gelb, bis 7 mm lg.; Hülsen sichelf. gebogen od. schneckenf. gewunden *(661–664)* . . . . **Medicago**, 412
— Bltn. über 1 cm lg. od. nicht gelb; Hülsen nicht schneckenf. gewunden u. nicht sichelf. gebogen **21**
32. Bltn. rosa, weiß od. gelb, häufig an verdornten Kurztrieben, zuw. insgesamt zu locker traubigen Gesamtbltnständen zusammentretend; Schiffchen geschnäbelt . . . . **Ononis**, 410
— Bltn. blassgelb od. rosa, zu 1–2(–5); Schiffchen stumpf; Hülsen bis 10 cm lg., gerade od. schwach gebogen; Pfl. stark riechend . . . . **Trigonella**, 411
33(30). Einzelbltn. hgd., in langen Trauben, weiß od. gelb; Pfl. (vor allem getrocknet) nach *Waldmeister* (Cumarin, s. S. 637) duftend . . . . **Melilotus**, 412
— Bltn. wenigstens anfangs aufrecht, in köpfchenf. Bltnständen od. dichten Ähren. **34**
34. Nebenblätt. den 3 übrigen Fied. ähnlich od. wenigstens halb so groß wie diese . . . . **Lotus,** 422
— Nebenblätt. viel kleiner als die Fied. **35**
35. Bltnblätt. miteinander verwachsen, nach der Blüte nicht abfallend . . . . **Trifolium**, 413
— Bltnblätt. nicht verwachsen, nach der Blüte einzeln abfallend **36**
36. Hülse nierenf., sichelf. od. schneckenf. eingerollt *(661–664)* **Medicago**, 412
— Hülse eif., gerade od. schwach gebogen; Pfl. stark duftend **Trigonella**, 411
37(20). Blätt. m. Ranken. **51**
— Blätt. ohne Ranken **38**
38. Blätt. paarig gefied.; Endfied. verkümmert **51**
— Blätt. unpaarig gefied.; Endfied. vorhanden u. laubig entwickelt **39**
39. Blätt. ungeteilt od. gefied., dann aber zumindest bei unt. Blätt. m. auffallend großer Endfied. . . . . **Anthyllis,** 417
— Alle Blätt. gefied., aber Endfieder kaum größer als die Seitenfied. **40**
40. Fiedblätt. ringsum gezähnt . . . . **Cicer,** 425
— Fiedblätt. höchstens an der Spitze mit einzelnen Zähnen **41**
41. Blätt. m. 5 Fied., basales Fiedpaar an den Stg. herangerückt u. deutl. von den übrigen 3 Fied. entfernt *(651);* Nebenblätt. verkümmert . . . . **Lotus,** 422
— Blätt. m. 7 od. mehr Fied., die einzelnen Fiedpaare gleichmäßig voneinander entfernt **42**
42. Bltn. in Dolden od. Köpfchen **47**
— Bltn. in verlängerten Trauben od. Ähren **43**
43. Bltn. rosarot m. dk.geaderter Fahne; K.zähne bis 2,5-mal so lg. wie die K.röhre; Hülsen 1-samig . . . . **Onobrychis**, 429

— Bltn. nicht rosarot (aber zuw. purpurn); K.zähne kaum länger als die K.röhre; Fr. mehrsamig **44**

44. Schiffchen m. aufgesetzter Stachelspitze . . . . . **Oxytropis**, 420

— Schiffchen ohne Stachelspitze **45**

45. Alle Stbblätt. miteinander verwachsen *(659);* Pfl. 60–120 cm hoch, aufrecht, kahl; Bltn. bläul.weiß od. weiß . . . **Galega**, 422

— Oberstes Stbblatt frei *(660);* Pfl. niedriger od. niederlgd. **46**

46. Hülse zw. den Samen eingeschnürt, bei der Reife in 1-samige Glieder zerfallend (Gliederhülse, *655*); Bltn. purpurn; Nebenblätt. miteinander verwachsen . . . . **Hedysarum**, 424

— Hülse nicht eingeschnürt; Bltn. gelb, grünl.gelb, violett, purpurn od. weißl.; Nebenblätt. frei od. verwachsen . . . **Astragalus**, 417

47(42). Bltn. 2–8 mm lg., weißl., m. rot geaderter Fahne od. rosa; Frstand vogelfußartig *(656),* am Grd. m. gefied. Hochblätt. **Ornithopus**, 423

— Bltn. größer **48**

48. Hülse m. hufeisenf. gekrümmten Gliedern *(657);* Bltn. gelb; Nagel der Blkrblätt. doppelt so lg. wie der K. **Hippocrepis**, 424

— Hülse nicht m. hufeisenf. Gliedern, gerade od. leicht gekrümmt **49**

49. Bltn. in Dolden **55**

— Bltn. in Köpfchen **50**

50. Schiffchen m. Stachelspitze . . . . **Oxytropis**, 420

— Schiffchen ohne Stachelspitze . . . . **Astragalus**, 417

51(37 u. 38). Pfl. m. zahlreichen lg. Dornen am Stg.; Endfied. der Blätt. verdornt . . . . **Astragalus sempervirens,** 417

— Pfl. ohne Dornen am Stg. **52**

52. Stbblattröhre fast rechtwinklig abgeschnitten *(659)* **54**

— Stbblattröhre schief abgeschnitten *(660)* **53**

53. Kzähne mehrmals länger als die K.-Röhre; Hülsen 1–2-samig . . . . **Lens**, 425

— Kzähne höchstens so lg. wie die K.-Röhre; Hülsen 2- bis mehrsamig . . . . **Vicia**, 425

54(52). Gr. zu nach unten offener Röhre gefaltet, auf der Innenseite bärtig; Nebenblätt. sehr groß *(69)* . . . . **Pisum**, 432

— Gr. flach, oft gedreht, oberststs. u. an den Rändern behaart; Nebenblätt. kleiner als die Fied.; Stg. zuw. geflügelt **Lathyrus**, 429

55(49). Bltn. gelb . . . . **Coronilla**, 423

— Bltn. bunt, Fahne rosa, Flügel weiß . . . . **Securigera**, 423

1. Lupínus L., *Lupine*

1. Bltn. gelb, in zahlr. genäherten Quirlen, von angenehmem Geruch; Blätt. 5–9 (–12)-zählig gefing.; ⊙; VI–IX. Angepflanzt u. verwild. (Heimat: W-Mittelmeergebiet) *Gelbe L.,* * **L. lúteus** L.

— Bltn. blau od. weiß, in Trauben 2

2. Blätt. 10–15-zählig gefing.; Bltn. intensiv blau, selten weiß; Pfl. bis 1,5 m hoch; ♃; VI–IX. Häufig als Wildfutter angepflanzt, verwild. u. eingebürgert. (Heimat N-Am.) *Vielblättrige L.,* * **L. polyphýllus** Ldl.

— Blätt. 5–9-zählig gefing. 3

3. Bltn. blau; Fied. lineal, 2–5 mm breit; Oberlippe des K. 2-spaltig; ⊙; VI–IX. Stellenw. angepflanzt u. verwild. (Heimat: Mittelmeergebiet) *Schmalblättrige L.,* * **L. angustifólius** L.

— Bltn. weiß; Fied. verkehrt-eif.; Oberlippe des K. ungeteilt; ⊙; VI–IX. (Heimat: Mittelmeergebiet), seltener angepflanzt. *Weiße L.,* * **L. álbus** L.

2. Úlex L., *Stechginster*

Sparriger, bis 2 m hoher, reich verzweigter Strauch m. Blatt- u. Kurztriebdornen; Bltn. zu 1–3 an Kurztrieben; K. dicht braun behaart; Bltn. goldgelb, ♄; IV–VII. Gesellig auf Heiden, vorwgd. im W u. NW, sonst angepfl. u. verwild. **Giftig!** * **U. europaéus** L.

3. Genísta L., *Ginster*

1. Stg. ohne Kurztriebdornen 3

— Stg. m. Kurztriebdornen, zumindest an der Basis 2

2. Junge Triebe kahl; Blätt. blaugrün, hinfällig; Bltntrauben kurz, dicht, Tragblätt. länger als die Bltnstiele; Bltn. goldgelb; ♄; V–VI. Heide-, Sand- u. Torfböden; *v* im NW u. N, sonst nur SaAn, Br u. BW (Schw.) *Englischer G.,* **G. ánglica** L.

— Junge Triebe spitzenw. behaart; Bltn. in 5 cm langen Trauben; Tragblätt. ½ so lg. wie die Bltnstiele; Hülsen lg.haarig; ♄; V–VI. Trockene Wälder, Magerwiesen, Heiden; *z,* im NW u. N *s.* Ⓖ *Deutscher G.,* * **G. germánica** L.

3(1). Zweige gegenst., rutenf.; Bltn. in endst., 4–12-bltg. Köpfchen; Blätt. 3-teilig, gegenst.; ♄; V–VIII. Berghänge, Felsen, *s,* nur in Kt (Weißensee), Vs, Gr, Bz. [= *Cytisus radiatus* (L.) Mert. & K.] Ⓖ *Strahlen-G.,* **G. radiáta** (L.) Scop.

— Zweige wechselst.; Bltn. nicht in Köpfchen 4

4. Niederlgd. Zwergstrauch; Äste gleich den 5–12 mm langen Blätt. in der Jugend seidenhaarig; Bltn. zu 1–3 an Kurztrieben; Fahne, Schiffchen u. Hülse seidenhaarig; ♄; IV–VII. Felshänge, Heiden, kalkmeidend; *z.* *Behaarter G.,* * **G. pilósa** L.

— Stg. aufrecht, rutenf., bis 60 cm lang, kahl od. spärl. behaart; Bltn. in endst., verlängerten Trauben; Fahne, Schiffchen u. Hülse kahl; ♄; VI–VIII. Trockene Magerwiesen, lichte Eichen- u. Kiefernwälder; *v, s* im NW. *Färber-G.,* * **G. tinctória** L.

a. Blätt. lanzettl., bis 3 cm lg.; Stg. aufrecht; Bltnstände 3–8 cm lg.; *v.* ssp. **tinctória**

— Blätt. schmal lineal, bis 1 cm lg.; Stg. niederlgd.; Bltnstände bis 3 cm lang. Feuchte Heiden; nur Nordseeküste u. Inseln. ssp. **littorális** (Corb.) Rothm.

4. Labúrnum Fabr., *Goldregen*

1. Blattstiel dicht angedrückt seidenhaarig; Hülsen angedrückt behaart; ♄; V–VI. Lichte Wälder; *s*, Kt, St, NÖ, Bgl, CH. Zierstrauch, oft angepfl. od. eingebürgert. (= *Cytisus laburnum* L.)
Giftig! *Gewöhnlicher G.,* * **L. anagyroídes** Med.

— Blattstiel m. einzelnen längeren, etwas abstehenden Haaren; Hülsen kahl; ♄; V–VII. Buchenwälder, felsige Abhänge; *s*, Kt, St, S-CH, Bz.
Giftig! Ⓖ *Alpen-G.,* **L. alpínum** (Mill.) Berchtold & J. Presl

5. Chamaespártium Adans., *Flügelginster*

Stg. breit geflügelt, bis 30 cm lg., geglied.; Blätt. 2-zeilig, einfach, hinfällig, rauhaarig; Bltn. hellgelb, in doldenf. Trauben; ♃; V–VII. Trockene Weiden, lichte Eichen- u. Kiefernwälder; *z* im S u. W, sonst *s*. [= *Genistella sagittalis* (L.) Gams; = *Genista sagittalis* L.] * **Ch. sagittále** (L.) P. Gibbs

6. Cýtisus L., *Geißklee*

1. Blätt. einfach, untersts. behaart; Pfl. niederlgd. od. aufstgd. **5**

— Wenigstens unt. Blätt. 3-zählig **2**

2. Strauch m. grünen, kantigen, rutenf. Zweigen; Bltn. groß, 20–25 mm lg., zu 1–2 blattachselst.; Fahne 16–20 mm lg.; Blätt. klein, 3-zählig, an jungen Zweigen ungeteilt; ♄; V–VI. Heiden, Kiefernwälder, kalkmeidend; *v*. [= *Sarothamnus scoparius* (L.) W. D. J. Koch]
Besenginster, * **C. scopárius** (L.) Lk.

a. Sprosse aufrecht, bis 250 cm hoch; Blätt. u. junge Sprosse kahl od. dünn seidig behaart; *v*, in Alp. *f*. ssp. **scopárius**

— Sprosse niederlgd.; Blätt. u. junge Sprosse dicht seidig behaart; nur Nordseeküste. [= *Genista scoparia* (L.) Lam. var. *maritima* Rouy]
ssp. **marítimus** (Rouy) Ulbrich

— Strauch ohne rutenf. Zweige; Bltn. kleiner; Fahne 7–12 mm lg. **3**

3. Ob. Blätt. sitzend; Blättchen breit eif. bis elliptisch, meergrün; Bltn. zu 2–8 in endst. Trauben; Fahne 11 mm lg.; ♄; IV–VII. Flaumeichenwälder, Gebüsche; *s*, Bz. [= *Cytisophyllum sessilifolium* (L.) O. F. Lang]
Meergrüner G., **C. sessilifólius** L.

— Alle Blätt. gestielt **4**

4. Bltntraube blattlos, 20–100-blütig, endst.; Blätt. dkgrün, beim Trocknen schwarz werdend; aufrechter Strauch, 30–200 cm hoch; Zweige rund; Fahne 7–10 mm lg.; ♄; VI–VIII. Waldränder, lichte Wälder; *z* in Au, CH, S- u. M-Dt, ČR, Schl. [= *Lembotropis nigricans* (L.) Griseb.]
Schwarzwerdender G., * **C. nígricans** L.

— Bltntraube dicht beblättert, wenigblütig; Bltnstiele etwa so lg. wie die Bltn.; Blättchen kurz bespitzt, lebhaft grün, beim Trocknen nicht schwarz werdend; aufstgd. bis aufrechter ♄, 30–100 cm hoch; Zweige kantig; Fahne 10–12 mm lg.; ♄; V–VI. Felshänge; *s*, nur Ts.
Bergamasker-G., **C. emeriflórus** Rchb.

5(1). Zweige 8–10-kantig, angedrückt behaart, junge Zweige geflügelt; Pfl. 10–40 cm hoch; Bltnstiele 1,5–2-mal so lg. wie der K.; Bltn. zu 1–3; Hülsen anlgd. behaart; ♄; IV–VII. Trockenrasen, Kiefernwälder; *s*, nur NÖ, ČR (Mähren).
Niederliegender G., **C. procúmbens** (W. & K. ex Willd.) Spreng.

— Zweige 5-kantig, absthd. behaart; Pfl. 10–30 cm hoch; Bltnstiele 2–4-mal so lg. wie der K.; Bltn. zu 1–3; K. u. Hülsen absthd. behaart; ♄; V–VI. Magerweiden; *s,* Schweizer Jura.
Jura-G., **C. decúmbens** (DURANDE) SPACH

7. Chamaecýtisus L., *Zwergginster*

1. Bltn. rot, an seitenst. Kurztrieben; Fahne 15–25 mm lg., in der Mitte mit dunklerem Fleck; Pfl. niederlgd. bis aufstgd.; Blätt. meist kahl, etw. blaugrün; Hülsen kahl; ♄; IV–VI. Kiefernwälder, Felshänge, auf Kalk; *s,* Bz, Kt. (= *Cytisus purpureus* SCOP.)
Roter Z., **Ch. purpúreus** (SCOP.) LK.

— Bltn. gelb od. weiß **2**

2. Bltnstand in beblätterten Trauben **5**

— Bltnstand endst., in kopff. zusammengezogener Traube **3**

3. Bltn. weiß od. weißgelb; Zweige aufrecht od. aufstgd., m. angedrückten und m. zottig absthd. Haaren; Bltnstand kopfig, m. 2–8 Bltn.; K. zottig behaart, die 3 ob. Zähne 3-eckig lanzettl.; Blätt. mindestens untersts. angedrückt behaart; Fahne obersts. behaart; ♄; V–VIII. Trockenrasen; *s,* nur ČR (Mähren). (= *Cytisus albus* HACQ.)
Weißer Z., **Ch. álbus** (HACQ.) ROTHM.

— Bltn. gelb **4**

4. Fahne häufig m. rötl.braunem Fleck, meist kahl; Flügel u. Schiffchen kahl; Hülsen absthd. zottig behaart; Stg. aufstgd. bis niederlgd., jung zottig behaart; ♄; IV–V. Trockene Felshänge, lichte Wälder; *z,* Donautal, Au, ČR, Ba, Th, Br (Havel- u. Odertal). (= *Cytisus capitatus* SCOP.) *Kopf-Z.,* **Ch. supínus** (L.) LK.

— Fahne meist einheitl. gelb, obersts. seidig behaart; Flügel obersts. in der Mitte u. Schiffchen am Rand bewimpert; Hülse angedrückt bis zottig behaart, Stg. aus niederlgd. Grd. steif aufrecht, dicht angedrückt silbergrau behaart; ♄; V–VIII. Steinige Hügel, Trockenrasen; *s,* nur OÖ, NÖ, Bgl, ČR. (= *Cytisus austriacus* L.)
Österreichischer Z., **Ch. austríacus** (L.) LK.

5(2). Fahne außen kahl u. rotbraun gefleckt; Äste jung grauseidig behaart, später verkahlend; ♄; IV–VI. Trockene Magerwiesen, lichte Kiefernwälder; *s,* Ba, OÖ, NÖ, Bgl, ČR , Schl, W- u. OPr. (= *Cytisus ratisbonensis* SCHAEFF.)
Ⓖ *Regensburger Z.,* **Ch. ratisbonénsis** (SCHAEFF.) ROTHM.

— Fahne außen behaart od. nicht gefleckt; ♄; IV–VI. Trockene Wiesen, lichte Wälder. (= *Cytisus hirsutus* L.)
Ⓖ *Rauhaar-Z.,* **Ch. hirsútus** (L.) LK.

a. Blättchen 6–20 mm lg. u. 4–10 mm breit; Fr. dichtzottig; *z,* Kt, St, OÖ, Bgl, Bz. ssp. **hirsútus**

— Blättchen 20–30 mm lg. u. (6–)10–15 mm breit; Fr. nur an den Nähten zottig; St. [= *Ch. ciliatus* (WAHL.) ROTHM.; = *Ch. falcatus* (W. et K.) HOLUB]
ssp. **ciliátus** (WAHL.) E. MAYER

8. Onónis L., *Hauhechel*

1. Bltn. rosa od. weiß **3**

— Bltn. gelb **2**

2. Bltn. 12–20 mm lg., länger als der K.; Hülsen hgd.; Pfl. dicht drüsig-klebrig; ♄(♃); V–VII. Kalkmagerrasen, Raine; *s* in BW (Kaiserstuhl), Lothringen, Vs, Waadt, Bz. *Gelbe H.,* **O. nátrix** L.

— Bltn. 5–12 mm lg., kürzer als der K.; Hülsen aufrecht; ♃; VI. Magerwiesen, lichte Wälder; *s*, Südtirol, NÖ, Bgl, Vs, Ts, Bz. *Zwerg-H.,* **O. pusílla** L.

3(1). Endfieder lg.gestielt, fast kreisrund, grob buchtig gezähnt; Hülsen hgd.; Bltn. in lg. gestielten Trauben, Bltnstand oben in Granne auslaufend; Bltn. duftend; ♃; IV–IX. Lichte Wälder; nur W-Kt, Ti, CH, Bz. *Rundblättrige H.,* **O. rotundifólia** L.

— Endfieder schmal elliptisch od. oval, fein gezähnt; Hülsen aufrecht; Bltn. blattachselst., kurz gestielt; Bltnstand nicht in Granne auslaufend; ♄–♃; VI–IX. Trockenrasen, Schafweiden, Wegraine; *v.* *Gewöhnliche H.,* * **O. spinósa** L. s. l.

a. Hülsen kürzer als der K. . . . . **c**

— Hülsen so lg. wie od. länger als der K.; Stg. 1- od. 2-reihig behaart, oben oft ringsum behaart . . . . **b**

b. Kzipfel zurückgekrümmt; Pfl. meist ohne Dornen, bis 1 m hoch; feuchte Wiesen von der Tiefebene bis Voralpenreg., *z.* (= *O. austriaca* Beck; = *O. foetens* All.) *Österreichische H.,* ssp. **austríaca** (Beck) Gams

— Kzipfel ausgebreitet; Pfl. dornig, 20–50 cm hoch; Schafweiden, *v.* *Dornige H.,* ssp. **spinósa**

c(a). Stg. niederlgd. bis aufstgd., m. Ausläufern; Fied. an der Spitze abgerundet bis ausgerandet; Bltn. einzeln, voneinander entfernt. Magerrasen, Böschungen, *v.* (= *O. repens* L.) *Kriechende H.,* * ssp. **marítima** (Dum.) Fourn.

— Stg. aufrecht od. aufstgd.; Fied. zugespitzt; Bltn. zu 2–3 an den Zweigenden in dichtem verlängertem Bltnstand. Magerrasen, Wegränder; *s,* O-SH, O-MeVp, O-Br, Da, Au, ČR. (= *O. arvensis L.; = O. hircina* Jacq.) Ⓖ *Bocks-H.,* ssp. **arvénsis** (L.) Greut. & Burdet

9. Trigonélla L., *Bockshornklee, Schabziegerklee*

1. Bltn. in blattachselst. Trauben m. mehr als 2 Bltn. **3**

— Bltn. zu 1–2 blattachselst. **2**

2. Bltn. blassgelb; Hülsen bis 10 cm lg., aufrecht absthd., gerade od. gekrümmt, 2–3 cm lg. geschnäbelt; ☉; IV–VII. Heilpfl.; zuw. verwild. (Heimat östl. Mittelmeergebiet) *Griechischer, Gelblicher Sch.,* **T. fōenum-grǣcum** L.

— Bltn. rosa; Hülsen längl., m. kurzem, hakigem Schnabel; Pfl. kleeähnl.; ⊙; V–VI. Sandtrockenrasen, Deiche; *s,* Eiderstedt, früher auch auf Sylt; längs der W-europäischen Küste bis Ho u. Da. (= *Trifolium ornithopodioides* L.) *Vogelfuß-Sch.,* **T. ornithopodioídes** (L.) DC.

3(1). Bltn. hellgelb; Bltntraube fast sitzend, 4–14-bltg.; Pfl. anlgd. behaart, 5–35 cm hoch; Hülsen 7–17 mm lg.; ☉; III–VI. Trockenrasen, Bahndämme; *s,* NÖ, Bgl, Vs, Bz, ČR. [= *Medicago monspeliaca* (L.) Trautv.] *Französischer B.,* **T. monspelíaca** L.

— Bltn. blau; Hülsen 4–5 mm lg. **4**

4. Bltntrauben kugelig, sich später kaum verlängernd, 4–15-bltg., fast sitzend; Hülsen plötzl. in den Schnabel verschmälert; Stg. hohl; ☉; VI–VII. Gewürz- u. Heillpfl., zuw. verwild. (Heimat: Mittelmeergebiet) *Blauer Sch.,* **T. caerúlea** (L.) Ser.

— Bltntrauben zunächst halbkugelig, später sich verlängernd; Hülsen allmähl. in den Schnabel verschmälert; Stg. nicht hohl; Pfl. niederlgd. bis aufstgd.; ⊙; VI–VII. Trockenrasen, Ackerränder; *s,* Bgl.
Niederliegender Sch., **T. procúmbens** (Bess.) Rchb.

10. Melilótus Mill., *Steinklee*

1. Bltn. weiß; Fied. m. 6–12 Paar Seitennerven u. ebenso vielen, oft undeutl. Zähnen; Hülse bis 3,5 mm lg., stumpf, m. kurzem Griffelrest, schwärzl., netznervig; ⊙; V–VIII. Wegränder, Bahndämme, Ruderalstellen; *v.* *Weißer St.,* * **M. álbus** Med.

— Bltn. gelb **2**

2. Fied. m. 18–22 Paar Seitennerven, in die scharfen, dicht sthd. Zähne eintretend; Hülse meist 2-samig, netzig-runzelig; ⊙; V–IX. An der Küste *z,* sonst an Salzstellen *s, f* im NW.
Gezähnter St., **M. dentátus** (W. & K.) Pers.

— Fied. m. weniger als 18 Paaren von Seitennerven **3**

3. Bltn. klein, 2–5 mm lg. **5**

— Bltn. größer, 5–7 mm lg. **4**

4. Hülsen zerstreut kurzhaarig, runzelig, schwarz; Bltn. in 2–6 cm lg. Trauben; Flügel u. Schiffchen etwa gleichlg.; Fied. m. 8–14 Paar Seitennerven; Stg. aufrecht, bis 1,5 m lg.; ⊙; VII–IX. Feuchte, auch salzhaltige Orte; *z.* *Sumpf-St., Hoher St.,* * **M. altíssimus** Thuill.

— Hülsen kahl, undeutl. querrunzelig, lederbraun; Bltn. in 4–10 cm lg. Trauben; Flügel länger als das Schiffchen; Fied. m. 6–13 Paaren von Seitennerven; Stg. aufrecht, 30–90 cm lg.; ⊙; V–IX. Wegränder, Steinbrüche; *v.* *Echter St.,* * **M. officinális** (L.) Pall.

5(3). Bltn. 2–3 mm lg., in 8–20 mm lg. Trauben; Nebenblätt. nur am Grd. m. 1–2 Zähnen; Hülsen fast kugelig, leicht gefurcht, mit gabeligen Nerven; ⊙; VI–VIII. Ruderalstellen, bes. in Großstädten; *s* eingeschleppt (Heimat: Mittelmeergebiet). *Kleinblütiger S.,* **M. índicus** (L.) All.

— Bltn. 3–4 mm lg., in 10–15 mm lg. Trauben; Nebenblätt. gezähnt; Hülsen fast kugelig, konzentrisch gefurcht; ⊙; VI–VIII. Ruderalstellen; *s* eingeschleppt, CH (St. Gallen, Gr). (Heimat: Mittelmeergebiet) *Gefurchter S.,* **M. sulcátus** Desf.

11. Medicágo L., *Schneckenklee, Luzerne, Sichelklee, Hopfenklee*

1. Hülsen dicht bestachelt *(664)* **5**

— Hülsen stachellos *(661–663)* **2**

2. Bltn. 8–11 mm lg. **4**

— Bltn. 2–7 mm lg. **3**

3. Bltnstiele zur Frzt. 2–2,5-mal so lg. wie der K.; Bltn. 5–7 mm lg.; Schirmtrauben 5–10-bltg.; Hülse spiralig m. 2–4 Windungen, hgd.; ♃; IV–VIII. Trockenrasen; *s,* NÖ, ČR.
Niederliegender Sch., **M. prostráta** Jacq.

— Bltnstiel kürzer als der K.; Bltn. 2–4,5 mm lg., in fast kugeligen, 10–50-bltg. Trauben; Hülse fast nierenf., m. 3–5 verästelten Längsnerven *(663);* Fied. an der Spitze oft etwas ausgerandet, m. Spitzchen, wenigstens unterststs. anlgd. behaart (vgl. *Trifolium dubium);* ⊙–♃; V–IX. Trockenrasen, trockene Wiesen; *v.* *Hopfenklee,* * **M. lupulína** L.

4(2). Bltn. gelb; Hülse sichelf. *(662);* ♃; V–IX. Halbtrockenrasen, Raine, Wegränder, kalkliebend; *z,* im N *s.* [= *M. sativa* L. ssp. *falcata* (L.) ARCANG.] *Sichelklee,* * **M. falcáta** L.

— Bltn. blau, violett od. weißl., grünl., gelbl.; Hülsen m. 2–3 lockeren Windungen *(661a–b);* Stg. aufrecht, bis 80 cm hoch, fast kahl; ♃; V–IX. Kulturpfl. u. verwild. (Heimat: Vorder-As.) *Luzerne,* * **M. satíva** L.

Häufig kultiviert u. verwildert: * **M.** × **vária** MART. *(= M. sativa × M. falcata):* Bltn. gelbl., grünl., bläul. od. violett.

5(1). Blätt. beidersts. behaart; Nebenblätt. ganzrandig; Hülse 3–4 mm breit *(664);* Stg. niederlgd. bis aufstgd.; ⊙; IV–VII. Magerrasen, Schafweiden, *z* in Au, M- u. S-Dt, *s* in SH, Da, Be, Lx, CH, Bz, ČR. *Zwerg-Sch.,* * **M. mínima** (L.) L.

— Blätt. wenigstens obersts. kahl **6**

6. Fied. meist m. braunem Fleck, herzf.; Bltnstand 1–4-bltg.; Bltn. 5–7 mm lg.; ⊙; IV–VI. Ruderalstellen; Be *z,* sonst *s,* aus dem Mittelmeergebiet eingeschleppt. *Arabischer Sch.,* **M. arábica** (L.) HUDS.

— Fied. ohne braunen Fleck **7**

7. Bltn. 6–8 mm lg.; Bltntraube 5–20-bltg.; Nebenblätt. spitz gezähnt; ♃; V–VI. Magerwiesen, Waldränder; *s,* nur Kt. *Karst-Sch.,* **M. carstiénsis** WULF.

— Bltn. 2,5–4,5 mm lg.; Bltntraube 3–8-bltg.; Nebenblätt. zerschlitzt gezähnt; ⊙; V–VII. *s,* aus dem Mittelmeergebiet eingeschleppt. (= *M. hispida* GAERTN.) *Rauer Sch.,* **M. polymórpha** L.

12. Trifólium L., *Klee*

1. Bltn. rot, rosa od. weiß, wenn gelbl., dann Köpfchen > 1,5 cm . . . **8**

— Bltn. lebhaft gelb, später braun werdend; Köpfchen < 1,5 cm **2**

2. Oberste Stgblätt. fast gegenst.; ob. Bltnstände scheinbar endst.; Blkr. verblüht kastanienbraun; Fahne gefurcht, vom Grd. an gewölbt; Pfl. der alp. u. subalp. Reg. **7**

— Alle Blätt. wechselst.; alle Bltnstände deutl. seitenst.; Blkr. gelb, verblüht hellbraun; Pfl. der Ebene u. montanen Reg. **3**

3. Bltn. > 4 mm lg.; Bltnköpfe meist mehr als 20-bltg. **5**

— Bltn. 2–4 mm lg.; Bltnköpfe meist weniger als 20-bltg. **4**

4. Bltnstiele kürzer als die K.-Röhre; Bltnköpfchen 3–15(–25)-bltg.; Nebenblätt. am Grd. verbreitert; Stg. bis 35 cm lg.; Blätt. bläul.grün, kahl, ohne Spitzchen (vgl. *Medicago lupulina);* ⊙–⊙; V–X. Wiesen, Weiden; *g.* (= *T. minus* SM.) *Zwerg-K.,* * **T. dúbium** SIBTH.

— Bltnstiele länger als die K.-Röhre; Bltnköpfchen locker (1–)2–6(–15)-bltg.; Nebenblätt. am Grd. nicht verbreitert; Stg. nur bis 10 cm lg., sehr dünn, niederlgd.; ⊙; V–VII. Ufer, Teichränder; Küste von Be, SH bis Da; *z.* *Kleinster K.,* **T. micránthum** VIV.

5(3). Bltn. 4–5 mm lg.; Köpfchen 20–30-bltg.; Endfied. deutlich länger gestielt als die Seitenfied.; ⊙–⊙; VI–IX. Magerwiesen, Wegraine, *v.* (= *T. procumbens* L.) *Feld-K.,* * **T. campéstre** SCHREB.

— Bltn. 5–7 mm lg. **6**

6. Nebenblätt. am Grd. verschmälert, Endfied. nicht länger gestielt als die Seitenfied.; Köpfchen 20–40-bltg.; ⊙; V–VIII. Magerwiesen, Wald-

ränder, vorwgd. der montanen Reg.; *z,* im N *s.* (= *T. strepens* Cr.; = *T. agrarium* L. em. Schreb.) *Gold-K.,* * **T. áureum** Pollich
— Nebenblätt. am Grd. m. halbkreisf. Zipfeln; Bltnköpfchen 12–25-bltg.; ⊙; VI–VII. Feuchte Wiesen; *s,* BW, E, Au, CH, Bz, ČR. *Spreiz-K.,* **T. pátens** Schreb.
7(2). Bltnstiele viel kürzer als die K.-Röhre; Fied. nur in der ob. Hälfte gezähnt, sitzend; Nebenblätt. längl.-lanzettl.; Bltnköpfe anfangs eif., später walzl.; Stg. steif aufrecht, bis 40 cm lg.; ⊙; V–VIII. Moorwiesen, kalkmeidend; *s* in Mittelgeb., Alp. u. Vorland, sonst SH, Da, E, Schweizer Jura, ČR. *Moor-K.,* **T. spadíceum** L.
— Bltnstiele so lg. wie die K.-Röhre; Fied. ringsum fein gesägt, sitzend; Nebenblätt. eif.-lanzettl.; Bltnköpfe anfangs halbkugelig, später eif.; Blkrblätt. verblüht lebhaft kastanienbraun; Stg. aufstgd. bis niederlgd., 10–20 cm lg.; ⊙ bis mehrjährig; VII–VIII. Matten der K-Alp., 1270–2500 m; *z, s* Schweizer Jura, ČR. *Braun-K.,* **T. bádium** Schreb.
8(1). Blätt. meist 5–8-zählig gefing., Nebenblätt. meist länger als der Blattstiel; Bltnköpfchen bis 20-bltg.; Bltn. 1–2 cm lg., purpurrot, seltener weiß; ♃; VI–VII. Trockene Kiefernwälder; nur in W- u. OPr. *Lupinen-K.,* **T. lupináster** L.
— Blätt. 3-zählig gefing. **9**
9. Bltnköpfe m. höchstens 5 fertilen Bltn. (m. Blkr.) **31**
— Bltnköpfe m. mehr als 5 fertilen Bltn., nicht dem Boden anlgd. **10**
10. Bltn. deutl. gestielt; K. meist m. offenem, kahlem Schlund **24**
— Bltn. sitzend od. sehr kurz gestielt; K. im Schlund häufig m. Haarkranz od. behaartem Wulst **11**
11. K. z. Frzt. nicht ballonartig aufgetrieben **13**
— K. z. Frzt. ballonartig aufgetrieben **12**
12. Fahne der Bltn. *(665b, F)* abw., Schiffchen nach oben gerichtet; Bltnköpfchen kurz gestielt, die Blätt. nicht überragend, nach der Blüte zurückgebogen, kugelig *(665a);* Bltn. rosa bis purpurviolett; ob. Khälfte z. Frzt. helmf. aufgeblasen, netznervig, zerstreut drüsig-zottig; Stg. niederlgd.-aufstgd., nicht wurzelnd; ⊙; IV–VI. Tonige, salzhaltige Böden; oft angepflanzt, *s* verwild. *Persischer K.,* * **T. resupinátum** L.
— Fahne der Bltn. nach oben gerichtet, Bltn. hellrosa bis rot; unt. Bltn. fast sitzend, die ob. kurz gestielt; Köpfchen eif.-kugelig, lg. gestielt, die Blätt. meist überragend, auch nach der Blüte aufrecht; ob. Khälfte später stark aufgeblasen, trockenhäutig, netznervig, ± rötl.; Frstand erdbeerähnl. *(666);* Stg. niederlgd., ausläuferartig, an den Knoten wurzelnd; ♃; VI–IX. Feuchte Weiden, Trittrasen, vorwgd. auf salzhaltigem Boden; *z.* *Erdbeer-K.,* **T. fragíferum** L.
13(11). K. deutl. kürzer als die Blkr.; K.-Röhre behaart od. kahl; Bltnköpfe meist breiter als 1 cm **17**
— K. etwa so lg. wie od. länger als die Blkr.; K.-Röhre behaart; Köpfchen nur bis ± 1 cm breit **14**
14. Köpfchen am Grd. ohne Hochblätt., walzl., 1–2 cm lg., zu mehreren; K. ± dicht weich weißhaarig, länger als die anfangs weißl., später rötl. Blkr.; Nebenblätt. lanzettl.-pfrieml., meist ± rot; ⊙; V–VII. Heiden, Trockenwiesen, Sand; *v.* *Hasen-K.,* * **T. arvénse** L.

— Köpfchen am Grd. m. Hochblätt., meist einzeln, eif. oder kugelig **15**
15. Blattfied. m. undeutl. hervortretenden Seitennerven, beidersts. seidig behaart; Köpfchen sehr klein, bis 8 mm breit, armbltg.; Blkr. weiß bis rosa, höchstens so lg. wie der weiß seidig-filzige K.; Stg. niederlgd.-aufstgd.; ⊙–⊙; VII–VIII. Geröll u. Schutt der Alp.; *s* in Ti (Stubai- u. Sellraintal), Vs, Bz. Ⓖ *Felsen-K.,* **T. saxátile** All.
— Blattfied. m. deutl. hervortretenden Seitennerven **16**
16. Blkrblätt. hellrosa, dunkler geadert; K. zuletzt bauchig, Kzähne gerade; Fied. m. geraden Nerven; Stg. 5–30 cm lg.; ⊙–⊙; V–VIII. Magerweiden, sandige Äcker, Wege, kalkmeidend; *z* in SH, He, RhPf, Bz, NÖ, Bgl, ČR, *f* in Alp. *Gestreifter K.,* **T. striátum** L.
— Blkrblätt. weißl.; K. walzl.; Kzähne nach außen gekrümmt; Fied. m. gekrümmten, gegen den Rand zu deutl. verdickten Nerven; Stg. 3–20 cm lg.; ⊙; V–VII. Kalk-Magerrasen, Felsköpfe, Wege; *s,* Oberrheingebiet, E, Be, Lx, Bz. *Rauer K.,* **T. scábrum** L.
17(13). Bltnkr. rötl. bis purpurrot **20**
— Bltnkr. weiß od. gelbl.weiß **18**
18. Stg. locker anlgd. behaart, ästig; Köpfchen > 2 cm lg. gestielt; Bltnkr. 8–10 mm lg., gelbl.weiß, etwa doppelt so lg. wie der K.; Pfl. 40–70 cm hoch; ⊙; VI–IX. Auf Äckern angebaut, *s* verwild. (Heimat: wohl O-Mittelmeergebiet) *Alexandriner-K.,* **T. alexandrínum** L.
— Stg. wenigstens im ob. Teil abstehend behaart, meist wenig verzweigt; Bltnkr. > 15 mm **19**
19. Stg. 20–50 cm hoch; Bltnkr. 15–20 mm lg., gelbl.weiß; unterster Kzahn 2–3-mal so lg. wie die anderen; ♃; VI–VII. Magerwiesen, Gebüsche, *z* in S-Dt, Be, Lx, E, W-Ch, Bz, Au, ČR, *f* im N. *Blassgelber K.,* **T. ochroleúcon** Huds.
— Stg. 8–20 cm hoch, m. abstehenden, fuchsroten Haaren; Bltnkr. weiß, unterster Kzahn höchstens 1,5-mal so lg, wie die anderen; ♃; VI–VIII. Alpenmatten, auf Kalk; *s,* SW-Kt. *Norischer K.,* **T. nóricum** Wulf.
20(17). K.-Röhre außen behaart; Kzähne behaart **22**
— K.-Röhre außen kahl; nur Kzähne bewimpert **21**
21. Bltnköpfchen walzl., 3–7 cm lg., einzeln od. zu zweit, scheinbar endst., am Grd. m. Hülle; K. 20-nervig; Fied. längl.-lanzettl., 4–6,5 cm lg.; Nebenblätt. krautig, groß, oft länger als der Blattstiel; Stg. aufrecht, bis 60 cm lg.; ♃; VI–VII. Lichte Laub- u. Kiefernwälder, vorwgd. der montanen Reg.; *z* S-Dt, Ch, Au, Bz, *s* M-Dt, NrWe, Lx (Oesling), *f* im N, früher Br, MeVp. *Purpur-K., Fuchsschwanz-K.,* **T. rúbens** L.
— Bltnköpfchen kugelig bis eif., 2–3 cm lg., meist einzeln, ohne Hülle; K. 10-nervig; Fied. längl. elliptisch, 1,5–5 cm lg., fein gezähnelt; Nebenblätt. borstig, lanzettl., wimprig behaart; Stg. aufstgd., meist zickzackf., ♃; VI– VIII. Lichte Wälder, Trockenwiesen; *v, z* im N. *Zickzack-K., Mittlerer K.,* * **T. médium** L.
22(20). K. 20-nervig; Bltnköpfe einzeln od. zu 2, achselst., kugelig; Bltn. rötl.; Fied. schmal elliptisch, 2–5 cm lg., unterst. behaart; Stg. aufrecht, 15–40 cm lg., absthd. behaart; Nebenblätt. dem Stiel hoch angewachsen, schmal, behaart, m. pfrieml. Zipfeln; ♃; VI–VIII. Trockenwiesen, lichtes Gebüsch, Wälder; *z, f* im NW. *Hügel-K.,* **T. alpéstre** L.

— K. 10-nervig **23**

23. Köpfchen kugelig bis eif.; Blkrblätt. hellpurpurn, untereinander u. m. den 9 unt. Filamenten verwachsen; Nebenblätt. scharf zugespitzt u. an der Spitze pinself. behaart; ♃; V–IX. Fettwiesen, Felder, lichte Wälder; *g;* formenreich, auch als Kulturpfl. *Wiesen-K.,* * **T. praténse** L.

— Köpfchen zylindrisch, bis 5 cm lg., am Grd. ohne Hochblätt.; Bltn. lebhaft rot; Nebenblätt. groß, häutig, m. stumpfen, gezähnten, oft roten Spitzen; ⊙–⊙; IV–VII. Kulturpfl., zuw. verwild. (Heimat: Mittelmeergebiet) *Inkarnat-K.,* **T. incarnátum** L.

24(10). K. z. Frzt. stark blasig aufgetrieben; Frstand erdbeerähnl., meist nur die ob. Bltn. des Köpfchens deutl. gestielt, die unt. fast sitzend (s. auch Nr. **12**–) . . . . *Erdbeer-K.,* **T. fragíferum** L.

— K. z. Frzt. nicht blasig aufgetrieben **25**

25. K. so lg. wie od. länger als die Blkr.; Bltnköpfchen 8–11 mm breit, kugelig; Bltnstiele ½–⅓ so lg. wie der K., z. Frzt. herabgeschlagen; Bltn. 4–5 mm lg.; Blkrblätt. rosa bis weißl.; Fied. verkehrt-ei-herzf., ringsum fein gezähnt; ⊙; V–VII. Trockenwiesen u. Wegränder; *s,* mittl. Saalegebiet, NÖ, Bgl, ČR, früher auch Elbegebiet bei Magdeburg. (= *T. parviflorum* Ehrh.) *Kleinblütiger K.,* **T. retúsum** L.

— K. kürzer, nur halb so lg. wie die Blkr.; Bltnköpfchen bis 4 cm breit **26**

26. Stg. seidig-wollig behaart, aufrecht, 15–60 cm lg.; Blattfied. ringsum stachelspitzig gesägt, untersts. dicht anlgd. behaart; Bltn. weiß bis gelbl. weiß, selten rötl., beim Verblühen rötl.-graubraun; K. m. gerade vorgestreckten Zähnen; ♃; V–VIII. Trockene Wiesen, Gebüsche, Waldsäume, meist auf Kalk; *v, z* in NO, *f* im NW. *Berg-K,* * **T. montánum** L.

— Stg. kahl od. nur oberw. schwach behaart; Fied. kahl **27**

27. K. 5-nervig; Blkrblätt. anfangs schmutzigweiß, denn lebhaft rosa, später bräunl.; Fied. verkehrt eif., m. parallelen, mehrfach gegabelten Seitennerven, ringsum stachelspitzig gezähnt; Stg. aufrecht, bis 40 cm lg.; ⊙ bis ♃; V–IX. Fettwiesen, Äcker, SW–O-europäische Kulturpfl. u. verwild. *Bastard-K.,* * **T. hýbridum** L.

a. Stg. aufrecht od. aufstgd., hohl; Krblätt. 7–12 mm lg.; *v.* ssp. **hýbridum**

— Stg. niederlgd., kreisf. ausgebreitet, markig; Krblätt. 5–6 mm lg.; *s* eingeschleppt. ssp. **élegans** (Savi) A. & G.

— K. 10-nervig **28**

28. Blattfied. lanzettl.-lineal, bis 7 cm lg.; Nebenblätt. bis 4 cm lg., hoch m. dem lg. Blattstiel verwachsen; Bltn. fleischrot bis hell purpurn, 18–21 mm lg., angenehm duftend, doldig genähert, anfangs aufrecht, später herabgeschlagen; ♃; VI–VIII. Matten der Ur-Alp., 1700–2500 m; *v, s* Schweizer Jura (Chasseron), *f* in Dt. *Alpen-K.,* **T. alpínum** L.

— Blattfied. breit elliptisch bis eif., nicht lineal; Bltn. weiß, rosa bis rot, nach dem Abblühen zuw. braun, < 15 mm, in kugeligen, reichbltg. Köpfchen **29**

29. Stg. weit kriechend, an den Knoten wurzelnd; Nebenblätt. trockenhäutig, rotviolett od. grün genervt, plötzl. in grannenart. Spitze verlängert; Bltn. weiß, verblüht hgd. u. hellbraun; ♃; V–IX. Fettwiesen, Wegränder; *g* vom Flachland bis in die alp. Reg. *Weiß-K.,* * **T. répens** L.

— Stg. niederlgd.-kriechend, aber nicht wurzelnd; Pfl. locker bis dichtrasig; Nebenblätt. zarthäutig **30**

30. Blätt. lg. gestielt; Fied. m. 7–10 Paaren von Seitennerven; Bltnstiele ca. ¾ bis so lg. wie die K.-Röhre, auch postfloral aufrecht; Blkr. weißl., später rosa, verblüht bräunl., 1,5-mal so lg. wie der K.; Pfl. dichte Rasenpolster bildend; ♃; VII–VIII. Matten, Weiden; K-Alp., 1400–2400 m; *v*, in O-Alp. *s*, auch Schweizer Jura. *Rasiger K.*, **T. thálii** Vill.

— Blätt. kurz gestielt; Fied. m. 10–20 Paaren von Seitennerven; Bltnstiele länger als die K.-Röhre, später zurückgekrümmt; Blkr. schmutzigweiß bis rosa, 3-mal so lg. wie der K.; Pfl. lockerrasig; ♃; VII–VIII. Kalkmeidende Geröllpfl. der Alp., 1800–3020 m; *z* in Au, CH, FL, Bz. *Bleicher K.*, *Geröll-K.*, **T. palléscens** Schreb.

31(9). Bltn. in lg. gestielten Köpfchen; Köpfe z. Frzt. dem Boden anlgd.; mittl. Bltn. des Köpfchens ohne Blkr., steril, erst nach der Blzt. erscheinend, zu dicken Stielen m. gekrümmten Stacheln auswachsend, ein rundl. Köpfchen bildend; Blkr. weiß, Fahne rosa überlaufen; Stg. niederlgd.; ⊙; III–IX. Ruderalstellen; *s* eingeschleppt, z. B. CH. (Heimat: Mittelmeergebiet) *Bodenfrüchtiger K.*, **T. subterráneum** L.

— Bltnköpfe in den Blattachseln fast sitzend, höchstens bis 8 mm lg. gestielt; Bltn. alle fruchtbar (m. Blkr.); Blkr. rosa **Trigonella ornithopodioides** s. S. 411.

13. Anthýllis L., *Wundklee*

1. Blätt. m. 17–41 Fied.; Endfied. nicht größer als die Seitenfied.; K.-Röhre nicht länger als die Kzähne; ♄; V–VI. Steinige Rasen, Felsen; *s*. *Berg-W.*, **A. montána** L.

a. Blätt. beidersts. locker bis dicht behaart; K.-Röhre u. Kzähne jeweils 4–5 mm lg.; Blkr. dkrosa; *s*, Schweizer Jura. ssp. **montána**

— Blätt. obersts. fast kahl; K.-Röhre u. Kzähne jeweils 3–4 mm lg.; Blkr. hellrosa; *s*, Kt (Arnoldstein), NÖ. ssp. **jacquínii** (Kern.) Hay.

— Blätt. m. weniger als 17 Fied.; Endfied. größer als die Seitenfied. od. Blätt. ungeteilt; Kröhre länger als die Kzähne, aufgeblasen; Bltn. gelb od. orange bis rot; ♃; V–IX. Trockenrasen, Böschungen, *v*, im NW *s*. Formenreiche Art. *Gewöhnlicher W.*, * **A. vulnerária** L.

14. Astrágalus L. (incl. Pháca L.), *Tragant*

1. Blattspindel in einen Dorn auslaufend; Stg. am Grd. verholzt, mit zahlreichen lg. Dornen besetzt, den Mittelrippen vorjähriger Blätt.; Blätt. paarig gefied., m. 6–10 Fiedblättern; Bltnstand kurz gestielt, m. 4–8 Bltn.; K. absthd. weiß behaart; Blkr. rosa bis weiß; Pfl. 5–20 cm hoch; ♄; V–VII. Schotterhalden, Kalkfelsen, 500–2740 m; *s*, Vs, Bern, Fribourg, Ts, FL (Falknis). *Dorniger T.*, **A. sempérvirens** Lam. ssp. **alpínus** Pignatti

— Stg. ohne Dornen; Blattspindel an der Spitze nicht dornig **2**

2. Bltn. purpurn, blau, violett, rosa, od. weißl. mit violett **10**

— Bltn. gelb, gelbl.grün od. gelbl.weiß **3**

3. Pfl. m. beblätt. Stg. **5**

— Blätt. alle grdst. **4**

4. Stg. u. Blätt. absthd. behaart; Blkrblätt. hellgelb, in 3–9-bltg. doldenähnl. Bltnständen; Blätt. m. 12–19 Fiedblattpaaren; ♃; V–VII. Trockenrasen, auf Kalk; *s*, M-Dt [Saale-, Unstrut- u. Bodetal, SaAn (bis Magdeburg)], NÖ, Bgl, Vs, Bz, ČR. *Stängelloser T.*, **A. exscápus** L.

— Stg. u. Blätt. anlgd. behaart; Bltnstd. 6–14-bltg; Blkrblätt. weißl., hellrot überlaufen; Blätt. m. 9–12 Fiedblattpaaren; ♃; V–VII. Trockene Abhänge, auf Kalk; *s,* nur Ti (Nauders), CH, Bz.
Niederliegender T., **A. depréssus** L.

5(3). Bltn. nickend; Hülsen 1-fächerig, hgd., im K. deutlich gestielt *(Phaca)* **9**

— Bltn. aufrecht; Hülsen 2-fächerig **6**

6. Hülsen kahl, auf dem Rücken tief gefurcht, m. fast vollst. Scheidewand; Blätt. 10–20 cm lg., m. 4–7 Blattpaaren; Fiedblätt. breit elliptisch; Stg. niederlgd. od. aufstgd., 40–150 cm lg.; Blkr. grünl.gelb; ♃; V–VI. Lichte Wälder, Waldränder; *v, s* im NW.
Süß-T., Bärenschote, * **A. glycyphýllos** L.

— Hülsen behaart; Blätt. 4–13 cm lg. **7**

7. Blätt. m. einfachen Haaren (Lupe!); Blätt. m. 8–15 Fiedpaaren; Fiedblätt. eif.-lanzettl.; Bltn. in reichbltg. Köpfchen; Bltnstandsstiele nur $^1/_2$–$^2/_3$ der Blattlänge erreichend; K. 7–10 mm lg., auffällig schwarzborstig; Blkr. blass gelb; Hülsen kugelig aufgeblasen, m. schwarzen u. weißen Haaren, 10–15 mm lg. u. bis 10 mm dick, m. 1–2 mm lg. Schnabel; Pfl. 20–80 cm hoch; ♃; V–VIII. Trockenrasen, Gebüsche; *z* in S- u. M-Dt, E, Au, ČR, S-CH, Bz. *Kicher-T.,* * **A. cícer** L.

— Blätt. m. 2-spaltigen Haaren (Lupe!); Fiedblätt. lineal-lanzettl. . . . **8**

8. Fiedblätt. 5–15 mm lg., beidersts. locker anlgd. behaart; K. nach der Blzt. blasig erweitert; Nebenblätt. frei, nicht mit einander verwachsen **A. vesicarius** ssp. **pastellianus** vgl. Nr. **20**

— Fiedblätt. 15–25 mm lg.; K. nach der Blzt. nicht blasig erweitert, 8–14 mm lg.; Bltnstand verlängert; Bltnstandsstiele 1–2-mal so lg. wie die Blätt.; Blätt. m. 8–15 Paaren Fiedblätt.; Hülsen 15–25 mm lg. u. 3 mm breit; Pfl. 30–60 cm hoch; ♃; V–VI. Trockenrasen, trockene Wiesen; *s,* NÖ, Bgl (Seewinkel), ČR. *Rauer T.,* **A. ásper** Jacq.

9(5). Blkr. gelbl.weiß, 14–17 mm lg.; Bltn. in 2–5 cm lg. Trauben; Blätt. m. 3–8 Paaren kahler, blaugrüner Fied., diese 7–18 mm breit; Nebenblätt. 4–8 mm breit; Hülsen 20–30 mm lg. u. 6 mm breit; Pfl. 10–35 cm hoch, aufrecht, meist unverzweigt; ♃; VII–VIII. Magerrasen, Grate der Alp., 1500–2800 m; *z.* (= *Phaca frigida* L.)
Gletscher-T., Gletscherlinse, **A. frígidus** (L.) A. Gray

— Blkr. gelb, 9-13 mm lg.; Bltn. in kurzen Trauben; Blätt. m. 9–15 Paaren weichhaariger, frischgrüner Fied., diese 3–6 mm breit; Nebenblätt. 1–3 mm breit; Hülsen 20–30 mm lg. u. 10–15 mm breit, aufgeblasen; Pfl. aufrecht, stark verzweigt, 30–70 cm hoch; ♃; VII–VIII. Magerrasen, Felsschutt, 700–2640 m; *z,* Alp. (= *Phaca alpina* L.)
Hängeblütiger T., Alpenlinse, **A. penduliflórus** Lam.

10(2). Bltn. 20–30 mm lg. . . . . **A. monspessulanus**, vgl. Nr. **20**—

— Bltn. 10–18 mm lg. **11**

11. Stg. u. Blätt. mit 2-spaltigen Haaren (Lupe!) **16**

— Stg. u. Blätt. mit einfachen Haaren od. kahl **12**

12. Bltn. 10–15 mm lg.; Bltnstand nicht dicht kopfig **14**

— Bltn. 13–18 mm lg.; Bltnstand dicht u. kopfig **13**

13. Nebenblätt. 2,5–5 mm lg.; Bkrblätt. blauviolett, am Grd. gelbl.weiß; Kzähne ca. ½ so lg. wie die K.-Röhre; Hülsen 7–8 mm lg.; ♃; V–VI. Steppenrasen; *z,* N-Ba, BW, Th, SaAn, O-Br, SO-MeVp, W- u. SO-NS, Da, *s* NÖ (Wienviertel), früher OÖ (Linz), ČR, E. (= *A. hypoglottis* auct. non L.) *Dänischer T.,* **A. dánicus** RETZ.

— Nebenblätt. 5–10 mm lg; Blkrblätt. purpurn; Kzähne ca. ²/₃ so lg. wie die K.-Röhre; Hülsen 10–15 mm lg.; ♃; VI–VII. Magerwiesen; *s,* nur W-Kt (Obergailtal), Bz. [= *A. purpureus* LAM. subsp. *gremlii* (BURNAT) ASCH. & GR.]
Purpur-T., **A. hypoglóttis** L. ssp. **grémlii** (BURNAT) GREUT. & BURDET

14(12). Flügel ausgerandet, tief 2-lappig; Bltn. weißl. m. violetter Schiffchenspitze, in gedrungenen, ± einstswendigen Trauben; Hülsen absthd., aufgeblasen, glatt; ♃; V–VI. Magerwiesen der Alp. von 500–3120 m; *s.* [= *A. helveticus* (HARTM.) O. SCHWARZ; = *Phaca australis* L.]
Südlicher T., **A. austrális** (L.) LAM.

— Flügel nicht od. schwach ausgerandet **15**

15. Fahne länger als das Schiffchen; Bltn. hellviolett; Blätt. m. 6–7 Fied. paaren, diese eif.-elliptisch; ♃; VII–VIII. Kalkfelsen, Alpenwiesen; *s,* Sb, O-Ti (Kals-Tal), NW-Kt, St. *Nordischer T.,* **A. norvégicus** WEBER

— Fahne etwa so lg. wie das Schiffchen, violett, blau geadert; Flügel weiß, Bltn. in 5–15-bltg. Trauben; ♃; VI–VIII. Magerwiesen der Alp., (500–)1200–3000 m; *v.* *Alpen-T.,* **A. alpínus** L.

16(11). Bltn. 5–8 mm lg. **21**

— Bltn. 13–30 mm lg. **17**

17. K. 8–16 mm lg. **20**

— K. < 8 mm lg.; Nebenblätt. teilweise mit einander verwachsen . . . **18**

18. Fahne ca. 6–8 mm länger als die Flügel, fast lineal; Bltn. hellviolett; Fahne 15–30 mm lg.; K. 6–8 mm lg.; Blätt. m. 8–15 Fiedpaaren; Hülsen aufrecht, den K. kaum überragend, dicht weiß behaart; Stg. ästig, behaart; ♃; VI–VII. Steppenhänge; *z–s* Alp. von Vs, Gr, Bz, Ti, Kt, NÖ, auch Bgl, ČR. *Esparsetten-T.,* **A. onóbrychis** L.

— Fahne höchstens 4 mm länger als die Flügel, 13–18 mm lg. . . . **19**

19. K. 4–5 mm lg.; Fahne 13–17 mm lg.; K. 6–8 mm lg.; Blätt. m. 2–4(–9) Fiedpaaren; Fied. lanzettl.-lineal., beidersts. anlgd. behaart; Bltn in 3–7-bltg. Trauben, hellpurpurn; Hülsen 12–20 mm lg., grauhaarig, verkahlend; ♃; VI–VII. Kiefernwälder, Heiden, auf Sand; *s* in Fr, Lausitz, O-Br u. O-MeVp, ČR. ⊚ *Sand-T.,* **A. arenárius** L.

— K. 5–8 mm lg.; Fahne 13–18 mm lg.; Blätt. m. 5–10 Fiedpaaren; Fied. schmal elliptisch, spärlich behaart; Bltn. blauviolett bis rosa, in dichten, 10–20-bltg. Köpfchen; Hülsen 8–10 mm lg., weiß u. schwarz behaart; ♃; VII–VIII. Trockenrasen, Kiefern- u. Lärchen-Wälder; *s,* nur Ti, Vs, Ts, Gr, OTi. *Tiroler T.,* **A. leontínus** WULF.

20(17). Blätt. obersts. behaart; Blätt. m. 4–10 Fiedpaaren; Nebenblätt. frei, nicht mit einander verwachsen; Pfl. 5–30 cm hoch; K. 8–14 mm lg., m. weißen u. schwarzen Haaren, sich nach der Blzt. blasig erweiternd; Fahne 17–23 mm lg.; Hülsen 8–15 mm lg; ♃; V–VIII. Trockenrasen; *s.* *Blasen-T.,* **A. vesicárius** L.

a. Fahne purpurn, Flügel u. Schiffchen gelbl.; K. 8–14 mm lg.; nur NÖ, Bgl. ssp. **vesicárius**

— Fahne, Flügel u. Schiffchen gelb; K. 10–11 mm lg.; nur Bz. ssp. **pastelliánus** (POLLINI) ARCANG.

— Blätt. obersts. kahl; Blätt. m. 7–20 Fiedpaaren; Pfl. 10–25 cm hoch, Rosettenstaude; K. 9–16 mm lg., kahl od. fast kahl; Fahne 20–30 mm lg.; Hülsen 25–-45 mm lg., viel länger als der K.; ♃; V–VII. Kiefern- u. Lärchenwälder; *s,* Waadt, Vs, Gr, St. Gallen. *Französischer T.,* **A. monspessulánus** L.

21(16). Pfl. aufrecht, wickenähnl., 25–80 cm hoch; Stg. tief gefurcht; Blätt. fast kahl; Fied. 10–20 mm lg. u. 0,5–3 mm breit; Bltn. lila bis hellblau; Kzähne ½–¾ so lg. wie die K.-Röhre; ♃; V–VII. Halbtrockenrasen, Gebüsche; *s,* St, NÖ, Bgl. *Ungarischer T.,* **A. sulcátus** L.

— Pfl. niederlgd. od. aufstgd., 5–15 cm hoch; Fied. 0,5–1 cm lg. u. 1–2 mm breit; Bltn. hellblau, Schiffchenspitze violett; Kzähne ¼ so lg. wie die K.-Röhre; ♃; VI–VIII. Halbtrockenrasen; *z,* NÖ, Bgl, ČR. *Österreichischer T.,* **A. austríacus** JACQ.

15. Oxýtropis DC., *Spitzkiel*

1. Stg. deutl. entwickelt, aber zuw. sehr kurz **7**

— Stglose Rosettenpfl. (nur die Stg. der Bltnstände entwickelt) **2**

2. Pfl. drüsig-klebrig, harzig riechend, 3–15 cm hoch; Blätt. m. 14–25 Fiedpaaren; Fied. 3-8 mm lg., < 2 mm breit, dickl., ihr Rand oft nach unten umgerollt; Bltnstand 3–7-blütig; Blkr. gelbl.weiß, manchmal violett überlaufen; Fahne 12–22 mm lg.; Hülse 25–30 mm lg. u. 5–6 mm breit, blasig erweitert; ♃; VI–VIII. Felsige Hänge, auf Kalk, 1800–2900 m; *s,* Vs, Gr (Engadin). *Drüsiger S.,* **O. fétida** (VILL.) DC.

— Pfl. drüsenlos; Blätt. m. 8–20 Fiedpaaren **3**

3. Hülse durch die von der ob. Naht nach innen vorspringende Leiste halb 2-fächerig; Bltn. gelbl.weiß, seltener milchweiß, violett überlaufen; Nebenblätt. m. Blattstiel verwachsen; ♃; VII–VIII. Magerwiesen, Felsschutt der Alp., bis 3020 m, kalkliebend; Alp. *v–z.* (= *Astragalus campestris* L.) *Gewöhnlicher Sp.,* **O. campéstris** (L.) DC.

a. Platte der Fahne schmal elliptisch, mehr als doppelt so lg. wie breit; Bltn. meist violett; Schiffchen beidersts. m. violettem Fleck; *s,* Vs, Gr, Vb, Ti, OTi, Bz, Sb, Kt. ssp. **tiroliénsis** (FRITSCH) LEINS & MERXM.

— Platte der Fahne elliptisch, höchstens doppelt so lg. wie breit; Bltn. meist gelbl.weiß; Schiffchen ohne violetten Fleck; *v–z.* ssp. **campéstris**

— Hülse durch 2 vorspringende Nähte fast vollkommen 2-fächerig od. ganz ohne solche Leisten; Bltn. blau, blassblau od. purpurviolett **4**

4. Hülse durch die beiden nach innen vorspringenden Nähte fast vollkommen 2-fächerig; Bltnstände zu 1–2 je Rosette, kopfig bis ährig, 6–16-bltg., gleich den Blätt., K. u. Hülsen dicht anlgd. od. zottig seidenhaarig; Nebenblätt. am Grd. m. Blattstiel verbunden; ♃; VI–VIII. Magerwiesen, Felsschutt, bis 2940 m; *s,* Alp., *f* Dt. [= *Astragalus sericeus* LAM.; = *O. sericea* (LAM.) SIMK.] Ⓖ *Seidenhaar-Sp.,* **O. hálleri** KOCH

a. Bltnstandsstiel dicht anlgd. bis aufrecht absthd. behaart, 1–2 mm dick; Blkr. violett od. purpurn; Alp. ssp. **hálleri**

— Bltnstandsstiel dicht absthd. behaart, 2–3 mm dick; Blkr. blasspurpurn; *s*, S-CH, Bz. (= *O. xerophila* GUTERMANN) ssp. **velútina** (SCHUR) SCHWARZ

— Hülse 1-fächerig **5**

5. Bltn. blassblau bis blasspurpurn; Blätt. m. 10–12 Fiedpaaren; Fied. beidersts. dicht anliegend behaart; Blattstiel meist rot überlaufen; ♃; VII–VIII. Felsschutt, auf Kalk; *s*, Vs. (= *O. gaudinii* BUNGE) *Schweizer Sp.*, **O. helvética** SCHEELE

— Bltn. dk. purpurviolett **6**

6. Stg. m. angedrückten Haaren; Blätt. meist m. 10–12 Fiedpaaren; Bltnstand 3–5-bltg.; ♃; VII–VIII. Magerwiesen u. Schutthalden; Alp. von Sb, Kt, St, *z*. [= *Astragalus triflorus* (HOPPE) GAMS] Ⓖ *Dreiblütiger Sp.*, **O. triflóra** HOPPE

— Stg. m. absthd. Haaren; Blätt. m. 12–20 Fiedpaaren; Blattstiel meist grün; Bltnstand 8–20-bltg.; ♃; VII–VIII. Alpine Rasen u. Schutthalden; *z–s*, Ts, Bz, OTi, Ti, Kt, St, NÖ. (= *O. pyrenaica* GODR. & GREN.) Ⓖ *Pyrenäen-Sp.*, **O. neglécta** TEN.

7(1). Bltn. hellgelb, in reichbltg., fast kugeligen Köpfchen; Schiffchen m. schmaler, langer Spitze; Hülse ± 1,5 cm lg., schwach aufgeblasen, gleich den bis 30 cm langen Stg. u. Blätt. absthd. weiß behaart; Nebenblätt. ganz frei; ♃; VI–VIII. Steppenhänge, kalkliebend; *s* in Au, CH, Bz, ČR, Ba, BW, RhPf, Th, SaAn, O-Br. (= *Astragalus pilosus* L.) Ⓖ *Zottiger Sp.*, **O. pilósa** (L.) DC.

— Bltn. blauviolett; Stg. kürzer **8**

8. Nebenblätt. ganz frei; Fied. meist in 8–14 Paaren, obersts. oft kahl; Bltn. u. Hülsen absthd.; Kzähne kürzer als die halbe K.-Röhre; ♃; VII–VIII. Magermatten, Schuttfluren, auf Kalk u. Dolomit, bis 3000 m; Alp. *z*. [= *O. montana* (L). DC. ssp. *jacquinii* (BUNGE) HAY.] *Berg-Sp.*, **O. jacquínii** BUNGE

— Nebenblätt. z.T. auf 4/5 ihrer Länge m. dem Blattstiel verbunden; Blattfied. meist nur in 7–10 Paaren, beidersts. dicht anlgd. behaart; Bltn. u. Hülsen hgd.; Kzähne fast so lg. wie die K.-Röhre; ♃; VII–VIII. Schutt, Magerwiesen der alp. Stufe (1200–3050 m), kalkliebend; Alp. von CH, Bz u. Au, *z*. [= *Astragalus lapponicus* (WAHL.) BURNAT] *Lappländer Sp.*, **O. lappónica** (WAHL.) GAY

16. Dorýcnium MILL., *Backenklee*

1. Bltn. 10–20 mm lg., weiß od. rosa; K. 8–12 mm lg.; Flügel an der Spitze nicht verwachsen; Bltnstand 4–10-blütig; Pfl. aufrecht, 20–50 cm hoch, dicht absthd. behaart; Hülsen 6–12 mm lg.; ♃; V–VI. Felsige Abhänge, auf Kalk; *s*, nur Bz. [= *Bonjeania hirsuta* (L.) RCHB.] *Rauhaar-B.*, **D. hirsútum** (L.) SER.

— Bltn. 3–7 mm lg.; K. 1,5–3,5 mm lg.; Hülsen 3–5 mm lg.; Flügel an der Spitze verwachsen; Pfl. niederlgd. od. aufstgd. **2**

2. Bltnstände 6–14-bltg.; Bltnstiele nur wenig länger als die halbe K.-Röhre; Fahne 5–7 mm lg.; Fied. anlgd. seidig behaart bis verkahlend; ♄; VII–VIII. Trockene Kalkhänge u. Kiefernwälder; *s* in Ba, Gr, Au, ČR. [= *D. sericeum* (NEILR.) BORB.; = *D. pentaphyllum* SCOP. ssp. *germanicum* (GREMLI) GAMS] *Seidenhaar-B.*, **D. germánicum** (GREMLI) RIKLI

— Bltnstände 15–25-bltg.; Bltnstiele so lg. wie od. länger als die K.-Röhre; Fahne 4–5 mm lg.; Fied. 4–6 mm breit, behaart bis verkahlend; ♄; VI–VIII. Trockenhänge; *s* b. Bellinchen u. b. Stolzenhagen (Oder), He, BW, Th, Ts, Bz, Kt, St, NÖ, Bgl. *Krautiger B.,* **D. herbáceum** VILL.

17. Lótus L. (incl. **Tetragonólobus** SCOP.), *Hornklee*

1. Bltn. in kopfigen Dolden, gelb od. rötl.; Hülsen lineal, stielrund . . **3**

— Bltn. achselst., lg. gestielt, einzeln u. blassgelb od. zu 2 u. dann dkrot; Hülsen 4-kantig od. schmal geflügelt **2**

2. Bltn. einzeln, hellgelb, 25–30 mm lg.; Bltnstiel mindestens doppelt so lg. wie die Tragblätt.; Frflügel glatt; Stg. meist niederlgd.; ♃; V–VI. Trockenrasen, Gräben; *z–s, f* im NW bis MeVp. [= *Tetragonolobus maritimus* (L.) ROTH; = *T. siliquosus* ROTH; = *L. siliquosus* L.] *Gelbe Spargelbohne,* **L. marítimus** L.

— Bltn. zu 2, dkrot, 15–22 mm lg.; Bltnstiel höchstens so lg. wie das Tragblatt; Flügel der Fr. wellig; Stg. aufrecht; ⊙; VII–VIII. Zier- u.- Gemüsepfl. (Heimat: Mittelmeergebiet). (= *Tetragonolobus purpureus* MOENCH) *Rote Spargelbohne,* **L. tetragonólobus** L.

3(1). Dolde 5–12-bltg.; Kzähne vor dem Aufblühen zurückgekrümmt; Bltn. goldgelb, vorn oft rot; Schiffchenunterseite stumpfwinklig abgebogen; Stg. hohl, rund; ♃; VI–VII. Nasse Wiesen, Gräben; *v.* (= *L. pedunculatus* auct.) *Sumpf-H.,* * **L. uliginósus** SCHK.

— Dolde (1–)3–8-bltg.; Kzähne vor dem Aufblühen zusammenneigend; Bltn. gelb, außen oft rot; Schiffchenunterseite rechtwinklig abgebogen; Stg. markig od. engröhrig, kantig; ♃; V–IX. Wiesen, Magerrasen; *v.* Artengruppe *Gewöhnlicher H.,* * **L. corniculátus** L. agg.

a. Kzähne länger als die K.-Röhre; Bltn. 13–18 mm lg., zu 2–6; K. u. Blätt. dicht behaart; ♃; V–VII. Trockenrasen; *s,* NÖ, Bgl, ČR. *Slowakischer H.,* **L. borbásii** UJHELYI

— Kzähne kürzer als die K.-Röhre . . . . **b**

b. Fied. der Stgblätt. 3–10-mal so lg. wie breit; K. 4–5 mm lg:, Kzähne pfrieml.; Bltn. wohlriechend, zu 1–4(–6), 7–12 mm lg.; V. Feuchte Wiesen, salzliebend; in der Küstenregion *v,* sonst *z.* [= *L. tenuifolius* (L.) RCHB.; = *L. glaber* MILL.] *Salz-H.,* **L. ténuis** WILLD.

— Fied. der Stgblätt. 1–3-mal so lg. wie breit; K. 5–7 mm lg.; Kzähne 3-eckig; Bltn. geruchlos . . . . **c**

c. Schiffchenspitze braun bis schwarz; Bltn. zu 1–3(–5), 14–18 mm lg.; Fied. der Stgblätt. verkehrt eif. bis rundl., an der Spitze abgerundet od. ausgebuchtet; V–VI. Alpenmatten, Schneetälchen; Alp. *v.* *Alpen-H.,* **L. alpínus** (DC.) RAMOND

— Schiffchenspitze weißl. bis rot; Bltn. zu 3–8, 6–14 mm lg.; Fied. verkehrt eif. bis eilanzettl., vorne stumpf od. m. Spitzchen; V–IX. Trockene Wiesen, Böschungen; *v.* *Gewöhnlicher H.,* **L. corniculátus** L. s. str.

18. Galéga L., *Geißraute*

Stg. 40–100 cm lg., aufrecht, gerieft, hohl; Blätt. unpaarig gefied., m. 9–17 Fied.; Nebenblätt. klein, frei; Bltn. in reichbltg., achselst. Trauben, bläul. weiß; ♃; VII–VIII. Feuchte Wiesen, Bachufer; *z,* wild in Au, ČR, Bz, sonst Zier- u. Heilpfl., zuw. verwild. **G. officinális** L.

19. Robínia L., *Robinie, Scheinakazie*

1. Junge Äste anfangs kurz behaart, später verkahlend; Bltn. weiß, in hgd. Trauben; bis 20 m hoher Baum; ♄; V–VI. (Heimat N-Am.) Angepflanzt u. eingebürgert. **Giftig** (für Vieh) *Gewöhnliche R.*, * **R. pseudoacácia** L.

— Junge Zweige drüsig behaart; Bltn. rosa; ♄; V–VI. Zierbaum. (Heimat: N-Am.) *Klebrige R.*, **R. viscósa** VENT.

20. Caragána FABR., *Erbsenstrauch*

Bltn. goldgelb; Blätt. an Kurztrieben, paarig gefied., m. 4–6 Paaren elliptischer, stachelspitziger Fied.; bis 5 m hoher Zierstrauch; ♄; V–VI. (Heimat: östl. Sibirien) **Giftig! C. arboréscens** LAM.

21. Amórpha L., *Bastardindigo, Scheinindigo*

Strauch, 1–4 m hoch; Bltn. in 2–6 lg., dichten, ährenähnl. Trauben, jede Blüte nur m. 1 dkvioletten od. braunvioletten Blkrblatt; Blätt. m. 11–25 Fiedblättchen; ♄, VI–IX. Zierpfl., auch verwild. u. zuw. eingebürgert, z. B. Ts, NÖ, Bgl, früher Bz. (Heimat: N-Am.) **A. fruticósa** L.

22. Colútea L., *Blasenstrauch*

Hülse blasig aufgetrieben, 6–7 cm lg.; Bltn. gelb, zu 3–6; ♄; VI–VII. Trockene Hügel, Gebüsch; *s*, wild nur in CH, Ti, Sb, NÖ, Bgl u. Oberrhein (Kaiserstuhl bis Müllheim), sonst angepflanzt u. verwild. **Giftig!** * **C. arboréscens** L.

a. Fr. kahl, nur an der Bauchnaht behaart. ssp. **arboréscens**

— Fr. überall schwach behaart; nur Vs, Ts, Bz, Ti, NÖ. ssp. **gállica** BROWICZ

23. Ornithopus L., *Vogelfuß*

1. Kzähne eif.-lanzettl., 1/3 so lg. wie die K.-Röhre, Blkr. 3–4 mm lg., weißl.; Fahne violett geadert; Hülsen fast gerade; Stg. niederlgd., dünn, gleich den Blätt. dicht weichhaarig; Blätt. m. 7–12 Paaren elliptischer Seitenfied.; ⊙; V–VII. Sandäcker, Heiden, Kiefernwälder; *z*. *Kleiner V.*, * **O. perpusíllus** L.

— Kzähne pfrieml., 1/2 so lg. wie die K.-Röhre; Bltn. 8 mm lg., rosa; Stg. aufstgd., bis 60 cm lg.; Blätt. m. 5–15 Paaren großer, verkahlender Seitenfied.; ⊙ bis mehrjährig; VI–VIII. Europäische Kulturpfl. u. verwild. (Heimat: SW-Eur., N-Afr.) *Großer V., Serradella*, * **O. satívus** BROT.

24. Securígera DC., *Kronwicke*

Stg. kantig gefurcht, niedrig. bis aufstg.; Blätt. m. 5–10(–12) Paaren von Seitenfied.; Fahne rosa; Hülse aufwärts gekrümmt; ♃; V–IX. Halbtrockenrasen, Böschungen, Waldränder, kalkliebend; *v* M- u. S-Dt, CH, Au, ČR, sonst *z*. (= *Coronilla varia* L.) **Giftig!** *Bunte K.*, ***S. vária** (L.) LASSEN

25. Coronílla L., *Kronwicke*

1. Bltnstiele 4–6 mm lg., 3-mal so lg. wie die K.-Röhre; Stg. aufrecht, 30–50 cm hoch; Blätt. m. 4–6 Fiedpaaren; Fied. m. knorpeligen Rand; Nebenblätt. 3–5 mm lg., häutig; Dolde 12–20-bltg; Blkr. 7–11 mm lg., gelb; ♃; V–VII. Lichte Wälder, Magerrasen; *s*, Au, CH u. Bz bis RhPf, He, Th, SaAn, *f* im N u. NO. (= *C. montana* JACQ.) *Berg-K.*, * **C. coronáta** L.

— Bltnstiele 2–4 mm lg., so lg. od. wenig länger als die K.-Röhre; Dolde 4–15-bltg; 5–20 cm hoher Halbstrauch **2**

2. Blätt. 3–4-paarig gefied., sitzend; Nebenblätt. 1 mm lg., häutig, bleibend; Dolde 10–15-bltg, lg. gestielt; Blkr. 5–8(–12) mm lg., gelb; ♄; VI–VII. Trockenrasen; *s,* nur Vs. *Kleine K.,* **C. mínima** L.

— Blätt. 4–6-paarig gefied., gestielt; Nebenblätt. 3–10 mm lg., zu einer Scheide verwachsen *(669),* krautig, m. häutiger Spitze; Dolde 4–8-bltg, lg. gestielt; Blkr. 6–10 mm lg., gelb; Pfl. an *Hippocrepis comosa* erinnernd; ♄; V–VII. Trockenrasen, Kiefernwälder; *v* in Alp., Vorland u. Schweizer Jura, *s* in M- u. S-Dt, ČR.
Scheiden-K., **C. vaginális** Lam.

26. Hippocrépis L., *Hufeisenklee*

1. 1–1,5 m hoher, sparrig verzweigter Strauch; Bltn. gelb, in vorwiegend 2-bltg. Dolden; Blätt. m. 2–4 Paaren Seitenfied. *(300);* ♄; IV–V. Lichte Laubwälder, Waldränder; *s* S-BW, FrAlb, Bayr. Voralp., E, Be, Lx, Au, CH, FL, Bz. (= *Coronilla emerus* L.)
Strauchige Kronwicke, **H. émerus** (L.) Lassen

— Niederlgd. od. aufstgd. Halbstrauch, Pfl. 8–25 cm hoch; Bltn. gelb, in 4–8(–12)-bltg. Dolden; Blätt. lg. gestielt m. 5–7 Paaren von Seitenfied., Nebenblätt. frei (Unterschied zu *Coronilla vaginalis*); Hülsenglieder in hufeisenf. Teile zerfallen *(657);* ♄; V–VII. Kalkmagerrasen; *z* in Alp., S- u. M-Dt, Au, CH, Bz, ČR, E, Be, Lx. *Hufeisenklee,* * **H. comósa** L.

27. Hedýsarum L., *Süßklee*

Stg. aufstgd., kantig, kahl; Blätt. m. 5–9 Paaren von zerstreut durchscheinend punktierten Seitenfied.; Bltn. leuchtend purpurrot, nickend, in 10–20-bltg., verlängerten Trauben; Hülse in kreisrunde Glieder zerfallend *(655);* ♃*;* VII–VIII. Magerwiesen; *z* Alp., bis 2800 m, *s* in Sudeten. (= *H. obscurum* L.) **H. hedysaroídes** (L.) Sch. & Th.

28. Onóbrychis Mill., *Esparsette*

1. Blätt. m. 3–7(–8) Paaren 5–20 mm langer Fied.; Stg. niederlgd., 5–15 cm lg., m. kurzen Internodien; Bltn. dkrot; Schiffchen länger als die Fahne; Hülse lg. bestachelt; ♃; VII–VIII. Grashänge, Felsschutt; *z,* Alp. (bis 2500 m) und Voralp., *s* Schweizer Jura, SchwAlb. Formenreich. *Berg-E.,* **O. montána** DC.

— Blätt. m. 5–14 Paaren 10–35 mm langer Fied. **2**

2. Stg. lgd.-aufstgd., stark behaart; Bltnstand von Beginn an längl., nur bis 1,5 cm dick; Tragblätt. dicht behaart, viel kürzer als der K.; Hülsen bis 6 mm lg., m. lg. Zähnen; Fied. 2–3 mm breit; ♃; VI–VII. Steppenrasen; *s* in M- u. N-Th, SaAn, Ba, RhPf, CH, Bz, Au, ČR. Formenreich.
Sand-E., **O. arenária** (Kit.) DC.

a. Bltn. 8–10 mm lg. ssp. **arenária**

— Bltn. 10–12 mm lg.; Fahne außen sehr blass rosa. Nur O-Ti, Kt.
Tauern-E., ssp. **taurérica** Hand.-Maz.

— Stg. aufrecht, 30–60 cm lg., m. verlängerten Internodien; Bltnstand anfangs eif., erst später verlängert, bis 2 cm dick; Tragblätt. schwach behaart, wenig kürzer als der K.; Bltn. 10–14 mm lg., hellrot; Hülse m. kurzen Zähnen; ♃; V–VII. Trockene Wiesen, Trockenrasen; *v,* im N *s,* auch Kulturpfl. (= *O. sativa* Lam.)
Futter-E., * **O. viciifólia** Scop.

29. Cícer L., *Kichererbse*

Pfl. einjährig, 20–50 cm hoch, absthd. drüsig behaart; Blätt. m. 3–8 Fiedpaaren; Bltn. einzeln in den Blattachseln, weißl. od. purpurn; Frstiel gekniet herabgebogen; Hülsen 20–30 mm lg. u. 10–15 mm breit, gedunsen, drüsig; V–VII. Kulturpfl., *s* eingeschleppt od. verwildert. (Heimat: Mittelmeergebiet) **C. ariétinum** L.

30. Léns Mill., *Linse*

Stg. weich behaart; ob. Stgblätt. m. 2–7 Paaren von Seitenfied. u. meist m. Ranken; Bltntrauben 1–3-bltg.; Blkrblätt. bläul.weiß, wenig länger als der K.; Hülsen trapezf., m. scharf abgesetztem Griffelrest; ⊙; V–VII. Seltene Kulturpfl. (Heimat: Himalaya/Hindukusch u. Abyssinien/Eritrea) (= *L. esculenta* Moench) **L. culináris** Med.

31. Vícia L., *Wicke*

1. Bltn. in lg. gestielten, 1–30-bltg. Trauben *(667)* **12**
— Bltn. zu 1–6 in kurz gestielten Trauben *(668)* od. sitzend in den Blattachseln **2**
2. Blätt. m. 4–8 Paaren laubiger Seitenfied.; Endfied. u. ob. Seitenfied. zu Ranken umgebildet **6**
— Blätt. m. 1–4 Paaren laubiger Seitenfied., m. od. ohne Ranken **3**
3. Bltn. klein, 5–8 mm groß, einzeln, hellviolett; Kzähne alle fast gleich lg.; Blätt. meist paarig gefied., selten m. einfacher Ranke; ⊙, IV–VI. Magerwiesen, Brachäcker, Wegränder; *z*. *Platterbsen-W.,* **V. lathyroídes** L.
— Bltn. > 10 mm **4**
4. Wenigstens die ob. Blätt. m. Ranken; Bltn. schmutzig-lila od. bunt, meist einzeln; Kzähne ungleich lg.; Blätt. m. 1–3 Fiedpaaren; Fied. 2–5 cm lg. u. 1–4 cm breit; Hülsen an den Nähten stachelig behaart; Pfl. 20–60 cm hoch; ⊙; V–VI. Lichte Wälder, Waldränder; *s,* in NÖ u. Bgl vielleicht wild, sonst Kulturpfl., auch verwild. u. eingebürgert, z. B. BW (Istein), RhPf. *Maus-W.,* **V. narbonénsis** L.
   a. Alle Fied. ganzrandig; BW, RhPf, CH. ssp. **narbonénsis**
   — Fied. scharf gesägt; CH, Au. (= *V. serratifolia* Jacq.) ssp. **serratifólia** (Jacq.) Nym.
— Alle Blätt. ohne Ranken **5**
5. Bltn blassgelb, 14–19 mm lg., in 2–12-bltg., fast sitzenden Trauben; Kzähne gleichart.; Blätt. m. 1–4 Fiedpaaren; Fied. 4–8 cm lg. u. 1,5–4,5 cm breit; Pfl. 20–50 cm hoch, kahl bis schwach behaart; ♃; V–VII. Montane Laubwälder u. subalp. Hochstaudenfluren; *z* in Au, *s* Ba (Chiemgau). *Walderbsen-W.,* **V. oroboídes** Wulf.

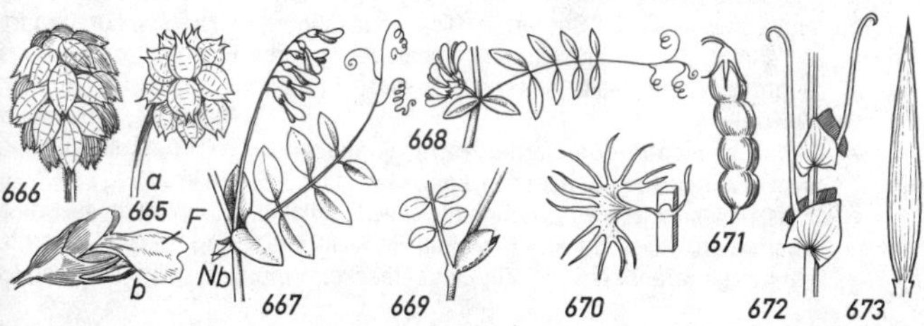

— Bltn. weiß, 20–30 mm lg., in 2–7-bltg. Trauben; Flügel m. schwarzviolettem Fleck; Kzähne ungleich lg.; Blätt. m. 1–3 Fiedpaaren; Fied. 4–10 cm lg. u. 1–5 cm breit; Nebenblätt. groß, m. violettbraunen Nektardrüsen; Hülse fast stielrund, kurzflaumig; Samen sehr groß, braun; Pfl. 40–150 cm hoch; ☉; V–VIII. Kulturpfl., in zahlr. Sorten angepfl. (Heimat unbekannt, vielleicht SW-As. od. N-Afr.)
Pferdebohne, Saubohne, * **V. fába** L.

6(2). Fahne außen behaart **11**

— Fahne kahl **7**

7. Blkr. rot, purpurn, schmutzigviolett od. weiß **9**

— Blkr. hellgelb, violett od. grün überlaufen **8**

8. Kzähne ungleich lg., die unt. 2–3-mal so lg. wie die ob.; Bltn. 20–35 mm lg., Hülsen bis 3 cm lg., flach, locker absthd. behaart, 8–14 mm breit; Stg. meist einfach, gerillt, wie die Blätt. absthd. behaart; ☉; V–VI. Äcker, Trockenrasen; *s,* CH, Bz, auch eingeschleppt, z. B. Rheingebiet.
Gelbe W., **V. lútea** L.

— Kzähne fast gleich lg.; Bltn. meist zu 2, 25–35 mm lg.; Hülsen anfangs behaart, später kahl, 6–8 mm breit; Stg. behaart bis kahl, rund; ☉; V–VI. Äcker, Ruderalstellen; *s,* Kt, St, Bgl, Bz, ČR, auch eingeschleppt. Formenreich. (incl. *V. sordida* W. & K. ex Willd.)
Großblütige W., **V. grandiflóra** Scop.

9(7). Bltn. zu 3–5 in kurz gestielten Trauben, schmutzigviolett, selten weiß; Kzähne ungleich lg.; Nebenblätt. m. schwarzem Fleck; Hülsen breit lineal, anfangs kurzhaarig, später kahl, reif glzd. schwarz; ♃; V–VI. Fettwiesen, Weg-, Ackerränder; *v.* *Zaun-W.,* * **V. sépium** L.

— Bltn. zu 1–2 in den Blattachseln, rot **10**

10. Kzähne ungleich lg., die oberen später aufwärts gekrümmt; unterster Kzahn so lg. wie die K.-Röhre; Blätt. m. 3–5 Fiedpaaren; Fiedblätt. schmallineal, 0,5–2 mm breit, zugespitzt od. 3-spitzig; Nebenblätt. ohne Fleck, ganzrandig; Blkr. 10–16 mm lg.; ☉; IV–VI. Weinberge, Äcker; *s* eingeschleppt, z. B. CH. (Heimat: Mittelmeergebiet) *Fremde W.,* **V. peregrína** L.

— Kzähne gleich lg., so lg. wie die K.-Röhre; Blätt. m. 3–8 Fiedpaaren; Fiedblätt. 1–6 mm breit; Nebenblätt. meist m. schwarzem Fleck, gezähnt; Blkr. 10–30 mm lg.; ☉; V–VII. Äcker, Halbtrockenrasen, Ruderalstellen; *v.* Formenreich. *Saat-W.,* * **V. satíva** L.

a. Ob. Fiedblätt. deutlich schmäler als die unt., lineal, 2–3 mm breit; Fahne und Flügel fast gleichfarbig; Hülse reif kahl u. schwarz, 28–40 mm lg.; ☉; V–VII. Wegraine, Sandfelder; *v.* (= *V. angustifolia* L.)
Schmalblättrige W., ssp. **nígra** (L.) Ehrh.

— Ob. Fiedblätt. kaum schmäler als die unt., mindestens 3 mm breit; Hülse mindestens 28 mm lg. . . . . **b**

b. Hülse zwischen den Samen deutlich eingeschnürt, reif bräunl., kurzhaarig, oft samtig; Fahne und Flügel verschieden gefärbt; Fiedblätt. mindestens 5 mm breit; ☉; V–VII. Äcker, Schuttplätze; Kulturpfl., *s* verwild. (Heimat: O-Eur.) *Futter-W.*, ssp. **satíva**

— Hülse zwischen den Samen nicht eingeschnürt, reif dunkelbraun bis schwarz, schwach behaart od. kahl; Fied.blätt. 3–6 mm breit . . . . **c**

c. Hülse reif kahl, schwarz; Fahne meist hell rotviolett, außen oft etwas grünl. überlaufen, Flügel dunkler rotviolett; Fiedblätt. lineal-längl. bis verkehrt eif., kaum ausgerandet; ☉; V–VII; Getreideäcker, Wegraine; *v.* [= *V. segetalis*

THUILL.; = *V. angustifolia* L. ssp. *segetalis* (THUILL.) ARCANG.]
Getreide-W., ssp. **segetális** (THUILL.) ČEL.

— Hülse reif schwach behaart bis kahl, dunkelbraun; Fahne rotviolett, Flügel dkrot; Fiedblätt. meist deutlich ausgerandet; ⊙; V–VII. Aus dem Mittelmeergebiet, *s* eingeschleppt. (= *V. cordata* WULF. ex HOPPE)
Herzblättrige W., ssp. **cordáta** (WULF. ex HOPPE) BATTANDIER

11(6). Kzähne fast gleich lg.; Blkr. 14–22 mm lg., weißl.gelb od. trübviolett; Bltn. zu 1–4; Hülsen nickend, 20–35 mm lg., wie Stg. u. Blätt. anlgd. zottig behaart; Fiedblätt. schmal elliptisch, 8–30 mm lg.; ⊙; IV–VI. Äcker, Halbtrockenrasen; *s*, in NÖ, Bgl, ČR wild, sonst eingeschleppt od. eingebürgert. *Ungarische W.*, **V. pannónica** CR.

a. Blkr. weißl.gelb ssp. **pannónica**

— Blkr. trübviolett ssp. **striáta** (BIEB.) NYM.

— Kzähne ungleich lg., die unt. länger als die K.-Röhre; Blkr. 18–30 mm lg., blassgelb; Bltn. einzeln; Pfl. behaart od. kahl; Fiedblätt. schmal elliptisch, 6–15 mm lg.; ⊙; IV–VI. Äcker, Ruderalstellen; *s* eingeschleppt, CH. (Heimat: S-Eur., W- bis Z-As.) *Bastard-W.*, **V. hýbrida** L.

12(1). Bltn. klein, höchstens 1 cm lg., blassviolett, bläul. od. weiß; Trauben 1–8-bltg. **21**

— Bltn. > 1 cm lg.; Trauben 5- bis vielbltg. **13**

13. Blätt. m. 6 bis vielen Paaren laubiger Fied., m. od. ohne Ranken **15**

— Blätt. m. 3–5 Paaren laubiger Fied., m. Ranken **14**

14. Bltn. hellgelb, in 10–30-bltg. einstswendiger Traube; Fied. groß, das unt. Paar die halbpfeilf. Nebenblätt. (*667*, Nb) überdeckend u. große Nebenblätt. vortäuschend; Stg. kantig, gerillt, 1–2 m lg.; ♃; V–VIII. Laubwälder; *z*, *f* im NW u. N. [= *Ervum pisiforme* (L.) PETERM.]
Erbsen-W., **V. pisifórmis** L.

— Bltn. trübpurpurn, verblüht bräunl., zu 4–8; Fied. eif.-elliptisch, kurz bespitzt, basales Fiedpaar die Nebenblätt. nicht verdeckend; Stg. bis 1,5 m lg., scharf 4-kantig bis schmal geflügelt, an den Kanten meist kurz rauhaarig; ♃; VI–VIII. Lichte Laubgehölze; *z*, *f* im *NW*.
Hecken–W., **V. dumetórum** L.

15(13). Blätt. ohne Ranken, paarig gefied., m. 10–12 Paaren eif.-elliptischer, kurz bespitzter Fied.; Nebenblätt. groß, halb spießf.; Bltn. weiß, m. violett geaderter Fahne; Stg. starr aufrecht, kantig, gerillt, 15–40 cm lg., ± dicht wollig behaart; ♃; V–VI. Laubwälder, Magerwiesen, Heiden; Spessart, Rheinl. (bei Monschau), SH, Da, *s*. *Heide-W.*, **V. órobus** DC.

— Blätt. m. Ranken **16**

16. Blkr. 20–25 mm lg. violett, m. bleichem Schiffchen; Trauben 4–12-bltg; Blätt. m. 4–11 Paaren schmal elliptischer Fied., diese nur 1–4 mm breit; Nebenblätt. meist gezähnt; Hülsen kahl; Pfl. 40–100 cm hoch, kahl od. behaart; ♃; V–VII. Trockenrasen, Ackerränder; *s*, nur Vs.
Esparsetten-W., **V. onobrychioídes** L.

— Blkr. höchstens 20 mm lg. **17**

17. Bltn. weiß, violett geadert; Blätt. m. 6–8 Paaren eif.-elliptischer Fied.; Nebenblätt. zerschlitzt, gezähnt; Stg. 1–2 m lg., schlaff, 4-kantig, gefurcht, kahl, unterirdische Ausläufer treibend; ♃; VI–VIII. Feuchte Laub- u. Nadelwälder, vorwgd. der montanen Reg.; *z*, im N nur in SH u. Da. [= *Ervum sylvaticum* (L.) PETERM.] *Wald-W.*, * **V. sylvática** L.

— Bltn. rötl. od. bläul.violett, selten purpurviolett; Pfl. meist behaart **18**

18. Platte der Fahne deutl. kürzer als ihr Nagel; Stg. u. Blätt. meist zottig behaart; ⊙; VI–VIII. Äcker, Wiesen. *Zottige W.,* * **V. villósa** ROTH

a. Pfl. zottig behaart, Btlntrauben 12–30-bltg.; Blkr. 15–20 mm lg.; ⊙; Kulturpfl., zuw. verwild. (Heimat: O- u. SO-Eur.) ssp. **villósa**

— Stg. u. Blätt. kahl od. spärl. anlgd. behaart; Bltntrauben 3–15-bltg.; Blkr. 12–15 mm lg.; ⊙; *s* eingeschleppt. [= *V. dasycarpa* TEN.; = *V. villosa* ROTH ssp. *dasycarpa* (TEN.) CAVILLIER] *Kahle W.,* ssp. **vária** (HOST) CORB.

— Platte der Fahne wenigstens so lg. wie ihr Nagel od. länger; Blätt. m. 6–14 Paaren Seitenfied. **19**

19. Hülse fast rhombisch; Bltntraube kürzer als ihr Tragblatt; Bltn. purpurviolett; Fied. elliptisch bis längl.-lanzettl., m. zahlr. netzig verbundenen Seitennerven; Stg. aufrecht, am Grd. m. Bodenausläufern, 30–60 cm lg., kantig, gleich den Blätt. kurz weichhaarig; ♃; VI–VII. Trockene Laub- u. Nadelwälder; im O *v*, sonst *z*, im W *s*. [= *Ervum cassubicum* (L.) PETERM.] *Kassuben-W.,* **V. cassúbica** L.

— Hülsen lineal-längl.; Bltntraube mindestens so lg. wie das Tragblatt **20**

20. Platte der Fahne etwa doppelt so lg. wie der Nagel, die Flügel weit überragend, hellblau; Blätt. m. 9–14 Paaren linealer, dicht anlgd. behaarter Fied.; ♃; VI–VIII. Lichte Wälder, Gebüsche; *z*. *Feinblättrige W.,* * **V. tenuifólia** ROTH

a. Fied. 2–6 mm breit, lineal, *z*. ssp. **tenuifólia**

— Fied. 1–2 mm breit nadelf.; *s*, BW, Ba, He, NS. (= *V. dalmatica* KERN.) ssp. **dalmática** (KERN.) GREUT.

— Platte der Fahne so lg. wie der Nagel, die Flügel wenig überragend; Blkr. blauviolett; ♃; V–VIII. Trockenrasen, trockene Wiesen, Gebüsch; *v*. *Vogel-W.,* * **V. crácca** L.

a. Stg. absthd. zottig behaart; unt. Kzähne 1,5-mal so lg. wie die K.-Röhre; *s* im S, CH, Au, Bz. [= *V. galloprovincialis* POIR.;= *V. incana* VILL.; = ssp. *gerardii* (ALL.) GAUD.] ssp. **incána** (GOUAN) ROUY

— Stg. kahl od. anlgd. behaart; unt. Kzähne etwa so lg. wie die K.-Röhre od. kürzer . . . . **b**

b. Pfl. 20–130 cm hoch; Blätt. m. 6–15 Fiedpaaren; Bltn. 8–12 mm lg.; *v*. ssp. **crácca**

— Pfl. 5–30 cm hoch; Blätt. m. 6–10 Fiedpaaren; Bltn. 10–13 mm lg., duftend; subalp. Rasen; *s* N-Kt, St, Bz, ČR. (= *V. oreophila* ZERTOVA) ssp. **oreóphila** (ZERTOVA) Á. & D. LÖVE

21(12). Blätt m. 8–12 Paaren Seitenfied., ohne Ranken; Bltn. zu 2–4, hellrosa; Hülsen fast perlschnurartig eingeschnürt *(671);* Stg. aufrecht, kantig, 20–60 cm lg.; ⊙; VI–VII. Kulturpfl.; im SW, CH, ČR, in Kt sowie Rhein- u. Nahetal verwild. (Heimat: Mittelmeergebiet, W-As.) *Linsen-W.,* **V. ervília** (L.) WILLD.

— Blätt. m. 2–8 Fiederpaaren u. Ranken **22**

22. Nebenblätt. eines Blatts ungleich gestaltet: das eine lineal, ungeteilt, klein, sitzend, das andere gestielt, tief handf. in 3–9 pfrieml. Zipfel zerschlitzt *(670);* Bltn. einzeln, lila; ⊙; IV–VI. Kulturpfl. u. *z* verwild. (Ober- u. M-Rhein-, Taubertal) (Heimat: Spanien) [= *V. monanthos* (L.) DESF.] *Einblütige W.,* **V. articuláta** HORNEM.

— Beide Nebenblätt. eines Blatts gleich gestaltet **23**

23. Hülsen 2-samig, weichhaarig; Blätt. meist m. 6–8 Paaren von Seitenfied.; Bltntrauben 3–5-bltg.; Bltn. bläul.weiß; Stg, schlaff, dünn, gerieft, 4-kantig, zerstr. anlgd. behaart, ⊙; V–IX. Äcker, Wegraine; *v.* (= *Ervum hirsutum* L.) *Rauhaarige W.,* * **V. hirsúta** (L.) S. F. Gray

— Hülsen meist 4–5(–8)-samig, kahl; Blätt. m. 2–4 Paaren von Seitenfied.; Bltntrauben 1–3-bltg. **24**

24. Hülsen meist 4-samig; Bltn. blassviolett, in 1–2-bltg.Traube; Frstiele 2–4 cm lg.; ⊙; V–VII. Äcker, Magerrasen, kalkmeidend; *v* (= *Ervum tetraspermum* L.) *Viersamige W.,* * **V. tetraspérma** (L.) Schreb.

— Hülsen meist 5-samig; Trauben 1–5-bltg., ihre Spindel in eine Granne auslaufend; Bltn. blassblau; Frstiele bis 8 cm lg., ⊙; VI–VII; Äcker, Ruderalstellen; *s,* Ho, Be, E, Br, CH. (= *V. gracilis* Lois., = *V. tenuissima* auct.) *Zarte W.,* **V. parviflóra** Cav.

32. Láthyrus L., *Platterbse*

1. Blätt. gefied., m. od. ohne Ranken **3**

— Blätt. einfach, der Blattrhachis u. dem Blattstiel entsprechend *(672, 673)* **2**

2. Blattrhachis als 3–6 cm lg. Ranke ausgebildet; Nebenblätt. groß, eif., am Grd. spießf. *(672);* Bltn. einzeln, hellgelb; ⊙; V–VII. Ackerunkraut; *z* in W- u. SW-Dt, CH, Bz, sonst *s.*
Samen **giftig!** *Ranken-P.,* * **L. áphaca** L.

— Blattrhachis u. Blattstiel blattartig verbreitert, deutl. längsgestreift, *(673);* Nebenblätt. sehr klein, zuw. fehlend; Bltn. zu 1–2, purpurn; ⊙; VI–VIII. Äcker, Waldränder, Waldwiesen; *s* im S, im N in Ho u. Elbegebiet. *Gras-P.,* **L. nissólia** L.

3(1). Alle Blätt. ohne Ranken; Bltntrauben m. 3–30 Bltn. **16**

— Blätt. wenigstens teilweise m. Ranken **4**

4. Bltn. gelb, 10–18 mm lg.; Bltntrauben 5–12-bltg.; Nebenblätt. pfeil- bis spießf.; Pfl. 30–120 cm hoch; ♃; VI–VII. Feuchte Wiesen, Gebüsche, Waldränder; *v.* *Wiesen-P.,* * **L. praténsis** L.

— Bltn. rötl., od. bläul., selten weiß **5**

5. Stg. deutl. geflügelt **8**

— Stg. nicht geflügelt, aber kantig **6**

6. Bltn. einzeln, 6–10 mm lg., nickend, zinnoberrot; unt. Blätt. rankenlos, ob. meist m. einfacher Ranke; Blätt. m 1 Fiedpaar; Fiedblätt. lineallanzettl., 2–6 cm lg.; ⊙; V–VII. Weiden, Wiesen, Gebüsche; *s,* Vs, Ts, Bz, Da u. Bornholm, sonst zuw. eingeschleppt.
Kugelige P., **L. sphaericus** Retz.

— Bltn. zu mehreren in Trauben **7**

7. Blätt. m. 1 Paar laubiger Fied.; Nebenblätt. schmal, halb pfeilf:, Bltn. wohlriechend, lebhaft rot; Stg. am Grd. m. unterirdischen, Wurzelknollen tragenden Ausläufern; ♃; VI–VII. Getreidefelder, Wegränder, Bahndämme; *v,* im N u. Gebirgen *s.* *Knollen-P.,* * **L. tuberósus** L.

— Blätt. m. 2–5 Paaren laubiger Fied.; Nebenblätt. breit pfeilf.; Bltn. rotbunt; Stg. graugrün, am Grd. m. unterirdischen Ausläufern ohne Knollen; ♃; VI–VII. Dünen der Nord- u. Ostseeküste, *z.* [= *L. maritimus* (L.) Big.] Ⓢ *Strand-P.,* * **L. japónicus** Willd. ssp. **marítimus** (L.) Ball

8(5). Blätt. m. 2 bis mehreren laubigen Fiedpaaren; nur basale Stgblätt. zuw. m. 1 Fiedpaar **14**
— Alle Blätt. m. 1 laubigen Fiedpaar **9**
9. Bltntrauben mehr als 3-bltg. **13**
— Bltntrauben 1–3-bltg. **10**
10. Fied. eif.-elliptisch, etwa 2-mal so lg. wie breit, 20–60 mm lg. u. 7–30 mm breit; Bltn. groß, 20–40 mm lg., oft rot, weiß od. verschiedenfarbig, wohlriechend; Pfl. 50–200 cm hoch; ⊙; VI–VIII. Zierpfl.; *v.* (Heimat: Süditalien).
Gartenwicke, Wohlriechende P., * **L. odorátus** L.
— Fied. lineal-lanzettl. bis elliptisch, wenigstens 3-mal so lg. wie breit **11**
11. Bltnstand länger als das Blatt; Bltn. zu 1–3, blauviolett, später blau, 8–15 mm lg.; Hülsen dicht lghaarig; Stg. m. Flügeln 2–4 mm breit; ⊙, VI–VIII. Getreideäcker, kalkliebend; *z* im S, sonst *s.*
Behaartfrüchtige P., **L. hirsútus** L.
— Bltnstand kürzer als das Blatt.; Hülsen kahl **12**
12. Bltn. weiß, selten rosa od bläul., 12–22 mm lg.; Bltnstiele 3–6 cm lg.; Hülsen kahl, m. 2-flügeliger Rückennaht, 2-4 cm lg. u. 10–18 mm breit; Blattstiel breit geflügelt; Stg. m. Flügeln 4–6 mm breit; ⊙; V–VI. Kulturpfl. aus Vorderas.
Saat-P., **L. satívus** L.
— Bltn. rot, 8–14 mm lg., einzeln: Bltnstiele 1–3 cm lg.; Hülsen kahl, ohne Flügel; Blätt. m. 1 Fiedpaar schmal linealer Fiedblätt.; Hülsen kahl; ⊙; V–VII. Äcker, Ruderalstellen; *s,* nur Ts. *Kicher-P.,* **L. cícera** L.
13(9). Blattstiel so breit wie od. breiter geflügelt als der Stg.; Fied. 4–9 cm lg., 1,5–5 cm breit, deutl. netznervig; Bltntrauben steif aufrecht, länger als die Tragblätt.; Bltn. rosenrot; ♃; VI–VIII. Magerwiesen, Gebüsche; wild in S-CH, sonst Gartenzierpfl., zuw. verwildert.
Breitblättrige P., * **L. latifólius** L.
— Flügel der Blattstiele nur halb od. fast so breit wie die des Stg.; Fied. lanzettl. bis lineal, 5–14 cm lg. u. 0,3–4 cm breit; Bltntrauben die Tragblätt. kaum od. selten weit überragend; Bltn. blassrot, m. purpurroten Flügeln; ♃; VII–VIII. Lichte Wälder, Gebüsch; *v.* Formenreich.
Wald-P., * **L. sylvéstris** L.
14(8). Unt. u. mittl. Stgblätt. m. 1 Paar, ob. Stgblätt. m. 2–3 Paaren schmallanzettl., 5–10 cm langer u. 1–3,5 cm breiter Fied., Blattstiele breit geflügelt; Bltn. purpurrot; ♃; VII–VIII. Lichtes Eichen-u. Haselgebüsch, nur auf Kalk; *s* in CH, Au, ČR, BW, Ba, Th u. Harzrand.
Verschiedenblättrige P., **L. heterophýllus** L.
— Alle Blätt. m. 2–5 Paaren von Fiedern **15**
15. Trauben armbltg., zu 2–8, so lg. wie die Tragblätt.; Bltn. blauviolett bis lila; Blätt. m. 2–3 Paaren lanzettl., 3–6 cm langer u. 3–8 mm breiter Fied.; Nebenblätt. halb pfeilf., ± so lg. wie der kaum geflügelte Stiel; Stg. schmal geflügelt, bis 100 cm lg., m. dünnen Bodenausläufern; ♃; VI–VIII. Röhrricht, Sumpfwiesen; *s.* Ⓖ *Sumpf-P.,* **L. palústris** L.
— Trauben reichbltg., zu 8–20, meist kürzer als die Tragblätt.; Bltn. trübrot; Blätt. m. 3–5 Paaren eif., 3–6 cm langer, 1–3 cm breiter, abgerundeter Fied.; Nebenblätt. fast so groß wie die Fied., halb spießf.; ♃; V–VI. Laub- u. Mischwälder; nur in WPr, ČR, früher OPr.
Erbsenartige P., **L. pisifórmis** L.

16(3). Bltn. einzeln, ziegelrot **L. sphaericus** vgl. Nr. **6**
— Bltn. in Trauben zu 3–30 . . . . **17**
17. Stg. schmal, aber deutl. geflügelt, m. knollig verdickten Bodenausläufern; Blätt. meist m. 2–3 Paaren längl.-elliptischer, unterststs. bläul. grüner Fied., basale Blätt. zuw. nur m. 1 Paar; Bltntrauben 4–6-bltg., ± doppelt so lg. wie die Tragblätt.; Bltn. hellpurpurn, beim Verblühen hellblau; ♃; IV–VI. Trockene Wälder, auf kalkarmen Böden; *v, s* im NW u. Au. (= *L. montanus* Bernh.; = *Orobus tuberosus* L.)
Berg-P., * **L. linifólius** (Reichard) Bässler
— Stg. flügellos od. nur oberw. schmal geflügelt **18**
18. Bltn. purpurn od. blau **20**
— Bltn. hell- bis orangegelb, weiß od. weißgelb **19**
19. Blätt. m. 2–3 Paaren schmal lanzettl., 2–7 cm langer u. 2–3 mm breiter Fied.; Bltntrauben 4–8-bltg.; Blkrblätt. gelbl.weiß, die Fahne oft rötl.; Wurzeln knollig verdickt; ♃; V–VI. Lichtes Gebüsch, Kalkabwitterungshänge; *s* in BW b. Tübingen u. RhPf (Gau-Algesheim), NÖ, Bgl, ČR (Mähren). Formenreich. [incl. ssp. *collinus* (Ortmann) Soó]
Ⓖ *Ungarische P.,* **L. pannónicus** (Jacq). Garcke
— Blätt. m. 3–6 (meist m. 4) Paaren eif.-elliptischer, 3–7 cm langer, 1–3 cm breiter, kahler, unterststs. meist behaarter Fied.; Bltn. hellgelb, in 3–12-bltg. einstswendigen Trauben; ♃; VI–VIII. Wiesen u. Hochstaudenfluren, bis 2050 m. (= *L. laevigatus* auct.) *Gelbe P.,* **L. ochráceus** Kittel
a. Blattstiele, Nebenblätt. u. Fied. unterststs. meist behaart; unt. Kzähne doppelt so lg. wie die ob. u. halb so lg. wie die wollig behaarte K.-Röhre; K-Alp. von CH, Au u. Allgäu; *z, s* Schweizer Jura. (= *L. occidentalis* (F. & M.) Fritsch]
ssp. **occidentalis** (F. & M.) Bässler
— Stg. u. Blätt. meist kahl; Kzähne kurz; Bltn. meist < 2 cm lg.; OPr, Kt, St, *s.*
ssp. **ochráceus**
20(18). Blätt. m. 4–6 Paaren elliptisch-eif., 1–3 cm langer, 5–11 mm breiter, kahler, unterststs. blaugrüner, beim Trocknen schwarz werdender Fied.; Bltntrauben 3–10-bltg.; Bltn. trübpurpurn, beim Verblühen violett; ♃; VI–VII. Lichte Wälder; *v,* im N *s.* (= *Orobus niger* L.)
Schwarzwerdende P., * **L. níger** (L.) Bernh.
— Blätt. m. 2–3 (selten 4) Fiedpaaren, beim Trocknen nicht schwarz werdend **21**
21. Blkr. 20–27 mm lg., lebhaft purpurn bis blauviolett; Bltntrauben 4–10-bltg., länger als das Tragblatt; Fied. lineal-lanzettl., 3–6 cm lg., 2–4 mm breit; Nebenblätt. halb spießf., länger als der Blattstiel; ♃; V–VII. Kiefernwälder, Reitgrasfluren: sehr *s,* Schweizer Jura (Neuchâtel), BW (SchwAlb). (= *L. filiformis* auct.; = *L. ensifolius* (Lap.) J. Gay).
Ⓖ *Schwertblättrige P.,* **L. bauhíni** Genty
— Blkr. 10–20 mm lg.; Bltntraube etwa so lg. wie das Tragblatt; Fiedblätt. breiter als 10 mm **22**
22. Blkr. 15–20 mm lg.; Bltntrauben 3–10-bltg., Achse gerade; Bltn. rotviolett, beim Welken blau bis grünblau; Hülsen kahl, glatt; Fiedblätt. mit aufgesetzter Spitze, 3–7 cm lg., 1–3 cm breit, unterststs. glzd.; Nebenblätt. eif.-lanzettl., halbspießf.; Stg. an der Basis m. Niederblätt.; ♃; IV–V.

Laubwälder; *v*, *z* im NO, *f* im NW bis Kiel (= *Orobus vernus* L.)
Frühlings-P., * **L. vérnus** (L.) BERNH.

a. Fiedblätt. eif., 3–7 cm lg. u. 1–3 cm breit; *v*. ssp. **vérnus**

— Fiedblätt. schmal lineal-lanzettl., 4–14 cm lg. u. 2–5 mm breit; nur Vs, Gr. ssp. **grácilis** (GAUD.) ARCANG.

— Blkr. 10–15 mm lg.; Bltntrauben 6–30-bltg., Achse gekrümmt; Hülsen drüsenhaarig; Fiedblätt. spitz, 20–25 mm breit; Nebenblätt. eif.-rund; ♃; V–VI. Laubwälder; nur NÖ, Gr, Bz.
Bunte P., **L. vénetus** (MILL.) WOHLFAHRT

33. Písum L., *Erbse*

Stg. kahl, bläul.grün; Blätt. m. 1–3 Paaren eif. bis breit elliptischer Fied. u. verzweigter Ranke; Nebenblätt groß, den Fied. ähnl. *(69)*; ⊙; V–VI. Kulturpfl. (Heimat: O-Mittelmeergebiet bis Iran). In zahlr. Sorten angepflanzt. * **P. satívum** L.

a. Bltn. weiß, selten blassrosa; Fiedblätt. wellig ganzrandig; Hülsen > 14 mm breit; häufige Kulturpfl., vermutl. entstanden aus den beiden folgenden Unterarten. ssp. **satívum**

— Bltn. verschiedenfarbig, bunt; Hülsen bis 12 mm breit . . . . **b**

b. Stiel des Bltnstands 2–3-mal so lg. wie die Nebenblätt.; Nebenblätt. ohne Fleck; Fiedblätt. ganzrandig od. gezähnelt; eingeschleppt (Heimat: S-Eur., W-As.), in Vs z. T. eingebürgert. [= ssp. *elatius* (BIEB.) A. & GR.]
ssp. **biflórum** (RAF.) SOLDANO

— Stiel des Bltnstands kaum länger als die Nebenblätt.; Nebenblätt. m. violettem Fleck; Fiedblätt. gezähnelt; zuw. angebaut (Heimat: vermutl. Mittelmeergebiet), *s* verwildert, CH, Kt, Bz. ssp. **arvénse** (L.) A. & GR.

34. Phaséolus L., *Gartenbohne*

1. Bltntrauben länger als Tragblatt; Bltn. weiß od. scharlachrot; Hülsen rau; Stg. stets windend; ⊙; VI–IX. Kulturpfl. (Heimat: trop. Am.) (*Ph. multiflorus* WILLD.)
Feuerbohne, * **Ph. coccíneus** L.

— Bltntrauben kürzer als Tragblatt; Bltn. meist weiß; Hülsen glatt; Stg. verlängert, windend od. kurz, nicht windend; ⊙; VI–IX. Kulturpfl. (Heimat: W-Südam. bis Mexiko) *Gartenbohne*,* **Ph. vulgáris** L.

a. Stg. windend. *Stangenbohne*, ssp. **vulgáris**

— Stg. nicht windend. *Buschbohne*, ssp. **nánus** (L.) ASCH.

Familie: **Polygaláceae**, *Kreuzblumengewächse*

Kräuter od. Halbsträucher; Blätt. wechselst., oft wintergrün; Bltn. zygomorph, schmetterlingsf.; Kblätt. 5, davon 3 klein, unscheinbar u. 2 blumenblattartig (= Flügel, *200*); Blkrblätt. 5 od. 3, das vordere rinnig, schiffchenart., m. fransigem Anhängsel; Stbblätt. 8, zu oben offener Röhre verwachsen; Frkn. oberst., 2-fächerig; Kapselfr.

Polýgala L., *Kreuzblume*

1. Bltn. weiß u. gelb od. rosa, meist 2-farbig, 13–15 mm lg. *(200)*, zu 1–2 achselst.; Schiffchen an der Spitze 4-lappig; Blätt. ledrig, immergrün, am Rande umgerollt, vorn m. aufgesetzter Stachelspitze *(273)*; niederlgd. Halbstrauch m. Ausläufern; ♄; III–VI. Trockenrasen, Kiefernwälder; Alp. *v*, M-Geb. *z*. (= *Chamaebuxus alpestris* SPACH)
Zwergbuchs-K., * **P. chamaebúxus** L.

— Bltn. blau, rot od. weiß, kleiner, in endst. Trauben; Blätt. sommergrün **2**

2. Blkrröhre 9–14 mm lg., mehr als ⅔ der Flügellänge; Flügel 9–15 mm lg.; Traube 10–60-bltg.; Bltn. rot bis blauviolett od. weiß; Frstiel 3–4 mm lg.; Deckblätt. 3–6 mm lg.; Pfl. 10–60 cm hoch, m. zahlr. Stg.; ♃; VI–VII; Trockenrasen; *s,* nur NÖ, Bgl, ČR. *Große K.,* **P. májor** JACQ.

— Blkrröhre kürzer als ⅔ der Flügellänge; Flügel meist < 9 mm lg. **3**

3. Unt. Stgblätt. rosettig gehäuft, bedeutend größer als die übrigen **8**

— Unt. Stgblätt. nicht rosettig gehäuft, kürzer als die ob. **4**

4. Bltntrauben 3–8-bltg.; Bltn. blassblau; Stg. dünn, am Grd. niederlgd.; unt. Blätt. klein, gegenst., die übrigen wechselst.; Tragblätt. halb so lg. wie der Bltnstiel; Flügel 5–6 mm lg., länger als die Blkrröhre; Kblätt. weiß berandet; ♃; V–IX. Magerrasen, kalkmeidend; *z* im NW u. M-Geb., sonst *s,* auch CH, Au, *f* im NO. (= *P. serpyllacea* WEIHE; = *P. depressa* WENDEROTH) *Quendel-K.,* **P. serpyllifólia** HOSE

— Bltntrauben meist mehr als 8-bltg.; Blätt. wechselst.; Tragblätt. so lg. wie od. länger als der Bltnstiel **5**

5. Grdblätt. kleiner als die ob. Stgblätt.; Bltnstiele nach der Blüte zurückgekrümmt; Bltn. 4–5 mm lg., blau od. weißl.; Flügel 3-nervig; Mittelnerv m. den seitl. Nerven undeutl. verbunden; ♃; VI–VII. Subalpine Matten, bis 2700 m; Alp. *v., z* Schweizer Jura. (= *P. microcarpa* GAUD.)
Berg-K., **P. alpéstris** RCHB.

— Grdblätt. so groß wie die ob. Stgblätt. od. größer **6**

6. Tragblätt. höchstens so lg. wie der Bltnstiel, auch vor dem Aufblühen die Bltnknospen kaum überragend; Bltn. meist blau; ♃; V–VIII. Magerweiden, Bergwiesen, lichte Wälder; *v.*
Gewöhnliche K., * **P. vulgáris** L.

a. Bltn. blau od. violett; Pfl. kräftig; ob. Stgblätt. deutl. größer, 25–40 mm lg.; Flügel am Grd. genagelt; Gr. so lg. wie der Frkn. . . . . **b**

— Bltn. weißl. Pfl. zierl.; ob. Stgblätt. wenig größer, 10–30 mm lg.; Flügel am Grd. keilf.; Gr. länger als der Frkn. . . . . **c**

b. Flügel 6,0–8,5 mm lg.; Blkr. länger als die Flügel; Kblätt. 2,8–4 mm lg.; Bltn. meist blau, *v.* ssp. **vulgáris**

— Flügel 8–10,5 mm lg.; Blkr. etwa so lg. wie die Flügel; Kblätt. 3,5–5 mm lg.; Bltn. meist rötl.violett; Pfl. 20–40 cm hoch; *s,* E.
ssp. **callíptera** (LE GRAND) R. & F.

c(a). Pfl. 15–25 cm hoch; Bltnstand vielbltg., verlängert, locker; Flügel 6–7,5 mm lg.; Heiden, Magerrasen; *z,* im NW *f.* (= *P. multicaulis* TAUSCH)
ssp. **oxýptera** (RCHB.) SCHÜBLER & MARTENS

— Pfl. 5–15 cm hoch, Bltnstand armbltg., dicht, kurz; Flügel 4–6 mm lg.; Küstendünen; *s,* NrWe, NS, SH, MeVp. ssp. **collína** (RCHB.) RCHB.

— Tragblätt. vor und während der Blzt. länger als der Bltnstiel, vor dem Aufblühen die Bltnknospen überragend **7**

7. Flügel (6–)8–11 mm lg., m. 3–5 Nerven; Bltntraube meist locker, m. 8–40 Bltn.; Bltn. meist blau; ausdauernd; V–VI. Trockenwiesen; *s,* Kt?, St?, Bz?, Vs, Ts. [incl. ssp. *carniolica* (KERN.) GR.; = *P. pedemontana* PERR. & VERLOT] *Nizza-K.,* **P. nicaeénsis** RISSO ex KOCH

— Flügel 4–6(–8) mm lg., m. 1–3 Nerven; Bltntraube dicht, m. 15–50 Bltn.; Bltn. meist rosa, selten blau od. weiß; ♃; V–VII. Trockenwiesen, Gebüsch, meist auf Kalk; *z* im S, *s* im N, *f* im NW bis MeVp.
Schopfige K., * **P. comósa** Schk.

8(3). Bltnstände zu mehreren seitl. in den Achseln der Rosettenblätt.; Blätt. nicht bitter schmeckend **10**

— Bltnstand einzeln, der Mitte der Rosette entspringend; Blätt. bitter schmeckend; Nerven der Flügel wenig verzweigt, an der Spitze nicht m. dem Mittelnerven verbunden **9**

9. Flügel 3,0–5,0 mm lg.; Kblätt. < 3 mm lg., Stgblätt. im ob. Drittel am breitesten, stumpf; Samen 1,5–2,1 mm lg.; ♃; V–VI. Flachmoore, Magerrasen; *v.* [= *P. amara* L. ssp. *amarella* (Cr.) Chodat; incl. *P. austriaca* Cr.]
Moor-K., * **P. amarélla** Cr.

— Flügel 5–8,5 mm lg.; Kblätt. > 3 mm; Samen 2,1–2,8 mm lg.; Stgblätt. in der Mitte am breitesten, zugespitzt, ♃; V–VIII. Steinrasen, Felsfluren; Alp. *z.*
Bittere K., **P. amára** L.

a. Flügel z. Frzt. 6–8,5 mm lg.; Kapsel viel kürzer als die Flügel; Kblätt. 3,8–5,6 mm lg., die Einschnürung weit überragend; *s,* St, NÖ, Bgl. ssp. **amára**

— Flügel z. Frzt. 4,8–6,5 mm lg.; Kapsel wenig kürzer als die Flügel; Kblätt. 3,0–4,3 mm lg., die Einschnürung wenig überragend; *z,* in BW, He, Th, ČR *s.*
ssp. **brachýptera** (Chodat) Hay.

10(8). Pfl. 2–5 cm hoch; Stg. niederlgd.; Flügel nicht netzadrig, 3,5–4,5 mm lg.; Bltntrauben kurz, 5–10-blütig; Bltn. hellblau od. weiß; ♃; VI–VIII. Alpine Weiden, 1700–3000 m; *z,* nur Vs, Ts, Uri, Gr, Ti, Bz.
Alpen-K., **P. alpína** (DC.) Steudel

— Pfl. 5–20 cm hoch; Flügel deutl. netzadrig, 5–7 mm lg., m. stark verzweigten Adern; Bltn. blau od. rosa; Stg. am Grd. ausläuferart. niederlgd., m. großblättriger Rosette abschließend, zwischen Wurzel u. Rosette einige cm ohne Blätt.; ♃; IV–VI. Kalkmagerrasen; *s,* S-BW, RhPf, He, E, S-Be, Lx, Schweizer Jura.
Kalk-K., **P. calcárea** F. W. Schultz

Ordnung: **Rosáles**

Familie: **Rosáceae**, *Rosengewächse*

Kräuter, Stauden od. Holzpfl.; Blätt. wechselst., meist m. Nebenblätt; Bltn. radiär, ⚥, m. meist doppelter Bltnhülle; Stbblätt. 5 od. 2–4-mal soviel wie Blkrblätt.; Frkn. viele bis 1, frei (apokarp) od. verwachsen, dem kegelig erhöhten od. flächig verbreiterten Bltnboden aufsitzend *(674)* od. von krugf. vertiefter Bltnachse umgeben *(675–678),* bzw. m. derselben verwachsen *(676, 681);* dadurch alle Übergänge von ober- zu unterst. Frkn.; an der Frbildung beteiligt sich in mannigfacher Weise die Bltnachse; Fr.: Kapseln *(679, 680),* Nüsse od. Nüsschen *(683, 684),* Steinfr. *(122),* Sammelfr. od. Scheinfr. *(681, 682);* viele Nutz- u. Zierpfl.

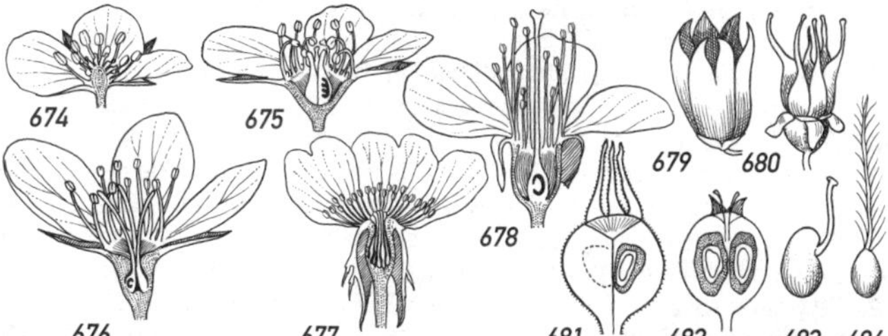

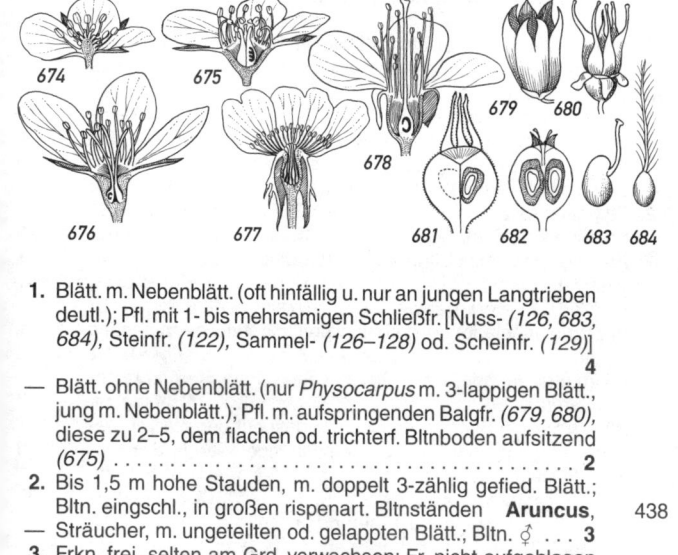

1. Blätt. m. Nebenblätt. (oft hinfällig u. nur an jungen Langtrieben deutl.); Pfl. mit 1- bis mehrsamigen Schließfr. [Nuss- *(126, 683, 684),* Steinfr. *(122),* Sammel- *(126–128)* od. Scheinfr. *(129)*] **4**

— Blätt. ohne Nebenblätt. (nur *Physocarpus* m. 3-lappigen Blätt., jung m. Nebenblätt.); Pfl. m. aufspringenden Balgfr. *(679, 680),* diese zu 2–5, dem flachen od. trichterf. Bltnboden aufsitzend *(675)* **2**

2. Bis 1,5 m hohe Stauden, m. doppelt 3-zählig gefied. Blätt.; Bltn. eingschl., in großen rispenart. Bltnständen **Aruncus**, 438

— Sträucher, m. ungeteilten od. gelappten Blätt.; Bltn. ⚥ . . . **3**

3. Frkn. frei, selten am Grd. verwachsen; Fr. nicht aufgeblasen *(680)* . . . . **Spiraea**, 438

— Frkn. etwa bis zur Mitte verwachsen; Fr. aufgeblasen *(679)* **Physocarpus**, 438

4(1). Bltn. m. 2 u. mehreren (bis zahlr.) Frblätt. u. Gr. **9**

— Bltn. m. nur 1 Frblatt u. Gr. **5**

5. Kräuter u. Stauden **7**

— Holzpfl.; Bäume u. Sträucher **6**

6. Frkn. mittelst., von becherf., später abfallender Bltnachse umgeben, aber nicht mit dieser verwachsen *(678);* Steinfr. **Prunus**, 459

— Frkn. unterst., m. der becherf., bleibenden u. fleischig werdenden Bltnachse verwachsen; Apfelfr. *(682)* **Crataegus**, 457

7(5). Bltn. in dichten, kugeligen od. eif.-walzl. Köpfchen; Blätt. gefied. . . . . **Sanguisorba**, 440

— Bltn. in achselst. Knäueln od. in endst. geknäuelten Rispen, klein, grünl.; Stbblätt. 1 od. 4 . . . . **8**

8(7 u. 24). Stbblätt. 1; Bltn. geknäuelt in den Achseln der handf. 3-spaltigen Stgblätt. *(716);* Pfl. einjährig, ohne Grdblattrosette . . . . **Aphanes,** 448

— Stbblätt. 4; Bltn. in reich verzweigten Rispen; Blattspr. rundl., am Grd. tief herzf., gelappt, am Rand gezähnt od. fingerf. gefied. *(718–722);* Pfl. ausdauernd, m. Grdblattrosette **Alchemilla,** 448

9(4). Kräuter, Stauden od. niederlgd. Zwergsträucher **22**
— Bäume od. aufrechte Sträucher **10**
10. Frkn. u. Gr. 2–5, fleischige Scheinfr. m. pergamentart. od. steinhartem Kerngehäuse [Apfelfr. *(129, 682)*] **13**
— Gr. od. Frblätt. mehr als 5 . . . . **11**
11. Bltnachse zu krugf. Becher vertieft, der zahlr. freie Nussfr. enthält u. dem oben die K-, Stb- u. Blkrblätt. ansitzen *(127, 677)* . . . . **Rosa**, 449
— Bltnachse halbkugelig bis kegelig aufgewölbt *(674)* **12**
12. Pfl. meist m. Stacheln od. Borsten; Fr. saftig, Sammelfr. aus Steinfr. *(128);* Bltn. weiß od. rötl. . . . . **Rubus**, 453
— Pfl. ohne Stacheln; Bltn. gelb, selten weiß; Fr. trockene Sammelfr. aus Nussfr. . . . . **Dasiphora**, 441
13(10). Blätt. ungeteilt, ganzrandig od. einfach gesägt **15**
— Blätt. meist gelappt od. gefied., wenn ungeteilt, dann doppelt gesägt **14**
14. Pfl. m. Kurztriebdornen *(10);* Blätt. meist kahl; Kernhaus der Fr. steinhart *(682)* . . . . **Crataegus**, 457
— Pfl. dornenlos; Blätt. unterstes. zumindest auf den Nerven behaart; Kernhaus der Fr. m. pergamentartiger Wand **Sorbus**, 455
15(13). Bltn. klein, bis 0,5 cm im Dm, zu 1–5 blattachselst.; Blätt. ganzrandig; niedrige Sträucher . . . . **Cotoneaster**, 458
— Bltn. > 0,5 cm im Dm od. Blattrand gesägt **16**
16. Nebenblätt. (an Langtrieben) sehr groß, eirundl., am Rand gezähnt, bleibend *(295);* Bltn. leuchtend rot oder orangerot, > 2,5 cm im Dm; Pfl. m. Kurztriebdornen; Zierstrauch **Chaenomeles**, 454
— Nebenblätt. kleiner, nicht eirund, hinfällig; Bltn. weiß od. rosa **17**
17. Bltn. zu mehreren, in ± reichbltg. Bltnständen **19**
— Bltn. einzeln **18**
18. Kblätt. die Blkrblätt. weit überragend; Bltn. endst.; Fr. oben breit abgestutzt *(681)* . . . . **Mespilus**, 458
— Kblätt. die Blkrblätt. nicht überragend; Fr. oben geschlossen **Cydonia**, 454
19(17). Blkrblätt. längl.-lanzettl., 2–5-mal so lg. wie breit; Bltn. sich vor den Blätt. entfaltend, in traubig-rispigen Bltnständen; Blattspr. eif., am Grd, schwach herzf. *(280),* m. kurzem Stachelspitzchen; dornenlose Sträucher . . . . . . **Amelanchier**, 458
— Blkrblätt. rund bis verkehrt eif., höchstens 2-mal so lg. wie breit; Bltn. in Schirmtrauben an Kurztrieben **20**
20. Blkrblätt. zur Bltzt. aufrecht . . . . **Sorbus,** 455
— Blkrblätt. zu Bltzt. ausgebreitet **21**
21. Stbbeutel gelb; Gr. am Grd. verwachsen . . . . **Malus**, 455
— Stbbeutel rot; Gr. bis zum Grd. frei *(676)* . . . . **Pyrus**, 454
22(9). Blätt. ledrig, ungeteilt, am Rand gekerbt, unterstes. weißfilzig; Blkrblätt. meist 8, weiß; Gr. z. Frreife verlängert u. federig behaart *(684);* hochalp. Spalierstrauch . . . . **Dryas**, 440

— Blätt. krautig, gelappt, gefied. od. gefingert **23**
23. Bltn. in walzenf. od. eif., grünl., braunen od. roten Köpfchen; Stbblätt. 4 od. viele *(688, 689)* . . . . **Sanguisorba**, 440
— Bltnstände anders gestaltet **24**
24. Bltnhülle doppelt, m. K. u. ± auffälliger Blkr.; K. häufig m. Außenk. *(79)* **25**
— Bltnhülle einfach; Blkr. fehlend; K. jedoch m. Außenk. . . . **8**
25. Bltn. m. K. u. Außenk., deshalb 8–10 Kblätt. vorhanden **28**
— Außenk. fehlend, nur 4–5 Kblätt., zuw. aber noch Kranz von Hakenstacheln vorhanden *(686, 687)* **26**
26. Bltn. gelb, in ährig-traubigen Bltnständen; Kbecher gefurcht, die Fr. fest umschließend, am Rand m. hakigen Stacheln *(685–687);* Blätt. unterbrochen gefied. *(63)* . . . **Agrimonia**, 439
— Bltn. weiß od. gelbl.weiß; Kbecher nicht m. hakigen Stacheln **27**
27. Blätt. 3- od. 5–7-zählig gefied. od. m. 5–7-lappiger, herznierenf., am Rand gekerbter Spr.; Bltn. groß; beerenart. Sammelfr. *(128)* . . . . **Rubus**, 453
— Blätt. unterbrochen gefied. *(63);* Bltn. zahlr., klein, in reichbltg., trichterrispenart. Bltnständen *(107);* Kapselfr. *(679)* **Filipendula**, 439
28(25). Stbblätt. mehr als 10 . . . . **30**
— Stbblätt. 4–10 . . . . **29**
29. Grdblätt. groß, unterbrochen gefied.; Blkrblätt. 6–7 mm lg. **Aremonia**, 440
— Grdblätt. klein, 3-zählig; Blkrblätt. 1,5 mm lg., kürzer als der K., hinfällig; Hochalpenpfl. . . . . **Sibbaldia**, 447
30(28). Gr. sich während der Frreife verlängernd, fedrig behaart *(692)* od. hakig gekrümmt *(693–695)* . . . . **Geum**, 441
— Gr. sich zur Frreife nicht verlängernd **31**
31. Blkr. weiß u. gleichzeitig Blätt. 3-zählig gefied. od. gefing. **35**
— Blkr. gelb, braunrot od. rosa, falls weiß, dann Blätt. mehr als 3-zählig gefied. od. gefing. *(701–703, 707)* **32**
32. Blkr. braunrot, bis zur Frreife bleibend . . . . **Comarum,** 441
— Blkr. gelb, rosa od. weiß **33**
33. Bltn. 4-zählig . . . . **Potentilla,** 442
— Bltn. 5-zählig **34**
34. Gr. mindestens doppelt so lg. wie der Frkn.; Bltn. gelb **Waldsteinia,** 441
— Gr. höchstens so lg. wie der Frkn. . . . . **Potentilla,** 442
35(31). Blkrblätt. vorn ausgerandet, sich nicht berührend; Bltnboden stark behaart, trocken . . . . **Potentilla,** 442
— Blkrblätt. vorn abgerundet bis zugespitzt, sich meist berührend; Bltnboden kahl, zur Frreife fleischig-saftig *(126, 683)* **Fragaria,** 447

Unterfamilie: **Spiraeoídeae**, *Spierstrauchartige*

Sträucher od. Stauden; Blätt. meist ohne Nebenblätt.; Bltn. 5-zählig, m. flachem, konkavem od. glockenf. Bltnachsenbecher; Stbblätt. 15 bis zahlr.; Frblätt. 1–5, frei od. an der Basis verwachsen; Balgfr. *(679, 680).*

1. **Spiraea** L., *Spierstrauch*

1. Bltnstand einfache Dolde od. Trugdolde am Ende von Kurztrieben **7**
— Bltnstand Rispe am Ende von Langtrieben **2**
2. Bltnrispe breiter als hoch **6**
— Bltnrispe höher als breit **3**
3. Bltn weiß, innen mit Nektarring; Blätt. kahl; ♄; VI–VIII. Angepfl. u. *z* verwild. (Heimat: USA) *Weißer Sp.,* **S. álba** Du Roi
— Bltn. rosa **4**
4. Blätt. untersts. kahl; Bltn. m. Nektarring; ♄; VI–VII. Ufergebüsche; in Kt, St, NÖ, OÖ , ČR wild, sonst Zierpfl. u. *z* verwild., z. B. Dt, Ts. *Weiden-Sp.,* * **S. salicifólia** L.
— Blätt. untersts. filzig **5**
5. Blätt. untersts. dünn filzig, 40–70 mm lg. u. 15–25 mm breit, fein gesägt, am Grd. ganzrandig; ♄; VI–X. In Eur. ? entstandene Hybride, angepfl. u. *z* verwild. (= *S. alba*? × *S. douglasii;* = *S. pseudosalicifolia* Silverside) *Falscher Weiden-Sp.,* **S.** × **billárdii** Hérincq
— Blätt. untersts. dicht gelbl. od. bräunl. filzig, grob gesägt, obersts. runzlig; Zweige braunfilzig; Fr. behaart; VII–IX. Zierstrauch; *s* verwild, z. B. Sa, Br. (Heimat: N-Am.). *Filziger Sp.,* **S. tomentósa** L.
6(2). Blkrblätt. weiß; Stbblätt. höchstens so lg. wie die Blkrblätt.; niederliegender, ca. 30 cm hoher Strauch; ♄; V–VI. Kalkfelsen, nur in Italien u. Slowenien an der Grenze zu Kt. *Kärntner Sp.,* **S. decúmbens** W. D. J. Koch
— Blkrblätt. rosa; Stbblätt. deutl. länger als der Blkrblätt.; aufrechter, ca. 1–1,5 m hoher Strauch; ♄; VII–VIII. Zierpfl.; im S *s* verwild., z. B. Bz, Ts, FL (Heimat: China, Japan) *Japanische Sp.,* **S. japónica** L. f.
7(1). Zweige kantig; Blkrblätt. 6 mm lg.; Blätt. in vorderer Hälfte gezähnt; ♄; V–VII. Wild in Kt, sonst angepfl., *s* verwild., z. B. RhPf. *Ulmen-Sp.,* * **S. chamaedryfólia** L. em. Jacq.
— Zweige rund; Blkrblätt. 2–3 mm lg.; Blätt. nicht od. nur ganz vorne etwas gezähnt; ♄; V–VI. Felsen; *s*, nur St, NÖ, Bgl. Ⓖ *Karpaten-Sp.,* * **S. média** F. Schmidt

2. **Physocárpus** (Cambessèdes) Maxim., *Blasenspiere*

Bis 3 m hoher Zierstrauch; Blätt. 3-lappig; Bltn. in kugeligen Dolden; Blkr. weiß; Fr. aufgeblasen; ♄; V–VI. Aus N-Am. stammender Zierstrauch., *s* verwild. (= *Spiraea opulifolia* L.) **Ph. opulifólius** (L.) Maxim.

3. **Arúncus** L., *Geißbart*

Blätt. bis 1 m lg., doppelt 3–5-zählig gefied.; Bltn. in langen, zuletzt überhgd. Rispen, meist eingschl., weiß; ♃; V–VII. Schattige Wälder u. Hochstaudenfluren der montanen Reg.; im S *v*, im N *f*. (= *A. vulgaris* Raf.; = *A. sylvestris* Kostel.) **Giftig!** Ⓖ * **A. dioícus** (Walter) Fern.

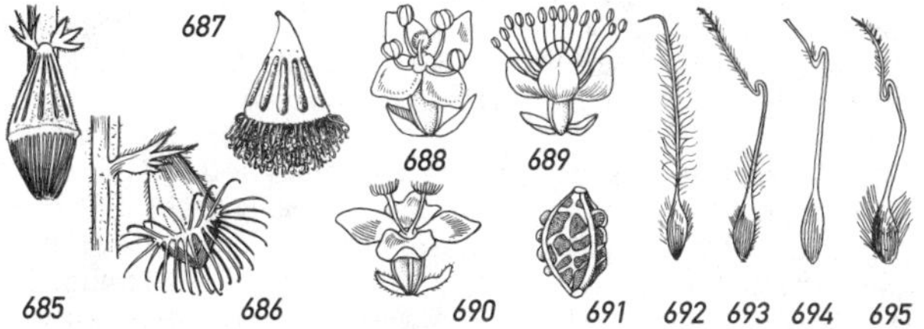

Unterfamilie: **Rosoídeae**, *Rosenartige*

Holzgewächse, Stauden od. Kräuter; Blätt. m. Nebenblätt; Bltnachse flach, kegelf. aufgewölbt od. krugf. vertieft; K. häufig m. Außenk. (*233* aK); Stbblätt. 5 bis zahlr.; Frblätt. 1 bis zahlr.; Nüsschenfr., diese häufig m. verlängertem u. erhalten bleibendem Gr., oder Sammelfr.

4. Filipéndula Mill. em. Adans., *Mädesüß*

1. Stg. 50–150 cm lg., aufrecht, kantig; Blätt. unterbrochen gefied. *(698)*, m. 2–5 Paaren großer, > 3 cm lg., eif., doppelt gesägter Fied.; Bltn. in vielstrahligen Trichterrispen, klein, gelbl.weiß, duftend; ♃; VI–VIII. Nasswiesen, Gräben; *v.* (= *Spiraea ulmaria* L.)
Echtes M., * **F. ulmária** (L.) Maxim.

a. Blätt. untersts, grün; *z.* ssp. **denudáta** (J. & C. Presl) Hay.

— Blätt. untersts. weißfilzig . . . . **b**

b. Blätt. gesägt-gekerbt bis schwach doppelt gesägt; Fr. kahl; *v.* ssp. **ulmária**

— Blätt. doppelt gesägt bis seicht gelappt; Fr. behaart; wechselfeuchte Auewiesen; *s*, NÖ (Marchtal), ČR. ssp. **picbāūeri** (Podp.) Smejkal

— Stg. 30–60 cm lg., dünn, stielrund od. schwach gerillt; Blätt. unterbrochen gefied., m. mehr als 20 Paaren bis 2,5 cm langer, tief eingeschnittener Fied.; Bltn in reichbltg. Trichterrispen *(107)*, weiß od. rosa; Wurzeln knollig verdickt; ♃; V–VII. Trockenrasen, Gebüsch, vorwgd. auf Kalk; *z, f* im NW. (= *F. hexapetala* Gil.)
Knolliges M., * **F. vulgáris** Moench

5. Agrimónia L., *Odermennig*

1. Blkrblätt. blassgelb; reife Fr. 4–5 mm lg.; Kborsten zusammenneigend *(685)*; ♃; VI–VIII. Waldränder; *s*, OPr, Pl.
Ⓖ *Behaarter O.*, **A. pilósa** Led.

— Blkrblätt. goldgelb; reife Fr. 7–11 mm lg. **2**

2. Äußere Kborsten aufrecht-abstehend; Kbecher deutlich gefurcht *(687)*; Stg. m. Drüsenhaaren u. m. nichtdrüsigen langen u. kurzen Haaren besetzt; ♃; VI–VIII. Wegränder, Magerweiden; *v.*
Gewöhnlicher O., * **A. eupatória** L.

— Äußere Kborsten nach hinten zurückgeschlagen; Kbecher nur seicht gefurcht od. ungefurcht *(686)*; Stg. m. Drüsenhaaren u. nur m. langen, nichtdrüsigen Haaren besetzt; ♃; VI–VIII. Hecken, Waldränder; *z.* (= *A. odorata* auct.) *Wohlriechender O.*, * **A. procéra** Wallr.

6. Sanguisórba L. (incl. **Potérium** L.), *Wiesenknopf*

1. Bltnköpfchen dkrot; Blattfied. jederststs. m. etwa 12 Zähnen *(696)*, unterststs. blaugrün; Stbblätt. 4 *(688);* Gr. 1; Stg. 30–90 cm hoch; ♃; VI–IX. Feuchte Wiesen; *v*, im N *z*. (= *S. polygama* Nyl.)
Großer W., * **S. officinális** L.

— Bltnköpfchen grünl., kugelig; Blattfied. jederststs. m. 3–9 Zähnen *(697)*, unterststs. grün; ♂ Bltn. m. zahlreichen Stbblätt. *(689)*; ♀ Bltn. m. 2 Gr. *(690);* ♃; V–VI. Trockene Wiesen, Raine; *v*, im N *z*. (= *Poterium sanguisorba* L.) *Kleiner W.*, * **S. mínor** Scop.

a. Stg. 20–40 cm hoch; Frbecher m. schmalen Randleisten, die Fläche netzf. runzelig *(691); v*, im N *z*. ssp. **mínor**

— Stg. 30–80 cm hoch; Frbecher m. schmalen bis breiten Flügeln am Rand, die Fläche unregelmäßig aber tief gefurcht, m. scharfen Erhebungen; *s* Au, ČR, Bz, sonst in Dt, CH, Be, Da, Pl eingeschleppt. [= *Poterium polygamum* W. & K.; = ssp. *muricata* (Spach ex Bonnier & Layens) Briq.; = ssp. *polygama* (W. & K.) Coutinho); = S. *muricata* Spach ex Gremli]
Grubiger W., ssp. **baleárica** (Bourgeau ex Nym.) Muñoz Garmendia & Navarro

7. Aremónia Neck., *Aremonie*

Bltnstg. 5–20 cm lg., m. 1–3 Hochblätt.; Bltn. zu 2–5, von trichterf., sich z. Frreife vergrößernder, 6–10-spaltiger Hülle umgeben; Blkrblätt. 5, lebhaft gelb; Frkn. 2, vom Kbecher eingeschlossen; ♃; V–VI. Laubwälder; *s*, nur BW (Oberrhein), Ba (Planegg), Bz, Kt, St, ČR.
A. agrimonoídes (L.) DC.

8. Drýas L., *Silberwurz*

Spalierstrauch; Blätt. längl.-elliptisch, gekerbt, ledrig, unterststs. weißfilzig; Bltn. einzeln, groß, meist m. 8 Blkrblätt.; Gr. z. Frreife verlängert u. zottig behaart; ♄; VI–VII. Alpine Steinrasen, bis 3115 m, auf Kalk; *v* Alp., *s* Vorland, Schweizer Jura, früher He (Meißner). Ⓖ * **D. octopétala** L.

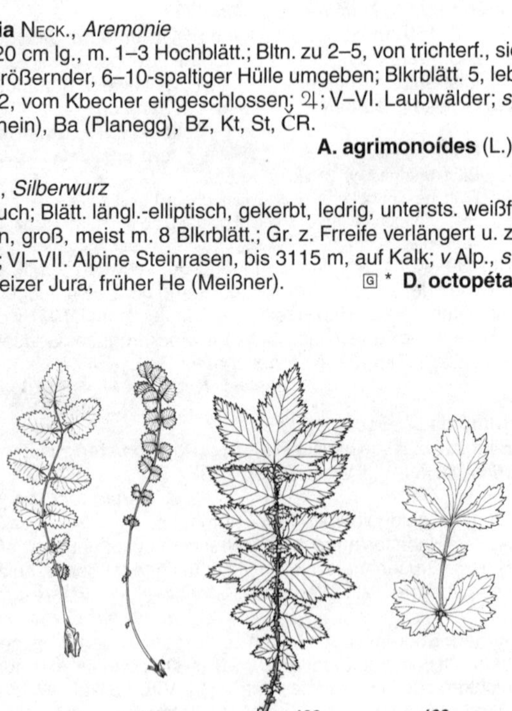

696 697 698 699

9. Waldstéinia Willd., *Waldsteinie*

Grundblätt. 3-zählig, grob gekerbt bis gelappt; Bltn. goldgelb; ♃; IV–V. Abhänge, Heiden; nur Kt (Koralpe). Ⓖ **W. ternáta** (Steph.) Fritsch

10. Géum L., *Nelkenwurz*

1. Stg. mehrbltg., Gr. z. Frzt. verholzend u. hakig geglied. *(693–695);* Bltn. gelb od. rötl. **3**

— Stg. meist 1-bltg.; Gr. gerade, z. Frzt. fedrig behaart, nicht hakig geglied. *(692);* Bltn. lebhaft gelb **2**

2. Pfl. ohne Ausläufer; Seitenfied. viel kleiner als die große, stumpf lappige Endfied.; Bltn. 3–4 cm im Dm, gelb; Gr. später bis 3 cm lg., fast bis zur Spitze behaart *(692);* ♃; V–VIII. Matten der Alp., 700–3200 m; *v* Alp., Brocken (wohl angepflanzt), Riesengeb. *s.* [= *Sieversia montana* (L.) R. Br.] *Berg-N.,* * **G. montánum** L.

— Pfl. m. Ausläufern; Seitenfied. nicht viel kleiner als die 2–5-spaltige Endfied.; Bltn. lebhaft gelb; Gr. bis 3 cm lg.; ♃; VII–VIII. Steinschutt (bis 3400 m), kalkmeidend; Alp. *v.* [= *Sieversia reptans* (L.) R. Br.] Ⓖ *Kriechende N.,* * **G. réptans** L.

3(1). Bltn. nickend; Blkrblätt. außen rötl., innen gelb; K. braunrot, anlgd.; Gr. 2-gliedrig, unt. Glied so lg. wie ob., zottig u. drüsig, das ob. fedrig behaart *(693),* abfallend; Grdblätt. lg. gestielt, unterbrochen gefied.; Endfied. sehr groß, 3-lappig; ♃; IV–VI. Hochstaudenfluren, Au- u. Bruchwälder, nasse Wiesen; *v,* stellenw. *f.* *Bach-N.,* * **G. rivále** L.

— Bltn. aufrecht, gelb; K. zurückgeschlagen **4**

4. Bltn. klein, Blkrblätt. 3–6 mm lg., hellgelb; Gr. 2-gliedrig, unt. Glied kahl, 3–4-mal so lg. wie das am Grd. gekniete u. behaarte ob. *(694);* Fr. kahl od. behaart; Stgblätt. 3–5-zählig, m. großen Nebenblätt. *(699);* ♃; V–X. Feuchte Wälder, Wegränder; *g.* *Echte N.,* * **G. urbánum** L.

G. × intermédium Ehrh. (= *G. rivale* × *G. urbanum*): Bltn. schwach geneigt; Blkrblätt. 7 mm lg., gelb; K. braunrot; unt. Glied des Gr. 2-mal so lg. wie das ob.; *v.* Zwischen den Eltern; Verbreitung noch nicht bekannt.

— Bltn. größer als bei voriger; unt. Grglied am Grd. borstenhaarig, etwa doppelt so lg. wie d. bis zur Spitze kurz behaarte ob. *(695);* Fr. lg.borstig; ♃; VII–IX. Feuchtes Gebüsch; *s,* Schl, OPr, Pl, N-ČR. (= *G. strictum* Ait.) *Steife N.,* **G. aléppicum** Jacq.

11. Dasíphora Raf., *Fingerstrauch*

Pfl. 50–140 cm hoch; Blätt. 3–5-zählig gefied., untersts. behaart; Blkrblätt gelb, selten weiß; ♄; VI–IX. Zierpfl. (Heimat: As.)(= *Potentilla fruticosa* L.)
* **D. fruticósa** (L.) Rydb.

12. Cómarum L., *Blutauge*

Blkr. dk.braunrot, bis z. Frreife bleibend, halb so lg. wie braunroter K.; Frboden u. Kblätt. sich zur Reife vergrößernd; Grdachse kriechend, meist untergetaucht od. im Schlamm; Bltnsprosse 25–100 cm lg.; Blätt. 5–7-zählig gefied.; ♃, VI–VII. Flach- u. Hochmoore; *v,* im S *z.* [= *Potentilla palustris* (L.) Scop.] Ⓖ * **C. palústre** L.

13. Potentílla L., *Fingerkraut*

1. Außenblätt. 3-spitzig; Bltn. gelb; Pfl. m. ausläuferart. verlängertem Stg.; Fr. erdbeerähnlich, aber von fadem Geschmack; ♃; V–IX. Zierpfl., *z* in Parks u. an Waldwegen eingebürgert. (Heimat: As.) [= *Fragaria indica* G. Jackson; = *Duchesnea indica* (G. Jackson) Focke]
Scheinerdbeere, * **P. índica** (G. Jackson) T. Wolf

— Außenblätt. nicht 3-spitzig **2**

2. Blkr. gelb **11**

— Blkr. weiß od. rosa **3**

3. Bltn. rosa, 20–25 mm im Dm; Pfl. 5–10 cm hoch, dicht silbergrau behaart; ♃; VII–IX. Kalkfelsen; *s,* OTi, Bz, Kt. Ⓖ *Dolomiten-F.,* **P. nítida** L.

— Bltn. weiß; Pfl. nicht dicht silbergrau behaart **4**

4. Grdblätt. gefied. m. 5–7 Fied.; ob. Stgblätt. 3-zählig; Bltstg. bis 60 cm lg., braunrot, zerstreut kurz zottig behaart; Fr. kahl; ♃; V–VII. Trockene Wälder, Magerwiesen, Felsspalten der Hügel- u. Bergregion; in Au, S- u. M-Dt, E, CH, Bz, ČR, Be, Lx *s,* im NO nur in Br. (= *Drymocallis rupestris* (L.) Sojak) Ⓖ *Felsen-F.,* **P. rupéstris** L.

— Grdblätt. gefing. m. 3–5 Fied.; Fr. behaart **5**

5. Grdblätt. 3-zählig gefing. *(700)* **8**

— Grdblätt. meist 5-zählig gefing. *(701)* **6**

6. Stbfäden behaart, wenigstens in der unt. Hälfte; Fied. der Grdblätt. verkehrt eif., m. 3–7 ungleichen, zusammenneigenden Zähnen *(701),* untersts. anlgd. seidenhaarig u. drüsig; Blkrblätt. 7–9 mm lg., seicht ausgerandet, weiß, auf der Innenseite rötl.; ♃; VII–IX. Kalkfelsen der Alp. (bis 2230 m) u. Voralp.; *z, s* im Vorland, Schweizer Jura.
Ⓖ *Stängel-F.,* **P. cauléscens** L.

— Stbfäden kahl **7**

7. Fied. an der Spitze jedersts. m. 1–4 Kerbzähnen *(702),* obersts. dkgrün, untersts. graugrün u. dicht seidig behaart; Bltnstg. 5–8 cm lg., dünn, aufstgd.; Fr. nur am Grd. behaart; ♃; IV–V. Lichte Kiefern- und Eichenwälder, Magerrasen, vorwgd. auf Kalk; im S *z,* im N *s, f* Be, Ho, Lx. *Weißes F.,* * **P. álba** L.

— Fied. verkehrt eif., an der Spitze m. 5 ungleichen Zähnen *(703),* beidersts. grün, zerstreut anlgd. behaart; Bltnstand wenigbltg., Blkrblätt. an der Spitze ausgerandet; Fr. an der Spitze behaart; ♃; VI–VIII. Kalkfelsen der subalp. u. alp. Reg., 1550–2110 m; im Gebiet nur Sb, S-Kt, St, OÖ, NÖ u. Ba, *z.* Ⓖ *Tauern-F.,* **P. clusiána** Jacq.

8(5). Bltnstg. mit mehr als 5 Bltn., länger als die Blätt., m. Drüsenhaaren; Pfl. 10–30 cm hoch; Grdblätt. 3-zählig; Blkrblätt. 6–7,5 mm lg., etwas kürzer als die Kblätt., gelbl.weiß; ♃; VII–VIII. Silikatfelsen; *s,* nur Vs (Centovalli), Uri, Gr (Misox).
Schmalkronblättriges F., **P. grammopétala** Moretti

— Bltnstg. mit 1–4 Bltn., meist kürzer als die Blätt.; Bltnstg. ohne Drüsenhaare **9**

9. Fied. erst gegen die Spitze gekerbt-gesägt; Krblätt. 6–9 mm lg., länger als der K.; Bltnstg. absthd. behaart; Pfl. 5–20 cm hoch, m. lg. Ausläufern; ♃; V–VI. Wälder; sehr *s,* nur Be (Saint-Omer).
Berg-F., **P. montána** Brot.

— Fied. fast bis zum Grd. gekerbt-gesägt **10**

10. Kblätt. innen am Grd. gelbl.grün; Blkrblätt. ca. 5 mm lg.; Stbfäden ganz kahl, schmäler als die Stbbeutel; Stg. m. Ausläufern; Fied. jedersts. m. 4–6 Sägezähnen *(704),* untersts. dicht behaart, bläul.grün; ♃; III–V. Laubwälder, Waldränder; *v,* im NW, NO, ČR *s.*
Erdbeer-F., * **P. stérilis** (L.) Garcke

— Kblätt. innen purpurrot; Blkrblätt. 3–5 mm lg.; Stbfäden am Grd. bewimpert, fast so breit wie die Stbbeutel; Fied. jedersts. m. 6–11 Zähnen *(700);* Bltn. zu 1–4; ♃; III–V. Eichen- u. Kiefern-Mischwälder, Waldränder; *z* in Au, *s* in Ba, BW (Hochrhein), Vog., RhPf, CH, Bz, ČR (Mähren). *Rheinisches F.,* **P. micrántha** Ram. ex DC.

11(2). Bltn. 5-, selten 4-zählig **13**

— Bltn. in der Mehrzahl 4-, selten 5-zählig **12**

12. Stg. ausläuferart., niederlgd., an den Knoten wurzelnd; Grdblätt. 3–5-zählig; Fied. keilf., breit gezähnt, Endzahn nicht hervorsthd. *(705);* Blkrblätt. doppelt so lg. wie der K.; ♃; V–IX. Feuchte Mischwälder, Flach- u. Hochmoore; *z,* im S *s, f* CH. (Als Bastard aus *P. erecta* u. *P. reptans* entstanden; = *P. procumbens* Sibth. = *Tormentilla reptans* L.) *Niederliegendes F.,* **P. × ánglica** Laich.

— Stg. aufstgd. bis niederlgd., aber nicht wurzelnd; Rhizom unregelmäßig knollig, im Querschnitt blassrot; Grdblätt. 3-zählig *(706);* Fied. keilf., grob gezähnt, m. vorsthd. Endzahn, beidersts. kahl; Nebenblätt. der Stgblätt. fingerf. eingeschnitten *(706);* Blkrblätt. so lg. wie od. länger als der K.; ♃; V–VIII. Nasse bis trockene Wiesen, Heiden, Wälder; *v.* (= *P. tormentilla* Neck.; = *Tormentilla erecta* L.)
Aufrechtes F., Blutwurz, * **P. erécta** (L.) Raeusch.

13(11). Grdblätt. gefing., m. 3–7 Fied. (nur bei *P. norvegica* Grdblätt. zuw. 4–5-zählig gefied.) **16**

— Grdblätt. gefied., mit (2–)3 od. mehr Fied.paaren, höchstens die ob. Stgblätt. 3-zählig gefing. **14**

14. Blätt. doppelt gefied., m. linealen Zipfeln, untersts. weiß; Pfl. 5–15 cm hoch, aufstgd.; Blkrblätt. 5–7 mm lg., wenig länger als die Kblätt., gelb; ♃; VI–VIII. Alpine Lägerstellen; *s,* Vs, Gr, Bz.
Schlitzblättriges F., **P. multífida** L.

— Blätt. einfach gefied. **15**

15. Grdblätt. unterbrochen vielpaarig gefied., bis 20 cm lg., untersts. weiß-seidenhaarig; Fied. tief gesägt; Stg. dünn, niederlgd., kriechend, wurzelnd; Blkrblätt. doppelt so lg. wie der K.; ♃; V–VIII. Nährstoffreiche Böden, Weiden, Wegränder; *g.* *Gänse-F.,* * **P. anserína** L.

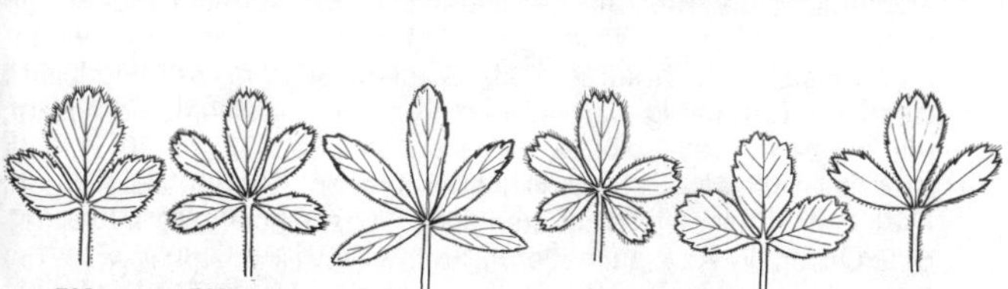

700 *701* *702* *703* *704* *705*

— Grd.- u. unt. Stgblätt. 2–5(–7)-paarig gefied. *(707);* Fied. unregelmäßig tief eingeschnitten gesägt; Stg. niederlgd. bis aufrecht; Bltn. einzeln, ihre Stiele nach dem Verblühen zurückgekrümmt; Blkrblätt. so lg. wie od. kürzer als der K., blassgelb; mehrjährig; IV–IX. Schlamm, feuchter Sand, an Fluss- u. Seeufern; *z,* im N *s, f* Da. *Niedriges F.,* **P. supína** L.

16(13). Blätt. (wenigstens die Grdblätt.) meist 5- u. mehrzählig gefing. **21**

— Blätt. vorwgd. 3-, seltener 5-zählig gefing. **17**

17. Blkrblätt. so lg. bis 1,5-mal so lg. wie die Kblätt. **19**

— Blkrblätt. kürzer als bis höchstens so lg. wie die Kblätt. **18**

18. Stg. steif aufrecht, 20–50 cm hoch, reich beblättert; Fied. verkehrt eif., spitz gezähnt, beidersts. absthd. behaart *(708);* Bltnstand reichbltg.; ⊙–♃; VI–IX. Feuchte, moorige Orte; *v* in Da, *z* im O, sonst *s.*
Ⓖ *Norwegisches F.,* **P. norvégica** L.

— Stg. aufstgd., 3–10 cm lg., dicht seidig-zottig behaart, m. 1–3 Blätt.; Bltnstand m. 1–3 Bltn.; Hochalp.-Pfl.; ♃; VII–VIII. Felsspalten, begraste Felsbänder, bis 3460 m, kalkmeidend (Zentral- u. W-Alp.); *s* in Vb, Sb, Ti, Kt, CH, Bz. *Gletscher-F.,* **P. frígida** VILL

19(17). Bltn. groß, bis 3 cm im Dm, lg.gestielt; Blkrblätt. etwa doppelt so lg. wie Kblätt., 10–15 mm lg.; Stg. 10–30 cm lg., aufstgd.-aufrecht, locker behaart; ♃; VI–VII. Magerwiesen, Felsfluren der Alp., 700–3000 m, kalkmeidend; *z* in Sb (Lungau), Ti, Vb, CH, Bz.
Großblütiges F., **P. grandiflóra** L.

— Bltn.-Dm < 2 cm **20**

20. Fied. untersts. nur auf den Nerven u. am Rand angedrückt behaart, obersts. frisch-grün, kahl, eif., gezähnt *(709);* Bltn. einzeln, 7–12 mm im Dm; ♃; VII–VIII. Schneetälchen der K-Alp., 1100–2500 m; *v,* Ba, Au, CH, Bz. [= *P. dubia* (CR.) ZIMM.; = *P. minima* HALL. f.]
Zwerg-F., **P. brauneána** HOPPE ex NESTL.

— Blätt. untersts. dicht weißfilzig, obersts. fast kahl; Fied. tief eingeschnitten gezähnt; Bltnstg. 5–10 cm lg., m. 1–4 lg. gestielten, 10–15 mm großen Bltn.; ♃; VI–VIII. Magermatten, Geröllhalden der Alp., 1600–3100 m; *s* in Ti, Vs, Gr, OTi, Bz, früher auch Sb, Kt.
Schnee-F., **P. nívea** L.

21(16). Alle Stg. ausläuferart. niederlgd., an den Knoten wurzelnd, bis 1 m lg.; Bltn. einzeln, 17–25 mm im Dm; Pfl. 5–10 cm hoch; ♃; VI–VIII. Wiesen, Wegränder, Ruderalfluren, Äcker; *v.*
Kriechendes F., * **P. réptans** L.

— Stg. aufrecht od. niederlgd., aber nicht ausläuferart. verlängert, meist nicht an den Knoten wurzelnd; Pfl. aber oft dichtrasig **22**

22. Nebenblätt. der Stgblätt. tief fiedspaltig; Pfl. aufrecht, 30–80 cm hoch, nur oberw. verzweigt; Stg. dicht absthd. behaart, neben längeren Haaren noch kurze steife Borsten; Blätt. m. 5–7 Fiedblätt., diese 15–100 mm lg. u. 5–35 mm breit, meist gleichmäßig gesägt; Bltn. meist schwefelgelb, 25–30 mm im Dm; Stbblätt. 25–30; Fr. breit geflügelt-gekielt; ♃; VI–VII. Halbtrockenrasen, Straßenböschungen; *z,* im Gebiet teilw. vielleicht ursprüngl., sonst eingebürgert. (Heimat: S- u. O-Eur., W-As.), auch Zierpfl. Formenreich [incl. ssp. *pilosa* (WILLD.) ROTHM.]. *Hohes F.,* * **P. récta** L.

— Nebenblätt. der Stgblätt. höchstens gezähnt; Bltn. < 2 cm im Dm **23**

23. Blätt. untersts. weißfilzig, oberst. kahl od. schwach behaart; Fied. am Rand umgerollt, tief gezähnt bis fiedteilig; Zipfel lineal bis lanzettl. *(710);* Stg. 20–30 cm hoch, weißfilzig; Bltn. hellgelb, klein, ca. 12 mm im Dm; ♃; VI–VIII. Sandige Magerrasen, Wegränder, Mauern, kalkmeidend; *v.* Formenreich (incl. *P. neglecta* BAUMG.).
Silber-F., **P. argéntea** L.

— Blätt. unterstс. nicht weißfilzig, höchstens graufilzig; Rand der Stgblätt. nicht umgerollt **24**

24. Mehrzahl der Grdblätt. u. unt. Stgblätt. 7-(od. 9-)zählig gefing. **34**

— Mehrzahl der Grdblätt. 5-zählig gefing. **25**

25. Fied. am Rand eine durch Haare gebildete silbrig-weiße Haarkante tragend, verkehrt eif., an der Spitze scharf gezähnt *(712),* unterstс. m. deutl. sichtbarem, engmaschigem Nervennetz; Pfl. 5–20 cm hoch; Blkrblätt. doppelt so lg. wie der K., breit ausgerandet, goldgelb, am Grd. m. orangerotem Fleck; ♃; IV–IX. Subalp. u. alp. Magerrasen, bis 3000 m, kalkmeidend; *v* in Alp., *s* Ba, Schw., Vog., Sudeten.
Gold-F., **P. áurea** L.

— Fied. am Rand ohne silbrig-weiße Linie **26**

26. Blätt. wenigstens unterstс. m. Sternhaaren (Lupe!) **32**

— Blätt. ohne Sternhaare **27**

27. Blätt. unterstс. nicht filzig behaart **29**

— Blätt. unterstс. grau od. grüngrau filzig **28**

28. Stg. aufrecht od. aufstgd., 20–50 cm hoch; mittl. Fied. der Grdblätt. auf jeder Seite m. 6-9 Zähnen; Blätt. unterstс. (durch ineinander verflochtene Kräuselhaare) graufilzig, im Alter verkahlend; Stg. an der Basis flaumig-zottig; Bltn. goldgelb, 12–15 mm im Dm; ♃; V–VIII. Trockenrasen, Magerrasen; *z* ČR, *s* E, BW, Ba, RhPf, Sa, Th, NrWe, Vs, Ts, Au, früher Da. (Wahrscheinl. entstanden aus *P. recta* × *P. argentea.*) (= *P. canescens* BESS.) *Graues F.,* **P. inclináta** VILL.

— Stg. aufstgd., meist < 30 cm hoch
Artengruppe *Hügel-F.,* **P. collina** agg. s. **Nr. 33–**

29(27). Nichtblühende Triebe am Grd. 2-zeilig beblättert; Nebenblätt. der Grdblätt. eif.; Blkrblätt. doppelt so lg. wie der K., ausgerandet, goldgelb, am Grd. oft m. orangerotem Fleck (vgl. auch *P. aurea*); Fied. tief eingeschnitten, stumpf gezähnt, unterstс. wie am Rand lg. absthd. behaart; Endzahn bei den Grdblätt. so breit wie die Nachbarzähne, aber nicht ganz so weit vorragend; Pfl. 5–15 cm hoch; Rhizom dick; ♃; VI–IX. Subalp. u. alp. Magerrasen, auf Kalk; *z* in Alp., Vog., auch

706
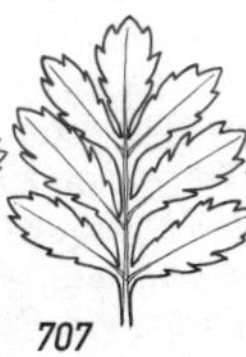
707

708

709

710

711

ČR. [= P. *villosa* (CR.) ZIMM.]
Zottiges F., **P. crántzii** (CR.) BECK ex FRITSCH

— Nichtblühende Triebe am Grd. ringsum beblättert; Nebenblätt. der Grdblätt. lanzettl. **30**

30. Mittl. Blättchen der Grdblätt. meist 2–6 mm lg. gestielt; Fied. m. 12–16 zieml. breiten Zähnen, vom Grd. an gezähnt; Nerven auf der Blattunterseite wenig hervortretend; Grdblätt. 4–5-zählig; Bltn. 1 cm im Dm; Pfl. 20–35 cm hoch, aufrecht; ⊙–♃; VI–IX. Ruderalstellen, Wegränder; *z–s, f* Au, Da, aus dem O eingeschleppt u. eingebürgert. (Heimat: N-Eur., Russland) *Mittleres F.,* **P. intermédia** L.

— Mittl. Blättchen ungestielt; Fiedblätt. etwa von der Mitte an gezähnt **31**

31. Blätt. untersts. nur m. einfachen Haaren, oberst. kahl od. locker m. einfachen Haaren besetzt; Blattoberseite schimmernd od. glzd.; Pfl. rasenbildend, m. zahlr. sterilen Rosetten; Stg. u. Blattstiele aufrecht-absthd. behaart; Bltnstand 3–5-bltg.; Bltn. hell- bis dkgelb, 15–20 mm im Dm; Frstiele herabgebogen; Pfl. 5–15 cm hoch; ♃; III–V. Trockenrasen, Felsen; *v,* im N *z,* in Au *s, f* OPr. Formenreich. (= *P. verna* auct.; = *P. tabernaemontani* ASCH.) *Frühlings-F.,* * **P. neumanniána** Rchb.

— Blätt. untersts. m. einfachen Haaren und m. Kräuselhaaren
Artengruppe *Hügel-F.,* **P. collina** agg. s. Nr. **33–**

32(26). Blätt. dicht m. vielstrahligen Sternhaaren (Lupe!) besetzt, obersts. graugrün; Sternhaare m. 10–30 gleichlangen Strahlen; Grdblätt. 5-zählig *(713),* seltener 3-zählig; Pfl. 5–15 cm hoch; ♃; III–V. Trockenrasen; *z,* im N nur Br, Da, im NW f. (= *P. arenaria* G. M. SCH.; incl. *P. incana* G. M. SCH.). *Sand-F.,* **P. cinérea** VILL.

— Blätt. nur locker m. Sternhaaren besetzt **33**

33. Blätt. nur untersts. u. am Rand m. Sternhaaren, aber ohne Kräuselhaare; Sternhaare 2–10-strahlig, m. deutl. verlängertem Mittelstrahl; Grdblätt. 5(–7)-zählig *(714);* ♃; III–V. Magerrasen; *v* in Au, *z* in S-Ba, BW, Sa, Schl. (= *P. puberula* KRAŠ.; = *P. gaudinii* GREMLI)
Sternhaariges F., **P. pusílla** HOST

— Blätt. nur obersts. m. Sternhaaren, untersts. m. wenigen bis zahlr. Kräuselhaaren, aber nicht weißfilzig; Pfl. aufstgd., 10–30 cm hoch, z. Blzt. meist ohne sterile Rosetten; ♃; V–VIII. Sandige Trockenrasen, Ruderalstellen; *s.* Artengruppe *Hügel-F.,* **P. collína** WIB. agg.
(Formenreiche Artengruppe, die aus Kreuzungen von *P. argentea* m. *P. neumanniana* u. vielleicht auch *P. cinerea* entstanden ist u. zu Kleinarten gewordene konstante Bastarde umfasst. Im Gebiet werden ca. 10 Kleinarten unterschieden.)

34(24). Grdblätt. 5–7-zählig, ihre Fied. m. 11–17 Blattzähnen, 4–11 mm breit; Außenkblätt. so breit wie od. wenig schmäler als die Kblätt.; Zottenhaare am Stg. waagrecht absthd.; Rhizom dünn; Fied. verkehrt eif., stumpf gezähnt, beidersts. m. lg., absthd. Haaren, aber ohne Sternhaare; Stg. oft rot, meist m. roten Drüsen; Bltn. 1 cm im Dm, lebhaft gelb; Bltnstiele dünn, wie der K. oft rötl.; Frstiele oft zurückgekrümmt; Nüsschen glatt; Pfl. 5–15 cm hoch; ♃; IV–VI. Magerwiesen, auf Kalk; *z, f* im NW von NrWe bis SH, Ho, Be. [= *P. opaca* L.; = *P. rubens* (CR.) ZIMM.] *Rötliches F.,* **P. heptaphýlla** L.

— Grdblätt. 7(–9)-zählig **35**

35. Fied. sich an den Rändern oft überdeckend, m. 17–23 Blattzähnen, > 5 mm breit; Stg. 15–30 cm hoch, dünn, von der Mitte an verzweigt, kurz flaumig u. m. längeren, absthd. Haaren; Bltn. goldgelb, 1–2 cm im Dm, postfloral abw. gekrümmt; Stbblätt. 20; Fr. am Rücken schwach gekielt; ♃; V–VII. Lichte Eichen- u. Kiefernwälder; *s,* Th, Ba, CH, ČR. (= *P. parviflora* GAUD. non DESF.; = *P. chrysantha* RCHB. non TREV.)
Kleinblütiges F., **P. thuringíaca** BERNH.

— Fied. sich m. den Rändern nicht überdeckend, m. 3–15 Blattzähnen, meist nur 2–3 mm breit; Außenkblätt. schmal-lineal, viel schmäler als die Kblätt.; Zottenhaare am Stg. aufrecht-absthd.; Nüsschen runzelig; Pfl. 10–20 cm hoch; ♃; IV–V. Trockenrasen; sehr *s,* CR (S-Mähren).
Ungarisches F., **P. pátula** W. & K.

14. Fragária, *Erdbeere*

1. Spr. der Blättchen meist 6–9 cm lg., obersts. kahl, etwas lederig; Fr. 1–3 cm im Dm; ♃; V–VI. Kulturpfl. (= *F. chiloensis* (L.) MILL. × *F. virginiana* MILL.)
Garten-E., Brestling, * **F. × ananássa** (DUCH.) DECNE & NAUDIN

— Spr. der Blättchen meist < 6 cm; Fr. < 1 cm im Dm **2**

2. Alle Bltnstiele absthd. behaart, die Blätt. deutl. überragend; Blättchen oft > 4 cm lg.; Ausläufer kurz, oft fehlend; ♃; V–VI. Lichte Laubwälder, Gebüsch; *z* im S, *s* im N u. NW, *f* in Hochalp. (= *F. elatior* EHRH.)
Zimt-E., **F. moscháta** (DUCH.) WESTON

— Seitl. od. alle Bltnstiele angedrückt od. aufrecht-absthd. behaart, nur wenig länger als die Blätt.; Blättchen meist < 4 cm lg. **3**

3. Kblätt. schon im Abblühen waagrecht absthd. od. zurückgeschlagen; Blkr. weiß; Blkrblätt. 5–6 mm lg.; Ausläufer meist lg.; Blätt. unterststs. seidenhaarig, obersts. locker anlgd. behaart; ♃; V–VI. Wälder u. Gebüsch; *v.* *Wald-E.,* * **F. vésca** L.

— Kblätt. schon im Abblühen aufw. gerichtet, zur Frzt. der Sammelfr. angedrückt; Blkr. gelb.weiß; Blkrblätt. 6–10 mm lg.; Ausläufer kurz, oft fehlend; Blätt. auch obersts. seidenhaarig; Sammelfr. gelbl.weiß, nur an der Spitze rot u. meist m. leichtem Knall abtrennbar; ♃; V–VI. Halbtrockenrasen, kalkliebend; *z, s* im N. (= *F. collina* EHRH.)
Knackelbeere, * **F. víridis** (DUCH.) WESTON

15. Sibbáldia L., *Gelbling*

Kleine Halbrosettenstaude; Grdblätt. lg. gestielt, 3-zählig; Fied. verkehrt eif., an der Spitze 3-zähnig, graugrün, untersts. dicht behaart; Bltn. klein; Blkrblätt. 1–2 mm lg., gelbgrün, hinfällig; ♃; VI–VIII. Kalkmeidend; Schneetälchen der Alp. (1200–3400 m) u. Vog. *z.* **S. procúmbens** L.

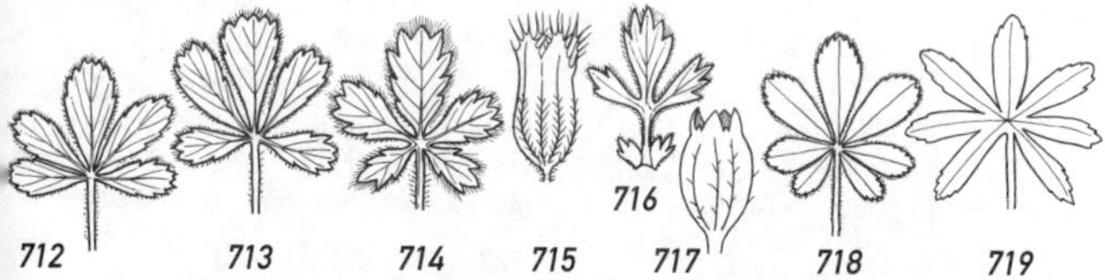

712 713 714 715 716 717 718 719

16. Áphanes L., *Sinau*

1. Bltn. 1,5–2 mm lg.; Kzähne an der Fr. aufrecht bis spreizend *(715);* Nebenblätt. wenig geteilt *(716);* Pfl. meist graugrün; ⊙; V–IX. Sandige, lehmige Äcker; *v.* [= *Alchemilla arvensis* (L.) Scop.]
Ackerfrauenmantel, Acker-S., * **A. arvénsis** L.

— Bltn. 0,5–1 mm lg., Kzähne an der Fr. aufrecht bis zusammenneigend *(717);* Nebenblätt. tief geteilt; Pfl. reingrün; ⊙; V–IX. Sand-Äcker; *s.* (= *Alchemilla inexpectata* Lippert; = *A. microcarpa* auct.)
Kleinfrüchtiger S., **A. austrális** Rydb.

17. Alchemilla L., *Frauenmantel*

Die meisten Arten der Gattung *Alchemilla* sind noch in lebhafter Artbildung begriffen. Da eine sichere Bestimmung der ziemlich veränderlichen Sippen nach kurzen Diagnosen nicht möglich ist, werden nachfolgend nur die formenreichen Artengruppen aufgeführt. Wer sich eingehender mit dieser Gattung beschäftigen will, muss Spezialliteratur benutzen.

1. Grdblätt. nur bis zur Hälfte geteilt *(720–722),* untersts. kahl od. absthd. locker behaart, aber nicht seidenhaarig **4**

— Grdblätt. über die Hälfte od. fast bis zum Grd. geteilt (= fingerf. gefied., *718, 719*) **2**

2. Pfl. ganz kahl, m. Ausläufern: AußenKblätt. schmaler als Kblätt.; ♃; VII–VIII. Schneetälchen, über 2200 m; sehr *s,* Vb., CH, Bz.
Schnee-F., **A. pentaphylléa** L.

— Blätt. dicht anliegend silberweiß behaart **3**

3. Alle Fied. der Blätt. bis zum Grd. getrennt, längl.-elliptisch, m. jederst. 2–4 kurzen, spitzen, zusammenneigenden Zähnen *(718);* Bltnstiele kürzer als die Bltn.; ♃–♄; VI–VIII. Magerrasen; *v* Alp.
Artengruppe *Alpen-F.,* * **A. alpína** L. agg.

— Fied. der Blätt. am Grd. ± miteinander verbunden *(719);* Bltnstiele länger als die Bltn.; ♃–♄; VI–VIII. Wiesen u. Felsen, von 1200–2300 m, nur auf Kalk; *v* Alp.; *s* im Schw., Vog., Schweizer Jura. (= *A. conjuncta* auct.) ⊡ Artengruppe *Hoppes F.,* * **A. hoppeána** (Rchb.) D.T. agg.

4(1). Blätt. dünn, glatt, durchscheinend, bis zur Hälfte geteilt, m. 5–11 stumpfen, an der Spitze grobgezähnten u. häufig bewimperten Abschnitten *(720);* ♃–♄; VI–VIII. Feuchte Weiden, Geröllhalden, 1500–2800 m; *z* in Alp., Vog., Riesengeb. (= *A. glaberrima* auct.)
Kahler F., **A. físsa** G. & Sch.

— Blätt. derb, meist gefaltet, m. ringsum gezähnten Abschnitten *(721, 722);* Stg. ± behaart **5**

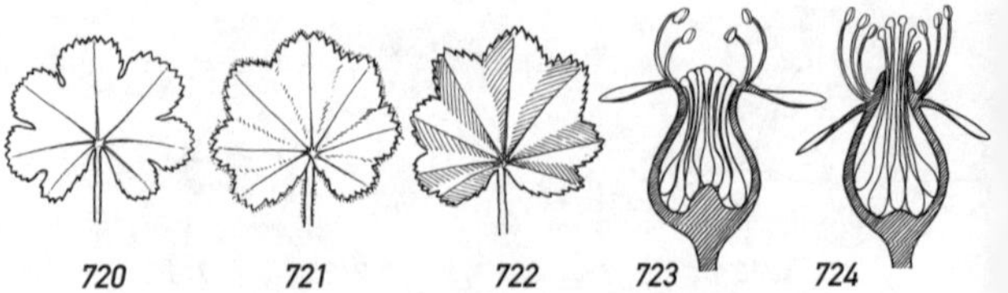

720 721 722 723 724

5. Pfl. klein; Stg. 5–15 cm lg., aufrecht od. aufstgd., dicht zottig behaart; Blattstiel selten > 5 cm lg.; Spr. rundl.-nierenf., m. 5–7 breit gestutzten, ringsum fein gezähnten Lappen *(721);* ♃; V–VIII. Montane u. subalp. Magerrasen; Alp. u. M-Geb. *z,* im N *s.* (= *A. pubescens* LAM.; = *A. hybrida* L.) *Bastard-F.,* **A. glaucéscens** WALLR.
— Pfl. kräftiger; Stg. 10–50 cm lg.; Blattstiel > 5 cm lg.; Spr. gefaltet, kahl bis zottig, m. 9–13, ringsum gezähnten Abschnitten *(722);* Bltnsprosse oberw. kahl; ♃; V–IX. Wiesen, Wälder u. Gebüsch; *v.* Artengruppe *Gewöhnlicher F.,* * **A. vulgáris** L. agg.

18. Rósa L., *Rose*[1]

1. Gr. nicht od. nur wenig aus dem Bltnbecher herausragend; Narben zu halbkugeligem Köpfchen vereinigt *(723)* **3**
— Gr. zu aus dem Bltnbecher deutl. hervorragender Säule verwachsen *(724)* **2**
2. Grsäule die inneren Stbblätt. meist überragend; Bltn. einzeln, weiß; Kblätt. breit oval, längl. eif., früh abfallend; Hagebutte kugelig bis längl. eif.; Nebenblätt. nur gezähnt; Stacheln stark gekrümmt; Äste niederlgd. od. kletternd; ♄; VI–VII. Wälder u. Hecken; *v* in Alp., S u. W, im N u. O *f,* früher ČR. (= *R. repens* SCOP.) Ⓖ *Feld-R., Kriechende R.,* * **R. arvénsis** HUDS.
— Grsäule nur halb so lg. wie die Stbblätt.; Bltn. in reichbltg. Bltnständen, weiß od. rosa; äußere Kblätt. m. drüsig gezähnten Fied.; Blätt. 5–7-zählig gefied., obersts. glzd., untersts. behaart; bis 3 m hoher Strauch m. überhgd. Ästen; ♄; VI. Gebüsche; *s,* BW (Oberrhein), Vog., W-CH, NrWe, Be, *f* Alp., Au. *Säulengriffelige R.,* **R. stylósa** DESV.
3(1). Alle Kblätt. ganzrandig, selten m. kleinen Zähnen **29**
— Äußere Kblätt. fiedspaltig **4**
4. Stacheln gleichartig, höchstens am Grd. des Stammes mit kleineren untermischt **8**
— Stacheln ungleichartig, neben kräftig gekrümmten auch borstliche gerade Stacheln **5**
5. Blätt. lederig; Bltnblätt. (25–)30–-45 mm lg.; Bltn. einzeln; Bltnbecher dicht stieldrüsig; Pfl. 50–100 cm hoch; ♄; VI–VII. Lichte Laubwälder, Waldränder, meist auf Kalk; *z* in Au, S- u. M-Dt, sonst *s,* im N *f.* Stammpfl. vieler Garten- (Centifolia-)Rosen. Ⓖ *Essig-R.,* * **R. gállica** L.
— Blätt. nicht lederig; Bltnblätt. 8–25(–30) mm lg. **6**
6. Blätt. untersts. u. meist auch obersts. dicht drüsig; Stacheln fast gerade; Bltnstiele stieldrüsig; Kblätt. ausgebreitet, z. Frzt. abfallend; Hagebutte groß, fast kugelig; 50–200 cm hoher Strauch; ♄; VI–VII. Waldränder, Feldraine; *s,* nur Bgl. [= *R. caryophyllacea* BESS. var. *zalana* (WIESB.) J. B. KELLER] *Nelken-R.,* **R. zalána** WIESB.

---

[1] Es sind nur die wildwachsenden Rosen aufgeführt; eine sichere Bestimmung ist nur möglich, wenn Zweige mit fast reifen „Hagebutten" zur Verfügung stehen.

— Blätt. nur etwas drüsig u. beidersts. etwas behaart; Kblätt. aufgerichtet, bis zur Frreife bleibend **7**

7. Stacheln gebogen bis sichelig gekrümmt; Bltnstiele sehr kurz, meist versteckt u. drüsig od. drüsenlos, meist m. Nadelstacheln; Hagebutten kugelig bis ellipsoidisch, ohne Stieldrüsen od. Stacheln; ♄; VI–VII. Felshänge, 600–1900 m; *s,* Gr, Bz, Ti (Gschnitztal bis Engadin).
Bündner R., **R. rhaética** Gremli

— Stacheln meist nur im Bltnbereich ungleichartig; Hagebutten ellipsoidisch bis flaschenf., wie ihre Stiele dicht drüsig u. m. Nadelstacheln u. Drüsenborsten besetzt; Hagebuttenstiele kurz; ♄; VII–IX. Abhänge im Gebirge, 600–1900 m; *s,* nur Vs, Ts, Gr, Uri, St. Gallen.
Uri-R., **R. uriénsis** Lagger & Puget ex Cottet

8(4). Stacheln stark hakig gebogen, am Grd. auffällig scheibenf. verbreitert **15**

— Stacheln gerade od. nur leicht gekrümmt **9**

9. Fied. untersts. dicht behaart; Kblätt. nach der Blüte aufgerichtet, lange bleibend **11**

— Fied. beidersts. kahl, aber m. einzelnen Drüsen, oberst. dkgrün **10**

10. Bltn. bis 7 cm groß, rosa- bis dkrot; Bltnstiel ca. 2 cm lg., dicht m. Stieldrüsen u. Drüsenborsten besetzt; Hagebutten kugelig bis längl., ledrig, kahl, oft stieldrüsig; bis 3,5 m hoher Strauch m. bogig überhgd. Ästen; ♄; VI. Waldränder, Gebüsch; *s* in S- u. M-Dt, Vog., Vs, Vb, Kt, St, OÖ, ČR, SO-Br, *f* im N. (= *R. trachyphylla* Rau; = *R. jundzillii* Bess.)
Ⓖ *Raublättrige R.,* **R. margináta** Wallr.

— Bltn. kleiner; Blkrblätt. meist nur wenig länger als der K.; Bltnstiele ca. 1 cm lg., gleich der Hagebutte dicht m. zahlr. dkpurpurnen Stieldrüsen u. drüsenlosen Nadelstacheln; ♄; VI–VII. Gebüsche, felsige Hänge; nur Alp. von NÖ, Vs, Bz, Sb?, Kt?, St? (= *R. glabrata* Vest)
Berg-R., **R. montána** Chaix

11(9). Stacheln ± gekrümmt; bltntragende Äste meist zickzackf. hin- u. hergebogen **13**

— Stacheln ganz gerade; bltntragende Äste gerade; Fied. beidersts. anlgd. weichhaarig; Bltnstiele u. Hagebutten drüsig u. z. T. stachelborstig **12**

12. Fied. groß; Endfied. bis 5 cm lg., längl.-eif. bis elliptisch, untersts. reichdrüsig; Kblätt. so lg. wie od. länger als die Blkrblätt.; Bltnstiele u. Fr. dicht m. Stieldrüsen u. Stachelborsten; ♄; VI–VII. Hecken, felsige Hänge; Alp. *z,* sonst *s,* auch als Zierstrauch. (= *R. pomifera* J. Herrm.) Ⓖ *Apfel-R.,* **R. villósa** L.

— Fied. kleiner, höchstens bis 3 cm lg., rundl. bis längl.-eif.; Kblätt. kürzer als Blkrblätt.; Bltnstiele u. Fr. spärlich m. Stieldrüsen, sonst kahl; ♄; VI–VII. Hecken, Hügel, buschige Ufer; *z,* Da, MeVp, SH, sonst *s, f* Au. Ⓖ *Weiche R.,* **R. móllis** Sm.

13(11). Bltnstiele kürzer als die Tragblätt. u. etwa so lg. wie die Kblätt.; Blätt. bläul.grün, oberst. dicht anlgd., untersts. wollig-filzig behaart; Nebenblätt. m. kurzen, 3-eckigen, absthd. Öhrchen; Bltn. zu 1–3, rot; Hagebutte weichstachelig; gedrungener, 1–2 m hoher, dickästiger Strauch; ♄; VI–VII. Gebüsche, Abhänge; *z* im NO, Th, sonst *s, f* Be,

Au. (= *R. omissa* Déségl.)

Ⓖ *Unbeachtete R.,* **R. sherárdii** H. Davies

— Bltnstiele doppelt so lg. wie die Tragblätt. u. 3–4-mal so lg. wie die Kblätt.; Blätt. obersts. anlgd., unterst. filzig behaart; Bltn. einzeln od. zu 2–4, blassrot **14**

14. Kblätt. postfloral zurückgeschlagen, früh abfallend; Gr. behaart bis kahl; Fied. ein- bis mehrfach drüsig gesägt, Äste steif aufrecht; ♄; VI. Waldränder, Hecken, Büsche; *v,* Alp. u. Mittelgeb., sonst *z.*

Ⓖ *Filz-R.,* **R. tomentósa** Sm.

— Kblätt. postfloral aufrecht, bis z. Frreife bleibend; Gr. meist wollig; Fied. mehrfach drüsig gesägt; Äste dünn, ausgebreitet; ♄; VI. Waldränder, Gebüsch; *v–z, s* im NW, Be, Ho. (= *R. scabriuscula* auct.)

Ⓖ *Kratz-R.,* **R. pseudoscabriúscula** (Kell.) Henker & G. K. F. Schulze

15(8). Fied. unterst. auf der ganzen Fläche dicht drüsig behaart, nach Obst od. Apfelwein duftend **25**

— Fied. unterst. drüsenlos, zuw. behaart od. m. Drüsen nur auf den Nerven u. am Blattrand **16**

16. Kblätt. nach dem Verblühen zurückgeschlagen **18**

— Kblätt. nach dem Verblühen aufrecht oder absthd. **17**

17. Blätt. behaart u. etwas drüsig; Fr. kugelig; ♄; VI–VII. Gebüsche, Hecken bes. der montanen Reg.; *v–z,* im W *s. [= R. afzeliana* Fr. ssp. *coriifolia* (Fr.) Keller]

Ⓖ *Lederblättrige R., Blaugrüne R.,* **R. caésia** Sm.

— Blätt. kahl, meist grau bereift; ♄; VI. Gebüsche; *v–z,* im NW *s.* [= *R. vosagiaca* Desp.; = *R. afzeliana* Fr. ssp. *vosagiaca* (Desp.) R. Keller & Gams; = *R. glauca* Vill. ex Loisel. non Pourr.; = *R. reuteri* Godet]

Graugrüne R., **R. dumális** Bechstein

18(16). Blätt. kahl **23**

— Blätt. behaart **19**

19. Bltnstiele drüsig **22**

— Bltnstiele kahl **20**

20. Grkanal des Achsenbechers kurz u. weit, ihn umgebende Ringscheibe schmal; ♄; VI–VII. Hecken, Waldränder; *s.* [= *R. caesia* Sm. ssp. *subcollina* (Christ) Soó]

Falsche Hecken-R., **R. subcollína** (Christ) Vukotinovic

— Grkanal des Achsenbechers lg. u. eng, ihn umgebende Ringscheibe weit **21**

21. Blätt. unterst. auf dem Hauptnerv, am Blattrand u. oft auch auf den Seitennerven drüsig; Blattfläche zwischen den Nerven drüsenlos; Hagebutten ellipsoidisch, drüsenlos; Kblätt. früh zurückgeschlagen, z. Frzt. abgefallen; ♄; VI–VII. Hecken, lichte Laubwälder; *z–s.* (= *R. tomentella* Léman; = *R. obtusifolia* auct.)

Ⓖ *Stumpfblättrige R.,* **R. balsámica** Bess.

— Blätt. unterst. ohne Drüsen; Fied. am Grd. abgerundet, nicht keilf.; Blattstiele flaumhaarig; Hagebutten ellipsoidisch, drüsenlos; Kblätt. zurückgeschlagen, früh abfallend; ♄; VI–VII. Schafweiden, Gebüsche; *v.* (= *R. dumetorum* Thuill.; *R. obtusifolia* Desv. non auct.; incl. *R. deseglisei* Bor.) Ⓖ *Hecken-R.,* **R. corymbífera** Borkh.

22(19). Blätt. untersts. dicht behaart, m. zahlr., in der Behaarung versteckten Drüsen; Bltnstiele u. Hagebutten dicht drüsig; ♄; VI–VII. Gebüsche, Waldränder; *v* Alp. u. Alp.-Vorland von CH, Schweizer Jura, FL, Vb, Bz, Ti, in Dt ausgestorben. [= *R. obtusifolia* Desv. ssp. *abietina* (Gren. ex Christ) F. Hermann]

Ⓖ *Tannen-R.,* **R. abietína** Gren. ex Christ

— Blätt. untersts. behaart, aber m. Drüsen nur am Rand u. auf den Nerven; Bltnstiele meist ohne Drüsen

R. corymbífera Borkh., vgl. Nr. **21–**

23(18). Fied. untersts. auf dem Hauptnerv u. am Rand m. einzelnen Drüsen; Hagebutte und ihr Stiel dicht drüsig; Blätt. kahl, blaugrün; ♄; VI–VII. Felshänge der Alp.; *s,* Vs, Ts, Genf, Neuenburg.

Chavins R., **R. chavínii** Rapin

— Fied. untersts. ganz drüsenlos **24**

24. Grkanal des Achsenbechers kurz u. weit, ihn umgebende Ringscheibe schmal; ♄; VI–VII. Waldränder, Gebüsche; *v,* im NW *s, f* Be. [= *R. dumalis* Bechstein ssp. *subcanina* (Christ) Soó]

Ⓖ *Falsche Hunds-R.,* **R. subcanína** (Christ) Vukotinovic

— Grkanal des Achsenbechers eng, ihn umgebende Ringscheibe breit; ♄; V–VII. Waldränder, Gebüsche; *v.* [incl. *R. andegavensis* Bast., incl. *R. nitidula* Bess., incl. *R. squarrosa* (Rau) Bor.]

Hunds-R., * **R. canína** L.

25(15). Bltnstiele drüsig; Fied. breit eif. bis rundl., am Grd. abgerundet **28**

— Bltnstiele meist drüsenlos; Fied. schmal- od. breit-elliptisch, am Grd. keilf. verschmälert **26**

26. Grköpfchen verlängert, kahl; Grkanal schmal, < 1 mm im Dm; Kblätt. postfloral zurückgeschlagen, abfallend; 1–2 m hoher Strauch; ♄; VI–VII. Waldränder, Schafweiden; *v* in Alp. u. Mittelgeb., ČR, *z* Da, SH, Be, Au, östl. der Elbe bis Po. Formenreich.

Ⓖ *Acker-R.,* **R. agréstis** Savi

— Grköpfchen wollig behaart; Grkanal > 1 mm im Dm **27**

27. Kblätt. postfloral zurückgeschlagen, bald abfallend; Äste m. Stacheln u. Borsten **R. zalána** Wiesb. vgl. Nr. **6**

— Kblätt. postfloral aufrecht, bleibend; Dm des Grkanals 1,2–2 mm; Äste nur m. Stacheln; 1–2 m hoher Strauch; ♄; VI–VII. Trockenrasen; *z–s* in Alp., Mittelgeb., Elbe-Oder-Gebiet, ČR, *f* im NW. Formenreich.

Ⓖ *Keilblättrige R.,* **R. ellíptica** Tausch

Hierher vermutlich auch die *Duftarme R.,* **R. inodóra** Fr. [= *R. elliptica* Tausch ssp. *inodora* (Fr.) Schwertschl.; = *R. agrestis* Savi var. *inodora* (Fr.) Kell.], Kblätt. zur Fruchtreife abfallend; Dm. des Grkanals 0,8–1,2 mm; im Gebiet *z,* bes. im N; Verbr. noch ungenügend bekannt.

28(25). Kblätt. nach der Blüte aufrecht, nicht abfallend; Bltn. lebhaft rosa, ihre Stiele ± 1 cm lg.; Grköpfchen breit, wollig behaart; Blätt. m. Weingeruch; bis 2 m hoher, gedrungener Strauch, ♄, VI–VII. Trockene Hänge, Hecken; *v, s* im NW. Formenreich. (= *R. eglanteria* L.)

Ⓖ *Wein-R.,* * **R. rubiginósa** L.

— Kblätt. nach der Blüte zurückgeschlagen, früh abfallend; Bltn. klein, hellrosa od. weiß, ihre Stiele 1–2 cm lg.; Grköpfchen verlängert, kahl;

Blätt. von zartem Apfelgeruch; bis 2 m hoher, lockerästiger Strauch; ħ; VI–VII. Lichtes Gebüsch, trockenwarme Hänge; *z* im S, *s* im N u. NW. Ⓖ *Kleinblütige R.*, **R. micrántha** Borrer ex Sm.

29(3). Blätt. u. Zweige auffallend rötl.violett od. hechtblau bereift, Blätt. überwgd. 7-zählig gefied.; Bltn. klein, rot; Hagebutte klein, kugelig; bis 3 m hoher Strauch; ħ; VI–VII. Felsen, Gebüsch der montanen u. subalp. Reg.; *v*, Alp., *z* BW, E, sonst *s;* auch als Zierpfl. (= *R. rubrifolia* Vill.) Ⓖ *Rotblättrige R.*, **R. glaúca** Pourr. non Vill.

— Blätt. u. Zweige nicht rot- od. hechtblau bereift **30**

30. Bltnstiele am Grd. ohne Tragblätt.; Bltn. weiß, selten rosa; Äste dicht stachelig; Blätt. 5–11-zählig, kahl; Kblätt. postfloral zurückgeschlagen, z. Frreife ± aufrecht; Hagebutte schwärzl.; 10–40 cm hoher Strauch; ħ; V–VI. Felsen, Dünen, Waldränder; Nordseeküste u. Inseln *v*, SchwAlb, Rhein-, Maingebiet, Th, CH, Bz, Au *z*, sonst *s*. (= *R. pimpinellifolia* L.) Ⓖ *Dünen-R., Bibernell-R.*, **R. spinosíssima** L.

— Bltnstiele am Grd. m. zungenf. Tragblätt.; Blätt. wenigstens unterssts. behaart **31**

31. Blätt. stark runzelig, unterssts. dicht filzig; Zweige dicht stachelborstig; Bltn. groß, oft dkrosa, selten weiß; ħ; V–VI. An Böschungen, Straßenrändern u. Dünen gepfl. u. verwild., bes. im N. (Heimat: NO-As.) *Kartoffel-R.*, * **R. rugósa** Thunb.

— Blätt. nicht runzelig; Bltnzweige nicht dicht stachelborstig **32**

32. Stacheln leicht hakenf. gekrümmt, paarig am Blattgrd.; Blätt. m. vorwgd. (5–)7, oberssts. bläul.grünen, anlgd. behaarten, unterssts. graufilzigen, einfach gesägten Fied.; Kblätt. postfloral aufgerichtet; Hagebutte kugelig; bis 1,5 m hoher Strauch, m. dünnen, glzd. braunroten Ästen; ħ; V–VI. Auwälder im Alpenvorland *v*, sonst *s*. (= *R. cinnamomea* auct.) *Mai-R., Zimt-R.*, **R. majális** J. Herrm. em. Mansf.

— Stacheln gerade, zerstreut od. fehlend; Fied. 7–11, oberssts. glatt, matt graugrün, scharf doppelt gesägt, unterssts. zerstreut behaart, Bltn. einzeln, lebhaft dkrot; Hagebutte flaschenf., von den zusammenneigenden Kblätt. gekrönt; 0,25–3 m hoher Strauch; ħ; V–VII. Laub- u. Nadelwälder der Alp. u. Vorland; CH, FL, S-Dt, Au, ČR *v*, sonst *s* (= *R. alpina* L.) Ⓖ *Alpen-Hecken-R.*, **R. pendulína** L.

19. Rúbus L., *Brombeere, Himbeere, Steinbeere, Moltebeere*

1. Stg. verholzend, 2- bis mehrjährig; Nebenblätt. am Blattstiel angewachsen **3**

— Stg. krautig; Nebenblätt. eif., am Stg. angewachsen **2**

2. Grdachse unterirdisch kriechend, 10–25 cm hohe Stg. treibend; Blätt. 5–7-lappig, herznierenf. gekerbt; Bltn. einzeln, endst., unvollkommen eingeschl.; Sammelfr. anfangs hellrot, später orangegelb, ♃; V–VI. Hoch- u. Zwischenmoore; *s* in Oldenburg, SH, Usedom, Da, O- u. WPr, Iser- u. Riesengeb. Ⓖ! *Moltebeere*, * **R. chamaemórus** L.

— Grdachse nicht ausläuferart., nichtblühende Triebe am Boden lgd. u. an der Spitze einwurzelnd; Bltntriebe aufrecht, 10–30 cm lg., m. doldigem Bltnstand; Blätt. 3-zählig; Sammelfr. m. wenigen, scharlachroten Steinfr.; ♃; V–VI. Bergwälder; *z*. *Steinbeere*, * **R. saxátilis** L.

3(1). Stg. aufrecht; Blätt. 3- od. 5-zählig gefied., unterst. weißfilzig; Sammelfr. m. zahlr., roten, flaumig behaarten, sich leicht vom kegelf. Bltnboden lösenden Steinfr. *(128);* ♄; V–VII. Gebüsche, Wälder, Kahlschläge; *g;* auch als Kulturpfl. *Himbeere,* * **R. idáeus** L.

— Stg. meist bogig überhgd. u. im Herbst an der Spitze einwurzelnd **4**

4. Sammelfr. stark bläul. bereift; Stg. gleichfalls bereift, m. borstl. Stacheln; Blätt. 3-zählig, die basalen Fied. der Schösslingsblätt. sitzend; Nebenblätt. lanzettl.; ♄; V–VII. Auwälder, Wegränder, Äcker; *v.* *Acker-B., Kratzbeere,* * **R. cáesius** L.

— Sammelfr. schwarz-glzd., zusammen m. dem kegelf. Bltnboden abfallend; Stg, grün m. derben Stacheln; Blätt. 3–7-zählig gefingert., die basalen Fied. der Schösslingsblätt. kurz, aber deutl. gestielt; Nebenblätt. fädl.; ♄; V–VIII. Wälder, Gebüsch; *g;* auch als Kulturpfl. Artengruppe *Echte B.,* * **R. fruticósus** L. agg.

R. fruticosus ist eine formenreiche Artengruppe m. zahlr., z.T. schwierig unterscheidbaren Sippen und Kleinarten. Zudem ist noch eine große Anzahl von Bastarden, auch solche mit *R. caesius,* bekannt. Wer sich eingehender mit dieser schwierigen Gruppe beschäftigen will, muss Spezialliteratur benutzen.

Unterfamilie: **Maloídeae**, *Apfelartige*

Laubabwerfende Bäume u. Sträucher; Blätt. m. meist hinfälligen Nebenblätt.; Bltn. 5-zählig, m. krugf. Bltnachse; Stbblätt. zahlr.; Frblätt. pergament- od. steinart., m. der bei der Frreife sich fleischig verdickenden Bltnachse verwachsen; Apfelfr. *(682).*

20. Cydónia Mill., *Quitte*

Bis 8 m hoher Baum; Blätt. eif., oberst, dk-, unterst. graugrün, in der Jugend flockigfilzig, Bltn. einzeln, rötl.weiß; Apfelfr. groß, gelb, filzig behaart, apfel- od. birnart.; ♄–♄; V–VI. Angepfl., zuw. verwild. (Heimat: Vorder-As.) (= *C. vulgaris* Pers.) * **C. oblónga** Mill.

21. Chaenoméles Ldl. (= *Choenomeles* Ldl.), *Scheinquitte*

1. Junge Zweige glatt u. kahl; Bltn. scharlachrot, 35–50 mm im Dm; Pfl. 50–200 cm hoch, m. Dornen; ♄ ; V–VI. Zierstrauch, häufig angepflanzt. (Heimat: China) *Chinesische Sch.,* * **Ch. speciósa** (Sweet) Nakai

— Junge Zweige (im 2. Jahr) warzig; Bltn. ziegelrot od. orangerot, 25–30 mm im Dm; Pfl. 30–90 cm hoch, m. Kurztriebdornen *(295);* ♄; IV–V. Zierstrauch, seltener als vorige Art. (Heimat: Japan) *Japanische Sch.,* * **Ch. japónica** (Thunb.) Ldl. ex Spach

22. Pýrus L., *Birnbaum*

1. Fr. groß, 5–16 cm lg., essbar; Äste dornenlos; ♄; IV–V. Als Obstbaum *v* angepfl. (= *P. domestica* Med.) *Garten-B.,* * **P. commúnis** L. em. Gaertn.

— Fr. < 5,5 cm lg., hart, meist nicht süß **2**

2. Blätt. kaum 1,5-mal so lg. wie breit, 2,5–7 cm lg. u. 2–5 cm breit, unterst. kahl; Äste m. Dornen; ♄–♄; IV–V. Wälder, Gebüsche; *z* im S, *s* im N (= *P. achras* Gaertn.) *Wilder B.,* * **P. pyráster** (L.) Burgsdorf

— Blätt. mehr als 1,5-mal so lg. wie breit **3**

3. Gr. am Grd. dicht behaart; Blätt. 5–9 cm lg. u. 3–4 cm breit, unterststs. dicht behaart; Fr. fast kugelig; 8–20 m hoher Baum; ♄; V. Waldränder, Gebüsche; *s*, NÖ, Bgl, St, OÖ, ČR. (= *P. communis* ssp. *nivalis* (JACQ.) GAMS) Ⓖ *Schnee-B.*, **P. nivális** JACQ.
— Gr. fast kahl **4**
4. Blätt. 6–9 cm lg. u. 3–5 cm breit, an der Spitze gekerbt-gesägt, obersts. kahl, unterststs. gelbgrau filzig; Äste ohne Dornen; 10–25 m hoher Baum; ♄; V. Waldränder, Gebüsche; *s*, NÖ, St, vielleicht nur verwild. u. eingebürgert. *Österreichischer B.*, **P. austríaca** KERN.
— Blätt. 4–7 cm lg. u. 2–3,5 cm breit, ganzrandig, unterststs. graufilzig; Äste dornig; Fr. birnförmig; 3–15 m hoher Baum; ♄; V. Waldränder, Gebüsche; *s*, NÖ. (= *P. communis* ssp. *salviifolia* (DC.) GAMS) *Salbeiblättriger B.*, **P. salviifólia** DC.

23. Málus MILL., *Apfelbaum*

1. Blätt. höchstens unterststs. auf den Nerven etwas behaart, sonst kahl; ♄; IV–VI. Laubwälder, Gebüsch; *z*. (= *M. acerba* MÉR.; = *Pyrus malus* L.) *Wilder A., Holz-A.*, * **M. sylvéstris** (L.) MILL.
— Blätt. wenigstens unterststs, filzig behaart **2**
2. Fr. > 5 cm; Zweige dornenlos; ♄; IV–V. Als Obstbaum *v* angepfl. u. verwild. *Kultur-A.*, * **M. doméstica** BORKH.
— Fr. < 5 cm; Zweige vereinzelt m. Dornen; ♄; V–VI. Lichte Wilder, Gebüsche; *s*, Vb, St, OÖ, NÖ, Ti, Bz, *f* Dt, CH. *Filz-A.*, **M. dasyphýlla** BORKH.

24. Sórbus L. em. CR., *Eberesche, Elsbeere, Mehlbeere, Vogelbeere*

1. Blätt. einfach od. gelappt, nicht gefied. **3**
— Blätt. gefied. **2**
2. Baum m. glatter Borke, bis 15 m hoch; Fied. in 5–7 Paaren, scharf gesägt; Spr. der untersten Fied. am Grd. oft asymmetrisch; Blkrblätt. weiß, 4–5 mm lg.; Gr. 2–4, meist 3; Fr. kugelig bis eif., 9–15 mm im Dm, scharlachrot; ♄–♄; V–VII. Wälder; *v*, oft gepflanzt, auch an Straßen (incl. var. *glabrata* WIMM. & GRAB.). Formenreich. *Vogelbeere, Eberesche*, * **S. aucupária** L.
— Baum m. rauer, eichenähnlicher Borke, bis 34 m hoch; Fied. in 6–8 Paaren, gesägt; Spr. der untersten Fied. am Grd. meist symmetrisch; Blkrblätt. weiß, 5–7 mm lg.; Gr. meist 5; Fr. durchschnittl. 25 mm lg. u. 18 mm breit, meist birnf., gelbrot, in teigigem Zustand genießbar; Winterknospen klebrig; ♄; IV–V. Lichte Laubwälder, auf Kalk; *s*, S- u. M-Dt, CH (bes. Schweizer Jura, Schaffhausen), Bz, NÖ, Bgl, ČR, auch gepflanzt. Ⓖ *Speierling*, * **S. doméstica** L.
3(1). Blätt. unterststs. kahl (selten dünnfilzig behaart), bis 9 cm lg., ledrig, einfach bis doppelt gesägt; Bltn. in weißfilzigen Schirmrispen; Blkrblätt. 4–5 mm lg., dkrosarot; Fr. scharlachrot; 1–3 m hoher Strauch; ♄; VI–VII. Wälder der montanen Reg. u. des Krummholzgürtels; Alp., Vog., Schweizer Jura, Schw., *z*. Ⓖ *Zwergmispel-E.*, * **S. chamaeméspilus** (L.) CR.
— Blätt. unterststs. ± filzig behaart, zuw. nur in der Jugend, nicht ledrig; Blkrblätt. weiß od. rosa; größere Bäume u. Sträucher **4**

4. Blattspr. deutl. gelappt od. tief eingeschnitten *(726–728)* **6**

— Blattspr. ungeteilt, untersts. bleibend filzig.................... **5**

5. Blattspr. m. 7–14 Paaren dicht stehender Nerven, am Rand ungleichmäßig doppelt gesägt *(294, 725)*, untersts. dicht weißfilzig; Blkrblätt. am Grd. wollig-filzig, weiß; Fr. kugelig, orange- bis scharlachrot; 3–15 m hohe Sträucher od. Bäume; ♄–♄; V–VI. Sonnige, trockene Hänge, Wälder, von der Ebene bis in die subalp. Reg., kalkliebend; *z* im S u. W, *s* im N. Formenreich! [incl. *Mehlbeere*, **S. ária** (L.) Cr. *z* im S u. W, *s* im N; *Griechische M.*, **S. gráeca** (Spach) Lodd. ex Schauer, NÖ; *Pannonische M.*, **S. pannónica** Kárpáti, im S; *Donau-M.*, **S. danubiális** (Jav.) Kárpáti, Ba, NÖ (Hainburger Berge, Kt (Mölltal)]

Ⓖ Artengruppe *Mehlbeere*, * **S. ária** L. agg.

— Blattspr. m. 5–7(–9) Paaren von Seitennerven, im unt. Drittel ganzrandig, sonst undeutl. doppelt gesägt, untersts. dünn, aber gleichmäßig weißfilzig; Blkrblätt. rosa; Fr. rot; bis 3 m hoher Strauch, ♄; V–VII. *s*, Krummholzregion nur des Riesengeb. (Bastard?)

Sudeten-Mehlbeere, **S. sudética** (Tausch) Nym.

6(4). Blätt. nur jung behaart, im Alter verkahlend, m. 3–4 Paaren spitzer, tief eingeschnittener Lappen, die beiden untersten fast waagrecht absthd. *(726)*, Fr. anfangs rötl., dann lederbraun; Baum 3–15 m hoch; ♄; V–VI. Laubwälder, vorwgd. auf Kalk; *z*, *s* im N.

Ⓖ *Elsbeere*, * **S. torminális** (L.) Cr.

— Blätt. auch im Alter untersts. ± stark behaart, m. meist stumpfen Lappen **7**

7. Blattzähne ohne Drüsenspitze, Spr. (ähnl. *728*) untersts. bleibend weißgrau filzig; ♄; V–VI. Wälder [= *S. aria* agg. × *S. aucuparia*, incl. *Vogesen-M.*, **S. × mougeótii** Soy.-Will. & Godr., *z*, BW, Vb, Vog., CH; *Hersbrucker M.*, **S. pseudothuringíaca** Düll, N-Ba; *Österreichische M.*, **S. × austríaca** (Beck) Hedlund, s, Kt, St, OÖ, NÖ, Bgl, Bz, ČR; *Serpentin-M.*, **S. × austríaca** ssp. **serpentíni** Kárpáti, Bgl; *Karpaten-M.*, **S. carpática** Borb., *s*, Bgl, NÖ, OÖ (Traunstein)].

Artengruppe *Vogesen-M.*, **S. × mougeótii** Soy.-Will. & Godr. agg.

— Blattzähne mit brauner Drüsenspitze; Spr. untersts. gelbl.grau filzig od. weniger dicht graufilzig u. verkahlend **8**

8. Blattspr. längl., jedersts. m. 5–9 Seitennerven *(727)*; derbledrig, obersts. glzd., untersts. graufilzig; Fr. orangerot, punktiert; Strauch od. bis 10 m hoher Baum; ♄; V–VI. Wälder; *s* im N, *h* in Parks und Alleen angepflanzt. [= *S. suecica* (L.) Krok & Almq., = *S. scandica* (L.) Fr.]

Schwedische E., * **S. intermédia** (Ehrh.) Pers.

— Blattspr. eif. bis breit elliptisch, jederseits m. 8–12 Seitennerven; ♄; V–VI. Wälder [= *S. aria* agg. × *S. torminalis*, incl. *Breitblättrige M.*, **S. latifólia** (Lam.) Pers., *s*, BW, NÖ, OÖ; *Spitzlappige M.*, **S. acutisécta** R. Reuther & O. Schwarz, He, Th; *Schwachgelappte M.*, **S. parumlobáta** Irmisch ex G. Kirchner, Th; *Täuschende M.*, **S. decípiens** (Bechstein) Irmisch ex G. Kirchner, Th; *Arnstädter M.*, **S. subcordáta** Bornmüller ex Düll, Th; *Heilinger M.*, **S. heilingénsis** Düll, Th; *Eisenacher M.*, **S. isenacénsis** R. Reuther, Th; *Vielkerbige M.*, **S. multicrenáta** Bornmüller ex Düll, Th; *Fränkische M.*, **S. francónica** Bornmüller ex Düll, Ba; *Badische M.*, **S. badénsis** Düll, BW; *Slowenische M.*, **S. slovénica** Kovanda, NÖ, Bgl]

Artengruppe *Breitblättrige M.*, * **S. × latifólia** (Lam.) Pers. agg.

25. Cratǽgus L., *Weißdorn*

1. Seitennerven der Blätt. nur in Zähne oder Lappen endend, Blattspr. nicht geteilt Pfl. stark dornig; Dornen bis 10 cm lg.; ♄–♄; VI. Zierstrauch od. -baum aus O-Am. *Hahnensporn-W.*, **C. crus-gálli** L.

— Seitennerven der Blätt. auch in den Buchten endend; Dornen kürzer; Blattspr. meist gelappt od. fiedteilig *(729, 730)* **2**

2. Bltn. m. 2 od. mehr Griffeln; Fr. m. 2 u. mehr Steinkernen **7**

— Auch 1-griffelige Blüten vorhanden **3**

3. Bltn. ausschließlich 1-griffelig; Fr. m. nur 1 Steinkern **5**

— Bltn. m. 1 od. 2 Griffeln, Fr. m. 1–2 Steinkernen *(682)* **4**

4. Kblätt. länger als breit, zugespitzt, Blätt. m. spitzen, gesägten Lappen, untersts. nicht bläul.grün; ♄–♄; V–VI. Waldränder, Gebüsche; *v.* (= *C. laevigata* × *C. rhipidophylla)*
Großfrüchtiger W., **C.** × **macrocárpa** Heg.

— Kblätt. so lg. wie breit, stumpfl.; Blätt. untersts. hell bläul.grün; ♄–♄; V–VI. Wälder, Gebüsche; *z (= C. laevigata × C. monogyna)*
Bastard-W., **C.** × **média** Bechstein

5(3). Kblätt. breit 3-eckig; Blattlappen m. wenigen Zähnen *(729);* Nebenblätt. bei blühenden Trieben ganzrandig od. m. wenigen Zähnen; bis 5(–10) m hoher Baum od. Strauch; ♄–♄, VI. Laubwälder, Auwälder, Gebüsch; *v.* *Eingriffeliger W.*, * **C. monógyna** Jacq.

— Kblätt. wenigstens teilweise lanzettl.; Nebenblätt. blühender Triebe m. drüsenköpfigen Zähnen **6**

6. Kblätt. nur vereinzelt lanzettl.; Nebenblätt. blühender Triebe oft nur m. vereinzelten Drüsenzähnen; ♄–♄; V–VI. Laubwälder; *z.* (= *C. monogyna* × *C. rhipidophylla;* = *C.* × *heterodonta* Pojarkova)
Verschiedenzähniger W., **C.** × **subsphaerícea** Gandoger

— Kblätt. alle schmal, lanzettl. bis lineal; Nebenblätt. blühender Triebe m. zahlreichen Drüsenzähnchen; alle Blattlappen fein gesägt; ♄–♄; VI. Laubwälder, Gebüsche; *z.* (= *C. rosiformis* Janka)
G *Großkelchiger W.*, **C. rhipidophýlla** Gandoger

a. Kblätt. nach oben gerichtet; Fr. zylindrisch, 12–15 mm lg. [= *C. curvisepala* ssp. *lindmanii* (Hrab.-Uhr.) Byatt; = *C. lindmanii* Hrab.-Uhr.]
ssp. **lindmánii** (Hrab.-Uhr.) P. A. Schmidt

— Kblätt. zurückgebogen; Fr. rundl.-eif., 9–15 mm lg.; (= *C. curvisepala* Lindman) ssp. **rhipidophýlla**

7(2). Blätt. wenig geteilt, m. stumpfen Blattlappen *(730);* Kblätt. breit 3-eckig; 2–10 m hoher Strauch od. Baum; ♄–♄; V. Wälder, Hecken; *v.* (= *C. oxyacantha* auct.; incl. *C. palmstruchii* Lindman)
G *Zweigriffeliger W.*, * **C. laevigáta** (Poir.) DC.

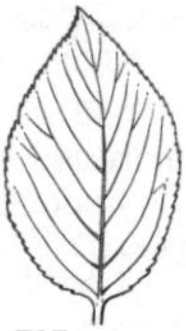

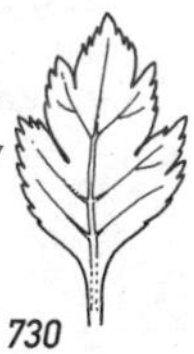

725 *726* *727* *728* *729* *730*

— Blätt. stärker geteilt; Lappen scharf gezähnt (vgl. Nr. **4**). *Großfrüchtiger W.,* **C.** × **macrocárpa** HEG.

Bastardbildungen häufig!

26. Méspilus L., *Mispel*

Dorniger, bis 3 m hoher Strauch; Blätt. lanzettl., bis 12 cm lg., unterst. behaart; Frkn. 5, m. Kbecher verwachsen, bei Reife steinig werdend; Fr. braun, verkehrt kegelf., von den laubigen Kblätt gekrönt *(681);* ♄–♄; V–VI. Wälder, Gebüsche; *z–s* in S- u. M-Dt, Be, Lx, CH, Bz, Vb, OÖ, ČR, z. T. nur verwild. (Heimat: SO-Eur., Vorderasien) * **M. germánica** L.

27. Amelánchier MED., *Felsenbirne*

1. Gr. ganz getrennt, nicht über Kbecher herausragend; Blkrblätt. schmal, verkehrt eilanzettl., 9–20 mm lg., weiß, an der Spitze oft rötl., außen zottig; Fr. kugelig, schwarz, bläul. bereift, essbar; Blattspr. eif., 4–5,5 cm lg., beidendig abgerundet, locker gezähnt *(280);* bis 3 m hoher Strauch; ♄; IV–VI. Felsige Abhänge, Felsspalten, lichte Wälder, von der Ebene bis in die subalp. Stufe, kalkliebend; *z* in S-, M-Dt, S-NS, Lx, Alp. *v.* (= *A. vulgaris* MOENCH; = *A. rotundifolia* DUMONT-COURSET) Ⓖ *Gewöhnliche F.,* * **A. ovális** MED.

— Gr. miteinander vereinigt; Blattspr. am Rand fein gesägt **2**

2. Blkrblätt. am Rand bewimpert, 6–10 mm lg.; junge Blätt. dicht weiß behaart; Bltnstände aufrecht; 2–5 m hoher Strauch; ♄; IV–V. *z* in Br, Sa, Ba, RhPf, SH, MeVp, NÖ, NS verwild. (Heimat: östl. N-Am.) *Ährige F.,* **A. spicáta** (LAM.) W. D. J. KOCH

— Blkrblätt. kahl, 9–14 mm lg.; junge Blätt. ± kahl, rötl.; Bltnstände nickend; Fr. dk-purpurn; ♄; IV–V. Zierstrauch; *s* in Laubgehölzen in Dt verwild., *f* BW. (= *A. laevis* auct.; = *A. grandiflora* auct.; = *A. canadensis* auct.) (Heimat: östl. N-Am.) *Kupfer-F.,* * **A. lamárckii** F. G. SCHROEDER

28. Cotoneáster MED., *Zwergmispel*

1. Fr. blauschwarz bereift; Bltnstände meist aufrecht; Blätt. unterst. behaart, aber nicht filzig; ♄; V–VI. Waldränder, felsige Abhänge; *s,* W- u. OPr bis Bornholm, Schl, ČR. (= *C. melanocarpus* LODD.) *Schwarze Z.,* **C. níger** (THUNB.) FR.

— Fr. rot; Bltnstände meist hgd. **2**

2. Kbecher, Kblätt. u. Bltnstiele weißfilzig; Blätt. bis 6 cm lg., an der Spitze abgerundet, m. aufgesetzter Stachelspitze, unterst. weißfilzig; Fr. blutrot, behaart; ♄; IV–V. Felsen, sonnige Hänge; *s,* Alp. u. Vorland, CH, Bz, SchwAlb, E. (= *C. nebrodensis* auct.) Ⓖ *Filzige Z.,* **C. tomentósus** LDL.

— Kblätt. nur am Rand gleich den Bltnstielen schwach behaart, Blätt. nur bis 4 cm lg., breit elliptisch bis rundl., m. kurzem Stachelspitzchen, oberst. kahl. unterst. hellgrün filzig; ♄; IV–VI. Sonnige Felsbänder; Alp. *v,* E, S- u. M-Dt, CH, Bz, ČR, Be, Lx *z.* Ⓖ *Gewöhnliche Z.,* * **C. integérrimus** MED.

Unterfamilie: **Prunoídeae**, *Steinobstgewächse*

Bäume od. z. T. dornige Sträucher; Blätt. m. Nebenblätt., diese oft klein u. hinfällig; Bltnachse becherf. vertieft; Frkn. 1, nicht m. jener verwachsen *(678);* Bltnbecher während der Frreife abfallend; Steinfr. *(122).*

29. Prúnus L. (incl. **Pádus** Mill., **Cérasus** Mill., **Pérsica** Mill., **Armeníaca** Scop.)
Kirsche, Pflaume, Aprikose, Pfirsich

1. Blätt. wintergrün; Spr. eif.-lanzettl., ganzrandig od. am Rand klein, entfernt gesägt, obersts. glzd. dkgrün, untersts. heller grün, lorbeerblattähnl.; Bltn. weiß, in aufrechten, 10–12 cm lg. Trauben; Fr. kugelig-eif., schwarz; bis zu 4 m hoher Strauch; ħ–ħ̄; IV–V. Häufig kultivierte Zierpfl. (Heimat: SO-Eur.)
Lorbeer-Kirsche, * **P. laurocérasus** L.

— Blätt. sommergrün **2**

2. Bltn. einzeln *(734),* zu zweit od. in 3- bis mehrbltg., aufrechten Doldentrauben *(731, 732)* bzw. in Dolden *(733)* **4**

— Bltn. zahlr. in hängenden, seltener fast aufrechten bis waagrecht absthd. Trauben **3**

3. Blattspr. weich, eirundl.-zugespitzt, am Rand scharf gesägt; Kbecher innen wollig behaart; Bltn. stark riechend; Fr. kugelig, schwarz glzd.; bis 15 m hoher Baum; ħ–ħ̄. Au- u. Laubmischwälder; *v.* (= *Padus avium* Mill.) Ⓖ *Gewöhnliche Trauben-K.,* * **P. pádus** L.

a. Trauben hgd.; Blattspr. dünn, beidersts. frisch grün; kahl; junge Zweige bald verkahlend; Pfl. meist baumf.; Auwälder, Gebüsche; *v.* (= *Padus avium* ssp. *avium)* ssp. **pádus**

— Trauben fast aufrecht bis waagrecht absthd.; Blattspr. derb, untersts. wachsig m. hervortretenden Nerven; junge Zweige stärker behaart; Pfl. meist strauchig; Felshänge u. Gebüsch; *s* in Alp. u. Voralp., FL, Vb, Ti, OTi, Sb, Kt, Ba, Schw., Harz, Sudeten, *f* CH. [= ssp. *borealis* (Schuebel.) Nym.]
ssp. **petrǽa** (Tausch) Domin

— Blattspr. derb ledrig, glzd., am Rand gekerbt; Kblätt. innen kahl; Bltntrauben aufrecht-überhgd.; Fr. dk. schwarzrot, etwas bitter schmeckend; Steinkern glatt. 3–15 m hoher Baum; ħ od. ħ̄; V–VII. Als Forstbaum angepflanzt, oft verwildert u. eingebürgert (z. B. Berlin). (Heimat: N- bis O-Am.) [= *Padus serotina* (Ehrh.) Borkh.] *Späte Trauben-K.,* * **P. serótina** Ehrh.

4(2). Bltn. in 3- bis mehrbltg., aufrechten Doldentrauben *(731, 732)* od. in Dolden *(733)* **11**

— Bltn. einzeln od. zu 2 *(734);* Frkn. u. Fr. kahl od. behaart **5**

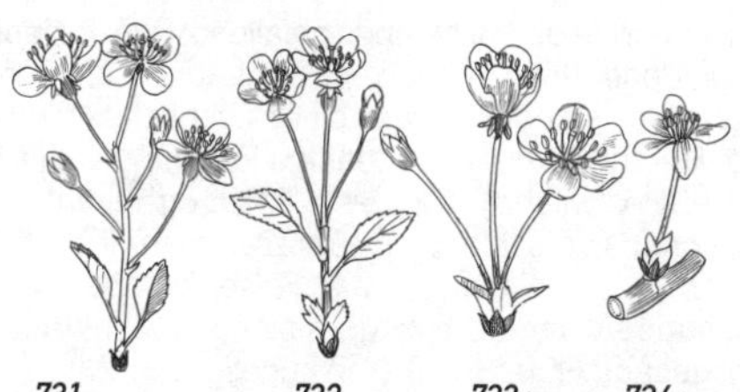

731 *732* *733* *734*

5. Bltn. u. Fr. fast sitzend; Frkn. u. Fr. filzig behaart **9**
— Bltn. u. Fr. deutlich gestielt *(734);* Frkn. u. Fr. kahl, aber Bltnstiele zuw. behaart **6**
6. Äste reichdornig, in der Jugend meist filzig; Blattspr. 2–5 cm lg., längl.-verkehrt-eif., doppelt gesägt; Blkrblätt. bis 8 mm lg.; Fr. kugelig, schwarz-bläul., bereift, m. grünem, saurem Fleisch; Steinkern sich nicht vom Fleisch lösend; sparriger, bis 3 m hoher Strauch; ♄; III–VI. Halbtrockenrasen u. lichte Laubwälder, Hecken, Zäune; *v.*
Ⓖ *Schlehe, Schwarzdorn,* * **P. spinósa** L.
— Äste dornenlos od. schwachdornig, kahl; Blätt. meist länger als 5 cm; Blkrblätt. länger als 6 mm; Obstbäume od. Sträucher **7**
7. Bltnstiele behaart; Bltn. meist zu 2; Blkrblätt. grünl.weiß; Fr. eif., blauschwarz, bereift; ♄–♄; IV–V. Obstgehölz (Heimat: Vorder- bis W-As.). In zahlr. Kulturformen kultiviert. *Pflaume, Zwetschge,* * **P. doméstica** L.
— Bltnstiele kahl **8**
8. Blattspr. scharf doppelt gesägt, an der Spitze fast 3-lappig, lg. zugespitzt; Bltn. zu 1–2, 25–30 mm im Dm, meist gefüllt, rosa; Pfl. bis 3 m hoch; ♄–♄; IV–V. Häufig als Zierbäumchen (gepfropft) angepfl. (Heimat: China)
Ziermandel, Mandelröschen, **P. tríloba** LDL.
— Blätt. an der Spitze nicht 3-lappig; junge Zweige oft grün; Bltn. meist einzeln, Blkrblätt. 9–12 mm lg., weiß od. (bei roten Blätt.) blassrot; Fr. gelb od. rot; ♄–♄; III–V. Angepfl. u. verwildert. (Heimat: W-As., Kaukasus)
Kirsch-Pflaume, **P. cerasífera** EHRH.
Vor allem in der Form '**Pissardii**' (= '**Atropurpurea**') angepfl.: Blätt. purpurrot; Bltn. blassrot; Fr. dkrot
9(5). Blätt. breit eif. bis fast herzf.; Blkrblätt. blassrosa bis weiß; Fr. gelb bis orange; Steinkern glatt, scharfkantig; ♄; III–IV. Obstbaum, *s* gepflanzt in wärmeren Lagen. (= *Armeniaca vulgaris* LAM.) (Heimat: Zentral-As.)
Aprikose, * **P. armeníaca** L.
— Blätt. längl. bis lanzettl., mindestens 2 mal so lg. wie breit; Blkrblätt. lebhaft rosa **10**
10. Strauch, 50–150 cm hoch, m. Wurzelsprossen; Blätt. 3–5 cm lg. u. 1–2 cm breit, lanzettl.; Fr. 12–20 mm im Dm, Steinkern schwach gefurcht, nicht löcherig; ♄; III–V. Waldränder, Gebüsche, *s,* NÖ (Weinviertel), Bgl, ČR (Mähren). [= *P. nana* (L.) STOKES]
Ⓖ *Zwerg-Mandel,* **P. tenélla** BATSCH
— Kleiner Baum, 2–8 m hoch; Blätt. 7–15 cm lg. u. 2–4 cm breit; Fr. 5–8 cm im Dm, grünl. od. rötl.gelb, Steinkern tief gefurcht, löcherig; ♄; IV–V. Obstbaum, *z* gepflanzt, bes. in Weinbergen. (= *Persica vulgaris* MILL.) (Heimat: O-As.)
Pfirsich, * **P. pérsica** (L.) BATSCH
11(4). Knospenschuppen des Bltnstands abfallend; Bltn. in deutl. gestielten 5–12-bltg. Doldentrauben *(731),* weiß; Blätt. kurz u. stumpf gezähnt; Fr. erbsengroß, dkrot, später schwarz, bitter schmeckend; sparrig-ästiger Strauch od. Baum; ♄–♄; IV–V. Sonnige Felshänge; *z* in Ti, OÖ, NÖ, Bgl (Sb, Vb, St verwildert), CH, Bz, ČR, Oberrheintal, E, Donau- u. Altmühltal, sonst *s* verschleppt. [= *Cerasus mahaleb* (L.) MILL.]
Steinweichsel, Felsenkirsche, * **P. máhaleb** L.
— Knospenschuppen der wenigbltg., sitzenden Bltnstände bleibend; Blätt. deutl. gesägt; Fr. u. Steinkerne kugelig **12**

12. Bltnstand über den zurückgeschlagenen Knospenschuppen ohne Laubblätt. *(733);* Blattstiel m. 1–2 Drüsen; ♄; IV–V. Wälder, Hecken; *v;* auch als Obstbaum. [= *Cerasus avium* (L.) MOENCH]
Ⓖ *Süß-Kirsche,* * **P. ávium** L.

a. Fr. sehr klein (0,5 cm), dünnfleischig; *z* in Laubwäldern bis in die Voralp. *Vogelkirsche,* ssp. **ávium**

— Fr. >1 cm . . . . **b**

b. Fr. weichfleischig, rot od. schwarz; Obstbaum *Herz-K.,* ssp. **juliána** (L.) JANCH.

— Fr. hartfleischig, gelb od. rot; Obstbaum *Knorpel-K.,* ssp. **duracína** (L.) JANCH.

— Bltnstand über den aufrechten Knospenschuppen m. 1–3 Laubblätt. *(732)* **13**

13. Blätt. 3–4 cm lg.; Spr. längl.-lanzettl., an der Spitze abgerundet od. stumpf; Blattstiel ohne Drüsen; Blkrblätt. verkehrt eif., ausgerandet, weiß; Fr. erbsengroß, korallenrot, genießbar; Steinkern spitz, 2-kantig; 0,5–1 m hoher Strauch mit Wurzelsprossen; ♄; IV–V. Trockenes Gebüsch, vorwgd. auf Kalk u. Lehm; *s* in WPr, Th (Unstrut-Saale), Oberrhein bis Bingen u. untere Nahe, NÖ, Bgl, ČR. [= *Cerasus fruticosa* (PALL.) WORONOW] *Zwergkirsche,* **P. fruticósa** PALL.

— Blätt. 6–8 cm lg.; Spr. elliptisch, beidendig zugespitzt; Blattstiel m. od. ohne Drüsen; Blkrblätt. kreisrund, nicht ausgerandet *(710);* Fr. hell- od. dkrot; Steinkern kugelig, 2-furchig; Strauch od. Baum; ♄–♄; IV–V. Obstbaum. (= *Cerasus vulgaris* MILL.) (Heimat: Vorderas.) *Sauerkirsche, Weichsel,* * **P. cérasus** L.

a. Baum m. aufrechten Zweigen; Fr. glasig hellrot m. nichtfärbendem Saft (var. **cérasus** Mill., *Glas-K., Amarelle)* od. dkrot m. färbendem Saft. [= var. **austéra** (L.) JANCH., *Süßweichsel, Morelle*] *Baum-Weichsel,* ssp. **cérasus**

— Strauch od. Baum m. schlaffen, überhgd. Ästen; Fr. dkrot, sauer, m. färbendem Saft. *Strauch-Weichsel,* ssp. **ácida** A. & G.

Familie: **Elaeagnáceae**, *Ölweidengewächse*

Bäume od. Sträucher, z.T . dornig; Blätt. wechsel- od. gegenst., Spr. dicht m. Schildhaaren *(735)* besetzt; Bltn. klein, eingschl. od. ⚥. 2–4-zählig *(738);* Bltnhülle einfach, kelchart.; Fr. Nuss, diese von fleischig werdender K.röhre *(736)* umschlossen, daher steinfruchtart.

1. Blattspr. 3–10 mm breit, obersts. fast kahl, untersts. dicht weiß- od. grauschülferig; Bltn. eingschl., 2-häusig; ♂ Bltn. m. tief 2-teiliger Hülle *(737),* ♀ röhrig; Pfl. stark dornig **Hippophaë,** 462

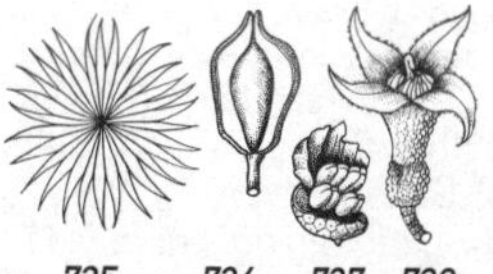

735 736 737 738

— Blattspr. 8–45 mm breit, beidersts. durch Schildhaare graugrün; Bltn. ⚥, glockig, trichterig *(738)*, innen gelb, wohlriechend . . . . **Elaeagnus**, 462

1. Hippóphaë L., *Sanddorn*
± stark dorniger Strauch od. bis 6 m hoher Baum; Bltn. in kugeligen Bltnständen; Fr. orangerot, selten gelb; ħ–ħ; IV. Küstendünen u. Ufer der Gebirgsflüsse. Ⓖ * **H. rhamnoídes** L.

a. Pfl. stark dornig, m. kurzen, steif-aufrechten Ästen; Bltnstände dicht; Dünen u. Küsten *v.* (= ssp. *maritima* v. Soest) ssp. **rhamnoídes**

— Pfl. spärl. dornig; Äste verlängert; Bltnstände lockerer; Flussschotter, Felsschutt; *v* in Alp. u. Vorland bis zur Donau, Bodensee u. südl. Rheintal. ssp. **fluviátilis** v. Soest

2. Elaeágnus L., *Ölweide*

1. Junge Zweige silbrig-schülferig; Blätt. 8–25 mm breit; Bltn. zu 2–3, blattachselst., aufrecht; Fr. längl., rotgelb, süßl.; ħ; V–VI. Zierbaum, stellenw. verwild. (Heimat: östl. Mittelmeergebiet) *Schmalblättrige Ö.*, * **E. angustifólia** L.

— Junge Zweige rotbraun-schülferig; Blätt. bis 45 mm breit; Bltn. abw. gebogen; Fr. eif., orangerot, sauer; ħ; III–V. Zierstrauch, stellenw. verwild. (Heimat: N-Am.) (= *E. argentea* Pursh) *Silber-Ö.*, * **E. commutáta** Bernh. ex Rydb.

Familie: **Rhamnáceae**, *Kreuzdorngewächse*

Holzgewächse, m. ungeteilten, gegen- od. wechselst. Blätt u. häufig verdornten Zweigen; Bltn. ⚥ od. eingschl., 4–5-zählig, m. Diskus; Fr. steinfruchtartige Beere.

1. Bltn. meist 5-zählig; Blätt. ganzrandig; Gr. ungeteilt **Frangula**, 462

— Bltn. meist 4-, selten 5-zählig; Blätt. am Rand fein gesägt; Gr. 2–5-spaltig; Pfl. häufig m. Dornen . . . . **Rhamnus**, 462

1. Frángula Mill., *Faulbaum*
Bis 3 m hoher, dornenloser Strauch; Fr. kugelige, anfangs rote, später schwarzviolette Steinfr.; Blätt. wechselst.; ħ; V–VI. Feuchte Wälder, Heidemoore; *v.* (= *Rhamnus frangula* L.) **Giftig!** * **F. álnus** Mill.

2. Rhámnus L. (incl. **Oreoherzógia** Vent), *Kreuzdorn*

1. Blätt. jedersts. m. 2–3(–4) bogenf. Seitennerven; Zweige meist gegenst., dornig. **3**

— Blätt. jedersts. m. 4–20 Seitennerven, Zweige dornenlos **2**

2. Aufrechter, bis 4 m hoher Strauch; Blätt. an Langtrieben (7–)10–13 cm lg., jedersts. m. 7–20 Seitennerven; ħ; V – VI. Lichte Wälder, Gebüsch; *s.* *Alpen-K.*, **Rh. alpína** L.

a. Zweige u. Knospenschuppen behaart; *s*, E (Jura), W-CH. ssp. **alpína**

— Zweige kahl; Knospenschuppen kahl od. bewimpert; *s*, Kt (Karawanken). ssp. **fállax** (Boiss.) Maire & Petitmengin

— Kriechender, bis 20 cm hoher Spalierstrauch; Blätt. 1,5–2,5(–6) cm lg., jedersts. m. 4–9(–13) Seitennerven, ħ; VI–VII. Felsspalten der K-Alp., 1400–2000 m; *v.* [= *Oreoherzogia pumila* (Turra) Vent] Ⓖ *Zwerg-K.*, **Rh. púmila** Turra

3(1). Blattstiel 2–4-mal so lg. wie die hinfälligen Nebenblätt.; Blätt. 3–6 cm lg., m. 3–4 Nervenpaaren *(263);* bis 3 m hoher Strauch; ♄; V–VI. Sonnige, steinige Hänge, Auwälder; *v,* im N *z.*
Giftig! *Echter K.,* * **Rh. cathártica** L.

— Blattstiel etwa so lg. wie die Nebenblätt.; Blätt. 1–3 cm lg., m. 2–4 Nervenpaaren; niederlgd. od. aufstgd., bis 150 cm hoher, sparrig verzweigter Strauch; ♄; V–VI. Felsige Hänge u. Gebüsch, nur auf Kalk; *z* in Alp., BW, Ba. *Felsen-K.,* **Rh. saxátilis** Jacq.

Familie: **Ulmáceae**, *Ulmengewächse*

Holzpfl., m. 2-zeilig gestellten, asymmetrischen Blätt. *(289, 739–741);* Nebenblätt. früh abfallend; Bltn. in büschelartigen Bltnständen; Bltnhülle einfach, 4–5-blättrig; Stbblätt. 4–5; Frblatt. 2; breitgeflügelte Nussfr. *(742, 743).*

Úlmus L., *Ulme, Rüster*

1. Bltn. lg. gestielt, herabhgd.; Stbblätt. 6–8; Frflügel am Rand zottig bewimpert; Blätt. elliptisch, stark asymmetrisch, Seitennerven wenig verzweigt *(739);* bis 25 m hoch; ♄̄; III–V. Auwälder; *z–s.* (= *U. effusa* Willd.; = *U. pedunculata* Fougeroux) *Flatter-U.,* * **U. lǽvis** Pall.

— Bltn. fast sitzend, aufrecht; Stbblätt. 3–6; Fr. kahl; Blätt. breit eif. **2**

2. Pfl. oft m. Wurzelschösslingen; Blattspr. obersts. kaum borstig, untersts. in den Nervenwinkeln bärtig, 6–10 cm lg.; Seitennerven in 7–12 Paaren *(740)*; Samen im ob. Teil der Fr. *(742);* Äste zuw. breit borkig geflügelt [var. **suberósa** (Moench) Rehd.]; Strauch od. bis 40 m hoher Baum; ♄–♄̄; III–IV. Wälder; *v, f* im NW. (= *U. campestris* L.; = *U. carpinifolia* Gled.) *Feld-U.,* * **U. mínor** Mill. em. Richens

— Pfl. ohne Wurzelschösslinge; Blattspr. obersts. durch angedrückte Borsten rau, 8–16 cm lg., m. 12–18 Paaren von Seitennerven *(741)*; einjährige Äste fein behaart; Samen in der Mitte der Fr. *(743);* 10–30 m hoher Baum; ♄̄; III–IV. Wälder der Bergregion; *v.* (= *U. montana* With.; = *U. scabra* Mill.) *Berg-U.,* * **U. glábra** Huds. em. Moss

739

740

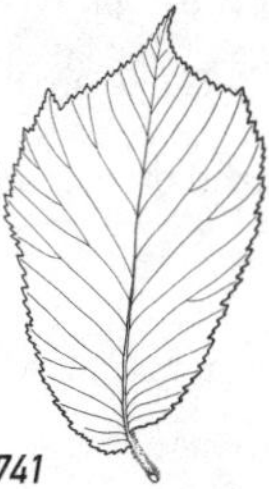

741

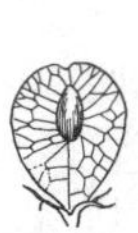

742

743

Familie: **Cannabáceae**, *Hanfgewächse*

Stauden od. Kräuter ohne Milchsaft; Blattspr. gefing., gelappt od. ungeteilt; Bltn. 2-häusig u. Fr. Nüsschen *(Humulus, Cannabis)* od. Bltn. ⚥ bzw. ♂ u. Fr. Steinfr. *(Celtis)*.

1. Holzpfl. . . . . **Celtis,** 464
— Krautige Pfl. **2**
2. Stg. windend; Blätt. gelappt . . . . **Humulus,** 464
— Stg. aufrecht, nicht windend; Blattspr. gefing. . . **Cannabis,** 464

1. Húmulus L., *Hopfen*
Blätt. gegenst., aus herzf. Grd. tief 3–5-lappig; Nebenblätt. verwachsen; Bltn. 2-häusig; ♂ Bltnstände rispenartig; ♀ Bltn. in Scheinähren, sich z. Frzt. zu gelbgrünen Frzapfen entwickelnd; ♃; VII–VIII. Auwälder, Erlenbrüche; *v;* auch als Kulturpfl. (Bierwürze). * **H. lúpulus** L.

2. Cánnabis L., *Hanf*
Pfl. 2-häusig; Blätt. gesägt, ☉; VII–VIII. Kulturpfl., stellenw. verwildert od. verschleppt (Heimat: Asien) * **C. satíva** L.

a. Bltnhülle der ♀ Bltn. verkümmert; Fr. 3,5–5 mm lg., kaum ausfallend; Kulturpflanze. ssp. **satíva** L.
— Bltnhülle der ♀ Bltn. vorhanden; Fr. 2,5–3,5 mm lg., leicht ausfallend; Ruderalstellen, *s.* (= *C. ruderalis* Janisch.) *Wilder H.*, ssp. **spontánea** Serebr.

3. Céltis L., *Zürgelbaum*

1. Blattspr. unterssts. blassgrün, kahl od. nur an den Nerven behaart, obersts. glzd. hellgrün; Fr. rundl.-eif., orange bis fast schwarz, fade schmeckend; bis 25 m hoher Baum; ♄; III–V. Angepflanzt. (Heimat: N-Am.) *Westlicher Z.*, **C. occidentális** L.
— Blattspr. untersts. graugrün, flaumhaarig, obersts. dkgrün; Fr. anfangs gelbl.weiß, später rötl. bis violettbraun, wohlschmeckend; bis 20 m hoher Baum; ♄; III–V. Gebüsche an Felsen; *s,* Ts, Gr, Bz, auch angepflanzt u. verwild. (Heimat: S-Eur. u. N-Afr.) *Südlicher Z.*, **C. austrális** L.

Familie: **Moráceae**, *Maulbeergewächse*

Bäume od. Sträucher m. Milchsaft; Blätt. gelappt od. ungeteilt; Bltn. eingschl.; Bltnhülle einfach, unscheinbar, meist 4-zählig; ♂ Bltn. m. 3–4 Stbblätt.; fleischige Sammelfr.

1. Blätt. über 25 mm lg. gestielt, tief gelappt; Frstand eine birnf. Feige . . . . **Ficus,** 465
— Blätt. < 25 mm gestielt; Frstand brombeerähnlich . . **Morus,** 464

1. Mórus L., *Maulbeerbaum*

1. Blattspr. dünn, beidersts. fast kahl; Frstand gestielt, weißl. od. rosa; Strauch od. bis 12 m hoher Baum; ♄; V. Angepflanzt, zuw. verwild. (Heimat: N-Indien bis China) *Weißer M.*, **M. álba** L.

— Blattspr. derb, obersts. rauhaarig, ungeteilt od. gelappt *(284);* Frstand sitzend, schwarzpurpurn; bis 15 m hoher Baum; ♄; V. Angepflanzt. (Heimat: Transkaukasien bis Iran) *Schwarzer M.,* **M. nígra** L.

2. Fícus L., *Feigenbaum*
Bis 5 m hoher Baum od. Strauch; Zweige oft kandelaberartig gebogen; Blätt. handf. 3–5-lappig, 10–20 cm lg., unregelm. gezähnt, m. 2,5–10 cm lg. Stiel; Blattlappen gegen die Spitze wieder verbreitert, Buchten gerundet; Fr. birnf.; ♄; V–VIII. Kulturpfl.; *s* an Felsen, Mauern od. in Trockenrasen verwild., Dt, CH, Bz, Au. (Heimat: Mittelmeergebiet). **F. cárica** L.

Familie: **Urticáceae**, *Brennnesselgewächse*

Kräuter od. Stauden oft m. Brennhaaren; Blätt. gegen- od. wechselst., jedoch am Spreitenrand gesägt; Bltn. in Knäueln *(218)* od. Scheinähren, Rispen od. Köpfchen, eingschl., 1- od. 2-häusig; Bltnhülle einfach, 4-zählig; Frkn. oberst., 1-fächerig.

1. Blätt. gegenst., meist gesägt, m. Brennhaaren .... **Urtica,** 465
— Blätt. wechselst., ganzrandig, ohne Brennhaare **Parietaria,** 466

1. Urtíca L., *Brennnessel*

1. ♀ Bltn. in gestielten, kugeligen Köpfchen *(744);* Blätt. längl.-eif., eingeschnitten gesägt, m. größerem Endzahn; ⊙; VI–X. Aus S-Eur. eingeschleppt; *s* u. unbeständig. *Pillen-B.,* **U. pilulífera** L.
— Alle Bltn. in Rispen **2**
2. Pfl. ⊙ u. 1-häusig; Bltnrispen m. ♂ u. ♀ Bltn., diese kürzer als der Blattstiel; Blätt. eif. od. elliptisch, gesägt, stumpfl. *(745);* V–IX. Ruderalstellen, Gärten; *v.* *Kleine B.,* ***U. úrens** L.
— Pfl. ♃; Blätt. längl., grob gesägt, lg. zugespitzt, am Grd. herzf. *(746);* Bltnrispen länger als der Blattstiel **3**
3. Alle Nebenblätt., auch die der ob. Blätt. frei; Pfl. meist 2-häusig; Stg. aufrecht, m. Brenn- u. zahlr. Borstenhaaren; ♃; VI–X. Ruderalstellen, Wälder; *g* u. *h.* Formenreich. *Große B.,* * **U. dióica** L.
— Nebenblätt. d. ob. Blätt. paarweise bis zur Hälfte verwachsen; Pfl. 1-häusig, die unt. Bltnstände ♂, die ob. ♀; Stg. aufrecht od. aufstgd., m. nur wenigen Brennhaaren u. ohne Borstenhaare; ♃; VII–IX. Gebüsch; Erlenbrüche des Havellandes u. der Elbe von Magdeburg bis Stendal, NÖ (March), *z,* früher ČR. (= *U. radicans* BOLLA; = *U. bollae* KANITZ) *Sumpf-B.,* **U. kioviénsis** ROG.

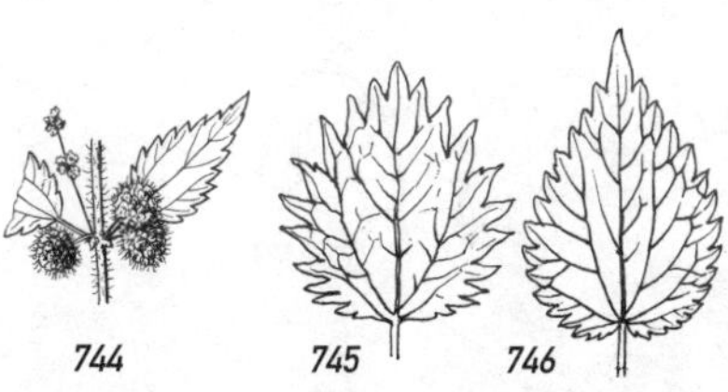

744 745 746

2. Parietária L., *Glaskraut*

1. Pfl. ⊙, aufrecht; Bltnstand locker; reife Nüsschen braun; Pfl. 20–80 cm hoch; V–XI. An Mauern u. Ruderalstellen; *s.* Aus N-Am. eingeschleppt (Berlin).
Pennsylvanisches G., **P. pensylvánica** Mühlenb. ex Willd.

— Pfl. ♃; Bltnstand dichter; reife Nüsschen schwarz **2**

2. Stg. aufrecht, einfach od. spärl. verzweigt; Blätt. groß, längl.-eif. *(218)*, glasart. glzd.; Hochblätt. am Grd. frei; ♃; VI–IX. Mauern, Zäune, Schutt; *z* im S von CH, Bz, Au, sonst *s* eingeschleppt u. eingebürgert. (= *P. erecta* Mert. & Koch) *Aufrechtes G.*, * **P. officinális** L.

— Stg. niederlgd., ausgebreitet ästig; Blätt. klein, eif.; Hochblätt. am Grd. verwachsen; ♃; V–X. Mauerritzen, Straßen; aus S-Eur. eingeschleppt u. eingebürgert, *z* im Gebiet des Rheins u. Nebentäler, BW, E, He, RhPf, Aachen, Be, Lx, S-CH, Bz, St, NÖ (Wien), sonst *s*. (= *P. ramiflora* Moench; = *P. diffusa* Mert. & Koch; = *P. punctata* Willd.)
Mauer-G., * **P. judáica** L.

Ordnung: **Fagáles**

Familie: **Fagáceae** *(= Cupuliferae), Buchengewächse*

Holzpfl., m. spiralig od. 2-zeilig gestellten Blätt.; Nebenblätt. früh abfallend; Bltn. eingschl., einhäusig, m. unscheinbarer Bltnhülle; Frkn. 3–6-fächerig; Nussfr., einzeln od. zu mehreren, von Frbecher **(Cupula)** umschlossen *(747, 748)*.

1. Blätt. wintergrün . . . . **Quercus ilex** 467

— Blätt. sommergrün **2**

2. Blattspr. am Rand gebuchtet *(749–754)*; ♂ Bltn. in lockeren, hgd. Kätzchen; Frbecher napff. m. 1 Fr. *(748)* . . . **Quercus**, 467

— Blattspr. ganzrandig od. gezähnt; Frbecher geschlossen, stachelig, meist 2–3 Fr. umschließend (ähnl. *747*) **3**

3. Blattspr. ganzrandig, am Rand gewellt *(291)*; ♂ Bltn. in hgd., kugeligen Kätzchen; ♀ Bltn. zu 2, von gemeinsamer Hülle umgeben, aufrecht; Frbecher 4-klappig aufspringend *(747)*, 2 dreikantige Nüsse umschließend *(747)* . . . . **Fagus**, 467

— Blattspr. stachelig gezähnt *(288)*; ♂ Bltn. gebüschelt, in aufrechter Ähre, am Grd. m. ♀ Bltn.; Frhülle kugelig, stachelig, m. 2–3 Fr. . . . . **Castanea**, 467

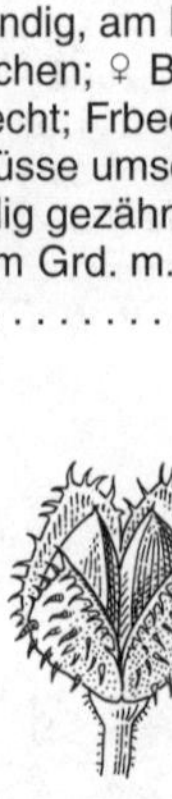

747

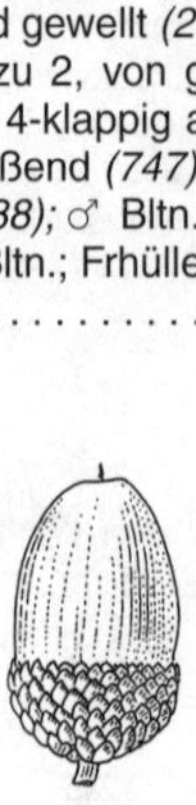

748

1. Castánea MILL., *Edelkastanie, Esskastanie*
Blätt. 8–25 cm lg. *(288),* obersts. glzd.; Bltn. nach den Blätt. erscheinend, Rinde glatt, olivbraun; bis 20 m hoher Baum; ♄; V–VII. Laubwälder; ursprüngl. wohl in S-CH, S-Au, Bz, sonst z. B. in SW-Dt. u. ČR eingebürgert. * **C. satíva** MILL.

2. Fágus L., *Rotbuche*
Rinde glatt, grau; Blätt. 2-zeilig, in der Jugend zottig bewimpert; Bltnstände m. den Blätt. erscheinend; ♄; IV–V. Bis 30 m hoher Waldbaum; *v* u. *h.* * **F. sylvática** L.
f. **purpúrea** AIT., *Blutbuche:* Blätt. vor allem im Frühjahr blutrot gefärbt.

3. Quércus L., *Eiche*
1. Blätt. wintergrün, ältere Blätt. hart, immergrün, untersts. filzig, eif.-lanzettl., ganzrandig od. stachelig gesägt, 3–7 cm lg.; ♄ od. ♄; IV–V. Gepflanzt, in Ts an Felshängen verwildert. (Heimat: Mittelmeergebiet) *Stein-E.,* **Q. ílex** L.
— Blätt. sommergrün **2**
2. Blattlappen zugespitzt *(752–754)* **5**
— Blattlappen abgerundet, stumpf *(749–751)* **3**
3. Junge Triebe u. Blätt., besonders untersts. sternhaarig, weißfilzig; Blätt. jedersts. m. 4–7 abgerundeten Lappen *(749);* Frbecher filzig; 3–20 m hoher Baum; ♄; IV–V. Sonnige Hügel, steinige Abhänge; *s,* nur in S-BW, E, RhPf, Be, Lx, Th, Br, CH, Bz, Ti, Kt, St, NÖ, Bgl, ČR. Formenreich. [incl. *Qu. virgiliana* (TEN.) TEN.] *Flaum-E.,* * **Qu. pubéscens** WILLD.
— Blätt. u. junge Triebe kahl od. nur anfangs schwach behaart; Frbecher kahl **4**
4. Blattstiel 1–3 cm lg.; Spr. breit eif., symmetrisch, am Grd. keilf. *(750);* Frstand kurz gestielt; ♄; IV–V. Wälder; *v–z.* (= *Qu. sessilis* EHRH.; = *Qu. sessiliflora* SAL..; incl. *Qu. dalechampii* auct. u. *Qu. polycarpa* SCHUR). Formenreich. *Trauben-E.,* * **Qu. petrǽa** (MATT.) LIEBL.
Hierher auch die in St, NÖ, Bgl u. ČR beobachteten Pfl. m. deutl. Höckern auf den Schuppen der Frbecher; sie werden zuw. zu **Qu. dalechámpii** TEN. gestellt.
— Blattstiel sehr kurz; Spr. längl., asymmetrisch, am Grd. herzf. geöhrt *(751);* Frstand lg. gestielt; ♄; IV–V. Wälder; *v.* (= *Qu. pedunculata* EHRH.) *Stiel-E.,* * **Qu. róbur** L.
5(2). Junge Blätt. beidersts. graufilzig *(752)*; Frbecher m. lineal-pfrieml., braunfilzigen, sparrig abstehenden Schuppen; Nebenblätt. fädl.,

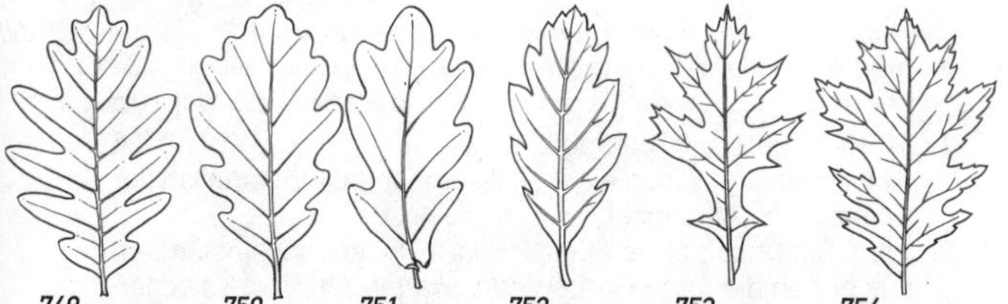

749 750 751 752 753 754

bleibend; ♄; IV. Lichte, trockene Wälder; *s*, St, NÖ, Bgl, Burgund, Ts, ČR, sonst S-Eur.; *s* kultiviert. *Zerr-E.*, **Qu. cérris** L.

— Blätt. kahl **6**

6. Blätt. 8–12 cm lg., tief fiedspaltig, jedersts. m. 2–4 längl., fast waagrecht absthd. Lappen *(753)*, beidersts. glzd. grün; Fr. kugelig, bis 1,5 cm lg.; ♄, V. Forstl. kultiviert, auch Zierbaum. (Heimat: N-Am.) *Sumpf-E.*, **Qu. palústris** MÜNCHH.

— Blätt. > 12 cm, fast bis zur Mitte fiedspaltig, jedersts. m. 4–6 breiten, spitzen u. grob gezähnten Lappen *(754)*, obersts. tiefgrün u. matt, untersts. in den Nervenwinkeln bärtig; Frbecher m. kleinen, kahlen Schuppen; Fr. rundl.-eif., bis 2,5 cm lg.; ♄, V. Als Forstbaum *v* angepfl., auch verwild. (Heimat: N-Am.) *Rot-E.*, * **Qu. rúbra** L.

Bastardbildungen

Familie: **Myricáceae**, *Gagelstrauchgewächse*

Aromatisch riechende, dicht m. Harzdrüsen besetzte Holzpfl.; Bltn. eingschl., in Ähren.

Myríca L. (= *Gale* ADANS.), *Gagelstrauch*

Bis 1 m hoher, 2-häusiger Strauch; Blätt. lanzettl., etwas gesägt *(276)*; ♂ Kätzchen bis 1,5 cm, ♀ 5–6 mm lg.; ♄; IV–V. Heidemoore; *v* im NW u. N. von Be bis Da, *z–s* Ostseeküste bis OPr, *s* Br, SaAn. [= *Gale palustris* (LAM.) CHEV.] * **M. gále** L.

Familie: **Juglandáceae**, *Walnussgewächse*

Bäume m. unpaarig gefied., aromatisch duftenden Blätt.; ♂ Bltn. in hgd. Kätzchen, am vorjährigen Holz; ♀ Bltn. zu 2–3 am Ende diesjähriger Triebe; Frkn. unterst.; Steinfr. m. grünl., aufspringender Faserhülle.

Júglans L., *Walnuss*

1. Blätt. m. meist 3–4 Fiedpaaren; Fied. nur untersts. in den Nervenwinkeln behaart; Frschale glatt, grün; bis 25 m hoher Baum; ♄; IV–V. Wälder; auch Kulturpfl., an der Donau eingebürgert. (Heimat: Balkan, As.) *Walnuss*, * **J. régia** L.

— Blätt. m. meist 6 u. mehr Fiedpaaren; Fied. untersts. zerstreut kurzhaarig, vor allem auf dem Mittelnerven; Frschale höckerig, schwarzwerdend; bis 40 m hoher Baum, ♄; V. (Heimat: N-Am.). Zierbaum, neuerdings auch forstl. kultiviert. *Schwarznuss*, **J. nígra** L.

Familie: **Betuláceae** (incl. *Corylaceae*), *Birkengewächse*

Bäume u. Sträucher; Bltn. meist in walzl. hängenden Kätzchen; Fr. geflügelte *(Alnus, Betula)* od. ungeflügelte Nüsschen, m. od. ohne Hülle. Wurde früher oft in die Familien Corylaceae *(Corylus, Ostrya, Carpinus)* und Betulaceae *(Alnus, Betula)* getrennt.

1. Fr. meist geflügelt; Stbbeutel kahl **4**

— Fr. nicht geflügelt, von einer Hülle umgeben: Stbbeutel an der Spitze m. Haarbüschel **2**

2. Pfl. z. Bltzt. noch ohne Blätt.; ♀ Bltn. in knospenf. Bltnständen, aus denen die roten Narben hervorragen *(191)*; ♂ Kätzchen

hgd. u. schon im Spätsommer des Vorjahres erscheinend; Fr. becherf. umhüllte Nuss (ähnl. *756*) . . . . **Corylus,** 470
— Pfl. z. Bltzt. bereits m. Blätt. **3**
3. Frhülle flach, 3-teilig *(755);* ♂ Kätzchen erst z. Bltzt. erscheinend . . . . **Carpinus,** 470
— Frhülle das Nüsschen sackart. umschließend; ♂ Kätzchen schon im Herbst des Vorjahres erscheinend; Frstände zapfenart., denen des Hopfens (*Humulus lupulus* S. 464) ähnlich **Ostrya,** 470
4(1). Frhülle verholzend, bleibend, einen rundl. Zapfen bildend; ♀ Bltn in eif. Kätzchen *(192),* zu mehreren unterhalb der ♂ Kätzchen; Kätzchen vor den Blätt. erscheinend; Stbblätt. nicht gespalten; Samen wenig od. nicht geflügelt . . . . . . **Alnus,** 470
— Frhülle abfallend, nicht verholzend; ♀ Bltn. in verlängerten, walzl. Kätzchen, m. den Blätt. erscheinend; Frschuppen 3-lappig *(759, 760);* Stbblätt. 2-spaltig *(757);* Samen stark geflügelt *(758)* . . . . **Betula,** 469

1. Bétula L., *Birke*

1. Niedrige Sträucher; Blätt. klein, höchstens bis 35 mm lg., stumpf, rundl., kurz gestielt *(763, 764);* Kätzchen aufrecht; Rinde graubraun **3**
— Bäume od. höh. Sträucher; Blätt. zugespitzt, lg. gestielt *(761, 762),* viel > 35 mm; Bltnkätzchen zuletzt hgd.; Rinde weißl. **2**
2. Junge Zweige hgd., glzd. rötl.braun, fast kahl, reichl. m. warzigen Harzdrüsen; Blätt. aus breit keilf. Grd. 3-eckig-rhombisch, m. nicht abgerundeten Seitenecken, lg. zugespitzt *(761);* Mittellappen der Frschuppen kürzer als die beiden stets zurückgebogenen Seitenlappen *(759);* ♄; IV–V. Trockene Laub- u. Nadelwälder, Moore, Heidewiesen, bis in die Voralp.-Reg.; *v.* (= *B. verrucosa* Ehrh.; incl. *B. oycoviensis* Bess. u. *B. obscura* A. Kotula)
Hänge-B., Warzen-B., * **B. péndula** Roth
— Junge Zweige nie hgd., kaum m. warzigen Harzdrüsen, weichhaarig; Blätt. aus herzf. Grd. ei- bis rautenf., m. abgerundeten Seitenecken, kurz zugespitzt *(762);* Mittellappen der Frschuppen länger als die aufgebogenen Seitenlappen *(760)*; ♄; IV–V. Wälder, Heidemoore; *v.*
Moor-B., * **B. pubéscens** Ehrh.

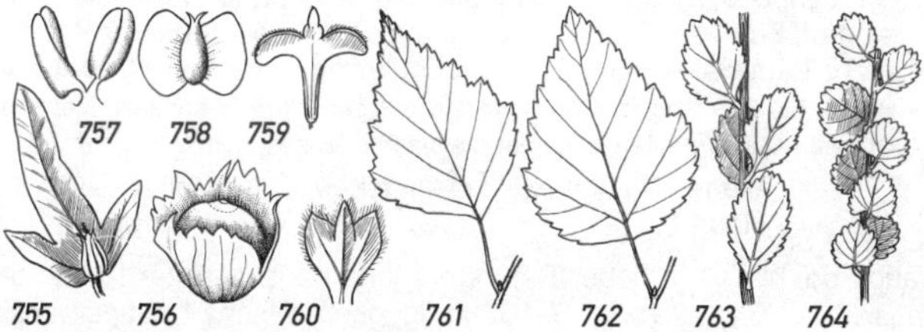

a. Rinde gelbl.weiß od. grauweiß; Blätt. unterhalb der Mitte am breitesten *(762)*; Wälder, Moore; *v.* ssp. **pubéscens**

— Rinde braun-gelblich od. braun; Blätt. in der Mitte am breitesten; Moorränder Blockschutthalden; *z* (= *B. carpática* W. & K. ex Willd.) Ⓖ *Karpaten-B.*, ssp. **glutinósa** Berher

3(1). Blätt. länger als breit, ungleich gesägt *(763)*; junge Zweige drüsig behaart; Strauch 50–150 cm hoch; ♄; IV–V. Flachmoore, Erlenbrüche; *s*, NO-Dt westlich bis zur Elbe, Alpenvorland, OÖ, St, Kt, früher Sb, ČR. *Strauch-B.*, **B. húmilis** Schr.

— Blätt. breiter als lg., fast kreisrund, stumpf gekerbt *(764)*; junge Zweige ohne Drüsen; Strauch 20–50 cm hoch; ♄; IV–V. Hochmoore, Torfbrüche; *s* in CH, Au, Ba, Erzgeb., Harz (Brocken), Iser- u. Riesengeb., Bayrw., NS (Bodenteich), Br. Ⓖ *Zwerg-B.*, * **B. nána** L.

Bastardbildungen

2. Álnus Mill., *Erle*

1. Sträucher; Knospen sitzend, spitzl.; ♂ Kätzchen erst nach den herb duftenden Blätt. erscheinend, Blätt. eif., spitz, scharf doppelt gesägt, beidersts. grün u. untersts. auf den Nerven kurzhaarig; Fr. breit geflügelt; ♄; IV–V. Krummholzstufe, kalkmeidend; *v* Alp. u. Vorland, *s* im Bayrw., Schw., Vog., Elbsandsteingeb., Lausitzer Bergland. [=*A. alnobetula* (Ehrh.) Koch] *Grün-E.*, * **A. víridis** (Chaix) DC.

— Bäume; Knospen gestielt, stumpf; ♂ Kätzchen vor den Blätt. erscheinend; Fr. kaum geflügelt **2**

2. Blätt. zugespitzt, doppelt gesägt *(293)*, untersts. etwas behaart, m. 8–12 Paaren von Seitennerven; Knospen nicht klebrig; ♀ Kätzchen sitzend od. kurz gestielt; Rinde grau, glatt; ♄; III–IV. Auwälder, Flussufer, kalkliebend; *v.* *Grau-E.*, * **A. incána** (L.) Moench

— Blätt. an der Spitze stumpf od. ausgerandet *(287)*, untersts. in den Nervenwinkeln bärtig, anfangs wie die Knospen klebrig, m. 5–8 Paaren von Seitennerven; ♀ Kätzchen deutl. gestielt; ♄; III–IV. Flussufer, Bruch- u. Auwälder; *v.* Ⓖ *Schwarz-E.*, * **A. glutinósa** (L.) Gaertn.

3. Cárpinus L., *Hainbuche, Weißbuche*

Bis 25 m hoher Baum m. glatter, grauer Rinde u. gedrehten Längswülsten; junge Zweige u. Blattstiele zottig; Blätt. 2-zeilig, faltig, am Rand doppelt gesägt, m. 10–15 Paaren von Seitennerven; ♄; IV–V. Laubwälder; *v.* * **C. bétulus** L.

4. Córylus L., *Hasel, Haselnuss*

1. Strauch, 2–6 m hoch; Blätt. beidersts. weichhaarig; Nebenblätt. längl., stumpf; Frhülle offen, am Rand in breite, kurze Lappen geteilt *(756)*; ♄; IV. Laubwälder, Gebüsche; *v.* *Gewöhnliche H.*, * **C. avellána** L.

— Baum, bis 20 m hoch; Blätt. untersts. auf den Nerven behaart; Nebenblätt. lanzettl., spitz; Frhülle viel länger als die Fr., tief zerschlitzt; ♄; II–III. Als Straßenbaum angepflanzt. (Heimat: SO-Eur., W-As.) *Baum-H.*, * **C. colúrna** L.

5. Óstrya Scop., *Hopfenbuche*

Strauch od. bis 10 m hoher Baum, nur jung m. fast glatter Rinde, ohne Längswülste; Blätt. 2-zeilig, 3–10 mm lg. gestielt, scharf doppelt gesägt, obersts. zw. den Seitennerven m. einem Haarstreifen, m. 11–17 Paar von Seitennerven; ♀ Kätzchen beim Blühen hgd.; ♄; IV–VI. Hangwälder, *z* in Ts, Bz, Kt, sonst *s*, Ti (Nikolsdorf, Innsbruck), St, Gr, *f* in Dt.

Ⓖ **O. carpinifólia** Scop.

Ordnung: **Cucurbitáles**

Familie: **Cucurbitáceae**, *Kürbisgewächse*

Mit einfachen od. verzweigten Ranken kletternde Kräuter od. Stauden; Bltn. radiär, 5-zählig, eingschl., 1- od. 2-häusig; Blkr. trichterf.-glockig; Frkn. unterst., 3-fächerig; Beerenfr.

1. Ranken verzweigt **4**
— Ranken einfach, ohne Äste **2**
2. Bltn. klein, weißl.- od. gelbl.grün, in blattachselst. Trauben; Fr. erbsengroße Beere . . . . **Bryonia**, 471
— Bltn. groß, gelb, meist einzeln, blattachselst.; Beerenfrucht sehr groß **3**
3. Pfl. 1-häusig; Stbblätt. 3 . . . . **Cucumis**, 471
— Pfl. 2-häusig; Stbblätt. 5 . . . . **Thladiantha**, 471
4(1). Bltn. goldgelb, 7–10 cm im Dm, Fr. sehr groß **Cucurbita**, 472
— Bltn. weiß, grünl.weiß od. gelbl., kleiner **5**
5. Bltn. weiß, 6-zipfelig; reife Fr. 40–50 mm lg.; Fr. einzeln, 2-fächerig, pro Fach m. 1 Samen . . . . **Echinocystis**, 472
— Bltn. grünl.weiß od. gelbl., 5-zipfelig; reife Fr. 12–15 mm lg.; Fr. zu mehreren, 1-samig . . . . **Sicyos**, 472

1. **Thladiántha** Bge., *Quetschgurke*

Pfl. bis 4 m hoch, kletternd; Blkr. goldgelb; Fr. walzl. bis 5 cm lg., anfangs schwarzgrün, reif dkrot; ♃; VI–VIII. Zierpfl., zuw. verwild., eingebürgert in Sb, Ti, Kt, St, NÖ. (Heimat: China) **Th. dúbia** Bge.

2. **Bryónia** L., *Zaunrübe*

1. Pfl. 1-häusig, m. ♂ u. ♀ Bltn.; Narben kahl; Beeren schwarz; ♃; VI–VII. Hecken, Zäune, Gebüsch; *v* im NO, sonst *s*, *f* im W.
Giftig! *Weiße Z.*, * **B. álba** L.
— Pfl. 2-häusig, nur m. ♂ od. ♀ Bltn.; Narben rauhaarig; Beeren scharlachrot; ♃; VI–IX. Hecken, Zäune, Auwälder; *v–z* im S u. W, sonst *z–s*. **Giftig!** *Zweihäusige Z.*, * **B. dio̅ica** Jacq.

3. **Cúcumis** L., *Gurke*

1. Blattspr. herzf., 5-eckig m. spitzen Ecken; Fr. walzl.; Blkr. goldgelb; ⊙; VI–VIII. In vielen Sorten angepfl. (Heimat: Indien) *Gurke*, * **C. satívus** L.
— Blattspr. breit-herzf., 5-eckig m. abgerundeten Ecken; Fr. kugelig od. eif.; Blkr. blassgelb; ⊙; VI–IX. In wärmeren Gebieten in zahlreichen Sorten kultiviert. (Heimat: Trop. As. u. Afr.) *Melone*, * **C. mélo** L.

4. Cucúrbita L., *Kürbis*
Blattspr. sehr groß, herzf., etwas gelappt; Blkr. 7–10 cm im Dm, goldgelb; Fr. gelb bis orange, rundl. od. längl., 15–40 cm im Dm; ⊙; VI–IX. In zahlreichen Sorten angepfl. (Heimat: M-Am.) * **C. pépo** L.

5. Sícyos L., *Haargurke*
Blattspr. herzf., 5-eckig; Bltn. in mehrbltg. Trauben, grünl.-weiß; Fr. borstig u. weißwollig; ⊙; VII–VIII. Zierpfl.; stellenw. verwild. u. eingebürgert (z. B. Au) (Heimat: N-Am.). **S. anguláta** L.

6. Echinocýstis TORR. & GRAY, *Stachelgurke*
Blattspr. 5-lappig; Stg. kantig gefurcht; Bltn. weiß, ihre Zipfel beidersts. zottig; Fr. lg. stachelig; ⊙; VI–VIII. Ufer der Flüsse; eingebürgert, mittl. Rhein-, unteres Neckar-, mittl. Saaletal, *s*, Sa, Br, MeVp, Ti, St, NÖ, Bgl, ČR. (Heimat: N-Am.) [= *E. echinata* (MÜHLENBG. ex WILLD.) BRITT., STERNS & POGGENB.] **E. lobáta** (MICHX.) TORR. & GRAY

Ordnung: **Celastráles**

Familie: **Celastráceae** (incl. *Parnassiaceae*), *Spindelbaumgewächse*

Stauden od. Holzpfl.; Blätt. grdst., wechselst od. gegenst., einfach; Bltn. 4–5-zählig, radiär; Blkrblätt. frei; Kapselfr., Steinfr. od. Beere. Nach neueren Erkenntnissen ist die Familie *Parnassiaceae* mit den *Celastraceae* zu vereinigen.

1. Holzpfl.; Blätt. gegenst. .... **Euonymus,** 472
— Krautige Pfl.; Blätt. grdst. od. wechelst. ...... **Parnassia,** 472

1. Euónymus L. (= *Evonymus* L.), *Pfaffenhütchen*
1. Junge Zweige meist 4-kantig, zuw. geflügelt; Bltn. 4-zählig; Blkrblätt. längl., grünl.weiß; Kapseln 4-kantig, abgerundet, rosa bis rot; Samenmantel orangerot, den weißl. Samen vollständig umhüllend. Bis 6 m hoher Strauch; ♄; V–VII. Wälder, Gebüsch, Hecken; *v.* (= *E. vúlgaris* MILL.) **Giftig!** *Gewöhnliches P.,* * **E. europǣus** L.
— Junge Zweige stielrund od. etwas zusammengedrückt, Blkrblätt. rundl. **2**
2. Äste m. schwarzen Korkwarzen; Blkrblätt. 4, dicht rot punktiert; Kapsel rosarot, stumpfkantig; Samen schwarz, nur teilweise vom scharlachroten Samenmantel umhüllt. Bis 2 m hoher Strauch; ♄; V–VI. Wälder,

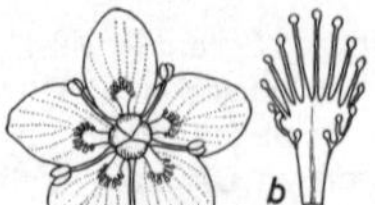

a 765

Gebüsch; *z,* nur in WPr u. OPr, Ti, Kt, NÖ, Bgl, Schl, ČR (Böhmen), früher OÖ; auch als Zierpfl.

Giftig! Ⓖ *Warzen-P.,* **E. verrucósus** Scop.

— Äste ohne Korkwarzen, etwas zusammengedrückt; Blätt. groß (bis 15 cm lg.), Blkrblätt. meist 5, rundl.; Kapsel an den Kanten geflügelt; Samen vom orangeroten Samenmantel ganz eingehüllt. Bis 5 m hoher Strauch; ♄; V–VI. Wälder der Alp. u. des Vorlands; *z;* auch als Zierstrauch. Ⓖ *Breitblättriges P.,* * **E. latifólius** (L.) Mill.

2. Parnássia L., *Sumpfherzblatt, Studentenröschen*

Grdblätt. zahlr., rosettig, lg. gestielt; Spr. herz-eif., ganzrandig, kahl; Bltnstg. 10–45 cm hoch, kantig, im unt. Drittel sitzendes Laubblatt tragend, 1-bltg.; Blkrblätt, weiß, mehrnervig *(765a);* Staminodien spatelig, vorn fingrig gefranst u. m. gelben Drüsenköpfen besetzt *(240, 765b);* ♃*;* VII–IX. Flachmoore der tieferen Lagen u. Magerrasen der alp. Reg.; *z.*

Ⓖ * **P. palústris** L.

Ordnung: **Oxalidáles**

Familie: **Oxalidáceae**, *Sauerkleegewächse*

Kräuter od. Stauden; Blätt. 3-zählig gefing.; Bltn. einzeln od. in doldenähnl. Wickeln, radiär, 5-zählig; Stbblätt. 10, am Grd. miteinander verbunden; Frkn. oberst., 5-fächerig; Kapselfr.

Óxalis L., *Sauerklee*

1. Bltn. weiß od. rosa, purpurn geadert, einzeln; Blätt. grdst.; Grdachse kriechend, m. dem fleischig verdickten Grd. abgefallener Blätt. besetzt; ♃; IV–V. Feuchte, humöse Laub- u. Nadelwälder; *v.*

Wald-S., * **O. acetosélla** L.

— Bltn. gelb, in 2–6-bltg. Wickeln; Stg. entwickelt **2**

2. Fr. 8–12(–15) mm lg, ohne abw. gerichtete kurze Haare; Frstiele aufrecht od. waagrecht-abstehend; Nebenblätt. fehlend; Stg. aufrecht.; ⊙–♃; VI–X. Gärten, Äcker, Ruderalstellen, Waldwege; *v.* Aus N-Am. eingeschleppt u. *v* eingebürgert. (= *O. stricta* auct.; = *O. europaea* Jord.) *Steifer S.,* * **O. fontána** Bunge

— Fr. 12–25 mm lg., dicht mit kurzen, abw. gerichteten Haaren besetzt; Frstiele deutlich zurückgeschlagen; Nebenblätt. klein, am Blattstiel angewachsen **3**

3. Stg. aufrecht, an den Knoten nicht bewurzelt; Blätt. gegenst. od. quirlst., grün; Querrippen der Samen mit deutlichen weißen Linien; ⊙; VI–XI. Gärten, Friedhöfe; *z.* Aus N-Am. eingeschleppt u. eingebürgert. (= *O. navierei* Jord.)

Dillenius-S., **O. dillénii** Jacq.

— Stg. kriechend, an den Knoten bewurzelt; Blätt. wechselst., oft purpurbraun; Querrippen der Samen ohne deutliche weiße Linien; ⊙–mehrjährig; VI–XI. Pflasterfugen, Kieswege, Parks; *z* eingebürgert. (Heimat: W-As.?)

Horn-S., * **O. corniculáta** L.

Ordnung: **Malpighiáles**

Familie: **Euphorbiáceae**, *Wolfsmilchgewächse*

Stauden od. Kräuter; Blätt. einfach, wechsel- od. gegenst.; Bltn. eingschl., 1- od. 2-häusig; ♂ Bltn. m. 1 od. vielen Stbblätt.; ♀ Bltn. m. 2–3-fächerigem Frkn.; Bltnstände bei *Euphorbia* in 3- bis vielstrahligen Pleiochasien *(108)*, die nach wiederholter Verzweigung in Dichasien übergehen *(767)*; jeder Ast m. einem als *Cyathium* (*767*, Cy) bezeichneten Bltnstand endend, von Hochblätt. (*767*, T) gestützt; Bltnstand besteht aus zentralen, gestielten, später heraushgd. 3-blättrigen Frkn. (= ♀ Blüte; *768*, F) u. 5 Reihen von ♂ Bltn. *(768a–b*, Bl), von denen jede ein einzelnes Stbblatt vortäuscht *(769)*; Grenze zwischen Bltnstiel u. Filament durch eine leichte Einkerbung gekennzeichnet *(769)*; Bltnstand von einem Becher umschlossen, an dessen 4(–5)-teiligem Saum die elliptischen od. halbmondf. Nektardrüsen (*768, 770*, Ho) sitzen; Kapselfr.

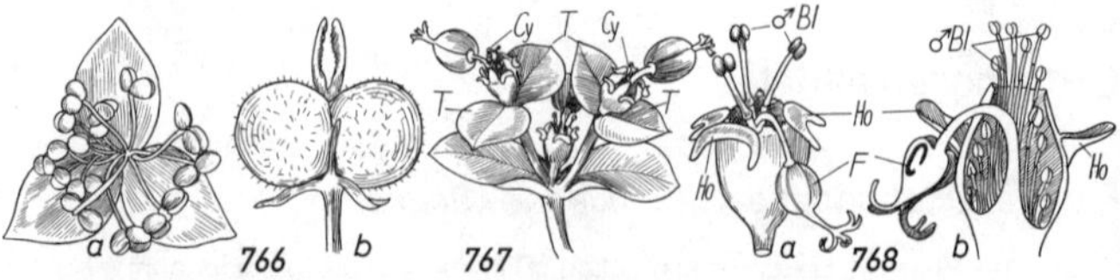

1. Pfl. ohne Milchsaft; Blätt. gegenst.; Bltn. eingschl., 2-häusig, in reichbltg. Scheinähren; ♂ Bltn. m. 3-zähliger Bltnhülle u. 9–12 Stbblätt. *(766a)*; ♀ Bltn. m. 2-fächerigem Frkn. *(766b)* **Mercurialis**, 474

— Pfl. m. Milchsaft, Blätt. wechselst., selten gegenst.; Bltnstände 3- bis vielstrahlige Pleiochasien *(108)* ...... **Euphorbia**, 474

1. Mercuriális L., *Bingelkraut*

1. Pfl. ⊙, m. spindeliger Wurzel; Stg. stumpf 4-kantig, ästig; Bltn. meist 2-häusig, seltener 1-häusig; V–X. Gartenland, Weinberge, Schuttplätze; *v*, *s* im N. **Giftig!** *Einjähriges B.*, * **M. ánnua** L.

— Pfl. ♃; m. unterirdischen Ausläufern; Stg. rund; Bltn. stets 2-häusig **2**

2. Blätt. deutl. gestielt, elliptisch bis längl. eif.; Stg. unterhalb der Laubblätt. m. Niederblätt.; ♃; IV–V. Schattige Wälder; *v*, *z* im N. **Giftig!** *Wald-B.*, * **M. perénnis** L.

— Blätt. fast sitzend, rundl.-eif.; Stg. unterhalb der normalen Blätt. noch m. kleineren Laubblätt.; ♃; IV–V. Lichte Wälder, Geröllhalden; *s* Ba (Donaugebiet), *z* Ti, Kt, St, NÖ, Bgl, Gr, Bz, ČR. **Giftig!** *Eiblättriges B.*, **M. ováta** Sternbg. & Hoppe

2. Euphórbia L. (incl. **Chamaesýce** Raf. u. **Tithýmalus** Séguier), *Wolfsmilch*
Milchsaft giftig!

1. Blätt. gegenst., aber nicht gekreuzt-gegenst., m. Nebenblätt., klein, am Grd. auffallend asymmetrisch; Pfl. meist niederlgd. **28**

— Blätt. wechselst., selten gekreuzt-gegenst., stets ohne Nebenblätt.; Pfl. meist aufrecht od. aufstgd. **2**

2. Pfl. der Sandstrände, kahl, blaugrün, etwas fleischig, aufrecht, bis 70 cm hoch; Stg. sehr dicht gleichmäßig beblättert; Blätt. lanzettl.-elliptisch, bis 3 cm lg., ganzrandig; Infl. 3–6-strahlig; Strahlen bis zu 3-mal gegabelt; Nektardrüsen ausgerandet; ♃; VI–VIII. Meeressandstrand; *s*, nur in Ho u. Be. *Strand-W.,* **E. parálias** L.

— Pfl. anderer Standorte u. nicht fleischig **3**

3. Stgblätt. gekreuzt-gegenst., in 4 Reihen, dkgrün; Infl. 2–4-strahlig; Nektardrüsen kurz 2-hörnig; ⊙; VI–VIII. Aus S- u. SO-Eur. stammende, selten verwild. Garten-, Zier- und Heilpfl. *Kreuzblättrige W.,* * **E. láthyris** L.

— Blätt. wechselst. **4**

4. Nektardrüsen halbmondf. od. -2-hörnig *(768a,* Ho) **17**

— Nektardrüsen rundl. od. quer eif. *(770)* **5**

5. Reife Fr. glatt od. fein punktiert (bei *E. villosa* Fr. zuw. m. kleinen Warzen besetzt) **13**

— Reife Fr. deutl. warzig (außer den Warzen zuw. auch noch Haare, *771–773);* Samen glatt **6**

6. Infl. vielstrahlig; Stg. bis 1,5 m lg., dick, hohl, am Grd. oft rot, kahl, zuw. an der Spitze etwas behaart; Pfl. einer kleinen Weide ähnl.; ♃; V–VI. Ufer, feuchte Wälder im Bereich der großen Ströme u. Flüsse; *z–s.* Ⓖ *Sumpf-W.,* * **E. palústris** L.

— Infl. 3–5-strahlig; Pfl. kleiner **7**

7. Frwarzen längl.-walzl. *(771),* an der Spitze orange- bis erdbeerfarbig; Hochblätt. (*767,* T) hellgelb; Blätt. sitzend, an der Spitze abgerundet; ♃; V–VI. Waldränder, Gebüsche, kalkliebend; *s,* Kt, NÖ, Bgl, ČR, St?, früher Ba (Landshut), auch als Zierpfl. (= *E. polychroma* A. Kern.) *Vielfarbige W.,* **E. epithymoídes** L.

— Frwarzen halbkugelig od. kurz walzl. *(772, 773)* **8**

8. Ob. Stgblätt. m. herzf. od. gestutztem Grd. sitzend; Pfl. einjährig, m. unangenehmem Geruch **12**

— Alle Stgblätt. m. verschmälertem Grd. sitzend. od. kurz gestielt; Pfl. ausdauernd **9**

9. Cyathium lg. gestielt; Hochblätt. ganzrandig (vgl. *767,* T), am Grd. abgerundet od. verschmälert; Nektardrüsen gelb; Stg. am Grd. schuppig; Fr. 5 mm lg.; ♃; V–VII. Lichte Laubwälder, Bergwiesen; sehr *s,* Kt (Weißbriach bei Hermagor), Gr, Ts, Ti, Bz. 🄶 *Krainer W.,* **E. carniólica** Jacq.

— Cyathium kurz gestielt; Hochblätt. (vgl. *767,* T) vorn fein gesägt (Lupe!); Nektardrüsen gelb, gelbgrün od. rot **10**

10. Pfl. lichtliebend, vielstängelig; Rhizom senkrecht; Hüllblätt. der Infl. gelb, später orange; Hochblätt. verkehrt eif. bis elliptisch, auffallend gelb, später grün od. rötl.; Nektardrüsen gelb; Fr. 3–4 mm lg.; ♃; V–VI. Magerwiesen, Schafweiden, auf Kalk; *z,* im N *f.* (= *E. brittingeri* Opiz ex Sampaio) *Warzen-W.,* **E. verrucósa** L.

— Pfl. des Waldschattens; Rhizom waagrecht; Hüllblätt. der Infl. nicht auffallend gelb **11**

11. Stg. stielrund, oberwärts behaart; mittl. u obere Stgblätt. 40–90 mm lg. u. 10–20 mm breit; Hochblätt. (vgl. *767,* T) 3-eckig, am Grd. gestutzt; Nektardrüsen erst gelbgrün, dann dkpurpurn; Fr. 3–4 mm lg.; ♃, V–VI. Laubwälder; *z,* im N nur SW-Br. *Süße W.,* **E. dúlcis** L.

a. Fr. stets dicht behaart; *z, f* in W-Ba ssp. **dúlcis**

— Fr. nur jung behaart, später kahl; *z,* nur im S u. W. [= ssp. *purpurata* (Thuill.) Rothm.] ssp. **incómpta** (Cesati) Nym.

— Stg. oberwärts scharf 4-kantig, kahl; mittl. u. obere Stgblätt. 20–30 mm lg. u. 6–12 mm breit; Hochblätt. (vgl. *767,* T) rundl.-3-eckig; Nektardrüsen rot; Fr. 2,5 mm lg., kahl; ♃; V–VI. Lichte Wälder, Gebüsche; *z,* Ti, NÖ, Bgl, ČR, Kt, St, SW-Ba (Andechs). *Kanten-W.,* **E. anguláta** Jacq.

12(8). Fr. 3–4 mm lg., m. halbkugeligen Warzen *(773);* Infl. meist 5-strahlig; Blätt. unterststs. meist behaart; Hochblätt. vorn fein gesägt *(774);* Pfl. 20–60 cm hoch; ⊙; VI–IX. Äcker, Gärten, Straßenränder; im S u. W *v–z,* im N *f.* *Breitblättrige W.,* **E. platyphýllos** L.

— Fr. 2 mm lg., dicht m. kurz walzl. Warzen *(772)* besetzt; Infl. meist 3-strahlig, unterhalb des Pleiochasiums noch zahlr., lg. gestielte, achselst. Teilbltnstände; Blätt. beidersts. kahl, selten zerstreut langhaarig; ⊙; VI–VII. Waldränder, Auenwälder; W- u. S-Dt *v,* CH, Au u. ČR *z,* sonst *s.* (= *E. serrulata* Thuill.) *Steife W.,* **E. strícta** L.

13(5). Blätt. kahl **15**

— Blätt. wenigstens unterststs. behaart **14**

14. Kapsel kahl, seltener zerstreut behaart; Blätt. längl. od. längl.-spatelig, am Grd. abgerundet od. fast herzf., sitzend, obersts. kahl od. flaumig, unterststs. weichhaarig; Pfl. 50–120 cm hoch; Stg. kahl; ♃; V–VI. Nasse Wiesen, Moore; *z,* Kt, St, NÖ, Bgl, ČR, Ba (Passau). Ⓖ *Zottige W.,* **E. villósa** W. & K.

— Kapsel lg. wimperhaarig; Blätt. längl.-spatelig, am Grd. verschmälert u. oft kurz gestielt, obersts. kahl, unterststs. weichhaarig; Pfl. 50–80 cm hoch; ♃; V–VI. Steinige, buschige Orte, subalp. Nadel- u. Mischwälder; *z,* N-St, OÖ, NÖ, *f* Dt. *Österreichische W.,* **E. austríaca** Kern.

15(13). Pfl. 1-jährig; Infl. meist 5-strahlig; Blätt. spitzenwärts an Größe zunehmend, keilig-verkehrt-eif., im vorderen Drittel fein gesägt, an der Spitze abgerundet; Pfl. 10–30 cm hoch; ⊙; IV–XI. Garten- u. Ackerunkraut; *g.* *Sonnen-W.,* * **E. helioscópia** L.

— Pfl. ausdauernd; Infl. meist mehr als 5-strahlig **16**

16. Infl. 5–8-strahlig, ihre Strahlen höchstens 1–2-mal dichotom gegabelt; mittlere Stgblätt. breit lanzettl., 40–55 mm lg., 6–16 mm breit, stumpf,

769 *770* *771* *772* *773* *774* *775*

obersts. auffallend matt; Fr. anfangs behaart, 3 mm lg.; Pfl. 30–60 cm hoch; ♃; VI–VII. Trockenrasen; sehr *s,* nur NÖ, Bgl. [= *E. pannonica* HOST; = *E. nicaeensis* ALL. ssp. *glareosa* (PALL. ex BIEB.) RADEL.-SM.]
Pannonische W., **E. glareósa** PALL. ex BIEB.

— Infl. mehr als 8-strahlig, ihre Strahlen 1–2(–5)-mal dichotom gegabelt; mittlere Stgblätt. lineal-lanzettl., 10–20 mm lg., 2–4 mm breit, m. Stachelspitze, bläul.grün; Fr. kahl, 2–3 mm lg.; Pfl. 15–60 cm hoch; ♃; IV–VI. Trockenrasen; *s* im Rhein-, Main-, Nahe-, Mosel-, Lippe-, Ems-, Unstrut-, Saale- u. Elbegebiet, NÖ, Bgl, S-CH, Bz, ČR. [= *E. gerardiana* JACQ.; incl. ssp. *minor* (SADLER) DOMIN]
Steppen-W., **E. seguieriána** NECK.

17(4). Hochblätt. paarweise zu Becher verwachsen *(775);* Blätt. der nichtblühenden Triebe 4–7 cm lg., kahl od. flaumig behaart; Pfl. grün überwinternd, 30–60 cm hoch; ♃; IV–VI. Kalkbuchenwälder; *z.*
Mandelblättrige W., **E. amygdaloídes** L.

— Hochblätt. frei, nicht verwachsen **18**

18. Infl. 3–5-strahlig; Kapsel glatt; Samen runzelig od. grubig **23**

— Infl. vielstrahlig; Kapsel fein punktiert, rau; Samen glatt **19**

19. Blätt. beidersts. drüsig behaart u. fein bewimpert, längl.-lanzettl., sitzend; Nektardrüsen anfangs gelb, später purpurfarbig; Kapsel undeutl. runzelig; Pfl. 30–70 cm hoch; ♃; VI–VII. Trockenrasen, Waldränder; *s,* nur in Ba (Brandlberg b. Regensburg), NÖ, Bgl, ČR.
Weidenblättrige W., **E. salicifólia** HOST

— Blätt. kahl; Fr. fein punktiert **20**

20. Blätt. zum Grd. hin verschmälert, oberhalb der Blattmitte am breitesten od. durchwegs gleich breit; Stg. unter der Infl. meist noch m. nichtblühenden Trieben **22**

— Blätt. unterhalb der Blattmitte am breitesten, nach der Spitze hin verschmälert; Pfl. 30–150 cm hoch **21**

21. Blätt. obersts. stark fettig glzd.; Seitennerven in fast rechtem Winkel vom Mittelnerven abzweigend; Pfl. 40–130 cm hoch; ♃; V–VII. Sumpfwiesen, Flussufer; *s* Isar-, Oberrhein-(b. Gimbsheim), Oder-, Weichselgebiet, NÖ, Bgl, ČR. ⓖ *Glänzende W.,* **E. lúcida** W. & K.

— Blätt. glanzlos od. schwach glzd.; Seitennerven in spitzem Winkel vom Hauptnerven abzweigend; Pfl. 30–150 cm hoch; ♃; V–VIII. Steppenhänge, Getreidefelder; aus O-Eur. u. As. eingewandert; *s* in Au, S-CH, ČR, S-, M- u. NO-Dt. [= *E. waldsteinii* (SOJÁK), A. R. SMITH] *Ruten-W.,* **E. virgáta** W. & K.

22(20). Blätt. nicht stachelspitzig, 1–3 mm breit, am Rand umgerollt; Hochblätt. gelb, zuletzt rot; Pfl. 15–40 cm hoch, m. Wurzelsprossen; ♃; IV–VII. Truppweise auf trockenen, sandigen Böden u. steinigen Weiden; *v.* *Zypressen-W.,* * **E. cyparíssias** L.

— Blätt. stachelspitzig od. zugespitzt, 3–5(–8) mm breit, längl.-lanzettl., nach dem Grd. hin keilf.; Hochblätt. grün od. gelbl.; Pfl. 30–80 cm hoch; ♃; VI–VIII. Weiden, Wegraine, Gebüsche; *z.*
Scharfe W., Esels-W., * **E. ésula** L.

a. Blätt. verkehrt lanzettl., stachelspitzig; Hochblätt. der Infl. eilanzettl. bis schmal eif.; Scheindoldenstrahlen einfach od. 1–2-mal gabelig verzweigt; *z,* in Alp. *f.* ssp. **ésula**

— Blätt. lineal-lanzettl., zugespitzt; Hochblätt. der Infl. schmal lineal; Scheindoldenstrahlen bis 3-mal gabelig verzweigt; *s* in Rheinebene, Elbtal von SH, SaAn, Th, ČR. ssp. **pinifólia** (LAM.) A. & GR.

23(18). Pfl. ausdauernd, m. blühenden u. nichtblühenden Trieben; Blätt. am Triebende schopfig gehäuft, lineal-keilig, vorn abgerundet od. ausgerandet, bläul.grün; Pfl. 5–20 cm hoch, aufstgd.; ♃; V–VI. Schwarzkiefernwälder, Felsfluren; *s*, nur NÖ. *Felsen-W.*, **E. saxátilis** JACQ.

— Pfl. 1-jährig, ohne nichtblühende Triebe **24**

24. Frkapsel m. Flügelleisten; Blätt. gestielt, eif.-rundl., an der Spitze stumpf; Hochblätt. breit eif.; Pfl. 4–35 cm hoch; ⊙; VI–XI. Gartenunkraut; *v*. *Garten-W.*, * **E. péplus** L.

— Frkapsel nicht geflügelt; Blätt. sitzend, lanzettl. od. lineal, stumpf od. spitz; Hochblätt. zugespitzt od. stachelspitzig **25**

25. Hochblätt. so lg. wie od. länger als breit **27**

— Hochblätt. breiter als lg., nieren- bis rautenf. **26**

26. Blätt. lineal, 1–3 mm breit; Infl. 5–6-strahlig, Strahlen bis zu 5-mal dichotom gegabelt; Hochblätt. rhombisch 3-eckig bis quer eif.; Pfl. 10–30 cm hoch; ⊙; VI–VII. Äcker; *s* eingeschleppt (Heimat: Mittelmeergebiet). *Saat-W.*, **E. segetális** L.

— Blätt. lineal-lanzettl., 3,5–5 mm breit; Infl. 3–5-strahlig; Hochblätt. schief rhombisch; Nektardrüsen gelb, m. 2 dünnen rosafarbenen Hörnern; Pfl. 5–15 cm hoch; ⊙; V–VII. Bahnhöfe; *s* eingeschleppt (Heimat: Mittelmeergebiet). *Turiner W.*, **E. taurinénsis** ALL.

27(25). Blätt. lineal, 1–4 mm breit, zugespitzt; Hochblätt. m. breit herzf. Grd., mehrmals länger als breit; Stg. 5–20 cm lg.; ⊙; V–VI. Lehmäcker; *v, s* im NW. *Kleine W.*, * **E. exígua** L.

— Blätt. lanzettl., bis 5 mm breit, stachelspitzig; Hochblätt. eif. bis 3-eckig, fein gezähnelt; Stg. 8–40 cm lg.; ⊙: VI–X. Getreideäcker; *z* u. unbeständig. *Sichel-W.*, **E. falcáta** L.

a. Pfl. bläul.grün; Nektardrüsen gelbl. ssp. **falcáta**

— Pfl. dunkelgrün; Nektardrüsen purpurn; *s*, in NÖ eingebürgert. (Heimat: Mittelmeergebiet) (= *E. acuminata* LAM.) ssp. **acumináta** (LAM.) SIMK.

28(1). Stg. u. Blätt. behaart **31**

— Stg. u. Blätt. kahl **29**

29. Nebenblätt. auf beiden Stängelseiten paarweise miteinander verwachsen, auffällig; Stg. an den Knoten wurzelnd; ⊙; VI–VIII. Friedhöfe, Pflasterfugen; *s*, BW, Ba, RhPf. [= *Chamaesyce serpens* (KUNTH) SMALL] *Kriechende W.*, **E. sérpens** KUNTH

— Nebenblätt. nicht verwachsen, unauffällig **30**

30. Reife Samen mit 4–7 Querfurchen; ⊙; VI–X. Ruderalstellen, Dämme; sehr *s*, Basel, NÖ. [= *Chamaesyce glyptosperma* (ENGELM.) SMALL] *Querfurchige W.*, **E. glyptospérma** ENGELM.

— Reife Samen ohne Querfurchen, oft scheckig gefärbt; ⊙; VI–IX. Friedhöfe, Pflasterfugen, Wege; aus As. eingeschleppt u. eingebürgert, *z*, E, BW, Ba, He, NrWe, NS, Br, MeVp, NS, SaAn, Sa, NÖ, CH, Bz, ČR. [= *Chamaesyce humifusa* (WILLD.) PROKHANOV] *Niederliegende W.*, **E. humifúsa** WILLD.

31(28). Fr. kahl, Blattspr. (10–)15–30 mm lg. u. 5–10(–14) mm breit, oft mit dunklem Fleck; Pfl. meist aufrecht, meist nur wenig behaart; ⊙; VII–IX. Bahnhöfe; *s*, BW, RhPf, Kt, St, CH, Bz, Sa. [= *Chamaesyce nutans* (LAG.) SMALL] *Nickende W.*, **E. nútans** LAG.

— Fr. behaart, Pfl. meist niedrig, behaart **32**

32. Fr. absthd. u. ungleichmäßig behaart; Blattspreite ohne Fleck; Samen mit 5–8 tiefen Querfurchen; ⊙; VI–X. Friedhöfe, Pflasterfugen; *s*, BW, Ba, He, SH, Ts, Bz, *f* Au. [= *Chamaesyce prostrata* (Ait.) Small]
Ungefleckte W., **E. prostráta** Ait.

— Fr. anliegend u. gleichmäßig behaart; Blattspreite meist mit dunklem Fleck; alle Nebenblätt. getrennt; ⊙; VI–IX. Friedhöfe, Pflasterfugen; aus N-Am. eingeschleppt u. eingebürgert, *z*. [= *Chamaesyce maculata* (L.) Small]
Gefleckte W., **E. maculáta** L.

Familie: **Elatináceae**, *Tännelgewächse*

Kleine Sumpf- od. Wasserpfl.; Blätt. gegen- od. quirlst., ungeteilt, m. Nebenblätt.; Bltn. einzeln, blattachselst., 2–5-zählig; Frkn. oberst.; Kapselfr.

Elatíne L., *Tännel*

1. Blätt. quirlst., sitzend; unter Wasser in 8–16-zähligen, außerhalb des Wassers in 3-zähligen Quirlen *(305);* Stg. aufrecht od. aufstgd.; Bltn. grünl.weiß, 4-zählig, m. 8 Stbblätt. *(776);* ♃; VI–IX. Sthd. Gewässer; *s*, in Au nur Bgl, früher NÖ. *Quirl-T.*, **E. alsinástrum** L.

— Blätt. gegenst., gestielt; Bltn. rötl.weiß; Stg. niederlgd., wurzelnd, verzweigt **2**

2. Blkr. 4-blättrig; Stbblätt. 8; Blattstiel meist länger als die Spr.; Stg. 2–15 cm lg.; ⊙; VI–IX. Sthd. Gewässer; *s*, in Au nur NÖ.
Wasserpfeffer-T., **E. hydrópiper** L. em. Oeder

a. Samen hakig gekrümmt *(778a);* Kapsel kugelig, an der Spitze eingedrückt *(778b); s, f* in W u. RhPf. (= *E. gyrosperma* Dueben) ssp. **hydrópiper**

— Samen fast gerade od. wenig gekrümmt *(779a);* Kapsel längl., an der Spitze nicht eingedrückt *(779b); s* in Ba u. SH.
ssp. **orthospérma** (Dueben) Herm.

— Blkr. 3-blättrig *(777);* Stbblätt. 3 od. 6; Blattstiel kürzer als die Spr. **3**

3. Bltn. sitzend, klein; Stbblätt. 3 *(777);* K. 2-teilig; Stg. 2–15 cm lg.; ⊙; VI–IX. Sthd. Gewässer; *s, f* in CH, Th, MeVp u. SH, in Au nur NÖ, St, früher OÖ, Sb. *Dreimänniger T.*, **E. triándra** Schk.

— Bltn. gestielt; Stbblätt. 6; K. 3-teilig; Stg. 2–20 cm lg.; ⊙; VI–IX. Sthd. Gewässer; *s*, SaAn, SH, Vs, Fribourg, NÖ, OÖ, früher Vb, Bern.
Sechsmänniger T., **E. hexándra** (Lapierre) DC.

776

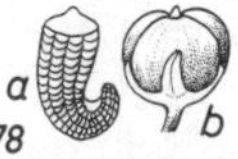

778

777

779

Familie: **Salicáceae**, *Weidengewächse*

Holzpfl.; Blätt. wechselst., ungeteilt, m. Nebenblätt., diese zuw. klein u. früh abfallend; Bltn. eingschl. u. 2-häusig, in Kätzchen; Kapselfr.; Samen m. Haarschopf.

1. Kätzchenschuppen[1] ganzrandig *(194)*; Bltn. m. 1–2 Nektardrüsen; Kätzchen steif aufrecht; Blätt. lanzettl., lineal, elliptisch (niemals 3-eckig, herzf.); Winterknospen stets nur m. einer Schuppe *(296a)* . . . . **Salix**, 481

— Kätzchenschuppen zerschlitzt; Drüsenbecher schräg abgeschnitten *(190)*; Kätzchen schlaff, hängend; Blätt. 3-eckig, herzf. od. eif.; Winterknospen m. mehreren Schuppen *(297a)* **Populus**, 480

1. Pópulus L., *Pappel*

1. Blätt. untersts. rein grün, kahl **5**

— Blätt. untersts. weiß od. grünl. weiß **2**

2. Kätzchenschuppen weiß zottig bewimpert *(190)*; Blattstiele seitl. stark zusammengedrückt; Blätt. (wenigstens in der Jugend) weißfilzig **4**

— Kätzchenschuppen kahl; Blattstiele rundl.; Blätt. kahl od. wenig behaart . . **3**

3. Blätt. kahl, eif., am Grd. abgerundet od. schwach herzf., länger als breit; junge Äste nur wenig kantig; Knospen duftend; ♄; IV. Zierbaum. (Heimat: N-Am.) (= *P. tacamahacca* Mill.) *Balsam-P.*, **P. balsamífera** L.

— Blätt. nebst ihren Stielen kurzhaarig; Spr. breit 3-eckig, breiter als lg.; jüngere Zweige oft etwas kantig; ♄; IV. Zierbaum. (Heimat N-Am.) (= *P. candicans* auct.) *Ontario-P.*, **P.** × **gileadénsis** Rouleau

4(2). Sprunterseite bleibend dicht filzig, buchtig gelappt *(780)*; Stamm hell weißgrau berindet; Kätzchenschuppen nicht od. nur schwach eingeschnitten, wenig bewimpert; ♄; III–IV. Auwälder; wild nur in S-Dt, Au, ČR u. Odergebiet; auch angepflanzt u. verwild. *Silber-P.*, * **P. álba** L.

— Sprunterseite schwach graufilzig; Kätzchenschuppen tief eingeschnitten, stärker bewimpert; ♄; IV. Auwälder; *z.* (= **Bastard** *P. alba* × *P. tremula*) *Grau-P.*, **P.** × **canéscens** (Ait.) Sm.

5(1). Blätt. fast kreisrund *(781)*, lg. gestielt, hgd.; Rinde gelbgrau; Kätzchenschuppen am Rand stark behaart; ♄; II–IV. Wälder; *v.* *Espe, Zitter-P.*, * **P. trémula** L.

— Blätt. im Umriss mehr 3-eckig od. schief 4-eckig *(782)*; Kätzchenschuppen kahl od. wenig behaart **6**

6. Junge Zweige hellgelb, rundl.; Stamm schwarzgrau berindet, früh rissig; Blätt. abgerundet *(782)*; Narben 2; ♄; III–IV. Wälder, Ufer; *z;* häufig gepflanzt. *Schwarz-P.*, * **P. nígra** L.

a. Krone breit ausladend. ssp. **nígra**

b. Krone säulen- bis pyramidenf.; Äste steil aufstrebend. Als Alleebaum häufig angepflanzt. [= ssp. *italica* (Duroi) Moench] ssp. **pyramidális** (Roz.) Čel.

---

[1] Kätzchenschuppen sind die Tragblätt., in deren Achseln die Frkn. od. Stbblätt. u. außerdem nektarabsondernde Drüsen stehen.

— Junge Äste u. Zweige mehr grau; Borke alter Stämme eichenähnl. zerrissen; Narben 2–4; ♄; IV–V. Forst- u. Zierbaum. (Heimat: N-Am.) (= *P. deltoídes* × *P. nigra*) *Kanadische P.*, * **P. × canadénsis** MOENCH

2. Sálix L., *Weide*

Da die Weiden 2-häusig sind und die Blütenkätzchen z. T. vor den Blätt. erscheinen, ist zum Bestimmen eine der drei folgenden Tabellen zu benutzen, in denen nur die **wildwachsenden** Arten aufgenommen sind.
Die Blütezeiten, Verbreitungs- u. Standortangaben sind der Tabelle I zu entnehmen.

I. Tabelle zum Bestimmen nach Zweigen mit ♂ Kätzchen

1. Bltn. m. (4–)5(–12) Stbblätt.; ihre Tragblätt. außen am Grd. stark behaart, gegen die Spitze verkahlend; Kätzchen m. den Blätt. erscheinend, hgd., 2–5 cm lg., gestielt; Blätt. 5–12 cm lg., 2,5 cm breit, fein gesägt, obersts. dkgrün glzd., untersts. hellgrün; junge Zweige dkrot bis braun; ♄; V–VI. Feuchte Wälder, Moore, Flussufer; *z*, auch als Zierstrauch. Ⓖ *Lorbeer-W.*, **S. pentándra** L.
— Bltn. m. 2 od. 3 Stbblätt. **2**
2. Bltn. m. 3 Stbblätt.; Filamente am Grd. braun behaart; Kätzchen aufrecht, schlank, zylindrisch, 3–7 cm lg., vor od. m. den Blätt. erscheinend; diese längl. bis lanzettl., 5–13 cm lg. u. 2–3 cm breit, kurz zugespitzt, dicht drüsig gesägt *(801)*, beidersts. grün od. untersts. blaugrün bis weißl. [= ssp. **amygdalína** (L.) SCHÜBLER & MARTENS], anfangs seidenhaarig; Nebenblätt. bleibend, nierenf. od. halb herzf.; Rinde älterer Zweige sich in Fetzen ablösend; junge Rinde zimtbraun; ♄–♄; IV–V. Gräben, Flussufer; *v*, auch kultiviert für Flechtwerk. (= *S. amygdalina* L.) Ⓖ *Mandel-W.*, * **S. triándra** L.
— Bltn. m. 2 Stbblätt. **3**
3. Stbblätt. am Grd. *(784)* od. bis zu den Staubbeuteln *(783)* miteinander verwachsen **39**
— Stbblätt. bis zum Grd. getrennt *(785)* **4**
4. Tragblätt. der Bltn. zweifarbig, am Grd. hell, an der Spitze dkbraun bis rot **12**
— Tragblätt. der Bltn. einfarbig, gelbl.grün od. rötl. **5**
5. Zwerg-(Spalier-)Sträucher, m. niederlgd., dem Boden angepressten Ästen od. niedrige Sträucher der höh. Gebirge, z. T. m. unterirdischen Ausläufern **8**

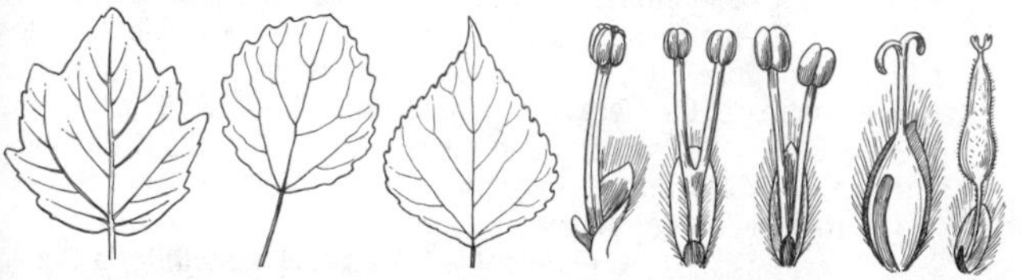

780 781 782 783 784 785 786 787

— Höh. Bäume od. ± aufrechte Sträucher **6**

6. Kätzchen fast sitzend, zylindrisch, dichtbltg., vor od. m. den Blätt. erscheinend; Tragblätt. grünl. (selten 2-farbig), am Rand behaart; Blätt. schmal lineal, bis 12 cm lg. u. 2 cm breit, am Rand umgerollt *(804),* im Alter untersts. dicht weißgrau filzig; bis 6 m hoher Baum od. Strauch; ħ–♄; IV–V. Im Flusskies der Alp., Vorland, Schweizer Jura *v, s* am Oberrhein, Bayrw., ČR. (= *S. incana* Schr.)

[G] *Lavendel-W.,* **S. eleágnos** Scop.

— Kätzchen auf kurzen od. längeren, beblätterten Stielen **7**

7. Kätzchen kurz gestielt, aufrecht, dick walzl., bis 5 cm lg., vor dem Aufblühen vom weißen Haarfilz der Tragblätt. eingehüllt; Blätt. gestielt, lanzettl., 6–15 cm lg., am Rand knorpelig gesägt *(802),* kahl; Zweige leicht brechend, gelb od. braun; bis 15 m hoher Baum; ♄; III–IV. Ufer, Auwälder der großen Stromtäler; *v,* auch kultiviert.

[G] *Bruch-W.,* * **S. frágilis** L.

Hierher auch: * **S. × rúbens** Schr. (Bastard *S. fragilis × S. alba).* Unterscheidet sich von voriger durch die in der Jugend seidig behaarten u. schärfer gezähnten Blätt.; *v.*

— Kätzchen länger gestielt, aufrecht, schlank, zylindrisch, bis 7 cm lg.; Blätt. der Kätzchenstiele klein, gesägt od. ganzrandig; Tragblätt. der Bltn. nur am Rand u. Grd. stärker behaart; Blätt. lanzettl., beidendig verschmälert, 5–12 cm lg. u. ca. 2 cm breit, am Rand klein drüsig gesägt *(811),* jung beidersts. seidenhaarig, im Alter obersts. verkahlend; bis 20 m hoher Baum, m. rissiger Borke u. aufrechten Ästen; Zweige gelbbraun bis braun od. gelb-rötl. [var. **vitellína** (L.) Stokes]; ♄; IV–V. Ufer, Auwälder; *v.* [G] *Silber-W.,* * **S. álba** L.

8(5). Kätzchen zylindrisch, reich- u. dichtbltg. **11**

— Kätzchen kugelig od. kurz zylindrisch, wenig- u. lockerbltg. **9**

9. Blätt. fast kreisrund, 8–20 mm lg., am Rand kerbig gesägt *(788),* untersts. glzd. grün, netzadrig, an jedem Trieb nur 2; Astsystem ausläuferart. unterirdisch; Kätzchen kugelig, 5–15 mm lg., 4–12-bltg.; Stbfäden kahl; Tragblätt. verkehrt eif., kahl od. an der Spitze etwas bewimpert; ħ; VI–VIII. Feuchte Rasen, Schneetälchen; Alp. von 1800 bis 3300 m, *v, s* im Riesengeb., Mähr. Gesenke.

[G] *Kraut-W.,* * **S. herbácea** L.

— Blätt. längl.-verkehrt-eif., meist ganzrandig; Sprosssystem nicht in die Erde verlagert, sondern dem Boden angedrückt (Spaliersträucher) **10**

10. Kätzchen m. den Blätt. erscheinend, m. 10 u. mehr dichtsthd. Bltn.; Blätt. 8–20 mm lg., 5–8 mm breit, an der Spitze abgestutzt od. ausgerandet *(790);* Spalierstrauch m. kriechend aufstrebenden, bis 30 cm lg. Ästen; ħ; VI–VII. Felsen, Geröll, Schneetälchen, kalkliebend; Alp. *v, s* Schweizer Jura. [G] *Stumpfblättrige W.,* * **S. retúsa** L.

— Kätzchen nach der Laubentfaltung erscheinend, nur bis 5 mm lg., m. 5–7 Bltn.; Blätt. 4–10 mm lg., 2–4 mm breit, ± spitzl. *(791);* Spalierstrauch m. stark verkürzten Ästen; ħ; VII–VIII. Alpine Rasen, Geröll, bis 3180 m, kalkliebend; Alp. *v.*

[G] *Quendelblättrige W.,* **S. serpillifólia** Scop.

11(8). Kätzchen schlank, bis 13–25 mm lg., m. ca. 2 cm lg., hellgrau behaartem Stiel; Filamente in unt. Hälfte behaart; Stbbeutel braun; Blätt. gestielt, elliptisch bis kreisf., m. untersts. stark hervortretendem Adernetz *(789);* niederlgd. Spalierstrauch m. sparrigen, gelbbraunen Ästen; ♄; VII–VIII. Feuchte Felshänge, Geröll, Schneetälchen, kalkliebend; Alp. *z, s* Schweizer Jura. Ⓖ *Netz-W.,* **S. reticuláta** L.

— Kätzchen dick, ca. 7 cm lg., dichtbltg., kurz gestielt; Stiel m. kleinen, verkehrt eif., gesägten Blätt.; Tragblatt dünn, weiß bärtig; Filamente am Grd. behaart; Blätt. gestielt, breit verkehrt-eif., bis 4 cm lg., kurz bespitzt, am Rand kerbig gesägt *(799),* oberst. dkgrün, lackartig glzd., untersts. bläul.weiß; bis 1,5 m hoher Strauch m. kurzen, dicken Ästen; ♄; V–VI. Hochstaudenfluren, Geröllhänge der Krummholzregion, kalkliebend; *v* in Alp. von Au, *s* Ts, Bz, Ba, Vorland. Ⓖ *Kahle W.,* **S. glábra** Scop.

12(4). Kätzchen gleichzeitig m. den Blätt. erscheinend **32**

— Kätzchen vor den Blätt. erscheinend **13**

13. Niedrige bis mittelhohe Sträucher (oft nur bis 2 m hoch) m. meist knorrigen Ästen, seltener Bäume **16**

— Bäume od. größere Sträucher (3–6–10 m hoch), m. schlanken, rutenf. Zweigen **14**

14. Kätzchen vor dem Aufblühen seidig-zottig, ca. 3 cm lg., dichtbltg.; junge Triebe grünl. bis bräunl., zäh, behaart, im Alter kahl; Blätt. schmal lanzettl., bis 15 cm lg., 1,5 cm breit, zugespitzt, ganzrandig *(803),* oberst. trübgrün, untersts. silbrig behaart; ♄–♄; III–IV. Ufer, Gebüsch; *v,* in S-Dt nur in den großen Flusstälern; häufig als „Kopfweide" für Flechtwerk kultiviert. Ⓖ *Korb-W.,* * **S. viminális** L.

— Kätzchen vor der Blüte in dichten, weißen Pelz eingehüllt; junge Zweige purpurrot od. grün, hechtblau bereift **15**

15. Kätzchen sitzend, dick zylindrisch, bis 4 cm lg. u. 1,7 cm dick; Blätt. lanzettl., 5–10 cm lg. u. 2,5 cm breit *(806),* in der Jugend seidig behaart, später kahl, oberst. dkgrün, glzd., untersts. matt; Zweige dick, gelb od. bräunl., brüchig, in der Jugend zuw. behaart; bis 10 m hoher Baum; ♄; III–IV. Flussufer, Auwälder, Strand; Alp. u. Vorland *v, z* Sudeten; BW (Rheintal), MeVp(Küste u. Rügen); auch als Zierstrauch. (Heimat: N-Eur.) Ⓖ *Reif-W.,* **S. daphnoídes** Vill.

— Kätzchen kurz zylindrisch bis eif.; Blätt. lanzettl., 6–15 cm lg., scharf zugespitzt, am Rand knorpelig gesägt, oberst. dkgrün, untersts. heller; Zweige dünn, zäh, biegsam, dk.- od. rotbraun; ♄; III–IV. Dünen, Ufer, Bahndämme; *z;* Kulturpfl., wohl nur verwild. (Heimat O-Eur.) *Spitzblättrige W.,* **S. acutifólia** Willd.

16(13). Junge Zweige kahl od. nur flaumig behaart **19**

— Junge Zweige gleich den Knospen grausamtig bis schwarzfilzig **17**

17. Holz der 2–4-jährigen Zweige mit zahlreichen 5–30 mm lg. Striemen; Blätt. lanzettl. bis verkehrt-eif., bis 11 cm lg. u. bis 4 cm breit, oberhalb der Mitte am breitesten, kurz bespitzt, am Rand umgebogen u. unregelmäßig gesägt *(810),* in der Jugend beidersts. graufilzig, später verkahlend; Kätzchen wohlriechend, kurz-zylindrisch, 2–5 cm lg., dichtbltg.; bis 6 m hoher Strauch; ♄; III–IV. Ufer, Gebüsch; *v.* *Grau-W.,* * **S. cinérea** L.

— Holz höchstens m. wenigen od. mit kürzeren Striemen **18**
18. Blätt. elliptisch, lanzettl. bis kreisrund, 3–15 cm lg., 1–5 cm breit, unterststs. blaugrün bereift, aber an der Spitze grün, am Rand unregelmäßig gesägt *(812),* beim Trocknen schwarz werdend vgl. Nr. **25**
S. myrsinifolia
— Blätt. lanzettl., 11–13 cm lg., untersts. ganz aschgrau bereift, in der Mitte am breitesten, in lg. Spitze auslaufend, meist kahl, m. zurückgerolltem, undeutl. welligem Rand; Äste dick, schmutzigbraun bis schwarzfilzig; 4–6 m hoher Strauch; ♄; III–IV. Flussufer; wild wohl nur im NO u. O (MeVp, W- u. OPr, Schl), sonst als Flechtweide kultiviert u. verwild., eine vermutl. als Bastard aus *S. caprea, S. cinerea* und *S. viminalis* entstandene Art. *Filzästige W.,* **S. dasýclados** Wimm.
19(16). Holz der 2–4-jährigen Äste m. 5–30 mm lg. Striemen **41**
— Holz der 2–4-jährigen Äste ohne, m. undeutl. od. nur < 5 mm lg. Striemen **20**
20. Niedrige, bis 1 m hohe Sträucher **26**
— Größere, über 1 m hohe Sträucher od. selten baumart. **21**
21. Sträucher des Tieflands od. der Voralp. (**S. mielichhoferi**, Nr. **25**–) **24**
— Sträucher der höh. Geb. u. Mittelgeb. **22**
22. Kätzchen zylindrisch, 15–35 mm lg., dichtbltg., sitzend od. kurz gestielt; Tragblätt. obersts. dicht weißborstig; Filamente am Grd. spärl. behaart; Äste braun bis rotbraun; Blätt. in der Jugend rotbraun, beidersts. m. kurzen, zerstreut angeordneten, gekrümmten Haaren, ± lg. gestielt, verkehrt lanzettl., am Rand unregelmäßig gekerbt *(800),* beidersts. grün, untersts. m. weitmaschigem, scharf hervortretendem Adernetz; bis 2 m hoch; ♄; III–IV. Ufer von Gebirgsbächen, Augebüsche; *s* im Riesengeb., Sudeten u. Vorland, Glatzer Kessel.
Schlesische W., **S. silesíaca** Willd.
— Kätzchen kleiner als 2,5 cm, eif.; Filamente am Grd. zerstreut bis dicht lg. behaart **23**
23. Filamente am Grd. zerstreut lg. behaart; Tragblätt. am Grd. zerstreut lg. weißl.- od. gelbl.-seidig behaart; Äste sparrig, schwach knotig, graubraun bis grau, die jüngsten dicht weißl. behaart; Blätt. gestielt, untersts. bläul., obersts. dk.grün, in ob. Hälfte verbreitert *(805),* am Rand umgebogen, ungleich grob gekerbt; bis 3 m hoher Strauch; ♄; IV–V. Hochstaudenfluren, Gebirgsbäche; *v* in Alp., *z* im Vorland, Schweizer Jura, Schw., ČR. (= *S. grandifolia* Ser.)
Ⓖ *Großblättrige W.,* **S. appendiculáta** Vill.
— Filamente am Grd. dicht lg. behaart; Tragblätt. lanzettl., beidersts. von krausen Haaren dicht wollig; Äste stark knotig, schwarzbraun, in der Jugend wollig-filzig, später verkahlend; Blätt. kurz gestielt, 7–17 cm lg., längl.-lanzettl. *(795),* entfernt gekerbt, dünn, obersts. im Alter fast kahl, untersts. weiß-bläul. flaumig; bis 3 m hoher Strauch; ♄; V–VI. Felsige, feuchte Stellen der Alp.; *s,* Vs, Waadt, Gr, Ti (Stubaier u. Ötztaler Alp.). (= *S. pubescens* Schleich.)
Ⓖ *Flaum-W.,* **S. lággeri** Wimm.
24(21). Knospen kahl, groß, dick, gelbbraun od. braun; Kätzchen vor den untersts. graugrünen bis weißfilzigen Blätt. *(808)* erscheinend, dick,

bis 10 cm lg., durch die langen, weiß behaarten Tragblätt. in dichten Haarfilz eingehüllt; Filamente am Grd. kahl; junge Zweige kurz weiß behaart, ältere braun, glzd., kahl; 3–9 m hoher Strauch od. Baum; ♄; III–IV. Gebüsche, Mischwälder, feuchte Wegränder; *v,* im N *z.*

Ⓖ *Sal-W.,* * **S. cáprea** L.

— Knospen meist schwarzsamtig behaart, schlanker; Filamente am Grd. behaart **25**

25. Zweige dünn, schwarzbraun, gelbbraun od. grünl., meist dicht grausamtig behaart; Kätzchen eif.-zylindrisch, bis 2,5 cm lg., dichtbltg.; Kätzchenstiel 0,5 cm lg., m. kleinen, lanzettl., zerstreut behaarten Blätt.; Tragblätt. an der Spitze purpurn bis schwarz, zerstreut lg. weißhaarig; Filamente am Grd. dicht behaart; bis 4 m hoher Strauch; ♄; IV–V. Sumpfwiesen, Moore; Voralp. *v,* sonst *z,* im NW u. He *f.* (= *S. nigricans* Sm.) Ⓖ *Schwarzwerdende W.,* **S. myrsinifólia** Sal.

Hierher auch: *Apennin-W.,* **S. apennína** A. Skvortsov; Blätt. unterststs. grün; junge Zweige ziemlich dicht weiß behaart; Kätzchen m. den Blätt. erscheinend; Gr. kürzer, 0,2–0,9 mm lg.; Narbe kürzer u. dicker; Kätzchen 3–15 mm lg. gestielt; *s,* S-Ts.

— Zweige dick, glzd., dkbraun bis schwärzl., jung behaart, später verkahlend, an den Astenden genähert u. deshalb buschig angeordnet; Blattnarben verdickt, Zweige dadurch knotig; Kätzchen kurz gestielt, ihre Stiele m. wenigen lanzettl. Blätt.; Tragblätt. schwarzbraun, zerstreut lg. weiß behaart; Filamente am Grd. lg. weißhaarig; bis 3 m hoher Strauch; ♄; V–VI. Bachufer, versumpfte Hänge; *s* in Voralp. von Sb, Ti, Bz, Kt, St, OÖ. Ⓖ *Tauern-W.,* **S. mielichhóferi** Saut.

26(20). Pfl. des Tieflands u. der Moore **30**

— Pfl. höh. Gebirgslagen **27**

27. Kätzchen schlank, höchstens 3 cm lg. **29**

— Kätzchen kräftiger, meist > 3 cm lg. **28**

28. Kätzchen sitzend, dichtbltg.; Blätt. unterststs. weißgrau filzig, lanzettl. bis längl., an den Zweigenden gedrängt; 30–100 cm hoher Strauch

S. lappónum L. vgl. Nr. **31–**

— Kätzchen gestielt, locker; Blätt. dichter filzig, an den Zweigenden nicht gehäuft; bis 1 m hoher Strauch; ♄; VI–VII. Lawinenschutt; *s* Alp. von CH, Bz, Au. [= *S. lapponum* var. *helvetica* (Vill.) Anders.]

Ⓖ *Schweizer W.,* **S. helvética** Vill.

29(27). Kätzchen 10–15 mm lg., bis 6 mm dick; Tragblätt. verkehrt eif., schwarzbraun bis fahlgelb, rauhaarig; Filamente kahl od. am Grd. zerstreut behaart; Stbbeutel kugelig, rot; 1,2–2 m hoher Strauch, m. fahlgelben, kahlen od. kurz behaarten Ästen; Blätt. oberststs. grün, unterststs. meergrün, beiderststs. punktiert, in der Jugend seidig behaart; ♄; V–VI. Hochstaudengebüsche; *s,* Vog., Schweizer Jura, Harz, ČR (Sudeten), Sb, Kt (Gurktaler Alpen). (= *S. phylicifolia* L. em. Sm.)

Ⓖ *Zweifarbige W.,* **S. bícolor** Ehrh. ex Willd.

— Kätzchen 15–40 mm lg. u. ca. 12 mm dick; Tragblätt. stumpf, an der Spitze fahlgelb, weiß-seidig behaart; Filamente an der Basis kraus behaart; Stbbeutel elliptisch, bräunl.; hoher Strauch m. knotigen, schwach häutigen, glzd., kastanien- bis schwarzbraunen Ästen; Blätt.

elliptisch, zugespitzt, am Rand drüsig gesägt *(798)*, obersts. dk-, untersts. heller grün; ♄; V–VI. Feuchte Hochstaudenfluren der Alp.; *s* CH, Bz, Ti. (= *S. bicolor* × *S. myrsinifolia*)
Ⓖ *Hochtal-W.*, **S. × hegetschwéileri** HEER

30(26). Blätt. nur am Grund ganzrandig, im vorderen Teil gekerbt, dünn, m. Nebenblätt., beidersts. kahl, obersts. sattgrün, glzd., untersts. mattgrün, breit lanzettl. *(796)*, bis 5 cm lg. u. 1,5 cm breit, zugespitzt; Kätzchen lockerbltg., zylindrisch, 15–30 mm lg., vor den Blätt. erscheinend; Kätzchenstiel grau behaart, m. kleinen, breit lanzettl., seidig behaarten Blätt.; Tragblätt. am Rand bärtig; Filamente kahl; niedriger, ca. 30 cm hoher, aufstgd. Strauch m. dünnen, gelbl.braunen, glzd., kahlen od. kurz behaarten Ästen, ohne kriechenden Stamm; ♄; IV–V. Magerrasen, Moore; *v* OPr, *s* Schl, Ba (Alerheim) u. BW (Baar, SchwAlb), früher ČR. (= *S. livida* WAHL.; = *S. depressa* auct. non L.)
Bleiche W., **S. starkeána** WILLD.

— Blätt. ganzrandig, ohne od. m. winzigen Nebenblätt. **31**

31. Blätt. kahl od. behaart, aber nicht weißfilzig, lanzettl. od. breit verkehrt-eif., obersts. sattgrün, untersts. graugrün, meist vor den Blätt. erscheinend; Kätzchen anfangs dichtbltg., kugelig bis kurz zylindrisch; Kätzchenstiel seidig behaart; Tragblätt. seidig behaart u. am Rand bärtig; Filamente meist kahl; bis 1 m hoher Strauch m. unterirdisch kriechendem Stamm u. bogig aufstgd., dünnen, kahlen, braunen Ästen; Jungtriebe kurz seidig behaart; ♄; IV–V. Moore, feuchte Wiesen, Wegränder, nasse Sandstellen; *v*. *Kriech-W.*, **S. répens** L.

a. Blätt. lanzettl. bis breit eif., am Rand umgerollt, an der Spitze zurückgekrümmt, obersts. kahl, untersts. weiß-seidig filzig, beim Trocknen schwarz werdend; *v*. ssp. **répens**

b. Blätt. breit elliptisch bis kreisrund, beidersts. silbrig behaart, obersts. später verkahlend, beim Trocknen nicht schwarz werdend. Küstendünen; *v*. (= ssp. *argentea* auct.) ssp. **dunénsis** ROUY

c. Blätt. lineal bis längl.-lineal, m. gerader Spitze u. nur schwach zurückgerolltem Rand. Moore; *s*. (= *S. rosmarinifolia* L.)
ssp. **rosmarinifólia** (L.) HARTM.

— Blätt. verkehrt lanzettl. bis längl., ± 3,5 cm lg. u. ± 1,2 cm breit, dicht weißfilzig behaart, an den Zweigenden gedrängt; Kätzchen sitzend, dichtbltg.; 30–100 cm hoher Strauch; ♄; V–VII. Moore, Sumpfwiesen; *s* in OPr, Riesengeb. *Lappländische W.*, **S. lappónum** L.

32(12). Niedriger, 30–50 cm hoher Strauch der Moore u. Torfsümpfe der Niederungen, m. unterirdisch kriechendem Stamm u. kahlen, nur in der Jugend behaarten, braunen Ästen; Blätt. denen der *Heidelbeere* ähnl., 1,5–3,5 cm lg., ganzrandig *(792)*, obersts. sattgrün, untersts. blaugrün; Kätzchen zylindrisch, bis 2,5 cm lg., gestielt; Filamente kahl; ♄; V–VII. Torfsümpfe, Moore; *s* St. Gallen, Ba, Sb, ČR, OPr, Pl.
Ⓖ *Heidelbeer-W.*, **S. myrtilloídes** L.

— Sträucher des Hochgebirges **33**

33. Blätt. kahl od. schwach behaart **35**

— Blätt., zumindest untersts., dicht filzig **34**

34. Bltn. meist m. 2, selten m. 1 Nektardrüse (Lupe!); Filamente am Grd. kraus behaart; Kätzchen ca. 2 cm lg., 1 cm dick, ihr weißgrau filziger Stiel m. 4–6 Blätt.; ca. 1 m hoher Strauch m. krautigen, gelbl., in der Jugend dicht weißfilzigen Zweigen; Blätt. verkehrt lanzettl., ganzrandig, beidersts. dicht weißhaarig; ♄; VI–VII. Feuchte Schattenhänge, Bachufer, Hochstaudengebüsche d. Alp., kalkmeidend; *z* CH, *s* Bz, Ti, OTi, Sb. Ⓖ *Seiden-W.,* **S. glaucoserícea** Floderus

— Bltn. m. 1 Nektardrüse; Filamente am Grd. kahl, selten schwach behaart (s. auch Nr. **28–**). *Schweizer W.,* **S. helvética** Vill.

35(33). Blätt. nur oberstS. glzd., unterstS. matt od. weißl., beim Trocknen braun werdend **37**

— Blätt. beidersts. glzd., beim Trocknen schwarz werdend; Filamente u. Nektardrüsen blassviolett **36**

36. Blätt. ganzrandig, gestielt, verkehrt eif., bis 3,5 cm lg. u. 1,8 cm breit; Kätzchen dichtbltg., schlank, 1–2 cm lg.; Filamente kahl; Stbbeutel purpurn bis violett, später schwarz; kleiner Strauch m. niederlgd., wurzelnden, schwarzbraunen, kahlen, anfangs behaarten Ästen; ♄; VI–VII. Felsige Abhänge, Geröllhalden, kalkliebend; *s,* Alp. von Gr, Bz, Au. Ⓖ *Myrten-W.,* **S. alpína** Scop.

— Blätt. am Rand dicht kurz-drüsig gezähnt, verkehrt eif., 1–3 cm lg. u. 0,6–1,8 cm breit *(797),* in der Jugend behaart, später kahl, lebhaft grün, glzd.; Kätzchen gedrungen, 16–30 mm lg.; Filamente gelbpurpurn, Stbbeutel violettschwarz werdend; bis 30 cm hoher, sparrig ästiger Strauch m. anfangs grau behaarten, später kahlen, rötl.braunen, nicht wurzelnden Asten; ♄; VI–VII. Ruhende Kalkschutthalden; *v* Alp. von CH, *z* Bz, Au. Ⓖ *Matten-W.,* **S. breviserráta** Floderus

37(35). Tragblätt. der Bltn. m. langen, anfangs glatten, später gekräuselten Haaren; Kätzchen dick zylindrisch, 6–10 cm lg., dichtbltg.; Blätt. breit elliptisch, bis 8 cm lg. u. 5 cm breit, meist ganzrandig *(794),* in der Jugend behaart, schnell verkahlend, untersts. blassgrün bis weißl.; Nebenblätt. stark entwickelt; niederlgd. od. aufrechter, bis 1,5 m hoher Strauch m. kahlen, in der Jugend behaarten, grünl.braunen Ästen; ♄; V–VI. Subalp. Hochstaudengebüsche, Bachufer; Alp. u. Voralp. von CH, Ba, Bz, Au, auch Vog., SH (Amrum), Da, Gesenke, früher S-Harz (Alter Stolberg). Formenreich. Ⓖ *Spieß-W.,* **S. hastáta** L.

— Tragblätt. der Bltn. m. kurzen, glatt bleibenden Haaren **38**

38. Kätzchen zierl., 13–18 mm lg. u. 4–5 mm dick; Stbbeutel anfangs purpurn, später violett bis bräunl.; Blätt. elliptisch-lanzettl., 2–3-mal so lg. wie breit, am Rand scharf drüsig gesägt, obersts. dkgrün glzd., untersts. blass bläul.grün; mittelhoher Strauch m. aufrechten, im Alter kahlen, purpurnen bis schwärzl., rutenf. Zweigen; ♄; VI–VII. Subalp. Hochstaudengebüsche, Bachufer; *z* CH, *s* Vb, Ti (Fimbertal), Bz, OTi. [= *S. arbuscula* L. ssp. *foetida* (Schleich.) Br.-Bl.]
Ⓖ *Ruch-W.,* **S. fóetida** Schleich.

— Kätzchen größer, 14–35 mm lg. u. 5–8 mm dick, etwa gleichzeitig m. den Blätt. erscheinend; Stbbeutel anfangs rötl. od. gelbl., später rötl.

braun; Blätt. verkehrt eif., 2–5-mal so lg. wie breit, am Rand undeutl. gekerbt-gesägt, obersts. sattgrün, untersts. blaugrün; mittelhoher Strauch m. kurzen, grauen, warzigen Ästen; ♄, VI–VII. Subalp. Hochstaudengebüsche, kalkliebend; *v* in Alp. (= *S. arbuscula* auct. non L.) 🄶 *Bäumchen-W.*, **S. waldsteiniána** Willd.

39(3). Stbblätt. bis zu den anfangs purpurroten, später gelben u. schwärzl. Stbbeuteln verwachsen, deshalb scheinbar nur 1 Stbblatt m. 4 Stbbeuteln *(783);* Kätzchen vor den lineal-lanzettl., im unt. Teil ganzrandigen, zur Spitze hin scharf u. klein gesägten Blätt. *(807)* erscheinend, zylindrisch, 15–45 mm lg.; sparriger, bis 6 m hoher Strauch od. Baum, m. dünnen, biegsamen, häufig lebhaft purpurroten, kahlen Zweigen; ♄–♄; III–V. Auwälder, feuchte Wiesen; *v,* in SH nur im Elbegebiet. [incl. ssp. *lambertiana* (Sm.) A. Neumann ex Rech. f.]
🄶 *Purpur-W.*, **S. purpúrea** L.

Im Gebiet (Au, über 1200 m) wohl auch die subalpine Sippe ssp. **angústior** Lautenschlager m. 3–8 mm breiten u. 35–70 mm langen Sommerblätt.

— Filamente nur bis zur Mitte verwachsen *(784)* **40**

40. Kätzchen m. den Blätt. erscheinend, eif.-kugelig bis kurz zylindrisch, 10–20 mm lg.; Blätt. breit elliptisch, 1,2–4 cm lg. u. 2 cm breit, ganzrandig *(793),* obersts. blassgrün, untersts. hechtblau; kleiner, 0,3–1 m hoher Strauch m. kahlen, braunen Zweigen; ♄; VI–VII. An Gletscherflüssen der Krummholzregion u. alp. Region; *s* Alp. von CH, Bz, OTi, Ba, Ti, Vb, Kt. 🄶 *Blau-W.*, **S. caesia** Vill.

— Kätzchen vor den Blätt. erscheinend; Stbblätt. am Grd. behaart, nur am Grd., seltener bis zur Mitte verwachsen; Tragblätt. der Bltn. grau behaart; bis 6 m hoher Baum od. Strauch (vgl. Nr. **6**).
Lavendel-W., **S. eleágnos** Scop.

41(19). Kätzchen 10–25 mm lg.; niedriger bis 2 m hoher Strauch m. dünnen, kahlen, sparrigen Ästen; Blätt. gestielt, m. rundl.-verkehrt-eif., am Rand grob gezähnter Spr. u. großen Nebenblätt. *(809);* Haare grau; ♄; IV–V. Moore, Ufer, Bruchwälder; *v.* 🄶 *Ohr-W.*, * **S. auríta** L.

— Kätzchen 2–5 cm lg.; Strauch od. bis 6 m hoher Baum; Zweige kahl werdend, schwärzlich glänzend; Blätt. oberseits glänzend, dkgrün, unterseits graugrün mit kurzen rostroten Haaren; ♄–♄; III–IV. Moorwiesen, Gräben; *s,* Be, Ho, E, RhPf, auch kultiviert. (= *S. cinerea* ssp. *oleifolia* Macreight) *Rostrote W.*, **S. atrocinérea** Brot.

II. Tabelle zum Bestimmen nach Zweigen mit ♀ Kätzchen

1. Frkn. auf der ganzen Fläche od. nur an der Basis behaart **20**

— Frkn. kahl **2**

2. Kätzchen sich gleichzeitig m. den Blätt. od. erst nach deren Entfaltung entwickelnd **7**

— Kätzchen vor der Entfaltung der Blätt. erscheinend **3**

3. Niedrige bis mittelhohe (± bis 2 m) Sträucher **5**

— Hohe Bäume od. Sträucher (größer als 2 m) **4**

4. Tragblätt. der Bltn. etwa so lg. wie der Frkn.; Zweige abwischbar blau bereift (s. auch S. 483 Nr. **15**) *Reif-W.*, **S. daphnoídes** Vill.

— Tragblätt. der Bltn. nur etwa halb so lg. wie der Frkn.; Zweige rotbraun (s. auch. S. 483 Nr. **15**–) *Spitzblättrige W.,* **S. acutifólia** WILLD.

5(3). Reich verzweigte Sträucher, selten höher als 1 m; ♀ Kätzchen eif. bis zylindrisch, bis 1,5 cm lg. u. 0,5 cm breit; Frkn. selten kahl, meist seidig-filzig (s. S. 486 Nr. **31**) *Kriech-W.,* **S. répens** L.

— Sträucher meist höher als 1 m, m. aufrechten Ästen. **6**

6. Frknstiel nur ¼ so lg. wie der Frkn.; Blätt. dicht graufilzig; mittelhoher Strauch der Gebirgsflüsse (s. auch S. 482 Nr. **6**) *Lavendel-W.,* **S. eleágnos** SCOP.

— Frknstiel fast so lg. wie der Frkn.; Blätt. dkgrün, nur jung untersts. behaart; mittelhoher Strauch (s. auch S. 484 Nr. **22**) *Schlesische W.,* **S. silesíaca** WILLD.

7(2). Kriechende, dem Boden angepresste od. niedrige Sträucher **11**

— Höhere Sträucher od. Bäume m. aufrechten od. absthd. Ästen; Tragblätt. der Bltn. einfarbig **8**

8. Tragblätt. der Bltn. bis zur Frreife erhalten bleibend; Frkn. m. kurzem, dickem Gr. u. nur 1 Nektardrüse (s. auch S. 481 Nr. **2**) *Mandel-W.,* **S. triándra** L.

— Tragblätt. z. Frreife nicht mehr vorhanden **9**

9. ♀ Bltn. mit nur 1 Nektardrüse, diese den fast sitzenden (zuw. behaarten) Frkn. am Grd. umfassend; Blätt. in der Jugend dicht seidig behaart (s. auch S. 482 Nr. **7**–) *Silber-W.,* **S. álba** L.

— Bltn. m. 2 Nektardrüsen, die vordere viel kürzer als die hintere **10**

10. Tragblätt. der Bltn. am Grd. außen stark kraushaarig, gegen die Spitze verkahlend; Blätt. eif.-elliptisch, am Rand dicht drüsig-klebrig gesägt, 2–4-mal so lg. wie breit (s. auch S. 481 Nr. **1**) *Lorbeer-W.,* **S. pentándra** L.

— Tragblätt. der Bltn. lg. weiß-zottig behaart, an der Spitze kahl; Blätt. lanzettl., am Rand knorpelig gesägt, 4–7-mal so lg. wie breit *(802)* (s. auch S. 482 Nr. **7**) *Bruch-W.,* **S. frágilis** L.

11(7). Tragblätt. der Bltn. 1-farbig gelbgrün od. violettrot **14**

— Tragblätt. der Bltn. 2-farbig, an der Spitze meist dunkler (braun, purpurn od. schwarz) **12**

12. Stiel der ♀ Kätzchen bis 2 cm lg., kleine Blätt. tragend; niedriger, bis 50 cm hoher Strauch der Moore, m. unterirdisch kriechendem Stamm (s. auch S. 486 Nr. **32**). *Heidelbeer-W.,* **S. myrtilloídes** L.

— Kätzchen sitzend od. sehr kurz gestielt; Sträucher meist höher als 50 cm **13**

13. Blätt. untersts. hell- bis blaugrau, die Spitze aber stets grün, m. feiner, engmaschiger Nervatur *(812),* beim Trocknen meist schwarz werdend (s. auch S. 485 Nr. **25**) *Schwarzwerdende W.,* **S. myrsinifólia** SAL.
Vgl. auch *Apennin-W.,* **S. apennína** A. SKVORTSOV; Blätt. untersts. grün; junge Zweige ziemlich dicht weiß behaart; *s* im S-Ts (vgl. S. 485 Nr. **25**).

— Blätt. beidersts. gleichfarbig, m. dicker, grobmaschiger Nervatur, beim Trocknen nicht schwarz werdend (s. auch S. 485 Nr. **25**–) *Tauern-W.,* **S. mielichhóferi** SAUT.

14(11). Aufrecht wachsende Sträucher höherer Gebirgslagen **17**

— Niederlgd. Spaliersträucher der Hoch-Alp. (= Gletscherweiden) **15**

15. Blätt. fast kreisrund, m. scharf gesägtem Rand *(788);* an jedem Trieb des in die Erde verlagerten Astsystems nur zwei Blätt. (s. auch S. 482 Nr. **9**) *Kraut-W.,* **S. herbácea** L.
— Blätt. verkehrt eif., an der Spitze abgerundet od. zugespitzt, ganzrandig; Astsystem oberirdisch, der Unterlage angepresst; jeder Trieb m. mehr als 2 Blätt. **16**
16. Kätzchen längl.-zylindrisch, bis 2 cm lg.; Blätt. 8–20 mm lg. u. 5–8 mm breit, an der Spitze stumpf od. ausgerandet *(790)* (s. auch S. 482 Nr. **10**) *Stumpfblättrige W.,* **S. retúsa** L.
— Kätzchen klein, kugelig, nur bis 0,5 cm lg.; Blätt. 4–10 mm lg. u. 2–4 mm breit, zugespitzt *(791)* (s. auch S. 482 Nr. **10**–) *Quendelblättrige W.,* **S. serpillifólia** Scop.
17(14). Blätt. höchstens obersts. glzd., untersts. matt, meist heller od. beidersts. matt **19**
— Blätt. beidersts. grün u. glzd. **18**
18. Kätzchen schlank, 10–20 mm lg., bis 6 mm dick; Fr. schmal; Gr. bis 1,6 mm lg., purpurn; Narbe gespalten, purpurn; Äste niederlgd., wurzelnd (s. auch S. 487 Nr. **36**) *Myrten-W.,* **S. alpína** Scop.
— Kätzchen gedrungen, 16–30 mm lg., bis 10 mm dick; Fr. breit; Frkn. in der Jugend absthd. behaart, später verkahlend; Gr. kurz, purpurn; Narbe 2-geteilt, purpurn; Äste niederlgd.-aufstgd., nicht wurzelnd (s. auch S. 487 Nr. **36**–) *Matten-W.,* **S. breviserráta** Floderus
19(17). Blätt. *(789)* obersts. glzd., wie lackiert, untersts. weißl.grau, dickl., beim Trocknen schwarz werdend; Kätzchen bis 7 cm lg., dichtbltg., bis 2 cm lg. gestielt; Tragblätt. schmal elliptisch, stumpf, lg. u. dünn, weiß bärtig (s. auch S. 483 Nr. **11**–) *Kahle W.,* **S. glábra** Scop.
— Blätt. *(794)* beidersts. matt, untersts. etwas blasser, dünn; Kätzchen bis 6 cm lg., dichtbltg., bis 3 cm lg. gestielt; Tragblätt. lanzettl. bis verkehrt eif., stumpf, m. langen, weißen, anfangs glatten, später gekräuselten Haaren (s. auch S. 487 Nr. **37**). *Spieß-W.,* **S. hastáta** L.
20(1). Kätzchen gleichzeitig m. od. nach der Entfaltung der Blätt. erscheinend **36**
— Kätzchen vor der Entfaltung der Blätt. erscheinend **21**
21. Holz der 2–4-jährigen Zweige nach Entfernung der Rinde glatt u. nicht m. (od. nur m. undeutl.) striemenart. Erhebungen **26**
— Holz der 2–4-jährigen Zweige nach Entfernung der Rinde m. deutl. striemenart. Erhebungen **22**
22. Einjährige Äste u. meist auch die Knospen samtig behaart; Sträucher meist höher als 2 m **25**
— Einjährige Äste meist kahl; Sträucher meist niedriger als 2 m . . **23**
23. Nebenblätt. fehlend od. sehr klein, hinfällig; Adernetz der verkehrt eif., am Rand regelmäßig gesägten, untersts. blaugrünen Blätt. nur wenig hervortretend; Kätzchen 2–4 cm lg.; Gr. 0,5–1 mm lg. (s. auch. S. 485 Nr. **29**) *Zweifarbige W.,* **S. bícolor** Ehrh. ex Willd.
— Nebenblätt. groß, gezähnt *(809),* Adernetz der Blätt. deutlich hervortretend **24**
24. Kätzchen 1–2,5 cm lg.; niedriger, bis 2 m hoher Strauch; Haare der Blattunterseite grau (s. auch S. 488 Nr. **41**) *Ohr-W.,* **S. aurîta** L.

— Kätzchen 2–5 cm lg.; Strauch od. bis 6 m hoher Baum; Haare der Blattunterseite rostrot (s. auch S. 488 Nr. **41**–)
Rostrote W., **S. atrocinérea** Brot.

25(22). Stiel des Frkn. 1/3 bis 2/3 so lg. wie der Frkn.; Gr. m. Narben 0,5–1 mm lg., dick; Kätzchen dick, bis 9 cm lg., m. weiß behaarter Achse (s. auch S. 483 Nr. **17**) *Grau-W.,* **S. cinérea** L.

— Frkn. fast sitzend; Gr. 1–2 mm lg.; Narbe bis 2 mm lg.; Kätzchen zylindrisch, bis 5 cm lg., gestielt, m. weiß behaarter Achse (s. auch S. 484 Nr. **18**–) *Filzästige W.,* **S. dasýclados** Wimm.

26(21). Bäume od. Sträucher, höher als 1 m **30**

— Niedrige, meist nur bis 50 cm, seltener bis 100 cm hoch werdende Sträucher **27**

27. Blätt. untersts. kahl od. in der Jugend beidersts. ± dicht seidig, aber nicht filzig, im Alter meist auch untersts. noch behaart **29**

— Blätt. wenigstens in der Jugend beidersts. dicht weißfilzig **28**

28. Kätzchen deutl. gestielt, zylindrisch, zur Zeit der Reife ± aufgelockert; Behaarung der jüngsten Blätt. sehr dicht seidig-zottig, Nerven deshalb kaum hervortretend; Gr. 1–2 mm lg., m. tief 2-spaltiger Narbe (s. auch S. 485 Nr. **28**–) *Schweizer W.,* **S. helvética** Vill.

— Kätzchen dick, auch z. Frreife kaum aufgelockert, fast sitzend; Behaarung weniger dicht als bei voriger; Gr. fädig, bis 3 mm lg. (s. auch S. 485 Nr. **28**) *Lappländische W.,* **S. lappónum** L.

29(27). Frknstiel so lg. wie od. länger als der Frkn.; Kätzchen lockerbltg., auf beblätt. Stielen; Blätt. *(796)* im Alter beidersts. kahl. (s. auch S. 486 Nr. **30**) *Bleiche W.,* **S. starkeána** Willd.

— Frknstiel kürzer als der Frkn.; Kätzchen dicht, eif.-zylindrisch, kurz gestielt; Blätt. in der Jugend beidersts., im Alter meist nur untersts, seidig behaart; Pfl. m. unterirdisch kriechendem Stamm (s. auch S. 486 Nr. **31**) *Kriech-W.,* **S. répens** L.

30(26). Sträucher des Tieflands u. der Moore **33**

— Sträucher der Alp. u. höh. Mittelgeb. **31**

31. Zweige jung weiß wollig-filzig, erst im 2. od. 3. Jahr verkahlend, derb, knotig, schwarzbraun bis schwarz; Kätzchen anfangs kurz eif., später verlängert zylindrisch, bis 5,8 cm lg., lockerbltg., die untersten Bltn. weit voneinander entfernt; Frknstiel 3–4-mal so lg. wie die Nektardrüse (s. auch S. 484 Nr. **23**–) *Flaum-W.,* **S. lággeri** Wimm.

— Junge Zweige meist kahl, fahlgelb bis kastanienbraun **32**

32. Kätzchen anfangs bis 2 cm, im Alter bis 4 cm lg. u. 1,3 cm dick; Blattspr. am Grd. keilf., unregelmäßig gesägt-gezähnt od. ganzrandig (s. auch S. 485 Nr. **29**) *Zweifarbige W.,* **S. bícolor** Ehrh.

— Kätzchen anfangs ca. 2,4 cm, im Alter bis 4 cm lg. u. 1,8 cm dick; Blätt. am Grd. abgerundet stumpf, am Rand drüsig gezähnt bis scharf zugespitzt gesägt *(798)* (s. auch S. 485 Nr. **29**–)
Hochtal-W., **S. × hegetschwēileri** Heer

33(30). Frkn. lang gestielt *(787)* **35**

— Frkn. sitzend od. sehr kurz gestielt *(786)* **34**

34. Gr. fast so lg. wie der Frkn.; Narben lineal, m. fadenf., nach außen gebogenen Ästen *(786);* Kätzchen zylindrisch, bis 3 cm lg.; junge

Zweige aufrecht, rutenf., grünl. bis graugelb (s. auch S. 483 Nr. **14**) *Korb-W.,* **S. viminális** L.

— Gr. sehr kurz od. fehlend; Narben dick, kopfig; Kätzchen zylindrisch, 2(–6) cm lg.; junge Zweige dünn, schlank, purpurrot od. ledergelb (s. auch S. 488 Nr. **39**) *Purpur-W.,* **S. purpúrea** L.

35(33). Narben aufrecht, an der Spitze zusammenneigend; Kätzchen zylindrisch, dichtbltg., bis 10 cm lg.; Zweige dick u. kurz (s. auch S. 485 Nr. **24**) *Sal-W.,* **S. cáprea** L.

— Narben aufrecht-absthd. *(787)* od. zurückgekrümmt; Kätzchen zylindrisch, bis 3 cm lg., am Grd. m. 2–3 seidig behaarten Tragblättchen; Zweige dünn, knotig (s. auch S. 484 Nr. **23**) *Großblättrige W.,* **S. appendiculáta** VILL.

36(20). Niederlgd. Spalierstrauch der höh. Lagen der Alp.; Blätt. breit elliptisch bis fast kreisf., ganzrandig, in der Jugend behaart, obersts. m. eingetieftem, untersts. m. hervortretendem Adernetz *(789)* (s. auch S. 483 Nr. **11**) *Netz-W.,* **S. reticuláta** L.

— Mehr od. weniger aufrecht wachsende Sträucher der Alp. **37**

37. Blätt. beidersts. dicht seidig behaart, ganzrandig; Kätzchen bis 4,5 cm lg., gestielt; Gr. kurz; Narben braun, 2-geteilt; bis 1 m hoher Strauch (s. auch S. 487 Nr. **34**) *Seiden-W.,* **S. glaucosericea** FLODERUS

— Blätt. kahl od. fast kahl **38**

38. Blätt. stets ganzrandig, elliptisch *(783);* Kätzchen längl.-zylindrisch, 8–15 mm lg., dichtbltg.; Frkn. kurz, bis 2,5 mm lg., m. sehr kurzem Gr. (s. auch. S. 488 Nr. **40**) *Blau-W.,* **S. cǽsia** VILL.

— Blätt. am Rand meist gesägt; Gr. deutl. entwickelt **39**

39. Kätzchen schlank-zylindrisch, 3–4-mal so lg. (bis 3 cm) wie dick, zuletzt lg. gestielt; Blätt. verkehrt-eif. bis längl., bis 6,3 cm lg. u. 3 cm breit, am Grd. keilig verschmälert, am Rand kerbig gesägt, selten ganzrandig (s. auch S. 487 Nr. **38**–) *Bäumchen-W.,* **S. waldsteiniána** WILLD.

— Kätzchen kurz zylindrisch, bis 1,8 cm lg. u. 0,5 cm dick, nur 2,5-mal so lg. wie dick; Blätt. elliptisch-lanzettl., bis 4 cm lg. u. bis 16 mm breit, am Rand scharf drüsig gesägt (s. auch S. 487 Nr. **38**) *Ruch-W.,* **S. fœ́tida** SCHLEICH.

III. Tabelle zum Bestimmen nach vegetativen Merkmalen (Wuchs- u. Blattform) sowie nach Standorten

1. Bäume od. Sträucher, diese meist höher als 1,5 m **19**

— Niedrige, höchstens bis 1,5 m hohe Sträucher, m. niederlgd.-aufstgd. Ästen od. spalierart. ausgebreitetem, dem Boden angedrücktem Astsystem, z. T. m. unterirdischen Ausläufern **2**

2. Sträucher nied. Lagen **16**

— Sträucher der Alp. u. höh. Mittelgeb. **3**

3. Astsystem in die Erde verlagert u. ausläuferart.; die sich über die Erde erhebenden Triebe nur 2–10 cm lg., meist nur m. 2 fast kreisrunden, bis 3 cm langen, am Rand scharf drüsig gesägten *(788),* kahlen, beidersts. grünen, glzd. Blätt.; Gebirgspfl. (s. auch S. 482 Nr. **9**) *Kraut-W.,* **S. herbácea** L.

— Astsystem nicht in die Erde verlagert; Triebe entw. flach, spalierartig ausgebreitet od. aufstgd.; Äste m. mehr als 2 Blätt. **4**

4. Triebe niederlgd.-aufstgd., aber nicht dem Boden angepresst . . . **7**

— Triebe niederlgd., spalierart. dem Boden angedrückt **5**

5. Blätt. bis 2 cm lg. gestielt, m. elliptischer bis kreisf., ± lg. gestielter, obersts. mattgrüner, runzeliger, untersts. grau-weißgrüner, in der Jugend lg. seidig behaarter, im Alter verkahlender Spr.; Nervennetz untersts. stark hervortretend *(789);* Äste sparrig, gelbbraun, zäh; Gebirgspfl. (s. auch S. 483 Nr. **11**) *Netz-W.,* **S. reticuláta** L.

— Blätt. kurz gestielt, verkehrt eif., 4–20 mm lg., ganzrandig u. kahl **6**

6. Blätt. 8–20 mm lg., 5–8 mm breit, an der Spitze gestutzt od. ausgerandet *(790);* Wuchs locker; Äste wurzelnd, braun, kahl; die älteren m. weißer, sich ablösender Rinde; Gebirgspfl. (s. auch S. 482 Nr. **10**) *Stumpfblättrige W.,* **S. retúsa** L.

— Blätt. nur 4–10 mm lg., 2–4 mm breit, meist zugespitzt *(791);* Wuchs gedrungen; Äste dicht beblättert u. ganz der Unterlage angedrückt; Gebirgspfl. (s. auch S. 482 Nr. **10**–) *Quendelblättrige W.*, **S. serpillifólia** Scop.

7(4). Blätt. kahl od. in der Jugend behaart, später aber verkahlend . . **9**

— Blätt. beidersts. od. untersts. dicht wollig-filzig od. dicht seidig behaart **8**

8. Blätt. beidersts. bleibend dicht weißl.grau seidig behaart, ganzrandig, kurz gestielt, ca. 5,5 cm lg. u. 1,5 cm breit, also 3–4-mal so lg. wie breit; bis 1 m hoher, selten höherer Strauch, kalkarme Böden, zwischen 1700 u. 2500 m (s. auch S. 487 Nr. **34**) *Seiden-W.,* **S. glaucosericea** Floderus

— Blätt. in der Jugend beidersts. wollig, im Alter obersts. verkahlend, elliptisch-lanzettl., bis 4 cm lg. u. 2 cm breit, nur 2–3-mal so lg. wie breit, am Rand drüsig gesägt; bis 1 m, selten bis 1,5 m hoher Strauch; Pfl. d. Alp. (s. auch S. 485 Nr. **28**–) *Schweizer W.,* **S. helvética** Vill.

9(7). Blätt. am Rand scharf gezähnt od. gekerbt, selten ganzrandig (bei *S. waldsteiniana,* s. Nr. **15**) **12**

— Blätt. ganzrandig od. nur schwach u. undeutl. gezähnt **10**

10. Blätt. groß, gestielt, bis 8 cm lg. u. 5 cm breit, kurz bespitzt, meist ganzrandig *(794),* kahl, nur in der Jugend schwach behaart, beidersts. glanzlos, obersts. mattgrün, untersts. blassgrün bis weißl.; Nebenblätt. oft stark entwickelt, schief eif., gesägt *(794);* niederlgd., zuw. aufrechter, bis 1,5 m hoher Strauch der subalp. Hochstaudenfluren (s. auch S. 487 Nr. **37**) *Spieß-W.,* **S. hastáta** L.

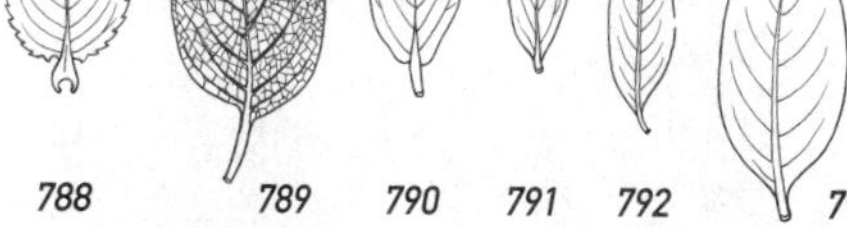

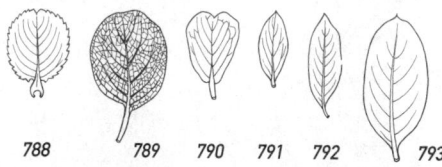

788 789 790 791 792 793

— Blätt. kleiner, höchstens bis 5 cm lg. **11**

11. Blätt. beidersts. matt, blaugrün bereift, m. weitmaschigem, beidersts, fein hervortretendem Nervennetz, elliptisch bis verkehrt eif., 1,2–4 cm lg., oberhalb der Mitte am breitesten *(793);* 30–100 cm hoher Strauch m. niederlgd., kahlen, glanzlos braunen Ästen; Alp. (s. auch S. 488 Nr. **40**) *Blau-W.,* **S. caésia** VILL.

— Blätt. beidersts. glzd. u. lebhaft grün, in der Jugend untersts. seidenhaarig, aber verkahlend, gestielt, 1,2–3,5 cm lg. u. 0,6–1,8 cm breit, verkehrt eif., an der Spitze abgerundet od. kurz stachelspitzig; Äste niederlgd., wurzelnd; Alp. (s. auch S. 487 Nr. **36**) *Myrten-W.,* **S. alpína** SCOP.

12(9). Niederlgd., nur bis 30 cm hoher, sparrig verzweigter Strauch; einjährige Äste grau behaart; Blätt. elliptisch od. verkehrt eif., bis 3 cm lg. u. bis 1,8 cm breit, kurz bespitzt, am Rand dicht kurzdrüsig gesägt *(797),* in der Jugend zuw. seidig-zottig, im Alter beidersts. kahl u. lebhaft grün, untersts. glzd.; Alp. (s. auch S. 487 Nr. **36**–) *Matten-W.,* **S. breviserráta** FLODERUS

— Sträucher meist > 30 cm **13**

13. Blätt. obersts. auffallend glzd., wie lackiert aussehend, untersts. heller, breit verkehrt-eif., kurz bespitzt, ± 4 cm lg. u. 2,5 cm breit, am Rand dicht kerbig gesägt *(799),* gleich den Zweigen völlig kahl; niedriger, selten bis 1,5 m hoher Strauch; Alp., m. den Flüssen bis in das Vorland herabstgd. (s. auch S. 483 Nr. **11**–) *Kahle W.,* **S. glábra** SCOP.

— Blätt. obersts. nicht wie lackiert aussehend **14**

14. Blätt. dicht u. scharf regelmäßig weißdrüsig gesägt, beidendig verschmälert, bis 4 cm lg. u. 1,6 cm breit, in der Mitte am breitesten, obersts. dkgrün glzd., untersts. heller, kahl; mittelhoher, zierl. Strauch, m. rutenf., schwärzl. bis purpurnen Ästen, kalkmeidend; Alp. (s. auch S. 487 Nr. **38**) *Ruch-W.,* **S. fóetida** SCHLEICH.

— Blätt. ± regelmäßig, aber nicht weißdrüsig gesägt od. schwach kerbig gesägt, zuw. auch ganzrandig, zweifarbig, obersts. lebhaft grün, untersts. heller, blau- bis meergrün **15**

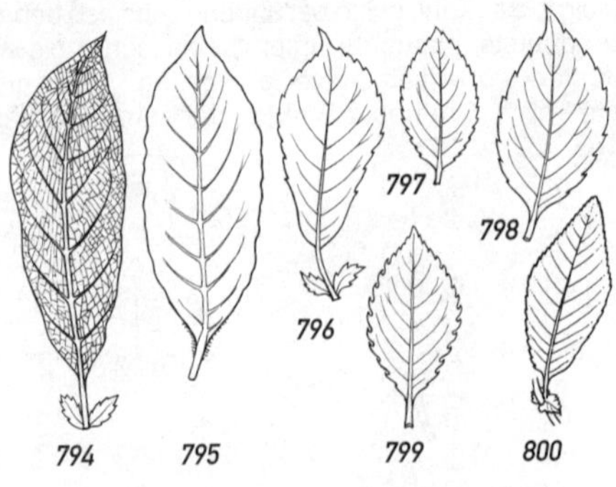

15. Mittelhoher Strauch, vorwgd. der O-Alp. (nach W seltener werdend), m. kurzen, absthd., grauen, warzigen Ästen; junge Zweige kahl, olivgrün od. grünl.gelb; Blätt. schwach kerbig gesägt, selten fast ganzrandig, verkehrt eif., 1,9–6,3 cm lg. u. 0,5–3,1 cm breit, oberhalb der Mitte am breitesten, obersts. lebhaft-, untersts. blaugrün; Nebenblätt. häufig fehlend, kalkliebend; Hochstaudenfluren. (s. auch S. 487 Nr. **38**–)
Bäumchen-W., **S. waldsteiniána** WILLD.

— Bis 1,2 m hoher, aufrechter Strauch der höh. Mittelgeb. (Vog., Harz, Sudeten) u. Gurktaler Alpen; junge Zweige fahlgelb, kahl od. kurz behaart, stark knotig; älteres Holz m. Striemen; Blätt. am Rand ± regelmäßig gesägt, verkehrt eif. od. lanzettl., zugespitzt, bis 3,5(–8,5) cm lg. u. 4,5 cm breit, obersts. grün, untersts. meergrün, in der Jugend seidig behaart; Hochstaudengebüsch (s. auch S. 485 Nr. **29**)
Zweifarbige W., **S. bícolor** EHRH. ex WILLD.

16(2). Blätt. dicht weißfilzig behaart, verkehrt lanzettl., ± 3,5 cm lg. u. ± 1,2 cm breit; aufrechter, bis 1 m hoher Strauch; nur Moore von OPr u. Riesengeb. (s. auch S. 485 Nr. **28**)
Lappländische W., **S. lappónum** L.

— Blätt. kahl od. behaart, aber nicht weißfilzig **17**

17. Pfl. ohne unterirdisch kriechenden Stamm, 30 (selten bis 100) cm hoher Strauch; Blätt. dünn, beidersts. kahl, obersts. sattgrün, glzd., untersts. mattgrün, bis 5 cm lg. u. 1,5 cm breit, zugespitzt, am Grd. ganzrandig, gegen die Spitze gekerbt; Magerrasen, Moore in OPr, Schl. u. BW (s. auch S. 486 Nr. **30**) *Bleiche W.,* **S. starkeána** WILLD.

— Pfl. m. unterirdisch-kriechendem Stamm. **18**

18. 0,2–0,5 m hoher Strauch der Moore; Blätt. beidersts. blaugrün, denen der *Heidelbeere* ähnl., ganzrandig, rundl. bis schmal elliptisch *(792)*, bis 3,5 cm lg. u. bis 1,8 cm breit, in der Jugend schwach behaart, im Alter kahl (s. auch S. 486 Nr. **32**) *Heidelbeer-W.,* **S. myrtilloídes** L.

— Bis 1 m hoher Strauch; Blätt. lanzettl., breit lanzettl. od. breit verkehrt eif., ganzrandig, kahl od. dicht seidig behaart, obersts. sattgrün, untersts. graugrün; Zweige dünn, braun; feuchte u. nasse Orte (s. auch S. 486 Nr. **31**–) *Kriech-W.,* **S. répens** L.

19(1). Weiden m. Hauptverbreitung in niederen Lagen, bisweilen aber bis in die montane u. subalp. Reg. aufstgd. **27**

— Weiden m. Hauptverbreitung in Alp. u. höh. Mittelgeb., zuw. in niedere Lagen herabstgd. **20**

20. Äste kahl od. nur in der Jugend kurz behaart, aber schnell verkahlend **22**

— Äste dicht grau-samtig, in der Jugend z. T. dicht weißwollig u. erst im 2. od. 3. Jahr verkahlend; Blätt. beim Trocknen leicht schwarz werdend **21**

21. Zweige dick, stark knotig, schwarzbraun bis schwarz; junge Triebe weiß wollig-filzig, erst im 2. od. 3. Jahr verkahlend; Blätt. kurz gestielt, 7–17 cm lg., 2,5–5 cm breit, am Rand ausgeschweift gekerbt *(795)*, in der Jugend obersts. wollig-flaumig, untersts. dicht wollig-filzig, im Alter obersts. verkahlend, sattgrün, untersts. heller, flaumig; Alp. (s. auch S. 484 Nr. **24**–) *Flaum-W.,* **S. lággeri** WIMM.

— Zweige nicht stark knotig, schwarzbraun, selten heller; junge Triebe grau-samtig behaart, auch im Alter selten kahl; Blätt. gestielt, in der Form variierend, kreisrund bis lanzettl., 3–15 cm lg., 1–5 cm breit, kurz bespitzt, am Rand unregelmäßig drüsig gesägt *(812),* obersts. sehr fein, besonders entlang der Mittelrippe dicht kurz behaart, dk.grün, untersts. kahl od. behaart, vor allem die Mittelrippe wachsig bereift, aber Wachsüberzug nicht bis in die Blattspitze reichend, diese deshalb grün; bis 4 m hoher Strauch, vor allem der montanen u. subalp. Reg., im N aber auch in tieferen Lagen (= *S. nigricans* SM.) (s. auch S. 485 Nr. **25**) *Schwarzwerdende W.,* **S. myrsinifólia** SAL.

22(20). Bis 2 m hoher (in höh. Lagen auch niedrigerer) Strauch nur der östl. Mitttelgeb. (Sudeten u. angrenzende Geb.), m. sparrig absthd., in der Jugend behaarten, im Alter kahlen, braunen bis rotbraunen Ästen; Blätt. im Austrieb rotbraun, beidersts. m. gekrümmten Haaren, im Alter lg. gestielt, verkehrt lanzettl., oberhalb der Mitte am breitesten, am Rand grob u. ± unregelmäßig gekerbt *(800),* zuw. ganzrandig, beidersts. grün, m. weitmaschigem, untersts. stark hervortretendem Nervennetz (s. auch S. 484 Nr. **22**) *Schlesische W.,* **S. silesíaca** WILLD.

— Pfl. anders u. von anderer Verbr. **23**

23. Blätt. schmal lineal, bis 12 cm lg. u. 2 cm breit, am Rand zurückgerollt u. drüsig gezähnt, kurz gestielt *(804),* in der Jugend beidersts. dicht weißfilzig, später obersts. kahl, untersts. behaart; bis 6 m hoher Strauch, m. dünnen, gelbl. bis rotbraunen Ästen; Alp., Vorland, Schweizer Jura, Oberrhein, Bayrw., ČR (s. auch S. 482 Nr. **6**) *Lavendel-W.,* **S. eleágnos** SCOP.

— Blätt. nicht schmal lineal **24**

24. Junge Zweige behaart, später verkahlend **26**

— Junge Zweige kahl od. nur an der Spitze behaart, zuw. hechtblau bereift. **25**

25. Zweige hechtblau bereift, dk.-rotbraun, brüchig; Blätt. gestielt, breit verkehrt eif., bis 10 cm lg. u. 2,5 cm breit, scharf zugespitzt, zum Grd. verschmälert, am Rand dicht feindrüsig gesägt *(806),* in der Jugend seidig behaart, im Alter obersts. dkgrün glzd., untersts. graugrün matt;

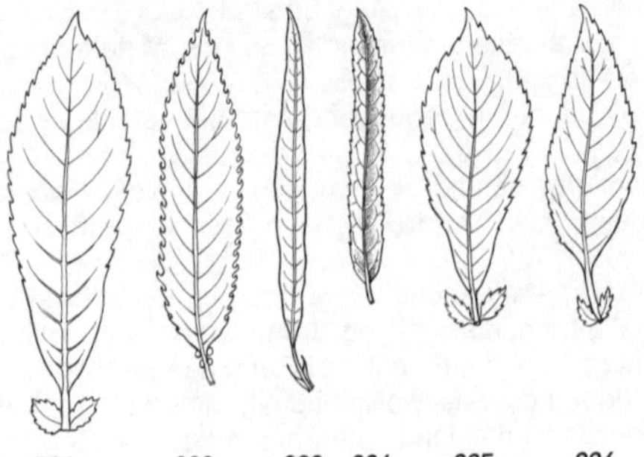

801 802 803 804 805 806

Nebenblätt. stark ausgebildet, feindrüsig gesägt; bis 10 m hoher, raschwüchsiger Baum; Flussufer, Auwälder (s. auch S. 483 Nr. **15**)
Reif-W., **S. daphnoídes** Vill.

— Zweige nicht hechtblau bereift, glzd. kastanien- bis schwarzbraun; Blätt. elliptisch, ± 4,5 cm lg. u. ± 2 cm breit, scharf zugespitzt, am Grd. stumpf, am Rand drüsig gesägt *(798),* im Alter völlig kahl, obersts. glzd. dkgrün, untersts. meergrün u. wachsig bereift; Nebenblätt. 3–8 mm lg., drüsig gesägt; bis 4 m hoher Strauch der Alp. (s. auch S. 485 Nr. **29**–) *Hochtal-W.,* **S. × hegetschwe̍ileri** Heer

26(24). Zweige glzd. dkbraun bis schwärzl., dick knotig, an den Astenden oft genähert u. dadurch büschelig; Blätt. derb ledrig, lanzettl. bis verkehrt eif., in der Größe variierend, beidersts. matt bis schwach glzd., m. dickem, grobmaschigem Nervennetz, am Rand scharf drüsig gesägt; bis 3 m hoher Strauch der Alp. (s. auch S. 485 Nr. **25**–)
Tauern-W., **S. mielichhóferi** Saut.

— Zweige graubraun od. grau, schwach knotig, die jüngsten weißl. behaart; Blätt. ± 1 cm lg. gestielt, in der Größe sehr variierend, aber meist sehr groß, längl.-verkehrt-eif., über der Mitte am breitesten, am Rande umgebogen, ungleich grob gesägt *(805),* in der Jugend weiß-filzig, später verkahlend, obersts. freudig grün, untersts. bläul. grün; Mittelrippe meist behaart; Adernetz engmaschig, obersts. vertieft, untersts. stark hervortretend; Nebenblätt. an Langtrieben kräftig, grob gesägt *(805);* höh. Strauch od. kleiner Baum der hochmontanen u. subalp. Reg. (s. auch S. 484 Nr. **23**)
Großblättrige W., **S. appendiculáta** Vill.

27(19). Blätt. breit lanzettl., elliptisch, eif. od. rundl. **34**

— Blätt. schmäler, lanzettl. od. lineal **28**

28. Blätt. im Alter beidersts. od. zumindest untersts. behaart **31**

— Blätt. im Alter beidersts. kahl **29**

29. Blätt. schmal verkehrt-lanzettl., bis 12 cm lg. u. 2,2 cm breit, gegen den Grd. lg., gegen die Spitze kurz verschmälert, im unt. Teil ganzrandig, gegen die Spitze gezähnt bis gesägt *(807),* beim Trocknen meist schwarz werdend; Zweige dünn, zahlr., gelbl. od. braun bis purpurrot; bis 6 m hoher Strauch; Ufer, nasse Wiesen, zuw. bis in die subalp. Reg. aufstgd. (s. auch S. 488 Nr. **39**) *Purpur-W.,* **S. purpúrea** L.

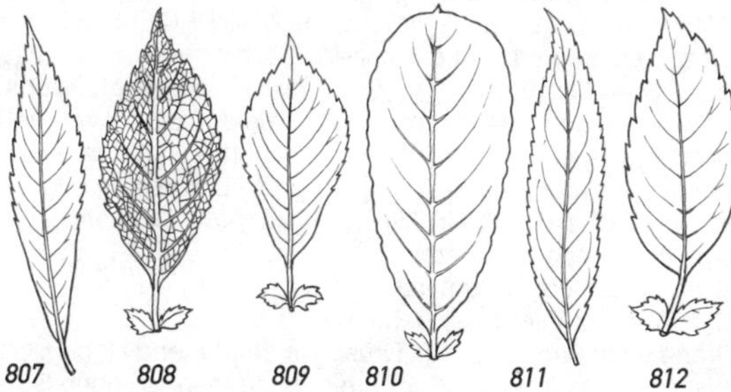

807 *808* *809* *810* *811* *812*

— Blätt. lanzettl., am ganzen Rand scharf gesägt, beim Trocknen nicht schwarz werdend **30**

30. Zweige leicht abbrechend; Blätt. bis 16 cm lg. u. 4 cm breit, lg. zugespitzt, am Rand grob knorpelig gezähnt *(802),* obersts. glzd. grün; Blattstiel bis 2 cm lg., am Grd. der Spr. einige Nektardrüsen; bis 15 m hoher Baum m. gelben od. braunen, glänzenden Ästen; Ufer größerer Flüsse, vereinzelt bis in die Voralpentäler (s. auch S. 482 Nr. **7**)
Bruch-W., **S. frágilis** L.

— Zweige zäh, nicht brüchig; Blätt. schmal lanzettl. bis elliptisch, bis 15 cm lg. u. 3 cm breit, spitz od. zugespitzt, am Rand drüsig gesägt *(801),* obersts. dkgrün, untersts. heller; Nebenblätt. halb herzf., am Rand gesägt; Rinde der älteren Zweige sich in Fetzen ablösend, neue Rinde zimtbraun; bis 4 m hoher Strauch, selten kleiner Baum; Flusstäler, bis in die Voralpentäler aufstgd. (s. auch S. 481 Nr. **2**)
Mandel-W., **S. triándra** L.

31(28). Blätt. untersts. sehr dicht behaart **33**

— Blätt. untersts. mäßig dicht behaart (bei *S. alba* im Alter verkahlend) **32**

32. Zweige in der Jugend dicht weißfilzig behaart, im Alter verkahlend, matt od. glzd. dkbraun; Blätt. 11–13 cm lg. u. 2–3 cm breit, lanzettl., beidendig verschmälert, obersts. kahl, glzd., untersts. aschgrau bereift, spärl. behaart; Blattrand zurückgebogen, undeutl. wellig gezähnt; aufrechter, 4–6 m hoher Strauch; wild nur im NO (s. auch S. 484 Nr. **18**–) *Filzästige W.,* **S. dasýclados** Wimm.

— Zweige auch jung kahl, gelbbraun; Blätt. kurz gestielt, lanzettl., bis 10 cm lg. u. 2 cm breit, am Rand dicht kleindrüsig gesägt *(811),* obersts. dkgrün, schwach glzd., locker seidig behaart, untersts. heller grün, in der Jugend dicht seidig behaart, später verkahlend; bis 20 m hoher Baum m. rissiger Rinde; Flussufer (s. auch S. 482 Nr. **7**–)
Silber-W., **S. álba** L.

33(31). Blätt. ganzrandig, schmal anzettl., bis 15 cm lg. u. 1,5 cm breit, zugespitzt, am Grd. keilf. *(803),* obersts. trübgrün, locker behaart, untersts. silbrig schimmernd, in der Jugend beidersts. lg. seidig behaart; Äste grünl.gelb; innere Rinde grün.; hoher Strauch od. bis 10 m hoher Baum; Bach- u. Flussufer (s. auch S. 483 Nr. **14**) *Korb-W.,* **S. viminális** L.

— Blätt. an der Basis ganzrandig, gegen die Spitze drüsig gezähnt, schmallineal bis verkehrt lanzettl., am Rand umgerollt *(804),* obersts. fast kahl, untersts. dicht weißgrau, aber nicht silbrig schimmernd behaart (s. auch Nr. **23** u. S. 482 Nr. **6**) *Lavendel-W.,* **S. eleágnos** Scop.

34(27). Zweige meist hechtblau bereift, brüchig; Blätt. breit verkehrtlanzettl., bis 10 cm lg. u. 2,5 cm breit, scharf bespitzt, am Rand fein drüsig gesägt *(806),* obersts. dkgrün glzd., untersts. graugrün, matt (s. auch Nr. **25** u. S. 483 Nr. **15**) *Reif-W.,* **S. daphnoídes** Vill.

— Zweige nicht hechtblau bereift **35**

35. Blätt. beidersts. od. nur untersts. ± dicht behaart **37**

— Blätt. kahl od. nur schwach behaart **36**

36. Blattrand dicht drüsig gesägt; Drüsen in der Jugend klebrig; Spr. eif.-elliptisch, ca. 6 cm lg. u. 2 cm breit, lg. zugespitzt, obersts. lebhaft grün, glzd., untersts. heller, matt; Blattstiel ± 1 cm lg., am ob. Ende m. 3–5 Drüsenpaaren; junge Triebe klebrig u. aromatisch duftend; Strauch od. bis 15 m hoher Baum; Bruch- u. Auwälder, zuw. bis in die Voralpentäler (s. auch S. 481 Nr. **1**) *Lorbeer-W.,* **S. pentándra** L.

— Junge Blätt. (u. Äste) nicht klebrig, in der Form sehr veränderl., elliptisch, lanzettl. bis kreisrund, 3–15 cm lg., 1–5 cm breit, am Rand unregelmäßig gesägt *(812),* obersts. dkgrün u. schwach glzd., untersts. blaugrün bereift, aber an der Spitze rein grün; beim Trocknen schwarz werdend (= *S. nigricans* Sm.) (s. auch S. 485 Nr. **25**)
Schwarzwerdende W., **S. myrsinifólia** Sal.

Vgl. auch *Apennin-W.,* **S. apennína** A.Skvortsov; Blätt. untersts. grün; junge Zweige ziemlich dicht weiß behaart; *s* im S-Ts (vgl. S. 485 Nr. **25**).

37(35). 2–4-jähriges Holz nach Entfernen der Rinde m. zahlr. deutl. Striemen **39**

— 2–4-jähriges Holz ohne od. m. nur wenigen, oft undeutl. Striemen **38**

38. Nebenblätt. klein; Spr. längl. elliptisch bis fast kreisrund, 4–6(–15) cm lg. u. 2–3(–10) cm breit, zugespitzt, in od. unterhalb der Mitte am breitesten, ganzrandig, häufiger aber unregelmäßig bogig gezähnt *(808),* obersts. dkgrün, schwach glzd., untersts. blaugrün, matt, meist dicht weißsamtig, selten kahl; Adernetz weitmaschig, obersts. vertieft, untersts. scharf hervortretend; dickästiger, höherer Strauch, vor allem in Mischwäldern (s. auch S. 484 Nr. **24**) *Sal-W.,* **S. cáprea** L.

— Nebenblätt., besonders an den Langtrieben, stark entwickelt; Blätt. sehr veränderl., längl. verkehrt eif., oberhalb der Mitte am breitesten *(805),* anfangs seidig-filzig, dann verkahlend, untersts. oft nur die Mittelrippe behaart (s. auch Nr. **26**– u. S. 484 Nr. **23**).
Großblättrige W., **S. appendiculáta** Vill.

39(37). Einjährige Äste u. die großen Knospen fein behaart; Blätt. gestielt, lanzettl. od. verkehrt lanzettl., bis 10 cm lg. u. 4,5 cm breit, kurz zugespitzt, am Rand scharf u. schmal umgebogen, unregelmäßig bogig gesägt od. gekerbt *(810),* anfangs beidersts. graufilzig, später verkahlend, obersts. schmutziggrün, glanzlos, untersts. graugrün; Nebenblätt. meist stark entwickelt, gezähnt; mittelhoher Strauch; Moore, Bachufer, nur vereinzelt bis in die montane u. subalp. Reg. aufstgd. (s. auch S. 483 Nr. **17**) *Grau-W.,* **S. cinérea** L.

— Einjährige Äste u. die kleinen Knospen kahl oder fast kahl **40**

40. Blätt. gestielt, rundl.-eif. bis verkehrt lanzettl., gegen den Grd. keilig verschmälert, m. kurzer Spitze, bis 5 cm lg., am Rand grob gesägt *(809),* obersts. trübgrün, glanzlos, schwach behaart od. kahl, untersts. anfangs graufilzig behaart, später verkahlend, aber nie ganz kahl; Nebenblätt. kräftig gezähnt; Flachmoore, Quellsümpfe, zuw. bis in die subalp. Stufe aufstgd. (s. auch S. 488 Nr. **41**) *Ohr-W.,* **S. auríta** L.

— Blätt. obersts. dkgrün, glzd., untersts. graugrün m. kurzen rostroten Haaren; mittelhoher Strauch od. kleiner Baum; Moorwiesen, nur im W (s. auch S. 488 Nr. **41**–) *Rostrote W.,* **S. atrocinérea** Brot.

Die Gattung *Salix* neigt stark zur **Bastard**bildung!

Familie: **Violáceae**, *Veilchengewächse*

Kräuter u. Stauden; Blätt. m. großen, oft gefransten Nebenblätt. *(823–826)*; Bltn. einzeln, lg. gestielt, nickend, zygomorph *(813)*, zuw. geschlossen bleibend (**kleistogam**, *814*); Kblätt. 5, am Grd. m. krautigen Anhängseln *(815,* A); Blkrblätt. 5, das unt. gespornt *(813)*; Stbblätt. 5, die beiden unt. m. in den Sporn hineinragendem, Nektar absonderndem Anhängsel *(813)*; Frkn. oberst., 3-blättrig; Kapselfr. *(815)*.

Víola L., *Veilchen*

1. Beide seitl. Blkrblätt. nach oben gerichtet u. die beiden ob. m. den Rändern deckend *(818)*; Bltn. violett, gelb, gelbl.weiß od. 3-farbig **22**

— Beide seitl. Bltnblätt. nach abw. gerichtet *(819)*; Bltn. blau od. violett, rötl.-lila, selten weiß, niemals gelb, jedoch zuw. gelbgrün u. 2-farbig **2**

2. Stg. u. Blattstiele 1-reihig behaart; Blätt. m. breit herzf., in der Jugend tütenf. eingerollter Spr.; Bltn. blasslila, wohlriechend; Sporn grünl.weiß, dick, stumpf; ♃; IV–V. Lichte Laubwälder, auf Kalk; *z, f* im NW. [G] *Wunder-V.*, * **V. mirábilis** L.

— Stg. u. Blattstiele kahl od. behaart (dann aber nicht 1-reihig) **3**

3. Pfl. m. entwickelten u. beblätterten, oberirdischen Bltnstg.; Bltn. in den Achseln der Stgblätt.; Kblätt. zugespitzt **16**

— Pfl. ohne entwickelte oberirdische Stg.; Blätt. deshalb alle in grdst. Rosette; Bltn. in den Achseln der Rosettenblätt.; Kblätt. stumpf . . **4**

4. Blätt. handf. 3–5-teilig; Bltn. hellviolett; ♃; VI. Felsspalten, Gesteinsfluren; *s*, Vs, Gr, Ts, St. Gallen, Bz, Ti, Kt. *Fieder-V.*, **V. pinnáta** L.

— Blätt. ungeteilt **5**

5. Narbe schief, scheibenf. *(816)*; Blattspr. nierenf., an der Spitze meist abgerundet; Sumpfpfl. od. Zierpfl. **13**

— Narbe hakig gebogen, geschnäbelt *(817)*; Blattspr. herzf. *(820–822)*, deutl. zugespitzt **6**

6. Pfl. ohne Ausläufer **10**

— Pfl. m. ober- od. unterirdischen, zuw. allerdings nur kurzen Ausläufern; Bltn. wohlriechend **7**

7. Bltnstiele in od. über der Mitte m. 2 schuppenf. Vorblätt.; Blätt. behaart **9**

— Vorblätt. unterhalb der Mitte der Bltnstiele (nur bei der gelbgrün beblätterten *V. pyrenaica* nahe der Mitte der Bltnstiele); Blätt. kahl, glzd., Nebenblätt. schmal lineal, lg. gefranst; Ausläufer höchstens 10 cm lg. **8**

813

814

815

816

817

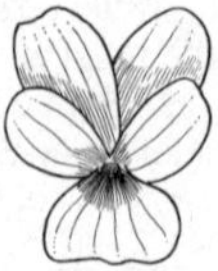

818

819

8. Blätt. lebhaft grün, fettig glzd.; Bltn. dkviolett bis dkblau, an der Basis weißl.; ♃; III–IV. Auwälder, Eichenwälder, auf Kalk; wild in Vs, Bz, Au, ČR, sonst Zierpfl. u. stellenweise verwild. (= *V. beraudii* Bor.; = *V. cyanea* Čel.; = *V. sepincola* Jord.) Ⓖ *Blau-V.,* **V. suávis** Bieb.

— Blätt. gelbl.grün; Bltn. lila bis blauviolett, in der unt. Hälfte weiß; Pfl. m. kurzen, nicht wurzelnden Ausläufern; ♃; IV–VII. Felsen, Schutt, Magerwiesen, subalp. Wälder, bis 2250 m, kalkliebend; *s*, Allgäu, Ti, OÖ, Kt, St, Bz, CH. (=*V. sciaphila* Koch)
Glattes Berg-V., **V. pyrenáica** Ram. ex DC.

9(7). Nebenblätt. lineal, spitz, 4–10-mal so lg. wie breit, entfernt lg. fransig behaart; Blattstiel absthd. behaart; Blattspr. fast 3-eckig-herzf., weichhaarig; Bltn. meist weiß, selten violett; Sprosse weichhaarig; ♃; III–IV, Lichte Laubwälder der collinen u. montanen Reg.; *s*, E, CH, BW, Ba, RhPf (Merzig), ČR, *z* in Au. Ⓖ *Weißes V.,* **V. álba** Bess.

a. Blkr. violett; *s*, NÖ, Bgl. var. **violácea** Wiesb. ex Dichtl

— Blkr. weiß; Sporn gelbgrün od. violett . . . . **b**

b. Sporn gelbgrün; *z–s*. ssp. **álba**

— Sporn violett; *s*, CH, Vb, FL, NÖ, Bgl, Bz. ssp. **scotophýlla** (Jord.) Nym.

— Nebenblätt. eif., zugespitzt, 1–4-mal so lg. wie breit; Blattstiel abwärts anlgd. behaart; Blattspr. rundl.-nierenf. bis herz-eif., fein behaart, untersts. oft glzd.; Blkr. dkviolett, selten rosa od. weiß; Bltn. wohlriechend; ♃; III–IV. Auwälder, Bachufer; *v*, aber wohl nur aus Gärten verwild. u. eingebürgert.
März-V., * **V. odoráta** L.

10(6). Nebenblätt. lanzettl., ganzrandig od. nur kurz gefranst, kahl; Blattspr. durch seichte, weite Bucht herzf., beidersts. behaart, am Rand regelmäßig gekerbt *(820);* Blkrblätt. hellblau-violett, am Grd. weiß; Sporn dünn, rötl.violett; Bltn. geruchlos; ♃; III–V. Trockene Wiesen, Trockenrasen; *v*, *s* im NO, *f* im NW. Ⓖ *Raues V.,* * **V. hírta** L.

— Nebenblätt. m. zieml. langen, bewimperten Fransen; Bltn. wohlriechend **11**

11. Blattspr. durch tiefen, engen Ausschnitt herzf., am Rand fein gekerbt *(821),* untersts. fast wollig; Fransen der Nebenblätt. etwa so lg. wie deren Breite; Bltn. hellviolett bis weißl., m. weißl. Sporn; ♃; III–IV. Hügel, lichte Wälder, bis in die Voralp., kalkliebend; *z*, *f* im NW.
Ⓖ *Hügel-V.,* **V. collína** Bess.

— Blattspr. am Grd. seicht herzf. bis fast gestutzt **12**

12. Blätt. am Grd. gestutzt od. schwach herzf.; Bltn. dkviolett; Sporn dick; Kblätt. 3,5 mm lg.; Nebenblätt. 10–15 mm lg.; Rhizom dicker als

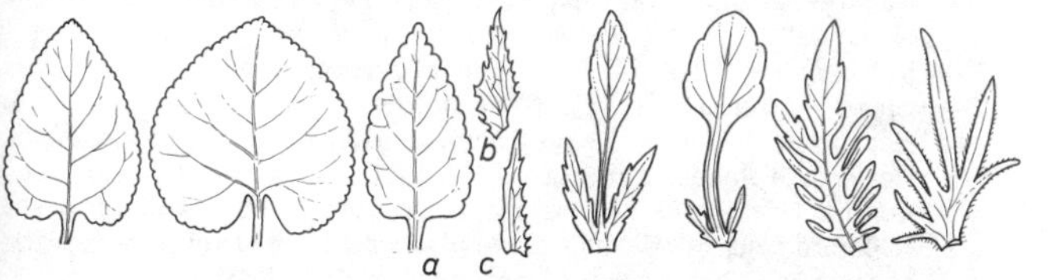

820 *821* *822* *823* *824* *825* *826*

2 mm; ♃; IV–V. Trockene Bergwiesen, Heiden, kalkmeidend; nur Th (Kyffhäuser), NÖ, Bgl, ČR. *Pontisches V.,* **V. ambígua** W. & K.

— Blätt. seicht herzf. m. offener Bucht; Bltn. lila od. fast weiß; Sporn schlank; Kblätt. 2,5 mm lg., behaart; Nebenblätt. 5–10 mm lg.; Rhizom dünner als 2 mm; ♃; IV–VI. Magerwiesen, Felsspalten, 950–1800 m; *s,* Ti, CH, Bz, OTi. *Schweizer V.,* **V. thomasiána** Song. & Perr.

13(5). Nebenblätt. bis zur Mitte dem Blattstiel angewachsen, drüsig gezähnelt; Blattstiel geflügelt; Spr. herz-eif.; bis 6 cm lg. u. bis 4 cm breit, am Rand seicht gekerbt; Bltn. hellviolett; ♃; IV–VI. Moorwiesen; *s* in Lausitz, Schl, OPr, Da, früher auch in SaAn. *Moor-V.,* **V. uliginósa** Bess.

— Nebenblätt. frei, fransig gezähnelt od. ganzrandig; Blätt. nierenf., etwa so lg. wie breit; Blattstiel höchstens oberw. etwas geflügelt **14**

14. Nebenblätt. 4–6-mal so lg. wie breit; Bltn. weiß m. violetten Adern, unt. Kronblatt (m. Sporn) 18–25 mm lg., seitl. Kronblätt. innen m. an der Spitze keulig verdickten Haaren; Wurzelstock dick, > 5 mm Dm; ♃; V–VI. Zierpfl. (Heimat: N-Am.), *s* auf Rasenflächen verwild. u. eingebürgert, z. B. Ts, Gr, Sb, Kt. (= *V. obliqua* Hill) *Amerikanisches V.,* **V. cuculláta** Ait.

— Nebenblätt- 2–3-mal so lg. wie breit; Wurzelstock < 5 mm im Dm **15**

15. Blätt. zu 2–6, meist zu 4, rosettig; Spr. kahl, glzd. gelbgrün, an der Spitze stumpf, meist breiter als lg.; Bltnstiel etwas oberhalb der Mitte 2 Vorblätt. tragend; Bltn. 10–15 mm groß, rötl.lila bis weiß, das unt. Blkrblatt violett geadert; Pfl. m. Ausläufern; ♃; VI–VII. Hoch- u. Flachmoore; *v.* Ⓖ *Sumpf-V.,* * **V. palústris** L.

— Blätt. nur zu 2, unterst. zerstreut behaart; Spr. meist zugespitzt, länger als breit; Vorblätt. im ob. Drittel des Bltnstiels sitzend; Bltn. 15–20 mm groß, nicht dk. geadert; ♃; V. Flach- u. Hochmoore; *s* im NO, O, SH, Da, früher auch in Sa. *Torf-V.,* **V. epipsíla** Led.

16(3). Grdblätt. vorhanden, lg. gestielt, in ihren Achseln beblätt. Seitenäste entspringend; Blattspr. breit eif. od. rundl., am Grd. deutl. herzf. **20**

— Stgbasis ohne lg. gestielte Grdblätt.; Blattspr. eif. od. längl. eif., am Grd. nur schwach herzf. **17**

17. Sporn 4–8 mm lg., 1–3-mal so lg. wie die K-Anhängsel, weiß od. gelbl., selten grünl.; Stg. niederlgd. bis aufstgd., 5–15 cm lg., schwach behaart od. kahl; Blätt. lg. gestielt, m. schmal bis breit eif., derber Spr. *(822a);* Nebenblätt. schmal lanzettl., 0,5–1 cm lg., entfernt gezähnt bis gefranst *(822b);* Blkrblätt. blauviolett, am Grd. weißl.; ♃; IV–VI. Wiesen, Wälder, Heiden, Moore. Formenreich. Ⓖ *Hunds-V.,* * **V. canína L.**

- **a.** Sporn 2–3-mal so lg. wie die K-Anhängsel, aufwärts gebogen, ausgerandet; Nebenblätt. ½–⅓ so lg. wie die Blattstiele, gefranst; *z* in Voralp. u. Mittelgeb. [= *V. schulzii* Billot] *Schultz-V.,* ssp. **schúltzii** (Billot) Gams
- — Sporn 1–2-mal so lg. wie die K-Anhängsel .... **b**
- **b.** Nebenblätt. ¼–½ so lg. wie die Blattstiele, gefranst od. tief gezähnt *(604b).* Heiden, Waldränder; *z* in Voralp. u. Mittelgeb. [= *V. montana* L.; = ssp. *montana* (L.) Hartm.] *Berg-V.,* ssp. **rúppii** (All.) Schübler & Martens
- — Nebenblätt. nur ⅙ bis ⅓ so lg. wie die Blattstiele, entfernt gefranst, zuw. ganzrandig *(822c).* Heiden, Magerwiesen, Kiefernwälder; *v.* *Gewöhnliches Hunds-V.,* ssp. **canína**

s in Be (W-Flandern) auch das *Milch-V.,* **V. láctea** SM. mit bläul.weißen Bltn., Sporn 3–4 mm lg., doppelt so lg. wie die K-Anhängsel; Nebenblätt. ½ so lg., ob. so lg. wie der Blattstiel.

— Sporn 2–3 mm lg., kaum länger als die K-Anhängsel, grünl. bis grünl. gelb; Nebenblätt. groß, gefranst-gesägt, die mittl. meist so lg. wie od. länger als der halbe Blattstiel **18**

18. Nebenblätt. groß, blattartig, fast so lg. wie der Blattstiel *(823);* Blattspr. lanzettl.-keilf., in breit geflügelten Stiel übergehend; Bltn. hellviolett, oft dk. geadert; Stg. nur 1–1,5 (–3,5) cm lg.; ♃; V–VI. Trockene Magerwiesen; *s* im Gebiet des Ober- u. Mittelrheins, Mains, der Donau, Elbe, Elster, Saale, Unstrut, Bode, Br, SO-MeVp, NÖ, Bgl, ČR.
Zwerg-V., **V. púmila** CHAIX

— Nebenblätt. meist kürzer als der Blattstiel *(824);* Blattspr. schwach keilf. od. flach herzf., 2–4-mal so lg. wie breit; Stg. länger als 1,5 cm **19**

19. Stg. spitzenw. gleich den Blätt. flaumhaarig, 20–40 cm lg., kräftig; Blattspr. 3–7 cm lg., 1–2 cm breit, in den 2–4 cm langen, undeutl. geflügelten Stiel überghd.; Nebenblätt. 2–3 cm lg., ganzrandig od. an der Basis grob gezähnt; Bltn. 20–25 mm lg.; Blkrblätt. hellblau, gestreift, am Grd. weiß; ♃; V–VI. Feuchte Wiesen; Stromtalpfl.; *z* im Gebiet der großen Flüsse. (= *V. erecta* auct.)
Ⓖ *Hohes V.,* **V. elátior** FR.

— Stg. fast kahl, 15–20 cm lg., ästig; Blattspr. 2–4 cm lg., am Grd. seicht herzf.; Blattstiel oberw. geflügelt; Nebenblätt. ½ so lg. wie Blattstiel, gezähnt; Bltn. klein, 10–15 mm lg., milchweiß, lila geadert; ♃; IV–V. Flachmoore; *s,* bes. in den großen Stromtälern. (= *V. stagnina* KIT. ex SCHULT.) *Pfirsichblättriges V.,* **V. persicifólia** SCHREB.

20(16). Blätt. u. Stg. meist flaumig behaart; Blattspr. rundl.-eif. bis herznierenf., fast so lg. wie breit, bläul.grün, untersts. oft violett; Nebenblätt. eif., gezähnt; Bltn. blauviolett bis weiß; Sporn 2–3-mal so lg. wie die K.-Anhängsel; Kapsel fein behaart; Stg. 4–6 cm lg.; ♃; IV–V. Trockenwiesen, Dünen, Felsschutt u. Felsspalten, bis in die alp. Reg.; *z, s* im W, *f* im NW bis W-MeVp. (= *V. arenaria* DC.)
Ⓖ *Sand-V.,* **V. rupéstris** F. W. SCHMIDT

— Blätt. u. Stg. ± kahl; Blattspr. breit herzf., stets länger als breit; Stg. 8–25 cm lg. **21**

21. Sporn 5–6 mm lg., schlank, dkviolett, kaum gefurcht, abw. gebogen; Bltn. kürzer als 2 cm, rötl.violett; K-Anhängsel kurz; Nebenblätt. schmal lanzettl., lg. gefranst bis ganzrandig; Blattspr. obersts. zerstr. behaart, untersts. oft violett, ♃; IV–VI. Wälder; *v.* (= *V. sylvestris* LAM. em. RCHB.) Ⓖ *Wald-V.,* * **V. reichenbachiána** JORD. ex BOR.

— Sporn 3 mm lg., dick, untersts. gefurcht, weißl. od. gelbl.weiß, ± nach oben gebogen; Bltn. über 2 cm lg., hellviolett; K-Anhängsel quadratisch; Nebenblätt. breit, gefranst; ♃; IV–V. Wälder.
Ⓖ *Hain-V.,* * **V. riviniána** RCHB.

a. Bltn. groß, bis 22 mm lg.; Kapsel 9–13 mm groß; *v.* ssp. **riviniána**

— Bltn. kleiner als 20 mm; Kapsel 6–8 mm groß; Pfl. von gedrungenem Wuchs; Trockenrasen; *z.* Ⓖ ssp. **mínor** (GREGORY) VALENTINE

22(1). Sporn so lg. wie die Blkrblätt.; Pfl. 3–10 cm hoch **31**
— Sporn kürzer, höchstens ½ so lg. wie die Blkrblätt. **23**
23. Blattspr. nierenf., ringsum gekerbt, frischgrün; Nebenblätt. meist ganzrandig; Bltn. gelb, bräunl. gestreift; Gr. m. abgeflachtem, 2-lappigem Narbenkopf; ♃; V–VI. Feuchte Wälder, Hochstaudenfluren, bis 3000 m; Alp. u. Vorland *v,* sonst *s* in NrWe, Th, Sa (Elbsandsteingeb.), Schweizer Jura, ČR. Ⓖ *Zweiblütiges V.,* * **V. biflóra** L.
— Blattspr. nicht nierenf. **24**
24. Blätt. alle grdst., oval; Bltn. violett, 1,5–3 cm lg., Sporn 3–4 mm lg.; ♃; VII–VIII. Gesteinsfluren der Alp.; *z,* Kt, St, OÖ, NÖ.
Ⓖ *Alpen-Stiefmütterchen,* **V. alpína** Jacq.
— Stg. beblättert **25**
25. Blkrblätt. die Kblätt. deutlich überragend; Bltn. > 15 mm **27**
— Blkrblätt. kürzer als od. höchstens so lg. wie die Kblätt.; Bltn. höchstens 15 mm groß **26**
26. Pfl. 2–10 cm hoch; Nebenblätt. handf. geteilt; größte Blätt. beidersts. m. 1–2 Kerben; ⊙; V–X. Ackerränder, Magerwiesen; *s,* Rheintal, Th, St, NÖ, Bgl., Vs, ČR.
Ⓖ *Kleines Stiefmütterchen,* **V. kitaibeliána** Schult.
— Pfl. 5–20 cm hoch; Nebenblätt. fiederig geteilt (ähnlich *825*); größte Blätt. beidersts. m. 5 Kerben; ⊙; V–X. Äcker, Wegränder; *v.*
Ⓖ *Acker-Stiefmütterchen,* * **V. arvénsis** Murr.
27(25). Blkrblätt. gelbl.-weißl., z. T. blau überlaufen od. am ob. Rand m. purpurnen Flecken (vgl. Nr. **26**–) **V. arvénsis** Murr.
— Blkrblätt. violett od. gelb **28**
28. Nebenblätt. m. stark vergrößertem M-Abschnitt, ± ganzrandig; Pfl. ohne unterird. Ausläufer; ⊙ bis mehrjährig; V–X. Äcker, Dünen, Wiesen, bis in die subalp. Region aufstgd.; *v.* Formenreich.
Ⓖ *Gewöhnliches Stiefmütterchen,* * **V. trícolor** L.
— Nebenblätt. m. wenig vergrößertem, ganzrandigem M-Abschnitt *(608);* Pfl. m. unterird. Ausläufern **29**
29. Stg. kräftig; unterird. Stg. kurz kriechend; Blkrblätt. gelb od. violett; Pfl. der montanen bis subalp. Reg.; ♃; VI–VIII. Magerwiesen, Magerweiden; *s.* Ⓖ *Gelbes Stiefmütterchen,* **V. lútea** L.
a. Stg. < 1 mm im Dm; Blätt. samt Nebenblätt. dicht behaart; Zipfel der Nebenblätt. 1–1,5 mm breit; unt. Bltnblatt 1–1,5 cm breit; *s,* Vog., W-CH.
ssp. **lútea**
— Stg. > 1 mm im Dm; Blätt. und Nebenblätt. kahl od. nur spärlich behaart; Zipfel der Nebenblätt. 1,5–3 mm breit; unt. Bltnblatt bis 2 cm breit; *s,* St, ČR. ssp. **sudética** (Willd.) Nym.
Hierher auch als weitere Unterart * ssp. **calaminária** (Gingins) Lej., m. zarten Stg. u. gelben Bltn.; auf Schwermetallböden der collinen Stufe; *s,* Rheinisch-Belg. Schiefergeb. bis S-NS. [= *V. calaminaria* (Gingins) Lej.]
— Stg. zart; unterird. Stg. weit kriechend; Pfl. von Schwermetallböden der planar-collinen Reg. **30**
30. Blkrblätt. gelb, zuw. von oben blau überlaufen
V. lutea ssp. **calaminaria** vgl. Nr. **29**

— Blkrblätt. purpurviolett bis blau; ♃; V–X. Schwermetallböden; sehr *s,* nur NrWe (Blankenrode). (= *V. lutea* var. *westfalica* A. A. H. SCHULZ)
Ⓢ *Westfälisches Galmei-V.,* * **V. guestphálica** NAUENBURG

31(22). Blätt. alle ganzrandig, ca. 1 cm lg.; Nebenblätt. ganzrandig od. am Grd. m. 1–2 Zipfeln; Bltnstiel 2–4 cm lg.; Bltn. violett; Sporn 5–8 mm lg.; ♃; VII. Felsschutt, auf Kalk; *s,* W-CH.
Mont-Cenis-V., **V. cenísia** L.

— Wenigstens unt. Blätt. gekerbt, jedersts. m. 1–3 Kerben; Blätt. 1–4 cm lg.; Nebenblätt. gezähnt od. fiedspaltig; Bltnstiel 3–9 cm lg.; Sporn 6–15 mm lg., so lg. wie die breit eif. Blkrblätt.; ♃; VI–VII. Felsen, Matten auf Dolomit, 1600–3000 m; Alp. *v, z* in Ti, Vb, Allgäu.
Ⓢ *Gesporntes V.,* **V. calcaráta** L.

a. Bltn. meist violett; Stg. 1–2-bltg.; *v.* Ⓢ ssp. **calcaráta**

— Bltn. meist gelb; Stg. 1-bltg.; *s,* nur Kt. Ⓢ ssp. **zoýsii** (WULF.) MERXM.

Die Gattung neigt stark zur **Bastard**bildung.

Auch das häufig kultivierte *Gartenstiefmütterchen,* * **V.** × **wittrockiána** GAMS (= *V. hortensis* auct.), Nebenblätt. fiedspaltig, m. längerem, gekerbtem Endzipfel *(607)* u. Bltn. größer als 3 cm ist ein **Bastard** wahrscheinlich zwischen *V. lutea* HUDS. u. *V. tricolor* L.

Familie: **Lináceae**, *Leingewächse*

Kräuter od. Stauden m. einfachen, wechselst., seltener gegenst. Blätt.; Bltn. radiär, ⚥, 4–5-zählig; Stbblätt. 4–5 od. 10, ihre Filamente an der Basis verbreitert und ± hoch hinauf zu einer Röhre vereinigt; Frkn. oberst., 5-blättrig, durch falsche Scheidewände oft 10-fächerig; Kapselfr.

1. Bltn. 4-zählig; Kblätt. an der Spitze 2–3-zähnig . . . **Radiola,** 506

— Bltn. 5-zählig; Kblätt. ganzrandig . . . . **Linum,** 505

1. Línum L., *Lein* Ⓢ

1. Blätt. gegenst., oberw. zuw. wechselst. werdend; Bltn. klein, 4–5 mm breit, weiß, am Grd. gelb, vor dem Aufblühen nickend, in Dichasien; ⊙; VI–VII. Magerrasen, Moorwiesen; *v.* Formenreich.
Purgier-L., * **L. cathárticum** L.

— Blätt. wechselst.; Bltn. ansehnl., > 1 cm **2**

2. Bltn. blau, selten weiß **6**

— Bltn. gelb od. rötl. bis blasslila u. purpurn **3**

3. Bltn. gelb **5**

— Bltn. rötl.purpurn od. blasslila **4**

4. Stg. absthd. zottig-weichhaarig; Blätt. längl.-eilanzettl. (4–9 mm breit), locker zottig, am Rand bes. bei ob. Blätt. drüsig; Blkrblätt. rosarot bis purpurn, dk. geadert; ♃; V–VII. Trockenrasen, Waldränder, kalkliebend; *s* in Alp. u. Vorland; auch als Zierpfl. Ⓢ *Klebriger L.,* **L. viscósum** L.

— Stg. nur am Grd. kurzflaumig, sonst kahl; Blätt. schmal (1,5 mm breit), am Rande rau; Bltn. helllila; ♃; VI–VII. Kalktrockenrasen; *z* in S- u. M-Dt, Be, Lx, E, Ti, Kt, St, OÖ, NÖ, Bgl, S-CH, Bz.
Ⓢ *Schmalblättriger L.,* **L. tenuifólium** L.

5(3). Kblätt. 6–9 mm lg.; Blkrblätt. 15–20 mm lg.; ♃; VI–VII. Trockenrasen, Waldränder; *s,* BW, Ba (Memmingen), SO-Kt, St, OÖ, NÖ, Bgl, ČR, auch Zierpfl. Ⓖ! *Gelber L.,* **L. flávum** L.

— Kblätt. 3 mm lg.; Blkrblätt. 8–15 mm lg.; ♃; VI–X. Feuchte Wiesen; sehr *s,* nur Bgl (Seewinkel). *Strand-L.,* **L. marítimum** L.

6(2). Pfl. ⊙; Stg. meist einzeln; Bltn. lg. gestielt; Blkrblätt. 12–15 mm lg.; Kblätt. an der Spitze bewimpert, nicht drüsig; VI–VIII. Alte, bereits seit der jüngeren Steinzeit angepfl. Öl- u. Faserpfl.; *s* verwild. *Echter L., Flachs,* * **L. usitatíssimum** L.

— Pfl. ♃; Stg. meist zu mehreren; Kblätt. kahl od. drüsig behaart. . . **7**

7. Pfl. behaart, bes die ob. Blätt.; Blkrblätt. 20–32 mm lg.; Blätt. längl.-oval, bis 1 cm breit; ♃; VI–VII. Trockenrasen, lichte Gebüsche; *s,* Kt, OÖ, NÖ, Bgl, ČR, früher auch St. Ⓖ *Zotten-L.,* **L. hirsútum** L.

— Pfl. kahl **8**

8. Kblätt. 10–14 mm lg., lg. zugespitzt u. m. breitem Hautrand; Blkrblätt. 25–40 mm lg., blau; Deckblätt. m. häutigen Rand; Narbe verlängert, fast fadenf.; Pfl. aufrecht od. aufstgd., 40–60 cm hoch; ♃; V–VII. Felsige Hänge, auf Kalk; *s,* Vs (Visp). Ⓖ *Narbonner L.,* **L. narbonénse** L.

— Kblätt. < 9 mm lg., stumpf, m. breitem Hautrand od. zugespitzt u. schmal hautrandig; Blkrblätt. 10–25 mm lg.; Deckblätt. ohne Hautrand; Narbe kopfig **9**

9. Stbblätt. u. Narben auf gleicher Höhe (Pfl. homostyl); Pfl. aufstgd., 5–20 cm hoch; Stg. m. 1–3(–5) Bltn.; ♃; V–VII. Trockenrasen; *s,* Lothringen, Be, Saargebiet (Perl bis Merzig), Taubertal, He, O-We, S-NS, W-Th, SaAn (Heimburg), früher SchwAlb (Blaubeuren). (= *L. anglicum* auct.) Ⓖ *Lothringer L.,* **L. leónii** F.W. Schultz

— Stbblätt. u. Narben auf verschiedener Höhe (Pfl. heterostyl) . . . **10**

10. Bltnstiele nach dem Verblühen abw. gekrümmt; ♃; V–VII. Trockenrasen, Böschungen, *z,* S-CH, NÖ, Bgl, sonst vielleicht nur aus S-Eur. eingeschleppt u. stellenweise eingebürgert. Ⓖ *Österreichischer L.,* **L. austríacum** L.

— Bltnstiele auch nach der Blüte stets aufrecht; ♃; VI–VIII. Trockenrasen, alpine Rasen; *s.* Ⓖ! *Ausdauernder L.,* **L. perénne** L.

a. Innere Kblätt. stumpf, länger als die äußeren; Pfl. 30–100 cm hoch; ♃; VI–VII. Trockenrasen, Kiefernwälder; *s,* Ba, BW, RhPf, NÖ, früher OÖ, ČR, auch angepflanzt. ssp. **perénne**

— Kblätt. spitz od. stumpf, etwa gleich lg.; Pfl. 15–30 cm hoch; ♃; VI–VIII. Kalkmagerrasen, Felsfluren der Alp.; *s,* Ba (Berchtesgaden), Au, CH, FL. [= *L. alpinum* Jacq.; = *L. julicum* Hay.; = *L. montanum* auct.; incl. ssp. *ockendonii* (Greut. & Burdet) Seybold] *Alpen-L.,* ssp. **alpínum** (Jacq.) Ockendon

2. Radíola Hill, *Zwergflachs*

Stg. dünn, wiederholt gabelig verzweigt, bis 10 cm lg.; Bltn. in reich verzweigten, fast knäueligen Dichasien, weiß; ⊙; VII–VIII. Feuchte Sand- u. Moorböden, Heidegebiete; im N u. Lausitz *z,* sonst *s,* in Au nur Bgl. **R. linoídes** Roth

Familie: **Hypericáceae** *(= Guttiferae), Johanniskraut- od. Hartheugewächse*

Stauden od. Halbsträucher; Blätt. gegenst., sitzend, oft von Öldrüsen durchscheinend punktiert; Bltn. in endst. Bltnständen; Kblätt. 5, an der Fr. erhalten bleibend; Blkrblätt. 5, in der Knospenlage gedreht; Stbblätt. zahlr. in 3 od. 5 vor den Blkrblätt. stehenden Bündeln *(827);* Frkn. oberst., 3- od. 5-blättrig; Kapselfr. od. Beeren.

Hypéricum L. *Johanniskraut*

1. Stg. aufrecht **3**

— Stg. niederlgd. bis aufstgd., am Grd. oft wurzelnd **2**

2. Stg. stielrund, oberw. gleich den Blätt. dicht weißhaarig; Bltn. in armbltg. Rispen; Kblätt. eif., am Rande rotdrüsig; ♃; VI–VIII. Torfige u. feuchte Wiesen; *s* im W, Ho, Niederrheingebiet bis Weser, Br, Vog., früher Sa, OÖ. (= *Elodes palustris* Spach) Ⓖ *Sumpf-J.,* **H. elódes** L.

— Stg. 2-kantig, dünn, hohl, kahl; Blätt. blaugrün, kahl; Kblätt. ungleich groß, eif.-längl., ganzrandig, am Rand drüsig punktiert; ♃; VI–IX. Feuchte Sand- u. Lehmböden; *v, z* im N u. Alp. *Niederliegendes J.,* * **H. humifúsum** L.

3(1). Blätt. immergrün; Stbblätt. in 5 Bündel verwachsen **14**

— Blätt. sommergrün; Stbblätt. in 3 Bündel verwachsen (ähnl. *827*) **4**

4. Blätt. zu 3–5 quirlst., nadelf., lineal, durchscheinend punktiert, am Rand umgerollt; Blkrblätt. gelb, 9–10 mm lg.; Kblätt. am Rand m. gestielten Drüsen; Pfl. 10–45 cm hoch; ♃; VI–VIII. Kalkfelsen; *s,* M-CH, Bz. *Nadel-J.,* **H. córis** L.

— Blätt. gegenst. **5**

5. Kblätt. m. Fransen, die teilweise länger als die Kblattbreite sind **13**

— Kblätt. am Rand m. kürzeren Fransen od. ohne Fransen **6**

6. Kblätt. am Rand drüsig gesägt od. gefranst *(829)* **10**

— Kblätt. ganzrandig od. am Rand fein gesägt *(828),* nur selten m. vereinzelten Drüsen **7**

7. Kblätt. z. Blzt. doppelt so lg. wie der Frkn., lanzettl., zugespitzt; Stg. m. 2 erhabenen Längsleisten, markig, kahl, gegen die Spitze hin drüsig; Bltnstand reichbltg.; ♃; VI–VIII. Halbtrockenrasen, Böschungen, Magerrasen; *v.* Formenreich (z. B. ssp. *veronénse* (Schrank) Ces.; Blätt. z.T. sitzend, dicht stehend, am Rand umgerollt, meist > 5-mal so lg. wie breit; *s,* S- u. M-Dt, Au, CH, Bz) *Tüpfel-J.,* * **H. perforátum L.**

— Kblätt. z. Blzt. so lg. wie od. kürzer als der Frkn. **8**

8. Stg. rund; Blätt. 3-eckig-herzf. s. Nr. **11** *Schönes J.,* **H. púlchrum** L.

— Stg. 4-kantig; Blätt. eif. od. elliptisch **9**

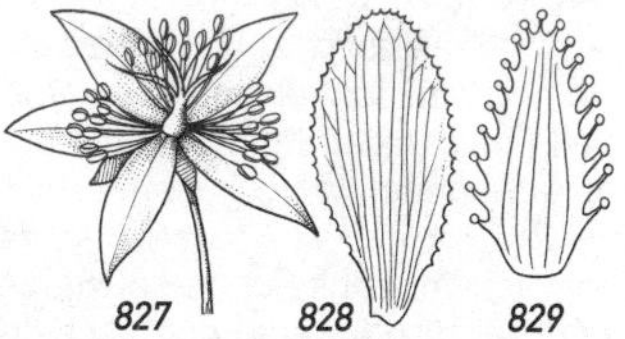

827 *828* *829*

9. Stg. deutl. 4-kantig geflügelt; Bltnstand dichtbltg.; Kblätt. schmal lanzettl., zugespitzt; Blätt. breit elliptisch, halb stgumfassend, dicht u. fein punktiert; ♃; VII–VIII. Gräben, Ufer; *v.* (= *H. acutum* MOENCH; = *H. quadrangulum* L.) *Flügel-J.,* * **H. tetrápterum** FR.

— Stg. schwach 4-kantig, nicht geflügelt; Bltnstand armbltg.; Kblätt. elliptisch, stumpf; Blkrblätt. 9–14 mm lg.; Blätt. breit eif., am Grd. abgerundet, spärl. punktiert; ♃; VI–IX. Magerweiden, Moorwiesen. Formenreich. (= *H. quadrangulum* auct.) *Geflecktes J.,* * **H. maculátum** CR.

a. Bltn. 2–2,5 cm im Dm; Kblätt. sehr breit, m. hellen u. dk. Drüsen; Blkrblätt. auf der Fläche m. dk. Drüsen; *v* ssp. **maculátum**

— Bltn. 2,5–3,5 cm im Dm; Kblätt. schmäler . . . . **b**

b. Blätt. elliptisch; Kblätt. eif.-längl. m. buchtig gezähnter Spitze, hell u. dk. drüsig punktiert; *s* in Ba, BW, CH, Kt, St, OÖ, NÖ, ČR. (= *H. dubium* LEERS) ssp. **obtusiúsculum** (TOURL.) HAY. em. FROEHLICH

— Blätt. längl.-oval; Kblätt. lineal-lanzettl., m. feiner Haarspitze, gleich den Blkrblätt. schwarz punktiert. Moorwiesen; *s* in Ba, S-BW, E, Sb, Vb, CH. ssp. **desetángsii** (LAMOTTE) TOURL. em. FROEHLICH

Hierher auch: *Kanadisches J.,* **H. május** (A. GRAY) BRITT.; Blkrblätt. blassgelb, ohne schwarze Drüsen; Blkrblätt. 3–6 mm lg.; Stbblätt. 12–21; Blätt. dicht punktiert; Ruderalstellen; *s* eingebürgert, Ba, Br (Heimat: N-Amerika).

10(6). Stg. u. Blätt. dicht kurzhaarig; Bltn. auf behaarten Stielen, in lockerem, pyramidenf. Bltnstand; ♃; VI–VIII. Wälder u. Gebüsche; *v* in S-, M-Dt u. Au, *z* im NW, CH, Bz, ČR, *s* im NO. *Behaartes J.,* * **H. hirsútum** L.

— Stg. u. Blätt. kahl, zuw. aber drüsig **11**

11. Kblätt. stumpf eif., fein gesägt, zuw. m. Drüsen *(828);* Blätt. 3-eckig-herzf., halb stgumfassend, unterssts. blaugrün, am Rand ohne schwarze Drüsenpunkte; Stg. stielrund, kahl, oft rötl.; Bltn. in lockeren verlängerten Bltnständen; ♃; VII–IX. Trockene Nadel- u. Laubwälder, auf kalkarmen Böden; *v* im W u. NW bis SH; *s* im O, *f* in Alp. *Schönes J.,* * **H. púlchrum** L.

— Kblätt. spitz, m. gestielten Drüsen (*829);* Blätt. am Rand m. schwarzen Drüsenpunkten **12**

12. Stg. auch oben stielrund, ohne Drüsenpunkte; oberste Internodien ca. 2–3 cm lg.; Pfl. 30–80 cm hoch; Blätt. am Rand flach; Blkrblätt. hellgelb, am Rand nicht schwarz punktiert; Bltnstand wenigbltg, fast kopfig; ♃; VI–VIII. Wälder, Waldränder; *v* im S, *s* im N. *Berg-J.,* **H. montánum** L.

— Stg. oben 2-kantig, an den Leisten mit schwarzen Drüsenpunkten; oberste Internodien ca. 5–10 cm lg., deutl. länger als die anderen; Pfl. 15–30 cm hoch; Blätt. am Rand umgerollt; Blkrblätt. goldgelb, am Rand schwarz punktiert; Bltnstand locker, vielblütig; ♃; VI–VII. Trockenrasen, auf Kalk; *s,* Th, SaAn, RhPf, NÖ, ČR. *Zierliches J.,* **H. élegans** STEPH. ex WILLD.

13(5). Blkrblätt. 9–10 mm lg., m. zahlreichen schwarzen Punkten ; Blätt. lineal-lanzettl. bis eif., m. dunklen Punkten, m. hervortretender Netzaderung; ♃; V–VI. Waldränder, Waldwiesen; *s,* NÖ, Bgl, früher St. *Bart-J.,* **H. barbátum** JACQ.

— Blkrblätt. 15–20 mm lg., m. zahlreichen schwarzen Punkten; Blätt. eif., am Grund herzf., nicht od. wenig durchscheinend punktiert, m.

unauffälliger Netzaderung; ♃; VI–VII. Weiden, Hochstaudenfluren, auf Kalk; *s,* Vs, Schweizer Jura. *Alpen-J.,* **H. rícheri** VILL.

14(3). Blkrblätt. 25–40 mm lg.; Pfl. 20–40 cm hoch; Blätt. eif., 4–8 cm lg., immergrün; Stg. mit 4 Längsleisten; Stbbeutel rot; Gr. 5; Kapselfr.; ♄; VI–VIII. Zierpfl., in Kt verwild. (Heimat: Ost-Mittelmeergebiet) *Großblütiges J.,* * **H. calýcinum** L.

— Blkrblätt. 6–12 mm lg.; Pfl. 50–90 cm hoch; Blätt. groß, eif., 5–10 cm lg., immergrün; Stg. mit 2 Längsleisten; Stbbeutel gelb; Gr. 3; Fr. beerenartig, erst rot, später schwarz; ♄; V–VII. Feuchte schattige Orte; *s,* Ts, auch Zierpfl. *Mannsblut, Blut-J.,* **H. androsǽmum** L.

Ordnung: **Geraniáles**

Familie: **Geraniáceae**, *Storchschnabelgewächse*

Kräuter u. Stauden; Blätt. wechsel- od. gegenst., gefied. od. handf. geteilt, m. Nebenblätt.; Bltn. meist radiär, 5-zählig; Frkn. oberst.; Frblätt. sich schnabelartig verlängernd; Fr. in 1-samige Teilfr. zerfallend *(830, 831).*

1. Blätt. handf. geteilt od. gefing. (selten gefied.); Stbblätt. meist 10, Frschnabel sich aufw. biegend *(830)* ..... **Geranium**, 509

— Blätt. gefied.; nur 5 Stbblätt. m. Stbbeuteln; Frschnabel sich spiralig einrollend *(831)* .... **Erodium**, 513

1. Geránium L., *Storchschnabel*

1. Bltn. klein, bis 1,5 cm im Dm; Blkrblätt. meist wenig länger als, höchstens aber doppelt so lg. wie der K.; 1- bis mehrjährige Pfl. **11**

— Bltn. groß, 1,5–4 cm im Dm; Blkrblätt. meist doppelt so lg. wie der K. [bei G. phaeum (s. Nr. 5) Blkrblätt. zuw. nur so lg. wie od. wenig länger als der K.]; Pfl. ausdauernd, m. dickem Wurzelstock **2**

2. Inflstiele m. 1 leuchtend rotvioletten Blüte; Blätt. gegenst.; Spr. fast bis zum Grd. in lineal-lanzettl. Abschnitte geteilt *(836);* Sprosse absthd. behaart, im Herbst intensiv rot; ♃; V–IX. Trockene, buschige Hänge (Steppenheide); *v–z, s* im N. *Blutroter St.,* * **G. sanguíneum** L.

— Infl.stiele m. 2 od. mehr Bltn. **3**

3. Pfl. 8–15 cm hoch; Blätt. ober- u. untersts. von anlgd. Haaren silberweiß, 25–40 mm breit, meist alle grdst., m. lineal-lanzettl., tief eingeschnittenen Blattzipfeln; Blkrblätt. ausgerandet, blassrosa, 14–15 mm lg.; ♃; VII–VIII. Felsen, auf Kalk od. Dolomit; sehr *s,* nur Bz (Seiser Alm). *Silber-St.,* **G. argénteum** L.

830

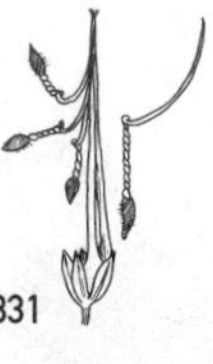
831

— Pfl. höher als 20 cm; Blätt. nicht beidersts. silbrig behaart **4**

4. Blkrblätt. spatelig, m. lg. Nagel, rot od. rosa; Stbblätt. 18–22 mm lg., aus der Blüte herausragend; Pfl. aromatisch riechend; ♃; V–VI. Felsen, Gebüsche; *s,* nur Kt (Plöcken-Pass), häufig als Zierpfl. *Felsen-St.,* **G. macrorrhízum** L.

— Blkrblätt. verkehrt eif. od. verkehrt herzf. **5**

5. Blkrblätt. trüb schwarzviolett, rotbraun od. schmutzig lila, oft nur wenig länger als der K.; Frklappen quer runzelig, absthd. behaart; ob. Stgblätt. wechselst.; ♃; V–VIII. Hochstaudenfluren, Bergwiesen; Alp. u. Mittelgeb. *z,* auch Zierpfl. u. verwild. *Brauner St.,* **G. phǣum** L.

a. Blkrblätt. rotbraun bis schwarzviolett, am Rand stark wellig; *z,* Dt, CH, Bz, Au, Schl, ČR, *s* Da, Be. ssp. **phǣum**

— Blkrblätt. schmutzig-lila, am Rand kaum wellig; *v,* Alp. u. Voralp. von CH, Bz, Au, *s* Ba, NrWe, NS. ssp. **lívidum** (L'Hér.) Pers.

— Blkrblätt. blau, violett od. rot. selten weiß, stets etwa doppelt so lg. wie der K.; Frklappen glatt; ob. Stgblätt. gegenst. **6**

6. Blkrblätt. tief eingeschnitten, lebhaft violett, 6–10 mm lg.; Blätt. im Umriss rundl.-nierenf., 7–9-lappig; jeder Lappen m. 5–9 abgerundeten Zipfeln *(832),* beidersts. locker behaart; Stg. aufrecht, 25–50 cm lg., zottig; mehrjährig; V–X. Gebüsch, Weiden, Äcker u. Gärten; *v–z,* heute fest eingebürgert. (Heimat S- u. W-Eur.) *Pyrenäen-St.,* * **G. pyrenáicum** Burm. f.

— Blkrblätt. ungeteilt od. nur seicht ausgerandet; Blattzipfel zugespitzt; Blattspr. 3–7-lappig **7**

7. Blkrblätt. seicht ausgerandet, lila m. violetten Adern; Blattspr. 3–5-teilig; Bltnstiele dicht mit abwärts gerichteten Haaren besetzt; ♃; V–IX. Laubwälder; *s,* CH, auch Zierpfl. u. verwild. *Sanikelblättriger St.,* **G. nodósum** L.

— Blkrblätt. vorn abgerundet **8**

8. Bltnstiele drüsenlos; Stg. m. rückwärts gerichteten Haaren **10**

— Bltnstiele drüsig behaart; Samen punktiert **9**

9. Blkrblätt. blau, hell blaulila od. weißl.blau, 15–22 mm lg.; Bltnstiele nach der Blüte herabgeschlagen, sich z. Frzt. wieder aufrichtend; Stbfäden am Grd. plötzlich auf 1,5–2 mm verbreitert; Blattlappen doppelt fiedspaltig, m. lanzettl. Zähnen *(833);* ♃; VI–VIII. Fettwiesen; *v, s* im N. *Wiesen-St.,* * **G. praténse** L.

— Blkrblätt. violett, 13–18 mm lg.; Bltnstiele nach der Blüte aufrecht; Staubfäden am Grd. allmähl. auf 1 mm verbreitert; Blattlappen bis über die Mitte grob u. unregelmäßig gezähnt *(835);* ♃; VI–VII. Wiesen der Mittelgeb. u. Alp., *v,* sonst *z.* *Wald-St.,* * **G. sylváticum** L.

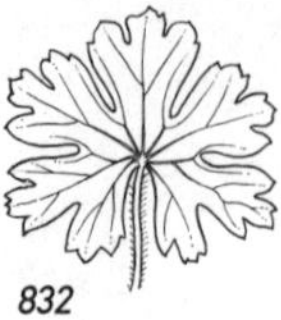

832

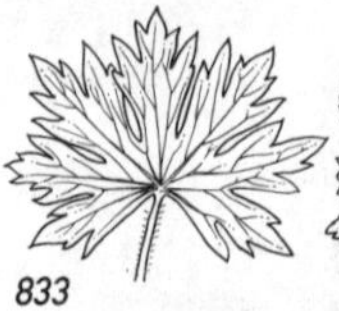

833

834

835

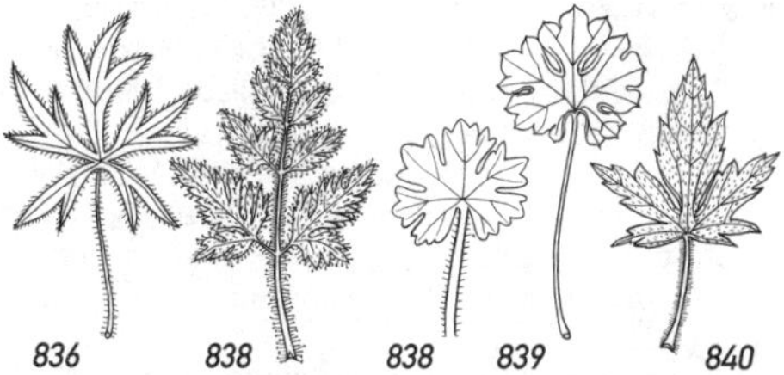

836 *838* *838* *839* *840*

10(8). Blkrblätt. weiß, rot geadert, 11–15 mm lg.; Frstiele aufrecht; Blattlappen in Zipfel zerschlitzt, die auch weiter als die Mitte gezähnt sind (ähnl. *835*); Pfl. kaum über 30 cm hoch; ♃; VII–VIII. Lärchen- u. Arvenwälder, kalkmeidend; *s* Alp., Vs, Gr, Bz. [= *G. sylvaticum* ssp. *rivulare* (Vill.) Rouy] *Bach-St.,* **G. rivuláre** Vill.

— Blkrblätt. rot, dk. geadert, 12–18 mm lg.; Frstiele zurückgeschlagen; Blattlappen bis zur Mitte grob u. unregelmäßig gezähnt, m. kurz zugespitzten Zähnen *(834);* Samen längsstreifig; Pfl. 20–80 cm hoch; ♃; VI–IX. Feuchte Wiesen, Gräben, Ufer; *v–z. Sumpf-St.,* * **G. palústre** L.

11(1). Blätt. 5–9-teilig gelappt, nicht gefied. **13**

— Blätt. 3–5-zählig gefied., mit doppelt fiedspaltigen, absthd. behaarten Fied. *(837);* ganze Pfl. oft purpurrot überlaufen; Stg. meist dicht drüsigkurzhaarig **12**

12. Blkrblätt. 6–9 mm lg., m. einfachen Nerven; Stbbeutel gelb; Pfl. mit wenigen langen abstehenden Haaren; ⊙; V–IX; Auf Bahnschotter; *s,* E, BW, He, RhPf, St, Bz, CH. [= *G. robertianum* L. ssp. *purpureum* (Vill.) Nym.] *Purpur-St.,* **G. purpúreum** Vill.

— Blkrblätt. 9–12 mm lg., m. gabeligen Nerven; Stbbeutel rotbraun; Pfl. herb duftend; ⊙; V–X; Wälder, schattige Felsen, Mauern, Schotter. *Ruprechtskraut, Stinkender St.,* * **G. robertiánum** L.

a. Pfl. starkdrüsig behaart, stinkend, ± aufrecht; Fr. dkbraun, behaart; *g.* ssp. **robertiánum**

— Pfl. ± kahl, niederlgd., kurzgliedrig; Fr. hellbraun, kahl. Geröll der Küsten; *s.* ssp. **marítimum** (Bab.) Baker

13(11). Blkrblätt. an der Spitze ausgerandet od. eingeschnitten **15**

— Blkrblätt. an der Spitze abgerundet **14**

14. Pfl. dicht weich-drüsenhaarig, wie *G. robertianum* riechend; Blattspr. rundl. nierenf.; Lappen m. meist 3 stumpfen Zipfeln *(838);* Blkrblätt. keilf.-spatelig, rosarot; ⊙; VI–X. Mauern, Äcker, Wegränder; *s* in Ba

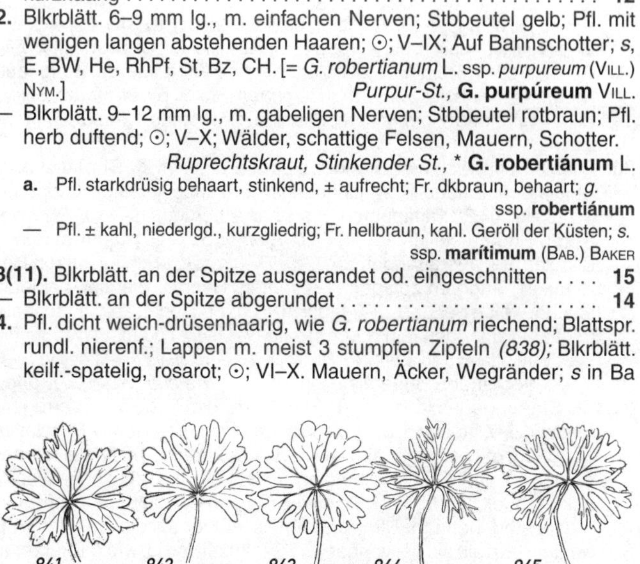

841 *842* *843* *844* *845*

(Unterfr., Jura), BW, RhPf, S-We, E, Au, CH, Bz, *f* im N.
Rundblättriger St., **G. rotundifólium** L.

— Pfl. fast kahl; Stg. meist rot, zerbrechl.; Blätt. glzd., 5-lappig, m. stumpf gekerbten Lappen *(839);* Blkrblätt. verkehrt eif., hellrot; ⊙; V–VI. Gebüsch, Felsen, Mauern der Hügel- u. Bergstufe; SW-CH, W-Dt *z,* sonst *s.* *Glänzender St.,* **G. lúcidum** L.

15(13). Blattspr. fast bis zum Grd. geteilt, m. fiedspaltigen Lappen *(840, 844, 845)* [bei *G. pusillum,* Nr. 18, sind nur ob. Stgblätt. fast bis zum Grd. geteilt] **21**

— Blattspr. nur bis zur Mitte od. etwas tiefer eingeschnitten *(841–843)* **16**

16. Blattspr. im Umriss rundl. *(842, 843);* Kblätt. kurz bespitzt **19**

— Blattspr. m Umriss vieleckig *(840, 841);* Kblätt. lg. bespitzt **17**

17. Filamente zottig behaart; Blkrblätt. blauviolett; Kblätt. 1–3 mm lg. bespitzt, gleich den glatten Frklappen dicht drüsenhaarig; ⊙; VII–IX. Feuchte Nadelwälder; *s,* Sa (Oberlausitz), ČR (Böhmen), früher S-Br, OTi, Bz. *Böhmischer St.,* **G. bohémicum** L.

— Filamente kahl; Blkrblätt. rosa; Frklappen kurz u. angedrückt behaart **18**

18. Stg. m. spärl. u. rückw. gerichteten Haaren, aber drüsenlos; Frklappen glatt; Bltnstände 1-bltg.; Blattspr. 3–5-lappig, beidersts. angedrückt behaart *(840);* ♃*;* VII–VIII. Auen, Hecken; wohl nur eingeschleppt; *s* in Ba (Bodensee, Fr), BW (Kaiserstuhl), Schl, Br, MeVp, Vs, Ts, Gr, Bz, ČR, Ti, Kt, St, NÖ, Bgl.
Sibirischer St., **G. sibíricum** L.

— Stg. außer m. absthd. Wollhaaren auch noch m. Drüsenhaaren; Frklappen querrunzelig; Bltnstände meist 2-bltg.; Stgblätt. 5-lappig *(841); ⊙;* VI–VII. Gebüsch, Schutt, Weinberge; *z, s* in Sa, O-Br, Schl, Vs, Gr, OTi, Bz, NÖ, ČR. Aus W- u. M-As. eingeschleppt u. eingebürgert. *Spreizender St.,* **G. divaricátum** Ehrh.

19(16). Blkr. ca. 1,5 cm Dm; Blkrblätt. doppelt so lg. wie der K. (s. auch Nr. **5**). *Pyrenäen-St.,* **G. pyrenáicum** Burm. f.

— Blkr. höchstens 1 cm im Dm; Blkrblätt. höchstens 1,5-mal so lg. wie der K. **20**

20. Blkrblätt. schwach ausgerandet, blasslila, 3–4 mm lg.; Stg. kurzhaarig; Stgblätt. m. beidersts. weichhaariger, 5–7-lappiger Spr., Lappen oft 3-zipfelig *(842);* Frklappen u. Frschnabel behaart; ⊙–⊙; V–X. Wege, Äcker, Ruderalstellen; *v.* *Kleiner St.,* * **G. pusíllum** Burm. f.

— Blkrblätt. tief ausgerandet, rot, (3,5–)5–8 mm lg.; Stg. m. kurzen Haaren u. m. längeren zottigen, 1–2 mm lg. Haaren; Blattspr. beidersts. absthd. weich behaart, 7–8-lappig *(843);* Frklappen kahl, Frschnabel behaart; Frklappen fein querrunzelig (var. **mólle**) od. glatt [var. **aequále** Bab.; Verbreitung bisher nur Ho, Be, N-Dt; (= *G. aequále* (Bab.) Aedo]; ⊙–⊙; V–IX. Wegränder, Ruderalstellen; *v.* *Weicher St.,* * **G. mólle** L.

21(15). Stg. angedrückt behaart; Bltnstände die Tragblätt. überragend; Blattspr. 5–7-lappig m. doppelspaltigen Abschnitten *(844);* Blkrblätt. so lg. wie od. etwas länger als der K., violett-purpurn, am Nagel behaart; Fr. nur an den Grannen behaart; ⊙–⊙, V–VII. Gebüsche, Weg- u. Ackerränder; *v, z* im N. *Tauben-St., Stein-St.,* * **G. columbínum** L.

— Stg. absthd. behaart; Bltnstände meist kürzer als die Tragblätt.; Spr. weniger zerteilt als bei voriger *(845);* Blkrblätt. so lg. wie od. kürzer als die Kblätt., rotviolett; Fr. drüsig behaart; ⊙; V–X. Äcker, Wegränder; *v.* *Schlitzblättriger St.,* * **G. disséctum** L.

2. Eródium L'Hér., *Reiherschnabel*

1. Fied. gestielt, gezähnt; Trag- u. Nebenblätt. stumpf; Stg. verlängert, dicht drüsig; fertile Stbblätt. am Grd. 2-zähnig; ⊙; V–VI. Schuttplätze, Wegränder; aus dem Mittelmeergebiet *s* eingeschleppt. *Moschus-R.,* **E. moschátum** (L.) L'Hér.

— Fied. sitzend, tief fiedspaltig od. fiedteilig; Trag- u. Nebenblätt. spitz od. zugespitzt; ⊙–⊙; IV–X. Sandige Äcker, Weinberge, Sandrasen; *v.* Artengruppe *Gewöhnlicher R.,* * **E. cicutárium** (L.) L'Hér. agg.

a. Bltnstand 3–10-bltg.; Frschnabel 3–4 cm lg.; Fr. an der Spitze m. von einer Furche umgebener Grube; Blkrblätt. am Grd. oft dunkel gefleckt; Stg. kaum drüsig; *v.* *Gewöhnlicher R.,* **E. cicutárium** (L.) L'Hér.

b. Bltnstand 1–3-bltg.; Fr. an der Spitze m. flacher Grube, ohne Furche; Stg. dicht drüsig; Dünen der Küste; *z.* (= *E. glutinosum* Dum.) *Drüsiger R.,* **E. lebélii** Jord.

c. Bltnstand 2–3-bltg.; Frschnabel 2–3 cm lg.; Blkrblätt. ohne dunkle Flecken; auf Sand; *s,* Vs, Gr (Chur) (= *E. cicutarium* ssp. *bipinnatum* Tourlet) *Doppeltgefiederter R.,* **E. pilósum** (Thuill.) Jord.

d. Bltnstand 3–4-bltg.; Frschnabel 22–28 mm lg.; Stg. dicht drüsig; Dünen der Nordsee; *s,* ob Dt? (= *E. cicutarium* ssp. *dunense* Andreas) *Dünen-R.,* **E. bállii** Jord.

e. Bltnstand 5–6-bltg.; Frschnabel 25–30 mm lg.; Stg. dicht drüsig; Dünen der Küste; *s,* Da. [= *E. glutinosum* Dum. ssp. *danicum* (K. Larsen) Rothm.] *Dänischer R.,* **E. dánicum** K. Larsen

Ordnung: **Myrtáles**

Familie: **Lythráceae** (incl. *Trapaceae* u. *Punicaceae*), *Blutweiderichgewächse*

Kräuter od. Stauden, seltener Sträucher *(Punica),* m. meist gegenst., seltener quirlst. od. spiralig angeordneten Blätt.; Bltn. radiär; Bltnhülle doppelt od. einfach; Frblätt. meist 2; Kapselfr. *(848),* Nussfr. *(849a)* od. Apfelfr. *(Punica).*

1. Wasserpfl. m. Schwimmblattrosette . . . . **Trapa,** 514
— Landpfl. **2**
2. Strauch m. 4-kantigen Zweigen . . . . **Punica,** 514
— Krautige Pfl. **3**
3. Stg. niederlgd.; Blätt. verkehrt eif.; Blkrblätt. fehlend *(846)* **Peplis,** 513
— Stg. aufrecht; Blätt. lanzettl.; Blkrblätt. stets vorhanden *(847)* **Lythrum,** 514

1. Péplis L., *Sumpfquendel*

Stg. an den Knoten wurzelnd, meist rot, Blätt. gegenst., verkehrt eif.; Bltn. einzeln, achselst.; zw. den an der Spitze drüsig verdickten Kzähnen pfrieml.

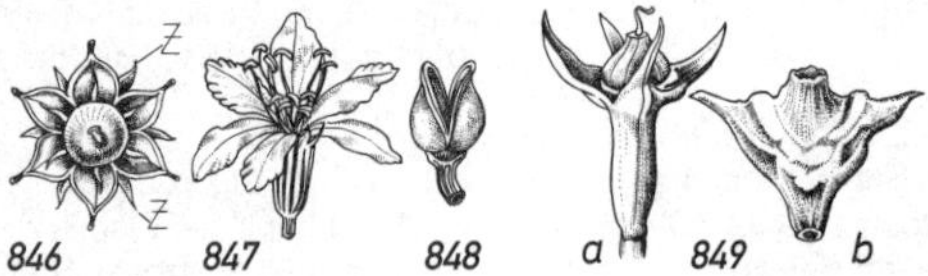

Zwischenzähne (*846*, Z); ⊙; VI–IX. Feuchte Orte, Teich- u. Seeufer, auf Schlamm, Kies, Sand od. Ton; *z, s* im S, Hochalp. *f.* [= *Lythrum portula* (L.) D. A. WEBB] **P. pórtula** L.

2. Lýthrum L., *Weiderich*

1. Stbblätt. 2–6; Bltn. einzeln, blattachselst.; Blkrblätt. rötl.-lila; ⊙; VI–IX. Ufer, feuchte Äcker; *s*, im NO *f.* *Ysopblättriger W.,* **L. hyssopifólia** L.
— Stbblätt. 12; Bltn. in 2–3-bltg. Dichasien, diese insgesamt zu dichten Thyrsen vereinigt **2**
2. Pfl. kahl; Blätt. am Grd. verschmälert; Zwischen-Kzähne so lg. wie die Kzähne; Bltn. purpurrot; ♃; VI–VIII. Sumpfwiesen; in NÖ, Bgl, ČR wild, sonst nur verwild. (Heimat: O- u. SO-Eur.) *Ruten-W.,* **L. virgátum** L.
— Pfl. behaart; Blätt. am Grd. abgerundet od. herzf.; Bltn. bläul.-purpurrot, Stbblätt. 10–12 (5–6 lange u. 5–6 kurze; *577*); ♃; VI–IX. Teich-, See-, Bachufer, Flachmoore; *v.* *Blut-W.,* * **L. salicária** L.

3. Trápa L., *Wassernuss*

Blätt. m, blasig aufgetriebenem Stiel *(211);* Bltn. einzeln, blattachselst., weiß; Kblätt. 4, nach der Blüte zu Dornen auswachsend *(849a–b);* ⊙; VI–IX. Gesellig in nährstoffreichen, sthd. Gewässern; *z* am Oberrhein, Ts, sonst *s.* Ⓖ * **T. nátans** L.

4. Púnica L., *Granatapfel*

Meist dorniger, 1–3 m hoher Strauch; Blätt. gegenst., schmal elliptisch, ganzrandig; Blüten groß, 3–4 cm im Dm, leuchtend rot; Stbblätt. zahlreich; Frkn. unterst.; ♄ od. ♄; V–VII. Kulturpfl., *s* verwild., CH, Bz. **P. granátum** L.

Familie: **Onagráceae** *(= Oenotheraceae), Nachtkerzengewächse*

Kräuter od. Stauden, m. gegenst., seltener quirliger od. spiraliger Beblätterung; Bltn. ⚥, radiär od. zygomorph, m. doppelter od. einfacher Bltnhülle, meist 4-, seltener 2-zählig *(Circaea);* Frkn. unterst., m. röhren- od. becherf. verlängerter u. oft lebhaft gefärbter Bltnachse verwachsen *(242);* Stbblätt. 2, 4 od. 8; Kapsel-od. Nussfr.

1. Bltnhülle einfach, grünl.; Blätt. gegenst.; Sumpf- od. Wasserpfl. **Ludwigia,** 515
— Bltnhülle doppelt, Blkr. vorhanden **2**
2. Bltn. 2-zählig, weiß . . . . **Circaea,** 518
— Bltn. 4-zählig od. 5-zählig **3**
3. Bltn. rot, rosa od. weißl., 4-zählig; Samen m. Haarschopf **Epilobium** 515

— Bltn. gelb **4**
4. Bltn. 5-zählig, Sumpf- od. Wasserpfl. . . . . **Ludwigia,** 515
— Bltn. 4-zählig **5**
5. Frkn. (mit Hypanthium) schon z. Bltzt. > 1 cm *(242b)*
Oenothera, 518
— Frkn. z. Bltzt. nur 4–6 mm lg; Bltn. klein; Sumpf- od. Wasserpfl. . . . . **Ludwigia,** 515

1. Ludwígia L., *Heusenkraut*

1. Bltn. 5-zählig, groß; Blkrblätt. 12–30 mm lg.; Blätt. wechselst.; Stg. kriechend und sich bewurzelnd; Pfl. bis 1,5 m lg.; ♃; VI–IX. Gräben, langsam fließende Gewässer; *s* verwild., Ho, Be, Genf. (Heimat: Trop. Am.) [= *Jussiaea repens* auct.; *L. uruguayensis* (CAMB.) HARA]
Großblütiges H., **L. grandiflóra** (MICHX.) GREUT. & BURDET
— Bltn. 4-zählig, klein, Blätt. gegenst. **2**
2. Bltnhülle doppelt, Krblätt. gelb; Blätt. gegenst., 1–4 cm lg., elliptisch bis verkehrt eif.; ♃; VI–IX. Langsam fließende Gewässer; *s* verwildert, NS (bei Hannover), Kt. (Heimat: USA, M-Am.) *Schwimm-H.,* **L. nátans** ELL.
— Bltnhülle grünl., nur aus 4 bleibenden Kblätt. bestehend; Blätt. gegenst., verkehrt eif.; Stg. kriechend od. flutend, oft rot; Bltn. einzeln, blattachselst.; ⊙–♃; VI–VIII. Sthd. u. langsam fließende Gewässer; *s*, Ts, St, Bgl, CR, Oberrhein, Ho, Be, Lausitz u. SaAn. (= *Isnardia palustris* L.) *Sumpf-H.,* **L. palústris** (L.) ELL.
Neu beobachtet in Be: *Portulak-H.,* **L. peploídes** (KUNTH) RAVEN, m. lg. behaarten Bltnstielen.

2. Epilóbium L. (incl. **Chamaenérion** SÉGUIER), *Weidenröschen*

1. Bltn. völlig regelmäßig (radiär); Blkr. trichterig *(850);* Gr. aufrecht; Blätt. gegen- od. quirlst., wenigstens die unt. **4**
— Bltn. leicht unregelmäßig (zygomorph), ohne od. m. kurzer Röhre; Blkr. flach ausgebreitet; Gr. abw. geneigt *(851, 852* alle Blätt. wechselst. *(= Chamaenerion)* **2**
2. Blätt. 1–2,5 cm breit, am Rand zuw. zurückgerollt, unterst s. blaugrün, m. hervortretenden Seitennerven; Bltn. purpurrot, in verlängerten Trauben; Blkrblätt. kurz genagelt, verkehrt eif.; ♃; VI–VIII. Kahlschläge, Heiden, Schuttplätze; *v*. [= *Chamaenerion angustifolium* (L.) SCOP.]
Schmalblättriges W., * **E. angustifólium** L.
— Blätt. nur bis 0,5 cm breit, unterst s. nicht blaugrün, nur Mittelnerv hervortretend; Blkrblätt. kaum genagelt **3**
3. Gr. so lg. wie die längeren Stbblätt., nur im untersten Drittel weiß-zottig behaart; Stg. aufrecht, m. unterirdischen, fleischigen, roten Ausläufern; Blkrblätt. hellrosa; ♃; VII–IX. Kiesige, sandige Orte, felsige Abhänge, collin bis montan; Alp., CH, Au *v–z,* sonst *s* im S. (= *Ch. palustre* auct.; = *Ch. rosmarinifolium* COSTE). *Rosmarin-W.,* **E. dodonaei** VILL.
— Gr. halb so lg. wie die Stbblätt., gekrümmt, bis zur Hälfte weißfilzig *(852);* Stg. aufstgd., m. unterirdischen Ausläufern; ♃; VII–IX. Fluss- u. Bachkies, Moränenschutt der subalp. Reg.; *v* Alp. u. Voralp. von CH, Ti, Vb, Bz, *s* Allgäuer Alp. [= *Chamaenerion fleischeri* (HOCHST.) FRITSCH]
Ⓖ *Kies-W.,* **E. fleischeri** HOCHST.

4(1). Narbe kopfig od. keulig, ungeteilt *(853a)* **11**
— Narbe m. 4 deutl. absthd. Ästen *(853b)* **5**
5. Stg. kahl od. kurz anlgd. behaart; Blätt. (wenigstens die unt.) meist gestielt; Bltnknospen vorwgd. nickend **7**
— Stg. abstehend behaart; Blätt. meist sitzend; Bltnknospen aufrecht **6**
6. Blkrblätt. 10–20 mm lg., purpurrot; Stg. 50–150 cm lg., ästig; Blätt. halb stgumfassend, etwas herablaufend, am Rand stark gesägt bis gezähnt; ♃; VI–IX. Gräben, Flüsse u. feuchte Wiesen; *v,* im NW *z.*
Zottiges W., * **E. hirsútum** L.
— Blkrblätt. nur 5–10 mm lg., hellrosa; Stg. 15–50 cm lg.; Blätt. nicht stgumfassend, am Rand entfernt schwach gezähnt, weichhaarig od. filzig; ♃; VI– IX. Bachufer, Auwälder; *v.*
Kleinblütiges W., * **E. parviflórum** Schreb.
7(5). Blätt. m. 4–8 mm langem Stiel, längl.-eif., am Grd. keilig, in der Mitte am breitesten; Stg. 20–60 cm lg., aufstgd.; Blkrblätt. 6–10 mm lg., anfangs weißl., später rosa; ♃; V–VIII. Feuchte, steinige, buschige Orte; *v* im Rheingebiet, *z* in He, sonst *s.*
Lanzettblättriges W., **E. lanceolátum** Seb.& M.
— Blätt. kürzer gestielt, m. abgerundetem (nicht keilig verschmälertem), fast herzf. Grd., daher am Grd. am breitesten **8**
8. Stg. vom Grd. an ästig, 10–40 cm lg.; Blätt. 1–5(–15) cm lg., 5–15 (–45) mm breit, unregelmäßig geschweift-gezähnt; Bltn. 4–6 mm lg., rosarot; ♃; VI–IX. Mauern, Felsen, von der Ebene bis in die subalp. Reg., kalkmeidend; *v* im S, *s* in Da, Be, Lx, sonst im N *f.*
Hügel-W., **E. collínum** C. C. Gmel.
— Stg. einfach od. nur wenig verzweigt **9**
9. Blätt. alle ganzrandig; Bltn. 5–6 mm lg., hellrosa; Pfl. 30–80 cm hoch, ähnl. *E. montanum;* mittl. Stgblätt. eif.; ♃; VII–IX. Wälder; *s,* nur ČR (Böhmen). *Hartheu-W.,* **E. hypericifólium** Tausch
— Blätt. gezähnt od. wenigstens entfernt gezähnelt **10**
10. Pfl. ohne Ausläufer; Stg. aufrecht, 30–80 cm hoch; Kblätt. 3,5–5 mm lg.; Samen 1 mm lg.; ♃; VI–IX. Laub- u. Nadelwälder, Gärten u. Parks; *v.* (= *E. hypericifolium* Tausch) *Berg-W.,* * **E. montánum** L.
— Pfl. mit unterirdischen Ausläufern; Stg. aufsteigend, 20–40 cm hoch; Kblätt. 5–6 mm lg.; Samen 1,7–2 mm lg.; ♃; VII. Hochstaudenfluren; *s,* Vog., Vs. *Pyrenäen-W.,* **E. duriǽi** Godron
11(4). Stg. stielrund, zuw. m. 2 Haarleisten, am Grd. m. unterirdischen, rötl. Ausläufern, die im Herbst m. einem haselnussgroßen, von Niederblätt. gebildeten Schuppenrhizom *(854)* abschließen; Bltn. rosa

850

851

852
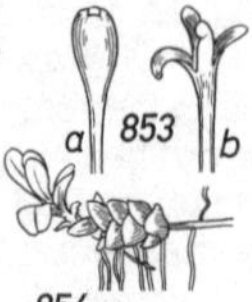

854

855
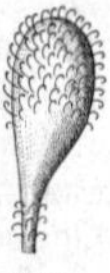
856

bis hellviolett, 3–8 mm lg.; ♃; VII–IX. Sumpf- u. Moorwiesen, feuchte Waldstellen, kalkmeidend; *v.* *Sumpf-W.,* * **E. palústre** L.

— Stg. ± kantig, m. 2–4 erhabenen Längsleisten **12**

12. Blätt. zu 3–4 quirlst., sitzend, die unt. meist kurz gestielt, am Rand stark gezähnt, auf den Nerven flaumig behaart; Bltn. 8–18 mm lg., hellpurpurn; Stg. 30–100 cm lg.; ♃; VII–IX. Hochstaudenfluren, feuchtes Geröll; *v* in Alp., *s* im Vorland u. M-Geb. (Schweizer Jura, Schw., Vog., Erzgeb.). (= *E. trigonum* SCHRANK) *Voralpen-W.,* **E. alpéstre** (JACQ.) KROCK.

— Unt. Blätt. gegen-, ob. wechselst.. . . . . **13**

13. Bis 25 cm hohe Gebirgspfl. (nicht unterhalb 800 m) **17**

— 30–100 cm hohe Pfl., vorwgd. der tieferen Lagen **14**

14. Blätt. bis 1 cm lg. gestielt, eif.-lanzettl., am Rand u. auf den Nerven behaart, untersts. m. hervortretendem Adernetz; Bltn. klein, anfangs weißl., später hellrosa; ♃; VII–X. Bachufer, Gräben; *v.* *Rosarotes W.,* * **E. róseum** SCHREB.

— Blätt. sitzend od. kurz gestielt **15**

15. Stg. am Grd. m. langen, oberirdischen Ausläufern, leicht zusammendrückbar, an der Basis kahl, oben fein kraushaarig; Blattspr. eif., entfernt gezähnt, matt dkgrün; junge Bltn. nickend; ♃; VI–IX. Feuchte Wälder, Bäche, Moor- u. Torfwiesen; *z.* *Dunkelgrünes W.,* * **E. obscúrum** SCHREB.

— Stg. am Grd. ohne Ausläufer, aber m. Blattrosetten **16**

16. Bltnstandsachse drüsig; Blkrblätt. 2–3 mm lg., hellrosa od. weiß; Blätt. 18–30 mm breit, gestielt; ♃; VI–X. Kahlschläge, Böschungen; aus N-Am. eingeschleppt, inzwischen *v,* im S *z.* (= *E. adenocaulon* HAUSSKN.) *Drüsiges W.,* * **E. ciliátum** RAF.

— Bltnstandsachse ohne Drüsen; Blkrblätt. 3–6 mm lg.; Blätt. 3–10 mm breit; ♃; VII–X. Gräben, Ufer, Waldwege, auf Lehmboden; *v.* *Vierkantiges W.,* * **E. tetragónum** L.

a. Unt. u. mittl. Blätt. sitzend, etwas herablaufend, dicht gezähnt, hellgrün, kahl. (= *E. adnatum* GRIS.) ssp. **tetragónum**

— Unt. u. mittl. Blätt. kurz gestielt, seicht gezähnt, graugrün, am Rand behaart. (= *E. lamyi* F. W. SCHULTZ) ssp. **lámyi** (F. W. SCHULTZ) NYM.

17(13). Stg. am Grd. m. unterirdischen Ausläufern; Blattspr. kurz gestielt bis sitzend, eif.-lanzettl., dkgrün glzd., fast ganzrandig; Blkrblätt. 8–12 mm lg., tief ausgerandet, dk. geadert; Samen an der Spitze m. durchscheinendem Anhängsel; ♃; VI–IX. Quellige Orte; Alp. *v,* sonst nur Schweizer Jura, Schw., Erzgeb., Bayrw., Iser- u. Riesengeb. *Mierenblättriges W.,* **E. alsinifólium** VILL.

— Stg. am Grd. m. oberirdischen, beblätterten Ausläufern; Bltn. kleiner als bei voriger **18**

18. Stg. einzeln, an der Spitze fein kraushaarig, kurz bogig aufstgd., unverzweigt, z. Bltzt. überhängend; Blätt. eif., ganzrandig; Bltn. bis 5 mm lg., blassviolett; Kapsel behaart; Samen feinhöckerig; ♃; VII–IX. Quellige Orte; Alp. u. Mittelgeb., von 750–2450 m, *z.* *Nickendes W.,* **E. nútans** F. W. SCHMIDT

— Stg. meist zu mehreren, kahl, nur an den schwach erhabenen Kanten behaart, an der Spitze z. Bltzt. überhängend; Blätt. klein, eif.-längl., ganzrandig; Bltn. 4–5 mm lg.; Kapsel verkahlend; Samen glatt; ♃; VII–IX. Quellige Orte der höh. Mittelgeb. u. Alp. oberhalb der Baumgrenze, vorwgd. auf Urgestein; *z* in Alp., Schweizer Jura, Schw., Bayrw., Erz-, Iser- u. Riesengeb. (= *E. alpinum* auct. non L.)
Gauchheil-W., **E. anagallidifólium** LAM.

Die Gattung *Epilobium* neigt stark zur **Bastard**bildung.

3. Oenothéra L. (= *Onagra* MILL.), *Nachtkerze* (nach WERNER DIETRICH)

1. Unt. u. mittl. Stgblätt. auf der Fläche gewellt; Kblätt. der reifen Bltnknospen so lg. wie die Bltnröhre; Blkrblätt. 35–50 mm lg.; Narbe die Stbblätt. überragend; ⊙; IV–IX. Gartenflüchtling; Straßenränder, Bahnanlagen, *z;* in Eur. durch Bastardierung entstanden. (= *O. erythrosepala* BORB.; incl. *O. coronifera* RENNER)
Ⓖ *Rotkelchige N.,* **O. glazioviána** M. MICHELI

— Blätt. glatt od. am Rand gewellt; Kblätt. der reifen Bltnknospen höchstens 2/3 so lg. wie die Bltnröhre; Narbe die Stbblätt. nicht überragend **2**

2. Kzipfel aufrecht, sich berührend; Bltnstand aufrecht; Blkrblätt. 15–30 mm lg. **4**

— Kzipfel spreizend; Gipfel des Bltnstands gebogen; Blkrblätt. 8–15 mm lg. . . . **3**

3. Blätt. graugrün; Stg. u. Fr. vorwiegend anlgd. behaart, m. roten Tupfen; Gipfel des Bltnstands stark gebogen; ⊙; VI–IX. Flussufer, Dünen, Sandfelder; Elbetal, Nordseeküste und Inseln *v,* sonst *z;* aus N-Am. eingeschleppt. (= O. *ammophila* FOCKE; = *O. muricata* auct. non L.; = *O. syrticola* BARTL.)
Sand-N., **O. oakesiána** (GRAY) ROBBINS

— Blätt. grün; Stg. u. Fr. absthd. behaart od. fast kahl, ohne Tupfen; Gipfel des Bltnstands nur wenig gebogen; ⊙; VI–IX. Flussufer, Bahnanlagen, Ruderalstellen; *z,* aus N-Am. eingeschleppt. (= *O. rubricuspis* RENNER; = *O. silesiaca* RENNER)
Kleinblütige N., * **O. parviflóra** L.

4(2). Blätt. grün; Stg., Frkn. u. Kblätt. m. absthd. Haaren, Frkn. auch m. Drüsenhaaren; Blkrblätt. 15–30 mm lg.; ⊙; VI–IX. Bahndämme, Sandfelder, Ruderalstellen; *v;* aus N-Am. eingeschleppt. *(= O. muricata L.; = O. suaveolens* DESF.; incl. *O. rubricaulis* KLEBAHN; incl. *O. pycnocarpa* ATKINSON & BARTLETT = *O. chicaginensis* RENNER & CLEELAND*)* *Gewöhnliche N.,* * **O. biénnis** L

. — Blätt. graugrün; Stg., Frkn. u. Kblätt. anlgd. behaart; Frkn. ohne Drüsenhaare; Blkrblätt. höchstens 15 mm lg.; ⊙; VI–IX. Flussufer, Bahnanlagen, Ruderalstellen; *s,* aus N-Am. eingeschleppt. (= *O. depressa* GREENE; = *O. renneri* SCHOLZ; = *O. strigosa* RYDB.) *Graublättrige N.,* **O. villósa** THUNB.

Die Gattung *Oenothera* neigt stark zur **Bastard**bildung!

4. Circǣa L., *Hexenkraut*

1. Blätt. matt, am Grd. nicht od. kaum herzf.; Blattstiel ringsum behaart; Bltn. ohne Tragblätt; Stg. behaart; Blkrblätt. 2–4 mm lg., verkehrt herzf., tief 2-spaltig; Fr. m. gleichen Fächern *(855); ♃;* VI–VIII. Schattige, feuchte Wälder; *v.* *Gewöhnliches H.,* * **C. lutetiána** L.

a. Fr. ungefurcht; *v.* ssp. **lutetiána**

— Fr. größer, m. 4 tiefen Furchen; sehr *s,* nur OTi, Kt (Oberdrautal).
ssp. **quadrisulcáta** (MAXIM.) ASCH. & MAGNUS

— Blattspr. am Grd. deutl. herzf., glänzend; Stg. kahl od. etwas kurzhaarig; Bltn. m. kleinen borstenf. Tragblätt. **2**

2. Blkrblätt. kürzer als der K.; Narbe kopfig od. schwach ausgerandet; Fr. schief eif., keulig, einfächerig *(856);* Blattspr. obersts. etwas glzd., untersts. bläul.grün, scharf gezähnt; Infl. fast kahl, sich erst nach der Bltzt. verlängernd; ♃; VI–VIII. Feuchtes Gebüsch, Moore; *v* Alp., sonst *z–s.* *Alpen-H.*, **C. alpína** L.

— Blkrblätt. so lg. wie der K.; Narbe ausgerandet, 2-lappig; Fr. verkehrt eif., kugelig, 2-fächerig, 2-samig; Blattspr. geschweift-gezähnt, zugespitzt; Infl. drüsig-flaumig, sich schon vor der Bltzt. verlängernd; ♃; VI–VIII. Bacheschenwälder, Auwälder, vorwgd. der Berg- u. Hügelstufe; *z, s* im N. (= *C. alpina* × *C. lutetiana*) *Mittleres H.*, * **C. intermédia** Ehrh.

Ordnung: **Crossosomatáles**

Familie: **Staphyleáceae**, *Pimpernussgewächse*

Holzgewächse; Blätt. wechsel- od. gegenst., unpaarig gefied., m. Nebenblätt; Bltn. radiär, 5-zählig; Kapselfr.

Staphyléa L., *Pimpernuss*
Blätt. 5–7-zählig gefied.; Bltn. weiß, in hgd., traubigen Rispen; Fr. dünnhäutige aufgeblasene Kapsel. Bis 5 m hoher Strauch od. Baum, ♄–♄; V–VI. Laubwälder; s, wild in Au, S-BW, St. Gallen, Appenzell, FL, Ba, Schl, ČR; sonst als Zierstrauch, *z* verwild. **St. pinnáta** L.

Ordnung: **Sapindáles**

Familie: **Anacardiáceae**, *Sumachgewächse*

Bäume u. Sträucher; Blätt. wechselst.; Bltn. klein, ⚥ od. eingschl., 5-zählig; 1-samige Steinfr.

1. Blätt. einfach, ungeteilt *(269);* Frstiele verlängert u. absthd. behaart; Frstand deshalb perückenart. . . . . **Cotinus**, 519
— Blätt. gefied.; Frstiele ohne verlängerte Haare; Frstand nicht perückenartig. . . . . **Rhus**, 519

1. Cótinus Mill., *Perückenstrauch*
Blätt. lg. gestielt, m. eif., kahler Spr. *(269);* ♄; VI–VII. Eichenwälder, Waldränder; in St u. NÖ wild, sonst *s* eingebürgert in SaAn, Ba u. BW, CH, Bz, früher ČR; auch Zierstrauch. **Giftig!** Ⓖ **C. coggýgria** Scop.

2. Rhús L., *Sumach*

1. Blätt. unpaarig gefied., bis 90 cm lg., m. 11–30 Fied., diese bis 12 cm lg.; Zweige u. Bltnstiele dicht zottig; Bltnrispen dicht, grünl.gelb od. rötl.; ♄–♄; VI–VII. Ziergehölz. (Heimat: N-Am.) [= *R. hirta* (L.) Sudworth] *Kolben-S., Essigbaum*, **R. týphina** L.

— Blätt. 3-zählig, lg. gestielt; Fied. bis 10 cm lg.; Zweige später kahl; Bltn. weißl. grün; Rispen locker; ♄; VI–VII. Ziergehölz. (Heimat: N-Am.) **Sehr giftig!** *Gift-S.*, **R. toxicodéndron** L.

857

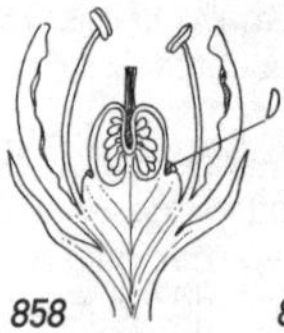

858

859

860

861

Familie: **Sapindáceae** (incl. *Aceraceae u. Hippocastanaceae*), *Seifenbaumgewächse*

Holzgewächse m. gegenst. Blätt.; Blätt. gelappt, gefied., gefingert *(64)* od. ungeteilt; Bltn. ⚥ od. eingschl., meist m. Diskus (*860*, D); Fr. 2-fächerige Spaltfr. *(Acer, 861)* od. 3-fächerige Kapselfr. (*Aesculus*). Nach neueren Erkenntnissen gehören die Familien Aceraceae, Sapindaceae und Hippocastanaceae zu einer einzigen Familie Sapindaceae zusammengefasst.

1. Blätt. gefing. *(64)* . . . . **Aesculus,** 521
— Blätt. gefied., handf. gelappt od ungeteilt . . . . **Acer,** 520

1. **Ácer** L., *Ahorn*

1. Blätt. unpaarig 3–5(–7)-zählig gefied., oft weiß gescheckt; junge Triebe häufig bläul. abwischbar bereift; Bltn. eingschl., 2-häusig, in lg. hgd. Trauben; ♄; IV. Zierbaum aus N-Am., oft verwild., z. B. an Bahnlinien od. Flussufern.
Eschen-A., * **A. negúndo** L.

— Blätt. nicht gefied., sondern gelappt od. ungeteilt **2**

2. Blätt. ungeteilt bis schwach 3-lappig, eif., am Grd. herzf., Blattrand unregelmäßig doppelt gesägt; Spr. nur m. 1 Hauptnerv, länger als breit; Bltn. in aufrechten Rispen, grünl.weiß; Frflügel m. spitzem Winkel od. fast parallel; ħ od. ♄, 3–6 m hoch; V–VI. Auwälder; nur NÖ, Bgl.
Tataren-A., **A. tatáricum** L.

— Blätt. handf. 5–7-lappig, selten 3-lappig *(862–865)* **3**

3. Blattspr. 3-lappig; Seitenlappen ± waagrecht abstehend, stumpf, ganzrandig *(862);* Bltn. in wenigbltg., nickenden Schirmtrauben. Bis 6 m hoch, ♄; IV–V, Sonnige Felshänge; nur im Mittelrheingebiet u. Main bei Würzburg, in Au *s* eingebürgert.
Französischer A., **A. monspessulánum** L.

— Blattspr. 5–7-, selten 3-lappig **4**

4. Bltnstände aufrecht **6**

— Bltnstände hängend **5**

5. Bltn. in Schirmtrauben; Blattspr. in 5, (selten 3) stumpfe, gekerbte od. gezähnte Lappen geteilt, am Grd. herzf.; Baum bis 12 m hoch; ♄; IV. Lichte Laubwälder; *z* W-CH, *s* S-BW (Grenzach). (= *A. opulifolium* VILL.) *Schneeballblättriger A.,* **A. ópalus** MILL.

— Bltn. in hgd., 5–15 cm langen Rispen; Blattspr. am Grd. herzf., in 5 doppelt stumpf gesägte Lappen geteilt *(863);* Frflügel einen rechten Winkel (Nase!) bildend; Baum bis 25 m hoch; ♄; IV–V. Schluchtwälder, Bergwälder; Mittelgeb. u. Alp. *v, z* im N. *Berg-A.,* * **A. pseudoplátanus** L.

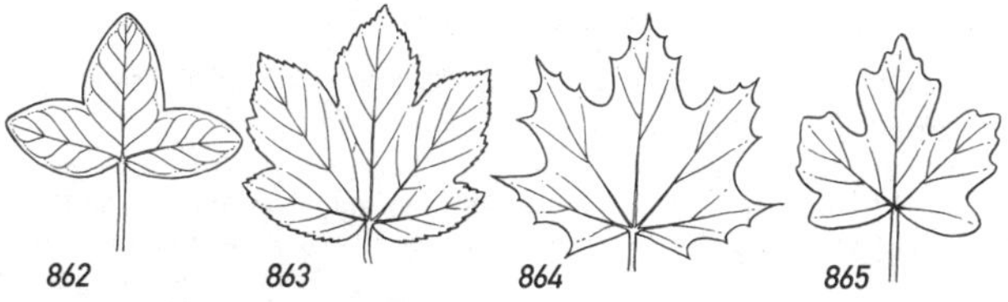

862 863 864 865

6(4). Blattspr. 5–7-lappig, m. lg.-buchtig gezähnten Abschnitten *(864);* Bltn. gelbgrün; Frflügel einen stumpfen Winkel bildend. Bis 20 m hoch, ♄; IV–V. Laubwälder; *z,* auch als Zierbaum.

Spitz-A., * **A. platanoídes** L.

— Blattspr. 5-lappig; Lappen stumpf, der mittl. stets 3-zipfelig *(865);* Bltn. nach dem Laub erscheinend; Frflügel waagrecht; 1–5(–20) m hoher Baum, oft strauchf.; ħ–♄; V. Wälder; *v.* *Feld-A.,* * **A. campéstre** L.

2. Áesculus L., *Rosskastanie*

1. Winterknospen nicht klebrig; Bltn. leuchtend rot; Fied. deutl. gestielt. Bis 6 m hoch; ♄; V–VI. (Zierbaum aus N-Am.) **Giftig!** *Pavie,* **A. pávia** L.

— Winterknospen klebrig; Bltn. weiß m. gelben u. roten Flecken od. fleischfarbig rosa bis scharlachrot; Fied. fast sitzend od. sehr kurz gestielt **2**

2. Bltn. weiß, gelb u. rot gefleckt; Fr. bis 6 cm im Dm, derb bestachelt. Bis 25 m hoch; ♄; IV–V. Zier- u. Alleebaum, als Sämling oft verwild. (Heimat: Balkan)

Gewöhnliche R., * **A. hippocástanum** L.

— Bltn. fleischfarbig, rosa bis scharlachrot; Blkrblätt. am Rand drüsig-zottig; Fr. rundl. 3–4 cm im Dm., glatt od. weichstachelig; ♄; V. Allee- u. Straßenbaum. (= *A. hippocastanum* × *A. pavia*) *Rotblütige R.,* * **A.** × **cárnea** Hayne

Familie: **Rutáceae**, *Rautengewächse*

Bäume, Halbsträucher od. Stauden; Blätt. durch Öldrüsen durchscheinend punktiert, Pfl. deshalb stark duftend; Bltn. radiär od. zygomorph, 4–5-zählig; Bltnachse zw. od. über den Stbblätt. zu scheibenf. Diskus (*858*, D) erweitert; Kapselfr.

1. Bltn. radiär, 4–5-zählig *(857),* gelb . . . . **Ruta,** 521

— Bltn. zygomorph, 5-zählig *(859),* weiß od. rötl., dk. geadert **Dictamnus,** 521

1. Rúta L., *Raute, Weinraute*

Bltn. in Dichasien; Endbltn. 5-, Seitenbltn. 4-zählig *(857);* Blkrblätt. löffelf. ausgehöhlt, kapuzenf. eingekrümmt, am Rand gezähnelt, drüsig punktiert; Blätt. 2–3fach gefied., bläul.grün, kahl, von aromatischem Geruch; ♃(–ħ); VI–VIII. Aus dem Mittelmeergebiet stammende u. verwild. Heilpfl. **Giftig!** * **R. gravéolens** L.

2. Dictámnus L., *Diptam*

Ob. Stgblätt. 7–9-zählig gefied., eschenähnl.; Bltn. in Trauben auf drüsigen Stielen; Pfl. beim Zerreiben zitronenartig duftend; ♃; V–VI. Trockenhänge u. lichte Gebüsche (Steppenheiden), nur auf Kalk; *s* in S- u. M-Dt, E, NÖ, Bgl, CH, Bz, ČR. Ⓖ * **D. álbus** L.

Familie: **Simaroubáceae**, *Bittereschengewächse*

Bäume u. Sträucher; Blätt. meist gefied., Bltnhülle doppelt, 3–7-zählig; Fr. vielgestaltig.

Ailánthus Desf., *Götterbaum*
Blätt. unpaarig gefied., bis 1 m lg.; Bltn. grünl., in großen Rispen; Baum m. glatter Borke; ♄; VII. Aus China stammender, häufig angepfl. u. in Städten, an Straßen u. Bahnlinien verwild. Baum. [= *A. glandulosa* Desf.; = *A. peregrina* (Buchoz) F. A. Barkley] * **A. altíssima** (Mill.) Swingle

Ordnung: **Malváles**

Familie: **Malváceae** (incl. *Tiliaceae*), *Malvengewächse*

Bäume *(Tilia)*, Stauden od. Kräuter; Blätt. wechselst. m. früh abfallenden Nebenblätt.; Bltn. radiär, K. oft m. Außenkelch (*231b*, ak); Stbblätt. zahlr., zu Bündeln vereint *(Tilia)* od. zu einer den Gr. umgebenden Röhre verwachsen *(866)*; Frkn. oberst.; Fr. Nussfr., Kapselfr. od. in Teilfr. zerfallend *(231b)*. Nach neueren Erkenntnissen ist die Familie der Tiliaceae in die der Malvaceae einzugliedern.

1. Bäume; Blätt. herzf. . . . . **Tilia**, 524
— Pfl. krautig **2**
2. Außenkelch fehlend . . . . **Abutilon**, 522
— Außenkelch vorhanden (*231b*, aK) **3**
3. Außenkelch 6–13-spaltig **5**
— Außenkelch 3(–5)-blättrig od. 3-spaltig **4**
4. Außenkelchblätt. frei, am Grd. m. dem K. verwachsen **Malva**, 523
— Außenkelchblätt. zu unter dem K. eingefügter, 3-spaltiger Hülle verwachsen . . . . **Lavatera**, 523
5(3). Außenkelch 10–13-spaltig . . . . **Hibiscus**, 522
— Außenkelch 6–9-spaltig **6**
6. Blkrblätt. 30–55 mm lg. . . . . **Alcea**, 523
— Blkrblätt. 10–20 mm lg. **7**
7. Pfl. 15–50 cm hoch, ☉; Stg. absthd. behaart, nicht filzig; Blkrblätt. kaum länger als der K.; Bltn. einzeln **Dinacrusa**, 523
— Pfl. 60–150 cm hoch, ♃; Stg. u. Blätt. dicht samtig-filzig; Blkrblätt. viel länger als der K.; Bltn. zu 1–3 . . . . . **Althaea**, 523

1. Hibíscus L., *Stundenblume*
Pfl. niederlgd. bis aufrecht; Blätt. handf. 3–5-teilig; Bltn. blassgelb; ☉; VII–VIII. Schutt, Äcker; *s*. **H. tríonum** L.

2. Abutílon Mill., *Samtpappel, Chinajute*
Pfl. ☉, stark behaart; Blätt. lang gestielt, herzf., spitz; Blkrblätt. gelb; Kapselfr.; ☉; VII–IX. *s* in Rübenäckern eingeschleppt, z. B. Oberrhein. (Heimat: As.) (= *A. avicennae* Gaertn.) **A. theophrásti** Med.

3. Álcea L., *Stockrose*

1. Blkrblätt. sich m. den Rändern überdeckend, nur seicht ausgerandet, 40–55 mm lg., rosa, auch weiß od. violett; Blattspr. 5–7-eckig od. lappig; Stg. locker behaart bis kahl; Pfl. 100–250 cm hoch; ⊙–♃; VI–X. Zier-, Arznei- u. Färbepfl., vorwgd. in Bauerngärten, stellenw. auch verwild. (Heimat unbekannt, viell. von *A. biennis* abstammend?) [= *Althaea rosea* (L.) Cav.] *Gewöhnliche St.,* * **A. rósea** L.

— Blkrblätt. sich nicht seitl. überdeckend, tief ausgerandet, 30–45 mm lg., blassrosa bis helllila; Stg. dicht filzig behaart; Pfl. 30–120 cm hoch; ⊙–♃; VII–IX. Ruderalfluren, auf Löss; sehr *s,* nur NÖ, ČR. [= *A. pallida* (Willd.) W. & K.] *Blasse St.,* **A. biénnis** Winterl

4. Althaéa L., *Echter Eibisch*

Stg. dicht filzig-zottig, 60–140 cm hoch; Blätt. beidersts. samtfilzig, graugrün; Bltn. zu 1–3 in blattachselst. Trauben, weiß od. rosa, 3–5 cm im Dm; ♃; VII–IX. Feuchte Wiesen, Ruderalstellen, besonders auf salzhaltigen Böden; *z,* Ostseeküste und Salzstellen im Binnenland, *s* aus Kultur verwild. Ⓖ * **A. officinális** L.

5. Dinacrúsa G. Krebs, *Rauer Eibisch*

Stg. rauhaarig, nicht filzig; Bltn einzeln, blattachselst.; Blattspr. rundl-herzf., seicht 3–5-spaltig, die der mittl. Stgblätt. handf. 3–5-spaltig; Bltn. blasslila, 2,5 cm im Dm, ihre Stiele länger als die Tragblätt.; Stg. 15–50 cm hoch; ⊙, V–VIII. Äcker, Weinberge, Ruderalstellen; *s.* (= *Althaea hirsuta* L.) **D. hirsúta** (L.) G. Krebs

6. Lavatéra L., *Strauchpappel*

Spr. der Grdblätt. herzf.-rundl., kurz 5-eckig, die der Stgblätt. handf. 3–5-lappig; Bltn. blassrot, dk. geadert, 5–8 cm breit, in lockeren Trauben; Blkrblätt. an der Spitze tief ausgerandet, am Grd. behaart; Stg. 60–100 cm lg.; ♃; VII–X. Waldränder, Wege u. Raine; *z,* SaAn, Th, NÖ, Bgl, ČR, früher OÖ, sonst *s* verschleppt. **L. thuringíaca** L.

7. Málva L., *Malve*

1. Blattspr. 5–7-lappig, nicht tief geteilt *(869, 870),* herzf.-rundl.; Bltn. in blattachselst. Büscheln **3**

— Blattspr. fast bis zum Grd. handf. 5–7-teilig, m. fiedspaltigen Abschnitten *(867, 868);* Bltn. einzeln, blattachselst., groß **2**

2. Außenkelchblätt. eif., am Grd. verbreitert; Stg. m. anlgd. Sternhaaren, 50–125 cm lg.; Blattabschnitte grob gesägt *(867);* Bltn. an der Stgspitze traubig gehäuft, lebhaft rosa, geruchlos; Fr. kahl; ♃; VI–IX. Trockene Hügel, Gebüsch; *v.* *Sigmarswurz,* * **M. álcea** L.

— Außenkelchblätt. breit lineal-lanzettl., am Grd. verschmälert; Stg. absthd. behaart, 20–100 cm lg.; Blattabschnitte in linealische Zipfel zerteilt *(868);* Fr. dicht rauhaarig; Bltn. rosa od. weiß, nach Moschus duftend; ♃; VII–VIII. Trockene Wiesen, Gebüsch; *v.* *Moschus-M.,* * **M. moscháta** L.

3(1). Bltnstiele sehr kurz, z. Frzt. höchstens doppelt so lg. wie der K.; Stg. steif aufrecht; Blätt. glatt od. am Rand wellig kraus (var. **críspa** L.); Blkr. weiß, so lg. wie der K.; ⊙; VII–IX. Kulturpfl. aus O-As.; *s* verwild. *Quirl-M.,* **M. verticilláta** L.

— Bltnstiele z. Frzt. mehrmals länger als der K.; Stg. niederlgd. od. aufstgd. 4

4. Blkrblätt. 25–30 mm lg., 3–4-mal so lg. wie der K., am Grd. dicht bewimpert, tief ausgerandet, rosa-violett m. 3 dunkleren Streifen; Frstiele aufrecht od. absthd.; Teilfr. scharf berandet, am Rücken netzig-grubig; Stg. 20–120 cm lg.; Blattlappen eif.-3-eckig *(869);* ⊙–♃; V–IX. Wege, Ruderalfluren; *v.* *Wilde M.,* * **M. sylvéstris** L.

a. Stg. niederlgd. od. aufstgd., dicht behaart; Blattstiel ringsum dicht behaart; *v.* ssp. **sylvéstris**

— Stg. aufrecht, schwach behaart; Blattstiel nur obersts. flaumig behaart; Kulturpfl., *s* verwildert. ssp. **mauritiána** (L.) Boiss. ex Coutinho

— Blkrblätt. kürzer, 4–13 mm lg.; Frstiele abw. gebogen 5

5. Blkrblätt. 9–13 mm lg., etwa doppelt so lg. wie der K., tief ausgerandet, rosafarbig bis weiß; Teilfr. glatt, an den Kanten abgerundet; Stg. niederlgd. bis aufstgd.; Blätt. wellig gelappt *(870);* ⊙–♃; VI–XI. Ruderalstellen; *v.* *Käsepappel, Weg-M.,* * **M. neglécta** Wallr.

— Blkrblätt. nur 4–5 mm lg., etwa so lg. wie der K., schwach ausgerandet, weißl.; Teilfr. runzelig, scharf berandet; Stg. niederlgd. bis aufrecht; ⊙; VII–IX. Wege, Schuttplätze; *v* in W- u. O-Pr, sonst *z, s* im S. (= *M. rotundifolia* L.; = *M. borealis* Wallr.) 🄶 *Kleinblütige M.,* **M. pusílla** Sm.

8. **Tília** L., *Linde*

1. Blätt. untersts. weißfilzig; ♄; VII–VIII. Angepflanzt. (Heimat: SO-Eur., W-As.) (= *T. argentea* Desf.) *Silber-L.,* * **T. tomentósa** Moench

a. Blattstiel kaum ½ so lg. wie die Spr. ssp. **tomentósa**

— Blattstiel ½ so lg. wie od. länger als die Spr. ssp. **petioláris** (DC.) Soó

— Blätt. untersts. kurzhaarig od. kahl, höchstens in den Winkeln der Adern behaart, grün od. bläul.grün 2

2. Blätt. beidersts. kahl, obersts. matt dkgrün, untersts. bläul.grün, in den Aderwinkeln braunbärtig; Fr. dünnschalig, zerbrechl., undeutl. kantig; Bltnstand 5–11-bltg.; ♄; VI–VII. Wälder; *v,* oft angepflanzt. (= *T. ulmifolia* Scop.; = *T. parvifolia* Ehrh.) *Winter-L.,* * **T. cordáta** Mill.

— Blätt. untersts., oft auch obersts. behaart, untersts. in den Aderwinkeln weißbärtig; Bltnstand 2–5-bltg.; Fr. dickwandig, holzig, deutl. kantig-gerippt; ♄; VI. Wälder; *v–z,* oft angepflanzt. (= *T. grandifolia* Ehrh.) Formenreich. *Sommer-L.,* * **T. platyphýllos** Scop.

866

867

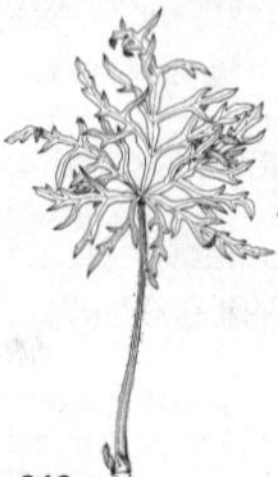

868

869

870

Zuw. angepflanzt wird die *Holländische L.*, * **T.** × **vulgáris** Hayne (= *T. cordata* × *T. platyphyllos);* Blätt. groß, denen von *T. platyphyllos* ähnl.; Bltnstand 3–7-bltg.; Fr. undeutl. kantig.
Außerdem zuw. gepflanzt wird die *Krim-L.*, * **T.** × **euchlóra** C. Koch (= *T. cordata* × *T. dasystyla);* Blattzähne m. aufgesetzter Grannenspitze; Blätt. untersts. nur in den Aderwinkeln behaart.

Familie: **Thymelaeáceae**, *Seidelbastgewächse*

Sträucher, seltener Kräuter; Blätt. wechselst.; Bltn. ⚥, 4–5-zählig; Bltnachse röhrig; Kblätt. blumenblattart., am Grd. in den Achsenbecher übergehend; Blkrblätt. fehlend; Stbblätt. 4–8, der Röhre des Achsenbechers angeheftet *(195);* Stein- od. Nussfr.; **giftig.**

1. Pfl. krautig; Achsenbecher bauchig, Bltn. unscheinbar; Fr. geschnäbelte Nuss .... **Thymelaea**, 525
— Sträucher; Achsenbecher röhrig; Kblätt. blumenblattartig auffällig; Steinfr. .... **Daphne**, 525

1. Thymelaéa Mill. em. Endl., *Spatzenzunge, Vogelkopf*
Blätt. lineal; Bltn. klein, einzeln od. in Knäueln, blattachselst. *(220);* Kblätt. 4; Stbblätt. 0; Fr. behaart (Unterschied zu *Thesium*); Pfl. 15–40 cm hoch, gelbl. grün; ⊙; VII–IX. Brachäcker, Wegränder, Weinberge; *s,* Dt, CH, Bz, Au, im N *f.* **Giftig! Th. passerína** (L.) Coss. & Germ.

2. Dáphne L., *Seidelbast, Steinröschen, Kellerhals* ©
1. Bltn. grünl.gelb, in meist 5-bltg., blattachselst., nickenden Trauben; Blätt. immergrün, bis 12 cm lg. u. 3 cm breit, ledrig; bis 120 cm hoher Strauch; ♄; II–IV. Steinige Laubwälder; *s* in Baden (Dinkelberg), E (Jura), RhPf (Brohl, Linz), Be, Kt, St, OÖ, NÖ, CH.
Giftig! © *Lorbeer-S.,* **D. lauréola** L.
— Bltn. rot, selten weiß **2**
2. Bltn. weiß, nach den Blätt. erscheinend, zu 4–10 in endst. Köpfchen; ♄; V–VI. Felsen, Geröllhalden; *s,* Kt, CH, FL (Balzers).
Giftig! © *Alpen-S.,* **D. alpína** L.
— Bltn. rot od. rosa **3**
3. Bltn. meist zu 3 in den Achseln vorjähriger u. im Herbst abgefallener Blätt., vor der Entfaltung der diesjährigen Blätt. erscheinend, stark duftend; Blätt. verkehrt längl.-lanzettl. *(270),* 3–8 cm lang, frischgrün; Fr. scharlachrot; ♄; II–IV. Bergwälder, kalkliebend; *z, f* im NW, *s* im NO. **Giftig!** © *Kellerhals, Gewöhnlicher S.,* * **D. mezéreum** L.
— Bltn. in endst. Bltnständen, an beblätterten Trieben **4**
4. Bltn. einfarbig rot bis dkrosa, m. dicht kurzfilzigem Achsenbecher; Blätt. spatelig, 10–18(–25) mm lg., 3–4-mal so lg. wie breit, gleichmäßig an den Zweigen verteilt; Fr. gelbbraun; ♄; IV–VI. Steinige, kalkhaltige, buschige Hänge, Heidewiesen; Alp. *z, s* im Vorland, N-Ba, BW, S-Pfalz, E, CH, Bz, Au, ČR.
Giftig! © *Rosmarin-S., Heideröschen,* **D. cneórum** L.

— Bltn. hellrot, fein längsgestreift; Achsenbecher kahl; Blätt. spatelig, stachelspitzig, 5–6-mal so lg. wie breit, an den Zweigenden büschelig gehäuft; Fr. tief orangegelb; ♄; V–VII. Steinige, trockene Böden, vorwgd. des Krummholzgürtels der K-Alp., 900–2860 m; *z* in Ti, Vb, Kt, Bayr. u. Allgäuer Alp., Bz, O-CH, FL.
Giftig! Ⓖ *Steinröschen, Gestreifter S.,* **D. striáta** Tratt.

Familie: **Cistáceae**, *Zistrosengewächse*

Zwergsträucher, Halbsträucher od. Kräuter; Blätt. gegen- od. wechselst.; Nebenblätt. vorhanden od. fehlend; Blkr. radiär; Kblätt ungleich, 3 größere u. 2 kleinere; Blkrblätt. 5, in der Knospe gedreht; Stbblätt. zahlr.; Kapselfr.

1. Blkrblätt. gelb **3**
— Blkrblätt. weiß **2**
2. Äußere Kblätt. größer als die inneren; Bltn. im Dm 3–5 cm; Blätt. 6–20 mm breit . . . . **Cistus,** 526
— Äußere Kblätt. kleiner als die inneren; Bltn. im Dm 2–3 cm; Blätt. 2–8 mm breit . . . . **Helianthemum apenninum,** 527
3(1). Blätt. alle wechselst., schmal, nadelf.; äußere Stbblätt. ohne Stbbeutel . . . . **Fumana,** 527
— Unt. Blätt. gegenst.; Blätt. nicht nadelf.; alle Stbblätt. m. Stbbeuteln **4**
4. Stgblätt. längl., sitzend, m. 3 Längsnerven; Blkrblätt. am Grd. meist m. braunem Fleck; Pfl. ⊙, m. Blattrosette **Tuberaria,** 526
— Unt. Stgblätt. gestielt; Pfl. meist ♃ . . . . . . **Helianthemum,** 526

1. **Cístus** L., *Zistrose*

Strauch, bis 1 m hoch; Zweige filzig; Blätt. elliptisch, 10–40 mm lg. u. 6–20 mm breit, runzelig; Bltn. gestielt; Blkrblätt. weiß, am Grd. gelb; Kblätt. 5, die 2 äußeren am Grd. herzf.; ♄; IV–V. Felsige Abhänge; *s,* nur Ts.
C. salviifólius L.

2. **Tuberária** (Dun.) Spach, *Sandröschen*

Stg. steif aufrecht, 5–40 cm lg., behaart; Grdblätt. rosettig, unt. Stgblätt. gegenst., ob. wechselst.; Blkrblätt. zitronengelb, am Grd. m. od. ohne schwarzen Fleck, hinfällig; ⊙; V–VIII. Sandfelder, Kiefernwälder; *s,* Ost- u. Westfries. Inseln, N-Th, SaAn, E, früher mittl. Rheintal. [= *Helianthemum guttatum* (L.) Mill.] **T. guttáta** (L.) Fourr.

3. **Heliánthemum** Mill., *Sonnenröschen*

1. Blätt. m. Nebenblätt.; Bltn. gelb od. weiß **3**
— Blätt. ohne Nebenblätt.; Bltn. gelb **2**
2. Blätt. untersts. grau- bis weißfilzig; Bltnknospen kugelig; Frstiele aufrecht od. waagrecht; reich verzweigter Halbstrauch; ♄; V–VI. Trockenrasen, kalkliebend; *s,* Ba, BW, Th, SaAn, NÖ, Bgl, Vs, Bz, ČR.
Ⓖ *Graues S.,* **H. cánum** (L.) Baumg.
— Blätt. beidersts. grün, anlgd. behaart od. kahl; Bltnknospen eif.; Frstiele aufrecht, waagrecht od. zurückgeschlagen; 3–20 cm hoher, dicht- od.

lockerrasiger Halbstrauch m. aufstgd., weißfilzigen Ästen; ♄; V–VIII. Steinrasen der Krummholzregion, Felsspalten, kalkliebend; Alp. *v, s* Schweizer Jura, ČR. *Alpen-S.,* **H. oelándicum** (L.) DC.

a. Blätt. elliptisch-eif. bis längl.-lineal, stumpf; Bltnstand 2–6-bltg.; Blkrblätt. 7–10 mm lg.; *v,* Alp., Schweizer Jura. [= *H. alpestre* (JACQ.) DC.] ssp. **alpéstre** (JACQ.) BREISTROFFER

— Blätt. lanzettl., meist spitz; Bltnstand 6–20-bltg.; Blkrblätt. 5–9 mm lg.; Felsen; s, nur ČR (Mähren). (= *H. rupifragum* KERN.) ssp. **rupífragum** (KERN.) BREISTROFFER

3(1). Blkrblätt. weiß, am Grd. zitronengelb; Nebenblätt. lineal-pfrieml. bis fadenf., die der unt. Blätt. etwa so lg. wie der Blattstiel, die der ob. Blätt. länger; lockerrasiger Halbstrauch m. aufrechten Stg.; ♄; V–VII. Trockenrasen; *s* in Ba, RhPf, Be, SaAn, Ts, Bz. Ⓖ *Apenninen-S.,* **H. apennínum** (L.) MILL.

— Blkrblätt. gelb **4**

4. Pfl. einjährig, m. wenigen Wurzeln, 5–20 cm hoch; Blkrblätt. 5–10 mm lg.; Gr. kurz u. gerade od. fehlend; Blätt. 5–30 mm lg. u. 3–10 mm breit; ⊙; III–V. Felsrasen, Trockenrasen; *s,* nur Vs. *Weidenblättriges S.,* **H. salicifólium** (L.) MILL.

— Pfl. ausdauernd, 10–40 cm hoch; Blkrblätt. 8–18 mm lg.; Gr. 2–3-mal so lg. wie der Frkn., gebogen; Nebenblätt. lanzettl., länger als der Blattstiel; Blätt. 5–50 mm lg. u. 2–15 mm breit; ♃–♄; V–IX. Halbtrockenrasen, Alpenmatten. Formenreich (= *H. chamaecistus* MILL.; = *H. vulgare* GAERTN.) *Gewöhnliches S.,* * **H. nummulárium** (L.) MILL.

a. Blätt. unterstś. von Sternhaaren grau- od. weißfilzig . . . . **d**

— Blätt. zerstreut behaart od. kahl, ohne Sternhaare . . . . **b**

b. Blkrblätt. 8–12 mm lg.; innere Kblätt. 5–8 mm lg., meist behaart; V–IX. Trockenrasen, Waldränder; *v.* [= *H. ovatum* (VIV.) DUN.] ssp. **obscúrum** (ČEL.) HOLUB

— Blkrblätt. 10–18 mm lg.; innere Kblätt. 7–10 mm lg., zwischen den Nerven kahl . . . . **c**

c. Blätt. kahl od. nur am Rand u. unterstś. am Mittelnerv bewimpert; innere Kblätt. zuw. m. Büschelhaaren; VII–VIII. Matten u. Legföhrengebüsch der Alp. von Sb, Ti, St, OÖ, NÖ, Ba u. Isartal bei München, CH, E, *s.* (= *H. nitidum* CLEMENTI) ssp. **glábrum** (KOCH) WILCZEK

— Blätt. beiderstś. od. wenigstens oberstś. zerstreut behaart; Kblätt. auf den Nerven m. langen Büschelhaaren; VII–VIII. Alpenmatten; *v* in Alp., *s* in BW, Vog., ČR. [= *H. grandiflorum* (SCOP.) DC.] ssp. **grandiflórum** (SCOP.) SCH. & TH.

d(a). Blkrblätt. 10–16 mm lg.; Blätt. 5–15 mm breit; Trockenrasen; *s,* nur Vs, Ts, Bz. ssp. **tomentósum** (SCOP.) SCHINZ & THELL.

— Blkrblätt. 8–10 mm lg.; Blätt. 2–5 mm breit; Trockenrasen; *z, f* im N. ssp. **nummulárium**

4. Fumána SPACH, *Heideröschen*

1. Bltnstiele drüsig; Bltnstiele länger als das zugehörige Blatt; Frstiele nur an der Spitze gekrümmt; mittl. Blätt. blühender Zweige meist größer als die übrigen; Pfl. 10–30 cm hoch; ♄; IV–VI. Felsrasen, auf Kalk; *s,* W-CH, Bz. *Felsen-H.,* **F. ericoídes** (CAV.) GANDOGER

— Bltnstiele anlgd. behaart, nicht drüsig; Bltnstiele höchstens so lg. wie das zugehörige Blatt; Frstiele vom Grd. an zurückgebogen; Blätt. blühender Zweige fast gleich groß; Pfl. 2–15 cm hoch; ♄; V–VIII. Trockenrasen, Kiefernwälder, auf Kalk; *s* in M- u. S-Dt, E, CH, Be, Au, Bz, ČR. (= *Helianthemum fumana* L.)
Zwerg-H., Gewöhnliches H., * **F. procúmbens** (DUN.) GREN. & GODR.

Ordnung: **Brassicáles**

Familie: **Tropaeoláceae**, *Kapuzinerkressengewächse*

Kräuter od. Stauden; Blätt. schildf.; Bltn. zygomorph, m. Sporn; Stbblätt. 8, Gr. 1; Fr. zerfällt in 3 einsamige Schließfr.

Tropáeolum L., *Kapuzinerkresse*
Blätt. schildf. *(53);* Bltn. orangefarbig bis rot, gespornt; ⊙; VI–X. Aus S-Am. stammende Gartenzierpfl. * **T. május** L.

Familie: **Resedáceae**, *Resedagewächse*

Kräuter od. Stauden; Blätt. wechselst., einfach od. geteilt, m. kleinen, drüsenähnl. Nebenblätt.; Bltn. zygomorph; K.- u. Blkrblätt. 4–6; Stbblätt. 3 bis zahlr. *(871);* Frkn. oberst. 2–6-blättrig, aber 1-fächrig u. im reifen Zustand an der Spitze meist offen *(872);* Kapselfr.

Reséda L., *Wau, Resede*

1. Blätt. wenigstens teilweise ungeteilt **3**
— Alle Blätt. fiedspaltig **2**
2. Bltn. gelb; ⊙; VII–VIII. Wegraine, Steinbrüche, Schuttplätze; *v.*
Gelber W., * **R. lútea** L.
— Bltn. weiß, wohlriechend; ⊙–♃; VII–X. Zierpfl.; *s* verwild. (Heimat: Mittelmeergebiet) *Weißer W.,* **R. álba** L.
3(1). Bltnstiel kaum 2,5 mm lg.; alle Blätt. ungeteilt; Bltn. 4-teilig; Pfl. 60–120 cm hoch; ⊙; VI–IX. Wegränder, Schuttplätze; *z;* alte Färbepfl., aus früheren Kulturen verwild. u. eingebürgert. (Heimat: SO-Eur. u. W-As.) *Färber-W.,* * **R. lutéola** L.
— Bltnstiele länger als 5 mm **4**

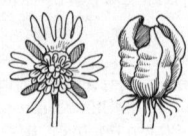

871 *872*

4. Blätt. spatelig; Kblätt. z. Frzt. stark vergrößert; Frkapsel 13–14 mm lg.; ⊙–⊙; VI–IX. Wegränder, Weinberge; *s*, W-CH, Sb, St, NÖ, Bgl, ČR.
Rapunzel-W., **R. phytēuma** L.

— Blätt. längl.-lanzettl. od. eif.; Bltn. wohlriechend; Frkapsel 9–11 mm lg.; ⊙–♃; VII–X. Gartenzierpfl., *s* verwild. (Heimat: N-Afr.)
Wohlriechende Resede, * **R. odoráta** L.

Familie: **Brassicáceae** *(= Cruciferae), Kreuzblütler*

Kräuter od. Stauden, seltener Halbsträucher; Blätt. wechselst., im Alter ohne Nebenblätt.; Bltn. in einfachen Trauben od. Doppeltrauben, selten in Schirmtrauben, ohne Gipfelblüte, bilateral, fast stets ohne Tragblätt.; Kblätt. 4, Blkrblätt. 4, kreuzweise angeordnet (*875*, daher *Kreuzblütler);* Stbblätt. meist 6, in 2 Kreisen, davon 4 lange u. 2 kurze *(873, 874),* selten 4 od. 2, am Grd. der Stbblätt. häufig Nektar- od. Saftdrüsen (*874*, H); Frkn. oberst., 2-blättrig, durch falsche Scheidewand in 2 Fächer geteilt (*875*, S); Fr. 2-klappig *(115)* aufspringende Schoten *(876),* Gliederschoten *(877)* od. Schötchen *(878).* Viele Arten infolge des Gehalts an Senfölglykosiden scharf riechend u. schmeckend.

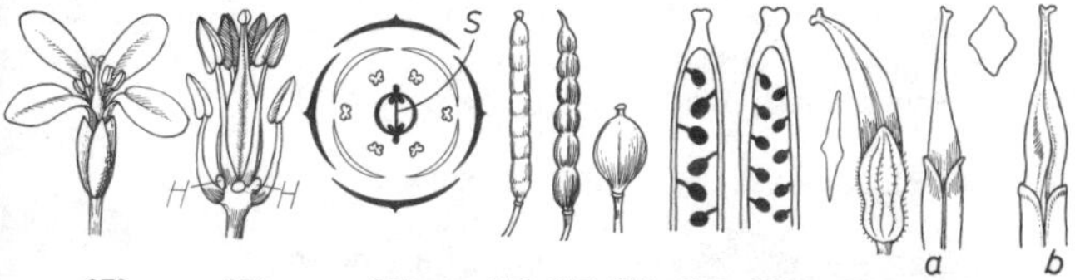

873 874 875 876 877 878 879 880 881 882

1. Fr. wenigstens 3-mal so lg. wie breit *(876, 877);*
Schotenfrüchtige Kreuzblütler[1] . . . . **Tabelle I,** 529

— Fr. höchstens 3-mal so lg. wie breit *(878, 891–898);*
Schötchenfrüchtige Kreuzblütler[1] . . . . **Tabelle II,** 534

Tabelle I: Schotenfrüchtige Kreuzblütler

1. Blattspr. (wenigstens die der Grdblätt.) gefied., gefing., fied. spaltig od. buchtig, stets tief eingeschnitten **30**

— Blattspr. (auch die der Grdblätt.) ungeteilt; ihr Rand ganzrandig, seicht gelappt, gezähnt od. gesägt, aber niemals tief eingeschnitten **2**

2. Blätt. (zuw. nur die Stgblätt.) m. herz.- od. pfeilf. Grd. stgumfassend *(889)* **22**

[1] Ob die Frucht sich zu einer Schote od. einem Schötchen entwickelt, ist zwar bereits in jungen Entwicklungsstadien festzustellen, aber ohne reife Frucht ist eine sichere Bestimmung manchmal nicht möglich.

— Blätt. gestielt od. sitzend, wenn am Grd. herzf., dann aber nicht stgumfassend **3**

3. Bltn. gelb od. bräunl. **18**

— Bltn. weiß, rot, lila, violett od. bläul.; wenn gelbgrün, dann violett geadert *(Hesperis tristis)* **4**

4. Blattspr. am Grd. herzf. ausgerandet **16**

— Sprgrd. nicht herzf. ausgerandet **5**

5. Narbenlappen hornf. gebogen *(883);* Blätt. schmal, graufilzig . . . . **Matthiola,** 543

— Narbenlappen nicht hornf. gebogen **6**

6. Bltn. rot, violett, bläul. od. gelbgrün u. dann violett geadert **8**

— Bltn. weiß (selten etwas rötl.) **7**

7. Narbe tief 2-lappig . . . . **Hesperis,** 543

— Narbe stumpf, ungeteilt **12**

8(6). Blätt. dickfleischig, kahl; Schote 2-samig u. 2-gliedrig, das ob. Glied dolchartig *(884);* Strandpfl. . . . . **Cakile,** 564

— Blätt. nicht dickfleischig **9**

9. Frschnabel 12–30 mm lg. . . . . **Chorispora,** 543

— Frschnabel 0–3 mm lg. **10**

10. Schoten kahl; Bltn. > 1 cm gestielt; Bltn. rot od. gelbgrün u. violett geadert; Blkrblätt. 14–30 mm lg. . . . . **Hesperis,** 543

— Schoten behaart; Bltn. rot od. lila, höchstens 8 mm lg. gestielt **11**

11. Blätt. schmal lineal; Blkrblätt. 12–28 mm lg.; Pfl. m. Blattrosetten . . . . **Matthiola,** 543

— Blätt. lanzettl.; Blkrblätt. 5–12 mm lg.; Pfl. einjährig **Malcolmia,** 543

12(7). Schoten < 1 mm breit, rundl.-4-kantig, etwas gebogen; Bltn. klein (ca. 2 mm breit); Blätt. am Stggrd. gehäuft **Arabidopsis,** 540

— Schoten breiter als 1 mm. **13**

13. Samen in die Scheidewand der Fr. eingesenkt; Fr. flach, netznervig, aber nicht höckerig . . . . **Arabis,** 547

— Samen nicht in die Scheidewand eingesenkt; Frklappen daher über den Samen höckerig **14**

14. Samen 2-reihig[1] od. undeutl. 2-reihig; Blkrblätt. weiß, beim Trocknen violett werdend, keilf. bis verkehrt herzf., 3–4 mm lg.; Grdblätt. ganzrandig od. undeutl. gezähnt, kahl od. m. angedrückten, 2-gabeligen Haaren besetzt; Alpenpfl. **Braya,** 541

— Samen 1-reihig[1] **15**

15. Pfl. feuchter, humöser Böden . . . . **Cardamine,** 545

---

[1] Die Samen sind **1-reihig** angeheftet, wenn sie etwa bis zur Mitte der Scheidewand vorspringen u. 1 Längszeile bilden *(879)*; sie sind **2-reihig** angeheftet, wenn sie mehr dem Rand der Fr. genähert sind u. somit in 2 Zeilen auftreten *(880)*.

— Pfl. der Kalkfelsen; Grdblätt. von einfachen u. Gabelhaaren rau .... **Arabidopsis petraea,** 540

16(4). Bltn. hellviolett; Schoten groß, breit elliptisch, flach, bei der Frreife pergamentart.; Blattspr. lg. zugespitzt, unregelmäßig gezähnt .... **Lunaria**, 550

— Bltn. weiß; Schoten anders gestaltet **17**

17. Blätt. beim Zerreiben stark nach Knoblauch riechend; Schoten 4-kantig .... **Alliaria**, 540

— Blätt. beim Zerreiben nicht nach Knoblauch riechend; Schoten abgeflacht .... **Arabis,** 547

18(3). Narbe tief 2-lappig *(886),* Lappen später zurückgekrümmt; Blätt. ganzrandig; Bltn. meist bräunl. od. gelb (Gartenformen!), stark duftend .... **Erysimum cheiri**, 541

— Narben einfach, ungeteilt **19**

19. Kblätt. aufrecht; Schoten 4-kantig; Frklappen 1-nervig; Blätt. entfernt gezähnt od. ganzrandig, von 3- od. 2-spaltigen Haaren etwas rau .... **Erysimum,** 541

— Kblätt. später absthd. **20**

20. Stg. u. Seitenäste steif aufrecht; Pfl. 0,5–1(–2) m hoch; Blätt. gezähnt; Schoten bis 6 cm lg., aufrecht absthd., mit 3-nervigen Klappen .... **Sisymbrium strictissimum**, 538

— Stg. ± absthd.-sparrig-ästig, bis 1,2 m hoch **21**

21. Schoten 1–2 cm lg., aufrecht, durch den Schnabel[1] bespitzt **Brassica**, 562

— Schoten 2,5–4 cm lg., aufrecht bis waagrecht absthd., m. bis 1 cm lg. Schnabel .... **Sinapis arvensis**, 563

22(2). Blkrblätt weiß, gelbl.weiß od. lila **25**

— Blkrblätt. rein gelb **23**

23. Schoten hgd., zur Zeit der Reife fast schwarz, abgeflacht, geflügelt *(887),* 1-samig .... **Isatis**, 541

— Schoten aufrecht **24**

24. Schoten stielrund, m. meist lg. Schnabel *(888)* **Brassica,** 562

— Schoten 8-kantig, m. kurzem Schnabel **Conringia austriaca,** 562

25(22). Blkrblätt. lila, 13–18 mm lg.; Pfl. m. Drüsenhaaren **Hesperis sylvestris,** 543

— Blkrblätt. weiß od. gelbl.weiß, meist kürzer **26**

26. Samen 2-reihig[2] *(880);* Schoten 4-kantig, dem Stg. angedrückt; Bltn. gelbl.weiß .... **Turritis,** 550

— Samen 1-reihig *(879)* **27**

---

[1] Bei Vertretern mancher Gattungen ist der Griffel stark entwickelt, wächst bei der Fruchtreife heran u. bildet den **Schnabel** der Frucht *(821, 822).*

[2] Die Samen sind **1-reihig** angeheftet, wenn sie etwa bis zur Mitte der Scheidewand vorspringen u. 1 Längszeile bilden *(879)*; sie sind **2-reihig** angeheftet, wenn sie mehr dem Rand der Fr. genähert sind u. somit in 2 Zeilen auftreten *(880).*

27. Bltn gelbl.weiß **29**
— Bltn. rein weiß **28**
28. Pfl. kahl; Stgblätt. bereift, ganzrandig; Blkrblätt. 6–7 mm lg. **Fourraea,** 550
— Pfl. teilw. behaart, nicht bereift, wenn fast kahl, dann Stgblätt. gezähnt u. Blkrblätt. nur 4-5 mm lg. . . . . **Arabis,** 547
29(27). Stgblätt. behaart, gezähnt; Schoten 8–15 cm lg, überhgd.; Pfl. lichter Wälder . . . . **Pseudoturritis,** 550
— Stgblätt. kahl, ganzrandig *(889);* Schoten 6–11 cm lg., aufrecht; Pfl. der Äcker . . . . **Conringia orientalis,** 562
30(1). Blkrblätt. gelb od. gelbl.weiß **40**
— Blkrblätt. rötl., violett od. reinweiß, selten fehlend **31**
31. Blätt. gefied. *(59),* gefing. *(64)* od. 3-zählig *(65)* (aus getrennten Fied. zusammengesetzt) **38**
— Blätt. buchtig gezähnt, fiedspaltig *(42)* od. leierf. fiedspaltig. *(41);* Fied. nicht bis zur Rhachis getrennt **32**
32. Blätt. dickfleischig, kahl; Schoten 2-gliedrig, das ob. Glied dolchf. *(884b);* Strandpfl. . . . . **Cakile,** 564
— Blätt. nicht dickfleischig, ± behaart **33**
33. Blkrblätt. > 1 cm lg. **36**
— Blkrblätt. 3–8 mm lg.; Schoten nicht perlschnurartig eingeschnürt, lineal, flach **34**
34. Bltntraube bis zur Spitze beblättert **Erucastrum supinum,** 564
— Bltntraube blattlos **35**
35. Blkrblätt. 4–8 mm lg., verkehrt eif., lila od. weiß; oberste Stgblätt. ganzrandig od. buchtig gezähnt . . . . . . **Arabidopsis,** 540
— Blkrblätt. 3–4 mm lg., vorn ausgerandet, weiß; Stgblätt. 6–9, fiedspaltig, mit jederseits 4–6 Fiedlappen; grdst. Blätt. ungeteilt od. leierf. fiedspaltig . . . . **Murbeckiella,** 539
36(33). Narbe ungeteilt . . . . **Raphanus sativus,** 565
— Narbe tief 2-teilig **37**
37. Frschnabel 12–30 mm lg. . . . . **Chorispora,** 543
— Frschnabel höchstens 3 mm lg. . . . . **Hesperis,** 543
38(31). Blkr. rötl. od. lilarötl. . . . . **Cardamine,** 545
— Blkr. weiß, gelbl.weiß od. fehlend **39**
39. Stg. hohl, Pfl. ohne Blattrosette; Schoten stielrund, 10–24 mm lg.; Samen 1- od. 2-reihig *(879, 880);* Stbbeutel gelb **Nasturtium,** 545
— Stg. markig, wenn hohl, dann Pfl. m. Blattrosette; Schoten 1-reihig *(879);* Stbbeutel gelb od. violett . . . . . **Cardamine,** 545
40(30). Schoten selten bis 1 cm lg., so lg. wie od. kürzer als die Frstiele, ungeschnäbelt, absthd.; Frklappen nervenlos; Samen undeutl. 2-reihig . . . . **Rorippa,** 544
— Schoten wenigstens 1 cm lg. (wenn kürzer, dann lg. geschnäbelt), z. Reifezt. länger als die Frstiele **41**
41. Mittl. u. ob. Stgblätt. m. herzf., pfeilf. od. geöhrtem Grd. stgumfassend **59**
— Stgblätt. nicht stgumfassend **42**

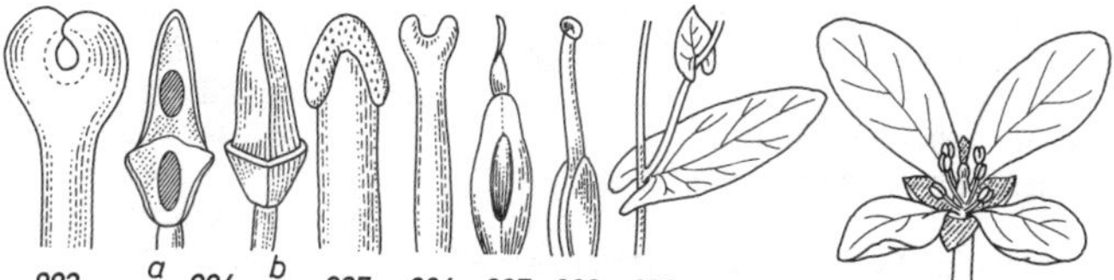

883 a 884 b 885 886 887 888 889 890

42. Blätt. 3–5-zählig gefing., quirlst.; Bltn. gelbl.weiß, in überhgd. Trauben . . . . **Cardamine,** 545
— Blätt. ungeteilt, fiedspaltig od. gefied. **43**
43. Blätt. 2-3-fach gefied. od. fiedspaltig **58**
— Blätt. 1-fach fiedspaltig, leierf. fiedspaltig od. buchtig gelappt **44**
44. Schote perlschnurart. eingeschnürt *(877);* Bltn hellgelb od. weißviolett geadert; K. aufrecht **Raphanus raphanistrum,** 565
— Schote nicht perlschnurart. eingeschnürt **45**
45. Blätt. 2–3fach gefied., m. linealen Zipfeln, durch Sternhaare grauhaarig . . . . **Descurainia,** 539
— Blätt. 1fach fiedspaltig, leierf. od. buchtig gelappt **46**
46. Schoten absthd., der Achse nicht angedrückt **50**
— Schoten aufrecht, der Achse anlgd. od. angedrückt **47**
47. Blkrblätt. 2–3 mm lg.; Schoten pfrieml.-kegelf. **Sisymbrium officinale,** 539
— Blkrblätt. 6–24 mm lg.; Schoten linealisch **48**
48. Schoten m. lg. schwertf. Schnabel *(881);* Bltn. gelbl.weiß, stets dkviolett geadert . . . . **Eruca,** 563
— Schotenschnabel nicht schwertf.., rundl. *(882a)* od. ± 4-kantig *(882b)* **49**
49. Schoten 15–20 mm lg., ihre Klappen durch hervortretenden Mittelnerv gekielt; Schnabel dünn *(882a)* **Brassica nigra,** 562
— Schoten 8–12 mm lg.; Mittelnerv nicht hervorspringend; Frstiel z. Reifezt. keulig verdickt *(909)* . . . **Erucastrum incanum,** 564
50(46). Frschnabel fehlend od. < 4 mm lg., meist schmal zylindrisch **53**
— Frschnabel 6–25 mm lg. **51**
51. Frschnabel 6–12 mm lg., nicht abgeflacht **Brassica juncea,** 563
— Frschnabel 10–25 mm lg. **52**
52. Kblätt. aufrecht, die seitl. am Grd. ausgesackt; Schnabel m. 1–6 Samen, schwertf.; Krblätt. nach dem Verblühen oft weißl.-violett . . . . **Coincya,** 564
— Kblätt. z. Bltzt. waagrecht absthd., am Grd. nicht ausgesackt; Schnabel kegelf. od. schwertf. . . . . **Sinapis,** 563
53(50). Stg. blattlos, die meisten Blätt. grdstg.; Samen eif., 2-reihig *(886)* . . . . **Diplotaxis,** 562

— Stg. auch oberw. beblättert 47
54. Die untersten Blüten z. T. m. Tragblatt; Blkrblätt. weißl.gelb **Erucastrum gallicum,** 564
— Alle Bltn. ohne Tragblätt. 55
55. Schnabel 3-4 mm lg., m. 1 Samen **Erucastrum nasturtiifolium,** 564
— Schnabel < 3 mm lg., stets samenlos 56
56. Schoten 15–25 mm lg. u. 1,5–2,5 mm breit, im K. 0,5–3 mm gestielt; Samen kugelig . . . . **Brassica elongata,** 562
— Schoten 25–100 mm lg. od. kürzer (bis 20 mm lg., dann aber nur 0,5–1,5 mm breit und im K. ungestielt) 57
57. Samen 2-reihig *(880);* Schoten 25–35 mm lg. u. 2 mm breit; Schnabel 2–2,5 mm lg.; Blätt. kahl, beim Zerreiben stark nach Rucola duftend . . . . **Diplotaxis tenuifolia,** 562
— Samen 1-reihig *(789);* Schnabel meist 0,5 mm lg. (selten bei der Felspfl. *S. austriacum* 1–3 mm lg.) . . . . . **Sisymbrium,** 538
58(43). Blkrblätt. grünl.gelb, kürzer als die Kblätt.; Schoten 0,5–0,75 mm breit . . . . **Descurainia,** 539
— Blkrblätt. goldgelb, länger als die Kblätt.; Schoten 1,2–1,5 mm breit . . . . **Hugueninia,** 540
59(41). Bltn. gelbl.weiß; Stgblätt. ganzrandig; Samen 2-reihig; Schoten dem Stg. angedrückt . . . . **Turritis,** 550
— Bltn. gelb; Samen 1-reihig 60
60. Stgblätt. grasgrün, m. pfeilf. Grd., fiedspaltig od. gezähnt; Schoten kurz geschnäbelt . . . . **Barbarea**, 543
— Stgblätt. graugrün, m. pfeilf. od. geöhrtem Grd., meist ganzrandig; Schoten lg. geschnäbelt *(882a)* . . . . **Brassica**, 562

Tabelle II: Schötchenfrüchtige Kreuzblütler

1. Blkr. stets vorhanden 4
— Blkr. fehlend 2
2. Blätt. gefied.; Stg. niederlgd.-aufstgd.; Schötchen rundl.-kugelig *(915);* Stbblätt. 2, selten 4; Pfl. unangenehm riechend **Lepidium didymum,** 560
— Stgblätt. ungeteilt; Stg. aufrecht; Schötchen flachgedrückt, rundl.-eif. od. 3-eckig; Stbblätt. 6, 4 od. 2 3
3. Schötchen 3-eckig, am Rand nicht geflügelt, mehrsamig; Stbblätt. 6 . . . . **Capsella,** 556
— Schötchen rundl.-eif., an der Spitze geflügelt, 2-samig; Stbblätt. 4 od. 2 . . . . **Lepidium,** 560
4(1). Blkrblätt. alle gleich groß 6
— Blkrblätt. ungleich groß *(890)* 5
5. Blätt. in grdst. Rosette, leierf. fiedspaltig; Stbblätt. am Grd. m. kronblattartigem Anhängsel; Fächer des Schötchens 2-samig; Bltn. klein . . . . **Teesdalia**, 557
— Blätt. nicht in grdst. Rosette; Stbblätt. ohne Anhängsel; Fächer des Schötchens 1-samig; Bltn. ansehnl. *(890)* . . . . . **Iberis**, 559

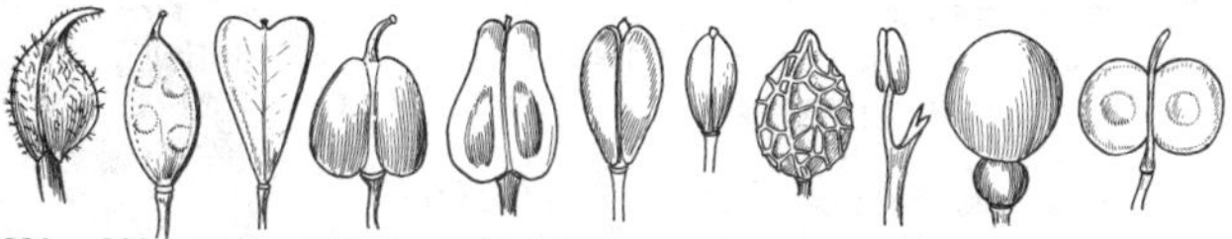

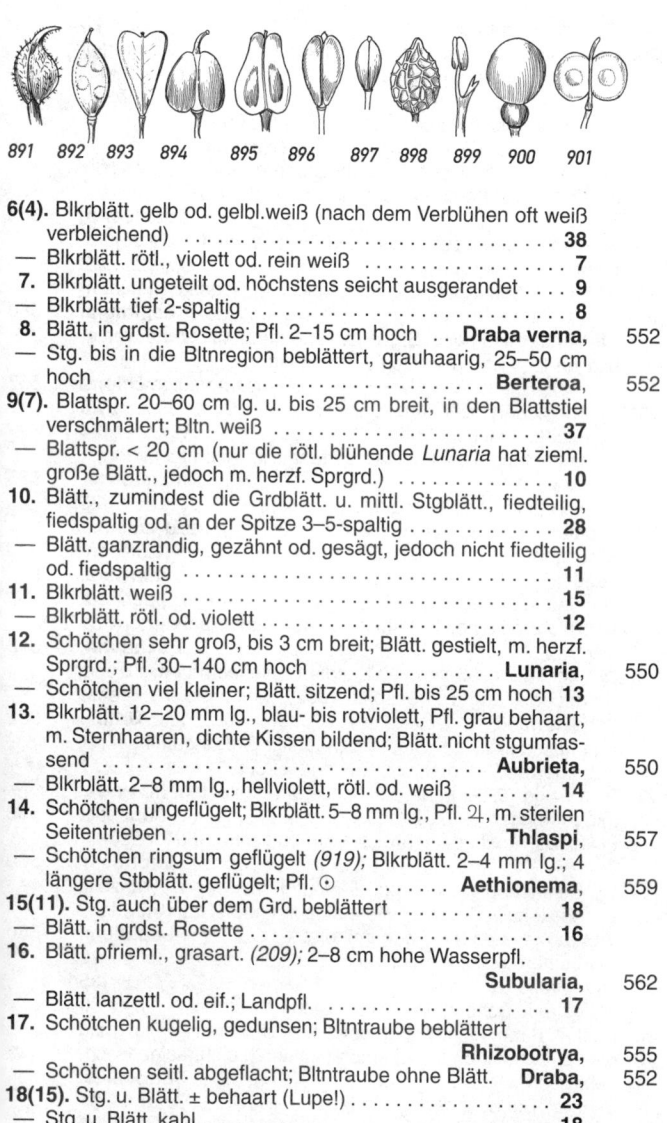

891 892 893 894 895 896 897 898 899 900 901

6(4). Blkrblätt. gelb od. gelbl.weiß (nach dem Verblühen oft weiß verbleichend) . . . **38**
— Blkrblätt. rötl., violett od. rein weiß . . . **7**
7. Blkrblätt. ungeteilt od. höchstens seicht ausgerandet . . . **9**
— Blkrblätt. tief 2-spaltig . . . **8**
8. Blätt. in grdst. Rosette; Pfl. 2–15 cm hoch . . **Draba verna,** 552
— Stg. bis in die Bltnregion beblättert, grauhaarig, 25–50 cm hoch . . . **Berteroa**, 552
9(7). Blattspr. 20–60 cm lg. u. bis 25 cm breit, in den Blattstiel verschmälert; Bltn. weiß . . . **37**
— Blattspr. < 20 cm (nur die rötl. blühende *Lunaria* hat zieml. große Blätt., jedoch m. herzf. Sprgrd.) . . . **10**
10. Blätt., zumindest die Grdblätt. u. mittl. Stgblätt., fiedteilig, fiedspaltig od. an der Spitze 3–5-spaltig . . . **28**
— Blätt. ganzrandig, gezähnt od. gesägt, jedoch nicht fiedteilig od. fiedspaltig . . . **11**
11. Blkrblätt. weiß . . . **15**
— Blkrblätt. rötl. od. violett . . . **12**
12. Schötchen sehr groß, bis 3 cm breit; Blätt. gestielt, m. herzf. Sprgrd.; Pfl. 30–140 cm hoch . . . **Lunaria,** 550
— Schötchen viel kleiner; Blätt. sitzend; Pfl. bis 25 cm hoch **13**
13. Blkrblätt. 12–20 mm lg., blau- bis rotviolett, Pfl. grau behaart, m. Sternhaaren, dichte Kissen bildend; Blätt. nicht stgumfassend . . . **Aubrieta,** 550
— Blkrblätt. 2–8 mm lg., hellviolett, rötl. od. weiß . . . **14**
14. Schötchen ungeflügelt; Blkrblätt. 5–8 mm lg., Pfl. ♃, m. sterilen Seitentrieben . . . **Thlaspi**, 557
— Schötchen ringsum geflügelt *(919);* Blkrblätt. 2–4 mm lg.; 4 längere Stbblätt. geflügelt; Pfl. ⊙ . . . **Aethionema**, 559
15(11). Stg. auch über dem Grd. beblättert . . . **18**
— Blätt. in grdst. Rosette . . . **16**
16. Blätt. pfrieml., grasart. *(209);* 2–8 cm hohe Wasserpfl. **Subularia,** 562
— Blätt. lanzettl. od. eif.; Landpfl. . . . **17**
17. Schötchen kugelig, gedunsen; Bltntraube beblättert **Rhizobotrya,** 555
— Schötchen seitl. abgeflacht; Bltntraube ohne Blätt. **Draba,** 552
18(15). Stg. u. Blätt. ± behaart (Lupe!) . . . **23**
— Stg. u. Blätt. kahl . . . **18**
18. Schötchen hgd., rund, breit geflügelt . . . **Peltaria,** 550

— Schötchen aufrecht **20**
20. Schötchen an der Spitze ausgerandet u. meist geflügelt *(923–927),* zusammengedrückt; Fächer 1- bis mehrsamig **Thlaspi**, 557
— Schötchen nicht ausgerandet u. nicht geflügelt **21**
21. Schötchen fast kugelig, m. stark gewölbten Frklappen u. dunklem Mittelnerv; ob. Stgblätt. geöhrt bis stgumfassend od. gestielt (im letzteren Fall die mittl. Stgblätt. 3–5-lappig) **Cochlearia**, 554
— Schötchen deutl. zusammengedrückt; ob. Blätt. nicht stgumfassend **22**
22. Pfl. 20–100 cm hoch; Bltnstand reichbltg.; jedes Schötchenfach 1-samig . . . . **Lepidium,** 560
— Pfl. nur 2–6 cm hoch; Stg. auffallend dünn; Bltnstand wenigbltg.; jedes Schötchenfach 3–10-samig **Hornungia pauciflora,** 557
23(18). Schötchen nicht kugelrund **26**
— Schötchen fast kugelrund **24**
24. Pfl. höchstens 4 cm hoch; Rosettenpfl. im Hochgebirge **Rhizobotrya,** 555
— Pfl. mindestens 10 cm hoch **25**
25. Grdblätt. rosettig gehäuft, spatelf., anlgd. borstig behaart; Stg. dünn, zickzackf. gebogen; Fr. bei Reife klappig aufspringend . . . . **Kernera**, 555
— Grdblätt. nicht rosettig gehäuft; Schötchen kugelig, behaart, sich nicht öffnend, m. kegelf., gekrümmtem, behaartem Gr. *(891)* . . . . **Euclidium**, 543
26(23). Stgblätt. m. breitem, halb stgumfassendem Grd. sitzend; Schötchen länger zugespitzt *(892),* vielsamig, m. breiter Scheidewand . . . . **Draba**, 552
— Wenigstens die ob. Stgblätt. m. pfeilf. Grd. stgumfassend; Scheidewand schmal **27**
27. Fr. 3-eckig *(893),* nahe der Spitze am breitesten, m. vielsamigen Fächern . . . . **Capsella,** 556
— Fr. eif. od. herzf., dann am Grd. am breitesten *(894, 895)* **Lepidium,** 560
28(10). Schötchen nierenf. od. 2-knöpfig, dickwandig, runzelig od. höckerig *(914, 915),* nicht aufspringend; Stg. niederlgd.; Bltntrauben den Blätt. gegenübersthd. . . . . **Lepidium,** 560
— Schötchen weder nierenf. noch 2-knöpfig **29**
29. Jedes reife Schötchen nur m. 1–2 Samen **35**
— Jedes reife Schötchen m. wenigstens 4 Samen **30**
30. Blätt. 4–6 mm lg., keilf., an der Spitze 3–5-spaltig; Bltn. rosa bis lila; Schötchen m. 4 Samen (selten 2); dichtrasige Hochgebirgspfl. . . . . **Petrocallis**, 554
— Blätt. größer u. anders gestaltet **31**
31. Jedes **Fach** des Schötchens m. mehr als 2 Samen **34**

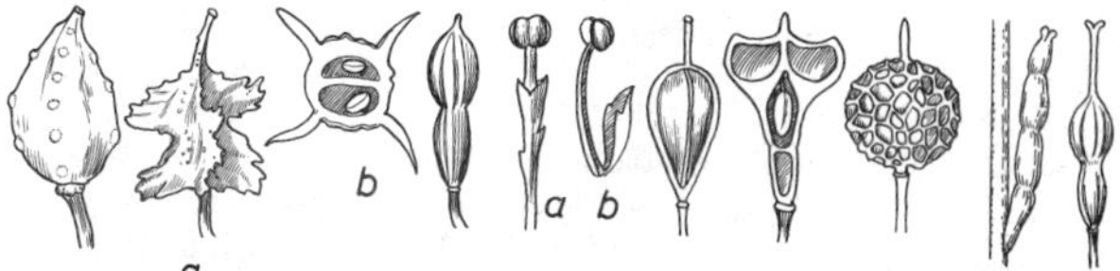

902 a 903 904 905 906 907 908 909 910

— Jedes **Fach** des Schötchens m. 2 Samen **32**

32. Stgblätt. vorhanden, gefied.; Schötchen oval bis elliptisch, an der Spitze stumpf *(897)* . . . . **Hornungia petraea,** 557

— Blätt. alle grdst., gefied., fiedspaltig od. leierf. fiedspaltig **33**

33. Schötchen breit lanzettl., durch einen kurzen Gr. bespitzt *(896);* Alpenpfl. **Hornungia alpina,** 556

— Schötchen fast verkehrt herzf., schmal geflügelt; Pfl. sandiger Standorte in tieferen Lagen . . . . **Teesdalia,** 557

34(31). Schötchen 3-eckig *(893);* Stg. meist aufrecht **Capsella,** 556

— Schötchen verkehrt eif. bis rundl.; Stg. von Grd. an ästig u. meist niederlgd. . . . . **Hornungia procumbens,** 557

35(29). Blätt. 4–6 mm lg., an der Spitze 3–5-spaltig; Alpenpfl. **Petrocallis**, 554

— Blätt. größer u. anders gestaltet **36**

36. Schötchen 1-fächerig, 1-samig, verkehrt birnf., nussart., tief netzig-runzelig *(898);* Grdblätt. rosettig, grob gebuchtet bis leierf. fiedspaltig; Stgblätt. m. pfeilf. Grd. stgumfassend **Calepina**, 565

— Schötchen 2-fächerig, 2-samig, rundl., geflügelt od. eif.-spitz . . . . **Lepidium**, 560

37(9). Untere Blätt. fiedteilig, fleischig; längere Stbblätt. m. Zahn *(899);* Stg. u. Bltnstand sparrig-ästig; Schötchen m. 2 ungleichen, übereinander sthd. Gliedern (vgl. *900*) . . . **Crambe**, 565

— Untere Blätt. ungeteilt, kahl, gekerbt, höchstens Stgblätt. lappig od. kammf. gefied.; Schötchen kugelig . . . . . . **Armoracia**, 545

38(6). Schötchen m. 2 kreisf. Fächern, dadurch brillenähnl. *(901);* Fächer 1-samig . . . . **Biscutella**, 560

— Schötchen nicht brillenähnl. **39**

39. Ob. Stgblätt. m. herz- od. pfeilf. Grd. stgumfassend **48**

— Ob. Stgblätt. nicht stgumfassend od. ob. Stgblätt. fehlend **40**

40. Schötchen kugelig, kahl, ca. 10 mm im Dm; Gr. 7–10 mm **Alyssoides,** 550

— Schötchen nicht kugelig od. kleiner **41**

41. Pfl. kahl; Schötchen kugelig od. längl.; Stbfäden am Grd. m. Drüse; Blätt. fiedspaltig od. ungeteilt . . . . **Rorippa**, 544

— Pfl. drüsig od. behaart, zuw. nur die Blätter **42**

42. Schötchen schief eif. *(902)* od. unregelmäßig 4-kantig geflügelt *(903a–b);* Grdblätt. meist leierf. fiedspaltig . . . . . . **Bunias**, 541

— Schötchen weder schief eif. noch geflügelt **43**

43. Blätt. meist leierf.-fiedspaltig; Schötchen m. einem unt. stielartigen u. ob. kugeligen, geschnäbelten Glied *(904, 910)*, sich nicht öffnend .... **Rapistrum**, 565

— Blätt. ungeteilt; Schötchen nicht 2-gliedrig **44**

44. Schötchen rund, hgd., 1-samig, in verlängerten Trauben; Blkrblätt. 1–2 mm lg., gelb, später weißl. ...... **Clypeola**, 551

— Schötchen nicht hgd, meist längl. od. eif. **45**

45. Schötchen längl., zugespitzt *(892)*; Stbblätt. nicht geflügelt u. ohne Anhängsel; Blätt. oft in kugeligen Rosetten **Draba**, 552

— Schötchen rundl. bis eif.; Stbfäden ± hoch hinauf geflügelt, oft gezähnt *(905a)* od. am Grd. m. Anhängsel *(905b)*; Blätt. oft grau- od. weißfilzig **46**

46. Schötchen m. Sternhaaren (Lupe!) .... **Alyssum**, 550

— Schötchen kahl (Lupe!) **47**

47. Blkrblätt. 2–3 mm lg., bleichgelb; Pf. 10–15 cm hoch **Alyssum desertorum**, 550

— Blkrblätt. 3–8 mm lg., gelb .... **Aurinia**, 551

48(39). Grdblätt. 2–3fach gefied., m. schmalen Fied.; ob. Stgblätt. ungeteilt, am Grd. herzf.; Schötchen flach; Fächer 1-samig **Lepidium perfoliatum**, 561

— Grdblätt. ungeteilt od. einfach gefied. **49**

49. Schötchen hgd., geflügelt *(887)*, 1-samig, reif fast schwarz **Isatis**, 541

— Schötchen aufrecht, absthd. od. anlgd. **50**

50. Stgblätt. am Grd. herzf. od. m. spitzen Öhrchen; Schötchen kugelig bis längl., mehrsamig, meist Pfl. feuchter Standorte **Rorippa**, 544

— Stgblätt., wenigstens die ob., am Grd. pfeilf.; Schötchen kugelig od. birnenf.; Acker- u. Schuttpfl. **51**

51. Schötchen mehrsamig, birnenf., deutl. berandet *(906)*, aufspringend; Blätt. fiedspaltig od. ungeteilt ...... **Camelina**, 555

— Schötchen 1-samig, bei Reife nicht aufspringend **52**

52. Pfl. kahl, gleich den Blätt. bläul. bereift; Schötchen birnenf., m. 1 unt., 1-samigen Fach u. 2 ob., leeren Fächern *(907)* **Myagrum**, 541

— Pfl. von gabelspaltigen Haaren rau; Schötchen kugelrund, kurz bespitzt, grubig-netzig *(908)* .... **Neslia**, 556

1. Sisýmbrium L., *Rauke*

1. Blätt. sämtl. ungeteilt, gezähnt, untersts. grau weichflaumig; Blkrblätt. lebhaft gelb, doppelt so lg. wie der K.; Schoten bis 6 cm lg., schmal lineal; Stg. 0,5–1(–2) m hoch; ♃; VI. Flussufer; *z, s* in MeVp, Th, Elbe, *f* im NW. *Steife R.,* **S. strictíssimum** L.

— Alle Blätt. od. wenigstens die Grdblätt. fiedspaltig **2**

2. Schoten aufrecht, dem Stg. dicht angedrückt, pfrieml.-kegelf., 10–15 mm lg.; Blkrblätt. blassgelb; Blätt. fiedspaltig, unterste Fied.

paare zuw. ohrenart., dem Stg. genähert, behaart; ☉; V–X. Wegränder, Schutt; *g.* [= *Chamaeplium officinale* (L.) WALLR.]

Weg-R., * **S. officinále** (L.) SCOP.

— Schoten absthd., > 15 mm lg. **3**

3. Schoten nicht viel dicker als ihr Stiel **7**

— Schoten deutl. vom dünneren Frstiel abgesetzt **4**

4. Äußere Kblätt. unterhalb der Spitze gehörnt, 4–4,5 mm lg.; Blkrblätt. 6–10 mm lg.; Pfl. m. kriechender Basis, blaugrün; ♃; V–VIII. Trockene, sandig-kiesige Plätze; *s* in NO-Dt, NrWe, Ost- u. Nordseeküste, auch in Da, Ho, NÖ; vermutl. aus SO-Russland eingewandert u. eingebürgert.

Wolga-R., **S. volgénse** BIEB. ex E. FOURNIER

— Äußere Kblätt. unterhalb der Spitze nicht gehörnt; Blkrblätt. 2–4 mm lg. **5**

5. Stg. u. Grdblätt. (z. Bltzt. meist fehlend) rauhaarig, schrotsägef.-fiedspaltig, m. 3-eckig-eif., am Grd. oft spießeckigen Endlappen; Schoten sichelf. aufwärts gebogen, etwa doppelt so lg. wie die Frstiele; ☉–⊙; VI–VII. Wegränder, Schutt; *v* NO-Dt, ČR, sonst *z–s*, auch aus SO-Eur. eingeschleppt.

Loesels R., **S. loesélii** L.

— Stg. u. Blätt. kahl od. kaum borstig; Schoten absthd., mehrmals länger als ihre Stiele **6**

6. Junge Schoten die Bltnknospen überragend; Blkrblätt. blassgelb, klein, die 2–2,5 mm langen, ungesackten Kblätt. kaum überragend; ☉; V–VI. Wege, Schutt; *s* u. unbeständig; aus dem Mittelmeergebiet eingeschleppt.

Schlaffe R., **S. írio** L.

— Junge Schoten die Bltnknospen nicht überragend; Blkrblätt. goldgelb, etwa doppelt so lg. wie die kurz ausgesackten Kblätt.; Blätt. schrotsägef.-fiedspaltig; ⊙; V–VI. Felsige, buschige Orte; *s* im SW, N-Ba, M-Th, SaAn, NS (Süntel), Be u. Ho (Maas), CH, Ti, Kt, St, NÖ, früher ČR. *Österreichische R.*, **S. austríacum** JACQ.

7(3). Kblätt. aufrecht; ganze Pfl. grau behaart; ob. Stgblätt. gestielt, meist 3-teilig-spießf.; ☉; VI–VII. Wege, Schutt; *z*, vorüberghd. eingeschleppt (Heimat: Orient) (= *S. columnae* JACQ.) *Orientalische R.*, **S. orientále** L.

— Kblätt. weit absthd.; Pfl. nur an der Basis behaart; ob. Stgblätt. meist sitzend, fiedteilig m. linealen Fied.; ☉; V–VII. Sandige, wüste Plätze; eingeschleppt aus SW-Asien u. in NO-Dt. *v*, sonst *z* eingebürgert. (= *S. sinapistrum* CR.; = *S. pannonicum* JACQ.) *Ungarische R.*, * **S. altíssimum** L.

2. Murbeckiélla ROTHM., *Fiederrauke*

Pfl. 5–25 cm hoch; Stg. dicht beblättert; Bltn. in Doldentrauben; Schoten 15–25 mm lg.; ♃; VII–VIII. Feuchter Felsschutt, auf Silikatgestein; *s*, Vs.

M. pinnatífida (LAM.) ROTHM.

3. Descuraínia WEBB & BERTH., *Besenrauke*

Blätt. graugrün, fein doppelt bis 3fach gefied.; Blkrblätt. blassgelb, etwa so lg. wie der K.; Schoten aufrecht, sichelf. gebogen, 10–20 mm lg.; ☉; V–VII. Unbebaute Orte, Äcker; *v–z*. (= *Sisymbrium sophia* L.)

* **D. sóphia** (L.) WEBB ex PRANTL

4. Huguenínia Rchb., *Rainfarnrauke*
Pfl. 20–100 cm hoch, aufrecht; Bltn. in Trauben od. Rispen; Blkrblätt. goldgelb; Blätt. jederststs. m. 5–10 eingeschnittenen Fied., dem *Rainfarn* ähnlich; Schoten 8–15 mm lg.; ♃; VII–VIII. Lägerfluren, Wegränder; *s*, nur Vs. **H. tanacetifólia** (L.) Rchb.

5. Alliária Scop., *Knoblauchsrauke*
Stg. schwach kantig, am Grd. absthd. behaart; Grdblätt. nierenf., buchtig gekerbt, beim Zerreiben nach Knoblauch riechend; Bltn. weiß; Schoten 3,5–6 cm lg., absthd.; ⊙–♃; IV–VI. Waldränder, Hecken, Zäune, Schuttplätze; *g*. (= *A. officinalis* Andrz.) * **A. petioláta** (Bieb.) Cavara & Grande

6. Arabidópsis Heynh. (incl. **Cardaminópsis** (Mey.) Hay.), *Schaumkresse*

1. Blätt. einfach, ungeteilt; Grdblätt. ganzrandig bis gezähnt; Bltn. klein; Blkrblätt. 2–4 mm lg., weiß; Schoten aufrecht, 10–20 mm lg.; Pfl. 5–30 cm hoch; ⊙; IV–V. Äcker, Weinberge, Magerrasen; *v.* [= *Stenophragma thalianum* (L.) Čel.] *Ackerschmalwand*, * **A. thaliána** (L.) Heynh.
— Blätt. wenigstens teilweise fiedteilig **2**
2. Alle Stgblätt. ganzrandig **4**
— Mindestens unt. Stgblätt. leierf. fiedspaltig **3**
3. Pfl. ohne Ausläufer, an der Basis behaart; Grundblätt. fiedspaltig; ob. Stgblätt. lanzettl., buchtig gezähnt; Blkrblätt. weiß od. rötl., 3–5 mm lg., gestielt; Blkrblätt. m. 1 Paar von Zähnchen am Nagel; ⊙–⊙; IV–VI. Felsen, Schotter, Bahngelände; *v.* [= *Arabis arenosa* (L.) Scop.; = *Cardaminopsis arenosa* (L.) Hay.] Formenreich.
Sand-Sch., * **A. arenósa** (L.) Lawalrée
Sehr ähnlich ist die *Schwedische Schmalwand*, **Arabidópsis suécica** (Fr.) Norrlin [= *Cardaminopsis suecica* (Fr.) Norrlin; = *Hylandra suecica* (Fr.) Á. Löve]; Stgblätt. meist gezähnt; Blkrblätt. 4–6(–8) mm lg.; Schoten 20–30 mm lg.; ⊙–⊙; V–VI. Sandige Magerrasen; *s* in Br, MeVp, SH, Da, wohl nur aus Skandinavien eingeschleppt. Entstanden vermutlich als Bastard von *A. thaliana* × *A. arenosa*.
— Pfl. m. Ausläufern, fast kahl; ob. Stgblätt. eif., ganzrandig od gezähnt; Blkrblätt. weiß, 6–12 mm lg., gestielt; äußere Kblätt. nicht ausgesackt; ♃; IV–VI. Quellfluren, feuchte Wiesen, Galmeiböden, Wälder der montanen Region; *z* in M-, S-Dt, CH, Au, Bz, ČR, Schl, *s* in Be. [= *Arabis halleri* L.; = *Cardaminopsis halleri* (L.) Hay.]
Wiesen-Sch., **A. hálleri** (L.) O'Kane & Al-Shehbaz
a. Ob. Stgblätt. meist ganzrandig; Blkr. meist weiß; Frstiele 5–10 mm lg.; Pfl. 15–50 cm hoch; *z*. ssp. **hálleri**
— Ob. Stgblätt. gezähnt; Blkr. lila od. violett; Frstiele 10–14 mm lg.; *s*, Kt, St. ssp. **oviréensis** (Wulf.) O'Kane & Al-Shehbaz
4(2). Pfl. m. Ausläufern . . . . **A. halleri** vgl. Nr. **3**—
— Pfl. ohne Ausläufer; Grdblätt. ganzrandig od. unregelmäßig grob gesägt; Stgblätt. lineal, ganzrandig; Blkrblätt. weiß; Schoten bis 4,5 mm lg., flach; ♃; V–VII. Kalkfelsen; *s*, Ba, NS, S-Harz, NO-Alp., Kt, St, NÖ, ČR. [= *Arabis petraea* (L.) Lam.; = *Cardaminopsis hispida* (L.) Hay.; = *Cardaminopsis petraea* (L.) Hiitonen]
Felsen-Sch., **A. petrǽa** (L.) V. I. Dorofeev

7. Bráya Sternbg. & Hoppe, *Schotenkresse, Breitschötchen*
Pfl. 5–15 cm hoch, rosettenbildend; Rosettenblätt. schmal, spatelig bis lineal; Bltn. weiß, in armbltg. Traube, sich beim Trocknen violett verfärbend; Schoten 5–11 mm lg. u. 1–1,7 mm breit; ♃; VIII. Alp., Rasen auf Kalk u. Urgestein; *s*, Ti, Sb, Kt, Bz. ⓖ **B. alpína** Sternbg. & Hoppe

8. Mýagrum L., *Hohldotter*
Pfl. kahl, blaugrün bereift, 20–25 cm hoch, von unangenehmem Geruch; Stgblätt. m. herz-pfeilf. Grd. stgumfassend; Bltn. gelb; ☉; VI–VII. Äcker; *s* in S-, M-Dt u. Au, CH. **M. perfoliátum** L.

9. Ísatis L., *Waid, Färberwaid*
Pfl. 50–140 cm hoch, an der Basis weichhaarig, oberw. kahl u. bläul. bereift; ob. Stgblätt. m. herz-pfeilf. Grd.; Bltn. gelb, zahlr.; Schötchen hgd., 1-samig *(887)*, bei Reife dkviolett werdend; ⊙; V–VII. Aus ehemaligen Kulturen (früher wichtige, den Indigofarbstoff liefernde Pfl.) verwild. u. eingebürgert; im Rheingebiet *v*, sonst *z*, im N *s*, Da. * **I. tinctória** L.

10. Búnias L., *Zackenschötchen*
1. Schötchen schief eif., ungeflügelt *(902)*, 2-fächrig; Bltn. goldgelb; ☉; V–VIII. Getreideäcker, Schuttplätze, Wegränder; *z* (aus O-Eur. eingeschleppt). ⓖ *Morgenländisches Z.*, * **B. orientális** L.
— Reife Schötchen gezackt-geflügelt *(903)*; Bltn. hellgelb; ☉; V–VII. Brachäcker, Getreidefelder, Wegränder; *z* im S, *f* im N (aus dem Mittelmeergebiet eingeschleppt). *Senfblättriges Z.*, **B. erucágo** L.

11. Erýsimum L. (incl. **Cheiránthus** L.), *Schöterich*
1. Narbe tief 2-lappig; Bltn. bräunl. od. gelb, stark duftend; Schoten behaart, 2,5–6 cm lg., aufrecht absthd.; ⊙–♃; V–VI. Zierpfl. aus SO-Eur., verwild. u. eingebürgert im W u. SW, CH, Au, Bz. (= *Cheiranthus cheiri* L.) **Giftig!** *Goldlack*, * **E. chéiri** (L.) Cr.
— Narben einfach, ungeteilt 2
2. Pflanze ⊙ od. ♃ 4
— Pflanze ☉; Stbbeutel kürzer als 1,2 mm 3
3. Krblätt. 6–10 mm lg.; Schoten fast waagrecht absthd., 4,5–10 cm lg.; Grdblätt. lineal-lanzettl., ausgeschweift bis buchtig gezähnt, grau; ☉; IV–VII. Äcker u. Schutt; aus dem SO eingeschleppt, vereinzelt eingebürgert. *Sperriger Sch.*, **E. repándum** L.
— Krblätt. 4–5 mm lg.; Bltnstiele 2–3-mal so lg. wie die Kblätt.; Blätt. ganzrandig od. unregelmäßig gezähnt; ☉; V–IX. Äcker, Schuttplätze; *v*. *Acker-Sch.*, * **E. cheiranthoídes** L.
4(2). Stbbeutel 2–4 mm lg. 7
— Stbbeutel 1–2 mm lg. 5
5. Schoten absthd. od. zurückgebogen; Blkrblätt. 8–12 mm lg. u. 3 mm breit; Stbbeutel 1,5–2 mm lg.; Pfl. m. vielen 3–4-strahligen Sternhaaren, 40–170 cm hoch; ⊙; V–VII. Robinienforste, eingebürgert nur in St (Grazer Schlossberg). (Heimat: Russland, Ukraine) *Gold-Sch.*, **E. áureum** Bieb.
— Schoten aufrecht absthd. 6
6. Blkrblätt. 8–16 mm lg., goldgelb, außen behaart; Pfl. lebhaft grün; Kblätt. 4–8,5 mm lg.; Schoten > 30 mm lg.; ⊙; VI–VIII. Felsen, Mauern,

Flussufer, kalkliebend; *z, s* im NO, f im NW. (incl. *E. hungáricum* ZAP.; = *E. hieraciifolium* auct.) *Steifer Sch.,* **E. virgátum** ROTH

— Blkrblätt. 6–8 mm lg., schwefelgelb, kahl; Pfl. graugrün; Kblätt. 2–5 mm lg.; Schoten 23–30 mm lg.; Blätt. schmal lanzettl., nur undeutl. gezähnt; ⊙; VI–VII. Trockenrasen, Wegränder; *s* NrWe, Ba, Sa, SaAn, Th, MeVp, NÖ, Bgl, ČR. (= *E. durum* J. & C. PRESL) *Harter Sch.,* **E. marschalliánum** ANDRZ. ex DC.

7(4). Haare alle 2-strahlig **9**

— Auch 3- u. mehrstrahlige Sternhaare vorhanden **8**

8. Haare auf den Blätt. vorwiegend 3-strahlig; Blkrblätt. 4–7 mm breit; Schoten grau behaart m. verkahlenden Kanten; ⊙; VI–VII. Kalkfelsen, Trockenrasen; *z* in M- u. S-Dt, Ti, St, OÖ, NÖ, Bgl, ČR. [= *E. pannonicum* CR.; = *E. erysimoides* (L.) FRITSCH] *Wohlriechender Sch.,* **E. odorátum** EHRH.

— Haare auf den Blätt. vorwiegend 2-strahlig; Blkrblätt. 2–4 mm breit; Schoten grau behaart; ⊙; IV–VII. Fels- u. Trockenrasen; *s,* vor allem in M- u. S-Dt. (Für Gänse **giftig!**) *Bleicher Sch., Gänsesterbe,* **E. crepidifólium** RCHB.

9(7). Kblätt. am Grd deutl. ausgesackt **11**

— Kblätt. am Grd. nicht od. nur schwach ausgesackt; Blkrblätt. außen mit 2-strahligen Haaren; oft vegetative Sprosse in den Blattachseln **10**

10. Blätt. ganzrandig, Blattspitze oft zurückgekrümmt; Frstiele absthd.; Blkrblätt. 8–10 mm lg, hellgelb; Gr. 1–1,5 mm lg.; ⊙; V–VII. Trockenrasen, Ruderalstellen; *s,* Bgl, NÖ, ČR, früher OÖ, unbeständig auch in Sa (Elbe), Br, NS (Alfeld), SH (Hamburg). (= *E. canescens* ROTH) *Grauer Sch.,* **E. diffúsum** EHRH.

— Untere Blätt. buchtig gezähnelt, obere oft mit aufgesetzten Zähnen, Spitze nicht zurückgekrümmt; Frstiele aufrecht-absthd.; Blkrblätt. 10–16 mm lg., dkgelb; ⊙; V–VII. Trockenwaldränder; *s,* Bgl, NÖ, ČR. *Andrzejowski-Sch.,* **E. andrzejovskiánum** BESS.

11(9). Gr. 0–2 mm lg.; Kblätt. 10–15 mm lg.; Blkrblätt. 15–25 mm lg.; Samen nicht geflügelt; ♃; V–VII. Lichte Wälder, Trockenrasen der Voralpenstufe, meist auf Kalk; *z* in Au, Bz. (= *E. cheiranthus* PERS.) *Wald-Sch.,* **E. sylvéstre** (CR.) SCOP.

— Gr. 2–8 mm lg. **12**

12. Blkrblätt. 4–5 mm breit u. 16–20 mm lg., gelb; Kblätt. 7,5–9 mm lg.; Gr. 2,6–3,2 mm lg.; Pfl. 10–110 cm hoch; Samen an der Spitze schmal geflügelt; ♃; V–VIII. Felsen, Trockenrasen; *s,* Ti (Oberinntal), Bz, S-CH. (= *E. helveticum* auct.) *Schweizer Sch.,* **E. rhaéticum** (SCHLEICH. ex HORNEM.) DC.

— Blkrblätt. 5–10 mm breit u. 16–27 mm lg., anfangs zitronengelb, später strohgelb; Kblätt. 9–12 mm lg.; Gr. 3–8 mm lg.; Pfl. 10–50 cm hoch, niederlgd. od. aufstgd.; Wurzelstock stark verzweigt, sterile Rosetten bildend; ♃; V–VI. Felsschutt; *s,* nur Schweizer Jura. (= *E. humile* PERS.) *Blassgelber Sch.,* **E. ochroléucum** (SCHLEICH.) DC.

12. Hésperis L., *Nachtviole*

1. Bltn. gelbl.grün, violett geadert, in lockeren Trauben; Stg. dick, stark behaart; ⊙; V–VI. Trockenrasen, Waldränder; *s*, NÖ, Bgl, ČR, auch eingeschleppt. *Trübe N.*, **H. trístis** L.

— Bltn. lila od. weiß **2**

2. Mittl. u. ob. Stgblätt. ± kurz gestielt, nie stgumfassend; Pfl. meist ohne Drüsenhaare; ⊙; V–VII. Nur St, sonst Gartenzierpfl., oft an Waldrändern u. in Auwäldern verwildert, *v.* *Gewöhnliche N.*, * **H. matronális** L.

a. Bltn. violett. **ssp. matronális**

— Bltn. weiß, wild in St. [ssp. *candida* (Kit.) Hegi & Schmid] ssp. **nívea** (Baumg.) Kulczynski

— Mittl. u. ob. Stgblätt. sitzend, ± stgumfassend; Pfl. m. Drüsenhaaren; Bltn. lila; ⊙; V–VII. Lichte Wälder, Gebüsche; *s*, St, NÖ, Bgl, ČR. (= *H. inodora* L.) Ⓖ *Wald-N.*, **H. sylvéstris** Cr.

13. Malcólmia R. Br., *Meerviole*

Pfl. einjährig, 10–40 cm hoch; Blkrblätt. violett, 5–12 mm lg.; Blätt. lanzettl., ganzrandig od. buchtig gezähnt; Frstiele höchstens 2 mm lg.; Schoten dicht behaart; ⊙; IV–VII. Bahngelände, Äcker; in NÖ *s* eingebürgert. (Heimat: S-Eur., Asien, N-Afr.) **M. africána** (L.) R. Br.

14. Choríspora R. Br. ex. DC., *Gliederschote*

Pfl. 10–60 cm hoch; Blätt. lanzettl., ganzrandig od. gesägt., die unt. oft fiedspaltig; Blkrblätt. 10–12 mm lg., dklila; Schote (ohne Schnabel) 15–30 mm lg., in 2-samige Segmente zerbrechend; ⊙; V. Äcker, Ruderalstellen; *s*, NÖ, Bgl, Kt, Vs. **C. tenélla** (Pallas) DC.

15. Matthíola R. Br., *Levkoje*

1. Pfl. 30–60 cm hoch, graufilzig; Bltn. gestielt, Bltnstiele 7–10 mm lg.; Schoten 3–5 mm breit; Blkrblätt. violett, rosa od. weiß, Bltn. stark duftend, oft gefüllt; Blätt. schmal lanzettl., stumpf; ⊙–♃; IV–X. Zierpfl. aus dem Mittelmeergebiet; *s* verwild. *Garten-L.*, * **M. incána** (L.) R. Br.

— Pfl. 10–20 cm hoch, graufilzig, unverzweigt, m. Blattrosetten; Bltn. sitzend od. fast sitzend, Bltnstiele 0–3 mm lg.; Schoten 1–2 mm breit; Blkrblätt. lila; Blätt. lineal-lanzettl.; ♃; V–VIII. Felsspalten, Schotter; *s*, nur Vs. *Walliser L.*, **M. valesíaca** Boiss.

16. Euclídium R. Br., *Schnabelschötchen*

Stg. reich verzweigt, kantig, behaart; Bltn. in dichter Traube, klein, weiß; Schötchen behaart, schief eif., m. gekrümmtem, kegelf. Gr. *(891)*; ⊙; V. Wegränder, Ruderalstellen; *s*, NÖ, Bgl, ČR (Mähren), früher St, Ti, sonst zuw. eingeschleppt. **E. syríacum** (L.) R. Br.

17. Barbaréa R. Br. (= *Campe* Dulac), *Barbarakraut*

1. Ob. Stgblätt. ungeteilt, gezähnt; reife Schoten dicker als die Stiele **3**

— Alle Blätt. gefied. od. fiedspaltig; reife Schoten kaum dicker als ihre Stiele **2**

2. Grdblätt. m. 6–10 Paar rundl., ganzrandiger bis gebuchteter Fied.; Endfied. groß, am Grd. herzf.; Schoten 4–7 cm lg., bogig aufw. gekrümmt; ⊙; IV–VI. *s* aus SW-Eur. eingeschleppt. Alte Kultur-(Öl-)Pfl. [= *B. praecox* (Sm.) R. Br.] *Frühlings-B.*, **B. vérna** (Mill.) Asch.

— Grdblätt. m. 3–5 Paar schmal längl. Seitenfied. u. schmal längl. Endfied.; ob. Stgblätt. am Grd. geöhrt; Schoten 2–3 cm lg.; ⊙; IV–V. Äcker, Wege, Schutt; *z.* *Mittleres B.,* * **B. intermédia** Bor.

3(1). Grdblätt. m. 1–2(–4) Paar rundl.-eif., kleiner Seitenfied. u. großer, eif., am Grd. nicht herzf. Endfied.; Schoten steif aufrecht, der Achse angedrückt; Blkrblätt. wenig länger als der K.; ⊙; IV–VI. Flussufer, feuchte Äcker, besonders in den Stromtälern; *z,* im N u. O häufiger. *Steifes B.,* **B. stricta** Andrz.

— Grdblätt. m. 5–9 Paar längl., ausgeschweift gezähnter Seitenfied. u. kleiner, rundl.-eif., am Grd. oft herzf. Endfied.; Schoten aufrecht-absthd., 1,5–2,5 cm lg.; Blkrblätt. fast doppelt so lg. wie der K.; ⊙; IV–VII. Kies-u. Sandböden, feuchte Äcker; *v.* [= *B. iberica* (Willd.) DC.; = *Campe barbarea* (L.) W. F. Wight ex Piper] *Echtes B.,* * **B. vulgáris** R. Br.

a. Endzipfel der Grdblätt. an der Basis herzf.; Stiele der Schoten schräg absthd.; *v.* ssp. **vulgáris**

— Endzipfel der Grdblätt. an der Basis keilig verschmälert; Stiele der Schoten waagrecht absthd. u. dann bogig aufstgd.; *v.* ssp. **arcuáta** (Opiz) Hay.

18. Roríppa Scop., *Sumpfkresse*

1. Blkrblätt. länger als der K., goldgelb **3**

— Blkrblätt. höchstens so lg. wie der K., bleichgelb **2**

2. Bltn. winzig, Kblätt. < 1,6 mm; Schote 2–3-mal so lg. wie ihr Stiel; Stg. niederlgd. od. aufstgd., meist m. Rosette; ⊙–⊙; VI–IX. See- u. Flussufer der Z-Alp., 1300–3600 m; *s, Vs,* Gr, Kt, Bz, Ti. *Isländische S.,* **R. islándica** (Gunnerus) Borbás

— Bltn. größer; Kblätt. > 1,6 mm; Schote 2-mal so lg. wie ihr Stiel; Stg. aufrecht; ⊙–⊙; VI–IX. Ufer, Gräben, Äcker; *v.* *Gewöhnliche S.,* * **R. palústris** (L.) Bess.

3(1). Früchte etwa so lg. wie ihr Stiel, aufrecht, lineal; Stg. kantig, Ausläufer bildend; Blätt. gefied., m. gezähnten bis gekerbten Fied.; ♃; VI–IX. Feuchte Orte, Äcker, Waldwiesen; *v.* *Wilde S.,* * **R. sylvéstris** (L.) Bess.

— Früchte viel kürzer als ihr Stiel, kugelig bis längl. **4**

4. Stgblätt. tief fiedteilig, am Grd. stgumfassend, geöhrt **6**

— Stgblätt. ungeteilt, gezähnt od. gesägt **5**

5. Schötchen kugelig, 1,5–3 mm lg., m. fast ebenso langem Gr., 7–15 mm lg. gestielt; ob. Stgblätt. halb stgumfassend, geöhrt; ♃; VI–VIII. Flussniederungen; *z,* Rhein, Elbe, Neiße, Odertal, Ho, SH, Da, Au, Bz, ČR, sonst *s.* *Österreichische S.,* **R. austríaca** (Cr.) Bess.

— Schötchen elliptisch, 3–7 mm lg., m. 1–2 mm langem Gr., auf 6–17 mm lg., waagrecht absthd. od. herabgeschlagenen Stielen; Stg. dick, gefurcht, hohl (bei Wasserformen blasig aufgetrieben), oft Ausläufer treibend; ob. Stgblätt. m. verschmälertem Grd. sitzend; ♃; V–VIII. Ufer langsam fließender Gewässer; *v.* *Wasser-S.,* * **R. amphíbia** (L.) Bess.

R. ánceps (Wahl.) Rchb., *Niederliegende S.:* wahrscheinlich **Bastard** zw. *R. amphibia* u. *R. sylvestris:* Grdblätt. leierf. fiedspaltig m. unregelmäßig gezähnten Fied., dk. blaugrün; Schötchen 5–7 mm lg., kürzer als ihr Stiel; ♃; V–IX. Röhrichte

Flussufer; *v,* aber nicht *h,* vor allem in Niederungen der großen Flüsse. [= *R. prostráta* (BERGERET) SCH. & TH.]

6(4). Schötchen 2,5–6 mm lg. u. 1,5–2 mm breit, höchstens so lg. wie sein Stiel; Blkrblätt. 3–4 mm lg.; ♃; V–VIII. Feuchte Wiesen u. Sand; *s* in Baden, Lx, Elbetal von Magdeburg bis Dessau, Lausitz, CH. [= *R. stylosa* (PERS.) MANSF. & ROTHM.]
Pyrenäen-S., **R. pyrenáica** (ALL.) RCHB.

— Schote (10–)12–20 mm lg. u. 1 mm breit; Blkrblätt. 4–5 mm lg.; ♃; V–VII. Feuchte Wiesen; *s,* nur S-Kt (Föderlach).
Karstkresse, **R. lippizénsis** (WULF.) RCHB.

19. Nastúrtium R. BR., *Brunnenkresse*

1. Schoten dünn, 16–24 mm lg.; Samen 1-reihig, fein u. dicht gerunzelt; Samenschale jederststs. m. ca. 100 Feldern *(921);* Laub im Winter rotbraun; ♃; V–VIII. Quellen, fließende Gewässer; *z, h* in SH u. S-BW; in England auch als Kulturpfl. (bisher meist m. folgender Art verwechselt!). [= *Rorippa microphylla* (RCHB.) HYL. ex Á. & D. LÖVE)
Kleinblättrige B., **N. microphýllum** RCHB.

— Schoten dick, 10–18 mm lg.; Samen deutl. 2-reihig, grob netzig gerunzelt; Samenschale jederststs. m. ca. 25–50 Feldern *(920);* Laub während des Winters grün bleibend; ♃; V–VIII. Quellen, langsam fließende Bäche; *v.* [= *Rorippa nasturtium-aquaticum* (L.) HAY.]
Echte B., * **N. officinále** R. BR.

[Die ähnl. *Cardamine amara* (S. 547) hat einen markigen Stg. u. violette Stbbeutel.]
N. × **stérile** (AIRY-SH.) OEFELEIN (= **Bastard** *N. microphyllum* × *N. officinale):* Fr. nur 12 mm lg.; viele Samen nicht entwickelt; Blätt. im Winter braun. In England als „winter-cress" kultiviert.

20. Armorácia G. M. SCH., *Kren, Meerrettich*

Wurzel dick, fleischig, scharf riechend u. schmeckend; Stg. bis 125 cm hoch, kantig gefurcht; Grdblätt. bis 100 cm lg., am Grd. herzf.; Stgblätt. gelappt bis kammf. gefied.; Schötchen kugelig bis verkehrt eif., 4–6 mm lg.; ♃; V–VII. Als Gewürzpfl. angepflanzt, zuw. an Bachufern verwild. [= *Cochlearia armoracia* L.; = *A. lapathifolia* GILIB.] (Heimat: wahrscheinl. S-Russland u. O-Ukraine) * **A. rusticána** G. M. SCH.

21. Cardámine L. (incl. **Dentaria** L.), *Schaumkraut*

1. Blattgrund ohne Öhrchen **3**
— Blattgrund mit Öhrchen **2**

2. Grdblätt. ungeteilt, breit eif.; Pfl. 1–15 cm hoch; Blkrblätt. weiß, 5–6 mm lg.; Schoten 12–22 mm lg.; ♃; V–VII. Feuchte Felsen u. Schneetälchen, 650–3500 m; Uralp. *v, s* Böhmw., Riesengeb.
Resedablättriges Sch., **C. resedifólia** L.

— Grdblätt. gefied.; Pfl. 10–85 cm hoch; Blkrblätt. weißl., nicht länger als der Kelch, oft fehlend; Schoten 18–30 mm lg., ⊙; V–VII. Schattige, feuchte Wälder, vor allem der montanen Reg.; *z, s* im N.
Spring-Sch., * **C. impátiens** L.

3(1). Blkrblätt. > 5 mm **7**
— Blkrblätt. < 5 mm **4**

4. Alle Blätt. ungeteilt od. seicht gelappt; Pfl. 1–11 cm hoch; Blkrblätt. weiß; Schoten 10–15 mm lg., an der Spitze oft violett; ♃; VII–VIII.

Schneetälchen der Ur-Alp. ,1600–3080 m; *z,* in den Kalk-Alp. *s.* (= *C. alpina* Willd.)
Alpen-Sch., **C. bellidifólia** L. ssp. **alpína** (Willd.) B. M. G. Jones

— Blätt. wenigstens teilw. gefied. od. fiedteilig **5**

5. Pfl. kahl, 5–20 cm hoch; Fied. der Grdblätt. längl., keilf., ganzrandig, sitzend; Schoten 8–20 mm lg., ⊙; V–VII. Flussufer, feuchte überschwemmte Böden; *s* in Be, Elbe, Oder- u. Havelgebiet, He, Ba, NÖ, Bgl, ČR. *Kleinblütiges Sch.,* **C. parviflóra** L.

— Pfl. meist etwas behaart; Fied. der Grdblätt. rundl. od. gezähnt, gestielt **6**

6. Stg. 4–10-blättrig, 10–50 cm hoch; Bltnstiele 3–4 mm lg.; Schoten 12–24 mm lg. m. 1 mm lg. Gr.; Stbblätt. meist 6; ⊙–♃; IV–VI. Feuchte, schattige Wälder, vor allem der montanen Reg.; *z, s* im N. (= *C. sylvatica* Lk.) *Wald-Sch.,* * **C. flexuósa** With.

— Stg. 2–4-blättrig, 5–30 cm hoch; Bltnstiele 1,5–2 mm lg.; Schoten 18–25 mm lg. m. 0,5 mm lg. Gr.; Stbblätt. meist 4; ⊙; III–VI. Gärten, Weinberge, Baumschulen; *v,* im N *z.* *Behaartes Sch.*, * **C. hirsúta** L.

7(3). Unterhalb des Bltnstands kein Blattquirl **10**

— Blattquirl unterhalb des Bltnstands vorhanden **8**

8. Blätt. gefied., m. 2–6 Fiedpaaren; Fied. schmal lanzettl., gesägt; Blkrblätt. blassgelb, 15–22 mm lg.; Bltn. stark duftend; Schoten 40–65 mm lg.; Pfl. 25–40 cm hoch; ♃; IV–V. Buchenwälder, Schluchtwälder; *s,* nur CH, FL, Vb, Ti. (= *Dentaria polyphylla* W. et K.)
Vielblättrige Zahnwurz, **C. kitaibélii** Becherer

— Blätt. gefingert od. 3-zählig **9**

9. Blkrblätt. gelbl., 12–16 mm lg., Bltn. nickend; Blattquirl m. 3 3-zähligen Blätt.; Schoten 40–75 mm lg. u. 3,5–4 mm breit; ♃; IV–VII. Schattige Laubwälder der Alp. u. Mittelgeb.; *z.* [= *Dentaria enneaphyllos* L.]
Neunblättrige Zahnwurz, * **C. enneaphýllos** (L.) Cr.

— Blkrblätt. purpurn, 12–22 mm lg.; Bltn. in armbltg. Traube; Schoten 35–60 mm lg. u. 2–3 mm breit; ♃; IV–VI. Schattige Laubwälder; nur in Schl, S-St (Ehrenhausen), ČR. (= *Dentaria glandulosa* W. & K.)
Drüsen-Zahnwurz, **C. glandulígera** O. Schwarz

10(7). Blätt. gefied., mit meist mehr als 3 Fiedblätt. **14**

— Blätt. gefingert, 3-zählig od. ungeteilt **11**

11. Blätt. alle ungeteilt, herz-nierenf., die unt. lg. gestielt, ihre Spr. ca. 6 cm im Dm, geschweift-gezähnt; Blkrblätt. weiß, 6–10 mm lg.; Schoten 20–30 mm lg.; Pfl. 20–40 cm hoch, aufstgd.; ♃; V–VIII. Quellfluren, Bachufer, auf kalkarmen Böden; *s,* nur Gr (Puschlav).
Haselwurz-Sch., **C. asarifólia** L.

— Blätt. gefingert od. 3-zählig **12**

12. Blätt. gesägt, m. zahlr. Zähnen, meist 5-zählig gefingert; Blkrblätt. 14–22 mm lg., rosarot; Schoten 2,5–4 mm breit; ♃; IV–VI. Feuchte Buchenwälder der Alp. u. der benachbarten M-Geb., *z.* (= *Dentaria pentaphyllos* L.; = *D. digitata* Lam.)
Finger-Zahnwurz, **C. pentaphýllos** (L.) Cr.

— Blätt. undeutl. gesägt, m. wenigen Zähnen, 3-zählig; Blkrblätt. 9–12 mm lg., weiß od. rosa **13**

13. Stgblätt. 3 u. mehr; Fiedblätt. eif., länger als breit; Blkrblätt. weiß, 10–12 mm lg.; Stbbeutel violett; Schoten 20–35 mm lg. u. 2 mm breit; ♃; IV–V. Bergwälder, Schluchten; *s,* nur St. (= *Dentaria trifólia* W. & K.) *Dreiblättrige Zahnwurz,* **C. waldstéinii** Dyer

— Stgblätt. 1–2; Blätt. wintergrün; Fiedblätt. breit rhombisch, etwa so breit wie lg. od. breiter; Blkrblätt. weiß od. rosa, 9–11 mm lg.; Stbbeutel gelb; ♃; IV–VI. Schattige, feuchte Bergwälder, kalkliebend; *z* O-Alp., von Gr ostwärts, auch Ba, BW (Treherz), Schweizer Jura, Sudeten, Böhmw. *Kleeblatt-Sch.,* **C. trifólia** L.

14(10). Blkrblätt. 5–10 mm lg. **16**

— Blkrblätt. 12–20 mm lg. **15**

15. Ob. Stgblätt. ungeteilt, in den Achseln m. braunvioletten, eif. Brutsprossen (Bulbillen); Blkrblätt. hellviolett; Bltntraube verlängert; ♃; IV–VI. Laubwälder, kalkliebend; *v,* im NW *f.* (= *Dentaria bulbifera* L.) *Zwiebel-Zahnwurz,* * **C. bulbífera** (L.) Cr.

— Alle Blätt. gefied., in den Achseln ohne Bulbillen; Blkrblätt. weiß; Bltntraube nicht verlängert; ♃; IV–V. Gebirgswälder im SW; *s.* (= *Dentaria heptaphylla* Vill.; = *D. pinnata* Lam.) *Fieder-Zahnwurz,* **C. heptaphýlla** (Vill.) O. E. Sch.

16(14). Stg. nur anfangs markig, später hohl, ± rund; Fied. d. Stgblätt. ganzrandig schmal; Blkrblätt. meist lila; Stbbeutel gelb; Grdblätt. rosettig, 3–11-zählig gefied. m. größerer 3-lappiger Endfied., zuw. m. Brutpfl.; ♃; IV–VII. Feuchte Wiesen, Laubwälder; *v.* Formenreich. Artengruppe *Wiesen-Sch.,* * **C. praténsis** L. agg.

a. Blkrblätt. 12–19 mm lg; Sumpfwiesen; *z,* z. B. Dt, Au, CH. [= *C. palustris* (Wimm. & Grab.) Pet.] *Sumpf-Sch.,* **C. dentáta** Schult.

— Blkrblätt. 6–12 mm lg. . . . . **b**

b. Schoten höchstens 1 mm breit; Blkrblätt. weiß; Nasswiesen; *s* Au, CH *Mattiolis Sch.,* **C. matthíoli** Moretti

— Schoten 1–1,5 mm breit; Blkrblätt. meist blassviolett . . . . **c**

c. Unt. Stgblätt. m. 2–6 Fiedpaaren; Wälder, Wiesen; *v.* (incl. *C. nemorosa* Lej.) *Wiesen-Sch.,* **C. praténsis** L.

— Unt. Fiedblätt. m. 4–10 Fiedpaaren . . . . **d**

d. Endfied. der obersten Blätt. höchstens ¾ so lg. wie das restliche Blatt; Ufer, Quellfluren; *z,* z. B. CH, Au. *Bach-Sch.,* **C. rivuláris** Schur

— Endfied. der obersten Blätt. bis 1,5-mal so lg. wie das restliche Blatt; Flachmoore; *s,* z. B. Kt. *Moor-Sch.,* **C. udícola** Jord.

— Stg. meist markig, kantig, am Grd. niederlgd., m. Ausläufern; Fied. d. Stgblätt. eckig gezähnt, breit; Blkrblätt. weiß; Stbbeutel violett; Grdblätt. nicht rosettig, meist 5–7-zählig fiedteilig; ♃; IV–VII. Quellfluren, Bachufer; *v.* *Bitteres Sch.,* * **C. amára** L.

3 Unterarten, zu deren Bestimmung Spezialliteratur nötig ist.

22. Árabis L., *Gänsekresse*

1. Blkrblätt. blaulila od. rosa **16**

— Blkrblätt. weiß od. gelbl.weiß **2**

2. Stgblätt. m. herz- od. pfeilf. Grd. stgumfassend **10**

— Stgblätt. m. abgerundetem od. verschmälertem Grd. sitzend **3**

3. Samen nicht geflügelt **6**

— Samen breit geflügelt, zuw. nur im vorderen Teil **4**

4. Stgblätt. 1–6; Bltntraube 3–10-bltg.; Rosettenblätt. verkehrt eif., ganzrandig, von Haaren rau; Schoten aufrecht-absthd.; Pfl. 5–25 cm hoch; ♃; VI–VIII. Feuchter Felsschutt, 500–3000 m; *v* in K-Alp., *s* herabgeschwemmt (= *A. pumila* JACQ.) *Zwerg-G.,* **A. bellidifólia** CR.

a. Pfl. 10–25 cm hoch; Haare am Rand d. Grdblätt. 2-teilig; Stgblätt. meist 3–6; *v,* Ba, CH, Au, Bz. ssp. **bellidifólia**

— Pfl. 5–10 cm hoch; Haare am Rand d. Grdblätt. 3–4-teilig; Stgblätt. meist 2–3; *v,* Ba, CH, Au, Bz. [= *A. stellulata* BERTOL.; = A. *pumila* ssp. *stellulata* (BERTOL.) NYM.] ssp. **stelluláta** (BERTOL.) GREUT. & BURDET

— Stgblätt. mehr als 4; Bltntrauben m. > 10 Bltn. **5**

5. Pfl. kahl; Stgblätt. 4–10; Bltntraube 10–20-bltg.; Blkrblätt. 5,5–7 mm lg., weiß; Schoten aufrecht, 24–40 mm lg.; ♃; V–VII. Feuchter Felsschutt, Quellfluren; *v* in K-Alp., 500–2870 m, *s* herabgeschwemmt. (= *A. bellidifolia* JACQ. non CR.; = *A. jacquinii* G. BECK; = *A. soyeri* REUT. & HUET) *Glanz-G.,* **A. subcoriácea** GREN.

— Pfl. behaart; Schoten dem Stg. anliegend; Bltntraube 10–18-bltg.; Blkrblätt. weiß od. rosa, 8–10 mm lg.; Schoten gebogen, 60–90 mm lg.; ♃; III–V. Felsen, Mauern; *s,* CH. (= *A. muralis* BERTOL.; incl. *A. rosea* DC.) *Mauer-G.,* **A. collína** TEN.

6(3). Rosettenblätt. ganzrandig, auf der Fläche kahl, nur am Rand m. angedrückten 2-strahligen Haaren; Blkrblätt. 5–7 mm lg., weiß; Schoten 1,5–2 mm breit; Pfl. 5–15 cm hoch; ♃; VI–VII. Feuchte Schuttfluren, auf Kalk, 100–2200 m; *s,* S-Kt. *Wocheiner G.,* **A. vochinénsis** SPRENG.

— Rosettenblätt. am Rand m. absthd. Haaren od. Blätt. gezähnt **7**

7. Stgblätt. 1–4 . . . . **9**

— Stgblätt. 4–10 . . . . **8**

8. Unterste Schoten die Bltn. nicht überragend; Blkrblätt. 3,5–5 mm lg., weiß; Schoten 1–1,3 mm breit; Blätt. m. absthd. Haaren, angedrückte 2-spaltige Haare fehlen; Bltntrauben dicht, bis 30-bltg.; Pfl. 6–30 m hoch; ⊙–♃; V–VII. Matten, alpine Steinrasen; *v* Alp., *s* Voralp., Schweizer Jura. (= *A. corymbiflora* VEST) *Dolden-G.,* **A. ciliáta** CLAIRV.

— Unterste Schoten die Bltn. überragend; Blkrblätt. 5–6 mm lg., weiß; Stg. aufrecht od. aufstgd. etwas hin und her gebogen; Stg. nur m. 2–4-strahligen Haaren; Stgblätt. 3–8; Pfl. 10–25 cm hoch; ⊙–♃; VI–VIII. Felsen, auf Kalk; *s,* Alp. von CH, Schweizer Jura. *Quendel-G.,* **A. serpillifólia** VILL.

9(7). Blätt. m. einfachen od. mit gegabelten Haaren, entfernt gezähnt, glzd., in einen kurzen Stiel verschmälert; Bltntrauben 3–9-bltg.; Blkrblätt. gelbl.weiß, 5–8 mm lg; ♃; V–VII. Felsen, Geröll, auf Kalk, montane bis subalp. Reg.; *s,* nur bei Genf. (= *A. stricta* HUDS.) *Raue G.,* **A. scábra** ALL.

— Blätt. meist nur m. mehrstrahligen Sternhaaren **A. serpillifólia,** vgl. Nr. **8**–

10(2). Reife Schoten absthd. **14**

— Reife Schoten aufrecht, dem Stg. angedrückt **11**

11. Stg. kahl od. am Grd. m. einfachen, unverzweigten Haaren; Blkrblätt. 5–7 mm lg.; Frklappen m. deutl. Mittelnerv **13**
— Stg. am Grd. m. 2–5-spaltigen Gabelhaaren, seltener einfachen Haaren; Blkrblätt. 4–5 mm lg. **12**
12. Stg. am Grd. m. einfachen, absthd. od. anlgd. 2–5-spaltigen Haaren, an der Spitze auch m. ± 5-spaltigen Gabelhaaren; Stgblätt. zahlr.; Samen ringsum od. nur an der Spitze geflügelt; ⊙–♃; V–VII. Halbtrockenrasen, lichtes Gebüsch; *v.* *Raue G.,* * **A. hirsúta** (L.) Scop.
— Stg. am Grd. m. sitzenden, anlgd. 2–3-spaltigen Haaren, zur Spitze hin kahl; Stgblätt. zahlr. (20–55), m. pfeilf. Grd. u. angedrückten Öhrchen; Schoten 30–50 mm lg.; Frklappen fast nervenlos; Samen nur an der Spitze geflügelt; Pfl. bis 80 cm hoch; ⊙; V–VII. Stromtalwiesen; *s.* (= *A. planisiliqua* auct.)
Flachschotige G., **A. nemorénsis** (Hoffm.) Koch
13(11). Stg. am Grd. kahl; Stgblätt. etwa 10, kahl, nur am Rand bewimpert; Schoten 25–35 mm lg., 1,2–1,8 mm breit; ♃; VI–VII. Feuchte Felsen der Gebirge; *s,* Sb, St, Kt, Riesengeb.
Sudeten-G., **A. sudética** Tausch
— Stg. am Grd. m. einfachen, absthd. Haaren; Stgblätt. 15–30, behaart, m. abspreizenden, spitzen Öhrchen; Blkrblätt. 5–6,5 mm lg.; Schoten 25–30 mm lg., ihre Stiele 4–6 mm lg.; ⊙; V–VI. Halbtrockenrasen; *z.*
Pfeilblättrige G., **A. sagittáta** (Bertol.) DC.
14(10). Pfl. ausdauernd, m. zahlr., nichtblühenden Achseltrieben; Grdblätt. rosettig, eif.-längl., grob gezähnt, durch Sternhaare rau; III–IX. Feuchte Felsen, Geröll; *v* Alp. (auch herabgeschwemmt), *s* in E, SchwAlb, S-Harz, NrWe, Riesengeb. *Alpen-G.,* * **A. alpína** L.
a. Blätt. grün; Kblätt. 3–5 mm lg., Blkrblätt. 6–10 mm lg. u. 2–3,5 mm breit; Schoten 20–40 mm lg.; Wildpfl. ssp. **alpína**
— Blätt. grau; Kblätt. 5–8 mm lg., Blkrblätt. 9–18 mm lg. u. 5–8 mm breit; Schoten 40–70 mm lg.; Steingartenpfl., stellenw. verwild. (= *A. caucasica* Willd.; = *A. albida* Stev. ex Jacq.) * ssp. **caucásica** (Willd.) Briq.
— Pfl. ⊙–⊙, Grdblätt. meist ohne sterile Achselsprosse **15**
15. Grdblätt. in der Mitte am breitesten; Blkrblätt. schmal keilf., 3–4,2 mm lg.; Schoten 10–26 mm lg.; Samen ungeflügelt; ⊙–⊙, IV–V. Trockenhänge, Sandfelder, Felsen, Mauern, kalkliebend; *s* in S-Dt, E, Th, SaAn, Br, Vs, NÖ, Bgl, ČR. (= *A. recta* Vill.)
Öhrchen-G., **A. auriculáta** Lam.
— Grdblätt. oberhalb der Mitte am breitesten; Blkrblätt. keilf., 4–6 mm lg.; Schoten bis 70 mm lg.; Samen schmal geflügelt; ⊙–⊙; VI–VII. Felshänge; *s,* CH, Ti, OTi, Bz. (= *A. saxatilis* All.)
Felsen-G., **A. nóva** Vill.
16(1). Bltn. hell blaulila; Rosettenblätt. an der Spitze 3–7-zähnig, nur am Rand bewimpert, dickl., grasgrün; Pfl. 2–12 cm hoch; ♃; VII–VIII. Feuchter Felsschutt, Schneetälchen, Lägerfluren der K-Alp., meist von 2000–3500 m; *z.* *Blaue G.,* **A. caerúlea** All.
— Bltn. rosa; Pfl. 10–20 cm hoch **A. collína** Ten. vgl. Nr. **5**– S. 548

23. Turrítis L., *Turmkraut*
Schoten 4-kantig, dem Stg. angedrückt; Frklappen gewölbt, m. starkem Mittelnerv; Samen 2-reihig *(880);* Pfl. 60–120 cm hoch, oberw. kahl, blaugrün bereift, am Grd. kurzhaarig; Grdblätt. rosettig, ganzrandig od. buchtig gezähnt, rauhaarig, z. Blzt. verwelkt; ♃; V–VII. Waldränder, Gebüsche; *v, z* im NW. [= *Arabis glabra* (L.) Bernh.] * **T. glábra** L.

24. Pseudoturrítis Al-Shehbaz, *Turmgänsekresse*
Pfl. 4–70 cm hoch; Bltn. gelbl.weiß; Schoten bis 12 cm lg., einseitig bogig überhgd., auf kurzem, dem Stg. angedrückten Stiel; Blätt. geschweiftgezähnt, unterst. oft violett; ⊙–♃; IV–V. Lichte Wälder, Gebüsche, Felsen; *z* in Voralp., S-, W- u. M-Dt, CH, Au, *s* in Be, ČR. (= *Arabis turrita* L.) **P. turríta** (L.) Al-Shehbaz

25. Fourrǽa Greut. & Burdet, *Armblütige Gänsekresse*
Blätt. wie der Stg. kahl, blau bereift, ganzrandig; Bltn. weiß, in dichter Traube; Pfl. 30–100 cm hoch; ⊙; V–VII. Lichte Wälder, Waldränder, Gebüsche, meist auf Kalk; *z,* S-, W- u. M-Dt, CH, Au, ČR, Bz, Be, E. [= *Arabis pauciflora* (Grimm) Garcke; = *A. brassiciformis* Wallr.; = *A. brassica* (Leers) Rauschert] **F. alpína** (L.) Greut. & Burdet

26. Aubriéta Adans., *Blaukissen*
Pfl. durch Sternhaare grau behaart, 10–20 cm hoch, dichte Kissen bildend; Blkrblätt. blau- od. rotviolett, 12–20 mm lg.; ♃; IV–V. Zierpfl.; an Mauern gepflanzt, *s* verwild. (Heimat: östl. Mittelmeergebiet) * **A. deltoídea** (L.) DC.

27. Lunária L., *Silberblatt*

1. Alle Blätt. gestielt; Schötchen elliptisch-lanzettl., beidendig kurz zugespitzt; ♃; V–VII. Feuchte, schattige Laubwälder der montanen Reg.; *z,* im N *s.* © *Wildes S.,* * **L. redivíva** L.

— Ob. Stgblätt. sitzend; Schötchen breit elliptisch, fast rund, beidendig abgerundet; 1- bis mehrjährig; IV–VI. Gartenzierpfl. aus SO-Eur.; stellenw. verwild. u. eingebürgert. *Judas-S.,* * **L. ánnua** L.

28. Peltária Jacq., *Scheibenkraut*
Pfl. 20–60 cm hoch; Blätt. herzf. stgumfassend; Blkrblätt. 3,5–4,5 mm lg.; Schötchen rund, 5–10 mm im Dm; ♃; V–VI. Waldränder, steinige Abhänge; *s,* St, OÖ, NÖ. **P. alliácea** Jacq.

29. Alyssoídes Mill., *Blasenschötchen*
Pfl. 20–50 cm hoch; Stg. dicht beblättert; Stgblätt. kahl; Blkrblätt. gelb, 15–20 mm lg.; Gr. 7–10 mm; Schötchen kugelig, 10 mm im Dm; ♃; IV–V. Felsspalten, Trockenrasen; *s,* nur Vs, Waadt. **A. utriculáta** (L.) Mch.

30. Alýssum L., *Steinkraut, Steinkresse*

1. Bltn. in Rispen od. verzweigten Trauben **7**

— Bltn. in Trauben **2**

2. Schötchen kahl, ohne Sternhaare; Pfl. 10–15 cm hoch; Blkrblätt. bleichgelb, 2–3 mm lg.; Schötchen kreisrund; ⊙; IV–V. Sandige Trockenrasen; *s,* NÖ, früher ČR (Mähren). *Steppen-St.,* **A. desertórum** Stapf

— Schötchen mit Sternhaaren **3**

3. Schötchen 3–6 mm groß, von Sternhaaren dicht bedeckt **5**
— Schötchen 6–8 mm groß, zerstreut sternhaarig **4**
4. Frstiele doppelt so lg. wie das Schötchen; unt. Blätt. allmähl. in Stiel verschmälert; Schötchen 6–6,5 mm im Dm; Blkrblätt. kahl; Pfl. bis 20 cm hoch; ♃; V–VII. Felsschutt, auf Kalk; *s*, Kt (Gailtal).
Ⓖ *Wulfens St.*, **A. wulfeniánum** WILLD.
— Frstiele kaum länger als das Schötchen; unt. Blätt. plötzl. in Stiel verschmälert; Schötchen 6,5–8 mm im Dm; Blkrblätt. außen behaart; Pfl. bis 12 cm hoch; ♃; VI–VIII. Felsschutt, auf Kalk; *s*, Kt, St.
Ⓖ *Karawanken-St.*, **A. ovirénse** KERN.
5(3). Pfl. meist ⊙; Blkrblätt. 2,5–4 mm lg., gelbl.weiß; Kblätt. bleibend, das Schötchen einhüllend; ⊙; IV–IX. Kalkmagerrasen, Erdanrisse; *v*. (= *A. calycinum* L.) *Kelch-St.*, * **A. alyssoídes** (L.) L.
— Pfl. ♃, Blkrblätt. 3,5–7 mm lg. **6**
6. Stg. u. Bltnstiele m. angedrückten Sternhaaren; Kblätt. z. Frzt. abfallend; längere Stbblätt. meist einseitig geflügelt u. über der Mitte 1–3-zähnig *(905a, b)*; ♃; IV–V. Trockenrasen, Sandfluren; *z*.
Ⓖ *Berg-St.*, * **A. montánum** L.
a. Blätt. schmal lineal; Blkrblätt. blassgelb; Schötchen verkahlend; *s*, Ba (Würzburg), BW (Oberrhein), NÖ, ČR. Ⓖ ssp. **gmelínii** (JORD.) HEGI & E. SCHMID
— Blätt. breit lineal bis eif.; Blkrblätt. goldgelb; Schötchen behaart; *z* in E, S-Dt, M-Dt, Br, Sa, Kt, St (Kraubath), früher Sb, OÖ, NÖ, Bgl, CH, ČR.
Ⓖ ssp. **montánum**
— Stg. u. Bltnstiele m. absthd. Stern- u. Gabelhaaren; Pfl. 4–60 m hoch; ♃; VI–VII. Felsbänder, lichte Nadelwälder; *s*, Kt, St. (= *A. transsilvanicum* SCHUR) *Kriechendes St.*, **A. répens** BAUMG.
7(1). Pfl. 25–70 cm hoch; Stgblätt. 10-20 mm lg.; Blätt. unterstS. auffallend graufilzig; Blkrblätt. 2–3,5 mm lg., goldgelb; ♃; V–VI. Zierpfl.; *s* verwildert u. in Trockenrasen eingebürgert. (Heimat: SO-Eur., SW-As.) *Mauer-St.*, * **A. murále** W. & K.
— Pfl. 5–20 cm hoch; Stgblätt. 4–7 mm lg., verkehrt eif., ober- u. unterstS. fast gleichfarbig; Blkrblätt. 2–3 mm lg., goldgelb; ♃; VII–VIII. Felsen, Felsschutt, 2500–3100 m; *s*, nur Vs (Zermatt).
Alpen-St., **A. alpéstre** L.

31. Aurínia (L.) DESV., *Steinkraut*
1. Pfl. halbstrauchig; Sprosse m. verholzter Basis; Blätt. grau; Blkrblätt. wenig ausgerandet; Kblätt. 2–4 mm lg., Frtrauben kurz; ♄–♄; IV–V. Sonnige Felsen; *s*, FrAlb, Sa (ob. Elbegebiet), ČR (Böhmen), Sb, OÖ, NÖ, *h* als Zierpfl. u. verwild. (= *Alyssum saxatile* L.)
Ⓖ *Felsen-St.*, * **A. saxátilis** (L.) DESV.
— Pfl. krautig; Blätt. grün; Blkrblätt. tief ausgerandet; Kblätt. 2 mm lg., Frtrauben verlängert; ♃; V–VI. In Au *s* eingeschleppt. (Heimat: SO-Eur.) (= *Alyssum petraeum* ARD.) *Venezianisches St.*, **A. petrǣa** (ARD.) SCHUR

32. Clypéola L., *Schildkraut*
Pfl. 2–10 cm hoch, von Sternhaaren grau; Blkrblätt. 1–2 mm lg., gelb, später weißl.; Traube zur Frzt. verlängert; Schötchen kreisrund, m. Rand, flach, 2–5 mm lg., hgd.; ⊙; III–VI. Unter Felsen; *s*, nur Vs.
C. jonthláspi L.

33. Bertéroa DC., *Graukresse*
Ganze Pfl. von Sternhaaren graugrün; Blkrblätt. weiß; Schötchen elliptisch; ⊙; VI–X. Trockene, sonnige Ruderalstellen, Sandfelder; *v, z* in W. [= *Farsetia incana* (L.) R. Br.] * **B. incána** (L.) DC.

34. Drába L. (incl. **Erophila** DC.), *Felsenblümchen* (nach Buttler)

1. Blkrblätt. tief 2-spaltig, weiß; Stg. blattlos, 2–15 cm hoch; Blätt. in grdstg. Rosette; ⊙; II–V. Trockenrasen, Mauern, Äcker, Wegränder; *v.* [= *Erophila verna* (L.) Chev.] Formenreich. *Hungerblümchen,* * **D. vérna** L.

a. Schötchen 6–10 mm lg., mindestens doppelt so lg. wie breit; Blätt. überwiegend m. verzweigten Haaren; *v.* *Gewöhnliches Hungerblümchen,* ssp. **vérna**

— Schötchen kaum 6 mm lg. . . . . b

b. Schötchen fast kreisrund, kaum 5 mm im Dm; *s,* Ba, CH, Bz, Au, ČR, Be. (= *Erophila spathulata* Láng) *Rundfrüchtiges Hungerblümchen,* ssp. **spathuláta** (Láng) R. & F.

— Schötchen breit elliptisch, 4–6 mm lg.; Blätt. überwiegend m. einfachen Haaren; *s,* Harz, Be, Lx, S-Dt, Fribourg, Au. (= *Erophila praecox* Stev.) *Frühes Hungerblümchen,* ssp. **praécox** (Stev.) R. & F.

— Blkrblätt. ungeteilt od. höchstens seicht ausgerandet 2

2. Blkr. weiß 9

— Blkr. gelb od. gelbl.weiß 3

3. Bltnstg. auch über dem Grd. beblättert, 10–40 cm hoch; Blätt. breit eif., stumpf gezähnt, von Sternhaaren rau; Blkrblätt. hellgelb, vorn ausgerandet; Schötchen waagrecht absthd., 6–10 mm lg. gestielt, elliptisch, 3,5–7 mm lg.; ⊙; V–VI. Magerwiesen, Trockenrasen, Mauern; *s,* Vs, Ts, Gr, Bz, Ti, St, Kt, NÖ, Bgl, ČR, in Dt nur eingeschleppt. *Hellgelbes F., Hain-F.,* **D. nemorósa** L.

— Bltnstg. ohne Blätt., diese in dichten, kugeligen Rosetten 4

4. Bltn. schwefelgelb bis weißl.; ♃; VIII. Kalk- u. Dolomit-Felsen; *s,* Ti (Brenner), Bz. Ⓖ *Dolomiten-F.,* **D. dolomítica** Buttler

— Bltn. leuchtend gelb 5

5. Stbfäden deutl. kürzer als die Blkrblätt.; Pfl. lockerrasig; Schötchen 4–5 mm lg. gestielt; Gr. ½–1 mm lg.; ♃; VI–VII. Felsspalten der K-Alp., 1900–2800 m; *s,* Ba (Berchtesgaden, Chiemgau), Sb, Ti, St, OÖ. Ⓖ *Sauters F.,* **D. saúteri** Hoppe

— Stbfäden so lang wie die Blkrblätt. 6

6. Gr. unter 1 mm lg.; Stg. 2–6 cm hoch, m. nur 3–6(–8) Bltn.; ♃; VII–VIII. Felsspalten u. Schuttfluren; K-Alp., von 2600–3200 m; *s,* CH, Au. Ⓖ *Hoppes F.,* **D. hoppeána** Rchb.

— Gr. z. Frzt. mind. 1,5 mm lg., die Blkrblätt. beim Abblühen überragend 7

7. Blkrblätt. 3–7(–10) mm lg.; Fr. kahl od. nur am Rand behaart, 6–11 (–13) mm lg.; Pfl. 5–20 cm hoch; ♃; III–VIII. Felsspalten, Steinschutt, auf Kalk; *v* in Alp., *s* in SchwAlb, FrAlb, Vog, Be, Schweizer Jura. Formenreich. Ⓖ *Immergrünes F.,* * **D. aizoídes** L.

Hierher auch ssp. **béckeri** (KERN.) HÖRANDL & GUTERMANN; Blkrblätt. 5,5–10 mm lg., Fr. 7–13 mm lg.; Rasen an nördl. od. westl. exponierten Felswänden der montanen Stufe; *s,* St, NÖ.

— Blkrblätt. 3–5 mm lg.; Fr. dicht sternhaarig od. borstenhaarig **8**

8. Blkrblätt. 4–5 mm lg.; Fr. borstenhaarig, 6–9 mm lg.; Pfl. 8–20 cm hoch; Blätt. 2–3 mm breit; ♃ III–IV. Kalkfelsen; sehr *s,* NÖ (Mödlinger Klause, Teufelsstein). (= *D. aizoon* WAHL.) Ⓖ *Karpaten-F.,* **D. lasiocárpa** ROCHEL

— Blkrblätt. 3 mm lg.; Fr. aufgeblasen, 6 mm lg., dicht sternhaarig; Pfl. 1,5–3 cm hoch; Blätt. höchstens 1,2 mm breit; ♃; VI–VII. Felsen, Steinschutt; nur Kt (Petzen). Ⓖ *Raues F.,* **D. áspera** BERTOL.

9(2). Stg. außer den Grdblätt. höchstens noch m. 3 Stgblätt.; Pfl. meist ♃ **12**

— Stg. außer den Grdblätt. m. mehr als 3 Stgblätt.; Pfl. meist ⊙–⊙, selten ♃ **10**

10. Blkrblätt. 1,5–2 mm lg.; Stg. 10–30 cm lg., sternhaarig; Stgblätt. halb stgumfassend, an der Spitze grob gezähnt, beidersts. sternhaarig; Schötchen kahl; ⊙–⊙; IV–VII. Magerrasen, Erdanrisse, Mauern, Gebüsch; *s* in S-, SO- u. M-Dt, MeVp, Da, Be, Lx, CH, St, Kt, OÖ, NÖ, ČR (Böhmen); in SH eingeschleppt. *Mauer-F.,* * **D. murális** L.

— Blkrblätt. 4–5 mm lg. **11**

11. Blätt. ohne einfache Haare auf der Fläche, nur m. vielstrahligen Sternhaaren; Schötchen sternhaarig; Samen 0,8–1,0 mm lg.; ⊙–♃; V–VII. Felsen, Gämsläger; *s,* Alp. von Ti, Kt, St, Vs, Gr, FL, Bz. (= *D. stylaris* KOCH) Ⓖ *Schweizer F.,* **D. thomásii** KOCH

— Wenigstens einzelne Blätter auf der Fläche m. einfachen und gabeligen Haaren; Schötchen kahl od. behaart; Samen 1,0–1,5 mm lg.; ⊙–⊙; V–VII. Felsen; sehr *s,* Allgäu, Appenzell, Dünen des nördl. Jütland. Ⓖ *Graues F.,* **D. incána** L.

12(9). Pfl. behaart **14**

— Pfl. kahl **13**

13(12 u. 17). Frstand kurz, oft schirmartig; Stg. bis 1–8 cm hoch; ♃; VI–VIII. Alpiner Steinschutt, Steinrasen, 1600–3480 m; *s,* CH, FL, Allgäu, Au, Bz. Ⓖ *Flattnitzer F.,* **D. fladnizénsis** WULF.

— Frstand verlängert; Stg. 3–15 cm hoch; ♃; VI–VII. Felsspalten der K-Alp., 1500–3400 m; *s,* Allgäu, CH, FL, Au, Bz. (= *D. carinthiaca* HOPPE) Ⓖ *Kärntner F.,* **D. siliquósa** BIEB.

14(12). Blätt. u. Stg. sternhaarig; Sternhaare m. kurzem Stiel, fast sitzend, ihre Strahlen in einer Ebene angeordnet; ♃; V–VII. Alpine Rasen; *s,* Sb, Kt, St. (= *D. norica* WIDDER) Ⓖ *Tauern-F.,* **D. pácheri** STUR

— Pfl. kahl od. behaart, die Sternhaare lg. gestielt, ihre Strahlen nicht in einer Ebene lgd. **15**

15. Blattrand am Grd. m. einfachen Haaren, gegen die Spitze m. Sternhaaren **18**

— Blattrand m. einfachen od. gabeligen Haaren, manchmal m. Sternhaaren gemischt **16**

16. Gr. 0,7–1,2 mm lg.; Blkrblätt. weiß m. blassgelbem Nagel od. gelbl.weiß; ♃; VII–VIII. Dolomitfelsen, 2600–3040 m; *s*, Schweiz (Unterengadin). Ⓖ *Bündner F.*, **D. ladína** Br.-Bl.

— Gr. kürzer, bis 0,4(–0,7) mm lg. **17**

17. Stg. bis zu den Bltnstielen behaart; ♃; VI–VII. Felsen, steinige Hänge,; *s* St (Raxalpe), NÖ. Ⓖ *Norwegisches F.*, **D. norvégica** Gunnerus

— Stg. kahl od. nur im unt. Drittel m. Haaren **13**

18(15). Schötchen überwiegend sternhaarig *Schweizer F.*, **D. thomásii** (Nr. **11**)

— Schötchen kahl od. behaart, aber m. mehr Wimper- u. Gabelhaaren als Sternhaaren **19**

19. Blattflächen kahl *Kärntner F.*, **D. siliquósa** (Nr. **13**–)

— Blattflächen wenigstens bei einigen Blätt. behaart **20**

20. Gr. 0,7–1,2 mm lg.; Krblätt. 4,5–8 mm lg. u. > 3 mm breit; ♃; VI–VII. Kalkfelsen; *s*, St, OÖ, NÖ. Ⓖ *Sternhaar-F.*, **D. stelláta** Jacq.

— Gr. 0,1–0,7 mm lg.; Krblätt. höchstens 5,5 mm lg. und < 3 mm breit **21**

21. Meiste Sternhaare der Blattflächen nur wenig verzweigt *Kärntner F.*, **D. siliquósa** (Nr. **13**–)

— Meiste Sternhaare der Blattflächen reich verzweigt **22**

22. Schötchen elliptisch, an beiden Enden abgerundet, dicht behaart; ♃; VII–VIII. Felsspalten der K-Alp.; *z*. Ⓖ *Filziges F.*, **D. tomentósa** Clairv.

— Schötchen lanzettl., an beiden Enden zugespitzt, kahl od. randl. behaart; ♃; VI–VIII. Felsspalten, 1700–3800 m; *z*, Allgäu, CH, FL, Au, Bz. (= *D. frigida* Saut.) Ⓖ *Eis-F.*, **D. dúbia** Sut.

35. Petrocállis R. Br., *Steinschmückel*

Blätt. in grdst. Rosette, keilf., 3–5-spaltig, 4–6 mm lg.; Blkrblätt. hellila, etwa doppelt so lg. wie der K.; Schötchen verkehrt eif., 4–5 mm lg.; Pfl. dichtrasig bis polsterf., 2–8 cm hoch; ♃; VI–VII. Geröll der K-Alp., 1700–3400 m; *z*. Ⓖ **P. pyrenáica** (L.) R. Br.

36. Cochleária L., *Löffelkraut* Ⓖ

1. Stgblätt. nicht geöhrt, meist handf. 5–7-lappig (efeuähnl.); Grdblätt. 3-eckig-herzf., ganzrandig; Schötchen rundl.-eif., beidendig abgerundet-stumpf, durch den kurzen Gr. bespitzt; Stg. niederlgd. bis aufstgd.; ☉; V–VI. Salzwiesen der Nord- u. Ostseeküste *v*, sonst *s* (an Autobahnen, BW, Ba, NS, NrWe, Th, SaAn, CH). Ⓖ *Dänisches L.*, * **C. dánica** L.

— Ob. Stgblätt. deutl. geöhrt **2**

2. Grdblätt. rhombisch-elliptisch, am Rand oft unregelmäßig gezähnt, am Grd. abgerundet; Schötchen breit elliptisch, beidendig stumpf, aufgeblasen, z. Reifezt. netzadrig; ☉; V–VII. Nord- u. Ostseeküste *z*, im Binnenland *s*. Ⓖ *Englisches L.*, **C. ánglica** L.

— Grdblätt. rundl. herzf. bis nierenf.; Stgblätt. eif., grob gezähnt; Bltn. wohlriechend; Schötchen kugelig bis eif., durch den kurzen Gr. bespitzt; ☉–mehrjährig. Ⓖ Artengruppe *Echtes L.*, * **C. officinális** L. agg.

a. Pfl. höchstens 15 cm hoch; Krblätt. gelbl.weiß; Schötchen bis 4,5 mm lg.; VII–VIII. Quellige Orte der Alpen, 1900–2400 m; *s*, Kt, St
Ⓖ *Ostalpen-L.*, **C. excélsa** Zahlbr. ex Fritsch

— Pfl. meist höher; Krblätt. reinweiß . . . . **b**

b. Schötchen an beiden Enden abgerundet; Frstiele meist waagrecht absthd. . . . . **d**

— Schötchen an beiden Enden verschmälert; Frstiele aufrecht; Samen > 1,5 mm lg. . . . . **c**

c. Pfl. 10–30 cm hoch; Gr. an der reifen Fr. 0,3–0,5 mm lg.; Pollen 26–30 µm lg.; IV–VII. Quellfluren, Bachufer, Moorgräben; *s*, SW, Ba, He, NrWe, Ho, Be, St, NÖ, OÖ, Bern, Fribourg. Ⓖ *Pyrenäen-L.*, **C. pyrenáica** DC.

— Pfl. 25–45 cm hoch; Gr. an der reifen Fr. 0,4–0,8 mm lg.; Pollen 31–36 µm lg.; IV–V. Quellfluren, Bachufer; *s*, nur Ba.
Ⓖ *Bayrisches L.*, **C. bavárica** Vogt

d. Samen > 1,5 mm lg.; Rhizom m. dichtem Wurzelfilz; IV–VI. Flachmoore; sehr *s*, NÖ (Moosbrunn). *Dickwurzel-L.*, **C. macrorrhíza** (Schur) Pobedimova

— Samen 1–1,5 mm lg.; V–VI. Salzböden der Küste u. des Binnenlands; auch als Salatpfl. angebaut, *z*. *Echtes L.*, **C. officinalis** L. s. str.

37. Kérnera Med., *Kugelschötchen*

Grdblätt. rosettig, spatelf., behaart; Stg. dünn, zickzackf. verbogen; Bltn. weiß, längere Stbblätt. knief. nach ausw. gebogen *(922)*; Schötchen fast kugelig, bis 3 mm lg.; ♃; V–VII. Felsspalten, lichte Wälder; K-Alp. u. Vorland, SchwAlb u. FrAlb, Schweizer Jura, *z*. **K. saxátilis** (L.) Rchb.

38. Rhizobótrya Tausch, *Zwergkugelschötchen*

Rosettenpfl. m. nur 2–4 cm hohen Stg.; Blätt. spatelig, lg. gestielt, ganzrandig od. gezähnt, dick, borstig behaart; Bltntrauben beblättert; Blkrblätt. 2–2,5 mm lg., weiß; Schötchen eif.-kugelig, 2–3 mm lg., gedunsen, m. kurzer Grspitze; Kblätt. an der Fr. bleibend; ♃; VII–VIII. Dolomitfelsen, Felsschutt, 1900–2800 m; *s*, Bz. **Rh. alpína** Tausch

39. Camelína Cr., *Leindotter*

1. Stg. kahl od. dünn m. verzweigten Haaren besetzt; Schötchen 7–10 mm lg.; Samen 1,5–3 mm lg.; ☉; V–VIII. Äcker, früher Kulturpfl.; *z*.
Saat-L., * **C. satíva** (L.) Cr.

a. Fr. hartschalig, birnenf., m. dem Gr. 7–9 mm lg., aufrecht-absthd.; Blätt. ganzrandig od. fein gezähnt. Kultiviert u. verwild. (Heimat: O-Eur. u. W-As.)
ssp. **satíva**

— Fr. weichschalig, fast kugelig, m. dem Gr. 9–12 mm lg., auf waagrecht absthd. od. herabgebogenen Stielen; Stgblätt. gezähnt bis fiedspaltig; VI–VII. Leinäcker; *s* aus Asien eingeschleppt. [= *C. dentata* (Willd.) Pers.; = *C. alyssum* (Mill.) Thell.] *Gezähnter L.*, ssp. **alýssum** (Mill.) Hegi & Schmid

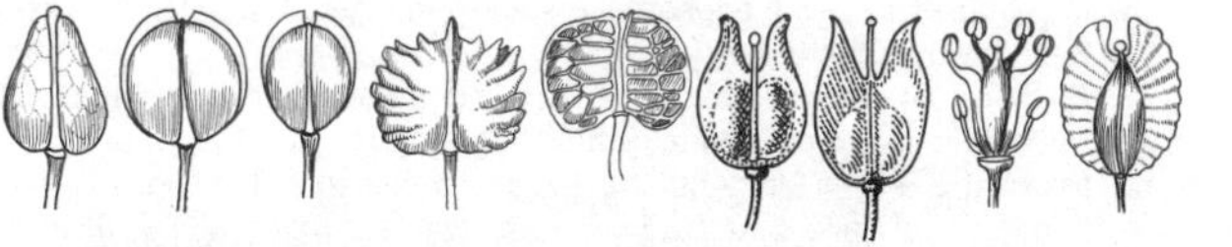

911 912 913 914 915 916 917 918 919

— Stg. u. Blätt. dicht m. unverzweigten Haaren (od. zusätzl. m. verzweigten Haaren) besetzt; Samen 0,8–1,5 mm lg. **2**

2. Blkrblätt. 5–9 mm lg.; gelbl.weiß; Pfl. ohne od. m. wenigen verzweigten Haaren; Schötchen (ohne den Gr.) 5–8 mm lg.; Grdblätt. z. Bltzt. vorhanden; ⊙; V–VII. Äcker, Trockenrasen; *s,* Bgl, NÖ, Schl, früher ČR. *Balkan-L.,* **C. rumélica** VEL.

— Blkrblätt. 2,5–4,5 mm lg., hellgelb; Pfl. m. zahlr. verzweigten Haaren; Schötchen (ohne den Gr.) 4–7 mm lg.; Grdblätt. z. Bltzt. vertrocknet; ⊙; V–VII. Halbtrockenrasen, Äcker, Böschungen; *v* im O, sonst *z.* *Kleinfrüchtiger L.,* **C. microcárpa** ANDRZ. ex DC.

a. Blkrblätt. 2,5–3,5 mm lg.; Schötchen (ohne den Gr.) 4,0–5,2 mm lg.; *s* u. unbeständig. ssp. **microcárpa**

— Blkrblätt. 3,5–4,5 mm lg.; Schötchen (ohne den Gr.) 5,2–7 mm lg.; *v–z.* ssp. **silvéstris** (WALLR.) HIITONEN

40. Néslia DESV. (= *Vogelia* MED.), *Finkensame*

Stg. 15–80 cm hoch; Stgblätt. m. tief pfeilf. Grd. sitzend; Bltn. goldgelb; Schötchen kugelig *(805),* sich nicht öffnend, 1-samig; ⊙; V–VII. Lehm- u. Kalkäcker; *z,* aber unbeständig, *f* im NW. [= *Vogelia paniculata* (L.) HORNEM.] **N. paniculáta** (L.) DESV.

a. Fr. breiter als lg.. ohne Längsrippen, beidendig stumpf, ihr Rand undeutl. gekielt; *z,* im NW *f.* ssp. **paniculáta**

— Fr. länger als breit, beidendig spitz, ihr Rand scharf gekielt; *s,* nur in Ts, BW u. Be. (= *N. apiculata* FISCH., MEY. & AVÉ-LALL.) ssp. **thrácica** (VEL.) BORNMÜLLER

41. Capsélla Med., *Hirtentäschelkraut*

1. Blkrblätt. weiß, länger als die grünen Kblätt.; Schötchen 3-eckig-verkehrt-herzf., seicht ausgerandet *(893);* Grdblätt. rosettig, ungeteilt, buchtig gelappt bis fiedspaltig; Stgblätt. ungeteilt, m. breiten Öhrchen stgumfassend; ⊙; II–IX. Als Kulturbegleiter *g.* Sehr formenreich! *Gewöhnliches H.,* * **C. búrsa-pastóris** (L.) MED.

— Blkrblätt. rötl., die rötl. Kblätt. kaum überragend; ⊙; II–IX; *s* aus dem westl. Mittelmeergebiet eingeschleppt. *Rötliches H.,* **C. rubélla** REUT.

42. Hornúngia RCHB. (incl. **Pritzelágo** O. KTZE. u. **Hymenólobus** NUTT.), *Felskresse*

1. Alle Blätt. in grdst. Rosette, ungeteilt bis gefied., dickl., kahl; Pfl. ausdauernd; Blkrblätt. doppelt so lg. wie der K., 1,5–5 mm lg.; Schötchen auf behaarten Stielen; ♃; V–VIII. Feuchter Felsschutt, Felsspalten, Schneetälchen; Alp. *v.* [= *Hutchinsia alpina* (L.) R. BR.; = *Pritzelago alpina* (L.) O. KTZE.] *Gämskresse,* **H. alpína** (L.) O. APPEL

a. Blkrblätt. 2–3 mm breit, plötzl. in den Nagel verschmälert; Schötchen 4–5 mm lg.; Grdblätt. m. 2–5 Fiedpaaren; Frstand verlängert; Pfl. 5–15 cm hoch; auf Kalk, bis 3020 m; *v–z.* ssp. **alpína**

— Blkrblätt. 0,4–1,7 mm breit, allmählich in den Nagel verschmälert; Grdblätt. m. 1–3 Fiedpaaren; Frstand nicht verlängert . . . . **b**

b. Blkrblätt. 2,5–3 mm lg.; Antheren längl.; Schötchen 3–4 mm lg.; Pfl. 4–7 cm hoch; ♃; auf Kalk; *s,* Kt, Bz. [= *P. alpina* ssp. *austroalpina* (TRPIN) GREUT. & BURDET] ssp. **austroalpína** (TRPIN) O. APPEL

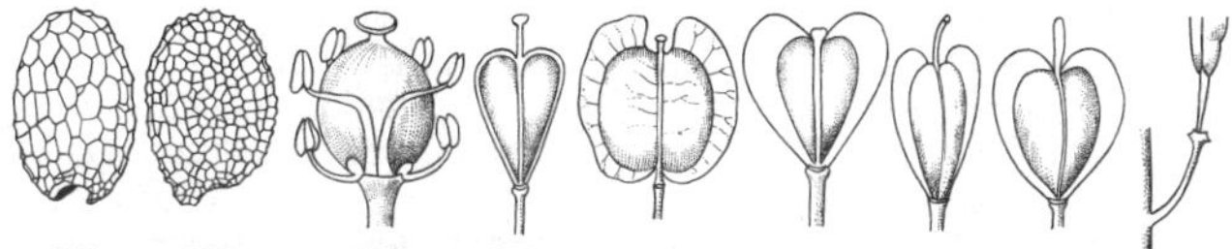

920 921 922 923 924 925 926 927 928

— Blkrblätt. 1,5–2,6 mm lg.; Antheren rundl.; Schötchen 2,5–3,5 mm lg. *(896)*; Pfl. 2–4 cm hoch; ♃; auf Urgestein, bis 3200 m; *v.* [= *Hutchinsia brevicaulis* SPRENG.; = *P. alpina* ssp. *brevicaulis* (SPRENG.) GREUT. & BURDET]
ssp. **brevicáúlis** (SPRENG.) O. APPEL

— Stgblätt. vorhanden; Pfl. einjährig od. zweijährig **2**

2. Blkrblätt. weiß, 0,5–1 mm lg.; Pfl. m. Sternhaaren; alle Blätt. fiedteilig; Schötchen 4-samig, elliptisch, 2–3 mm lg.; Stg. aufrecht, ästig, meist rot, behaart, 2–15 cm hoch; Kblätt. aufrecht-absthd., so lg. wie die Blkrblätt.; ⊙; IV–VI. Trockenrasen, Felsen; *z* Alp., *s* in S- u. M-Dt, NS (Oldenburg), NrWe, Be, E, Vs, Bz, NÖ, Bgl.
Felskresse, **H. petrǽa** (L.) RCHB.

— Blkrblätt. weiß, 1–3 mm lg.; Pfl. ohne Sternhaare; Blätt. alle ungeteilt od. teilw. fiedspaltig; Schötchen elliptisch, m. 6–20 Samen **3**

3. Blätt. fiedspaltig; Pfl. 5–15(–30) cm hoch; Bltnstand vielbltg.; Schötchen 2–3-mal so lg. wie breit; ⊙; IV–V. Feuchte Salzstellen; *s*, N-Th, SaAn, NS (Hildesheim). [= *Hutchinsia procumbens* (L.) DESV.; = *Capsella procumbens* (L.) FR.; = *Hymenolobus procumbens* (L.) NUTT.]
Niederliegende Salzkresse, **H. procúmbens** (L.) HAY.

— Blätt. ungeteilt, ganzrandig; Pfl. 2–6 cm hoch; Bltnstand 2–6-bltg.; Schötchen 1–1,5-mal so lg. wie breit; ⊙; V–VI. Felsen, Felsnischen, Wildlagerplätze; sehr *s*, Gr, Bz, Ti. [= *Hymenolobus pauciflorus* (KOCH) HILL; = *H. procumbens* ssp. *pauciflorus* (KOCH) SCH. & TH.]
Armblütige Salzkresse, **H. pauciflóra** (KOCH) SOLDANO et al.

43. Teesdália R. BR., *Bauernsenf, Rahle*

Blätt. in grdst. Rosette, meist leierf. fiedspaltig.; Bltn. weiß, Blkrblätt. ungleich groß; Stbblätt. am Grd. m. 1 blumenblattart. Anhängsel; Schötchen breit elliptisch, schmal geflügelt, löffelf. gebogen; Pfl. 8–15 cm hoch; ⊙; IV–V. Sandige Äcker, Sandrasen; *v* im N, sonst *z*, in Au nur OÖ, NÖ, *f* CH.
T. nudicáulis (L.) R. BR.

44. Thláspi L. (incl. **Microthláspi** F. K. MEYER u. **Noccaéa** MOENCH), *Hellerkraut, Täschelkraut*

1. Pfl. ⊙ od. ♃; Stg. am Grd. meist m. nichtblühenden Rosetten . . . **4**

— Pfl. ⊙, ohne nichtblühende Triebe **2**

2. Stg. rund; Schötchen nur im ob. Teil deutl. geflügelt; 5–7 mm im Dm; Gr. sehr kurz *(925)*; Stgblätt. eif., m. abgerundeten Öhrchen; Pfl. 10–20 cm hoch; ⊙; IV–VI. Kalkmagerrasen, Böschungen, Äcker; *z* in SW-Dt, M-Dt u. Au, CH, FL, Bz, ČR, *s* im N. [= *Microthlaspi perfoliatum* (L.) F. K. MEYER] *Stängelumfassendes H.,* * **Th. perfoliátum** L.

— Stg. kantig; Schötchen fast bis zum Grd. deutl. geflügelt; Stgblätt. schmal elliptisch, meist m. spitzen Öhrchen 3

3. Schötchen 10–18 mm im Dm; ringsum 3–5 mm breit geflügelt *(924);* Blkrblätt. 3–4 mm lg.; Pfl. 15–40 cm hoch; ⊙; IV–VI. Äcker, Gärten, Schuttplätze; *g.* *Acker-H.,* * **Th. arvénse** L.

— Schötchen 6–10 mm im Dm, schmal geflügelt; Pfl. 20–60 cm hoch; Frstand sehr stark verlängerte Traube; ⊙; V–VI. Äcker; *s,* nur Ba (Berchtesgaden, Ramsau), BW (Hochrhein), Ti, Sb, St, OÖ, NÖ, Bgl, CH. *Lauch-H.,* **Th. alliáceum** L.

4(1). Bltn. hellviolett od. rosa, in verkürzten Schirmtrauben; Schötchen nicht geflügelt *(923);* ♃; VI–X. Schutthalden der Alp. *v,* m. den Flüssen herabstgd. *Rundblättriges H.,* * **Th. rotundifólium** (L.) GAUD.

a. Jedes Frfach m. 4–6 Samen; Grdblätt. stumpfzähnig; ob. Stgblätt. ohne Öhrchen; *s,* Kt (Arnoldstein). ssp. **cepaeifólium** (WULF.) R. & F.

— Jedes Frfach m. 1–3 Samen; Grdblätt. meist ganzrandig, ob. Stgblätt. geöhrt . . . . b

b. Gr. 1–2 mm lg.; Stgblätt. meist m. stumpfen Öhrchen; Alp. *v.* ssp. **rotundifólium**

— Gr. 2–3,5 mm lg.; Stgblätt. meist m. spitzen Öhrchen; *s,* Vs, Ts, Gr. [= *Th. lerescheanum* (BURNAT) A. W. HILL] ssp. **corymbósum** GREMLI

— Bltn. weiß 5

5. Blkrblätt. 1–3(–4) mm lg.; Kblätt. 1–1,5(–2) mm lg.; Stbblätt. so lg. wie od. länger als die Blkrblätt.; Schötchen verkehrt-eif. kerbig *(926);* ♃; IV–VI. Bergwiesen, Weiden; Alp., Mittelgeb. u. in den großen Stromtälern *z, s* im N. *Gebirgs-H.,* **Th. caeruléscens** J. & C. PRESL

a. Stg. meist ästig; Stbbeutel gelb bleibend; Blkrblätt. 2–3 mm lg., wenig länger als die Kblätt.; ♃; IV–VI; *z,* CH. (incl. *Th. salisii* BRÜGG.) *Tiroler H.,* ssp. **brachypétalum** (JORD.) JALAS

— Stg. meist einfach; Stbbeutel blauviolett werdend; Blkrblätt. 2,5–4 mm lg., bis doppelt so lg. wie die Kblätt. . . . . b

b. Blkrblätt. 3,5–4 mm lg., weiß; Stbblätt. so lg. wie die Blkrblätt.; Gr. 1,5–4 mm lg., weit vorragend; Blätt. freudig grün; Bltnstand halbkugelig; Frstand < 5 cm lg.; ♃; IV–VI. Bergwiesen; *s,* Vs, Ts, Uri. *Grünes H.,* ssp. **vírens** (JORD.) LAÍNZ

— Blkrblätt. < 3,5 mm lg.; Gr. 0,7–1,5 mm lg. c

c. Pfl. 2–3-jährig; Blkrblätt. bis 3 mm lg., höchstens so lg. wie die Stbblätt.; ⊙–♃; IV–VI. Bergwiesen; *z–s.* [= *Th. alpestre* L. ssp. *sylvestre* (JORD.) GILLET & MAGNE; = *Th. sylvestre* JORD.] *Wald-H.,* ssp. **caeruléscens**

— Pfl. ausdauernd; Blkrblätt. bis 3,5 mm lg., länger als die Stbblätt.; ♃; V–VI. Schwermetallhalden; *s,* Ho, Be, östl. bis Aachen u. Osnabrück. [= *Th. calaminare* (LEJ.) LEJ. & COURT.] *Galmei-H.,* ssp. **calamináre** (LEJ.) DVOŘÁKOVÁ

— Blkrblätt. (3,5–)4–8 mm lg.; Kblätt. 2–3 mm lg. 6

6. Flügel des Schötchens 0,5 mm breit 9

— Flügel des Schötchens > 1 mm breit 7

7. Wurzelstock m. lg., ausläuferart. Verzweigungen; Fr. an der Spitze breit geflügelt *(927);* ♃; IV–V. Lichte Wälder, Berghänge, meist auf Kalk; *z* von Be u. M-Dt bis Alp., auch NW-CH, NÖ, ČR [= *Noccaea montana* (L.) F. K. MEYER] *Berg-H.,* **Th. montánum** L.

— Wurzelstock m. kurzen Verzweigungen; Rosetten ± dichte Rasen bildend **8**

8. Blkrblätt. 7–8 mm lg.; Bltnstand verzweigt; ♃; IV–V. Steinschutt, feuchte Hänge; *s*, Bgl, NÖ (Gösing), St. *Gösing-H.*, **Th. goesingénse** Halácsy

— Blkrblätt. 5–7 mm lg.; Bltnstand einfach; ♃; III–IV. Lichte Wälder, buschige Hänge; *s*, Kt, St. *Frühes H.*, **Th. praēcox** Wulf.

9(6). Blkrblätt. 5 mm lg.; Gr. 1–1,5 mm lg.; ♃; V–VI. Alpenmatten; *s*, Kt (Karawanken). (= *Th. kerneri* Hut.; = *Th. minimum* Ard.) *Zwerg-H.*, **Th. alpéstre** Jacq.

— Blkrblätt. 6–7 mm lg.; Gr. 2–3 mm lg.; ♃; V–IX. Alpenmatten; *z*. *Alpen-H.*, **Th. alpínum** Cr.

a. Äste der Grdachse lg., ausläuferähnlich; Grdblätt. eif. od. oft kreisrund, unterst s. oft violett; Gr. 2 mm lg.; *z*, N-St, NÖ, OÖ. ssp. **alpínum**

— Äste der Grdachse sehr kurz, nicht ausläuferähnlich; Pfl. rasenförmig; Grdblätt. längl.-spatelig, in den Stiel verschmälert; Gr. 2–3 mm lg.; *s*, Vs, Ts. *Matterhorn-H.*, ssp. **sýlvium** (Gaud.) P. Fourn.

45. Aethionéma R. Br., *Steintäschel*

Blätt. dickl., blaugrün, ganzrandig; Bltn. in dichter Traube, rötl. od. weiß; längere Stbblätt. paarweise zusammenneigend, an der Innenseite geflügelt *(918)*; Schötchen rundl., ringsum breit geflügelt *(919)*; ♃; IV–VI. Alp. (600–1900 m) *z*, m. den Flüssen herabgeschwemmt.

A. saxátile (L.) R. Br.

46. Ibéris L., *Schleifenblume*

1. Pfl. ♃, oft halbstrauchig, holzig; Blätt. ganzrandig, immergrün . . . **5**

— Pfl. ☉–⊙, krautig **2**

2. Blätt. lineal-lanzettl., ganzrandig; Bltn. rosa bis purpurn **4**

— Blätt. längl.-keilf., entfernt fiedspaltig, mit linealen Zipfeln **3**

3. Zähne der Blätt. kürzer als die Breite der Blattspindel; Bltn. weiß, selten blassviolett; Schötchen schmal geflügelt *(916)*; Frstand viel länger als breit; ☉; V–VIII. Äcker; *s* im Rhein-, Main-, Mosel-, Saar-, Nahe- u. Taubergebiet, O-Dt, Be, Lx, Au, CH, auch als Zierpfl.

Bittere Sch., * **I. amára** L.

— Zähne der Blätt. viel länger als die Breite der Blattspindel; Bltn. weiß; Frstand doldig, kaum länger als breit; ☉; V–VII. Äcker, Trockenrasen; sehr *s*, NÖ (Wiener Becken), CH. *Fieder-Sch.*, **I. pinnáta** L.

4(2). Bltnstand dicht doldig, erst z. Frzt. sich verlängernd; Schötchen m. 2 großen Flügeln, vom Grd. an geflügelt *(917)*; ☉; V–VII. Gartenzierpfl., zuw. verwild. (Heimat: S- u. SO-Eur.) *Doldige Sch.*, * **I. umbelláta** L.

— Bltnstand kurztraubig; Schötchen an der Spitze breit, am Grd. kaum geflügelt; ☉; VI–VII. *s*, seit Langem bei Boppard/Rhein eingebürgert. (Heimat: Frankr., N-Italien) (= *I. intermedia* Guers.) *Mittlere Sch.*, **I. linifólia** L.

5(1). Blätt. schmal lineal, < 2 mm breit u. bis 20 mm lg., spitz, an nichtblühenden Sprossen dick, sonst flach; Schötchen oben breit geflügelt, tief ausgerandet; Gr. etwa so lg. wie die Ausrandung; Stg. zerbrechlich; Pfl. 5–10 cm hoch; ♄; IV–VI. Felsen; *s*, nur Schweizer Jura.

Felsen-Sch., **I. saxátilis** L.

— Blätt. > 2 mm breit, alle flach; Pfl. meist > 10 cm hoch 6

6. Unt. Blätt. 7–18 mm breit u. 3–7 cm lg., breit spatelig; Schötchen 5–8 mm lg. u. 10–14 mm breit, fast ungeflügelt, oben seicht ausgerandet; Gr. ca. 1 mm lg.; Frstand kurz, m. wenigen Fr.; Pfl. bis 80 cm hoch, zerbrechlich; ♃–♄; V–VII. Zierpfl.; *s* verwild. (Heimat: Süditalien bis Tunesien).
Immerblühende Sch., **I. semperflórens** L.

— Blätt. 2,5–5 mm breit, längl. spatelig, stumpf, immergrün; Schötchen 6–7 mm lg., kreisrund od. eif., eher länger als breit, breit geflügelt, an der Spitze tief ausgerandet; Gr. 1,5–2 mm lg., länger als die Ausrandung; Frstand traubig, später verlängert; Pfl. 20–30 cm hoch; ♃–♄; IV–VIII. Zierpfl.; *s* verwild. (Heimat: Mittelmeergebiet, Vorder-As.) *Immergrüne Sch.*, * **I. sempérvirens** L.

47. Biscutélla L., *Brillenschötchen*

1. Innere Kblätt. ohne Sporn; Blkrblätt. 4–8 mm lg., hellgelb; Stg. nur am Grd. beblättert; Grdblätt. rosettig gehäuft, keilf.-längl., ganzrandig od. buchtig gezähnt, borstig bewimpert od. kahl; ♃; V–VII. Trockenrasen, Felsen, nur auf Kalk, bis in die alp. Reg.; Alp. *v,* sonst *z* in S-, M-Dt, E, CH, Au, ČR, nördl. bis NrWe u. Be. Formenreich.
Ⓖ *Gewöhnliches B.,* * **B. laevigáta** L.

— Innere Kblätt. m. 3–4 mm lg. sackf. Sporn; Blkrblätt. ca. 15 mm lg., goldgelb; Blätt. lanzettl., buchtig gezähnt, bewimpert; Stg. dicht beblättert; Pfl. 30–60 cm hoch; ⊙; IV–VI. Felsen, Trockenrasen; *s,* Ts.
Wegwartenblättriges B., **B. cichoriifólia** Loisel.

48. Lepídium L. (incl. **Cardária** Desv. u. **Corónopus** Zinn), *Kresse*

1. Schötchen abgeflacht, oft geflügelt 4

— Fr. nicht abgeflacht, sich nicht öffnend (Nuss) 2

2. Blätt. ungeteilt, ob. Stgblätt. m. herzf.-pfeilf. Grd. stgumfassend, entfernt buchtig gezähnt; Infl. in dichten Schirmrispen; Bltn. wohlriechend; Fr. herzf. *(894),* m. lg. Gr.; ♃; V–VII. Bahndämme, Böschungen, Weinberge, Ruderalstellen; *v.* [= *Cardaria draba* (L.) Desv.]
Pfeil-K., * **L. drába** L.

— Blätt. fiedspaltig od. gefied.; Bltntrauben einem Blatt gegenübersthd. (= *Coronopus*) 2

3. Bltnstiele kürzer als Bltn. od. Fr.; Blkrblätt. weiß, länger als der K.; Fr. am Rand scharfzackig *(914),* durch den Gr. bespitzt; Stg. niederlgd. od. aufstgd., kahl; ⊙; V–VIII. Lehmige Feldwege, Äcker, oft an salz- u. ammoniakhaltigen Stellen; *z.* [= *Coronopus procumbens* Gil.; = *C. ruellii* All.; = *C. squamatus* (Forssk.) Asch.]
Niederliegender Krähenfuß, **L. squamátum** Forssk.

— Bltnstiele länger als Bltn. od. Fr.; Blkrblätt. kürzer als der K. od. fehlend, gelbl.; Fr. an der Spitze ausgerandet *(915),* ohne Randzacken; Gr. fehlend od. < 0,2 mm lg.; Stg. aufrecht od. niederlgd., kahl od. absthd. lg. behaart; Pfl. zerrieben unangenehm riechend; ⊙; VI–VII. Ruderalstellen, Wege; *s,* eingeschleppt u. z. T. eingebürgert. (Heimat: S-Am.) [= *Coronopus didymus* (L.) Sm.]
Zweiknotiger Krähenfuß, **L. dídymum** L.

4(1). Blkrblätt. blassgelb; unt. Stgblätt. doppelt fiedspaltig, m. fast linealen Zipfeln, ob. Stgblätt. ungeteilt, ganzrandig, m. tief herzf. Grd. stgumfas-

send; Pfl. 20–40 cm hoch; ⊙; V–VI. Salzwiesen, Wege, Ruderalstellen; *s* eingeschleppt. (Heimat: O-Eur., Asien)
Durchwachsenblättrige K., **L. perfoliátum** L.

— Blkrblätt. weiß od. fehlend 5

5. Ob. Stgblätt. nicht stgumfassend 8

— Ob. Stgblätt. m. herz-pfeilf. Grd. stgumfassend od. am Grd. pfeilf. geöhrt 6

6. Pfl. kahl, 20–30 cm hoch, bogig aufstgd.; Blätt. ganzrandig, lederig, dickl., blaugrün; Schötchen eif., ca. 3 mm im Dm; ♃; V–VI. Salzwiesen; *s,* Bgl (Seewinkel). (= *L. crassifolium* W. & K.)
Knorpel-K., **L. cartilagíneum** (J. MAYER) THELL.

— Pfl. flaumig-filzig 7

7. Gr. die Ausrandung überragend; Pfl. ♃, m. dicker, vielköpfiger Wurzel, an ihrem ob. Ende faserige Hülle toter Blätt.; Grdblätt. leierf.-fiedspaltig; Stg. u. Bltnstiele von absthd. Haaren flaumig bis filzig; ♃; V–VI. Felsen, Weg- u. Ackerränder; aus SW-Eur. eingeschleppt; *s,* Sb, Dt, Ho, Be, Da. (= *L. smithii* HOOK.)
Verschiedenblättrige K., **L. heterophýllum** BENTH.

— Gr. die Ausrandung nicht überragend; Pfl. ⊙–⊙; Wurzel spindelig, 2-köpfig, ohne Faserschopf; Grdblätt. (z. Bltzt. meist abgestorben) leierf.-fiedspaltig; Stg. flaumig-filzig; Fr. schuppig rau; ⊙–⊙; V–VI. Wege, Dämme, Schuttplätze; *v.* *Feld-K.,* * **L. campéstre** (L.) R. BR.

8(5). Schötchen an der Spitze deutl. ausgerandet; Grdblätt. fiedspaltig **10**

— Schötchen spitz od. abgerundet, aber nicht ausgerandet 9

9. Schötchen kahl, eif., durch den kurzen Gr. bespitzt *(911);* Kblätt. von der Mitte an weiß berandet; Grdblätt. lanzettl.-spatelf., kerbig gezähnt; Stgblätt. lineal-lanzettl.; ♃; VI–VII. Wege, Flussufer des Mittelrheingebiets, Ba, BW, SaAn, MeVp, Harz, Ho, *s.*
Grasblättrige K., **L. graminifólium** L.

— Schötchen jung weichhaarig, breit elliptisch bis kreisrund; Kblätt. fast vom Grd. an breit weiß berandet; Grdblätt. meist eif.; mittl. u. ob. Stgblätt. eif.-eilanzettl.; Pfl. von scharfem Geschmack, 50–100 cm hoch; ♃; VI–VII. Wild nur an salzhaltigen Orten der Nord- u. Ostseeküste u. des Binnenlands, *s;* auch ruderal, in Ausbreitung.
Breitblättrige K., Pfefferkraut, * **L. latifólium** L.

10(8). Schötchen 5–6 mm lg., rundl.-eif., an der Spitze breit geflügelt, ihre Stiele aufrecht; Pfl. kahl, bläul. bereift; ⊙; V–VII. Als Salatpfl. kultiviert u. verwild. (Heimat: Mittelmeergebiet) *Garten-K.,* * **L. satívum** L.

— Schötchen bis 4 mm lg., auf absthd. Stielen; Pfl. nicht bläul. bereift **11**

11. Blkrblätt. vorhanden, den K. überragend; Schötchen fast kreisrund, an der Spitze etwas geflügelt *(112);* Grdblätt. leierf. fiedspaltig, borstig behaart; Stgblätt. längl.-lanzettl., scharf gezähnt; ⊙; V–VIII. Aus N-Am. eingeschleppt u. *z,* im S *v* eingebürgert. *Virginische K.,* **L. virgínicum** L.

— Blkrblätt. fehlend od. verkümmert **12**

12. Pfl. stinkend; Frtraube locker; Schötchen eif., bis 2,5 mm lg., an der Spitze geflügelt; Grdblätt. doppelt fiedteilig, ob. Stgblätt. lineal, ganzrandig; ⊙; V–VII. Schuttplätze, Wege; *v.* *Stink-K.,* * **L. ruderále** L

— Pfl. nicht stinkend **13**

13. Ob. Stgblätt. lineal-lanzettl., entfernt gezähnt, 3-nervig. am Grd. lg. bewimpert; Frtraube dicht; Schötchen verkehrt eif. bis kreisrund, tief, aber schmal ausgerandet, m. schmalen Flügeln *(913);* ⊙; V–VII. Aus N-Am. eingeschleppt, *z,* stellenw. eingebürgert. (= *L. apetalum* auct.) *Dichtblütige K.,* **L. densiflórum** Schrad.

— Ob. Stgblätt. lineal, ganzrandig, 1-nervig, am Rand papillös; Frstiele sehr dünn, waagrecht absthd.; ⊙–⊙; V–VII. Aus N-Am. eingeschleppt u. an trockenen, sandigen Ruderalstellen stellenw. eingebürgert. *Verkannte K.,* **L. negléctum** Thell.

49. Subulária L., *Pfriemenkresse (209)*

Bltn. sehr klein, weiß; Schötchen elliptisch, 3–5 mm lg.; ⊙; VI–VII. Untergetaucht od. am Rand von Fischteichen; *s* Vog., Be (Antwerpen, Brüssel), Da, früher auch Ba (Dinkelsbühl, Erlangen), SH u. NS (Braunschweig), Ho. **S. aquática** L.

50. Conríngia Fabr., *Ackerkohl*

1. Blkrblätt. gelbl.weiß, 10–13 mm lg.; Gr. 1,5–2 mm lg.; Fr. 4-kantig; V–VII. Lehm- u. Kalkäcker; *s* in S-, M-Dt u. Au, CH, früher ČR. [= *Erysimum orientale* (L.) R. Br.] *Weißer A.,* **C. orientális** (L.) Dum.

— Blkrblätt. zitronengelb, 6–10 mm lg.; Gr. 3–4 mm lg.; Fr. 8-kantig; V–VIII. Steinige Abhänge; sehr *s,* NÖ. *Österreichischer A.,* **C. austríaca** (Jacq.) Sweet

51. Diplotáxis DC., *Doppelsame, Doppelrauke*

1. Blkrblätt. 9–15 mm lg.; Kblätt. 5–7 mm lg.; Schote im K. 0,8–3 mm lg. gestielt; Blätt. beim Zerreiben stark riechend; Blattabschnitte schmal, meist mehr als 4-mal länger als breit, Stg. am Grd. etwas verholzend; ♃; V–IX. Ruderalstellen, Wegränder; *z,* Dt bes. im Rheingebiet. *Schmalblättriger D.,* * **D. tenuifólia** (L.) DC.

— Blkrblätt. 3–8 mm lg.; Kblätt. 2–4 mm lg.; Schote nicht od. nur bis 0,5 mm im K. gestielt; Blattabschnitte breiter, selten mehr als 3-mal so lg. wie breit **2**

2. Blkrblätt. 5–8 mm lg., plötzl. in den Nagel verschmälert; Kblätt. 3–4 mm lg.; außer einer Rosette auch mit 1–2 Stgblätt.; Bltnstiele so lg. wie die sich öffnenden Bltn.; ⊙–⊙; VI–IX. Bahnhöfe, Wegränder, Kiesgruben; *z* (aus dem Mittelmeergebiet eingeschleppt). *Mauer-D.,* **D. murális** (L.) DC.

— Blkrblätt. 3–4 mm lg., allmähl. in den Nagel verschmälert, blassgelb; Kblätt. 2–2,5 mm lg.; alle Blätter in Rosette; Bltnstiele kürzer als die sich öffnenden Bltn.; ⊙; VI–IX. Ruderalstellen, Weinberge; *s* verschleppt, Oberrheingebiet. (Heimat: Mittelmeergebiet) *Ruten-D.,* **D. vimínea** (L.) DC.

52. Brássica L., *Kohl*

1. Ob. Stgblätt. am Grd. abgerundet od. herzf. stgumfassend, sitzend **4**

— Ob. Stgblätt. gestielt od. am Grd. wenigstens stielart. verschmälert **2**

2. Schoten aufrecht, dem Stg. z. Frzt dicht angedrückt, 15–20 mm lg., kurz geschnäbelt, 4-kantig; alle Blätt. gestielt, leierf. fiedspaltig; Bltn. goldgelb; K. aufrecht-absthd.; ⊙; VI–IX. Als alte Kulturpfl. verwild. u. eingebürgert, in Dt im Rhein-, Mosel-, Neckar-, Weser-, Elbe- u. Unstruttal, auch CH, Au, ČR. *Senf-K., Schwarzer Senf,* * **B. nígra** (L.) Koch

— Schoten dem Stg. nicht dicht angedrückt **3**

3. Schoten über dem K-Ansatz deutl. gestielt *(928);* Frschnabel höchstens 4–6 mm lg.; ob. Stgblätt. blaugrün, kahl; ⊙–♃; VI–IX. Schuttplätze, Wegränder; *s,* z. B. ČR, sonst auch aus SO- u. O-Eur. eingeschleppt. *Langrispiger K.,* **B. elongáta** Ehrh.

— Schoten über dem K-Ansatz nicht gestielt; Schnabel 6–12 mm lg.; Blätt. blaugrün; ⊙; VI–IX. Schuttplätze, Wegränder; *s* aus S- u. SO-As. eingeschleppt.
Ruten-K., Sarepta-Senf, **B. júncea** (L.) Čzern.

4(1). Bltn. schwefelgelb; Kblätt. u. alle Stbblätt. aufrecht; ⊙; V–IX. Alte Kulturpfl., wild im Gebiet nur auf Helgoland.
Gemüse-K., * **B. olerácea** L.

In zahlr. Kulturformen angepflanzt:
Markstammkohl, Grün- od. Krauskohl, Rosenkohl, Wirsingkohl, Kopfkohl (Weiß-u. Rotkohl), Blumenkohl, Broccoli, Kohlrabi.

— Btln. goldgelb; Kblätt. u. kürzere Stblätt. absthd. **5**

5. Blkrblätt. 5–12 mm lg.; Bltnknospen von den geöffneten Bltn. überragt; Grdblätt. grasgrün u. borstig-rau; Stgblätt. blaugrün bereift; ⊙–⊕; IV–IX. Kulturpfl., auch verwild. *Rübsen, Stoppelrübe,* * **B. rápa** L.

Mit verdickter Wurzel als Gemüsepfl. die *Stoppelrübe*, ssp. **rápa**; mit unverdickter Wurzel als Ölpfl. der *Rübsen*, ssp. **oleífera** (DC.) Mtzg., als ± eingebürgertes Ackerunkraut ssp. **campéstris** (L.) Clapham, in Da, Ho, Au *z*, *s* in Dt, Be, *f* E, Lx. Hierher auch der *Pekingkohl*, ssp. **pekinénsis** (Lour.) Hanelt und der *Chinakohl*, * ssp. **chinénsis** (Lour.) Hanelt, beides Gemüsepfl. aus O-As.

— Blkrblätt. 11–18 mm lg.; Bltnknospen die geöffneten Bltn. überragend; alle Blätt. blaugrün bereift; kahl; ⊙–⊕; IV–IX. Alte Kulturpfl.
Raps, Kohlrübe, * **B. nápus** L.

a. Wurzel rübenf. verdickt, oben m. Blattschopf; Gemüsepfl.
Kohlrübe, Steckrübe, Wruke, ssp. **rapífera** Mtzg.

— Wurzel nicht verdickt; Stg. verlängert, Blätt deshalb nicht in Rosette; Ölpfl. *Raps,* ssp. **nápus**

53. Sinápis L., *Senf*

1. Ob. Stgblätt. sitzend, ± borstig behaart, meist ungeteilt, ungleich grob gezähnt; Blkrblätt. schwefelgelb; Schoten meist kahl; Samen schwarz; Pfl. 30–80 cm hoch; ⊙; V–X. Ackerunkraut; *g.*
Acker-S., * **S. arvénsis** L.

— Ob. Stgblätt. gestielt, fiedspaltig bis gefied.; Blkrblätt. hellgelb; Schote borstig behaart, ihr Schnabel zusammengedrückt *(778);* Samen gelbl.; Pfl. 30–130 cm hoch; ⊙; VI–XI. Aus dem Mittelmeergebiet stammende u. zuw. verwild. Kulturpfl. [= *Leucosinapis alba* (L.) Spach] *Weißer S.,* * **S. álba** L.

a. Endlappen der Blätt. viel größer als die Seitenlappen, Pfl. steifhaarig; Fr. meist rauhaarig; häufige Herbstsaat zur Gründüngung.
Kultur-S., ssp. **álba**

— Endlappen der Blätt. nur wenig größer als die Seitenlappen; Pfl. verkahlend; Fr. wenig behaart od. kahl; Unkraut, vorwgd. in Leinfeldern; *s.* (= *S. dissecta* Lag.) *Schlitzblatt-S.,* ssp. **dissécta** (Lag.) Simonkai

54. Erúca Mill., *Senfrauke*

Stg. aufrecht, ± ästig, kantig gestreift; Pfl. rauflaumig bis kahl, von starkem Geruch; Blätt. leierf.-fiedteilig; ⊙–⊕; V–VI. Äcker, Wege, Grassaaten; *s;* alte Kulturpfl. (Rucola-Salat) aus dem Mittelmeergebiet. [= *E. vesicaria* (L.) Cav. ssp. *sativa* (Mill.) Thell.]
* **E. satíva** Mill.

55. Erucástrum (DC.) C. Presl (incl. Hirschféldia Moench), *Hundsrauke*

1. Blkrblätt. weiß, 2–4 mm lg.; Stg. meist zu mehreren, niederlgd.-ausgebreitet, 10–30 cm lg., bis zur Spitze beblättert; Pfl. kurz weiß borstl. behaart; Blätt. buchtig-fiederspaltig; ⊙; VII–VIII. Kiesig-sandige Ufer; *s,* Helgoland, Be, Schweizer Jura, früher auch Ho, RhPf (Mosel, Landau). (= *Braya supina* (L.) KOCH; = *Sisymbrium supinum* L.)

Ⓖ *Zwergrauke,* **E. supínum** (L.) AL-SHEHBAZ & WARWICK

— Blkrblätt. weißl.gelb, blassgelb od. goldgelb, 6–12 mm lg. **2**

2. Schoten aufrecht, der Achse anlgd. od. angedrückt *(909),* 8–12 mm lg.; Bltnstand später rutenf. verlängert; Pfl. 20–100 cm hoch; Grdblätt. dicht grauflaumig behaart, leierf. fiedspaltig; Blkrblätt. blassgelb; Frstiel z. Reifezt. keulig verdickt; ⊙; V–X. Äcker, Ruderalstellen, Wegränder; nur eingeschleppt, *s.* (Heimat: Mittelmeergebiet) [= *Hirschfeldia incana* (L.) LAGRÈZE-FOSSAT; = *Sinapis incana* L.]

Grausenf, Rempe, **E. incánum** (L.) KOCH

— Schoten absthd., der Achse nicht anlgd. **3**

3. Unt. Bltn. in den Achseln von Tragblätt.; Kblätt. fast aufrecht; Blkrblätt. weißl.gelb, grünl. geadert, seltener goldgelb, 7–8 mm lg.; Schote sichelf. gebogen, über dem K-Ansatz nicht gestielt; ⊙–⊙⊙; V–IX. Flussufer, Äcker; *v–z* in S- u. M-Dt, CH, Au, ČR, *s* im N. (= *E. pollichii* SCH. & SP.) *Französische H.,* **E. gállicum** (WILLD.) O. E. SCH.

— Alle Bltn. ohne Tragblätt.; Kblätt. waagerecht absthd.; Blkrblätt. lebhaft gelb, 8–12 mm lg.; Schoten meist gerade, über dem K-Ansatz gestielt; ⊙⊙; V–VIII. Äcker, Schutt; *z,* CH, Au, S-Dt, ČR, *s* M-Dt u. im N. [= *E. obtusangulum* (SCHLEICH.) RCHB.]

Stumpfkantige H., **E. nasturtiifólium** (POIR.) O. E. SCH.

56. Coíncya ROUY (= *Brassicella* FOURR. ex O. E. SCHULZ), *Lacksenf*

Grdblätt. u. unt. Stgblätt. leierf. fiedspaltig, untersts. borstig; Kblätt. aufrecht, röhrig zusammenschließend; Blkrblätt. schwefelgelb, grünl. geadert: Schoten waagrecht absthd., 4–7 cm lg., m. langem Schnabel; ⊙; VI–X. Äcker, Weinberge; *s,* Rheintal u. Nebentäler, E, St. Gallen, Ba, St, NrWe, NS, MeVp, Be, Lx. [= *Brassicella erucastrum* O. E. SCH.; = *Rhynchosinapis cheiranthos* (VILL.) DANDY; = *C. monensis* (L.) GREUT. & BURDET ssp. *cheiranthos* (VILL.) AEDO et al.] **C. cheiránthos** (VILL.) GREUT. & BURDET

57. Cákile MILL., *Meersenf*

Blätt. dickl., fleischig, ungeteilt bis doppelt fiedspaltig; Bltn. lila bis rosa; Fr. 2-gliedrig, ob. Glied dolchf. *(884b)*; ⊙; VII–X. Küste der Nord- u. Ostsee, *v.* * **C. marítima** SCOP.

a. Unt. Glied d. Fr. gewöhnl. an der Spitze m. 2 rückw. gerichteten Auswüchsen *(929a)*; nur Ostseeküste, *v.*

ssp. **báltica** (JORD. ex ROUY & FOUC.) HYL. ex BALL

— Unt. Glied der Fr. gewöhnl. ohne Auswüchse *(929b)* od. nur m. sehr kurzen Anhängseln; nur Nordseeküste, *v.* ssp. **marítima**

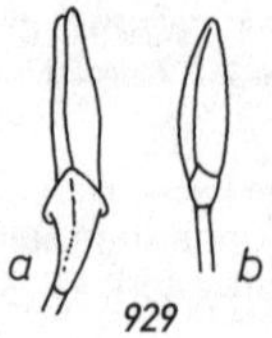

929

58. Rapístrum CR., *Rapsdotter*

1. Ob. Schötchenglied tief längsfurchig gerippt, m. kurzem Gr. *(904);* Grdblätt. fiedspaltig, steifhaarig-zottig; ⊙–♃; VI–VIII. Trockenrasen u. Raine; Th, SaAn, NÖ, Bgl, Vs, Gr, Unterwalden, ČR, *z*, sonst verschleppt. *Ausdauernder R.*, **R. perénne** (L.) ALL.

— Ob. Schötchenglied eif. bis kugelig, glatt od. stark gerippt, behaart od. kahl, m. längerem, fädl. Gr. *(910)*; Grdblätt. leierf. fiedspaltig, zerstreut borstig; ⊙; V–IX. Äcker u. Brachen; im Gebiet nur aus Vorderas. eingeschleppt, bes. Oberrhein u. Main, Sa, Au, CH. *Runzliger R.,* **R. rugósum** (L.) ALL.

59. Crámbe L., *Meerkohl*

1. Blkrblätt. 6–10 mm lg., weiß; Pfl. der Küste, 30–75 cm hoch, blau bereift; ♃; V–VII. Meeresstrand, Dünen; *s,* Ostseeküste, Da, östl. bis Rügen, Nordsee, Ho, Be. Ⓖ *Nördlicher M.,* * **C. marítima** L.

— Blkrblätt. 3–6 mm lg., weiß; Grdblätt. bis 2fach fiedspaltig, unterssts. behaart; Pfl. des Binnenlandes, 60–90 cm hoch; ♃; IV–VI. Trockenrasen, Böschungen, auf Löss; sehr *s,* NÖ (Weinviertel), ČR (Mähren). *Tatarischer M.,* **C. tatária** SEBEÓK

60. Calepína ADANS., *Wendich*

Grdblätt. rosettig, grob gebuchtet bis leierf. fiedspaltig; ob. Stgblätt. ungeteilt, m. pfeilf. Grd. stgumfassend; Blkrblätt. klein, weiß, etwas ungleich groß; ⊙; V–VI. Brachfelder; aus dem Mittelmeergebiet eingeschleppt, *s* im Rheintal u. Nebentälern (Mainz bis Köln), E, Pf, Ho, Be, CH, Bz. [= *C. corvinii* (ALL.) DESV.]

C. irreguláris (ASSO) THELL.

61. Ráphanus L., *Rettich, Hederich*

1. Schoten lg., perlschnurart. eingeschnürt *(877),* bei Reife in 1-samige Glieder zerfallend; K. aufrecht; Blkrblätt. hellgelb od. weißviolett geadert; ⊙; VI–VIII. Ackerunkraut; *v.* *Hederich,* * **R. raphanístrum** L.

— Schoten kurz, nicht perlschnurart. gegliedert, gedunsen; Bltn. weiß od. violett; ⊙–⊙; V–VI. Kulturpfl. aus Vorderasien. *Garten-R.,* * **R. satívus** L. Als Gemüsepfl. (*Rettich,* mehrere Varietäten; od. als *Radieschen,* var. **satívus**) kultiviert, auch als Ölpfl. (var. **oleifórmis** PERS.).

Ordnung: **Santaláles**

Familie: **Santaláceae**, *Leinblattgewächse*

Grüne, auf Wurzeln od. Stämmen von anderen Pfl. lebende Halbparasiten; Blätt. wechselst. *(Thesium)* od. gegenst. *(Viscum);* Bltn. zwittrig *(Thesium)* od. eingschl. und dann 2-häusig; bei *Thesium* Bltn. auf die Tragblätt. hinaufgerückt *(930, 931),* in traubigen od. rispigen Bltnständen; Frkn. unterst.; Nussfr. od. beerenart. Steinfr. *(Viscum).* Nach neueren Erkenntnissen ist die Gattung *Viscum* in die Familie der *Santalaceae* zu stellen.

1. Pfl. im Erdboden wachsend, krautig . . . . **Thesium,** 566

— Pfl. auf Bäumen wachsend, strauchig . . . . **Viscum,** 567

1. Thesíum L., *Leinblatt*

1. Unter jeder Blüte nur 1 Hochblatt (= Tragblatt; *930*); Vorblätt. fehlend; Bltnstand m. Schopf steriler Blätt. **8**

— Jede Blüte m. 3 Hochblätt. (= 1 Tragblatt u. 2 Vorblätt., *931–933*); Stg. bis zur Spitze Bltn. tragend **2**

2. Bltnhülle z. Frzt. nur an der Spitze eingerollt, unt. Hälfte röhrig, mindestens so lg. wie die Fr. *(932);* Pfl. ohne Ausläufer **7**

— Bltnhülle z. Frzt. bis zum Grd. eingerollt, viel kürzer als die Fr. *(933)* **3**

3. Bltnstand wenigstens teilweise rispig **6**

— Bltnstand traubig od. zusammengesetzt traubig **4**

4. Bltntragende Äste viel kürzer als die Fr., diese dem Stg. fast anlgd.; Blätt. 1-nervig; Pfl. 6–15 cm hoch; ♃ od. ☉; IV–IX. Trockenrasen; *s,* nur NÖ, Bgl, ČR. Formenreich. (= *Th. humile* auct.)
Niedriges L., **Th. dollíneri** Murb.

— Bltntragende Äste so lg. wie od. länger als die Fr. **5**

5. Bltntragende Äste so lg. wie od. wenig länger als die Fr., zuletzt fast waagrecht absthd.; Blätt. 1-nervig; mittl. Hochblatt (Tragblatt) etwa so lg. wie die Fr.; Pfl. 20–30 cm hoch; ♃; VI–VII. Trockenrasen; *s,* nur Be, Ho, Lothringen bei Metz. *Niederliegendes L.,* **Th. humifúsum** DC.

— Bltntragende Äste 3–4-mal so lg. wie die Fr., ca. 1 cm lg.; Blätt. 1–3-nervig; mittl. Hochblatt (Tragblatt) länger als die Fr. u. fast doppelt so lg. wie die seitl. Vorblätter; Pfl. 15–30 cm hoch; ♃; VI–VIII. Trockenrasen; *s,* nur NÖ, Bgl, ČR, früher OÖ. (= *Th. ramosum* Hayne)
Ästiges L., **Th. arvénse** *Horvátovszky*

6(3). Pfl. ohne Ausläufer; Blätt. deutl. 3-nervig od. undeutl. 5-nervig, lanzettl., bläul.grün; Pfl. 30–70 cm hoch; ♃; V–VII. Buschige Abhänge, Bergwiesen, auf Kalk; *z,* im N *f.* (= *Th. montanum* Ehrh. ex Hoffm.)
Bayrisches L., * **Th. bávarum** Schr.

— Pfl. m. unterirdischen Ausläufern; Blätt. 1-nervig od. undeutl. 3-nervig, lineal-lanzettl., gelbgrün; Pfl. 15–30 cm hoch; ♃; V–VI. Trockenrasen; *z, s* im N, *f* im NW. (= *Th. intermedium* Schrad.)
Ⓖ *Mittleres L.,* * **Th. linophýllon** L.

7(2). Bltn. meist 4-zählig; Blätt. 1-nervig; Frstiele aufrecht; Frstand meist einstswendig; ob. Hochblätt. am Rand glatt; Pfl. 10–30 cm hoch; ♃; V–VII. Magerrasen, lichte Wälder, bis 2600 m aufstgd.; Alp. u. Voralp. *v,* sonst *s.* *Alpen-L.,* **Th. alpínum** L.

— Bltn. meist 5-zählig; Blätt. schwach 3-nervig; Frstiele waagrecht absthd.; Frstand allstswendig; ob. Hochblätt. am Rand von sehr feinen Zähnen rau; Pfl. 10–50 cm hoch; ♃; V–VII. Bergwiesen, lichte Wälder; *s, f* im N. (= *Th. pratense* Ehrh. ex Schrad.)
Wiesen-L., * **Th. pyrenáicum** Pourr.

a. Stg. aufrecht; Bltnstand locker; Pfl. 20–50 cm hoch; *s* in M- u. S-Dt, Vb, OÖ, NÖ, Bgl. ssp. **pyrenáicum**

— Stg. bogig aufstgd.; Bltnstand dicht; Pfl. 10–15 cm hoch; Voralp. von Au. [= ssp. *alpestre* (Brügger) O. Schwarz] ssp. **grandiflórum** (DC.) Hendrych

8(1). Grdachse weit kriechend, ausläuferbildend; Fr. kurz gestielt, ledrig; Bltnhülle z. Frzt. höchstens so lg. wie die Fr. *(930);* Pfl. 7–30 cm hoch;

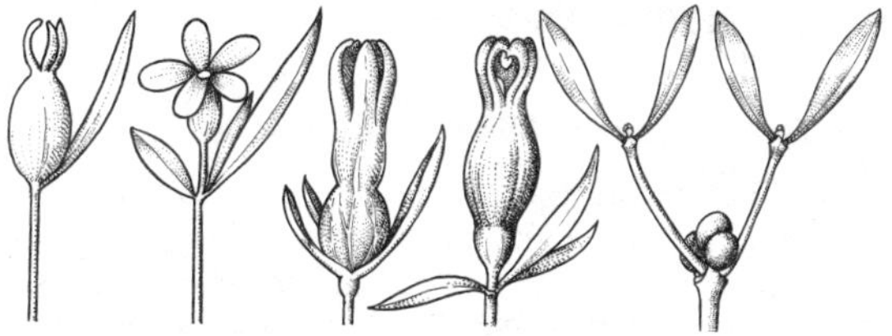

930 *931* *932* *933* *934*

♃; V–VI. Trockenrasen, Heidewiesen; *s* in Da, N- u. NW-Dt, SaAn, Schl, NÖ, ČR. *Schopf-L.*, **Th. ebracteátum** HAYNE

— Grdachse kurz, ohne Ausläufer; Fr. sitzend, fast kugelig, beerenartig, saftig, zitronengelb; Bltnhülle z. Frzt. doppelt so lg. wie die Fr. *(932)*; Pfl. 20–30 cm hoch, ♃; IV–V. Kiefernwälder, Kies der Gebirgsflüsse; *z* in Alp., *s* in S-BW u. südl. Ba. *Schnabelfrüchtiges L.*, **Th. rostrátum** MERT. & KOCH

2. Víscum L., *Mistel*

Bltn. in sitzenden, endst. Trugdolden *(934)*; Beeren weiß bis gelbl.grün; ♃; II–V. * **V. álbum** L.

- **a.** Auf Laubbäumen. Lichte Laubgehölze, Obstanlagen, Parks; *v*, vor allem im W. *Laubholz-M.*, ssp. **álbum**
- **b.** Auf Weißtannen. Tannenwälder, *v* in Ba, BW, RhPf, CH, Bz, sonst *z*, *f* im N. [= *V. abietis* (WIESBAUR) FRITSCH; = *V. laxum* BOISS. & REUT. ssp. *abietis* (WIESBAUR) O. SCHWARZ] *Tannen-M.*, ssp. **abíetis** (WIESBAUR) JANCH.
- **c.** Auf Kiefern, selten auf Fichten. Kiefernwälder; *v* in Ba, Oberrhein, Au, Vs, Gr, Bz, sonst *z*, *f* im NW, Da u. Th. [= *V. laxum* BOISS. & REUT.; = ssp. *austriacum* (WIESBAUR) VOLLM.] *Kiefern-M.*, ssp. **láxum** (BOISS. & REUT.) GREMLI

Familie: **Loranthàceae**, *Riemenblumengewächse*

Sträucher, die als Halbparasiten auf Holzpflanzen wurzeln, seltener im Boden wachsen; Stg. oft dichotom verzweigt; Blätt. gegenst.; Bltn. meist zwittrig; Blkr. oft farbig, oft zu Röhre verwachsen, 3–9-zählig; Frkn. unterst.; Fr. Beere od. Steinfr.

Loránthus L., *Riemenblume*

Bltn. in endst., lockeren Ähren; Beeren gelbl.; ♄; V–VI. Nur in Sa (bei Dohna), St, OÖ, NÖ, Bgl, ČR. * **L. europaéus** L.

Ordnung: **Caryophylláles**

Familie: **Tamaricáceae**, *Tamariskengewächse*

Bäume od. Sträucher m. schuppenf. Blätt; Bltn. in Trauben, 5-zählig; Frkn. oberst.

Myricária (L.) DESV., *Deutsche Tamariske*
Blätt. klein, dichtdachig, graugrün; Tragblätt. länger als die Bltnstiele, Bltn. hellrosa; bis 2 m hoher Strauch; ♄; VI–VIII. An Flüssen der Alp. u. Vorland, *s*, vom Aussterben bedroht. 🄶 **M. germánica** (L.) DESV.

Familie: **Plumbagináceae**, *Grasnelkengewächse*

Stauden; Blätt. ganzrandig, meist in grdst. Rosetten; Bltnstände ährig, kopfig od. rispig; Bltn. radiär, ⚥, 5-zählig; Blkrblätt. am Grd. verwachsen od. frei; Kblätt. trockenhäutig, oft gefärbt; Fr. oberst. m. 1 Gr. u. 5 Narben; Schließfr.

1. Bltn. in dichten Köpfchen *(935a);* Blätt. lineal . . . . **Armeria,** 568
— Bltn. in einstswendigen Rispen *(239)*; Blätt. bis 3 cm breit **Limonium,** 568

1. Limónium MILL., *Strandflieder, Strandnelke*
Blätt. verkehrt eif., etwas stachelspitzig, immergrün, knorpelrandig; Infl. dichtbltg.; Bltn. in schraubeliger Anordnung *(239),* blau-violett; ♃; VIII–IX. Salzsümpfe, -wiesen, Schlick; *v* Nordsee-, *s* Ostseeküste bis Rügen. (= *Statice limonium* L.) Ⓖ * **L. vulgáre** MILL.

a. Infl. reich u. erst oberhalb der Stgmitte verzweigt, dichtbltg., durchschnittl. 7 2-bltge „Ährchen" pro cm; Infl. bis 50 cm hoch; Vorblätt. spitz, m. farblosem Rand, äußeres nicht gekielt. Ⓖ ssp. **vulgáre**
— Infl. wenig, aber schon unterhalb der Stgmitte verzweigt, lockerbltg., durchschnittl. nur 2–3 2-bltge „Ährchen" pro cm; Infl. bis 20 cm hoch; Vorblätt. stumpf, m. rötl. Rand, äußeres gekielt. Nur O-Da u. Inseln. (= *St. bahusiense* FR.; = *L. humile* MILL.) Ⓖ ssp. **húmile** (MILL.) GAMS

2. Arméria WILLD., *Grasnelke* Ⓖ
1. Blätt. lanzettl., 3–8 mm breit, m. 3–7 Nerven; äußere Hüllblätt. der Köpfchen lg. zugespitzt *(935b),* die Infl. seitl. überragend, ihre den Stg. einhüllende Röhre 3–4 cm lg. (*935a*, R); Blkr. hellkarminrot; VI–VII. Trockene Heidewiesen, Kiefernwälder; *s,* Vs (Val d'Hérens, Saastal), b. Mainz wohl ausgestorben, eingeschleppt E. (= *A. plantaginea* WILLD.; = *A. pseudarmeria* auct.; = *A. alliacea* auct.)
Ⓖ *Sand-G.,* **A. arenária** (PERS.) SCHULT.
— Blätt. grasart., bis 4 mm breit (meist deutl. schmaler), 1(–3)-nervig; äußere Hüllblätt. die Breite des Köpfchens nicht überragend, ihre Röhre nur bis 2 cm lg.; ♃; V–X. *z–s* auf waldfreien, sandigen, kiesigen, steinigen od. tonigen Böden. Formenreiche Art m. mehreren, schwierig abgrenzbaren Sippen, hier als ssp. gewertet. (= *Statice armeria* L.; = *A. vulgaris* WILLD.) Ⓖ *Gewöhnliche G.*, * **A. marítima** WILLD.

a. Hüllblätt. bleich, die äußeren bis 25 mm lg.; Blkr. rosa od. blasser . . . . . **c**
— Hüllblätt. braun, 8–20 mm lg.; Blätt. 2–3 mm breit; Blkr. purpurn; Pfl. bis 25 cm hoch . . . . **b**
b. Hüllblätt. 8–13 mm lg.; Köpfchen 2–3 cm breit; Blätt. bis 4 mm breit, 3-nervig. Magermatten d. Alp., 1400–2600 m; *z* CH, Au, *f* Dt. (= *A. alpina* WILLD.)
◎ *Alpen-G.*, ssp. **alpína** (WILLD.) P. DA SILVA
— Hüllblätt. 12–20 mm lg.; Köpfchen 1,5–2 cm breit; Blätt. bis 2 mm breit, 1-nervig (vgl. aber **d**–). Überschwemmte Kiesböden; *s* b. Memmingen.
◎! *Purpur-G.*, ssp. **purpúrea** (KOCH) A. & D. LÖVE
c(a). Äußere Hüllblätt. 10–25 mm lg., zugespitzt; Köpfchen 18–25 mm breit; Schaft kahl; Blätt. bewimpert; Pfl. bis 50 cm hoch. Trockenrasen, Kiefernwälder; *z* im N, im mittl. Gebiet fast *f*, *s* im S: Dt, St, Bgl, NÖ, ČR.
◎ *Sand-G.*, ssp. **elongáta** (HOFFM.) G. BONNIER
— Äußere Hüllblätt. 2–8 mm lg.; spitz od. stumpfl. . . . . **d**
d. Blätt. fleischig, bewimpert; Köpfchen 15–20 mm breit; Schaft behaart; Pfl. bis 15 cm hoch. Sandig-tonige Salzböden; *v* Nordsee- u. *z–s* Ostseeküste. [= *A. maritima* (MILL.) WILLD. s.str.] ◎ *Strand-G.*, ssp. **marítima**
— Blätt. derb; Köpfchen 10–15 mm breit; Blätt. am Grd. undeutl. 3-nervig. Schwermetallböden, auf Serpentin; *s*, Be, NrWe, NS, SaAn, Ba, ČR. [incl. ssp. *serpentini* (GAUCKLER) ROTHM.]
◎ *Galmei-G.*, ssp. **hálleri** (WALLR.) ROTHM.

Familie: **Polygonáceae**, *Knöterichgewächse*

Kräuter, z. T. windend od. Stauden, seltener holzige Windepfl., m. deutl. verdickten Knoten; Blätt. wechselst., am Grd. m. stgumfassender Röhre (**Ochrea**, *946–948*); Bltn. klein, ⚥ od. eingschl.; Bltnhüllblätt. 3–6, bis zur Frreife bleibend u. oft m. der Fr. abfallend; Frkn. oberst., 1-fächerig; (2–)3-kantige, zuw. von den 3 äußeren Perigonblätt. umhüllte Nussfr.

1. Pfl. windend . . . . **Fallopia**, 577
— Pfl. nicht windend **2**
2. Bltnhüllblätt. 4; Stbblätt. 6; Narben 2 *(938)*; Hochalpenpfl. **Oxyria**, 574
— Bltnhüllblätt. 5 od. 6; Stbblätt. 5–9 . . . . **3**
3. Stbblätt. 9; Blätt. m. sehr langen, dicken Stielen; Gemüsepfl. **Rheum**, 574
— Stbblätt. 5–8 . . . . **4**
4. Bltnhüllblätt. 6, an reifer Fr. die 3 inneren dieser eng anlgd. u. viel größer werdend als die äußeren; Stbblätt. 6; Narben

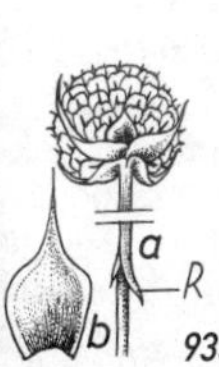

935

936

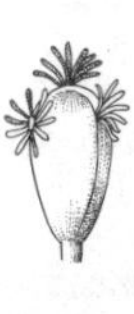
937

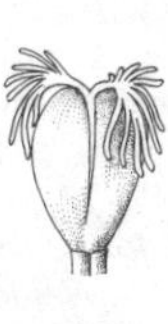
938

339

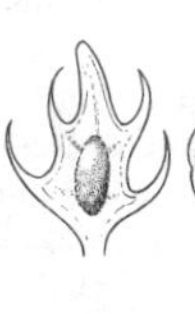
940

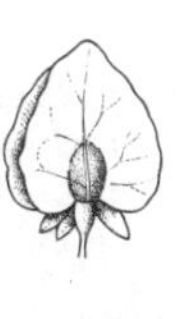
941

3, pinself. *(937);* Blattspr. längl., pfeilf., spießf. od. geigenf. *(939)* . . . . **Rumex**, 570
— Bltnhüllblätt. 5, die inneren etwa so groß wie od. etwas kleiner als die äußeren; Stbblätt. 5–8; Narben 3, kopfig *(936)* . . . **5**
5. Äußere Bltnhüllblätt. der reifen Fr. gekielt od. geflügelt (ähnl. *535, 536*) . . . . **Fallopia**, 577
— Äußere Bltnhüllblätt. der reifen Fr. nicht gekielt u. nicht geflügelt **6**
6. Fr. 3-kantig, meist weit aus der Bltnhülle herausragend; Blattspr. 3-eckig-herzf., etwa so lg. wie breit . . . . . **Fagopyrum**, 578
— Fr. linsenf. od. 3-kantig, dann aber von Bltnhülle eingeschlossen od. diese nur wenig überragend; Blattspr. deutl. länger als breit, nicht 3-eckig od. herzf. . . . . **Polygonum**, 574

1. Rúmex L., *Ampfer*

1. Blattspr. am Grd. pfeil- od. spießf.; Blätt. sauer schmeckend; Pfl. 2-häusig **19**
— Blattspr. am Grd. keilig verschmälert, abgerundet od. herzf., aber nicht spieß- od. pfeilf.; Bltn. ⚥ od. eingschl. u. dann Pfl. 1-häusig **2**
2. Innere Bltnhüllblätt. (an reifer Fr.) ganzrandig, kaum gezähnt *(941–945)* **8**
— Innere Bltnhüllblätt. m. kurzen od. langen, borstenf. Zähnen, fast immer m. Schwiele *(940)* **3**
3. Innere Bltnhüllblätt. jedersts. m. 3–9 kurzen (0,5–1 mm) Zähnen (selten ganzrandig, 3-eckig) **6**
— Innere Bltnhüllblätt. jedersts. m. 2–3(–6) langen, borstenf. Zähnen *(940)* **4**
4. Innere Hüllblätt. jedersts. m. 3 borstenf. Zähnen; Stg. vom Grd. an verzweigt u. fast vom Grd. an Bltn. tragend, z. Frzt. oft purpurn; Grdblätt. klein, verkehrt eif., am Rand ± gewellt; ⊙; VII–VIII. Sandige, schlammige Ufer; *s*, untere Weichsel bis Danziger Bucht.
Ukrainischer A., **R. ucránicus** Bess. ex Spreng.
— Innere Bltnhüllblätt. jedersts. nur m. 2 borstenf. Zähnen; Pfl. z. Frzt. gold- od. grünl.- bis bräunl.gelb **5**
5. Bltnstand sehr dicht; Pfl. zur Frreife goldgelb, 10–50 cm hoch; ⊙; VII–IX. Auf nährstoffreichen, feuchten, oft salzhaltigen Böden; *v* im Küstengebiet, *z* im Binnenland. *Strand-A.*, **R. marítimus** L.
— Bltnstand locker, unterbrochen; Pfl. zur Frreife bräunl.gelb, 10–80 cm hoch; ⊙; VII–IX. Auf feuchten, lehmigen Böden in der Nähe von Gewässern; *v* im N, in M- u. S-Dt nur im Bereich großer Flüsse, E, Be, OÖ, NÖ, Bgl, Bz, CH?, ČR. (= *R. limosus* auct.)
Sumpf-A., **R. palústris** Sm.
6(3). Grdblätt. fehlend; in den Achseln der Stgblätt. beblätt. Seitentriebe, die später als der Hauptspross blühen, diesen aber übergipfeln; basale Stgblätt. lineal-lanzettl., 12–15 cm lg.; innere Bltnhüllblätt. 3-eckig; ♃; VI–IX. Flussufer; *s*. [= *R. triangulivalvis* (Danser) Rech. f.]
Weidenblatt-A., **R. salicifólius** Weinmann

— Grdblätt. vorhanden; Hauptspross ohne später blühende Seitenäste **7**

7. Bltnstand locker, fast bis zur Spitze beblätt.; Äste sparrig absthd.; Grdblätt. lg. gestielt; Spr. geigenf. *(939),* am Grd. herzf. ausgerandet, untersts. flaumig behaart; Pfl. 15–60 cm hoch; ⊙; V–VII. Schuttplätze, Wege; *s* im südl. Oberrheintal, Kt, St (Graz), NÖ, CH, Bz, sonst verschleppt. *Schöner A.,* **R. púlcher** L.

— Bltnstand von der Mitte an blattlos; Äste ± aufrecht bis absthd.; Grdblätt. groß; Spr. meist > 10 cm lg., am Grd. abgerundet bis herzf., an der Spitze meist stumpf; Pfl. 50–120 cm hoch; ♃; VI–VIII. Wiesen, Weiden; *v.* Formenreich. *Stumpfblättriger A.,* * **R. obtusifólius** L.

8(2). Innere Bltnhüllblätt. rundl. od. eif., z. Frzt. so lg. wie od. wenig länger als breit *(941, 943),* 3,5–8 mm lg. **10**

— Innere Bltnhüllblätt. schmal längl., z. Frzt. mehrfach länger als breit, ca. 2–3 mm lg. **9**

9. Bltnstand bis zur Spitze beblättert; Bltnhüllblätt. alle m. Schwielen; Grdblätt. m. längl.-eif., am Grd. herzf. Spr.; Bltnstiele etwa in der Mitte geglied.; Pfl. 30–70 cm hoch; ♃; VII–IX. Ufer, Gräben; *v.* *Knäuel-A.,* **R. conglomerátus** Murr.

— Bltnstand nur bis zur Mitte beblättert; nur einzelne Bltnhüllblätt. m. Schwielen; Bltnstiel am Grd. geglied.; Grdblätt. längl.-eif., m. herzf. Sprgrd.; Stg. oft rötl., 50–80 cm lg.; ♃; VI–VIII. Auwälder, Waldwege; *v.* (= *R. nemorosus* Schrad. ex Willd.) *Hain-A.,* * **R. sanguíneus** L.

10(8). Alle od. wenigstens eines der inneren Bltnhüllblätt. m. deutl. Schwielen **14**

— Innere Bltnhüllblätt. alle schwielenlos od. undeutl. schwielig . . . **11**

11. Sprgrd. der unt. Blätt. tief herzf., Spr. der Grdblätt. 1–2,5-mal so lg. wie breit **13**

— Sprgrd. der unt. Blätt. verschmälert, nicht herzf. **12**

12. Untere Stgblätt. 6–8-mal so lg. wie breit, alle schmal lineal-lanzettl., wellig; innere Bltnhüllblätt. 3,2–4,8 mm breit; Bltnstand lg., schmal u. dicht; Pfl. 80–150 cm hoch; ♃; VII–VIII. Auwiesen; sehr *s,* nur NÖ (March). *Finnischer A.,* **R. pseudonatronátus** Borb.

— Untere Stg.blätt. 3–4-mal so lg. wie breit; innere Bltnhüllblätt. 5,5–6,5 mm breit, nierenf. od breit herzf.; Blattstiel obersts. flach; Grdblätt. etwas wellig-kraus; Pfl. 60–120 cm hoch; ♃; VII–VIII. Flussufer, Ruderalstellen; *s* im NW, Sa, SaAn, Th, Br, MeVp, NrWe, SH, Da, sonst Ti (Oberinntal), Gr, ČR. (= *R. domesticus* Hartm.)
Langblättriger A., Gemüse-A., **R. longifólius** DC.

a. Unt. Blätt. lanzettl., 3–4,7-mal so lg. wie breit, auffallend kraus; *s.* ssp. **longifólius**

— Unt. Blätt. eif.-lanzetl. bis elliptisch, 2–3,3-mal so lg. wie breit, am Rand gewellt; *z,* bisher nur ČR (Verbreitung ungenügend bekannt). ssp. **sourékii** Kubát

13(11). Frstiele unter der Fr. kreiself. verdickt *(941),* z. Reifezt. geglied.; Blätt. sehr groß, 1–1,5-mal so lg. wie breit, m. rundl.-herz-eif., am Grd. abgerundeter od. herzf., am Rand welliger, zuw. klein gekerbter

Spr.; Pfl. 50–200 cm hoch; ♃; VI–VII. Gesellig auf Lägerfluren der Alp. (700–2640 m) u. Vorland, sonst nur Schw., Vog., Schweizer Jura, Fichtgeb., ČR. *Alpen-A.,* * **R. alpínus** L.

— Frstiele unter der Fr. kaum verdickt *(942),* nicht geglied.; Blätt. groß, 1,5–2-mal so lg. wie breit, m. breiter, längl.-eif., am Grd. tief herzf. u. abgerundeter, am Rand welliger Spr.; Pfl. 90–175 cm hoch; ♃; VII–VIII. Ufer, Wiesen; *v–z.* *Wasser-A.,* **R. aquáticus** L.

14(10). Grundblätt. groß, fast so breit wie lg., tief herzf., jung untersts. weichhaarig; innere Bltnhüllblätt. meist breiter als lg., hellgrün; Pfl. 50–100 cm hoch; ♃; VII–VIII. Ruderalstellen, Bahnhöfe; *s* Br, St, Kt, NÖ, sonst Po. *Gedrungener A.,* **R. confértus** WILLD.

— Grundst. Blätt. am Grunde keilig oder gerundet, falls herzf. dann Blattspr. doppelt so lg. wie breit **15**

15. Grdblätt. groß, Spr. 50–100 cm lg., 4–5-mal so lg. wie breit; innere Bltnhüllblätt. 3-eckig-rautenf., bis 7 mm lg. *(943),* alle mit Schwielen; Pfl. 1–2,5 m hoch; ♃; VII–VIII. Ufer, Seggenröhricht; *v.* *Fluss-A.,* * **R. hydrolápathum** HUDS.

— Grdblätt. viel kleiner **16**

16. Spr. der Grdblätt. 4–8-mal so lg. wie breit **18**

— Spr. der Grdblätt. 3–4-mal so lg. wie breit **17**

17. Innere Bltnhüllblätt. ganzrandig; Seitennerven der Grdblätt. in der Sprmitte in einem Winkel von 45–60° abzweigend; Stg. stark gefurcht, meist rot; Blattstiel obers. rinnig; Blätt. zugespitzt, am Rand wellig; nur 1 Bltnhüllblatt m. Schwiele; Schwielen klein, sich spät entwickelnd; Nuss hellbraun; Pfl. 80–200 cm hoch; ♃; V–VII. Gemüsepfl.; *z,* Bgl, NÖ, CH, ČR, sonst *s* an Straßenrändern verwild. (Heimat: SO-Eur., Kleinas.) *Garten-A., Ewiger Spinat,* * **R. patiéntia** L.

— Innere Bltnhüllblätt. gezähnelt; Seitennerven der Grdblätt. in der Sprmitte in einem Winkel von 60–90° abzweigend; Grdblätt. zugespitzt, herzf., ihr Stiel bis ½ so lg. wie die Spr.; Nuss dunkelbraun; ♃; VII–VIII. Ruderalstellen. *Griechischer A.,* **R. cristátus** DC.

a. Innere Bltnhüllblätt. 6–8 mm lg., m. unregelmäßigen, 0,7–1 mm lg. Zähnen, oft m. 3 Schwielen; Pfl 60–200 cm hoch; *s* eingebürg., NÖ (Wien), Ba (Würzburg). ssp. **cristátus**

— Innere Bltnhüllblätt. 5 mm lg., nur am Grd. m. höchstens 0,5 mm lg. Zähnen, meist m. nur 1 Schwiele; Pfl. 60–120 cm hoch; *s,* NÖ, OÖ, St, Kt. (= *R. kerneri* BORB.) *Kerners A.,* ssp. **kérneri** (BORB.) AKEROYD & D.A.WEBB

18(16). Innere Bltnhüllblätt. rundl.-herzf., nur einzelne m. großen Schwielen; Bltnstiele 2–2,5-mal so lg. wie die inneren Bltnhüllblätt.; Bltnstand bis zur Spitze beblättert; Grdblätt. am Rand wellig-kraus; ♃; V–VII. Unkrautfluren, Ufer, Äcker, Weiden, Wiesen; *g.* Formenreich *Krauser A.,* * **R. críspus** L.

— Innere Bltnhüllblätt. mit kurzen, kaum 1 mm langen Zähnen, alle mit Schwielen; Bltnstiele 1,5–2-mal so lg. wie die inneren Bltnhüllblätt.; Blätt. weniger stark wellig; ♃; VII–VIII. Auf Salzböden; *s,* SaAn, MeVp, Br, Sa, Th, NS, He, RhPf, NÖ, Bgl, ČR, Da. (= *R. odontocarpus* SÁNDOR & BORB.) *Schmalblättriger A.,* **R. stenophýllus** LEDEB.

19(1). Äußere Bltnhüllblätt. zurückgeschlagen, zur Frzt. dem Bltnstiel anliegend *(944);* innere Bltnhüllblätt. m. Schwielen **21**

— Äußere Bltnhüllblätt. aufrecht *(945),* innere schwielenlos **20**

20. Blätt. rundl.-spießf., lg. gestielt, blaugrün bereift; innere Bltnhüllblätt. z. Frzt. vergrößert, länger als die Fr., zuw. rötl.; Pfl. 10–50 cm hoch; ♃; V–VI. Geröllhalden, Felsspalten; Alp. u. Vorland, Schweizer Jura, BW, RhPf, Be, Lx *z*, sonst *s*. [= *Acetosa scutata* (L.) MILL.]
Schild-A., * **R. scutátus** L.

— Blätt. lanzettl. od. lineal, zuw. ohne Spießecken; Ochrea silberweiß, fransig zerschlitzt; innere Bltnhüllblätt. z. Frzt. kaum vergrößert *(945);* Pfl. sich durch Wurzelbrut vermehrend, 5–30 cm hoch; ♃; V–VII. Magerrasen, Wegraine, Äcker; *v*. *Kleiner Sauer-A.*, * **R. acetosélla** L.

a. Innere Bltnhüllblätt. fest m. der Fr. verbunden, beim Reiben nicht ablösbar; *v* in Be, *z* in Ba, BW, Th, SaAn, Au, FL, Bz, CH?, ČR. [= *R. angiocarpus* MURB.; = ssp. *angiocarpus* (MURB.) MURB.]
ssp. **pyrenáicus** (POURR. ex LAPEYR.) AKEROYD

— Innere Bltnhüllblätt. nicht fest m. der Fr. verbunden, beim Reiben ablösbar **b**

b. Blätt. längl.-lanzettl.; Fr. 1,5 mm lg.; Pfl. 10–30 cm hoch; *v*. (= *Acetosella vulgaris* FOURR.) ssp. **acetosélla**

— Blätt. schmal lineal bis fast fädl.; Fr. 1 mm lg.; Pfl. 5–15 cm hoch; *z*. [= *R. tenuifolius* (WALLR.) Á. LÖVE] var. **tenuifólius** WALLR.

21(19). Stg. 10–20 cm lg. u. nur am Grd. beblätt. od. m. 1–2 Stgblätt.; Grdblätt. dickl., rundl.-eif., lg. gestielt; ♃; VIII. Schutthalden, steinige Wiesen, kalkreiche Schneetälchen der Alp., 1600–2750 m; *z*.
Schnee-A., **R. nivális** HEG.

— Stg. höher als 20 cm, beblätt. **22**

22. Ochrea ganzrandig; Blätt. dünn, weich; unt. Stgblätt. fast 3-eckig, kaum doppelt so lg. wie breit, m. fast waagrecht absthd. Spießecken; Pfl. 30–100 cm hoch; ♃; VI–VIII. Weiden, Gebüsch der Alp. (800–2320 m) u. höheren Mittelgeb.; *z*. [= *R. alpestris* auct.; = *Acetosa arifolia* (ALL.) SCHUR] *Berg-A.*, * **R. arifólius** ALL.

— Ochrea gezähnt od. zerschlitzt; Blätt. dickl., derb **23**

23. Bltnstand locker; Bltnäste einfach od. selten spärl. verzweigt; Grdblätt. lg. gestielt, eif.-längl., 2–3 cm breit; Fr. etwa 4 mm lg., auf roten Stielen; Pfl. 30–100 cm hoch; ♃; V–VI. Wiesen, Weiden; *g*. (= *Acetosa pratensis* MILL.) *Großer Sauer-A.*, * **R. acetósa** L.

— Bltnstand dicht; Bltnäste wiederholt u. reich verzweigt; Stgblätt. 4–14-mal so lg. wie breit, die ob. sehr schmal m. absthd. Basallappen; Pfl. 30–120 cm hoch; ♃; VII–VIII. Trockene Ruderalstellen, Bahndämme, Wegränder; *z*, besonders Flusstäler. [= *Acetosa thyrsiflora* (FING.) A. & D. LÖVE] *Rispen-A.*, **R. thyrsiflórus** FING.

Die Gattung Rumex neigt stark zur **Bastard**bildung.

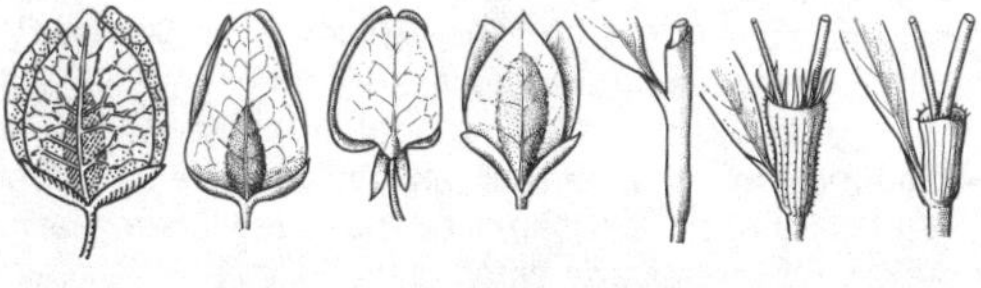

942 943 944 945 946 947 948

2. Rhéum L., *Rhabarber*
Heimat: Zentralasien; mehrere Arten als Gemüse-, Zier- u. Heilpfl. kultiviert: * **Rh. rhabárbarum** L., **Rh. officinále** Baill., **Rh. rhapónticum** L., **Rh. palmátum** L.

3. Oxýria (L.) Hill, *Säuerling*
Stg. 5–15 cm lg., nur am Grd. beblätt.; Grdblätt. lg. gestielt, nierenf.; ♃; VII–VIII. Feuchter Steinschutt der Ur-Alp., 600–2800 m; *z.*
O. dígyna (L.) Hill

4. Polýgonum L. (incl. **Bistórta** Mill. u. **Persicária** Mill.), *Knöterich*

1. Bltn. einzeln od. in kleinen blattachselst. Gruppen *(949);* Gr. 3, sehr kurz **10**
— Bltn. in verlängerten, end- od. seitenst. Scheinähren *(950–952)* od. in Rispen **2**
2. Bltn. in Rispen, weiß od. rosa; Gr. 3, m. 3 roten, kopfigen Narben *(936);* Pfl. 30–80 cm hoch; Blätt. längl.-lanzettl., 1–3 cm breit; ♃; VI–IX. Bergwiesen; *s,* Vs, Ts, Gr (Misox), St (Pernegg). [= *Persicaria alpina* (All.) H. Gross] *Alpen-K.,* **P. alpínum** All.
— Bltn. in Scheinähren **3**
3. Scheinähren locker, schlank *(950);* Einzelbltn. sichtbar; Fr. beidersts. gewölbt **8**
— Scheinähren zur Bltzt. dicht gedrungen, walzenf. *(951, 952)*; Bltn. sich z. T. gegenseitig überdeckend **4**
4. Stg. ästig (od. die Grdachse verzweigt), m. mehreren Scheinähren; Gr. 2, selten 3, bis zur Mitte verwachsen **6**
— Stg. unverzweigt, m. einer einzigen Scheinähre abschließend . . . **5**
5. Scheinähren dicht walzl., 3–5 cm lg. *(951),* ohne Brutknospen; Bltnhülle rötl.weiß; Spr. der Grdblätt. eirund-längl., zugespitzt, oberststs. dkgrün, unterststs. bläul.grün, in wellig geflügelten Stiel verschmälert, bis 15 cm lg., ob. Stgblätt. m. herzf. Grd. sitzend; Grdachse dick, walzl., schlangenartig; Pfl. 30–120 cm hoch; ♃; V–VII. Auf feuchten Wiesen, vor allem der montanen Reg.; *v,* im N *z.* (= *Bistorta officinalis* Del.)
Schlangen-K., * **P. bistórta** L.
— Scheinähre dünner, an der Basis meist mit Brutknöllchen (*952*, B); Bltn. weiß; Blattspr. eif.-lanzettl., in ungeflügelten Stiel verschmälert, am Rand umgerollt, 1,5–7 cm lg.; Pfl. 5–25 cm hoch; ♃; VI–VIII. Magerrasen, Borstgrasweiden, Schneetälchen; Alp. von 600–3160 m, *v*, mit den Alpenflüssen herabgeschwemmt, ferner Schweizer Jura, SchwAlb, früher Da. [= *Bistorta vivipara* (L.) Del.]
Knöllchen-K., * **P. vivíparum** L.
6(4). Blattstiel in od. oberhalb der Mitte der Ochrea abgehend *(946);* Spr. längl. bis lanzettl., ganzrandig, m. abgerundetem bis herzf., jedoch nicht verschmälertem Grd.; Bltn. rosa; Stbblätt. 5; als flutende Wasser- u. aufrechte Landform auftretend; Wasserform m. sehr lg. gestielten, längl.-eif., am Grd. herzf. bis abgerundeten, kahlen Schwimmblätt.; Landform aufrecht m. längl.-lanzettl., am Grd. abgerundeter, behaarter Spr.; ♃; VI–IX. Sthd. od. langsam fließende Gewässer, kiesige Ufer, feuchte Äcker; *v.* [= *Persicaria amphibia* (L.) Del.]
Wasser-K., * **P. amphíbium** L.

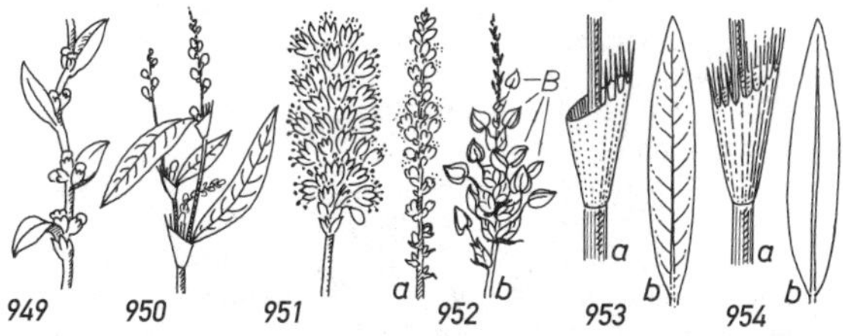

— Blattstiel unterhalb der Mitte od. fast am Grd. der Ochrea abgehend *(947, 948);* Stbblätt. meist 6; Fr. beidersts. flach od. vertieft; Bltn. rosa, weiß od. grünl.; Blätt. längl. elliptisch bis lanzettl. **7**

7. Ähren-, Bltnstiele u. Blätt. stets drüsenlos; Ochrea dem Stg. anlgd., auf der Fläche kurz rauhaarig, am Rand bewimpert *(947);* Blätt. lanzettl., zugespitzt, oberhalb der Mitte am breitesten, untersts. auf den Nerven u. am Rand angedrückt behaart, obersts. oft schwarz gefleckt; Bltn. rosa bis purpurrot, am Grd. grünl.; ⊙; VII–IX. Äcker, Ufer, Schuttplätze; *v.* (= *Persicaria maculosa* S. F. GRAY) *Floh-K.,* * **P. persicária** L.

— Ährenstiele u. Bltnhüllblätt., zuw. auch die Blattunterseite, m. zahlr., gelbl. Drüsen; Ochrea am Rand kahl od. sehr kurz bewimpert *(948)*, auf der Fläche kahl od. schwach spinnwebig filzig; Bltnhüllblätt. grünl.weiß od. rosa; Blätt. oft m. schwarzem Fleck; ⊙; VII–X. Äcker, Schuttplätze; *v.* [= *Persicaria lapathifolia* (L.) DEL.]. Formenreich.
Ampfer-K., * **P. lapathifólium** L.

a. Sprosse häufig rot überlaufen, mit 14–30 u. mehr Knoten; Scheinähren schlank, oft überhgd.; Perigon nach dem Abblühen weißl. od. rosa, nicht vergrünend; Uferpfl. . . . . **c**

— Sprosse überwiegend grün, selten etwas rot überlaufen, mit 7–14 Knoten; Scheinähren dick walzl., gerade od. etwas gebogen; Perigon nach dem Abblühen deutlich vergrünend; Ackerpfl. . . . . **b**

b. Sprossglieder lg., die Seitenäste sparrig abstehend; Blätt. mehr breit lanzettl.; reife Fr. abfallend; Äcker, seltener Ufer, *z.* (= *P. tomentosum* auct.)
ssp. **pállidum** (WITH.) FRIES

— Sprossglieder auffallend lg. u. schlank; die Seitenäste oft den Haupttrieb übergipfelnd; Blätt. mehr schmal lanzettl.; reife Fr. nicht abfallend; Leinfelder, *s,* früher Ba, NrWe. (= *P. lapathifolium* ssp. *linicola* O. SCHWARZ)
ssp. **leptócladum** DANS.

c(a). Pfl. aufstgd. od. aufrecht; Blätt. 3–6-mal so lg. wie breit; Ufer, *v.*
ssp. **lapathifólium**

— Pfl. lgd. od. aufstgd.; Blätt. eif., oval od. rund, die unt. höchstens 2-mal so lg. wie breit; Ufer, *s,* Ober- u. Mittelrhein, Bodensee, obere Donau, St, OÖ, NÖ, ČR. (= *P. danubiale* KERN.; = *P. brittingeri* OPIZ) ssp. **brittíngeri** (OPIZ) SOÓ

8(3). Ochrea auf der Fläche kahl, am Rand m. wenigen, ungleich langen Wimpern, kurz, aufgeblasen; Blätt. breit lanzettl., beim Zerkauen pfefferartig schmeckend; Bltnhülle drüsig punktiert, meist 4-teilig; Fr. höckerig-rau; ⊙; VII–IX. Ufer, Äcker, Waldwege; *v.* [= *Persicaria hydropiper* (L.) DEL.] *Wasserpfeffer,* * **P. hydrópiper** L.

— Ochrea auf der Fläche kurzhaarig, am Rand lg. borstig bewimpert *(953a);* Bltnhülle drüsenlos, selten schwach drüsig, 4–5-teilig . . . **9**

9. Blattspr. beidendig verschmälert *(950, 953b),* längl.-lanzettl., deutl. fiednervig *(953b),* untersts. am Rand u. auf den Nerven lg. borstig bewimpert; Ochrea am Rand m. 3–5 mm langen Borsten *(953a);* Bltnhülle 3–3,5 mm lg.; Stbblätt. 6; ⊙; VII–X. Gräben, Ufer, feuchte Waldwege; *v–z.* [= *Persicaria dubia* (A. Br.) Fourr.]
Milder K., **P. míte** Schr.

— Blattspr. am Grd. abgerundet, lineal, undeutl. fiednervig *(954b);* Ochrea am Rand m. zahlr., ungleich langen Wimpern *(954a);* Bltnhülle 2–2,5 mm lg.; Stbblätt. 5; ⊙; VII–X. Waldwege, Gräben, Teiche; *v–z.* [= *Persicaria minor* (Huds.) Opiz] *Kleiner K.*, **P. mínus** Huds.

10(1). Blätt. an den Astspitzen so klein, dass die Bltnbüschel scheinbar blattlose Ähren bilden; Stg. aufrecht; ⊙; VII–X. Äcker, Weinberge; *s* eingeschleppt in Au, früher E. (= *P. bellardii* auct.; = *P. kitaibelianum* Sadler)
Ungarischer K., **P. pátulum** Bieb.

— Äste bis zur Spitze beblättert; alle Bltnbüschel daher deutl. blattwinkelst.; Stg. meist niederlgd. od. aufstgd. **11**

11. Ochrea im Bltnstand länger als die Internodien, m. 8–12 deutl. verzweigten Nerven; Stg. niederlgd., m. am Rand umgerollten Blätt.; ♃; V–X. Meerestrand; *s*, nur Ho (N-Beveland).
Dünen-K., **P. marítimum** L.

— Ochrea kürzer als die Internodien, m. höchstens 6 unverzweigten Nerven **12**

12. Fr. 3–6,5 mm lg., glatt, glzd., die Bltnhülle um 1/3–½ überragend; ganze Pfl., auch die Triebspitzen niederlgd.; Bltnhülle grün, die freien Abschnitte rötl., sich kaum miteinander deckend; Blätt. lanzettl., bis 3 cm lg. u. bis 1 cm breit, grün; ⊙(–♃); VII–IX. Sandstrand der Nord- u. Ostseeküste; *z.* *Strand-K.,* **P. oxyspérmum** Mey. & Bge. ex Ledeb.

a. Fr. braungrün od. hellbraun, längl., die Bltnhüllblätt. um die Hälfte überragend; diese rot berandet; Ostsee. ssp. **oxyspérmum**

— Fr. dkbraun bis schwarz, die Bltnhüllblätt. um 1/3 überragend; diese weiß bis rosa berandet; Küstenspülsäume; *s,* nur SH, Helgoland, Da. (= *P. robertii* auct.; = *P. raii* Bab.) ssp. **ráii** (Bab.) D. A. Webb & Chater

— Fr. 1,4–3 mm lg., kaum länger als die Bltnhülle, rot bis schwarzbraun **13**

13. Seitenflächen der Fr. konkav; Bltnhülle tief geteilt *(959);* Stbblätt. 7–8; Stg. niederlgd. od. aufrecht; ⊙; VI–XI. Äcker, Ruderalstellen, Küstendünen; *v.* (= *P. monspeliense* Pers.)
Echter Vogel-K., * **P. aviculáre** L.

955

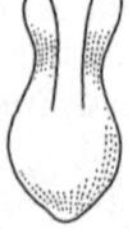
956

957

958

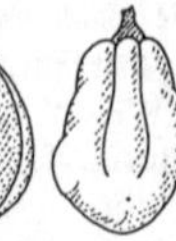
959

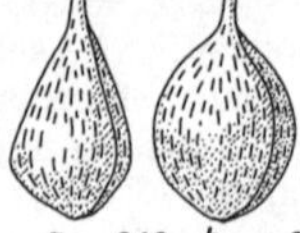
a 960 b

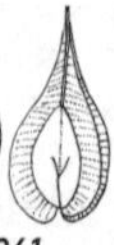
961

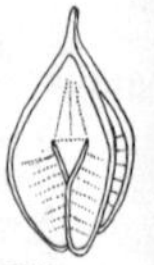
962

a. Blätt. frischgrün bis bläul.grün, 5–20 mm breit, die unt. vorn stumpf; Äcker, Ruderalstellen; *v.* ssp. **aviculáre**

— Blätt. graugrün, 1–12 mm breit, alle zugespitzt; Äcker, Ruderalstellen, Dünen, *v.* (= *P. heterophyllum* auct.; = *P. rurivagum* JORD. ex BOR.; incl. *P. neglectum* BESS.) ssp. **réctum** CHRTEK

— Seitenflächen der Fr. konvex *(960a, b);* Bltnhülle mindestens im unt. Drittel verwachsen *(955, 956);* Stbblätt. 5–8; Stg. niederlgd.; ⊙;VII–XI. Ruderalstellen, Wegränder, Gärten; *g.*
Gewöhnlicher Vogel-K., **P. arenástrum** BOR.

a. Fr. bis 2,5 mm lg.; matt, gerieft od. punktiert *(957);* Blätt. breit oval ssp. **arenástrum**

— Fr. 1,5-2 mm lg., glatt, meist glzd. *(958);* Blätt. schmal, längl. . . . . **b**

b. Bltnhüllblätt. mindestens bis zur Hälfte verwachsen *(955);* Stbblätt. 5–6; *z,* bes. im O, auf Sand. (= *P. calcatum* LINDM.)
ssp. **calcátum** (LINDM.) WISSKIRCHEN

— Bltnhüllblätt. bis über die Hälfte geteilt *(956);* Stbblätt. 6–8; *s* in SW-Dt. (= *P. microspermum* BOR.) ssp. **microspérmum** (BOR.) H. SCHOLZ

5. Fallópia ADANS. (= *Bilderdykia* DUM.; incl. **Reynoūtria** HOUTT.), *Windenknöterich, Staudenknöterich*

1. Pfl. aufrecht, nicht windend, oft mit dichten, in Gruppen sthd. Stg. **4**

— Pfl. windend, verholzt oder einjährig **2**

2. Strauchige Kletterpfl.; Bltn. in lockeren Rispen, weiß; ♄; VII–X. Zierpfl. aus O-As, in Au und Bz stellenweise eingebürgert. [= *P. baldschuanicum* REGEL; incl. *F. aubertii* (L. HENRY) HOLUB = *Polygonum aubertii* L. HENRY]
Silberregen, * **F. baldschuánica** (REGEL) HOLUB

— Einjährige Windepfl.; Bltnstand schmal, trauben- od. ährenähnl. **3**

3. Bltnstiel kürzer als die dicht drüsige Bltnhülle, wenig unterhalb der Blüte geglied.; Stg. kantig gefurcht, körnig rau; Fr. glanzlos *(962);* Blattspr. herz- od. pfeilf., m. 3-eckig zugespitztem Lappen; ⊙; VII–X. Äcker; *g.* [= *Bilderdykia convolvulus* (L.) DUM.; = *Polygonum convolvulus* L.]
Gewöhnlicher W., * **F. convólvulus** (L.) A. LÖVE

— Bltnstiel so lg. wie die kahle Bltnhülle, etwas unterhalb der Mitte gegliedert; äußere Bltnhüllblätt. z. Frzt breit häutig geflügelt *(961);* Fr. glzd.; ⊙; VII–IX. Feuchte Gebüsche, Hecken; *v.* [= *Bilderdykia dumetorum* (L.) DUM.; = *Polygonum dumetorum* L.]
Hecken-W., * **F. dumetórum** (L.) HOLUB

4(1). Stg. rot gefleckt; Blattspr. 10–20 cm lg. u. bis 13 cm breit, am Grd. gestutzt; Bltn. weiß; Pfl. 1–3 m hoch; ♃; VII–IX. Fluss- u. Bachufer, Ruderalstellen; *v,* auch Zierpfl. (Heimat: O-As.). (= *Polygonum cuspidatum* SIEB. & ZUCC.; = *Reynoutria japonica* HOUTT.)
Japanischer Staudenknöterich, * **F. japónica** (HOUTT.) RONSE DECRAENE

— Stg. grün; Blattspr. 20–45 cm lg. u. bis 27 cm breit, am Grd. herzf.; Bltn. grünl.; Pfl. 2–4,5 m hoch; ♃; VII–IX. Fluss- u. Bachufer, Waldwege; *z* verwild. (Heimat: Japan, Sachalin). [= *Polygonum sachalinense* F. SCHMIDT; = *Reynoutria sachalinensis* (F. SCHMIDT) NAKAI]
Sachalin-Staudenknöterich, * **F. sachalinénsis** (F. SCHMIDT) RONSE DECRAENE

Bastard: Stg. teilweise rötl. gefleckt; *z* (*F. japonica* × *F. sachalinensis*)
* **F. × bohémica** (CHRTEK & CHRTKOVA) J. P. BAILEY

6. Fagopýrum Mill., *Buchweizen*

1. Bltn. weiß od. rosenrot; Frkanten scharf, ganzrandig; Blätt. 3-eckig, meist länger als breit; Stg. meist rötl.; ⊙; VI–VIII. Kulturpfl. (Heimat: Turkestan, S-Sibirien, N-China) (= *F. sagittatum* Gil.) *Echter B.*, * **F. esculéntum** Moench

— Bltn. grünl.; Frkanten ausgeschweift gezähnt; Blätt. meist breiter als lg.; Stg. grün; ⊙; VII–VIII. Eingeschleppt; als Unkraut zwischen der vorigen. (Heimat: Zentralas.) *Tatarischer B.*, * **F. tatáricum** (L.) Gaertn.

Familie: **Droseráceae**, *Sonnentaugewächse*

Insektenfangende Pfl.; Blätt. m. Drüsen *(963–965)* zum Fangen u. Verdauen tierischer Nahrung od. Blattspr. zusammenklappend; Bltn. strahlig, meist in Wickeln, 4- od. 5-zählig; Frkn. oberst., 1-fächerig; Kapselfr.

1. Moorpfl.; Blätt. in grdst. Rosette, m. langen Drüsenhaaren *(963–965)* . . . . **Drosera**, 578

— Untergetauchte, wurzellose Wasserpfl.; Blätt. quirlst.; Blattspr. m. Borsten *(201)*, auf einen Reiz hin längs der Mittelrippe zusammenklappend . . . . **Aldrovanda**, 579

1. Drósera L., *Sonnentau* ⓖ

1. Blattspr. kreisrund, lg. gestielt *(963)*; ♃; VI–VIII. Flach- u. Hochmoore; *z.* ⓖ *Rundblättriger S.*, * **D. rotundifólia** L.

— Blattspr. länger als breit **2**

2. Blattspr. 4–8-mal so lg. wie breit *(964)*; Bltnstände aufrecht, die Blätt. überragend, aus der Mitte der Rosette entspringend; Blattstiel behaart; Kapseln glatt; ♃; VI–VIII. Hoch- u. Zwischenmoore, in Torfmoos od. am Rand von Schlenken, oft im Wasser sthd.; von der Ebene bis in die subalp. Stufe, *z–s.* (= *D. anglica* Huds.) ⓖ *Langblättriger S.*, * **D. longifólia** L.

— Blattspr. nur 2–4-mal so lg. wie breit *(965)*; Bltnstg. bogig aufstgd., die Blätt. nur wenig überragend, seitl. der Mitte der Rosette entspringend; Blattstiel kahl; Kapseln gefurcht; ♃; VII–VIII. Flach- u. Hochmoore; *z* auf nackten Torfschlenken, im NW *v*, sonst *s.* ⓖ *Mittlerer S.*, * **D. intermédia** Hayne

Häufig **Bastard**bildung:
D. rotundifolia × *D. longifolia* = **D.** × **obováta** Mert. & K., *z.*
D. rotundifolia × *D. intermedia* = **D.** × **beleziána** E. G. Camus *s.*
D. longifólia × *D. intermedia*, *s.*

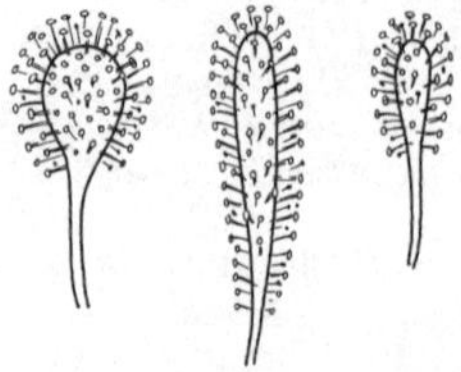

963 964 965

2. Aldrovánda L., *Wasserfalle*
Blätt. in 6–9-zähligen Quirlen, rundl. *(201);* Bltn. einzeln; ♃; VII–VIII. Sthd. Gewässer; *s,* Br, WPr, Schl, Zürich, Schweizer Jura, früher im Bodenseegebiet, ČR. Ⓖ **A. vesiculósa** L.

Familie: **Caryophylláceae**, *Nelkengewächse*

Kräuter od. Stauden, m. ungeteilten, gegenst. od. quirligen Blätt.; Bltn. häufig in Dichasien, radiär, oft m. doppelter Bltnhülle; K. u. Blkr. 4–5-zählig; Kblätt. frei od. verwachsen (*966* K), zuw. von Hochblätt. (= Außenkelch, *966,* aK) umgeben; Blkrblätt. 4, 5, 10 od. fehlend, zuw. m. Nebenkrone (*967,* NK), häufig in Platte u. Nagel geglied.; Stbblätt. 1–10; Frkn. oberst., 2–5-blättrig, meist 1-fächerig; sich m. Zähnen öffnende Kapselfr. *(966b),* seltener Beeren.

1. Kblätt. getrennt, zuw. nur an der Basis etwas verwachsen od. Bltnhülle einfach (Blkr. fehlend) **20**
— Kblätt. röhrig verwachsen *(966b,* K); Bltn. stets m. K. u. Blkr. **2**
2. Gr. u. Narben 3–5 od. Pfl. nur m. ♂ Bltn. **7**
— Gr. u. Narben 2 . . . . **3**
3. K. m. Außenkelch *(966, 976,* aK), dieser den eigentl. K. zuw. ganz einhüllend **6**
— K. ohne Außenkelch **4**
4. K. m. grünem Mittelstreifen u. breit hautrandig; Blkrblätt. nach dem Grd. keilig verschmälert; Bltn. klein, < 15 mm im Dm **Gypsophila**, 595
— K. ohne trockenhäutige Streifen, gleichmäßig grün od. rot; Blkrblätt. in Platte u. Nagel geglied.; Bltn. im Dm meist > 15 mm **5**
5. Blkr. im Schlund m. Nebenkr. (*967*, NK); K. ungeflügelt **Saponaria**, 595
— Blkr. ohne Nebenkr.; K. 5-kantig geflügelt, bauchig **Vaccaria**, 596
6(3). K. m. weißl., trockenhäutigen Streifen; Bltn. einzeln *(966)* od. zu mehreren zu von trockenhäutigen Hochblätt. umschlossenem Köpfchen vereinigt *(976);* Blkrblätt. allmähl. in den Nagel verschmälert . . . . **Petrorhagia**, 596
— K. ohne trockenhäutige Streifen; Blkrblätt. plötzl. in den Nagel verschmälert . . . . **Dianthus**, 596

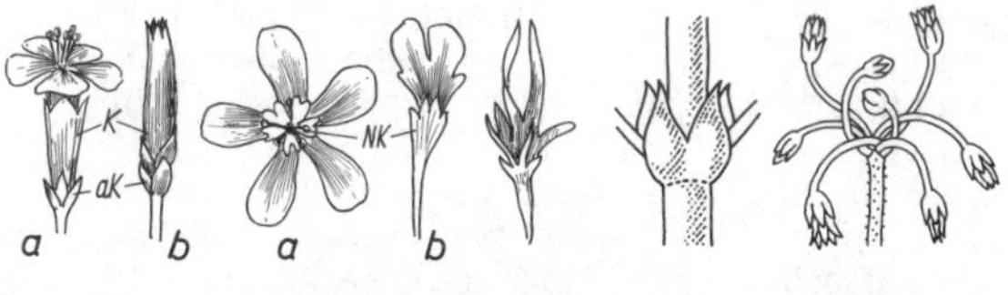

966 967 968 969 970

7(2). Pfl. kletternd od. kriechend, stark ästig, 60–150 cm hoch; Fr. schwarz, beerenart.; K. glockig-aufgeblasen, später zurückgeschlagen; Blkrblätt. grünl.weiß, zungenf., schmal **Silene baccifera,** 599
— Pfl. nicht kletternd, meist niedriger; Fr. ist Kapsel, keine schwarze Beere **8**
8. Kzipfel länger als die Blkrblätt.; Bltn. einzeln, groß, purpurrot . . . . **Agrostemma,** 604
— Kzipfel kürzer als die Blkrblätt. **9**
9. Gr. 5 . . . . **16**
— Gr. 3 od. Bltn. nur m. Stbblätt. **10**
10. Blkrblätt. am Nagel m. Flügelleisten; Blkrblätt. rot; Platte 7–9 mm lg., vorn höchstens seicht ausgerandet; Pfl. 3–5 (–10) cm hoch; Blätt. 13–26 mm lg. **Saponaria pumila,** 595
— Blkrblätt. ohne Flügelleisten; Blkrblätt. weiß, grünl.weiß, gelbl. grün, rot od. rosa, oft tief 2-spaltig **11**
11. Pfl. 1–4 cm hoch, dichte Polster bildend; Bltn. einzeln; Blkr. rosarot; Blätt. lineal . . . . **Silene acaulis,** 599
— Pfl. > 4 cm; Stg. oft mehrbltg. **12**
12. Bltn. eingeschl.; Blkrblätt. 3–5 mm lg., gelbl.grün **Silene otites,** 599
— Bltn. ⚥; Blkrblätt. meist länger od. nicht gelbl.grün **13**
13. K. > 7 mm lg. **15**
— K. 3–7 mm lg. **14**
14. Stg. oben klebrig; Blkrblätt. vorn 2-, 4- od. 6-zähnig **Heliosperma,** 602
— Stg. nicht klebrig; Blkrblätt. ausgerandet; Stg. u. Blätt. blaugrün . . . . **Atocion rupestre,** 603
15(13). Bltn. dkrosa, in Scheindolden; Stg. u. Blätt. bläul. bereift; Pfl. kahl, 15–60 cm hoch; K. 11–20 mm lg., schmal, meist rötl.; Blkrblätt. ausgerandet od. abgerundet; ob. Blätt. eif., stgumfassend . . . . **Atocion armeria,** 603
— Bltn. nicht in Scheindolden; Bltn. meist weiß, wenn rosa, dann Pfl. anders gestaltet . . . . **Silene,** 599
16(9). Stg. unterhalb der Knoten z. T. m. klebrigem Leimring; Blkrblätt. abgerundet od. schwach ausgerandet, purpurrot, 10–18 mm lg.; K. 9–13 mm lg. . . . . **Viscaria vulgaris,** 603
— Stg. ohne klebrige Leimringe (falls unter den Knoten schwach klebrig, dann Blkr. tief 4-teilig, rosarot) **17**
17. Blkrblätt. tief 4-spaltig *(968);* Blätt. kahl od. am Grd. spärl. behaart, lineal-lanzettl.; Blkrblätt. hellrot, 16–25 mm lg.; K. 6–10 mm lg. . . . . **Lychnis flos-cuculi**, 603
— Blkrblätt. höchstens 2-spaltig (wenn 4-zipfelig, dann Blätt. dicht filzig behaart) **18**
18. Bltn. eingeschl.; Blkrblätt. 2-zipfelig, weiß od. rot, 15–30 mm lg. . . . . **Silene,** 599
— Bltn. ⚥, m. Staubb. u. Frkn.; Blkrblätt. rot od. rosa **19**

19. Pfl. 5–15 cm hoch, kahl od. fast kahl; K. 4–6 mm lg., kahl; Blkrblätt. 6–8 mm lg. . . . . **Viscaria alpina,** 603
— Pfl. 20–90 cm hoch, weißfilzig; K. 10–20 mm lg., filzig behaart; Blkrblätt. 14–35 mm lg. . . . . **Lychnis,** 603
20(1). Bltn. zu mehreren geknäuelt in den Blattachseln sitzend *(974a);* Stg. niederlgd., ausgebreitet **40**
— Bltn. nicht in blattachselst., sitzenden Knäueln **21**
21. Blätt. wechselst. *(973a)* od. in 4-blättrigen Quirlen **38**
— Blätt. gegenst., od. in vielblättrigen Scheinquirlen *(971)* **22**
22. Bltnhülle einfach (Blkrblätt. fehlend); Kblätt. grün, weiß berandet, den Frkn. röhrig umschließend; Bltn. endst., knäuelig gehäuft; Blätt. lineal-pfrieml., graugrün . . . . . **Scleranthus,** 584
— Bltnhülle doppelt (wenn einfach, dann Bltn. nicht geknäuelt) **23**
23. Blkrblätt tief gespalten **34**
— Blkrblätt. ungeteilt (zuw. an der Spitze seicht ausgerandet od. gezähnelt) od. Blkrblätt. fehlend **24**
24. Blätt. in vielblättrigen Scheinquirlen *(971);* Blattspr. lineal-pfrieml.; Gr. 5; reife Kapsel 5-klappig aufspringend **Spergula,** 583
— Blätt. gegenst. **25**
25. Blätt. am Grd. m. trockenhäutigen, verwachsenen, silbern glzd., papierart. Nebenblätt. *(969);* Kblätt. m. schmalem, weißem Hautrand; Bltn. rosa bis rot, seltener weiß; Gr. 3; reife Kapsel 3-klappig aufspringend . . . . **Spergularia,** 584
— Blätt. ohne silbrige Nebenblätt. **26**
26. Bltnstiele nach der Bltzt. nicht abw. gekrümmt **28**
— Bltnstiele nach der Bltzt. abw. gebogen (ähnlich *971*), sich dann zuw. aber wieder aufrichtend **27**
27. Bltn. in mehrbltg. Trugdolden *(971);* Blkrblätt. an der Spitze gezähnelt . . . . **Holosteum,** 590
— Bltn. in Dichasien *(112)* **41**
28(26). Blätt. dickfleischig, in 4 Reihen *(972);* Pfl. des Meeresstrands . . . . **Honckenya,** 587
— Blätt. nicht dickfleischig **29**
29. Gr. 2; Kapsel m. 2 Klappen aufspringend (nur Vs) **Bufonia,** 587
— Gr. 3–5 . . . . **30**
30. Gr. 3 . . . . **32**
— Gr. 4–5 . . . . **31**
31. Kblätt. lg. zugespitzt, weiß berandet; Blätt. lanzettl. od. lineal-lanzettl. . . . . **Moenchia,** 590
— Kblätt. stumpf od. nur kurz zugespitzt, nicht weiß berandet; Blätt. lineal . . . . **Sagina,** 587
32(30). Reife Kapsel m. so viel Klappen wie Gr. [3(–4)] aufspringend; K. meist trockenhäutig; Blätt. lineal od. pfrieml. **Minuartia,** 585
— Reife Kapsel m. 4–6 Zähnen od. Klappen aufspringend (doppelt so viele wie Gr.); Blätt. eif. od. lanzettl., pfrieml. od. lineal **33**

33. Samen m. weißem Anhängsel, schwarz glzd.; Bltnblätt. 4–5 **Moehringia**, 589
— Samen ohne Anhängsel, matt, gekörnt; Bltn. stets 5-zählig **Arenaria**, 588
34(23). Gr. 3 . . . . **36**
— Gr. 5, selten 4 . . . . **35**
35. Blkrblätt. höchstens bis zur Mitte gespalten; Kapsel längl.-walzl., m. 10 kurzen Zähnen aufspringend . . . . **Cerastium,** 592
— Blkrblätt. fast bis zum Grd gespalten; Kapsel eif., sich m. 5 an der Spitze 2-zähnigen Klappen öffnend **Stellaria aquatica,** 590
36(34). Kapsel ± zylindrisch, sich m. 6 Zähnen öffnend **Cerastium,** 592
— Kapsel kugelig, sich m. 6 Klappen öffnend **37**
37. Rhizom m. Wurzelknollen (nur Kt, St) . . . **Pseudostellaria**, 590
— Rhizom ohne Wurzelknollen . . . . **Stellaria**, 590
38(21). Blätt. in 4-blättrigen Quirlen; Bltn. ca. 2 mm im Dm, grünl. **Polycarpon,** 583
— Blätt. wechselst. **39**
39. Blätt. verkehrt eif., etw. fleischig; Blkrblätt. 4–7 mm lg. **Telephium,** 583
— Blätt. längl., am Grd. keilig *(973a);* Blkrblätt. ca. 1 mm lg. **Corrigiola,** 582
40(20). Bltnknäuel weiß; Kblätt. aufrecht, zusammenneigend, an der Spitze auf dem Rücken m. absthd. Granne, an der Basis zu sehr kurzem Achsenbecher vereinigt *(226)* **Illecebrum**, 582
— Bltnknäuel gelbl.grün; Kblätt. meist ohne Granne *(974b),* aber zuw. stachelspitzig; Blätt. im Bereich der Infl. wechselst. *(974a)* . . . . **Herniaria**, 583
41(27). Bltn. 4-zählig; Blätt. pfrieml., bewimpert . . . . . . **Sagina**, 587
— Bltn. 5-zählig; Blätt. nicht pfrieml. **42**
42. Gr. 2; Blätt. lineal-lanzettl., sitzend . . . . **Lepyrodiclis**, 592
— Gr. 3; Blätt. eif., gestielt . . . . **Moehringia**, 589

1. Illécebrum L.[1], *Knorpelblume*
Stg. niederlgd.; Blätt. verkehrt eif., kahl; Bltn. zu 4–6 in blattachselst., knäueligen Wickeln; ⊙; VII–IX. Sandäcker, sandige Ufer; *z–s.* **I. verticillátum** L.

2. Corrigíola L., *Hirschsprung*
Pfl. 1–30 cm hoch, blaugrün, m. zahlr. niederlgd. Seitenästen *(973a);* Kblätt. breit weißhäutig berandet, etwas länger als die Blkrblätt. *(973b);* ⊙*;* V–VII. Flusskies, sandige Äcker; *s,* Alp. *f.* **C. litorális** L.

---

[1] Die Gattungen *Illecebrum, Corrigiola* u. *Herniaria* werden auch in der Familie **Illecebráceae** zusammengefasst.

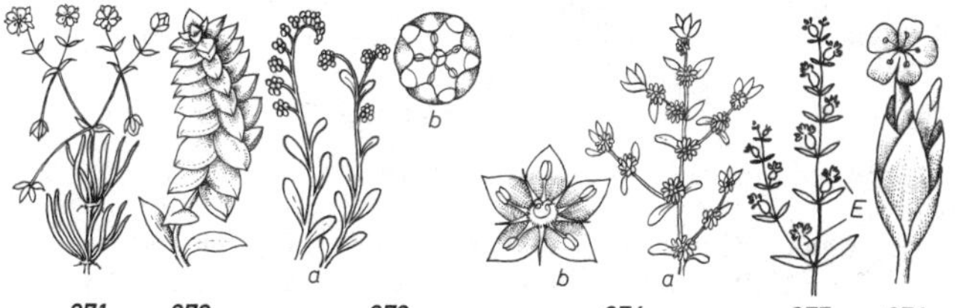

971 972 973 974 975 976

3. Herniária L., *Bruchkraut*

1. Ganze Pfl., m. Ausnahme des Stg., kahl; K. kürzer als die Kapsel; ⊙–♃; VII–IX. Wege, Sandrasen, Pflasterfugen; *v.* *Kahles B.,* * **H. glábra** L.

— Ganze Pfl. ± steifhaarig; Fr. von den Kblätt. eingeschlossen **2**

2. Kblätt. borstig-stachelspitzig; Bltn. in ca. 10-bltg. Knäueln; ♃; VII–IX. Sandäcker, Sandrasen; *z,* besonders Rheintal, *s* im N. *Behaartes B.,* **H. hirsúta** L.

— Kblätt. ohne Stachelspitze; Bltnknäuel 3–6-bltg. **3**

3. Kblätt. m. lg. stachelspitzig-borstigen Haaren; Bltnknäuel bis 6-bltg.; Blätt. bis 10 mm lg., lanzettl.; Stg. reich verzweigt, bisw. aufstgd.; ♃; VII–X. Trockenrasen; Pfl. von Südeuropa, früher He (Mainspitze), NÖ (Marchfeld), ČR. *Graues B.,* **H. incána** Lam.

— K. m. kurzen, zerstr. sthd. Borstenhaaren; Bltnknäuel 3-bltg.; Blätt. 2–5 mm lg., eif.; Pfl. dichtrasig bis polsterf.; ♃; VII–VIII. Geröll u. Moränen der Zentral-Alp. von 1900–3000 m; *s,* Vs, Ts, Gr, OTi, Bz, Ti, früher Vb. *Alpen-B.,* **H. alpína** Vill.

4. Teléphium L., *Zierspark, Telephie*

Stg. niederlgd., dicht beblättert; Blätt. dickl., stumpf, bis 13 mm lg.; Blkrblätt. weiß, so lg. wie oder wenig länger als die Kblätt.; ♄; VI–VII. Felsen, Kiefernwälder; *s,* nur Vs (Rhonetal), Bz. **T. imperáti** L.

5. Polycárpon Loefl. ex L., *Nagelkraut*

Pfl. kahl, vielstängelig, 5–15 cm hoch; Blätt. verkehrt eif., in 4-zähligen Quirlen; Bltn. in reich verzweigten Dichasien; ⊙; VII–IX. Sandige Wegränder, Pflasterfugen; aus dem Mittelmeergebiet eingeschleppt; *s,* RhPf, BW, Th, SaAn, MeVp, NS, NrWe, Ts, Ti, Bz, früher ČR; in Ausbreitung. **P. tetraphýllum** (L.) L.

6. Spérgula L., *Spark*

1. Blätt. untersts. m. Längsfurche, obersts. gewölbt; Bltn. weiß od. rosa; Samen schmal geflügelt; Pfl. 10–100 cm hoch; ⊙; VI–X. Sandige Äcker, Wege; auch als Futterpfl.; *v.* Formenreich. *Feld-Sp.,* * **S. arvénsis** L.

— Blätt. pfrieml., untersts. ohne Furche; Samen breit geflügelt; Bltn. weiß **2**

2. Stbblätt. 5; Blkrblätt. lanzettl., sich gegenseitig nicht deckend; Samen breit weiß berandet; Pfl. 5–20 cm hoch; ⊙; IV–V. Sandfelder, Dünen; *s.* *Fünfmänniger Sp.,* **S. pentándra** L.

— Stbblätt. 10; Blkrblätt. eirundl., sich gegenseitig deckend; Samen m. breitem, braunem Hautrand; Pfl. 5–30 cm hoch; ☉; IV–VI. Brachäcker, Dünen; *z–s.* (= *Sp. vernalis* auct.).
Frühlings-Sp., * **S. morisónii** Bor.

7. Spergulária (Pers.) J. & C. Presl (incl. **Délia** Dum.), *Spärkling, Schuppenmiere*

1. Stg. aufrecht; Kblätt. weiß, trockenhäutig, m. grünem Rückennerv; ☉; VI–VII. Feuchte Äcker; sehr *s,* Be, früher Dt, Ho, E. [= *Delia segetalis* (L.) Dum.] *Saat-Sp.,* **S. segetális** (L.) G. Don f.

— Stg. niederlgd. od. aufstgd.; Kblätt. grün, nur am Rand trockenhäutig **2**

2. Alle Samen breit weiß geflügelt; Kapsel doppelt so lg. wie der K.; Bltn. weiß od. rosa; Pfl. 5–40 cm hoch; ♃; VII–IX. Strand der Nord- u. Ostsee u. Salzstellen des Binnenlands von Th, SaAn, BW, NÖ, Bgl, ČR. [= *S. marginata* (DC.) Kittel; = *S. media* auct.]
Flügel-Sp., **S. marítima** (All.) Chiov.

— Alle Samen od. doch die meisten ungeflügelt; Kapsel so lg. wie od. wenig länger als der K.; Bltn. tiefrosa **3**

3. Samen am Rand m. zahlr. Stacheln, auf den Flächen m. spitzen Wärzchen; Pfl. 4–10 cm hoch; ☉; VI–VIII. Nasse Schlammböden der Elbe in SaAn, Sa, MeVp, Br, NS u. SH, NÖ, ČR, *z,* früher BW.
Stachelsamiger Sp., **S. echinospérma** Čel.

— Samen nicht bestachelt, fein runzelig **4**

4. Blätt. (wenigstens die ob.) stachelspitzig; Nebenblätt. verlängert, silberweiß glzd.; Kapsel so lg. wie der K.; Bltn. rosenrot; ☉; V–IX. Sandige Äcker, Wege; *v.* [= *S. campestris* (L.) Asch.]
Roter Sp., * **S. rúbra** (L.) J. & C. Presl

— Blätt. stumpfl.; Nebenblätt. wenig glzd.; Kapsel länger als der K.; Bltn. tiefrosa, gegen den Grd. plötzlich weiß; ☉; V–IX. Küstengebiete u. Salzstellen des Binnenlands; *z.* [= *S. marina* (L.) Bess.]
Salz-Sp., * **S. salína** J. & C. Presl

8. Scleránthus L., *Knäuel*

1. Zipfel der Bltnhülle stumpf, breit weiß berandet, z. Frzt. zusammenneigend; Pfl. 5–15 cm hoch; ♃; V–IX. Kalkfreie Felsen, Dünen, Wege; *z.* *Ausdauernder K.,* * **S. perénnis** L.

— Zipfel der Bltnhülle spitz, schmal häutig berandet; ☉; IV–X. Äcker, Wege, Erdanrisse; *v.* *Einjähriger K.,* * **S. ánnuus** L. s. l.

a. Reife Fr. 3,2–5,3 mm lg. m. spreizenden Bltnhüllzipfeln *(977);* V–X. Äcker, Wege, *v.* ssp. **ánnuus**

— Reife Fr. 1,5–3,8 mm lg.; Zipfel der Bltnhülle gerade od. etwas einw. gekrümmt *(978, 979)* . . . . **b**

b. Zipfel der Bltnhülle gleich lg. *(978);* Fr. 2,2–3,8 mm lg.; IV–IX. Wege, Erdanrisse, kalkmeidend; *z, s* im N. (= *S. alpestris* Hay.; = *S. polycarpos* L.)
Wilder K., ssp. **polycárpos** (L.) Bonnier & Layens

— Zipfel der Bltnhülle ungleich lg. *(979);* Fr. 1,5–2,2 mm lg.; Pfl. gelbgrün, klein, 3–8 cm hoch; VI–VII. Trockenrasen, Erdanrisse, kalkliebend; *s,* He, SaAn, Th, Vs, Gr, NÖ, früher ČR. [= *S. collinus* Hornung ex Opiz; = *S. verticillatus*

TAUSCH; = ssp. *collinus* (HORNUNG ex OPIZ) SCHÜBLER & MARTENS]
Hügel-K., ssp. **verticillátus** (TAUSCH) ARCANG.

9. Minuártia L. (incl. **Alsíne** L. em. GAERTN.), *Miere, Meirich*

1. Blätt. lineal od. pfrieml. **3**

— Blätt. rundl.-eif. od. eilanzettl.; niedrige, z. T. polsterbildende Hochalpenpfl. **2**

2. K.- u. Blkrblätt. 4; Stbblätt. 8; Blattspr. oberststs. rinnig; Pfl. dicht polsterf., m. dicht beblätt., säulenf. Stämmchen; ♃; VII–VIII. Felsspalten u. Geröll. [= *Alsine octandra* (SIEB.) KERN.; = *M. aretioides* (SOM. ex GAY) SCH. & THELL.] Ⓖ *Polster-M.*, **M. cherlerioídes** (HOPPE) BECHERER

a. Blätt. kahl; kalkliebend; *s*, Ti, Sb, Kt, St, OÖ, Berchtesgaden, *f* CH. ssp. **cherlerioídes**

— Blätt. bewimpert; kalkmeidend; *s*, Vs, Ts, Gr. ssp. **riónii** (GREMLI) FRIEDRICH

— K. u. Blkr. 5-zählig; Stbblätt. 10; Blattspr. oberststs. flach; Pfl. lockerrasig, kriechend; ♃; VII–VIII. Felsspalten (vorwgd. auf Kalk) der Hochalp., von 1900–2800 m; *s*, Allgäu, Vb, Ti, Sb, Kt, Gr, OTi, Bz. Ⓖ *Felsen-M.*, **M. rupéstris** (SCOP.) SCH. & THELL.

3(1). Blkrblätt. meist fehlend (wenn vorhanden, dann kürzer als der K.); Blätt. dicht dachig, lineal-pfrieml., am Grd. paarweise miteinander verwachsen; Pfl. kompakte Flachpolster bildend; ♃; VII–VIII. Felsspalten, Felsschutt, Matten, vorwgd. auf Kalk u. Dolomit; Alp. *v*, 1700–3400 m. [= *Alsine sedoides* (L.) KITTEL; = *Cherleria sedoides* L.] Ⓖ *Zwerg-M.*, **M. sedoídes** (L.) HIERN

— Blkrblätt. stets vorhanden, weiß **4**

4. Kblätt. knorpelig od. trockenhäutig, weißl., m. 1–2 grünen Mittelstreifen **13**

— Kblätt. grün od. nur am Rand trockenhäutig **5**

5. Blkrblätt. so lg. wie od. länger als der K. **7**

— Blkrblätt. ½ so lg. wie der K. **6**

6. Kblätt. länger (2–2,5 mm) als die Kapsel, schmal lanzettl.; Stg. drüsig behaart, vom Grd. an dichtästig; ⊙; V–VII. Sandäcker, Kiefernwälder, Trockenrasen; *s*, Vs, NÖ, ČR, NrWe, SaAn, Br, SH, sonst in Dt verschwunden. (= *Alsine viscosa* SCHREB.) *Klebrige M.*, **M. viscósa** (SCHREB.) SCH. & THELL.

— Kblätt. kürzer (3–4 mm) als die Kapsel, eif.-lanzettl.; Stg. meist kahl, steif aufrecht, vom Grd. an lockerrasig; ⊙; V–VII. Sandäcker, Magerrasen, Bahnhöfe; *z*, Alp. u. im N *f*. [= *Alsine tenuifolia* (L.) CR.; = *M. tenuifolia* (L.) HIERN] *Feinblättrige M.*, **M. hýbrida** (VILL.) SCHISCHKIN

7(5). Blätt. unterststs. deutl. 3-nervig od. 5–7-nervig (wenigstens getrocknet) **11**

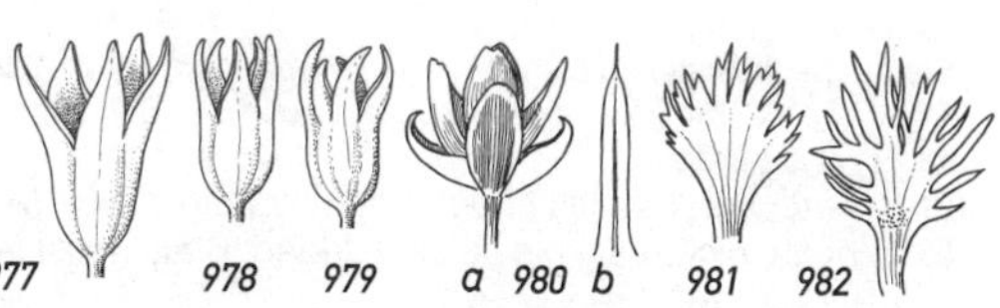

977 *978* *979* *a 980 b* *981* *982*

— Blätt. nervenlos od. 1-nervig, sehr schmal 8

8. Bltnstiele auffallend verlängert (15–35 mm lg.); Bltn. meist zu 3; Pfl. 5–20 cm hoch, dichtrasig, kahl, in der Tracht an *Sagina* erinnernd; ♃; VI–VIII. Hochmoore; sehr *s* in Ba (Alpenvorland). (= *Alsine stricta* WAHL.) *Steife M.,* **M. strícta** (SW.) HIERN

— Bltnstiele kurz, ± 5 mm, etwa so lg. wie der K. 9

9. Blätt. 3–8-mal so lg. wie breit, stumpf, bis 10 mm lg.; Kblätt. kahl; Bltn. zu 1–2(3), z. Blzt. wenig geöffnet; Pfl. 3–10 cm hoch, dichtrasig; ♃; VI–VIII. Rasenbänder, Gletscherböden, 2000–3400 m; *s,* Alp. von Ti, Sb, Kt, OTi, Bz, Gr, Vs, Waadt, *f* Dt. [= *Alsine biflora* (L.) WAHL.]
Ⓖ *Zweiblütige M.,* **M. biflóra** (L.) SCH. & THELL.

— Blätt. mehr als 10-mal so lg. wie breit, meist spitz, 5–20 mm lg. **10**

10. Blätt. lineal, 10–20 mm lg.; Kblätt. 5–7 mm lg., 3-nervig; Seitennerven der Kblätt. nur im unt. Teil deutl.; Infl. dicht drüsig behaart; Pfl. 5–20 cm hoch; ♃; VI–VIII. Kalkfelsen; *s,* nur Schweizer Jura, Bz.
Haar-M., **M. capillácea** (ALL.) GR.

— Blätt. lineal, 5–12(–15) mm lg.; Kblätt. 4–5,5 mm lg., 3(–5)-nervig, die Seitennerven auf der ganzen Länge deutl.; Kblätt. dicht flaumig behaart, aber meist drüsenlos; Infl. locker dichasial, meist 3–6-bltg.; Pfl. 8–30 cm hoch, lockerrasig, reichästig, m. kurzen, dicht beblätt. sterilen Sprossen; ♃; VII–VIII. Felsen, Felsschutt. [= *Alsine laricifolia* (L.) CR.] *Lärchennadel-M.,* **M. laricifólia** (L.) SCH. & THELL.

a. Kblätt. 4–4,4 mm lg.; Kapsel 1–1,5mal so lg. wie die Kblätt.; Samen 0,8–1 mm lg.; kalkmeidend; *s,* W-Ti, Bz, CH. ssp. **laricifólia**

— Kblätt. 5–7 mm lg.; Kapsel 1,5–2-mal so lg. wie die Kblätt.; Samen 1,2–1,5 mm lg.; auf Kalk; *z,* nur St, OÖ, NÖ. [= *M. kitaibelii* (NYM.) PAWLOWSKI; = *M. langii* (REUSS) HOLUB] ssp. **kitaibélii** (NYM.) MATTFELD

11(7). Blkrblätt. doppelt so lg. wie der K., am Rand keilf. verschmälert, Kapsel länger als der K.; Stg. 1–2-bltg., aus niederlgd., schwach verholztem Grd. aufstgd.; Pfl. lockerrasig; ♃; VI–VIII. Felsen u. Felsschutt der K-Alp., von 1400–2400 m; *z* Alp. von Ba (Karwendel), Au, Bz, *f* in Vb. [= *Alsine austriaca* (JACQ.) WAHL.]
Ⓖ *Österreichische M.,* **M. austríaca** (JACQ.) HAY.

— Blkrblätt. so lg. wie od. wenig länger als der K. 12

12. Kblätt. 3-nervig; Nerven scharf begrenzt; Bltnstg. aufrecht od. aufstgd.; Pfl. kahl od. drüsenhaarig, 5–15 cm hoch; ♃; V–VIII. Steinige Rasen; *v* Alp., *z* Jura, *s* auf Schwermetallböden in Th, SaAn, NS, We, Be, Au, ČR. [= *Alsine verna* (L.) BARTL.; incl. *M. smejkalii* DVORAKOVA u. *M. corcontica* DVORAKOVA] Formenreich.
Frühlings-M., **M. vérna** (L.) HIERN

a. Sterile Blattbüschel an blühenden Stg. fehlend; Infl. 1–7-bltg.; Kblätt. 3,5–4,5 mm lg.; Alp. *v,* sonst *s.* [incl. ssp. *gerardii* (WILLD.) GR. u. ssp. *hercynica* (WILLK.) SCHWARZ] ssp. **vérna**

— Sterile Blattbüschel an blühenden Stg. vorhanden; Infl. m. 6 u. mehr Bltn.; Kblätt. 2,2–3,2 mm lg.; Alp., *z,* Kt, St, NÖ, auch ČR (Böhmen). [= *M. caespitosa* (WILLD.) DEGEN] ssp. **collína** (NEILR.) DOMIN

— Kblätt. 5–7-nervig; Nerven undeutl. begrenzt; Stg. am Grd. verholzt; Pfl. 2–20 cm hoch, dichtrasig bis polsterbildend; Blätt. meist sichelf. nach einer Seite gekrümmt; ♃; VII–VIII. Moränenschutt, kiesige Stellen der Urgebirgsalp. von 1700–3460 m; *z,* CH, Vb, Ti, OTi, Bz, Kt. [= *Alsine recurva* (ALL.) WAHL.]

Ⓖ *Krummblättrige M.,* **M. recúrva** (ALL.) SCH. & THELL.

13(4). Bltnstand locker, dichasial verzweigt; Bltnstiele 2–4-mal so lg. wie der K.; Blkrblätt. etwas länger als die Kblätt.; Stg. zahlr., aufstgd., 5–20 cm hoch, Rasen bildend, m. sterilen Sprossen; ♃; V–VIII. Trockenrasen, Kalkfelsen, nur bis 400 m aufstgd.; *s,* Ti, St, OÖ, NÖ, Bgl, ČR, Ba (Donau-, Naab-, Altmühltal), früher BW (Kaiserstuhl). [= *Alsine setacea* (THUILL.) MERT. & KOCH]

Borsten-M., **M. setácea** (THUILL.) HAY.

— Bltnstand büschelig gedrängt; Bltnstiele kürzer als der K., nur die der gabelstg. Bltn. höchstens bis doppelt so lg. wie der K.; Blkrblätt. kürzer als die Kblätt. **14**

14. Blkrblätt. höchstens halb so lg. wie die Kblätt.; Kblätt. lg. zugespitzt, 4–6 mm lg; Bltn. büschelig-doldenartig gehäuft; Stg. kahl, einzeln, aufrecht, 8–25 cm hoch, sterile Sprosse fehlend; ⊙–⊙; VII–VIII. Trockenrasen, bis 2000 m aufstgd.; *s,* Ba, BW (Breisgau), E, RhPf, NÖ, Bgl, ČR, Bz. [= *Alsine fasciculata* auct.; = *A. jacquinii* KOCH; = *M. fasciculata* auct.; = *M. fastigiata* (SM.) RCHB.]

Büschel-M., **M. rúbra** (SCOP.) MCNEILL

— Blkrblätt. nur wenig kürzer als die Kblätt.; Kblätt. schmal lanzettl., 3,5–5,5 mm lg.; Pfl. ausdauernd, dicht, rasenbildend, m. sterilen Sprossen, 5–15 cm hoch; ♃; VI–VIII. Felsspalten, Schotter, bis 2800 m; *s,* Vs, Gr, Bz. [= *M. mutabilis* (LAP.) SCH. & TH. ex BECH.]

Schnabel-M., **M. rostráta** (PERS.) RCHB.

10. Honckénya EHRH., *Salzmiere*

Pfl. gelbgrün; Stg. fleischig, niederlgd.-aufrecht, an den Knoten wurzelnd *(972);* Bltn. in gedrängten Bltnständen, weiß; ♃; VI–VII. Meeresstrand, Dünen der N- u. Ostsee, einschließl. Inseln, *z.* [= *Alsine peploides* (L.) WAHL.] **H. peploídes** (L.) EHRH.

11. Bufónia L., *Buffonie*

Pfl. einjährig, 5–40 cm hoch; Blätt. pfrieml., am Grd. verwachsen; Blkrblätt. 4, lineal; Kblätt. 4; Kapsel kürzer als der K.; ⊙; VII–VIII. Trockenrasen; *s,* früher Vs. **B. paniculáta** DUBOIS

12. Sagína L., *Mastkraut*

1. K.- u. Blkrblätt. 5 . . . . **4**

— K.- u. Blkrblätt. 4, letztere oft hinfällig u. kürzer als der 4-blättrige K. **2**

2. Zwei äußere Kblätt. m. kleiner, aufgesetzter Stachelspitze *(980a);* Blätt. lg. stachelspitzig *(980b);* ⊙; V–IX. Äcker, zw. Pflasterfugen; *z.*

Kronloses M., **S. apétala** ARD.

a. Kblätt. von fruchtender Kapsel sternf. abstehend *(503).* (= *S. micropetala* RAUSCH.) ssp. **erécta** F. HERM.

— Kblätt. der fruchtenden Kapsel angedrückt. (= *S. ciliata* FR.) ssp. **apétala**

— Alle Kblätt. stumpf; Blätt. kurz stachelspitzig **3**

3. Kblätt. an der Spitze kapuzenf. zusammengezogen, nicht stachelspitzig; Frstiele aufrecht; Blkrblätt. sehr klein od. fehlend; Pfl. meist aufrecht, ohne zentrale Rosette; ⊙; V–VIII. Dünen u. Salzwiesen der Küstengebiete; *z.* *Strand-M.,* **S. marítima** G. DON

— Kblätt. breit eif., nicht kapuzenf. zusammengezogen; Bltnstiele postfloral hakig zurückgekrümmt, später wieder aufrecht; Pfl. niederlgd. od. aufstgd., m. zentraler Blattrosette; ♃; V–IX. Feuchte Äcker, Wegränder, Pflasterfugen; *v.* Formenreich. *Niederliegendes M.,* * **S. procúmbens** L.

4(1). Blkrblätt. so lg. wie od. nur wenig länger als der K. **6**

— Blkrblätt. doppelt so lg. wie der K. **5**

5. Ob. Blätt. 1–2 mm, unt. 5–25 mm lg.; ob. Blattachseln m. Blattbüscheln; Stg. niederlgd. bis aufstgd., 5–15 cm hoch; ♃; VI–VIII. Moorwiesen, Gräben, Heiden; *s, z* im N. *Knotiges M.,* **S. nodósa** (L.) FENZL

— Alle Blätt. nahezu gleich lg.; Stg. fast stets kriechend, am Grd. wurzelnd; Stg. u. Blätt. kahl; Bltn. einzeln, blattachselst., 5–10 mm im Dm; ♃; VII–VIII. Rasen, Weiden, besonders der Krummholzreg.; *s,* Alp. von Vs, Gr. *Kahles M.,* **S. glábra** (WILLD.) FENZL

6(4). Blätt. drüsig bewimpert, m. 1,5 mm langer Stachelspitze; Kapsel nur wenig länger als der oft drüsige K.; Pfl. dichtrasig; ♃; VI–VIII. Offene Sandböden; *s,* SH, MeVp, Da, Sa, Ts, Bz, NÖ, Bgl, ČR, früher Ba, Th, NS, Ho, als „Sternmoos" oft angepfl. *Pfriemen-M.,* * **S. subuláta** (SW.) C. PRESL

— Blätt. kahl, kurz stachelspitzig; Kapsel doppelt so lg. wie der meist kahle K.; Pfl. 2–10 cm hoch, polster- u. rasenbildend; ♃; VI–VIII. Feuchte Felsspalten, Schutt; Alp., Voralp. u. Mittelgeb., *z.* (= *S. linnaei* C. PRESL) Formenreich. *Alpen-M.,* **S. saginoídes** (L.) KARST.

Ein Bastard ist * **S.** × **normaniána** LAGERHEIM [= *S. procumbens* × *S. saginoides;* = *S. scotica* (DRUCE) DRUCE]: ähnl. *S. procumbens,* aber dichte u. breitere Rasen bildend; Bltn. klein, vorwgd. 5-zählig, mit 4-zähligen gemischt; Fr. häufig verkümmert; ♃; VI–VIII. Im Gebiet von *S. saginoides* vorkommend, von 1000 bis 1500 m, im Ötztal bis 3000 m.

13. Arenária L., *Sandkraut*

1. Blätt. schmal lineal, 3–10 cm lg. u. 1 mm breit; Stg. steif aufrecht, 10–40 cm hoch; Bltnstand vielbltg., endst., locker; ♃; VI–VII. Kiefernwälder; Bgl, früher OPr.(= *A. graminifolia* SCHRAD.; = *A. biebersteinii* auct.) *Grasblättriges S.,* **A. procéra** SPRENG.

— Blätt. eif.-lanzettl. od. lineal, aber höchstens 15 mm lg. **2**

2. Blätt. gestielt; Blkrblätt. länger als der K.; Pfl. ♃ **5**

— Blätt. sitzend od. nur die unt. kurz gestielt; Blkrblätt. kürzer als der K.; Pfl. ⊙–⊙ **3**

3. Kapsel längl.-kugelig, schmaler als 1,3 mm; Pfl. stark ästig, dünnstängelig; ⊙; V–IX. Wege, Mauern; *z.* [= *A. serpyllifolia* ssp. *tenuior* (KOCH) ARCANG.] *Südliches S.,* **A. leptóclados** (RCHB.) GUSS.

— Kapsel eif.-kugelig, am Grd. stark bauchig erweitert; Stg. steif, reich verzweigt; Bltnstiele mehrmals länger als die Bltn. **4**

4. Pfl. borstenhaarig, 2–10 cm hoch; Stg. meist nur oberw. gabelig verzweigt; Bltnstände dicht doldig-rispig; ⊙–⊙; VII–VIII. Geröllfelder,

offene Hänge der alp. Stufe, zwischen 2000–3300 m; *z* in Alp., S-CH, OTi, Sb, Ti, Kt. [= *A. serpyllifolia* L. ssp. *marschlinsii* (KOCH) NYM.]
Alpen-S.. **A. marschlínsii** KOCH

— Pfl. kurz drüsenhaarig [var. **víscida** (HALL. f. ex LOIS.) ASCH.] od. kahl, 3–30 cm hoch; Stg. schon vom Grd. an verzweigt, aufrecht od. aufstgd.; Bltnstände locker gabelig-doldig; ☉; V–IX. Äcker, Wegränder, Trockenrasen; *v,* vom Tiefland bis in die alp. Reg. Formenreich.
Quendelblättriges S., * **A. serpyllifólia** L.

5(2). Blätt. schmal lanzettl., 6–20-mal so lg. wie breit, ledrig, 5–13 mm lg., m. grannenartiger, 1 mm langer Spitze; Mittelrippe u. Rand unterst. verdickt; Kblätt. 3–5,5 mm lg., stachelspitzig; Stg. 1–3(–6)-bltg.; reife Kapsel zuletzt etwa doppelt so lg. wie der K.; ♃; VII–VIII. Felsen, Geröll, auf Kalk; *s,* Schweizer Jura, Ti, St, NÖ, ČR (Mähren).
Großblütiges S., **A. grandiflóra** L.

— Blätt. 1–4-mal so lg., wie breit, ohne Stachelspitze **6**

6. Kblätt. außen drüsig behaart, 4–6,5 mm lg.; Blätt. behaart, doppelt so lg. wie breit; Stg. 1–2-bltg.; reife Kapsel zuletzt kürzer als der K.; ♃; VI–VIII. Dolomitfelsen; *s,* nur Bz (Pragser Dolomiten).
Huters S., **A. húteri** KERN.

— Kblätt. außen kahl, höchstens bewimpert **7**

7. Blätt. kahl, rundl., stumpf, glzd.; Blkrblätt. nur wenig länger als die Kblätt.; Bltn. einzeln od. zu 2, an kurzen Seitensprossen; Stg. niederlgd., dicht beblättert; ♃; VII–IX. Schneetälchen, feuchtes Geröll, bis 3100 m; *z,* Alp. *Zweiblütiges S.*, **A. biflóra** L.

— Blätt. am Rand bewimpert, lanzettl., spitz; Blkrblätt. doppelt so lg. wie die Kblätt.; ♃; VII–VIII. Alpine Rasen, von 1400–3200 m; *v.* (incl. ssp. *bernénsis* FAVARGER). Formenreich. *Bewimpertes S.*, **A. ciliáta** L.

a. Pfl. 1–2-jährig, ohne sterile Triebe, aufrecht, bis 15 cm hoch; Bltn. an 2–3 cm lg. Seitensprossen; VI–IX. Seeufer; *s,* nur CH (Lac de Joux). (= *A. gothica* FR.) ssp. **góthica** (FR.) HARTM.

— Pfl. ausdauernd, m. sterilen Trieben, niederlgd., rasenbildend . . . . **b**

b. Blätt. 3–4-mal so lg. wie breit, spärl. od. ganz bewimpert; Bltn. einzeln, seltener zu 2; Blkrblätt. 7–7,5 mm lg. (= *A. tenella* KIT.) ssp. **ciliáta**

— Blätt. nur 2–3-mal so lg. wie breit, von der Basis bis zu $^{2}/_{3}$ der Blattlänge bewimpert; Blkrblätt. 4–5 mm lg. [= ssp. *moehringioides* (MURR) MURR; = *A. multicaulis* L.] ssp. **multicaúlis** (L.) ARCANG.

14. Moehríngia L., *Nabelmiere*

1. Bltn. 4-zählig; Stbblätt. 8; Stg. dünn, sparrig verzweigt; Blätt. fädl. (0,5–1 mm breit), bis 35 mm lg.; ♃; V–IX. Schattige, feuchte Stellen; Alp. u. Vorland, Böhmw., Fichtgeb., *z–s.* *Moos-N.*, **M. muscósa** L.

— Bltn. 5-zählig; Stbblätt. 10 . . . . **2**

2. Unt. Stgblätt. lanzettl. bis eif., zum Grd. hin verschmälert **5**

— Blätt. alle lineal bis lineal-lanzettl. **3**

3. Pfl. grün; Bltnstiele 10–15 mm lg.; Bltn. meist zu 1–2; Blätt. nadelartig, 5–10 mm lg., am Grd. meist kurz bewimpert; reife Kapsel um $^{1}/_{3}$ länger als der K.; Pfl. 5–20 cm hoch; ♃; VI–VIII. Feuchte Gesteinsfluren, Felsen; K-Alpen, bis 3125 m, *v.* [= *M. polygonoides* (SCOP.) D. T.]
Bewimperte N., Wimper-N., **M. ciliáta** (SCOP.) D. T.

— Pfl. blaugrün; Bltnstiele 10–30 mm lg. 4

4. Blätt. 1–1,5 mm im Dm, dick fleischig, 1–2(–3) cm lg., kahl; Kblätt. 3–4 mm lg.; Bltn. meist zu 2–5; Blkrblätt. bis doppelt so lg. wie der K.; reife Kapsel so lg. od. wenig länger als der K.; Pfl. 5–20 cm hoch, liegend od. hgd.; ♃; VI–VIII. Senkrechte od. überhgd. Kalkfelsen; *s,* nur St, Bz. *Steirische N.,* **M. bavárica** (L.) GREN.

— Blätt. 0,3–0,6 mm im Dm, 10–15 mm lg., kahl; Kblätt. 2,5–3 mm lg.; Bltn. zu 1–3; Blkrblätt. wenig länger als der K.; reife K. so lg. wie der K.; Pfl. 5–15 cm hoch, dicht rasenförmig; ♃; V–VII. Schattige senkrechte od. überhängende Kalkfelsen; *s,* nur Bz. *Graugrüne N.,* **M. glaucovírens** BERTOL.

5(2). Pfl. kahl; Blkrblätt. so lg. wie der K.; unt. Blätt. eif., ob. lanzettl.; ⊙–⊙; VI–VII. Felsspalten, Schutt, nur auf Silikat; *s,* Kt, St. Ⓖ *Verschiedenblättrige N.,* **M. diversifólia** DOLLINER ex KOCH

— Pfl. behaart; Blkrblätt. 1/3 bis ½ so lg. wie der K.; alle Blätt. eif.; ⊙; V–VII. Wälder, Gebüsch; *v.* *Dreinervige N.,* * **M. trinérvia** (L.) CLAIRV.

15. Holósteum L., *Spurre*

Blkrblätt. am Rand gezähnelt; Frstiele anfangs abw. gekrümmt *(970),* später wieder aufrecht; Stg. 3–25 cm lang, spitzenw. drüsig (Lupe!); ⊙; III–V. Sandfelder, Dünen, Trockenrasen; *v, s* Alp. Formenreich. **H. umbellátum** L.

16. Moénchia EHRH., *Weißmiere*

1. Pfl. 3–10 cm hoch; Blkrblätt. 4, kürzer als der K.; ⊙; IV–V. Sandrasen, Brachäcker; *s, f* in Au. *Aufrechte W.,* **M. erécta** (L.) G. M. SCH.

— Pfl. 10–30 cm hoch; Blkrblätt. 5, länger als der K.; ⊙; V–VI. Weiden, Magerwiesen; *s,* St, Bgl, St. Gallen, Gr. *Fünfzählige W.,* **M. mántica** (L.) BARTL.

17. Pseudostellária PAX, *Knollenmiere*

Stg. 5–15 cm hoch; Blätt. sitzend, elliptisch bis lanzettl.; Bltn. zu 1–3, 9–13 mm im Dm; Kblätt. 4–7 mm lg.; Blkrblätt. weniger als ½ gespalten; ♃; IV–V. Feuchte Erlenwälder; *z,* nur Kt, St, Ts. **P. europaéa** SCHAEFTLEIN

18. Stellária L. (incl. **Myosóton** MOENCH = *Malachium* FR.), *Sternmiere*

1. Gr. 5; Stg. schlaff, zerbrechl., spitzenw. dicht drüsig behaart, im unt. Teil 4-kantig, kahl; unt. Stgblätt. sitzend od. nur kurz gestielt (bei der ähnl. *St. nemorum* diese 1–2 cm lg. gestielt); ⊙ bis mehrjährig; VI–IX. Auwälder, Ufer, Weidengebüsche; *v.* [= *Myosoton aquaticum* (L.) MOENCH; = *Malachium aquaticum* (L.) FR.] *Wasserdarm,* * **St. aquática** (L.) SCOP.

— Gr. 3 2

2. Stg. unten 4-kantig; Blätt. alle sitzend, lineal-lanzettl. 4

— Stg. stielrund; basale Blätt. gestielt 3

3. Stg. 1-reihig behaart, niederlgd.; Blätt. klein, herz-eif., abgerundet, kurz gestielt; Blkrblätt. nicht länger als der K., oft fehlend [var. **apétala** (UCRIA) MERT. & KOCH]; Stbblätt. 1–5(–10); ⊙; I–XII. Gärten, Äcker, Weinberge, Schuttplätze; *g.* Artengruppe *Vogelmiere,* * **St. média** agg.

a. Stbblätt. (2–)10(–11), m. purpurroten Stbbeuteln; Blkrblätt. stets vorhanden, mind. so lg. wie der 5–6,5 mm lange K.; Samen dk. rotbraun, 1,3–1,7 mm lg.; IV–VII. Waldränder, Ufer; *z.* *Auwald-St.,* **St. neglécta** WH.

— Stbblätt. (0–)1–5(–10); Blkrblätt. meist etwas kürzer als der K., oft fehlend **b**

b. Pfl. gelbgrün; Kblätt. 2–3,5 mm lg.; Stbblätt. 1–3(–5); Stbbeutel grauviolett; Frstiele aufrecht; Samen 0,5–0,8 mm lg.; III–V. Sandige Ruderalstellen, Kiefernwälder; *z.* *Bleiche St.,* **St. pállida** (DUM.) CRÉPIN

— Pfl. grün; Kblätt. 3–5 mm lg.; Stbblätt. (0–)3–5(–10); Stbbeutel meist rotviolett; Samen rötl.braun, 0,8 – 1,3 mm lg.; Frstiele meist herabgeschlagen; *g.* *Vogelmiere,* **St. média** (L.) VILL. s. str.

— Stg. spitzenw. ringsum drüsig behaart, zerbrechl., niederlgd., Ausläufer treibend; Blkrblätt. doppelt so lg. wie der K.; Stbblätt. 10; Gr. 3; ♃; V–IX. Feuchte Laubwälder. *Hain-St.,* * **St. némorum** L.

a. Reife Samen am Rand m. kurzen Papillen; erstes Blattpaar oberhalb der untersten Blüte mind. halb so lg. wie das darunter; *v.* ssp. **némorum**

— Reife Samen m. morgensternart. Papillen; erstes Blattpaar über der untersten Blüte weniger als 1/3 der Länge des Paars darunter; *z* in Ba, BW, Sa, SH, MeVp, Ho, Be, Lx, Da, Kt, St, Ts, Gr, Bern, FL, Bz. (= ssp. *glochidisperma* MURB.) ssp. **montána** (PIERRAT) BERHER

4(2). Blkrblätt. bis zur Mitte gespalten, etwa doppelt so lg. wie der nervenlose K.; Tragblätt. der Bltn. krautig; ♃; IV–VI. Laubwälder, Gebüsch; *v–z.* *Große St.,* * **St. holóstea** L.

— Blkrblätt. fast bis zum Grd. geteilt **5**

5. Stg. spitzenw. u. Blattrand durch Papillen rau; Kblätt. in frischem Zustand undeutl. nervig; Tragblätt. trockenhäutig; ♃; VI–VIII. Feuchte Wälder, Waldmoore; *z* in OPr, Br, Sa, Schl, Ba, Au, Gr, Bz, ČR. (= *St. friesiana* SER.; = *St. diffusa* SCHLDL.) *Langblättrige St.,* **St. longifólia** MÜHLENBG. ex WILLD.

— Stg. glatt **6**

6. Kblätt. in frischem Zustand undeutl. 3-nervig, kürzer als die Blkrblätt.; Tragblätt. krautig; Blätt. dickl., fleischig, saftig grün; ♃; VII–VIII. Torfwiesen, Brüche; *s* Ba, früher BW u. N-Dt. *Dickblättrige St.,* **St. crassifólia** EHRH.

— Kblätt. auch in frischem Zustand deutl. 3-nervig **7**

7. Blkrblätt. viel kürzer als der am Grd. trichterf. K.; Tragblätt. trockenhäutig; Bltnstiele nach der Blüte hakig abw. gebogen; Blätt. bläul.grün, am Grd. bewimpert; ♃; V–VI. Bäche, Gräben, nasse Waldwege; *v.* (= *St. uliginosa* MURR.) *Bach-St.,* * **St. alsíne** GRIMM

— Blkrblätt. so lg. od. länger als der am Grd. abgerundete K. **8**

8. Tragblätt. am Rand etwas bewimpert, trockenhäutig; Stg. schlaff, aufstgd., meist stark verzweigt; Blätt. dünn, grasgrün; ♃; V–VII. Waldränder, Gebüsch, Feldraine; *v.* *Gras-St.,* * **St. gramínea** L.

— Tragblätt. am Rand kahl, trockenhäutig; Stg. aufrecht, wenig verzweigt; Blätt. etwas fleischig, blaugrün; ♃; V–VII. Feuchte Wiesen, Ufer, Gräben; *v* im N, *s* im S, in Au nur OÖ, NÖ. (= *St. glauca* WITH.) *Sumpf-St.,* **St. palústris** EHRH. ex HOFFM.

19. Lepyródiclis FENZL, *Blasenmiere*

Pfl. habituell an *Stellaria holostea* L. erinnernd, niederlgd.-aufstgd.; Bltn. 5-zählig; Kblätt. an der Basis kurz miteinander verwachsen, außen drüsig behaart; Blkrblätt. an der Spitze schwach, aber deutl. ausgerandet; Gr. 2, starr; Kapsel sich m. 2 Klappen öffnend, jede 2 Samen enthaltend; ⊙; V–VI. Äcker, häufig in Gesellschaft von *Trifolium resupinatum, s* u. vorübergehend eingeschleppt; BW, RhPf, He, O-We, Sa, St. (Heimat: westl. As. bis Himalaya) **L. holosteoídes** (MEY.) FENZL ex FISCH.

20. Cerástium L., *Hornkraut*

1. Gr. 4 od. 5 . . . . **3**

— Gr. 3 . . . . **2**

2. Tragblätt. u. K. kahl od. fast kahl; Stg. niederlgd. m. aufrechten Ästen; Pfl. lockerrasig, 5–15 cm hoch; Bltn. 12–18 mm im Dm, in 1–3-bltg. Infl.; Frstiel herabgebogen; ♃; VII–VIII. Quellfluren, Schneetälchen, Alp. von 1200 bis 3300 m; *z–v.* (= *C. trigynum* VILL.) *Dreigriffeliges H.,* **C. cerastoídes** (L.) BRITT.

— Tragblätt. u. K. drüsig-flaumig; Stg. aufrecht od. aufstgd., 6–30 cm lang; Pfl. nicht rasenbildend; Bltn. etwa 9 mm im Dm, zu 1–3 endst.; Frstiele aufrecht; ⊙; IV–VI. Ufer, Wege, auf Tonböden; *s* in Schl, Br, SaAn (Elbetal), RhPf, N-BW, S-E, NÖ, Bgl, ČR. (= *C. anomalum* W. & K.) *Klebriges H.,* **C. dúbium** (BAST.) GUÉPIN

3(1). Blkrblätt. etwa doppelt so lg. wie der K., länger als 8 mm **9**

— Blkrblätt. bis 8 mm lg., wenig länger, gleich lg. wie od. kürzer als der K., zuw. fehlend **4**

4. Ob. Tragblätt. am Rand ± breit trockenhäutig, an der Spitze kahl od. fast kahl **7**

— Ob. Tragblätt. krautig, ohne Hautrand, an der Spitze absthd. behaart *(986)* **5**

5. Bltn. 4-zählig; Gr. 4; Pfl. frischgrün, stark drüsig; Kblätt. m. kurzer Spitze; ⊙–⊙; III–VI. Dünen u. sandige Weiden; *s* Nordseeküste u. Inseln, Da. (= *C. tetrandrum* CURT.) *Viermänniges H.,* **C. diffúsum** PERS.

— Bltn. 5-zählig; Gr. 5 . . . . **6**

6. Bltn. in geknäuelten Bltnständen; Frstiel kürzer als der K.; Stbfäden kahl; Pfl. blass- bis gelbgrün; ⊙–⊙; III–IX. Feuchte Gebüsche, Gräben, Ufer, Wegränder; *v.* (= *C. viscosum* auct.) *Knäuel-H.,* * **C. glomerátum** THUILL.

— Bltnstand locker; Frstiele 2–3-mal so lg. wie der K.; Stbfäden bewimpert; Pfl. graugrün; ⊙–⊙; IV–VI. Trockenrasen, Böschungen; *z.* (= *C. tauricum* SPRENG.) *Kleinblütiges H.,* **C. brachypétalum** PERS.

a. Haare am Bltnstiel absthd.; *z.* ssp. **brachypétalum**

b. Haare am Bltnstiel anlgd.; *s,* OÖ, NÖ, Bgl, St, SO-Kt, Ts, Gr, Bz, ČR. (= *C. tenoreanum* SER.) ssp. **tenoreánum** (SER.) SOÓ

7(4). Pfl. selten drüsig, m. blühenden u. sterilen Trieben; Frkapsel 8–18 mm lg.; ♃; III–VI. Wiesen, Äcker; *g.* *Gewöhnliches H.,* * **C. fontánum** BAUMG. s. l.

a. Kblätt. 3–5(–7) mm lg.; Kapsel bis 12 mm lg.; III–VI. Wiesen, Rasen, Äcker, *g.* [= *C. holosteoides* FR.; = *C. caespitosum* GIL.; = *C. triviale* LK.; = *C. fontanum* BAUMG. ssp. *triviale* (LK.) JALAS] *Gewöhnliches H.,* ssp. **vulgáre** (HARTMAN) GREUT. & BURDET

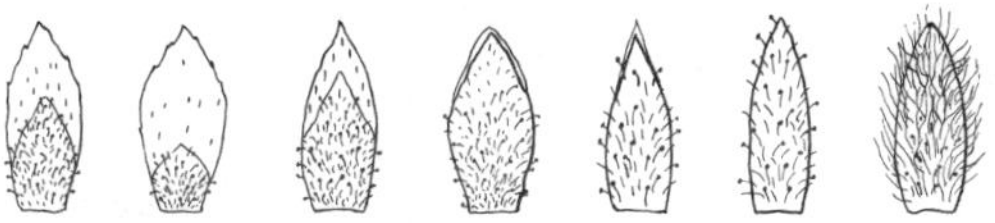

— Kblätt. 6–9 mm lg.; Kapsel 12–18 mm lg. . . . . b
b. Pfl. dicht drüsenhaarig; Blkrblätt. bewimpert, etwa so lg. wie der K.; IV–VI. Feuchte, schattige Standorte; *s.* [= *C. lucorum* (Schur) Möschl; = *C. macrocarpum* auct.] *Großfrüchtiges H.*, ssp. **lucórum** (Schur) Soó
— Pfl. dicht behaart, drüsenlos od. wenig drüsig; Blkrblätt. unbewimpert, meist deutl. länger als der K.; IV–VI. Matten, feuchte Gesteinsfluren, bis in die alp. Reg. aufstgd., kalkmeidend; Alp. *z.* *Quellen-H.*, ssp. **fontánum**
— Pfl. dichtdrüsig, nur m. blühenden Trieben; ⊙; Frkapsel 5–8 mm lg. **8**
8. Hautrand der Tragblätt. *(983a, b)* sehr breit, oft fast ganzes Blatt trockenhäutig; Pfl. 3–30 cm hoch; Stg. meist reich drüsig, aufrecht od. niederlgd.; ⊙–⊙; III–V. Lückige Trockenrasen, Weg- und Ackerränder, Ruderalstellen; von der Ebene bis in die Voralp., *v–z.*
Sand-H., * **C. semidecándrum** L.
— Tragblätt. krautig *(985b)* od. sehr schmal hautrandig *(984b, 985a)*, höchstens obere etwas breiter hautrandig *(984a)*, Hautrand höchstens ein Viertel der Blattlänge erreichend; Pfl. dicht drüsig-klebrig, 3–20(–40) cm hoch; ⊙–⊙; III–V. Lückige Trockenrasen, Äcker, Bahnanlagen; z im S, s im N. *Niedriges H., Zwerg-H.*, **C. púmilum** Curt.
a. Unterstes Tragblattpaar ganz krautig *(985b)*, beidersts. behaart; Pfl. dunkelgrün. (= *C. obscurum* Chaub.) *Dunkles Zwerg-H.*, ssp. **púmilum**
b. Unterstes Tragblattpaar mit sehr schmalem Hautrand *(984b)*, oberst. kahl; Pfl. meist gelbgrün. (= *C. pallens* F. W. Schultz, = *C. glutinosum* Fr.)
Bleiches Zwerg-H., ssp. **glutinósum** (Fr.) Corb.
9(3). Tragblätt., zumindest die ob., hautrandig **12**
— Alle Tragblätt. ohne Hautrand, den Laubblätt. ähnl.; niedrige, ausdauernde Alpenpfl., mit 1–3-bltg. Stg.; Blätt. > 3 mm breit **10**
10. Zähne der geöffneten Kapsel zurückgekrümmt; Blkr. glockig, die Kblätt. höchstens um 1/3 überragend; Pfl. 3–8 cm hoch, lockerrasig, schwach flaumhaarig; Blätt. brüchig, starr, grasgrün; ♃; VI–VIII. Steinige Böden der Ur-Alp., von 2000–3200 m; *z* in Ti, Vb, Sb, Kt, CH, OTi, Bz. (= *C. filiforme* Schleich.) *Stiel-H.*, **C. pedunculátum** Gaud.
— Zähne der geöffneten Kapsel nicht zurückgekrümmt; Blkr. meist becherf., mehr als doppelt so lg. od. kaum doppelt so lg. wie der K. **11**
11. Blkrblätt. mehr als doppelt so lg. wie der K.; Pfl. lockerrasig, 3–8 cm hoch, dicht kurz-drüsig, aber nicht zottig behaart; ♃; VII–VIII. Geröll u. Felsen der K-Alp., von 1700–3400 m; *z.*
Breitblättriges H., **C. latifólium** L.
— Blkrblätt. kaum doppelt so lg. wie der K.; Pfl. dichtrasig, 3–8 cm hoch, dicht zottig behaart; neben Drüsenhaaren auch drüsenlose Gliederhaare; Stg. 1–3-bltg.; ♃; VII–IX. Geröll u. Moränenschutt, vorwgd. der Ur-Alp. von 1600–3475 m; *z.* *Einblütiges H.*, **C. uniflórum** Clairv.

12(9). Unt. Blätt. 10–15 mm breit, spatelig, lg. gestielt, weich, zerstreut behaart; Stg. schlaff aufstgd., ausläuferbildend, 30–60 cm lg.; unt. Tragblätt. groß, laubig, ganz krautig; ♃; VI–VII. Feuchte Wälder, Torfbrüche; *s,* St, OÖ, NÖ, Bgl, früher WPr, OPr.
Wald-H., **C. sylváticum** W. & K.

— Blätt. schmäler, alle sitzend **13**

13. Blätt. längl.-lanzettl. od. lineal, in den Blattachseln m. Blattknospen od. beblätterten Sprossen; Tragblätt. m. breitem Hautrand **17**

— Blätt. eif.-elliptisch, seltener längl., in den Achseln meist ohne beblätterte Sprosse **14**

14. Kblätt. 7–10 mm lg., spitz **16**

— Kblätt. 3–6 mm lg., stumpfl. **15**

15. Kblätt. 3–4 mm lg., stumpf; Blätt. 5–15 mm lg. u. 1–6 mm breit, meist starr, hellgrün; Pfl. ähnl. *C. arvense*, rasenbildend; ♃; V–VI. Auf Serpentin; *s,* nur W-ČR (Marienbad).
Mierenblättriges H., **C. alsinifólium** Tausch

— Kblätt. 5–6 mm lg., stumpfl.; Pfl. lockerrasig; ♃; VI–IX. Felsschutt, Gesteinsfluren; *z* K-Alp., *f* Vb u. Dt.
Kärntner H., **C. carinthíacum** Vest

a. Ob Tragblätt. m. breitem Hautrand; *z.* ssp. **carinthíacum**

— Ob. Tragblätt. m. schmalem od. fehlendem Hautrand; *s,* Ts, Bz, OTi, Kt, St. ssp. **austroalpínum** (H. Kunz) H. Kunz

16(14). Rosetten an der Spitze m. auffällig dicht weißwollig behaarten Blätt., oft m. Drüsenhaaren; ältere Blätt. dicht behaart; Bltnstiele 10–25 mm lg.; Bltnstand meist 3–8-bltg.; ♃; VII–VIII. Felsen, Magerrasen, auf Kalk; *z,* St, Kt (Gurktaler Alp.) *Wollgras-H.,* **C. erióphorum** Kit.

— Rosetten an der Spitze ohne auffällig weißwollige Blätt., aber oft dicht behaart; ältere Blätt. verkahlend; Drüsenhaare fehlen; Bltnstiele 4–20 mm lg.; Bltnstand meist 1–3-bltg; ♃; VII–IX. Felsen, Geröll, kalkmeidend; *z,* Alp. [incl. ssp. *lanatum* (Lam.) A. & Gr.] Formenreich.
Alpen-H., **C. alpínum** L.

17(13). Stg. u. Blätt. dicht weißfilzig; Bltn. in 5–15-bltg. Dichasien; ♃; V–VI. Zierpfl., zuw. verwild. (Heimat: SO-Eur., Kaukasus) *Filziges H.,* * **C. tomentósum** L.

— Stg. u. Blätt. dicht kurzhaarig, aber nicht weißfilzig, spitzenw. drüsig **18**

18. Bltnstiele z. Frzt. gerade; Stg. oberw. drüsig; Blätt. nur am Grd. bewimpert, steif, m. gekielter Mittelrippe u. umgeschlagenem Rand; Pfl. 7–12 cm hoch; ♃; VII–VIII. Felsen, Steinrasen, auf Kalk; nur Kt (Karawanken). *Julisches H.,* **C. júlicum** Schellmann

— Bltnstiele z. Frzt. unterhalb des K. gebogen; ♃; IV–IX. Feldraine, Alpenmatten; *v.* *Acker-H.,* * **C. arvénse** L.

a. Sterile Sprosse nur wenig kürzer als die blühenden; Pfl. kräftig, 10–30 cm hoch; Blätt. obersts. meist behaart; Feldraine, Bahndämme; *v.*
ssp. **arvénse**

— Sterile Sprosse viel kürzer als die blühenden; Blätt. obersts. meist kahl **b**

b. Fr. kaum länger als die Kblätt., diese 4–6 mm lg.; Pfl. 3–10 cm hoch; Felsen, steinige Matten; *v* Alp. u. Voralp., Schweizer Jura (= *C. strictum* Haenke)
ssp. **stríctum** (Koch) Sch. & Kell.

— Fr. 1,5–2-mal so lg. wie die Kblätt. . . . . **c**

c. Blätt. schmal lineal, 10–40 mm lg.; Stg. schlaff; *s*, Ts, Gr, OTi, Bz?.
ssp. **suffruticósum** (L.) CES.
— Blätt. lineal-lanzettl., 10–25 mm lg.; Stg. steif aufrecht; *z*, Ti, St, OTi, CH? [= ssp. *calcicola* (SCHUR) BORZA; = ssp. *ciliatum* (W. & K.) HAY.]
ssp. **mólle** (VILL.) ARCANG.

21. Gypsóphila L., *Gipskraut*

1. Bltnstand kahl **4**
— Bltnstand drüsig behaart **2**
2. Bltn. dicht schirmf. gedrängt; Pfl. 15–40 cm hoch; ♃; VI–VIII. Auf Sand- u. Gipsboden; *z* in NO-Dt, Th, SaAn, O-Sa, Mainzer Becken, NÖ (Marchfeld), ČR. Ⓖ *Büscheliges G.*, **G. fastigiáta** L.
— Bltnstand locker **3**
3. Blätt. > 10 mm breit; Blkrblätt. ausgerandet, untersts. hell lilarosa, obersts. weiß; Krone ca. 10 mm im Dm.; Bltnstiele am Grd. drüsig; ♃; VI–IX. Zierpfl. (Heimat: Kaukasus), *s* verwild. u. eingebürgert, Br, Th, Sa, SaAn, Oberrhein.
Schwarzwurzel-G., **G. scorzonerifólia** Ser.
— Blätt. > 10 mm breit; Bltn. weiß, ca. 4 mm im Dm.; (vgl. Nr. **6**–)
G. paniculáta
4(1). Blätt. > 10 mm breit, eif., stängelumfassend; Pfl. 30–100 cm hoch, gelbgrün, unten drüsig, oberwärts kahl; Blkrblätt. abgerundet od. gestutzt, untersts. purpurlila, obersts. hell lilarosa; Krone 5 mm im Dm.; ♃; VII–IX. Ruderalstellen; *s* eingeschleppt, Br, SaAn. (Heimat: SE-Eur., Z-As.)
Stängelumfassendes G., **G. perfoliáta** L.
— Blätt. schmäler **5**
5. Stg. kriechend od. aufstgd.; Pfl. blaugrün, rasenbildend; Bltn. in lockeren Dichasien; ♃; V–VIII. Geröll u. Felsen; K-Alp. u. Vorland *v*, sonst *s* in BW, S-Harz, früher He (Vogelsberg). *Kriechendes G.*, **G. répens** L.
— Stg. aufrecht **6**
6. Pfl. 4–25 cm hoch; Blkrblätt. rosa, dk. geadert, ausgerandet od. gekerbt; Blätt. lineal, blaugrün; ⊙; VI–X. Sandige Äcker, Gräben; *z*, *s* im N, W u. Da. *Acker-G.*, **G. murális** L.
— Pfl. 50–90 cm hoch; Blkrblätt. weiß, vorn abgerundet; Blätt. lanzettl., scharf zugespitzt; ♃; VI–IX. Sandtrockenrasen; *s*, wild in NÖ, ČR (Mähren), oft angepflanzt u. *s* verwild., z. B. Bz.
Schleierkraut, Rispiges G., **G. paniculáta** L.

22. Saponária L., *Seifenkraut*

1. Bltn. hellgelb; Platte der Blkrblätt. 3–4 mm lg.; Bltnstand kopfig; Blätt. lineal-lanzettl., 2 mm breit; Pfl. aufrecht, 5–10 cm hoch; ♃; VII–VIII. Alpine Rasen; nur Ts (Basodino). *Gelbes S.*, **S. lútea** L.
— Bltn. rot, rosa od. weiß **2**
2. Stg. 1-bltg., kurz; Bltn. 20–25 mm im Dm, lebhaft rot; K. aufgeblasen; Pfl. dichtrasig bis polsterbildend, 3–5 cm hoch; ♃; VIII–IX. Matten der Ur-Alp. (meist 1700–2600 m) von Sb, Ti, Kt, St, *z*. [= *S. pumilio* (L.) FENZL ex A. BR.] Ⓖ *Niedriges S.*, **S. púmila** JANCH.
— Stg. mehrbltg., verlängert **3**
3. Bltn. groß, blassrosa bis weiß, in dichten Dichasien; Stg. aufrecht, fein flaumig, 30–70 cm lg., ausläuferbildend; ♃; VI–IX. Flussauen,

Straßenränder, Ruderalstellen; *v– z.*

Gewöhnliches S., * **S. officinális** L.

— Bltn. klein, lebhaft rot, in lockeren Dichasien; Stg. niederlgd. bis aufstgd., 10–30 cm hoch, kurz drüsenhaarig; ♃; IV–X. Felsige Abhänge, Geröllhalden, kalkliebend; *z,* besonders Alp.

Rotes S., **S. ocymoídes** L.

23. Vaccária Med., *Kuhkraut*

Bltn. in lockeren, reich verzweigten Dichasien, blassrot; Pfl. kahl; Blätt. lanzettl., spitz, bläul. bereift; ⊙; VI. Äcker, Schutt, Wegränder; *s,* im Gebirge *f.* (= *Saponaria vaccaria* L.; = *V. vulgaris* Host; = *V. pyramidata* Med.)

Ⓖ **V. hispánica** (Mill.) Rausch.

24. Petrorhágia (Ser. ex DC.) Lk. (incl. **Túnica** auct.; **Kohlraûschia** Kth.), *Nelkenköpfchen, Felsennelke*

1. Bltn. zu mehreren in endst., von mehreren Paaren trockenhäutiger Hochblätt. umgebenen köpfchenart. Infl. *(976);* Blkrblätt. rötl.lila, klein; Stg. aufrecht, meist einfach, kahl; ⊙; VI–X. Trockenrasen, sandige Hügel; *z, s* bis *f* im NW. [= *Tunica prolifera* (L.) Scop.; = *Kohlrauschia prolifera* (L.) Kth.]

Sprossende F., * **P. prolífera** (L.) P. W. Ball & Heyw.

— Bltn. einzeln; K. m. fein zugespitzten Außenkblätt. (*966*, aK); Blkrblätt. hell-lila, 3-nervig; Stg. niederlgd. bis aufstgd., reichästig; ♃; VI–IX. Steinige Abhänge, Trockenrasen, Flusskies; *z* in Alp., Voralp., Schweizer Jura, auch Zierpfl. u. verwild. [= *Tunica saxifraga* (L.) Scop.]

Steinbrech-F., **P. saxífraga** (L.) Lk.

25. Diánthus L., *Nelke* ©

1. Blkrblätt. wenigstens bis zur Mitte zerschlitzt **13**

— Blkrblätt. nur an der Spitze gezähnt (selten ganzrandig) **2**

2. Bltn. kopfig od. büschelig gehäuft; Einzelbltn. sitzend od. kurz gestielt **9**

— Bltn. einzeln, zu zweit od. in lockeren Bltnständen; Einzelbltn. länger gestielt **3**

3. Stg. kurzhaarig; Außenkblätt. 2, m. grannenart. Spitze halb so lg. wie die Kröhre; Blkrblätt. purpurrot, weiß punktiert u. dk. gestreift; Grdblätt. längl.-spatelf., stumpf; ♃; VI–IX. Silikat-Magerrasen, Kiefernwälder, gern auf Sand; *z.* © *Heide-N.,* * **D. deltoídes** L.

— Stg. kahl **4**

4. Außenkblätt. kürzer als die halbe K.-Röhre **7**

— Außenkblätt. so lg. wie od. länger als die halbe K.-Röhre **5**

5. Pfl. der niederen Lagen, 30–60 cm hoch, lockerrasig; Bltn. meist zu 2; Außenkblätt. am Rande trockenhäutig, ½ bis fast so lg. wie die K.-Röhre; Blkrblätt. im Schlund m. Kranz tiefroter Punkte; ♃; VI–VIII. Lichte Wälder, buschige Abhänge; *z* in Ba, BW, Sa, *s* in Th, SaAn, Vb. (= *D. sylvaticus* Willd.) © *Busch-N.,* **D. seguiéri** Vill.

a. Blätt. 1–2 mm breit; Außenkblätt. oft fast so lg. wie die Kblätt; *s,* Ts, Gr, Bz, Vb. (= *D. sylvaticus* Willd.; = *D. glaber*) ssp. **seguiéri**

— Blätt. 2–5 mm breit; Außenkblätt. etwa halb so lg. wie die Kblätt.; *z*, Ba, BW, Sa, *s* in Th, SaAn, ČR (Böhmen). (= *D. sylvaticus* Hoppe) ssp. **gláber** Čel.

— Niedrige, lockerrasige bis dicht polsterf. Pfl. der Hochalp.; Bltn. einzeln, selten zu 2–3 . . . . **6**

6. Platte der Blkrblätt. 10–15 mm lg., horizontal absthd.; Kapsel kürzer als der K.; Bltn. sehr groß, purpurn, im Schlund purpurrot u. weiß gesprenkelt; Blätt. lineal-lanzettl., breit, kurz; Pfl. 2–20 cm hoch, lockerrasig; ♃; VI–VIII. Steinige Wiesen der östl. K-Alp.; *s* in N-St, OÖ, NÖ, *f* in CH, Dt. Ⓖ *Alpen-N.*, **D. alpínus** L.

— Platte der Blkrblätt. 8–10 mm lg., schräg absthd.; Kapsel länger als der K.; Außenkblätt. m. lg., krautiger Spitze; Blkrblätt. purpurrot; Blätt. lineal, stumpf, dickl., am Rand etwas rau; Pfl. 1–4 cm hoch, dichtrasig; ♃; VII–VIII. Rasen der Ur-Alp., 1800–2900 m; *s* in Sb, Ti, Kt, St, Gr, Bz, *f* in Dt. Ⓖ *Gletscher-N.*, **D. glaciális** Haenke

7(4). Blkrblätt. am Grd. der Platte bärtig; Blätt. blaugrün; Pfl. dichtrasig bis polsterbildend; Stg. meist 1-bltg.; Außenkblätt. 4–6, höchstens 1/4 so lg. wie die K.-Röhre; Blkrblätt. hellrot; ♃; V–VI. Felsige Trockenrasen; *z*, *f* in Alp.; auch als Zierpfl. u. *s* verwild. u. eingebürgert. (= *D. caesius* Sm.) Ⓖ *Pfingst-N.*, * **D. gratianopolitánus** Vill.

— Blkrblätt. im Schlund nicht gebärtet od. gepunktet **8**

8. Blätt. ganzrandig od. nur am Grd. rau, 2–10 mm breit, blaugrün; Außenk. 4–6-blättrig; Stg. 1- bis vielbltg.; Bltn. verschiedenfarbig, häufig gefüllt; ♃; VII–VIII. Gartenpfl. (Heimat: S-Eur.) *Garten-N.*, * **D. caryophýllus** L.

— Blätt. am Rand rau, 1–2 mm breit, gras- od. meergrün; Außenkblätt. 2–4, etwa 1/4 so lg. wie die K.-Röhre; Stg. 1–4-bltg.; Bltn. rosa; ♃; VI–VII. Steinige Wiesen u. Felsen, bis 2800 m; Alp. *v.* Ⓖ *Stein-N.*, **D. sylvéstris** Wulf.

9(2). Außenk. u. K. rauhaarig; Blätt. lineal-lanzettl., steif aufrecht; Bltn. klein, purpurn, dk. gepunktet; ♃; VI–VII. Lichte, buschige Abhänge, Waldränder; *z*, *s* im N. Ⓖ *Raue N.*, * **D. arméria** L.

— Außenkblätt. kahl od. nur am Rand rau **10**

10. Blätt. 5–18 mm breit, lanzettl.; Außenk. u. Kzähne lg. grannenart. zugespitzt; Bltn. hell- bis dkrot, am Grd. m. weißen Punkten (als Zierpfl. auch andersfarbig od. gefüllt); ♃; VII–VIII. Wälder, Wiesen; *z*, Ti, Kt, St, Bgl, OTi, Bz, sonst Gartenpfl. od. verwild. Ⓖ *Bart-N.*, * **D. barbátus** L.

— Blätt. 2–5 mm breit, lineal bis lanzettl. **11**

11. Blattscheiden etwa so lg. wie die Blattbreite; Außenkblätt. krautig od. nur am Rand trockenhäutig, oft violett; Bltn. meist zu 2 (s. auch Nr. **5**) Ⓖ *Busch-N.*, **D. seguiéri** Vill.

— Blattscheiden 2–4-mal so lg. wie die Blattbreite; Außenkblätt. trockenhäutig, gelbbraun begrannt; Bltn. in 2–16-bltg. Köpfchen **12**

12. Platte 4–6(–8) mm lg., halb so lg. wie ihr Nagel; Bltn. rosa; Bltnköpfchen (5–)8–16-bltg.; Außenkblätt. allmähl. in eine kurze Granne zugespitzt; ♃; V–IX. Trockenrasen; *s*, OÖ, NÖ, Bgl, ČR. Ⓖ *Kleinblütige Karthäuser-N.*, **D. pontedérae** Kern.

— Platte 5–12 mm lg., ½ bis ¾ so lg. wie ihr Nagel; Bltnköpfchen meist 2–10-bltg.; Außenkblätt. mit aufgesetzter langer Granne; ♃; VI–IX.

Trockenrasen, Heiden, sandige Wälder; *v.* (incl. ssp. *sudeticus* Kovanda) Formenreich.

© *Gewöhnliche Karthäuser-N.,* * **D. carthusianórum** L.

a. Blätt. 0,5–1,3 mm breit; Bltnstand nur m. 1–6 Bltn.; Pfl. 20–30 cm hoch; auf Serpentin; St, Bgl, NÖ. ssp. **capillífrons** (Borb.) Neumayer

— Blätt. meist > 2 mm breit; Bltn. in 6- od. mehrbltg. Köpfchen . . . . **b**

b. Bltnköpfchen meist 6-bltg.; Bltn. rosa- bis purpurrot; Blätt. 2–3 mm breit; Pfl. 15–60 cm hoch; *v, f* im NW. ssp. **carthusianórum**

— Bltnköpfchen meist mehr als 6-bltg. . . . . **c**

c. Blätt. 2–3 mm breit, stark nervig; Bltnköpfchen meist 10-bltg.; Bltn. dk. purpurrot; Pfl. 15–35 cm hoch, dichtrasig, kalkmeidend; *z* in Alp. von Vs, Ts, Bz, Ti, Sb. (= *D. vaginatus* Chaix) ssp. **vaginátus** (Chaix) Hegi

— Blätt. 3–5 mm breit; Bltnköpfchen 6–15-bltg.; Bltn. tief purpurrot; Pfl. bis 60 cm hoch; *s* in Voralp. von Sb, St, OÖ, NÖ, Bgl, ČR.

ssp. **latifólius** (Gris. & Schenk) Hegi

13(1). Alle Blätt. laubblattart. **15**

— Oberstes Blattpaar schuppenf. od. kurz u. starr aufrecht **14**

14. K. 4–5-mal so lg. wie breit; Platte weiß od. rot, ungefleckt; Blattscheiden etwa 2 mm lg.; Blkrblätt. bis zur Mitte handf. zerschlitzt *(981);* ♃*;* IV–VII. Felsen, steinige Hänge; *z–s,* Au, ČR, auch als Zierpfl., in NO-Dt *s* verwild. © *Feder-N.,* **D. plumárius** L.

a. Blkr. weiß; Stg. 1-bltg.; Steppenrasen, auf Kalk; nur NÖ (Hainburger Berge), ČR. (= *D. lumnitzeri* Wiesbaur) © ssp. **lumnítzeri** (Wiesbaur) Domin

Hierher vielleicht auch (als Unterart?) die *Mährische N.,* **D. morávicus** Kovanda; Stg. 1(–3)-bltg.; 4 Außenkblätt. angedrückt, innere m. aufgesetzer Spitze; K. 17–20 mm lg.; *s,* ČR (Mähren).

— Blkr. rosa od. rötl.; Stg. 1–5-bltg. . . . . **b**

b. Nagel den K. um 5 mm überragend; Pfl. blaugrün bereift; Felsen, Sb, St, OÖ. (= *D. blandus* (Rchb.) Hay.) ssp. **blándus** (Rchb.) Hegi

— Nagel den K. nicht od. kaum überragend . . . . **c**

c. Pfl. grasgrün; K. ca. 3 cm lg.; Felsen, St; Kt. (= *D. hoppei* Portenschlag)

© ssp. **hóppei** (Portenschlag) Hegi

— Pfl. blaugrün; K. 18–23 mm lg.; Felsen, nur NÖ. (= *D. neilreichii* Hay.)

© ssp. **neilrēichii** (Hay.) Hegi

— K. 5–9-mal so lg. wie breit, oben verengt; Blkrblätt. bis über die Mitte eingeschnitten *(982);* Platte weiß, Basis grünl. u. weiß od. purpurn gebärtet; Blattscheiden etwa 1 mm lg.; ♃; VI–VIII. Kiefernwälder, Heiden, Dünen; *s,* nur O-MeVp, O-Br, NÖ, ČR. [incl. ssp. *bohemicus* (Novák) O. Schwarz] © *Sand-N.,* **D. arenárius** L. ssp. **borússicus** Vierh.

15(13). Platte sehr tief u. unregelmäßig zerschlitzt, 15–35 mm lg.; Stg. m. 10–15 gestreckten Internodien; Bltn. bleichrosa bis purpurrot; ♃; VI–IX. Moor- u. Alpenwiesen, lichte Wälder; *v* bis in die alp. Reg.

© *Pracht-N.,* * **D. supérbus** L.

a. Bltnstand 1- od. wenigbltg.; Stg. aufrecht, 20–40 cm lg., bläul. bereift; Blkrblätt. am Grd. schwarz getüpfelt. Matten der subalp. Reg.; *s* in Alp., Vog., ČR. [= ssp. *speciosus* (Rchb.) Hay.] ssp. **alpéstris** Čel.

— Bltnstand m. zahlr. Bltn.; Stg. am Grd. niederlgd.-aufstgd., grün; Blkrblätt. am Grd. m. grünl. Fleck. Wiesen; *z, s* im NW. ssp. **supérbus**

— Platte höchstens bis zur Mitte zerschlitzt, höchstens 18 mm lg.; Stg. m. 3–5 gestreckten Internodien; ♃; VI–VII. Alpenmatten, Kalkgeröll;

s, Sb, Ts, Kt, St, Bz. (= *D. monspessulanus* L.)
Ⓖ *Dolomiten-N.,* **D. hyssopifólius** L.

a. Pfl. meist < 20 cm hoch; *s,* Sb, Kt, St. (= *D. sternbergii* Sieber ex Capelli; = *D. waldsteinii* Sternb.) ssp. **sternbérgii** (Sieber ex Capelli) Gr. & Graebner f.

— Pfl. meist > 20 cm; *s,* Ts, Bz. (= *D. hyssopifolius* L.) ssp. **hyssopifólius**

26. Siléne L. (incl. **Melándrium** Roehl. u. **Cucúbalus** L.), *Leimkraut*

1. K. zuerst glockig, später aufgeblasen und dann breiter als lg., auch schüsself. offen; Fr. kugelig, glzd, beerenartig, schwarz; Pfl. stark verzweigt, klimmend; Blätt. eif.-längl., zugespitzt; Blkr. weiß; ♃; VII–IX. Flusstäler; *z,* im N nur Oder- u. Elbetal, *s* Ho, S-CH. (= *Cucubalus baccifer* L.) *Taubenkropf, Hühnerbiss,* **S. baccífera** (L.) Roth

— K. walzl., länger als breit; Fr. ist Kapsel 2

2. Niedrige Polsterpfl., 1–4 cm hoch; Bltn. einzeln, rosa; Blätt. lineal; ♃; VI–IX. Steinige Magerrasen der Alp., 1200–3500 m.
Ⓖ *Stängelloses L.,* * **S. acaúlis** (L.) Jacq.

a. Bltnstg. verlängert, bis 3 cm lg.; Bltn. deshalb deutl. gestielt, dk.rosa; Blätt. 5–12 mm lg., aufrecht-absthd.; Kapsel elliptisch, länger als der K.; kalkstet; Alp. *v.* ssp. **longiscápa** Vierh.

— Bltnstg. sehr kurz, bis 2 mm lg.; Bltn. deshalb fast sitzend, hellrosa; Blätt. 4–6 mm lg.; Kapsel kugelig, kaum länger als der K.; kalkmeidend; *z* in Alp., *f* in Dt. (= *S. exscapa* All.) ssp. **exscápa** (All.) Vierh.

— Pfl. höher; Stg. mehrbltg. 3

3. Alle Bltn. zwittrig; Gr. stets 3 7

— Bltn. eingschl.; Gr. 3 od. 5 4

4. Gr. 3; Blkrblätt. 2-5 mm lg., ungeteilt, ohne Nebenkr., gelbl. od. grünl.; Stbblätt. weit aus der Blkr. herausragend 6

— Gr. 5 od. Bltn. nur m. Stbblätt.; Blkrblätt. 15–30 mm lg., 2-spaltig, m. Nebenkr., weiß od rot 5

5. Blkrblätt. weiß, bis 30 mm lg.; Kblätt. 15–30 mm lg.; Kzähne schmal 3-eckig; Bltn. sich erst nachmittags öffnend, stark duftend; K. aufgeblasen; Stg. spitzenw. lg. drüsig, weichhaarig; ⊙–⊙; VI–IX. Straßendämme. Äcker, Ruderalstellen; *v.* [= *Melandrium album* (Mill.) Garcke; = *S. alba* (Mill.) E. H. L. Krause] *Weiße Lichtnelke,* * **S. latifólia** Poir.

a. Kzähne zugespitzt, später nach außen gekrümmt; *s,* Ti. [= *S. alba* ssp. *divaricata* (Rchb.) Walters] ssp. **latifólia**

— Kzähne stumpf, auch später aufrecht; *v.* [= *S. alba* (Mill.) Krause ssp. *alba*] ssp. **álba** (Mill.) Greut. & Burdet

— Blkrblätt. rot; Bltn. am Tage geöffnet, geruchlos; Kapselzähne zurückgerollt; Pfl. dicht weichhaarig, z. T. drüsig; ⊙–mehrjährig; IV–IX. Wiesen, Laubwälder, Kahlschläge; *v.* [= *Melandrium rubrum* (Weigel) Garcke; = *M. silvestre* (Hoppe) Roehl.; = *M. dioicum* (L.) Coss. & Germ.] *Rote Lichtnelke,* * **S. dióica** (L.) Clairv.

6(4). K. kahl, 3–4 mm lg.; Bltnstiele kahl; Blkrblätt. 3–4 mm lg.; Frkapsel 3,5–6 mm lg., eif.; ⊙–♃; V–VIII. Trockenrasen, Kiefernwälder, gern auf Sand; *z.* Formenreich. (incl. *S. pseudotites* Rchb. und ssp. *hungarica* Wrigley) *Ohrlöffel-L.,* **S. otítes** (L.) Wib.

— K. behaart, 2-3 mm lg.; Bltnstiele dicht kraushaarig; Blkrblätt. 2–3 mm lg.; Frkapsel 2–3 mm lg., kugelig; ⊙–♃; V–IX. Kiefernwälder, Sand-

dünen; *s*, Pl, ČR? [= *S. otites* ssp. *parviflora* (EHRH.) SCHMALHAUSEN]
Kleinblütiges L., **S. borysthénica** (GRUNER) WALTERS

7(3). K. 10-nervig, nicht aufgeblasen **10**

— K. 20–30-nervig, ± aufgeblasen, zuw. netzadrig **8**

8. Pfl. ausdauernd; K. 20-nervig, bleich; Blkr. weiß, selten rosa, meist ohne Nebenkrone; ♃; VI–IX. Trockene Wiesen, Raine, Wege, Kiesflächen; *v*. Formenreich. [= *S. cucubalus* WIB.; = *S. inflata* (SAL.) SM.]
Taubenkropf-L., * **S. vulgáris** (MOENCH) GARCKE

a. Pfl. 30–100 cm hoch; Bltnstand 5–20-bltg. .... **e**

— Pfl. 10–30 cm hoch; Bltnstand 1–7-bltg. .... **b**

b. Blätt. eif. bis rundl.; Blkrblätt. meist ohne Nebenkrone; Stg. niederlgd., 1–3-bltg.; Pfl. rasenbildend; *s*, Vs, Ts, Gr.
Alpen-L., ssp. **prostráta** (GAUD.) SCH. & TH.

— Blätt. schmal lanzettl. od. lanzettl. .... **c**

c. Hochblätt. trockenhäutig; Blkrblätt. ohne Nebenkrone; Pfl. nur auf Schwermetallböden; *s*, Dt, E. *Galmei-L.*, ssp. **húmilis** (SCHUBERT) RAUSCH.

— Hochblätt. krautig; Blkrblätt. m. Nebenkrone .... **d**

d. Bltn. meist einzeln, aufrecht, groß; Pfl. vom Kies-Strand oder Felsen in Jütland; *s*. (= *S. uniflora* ROTH; = *S. maritima* WITH.)
Strand-L., ssp. **marítima** (WITH.) Á. & D. LÖVE

— Bltn. zu 3–7, kleiner als bei ssp. *marítima*; *z*, Alp.
Schotter-L., ssp. **glareósa** (JORD.) MARSDEN-JONES & TURRILL

e. Blätt. lineal od. lanzettl. bis eif., am Grd. verschmälert; Blkrblätt. meist ohne Nebenkrone; *v*. ssp. **vulgáris**

— Blätt. längl.-eif., 4–9 cm lg. u. 2–4 cm breit, am Grd. abgerundet od. herzf.; Blkrblätt. m. Nebenkrone; Stgblätt. 4–9 cm lg. u. 2–4 cm breit; Bergwiesen, *s*, Au, ČR. [= ssp. *antelopum* (VEST) HAY.]
Gämsen-L., ssp. **bosníaca** (G. BECK) JANCH.

— Pfl. einjährig; K. 30-nervig, grün; Blkr. rosa **9**

9. K. 10–15 mm lg.; Kapsel 7–12 mm lg.; Blkrblätt. tief ausgerandet, m. Nebenkrone; ⊙; VI–VII. Sandrasen, sandige Äcker; *s* im Rheintal u. Nebentälern, Mainzer Becken, Be, Lx, NÖ, Bgl, ČR, sonst stellenweise verschleppt. *Kegelfrüchtiges L.*, **S. cónica** L.

— K. 15–28 mm lg.; Kapsel 12–18 mm lg.; Blkrblätt. kaum ausgerandet; ⊙; VI–VII. Äcker; *s* aus S-Eur. u. SW-As. eingeschleppt.
Großkegelfrüchtiges L., **S. conoídea** L.

10(7). Nebenkr. vorhanden **15**

— Nebenkr. fehlend **11**

11. Stg. klebrig-zottig behaart od. mit klebrigen Ringen **13**

— Stg. kahl od. kurz flaumig behaart, nicht klebrig **12**

12. Stg. 30–60 cm lg., fast kahl, am Grd. verholzt, ohne Rosettentriebe; Blkrblätt. weiß od. grünl.weiß, in aufrechten Scheintrauben; Stg. m. 12–16 Blattpaaren, lineal-lanzettl.; K. 9–13 mm lg.; Kapselstiel (in der Blüte) ¼–½ so lg. wie die Kapsel; ♃; VII–IX. Sandige Flussufer; *s*, nur im O, Oder-, Weichsel-, Memelgebiet.
Tataren-L., **S. tatárica** (L.) PERS.

— Pfl. flaumig behaart, 30–90 cm hoch, am Grd. m. dicht sthd. Rosettentrieben; Blkrblätt. weiß, 12–15 mm lg., kahl od. kurz kraushaarig; Stg. m. 6–8 Blattpaaren; Blätt. lineal-lanzettl.; K. 11–15 mm lg.; Kapselstiel

(in der Blüte) etwa so lg. wie die Kapsel; ♃; VI–VII. Wechselfeuchte Wiesen; nur Bgl, früher NÖ.
Vielblütiges L., **S. multiflóra** (W. & K.) PERS.

13(11). Pfl. in allen Teilen dicht drüsig u. klebrig; Stg. oft unverzweigt, aufrecht; Blkrblätt. milchweiß, 18–28 mm lg.; Blätt. ungleich gekerbt od. gezähnt, am Rand wellig; ⊙; V–VI. Sandtrockenrasen; *s,* Rügen, Da, Bgl, NÖ, ČR, früher SaAn, Br. [= *Melandrium viscosum* (L.) ČEL.]
Klebriges L., **S. viscósa** (L.) PERS.

— Stg. nur im ob. Teil drüsig-klebrig, sonst kurzhaarig-flaumig od. kahl; Blätt. nicht klebrig **14**

14. Stg. im unt. Teil kahl, im ob. Teil klebrig; Blätt. kahl; K. kahl, 18–31 mm lg.; Blkrblätt. weiß, rosa od. grünl., 20–29 mm lg.; Frkapsel 10–15 mm lg.; ♃; VII. Steppenrasen, Ackerraine; *s,* nur ČR. (= *S. longiflora* EHRH.)
Langblütiges L., **S. bupleuroídes** L.

— Stg. im unt. Teil behaart; Blätt. dicht kurzhaarig; K. kahl, 14–22 mm lg.; Blkrblätt. oberststs. weiß, unterststs. m. grauen od. hellvioletten Adern, 13–20 mm lg.; Frkapsel 8–11 mm lg.; V–VIII. Trockenrasen, lichte Wälder. *Italienisches L.*, **S. itálica** (L.) PERS.

a. Pfl. m. sterilen Laubtrieben; ♃; Rispe locker; Nagel der Blkrblätt. meist wimperig behaart; Pfl. 30–60 cm hoch; *s,* Ti. ssp. **itálica**

— Pfl. ohne sterile Triebe, 60–80 cm hoch; ⊙; Rispe dicht; Nagel der Blkrblätt. meist kahl; *s,* Rheintal, Sa, Au, ČR. (= *S. nemoralis* W. & K.)
ssp. **nemorális** (W. & K.) NYM.

15(10). Blkrblätt. weiß, rosa od. rot **17**

— Blkrblätt. gelbl.grün od. grünl.weiß **16**

16. Kblätt. 9–12 mm lg., Pfl. kahl, Blkrblätt. gelbl.grün, Blätt. schmal lineal, < 1 cm breit; ♃; VII–VIII. Kiefernwälder; *s* Br, W- u. Opr, Schl, früher Sa, MeVp. *Heide-L.,* **S. chlorántha** (WILLD.) EHRH.

— Kblätt. 15–20 mm lg., Pfl. behaart, Blkrblätt. grünl.weiß, Blätt. breit-eif.; ♃; VI–VII. Flaumeichenwälder; sehr *s,* S-St.
Grünblütiges L., **S. viridiflóra** L.

17(15). K. > 7 mm lg. **19**

— K. 3–7 mm lg. **18**

18. Stg. nicht klebrig, wie die Blätt. blaugrün; Pfl. kahl; Blkrblätt ausgerandet, weiß, selten rosa **Atocion rupestre,** s. S. 603

— Stg. oben klebrig; Blkrblätt. vorn 2-, 4- od. 6-zähnig
Heliosperma, s. S. 602

19(17). Blkrblätt. an der Spitze abgerundet bis kurz ausgerandet, rosafarbig od. rot, selten weiß **24**

— Blkrblätt. tief 2-spaltig, weiß od. blassrosa **20**

20. Pfl. ausdauernd, m. nichtblühenden Trieben **22**

— Pfl. ⊙, an der Basis ohne nichtblühende Rosetten **21**

21. Bltn. in wiederholt verzweigten Dichasien; Dichasialäste in einstswendige Wickel übergehend; Grdblätt. längl.-lanzettl., kurz gestielt, dicht kraushaarig; ⊙; VII–VIII. Kleeäcker, Wegränder; aus SO-Eur. eingeschleppt u. stellenw. eingebürgert.
Gabelästiges L., **S. dichótoma** EHRH.

— Bltn. in wenig verzweigten Dichasien, bleichrosa bis weiß, sich erst gegen Abend öffnend; Pfl. oberw. klebrig-drüsenhaarig; ⊙; VII–IX.

Lehm- u. Kalkäcker; *z,* in S-Dt *v.* [= *Melandrium noctiflorum* (L.) FR.]
Acker-L., **S. noctiflóra** L.

22(20). Stg. m. mehr als 3 Bltn.; Bltnstand m. mehreren Stockwerken; Bltn. nachts geöffnet; Blkr. dann nicht eingerollt, weiß; Pfl. 25–100 cm hoch; ♃; VI–VIII. Waldränder, lichte Wälder, Felsen, Magerrasen; *v, s* im NW. *Nickendes L.,* * **S. nútans** L.

a. Bltnstand allstswendig; Bltn. aufrecht od. waagrecht; Blkrblätt. innen gelbl. weiß; Kapsel 9–15 mm lg.; *s,* nur Ts, Bz.(= *S. insubrica* GAUD.; = *S. livida* auct.) ssp. **insúbrica** (GAUD.) SOLDANO

— Bltnstand einstswendig; Bltn. nickend, Blkrblätt. innen weiß; Kapsel 7–10 mm lg.; *v.* ssp. **nútans**

— Stg. 1–3-bltg.; Pfl. 5–40 cm hoch **23**

23. K. 18–28 mm lg., drüsig; Blkrblätt. rosa, untersts. rot, 28–35 mm lg.; Blätt. 4–12 mm breit; Pfl. 5–20 cm hoch; Stg. 1–3-bltg.; ♄; VII–VIII. Fels- u. Schotterfluren, meist auf kalkarmem Boden; *s,* nur Vs.
Walliser L., **S. vallésia** L.

— K. 8–15 mm lg., kahl; Blkrblätt. weiß, untersts. rötl. od. grünl.; Blätt. lineal, < 3 mm breit; Pfl. 10–40 cm hoch; ♄; VI–VIII. Kalkfelsen, steinige Abhänge; *z, f* in Dt. *Steinbrech-L.,* **S. saxífraga** L.

a. Kapsel den K. wenig überragend; *z,* Kt, OTi, Bz. ssp. **saxífraga**

— Kapsel ganz aus dem K. herausragend; *s,* S-Kt, OTi, Bz. (= *S. hayekiana* HAND.-MAZ. & JANCH.) ssp. **hayekiána** (HAND.-MAZ. & JANCH.) GR.

24(19). Bltn. in traubenähnl., häufig einstswendigen Wickeln (*975,* E = Endbltn.); K. bis 10 mm lg., in der Mitte am breitesten, dicht rau- u. drüsenhaarig; Blkrblätt. ganzrandig, gezähnelt od. etwas ausgerandet; Stg. 10–45 cm lg., oberw. drüsig; ⊙; VI–VII. Ackerunkraut; *s,* besonders im W u. S. *Französisches L.,* **S. gállica** L.

— Bltn. in dichten Trugdolden od. wenigbltg. Dichasien **25**

25. Die meisten Bltnstiele viel kürzer als der K.; Bltn. in dichten Scheindolden **Atocion armeria,** s. S. 603

— Bltnstiele länger als der K.; Bltn. in armbltg. Dichasien **26**

26. Stg. nur an der Basis behaart, sonst kahl; Blkrblätt. klein, rosarot, ausgerandet bis 2-lappig; Stg. spitzenw. klebrig geringelt; Blätt. hellgrün; ⊙; VI–VII; *s* in Leinäckern; aus dem Mittelmeergebiet eingeschleppt. *Kreta-L.,* **S. crética** L.

— Gesamte Stg. kurzflaumig; Blkrblätt. ausgerandet, hellrosarot, am Grd. m. 3 purpurroten Streifen u. kleiner Nebenkrone; Stgblätt. lineallanzettl., an den Nerven kurzhaarig-flaumig; Pfl. 30–60 cm hoch; ⊙; VI–IX. Leinfelder u. Äcker; wohl fast überall ausgestorben, früher BW, Ba, Kt, St, OÖ, NÖ. *Flachs-L.,* **S. linícola** C. C. GMEL.

27. Heliospérma (RCHB.) RCHB., *Strahlensame*

1. Bltntriebe seitenst.; Nagel bewimpert; unterste Stgglieder mit 2 Haarleisten; Kapsel den K. weit überragend; ♃; VI–VIII. Feuchter Felsschutt der Alp. u. Voralp., 1200–2200 m; *v* in Au, *f* Dt, Vb. (= *Silene alpestris* JACQ.) *Großer St.,* **H. alpéstre** (JACQ.) GRIS.

— Bltntriebe endst.; Nagel kahl; auch unterste Stgglieder ohne Haarleisten **2**

2. Stg. dicht u. lang behaart; ♃; V–VII. Feuchte Felsgrotten; *s,* OTi, Kt, St. [= *Silene veselskyi* (JANKA) NEUMAYER]
Ⓖ *Wolliger St.,* **H. vesélskyi** JANKA
— Stg. kahl od. etwas flaumig behaart **3**
3. Blkrblätt. weiß; K. 3,5–5,5 mm lg.; mindestens 3 Kzähne abgerundet, höchstens randl. purpurn überlaufen; Pfl. 8–16 cm hoch; ♃; VI–IX. Felsen, Quellfluren; *v* K-Alp., *s* Voralp. (= *Silene quadridentata* auct.; = *S. quadrifida* JACQ. non L.; = *S. pusilla* W. & K.)
Kleiner St., **H. pusíllum** (W. & K.) RCHB.
— Blkrblätt. rosa; Kblätt. 5,5–6,5 mm lg., m. sehr kurzen Drüsenhaaren; höchstens 2 Kzähne abgerundet, meist ganz purpurn überlaufen; Pfl. 17–25 cm hoch; ♃; VII–IX. Quellfluren, Bäche, meist auf Silikatgestein; *z,* Ti, Kt, Sb (genaue Verbreitung noch nicht bekannt). (= *Silene pudibunda* HOFFMGG.)
Rosaroter St., **H. pudibúndum** (HOFFMGG.) GRIS.

28. Atócion ADANS., *Leimkraut*
1. Pfl. kahl, nicht klebrig, blaugrün, 10–25 cm hoch; Blkr. weiß, selten rosa; Blkrblätt. 6-9 mm lg., ausgerandet; K. 4–7 mm lg.; Kzähne fast ½ so lg. wie die K.-Röhre; ⊙–♃; VII–VIII. Felsspalten, Erdanrisse, Wege, auf kalkarmen Böden; *v* in Ur-Alp., *s* Vog., Schw., ČR. (= *Silene rupestris* L.) Ⓖ *Felsen-L.,* **A. rupéstre** (L.) OXELMAN
— Stg. unter den ob. Knoten m. ca. 1 cm lg., klebrigen Ringen; Pfl. 10–60 cm hoch; Blätt. eif., die ob. stgumfassend, wie der Stg. bläul. bereift; Bltn. in dichten Scheindolden; Blkr. dkrosa; Blkrblätt. 10–19 mm lg., ausgerandet od. abgerundet; K. 11–20 mm lg., schmal, meist rötl.; Kzähne kurz; ⊙–⊙; V–X. Kastanienwälder, Felsfluren, Trockenrasen, auf kalkarmen Böden; *s,* Vs, Ts, Gr, Bz, Rheingebiet, Be, Lx, Rhön, Harz, sonst aus Gärten verwild. (= *Silene armeria* L.)
Nelken-L., **A. arméria** (L.) RAF.

29. Viscária BERNH., *Pechnelke*
1. Stg. unter den Knoten stark klebrig, 30–60 cm hoch; Blkrblätt. purpurrot, 10–18 mm lg., abgerundet od. schwach ausgerandet; K. 9–13 mm lg.; ♃; V–VII. Trockenrasen, lichte Eichenwälder, kalkmeidend; *v, z* im N. [= *V. viscosa* Asch.; = *Silene viscaria* (L.) BORKH.; = *Lychnis viscaria* L.] *Gewöhnliche P.,* * **V. vulgáris** BERNH.
— Stg. nicht klebrig, Pfl. 5–15 cm hoch, kahl od. fast kahl; K. 4–6 mm lg., kahl; Blkrblätt. 6–8 mm lg., hellpurpurn; Bltnstand kopfig; ♃; VII–VIII. Geröll u. Weiden der Ur-Alp., 1900–3000 m; *z,* Vs, Gr, OTi, Kt. [= *Lychnis alpina* L.; = *Silene suecica* (LODD.) GREUT. & BURDET]
Alpen-P., **V. alpína** (L.) G. DON

30. Lýchnis L., *Lichtnelke*
1. Blkrblätt. tief 4-spaltig *(968),* m. schmal linealen Zipfeln; Blätt. kahl od. am Grd. spärl. behaart, lineal-lanzettl., etwas rau; Blkrblätt. hellrot, 16–25 mm lg.; K. 6–10 mm lg., kahl; ♃; V–VIII. Nasse Wiesen, Moore; *v.* [= *Silene flos-cuculi* (L.) CLAIRV.] *Kuckucks-L.,* * **L. flós-cucúli** L.

— Stg. u. Blätt. dicht filzig behaart; Blätt. eif-lanzettl.; K. 10–20 mm lg., filzig behaart **2**

2. Bltn. einzeln; Bltnstiele 2–14 cm lg.; Blkrblätt. abgerundet od. seicht ausgerandet, leuchtend dkrot; K. 15–20 mm lg.; Pfl. 30–90 cm hoch, oft verzweigt; ♃; VI–IX. Wälder, Böschungen; *s* wild, Vs, Ts, Au, Bz, oft Gartenzierpfl. [= *Silene coronaria* (L.) Clairv.]
Ⓖ *Kronen-L.,* * **L. coronária** (L.) Desr.

— Bltn. in doldig-kopfigen Bltnständen; Bltnstiel 1–4 mm lg.; Blkrblätt. 2- od. 4-spaltig, hellpurpurn; K. 11–13 mm lg.; Pfl. 20–90 cm hoch; ♃; VI–VII. Lärchenwälder, 1100–2000 m; *s,* S-CH, St. Gallen, Bz.
Jupiters L., **L. flós-jóvis** (L.) Desr.

31. Agrostémma L., *Kornrade*

Pfl. 30–100 cm hoch, graufilzig-zottig; Blkrblätt. trübpurpurn; Kapsel hart, länger als die K.-Röhre, nicht gefächert, m. 5 (od. 4) Zähnen sich öffnend; ☉; VI–IX. In Getreidefeldern; *s,* überall stark zurückgegangen. **Samen giftig**! * **A. githágo** L.

Familie: **Amarantháceae** (incl. *Chenopodiaceae*), *Amarantgewächse*

Kräuter, Stauden, Halbsträucher od. Sträucher m. einfachen, zuw. fleischigen od. schuppenf. Blätt.; Bltn. klein, unscheinbar, ⚥ od. eingschl., meist in knäueligen Thyrsen od. Dichasien; Bltnhülle fehlend od. einfach, 1–5-blättrig; grünl. od. rötl., nach der Blüte sich oft vergrößernd, fleischig od. hart werdend; Frkn. oberst. m. 1–5 Narben; Fr. oft von bleibender Bltnhülle umschlossen. Nach neueren Erkenntnissen sind die Familien *Amaranthaceae* (einzige Gattung *Amaranthus*) und *Chenopodiaceae* unter dem Namen *Amaranthaceae* zu vereinigen.

1. Stg. fleischig, scheinbar blattlos, knotig eingeschnürt *(987)*; Bltn zwittrig, meist zu 3, in die Vertiefungen der Stgglieder eingesenkt; Pfl. extremer Salzstandorte . . . . . . **Salicornia,** 614

— Stg. nicht knotig gegliedert, deutl. m. Blättern **2**

2. Stark ästiger Strauch, 20–100 cm hoch, dicht sternhaarig; Haare sich trocken rotbraun verfärbend
Krascheninnikovia, 612

— Pfl. krautig, meist einjährig od. höchstens am Grd. etwas verholzt **3**

3. Blätt. alle schmal-lineal-pfrieml., < 5 mm breit **10**

— Blätt. (wenigstens die an der Basis) flächig, nicht lineal, meist > 5 mm breit **4**

4. Bltn. eingschl., Pfl. 2-häusig; Blätt. spießf., lebhaft grün, anfangs rosettig; Kulturpfl. **Spinacia,** 610

— Bltn. zwittrig od. eingeschl., dann Pfl. 1-häusig **5**

5. Blätt. nie mehlig, nicht spießf., meist ganzrandig, an der Spitze oft ausgerandet od. m. Stachelspitze; Bltn. m. 3 Vorblätt., diese oft stechend . . . . **Amaranthus,** 615

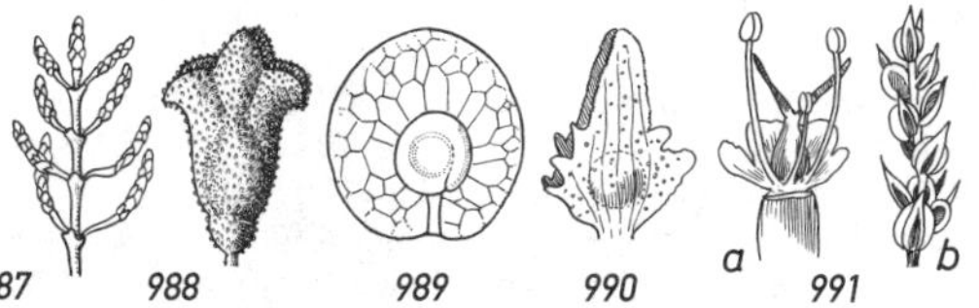

987 988 989 990 a 991 b

— Blätt. oft mehlig bestäubt, bes. auf der Unterseite, am Grd. zuw. spießf. *(997–1004),* nie ausgerandet od. m. Stachelspitze; Bltn. m. keinem od. m. 2 Vorblätt. **6**

6. Bltn. zwittrig **8**

— Bltn. eingschl. **7**

7. Blätt. stumpf, ganzrandig; Frhülle 2–3 lappig *(998, 1005)* **Halimione,** 610

— Blätt. zugespitzt, selten ganzrandig; Frhülle ganzrandig *(989)* od. gezähnt *(990)* . . . . **Atriplex,** 610

8(6). Bltnhülle 5-spaltig, am Grd. m. dem Frkn. verwachsen; Blätt. anfangs in Rosetten, ganzrandig; Wurzel bei Kulturformen rübenf. verdickt . . . . **Beta,** 606

— Bltnhüllblätt. frei, zuw. z. Frzt. fleischig u. scharlachrot; Pfl. ohne Rosetten od. wenige Blätt. in grdst. Rosette, diese dann gezähnt od. gelappt; Blätt. oft mehlig bestäubt **9**

9. Blätt. drüsenlos, kahl, oft mehlig bestäubt; Pfl. nicht aromatisch riechend, aber zuw. stinkend . . . . **Chenopodium,** 607

— Blätt. wenigstens untersts. drüsig, gezähnt od. fiedspaltig; Pfl. aromatisch riechend . . . . **Dysphania,** 607

10(3). Blätt. stumpf, höchstens kurz bespitzt, aber nicht steif u. stechend; Bltn. in Knäueln **13**

— Blätt. stachelspitzig u. stechend; Bltnhülle meist 5-blättrig; Bltn. einzeln, zuw. in Ähren **11**

11. Bltnhüllblätt. fehlend od. als 1–3 dünne, durchsichtige Schüppchen vorhanden *(991a);* Bltn. in dichtbltg. u. verlängerten Ähren *(991b);* Stbblätt. 1–5 . . . . **Corispermum,** 613

— Bltnhüllblätt. 5, stets vorhanden; Stbblätt. 3 od. 5 . . . . . . **12**

12. Bltnhüllblätt. auf dem Rücken quer gekielt *(993);* Stbblätt. 5 **Salsola,** 614

— Bltnhüllblätt. nicht quer gekielt; Stbblätt. 3 **Polycnemum,** 606

13(10). Pfl. behaart, wenigstens im ob. Teil des Stg.; Bltnhülle zur Frzt. m. flügelart. *(992)* od. dornigen Anhängseln **Bassia,** 612

— Pfl. kahl; Bltnhülle z. Frzt. meist ohne Anhängsel **14**

14. Bltnhüllbl. 4, häutig, 2 längere u. 2 kürzere **Camphorosma,** 612

— Bltnhüllblätt. 5, alle gleich lg. . . . . **Suaeda,** 614

1. Polycnémum L., *Knorpelkraut*

1. Blätt. fädl., nur 0,3 mm im Dm, zurückgekrümmt; Pfl. oft drüsig behaart, 5–25 cm hoch; ⊙; VII–IX. Äcker; sehr *s*, Bgl, früher NÖ, ČR. *Heuffels K.*, **P. heuffélii** A. F. Láng

— Blätt. 3-kantig, mindestens 0,5 mm im Dm, kahl **2**

2. Vorblätt.[1] länger als die 2–2,5 mm lange Bltnhülle *(994);* Pfl. kräftig, 10–20 cm hoch; Äste dick, steif; Fr. bis 2 mm lg.; ⊙; VII–X. Ruderalstellen, Brachäcker; *s*, S- u. M-Dt, E, Vs, St. Gallen, Bz, NÖ, ČR, St, OÖ, stark zurückgegangen. *Großes K.*, **P. május** A. Br.

— Vorblätt. höchstens so lg. wie die 1–1,7 mm lange Bltnhülle *(995);* Pfl. am Grd. sehr ästig, 2–30 cm hoch **3**

3. Tragblätt. der Bltn. (*994, 995,* T) 2–4-mal so lg. wie die 1–1,5 mm lg. Bltnhülle; Pfl. kräftig; Stg. in der Bltnregion ± gerade; ⊙; VII–X. Äcker, Wege; *s, f* im NW, Vs, Bz, in Au nur OÖ, NÖ, Bgl. *Acker-K.*, **P. arvénse** L.

— Tragblätt. der Bltn. ± 2-mal so lg. wie die 1,5–1,7 mm lg. Bltnhülle; Pfl. zart, 5–15 cm hoch; Stg. in der Bltnregion zickzackf.; ⊙; VII–X. Sandböden; NÖ, ČR, früher Ba, RhPf, Bgl. *Warziges K.*, **P. verrucósum** F. A. Láng

2. Béta L., *Rübe*

1. Bltnhüllblätt. weiß od. gelb; Narben 3; Blätt. bis 20 cm lg.; Stgblätt. oft herzf.; Pfl. 50–100 cm hoch; ♃; VII–VIII. Ufer, Gebüsche; *s* in NÖ (Weinviertel) eingebürgert. (Heimat: O-Eur.) *Dreinarbige R.*, **B. trigýna** W. & K.

— Bltnhüllblätt. grün; Narben 2; Bltn. zu 2–4 in Knäueln, insgesamt zu lg., beblätt., rispigem Bltnstand vereinigt; Bltnhüllblätt. bei Frreife erhärtend u. Fr. einschließend; mehrjährig bis ⊙; VI–IX. *Beta-R.*, * **B. vulgáris** L.

a. Pfl. mehrjährig, m. niederlgd. Ästen u. kleinen Blätt.; Wurzel nicht rübenart. verdickt; Küstengebiet von Ho, Be, Da, Helgoland, SH (Ostsee). [= *B. perennis* (L.) Freyn] *Wilde Bete,* ssp. **marítima** (L.) Arcang.

b. Pfl. ⊙, m. wenig verdickter Wurzel; Blätt. groß, hellgrün. Als Blattgemüse kultiviert. *Mangold,* ssp. **vulgáris**

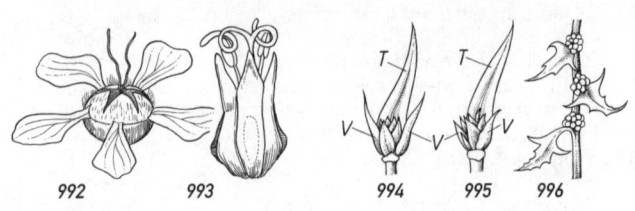

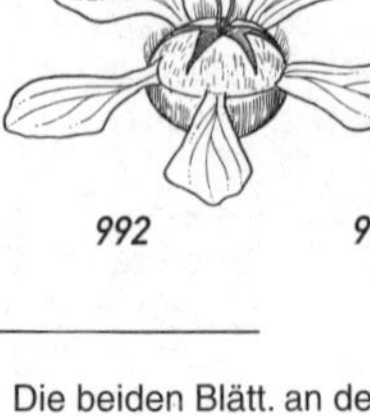

992

993

994

995

996

[1] Die beiden Blätt. an der Basis der Blüte (= Vorblätt.) sind in Abb. *994* u. *995* mit V bezeichnet.

c. Pfl. ⊙; Wurzel dick fleischig. Als *Runkel-Rübe* (var. **crássa** Helm), *Rote R.* (var. **conditíva** Alef.) u. *Zucker-R.* (var. **altíssima** Döll) feldmäßig angepflanzt. ssp. **rapácea** (Koch) Döll

3. Dysphánia R. Br., *Gänsefuß*

1. Bltn. in lockeren, achselst. Dichasien; Bltn. voneinander entfernt **3**
— Bltn. in blattachselst. Knäueln **2**
2. Bltnknäuel 2–3 mm im Dm; Bltnstand rispenähnlich; Stg. u. Äste aufrecht; Pfl. stark aromatisch riechend; Blätt. lanzettl., spitz, entfernt gezähnt, unterssts. drüsig; Spr. 4–12 cm lg.; ⊙; VII–VIII. Vereinzelt angepflanzt u. verwild., z. B. Ts. (Heimat: M-Am.) (= *Chenopodium ambrosioides* L.) *Wohlriechender G., Mexikanisches Teekraut,* **D. ambrosioídes** (L.) Mosyakin & Clemants
— Bltnknäuel 3–5 mm im Dm; Stg. unten reich verzweigt; Äste niederlgd. od. aufstgd.; Pfl. nur schwach aromatisch riechend; Blätt. rhombisch-eif.; Spr. 1,4 cm lg.; ⊙; VI–IX. Ruderalstellen, eingeschleppt; *s,* Dt, Be, CH, NÖ, Bgl, ČR. (Heimat: Australien) (= *Chenopodium pumilio* R. Br.) *Australischer G.,* **D. pumílio** (R. Br.) Mosyakin & Clemants
3(1). Perigonzipfel auf dem Rücken m. kammartigen Höckern, oberw. breit hautrandig; Pfl. wenig klebrig; Blätt. oval-elliptisch, meist buchtig-fiedspaltig, jederst s. m. 3–5(–10) schmalen Lappen; Buchten meist ohne Zwischenlappen; ⊙; VII–IX. Ruderalstellen; *s* eingeschleppt. (Heimat: Afr.) (= *Chenopodium schraderianum* Schult.) *Schraders G.,* **D. schraderiána** (Schult.) Mosyakin & Clemants
— Perigonzipfel ohne Höcker, auf dem Rücken abgerundet, schmal hautrandig; Pfl. stark klebrig; Blätt. längl.-elliptisch, tief gebuchtet, m. breiten Buchten; ⊙; VII–VIII. Ruderalstellen, stellenw. eingeschleppt; *z.* (Heimat: Mittelmeergebiet, As.) (= *Chenopodium botrys* L.) Ⓖ *Klebriger G.,* * **D. bótrys** (L.) Mosyakin & Clemants

3. Chenopódium L., *Gänsefuß*

1. Blattspr. ganzrandig, am Grd. zuw. spießf.; Samen stets glzd. **16**
— Blattspr. gezähnt od. gelappt (wenigstens die unt. u. die mittl.) **2**
2. Spr. der Grdblätt. am Grd. seicht herzf., grob buchtig gezähnt (Zähne groß), lg. zugespitzt, nicht mehlig bestäubt; Bltn. in end- od. achselst. Infl.; Pfl. 30–70 cm hoch, stinkend; ⊙; V–VIII. Schutt, Gartenland; *v.* *Stechapfelblättriger G.,* **Ch. hýbridum** L.
— Blattspr. am Grd. nicht herzf. in den Stiel verschmälert **3**
3. Bltnstiele u. Bltnhülle mehlig bestäubt (bisw. verkahlend); Fr. von Bltnhülle vollständig eingeschlossen **9**
— Bltnstiele u. Bltnhülle kahl, nicht mehlig bestäubt [bisw. bei *Ch. urbicum* (Nr. **6**) anfangs etwas mehlig] **4**

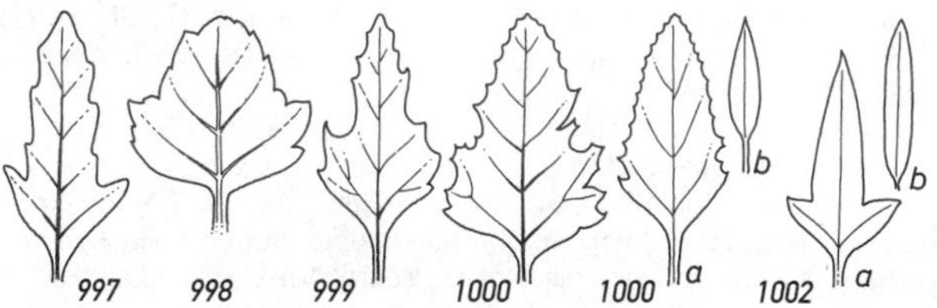

997 998 999 1000 1000 1002

4. Blätt. auffallend 2-farbig, unterststs. bläul.grau, stark bemehlt, oberststs. dkgrün, entfernt buchtig gezähnt; Bltn. in dichten, nur am Grd. beblätterten Scheinähren; Pfl. 10–50 cm hoch, zuw. blutrot überlaufen; ☉; VII–X. Dorfstraßen, Ruderalstellen, salz- u. stickstoffliebend; *z.*
Graugrüner G., **Ch. glaúcum** L.

— Blätt. unterststs. grünl. **5**

5. Bltn. in achselst., z. Frzt. fleischigen, kugeligen, erdbeerähnl., scharlach- od. dkroten Knäueln *(996)* **8**

— Bltnknäuel nicht kugelig, z. Frzt. nicht erdbeerähnl. **6**

6. Bltnstände fast blattlos, achselst., steif aufrecht; Bltnhülle 5-blättrig, anfangs zuw. etwas mehlig; Stbblätt. 5; reife Fr. von oben her zusammengedrückt, in der Bltnhülle sichtbar; Blätt. 3-eckig-rautenf., geschweift-gezähnt bis ganzrandig; Pfl. 50–100 cm hoch; ☉; VII–IX. Schuttplätze; *s,* stark zurückgegangen. *Städte-G.,* **Ch. úrbicum** L.

— Bltnstände reich beblättert, nicht steif aufrecht; nur die Endblüte eines Knäuels m. 5 Bltnhüll- u. 5 Stbblätt., die übrigen Bltn. m. (2–)3 Bltnhüll- u. (2–)3 Stbblätt. **7**

7. Bltnhüllblätt. der Seitenbltn. der Knäuel meist bis zum Grd. getrennt, m. schwachem, kaum kielig hervortretendem Mittelnerv; Samen von der Seite her zusammengedrückt; Pfl. 25–35(–90) cm hoch, vom Grd. an ästig, meist rot überlaufen; Blätt. tief buchtig gezähnt, rautenf., fast 3-lappig; ♃; VI–VIII. Ufer, Schutt, Dorfstraßen; *z.*
Ⓖ *Roter G.,* **Ch. rúbrum** L.

— Bltnhüllblätt. der Seitenbltn. der Knäuel fast bis zur Spitze miteinander verwachsen u. die Fr. einschließend, m. grünen, deutl. ausgebuchteten Kielen; Pfl. 10–50 cm hoch, grün, sich selten rötend; Blätt. meist fleischig, scharf buchtig gezähnt; ♃; IX–X. Schlick- u. Sandböden der Meeresküsten, im Binnenland nur an Salzstellen; *s.* [= *Ch. chenopodioides* (L.) Aellen; = *Ch. crassifolium* Hornem.]
Dickblättriger G., **Ch. botryódes** Sm.

8(5). Alle Bltnknäuel m. Tragblätt.; Blattspr. tief gezähnt *(996);* ☉; VI–VIII. Angepflanzt u. *s* verwild. (Heimat: Mittelmeergebiet bis Zentral-As.) (= *Blitum virgatum* L.)
Echter Erdbeerspinat, **Ch. foliósum** Asch.

— Ob. Bltnknäuel ohne Tragblätt.; Blattspr. schwach gezähnt od. ganzrandig; ☉; VI–VIII. Selten angepflanzt. (Heimat: Orient) (= *Blitum capitatum* L.)
Ähriger Erdbeerspinat, **Ch. capitátum** (L.) Asch.

9(3). Reife Samen matt, runzelig, scharfrandig, fast geflügelt; reife Fr. graugrün; Blätt. lg. gestielt, eif.-rhombisch, spitz, ungleich grob gezähnt, nur unterststs. wenig bemehlt, oberststs. glzd.; Pfl. bis 80 cm hoch, von unangenehmem Geruch; ☉; VI–X. Schutt, Dorfplätze, Hausmauern; *s,* stark zurückgegangen. *Mauer-G.,* **Ch. muràle** L.

— Reife Samen glzd., stumpfrandig; Frhülle gekielt, die fast schwarze Fr. ganz bedeckend **10**

10. Blattspr. viel länger als breit *(997)* **12**

— Blattspr. nur wenig länger als breit *(998)* **11**

11. Unt. u. mittl. Stgblätt. dickl., rundl., rautenf. *(998);* Pfl. 30–100 cm hoch, geruchlos, sparrig verzweigt; Perigonzipfel auf dem Rücken gekielt; Samenschale radial gerillt, fast papillös; ☉; VII–IX. Schuttplätze, Wege,

Äcker; *z*, *s* im N.
Schneeballblättriger G., **Ch. opulifólium** Schrad. ex Koch & Ziz

— Unt. Stgblätt. tief 3-lappig, spießf.; Pfl. ± mehlig, meist übelriechend (nach Heringslake); Samenschale bienenwabenart.-grubig; ⊙; VII–IX. Schuttplätze, Häfen, Güterbahnhöfe; *z* (aus S-Am. eingeschleppt).
Bocks-G., **Ch. hircínum** Schrad.

12(10). Basale Stgblätt. nicht 3-lappig; reife Samen glatt **15**

— Basale u. mittl. Stgblätt. 3-lappig, m. verlängerten, buchtig-gezähnten Mittellappen *(997);* reife Samen ± deutl. grubig punktiert (Lupe!) **13**

13. Samen deutl. grubig punktiert, 0,8–1 mm groß; Mittellappen der Blätt. schmal, lg., parallelnervig, unregelmäßig buchtig gezähnt *(997);* Pfl. niedrig, buschig, zuw. bis 1,7 m hoch, ± mehlig; ⊙; VII–VIII. Flussufer, Äcker, Schuttstellen; *z* u. eingeschleppt aus S-Eur., W-Asien. (= *Ch. serotinum* auct. non L.)
Feigenblatt-G., **Ch. ficifólium** Sm.

— Samen undeutl. grubig punktiert, meist > 1 mm; Pfl. selten mehlig bestäubt **14**

14. Mittellappen der Blattspr. schmal, stufenf. od. gleichmäßig zugespitzt, m. wenigen, unregelmäßigen, scharfen Zähnen; Seitenlappen 1–2-lappig, scharf zugespitzt *(999);* Pfl. bis 1 m hoch, sich leicht rötend, später gelb werdend; ⊙; VIII–X. Sandige Flussufer, Ruderalstellen; WPr, früher Danziger Bucht. *Ahornblättriger G.*, **Ch. acerifólium** Andrz.

— Mittel- u. Seitenlappen breit, reich u. vielfach gezähnt *(1000);* Pfl. grün, anfangs blasenhaarig, später kahl, bis 1 m hoch, vom Grd. an lockerästig; ⊙; VI–VIII. Äcker, Gärten, Schuttstellen; *z*. (= *Ch. viride* auct.)
Grüner G., **Ch. suécicum** J. Murr

15(12). Blätt. linealisch bis lanzettl., ganzrandig, außer dem Mittelnerven nur basales Seitennervenpaar sichtbar *(1002a);* ob. Stgblätt. lanzettl., zugespitzt *(1002b);* Pfl. graumehlig bereift; ⊙; VI–VIII. Ruderalstellen; *z;* aus N-Am. eingeschleppt. (= *Ch. desiccatum* auct.; = *Ch. leptophyllum* auct.)
Schmalblatt-G., **Ch. pratericola** Rydb.

— Blätt. m. mehreren sichtbaren Seitennerven, sehr veränderlich, rautenf. bis lanzettl. od. 3-lappig *(1003);* Pfl. meist weißmehlig bereift; ⊙; V–X. Schuttplätze, Gärten, Äcker; *g*.
Artengruppe *Weißer G.*, * **Ch. álbum** agg.

a. Unt. u. mittl. Blätt. eif.-rhombisch od. 3-lappig, nicht parallelrandig; Bltnstände breit pyramidenf.; Stg. an den Kanten grün od. rot gestreift.
Weißer G., **Ch. álbum** L.

— Unt. u. mittl. Blätt. längl., fast parallelrandig *(1001a),* ob. ganzrandig *(1001b);* Bltstd. schmal pyramidenf.; Stg. stets rot gestreift. [= *Ch. striatum* (Kraš.) Murr; = *Ch. album* L. ssp. *striatum* (Kraš.) J. Murr]
Gestreifter G., **Ch. stríctum** Roth

16(1). Blattspr. 3-eckig-spießf. *(1004),* am Rande oft wellig, sehr groß, lg. gestielt; Bltnknäuel in endst., nur am Grd. beblätterten Bltnständen; Narben verlängert; Pfl. 15–60 cm hoch, mehlig bestäubt; ♃; IV–X. Düngeplätze, Wegränder, bis 2800 m; *v*.
Guter Heinrich, * **Ch. bónus-henrícus** L.

— Blattspr. eif. bis längl., nicht spießf.; Narben kurz **17**

17. Pfl. ekelhaft nach Heringslake riechend, kleiig bestäubt; Stg. lgd., 15–40 cm hoch; Blätt. eif.-rautenf., klein; Bltn. in geknäuelten Scheinähren; ⊙; V–IX. Zäune, Mauern, Schuttplätze; *z,* oft nur vorübergehend. *Stinkender G.,* **Ch. vulvária** L.

— Pfl. geruchlos, nicht kleiig; Stg. 4-kantig, oft rot überlaufen, lgd. bis aufstgd., 15–60 cm hoch; Blätt. eif.-längl., dünn; Bltnknäuel klein, zahlr., in blattachsel- u. endst. Scheinähren; ⊙; VIII–IX. Äcker, Gärten, Flussufer; *v.* *Vielsamiger G.,* * **Ch. polyspérmum** L.

5. Spinácia L., *Spinat*

Blätt. lg.gestielt, die ob. pfeilf., lebhaft dkgrün; ♂ Bltn. in unbeblätterten Scheinähren, ♀ in achselst. Knäueln; ⊙–⊙; V–IX. Gemüsepfl. (Heimat: Vorderas.) * **Sp. olerácea** L.

6. Halimióne Aellen (= *Obione* Gaertn.), *Salzmelde, Keilmelde*

1. Frblatthülle ungestielt, 3-lappig; Lappen fast gleich groß *(988);* Bltn. sitzend; Vorblätt. z. Frzt. an der Basis verwachsen; Stg. am Grd. verholzt; Blätt. meist gegenst.; ♃; VII–VIII. Nordseeküste, Da; *z.* [= *Atriplex portulacoides* L.; = *Obione portulacoides* (L.) Moq.] *Portulak-S.,* **H. portulacoídes** (L.) Aellen

— Frblatthülle z. Frzt. gestielt, 3-eckig, verkehrt herzf., stumpf 2-lappig, in der Ausrandung m. 1 kurzen Zahn *(1005);* Stg. in allen Teilen krautig; Blätt. meist wechselst.; ⊙; VII–X. *v–z* Nord- u. Ostseeküste, *s* an Salzstellen in M-Dt. [= *Atriplex pedunculata* L.; = *Obione pedunculata* (L.) Moq.] Ⓖ *Gestielte S.,* **H. pedunculáta** (L.) Aellen

7. Átriplex L., *Melde*

1. Frhülle[1] bis zur Mitte u. höher hinauf verwachsen, z. Frreife wenigstens am Grd. knorpelig verhärtet u. weißl. **9**

— Frhülle nur am Grd. verbunden, krautig, grün **2**

2. Blattspr. beidersts. gleichfarbig **4**

— Blattspr. verschiedenfarbig, unterstst. grau- od. weißschülferig, aber zuw. verkahlend, oberstst. dkgrün **3**

3. Frhülle (= Vorblätt.) längl.-herzf., m. wenig hervortretenden Nerven, die 3 Hauptnerven der Vorblätt. sich oberhalb der Basis vereinigend; Blätt. obersts. stark glzd. u. dkgrün; ⊙; VII–IX. Wegränder, Ruderalstellen; *z.* (= *A. acuminata* W. & K.; = *A. nitens* Schk.) *Glänzende M.,* **A. sagittáta** Borkh.

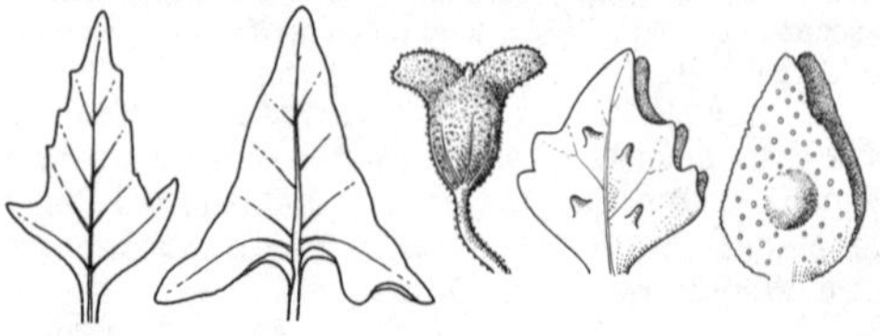

1003 1004 1005 1006 1007

[1] Unter Frbhülle werden die beiden Vorblätt. der Blüte zur Zeit der Frreife verstanden.

— Frhülle z. Frreife stark vergrößert, rundl., anfangs krautig, später trockenhäutig, m. stark hervortretenden, bis zum Grd. getrennten Nerven (Unterschied zu *A. sagittata);* Fr. nicht m. horizontalen Samen; Pfl. bis 1,5 m hoch; ⊙; VI–IX. Straßenränder; *z–s* in Dt, E, St, aus SO-Eur. eingeschleppt. (= *A. heterosperma* BUNGE) *Verschiedensamige M.,* **A. micrántha** LED.

4(2). Frhülle fast kreisrund, netzadrig, ganzrandig *(989);* Frstiel (innerhalb der Vorblätt.) so lg. wie die Fr.; Spr. der Grdblätt. herzf.-3-eckig, die der mittl. aus spießf. Grd. längl., weitläufig gezähnt, die ob. ganzrandig; Pfl. 30–125 cm hoch; zuw. rot überlaufen; ⊙; VII–VIII. Gemüsepfl., stellenw. verwild. (Heimat: Zentralasien bis S-Eur.) *Garten-M.,* * **A. horténsis** L.

— Frhülle ei- bis rautenf. od. 3-eckig, nicht netzadrig **5**

5. Alle Blätt. lineal-lanzettl., scharf gezähnt od. ganzrandig, ohne deutl. Seitennerven, nie m. Spießecken; Bltnknäuel entfernt, an steif aufrechten, rutenf. Ästen; Frhülle reich gezähnt, mehlig; ⊙; VII–IX. *z,* Nord- u. Ostseeküste, *s* im Binnenland an Salzstellen, auch Bgl. *Strand-M.,* * **A. littorális** L.

— Unt. Blätt. eif.-lanzettl. od. fast spießf., m. deutl. Seitennerven . . . **6**

6. Frhülle tief eingeschnitten gesägt, nur am Grd. verwachsen, zugespitzt *(990);* basale Blätt. fast 3-eckig-spießf., tief buchtig gezähnt; mittl. Stgblätt. spießf., lanzettl.; Pfl. nur wenig bemehlt, 30–100 cm hoch; ⊙; VI–IX. *z,* Strand der Ostseeküste, sonst *s* verschleppt. *Pfeilblättrige M.,* **A. calothéca** (RAFN) FR.

— Frhülle der Fr. klein gezähnt, gebuchtet od. ganzrandig **7**

7. Frhülle rhombisch-3-eckig, ganzrandig od. geschweift gezähnt *(1006);* Grdblätt. 3-eckig-spießf., ganzrandig od. gezähnt; ob. Stgblätt. lanzettl., spießf.; ⊙; VI–IX. Strand, Straßenränder, Ruderalstellen; *v–z.* (= *A. hastata* auct.). Formenreich. *Spieß-M.,* * **A. prostráta** BOUCHER ex DC.

Hierher gehört auch die nordische **A. lóngipes** DREJER: Frhülle 3-eckig-rhombisch, meist ganzrandig, zur Zeit der Frreife gestielt; Blätt. grün bis blaugrün, jung spärl. schülferig, dick, saftig; Pfl. 20–50 cm hoch; ⊙; VI–VIII. *s,* Nordseeküste, Da u. Inseln.

— Frhülle eif.-rautenf. *(1007, 1008);* unt. Blätt. eif. od. lanzettl., meist m. Spießecken **8**

8. Frhülle meist ganzrandig, stachellos *(1007);* Äste steif aufrecht; Scheinähren an der Spitze nickend; Blätt. eif.-lanzettl., ± buchtig gezähnt; ⊙; VII–IX. Wege, Schuttstellen; *z, s* im N. *Langblättrige M.,* **A. oblongifólia** W. & K.

— Frhülle durch kurzen Zahn beidersts. über dem Grd. etwas spießf. *(1008),* glatt od. weichstachelig; Äste absthd.; Scheinähren meist

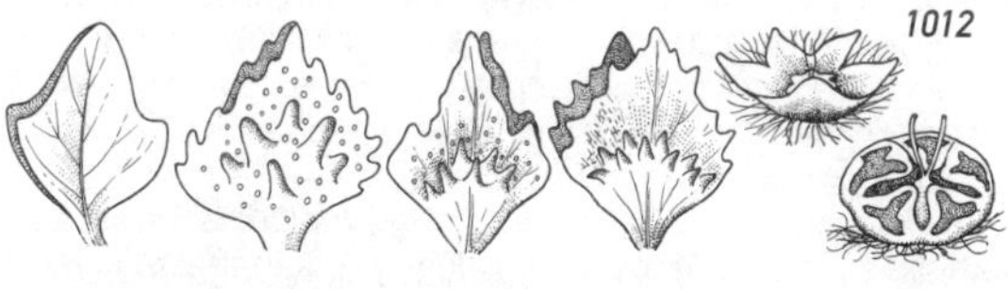

1012

1008 *1009* *1010* *1011* *1013*

aufrecht; Blätt. rhombisch-lanzettl., wenig gezähnt; ⊙; VII–X. Strand, Schutt, Dorfplätze, Kulturland; *v.* *Spreizende M.,* * **A. pátula** L.

9(1). Frhülle nur am Grd. knorpelig, breit rhombisch, gezähnt, auf dem Rücken glatt od. weichstachelig *(1009);* Grdblätt. 3-eckig-spießf., ungleich buchtig gezähnt; Scheinähren fast bis zur Spitze beblätt.; Pfl. 30–60 cm hoch, mehlig bestäubt; ⊙; VII–IX. Salz- u. Sandböden; Meeresküsten *z.* (= *A. babingtonii* Woods) *Kahle M.,* **A. glabriúscula** Edm.

— Frhülle wenigstens bis zur Mitte knorpelig; Pfl. weißschülferig **10**

10. Stg. niederlgd., vom Grd. an verzweigt; unt. Blätt. 3-eckig-eif., breit, tief buchtig, zuw. 3-lappig; ob. Blätt. lanzettl.-spießf.; Scheinähre bis zur Spitze beblättert; Frhülle breit rautenf. bis spießf., meist gezähnt, höckerig; ⊙; VIII–IX. Salzwiesen, Sand- u. Schlickböden; Nordseeküste, Ostseeküste von Da, *s.* (= *A. maritima* L.; = *A. sabulosa* Rouy) *Gelappte M.,* **A. laciniáta** L.

— Stg. aufrecht od. aufstgd. **11**

11. Scheinähren nicht od. nur am Grd. beblättert; Frhülle rhombisch, spitz, gezähnt, oft 3-lappig *(1010);* Grdblätt. rhombisch-3-eckig, oft spießf., ± tief buchtig gezähnt; ob. Blätt. längl.; Stg. 30–150 cm hoch; ⊙; VII–X. Schuttplätze; *s,* im W *f* od. unbeständig. *Tataren-M.,* **A. tatárica** L.

— Scheinähren fast bis zur Spitze beblättert; Frhülle 3-eckig-rautenf., ungleich gezähnt, auf dem Rücken glatt od. höckerig *(1011);* unt. Blätt. rautenf., ungleich lappig gezähnt, ob. eif.; Pfl. 25–90 cm hoch, weißl., ± mehlig; ⊙; VII–IX. Schutt, Wegränder, Ruderalstellen; *s.* *Rosen-M.,* **A. rósea** L.

8. Krascheninnikóvia Gueldenstaedt, *Hornmelde*

Pfl. stark verzweigt, m. steifen Ästen; Bltn. eingeschl., ♂ Bltn. in dichtem ährigem Bltnstand; Bltnhülle 4-blättrig; ♀ Bltn. ohne Bltnhülle, mit 2 die Fr. umhüllenden Vorblätt.; Blätt. verkehrt eif. bis lanzettl., kurz gestielt, 10–45 mm lg.; ♄; VII–IX. Lössabhänge; sehr *s,* nur NÖ (Weinviertel), ČR. [= *Eurotia ceratoides* (L.) Mey.; = *Ceratoides latens* (J. F. Gmel.) Reveal & Holmgren] **K. ceratoídes** (L.) Gueldenstaedt

9. Camphorósma L., *Kampferkraut*

Pfl. spärl. behaart, aufstgd. od. aufrecht, 5-40 cm hoch; Blätt. pfrieml., 5–15 mm lg.; Bltn. oft rosa; ⊙; VIII–IX. Salzstellen; *s,* nur Bgl (Seewinkel). **C. ánnua** Pall.

10. Bássia All., *Radmelde*

1. Bltnhülle z. Frzt. m. 1 mm lg. dornigen Anhängseln, krugf., ± behaart *(1012);* Pfl. niederlgd od. aufstgd., 10–60 cm hoch, rauhaarig, selten verkahlend; Bltn. zu 1–2 blattachselst.; Bltnstandsachse korkenzieherart. gedreht; Blätt. lineal, fleischig, bis 15 mm lg.; ⊙; VIII–IX. Sand- u. Salzböden der Nord- u. Ostseeküste; *s,* früher Ho. [= *Kochia hirsuta* (L.) Nolte; = *Echinopsilon hirsutum* (L.) Moq.] *Dornmelde,* **B. hirsúta** (L.) Asch.

— Bltnhülle z. Frzt. m. horizontalen, flügelart. Anhängseln *(1012)* od. m. Warze **2**

2. Blätt. flach, lanzettl. od. lineal-lanzettl., 1–3-nervig; Anhängsel der Bltnhülle klein, oft nur warzig, nicht deutl. voneinander getrennt (*1013*); ⊙; VII–IX. Zierpfl., *s* verwild. (Heimat: SO-Eur. bis As.) [= *Kochia scoparia* (L.) SCHRAD.]
Besen-R., *Besenkraut*, **B. scopária** (L.) VOSS

a. Scheinähren verlängert, locker; Pfl. kahl od. spärl. behaart; Zierpfl., *s* verwild. *Sommerzypresse*, ssp. **scopária**

– Scheinähren gedrungen, dicht; Pfl. stärker behaart; an Ruderalstellen im NO *s* eingebürgert. ssp. **densiflóra** (TURCZ. ex JACKS.) CIRUJANO & VELAYOS

— Blätt. lineal-pfrieml., 1-nervig; Bltnhülle z. Frzt. m. trockenhäutigen Anhängseln **3**

3. Pfl. ausdauernd, m. geraden, lg. Ästen, flaumig behaart; Blätt. 5–20 mm lg., lineal, zottig behaart; Bltn. in kleinen Knäueln, in Scheinähre od. Rispe; Anhängsel der Bltnhülle z. Frzt. > 2 mm breit; ♃; VII–IX. Lösshänge; nur NÖ (Weinviertel), ČR (Mähren), früher Bgl. *Halbstrauch-R.*, **B. prostráta** (L.) A. J. SCOTT

— Pfl. einjährig, niederlgd. od. aufstgd.; Blätt. fädl.-pfrieml., unterstS. gefurcht; Bltn. von einem Kranz von Borsten umgeben *(992);* Bltnhülle m. 5 rautenf., trockenhäutigen, deutl. getrennten Anhängseln *(992),* diese < 1 mm breit; ⊙; VIII–X. Sandrasen; *s*, BW, He u. RhPf (Oberrhein), NÖ, früher auch Bgl, ČR. [= *Kochia laniflora* (S. G. GMEL.) BORB.; = *K. arenaria* (G. M. SCH.) ROTH]
Sand-R., **B. laniflóra** (S. G. GMEL.) A. J. SCOTT

11. Corispérmum L., *Wanzensame*

1. Fr. breit geflügelt; Flügel halb so breit wie der Samen, dünnhäutig, an beiden Enden ausgerandet, am Rande gezähnt *(1014);* Ähre dichtbltg.; Pfl. 30–40 cm hoch, anfangs grau sternhaarig; ⊙; VII–IX. Dünen u. Sandfelder; *s,* BW, Binnendünen im M-Rheingebiet, Ho, MeVp, Ostseeküste (Frische Nehrung), wohl aus dem O u. SO eingeschleppt, früher Br.
Grauer W., **C. marschállii** STEV.

— Flügel der Fr. schmäler, höchstens 1/3 der Breite des Samens, ± dickl., ganzrandig od. undeutl. gezähnt **2**

2. Flügel sehr schmal, nur als durchscheinender Saum, ganzrandig *(1015);* Ähre an der Basis locker-, an der Spitze dichtbltg.; ⊙; VII–IX. *s* verschleppt, O-Br, Ti (Innsbruck). (Heimat: O-Eur.) *Großblättriger W.,* **C. hyssopifólium** L.

— Flügel der Fr. etwas breiter u. stets deutl. *(1016)* **3**

3. Bltnähre schlank, verlängert, an der Basis lockerbltg.; Pfl. zierl., kaum sternhaarig, verkahlend, oft rot überlaufen, 10–40 cm hoch, ausgebreitet ästig; ⊙; VIII–X. Sandige Stellen, Wegränder; im Gebiet sehr *s,* NÖ, früher Bgl, auch eingeschleppt, z. B. Berlin, Warnemünde. (Heimat: SO-Eur.)
Glänzender W., **C. nítidum** KIT.

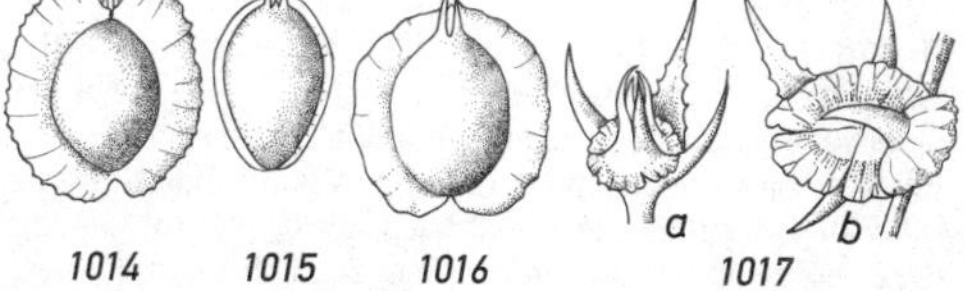

1014 *1015* *1016* *1017*

— Bltnähre meist dick, walzl., im ob. Teil dichtbltg., an der Basis lockerbltg. 4

4. Bltnhülle meist fehlend; Stbblätt. 1 od. 3; Fr. elliptisch bis rundl., m. breiterem, an der Spitze abgerundetem, durchscheinendem Flügel *(1016);* Pfl. aufrecht, 10–30 cm hoch, m. verlängerten, ± rot überlaufenen, in der Jugend dicht sternhaarigen Ästen; ⊙; VIII–IX. Sandböden; Ostseeküsten von O- u. WPr, *s.*
Dünen-W., **C. intermédium** Schweigg.

— Bltnhülle meist 1-blättrig, rundl. bis oval, nur am ob. Rand unregelmäßig u. fein gezähnt; Stbblätt. 1–5, meist 3, die mittl. länger; Fr. m. schmal dickl. od. breiterem u. durchscheinendem Flügel; Pfl. 10–60 cm hoch, grün, kahl, vom Grd. an reichästig; ⊙; VI–IX. Sandflächen; *z,* Dünen im Binnenland (Oberrheingebiet, Mainz, Darmstadt, Berlin, OÖ), Be, NO-Dt; formenreich. (= *C. hyssopifolium* auct. non L.)
Schmalflügeliger W., **C. leptópterum** (Asch.) Iljin

12. Salicórnia L., *Glasschmalz, Queller*

Stg. dickfleischig, 10–40 cm hoch, einfach od. armleuchterart. verzweigt *(987),* grün od. graugrün, gewöhnl. sich rot verfärbend; Endähre 10–50 mm lg.; ⊙; VIII–X. Erstbesiedler auf stark salzhaltigen Böden; Küste *v,* sonst *s* an Salzstellen des Binnenlands (SaAn, Th, NS, BW, Bgl, ČR, früher auch NÖ, Br, Ba, He, Saarland). Formenreich. [= *S. herbacea* (L.) L.]
* **S. europaéa** L.

(Es werden mehrere Klein- u. Unterarten unterschieden, deren Verbreitung noch ungenügend bekannt ist.)

13. Suaéda Forssk. ex Scop., *Sode*

Pfl. 7–100 cm hoch, saftig, oft rot überlaufen, niederlgd. bis aufstgd.; Blätt. 10–50 mm lg.; Bltn. zu 2–3, achselst.; ⊙; VII–IX. Strand von Nord- u. Ostsee, Salzstellen des Binnenlandes; *z–s.* Formenreich.
Strand-S., * **S. marítima** (L.) Dum.

a. Bltnhülle ohne häutigen Rand; Blätt. 15–30 mm lg.; Pfl. mehr aufrecht, 3–25 cm hoch, m. wenigen verlängerten Ästen; Küste, N- u. M-Dt, *z–s.*
Echte Strand-S., ssp. **marítima**

b. Bltnhülle m. häutigem Rand; Blätt. 10–30 mm lg. u. 1,5–2 mm breit; Pfl. kräftig, reichästig, 25–100 cm hoch; Samen 1,3–1,5 mm lg.; *s,* Salzstellen, NÖ, Bgl.
Große Strand-S., ssp. **pannónica** (Beck) Soó ex P. W. Ball

c. Bltnhülle m. häutigem Rand; Blätt. 5–15 mm lg. u. 0,7–1,3 mm breit; Pfl. zierlich, 5–10(–30) cm hoch; Samen 0,8–1,1 mm lg.; *s,* Salzstellen, nur Bgl, ČR, früher NÖ (= *S. pannonica* auct.). *Kleine Strand-S.,* ssp. **prostráta** (Pall.) Soó

14. Sálsola L., *Salzkraut*

Pfl. 25–60 cm hoch, fleischig, graugrün, zuw. rötl., zerstreut kurzhaarig, vom Grd. an verzweigt; Bltn. zu 1–3 blattachselst.; Vorblätt. die Bltn. überragend, lg. grannig, lederig; ⊙; VII–IX. Meeresstrand, Dünen u. Sandfelder des Binnenlandes; *z.* Formenreich. *Kali-S.,* * **S. káli** L.

a. Zipfel der Bltnhülle durch austretende Mittelrippe scharfendig u. starr, trocken aufrecht, vorwärts gerichtet *(1017a); v* Meeresküsten. *Küsten-S.,* ssp. **káli**

— Alle Zipfel der Bltnhülle dünnhäutig, weiß, rosarot geadert, im Zentrum etwas aufgerichtet, aber vertrocknend od. 1 Zipfel dornart. bespitzt (var.

monacántha AELLEN, *1017b*). *z*; Küstengebiet, sandige Stellen des Binnenlandes. [= ssp. *tragus* (L.) ČEL; = ssp. *ruthenica* (ILJIN) SOÓ]
Binnenland-S., ssp. **ibérica** (SENNEN & PAU) RILKE

15. Amaránthus L., *Fuchsschwanz, Amarant*

1. Bltnstände lg. überhgd., dk. purpurrot, zusammengesetzt; Pfl. 30–120 cm hoch; ⊙; VII–IX. Gartenzierpfl. (Heimat: S-Am.) *Garten-F.*, * **A. caudátus** L.
— Bltnstände wenig überhgd., höchstens nickend, grün, selten rot **2**
2. Bltnhüllzipfel (2–)3 . . . . **9**
— Bltnhüllzipfel (4–)5 (bei *A. bouchonii* einzelne Bltn. zuw. nur m. 3) **3**
3. Bltn. in achselst. Knäueln; Vorblätt. kürzer als die Bltnhüllblätt.; Stg. lgd. bis aufstgd. **7**
— Bltn. in endst. Bltnstand; Vorblätt. 1,5–2-mal so lg. wie die Bltnhülle; Stg. aufrecht **4**
4. Fr. Nuss, sich nicht durch einen Querriss öffnend; Vorblätt. pfrieml.-lanzettl., lg. begrannt; Bltnhüllzipfel ungleich lg., die inneren kürzer als die Fr.; ⊙; VI–X. Maisäcker, Ruderalstellen; mittl. Elbtal, Sa, Oberrhein *z*, sonst *s*; eingeschleppt aus Asien. *Bouchons F.*, **A. bouchónii** THELL.
— Fr. Kapsel, die sich mit einem Querriss öffnet u. den ob. Teil als Deckel abwirft (= Deckelkapsel) **5**
5. Bltnhüllzipfel der ♀ Bltn. spitzenw. verbreitert, ausgerandet od. abgerundet, zuw. stachelspitzig; Pfl. blassgrün; Stg. flaumig-zottig; Bltnstände dicht, scheinährig; Vorblätt. derb, ± stechend; ⊙; VI–IX. Hackfruchtäcker, Ruderalstellen; *v*. (Heimat: N-Am.)
Rauhaariger F., * **A. retrofléxus** L.
— Bltnhüllzipfel der ♂ u. ♀ Bltn. schmal eif. od. elliptisch, spitz **6**
6. Längere Vorblätt. der meisten ♀ Bltn. etwa doppelt so lg. wie die Bltnhülle, m. lg. Stachelspitze; Bltnstand locker; Blätt. rhombisch-eif.; ⊙; VII–IX. Ruderalstellen, Äcker; *z*. (Heimat: trop. Am.) (= *A. hybridus* auct.; = *A. chlorostachys* auct.)
Grünähriger F., **A. powéllii** S. WATSON
— Längere Vorblätt. der meisten ♀ Bltn. nur 1–1,5-mal so lg. wie die Bltnhülle (2–4 mm), kurz stachelspitzig; Bltnstand kurzästig, dkgrün; ⊙; VII–IX. Ruderalstellen; *s*. (Heimat: trop. Am.) *Ausgebreiteter F.*, **A. pátulus** BERTOL.
7(3). Fr. glattschalige Deckelkapsel; Stg. niederlgd., weißl., kahl od. spitzenw. flaumig; Blätt. längl.-lanzettl., schmal hautrandig, 15–30 mm lg.; ♂ Bltn. meist 4-, ♀ Bltn. 4–5-zählig; Pfl. 15–50 cm hoch; ⊙; VII–IX. Trockene Ruderalstellen; *s*, Dt, Au, Ho, ČR (aus W-Am. eingeschleppt).
Westamerikanischer F., **A. blitoídes** S. WATSON
— Fr. runzlige Nuss; Blätt. 3–30 mm lg., am Rand ± wellig-kraus **8**
8. Stg. dicht weichhaarig; Blätt. 5–15(–20) mm lg., am Rand stark wellig-kraus; ⊙; VII–IX. Ruderalstellen; *s*. (Heimat: trop. Am.)
Krauser F., **A. críspus** (LESPINASSE & THÉV.) TERRACC.
— Stg. spärl. behaart; Blätt. 3–5 cm lg., am Rand nur schwach wellig-kraus; Pfl. 10–40 cm hoch; ⊙; VII–IX. Ruderalstellen; *s*. (Heimat: trop. Am.) (= *A. vulgatissimus* auct.) *Standleys F.*, **A. standleyánus** PARODI ex COVAS
9(2). Fr. nussart. (bisw. unregelmäßig aufreißend); Vorblätt. ⅓ bis ½ so lg. wie die Bltnhülle **11**
— Fr. Deckelkapsel; Vorblätt. ¾ bis doppelt so lg. wie die Bltnhülle **10**

10. Vorblätt. doppelt so lg. wie die Bltnhüllblätt., stachelspitzig, stechend; Blätt. längl.-spatelig, stumpf od. ausgerandet, m. Stachelspitzchen, am Rand wellig; Stg. weißl., aufrecht, m. ausgebreiteten Ästen, 10–50 cm hoch; ⊙; VIII–X. Bahngelände, Ruderalplätze, Äcker; *z* (aus N-Am. eingeschleppt).
*Weißer F., **A. álbus*** L.

— Vorblätt. etwa ¾ so lg. wie die Bltnhüllblätt., weich, kurz stachelspitzig; Blätt. spitz, schmutziggrün od. rötl.; Pfl. 15–70 cm hoch; ⊙; VII–IX. Ruderalstellen, Äcker; *s*. (= *A. angustifolius* LAM.; = *A. sylvestris* VILL.)
Ⓖ *Wilder F.,* **A. graecízans** L.

11(9). Stg. kahl; Blätt. lg. gestielt; Spr. abgerundet bis ausgerandet, oberststs. oft m. hellem od. dk. Fleck, am Rand häufig wellig; Bltnhüllblätt. (2–)3; Pfl. 20–70 cm hoch; ⊙; VI–X. Wege, Dorfplätze, Äcker, Gartenland; *z*. (= *A. lividus* L.; = *A. ascendens* LOIS.). Formenreich.
Aufsteigender F., * **A. blítum** L.

a. Pfl. meist dkgrün, z. T. m. Rotfärbung; Blätt. oft gefleckt; Bltnhüllblätt. 3; Samen 1–1,5 mm lg.; Äcker, Ruderalstellen; *z*. ssp. **blítum**

— Pfl. meist hellgrün, ohne Rotfärbung; Blätt. ungefleckt; Bltnhüllblätt. 2–3; Samen 0,7–1,1 mm lg.; Flussufer, Ruderalstellen; *s*. (= *A. emarginatus* MOQ. ex ULINE & BRAY)
ssp. **emarginátus** (MOQ. ex ULINE & BRAY) CARRETERO et al.

— Stg. spitzenw. dicht flaumig behaart; Spr. m. stumpfer Spitze; Bltnhüllblätt. 2(–3); Pfl. 20–40 cm hoch; ⊙–♃; VI–X. Trockene Ruderalstellen; *s*. (Heimat: trop. Am.) *Liegender F.,* **A. defléxus** L.

Familie: **Phytolaccáceae**, *Kermesbeerengewächse*

Stauden; Blätt. wechselst., ganzrandig; Bltnstände groß, traubig, endst., durch Übergipfelung von Seitenästen aber den Blätt. scheinbar gegenübersthd.; Bltnhülle einfach, 4–5-zählig; Stbblätt. 6–16; Frkn 8–10(–16), frei od. verwachsen; Fr. beerenart., bei der Reife teilweise in Einzelfr. zerfallend.

Phytolácca L., *Kermesbeere*

1. Bltn. m. 10 verwachsenen Frblätt.; Frstand überhgd.; Fr. schwarze, saftige, 10-rippige Beere; ♃; VII–VIII. Kulturpfl., s verwild., in Ho u. CH auch eingebürgert. (Heimat: N-Am.) (= *Ph. decandra* L.)
Giftig! *Amerikanische K.,* **Ph. americána** L.

— Bltn. m. 8 freien Frblätt.; Frstand aufrecht; Fr. beerenart., schwarz; Stbblätt. 8; ♃; VII–VIII. Kulturpfl., *s* verwild., z. B. Dt, CH, Bz, Kt, St. (Heimat: O-As.) (= *Ph. acinosa* auct.) *Essbare K.,* **Ph. esculénta** VAN HOUTTE

Familie: **Montiáceae,** *Quellkrautgewächse*

Kräuter od. Stauden; wechselst. od. grdst.; Bltn. ⚥, klein, weiß; äußere Bltnhülle mit 2 kblattähnl. Hochblätt., innere Bltnhüllblätt. (= Tepalen) hinfällig; Kapselfr. Die *Montiaceae* wurden früher mit den *Portulacaceae* vereinigt.

1. Claytónia L., *Claytonie*

1. Tragblätt. unterhalb des Btnstands miteinander zu einem Trichter verwachsen; Bltnhüllblätt. 2–3 mm lg., vorn abgerundet od. schwach ausgerandet, weiß; Grdblätt. lg. gestielt, rhombisch-oval; ⊙; IV–VII. Wegränder, Dünen, Ruderalstellen; aus Gärten stellenw. verwild., im NW *v.* (Heimat: N-Am.) [= *Montia perfoliata* (DONN ex WILLD.) HOWELL] *Tellerkraut,* * **C. perfoliáta** DONN ex WILLD.

— Tragblätt. des Bltnstands nicht miteinander verwachsen; Bltnhüllblätt. 6–12 mm lg., tief ausgerandet bis 2-spaltig, weiß bis rosa; Grdblätt. lg. gestielt, breit eif.; ⊙–♃; V–VIII. Parks, Gebüsche; *s* eingeschleppt, z. B. Ho, Be, NrWe, Br, ČR. (Heimat: N-Am.) (incl. *C. alsinoides* SIMS) *Sibirische C.,* **C. sibírica** L.

2. Móntia L., *Quellkraut*

Stg. niederlgd. od. aufstgd., aufrecht od. flutend; Blätt. sitzend, längl. bis spatelf.; Pfl. 10–30 cm hoch; ⊙ bis ♃; VI–VIII. Bäche, Gräben, feuchte Äcker, besonders im Bergland; *v–z.* Formenreich.
Bach-Qu., * **M. fontána** L.

Zur Bestimmung der einzelnen Unterarten sind reife Samen notwendig. (Nachfolgender Schlüssel verändert nach H. JAGE)

a. Samen am Rand glatt, stark glzd.; ♃; V–IX. Quellfluren, Wiesengräben, von der Ebene bis in die Mittelgeb. *z, f* in Fichtgeb., Bayrw., Böhmw., Bayr. Alpen. (= *M. lamprosperma* CHAM.; = *M. rivularis* auct.) ssp. **fontána**

— Samen wenigstens am Rand m. ± deutl. Warzen .... **b**

b. Samen matt, wenig glzd., m. großen, stumpfen Warzen auf gesamter Oberfläche der Samenschale; Pfl. stark verzweigt, bis 12 cm hoch; ⊙; IV–V. Feuchte Äcker, am Rand kleiner, sthd. Gewässer, vorwgd. der tieferen Lagen; *z* im N u. NW, *s* im S, auch Ts, Bz, *f* in Bayr. Alp. u. Au. (= *M. verna* WALL.; = *M. minor* auct.) *Acker-Qu.,* ssp. **chondrospérma** (FENZL) S. M. WALTERS

— Samen ± glzd.; Warzen nur am Rand und kleiner .... **c**

c. Samen am Rand m. dicht sthd. u. mehrreihigen, spitzen Warzen; Pfl. häufig flutend od. in dichtrasigen Landformen auf Schlamm; ♃ (in niederen Lagen); V–IX. *z* im NW, Mittelgeb. *v, s* Ts, ČR, *f* NO, Alp. [= *M. lusitanica* SAMPAIO; = *M. hallii* (GRAY) GREENE] ssp. **amporitána** SENNEN

— Samen am Rand m. entfernt sthd., niedrigen, stumpfen od. zugespitzten Warzen; ⊙–♃; oft wintergrün u. flutend; V–IX. Im NW, Mittelgeb., Bz *z, f* im NO, Jura, Alp.. (= *M. rivularis* auct.) ssp. **variábilis** S. M. WALTERS

Familie: **Portulacáceae**, *Portulakgewächse*

Kräuter; Blätt. wechselst. od gegenst.., oft etwas fleischig; Bltn. ⚥, gelb; Kapselfr.

Portuláca L., *Portulak*

Stg. niederlgd. od. aufstgd.-aufrecht, fleischig, oft rot; Blätt. wechsel- od. gegenst.; ⊙; VII–X. (Heimat: As.?) * **P. olerácea** L.

a. Stg. niederlgd.; kblattähnl. Hochblätt. auf dem Rücken stumpf gekielt. Gärten, Wege, Weinberge; *z* eingebürgert, vor allem im S. [= ssp. *silvestris* (DC.) ČEL.] ssp. **olerácea**

— Stg. aufrecht; kblattähnl. Hochblätt. auf dem Rücken geflügelt. Zuw. als Gemüsepfl. kultiviert. ssp. **satíva** (Haw.) Čel.

Familie: **Cactáceae**, *Kakteen*

Pfl. sukkulent, säulenf. od. in zylindrische od. scheibenf. Segmente gegliedert, meist stark dornig, auf der Fläche m. einzelnen Höckern, die Dornen od. Büschel aus Borsten tragen (Areolen); Blätt. fehlend od. borstl., hinfällig; Bltn. radiär; Bltnhüllblätt. u. Stbblätt. zahlreich; Gr. 1, Narben 2–∞; Frkn. unterst.; Fr. Beere.

Opuntia Mill., *Feigenkaktus*

1. Pfl. niederlgd., bis 50 cm hoch, m. dickfleischigen, scheibenf. Stggliedern; Dornen (bei Jungpfl.) vorhanden, meist einzeln, bis 5 cm lg., oft fehlend; Bltn. 5–9 cm im Dm, gelb; Fr. fleischig, rot; ♄; VI–VII. Felsige Abhänge; *s,* in Vs, Waadt, Ts u. Ti (Ötztal) z.T. eingebürgert. (Heimat: N-Am.) *Kleiner F.,* **O. humifúsa** (Raf.) Raf.

— Pfl. strauchartig, bis 2 m hoch, m. zylindrischen Stggliedern; Dornen zahlreich, bis 25 mm lg., in Gruppen zu 10–30; Bltn. 5–7 cm im Dm, rot od. rotviolett; Fr. fleischig, gelb; ♄; VI–VII. Felsige Abhänge; *s,* Vs. (Heimat: N-Am.) *Baum-F.,* **O. imbricáta** (Haw.) DC.

Unterklasse: **Astéridae**, *Asternähnliche*

Ordnung: **Cornáles**

Familie: **Cornáceae**, *Hartriegelgewächse*

Holzpfl., seltener Stauden, m. gegenst. Blätt.; Bltn. klein, in Dolden, zuw. von auffälligen Hochblätt. *(225)* umgeben; Kblätt. 4, zu Röhre verwachsen; Blkr.- u. Stbblätt. 4; Frkn. unterst., 2-fächerig; Steinfr.

Córnus L., *Hartriegel*

1. Stg. krautig, 10–15 cm lg., 4-kantig; Bltn. rotbraun, von 4 weißen Hochblätt. umgeben *(225);* ♃*;* V. Moore, Zwergstrauchheiden; *s,* nur im N, NS, SH, Da, sehr *s* in Ho. [= *Chamaepericlymenum suecicum* (L.) A. & G.] Ⓖ *Schwedischer H.,* * **C. suécica** L.

— Höhere Sträucher; Bltn. weiß od. gelb; Bltnstände nicht von weißen Hochblätt. umgebe n **2**

2. Bltn. gelb, vor den Blätt. erscheinend; Blattspr. unterst. zw. den Nerven m. anlgd. Haaren, in den Achseln bärtig; Fr. hgd., scharlachrot, 12–15 mm lg.; ♄; III–IV. Trockene Laubwälder, Felsen; *v* in CH, Au, Bz, *s* in Ba, Be, Lx, E, ČR, *h* als Zierpfl. *Kornelkirsche, Herlitze, Gelber H.,* * **C. más** L.

— Bltn. weiß, nach den Blätt. erscheinend. **3**

3. Fr. schwarz; Blattspr. unterstś. grün, m. 3–4 Nervenpaaren, im Herbst leuchtend rot, unterstś. zw. den Nerven geschlängelt absthd. behaart; junge Zweige nicht herabgebogen, selten einwurzelnd, m. roter Rinde; ♄; V–VI. Laubwälder, Trockenhänge; *v, z* im N. [= *Thelycrania sanguinea* (L.) FOURR.; = *Swida sanguinea* (L.) OPIZ]

Blutroter H., * **C. sanguínea** L.

a. Blätt. unterstś. m. absthd., einfachen Haaren; *v.* ssp. **sanguínea**

— Blätt. unterstś. m. 2-strahligen Haaren . . . . **b**

b. Blätt. unterstś. nur m. 2-strahligen Haaren; Verbr. ungenügend bekannt, bisher nur Au, ČR. ssp. **austrális** (MEY.) JAV.

— Blätt. unterstś. m. 2-strahligen u. einfachen Haaren; Verbr. ungenügend bekannt, bisher nur He, Ti, Kt, St, NÖ, Bgl, ČR.

ssp. **hungárica** (KÁRPÁTI) SOÓ

— Fr. weiß bis hellblau; Blätt. unterstś. behaart bis fast kahl, m. 5–7 Seitennervenpaaren **4**

4. Pfl. ohne od. m. wenigen wurzelnden, ausläuferart. Sprossen; Blattspr. 4–8 cm lg., unterstś. angedrückt behaart; Fr. weiß bis hellblau; ♄; V–VII. Zierstrauch aus As., gelegentl. verwild. [= *Thelycrania alba* (L.) POJARKOVA; = *Swida alba* (L.) OPIZ; = *Cornus tatarica* MILL.] *Weißer H.,* * **C. álba** L.

— Pfl. m. zahlr. wurzelnden, ausläuferart. Sprossen; Blattspr. 5–14 cm lg., unterstś. kahl bis fast kahl; Fr. weiß; ♄; V–VII. Zierstrauch aus Am., zuw. verwild. [= *Thelycrania stolonifera* (MICHX.) POJARKOVA; = *C. stolonifera* MICHX.; = *Swida sericea* (L.) HOLUB] *Sprossender H.,* * **C. serícea** L.

Familie: **Hydrangeáceae**, *Hortensiengewächse*

Sträucher m. einfachen, nebenblattlosen Blätt.; Bltn. ⚥, radiär, 4–5-zählig, m. unterst. Frkn.; Kapselfr.

Philadélphus L., *Pfeifenstrauch, Falscher Jasmin*
Bis 3 m hoher Strauch; Blätt. eif.-elliptisch, gezähnt *(268);* Bltnstand traubig, 1–10-bltg.; Bltn. weiß, stark duftend; ♄; V–VI. Felsen, Gebüsch; wild in St (Weizklamm), Sb, OÖ, Bz, sonst angepfl. u. verwild.

Ⓖ * **Ph. coronárius** L.

Ordnung: **Ericáles**

Familie: **Balsamináceae**, *Balsaminengewächse*

Kräuter m. saftigen, glasig durchscheinenden, an den Knoten oft verdickten Stg.; Bltn. zygomorph; K. durch Ausfall der beiden vorderen Kblätt. 3-blättrig; das hintere Kblatt gespornt u. blkrblattartig *(213);* Blkrblätt. 5, paarweise miteinander verbunden; Stbblätt. 5; Frkn. oberst, 5-blättrig; Fr. bei Berührung elastisch aufspringende Saftkapsel.

Impátiens L., *Springkraut*

1. Blätt. gegenst. od. quirlst., gezähnt, am Stiel m. Drüsen; Blkr. 25–40 mm lg., rot, rosa od. weiß; Pfl. 50–250 cm hoch; ⊙; VII–X. Auwälder, Bachufer, feuchte Waldwege, auch Zierpfl.; verwild. u *v* eingebürgert. (Heimat: Himalaya) (= *I. roylei* WALP.) *Drüsiges Sp.*, * **I. glandulífera** ROYLE

— Bltn. wechselst. **2**

2. Blkr. rot, rosa od. weiß **5**

— Blkr. gelb od. orangegelb **3**

3. Bltn. klein, 6–18 mm lg., blassgelb, aufrecht, m. geradem Sporn, in 4–16-bltg., die Tragblätt. meist überragenden Trauben; Blätt. jedersts. m. 13–35 Zähnen; Pfl. 30–60 cm hoch; ⊙; VI–IX. Laubwälder, Waldwege, Gebüsche; *v*, überall eingebürgert (Heimat: O-As.). *Kleinblütiges Sp.*, * **I. parviflóra** DC.

— Bltn. 15–35 mm lg, hgd., goldgelb od. orangefarbig, m. gekrümmtem Sporn *(213);* Trauben 3–6-bltg. **4**

4. Bltn. goldgelb, innen m. roten Punkten; Trauben die Tragblätt. nicht überragend; Sporn 6–12 mm lg., selten mehr als 90° gekrümmt *(213);* Blätt. jederseits m. 7–20 Zähnen; Pfl. 30–100 cm hoch; ⊙; VII–IX. Feuchte Laubwälder; *v*.
Rührmichnichtan, Großes Sp., * **I. nóli-tángere** L.

— Bltn. orangefarbig, m. großen rotbraunen Flecken; Sporn 5–9 mm lg., bis um 180° gekrümmt; Blätt. jedersts. m. 5–14 Zähnen; Pfl. 20–60 cm hoch; ⊙; VII–X. Flussufer; *s*, He, RhPf, NrWe, Ho, Be, in Ausbreitung (Heimat: N-Am.)
Orangefarbenes Sp., **I. capénsis** MEERBURGH

5(2). Sporn 12–18 mm lg.; Blkr. 25–40 mm lg.; Fr. kahl; ⊙; VII–IX. Zierpfl.; *s* verwild. an Ruderalstellen, CH, Au, Bz. (Heimat: Himalaja)
Balfour-Sp., **I. balfóurii** HOOK. f.

— Sporn 4–10 mm lg.; Blkr. 10–25 mm lg.; Bltn. blattachselst, oft gefüllt; Fr. behaart; ⊙; VII–VIII. Zierpfl. aus As. *Garten-Sp.*, * **I. balsámina** L.

Familie: **Polemoniáceae**, *Himmelsleitergewächse*

Kräuter od. Stauden; Blätt. wechselst., ohne Nebenblätt.; Bltn. ⚥, radiär; Blkr. rad-, trichter- od. trompetenf.; K.-, Blkr.- u. Stbblätt. 5; Frkn. oberst., 3-fächerig; Kapselfr.

1. Blätt. unpaarig gefied.; Bltn. fast radf. . . . . . . **Polemonium**, 620

— Blätt. ungeteilt; Bltn. stieltellerf. *(308)* . . . . **Collomia**, 620

1. Polemónium L., *Himmelsleiter*

Stg. kantig gefurcht, 20–50 cm hoch; Bltn. blau od. weiß; ♃; VI–IX. Wiesen, Flachmoore, Flusskies; *z–s*, oft kult., auch verwild. u. eingebürgert.
Ⓖ * **P. caerúleum** L.

2. Collómia NUTT., *Leimsaat (308)*

Pfl. bis 70 cm hoch, oberw. meist reichästig; Blkr. zuerst gelb, später rötl.; Blätt. lanzettl.; ⊙; VI–VII. Flussufer, Bahndämme; *z* eingebürgert, z. B. RhPf, Berlin, Th, auch Zierpfl. (Heimat: N-Am.) **C. grandiflóra** LDL.

Familie: **Primuláceae** (incl. *Myrsinaceae* u. *Theophrastaceae*), *Primelgewächse*

Kräuter od. Stauden; Blätt. häufig in Rosetten; Bltn. einzeln od. in doldigen, traubigen, ährigen od. rispigen Infl., radiär, zwittrig; Blkrblätt. 5, verwachsen; Stbblätt. 5, selten 7 od. 10; Frkn. oberst., einfächerig m. zentraler Plazenta *(1018);* Kapselfr.

1. Blätt. kammf. gefiedert (ähnl. *203);* Bltn. in Quirlen; Blkr. hellrosa, im Schlund gelb; Wasser- od. Sumpfpfl. **Hottonia,** 627
— Blätt. ungeteilt; Land- od. Sumpfpfl. **2**
2. Blätt. in grdst. Rosetten, höchstens unterhalb der Infl. od. der Bltn. kleine Hochblätt. **10**
— Stg. beblättert **3**
3. Bltnhülle einfach, rosa; Bltn. einzeln, sitzend . . . . . . **Glaux,** 628
— Bltnhülle doppelt, in K. u. Blkr. gegliedert **4**
4. Bltn. groß, weiß, 11–19 mm im Dm, meist 7-zählig; Blätt. an der Stgspitze rosettig gehäuft *(241),* 1–9 cm lg., zur Stgspitze hin an Größe zunehmend; Pfl. 5–20 cm hoch, ausdauernd **Trientalis,** 628
— Blätt. zur Spitze hin nicht auffällig an Größe zunehmend u. nicht an der Stgspitze rosettig gehäuft **5**
5. Bltn. gelb, m. lg. Röhre . . . . **Androsace vitaliana,** 624
— Bltn. rot, blau od. weiß, falls gelb, dann ohne lg. Röhre **6**
6. Pfl. polsterf., m. säulenf., dachziegelig beblätt. Sprossen; Blätt. 3–5 mm lg.; Gebirgspfl. . . . . **Androsace,** 624
— Pfl. nicht polsterf.; Sprosse nicht dachziegelig beblättert **7**
7. Blätt. gegenst. od. quirlst. **9**
— Blätt. wechselst. **8**
8. Blkr. weiß, 5-teilig; Bltntraube endst., nicht achselst.; Blätt. fleischig, die unt. rosettig gehäuft; Stbblätt. 10, davon 5 steril (als Zipfel zw. den Blkrblätt.) . . . . **Samolus,** 622
— Bltn. klein, 4-spaltig, weiß od. rötl., blattachselst. *(249);* Blätt. 5 mm lg., die unt. nicht rosettig gehäuft; Pfl. 2–8 cm hoch, einjährig . . . . **Centunculus,** 629
9(7). Blkr. gelb . . . . **Lysimachia,** 628
— Blkr. rot, rosa od. blau . . . . **Anagallis,** 628
10(2). Blkr. glockig-trichterf. und zerschlitzt *(1023, 1024)* **Soldanella,** 627
— Blkr. nicht zerschlitzt **11**
11. Blkr. glockig, rötl.; Blätt. groß, lg. gestielt, rundl.-herzf., gesägt-gelappt . . . . **Primula matthioli,** 622
— Blkr. röhrenf., m. meist radf. ausgebreitetem Saum; Blätt. nicht herzf. **12**
12. Zipfel der Blkr. zurückgeschlagen, Blkr. rosa; Blätt. nierenf.-herzf. . . . . **Cyclamen,** 627
— Zipfel der Blkr. nicht zurückgeschlagen; Blätt. nicht nierenf. od. herzf. **13**

13. Saum der Blkr. meist weniger als 10 mm im Dm *(1021, 1022);* Blkr. m. kurzer Röhre; Blätt. lanzettl., oft zu kugeligen Rosetten vereinigt . . . . **Androsace,** 624
— Saum der Blkr. meist mehr als 15 mm im Dm *(1019, 1020);* Blkr. m. langer Röhre **14**
14. Blätt. lineal, 4–12 mm lg. u. 1–2 mm breit; Bltn. gelb **Androsace vitaliana,** 624
— Blätt. breiter u. länger, nicht lineal; Bltn. gelb, rot od. violett **Primula,** 622

1. Sámolus L., *Bunge*
Pfl. 15–50 cm hoch; Blätt. fleischig, die unt. rosettig gehäuft; Bltn. in Trauben od. Rispen; Blkr. weiß, 2–3 mm im Dm; Bltnstiel dünn, in der Mitte m. lanzettl. Tragblatt *(310);* ♃; VI–IX. Röhrichte, Teichufer; *v–s* Meeresküsten, *s* Binnenland, in Au nur NÖ, Bgl. * **S. valerándi** L.

2. Prímula L., *Primel, Schlüsselblume*
1. Blkr. glockig; Bltn. zu 6–8 in Dolden, nickend, rosa, m. ungleichen, ganzrandigen od. gezähnten Hüllblätt.; Blätt. rundl.-herzf., grob gesägt od. gelappt; ♃; V–VIII. Hochstaudenfluren der montanen u. subalp. Stufe, 1080–2100 m; *v,* Alp. von Gr (Unterengadin), Au, Bz, *s* in ČR (Brünn) u. Dt (Allgäu, Tegernsee).(= *Cortusa matthioli* L.; incl. f. *moravica* Podp.). Formenreich. Ⓖ *Heilglöckchen,* **P. matthíoli** (L.) Richt.
— Blkr. m. Röhre u. radf. ausgebreitetem Saum; Blätt. nicht herzf. od. gelappt **2**
2. Blätt. in Knospenlage nach oben eingerollt; K. stielrund **7**
— Blätt. in Knospenlage nach unten eingerollt; K. kantig **3**
3. Blätt. glatt od. schwach runzelig, kahl; Blattunterseite mehlig bepudert; Bltn. rosa-violett; K. stumpfkantig **6**
— Blätt. runzelig, behaart, nicht mehlig; K. scharfkantig; Bltn. gelb . . **4**
4. Inflstiel sehr kurz bis fehlend; Bltn. lg. gestielt, Bltnstiel lghaarig; Blätt. am Grd. allmähl. verschmälert, ohne deutl. Stiel, obersts. kahl; Blkr. meist schwefelgelb; ♃; III–V. Lichte Wälder, Gebüsche, bis 1500 m; *v* CH, FL, Bz, Au, *s* im NW, im N östl. bis MeVp, sonst Ba, BW, NrWe. Zahlreiche, auch mehrfarbige Sorten als Zierpfl. (= *P. vulgaris* Huds.) Ⓖ *Stängellose Sch.,* * **P. acaulis** (L.) Hill
— Dolde bis 30 cm lg. gestielt; Bltn. kürzer gestielt; Bltnstiel kurzhaarig; Blattstiel deutl. ausgebildet, zuw. aber geflügelt; Blätt. beidersts. behaart **5**

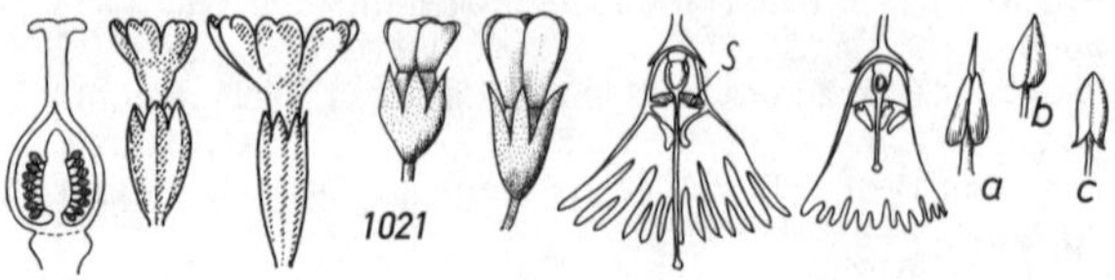

1018 1019 1020 1022 1023 1024 1025

5. K. weit glockenf.; Blkrsaum meist vertieft *(1019)*, dottergelb, am Schlund m. 5 roten Flecken; Bltn. duftend; ♃; IV–V. Trockene Wiesen, Gebüsche, Waldränder; *v*, *s* im NW. (= *P. officinalis* (L.) HILL). Formenreich.
Ⓖ *Wiesen-Sch., Echte Sch., Duftende Sch.*, * **P. véris** L.

a. K. 8–16 mm lg., meist kürzer als die Blkrröhre; Blkr. 9–12 mm im Dm; Kzähne länger als breit; *v*. [incl. ssp. *canescens* (OPIZ) LÜDI] ssp. **véris**

— K. 16–25 mm lg., so lg. od. länger wie die Blkrröhre; Blkr. 10–22 mm im Dm; Kzähne kürzer als breit; Blätt. unterssts. grau- od. weißfilzig; *z*, bisher nur CH, hauptsächlich Schweizer Jura. ssp. **colúmnae** (TEN.) MAIRE & PETITMENGIN

— K. eng anlgd.; Blkrsaum flach ausgebreitet *(1020)*, schwefelgelb, am Schlund m. hell orangefarbenem od. grünl.gelbem Ring; Bltn. nicht od. sehr schwach duftend; ♃; III–V. Laubwälder, Gebüsche, Wiesen; *v* im S, *z* im N. Ⓖ *Wald-Sch., Hohe Sch.*, * **P. elátior** (L.) HILL

a. Blattspr. plötzl. in den geflügelten Stiel verschmälert, runzlig; Kzähne 3–7 mm lg., mehr als doppelt so lg. wie breit; Blkr. 20–25 mm im Dm; Pfl. 10–30 cm hoch; *v–z*. ssp. **elátior**

— Blattspr. allmähl. in den Stiel verschmälert, schwach runzlig; Kzähne 2–3 mm lg., weniger als doppelt so lg. wie breit; Blkr. bis 20 mm im Dm; Pfl. 5–20 cm hoch; *s*, Bz. ssp. **intricáta** (G. & G.) LÜDI

6(3). Blkrröhre etwa so lg. wie der K. (3–6 mm), am Schlund intensiv gelb; Inflstiel 2–15 cm lg.; ♃; V–VII. Flachmoore, alp. Rasen bis 2770 m; *v* Alp., *z* Vorland bis Schweizer Jura, SchwAlb, Ba, *s* MeVp, Da, NO-Br?, früher ČR. Ⓖ *Mehl-Sch.*, **P. farinósa** L.

— Blkrröhre 2–3,5-mal so lg. wie der K. (20–30 mm lg.); Inflstiel 10–30 cm lg.; ♃; VI–VII. Rasen der K-Alp., 1000–2900 m; *z* Vs, Ts, Gr, Ti, OTi, Bz, Sb, Kt. (= *P. longiflora* ALL.) Ⓖ *Langblütige P.*, **P. hálleri** J. F. GMEL.

7(2). Bltn. gelb, am Schlund mehlig, duftend; Blätt. etwas fleischig, jung mehlig bestäubt; ♃; IV–VI. Felsen der K-Alp., bis 2900 m; *v* Alp., *z* Vorland, Schweizer Jura, *s* S-Schw., S-FrAlb.
Ⓖ *Aurikel, Platenigl*, * **P. aurícula** L.[1]

a. Bltn. hellgelb, duftend; K. mehlig; *v*. ssp. **aurícula**

— Bltn. dkgelb, geruchlos; K. ohne Mehlstaub; *s*, SW-Kt, O-Ti, NÖ, Bz.
ssp. **balbísii** (LEHM.) ARCANG.

— Bltn. rosa, rot od. violett **8**

8. Tragblätt. länger als die Bltnstiele **12**

— Tragblätt. kürzer als die Bltnstiele; Pfl. drüsig **9**

9. Schlund der Blkr. mehlig bestäubt, von gleicher Farbe wie der Saum u. die Röhre innen; Blkr. trichterf.; Bltndolde 2–20-bltg., einstswendig; Bltnstiele 2–20 mm lg.; Blkr. violett, in der Knospe dunkel; Blätt. eif.-lanzettl., etwas wellig, dicht m. hellen Drüsenhaaren besetzt; Pfl. 3–18 cm hoch; ♃; VI–VII. Felsspalten, 1800–3050 m, kalkmeidend; *s*, nur Gr, Bz. (= *P. viscosa* ALL.) *Breitblättrige Sch.*, **P. latifólia** LAP.

— Schlund der Blkr. nicht mehlig bestäubt, wie die Röhre innen weiß, anders gefärbt als der Saum **10**

---

[1] * **P.** × **pubéscens** JACQ.: Fruchtbarer, daher hinsichtl. der Bltn. vielfarbiger Bastard aus *P. auricula* × *P. hirsuta*; *s* Ba, BW (Belchen), Vb, Ti. Hieraus entstand die *v* kult. *Garten-Sch.*, **P.** × **horténsis** WETTST.

10. Inflstiel meist kürzer als die Laubblätt.; K. von der Kronröhre absthd.; Köpfchen der Drüsenhaare klein, farblos bis gelb od. bräunl. bis schwärzl.; ♃; IV–VII. Felsspalten, 700–3600 m; *z,* CH, Bz, Au, *s* BW (Belchen). Ⓖ *Behaarte Sch.,* **P. hirsúta** ALL.[1]
— Inflstiel meist länger als die Laubblätt.; K. der Kronröhre anlgd. **11**
11. Blätt. meist 6–12 mm breit, längl.-keilig, selten verkehrt eif.; längste Bltnstiele 1–6 mm lg.; Stg. m. 2–8 Bltn.; ♃; VI. Felsspalten, alpine Weiden, kalkmeidend, 1600–2750 m; *z,* Gr, Bz, SW-Ti. (= *P. oenensis* THOMAS ex GREMLI) Ⓖ *Rhätische Sch.,* **P. daonénsis** (LEYB.) LEYB.
— Blätt. meist 9–16 mm breit, rundl.-verkehrt-eif. od. oval; längste Bltnstiele 4–15 mm lg.; Stg. m. 2–5 Bltn.; ♃; IV–VI. Felsen, 1500–2200 m, kalkmeidend; nur Sb, Kt, St, *z.* Ⓖ *Zottige Sch.,* **P. villósa** WULF.
12(8). Blätt. ganzrandig **14**
— Blätt. gezähnt **13**
13. Bltn. einzeln, leuchtend rot bis rosa; Pfl. bis 5 cm hoch; Blätt. breit keilf., 5–30 mm lg., an der Spitze grob gesägt; ♃; VI–VIII. Humöse Böden, Schneetälchen, Alp. 800–3300 m; *s* in Dt (Karwendel, Wetterstein, bei Berchtesgaden), Riesengeb., *z* in Au (östl. von Brenner-Innsbruck), Bz. Ⓖ *Zwerg-Sch.,* **P. mínima** L.
— Dolden meist 3–4(1–7)-bltg.; Pfl. 5–10 cm hoch; Blätt. lanzettl., 15–50 mm lg., knorpelrandig, in der ob. Hälfte fein gesägt; ♃; VII–VIII. Magermatten, Felsen, 1900–3400 m; *z* Au, Gr, Bz. Ⓖ *Klebrige Sch.,* **P. glutinósa** WULF.
14(12). Blätt. weich, ohne Knorpelrand, am Rand m. bis 1 mm langen Drüsen; Bltnstiel bis 3,5 mm lg.; ♃; VI–VII. Magerrasen, Schneetälchen, 1600–3050 m, kalkmeidend; *z–s,* CH, FL, Vb, W-Ti. Ⓖ *Ganzblättrige Sch.,* **P. integrifólia** L.
— Blätt. m. Knorpelrand **15**
15. Blätt. graugrün, m. schmalem Knorpelrand; Blkrblätt. bis zur Mitte 2-spaltig; Bltnstiel 2–12 mm lg.; Stg. 1–4-bltg.; ♃; V–VII. Felsfluren, feuchte Rasen, 600–2200 m, kalkliebend; *s* bei Berchtesgaden, Sb, St, OÖ, NÖ. Ⓖ *Clusius-Sch.,* **P. clusiána** TAUSCH
— Blätt. blaugrün, sehr steif, m. breitem Knorpelrand; Blkrblätt. bis zu $^1/_3$ gespalten; Bltnstiel 2–8 mm lg.; Stg. 1–2-bltg.; ♃; VI–VIII. Felsen, alpine Rasen, auf Kalk, 1200–2130 m; *s,* Kt. Ⓖ *Wulfen-Sch.,* **P. wulfeniána** SCHOTT

3. Andrósace L. (incl. **Arétia** L. u. **Vitaliána** SESLER), *Mannsschild*
1. Bltn. gelb; Blkrröhre doppelt so lg. wie der K.; Blätt. lineal, nur 1,2 mm breit; Pfl. 5–12 cm hoch, rasig wachsend; ♃; VI–VII. Felsen, steinige Rasen, 1700–3100 m; *s* Alp. (= *Vitaliana primuliflora* BERTOL.) Ⓖ *Goldprimel,* **A. vitaliána** (L.) LAP.
a. Blätt. dkgraugrün, untersts. u. am Rand reichlich sternhaarig; nur Vs. ssp. **vitaliána**
— Blätt. lebhaft grün, kahl od. nur am Rand m. einzelnen Sternhaaren; nur Kt (Gailtal), Bz. ssp. **sésleri** (SÜND.) KRESS

[1] Siehe Fußnote S. 623.

— Bltn. weiß, rot od. rosa; Blkr. m. kurzer Röhre **2**
2. Bltn. in Dolden **9**
— Bltn. einzeln; Blätt. klein, dicht dachig (= *Aretia*) **3**
3. Pfl. überwiegend m. unverzweigten od. 2-spaltigen Haaren **8**
— Pfl. überwiegend m. mehrfach verzweigten Haaren **4**
4. Pfl. dicht sternhaarig-weißfilzig, dichte Polster bildend; Blätt. 3–6 mm lg., schmal spatelig, die Sprosse dicht dachziegelig verhüllend; Bltnstiele 2–6 mm lg.; K. m. stumpfl. Zipfeln; Blkr. weiß, m. gelbem Schlund; ♃; VI–VII. Felsen, kalkmeidend; *s,* S-CH.
Ⓖ *Vielblütiger M.,* **A. vandéllii** (TURRA) CHIOV.
— Pfl. nicht dicht weißfilzig **5**
5. Blkr. 4–5 mm im Dm, rosa m. gelbem Schlund, ihre Zipfel etwas ausgerandet; Zweige m. wenigen Rosetten, keine Polster bildend; Blätt. deutl. oberhalb der Mitte am breitesten, nicht gekielt, flach, nach dem Vertrocknen nicht bleibend; Kzipfel 3-eckig, kaum länger als breit *(1021);* ♃; VII–VIII. Felsspalten, Geröll, 1900–3170 m, nur auf Kalk; *s,* Ba (Berchtesgaden), Sb (Loferer und Leoganger Steinberge), Ti, Bz, Kt, St bis OÖ (Hochmölbing).
Ⓖ *Dolomiten-M.,* **A. hausmánnii** LEYB.
— Blkr. 7–12 mm im Dm; Zweige Polster bildend **6**
6. Blätt. gekielt, lanzettl.-spitz, 3–5 mm lg.; Bltnstiele 4–12 mm lg., doppelt so lg. wie der nicht bis zur Mitte gespaltene K.; Blkr. 10–12 mm im Dm, dkrosa, m. gelbem Schlund; Blkrblätt. an der Spitze ausgerandet; ♃; VI–VII. Gesteinsfluren, 2100–2600 m, kalkmeidend; *s* im Sb, Kt, St.
Ⓖ *Steirischer M.,* **A. wulfeniána** KOCH
— Blätt. flach, nicht gekielt, stumpfl. **7**
7. Mindestens einzelne Bltnstiele 2–4-mal so lg. wie die Blätt.; Blkrzipfel meist ausgerandet; Blkr. rosa, m. gelbem Schlund, 5–8 mm im Dm; Sternhaare 2–3-strahlig; ♃; VI–VII. Felsgrate, nur auf Silikatgestein, 1700–2220 m; *s,* S-Ts, Gr (Misox).
Ⓖ *Charpentiers M.,* **A. brévis** (HEGETSCH.) CESATI
— Bltnstiele 1–2-mal so lg. wie die Blätt., 5–10 mm lg.; Blkr. 6–8 mm im Dm, weiß od. rosa m. gelbem Schlund; Blkrzipfel nur gestutzt; Sternhaare 2-8-strahlig; Kzipfel lanzettl., doppelt so lg. wie breit *(1022)* [var. **tiroliénse** (WETTST.) HAND.-MAZ.; Kzipfel so lg. wie breit, 3-eckig; N-Ti, Kt]; ♃; VII–VIII. Felsspalten, Geröll, 1870–4200 m, kalkmeidend; *z,* CH, FL, Au, Bz. Ⓖ *Alpen-M.,* **A. alpína** (L.) LAM.
8(3). Polster dicht, halbkugelig, graugrün; Blätt. 2–3 mm lg., nach dem Verwelken erhalten bleibend; Bltn. nur 1 mm lg. gestielt; Blkr. weiß, m. gelbem Schlund, 4–6 mm im Dm; ♃; V–VII. Felsspalten, auf Kalk, 1580–3500 m; *z,* Alp. von Ba, CH, FL, Au, Bz.
Ⓖ *Schweizer M.,* **A. helvética** (L.) ALL.
— Polster locker, flach, Blätt. 4–10 mm lg, nach dem Verwelken meist nicht bleibend; Bltnstiele ca. 5 mm lg.; Blkr. 4–6 mm im Dm, weiß od. rosa m. gelbem Schlund; ♃; VI–VII. Felsspalten, auf Kalk; *s–z,* nur W-CH, St. Gallen. Ⓖ *Weichhaariger M.,* **A. pubéscens** DC.
9(2). Pfl. ausdauernd, m. blühenden u. sterilen Rosetten; Blätt. meist ganzrandig; Pfl. der höheren Regionen **12**

— Pfl. ein- bis zweijährig, nur m. blühenden Rosetten; Rosetten m. mehreren Infl.; Blätt. gezähnt; Pfl. der tieferen Lagen **10**

10. Blkr. länger als der kahle K.; Tragblätt. 2–3 mm lg., lineal-lanzettl.; ⊙; V–VI. Sandmagerrasen; *s* Mittelrhein bis Schl, OPr, Vs, Gr, Ti (Ötztal), NÖ (Wienerwald), ČR, vielfach verschwunden. *Nordischer M.,* **A. septentrionális** L.

— Blkr. kürzer als der behaarte (oft aber verkahlende) K. u. viel kürzer als der Bltnstiel **11**

11. Bltnstiele schon z. Blzt. viel länger als die 3-8 mm lg., lanzettl.-spitzen Tragblätt.; Rosettenblätt. lanzettl.; ⊙; IV–V. Trockenrasen, Äcker; *s* RhPf, He, Ba, Sa bis Schl, NÖ, Bgl, ČR. *Verlängerter M.,* **A. elongáta** L.

— Bltnstiele auch z. Frzt. nur wenig länger als die 10 mm lg., verkehrt eif. Tragblätt.; Rosettenblätt. eif. bis breit lanzettl.; ⊙; IV. Getreidefelder, Brachäcker; *s,* Vs, NÖ, Bgl, früher RhPf, E (Colmar), ČR (Mähren). *Kelch-M.,* **A. máxima** L.

12(9). Ganze Pfl. kahl, nur die Blattspitzen behaart; Bltnstiele viel länger als die Tragblätt.; Blkr. weiß; ♃, V–VII. Felspalten, Alp., meist 1000–2300 m; *v* Au, Bz, *z* Bayr. Alp., Schweizer Jura, FL, *s* SchwAlb. Ⓖ *Milchweißer M.,* **A. láctea** L.

— Pfl. behaart, bes. K. u. Bltnstiele **13**

13. Stg. u. Bltnstiele langhaarig-zottig; Haare 0,5–2 mm lg. **16**

— Stg. u. Bltnstiele kurzhaarig **14**

14. K. behaart; Blkr. weiß; Blätt. lanzettl., stumpfl., oberhalb der Mitte am breitesten; Pfl. ohne Drüsenhaare; ♃; VI–VII. Magermatten, 1600–3400 m, kalkmeidend; *v* CH, FL, Au, Bz, *s* Wettersteingeb., Berchtesgaden, früher Riesengeb. (Schneegrube). Ⓖ *Stumpfblättriger M.,* **A. obtusifólia** All.

— K. kahl; Bltn. rosarot od. weiß; Blätt. unterhalb der Mitte am breitesten **15**

15. Blätt. auf den Flächen kahl, aber am Rand bewimpert, 10–25 mm lg.; vertrocknete Blätt. nur m. Längsfalten; Blkr. 6–9 mm im Dm, rosa; ♃; VI–VII. Schotterhalden; nur S-Vog. oberhalb 1300 m. [= *A. carnea* ssp. *rosea* (Jord. & Fourr.) Rouy] Ⓖ *Hallers M.,* **A. hálleri** L.

— Blätt. wenigstens untersts. auf der Fläche behaart; Pfl. 2–8 cm hoch; ♃; VI–VIII. Feuchte, kalkarme Rasen; *s,* nur Vs. Ⓖ *Fleischroter M.,* **A. adfínis** Biroli

a. Blätt. ganzrandig u. ohne randl. Verdickungen, 6–20 mm lg.; vertrocknete Blätt. fein netzig-runzelig; Blkr. 5–6 mm im Dm, rosa od. weiß. (= *A. puberula* Jord. & Fourr.) ssp. **pubérula** (Jord. & Fourr.) Kress

— Blätt. gezähnt od. wenigstens untersts. am Rand m. kleinen Verdickungen, 10–30 mm lg.; Blkr. 5–8 mm im Dm, weiß. [= *A. carnea* ssp. *brigantiaca* (Jord. & Fourr.) I. K. Ferguson] ssp. **brigantíaca** (Jord. & Fourr.) Kress

16(13). Blätt. überall zottig; Rosetten fast kugelig; Pfl. dichtrasig; Blkr. weiß od. rötl., Schlund gelbrot; ♃; VI–VII. Rasen u. Felsen der östl. K-Alp.; *s,* Kt, St, Schweizer Jura. Ⓖ *Zottiger M.,* **A. villósa** L.

— Blätt. nur am Rand zottig; Rosetten flach; Pfl. lockerrasig; Blkr. weiß, Schlund gelb; ♃; VI–VII. Matten der K-Alp., 900–3000 m; *v,* Alp. von CH, FL, Dt, Au, f Bz. Ⓖ *Haariger M.,* **A. chamaejásme** Wulf.

4. Soldanélla L., *Alpenglöckchen, Troddelblume* ⓖ

1. Stg. meist 1-bltg.; Blkr. röhrig, gleichmäßig auf höchstens 1/3 der Länge zerschlitzt, ohne Schlundschuppen *(1024);* Stbbeutel meist nicht zugespitzt *(1025b–c);* Gr. kürzer als die Blkr. **3**

— Stg. meist mehrbltg.; Blkr. trichterf., ungleichmäßig, meist über 1/3 ihrer Länge zerschlitzt, m. Schlundschuppen (*1023*, S), blauviolett; Stbbeutel lg. zugespitzt *(1025a);* Gr. länger als die Blkr. **2**

2. Blatt- u. Bltnstiele in der Jugend spärl. m. sitzenden Drüsen, später verkahlend; Blattspreite dickl., ganzrandig, 1,5–3,5 cm breit; Schlundschuppen breiter als lg., ausgebuchtet; ♃; IV–VII. Matten, Schneetälchen, 670–3000 m; *v* Alp., *s* Schweizer Jura, S-Schw.
ⓖ *Gewöhnliches A.,* * **S. alpína** L.

— Blatt- u. Bltnstiele dicht m. gestielten Drüsen, später kaum verkahlend; Blattspr. dünn, gekerbt, 2,5–7 cm breit; Schlundschuppen länger als breit, 2-lappig; ♃; V–VI. Waldwiesen, humusreiche Nadelwälder, bis 1700 m; *v* Bayr.-Böhmw., *z* O-Alp.-Vorland, *f* CH.
ⓖ *Berg-A.,* * **S. montána** Willd.

a. Drüsenhaare der Blattstiele 0,5 mm lg., bleibend. Dt, Sb, St, NÖ, OÖ, ČR.
ssp. **montána**

— Drüsenhaare der Blattstiele 0,2 mm lg., später oft verschwindend. Nur Sb, Kt, St, NÖ. ssp. **hungárica** (Simk.) Lüdi

3(1). Blatt- u. Bltnstiele spärl. drüsig, später verkahlend; Spr. dünn, ± nierenf., obersts. m. vorspringenden Nerven; Stbbeutel am Grd. zugespitzt *(1025c);* Blkr. rötl.violett; ♃; V–VIII. Schneetälchen, feuchte Matten, 1200–3100 m, kalkmeidend; *v–z* Alp. (= *S. alpicola* F. K. Meyer)
ⓖ *Zwerg-A.,* * **S. pusílla** Baumg.

— Blatt- u. Bltnstiele dicht drüsig, später nur wenig verkahlend; Spr. dickl., rundl., obersts. ohne hervortretende Nerven; Stbbeutel am Grd. abgerundet *(1025b);* Blkr. blasslila bis fast weiß; ♃; V–VII. Wie vorige (630–2500 m), kalkstet. ⓖ *Kleinstes A.,* **S. mínima** Hoppe

a. Blattspr. rund od. sogar etwas länger als breit; Drüsenbehaarung dicht, bleibend; *s* Ammergauer Alp. (Dt), Ti, Kt, Bz. ssp. **mínima**

— Blattspr. schwach nierenf., nicht länger als breit; Drüsenbehaarung lockerer u. kürzer, später (bes. Blattstiele) etwas verkahlend; *s* Ba (Chiemgau), N-Schladminger Tauern (Sb), N-St, OÖ, NÖ. (= *S. austriaca* Vierh.)
ssp. **austríaca** (Vierh.) Lüdi

Bastarde nicht selten!

5. Hottónia L., *Wasserfeder*

Bltn. in 3–6-bltg. Quirlen; Blkr. rosa; Blätt. rosettig, kammf. *(203);* ♃; V–VII. Tümpel, Gräben, Altwässer; *v* im N, *z–s* im S. ⓖ * **H. palústris** L.

6. Cyclámen L., *Alpenveilchen*

1. Blkrzipfel am Grd. geöhrt, rosa; Bltn. stark duftend; Blätt. 5-eckig-herzf., längl., zugespitzt, gezähnt, obersts. oft weiß gefleckt, untersts. braunrot od. grün, sommergrün, zur Blzt. fehlend; Pfl. m. Knolle; ♃; VIII–X. Laubwälder, kalkmeidend; *s,* nur Waadt (Roche) (= *C. neapolitanum* Ten.). **Giftig!** ⓖ *Neapolitanisches A.,* **C. hederifólium** Ait.

— Blkrzipfel nicht geöhrt; Bltn. schwach duftend; Blätt. rundl. herzf., schwach gekerbt, zur Blzt. vorhanden, wintergrün, untersts. auffallend rot; Pfl. m. Knolle; ♃; VII–IX. Steinige Laubwälder, kalkliebend; *z* Ba, CH, FL, Au, Bz, ČR, *s* BW, außerdem oft gepfl. (= *C. europaeum* auct.) **Giftig!** Ⓖ *Gewöhnliches A.*, * **C. purpuráscens** Mill.

7. Lysimáchia L., *Gilbweiderich*

1. Bltn. in gestielten, dichten, achselst. Trauben; Blkr. 4–5 mm lg., ihre meist 6 Zipfel lineal, von den Stbblätt. überragt; Blätt. gegenst., schmal lanzettl.; ♃; V–VII. Teiche, Gräben, Moore (Dt bis 700 m, Au bis 1200 m); *v* im N, *z–s* in der Mitte u. im S, *f* E. ⊡ *Straußblütiger G.*, * **L. thyrsiflóra** L.

— Bltn. nicht in gestielten, achselst. Trauben **2**

2. Bltn. einzeln, blattachselst.; Stbfäden frei od. nur am Grd. verwachsen; Blätt. gegenst.; Stg. lgd. bis aufstgd. **4**

— Bltn. in endst. beblätt. Rispen od. Trauben; Stbfäden bis zur Mitte verwachsen; Blätt. quirlig od. gegenst.; Stg. aufrecht **3**

3. Blkrzipfel kahl; Kzipfel rot berandet; Stg. undeutl. kantig, kurz behaart; ♃; VI–VIII. Nasse Wiesen, Bruch-, Auwälder, bis 1850 m; *v*. *Gewöhnlicher G.*, * **L. vulgáris** L.

— Blkrzipfel am Rand drüsig bewimpert (Lupe!); Kzipfel grün; Stg. kantig, schmal geflügelt, flaumig-drüsig behaart; Blätt. untersts. m. dunklen Punkten; ♃; VI–VIII. Ufer, feuchtes Gebüsch; ursprüngl. nur in Au, ČR u. O-Ba (?), sonst oft als Zierpfl., verwild. u. *z* eingebürgert. *Punktierter G.*, * **L. punctáta** L.

4(2). Blätt. rundl., stumpf; Kblätt. herzf., 3–6 mm breit; Blkrblätt. 8–15 mm lg.; ♃; V–VII. Feuchte Wiesen, Gräben; *v*. *Pfennigkraut*, * **L. nummulária** L.

— Blätt. eif., spitz; Kblätt. lineal bis pfrieml., kaum 1 mm breit; Blkrblätt. 4–7 mm lg.; ♃; V–VII. Feuchte Wälder (bes. montane u. subalp. Reg.); *v*. *Hain-G.*, * **L. némorum** L.

8. Trientális L., *Siebenstern*

Bltn. weiß, 7-zählig, bis 15 mm im Dm, lg. fadenf. gestielt, meist einzeln; ♃; V–VII. Moore, Nadelwälder; *v* im N, *z* südl. bis Rhein-Main, *s* Geb. im S (bis 2000 m), Au, CH, ČR. ⊡ * **T. europaéa** L.

9. Glaúx L., *Milchkraut*

Stg. kriechend bis aufstgd., dicht beblättert; Blätt. dickl., gegenst.; Bltn. 4 mm im Dm; ♃; V–VIII. Strandwiesen; *v* Meeresküsten, *s* Salzstellen im Binnenland (NrWe bis Br, Schl, NÖ, ČR), *f* CH. * **G. marítima** L.

10. Anagállis L., *Gauchheil*

1. Blätt. kurz gestielt, 4–6 mm lg.; Blkr. trichterf., rosa, dunkler geadert, viel länger als der K.; Stg. niederlgd., fädl., wurzelnd; ♃; VII–VIII. Torfmoore; *s* Ho, Be, Niederrhein, S-Baden, Waadt, E (Belfort?), früher Ti (Kitzbühel), Sb (Saalfelden). Ⓖ! *Zarter G.*, **A. tenélla** (L.) L.

— Blätt. sitzend, 15–25 mm lg.; Blkr. radf., wenig länger als der K.; Stg. niederlgd. bis aufstgd., selten wurzelnd **2**

2. Blkrblätt. am Rand drüsig (Lupe!), rot [selten blau: var. **azúrea** (Hyl.) Marsden & Weiss], bis 6 mm breit; Blätt. stumpfl.; ⊙; VI–X. Äcker, Gärten, Straßenränder; *g.* *Roter G.*, * **A. arvénsis** L.

— Blkrblätt. am Rand fast drüsenlos, blau, bis 3,5 mm breit; ⊙; VI–IX. Äcker, im S *z*, sonst *s*. (= *A. coerulea* Schreb. non L.) *Blauer G.*, * **A. fóemina** Mill.

A. × **dóerfleri** Ronn.: Bastard *A. foemina* × *A. arvensis:* Bltn. fleischrot.

11. Centúnculus L., *Kleinling*

Stg. aufrecht, 2–8 cm hoch; Blätt. wechselst.; Bltn. einzeln, blattachselst. *(249);* Blkr. weißl. bis rosa; ⊙; V–IX. Feuchte Äcker, Ufer, kalkmeidend; *z–s*. [= *Anagallis minima* (L.) E. H. L. Krause] G **C. mínimus** L.

Ordnung: **Ericáles**

Familie: **Ericáceae** (incl. *Pyrolaceae, Monotropaceae u. Empetraceae*), *Heidekrautgewächse*

Sträucher, Zwergsträucher u. Stauden; Blätt. oft nadelf. od. lederig, bei Stauden rosettig *(Pyrola, Chimaphila)* od. fehlend *(Hypopitys);* Bltn. radiär od. leicht zygomorph, 4–5-zählig; Blkr. frei od. verwachsen; Stbblätt. 5–10; Frkn. ober- od. unterst. *(Vaccinium);* Kapsel-, Beeren- od. Steinfr. Nach neueren Erkenntnissen sind die Familien *Pyrolaceae, Monotropaceae* und *Empetraceae* mit den *Ericaceae* zusammenzufassen.

1. Pfl. wachsgelb, ohne grüne Blätt. . . . . **Hypopitys,** 631
— Pfl. m. grünem Blätt. **2**
2. Pfl. strauchig **6**
— Pfl. krautig, m. Blattrosette **3**
3. Bltn. in doldenähnl. Schirmtrauben . . . . **Chimaphila,** 630
— Bltn. einzeln od. in Trauben **4**
4. Bltn. einzeln; Pfl. 5–15 cm hoch; Blkr. 25–35 mm im Dm, weiß . . . . **Moneses,** 631
— Stg. mehrblütig; Bltn kleiner **5**
5. Bltntraube einstswendig; Blattspr. spitz, deutl. gesägt **Orthilia,** 630
— Bltntraube allseitswendig, Blätt. rundl., stumpf, schwach gekerbt od. gesägt . . . . **Pyrola,** 630
6(2). Blattspr. flächig, > 2 mm breit **9**
— Blätt. nadel- od. schuppenf. **7**
7. Blätt. schuppenf., 1–4 mm lg., gegenst., 4-zeilig angeordnet *(255);* Blkr. rosa, tief 4-spaltig; Kblätt. 4, strohig, rosa **Calluna,** 634
— Blätt. nadelf., 3-8 mm lg., wechselst. od. quirlst. **8**
8. Blätt. wechselst., im Querschnitt hohl *(254),* unterst. m. weißem Längsstreifen *(253);* Blkr. 3-zählig; Stbblätt. 2–3; Fr. schwarz, beerenartig . . . . **Empetrum,** 634

— Blätt. quirlst., nicht hohl, am Rand oft umgerollt; Blkr. 4–5-zählig; Stbblätt. 8; Fr. eine Kapsel .... **Erica,** 634
9(6). Frkn. unterst.; Blkr. 4–5-zähnig od. tief 4-teilig **Vaccinium,** 633
— Frkn. oberst.; Blkr. 5-zählig **10**
10. Stbblätt. 5 .... **17**
— Stbblätt. 10 .... **11**
11. Blkr. fast vollständig getrenntblättrig *(1032),* weiß; Blätt. am Rand umgerollt, untersts. rostrot filzig
Rhododendron tomentosum, 632
— Blkr. verwachsenblättrig (zuw. aber fast bis zum Grd. geteilt, rosenrot, *Rhodothamnus*) **12**
12. Blkr. weit geöffnet od. glockig, > 8 mm lg., tief 5-spaltig **15**
— Blkr. krugf. bis urnenf., 4–7 mm lg., 5-zähnig od. 5-lappig **13**
13. Niederlgd. Spalierstrauch; Blätt. untersts. grün
Arctostaphylos, 633
— Stg. aufrecht od. nur am Grd. liegend **14**
14. Bltn. rosa; Blätt. untersts. weißl. .... **Andromeda,** 632
— Bltn. weiß; Blätt. untersts. bräunl. ...... **Chamaedaphne,** 632
15(12). Blätt. quirlst., Moorpfl. .... **Kalmia,** 632
— Blätt. wechselst. **16**
16. Blkr. bis zur Hälfte gespalten *(1033);* Blätt. > 15 mm lg., Pfl. meist > 40 cm hoch .... **Rhododendron,** 631
— Blkr. bis fast zum Grd. gespalten (ähnl. *1032*); Blätt. 5–10 mm lg.; Pfl. 20–40 cm hoch .... **Rhodothamnus,** 632
17(10). Pfl. niederlgd.; Blätt. klein, immergrün; Bltn. rosa
Loiseleuria, 632
— Pfl. aufrecht; Blätt. sommergrün; Bltn. gelb
Rhododendron luteum, 631

1. Chimáphila Pursh, *Winterlieb*
Blätt. nach Jahrestrieben gehäuft, ledrig, obersts. dk-, untersts. hellgrün, scharf gesägt; ♃; VI–VIII. Trockene, sandige Kiefernwälder; *s* Da, SH, E, S-Dt, Au, ČR, früher auch CH, *f* im NW. (= *Pyrola umbellata* L.)
Ⓖ **Ch. umbelláta** (L.) Bart.

2. Orthília Raf. (= *Ramischia* Opiz ex Garcke), *Nickendes Wintergrün*
Bltn. in einstswendiger Traube; Blkr. fast kugelig, 5–6 mm im Dm; Stbblätt. nach ausw. u. oben umgebogen *(1026);* Blätt. eif.-längl., gesägt, hellgrün, 2–4 cm lg.; Pfl. 5–25 cm hoch; ♃; VI–VII. Lichte Nadelwälder; *v–z, s* NW-Dt, *f* Be, Ho. (= *Pyrola secunda* L.) 🄶 * **O. secúnda** (L.) House

3. Pýrola L., *Wintergrün*
1. Blkr. offen, flachglockig; Stbblätt. umgebogen (wie *1026*); Gr. gekrümmt *(1027)* **3**
— Blkr. fast kugelig, halb offen; Stbblätt. über dem Frkn. zusammenneigend; Gr. gerade *(1028)* od. wenig gekrümmt **2**
2. Gr. etwa so lg. wie der Frkn. *(1028);* Kblätt. 3-eckig, etwa so lg. wie breit, der Blkr. anlgd. *(1028);* ♃; VI–VIII. Wälder bis Krummholzreg., Dünen, Moore; *v–z,* im NW seltener. 🄶 *Kleines W.,* * **P. mínor** L.

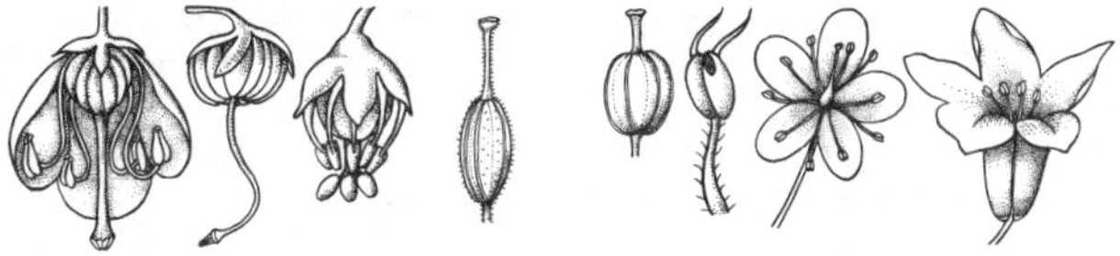

1026 1027 1028 1029 1030 1031 1032 1033

— Gr. etwa doppelt so lg. wie der Frkn., unterhalb der Narbe verdickt; Kblätt. breit lanzettl., fast doppelt so lg. wie breit, absthd. bis zurückgeschlagen; ♃; VI–VII. Schattige, moosige Wälder, Waldwiesen; *z, s* in S- u. M-Dt, ČR, *f* Be, Ho, N-NS, SH.

Ⓖ *Mittleres W.,* **P. média** Sw.

3(1). Kblätt. lanzettl., absthd., etwa ½ so lg. wie die weiße, zuw. rot überlaufene Blkr.; Infl. meist 8–15-bltg.; Kzipfel zugespitzt, 3,5–4,5 mm lg. [var. **arenária** Koch (= ssp. *maritima* (Kenyon) E. F. Warburg; Kzipfel stumpf, 2–3 mm lg.; Küstendünen der Nordsee, Be, Ho, NS, SH, Da]; ♃; VII–VIII. Schattige Nadelwälder, Gebüsche, Dünen; *v–z,* im N u. NW *s.*

Ⓖ *Rundblättriges W.,* * **P. rotundifólia** L.

— Kblätt. 3-eckig, der Blüte anlgd., bis ⅓ so lg. wie die weiße bis grünl. weiße Blkr.; Infl. meist 3–5-bltg.; ♃; VI–VII. Lichte Nadelwälder; *z, s* im NO u. N, *f* Be, Ho, NW-Dt. (= *P. virens* Schweigg.)

Ⓖ *Grünblütiges W.,* **P. chlorántha** Sw.

4. Monéses Sal. ex Gray, *Einblütiges Wintergrün*

Pfl. 5–10(–15) cm hoch; Stg. m. einer großen, weißen, nickenden, radf. ausgebreiteten, duftenden Blüte; Blätt. eif.-eilängl., 1–3 cm lg.; ♃; VI–VII. Lichte, moosreiche Nadelwälder; *z, s* in W- u. N-Dt, Da, *f* Be, Ho. (= *Pyrola uniflora* L.) Ⓖ * **M. uniflóra** (L.) A. Gray

5. Hypópitys Cr., *Fichtenspargel*

Stg. fleischig, 5–25 cm hoch, wie die schuppenf. Blätt. wachsgelb, getrocknet schwarz werdend; Infl. zuerst nickend, z. Frzt. aufrecht; ♃; VI–VIII. Schattige Wälder; *v–z.* (= *Monotropa hypopitys* L.) * **H. monótropa** Cr.

a. Frkn. länger als breit, m. lg. Gr., behaart *(1029).* Vorwgd. in Nadelwäldern. (= *M. hypopitys* var. *hirsuta* Roth) *Echter F.,* ssp. **monótropa**

— Frkn. so lg. wie breit, m. kurzem Gr., kahl *(1030).* Vorwgd. in Laubwäldern, seltener als vorige Unterart. (= *M. hypopitys* var. *glabra* Roth; = *M. hypophegea* Wallr.) *Buchenspargel,* ssp. **hypophégea** (Wallr.) Tzvelev

6. Rhododéndron L. (incl. **Lédum** L.), *Alpenrose, Almrausch*

1. Blätt. sommergrün; Blkr. gelb, außen drüsig behaart; Bltn. stark duftend; ♄; V–VI. Felsige Abhänge; *s,* nur Kt (NW Spittal a. d. Drau), St, NÖ. [= *Rh. flavum* (Hoffmgg.) G. Don]

Giftig! Ⓖ *Gelbe A.,* * **Rh. lúteum** Sweet

— Blätt. wintergrün; Blkr. rot, purpurviolett od. weiß **2**

2. Blkr. weiß (= *Ledum* L., Porst) **5**

— Blkr. rot od. purpurviolett **3**

3. Blätt. 8–25 cm lg., kahl, untersts. grün; Bltn. purpurviolett; ♄; V–VI. Zierpfl., in Be in Wäldern verwild. (Heimat Spanien, Portugal bis Kaukasus)
Pontische A., * **Rh. pónticum** L.

— Blätt. > 4 cm lg. 4

4. Blätt. untersts. rostbraun, obersts. dkgrün, kahl, glzd.; Blkr. dkrot; ♄; V–VII. Zwergstrauchreg. der Ur-Alp. (bis 2940 m); *v* u. *h,* im Vorland u. Schweizer Jura *s.* **Giftig!** *Rostblättrige A.,* * **Rh. ferrugíneum** L.

— Blätt. obersts. hellgrün, untersts. m. anfangs bleichgelben, später dkbraunen Drüsenschuppen, am Rand bewimpert; Blkr. rosa; ♄; V–VII. Zwergstrauchreg. der K-Alp.; wie vorige, bis 2580 m.
Behaarte A., * **Rh. hirsútum** L.

5(2). Blätt. lineal; Stbblätt. 10; Bltn. in reichbltg. Schirmtrauben, stark duftend; Pfl. 60–150 cm hoch; ♄; V–VI. Hochmoore, moorige Wälder; *z* im O (westl. bis O-Holstein, Hannover, SaAn, Lausitz), vielfach verschwunden, z. B. St, *s* angesalbt, *f* CH, Bz. (= *Ledum palustre* L.)
Giftig! © *Sumpf-Porst,* * **Rh. tomentósum** Harmaja

— Blätt. breit lanzettl. bis eif.; Stbblätt. 5–8; ♄; V–VI. Torfmoore; nur NrWe (Lüdinghausen), dort eingebürgert. (Heimat: N-Am., Grönland, Sibirien) (= *Ledum groenlandicum* Oeder)
Giftig! *Grönland-Porst,* * **Rh. groenlándicum** (Oeder) Kron & Judd

7. Rhodothámnus Rchb., *Zwergalpenrose*

Blätt. am Rand weiß-borstig bewimpert; Bltn. zu 1–3, bis 2,5 cm breit; Blkr. rot, bläul. überlaufen; ♄; VI–VII. Zwergstrauchreg. der K-Alp. (1200–2400 m); *v* im O, nach W seltener, in CH nur Schweizer Jura.
Rh. chamaecístus (L.) Rchb.

8. Kálmia L., *Berglorbeer, Lorbeerrose*

Bis 1 m hoher Zierstrauch m. immergrünen, eilängl. Blätt., diese in Scheinquirlen; Blkr. rot, schüsself., 8–10 mm breit; ♄; VI–VII. Moore; eingebürgert am Chiemsee, bei Hannover (NS), bei Rheine (NW-We), OÖ. (Heimat: östl. N-Am.)
Giftig! K. angustifólia L.

9. Loiseleúria Desv., *Alpenheide*

Spalierstrauch m. ledrigen, immergrünen, 5–7 mm lg., gegenst. Blätt.; Schirmtrauben 2–5-bltg.; ♄; VI–VII. Zwergstrauchheiden der Ur-Alp. von 1240–2950 m; *v* u. *h.* Ⓖ * **L. procúmbens** (L.) Desv.

10. Andrómeda L., *Poleigränke, Rosmarinheide*

10–40 cm hoher Zwergstrauch, m. weithin kriechender Grdachse; Blätt. lineal-lanzettl., wintergrün, obersts. dk-, untersts. bläul.grün, am Rand umgerollt; Schirmtrauben 2–8-bltg.; Bltn. nickend, rötl., m. kugelig-eif. Blkr.; ♄; V–VI. Hochmoore (bis 2000 m); *v* im N u. Alp., sonst *z* bis *s.*
Giftig! Ⓖ * **A. polifólia** L.

11. Chamaedáphne Moench, *Torfgränke*

Bis 1 m hoher Strauch; Blätt. wintergrün, obersts. dk-, untersts. weißl.grün, eilanzettl., bis 3 cm lg., beidersts. dicht m. rostbraunen Schuppenhaaren; Bltn. glockig, weiß; ♄; V–VII. Hochmoore; *s* OPr, WPr.
Giftig! Ch. calyculáta (L.) Moench

12. Arctostáphylos ADANS. (incl. **Arctóus** NIEDENZU), *Bärentraube*

1. Blätt. derb, wintergrün, ganzrandig, beidersts. kahl, untersts. vertieft netzadrig; Bltn. zu 3–12, weiß od. rötl.; Fr. scharlachrote Beere; ♄; III–VII. Kiefernwälder (tiefere Lagen), Zwergstrauchheiden, bis 2780 m; *z* Alp., Schweizer Jura u. im N, *s* Alp.-Vorland, Schl, ČR, Sa, Harz, He, Fr. Ⓖ *Immergrüne B.,* * **A. úva-úrsi** (L.) SPRENG.

— Blätt. sommergrün, im Herbst rot werdend, scharf gezähnt, am Grd. lang bewimpert, beidersts. netznervig; Bltn. zu 2–5, grünl.weiß; Fr. anfangs rote, später glzd. schwarzblaue Beere; ♄; V. Zwergstrauchheiden, 1200–2660 m; *v* Alp. [= *Arctous alpina* (L.) NIEDENZU] *Alpen-B.,* **A. alpína** (L.) SPRENG.

13. Vaccínium L. (incl. **Oxycóccus** HILL), *Heidelbeere, Preiselbeere*

1. Blkr. tief 4-teilig m. zurückgeschlagenen Zipfeln; Stg. fadenf., kriechend; Beere rot (= *Oxycoccus*) **4**

— Blkr. krug- od. glockenf.; Stg. kräftiger, aufrecht od. aufstgd. **2**

2. Blätt. derb, wintergrün, ganzrandig; Blkr. 4-spaltig, weiß od. rötl.; Beere glzd. scharlachrot; ♄; V–VII. Kiefernwälder, Moore, Zwergstrauchheiden; *v.* *Preiselbeere,* * **V. vítis-idaéa** L.

— Blätt. zarter, sommergrün; Blkr. 5-zähnig **3**

3. Bltn. einzeln, grünl. bis rot; Blätt. rundl.-eif., zugespitzt, am Rand fein gesägt *(275a),* beidersts. grün; Stg. grün, scharfkantig *(275b);* Beere blauschwarz, m. rotem Saft; ♄; V–VI. Wälder, Gebüsche, bis Zwergstrauchreg.; *v* u. *h.* *Blaubeere, Heidelbeere,* * **V. myrtíllus** L.

— Bltn. zu 1–4, weiß od. rötl.; Blätt. verkehrt eif., ganzrandig, untersts. blaugrün, m. hervortretendem Adernetz; Beere blau bereift, m. farblosem Saft; ♄; V–VI. Moorige Wälder, Hochmoore, alp. Zwergstrauchheiden; *v* Alp., *z* Vorland u. Mittelgeb., sonst *s.* Ⓖ *Rauschbeere, Moorbeere,* * **V. uliginósum** L.

a. Pfl. aufrecht, 20–100 cm hoch; Blätt. oft > 1 cm breit; collin bis montan, *v–z.* ssp. **uliginósum**

— Pfl. niederlgd. bis aufstgd., 5–15 cm hoch; Blätt. selten bis 1 cm breit; subalpin, in CH u. Au *z, f* Dt. (= *V. gaultherioides* auct.) ssp. **pubéscens** (WORMSKJÖLD ex HORNEM.) HORNEM.

4(1). Blätt. 3–8 mm lg., eif.-zugespitzt; Beere 5–15 mm im Dm; ♄; V–VII. Hochmoore; *v* im N u. Alp., sonst *z–s.* (= *O. palustris* PERS.) Ⓖ *Kleinfrüchtige Moosbeere,* * **V. oxycóccos** L.

a. Bltnstiel behaart; Blätt. etwa in der Mitte am breitesten; Fr. rund. ssp. **oxycóccos**

— Bltnstiel kahl; Blätt. am Grd. am breitesten: Fr. birnf.; Pfl. in allen Teilen kleiner; *s,* CH, Au, ČR, in Dt noch nicht sicher nachgewiesen. [= *V. microcarpum* (TURCZ. ex RUPR.) SCHMALHAUSEN; = *O. microcarpus* TURCZ. ex RUPR.] Ⓖ ssp. **microcárpum** (TURCZ. ex RUPR.) A. BLYTT

— Blätt. 6–17 mm lg., lanzettl.-stumpfl.; Beere 10–20 mm im Dm; Pfl. in allen Teilen kräftiger als vorige Art; ♄; V–VII. Angepfl. u. oft verwild., stellenw. eingebürgert, bes. Ho. (Heimat: östl. N-Am.) [= *O. macrocarpos* (AIT.) PURSH] *Großfrüchtige M.,* * **V. macrocárpon** AIT.

14. Callúna SAL., *Besenheide, Heidekraut*
20–100 cm hoher Zwergstrauch; Blätt. lineal-lanzettl., 1–3,5 mm lg., 4-zeilig-dachig angeordnet *(255);* Bltn. nickend, in einstswendigen, dichtbltg. Infl.; Blkr. tief 4-spaltig; ♄; VII–XI. Heiden, Moore, lichte Wälder; *v* u. *h.*
* **C. vulgáris** (L.) HULL

15. Eríca L., *Heide, Erika*
1. Stbbeutel aus der Blkr. herausragend **3**
— Stbbeutel von krugf. Blkr. eingeschlossen **2**
2. Blätt. am Rand steifhaarig bewimpert, meist in 4-zähligen Quirlen; Bltn. rosa, 6–8 mm lg., in endst., 5–15-bltg. kopfigen Dolden; ♄; VII–VIII. Heidemoore; *v* im NW, SH u. Da, *z* im N (*f* OPr), sonst *s.*
Ⓖ *Glocken-H.,* * **E. tetrálix** L.
— Blätt. kahl, meist in 3-zähligen Quirlen, glzd.; Bltn. hellpurpurn, 4–7 mm lg., in quirligen Trauben; ♄; VI–VII. Lichte Wälder, Heiden; sehr *s* NW-Rheinland (ob noch?), Ho, *z* Be. Ⓖ *Graue H.,* **E. cinérea** L.
3(1). Bltnstiele höchstens so lg. wie die Blkr.; Bltn. rosa od. weiß, zylindrisch, 4,5–5 mm lg., in einstswendigen Trauben; Blätt. nadelf., meist in 4-blättrigen Quirlen; Pfl. 15–30 cm hoch; ♄; III–VI. Kiefernwälder, bis Krummholzreg. (2650 m), kalkliebend; *v* Alp. u. Vorland, *s* FrAlb, böhmische Randgeb. bis Vogtland. (= *E. herbacea* L.)
Schnee-H., * **E. cárnea** L.
— Bltnstiele 2–3-mal so lg. wie die Blkr.; Bltn. rosa, glockig, 2,5-3,5 mm lg., in allstswendigen Trauben; Blätt. zu 4–5 in Quirlen; Pfl. 30–80 cm hoch; ♄; VI–X. Heiden, kalkmeidend; sehr *s,* CH (Genf).
Wander-H., **E. vágans** L

16. Émpetrum L., *Krähenbeere*
1. Bltn. vorwgd. eingschl.; Sprosse niederlgd.-ausgebreitet; junge Triebe rötl.; Blätt. 3–5-mal so lg. wie breit; ♄; V–VI. Moore, Heiden, Dünen; *v* im N, *z* M-Geb., sonst *s–f,* Alp. nur NÖ, ÖÖ, St.
Schwarze K., * **E. nígrum** L.
— Bltn. vorwgd. ⚥; Sprosse mehr aufrecht; junge Triebe grün; Blätt. 2–3-mal so lg. wie breit; ♄; V–VII. Heiden, Moore; Alp. von 1000–3030 m *v,* sonst *s.* [= *E. nigrum* ssp. *hermaphroditum* (LGE.) BÖCHER]
Ⓖ *Zwittrige K.,* * **E. hermaphrodítum** (LGE.) HAG.

Ordnung: **Gentianáles**

Familie: **Rubiáceae**, *Rötegewächse, Krappgewächse*

Kräuter od. Stauden; Blätt. einfach, gegenst.; Nebenblätt. den Laubblätt. gleichgestaltet, sodass mehrblättrige Wirtel vorgetäuscht werden *(20);* Bltn. in lockeren bis kopfigen Thyrsen, m. langer od. kurzer Röhre; Frkn. unterst., 2-blättrig, bei der Reife meist in 2 Teilfr. zerfallend *(1034).*

1. K. deutlich entwickelt, (4–)6-zähnig, am Grd. verwachsen; Blkr. lila; Pfl. 5–20 cm hoch . . . . **Sherardia**, 635
— K. undeutl. od. fehlend **2**
2. Bltn. in gedrängten, blattachselst., doldenartigen Quirlen, in zahlr. Etagen übereinander; Blkr. gelb bis grünl.gelb; Blätt. in 4-zähligen Quirlen, 8–20 mm lg. . . . . **Cruciata**, 636
— Infl. endst., jedoch oft sehr verzweigt u. locker (wenn etagenf. angeordnet, dann Blkr. weiß) **3**
3. Fr. beerenart. saftig; Blkr. grünl.gelb, 5-zipfelig, Blkrröhre sehr kurz; Stg. m. rückwärts od. seitl. gerichteten Klimmhaaren **Rubia**, 642
— Fr. trocken; Stg. meist ohne rückwärts gerichtete Klimmhaare (sonst Blkr. weiß); Blkr. 3–5-zipfelig **4**
4. Blkr. 5-zipfelig, lilarosa, m. 10–12 mm lg. Röhre; Bltn. kopfig zusammengezogen . . . . **Phuopsis**, 635
— Blkr. 4- od. 3-zipfelig **5**
5. Blkr. radf. od. flach glockig, ohne deutl. Röhre *(1036)* **Galium**, 636
— Blkr. trichterf. bis lg. glockig, m. deutl. Röhre *(1035)* **6**
6. Blkr. blau od. rötl. od. weiß (dann aber 3-zipfelig od. lg. röhrig u. m. 4–5-zähligen Quirlen) . . . . **Asperula**, 635
— Blkr. weiß, 4-zählig . . . . **Galium**, 636

1. Sherárdia L., *Ackerröte*

Stg. niederlgd. bis aufstgd., 4-kantig, ± rauhaarig; Blätt. lanzettl.-spitz, am Rand borstig bewimpert; Bltn. in armbltg., kopfigen, von 8–10-blättriger Hülle umgebenen Bltnständen; ⊙; V–X. Äcker, Schutt; *v*, im N *z*.

* **Sh. arvénsis L.**

2. Phuópsis Gris., *Baldriangesicht*

Stg. aufrecht, 4–6-kantig, hohl; Quirle 7–8-blättrig; Blätt. m. dicht vorw. gerichteten Härchen; jede Blüte m. 1 Trag- u. 2 Vorblätt., alle rosarandig u. m. dichten, vorw. gerichteten Borstenhärchen; ⊙; VI–VII. Zierpfl.; *s* verwild., z. B. Allgäu, St. (Heimat: Transkaukasien bis Iran) **Ph. stylósa** (Trin.) Jacks.

3. Aspérula L., *Meier*

1. Bltn. hellblau; ob. Stgblätt. in 6–8-zähligen Quirlen, lineal, am Rand u. auf dem unterseitigen Mittelnerv borstig-rau; Fr. kahl; ⊙; V–VIII. Kalk- u. Lehmäcker; sehr *z* E, CH, um Regensburg, RhPf, He, Th, SaAn, S-We, b. Nienburg u. Göttingen (NS), Ho, früher Au, Bz, ČR; sehr stark zurückgegangen. *Acker-M.,* **A. arvénsis** L.
— Bltn. weiß od. rötl. **2**
2. Blätt. eilanzettl., in 4-zähligen Quirlen, bewimpert; Bltn. in fast kopfigen Bltnständen; Stg. 20–60 cm hoch, locker absthd. behaart; ♃; V–VI. Buchenwälder; *z* Vb, Bz, CH, FL. *Italienischer M.,* **A. tauría** L.
— Blätt. schmal lineal **3**
3. Blkrröhre 2–4-mal so lg. wie ihre Zipfel, außen rau, rötl.lila, innen gelbl.; Fr. warzig; ♃; VII–IX. Felsen, Felsschutt; *s* S-Kt, S-St (Karawanken?), Vs, Ts, Bz. [= ssp. *longiflora* (W. & K.) Vis.]
Grannen-M., **A. aristáta** L. f. ssp. **oreóphila** (Briq.) Hay.

— Blkrröhre nur 1–2-mal so lg. wie ihre Zipfel **4**

4. Blkr. weiß, meist 3-spaltig; Fr. nicht rau od. gekörnelt (glatt); Pfl. bis 70 cm hoch, Triebe meist einzeln, aufrecht; ♃; VI–VII. Trockenrasen, lichte Wälder; *s,* nördl. bis Th, SaAn, Br. [incl. ssp. *hungarorum* (Borb.) Soó] *Färber-M.,* * **A. tinctória** L.

— Blkr. hell lila od. (blass) purpurn, meist 4-spaltig **5**

5. Blkr. (blass) purpurn; zumindest einige Blattquirle m. mehr als 4 Blätt.; Fr. glatt; ♃; V–VII. Sonnige, felsige Abhänge, Geröll; *s* S-Kt, Bz, Ts, Gr. *Purpur-M.,* **A. purpúrea** (L.) Ehrendf.

— Blkr. hell lila; Blattquirle höchstens mit 4 Blätt.; Fr. dicht gekörnelt; rau *(1034)* **6**

6. Unt. Stgblätt. z. Bltzt. meist vertrocknet, mittl. u. ob. Stgblätt. meist kürzer als die Internodien; Blkr. hellrosa bis weiß, außen meist raukörnig; Fr. deutl. warzig; Pfl. meist lockerrasig; Hochblätt. den Frkn. nicht od. nur wenig überragend; Höhe 10–40 cm; ♃; VI–IX. Halbtrockenrasen, Sandfluren, kalkliebend; *v–z* im S, nach N seltener bis Ho/Ahrtal/ Süntel/Braunschweig/S-MeVp/Br. *Hügel-M.,* * **A. cynánchica** L.

— Unt. Stgblätt. z. Bltzt. erhalten, umgekehrt eiförmig, zurückgekrümmt, mittl. u. ob. Stgblätt. meist so lg. wie od. länger als die Internodien; Blkr. rosa, außen glatt; Fr. undeutl. warzig; Pfl. dichtrasig, Höhe 5–15 cm; ♃; VI–IX. Schutt- u. Gesteinsfluren, 1700–2100 m, kalkstet; Ba (Chiemgauer u. Ammergauer Alp.), Ti, St, OÖ, NÖ.
Felsen-M., **A. neilre͞íchii** Beck

4. Cruciáta Mill., *Kreuzlabkraut*

1. Stg. oberw. u. Bltnstiele kahl; Pfl. 10–30 cm hoch; die im Quirl sthd. Teilinfl. ohne Tragblatt, m. 3–5 Bltn.; Blätt. 7–16 mm lg. u. 3–7 mm breit; ♃; IV–VI. Waldränder, Wiesen, Gebüsche, kalkmeidend; *z* in Au, *s* in Ba, BW, Th, Sa, SaAn, St. Gallen, Ts, Gr, Bz, ČR. (= *Galium vernum* Scop.). *Kahles K.,* **C. glábra** (L.) Ehrendf.

— Stg. u. Bltnstiele behaart **2**

2. Bltn. < 1 mm im Dm; Blätt. 4–10 mm lg. u. 2–4 mm breit; Stg. behaart u. rau; Teilinfl. ohne Tragblatt, m. 1–3 Bltn.; Pfl. 10–35 cm hoch; ⊙; IV–V. Trockenrasen, Gebüsche; *s,* nur Vs, Ts, NÖ, Bgl, ČR. [= *Galium pedemontanum* (Bell.) All.]
Piemont-K., **C. pedemontána** (Bell.) Ehrendf.

— Bltn. 2–3,5 mm im Dm; Blätt. 12–20 mm lg. u. 4–10 mm breit; Stg. steifhaarig bis zottig; Teilinfl. m. je 2 Tragblätt., m. 5–9 Bltn.; Pfl. 15–50 cm hoch; ♃; IV–VI. Waldränder, Auwälder, Gebüsche; *v,* im N nur Da, Weser-, Elbe- u. Odertal. [= *Galium cruciata* (L.) Scop.]
Gewöhnliches K., * **C. la͞évipes** Opiz

5. Gálium L., *Labkraut*

1. Blätt. 1-nervig od. undeutl. nervig, in 4–10-zähligen Quirlen **4**

— Blätt. 3-nervig (selten die unt. nur 1-nervig), in 4-zähligen Quirlen; Blkr. weiß; Stg. 4-kantig, kahl **2**

2. Stg. zart, schlaff, lgd. od. aufstgd., bis 20 cm hoch; Blätt. eif. bis elliptisch, m. Stachelspitzchen, am Rand borstig bewimpert; Bltn. in armbltg.,

lockeren Bltnständen; Fr. meist dicht hakig-borstig; ♃; VI–VII. Nadelwälder; *v* im S, sonst *z–s,* nördl. bis Moseltal (eingebürgert)/Rothaargeb./ Göttingen/Br/SO-MeVp/Po (*f* OPr). (= *G. scabrum* auct.)
Rundblättriges L., **G. rotundifólium** L.

— Stg. steif aufrecht, Blätt. lanzettl., ohne Stachelspitze; Bltn. in dichten Bltnständen **3**

3. Blätt. m. undeutl. Adernetz; Fr. dicht m. kurzen, gekrümmten Haaren; Blätt. bis 40 x 8 mm groß, mindestens 5-mal so lg. wie breit; Pfl. 20–50 cm hoch; ♃; VI–VIII. Heide- u. feuchte Wiesen, Flachmoore, kalkliebend; *v–z* im S, nördl. seltener u. bis SO-Ho (b. Wesel)/S-Be/ Eifel/Köln/Osnabrück/Elbemündung. *Nordisches L.,* **G. boreále** L.

— Blätt. m. deutl. Adernetz; Fr. kahl od. nur schwach behaart; Blätt. bis 80 x 20 mm groß, höchstens 4-mal so lg. wie breit; Pfl. kräftiger als vorige, 40–60 cm hoch; ♃; VI–VIII. Feuchte Wiesen, Auen; nur b. Traunstein (SO-Ba, ob noch?), auch Au.
Krappartiges L., **G. rubioídes** L.

4(1). Blkr. ohne deutl. Röhre *(1036)* **7**

— Blkr. m. deutl. Röhre *(1035)* **5**

5. Blätt. schmal lineal bis nadelf., obersts. dkgrün, untersts, bläul.; Pfl. 30–60 cm hoch; ♃; V–VII. Trockenrasen, Gebüschränder; *z* S- u. M-Dt, CH, Au, nördl. bis Hannover/Harz/ SaAn/Schl. [= *Asperula glauca* (L.) Bess.] *Blaugrünes L.,* **G. glaúcum** L.

Hierher auch die neu entdeckte Art: *Vulkan-L.,* **G. eruptívum** Krendl: Blätt. nur 0,5–1 mm breit; Blattquirle 9–13-zählig; auf Vulkan-Gestein; *s,* Bgl, O-St.

— Blätt. lanzettl.-zugespitzt, > 5 mm breit **6**

6. Pfl. 60–100(–200) cm hoch; Fr. kahl bis fein gekörnelt; Stg. rau durch rückwärts gerichtete Stacheln; ♃; VII–VIII. Auwälder; *v–z,* OPr, Schl, NÖ, ČR. (= *Asperula aparine* Bieb.)
Bach-L., **G. rivále** (Sibth. & Sm.) Gris.

— Pfl. 15–30 cm hoch; Fr. hakig-borstig; Stg. glatt; ♃; IV–V. Schattige (Buchen-)Wälder; *v* u. *h,* oft in Massenbeständen. (= *Asperula odorata* L.) *Waldmeister,* * **G. odorátum** (L.) Scop.

7(4). Stg. ohne abw. gerichtete Stachelborsten **16**

— Stg. m. abw. gerichteten Stachelborsten **8**

8. Blätt. m. Stachelspitze **10**

— Blätt. an der Spitze stumpf, in meist 4-zähligen Quirlen **9**

9. Blkr. meist 3-zipfelig; Teilinfl. nur 1–3-bltg. in der Blattachsel; Frstiele zurückgekrümmt; Pfl. zart, 5–15 cm hoch; ♃; VI–VII. Moosig-moorige Stellen; *s* St, Kt (Turrach-See). *Dreispaltiges L.,* **G. trífidum** L.

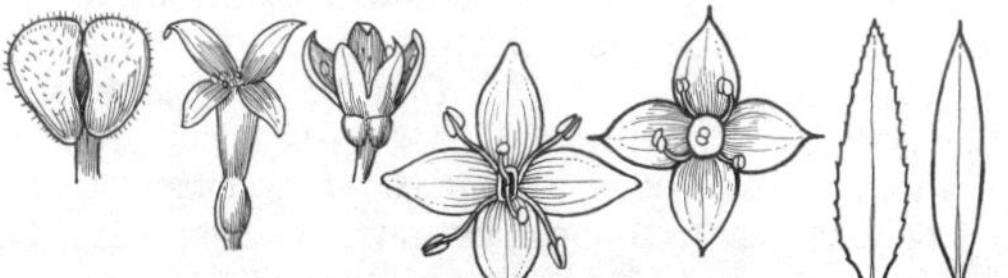

1034 1035 1036 1037 1038 1039 1040

— Blkr. meist 4-zipfelig; Teilinfl. reichbltg.; Frstiele gerade; Pfl. viel kräftiger, 8–150 cm hoch; Stbbeutel rot; Fr. feinkörnig-rau; ♃; V–VIII. Wiesen, Gräben; *v.* *Sumpf-L.,* * **G. palústre** L.

a. Stg. weißkantig, etwas geflügelt; Blätt. der Stgmitte 15–25 mm lg., am Rand kurz behaart; Bltn. 3–4,5 mm im Dm; *z.* (= *G. elongatum* C. Presl) ssp. **elongátum** (C. Presl) Lange

— Stg. nicht weißkantig, ungeflügelt; Blätt. der Stgmitte 5–15 mm lg., am Rand kahl; Bltn. 2–3,5 mm im Dm; *v.* ssp. **palústre**

10(8). Pfl. ♃, an feucht-nassen Standorten; Stg. lgd. od. aufstgd., 4-kantig; Bltn. breiter als die reife Fr.; Blätt. in meist 6–8-zähligen Quirlen; Stbbeutel gelb; V–IX. Flachmoore, nasse Wiesen, Ufer; *v.* *Moor-L.,* * **G. uliginósum** L.

— Pfl. ⊙, an trockenen Standorten; Bltn. schmaler als die reife Fr. **11**

11. Blätt. am Rand m. vorw. gerichteten Stacheln **14**

— Blätt. am Rand m. rückw. gerichteten Stacheln; Stg. 4-kantig . . . **12**

12. Bltn. in 3-bltg., das Tragblatt nicht überragenden, etagenf. angeordneten Teilinfl.; Blkr. grünl.weiß; Frstiele zurückgekrümmt; Fr. kurz-stachelig-warzig; Blätt. obersts. kahl; Stg. 20–80 cm lg., lgd. od. klimmend; ⊙; VI–X. Äcker, Schuttplätze, kalkliebend; *v–z* im S u. M-Gebiet, MeVp, sonst *s* u. nur eingeschleppt (b. Hamburg). (= *G. tricorne* Stok. p. p.) *Dreihörniges L.,* **G. tricornútum** Dandy

— Bltn. in reichbltg., die Tragblätt. überragenden doldenähnl. Teilinfl.; Frstiele ± gerade; Blätt. obersts. m. spitzenw. gerichteten Borsten **13**

13. Teilfr. 4–6 mm lg., dicht hakig-borstig, kugelig; Blkr. 2 mm breit; Stg. lgd. od. klimmend, bis 1,5 m lg.; ⊙; V–X. Gebüsche, Zäune, Wegränder; *v* u *h.* *Klebkraut,* * **G. aparíne** L.

— Teilfr. 1,5–3 mm lg., kahl u. glzd. bis hakig-borstig, halbkugelig; Blkr. 1 mm breit; ⊙; V–IX. Schuttplätze, Äcker (Getreide, Lein); *z, s* im N (*f* Geb., Ho, Da). *Acker-L.,* **G. spúrium** L.

14(11). Teilfr. 2,5–3 mm lg., kugelig, m. blasigen, weißl. Höckerchen besetzt; Teilfinfl. 1- (od. 3.)bltg., kürzer als der Blattquirl; Frstiele herabgekrümmt; Blkr. 1 mm breit, grünl.weiß; Pfl. von der Basis her verzweigt; ⊙; VI–VII. Äcker; *s* u. unbeständig, in Dt nur noch Br. (Heimat: Mittelmeergebiet) (= *G. valantia* Web. ex Wiggers; = *G. saccharatum* All.) *Warzenfrüchtiges L., Anis-L.,* **G. verrucósum** Huds.

— Teilfr. 1–1,5 mm lg.; Frstiele aufrecht **15**

15. Stg. an den Kanten m. rückwärts gerichteten Stacheln, 10–20 cm hoch; Blkr. grünl.gelb, außen rot, 0,5 mm breit; Teilinfl. 5–15-bltg. u. lg. gestielt, 2–5-mal so lg. wie die Blätt.; Fr. 0,8–1 mm lg.; ⊙; VI–IX. Äcker, Ruderalstellen, kalkliebend; *s,* z. B. RhPf, Saarland, SaAn, Th, Spessart, CH, St, NÖ, Bgl, *f* im N. *Pariser L.,* **G. parisiénse** L.

— Stg. glatt od. schwach behaart, niederlgd. bis aufrecht, 20–50 cm hoch; Blkr. grünl.weiß; Teilbltnstände in den Blattachseln meist 3-bltg.; Fr. 1,5–2 mm lg.; ♃; VII–VIII. Fichtenwälder; *s,* Vs, Gr. *Dreiblütiges L.,* **G. triflórum** Michx.

16(7). Bltn. gelb, in endst. Rispen; Blätt. in 8–12-blättrigen Quirlen, lineal, 15–25 mm lg., fein zugespitzt, am Rand zurückgerollt; Stg. aufrecht, 0,3–1 m hoch, stumpf 4-kantig bis rund; ♃. *Echtes L.,* * **G. vérum** L.

a. Stgglieder so lg. wie od. kürzer als die Blätt.; längste Seitenzweige länger als die Stgglieder; Blätt. 0,5–1(–2) mm breit, glzd.; Bltn. goldgelb, duftend; Fr. glatt; VI–IX. Trockenrasen, Wegränder; *v.* ssp. **vérum** L.

— Stgglieder länger als die Blätt.; längste Seitenzweige kürzer als die Stgglieder; Blätt. 1–3 mm breit, matt; Bltn. zitronengelb, nicht duftend; Fr. warzig; V–VI. Trockenwiesen, Trockenrasen; *z–s.* Frühblühende Sippe. (= *G. praecox* K. H. Lang; = *G. wirtgenii* F. W. Schultz) ssp. **wirtgénii** (F. W. Schultz) Oborný

— Bltn. weiß, gelbl.weiß od. rot **17**

17. Stg. wenigstens oberhalb der Mitte 4-kantig **19**

— Stg. stielrund, aufrecht, kahl, bis 110 cm lg.; Blätt. untersts. bläul. grün **18**

18. Ausläufer fehlend; Blkr. 2–3 mm im Dm., mit spitzen Zipfeln; Bltnstiel länger als der Dm. der Blkr.; ♃; VII–IX. Laubwälder, Kahlschläge; *v, s* im NW u. NO (*f* Da, OPr) (2n = 22). *Wald-L.,* * **G. sylváticum** L.

— Ausläufer vorhanden, jedoch kurz; Blkr. 2,5–3,5 mm im Dm., mit sehr fein zugespitzten Zipfeln; Blütenstiel länger als der Dm. der Blkr.; ♃; VI–IX. Lichte Laubwälder, colline bis montane Stufe; *s* Kt, Ts. (2n = 44). *Glattes L.,* **G. laevigátum** L.

19. Zipfel der Blkr. allmähl. zugespitzt *(1037);* Pfl. m. aufrechten od. aufstgd. Wuchs u. derberem Stg. **25**

— Zipfel der Blkr. m. feiner aufgesetzter Stachelspitze od. Granne *(1038)* **20**

20. Blkr. rosa bis purpurn; Zipfel grannig verlängert; Blätt. lineal-lanzettl. bis lineal, zu 7–10 pro Quirl, m. zurückgerolltem Rand u. rückwärts gerichteten Stachelborsten; Pfl. niederlgd. bis aufstgd., 20–50 cm hoch; ♃; VII–VIII. Magerwiesen, Kastanienwälder; *s,* Vs, Ts, Gr, Uri, Bz. *Rotes L.,* **G. rúbrum** L.

— Blkr. weiß **21**

21. Bltnstiele dicker, nicht haarfein; Blätt. lineal od. vorn verbreitert, meist m. Grannenspitze **23**

— Bltnstiele haarfein; Blattspr. an beiden Enden verschmälert **22**

22. Stg. 20–60 cm hoch, vom Grd. an stumpf 4-kantig; Blätt. in 6–8-zähligen Quirlen; Blattspr. allmähl. zugespitzt *(1039),* 3–5 mm breit, in der Mitte od. unterhalb d. Mitte am breitesten, untersts. graugrün, ohne deutl. Adernetz; Blkr. 2–4 mm im Dm; ♃; VI–VIII. Bergwälder; *z* Alp. von Ts, Gr, Au (Ti, Sb), Dt (östl. der Isar). *Grannen-L.,* **G. aristátum** L.

— Stg. 30–120 cm hoch, am Grd. rundl.; Blätt. lanzettl., 3–12 mm breit, in der Mitte od. oberhalb der Mitte am breitesten, beidendig verschmälert *(1040),* m. kurzer Stachelspitze, untersts. blau- bis graugrün, m. erkennbarem Adernetz; Blkr. 3–5 mm im Dm; ♃; VII–IX. Laubwälder; *v* OPr, Schl, *z–s* Sa, Th, N-Ba, Kt, St, NÖ, Bgl, ČR. *Glattes L.,* **G. schultésii** Vest

23(21). Blätt. 0,5–2 mm breit, obersts. glzd., am Rand umgerollt u. meist etwas rau (Lupe!); Bltnstiele kürzer als die Bltn.; Fr. glatt; ♃; VI–IX. Artengruppe **G. lúcidum** All. agg.

a. Blkr. weiß; Bltnstiele 2–4 mm lg., spitzwinklig zur Achse der Teilinfl. sthd., Infl. daher dicht; Stg. erst oberhalb der Mitte verzweigt, grün. Lichte Laubwälder, Trockenwiesen; *s* Vog, S-Schw, Hegau, CH, Au, Bz.
Glänzendes L., **G. lúcidum** ALL. (s. str.)

— Blkr. gelbl. bis grünl. . . . . **b**

b. Blätt. zart; Pfl. ohne Ausläufer; Stg. am Grd. rötl.; Gesteinsfluren, Felsen, Geröll, kalkstet; (700–2000 m); *s* SO-Ba (Bad Reichenhall/Thumsee), O-Sb (Berchtesgadener Alp.), OÖ, NÖ (2n = 22).
Traunsee-L., **G. truníacum** RONN.

— Blätt. derber, etwas fleischig; Pfl. m. kurzen Ausläufern; Stg. am Grd. grünl.; ♃; VI–VIII. Trockene Schutt- u. Gesteinsfluren, kalkstet; *s* NO-St, NÖ (Rax-Schneeberg) (2n = 44). *Honig-L.,* **G. meliodórum** (BECK) FRITSCH

— Blätt. 2–8 mm breit, flach od. Rand nur sehr wenig umgebogen, meist glatt; Bltnstiele etw. länger als die Bltn.; Fr. etw. runzelig; ♃.
Artengruppe *Wiesen-L.,* * **G. mollugo** L. agg. **24**

24. Bltn. 2–3 mm breit, ihre Stiele 3–4 mm lg.; Frstiele stark spreizend, dadurch Frstand locker; Blätt. 2–4-mal so lg. wie breit; ♃; V–VII. Fettwiesen, Auwälder; *z.* *Wiesen-L.,* **G. mollúgo** L.

— Bltn. 3–4 mm breit, ihre Stiele 1–3 mm lg.; Frstiele spitzwinklig zur Achse, dadurch Frstand gedrängt; Blätt. 3–6-mal so lg. wie breit; ♃; V–IX. Fettwiesen, Böschungen, Ruderalfluren; *g.*
Weißes L., **G. álbum** MILL.

a. Blätt. allmähl. in die Spitze verschmälert; Pfl. meist kahl, 30–100 cm hoch; *g.* ssp. **álbum**

— Blätt. plötzl. in die Spitze verschmälert; Pfl. meist dicht behaart, 50–150 cm hoch. Waldränder, Trockenrasen; *s,* Ba, RhPf, SaAn, Bgl, NÖ, St, ČR. [= G. *pycnótrichum* (HEINR. BRAUN) BORB.]
ssp. **pycnótrichum** (HEINR. BRAUN) KRENDL

25(19). Blätt. m. 0,1–0,9 mm lg. Knorpelspitze, am Rand m. feinen Wimpern od. Stacheln (Lupe!) **28**

— Blätt. m. sehr kurzer, nur 0,1 mm lg. Stachelspitze, am Rand glatt (Lupe!), glänzend **26**

26. Blattquirle 6–8-zählig; unt. u. ob. Blätt. auffallend verschieden, unt. eif., ob. lineal-lanzettl.; unt. Blätt. etwas ledrig, obersts. papillös, ob. glatt; Pfl. 4–8 cm hoch; ♃; VII–VIII. Felsschuttfluren, auf Kalk; *s,* Bz.
Perlschnur-L., **G. margaritáceum** KERN.

— Blattquirle 8–9-zählig; ob. Blätt. von den unt. nicht auffallend verschieden, alle lineal-lanzettl. **27**

27. Blätt. breiter als 1 mm, dickl., ohne deutl. sichtbaren Mittelnerv, am Rand glatt, meist in 8-zähligen Quirlen; Stg. dicht beblättert; Blätt. länger als die Internodien; Pollen-Dm. 22–24 µm; Blkr. gelbl.weiß, 3,5–5 mm im Dm; Pfl. dichtrasig wachsend, bis 10 cm hoch; ♃; VII–IX. Felsen, Felsschutt, 1600–2700 m, kalkliebend; *v,* Sb, OÖ, Kt, St, NÖ, *s* Berchtesgadener Alp., *f* CH. *Norisches L.,* **G. nóricum** EHRENDF.

— Blätt. weniger als 1 mm breit, in Quirlen zu (6–)8–9(–10); Pollen-Dm. 20–21,5 µm; Blkr. gelbl.weiß, 3–3,5 mm im Dm; Pfl. 4–7 cm hoch; ♃; VII–VIII. Magerrasen, kalkliebend; *s,* Bz.
Monte-Baldo-L., **G. baldénse** SPRENG.

28(25). Frstiele herabgebogen, 2–3 mm lg.; Blätt. am Rand vorw. rau (Lupe!); Mittelnerv undeutl.; Blkr. gelbl.weiß; Pfl. dichtrasig wachsend, m. zahlreichen nichtblühenden Trieben; Fr. fast glatt, sehr fein gekörnelt (Lupe!), 2–2,5 mm lg.; ♃; VII–VIII. Felsen, Schuttfluren, 2000–2800 m, auch herabgeschwemmt, kalkstet; *z*, N- u. M-Alp. (= *G. helveticum* WEIG.) *Schweizer L.*, **G. megalospérmum** ALL.

— Frstiele gerade **29**

29. Fr. dicht warzig-rau; Blätt. meist in 6-zähligen Quirlen, am Rand vorw. rau (Lupe!), mehrmals länger als die Internodien, getrocknet schwarz werdend; Blkr. weiß; Fr. m. spitzen Papillen (Lupe!); Pfl. 15–40 cm hoch; ♃; VI–VIII. Heiden, lichte Wälder, Moore, kalkmeidend; *v* M-Geb., in Dt bis 1500 m, im N u. W, sonst *z* od. *s*. (= *G. harcynicum* WEIG.) *Felsen-L., Harzer L.*, * **G. saxátile** L.

— Fr. glatt od. nur sehr fein gekörnelt **30**

30. Bltnstiele > 1 mm **32**

— Bltnstiele < 1 mm **31**

31. Stg. dünn, < 0,7 mm im Dm; Bltn. geknäuelt; Blkr. 1–2,3 mm im Dm; Pfl. 10–30 cm hoch; ♃; VII–VIII. Magerrasen, Kiefernwälder; *s*, Br, SaAn. *Schwedisches L.*, **G. suécicum** (STERNER) EHRENDF.

— Stg. kräftig, > 0,7 mm im Dm, oft absthd. behaart; Bltn. kaum geknäuelt; Blkr. 2–3,5 mm im Dm; Pfl. 10–40 cm hoch; ♃; VI–VII. Steinige Rohböden, Gebüschränder; *s*, Ba, BW, Th, SaAn, Da, Schl, OÖ, NÖ, ČR, früher Sa. *Mährisches L.*, **G. valdepilósum** HEINR. BRAUN

32(30). Bltnstand breit kegelf. od. schirmf., weniger als 2-mal so lg. wie breit, m. lg. Seitenästen **34**

— Bltnstand schmal kegelf., meist mehr als 2-mal so lg. wie breit **33**

33. Fr. m. spitzen Papillen; Stg. auch unterhalb der Mitte verzweigt, zart, < 0,7 mm im Dm; Pfl. rasig wachsend, z. Bltzt. m. blühenden u. nichtblühenden Trieben, 5–15(–25) cm hoch, beim Trocknen schwarz werdend; ♃; VI–VIII. Rohböden der Küste, nur SH (Sylt), Da. (= *G. pumilum* ssp. *septentrionale* STERNER) *Sterners L.*, **G. stérneri** EHRENDF.

— Fr. glatt od. m. stumpfen Papillen; Stg. erst oberhalb der Mitte verzweigt; Pfl. 10–70 cm hoch; Blätt. leicht sichelf.; ♃; VI–VIII. Magerrasen, Trockenrasen; *v* im S u. M, *s* im N, auch Da. *Heide-L.*, **G. púmilum** MURR.

34(32). Stg. am Grd. rot; Pfl. 12–20 cm hoch; Blattrand ± umgerollt; Fr. glatt od. m. stumpfen Papillen; ♃; VI–VIII. Trockenrasen, Schwarzkiefernwälder; *z–s*, Bgl, NÖ, ČR, Kt. *Österreichisches L.*, **G. austríacum** JACQ.

— Stg. am Grd. nicht auffallend rot **35**

35. Blattrand rau od. bewimpert; Pfl. dichtrasig, m. zahlr. nichtblühenden Trieben, trocken grün bleibend, 5–25 cm hoch; Fr. glatt od. m. stumpfen Papillen; ♃; VII–IX. Alpine Steinschuttfluren; *v–z* in Alp., *s* obere Isar, BW (SchwAlb). *Alpen-L.*, **G. anisophýllon** VILL.

— Blattrand glatt; Pfl. lockerrasig, mit wenigen nichtblühenden Trieben, trocken schwarz werdend, 5–30 cm hoch; Fr. mit spitzen Papillen;

♃; VII–VIII. Basalt- u. Serpentin-Rohböden; *s*, Ba (Fichtgeb.), ČR, Sudeten. *Sudeten-L.*, **G. sudéticum** Tausch

Bastardbildung nicht selten, am häufigsten *G. mollugo* × *G. verum* = **G.** × **pomeránicum** Retz. (*G.* × *ochroleucum* Wolff) m. gelbl.weißen Bltn.

6. Rúbia L., *Färberröte, Krapp*

Stg. 50–80 cm hoch, m. rotem Rhizom; Blätt. in 4–6-zähligen Quirlen, eilanzettl., am Rand u. untersts. am Mittelnerv rau; Bltn. in endst. u. achselst. Dichasien; ♃; VI–VIII. Als Farbstoffpfl. (Krapp) früher angepflanzt; *s* verwild. (Sa, Schl, E, Pf, Kt, NÖ, Vs, Waadt). (Heimat: O-Mittelmeergebiet) * **R. tinctórum** L.

Familie: **Gentianáceae**, *Enziangewächse* Ⓖ

Kräuter od. Stauden; Blätt. meist gegenst., einfach; Bltn. radiär, ⚥, meist 5-zählig; K. röhren- od. glockenf.; Blkr. trichter- od. glockenf., oft tellerf.; Stbblätt. so viele wie Blkrzipfel, der Blkrröhre eingefügt; Frkn. oberst., 2-blättrig; Kapselfr.

1. Blkr. 6–8-teilig, gelb; Stgblätt. am Grd. miteinander verwachsen, bläulich bereift . . . . **Blackstonia**, 643
— Blkr. 4–5-zipfelig od. 4–5(–6)-teilig **2**
2. Blkr. glockenf. (nur bis 1/3 gespalten; *1042*), od. m. lg. Röhre u. tellerf. ausgebreitetem, 4–5-zipfeligem Saum *(1041)*, von verschiedener Farbe; K. verwachsen od. einseitig aufgeschlitzt **5**
— Blkr. fast bis zum Grd. 5(–6)-teilig, gelb, violett od. blassblau; K. tief 5-teilig od. einseitig aufgeschlitzt **3**
3. Bltn. gelb, scheinquirlig in Achseln laubiger Hochblätt.; Pfl. bis 140 cm hoch . . . . **Gentiana lutea**, 645
— Bltn. violett od. blassblau, lg. gestielt **4**
4. Pfl. ♃, 15–60 cm hoch; Stg. einfach, erst oberw. verzweigt; Narbe kurz 2-lappig . . . . **Swertia**, 644
— Pfl. ⊙, 2–15 cm hoch, vom Grd. an verzweigt; Narbe am Frkn. herablaufend *(1043)* . . . . **Lomatogonium**, 644
5(2). Zarte, 2–12 cm hohe, einjährige Pfl.; Bltn. gelb, 4-zählig **Cicendia**, 643
— Blkr. andersfarbig, wenn gelbl., dann 5-zählig, Alpenpfl. u. ausdauernd **6**
6. Blkr. rosa od. rot, selten weißl.; Gr. scharf vom Frkn. abgesetzt *(1044);* Saum der Blkr. meist flach ausgebreitet **Centaurium**, 643
— Blkr. nicht rosa od. rot, meist blau od. violett, zuw. bräunl., gelbl. od. purpurn, selten weißl.; Gr. nicht deutl. vom Frkn. abgesetzt *(1045)* **7**
7. Blkr. ganz ohne Fransen od. Wimpern . . . . **Gentiana**, 644
— Blkr. am Rand mit Wimpern od. im Schlund m. Fransen **8**
8. Blkrzipfel am Rand gefranst . . . . **Gentianopsis**, 648
— Blkr. im Schlund m. bärtigen Schlundschuppen *(1049, 1050)* **9**

9. Blkrzipfel m. je 2 Schlundschuppen, diese (mit Bart) kaum halb so lg. wie die Blkrzipfel; Blkr. 5–15 mm lg.; Bltnstiele meist deutl. länger als die Bltn., Kblätt. nur am Grd. miteinander verwachsen . . . . **Comastoma,** 648

— Blkrzipfel mit je 1 Schlundschuppe, diese (mit Bart) fast so lg. wie die Blkrzipfel; Blkr. 15–50 mm lg.; Bltnstiele meist kürzer als die Bltn.; Kblätt. bis zu ¼ miteinander verwachsen **Gentianella** 648

1. Cicéndia ADANS. (= *Microcala* HOFFMGG. & LK.), *Zindelkraut, Fadenenzian*
Zarte, 2–12 cm hohe Pfl.; Stg. dünn, fast vom Grd. an gabelästig, m. lg. gestielten Bltn.; Blkr. ausgebreitet 6 mm im Dm; ⊙; VII–X. Sandige Heide- u. Moorböden; *s* im NW, östl. u. südl. bis MeVp, Br, Schl, S-We, Spessart, E; vielfach erloschen, auch Da. **C. filifórmis** (L.) DEL.

2. Blackstónia HUDS. (= *Chlora* L.), *Bitterling*
Blätt. 3-eckig-eif.; Bltn. goldgelb, m. 6–8-zipfeligem Saum; ⊙; VI–VIII. Moorige, lehmige od. kiesige Orte; *s* Ho, Be, E, Oberrheingebiet, Vb. **B. perfoliáta** (L.) HUDS.

a. Grdblätt. rosettig; Stgblätt. groß, 14–18 mm breit, m. ihrer ganzen Breite verwachsen; Bltnstiel bis 1 cm lg.; Kzipfel 1-nervig, etwas kürzer als die Blkr.; Pfl. kräftig, bis 40 cm hoch. S-Oberrhein, b. Bingen, b. Düsseldorf, Vb, CH, Bz. ssp. **perfoliáta**

— Grdst. Rosette oft fehlend; Stgblätt. nur am abgerundeten Grd. verwachsen; Bltnstiel bis 4 cm lg.; Kzipfel schwach 3-nervig, so lg. wie die Blkr.; Pfl. zart, 10–30 cm hoch. S-Oberrhein, Vb, St, NÖ, Bgl, W-CH. (= *B. serotina* KOCH) ssp. **acumináta** (KOCH & ZIZ) DOM.

3. Centáurium HILL (= *Erythraea* BORKH.), *Tausendgüldenkraut* ⓢ

1. Stg. m. grdst. Rosette, meist erst in der ob. Hälfte verzweigt; Bltn. rosenrot **3**

— Stg. ohne grdst. Rosette, vom Grd. an od. in der unt. Stghälfte verzweigt **2**

2. Bltn. sitzend, in etwas einstswendigen Ähren; K. so lg. wie die Blkrröhre; Blkr. 10 mm lg., rosa; Pfl. 10–55 cm hoch; ⊙; VII–IX. Feuchte, sandige Orte in Küstennähe; *s* Be. ⓢ *Ähriges T.,* **C. spicátum** (L.) FRITSCH

— Bltn. deutl. gestielt; Infl. ± gabelig; K. kürzer als die Blkrröhre; Blkr. bis 15 mm lg., meist rot; Pfl. 2–15 cm hoch; ⊙; VI–IX. Feuchte Äcker, Wiesen; salzliebend; *z–s.* ⓢ *Ästiges T.,* **C. pulchéllum** (SW.) DRUCE

3(1). Stgblätt. lineal, meist 3-nervig; Grdblätt. bis 5 mm breit; K. beim Aufblühen fast so lg. wie die Blkrröhre; Infl. ± ästig u. in verschiedener Höhe ausgebreitet, nicht doldenartig; ⊙; VII–IX. (= *C. vulgare* RAFN) ⓢ *Strand-T.,* **C. littorále** (TURNER) GILMOUR

a. Stg., Blattränder, K.-Kanten kahl. Strandwiesen, Dünen; *v* Meeresküsten (*f* OPr). ssp. **littorále**

— Stg., Blattränder, K.-Kanten kurzhaarig-rau. Feuchte Wiesen, Salzsteppen; *s* M-Dt (Th, S-SaAn, Br), NÖ, Bgl, ČR. [= *C. uliginosum* (W. & K.) FRITSCH]
ssp. **uliginósum** (W. & K.) MELDERIS

— Stgblätt. eif.-lanzettl., meist 5-nervig (äußere Nerven nahe dem Blattrand); Grdblätt. bis 15 mm breit; Infl. ± doldenartig bis kopfig **4**

4. Pfl. 2–5 cm hoch; K. beim Aufblühen so lg. wie od. länger als die Blkrröhre; Stbblätt. der Basis der Blkrröhre ansitzend; Infl. köpfchenart., gedrängt; ☉; VII–IX. Trockene Dünen, Salzwiesen; *s* Nordfriesische Inseln, NO-SH, Da. [= *C. erythraea* var. *capitatum* (WILLD.) MELD.]
Ⓖ *Kopfiges T.,* **C. capitátum** (WILLD.) BORB.

— Pfl. (5–)10–50 cm hoch; K. beim Aufblühen kürzer als die Blkrröhre; Stbblätt. im Schlund der Blkrröhre ansitzend; Infl. ± doldenartig; ☉; VII–IX. Wiesen, Waldlichtungen, Trockenhänge, bis 1400 m; *v,* im N- u. M-Gebiet *z.* [= *E. centaurium* (L.) auct.; = *C. minus* auct.; = *C. umbellatum* auct.] Ⓖ *Echtes T.,* * **C. erythráea** RAFN

4. Swértia L., *Tarant, Sumpfenzian*
Grdblätt. eif., gestielt; Stgblätt. sitzend; Blkr. radf., stahlblau bis schmutzigviolett, dk. punktiert; ♃; VII–IX. Moorige Wiesen, Quellfluren, bis 2330 m; *z* Alp., Vorland u. Schweizer Jura, *s* S-BW, böhmische Randgeb., N-Br, im N von MeVp bis OPr. Ⓖ **S. perénnis** L.

5. Lomatogónium A. BR., *Saumnarbe, Tauernblümchen*
Grdblätt. längl., stumpf, nicht rosettig; Blkr. blassblau od. weiß; Narben beiderststs. am Frkn. herablaufend *(1043);* ☉; VIII–X. Kurzgrasige Weiden, 1400–2760 m; *z* Ti, Kt, St, Sb, Vs, Gr, Glarus, Bz, *s* b. Berchtesgaden.
Ⓖ **L. carinthíacum** (WULF.) RCHB.

6. Gentiána L., *Enzian* Ⓖ

1. Bltn. einzeln, endst. od. zu 1–3 in den ob. Blattachseln; Blkr. enzianblau (dk.- bis azurblau, Röhre zuw. heller) **6**

— Bltn. am Stgende kopfig gehäuft od./u. (schein-)quirlig in den Blattachseln **2**

2. Bltn. goldgelb od. blassgelb, zuw. dk. punktiert **5**

— Bltn. höchstens innen etwas gelb, sonst blau od. dkpurpurn u. punktiert **3**

3. Blkr. 4-spaltig, außen grünviolett, innen himmelblau; Grdblätt. am Grd. scheidig verwachsen; ♃; VII–X. Trockene Wiesen, buschige Hänge,

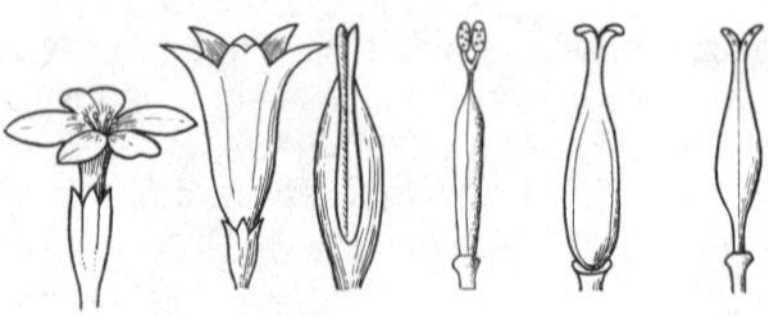

1041 1042 1043 1044 1045 1046

kalkliebend; *z,* nördl. bis Ho/Be/Eifel/Sauer-/Münsterland/Elm/Th, *s* S-SaAn, O-Sa, *s* Br u. S-Me. ⓖ *Kreuz-E.,* **G. cruciáta** L.

— Blkr. 5–8-spaltig; Grdblätt. nicht scheidig verwachsen **4**

4. K. 5(–8)-teilig, m. zurückgekrümmten Zipfeln; Blkr. trübpurpurn, schwarzrot punktiert; ♃; VIII–IX. Wiesen, Karfluren, Krummholz, 500–2275 m, kalkliebend; *z* E-CH, Au, *s* Allgäu, Bayrw., Böhmw., Riesengeb., Gesenke. ⓖ *Ungarischer E., Brauner E.,* **G. pannónica** Scop.

— K. 2-teilig, einseitig aufgeschlitzt; Blkr. purpurn, innen gelbl., punktiert; ♃; VIII–IX. Hochstaudenfluren, alp. Weiden, 1000–2750 m; *z* CH, *s* Allgäu, FL, Vb, W-Ti. ⓖ *Purpurroter E.,* **G. purpúrea** L.

5(2). Blkr. fast bis zum Grd. 5–6-teilig; Blkrzipfel schmal-lanzettl.; K. einseitig aufgeschlitzt; Blätt. bläul.grün; Pfl. 50–140 cm hoch; ♃; VI–VIII. Bergwiesen, Gebüsch, Flachmoore, bis 2500 m; *v* Alp. (CH, Dt östl. bis Inn, FL, Vb, Ti), Schweizer Jura, *z* Vorland, Vog.–BW, He (Fulda), ČR. ⓖ *Gelber E.,* * **G. lútea** L.

a. Tragblätt. den Bltnstand nicht überragend, grün, Alp. u. Vorland. ssp. **lútea**

— Tragblätt. den Blütenstand weit überragend, grünl.gelb, nur SW-Kt (Karawanken im Lesachtal), Bz. *Slowenischer Gelber E.,* ssp. **vardjánii** T. Wraber

— Blkr. höchstens auf ¼ eingeschnitten, m. 5–8 stumpfen Zipfeln, blassgelb, dkviolett getüpfelt; K. m. 5–8 gleichlg. Zipfeln; Pfl. 20–60 cm hoch; ♃; VII–IX. Matten u. Zwergstrauchreg. (1400–3150 m); *z* Alp., *s* Gesenke. ⓖ *Punktierter E.,* * **G. punctáta** L.

6(1). Blkr. m. walzenf. Röhre u. flach ausgebreitetem, stieltellerf. Saum *(1041),* blau **13**

— Blkr. trichterf.-glockig *(1042)* **7**

7. Stg. ohne grdst. Blattrosette, meist mehrbltg.; Narbenlappen nicht gefranst **10**

— Stg. m. grdst. Blattrosette, 1-bltg.; Narbenlappen gefranst-gekräuselt **8**

8. Rosettenblätt. kaum länger als breit, 1–3 cm lg.; Bltn. sitzend od. fast sitzend; Blkr. 3-4 cm lg., dkblau, m. grünen Flecken; Kzähne von der Mitte bis zum Grd. kaum zusammengezogen; ♃; VI–VIII. Magermatten, 2000–2590 m; *s,* nur Vs, Ts, Gr. *Südalpen-E.,* **G. alpína** Vill.

— Rosettenblätt. mindestens 1,5 mal so lg. wie breit; Bltn. gestielt **9**

9. Kzähne lanzettl., spitz, so lg. wie od. länger als die halbe Blkrröhre, am Rand von Papillen rau, m. spitzen Kbuchten *(1047);* Grdblätt. lanzettl.

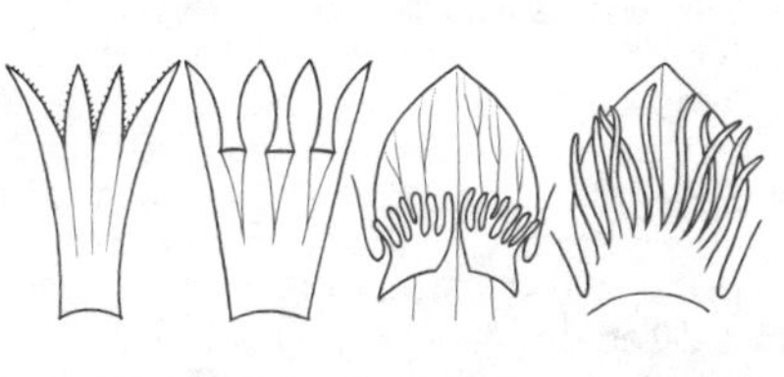

1047 *1048* *1049* *1050*

(bis etwas breiter), am Rand papillös; Blkr. innen ohne grünl. Flecken; ♃; IV–VIII. Magermatten, Moore, bis 2760 m, kalkliebend; *v* Alp., *z* Vorland (Lechtal bis Donau), Schweizer Jura, früher S-Schw.
Ⓖ *Clusius-E.*, * **G. clúsii** Perr. & Song.

— Kzähne spatelf., spitz, höchstens halb so lg. wie die Blkrröhre, am Rand glatt, m. breiten Kbuchten *(1048);* Grdblätt. elliptisch (bis eif.), am Rand glatt; Blkr. innen m. grünen Flecken; ♃; VI–VIII. Wie vorige, 550–3025 m, kalkmeidend; *v* Alp. (in Dt nur *z* Allgäu–Wettersteingeb.), *z* Schweizer Jura, *f* NÖ. (= *G. kochiana* Perr. & Song.)
Ⓖ *Stängelloser E.*, * **G. acaúlis** L.

10(7). Blätt. eif.-lanzettl., 5-nervig; Bltn. zahlreich, zu je 1–3 in den ob. Blattachseln u. meist einseitig am überhgd. Stg.; Pfl. 25–80 cm hoch; ♃; VII–IX. Moorwiesen, Hochstaudenfluren; *v* Alp. u. Vorland, *s* Bodenseegebiet, BW, Sa, ČR. Ⓖ *Schwalbenwurz-E.*, * **G. asclepiádea** L.

— Blätt. deutl. schmaler, nur lineal bis lanzettl., nur 1- od. 3-nervig; Pfl. 5–40 cm hoch **11**

11. Moor- u. Heidepfl. unterhalb 1000 m; Sprosse mehrbltg., ohne grdst. Blattrosette; Blätt. lineal bis lineal lanzettl.; Blkr. innen m. 5 grünen Streifen; Pfl. 20–30(–40) cm hoch; ♃; VII–X. Flachmoore, feuchte Heiden, bis 1000 m; im S u. N *z* (stellenw. *v*), sonst *s–f.*
Ⓖ *Lungen-E.*, * **G. pneumonánthe** L.

— Hochalp. Pfl. oberhalb 1800 m; Sprosse meist 1(–2)-bltg., ihre Blätt. an der Basis rosettig gedrängt; Pfl. 5–10(–15) cm hoch; Anhängsel zw. den Kronblattzipfeln spitz 3-eckig **12**

12. Blkr. himmelblau, zuweilen m. grünl. Punkten im Schlund; Blätt. 3-nervig; Antheren röhrenf. verbunden bleibend; ♃; VII–IX. Steinige Matten, Felsen, Schuttfluren, 1800–2400 m, kalkstet; *s* S-Kt (Karawanken).
Ⓖ *Karawanken-E.*, **G. froelíchii** Jan

— Blkr. weißl., m. breiten, hellblauen Streifen u. bläul. Punkten im Schlund; Blätt. 1-nervig; Antheren frei; ♃; VII–IX. Wie vorige (2000–2400 m), kalkmeidend; *s* N-St (Niedere Tauern).
Ⓖ *Tauern-E.*, **G. frígida** Haenke

13(6). K. aufgeblasen, m. breit geflügelten Kanten; Blkr. außen oft grünl.; Gr. verlängert; Pfl. ohne nichtblühende Triebe; Stg. 8–25 cm hoch; ⊙; VI–VIII. Feuchte Wiesen, Flachmoore, bis 2440 m, kalkliebend; *z* Alp. (St erloschen) u. Vorland, *s* E, Iller-, Lech-, Isartal., *f* St, NÖ, OÖ
Ⓖ *Schlauch-E.*, **G. utriculósa** L.

— K. nicht aufgeblasen; Kanten nur gekielt od. schmal geflügelt **14**

14. Zipfel zw. den 5 Blkrblätt. fast so groß wie diese, Blkr. daher scheinbar 10-blättrig *(1050);* Pfl. 2–7 cm hoch, vom Grd. an verzweigt, ohne nichtblühende Triebe; ⊙; VII–VIII. Magermatten, 1600–2825 m; *z,* Gr, Ti, Sb, St, Kt, OTi, Bz. Ⓖ *Niederliegender E.*, **G. prostráta** Haenke

— Zipfel zw. den 5 Blkrblätt. nur als kürzere Zähnchen od. fehlend **15**

15. Blkr. 8–12 mm breit; Stg. fädig dünn, vom Grd. an verzweigt, ohne nichtblühende Triebe; Pfl. 1–15 cm hoch; ⊙; VI–VIII. Magere Steinrasen, 1700–3000 m, kalkliebend; *v–z* Alp., *s* Schweizer Jura.
Ⓖ *Schnee-E.*, **G. nivális** L.

— Blkr. > 15 mm breit; Pfl. ♃, m. Blüten- u. Blättertrieben **16**
16. Bltnstg. am Grd. m. Blattrosetten **18**
— Bltnstg. am Grd. ohne Blattrosetten **17**
17. Gr. tief 2-lappig; Blätt. entlang des Rands glatt, neben den dicht sthd. Basisblätt. noch 2–4 Paar entfernt sthd. Stgblätt.; Kzähne $^{2}/_{3}$ so lg. wie die K.-Röhre; Pfl. 5–15 cm hoch; ♃; VII–IX. Feuchte Matten, Schneetälchen, 1350–3460 m; *v* Alp., in Dt *z–s*.
ⓖ *Bayrischer E.,* **G. bavárica** L.
— Gr. ungeteilt; Blätt. entlang des Rands rau (papillös) u. schmal hautrandig; Blätt. alle einander genähert, dicht sthd.; Kzähne nur $^{1}/_{3}$–½ so lg. wie die K.-Röhre; ♃; VII–VIII. Matten, Gesteinsfluren; Krummholz- u. alp. Stufe, 1900–2700 m, kalkliebend; *s*. (incl. *G. imbricata* FROEL.)
🄶 *Triglav-E.,* **G. terglouénsis** HACQ.
a. Oberste Blätt. des Bltnstg. aufrecht; Kzähne halb so lg. wie die K.-Röhre; *s,* OTi, Kt, Bz. ssp. **terglouénsis**
— Oberste Blätt. des Bltnstg. absthd. od. aufrecht-absthd.; Kzähne $^{1}/_{3}$ so lg. wie die K.-Röhre; *s,* Vs. [= *G. schleicheri* (VACC.) KUNZ]
ssp. **schleícheri** (VACC.) TUTIN
18(16). Längste Rosettenblätt. etwa doppelt so lg. wie die Stgblätt.; Rosettenblätt. bis 3-mal so lg. wie breit; am Grd. der Blkrzipfel je ein 2-zähniges Anhängsel *(1051);* Blkr. bis 30 mm breit; Pfl. bis 15 cm hoch; K. entweder gleichmäßig ca. 1 mm breit geflügelt (var. **vérna**) od. Flügelkanten ungleich u. an der Basis ca. 2 mm breit (var. **aláta** GRIS.); ♃; III–VII. Schafweiden, Flachmoore, Alpenmatten, bis 3550 m; *v* Alp., *z* Vorland, Schweizer Jura, BW, Fr, *s* SaAn, Th, Bayrw., ČR, E.
ⓖ *Frühlings-E.,* * **G. vérna** L.
— Längste Rosettenblätt. nicht od. nur wenig länger als die Stgblätt.; Rosettenblätt. höchstens 2-mal so lg. wie breit; Anhängsel zw. den Blkrblätt. fehlend *(1054, 1055);* Pfl. bis 8 cm hoch **19**
19. Rosetten- u. Stgblätt. lineal-lanzettl., ca. 4-mal so lg. wie breit; Kzipfel 6–7 mm lg., 5-mal so lg. wie breit; ♃; VI–VIII. Matten, nur auf Kalk, 1600–2400 m; *z–s,* Kt, St, OÖ, NÖ. ⓖ *Zwerg-E.,* **G. púmila** JACQ.
— Blätt. rundl. bis eif., höchstens doppelt so lg. wie breit; Kzipfel höchstens 5 mm lg., höchstens 3-mal so lg. wie breit **20**
20. Rosettenblätt. in eine trockenhäutige Spitze ausgezogen; oberste Stgblätt. den Grd. des K. erreichend . . . . **G. terglouénsis** Nr. **17**—
— Rosettenblätt. meist stumpf; oberste Stgblätt. deutl. vom K. getrennt **21**
21. K.-Kanten ungeflügelt od. höchstens 0,3 mm breit geflügelt; Zipfel der Blkr. eif.-lanzettl., doppelt so lg. wie breit; K.-Röhre 2,5–4 mm breit;

1051

1052

1053

1054

1055
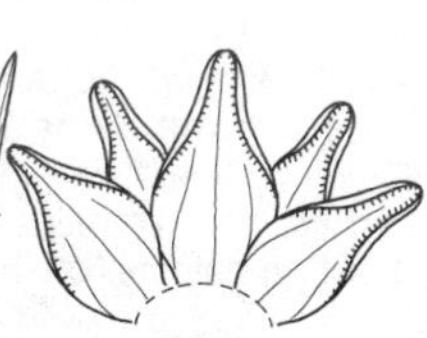
1056

Rosettenblätt. bläul.grün; ♃; VII–VIII. Matten, 1800–4200 m, kalkmeidend; *s* Alp., *f* Dt. Ⓖ *Kurzblättriger E.*, **G. brachyphýlla** VILL.

— K.-Kanten 0,5–1 mm breit geflügelt; Zipfel der Blkr. breit eif., nur wenig länger als breit; K.-Röhre 4–5 mm breit; Rosettenblätt. dkgrün; ♃; VII–VIII. Magermatten, 2000–2800 m, kalkstet; *s* Alp., CH, FL, Au, Bz, Allgäu, Wettersteingeb. [= *G. favratii* RITTENER; = *G. brachyphylla* ssp. *favratii* (RITTENER) TUT.]
Ⓖ *Rundblättriger E.*, **G. orbiculáris** SCHUR

7. Gentianópsis MA, *Fransenenzian*

Pfl. 6–15 cm hoch, Bltn. einzeln; Blkr. 23–55 mm lg., blau, m. 4 am Rand lg. gefransten Zipfeln; ⊙; VII–IX. Trockenrasen, Gebüsche, Wegränder, kalkstet; *z* im S, nördl. bis Be/ Ho/Eifel/Sauerland/Harz/Sa/Schl. [= *Gentiana ciliata* L.; = *Gentianella ciliata* (L.) BORKH.] Ⓖ * **G. ciliáta** (L.) MA

8. Comástoma (WETTST.) TOYOKUNI, *Zarter Enzian*

Blkr. meist 4-zählig, 5–15 mm lg., blass graublau; Pfl. 2–12 cm hoch; Stg. am Grd. verzweigt, m. einbltg. Trieben; Bltnstiel fadenf., meist deutl. länger als die Bltn.; ♃; VII–IX. Magermatten, Felsschuttfluren, Krummholzreg., 1600–3400 m; *z* Alp., CH, FL, Bz, Au, *s* Dt. [= *Gentiana tenella* ROTTB.; = *Gentianella tenella* (ROTTB.) BÖRNER] Ⓖ **C. tenéllum** (ROTTB.) TOYOKUNI

9. Gentianélla MOENCH, *Enzian*

1. Bltn. vorwiegend 4-zählig, höchstens einzelne 5-zählig; K. bis zum Grd. geteilt; Schlundschuppen fast so lg. wie die Blkrzipfel *(1050)*; Blkr. bis 25 mm lg., rosa-violett, zuw. weißl.; Bltnstiel kürzer als die Bltn.; Pfl. 10–35 cm hoch, m. verzweigter Infl. (nur Zwergformen 1-bltg.); ⊙, V–X. Magerrasen; *z* Ba, CH, Au, sonst *s*. (= *Gentiana campestris* L.) Ⓖ *Feld-E.*, * **G. campéstris** (L.) BÖRNER

a. Stg. erst ab der Mitte verzweigt; Pfl. z. Bltzt. noch m. Keimblätt., alle Blätt. frisch grün; Grdblätt. lanzettl.-eif., am Grd. am breitesten; ⊙; VIII–X. Moorwiesen, *s* im N (Ho, Borkum, SH bis OPr) u. im mittl. Gebiet (N-Ba u. Th bis Schl), auch ČR. (= *G. baltica* MURB.) ssp. **báltica** (MURB.) Á. LÖVE & D. LÖVE

— Stg. oft vom Grd. an verzweigt, z. Bltzt. ohne Keimblätt.; Grdblätt. im vorderen Drittel am breitesten; ⊙ od. ⊙; V–X. Magerrasen, *z* Alp. bis 2600 m, sonst *s*. [incl. *G. islandica* (MURB.) WETTST. u. *G. suecica* (FROEL.) MURB.] ssp. **campéstris**

— Bltn. vorwiegend 5-zählig, höchstens einzelne 4-zählig; K. meist nicht bis zum Grd. (meist nur bis zur Mitte) geteilt **2**

2. Pfl. 2–5 cm hoch; Schlundschuppen < ½ so lg. wie die dkblauen Blkrzipfel (ähnl. *1049*); K. tief 5-teilig; ⊙–⊙; VII–X. Felsfluren, Moränen, 2200–3400 m, kalkmeidend; *s* Ti, OTi, Bz, Sb, Kt. (= *Gentiana nana* WULF.) Ⓖ *Zwerg-E.*, **G. nána** (WULF.) PRITCHARD

— Pfl. fast stets höher; Schlundschuppen fast stets länger; Blkr. meist ± rosa-violett; K. meist nur bis zur Mitte geteilt **3**

3. Blkr. 20–40 mm lg. **8**

— Blkr. 10–20 mm lg. **4**

4. Pfl. subalpiner od. alpiner Matten der Schweiz oder Südtirols . . . **6**

— Pfl. der Moorwiesen der Ebene bis montanen Stufe; Frkn. u. Kapsel ungestielt *(1045);* Pfl. wenig verzweigt **5**

5. Pfl. z. Bltzt. noch m. Keimblätt., alle Blätt. frischgrün; Stg. meist einfach, Pfl. 2–20 cm hoch; Grdblätt. spitz; K. so lg. wie die Blkrröhre; ⊙; VIII–X. Sumpfwiesen; *s* Ho, Borkum, NW-SH, MeVp, Br, Schl. (= *Gentiana uliginosa* WILLD.) ⓖ *Sumpf-E.,* **G. uliginósa** (WILLD.) BÖRNER

— Pfl. z. Bltzt. ohne Keimblätt.; Stg. 3–60 cm hoch, fast stets unverzweigt; K. deutl. kürzer als die Blkrröhre; ⊙; VI–X. Moorwiesen; *s,* im N, auch Be, Ho, Th, Erzgeb., Gr, W-Ti, ČR. [= *G. axillaris* (F. W. SCHM.) A. LÖVE & D. LÖVE; = *Gentiana lingulata* AG.; = *Gentiana amarella* L.]. Formenreich. ⓖ *Bitterer E.,* **G. amarélla** (L.) BÖRNER

6(4). Frkn. u. Kapsel 2–5 mm lg. gestielt; Blkr. 10–20 mm lg., hell-lila; K.-Röhre viel kürzer als die Kzipfel; Pfl. 1–15(–30) cm hoch, gedrungen, buschig verzweigt; ⊙; VII–IX. Alpine Matten, auf kalkarmem Boden; *z,* CH, Bz. (= *Gentiana ramosa* HEG.) ⓖ *Büschel-E.,* **G. ramósa** (HEG.) HOLUB

— Fkn. u. Kapsel ungestielt **7**

7. Zwei Kzipfel deutl. breiter als die 3 anderen; Rand der Kzipfel schwach umgerollt; Blkr. 18–24 mm lg., trübpurpurn od. weiß; Frkn. im K. sitzend; Pfl. 4–15 cm hoch, vom Grd. an verzweigt; ⊙; VII–VIII. Magerrasen, auf Kalk; *s,* Gr, Bz. [= *Gentiana engadinensis* (WETTST.) BR.-BL.] ⓖ *Engadin-E.,* **G. engadinénsis** (WETTST.) HOLUB

— Alle Kzipfel ungefähr gleich breit; Blkr. < 2 cm lg.; Rand der Kzipfel rau; Bltn. etwas glockig, rotviolett; ⊙; VI–X. Waldwiesen, auf Kalk; *s,* Ts. (= *Gentiana insubrica* H. KUNZ) ⓖ *Insubrischer E.,* **G. insúbrica** (H. KUNZ) HOLUB

8(3). Buchten zw. den Kzipfeln spitz *(1053);* Kzähne am Rand rau-papillös od. bewimpert **12**

— Buchten zw. den Kzipfeln abgerundet *(1054);* Kzähne am Rand glatt **11**

9. Unt. Seitentriebe zieml. lg., Infl. daher fast schirmartig; Blkr. 25–45 mm lg.; Kzähne deutl. länger als die K.-Röhre *(1055);* Pfl. meist 10–20 cm hoch; ⊙; VII–X. Bergwiesen; *s* Bayrw., N-St, OÖ, NÖ, Bgl, ČR. (= *Gentiana austriaca* A. & J. KERN.; = *Gentianella bohemica* SKALICKÝ) ⓖ *Österreichischer E.,* **G. austríaca** (A. & J. KERN.) HOLUB

— Unt. Seitentriebe zieml. kurz, Infl. daher rispig; Blkr. (18–)20–25 mm lg.; Kzähne kaum länger als die K.-Röhre; Pfl. 3–40 cm hoch; ⊙; VI–X. Torfige Wiesen u. Matten; *s,* Erzgeb., Sudeten, OPr, S-St, W-Kt. (= *Gentiana praecox* WETTST., non A. & J. KERN.). Formenreich. ⓖ! *Karpaten-E.,* **G. lutéscens** (VEL.) HOLUB

10(8). Kzipfel nicht bewimpert, glatt od. höchstens etwas rau; Blkr. 25–35 mm lg.; Bltn. röhrig-trichterf.; Frkn. 0–4 m lg. gestielt; Pfl. 2–50 cm hoch, meist m. aufstrebenden Ästen; Stg. oft purpurn überlaufen; ⊙ od. ⊙; V–X. Trockenrasen, Flachmoore; Alp. *v,* sonst *z* im S, nach N seltener. Formenreich. (= *Gentiana germanica* WILLD.) ⓖ *Deutscher E.,* * **G. germánica** (WILLD.) E. F. WARBURG

— Kzipfel bewimpert **11**

11. Kzipfel alle gleich breit (od. 2 davon nur wenig breiter als die 3 übrigen) **13**
— Zwei Kzipfel deutl. breiter als die 3 übrigen **12**
12. Blkr. 21–30 mm lg., blauviolett; Frkn. im K. deutl. gestielt; Rand der Kzipfel deutl. umgerollt; Pfl. 5–30(–80) cm hoch, meist von Grd. an verzweigt; ⊙–⊙; VI–X. Magerrasen, auf Silikat; *s,* SO-Alp., Gr, Au, Bz. (= *Gentiana anisodonta* Borb.)
Ⓖ *Dolomiten-E.,* **G. anisodónta** (Borb.) A. & D. Löve
— Blkr. trübpurpurn; Rand der Kzipfel schwach umgerollt
G. engadinensis Nr. 7
13(11). Mittl. Stgblätt. 2–3-mal so lg. wie breit, elliptisch bis eif.; Kzipfel breit 3-eckig, so lg. wie od. wenig länger als die K.-Röhre; Blkr. 27–39 mm lg.; Frkn. u. Fr. 2–6 mm lg. gestielt; unt. Stgblätt. verkehrt eif. bis spatelig; Pfl. 5–30 cm hoch; ⊙ od. ⊙; V–X. Moorwiesen, Halbtrockenrasen, bis 2500 m, kalkliebend; *z* O-Alp., Au, Dt, FL, O-CH, ČR. (= *Gentiana aspera* Heg. & Heer). Formenreich.
Ⓖ *Rauer E.,* **G. áspera** (Heg. & Heer) Dostál ex Skalický, Chrtek & Gill
— Mittl. Stgblätt. 4–6-mal so lg. wie breit; Kzipfel schmal 3-eckig, 1,5–2,5-mal so lg. wie die K.-Röhre; Blkr. 27–33 mm lg.; Frkn. u. Fr. sitzend, höchstens 1–2 mm lg. gestielt; unt. Stgblätt. schmal lanzettl.; Pfl. 4–20 cm hoch, einfach od. vom Grd. an ästig; ⊙; IX. Magerrasen, kalkstet; *s* Kt (Gailtaler Alp.), Bz. (= *Gentiana pilosa* Wettst.)
Ⓖ *Behaarter E.,* **G. pilósa** (Wettst.) Holub

Familie: **Apocynáceae** (incl. *Asclepiadaceae*), *Immergrüngewächse*

Stauden; Blätt. gegenst.; Bltn. 5-zählig, oft windradf. *(197);* Stbblätt. 5; Frkn. 2-blättrig, meist oberst.; Samen oft m. Haarschopf. Nach neueren Erkenntnissen ist die Familie der Asclepiadaceae in die der Apocynaceae einzugliedern.

1. Bltn blau, windradf., > 2 cm im Dm .... **Vinca,** 650
— Bltn. weiß od. rosa, < 2 cm im Dm **2**
2. Blkrzipfel absthd.; Blätt. untersts. kahl .... **Vincetoxicum,** 651
— Blkrzipfel zurückgeschlagen; Blätt. untersts. filzig
Asclepias, 651

1. **Vínca** L., *Immergrün*

1. Pfl. sommergrün, niederlgd; Sprosse sich nicht bewurzelnd; Kzipfel 4–8 mm lg.; Blätt. 15–40 mm lg. u. 4–15 mm breit; Blkr. blau, 20–35 mm im Dm; ♃; V–VI. Lichte Wälder; sehr *s,* nur Bgl, NÖ.
Krautiges I., **V. herbácea** W. & K.
— Pfl. wintergrün **2**
2. Blkr. 25–30 mm im Dm, blau, violett od. rosa; Kzipfel 3–5 mm lg.; Sprosse bis 20 cm lg.; Blätt. längl.-lanzettl., am Grd. verschmälert, 15–45 mm lg. u. 5–25 mm breit; ♃; III–IV. Laubwälder; *v* im S, oft in dichten Beständen, häufig angepfl. u. verwild., im N *z* eingebürgert.
Kleines I., * **V. mínor** L.

— Blkr. 30–50 mm im Dm, blau, Kzipfel 7–17 mm lg.; Sprosse bis 40 cm lg., bogig wachsend; Blätt. eif., am Grd. abgerundet od. fast herzf., 25–90 mm lg. u. 20–60 mm breit; ♃; IV–VII. Zierpfl., *v* kult., zuw. verwild., eingebürgert z. B. CH, Au, Bz. (Heimat: Mittelmeergebiet, SW-As.) *Großes I.,* * **V. májor** L.

2. Vincetóxicum N. M. Wolf, *Schwalbenwurz*
Bltn. gelbl.weiß, in ungleich gegabelten, lockeren Teilinfl.; Blätt. längl.-herzf., zugespitzt; ♃; V–VIII. Trockenrasen, Gebüsch, kalkliebend; *v–z* im S, *s–f* im N. [= *V. officinale* Moench; = *Cynanchum vincetoxicum* (L.) Pers.]
Giftig! * **V. hirundinária** Med.

3. Asclépias L., *Seidenpflanze*
Bltn. doldig, fleischrot, stark duftend; Blätt. untersts. graufilzig; Pfl. milchsaftführend, bis 1,5 m hoch; ♃; VI–VIII. Häufig gepfl., stellenw. verwild., *s* eingebürgert (z. B. bei Karlsruhe, O-Dt, Au, Ts). (Heimat: N-Am.) (= *A. cornuti* Decne.) **A. syríaca** L.

Ordnung: **Boragináles**

Familie: **Boragináceae** (incl. *Hydrophyllaceae*), *Raublattgewächse*

Kräuter od. Stauden, meist steif behaart; Blätt. ungeteilt, ohne Nebenblätt., wechselst.; Bltn. oft in schneckenf. eingerollten Wickeln *(109),* radiär od. leicht zygomorph (*Echium, 246, Anchusa arvensis, 1058*), ⚥, 5-zählig; Blkrröhre oft durch 5 hohle, zuw. behaarte Ausstülpungen (= Schlundschuppen, *1057,* S) verengt; Frkn. oberst., 2-blättrig, durch falsche Scheidewand in 4 Fächer (Klausen; = Teilfr.) geteilt, zwischen denen der Gr. steht *(245),* bei der Reife in 4 1-samige Nüsschen zerfallend, bei *Phacelia* ist Fr. eine 2-spaltige Kapsel. Nach neueren Erkenntnissen ist die Familie der *Hydrophyllaceae* in die der *Boraginaceae* einzugliedern.

1. Blätt. gefied., m. fiederschnittigen Fied. . . . . **Phacelia,** 662
— Blätt. ungeteilt **2**
2. Blkr. glockig, trichterf. od. radf. ausgebreitet, dann aber m. deutl. Blkrröhre **6**
— Blkr. radf. ausgebreitet, m. sehr kurzer Blkrröhre **3**
3. Bltn. > 2 cm im Dm; Blkrzipfel doppelt so lg. wie breit
Borago, 662
— Blkr. < 2 cm im Dm; Blkrzipfel etwa so lg. wie breit; Bltn. ähnl. *Myosotis* **4**
4. Blätt. lanzettl. bis spatelig, < 15 mm breit; Bltn. einzeln in den Blattachseln, 3–4 mm im Dm; K. z. Blzt. 2–3 mm lg., z. Frzt. bis 5 mm lg.; Bltnstiele z. Blzt. 7–13 mm lg.; Pfl. ⊙–⊙
Omphalodes scorpioides, 654
— Grdst. Blätt. lg. gestielt, ihre Spr. herzf., > 15 mm breit; Bltnstand ohne Tragblätt. od. nur im unt. Teil m. Tragblätt.; Pfl. ♃ . . . **5**
5. Blkr. 8–10 mm im Dm; K. 4 mm lg.; Bltnstiele 8–12 mm lg., z. Frzt. bis 30 mm lg.; Teilfr. schüsself. **Omphalodes verna,** 654

— Blkr. 3–4 mm im Dm; K. 1–2 mm lg.; Bltnstiele 2–5 mm lg., z. Frzt. bis 8 mm lg.; Teilfr. runzelig, an der Basis m. deutl. verdicktem kragenf. Ring . . . . **Brunnera,** 654

6(2). Bltn radiär **8**

— Bltn zygomorph, fast 2-lippig od. m. geknickter Röhre . . . **7**

6. Blkr. m. geknickter Röhre *(1058),* himmelblau **Anchusa arvensis,** 658

— Blkr. fast 2-lippig *(246),* m. fast gerader Röhre . . . **Echium,** 658

8(6). Pfl. ± stark behaart **10**

— Pfl. ganz kahl **9**

9. Bltn gelb . . . . **Cerinthe,** 658

— Bltn. fleischfarben bis blau; Strandpfl. . . . . **Mertensia,** 655

10(8). Teilfr. ohne Stacheln (zuw. aber gezähnt) **12**

— Teilfr. m. Stacheln **11**

11. Teilfr. auf der ganzen Fläche m. widerhakigen Stacheln *(1059);* Blkr. trichterf., 4–6 mm im Dm, rot od. violett **Cynoglossum,** 654

— Teilfr. nur an den Kanten m. widerhakigen Stacheln (ähnl. *1060*); Bltn. 3–4 mm im Dm, hellblau od. weiß, m. sehr kurzer Röhre . . . . **Lappula,** 653

12(10). Bltn. glockig, walzl. od. bauchig, meist nickend od. hgd., m. kleinen Blkrzipfeln *(1057),* diese viel kürzer als die Blkrröhre u. nicht flach ausgebreitet **21**

— Bltn. stielteller- bis trichterf., m. ausgebreiteten, größeren Blkrzipfeln **13**

13. Blkr. m. deutl. Schlundschuppen **18**

— Schlundschuppen fehlend, sehr klein (*1061*, S) od. nur als Haarbüschel **14**

14. Blkr. gelb, m. lg. Röhre; K. bis zum Grd. 5-spaltig; Bltn. gestielt, in armbltg. Wickeln; Blätt. sitzend; Tragblätt. sehr klein **Amsinckia**, 654

— Blkr. entweder nicht gelb od. K. nur bis zur Mitte 5-zipfelig **15**

15. Stgblätt. gestielt, eif.-lanzettl. bis elliptisch, bis 4 cm breit; Bltn. in unbeblätterten Wickeln; Blkr. weiß . . . . . . **Heliotropium**, 653

— Stgblätt. sitzend (sonst Blkr. blau) **16**

16. K. fast bis zum Grd. geteilt . . . . **Lithospermum,** 655

— K. höchstens bis zur Mitte geteilt **17**

17. Blkr. gelb, rosa- bis braunviolett u. m. kleinen Schlundschuppen *(1061)* od. diese nur als Haarbüschel . . . . **Nonea**, 659

— Blkr. anfangs rot, dann blau . . . . **Pulmonaria**, 659

18(13). K. nach der Bltzt. stark vergrößert *(1062*), abgeflacht, m. gezähnten Zipfeln; Stg. niederlgd. . . . . **Asperugo**, 653

— K. nach der Bltzt. nicht od. anders als in *1062* vergrößert **19**

19. Pfl. 2–5 cm hoch; Polsterpfl. der alp. Reg. . . . **Eritrichium,** 654

— Pfl. meist höher, falls polsterf. wachsend, dann an Seeufern **20**

20. Teilfr. glatt; Schlundschuppen kahl, gelb . . . . **Myosotis**, 655

— Teilfr. rau; Schlundschuppen papillös od. bärtig, weiß **Anchusa**, 658

21(12). Blkr. ohne Schlundschuppen od. Haarbüschel **Onosma**, 657

— Blkr. m. Schlundschuppen (*1057*, S) od. Haarbüscheln **22**

21. Pfl. 15–100 cm hoch; Blätter > 2 cm breit, ihr Grd. oft am Stg. flügelart. herablaufend; Blkr. weiß, (blau-)violett od. gelb; Schlundschuppen schmal-spitz-3-eckig .... **Symphytum**, 661

— Pfl. 10–60 cm hoch; Blätt. nur bis 2 cm breit, ihr Grd. am Stg. nicht herablaufend; Blkr. rosa, gelb od. in Brauntönen; Schlundschuppen unscheinbar od. bärtig .... **Nonea**, 659

1. Heliotrópium L., *Sonnenwende*

Pfl. 20–30 cm hoch; Blätt. beiderststs. weich behaart; ⊙; VII–IX. Weinberge, Brachäcker; *s* im SW u. W (RhPf, Lx, NrWe, E), sonst Vs, Waadt, Basel, NÖ, Bgl, ČR, auch verschleppt. **H. europaéum** L.

2. Asperúgo L., *Scharfkraut (1062)*

Stg. 20–70 cm lg.; Frstiele herabgekrümmt; ⊙; V–VIII. Balmen, Viehläger, Mauern; *z* CH, Bz, Au (Vb u. OÖ erloschen), sonst *s* im S (Ba, BW, RhPf, b. Fulda, Th), O-Dt, Ho, Da, SH, Elbetal, Br, ČR. **A. procúmbens** L.

3. Láppula Moench (incl. **Hackélia** Opiz), *Igelsame*

1. Frstiele aufrecht; Teilfr. an den Kanten m. 2–3 Reihen von Stacheln; Stg. meist nur oberw. sparrig-ästig verzweigt, schlaff; ⊙; VI–VII. Weinberge, Brachäcker, Schutt; *z* Au, Nahegebiet, Rheingau, *s* Ba (nördl. der Donau), b. Stuttgart, Würzburg, Münster (We), O-Dt, ČR, CH, Ho, Da (in Dt nicht ursprüngl.). (= *L. myosotis* Moench; = *L. echinata* Gil.) *Kletten-I.*, **L. squarrósa** (Retz.) Dum.

a. Stacheln der Fr. etwa gleich lg., 1–1,5 mm lg., die der inneren Reihe am Grd. nicht vereinigt; *z–s.* ssp. **squarrósa**

— Äußere Reihe von Stacheln der Fr. sehr kurz, die der inneren Reihe 2–3 mm lg., am Grd. vereinigt; *s*, ČR. [= *L. semicincta* (Stev.) M. Popov; = *L. heteracantha* (Led.) Gürke] ssp. **heteracántha** (Led.) Chater

— Frstiele nach der Blüte herabgekrümmt; Teilfr. an den Kanten nur m. je 1 Reihe Stacheln *(1060);* Stg. meist schon vom Grd. an verzweigt; ⊙; VI–VIII. Felsen, Lägerfluren, Schluchten in Nadelwäldern; Alp., *z* CH, Au, *s* Frw., Th, An, Schl, Gesenke, Sudeten. [= *Hackelia deflexa* (Wahl.) Opiz] *Herabgebogener I.*, **L. defléxa** (Wahl.) Garcke

1057

1058

1959

1060

1061

1062

1063

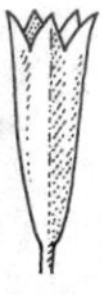
1064

4. Eritríchium GAUD., *Himmelsherold*
Bltn. vergissmeinnichtähnl., 7–9 mm breit; Schlundschuppen kahl, gelb; ♃; VII–VIII. Felsspalten, 2070–3620 m; *z* CH, *s* Sb (Lungau), Kt, St.
Ⓖ **E. nánum** (L.) GAUD.

5. Amsínckia LEHM., *Gelbe Klette*
Blkr. mehrmals länger als ihre kurzen, aber ausgebreiteten freien Zipfel. 5 schwierig zu bestimmende (da selten mit reifen Fr.) Arten aus N-Am.; ⊙; IV–VI. Zuw. adventiv im W (Ho, Be, Rheintal, E; genauere Angaben erwünscht!).

a. Blkrröhre im Schlund behaart; Blkr. intensiv gelb
A. lycopsoídes (LEHM.) LEHM.
— Blkrröhre im Schlund kahl . . . . **b**
b. Blkr. 10–15 mm lg., orangefarben; Infl. ohne Hochblätter
A. douglasiána A. DC.
— Blkr. < 10 mm . . . . **c**
c. Teilfr. stachelig u. deutl. quer gerunzelt; Blkr. gelb-orange
A. intermédia FISCH. & C. A. MEY
— Teilfr. zwar ± stachelig, doch nicht quer gerunzelt . . . . **d**
d. Teilfr. behaart; Infl. ohne Hochblätt.; Blkr. blassgelb
A. menziésii (LEHM.) A. NELSON & MACBRIDE
— Teilfr. kahl; Infl. m. Hochblätt.; Blkr. gelb **A. calýcina** (MORIS) CHATER

6. Omphalódes MILL., *Nabelnuss, Hundsvergissmeinnicht*

1. Blätt. lanzettl. bis spatelf.; Blkr. 3–4 mm groß, hellblau, m. gelben Schlundschuppen; ⊙– ⊙; IV–VI. Au- u. Bergwälder, Gebüsche; *s* Sa, An, Harz, UFr, FrAlb, Schl, OPr, Au, ČR.
Vergissmeinnichtähnliche N., **O. scorpioídes** (HAENKE) SCHR.
— Blätt. eif.-zugespitzt, lg. gestielt; Blkr. 8–10 mm im Dm, dk. himmelblau, m. weißen (zuw. rot punktierten) Schlundschuppen; Pfl. m. Ausläufern; ♃; IV–V. Zierpfl.; *z* verwild. u. eingebürgert; vermutl. ursprüngl. Kt (Karawanken) *Frühlings-N.,* **O. vérna** MOENCH

7. Brúnnera STEVEN, *Kaukasusvergissmeinnicht*
Grdblätt. herzf., lg. gestielt, 10–15 cm lg.; Blkr. 3–4 mm im Dm, m. 1 mm lg. Röhre, blau; Teilfr. runzelig; ♃; V–VI. Häufige Zierpfl., zuw. verwild., eingebürgert Vb, N-Ti. (Heimat: Kaukasus) **B. macrophýlla** (ADAMS) I. M. JOHNSTON

8. Cynoglóssum L., *Hundszunge*

1. Blätt obersts. fast kahl, glzd. grün; Blkr. violett, m. braunrotem Saum; Teilfr. am Rand nicht verdickt, gleichmäßig m. Haken besetzt; ⊙; V–VI. Schluchtwälder, *s* Vog, Eifel, Pf, SchwAlb, Rhön, N-He, Th, SaAn, Weserbergland, Harz, Vb, Schweizer Jura, NÖ, St?
Deutsche H., **C. germánicum** JACQ.
— Blätt. filzig behaart **2**
2. Teilfr. m. nach oben gebogenem Rand, m. dort dichter sthd. Haken; Pfl. m. Mäusegeruch, 20–90 cm hoch; Blkr. trüb braunrot, Saum kürzer als die Röhre; unt. Stgblätt. kurz gestielt; ⊙; V–VI. Trockenrasen, Ruderalstellen, Gebüsche; *z–v,* im NW u. S-Ba *s.*
Echte H., Gewöhnliche H., * **C. officinále** L.

— Teilfr. gleichmäßig m. Haken besetzt; Pfl. 15–50 cm hoch; Blkr. trübrot, Saum länger als die Röhre; Stgblätt. sitzend bis halb stgumfassend; ⊙; V–VII. Trockenrasen, Ruderalstellen; *s*, Bgl., NÖ, ČR. (= *C. hungaricum* SIMK.) *Ungarische H.*, **C. montánum** L.

9. Lithospérmum L. (incl. **Buglossoídes** MOENCH), *Steinsame*

1. Blkr. anfangs rot, später blau, 10–15 mm breit; nichtblühende Triebe bogig wachsend u. an der Spitze einwurzelnd; ♃; IV–V. Steppenheidewälder, kalkliebend; *z*, CH, Ba, BW, RhPf, St, Bz, Bgl, NÖ, ČR, nördl. bis Be/Lx/N-Eifel/Weserbergland/Th/SaAn, sonst Po (Bellinchen). [= *Buglossoides purpurocaerulea* (L.) I. M. JOHNSTON] *Blauroter St.*, * **L. purpurocaerúleum** L.

— Blkr. weiß, gelbl.weiß, bläul. od. rötl., < 5 mm breit; Stg. alle aufrecht **2**

2. Pfl. 30–100 cm hoch; Stg. reichästig; Blkr. weiß od. gelbl.weiß; reife Fr. glatt, glzd. weiß; ♃; V–VII. Auwälder, Halbtrockenrasen; *z* im S, *s* im N, *f* NW-Dt. *Echter St.*, * **L. officinále** L.

— Pfl. 10–30 cm hoch; Stg. wenig verzweigt; Blkr. weiß. bläul. od. rötl.; reife Fr. runzelig, braun; ⊙; IV–VII. Äcker, auf Kalk; *v–z*. [= *Buglossoides arvensis* (L.) I. M. JOHNSTON] *Acker-St.*, * **L. arvénse** L.

a. Frstiele nicht auffallend verdickt; Blkr. weiß; Pfl. 20–60 cm hoch; Äcker; *v–z*. ssp. **arvénse**

— Unt. Frstiele auffallend verdickt; Blkr. meist blau, seltener rötl. od. weiß; Pfl. 5–30 cm hoch; Trockenrasen, Kiefernwälder; *s*, MeVp (Rügen, Hiddensee), SaAn (O-Harz), Br (Odertal), Bz. (= ssp. *coerulescens* (DC.) ROTHM.) ssp. **sibthorpiánum** (GRIS.) STOJ. & STEF.

10. Merténsia ROTH, *Mertensie*

Blätt. 2–6 cm lg., eif, m. punktierter Oberfläche; Stg. bläul. bereift, bis 60 cm lg.; Infl. reich verzweigt; Bltn. 6 mm im Dm, blau od. rosa; ♃; VI–VIII. Kiesig-steiniger Strand; nur N-Jütland (Da).
Ⓖ **M. marítima** (L.) S. F. GRAY

11. Myosótis L., *Vergissmeinnicht*

1. K. absthd. behaart, Haare alle od. z. T. hakig gekrümmt; Stg. behaart **4**

— K. angedrückt behaart (Haare an der Spitze nicht hakig gekrümmt); Pfl. meist feuchter Standorte **2**

2. Kzipfel länger als die K.-Röhre; Stgblätt. schmal lanzettl. bis lineal, spitzig; Grdblätt. bis 5 mm breit, deutl. gestielt; Randsaum der Fr. sehr schmal; Blkr. intensiv blau; Pfl. 5–35 cm hoch; ♃; V–VIII. Auf Serpentinböden, nur NÖ, St., Bgl, ČR. [= *M. alpestris* ssp. *stenophylla* (KNAF) METZEL] *Schmalblättriges V.*, **M. stenophýlla** KNAF

— Kzipfel höchstens so lg. wie die K.-Röhre; K. z. Frzt. offen bleibend; Pfl. feuchter Standorte **3**

3. K. z. Frzt. meist abfallend, > ½ seiner Länge gespalten, Kzipfel schmal 3-eckig; Pfl. ohne Ausläufer; Stg. rund. ⊙–⊙; V–VII. *Schlaffes V.*, **M. láxa** LEHM.

a. Stg. aufstgd.; Bltnstiele der unt. Bltn. bis 2,5 cm lg.; K. bis 8 mm lg.; Teilfr. 2 x 1,5 mm groß. Strandwiesen; Ostseeküste Da. (= *M. baltica* SAMUELSSON ex LINDM.) ssp. **báltica** (SAMUELSSON) HYL. ex NORDHAGEN

— Stg. aufrecht; Bltnstiele der unt. Bltn. < 1 cm lg.; K. < 5 mm; Teilfr. 1,5 x 1 mm groß. Ufer, Gräben, nasse Wiesen; *v* im N, *s* im S, m. großen Verbr.-Lücken. (= *M. caespitosa* K. F. SCHULTZ) ssp. **caespitósa** (K. F. SCHULTZ) HYL. ex NORDHAGEN

— K. z. Frzt. erhalten bleibend, < ½ seiner Länge gespalten, Kzipfel breit 3-eckig; Pfl. ♃; Pfl. nasser u. feuchter Standorte. (= *M. scorpioides* L. em. HILL) Artengruppe *Sumpf-V.,* **M. scorpioides** L. agg.

a. Pfl. 2–10 cm hoch; Blkr. 8–12 mm im Dm; FrK. 4 mm lg., länger als sein Stiel; Teilfr. 1,8 mm lg.; IV–V. Bodenseeufer, Liechtenstein, Starnberger See. [= *M. caespiticia* (DC.) KERN.] Ⓖ *Bodensee-V.,* **M. rehstéineri** WARTM.

— Pfl. > 20 cm; Blkr. u. Teilfr. meist deutl. kleiner als bei voriger . . . . **b**

b. Bltn. groß, 10–12 mm im Dm; FrK. ca. 6 mm lg.; Teilfr. bis 2,5 mm lg.; VI–VIII. Strandwiesen; *s* MeVp. [= *M. scorpioides* ssp. *praecox* (HÜLPHERS) DICKORÉ] *Großblütiges V.,* **M. prǽcox** HÜLPHERS

— Bltn. klein, nur 4–8 mm im Dm; FrK. nur bis 5 mm lg.; Teilfr. nur bis 1,5 mm lg. . . . . **c**

c. Stg. scharfkantig, (kahl od.) m. abw. weisenden Haaren; unt. Stgblätt. unterststs. m. basalw. weisenden, obersts. m. vorw. gerichteten Haaren; V–VIII. Sumpfwiesen, feuchte Waldstellen; *z?* (= *M. strigulosa* RCHB.) *Hain-V.,* **M. nemorósa** BESSER

— Stg. stumpfkantig bis stielrund, seine Haare waagerecht absthd. od. aufw. weisend; unt. Stgblätt. beiderststs. m. absthd. bis zur Spitze hin gerichteten Haaren; V–IX. Nasse Wiesen, Gräben, Ufer; *v*. (= *M. palustris* HILL; = *M. laxiflora* RCHB.) *Sumpf-V.,* * **M. scorpioídes** L. em. HILL

4(1). Saum der 2–4 mm breiten Blkr. trichterf. vertieft **7**

— Saum der 6–10 mm breiten Blkr. flach ausgebreitet; Frstiele so lg. wie od. länger als der K.; Pfl. 5–45 cm hoch **5**

5. Teilfr. z. Frzt. oval bis stumpf eif., 2–2,5 mm lg., in der Mitte am breitesten; Blkr. intensiv- bis azurblau; Pfl. ausdauernd; Stgblätt. eif. bis lanzettl., stumpfl.; Grdblätt. gestielt od. sitzend; Randsaum der Fr. breit; Frstiel so lg. wie K., z. Frzt. bleibend; K. m. absthd. od. angedrückten Haaren; Pfl. 5–20 cm hoch; ♃; VI–IX. Magerrasen, 1400–2700 m; *v* Alp., *s* Hoch-Vog, Sa, MeVp, Schweizer Jura, ČR. *Alpen-V.,* * **M. alpéstris** F. W. SCHM.

— Teilfr. spitz eif., 1,6–2 mm lg.; Blkr. hellblau; K. fast durchweg m. absthd., hakig gekrümmten Haaren; Frstiel bis doppelt so lg. wie der K.; Pfl. einjährig **6**

6. Stgblätt. breit lanzettl.; Grdblätt. kaum gestielt; K. so lg. wie od. länger als die Blkrröhre; absthd. Haare des K. ca. 0,2 mm lg.; Teilfr. < 1,6 mm, m. kleiner, runder Abbruchstelle; Frstiele ca. 5 mm lg.; ⊙; V–VII. Wiesen, Wälder; *v–z*, im N *z–s*. *Wald-V.,* * **M. sylvática** EHRH. ex HOFFM.

Hierher auch die meisten *v* kult. Gartenvergissmeinnicht, öfters verwildert.

— Stgblätt. eif.; Grdblätt. lg. gestielt; K. oft wenig od. viel kürzer als die Blkrröhre; absthd. Hakenhaare des K. ca. 0,5 mm lg.; Teilfr. > 2 mm, m. ovaler Abbruchstelle; Frstiele ca. 3 mm lg.; ⊙; VI–VIII. Quellfluren, feuchte Wälder. *Veränderliches V.*, **M. decúmbens** HOST

a. Blkrröhre nur wenig länger od. kürzer als der K.; Gr. nicht länger als die Blkrröhre. Nur *s* Allgäu, südl. Rosenheim, Au, CH, Bz. [= *M. frigida* (VEST) CZERNOV] ssp. **decúmbens**

— Blkrröhre doppelt so lg. wie der K.; Gr. > Blkrröhre . . . . **b**

b. Antheren die Blkrröhre überragend. *s* Au. ssp. **variábilis** (M. ANGELIS) GRAU

— Antheren die Blkrröhre nicht überragend. *z* Sb, N-Ti, St, OÖ, OTi, ČR. ssp. **kérneri** (D. T. & S.) GRAU

7(3). Frstiele kürzer als od. so lg. wie der K. **9**

— Frstiele meist 2–3-mal so lg. wie der K. **8**

8. K. z. Frzt. offen; Frstiele ± zurückgekrümmt; Teilfr. m. weißem Anhängsel (Ölkörper); Infl. verlängert, lockerbltg., an ihrer Basis noch m. Laubblätt. bzw. großen Tragblätt.; ⊙; IV–VI. Feuchtes Gebüsch, Auwälder, bis 800 m; *s* im O [westl. bis MeVp–Harz–Th, b. Passau (Ba)], Sb, Kt, St, OÖ, ČR. *Lockerblütiges V.,* **M. sparsiflóra** MIK. f. ex POHL

— Kzipfel z. Frzt. zusammenneigend; Frstiele ± waagrecht absthd.; Teilfr. ohne Anhängsel; Infl. dichtbltg., an ihrer Basis nicht beblätt. bzw. auch unt. Bltn. ohne Tragblätt.; ⊙; V–VIII. Äcker, Wegränder, Gebüsche; *v.* (= *M. intermedia* LK.) Formenreich. *Acker-V.,* * **M. arvénsis** (L.) HILL

9(7). Blkr. zunächst gelb, dann rosa, zuletzt blau, ihre Röhre bis 2-mal so lg. wie der K.; Frstiele nur ½ so lg. wie der z. Frzt. geschlossene K.; ⊙; IV–VI. Äcker, Wegränder; *v–z* im N, *s* im S, in Au nur St, OÖ (*f* Alp.). (= *M. versicolor* SM.; = *M. collina* HOFFM.) *Buntes V.,* **M. díscolor** PERS.

— Blkr. blau, ihre Röhre höchstens so lg. wie der K. **10**

10. K. z. Frzt. offen, ± so lg. wie die waagrecht absthd. Frstiele; reife Teilfr. hellbraun; ⊙; IV–VI. Trockenrasen, Sandböden, Waldränder, bis 700 m; *v–z* im N u. W, *z–s* im S (*f* Vb). (= *M. collina* RCHB.; = *M. hispida* SCHLDL.) *Hügel-V.*, **M. ramosíssima** ROCHEL ex SCHULT.

— Kzipfel z. Frzt. zusammenneigend; aufw. weisende Frstiele höchstens ½ so lg. wie der K.; reife Teilfr. schwarzbraun; ⊙; III–V. Sandböden, Äcker, Trockenrasen; stellenw. *v* (N, Rheinl./Pf, O-Ba), sonst *z–s.* (= *M. micrantha* auct.; = *M. arenaria* SCHULTZ.) *Sand-V.,* **M. stricta** LK. ex R. & SCH.

12. Onósma L., *Lotwurz* (nach H. TEPPNER)

1. Höcker der Borstenhaare ohne sternf. angeordnete, kurze seitl. Borstenhaare; Blkr. zunächst weiß, bald blassgelb, 15–20 mm lg., ca. 1,3-mal so lg. wie der K.; Stg. schon im unt. Teil verzweigt, oft braunrot überlaufen; Umriss der Pfl. kugelig; K. z. Bltzt. 10–17 mm lg., z. Frzt. 18–25 mm lg.; Stbbeutel 6–9 mm lg., ganzrandig; Nüsse warzig, 4–6 mm lg.; Pfl. 30–50 cm hoch; ⊙, V–VI. Trockenrasen; sehr *s,* nur NÖ. Ⓖ *Dalmatinische L.,* **O. visiánii** G. C. CLEMENTI

— Höcker der absthd. Borstenhaare alle od. teilweise m. kurzen sternf. angeordneten Borstenhaaren **2**

2. Höcker der Borstenhaare m. 5–10 sternf. angeordneten seitl. Borstenhaaren; Blkr. 15–25 mm lg.; Pfl. 15–60 cm hoch, meist aufrecht u. oberw. verzweigt; ⊙–♃; V–VI. Trockenrasen; sehr *s,* nur Waadt, Vs,

Bz, NÖ (Wachau). [incl. *O. arenaria* ssp. *pennina* Br.-Bl., *O. pseudoarenaria* Schur, *O. tridentina* Wettst., *O. austriaca* (G. Beck) Fritsch, *O. vaudensis* Gremli]

⊚ Artengruppe *Schweizer L.,* **O. helvética** (DC.) Boiss. agg.

— Höcker der Borstenhaare m. höchstens 5 sehr kurzen seitl. Borstenhaaren; Blkr. 12–18 mm lg., schon im Aufblühen blassgelb, 1,3–1,4-mal so lg. wie der K.; Stg. erst über der Mitte verzweigt; K. z. Bltzt. 6–12 mm lg., z. Frzt. bis 18 mm lg.; Stbbeutel 5–7 mm lg., an der 2-hörnigen Spitze gezähnt; Nüsse glatt, 2,5–3 mm lg.; Pfl. 30–50 cm hoch; ⊙; V–VI. Trockenrasen; sehr *s,* nur RhPf (Mainz), Bgl, NÖ,ČR (Mähren). ⊚ *Sand-L.,* **O. arenária** W. & K.

13. Cerínthe L., *Wachsblume*

1. Blkr. klein, 9–12 mm lg., nur zu einem Drittel gespalten; Kzipfel kahl; Grdblätt. nicht gefleckt; ♃; VI–VIII. Hochstaudenfluren, bis 2650 m; *z* Alp., Ba, SW-BW, Vb, Ti, Kt, CH, Bz, Schweizer Jura. *Alpen-W.,* **C. glábra** Mill.

— Blkr. größer, 10–14 mm lg., fast bis zur Mitte gespalten; Kzipfel fein bewimpert; Blätt. oft weiß gefleckt; ⊙; V–VII. Wald- u. Wegränder, Schuttplätze; *z–s,* Au, Ba, BW, He, NrWe, Th, SaAn, Sa, NS, Br, Bz, FL, ČR. *Kleine W.*, **C. mínor** L.

14. Échium L., *Natternkopf*

1. Blkr. weiß od rötl.; Bltn. in gegabelten od. 3-spaltigen Wickeln; Pfl. 40–100 cm hoch; ☉–⊙; VI–IX. Sandfluren; sehr *s,* Kt, früher NÖ, Bgl. (= *E. altissimum* Jacq.) *Hoher N.,* **E. itálicum** L.

— Blkr. blutrot, blau, rosa od. weiß; Wickel nicht gegabelt **2**

2. Blkr. blutrot; Gr. ungeteilt; Pfl. 30–100 cm hoch; ☉–⊙; VI. Trockenrasen; sehr *s,* nur ČR (Mähren), früher NÖ. (= *E. rubrum* Jacq.; = *E. russicum* S. G. Gmel.) *Roter N.,* **E. maculátum** L.

— Bltn. beim Aufblühen rötl., dann blau, selten rosa od. weiß; Gr. 2-spaltig *(246);* Pfl. 20–100 cm hoch; ☉–⊙; V–X. Schotterfluren, Ruderalstellen, Trockenrasen; *v.* *Gewöhnlicher N.,* * **E. vulgáre** L.

15. Anchúsa L., *Ochsenzunge*

1. Blkr. blassgelb, selten rot überlaufen; K. 5-spaltig m. häutig berandeten Zipfeln; Blätt. meist < 10 mm breit; Pfl. 30–80 cm hoch, dicht beblättert; ⊙–♃; V–IX. Ruderalstellen, *s* u. unbeständig, NÖ (Heimat: SO-Eur., Kleinas.) *Gelblichweiße O.,* **A. ochroleūca** Bieb.

— Blkr. blau, selten purpurn od. weiß **2**

2. Blkr. m. gekrümmter Röhre *(1058),* 4–6 mm im Dm, m. weißen, bärtigen Schlundschuppen, himmelblau; Blätt. lanzettl., wellig-runzelig, steifhaarig; ☉; V–VII. Sandige Äcker; *v,* im S *z–s, f* Geb. (= *Lycopsis arvensis* L.) *Wolfsauge, Krummhals,* * **A. arvénsis** (L.) Bieb.

a. Blätt. schmal lanzettl., wellig-runzelig, gezähnt; Bltnröhre 5–7 mm lg; *v.* ssp. **arvénsis**

— Blätt. breit lanzettl., kaum gewellt, fast ganzrandig; Bltnröhre 4–5 mm lg.; *s* adventiv (Heimat: As., SO-Eur.) [= *Lycopsis arvensis* L. ssp. *orientalis* (L.) Kusnezow; = *Anchusa ovata* Lehm.] ssp. **orientális** (L.) Nordh.

— Blkr. m. gerader Röhre **3**

3. K. bis etwa zur Mitte gespalten, z. Frzt. bis 7 mm lg.; Blkr. blauviolett; Schlundschuppen papillös-samtig; ⊙–♃, V–IX. Ruderalstellen, Trockenrasen; *v* Au, CH, FL, Bz. ČR, Da, S-u. O-Dt, SH, sonst *s*.
Gewöhnliche O., * **A. officinális** L.

— K. fast bis zum Grd. gespalten **4**

4. Blkr. intensiv blau, (8–)10–15 mm im Dm; K.-Röhre 6–10 mm lg.; K. 6–10 mm lg., z. Frzt. bis 18 mm lg.; unt. Stgblätt. nicht od. kaum gestielt; Teilfr. 6–10 mm lg.; ⊙; V–IX. Zierpfl., an Ruderalstellen *s* eingebürgert (E, S-Dt, Ts, Gr, Au), früher ČR. (Heimat: Mittelmeergebiet) (= *A. azurea* MILL.)
Italienische O., **A. itálica** RETZ.

— Blkr. himmelblau, 8–10 mm im Dm; K.-Röhre 4–6 mm lg.; K. 2,5–5 mm lg, z. Frzt. bis 8 mm lg.; unt. Stgblätt. lang gestielt; Teilfr. kurz gestielt, 1,5–2 mm lg.; ♃; V–VI. Zierpfl., *s* verwild., Sa, Be (Heimat: S-Eur.) [= *Pentaglottis sempervirens* (L.) TAUSCH] *Ausdauernde O.*, **A. sempérvirens** L.

16. Nónea MED., *Mönchskraut*

1. Blkr. rosaviolett, zuletzt bläul., ihre Röhre innen gelb od. gelb gestreift; Pfl. locker borstl. behaart, oberw. auch drüsig; ⊙; VI–VII (auch IV–IX). Äcker, Gärten, Parks; gelegentl. eingeschleppt, eingebürgert nur mehrfach in Fr. (Heimat: Kaukasus – Iran/Irak) (= *Anchusa rosea* M. B.).
Rosenrotes M., Napfkraut, **N. rósea** (M. B.) LK.

— Blkr. von anderer Farbe **2**

2. Blkr. *(1061)* schwarzbraun bis braunviolett; Blätt. grau-weichhaarig; mehrjährig; V–VIII. Trockenrasen, Wegränder, kalkstet; *s* Kaiserstuhl, Taubertal, Harz, Th, SaAn, Br, BW, Ba, Schl, Vs, Gr, OÖ, NÖ, Bgl, ČR, sonst zuw. eingeschleppt. (= *N. pulla* DC.).
Braunes M., **N. erécta** BERNH.

— Blkr. lebhaft hellgelb; Blätt. borstig behaart; ⊙; IV–VI. Zierpfl., zuw. verwild., z. B. Gr. (Heimat: Kaukasus). *Gelbes M.*, **N. lútea** (DESR.) DC.

17. Pulmonária L., *Lungenkraut*

Pulmonaria ist eine ausgesprochen schwierige Gattung, deren Sippengliederung und -verbreitung noch nicht abgeschlossen u. noch nicht genügend genau bekannt ist. Eine sichere Bestimmung ist nur mittels Überprüfung mehrerer Pfl. möglich. Das Auftreten von Bastarden erschwert die Bestimmung überdies. Verbreitungsangaben aus älteren Floren können nunmehr genauer abgefasst werden. – Zur Erkennung der Stachelhöckerchen auf den Blätt. ist eine sehr gute Lupe, besser eine Binokularlupe, erforderlich. – Schlüssel weitgehend in Anlehnung an die Untersuchungen von SAUER.

1. Oberseite der Grdblätt. entweder m. Borsten od. m. Borsten, Haaren u. Stieldrüsen, stets ohne Stachelhöcker; Grdblätt. nichtblühender Sprosse lanzettl. bis schmal elliptisch, ihre Spr. allmähl. in den Stiel übergehend **4**

— Oberseite der Grdblätt. dicht m. winzigsten Stachelhöckern u. m. wenigen Borstenhaaren; Grdblätt. nichtblühender Sprosse m. eif. Spr., ± plötzl. in den Stiel übergehend **2**

2. Voll entwickelte Grdblätt. (‚Sommerblätt.') meist dünn u. weich, dkgrün, ungefleckt (zuw. m. unregelmäßigen heller grünen Flecken); K. frisch geöffneter Bltn. schmal U-förmig *(1063)*; 2½–4½-mal so lg. wie breit; Blattspr. kürzer als ihr bis > 20 cm lg. Stiel; ♃; III–V. Laub- u. Mischwälder, Gebüsche; *z* im N, *s* im S (*f* E, in Au nur OÖ, W-CH). [= *P. officinalis* ssp. *obscura* (DUM.) MURB.] *Dunkles L.*, * **P. obscúra** DUM.

— Voll entwickelte Grdblätt. meist derber, fast stets m. weißen Flecken **3**

3. Blätt. meist deutl. hellgrün bis weiß gefleckt; neben lg. Borstenhaaren noch dicht sthd. Stachelhöcker; K. frisch geöffneter Bltn. V-förmig *(891)*, 1,5–2,5-mal so lg. wie breit; Blkr. 12–20 mm lg.; Blattspr. länger als ihr bis 15 cm lg. Stiel; Pfl. 10–40 cm hoch; ♃; III–V. Laubwälder; *v–z* im S von Dt, nördl. bis zur Donau, sehr *s* nördlicher, außerdem CH, FL, Au, ČR, Bz. [= *P. officinalis* ssp. *maculosa* (LIEBL.) GAMS] *Echtes L.*, * **P. officinális** L. (s. str.)

— Blätt. undeutl. hellgrün gefleckt bis fast ungefleckt; neben lg. Borstenhaaren noch zahlreiche kurze Borsten; Blkr. 15–24 mm lg.; Pfl. 20–60 cm hoch; ♃; III–V. Laubwälder; sehr *s*, nur zw. Neuenburger u. Genfer See. *Schweizer L.*, **P. helvética** BOLLIGER

4(1). Sommerblätt. obersts. m. weichen u. m. Drüsenhaaren, ungefleckt; K. 5-nervig, klebrig; Grdblätt. > 3 cm breit; Blkr. innen m. dichterem Haarring; ♃; IV–V. (= *P. mollissima* KERN.) ⓖ *Weichblättriges L.*, **P. móllis** WULF. ex HORNEM.

a. Blätt., K. u. Inflachse dicht m. Haaren u. Stieldrüsen, nur m. wenigen Borsten (weich); Blkr. zuletzt lila (selten rötl.). Trockenwälder, Auwaldränder; *z–s* im S (in Au nur OÖ, St, *f* CH), Nordgrenze: O-Be/Eifel/Spessart/Rhön/Th. ssp. **móllis**

— Blätt., K. u. Inflachse lockerer u. steifer behaart, m. vielen Borsten (rau); Blkr. zuletzt leuchtend blauviolett bis blau. Nadel- u. Mischwälder bis subalp. Matten d. Krummholzstufe; *z* Kalkalp. [CH (Bern), in Au nur Ti, Sb], *s* Vorland, Ba, Vog. ssp. **alpígena** SAUER

— Blätt. beidersts., ebenso Stg. u. K., dicht borstenhaarig, ohne od. nur m. wenigen kurzen Drüsenhaaren; K. 10-nervig, nicht klebrig; Grdblätt. < 2 cm breit **5**

5. Sommerblätt. m. kurzen u. lg. Borstenhaaren u. zerstr. auch m. Drüsenhaaren u. weichen Haaren **8**

— Sommerblätt. m. steifen, ± gleich lg. Borstenhaaren, aber (fast) ohne Drüsenhaare; Blkr. zuletzt intensiv blauviolett, innen unterhalb des Haarrings kahl **6**

6. Haare der Blattoberseite deutl. unterschiedl. lg., stets m. gestielten Drüsenhaaren (manchmal nur wenige): Grdblätt. längl.-eif., spitz zulaufend, nicht od. nur zuw. schwach gefleckt; ♃; III–V. Lichte Wälder, Trockenwiesen; sehr *s* Ti, NÖ (Wien, Laab), CH, Bz. (= *P. visianii* DEGEN & LENGYEL) *Südliches L.*, **P. austrális** (MURR) SAUER

— Haare der Blattoberseite mit gleich lg. od. nur gering verschieden lg. Borstenhaaren **7**

7. Grdblätt. u. Stgblätt. 7–10-mal so lg. wie breit, ungefleckt; Infl. m. zahlr. Borstenhaaren u. wenigen Drüsenhaaren; ♃; III–V. Trockenwälder, Gebüschränder; *z* NW-Ba, Taunus, OTi, St, Bgl, NÖ, ČR, Da (Seeland). (= *P. azurea* BESSER) ⓖ *Schmalblättriges L.*, **P. angustifólia** L.

— Grdblätt. u. Stgblätt. nur 3–6-mal so lg. wie breit, meist m. scharf begrenzten weißen Flecken; Infl. m. etwa gleich viel Borsten- u. Drüsenhaaren; ♃; III–V. Wälder, Gebüsche, Waldwiesen; *s* N-St, OÖ, NÖ (Endemit). *Kerners L.,* **P. kérneri** Wettst.

8(5). Sommerblätt. nicht gefleckt (selten m. unscharfen, heller grünen Flecken); Blkr. zuletzt blauviolett **10**

— Sommerblätt. deutl. gefleckt **9**

9. Grdblätt. (eif.-)lanzettl., meist in lg., feine Spitze auslaufend; Blätt. fast stets m. ± rundl., scharf begrenzten weißen Flecken; Bltnstg. wenigstens am Grd. m. dichtem Haarkleid aus Borsten u. Drüsenhaaren; Blkr. intensiv azurblau; Stbbeutel schwarzbraun bis schwarzviolett; ♃; IV–VI. Feuchte Laub- u. Nadelwälder, Bachläufe, 600–1600 m; *z–s* St, O-Kt, NÖ. *Steirisches L.,* **P. stiríaca** Kern.

— Grdblätt. breit elliptisch bis oval lanzettl., zugespitzt, nicht selten ungefleckt od. m. unterschiedl. großen grünl. od. weißl. Flecken; Bltnstg. u. Blattstiele ohne auffälliges Haarkleid; Blkr. meist blasser violett bis blauviolett; Stbbeutel gelb bis dk. ockerbraun; ♃; V–VI. Wiesen, Hochstaudenfluren, Krummholz, 1100–1800 m; *s* Kt (Karnische Alp., Karawanken) (Endemit). *Kärntner L.,* **P. cárnica** Sauer

10(8). Ob. Stgblätt. kurz zugespitzt, m. breitem Grd. ± stgumfassend; Stg. spärl. drüsig, nicht klebrig; Blkr. zuletzt dk. blauviolett, innen unter dem Haarring spärl. behaart bis kahl; ♃; III–V. Lichte Laubwälder, Hecken, auch auf sandigen Böden; *z* Schweizer Jura, SchwAlb/Neckargebiet/Pf/M-Rhein/Eifel/SO-Be (Th?). (= *P. tuberosa* auct. non Schr.) Ⓖ *Berg-L., Knollen-L.,* **P. montána** Lej.

— Ob. Stgblätt. lg. zugespitzt, am Grd. gerundet; Stg. reichlicher drüsig, etwas klebrig; Blkr. zuletzt blauviolett, innen unter dem Haarring ± behaart; ♃; III–V. Lichte Laubwälder, Gebüsche; *s* Hegau, M-Neckar, um München, b. Memmingen (Ba), W-CH. *Hügel-L.,* **P. collína** Sauer

19. Sýmphytum L., *Beinwell*

1. Stg. einfach od. nur oben gabelästig, m. knolliger Grdachse; Bltn. blassgelb **5**

— Stg. vom Grd. an ästig; Grdachse nicht knollig; Bltn. blaurot, rosaviolett, blau od. weißl. **2**

2. Schlundschuppen so lg. wie die Stbblätt.; Fr. glänzend, glatt **4**

— Schlundschuppen länger als die Stbblätt.; Fr. rau, runzelig **3**

3. Blätt. fast alle gestielt, oberste Blätt. sitzend, nicht herablaufend; Pfl. 100–175 cm hoch; ♃; VI–IX. Zierpfl.; *s* verwild. (Heimat: Kaukasus). *Rauer B., Kaukasuscomfrey,* * **S. ásperum** Lep.

— Ob. Blätt. sitzend, kurz herablfd., halb stgumfassend; Pfl. 100–200 cm hoch; ♃; VI–IX. Kulturpfl. (Schweinefutter); *z* verwildert (= *S. officinale* × *S. asperum)* *Futter-B., Comfrey,* * **S.** × **uplándicum** Nym.

4(2). Blätt. höchstens zu einem Drittel bis zum nächsten Knoten herablaufend; Stg. ungeflügelt, im unt. Teil kahl; Blätt. zerstreut borstig; Blkr. rotviolett; ♃; V–VII. Nasse Wiesen, Ufer, *s,* Ba, BW, E, RhPf, NÖ (March), Bgl. [= *S. officinale* ssp. *uliginosum* (Kern.) Nym.] *Sumpf-B.,* **S. tanaicénse** Stev.

— Ob. Blätt. ganz bis zum nächsten Knoten herablaufend; Stg. geflügelt; Blätt. dicht borstig; ♃; V–VII. Feuchte Wiesen, Gräben, Ufer; *v.* *Gewöhnlicher B.,* * **S. officinále** L.

a. Bltn. 12–20 mm lg., rotviolett; *v*, häufiger im N. ssp. **officinále**
— Bltn. 10–15 mm lg., gelbl.weiß; *v*, häufiger im S. ssp. **bohémicum** (F. W. SCHM.) ČEL.

5(1). Schlundschuppen aus der Blüte herausragend; Stbbeutel so lg. wie die Stbfäden; Rhizom dünn, m. knollenf. Anschwellungen u. Ausläufern; Blkr. 8–14 mm lg.; ♃; V–VI. Hecken, Weinberge; *s*, N-Oberrheingebiet, Ts. *Kleinblütiger B.*, **S. bulbósum** SCHIMP.

— Schlundschuppen nicht aus der Blüte herausragend; Stbbeutel doppelt so lg. wie die Stbfäden; Rhizom durchwegs knollig verdickt, ohne Ausläufer; Blkr. 15–20 mm lg.; ♃; IV–VI. Schattige Wälder, Hochstaudenfluren; *v–z*. *Knolliger B.*, **S. tuberósum** L.

a. Stgblätt. meist 6–12; Infl. m. 8–16(–40) Bltn.; Schlundschuppen 5,5–7,5 mm lg., < 2 mm breit; *s*, Ti, Sb, OTi, Kt. ssp. **tuberósum**
— Stgblätt. meist 3–7; Infl. m. 1–9(–20) Bltn.; Schlundschuppen 4,5–6,5 mm lg., bis 2,5 mm breit; *v–z*, Alp. u. Vorland, Unterelbe, Odergebiet, He, St, OÖ, NÖ, ČR? [= ssp. *nodosum* (SCHUR) SOÓ] ssp. **angustifólium** (KERN.) NYM.

19. Borágo L., *Boretsch*

Bltn. nickend, himmelblau, 2,5 cm im Dm; Schlundschuppen aus der Blkrröhre herausragend; Stbbeutel schwarz-violett; ⊙; V–IX. Oft kult. u. zuw. verwild. (Heimat: W-Mittelmeergebiet) * **B. officinális** L.

20. Phacélia JUSS., *Büschelschön*

1. Pfl. bis 70 cm hoch, behaart; Blätt. kurz gestielt, gefied., Fied. spitzl. gekerbt; Infl. in schneckenf, eingerollten, dichtbltg. Wickeln; Blkr. hellblau; ⊙; V–VIII. Häufig, auch feldweise, kult. als Bienenfutterpfl. u. zur Gründüngung, zuw. verwild. (Heimat: Kalifornien) *Rainfarn-B.*, * **Ph. tanacetifólia** BENTH.

— Pfl. bis 30 cm hoch, deutl. dichter drüsig behaart als vorige Art; Blätt. sehr lg. gestielt, Spr. nicht gefied., im Umriss etwa herzf., seicht gekerbt; Infl. in armbltg. Wickeln; Blkr. enzianblau, m. 5 weißen Schlundflecken; ⊙; VI–VII. Mit Saatgut der vorigen Art eingeschleppt u. (bisher) m. dieser gemeinsam auftretend. (Heimat: Kalifornien) *Klebriges B.*, **Ph. víscida** BENTH.

Ordnung: **Solanáles**

Familie: **Convolvuláceae** (incl. *Cuscutaceae*), *Windengewächse*

Kräuter od. Stauden, m. meist windenden, grünen od. bleichgelben Sprossen; Blätt. einfach, wechselst., ohne Nebenblätt., groß od. unscheinbar schuppenf.; Bltn. groß, m. trichterf. bis fast radf. *(251)*, in der Knospenlage gedrehter radiärer Blkr. od. klein u. unscheinbar; Frkn. oberst.; Kapselfr.

1. Bleiche, nichtgrüne Schmarotzerpfl. m. kleinen Bltn. *(243)* **Cuscuta**, 664

— Pfl. m. grünen Blätt. u. großen Bltn. *(251)* **2**

2. K. von 2 großen, grünen Vorblätt. teilweise verdeckt *(1065, 1066)* . . . . **Calystegia,** 663
— Vorblätt. klein, lineal, vom K. entfernt **3**
3. Blkr. 4–6 cm im Dm, purpurn, blau, weiß od. rosa; Stg. behaart; Narbe kopfig . . . . **Ipomoea,** 664
— Blkr. 2–4 cm im Dm, rosa od. weiß; Narbe 2-teilig **Convolvulus,** 663

1. Calystégia R. Br., *Zaunwinde*

1. Stg. niederlgd., kaum windend; Blätt. nierenf., etwas fleischig; Blkr. rötl. m. 5 weißen Streifen; ♃; VI–VIII. Stranddünen; *s* Be, Ho, O-Friesische Inseln, Sylt, W-Da. ©! *Strand-Z.,* * **C. soldanélla** (L.) R. & Sch.
— Stg. windend; Blätt. ± pfeilf., nicht fleischig **2**
2. Vorblätt. nicht ausgesackt, ± flach, fast doppelt so lg. wie die Kblätt. *(1066);* Blkr. bis 5 cm lg.; ♃; VI–IX. *Gewöhnliche Z.,* * **C. sépium** (L.) R. Br.
a. Blkr. weiß; Pfl. kahl; Stbfäden in der unt. Hälfte dicht kurz-drüsenhaarig. Zäune, Hecken; *v.* ssp. **sépium**
— Blkr. zartrosa; Vorblätt. u. Kblätt. an der Spitze bewimpert; Blattstiele behaart; Stbfäden in der unt. Hälfte (dicht?) lg. drüsenhaarig. Röhrichte; Ostseeküste *z.* ssp. **báltica** Rothm.
— Vorblätt. am Grd. ausgesackt u. einander überdeckend, nur wenig länger als die Kblätt. *(1065)* **3**
3. Blkr. weiß, 6–8 cm lg.; Pfl. kahl; ♃; VI–IX. Gebüsche, Ruderalstellen; *s* eingebürgert, Sa (Leipzig), MeVp (Stralsund), Ts. (Heimat: S-Eur.) *Wald-Z.,* **C. silvática** (Kit.) Gris.
— Blkr. rosa, 4,5–6 cm lg.; Blattstiel behaart; ♃; VI–IX. Gebüsche, Ruderalstellen; *z* eingebürgert in Sa, MeVp, Ti, ČR, sonst *s.* (Heimat: O-As.?) [= *C. silvatica* ssp. *pulchra* (Brummitt & Heyw.) Rothm.; = *C. dahurica* auct.] *Schöne Z.,* **C. púlchra** Brummitt & Heyw.

2. Convólvulus L., *Winde*

1. Pfl. windend od. niederlgd., 20–200 cm hoch, kahl od. spärlich kurzhaarig; Blätt. alle gestielt, spießf. od. pfeilf.; Blkr. 2–4 cm im Dm, rosa, weiß od. rosa u. weiß gestreift; ♃; V–X. Zäune, Äcker, Gärten; *g.* *Acker-W.,* * **C. arvénsis** L.
— Pfl. aufrecht od. aufstgd., nicht windend, 20–40 cm hoch, zottig behaart; Blätt. längl.-lanzettl., nur untere gestielt.; Blkr. 3–4 cm im Dm, rosa; ♃; VI–VII. Trockenrasen; sehr *s,* nur NÖ (Baden). *Kantabrische W.,* **C. cantábrica** L.

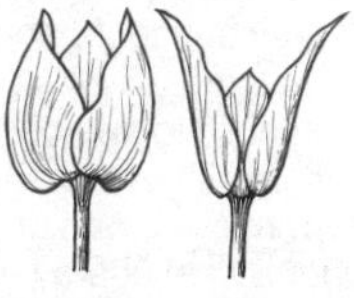

1065 *1066*

3. Ipomoéa L., *Trichterwinde*

Pfl. bis 3 m hoch; Stg. behaart; Blkr. bis 8 cm lg., meist purpurn, blau, weiß od. rosa; ⊙; VI–IX. Als Zierpfl. *v* gepfl., zuw. verwild., z. B. Sb, Kt, St. (Heimat: Trop. Am.) [= *Pharbitis purpurea* (L.) Voigt] **I. purpúrea** (L.) Roth

4. Cúscuta L., *Seide, Teufelszwirn*

1. Gr. 1, m. fast kopff., 2-lappiger Narbe; Stg. oft purpurn; Teilinfl. meist nur bis 6-bltg.; ⊙; VII–IX. Ufergebüsch (bes. auf *Salix*) der Stromtäler; *z* Täler: M- u. Niederrhein, Mosel, Main, Elbe, Spree, Oder, sonst RhPf, Ho, St?, NÖ, Bgl, ČR. *Pappel-S.*, **C. lupulifórmis** Krock.

— Gr. 2, getrennt; Bltn. in dichten Knäueln **2**

2. Narben fadenf.; Bltn. meist sitzend, geknäuelt angeordnet **6**

— Narben kopfig; Bltn. wenigstens teilw. gestielt; Schlundschuppen lg.gefranst **3**

3. Stg. dick, orange; Bltnknäuel dicht, geruchlos **5**

— Stg. dünn, gelb, glatt; Bltnknäuel locker, duftend **4**

4. Schlundschuppen groß, fast so lg. wie die durch sie verschlossene Blkrröhre; Gr. ± so lg. wie der breit walzl. Frkn.; ⊙; VIII–IX. Luzerne- u. Kleefelder; *s* eingebürgert: westl. Köln, westl. Koblenz, Pf (Bad Kreuznach), Schl, Au, sonst *s* u. unbeständig. (Heimat: Chile) *Chilenische S.*, **C. suavéolens** Ser.

— Schlundschuppen klein, kaum ½ so lg. wie die von ihnen nicht verschlossene Blkrröhre; Gr. etwas kürzer als der oben abgeplattete, ± kugelige Frkn.; ⊙; VI–IX. Luzerne- u. Kleefelder, seltener als vorige, Dt (z. B. Rheintal, Th), CH, Au. (Heimat: Mittelmeergebiet, Tropen) [= *C. australis* R. Br. ssp. *cesatiana* (Bertol.) O. Schwarz; = *C. cesatiana* Bertol.]
Südliche S., **C. scándens** Brot. ssp. **cesatiána** (Bertol.) Greut. & Burdet

5(3). Schlundschuppen kürzer als die Blkrröhre; Stg. etwas rau; ⊙; VIII–IX. Flussufer, bes. auf *Salix, Urtica, Brassica; z* Rhein- (ohne Ob-Rhein), Main-, Mosel-, Lahntal, FrAlb, Wilhelms-/Bremerhaven, Schl? (Heimat: N-Am.)
Weiden-S., **C. gronóvii** Willd. ex R. & Sch.

— Schlundschuppen so lg. wie die Blkrzipfel, aus der Blüte herausragend, schmal-3-eckig-zugespitzt; Stg. glatt; ⊙; VII–IX. Luzerne- u. Kleefelder; *s* im S (E, Hoch-, Ober-, M-Rhein, Br, Au, ČR; *f* Kt) (sonst nur unbeständig, eingeschleppt). (Heimat: südöstl. N-Am.) (= *C. arvensis* auct.)
Nordamerikanische S., **C. campéstris** Yunck.

6(2). Schlundschuppen die Blkrröhre nicht verschließend, 2-teilig (diese ganzrandig od. m. je 1–4 Zähnchen od. kurzen Fransen), fast od. ganz fehlend; Blkrzipfel etwa ½ so lg. wie die Blkrröhre; Stg. u. Blkr. meist rötl.; ⊙; VI–IX. Ufer, Auwälder, Hecken (bes. auf *Salix, Alnus, Humulus, Urtica),* Feldkulturen bes. auf Kartoffeln; *v–z*. Formenreich. [incl. ssp. *viciae* (Engelm.) Ganešin u. ssp. *nefrens* (Fr.) O. Schwarz]
Europäische S., * **C. europaéa** L.

— Schlundschuppen im Umriss breit zungenf., ringsum gleichmäßig u. kurz gefranst **7**

7. Kurzbauchige Blkrröhre fast 2-mal so lg. wie die Blkrzipfel; Gr. kürzer als die Bltn.; Schlundschuppen der Blkrröhre anlgd., diese nicht verschließend; Bltnknäuel 10–12 mm breit; Bltn. u. Stg. meist gelbl.; ⊙; VI–VIII. Äcker; fast nur auf *Linum*; wohl überall ausgestorben.
Flachs-S., * **C. epílinum** Wh.

— Walzl. Blkrröhre ± so lg. wie die Blkrzipfel; Gr. länger als der Frkn., die Bltn. überragend; Schlundschuppen zusammenneigend, die Kronröhre verschließend; Bltnknäuel 5–12 mm breit; Bltn. u. Stg. meist rötl.; ⊙–⊙; VII–IX. Halbtrockenrasen, Äcker; *z*.
Quendel-S., **C. epíthymum** (L.) L.

a. Bltnknäuel 7–10 mm im Dm; K. kürzer als die K.-Röhre; Blkr. 3–4 mm lg.; *z*. [incl. ssp. *trifolii* (BAB. & GIBBS) BERHER] ssp. **epíthymum**

— Bltnknäuel 5–6 mm im Dm; K. so lg. wie die K.-Röhre; Blkr. 1,5–2,5 mm lg.; *s*, Bz. ssp. **kótschyi** (DESMOULINS) ARCANG.

Familie: **Solanáceae**, *Nachtschattengewächse*

Kräuter, Stauden, seltener Holzgewächse; Blätt. wechselst., ungeteilt od. gefied., ohne Nebenblätt., Bltn. meist in Wickeln, selten einzeln, radiär, ⚥; K-, Blkr- u. Stbblätt. 5; Frkn. oberst., meist 2-fächerig; Scheidewand des Frkn. schräg zur Mediane (Mittellinie) der Blüte gestellt; Beeren- od. Kapselfr.

1. Stbbeutel kegelf. zusammenneigend od. zur Röhre verbunden; Blkr. radf. *(252);* Kräuter, Stauden od. Halbsträucher; saftige Beerenfr. . . . . **Solanum**, 667

— Stbbeutel getrennt, nicht zu einer Röhre vereinigt **2**

2. Strauch bis 5 m hoch, m. überhgd., rutenf., oft dornigen Ästen; Bltn. zu 1–3 blattachselst., trichterf., radf., schmutzigviolett **Lycium**, 666

— Krautige Pfl. **3**

3. Blätt. buchtig gezähnt **8**

— Blätt. ganzrandig od. etwas geschweift-gezähnelt **4**

4. Fr. vom aufgeblasenen, orangeroten od. hell bräunl. K. umschlossene Beere; Blkr. trichterf.-radf., weiß od. gelb **Physalis,** 666

— Fr. keine vom K. umschlossene Beere; Blkr. anders gefärbt **5**

5. K. frei, 5-blättrig; Blätt., Spross u. Stiele dicht drüsig, klebrig; Blkr. > 5 cm im Dm, verschiedenfarbig . . . . **Petunia**, 666

— K. 5-zähnig bis 5-spaltig; Pfl. nicht klebrig **6**

6. K. 5-zähnig; Bltn. einzeln, röhrig-glockig, hängend, außen glzd. braun, innen olivgrün . . . . **Scopolia**, 666

— K. 5-teilig od. 5-spaltig **7**

7. Blkr. glockig, ca. 2 cm lg., außen braunviolett, innen schmutzig gelb; Bltn. einzeln, hgd.; Fr. glzd. schwarze Beere **Atropa,** 666

— Blkr. trichterf. od. stieltellerf., rosenrot bis grünl.gelb od. weißl.; Bltn. in Rispen od. Trauben; Kapselfr. . . . . **Nicotiana**, 668

8(3). Stg. zottig-klebrig; Blätt. tief-buchtig gezähnt; Blkr. m. 5-lappigem Saum, schmutziggelb, violett geadert; Fr. Deckelkapsel, vom erhärtenden K. umschlossen *(119)* . . . . **Hyoscyamus**, 666

— Stg. kahl; Bltn. weiß od. blau **9**

9. Blkr. bis 8 cm lg., trichterf., faltig, m. fein zugespitzten Zipfeln, weiß, selten blauviolett; Fr. stachelige Kapsel . . . . . **Datura**, 668

— Blkr. bis 4 cm lg., glockig, nicht faltig, hellblau, am Grd. weiß; K. scharf 5-kantig, zur Frzt aufgeblasen; Fr. trockene, braune Beere .... **Nicandra** 666

1. Nicándra ADANS., *Giftbeere*
Stg. 30–130 cm hoch, etwas kantig, ästig; Bltn. einzeln, überhgd.; Fr. vom K. umschlossen; ⊙; VII–X. Aus Gärten *s* verwild., z. B. BW, Ba, RhPf, NrWe, NS, Berlin, Th, Sa, St, Kt, CH, Bz. (Heimat: Peru). **Giftig!** **N. physalódes** (L.) GAERTN.

2. Petúnia JUSS., *Petunie*
Pfl. in fast allen Teilen klebrig, drüsig behaart; Blätt. gegenst.; Blkr. in zahlr. Farbtönen; ⊙; VI–IX. Verbr. u. *h* kult. Züchtungsformen aus mehreren Arten, insbes. *P. axillaris* (LAM.) BRITT., deren Heimat: S-Am. **P.** × **atkinsiána** D. DON

3. Lýcium L., *Bocksdorn*

1. Blätt. lanzettl., am breitesten in der Mitte, allmähl. in den Stiel verschmälert; Zipfel des Blkrsaumes ⅔ bis ¾ so lg. wie die Blkrröhre: ♃; VI–VIII. Gepfl., oft verwild. u. *v* eingebürgert, bes. NrWe, NS, RhPf, He, O-Dt, Au, Bz, ČR. (Heimat: China) (= *L. halimifolium* MILL.) **Giftig!** *Gewöhnlicher B.*, * **L. bárbarum** L.

— Blätt. eilanzettl., eif. od. rhombisch eif., am breitesten unterhalb der Mitte, ± plötzl. in den Stiel verschmälert; Zipfel des Blkrsaums etwa so lg. wie od. länger als die Blkrröhre; ♃; VI–VIII. Weniger häufig gepfl. als vorige, z. B. Bz *s* verwild. (Heimat: O-Asien) [= *L. rhombifolium* MOENCH] DIPP.] **Giftig!** *Chinesischer B.*, **L. chinénse** MILL.

4. Átropa L., *Tollkirsche*
Blätt. im Bereich der Infl. paarweise genähert, davon je 1 größeres u. 1 kleineres; Bltn. einzeln, scheinbar blattachselst.; Pfl. 50–150 cm hoch; reife Beeren glzd. schwarz, **stark giftig!** ♃; VI–VIII. Laubwälder, Kahlschläge, bes. der montanen Reg.; *z*, nördl. bis Ho/ Münsterland/Dümmersee/ Braunschweig/Sa, sonst im N nur *s* verwild. * **A. bélla-dónna** L.

5. Scopólia JACQ., *Tollkraut*
Stg. aufrecht, 30–60 cm hoch, am Grd. m. schuppenf. Niederblätt.; Blätt. gestielt, verkehrt eif.; ♃; IV–V. Lichte Wälder, Gebüsche; *z–s* St; zuw. aus Gärten verwild. **Giftig! S. carniólica** JACQ.

6. Hyoscýamus L., *Bilsenkraut*
Stg. 20–80 cm hoch; K. bleibend, m. stechenden Zähnen; ⊙; VI–X. Schuttplätze, Wegränder, Ruderalstellen; *z* u. unbeständig. **Giftig!** * **H. níger** L.

7. Phýsalis L., *Judenkirsche*
Blkr. weiß; K. nach der Blüte stark anwachsend, lebhaft orangerot, kugelig od. längl. [var. **franchétii** (MAST.) MAKINO], bis 8 cm lg.; Beeren orangerot; Blätt. gestielt, eif., zugespitzt, paarweise beisammen; ♃; VI–VIII. Wälder, Weinberge, Ruderalstellen; *z*, im N nur *s* verwild.; *v* als Zierpfl. * **Ph. alkekéngi** L.

* **Ph. peruviána** L., *Kapstachelbeere;* Blkr. gelb, m. dunklen Schlundflecken; K. zur Frreife 2–4 cm lg., hell bräunl., trockenhäutig; Beeren gelb; ⊙; VII–VIII. Als Obstpfl. kult., *s* verwild., Kt, St. (Heimat: Peru)

8. Solánum L. (incl. **Lycopérsicon** MILL.), *Nachtschatten*

1. Blätt. ungeteilt, tief buchtig gelappt od. am Grd. m. 1–2 Zipfeln . . . **4**

— Blätt. unterbrochen gefied. od. doppelt fiedspaltig **2**

2. Blätt. doppelt fiedspaltig; Stg., Blätt. u. K. m. gelben Stacheln; Blkr. gelb; ⊙; VI–VII. Schuttplätze, Bahnhöfe; im S u. W nicht selten eingeschleppt, aber unbeständig. (Heimat: SW-USA, Mexiko) (= *S. rostratum* DUN.) *Stachel-N.*, **S. cornútum** LAM.

— Blätter unterbrochen gefiedert; Pfl. stachellos **3**

3. Blkr. violett, rosa od. weiß; Fr. kleine grüne Beere; Pfl. m. Ausläuferknollen; ♃; VI–IX. Nutzpflanze, in vielen Sorten *v* kult. (Heimat: Anden von Peru, Bolivien u. N-Argentinien) **Beeren giftig!** *Kartoffel*, * **S. tuberósum** L.

— Blkr. gelb; Fr. große rote (od, gelbe) Beere; Pfl. ohne Ausläuferknollen; ⊙; VII–X. Nutzpfl., in vielen Sorten *v* kult. (Heimat: S-Am., bes. Peru) (= *Lycopersicon esculentum* MILL.) *Tomate*, * **S. lycopérsicum** L.

4(1). Blkr. dkviolett; Stg. am Grd. verholzt, kletternd; Blätt. eif.-lanzettl., die obersten häufig spießf. bis geöhrt; Beeren glzd. rot; ♃; VI–VIII. Feuchte Gebüsche, Auwälder, Hecken; *v.* **Giftig!** *Bittersüßer N.*, * **S. dulcamára** L.

— Blkr. weiß (zuw. rötl. od. blasslila); Pfl. ⊙ **5**

5. Blätt. tief buchtig eingeschnitten, m. schmalen Abschnitten; Pfl. m. niederlgd. Trieben, sparrig verzweigt; beim Zerreiben unangenehm duftend; ⊙; VII–VIII. Nährstoffreiche, meist sandige, trocken-warme Orte; eingebürgert Oberrhein, Niederrhein, Ho, Be. (Heimat: N-Am.) *Dreiblütiger N.*, **S. triflórum** NUTT.

— Blätt. ungeteilt bis unregelmäßig gelappt **6**

6. K. nur den Grd. der reifen Beere bedeckend **8**

— K. etwa die Hälfte oder mehr der reifen Beeren bedeckend; Beeren grün bis violett, glzd. **7**

7. Kblätt. m. stumpfen, abgerundeten Buchten verbunden, nur als Zipfel; Beeren m. ca. 25 Samen; Blattspr. an der Basis keilig verschmälert; Blätt. m. leichtem Kartoffelgeruch; Behaarung aus mehr Haaren als Drüsen(haaren) bestehend, nicht klebrig; ⊙; VI–IX. Ruderalstellen, Äcker; eingeschleppt u. eingebürgert, z. B. Mannheim/Heidelberg, Rhein-Main-Gebiet, N-NS, We, O-Dt, Sa, Au , Bz. (Heimat: S-Am.) (*S. nitidibaccatum* BITT.) *Glanzfrüchtiger N.*, **S. physalifólium** RUSBY

— Kblätt. längl., m. spitzen Buchten u. einem durchsichtigen Häutchen verbunden; Beeren m. ca. 75 Samen; Blattspr. an der Basis leicht herzf.; Blätt. m. aromatischem Tomatengeruch; Behaarung aus mehr Drüsen(haaren) als Haaren, klebrig; ⊙; VI–IX. Wie vorige, ob eingebürgert?; *s* bei Hamburg, S-Oldenburg, Rheinl., Spessart. (Heimat: S-Am.) *Saracha-N.*, **S. sarrachoídes** SENDTNER

8(6). Frstiele auffallend abw. gerichtet; Zweige dicht anlgd. behaart; Beeren matt, schwarz; Blätt. meist ganzrandig; Bltnstand doldig; Blkr. weiß; Pfl. 10–70 cm hoch; ⊙; VI–IX. Wegränder, Ruderalstellen; *s* eingebürgert, Ts. (Heimat: Südamerika) (= *S. sublobatum* WILLD. ex R. & SCH.) *Zierlicher N.*, **S. chenopodioídes** LAM.

— Frstiele meist aufrecht absthd., nicht auffallend abw. gerichtet; Beeren schwarz, grünl.gelb, goldgelb od. rot **9**

9. Kbuchten spitz; Beeren schwarz, seltener grünl.gelb; Bltnstand 1–3 cm lg. gestielt; Pfl. 10–80 cm hoch; ⊙; VI–X. Weinberge, Gärten, Ruderalstellen; *v.* **Giftig!** *Schwarzer N.*, * **S. nígrum** L.

a. Stg. u. Blätt. kahl od. anlgd. behaart, ohne Drüsenhaare; Blätt. ± ganzrandig; *v*. ssp. **nígrum**

— Stg. u. Blätt. locker behaart, Stg. oberw. absthd. drüsenhaarig; Blätt. buchtig gezähnt; *s*. (= *S. decipiens* Opiz) ssp. **schultésii** (Opiz) Wessely

— Kbuchten stumpf; Beeren goldgelb od. rot; Bltnstand 5–15 mm lg. gestielt; Pfl. 10–50 cm hoch; ⊙; VI–X. Ruderalfluren; *s, f* Be, Ho, Da. **Giftig!** *Gelber N.,* * **S. villósum** Mill.

a. Stg. meist absthd. behaart, rund od. leicht kantig; Beeren meist goldgelb; Pfl. gelbgrün; *s*, Dt, Ts, St, NÖ, Bz, ČR. (= S. luteum Mill.) sp. **villósum**

— Stg. zerstreut behaart od. verkahlend, schmal geflügelt; Beeren rot; Pfl. dkgrün; *s*, Dt, Au, ČR, Bz. [= *S. alatum* Moench; = *S. villosum* ssp. *alatum* (Moench) Edmonds] ssp. **miniátum** (Willd.) Edmonds

9. Datúra L., *Stechapfel*

Stg. 30–120 cm hoch, meist gabelästig, kahl; Bltn. einzeln, aufrecht, in den Astgabeln; Blkr. weiß, selten blauviolett; Fr. eine große, selten glatte, meist dicht m. bis 15 mm lg. Stacheln besetzte Kapsel; ⊙; VI–X. Schutt, Gartenland; *z* verwild. u. eingebürgert. (Heimat: Mexiko) **Giftig!** *Gewöhnlicher S.,* * **D. stramónium** L.
Seltener eingeschleppt u. m. bis 30 mm lg. u. locker verteilten Stacheln (Wollkämmereien). (Heimat: China) **Giftig!** *Dorniger S.,* **D. férox** L.

10. Nicotiána L., *Tabak*

1. Blkr. grünl.gelb; wenigstens die unt. Blätt. gestielt, eif.-stumpfl., stark drüsig; ⊙; VI–IX. Kulturpfl.; *v* kult. bes. im S. (Heimat: M-Am.) **Giftig!** *Bauern-T.,* * **N. rústica** L.

— Blkr. rosa, rötl. od. weißl.; Blätt. sitzend, am Stg. herablaufend **2**

2. Blkr. weißl.; Blätt. längl.-lanzettl.; Blkrzipfel stumpf; ⊙; VI–IX. Zierpfl., zuw. verwild. (Heimat: Brasilien, Argentinien, Paraguay, Uruguay) *Flügel-T.,* **N. aláta** Lk. & Otto

— Blkr. rosa bis rötl.; Blätt. längl. lanzettl. bis elliptisch; Blkrzipfel kurz od. länger zugespitzt; ⊙; VII–VIII. In zahlr. Sorten angepfl., heute dominierende Tabakart; entstanden vermutl. in N-Argentinien/Bolivien. (incl. *N. latissima* Mill.; *N. angustifolia* Mill.) **Giftig!** *Maryland-T., Virginischer T.,* * **N. tabácum** L.

Ordnung: **Lamiáles**

Familie: **Oleáceae**, *Ölbaumgewächse*

Bäume u. Sträucher; Blätt. meist gegenst., ohne Nebenblätt.; Bltn. ⚥ od. selten eingschl.; K. meist 4-zähnig; Blkr. 4–12-zipfelig, radiär, zuw. fehlend; Stbblätt. meist 2; Frkn. oberst., 2-fächerig.

1. Blätt. immergrün, untersts. weißfilzig . . . . **Olea,** 670
— Blätt. untersts. kahl od. behaart, aber nicht weißfilzig **2**
2. Bäume m. sommergrünen, 5–13-zählig gefied. Blätt.; K. u. Blkr. meist fehlend *(196);* Fr. geflügelt . . . . **Fraxinus,** 669
— Sträucher m. ungeteilten od. 3-zähligen Blätt. **3**
3. Blattspr. am Grd. herzf. od. quer gestutzt; Blätt. ganzrandig; Bltn. in Rispen, violett od. weiß; Fr. 2-klappige Kapsel **Syringa,** 670
— Blattspr. am Grd. nicht herzf. od. quer gestutzt **4**
4. Bltn. weiß, trichterf., < 1 cm im Dm, nach den Blätt. erscheinend; Blattspr. längl.elliptisch, wintergrün; Fr. schwarze Beere . . . . **Ligustrum,** 670
— Bltn. gelb, 1–3 cm im Dm, vor den Blätt. erscheinend . . . **5**
5. Zweige 4-kantig, grün; Blätt. 3-zählig . . . . **Jasminum,** 670
— Zweige nicht kantig; Blätt. meist ungeteilt . . . . . **Forsythia,** 670

1. **Fráxinus** L., *Esche*

1. Blkrblätt. vorhanden, weiß; Bltn. in aufrechten, später hgd. Rispen; Blätt. 7–9-zählig gefied.; Knospen graufilzig; bis 8 m hoher Baum; ♄; V–VI. Trockene Mischwälder; ursprüngl. nur Ts, Bz, Ti (Innsbruck), OTi, Kt, St, Bgl, NÖ, ČR, sonst zuw. angepflanzt u. verwild. Ⓖ *Manna-E., Blumen-E.,* * **F. órnus** L.
— Blkrblätt. fehlend **2**
2. K. vorhanden; Knospen braun; Fiedern deutl. gestielt **4**
— K. fehlend *(196);* Fiedern sitzend od. fast sitzend **3**
3. Fiedblätt. m. doppelt so vielen Zähnen wie Seitennerven, sitzend, an der Basis abgerundet; Blätt. 9–13-zählig; Knospen schwarz; Bltnstand rispig; bis 40 m hoher Baum; ♄; IV–V. Laubwälder; *v*, oft. gepflanzt. *Gewöhnliche E.,* * **F. excélsior** L.
— Fiedblätt. m. ebensoviel Zähnen wie Seitennerven, sitzend od. fast sitzend, an der Basis keilig; Blätt. 5–13-zählig; Knospen dunkelbraun, Bltnstand traubig; bis 25 m hoher Baum; ♄; III–V. Auwälder; nur NÖ (March, Leitha), Bgl, ČR. *Schmalblättrige E.,* **F. angustifólia** Vahl
4(2). Fied. untersts. weißl.; junge Zweige kahl; ♄; IV–V. Selten forstl. angepfl. (Heimat: östl. N-Am.) *Weiße E.,* **F. americána** L.
— Fied. untersts. grünl.; junge Zweige behaart; ♄; IV–V. Zuw. forstl. angepfl. (Heimat: östl. N-Am.) *Pennsylvanische E.,* **F. pennsylvánica** Marsh.

2. Ligústrum L., *Liguster*

1. Röhre der Blkr. meist kürzer als deren Zipfel; junge Zweige behaart; Blattspr. längl. elliptisch, an beiden Enden keilig; ♄; VI–VIII. Lichte Wälder, Gebüsche, Auwälder; *v*, im N seltener, nördl. bis Hamburg, *f* Da, oft gepfl. (Hecken). **Fr. giftig!**
Gewöhnlicher L., Rainweide, * **L. vulgáre** L.

— Röhre der Blkr. 3-mal so lg. wie deren Zipfel; junge Zweige kahl; Blätt. unterst. gelbl.grün; ♄; VI–VII. Häufig gepfl. als Heckenstrauch (Heimat: Japan). Fr. **giftig!**
Japanischer L., * **L. ovalifólium** Hassk.

3. Ólea L., *Ölbaum, Olive*

Blätt. fast sitzend, zugespitzt, lanzettl., 3–8 cm lg. u. 0,5–2 cm breit, lederig, graugrün; Bltn. weiß, klein, in Rispen in den Blattachseln; Steinfr.; in Kultur nur bis 4 m hoher Baum; V. In Ts u. Bz gepflanzt (Heimat: Mittelmeergebiet). **O. europaéa** L.

4. Syrínga L., *Flieder*

Blätt. breit eif., am Grd. herzf., 10–15 cm lg.; Bltn. stark duftend; Blkr. 4-zipfelig, lila, rötl. od. weiß; ♄; V–VI. Gepfl. in zahlr. Hybriden u. Sorten, auch als Hecke, *v* verwild. (Heimat: Balkan, Kleinasien) * **S. vulgáris** L.

5. Forsýthia Vahl, *Forsythie, Goldflieder*

Blkr. 4-zipfelig, goldgelb, 35–55 mm im Dm; Blätt. längl.-elliptisch *(266)*, zuw. 3-zählig; Mark der Zweige an den Knoten voll, dazwischen gefächert, selten hohl; ♄; III–IV. Sehr häufiger Zierstrauch, in vielen Sorten. (Heimat: China) [= *F. suspensa* (Thunb.) Vahl × *F. viridissima* Lindl.] * **F. × intermédia** Zabel

6. Jasmínum L., *Jasmin*

1–2 m hoher Strauch; Blätt. 3-zählig; Fied. lanzettl.; Bltn. in Blattachseln, m. 4–6 Zipfeln, wohlriechend; Fr. Beere; ♄; II–V. Oft kult., *s* verwild. (Heimat: O-As.)
Winter-J., * **J. nudiflórum** Lindl.

Familie: **Plantagináceae** (incl. *Callitrichaceae, Hippuridaceae, Veronicaceae u. Globulariaceae*), *Wegerichgewächse*

Kräuter, seltener Sträucher, auch zarte Wasserpfl. *(Callitriche);* Blätt. gegenst. od. wechselst, auch grdst. od. quirlst.; Bltn. meist in ährigen od. kopfigen Bltnständen, selten einzeln; Stbblätt. meist 4 od. 2, selten 1 *(Callitriche, Hippuris);* Frkn. oberst., Kapsel-, Nuss- od. Steinfr. Früher umfasste die Familie nur die Gattungen *Plantago, Psyllium* und *Littorella*. Nach neueren systematischen Erkenntnissen sind nun auch die Familien *Hippuridaceae, Callitrichaceae, Globulariaceae, Veronicaceae* und ein Teil der früheren *Scrophulariaceae* hier einzugliedern. Damit entsteht leider eine sehr heterogene Gruppe.

1. Blätt. in 6–12(–16)-zähligen Quirlen *(304);* Wasser- od. Uferpfl. . . . . **Hippuris,** 685

— Stg. ohne od. höchstens m. 4-zähligen Blattquirlen **2**

2. Stbblätt. 1; Bltnhülle fehlend; Bltn. in den Blattachseln sitzend; Wasserpfl., seltener auf Schlamm; Blätt. gegenst.
Callitriche, 686

— Stbblätt. 2 od. 4 . . . . **3**

3. Stbblätt. 4 (alle 4 od. nur 2 m. Stbbeuteln) **6**
— Stbblätt. 2, keine Stbblätt. ohne Stbbeutel vorhanden **4**
4. Blkr. ausgebreitet radf., oft fast radiär *(1070)* od. 2-lippig *(1071),* dann aber m. 4-teiligem K. . . . . **Veronica,** 676
— Blkr. 2-lippig, ihre Röhre länger als breit **5**
5. Rosettenpfl.; Blätt. 8–17 cm lg., gekerbt . . . . **Wulfenia,** 676
— Stg. beblättert; Blätt. höchstens 3 cm lg., gezähnt **Paederota,** 675
6(3). Nur 2 Stbblätt. m. Stbbeuteln, die beiden andern steril *(1067)* . . . . **Gratiola,** 674
— Alle 4 Stbblätt. m. Stbbeuteln **7**
7. Bltn. in von Hüllblätt. umgebenen Köpfchen, blau **Globularia,** 683
— Bltn. einzeln, in Ähren, Trauben od. in Köpfchen, die dann aber nicht von Hüllblätt. umgeben sind **8**
8. Alle Blätt. grdst. **19**
— Stg. beblättert **9**
9. Blkr. am Grd. nicht gespornt, zuw. aber sackf. ausgestülpt **14**
— Blkr. am Grd. m. deutl. Sporn *(1068)* **10**
10. Unterlippe der Blkr. ohne Aufwölbung, daher Einblick in den Schlund möglich; Stgblätt. 3–5-teilig . . . . . . **Anarrhinum,** 674
— Unterlippe der Blkr. m. Aufwölbung, daher Schlund fast od. ganz verschlossen („maskiert“, *1068 a, b*) **11**
11. Stg. aufrecht; Blattspr. mehr als 2-mal so lg. wie breit . . . **13**
— Stg. kriechend od. niederlgd.; Blattspr. höchstens 2-mal so lg. wie breit **12**
12. Stg. u. Blätt. behaart, z. T. drüsig; Bltn. gelb m. schwarzvioletter Oberlippe . . . . **Kickxia,** 674
— Stg. u. Blätt. kahl; Bltn. hellviolett . . . . **Cymbalaria,** 672
13(11). Schlund der Blkr. völlig geschlossen; Blkr. den K. weit überragend; Pfl. höchstens im Bltnstand etwas drüsig behaart **Linaria,** 672
— Schlund der Blkr. nicht völlig geschlossen, zw. Ober- u. Unterlippe noch ein freier Spalt; Blkr. den K. wenig überragend; Pfl. drüsig behaart . . . . **Microrrhinum,** 674
14(9). Schlund der Blkr. durch Ausstülpung der Unterlippe geschlossen („maskiert“); Blkr. am Grd. sackf. ausgestülpt **17**
— Schlund der Blkr. offen **15**

1067

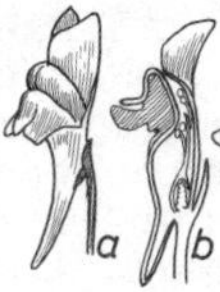

1068

1069

1070

1071

15. Blätt. gegenst., lineal, < 4 mm breit; Bltn. in köpfchenf. Ähren . . . . **Plantago arenaria,** 684
— Blätt. wechselst. **16**
16. Blkr. hgd., 9–55 mm lg.; Blkrzipfel nach vorne gerichtet; Pfl. 40–150 cm hoch . . . . **Digitalis,** 675
— Blkr. aufrecht, 6–9 mm im Dm; Blkrzipfel ausgebreitet; Pfl. 5–30 cm hoch . . . . **Erinus,** 675
17(14). Stg. niederlgd.; Blattspr. höchstens 2-mal so lg. wie breit; Bltn. blattachselst. . . . . **Asarina,** 672
— Stg. aufrecht; Blattspr. mindestens 3-mal so lg. wie breit; Bltn. in Ähren od. Trauben **18**
18. Blkr. 25–45 mm lg, rot, weiß od. andersfarbig, viel länger als die Tragblätt. . . . . **Antirrhinum,** 672
— Blkr. 8–15 mm lg., rosarot, kürzer als die Tragblätt. **Misopates,** 672
19(9). Blkr. 5-zipflig, weiß *(208 a, b)* . . . . **Limosella,** 675
— Blkr. 4-zipflig . . . . **Plantago,** 684

1. Antirrhínum L., *Großes Löwenmaul*

Blkr. groß, 25–45 mm lg., meist rot, weiß od. bunt, viel länger als die Tragblätt.; Kblätt. viel kürzer als die Blkrröhre *(1069);* ♃; VI–IX. Mauern, Flusstäler; Zierpfl., oft verwild., *z–s* eingebürgert. (Heimat: W-Mittelmeergebiet) *** A. május** L.

2. Misópates Raf., *Ackerlöwenmaul*

Blkr. 8–15 mm lg., rosarot, dk. geadert, kürzer als die Tragblätt.; Kblätt. fast so lg. wie die Blkrröhre; ⊙; VII–IX. Äcker, Weinberge; *z–s* eingeschleppt u. eingebürgert, z. B. Rheinl., Ba, CH, Au, Bz, ČR. (Heimat: Mittelmeergebiet) (= *Antirrhinum orontium* L.) *** M. oróntium** (L.) Raf.

3. Asarína Mill., *Kriechendes Löwenmaul*

Pfl. 10–50 cm hoch, drüsig-zottig; Blätt. herzf.-nierenf., gekerbt; Bltn. gelbl., rosa gestreift, 30–35 mm lg.; ♃; VII–IX. Mauern, *s* eingebürgert, z. B. RhPf (Mosel, Ruwer, Saar), NrWe, Th, Sa, früher Ba. (Heimat: SW-Eur.). (= *Antirrhinum asarina* L.) **A. procúmbens** Mill.

4. Cymbalária Hill, *Zimbelkraut*

Blkr. hellviolett, m. gelbem Gaumen; Blätt. lg. gestielt, rundl.-nierenf., gelappt, untersts. oft rotviolett; Bltn einzeln, lg. gestielt; ♃; VI–IX. Mauerritzen, Felsen, bis 800 m; Zierpfl., *v* eingebürgert, im O u. N seltener. (Heimat: S-Eur.). [= *Linaria cymbalaria* (L.) Mill.] *** C. murális** G. M. Sch.

5. Linária Mill., *Leinkraut*

1. Bltn. gelb, oft m. dkgelbem bis orangefarbenem Schlund **6**
— Bltn. violett od. rötl.violett **2**
2. Blätt. in 3–4-zähligen Quirlen, lanzettl.-verkehrt-eif., etwas fleischig, bläul.grün bereift; Blkr. lebhaft violett m. orangegelbem Gaumen od. einfarbig heller od. dunkler violett; Stg. niederlgd., zw. Schutt kriechend; ♃; VI–VII. Felsschutt, Geröll, Flussschotter, bis 4100 m; *v* Alp., *s* Alp.-Vorland, Schweizer Jura. *Alpen-L.,* *** L. alpína** (L.) Mill.

a. Pfl. 3–10 cm hoch, niederlgd.; Sporn untersts. abgeflacht; *v,* alpin. ssp. **alpína**

— Pfl. 10–20 cm hoch, aufstgd.; Sporn zylindrisch; *s,* montan, CH, NÖ, OÖ, St. ssp. **petraéa** (JORD.) ROUY

— Nur die unt. Blätt. in Quirlen od. alle wechselst.; Stg. aufrecht . . . **3**

3. Blkr. einfarbig, hellblau-violett, m. Sporn 18–20 mm lg.; Bltnstiele etwas drüsig, doppelt so lg. wie der K.; Samen ungeflügelt; ⊙; VI–VII. Mit Kleesaat eingeschleppt, auch als Zierpfl. u. zuw. verwild., aber nicht eingebürgert. (Heimat: NW-Afrika, Spanien) *Zweiteiliges L.,* **L. bipartíta** (VENT.) WILLD.

— Blkr. bläul. bis violett, dk. gestreift, zuw. blass od. hellgelb **4**

4. Blkr. m. Sporn 15–18 mm lg.; Samen scharf 3-kantig, ungeflügelt; Bltnstiele kahl, höchstens wenig länger als der K.; ♃; VII–VIII. Ruderalstellen, Äcker, Mauern; sehr *z* Be, E, S-Schw., Rhein- u. Neckartal, Pf, He, S-We, SO-NS, b. Bremervörde, sonst zuw. verschleppt auftretend, zuw. eingebürgert, z. B. W-CH, Sb, OÖ. (= *L. striata* DC.) *Gestreiftes L.,* **L. répens** (L.) MILL.

— Blkr. klein, m. Sporn 4–9 mm lg.; Samen ringsum geflügelt; Bltnstiele drüsig **5**

5. Blkr. bläul. bis violett; Sporn stark gekrümmt; ⊙; VII–IX. Äcker; *s,* E, NÖ, ČR, südl. Oberrhein, RhPf, b. Köln, Be, Ho, NW-Sauerland, b. Marburg, Odenwald, Spessart, b. Hannover, O-Dt, sonst adventiv. *Acker-L.,* **L. arvénsis** (L.) DESF.

— Blkr. hellgelb, oft m. violetten Adern; Sporn fast gerade; ⊙; VII–IX, Ruderalstellen, *s* adventiv. [= *L. arvensis* ssp. *simplex* (WILLD.) LGE.] *Einfaches L.,* **L. símplex** (WILLD.) DC.

6(2). Blätt. ledrig, eif.-lanzettl., m. abgerundetem Grd., blaugrün bereift; Samen 3-kantig, flügellos; Blkr. (m. Sporn) 13–50 mm lg., m. dunklerem Gaumen; ♃; VI–IX. Trockenrasen, Gebüsche; *s.* *Ginsterblättriges L.,* **L. genistifólia** (L.) MILL.

a. Blätt. mindestens 4-mal so lg. wie breit; Blkr. 13–22 mm lg.; *s,* Schl, WPr, NÖ, Bgl, ČR, Ba (Würzburg, Memmingen), W-CH, Vs. ssp. **genistifólia**

— Blätt. weniger als 4-mal so lg. wie breit; Blkr. 20–50 mm lg.; *s,* in der S-CH an Wegrändern und Böschungen neu aufgetreten. [= *L. dalmatica* (L.) MILL.] ssp. **dalmática** (L.) MAIRE & PETITMENGIN

— Blätt. nicht ledrig, lineal-lanzettl. bis lineal od. pfrieml. **7**

7. Blkr. klein, 5–9 mm lg. . . . . **L. símplex,** Nr. **5–**

— Blkr. 12–30 mm lg. **8**

8. Blätt. pfrieml., nur ca. 1 mm breit **11**

— Blätt. breiter als 1 mm **9**

9. Blkr. einfarbig schwefelgelb, 12–18 mm lg.; Bltn. duftend; Stg. stark verzweigt, bereift, locker beblättert; ⊙; VII–VIII. Sandstrand, Dünen; *z,* Po, OPr. *Wohlriechendes L.,* **L. odóra** (BIEB.) FISCH.

— Blkr. gelb, m. orangefarbenem Gaumen, 13–33 mm lg.; Pfl. dicht beblättert **10**

10. Sporn so lg. wie die Unterlippe; Blkr. 13–20 mm lg.; Kzipfel lineallanzettl.; Inflachse kahl; Kapsel fast kugelig; ♃; VI–VIII. Steinige Böden, Äcker; *s,* nur CH, Bz, Ti (Mühlau). (= *L. italica* TREV.) *Italienisches L.,* **L. angustíssima** (LOIS.) BORB.

— Sporn kürzer als die Unterlippe; Blkr. 19–33 mm lg.; Kzipfel eif. bis verkehrt lanzettl.; Inflachse oft drüsig-flaumig; Kapsel eilänglich; ♃; VI–IX. Ruderalstellen, Steinbrüche, Wegränder; *v* u. *h*.
Gewöhnliches L., * **L. vulgáris** MILL.

11(8). Stg. niederlgd. od. aufstgd., 5–30 cm hoch; Bltnstiele z. Blzt. 1–2 mm lg., z. Frzt. bis 6 mm lg., kürzer als die Tragblätt.; Blätt. lineal-pfrieml., bis 15 mm lg., blaugrün, dickl.; Blkr. 13–27 mm lg.; Sporn 10–15 mm lg.; Samen runzelig, schwarz, ungeflügelt; ⊙; V–VII. Kalkgeröll, Bahnhöfe; *s*, BW, CH.
Niederliegendes L., **L. supína** (L.) CHAZ.

— Stg. aufrecht, 15–60 cm hoch; Bltnstiele 3–15 mm lg., viel länger als die Tragblätt.; Blätt. lineal-pfrieml., 7–40 mm lg., blaugrün, dickl.; Blkr. 18–30 mm lg.; Sporn 9–18 mm lg.; Samen schwarz, geflügelt; ⊙; VII–IX. Äcker, Trockenrasen; Kulturbegleiter des Serradella-Anbaus; *z*, Br, Po, SaAn, Rostock.
Ruten-L., **L. spártea** (L.) WILLD.

6. **Kíckxia** DUM., *Tännelkraut, Schlangenmaul*

1. Bltnstiele kahl; Blattspr. am Grd. pfeil- od. spießf.; Blkr. m. (fast geradem) Sporn 8–11 mm lg., gelbl.weiß, m. violetter Oberlippe; ⊙; VII–IX. Äcker; *z*, aber lückenhaft, *f* NW-Dt, S-Au. [= *Linaria elatine* (L.) MILL.] *Echtes T.*, **K. elatíne** (L.) DUM.

— Bltnstiele lg.haarig-zottig; Blattspr. breit eif., am Grd. abgerundet; Blkr. m. (deutl. gebogenem) Sporn 10–13 mm lg., hellgelb, m. schwarzvioletter Oberlippe; ⊙; VII–IX. Äcker; *z*, im M-Gebiet u. Au *s*, im N nur eingeschleppt. [= *Linaria spuria* (L.) MILL.]
Unechtes T., **K. spúria** (L.) DUM.

7. **Microrrhínum** (ENDL.) FOURR., *Orant, Kleines Leinkraut*

Bltn. in lockeren, beblätterten Trauben, hell lila, im Schlund gelb; Blkr. 6–10 mm lg., m. kurzem, fast geradem Sporn; Pfl. 5–25 cm hoch; ⊙; VI–X. Äcker, Weinberge, Mauern, Bahngelände; *v*, *z* im N. [= *Linaria minor* (L.) DESF.; = *Chaenorhinum minus* (L.) LGE.] **M. mínus** (L.) FOURR.

a. Bltnstiele 3–4-mal so lg. wie der K.; Frstiele 8–20 mm lg.; *v*. ssp. **mínus**

— Bltnstiele 1–2-mal so lg wie der K.; Frstiele 3–8 mm lg.; *s*, Ti, Sb, Kt, St. (= *Chaenorhinum litorale* BERNH. ex WILLD.)
ssp. **litorále** (BERNH. ex WILLD.) SEYBOLD [1]

8. **Anarrhínum** DESF., *Lochschlund*

Grdblätt. rosettig, verkehrt eif., gesägt bis gekerbt; Stgblätt. meist 3–5teilig, mit linealen Zipfeln; Bltn. in schlanken Ähren; Blkr. hellviolett, m. weiter Röhre, 3–4 mm lg., m. nach vorw. gerichtetem, kurzem Sporn; ⊙; VI. Felsen, steinige Äcker; *s* RhPf (Saar-, Mosel-, Ruwertal).
A. bellidifólium (L.) WILLD.

9. **Gratíola** L., *Gnadenkraut*

1. Pfl. kahl, 10–50(–80) cm hoch; Bltnstiele kürzer als die Tragblätt.; Blkr. weiß, rot geadert, 10–18 mm lg. *(1067);* Blätt. gesägt; ♃; VI–VIII.

---

[1] Microrrhinum mínus (L.) FOURR. ssp. litorale (BERNH. ex WILLD.) SEYBOLD comb. nov. Basionym: Linaria litoralis BERNH. ex WILLD. Enum. Pl. 2: 641, 1809. Vgl. S. 880.

Moorwiesen, Röhricht; *z–s,* in Dt nur Gebiete von Rhein, Donau, Weser, Aller, Elbe, Spree, Oder u. Bodensee.
Giftig! © *Echtes G.,* **G. officinális** L.

— Pfl. oberw. drüsig behaart, 5–30 cm hoch; Bltnstiele mindestens so lg. wie die Tragblätt.; Blkr. 8–12 mm lg., gelb, rot gestreift; Pfl. nach Zitrone duftend; ☉; V–IX. Kiesflächen; eingebürgert, E (Rheinebene) (Heimat: N-Am.)
Übersehenes G., **G. neglécta** TORR.

10. Limosélla L., *Schlammkraut, Schlammling*

Blätt. lineal-spatelig; Bltn. einzeln, grdst., 2–5 cm lg. gestielt *(208),* weiß; Pfl. 2–8(–20) cm hoch; ☉; VI–IX. Sandige, schlammige Ufer, Röhricht; sehr *z, v* Rhein-/Elbe-/Donautal. **L. aquática** L.

11. Digitális L., *Fingerhut*

1. Blkr. purpurrot (zuw. rosa od. weißl.), bis 6 cm lg., innen gefleckt u. behaart, außen kahl; ⊙; VI–VII. Kahlschläge, buschige Abhänge, bes. der montanen Reg.; *v* im W u. SW, sonst *z–s,* oft nur eingebürgert, in Au nur NÖ, OÖ, St, Kt. **Giftig!** *Roter F.,* * **D. purpúrea** L.

— Blkr. nicht purpurrot **2**

2. Infl. allstswendig; Unterlippe d. Blkr. fast so lang wie die Kronröhre, herabgeschlagen, weiß, letztere gelbbraun; Bltnstiel u. K. lg. behaart, auch drüsig; ♃; VI–VII. Feldmäßig angebaut, zuw. verwild. u. eingebürgert, z. B. Au, Harz, Oberschwaben, Lx, b. Heidelberg. (Heimat: SO-Eur.) **Giftig!** *Wolliger F.,* **D. lanáta** EHRH.

— Infl. einstswendig; Blkr. gelb bis gelbl. **3**

3. Blkr. 3–4 cm lg., breit bauchig, innen braun gefleckt; Stg. u. Bltnstiele drüsig-flaumig; Blätt. untersts. u. am Rand flaumig; ♃; VI–IX. Laubwälder, buschige Hänge; im S *v,* sonst *z,* nördl. bis Hohes Venn/ Wesergeb./Wendland/Stettin. (= *D. ambigua* MURR.)
Giftig! © *Großblütiger Gelber F.,* * **D. grandiflóra** MILL.

— Blkr. nur 2–2,5 cm lg., schlank; Stg., Bltnstiele u. Blätt. kahl; ♃; VI–VIII. Buschige Abhänge; *z* in SW-Dt, CH, FL, Vb, Ti, Bz, *s* nördl. bis Be.
Giftig! © *Kleinblütiger Gelber F.,* * **D. lútea** L.

Bastardbildung!

12. Érinus L., *Alpenbalsam*

Grdblätt. rosettig, keilig-längl., gekerbt-gesägt; Bltn. in armbltg. Traube od. Rispe, hellviolett; ♃; V–VII. Felsspalten, bis 2350 m, auf Kalk; *z,* CH, FL, Vb. **E. alpínus** L.

13. Paederóta L., *Mänderle*

1. Blkr. gelb; Stbblätt. ± so lg. wie die Blkr.; Blätt. 3–7 cm lg., m. jederstS. > 10 Zähnen; ♃; VI–VIII. Felsspalten, 1000–2200 m, kalkstet; nur Sb (Hochkönig), S-Kt (Karawanken, Karnische Alp.).
Gelbes M., **P. lútea** SCOP.

— Blkr. blau (selten rosa); Stbblätt. deutl. länger als die Blkr.; Blätt. 1,5–3 cm lg., m. jederstS. höchstens 5 Zähnen; ♃; VI–VIII. Felsspalten, 1000–2500 m, kalkstet; 3 Fundorte in Sb (Kitzbühler Alp., Leoganger u. Loferer Steinberge), W-Kt (Karnische u. Gailtaler Alp., Nockgebiet), OTi, Bz. (= *Veronica bonarota* L.) *Blaues M.,* **P. bonaróta** (L.) L.

P. × **churchíllii** HUTER = *P. lutea* × *P. bonarota*: *s* S-Kt.

14. Wulfénia Jacq., *Kühtritt, Wulfenie*
Rosettenblätt. umgekehrt eif., regelmäßig gekerbt, glzd.; Infl. 20–30 cm hoch, m. Schuppenblätt., einstswendig, m. dicht sthd. blauvioletten Bltn.; ♃; VII–VIII. Bergweiden, bis 2000 m; nur östl. Karnische Alp. (Kt).
Ⓖ **W. carinthíaca** Jacq.

15. Verónica L. (incl. **Pseudolysimáchion** Opiz), *Ehrenpreis*[1]

1. Blkr. ± ausgebreitet-radf., oft fast radiär, ihre Röhre kürzer als breit *(1070)* (= *Veronica* L. s. str.) **4**
— Blkr. (bisweilen undeutl.) 2-lippig, ihre Röhre länger als breit *(= Pseudolysimachion) (1071)* **2**
2. Bltnstiele mindestens so lg. wie ihre Tragblätt., locker m. fast sitzenden Drüsenhaaren; Stg. oberw. m. abw. gekrümmten kurzen Haaren u. meist überdies m. Drüsenhaaren; Stgblätt. (wenigstens teilweise) in 3–4-zähligen Quirlen; ♃; VI–VIII. Trockenrasen, buschige Hänge; *s,* Th, SaAn, Bgl, ČR. [= *V. spuria* auct., non L.; = *Ps. spurium* (L.) Rausch.] *Unechter E.,* **V. paniculáta** L. ssp. **foliósa** (W. & K.) Skalický
— Bltnstiele kürzer als die Tragblätt., ohne Drüsenhaare; Stg. andersart. behaart **3**
3. Alle Stgblätt. scharf doppelt bis einfach gesägt; ♃; VI–VIII. Feuchte Wiesen, Gräben, Ufer, bes. entlang der Stromtäler; *z–s,* in Au NÖ, Bgl, St; auch als Zierpfl. [= *Ps. longifolium* (L.) Opiz]
Ⓖ *Langblättriger E.,* * **V. longifólia** L.
a. Stgblätt. gegenst., lanzettl. bis breit lanzettl.; am Grd. abgerundet bis schwach herzf.; Blattrand regelmaßig gesägt; Pfl. > 50 cm; Fr. kahl. Verbreitung vermutl. wie oben angegeben. ssp. **longifólia** L.
— Stgblätt. in 3–4-zähligen Quirlen, schmal lanzettl. u. lg. zugespitzt, am Grd. keilig verschmälert; Blattrand unregelmäßig (meist doppelt) gesägt; Pfl. < 50 cm; Fr. behaart. Verbreitung noch unbekannt, vermutl. aber bes. im N u. längs der Küsten. ssp. **marítima** (L.) Soó & Borsos
— Mittl. Stgblätt. grob gezähnt bis gekerbt u. gegenst., die ob. m. allmähl. Verschwinden der Zähnung (bis ganzrandig) u. wechselst. werdend; ♃; VII–IX. Trockenrasen, buschige Hänge, Dünen; *z,* Dt, CH, Bz, Au, ČR, in NW-Dt nur NS (Meppen), *f* Ho, Be, Sb, Vb; auch Zierpfl. u. zuw. verwild. [= *Ps. spicatum* (L.) Opiz] Ⓖ *Ähriger E.,* * **V. spicáta** L.
a. Blätt. matt, weil behaart; Drüsenhaare im Inflbereich kurz u. sehr locker; seitl. Kronblattzipfel seitl. abgespreizt. Verbreitung wie oben, westl. bis E, Nahegebiet, unt. Moseltal. [ssp. *glandulifera* (Opiz) Dost.] ssp. **spicáta**
— Blätt. glzd., (fast) kahl; Drüsenhaare im Inflbereich lg. u. dicht sthd.; seitl. Kronblattzipfel leicht tordiert, aber m. dem unt. (fast) parallel. Nur Au (St; NÖ, Bgl), ČR. (= *V. orchidea* Cr.) Ⓖ ssp. **orchídea** (Cr.) Hay.
4(1). Blätt. rosettig; Infl. lg.gestielt, blattlos, als 2–5-bltg. Traube (zuw. fast doldig); Bltnstiele länger als die Tragblätt., ebenso wie der 4-teilige K. u. die rundl., oben etwas ausgerandete Kapsel, dicht drüsig behaart; Pfl. 3–6 cm hoch; ♃; VI–VIII. Matten, Geröll, Schneetälchen,

---

[1] Mit Verbesserungen durch M. Fischer.

(900)1200–3000 m, kalkliebend; *v* Alp., auch Schweizer Jura.
Blattloser E., **V. aphýlla** L.

— Stg. beblättert **5**

5. Bltn. in seitl. Trauben od. Ähren, der Stg. meist m. Laubblätt. abschließend *(1072)* **24**

— Bltn. einzeln in den Blattachseln od. in endst. Trauben od. Ähren *(1073, 1074)* **6**

6. Infl. deutl. vom beblätterten Stg. abgesetzt, d. h. Tragblätt. auch der unt. Bltn. deutl. von den Laubblätt. verschieden (kleiner u. meist einfacher gestaltet; Übergang Laubblätt. zu Tragblätt. erfolgt ± plötzl.); Frstiele aufrecht-absthd. *(1073)* **13**

— Stg. ohne von der beblätterten Stgbasis deutl. abgesetzte Infl., d. h. Bltn. stehen einzeln in der Achsel von Tragblätt., die sich in Größe u. Gestalt nur wenig von den basalen Laubblätt. unterscheiden (Übergang Laubblätt. zu Tragblätt. erfolgt allmählich); Stg. meist niederlgd.; Frstiele zurückgebogen *(1074)* **7**

7. Stgblätt. kurz gestielt bis sitzend, ihre Spr. meist länger als breit, ± regelmäßig gesägt bis gekerbt *(1075);* jedes Kapselfach m. mehreren Samen, die < 2 mm lg. sind **9**

— Stgblätt. lg.gestielt, ihre Spr. so lg. wie breit od. breiter als lg., seicht od. tiefer 3–7-lappig, efeuähnl.; jedes Kapselfach m. 1–2 Samen, die 2–3 mm lg. sind; Kzipfel meist lg. bewimpert **8**

8. Stgblätt. rundl., breit u. wenig tief gesägt u. dadurch 3–7-lappig, efeuähnl., aber etwas breiter, lg. gestielt, der mittl. Lappen fast doppelt so breit wie die übrigen *(1076);* Kzipfel breit herzf., z. Frzt. über der Kapsel zusammenneigend, diese kahl, fast kugelig, oben abgeflacht, in Aufsicht abgerundet 4-eckig; Blkr. blasslila bis intensiv blau; Bltnknospen aufrecht; ⊙; III–V. Trockene Waldränder bis Auwälder, Wegränder, Äcker. *Efeublättriger E.,* * **V. hederifólia** L.

a. K. auf der Außenseite dicht angedrückt flaumhaarig; unt. Tragblätt. tief 3-lappig (u. kleiner); Blkr. intensiv (blau)violett, m. weißer Mitte; Blattstiele bis 3,5 mm lg.; Bltnstiel z. Frzt. 4–8 mm lg., bis 1–2-mal so lg. wie der K.: Samen graugelbl.; Äcker, offene Standorte; *s–z* N-Ba, NO-Dt?, OÖ, NÖ, Bgl, sonst ČR (genaue Verbreitung noch unbekannt). [= *V. triloba* (OPIZ) (WIESB.] ssp. **tríloba** (OPIZ) ČEL.

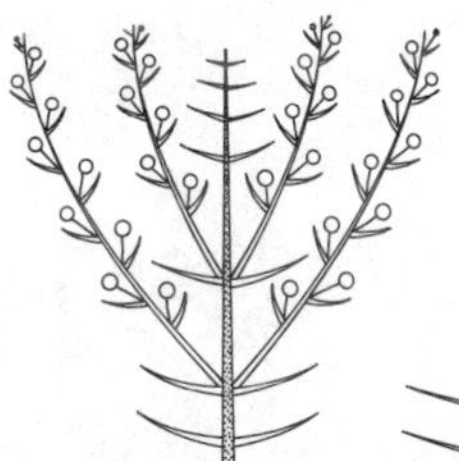

1072

1073

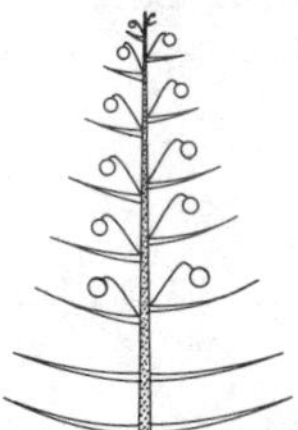

1074

— K. auf der Außenseite kahl bis zerstreut locker behaart; unt. Tragblätt. (3–)5–7-lappig; Bltnstiel z. Frzt. 2–7-mal so lg. wie der K. . . . . **b**

b. Bltnstiel m. einer Haarreihe, daneben oft ringsum zerstreut noch kürzere u. längere Haare, z. Frzt. meist 10–18 mm lg., 3–5(–7)-mal so lg. wie der K.; Gr. 0,3–0,6 mm lg.; Kblätt. auf der Außenseite schwach behaart bis kahl, randl. m. Wimperhaaren, diese 0,5–1,0 mm lg.; Samen rötl.braun, m. weißl., glattem, glzd. Randsaum; Blkr. blasslila bis weißl.; Gartenland, feuchte (Au-) Wälder; *v.* (= *V. sublobata* FISCHER)
ssp. **lucórum** (KLETT & RICHTER) HARTL

— Bltnstiel m. einer Haarreihe, daneben nur sehr vereinzelt weitere Haare, z. Frzt. meist 7–14 mm lg., nur 2–3-mal so lg. wie der K.; Gr. 0,7–1,1 mm lg.; Kblätt. auf der Außenseite kahl, m. randl. Wimperhaaren von 1,0–1,3 mm Länge; Samen hellgelb, Randsaum unauffällig; Blkr. hellblau, Zentrum weiß. Unkrautfluren, offene Standorte; *v.* ssp. **hederifólia**

— Blätt. fast halbkreisf., m. tiefer eingeschnittenen (5–9) Lappen, der mittl. Lappen nicht doppelt so breit wie die übrigen *(1077)*; Kzipfel eif., am Grd. verschmälert, z. Frzt. absthd. bis zurückgeschlagen; Kapsel behaart od. kahl, 4-furchig, aber 2-lappig, oben deutl. ausgerandet, in Aufsicht ± oval; Blkr. weiß, Bltnknospen nickend; ⊙; III–VI. Ruderalstellen; *s* aus dem Mittelmeergebiet eingeschleppt, BW, He. *Zimbelkraut-E.,* **V. cymbalária** BODARD

9(7). Kapselstiele so lg. wie od. nur wenig länger als ihre Tragblätt.; Blkr. 5–7 mm im Dm; Gr. z. Frzt. bis 1,8 mm lg., gerade **11**

— Kapselstiele meist deutl. länger als ihre Tragblätt.; Blkr. 9–14 mm im Dm; Gr. z. Frzt. 2–4 mm lg., geschlängelt **10**

10. Stg. kräftig, niederlgd.-aufstgd., kaum wurzelnd; Kapsel 8–10 mm breit u. 4–6 mm hoch, Winkel ihrer Ausrandung > 90° *(1078)*; ⊙; III–X. Gärten, Äcker, Schuttplätze; *v* eingebürgert. (Heimat: Geb. SW-As.) (= *V. tournefortii* GMEL.)
Persischer E., * **V. pérsica** POIR.

— Stg. fadenf., kriechend, deutl. wurzelnd; Kapsel 4–5 mm breit u. hoch, Winkel ihrer Ausrandung < 90°; ♃; III–V. Wiesen, Parkrasen; *z,* im S häufiger eingebürgert, im N noch *s* (in Ausbreitung begriffen; Heimat: Kaukasus bis Anatolien).
Faden-E., * **V. filifórmis** SM.

11(9). K. an der Basis m. 0,6–1,2 mm lg. Haaren; Blätt. dkgrün u. matt, locker weichhaarig; Frfach m. je 5–6 Samen; Fr. gekielt, kraushaarig bis zottig, m. meist ± geschlängelten Haaren, m. wenigen längeren Drüsenhaaren; Gr. etwa so lg. wie die Höhe der Ausrandung der Fr.; ⊙; III–X. Äcker, Gärten, bes. auf (kalkhaltigen) Lehmböden; *v* im O, nach W seltener u. bis Elbemündung/Verden/Ruhrgebiet/Ho, *s* im S u. SW, *f* in Dt linksrheinisch, Vb. *Glanzloser E.,* **V. opáca** FR.

— K. an der Basis m. höchstens 0,5 mm lg. Haaren; Blätt. frischgrün bis glzd. **12**

1075 *1076* *1077* *1078* *1079* *1980* *1081* *1082*

12. Frfach m. je 5–6 Samen; Gr. so lg. wie die Ausrandung der Fr.; Fr. gekielt, ausschließl. m. Drüsenhaaren (drüsenlose Haare fehlen gänzl.!); Blätt. beidersts. gleich locker weichhaarig; Kblätt. lineal; Blkr. bläul.weiß od. blassrosa; ⊙; IV–X. Äcker, Gärten, kalkarme bis sandige Böden; *z*, im N häufiger. *Acker-E.*, **V. agréstis** L.

— Frfach m. je ± 10 Samen; Gr. länger als die Ausrandung der Fr.; Fr. nicht gekielt, dicht drüsenlos kurzhaarig, außerdem m. längeren Drüsenhaaren; Blätt. glzd., untersts. deutl. dichter behaart als obersts.; Kblätt. eif.; zumindest die ob. Zipfel der Blkr. tiefblau; ⊙; III–X. Unkrautfluren (Kulturbegleiter), Schuttplätze, kalkliebend, bes. in warmen u. trockenen Lagen; *z*, im M-Gebiet häufiger, *s* im N, bes. colline bis submontane Stufe. *Glänzender E.*, **V. políta** Fr.

13(6). Alle Stgblätt. ungeteilt **16**

— Mittl. u. ob. Stgblätt. fiedspaltig od. handf. geteilt (z. B. *1080*); Fr. drüsig bewimpert **14**

14. Ob. Stgblätt. sitzend u. handf. geteilt *(1079);* Frstiele so lg. wie od. etwas länger als K. u. Tragblätt.; Blkr. dkblau; Gr. viel länger als die Höhe der Ausrandung der Fr. (ähnl. *1084*); Kapselfläche kahl od. locker drüsenhaarig; ⊙; III–V. Äcker, Ruderalstellen; *v–z*, im NW, S-Dt u. Au *s* (*f* Vb). *Finger-E.*, **V. triphýllos** L.

— Ob. Stgblätt. fiedspaltig *(941);* Frstiele kürzer als K. u. Tragblätt.; Kapselfläche dicht kurz drüsenlos behaart **15**

15. Gr. viel länger als die Höhe der Ausrandung der Fr.; Blkr. dkblau, 4–5 mm breit; Stg. oberw. drüsig-flaumig behaart; Stgblätt. dickl., gräul.grün; ⊙; IV–V. Sandtrockenrasen, kalkmeidend; *v* im O, sonst *z– s*, nördl. u. südl. bis Odermündung/Berlin/Maintal/M-Rhein (BW nur Rheintal), Vs, Gr, Bz, ČR, in Au nur Ti, OÖ, NÖ, Bgl.
Dillenius-E., **V. dillénii** Cr.

— Gr. nur so lg. wie die Höhe der flachen Ausrandung der Fr. (ähnl. *1081*); Blkr. hellblau, 3 mm breit; Stg. oberw. spärl. behaart u. m. zerstreuten Drüsenhaaren; Stgblätt. dünn, grasgrün; ⊙; IV–VI. Trockenrasen; *v* im O, nach W *z*, nördl. u. westl. bis Neumünster (SH)/nördl. Harzvorland/Gießen/Eifel, auch CH, Bz, Au, sonst nur verschleppt.
[G] *Frühlings-E.*, **V. vérna** L.

16(13). Frstiele so lg. wie od. länger als der K. **18**

— Frstiele höchstens halb so lg. wie der K.; Pfl. ⊙ **17**

17. Stgblätt. lanzettl. bis schmal elliptisch, am Grd. keilig bis stielf. verschmälert, entfernt gezähnelt, kahl; Gr. die geringe Ausrandung der Fr. nicht überragend *(1081);* Blkr. 3–5 mm breit, weißl.; Fr. kahl; ⊙; IV–VI. Gärten, Flussufer; *v* eingebürgert Rheintal, Sa, CH, Bz, Au, sonst nur sehr *z*, *f* Da. (Heimat: Am.)
Amerikanischer E., **V. peregrína** L.

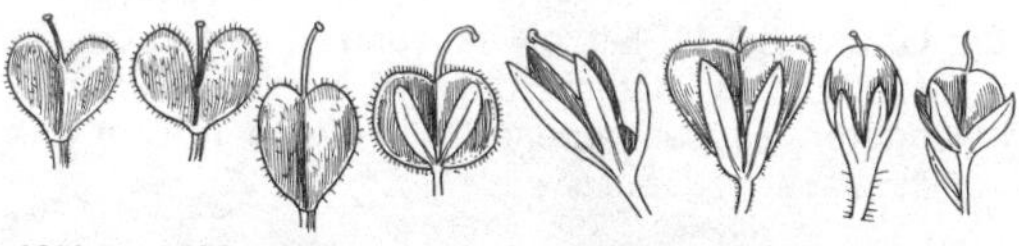

1083 1084 1085 1086 1087 1088 1089 1090

— Stgblätt. eif., am Grd. abgerundet, kerbig-gesägt, zerstreut behaart *(1082);* Gr. die tiefe Ausrandung der Fr. etwas überragend *(1083);* Kapselflächen kahl; Blkr. 2–3,5 mm breit, hell- bis kräftiger blau; Fr. bewimpert; ⊙; IV–V(–IX). Äcker, Wegränder, Schuttplätze; *v.*
Feld-E., * **V. arvénsis** L.

18(16). Pfl. ♃; m. blühenden u. nichtblühenden Trieben; Grdachse kriechend **20**

— Pfl. ⊙; ohne nichtblühende Triebe **19**

19. Kapsel breiter als lg., sehr tief gespalten *(1084);* Frstiele 2–3-mal so lg. wie der K.; Blkr. blassblau, dunkler geadert od. dkblau; ⊙; IV–VI. Nasse Äcker; *s* Be, E, St, BW, RhPf, He, Vs, Luzern, früher ČR.
Steinquendelblättriger E., **V. acinifólia** L.

— Kapsel ± so breit wie lg., kaum halb so tief ausgerandet wie bei voriger *(1085);* Frstiele so lg. wie der K. od. wenig länger, ± aufgerichtet; Blkr. dkblau; ⊙; III–VI. Äcker, Trockenrasen; *s, f* Da.
Frühblühender E., **V. praécox** All.

20(18). Bltn. in kurzer od. verlängerter Traube; Kapsel zieml. tief ausgerandet, breiter als lg. (ähnl. *1083*); Blkr. weißl. bis bläul., dunkler geadert, 5–6 mm breit; Stgblätt. kahl; ♃; V–VIII. Wiesen, Weiden, Wegränder. *Quendelblättriger E.,* * **V. serpyllifólia** L.

a. Stg. aufrecht bis kurz kriechend, bis 30 cm hoch; Stgblätt. eif. bis elliptisch, meist gesägt; Traube verlängert (bis 40-bltg.), Blkr. weißl.; *v.*
ssp. **serpyllifólia**

— Stg. weithin kriechend, aufstgd., bis 15 cm hoch; Stgblätt. eif. bis rundl., ganzrandig bis gekerbt; Traube kurz; Blkr. hellblau. Nur Alp., CH, FL, Bz, Au, S-Ba, auch Schweizer Jura. [= ssp. *nummularioides* (Lecoq & Lem.) Dostál] ssp. **humifúsa** (Dickson) Syme

— Bltn. in armbltg. Traube; Kapsel mindestens so lg. wie breit, kaum ausgerandet; Alpenpfl. (*s* Hoch-Schw. u. -Vog., Sudeten, Riesengeb.); Pfl. 5–20 cm hoch **21**

21. Grdblätt. rosettig gehäuft, deutl. größer als die ebenfalls dicht behaarten wenigen (2 Paare) Stgblätt.; Traube drüsig-zottig; Blkr., blauviolett, 6–9 mm breit; ♃; VII–VIII. Alp. Magerrasen, 1400–3250 m; *z* Alp., in Dt *s* nur Allgäu u. Wettersteingeb., *f* OÖ, *s* Riesengeb., Gesenke. *Maßlieb-E.,* **V. bellidioídes** L.

— Grdblätt. nicht rosettig gehäuft, kleiner als die Stgblätt. **22**

22. Stg. am Grd. krautig, locker behaart; Blätt. locker behaart (od. fast kahl), nicht drüsenhaarig; Bltnstiel rauhaarig; Traube m. lg. (> 0,5 mm) absthd. drüsenlosen Haaren; Blkr. 4–7 mm im Dm, blaulila; Gr. bis 2 mm lg.; ♃; VII–VIII. Matten, Schneetälchen, felsige Stellen, Quellfluren, 1100–3000 m, Ötztaler Alp. bis 3400 m; *v* Alp., *s* Riesengeb. [= ssp. *australis* (Wahl.) Á. & D. Löve]
Alpen-E., **V. alpína** L. ssp. **púmila** (All.) Dostál

— Stg. am Grd. verholzt; Blätt. etwas ledrig, fast kahl, am Rand kurz bewimpert; Traube m. kurzen (< 0,3 mm), ± anlgd., krummen Haaren u./od. (längeren) Drüsenhaaren; Blkr. 4–7 mm im Dm; Gr. > 2 mm lg. **23**

23. Blkr. rosa, dunkler gestreift, Schlund grünl.weiß; Bltnstiel u. K. m. Drüsenhaaren; Bltntriebe m. 8–12 diesjährigen Blattpaaren; Blätt. lineal-lanzettl., mind. doppelt so lg. wie die Internodien; Traube (5–)8–20-bltg., alle Tragblätt. wechselst.; reife Kapsel kaum länger als der K.; ♄; VI–VII. Felsen, Schuttfluren, auch Matten, bis 2750 m, oft m. den Flüssen tiefer, kalkliebend; *s* Allgäu, Ammergauer Alp., Wettersteingeb., südl. Rosenheim, Vb, Ti, Kt, CH, FL, Bz, Schweizer Jura. *Halbstrauchiger E.,* **V. fruticulósa** L.

— Blkr. azurblau, im Schlund weiß, m. Purpurring; Bltnstiel u. K. ohne (od. nur m. sehr vereinzelten) Drüsenhaaren, dicht anlgd. kurz krummhaarig; Bltntriebe m. 3–6 diesjährigen Blattpaaren; Blätt. verkehrt-lanzettl., spatelig od. verkehrt eif., meist kürzer bis nur wenig länger als die Internodien; Traube 1–8-bltg., die beiden unt. Tragblätt. gegenst.; reife Kapsel deutl. länger als der K.; ♃; VI–VIII. Matten, Felsen; *z* Alp. (bis 3130 m), *s* Vog., b. Waldshut (S-Baden), Schweizer Jura. [= *V. saxatilis* Scop.; = *V. fruticulosa* ssp. *fruticans* (Jacq.) Rouy] *Felsen-E.,* **V. frúticans** Jacq.

24(5). K. 4-teilig *(1086)* **27**

— K. 5-teilig, der hintere (ob.) Zipfel kleiner als die übrigen *(1087)* **25**

25. Nichtblühende Triebe niederlgd., bltntragende Stg. ± aufrecht; Kapsel wenig ausgerandet (ähnl. *1086*); Kapsel u. K. kahl; ♃; IV–VI. Steppenhänge, Trockenrasen. *Niederliegender E.,* **V. prostráta** L.

a. Infl. reichbltg. (m. durchschnittl. 25 Bltn.); Blkr. blassblau, 5–9 mm breit; Blätt. ± (bes. untersts.) kurzhaarig, lanzettl. bis längl. eif.; Kblätt. schmal u. spitz; *z* östl. von Harz/Donaugebiet (*f* MeVp), Ti, OÖ, NÖ, Bgl, Vs, Gr, Bz, ČR. (diploid, 2n = 16) ssp. **prostráta**

— Infl. armbltg. (m. durchschnittl. 15 Bltn.); Blkr. dkblau, 9–12 mm breit; Blätt. fast kahl, lineal bis lanzettl.; Kblätt. breit u. stumpfl.; *z* im W (Ho, Be, RhPf, BW, E, Schweizer Jura). (tetraploid, 2n = 32) (= *V. satureiifolia* Poiteau & Turpin) ssp. **schee̅reri** J. P. Brandt

— Alle Triebe aufrecht od. bogig aufstgd.; Kapsel tiefer ausgerandet (ähnl. *1083*); Blkr. dkblau, 10–15 mm breit **26**

26. Stgblätt. lanzettl., sitzend bis kurz gestielt, fast ganzrandig bis fiedspaltig, wenig behaart; K. u. Kapsel meist kahl; Gr. 4–5 mm lg. *(1087);* Pfl. 20–40 cm hoch; ♃; V–VI. Steppenrasen, Waldwiesen. Ⓖ *Österreichischer E.,* **V. austríaca** L.

a. Stgblätt. kerbig bis scharf gesägt; Blätt. des bltnlosen Gipfeltriebs meist ganzrandig; *s* Schw/FrAlb, b. München, E, Au, ČR, Schweizer Jura, *f* Bz. [= ssp. *dentata* (Schmidt) Watzl] ssp. **austríaca**

— Stgblätt. einfach (selten bis doppelt) fiedspaltig; Blätt. des Gipfeltriebs einfacher (zuw. fast ganzrandig); *s* O-Br u. östl., *f* OPr. ssp. **jacquínii** (Baumg.) E. Fischer

— Stgblätt. oft schmal eif., am Grd. abgerundet, sitzend, einfach bis doppelt gesägt, obersts. locker-, untersts. kraushaarig; K. u. Kapsel meist behaart; Gr. 5–6 mm lg.; Pfl. 30–80 cm hoch; ♃; V–VII. Halbtrockenrasen, Gebüsche; *v–z* im S, nach N u. O seltener, nördl. u. westl. bis Rügen/Altmark/ b. Hannover/Sauerland/Niederrhein/Ho. [= ssp. *pseudochamaedrys* (Jacq.) Nym.] *Großer E.,* * **V. teu̅crium** L.

27(24). Sumpf- u. Wasserpfl.; Stg. u. Blätt. kahl (selten spärl. drüsig) u. zuw. glzd. **32**
— Wald-, Wiesen- u. Ruderalpfl.; Stg. u. Blätt. behaart **28**
28. Stg. 2-zeilig behaart; Stgblätt. eif.-spitz, grob gekerbt, sitzend, die unt. kurz gestielt; Kapsel kürzer als der K.; Blkr. himmelblau (zuw. rosa od. weißl.), dunkler geadert; ♃; V–VIII. Lichte Wälder, Gebüsche, Wiesen; *v.* *Gamander-E.*, * **V. chamaédrys** L.
a. K. ohne Drüsenhaare; Blätt. längl.-oval, jedersts. m. 9–11 spitzen Zähnen; Stg. zw. den Haarleisten locker behaart; Blkr. hellblau, 9–12 mm im Dm; nur Bz, Au. ssp. **mícans** M. Fisch.
— K. drüsig behaart; Blätt. im Umriss oval-3-eckig, jederssts. nur m. 3–8 Zähnen . . . . **b**
b. K. locker lgdrüsig behaart; Blattzähne stumpfl.; Stg. zw. den Haarleisten locker behaart; Blkr. intensiv blau, 11–15 mm im Dm; *v.* ssp. **chamaédrys**
— K. dicht kurzdrüsig behaart; Blattzähne spitz; Stg. zw. den Haarleisten (fast) kahl; Blkr. hellblau bis zartrosa; FrAlb bis Straubing, OÖ, St, Kt, NÖ, Bgl, ČR. ssp. **vindobonénsis** M. Fisch.
— Stg. rundum ± gleichmäßig behaart; Kapsel länger als der K. **29**
29. Pfl. ⊙, aufrecht; unt. Stgblätt. kurz-, die ob. ungestielt, schmal eif., gleichmäßig entfernt, aber scharf u. kurz gezähnt, bis 3 cm lg.; Stg., Blätt., Bltnstiel u. K. behaart, die beiden letzteren auch m. Drüsenhaaren; Blkr. 5 mm im Dm, intensiv blau, höchstens so lg. wie der K.; ⊙; IV–VI. Böschungen im Siedlungsbereich; eingeschleppt u. eingebürgert BW (b. Heilbronn, b. Stuttgart). (Heimat: SW-As. bis Griechenland) *Spitzzähniger E.*, **V. argúte-serráta** Regel & Schmalh.
— Pfl. ♃, niederlgd., wenn aufrecht, dann Stgblätt. breit eif. u. bis 10 cm lg. **30**
30. Stgblätt. mind. 7 mm lg. gestielt, eif., grob aber scharf gesägt; Teilinfl. armbltg.; Bltnstiele sehr dünn, länger als die brillenf., ca. 8 mm breite Kapsel *(1086);* Blkr. blasslila, meist dunkler geadert; ♃; V–VII. Laubwälder; *v–z*, bes. montane Stufe, *s* in den Trockengebieten. *Berg-E.*, * **V. montána** L.
— Stgblätt. sitzend od. sehr kurz gestielt; Kapsel < 6 mm breit . . . **31**
31. Stgblätt. breit eif., zugespitzt, scharf gesägt, 6–10 cm lg. u. 2–5 cm breit, die ob. m. herzf. Grd. sitzend, die unt. sehr kurz gestielt; Bltnstiele etwas länger als die Kapsel, diese apfelf., in der unt. Hälfte am breitesten; Blkr. blassrosa, zuw. weißl.; ♃; VI–VIII. Schluchtwälder, feuchte Gebüsche, bes. der montanen Reg.; *v* Alp., Vorland, Schweizer Jura, *s* bis Bodenseegebiet, Hochrhein, S-Bayrw. (= *V. latifolia* L.) *Brennnesselblättriger E.*, **V. urticifólia** Jacq.
— Stgblätt. breit lanzettl. bis verkehrt schmal-eif., ca. 4 cm lg., regelmäßig (aber weniger tief als bei voriger) gesägt bis gekerbt, alle sehr kurz (2–6 mm) gestielt; Bltnstiele deutl. kürzer als die Kapsel *(1088),* diese spitzenw. sich verbreiternd; Blkr. hellblau bis blasslila, zuw. weißl.; ♃; VI–VIII. Trockene Wälder, Heiden; *v.* *Wald-E.*, * **V. officinális** L.
32(27). Blätt. lineal-lanzettl., 2–4 mm breit, m. feinen rückw. gerichteten Sägezähnchen; Infl. nur je 1 pro Blattpaar, abwechselnd rechts u. links; Blkr. weißl. bis rosa od. blasslila; Kapsel deutl. länger als der K., zieml. tief ausgerandet; Stg. dünn, schlaff; ♃; VI–IX. Teichränder, Gräben, Sumpfwiesen; *v–z.* *Schild-E.*, **V. scutelláta** L.

— Blätt. breiter; Stg. dick u. fleischig; Trauben jeweils 2 gegenst.; Kapsel nur seicht ausgerandet **33**

33. Mittl. Stgblätt kurz, aber deutl. gestielt **36**

— Mittl. Stgblätt. sitzend, oft stgumfassend; Stg. ± 4-kantig **34**

34. Kapsel längl. elliptisch, etwa 1½ mal so lg. wie breit *(1089);* Stg. markig; Blätt. meist 3–4-quirlig; Bltnstiele fein drüsenhaarig; Frstiele fast waagrecht absthd.; ⊙–♃; VI–X. Ufer, Gräben; sehr *z,* S- u. M-Dt, nördl. bis Osnabrück/WPr/Schl, sonst Vs, Vb, NÖ, OÖ, Bgl. ČR, *f* Ho, Be. *Schlamm-E.,* **V. anagalloídes** Guss.

— Kapsel rundl. bis breit elliptisch, höchstens wenig länger als breit *(1090);* Stg. hohl; Blätt. gegenst. **35**

35. Frstiele ± waagrecht absthd., ± so lg. wie der K.; Kapsel etwas länger als die Kzipfel; Tragblätt. länger als die Bltnstiele, stumpfl.; Traube zerstreut drüsig behaart; ♃; VII–X. Ufer; Verbreitung ungenau bekannt, da oft verwechselt, sicher nur: *z* Ba, BW?, O-Dt, NW-CH, ČR, Au. (= *V. aquatica* Bernh.; = *V. comosa* auct., non Richt.) *Wasser-E.,* **V. catenáta** Pennell

— Frstiele aufrecht-absthd., viel länger als der K. *(1090);* Kapsel etwas kürzer als die Kzipfel; Tragblätt. höchstens so lg. wie die Bltnstiele, spitzl.; Traube kahl [ssp. **anagállis-aquática**; *v*] od. drüsig [ssp. **divaricáta** Krösche; *s* SH, Ba, Ti]; ♃; V–IX. Ufer, Gräben; *v.* *Gauchheil-E.,* * **V. anagállis-aquática** L.

36(34). Blätt. dickl., oft fast etwas ledrig, am Grd. gestutzt, dunkelgrün, ± glzd.; Blkr. blau, 5–7 mm im Dm; Bltntrauben bis 3-mal so lg. wie das Tragblatt; Stg. rund; Kapsel fast kugelig; ♃; V–VIII. Bäche, Gräben, Quellfluren; *v.* *Bachbunge, Bach-E.,* * **V. beccabúnga** L.

— Blätt. dünn, keilig in den Stiel verschmälert, hellgrün od. purpurn überlaufen; Blkr. blasslila bis fast weiß, 4 mm im Dm; Bltntrauben bis 6-mal so lg. wie das Tragblatt; Kapsel fast kugelig, im ob. Teil zusammengedrückt; ♃; VI–X. Bachufer auf Serpentin; sehr *s,* Bgl, NÖ, früher ČR (Mähren). *Serpentin-E., Balkan-E.,* **V. scárdica** Gris.

16. Globulária L., *Kugelblume* ⓖ

1. Stg. bis z. Bltnstand beblättert, krautig, aufrecht, 5–30 cm hoch; Grdblätt. rosettig, lg. gestielt, spatelf., an der Spitze ausgerandet; Stgblätt. sitzend; Blkr. violettblau; Alpenpfl.; ♃; V–VI. Trockenrasen; *z–s* bes. im S, nördl. bis S-Be, Th, SaAn, ČR. (= *G. willkommii* Nym.; = *G. aphyllanthes* auct. non Cr.; = *G. elongata* Heg.; = *G. punctata* Lap.) ⓖ *Gewöhnliche K.,* **G. bisnagárica** L.

— Stg. außer den Rosettenblätt. nur m. 2–3 schuppenf. Hochblätt.; Bltn. heller blau **2**

2. Blätt. 6–12 cm lg. u. 1–3 cm breit, an der Spitze meist abgerundet, immergrün, in einer Rosette; Pfl. 8–25 cm hoch, ohne Ausläufer; Köpfchen 15–30 mm im Dm; ♃; VI–VIII. Steinige Matten, Felsfluren, 500–2560 m, kalkliebend; *v–z,* Alp. u. Voralp. ⓖ *Nacktstängelige K.,* **G. nudicaúlis** L.

— Blätt. bis 25 mm lg. u. bis 8 mm breit, spatelf., vorn meist tief ausgerandet; niederlgd. Spalierstrauch m. ausläuferart. Sprossen, 3–10 cm

hoch; Köpfchen 1–2 cm im Dm; ♄; V–VI. Felsfluren, bis 2800 m, kalkstet; *v* Alp., *z–s* Vorland, auch Schweizer Jura.
Ⓖ *Herzblättrige K.,* **G. cordifólia** L.

18. Plantágo L. (incl. **Littorélla** Berg. u. **Psýllium** Mill.), *Wegerich*

1. Uferpfl., 2–14 cm hoch, Ausläufer treibend *(206);* Blätt. grdst., lineal-pfrieml., am Grd. scheidig; Bltn. eingschl.; ♂ Bltn. lg. gestielt, einzeln, am Grd. m. 2–3 sitzenden ♀ Bltn. *(206a, b);* ♃; V–VI. Nährstoffarme Gewässer u. deren Ufer; *z* im N, sonst sehr *z–s* (in Au nur am Bodensee u. Kt). [= *Littorella uniflora* (L.) Asch.] *Strandling,* **P. uniflóra** L.

— Landpfl., ohne Ausläufer; Bltn in Ähren od. Köpfchen **2**

2. Stg. beblättert; Blätt. gegenst., lineal, behaart; Stg. ästig, m. 5–8 cm lg. gestielten, eif., köpfchenartigen Ähren; ⊙; VI–IX. Sandrasen, Ruderalstellen, Äcker; *v* im O, sonst *z–s*, auch CH, Au, ČR, früher Bz, oft nur eingeschleppt. [= *Psyllium arenarium* (W. & K.) Mirb.; = *P. ramosa* (Gil.) Asch.; = *P. indica* L.] *Sand-W., Flohsame,* * **P. arenária** W. & K.

— Blätt. alle grdst. **3**

3. Blätt. 1fach fiedspaltig od. nur gezähnt, absthd. kurzhaarig; ⊙–⊙; VI–IX. Dünen, Triften, Salzwiesen, *v–z* Meeresküsten (*f* OPr), *z–s* im Binnenland (Ho, NS, SH, b. Salzwedel/SaAn, Kt).
Krähenfuß-W., Schlitz-W., **P. corónopus** L.

— Blätt. ungeteilt, höchstens zuw. etwas gezähnt **4**

4. Blätt. meist breiter als 2 mm **6**

— Blätt. weniger als 2 mm breit **5**

5. Pfl. ausdauernd, dichte Rasen bildend, 10–30 cm hoch; Blätt. gekielt, 3-kantig; Ähre 3–10 cm lg., kürzer als ihr Stiel; Bltnstand oft viel länger als die Blätt.; Blkrröhre außen behaart; ♃; V–VII. Magerrasen; nur St (Hochschwab), früher Bz. *Kielblättriger W.,* **P. holósteum** Scop.

— Pfl. einjährig; 5–10 cm hoch; Blätt. borstl. bis schmal lineal; Ähre so lg. wie der Stiel, am Grd. oft unterbrochen; Bltnstand meist kürzer als die Blätt.; Blkrröhre außen kahl; ⊙; IV–VI. Feuchte Rasen auf Salzböden; sehr *s*, Bgl, NÖ. *Dünnähriger W.,* **P. tenuiflóra** W. & K.

6(4). Blätt. lanzettl. od. lineal-lanzettl. **8**

— Blätt. eif. od. elliptisch **7**

7. Blätt. lg. gestielt; Stiel etwa so lg. wie die breit eif., 3–7-nervige, kahle od. spärl. behaarte Spr.; Ähre lineal walzl., so lg. wie ihr Schaft; Stbfäden weiß od. rot; ♃; VI–X. Sehr formenreich.
Großer W., * **P. májor** L.

a. Blattspr. vom Stiel deutl. abgesetzt, herzf., meist 5–7-nervig, kahl, derb ledrig; Kapsel m. meist 6–10 Samen; FrÄhre dicht; Pfl. bis 50 cm hoch. Wege, Schuttplätze, Gräben; *g*. ssp. **májor**

— Blattspr. in Blattstiel verschmälert, meist 3–5-nervig, kurzhaarig; FrÄhre locker, am Grd. meist unterbrochen; Pfl. bis 15 cm hoch . . . . **b**

b. Kapsel m. meist 8–11 Samen; Blätt. dickl., meist 3-nervig, Salzwiesen; *z* im SW (E?), He, Br, SH, SaAn, Bgl, ČR. (= var. *salina* Wirtg.)
ssp. **wínteri** (Wirtg. ex Geisenh.) W. Ludwig

— Kapsel m. > 15 (bis 25) Samen; Blätt. dünn, 3–5-nervig; ⊙. Ufer, Schlammböden, feuchte Äcker u. Ruderalstellen; *z* (Verbreitung ungenügend bekannt). (= *P. uliginosa* F. W. Schm.) ssp. **intermédia** (Gil.) Lge.

— Blätt. kurz gestielt, breit elliptisch, 5–9-nervig, ganzrandig od. buchtig gezähnt, locker behaart; Ähre walzl., viel kürzer als der Schaft; Stbfäden hell- bis dklila; ♃; V–IX. Magerwiesen, Wegränder; *v, z–s* im N. [incl. ssp. *longifolia* (G. F. W. Meyer) Witte, = *P. stepposa* auct.] *Mittlerer W.,* * **P. média** L.

8(6). Röhre der Blkr. kahl; Blätt. m. 3–7 deutl. Nerven; Ähre längl. eif. **11**

— Röhre der Blkr. behaart, Blätt. undeutl. 3-nervig; Ähre längl. walzl. **9**

9. Seitennerven dem Blattrand näher als dem Mittelnerv; Blätt. dickl., kahl, Scheiden der abgestorbenen Blätt. bald verwitternd, Wurzelstock daher später nackt; Ähre 1–5 cm lg.; ♃; V–VII. Alpenmatten, 900–3000 m; *v–z* Allgäu, in Dt *s* östl. bis Karwendel, Ti, *s* Sb, auch Schweizer Jura. *Alpen-W.,* **P. alpína** L.

— Seitennerven vom Blattrand u. dem Mittelnerv gleich weit entfernt; Blätt. dicker bis fleischig, Scheiden der abgestorbenen Blätt. nicht verwitternd, Wurzelstock von ihnen schuppig bedeckt; Ähre 4–10 cm lg. **10**

10. Blätt. dickl., kahl; Tragblätt. u. Kblätt. kahl; Pfl. der Meeresküsten u. salzhaltiger Orte im Binnenland; ♃; VII–X. Meeresküsten *v, z* im N, *s* Th, S-SaAn, He (Wetterau), Au, ČR. *Strand-W.,* * **P. marítima** L.

— Blätt. derb, am Rand m. borstigen Wimperhaaren; Tragblätt. u. Kblätt. lg. wimperhaarig; Alpenpfl.; ♃; VI–VIII. Magermatten, Geröllfluren, bis 2550 m; *z* Ti, *s* Vb, Dt (Partenkirchen, Mittenwald). [= *P. serpentina* All.; = *P. maritima* ssp. *serpentina* (All.) Arcang.] *Schlangen-W.,* **P. strictíssima** L.

11(8). Ährenschaft rund, zuletzt lgd.-aufstgd.; alle Kblätt frei; Tragblätt. an der Spitze bewimpert; Blattstiel breit, scheidig; Pfl. bis 15 cm hoch; 2n = 12 + B; ♃; V–VIII. Matten, Felsschutt, 800–2750 m; *v* Alp., auch Schweizer Jura, ČR. (= *P. montana* Lam.) Ⓖ *Berg-W.,* **P. atráta** Hoppe

ssp. **sudética** (Pilger) Holub, (2n = 24 + B), nur im Gesenke.

— Ährenschaft gefurcht; vordere Kblätt. verwachsen zu einem 2-teiligen Doppel-Kblatt **12**

12. Ährenschaft meist 15–50 cm hoch, meist 5-furchig; Doppel-Kblatt bis zu ¼ lappig gespalten; ♃; V–IX. Wiesen, Weiden; *g.* *Spitz-W.,* * **P. lanceoláta** L.

— Ährenschaft meist 30–90 cm hoch, m. 5–9 tieferen, außerdem seichteren Zwischenfurchen; Doppel-Kblatt nur gering gelappt od. nur ausgerandet; ♃; V–VI. Nasse salzige Wiesen; *s* Kt, Bgl, Bz, ČR, NÖ, OÖ?, in Dt zuw. vorübergehend eingeschleppt. Ⓖ *Hoher W.,* **P. altíssima** L.

20. Hippúris L., *Tannenwedel*

Blätt. in 6–12(–16)-zähligen Quirlen, lineal, ganzrandig; Bltn. klein, einzeln, blattachselst., grünl.; Blkr. fehlend; Stbblätt. 1 *(1091);* ♃; V–VIII. Sthd. u. langsam fließende Gewässer; *z,* im mittl. Gebiet *s* u. sehr lückenhaft. * **H. vulgáris** L.

21. Callítriche L., *Wasserstern*

Anm.: *Callitriche*-Bestimmungen sind schwierig und bedürfen vergleichender Erfahrung. Zur Bestimmung sind frische Exemplare nötig, die neben Blüten auch reife Früchte aufweisen müssen.

1. Pfl. ohne Schwimmblätter, fast nur im Wasser untergetaucht lebend *(1094);* Blätt. dünn, durchscheinend, zur Basis hin etwas verbreitert; Bltn. ohne Vorblätt.; Blätt. ohne Sternhaare; ♃; VI–IX. Stehende, langsam fließende Gewässer; *s* im N (*f* Be), NS (Cuxhaven), auch ČR, früher Ba, Th, SaAn. (= *C. autumnalis* L.)
Herbst-W., **C. hermaphrodítica** L.

— Pfl. mit Schwimmblätt. *(1096),* entw. im Wasser lebend od. auf feuchten, meist schlammigen Böden kriechend; Blätter dicker, undurchsichtig, zur Basis hin etwas verschmälert; Bltn. m. 2 Vorblätt. *(1092, 1097);* Blätt. m. Sternhaaren (starke Lupe!) **2**

2. Teilfr. entlang ihrer Rückennaht deutl. durchgehend geflügelt *(1093)* **5**

— Teilfr. entlang ihrer Rückennaht nicht geflügelt, entweder stumpfkantig, nur gekielt od. *(C. palustris)* nur an der Spitze kurz geflügelt **3**

3. Teilfr. von der Seite elliptisch, Kanten breit abgerundet, 1,5–2 mm lg.; Narben aufrecht (wie in *1095),* mehrmals länger als die Fr.; ♃; IV–X. Stehende u. fließende Gewässer; *s* im W (Ho, Be, Rheinl., NS, Oberrheingebiet, E) u. S (Ba, OÖ, NÖ).
Nussfrüchtiger W., **C. obtusángula** Le Gall

— Teilfr. abgeflacht, rundl. bis oval, < 1,5 mm **4**

4. Teilfr. rundl., ungeflügelt; Narben mehrmals länger als die Teilfr. (bis 6 mm); ♃; V–X. Still- und Fließgewässer; *z* Au, CH, FL, ČR, Ba, *s* He, Da, SH, NS, Rheinl., BW, *f* Be, Ho. (= *C. polymorpha* Lönnr.)
Stumpfkantiger W., **C. cophocárpa** Sendtner

— Teilfr. verkehrt eif., nur an der Spitze geflügelt; Narben stark reduziert *(1098),* nur halb so lg. wie die Teilfr.; ♃; VI–VIII. Stehende Gewässer, meist als Landform; feuchte, lehmige Böden; wohl *v–z,* aber früher oft von anderen Arten nicht unterschieden; insgesamt vermutl. seltener als bisher angenommen. *Sumpf-W.,* * **C. palústris** L.

5(2). Bltn. submers; erhalten bleibender Gr. den Schmalseiten der Fr. dicht angedrückt **7**

— Bltn. oberhalb der Wasseroberfläche; erhalten bleibender Gr. der Fr. nicht angedrückt; Landformen ohne deutl. Blattrosette; Unterwasserblätt. lineal **6**

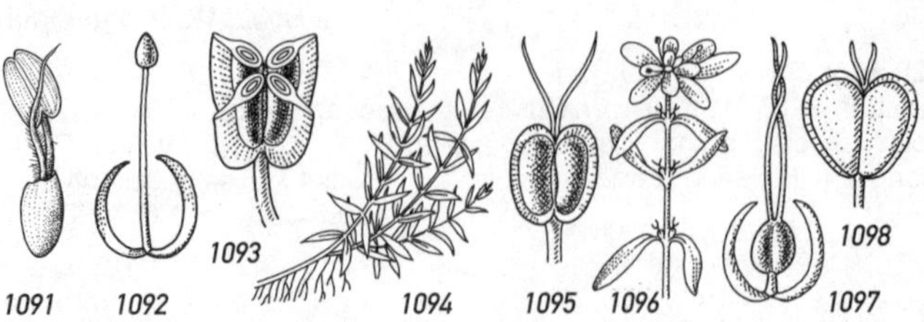

1091 1092 1093 1094 1095 1096 1097 1098

6. Gr. zurückgekrümmt; Blätt. blassgrün, breit elliptisch bis rundl.; Teilfr. breit geflügelt; ♃; V–X. Stehende u. langsam fließende Gewässer, meist an Schlammufern, abgelassene Teiche, Fahrspuren, zuw. teppichart. Rasen; insgesamt wohl *z* (bis *v*?), aber unsicher u. zu überprüfen; CH, Bz, Au nur Vb, OÖ, St.
Teich-W., **C. stagnális** SCOP.

— Gr. aufrecht od. absthd.; Blätt. dkgrün, elliptisch; Teilfr. schmal geflügelt; häufig nicht blühend od. nicht fruchtend, dann üppig wachsend u. Sprosse bis über meterlang; ♃; V–X. Still- und Fließgewässer; sehr *z,* offenbar mehr im W (Da, Ho, Be; Dt: He, Odw., neuerdings auch vielfach NS, Rheinl., BW; Ba?), Au (St, OÖ), CH, ČR.
Flachfrüchtiger W., **C. platycárpa** KÜRTZ.

7(5). Zarte Pfl.; Fr. 1,4 mm breit, rundl., bei der Wasserform sehr kurz, bei der Landform bis 13 mm lg. gestielt; Teilfr. sehr breit geflügelt; ♃; V–IX. Stehende u. seichte Gewässer; *s* Be, Da, SH. (= *C. pedunculata* DC.) *Stielfrüchtiger W.,* **C. brútia** PETAGNA

— Robuste Pfl.; Fr. 1–1,2 mm breit, deutl. länger als breit, fast sitzend od. (auch bei der Landform) nur kurz gestielt; Teilfr. schmal geflügelt; ♃; IV–VI. Still- und Fließgewässer; sehr *z,* offenbar mehr im W (z. B. Be, Ho, Da, He), auch BW, Ba, Vb, Ti, OÖ, NÖ, Bgl, CH, ČR.
Haken-W., **C. hamuláta** KÜTZ. ex KOCH

Familie: **Scrophulariáceae** (incl. *Buddlejaceae*), *Rachenblütler, Braunwurzgewächse*

Kräuter u. Stauden, auch Sträucher *(Buddleja);* Blätt. gegenst. od. wechselst.; Bltnkr. zygomorph od. fast radiär, verwachsen; Kblätt. 4–5; Stbblätt. 4–5; Frkn. oberst.; Kapselfr. Nach neuesten Erkenntnissen muss die Familie sehr viel weniger umfangreich sein, früher wurden hierher auch große Teile der *Orobanchaceae,* der *Plantaginaceae* und der *Phrymaceae* gerechnet. Neu hinzu kommt nun die Gattung *Buddleja.*

1. Sträucher . . . . **Buddleja,** 690
— Krautige Pfl. **2**
2. Blätt. wechselst., Stbblätt. 5 . . . . **Verbascum,** 687
— Blätt. gegenst.; Stbblätt. 4 . . . . **Scrophularia,** 689

1. **Verbáscum** L., *Königskerze*

1. Blkr. dkviolett, einzeln blattachselst., lg. gestielt; ♃; V–VI. Trockenrasen, buschige Hänge; *s* SO-NS, Sa, SaAn, Br, Schl, NÖ, Bgl, ČR, auch als Zierpfl. u. zuw. verwild. *Violette K.,* * **V. phoeníceum** L.
— Blkr. gelb, seltener weiß **2**
2. Stbfäden weiß- bis gelb-wollig; Bltn. zu je 2–5 büschelig gehäuft **7**
— Stbfäden violett-wollig **3**
3. Bltn. einzeln blattachselst., lg. gestielt; Blätt. kahl; Blkr. hellgelb, außen oft rötl. überlaufen; ⊙; VI–VIII. Wegränder, Ufer, Gebüsche; *z* im S, bes. Rhein- u. Donautal m. Nebenflüssen, auch ČR, sonst *s,* bes. im N. *Schaben-K.,* **V. blattária** L.

— Bltn. zu 2–7 knäuelig-blattachselst.; Blätt. bes. untersts. stark behaart 4

4. Blätt. entlang der gesamten Ränder tief u. gleichmäßig wellig; Pflbehaarung dicht, grau bis gelbl.; ⊙; VI–VII. Eingeschleppt, ob eingebürgert?; St. (Heimat: Mittelmeergebiet bis Slowenien) *Gewelltblättrige K.*, **V. sinuátum** L.

— Blätt. nicht tief wellig u. nicht gelbhaarig 5

5. Infl. rispig verzweigt; Stg. oben kantig; Blkr. außen dicht behaart, innen an der Basis braun gefleckt; Bltnstiele ungefähr so lg. wie der K.; ♃; VII–IX. Trockenrasen, Gebüschränder.
Österreichische K., **V. chāīxii** Vill.

a. Grdblätt. gegen die Basis etwas gelappt, untersts. graufilzig; *s*, Ts, Bz.
ssp. **chāīxii**

— Grdblätt. nicht gelappt, untersts. grün; *z*, Au, ČR.
ssp. **austríacum** (Schott) Hay.

— Infl. unverzweigt, nur zuw. am Grd. m. kurzen Seitentrieben; Blkr. innen an der Basis m. 5 rotbraunen Flecken, Bltnstiele 2–3-mal so lg. wie der K. 6

6. Blkr. außen (zumindest am Grd.; herauszupfen!) dicht behaart; mittl. Stgblätt. einfach gekerbt, untersts. behaart bis lockerfilzig; ♃; V–IX. Ruderalstellen, Böschungen, Ufer; *v.* *Schwarze K.*, * **V. nígrum** L.

— Blkr. außen kahl; mittl. Stgblätt. fast doppelt gekerbt, untersts. auch zw. den Nerven dicht filzig; ♃; V–VII. Bergwälder, Bergwiesen, Schotterfluren; *s* Bz, Lungau (Sb), Kt, St, OÖ. (= *V. lanatum* Schrad.)
Alpen-K., **V. alpínum** Turra

7(2). Alle Stbfäden dicht wollig; Blattgrd. nicht od. nur wenig am Stg. herablaufend 10

— Beide unt. Stbfäden kahl od. lockerhaarig, länger als die 3 übrigen; Blattgrd. meist am Stg. herablaufend 8

8. Stbfäden der beiden längeren Stbblätt. etwa 3-mal so lg. wie ihre kurz herablaufenden Stbbeutel; Stgblätt. bis zum nächstunteren Blatt herablaufend; ⊙; VII–IX. Ruderalstellen, Waldränder, Gebüsche.
Kleinblütige K., * **V. thápsus** L.

a. Unt. Stgblätt. kurz gestielt bis sitzend; Bltn. 12–20 mm breit; Stbfäden der unt. Stbblätt. kahl bis schwach bewimpert. *v*, im NW *z*. ssp. **thápsus**

— Unt. Stgblätt. lg. gestielt; Bltn. 15–30 mm breit; Stbfäden der unt. Stbblätt. oberw. kahl u. insgesamt weniger wollig als die 3 übrigen; *s* CH, Vb, Ti. [= *V. montanum* Schrad.; = ssp. *crassifolium* (Lam.) Murb.]
ssp. **montánum** (Schrad.) Bonnier & Layens

— Stbfäden der beiden längeren Stbblätt. höchstens doppelt so lg. wie ihre lg. herablaufenden Stbbeutel; Bltn. 35–55 mm im Dm; Blätt. beiderst. filzig behaart 9

9. Stgblätt. bis zum nächstunteren Blatt herablaufend, deutl. gekerbt; ⊙; VII–IX. Ruderalstellen, Ufer; *v*, *s* im NW, SH, Da. (= *V. thapsiforme* Schrad.) *Großblütige K.*, * **V. densiflórum** Bert.

— Stgblätt. nur wenig herablaufend, undeutl. gekerbt; ⊙; VII–IX. Wie vorige, auch Schotter u. Trockenrasen; *z* Weser-/Rhein-/Main-/Donaugebiet m. Nebenflüssen, auch Au, CH, Bz, sonst *s*, *f* Da.
Windblumen-K., **V. phlomoídes** L.

10(7). Blätt. obersts. fast kahl, untersts. graufilzig; Blkr. 12–20 mm im Dm, gelbl.weiß od. gelb; längere Bltnstiele 6–11 mm lg.; K. 1,5–4 mm lg.; Äste u. ob. Stg. kantig; ⊙; VI–IX. Weg- u. Waldränder, Trockenrasen, Steinbrüche; *v,* im N *s.* [incl. ssp. *moenchii* (C. F. Schultz) Holub & Mlady]
Mehlige K., * **V. lychnítis** L.

— Blätt. obersts. filzig bis flaumig behaart **11**

11. Filz der Blätt. nicht abreibbar; Blkr. 18–30 mm im Dm; längere Bltnstiele 3–12 mm lg.; K. 3–6 mm lg.; Äste kantig; Pfl. 1–2 m hoch; ⊙; VI–VII. Trockenrasen, Waldränder, sehr *s,* Bgl, NÖ, OÖ, ČR (Mähren).
Prächtige K., **V. speciósum** Schrad.

— Filz der Blätt. abreibbar; Blkr. 18–25 mm im Dm; längere Bltnstiele 2–7 mm lg.; K. 2–3,5 mm lg.; Stg. u. Äste rund; Äste bogig absthd.; ⊙; VII–VIII. Ruderalstellen, Waldlichtungen; *s,* Ob.- u. M-Rhein, Mosel, Ahr, Nahe, S-He (Babenhausen), Vs, Bz.
Flockige K., **V. pulveruléntum** Vill.

Bastardbildung häufig!

2. Scrophulária L., *Braunwurz (1099)*

1. Blkr. fast radiär, blass grünl.gelb; achselst. Teilinfl. lg. gestielt, in knäuelf. Dichasien; Blätt. herzf., lg. gestielt, doppelt gesägt, weichhaarig; Stg. 4-kantig, drüsig-zottig; Pfl. 30–70 cm hoch; ♃; V–VI. Feuchte Wälder, Gebüsch (bes. montane Reg.); *z–s* Au, ČR, in Dt vermutl. nur eingeschleppt od. eingebürgert, *z.* B. O-Dt, He, Sauerland, auch, E, Be, Da. *Frühlings-B.,* **S. vernális** L.

— Bltn. bräunl. **2**

2. Blätt. doppelt fiedteilig; Blkr. 5 mm lg., braunviolett; Pfl. 20–60 cm hoch; ♃; VI–VIII. Flussschotter, Wegränder. *Hunds-B.,* **S. canína** L.

a. Oberlippe der Blkr. kürzer als die halbe Blkrröhre; Drüsenköpfchen im Infl. Bereich (fast) sitzend; bis 1200 m; *z* CH, Bz, Hochrhein, Oberrheintal.
ssp. **canína**

— Oberlippe der Blkr. länger als die halbe Blkrröhre; Drüsenköpfchen im Infl. Bereich deutl. gestielt. Hochgebirgsform (bis 2500 m); *z* Ti, Kt, St, Bz, Ts. (= *S. juratensis* Schleich.) ssp. **hóppei** (Koch) Fourn.

— Blätt. ungeteilt **3**

3. Stg. u. Blattstiele zottig; Stg. 4-kantig, nicht geflügelt; Blätt. weichhaarig; Infl. dichtdrüsig; Blkr. braungrün; ♃; VI–IX. Wälder, Gebüsch; *s* Schl, Ba, O-Sudeten bis Gesenke (bis 1000 m), Kt, St (bis 1500 m).
Drüsige B., **S. scopólii** Hoppe

— Pfl. kahl, nur Infl. meist drüsig behaart **4**

1099

4. Stg. scharf 4-kantig, nicht geflügelt; Kzipfel schmal häutig berandet; Blkr. braunrot, am Grd. grünl., 6–8 mm lg.; Blätt. doppelt gesägt; Pfl. bis 100 cm hoch; ♃; VI–VII. Feuchte Wälder u. Gebüsche, Ufer; *v.* *Knotige B.,* * **S. nodósa** L.

— Stg. u. Blattstiele breit geflügelt **5**

5. Blattspr. stumpfl., am Grd. herzf., stumpf gekerbt, m. Öhrchen; Blkr. 8–10 mm lg., rotbraun; Staminodium (das 5., sterile Stbblatt) rundl.-nierenf., nicht ausgerandet; ♃; VI–VIII. Ufer, Gräben, Röhricht; *z* Be, Ho, Rheinl., Moseltal. (= *S. aquatica* auct.; = *S. balbisii* Hornem.) *Wasser-B.,* **S. auriculáta** L.

— Blattspr. spitz, am Grd. verschmälert, abgerundet, ohne Öhrchen; ob. Blätt. scharf gesägt; Blkr. 6–8 mm lg., grünl.rot; Staminodium an der Spitze ausgerandet; ♃; VI–VIII. Bäche, Gräben. (= *S. aquatica* L. p. p.; = *S. alata* Gil.) *Geflügelte B.,* * **S. umbrósa** Dum.

a. Unt. Blätt. scharf gesägt; Staminodium verkehrt-herzf., m. auseinander spreizenden Lappen; Infltriebe ± waagrecht absthd.; *v*, im NW *s.* ssp. **umbrósa**

— Unt. Blätt. gekerbt; Staminodium quer-längl., 3-mal breiter als lg.; Infltriebe aufrecht-absthd.; *z* im SW, sonst *s* (im N nur S-NS), *f* Alp. *Gekerbte B.,* ssp. **neésii** (Wirtg.) E. Mayer

3. Buddléja L., *Sommerflieder, Fliederspeer*

Blätt. gegenst., eif.-lanzettl., gezähnt, untersts. weißfilzig; Rispe 20–30 cm lg.; Blkr. lila, weiß od. rosa; Pfl. 30–200 cm hoch; ♄; VII–VIII. Schuttplätze, Bahngelände; auch Zierstrauch; *z–s* eingebürgert. (Heimat: China) (= *B. variabilis* Hemsl.) * **B. davídii** Franch.

Familie: **Linderniáceae,** *Büchsenkrautgewächse*

Einjährige Kräuter; Blätt. gegenst.; Bltn. in den Blattachseln; K. m. 5 gleichen Zipfeln; Blkr. 2-lippig, Oberlippe 2-lappig, Unterlippe 3-lappig; Narbe 2-lappig; Kapselfr.

Lindérnia All. (incl. **Ilysánthes** Raf.), *Büchsenkraut*

1. Alle 4 Stbblätt. m. Stbbeutel; Blkr. weißl., rötl. überlaufen, 4–6 mm lg.; Bltnstiele länger als die Tragblätt.; Blätt. ganzrandig; ⊙; VIII–X. Schlammige Teichufer, feucht-sandige Stellen; *s* E, Oberrhein, BW (Maulbronn), Bayrw., Diemelsee, SaAn, Sa (Elbtal), Kt, St, Bgl, NÖ, S-ČR. (= *L. pyxidaria* L.) Ⓖ *Niederliegendes B.,* **L. procúmbens** (Krock.) Borb.

— Nur 2 Stbblätt. m. Stbbeutel, die andern steril; Blkr. weißl.violett, 7–8 mm lg.; Bltnstiele kürzer als die Tragblätt.; Blätt. enfernt gezähnt; ⊙; VIII–IX. Schlammige Teichufer; *s,* Ba (Bamberg), Elbetal, Ts. (Heimat: N-Am.) *Großes B.,* **L. dúbia** (L.) Pennell

Familie: **Lamiáceae** *(= Labiátae), Lippenblütler*

Kräuter, Stauden od. Halbsträucher; Stg. 4-kantig, dekussiert beblättert; Blätt. meist einfach, ohne Nebenblätt.; Bltn. meist ungestielt, dicht gedrängt u. quirlf. in den Achseln von Hochblätt. (in Wirklichkeit rispig bis cymös verzweigt) od. m. ± lg. Stielen u. mehrfach verzweigt; Bltnquirle ihrersts. entfernt sthd. od. zu kugeligen *(1104)*, schein-ährigen *(1105)* od. rispenf. Bltnständen vereinigt;[1] Bltn. stark zygomorph *(1100)*, selten ± radiär *(1103)*, ⚥; K. glockig-röhrig, meist 5-zähnig *(1106)*, oft 2-lippig *(1107)*; Blkrblätt. 5, davon 2 die Oberlippe u. 3 die Unterlippe bildend *(1101)*; Stbblätt. 4, der Blkrröhre eingefügt, in 2 ungleichen Paaren, selten 2; Frkn. oberst., 2-fächerig, durch falsche Scheidewand in 4 sich emporwölbende „Klausen" (im Schlüssel: Teilfr.) geteilt, zwischen denen der Gr. steht *(1108)*, bei der Reife in 4 1-samige Nüsschen zerfallend; Pfl. reich an ätherischen Ölen (zahlr. Gewürzpflanzen).

1. Blkr. zygomorph, meist 2-lippig *(1100, 1101)*, zuw. nur die Unterlippe allein ausgebildet *(1102)* **5**
— Blkr. fast radiär, glockig od. trichterf., m. 4–5 nur wenig ungleichen Zipfeln *(1103)* **2**
2. Stbblätt. 2; Blkr. weiß, innen rot punktiert . . . . . . **Lycopus**, 709
— Stbblätt. 4; Blkr. rot od. violett **3**
3. Bltn. in dachig übereinander stehenden, zu stark einstswendigen Scheinähren vereinigten Quirlen; Tragblätt. der Quirle länger als diese . . . . **Elsholtzia**, 711
— Quirle allstswendig, zumindest die unt. voneinander entfernt, kopfig-doldig gehäuft *(1104)* od. zu Scheinähren *(1105)*, Rispen od. Doldenrispen vereinigt **4**
4. Pfl. m. Pfefferminzgeruch; Bltn. in dichten Quirlen od. endst. Scheinähren *(1104, 1105)*; Blkr. meist (blass) violett **Mentha**, 710
— Pfl. nicht nach Pfefferminze duftend . . . . **Origanum**, 708
5(1). Bltn. deutl. m. Ober- u. Unterlippe *(1100, 1101)* **7**
— Bltn. nur m. deutl. Unterlippe *(894)*; Oberlippe kurz u. unscheinbar **6**
6. Unterlippe 3-lappig; Blkrröhre innen m. Haarring . . . **Ajuga**, 695
— Unterlippe durch herabgerückte Oberlippenzipfel scheinbar 5-lappig *(1102)*; Blkrröhre innen ohne Haarring **Teucrium**, 696
7(5). Fruchtbare Stbblätt. 4, u. zwar 2 längere u. 2 kürzere . . . **11**
— Fruchtbare Stbblätt. 2, zuw. noch 2 sterile (Lupe!: bei *Sideritis* sehr klein!) **8**
8. Blkr. kürzer als der m. 5 stechenden Zähnen versehene K.; Blkr. hellgelb m. bräunl. Saum . . . . **Sideritis**, 697
— Blkr. sehr viel länger als der K., helmf. **9**
9. Blkr. scharlachrot; Infl. meist nur m. 1 endst. dichtbltg. Quirl **Monarda** 706

---

[1] Sofern die blattachselst. Teilinfl. dicht verzweigt u. die Bltn. kurz gestielt bis sitzend sind, werden diese in dem Schlüssel kurz als **„Halbquirle"** (je Blatt) bzw. als „Quirle" (je Blattpaar) bezeichnet. Sind sie reichblütiger u. wiederholt u. länger gestielt verzweigt, werden sie „rispige" od. „gabelästige Teilinfl." genannt.

— Blkr. blau, bläul., gelbl.weiß, gelb od. rosa **10**
10. Blätt. lineal, am Rand umgerollt; Blkr. hellblau **Rosmarinus,** 697
— Blätt. breiter, längl.-eif. od. herzf. . . . . **Salvia,** 705
11(7). Stbblätt. nicht über die Oberlippe hinausragend *(1100)* **17**
— Stbblätt. (wenigstens die längeren) die Oberlippe überragend *(1101)* **12**
12. K. deutl. 2-lippig *(1107)* od. scheinbar 1-lippig **14**
– K. ± regelmäßig 5-zähnig **13**
13. Bltn. in stark einstswendigen, die Tragblätt. überragenden, bis 20 cm lg. Scheinähren; Blkr. violettblau . . . . . . **Hyssopus**, 707
— Bltn. in Rispen od. Doldenrispen; Blkr. rosa, blasslila, zuw. weiß . . . . **Origanum vulgare,** 708
14(12). K. scheinbar 1-lippig . . . . **Origanum majorana,** 708
— K. 2-lippig **15**
15. Oberlippe des K. schildf.-rund, Unterlippe 4-zähnig; Oberlippe der Blkr. 4-zipflig; Blkr. ca. 10 mm lg., weiß od. rötl. **Ocimum**, 711
— K. m. 3-zähniger Ober- u. 2-zähniger Unterlippe *(1107, 1101)* **16**
16. Blätt. nur bis 1 cm lg., ganzrandig, ungestielt; niederlgd. Zwergstrauch . . . . **Thymus**, 708
— Blätt. lg. gestielt, Blattspr. eif. u. zugespitzt, bis 7 cm lg., gekerbt . . . . **Melissa**, 706
17(11). Oberlippe flach (wie bei *1109*) od. nur wenig gewölbt, zuw. zurückgebogen **32**
— Oberlippe deutl. helmf. gewölbt od. löffelf. ausgehöhlt *(1110);* Stbblätt. meist parallel angeordnet **18**
18. K.-Oberlippe m. aufsitzendem Höcker *(1111);* K. 2-lippig, ganzrandig; Blkr. blauviolett, rötl. od. weiß . . . **Scutellaria,** 696
— K. 5-zähnig (regelmäßig od. 2-lippig), ohne aufsitzenden Höcker **19**
19. Unterlippe der Blkr. m. einem großen (zuw. etwas eingespaltenem) Mittellappen u. 2 seitl., meist stumpfen Lappen *(1101)* **21**
— Unterlippe der Blkr. m. 1 großen, 2-lappigen Zipfel u. 2 kleinen, zahnf. (oft fehlenden) Seitenzipfeln *(1100);* K. glockig, 5-zähnig **20**

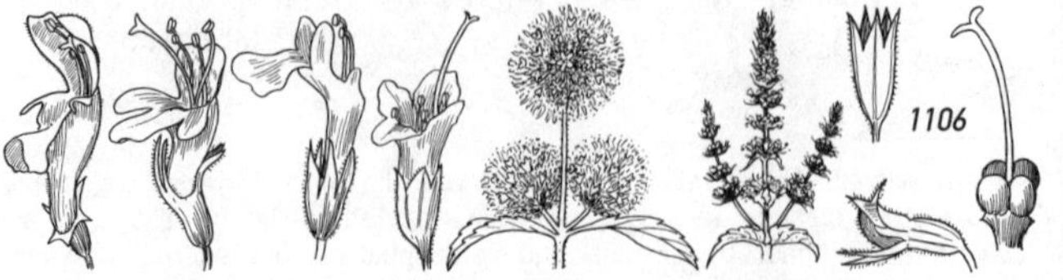

1100 1101 1102 1101 1104 1105 1107 1108

20. Oberlippe helmf., insgesamt gewölbt; Blätt. nesselart. **Lamium**, 701

— Oberlippe helmf., aber (frisch) zur Spitze hin flacher werdend; Blätt. nicht nesselart. (Ausnahme: *St. sylvatica)* **Stachys**, 703

21(19). K. m. 5 gleichen od. fast gleichen Zähnen *(1106)* . . . **25**

— K. deutl. 2-lippig m. ungleich großen Zähnen *(1107)* . . . **22**

22. End- u. Seiteninfl. lg. gestielt; Tragblätt. der Halbquirle auffällig, viel kleiner als die Stgblätt., breit herzf. zugespitzt; Halbquirle meist 3-bltg., dicht gedrängt, zu einer scheinährigen bis köpfchenf. Teilinfl. vereinigt . . . . **Prunella**, 699

— Teilinfl. sehr kurz gestielt bis sitzend; Tragblätt. der Halbquirle von den Stgblätt. kaum verschieden **23**

23. Blkr. blau, dk.violett, weiß od. rötl., > 20 mm lg.; Blätt. lineal u. ganzrandig od. m. ganzrandigen Zipfeln od. ob. Deckblätt. grannig gezähnt; . . . . **Dracocephalum**, 698

— Blkr. weiß od. rot; Blätt. gekerbt od. gesägt, aber auch ob. Blätt. nicht grannig gezähnt **24**

24. Blkr. 25–40 mm lg., rot, rosa od. weiß m. rötl. Flecken; Zähne der K-Oberlippe spitz, aber nicht grannig *(1112);* Waldpfl. **Melittis**, 699

— Blkr. 8–15 mm lg., weiß od. bläul.weiß; ob. Kzähne kurz grannig gespitzt; Gartenpfl. m. starkem Zitronenduft . . . . . **Melissa**, 706

25(21). Unterlippe der Blkr. am Grd. beidersts. m. einem hohlen, zahnf. Höcker *(1114);* Seitenlappen der Blkrunterlippe im Umriss breit u. stumpf; Kzähne meist grannig **Galeopsis**, 699

— Unterlippe der Blkr. ohne zahnf. Höcker **26**

26. Bltn. rot, rötl., violett od. weiß **28**

— Bltn. gelb od. gelbl.weiß **27**

27. Unterlippe der meist goldgelben Blkr. m. spitzen Seitenlappen; Mittellappen ungeteilt, m. rötl. Zeichnung **Lamium galeobdolon,** 701

— Unterlippe der blassgelben Blkr. m. stumpfen, breiten Zipfeln; Mittellappen ungeteilt od. ± tief ausgerandet, m. od. ohne rötl. Zeichnung; Pfl. ohne bogenf. sterile Triebe . . . . . . **Stachys**, 703

28(26). Bltn. bis 10 mm lang, schmutzigrosa; Grdblätt. zuw. handf. gefied.; Stgblätt. meist handf. geteilt od. tief gesägt **Leonurus**, 702

— Bltn. größer; Blätt. ungeteilt, meist gesägt od. gekerbt . . . **29**

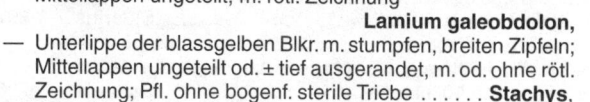

1109 1110 1111 1112 1113 1114 1115 1116

29. Halbquirle 5–20-bltg., kurz aber deutl. gestielt; Quirle schon in der unt. Stghälfte; Blkr. blauviolett; K. trichterf., m. 10 stark hervortretenden Nerven . . . . **Ballota,** 703
— Halbquirle meist nicht gestielt; Quirle nur oberw., deutl. von der beblätterten Stgbasis abgesetzt, oft in endst. Scheinähren; K. glockig, 10–15-nervig **30**
30. Stbblätt. unterhalb der Mitte m. einem abw. gerichteten Zähnchen, zusammenneigend . . . . **Phlomis**, 699
— Stbblätt. ohne Zähnchen **31**
31. Blätt. lineal, 3–4 cm lg. u. 2–5 mm breit; Blkr. blau od. dkviolett; K. 15-nervig; Stbblätt. unterhalb der Oberlippe der Blkr. lgd. **Dracocephalum,** 698
— Blätt. deutl. breiter bis rundl.; Blkr. rötl. od. rötl.violett; K. 10-nervig; äußere Stbblätt. meist ± nach außen gebogen **Stachys**, 703
32(17). Blätt. handf. geteilt od. scharf gesägt; Blätt. untersts. grauflaumig u. Tragblätt. der Halbquirle sich nur wenig von den Stgblätt. unterscheidend . . . . **Leonurus**, 702
— Blätt. nicht handf. geteilt, wenn gesägt, dann nicht gleichzeitig sowohl m. kurzer Blkr. als auch m. untersts. grauflaumigen Blätt. **33**
33. Stbblätt. u. Gr. länger als die Blkrröhre, sichtbar **39**
— Stbblätt. u. Gr. kürzer als die Blkrröhre, nicht frei sichtbar **34**
34. Stgblätt. lineal bis schmal lanzettl. **36**
— Stgblätt. herzf. bis elliptisch od. nierenf. **35**
35. Blkr. weiß, etwas länger als der K. . . . . **Marrubium**, 698
— Blkr. blau, deutl. länger als der K. . . . . **Glechoma**, 698
36(34). Blkr. intensiv blau bis violett; Bltn. in endst., lg. gestielter Scheinähre; Quirle ± 10-bltg. . . . . **Lavandula**, 697
— Blkr. weiß bis rötl., blasslila od. gelb **37**
37. Blkr. gelb, braun gesäumt . . . . **Sideritis**, 697
— Blkr. anders gefärbt **38**
38(37, 43 u. 47). K. glockig, m. nicht od. wenig ungleichen Zähnchen; K.nerven 10, undeutl. . . . . **Satureja**, 706
— K. röhrig, 2-lippig; 3 Kzähne bilden die Ober-, 2 die Unterlippe, meist deutl. unterschiedl. lg., wenn ± gleich lg., dann die Zähne der Oberlippe höher hinauf verbunden als die der Unterlippe; K. m. 13 deutl. hervortretenden Nerven . . . . **Clinopodium,** 706
39(33). K. mit rundl.-schildf. Ober- u. 4-zähniger Unterlippe; Blkr. m. kurz 4-zipfeliger Ober- u. verkehrt eif. Unterlippe, weiß od. rötl. . . . . **Ocimum**, 711
— K. u. Blkr. von anderer Form **40**
40. K. regelmäßig 5-zähnig (bei *Nepeta* aber schräg) **44**
— K. ungleich 5-zähnig bis 2-lippig **41**
41. Blätt. grdst., Rosettenpfl.; Stgblätt. sehr viel kleiner als die Rosettenblätt., nur hochblattartig ausgebildet **Horminum**, 706
— Stgblätt. von den basalen Blätt. kaum verschieden; Grdblätt. nicht rosettig gehäuft **42**

42. Blkr. bis 3 cm lg., rot bis weiß; Bltn. bis 1 cm lg. gestielt, nur zu 1–3 in den Blattachseln (s. auch Nr. **24**) . . . . . **Melittis**, 699
— Blkr. rötl. od. andersfarbig u. kleiner; Bltn. kurz gestielt bis sitzend; Quirle meist reichblütiger **43**
43. Blkr. weiß (s. auch Nr. **24**–); Pfl. m. Zitronenduft . . . **Melissa**, 706
— Blkr. violett od. rötl., wenn weißl., dann Pfl. ohne Zitronenduft **38**
44(40). Unterlippe der Blkr. in Aufsicht insgesamt muschelf. bis schüsself. vertieft-gewölbt u. gekerbt; Blkr. weißl. bis rötl. od. blau . . . . **Nepeta**, 698
— Unterlippe der Blkr. nicht insgesamt muschelf. vertieft . . . **45**
45. Blätt. rundl.-nierenf., gekerbt; Stg. niederlgd., die blühenden aber aufstgd.-aufrecht; Blkr. meist blauviolett, zuw. heller; Halbquirle meist 2–3-bltg. . . . . **Glechoma**, 698
— Blätt. eif. od. schmäler bis lineal; Stg. meist aufrecht . . . **46**
46. Blätt. deutl. gesägt, gezähnt od. gekerbt **48**
— Blätt. ganzrandig (od. höchstens m. wenigen seichten Zähnchen) **47**
47. Pfl. filzig behaart . . . . **Stachys**, 703
— Pfl. nicht filzig behaart **38**
48(46). Blätt. im Umriss breit lanzettl., scharf gesägt u. zugespitzt, am Grd. allmähl. keilig verschmälert; Tragblätt. der Halbquirle sich kaum von den Stgblätt. unterscheidend; Blkr. ± so lg. wie der K. . . . . **Leonurus**, 702
— Blätt. von anderer Form; Blkr. deutl. länger als der K. . . . **49**
49. Halbquirle kurz, aber deutl. gestielt; ob. Quirle nicht zu Scheinähre zusammentretend; Blätt. runzelig-nesselartig; K. trichterf., m. 10 stark hervortretenden Nerven **Ballota**, 703
— Halbquirle nicht gestielt; ob. Quirle meist zu endst. Scheinähre vereinigt, darunter entfernt meist noch einige Quirle; äußere Stbblätt. meist gedreht u. ± nach außen gebogen; K. meist m. 5 stärkeren u. 5 schwächeren Nerven, glockig . . . **Stachys**, 703

1. Ájuga L., *Günsel*

1. Blkr. gelb; Bltn. einzeln blattachselst.; Blätt. tief 3-spaltig, m. linealen Zipfeln; Stg. zottig behaart; ⊙; V–IX. Äcker, Wegränder; *z* im S, sonst *s* od. *f*. *Gelber G.*, * **A. chamaépitys** (L.) Schreb.
— Blkr. blau, selten rötl. od. weiß, in mehrbltg. Quirlen; Laubblätt. ungeteilt **2**
2. Pfl. m. oberirdischen Ausläufern; Stg. an der Basis ± kahl; Rosettenblätt. m. geflügeltem Stiel, gekerbt; oberste Tragblätt. kürzer als die Bltn.; ♃; V–VIII. Wiesen, Gebüsche, Wälder; *v*.
Kriechender G., * **A. réptans** L.
— Pfl. ohne Ausläufer; Stg. auch an der Basis behaart **3**
3. Blätt. grob gekerbt bis gesägt, ± so lg. wie die Internodien; Tragblätt. der Quirle ± so lg. wie die meist dkblaue Blkr.; Stg. zottig behaart; Infl. ± locker, lg. gestreckt; ♃; VIII–IX. Trockenrasen, lichte Wälder,

kalkliebend; im S *v–z,* nördl. seltener u. bis Eifel/Westw./Hannover, Hamburg; in Ho sehr *s, f* Da. *Genfer G.,* * **A. genevénsis** L.

— Blätt. ganzrandig od. seicht u. entfernt gekerbt; auch die ob. Tragblätt. der Quirle viel länger als die Bltn.; Blkr. hellblau bis lebhaft rotviolett; Infl. anfangs dicht, 4-kantig, pyramidenf.; ♃; V–VII. Magerwiesen, Zwergstrauchheiden, bes. der montanen u. subalp. Reg.; *v* Alp., sonst *z–s.* *Pyramiden-G.,* **A. pyramidális** L.

Bastarde nicht *s, z* ist **A.** × **hýbrida** KERN. *(= A. reptans × A. genevensis)*

2. Teúcrium L., *Gamander*

1. Blätt. einfach bis doppelt fiedspaltig; Stg. drüsig-zottig, meist unangenehm riechend; Blkr, rötl.; K. am Grd. ausgesackt; ⊙; VII–IX. Trockenrasen, Kiesgruben, kalkliebend; *z* im S, sonst *s.* *Trauben-G.,* * **T. bótrys** L.

— Blätt. ungeteilt gezähnt, gekerbt od. ganzrandig **2**

2. K. helmf., 2-lippig, m. breit zugespitzter Ober- u. kurz 4-zähniger Unterlippe; Blkr. blass grünl.gelb, in einstswendigen Quirlen; Blattspr. am Grd. herzf., runzelig, gekerbt, beidersts. kurz weich-wollig behaart; Pfl. m. Bodenausläufern, bis 70 cm hoch; ♃; VII–IX. Wälder, Heiden, kalkmeidend; *v* im W u. SW, sonst *z–s.* *Salbei-G.,* * **T. scorodónia** L.

— K. fast regelmäßig 5-zähnig **3**

3. Blätt. ganzrandig, untersts. weißfilzig; Blkr. gelbl.weiß; Quirle halbkugelig-köpfchenf. gedrängt sthd.; niederlgd. Spalierstrauch; ♄; VI–VIII. Trockenrasen, Felstriften, steinige Hänge, kalkliebend; *v* Alp., Schweizer Jura, SchwAlb, FrAlb, Lech- u. Isartal, sehr *z* S-Ho, Eifel, S-Pf, S-ObRhein, um Würzburg, b. Kassel, Th, SaAn, ČR (Mähren). *Berg-G.,* * **T. montánum** L.

— Blätt. gekerbt od. gesägt; Blkr. rötl., selten weiß; Pfl. m. Bodenausläufern **4**

4. Blätt. am Grd. keilf.-stielartig verschmälert, gekerbt, untersts. heller, m. hervortretenden Nerven; Bltn. in endst., ± einstswendigen Scheinähren, d. h. Tragblätt. wenigstens der ob. Quirle meist kürzer als die Bltn.; Spross an der Basis verholzt; ♄; VII–IX. Trockenrasen, steinige Hänge, lichte Trockenwälder, kalkliebend; *v–z* im S, sonst *s.* *Echter G.,* * **T. chamáedrys** L.

— Blätt. sitzend, grob gekerbt bis gesägt, untersts. auf den Nerven absthd. behaart; Bltn. in 4-bltg. Quirlen, nur halb so lg. wie die Tragblätt.; Pfl. schwach nach Knoblauch riechend; Spross an der Basis krautig; ♃; VII–VIII. Nasse Wiesen, Gräben, Ufer; sehr *z* u. lückenhaft, fast nur im Gebiet der Strom- u. größeren Flusstäler (*f* z. B. NW-Dt, westl. des Rheins, S- u. NO-Ba, SH, Sb, Kt). *Knoblauch-G.,* **T. scórdium** L.

3. Scutellária L., *Helmkraut*

1. Tragblätt. viel kleiner als die Stgblätt., ganzrandig **4**

— Tragblätt. von den Stgblätt. kaum verschieden **2**

2. Blätt. eif.-lanzettl., m. beidersts. 4–8 Kerbezähnen; Blkr. blauviolett, 12–18 mm lg., wie der K. kahl od. kurzhaarig, aber nicht drüsig; ♃;

VI–IX. Verlandungssümpfe, Flachmoore, Bruchwälder; zieml. *v.*
Sumpf-H., * **S. galericuláta** L.

— Blätt. ganzrandig, nur am Grd. m. 1–2 Zähnen **3**

3. K. u. Blkr. kurzdrüsig behaart; Blkr. blauviolett, 15–22 mm lg.; ♃; VI–VIII. Sumpfwiesen der größeren Stromtäler; in Dt entlang Elbe, Saale, Oder, Weser, M-Rhein, Donau b. Straubing, Da (Bornholm), Au, ČR. *Spießblättriges H.,* **S. hastifólia** L.

— K. u. Blkr. behaart, ohne Drüsen; Blkr. hellrosa, 6–8 mm lg.; mehrjährig; VII–VIII. Flachmoore, Bruchwälder, nasse Wiesen; *z* im W, östl. sehr lückenhaft, z. B. unt. Elbe u. Weser, Sa, N-Th, O-Sa, An, Neckar, FrAlb, Bayrw., Hochrhein, *f* CH, Au (außer OÖ), S-Ba, ČR, Bz, Da.
Kleines H., **S. mínor** Huds.

4. Pfl. 50–100 cm hoch; Bltnstand einstswendig, locker; Blätt. lg. gestielt; Kschild größer als der übrige K.; Blkr. blauviolett, Unterlippe weiß, 15–18 mm lg.; Blätt. gezähnt; ♃; VI–VIII. Laubwälder, als Zierpfl. kult., zuw. verwild. od. eingebürgert (z. B. FrAlb, BW, Vorderpfalz, He, Th, SaAn, Sa, Da, St, Vs, ČR). (Heimat: Kaukasus, SO-Eur.) *Hohes H.,* **S. altíssima** L.

— Pfl. 20–30 cm hoch, aufstgd.; Bltn. in dichtem, ährigem, 4-seitigem Bltnstand; Blätt. kurz gestielt, stumpf gezähnt; Blkr. blauviolett, 20–30 mm lg.; ♃; VI–VIII. Steinige Rasen, auf Kalk; *s,* nur Vs.
Alpen-H., **S. alpína** L.

4. Lavándula L., *Lavendel*

Bis 60 cm hoher Halbstrauch; Blätt. lineal-lanzettl., bis 5 cm lg., bis 5 mm breit; Bltn. in unterbrochenen, lg.gestielten Scheinähren, violett; K. außen weiß-, an der Spitze blau-filzig; ♄; VII–VIII. Als Duft- u. Heilpfl. *v* kult. u. zuw. verwild. (Heimat: Mittelmeergebiet) (= *L. officinalis* Chaix) * **L. angustifólia** Mill.

5. Rosmarínus L., *Rosmarin*

Strauch, 50–150 cm hoch; Blätt. wintergrün, 15–40 mm lg. u. 1,2–3,5 mm breit, ledrig, m. umgerolltem Rand, zerrieben aromatisch duftend; Blkr. hellblau, 10–12 mm lg.; Bltnstiele sternhaarig-filzig; ♄; III–X. Gewürzpfl., oft kult., in der S-CH *s* verwildert. (Heimat: Mittelmeergebiet) * **R. officinális** L.

6. Siderítis L., *Gliedkraut*

1. Pfl. einjährig; K. 2-lippig; Stg. 10–25 cm hoch, einfach od. wenig verzweigt, zottig; Bltnstand meist verlängert, m. zahlr. Quirlen; Hochblätt. von den anderen Stgblätt. wenig verschieden; Blätt. lanzettl., kurz gestielt, an der Spitze gesägt; K. länger als die hellgelbe, braun gesäumte, 5–7 mm lg. Blkr.; ⊙; VII–IX. Halbtrockenrasen, Äcker, Ruderalstellen; *s,* nur NÖ, OÖ, Bgl, ČR, sonst aus dem Mittelmeergebiet eingeschleppt. *Feld-G.,* **S. montána** L.

— Halbstrauch, an Felsen wachsend; K. nicht 2-lippig, 5-zähnig; Pfl. 10–40 cm hoch; Stg. aufstgd. od. aufrecht, behaart; Bltnstand 2–7 cm lg.; Blkr. 8–10 mm lg., blassgelb, trocken hellbraun; Zähne der Hochblätt. bedornt; ♄; VII–IX. Kalkfelsen; *s,* Schweizer Jura (1400–1600 m).
Felsen-G., **S. hyssopifólia** L.

7. Marrúbium L., *Andorn*

1. K. m. 10 zurückgekrümmten, hakigen, an der Spitze kahlen Zähnen; Blätt. rundl., runzelig, anfangs dicht weiß-wollig, später verkahlend; ♃; VI–VIII. Trockene Weiden, Ruderalstellen, Wegränder; überall *s* od. *f,* am häufigsten noch Th–Br, S-Alp., stark zurückgegangen. Ⓖ *Gewöhnlicher A.,* **M. vulgáre** L.

— K. m. 5, ± geraden, bis zur Spitze filzigen Zähnen; Blätt. breit lanzettl. bis schmal elliptisch, am Grd. keilig verschmälert, weißfilzig; ♃; VII–VIII. Weiden, Ruderalstellen, Trockenrasen; *s,* NÖ, Bgl, ČR, SaAn, sonst auch eingeschleppt (Heimat: Balkan, O-Eur.) (= *M. creticum* MILL.) *Ungarischer A.,* **M. peregrínum** L.

8. Népeta L., *Katzenminze*

1. Stg. aufrecht; Stg. bis zum Grd. u. Stgblätt. filzig behaart; Teilfr. glatt; Stgblätt. eif.-zugespitzt, lg. gestielt; Blkr. weißl., Unterlippe purpurn gefleckt; nach Zitronen riechend; mehrjährig; VII–IX. Schuttplätze, Wegränder; *z,* alte Heilpfl., eingebürgert, aber oft wieder verschwunden (Heimat: Vorderas., S- u. SO-Eur.) *Echte K.,* * **N. catária** L.

— Stg. wenigstens im unt. Teil kahl; Teilfr. warzig **2**

2. Blkr. blasslila bis weiß, Unterlippe purpurn gefleckt; Stgblätt. längl.-eif., m. herzf. Grd. sitzend; Blkr. den K. kaum überragend; Fr. glatt; ♃; VII–VIII. Trockenrasen, Gebüsche, Wegränder; ursprüngl. nur Vs, Au, ČR, *s* eingebürgert Neckar- u. Maingebiet, SchwAlb, Th, An. (= *N. pannonica* L.) *Ungarische K.,* **N. núda** L.

— Blkr. (violett)blau; Stgblätt. breit eif., lg. gestielt; ♃; Blkr. doppelt so lg. wie der K.; Fr. warzig; VII–VIII. Zierpfl., zuw. verwild. (Heimat: Kaukasus) *Großblütige K.,* **N. grandiflóra** BIEB.

9. Glechóma L., *Gundermann*

Blätt. obersts. glzd., untersts. mattgrün, oft rötl.; Blkr. blauviolett; ♃; IV–VI. * **G. hederácea** L.

a. Stg. u. Blätt. zerstreut (absthd. bis rückw. gerichtet) behaart; Blattstiele kürzer als die Internodien; Blattspr. bis 3 cm breit; Blkr. bis 20 mm lg.; Kzähne nur 1/3 so lg. wie die K.-Röhre, 3-eckig-zugespitzt. Feuchte Wiesen u. Wälder; *g;* 2n = 18. [= ssp. *glabriusculum* (NEILR.) GAMS] ssp. **hederácea**

— Stg. u. Blätt. stärker (absthd. bis anlgd.) behaart; Blattstiele ± so lg. wie die Internodien; Blattspr. meist 4–5 cm breit; Blkr. 20–30 mm lg.; ob. Kzähne so lg. wie (die unt. halb so lg. wie) die K.-Röhre, lineal-lanzettl. Trockene Wälder, Gebüsche; Bern, Bz, NÖ, Bgl, OÖ, St, Kt, Mähren; 2n = 36. (= *G. hirsuta* W. & K.) ssp. **hirsúta** (W. & K.) GAMS

10. Dracocéphalum L., *Drachenkopf*

1. Blätt. in lineale, < 2,5 mm breite Zipfel zerteilt; Stg. weißwollig; Blkr. 35–50 mm lg., dkviolett; Stbbeutel wollig behaart; ♃; V–VI. Trockenrasen, Schwarzkiefernwälder; *s,* Vs, Gr, Bz, NÖ (Alpenrand, Hainburger Berge), ČR. © *Österreichischer D.,* **D. austríacum** L.

— Blätt. ungeteilt, mindestens 2 mm breit; Blkr. < 28 mm lg. **2**

2. Blätt. schmal lineal, ganzrandig; Stg. kahl; K. fast regelmäßig 5-zähnig; Blkr. blau, 20–28 mm lg.; Stbbeutel wollig behaart; ♃; VII–VIII. Magerrasen, Kiefernwälder; *s* MeVp (Schwerin), CH, FL, Bz, Ti (Lechtal, Hohe Tauern), Kt (Mallnitz), OPr, früher Ba, SaAn.

Ⓖ *Nordischer D.,* **D. ruyschiána** L.

— Blätt. lanzettl. od. eif.-lanzettl., gesägt; Stbbeutel kahl; Pfl. einjährig **3**

3. Blkr. 20–25 mm lg., weiß od. violett; K. 2-lippig, m. 3-zähniger Ober- u. 2-zähniger Unterlippe; unt. Stgblätt. kurz gestielt; Stbbeutel kahl; Tragblätt. gesägt, Zähne m. lg. Granne; ⊙; VII–VIII. Als Zier- u. Heilpfl. kult., *s* verwild. (Heimat: Sibirien, Zentralas.) *Türkischer D., Türkische Melisse,* **D. moldávica** L.

— Blkr. 7–9 mm lg., hellblau; K. 2-lippig, Oberlippe 1-zähnig; unt. Stgblätt. lg. gestielt, ihr Stiel oft länger als die Spr.; Blattspr. 10–35 mm lg. u. 7–20 mm breit, am Grd. herzf., gesägt, kahl; ⊙; VI–VII. Ruderalstellen, Kleefelder; *s* eingeschleppt, z. B. Da, Sa, Br, WPr, OPr. (Heimat: W- Sibirien) *Thymian-D.,* **D. thymiflórum** L.

11. Prunélla L., *Braunelle*

1. Ob. Stgblätt. meist fiedspaltig, gleich dem Stg. dicht weiß behaart; Blkr. gelbl.weiß, 15–17 mm lg.; ♃; VI–VIII. Trockenrasen, lichte Eichen- u. Kiefernwälder; *z* im S, sonst *s*. (= *P. alba* Pall.)

Weiße B., **P. laciniáta** (L.) L.

— Blätt. ganzrandig; Blkr. blauviolett od. rötl., selten weiß **2**

2. Blkr. 7–15 mm lg., m. gerader Röhre; mittl. Zahn der K-Oberlippe breiter als die seitl.; Blattspr. 1,5–3 cm lg.; ♃; VI–IX. Wiesen, Parkrasen, Waldränder; *v–g.* *Gewöhnliche B.,* * **P. vulgáris** L.

— Blkr. 20–25 mm lg., m. gekrümmter Röhre; mittl. Zahn der K-Oberlippe nicht breiter als die seitl.; Blattspr. 3–6 cm lg.; ♃; VI–VIII. Trockenrasen, Waldränder, kalkliebend; im S *v* od. *z,* nördl. u. westl. *s* bis Be/N-Eifel/b. Soest/b. Hildesheim/ MeVp, Seeland (Da).

Ⓖ *Großblütige B.,* * **P. grandiflóra** (L.) Scholl.

12. Melíttis L., *Immenblatt*

Stg., Blätt. u. Blattstiele dicht m. weichen Gliederhaaren; Stgblätt. gestielt, m. eif., am Grd. abgerundeter u. ringsum grob gesägter Spr.; Pfl. 20–50 cm hoch; ♃; V–VI. Lichte Laub- u. Nadelwälder, bes. der montanen Reg., kalkliebend; *v–z* Au, CH, Bz, ČR, E, S-Ob.Rhein bis Alb, *s* südl. der Donau, Taubergebiet u. Steigerw., Be, Th u. nördl. Harzvorland, Sa, Br (b. Eberswalde), Schl, WPr (OPr?). Ⓖ * **M. melissophýllum** L.

13. Phlómis L., *Brandkraut*

Blätt. runzelig-nesselart., herzf. zugespitzt, fein gekerbt; Grdblätt. sehr lg. gestielt; Blkr. hellrot bis lila, außen weißfilzig; Pfl. bis 150 cm hoch; ♃; VI–VIII. Triften, Gebüsche; nur Th (Erfurt, ob noch?), sonst NÖ, Bgl, ČR (Mähren). **Ph. tuberósa** L.

14. Galeópsis L., *Hohlzahn, Hanfnessel*

1. Stg. m. deutl. verdickten Knoten, absthd. borstig behaart, Haare abw. gerichtet (zuw. fast kahl: *G. pubescens);* K. drüsig u. flaumig behaart **4**

— Stgknoten kaum verdickt, weich behaart od. kahl **2**

2. Blkr. gelbl.weiß, 20–30 mm lg.; Blätt. eif., die ob. (bes. aber Stg. u. K.) drüsig-flaumig; Pfl. 15–45 cm hoch; ⊙; VII–VIII. Geröll, Kies, Sand,

Wegränder, Gebüsch; *v–z* im W, *s* östl. bis Da/SH/W-MeVp/Th/Fr, b. Rastatt, Vs, ČR, sonst nur S-Schw. u. E; zuw. mit Getreide verschleppt. (= *G. ochroleuca* LAM.) *Gelber H.,* * **G. ségetum** NECK.

— Blkr. meist rot, nur 10–20 mm lg.; Blätt. kahl bis schwach flaumig u. gering drüsenhaarig 3

3. Blätt. schmal lanzettl., 2–5 mm breit, ganzrandig od. spärl. u. seicht gezähnt; Blkr. ± 3-mal so lg. wie der K.; K. weißl., m. dicht anlgd. u. wenigen absthd. Haaren; ⊙; VI–X. Kalkschotter, Bahndämme; *z* im S, *s* im N (dort meist nur eingeschleppt). Von folg. Art meist nicht unterschieden! *Schmalblättriger H.,* **G. angustifólia** HOFFM.

— Blätt. eif.-lanzettl., 7–15 mm breit, jederstս. m. 3–7 Zähnen; Blkr. ± 2-mal so lg. wie der K.; K. grün, m. absthd., durchsichtigen Haaren; ⊙; VI–X. Äcker, Geröll, Ruderalstellen, bes. der montanen Reg.; *v* im O, *z* im W (s. Anm. bei voriger Art). *Breitblättriger H.,* **G. ládanum** L.

4(1). Blkr. gelb, m. violettem Mittellappen der Unterlippe, 20–35 mm lg.; Blkrröhre etwa doppelt so lg. wie der K.; Stg. unter den Knoten m. steifen, absthd. Haaren, sonst meist kahl; Pfl. 50–100 cm hoch; ⊙; VI–X. Wälder, Kahlschläge, Hecken, bes. der montanen u. subalp. Reg.; *v Ba,* Au, CR, im N u. O, sonst *z,* auch O-CH, FL, Bz, im mittl. Gebiet u. SW sehr lückenhaft bis *s.* *Bunter H.,* * **G. speciósa** MILL.

— Blkr. weiß u. rosa od. rot, 10–20 mm lg. 5

5. Stg. unter den (nicht stark) verdickten Knoten außer m. Borstenhaaren auch m. weichen, anlgd. Flaum- u. lg. gestielten Drüsenhaaren; Blkrröhre mindestens doppelt so lg. wie der K.; Blkr. 18–25 mm lg.; ⊙; VII–IX. Gebüsch, Kahlschläge, Äcker. *Weichhaariger H.,* **G. pubéscens** BESS.

a. Blkr. rot m. gelbem Schlundfleck. *v* im O u. Ba, *z* Au (*f* Vb), sonst *s* S- u. O-BW, RhPf, He, NO-We, SH, *f* NS, Be, Ho, Da, E, S-CH, Bz, ČR. ssp. **pubéscens**

— Blkr. insgesamt hellgelb od. m. violetter Zeichnung der M-Lappen. *s* S-Ba, Au. ssp. **murriána** (BORB. & WETTST.) MURR

— Stg. unter den stark verdickten Knoten nur m. Borstenhaaren u. wenigen, kurzen Drüsenhaaren; Blkrröhre nur so lg. wie od. wenig länger als der K., rot od. weiß 6

6. Mittellappen der Blkrunterlippe fast rechteckig, kaum ausgerandet, rot punktiert m. gelbem Gaumenfleck; Blkr. 15–20 mm lg., rot bis weiß; Drüsenhaare der Infl. schwarzköpfig; ⊙; VII–X. Gebüsch, Äcker, Schuttplätze; *v.* *Gewöhnlicher H.,* * **G. tétrahit** L.

— Mittellappen der Blkrunterlippe im Umriss eif., aber an der Spitze deutl. ausgerandet, am Rand später zurückgerollt, m. 2 gelben Schlundflecken; Blkr. 10–15 mm lg., blassrot; Drüsenhaare des Bltnstands gelbköpfig od. drüsenlos; ⊙; VII–X. Wälder, Gräben, Kahlschläge, Ruderalstellen, auf kalkarmen Böden; *v–z,* im SW von Dt *s.* *Zweispaltiger H.,* * **G. bífida** BOENN.

Bastardbildung häufig!

15. Lámium L. (incl. **Lamiástrum** Heister ex Fabr. = **Galeóbdolon** Adans.), *Taubnessel, Bienensaug*

1. Blkr. blassgelb bis goldgelb; Unterlippe m. größerem, ungeteiltem M-Lappen u. kürzeren Seitenzipfeln; ♃; IV–VII. Wälder; *v.* [= *Lamiastrum galeobdolon* (L.) Ehrend. & Polatschek; = *Galeobdolon luteum* Huds.] *Goldnessel,* * **L. galeóbdolon** (L.) L.

a. Pfl. ohne Ausläufertriebe; Blkr. blassgelb, 14–18 mm lg.; Blätt. ungefleckt bis stark gefleckt; Stg. meist m. blühenden Seitentrieben; Bltnquirle m. 10–15 Bltn.; Pfl. 30–60 cm hoch; 2n = 18. Wälder der montanen Reg., Hochstaudenfluren; *z,* Ba, CH, Bz, Au. [= *G. flavidum* (Herm.) Holub] ssp. **flávidum** (Herm.) A. & D. Löve

— Pfl. m. sterilen Ausläufertrieben; Stg. ohne blühende Seitentriebe; Blkr. goldgelb, größer . . . . **b**

b. Silbrige Blattflecken der sterilen u. fertilen Triebe ganzjährig vorhanden, oft mehr als die Sprhälfte einnehmend; Ausläufer zahlreich; Blkr. 21–26 mm lg.; Oberlippe 7,5–11 mm breit, m. bis 2 mm lg.Wimpern; Bltn.- u. Frstiele fein querrunzelig gerippt; Bltnquirle 5–10-bltg.; Stgbasis fast nur an den Kanten behaart; 2n = 36. Wälder; *v* kultiviert, oft verwild. u. eingebürgert (z. B. BW, Ba, Au). (Heimat: in Kultur entstanden). [= *G. argentatum* Smejkal = *Lamium argentatum* (Smejkal) Henker & Loos] ssp. **argentátum** (Smejkal) Duvigneau

— Silbrige Flecken nicht bei allen Blätt. vorhanden, oft weniger als die halbe Sprfläche deckend; Blkroberlippe flacher, 5,5–8,5 mm breit, ihre Wimpern 0,7–1,3 mm lg.; Bltn.- u. Frstiele glatt . . . . **c**

c. Ausläufertriebe am Grd. auffällig fast nur entlang der Kanten behaart; Bltnquirle armbltg., m. 2–8 Bltn.; Tragblätt. im Umriss rundl. bis eif.; Blkr. 17–21 mm lg.; 2n = 18. Wälder, bis zur montanen Stufe; *v,* im S seltener (genaue Verbreitung noch nicht bekannt). [= *G. luteum* Huds.; = ssp. *vulgare* (Pers.) Hay.] ssp. **galeóbdolon**

— Ausläufertriebe ringsum behaart; Stg. der Bltntriebe ringsum behaart, später oben verkahlend; Bltnquirle reichbltg., m. 8–18 Bltn.; Tragblätt. im Umriss lanzettl., scharf gezähnt; Blkr. 18–25 mm lg.; 2n = 36. Wälder; *v–z,* bes. submontane u. montane Reg. der Alp. u. Mittelgeb. [= *G. montanum* (Pers.) Rchb.] ssp. **montánum** (Pers.) Hay.

Verwandt ist auch **L. endtmánnii** Loos, die zwischen den beiden letzten Unterarten vermittelt. Bei ihr sind die Stg. der Bltntriebe ± ringsum behaart, im ob. Teil aber nur an den Kanten behaart; Tragblätt. lanzettl., breiter als bei ssp. *montanum*, gezähnt bis gekerbt; 2n = 18. Wälder; *s,* bisher nur NrWe, RhPf, Th, Br, MeVp. Die Stellung dieser Sippe und ihre Verbreitung ist noch nicht vollständig geklärt.

— Blkr. weiß, rot od. purpurn **2**

2. Blkr. weiß; Blkrröhre gekrümmt, innen m. schrägem Haarring; Blätt. lg. zugespitzt, scharf gesägt, brennesselähnl.; ♃; IV–VIII. Schuttplätze, Zäune, Hecken; *g.* *Weiße T.,* * **L. álbum** L.

— Blkr. rot od. purpurn **3**

3. Stbbeutel kahl; Blkr. schmutzig rot bis rot, 25–35 mm lg., ihre Oberlippe außen weiß zottig behaart; Stgblätt. bis 10 cm lg. gestielt u. m. bis 15 cm lg., herzf., scharf gesägter Spr.; Pfl. bis 100 cm hoch; ♃; IV–VI. Schluchtwälder; Pass Lueg (Sb), Kt, S-St, OTi, NÖ, Bz. Ⓖ *Großblütige T.,* **L. órvala** L.

— Stbbeutel bärtig behaart; Pfl. in allen Teilen kleiner **4**

4. Blkr. 20–30 mm lg., purpurn, m. dk. gefleckter Unterlippe u. aufw. gebogener Röhre; Haarring gerade, weißl.; Blätt. bis 4 cm lg. gestielt u. m. bis 8 cm lg. Spr.; ♃; IV–IX. Wälder, Hecken, Hochstaudenfluren, Straßengräben; *v, s* im NW u. NO, *f* Da.
Gefleckte T., * **L. maculátum** L.

— Blkr. 10–15(–20) mm lg., m. gerader od. fast gerader Röhre; Blätt. < 3 cm, kurz gestielt od. sitzend; Pfl. ⊙ **5**

5. Tragblätt. der Halbquirle breiter als lg., stgumfassend, sitzend; Stgblätt. gestielt, rundl.-nierenf., tief gekerbt; Blkrröhre weit aus K. hervorragend, innen ohne Haarring; Bltn. oft geschlossen bleibend; ⊙; III–V. Äcker, Schuttplätze; *v,* im NW *z.*
Stängelumfassende T., * **L. amplexicáule** L.

— Tragblätt. der Halbquirle nicht stgumfassend, zumindest die unt. kurz gestielt od. zuw. sitzend; Blkrröhre so lg. wie od. wenig länger als der K. **6**

6. K. 8–12 mm lg., seine Röhre kürzer als seine Zähne; Unterlippe der Blkr. 4 mm lg.; unt. Tragblätt. ± eif., deutl. gestielt: Blkrröhre m. undeutl. Haarring; ⊙; V–IX. Äcker; *s* SH, NS, MeVp, Br, He, RhPf, NrWe, Ho, Da, Po, OPr, früher SaAn (entstanden aus *L. amplexicaule* × *L. purpureum).* (= *L. intermedium* Fr. ; = *L. moluccellifolium* auct.)
Mittlere T., **L. confértum** Fr.

— K. 5–7 mm lg., seine Röhre wenigstens ebenso lg. wie seine Zähne; Unterlippe der Blkr. 1,5–2,5 mm lg. **7**

7. Blattstiel der obersten Blätt. nicht stark verbreitert; unt. Blätt. rundl., wenig gekerbt, oft rot überlaufen, ob. Blätt. eif.-3-eckig; Blkrröhre innen m. Haarring; ⊙; III–X. Äcker, Gärten, Schuttplätze; *v.*
Rote T., * **L. purpúreum** L.

— Blattstiel der ob. Blätt. stark verbreitert; alle Blätt. eif.-rundl., tief gekerbt bis fiedspaltig; Blkrröhre innen ohne od. m. undeutl. Haarring; ⊙; III–VI. Äcker, Gärten; *v* SH, Da, *z* bis *s* im W: MeVp, NS, Br, RhPf, NrWe, He (südl. bis Odw., Taubergebiet, b. Kehl?), Vb, Ti, CH. (Entstanden aus *L. amplexicaule* × *L. bifidum* Cyr.) [= *L. incisum* Willd.; = *L. purpureum var. incisum (*Willd.*)* Pers.] *Bastard-T.,* **L. hýbridum** Vill.

16. Leonúrus L., *Herzgespann*

1. Grdblätt. handf., meist 5-spaltig; ob. Stgblätt. 3-lappig, unterststs. hellgrün; Blkr. länger als der K.; Pfl. 50–150 cm hoch; ♃; VI–IX. Schutt, Zäune, Hecken, Ruderalstellen; *z.*
Echtes H., Löwenschwanz, * **L. cardíaca** L.

a. Alle Stgblätt. 3-lappig; Stg. fast kahl bis schwach behaart (bes. entlang der Kanten); Blätt. schwach behaart; K, am Rand bewimpert; Blkr. 9–10 mm lg.; *z–s.* ssp. **cardíaca**

— Wenigstens einige Stgblätt. 5-lappig; Stg., Blätt. u. K. dicht (bis zottig) behaart; Blkr. 11–12 mm lg. Aus dem O eingeschleppt u. eingebürgert, z. B. OPr, Po, Schl, S-Kt, N- u. OTi, NÖ, He. ssp. **villósus** (d'Urv.) Hyl.

— Grdblätt. eif.-zugespitzt, Stgblätt. breit lanzettl., gesägt u. zugespitzt, am Grd. allmähl. keilig verschmälert, untersts. graufilzig; Blkr. höchstens so lg. wie der K.; Pfl. 50–200 cm hoch; ⊙; VII–VIII. Flussauen; *s* in den Strom- u. Flusstälern, von Memel bis Elbe, außerdem M-Rhein, M- u. ob. Main, Saale, Elster, OÖ, NÖ, Bgl, ČR, früher St.
Filziges H., Falscher Andorn, Katzenschwanz, **L. marrubiástrum** L.

17. Ballóta L., *Schwarznessel, Stinkandorn*
Stg. u. Blätt. weich behaart, widerl, riechend; Bltn. bläul.rot; ♃; IV–VII. Hecken, Zäune, Schuttstellen. * **B. nígra** L.

a. Kzähne m. Granne 2–6 mm lg., schmal 3-eckig, allmähl. grannig zugespitzt; K.-Röhre 5–7 mm lg.; Spr. der Stgblätt. bis 7 cm lg., bis doppelt so lg. wie breit; *v,* bes. im O. [= ssp. *ruderalis* (Sw.) Briq.] ssp. **nígra**

— Kzähne 1–2 mm lg., sehr breit 3-eckig, dann plötzl. in aufgesetzte Stachelspitze übergehend; K.-Röhre 7–10 mm lg.; Spr. der Stgblätt. höchstens 4 (meist 2–2,5) cm lg., ± so lg. wie breit; *z* im W, CH, Au, *s* im mittl. u. östl. Gebiet. (Verbr. noch unsicher.) [= ssp. *foetida* (Vis.) Hay.]
ssp. **meridionális** (Bég.) Bég.

18. Stáchys L. (incl. **Betónica** L.), *Ziest*

1. Bltnquirle locker sthd.; Stg. ± regelmäßig beblättert, Infl.stiel daher nicht länger als die Länge des obersten Stgblattpaares; Blkrröhre innen m. Haarring 4

— Bltnquirle dicht gedrängt sthd., daher Infl. dicht scheinährig; Blätt. vorwgd. im unt. Teil des Stg., dieser nur m. 1–2(–3) von einander entfernten Blattpaaren; Infl. daher sehr lg. gestielt (= *Betonica* L.) 2

2. Blkr. blassgelb, ihre Röhre m. Haarring; Blattspr. herzf. bis eif.-zugespitzt, höchstens doppelt so lg. wie breit; Blkrröhre nur so lg. wie der K.; ♃; VI–IX. Magerrasen, Weiden, Krummholz, bis 2000 m, kalkliebend; *z* Alp. von Berchtesgaden u. Au, Bern, Ts, Bz, *s* Allgäu u. b. Garmisch. [= *Betonica alopecuros* L. ssp. *jacquinii* (Gren. & Godr.) O. Schwarz; = *B. divulsa* Ten.]
Fuchsschwanz-Z., * **St. alopecúros** (L.) Benth.
ssp. **jacquínii** (Gren. & Godr.) Vollm.

— Blkr. rot (selten weißl.), ihre Röhre innen ohne Haarring 3

3. Pfl. 30–100 cm hoch; Blkr. 10–15 mm lg.; K. 5–10 mm lg.; Sprosse u. Blätt. meist gering behaart; ♃; VII–X. Magerwiesen, lichte Wälder; *v,* im N seltener, *f* NW-Dt. (= *Betonica officinalis* L.)
Echter Z., * **St. officinális** (L.) Trev.

Hierher auch die ssp. **serótina** (Host) Hay.; Stg. stark rauhaarig; Bltnstand locker, oft unterbrochen; Blattspr. der unt. Blätt. m. gestutztem Grd., nicht herzf.; VIII–X. *s,* nur Ts.

— Pfl. 10–30 cm hoch; Blkr. 15–22 mm lg.; K. 12–15 mm lg.; Sprosse u. Blätt. dicht, fast zottig behaart; ♃; VII–VIII. Zwergstrauchheiden, Hochstaudenfluren, auf Kalk, 700–2400 m; *s,* S-CH, Bz (Seiseralm), Kt (Karnische u. Gailtaler Alp.). (= *Betonica hirsuta* L.; = *St. densiflora* Benth.) *Zottiger Z.,* **St. prádica** (Zantedeschi) Greut. & Pignatti

4(1). Blkr. gelb od. gelbl.weiß, zuw. rötl. gefleckt **10**
— Blkr. rot bis lila **5**
5. Quirle meist m. weniger als 10 Bltn. **8**
— Quirle 10- bis vielbltg. **6**
6. Pfl. grün, locker rau- od. weichhaarig, oberw. auch drüsig; Blkr. 15–18 mm lg., schmutzig- bis dkrot; auch die ob. Tragblätt. der Quirle deutl. länger als diese (Infl. daher „durchblättert"); ♃; VII–IX. Wälder, Hochstaudenfluren, Kahlschläge, bes. der montanen u. subalp. Reg., kalkliebend; *v* Alp., *z* Voralp., Schweizer Jura, SchwAlb, FrAlb, RhPf, N-He bis N-Harz/Th/Sa/ČR. *Alpen-Z.,* **St. alpína** L.
— Pfl. weißwollig bis filzig, ohne Drüsenhaare; Blkr. hellrot, kleiner **7**
7. Stgblätt. längl.-eif., gekerbt bis gesägt, obersts. weniger stark behaart als untersts., aber nicht dicht-filzig, Sprgrd. deutl. vom Stiel abgesetzt, fast herzf.; ⊙; VI–VIII. Trockenrasen, Gebüsche, Waldränder, kalkliebend; *z* im S, nördl. *s* u. bis N-Eifel/O-Sauerland/b. Hannover/MeVp/Po/WPr, *z* Schl, sonst im N vermutlich nur verwild. (Zierpfl.!) *Deutscher Z.,* * **St. germánica** L.
— Stgblätt. breit lanzettl., undeutl. gekerbt bis fast ganzrandig, ebenso wie der Stg. dicht filzig, Spr. am Grd. keilig verschmälert; K. fast völlig im Wollfilz verborgen; ♃; VI–VIII. Als Zierpfl. *v,* zuw. verwild. u. stellenw. eingebürgert. (Heimat: Kleinas.) (= *St. lanata* Jacq., non Cr.) *Filz-Z.,* * **St. byzantína** C. Koch
8(5). Blkr. blassrot, kaum länger als der K.; Quirle meist 6-bltg.; Blätt. rundl.-eif., 10–30 mm lg., stumpfl. gekerbt; Stg. niederlgd.-aufstgd., zottig behaart, 10–30 cm hoch; ⊙; VII–X. Feuchte Äcker; *v–z* im W u. NW, sonst *z,* südl. bis S-CH. *Acker-Z.,* **St. arvénsis** (L.) L.
— Blkr. doppelt so lg. wie der K.; Pfl. 30–120 cm hoch **9**
9. Blätt. breit herz-eif., zugespitzt, gesägt, brennnesselartig, dicht absthd. behaart; auch ob. Stgblätt. noch gestielt; Blkr. dkpurpurn; ♃; VI–VIII. Feuchte Laubmischwälder, Gebüsche; *v.* *Wald-Z.,* * **St. sylvática** L.
— Blätt. längl.-lanzettl., sehr eng gekerbt bis gesägt, locker anlgd. behaart bis fast kahl; ob. Stgblätt. sitzend; Blkr. hellpurpurn; ♃; VI–VIII. Ufer, feuchte Äcker; *v.* *Sumpf-Z.,* * **St. palústris** L.
10(4). Kzähne m. fast bis zur Spitze behaarter Stachelspitze; Quirle 4–6-bltg., oberw. genähert; Blätt. fast kahl, alle deutl. gestielt; Pfl. 10–30 cm hoch; ⊙; VI–X. Äcker; *s,* bes. im S, nördl. bis Harz, MeVp, östl. bis Schl, OPr, ČR. *Einjähriger Z.,* **St. ánnua** (L.) L.
— Kzähne m. kahler Stachelspitze; Quirle 6–10-bltg., entfernt; Blätt. kurzhaarig, die unt. kurz gestielt, die ob. sitzend; Pfl. 20–40 cm hoch; ⊙; VI–X. Trockenrasen, Sandfluren, Felshänge, lichte Gebüsche, kalkliebend; in S u. M. *v–z,* sonst *s.* *Aufrechter Z.,* * **St. récta** L.
a. K. 5–7 mm lg.; Unterlippe 5–7 mm lg.; im S *v–z.* ssp. **récta**
— K. 7–11 mm lg.; Unterlippe 7–12 mm lg. . . . . **b**
b. Mittl. u. ob. Blätt. 7–10 mm breit, gekerbt-gesägt; nur Ts, Bz, Kt. [= *St. labiosa* Bertol.; = ssp. *labiosa* (Bertol.) Briq.] *Großblütiger Z.,* ssp. **grandiflóra** (Caruel) Arcang.
— Mittl. u. ob. Blätt. 1–6 mm breit, ganzrandig od. schwach gekerbt; nur S-Kt (Karawanken bei Ferlach). (= *S. subcrenata* Vis.) *Karst-Z.,* ssp. **karstiána** (Borb.) Maly

19. Sálvia L., *Salbei*

1. Stg. am Grd. verholzt; Blätt. lanzettl., am Grd. verschmälert, jung weißfilzig; Quirle 4–10-bltg.; Blkr. violett od. weiß; Oberlippe der Blkr. gerade; ♄; VI–VII. Stark aromatisch duftende Gartenpfl., *s* verwild. (Heimat: Mittelmeergebiet) *Echter S.*, * **S. officinális** L.

— Stg. in allen Teilen krautig; Blätt. am Grd. herzf. od. abgerundet . . **2**

2. Blkr. blauviolett bis hellblau, rosa od. weiß **4**

— Blkr. hellgelb od. gelbl.weiß **3**

3. Sprosse u. K. dicht klebrig-drüsig behaart; Blkr. 3–4 cm lg., intensiv hellgelb; Stg. m. mehreren Blattpaaren; Spr. der unt. Blätt. bis 15 x 12 cm groß; Stgblätt. lg. gestielt, scharf gesägt; ♃; VII–IX. Laub- u. Mischwälder, Hochstaudenfluren, bes. der montanen u. subalp. Reg. (bis 1700 m); *v* Alp., Vorland u. Schweizer Jura, *z–s* SchwAlb/Donautal/ Bodensee/südl. Oberrhein (E: Sundgau), S-Bayrw., Schl, ČR, sonst zuw. verwildert. *Klebriger S.*, * **S. glutinósa** L.

— Sprosse u. K. dicht zottig behaart, aber kaum drüsig, nicht klebrig; Blkr. 1,5 –2 cm lg., gelbl.weiß; Stg. nur m. 1 Blattpaar; Spr. der basalen Blätt. bis 10 x 8 cm groß; Stgblätt. ungestielt, fiedspaltig; ♃; V–IX. Trockenrasen, Steppenwiesen; ursprüngl. nur NÖ, Bgl, ČR; eingebürgert St, sonst zuw. vorüberghd. eingeschleppt. *Österreichischer S.*, **S. austríaca** Jacq.

4(2). Quirle 15–30-bltg., fast kugelig, zu 4–10 übereinander sthd.; Blkrröhre m. Haarring, ihre Oberlippe gerade; Blkr. helllila, 8–15 mm lg.; Blattspr. herz-eif. zugespitzt, am Stiel oft noch ein Paar öhrchenf. Fied.; ♃; VI–IX. Trockenrasen, Böschungen; *z* in Au z. T. ursprüngl., sonst oft eingebürgert, bes. im südl. u. mittl. Gebiet (Heimat: SO-Eur. bis Kaukasus) *Quirlblütiger S.*, **S. verticilláta** L.

— Quirle höchstens 10-bltg.; Blkrröhre ohne Haarring **5**

5. Kzähne lg. dornig begrannt; Stgblätt. dicht bis weiß behaart **8**

— Kzähne stachelspitzig, aber nicht begrannt, die 3 ob. zusammenneigend; Stgblätt. meist schwach, aber niemals dicht behaart **6**

6. Oberlippe des K. breit abgerundet u. kurz 2–3-zähnig; Stgblätt. ungleich bis doppelt gekerbt od. bis buchtig gespalten; Blkr. blauviolett bis hellblau, 6–10(–15) mm lg.; ♃; VI–IX. Magerwiesen, Ruderalstellen; ursprüngl. wohl nur Ho, Be, sonst eingeschleppt u. zuw. eingebürgert (Da, E). *Eisenkraut-S.*, **S. verbénaca** L.

— Oberlippe des K. zugespitzt 3-zähnig (ähnl. *1113);* Stgblätt. einfach bis doppelt gekerbt bis gesägt, niemals tiefer gespalten **7**

7. Hochblätt. meist violett, so lg. wie der K.; Blätt. unterst s. nebst dem Stg. u. dem K. grau-weichhaarig, drüsenlos; Blkr. 10–15 mm lg., violett od. rosa; Blätt. vorwgd. stgst.; ♃; VI–VII. Trockenrasen, Steppenheiden, lichte Wälder; sehr *z* im südl. u. mittl. Gebiet, auch eingeschleppt. (= *S. nemorosa* L.) *Steppen-S., Hain-S.*, **S. sylvéstris** L.

— Hochblätt. grün, die ob. kürzer als der K., zuletzt zurückgeschlagen; Pfl. kurz borstig behaart, oberw. drüsig-klebrig; Blkr. 18–25 mm lg., dkblau, selten weiß od. rosa; Blätt. vorwgd. grdst.; ♃; V–VIII. Trockenwiesen, Feldraine; *v* im S, *z* im mittl. Gebiet, *s* Ho, We, im NO-Gebiet (oft nur

eingeschleppt), *f* NS (außer SO), SH, Da.
Ⓖ *Wiesen-S.,* * **S. praténsis** L.

8(5). Blätt. jung weißwollig; Stg. nicht drüsig behaart; Tragblätt. der Quirle krautig, grünl. u. wenigstens die ob. m. häutigem u. ± violettem Rand, höchstens so lg. wie der K.; Brakteen kürzer als die Blkr., diese weiß; ⊙; VI–VIII. Trockenrasen; *s,* ursprüngl. nur NÖ, Bgl, ČR (Mähren), sonst häufig als Zierpfl., zuw. verwild., z. B. im Rhein-Main-Gebiet. (Heimat: SO-Eur.) *Mohren-S.,* **S. aethíopis** L.

— Blätt. graufilzig; Stg. oberw. drüsig behaart; Tragblätt. der Quirle krautig, stets farbig (rötl. bis lila), viel länger als der K.; Brakteen länger als die Blkr., diese bläul. weiß; ⊙; VI–VII. Alte Heil- u. Gewürzpfl.; zuw. verwild. u. im SW zuw. eingebürgert. (Heimat: O-Mittelmeergebiet bis Iran) *Muskateller-S.,* * **S. sclárea** L.

20. Hormínum L., *Drachenmaul*

Blätt. in grdst. Rosette, gestielt m. eif.-zugespitzter, gleichmäßig gekerbt-gesägter, unterst. runzeliger, derber Spr.; Blkr. violett, in meist 6-bltg., einstswendigen Quirlen; ♃; VI–VIII. Magermatten, bis 2390 m, kalkliebend; *z* Sb, *s* Berchtesgadener Alp., bei Wörgl (Ti), OTi, Sb, SW-Kt (Karnische u. Gailtaler Alp.), Ts, Gr, Bz. Ⓖ **H. pyrenáicum** L.

21. Melíssa L., *Melisse*

Blätt. m. eif. bis rhombischer, grob u. regelmäßig kerbig-gesägter Spr., von starkem Zitronenduft; ♃; VI–VIII. Als Gewürzpfl. *v* kult., zuw. verwild. u. eingebürgert (z. B. Ts, Gr, Bz, Kt, St, OÖ, NÖ). (Heimat: Kleinasien, östl. Mittelmeergebiet)
* **M. officinális** L.

22. Monárda L., *Goldmelisse*

Stg. m. nur 1 endst. reich- u. dichtbltg. Quirl, zuw. noch m. 1–2 lg. gestielten seitl.; K. sehr schlank, etwas gebogen, 4-mal so lg. wie breit; Blkr. scharlachrot, 4–5 cm lg.; ♃; VII–VIII. Als Zierpfl. häufig kult., zuw. verwild., eingebürgert Vb, Kt, St. (Heimat: östl. N-Am.) **M. dídyma** L.

23. Saturéja L., *Bohnenkraut*

1. Stg. höchstens an der Basis etwas verholzt, 10–25 cm hoch, flaumig behaart, oft violett überlaufen, buschig verzweigt; Blkr. 4–6 mm lg., lila od. weiß, Bltnquirle deutl. voneinander entfernt; ⊙; VII–IX. Als Gewürzpfl. kult. u. verwild. (bes. Au, Bz). (Heimat: O-Mittelmeergebiet) *Sommer-B.,* * **S. horténsis** L.

— Stg. durchwegs verholzt, kahl od. kaum sichtbar angedrückt behaart; Blkr. 7–10 mm lg., weiß od. rosa; 10–50 cm hoher Halbstrauch; Bltnquirle sehr einander genähert; ♄; VIII–X. Als Gewürzpfl. seltener als vorige kult., zuw. verwild. (bes. Au). (Heimat: Mittelmeergebiet) *Winter-B.,* * **S. montána** L.

24. Clinopódium L. (incl. **Calamíntha** Mill. u. **Ácinos** Mill.), *Bergminze*

1. Bltn. in 10–20-bltg., dichten, zu 1–4 übereinanderstehenden Quirlen; Blkr. rot, selten weiß; Tragblätt. der Bltn. pfrieml., wie der Stg., Blätt. u. K. lg. zottig behaart; Kzähne begrannt; K.-Röhre leicht gebogen; Pfl. geruchlos; ♃; VII–IX. Trockenrasen, Gebüsche, Waldränder; *v–z,* im NW *s–f.* [= *Calamintha clinopodium* Spenn.; = *Satureja vulgaris* (L.) Fritsch] *Wirbeldost,* * **C. vulgáre** L.

— Bltn. in 2–15-bltg. Quirlen, m. kurzen Tragblätt.; Pfl. m. Minzengeruch (= *Calamintha* MILL.) **2**

2. Halbquirle sitzend, nicht od. nur undeutl. verzweigt; Stgblätt. kurz gestielt, nur bis 2 cm lg.; K. am Grd. bauchig *(1115);* K.-Röhre gekrümmt (= *Acinos* MILL.) **4**

— Halbquirle gestielt u. deutl. verzweigt; Stgblätt. eif. bis elliptisch, m. bis 7 cm lg. Spr., bis 2 cm lg. gestielt; K. am Grd. nicht bauchig *(1116)*; K.-Röhre gerade **3**

3. Bltn. groß: K. 10–13 mm lg.; Blkr. (vor allem der zwittrigen Bltn.) 25–40 mm lg.; Sprosse kahl; Blätt. m. groben, deutl. Zähnen; ♃; VII–IX. Schattige Wälder; *s,* nur CH, FL, S-Kt (Karawanken). [= *Calamintha grandiflora* (L.) MOENCH] *Großblütige B.*, **C. grandiflórum** (L.) STACE

— Bltn. klein: K. 3–10 mm lg., Blkr. 12–22 mm lg.; Sprosse zottig behaart (aber oft verkahlend); Blätt. nur mit seichten Kerbungen; ♃; VII–IX. Lichte Wälder, felsige Hänge, kalkliebend. [= *Calamintha officinalis* auct.; = *Satureja calamintha* (L.) SCHEELE]
Artengruppe *Echte B.,* **C. népeta** (L.) O. KTZE. agg.

a. K. 5–7 mm lg.; Blkr. 8–12 mm lg.; Halbquirle 5–20-bltg.; Bltn. auf bis zu 22 mm lg. Stielen; *s,* Ba, BW, Vb, Ti, Kt, CH, FL, Bz. [= *Calamintha nepeta* (L.) SAVI; incl. *Calamintha nepetoides* JORD. u. *C. glandulosa* (REQ.) BENTH.]
Echte B., Kleinblütige B., **C. népeta** (L.) O. KTZE.

b. K. 6–10 mm lg., die beiden unt. Zähne 2–3-mal so lg. wie die übrigen *(1116)*; Blkr. 15–22 mm lg.; Halbquirle meist mehr als 7-bltg.; Bltn. auf 5–25 mm lg. Stielen; *z* im W, östl. bis Ho/Köln/Gießen/Main/Hochrhein, aber auch Th, CH, Bz, Au. (= *Calamintha sylvatica* BROMF.; = *Calamintha menthifolia* HOST) *Wald-B.,* **C. menthifólium** (HOST) STACE

c. K. 3–5 mm lg.; Blkr. 12–15 mm lg.; Halbquirle ± 3-bltg.; *s* Alp. von Ba, Sb, Kt, St, OÖ, NÖ, Bgl. [= *Calamintha subisodonta* BORB.; = *Calamintha brauneana* (HOPPE) JAVORKA]
Österreichische B., **C. einseleánum** (F. W. SCHULTZ) PERUZZI & F. CONTI

d. K. 5–7 mm lg.; Blkr. 12–15 mm lg.; Halbquirle höchstens 5 mm lg. gestielt; *s,* S-CH. [= *Satureja ascendens* (JORD.) K. MALÝ; = *Calamintha ascendens* JORD.] *Aufsteigende B.,* **C. ascéndens** (JORD.) SAMPAIO

4(2). Blkr. blasslila, 7–12 mm lg.; Kzähne z. Frzt. zusammenneigend u. ± gleich lg., K. daher geschlossen; Blätt. am Rand oft umgerollt; ⊙ bis 3-jährig; VI–IX. Trockenrasen, Felsen, Mauern, Dünen; *v–z, s* im N, in NW-Dt fast *f.* [= *Satureja acinos* (L.) SCHEELE; = *Calamintha acinos* (L.) CLAIRV.; = *Acinos arvensis* (LAM.) DANDY; incl. ssp. *villosus* (PERS.) SOJÁK] *Gewöhnlicher Steinquendel,* * **C. ácinos** (L.) O. KTZE.

— Blkr. rotviolett, 15–20 mm lg.; Kzähne z. Frzt. aufrecht abspreizend, verschieden lg. *(1115);* K. offen; ♃; VII–IX. Kiefernwälder, Schotter, Magerrasen, kalkliebend, 400–1550 m; *v* Alp. u. Voralp., sonst nur Schweizer Jura, Ba. [= *Satureja alpina* (L.) SCHEELE; = *Acinos alpinus* (L.) MOENCH] *Alpen-Steinquendel,* **C. alpínum** (L.) O. KTZE.

25. Hyssópus L., *Ysop*
Halbstrauch, 20–70 cm hoch; Blätt. lineal-lanzettl., 1–4 cm lg., fast sitzend; Blkr. blauviolett, in 7–15-bltg., einstswendigen Quirlen; ♄; VII–VIII. Trockenrasen; *s,* ursprüngl. Vs, Waadt, sonst als Gewürz- u. Bienenpfl. v kult., *s* in S-, M-Dt u. Au verwild. u. eingebürgert. * **H. officinális** L.
a. Pfl. kahl od. fast kahl. ssp. **officinális**
— Pfl. grau- od. weißfilzig; *s,* Vs. ssp. **canéscens** (DC.) Briq.

26. Oríganum L., *Dost*
1. K. scheinbar 1-blättrig (die beiden unt. Kzipfel unterdrückt u. die ob. vollständig verwachsen); Blkr. weiß od. blasslila; Bltn. kugelig-köpfchenf. zusammengedrängt, je (3–)5(–9) dicht beisammen sthd. u. lg. gestielt; Tragblätt. rundl., durch Behaarung graugrün, dachig angeordnet u. die Bltn. fast einhüllend; Pfl. stark aromatisch duftend; ⊙; VII–IX. Als Gewürzpfl. *v* kult., *s* verwild. (Heimat: SW-As., östl. N-Afr.) (= *Majorana hortensis* Moench) *Majoran,* * **O. majorána** L.
— K. glockig, 5-zähnig; Blkr. rosa, blasslila, zuw. weiß; end- u. blattachselst. Teilinfl. lg. gestielt, rispig verzweigt u. als köpfchenf. Doldenrispen erscheinend; Hochblätt., Tragblätt. u. Kzähne dkpurpurn überlaufen; Pfl. erst beim Zerreiben duftend; Blätt. eif., ganzrandig; ♃; VII–IX. Halbtrockenrasen, lichte Gebüsche.
Ⓖ *Echter D., Wilder Majoran, Oregano,* * **O. vulgáre** L.
a. Infl. im Umriss kugelig u. insgesamt zieml. dichtbltg.; Gebüsche, Waldränder; *v, z–s* im N. ssp. **vulgáre**
— Infl. im Umriss lg. pyramidenf., alle Teilinfl. voneinander entfernt; Trockenrasen; im Gebiet ursprüngl. wohl nur Ti, Vb, NÖ, Bgl, ČR, sonst kult. u. zuw. verwild. u. eingebürgert. *Wintermajoran,* ssp. **prismáticum** Gaud.

27. Thýmus L., *Thymian, Quendel* (nach P. A. Schmidt)
1. Blätt. untersts. dicht weißfilzig, m. zurückgerolltem Rand; Stg. verholzt, aufrecht bis aufstgd., 20–40 cm hoch; ♄; V–X. Als Gewürz- u. Heilpfl. oft kult. (Heimat: W-Mittelmeergebiet) *Garten-Th.,* * **Th. vulgáris** L.
— Blätt. untersts. nicht weißfilzig, flach; Stg. niederlgd. bis aufstgd. **2**
2. Bltntriebe stumpf 4-kantig bis rundl., ringsum behaart od. auf zwei gegenüberliegenden Flächen behaart **4**
— Bltntriebe deutl. 4-kantig, nur auf den Kanten behaart **3**
3. Bltnstand kopfig; Blattspr. der Bltntriebe von unten nach oben deutl. größer werdend; Pfl. z. Bltzt. auch m. kriechenden, vegetativ endenden Sprossen; ♃; VII–IX. Felsspalten, *s,* Sudeten, Vog, Schw (Feldberg).
Riesengebirgs-Th., **Th. alpéstris** (Tausch ex Čel.) Kern.
— Bltnstand kopfig od. verlängert, oft unterbrochen; Blattspr. an den Bltntrieben in der Größe nicht auffallend verschieden; Pfl. z. Bltzt. ohne vegetative Triebe; ♃; VI–IX. Trockenrasen, Magerrasen, *v.*
Feld-Th., * **Th. pulegioídes** L.
a. Blattspr. beiderseits behaart; Bltntriebe zottig behaart; *z–s.* (= *Th. froelichianus* Opiz) *Krainer Th.,* ssp. **carniólicus** (Borb.) P. A. Schmidt
— Blattspr. höchstens am Grd. bewimpert . . . . **b**
b. K.-Röhre außen kahl; ob. Kzähne ohne lg. Wimpern; Ruderalstellen, *s,* SaAn, ČR. *Istrischer Th.,* ssp. **montánus** (Benth.) Ronn.
— K.-Röhre ringsum zerstreut behaart; ob. Kzähne meist bewimpert; *v.*
ssp. **pulegioídes**

4(2). Stg. z. Bltzt. ohne lgd. vegetative Seitentriebe **7**

— Stg. lg. kriechend, z. Bltzt. m. lgd. vegetativen Seitentrieben; Bltntriebe aus den vorjährigen Trieben entspringend **5**

5. Blätt. sitzend, schmal elliptisch; K. 2,5–3,5 mm lg.; Bltnstand verlängert, unterbrochen; Pfl. stark behaart; ♃;VI–VIII. Trockenrasen, auf Kalk; *s,* NÖ, Bgl,ČR. (= *Th. marschallianus* auct.; = *Th. pannonicus* auct.)
Steppen-Th., **Th. kosteleckyánus** Opiz

— Blätt. gestielt **6**

6. Bltnstand kopfig-kugelig; Blätt. beidersts. meist stark behaart, untersts. m. deutl. hervortretenden Nerven; Kzähne postfloral gelb u. stechend; ♃; VI–VIII. Trockenrasen; *s,* Ti, St, Vs, Ts, Gr, Uri, Bz. [= *Th. glabrescens* Willd. ssp. *decipiens* (Heinr. Braun) Domin]
Tiroler Th., **Th. oenipontánus** Heinr. Braun

— Bltnstand verlängert, unterbrochen; Blätt. behaart od. kahl, untersts. m. schwach hervortretenden Nerven; ♃; VI–VIII. Trockenrasen; *s,* NÖ, Bgl, ČR (Mähren), Bz. (= *Th. austriacus* Bernh. ex Rchb.; = *Th. glabrescens* Willd.) *Österreichischer Th.,* **Th. odoratíssimus** Mill.

7(4). Obere Kzähne breit 3-eckig; Blätt. linealisch, 1–3 mm breit, kurz gestielt od. sitzend; ♃; VII–IX. Sandtrockenrasen, Kiefernwälder, kalkmeidend; im NE *v–z,* sonst *s,* auch NÖ, Bgl, *f* CH, Bz.
Sand-Th., * **Th. serpýllum** L.

— Obere Kzähne schmal 3-eckig; Blätt. elliptisch od. breit eif., 2–8 mm breit, deutl. gestielt; ♃; V–VII. Felsfluren, Trockenrasen, auf Kalk; *z,* Alp., Au, S- u. M-Dt, sonst *s.*(= *Th. humifusus* Bernh. ex Rchb.)
Frühblühender Th., **Th. prǽcox** Opiz

a. Stg. ringsum behaart; Felsen, Trockenrasen, bis 2000 m; *z,* Alp., Au, CH, Bz, ČR, S- u. M-Dt, sonst *s.* ssp. **prǽcox**

— Stg. nur auf 2 Seiten behaart; Felsen, Schotterfluren, *z,* Alp. u. Voralp., bis 3020 m. *(=Th. polytrichus* Kern. ex Borb.)
Langhaariger Th., ssp. **polýtrichus** (Kern. ex Borb.) Ronn.

Im Gebiet (Kt, Karawanken) und in CH vielleicht auch der *Dalmatiner Th.,* **Th. longicáulis** Presl; ähnlich *Th. praecox,* aber m. beidersts. dicht behaarten Blätt. u. undeutl. Seitennerven.

28. Lýcopus L., *Wolfstrapp*

1. Blätt. meist < 4 cm breit, tief gezähnt bis gesägt, am Grd. fiedspaltig; Kzähne > K.-Röhre; Stg. ästig, 20–100 cm hoch, m. Bodenausläufern; ♃; VII–IX. Ufer, Gräben; *v.* *Gewöhnlicher W.,* * **L. europǽus** L.

a. Stg. u. Blätt. kahl bis wenig kurzhaarig; Blätt. lanzettl., seine Buchten spitz, *v.* ssp. **europǽus**

— Stg. u. Blätt. beidersts. dicht flaumig bis kurzzottig behaart; Laubblätt. breiter, bis eif., seine Buchten stumpfer. *s* Berchtesgadener Alp., Au (*f* OÖ, OTi), Ts, Gr, Bz, Be. ssp. **móllis** (Kern.) Skalicky

— Blätt. meist > 4 cm breit, alle Blätt. tief fiedspaltig; Kzähne meist nur so lg. wie die K.-Röhre; Stg. meist unverzweigt, 90–150 cm hoch; ♃; VII–VIII. Flussufer; in Dt wohl erloschen, sonst NÖ, Bgl, ČR (verwild. Kt). Ⓖ *Hoher W.,* **L. exaltátus** Ehrh.

30. Méntha L., *Minze*[1]

1. Infl. nicht durchblättert: Infl. als endst., dichtbltg. Scheinähre (d. h. dicht sthd. Quirle, die Tragblätt. der Halbquirle hierbei meist kleiner als die Bltn., dadurch im Aspekt nicht hervortretend), meist deutl. vom basalen, m. größeren Laubblätt. versehenen Stgteil abgesetzt; Scheinähre entweder verlängert, im Umriss schlank pyramidenf., od. gedrungen u. mehrkugelig erscheinend; neben der endst. Scheinähre wiederholt sich bei kräftigen Pfl. die Inflbildung seitenst., aber schwächer ausgebildet **4**

— Infl. durchblättert: keine vom basalen Stgteil ± scharf abgesetzte scheinährige Infl.; Tragblätt. der Halbquirle zur Spitze hin nur wenig kleiner werdend, aber nicht deutl. von den Stgblätt. verschieden **2**

2. Bltnquirle im Umriss groß, kugelf.; Kzähne fast so lg. wie die K.-Röhre, insgesamt lghaarig; Blätt. oval bis eif.-zugespitzt, seicht u. entfernt gezähnelt, ca. 4 cm lg.; Pfl. steril, wenn fertil, dann vermutl. bereits Rückkreuzungsprodukte; ♃; VII–VIII. Gräben, Ufer; *z* bis lückenhaft (Verbr. unvollst. bekannt). (Hierher 5 Hybridenschwärme, also sehr formenreich.) (= *M. aquatica* × *M. arvensis)*
Wirtel-M., **M.** × **verticilláta** L.

— Bltnquirle vergleichsweise kleiner, nicht so deutl. etagenf. voneinander abgesetzt; Kzähne nur $^1/_3$–$^1/_5$ so lg. wie die K.-Röhre; Blätt. von ähnl. Form wie vorige, aber kleiner **3**

3. Stgblätt. u. Tragblätt. der Halbquirle kleiner, erstere kaum 2 cm groß; Stgblätt. eif., fast ganzrandig; Tragblätt. kaum doppelt so lg. wie die Bltn.; K. ungleichzähnig, der ob. Zahn größer als die übrigen, z. Frzt. durch Haarkranz verschlossen, außen dicht kurzhaarig; ♃; VI–IX. Feuchte Wiesen, Fluss- u. Seeufer; in Dt bes. Stromtäler sehr *z;* Au (*f* Vb, Sb, Kt nur verwild.), Ts, Appenzell, Bz, ČR, sonst weithin *s* u. lückenhaft, *f* Da. *Polei-M.,* * **M. pulégium** L.

— Stgblätt. u. Tragblätt. der Halbquirle größer, erstere fast 4 cm groß; Stgblätt. rautenf., entfernt seicht gezähnelt; Tragblätt. 3–4-mal länger als die Bltn.; K. gleichmäßig u. kurz 5-zähnig, außen locker lghaarig, Haarkranz innen fehlend od. nur sehr schwach ausgebildet; ♃; VII–IX. Gräben, Sumpfwiesen, feuchte Äcker; *v.* Formenreich.
Acker-M., * **M. arvénsis**

4(1). Endst. Scheinähre aus wenigen ± kugelf. Bltnquirlen zusammengesetzt, darunter stehen meist noch einige achselst. *(1104);* Stgblätt. deutl. (± 1 cm) gestielt, Spr. 4–5 cm lg., eng u. fein gekerbt; ♃; VII–X. Gräben, Sumpfwiesen, Ufer; zieml. *v.* *Wasser-M.,* * **M. aquática** L.

---

[1] In der Gattung **Mentha** besteht eine starke Tendenz zu Bastardierungen. Obwohl sich die Bastarde durch weitgehende Sterilität (Pollen verkümmert) auszeichnen, sind sie durch ihre reichliche Ausläuferbildung oft vitaler als ihre Eltern u. verdrängen diese nicht selten. Kultiviert werden vor allem solche Bastardminzen. Die Bestimmung aller im Gebiet vorkommenden „Sippen" ist nach dem folgenden Schlüssel nicht möglich, hierfür muss auf Spezialliteratur verwiesen werden. Beste neuere u. kurze Zusammenfassung in Rothmaler (s. Literaturverzeichnis, S. 866).

— Endst. Scheinähre aus zahlr., dicht gedrängten Bltnquirlen bestehend, insgesamt schlank kegelf. u. verlängert, darunter stehen meist noch wenigstens 2 gleich gebaute, aber kleinere achselst. *(1105);* Stgblätt. meist sitzend, randl. gesägt **5**

5. Stgblätt. weich, m. gerunzelter Ober- u. filzig behaarter Unterseite, breit eif., am Grd. fast herzf., nur wenig länger als breit; K. kurz u. locker, auch drüsig, behaart; Pfl. m. ober- u. unterirdischen Ausläufern; Blkr. hell-lila bis weißl.; ♃; VII–IX. Wegränder, nasse Weiden; *z* im W (Ho, Be, NrWe, RhPf, BW, E, CH), sonst *s* u. sehr lückenhaft bis An, Sa, S-Ba, Au, ČR, *f* Da (Verbr. unvollst. bekannt), im N oft synanthrop. (= *M. rotundifolia* auct.) *Rundblättrige M.,* **M. suavéolens** Ehrh.

— Stgblätt. schmal eif. bis breit lanzettl., zugespitzt, 2-mal so lg. wie breit, obersts. nicht runzelig, untersts. nicht filzig behaart **6**

6. Stgblätt. u. Tragblätt. der seitenst. verlängerten Teilinfl. deutl. gestielt; Infl.form zieml. variabel, meist zieml. dick u. bis 20 mm breit; Pfl. steril; Ausläufer vorwiegend oberirdisch; Blkr. lila; ♃; VI–VII. Vermutl. nicht ursprüngl.; Kulturpfl., *v* kult. u. oft verwild.; *z* im mittl. Gebiet u. Elbetal, sonst vielfach eingebürgert (O-Dt). (= *M. aquatica* × *M. spicata)*
Pfeffer-M., * **M.** × **piperíta** L.

Hier schließen sich auch die Hybridenschwärme **M.** × **dumetórum** Schult. (= *M. aquatica* × *M. longifolia)* u. **M.** × **maximiliánea** (= *M. aquatica* × *M. suaveolens)* m. je ungenau bekannter Verbr. an.

— Stgblätt. u. Tragblätt. der seitenst. verlängerten Teilinfl. sitzend, zuw. die untersten Blätt. kurz gestielt **7**

7. Pfl. m. oberirdischen Ausläufern; Stg. ± kahl; Bltnstiel u. Kbasis kahl; Stgblätt. kahl (od. nur auf den Nerven behaart); Blkr. lila, rötl. od. weißl.; ♃; VII–IX. Gräben, Ufer, Äcker, auch Ruderalstellen; nicht ursprüngl. (Heimat unbekannt), vermutl. erst in Kultur entstanden; *v* kult., oft verwild., bes. im S eingebürgert, im N seltener (Verbr. ungenügend bekannt). [= *M. viridis* (L.) L.; = *M. crispa* L.]
Grüne M., * **M. spicáta** L. em. Huds.

— Pfl. m. unterirdischen Ausläufern; Stg. wollig behaart; Bltnstiel u. Kbasis ± behaart; Stgblätt. wenigstens untersts. behaart; Blkr. lila od. weißl.; ♃; VII–IX. Gräben, Ufer, nasse Wegränder, bes. der montanen Reg.; *v* im S, *z* im mittl. Gebiet, *s* im N, *f* Da.
Ross-M., * **M. longifólia** (L.) Huds.

31. Elshóltzia Willd., *Kammminze*

Blätt. eif.-zugespitzt, 3–4 cm lg., regelmäßig scharf gesägt, stark aromatisch duftend; Infl. einstswendige Scheinähren m. großen, breit elliptischen zugespitzten Tragblätt.; Blkr. rosa; ⊙; VII–IX. Als Gewürzpfl. angebaut u. stellenw. verwild., bes. im O. (Heimat: O- u. M-Asien) (= *E. cristata* Willd.) **E. ciliáta** (Thunb.) Hyl.

32. Ócimum L., *Basilienkraut, Basilikum*

Pfl. kahl, von aromatischem u. charakteristischem Duft; Blätt. eif.-rhombisch, weich, ganzrandig bis entfernt gezähnelt, zuw. stärker eingeschnitten od. kraus; 1–2 cm lg. gestielt; Blkr. weiß od. rötl.; ⊙; VI–IX. Als Gewürzpfl. angebaut. (Heimat: Vorder-Indien) **O. basílicum** L.

Familie: **Phrymáceae**, *Gauklerblumengewächse*

Kräuter od. Stauden; Blätt. gegenst., gezähnt; K. röhrig, bleibend; Blkr. verwachsen, 2-lippig; Stbblätt. 4; Narbe 1- od. 2-lappig. Die Gattung *Mimulus* ist nach neueren Erkenntnissen in diese Familie zu stellen.

Mímulus L., *Gauklerblume*

1. Stg. aufrecht, kahl, nur oben etwas drüsig; ob. Blätt. sitzend; Blkr. 25–40 mm lg., gelb u. ± rot gefleckt; Pfl. 25–60 cm hoch; ♃; VI–X. Bachufer, *z* eingebürgert, z. B. Schw., Bayrwald, Rheintal, N-He, Harz, Th, Sa, Da, Sb, Kt, Ti, CH, Bz, ČR, auch Zierpfl. (Heimat: W-Nordam.) *Gelbe G.,* * **M. guttátus** DC.

— Stg. niederlgd.-aufstgd., wie Blätt. drüsig-zottig behaart; alle Blätt. kurz gestielt; Blkr. 14–20 mm, gelb, m. Moschusgeruch; Pfl. 10–25 cm hoch; ♃; VI–VIII. Bachufer; *s* in BW, RhPf, He, Harz, S-Br, Sa, ČR eingebürgert, sonst zuw. verwildert. (Heimat: W-Nordam.) *Moschus-G.,* **M. moschátus** Dougl. ex Ldl.

Familie: **Orobancháceae,** *Sommerwurzgewächse*

Krautige Pfl., Halbschmarotzer od. Vollschmarotzer; Bltn. in endst, Ähren od. Trauben; Blkr. verwachsen, 2-lippig; Stbblätt. 4; Kapselfr. (Früher wurde hierher nur die Gattung *Orobanche* gestellt, jetzt rechnet man die verwandten Halbschmarotzer noch dazu, sodass eine recht natürliche Gruppierung entsteht.)

1. Pfl. ohne grüne Blätt. **9**

— Pfl. m. grünen Blätt. **2**

2. Blätt. alle fiedspaltig od. gefied.; Blkr. 2-lippig; Oberlippe helmf., zusammengedrückt *(1119–1121)* . . . . **Pedicularis,** 713

— Blätt. ungeteilt, höchstens tief gezähnt **3**

3. K. aufgeblasen, abgeplattet, an der Spitze verengt, 4-zähnig *(1117)* . . . . **Rhinanthus,** 720

— K. nicht aufgeblasen **4**

4. Oberlippe der Blkr. seitl zusammengedrückt m. umgeschlagenen Rändern (*1128–1131);* Unterlippe im Schlund m. 2 Höckern . . . . **Melampyrum,** 721

— Oberlippe der Blkr. helmf. od. fast flach **5**

5. Oberlippe flach; Blkr. fast radiär, 5 mm im Dm, gelb m. blutrot bis braun punktierter Unterlippe; Pflanze kahl, fettig glzd.; Stbbeutel am Grd. spitz *(1118)* . . . . **Tozzia,** 722

— Oberlippe helmf. gewölbt; Blkr. deutl. 2-lippig; Pfl. nicht fettig glzd. **6**

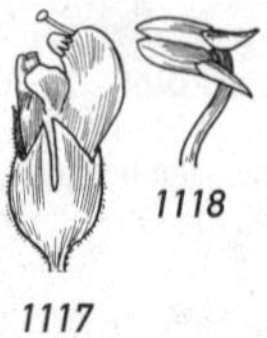

1118

1117

6. Blkr. 18–24 mm lg., trübviolett od. gelb **8**
— Blkr. 3–18 mm lg., fleischrot, weiß, lila od. gelb **7**
7. Blkr. fleischrot od. gelb; Oberlippe so lg. wie die Unterlippe od. länger, die Stbblätt. nicht verbergend . . . . . **Odontites,** 716
— Blkr. weiß od lila, selten gelb, oft m. violetten Streifen; Oberlippe kürzer als die Unterlippe, die Stbblätt. verbergend **Euphrasia,** 717
8(6). Blkr. trübviolett, ihre Unterlippe deutl. kürzer als die Oberlippe . . . . **Bartsia,** 716
— Blkr. gelb, ihre Unterlippe deutl. länger als die Oberlippe **Parentucellia,** 716
9(1). Bltn. in allstswendigen Trauben od. Ähren, weißl., gelb, braun od. blauviolett . . . . **Orobanche,** 723
— Bltn. in einstswendigen Trauben, rosarot, od. violett und ohne Stg. . . . . **Lathraea,** 722

1. Pediculáris L., *Läusekraut* ⓖ

1. Blkr. rot, purpurn od. rosa (selten weißl.) **9**
— Blkr. gelb od. gelbl. **2**
2. Blkr. nicht schnabelf. vorgezogen **5**
— Blkr. m. abw. weisender, schnabelf. verlängerter Spitze (ähnl. *1120*), blassgelb **3**
3. Kzähne ganzrandig od. undeutl. gezähnt, auf der Innenseite kahl, so lg. wie die K.-Röhre; K.-Röhre kahl; Blkr. bis 15 mm lg., gelb; Frkapsel doppelt so lg. wie der K.; Pfl. 15–30 cm hoch; ♃; VII–VIII. Alpine Weiden, 1800–2300 m, auf Kalk; *z*, nur SW-CH. (= *P. barrelieri* Rchb.) ⓖ *Aufsteigendes L.,* **P. ascéndens** Schleich. ex Gaud.
— Kzähne am Rand lappig od. gezähnt **4**
4. Kzähne innen kahl; Basis der Inflsprosse wollig behaart; Tragblätt. am Rand bewimpert; Blkr. 14–20 mm lg.; ♃; VI–VIII. Lichte Wälder, Weiden, Moorwiesen, Felsentriften, bis 2830 m, kalkmeidend; *z* Au (*f* St, Sb), CH, Bz. ⓖ *Knollen-L.,* **P. tuberósa** L.
— Kzähne innen flaumig behaart; Basis der Inflsprosse 2–3-zeilig behaart; Tragblätt. kahl bis zottig behaart; Blkr. 12–16 mm lg.; ♃; VII–VIII. Matten der Krummholzreg., kalkstet, 1300–2300 m. ⓖ *Langähriges L.,* **P. elongáta** Kern.
a. Tragblätt. ± kahl; K. außen kahl, Innenseite seiner Zipfel flaumig behaart; *s,* Ti (Brenner), Kt (Dobratsch), Bz, verschleppt O-SchwAlb. ssp. **elongáta**
— Tragblätt. untersts. u. am Rand sowie K. außen zottig behaart (daher Infl. grau bis silbrig), Innenseite seiner Zipfel ± flaumig; *s,* Kt (Karawanken, Steiner Alp.). (= *P. julica* E. Mayer) ssp. **júlica** (E. Mayer) Hartl
5(2). Blkr. 26–38 mm lg., schwefelgelb, ihr Schlund durch die zusammenneigenden Lippen fast geschlossen; Spitze der Unterlippe blutrot; Blätt. tief fiedteilig, Fiedern gekerbt; Pfl. 30–100 cm hoch; ♃; VII–VIII. Flachmoore; *v* OPr, WPr, *z* W-Po, *s* BW, Ba, St, früher Sb, S-ČR. ⓖ! *Karlszepter,* **P. scéptrum-carolínum** L.
— Blkr. bis 25 mm lg., ihr Schlund durch abspreizende Unterlippe weit geöffnet **5**

6. Oberlippe der Blkr. kahl, an der Spitze purpurn gefleckt; Tragblätt. kürzer als die Bltn. u. deutl. kleiner als die Stgblätt.; Fied. schwach gekerbt bis gesägt; Pfl. 4–20 cm hoch; ♃; VI–VIII. Alpenmatten, 1600–2400 m, kalkliebend; *z* Alp. (*f* Sb, OÖ, Kt), CH, Bz, in Dt nur Ammergauer u. Schlierseer Berge. Ⓖ *Buntes L.*, **P. oéderi** VAHL

— Oberlippe der Blkr. beidersts. ihrer Spitze nicht m. dunklem, purpurnem Fleck; Tragblätter (etwas) länger als die Blüten; Fied. tief eingeschnitten od. nochmals gefied. 7

7. K. auf der Unterseite nicht gespalten; Kzähne ansehnlich; Pfl. 20–50 cm hoch; Bltntraube dicht; Oberlippe der Blkr. außen filzig-zottig, Blätt. einfach gefied., Fied. tief eingeschnitten; ♃; VI–VIII. Alpenmatten, Hochstaudenfluren, Krummholzregion, 730–2500 m, kalkliebend; *z* Alp., *s* SchwAlb, Vog., Schweizer Jura. Ⓖ *Durchblättertes L.*, **P. foliósa** L.

— K. auf der Unterseite bis zur Hälfte gespalten; Kzähne sehr kurz; Oberlippe der Blkr. außen kahl 8

8. K. außen behaart bis wollig; Blkrröhre innen behaart; Pfl. 30–120 cm hoch; Bltntraube dicht; Oberlippe der Blkr. fast kahl; Blätt. doppelt gefied., Fied. 2. Ordnung deutl. gesägt; ♃; VII–VIII. Wiesen, Hochstaudenfluren, 1200–1700 m; *s* Bz, Kt (Karnische u. Gailtaler Alp., Karawanken). Ⓖ *Venezianisches L.*, **P. hacquétii** GRAF

— K. kahl od. m. wenigen Haaren auf den Nerven; Blkrröhre innen kahl; Pfl. 100–200 cm hoch; Bltntraube locker; ♃; VI–VIII. Wiesen, Gebüsche; nur ČR (Weiße Karpaten). Ⓖ *Hohes L.*, **P. exaltáta** BESS.

9(1). Stgblätt. zu 3–4 quirlst.; Blkr. purpurrot (zuw. heller bis weißl.), in gedrungener Traube; Tragblätt. u. aufgeblasener K. oft purpurn überlaufen; ♃; VI–VIII. Matten, Quellmoore, bis 2850 m; *v* Alp., in Dt *s*, erst östl. der Ammergauer Berge. Ⓖ *Quirlblättriges L.*, **P. verticilláta** L.

— Stgblätt. nicht in Quirlen 10

10. Oberlippe der Blkr. kurz od. lg. schnabelf. verlängert *(1120, 1121)* 12

— Oberlippe der Blkr. ungeschnäbelt, gestutzt *(1119)* 11

11. K. kahl, m. etwas ungleichen, am Rand bewimperten Zähnchen; Blkr. braunrot bis purpurn; unt. Tragblätt. fiedspaltig; Pfl. 20–60 cm hoch; ♃; VII–VIII. Feuchte Weiden, Gebüsche, Hochstaudenfluren, 1100–2600 m; *v* Alp., in Dt nur Allgäu u. Berchtesgaden. Ⓖ *Gestutztes L.*, **P. recutíta** L.

— K. weißwollig, m. gleichen Zähnchen; Blkr. rosa; unt. Tragblätt. nur wenig eingeschnitten; Pfl. 5–15 cm hoch; ♃; VII–VIII. Polsterseggenrasen, Gesteinsfluren, 1900–2700 m, kalkstet; *z* Sb (Radstädter Tauern), OÖ (Höllengeb.), Kt, St, NÖ, Bz. Ⓖ *Rosarotes L.*, **P. rósea** WULF.

12(10). Oberlippe der Blkr. in einen lg., vorn gestutzten Schnabel verschmälert *(1120)*, fast ganzrandig 15

— Oberlippe der Blkr. in einen kurzen Schnabel auslaufend, beidersts. m. 1 kurzen Zahn *(1121)* 13

13. K. tief 2-lippig, m. eingeschnitten-gezähnten, krausen Lippen; Blkr. 15–25 mm lg., ihre Unterlippe bewimpert; Infl. dichtbltg., lg. gestielt; Bltn. sitzend od. sehr kurz gestielt; Stg. aufrecht, einzeln, erst oberw.

verzweigt, 5–70 cm hoch; K. außen kurzhaarig, am Rand kahl; Rhachis flach, 2 mm breit; ⊙; V–VI. Sumpfwiesen, Flachmoore; *z*.
© *Sumpf-L.*, * **P. palústris** L. ssp. **palústris**

ssp. opsiántha (Ekm.) E. Almquist: Blkr. ca. 15 mm lg.; Rhachis dickl., rinnenf., kaum 1 mm breit; VII–VIII; *s* Me (Rügen, Usedom), *z* Da.

— K. 5-zähnig od. 5-spaltig; Unterlippe der Blkr. kahl **14**

14. Inflstiele zu mehreren, der mittl. aufrecht, 5–15 cm hoch, die seitl. niederlgd.; Infl. kurz bis sehr kurz gestielt; Bltn. deutl. gestielt; K. 5-zähnig, tief gezähnelt, z. Frzt. aufgeblasen, am Rand zottig, außen kahl; ⊙; V–VI. Feuchte Wiesen, Flach- u. Hochmoore,; *z*, lückenhaft, in Au nur Vb, OÖ, Kt, *f* S-CH, Bz. © *Wald-L.*, * **P. sylvática** L.

— Inflstiel einzeln, aufrecht, 10–25 cm hoch; Infl. lg. gestielt; Bltn. fast sitzend; K. 5-spaltig, m. fein gesägten Zähnchen *(1121)*; ♃; V–VII. Quellige Stellen u. Hochmoore, 1000–1500 m; *s* Riesengeb. (Eiszeitrelikt). © *Sudeten-L.*, **P. sudética** Willd.

15(12). Kzähne ganzrandig; K. spinnwebig-wollig; Infl. lockerbltg., verlängert; Blkr. fleischrot bis purpurn (zuw. rosa bis weißl.), bis 13 mm lg., ihre Röhre nur so lg. wie der K., ihre Unterlippe nicht bewimpert; Pfl. 15–45 cm hoch; ♃; VII–VIII. Matten, Magerrasen, bis 2700 m, kalkliebend; *z* Alp. (= *P. incarnata* Jacq., non L.)
© *Ähren-L., Fleischrotes L.*, **P. rostratospicáta** Cr.

ssp. **rostratospicáta:** *z* Au, Bz, *s* Dt (Berchtesgaden), *f* CH.

ssp. **helvética** (Steininger) O. Schwarz: Pfl. in allen Teilen kräftiger; K. dicht wollig-zottig, seine Zähne bei den unt. Bltn. fein gesägt; *s* Vs, Gr, Ti.

— Kzähne deutl. gesägt bis gekerbt; Infl. köpfchenart., dicht- od. (wenn arm-, dann) engbltg. **16**

16. Unterlippe der Blkr. am Rand bewimpert **19**

— Unterlippe der Blkr. am Rand kahl **17**

17. K. u. ob. Teil des Stg. rötl. wollig-zottig; Blkrröhre etwa so lg. wie der K.; Blkr. 13–18 mm lg., rosenrot m. dunklerer Oberlippe, deren Schnabel lineal; ♃; VII–VIII. Magerrasen, Schuttfluren, 1200–2800 m, kalkmeidend; *v* Au, Gr, Bz. © *Farnblättriges L.*, **P. aspleniifólia** Floerke

— K. höchstens flaumig; Blkrröhre deutl. länger als der K., Oberlippe dunkler gefärbt als Unterlippe **18**

18. K. am Rand u. auf den Nerven etwas flaumig, sonst kahl; Blkr. 21–30 mm lg., rosenrot, der Schnabel ihrer Oberlippe kegelf.; Infl. nur 1–3-bltg.; Infl. endst. aus der zentralen Blattrosette entstehend; ♃; VI–VIII. Magerrasen, Felsschutt, 1800–2600 m; *s* Sb (Lungau), N-Kt, St, NÖ. © *Zweiblütiges L.*, **P. portenschlágii** Saut.

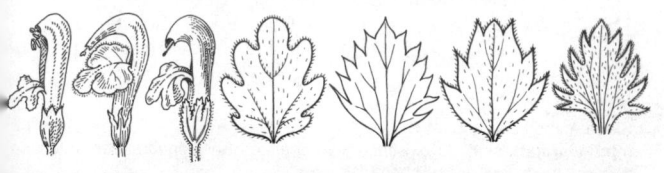

1119 1120 1121 1122 1123 1124 1125

— K. gleichmäßig flaumig bis kahl; Blkr. 17–20 mm lg., hellpurpurn, deren Schnabel lineal; Infl. 2–4-bltg.; Infl. seitl., zentrale Blattrosette vegetativ weiterwachsend; ♃; VII–VIII. Magerrasen, Schuttfluren, 2100–3270 m, kalkmeidend; *z* Au (*f* St, OÖ), CH, Bz. (= *P. rhaetica* KERN.) © *Bündner L.*, **P. kérneri** D. T.

19(16). Blkr. 24–32 mm lg., hellpurpurn, ihre Röhre doppelt so lg. wie der K.; Schnabel der Oberlippe breit u. 2–3 mm lg.; Bltnstand kurz u. dicht; K. dicht behaart; Pfl. 15–25 cm hoch, gleichmäßig dicht behaart; ♃; VI–VII. Gesteinsfluren, Felsen, auf Kalk, 1500–2800 m; *s*, Vs, Ts, Gr, Bz. © *Gedrehtes L.*, **P. gyrofléxa** VILL.

— Blkr. 12–24 mm lg., hellpurpurn, ihre Röhre etwas länger als der K.; Schnabel der Oberlippe 3,5–5 mm lg.; Bltnstand kurz und dicht; K. kahl od. am Rand u. auf den Nerven flaumig behaart; Pfl. 5–20 cm hoch; ♃; VII–VIII. Gesteinsfluren, Matten, Felsspalten, 900–2870 m, kalkliebend, auch auf Schiefer; *v* Alp. von Au, Bz, Gr, St. Gallen, *f* W-CH. (= *P. jacquinii* KOCH) © *Kopfiges L., Geschnäbeltes L.*, **P. rostratocapitáta** CR.

2. Bártsia L., *Alpenhelm*

Blätt. eif., m. herzf. Grd. sitzend, die ob. trüb rotviolett; Bltn. in fast kopfiger Ähre, in den Achseln laubiger Tragblätt.; Blkr. dk. schmutziglila; ♃; VI–VIII. Feuchte Matten, Quellfluren, bis 3100 m; *v* Alp. u. Voralp., *s* Vorland, S-Vog., Schweizer Jura, S-Schw., Riesengeb., Gesenke. **B. alpína** L.

3. Parentucéllia VIV., *Gelbe Bartsie*

Pfl. stark drüsig behaart (klebrig); Blätt. eif.-lanzettl., sitzend; Infl. in kurzer Traube; Tragblätt. laubig, so lg. wie die gelbe Blkr.; ⊙ ; V–VIII. Feucht-sandige, offene Orte; *s* Be, Ho, S-SH, NS, He, Oberrheinebene, bayr. Hochebene; adventiv, ob fest eingebürgert? (Heimat: Mittelmeergebiet) [= *Bartsia viscosa* L.; = *Eufragia viscosa* (L.) BENTH.] **P. viscósa** (L.) CARUEL

4. Odontítes LUDWIG (incl. **Orthántha** KERNER, = **Orthanthélla** RAUSCH.), *Zahntrost*[1]

1. Blkr. gelb, kahl od. schwach behaart **4**

— Blkr. rot, außen filzig behaart **2**

2. Pfl. unverzweigt, 5–20 cm hoch; Internodien wenige u. länger als ihre dickl. Stgblätt.; Infl. arm- (bis 20-)bltg.; Kzähne kurz 3-eckig; ⊙; V–VI. Salzwiesen; *v–s* Meeresküsten; Nordsee: Ho–Elbemündung, Ostsee: MeVp, Po; Sommerrasse. *Salz-Z.*, **O. litorális** (FR.) FR.

— Pfl. verzweigt; Infl. m. meist > 20 Bltn.; Kzähne lineal **3**

3. Pfl. in Getreidefeldern; Stg. oberhalb der Mitte m. bltntragenden, aufrecht-absthd. Seitentrieben, ohne Interkalarblätt.[2], Internodien wenige u. länger als ihre nicht dickl. Stgblätt.; ⊙; V–VI. Äcker; *z, f* NW-Dt, Da. [= *O. ruber* ssp. *vernus* (BELL.) VOLLM.] Sommerrasse. *Acker-Z.*, * **O. vérnus** (BELL.) DUM.

---

[1] Siehe Anmerkung 1, S. 717.

[2] **Interkalarblätt.** sind die zwischen dem obersten Seitentrieb u. den untersten Bltn. der endst. Infl. befindlichen Blattpaare.

— Weidepfl.; Stg. schon von der Basis an verzweigt, m. bogig aufstgd. Seitentrieben; m. od. ohne Interkalarblätt.; ⊙; VII–X. Weideflächen, Wegränder; *v.* Herbstrasse [= *O. serotinus* (LAM.) DUM.; = *O. ruber* (BAUMG.) OPIZ] Formenreich. *Roter Z.*, * **O. vulgáris** MOENCH

4(1). Pfl. behaart, aber ohne Drüsenhaare; Blkr. m. Wimperhaaren, goldgelb, 5–6 mm lg.; Frkapsel 4–5 mm lg., länger als der K.; ⊙; VII–X. Trockenrasen, Sandfluren; *z* S-Dt, Au, CH, Bz, FL, ČR, sonst *s.* [= *Orthantha lutea* (L.) KERN. ex WETTST.; = *Euphrasia lutea* L.] *Gelber Z.*, * **O. lúteus** (L.) CLAIRV.

— Stg., Blätt. u. K. dicht drüsig behaart; Blkr. ohne Wimperhaare, blassgelb, 7–8 mm lg.; Frkapsel 4 mm lg., kürzer als der K.; ⊙; VIII–IX. Kiefernwälder; *s,* nur Vs. *Klebriger Z.*, **O. viscósus** (L.) CLAIRV.

5. Euphrásia L., *Augentrost* [1]

Die Taxonomie der Augentrost-Arten ist bis heute unbefriedigend gelöst. Die einzelnen Sippen werden von den verschiedenen Spezialisten teilweise ganz anderen Gruppen zugeordnet. Dieser Schlüssel, der sich hauptsächlich auf die Bearbeitung von E. VITEK stützt, kann nur ein grobe Übersicht über die Sippen des Gebiets geben. Eine genauere und sichere Bestimmung ist nur mit Hilfe von Herbarien und Spezialliteratur möglich.

1. Kapsel weich od. borstig behaart (zuw. nur am Rand); Stgblätt. ± eif., sitzend, jedersts. m. je 4–6 Zähnen **3**

— Kapsel kahl (zuw. aber am Rand m. wenigen nichtborstigen, gekrümmten Härchen); Stgblätt. lanzettl. bis lineal, jedersts. m. nur 2–3

---

[1] Ähnlich wie bei **Gentiana** zeigen auch die nachfolgenden Gattungen **Melampyrum**, **Odontites**, **Euphrasia** und **Rhinanthus** einen **Saisondimorphismus**, d. h. eine Differenzierung ihrer Arten in **aestivale (Sommer-)** und **autumnale (Herbst-)** Rassen, zuweilen noch in **monomorphe (Zwischen-)**Rassen. Bei *Melampyrum* und *Rhinanthus* können sich diese außerdem noch in **Tal- und Gebirgsrassen** gliedern, wobei aber bei der erstgenannten Gattung deren Formenreichtum immer noch nicht erschöpft ist. In systematischer Hinsicht werden alle diese Rassen heute im Allgemeinen als **ssp**. aufgefasst u. so benannt. Eine genaue Bestimmung der Rassen ist nur mit umfangreicherem Material, einiger Erfahrung und Spezialliteratur möglich. Die Aufgliederung in die einzelnen Rassen ergibt sich im Wesentlichen nach folg. Schema:

Sommerrasse: Stg. unverzweigt, m. wenigen Internodien, die länger als die Blätt. sind; z. Bltzt. [V–VI(–VII)] noch alle Blätt. u. meist sogar noch die Keimblätt. erhalten. Interkalarblätter (s. Fußnote 2 auf S. 716) (meist) fehlend.

Zwischenrasse: Stg. nur oberw. verzweigt; unterste Internodien kürzer, oberste länger als die Blätt.; z. Bltzt. (VI–VII) oft noch alle Blätt. erhalten. Interkalarblätter 0–2.

Herbstrasse: Stg. ± reich verzweigt, m. bogig aufstgd., stets blühenden Seitentrieben; Internodien zahlreich u. kürzer als die Blätt.; Blätt. z. Bltzt. [VII–VIII(–IX)] ± verwelkend; Keimblätt. abgefallen. Interkalarblätt. zahlreich.

Talrasse: Pfl. groß, reich verzweigt, grün bis gelbl.grün, kaum m. Rotfärbung; Infl. reichbltg.

Gebirgsrasse: Pfl. kleiner, weniger verzweigt (zuw. sogar einfach od. nur m. nichtblühenden Seitentrieben), in der Farbe dunkler bis bräunl. od. rötl.; Infl. armblütiger.

Zähnen; Blkr. weiß, bläul. geadert, m. gelbem Schlundfleck auf der Unterlippe 2

2. Tragblätt. jederststs. m. 1–3 grannig zugespitzten Zähnen; unt. Stgblätt. lineal, > 3-mal so lg. wie breit; Blkr. 5–9 mm lg., sich während des Blühens deutl. streckend; ⊙; VII–X. Felsen, Schutt, steinige Hänge, auf Kalk. *Dreizähniger A.*, **E. tricuspidáta** L.

a. Tragblätt. nur mit je einem Zahn nahe der Spitze, schmal lineal; Blkr. 10–15 mm lg.; *s,* nur Bz. ssp. **tricuspidáta**

— Tragblätt. m. 1–3 Zähnen pro Seite; Blkr. 8–10 mm lg.; *s,* nur Ba (südl. Rosenheim), Ti, S-Kt. (= *E. cuspidata* HOST) ssp. **cuspidáta** (HOST) HARTL

— Tragblätt. jedersts. m. meist 3–5 zugespitzten Zähnen; unt. Stgblätt. im Umriss breit lanzettl., < 3-mal so lg. wie breit; Blkr. 4–9 mm lg., sich während des Blühens kaum streckend; ⊙; VI–X. Matten, Felsen, Felsschutt, bis 3300 m; *v* u. *h* Alp., *z* Vorland, *s* BW, E, Sudeten. *Salzburger A.*, **E. salisburgénsis** FUNCK ex HOPPE

a. Blkr. 4–7,5 mm lg.; Internodien 2–4-mal so lg. wie die Blätt.; Blätt. meist purpurn überlaufen; Alp. u. Vorland, auch Mittelgeb. ssp. **salisburgénsis**

— Blkr. 7,5–9 mm lg.; Internodien 1–2-mal so lg. wie die Blätt.; Blätt. meist grün; *s,* nur Bz. (= *E. portae* WETTST.) ssp. **pórtae** (WETTST.) HARTL

3(1). Blkr. groß, (7–)9–15 mm lg. **10**

— Blkr. kleiner, (3–)5–10 mm lg. **4**

4. Blkr. klein, (3–)5–7,5 mm lg., weiß, gelb od violett **6**

— Blkr. größer, (6–)7–10 mm lg, weiß od. violett **5**

5. Deckblätt. m. breitem, oft keiligem Grd., ihre Zähne stumpf (ähnl. *1122*), ohne Granne; Pfl. drüsenhaarig **E. hirtélla** JORD. ex REUT. vgl. Nr. **6**

— Deckblätt. m. keiligem Grd., jedersts. m. 4–6 Zähnen, ihre Zähne m. oft dkroter Granne *(1123);* Stgblätt. u. Deckblätt. kahl, höchstens am Rand kurz behaart; unterhalb der Infl. mindestens 5 Internodien; Blkr. lila od. weiß; ⊙; VII–IX. Trockenrasen, Magerrasen; *v–z.* (incl. *E. pectinata* auct.) *Steifer A.*, * **E. stricta** WOLFF ex LEHM.

Verwandt ist vielleicht auch der *Tatarische A.*, **E. tatárica** FISCH., Stg. von der Basis an verzweigt, m. zahlr. kurzen Internodien; Stgblätt. u Tragblätt. kurz borstig behaart, nicht keilf. *(1125);* ⊙; VII–IX. Trockenrasen; *s,* E, S-CH, ČR.

6(4). Deckblätt. m. breitem, oft herzf. Grd., m. jedersts. 3–7 stumpfen, unbegrannten Zähnen (ähnl. *1122*), dicht m. lg. gestielten Drüsenhaaren besetzt; Blkr. 5,5–7 mm lg, weiß, Oberlippe weiß od. lila, m. gelben Schlundfleck; Stgblätt. m. weißen Borsten- u. gestielten Drüsenhaaren; ⊙; VI–IX. Magerrasen der Alp., 1700–2000 m; *s* Allgäu, Vb, Ti, CH, FL, Bz. *Zottiger A.*, **E. hirtélla** JORD. ex REUT.

M. kleinen, 4–7 mm lg., blassblauen bis weißen Bltn. u. Stg. m. sehr kurzen Internodien u. Stgblätt. m. jedersts. 1–3 spitzen Zähnen; Blätt. dicht grauhaarig m. lg. Drüsenhaaren; ⊙; VII–IX. Dünen; *s,* Da (Bulbjerg). *Dünen-A.*, **E. dunénsis** WIINSTEDT

— Deckblätt. m. herzf. bis keiligem Grd. *(1125),* m. jedersts. 2–6 spitzen Zähnen **7**

7. Deckblätt. m. keiligem Grd. *(1124),* meist länger als breit **9**

— Deckblätt. m. herzf., selten keiligem Grd., meist etwa so lg. wie breit **8**

8. Stg. aufrecht; Stgblätt. jedersts. m. meist 1–3 Zähnen, sitzend; Blkr. meist gelb m. lila Oberlippe u. gelbem Schlundfleck; Pfl. ca. 5 cm hoch; reife Kapsel länger als der K.; ⊙; VII–IX. Magerrasen, 1200–3400 m; *v* Alp. , auch Mittelland u. Schweizer Jura.

Zwerg-A., **E. mínima** JACQ. ex LAM.

Hierher auch der *Tatra-A.,* **E. tátrae** WETTST., Stgblätt. jedersts. m. 3–4 Zähnen, die ob. kurz gestielt; Blkr. weiß bis lila, m. gelbem Schlundfleck; Pfl. meist 8–10 cm hoch; *s* Riesengeb.

Hierher auch **E.** × **pulchélla** KERN. (*E. minima* × *E. picta*); Deckblätt. m. stumpfen Zähnen *(1122);* Alp. von Au, CH, Bz *z.* Ebenfalls hierher wohl auch die jüngst neu entdeckten Arten **E. sinuáta** VITEK & EHRENDF. von N-Ti u. **E. inopináta** EHRENDF. & VITEK von Ti (Ötztal), Sb (Kaprun).

— Stg. oft am Grd. gebogen; Stgblätt. jedersts. m. 4–7 stumpfen bis spitzl. Zähnen; unterhalb der Infl. 2–4(–5) Internodien; reife Kapsel so lg. wie od. länger als der K.; ⊙; V–VII. Magerrasen, Weiden; *s* Mittelgeb. von Ba, He, NrWe, Th, Sa, *f* Au?

Skandinavischer A., **E. frígida** PUGSLEY

9(7). Blkr. 5–7,5 mm lg., weiß bis lila; Stg. m. kräftigen Seitenästen; unterhalb der Infl. mindestens 5 Internodien; Blätt. kahl bis dicht behaart, m. 3–9 Paaren spitzer Zähne; Kapsel wenig kürzer als der K.; ⊙; VII–X. Weiden, Waldränder; *v* im W, östl. *z* bis SH, Br, Sa, Fr, Bayrw, NÖ (Waldviertel), ČR. [incl. *E. curta* (FR.) WETTST., *E. coerulea* HOPPE & FÜRNROHR, *E. uechtritziana* JUNG. & ENGL.]

Hain-A., **E. nemorósa** (PERS.) WALLR.

— Blkr. 4,5–6,5 mm lg., lila od. purpurn; Seitenäste dünn; unterhalb der Infl. mindestens 5 Internodien; Blätt. jedersts m. 1–6 Paaren spitzer Zähne, kahl od. schwach behaart; Kapsel kürzer als der K.; ⊙; VI–IX. Magerrasen, Kiefernwälder, Moore; *v* im N, sonst *z–s,* in Au nur OÖ, NÖ, *f* CH. [= *E. gracilis* (FR.) DREJER]

Schlanker A., **E. micrántha** RCHB.

10(3). Tragblätt. in eine Granne auslaufend; Fr. am Scheitel m. zahlreichen aufrechten Wimperhaaren; Blkr. 9–15 mm lg., sich während des Blühens streckend, lila, weißl. od. gelb; Blätt. ohne lange Drüsenhaare; Kapsel kürzer als der K.; Pfl. 4–40 cm hoch; ⊙; V–X. Alpine Magerrasen, auf Silikat, bis 2750 m; *z.* *Alpen-A.,* **E. alpína** LAM.

a. Blkr. gelb; Pfl. (2–)4–10 cm hoch; *s,* Vs, Ts. (= *E. christii* FAVRAT)

ssp. **chrístii** (FAVRAT) HAY.

— Blkr. weiß, bläul., rötl. od. violett . . . . **b**

b. Obere Blätt. m. jedersts. 3–6 grannig zugespitzten Zähnen; Pfl. 8–12 cm hoch; *z,* S-CH, Bz. ssp. **alpína**

— Obere Blätt. m. jedersts. 2–3 grannig zugespitzten Zähnen; Pfl. 5–25(–40) cm hoch; *s,* Ts, Gr. (= *E. cisalpina* PUGSLEY)

ssp. **cisalpína** (PUGSLEY) BREITSTR.

— Tragblätt. nicht begrannt; Fr. kahl od. nur m. wenigen Haaren; Blkr. (7–)9–15 mm lg., sich während des Blühens streckend, weiß, lila geadert u. m. gelbem Schlundfleck; Blätt. meist m. langen Drüsenhaaren; Kapsel meist kürzer als der K.; Pfl. 1–45 cm hoch; ⊙.

Gewöhnlicher A., * **E. officinális** L.

a. Pfl. dicht drüsig; VII–X. Magere Wiesen, Weiden; *v.* (= *E. rostkoviana* HAYNE) ssp. **rostkoviána** (HAYNE) TOWNS.

— Pfl. ohne Drüsen; VI–X. Wiesen u. Moore der Alp. u. Vorland; *z.* (incl. *E. picta* WIMM., *E. versicolor* KERN. u. *E. kerneri* WETTST.) ssp. **versícolor** (KERN.) VITEK

Verwandt ist vielleicht auch der *Nordische A.*, **E. árctica** LGE. ex ROSTRUP ssp. **minor** YEO (= *E. borealis* auct.), Blätt. kahl, ohne Drüsen; Blkr. 6,5–8,5 mm lg.; unterhalb der Infl. 4 Internodien; Kapsel 4–5,5 mm lg., den K. nicht überragend; ⊙; VII–VIII. Dünen; *s* Da (Skagen).

6. Rhinánthus L. (= *Alectorolophus* ZINN), *Klappertopf (1117)*[1]

1. K. drüsig behaart **7**

— K. kahl od. behaart, aber ohne Drüsen **2**

2. K. auf der ganzen Oberfläche lg. zottig behaart; Zähne der Tragblätt. ohne Grannen; Blkr. ca. 20 mm lg; Stg. ohne schwarze Striche; ⊙; V–IX. Magere Wiesen; *v,* im N *z–s,* nördl. bis S-Ho, NS, Sa, Schl. Formenreich. (= *Rh. hirsutus* LAM.)
Zottiger K., * **Rh. alectorólophus** (SCOP.) POLL.

a. Unterlippe der Blkr. waagrecht absthd., der Oberlippe nicht angedrückt; Schlund offen; Röhre der Blkr. scharf aufwärts gebogen; Pfl. 10–20 cm hoch; *s,* Bz (= *Rh. facchinii* CHAB.) ssp. **facchínii** (CHAB.) SOÓ

— Unterlippe der Oberlippe angedrückt, Schlund daher geschlossen . . . **b**

b. Zähne der Oberlippe gerade vorgestreckt; Haare des K. alle kurz; Pfl. 10–60 cm hoch; *s,* Sb, Kt, Bz. [= *Rh. freynii* (STERN.) FIORI]
ssp. **freÿnii** (STERN.) HARTL

— Zähne der Oberlippe nach unten gerichtet; K. auch m. zahlreichen lg. Haaren; Pfl. 10–80 cm hoch; *v.* ssp. **alectorólophus**

— K. kahl od. nur an den Kanten borstig **3**

3. Rückenlinie der Blkrröhre gerade od. fast gerade, Röhre kürzer als der K. **8**

— Rückenlinie der Blkrröhre aufwärts gekrümmt, Röhre so lg. wie od. länger als der K.; Oberlippe der Blkr. m. längeren, meist blauvioletten Zähnen; Stg. m. schwarzer Strichelung **4**

4. Unterlippe der Blkr. abgespreizt, Eingang in die Blkrröhre daher offen **6**

— Unterlippe der Blkr. der Oberlippe anliegend, Eingang der Blkrröhre daher verschlossen **5**

5. Blätt. m. angedrückten Zähnen; Blkr. 17–20 mm lg.; unt. Tragblätt. m. 4–8 mm lg. Zähnen u. m. 1–5 mm lg. Granne; ⊙; V–VIII. Magerwiesen, Trockenrasen, Dünen; *v–z,* in den Alp. seltener, in Au nur Sb, N-St, OÖ, NÖ, Bgl. Formenreich. [= *Rh. major* EHRH. non L.; = *Rh. glaber* LAM. p.p.; = *Rh. grandiflorus* (WALLR.) SOÓ; = *Rh. angustifolius* GMEL.]
Großer K., * **Rh. serótinus** (SCHÖNHEIT) OBORNÝ

— Blätt. m. spitzen, absthd. Zähnen; Blkr. ca. 20 mm lg.; vordere Zähne der Tragblätt. absthd.; ⊙; V–IX. Feuchte Wiesen; *s,* nur NÖ, Bgl.
Puszta-K., **Rh. borbásii** (DÖRFLER) SOÓ

---

[1] Siehe Anmerkung 1, S. 717, zur Bestimmung der Ökorassen Spezialliteratur benutzen!

6(4). Tragblätt. der mittl. Bltn. am Grd. m. grannig verlängerten Zähnen *(1126);* Blkr. 15–20 mm lg.; Rücken der Blkrröhre stark aufw. gekrümmt; Stg. fast kahl; ⊙; VI–IX. Bergwiesen; *v* Alp. u. Vorland, sehr *z* nördl. bis He, Th, SaAn. (= *Rh. aristatus* ČEL.; = *Rh. angustifolius* auct. non GMEL.) *Grannen-K.,* **Rh. glaciális** PERSONNAT

— Tragblätt. der mittl. Bltn. am Grd. m. zugespitzten, aber nicht grannenart. Zähnen *(1127);* Blkr. ± 15 mm lg.; Rücken der Blkrröhre stark aufw. gekrümmt; Stg. 2-zeilig behaart; unt. Tragblätt. m. spitzen, aber grannenlosen Zähnchen; ⊙; VII–IX. Bergwiesen, oberhalb 1000 m; *s,* Erzgeb. bis Gesenke, W-St, O-Kt. (= *Rh. alpínus* BAUMG.) *Alpen-K.,* **Rh. púlcher** G. & SCH.

7(1). Blkrröhre verschlossen, am Rücken schwach aufw. gebogen; Tragblätt. gleichmäßig gezähnt u. drüsig behaart; Stg. schwarz gestrichelt; Pfl. 15–50 cm hoch; ⊙; V–VIII. Halbtrockenrasen; nur Th (Jena). [= *Rh. aschersonianus* (M. SCHULZE) O. SCHWARZ; = *Rh. alectorolophus* ssp. *aschersonianus* (M. SCHULZE) HARTL] *Drüsiger K.,* **Rh. rumélicus** VEL.

— Blkrröhre offen; Tragblätt. u. K. dicht u. lg. drüsenhaarig; Blkr. ca. 15 mm lg.; Pfl. 5–50 cm hoch; ⊙; V–VIII. Hochmontane bis subalpine Silikatrasen; sehr *s,* Kt (Saualpe), St (Seetaler Alpen) [= *Rh. alpinus* ssp. *carinthiacus* (WIDDER) HARTL]. *Kärntner K.,* **Rh. carinthíacus** WIDDER

8(3). Zähne der Oberlippe < 1 mm lg., weißl.-bläul.; Blkr. 13–20 mm lg.; Tragblätt. gleichmäßig gezähnt; Stg. m. od. ohne schwarze Strichelung; Pfl. 5–40 cm hoch; ⊙; V–IX. Magere Wiesen; *v,* im N *z–s,* nördl. bis S-Ho, NS, Sa, Schl. Formenreich. (= *Rh. hirsutus* LAM.) *Kleiner K.,* * **Rh. mínor** L.

— Zähne der Oberlippe ca. 1 mm lg, etwa so lg. wie breit, bläul.; Blkr. 12–17 mm lg.; mittl. Tragblätt. m. vorgezogener Spitze u. am Grd. m. auffällig lg., bis 6 mm lg. Zähnen; Endzahn des obersten Blattpaars unterhalb des Bltnstands so lg. wie breit; Stg. ohne Strichelung; Pfl. 5–15 cm, hoch; ⊙; VII–VIII. Rasen, auf Kalk, bis 2500 m; *s,* nur Ts, Gr, Glarus. *Bergamasker K.,* **Rh. antíquus** (STERN.) SCH. & TH.

7. Melampýrum L., *Wachtelweizen*[1]

1. Infl. einstswendig u. lockerbltg. **od.** Bltn. einzeln u. blattachselst. **4**

— Infl. allstswendig u. dicht od. Bltn. in 4 Reihen **2**

2. Tragblätt. längs gefaltet, im unt. Teil kammf. gezähnt, dicht dachig in 4 Reihen angeordnet; Blkr. gelbl.weiß, rot überlaufen; ⊙; V–IX. Gebüsche, Waldränder; *z* S- u. M-Dt, Au, sonst *s,* auch Be. Formenreich. *Kamm-W.,* **M. cristátum** L.

— Tragblätt. nicht längs gefaltet u. nicht in 4 Reihen angeordnet . . . **3**

3. Tragblätt. hell- bis lilarot; Blkr. 20–25 mm lg., Lippe rötl., Röhre gelbl. bis weißl.; K. flaumig behaart, fast so lg. wie die Blkrröhre, die Unterlippe der Oberlippe fast anlgd. *(1128);* ⊙; V–IX. Äcker, Trockenhänge; *v* im

[1] Siehe Anmerkung 1, S. 717, zur Bestimmung der Ökorassen Spezialliteratur benutzen!

S (aber *s* Dt südl. d. Donau), *s* im N u. Alp. (OPr?), nördl. u. westl. bis MeVp/Wolfsburg (SO-NS)/Dümmer See/Münsterland/S-Ho. Formenreich. *Acker-W.,* * **M. arvénse** L.

— Tragblätt. gelbl.grün; Blkr. 15–25 mm lg., blassgelb; K. lg. zottig behaart, nur halb so lg. wie die Blkrröhre, die Unterlippe deutl. von der Oberlippe abgespreizt *(1129);* ⊙; VI–VIII. Trockenrasen; *s*, Kt, NÖ, Bgl, früher ČR, auch eingeschleppt. *Bart-W.,* **M. barbátum** W. & K. ex WILLD.

4(1). Ob. Tragblätt. eif., lg. gezähnt, tiefblau gefärbt; K. lg. zottig behaart; Blkr. goldgelb; ⊙; VI–IX. Laubwälder, Gebüsche, Kahlschläge. G Artengruppe *Hain-W.,* * **M. nemorósum** L. agg.

a. Kzähne fast lineal, 4–6 mm lg., fast gerade vorgestreckt; Blätt. nur 5–12 mm breit; K. fast nur entlang der Hauptnerven behaart; St, NÖ, ČR. (incl. *M. angustissimum* BECK u. *M. bohemicum* KERN.) **M. subalpínum** (JURATZKA) KERN.

— Kzähne 3-eckig, 4–6 mm lg., etwas abgespreizt; Blätt. > 15 mm breit **b**

b. K. lg.zottig behaart; Blätt. bis 4 cm breit; *v* im O, *s* im NO, westl. nur *z* bis SO-Da/O-SH/O-NS/Rhön/ob. Main/O-FrAlb, westl. davon einzelne Funde in He, Odenwald, b. München. **M. nemorósum** L. (s. str.)

— K. höchstens etwas rauhaarig, meist kahl; Blätt. nur bis 15 mm breit; *s* im O (Br, Schl, WPr, Po?, OPr?) **M. polónicum** (BEAUV.) SOÓ

— Ob. Tragblätt. nicht tiefblau gefärbt; K. ± kahl **5**

5. Blkr. 12–20 mm lg., gelbl.weiß, die Rückenlinie ihrer Röhre fast gerade *(1130);* K. kaum halb so lg. wie die Blkrröhre, Kzähne lineal, ungleich ansitzend u. (insbes. die ob.) abgespreizt; Schlund der Blkr. nur halb geöffnet; offene Bltn. fast waagrecht von der Inflachse absthd.; ⊙; V–IX. Lichte Wälder, Gebüsche, Waldwiesen, Moore; *v.* [incl. *M. paludosum* (GAUD.) RONN.] Formenreich. *Wiesen-W.,* * **M. praténse** L.

— Blkr. 6–10 mm lg., goldgelb, die Rückenlinie ihrer Röhre deutl. aufw. gekrümmt *(1131);* K. wenigstens ²/₃ so lg. wie die Blkrröhre, Kzähne 3-eckig-lanzettl., unter sich gleichart. u. abgespreizt; Schlund der Blkr. ganz geöffnet; offene Bltn. aufrecht bis schräg seitl. von der Inflachse absthd.; ⊙. V–IX. Nadelwälder, Zwergstrauchreg.; *v* Alp. u. Voralp., sonst *s*, bes. Geb. Formenreich. *Wald-W.,* * **M. sylváticum** L.

8. Tózzia L., *Alpenrachen*

Grdachse m. fleischigen Niederblätt.; Stg. an den Kanten behaart; Blätt. kahl, glzd., m. schwach herzf. Grd. sitzend; Bltn. goldgelb m. rot punktierter Unterlippe; Stbbeutel am Grd. spitz *(1118);* ♃; VI–VIII. Hochstaudenfluren u. Bachränder, 800–2400 m, kalkliebend; *z* Alp., *s* Schweizer Jura. **T. alpína** L.

9. Lathraéa L., *Schuppenwurz*

1. Bltn. violett, 4–5 cm lg.; Infl. doldenart., m. nur kurzem, unterirdischem Stiel, nur 4–8-bltg; ♃; IV–V. Laubwälder, auf *Salix, Populus, Alnus; s* Be (Flämische Ardennen, W-Flandern), Ho. (= *Clandestina rectiflora* LAM.) *Pracht-Sch.,* **L. clandestína** L.

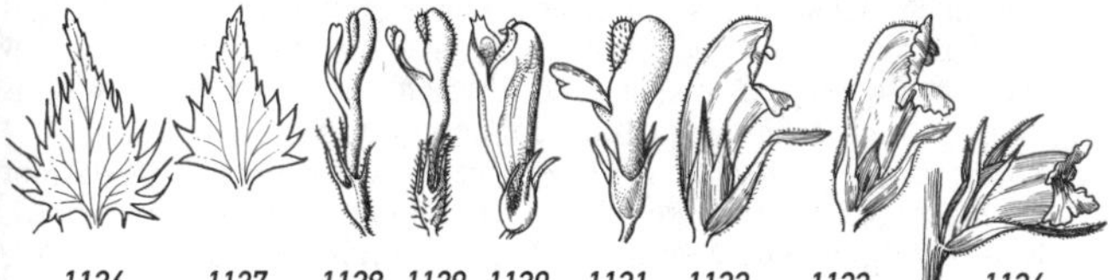

1126 1127 1128 1129 1130 1131 1132 1133 1134

— Bltn. rosa, 14–20 mm lg., in dichter, einstswendiger, anfangs nickender Traube; Pfl. 10–-30 cm hoch; ♃; IV–V.
Aufrechte Sch., * **L. squamária** L.

a. Stg. kahl; Oberlippe der Blkr. 5 mm, Unterlippe 4 mm breit; Gr. kahl; auf Laubgehölzen (nur?), bes. auf *Alnus, Corylus;* ♃; IV–V. Au- u. Schluchtwälder, bis 1600 m; *z,* im NW *s,* nordwestl. Verbr.grenze: Oldenburg/Hannover/Sauerland/Westw./N-Eifel/SO-Be. ssp. **squamária**

— Stg. spärl. behaart; Oberlippe der Blkr. 8 mm, Unterlippe 6 mm breit; Gr. in der Mitte behaart; nur auf *Picea;* ♃; IV–V. *s* Ba, Ti (Halltal), Kt (Karawanken), St (Gleinalpe). ssp. **tátrica** Hadač

10. Orobánche L. (incl. Phelipánche Pomel), *Sommerwurz* [1]

Übersicht der Wirtspflanzen:

Araliaceae: O. hederae (Hedera)

Apiaceae (Umbelliferae): O. bartlingii (Seseli), alsatica (Peucedanum), amethystea (Eryngium), picridis (Daucus), mayeri (Laserpitium), laserpitii-sileris (Laserpitium)

Asteraceae (Compositae): O. coerulescens (Artemisia), flava (Petasites, Tussilago, Adenostyles), elatior (Centaurea), laevis (Artemisia), lanuginosa (Artemisia), purpurea (Achillea, Artemisia, Cirsium), reticulata (Cirsium, Carduus, Carlina), artemisiae-campestris (Artemisia), picridis (Picris, Crepis)

Berberidaceae: O. lucorum (Berberis)

Cannabaceae: O. ramosa (Cannabis)

Dipsacaceae: O. reticulata (Knautia, Scabiosa), O. pancicii (Knautia)

Fabaceae (Papilionaceae): O. rapum-genistae (Cytisus, Genista, Ulex), gracilis (verschiedene, bes. Genista, Lotus, Dorycnium), lutea (Trifolium, Medicago, Melilotus), minor (Trifolium, Medicago, Onobrychis, Ornithopus)

Lamiaceae (Labiatae): O. alba (bes. Thymus), salviae (Salvia), teucrii (Teucrium)

Rosaceae: O. lucorum (Rubus, Crataegus)

Rubiaceae: O. caryophyllacea (Galium)

Solanaceae: O. ramosa (Solanum, Nicotiana)

Während der letzten Jahrzehnte ist ein starker Rückgang der *Orobanche*-Vorkommen zu verzeichnen.

---

[1] Beim Sammeln u. Bestimmen ist auf die umgebenden Pflanzen zu achten! Bei Arten m. dunkler (rötl., bräunl.) Narbe kommen zuw. Exemplare m. gelben Narben vor!

1. Bltn. in der Achsel eines Tragblatts u. ohne Vorblätt., sitzend; K. 2-blättrig, Kblätt. seitl. sthd., ungeteilt bis 2-zähnig, frei od. ± verwachsen **5**
— Bltn. m. Tragblätt. u. 2 seitl. sthd. Vorblätt., kurz gestielt; K. röhrig-glockig, 4- od. 5-zähnig (= **Phelipánche** POMEL) **2**
2. Stg. verzweigt, 3–40 cm hoch; K. kurzglockig, 4-zähnig; Blkr. 10–12 mm lg., blassgelbl., m. blauem od. violettem Saum; ⊙; VIII–X. Äcker, vorwgd. auf *Cannabis, Nicotiana, Solanum;* unbeständig, *z* S-CH, Kt, in Dt nur noch wenige Vorkommen: N-Oberrhein, Saarland, b. Köln, b. Bamberg; *s* Br, Ho, Be, E, *f* Da. [= *Phelipanche ramosa* (L.) POMEL] *Ästige S.,* **O. ramósa** L.
— Stg. einfach, selten ästig; K. 5-zähnig, hinterer Zahn sehr klein; Pfl. 15–60 cm hoch **3**
3. Stbbeutel gegen die Basis wollig-zottig behaart; Bltn. im stumpfen Winkel von der Inflachse absthd.; Blkr. 25–35 mm lg., blauviolett; Lappen der Unterlippe abgerundet; Stg. gelbl.weiß od. blasslila, drüsig behaart, m. weniger als 10 Schuppenblätt.; ⊙–♃; VI–VII. Trockenrasen, auf *Artemisia campestris* u. *A. vulgaris,* bes. auf Sandböden; *z* E, BW, RhPf, O-Dt, Vs, Gr, Bz, Sb, Ti, NÖ, Bgl, ČR. [= *O. arenaria* BORKH.; = *Ph. arenaria* (BORKH.) WALP.] *Sand-S.,* **O. lǣvis** *L.*
— Stbbeutel kahl od. höchstens an der Spitze etwas behaart **4**
4. Kzähne weißwollig; Bltnstand spinnwebig-weißwollig; Blkr. 20–25 mm lg., hellila; Narbe weiß; Pfl. 10–30 cm hoch; ⊙; VI–VII. Trockenrasen, auf *Artemisia pontica* u. *A. austriaca;* sehr *s,* NÖ, Bgl, ČR (Mähren). [= *O. caesia* RCHB.; = *Ph. caesia* (RCHB.) SOJÁK]
Weißwollige S., **O. lanuginósa** (MEY.) GREUT. & BURDET
— Kzähne u. Bltnstand nicht weißwollig; Blkr. 18–30 mm lg., gelbl.weiß, gegen den Saum zu lila u. m. rötl. Aderung; Narbe weiß od. gelbl.weiß; Bltn. in spitzem Winkel von der Infl.achse absthd.; Stg. an der Spitze meist violett überlaufen, reichlich mehlstaubig-drüsig; Pfl. 15–60 cm hoch; ⊙–♃; VI–VII. Trockenrasen; *z–s.* [= *Ph. purpurea* (JACQ.) SOJÁK]
Ⓖ *Violette S.,* **O. purpúrea** JACQ.
a. Bltnstand 10–20-bltg., locker; Stg. oberw. wenig beschuppt; Narbe weißl.; auf *Achillea,* auch auf *Artemisia vulgaris* od. *Cirsium acaulon*; *z–s,* bes. S-Dt, auch CH, Au, Bz, Be, Ho, Da, E. ssp. **purpúrea**
— Bltnstand 15–40-bltg., dicht; Stg. oberw. reich beschuppt; Narbe gelbl.weiß; auf *Artemisia campestris*; sehr *s*, Ti, Bz, ČR. (= *O. bohemica* ČEL.)
ssp. **bohémica** (ČEL.) KUBÁT
5(1). Blkr. hellblau od. lila, an der Basis gelbl.weiß, 10–23 mm lg.; Stbblätt. in der Mitte der hier stark eingeschnürten Blkrröhre ansitzend; Narbe weißl.; Stg. bis 40 cm hoch, an der Spitze weiß-wollig; ♃; VI–VII. Sandböden, auf *Artemisia campestris; s,* nur b. Darmstadt, FrAlb, b. Regensburg, W- u. OPr, Po?, ČR, früher NÖ, OÖ.
Bläuliche S., **O. coeruléscens** STEPH. ex WILLD.
— Blkr. nicht hellblau, höchstens auf hellem Grd. bläul. geadert; Stbblätt. unterhalb der Mitte der an ihrer Basis nicht bauchig erweiterten Blkrröhre ansitzend; Narbe nicht weißl. **6**
6. Stbblätt. deutl. (wenigstens 1–2 mm) oberhalb der Basis der Blkr. ansitzend **10**

— Stbblätt. an od. nicht höher als 1 mm oberhalb der Basis der Blkr. ansitzend **7**

7. Stbfäden an der Basis kahl u. verbreitert, an der Spitze nicht drüsig behaart; Blkr. 20–25 mm lg., weit, röhrig-glockig, hellgelbl. od. rötl.-braun, gegen den Saum m. hellen Drüsenhaaren; Rückenlinie der Blkr. ± gleichmäßig gebogen *(1132);* Tragblätt. so lg. wie od. länger als die Blkr.; Stg. bis 85 cm hoch; ⊙; V–VII. Heiden, lichte Wälder, auf *Cytisus scoparius,* selten auf *Genista, Ulex; z* im W, östl. bis Dümmer See (nördlichstes Vorkommen)/Münster (We)/b. Kassel/Nahegebiet/N-Schw., Ts, Gr. *Ginster-S.,* * **O. rápum-genístae** THUILL.

— Stbfäden an der Basis behaart **8**

8. Blkr. innen glzd., dk. blutrot, außen wachs- bis goldgelb, gegen den Saum trübpurpurn, glockig, drüsig behaart; Rückenlinie der Blkr. ± gleichmäßig gebogen (ähnl. *1132*); Narbe gelb, m. purpurnem Rand; Stg. bis 60 cm hoch; ⊙–♃; V–VIII. Magerwiesen, Trockenrasen, auf verschiedenen *Fabaceae* (bes. *Genista, Lotus, Dorycnium*); *v* Au, S-CH, Bz u. Ba südl. der Donau u. FrAlb, sonst nur W-SchwAlb, Hochrhein, südl. Lx, b. Bingen, b. Marburg, Böhmen, (E?).
Blutrote S., **O. grácilis** SM.

— Blkr. innen nicht glzd. u. nicht dk. blutrot; Rückenlinie der Blkr. gerade bis kaum gekrümmt u. erst in Höhe der Oberlippe ± rechtwinklig abgebogen (ähnl. *1133);* Narbe purpurn bis bräunl. **9**

9. Bltn. nach Nelken duftend; Blkr. 20–35 mm lg., hellbraun bis violett, auf der Oberlippe m. hellen Drüsenhaaren; Stg. 10–60 cm hoch, gelbl. od. lila; ⊙–♃; VI–VII. Trockenrasen, auf *Rubiaceae*; *v* Au, Alb, Eifel, sonst sehr *z* u. lückenhaft, nördl. u. westl. bis S-Ho/Wesel/Rheingau/Edertal/Bielefeld/Wolfenbüttel/MeVp, *s* im O. (= *O. vulgaris* POIR.)
Labkraut-S., * **O. caryophyllácea** SM.

— Bltn. duftlos; Blkr. 18–22 mm lg., weiß-gelbl., gegen den Saum zu rötl. überlaufen, violett geadert; Oberlippe m. dk. Drüsenhaaren; Stg. 10–70 cm hoch, meist rotbraun; ⊙–♃; IV–VIII. Magerwiesen, Sandböden, auf Labiatae (bes. *Thymus); v* nur Au, CH, Bz, ČR, Pf, sonst im S sehr *z,* nördl. bis Be/b. Wuppertal/Rheingau/Rhön/Th, b. Brilon, b. Chemnitz. (= *O. epithymum* DC.; incl. var. *major* Čel.)
Quendel-S., Weiße S., **O. álba** STEPH. ex WILLD.

10(6). Narben rot, braunrot, purpurn od. violett (bei einzelnen Exemplaren zuw. gelb); Rückenlinie der Blkr. gerade bis kaum gekrümmt u. erst in Höhe der Oberlippe ± rechtwinklig nach vorn abgebogen (ähnl. *1133;* Ausnahme: *O. amethystea* u. zuw. *O. minor* u. *O. picridis)* **21**

— Narbe gelb (später bräunl. werdend); Rückenlinie der Blkr. ± gleichmäßig gebogen (ähnl. *1132;* Ausnahme: *O. lutea* u. zuw. *O. bartlingii)* . . **11**

11. Blkr. außen kahl od. nur m. vereinzelten hellen Drüsenhaaren; 10–15 mm lg., weißl. od. gelbl., m. rötl. Oberlippe u. oft violetten Adern, ihre Röhre oberhalb der Mitte deutl. verengt; Stg. bis 60 cm hoch; ♃; V–VII. Waldränder, Parkanlagen, Ruinen, auf *Hedera helix;* im SW *z,* sonst *s,* bes. im W, aber Ausbreitung, auch CH, Bz,Vb, Ti, Ho, Be.
Efeu-S., **O. héderae** VAUCHER ex DUBY

— Blkr. außen drüsig behaart, oberhalb der Mitte nicht verengt . . . **12**

12. Blkr. groß, 2–3 cm lg., m. hellen Drüsenhaaren **18**
— Blkr. klein, 1–2,5 cm lg.; Rückenlinie der Blkr. ± gleichmäßig gebogen *(1132)* **13**
13. Arten der Alpen u. des Alpenvorlands; auf *Asteraceae, Salvia, Berberis, Rubus* od. *Crataegus* schmarotzend **16**
— Arten der tieferen Lagen od. Mittelgeb.; auf *Apiaceae* schmarotzend **14**
14. Filamente nur oben m. wenigen gestielten Drüsenhaaren, zuw. ohne; Blkr. 20–27 mm lg.; Stbblätt. 1–3 mm oberhalb der Basis der Blkr. ansitzend; Gr. kahl bis sehr zerstreut drüsenhaarig; Rücken der Blkr. zuerst etwas gebogen, dann fast geradlinig, zur Spitze wiederum nach vorn gebogen; Pfl. 20–35 cm hoch; ♃; VI–VII. Trockenwiesen, Waldränder, kalkliebend, nur auf *Libanotis pyrenaica;* sehr *s* nur Schweizer Jura, NO-He, b. Regensburg, b. Bad Kissingen (Fr), b. Velden (Pegnitztal), Th, Kt, St (früher mit *O. alsatica* verwechselt). (= *O. libanotidis* Rupr.)
Ⓖ *Bartlings S.,* **O. bartlíngii** Gris.
— Filamente oben und in der Mitte m. ± zahlr. gestielten Drüsenhaaren; Blkr. 16–22 mm lg., Rücken der Blkr. gleichmäßig gebogen **15**
15. Ob. Teil des Frkn. u. gesamter Gr. zerstreut drüsig, unter der Narbe Drüsen meist dichter sthd.; Stbblätt. 4–5 mm oberhalb der Basis der Blkr. ansitzend; Pfl. 30–70 cm hoch; ♃ VI–VII; Trockenhänge, lichte Wälder, nur auf *Peucedanum* u. *Laserpitium*; sicher nur Fr, Th, Br (Oder), St, NÖ, ČR, Bern. *Elsässer S.,* **O. alsática** Kirschl.
— Ob. Teil des Frkn. u. unt. Gr.abschnitt m. wenigen, unter der Narbe meist ohne od. gesamter Gr. ohne Drüsenhaare; Stbblätt. 2–4 mm oberhalb der Basis der Blkr. ansitzend; Pfl. 30–50 cm hoch; ♃; VI–VIII. Gebüschränder, nur auf *Laserpitium latifolium*; *s,* Endemit der SchwAlb.
Mayers S., **O. máyeri** (Süss. & Ronn.) Bertsch & Bertsch
16(13). Zipfel der Oberlippe der Blkr. nicht zurückgeschlagen, gerade vorgestreckt; Blkr. rötl.gelb, m. helleren Drüsenhaaren; Gr. kahl od. spärl. drüsenhaarig; ⊙–♃; VII–VIII. Gebüsche, auf *Berberis vulgaris (s* auf *Rubus* od. *Crataegus);* sehr *z* Alp. u. Vorland (*f* St, OÖ); zuw. synanthrop. *Hain-S.,* **O. lucórum** F. W. Sch.
— Zipfel der Oberlippe der Blkr. zurückgeschlagen **17**
17. Oberlippe der ockergelben Blkr. tief ausgerandet, m. fast kahlen, rötl.Zipfeln; Stbfäden etwa der Mitte der Blkrröhre ansitzend, oberw. drüsig; Gr. spärlich drüsig; Stg. 15–40 cm hoch; ♃; VI–VII. Hochstaudenfluren, auf *Petasites, Tussilago, Adenostyles; z* Alp., *s* Vorland (Lechtal bis z. Donau), Eulengeb. (Schl), ČR.
Blassgelbe S., **O. fláva** Mart. ex Mart.
— Oberlippe der anfangs gelben, später braunen Blkr. schwach ausgerandet, m. randl. drüsig behaartem Zipfel; Stbfäden näher der Basis der Blkrröhre ansitzend, oberw. kahl bis wenig drüsig; Gr. reichlich drüsig; Stg. bis 55 cm hoch; ⊙–♃; VII–VIII. Bergwälder, auf *Salvia glutinosa; v* Alp., *z* Vorland, in Dt *s.* *Salbei-S.,* **O. sálviae** F. W. Sch.
18(12.) Blkr. außen m. dunklen Drüsenhaaren; Stbfäden behaart, oberw. drüsig; Bltn. stark nach Nelken duftend; Pfl. 15–50 cm hoch; Blkr. 20–28 mm lg.; ⊙–♃; V. Magerrasen, auf *Knautia drymeia*; sehr *s,* nur St, Bgl. *Pančic-S.,* **O. pancícii** Beck

— Blkr. außen ohne dunkle Drüsenhaare **19**

19. Rückenlinie der Blkr. gerade u. erst in Höhe der Oberlippe fast rechtwinklig abgebogen *(1133);* Blkr. hellbraun od. rötl.braun, Oberlippe ausgerandet od. 2-lappig, m. aufrechten Lappen; Stg. bis 50 cm hoch, an der Basis dicht, an der Spitze locker beschuppt; ⊙–♃; V–VI. Gebüsche, Klee- u. Luzernefelder, auf *Fabaceae* (bes. *Medicago, Melilotus, Trifolium); v* CH, Bz, ČR, Au, *z–s* nördl, bis Ho (*f* Be)/Düsseldorf/Rheingau/Rhön/Harz/MeVp/Oder (Po). *Gelbe S.,* **O. lútea** BAUMG.

— Rückenlinie der Blkr. ± gleichmäßig gebogen (ähnl. *1132*) **20**

20. Blkr. anfangs rosenrot, später rötl.gelb, ihre Oberlippe nicht od. nur undeutl. ausgerandet; Stg. bis zur Infl. dicht beschuppt, Schuppenblätt. meist länger als die Internodien; ⊙–♃; VI–VII. Buschige Trockenrasen, auf *Centaurea; z* CH, Au, *s* E, BW, Ba, He, RhPf, NrWe, NS, SaAn, Th, MeVP, Schl, W- u. OPr, ČR. (= *O. major* auct.)
Ⓖ *Große S.,* **O. elátior** SUTT.

— Blkr. gelbl.braunviolett, ihre Oberlippe tief ausgerandet; Schuppenblätt. des Stg. meist kürzer als die Internodien; ⊙; VII. Trockene, sonnige Böden, auf *Laserpitium siler;* sehr *s* St, NÖ, Vb, CH, Bz.
Bergkümmel-S., **O. laserpítii-síleris** REUT. ex JORD.

21(10). Rückenlinie der Blkr. ± gleichmäßig gebogen, Bltn. später fast waagrecht absthd. *(1134);* Blkr. 15–20 mm lg., weiß u. gegen die Lippen violett überlaufen od. wenigstens violett geadert; Tragblätt. meist länger als ihre Bltn., violett; Oberlippe der Blkr. m. hellen Drüsenhaaren, tief 2-lappig, m. großen, zurückgeschlagenen Lappen; Stg. bis 45 cm hoch, meist violett; ⊙–♃; VI–VII. Trockenrasen, auf *Eryngium campestre; s* E, Kaiserstuhl, Rheinhessen, Ho. *Amethystblaue S.,* **O. amethýstea** THUILL.

— Rückenlinie der Blkr. gerade bis kaum gekrümmt u. erst in Höhe der Oberlippe ± rechtwinklig abgebogen (ähnl. *1133;* selten ± gleichmäßig gebogen, dann aber Stg., Tragblätt. u. Blkr. nicht violett u. Bltn. aufrechter) **22**

22. Oberlippe der Blkr. m. violetten Drüsenhaaren; ⊙–♃; VI–IX. Wiesen, Ruderalfluren, auf *Cirsium, Carduus, Carlina, Knautia, Scabiosa.*
Netzige S., **O. reticuláta** WALLR.

a. Blkr. nur an der Basis gelb, sonst violett, dk. geadert, ihre Oberlippe dicht m. Drüsenhaaren; *z* Alp., *s* Vorland, Donautal (BW), Vog. (= *O. platystigma* RCHB.) ssp. **reticuláta**

— Blkr. weißl.-gelb, gegen die Lippen zu schwach lila, m. spärl. Drüsenhaaren; *z* Ba südl. der Donau, Pl, Da, sonst *s* Ho, nördlichstes Rheintal (Dt), O-We, b. Lx, N-Pf, b. Karlsruhe, ObSchwaben, Rhön, Harz, Th, SaAn, O-Br, NÖ, Bgl, ČR. ssp. **pallidiflóra** (WIMM. & GRAB.) HAY.

— Oberlippe der Blkr. m. hellen Drüsenhaaren **23**

23. Blkr. bräunl.lila, 20–30 mm lg., m. ungeteilter Oberlippe; Stbfäden an der Basis behaart, an der Spitze drüsenhaarig, an der Anheftungsstelle (3–5 mm oberhalb der Basis) von einem hellen, mondf. Fleck umgeben; Stg. bis 40 cm hoch; ⊙–♃; VI–VII. Trockenrasen, auf *Teucrium; v* Au, Dt *z* u. lückenhaft nördl. u. östl. bis S-Be/Eifel/Pf/mittl. Neckar/SchwAlb/SW-Ba, b. Regensburg, CH, Bz, ČR (Mähren).
Gamander-S., **O. teúcrii** HOL.

— Blkr. weiß od. gelbl.weiß, gegen den Saum zu häufig rötl. od. violett bzw. violett geadert, meist nicht > 20 mm **24**

24. Blkr. nur selten > 12 mm, gelbl.weiß, an der Oberlippe 2-zipfelig m. gerade vorgestreckten Lappen; Stbfäden an der Basis spärl. behaart, an der Spitze kahl od. m. vereinzelten Drüsenhaaren; Stg. bis 50 cm hoch; ⊙; V–VII. Auf Wiesen u. Kleeäckern, bis 800 m, auf *Trifolium pratense* u. *T. medium,* zuw. auf *Medicago sativa, Onobrychis viciifolia, Ornithopus sativus; z–s* Au, CH, Bz, ČR, W- u- S-Dt, nördl. bis S-Ho/ Münster(We)/Minden/N-Harz/Th, MeVp (b. Wismar), Br (b. Frankfurt), Schl. *Kleine S.,* * **O. mínor** Sm.

— Blkr. meist > 12 mm, bis 22 mm lg.; Zipfel der Oberlippe absthd.-zurückgebogen; Stbfäden an der Basis dicht behaart **25**

25. Kblätt. bis fast zum Grd. ungleich 2-spaltig, längere Kzähne fast die Länge der Blkr. erreichend; Tragblätt. etwa so lg. wie die Unterlippe; Gr. reichl. drüsig behaart; Stg. bis 40 cm hoch; ⊙–♃; VI–VII. Trockenrasen, auf *Artemisia campestris; s* Th, SaAn, Vs, ČR, früher NÖ. (= *O. loricata* Rchb.) *Beifuß-S.,* **O. artemísiae-campéstris** Vaucher

— Kblätt. nur bis z. Mitte ungleich 2-spaltig, auch die längeren Kzähne deutl. kürzer als die Blkr.; Tragblätt. länger als die Unterlippe; Gr. spärl. drüsig behaart; Stg. bis 40 cm hoch; ⊙–♃; VI–VII. Wiesen, Ruderalstellen, auf *Asteraceae* (bes. *Picris, Crepis,* zuw. auf *Daucus); sehr z* in Dt: Saarland, S-Pf, b. Darmstadt, b. Hildesheim, b. Stralsund; Da, Ho, Be, E, Vog., CH, NÖ, Kt, ČR, früher OÖ, St. *Bitterkraut-S.,* **O. pícridis** F. W. Schm.

Familie: **Lentibulariáceae**, *Wasserschlauchgewächse*

Land- od. Wasserpfl., deren Blätt. im Dienste des Tierfangs stehen; Bltn. grdst., einzeln od. in Trauben; Blkr. 2-lippig, am Grd. ausgesackt od. gespornt, Schlund oft durch Ausstülpung der Unterlippe verschlossen; Stbblätt. 2; Frkn. oberst.; Kapselfr.

1. Landpfl. m. rosettigen, ungeteilten, am Rand nach oben umgerollten, drüsig behaarten, klebrigen Blätt.; Bltn. einzeln, grdst., lg. gestielt, gespornt, violett od. weiß **Pinguicula**, 728

— Untergetauchte Wasserpfl.; Blätt. fein zerteilt, meist m. tierfangenden Blasen *(204);* Bltn. gelb, in lg. gestielten Trauben **Utricularia**, 729

1. **Pinguícula** L., *Fettkraut*

1. Blkr. weiß, im Schlund m. 2 gelben Flecken, 10–14 mm lg., m. kurzkegelf. Sporn; ♃; V–VI. Feuchte, quellige Stellen, bis 2620 m, kalkstet; *v* Alp. u. Voralp., Schweizer Jura, *s* Vorland bis Bodensee/Oberschwaben bis Augsburg u. München. ⓖ *Alpen-F.,* * **P. alpína** L.

— Blkr. blauviolett; Sporn länger u. dünner **2**

2. Sporn 10–14 mm lg., mehr als halb so lg. wie die übrige Blkr.; Zipfel der Unterlippe etwa so lg. wie breit; Blkr. (samt Sporn) 25–40 mm lg., violett od. rosa, im Schlund weiß, oft dunkel geadert; ♃; VI–VII. Nasse

Felsen, Bachränder; *s*, nur Schweizer Jura.
Großblütiges F., **P. grandiflóra** LAM.

— Sporn 3–6(–10) mm lg., weniger als halb so lg. wie die übrige Blkr. **3**

3. Beide unt. Kzipfel bis zur Mitte miteinander verwachsen; Blkr. (samt Sporn) 16–22 mm lg., m. weißem Schlundfleck; ♃; V–VIII. Hoch- u. Flachmoore, Quellfluren; *v* Geb., *s* tiefere Lagen, vielfach aussterbend. (incl. var. *bohemica* KRAJINA [= ssp. *bohemica* (KRAJINA) DOMIN] u. *P. gypsophila* WALLR.) © *Gewöhnliches F.*, * **P. vulgáris** L.

— Beide unt. Kzipfel bis zum Grd. getrennt, spreizend; Blkr. (samt Sporn) 20–30 mm lg., m. 1–2 weißen Schlundflecken; ♃; V–VII. Moore, feuchte Weiden, bis 3005 m; *z*, CH, Bz, Vb, Ti, Sb, Kt.
Dünnsporniges F., **P. leptóceras** RCHB.

2. Utriculária L., *Wasserschlauch*

1. Pfl. nur ausnahmsweise frei schwimmend, m. bleichen Erdsprossen im Schlamm verankert; grüne Wasserblätt. wiederholt gabelteilig m. abgeflachten Fied., m. 0–10 Schläuchen **3**

— Pfl. frei schwimmend, grün, ohne bleiche Erdsprosse; Blätt. m. 10–100 Schläuchen u. in viele haarf. Zipfel geteilt, diese am Rand gezähnelt **2**

2. Bltnstiele 3–5-mal so lg. wie ihre Tragblätt., bis 20 mm lg., nach der Bltzt. sich bis auf 40 mm verlängernd; Unterlippe vollkommen flach, abgerundet; Blkr. blassgelb; ♃; VI–VIII. Stehende Gewässer; *z*, im N *s* bis *f*. (= *U. neglecta* LEHM.) *Verkannter W.*, * **U. austrális** R. BR.

— Bltnstiele 2–3-mal so lg. wie ihre Tragblätt., bis 15 mm lg., nach der Bltzt. sich nicht verlängernd; Unterlippe sattelf. gebogen, ihre beiden seitl. Ränder nach unten umgeschlagen; Blkr. goldgelb; ♃; VI–VIII. Wie vorige, aber insgesamt etwas häufiger; oft nicht voneinander getrennt, Verbreitung daher unbekannt, vermutl. *z* im N, im S sehr *z*.
Gewöhnlicher W., * **U. vulgáris** L.

3(1). Blattzipfel gezähnt; Winterknospen behaart; Gaumen der Unterlippe gewölbt, den Schlund verschließend; Sporn mehrmals länger als dick **5**

— Blattzipfel glatt od. m. 1 Zähnchen; Winterknospen kahl; Unterlippe der Blkr. meist ± flach; Gaumen der Unterlippe flach, den Schlund nicht ganz verschließend; Sporn kurz kegelig bis zylindrisch **4**

4. Unterlippe der Blkr. längl., ihre Seitenteile abw. gebogen; Traube bis 6-bltg.; Pfl. sehr zart; ♃; VI–IX. Torflöcher, moorige, sehr flache Gewässer, Gräben; *z*, m. großen Verbrlücken im mittl. Gebiet.
Kleiner W., **U. mínor** L.

— Unterlippe der Blkr. ± kreisf., flach; Traube bis 15-bltg.; Pfl. in allen Teilen kräftiger; ♃; VII–IX. Moorige Gewässer; *s* Ob. Rheintal (b. Darmstadt, b. Kehl), E, Kt, NÖ, Vs, St. Gallen, Bz, ČR, früher Vb.
©! *Zierlicher W.*, **U. brémii** HEER ex KÖLLIKER

5(3). Blattzipfel m. beidersts. 3 u. mehr Zähnchen, ± plötzl. stachelspitzig zulaufend *(1135)*; grüne Blätt. nur selten m. Schläuchen; Bltnsporn zylindrisch, fast so lg. wie die Unterlippe; ♃; VI–IX. Wie vorige; *z–s* im

N u. O, im S *z* Au, *s* Bodenseegebiet–Alp.-Vorland–Bayrw., S-ČR.
Mittlerer W., * **U. intermédia** Hayne

— Blattzipfel beidersts. höchstens m. 3 Zähnchen, allmähl. spitz zulaufend *(1136);* grüne Blätt. m. vereinzelten Schläuchen **6**

6. Bltnsporn kegelf., etwa ½ so lg. wie die Unterlippe; diese 8 x 9 mm groß; Blkr. hellgelb; Blattzipfel beidersts. m. 0–2 sockelart. Kerbzähnen, m. abschließender Borste; ♃; VI–VIII. Moorige Gewäser; *z–s* im N u. O, im S *s.* © *Blassgelber W.,* **U. ochroléuca** Hartm.

— Bltnsporn weniger als halb so lg. wie die 10 x 12–15 mm große Unterlippe; Blkr. gelb m. rötl. Ton: Blattzipfel beiderstss m. 3–4 sockelart. Kerbzähnen, diese m. abschließender Borste; ♃; VI–VIII, Tümpel, Gräben, Schlenken; s, Ba, BW, RhPf, NrWe, Sa, Ti, Bz, früher SH.
Sumpf-W., **U. stýgia** Thor

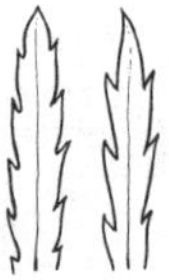

1135 1136

Familie: **Verbenáceae**, *Eisenkrautgewächse*

Kräuter od. Stauden; Blätt. gegenst., ohne Nebenblätt.; Bltn. zygomorph, fast 2-lippig; Stbblätt. 4 (2 längere u. 2 kürzere); Frkn. oberst., in 4 1-samige Nüsschen zerfallend.

Verbéna L., *Eisenkraut*
Blätt. grob gekerbt bis fiedspaltig, am Rand u. auf den Nerven rauhaarig; Bltn. klein, blasslila, in lg., dicht drüsigen, rutenf. Ähren; ♃; VII–VIII. Ufer, Wegränder, Schutt; *v,* im N *z* bis *s,* in NW-Dt *f,* in Da nur eingeschleppt.
* **V. officinális** L.

Ordnung: **Aquifoliáles**

Familie: **Aquifoliáceae**, *Stechpalmengewächse*

Sträucher od. kleine Bäume m. oft immergrünen Blätt.; Bltn. radiär, meist 4-zählig; Frkn. oberst.; Fr. mehrsamige Steinfr.

Ílex L., *Stechpalme*
Blätt. derb, ledrig, immergrün, am Rand stachelig gezähnt *(285);* Bltn. weiß; korallenrote Steinfr.; ♄–♄; V–VI. Bis 10 m hoher Baum od. Strauch, als Unterwuchs im Buchenwald; wild nur im S, W u. NW, Br, N-SaAn, auch *v* als Zierstrauch. © * **I. aquifólium** L.

Ordnung: **Asteráles**

Familie: **Campanuláceae** (incl. *Lobeliaceae*), *Glockenblumengewächse*

Kräuter od. Stauden, meist Milchsaft führend; Blätt. wechselst., ungeteilt od. gelappt, ohne Nebenblätt.; Bltn. einzeln, in Trauben, Rispen, Ähren od. Köpfchen; Blkr. radiär, selten leicht zygomorph, röhrig, trichterf.; Stbbeutel frei, sich nach innen öffnend u. den Pollen auf „Fegehaare" des Griffels entleerend, Filamente frei; Frkn. unterst., meist 3-blättrig; Kapselfr.

1. Blkrzipfel schmal lineal, anfangs an der Spitze vereinigt, später sich vom Grd. her trennend (Fensterbltn., *250);* Bltn. in am Grd. von Hochblatthülle umgebenen verlängerten Ähren od. Köpfchen **8**
— Blkrzipfel nicht schmal lineal, anfangs an der Spitze nicht miteinander vereinigt; Bltn. in Trauben od. Rispen od. lockeren Ähren **2**
2. Blkr. radiär; Stbbeutel ± frei **4**
— Blkr. zygomorph; Stbblätt. röhrig verwachsen **3**
3. Bltn. gestielt; Kapsel keulenf. bis konisch . . . . **Lobelia**, 740
— Bltn. sitzend, aber Frkn. stielart. u. unterst. **Downingia**, 740
4(2). Blkr. radf. ausgebreitet, kürzer als der stielf. Frkn. *(1142)* **Legousia**, 737
— Blkr. glockig od. trichterf. *(1137–1141),* länger als der Frkn. **5**
5. Bltn. 3–10 mm lg., hellblau, einzeln, lg. gestielt; Blätt. herzf.-rundl., eckig 5-lappig; Stg. niederlgd.; Kapsel m. (3–)5 Längsspalten sich öffnend . . . . **Wahlenbergia**, 739
— Bltn. meist viel größer; Stg. niemals ganz niederlgd.; Kapsel sich m. 5 seitl. Löchern öffnend **6**
6. Gr. am Grd. von einem röhrig-becherf. Drüsenring umgeben [nach Entfernung der Stbblätt. zu sehen *(1137,* D)], meist weit aus der Blkr. herausragend . . . . **Adenophora**, 737
— Gr. am Grd. ohne od. m. flachem Drüsenring, nicht od. wenig aus der Blkr. herausragend **7**
7. Stbbeutel z. Bltzt. untereinander frei . . . . **Campanula**, 732
— Stbbeutel z. Bltzt. röhrenf. um den Gr. herum verwachsen **Symphyandra**, 740
8(1). Bltn. ohne Tragblätt.; Bltnknospen gerade; Blkr. blau **Jasione,** 739
— Bltn. m. Tragblätt.; Bltnknospen gebogen **9**
9. Bltn. kurz gestielt; Blkrzipfel an der Spitze bleibend zusammenhgd.; Bltn. groß, 16–20 mm lg.; Pfl. 5–15 cm hoch **Physoplexis,** 737
— Bltn. sitzend od. fast sitzend; Blkrzipfel sich zuletzt an der Spitze trennend . . . . **Phyteuma**, 737

1. Campánula L., *Glockenblume* [1]

1. Buchten zw. den Kzipfeln m. zurückgeschlagenen, lappenf. Anhängseln *(1138, 1139)* **33**
— Buchten zw. den Kzipfeln ohne Anhängsel *(1140, 1141)* **2**
2. Bltn. sitzend, in Ähren, Rispen, Knäueln od. Büscheln **30**
— Bltn. gestielt, einzeln, in Trauben od. Rispen **3**
3. Blkr. röhrig, am Grd. bauchig, gegen die Spitze verengt, hellblau; Blkrzipfel zusammenneigend, nach vorn einen Stern bildend, innen dicht weißhaarig; Bltntraube 1–4-bltg.; Pfl. 5–10 cm hoch; ♃; VII–VIII. Felsen, Felsschutt, auf Kalk; *s*, Kt (Karawanken, Sarntaler Alp.).
Ⓖ *Krainer G.,* **C. zóysii** Wulf.
— Blkrzipfel nicht zusammenneigend, innen nicht weiß behaart . . . **4**
4. Buchten zw. den Zipfeln der Blkr. fast kreisf. ausgeschnitten; Blkr. 15–25 mm lg., eng glockig, hellblau; Kzipfel lineal; Rosettenblätt. herzf.-kreisf., gesägt, Stgblätt. lineal-lanzettl.; Pfl. 5–15 cm hoch; Bltn. zu 1–3; Knospen nickend; ♃, VII–VIII. Felsen, Gesteinsschutt, auf Silikatgestein; *z*, Vs, Ts.
Ausgeschnittene G., **C. excísa** Schleich. ex Murith
— Buchten zw. den Zipfeln der Blkr. spitz **5**
5. Blätt. bis oberhalb der Stgmitte herzf., eif. od. lanzettl., meist nicht mehr als 3-mal so lg. wie breit **20**
— Blätt. von der Stgmitte aufwärts (meist schon darunter) schmal lineal bis lanzettl., mehr als 3-mal so lg. wie breit **6**
6. Kapsel m. Öffnungen am Grd.; Grdblätt. lg. gestielt, von den Stgblätt. verschieden, rundl. bis herzf. (z. Bltzt. manchmal bereits fehlend) **9**
— Kapsel z. Reifezt. m. Öffnungen in der Mitte od. am Ende; Grundblätt. kurz gestielt, von den Stgblätt. kaum verschieden, längl. od. spatelf. **7**
7. Kblätt. an der Basis breiter als 1 mm (meist 2–4 mm); Blkr. ¼ bis ⅓ gespalten, 2–5 cm lg.; Pfl. 30–70(–100) cm hoch; ♃; VI–VIII. Lichte Wälder, Waldränder; *z, f* NW-Dt, auch Zierpfl.
Pfirsichblättrige G., * **C. persicifólia** L.
— Kblätt. an der Basis nicht breiter als 1 mm; Blkr. ½ bis ⅓ gespalten **8**
8. Blkr. ½ bis ⅓ gespalten; Bltn.stiele in ihrer Mitte m. 2 kleinen Vorblätt.; Infl. breit rispig; ♃; V–VIII. Wiesen, Gebüsche; *v, s* im W u. N, *f* NW-Dt. *Wiesen-G.,* * **C. pátula** L.
a. Kblätt. 19–22 mm lg., länger als die Hälfte der Krblätt., gezähnt u. bewimpert; Blkr. 16–34 mm lg.; *s,* Vs, Ts. ssp. **cóstae** (Willk.) Nym.
— Kblätt. 10–18 mm lg., kürzer als die Hälfte der Krblätt., nicht bewimpert **b**
b. Kblätt. 13–18 mm lg.; Blkr. 20–37 mm lg.; *z,* Au, Bz.
ssp. **jahorínae** (K. Maly) Greut. & Burdet
— Kblätt. 10–11 mm lg.; Blkr. 14–29 mm lg.; *v.* ssp. **pátula**

[1] Unter Mitarbeit von G. Buzas

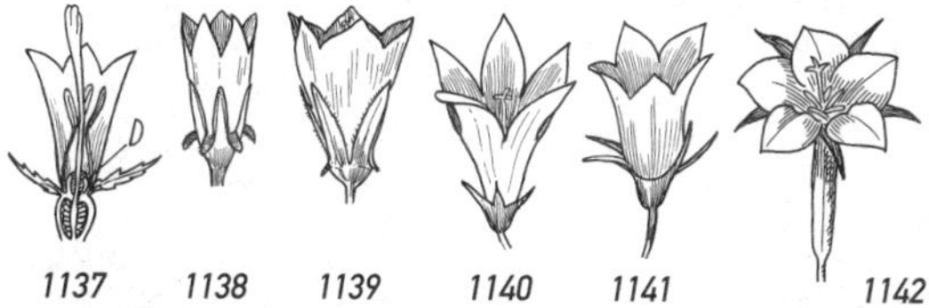

1137 1138 1139 1140 1141 1142

— Blkr. bis ca. 1/3 gespalten; Bltnstiele am Grd. m. kleinen Vorblätt.; Infl. schmal rispig; ♃; V–VIII. Wiesen, Waldränder; *v* im W- u. M-Gebiet, im N *s*, südl. bis CH, Bz, in Au nur Bgl, früher NÖ, eingebürgert in Da.
Rapunzel-G., * **C. rapúnculus** L.

9(6). Frkn. glatt **15**

— Frkn. außen ± papillös (starke Lupe!), oft findet man nur am Grd. der Frknfurchen einige Papillen **10**

10. Kapsel aufrecht; Kzähne meist absthd. bis zurückgeschlagen . . **13**

— Kapsel hgd., Kzähne überwiegend aufrecht, ½ so lg. wie die Blkr.; junge Knospen aufrecht **11**

11. Wurzelstock holzig, 3–15 mm im Dm; Stg. kahl od. schwach kurzflaumig behaart; Rispe vielbltg., zusammengezogen; Blkr. 14–25 mm lg.; Pollenkörner 36–45 µm im Dm; Pfl. 25–50 cm hoch; ♃; VI–IX. Magerrasen, Kiefernwälder; *s*, NÖ, ČR (Mähren).
Mährische G., **C. morávica** (SPITZNER) KOVANDA
ssp. **xylorrhíza** (O. SCHWARZ) KOVANDA

— Wurzelstock nicht holzig, 1–2 mm im Dm; Stg. unten dicht kurzflaumig behaart (nicht nur auf den Kanten) **12**

12. Stgblätt. im unt. Drittel gehäuft,; unt. Blätt. 1–2,5 mm breit; Bltnstand wenigbltg.; Blkr. 12–18 mm lg.; Pollenkörner 30–36 µm im Dm; ♃; VI–VIII. Felsen, auf Kalk od. Dolomit; *s,* Ba (FrAlb), ČR (Böhmen).
Edle G., **C. gentílis** KOVANDA

— Stgblätt. gleichmäßig verteilt, die unt. 2,5–8 mm breit; Bltnstand vielbltg. . . . . (s. Nr. **19– C. rotundifólia** L.)

13(10). Junge Knospen aufrecht; Stg. meist mehrbltg.; Kzähne z. T. krallenf. gebogen, sonst zurückgebogen; ♃; VII–IX. Kalk- u. Dolomitfelsritzen, 1200–1600 m; nur St (bes. Rax), sonst NÖ. [= *C. rotundifolia* ssp. *praesignis* (BECK) HAY.] *Auffällige G.,* **C. praesígnis** BECK

— Junge Knospen geneigt bis hgd.; Stg. wenigbltg. **14**

14. Kzipfel ½ bis gleich lg. wie die Blkr., weit absthd. bis zurückgebogen; ♃; VII–VIII. Felsen, Felsschutt, bis 2000 m, kalkliebend; *s* S-Kt (Karnische Alpen), Bz. (= *C. linifolia* SCOP.)
Leinblättrige G., Karnische G., **C. cárnica** M. & K.

— Kzipfel meist nur wenig länger als die halbe Blkr., absthd. bis zurückgeschlagen; ♃; VII–X. Felsfluren; *s* Sudeten bis Gesenke.
Siebenbürgische G., **C. kladniána** (SCHUR) WIT.

15(9). Stg. wenig-(1–6-)bltg. (wenn mehrbltg., dann mittl. Stgblätt. schmaler als 4 mm) **17**

— Stg. vielbltg.; mittl. Stgblätt. 4–7 mm breit **16**

16. Stg. am Grd. fast zottig behaart; unt. Stgblätt. behaart; ♃; VIII. Buschige, steinige Orte, Waldränder; *s* Vog., RhPf, Taunus.
Lanzettblättrige G., **C. baumgarténii** J. Becker

— Stg. an den Kanten etwas borstig, sonst kahl; unt. Stgblätt. kahl; ♃; VII–IX. Wiesen, Gebüsche, lichte Wälder; *z* Voralp., N-St, NÖ. [= *C. baumgartenii* ssp. *beckiana* (Hay.) Podl.]
Vielblütige G., **C. beckiána** Hay.

17(15). Blätt. der sterilen Rosetten eif., in einen zieml. breiten Stiel verschmälert, dieser höchstens etwa so lg. wie die Spr.; Stg. mehrbltg., unterw. fein flaumig behaart; Stbbeutel etwa so lg. wie die Stbbfäden (der verbreiterte Teil mit eingerechnet); Pfl. rasenbildend (wenn Stg. 1-bltg., vgl. *C. pulla* Nr. **29**–); ♃; VIII–IX (später als *C. cochleariifolia*). Felsschutt, Bachschotter, kalkstet; *z–s* OTi, Kt, St, OÖ, NÖ, Bz.
Rasen-G., **C. cespitósa** Scop.

— Blätt. der sterilen Rosetten m. schmalem Stiel; Stiel länger als die Spr. **18**

18. Unt. Stgblätt. oval bis elliptisch, gesägt, nach oben allmähl. lineal werdend; Stg. 2–6-bltg.; Knospen u. Bltn. nickend bis hängend; Bltn. blassviolett; Stg. unten zahlreich bis spärl. m. weißen Börstchen besetzt; Stbbeutel meist kürzer als die Stbfäden; ♃; VI–IX. Schutt, Bachbette, steinige Matten, bis 3020 m, kalkliebend; *v* Alp., *z* Vorland, Schweizer Jura, *s* S-BW (S-Schw., Baar, Bodenseegebiet, SchwAlb), Vog. (= *C. pusilla* Haenke) *Kleine G.,* **C. cochleariifólia** Lam.

— Unt. Stgblätt. lanzettl.; Bltn. meist dk. violettblau **19**

19. Unt. Stgblätt. sitzend, am Grd. bewimpert (oft nur spärl.; Lupe!; wenn Stgblätt. völlig kahl, dann vermutl. reduzierte traubige Form von *C. rotundifolia*); Stg. kahl od. seltener behaart; Knospen nickend; Stg. 1- bis mehrbltg.; ♃; VII–VIII. Matten, Felsfluren, 700–3210 m.
Scheuchzers G., **C. scheúchzeri** Vill.

a. Blkr. (16–)18–25(–30) mm groß; *v* Alp., *s* S-Schw., Schweizer Jura, böhmische Randgeb. ssp. **scheúchzeri**

— Blkr. (10–)12–16 mm groß; *s* W-Ti, Kt, St, NÖ. (= *C. witasekiana* Vierh.)
ssp. **witasekiána** (Vierh.) Hay.

Hierher wohl auch die *Böhmische G.,* **C. bohémica** Hruby; Blkr. glockig; Frkapsel 6–10 mm lg.; *s,* Sudeten; sowie die *Eis-G.,* **C. gélida** Kovanda; Blkr. trichterf., gleichmäßig verengt; Frkapsel 5–6 mm lg.; *s,* Sudeten.

— Unt. Stgblätt. ± lg. gestielt, nicht bewimpert; Knospen aufrecht, erst vor der Blüte nickend; Stg. unten fein behaart, selten kahl; ♃; VI–IX. Wiesen, Halbtrockenrasen, trockene Wälder; *v.* (incl. *C. polymorpha* Wit.) Formenreich *Rundblättrige G.,* * **C. rotundifólia** L.

20(5). Blätt. ganzrandig; Pfl. 3–10 cm hoch; Kzipfel u. Frkn. behaart; Blkrzipfel unten bewimpert; ♃; VII–VIII. Felsentriften, Schuttfluren, 2200–2700 m, kalkliebend; *s* Vb, Ti, CH, Bz.
Mont-Cenis-G., **C. cenísia** L.

— Blätt. mindestens gekerbt **21**

21. Stg. 1-bltg., Pfl. nur 3–15 cm hoch **29**

— Stg. mehrbltg. **22**

22. Unt. Stgblätt. schmaler als 1 cm (vgl. Nr. **18**) **C. cochleariifólia** LAM.
— Unt. Stgblätt. breiter als 1 cm **23**
23. Kzipfel pfrieml., ganzrandig; Bltnstiele länger als der K.; Bltn. in armbltg., einstswendiger Traube, weitglockig, 12–20 mm lg., blauviolett; Blätt. ei-rautenf.; Stg. kantig, ± kahl, 10–60 cm hoch; ♃; VI–VIII. Wiesen; *v* CH, *s* eingeschleppt u. eingebürgert Vog., Schw, Bayrw, St, OÖ, OTi, Vb. *Rautenblättrige G.,* **C. rhomboidális** L.
— Kzipfel lanzettl. od. eif.-lanzettl. **24**
24. Kapsel aufrecht; Triebe zwar bis 60 cm lg., doch niederlgd. bis aufstgd. (nur bis 30 cm hoch), m. zahlr., locker sthd. Bltn.; Blkr. weit geöffnet, fast sternf., ¼ –½ ihrer Länge zipfelig gespalten, blauviolett; ♃; VI–IX. Vielfach kult., zuw. verwild., eingebürgert b. Graz (St). (Heimat: Dalmatien)
Hängepolster-G., **C. poscharskyána** DEGEN
— Kapsel nickend; Stg. aufrecht, > 50 cm hoch **25**
25. Bltn. zu 1–3 achselst., absthd. od. aufrecht, groß (3,5–4,5 cm lg.); Tragblätt. der Bltn. nur wenig von den Laubblätt. verschieden; Blkr. blauviolett, zuw. weißl.; Kblätt. aufrecht, der Blkr. anlgd. **28**
— Bltn. meist nickend, kleiner; Tragblätt. der Bltn. deutl. von den Laubblätt. verschieden u. viel kleiner; Kblätt. abspreizend **26**
26. Kblätt. gesägt, kahl; Gr. weit aus der hell blauvioletten Blkr. herausragend *(1137);* Infl. allstswendig **Adenophora** s. S. 737
— Kblätt. ganzrandig; Infl. ± einstswendig; Blkr. kräftig blauviolett **27**
27. Blätt. unterstss. grau-samtig; Bltn. 1–2 cm lg., zu 1–3 blattachselst., allstswendig; Stg. stielrund, kurzhaarig, ohne Ausläufer; ♃; VII–X. Trockenwiesen, Waldränder; *s* im O (westl. bis Harz), Kt?, NÖ, Bgl, Vs, Ts, Bz, ČR. Ⓖ *Filzige G.,* **C. bononiénsis** L.
— Blätt. unterstss. grün, kurzhaarig; Grdblätt. herzf.-3-eckig, spitz gekerbt; Bltn. meist einzeln, 2–3 cm lg., einstswendig; Stg. stumpfkantig, absthd. behaart, m. unterirdischen Ausläufern; ♃; VI–IX. Äcker, Gebüsch, Wälder; *v,* im NW nur *z.* *Acker-G.,* * **C. rapunculoídes** L.
28(25). Stg. ± scharfkantig, steifhaarig; Grdblätt. lg. gestielt, eif.-herzf., steifhaarig, brennnesselart.; Bltnstiele am Grd. m. 2 Vorblätt.; ♃; VII–IX. Gebüsch, lichte Wälder; *v, z* NW-Dt.
Nesselblättrige G., * **C. trachélium** L.
— Stg. stielrund od. stumpf gerillt, fast kahl; Grdblätt. kurz gestielt, eif.-längl., beiderststs. weichhaarig; Bltnstiele in ihrer Mitte m. 2 Vorblätt.; ♃; VI–VIII. Schluchtwälder, Gebüsche, Hochstaudenfluren; *v–z* Alp., sonst sehr *z* bis *s*, Be verwild., auch Zierpfl.
Ⓖ *Breitblättrige G.,* **C. latifólia** L.
29(21). Pfl. 3–6 cm hoch, kriechend; Grdblätt. steif absthd. behaart; Bltnknospen u. Bltn. aufrecht; Kblätt. 4–6 mm lg., Kzipfel die Hälfte der Bkrröhre nicht erreichend, lanzettl.; ♃; VII–IX. Felsen, Felsschutt, auf Kalk; *s,* Bz. *Dolomiten-G.,* **C. morettiána** RCHB.
— Pfl. 5–15 cm hoch; Blätt. kahl od. fast kahl; Bltnknospen nickend; Kblätt. 7–12 mm lg.; Kzipfel so lg. od. länger als die halbe Blkrröhre, lineal-lanzettl.; Blätt. eif. bis elliptisch, gekerbt bis stumpf gesägt; ♃; VII–VIII.

Felsschutt, Quellfluren, auf Kalk, 1500–2200 m; *z,* Sb, Kt, St, OÖ, NÖ. *Dunkle G.,* **C. púlla** L.

30(2). Bltn. blassgelb, in dichter, kolbenf. Ähre; Stg. kantig, steifhaarig-zottig; Blätt. steifhaarig, schwach wellig, längl.-lineal; ⊙; VII–VIII. Alpine Rasen, Kiefernwälder, 1400–2600 m. Ⓖ *Strauß-G.,* **C. thyrsoídes** L.

a. Stg. bis 40 cm hoch; Infl. dichtbltg.; Tragblätt. so lg. wie die Bltn. Steinige Matten, Geröll; *z* K-Alp., *s* Schweizer Jura. ssp. **thyrsoídes**

— Stg. bis 100 cm hoch; Infl. lockerbltg.; Tragblätt. doppelt so lg. wie die Bltn. Waldränder, Felsen; *s* Kt (westl. bis Nockgebiet). Ⓖ ssp. **carniólica** (SÜND.) PODLECH

— Bltn. blau **31**

31. Infl. rispig, die seitl. Teilinfl. nicht od. bis deutl. gestielt, ohne endst. Bltnknäuel; Gr. kürzer als die Blkr.; Stg. u. Blätt. steifhaarig; ♃; VI–VII. Steinige Hänge, Felsen, bis 1400 m; *s* Vs, Ts, Gr, Bz, OTi, Ti, Kt. *Ähren-G.,* **C. spicáta** L.

— Infl. m. köpfchenf., endst. Bltnknäuel, darunter entfernt noch wenigbltge Teilinfl. **32**

32. Spr. der Grdblätt. in den Blattstiel verschmälert, gleich dem Stg. steifborstig; Gr. meist aus der Blkr. hervorragend; Blkr. heller blau als folg. Art; ⊙–♃; VI–VII. Feuchte Wiesen, lichte Wälder; sehr *z* u. lückenhaft im S- u. M-Gebiet, nördl. bis S-Be/Nahe/Westw/Hildesheim/S-SaAn/Br. Ⓖ *Borstige G.,* **C. cervicária** L.

— Spr. der Grdblätt. am Grd. herzf. od. abgerundet, gleich dem Stg. weich behaart; Gr. meist nicht aus der Blkr. herausragend; ♃. Ⓖ *Geknäuelte G., Knäuel-G.,* * **C. glomeráta** L.

a. Stg. aufstgd., m. endst. köpfchenf. Bltnstand; Grdblätt. fast so lg. wie der Stg.; Pfl. 5–15 cm hoch; VIII–IX. Alpenmatten; *z,* Ti, Ba?, Bz. ssp. **serótina** (WETTST.) O. SCHWARZ

— Stg. aufrecht, Pfl. > 20 cm hoch . . . . **b**

b. Bltnstand nicht verzweigt, kopfig; Blätt. unterssts. graufilzig; mittl. Stgblätt. < 5 cm lg., 1,5–3-mal so lg. wie breit; VII–IX. Trockenrasen, Kiefernwälder; *s,* Vs, Ts, Bz, ČR. ssp. **farinósa** (ANDRZ.) KIRSCHL.

— Bltnstand meist verzweigt; Blätt. kahl od. flaumhaarig; mittl. Stgblätt. bis 10 cm lg., 3–5-mal so lg. wie breit; VI–VIII. Halbtrockenrasen, Wiesen; *v–z* im S, nördl. bis Ho, Osnabrück, Braunschweig, O-Dt, auch Da. ssp. **glomeráta**

33(1). Gr. 5-spaltig; Blkr. bis 6 cm groß, verschiedenfarbig, kurz gestielt; K-Anhängsel stumpf; ⊙–⊙; VI–IX. Als Gartenzierpfl. weit *v,* auch gefüllt, zuw. verwild. (Heimat: W-Mittelmeergebiet) *Marien-G.,* **C. médium** L.

— Gr. 3-spaltig; Bltn. nickend **34**

34. K-Anhängsel sehr kurz *(1139);* Kzipfel lineal, viel länger als die halbe Blkr.; K. u. seine Anhängsel wollig-zottig; Bltn. hellblau, in oft bis zur Stgbasis reichender Traube, spitzenw. erblühend; Blätt. locker wollig-zottig, verkehrt lanzettl., an der Spitze seicht gekerbt; ⊙–♃; VII–VIII. Steinige Matten, Zwergstrauchreg., 1250–2300 m; *z* Sb, Kt, St, OÖ, NÖ, bei Berchtesgaden, sonst in Dt nur Schlierseer Berge. *Alpen-G.,* **C. alpína** JACQ.

— K-Anhängsel fast so lg. wie die K.-Röhre; Kzipfel kürzer als die halbe Blkr. **35**

35. Blkr. hellgelb bis weiß, bis 5 cm lg., am Rand kahl; Grdblätt. breit 3-eckig, m. basal herzf. Ausrandung; ♃; VII. Eingebürgert b. Lüneburg, eingeschleppt b. Graz (St). (Heimat: Kleinas., Kaukasus)
Knoblauchsraukenblättrige G., **C. alliariifólia** WILLD.
— Blkr. (hell)blau, deutl. kleiner; Grdblätt. schmal lanzettl., ohne basale Verbreiterung **36**
36. Blkr. innen am Rand bärtig, hellblau, seltener weiß; K-Anhängsel stumpf; Stg. einfach; Infl. armbltg., traubig, etwas einstswendig; ♃; VI–VIII. Matten, Zwergstrauchreg., 800–2500 m, kalkmeidend; *v* Alp. (in Dt *v* Allgäu, *s* Wettersteingeb. u. b. Berchtesgaden), *s* O-Sudeten.
Bärtige G., **C. barbáta** L.
— Blkr. am Rand kahl, blaulila; K-Anhängsel spitz *(1138)*; Stg. verzweigt; ⊙; VI–VIII. Heidewiesen, Steppen; *s* östl. von O-Br/Schl, ČR, in Au Bgl, NÖ. *Sibirische G.*, **C. sibírica** L.

2. Adenóphora FISCH., *Becherglocke*
Bltn. nickend, blassblau-lila, hgd., wohlriechend, in Trauben od. Rispen; Pfl. 30–100 cm hoch; ♃; VII–IX. Auwälder, feuchte Wiesen; *s* OPr, Schl, Ba (untere Isar), Ts, St, NÖ, ČR, früher Bgl.
Ⓖ **A. liliifólia** (L.) LED. ex A. DC.

3. Legoúsia DURANDE (= *Specularia* A. DC.), *Frauenspiegel*
1. Kzipfel lineal, so lg. wie der Frkn. u. kaum länger als die violette, 15–20 mm breite Blkr.; ⊙; VI–VIII. Getreideäcker, Sandfelder; *v* im SO u. Au, *z* im SW, W u. CH, nördl. *s* bis Osnabrück/Hannover/Th/S-An. (= *Sp. speculum* DC.)
Gewöhnlicher F., * **L. spéculum-véneris** (L.) CHAIX
— Kzipfel lanzettl., halb so lg. wie der Frkn. u. länger als die violette od. rotviolette, 8–15 mm breite Blkr.; ⊙; V–VII. Getreidefelder; *s*, östl. bis SH, NS, Th, Ba, *f* NW-Dt, Da, in Au nur Kt. (= *Sp. hybrida* DC.)
Kleiner F., * **L. hýbrida** (L.) DEL.

4. Physopléxis (ENDL.) SCHUR, *Schopfige Teufelskralle*
Bltn. am Grd. bauchig aufgetrieben, 16–20 mm lg., blassrot; Schnabel dkviolett; Bltnstand 8–20-bltg.; Pfl. 5–15 cm hoch; ♃, VI–VIII. Felsspalten der S-Alp., auf Kalk od. Dolomit; *s*, Ti (Brenner), S-Kt, Bz (Dolomiten). (= *Phyteuma comosum* L.) **Ph. comósa** (L.) SCHUR

5. Phytéuma L., *Teufelskralle, Rapunzel*
1. Bltn. in kugeligen Köpfchen, Pfl. 5–50 cm hoch **7**
— Bltn. in eif. bis walzl. Ähren; Pfl. 20–100 cm hoch **2**
2. Blkr. vor dem Aufblühen fast gerade; Alpenpfl. **5**
— Blkr. vor dem Aufblühen gekrümmt; basale Stgblätt. 1–2-mal so lg. wie breit, herzf. **3**
3. Blkr. gelbl.weiß, selten hellblau; mittl. u. ob. Stgblätt. m. deutl. entwickelter Spr.; ♃; V–VIII. Laubwälder, Wiesen, bis 2100 m.
Ährige T., * **Ph. spicátum** L.
a. Bltn. grünl.- bis gelbl.weiß; Gr. u. Narben gelb bis gelbl.braun; Infl. erst später walzl.; *v–z*, im NW *s–f*. ssp. **spicátum**

— Bltn. bläul.; Narben gelbl.braun bis blau; Infl. schon beim Aufblühen walzl.; *z* Alp. (FL, Vb, Sb, St, Allgäu), *s* Odw., b. Rheine (W-NS), ob anderswo? [= ssp. *coerulescens* (Bogenhard) Rothm.] ssp. **coerúleum** (Gremli) R. Schulz

— Blkr. dkblau bis schwarzviolett **4**

4. Spr. der Grdblätt. am Grd. tief herzf., so lg. wie breit od. wenig länger, doppelt gekerbt-gesägt; mittl. Stgblätt. am Grd. herzf. od. abgerundet, die ob. m. ± voll entwickelter Spr.; ♃; VII–VIII. Feuchte Wiesen, Hochstaudenfluren, 1000–2100 m; *z* Alp. (CH, Bz, Vb, St, Kt, Ti, Allgäu bis Karwendel). (= *Ph. halleri* All.) *Hallers T.,* **Ph. ovátum** Honck.

— Spr. der Grdblätt. am Grd. herzf. od. abgerundet, etwa doppelt so lg. wie breit, gekerbt-gesägt; mittl. Stgblätt. an der Basis verschmälert, die ob. m. stark reduzierter Spr.; ♃; V–VII. Feuchte Wiesen, Wälder; *v* im mittl. Gebiet, sonst *z–s,* östl. bis zur Elbe, OÖ, NÖ, ČR, verwild. Ho, Da, *f* CH. *Schwarze T.,* * **Ph. nígrum** F. W. Schm.

5(2). Grdst. Blätt. allmählich in d. Stiel verschmälert, z. Bltzt. abgestorben; Bltnstand auffallend lg., schlank; Blkr. hellblau; ♃; VI–VII. Lichte Wälder, Wiesen; *s,* nur S-Ts. *Schwarzwurzelblättrige T.,* **Ph. scorzonerifólium** Vill.

— Grdst. Blätt. an der Basis herzf. od. gestutzt **6**

6. Alle od. fast alle Bltn. m. 2 Narben; Spr. d. Grdblätt. lanzettl., an der Basis abgerundet bis seicht herzf., meist kahl; Grdblätt. z. Bltzt. meist abgestorben; ♃; VII–VIII. Wiesen, Waldränder, kalkmeidend, 700–2000 m; *z* Ti, Sb, Kt, St, OTi, OÖ. (= *Ph. persicifolium* A. DC.) *Pfirsichblättrige T.,* **Ph. zahlbrúckneri** Vest

— Alle Bltn. m. 3 Narben; Grdblätt. ei-lanzettl., an der Basis abgerundet; Stg. im ob. Drittel meist blattlos; Bltnstand 4–10 cm lg., erst eif, später zylindrisch; ♃; VI–IX. Alpenmatten, kalkmeidend, 700–2380 m; *z,* Alp., Allgäu, Au, Bz. Formenreich. *Ziestblättrige T.,* **Ph. betonicifólium** Vill.

7(1). Spr. der Grdblätt. lineal, grasart. od. zungenf.-spatelig, gegen die Basis keilig verschmälert; Narben 3 . . . . **10**

— Spr. der Grdblätt. herz-eif. bis lanzettl., an der Basis meist abgerundet bis herzf. **8**

8. Äußere Hüllblätt. der Infl. lineal, kahl, so lg. wie od. etwas länger als die Infl.; Blkr. in der Knospe gerade; ♃; VI–VIII. Felsfluren, Krummholzreg.; *s,* Alp. von CH, Ti, Bz. *Scheuchzers T.,* **Ph. scheúchzeri** All.

a. Rosettenblätt. am Sprgrd. herzf.; *s,* Gr, Bz. ssp. **colúmnae** (Gaud.) Becherer

— Rosettenblätt. am Sprgrd. keilig; *s,* CH, Ti, Bz. ssp. **scheúchzeri**

— Äußere Hüllblätt. der Infl. zumindest im unt. Teil eif. verbreitert, meist kürzer, selten so lg. wie die Infl.; Blkr. in der Knospe stark gekrümmt **9**

9. Hüllblätt. breit eif. bis rundl.; Stgblätt. breit lanzettl. bis eif., gezähnt; Grundblätt. der Bltntriebe ungestielt, gegen die Basis zu keilig verschmälert od. nur kurz gestielt; Blätt. meist deutl. behaart; Pfl. 5–30 cm hoch, meist niedriger; ♃; VII–IX. Dolomitfelsfluren, 1600–2600 m, kalkstet; *s* OTi, Bz, Kt. *Dolomiten-T.,* **Ph. síeberi** Spr.

— Hüllblätt. spitz eif. bis lanzettl.; Stgblätt. lanzettl., gekerbt; Grdblätt. der Bltntriebe lg. gestielt, Stiel oft länger als die Spr.; Pfl. 5–50 cm hoch; ♃; V–IX. Magerrasen, Halbtrockenrasen, Moorwiesen, bis 2450 m;

z im S, sonst *s, f* im N. [incl. ssp. *tenerum* (SCHULZ) FOURN.]. Formenreich. *Kugelige T.,* * **Ph. orbiculáre** L.

10(7). Blätt. gegen die Spitze verbreitert; Grdblätt. kurz gestielt bis sitzend **13**

— Blätt. lineal, in der Mitte am breitesten **11**

11. Hüllblätt. am Grd. < 2 mm breit, in eine lg. Spitze auslaufend, den Bltnkopf weit überragend, entfernt gezähnt, 20–40 mm lg.; Bltnknospen gerade; Grdblätt. entfernt gesägt; Pfl. 3–15 cm hoch; ♃; VII–VIII. Silikatfelsen; *s,* nur Gr. *Rätische T.*, **Ph. hedraianthifólium** R. SCHULZ

— Hüllblätt. am Grd. 3–6 mm breit, eif.-lanzettl., zugespitzt; Bltnknospen gebogen **12**

12. Hüllblätt. lg. zugespitzt, so lg. wie od. länger als der Bltnkopf, am Grd. m. scharfen Zähnen; Grdblätt. ganzrandig; Kopf 15–30 mm breit; Pfl. 3–12 cm hoch; ♃; VII–VIII. Silikatfelsen; *s,* nur Vs (Zermatt). *Niedrige T.,* **Ph. húmile** SCHLEICH. ex GAUD.

— Hüllblätt. kurz zugespitzt, meist kürzer als der Bltnkopf, 2–4-mal so lg. wie breit, eif.-lanzettl., meist ganzrandig, höchstens am Grd. m. wenigen stumpfen Zähnen; Grdblätt. grasartig, 1–2 mm breit; Kopf 10–20 mm breit; Pfl. 3–20 cm hoch; ♃; VII–VIII. Alpenmatten, kalkmeidend, 1700–3300 m; *v–z* Alp., in Dt nur Allgäu, Wettersteingeb. *Halbkugelige T.,* **Ph. hemisphaéricum** L.

13(10). Blätt. lineal bis spatelig längl., ihre Spitze die obersten Blattzähne überragend; Pfl. 3–15 cm hoch; ♃; VII–IX. Steinige Matten, 1700–2500 m, kalkmeidend; *v* SO-Sb, Kt, St. (= *Ph. nanum* SCHUR, nom. nud.) *Zungenblättrige T.,* **Ph. confúsum** KERN.

— Blätt. verkehrt eif. bis lanzettl., ihre Spitzen die obersten Blattzähne nicht überragend od. Blätt. ganzrandig; ♃; VII–IX. Matten, Gesteinsfluren, bis 3300 m. *Kugelblumenblättrige T.,* **Ph. globulariifólium** STERNB. & HOPPE

a. Pfl. 1–5 cm hoch; Blätt. stumpf, gegen die Spitze meist gekerbt; äußere Hüllblätt. fast rund, zuw. sogar breiter als lg., stumpf; *z* Ur-Alp. von Vb, Ti, OTi, Bz, Sb, St, Kt. ssp. **globulariifólium**

— Pfl. 5–12 cm hoch; Blätt. spitz, meist 3-zähnig an der Spitze, insgesamt länger als beim Typus; äußere Hüllblätt. ± lanzettl., kurz zugespitzt; *s,* Vs, Ts, Bz. *Piemonteser T.,* ssp. **pedemontánum** (SCHULZ) BECH.

6. Wahlenbérgia SCHRAD. ex ROTH, *Moorglöckchen*

Stg. fädl., schlaff, niederlgd.; Bltn. einzeln, lg. gestielt, hellblau; ♃; VI–IX. Moore, Bruchwälder; *s* im W (b. Freiburg/Br., W-Vog., Pf, Maintal, b. Aachen, Be, Ho). ⓖ **W. hederácea** (L.) RCHB.

7. Jasióne L., *Sandglöckchen*

1. Pfl. ohne Ausläufer; Blätt. am Rand meist wellig; Infl. 1,5–2,5 cm breit; Kzähne behaart; Bltn. himmelblau; ⊙; VI–VIII. Sandige Heiden, Nadelwälder, Brachäcker; *v–z.* *Berg-S.,* * **J. montána** L.

— Pfl. m. Ausläufern; Blätt. flach; Infl. 2,5–3 cm breit; Kzähne kahl; Bltn. blaulila; ♃; VII–VIII. Buschige, sandige Abhänge, Heiden, kalkmeidend; *s* Vog., S-Schw, SchwAlb, RhPf, Taunus. (= *J. perennis* VILL. ex LAM.) *Ausdauerndes S.,* **J. laévis** LAM.

8. Lobélia L., *Lobelie*

1. Blkr. intensiv blau bis azurblau (selten blass bis weißl.); Stg. aufstgd., ästig, mehrbltg.; Blattspr. oval, gezähnelt bis gekerbt, 2–3 cm lg.; ⊙; V–VIII. Als Zierpfl. *v* kult., zuw. verwild. (Heimat: S-Afr.) *Blaue L.*, **L. erínus** L.

— Blkr. blassbläu bis weißl.; Spross aufrecht. **2**

2. Landpfl.; Stg. beblättert, markig; Blätt. gesägt; Infl. meist rispig; ♃; VII–VIII. Feuchtwiesen; *s* Be. *Land-L.*, **L. úrens** L.

— Wasserpfl. m. untergetauchten Blätt.; Stg. fast blattlos, hohl *(207);* Blätt. ganzrandig, in grdst. Rosette; Infl. traubig; ♃; VII–VIII. Ufer von Seen; *s* Be, Ho, We, NS, SH, Da, Po, OPr. ⓖ! *Wasser-L.*, **L. dortmánna** L.

9. Symphyándra A. DC., *Ringglockenblume*

Stg. bis zur Infl. beblätt.; Blätt. elliptisch-zugespitzt, gleichmäßig fein gezähnt; Infl. etwas einstswendig, m. hgd. Bltn.; Blkr. 20–30 mm groß, gelbl.weiß bis bläul.weiß, Kblätt. breit 3-eckig, halb so lg. wie diese u. ihr anlgd.; ⊙; VII–VIII. Felshänge; verwild. u. eingebürgert in St. (Heimat: Bosnien) **S. hofmánnii** Pantoczek

10. Downíngia Torr., *Scheinlobelie*

Sprosse niederlgd. bis aufstgd.; Blätt. schmal-eif.-zugespitzt, 1 cm lg.; unterst. Frkn. stielart., bis 3 cm lg.; Blkr. weiß, fliederfarben getönt u. im Schlund intensiver gestreift; ⊙; VI–VII. Mit Grassaat zuw. eingeschleppt, ob dauerhaft? (Heimat: W-Nordam.) **D. élegans** (Dougl.) Torr.

Familie: **Menyantháceae**, *Fieberkleegewächse*

Wasser- u. Sumpfpfl.; Blätt. wechsel- bzw. grdst., ungeteilt od. 3-zählig, ohne Nebenblätt.; Bltn. ⚥, radiär; K. 5-teilig; Blkr. 5-blättrig u. verwachsen; Frkn. oberst.; Gr. 1; Kapselfr.

1. Blätt. rundl.-herzf., seerosenähnl., schwimmend; Blkr. groß, goldgelb; Bltn. einzeln erscheinend . . . . **Nymphoides**, 740

— Blätt. 3-zählig gefingert; Blkr. weißl.-rosa; Bltn. in traubigen Rispen . . . . **Menyanthes**, 740

1. Menyánthes L., *Fieberklee, Bitterklee*

Grdachse lg. kriechend; Blätt. lg. gestielt, 3-zählig gefing., m. verkehrt eif. Fied.; Blkr. kurztrichterf., m. 5 zurückgeschlagenen, bärtigen Zipfeln; ♃; V–VI. Moore, Gräben, Sumpfwiesen; *v–z.* ⓖ * **M. trifoliáta** L.

2. Nymphoídes Hill, *Seekanne*

Schwimmblätt. obersts. dkgrün, untersts. graugrün od. rötl.violett; Bltn. in Doldenrispen; ♃; VII–IX. Altwässer; *z* Rheintal (ab Strassburg nördl.), Elbetal, *s* NS, Ho, Be, SH, Spreetal, Sa, ČR, M-He, Ba, BW, E, CH, Ti, NÖ, O-St. (= *Limnanthemum nymphaeoides* Lk.)
ⓖ * **N. peltáta** (S. G. Gmel.) O. Ktze.

Familie: **Asteráceae** *(= Compositae), Korbblütler, Köpfchenblütler*

Kräuter od. Stauden; Blätt. wechsel-, seltener gegenst., ohne Nebenblätt.; Bltn. zu mehreren bis vielen in köpfchenf., von Hüllblätt.[1] (= Involucrum) umgebenen, oft eine Einzelblüte vortäuschenden *(216)* Köpfchen; Hüllblätt. 1- bis mehrreihig, oft dachziegelig (= dachig, *1160, 1161),* die inneren zuw. blumenblattart. gefärbt *(Carlina, Xeranthemum, Helichrysum, Gnaphalium);* Bltn. auf scheibenf. verbreiterten, walzenf., kugeligen od. schüsself. vertieften **Köpfchenboden** *(1152–1155,* schraffiert), entw. ohne Tragblätt. *(1152,* „nackter" Köpfchenboden) od. von schuppenf. Tragblätt. (= Spreublätt., *1143* S) bzw. Borsten gestützt, meist ⚥, selten eingeschl. *(Xanthium, Ambrosia* u. Randbltn. des Köpfchens); K. fehlend *(1143),* in Form unscheinbarer Schuppen od. aus fedrigen Haaren (= Pappus, *1144, 1147, 1148* P) bestehend u. der reifen Fr. als Flugorgan dienend; Blkr. entweder radiär, m. trichterf., 5-zipfeliger Röhre (= Röhrenblüten, *1143, 1153),* od. stark zygomorph, zungenf. (= Zungenblüten, *1145, 1152);* bei den sog. „gefüllten" Köpfchen stehen anstelle der Röhrenbltn. ebenfalls Zungenbltn.; Stbblätt. 5, ihre Stbbeutel zu einer den Gr. umgebenden Röhre *(1145,* R) verwachsen, nach innen aufspringend u. den Pollen auf „Fegehaare" des Gr. entleerend; Frkn. unterst., 2-blättrig; Fr. eine 1-samige, meist vom 1- od. mehrreihigen Pappus[2] getragene Schließfr. *(1147, 1148* = Achaene; Fr. u. Samenschale miteinander vereinigt).

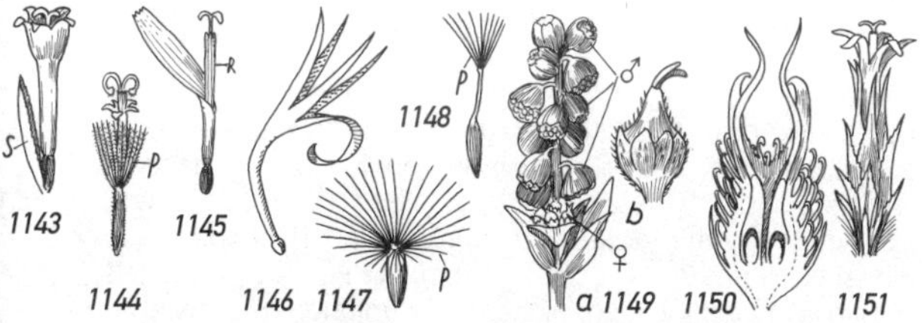

1. Alle Bltn. des Köpfchens zungenf. *(1152),* 5-zipfelig *(1145);* Pflanzen (bes. jüngere Teile) meist Milchsaft führend. Unterfamilie **Cichorioideae** *(= Liguliflorae)* . . . . **Tabelle C,** 752

— Höchstens randl. Bltn. zungenf., diese m. 3-zipfeliger Zunge *(1155)* od. ganzrandig; übrige Bltn. röhrenf.[3]; Pfl. nur selten m. Milchsaft, dann aber Köpfchen nur m. Röhrenbltn. Unterfamilie **Asteroideae** (= *Tubuliflorae)* **2**

---

[1] Diese Hüllblätt. für das ganze Köpfchen dürfen nicht mit den Bltnhüllblätt. für einzelne Bltn. verwechselt werden!

[2] Beim Betrachten der Pappushaare (= -strahlen) diese umbiegen! Die Ausbildung des Pappus beobachte man möglichst an den zentralen Bltn.

[3] Bei „gefüllten" **Gartenformen** der *Asteroideae* können auch sämtliche Bltn. zungenf. sein, dann aber die Zunge niemals 5-zipfelig u. Pfl. stets ohne Milchsaft.

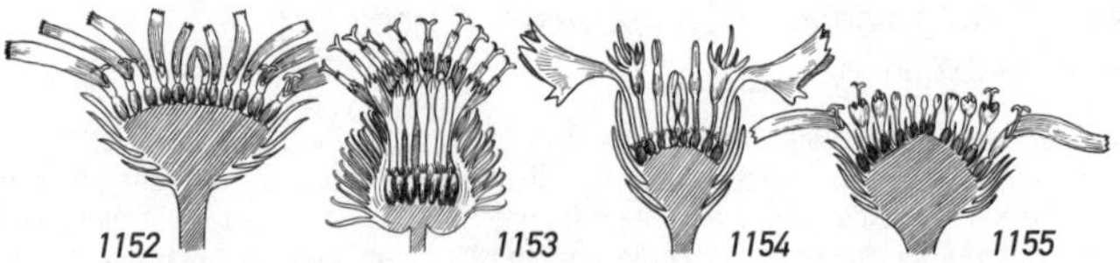

1152 1153 1154 1155

2. Alle Bltn. des Köpfchens röhrenf. *(1153, 1154),* hierbei zuw. die randst. vergrößert u. leicht zygomorph (auch ± steril) *(1146, 1154);* Pfl. sehr selten m. Milchsaft . . . . **Tabelle A**, 742

— Nur die Scheibenbltn. des Köpfchens röhrenf., von einem Kranz randst. Zungenbltn. *(1155)* umgeben; niemals m. Milchsaft . . . . **Tabelle B**, 747

Tabelle A: Köpfchen nur mit Röhrenblüten

1. Alle Bltn. des Köpfchens ⚥ (wenn eingschl., dann Pfl. 2-häusig u. alle Köpfchen der Pfl. untereinander gleich); Randbltn. zuw. ♀ od. steril **4**

— Alle Bltn. eingschl., Pfl. 1-häusig: neben Köpfchen m. nur ♂ Bltn. in größerer Zahl finden sich Köpfchen m. nur 1–2 ♀ Bltn. **2**

2. Pfl. m. zahlr. 4–5 mm breiten, grünl.weißen, nickenden Bltnköpfen in Ähren od. Rispen, jedes Köpfchen mit 8–20 ♂ u. außen 5 ♀ Bltn.; Blätt. 7–30 cm lg., breit herzf., lg. gestielt, fast gegenst. . . . . **Iva,** 764

— Pfl. nicht m. zahlr. nickenden grünl.weißen Bltnköpfen aus eingschl. Bltn. **3**

3. ♂ Bltn. in halbkugeligen, nickenden Köpfchen, m. verwachsener Hülle, zu endst. (tragblattlosen!) traubigen Infl. vereinigt *(1149a* ♂), darunter die 1-bltg. ♀ Köpfchen (*1149b* ♀); Pfl. flaumig bis zottig; Blätt. oft gegenst. . . . . **Ambrosia**, 765

— ♂ Köpfchen in achselst. aufrechten Knäueln, m. freiblättr. Hülle, darunter die 2-bltg., von einer Stachelhülle umgebenen *(1150)* ♀ Köpfchen; Blätt. wechselst., groß, rau **Xanthium**, 765

4(1). Infl. kugelig, aus zahlr. 1-bltg. Köpfchen zusammengesetzt *(1151),* insgesamt von mehrblättriger Hülle umgeben **Echinops**, 789

— Köpfchen mehr- bis vielbltg.; Einzelbltn. (außer dem Pappus) nicht von besonderer Hülle umgeben **5**

5. Stg. z. Bltzt. nur m. schuppenf. Niederblätt.; Blkr. rötl. od. weißl.-gelb; Köpfchenboden ohne Spreublätt.; Blätt. meist erst nach der Blzt. erscheinend, meist sehr groß . . . . **Petasites**, 780

— Stg. z. Bltzt. m. normalen Laubblätt. **6**

6. Innere Hüllblätt. nicht zungenart. verlängert u. nicht strahlend **10**

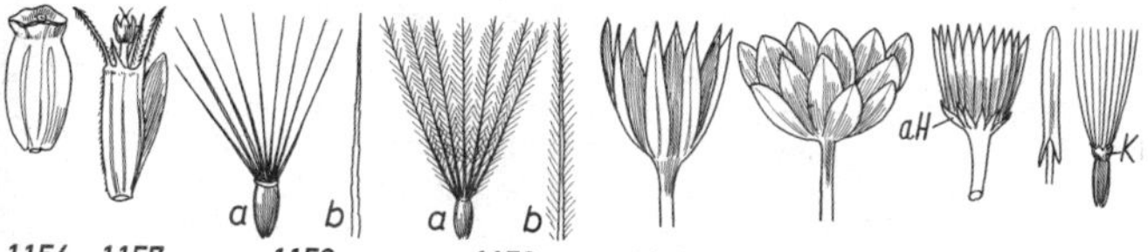

1156 1157 1158 1159 1160 1161 1162 1163 1164

— Innere Hüllblätt. trockenhäutig, zungenart. verlängert u. bltnblattart. gefärbt (strahlend), dadurch Zungenbltn. vortäuschend (Kriterium: beim vollständigen Herauszupfen solcher Blätt. hängen niemals Stbblätt., Gr. u. Frkn. an) **7**

7. Pfl. distelart.; innere Hüllblätt. gelb od. silbergrau; Köpfe 2–13 cm im Dm, oft einzeln . . . . **Carlina**, 790

— Pfl. nicht distelart. **8**

8. Köpfe knäuelig od. doldig gehäuft, 6–10 mm breit; Pfl. wollig behaart **33**

— Köpfe einzeln od. deutl. voneinander entfernt, 15–50 mm breit **9**

9. Pfl. kahl od. rau . . . . **Helichrysum bracteatum**, 762

— Pfl. wollig bis filzig behaart . . . . **Xeranthemum**, 790

10(6). Bltn. ohne Pappus, dieser höchstens als ein kleines Krönchen ausgebildet *(1156)* **46**

— Bltn. m. verlängertem Pappus (bei *Bidens* nur wenige grannenart. Borsten vorhanden; *1157, 1173*) **11**

11. Köpfchenboden ohne Spreublätt. od. Borsten od. Haaren (nur bei *Filago* zwischen den äußeren Bltn. den Hüllblätt. ähnl. Spreublätt.) **29**

— Köpfchenboden m. Spreublätt. od. Borsten **12**

12. Blätt. gegenst., ungeteilt, fiedspaltig od. gefied.; Fr. m. 2–5 grannenart. Pappusborsten *(1157, 1173);* Hüllblätt. z. T. laubig **Bidens**, 767

— Blätt. wechselst., zuw. in grdst. Rosette **13**

13. Hüllblätt. (wenigstens die äußeren!) m. meist hakig eingerollter Stachelspitze *(1153);* Blätt. ungeteilt, die grdst. bis 50 cm lg. **Arctium**, 791

— Hüllblätt. nicht hakig eingerollt, wohl aber zuw. in eine Stachelspitze auslaufend **14**

14. Bltn. blau, violett, purpurn, rötl., seltener rosa od. weiß **19**

— Bltn. gelbl.weiß, gelb bis rotgelb **15**

15. Bltn. goldgelb, nach der Blüte orangerot; Köpfe von stachelig gezähnten Hochblätt. umgeben; Pappus zuw. fehlend; Blätt. kahl . . . . **Carthamus**, 802

— Bltn. gelbl.weiß bis gelb **16**

16. Pappus aus langen, federig behaarten Strahlen *(1159);* Köpfe fast stets ohne Außenhüllblätt. . . . . **Cirsium**, 794

— Pappusstrahlen nicht behaart **17**

17. Stg. durch die herablaufenden, wollig graufilzigen, lineal-lanzettl. Blätt. geflügelt .... **Centaurea**, 798
— Stg. nicht geflügelt **18**
18. Stgblätt. stgumfassend sitzend, im Umriss breit lanzettl., bis 20 cm lg., stachelig-schrotsägezähnig, klebrig **Centaurea benedicta**, 802
— Stgblätt. ganzrandig, klein, nie größer als 2 cm, wie der Stg. u. die Köpfchen meist ± filzig behaart, nicht klebrig **Filago**, 759
19(14). Blätt. weißl. gefleckt, marmoriert; Hüllblätt. m. lg., an ihrem Grd. gezähnter Stachelspitze .... **Silybum**, 797
— Blätt. nicht weiß gefleckt od. marmoriert **20**
20. Pappusstrahlen haarf., nicht lg. federig behaart *(1158)*, zuw. aber kurz gezähnt **22**
— Pappusstrahlen (wenigstens die inneren!) lg. federig behaart *(1159)* **21**
21. Laub- u. Hüllblätt. nicht stachelig gezähnt; Köpfchen einzeln od. doldig gehäuft; Alpenpfl., nur 5–40 cm hoch **Saussurea**, 792
— Laub- u. oft auch Hüllblätt. stachelig gezähnt .... **Cirsium**, 794
22(20). Laubblätt. stachelig gezähnt od. stachelig fiedteilig **Carduus**, 792
— Laubblätt. nicht stachelig **23**
23. Hüllblätt. ohne trockenhäutige Anhängsel; Randbltn. nicht vergrößert **26**
— Hüllblätt. m. trockenhäutigem Anhängsel *(1223–1236)* od. m. geradem od. gefied. Stachel *(1237, 1238, 1239)*; Randbltn. oft vergrößert u. steril *(1155)* **24**
24. Hülle 4–9 cm im Dm; Köpfe einzeln; Fr. kantig; innere Pappustrahlen länger als die äußeren **Rhaponticum scariosum**, 797
— Hülle < 4 cm im Dm; Infl. meist vielköpfig; Fr. rund **25**
25. Mittl. Hüllblätt. m. fast ganzrandigem Anhängsel *(1222)*; Randbltn. fertil; Pfl. stark buschig verzweigt, m. aufw. strebenden Ästen, nicht sparrig; Pfl. reichköpfig **Rhaponticum repens**, 798
— Mittl. Hüllblätt. in vielfältiger Weise geschlitzt bis gefedert *(1223–1239)*; Randbltn. steril .... **Centaurea**, 798
26(23). Blätt. untersts. grau- od. weißfilzig; äuß. Hüllblätt. zurückgeschlagen .... **Jurinea**, 792
— Blätt. untersts. nicht filzig; Hüllblätt. nicht zurückgeschlagen **27**
27. Stgblätt. alle gefied., m. linealen Zipfeln; Pfl. einjährig **Crupina**, 802
— Stgblätt. ungeteilt od. fiedspaltig., aber Zipfel nicht lineal; Blätt. oft m. großer Endfied.; Pfl. mehrjährig **28**
28. Stg. 1-köpfig .... **Klasea**, 797
— Stg. mehrköpfig, rispig bis fast doldig .... **Serratula**, 797
29(11). Blätt. breit bis sehr breit od. fiedspaltig bis tief gesägt **37**
— Blätt. schmal lineal od. lineal-lanzettl., ganzrandig **30**
30. Blätt. kahl od. wenig behaart bzw. drüsig behaart, aber untersts. nicht filzig **58**

— Blätt. wenigstens unterstS. filzig **31**

31. Köpfchen von sternf. ausgebreiteten, weißfilzigen Hochblätt. umgeben *(Edelweiß)* .... **Leontopodium**, 761

— Köpfchen nicht von sternf. ausgebreiteten Hochblätt. umgeben **32**

32. Hüllblätt. krautig-filzig, am Rand trockenhäutig; zw. den äußeren ♀ Bltn. oft den Hüllblätt. ähnl. Spreublätt.; Hülle im Querschnitt 5-kantig; Köpfchen zu Knäueln od. rundl. Köpfchen 2. Ordnung vereinigt *(1167)* .... **Filago**, 759

— Hüllblätt. trockenhäutig, z. T. gefärbt; Hülle rundl., nicht 5-kantig **33**

33(32 u. 8). Pfl. 2-häusig; Köpfchen der ♀ Pfl. nur m. Fadenbltn. (vgl. Fußnote S. 759); Köpfchen der ♂ Pfl. m. ⚥, keine Fr. ansetzenden Bltn.; Pappus beider Bltnformen unterschiedl.; Köpfchen doldig .... **Antennaria**, 761

— Pfl. nicht 2-häusig; zwittrige Röhrenbltn. u. ♀ Randbltn. in einem Köpfchen vereinigt **34**

34. Hüllblätt. gelbl. od. braun, breit trockenhäutig berandet **36**

— Hüllblätt. lebhaft gelb od. weiß, strohartig **35**

35. Hüllblätt. gelb .... **Helichrysum arenarium**, 762

— Hüllblätt. weiß .... **Anaphalis**, 761

36(34). Köpfchen an der Stgspitze geknäuelt *(1172)*, aber ohne od. höchstens m. kurzen Hochblätt.; Blätt. 5–8 mm breit; Hüllblätt. strohgelb, bräunl. od. weißl.; Pfl. einjährig **Laphangium**, 762

— Köpfchen in Ähren od. Trauben, wenn an der Spitze geknäuelt, dann von Hochblätt. überragt *(1171)*; Pfl. einjährig od. ausdauernd .... **Gnaphalium**, 761

37(29). Bltn. nicht gelb **41**

— Bltn. gelb bis rötl.gelb **38**

38. Hülle ohne Außenhülle **40**

— Hülle m. Außenhülle **39**

39. Köpfchen am Rand m. 2 od. mehreren Reihen fadenf. Bltn.; Blätt. lanzettl., doppelt unregelmäßig gezähnt bis gesägt; Fr. spärl. behaart. .... **Erechtites**, 782

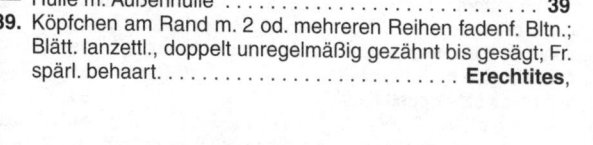

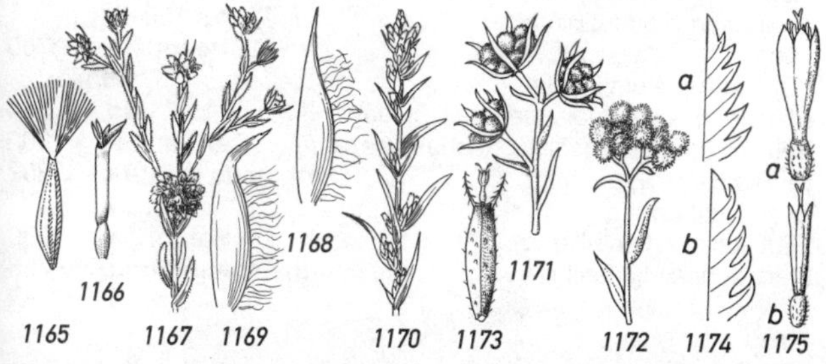

— Köpfchen auch am Rand m. ⚥ Bltn.; Blätt. meist buchtig-fiedspaltig . . . . **Senecio**, 785

40(38). Hüllblätt. mehrreihig od. dachziegelig, sich mit den Rändern deckend . . . . **Inula conyzae**, 763

— Hüllblätt. einreihig . . . . **Tephroseris**, 783

41(37). Pfl. distelartig, bis 2 m hoch; Stg. breit stachelig geflügelt; Fr. 4-kantig; Köpfchenboden tief bienenwabig-grubig **Onopordum**, 797

— Pfl. nicht distelart.; Blätt. herz-eif.-rundl. bis eif.-nierenf. od. gefied. **42**

42. Blätt. wechselst. od. grdst., zuw. erst nach der Blüte erscheinend **44**

— Blätt. (wenigstens die der unt. Stghälfte) gegenst. **43**

43. 50–150 cm hohe Wildpfl.; Blätt. fiedrig; Gr.-Äste lg., rosa od. weiß; Pappus aus zahlr. Haaren . . . . **Eupatorium**, 754

— 10–50 cm hohe Zierpfl. (gelegentl. verwild.); Blätt. einfach; Gr.-Äste lg., blau; Pappus aus kleinen Schüppchen **Ageratum**, 754

44(42). Blühende Sprosse bis zum Bltnstand m. Laubblätt., diese sehr groß, am Rand gezähnt; Bltn. purpurrot, rosa od. weiß, meist wenigbltg. Köpfchen zu reichköpfigen Doldenrispen vereinigt . . . . **Adenostyles**, 780

— Blühende Sprosse nur m. Schuppenblätt. besetzt; Laubblätt. rosettig, grdst., zuw. erst nach der Blüte **45**

45. Blühende Sprosse 1-köpfig; Blätt. nierenf., klein, derb ledrig **Homogyne**, 781

— Blühende Sprosse m. zahlr., rispenf. angeordneten Köpfchen . . . . **Petasites**, 780

46(10). Hüllblätt. m. trockenhäutigem, oft gefied. od. in eine Dornspitze auslaufendem Anhängsel *(1096–1112);* Randbltn. oft vergrößert, steril *(1027)* . . . . **Centaurea**, 798

— Hüllblätt. ohne trockenhäutiges Anhängsel **47**

47. Köpfchenboden ohne Spreublätt., kahl od. behaart **53**

— Köpfchenboden m. Spreublätt. **48**

48. Blätt. einfach bis doppelt fiedteilig **51**

— Blätt. ungeteilt **49**

49. Köpfchen 6–7 cm im Dm, m. orangegelben Zungenbltn., m. gewölbtem Boden; Blätt. gesägt, lanzettl.-eif.; Pfl. bis 150 cm hoch . . . . **Heliopsis**, 766

— Köpfchen < 4 cm im Dm **50**

50. Blätt. lg. gestielt, meist gegenst., gesägt . . . . **Iva**, 764

— Blätt. sitzend, wechselst., stachelig gezähnt **Carthamus**, 802

51(48). Blätt. dornig gezähnt . . . . **Carthamus lanatus**, 802

— Blätt. nicht dornig gezähnt **52**

52. Blätt. kammf. fiedteilig . . . . **Santolina**, 780

— Blätt. doppelt fiedteilig . . . . **Anthemis tinctoria**, 768

53(47). Pfl. m. starkem Kamillengeruch; Köpfchen 5–8 mm breit, einzeln od. zu wenigen am Ende der Triebe; Bltn. grünl.gelb **Matricaria discoidea**, 773
— Pfl. nicht nach Kamille duftend **54**
54. Köpfe einzeln am Ende längerer Triebe. **57**
— Köpfe gehäuft, in Knäueln, Köpfen 2. Ordnung, Doldentrauben, Rispen od. Trauben *(1170–1172)* **55**
55. Hüllblätt. in 2 Reihen *(1160),* untersts. lg. behaart; Köpfchen in kugeligen, endst. u. seitenst. Knäueln; Pfl. dicht weißwollig filzig; Stg. gabelig verzweigt, nur 5–20 cm hoch **Micropus**, 759
— Hüllblätt. meist deutl. mehrreihig, dachziegelig *(1161);* Spross m. durchgehender Hauptachse **56**
56. Köpfchen bis 6 mm breit, in ährigen, traubigen, rispigen od. kopfigen Bltnständen . . . . **Artemisia**, 776
— Köpfchen breiter als 6 mm, in schirmf. od. lockeren Doldenrispen . . . . **Tanacetum**, 776
57(54). Äußere Hüllblätt. laubblattart., ungleich groß, zurückgebogen; Köpfe nickend; Blätt. rhombisch-eif. . . **Carpesium**, 764
— Hüllblätt. nicht laubblattart., in 2–3 Reihen; Blätt. scheidigstgumfassend, etwas fleischig; Köpfchen z. Bltzt. ± aufrecht; Blätt. tief fiedteilig . . . . **Cotula**, 776
58(30). Pfl. auffallend drüsig-klebrig . . . . **Dittrichia**, 774
— Pfl. nicht auffallend drüsig-klebrig **59**
59. Mittl. Stgblätt. schmal lineal, fast nadelf., 2–3 mm breit; Hüllblätt. spitz, ca. 1 mm breit; Pfl. kahl; Köpfchen klein, 8–12 mm breit; Stg. auffallend dicht beblättert **Galatella linosyris**, 756
— Mittl. Stgblätt. oft > 5 mm breit; Stg. locker beblättert . . . **60**
60. Blätt. kahl od. nur am Rand fein bewimpert, etw. dick-fleischig; Bltnköpfe meist in Schirmtrauben od. Schirmrispen; Hüllblätt. stumpf., oft > 1 mm breit; Pfl. salzhaltiger Standorte **Tripolium**, 757
— Blätt. auf der Fläche behaart, nicht dick od. fleischig; Bltnköpfe nicht in doldenähnl. Bltnständen **61**
61. Hülle halbkugelig, 7–10 mm breit . . . . . **Pulicaria vulgaris**, 764
— Hülle zylindrisch, höchstens 5 mm breit; Pfl. m. sehr vielen kleinen Köpfchen . . . . **Erigeron**, 757

Tabelle B: Köpfchen mit Röhren- und mit Zungenblüten

1. Zungenbltn. gelb, selten rot bis orangerot (bei *Senecio abrotanifolius* u. *Tephroseris integrifolia*) **29**
— Zungenbltn. weiß, gelbl., blau od. rötl. **2**
2. Spross beblätt. **5**
— Spross blattlos od. m. schuppenf. Hochblätt.; Laubblätt. in grdst. Rosette **3**

3. Pfl. z. Bltzt. ohne grüne Blätt.; Bltn. rötl. od. gelbl.; Köpfchen in Rispen od. Trauben . . . . **Petasites**, 780
— Pfl. z. Bltzt. m. grünen Blätt., diese in grdst. Rosette; Zungenbltn. weiß **4**
4. Fr. m. Pappus; Hüllblätt. spitz; Pfl. 10–35 cm hoch **Bellidiastrum,** 756
— Fr. ohne Pappus; Hüllblätt. stumpf; Pfl. 5–15 cm hoch **Bellis,** 755
5(2). Blätt. gegenst., ungeteilt; Bltnköpfe klein, m. 4–5 weißen Zungenbltn. . . . . **Galinsoga**, 768
— Blätt. wechselst. **6**
6. Röhrenbltn. weiß od. grau; Bltnköpfe in dichten Doldenrispen; Köpfchen klein . . . . **Achillea**, 770
— Röhrenbltn. gelb od. bräunl.weiß **7**
7. Blätt. ungeteilt, ganzrandig, gesägt od. gelappt; Hüllblätt. mehrreihig **14**
— Blätt. fiedspaltig od. gefied. **8**
8. Blätt. einfach gefied., fiedspaltig od. gelappt **22**
— Blätt. doppelt gefied. **9**
9. Köpfchenboden m. Spreublätt., meist flach gewölbt, selten kegelf. verlängert, nicht hohl **12**
— Köpfchenboden ohne Spreublätt., kegelf. aufgewölbt, hohl od. markig **10**
10. Blattzipfel lanzettl., nicht fädl. . . . . . . **Glebionis coronaria,** 774
— Blattzipfel fädl. **11**
11. Köpfchenboden hohl . . . . **Matricaria chamomilla,** 773
— Köpfchenboden markig . . . . **Tripleurospermum,** 774
12(9). Fr. zusammengedrückt, knorpelig geflügelt **Anacyclus**, 780
— Fr. nicht od. nur sehr schmal geflügelt **13**
13. Spreublätt. stumpf; Krone der Röhrenbltn. am Grd. m. einem Fortsatz, der die Spitze der Fr. allseitig, meist etwas schief umschließt *(1183)* . . . . **Chamaemelum**, 768
— Spreublätt. spitz od. stachelspitzig *(1185–1189);* Krone der Röhrenbltn. am Grd. ohne Fortsatz . . . . **Anthemis**, 768
14(7). Fr. ohne Pappus **22**
— Fr. m. Pappus **15**
15. Zungenbltn. kürzer als die Hülle . . . . **Erigeron,** 757
— Zungenbltn. deutl. länger als die Hülle **16**
16. Zungenbltn. schmal lineal bis fädl., 0,2–1 mm breit, ± deutl. mehrreihig; Hüllblätt. schmal, lineal-lanzettl., meist ± gleich lg., krautig od. zum Rand od. zur Spitze hin häutig; Fr. meist 2-nervig; Pappushaare meist zerbrechl. (vorsichtig umbiegen!) . . . . **Erigeron,** 757
— Zungenbltn. breiter, 1–3 mm breit, 1-reihig; Hüllblätt. meist deutl. dachziegelig angeordnet, häutig m. meist krautiger Spitze; Fr. meist mehrnervig; Pappushaare (beim Umbiegen) nicht zerbrechl. **17**
17. Stg. nur m. 1 Bltnkopf (selten m. wenigen Köpfen); Pfl. 5–20 cm hoch . . . . **Aster alpinus,** 755

— Stg. m. mehreren, meist zahlr. Bltnköpfen **18**
18. Blätt. grauflaumig filzig behaart; mittl. Stgblätt. elliptisch bis lanzettl., bis 3 cm lg.; Zungenbltn. ohne od. m. verkümmertem Gr. . . . . **Galatella cana,** 756
— Blätt. kahl od. rauhaarig, aber nicht flaumig-filzig; mittl. Stgblätt. auch länger als 3 cm; Zungenbltn. m. deutl. Gr. **19**
19. Blätt. kahl, nur am Rand rau od. bewimpert **21**
— Blätt. rauhaarig **20**
20. Stg. oberw. drüsig behaart; Hüllblätt. pfrieml., spitz, drüsig behaart; Pfl. 1–1,5 m hoch **Symphyotrichum novae-angliae,** 755
— Stg. kurzhaarig, ohne Drüsenhaare; Hüllblätt. stumpf, ohne Drüsenhaare; Pfl. 20–70 cm hoch . . . . **Aster amellus,** 755
21(19). Hüllblätt. 2–3 mm breit, die inneren m. häutigen Rand; Pfl. salzhaltiger Standorte . . . . **Tripolium,** 757
— Hüllblätt. 0,5–1,5 mm breit, zur Spitze hin krautig **Symphyotrichum,** 755
22(8, 14). Unt. Blätt. 3-lappig od. 5-lappig **Erigeron karvinskianus** 758
— Blätt. ungeteilt od. mehrfach fiedspaltig **23**
23. Köpfe zu 2 od. mehr in einer nur wenig gewölbten Ebene (Schirmrispe) **28**
— Köpfe einzeln od. zu wenigen, aber nicht in einer Ebene **24**
24. Röhrenbltn. ohne Pappus; Pappus der Zungenbltn. fehlend od. als kurzes schiefes Krönchen **27**
— Pappus aller Fr. als kurzes Krönchen (ähnl. *1156*) **25**
25. Unt. Blätt. mehrfach fiedteilig, drüsig punktiert; Pfl. tieferer Lagen, aromatisch duftend **Tanacetum cinerariifolium,** 776
— Unt. Blätt. gekerbt od. 1-fach fiedteilig; Gebirgspfl. **26**
26. Ob. Stgblätt. ganzrandig, deutl. kleiner als die meist kammf. fiedspaltigen Grdblätt. . . . . **Leucanthemopsis,** 775
— Stgblätt. u. grdst. Blätt. gleichmäßig grob u. tief gesägt **Leucanthemum atratum,** 774
27(24). Zungenbltn. ca. 6 mm lg., m. gelbl. Basis; Pfl. einjährig **Mauranthemum,** 774
— Zungenbltn. > 8 mm lg.; weiß; Pfl. ausdauernd **Leucanthemum vulgare** agg. 775
28(23). Blätt. ungeteilt, deutl. länger als die Internodien **Leucanthemella,** 775
— Blätt. gefied. od. tief fiedspaltig . . . . **Tanacetum,** 776
29(1). Bltnstg. 1-köpfig, nur m. Schuppenblätt.; Blätt. nach der Blüte erscheinend, grdst., groß, herzf., entfernt gesägt, unterssts. graufilzig, oberssts. verkahlend; Blattstiel rinnig **Tussilago,** 780
— Pfl. zur Blzt. nicht nur m. schuppigen Laubblätt. **30**
30. Blätt. wechselst. **36**
— Alle Blätt. od. wenigstens die unt. Blätt. gegenst. **31**
31. Pappus aus 2–4 bleibenden, meist widerhakigen Borsten bestehend *(1157, 1173);* Stg. kahl, selten oberw. zerstr. be-

haart (dann Blätt. ungeteilt u. Zungenbltn. 6–8); Blätt. gefied., fiedteilig od. ungeteilt, kahl od. wenig behaart; Hüllblätt. nicht klebrig . . . . **Bidens,** 767
— Pappus fehlend, als kurze Haarreihe od. aus 2 hinfälligen Borsten bestehend; Stg. u. Blätt. dicht behaart **32**
32. Blätt. am Grd. paarweise trichterf. miteinander verwachsen **Silphium,** 764
— Blätt. frei, am Grd. nicht miteinander verwachsen **33**
33. Grdblätt. in Rosetten, ganzrandig, parallelnervig; Hülle glockig, 2-reihig; Bltnköpfe 6–8 cm im Dm; Pfl. 20–50 cm hoch, drüsig behaart, duftend . . . . **Arnica,** 782
— Unt. Blätt. nicht in Rosetten **34**
34. Stgblätt. sitzend, halb-stgumfassend; Hüllblätt. anlgd., eif., nicht drüsig-klebrig, äußere krautig, innere häutig; Zungenbltn. 8–13; zahlr. Bltnköpfe in einer Rispe . . . . **Guizotia,** 768
— Stgblätt. gestielt od. m. stielart. verschmälertem Grd.; Bltnköpfe einzeln od. zu wenigen **35**
35. Äuß. Hüllblätt. schmal, strahlig absthd., drüsig-klebrig, viel länger als das Köpfchen; Bltnköpfe (ohne die Hüllblätt.) 5–8 mm im Dm; wenige (ca. 6) Zungenbltn.; Pfl. 50–150 cm hoch; Stgblätt. breit herzf., zugespitzt, m. stielart. verschmälertem Grd. . . . . **Sigesbeckia,** 766
— Äuß. Hüllblätt. nicht drüsig-klebrig, angedrückt od. absthd.; Bltnköpfe 4–40 cm breit; Zungenbltn. > 15; Pfl. 1–3 m hoch; Blätt. lg. gestielt, nur die unt. gegenst., obere wechselst.; Blattspr. rau . . . . **Helianthus,** 766
36(30). Köpfchenboden steil kegelf. aufgewölbt (Längsschnitt!), m. Spreublätt.; Röhrenbltn. schwarzbraun; Fr. ± 4-kantig od. seitl. zusammengedrückt; Pappus fehlend od. als sehr kurzes, zerschlitztes Krönchen . . . . **Rudbeckia,** 766
— Köpfchenboden flach od. schwach gewölbt *(1152–1155)* **37**
37. Blätt. gefied. od. fiedspaltig **52**
— Blätt. ungeteilt, ganzrandig od. gezähnt **38**
38. Fr. ohne Pappus od. m. 2 leicht abfallenden Borsten od. aus zerschlitzten Schüppchen bestehend **47**
— Fr. m. Pappus; Köpfchenboden ohne Spreublätt. **39**
39. Hüllblätt. dachziegelartig angeordnet, ungleich lg. *(1161)* **43**
— Hüllblätt. 1–3-reihig, nicht dachziegelig angeordnet *(1160, 1162)* **27**
40. Hülle halbkugelig od. flach, 2–3-reihig *(1160),* aber ohne Außenhülle; Köpfe einzeln, 4–6 cm breit; Köpfchenboden gewölbt . . . . **Doronicum,** 782
— Hülle 1-reihig, m. od. ohne Außenhülle **41**
41. Kurzgestielte Köpfchen zu 20–40 in langer Traube od. Ähre angeordnet; unt. Blätt. m. auffälliger Blattscheide **Ligularia,** 789
— Köpfchen in Rispen od. in kurzen Trauben od. Doldentrauben angeordnet (dann aber lg. gestielt); unt. Blätt. ohne auffällige Blattscheide **42**

42. Hüllkelch am Grd. m. Außenhülle *(1162* aH, *1191, 1192);* Hüllblätt. an der Spitze meist gefleckt bzw. schwärzl. **Senecio,** 785
— Hüllkelch am Grd. ohne Außenhülle; Hüllblätt. an der Spitze nicht gefleckt; Laubblätt. ungeteilt . . . . **Tephroseris,** 783
43(39). Pfl. auffallend drüsig-klebrig, 15–50 cm hoch, einjährig **Dittrichia,** 784
— Pfl. nicht od. nur wenig drüsig **44**
44. Zungenbltn. 5–15, klein; zahlr. Köpfchen in lockeren, kegelf. Rispen od. Schirmrispen; Köpfchenboden ohne Spreublätt. **46**
— Zungenbltn zahlr.; Stbbeutel basal verlängert *(1163)* . . . **45**
45. Pappus einfach, in nur 1 Haarreihe . . . . **Inula,** 762
— Pappusstrahlen in 2 Reihen, die äußere Reihe kurz, ein Krönchen bildend (*1164*, K) . . . . **Pulicaria,** 764
46(44). Stgblätt. ganzrandig, lineal; Köpfchenboden bewimpert; Bltnköpfchen zu 2–5 kopfart. od. schirmart. angeordnet **Euthamia,** 755
— Stgblätt. gezähnt od. gesägt; Köpfchenboden kahl; Bltnköpfchen in kegelf. Rispen . . . . **Solidago,** 754
47(38). Köpfchenboden ohne Spreublätt. **51**
— Köpfchenboden m. Spreublätt.; Hüllblätt. dachziegelig . . **48**
48. Pappus fehlend od. aus zerschlitzten Schüppchen bestehend; Köpfe 3–6 cm breit **50**
— Pappus aus 2 (hinfälligen) Borsten bestehend **49**
49. Bltnköpfe 4–40 cm breit; Pfl. 1–3 m hoch . . . . **Helianthus**, 766
— Bltnköpfe 1,5–3 cm breit; Pfl. bis 60 cm hoch . . **Verbesina**, 766
50(48). Blätt. sehr groß, bis 6 cm breit, herz-eif., einfach bis grob doppelt gesägt; Zungenbltn. 1 mm breit; randst. Fr. 6 mm lg., undeutl. 3-kantig; Köpfe 6–7 cm breit . . . . **Telekia**, 764
— Blätt. nur bis 2 cm breit, längl.-lanzettl., entfernt gezähnt od. ganzrandig; Zungenbltn. 2–3 mm breit; randst. Fr. 4 mm lg., 3-kantig geflügelt; Mittelnerv der Spreublätt. gekielt; Köpfe 3–4 cm breit . . . . **Buphthalmum**, 764
51(47). Blätt. ganzrandig od. entfernt gezähnt; Zungenbltn. in 2 od. 3 Reihen, gelb od. orange; reife Fr. 5–25 mm lg., wenigstens teilweise gekrümmt u. höckerig . . . . **Calendula,** 789
— Blätt. gesägt od. fiedspaltig; Zungenbltn. in 1 Reihe, gelb; Fr. höchstens 2,5 mm lg., gerade od. wenig gekrümmt **Glebionis segetum**, 774
52(37). Fr. m. Pappus; Hülle glockig-walzl. . . . . **Senecio**, 785
— Fr. ohne Pappus (höchstens als Krönchen; *1029, 1063*) **53**
53. Blätt. grün, kahl . . . . **Glebionis**, 774
— Blätt. grau bis weißl., filzig behaart **54**
54. Pappuskrönchen glattrandig, sehr kurz; Spreublätt. vorhanden, schlank zugespitzt *(1185–1189);* Zungenbltn. ca. 20; Fied. 1. Ordnung eng u. gleichmäßig fiedspaltig (bis 8 Paare) **Anthemis**, 768

— Pappuskrönchen bis 2 mm lg., m. fransigem Rand; Spreublätt. fehlend; Zungenbltn. nur 8–12; Fied. 1. Ordnung nur m. 1–2(–3) Fiedpaaren 2. Ordnung . . . . **Eriophyllum**, 767

Tabelle C: Köpfchen nur mit Zungenblüten[1]

1. Fr. m. Pappus (zumindest die Fr. in der Mitte des Köpfchens) **5**

— Fr. ohne deutl. ausgebildeten Pappus **2**

2. Bltn. himmelblau; Pappus nur aus kurzen, unscheinbaren Schüppchen gebildet . . . . **Cichorium**, 803

— Bltn. andersfarbig **3**

3. Stg. beblätt.; Bltnköpfchen armbltg.; Hülle walzl.-glockig; Hüllblätt. 1-reihig, m. wenigen, kurzen, gekielten Außenhüllblätt. **Lapsana**, 803

— Blätt. in grdst. Rosette; Bltnschaft blattlos; Köpfe vielbltg., m. 1-reihiger Hülle u. wenigblättr. Außenhülle **4**

4. Inflschaft spitzenw. auffällig keulig verdickt, kahl; Hüllblätt. z. Frzt. kugelig zusammenneigend; Blätt. entfernt grob gezähnt; Bltn. blassgelb . . . . **Arnoseris**, 803

— Inflschaft spitzenw. nicht auffällig keulig verdickt, oben mehlig; Hüllblätt. z. Frzt. aufrecht; Blätt. schrotsägef., löwenzahnart.; Bltn. goldgelb . . . . **Aposeris**, 803

5(1). Köpfchenboden m. hinfälligen, sich leicht ablösenden Spreublätt.; Stgblätt. wenige od. fehlend; Grdblätt. meist rosettig; Fr. geschnäbelt (die randl. nicht immer) . . . . **Hypochaeris**, 803

— Köpfchenboden ohne Spreublätt. **6**

6. Pappus m. einfachen, höchstens kurz gezähnten Strahlen **14**

— Pappusstrahlen (wenigstens z. T.) federig **7**

7. Stg. m. Laubblätt. **10**

— Stg. blattlos od. nur m. schuppenf. Blätt. **8**

8. Blätt. ganzrandig, meist kahl, bisweilen am Grd. od. jung weichhaarig; Fiederchen der Pappusstrahlen miteinander verflochten . . . . **Scorzonera**, 807

— Blätt. schwach bis buchtig gezähnt, wenn ganzrandig, dann deutl. behaart; Fiederchen der Pappustrahlen frei **9**

9. Haare der Blätt. auf lg. Stiel gabelig od. sternf., selten alle fehlend; Bltnköpfe vor dem Aufblühen nickend, zu 1–2 **Leontodon,** 804

— Haare der Blätt. einfach, selten alle fehlend; Bltnköpfe auch vor dem Aufblühen aufrecht, zu 1–7 . . . . **Scorzoneroides,** 805

[1] Zuw. treten verwild. verschiedene als Gartenpfl. kult. Arten der Asteroideae (= *Tubuliflorae*) m. „gefüllten" Köpfchen auf. Diese sind nach Tab. B (S. 747) zu bestimmen; **Milchsaft fehlt ihnen!**

10(7). Hüllblätt. 1(–2)-reihig, gleichlg., am Grd. etwas verwachsen; Pappusfied. miteinander verflochten; Fr. lg. geschnäbelt *(1148);* Blätt. lineal . . . . **Tragopogon**, 806
— Hüllblätt. 2- bis vielreihig, dachziegelig od. gleich lg.; Fr. kurz u. deutl. od. kaum geschnäbelt *(1147, 1165),* wenn lg. geschnäbelt, dann Blätt. lanzettl. u. borstig **11**
11. Blätt. ± tief fiedspaltig; Fied. der Pappusstrahlen ineinander verwoben . . . . **Scorzonera laciniata,** 807
— Blätt. ungeteilt, höchstens schwach buchtig gezähnt . . . **12**
12. Blätt. lineal, lanzettl. od. schmal eif., ganzrandig od. gezähnelt, glatt od. selten weich behaart; Fied. der Pappusstrahlen ineinander verwoben . . . . **Scorzonera**, 807
— Blätt. buchtig gezähnt bis ganzrandig, borstig rau; Pappus leicht abfallend; Außenhülle ± deutl. ausgebildet; Fied. der Pappusstrahlen nicht untereinander verwoben **13**
13. Äußere Hüllblätt. herz-eif., zu 3–5, nur wenig kürzer als die 5–10 inneren, schmäleren . . . . **Helminthotheca,** 805
— Alle Hüllblätt. schmal lineal, die äußeren viel kürzer als die meist 8 inneren . . . . **Picris,** 806
14(6). Fr. ungeschnäbelt *(1147)* **19**
— Fr. geschnäbelt (zuw. nur kurz); Pappus dadurch stielart. emporgehoben *(1148)*. **15**
15. Blätt. in grdst. Rosette, schrotsägef.; Infl.-Schaft vollkommen blattlos, röhrig, hohl, 1-köpfig . . . . **Taraxacum**, 808
— Infl.-Stiel beblätt. (wenigstens m. kleinen Schuppenblätt.), meist nicht hohl, mehrköpfig **16**
16. Infl.-Stiel m. normalen Laubblätt. **18**
— Infl.-Stiel nur m. schuppenf. od. kleinen, linealen Hochblätt., bisweilen noch m. 1 normalen Laubblatt; Hülle m. Außenhülle **17**
17. Köpfchen 7–15-bltg.; Bltn. in 2 Reihen angeordnet; Fr. lg. geschnäbelt, oberw. höckerig *(1220a);* Stg. oberw. kahl; Hülle flaumig behaart . . . . **Chondrilla**, 808
— Köpfchen vielbltg.; Bltn. mehrreihig; Fr. oben m. gezähntem Krönchen *(1220b);* Stg. oberw. gleich der Hülle dicht schwarzsteifhaarig . . . . **Willemetia,** 808
18(16). Fr. fast stielrund; Hüllblätt. 2-reihig; Bltn. gelb **Crepis**, 812
— Fr. ± flach zusammengedrückt; Bltn. gelb od. blau **Lactuca,** 810
19(14). Bltn. gelb od. orangerot **21**
— Bltn. rötl. od. blau **20**
20. Köpfchen vielbltg.; Bltn. mehrreihig; Hüllblätt. zahlr.; Fr. etwas zusammengedrückt . . . . **Lactuca,** 810
— Köpfchen 5-bltg., in lockerer Rispe; Bltn. 1-reihig; Hüllblätt. 6–8 . . . . **Prenanthes**, 816
21(19). Blätt. am Rand borstig-stachelig gezähnt; Fr. ± deutl. zusammengedrückt . . . . **Sonchus**, 809
— Blätt. nicht borstig-stachelig; Fr. walzl. od. undeutl. zusammengedrückt **22**

22. Fr. nach oben verschmälert *(1165);* Pappushaare meist reinweiß, biegsam; äußere Hüllblätt. oft eine Außenhülle bildend (= Hülle 2-reihig) . . . . **Crepis**, 812

— Fr. oberw. nicht verjüngt *(1221);* äußere Hüllblätt. nur selten eine Außenhülle bildend **23**

23. Pfl. m. zahlr., linealischen, ganzrandigen, kahlen, blaugrünen Grdblätt. u. 0–2 viel kürzeren Hochblättchen; Pfl. m. unterirdischen Ausläufern; Hüllblätt. deutl. 2-reihig, äußere viel kürzer als innere; Pappushaare 1-reihig, reinweiß, seine Strahlen aber biegsam u. gleich lg. . . . . **Tolpis**, 816

— Grdblätt. fast ausnahmslos breiter, oft behaart; Stg. häufig beblätt.; Pfl. ohne od. m. oberirdischen, selten unterirdischen Ausläufern; Hüllblätt. dachziegelig bis mehrreihig angeordnet; Pappushaare 1- od. 2-reihig, gleich od. verschieden lg., schmutzigweiß, seine Strahlen steif, zu Staub zu zerreiben; Fr. vgl. *(1221a, b)* . . . . **Hieracium**, 816

Unterfamilie **Asteroídeae** (= *Tubuliflorae*)

1. Agératum L., *Leberbalsam*

Blätt. herzf., regelmäßig gesägt; Bltn. blau, rosarot bis weiß; Narben blau, weit aus Blkr. herausragend; ⊙–♃. Gartenzierpfl.; *s* verwildert, z. B. Bodensee, FrAlb. (Heimat: S-Mexiko) (= *A. mexicanum* Sims) **A. houstoniánum** Mill.

2. Eupatórium L., *Wasserdost, Wasserhanf*

Stg. einfach, 50–150 cm hoch; Blätt. handf. 3–7-spaltig; Bltn. rosa, selten weiß; Narben rosa-gelbl., weit aus der Blkr. herausragend; Köpfchen 4–6-bltg., in Doldenrispen; ♃; VII–IX. Feuchte Waldstellen, Gräben, Kahlschläge; *v.* * **E. cannábinum** L.

3. Solidágo L., *Goldrute*

1. Köpfchen 6–10 mm lg., in aufrechter Rispe od. Traube; Zungenbltn. länger als die Hülle; Pfl. 5–80 cm hoch, ohne Ausläufer; ♃; VII–X. *Echte G.,* * **S. virgaúrea** L.

a. Köpfchen 6–8 mm lg., 10–15 mm im Dm, in vielköpfiger Rispe; Pfl. 20–100 cm hoch. Lichte Wälder, Heiden, bis 2250 m; *v*, im NW nur *z.* ssp. **virgaúrea**

— Köpfchen 8–10 mm lg., 15–20 mm im Dm, in wenigköpfiger Traube; Pfl. 5–30 cm hoch. Magerrasen, 950–2800 m; *v* Alp., *z–s* Mittelgeb. (= *S. alpestris* W. & K. ex Willd.) ssp. **minúta** (L.) Arcang.

— Köpfchen 3–6 mm lg., in dichten, meist einstswendigen Rispen; Pfl. m. Ausläufern, daher meist bestandsbildend, 50–250 cm hoch **2**

2. Stg. dicht kurzhaarig; Zungenbltn. etwa so lg. wie die Röhrenbltn.; ♃; VII–X. Auwälder, Flussufer, Bahndämme, Brachflächen, auch Gartenzierpfl. (Heimat: N-Am.), heute überall eingebürgert, *v* u. *h.* *Kanadische G.,* * **S. canadénsis** L.

— Stg. bereift, kahl, höchstens im Bltnstd. behaart; Zungenbltn. deutl. länger als die Röhrenbltn.; ♃; VIII–X. Auwälder, Flussufer, auch Gartenzierpfl. (Heimat: N-Am.); heute überall eingebürgert, *v.* (= *S. serotina* Ait.) *Riesen-G.,* * **S. gigantéa** Ait.

4. Euthámia (NUTT.) CASS., *Grasblättrige Goldrute*
Stgblätt. lineal, ganzrandig; Pfl. 50–80 cm hoch; Köpfchen 5–6 mm lg., sitzend od. sehr kurz gestielt, in Schirmrispen; Köpfchenboden bewimpert; ♃; VII–X. Feuchte Wiesen, Ufer; *s*, als Gartenzierpfl. verwild. u. z. T. eingebürgert, z. B. BW, Ba, CH, Vb, NÖ, SaAn, Br, NS, MeVp. (Heimat: N-Am.) [= *Solidago graminifolia* (L.) SAL.; = *S. lanceolata* L.] **E. graminifólia** (L.) NUTT.

5. Béllis L., *Gänseblümchen*
Rosettenblätt. spatelf. bis verkehrt eif., gestielt; Röhrenbltn. gelb; Zungenbltn. weiß, mitunter leicht rosa; ♃; III–XI. Wiesen, Grasplätze, Parkrasen; *g* u. *h*. * **B. perénnis** L.
In Gärten, als „Tausendschön" m. gefüllten Köpfchen, auch rotblühend, kultiviert.

6. Áster L., *Aster*
1. Stg. 1- od. wenigköpfig, 5–30 cm hoch; Blätt. stets ganzrandig, stumpf od. seicht ausgerandet, oft nahe der Spitze am breitesten; Hülle 8–12 mm lg.; Zungenbltn. violett-blau; ♃; VI–VIII. Magermatten, Felsfluren, bis 3130 m; *v* Alp., Schweizer Jura, *s* O-Harz, Thw., ČR, auch Zierpfl. Ⓖ *Alpen-A.*, * **A. alpínus** L.
— Stg. vielköpfig, 20–70 cm hoch; Blätt. spitz, nahe der Mitte am breitesten; grdst. Blätt. ganzrandig od. etw. gezähnt; Hülle 6–8 mm lg.; Zungenbltn. blaulila, selten rötl. od. weiß; ♃; VII–X. Trockenrasen, meist in der collinen Reg., auf Kalk; *z* in BW, Ba, Au, Bz, CH, nördl. *s* bis Lx, Eifel, NS, Th, SaAn, Br, ČR.
Ⓖ *Berg-A., Kalk-A.*, * **A. amélllus** L.

7. Symphyótrichum NEES, *Aster*
1. Blätt. auf der Fläche dicht borstig behaart; Stg. oberw. drüsig behaart; Zungenbltn. rot, rosa, blau od. violett; Hüllblätt. ± gleich lg. drüsig behaart; ob. Stgblätt. stgumfassend, ganzrandig; ♃; IX–XI. Flussufer, Ruderalstellen; Zierpfl., *z* verwild., z. B. Elbe, Rhein, CH, Bz, Au, Br, MeVp. (Heimat: N-Am.) (= *Aster novae-angliae* L.) * **S. nóvae-ángliae** (L.) NESOM
— Blätt. kahl, nur am Rand rau od. bewimpert **2**
2. Hüllblätt. ± gleich lg., nicht auffallend dachziegelig angeordnet; ♃; IX–X. Flussufer, Ruderalstellen; *z* od. *s*. (Verbreitung ungenau bekannt)
Artengruppe *Neubelgische A.*, * **S. nóvi-bélgii** (L.) NESOM agg.[1]
a. Hüllblätt. bis 0,7 mm breit. Früher Zierpfl. (Heimat: N-Am.) (= *Aster novi-belgii* L.) *Neubelgische A.*, **S. nóvi-bélgii** (L.) NESOM
b. Hüllblätt. meist > 0,7 mm breit. (Vielleicht in Kultur entstanden?) (= *Aster* × *salignus* WILLD.; = *S. lanceolatum* × *S. novi-belgii*)
Weiden-A., **S.** × **salígnum** (WILLD.) NESOM
— Hüllblätt. deutl. dachziegelig angeordnet **3**
3. Hüllblätt. 0,4–0,8 mm breit, m. lanzettl. grünem Mittelfeld, dieses bis zum Grd. herablaufend; Spr. der unt. Stgblätt. nicht stielart. verschmälert; ♃; VIII–X.

[1] Diese nordamerikanischen *Aster*-Arten sind noch in lebhafter Artbildung begriffen. Eine abschließende Beurteilung dessen, was als Art gegen andere Arten abgegrenzt werden kann, ist noch nicht möglich. Daher sollen hier nur die wichtigsten Formengruppen genannt werden

Flussufer, Auwälder; *v–z,* Zierpfl., verwild. u. eingebürgert. (Heimat: N-Am., teilw. wohl auch in Kultur entstanden)

Artengruppe *Lanzettblättrige A.,* **S. lanceolátum** (WILLD.) NESOM agg.[1]

a. Saum der Röhrenbltn. bis zur Hälfte gespalten; Hülle meist 3–4 mm im Dm; Blätt. untersts. nur auf den Nerven behaart. (= *Aster lanceolatus* WILLD.)

Lanzettblättrige A., **S. lanceolátum** (WILLD.) NESOM

b. Saum der Röhrenbltn. bis 1/3 gespalten; Hülle < 3 mm im Dm; Blätt. untersts. nur auf den Nerven behaart. (= *Aster tradesantii* L.)

Tradescants A., **S. tradescántii** (L.) NESOM

c. Saum der Röhrenbltn. bis zur Hälfte gespalten; Blätt. untersts. auf der Fläche behaart. (= *Aster parviflorus* NEES)

Kleinköpfige A., **S. parviflórum** (NEES) GREUT.

— Hüllblätt. 0,8–1,3 mm breit, m. rautenf., grünem Mittelfeld; Spr. der unt. Stgblätt. stielart. verschmälert (Artengruppe *S. laeve* agg.) 4

4. Pfl. blaugrün bereift; ob. Stgblätt. stgumfassend; Blätt. der Seitentriebe deutl. kleiner als die Stgblätt.; ♃; IX–XI. Auwälder, Gebüsche; Zierpfl., verwild. u. eingebürgert z. B. in Au. (Heimat: N-Am.) (= *Aster laevis* L.)

Kahle A., Glatte A., **S. lāeve** (L.) A. & D. LÖVE

— Pfl. grün; ob. Stgblätt. m. verbreitertem Grd. etwas geöhrt; Blätt. der Seitentriebe nur wenig kleiner als die Stgblätt.; ♃; IX–XI. Auwälder, Gebüsche; Zierpfl., verwild. u. eingebürgert z. B. NrWe, SaAn, BW, Ba, CH, Sb, St. (Heimat: N-Am.) (= *Aster × versicolor* WILLD.; = *A. laevis × A. novi-belgii*)

Bunte A., **S. × versícolor** (WILLD.) NESOM

Weitere Arten wurden verwild. beobachtet, z. B. **Sym. dumosum** (L.) NESOM in Lx.

8. Galatélla CASS., *Aster*

1. Zungenbltn. fehlen; Köpfchen goldgelb; Pfl. kahl; Stgblätt. lineal, 1-nervig, 2–3 mm breit; Stg. auffallend dicht beblätt.; ♃; VII–IX. Trockenrasen, kalkliebend; *z* RhPf, Ba, *s* in BW, He, Be, M-Dt, Br, CH, Bz, Kt, NÖ, OÖ, Bgl, ČR, Schl. [= *Aster linosyris* (L.) BERNH.]

Gold-A., * **G. linósyris** (L.) RCHB. f.

— Zungenbltn. vorhanden, blauviolett; Stg. u. Blätt. grauflaumig-spinnwebig behaart; Blätt. längl-elliptisch, 3-nervig, 5–10 mm breit; Köpfchen 10–25 mm im Dm; Pfl. 30–100 cm hoch; ♃; VIII–X. Wechselfeuchte Wiesen; sehr *s,* NÖ (Marchfeld), Bgl (Seewinkel), früher ČR (Mähren). [= *Aster canus* W. & K.; = *A. sedifolius* ssp. *canus* (W. & K.) MERXM.]

Graue A., **G. cána** (W. & K.) NEES

9. Bellidiástrum SCOP., *Alpenmaßliebchen*

Pfl. einer großen *Bellis* ähnl.; Stg. 1-köpfig; Zungenbltn. weiß od. rötl.; Blätt. in grdst. Rosette; ♃; IV–IX. Quellfluren, Blaugrashalden, auf Kalk, bis 2600 m; *v* Alp. u. Vorland, Schweizer Jura, *s* SchwAlb, Schw. [= *Aster bellidiastrum* (L.) SCOP.] * **B. michélii** CASS.

---

[1] Diese nordamerikanischen *Aster*-Arten sind noch in lebhafter Artbildung begriffen. Eine abschließende Beurteilung dessen, was als Art gegen andere Arten abgegrenzt werden kann, ist noch nicht möglich. Daher sollen hier nur die wichtigsten Formengruppen genannt werden

10. Tripólium Nees, *Strandaster, Salzaster*
Stg. kahl od. fast kahl, oft rot überlaufen; Stgblätt. dickl., höchstens am Rand bewimpert; Hüllblätt. fast 2-reihig, längl.-eif., stumpf, anlgd., kahl; Zungenbltn. hellblau-zartlila, selten weiß od. fehlend; ⊙; VI–X. Strandwiesen der Meeresküsten *v, s* salzhaltige Stellen im Binnenland, z. B. Th, SaAn, NS, NrWe, He, E, NÖ, Bgl, St, ČR (Mähren). [incl. ssp. *tripolium* (L.) Greut.; = *Aster tripolium* L.] **T. pannónicum** (Jacq.) Dobroczajeva

11. Erígeron L. (incl. **Stenáctis** Cass. u. **Conýza** Less.), *Berufkraut, Feinstrahl*

1. Randbltn. m. absthd. Zunge, fast doppelt so lg. wie die Röhrenbltn., rötl., lila od. weiß; Köpfchen meist > 15 mm breit **5**
— Randbltn. m. kurzer, aufrechter Zunge, diese so lg. wie od. wenig länger als die Röhrenbltn.; Köpfchen < 12 mm breit **2**
2. Zungenbltn. erst gelb, später hellviolett, rötl. od. lila, kaum länger als die Röhrenbltn., ± aufrecht; Pfl. 10–60 cm hoch, drüsenlos; Infl. Traube od. armköpfige Rispe, selten m. > 30 Bltnköpfchen; Hülle 6–12 mm breit; Röhrenbltn. grünl.gelb; Fr. 2 mm lg.; Pappus 2-mal so lg. wie die Fr.; ⊙–♃; V–IX. *Scharfes B.,* * **E. ácris** L.
a. Pfl. steifhaarig; unt. Blätt. verkehrt eif. bis keilig; Hüllblätt. dicht behaart. Trockenrasen, Sandfluren, Wald- u. Wegränder; *v–z.* (incl. *E. serotinus* Wh.) ssp. **ácris**
— Pfl. zerstr. kurzhaarig bis kahl; unt. Blätt. lineal-lanzettl.; Hüllblätt. zerstreut langhaarig od. kahl . . . . **b**
b. Hüllblätt. meist locker bis zerstreut langhaarig; Stgblätt. auf der Fläche kahl, aber am Rand bewimpert; Köpfchen meist weniger als 30. Moränen, Geröll; *z,* Bz, Au, E, Ba, Schl, ob. Oder u. Weichsel, ČR. ssp. **angulósus** (Gaud.) Vacc.
— Hüllblätt. kahl od. fast kahl (od. m. sitzenden Drüsen besetzt) . . . . **c**
c. Hüllblätt. einheitl. gefärbt, rotbraun, drüsig behaart; Blätt. kahl, etwas glzd.; Stg. bogig aufstgd.; Pfl. 10–30 cm hoch. Moränen; nur Vs, Ts, Gr. ssp. **polítus** (Fr.) Lindb. f.
— Hüllblätt. grün mit violetter Spitze; Stgblätt. kahl, die ob. bewimpert; Pfl. 30–60 cm hoch; Köpfchen mehr als 30 (bis über 100). Felsrasen; nur NÖ, St, ČR. [incl. ssp. *macrophýllus* (Herbich) Gutermann u. *E. podolicus* Bess.] ssp. **droebachiénsis** (Müll.) Arcang.
— Zungenbltn. schmutzigweiß; Hülle z. Blzt. ca. 2–5 mm breit; Pfl. m. zahlreichen (oft über 100) Köpfchen in einer Rispe; Köpfe m. wenigen Zwitterbltn. (**Conýza** Less.) **3**
3. Unt. Stgblätt. fast nur auf den Nerven u. am Rand behaart; Hülle 3–4 mm lg. u. 2–3 mm breit, kahl od. fast kahl; Infl. zylindrisch, nicht von unt. Seitenästen überragt; Röhrenbltn. meist 4-zipfelig; Pappus 2–2,5 mm lg.; ⊙–⊙; VI–X. Ruderalstellen, Straßenpflaster, Trockenrasen; *v,* in höheren Lagen *s,* im Gebiet schon lange eingebürgert. (Heimat: N-Am.) [= *Conyza canadensis* (L.) Cronq.] *Kanadisches B.,* * **E. canadénsis** L.
— Stgblätt. auf der Fläche kurzhaarig, am Rand nicht bewimpert; Hülle behaart; Röhrenbltn. meist 5-zipfelig **4**
4. Endst. Rispe länger als die Seitenzweige; Hülle 4–5 mm lg., meist grün; mittl. Stgblätt. elliptisch od. oval, m. Hauptnerv u. deutl. Seitennerven; Köpfchen z. Bltzt. ca. 3–4 mm breit, z. Frzt. 8 mm erreichend; Pappus 3–4 mm lg.; ⊙; VI–X.

Ruderalstellen; *s,* sich einbürgernd, z. B. Be, Bz, St. (Heimat: S-Am.) (= *C. albida* Willd. ex Spreng.) *Weißes B.,* **E. sumatrénsis** Retz.

— Endst. Rispe von Seitenzweigen übergipfelt; Hülle 4–6 mm lg., an der Spitze oft purpurn überlaufen; mittl. Stgblätt. lineal-lanzettl., nur der Hauptnerv deutl.; Köpfchen z. Bltzt. ca. 5 mm breit, z. Frzt. 11 mm erreichend; ⊙; VII–X. Ruderalstellen; *s,* sich einbürgernd, z. B. BW (Oberrhein), Th, Sa, St. (Heimat: tropisches u. subtropisches Am.) [= *C. bonariensis* (L.) Cronq.] *Argentinisches B.,* **E. bonariénsis** L.

5. Pfl. niederlgd., od. aufstgd.; unt. Blätt. meist 3-lappig; Köpfchen gestielt, 15 mm im Dm; Zungenbltn. weiß od. rosa, untsts. purpurn, 5–6 mm lg. u. bis 1 mm breit; ♄; VII–VIII. Mauern an Seeufern, in Städten, sich einbürgernd; *s,* Be, BW, CH. (Heimat: Mexiko) *Mauergänseblümchen,* **E. karvinskiánus** DC.

— Pfl. aufrecht; Blätt. ungeteilt, zuw. gezähnt **6**

6. Bltntriebe 1- bis mehrköpfig; Fr. anlgd. behaart; Pappus 3–5 mm lg.; Alpenpflanzen **8**

— Bltntriebe mit zahlr. Köpfchen; Fr. gering behaart; Pappus d. Röhrenbltn. ca. 2 mm lg.; Pfl. drüsenlos; Zungenbltn. in 2 Reihen; aus N-Am. eingeschleppte u. eingebürgerte Arten (= *Stenactis, Feinstrahl*) **7**

7. Pappus aller Bltn. einfach; Zungenbltn. tief rosa (selten weiß); Pfl. 20–70 cm hoch; ⊙–mehrjährig; VI–IX. Zuw. verwild. in Parkrasen, Auen, Ruderalfluren, z. B. Ob-Rhein, S-Ba, St. (Heimat: N-Am.) *Philadelphia-F.,* **E. philadélphicus** L.

— Pappus der Röhrenbltn. am Grd. von Kranz winziger Börstchen umgeben; Zungenbltn. nur m. diesen Börstchen; ⊙; VI–X. Auwälder, Ruderalstellen, Flussufer; *v* eingebürgert. (Heimat: N-Am.) [= *Stenactis annua* (L.) Nees] *Gewöhnlicher F.,* * **E. ánnuus** (L.) Pers.

a. Mittl. Stgblätt. entfernt gezähnt; Stg. dicht absthd. langhaarig; Zungenbltn. rötl.-lila, selten weiß, bis 10 mm lg.; *z–s.* ssp. **ánnuus**

— Stgblätt. ganzrandig; Stg. anlgd. od. spärl. absthd. behaart; Zungenbltn weiß, selten bläul., bis 6 mm lg. . . . . **b**

b. Mittl. Stgteil dicht kurz u. anlgd. behaart; Haare der Hüllblätt. nicht abgeflacht, < 1 mm lg. Sandmagerrasen; *s,* z. B. CH, Kt, St, NS. [= *E. ramosus* (Walt.) Britt., Sterns & P.; = *E. strigosus* Mühlenbg. ex Willd.] ssp. **strigósus** (Mühlenbg. ex Willd.) Wagenitz

— Mittl. Stgteil zerstreut absthd. behaart bis fast kahl, Haare der Hüllblätt. abgeflacht, > 1 mm; *v–z.* ssp. **septentrionális** (Fern. & Wieg.) Wagenitz

8(6). Pfl. drüsenlos; Bltntriebe 1-, selten wenigköpfig **10**

— Pfl. drüsig behaart **9**

9. Stg. kräftig, steif aufrecht, kantig, dicht beblättert; Pfl. 20–60 cm hoch; Bltntriebe meist mehrköpfig, m. Verzweigungen nur im Spitzenbereich; Zungenbltn. intensiv purpurn, 5–8 mm länger als die Hülle; ♃; VII–IX. Steinige Matten, Felsspalten, 1100–2100 m; *z* CH, Bz, Au, *s* Allgäu (Rappenkopf, Fellhorn, Höfats). *Drüsiges B.,* **E. átticus** Vill.

— Stg. schwach, meist bogig aufstgd., undeutl. kantig, locker beblättert; Pfl. 10–30 cm hoch; Bltntriebe 1-köpfig od. wenige Verzweigungen bis unterhalb der Mitte; Zungenbltn. purpurn, blasslila od. weiß, 3–5 mm länger als die Hülle; ♃; VII–VIII. Felsen, Moränen, 500–3125 m; *s,* CH, Bz, Au (f OÖ, NÖ, Bgl), BW (Feldberg). (= *E. glandulosus* Heg.; = *E. gaudinii* Brügg.) *Felsen-B.,* **E. schleĭcheri** Gremli

10(8). Zwischen den ⚥ Röhrenbltn. (*1175a*, ohne Pappus!) u. den ♀ Zungenbltn. stehen engröhrige Fadenbltn.[1] (*1175b, 1166*, ohne Pappus!); Köpfchen 20–35 mm breit **13**

— Zwischen Röhren- u. Zungenbltn. stehen keine Fadenbltn. **11**

11. Pappus aus einem Kranz lg. dünner Borsten bestehend, außerdem m. unscharf abgesetzter äußerer Reihe sehr kurzer Borsten; Stg. 1(–3)-köpfig; Köpfchen 10–25 mm breit; Hüllblätt. randl. u. untersts. dicht verwoben wollig-zottig; Zungenbltn. weißl.-blasslila; Pfl. 2–12 cm hoch; ♃; VII–IX. Steinige Matten, Moränen, 1425–3460 m, kalkmeidend; *v* Ur-Alp., *z–s* Kalk-Alp. von Dt, CH, FL, Au, Bz.
Einblütiges B., **E. uniflórus** L.

— Pappus nur 1-reihig, aus einem Kranz lg. Borsten bestehend; Hüllblätt. nur spärl. bis dicht angedrückt behaart, Haare nicht verwoben **12**

12. Zungenbltn. lila bis rosa; Stg. 2–6-köpfig; Köpfchen 15–25 mm breit; Pfl. 5–30 cm hoch; ♃; VII–IX. (Steinige) Matten, 830–2640 m, kalkstet; *v* montane u. alp. Reg. der Alp. (Dt, CH., FL, Au, Bz). (= *E. polymorphus* auct. non Scop.)
Kahles B., **E. glabrátus** Hoffmgg. & Hornsch. ex Bluff. & Fing.

— Zungenbltn. reinweiß; Stg. 1-köpfig; Köpfchen 15 mm breit; Pfl. 5–20 cm hoch; ♃; VII–IX. Rasen auf Kalkbändern; Endemit der Koralpe (Norische Alp.; Kt, St). Ⓖ *Koralpen-B.*, **E. cándidus** Widder

13(10). Pappus aus einem Kranz lg., dünner Borsten bestehend, außerdem m. unscharf abgesetzter äußerer Reihe sehr kurzer Borsten; Stg. 1–12-köpfig; Laubblätt. auch auf ihren Flächen lg.haarig bis zottig; ♃; VII–IX. (Steinige) Matten, 700–3000 m; *v* Vb, Ti, *z* Allgäu,CH, FL, OTi, Bz, Kt, St. *Alpen-B.*, **E. alpínus** L.

— Pappus nur aus Kranz lg., dünner Borsten bestehend; Stg. 1-köpfig; Laubblätt. am Rand wimperig, auf den Flächen (bes. obersts.) kahl; ♃; VII–VIII. (Steinige) Matten, 1800–2700 m, kalkliebend; sehr *z* Allgäu, Vb, Ti, Kt, Sb, CH, FL, Bz, OTi.
Übersehenes B., **E. negléctus** Kern.

12. Mícropus L. [incl. **Bombycilǽna** (DC.) Smolj.], *Falzblume*

Stg. niederlgd.-aufstgd.; Pfl. 5–20 cm hoch; Hülle im Querschnitt 5-kantig; Bltn. gelbl.weiß; jede Fr. von einem Hüllblatt eingeschlossen; ⊙; V–IX. Trockenrasen, steinige Äcker; sehr *s*, Vs, E (Rouffach), Bz, früher NÖ (Wien). [= *B. erecta* (L.) Smolj.] **M. eréctus** L.

13. Filágo L. (incl. **Lógfia** Cass.), *Fadenkraut, Filzkraut*

1. Laubblätt. die Köpfchenknäuel nicht od. wenig überragend (wenn deutl., dann spatelf. u. höchstens 4-mal so lg. wie breit) **3**

— Laubblätt. die Köpfchenknäuel weit überragend, lanzettl. bis pfrieml., mehr als 6-mal so lg. wie breit, bis 2 cm lg. **2**

---

[1] Fadenbltn. stehen zw. den ♀ Zungenbltn. u. den ⚥ Röhrenbltn.; sie sind ♀, engröhrig u. fadenförmig dünn.

2. Laubblätt. lineal-lanzettl., bis 2 mm breit; Köpfchen eif.-rundl.; mittl. Hüllblätt. etwas, aber gleichmäßig nach oben gewölbt; ⊙; VII–IX. Äcker, Sandböden; *s* W-Vog., NW-E, S-Be.
Übersehenes F., **F. neglécta** (SOY.-WILL.) DC.

— Laubblätt. pfrieml.-lineal, bis 1 mm breit; Köpfchen pyramidenf.; mittl. Hüllblätt. mit einem sich verhärtenden Kiel nach außen gewölbt, Kiel die Fr. völlig einschließend; ⊙; VII–IX. Sandig-kiesige, trockene Böden; *s* E, in Dt offenbar ausgestorben. *Französisches F.,* **F. gállica** L.

3(1). Köpfchen zu 2–7 geknäuelt; Hüllblätt. z. Frzt. ausgebreitet, die äußeren zugespitzt, die mittl. stumpfl. **6**

— Köpfchen zu 8–30 geknäuelt; Hüllblätt. z. Frzt. aufrecht od. wenig abspreizend, die äußeren u. mittl. m. fädl., grannenart. Spitze . . . **4**

4. Hülle rundl., da mittl. Hüllblätt. kaum gekielt, diese nur oberhalb der Mitte locker lghaarig, sonst kahl, mit ± gerader Spitze (wie *1168*); Laubblätt. am Rand meist wellig; Knäuel 20–30-köpfig; ⊙; VII–IX. Brachäcker, sandige u. trockene Böden; *z–s, f* NS, östl. d. Oder. (= *F. vulgaris* LAM.) *Deutsches F.,* **F. germánica** (L.) HUDS.

— Hülle ± 5-kantig, da mittl. Hüllblätt. deutl. gekielt, diese reich wollig behaart; Laubblätt. flach **5**

5. Pfl. locker gelbl.grau behaart, mit bogig aufstgden Ästen; mittl. Hüllblätt. m. ± gerader *(1168),* bes. vor dem Aufblühen purpurner Spitze, reichl. wollig-filzig behaart; Knäuel 10–25-köpfig; Köpfchen m. 2–4 ⚥ u. m. zahlr. ♂ Fadenbltn.[1]; ⊙; VII–IX. Wie vorige; *s* Da, SH, Be, RhPf, E, BW, Ba, Bz, NÖ, ČR, Bgl, O-Dt (*f* Sa), Ho? [= *F. apiculata* G. E. SMITH ex BAB.] *Grüngelbes F.,* **F. lutéscens** JORD.

— Pfl. filzig grauweiß behaart, m. fast waagrecht absthden Ästen; mittl. Hüllblätt. m. bogig absthder *(1169),* gelbl. Spitze; Knäuel 8–16-köpfig; Köpfchen m. 5–7 ⚥ u. mit höchstens 7 ♀ Fadenbltn.; ⊙; VII–IX. Wie vorige; sehr *s*, E, St. Gallen, Gr, S-ObRhein, b. Naumburg (S-SaAn), Ho? (= *F. spathulata* C. PRESL) *Spatelblättriges F.,* **F. pyramidáta** L.

6(3). Pfl. 10–40 cm hoch; Stg. meist m. ± durchgehender Hauptachse u. kurzen Seitentrieben; Köpfchen 4–5 mm lg., vom Tragblatt überragt; Hüllblätt. bis zur Spitze dicht wollig-filzig, nicht gekielt; ⊙; VI–VIII. Steinige u. sandig-kiesige Orte, Brachäcker, kalkmeidend; *v* RhPf, NO-Ba, sonst *z–s* (*f* NW-Dt), CH, Bz, Au (*f* Vb), ČR.
Acker-F., **F. arvénsis** L.

— Pfl. 3–15(–30) cm hoch; Stg. meist schon vom Grd. an lg. gabelästig verzweigt, ohne dominierende Hauptachse; Köpfchen 3 mm lg., vom Tragblatt nicht überragt; Hüllblätt. nur an der Basis filzig behaart, an der Spitze strohart. glzd., gekielt; ⊙; VI–VIII. Sandtrockenrasen, Dünen, kalkmeidend; *v* im N, *z–s* im M- u. S-Gebiet, Vs, Ts, Bz, Kt, St, OÖ, NÖ, Bgl, ČR. *Zwerg-F., Kleines F.,* **F. mínima** (SM.) PERS.

---

[1] Fadenbltn. stehen zw. den ♀ Zungenbltn. u. den ⚥ Röhrenbltn.; sie sind ♀, engröhrig u. fadenförmig dünn.

14. Antennária GAERTN., *Katzenpfötchen*

1. Anhängsel der Hüllblätt. weiß (♂ Pfl.) oder dkrot bis rosa (♀ Pfl.); Pfl. m. oberirdischen Ausläufern; Blätt. obersts. kahl od. behaart, untersts. weißwollig-filzig; ♃; V–VII. Heiden, trockene Wälder, Magermatten, bis 3120 m; *v*, im NW *s*; stark im Rückgang begriffen. Ⓖ *Gewöhnliches K.*, * **A. dióica** (L.) GAERTN.

— Anhängsel der Hüllblätt. bräunl.; Pfl. ohne Ausläufer; Blätt. beidersts. lockerwollig-filzig; ♃; VI–VIII. Steinrasen, 1500–3210 m; *z* CH, FL, Bz, Dt (Allgäu, Berchtesgaden), Riesengeb., Au (*f* OÖ). Formenreich. *Karpaten-K.*, **A. carpática** (WAHL.) BLUFF. & FING. ssp. **helvética** (CHRTEK & POUZAR) CHRTEK & POUZAR

15. Leontopódium R. BR. ex CASS., *Edelweiß*

Meist 5–6 Köpfchen in endst., von 5–13 lanzettl. Hochblätt. umgebenem Bltnstand; ganze Pfl. weißwollig-filzig; ♃; VII–IX. Steinige Wiesen, Felsspalten, (480–)1600–3140 m, kalkliebend; *z*, CH, FL, Bz, Au, *s* Dt (Allgäu, Berchtesgaden). (= *L. alpinum* CASS.)
Ⓖ * **L. niveále** (TEN.) A. HUET ex HAND.-MAZ. ssp. **alpínum** (CASS.) GREUT.

16. Anáphalis DC., *Perlkraut, Silberimmortelle*

Stgblätt. lineal-lanzettl., untersts. filzig; Hülle perlweiß; Pfl. 30–80 cm hoch; ♃; VII–IX. Zierpfl., *s* an Waldwegen eingebürgert, z. B. Dt, Au. (Heimat: N-Am., NO-As.). (= *Gnaphalium margaritaceum* L.) **A. margaritácea** (L.) BENTH. & HOOK. f.

17. Gnaphálium L. (incl. **Omalothéca** CASS. u. **Filaginélla** OPIZ), *Ruhrkraut*

1. Bltnköpfe nur 3–4 mm lg., zu 3–10 in von Hochblätt. überragten Knäueln *(1171)*; Stg. meist von Grd. an ästig ausgebreitet; Stgblätt. 1–4 mm breit; Pfl. 2–20 cm hoch; ⊙; VI–X. Feuchte Äcker, Gräben, Schlammböden; *v*. [= *F. uliginosa* (L.) OPIZ] *Sumpf-R.*, * **G. uliginósum** L.

— Bltnköpfe 5–7 mm lg., einzeln od. zu 2–8 in Knäueln in einer Ähre od. Traube vereint; Stg. unverzweigt; Pfl. ausdauernd **2**

2. Pfl. 2–12 cm hoch; Ähre höchstens 10-köpfig; Pappushaare frei, nicht verwachsen; Gebirgspfl. **4**

— Pfl. 10–80 cm hoch; Ähre vielköpfig; Pappushaare am Grd. zu einem Ring verwachsen **3**

3. Stgblätt. 1-nervig, obersts. kahl od. fast kahl, die ob. 2–5 mm breit; mittl. Stgblätt. kürzer als die unt.; Köpfchen zu 3–7 in meist zahlr. Knäueln, diese eine endst., verlängerte Ähre od. Traube bildend *(1170)*; Infl. mindestens ⅓ so lg. wie der Stg.; Hüllblätt. hell hautrandig, m. brauner Spitze; Pfl. 10–80 cm hoch; ♃; VII–IX. Wälder, Magerrasen, Heiden; *v*, im NW *z*. [= *O. sylvatica* (L.) SCHULTZ-BIP. & F. W. SCHULZ] *Wald-R.*, * **G. sylváticum** L.

— Stgblätt. 3-nervig, obersts. seidig-wollig, 5–10 mm breit; mittl. Stgblätt. bis 10 cm lg., nicht kürzer als die Grdblätt.; Köpfchen zu 1–3 in Knäueln eine dichte Ähre bildend, diese höchstens ¼ so lg. wie der Stg.; Grdblätt. z. Bltzt. meist vertrocknet; Hüllblätt. breit schwarzbraun hautrandig; Pfl. 10–30 cm hoch; ♃; VII–IX. Subalp. Magerrasen u.

Wegränder, 1320–2800 m, kalkmeidend; *v–z* Alp., *s* Vog., Schw, ČR. [= *O. norvegica* (GUNN.) SCHULTZ-BIP. & F. W. SCHULZ]

Norwegisches R., **G. norvégicum** GUNN.

4(2). Hülle z. Frzt. sternf. ausgebreitet; Hüllblätt. 2-reihig, längl.-elliptisch, zugespitzt, braunhäutig; Blätt. beiderst. dünn seidig-wollig, 1–2 mm breit, 1–2 cm lg.; ♃; VI–IX. Steinige Matten, Geröll, Schneeböden, 1200–3300 m, kalkmeidend; *v* Alp., *s* Schw. (Feldberg), Iser- u. Riesengeb. [= *O. supina* (L.) DC.] *Zwerg-R.*, **G. supínum** L.

— Hülle z. Frzt. u. nach der Reife glockig ausgebreitet; Hüllblätt. dachziegelig, breit elliptisch, zugespitzt, breit braunschwarz berandet; Blätt. obersts. schwächer, untersts. dichter grauweiß filzig, 2–4 mm breit, bis 5 cm lg.; ♃; VII–VIII. Steinige Matten, Schneeböden, 1550–2930 m, kalkliebend; *z* Alp. [= *O. hoppeana* (KOCH) SCHULTZ-BIP. & F. W. SCHULZ] *Alpen-R.*, **G. hoppeánum** KOCH

18. Laphángium (HILLIARD & BURTT) TZVELEV, *Gelbes Ruhrkraut*

Stg. aufrecht od. aufstgd., meist einfach, 20–50 cm hoch; Stgblätt. stumpf, graufilzig, 5–8 mm breit; Köpfchenknäuel meist ohne Hochblätt *(1172)*; Hüllblätt. strohgelb, bräunl. od. weißl.; ⊙; VI–X. Kahlschläge, Teichränder, Heiden; *s* u. vielfach verschwunden, *f* im Geb. [= *Gnaphalium luteoalbum* L.; = *Pseudographalium luteoalbum* (L.) HILLIARD & BURTT]

L. luteoálbum (L.) TZVELEV

19. Helichrýsum MILL., *Strohblume*

1. Köpfchen 6–8 mm breit; Pfl. 10–40 cm hoch, weißwollig; Hüllblätt. lebhaft gelb od. orangegelb; ♃; VII–X. Sandige Böden, Wegränder, Kiefernwälder der Ebene; *v* im N (MeVp–OPr) u. O, *z* N-Ob-Rhein, Fr, Sa, *s* Ho, Be, NrWe, Th, NÖ, Bgl.

Ⓖ *Sand-St.*, * **H. arenárium** (L.) MOENCH

— Köpfchen 2–5 cm breit; Pfl. 20–100 cm hoch, kahl od. rau; Hüllblätt. gelb (Stammform), weißl., purpurn, violett, rosa od. rot; ⊙–⊙; VII–IX. Zierpfl., zuw. verwild. (Heimat: Australien) [= *Xerochrysum bracteatum* (VENT.) TZVELEV]

Immortelle, Garten-St., * **H. bracteátum** (VENT.) ANDREWS

20. Ínula L., *Alant*

1. Zungenbltn. fehlend od. die Hülle kaum überragend; Pfl. 40–80 cm hoch, nur oberw. verzweigt; Blätt. eif. bis elliptisch, die mittl. u. unt. gestielt, Rosettenblätt. runzlig; ⊙–♃; VII–IX. Trockenrasen, Waldränder; *v–z* im S, nördl. bis Ho–Osnabrück–Hannover–Lausitz–Schl, sonst nur Da, Rügen. (= *I. conyza* DC.)

Dürrwurz, * **I. conýzae** (GRIESSELICH) DC.

— Zungenbltn. stets vorhanden u. meist deutl. länger als die Hülle **2**

2. Pfl. 100–200 cm hoch; Blätt. sehr groß, 40–60 cm lg. u. 15–20 cm breit, untersts. graufilzig; Köpfchen 6–7 cm breit; innere Hüllblätt. an der Spitze verbreitert, spatelig; ♃; VII–IX. Zier- u. Heilpfl., stellenw. eingebürgert, z. B. NS, NrWe, RhPf, O-Dt, Au. (Heimat: Mittelmeergebiet, As.) *Echter A.*, * **I. helénium** L.

— Pfl. 10–80 cm hoch; Köpfchen < 5 cm breit; innere Hüllblätt. lanzettl. od. lineal **3**

3. Zungenbltn. wenig (1–3 mm) länger als die Hülle, lineal; Fr. kahl; Stgblätt. m. breit herzf., stgumfassendem Grd. sitzend, unterststs. dichter, oberststs. locker lghaarig; beiderststs. dicht m. sitzenden Drüsen; ♃; VII–VIII. Trockenrasen, buschige Abhänge; *z* N-Pf, Th/Harz bis Br, *s* M-Main, nördl. Frankfurt, Grabfeld (NW-Ba)?, b. Eberswalde (O-Br), NÖ, Bgl, ČR. Ⓖ *Deutscher A.*, **I. germánica** L.

— Zungenbltn. viel länger als die Hülle **4**

4. Ob. Stgblätt. m. herzf. Grd. halb stgumfassend **8**

— Ob. Stgblätt. m. verschmälertem od. abgerundetem Grd. sitzend, aber nicht stgumfassend **5**

5. Stgblätt. lineal-lanzettl., nur 3–6 mm breit, kahl, am Rand rau od. m. Wimperhaaren; Stg. meist nur 1-köpfig; ♃; VII–VIII. Trockenrasen, trockene Gebüsche; *s* Kt, NÖ, Bgl, ČR, früher OÖ. *Schwertblättriger A.*, **I. ensifólia** L.

— Stgblätt. breiter als 12 mm, auf der Fläche behaar **6**

6. Stg. absthd. steifhaarig; Blätt. beiderststs. ± rauhaarig bis kahl; Köpfchen meist einzeln, 3–5 cm breit; Fr. kahl; ♃; VI–X. Trockenrasen, lichte Wälder, Gebüsche, kalkliebend; *z–s* im M- u. S-Gebiet, nördl. bis NS, MeVp, Br, *f* Ho, Be. *Behaarter A.*, **I. hírta** L.

— Stg. nicht absthd. behaart, höchstens angedrückt behaart od. fast kahl; Köpfchen zu mehreren in doldenart. Bltnstand **7**

7. Blätt. oberststs. dicht behaart, unterststs. angedrückt graufilzig behaart; Köpfchen 2–3 cm breit; Fr. nur oberw. m. wenigen Haaren; ♃; VII–IX. Moorwiesen, Auwälder; *s*, nur CH u. S-ObRhein. [= *I. vaillantii* (All.) Vill.] Ⓖ *Schweizer A.*, **I. helvética** G. H. Weber

— Blätt. oberststs. kahl od. fast kahl, m. deutl. netzförmiger Aderung, unterststs. kurzborstig behaart od. kahl; Köpfchen 2,5–3 cm breit; äuß. Hüllblätt. m. grüner 3-eckiger Spitze, diese anlgd. od. absthd.; Fr. kahl; ♃; VII–VIII. Felsige Abhänge; *s*, Vs, S-Ts. *Sparriger A.*, **I. spiraeifólia** L.

8(4). Stg. u. Blätt. fast kahl; Blätt. nur halb stgumfassend; äußere Hüllblätt. kürzer als die inneren; Fr. kahl; ♃; VI–X. Trockenrasen, Waldränder, Sumpfwiesen, Flussufer; *v–z* im S, SO-NS u. im N ab MeVp östl., sonst *s*. *Weidenblättriger A.*, * **I. salicína** L.

a. Blätt. kahl od. fast kahl, ganzrandig od. entfernt gezähnt; Stg. oben kahl; *v–z*. ssp. **salicína**

— Blätt. unterststs. auf den Nerven behaart, fein gezähnt; Stg. oben locker behaart; *s*, ob ČR (Mähren)? ssp. **áspera** (Poir.) Hay.

— Stg. u. Blätt. stärker behaart **9**

9. Äußere Hüllblätt. absthd. od. zurückgebogen, 7–12 mm lg. u. 0,5–0,8 mm breit; innere Hüllblätt. 5–8 mm lg.; Hülle 7–9 mm lg.; Blätt. bes. unters. dicht behaart; Stgblätt. meist länger als die Internodien; ♃; VI–IX. Feuchte Wiesen, Flussufer; *z* in Stromtälern, bes. Rhein, Weser, Elbe, im O häufiger, sonst *s*. *Wiesen-A.*, * **I. británnica** L.

— Äußere Hüllblätt. aufrecht, 5–7 mm lg. u. 1 mm breit, innere 10–12 mm lg.; Hülle 10–15 mm lg.; Blätt. seidig-filzig; ob. Stgblätt. oft kürzer als die Internodien; Bltn. gold- bis orangegelb; ♃; VI–VIII. Trockenrasen, Waldränder; *s,* NÖ, Bgl, ČR. *Christusauge,* **I. óculus-chrísti** L.

21. Dittríchia GREUT., *Klebriger Alant*
Pfl. 15-50 cm hoch, verzweigt wie kleines Bäumchen; Blätt. lineal, stark drüsig-klebrig; ⊙; VIII–X. Autobahnen, Ruderalstellen; *z* eingebürgert. (Heimat: Mittelmeergebiet). [= *Inula graveolens* (L.) DESF.] * **D. gravéolens** (L.) GREUT.

22. Pulicária GAERTN., *Flohkraut*

1. Goldgelbe Zungenbltn. viel länger als die Röhrenbltn., 7–8 mm lg.; Stgblätt. m. herzf. Grd. stgumfassend; Köpfchen 15–30 mm breit; Stg. nur im oberen Teil, meist ± aufrecht, verzweigt; ♃; VI–IX. Feuchte Wiesen, Gräben, Wegränder; *z* bis sehr *z, s* im O u. N, *f* W- u. OPr, böhmische Randgeb.
Großes F., Ruhrwurz, **P. dysentérica** (L.) BERNH.

— Zungenbltn. kaum länger als Röhrenbltn., nur 2 mm lg.; Stgblätt. am Grd. nicht herzf.; Köpfchen ca. 10 mm breit; Stg. bereits unterhalb der Mitte sparrig-ästig verzweigt; ⊙; VII–IX. Ufer, Gräben, überschwemmte Stellen der Ebene, Flusstäler; *z* Elbe u. Rhein, Oder, S-Br, sonst sehr *z* bis *s,* vielfach verschwunden, *f* Vb, OTi, Sb.
Ⓖ *Kleines F.,* **P. vulgáris** GAERTN.

23. Carpésium L., *Kragenblume*
Stg. 20–50 cm hoch, weichhaarig bis zottig; Blätt. rhombisch-eif., in den Stiel keilig verschmälert, unterstს. behaart; Köpfchen nickend, 1,5–2 cm im Dm; ⊙–⊙; VII–IX. Lichte Wälder, Gebüsche; in Dt entlang der Grenze nach OÖ wohl verschwunden; *s,* CH, Bz, NÖ, OÖ, Kt, St.
Ⓖ **C. cérnuum** L.

24. Buphthálmum L., *Ochsenauge*
Pfl. steif-aufrecht, kaum verzweigt; Köpfe einzeln am Ende lg. beblätt. Triebe, 3–6 cm breit; ♃; VI–IX. Kalk-Magerrasen, lichte Eichen- und Kiefernwälder, kalkliebend; *v* Alp. u. Vorland, *z–s* Schweizer Jura, E, BW, Ba, Th, ČR.
B. salicifólium L.

25. Telékia BAUMG., *Telekie*
Pfl. kräftig, bis 2 m hoch; Köpfe zu 3–7 traubig od. doldig, 5–6 cm breit; ♃; VI–VIII. Zierpfl., gelegentl. verwild. u. *s* eingebürgert (bes. Au, aber auch CH, Ba, Th, Sa, Schl, MeVp). (Heimat: SO-Eur., Kleinas.) (= *Buphthalmum speciosum* SCHREB.)
T. speciósa (SCHREB.) BAUMG.

26. Sílphium L., *Becherpflanze*
Pfl. 1,5–2,5 m hoch; Köpfe 5–8 cm breit; Fr. zusammengedrückt, 2-flügelig; ♃; VII–X. Schutt, Auwälder; *z* entlang einiger Flusstäler (M-Rhein), Sa, St; aus Gärten verwild. (Heimat: Atlant. N-Am.) **S. perfoliátum** L.

27. Íva L., *Schlagkraut*
Blätt. 7–30 cm lg., herzf., zugespitzt, lg. gestielt, doppelt gezähnt, fast gegenst.; Köpfchen nickend, sehr zahlr. in verzweigten Ähren od. Rispen angeordnet, 4–5 mm breit, m. außen 5 ♀, innen m. 8–20 ♂ Bltn.; Pfl. 90–200 cm hoch; ⊙; VIII–X. Unkraut-

gesellschaften (bes. Häfen, Bahnanlagen); häufig eingeschleppt u. *z* eingebürgert, z. B. Hamburg, Berlin, O-Dt, Breslau, Rheintal, Lx, Au. (Heimat: westl. N-Am.)
I. xanthiifólia NUTT.

28. Ambrósia L., *Ambrosie, Traubenkraut*

1. Blätt. meist 3-lappig, die ob. ungeteilt, selten 5-lappig (*1176*), gegenst.; Pfl. bis > 2 m hoch; Stg. behaart bis kahl; ⊙; VIII–X. Ruderalstellen; *s* eingeschleppt, Ob.Rhein, Rheinl., NO-Dt, Sb, OÖ, St, ČR. (Heimat: USA u. S-Kanada)
Dreilappige A., **A. trífida** L.

— Blätt. gefied. od. fiedteilig **2**

2. Stg. u. Blätt. untersts. dicht weiß bis grau behaart; Blätt. doppelt fiedteilig; Fied. 1. Ordnung im Umriss schmal-oval (*1177*); Pfl. bis 1 m hoch; ⊙, VIII–X. Ruderalstellen; sehr *s* eingeschleppt, ObRhein (Mannheim, Ludwigshafen). (Heimat: Mittelmeergebiet) *Strand-A.*, **A. marítima** L.

— Stg. u. Blätt. kahl bis locker u. zerstreut behaart **3**

3. Pfl. einjährig, bis 1,5 m hoch; Blätt. dünn, die unt. stets doppelt fiedspaltig (*1178*); Hülle der ♂ Köpfchen kahl od. schwach behaart; ⊙; VIII–X. Äcker, Straßenränder, Ruderalstellen; *z*, meist unbeständig. (Heimat: USA) (= *A. elatior* L.).
Beifußblättrige A., * **A. artemisiifólia** L.

— Pfl. ausdauernd, bis 80 cm hoch; Blätt. dickl.; Fied. 1. Ordnung höchstens gezähnt (*1179*); Hülle der Köpfchen der ♂ Pfl. dicht behaart; ♃; VIII–X. Ruderalstellen, Flussufer; *s*, Dt, E, Vs, Ts, Breslau. (Heimat: USA u. Mexiko). (= *A. coronopifólia* TORR. & A. GRAY) *Ausdauernde A.*, **A. psilostáchya** DC.

29. Xánthium L., *Spitzklette*

(Standorte meist sandig-kiesige Ruderalstellen u. Flussufer)

1. Blattstiel am Grd. seitl. m. 1–2 kräftigen, 3-teiligen, gelben Dornen; Blätt. untersts. weißfilzig, obersts. grün, längl.-rhombisch, tief 3-lappig; ⊙; VIII–IX. Unbeständig u. sehr *z* auftretend; eingebürgert nur in Au. (Heimat: S-Am.)
Dornige Sp., **X. spinósum** L.

— Pfl. dornenlos; Blätt. nicht filzig, unregelmäßig gelappt **2**

2. Fr. 12–15 mm lg., reif graugrün bis graugelb, kurz weichhaarig (nicht aber ihre Stacheln), ihr Schnabel gerade (*1180*) od. nur ganz schwach einw. gekrümmt; Blätt. am Grd. herzf., beidersts. graugrün; Pfl. nicht aromatisch riechend; ⊙; VII–X. Nur entlang Strom-u. Flusstäler, *z* Ho, M- u. N-Rhein, Weser, Elbe, *s* Neckar, Donau, Iller, Spree/Havel, Oder, Sa, CH, Bz, Au, ČR, sonst *s* u. nur vorübergehend. (Heimat: Eur., nicht Am.!) *Gewöhnliche Sp.*, * **X. strumárium** L.

1176 *1177* *1178* *1179*

— Fr. > 15 mm lg., reif anders gefärbt u. meist stärker behaart; Frschnabel mehr hakig gekrümmt; Blätt. gelbl.grün; Pfl. aromatisch riechend; Fr. meist deutl. > 2 cm; ⊙; VIII–X. Ruderalstellen, Flussufer; stellenw. eingebürgert. (Heimat: Mittelmeergebiet) *Großfrüchtige Sp.*, **X. orientále** L.

a. Frstacheln deutl. bogig einw. gekrümmt, locker sthd.; Frkörper im Umriss schlank, absthd. behaart *(1182)*, (auch ihre Stacheln u. Schnabel). Eingebürgert z. B. Lx, E, sonst meist unbeständig. ssp. **orientále**

— Frstacheln nur an der Spitze einw. gekrümmt, dicht sthd.; Frkörper im Umriss dickl., dicht kurzhaarig *(1181)* (die Stacheln u. der Schnabel aber nur im unt. Teil) . . . . **b**

b. Frstacheln 5–6 mm lg., deutl. hakig. Eingebürgert z. B. E, Ts, Bz, Kt, St, OÖ. (= *X. italicum* Mor.) sp. **itálicum** (Mor.) Greut.

— Frstacheln 3-4 mm lg., nur wenig gebogen *(1181)*. Flussufer von Elbe, Oder, Weichsel u. Nebentälern, sonst unbeständig. [= *X. albinum* (Widder) Scholz & Sukopp; = *X. riparium* Lasch non Itz. & H.; = *X. ripicola* Holub] ssp. **ripárium** (Čel.) Greut.

30. **Sigesbéckia** L., *Siegesbeckie*

Pfl. 50–150 cm hoch; äußere Hüllblätt. ausgebreitet u. viel länger als die einwärts geschlagenen inneren; Köpfchen (einschl. der dicht drüsig behaarten Hüllblätt.) bis 3 cm breit, 2–4 cm lg. gestielt; ⊙; VIII–IX. Zuw. eingeschleppt u. in Unkrautgesellschaften der Elbemündung/SH u. in MeVp eingebürgert. (Heimat: Chile) (= *S. cordifolia* auct. non H. B. K.) **S. serráta** DC.

31. **Rudbéckia** L., *Sonnenhut*

1. Alle Stgblätt. einfach, beidersts. behaart, 10–100 cm hoch; ⊙–♃; VII–X. Im nördl. u. mittl. Gebiet vielfach eingebürgert, im S immer wieder verwild,, bes. Au, Bz, FL. (Heimat: S-Kanada bis N-Mexiko) *Rauer S.*, **R. hírta** L.

— Wenigstens die mittl. Stgblätt. gefied. od. fiedspaltig, kahl od. wenig behaart; Stg. kahl, 50–200 cm hoch; ♃; VII–X. Zierpfl.; verwildert u. eingebürgert, aber häufiger als vorige Art, bes. CH, Bz, Au. (Heimat: NO-Kanada, O-USA) *Schlitzblättriger S.*, **R. laciniáta** L.

32. **Heliánthus** L., *Sonnenblume*

1. Röhrenbltn. braun; Köpfe nickend, 10–50 cm breit; ⊙; VII–X. Als Zierpfl. u. Ölfruchtpfl. *v* kult., zuw. an Ruderalstellen u. Mauern verwild. (Heimat: N-Am.) *Gewöhnliche S.*, * **H. ánnuus** L.

— Röhrenbltn. gelb; Köpfe aufrecht, nur 4–10 cm breit; Stg. mit kartoffelart. Knollen an unterirdischen Ausläufern; ♃; VIII–X. Stellenweise (bes. M-ObRhein) feldmäßig angebaut, *v* verwild.; in E, Dt, Au, Bz, CH, ČR vielfach eingebürgert, bes. an Flussufern. (Heimat: N-Am.) *Erdbirne, Topinambur*, * **H. tuberósus** L.

33. **Verbesína** L., *Verbesine*

Stg. weißfilzig, meist reich verzweigt; unt. Blätt. zuw. gegenst.; Stgblätt. im Umriss 3-eckig, grob gezähnt bis schwach gelappt; Blattstiel meist geflügelt; Zungenbltn. goldgelb; ⊙; VII–X. Zuw. eingeschleppt, *s* eingebürgert (Mannheim, b. Sesenheim/E, wo noch?). (Heimat: N- u. M-Am.)

V. encelioídes (Cav.) Benth. & Hook. ex A. Gray

34. **Heliópsis** Pers., *Sonnenauge*

50–150 cm hohe Pfl. m. gegenst., gesägten, lanzettl.-eif., obersts. rauen Blätt., m. 6–7 cm großen Köpfchen; Zungenbltn. orangegelb, Röhrenbltn. m. gelben Zipfeln;

Fr. schwarz; Pappus fehlend od. m. 1–3 kleinen, häutigen Zähnchen; herausgezupfte Zungenbltn. behalten die Fr.! *v* kult. Zierpfl., zuw. verwild., eingebürgert in Kt. (Heimat: M- u. O-Nordam.) **H. helianthoídes** (L.) SWEET

35. Eriophýllum L., *Wollblatt*

Pfl. 20–60 cm hoch; Köpfchen 5–10 cm lg. gestielt, 2–2½ cm im Dm.; Fied. 2. Ordnung nur zu 1–2(–3) Paaren, deutl. voneinander entfernt; Spreublätt. fehlend; Pappus als fransiges, bis 2 mm lg. Krönchen; ♃; VII–VIII. Ruderalstellen; eingeschleppt (sich einbürgernd?); He (Vogelsberg), NrWe (Hagen). (Heimat: westl. N-Am.) **E. lanátum** (PURSH) FORB.

36. Bidens L., *Zweizahn*

1. Blätt. 3–5-spaltig od. gefied. **3**

— Blätt. ungeteilt; Fr. m. 4 ± gleich lg. Grannen **2**

2. Köpfe nickend, etwa 30 mm breit, meist m. 6–8 Zungenbltn., diese 5 mm breit u. 10–15 mm lg., gelb; Blätt. sitzend, hellgrün, die ob. paarweise kurz miteinander verwachsen; Fr. am ganzen Seitenrand m. rückwärts gerichteten Borsten; ⊙; VII–IX. Ufer, Gräben, Altwasser; *v*, im W nur *z*. *Nickender Z.*, * **B. cérnuus** L.

— Köpfe aufrecht, etwa 15 mm breit, meist ohne Zungenbltn; Blätt. dkgrün, in einen geflügelten Stiel verschmälert, ungeteilt, selten die unt. etwas fiedspaltig; Fr. nur oben m. rückwärts gerichteten Borsten; ⊙; VIII–X. Fluss- u. Teichufer, Gräben; sehr *z*, eingeschleppt, häufiger nur N-Rhein, Elbe u. im O, *f* Da, Au. (Heimat: N-Am.) *Verwachsenblättriger Z.*, **B. connátus** MUEHLENBERG ex WILLD.

3(1). Blätt. doppelt gefied. od. zumindest die Fied. gelappt **6**

— Blätt. einfach gefied. od. nur fiedteilig **4**

4. Unt. Blätt. gefied.; Seitenfied. kurz gestielt; F. borstig-höckerig, schwärzlich, m. 2 Grannen, diese m. rückwärts gerichteten Stacheln *(1173)*, (var. **anómalus** PORT. ex FERN., aber m. vorwärts gerichteten Stacheln); Blätt. 1–2-paarig gefied., oft purpurviolett überlaufen; ⊙; VII–X. Flussufer, Ruderalstellen, entlang der größeren Flüsse vielfach eingebürgert; *z*, Dt, CH, Bz, Au, ČR, Ho, Be. (Heimat: N-Am.) (= *B. melanocarpus* WIEG.) *Schwarzfrüchtiger Z.*, * **B. frondósus** L.

— Alle Blätt. fiedteilig; Seitenfied. am Grd. verschmälert, an der Blattspindel herablaufend; Fr. glatt, nur am Rand rückw. stachelig-rau, braun-grün, m. 2 längeren [u. oft 2 kürzeren Grannen *(1157)*] . . . **5**

5. Blattzähne deutl. einw. gekrümmt *(1174b)*; Köpfchen breiter als hoch; äußere blattart. Hüllblätt. 10–12; Spreublätt. schmal lineal, so lg. wie

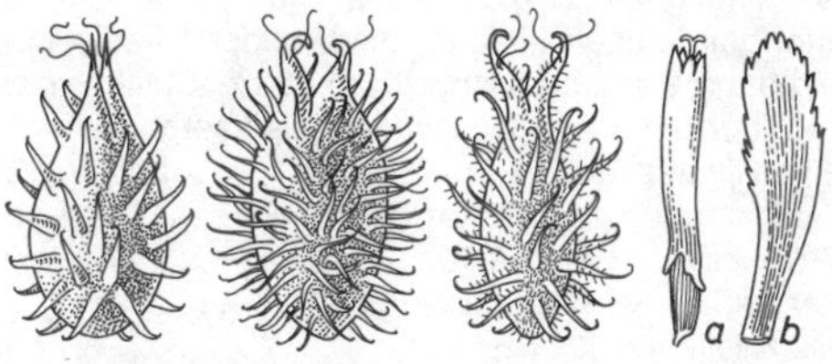

1180 *1181* *1182* *1183*

die Fr. (incl. Grannen); Blätt. gelbgrün, selten rötl.; ⊙; VIII–X. Gräben, Ufer, Teiche, schlammige Stellen; sehr *z* u. lückenhaft, *z* Elbetal, *f* Be, Ho, SH bis WPr, Schl?, in Au nur St, Bgl, NÖ.
Strahlen-Z., **B. radiátus** THUILL.

— Blattzähne fast gerade *(1174a);* Köpfe so breit wie hoch; äußere blattart. Hüllblätt. nur 5–8; Spreublätt. breit lineal, so lg. wie der Frkn.; Blätt. dkgrün; ⊙; VII–X. Ufer, Gräben; *v.*
Dreiteiliger Z., * **B. tripartítus** L.

6(3). Zipfel der Fied. rhombisch, nur am Rand u. untersts. behaart; Frborsten 2–4 mm lg.; Pfl. 30–130 cm hoch; ⊙; VII–X. Ruderalstellen; *s,* Ts, Gr. (Heimat: N-Am.)
Fiederblättriger Z., **B. bipinnátus** L.

— Zipfel der Fied. schmal lanzettl., obersts. kurzborstig behaart; Frborsten 1–2,5 mm lg.; Pfl. bis 2 m hoch; ⊙; VII–X. Ruderalstellen; *s* eingeschleppt. (Heimat: S-Am.) *Rio-Grande-Z.*, **B. subaltérnans** DC.

37. Guizótia CASS., *Ramtillkraut*

Pfl. 0,5–1,5 m hoch, von der Tracht eines *Bidens*; Zungenbltn. goldgelb; Köpfchen 3–4 cm breit; äußere Hüllblattreihe krautig, innere häutig; ⊙; IX–X. Als Vogelfutterpfl. immer wieder eingeschleppt, verwild., z. T. bereits eingebürgert, z. B. b. Köln u. Münster (We), Allgäu, Ti, Vb, Kt, St (Ölpfl. aus Äthiopien).
G. abyssínica (L. f.) CASS.

38. Galinsóga R. & P., *Knopfkraut, Franzosenkraut*

1. Spreublätt. 3-spaltig od. ungleich 2-spaltig; Stg. oberw. wenig u. kurz anlgd. behaart; Köpfchenstiele dicht behaart m. wenigen kurzen Drüsenhaaren; Pappus der Zungenbltn. aus wenigen kurzen Börstchen; ⊙; V–X. Eingeschleppt, als Acker- u. Gartenunkraut weit *v.* (Heimat: andines S-Am.)
Kleinblütiges K., * **G. parviflóra** CAV.

— Spreublätt. ungeteilt; Stg. oberw. absthd. grauzottig behaart; Köpfchenstiele locker behaart m. zahlr. lg. Drüsenhaaren (Lupe!); Pappus der Zungenbltn. einseitig, auf der Innenseite m. deutl. stumpfen Schuppen; ⊙; IV–X. Äcker, Gärten, Ruderalstellen; *v,* oft häufiger als vorige. (Heimat: andines S-Am. u. M-Am.) [= *G. ciliata* (RAF.) BLAKE] *Behaartes K.*, * **G. quadriradiáta** R. & P.

39. Chamaemélum MILL., *Römische Kamille*

Blätt. doppelt fiedteilig; Spreublätt. stumpf *(1183b),* m. grünem Mittelstreif u. durchsichtigem Rand; Blkr. am Grd. ringsum m. schiefer Aussackung *(1183a);* ♃; VI–X. Straßenränder, als Heilpfl. kult. u. *s* (zuw. m. gefüllten Köpfchen) verwild. (= *Anthemis nobilis* L.) * **Ch. nóbile** (L.) ALL.

40. Ánthemis L. (incl. **Cóta** J. GAY), *Hundskamille*

1. Zungenbltn. gelb, selten fehlend; Blätt. doppelt fiedteilig, untersts. anlgd. kurzhaarig; Spreublätt. lanzettl., m. starrer Stachelspitze *(1184);* ⊙–♃; VI–IX. Trockenrasen, Böschungen, Weinberge, kalkliebend; *v–z,* im S u. N von Dt *z–s* (auch kult. u. verwild.). [= *C. tinctoria* (L.) J. GAY; incl. *A. subtinctoria* DOBROCZAJEVA] *Färber-H.*, * **A. tinctória** L

— Zungenbltn. weiß **2**

2. Pfl. ausdauernd, m. verholztem Wurzelstock **7**

— Pfl. ein- bis zweijährig **3**

3. Spreublätt. lineal-borstl. *(1185),* aber bei den äußeren (unt.) Röhrenbltn. oft fehlend; Köpfchenboden verlängert kegelf.; Fr. knotig-gerieft u.

warzig-drüsig; Blätt. doppelt fiedspaltig, zerstreut behaart; Pfl. stinkend; ⊙; VII–IX. Äcker, Ruderalstellen; *z–s.* *Stinkende H.*, **A. cótula** L.

— Spreublätt. längl. od. lanzettl., überall vorhanden; Fr. glatt **4**

4. Köpfchenboden kegelf. bis walzl. verlängert (Längsschnitt!); Achänen im Querschnitt rundl. od. nur schwach 4-kantig; Blätt. einf. gefied. od. doppelt, dann aber Fied. 2. Ordnung nicht kammf. angeordnet **6**

— Köpfchenboden flach bis wenig gewölbt; Achänen im Querschnitt rhombisch (schief 4-kantig); Blätt. doppelt gefied., Fied. 2. Ordnung flach kammf. **5**

5. Köpfchenboden halbkugelig; Köpfchenstiel z. Frzt. nicht verdickt; Spreublätt. kurz zugespitzt; ⊙–⊙; VII–IX. Ruderalstellen, Bahndämme, Äcker; *z–s* S-Dt, Sa, NÖ, ČR, sonst nur eingeschleppt. [= *C. austriaca* (Jacq.) Schultz-Bip] *Österreichische H.*, **A. austríaca** Jacq.

— Köpfchenboden flach; Köpfchenstiel etwas verdickt u. hohl; Spreublätt. m. lg., deutl. abgesetzter Granne *(1186)*; ⊙; VII–IX. Bahnhöfe, Häfen; *s* eingeschleppt, ob eingebürgert? (Heimat: S-Eur.–Vorderas.) [= *A. cota* L. em. Vis.; = *C. altissima* (L.) J. Gay] *Hohe H.*, **A. altíssima** L. em. Spr.

6(4). Spreublätt. an der Spitze gezähnt, verkehrt-eif.-längl. *(1187)*, stachelspitzig; Pfl. angedrückt wollig behaart, von würzigem Geruch; ⊙; VI–IX. Ruderalstellen, Äcker; *s*, S-Dt, Sa, Br, Th, Schl, NÖ, Bgl, ČR. *Ruthenische H.*, **A. ruthénica** Bieb.

— Spreublätt. lanzettl., ganzrandig, stachelspitzig *(1188)*; Pfl. kahl bis flaumig-wollig, ohne aromatischen Geruch; Fr. stumpf 4-kantig; ⊙; VI–IX. Äcker, Ruderalstellen; *v* u. *h.* *Acker-H.*, * **A. arvénsis** L.

7(2). Blätt. fiedteilig m. regelmäßigen kammf. fiedspaltigen Zipfeln; Pfl. 30–90 cm hoch, oberhalb der Mitte verzweigt, m. einköpfigen Ästen, damit ähnlich *A. tinctoria* (s. Nr. **1**); Zungenbltn. 11–20 mm lg., weiß, oft fehlend; Hüllblätt. m. häutigen Rand u. lg. Haaren; Hülle schüsself.; Spreublätt. ei-längl., m. kurzer starrer Spitze; Bltnboden 12–17 mm im Dm; Krönchen ¼–½ so lg. wie die Fr.; ♃; VII–VIII. Trockenrasen, Gebüsche; *s*, nur S-Ts. [= *C. triumfettii* (L.) J. Gay] *Trionfettis H.*, **A. triumféttii** (L.) DC.

— Blätt. einfach od. unregelmäßig doppelt fiedteilig; Pfl. 10–25 cm hoch; Stg. meist unverzweigt, einköpfig; Hülle halbkugelig; Spreublätt. lanzettl.; Krönchen der Fr. sehr kurz; ♃; VI–VIII. (= *A. montana* L.) *Kretische H.*, **A. crética** L.

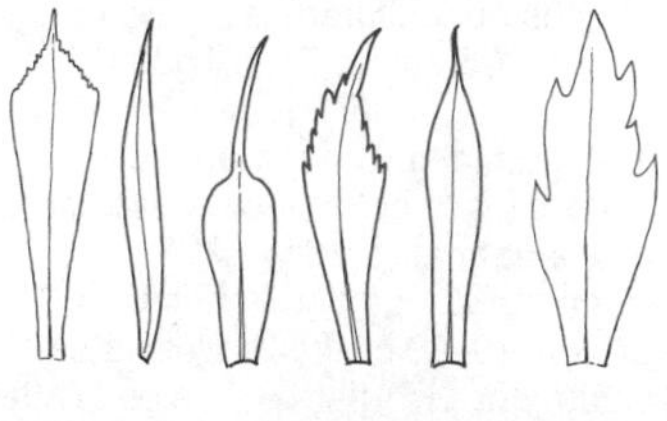

1184 1185 1186 1187 1188 1189

a. Köpfchen 2–3 cm im Dm; Hüllblätt. m strohfarbenem bis hellbraunem Hautsaum, dicht behaart; Spreublätt. lanzettl., vorn schwach gezähnt, an der Spitze oft bräunl.; Krönchen der Fr. nur ca. 0,1 mm lg. Kiefernwälder, Felsen; *s,* nur in ČR (Böhmen). *Berg-H.,* ssp. **colúmnae** (TEN.) FRANZÉN

— Köpfchen 3,5–4,5 cm im Dm; Hüllblätt. m. breitem, schwarzem od. braunem Hautsaum, zerstreut behaart; Spreublätt. breit lanzettl., tief gesägt, die äußeren m. schwarzbrauner Spitze *(1189);* Zungenbltn. länger als der Dm des Bltnbodens; Krönchen der Fr. < 0,5 mm lg. Fels- u. Schuttfluren, auf Silikatgestein, 1800–2300 m; nur St (Niedere Tauern). (= *A. carpatica* W. & K. ex WILLD.) *Karpaten-H.,* ssp. **carpática** (W. & K. ex WILLD.) GRIERSON

41. Achilléa L., *Schafgarbe*

1. Blätt. fiedteilig od. gefiedert **3**

— Blätt. einfach, fein gesägt **2**

2. Köpfchen 12–17 mm breit; Zungenbltn. zu 8–13, ihre Zunge 4–7 mm lg.; Blätt. nicht punktiert, Sägezähne nochmals reichl. gesägt u. m. feinen Knorpelspitzchen (Lupe!); ♃; VII–IX. Wiesenmoore, Gräben; *v–z,* Alp. u. Au zieml. *s;* gelegentl. m. gefüllten Köpfchen aus Gärten verwild. *Sumpf-Sch.,* * **A. ptármica** L.

— Köpfchen 10–12 mm breit; Zungenbltn. zu 7–8, ihre Zunge 3–5 mm lg.; Blätt. beidersts. dicht durchscheinend, drüsig punktiert (Lupe!), Sägezähne nochmals wenig gesägt u. m. deutl. Knorpelspitze; ♃; VII–IX. Wie vorige; *s* Oder u. Flüsstäler östl. der Oder, Elbetal b. Stendal (SaAn). (= *A. cartilaginea* RCHB.) *Knorpelblättrige Sch.,* **A. salicifólia** BESS.

3(1). Zungenbltn. goldgelb, 1–2 mm lg.; Bltnköpfe in doldenähnl. Rispe; Köpfchen m. 4–6 Zungenbltn.; Hülle 3 mm im Dm; Pfl. 12–20 cm hoch, filzig behaart; ♃; V–VIII. Trockenrasen; *s,* nur Vs, Bz. *Gelbe Sch.,* **A. tomentósa** L.

— Zungenbltn. weiß od. rosa **4**

4. Zunge der Randbltn. überragt die Hülle um weniger als die Länge der Hüllblätt.; Randbltn. meist 5, selten 4 od. 6 . . . . **11**

— Zunge der Randbltn. überragt die Hülle mindestens um die Länge der Hüllblätt; Randbltn. 5–20; Gebirgspfl. **5**

5. Blätt. u. Stg. zottig bis wollig behaart **10**

— Blätt. kahl bis zerstreut behaart; Stg. unten kahl, oberw. höchstens weichhaarig **6**

6. Pfl. 30–100 cm hoch; Zungenbltn. meist 5(–8); Blätt. groß, m. 5–7 Fiedpaaren, Fiedern bis 10 mm breit, einfach bis doppelt scharf gesägt; ♃; VII–IX. Hochstaudenfluren, feucht-schattige Schluchten, Grünerlengebüsch, 950–2050 m; *z,* CH, Allgäu, FL, Vb, Ti, Bz, OTi, Kt. *Großblättrige Sch.,* **A. macrophýlla** L.

— Pfl. 5–30 cm hoch; Zungenbltn. 6 od. mehr (bis 20, selten nur 5); Blattfied. ganzrandig od. einfach bis doppelt fiedspaltig, alle Abschnitte lineal; Blätt. mehrmals länger als breit **6**

7. Stg. 1-köpfig (selten mehr); Zunge der Randbltn. > 6 mm, Laubblätt. nicht drüsig punktiert; Pfl. 10–20 cm hoch; Hüllblätt. grün, ringsum m. schwarzbraunem Hautrand; ♃; VII–IX. Steinige Matten, Felsfluren,

1500–2500 m, kalkstet; *s,* Kt (Gailtaler u. Karnische Alp.), OTi, Bz.
Ⓖ *Dolomiten-Sch.,* **A. oxýloba** (DC.) SCHULTZ-BIP.

— Stg. mehrköpfig; Zunge der Randbltn. < 6 mm **8**

8. Blätt. dicht drüsig punktiert, einfach fiedteilig, m. 0,5–1 mm breiten, kammf. Zipfeln *(1193),* diese zuw. (Grdblätt.) m. 1–3 Zähnchen; Zungenbltn. 6–8; ♃; VII–IX. Felsköpfe, Magermatten, kalkmeidend, meist 1500–3400 m, *s* tiefer; *v* Uralp., *s* K-Alp. (= *A. moschata* WULF.)
Moschus-Sch., **A. érba-rótta** ALL. ssp. **moscháta** (WULF.) VACC.

— Blätt. nicht drüsig punktiert, z. T. od. ganz doppelt fiedteilig; Zungenbltn. 7–12 . . . . **9**

9. Basale Fiedpaare der Blätt. ungeteilt *(1194);* Köpfchen 11–16 mm breit; Zunge der Randbltn. 5–6 mm lg.; ♃; VII–IX. Schutt, Moränen, Schneetälchen, 1300–2980 m, *s* tiefer, kalkliebend; *v* K-Alp., *s* Ur-Alp. Formenreich. (= *A. halleri* CR.) Ⓖ *Schwarze Sch.,* **A. atráta** L.

— Sämtl. Fied. der Blätt. geteilt, die ob. oft doppelt *(1195)*; Köpfchen 9–12 mm breit; Zunge der Randbltn. 3–4 mm lg.; ♃; VII–IX. Wie vorige, kalkstet; *s* N-St, OÖ, NÖ. [= *A. atrata* L. ssp. *clusiana* (TAUSCH) HEIM.)
Ostalpen-Sch., **A. clusiána** TAUSCH

10(5). Pfl. 5–15 cm hoch, m. aromatischem Geruch, weißgrau; Stg., Blätt. u. Hülle dicht wollig-zottig behaart; Stg. nicht kantig; Zunge der Randbltn. ½ so lg. wie die Hülle; ♃; VII–IX. Felsen, Schutt, Schneetälchen, 2000–3320 m, kalkmeidend; *s,* CH, Bz. *Zwerg-Sch.,* **A. nána** L.

— Pfl. ohne aromatischen Geruch, 5–30 cm hoch; Stg., Blätt. u. Hülle anlgd. seidig behaart, bisweilen verkahlend; Stg. kantig; Zunge der Randbltn. so lg. wie die Hülle; ♃; VII–IX. Felsen, Schutt, steinige Matten, 1500–2500 m, *s* tiefer, kalkstet; *v* K-Alp. östl. Achensee, *s* Ur-Alp., auch Bz, Ts.
Ⓖ *Steinraute, Weiße Sch., Weißer Speik,* **A. clavénnae** L.

11(4). Stgblätt. wenig länger als breit, im Umriss eif., m. lanzettl., scharf doppelt gesägten Fied.; Pfl. der subalp. Stufe
vgl. Nr. **6,** S. 770, **A. macrophylla**

— Stgblätt. viel länger als breit; Fied. stärker zerteilt, nicht doppelt gesägt **12**

12. Fied. der mittl. Stgblätt. im Umriss (längl.-)oval, ihre Rhachis gezähnt, m. 7–12 Fiedpaaren u. deutl. voneinander entfernten Fied.; Zunge der Randbltn. etwa ⅓ so lg. wie die Hülle, weiß bis gelbl.weiß, untersts.

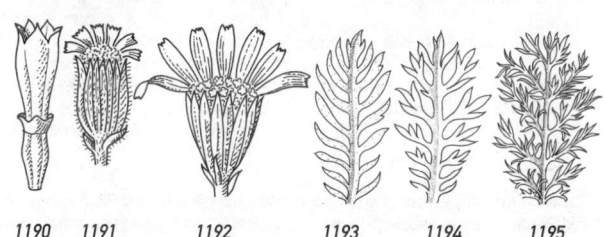

1190 1191 1192 1193 1194 1195

zerstreut m. sitzenden Drüsen; Pfl. ohne Ausläufer; ♃; VI–X. Trockenrasen, Mauern, Weinberge; *z–s* nördl. bis Lx/Köln/Lahntal/Harz/SaAn, auch Vs, Schweizer Jura, Bz, NÖ, Bgl, ČR, verwild. Ti, St.
Edel-Sch., * **A. nóbilis** L.

— Fied. der mittl. Stgblätt. im Umriss längl.-lanzettl., m. zahlreicheren Fiedpaaren u. meist einander genäherten od. sich berührenden Fied. **13**

13. Pfl. ohne unterirdische Ausläufer; Zunge der Randbltn. breiter als lg., etwa ½ so lg. wie die Hülle, obersts. gelbl.weiß; ♃; VII–IX. Ruderalstellen; ursprüngl. nur ČR, eingeschleppt u. teilw. eingebürgert z. B. in Ba, BW, He, SH, Br, Pl, Schl, Ti, St, NÖ.
Meerfenchelblättrige Sch., **A. crithmifólia** W. & K.

— Pfl. m. unterirdischen Ausläufern, m. sterilen Trieben; Zunge der Randbltn. etwa so lg. wie breit, kürzer als die halbe Hüllenlänge, obersts. weiß, seltener rosa; ♃. Sehr formenreich.
Artengruppe Wiesen-Sch., * **A. millefólium** L. agg.[1]

a. Rhachis zw. den Fied. 1. Ordnung gezähnt od. Blätt. unterbrochen gefied.; Pfl. 40–100 cm hoch; Blätt. 8 cm lg. u. 2 cm breit; VII–IX. Magerwiesen bis Hochstaudenfluren; b. Kempten, *s* Au, Bz. Formenreich.
Zahnblatt-Sch., **A. dístans** Willd.

A. Zungenbltn. 1–3 mm lg., weiß. ssp. **dístans**

— Zungenbltn. 2,5–4 mm lg., rosa. VI–X. Kiefernwälder, Magerwiesen; S-CH, NÖ (Rax-Schneeberg), ČR.
Rainfarn-Sch., ssp. **tanacetifólia** (Fiori) Janch.

— Rhachis nicht gezähnt bzw. ohne Zwischenfied. . . . . **b**

b. Fiedenden borstlich, nur 0,2–0,4 mm breit, grannig auslaufend *(1196);* Stgblätt. doppelt gefied., im Umriss lanzettl.; Grdblätt. nur 1 cm breit; Pfl. seidig od. wollig behaart, 15–40 cm hoch; Zunge der Randbltn. nur ⅓ so lg. wie die Hülle; V–VI. Steppenrasen, steinige Weiden; *z–s* Ba, Th, SaAn, Sa (Elbtal), Schl, Vs, Ts, St. Gallen, NÖ, Bgl, ČR. *Feinblatt-Sch.,* **A. setácea** W. & K.

— Fied. nicht borstl., ihre letzten Enden nicht büschelig sthd.; Zunge der Randbltn. ½ so lg. wie die Hülle . . . . **c**

c. Zungenbltn. weiß (selten rosa); Hüllblätt. ± dicht lg.haarig; schirmrispige Infl. meist breiter als 3 cm . . . . **e**

— Zungenbltn. meist rötl. od. rosa; Hüllblätt. kahl bis sehr zerstreut behaart; schirmrispige Infl. nur 2–3 cm breit . . . . **d**

d. Blätt. dickl., m. knorpeligen Fied.enden; Fied. 1. Ordnung der ob. Stgblätt. gezähnt bis gelappt; Flügelung der Rhachis an den ob. Stgblätt. stärker ausgeprägt als an den unt.; VI–VIII. Nasse Magerwiesen; ob in Dt?, NÖ, Bgl, ČR. *Farnblättrige Sch.,* **A. aspleniifólia** Vent.

— Blätt. dünn, Fied. ohne knorpelige Enden; Fied. 1. Ordn. der ob. Stgblätt. fiedteilig; Flügelung der Rhachis an den ob. Stgblätt. nicht stärker ausgeprägt als an den mittl. u. unt.; VI–VIII. Mähwiesen, Wegränder; *s* Bodenseegebiet?, Vs, Ts, Gr, Bz, Vb, Illertal, Ti, Kt, Th (Meuselwitz).
Blassrote Sch., **A. roseoálba** Ehrendf.

---

[1] Zur Bestimmung eignen sich nur ausgewachsene, kräftige Pfl. Zur Beurteilung von Blattmerkmalen verwende man, falls nicht anders angegeben, stets die mittl. Stgblätt.

e(c). Stg. u. Blätt. dicht wollig bis zottig behaart; mittl. Stgblätt. 8–10-mal so lg. wie breit, ihre Fied. 1. Ordn. sehr dicht sthd. *(1199);* VI–VIII. Trockenrasen, Felsbänder, Gebüschränder; *z–s,* Harz, Th, SaAn, Sa, Br, Schl, Ba, E, NÖ, Bgl, ČR. (= *A. pannonica* SCHEELE)

Ungarische Sch., **A. seidlii** J. & C. *Presl*

— Stg. u. Blätt. wenig bis zerstreut-locker behaart; mittl. Stgblätt. im Verhältnis kurzer, ihre Fied. 1. Ordn. weniger dicht sthd. . . . . **f**

f. Rosettenblätt. 5–8-mal so lg. wie breit; Fied. 1. Ordn. der mittl. Stgblätt. relativ breit, fiedteilig, Fied. 2. Ordn. gezähnt *(1198);* Hüllblätt. m. schmalem, hellbraunem Rand; VI–VIII. Trockenrasen; *z* E, vermutl. S-Dt (z. B. FrAlb), sonst N-SaAn, Br, MeVp (Hiddensee), Schl, Au, ČR.

Hügel-Sch., **A. collína** (RCHB. f.) HEIM.

— Rosettenblätt. 7–15-mal so lg. wie breit; Fied. 1. Ordn. der mittl. Stgblätt. relativ schmal, doppeltfiedteilig *(1197);* VI–X.

Gewöhnliche Sch., **A. millefólium** L. (s. str.)

A. Hüllblätt. m. schmalem, hellbraunem Rand; Pfl. schwach behaart, bis 100 cm hoch; Zungenbltn. fast stets weiß. Tiefere Lagen: Wiesen, Wegränder, Halbtrockenrasen (Höhenobergrenze?); *g.*

ssp. **millefólium**

— Hüllblätt. m. mittel- bis schwarzbraunem Rand; Pfl. insgesamt stärker behaart, kaum höher als 50 cm; Zungenbltn. meist ± rötl. Vor allem Gebirgswiesen der montanen u. subalp. Stufe bis Krummholzreg. (bis 2500 m); *v* Alp., *z* Vog., Sudeten, Erzgeb.

ssp. **sudética** (OPIZ) OBORNY

Weitere Arten als **Zierpfl.** aus Gärten gelegentl. verwild.
Zahlreiche Arten neigen zur **Bastard**bildung!

42. Matricária L. (= *Chamomílla* S. F. GRAY), *Kamille*

1. Zungenbltn. fehlend; Röhrenbltn. grünl.gelb, 4-zähnig; Pfl. stark duftend, 5–40 cm hoch; ⊙; VI–VIII. Ruderalstellen, Trittstellen; *v* u. *h,* völlig eingebürgert. (Heimat: NO-As.) [= *M. matricarioides* auct., non (LESS.) PORT.; = *M. suaveolens* (PURSH) BUCH., non L.; = *Ch. suaveolens* (PURSH) RYDB.]

Strahllose K., * **M. discoídea** DC.

— Zungenbltn. meist vorhanden, weiß; Röhrenbltn. goldgelb, 5-zähnig; Köpfchenboden kegelf., hohl (Längsschnitt!); Zungenbltn. zuletzt zurückgeschlagen; Pfl. m. starkem Kamillengeruch; ⊙; V–IX. Äcker, Weg- u. Straßenränder; *v.* [= *M. recutita* L.; = *Ch. recutita* (L.) RAUSCH.]

Echte K., * **M. chamomílla** L.

1196 1197 1198 1199

43. Tripleurospérmum SCHULTZ-BIP. (= *Matricaria* auct. p. p.), *Kamille*

1. Stg. meist nur im ob. Teil verzweigt; Fr. oben abgerundet, an od. neben der Spitze m. einer Oldrüse (Lupe!), Außenseite glatt, nur m. Längsrippe; ⊙; VI–VII. Waldränder, Hecken, Felder; nur O-St, NÖ, Bgl. [= *M. tenuifolia* (KIT.) SIMK.]
Feinblättrige K., **T. tenuifólium** (KIT.) FREYN

— Stg. bereits in unt. Hälfte verzweigt; Fr. oben m. becher- bis kragenf. Rand, ihre Außenseite längsrippig u. querrunzelig **2**

2. Stg. niederlgd. bis aufstgd., vom Grd. an verzweigt; Blätt. etwas fleischig; Zungenbltn. 20–30; Öldrüsen auf der Fr. längl.; ⊙–♃; VII–X. Strandwiesen, Dünen; ob überhaupt im Gebiet?, evtl. *v–z* Nordsee-, weniger häufig Ostseeküste (– od. nur Salzformen d. folg. Art?). (= *M. maritima* L.) *Strand-K*, **T. marítimum** (L.) KOCH

— Stg. aufrecht, erst oberw. verzweigt; Blätt. nicht fleischig; Zungenbltn. 12–20; Öldrüsen auf der Fr. rund(l.); ⊙; VI–X. Äcker, Straßenränder, Ruderalstellen; *g* u. *h*. [= *M. inodora* L.; = *M. perforata* MÉR; = *T. perforatum* (MÉR.) M. LAINZ]
Duftlose K., * **T. inodórum** (L.) SCHULTZ-BIP.

44. Glebiónis CASS. (= *Xanthophthalmum* SCHULTZ-BIP.), *Wucherblume*

1. Röhrenbltn. gelb; Blätt. fiedspaltig; Stg. einfach, nur oberw. etwas verzweigt; ⊙–♃; VI–VIII. Getreidefelder, kalkmeidend; *v–z* im N, *z–s* im mittl. Gebiet, *s* im S. [= *Chrysanthemum segetum* L.; = *X. segetum* (L.) SCHULTZ-BIP.] *Saat-W.*, * **G. ségetum** (L.) FOURR.

— Röhrenbltn. grünl.; Blätt. doppelt fiedspaltig; Stg. reich verzweigt; ♃; VI–IX. Zierpfl., zuw. verwild. (Heimat: Mittelmeergebiet) (= *Chrysanthemum coronarium* L.) *Goldblume, Kronen-W.*, * **G. coronária** (L.) CASS. ex SPACH

45. Mauránthemum VOGT & OBERPRIELER, *Zwergmargerite*

Pfl. 5–20 cm hoch, kahl, buschig verzweigt; mittl. Stgblätt. bis z. Grd. gezähnt od. fiedteilig, oft m. stgumfassenden Basalfied.; Röhrenbltn. zygomorph, 2–3-zipfelig; Zungenbltn. weiß, m. gelbl. Basis; Pappus der Zungenbltn. als Krönchen; ⊙; III–V. Zierpfl.; *s* verwild., Ho, NrWe (Köln), St. (Heimat: Spanien, N-Afrika) [= *Leucanthemum paludosum* (POIR.) BONNET & BARRATTE; = *Chrysanthemum paludosum* POIR.]
M. paludósum (POIR.) VOGT & OBERPRIELER

46. Leucánthemum MILL., *Margerite*, nach WAGENITZ

1. Fr. der Röhrenbltn. mit deutl. krönchenartigem Pappus (ähnl. *1156*); Grd.- u. Stgblätt. gleichmäßig grob u. tief gesägt Pfl. 10–40 cm hoch; ♃; VII–IX. Alp. Steinschuttfluren, auf Kalk, 1500–2840 m, *s* tiefer; *v* Alp., *s* Flusstäler. (= *Chrysanthemum atratum* JACQ.)
Schwarzrandige M., **L. atrátum** (JACQ.) DC.

a. Zähne der mittl. Stgblätt. 3-eckig, gerade nach vorn gerichtet; Stg. (10–)20–40 cm hoch. Nur OÖ, NÖ, St. (= *Leucanthemopsis atrata* (JACQ.) DC.)
ssp. **atrátum**

— Zähne der mittl. Stgblätt. linealisch, absthd. bis zurückgebogen . . . . **b**

b. Mittl. Stgblätt. linealisch (ohne die Zähne ca. 2 mm breit); Pfl. 5–10 cm hoch. Nur S-Kt (Steiner Alp.)
Steiner M., ssp. **lithopolitánicum** (E. MAYER) HORVATIC

— Mittl. Stgblätt. lanzettl. (ohne die Zähne > 2 mm breit); Pfl. 10–20 cm hoch. *z,* Alp. [= *L. halleri* (VITMAN) DUCOMMUN]

Hallers M., ssp. **hálleri** (VITMAN) HEYW.

— Fr. der Röhrenbltn. oben abgerundet, ohne Pappus; Pappus der Zungenbltn. fehlend od. als schiefes Krönchen; ob. Blätter kürzer als die Stgglieder; Pfl. 20–100 cm hoch; ♃; V–X. Wiesen. (= *Chrysanthemum leucanthemum* L. agg.)

Artengruppe *Wiesen-M.,* * **L. vulgáre** LAM. agg.

a. Mittl. Stgblätt. im vorderen Drittel am breitesten . . . . **c**

— Mittl. Stgblätt. nahe der Mitte am breitesten . . . . **b**

b. Grdst. Blätt. gekerbt bis fast ganzrandig; Stg. einfach, m. meist nur 1 Köpfchen, im ob. Drittel ohne Blätt.; Hüllblätt. schwarzbraun berandet; ♃; VII–VIII. Felsfluren; *z,* Alp., Schweizer Jura, BW, Ba (FrAlb), ČR. Genaue Verbreitung noch nicht bekannt. *Berg-M.,* **L. adústum** (KOCH) GREMLI

aa. Stg. im unt. Teil behaart ssp. **adústum**

— Stg. kahl; Schwarzkiefernwälder; *s,* St, NÖ, ČR.

ssp. **margarítae** (GÁYER) HOLUB

— Grdst. Blätt. gesägt; Stg. fast bis oben beblättert; Hüllblätt. hellbraun berandet; ♃; VII–IX. Magerrasen; *s,* Südalpen, Ts, Gr, Bz, Kt.

Verschiedenblättrige M., **L. heterophýllum** (WILLD.) DC.

c(a). Stg. meist unverzweigt; Rosettenblätt. kaum über 3 cm lg.; Hautrand der Hüllblätt. dk- bis schwarzbraun; ♃; VI–VIII. Alpenmatten; *z,* Sb, OÖ, St, Kt. [= *Ch. alpicola* (GREMLI) HESS et al.] *Gebirgs-M.,* **L. gaudínii** D. T.

— Stg. meist verzweigt; Rosettenblätt. meist länger als 3 cm . . . . **d**

d. Spr. der mittl. Stgblätt. zum Grd. hin wenig verschmälert; unt. Zähne meist kürzer als die Breite der Spr.; Stg. oft behaart. Fettwiesen; *v.*

Gewöhnliche M., Wiesen-M., **L. ircutiánum** DC.

— Spr. der mittl. Stgblätt. zum Grd. hin deutl. verschmälert, unt. Zähne länger als die Breite der Spr.; Stg. meist kahl. Trockene Wiesen; *z.* [= *Leucanthemum praecox* (HORVATIC) HORVATIC; = *Chrysanthemum leucanthemum* L.]

Frühe M., **L. vulgáre** LAM.

Mit dieser Gruppe nahe verwandt ist die *Garten-M.,* * **L. máximum** (RAM.) DC. (= *Chrysanthemum maximum* RAM.), m. Köpfchen > 7 cm Dm, Blätt. scharf u. gleichmäßig gesägt; die meisten kult. Gartenmargeriten (Heimat: Pyrenäen).

47. Leucanthemópsis (GIROUX) HEYW., *Alpenmargerite*

Pfl. 5–20 cm hoch; Hüllblätt. m. schwarzbraunem Hautrand; ♃; VII–VIII. Schneetälchen der Alp., kalkmeidend; *v* Ur-Alp., *z* Kalk-Alp, in Dt *s.* (= *Chrysanthemum alpinum* L.) Formenreich. **L. alpína** (L.) HEYW.

48. Leucanthemélla TZVELEV, *Herbstmargerite*

Blätt. tief vorw. gesägt; Zungenbltn. über 20, weiß od. rötl., 10–20 mm lg.; Pfl. 40–150 cm hoch; ♃; IX–X. Zierpfl., an Ufern u. Röhrichten z. T. eingebürgert, z. B. Ba, BW (Bodensee) (Heimat: SO-Eur.) (= *Chrysanthemum serotinum* L.)

L. serótina (L.) TZVELEV

49. Tanacétum L. (incl. **Balsamíta** Mill.), *Straußmargerite*

1. Zungenbltn. vorhanden **3**

— Zungenbltn. fehlend **2**

2. Blätt. doppelt fiedspaltig, bis 20 cm lg.; Köpfchen in flacher, dichter Schirmrispe; Pfl. 30–150 cm hoch, nicht duftend; ♃; VII–IX. Straßen- u. Wegränder, Ufer; *v*. [= *Chrysanthemum vulgare* (L.) Bernh.] *Rainfarn,* * **T. vulgáre** L.

— Blätt. ungeteilt, bis 10 cm lg., gleichmäßig gesägt bis gekerbt; Köpfchen in lockeren, nicht flachen Schirmrispen; Pfl. 50–120 cm hoch; aromatisch duftend; ♃; VIII–X. Alte Heil- u. Gewürzpfl., oft kult., zuw. verwild., z. B. Ba, Sa, Bz, Au. (Heimat: SW-As.) (= *Balsamita major* Desf.; = *Chrysanthemum balsamita* L.) *Balsamkraut, Marienbalsam,* **T. balsamíta** L.

3(1). Röhrenbltn. bräunl.weiß; Köpfchen 6–8 mm breit; Zungenbltn. 6–10, viel kürzer als die Hülle; Blätt. nur fiedteilig, allenfalls am Grd. gefied.; ♃; VI–VIII. Waldränder, Parks, in Dt, Au u. Da zuw. verwild. u. *s* (Th, Fr, Oberrhein) eingebürgert. (Heimat: Balkan) (= *Chrysanthemum macrophyllum* W. & K.) *Großblättrige St.,* **T. macrophýllum** (W. & K.) Schultz-Bip.

— Röhrenbltn. gelb; Köpfchen > 10 mm breit **4**

4. Bltnköpfe einzeln, 20–35 mm im Dm; Zungenbltn. 8–16 mm lg, weiß; Hülle 12–18 mm im Dm; Hüllblätt. innen glzd. strohgelb; Blätt. gestielt, drüsig punktiert, unterstS. seidig behaart; Pfl. 30–60 cm hoch, aromatisch; Fr. 5–7-rippig; ♃; V–VII. Angebaut, *s* verwild., z. B. Vs. (Heimat: SO-Eur.) [= *Chrysanthemum cinerariifolium* (Trev.) Vis.] *Dalmatinische Insektenblume,* * **T. cinerariifólium** (Trev.) Schultz-Bip.

— Bltnköpfe zu mehreren in doldenähnlichem Bltnstand **5**

5. Köpfe m. ausgebreiteten Zungenbltn. 2,5–5 cm breit; Zungenbltn. 12–18, 10–20 mm lg.; Pfl. geruchlos; Stgblätt. sitzend, gefied.; Fr. 5-rippig; ♃; VI–VIII. Lichte Laubwälder, Gebüsche, kalkliebend; *z* im S, nach N seltener, nördl. bis Hannover, Po, *f* OPr. (= *Chrysanthemum corymbosum* L.) *Gewöhnliche St.,* * **T. corymbósum** (L.) Schultz-Bip.

a. Hautrand der Hüllblätt. hellbraun. ssp. **corymbósum**

— Hautrand der Hüllblätt. schwarzbraun; *z–s*, Sb, St, Kt, NÖ. [= *Chrysanthemum subcorymbosum* Schur; = ssp. *clusii* (Fisch. ex Rchb.) Heyw.] ssp. **subcorymbósum** (Schur) Pawlowski

— Köpfe 1,5–2,5 cm breit; Zungenbltn. rundl., kürzer als die Hülle; Pfl. von stark widerlichem Geruch; Stgblätt. gestielt, nur tief fiedteilig; Fr. 10-rippig; ♃; VI–VIII. Aus Gärten zuw. verwild. u. s eingebürgert. (Heimat: Balkan, Orient) [= *Chrysanthemum parthenium* (L.) Bernh.] *Mutterkraut,* * **T. parthénium** (L.) Schultz-Bip.

44. Cótula L., *Laugenblume*

Stg. niederlgd. od. aufstgd.; Blätt. tief gezähnt bis unregelmäßig fiedteilig; ⊙; VII–VIII. Strandwiesen, Dörfer (Dungstellen); *v* Meeresküsten östl. bis Kiel, Fehmarn, MeVp (in Da nur NW-Jütland, im Binnenland nur nahe d. Mündung Ems, Weser, Elbe, sonst meist wieder erloschen), völlig eingebürgert. (Heimat: S-Afr.) **C. coronopifólia** L.

45. Artemísia L., *Beifuß, Edelraute*

1. Blätt. ungeteilt, lanzettl., ganzrandig od. schwach gesägt, kahl; Köpfchen aufrecht; Pfl. aromatisch duftend; ♃; VIII–X. Als Gewürzpfl. gezogen u. stellenw. verwildert, z. B. E, Ba, O-Dt (Heimat: Sibirien) *Estragon,* * **A. dracúnculus** L.

— Blattspr. geteilt **2**

2. Pfl. 1- od. 2-jährig, ohne sterile Blattrosetten; Pfl. meist an Ruderalstandorten eingeschleppt (Ausnahme: *A. scoparia*) **21**

— Pfl. ausdauernd, oft m. sterilen Blattrosetten **3**

3. Köpfchenboden zottig behaart; äuß. Hüllblätt. kahl, grün; Köpfchen ca. 5 mm im Dm, halbkugelig; Blätt. kahl, unt. 2fach fiederschnittig, ob. 1fach fiedteilig; Pfl. 8–40 cm hoch; Stg. behaart; Blkr. goldgelb; ♃; IX–XI. Salzstellen, Th, früher SaAn, NS, heute nur noch in Erhaltungskultur. Ⓖ! *Felsen-B.*, **A. rupéstris** L.

— Pfl. anders gestaltet **4**

4. Blattstiel am Grunde m. Öhrchen **13**

— Blattstiel ohne Öhrchen **5**

5. Blätt. 2–3-mal fiedspaltig **10**

— Blätt. 3–5-teilig gefied. od. handf. gelappt **6**

6. Stgblätt. handf. geteilt **9**

— Stgblätt. gefied. od. fiedteilig (Hochblätt.!) **7**

7. Köpfchenboden behaart; Rosettenblätt. 5-mehrteilig, jedes Teil 3-spaltig bis ungeteilt; Köpfchen nickend, m. > 20 Bltn., größte Köpfchen > 6 mm im Dm; Bltn. an der Spitze behaart; Fr. kahl; Pfl. bis 40 cm hoch; ♃; VIII–IX. Kalkfelsen der subalp. Region, 1300–2400 m; *s*, S-Kt (Karnische Alp., Dobratsch). Ⓖ *Glänzende E.*, **A. nítida** Bertol.

— Köpfchenboden kahl **8**

8. Pfl. kahl, 4–10 cm hoch; Köpfchen in Ähren, an der Spitze gehäuft, 2–3 mm im Dm; Stg. dkrot überlaufen; ♃; VII–IX. Felsspalten, Felsschutt; *s*, Vs (Zermatt). Ⓖ *Schnee-E.*, **A. nivális** Br.-Bl.

— Pfl. filzig od. seidig behaart, 5–15 cm hoch; Köpfchen in Ähren, aufrecht, bis 4,5 mm im Dm; Rosettenblätt. 3-teilig, jedes Teil fingerartig gespalten, zuw. ungeteilt; ♃; VII–IX. Moränen, Felsschutt, 1700–3418 m, kalkmeidend; *z*, CH, Au, Bz. Ⓖ *Schwarze E.*, **A. genípi** Stechmann

9(6). Köpfchen an der Spitze des Stg. zu 3–10 gehäuft, jedes 4–6 mm im Dm; Bltn. goldgelb, kahl; Pfl. bis 18 cm hoch, weißseidig behaart; Köpfchenboden dicht behaart; Fr. kahl; ♃; VII–VIII. Felsen, Felsschutt, auf kalkarmem Boden; *s*, nur S-Vs. Ⓖ *Gletscher-E.*, **A. glaciális** L.

— Köpfchen in lockerer Ähre od. (falls unt. gestielt) Traube; Bltn. an der Spitze behaart; Pfl. bis 25 cm hoch; Stg. aufrecht; Köpfchen 10–20-bltg., 3–5 mm im Dm; Köpfchenboden behaart; Fr. behaart, m. sitzenden Drüsen; ♃; VII–IX. Moränen, Felsschutt, bis 3540 m, kalkmeidend; *z*, Au, in Dt nur Allgäu (= *A. laxa* Fritsch; = *A. mutellina* Vill.) Ⓖ *Echte E.*, **A. umbellifórmis** Lam.

10(5). Bltnboden rauhaarig; Blätt. seidig-filzig; Fiedzipfel 2–3 mm breit, stumpf; Grdblätt. 2–3fach fiedteilig; Köpfchen 2–4 mm breit; Hüllblätt. filzig; Stg. silbergrau, fein punktiert (Öldrüsen!); Pfl. stark aromatisch, bitter schmeckend; ♄; VII–IX. Ruderalstellen; *v–z*, auch Heil- u. Gewürzpfl. *Wermut*, * **A. absínthium** L.

— Bltnboden kahl **11**

11. Hülle kurzhaarig; Pfl. m. Zitronenduft; Blätt. doppelt fiedspaltig m. sehr feine fädlichen Endzipfeln; Blattfied. spitzwinklig absthd.; Bltn. weißl.; Köpfche 3–4 mm im Dm; Pfl. 60–150 cm hoch; ♄; VII–X. Als Gewürzpfl. kult., *s* verwil (Heimat: Türkei) *Eberraute, Zitronenkraut,* **A. abrótanum**

— Hülle kahl; Pfl. geruchlos; Blattzipfel lineal od. schmal lanzettl., nich fädl. **1**

12. Blätt. kahl od. fast kahl; Blattfied. rechtwinklig absthd., in 4–6 Paarer Spr. meist mehr als 3-mal so lg. wie die längste Fied.; Hüllblätt. zer schlitzt hautrandig; Köpfchen breit glockig; Pfl. 10–50 cm hoch; ♃ VIII–X. Magerwiesen, auf Salzböden; *s,* Bgl, SaAn, früher NÖ, T (Artern). ©! *Schlitzblättriger B.,* **A. laciniáta** Willd

— Blätt. unters. seidig-dünnfilzig behaart; Spr. meist weniger als 3-ma so lg. wie die längste Fied.; Endfied. am Grd. breiter als 1,5 mm Köpfchen nickend; Hüllblätt. m. breithäutigem Rand; Pfl. 20–50 cm hoch; ♃; IX–X. Halbtrockenrasen; *s,* NÖ, Bgl, ČR (Mähren). *Steppen-B.,* **A. pancícii** Danihelka & Marhold

13(4). Randbltn ♀ **16**

— Randblüten ⚥ **14**

14. Pfl. m. holzigen Wurzelstock, aufrecht, m. zahlreichen kurzen Blatt-rosetten; ganze Pfl. weißfilzig, nicht verkahlend; unt. Blätt. zur Bltzt. noch vorhanden; Blattzipfel sehr schmal, 0,3–0,5 mm breit; oberste Blätt. nur selten ungeteilt; Köpfchen elliptisch bis eif., länger als breit, aufrecht, sitzend, 2–3 mm im Dm; ♄; VIII–X. Trockenrasen; *s,* nur Vs (Rhonetal). *Walliser B.,* **A. vallesíaca** All.

— Pfl. am Grd. wenig verholzt; Blattzipfel breiter, 0,4–1,2 mm breit; unt. Blätt. z. Bltzt. meist vertrocknet; oberste Blätt. ungeteilt od. m. wenigen Zipfeln **15**

15. Köpfchen elliptisch bis breit eif.; innere Hüllblätt. behaart; äußere Hüllblätt. die inneren zu ⅓–½ überlappend; Blätt. beiderseits wie der Stg. u. die Hüllblätt. schneeweiß- bis graufilzig, später kahl; Endfied. < 1 mm breit; ♃; VII–X. Dünen, Strandwiesen; *v* Nordsee, *z* Ostseeküste, *s* im Binnenland: S-SaAn. (= *A. salina* Willd.) *Strand-B.,* * **A. marítima** L.

— Köpfchen eif. bis schmal elliptisch; innere Hüllblätt. verkahlend; äußere Hüllblätt. viel kürzer als die inneren; Stg. früh verkahlend; Blätt. 1–3 cm lg.; unt. Blätt. z. Bltzt. meist vertrocknet; ♃; IX–X. Trockenrasen, Salzböden; *s,* nur NÖ (Marchfeld), Bgl (Seewinkel). (= *A. monogyna* W. & K.) *Salz-B.,* **A. santónicum** L.

16(13). Hülle außen kahl; Bltn. rötl. bis rotbraun; Wurzelstock m. zahlr. niederlgd. bis aufstgd. sterilen Blattrosetten u. meist rotem Stg.; Blätt. anfangs seidenhaarig, später kahl; Köpfchen 1,5–6 mm lg., in sparriger Rispe; ♃; VIII–X. Dünen, trockene Wiesen, Feldraine; *z, s* Au. Formenreich. *Feld-B.,* * **A. campéstris** L.

a. Köpfchen 1,5–3 mm lg.; Pfl. 30–80 cm hoch ssp. **campéstris**

— Köpfchen 5–6 mm lg.; Stg. kahl bis seidig behaart; Pfl. 8–25 cm hoch; Alpenmatten, 800–2700 m; *z,* Ti, Sb, Kt. (= *A. borealis* Pall.) Ⓖ ssp. **boreális** (Pall.) H. M. Hall. & Clements

— Hülle behaart **17**

17. Bltnboden spärl. behaart; Köpfchen kugelig, 4–5 mm im Dm; äußere Hüllblätt. flaumig behaart, aber m. fast kahlem Hautrand; Blätt. schwach behaart bis filzig; Pfl. von kampferart. Geruch, 30–80 cm hoch; ♄; VIII–X. Trockenrasen, auf Kalk; *s*, E (Rouffach), S-Be, NÖ, Bgl. (= *A. camphorata* VILL.) *Kampfer-B.*, **A. álba** TURRA

— Bltnboden kahl **18**

18. Blattabschnitte mehr als 2 mm breit, obersts. kahl, dkgrün, unterst. weißfilzig **20**

— Blattabschnitte < 1 mm breit **19**

19. Köpfchen länger als breit; Bltn. rötl.gelb; Blätt. obersts. graufilzig; Fiederzipfel 6–10 mm lg.; Hüllblätt. kurz absthd. behaart; ♃; VII–IX. Ruderalstellen, sandige Trockenrasen; ursprünglich nur NÖ, Bgl, früher ČR, sonst *s* eingeschleppt od. eingebürgert (z. B. Oberrhein, Fr). *Österreichischer B.*, **A. austríaca** JACQ.

— Köpfchen so lg. wie breit, im Umriss fast kugelig; Bltn. gelb; Blätt. obersts. graugrün; Fiederzipfel nur 3–4 mm lg.; Hüllblätt. anlgd. behaart; ♃; VIII–X. Trockenrasen; nur NÖ, Bgl, ČR, Kt, sonst *s* eingeschleppt od. eingebürgert. *Römischer Wermut*, **A. póntica** L.

20(18). Fied. der ob. Stgblätt. lanzettl., tief gesägt; Pfl. ohne Ausläufer, 60–250 cm hoch; äußere Hüllblätt. filzig; ♃; VII–X. Ruderalstellen, Wegränder, Ufer; *g*. *Gewöhnlicher B.*, * **A. vulgáris** L.

— Fied. der ob. Stgblätt. linealisch, ganzrandig; äußere Hüllblätt. linealisch, verkahlend; ♃; IX–XI. Ruderalstellen; im S *z* eingebürgert, sonst *s*, Be, MeVp. (Heimat: O-As.) *Kamtschatka-B.*, **A. verlotiórum** LAMOTTE

21(2). Blätt. seidig-filzig, am Grd. geöhrt; Köpfchenboden behaart; Köpfchen 4–6 mm breit; Pfl. 60–120 cm hoch; ⊙–⊙; VII–IX. Ruderalstellen; *s*, eingeschleppt, Sa, Br, MeVp. (Heimat: Russland, Asien) *Sivers-B.*, **A. siversiána** EHRH. ex WILLD.

— Blätt. kahl; Köpfchenboden kahl **22**

22. Blattzipfel lineal, schmal, weniger als 1 mm breit; Köpfchen nickend, 1–2 mm im Dm, in kurzen gedrängten Trauben; Pfl. 30–60 cm hoch; ⊙; VIII–X. Trockenrasen, Ruderalstellen; *z* Au, ČR, Ba (Passau bis Jochenstein), sonst *s* u. z. T. unbeständig, NrWe, NS, Sa, Th, SaAn, Br, MeVp, RhPf, E. *Besen-B.*, **A. scopária** W. & K.

— Blattzipfel lineal lanzettl. od. elliptisch, mehr als 1 mm breit; Köpfchen > 2 mm im Dm **23**

23. Fiedabschnitte letzter Ordnung fiedspaltig od. ganzrandig, m. stumpfen Spitzen; Köpfchen nickend, kugelig, nur bis 2 mm im Dm; Hüllblätt. kürzer als 2 mm; Pfl. kräftig, aromatisch duftend; Blätt. 2fach gefied., oberste Fied. an der Rhachis herablaufend; Pfl. bis 1,50 m hoch; ⊙; VII–IX. Uferzone, Schuttplätze, Hafengebiete; oft eingeschleppt, im unt. Elbetal u. Kt sich einbürgernd. (Heimat: As.) *Einjähriger B.*, **A. ánnua** L.

— Fiederabschnitte letzter Ordnung scharf gesägt; Köpfchen aufrecht **24**

24. Blätt. einfach fiedteilig, Fied. letzter Ordnung schmal lanzettl., entfernt eingeschnitten-gesägt; Blätt. ohne Zwischenfied.; Hüllblätt. schmal hautrandig, rundl.-eif., innersts. m. mehreren parallelen Ölstriemen; Pfl. schwach aromatisch riechend; ⊙–⊙; VII–IX. Ruderalstellen; immer wieder eingeschleppt u. z. T. eingebürgert (z. B. NS, SH, Rheinl., We, Baden, Sa, Elbetal). (Heimat: westl. N-Am.) *Zweijähriger B.*, **A. biénnis** WILLD.

— Blätt. doppelt fiedteilig, Fied. letzter Ordn. längl.-elliptisch, dicht (scharf) gesägt; Blätt. meist m. Zwischenfied.; Hüllblätt. breit hautrandig, eif.-längl., innersts. nur m. 1 Ölstriemen; Pfl. nicht duftend; ⊙; VII–IX. Wie vorige; zuw. eingeschleppt u. gelegentl. eingebürgert (z. B. Ho, NS, Rheinl., Sa). (Heimat: S-Russland–Himalaya) *Armenischer B.*, **A. tournefortiána** RCHB.

52. Adenostýles CASS., *Alpendost*

1. Köpfchen 10–30-bltg.; Hüllblätt. filzig; ♃; VII. Gesteins- u. Schuttfluren der Ur-Alp., bis 3000 m; *s*, CH, Bz, Ti (Ötztal). (= *A. tomentosa* SCH. & TH.) *Filziger A.*, **A. leucophýlla** (WILLD.) RCHB.

— Köpfchen 3–6-bltg.; Hüllblätt. kahl, zuw. etwas flaumig **2**

2. Ob. Stgblätt. stets gestielt; Blattstiel am Grd. nicht geöhrt; Blätt. gleichmäßig gezähnt, untersts. graugrün u. nur auf den Adern behaart; Adernetz engmaschig; Blkr. hellviolett; ♃; VII–VIII. Felsschutt, Schluchtwälder, bis 2700 m, kalkliebend; *v* Alp., *z* Vorland, Schweizer Jura. [= *A. calcarea* BRÜGG.; = *A. glabra* (MILL.) DC.] *Grüner A.*, **A. alpína** (L.) BLUFF & FING.

— Ob. Stgblätt. halb stgumfassend sitzend, wenn gestielt, dann m. geöhrtem Blattgrd.; Blätt. ungleichmäßig gezähnt, untersts. graufilzig; Adernetz weitmaschig; Blkr. fleischrot; ♃; VII–VIII. Hochstaudenfluren, Schluchtwälder, bis 2670 m; *v* Alp., *z* Vorland, Schweizer Jura, Schw., Vog., Sudeten bis Gesenke. [= *A. albifrons* (L. f.) RCHB.] *Grauer A.*, * **A. alliáriae** (GOUAN) KERN.

53. Anacýclus L., *Bertramwurzel*

Blätt. doppelt fiedspaltig; Köpfchen 1 cm breit, einzeln, auf verdickten, hohlen Stielen; äußere Fr. breit geflügelt, Flügel das Fr.ende sogar etwas überragend, innere Fr. ungeflügelt; ⊙; VI–VII. Alte Heilpfl., noch gelegentl. angebaut (meist als *A. officinarum*) u. zuw. verwild. (Heimat: Mittelmeergebiet) **A. clavátus** (DESF.) PERS.

54. Santolína L., *Heiligenblume, Zypressenkraut, Mottenkraut*

Immergrüner, buschiger, stark würzig duftender Halbstrauch, m. brüchigen Zweigen; Blätt. klein, graufilzig; ♄; VII–VIII. Zier- u. Heilpfl., gelegentl. verwild. (Heimat: W-Mittelmeergebiet) **S. chamaecyparíssus** L.

55. Tussilágo L., *Huflattich*

Zungenbltn. gelb, mehrreihig, fädl.; Fr. m. lg., mehrreihigem, seidigem Pappus; ♃; III–IV. Feuchte Äcker (Ton u. Lehm), Wegränder, steinige Matten, Moränen; *v*. * **T. fárfara** L.

56. Petasítes MILL., *Pestwurz*

1. Blätt. im Umriss 3-eckig-herzf., untersts. dicht weißfilzig **4**

— Blätt. im Umriss rundl.-herzf., untersts. höchstens graufilzig **2**

2. Blätt. nierenf.-herzf., im Umriss nicht eckig, regelmäßig gezähnt; Bltn. weiß-rosa, nach Vanille duftend; ♃; I–IV. Schattige Gebüsche; kult. u. *s* eingebürgert, z. B. Ts, Be. (Heimat: Mittelmeergebiet) [= *P. fragrans* (VILL.) C. PRESL] *Duftende P.*, **P. pyrenáicus** (L.) G. LÓPEZ

— Blätt. im Umriss eckig **3**

3. Bltn. rötl.; Blattspr. am Grd. m. abgerundeten Lappen, die sich über den Blattstiel hinweg (fast) berühren, am Rand regelmäßig scharf gezähnt, untersts. später ± verkahlend, bis 1 m lg. u. 60 cm breit; Blattstiel obersts. tief eng gefurcht (rinnig); ♃; III–V. Bachufer, feuchte Waldränder; *v* u. truppweise, *z* im N (Neubürger). (= *P. officinalis* Moench) *Gewöhnliche P.,* * **P. hýbridus** (L.) G. M. Sch.

— Bltn. gelbl.weiß; Blattspr. am Grd. m. Lappen, die die Blattbucht freilassen, doppelt gezähnt, m. deutl. stachelspitzigen Zähnen, untersts. weißl., bis 1 m lg. u. 40 cm breit; Blattstiel seitl. zusammengedrückt, obersts. seicht u. breit gefurcht; ♃; III. Feuchte, quellige Orte, Bäche, Bergwälder; *v* Alp., Vor-Alp., Mittelgeb. (Schweizer Jura, Vog., Schw., SchwAlb, Bayr/Böhmw., Sauerland, Harz, ČR), RhPf u. He fast *f*, nördl. bis S-Be/Eifel/Braunschweig/O-SH/Da, sonst *s–f* im N.
Weiße P., * **P. álbus** (L.) Gaertn.

4(1). Bltn. rötl.; Blattspr. meist so lg. wie breit; ♃; III–V. Bachufer, feuchter Moränenschutt, bis 2600 m, kalkstet; *v* subalp. u. alp. Reg., *z* längs der Flüsse. [= *P. niveus* (Vill.) Baumg.]
Alpen-P., **P. paradóxus** (Retz.) Baumg.

— Bltn. hell- bis weißgelb **5**

5. Blattspr. breiter als lg., die basal-seitl. Teile zugespitzt, m. grob bis geschweift-gesägtem Rand, m. großer, freier Blattbucht, untersts. filzig; ♃; III–IV. Strand, Dünen, Ufer; *v* Ostseeküste SH bis OPr, Inseln von Da (*f* Fünen), *z* Flusstäler bis Magdeburg/Berlin/Küstrin. (= *P. tomentosus* DC.) *Filzige P.,* **P. spúrius** (Retz.) Rchb.

— Blattspr. etwa so lg. wie breit, die seitl. Teile abgerundet, m. feinem u. gleichmäßiger gesägtem Rand, im Umriss breit herzf., untersts. (fast) kahl; ♃; III–V. Bachränder, Schotter; *z* Sudeten bis Gesenke. [= *P. glabratus* (Malý) Borb.]
Karpaten-P., **P. kablikiánus** Tausch ex Berchtold

57. Homógyne Cass., *Alpenlattich*

1. Blattstiel u. Blätt. untersts. weißfilzig; Pappus schmutzigweiß; Pfl. 10–25 cm hoch, ohne Ausläufer; ♃; VI–VIII. Steinige Matten, Zwergstrauchheiden, Schneetälchen, 750–2400 m, kalkstet; *z* Alp.: Berchtesgaden, Bz, Au (*f* Vb, Bgl). *Filziger A.*, **H. díscolor** (Jacq.) Cass.

— Blätt. untersts. grün od. grauwollig; Pappus schneeweiß **2**

2. Blätt. handf. seicht gelappt, die 3 mittl. Lappen meist spitz 3-zähnig; Pfl. 15–25 cm hoch, ohne Ausläufer; ♃; V–VI. Wälder, Gebüsche der montanen u. subalp. Reg.; *s* Sb (Pass Lueg), Kt.
Wald-A., **H. sylvéstris** (Scop.) Cass.

— Blätt. nierenf., seicht gekerbt-gezähnt; Pfl. 10–40 cm hoch, m. beblätt. Ausläufern; ♃; VI–VIII. Feuchte Gebüsche, quellige Orte, Zwergstrauchheiden, 500–3258 m; *v* Alp., Bayrw., *z* Alp.-Vorland, Schweizer Jura, *s* S-Schw., böhmische Randgeb.
Gewöhnlicher A., **H. alpína** (L.) Cass.

58. Erechtites RAF., *Scheinkreuzkraut*

Pfl. 50–100(–180) cm hoch, kaum verzweigt; Köpfchen 10–15 mm lg., 1–2 cm lg. gestielt; Hüllblätt. braunrot, weiß hautrandig, 1-reihig; Bltn. schwefelgelb; ⊙; VII–IX. Waldlichtungen, Waldränder; Schl, von O her eingewandert u. stellenw. eingebürgert, SO-Ba, NÖ, Bgl, Kt, St, OÖ, S-Mähren. (Heimat: Am.)

E. hieraciifólius (L.) RAF. ex DC.

59. Árnica L., *Arnika, Wohlverleih*

Stg. einfach od. wenigästig; Köpfe 6–8 cm breit; Köpfchenboden behaart; Bltn. dkdottergelb; ♃; V–VIII. Trockene Matten, Heiden, Moorwiesen, austrocknende Hochmoore, bis 2830 m, kalkmeidend; *v* Alp. u. südl. Mittelgeb., in der Ebene *z–s, f* Po, OPr; stark zurückgegangen, bes. N-BW, NS.

Ⓖ * **A. montána** L.

60. Dorónicum L., *Gämswurz*

1. Randbltn. ohne Pappus; Stg. oft mehrköpfig 4

— Alle Bltn. m. Pappus; Stg. meist 1-köpfig; Alpenpfl. 2

2. Grdblätt. breit eif.; ob. Stgblätt. deutl. stgumfassend, Stgblätt. am Rand m. mehrzellreihigen Zotten-, kurzen Drüsen- sowie kurzen, einzellreihigen Gliederhaaren *(1200);* Stg. oft mehrköpfig, Köpfe 4–6 cm breit; ♃; VII–VIII. Felsschutt der subalp. u. alp. Reg., 1550–3120 m, kalkstet; *v*, in Dt *z*. *Großblütige G.,* **D. grandiflórum** LAM.

— Grdblätt. längl. bis längl. lanzettl.; ob. Stgblätt. am Grd. nur seicht herzf. u. wenig stgumfassend; Stg. stets 1-köpfig 3

3. Blätt. am Rand m. steifen, mehrzellreihigen Wimper- u. kurzen Drüsenhaaren, aber ohne Wollhaare *(1201);* Köpfe 3,5–4,5 cm breit; ♃; VII–VIII. Steinige Wiesen, Moränen, Schneemulden, 1600–2900 m; *z* Alp. östl. Innsbruck, Dt nur Grenznähe b. Berchtesgaden. (2 einander ausschließende ssp.) *Gletscher-G.,* **D. glaciále** (WULF.) NYM.

a. Rand der Laubblätt. u. der Hüllblätt. m. kurzen Drüsen- u. m. Wimperhaaren. *z*. ssp. **glaciále**

— Rand der Laubblätt. nur m. Wimperhaaren, (fast) ohne Drüsenhaare; Hüllblätt. m. lg. Drüsenhaaren, m. od. ohne Wimperhaare. *z* NO-St, NÖ. (= *D. calcareum* VIERH.) ssp. **calcáreum** (VIERH.) HAY.

— Blätt. am Rand m. weichen, einzellreihigen Wollhaaren u. mehrzellreihigen Wimperzotten, ohne Drüsenhaare *(1202);* Köpfe 3,5–6 cm breit; ♃; VII–IX. Wie vorige, 1600–3400 m, kalkmeidend; *v* CH, Bz, Au. *Zottige G.,* **D. clúsii** (ALL.) TAUSCH var. **clúsii**

a. Blätt. auch auf der Fläche zottig behaart; *s*, Sb, N-St, Kt. [= *D. stiriacum* (VILL.) D. T.]. ssp. **villósum** (BECK) VIERH.

— Blätt. fast kahl, nur auf dem Mittelnerv behaart; *v*, CH, FL, Au, Bz. ssp. **clúsii**

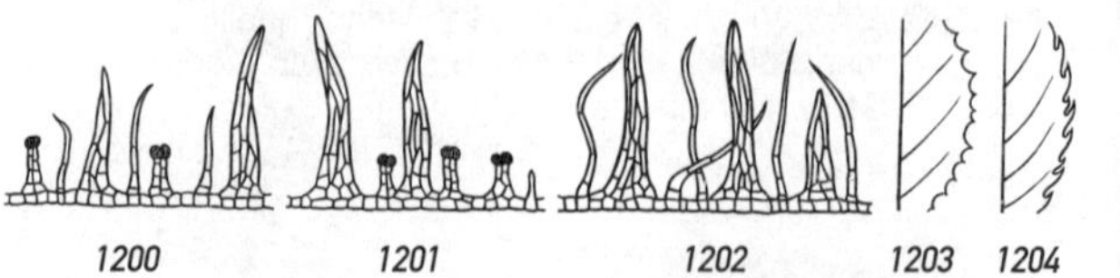

1200 *1201* *1202* *1203* *1204*

4(1). Grd.blätt. lg. gestielt, ohne verbreiterten Blattgrd., eif. u. nur angedeutet herzf., fast glattrandig; Stg. 1-köpfig, lg. gestielt, schwach drüsig behaart; Stgblätt. nur wenige, die unt. m. verbreitertem Grd., die ob. sitzend, ihre Ränder m. wenigen Wimper-, zahlr. einzelligen Woll- u. spärl. Drüsenhaaren; ♃; V–VI. Zierpfl.; *v* eingebürgert Ho, ob in Dt verwild.? *Wegerich-G.,* **D. plantagíneum** L.

— Grdblätt. m. breit herzf. Spr. u. meist deutl. gezähnt **5**

5. Pfl. z. Bltzt. ohne Grdblätt.; Stgblätt. m. plötzl. verschmälertem u. dann herzf. Grd. sitzend *(1216),* gezähnt; Stg. 30–150 cm hoch; ♃; VII–VIII. Hochstaudenfluren, Wälder der Alp. u. M-Geb.; *v* Au, Bz, ČR, *s,* Ba, Vog., *f* CH. *Österreichische G.,* **D. austríacum** Jacq.

— Pfl. z. Bltzt. m. Grdblätt. an od. neben dem Stg.; Spr. der Grdblätt. am Grd. tief herzf. **6**

6. Stg. m. bis 12 Köpfchen; Pfl. 80–130 cm hoch, ohne unterirdische Ausläufer; Grd. u. Stgblätt. groß, bis 20 x 16 cm, herzf., ± regelmäßig gezähnt; Rand der Stgblätt. m. einzellreihigen Flaumhaaren u. locker sthd. Drüsenhaaren, später ± verkahlend; ♃; VII–IX. Bachbette, Wasserfälle, feuchte Steinblöcke; Endemit der Koralpe (Kt/St). Ⓖ *Sturzbach-G.,* **D. cataractárum** Widder

— Stg. nur m. 1–2(–3) Köpfchen; Pfl. 15–100 cm hoch **7**

7. Blattstiele dicht behaart, etwas geflügelt; Pfl. m. lg. unterirdischen Ausläufern; Grdblätt. breit herzf., am Grd. breit geöhrt, Spr. fast ganzrandig; Stg. samthaarig bis zottig; Blätt. am Rand m. Wimper- u. Wollhaaren; ♃; VII–IX. Bergwälder, Bäche, Ufer; ursprüngl. nur im S (*f* Au) u. nördl. bis S-Ho(?)/Eifel/Koblenz/Lahntal/um Würzburg/Bayrw.; nördl. Vorkommen, auch Ho u. Da, vermutl. aus Kulturen verwild. u. eingebürgert. *Kriechende G.,* **D. pardaliánches** L. em. Scop.

— Blattstiele kahl od. nur sehr spärl. behaart **8**

8. Pfl. m. lg. unterirdischen, behaarten Ausläufern, diese am Ende m. Blattrosetten; Stg. unten schwach behaart, oberw. m. einzellreihigen Woll- u. m. Drüsenhaaren; Blattspreite nur seicht gezähnt; ♃; VI–VII. Zierpfl., bisweilen verwild., z. B. St. (Heimat: SO-Europa) [incl. *D. carpaticum* (Gris. & Schenk) Nym.; = *D. caucasicum* Bieb.] *Kaukasus-G., Balkan-G.,* **D. orientále** Hoffm.

— Pfl. ohne unterirdische Ausläufer; Stg. unten kahl, oberw. drüsig-weichhaarig; Bögen der Sägezähne des Blattrands flach, aber deutl.; ♃; V–VIII. Hochstauden, Schluchtwälder, Felsschutt, 1000–2250 m, kalkstet; *z* Au (Ti, Sb, SW-Kt), Bz, in Dt *s* Berchtesgaden; zuw. als Zierpfl. verwild. (z. B. Allgäu-Vorland, N-Ba, Po). (= *D. cordatum* auct.) *Herzblättrige G.,* **D. colúmnae** Ten.

61. Tephróseris (Rchb.) Rchb., *Greiskraut, Kreuzkraut*

1. Stg. 1–4 cm dick, kantig, hohl, zottig-drüsig behaart, 25–100 cm hoch, gelbgrün, oberw. ästig; Stgblätt. sitzend, halb stgumfassend; Hüllblätt. u. Zungenbltn. 21[1]; Fr. kahl; ⊙–♃; VI–VII. Torfstiche, Sumpfwiesen,

---

[1] Die bei den *Senecio-* und *Tephroseris-*Arten angegebenen Zahlen für die Anzahl von Hüllblätt. u. Zungenbltn. sind Durchschnittswerte fur gut entwickelte Pflanzen. Diese Werte sind ziemlich konstant.

Ufer; *z* im N, südl. seltener u. bis Ho/Aachen/Köln/Göttingen/SaAn/Sa/Schl, östl. bis zur Oder, früher ČR. [= *Senecio congestus* (R. Br.) DC.; = *S. palustris* (L.) Hook.; = *S. tubicaulis* Mansf.]

Moor-G., **T. palústris** (L.) Rchb.

— Stg. < 1 cm dick, bis zum Bltnstand unverzweigt **2**

2. Rosettenblätt. z. Bltzt. vorhanden, dem Boden angedrückt, kreisf. bis elliptisch, ± gestielt; Köpfchen 15–25 mm im Dm; Hülle 5–8 mm lg.; Stg. spinnwebig-wollig behaart, aber nicht drüsig; ♃. [= *Senecio integrifolius* (L.) Clairv.] *Steppen-G.,* **T. integrifólia** (L.) Holub

a. Pfl. bes. oberw. dicht u. dauerhaft weißwollig, 15–30 cm hoch; Zungenbltn. gelb bis feuerrot (selten fehlend). VII–VIII. Alpenmatten, 1800–2400 m; *s,* St. Gallen, Bern, Fribourg, Ti, Kt, St. [= *Senecio capitatus* (Wahl.) Steudel]

Ⓖ *Kopf-G.,* ssp. **capitáta** (Wahl.) Nordenstam

— Pfl. nicht dicht wollig, ± verkahlend . . . . **b**

b. Zungenbltn. orange bis gelbrot (selten fehlend); Hüllblätt. ganz purpurn; Pfl. kahl, selbst jung nur spärl. behaart, 20–50 cm hoch; Stg. m. 2–6(–10) Köpfchen; VI–VIII. Wiesen; *s,* St, Kt, NÖ, Bgl, ČR. [= *Senecio aurantiacus* (Hoppe ex Willd.) Less.]

Ⓖ *Orangerotes G.,* ssp. **aurantíaca** (Hoppe ex Willd.) Nordenstam

— Zungenbltn. gelb bis goldgelb . . . . **c**

c. Hüllblätt. in der ob. Hälfte purpurn; Zungenbltn. leicht orange überlaufen; Pfl. 25–60 cm hoch; Stg. m. 2–10 Köpfchen; V–VI. Kiefernwälder, Halbtrockenrasen; sehr *s,* Bgl. [= *S. integrifolius* ssp. *serpentini* (G.) Jáv.]

Serpentin-G., ssp. **serpentíni** (G.) Nordenstam

— Hüllblätt. ganz grün od. an der Spitze etwas rot überlaufen; Zungenbltn. gelb; Pfl. 25–60 cm hoch; Stg. m. 3–15 Köpfchen; V–VI. Trockenrasen; *s,* Da (N-Jütland), Po, SaAn, Th, Ba (Lechtal, Fr), NÖ, Bgl, ČR, früher OÖ. (incl. ssp. *vindelicorum* Krach) ssp. **integrifólia**

— Rosettenblätt. dem Boden nicht angedrückt, z. Bltzt. abgestorben; Hülle 8–12 mm lg. **3**

3. Blätt. ganzrandig od. entfernt gezähnelt; Rosettenblätt. eif. bis spatelig, gestielt; Bltnköpfe zu 3–20, 20–25 mm im Dm; Pfl. 20–70 cm hoch; ♃; V–VII. Flachmoore, Magerwiesen; *z.* [= *Senecio helenitis* (L.) Sch. & Th.; = *S. spathulifolius* (Gmel.) Griesselich]

Spatelblättriges G., **T. helenítis** (L.) Nordenstam

a. Fr. behaart; unt. Blätt. plötzlich in den Stiel verschmälert; Stg. u. Blätt. dicht spinnwebig behaart; Zungenbltn. 13; *z* im S, im N seltener, *s* auch CH (Schwyz). ssp. **helenítis**

— Fr. kahl; unt. Blätt. allmählich in den Stiel verschmälert; Stg. u. Blätt. wenig behaart, verkahlend; Zungenbltn. 15–18, aber zuw. fehlend; sehr *s,* Sb, OÖ. [= *Senecio salisburgensis* (Cuf.) Rauschert]

Salzburger G., ssp. **salisburgénsis** (Cuf.) Nordenstam

— Blätt. grob gezähnt; Bltnköpfe 20–40 mm im Dm **4**

4. Pfl. m. Drüsenhaaren; Bltnköpfe zu 3–15, 3–4 cm im Dm; Grdblätt. 15–35 mm breit, m. breit geflügelten Stiel, zur Bltzt. meist abgestorben; Zungenbltn. gelb od. goldgelb; ♃. [= *Senecio ovirensis* (Koch) DC.; = *T. tenuifolia* Holub; incl. ssp. *moravica* Holub]

Obir-G., **T. longifólia** (Jacq.) Gris. & Schenk

a. Mittl. Blätt. m. breit geflügeltem Stiel sitzend; Köpfchen 3–4 cm im Dm; Hüllblätt. 21, an der Spitze oft rötl.; Pfl. stark drüsig behaart, 20–60 cm

hoch; V–VII. Feuchte Wiesen, Hochstaudenfluren, bis 1900 m; *z*, Sb, Kt, St, NÖ, Bgl, OÖ. [= *S. ovirensis* (KOCH) DC. ssp. *ovirensis*]
ssp. **longifólia**

— Mittl. Blätt. am Grd. stielart. verschmälert; Köpfchen 2–3 cm im Dm; Hüllblätt. 13, ganz grün; Pfl. nur spärlich drüsig, 30–80 cm hoch; Stg. spinnwebig-wollig behaart; VI–VIII. Gebirgswiesen, Bachufer, Lägerfluren, bis 2500 m; *z*, Gr, Bz, OTi, Sb, Kt, St, OÖ, früher Ba (Berchtesgaden). [= *Senecio gaudinii* GREMLI; = *S. ovirensis* (KOCH) DC. ssp. *gaudinii* (GREMLI) CUF.]
ssp. **gaudínii** (GREMLI) KERGUÉLEN

— Pfl. (außer am Blattrand) ohne Drüsenhaare; Bltnköpfe zu 5–15, 25–40 mm im Dm; Zungenbltn. gelb bis orange; Grdblätt. herzf., 2–6 cm breit, gezähnt od. gekerbt, ihr geflügelter Stiel 1–2-mal so lg. wie die Spr.; Spr. der Stgblätt. am Rand wellig kraus, grob gezähnt; ♃; VI–VIII. Feuchte Wiesen, Quellfluren, Bachufer; *z*. [= *Senecio rivularis* (W. & K.) DC.] *Bach-G., Krauses G.,* **T. críspa** (JACQ.) RCHB.

a. Fr. kahl; Pappus doppelt so lg. wie die Fr.; Stgblätt. m. deutl. geflügeltem Stiel; Pfl. 30–100 cm hoch; *z*, in Dt in den östl. Mittelgeb. (bis Thw, Erzgeb., Frw., Lausitz), Sb, Kt, St, NÖ, Bgl, OÖ, ČR. [= *S. crispatus* DC.; = *S. rivularis* (W. & K.) DC. ssp. *rivularis*] ssp. **críspa**

— Fr. deutl. behaart; Pappus nur ⅓ bis ½ so lg. wie die Fr.; Stiel der Stgblätt. ungeflügelt od. sehr schmal geflügelt; Pfl. 30–70 cm hoch; *s*, Kt, St. [= *Senecio rivularis* ssp. *pseudocrispus* (FIORI) E. MAYER; = *T. longifolia* ssp. *pseudocrispa* (FIORI) GREUT.] ssp. **pseudocríspa** (FIORI) NORDENSTAM

62. Senécio L. (incl. **Jacobǣa** MILL.), *Greiskraut, Kreuzkraut*

1. Blätt. ungeteilt, aber am Rand gesägt od. gezähnt; Fr. kahl **13**

— Blätt. fiedspaltig bis fiedteilig **2**

2. Zungenbltn. fehlend; Blätt. buchtig gelappt bis fiedspaltig, ringsum gezähnt, ob. geöhrt; Hüllblätt. 21; Außenhüllblätt. schwärzl., meist 10; Fr. flaumig; Stg. ästig; ⊙; III–X. Ackerunkraut; *g* u. *h*.
Gewöhnliches G., * **S. vulgáris** L.

— Zungenbltn. vorhanden, zuw. aber kurz u. zurückgerollt **3**

3. Zungenbltn. lang u. flach ausgebreitet; Hülle glockenf. *(1192)* **5**

— Zungenbltn. kurz u. zurückgerollt; Zungenbltn. 13; Hülle walzl. *(1191)* **4**

4. Pfl. drüsig-klebrig; Hüllblätt. 21; Außenhülle locker absthd., ½ so lg. wie die Hüllblätt.; Pappus z. Frzt. 3-mal so lg. wie die Fr.; ⊙; VI–IX. Kahlschläge, Sandfelder, Bahngelände; *v*.
Klebriges G., * **S. viscósus** L.

— Pfl. nicht drüsig-klebrig, zerstreut wollhaarig bis kahl; Hüllblätt. 13; Außenhüllblätt. angedrückt, ⅕ so lg. wie die Hülle *(1191);* Pappus z. Frzt. fast 2-mal so lg. wie die Fr.; ⊙; VII–VIII. Kahlschläge; *v–z*.
Wald-G., * **S. sylváticus** L.

5(3). Blätt. ± grün, nicht weißgrau filzig; Blattrhachis durch Herablaufen der Fied. geflügelt; Blätt. dadurch sitzend; Zungenbltn. 13 . . . . . **7**

— Blätt. grau- bis weißfilzig; Blätt. gestielt; Pfl. 3–15 cm hoch **6**

6. Stg. einköpfig; Rosettenblätt. gekerbt; Stgblätt. ungeteilt, lineal-lanzettl.; Köpfchen 20–25 mm im Dm; Hülle m. ca. 20 Hüllblätt., 7–10 mm lg.; Zungenbltn. 10–16, 8–10 mm lg.; Pfl. 5–12 cm hoch;

♃; VII–VIII. Alpine Weiden, kalkmeidend; *s*, Vs. [= *S. uniflorus* (ALL.) ALL.; = *J. uniflora* (ALL.) VELDKAMP]

Einköpfiges G., Hallers G., **S. hálleri** DANDY

— Stg. mehrköpfig; Blätt. gekerbt bis fiedteilig; Hülle m. 8 Hüllblätt., 5–6 mm lg.; Zungenbltn. 3–6, 5–6 mm lg.; Pfl. 5–15 cm hoch; ♃; VII–IX. Alpine Magerrasen, auf Silikat, 1700–3400 m; *v*, Alp., CH, Au, Bz, Dt. [= *J. incana* (L.) VELDKAMP]

Ⓖ *Krainer G., Gelber Speik, Weißgraues G.,* **S. incánus** L.

a. Grdst. Blätt. weißfilzig, fiedteilig; Vs, Bern, Uri, Ts. ssp. **incánus**

— Grdst. Blätt. ganzrandig bis gezähnt, graufilzig, später verkahlend; Gr, Bz, Au, Dt (Allgäu). (= *S. carniolicus* WILLD.) ssp. **carniólicus** (WILLD.) BR.-BL.

Intermediäre Formen in Ts u. Gr werden auch als ssp. **insúbricus** (CHENEVARD) BR.-BL. bezeichnet.

7(5). Flügel der Blattrhachis gezähnt; Außenhülle 6–12-blättrig; Hüllblätt. 21; Fr. angedrückt behaart **12**

— Flügel der Blattrhachis meist ganzrandig **8**

8. Zungenbltn. leuchtend bis rötl. gelb; Hüllblätt. 21; Grdblätt. doppelt fiedspaltig, m. linealen Zipfeln, glzd. sattgrün; Blätt. am Grd. nicht geöhrt; Pfl. 15–40 cm hoch; Fr. kahl; ♃; VII–IX. Steinige Matten, subalp. u. alp. Reg., 630–2700 m, kalkliebend; *v* CH, FL, Bz, Au, Dt (Berchtesgaden). [= *J. abrotanifolia* (L.) MOENCH]

Eberrauten-G., **S. abrotanifólius** L.

ssp. **tiroliénsis** (D. T.) GAMS: Zungenbltn. orange bis feuerrot; kalkmeidend; *z* Au (*f* Vb), Dt (Berchtesgaden).

— Zungenbltn. hell goldgelb; Hüllblätt. 13; wenigstens ob. Stgblätt. geöhrt **9**

9. Alle Fr. (auch die der Zungenbltn.) kurzhaarig; Pappus z. Frzt. 3-mal so lg. wie die Fr., dieser fest anhaftend; Außenhüllblätt. meist 4–6, meist deutl. absthd., wenigstens halb so lg. wie die inneren Hüllblätt.; Blätt. unterstS. spinnwebig-flockig, m. schmalen, grobgesägten Fiederspalten, ohne größeren Endlappen, ohne zerschlitzte Öhrchen an der Basis; Pfl. 30–120 cm hoch, ausläuferbildend; ♃; VII–IX. Halbtrockenrasen, Wegraine, Moorwiesen; *v–z* im S, *s* im N. [= *J. erucifolia* (L.) G. M. SCH.] *Raukenblättriges G.,* * **S. erucifólius** L.

— Entweder alle Fr. od. wenigstens die der Randbltn. od. die der mittl. Bltn. kahl; Pappus sich leicht von den Fr. lösend; Außenhüllblätt. häufig nur 1–2, kaum 1/3 so lg. wie die inneren Hüllblätt.; Pfl. ohne Ausläufer **10**

10. Fr. der Röhrenbltn. dicht kurzhaarig, die der Randbltn. kahl; Grdblätt. leierf. fiedspaltig, z. Bltzt. meist verwelkt; Stgblätt. unterstS. spinnwebig-wollig bis kahl, m. gröberen, breiteren u. gezähnelten Fiederlappen, Endlappen kürzer als übriger fiedspaltiger Anteil, an der Basis m. tief zerschlitzten Öhrchen; Pfl. 30–100 cm hoch; ⊙–♃; VI–X. Böschungen, Weiden, Waldränder; *v*, im NW *z*. (= *J. vulgaris* GAERTN.) **Giftig für Pferde!** *Jakobs-G.,* * **S. jacobáea** L.

— Alle Fr. kahl od. die der mittl. od. Randbltn. spärl. kurzhaarig; Grdblätt. z. Bltzt. noch frisch; Endlappen der Grundblätt. groß, so groß wie od. länger als übriger fiedspaltiger Anteil **11**

11. Stg. m. sparrig ausgebreiteten Ästen; Seitenfied. im rechten Winkel von der Rhachis abgehend; mittl. u. ob. Stgblätt. m. eif., großem Endlappen u. nur 2 Fiedpaaren; Köpfe 15–25 mm breit; Fr. der Randbltn. spärl. behaart od. kahl; Pfl. 30–120 cm hoch; ⊙; VII–X. Auwälder, nasse Wiesen, Ufer; *z* im N, *s* im S (Verbreitung ungenügend bekannt). [incl. ssp. *barbareifolius* (Wimm. & Grab.) Hegi; = *J. erratica* (Bertol.) Fourr.]
Spreizendes G., **S. erráticus** Bertol.

— Stg. m. aufw. strebenden Ästen; Seitenfied. im spitzen Winkel von der Rhachis abgehend; mittl. u. ob. Stgblätt. m. längl. Endlappen u. 3–4 Fiedpaaren; Köpfe 20–30 mm breit; Fr. alle kahl od. die der mittl. Bltn. spärl. behaart; Pfl. 20–60 cm hoch; ⊙; VI–X. Moorwiesen, Auwälder; *v* im S u. W, sonst *z–s* [Nordgrenze unsicher wegen Verwechslung mit voriger Art (bis Rügen?)]. [= *J. aquatica* (Hill) G. M. Sch.]
Wasser-G., **S. aquáticus** Hill

12(7). Pfl. der tieferen Lagen; Blätt. beidersts. ± zottig; Pappus bleibend; Außenhüllblätt. m. kahler, schwärzl. Spitze; ⊙; V–X. Sand, Lehmäcker, Kiefernschonungen, Bahngelände, truppweise; aus Russland eingewandert u. im Gebiet stellenw. *v*, sonst *z–s* eingebürgert. [= *S. leucanthemifolius* Poir. ssp. *vernalis* (W. & K.) Greut.] *Frühlings-G.,* **S. vernális** W. & K.

— Gebirgspfl.; Blätt. kahl od. untersts. etwas wollig; Pappus hinfällig; Außenhüllblätt. m. pinself. behaarter Spitze; ⊙–♃; V–VIII. Lichte Wälder, Felsen, kiesige Orte, kalkliebend; *s* Berchtesgaden, *z* Au, ČR, adventiv N-He. (= *S. rupéstris* W. & K.)
Felsen-G., **S. squálidus** L. ssp. **rupéstris** (W. & K.) Greut.

13(1). Blätt. längl.-lanzettl. **15**

— Blätt. herzf., fast 3-eckig, gestielt; Stg. kantig **14**

14. Stiele der ob. Blätt. geflügelt u. gelappt, zuw. m. Fied. *(1218),* am Grd. m. großen, gezähnten Öhrchen; Blattfläche so lg. wie breit, beidersts. grasgrün, untersts. höchstens auf den Nerven behaart; Zungenbltn. 21; Pfl. 30–70 cm hoch; ♃; VII–IX. Läger-, Hochstaudenfluren, Sumpfwiesen, 900–1800 m; *z* Bayrw., Au, ČR. [= *J. subalpina* (Koch) Pelser & Veldkamp] *Voralpen-G.,* **S. subalpínus** Koch

— Stiel der ob. Blätt. ohne Fied., höchstens am Grd. m. kleinen Öhrchen *(1217);* Blattfläche länger als breit, obersts. dkgrün, untersts. spinnwebig-wollig, graugrün; Zungenbltn. 13–16; Pfl. 30–100 cm hoch; ♃; VII–IX. Hochstaudenfluren, Bachufer, Viehläger, bes. der montanen u. subalp. Reg., bis 2150 m; *v–z* Alp., *z–s* Alp.-Vorland, Thw. [= *S. cordatus* Koch; = *J. alpina* (L.) Moench] *Alpen-G.,* **S. alpínus** (L.) Scop.

15(13). Zungenbltn. fehlend (zuw. einige wenige, dann bleichgelb); Blätt. wenigstens untersts. kraushaarig, am Rand fein bewimpert; Bltn. gelbl. weiß; ♃; VII–VIII. Läger-, Hochstaudenfluren, Waldränder, bis 2130 m; *z* Allgäu, *v* Sb, Bz, OTi, Kt, St. *Dost-G.,* **S. cacaliáster** Lam.

— Zungenbltn. vorhanden **16**

16. Zungenbltn. 5–8; Außenhülle 5–8-blättrig; Pfl. 50–200 cm hoch **19**

— Zungenbltn. 10–20; Außenhülle mind. 10-blättrig **17**

17. Blätt. nur 2–7 mm breit, lineal, unregelmäßig fein gezähnelt, am Grd. m. gezähnten Öhrchen; Außenhüllblätt. häutig u. am Rand gefranst; ♃; VI–XI.

Eingeschleppt, eingebürgert u. sich rasch ausbreitend; Bahnanlagen, Straßen, Ruderalstellen; *z*, auch Be, Ho, CH, Bz, ČR, Au (Oberinntal). (Heimat: S-Afr.)
Schmalblättriges G., * **S. inaéquidens** DC.

— Blätt. deutl. breiter **18**

18. Stg. 1–3-köpfig, 20–40 cm hoch; Köpfchen 4–6 cm breit; Bltn. orangegelb; Stgblätt. ledrig derb, breit lanzettl., spitz gesägt u. Zähne nach ausw. weisend *(1203)*; ♃; VII–VIII. Felsschutt, steinige Matten, Krummholzreg., 1260–3100 m, kalkliebend; Alp., *v* CH, FL, Bz, Au, *z* Dt. *Gämswurz-G.*, **S. dorónicum** (L.) L.

— Stg. reichköpfig, 50–200 cm hoch, hohl; Köpfchen 3(–4) cm breit; Bltn. hellgelb; Stgblätt., lineal lanzettl., sägezähnig u. Zähne zur Blattspitze weisend *(1204)*; ♃; VI–VIII. Feuchte Wiesen, Ufer der Stromtäler; *z*, Rhein, Elbe, Weser, Donau, sonst *s*, *f* Da. [incl. ssp. *angustifolius* Holub; = *J. paludosa* (L.) G. M. Schm.] *Sumpf-G.*, **S. paludósus** L.

19(16). Stgblätt. nach oben kleiner werdend, in pfrieml. Hochblätt. übergehend, bläul.grün; Zungenbltn. 5–8, gelb; Pfl. 40–150 cm hoch; ♃; VI–IX. (incl. *S. fontanicola* Grulich & Hodálová)
Ⓖ *Fettblättriges G.*, **S. dória** L.

a. Stg. u. Blätt. kahl, kohlartig, lederig; unt. Blätt. allmähl. in den Stiel verschmälert; Blätt. höchstens 11 cm breit; Zungenbltn. 5–6, goldgelb; Köpfchen 15–20 mm im Dm; VI–VIII. Nasse Wiesen, Auwälder; *s*, S-Kt, NÖ, Bgl, ČR. Ⓖ ssp. **dória**

— Stg. wollig-kraus behaart; unt. Blätt. plötzl. in den Stiel zusammengezogen; Blätt. bis zu 18 cm breit; Zungenbltn. 8, hellgelb; Köpfchen 25–30 mm im Dm; VII–IX. Laubwälder, Waldränder; *s*, NÖ, Bgl, ČR. (= *S. umbrosus* W. & K.) Ⓖ *Schatten-G.*, ssp. **umbrósus** (W. & K.) Soó

— Stgblätt. bis zur Infl. fast gleich groß, die ob. sehr viel größer als die Tragblätt. **20**

20. Spitze der Blattzähne etwas einw. gekrümmt *(1204)*; Hülle glockig (ähnl. *1192*); Pfl. m. fleischigem, weithin kriechendem Rhizom u. m. Ausläufern; Blätt. kahl; Zungenbltn. meist 7–8; ♃; VIII–X. Ufergebüsch, Auwälder; nur entlang großer Flüsse (*f* ObRhein, Ems, Saar, Neckar, Memel u.a.), MeVp, Bgl, NÖ, OÖ (Donau), ČR, *f* E, Da. (= *S. fluviatilis* Wallr.) *Fluss-G.*, **S. sarracénicus** L.

— Spitzen der Blattzähne gerade absthd. *(1203)*; Hülle walzl. (ähnl. *1191*); Pfl. m. fast holzigem, kurzem Rhizom (Schlüssel nach Herborg, veränd.) **21**

21. Ob. Stgblätt. sitzend, m. abgerundeter bis geöhrter Basis, halb stgumfassend; äußere Hüllblätt. fadenf. bis pfrieml., so lg. wie od. länger als die Hülle; Köpfchenstiele u. alle Hüllblätt. absthd. drüsig behaart; ♃; VI–VIII. Schattig-feuchte Wälder, Hochstaudenfluren, Kahlschläge der montanen u. subalp. Reg; *v* im S (Dt, CH, FL, Au, Bz, ČR), nördl. bis Venn/Sauerland/Meißner/Harz/Thw./Br.
Harzer G., **S. hercýnicus** Herborg

— Ob. Stgblätt. gestielt od. wenigstens m. deutl. verschmälertem Blattgrd.; äußere Hüllblätt. pfrieml. bis lineal lanzettl.; Köpfchenstiele u. Hüllblätt. kahl od. zerstr. behaart **22**

22. Außenhüllblätt. pfrieml. bis lineal, kürzer als die Hülle, kahl od. spärl. ± absthd. kurzhaarig; ob. Stgblätt. gestielt, selten verschmälert sitzend; ♃; VIII–IX. Schattig-feuchte Wälder, Schlagflächen, Hochstaudenfluren; *v.* (= *S. fuchsii* GMEL.) *Fuchs-G.,* * **S. ovátus** (G. M. SCH.) WILLD.

a. Zungenbltn. meist 5, Röhrenbltn. 8–14; Köpfchenstiele 10–25 mm lg.; Stg. ohne Flaumhaare; *v* im S, auch CH, FL, Bz, Dt, ČR, Schl. ssp. **ovátus**

— Zungenbltn. meist 3, Röhrenbltn. 3–8; Köpfchenstiele 5–10 mm lg.; Stg. unterhalb seiner Blätt. m. wenigen krausen Haaren; *s* Be, CH, Vog., S-Schw., nördl. München. ssp. **alpéstris** (GAUD.) HERBORG

— Außenhüllblätt. lineal bis lineal-lanzettl., so lg. wie od. länger als die Hülle, am Rand deutl. bewimpert; ob. Stgblätt. m. plötzl. verschmälertem Grd. sitzend od. kurz gestielt; ♃; VII–VIII. Schattig-feuchte Wälder, Hochstaudenfluren; *z.* *Deutsches G.,* **S. nemorénsis** L.

a. Stg. gekräuselt behaart, ohne Ausläufer; Pfl. häufig buschig wirkend durch vorzeitigen Austrieb basaler Seitensprosse; *v* St, *z* im SO, westl. u. nördl. bis Regensburg/ Harz/ Sachsen/Bautzen/ČR/Schl. (= *S. germanicus* WALLR.; = *S. jacquinianus* RCHB.) ssp. **jacquiniánus** (RCHB.) ČEL.

— Stg. kahl od. nur zerstreut anlgd. kurzhaarig, m. 10–25 cm lg. Ausläufern; ohne vorzeitigen Austrieb basaler Seitensprosse; *z* Ba (Alp.-Vorland), Au, Bz. (= *S. germanicus* ssp. *glabratus* HERBORG) ssp. **glabrátus** (HERBORG) OBERPRIELER

Bastardbildungen der *Senecio*-Arten nicht selten!

63. Liguléria CASS., *Goldkolben*

Pfl. 50–200 cm hoch. m. zahlr, grdst., herz- od. pfeilf., 10–15 cm lg. u. 8–12 cm breiten, scharf gezähnten Blätt.; kurzgestielte Köpfchen zu 20–40 in lg. Traube od. Ähre; Bltn. gelb; ♃; VII–VIII. Flachmoore; sehr *s,* NÖ. ČR. **L. sibírica** (L.) CASS.

64. Caléndula L., *Ringelblume*

1. Köpfe 10–20 mm breit; Zungenbltn. hellgelb; Blätt. längl.-lanzettl.; Frköpfe übergeneigt; äußere Fr. eingerollt, am Rücken deutl. stachelig, die mittl. kahnf.; ⊙; VI–IX. Äcker, Weinberge, kalkliebend; *z* eingebürgert: Pf/Rheingau, sonst sehr *s* RhPf, S-SaAn, N-Br, NW-Ba, S-He, N-BW, b. Düsseldorf, b. Basel, E, S-Be, Vs, Gr, Au. (Heimat: Mittelmeergebiet?) *Acker-R.,* * **C. arvénsis** L.

— Köpfe 20–50 mm breit; Zungenbltn. orangegelb; Blätt. spatelf.; Frköpfe aufrecht; meist alle Fr. geflügelt; ⊙; VI–IX. Aus Gärten u. früheren Kulturen gelegentl. verwild. (Heimat: Mittelmeergebiet?) *Gewöhnliche R.,* * **C. officinális** L.

65. Echínops L., *Kugeldistel,* nach KRUMBIEGEL & KLOTZ

Zahlr. 1-bltg. Köpfchen *(1151)* zu einem kugeligen, 4–8 cm breiten, von oben nach unten aufblühenden Kopf zusammentretend; Bltn. stahlblau bis weiß; Blätt. distelart., unterst. weiß wollig-filzig; Infl. bläul.; Pfl. bis 1,5 m hoch.

1. Hüllblätt. an ihrer Spitze deutl. gekrümmt, wie die gesamte Pfl. ohne Drüsenhaare; Bltn. weiß od. grau, nur selten grünl.; Hüllborsten in ihrer unt. Hälfte verwachsen; Ränder der Laubblätt. fein rau (Lupe!); ♃; VII–VIII. Aus Gärten zuw. verwild., z. B. Pf, He, Rheinl., NrWe, Au, eingebürgert Be (Heimat: O- u. SO-Eur.) (= *E. commutatus* JURATZKA) *Drüsenlose K.,* **E. exaltátus** SCHRAD.

— Hüllblätt. gerade od. nur schwach gekrümmt; Pfl. wenigstens auf der Blattunterseite m. Drüsenhaaren **2**

2. Blätt. am Rand umgerollt, obersts. drüsenhaarig m. wenigen einfachen Haaren, glänzend, untersts. weißfilzig; Bltn. bläul.-grau; Hüllborsten in der unt. Hälfte verwachsen; ♃; VII–VIII. Trockenrasen; wild in NÖ, ČR, sonst zuw. aus Gärten verwildert. (= *E. ruthenicus* BIEB.)
Ruthenische K., **E. rítro** L. ssp. **ruthénicus** (BIEB.) NYM

— Blätt. nicht glzd., am Rand nicht (kaum) umgerollt, auch obersts. ± stark behaart 3

3. Hüllblätt. ohne Drüsenhaare; Bltn. bläul.grau; Hüllborsten bis zur Mitte verwachsen; Ränder der Laubblätt. am Rand dicht fein rau; ♃; VII–VIII. Zuweilen aus Gärten verwildert. (Heimat: SO-Eur.).
Banater K., **E. bannáticus** ROCHEL ex SCHRAD.

— Hüllblätt. m. Drüsenhaaren; Bltn. weißl. od. graugrün; Hüllborsten nur im unt. Drittel verwachsen; Laubblätt. am Rand glatt; ♃; VII–VIII. Bahndämme, Straßenränder, Ruderalstellen; *v–z*.
Bienen-K., * **E. sphaerocéphalus** L.

66. Xeránthemum L., *Spreublume*

1. Bltnköpfchen 3–5 cm im Dm, m. 70–120 Bltn.; innere Hüllblätt. bei offener Blüte ausgebreitet, 17–25 mm lg., rosarot bis lila; ⊙; VI–VIII. Zierpfl.; *s* verwild. od. eingeschleppt. (Heimat: Mittelmeergebiet, SO-Eur.) *Einjährige S.*, **X. ánnuum** L.

— Bltnköpfchen 1–2 cm im Dm, m. 25–50 Bltn.; innere Hüllblätt. bei offener Blüte aufrecht, 13–17 mm lg., blass rosa; ⊙; VI–VIII. Trockenrasen, Kiefernwälder; *s*, nur Vs.
Felsenheide-S., **X. inapértum** (L.) MILL.

67. Carlína L., *Eberwurz*

1. Rosettenpfl.; Infl. unmittelbar d. Blattrosette aufsitzend; innere strahlende Hüllblätt. gelbl. bis zitronengelb; Infl. bis 7 cm im Dm; Rosette bis 50 cm im Dm; Pappus 20–25 mm lg.; ♃; VII–IX. Trockenrasen; *s* eingebürgert, Ba (Bamberg), BW (Mühlacker). (Heimat: S-Eur. bis Pyrenäen)
Pyrenäen-E., **C. acanthifólia** ALL.

— Spross meist verlängert; innere strahlende Hüllblätt. silberig, zuw. rötl. getönt oder strohgelb; Pappus 10–12 mm lg. 2

2. Köpfe 4–6 cm breit; strahlende Hüllblätt. silberweiß (selten rötl.), 3–5 cm lg.; Laubblätt. 8–25 cm lg., stets deutl. fiedteilig; ♃; VII–IX. Halbtrockenrasen, Magerrasen; *v*.
© *Silberdistel, Wetterdistel, Stängellose E.*, * **C. acaúlis** L.

a. Endzipfel der Fied. 1. Ordn. in der Blattmitte eif. bis lanzettl., Zipfel an seiner Basis breiter als 6 mm *(1205)*, durch gezähnte Rhachisflügel miteinander verbunden; Stg. fast stets 1-köpfig, meist 1–3 (selten bis 10) cm lg. Nur im O und S, Sa, Br, Schl, OPr, Po, ČR, SO-Ba, Au, S-CH, FL, Bz. ssp. **acaúlis**

— Endzipfel der Fied. 1. Ordn. in der Blattmitte lanzettl. bis pfrieml., Zipfel an seiner Basis weniger als 6 mm breit *(1206)*, Rhachis nicht od. nur schmal geflügelt; Stg. fast stets mehrköpfig, meist länger als 15 cm. Schafweiden; *v* Alp., sonst *z–s*, im N *f*. [= *C. caulescens* LAM.; = ssp. *simplex* (W. & K.) NYM.] ssp. **cauléscens** (LAM.) SCHÜBLER & MARTENS

— Köpfe 2–3,5 cm breit; strahlende Hüllblätt. strohgelb, 1–2 cm lg.; mittl. Stgblätt. 2–10 cm lg., höchstens buchtig gelappt; Pfl. bis 60 cm hoch;

⊙; VII–IX. Trockenrasen, Kiefernwälder, Wiesen; *v, z* im N. Formenreich. *Golddistel, Gewöhnliche E.,* * **C. vulgáris** L.

a. Stg. meist 1-köpfig; Köpfe 2,5–4 cm breit; ob. Stgblätt. flach, nicht kraus *(1207);* Hochblätt. länger als die strahlenden Hüllblätt.; *z* Alp., *s* Vog., Alp.-Vorland, Riesengeb. bis Gesenke, MeVp. (= *C. biebersteinii* Bernh. ex Hornem.) ssp. **longifólia** (Grabowski) Nym.

— Stg. meist mehrköpfig; Köpfe 1,5–2,5 cm breit; Hochblätt. länger als die strahlenden Hüllblätt. . . . . **b**

b. Pfl. bis 60(–100) cm hoch; unt. Stgblätt. flach, die ob. höchstens in ihrer unt. Hälfte kraus *(1208); s,* Ba, NÖ, Po, WPr. [= *C. intermedia* Schur; = ssp. *brevibracteata* (Andrae) Bornmüller] ssp. **intermédia** (Schur) Hay.

— Pfl. bis 30(–60) cm hoch; alle Stgblätt. distelart. kraus *(1209). v, z* im N. ssp. **vulgáris**

68. Árctium L. (= *Lappa* Scop.), *Klette*

1. Hüllblätt. dicht spinnwebig-wollig miteinander verbunden, die inneren m. gerader, rötl. Spitze, fast strahlend, nur äußere widerhakig; Blätt. unterst. dicht grauweiß filzig; Stiele der Grdblätt. markig, oft rötl.; Fr. 5–6 mm lg.; ⊙; VII–IX. Wegränder, Schutt, Zäune; *v–z.* *Filzige K.,* * **A. tomentósum** Mill.

— Hüllblätt. spärl. od. nicht spinnwebig-wollig miteinander verbunden, alle an der Spitze hakig gekrümmt; Blätt. unterst. kahl bis schwach graufilzig **2**

2. Stiele der Grdblätt. markig; Hüllblätt. bis zur Spitze grün, so lg. wie od. etwas länger als die Bltn.; Köpfe 3–5 cm breit; Fr. 6–8 mm lg.; ⊙; VII–IX. Wegränder, Zäune, Flussschotter; *v–z.* [= *A. vulgare* (Hill) Druce] *Große K.,* * **A. láppa** L.

— Stiele der Grdblätt. hohl; Hüllblätt. höchstens so lg. wie die Bltn., an der Spitze rötl. **3**

3. Köpfchen 2,5–4 cm breit; Fr. 7–11 mm lg.; innere Hüllblätt. so lg. wie die Bltn.; ⊙; VII–IX. Lichte Laubwälder, Kahlschläge, Gebüsch; *v–z.* [= *A. vulgare* auct., non (Hill) Druce] *Hain-K.,* **A. nemorósum** Lej.

— Köpfchen 1–3 cm breit; Fr. 5–7 mm lg.; innere Hüllblätt. kürzer als die Bltn.; Seitenäste aufrecht-absthd.; ⊙; VII–IX. Wegränder, Ruderalstellen; *v, z* im N u. CH. [incl. ssp. *púbens* (Bab.) Arènes] *Kleine K.,* * **A. mínus** (Hill) Bernh.

Bastardbildung häufig!

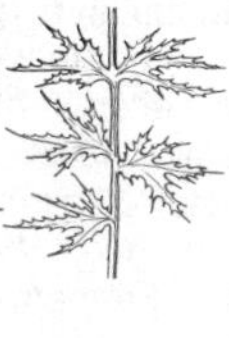

1205 1206 1207 1208 1209

69. Saussúrea DC., *Alpenscharte*

1. Stg. stets 1-köpfig, 5–20 cm hoch; Stgblätt. lineal-lanzettl., ganzrandig od. gezähnt, sitzend, unterstS. graugrün, rauhaarig; Fr. 6–7 mm lg. Stbbeutel m. 2 gefied., pinselart. Fortsätzen; ♃; VII–VIII. Steinige Matten, Felsspalten, 1600–2550 m, kalkstet; *z* Alp. von Au, in Dt *s*, Allgäu, Vb. *Zwerg-A.*, **S. pygmǽa** (Jacq.) Spr

— Stg. 2- bis mehrköpfig, 2–50 cm hoch; Blätt. eif.-lanzettl.; Köpfchen in Doldentrauben; Fr. 4–5 mm lg.; Stbbeutel m. 2 spitzen Anhängseln bzw. Borsten 2

2. Blätt. unterstS. weißfilzig, m. lg. Stielen, diese ungeflügelt; Köpfchen zu 3–8; ♃; VII–IX. Wie vorige, 1400–2790 m, kalkliebend; *z* CH, FL, Bz, Au (*f* Bgl, Sb, OÖ), *s* Dt (Allgäu).

Zweifarbige A., **S. díscolor** (Willd.) DC

— Blätt. unterstS. locker spinnwebig-wollig, ihre Stiele geflügelt (bzw. Blätt sitzend); Köpfchen in 5- bis vielköpfigen Doldentrauben; ♃; VII–IX Matten, Zwergstrauchheiden, 1770–3010 m; *z* Alp.

Echte A., **S. alpína** (L.) DC

a. Stg. 2–10 cm hoch, aufstgd.; ob. Blätt. die Infl. erreichend od. überragend Blätt. oberstS. spinnwebig-filzig behaart; *s*, Vs.

ssp. **depréssa** (Gren.) Nym

— Stg. 10–50 cm hoch, aufrecht, ob. Blätt. die Infl. nicht überragend; Blätt oberstS. kahl . . . . b

b. Blattspr. am Grd. keilig, allmählich in den Stiel verschmälert; *z*, Alp.

ssp. **alpína**

— Blattspr. am Grd. gerundet od. schwach herzf., plötzlich in den Stiel verschmälert; *s*, Ti, Sb. ssp. **macrophýlla** (Saut.) Nym

70. Jurínea Cass., *Bisamdistel, Silberscharte*

1. Stg. ästig, 25–45 cm hoch; Bltn. purpurviolett; Blätt. fast stets fiedspaltig, m. lineal-lanzettl., am Rand umgerollten Fied., unterstS. dicht weißfilzig; Hüllblätt. filzig, aufrecht, nicht zurückgebogen; Fr. glatt; ♃ VII–IX. Sandfluren, Kiefernwälder; *s*, S- u. M-Dt, ČR (Böhmen), stark zurückgegangen.

Ⓢ Sand-*B., Silberscharte,* **J. cyanoídes** (L.) Rchb

— Stg. meist einköpfig, 10–80 cm hoch; Bltn. purpurn; Blätt. fiedspaltig od ungeteilt; Hüllblätt. spinnwebig-wollig, die äußeren zurückgebogen; Fr. querrunzelig; ♃; V–VI. Trockenrasen, Felsfluren; *s*, nur NÖ, Bgl, ČR (Mähren). Ⓖ *Spinnweben-B.*, **J. móllis** (L.) Rchb

71. Cárduus L., *Distel*

1. Köpfe meist zu mehreren gehäuft, kurz gestielt 4

— Köpfe meist einzeln (wenn Pfl. mehrtriebig od. ästig verzweigt, dann die Seitenäste m. nur 1 lg. gestielten Kopf), ± nickend, lg. gestielt 2

2. Köpfe 2–6 cm breit, fast kugelig; Hüllblätt. oberhalb des eif. Grunds eingeschnürt, dann meist m. starrer, zurückgebogener Stachelspitze; Bltn. purpurn; ⊙; VII–IX. Trockenrasen, Wegränder, Weiden; v–z. [incl. ssp. *platylepis* (Rchb. & Saut.) Nym.] Formenreich.

Nickende D., * **C. nútans** L.

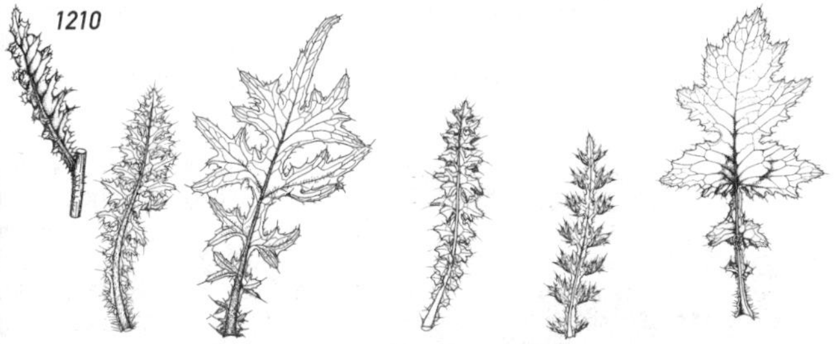

1210 1211 1212 1213 1214 1215

— Köpfe 1,5–3 cm breit, längl.-kugelig; Hüllblätt. ohne Einschnürung, nur an der Spitze ausw. gespreizt; Bltn. purpurn bis hellviolett, selten weiß **3**

3. Blätt. tief fiedspaltig, die einzelnen Lappen deutl. voneinander getrennt, je 5–7 beiderssts. der Rhachis; Stgflügel nicht durchgehend, in einzelne, stachelige Lappen getrennt; Köpfe kaum länger als 5 cm gestielt; ♃; VI–IX. Lichte Wälder, Weiderasen, oberhalb 1500 m, kalkstet; *z* S-Kt (Karawanken, Karnische u. Gailtaler Alp.).
Stieglitz-D., **C. carduélis** (L.) Gren.

— Blätt. ± ungeteilt od. fiedspaltig m. dicht sthd., zahlr. Lappen; Stgflügel ± durchgehend; Köpfe länger od. viel länger gestielt; ♃; VI–X. Lichte, steinige Wälder, Schutthänge, Krummholzreg., kalkliebend; *z,* Alp. u. M-Geb. *Alpen-D.,* **C. deflorátus** L.

a. Blätt. sehr stachelig, gelappt, kraus; Köpfchenstiel bis 20 cm lg.; Hüllblätt. stumpfl., 1–1,5 mm breit; Fr. glatt; *z,* CH, Ti, Bz, OTi. [= *C. rhaeticus* (DC.) Kern.; = ssp. *tridentinus* (Evers) Ladurner] ssp. **rhaëticus** (DC.) Murr

— Blätt. ± flach, wenig geteilt; Stacheln kurz, kaum stechend . . . . **b**

b. Blätt. blaugrün, fleischig; Stgblätt. derb stachelig gezähnt, m. 25–50 Paaren von bis 2 mm lg. Stachelzähnchen; mittl. Hüllblätt. etwa in der Mitte etwas eingeschnürt, m. eif., stumpfl. Spitze; Fr. m. gleichmäßiger Vorwölbung an der Spitze; *s,* Ts, Bz, Au. [= ssp. *glaucus* auct.; = ssp. *crassifolius* (Willd.) Hay.] ssp. **summánus** (Pollini) Arcang.

— Blätt. grün, nicht fleischig; Stgblätt. weich stachelig gezähnt, m. 12–25 Paaren von Stachelzähnen, diese bis 5 mm lg.; mittl. Hüllblätt. lineal-pfrieml., ohne Einschnürung, m. feinem Stachelspitzchen; Fr. m. leicht 5-lappiger Vorwölbung an der Spitze; *z* im S, Alp. u. M-Geb. von CH, FL, Au, Dt, Bz, nördl. bis Th. ssp. **deflorátus**

4(1). Alle Blätt. fiedspaltig, beiderssts. grün, lg. und derb stachelig *(1214);* Köpfe zu wenigen doldig-traubig gehäuft, hellpurpurn, ihre Stiele kräuselig geflügelt; Pfl. 30–100 cm hoch; ⊙; V–X. Weiden, Ruderalstellen, Wegränder; *z* im SO, *s–f* im SW, N u. CH (zuw. eingeschleppt).
Weg-D., * **C. acanthoídes** L.

— Blätt. untersts. ± graufilzig, kurz- u. weichstachelig; Köpfe meist zu 3–5 knäuelig gehäuft, dkrot; Pfl. 50–200 cm hoch. **5**

5. Köpfe längl.-walzl. *(1219)*, z. Frzt. als Ganzes abfallend; Blätt. tief buchtig-fiedspaltig; Blkr. gleichmäßig 5-spaltig; ♃; VI–VIII. Ruderalstellen; *s*, Schweizer Jura, Genf, Ho, Be.
Schmalköpfige D., **C. tenuiflórus** Curt.

— Köpfe ± rundl., z. Frzt. nicht abfallend; 1 Blatt der Blkr. tiefer geteilt als die übrigen. **6**

6. Ob. Stgblätt. ungeteilt, aber ± regelmäßig stachelig fein gezähnt, am Grd. abgerundet od. halb stgumfassend; äußere Hüllblätt. fast so lg. wie innere; Fr. spitzenw. etwas verschmälert; Stg. schmal kräuselig geflügelt; ♃; VII–VIII. Bachufer, Hochstaudenfluren, Krummholzreg., Wiesen, bis 2300 m, kalkliebend; *v* Alp., *z* Vorland u. M-Geb., nördl. bis Th, Sudeten, Gesenke. *Kletten-D.*, **C. personáta** (L.) Jacq.

— Ob. Stgblätt. fiedspaltig od. tief doppelt gezähnt *(1215);* äußere Hüllblätt. kurzer als innere, oft spinnwebig miteinander verbunden; Fr. spitzenw. etwas verbreitert; Stg. breit kräuselig geflügelt; ⊙; VII–IX. Auwälder, Gräben, Wegränder; *v*, stellenw. *z* (*f* Kt).
Krause D., * **C. críspus** L.

Bastardbildung häufig, oft übersehen!

72. Círsium Mill. em. Scop., *Kratzdistel*

1. Bltn. rötl., violett od. purpurn, selten weiß (aber nicht gelbl.weiß) **5**

— Bltn. gelbl.weiß **2**

2. Köpfe zu mehreren gehäuft an der Spitze des Stg., von bleichgelben Hüllblätt. umgeben **4**

— Köpfe einzeln (oder zu 2–3) an der Spitze des Stg., nicht von Hüllblätt. umgeben **3**

3. Stg. furchig, oberw. dicht braunrot behaart; unt. Blätt. ungeteilt bis fiedspaltig; äußere Hüllblätt. lg. stachelig bewimpert, alle rotbraun zottig; ♃; VII–VIII. Hochstaudenfluren, Fettwiesen, Krummholzreg., bis 1800 m, kalkliebend; *z* S-Lungau (Sb), Kt, N-St, OÖ, NÖ.
Krainer K., **C. carniólicum** Scop.

— Stg. nicht furchig, oberw. flaumig-klebrig; unt. Blätt. tief fiedteilig; Hüllblätt. ganzrandig, dicht drüsig; ♃; VII–IX. Quellfluren, lichte Wälder, bis 2000 m; *z*, Ts, Gr, Schweizer Jura, Bz, Au.
Klebrige K., **C. erisíthales** (Jacq.) Scop.

4(2). Hochblätt. ungeteilt, eif., gleich den Laubblätt. stachelig bewimpert; Blätt. weich, ungeteilt bis tief fiedspaltig; Pfl. 50–150 cm hoch; ♃; VI–IX. Feuchte Wiesen, Flachmoore; *v*, im NW *z*.
Kohl-K., * **C. oleráceum** (L.) Scop.

— Hochblätt. gleich den Laubblätt. tief fiedspaltig, derb u. reich stachelig; Pfl. 20–50 cm hoch, dicht beblätt.; ♃; VII–IX. Feuchte Matten, Gesteinsschutt, Bachränder, 750–3000 m; *v* Alp.
Stachelige K., * **C. spinosíssimum** (L.) Scop.

5(1). Blätt. oberst. kahl od. kurzhaarig **7**

— Blätt. oberst. stachelig-steifhaarig, doppelt fiedspaltig; Pfl. 50–150 cm hoch **6**

6. Blätt. nicht am Stg. herablaufend, sämtl. Fiederabschnitte fein gezähnt, unterstS. weißfilzig; Bltn. z. Bltzt. kaum breiter als der oberste Teil der Hülle, Letztere m. spinnwebig verwobenen, stachelspitzigen Hüllblätt.; Köpfe 4–7 cm breit; ⊙; VII–IX. Weiden, Halbtrockenrasen; *v* Schweizer Jura, BW, Ba, sonst *z–s,* nördl. bis SaAn, Th, SW-Ho, Be.

🄶 *Wollige K.,* * **C. erióphorum** (L.) Scop.

— Blätt. am Stg. herablaufend, sämtl. Fiederabschnitte deutl. stachelig gezähnt u. in einen lg. gelben Stachel auslaufend *(1212);* Köpfe z. Bltzt. in Höhe der Blüten fast doppelt so breit (2–4 cm) wie der oberste Teil der Hülle, Letztere ohne Wollfilz; ⊙; VII–X. Ruderalstellen, Kahlschläge, *v.* [= *C. lanceolatum* (L.) Scop., non Hill] Formenreich.

Gewöhnliche K., * **C. vulgáre** (Savi) Ten.

7(5). Stg. durch den herablaufenden Blattgrd. stachelig-kraus geflügelt (zuw. nur an der Basis) **15**

— Blätt. am Stg. nicht od. wenig herablaufend (*C. arvense*); Stg. deshalb größtenteils glatt **8**

8. Stg. kurz (höchstens bis 20 cm lg.), 1-köpfig; Blätt. buchtig fiedspaltig, stachelig gezähnt *(1213);* Köpfe fast sitzend, von den obersten Blätt. umhüllt; ♃; VII–IX. Halbtrockenrasen, Magerrasen, kalkliebend; *v* Hegau/Alb/N-Ba/N-He/O-We/S-NS/Th, CH, FL, Bz, ČR, *z* O-Dt, Au, Ho. *Stängellose K.,* * **C. acáulon** (L.) Scop.

— Stg. höher als 20 cm **9**

9. Hülle 6–12 mm breit; Stg. traubig od. rispig verzweigt, vielköpfig, bis oben reich beblätt.; Blätt. ungeteilt bis buchtig-gezähnt, fein stachelig bewimpert u. Blattvorsprünge m. starren, ± 5 mm lg. Stacheln *(1210);* farbiger Blkrsaum bis zum Grd. 5-spaltig, rötl.lila; Pfl. unvollkommen 2-häusig; ♃; VII–IX. Äcker, Ruderalstellen; *g* u. *h.*

Acker-K., * **C. arvénse** (L.) Scop.

— Hülle > 12 mm breit; Stg. einfach od. m. lg. armköpfigen Ästen **10**

10. Blätt. unterstS. schneeweiß filzig, oberstS. kahl; Stg. meist 1(–2)-köpfig, wollig-filzig, 50–150 cm hoch; Blätt. ungeteilt; mittl. Stgblätt. m. herzf. Grd. stgumfassend, m. beiderstS. noch 1–2 schmalen zur Blattspitze hin weisenden, schmal 3-eckigen, zugespitzten Zipfeln; ♃; VI–VIII. Feuchte Wiesen, Bachufer, bes. der montanen Reg., bis 2100 m; *v* Au, ČR, Ba, sonst *s,* Alp., CH, Bz, He, Th, Sa, S-Br, SH, Da. (= *C. helenioides* auct.)

Verschiedenblättrige K., **C. heterophýllum** (L.) Hill

1216

1217

1218

1219

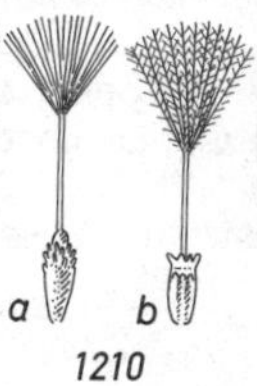

1210

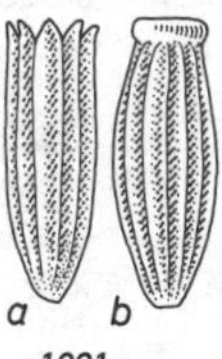

1221

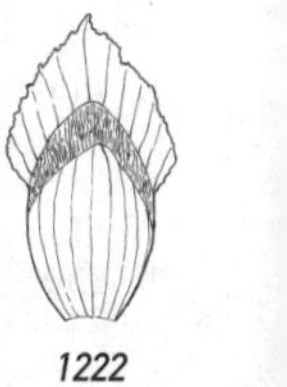

1222

— Blätt. unterstss. grün od. locker spinnwebig-wollig; Stg. oberw. blattlos od. nur m. unscheinbaren Hochblätt. **11**

11. Köpfe einzeln, höchstens entfernt davon m. 1 seitl. Köpfchen; Stg. einfach od. m. wenigen von der Stgmitte ausgehenden Seitenästen; Blätt. unterststs. spinnwebig-wollig; Blattstiel am Grd. verbreitert, fast geöhrt **14**

— Köpfe zu 2–4 am Stgende gehäuft **12**

12. Unt. Stgblätt. < 10 cm breit; Hüllblätt. aufrecht, äußere m. schwachem Stachel, mittlere ohne Stachel; Grd.- u. unt. Stgblätt. ungestielt; Basis der Spr. fein gezähnt-geflügelt, tief kammf. gespalten, unterststs. höchstens locker kraushaarig; Köpfe einzeln od. zu 2–5, aufrecht; Blkr. 16–25 mm lg., bis zur Hälfte gespalten; Pfl. 40–120 cm hoch; ♃; VI–VII. Moorwiesen, Flachmoore; *v* Alp., CH, S-Dt, ČR, *s* im O u. N, z. T. Neubürger [= *C. salisburgense* (Willd.) G. Don]
Bach-K., **C. rivuláre** (Jacq.) All. em. Lk.

— Unt. Stgblätt. > 10 cm breit **13**

13. Blätt. behaart; Grd.- u. unt. Stgblätt. lg. gestielt, ungeteilt, im Umriss breit eif. bis rundl., bis 30 cm lg. u. 18 cm breit, unterststs. spinnwebig behaart bis locker filzig, später verkahlend; Hüllblattspitzen absthd., mittl. ohne Stachel; Köpfe zu 3–8, nickend; Blkr. 18–27 mm lg.; Pfl. 50–200 cm hoch; ♃; VII–VIII. Hochstaudenfluren, Bachufer; *z,* Kt, St. [= *C. pauciflorum* (W. & K.) Spreng.]
Armköpfige K., **C. waldstéinii** Rouy

— Blätt. kahl bis fast kahl, fiedspaltig; Fied. schmal 3-eckig bis eif.; Spitzen der äußere u. mittl. Hüllblätt. absthd. od. zurückgebogen, in einen Stachel auslaufend; Köpfe zu 2–8, aufrecht, manchmal von mehreren ob. Blätt. überragt; Pfl. 80–180 cm hoch; ♃, VI–VIII. Feuchte Wiesen, Bachufer; *z,* Bz.
Berg-K., **C. montánum** (W. & K. ex Willd.) Spreng.

14(11). Laubblätt. unterststs. schwach spinnwebig-wollig, dennoch grün, tief fiedspaltig; Pfl. 50–150 cm hoch, ohne Ausläufer, m. dünnrübigen Wurzeln; ♃; VII–VIII. Wie vorige, bis 1200 m; *z* E u. S-Dt, *s* nach N bis SO-Be/Eifel/Rheingau/Maintal/Haßberge/Th, sonst An, W-Sa, Schwyz; früher Ti. *Knollige K.,* **C. tuberósum** (L.) All.

— Laubblätt. unterststs. stark spinnwebig-wollig, grau, nur fiedlappig, die ob. oft ungeteilt; Pfl. 30–100 cm hoch, m. Ausläufern; Stgblätt. ungeteilt od. buchtig; ♃; VI–VII. Moorwiesen, Heiden; *z* W-Vog., Be, Ho, Ostfriesland, *s* b. Bremen, b. Bielefeld, b. Emmerich (Nähe Ho). [= *C. anglicum* (Lam.) DC.] Ⓖ *Englische K.,* **C. disséctum** (L.) Hill

15(7). Köpfe in kurz gestielten Knäueln **17**

— Köpfe einzeln. **16**

16. Innere Hüllblätt. an der Spitze eif. verbreitert; Pappushaare an der Spitze deutl. verdickt; Blätt. ungeteilt, meist aber buchtig-fiedteilig u. lg. stachelig gezähnt; Pfl. 30–150 cm hoch; ♃; VII–X. Nasse Wiesen, Moore; *s* O-Sa, b. Bayreuth, S-He, Br, Schl, Vs, NÖ, ČR, Bgl, Kt, früher OÖ, St. *Graue K.,* **C. cánum** (L.) All.

— Innere Hüllblätt. nicht verbreitert, lg. zugespitzt; Pappushaare an der Spitze nicht verdickt; Blätt. ungeteilt, stachelig bewimpert; Pfl. 30–100 cm hoch; ♃; VI–VII. Sumpf-, Bergwiesen; *s* Ob-Schl., NÖ, Bgl, OÖ, Kt, St, ČR. *Ungarische K.,* **C. pannónicum** (L. f.) LK.

17(15). Stg. auch oben beblättert u. stachelig geflügelt, oft purpurn überlaufen, 30–200 cm hoch; Bltn. dkrot; Blätt. behaart *(1211);* Hülle 9–17 mm lg.; ⊙; VII–IX. Flachmoore, Gräben, Waldwege, Auwälder, bis 1700 m; *v.* *Sumpf-K.,* * **C. palústre** (L.) SCOP.

— Stg. im ob. Teil nicht geflügelt, 30–200 cm hoch; Bltn. hell lila; Blätt. kahl; Hülle 7–10 mm lg.; ⊙–♃; VI–IX. Flachmoore, Sumpfwiesen; *s,* NÖ, Bgl, ČR (Mähren). *Kurzköpfige K.,* **C. brachycéphalum** JURATZKA

Die Gattung *Cirsium* neigt stark zur **Bastard**bildung; aus dem Gebiet wurden bisher über 50 Bastarde beschrieben!

73. Sílybum ADANS., *Mariendistel*

Blätt. glzd. grün, weiß gefleckt, gelb bestachelt, buchtig-gelappt; Köpfe 4–5 cm lg.; Bltn. purpurn; ⊙; VI–IX. Aus Gärten gelegentl. verwild. (z. B. Ho, Be, O-Dt, CH, Bz). (Heimat: Mittelmeergebiet, Orient) **S. mariánum** (L.) GAERTN.

74. Onopórdum L., *Eselsdistel*

Pfl. bis 200 cm hoch; Blätt. ungleich buchtig-stachelig-gelappt; Köpfe einzeln, 3–5 cm lg.; Pappus rötl.; ohne Spreublätt.; ⊙; VII–IX. Wegränder, unbebaute Plätze; *z–s,* stellenw. *f,* vielfach verschwunden. * **O. acánthium** L.

75. Serrátula L., *Färberscharte*

Stg. mehrköpfig, rispig od. fast doldig; Bltn. u. Hüllblätt. an der Spitze purpurn; Blätt. ungeteilt od. fiedspaltig m. großer Endfieder, dicht u. fein gesägt; ♃, VII–IX. Ⓖ **S. tinctória** L.

a. Pfl. 30–100 cm hoch; unt. Stgblätt. lg. gestielt; Köpfchen 4–6 mm breit; Fr. 5 mm lg. Moorwiesen, lichte Eichenwälder, Waldränder; *v,* im N *z,* im NW *s.* ssp. **tinctória**

— Pfl. 10–40 cm hoch; unt. Stgblätt. kurz gestielt; Köpfchen 6–12 mm breit; Fr. 7 mm lg. Bergwiesen; *s,* Hoch-Vog., S-CH, FL, S-Kt. [= ssp. *macrocephala* (BERTOL.) WILCZEK & SCHINZ] ssp. **montícola** (BOR.) BERHER

76. Klásea CASS., *Einköpfige Scharte*

Stg. einköpfig, nur unten beblättert; Blätt. gesägt-gezähnt, z. T. fiedspaltig; Köpfe glockenf., 2–3 cm lg.; Pfl. 25–100 cm hoch; ♃; VI–VII. Magerwiesen, Trockenrasen; *s,* NÖ, ČR (Mähren). [= *Serratula lycopifolia* (VILL.) KERN.] **K. lycopifólia** (VILL.) A. LÖVE & D. LÖVE

77. Rhapónticum VAILLANT (= *Stemmacantha* CASS.; = *Leuzea* DC.), *Bergscharte*

1. Hülle 4–9 cm im Dm; Stg. aufrecht, 1-köpfig; Pfl. 30–100 cm hoch; Bltn. rötl. bis purpurn; Grdblätt. 20–60 cm lg. u. 12–15 cm breit, obersts. grün, untersts. grau- od. weißfilzig; ♃; VII–IX. Wiesen, Gebüsche, Hochstaudenfluren, 1400–2500 m; *s,* Alp. [= *St. rhapontica* (L.) HOLUB; = *L. rhapontica* (L.) HOLUB] Ⓖ *Bergscharte,* **Rh. scariósum** LAM.

a. Mittl. Hüllblätt. m. breit herzf., zugespitztem Anhängsel u. zurückgerolltem Rand; Hülle 4–5 cm breit; Stgblätt. untsts. wollig-flockig behaart; Stg. unterhalb des Bltnkopfs blattlos; kalkmeidend; *s,* Vs, Waadt, Bern, Ts. (= *St. rhapontica* ssp. *lamarckii* DITTRICH) ssp. **scariósum**

— Mittl. Hüllblätt. m. rundl., stumpfem Anhängsel, Rand nicht zurückgerollt; Hülle 6–9 cm breit; Stgblätt. untsts. grau- bis weißfilzig; Stg. oft auch oben beblättert; auf Kalk; *s,* Ts, Gr, Vb, Ti, Bz. ssp. **rhapónticum** (L.) GREUT.

— Hülle 5–15 mm im Dm; Pfl. reich u. buschig verzweigt, m. zahlr. rosa bis purpurnen Köpfen; Stgblätt. ganzrandig od. entfernt gezähnt; Hüllblattanhängsel fast ganzrandig *(1222);* Pappus aus zahlreichen Borsten, hinfällig; ♃; VII–VIII. Ruderalstellen; eingeschleppt u. sich zuw. einbürgernd, z. B. SaAn, Pl. (Heimat: M- u. W-As.) [= *Centaurea repens* L.; = *Acroptilon repens* (L.) DC.] *Federblume,* **Rh. répens** (L.) HIDALGO

78. Centauréa L. (incl. Cýanus MILL.), *Flockenblume*

1. Hüllblätt.[1] in eine ± lg. Stachelspitze auslaufend *(1237–1239)* . . **14**

— Hüllblätt. ohne Stachelspitze, m. trockenhäutigem Anhängsel od. an der Spitze trockenhäutig *(1223–1236)* **2**

2. Bltn. rötl.lila **5**

— Bltn. leuchtend blau, selten weiß, die randl. auffallend vergrößert *(1154);* Stgblätt. ungeteilt; trockenhäutiges Anhängsel der Hüllblätt. an deren Rand links u. rechts weit herablaufend *(1223–1236)* . . . **3**

3. Mittl. u. ob. Stgblätt. schmal lineal, nicht herablaufend; ☉; VI–IX. Kornfelder, Schuttplätze; *v,* aber vielfach zurückgehend, auch Zierpfl. (= *Cyanus segetum* HILL) *Kornblume,* * **C. cýanus** L.

— Blätt. über 1 cm breit, am Stg. herablaufend; Hüllblätt. m. schwarzem, kammf. gefranstem Anhängsel *(1223, 1224)* **4**

4. Fransen der Hüllblätt. schwarz, höchstens so lg. wie deren schwarzer Rand *(1223);* Blätt. eif.-zugespitzt, untersts. ± filzig, verkahlend; ♃; V–VII. Hochstaudenfluren, Waldlichtungen, kalkliebend; *v* Alp. u. Vorland, sonst *z* od. *s;* auch Zierpfl. u. verwild. [= *Cyanus montanus* (L.) HILL] *Berg-F.,* * **C. montána** L.

a. Fransen der Hüllblätt. etwa so lg. wie die Breite des schwarzen Randes; Blätt. weich, am Stg. lg. herablaufend, zuletzt beidersts. grün; *v–z.* ssp. **montána**

— Fransen der Hüllblätt. sehr kurz, zahnf.; Blätt. derb, am Stg. kurz herablaufend, untsts. meist graufilzig; *s,* ČR (Mähren). (= *C. mollis* W. & K.) ssp. **móllis** (W. & K.) HAY.

— Fransen der Hüllblätt. hell, etwa doppelt so lg. wie deren schwarzer bis brauner Rand *(1224);* Blätt. lanzettl. bis breit lanzettl., beidersts. weiß-filzig; ♃; V–VII. Waldränder, Halbtrockenrasen; *s,* Dt (München, Deggendorf), Vs, Ts, Bz, S-Kt, Bgl, NÖ, OÖ, ČR. [= *Cyanus triumfettii* (ALL.) A. & D. LÖVE; incl. *C. axillaris* WILLD.] *Filzige F.,* **C. triumféttii** ALL.

---

[1] Gemeint sind stets die äußeren Hüllblätter!

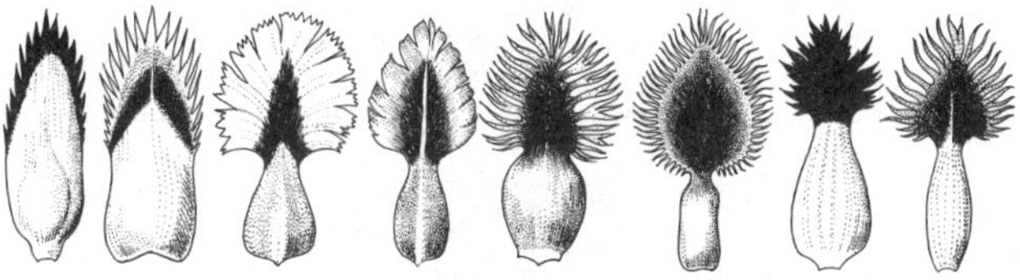

1223 1224 1225 1226 1227 1228 1229 1230

5(2). Blätt. sämtl. fiedteilig od. fiedspaltig; trockenhäutiges Anhängsel der Hüllblätt.[1] an deren Rand links u. rechts etwas herablaufend *(1233–1236)* **12**

— Blätt. ungeteilt od. nur die unt. fiedspaltig, die mittl. u. ob. stets ungeteilt; trockenhäutiges Anhängsel der Hüllblätt. scharf von ihrer Basis abgesetzt *(1225–1232)* **6**

6. Pappus vorhanden, zuw. aber sehr kurz **8**

— Pappus fehlend od. nur aus einzelnen Borsten bestehend; Randbltn. vergrößert **7**

7. Äußere Hüllblattanhängsel schwarzbraun bis weißl., rundl., eingerissen-zerschlitzt *(1225, 1226)* od. kammf. gefranst *(1227, 1228),* die darüber sthd. ganz verdeckend; ♃; VI–X. Wiesen, Halbtrockenrasen; *v.* [incl. ssp. *subjacea* (BECK) HYL., ssp. *angustifolia* (DC.) GREMLI, ssp. *gaudinii* (BOISS. & REUT.) GREMLI und ssp. *macroptilon* (BORB.) HAY.] Formenreich!

Gewöhnliche F., * **C. jácea** L.

— Äußere Hüllblattanhängsel 3-eckig, schwarz, klein *(1229)*, die darüber sthd. Hüllblätt. nur teilweise verdeckend; Hülle daher meist schwarzgrün gescheckt; ♃; VII–VIII. Trockenrasen, Wegränder; *s.* [incl. ssp. *transalpina* (SCHLEICH. ex DC.) NYM., ssp. *ramosa* GUGLER und ssp. *vochinensis* (KOCH) NYM.] Formenreich! *Schwärzliche F.,* **C. nigréscens** WILLD.

8(6). Strahlende Randbltn. fehlend; Hüllblattanhängesel aufrecht od. etwas zurückgebogen; ♃; VII–IX. Wiesen, Gebüsch, Waldränder.

Schwarze F., **C. nígra** L.

a. Hüllblattanhängsel schwarz bis schwarzbraun, an der Spitze etwas zurückgebogen, breit eif. bis rundl., etwa so breit wie die Länge seiner Fransen *(1230);* Hülle 15–20 mm im Dm; Pappus 1/6–1/3 so lg. wie die Fr.; Pfl. wenig verzweigt; *z* Ho, Be, N-Rheinl., E (W-Vog., Sundgau), W-He, N-Sa, in SH eingebürgert. ssp. **nígra**

— Hüllblattanhängsel braun, aufrecht, 3-eckig-lanzettl., schmaler als die Länge seiner Fransen *(1231);* Hüllkelch 10–15 mm im Dm; Pappus fehlend od. winzig; Pfl. reich verzweigt; *v* im SW u. CH (*f* O-Ba, Au), *z* bis Rheinl.–He–Fr, nördl. davon oft eingebürgert. [= *C. nemoralis* JORD.; = *C. debeauxii* GREMLI. & GODR. ssp. *nemoralis* (JORD.) DOSTAL; = *C. decipiens* THUILL. ssp. *nemoralis* JORD.] ssp. **nemorális** (JORD.) GREMLI

---

[1] Gemeint sind stets die äußeren Hüllblätter!

— Randbltn. vergrößert u. strahlend **9**

9. Hüllblattanhängsel[1] nicht zurückgekrümmt, ungeteilt, ganzrandig od. zerschlitzt, glzd. weiß, m. breitem Hautrand u. dunklem Mittelteil; unt. Blätt. unregelmäßig fiedteilig; Hülle 11–12 mm im Dm; Bltn. blass rosa; Pfl. 50–100 cm hoch, oberhalb der Mitte rispig verzweigt; ⊙; VII–VIII. Wegränder, Mauern; *s,* nur Ts, Gr (Misox). (= *C. splendens* L.) *Glänzende F.,* **C. álba** L. ssp. **spléndens** (L.) ARCANG.

— Hüllblattanhängsel zurückgekrümmt **10**

10. Stg. 2–3-köpfig, selten 1-köpfig; Blätt. am Grd. nicht gestutzt; Strahlenbltn. deutl. 2-lippig; Pfl. 20–100 cm hoch; ♃; VII–IX. Wiesen, Waldränder. (= *C. austriaca* WILLD.) *Phrygische F.,* **C. phrýgia** L.

a. Anhängsel der innersten Hüllblätt. m. 2–3 mm lg., fadenf. Spitze, gefranst, die der äußeren m. bis 6 mm lg., fedriger Spitze, alle dkbraun bis schwarz; ob. Stgblätt. nicht stgumfassend; *v* OPr, Schl, *s* Sa (Lausitz), Rhön? ssp. **phrýgia**

b. Anhängsel der innersten Hüllblätt. ungeteilt, fast ganzrandig, die der äußeren m. bis 12 mm lg., fedriger, zurückgebogener Spitze *(1232),* hell- bis dkbraun, innerste Pappusborsten kaum ½ so lg. wie der Frkn.; ob. Stgblätt. stgumfassend sitzend; *v* Alp., *z* S- u. M-Dt, ČR, im N nur SH, MeVp, Da, *f* Ho, Be, E. (= *C. pseudophrygia* MEY.) ssp. **pseudophrýgia** (MEY.) GUG.

c. Anhängsel der innersten Hüllblätt. ringsum fein gesägt, ihr Grd. lanzettl., die mittl. m. lg. fedrig gefranster, hellbrauner Spitze; ob. Stgblätt. m. verschmälertem Grd. sitzend; innerste Pappusborsten so lg. wie der Frkn. Waldränder; *s* südl. Donauvorland, St, NÖ, Bgl, ČR. (= *C. stenolepis* KERN.) ssp. **stenólepis** (KERN.) GUG.

— Stg. stets einköpfig; Pfl. 10–40 cm hoch **10**

11. Hülle kugelig, 18–25 mm im Dm; Pfl. rau; Hüllblattanhängsel die unt. Teile der Hülle verdeckend; ♃; VII–VIII. Bergwiesen; *z,* S-CH, Bz, S-Kt. [= *C. uniflora* TURRA ssp. *nervosa* (WILLD.) BONNIER & LAYENS] *Federige F.,* **C. nervósa** WILLD.

— Hülle längl., nur 8–15 mm breit; Pfl. kaum rau; Hüllblattanhängsel die unt. grünen Teile der Hülle nicht ganz verdeckend; ♃; VI–VIII. Kiefernwälder; *s,* Ts, Gr. *Rätische F.,* **C. rhaética** MORITZI

12(5). Blätt. dkgrün, beidersts. spärl. rau behaart, selten ganz kahl, fiedspaltig, m. breit lanzettl. Abschnitten; Köpfchen einzeln, ± 2 cm lg.; Stg. nur oberw. m. 1–2 1-köpfigen Seitenzweigen; Hüllblätt. nervenlos; ♃; VI–X. *Skabiosen-F., Große F.,* * **C. scabiósa** L.

a. Hüllblattanhängsel 5–7 mm lg., beidersts. m. je mehr als 15 Fransen *(1234);* Nägel der Hüllblätt. von den Anhängseln der nächstunt. völlig bedeckt, Hülle daher einheitl. schwarz; Stg. meist 1-triebig, unverzweigt u. nur 1–2-köpfig; Pfl. 30–70 cm hoch. Bergwiesen; *z* Alp. (= *C. alpestris* HEG.) ssp. **alpéstris** (HEG.) NYM.

— Hüllblattanhängsel 1–5 mm lg., beidersts. m. je 5–15 Fransen *(1233);* Nägel der Hüllblätt. von den Anhängseln der nächstunt. nicht verdeckt, Hülle daher grün u. schwarz gescheckt; Stg. meist mehrtriebig u. mehrköpfig, 30–120 cm hoch . . . . **b**

---

[1] Gemeint sind stets die äußeren Hüllblätter!

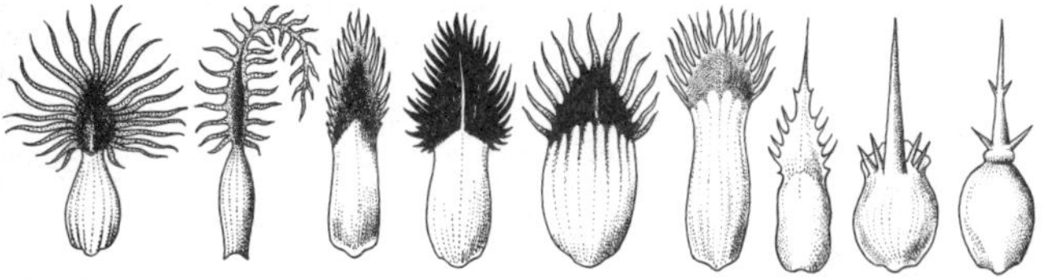

1231 1232 1233 1234 1235 1236 1237 1238 1239

b. Anhängsel der mittl. Hüllblätt. rundl., weißl. m. schwarzem Mittelfleck. Trockenrasen; *s,* NÖ (Marchfeld). (= *C. sadleriana* Janka)
ssp. **sadleriána** (Janka) Asch. & Gr.

— Anhängsel der mittl. Hüllblätt. 3-eckig, m. schwarzer Spitze . . . . **c**

c. Blätt. ganz kahl u. glatt. Felsen, Waldränder; *s,* NÖ. (= *C. badensis* Tratt.)
ssp. **badénsis** (Tratt.) Gug.

— Blätt. wenigstens am Rand rau . . . . **d**

d. Hülle 18–25 mm im Dm; Hüllblattanhängsel beidersts. mit 8–12 Fransen, m. breitem Hautsaum herablaufend, bewimpert; ungeteiltes Mittelstück des Anhängsels 2/3 bis 1-mal so lg. wie breit; Blätt. beidersts. rau, kaum glzd.; Blattfied. eif. bis lanzettl., m. flachen Rändern; Pfl. 30–120 cm hoch. Trockene Wiesen, Trockenrasen; *v, s* im NW. ssp. **scabiósa**

— Hülle 14–18 mm im Dm; Hüllblattanhängsel schmal herablaufend, kurz bewimpert oder ungeteilt, ohne Spitze; ungeteiltes Mittelstück des Hüllblattanhängsels (von der Spitze des grünen Teils bis zur Basis der Endfranse) 1–2,5-mal so lg. wie breit; Blätt. obersts. glatt, glzd.; Blattfied. m. verdickten Rändern . . . . **e**

e. Stg. wenig verzweigt, bis 1 m hoch; Blattfied. lanzettl.; Hülle 14–15 mm im Dm; Hüllblattanhängsel beidersts. m. 3–5 Fransen; äußere Bltn. wenig länger als die inneren. Trockenwiesen, Steppenrasen; *s,* Vs, Schweizer Jura, Ts, Gr, Bz. (= *C. grinensis* Reut.) ssp. **grinénsis** (Reut.) Nym.

— Stg. stärker verzweigt, bis 2 m hoch; Fied. eif.-lanzettl.; Hülle 15–18 mm im Dm; Hüllblattanhängsel mit beidersts. 5–7 Fransen; äußere Bltn. deutl. länger als die inneren. Felsige Abhänge; *s,* S-Kt, OTi (= *C. fritschii* Hay.)
ssp. **frítschii** (Hay.) Hay.

— Blätt. graufilzig, gefied., m. schmal linealen Fied.; Stg. schon unterhalb der Mitte sparrig-ästig verzweigt; Köpfchen bis 14 mm lg., zahlreich **13**

13. Hüllblattanhängsel weiß bis hellbraun, manchmal m. schwarzem Fleck, jedersts. m. 2–6 Fransen, diese 1–2 mm lg.; Hülle 8–10 mm im Dm; Pappus 1 mm lg., 1/3 so lg. wie die Fr.; Pfl. 20–50 cm hoch; ⊙; VII–IX. Steppenrasen, Felsen, Kiefernwälder; *s,* Vs.
Walliser F., **C. valesíaca** (DC.) Jord.

— Hüllblattanhängsel braun od. schwarz, jedersts. m. 4–12 Fransen; Hüllblätt. m. vorspringenden Nerven; Pappus 1–1,8 mm lg., halb so lg. wie die Fr.; Pfl. 30–100 cm hoch; ⊙–♃; VII–IX. Trockenrasen, Wegränder; *z–s.* (= *C. rhenana* Bor.; = *C. maculosa* Lam.)
Rispen-F., * **C. stoébe** L.

a. Hülle 6,5–11 mm breit; Pfl. meist einstängelig, ⊙; Hüllblattanhängsel schwarz *(1235)* od. braun *(1236)*, beidersts. m. 6–10 weißl. Fransen; *z* im S und O, sonst *s*, *f* Be, Ho, Da. ssp. **stoébe**

— Hülle 5–8 mm breit; Pfl. meist mehrstängelig, meist ♃; Hüllblattanhängsel am Grd. ohne Fleck, m. beidersts. 4–7 dunklen Fransen; *s*, RhPf, He, Ba, NÖ, Bgl. [= ssp. *micranthos* (Gris.) Hay.; = *C. maculosa* Lam. ssp. *micranthos* (Gris.) Gug.] ssp. **austrális** (Kern.) Greut.

14(1). Bltn. hellgelb **16**

— Bltn. weiß, rosa od. hellpurpurn; Stg. nicht geflügelt **15**

15. Hüllblattanhängsel deutl. abgesetzt, lanzettl., in lg., beidersts. m. 3–4 stacheligen Fransen versehenen Mittelstachel auslaufend *(1237)*; Fr. 2–3 mm lg.; Blätt. grünl. grau; ⊙; VII–IX. Hafengebiete, Bahndämme, Ruderalstellen; eingeschleppt, stellenw. eingebürgert, z. B. Rheintal, He, Br, SaAn, Th, Sa, NÖ. (Heimat: SO-Eur.) *Sparrige F.*, **C. diffúsa** Lam.

— Hüllblattanhängsel klein, undeutl. abgesetzt, m. lg. Mittelstachel, an dessen Grd. beidersts. je 1–3 kurze Stacheln *(1238)*; Fr. 3–7 mm lg.; Blätt. grün; ⊙; VII–IX. Hafengebiete, Ruderalstellen, z. B. BW (Mannheim), Ba, He, SaAn, Au, vielfach wieder verschwunden. (Heimat: S- u. SO-Eur.) *Stern-F.*, **C. calcítrapa** L.

16(14). Stg. nicht geflügelt, borstig behaart; ob. Blätt. sitzend, stgumfassend, stachelig berandet, schrotsägef., klebrig; Bltnköpfe von großen Außenhüllblätt. umgeben; äußere Hüllblätt. des Köpfchens ohne Anhängsel, aber m. lg. Stachel, innere in lg. gefied. u. geknieten Stachel auslaufend; ⊙; VI–VII. Kulturpfl., *s* verwild. (Heimat: Mittelmeergebiet, Vorderasien). (= *Cnicus benedictus* L.) *Benediktenkraut*, **C. benedícta** (L.) L.

— Stg. durch die herablaufenden Blätt. geflügelt **17**

17. Hüllblattanhängsel aus einem 5–8 mm lg. u. m. 1–3 seitl. Stachelpaaren besetzten Mittelstachel bestehend *(1239)*; Blkr. dicht m. sitzenden Drüsen bedeckt; ⊙; VIII–X. Hafengebiete, Bahndämme; *s* eingeschleppt. (Heimat: Mittelmeergebiet) *Malteser-F.*, **C. meliténsis** L.

— Hüllblattanhängsel aus einem 10–15 mm lg. Mittelstachel bestehend, dieser am Grd. m. 2–4 kleinen Stacheln; Blkr. drüsenlos; ⊙; VI–X. Hafengebiete, Bahndämme, Klee- u. Luzernefelder; eingeschleppt, z. B. M- u. Niederrhein, BW, Ba, Hamburg, CH, Bz, Au, ČR. (Heimat: SO-Eur.) *Sonnwend-F.*, **C. solstitiális** L.

79. Crupína (Pers.) DC., *Schlupfsame*

Pfl. ästig, 20–80 cm hoch; Stg. auch oberw. beblättert; Blätt. m. fein gezähnten, linealen Zipfeln; Köpfchenhülle 8–15 mm lg. u. 2–2,5 mm breit; Hüllblätt. ohne Anhängsel; Köpfchen m. 3–5 Bltn; Pappus schwarz-braun; ⊙; VII–IX. Trockenrasen; *s*, Vs. **C. vulgáris** Cass.

80. Cárthamus L., *Saflor*

1. Blätt. fiedspaltig, stechend dornig gezähnt; Blkr. hellgelb; Stg. zunächst spinnwebig wollig, später verkahlend; Pappus vorhanden; ⊙; VI–VIII. Wegränder, Weiden, Ruderalstellen; *s*, Vs, Bz, ČR (Mähren). *Wolliger S.*, **C. lanátus** L.

— Blätt. ungeteilt, fein dornig gezähnt od. ganzrandig, halb-stgumfassend; Blkr. orangegelb, später rot; Stg. kahl; Pappus meist fehlend; ⊙; VII–IX. Alte Kulturpfl., auch Zierpfl., *s* verwild. (Heimat: W-As.) *Färber-S.*, **C. tinctórius** L.

Unterfamilie: **Cichorioídeae** (= *Liguliflorae*)

81. Cichórium L., *Wegwarte*

1. Grdblätt. schrotsägef., unterstς. borstl. behaart; ob. Stgblätt. längl.-lanzettl.; Stg. sparrig-ästig; ♃; VII–IX. Straßen- und Wegränder; *v, z* im N. *Gewöhnliche W.,* * **C. íntybus** L.

var. **foliósum** HEGI, *Chicoree*; m. schwach gezähnten, ungeteilten Grdblätt. u. fleischiger Wurzel, nur noch *s* kult. (Kaffee-Ersatz), eingebürgert auf Helgoland.

— Grdblätt. schwach gezähnt, kahl; ob. Stgblätt. breit eif., m. herzf. Grd. stgumfassend, zuw. alle kraus gewellt; ⊙; VII–X. In zahlr. Sorten als Salatpfl. kult., *s* verwild. (Heimat: Mittelmeergebiet bis W-As.) *Endivie,* * **C. endívia** L.

Kahlfrüchtige W., **C. cálvum** SCHULTZ-BIP. ex ASCH., m. kahlen Grdblätt. u. großen 3-eckigen ob. Blätt. u. 1,5–2 mm lg. Fr.; *s* u. unbeständig auf Kleeäckern eingeschleppt, Ba, BW, RhPf, He, NrWe, MeVp, Bgl. (Heimat: Äthiopien)

82. Lápsana L., *Rainkohl*

Grdblätt. leierf. fiedspaltig, m. 1–2 Paar ± buchtig gezähnten Lappen; Endlappen groß, 3-eckig-eif.; Köpfchen zahlr., in lockeren Rispen; Fr. ohne Pappus; ⊙; V–IX. Waldränder, Gebüsche, Gärten; *v, z* im O. * **L. commúnis** L.

a. Köpfchen 7–12 mm im Dm; Zungenbltn. blassgelb, höchstens 1,5-mal so lg. wie die Hülle; *v.* ssp. **commúnis**

— Köpfchen ca. 30 mm im Dm; Zungenbltn. goldgelb, 2–2,5-mal so lg. wie die Hülle; *s,* NrWe (Iserlohn), Vog., NÖ. ssp. **intermedia** (BIEB). HAY.

83. Apóseris NECK. ex CASS., *Hainsalat, Stinkkohl*

Pfl. m. weißem, stinkendem Milchsaft; Köpfe einzeln; Hüllblätt. schwärzl., mehlstaubig; Fr. ohne Pappus; ♃; VI–VIII. Schattige Wälder, Gebüsche, bis 2200 m; *v* u. *h* Alp., *z* Vorland, *s* BW (Biberach), ČR (Mähren). **A. foetida** (L.) LESS.

84. Arnóseris GAERTN., *Lämmersalat*

Blätt. keilig, verkehrt eilängl., bewimpert, gezähnt, unterstς. behaart; Infl.schaft 2–4-köpfig, unterhalb der Köpfchen allmähl. verdickt; ⊙; VI–IX. Sandige Böden, kalkmeidend; *z* im N (vielfach verschwunden), sonst *s,* in Au nur NÖ, OÖ, früher CH. **A. mínima** (L.) SCHW. & K.

85. Hypochaéris L. (= *Hypochoeris* L.), *Ferkelkraut*

1. Pappus 1-reihig, alle Strahlen fedrig; Stg. steifhaarig, meist nur 1–2 Blätt. tragend **3**

— Pappus 2-reihig, äußere Strahlen einfach, innere fedrig; Stg. kahl, nur m. schuppenf. Hochblätt. **2**

2. Blätt. zerstreut-borstig, schrotsägef. gezähnt; Randbltn. länger als die Hülle, ihre Zunge tief gezähnt, unterstς. grünl.graurot bis graublau; meist alle Fr. lg. geschnäbelt; Köpfe über 2,5 cm breit; Stg. blaugrün; Pfl. 25–80 cm hoch; ♃; V–IX. Magerrasen, Heiden; *v.* *Gewöhnliches F.,* * **H. radicáta** L.

— Blätt. kahl, buchtig gezähnt; Randbltn. so lg. wie die Hülle, ihre unterstς. weißl. Zunge kurz gezähnt; Randfr. ungeschnäbelt; Köpfe < 2,5 cm breit; Stg. grün; Pfl. 10–40 cm hoch; ⊙; VI–X. Sandfelder, Heiden,

Dünen, Äcker; *z* im N, sonst sehr *z* bis *s*, südl. bis E, BW, Ba, ČR, auch Ts, früher NÖ, OÖ. *Kahles F.*, **H. glábra** L.

3(1). Alle Hüllblätt. ganzrandig; Stg. 1–3-köpfig, oberw. kaum verdickt; Blätt. längl.-verkehrt-eif., obersts. oft rotbraun gefleckt; ♃; V–VIII. Trockenrasen, kalkliebend; *z–s* im S, *s* im N, *f* Ho, NW-Dt. *Geflecktes F.*, **H. maculáta** L.

— Äußere Hüllblätt. zerrissen gefranst; Stg. 1-köpfig, oberw. stark keulenf. verdickt; Blätt. längl.-keilig; ♃; VII–IX. Magerrasen, Zwergstrauchheiden, 1000–2600 m, kalkmeidend; *v* CH, *z* Bz, FL, Allgäu, Au, Sudeten. *Einblütiges F.*, **H. uniflóra** Vill.

86. Leóntodon L., *Löwenzahn*

1. Pappus der randl. Fr. ein zerschlitztes Krönchen bildend; Pappus der inneren Fr. 2-reihig, äußere Pappusstrahlen kürzer u. rau gezähnelt, innere fedrig; Hüllblätt. schwarz berandet; Blätt. lineal lanzettl., seicht gezähnt od. schrotsägef., zerstreut behaart; Randbltn. untersts. blaugrau überlaufen; Haare m. lg. Stiel u. 2 kurzen Gabelästen; ⊙–♃, VII–VIII. Feuchte Wiesen, Parkrasen, Dünen; *z* im N, nach S seltener, auch Schl, Au, ČR, S-CH. [= *Thrincia hirta* auct.; = *L. taraxacoides* (Vill.) Mér.; = *L. nudicaulis* (L.) Banks ssp. *taraxacoides* (Vill.) Sch. & Th.] *Hundslattich,* **L. saxátilis** Lam.

— Pappus aller Fr. m. lg. Haaren; Hüllblätt. nicht schwarz berandet **2**

2. Stg. u. Blätt. von (3–)4-gabeligen Sternhaaren fast graufilzig (Lupe!); Blätt. ganzrandig od. entfernt seicht gezähnt; Stg. m. 2–4 pfrieml. Schuppenblätt.; Hüllblätt. nicht schwarz berandet; Rhizom senkrecht, dick; ♃; V–VI. Felsen, Trockenrasen, nur auf Kalk; *v* Alp., *z* Vorland, Vog., BW, Ba. *Grauer L.*, **L. incánus** (L.) Schr.

a. Sternhaare 4–6-strahlig; innere Hüllblätt. m. einfachen Haaren und Sternhaaren; Pappushaare viel länger als die Fr.; *v* Alp., CH, FL, Au, Bz, Dt, *z* Alp.-Vorland, Vog., BW, Ba. ssp. **incánus**

— Sternhaare 2–3(–4)-strahlig; innere Hüllblätt. kahl od. nur m. einfachen Haaren; Pappushaare etwa so lg. wie die Fr.; Blätt. weniger dicht behaart als bei ssp. *incanus*; *s*, Ts, Gr. [= *L. tenuiflorus* (Gaud.) Rchb.] **ssp. tenuiflórus** (Gaud.) Sch. & Kell.

— Stg. u. Blätt. grün, nicht graufilzig behaart; Stg. m. 0–2 Schuppenblätt. **3**

3. Fr. behaart, 8–15 mm lg.; alle Pappushaare gefied.; Blätt. grob buchtig gezähnt bis fiedspaltig, beidersts. von gestielten Gabel- u. 3-teiligen Sternhaaren rau; Hülle 12–15 mm lg., kahl od. am Grd. etwas kraushaarig; Rhizom senkrecht; Pfl. 10–30 cm hoch; ♃; V–VII. Trockenrasen, Felsen; *s*, Vs (Rhonetal). *Krauser L.*, **L. críspus** Vill.

— Fr. kahl, 4–8 mm lg.; äuß. Pappushaare nicht gefied.; Blätt. m. verbreitertem Stiel, buchtig gezähnt od. tief fiedspaltig, kahl od. m. 2–4-spaltigen Gabel- od. Sternhaaren; Hülle 12–17 mm lg., Hüllblätt. kahl bis weißl.-borstig behaart; Rhizom waagrecht od. schräg, gestutzt; Pfl. 10–60 cm hoch; ♃; VI–X. Wiesen, Heiden, Moore; *v*, im N *z*. [incl. ssp. *dúbius* (Hoppe) Pawlowska, ssp. *glabratus* (Koch) Holub, ssp. *hyoseroídes* (Welw. ex Rchb.) J. Murr] Formenreich. *Rauer L.*, * **L. híspidus** L.

87. Scorzoneroídes VAILLANT, *Löwenzahn*

1. Stg. verzweigt, m. wenigen kleinen lanzettl. Hochblätt.; Blätt. tief fiedteilig, m. linealen Zipfeln, meist völlig kahl; Randbltn. unterstss. rötl. gestreift; alle Pappusborsten fedrig; ♃; VI–X. Magerwiesen, Wegränder, Äcker; *v.* (= *Leontodon autumnalis* L.) Formenreich.
Herbst-L., * **S. autumnális** (L.) MOENCH

— Stg. stets einfach; innere Pappusstrahlen fedrig, äußere meist nur gezähnt **2**

2. Pfl. 3–15 cm hoch; Hülle u. Stg. oberw. dicht schwarzzottig; Blätt. längl.-lanzettl., seicht bis tief buchtig gezähnt, kahl od. unterstss. behaart; Fr. undeutl. kurz geschnäbelt, 5–7 mm lg.; Pappus schneeweiß od. gelbl.; ♃; VII–VIII. Bachschotter der Alp., 1700–2840 m, kalkliebend; *v* CH, FL, Bz, Au, *s* Dt. (= *Leontodon montanus* LAM.)
Berg-L., **S. montána** (LAM.) HOLUB

a. Hüllblätt. m. bleichen Haaren; Stg. unter dem Bltnkopf verdickt; letzter Blattabschnitt 8–20 mm lg; Pappushaare schneeweiß; *v* Alp.
ssp. **montána**

— Hüllblätt. m. schwärzl. Haaren; Stg. unter dem Bltnkopf nicht verdickt; letzter Blattabschnitt 4–10 mm lg.; Pappushaare gelbl.weiß; *s,* nur St, NÖ. [= *Leontodon montaniformis* WIDDER; = *L. montanus* ssp. *montaniformis* (WIDDER) FINCH & SELL, = *S. montaniformis* (WIDDER) GUTERMANN]
ssp. montanifórmis (WIDDER) SEYBOLD[1]

— Pfl. 5–45 cm hoch; Hülle nicht schwarzzottig, höchstens kraushaarig; Pappus schmutzigweiß bis gelbl. **3**

3. Blätt. unterstss. auf ganzer Fläche behaart; Blätt. deutl. gestielt; Hüllblätt. schwärzl. kraushaarig; Bltn. goldgelb; ♃; VII–IX. Magerrasen, Zwergstrauchheiden, kalkmeidend; *v* Alp. (ca. 1300–3250 m), Schw, Vog. [= *Leontodon helveticus* MÉR.; = *L. pyrenaicus* GOUAN ssp. *helveticus* (MÉR.) FINCH & SELL] *Schweizer L.*, **S. helvética** (MÉR.) HOLUB

— Blätt. unterstss. nur auf den Nerven behaart; Blattbasis schmal geflügelt; Hüllblätt. lockerer, m. schwarzen u. wenigen weißen Haaren; Bltn. intensiv safrangelb; ♃; VII–VIII. Matten u. Zwergstrauchheiden der subalp. u. alp. Reg., 1600–2100 m; *z* Kt, St. (= *Leontodon croceus* HAENKE) *Safran-L.*, **S. crócea** (HAENKE) HOLUB

88. Helminthothéca VAILLANT, *Wurmlattich*

Äußere Hüllblätt. herz-eif., zu 3–5, wenig kürzer als die inneren; innere Fr. gerade, kahl, die randst. Fr. stark gekrümmt, weißl., auf der Innenseite zottig, auf der Außenseite kahl, alle lg. geschnäbelt; ⊙; VII–VIII. Äcker, Bahndämme; vielfach eingeschleppt (bes. im S, auch NrWe, NS), meist unbeständig. (Heimat: Mittelmeergebiet) (= *Picris echioides* L.) **H. echioídes** (L.) HOLUB

---

[1] Scorzoneroides montana (LAM.) HOLUB ssp. montaniformis (WIDDER) SEYBOLD comb. nov., vgl. S. 880.
Basionym: Leontodon montaniformis WIDDER Phyton (Horn) 2:226, 1950

89. Pícris L., *Bitterkraut*

Alle Hüllblätt. schmal lineal, die äußeren viel kürzer als die meist 8 inneren; alle Fr. leicht gekrümmt, gelb- bis schwarzbraun, kahl, kurz geschnäbelt; ⊙–♃; VII–X. *Gewöhnliches B.,* * **P. hieracioídes** L.

a. Hülle schwarzborstig, 12–15 mm lg.; Bergwiesen, Wegränder; *s,* Alp, BW. [= ssp. *paleacea* (Vest) Dom. & Podp] ssp. **grandiflóra** (Ten.) Arcang.

— Hülle weißl. borstig od. kahl, 9–13 mm lg. . . . . **b**

b. Köpfchen an der Stgspitze gehäuft; Hülle kahl od. m. wenigen Borsten, 9–11 mm lg.; Ruderalstellen; *s* eingeschleppt. (Heimat: Mittelmeergebiet) ssp. **spinulósa** (Guss.) Arcang.

— Köpfchen gestielt; Hülle 10–13 mm lg. . . . . **c**

c. Stg überall borstig; Hülle borstig; ob. Stgblätt. sitzend; Ruderalstellen, Halbtrockenrasen; *v,* im N *z.* ssp. **hieracioídes**

— Stg. nur unten borstig, sonst kahl; Hülle schwärzl.grün, kahl od. wenig borstig; ob. Stgblätt. herzf. stgumfassend; Bergwiesen; *z,* Alp., CH, FL, Bz, Au [= ssp. *crepoides* (Saut.) Nym.; = ssp. *auriculata* (Schultz-Bip.) Hay.] ssp. **villársii** (Jord.) Nym.

90. Tragopógon L., *Bocksbart* (u. a. nach Erik Christensen)

1. Bltn. weinrot; Stg. unter dem Köpfchen stark verdickt; ⊙–⊙; VI–VII. Früher viel angebaut, *s* verwild. (Heimat: Mittelmeergebiet) (= *T. sinuatus* Avé-Lall.) *Haferwurz,* * **T. porrifólius** L.

— Bltn. gelb **2**

2. Stg. u. Äste ± weiß-flockig; Fr. nur kurz geschnäbelt; Hülle 8-blättrig; Bltn. wachsgelb; ⊙; VI–VII. Dünen; *s* WPr, OPr. [= *T. floccosus* W. & K. ssp. *heterospermus* (Schweigg.) Reg.] *Sand-B.,* **T. heterospérmus** Schweigg.

— Stg. u. Äste kahl; Hülle 8–16-blättrig **3**

3. Stg. unter dem Köpfchen keulig verdickt, hohl; Frschnabel (fast) so lg. wie die eigentl. Fr.; Bltn. hellgelb, viel kürzer als die Hülle; ⊙; V–VI. Trockene, steinige Hänge, kalkliebend; *v* Th bis Br, Fr, Pf, sonst *z–s,* auch CH, Bz, Au, ČR. (incl. *T. major* Jacq.) *Großer B.,* * **T. dúbius** Scop.

— Stg. unter dem Köpfchen wenig od. nicht verdickt; Frschnabel kürzer od. länger als die eigentl. Fr.; ⊙–♃; V–VII. Wiesen; *v.* *Wiesen-B.,* * **T. praténsis** L.

a. Bltn. goldgelb, deutl. länger als die Hülle; Köpfe 5–8 cm im Dm; Zungenbltn. 6–7,5 mm breit. Wiesen; *v* im S u. Alp., nach N seltener. (Verbreitung noch nicht genau bekannt) (incl. *T. grandiflorus* Saut.) ssp. **orientális** (L.) Čel.

— Bltn. hellgelb; Köpfe höchstens 5,5 cm im Dm . . . . **b**

b. Köpfe 2–4(–4,5) cm im Dm; Zungenbltn. 2,5–4,5 mm breit, ihre Länge höchstens 4/5 der Hüllblattlänge erreichend (gemessen von der Abknickstelle an); Hüllblätt. oft rot berandet. Trockene Wiesen, Ruderalstellen; *z,* bes. im W, sonst *s* od. *f.* (Verbreitung noch nicht genau bekannt) ssp. **mínor** (Mill.) Hartm.

— Köpfe 3–5,5 cm im Dm; Zungenbltn. 4–5(–6) mm breit, ihre Länge mindestens ¾ bis höchstens 5/4 der Hüllblattlänge (gemessen von der Abknickstelle an) erreichend. Wiesen; *v, z–s* CH, Au, ČR. (Verbreitung noch nicht genau bekannt) ssp. **praténsis**

91. Scorzonéra L. (incl. **Podospérmum** DC.), *Schwarzwurzel*

1. Blätt. alle ungeteilt, höchstens schwach buchtig gezähnt **3**
— Unt. Blätt. tief fiedspaltig **2**
2. Stg. auch oberw. rund; randl. Bltn. kaum länger als die Hülle, ihre Zungen untersts. gelb; Bltnköpfe ca. 12 mm im Dm; Pfl. ohne sterile Blattrosetten; ⊙, V–VII. Trockenrasen, Wegränder; *s*, Vs, E, RhPf, BW, NW-Ba, S-Be, SO-NS, Th, S-SaAn, ČR (N-Böhmen), früher NÖ, St, Bgl. [= *Podospermum laciniatum* (L.) DC.]
Einjähriges Stielsamenkraut, **S. laciniáta** L.
— Stg. oberw. kantig gefurcht; randl. Bltn. fast doppelt so lg. wie die Hülle, ihre Zungen untersts. rötl. getönt; Bltnköpfe 25–30 mm im Dm; Pfl. m. sterilen Blattrosetten; ♃; VI–VIII. Halbtrockenrasen, Wegränder; *s*, NÖ, Bgl, ČR, zuw. eingeschleppt, St, OÖ. (= *Podospermum canum* Mey.) *Ausdauerndes Stielsamenkraut,* **S. cána** (Mey.) Gris.
3(1). Bltn. gelb **5**
— Bltn. rosa bis lilarot, Stg. beblättert; Fr. 10-rippig **4**
4. Blätt. bis 3 mm breit, im Querschnitt V-förmig; Stg. mehrköpfig (2–4); Frrippen glatt; Hüllblätt. weniger als 15; Bltn. blasslila, duftend; ♃; V–VI. Steinige Hänge, Steppenrasen, lichte Wälder, kalkliebend; *s* VorderPf, Rheingau, unt. Lech u. Isar, Steigerw., Th, An, Br, Schl, WPr (OPr?), NÖ, Bgl, ČR, OÖ? [= *Podospermum purpureum* (L.) Koch & Ziz]
Ⓖ! *Purpur-Sch.,* **S. purpúrea** L.
— Blätt. bis 5 mm breit, flach; Stg. 1-köpfig; Frrippen oberw. rau; Hüllblätt. mehr als 15; Bltn. rosarot, duftlos; ♃; VI–VIII. Matten, Gebüsche, lichte Wälder, 1200–1800 m, kalkliebend; *s* S-Kt (Karawanken, Karnische Alp.). [= *Podospermum roseum* (W. & K.) Gemeinholzer & Greut.]
Rosenrote Sch., **S. rósea** W. & K.
5(3). Stg. reich beblätt., ästig, mehrköpfig, 40–130 cm hoch; Hüllblätt. am Rand ± wollig-flockig, zugespitzt; randst. Fr. entlang der Rippen zackig-rau; ♃; VI–VIII. Trockenrasen, Gebüsch, lichte Laubwälder; *s* in S- u. M-Dt, NÖ, Bgl, ČR, auch als Gemüsepfl. kult. u. verwild.
Ⓖ *Garten-Sch.,* * **S. hispánica** L.
— Stg. armblättrig od. m. 0–6 schuppenf. Hochblätt. **6**
6. Stg. blattlos, 1-köpfig, kahl; Hüllblätt. fein zugespitzt; Frrippen stachelig-rau; Bltn. doppelt so lg. wie die Hülle; Blätt. linealisch, bis 4 mm breit: ♃; VII–VIII. Wiesen u. Matten der subalp. u. alp. Reg.; *s* Sb, S- u. NW-Kt, Ti, Bz. *Grannen-Sch.,* **S. aristáta** DC.
— Stg. m. mehreren Schuppenblätt.; Hüllblätt. stumpfl. od. spitzl.; Frrippen glatt **7**
7. Randl. Zungenbltn. kaum länger als die Hülle; Blätt. schmal lanzettl., 5–15 mm breit; Stg. u. Hüllblätt. kahl; ⊙–♃; V–VIII. Salzwiesen; sehr *s* N-Th, S-SaAn, NÖ, Bgl, ČR. *Kleinblütige Sch.,* **S. parviflóra** Jacq.
— Randl. Zungenbltn. bis doppelt so lg. wie die Hülle; Blätt. breiter **8**
8. Pfahlwurzel oben m. Faserschopf; Grdblätt. lineal bis lanzettl., 5–25 mm breit, bläul.grün; Stg. unterhalb der Hülle flaumig behaart; ♃; IV–V. Bergwiesen, Steppenheiden, Mauern, kalkliebend; *s*, BW, Vs, Ts, Schweizer Jura, Bz, St, NÖ, Bgl, ČR, früher OÖ.
Ⓖ! *Österreichische Sch.,* **S. austríaca** Willd.

— Pfahlwurzel ohne Faserschopf, nur m. vertrockneten (nicht faserigen!) Blattresten; Grdblätt. grasgrün; Blätt. lineal bis schmal eif., bis 5 cm breit; Stg. oberw. kahl; ♃; V–VII. Moorige Wiesen, Heiden, Waldränder; *z* im O u. S (*f* Kt), *z–s* im N, überall zurückgehend, *f* RhPf, We.
Ⓖ *Niedrige Sch.*, **S. húmilis** L.

92. Chondrílla L., *Knorpellattich (1220a)*

1. Köpfchen in endst. Doldenrispen; Stg. kahl; Grdblätt. rosettig, kahl, entfernt knorpelig gezähnt, z. Bltzt. noch vorhanden; Pfl. nur oberw. m. wenigen, kürzeren Seitentrieben; ♃; VII–VIII. Kies u. Schotter der Alpenbäche, bis 1500 m, kalkstet; sehr *z* Gr, St. Gallen, Bz, Au, in Dt nur zw. Hindelang (Allgäu) u. Wolfratshausen.
Alpen-K., **Ch. chondrilloídes** (Ard.) Karsten

— Köpfchen in lockeren Ähren, an rutenf. Ästen; Stg. blaugrün, an der Basis absthd. weißborstig; Grdblätt. blaugrün bereift, schrotsägef., untersts. am Mittelnerv borstig behaart, z. Bltzt. vertrocknet; Pfl. sparrig, bereits oberhalb der Grdblätt. ausladend verzweigt; ♃; VII–IX. Trockenrasen, Flussschotter, Dünen; *z* S- u. O-Dt, Vs, Ts, Bz, Au, ČR, sonst *s, f* Ho, Da, OPr. *Binsen-K.*, * **Ch. júncea** L.

93. Willemétia Neck. (= *Calycocorsus* F. W. Schm.), *Kronenlattich (1220b)*
Blätt. kahl; Pfl. 15–45 cm hoch; Stg. oberw. wenig verzweigt u. nur m. 3(–5) Köpfchen; Bltn. goldgelb, länger als die Hülle; ♃; VI–VIII. Feuchte Wiesen, Flachmoore; *v–z* Alp. u. Vorland, Bayr.-Böhmw. (nördl. bis Viechtach). [= *C. stipitatus* (Jacq.) Rausch.] **W. stipitáta** (Jacq.) D.T.

94. Taráxacum Wiggers, *Löwenzahn, Kuhblume*
Taraxacum ist (in ähnl. Weise wie *Hieracium,* s. S. 816ff.) eine außerordentlich formenreiche Gattung u. noch in fortlaufender Bildung neuer Sippen begriffen. Dies rührt insbesondere durch bekannte Unregelmäßigkeiten bei der Fortpflanzung (sog. Apomixis) her. Seit der letzten Neubearbeitung dieser Bestimmungsflora sind zahlreiche Publikationen über *Taraxacum* erschienen, die meisten allerdings in Beziehung zu nordeuropäischen Sippen. Die im Gebiet bisher gefundenen und ± formbeständigen mehr als 240(!) Kleinarten lassen sich nur mittels Spezialliteratur identifizieren. Daher werden hier nur die wichtigsten Sektionen der Gattung im Schlüssel aufgeführt.
Beim Sammeln von Material (nur zur Hauptblütezeit!) sorgfältig beobachten: Farbe von Blatt, Blattstiel, Blüten, Narben u. Griffeln notieren. Reife Früchte sind unerlässlich: sie bestehen aus einem ± gefärbten, samentragenden, verdickten Basisteil, dem eine oft warzig-schuppige, pyramidenförmige Spitze aufsitzt (Frspitze)[1], einem meist farblosen Stiel (Schnabel) u. dem Pappus.

1. Hüllblätt. unterhalb der Spitze verdickt bis gehörnt; Wurzelschopf meist kräftig entwickelt; Frspitze[1] zylindrisch; Fr. rot, braun od. strohfarben; Blätt. ± stark zerschlitzt; Fr. ca. 3 mm lg.; ♃; IV–VI. Trockenrasen, Ruderalstellen, Dünen; *z.* [Hierher gehören z. B. *T. erythrospermum*

---

[1] Fruchtspitze: verschmälerter, pyramidenf. Endabschnitt des samentragenden, verdickten Fruchtanteils, der dennoch deutlich vom Fruchtschnabel abgesetzt ist.

ANDRZ. & BESS. u. *T. obliquum* (FR.) DAHLST.]
Rotfrüchtiger L., **T.** sect. **Erythrospérma** (LINDB. f.) DAHLST. u.
Dünen-L., **T.** sect. **Oblíqua** (DAHLST.) DAHLST.

— Hüllblätt. unverdickt; Fr. strohfarben **2**

2. Zungenbltn. eingerollt bis röhrig, strohfarben; ♃; V–VIII. Matten der subalp. u. alp. Reg., 1700–2700 m; *v* Alp. (Hierher z. B. *T. cucullatum* DAHLST.) *Strohblütiger L.,* **T.** sect. **Cuculláta** SOEST

— Zungenbltn. weder eingerollt noch röhrig **3**

3. Äußere Hüllblätt. m. breitem, weißem Rand, den inneren anlgd., eif.; Pfl. feuchter Standorte **6**

— Merkmale anders **4**

4. Wurzelstock stark entwickelt u. m. zerfaserten Resten von Grdblätt. (vgl. Nr. **1**) **T.** sect. **Erythrospérma** (LINDB. f.) DAHLST.

— Wurzelstock glatt **5**

5. Frschnabel 3–6 mm lg., Frspitze 0,3–0,6 mm lg.; äußere Hüllblätt. meist dkgrün, kurz u. anlgd., nicht od. sehr schmal weißl. berandet; Blätt. kahl, grün, schrotsägezähnig; ♃; VI–IX. Matten, Viehläger, Schneetälchen; *s* Alp. (Hierher z. B. *T. alpinum* HEG. & HEER)
Alpen-L., **T.** sect. **Alpína** G. E. HAGLUND

— Frschnabel u./od. Frspitze länger; äußere Hüllblätt. stets zurückgeschlagen bis absthd., ohne od. m. sehr schmalem, weißem Rand; Blätt. meist stark gelappt u. gezähnt; Fr. strohfarben, seltener bräunl., m. konischer Frspitze; ♃; III–VII. Fettwiesen u. -weiden, Äcker, Dünen, Ruderalstellen; *g.* (Hierher z. B. *T. officinale* WIGGERS)
Gewöhnlicher L., **T.** sect. **Ruderália** KIRSCHNER et al.

6(3). Frspitze meist über 1 mm lg. u. zylindrisch; Blätt. schmal, meist nur entfernt gezähnelt, u. meist wenig gelappt, ungefleckt; Hüllblätt. breit hautrandig; ♃; IV–VI. Flachmoore, Wiesen, Salzwiesen; *z–s*. [Hierher z. B. *T. palustre* (LYONS) SYMONS]
Ⓖ *Sumpf-L.,* **T.** sect. **Palústria** (LINDB. f.) DAHLST.

— Frspitze kürzer, bis 0,9 mm lg. u. ± konisch **7**

7. Blätt. breit u. viellappig, oft purpurn gefleckt u. Stiele blutrot; ♃; V–VII. Sumpfwiesen u. Flachmoore; *s* im N u. NW. (Hierher z. B. *T. spectabile* DAHLST.) *Stattlicher L.,* **T.** sect. **Spectabília** (DAHLST.) DAHLST.

— Blätt. nicht purpurn gefleckt u. Stiele nicht blutrot; ♃; V–VII. Moore der subalp. u. alp. Reg.; *s* Alp. (Hierher z. B. *T. fontanum* HAND.-MAZ. em. SOEST) *Gebirgsmoor-L.,* **T.** sect. **Fontána** SOEST

95. Sónchus L., *Gänsedistel*

1. Stg. meist ästig; Hülle kahl od. weißfleckig, nicht drüsig; Fr. beidersts. m. 3 Längsrippen; Pfl. ⊙ **3**

— Stg. meist einfach od. erst im Bereich der Infl. verzweigt; Hülle ± dicht drüsenhaarig; Fr. beidersts. m. 5 Längsrippen; Pfl. ♃ **2**

2. Stgblätt. am Grd. absthd. pfeilf. zugespitzt; Köpfchen in gedrungener Doldenrispe; Hülle u. Köpfchenstiele m. anfangs gelben, später nachschwärzenden Drüsenhaaren; Pfl. 1–3 m hoch; Fr. gelbbraun bis gelbl. weiß; Blätt. bläul.grün; ♃; VII–IX. Flussufer, nasse Wiesen; *z* im N von

SH/Da bis OPr, *s* W-Ho, N-Be, N-ObRhein/Main, SO-NS, M-Th, An, Br, NÖ, Bgl, CR, *f* RhPf, BW, CH. *Sumpf-G.,* **S. palústris** L.

— Stgblätt. am Grd. angedrückt herzf.; Köpfchen in lockerer Doldenrispe; Köpfchenstiele dicht gelb-drüsenborstig; Fr. dkbraun; Blätt. glzd. grün; Pfl. 0,5–1,5 m hoch; ♃; VII–X. *Acker-G.,* * **S. arvénsis** L.

a. Hülle u. Köpfchenstiele ± dicht drüsenhaarig. Lehmig-tonige Äcker, Brachen, Sanddünen; *v, z* Geb. ssp. **arvénsis**

b. Hülle u. Köpfchenstiele ± drüsenlos. Feuchtwiesen, Ufer, Gräben; salzertragend; *z,* bes. im N. ssp. **uliginósus** (Bieb.) Nym.

3(1). Stgblätt. am Grd. mit zugespitzten, vorgestreckten Öhrchen *(1240),* weich, glanzlos, tief fiedspaltig, selten ungeteilt, stachelig gezähnt; Fr. querrunzelig; ⊙; VI–X. Schuttplätze, Äcker; *g.* *Kohl-G.,* * **S. oleráceus** L.

— Stgblätt. am Grd. m. abgerundeten, angedrückten Öhrchen *(1241),* steif, dkgrün glzd., meist ungeteilt, sonst nur seicht gespalten (= doppelt gezähnt), m. stacheligen Zähnchen; Fr. glatt; ⊙; VI–X. Äcker, Gärten, Ruderalstellen; *g.* *Dornige G.,* * **S. ásper** (L.) Hill

96. Lactúca L. (= *Cicerbita* Wallr.; = *Mulgedium* Cass.), *Lattich*

1. Bltn. gelb **6**

— Bltn. blau, rötl.violett od. lila **2**

2. Fr. deutl. geschnäbelt; Blätt. nicht m. verbreitertem Endlappen **5**

— Fr. ungeschnäbelt; Blätt. leierf. fiedteilig, m. breitem Endlappen **3**

3. Pfl. ganz kahl; Bltn. hellblau; Blätt. bläul.grün, tief fiedspaltig, m. mehreren Fiederteilpaaren; ♃; VII–VIII. Hochstaudenfluren; *s,* W-CH, Hoch-Vog., Schw. (Feldberg). [= *C. plumieri* (L.) Kirschl.; = *M. plumieri* (L.) DC.] *Französischer Milch-L.,* **L. plumiéri** (L.) Gren. & Godr.

— Pfl. im ob. Teil braunrot drüsenborstig; Bltn. blau- bis rötl.-violett; Blätt. nur unterst. bläul.grün **4**

4. Blätt. fast kahl; Bltn. blauviolett; Köpfe in Trauben od. Rispen; Fr. ungeflügelt, m. 5 Hauptrippen; Grdblätt. m. 3-eckigem Endlappen u. 1(–2) Paaren kleiner Seitenlappen; ♃; VII–IX. Hochstaudenfluren, Schluchtwälder; *v* Alp., Voralp., *z–s* Mittelgeb. [= *C. alpina* (L.) Wallr.; = *M. alpinum* (L.) Less.] *Alpen-Milch-L.,* * **L. alpína** (L.) A. Gray

— Blätt. borstig-drüsig behaart; Bltn. lilarötl.; Köpfe in lockeren Doldenrispen; Fr. schmal geflügelt; Grdblätt. m. sehr großem herz- bis spießf. Endlappen u. höchstens 1 Paar kleiner Seitenlappen; ♃; VII–VIII. Zierpfl. in Parkanlagen, auch verwild., z. B. E, BW, Ba, RhPf, NrWe, He, Th, Sa, SaAn, Br, MeVp. (Heimat: Kaukasus) [= *C. macrophylla* (Willd.) Wallr.; = *M. macrophyllum* (L.) DC.] *Großblättriger Milch-L.,* **L. macrophýlla** (L.) A. Gray

1240

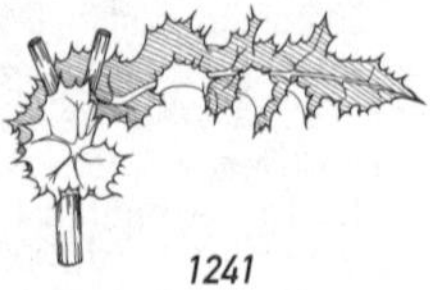

1241

5(2). Blätt. weich, stgumfassend, m. geöhrtem Grd.; Endabschnitt höchstens so lg. wie die lanzettl. Fiedzipfel; Fr. beidersts. 1-rippig; Frschnabel so lg. wie die schwarze Fr.; Hüllblätt. nicht purpurn gefleckt; Pfl. 20–60 cm hoch; ♃; V–VII. Trockenrasen, Felsfluren, kalkliebend; *z–s,* M- u. S-Dt, Be, E, CH, Bz, Ti, Kt, ČR. **Giftig!** *Blauer L.,* * **L. perénnis** L.

— Blätt. sitzend m. verschmälertem Grd., ungeteilt bis schrotsägef.-fiedspaltig; Endabschnitt länger als die seitl. Zipfel; Fr. rundum längsfurchig; Frschnabel viel kürzer als die braungrüne Fr.; Hüllblätt. purpurn gefleckt; Pfl. 30–100 cm hoch; ♃; VII–VIII. Strandheiden, Dünen, eingeschleppt u. sich ausbreitend; *z* MeVp, Po, *s* Sa, SaAn, Br, NS, SH, Ho (Insel Schiermonnikoog), NÖ, ČR. (Heimat: O-Eur., As.) [= *Mulgedium tataricum* (L.) DC.] *Tataren-L.,* **L. tatárica** (L.) Mey.

6(1). Stg. markig, weiß od. gelbl.weiß; Frschnabel mindestens so lg. die übrige Fr. **8**

— Stg. hohl, grün od. rötl.; Frschnabel $^1/_3$–$^1/_2$ so lg. wie die übrige Fr. **7**

7. Rispenäste aufrecht, Köpfchen in Doldentrauben; Blätt. tief pfeilf. stgumfassend, fiedspaltig; Schnabel halb so lg. wie die Fr., Fr. schwärzl.; Köpfchen vielbltg.; ⊙; VI–IX. Lichte Wälder, Gebüsche, kalkliebend; *s,* Th, SaAn, Ba (Schweinfurt), NÖ, Bgl, ČR, früher He. *Eichen-L.,* **L. quercína** L.

— Rispenäste absthd.; Blätt. m. geflügeltem, stgumfassenden Stiel, leierf. fiedspaltig, m. eckigen, gezähnten Seitenlappen u. großem Endabschnitt; Köpfchen 5-bltg; Pfl. 40–80 cm hoch; ♃; VII–IX. Feuchte Wälder, Felsen, Mauern; *v, z* im NW. [= *Mycelis muralis* (L.) Dum.] *Mauer-L.,* * **L. murális** (L.) Gaertn.

8(6). Stgblätt. am weißen Stg. herablaufend; Blätt. fiedspaltig bis fiedteilig, stets m. lg. linealem Endzipfel; Köpfchen an verlängerten, verzweigten, rutenf., aufrecht absthd. Ästen, 5-bltg.; ⊙; VII–VIII. Trockenrasen, Felsfluren; *s,* Vs, NÖ, Bgl, ČR, früher Sa. *Ruten-L.,* **L. vimínea** (L.) J. & C. Presl

— Stgblätt. nicht am Stg. herablaufend, stgumfassend; Köpfchen 10–16-bltg. **9**

9. Salatpfl.; Köpfchen klein, zahlr., in flachen Schirmrispen; Grdblätt. rosettig (vielfach „kopfbildend"), frischgrün; Stgblätt. eif. bis rundl., ganzrandig, m. herzf. Grd. stgumfassend; kahl; ⊙–⊙; VII–VIII. In vielen Sorten angebaut (vermutl. in SW-Asien aus *L. serriola* entstanden). *Garten-L.,* * **L. satíva** L. var. **capitáta** L., *Kopfsalat;* var. **longifólia** Lam., *Schnittsalat;* var. **críspa** L., *Sommer-Endivie*

— Wildpfl.; Köpfchen in lockeren bis sparrigen Rispen; Blätt. unterssts. auf dem Mittelnerv meist stachelig, m. pfeilf. Grd. stgumfassend; Blätt. ± bläul.-grün **10**

10. Frschnabel doppelt so lg. wie die Fr.; Fr. braun, 7–8 mm lg.; ob. Stgblätt. lineal, ± ganzrandig, unt. u. Grdblätt. buchtig bis fiedspaltig m. schmal lanzettl. Zipfeln u. sehr lg., ungeteiltem Endabschnitt; Köpfchen an rutenf. Ästen, insgesamt in schmaler Rispe; ⊙–⊙; VII–IX. Trockenhänge, Wegränder, Schuttplätze; *s,* E, SW-Dt, Be, SW-Ho, NÖ, Bgl, St, ČR, vielfach erloschen *Weiden-L.,* **L. salígna** L.

— Frschnabel ± so lg. wie die Fr.; Fr. schwärzl., 2,5–3,5 mm lg., auch die ob. Stgblätt. ± fiedspaltig **11**

11. Blätt. buchtig gezähnt *(1243, 1244)* (immer häufiger nur noch gezähnt!); Stacheln auf der Mittelrippe länger als ihr gegenseitiger Abstand *(1245);* Blätt. oft senkrecht sthd., oft nach N u. S weisend („Kompasspflanze“); Fr. graubraun, rau, an der Spitze borstig; Hüllblätt. bunt: ungleich violett überlaufen; ⊙–⊙̈; VII–IX. Wegränder, Ruderalstellen, Weinberge; *v, z–s* im N u. Geb. (= *L. scariola* L.)
Kompass-L., Stachel-L., * **L. serríola** L.

— Blätt. mit ihrer Fläche waagrecht sthd.; Stacheln der Mittelrippe kürzer als ihr gegenseitiger Abstand *(1242);* Fr. schwarz, kahl, schmal berandet; Hüllblätt. grün, m. weißl. Rand; Pfl. m. widerl. Geruch; ⊙–⊙̈; VII–IX. Ruderalstellen, Trockenrasen; *z* SO-Be/Rheinl./RhPf, *s* E, BW, Ba, He, We, Ho, O-NS, Th, SaAn, Vs, Waadt, Ts, FL, Bz, M-St.
Giftig! *Gift-L.,* * **L. virósa** L.

97. Crépis L. (incl. **Barkháusia** Moench), *Pippau*

1. Fr. ungeschnäbelt, höchstens zur Spitze hin etwas verjüngt **4**

— Fr., wenigstens die inneren, m. fadenf. Schnabel; Pappus stets schneeweiß **2**

2. Junge Köpfchen nickend; Gr. gelb; die äußeren Bltn. untersts. rötl. gestreift; Grdblätt. schrotsägef. bis fiedspaltig, kurz grau behaart; Stg. zieml. ästig, 10–50 cm hoch, kantig; Hüllblätt. außen zottig u. z. T. drüsig behaart (ssp. **fœ́tida**) od. borstig u. drüsenlos [ssp. **rhoeadifólia** (Bieb.) Čel.; nur Ob-Schl, NÖ, OÖ, Bgl, ČR, St]; Milchsaft gelb, stinkend; ⊙; VI–X. Trockene Hügel, Wegränder, Schutt, kalkliebend; *z* Be, RhPf, N-BW, *s* Ba (nördl. der Donau), S-BW, E, CH, Bz, He, Rheinl., S-Ho, SO-NS, Th, S-SaAn, Sa, b. Schwerin (MeVp), ČR, Po.
Stinkender P., **C. fœ́tida** L.

— Junge Köpfchen aufrecht; Gr. grünl.-braunschwarz **3**

3. Äußere Hüllblätt. absthd., wie Köpfchenstiele reichl. borstig, etwa so lg. wie der Pappus; Köpfchenboden kahl; Bltn. hellzitronengelb; Stg. weißborstig behaart, 15–50 cm hoch; ⊙; VII–IX. Wiesen, Äcker; *z* im SW, sonst *s* im W u. S eingebürgert, S-CH, Au, ČR. (Heimat: Mittelmeergebiet) *Borsten-P.,* **C. setósa** Hall. f.

— Äußere Hüllblätt. erst beim Abblühen absthd., kahl od. nur spärl. schwärzl. behaart, kürzer als der Pappus; Köpfchenboden behaart; Bltn. gelb, untersts. rot gestreift; Stg. gefurcht, fast kahl, 30–80 cm hoch; ⊙̈; V–VI. Wegränder, Wiesen; *z* CH, E, BW, RhPf, sonst *s* Vb, FL, Ti, NÖ, Ba, NrWe, Be, He, NS. [= *C. vesicaria* L. ssp. *taraxacifolia*

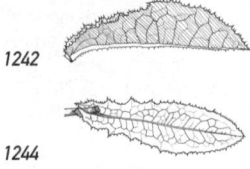

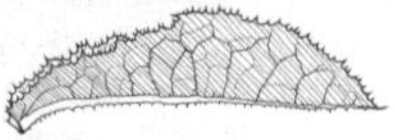
1242

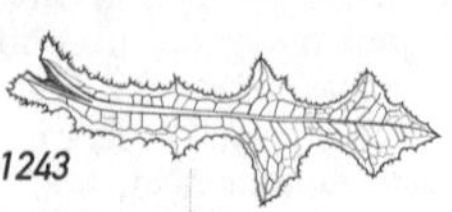
1243

1245

1244

(THUILL.) THELL.; = *C. taraxacifolia* THUILL.]

Blasen-P., **C. polymórpha** POURR.

4(1). Randfr. breit geflügelt, von den inneren Fr. stark unterschieden; Pfl. einjährig, 5–30 cm hoch; Blätt. alle od. fast alle grdstdg.; Blattspr. leierf. fiedspaltig od. nur gezähnt; Köpfchenboden steifhaarig; ⊙; VI–VII. Äcker, Ruderalstellen; *s* eingebürgert, Be, E, CH, sonst verschleppt. (Heimat: Mittelmeergebiet) [= *Lagoseris sancta* (L.) K. MALÝ ssp. *nemausensis* (VILL.) THELL.]

Hasensalat, Belgischer P., **C. sáncta** (L.) BORNMÜLLER ssp. **nemausénsis** (FOURN.) BABCOCK

— Alle Fr. ungeflügelt, meist alle Fr. gleich (Ausnahme: C. pulchra, Nr. **19**); Stg. beblättert od. Pfl. ausdauernd u. Blätt. ungeteilt; Köpfchenboden kahl od. weich behaart **5**

5. Pappus reinweiß, weich u. biegsam **11**

— Pappus schmutzigweiß bis gelbl., oft steif u. zerbrechl.. . . . . **6**

6. Bltntriebe 1-, selten bis 3-köpfig; Blätt. ungeteilt; Köpfchenstiele unterhalb des Köpfchens verdickt; Alpenpfl. **9**

— Bltntriebe stets mehrköpfig; Blätt. ungeteilt od. fiedteilig **7**

7. Pfl. 5–25 cm hoch; Stgblätt. fiedteilig m. lg. linealem Endabschnitt; Grdblätt. lanzettl., ganzrandig bis entfernt gezähnt; Fr. 10–20-rippig; ♃; VI–VIII. Felsschutt, auf Kalk; Alp. von (840–)1500–2970 m.

Felsen-P., **C. jacquínii** TAUSCH

a. Stg. 12–25 cm hoch, 2–6-köpfig; Hülle 9–11 mm lg., m. schwärzl., lg. Haaren; unterste Grdblätt. entfernt gezähnelt; *z,* Sb, St, OÖ, NÖ. ssp. **jacquínii**

— Stg. 5–15 cm hoch, 1–3-köpfig; Hülle 11–13 mm lg., weißfilzig, m. schwärzl., lg. Haaren; unterste Grdblätt. ganzrandig; *z,* Dt, Gr, FL, Au, Bz.

ssp. **kérneri** (RECH. f.) MERXM.

— Pfl. 30–120 cm hoch; Stgblätt. ungeteilt, eif., zugespitzt, am Grd. geöhrt bis stgumfassend **8**

8. Gr. schwärzl.grün; Hüllblätt. kurz behaart u. drüsig; Fr. 10-rippig; ♃; V–VIII. Feuchte Wiesen, Flachmoore, Auwälder; *v, z* im NW.

Sumpf-P., * **C. paludósa** (L.) MOENCH

— Gr. gelb (auch getrocknet); Hüllblätt. dicht schwarz rauhaarig-zottig, aber drüsenlos; Fr. 20–30-rippig; ♃; VII–VIII. Grasig-buschige Hänge, Hochstaudenfluren, Krummholzreg.; *s* ČR (Gesenke).

Sibirischer P., **C. sibírica** L.

9(6). Stgblätt. fiedteilig m. lg., linealem Endabschnitt; Grdblätt. lanzettl., ganzrandig bis entfernt gezähnt; Pfl. 5–30 cm hoch; Fr. 10–12-rippig (s. Nr. **7**) **C. jacquínii** TAUSCH

— Grd.- u. Stgblätt. ungeteilt, nur entfernt bis enger gezähnt; Köpfchenstiele unterhalb des Köpfchens verdickt **10**

10. Pfl. 20–60 cm hoch; Köpfchen 4–5 cm breit; Hüllblätt. braungrün zottig, m. Sternhaaren; Fr. 10-rippig; ♃; VI–VIII. Matten, Hochstaudenfluren, 1180–2500 m, kalkliebend; *z* Alp. (= *C. montana* TAUSCH; = *C. bocconei* SELL) *Berg-P.,* **C. pontána** (L.) D. T.

— Pfl. 5–15 cm hoch; Köpfchen 1–2 cm breit; Hüllblätt. gelbl. zottig, ohne Sternhaare; Fr. 20-rippig; ♃; VII. Felsschutt, steinige Hänge, 1950–3000 m; *s,* CH, Bz, Ti. *Rätischer P.,* **C. rhaetica** HEG.

11(5). Bltntriebe entweder vielköpfig oder nur 1–3-köpfig, dann aber beblättert **14**

— Bltntriebe 1–3-köpfig und blattlos od. höchstens 1–2 kleine bis schuppenf. Blätt. tragend 12

12. Bltn. orangerot; Hülle u. ob. Teil des Stgs. dicht kurz absthd. zottig; Blätt. buchtig gezähnt bis schrotsägef., kahl; Fr. 20-rippig; ♃; VI–IX. Bergwiesen, steinige Matten, bis 2800 m; *v* Alp., *s* Vorland, Schweizer Jura. *Gold-P.,* * **C. aurea** (L.) Cass.

— Bltn. gelb; Fr. 10–13-rippig 13

13. Köpfchenstiel unterhalb des Köpfchens auffällig verdickt u. schwarzzottig; Pfl. 5–10 cm hoch; Blätt. schrotsägef. bis fiedspaltig; Fr. 4–5 mm lg.; Hüllblätt. dicht schwarzzottig, drüsenlos; Köpfchen bis 5 cm breit; ♃; VII–VII. Felsschutt, 1800–2820 m, kalkstet; *z* Alp., *s* in Dt. *Triglav-P.,* **C. terglouénsis** (Hacq.) Kern.

— Köpfchenstiel unterhalb des Köpfchens nicht auffällig verdickt; Pfl. 10–30 cm hoch; Blätt. ungeteilt, verkehrt lanzettl. u. gezähnelt bis schwach schrotsägef.; Fr. 6–12 mm lg.; Hüllblätt. sternhaarig grauflaumig u. m. schwarzen drüsenlosen u. drüsigen Haaren; Köpfchen bis 3,5 cm breit; ♃; V–VIII. Trockenwiesen, Schutt, lichte Kiefernwälder, kalkstet; *v* Alp., *z* Vorland, Hegau/Alb bis Regensburg. *Voralpen-P.,* **C. alpéstris** (Jacq.) Tausch

14(11). Bltntriebe bis zur Spitze beblättert 16

— Bltntriebe außer der Blattrosette blattlos od. selten noch m. 1 Stgblättchen 15

15. Köpfchen in lg. gestreckten Trauben od. armköpfigen Rispen; Hüllblätt. zerstreut borstig bis flaumig; Bltn. hellgelb; Rosettenblätt. 10–16 cm lg.; Pfl. 20–60 cm hoch, m. 8–20 Köpfchen; Fr. ca. 20-rippig; ♃; V–VI. Magerrasen, Waldränder, auf Kalk; *z–s* in CH, Au, FL, S-u. M-Dt, ČR, nördl. bis Be, Br, Po, OPr. *Abgebissener P.,* **C. praemórsa** (L.) Walther

— Köpfe in Doldenrispen; Hüllblätt. nur am Grd. flaumig, sonst kahl; Rosettenblätt. 6–8 cm lg.; Pfl. 15–40 cm hoch, m. 2–10 Köpfchen; Fr. ca. 20-rippig; ♃; V–VI. Trockenrasen, Kalkschuttfluren, Schwarzkiefernwälder; *s.* *Frölichs P.,* **C. froelichiána** Froel.

a. Bltn. blasslila bis weiß; Inflstiele bogig absthd; Hülle 7–9 mm lg.; *s,* Bz, OTi, S-Kt. (= *C. incarnata* Tausch) ssp. **dinárica** (Beck) Gutermann

— Bltn. hellgelb; Inflstiele spitzwinklig absthd.; Hülle 8–13 mm lg.; *s,* Ts, Bz. ssp. **froelichiána**

16(14). Alle Blätt., auch die ob. Stgblätt. lg. gestielt; Pfl. 5–15 cm hoch; Grdblätt. leierf. fiedspaltig, 3–11 cm lg. u. 1–3 cm breit, m. großem eif.-rundl. Endabschnitt und meist 2–4 kleinen Lappen od. Zähnen am Blattstiel; Blattstiel geflügelt, ca. 1–3-mal so lg. wie der Endabschnitt; Blätt. unters. oft violett; Hülle 10–15 mm lg., grauflockig; Gr. gelb; Fr. 4–6,5 mm lg., 20–25-rippig; VII–VIII. Feuchter Felsschutt, auf Kalk; *s,* nur Vs, Waadt, Bern, Gr, Uri, Bz. *Zwerg-P.,* **C. pygmaea** L.

— Wenigstens ob. Stgblätt. sitzend; Pfl. meist höher als 10 cm . . . 17

17. Pfl. ⊙–⊙, m. weißl., spindeligen Wurzeln; Hüllblätt. kahl od. borstig behaart 20

— Pfl. ♃; m. dunklem, kräftigem Rhizom; Pfl. 25–70 cm hoch; Fr. 20-rippig, Hüllblätt. lg. behaart od. schwarzdrüsig 18

18. Gr. schwärzl.grün; unt. Stgblätt. längl.-eif., die ob. lanzettl., alle seicht entfernt gezähnt, die ob. m. abgerundetem od. herzf. Grd. geöhrt bis stgumfassend; Hülle 8–14 mm lg., äußere Hüllblätt. deutl. kürzer als die inneren; Stg. entfernt beblättert; ♃; VI–VIII. Feuchte Wiesen, Flachmoore, Ufer; *v–s*, südl. bis N-CH, Au, Bz, westl. bis zum Rhein, nördl. bis Sauerland, Sa, Schl, ČR, OPr, *f* Kt. [incl. *C. succisifolia* (ALL.) TAUSCH = *C. mollis* ssp. *hieracioides* (DOMIN) DOMIN]
Weicher P., **C. móllis** (JACQ.) ASCH.

— Gr. gelb; Stgblätt. m. pfeilf. Grd. sitzend; Hülle meist länger als 14 mm **19**

19. Bltn. gold- bis orangegelb; Hülle 16–20 mm lg.; äußere Hüllblätt. viel kürzer als innere; Köpfchenstiele an der Spitze verdickt; flaumig-zottige Behaarung der Blätt., Köpfchenstiele u. Hüllblätt. m. Drüsenhaaren; Innenseite der Hüllblätt. behaart; Stg. entfernt beblättert; ♃; VII–IX. Bergwiesen, sonnige Matten, bes. der subalp. u. alp. Reg. (500–2200 m), kalkmeidend; *z* Alp., in Dt nur Allgäu u. nördl. Garmisch, auch NÖ, Bgl, ČR. [= *C. grandiflora* (ALL.) TAUSCH]
Großköpfiger P., **C. conyzifólia** (GOUAN) KERN.

— Bltn. goldgelb; Hülle 13–17 mm lg.; Hüllblätt. ± gleichlg.; Köpfchenstiele an der Spitze nicht verdickt; flaumig-zottige Behaarung der Blätt., Köpfchenstiele u. Hüllblätt. ohne Drüsenhaare; Innenseite der Hüllblätt. kahl; Stg. bis oben hin dicht beblättert; ♃; VI–VIII. Hochstaudenfluren, Bergwiesen, Krummholzreg. (800–2240 m), kalkliebend; *v* Alp., *s* Schw. (Feldberg), Hoch-Vog., Schweizer Jura. [= *C. blattarioides* (L.) VILL.] *Schabenkraut-P.,* **C. pyrenáica** (L.) GREUT.

20(17). Hülle kahl, walzlich, 5–8 mm lg.; Köpfchenstiele kahl; Köpfchen 15–20 mm breit; Fr. 10–13-rippig, randst. Fr. rau, mittlere Fr. glatt; Stg. im unt. Teil drüsig-klebrig, im ob. kahl; Pfl. 30–70 cm hoch; ⊙; V–VII. Weinberge, Wegränder; *s–z* in BW, *s* Ba, RhPf, NrWe, NS, MeVp, Bz, Au. *Schöner P.,* **C. púlchra** L.

— Hülle behaart, glockig **21**

21. Hüllblätt. auf der Innenseite kahl **23**

— Hüllblätt. auf der Innenseite behaart (Lupe!) **22**

22. Gr. gelb; Köpfchen 25–35 mm breit; Stgblätt. am Grd. verschmälert od. höchstens angedeutet pfeilf., ihre Sägezähne abw. gerichtet; Fr. 5–8 mm lg., 10–13-rippig; Pfl. 50–120 cm hoch; ⊙; V–X. Fettwiesen, Äcker; *v* im S u. M-Gebiet, *z* im N. *Wiesen-P.,* * **C. biénnis** L.

— Gr. schwärzl. grün; Köpfchen 15–20 mm breit; Stg. ± reich verzweigt, flaumig behaart bis kahl; mittl. u. ob. Stgblätt. am Rand nach unten eingerollt, linealisch, m. nur wenigen Sägezähnen; Fr. 10–13-rippig; Pfl. 10–60 cm hoch, graugrün; ⊙; VI–X. Sandfelder, Brachäcker, Ruderalstellen; *z* im NW, O u. W, sonst *s*. *Dach-P.,* **C. tectórum** L.

23(21). Hülle 20–25 mm lg. graufilzig; Stgblätt. dickl., starr, die ob. m. pfeilf. Grd. sitzend; Köpfchen 40–50 mm breit, ihre Stiele sparrig absthd. bis aufw. gekrümmt; Gr. gelb; Fr. 20-rippig; Pfl. 25–100 cm hoch; ⊙; VI–VIII. Trockenrasen; *s*, NÖ (Weinviertel), ČR.
Ungarischer P., **C. pannónica** (JACQ.) C. KOCH

— Hülle 3–10 mm lg.; Köpfchen 10–25 mm breit **24**

24. Gr. gelb; Köpfchen 10–15 mm breit; Fr. (ohne Pappus gemessen) 1,4–2,5 mm lg., 10–13-rippig; Hülle 3–9 mm lg.; Stgblätt. m. pfeilf. Grd. sitzend, ihre Sägezähne aufw. gerichtet; äußere Bltn. unterstś. rot überlaufen; Pfl. 15–60(–100) cm hoch; ⊙; VI–IX. Rasenflächen, Weiden; *v.* (= *C. virens* L.) *Grüner P.,* * **C. capilláris** (L.) WALLR.

— Gr. schwärzl. grün od. braun; Köpfchen 20–25 mm breit; Fr. (ohne Pappus gemessen) 2,5–3,8 mm lg., 10-rippig; Hülle 8–10 mm lg.; Stg. kaum verzweigt, borstig-rau; Stgblätt. am Rand nicht nach unten eingerollt, m. zahlr. Sägezähnen; Pfl. 30–90 cm hoch; ⊙; V–VI. Wiesen, Ruderalstellen; *s,* meist unbeständig. (Heimat: S-Eur.) *Französischer P.,* **C. nicaeénsis** PERS.

98. Prenánthes L., *Hasenlattich*

Blätt. kahl, blaugrün, die ob. sitzend, m. herzf. Grd. stgumfassend; Köpfchen in lockerer Rispe, Seitenäste überhgd.; ♃; VII–IX. Hochstaudenfluren, schattige Wälder, bes. der montanen Reg.; *v–z* Alp., E, BW, S- u. NO-Ba, RhPf, ČR, nördl. bis Mosel/Lahn/Spessart/Rhön/Thw./Sa/Schl. * **P. purpúrea** L.

99. Tólpis ADANS., *Grasnelkenhabichtskraut*

Infl.stiele meist 1-köpfig, selten bis 5-köpfig; Grdblätt. stielart. verschmälert, lineal-lanzettl., entfernt gezähnelt, kahl od. behaart, blaugrün; Hülle haar- u. drüsenlos, aber mehlig blaugrün bereift; Bltn. hell-schwefelgelb; Fr. mattbraun, 4 mm lg.; Pfl. 15–40 cm hoch, m. unterirdischen Ausläufern; ♃; VII–IX. Bachgeröll, Moränen, Felsen, bis 2200 m, kalkliebend; *z* Alp. u. Voralp., *s* verschleppt, z. B. NS. (= *Hieracium staticifolium* ALL.) **T. staticifólia** (ALL.) SCHULTZ-BIP.

100. Hierácium L. (incl. **Pilosélla** HILL), *Habichtskraut* [1]

1. Fr. 1,5–2(–3,5) mm lg., ihre 10 Rippen gezähnt (d. h. jede Rippe in einen kurzen, zahnart. Vorsprung endigend, *1221a);* Pfl. häufig m. Ausläufern (3 Ausnahmen); Pappus 1-reihig,

---

[1] *Hieracium* ist eine der formenreichsten Gattungen des Pflanzenreichs. Sie ist in der heimischen Vegetation mit 2 Untergattungen vertreten, die neben ihren „Haupt"- u. „Zwischen"arten eine Unzahl von Unterarten, Varietäten u. Formen umfassen, deren Bestimmung ein jahrelanges Spezialstudium erfordert u. die noch dadurch erschwert wird, dass die einzelnen Arten leicht zur Bastardbildung neigen. Dem liegt vor allem eine weitgehend asexuelle Vermehrung (sog. Apomixis, Aposporie) zugrunde, die bei den Arten der Untergattung *Hieracium* fast durchgehend stattfindet, während es innerhalb der Untergattung *Pilosella* noch verhältnismäßig häufig zur sexuellen Fortpflanzung kommt. Die mittlerweile recht umfangreichen cytogenetischen Kenntnisse innerhalb der Gattung decken sich leider in vielen Fällen nicht mehr mit der im wesentlichen nach 1920 geprägten Nomenklatur. In der folg. Tabelle sind nur die Hauptarten aufgeführt. Nur solche Pflanzen lassen sich daher nach ihr eindeutig bestimmen, die in ihren Merkmalen dem „Typus" einer dieser Hauptarten entsprechen. Eine konzentrierte Übersicht der Hieracien-Problematik (einschl. Literatur) findet sich bei G. GOTTSCHLICH in HEGI, Bd. VI/4, S. 1437–1442, 1987 (s. Literaturverzeichnis).

m. gleich lg. Haaren; Blätt. ganzrandig bis entf. u. schwach gezähnt, selten m. tieferer Blattkontur, ohne deutl. Stiel; Stg. wenigblättrig . . . . Untergattung: **Pilosélla** (HILL) GRAY 817

— Fr. (1,5–)3–5 mm lg., ihre 10 Rippen zahnlos (d. h. an der Spitze in einen ringf. Wulst verschmelzend, *1221b*); Pfl. ohne Ausläufer; Pappus 2-reihig, m. kürzeren u. längeren Haaren; Blätt. meist deutl. gezähnt u. m. deutl. Stiel; Stg. wenig- od. reichblättrig . . . . Untergattung: **Hierácium**, 819

Untergattung: **H.** subgen. **Pilosélla** (HILL) GRAY, *Mausohr-Habichtskräuter*

1. Stg. beblättert; Bltnköpfe 2 bis zahlr., rispig od. doldig; Ausläufer vorhanden, kurz od. lg. **5**

— Stg. blattlos, 1-köpfig; Blattunterseite ± graufilzig; Ausläufer nicht immer vorhanden; äußere Bltn. unterst s. oft rötl. **2**

2. Hüllblätt. 1–2 mm breit; Ausläufer verlängert, dünn, m. zur Spitze hin kleiner werdenden Blätt. **4**

— Hüllblätt. 1,5–4 mm breit; Ausläufer kurz, dick, m. einander genäherten großen Laubblätt.; Hülle 10–14 mm lg.; Ausläufer u. Blätt. reichl. weißhaarig; Stg. oberw. neben anderen Haaren auch drüsig **3**

3. Hüllblätt. eif., abgerundet od. stumpfl., dachziegelig; Hülle u. Stg. wenig behaart (Haare vor allem einfach, oberw. auch wenige Drüsenhaare); ♃; V–VIII. Wiesen, lichtes Gebüsch, bis 2845 m; *v* Alp., *z* Vorland. [= *P. hoppeána* (SCHULT.) F. W. SCHULTZ & SCHULTZ-BIP.]

Hoppes H., **H. hoppeánum** SCHULT.

— Hüllblätt. aus breiter Basis scharf zugespitzt, gleich dem Stg. weißseidig behaart (Haarbesatz m. zahlr. Sternhaaren, oberw. m. zahlr. Drüsenhaaren); ♃; V–VIII. Kalkarme Magerrasen, Felsen; *s*, Vs, E, S-Schw., RhPf, Th, SaAn, Sa, Ba (Regensburg). [= *P. peleteriana* (MÉR.) F. W. SCHULTZ & SCHULTZ-BIP.]

Peletiers H., **H. peleteriánum** MÉR.

4(2). Hüllblätt. m. Drüsenhaaren; Pfl. 5–30 cm hoch, einköpfig; Bltn. gelb, unterst s. oft rot gestreift; ♃; V–X. Magerrasen, Heiden; *v*. Formenreich. (= *P. officinarum* VAILLANT) *Mausohr-H., Kleines H.*, * **H. pilosélla** L.

— Hüllblätt. ohne Drüsenhaare, dicht weißfilzig; Pfl. 5–30 cm hoch; Bltn. gelb, außen meist rot gestreift; ♃; V–VIII. Alpine Magerrasen, 500–2000 m; *s*, nur CH. [= *H. niveum* (MUELLER-ARG.) ZAHN; = *H. saussureoides* auct.; = *P. tardans* (PETER) SOJÁK].

Schneeweißes H., **H. tárdans** PETER

5(1). Bltn. orangerot bis rotbraun; Bltntriebe 2- bis vielköpfig, m. 1–4 Blätt., 7–10 mm lg.; Hüllblätt. stumpfl.; Pfl. 20–50 cm hoch, reichl. behaart, oberw. reich m. schwarzen Drüsenhaaren; Köpfchen 2–12; ♃; VI–VIII. Bergwiesen, Weiden; *z* Alp. u. Vorland (900–2600 m), *s* Mittelgeb., aber vielfach *(v–z)* aus Kultur verwild., stellenw. eingebürgert. [= *P. aurantiaca* (L.) F. W. SCHULTZ & SCHULTZ-BIP.]

Orangerotes H., * **H. aurantíacum** L.

— Bltn. gelb, allenfalls äußere unterst s. rötl. **6**

6. Stg. meist > 25 cm, bis 80 cm hoch, 1- bis mehrblättrig; Köpfchen zahlr. **9**
— Stg. < 25 cm hoch, meist 1-blättrig; Köpfchen zu 2–7; Grdblätt. spatelig bis lineal, blaugrün **7**
7. Ausläufer verlängert; Stg. unten kahl, 2–5-köpfig, oben oft m. Stern- u. Drüsenhaaren; Hülle 6–8 mm lg.; Blätt. spatelig, ohne Sternhaare, ± blaugrün, glzd.; Hüllblätt. weißl. berandet; Bltn. gelb, außen nicht rot; ♃; V–VIII. Magerrasen, Heiden, Flachmoore; *v–z* im S, *z–s* im N. [= *H. auricula* Lam. & DC.; = *P. lactucella* (Wallr.) P. D. Sell & C. West]
Öhrchen-H., **H. lactucélla** Wallr.
— Ausläufer kurz od. fehlend **8**
8. Hüllblätt. durch Seidenhaare verdeckt, 7–12 mm lg.; Hülle 8–11 mm lg.; Pfl. 10–20 cm hoch, 1–5-köpfig, m. 2–3 Stgblätt.; ♃; VII–VIII. Alpine Rasen, auf kalkarmem Boden, 1950–2600 m; *s,* nur Vs. [= *P. alpicola* (Steudel & Hochst.) F. W. Schultz & Schultz-Bip.]
Seidenhaariges H., **H. alpícola** Steudel & Hochst.
— Hüllblätt. nicht durch seidige Haare verdeckt, dk., ohne Rand, 6–8 mm lg.; Stg. oberw. lg. absthd. behaart; Köpfchen zu 2–7; Blätt. grün, m. Stern- u. Drüsenhaaren; ♃; VII–VIII. Alpine Matten, 1800–2600 m; *s* Allgäu, *z* Au, CH, Bz. [= *H. angustifolium* Hoppe; = *P. glacialis* (Reyn.) F. W. Schultz & Schultz-Bip.] *Gletscher-H.,* **H. glaciále** Reyn.
9(6). Stg. m. 5–20, allmähl. kleiner werdenden Blätt.; Köpfchen zu 10–30, in Schirmrispen; Blätt. graugrün, derb bis dickl.; Hüllblätt. u. Köpfchenstiele durch Sternhaare filzig, ohne Drüsenhaare; Blätt. u. Stg. zusätzl. absthd. borstenhaarig; Pfl. ohne Ausläufer; ♃; VII–VIII. Trockenrasen, Dünen, lichte Nadelwälder; *z* im O, *s* westl. bis MeVp, Br, Harz, Th, Sa; in W-Dt nur Zwischenarten. [= *P. echioides* (Lumn.) F. W. Schultz & Schultz-Bip.] *Natternkopfblättriges H.,* **H. echioídes** Lumn.
— Stg. 1–4(–6)-blättrig **10**
10. Blätt. längl.-lanzettl. od. lineal, ± derb, blaugrün, kaum sternhaarig **12**
— Blätt. elliptisch-längl. od. lanzettl., ± weich, gras- bis gelbl.grün **11**
11. Blätt. gelbl.grün, untersts. außer m. längeren Borstenhaaren auch m. Sternhaaren; Stgblätt. 1–4; Köpfchen zu 20–50 in Schirmrispen; Stg. markig, nur bis 2 mm lg. behaart; Ausläufer meist fehlend; ♃; V–VIII. Halbtrockenrasen, Gebüsch; *z,* im W seltener, hier nördl. bis M-Rhein (*f* Vb, E). [= *P. cymosa* (L.) F. W. Schultz & Schultz-Bip.]
Trugdoldiges H., **H. cymósum** L.
— Blätt. grün, untersts. spärl. sternhaarig, obersts. wie der leicht zusammendrückbare, hohle Stg. dunkelborstig; Stgblätt. 2–3; Stg. 3–4 mm lg. behaart, bes. an der Basis; Pfl. m. unter- od. oberirdischen Ausläufern; ♃; V–VIII. Halbtrockenrasen, Moorwiesen; *z.* [= *H. pratense* Tausch; = *P. caespitosa* (Dum.) P. D. Sell & C. West]
Wiesen-H., **H. caespitósum** Dum.
12(10). Ausläufer fehlend; Stiele der Köpfchen u. Hüllblätt. weich drüsenhaarig; ♃; V–VIII. Halbtrockenrasen, Steinbrüche; *z,* im N *s–f.* [= *H. florentinum* All.; = *P. piloselloides* (Vill.) Soják]
Florentiner H., * **H. piloselloídes** Vill.

— Ausläufer vorhanden, lg. u. dünn; Köpfchen u. Hülle meist ohne Drüsenhaare; ♃; V–VII. Trockenrasen, Ruderalstellen; *s* im südl. u. mittl. Gebiet, sehr *s* im N, *f* E, Ho. [= *P. bauhini* (SCHULT.) ARVET-TOUVET]
Bauhins H., **H. bauhíni** SCHULT.

Untergattung: **H.** subgen. **Hierácium,** *Echte Habichtskräuter*

1. Hüllblätt. fast 2-reihig, stumpf, schwarzgrün; Blätt. längl.-lanzettl., in den Stiel verschmälert, spärl. behaart, blaugrün; ♃; VII–IX. Felsfluren, Krummholzreg.; *s* Ti, Kt, Sb, Gesenke. (incl. *H. silesiacum* KRAUSE)
Ⓖ *Zerstreutköpfiges H.,* **H. spársum** FRIV.

— Hüllblätt. mehrreihig, ± dachig **2**

2. Grdblätt. z. Bltzt. fehlend; Stgblätt. 10 u. mehr **20**

— Grdblätt. z. Bltzt. vorhanden; Stgblätt. bis 10 . . . . **3**

3. Haare der Pfl. federig; Zähne der Haare mehr als 2-mal so lg. wie der Haardurchmesser **19**

— Haare der Pfl. einfach od. nur kurz gezähnt **4**

4. Blätt. u. ganze Pfl. drüsenhaarig **17**

— Blätt. drüsenlos, aber m. Borstenhaaren; Pfl. wenigstens im unt. Teil drüsenlos (s. aber *H. schmidtii,* Nr. **11**) **5**

5. Hüllblätt. unregelmäßig dachig, wenigreihig, die äußeren kurz, nicht allmähl. in die gleichlangen inneren übergehend **12**

— Hüllblätt. regelmäßig dachziegelig angeordnet, die äußeren allmähl. in die inneren übergehend; Gebirgspfl. **6**

6. Zungenbltn. an ihrer Spitze behaart; Köpfchenstiele u. Hüllblätt. schwarzdrüsig; Blätt. längl.-lanzettl., fast ganzrandig, rau behaart; ♃; VII–VIII. Felsschuttfluren; *s* S-Vog. (oberhalb 1300 m).[= *H. vogesiacum* (KIRSCHL.) FR.] *Vogesen-H.,* **H. juránum** RAPIN

— Zungenbltn. an ihrer Spitze kahl **7**

7. Äußere Hüllblätt. lg. u. fein zugespitzt, dicht u. lg. zottig; ganze Pfl. lg.- u. weichhaarig **10**

— Äußere Hüllblätt. stumpf, nicht od. schwach behaart; ganze Pfl. kahl od. nur einzelne Teile schwach behaart; Blätt. blaugrün **8**

8. Rosettenblätt. deutl. gestielt, lanzettl., bläul.grün, gezähnt; Stgblätt. 2–6; Hülle 8–12 mm lg.; Stiele der seitl. Köpfchen ausw. aufstgd., dadurch Inflbereich sparrig; Infl. 4–8-köpfig; ♃; VII–IX. Felsfluren, Geröll, bis 2000 m; *z* Alp., *s* Vorland.
Blaugrünes H., **H. glaûcum** ALL.

— Rosettenblätt. ungestielt, fast ganzrandig, blaugrün; Stgblätt. zahlr. (mehr als 5), nach oben allmähl. kleiner werdend **9**

9. Fr. rotbraun bis schwarz; Blätt. lanzettl.; Hülle deutl. vom Köpfchenstiel abgesetzt, länger als 12 mm; Stiele der seitl. Köpfchen aufrecht weisend, dadurch Inflbereich gedrungen; ♃; VII–VIII. Geröll, Felsen, bis 2400 m, kalkstet; *z* Alp. u. Vorland, *s* SchwAlb, FrSchweiz, Schweizer Jura. *Hasenohr-H.,* **H. bupleuroídes** GMEL.

— Fr. strohfarben; Blätt. lineal od. schmaler; Hülle allmähl. in d. Köpfchenstiel übergehend, kürzer als 12 mm; Stiele der seitl. Köpfchen gebogen ausw. weisend, dadurch Infl. sparrig erscheinend; ♃; VII–IX.

Felsfluren, bis 2000 m; *z* Bz, Kt, St, OÖ, NÖ, OTi.
Lauchblättriges H., **H. porrifólium** L.

10(7). Stg. blattlos od. 1-blättrig, fast immer 1-köpfig; Hüllblätt. schmal, ebenso wie die Blätt. sehr lg. behaart; ♃; VII–VIII. Steinige Matten, Moränen, 1700–2500 m; *z* Alp., *s* in Dt (nur Allgäu u. Berchtesgaden). (incl. *H. glanduliferum* HOPPE)
Haartragendes H., **H. pilíferum** HOPPE em. HAY.

— Stg. mehrblättrig, 1- bis wenigköpfig; Hülle 12–18 mm lg. **11**

11. Äußere Hüllblätt. längl.-lanzettl., blattartig, grün, absthd., innere lineal, lg. zugespitzt, oft dk.; Stgblätt. 4–8; Stg. 2–4-köpfig; ♃; VII–VIII. Felsen, Schuttfluren, 1300–2500 m, kalkliebend; *z* Alp., *s* Gesenke.
Zottiges H., **H. villósum** JACQ.

— Alle Hüllblätt. gleich gestaltet, lineal-lanzettl., die äußeren anlgd., nicht blattartig; Stgblätt. 3–6; Stg. 1–3-köpfig; ♃; VII–VIII. Felsspalten, steinige Matten; *z* Alp. (incl. *H. morisianum* RCHB. f.)
Wollköpfiges H., **H. pilósum** SCHLEICH. ex FROEL.

12(5). Blätt. obersts., bes. am Rand, borstenhaarig, m. zerstreuten, winzigen Drüsenhaaren, blaugrün; Stgblätt. 0–1; Grdblätt. deutl. gestielt; Stg. 2–12-köpfig; Zungenbltn. an der Spitze meist bewimpert; Köpfchenstiele drüsig; Stg. oberw. u. z.T. tief herab ± drüsig; Gr. gelb; ♃; V–VII. Felsen, Geröll; *z* Alp., sonst seltener, nördl. bis Eifel/Harz/Sa. (incl. *H. pallidum* BIV.) *Blasses H.,* **H. schmídtii** TAUSCH

— Blätt. ± weich kraushaarig, ohne Drüsenhaare, hell- bis dk-, selten blaugrün *(H. caesium);* Gr. oft dunkel **13**

13. Bltnstand gedrängt bis lockerrispig, gleich der Hülle reichdrüsig, aber nicht od. nur schwach behaart; Blätt. ungefleckt **15**

— Bltnstand armköpfig, gleich der Hülle meist drüsenlos, ± reich behaart, oft dicht sternhaarig (flockig); Blätt. zuw. gefleckt **14**

14. Stgblätt. 0–2; Stg. 4–8-köpfig; Rosettenblätt. breit eif., buchtig gezähnt bis fiedspaltig, deutl. gestielt; ♃; VI–VIII. Felsen, Geröll, Bergwiesen, bis 2500 m, kalkliebend; *v* Alp., Vorland, Schweizer Jura, Alb, Fr-Schweiz, Harz/Th, ČR. *Zweigabeliges H.,* **H. bífidum** KIT.

— Stgblätt. 2–8; Stg. 1–4-köpfig; Blätt. breit lanzettl., gezähnt, zugespitzt, blaugrün, meist dk. gefleckt, höchstens kurz gestielt, am Rand behaart; ♃; VI–VIII. Wie vorige; *z* Alp. u. Vorland, *s* SchwAlb u. Harz, Sudeten. *Blaugraues H.,* **H. cǽsium** (FR.) FR.

15(13). Rosettenblätt. zahlr. (mehr als 12), sehr dicht kurz behaart, allmähl. in den Stiel verschmälert; Hüllblätt. grünl., ohne (drüsenlose) Haare; ♃; VI–VIII. Lichte Wälder; *s* St (Deutschlandsberg).
Siebenbürger H., **H. transsylvánicum** HEUFF.

— Rosettenblätt. meist nur 5–6, geringer behaart, oft nur am Rand, auf d. Rückennerv od. Stiel; Hüllblätt. meist schwärzl., meist m. (drüsenlosen) Haaren **16**

16. Stgblätt. 0–1; Grdblätt. längl.-eif., ± gestielt; Sprgrd. grob bis eingeschnitten gezähnt, oft m. 1–2 großen, rückw. gerichteten Zähnen, graugrün, ungefleckt; Hüllblätt. an der Spitze ohne Wimperbüschelchen; ♃; V–VI. Wälder, Magerrasen; *v,* im N *z.* [= *H. sylvaticum* (L.) GOUAN] *Wald-H.,* * **H. murórum** L.

— Stgblätt. 3–5; Grdblätt. breit längl.-lanzettl., beidendig zugespitzt, in den Stiel verschmälert, ± gesägt-gezähnt, dkgrün, unterststs. oft rötl., am Rand behaart; Hüllblätt. an der Spitze fein pinself. bewimpert; ♃; VI–VII. Wälder, Gebüsche; *v–z*. (= *H. vulgatum* auct. non Fr.)
Gewöhnliches H., * **H. lachenálii** Sut.

17(4). Ganze Pfl. dicht klebrig-drüsig, sonst schwach behaart bis kahl; Stgblätt. 3–6, eif., m. geöhrtem od. herzf. Grd. stgumfassend sitzend; Stg. reichästig, 2–12-köpfig; Hülle meist kahl; Zungenbltn. an der Spitze bewimpert; ♃; VI–VIII. Felsen, steinige Weiden; *z* Alp., *s* SO-Schw., sonst zuw. als Zierpfl. u. verwild. (Mauern, z. B. N-Th, Harz, unt. Neckar). (Wenn Bltn. nur blassgelb u. ihre Zungen an ihrer Spitze unbehaart, *H. intybaceum*, Nr. **20**.)
Ⓖ *Stängelumfassendes H.*, **H. amplexicaúle** L.

— Pfl. reichdrüsig u. behaart, aber nicht klebrig; Hülle behaart; Stgblätt. 1–4; Stg. 1- bis wenigköpfig **18**

18. Blätt. eif., tief buchtig gezähnt, Grdblätt. zuw. fast fiedteilig; Stg. vom Grd. an gabelästig, 2–4-blättrig, 2–8-köpfig; Zungenbltn. an der Spitze nicht bewimpert; ♃; VI–VIII. Kalkfelsen, bis 2200 m; *z* Alp., Schweizer Jura, SchwAlb, *s* S-Schw., Vog. *Niedriges H.*, **H. húmile** Jacq.

— Blätt. eif.-lanzettl., ganzrandig bis schwach gezähnt; Stg. einfach od. wenig gabelästig, 1–3-köpfig; Stgblätt. 0–1(–2); Zungenbltn. an der Spitze behaart; ♃; VII–VIII. Magermatten, Zwergstrauchheiden; *z* Alp. (1500–2700 m); *s* Vog., Harz, Sudeten. *Alpen-H.*, **H. alpínum** L.

19(3). Pflanze dicht weißfilzig, ohne Drüsenhaare, 10–40 cm hoch, 2–5-köpfig; Hülle 12–18 mm lg. u. 10–16 mm breit, ohne Sternhaare; Stg. m. 2–5 sitzenden Blätt.; Grdblätt. 3,5–10 cm lg. u. 1,5–4 cm breit, elliptisch od. eif., ganzrandig od. m. wenigen Zähnen; Köpfe sehr lg. gestielt; ♃; VI–VII. Steppenrasen, Kiefernwälder, 300–2100 m; *s*, nur Vs, Schweizer Jura (Neuenburg). *Filziges H.*, **H. tomentósum** L.

— Pfl. nicht weißfilzig; Blattoberseite meist haarlos, oft gefleckt; Grdblätt. gezähnelt bis buchtig gezähnt; Pfl. 10–35 cm hoch, oft mehrstängelig, m. 1–3 Stgblätt.; Hülle 9–13 mm lg.; Hüllblätt. schwarzgrün, hellrandig; ♃; VII–VIII. Felsen, Kiefernwälder, 400–1700 m; *s*, nur Vs. *Geflecktes H.*, **H. píctum** Pers.

20(2). Ganze Pfl. dicht klebrig-drüsig, sonst unbehaart; Blätt. längl.-lanzettl., weich, unregelmäßig gezähnelt, am Rand gewellt; Stg. dick, gefurcht, 5–30 cm hoch, 1–3-köpfig; Hülle kugelig, bis 18 mm; Bltn. blassgelb, ihre Zungen an der Spitze kahl; ♃; VII–IX. Schutthalden, steinige Weiden, kalkmeidend; *z* CH, Bz, Au, *s* Allgäu, Hoch-Vog. (Wenn Bltn. reingelb u. ihre Zungen an der Spitze bewimpert, *H. amplexicaule*, Nr. **17**.) [= *Schlagintweitia intybacea* (All.) Gris.] *Endivienartiges H.*, **H. intybáceum** All.

— Pfl. nicht klebrig-drüsig (jedoch ± reichl. behaart), höchstens der Bltnstand etwas drüsig; Stg. schlank; Stgblätt. meist behaart; Pfl. selten < 30 cm, bis über meterhoch **21**

21. Hülle u. Bltnstand drüsig; mittl. Stgblätt. breit-eif.-lanzettl., m. herzf. Grd. stgumfassend, unterststs. netzadrig; Stg. hohl, dicht u. reichl. beblätt.; Zungenbltn. an der Spitze bewimpert; ♃; VII–VIII. Felsige Abhänge,

Wiesen, Krummholzreg., 1200–2200 m; *z* Alp. (in Dt *s*), *s* S-Schw., Hoch-Vog., Schweizer Jura, Sudeten.
Hasenlattich-H., **H. prenanthoídes** VILL.

— Hülle u. Bltnstand drüsenlos od. armdrüsig; Stgblätt. am Grd. verschmälert, höchstens m. schwach stgumfassendem Grd. sitzend, zuw. gestielt; Zungenbltn. an der Spitze nicht bewimpert **22**

22. Pfl. außer den 10–15 Stgblätt. noch m. 1–2 Grdblätt.; Stgblätt. eilanzettl., buchtig gezähnt, entfernt stehend; Hüllblätt. meist unregelmäßig dachig, die inneren spitz, nicht zurückgebogen, spärl. drüsig, bleichrandig; ♃; VI–VIII. Gebüsch, Waldränder, Bergwiesen, Moore; *v,* stellenw. nur *z.* *Glattes H.,* * **H. laevigátum** WILLD.

— Pfl. vollständig ohne Grdblätt.; Stgblätt. bis über 50; Hüllblätt. regelmäßig dachig, alle stumpf, drüsenlos od. spärl. drüsig **23**

23. Hüllblätt. an der Spitze absthd., zurückgebogen, drüsenlos; Blätt. lineal-lanzettl., am Rand oft zurückgerollt; Köpfchen in Dolden; Gr. meist gelb; ♃; VII–X. Wälder, Heiden, Dünen, Gebüsch; *v,* stellenw. nur *z.* *Dolden-H.,* * **H. umbellátum** L.

— Hüllblätt. an der Spitze nicht zurückgebogen, meist drüsig; Blätt. breiter; Köpfchen nicht in Dolden; Griffel meist dk. **24**

24. Stgblätt. ± gleichmäßig verteilt, eif.-lanzettl., nur stielart. verschmälert, grob gesägt bis gezähnt; Hüllblätt. schwarz, meist haar- u. drüsenlos; seitl. Köpfchen lg. gestielt, gebogen aufw. weisend; Fr. braun bis schwarz; ♃; VIII–X. Waldränder, Sand- u. Heideböden; *v, z–s* im NW. (= *H. silvestre* TAUSCH) *Savoyer H.,* * **H. sabáudum** L.

— Blätt. am Grd. des Stg. od. in dessen Mitte oft dicht gedrängt, eine Scheinrosette bildend, längl.-lanzettl., rasch in den Stiel verschmälert, schwach gezähnelt; Hüllblätt. grünl., meist behaart u. m. Drüsen; seitl. Köpfchen sehr kurz gestielt; Fr. ledergelb bis braun; ♃; VII–X. Lichte Wälder, bis montane Reg.; *z* CH, FL, Bz, Au, ČR, *s* Schl, Br, SaAn.
Traubiges H., **H. racemósum** WILLD.

Ordnung: **Dipsacáles**

Familie: **Adoxáceae**, *Moschuskrautgewächse*

Sträucher u. Kräuter; Blätt. gegenst.; Bltn. radiär, oft in Schirmrispen; Blkr. 5(4)-zählig; Stbblätt. meist 5; Frkn. unterst.; Fr. Beere od. beerenart. Steinfrucht. Nach neueren Erkenntnissen müssen *Adoxa, Sambucus* und *Viburnum* zusammen in eine Familie gestellt werden.

1. Pfl. krautig, 5–15 cm hoch . . . . **Adoxa,** 823
— Pfl. über 15 cm hoch, Sträucher od. große Stauden **2**
2. Blätt. gefied. . . . . **Sambucus,** 823
— Blätt. ungeteilt od. gelappt . . . . **Viburnum,** 823

1. Sambúcus L., *Holunder*

1. Pfl. krautig, 0,5–2 m hoch, widerl. stinkend; Nebenblätt. laubig, lanzettl., gesägt; Blkr. weiß od. rötl.; Stbbeutel rot; Fr. schwarz; ♃; VI–VIII. Feuchte Waldlichtungen, steinige, buschige Orte; *v* Au, CH, Bz, *z–v* im S, nördl. bis NrWe, SH, zuw. hier Neubürger.
Giftig! *Attich, Zwerg-H.,* * **S. ébulus** L.
— Sträucher; Nebenblätt. fehlend od. warzig; Stbbeutel gelb **2**
2. Blkr. weiß, in schirmf. Rispen; Fr. schwarz; Mark der Äste reinweiß; bis 7 m hoch; ♄; VI–VII. Auwälder, Gebüsche, Ruderalfluren; *g*, oft angepflanzt. *Schwarzer H.,* * **S. nígra** L.
— Blkr. grünl.gelb, in eif. od. kegelf. Rispen; Fr. rot; Mark der Äste gelb bis hellbraun; bis 3 m hoch; ♄; III–V. Bergwälder, Gebüsche, kalkmeidend; *v* Geb., sonst *z, s* im N (dort zuw. verwild.)
Giftig für Vieh! *Berg-H., Trauben-H.,* * **S. racemósa** L.

2. Vibúrnum L., *Schneeball*

1. Blätt. 3–5-lappig *(257),* am Stiel m. napff. Drüsen; randst. Bltn. der Schirmrispe vergrößert (strahlend), steril; Beeren rot; ♄; V–VII. Feuchte Gebüsche, Auwälder; *v.*
Giftig! *Gewöhnlicher Sch.,* * **V. ópulus** L.
— Blätt. ungeteilt, am Rand scharf gezähnt *(264),* untersts. dichtfilzig; Bltn. der Schirmrispe alle gleich gestaltet; Beeren schwarz; ♄; IV–V. Steppenheidewälder, Gebüsche, kalkliebend; *v* CH, Bz, Au, *z* S-Dt, E, nördl. seltener bis Be/Köln/Höxter/Thw./N-Ba/ČR; oft als Zierstrauch u. eingebürgert (SaAn, Sa). *Wolliger Sch.,* * **V. lantána** L.

3. Adóxa L, *Moschuskraut*

Stg. 5–15 cm hoch, m. 2 gegenst. (selten 3 quirlst.) Blätt., das größte grdst.; Bltn. in lg.gestielten, hellgrünen, fast würfelf. Köpfchen *(223)*; ♃; III–V. Feuchte Wälder; *v–z*, stellenw. *h.* * **A. moschatellína** L.

Familie: **Caprifoliáceae** (incl. *Diervillaceae, Linnaeaceae, Dipsacaceae* u. *Valerianaceae*), *Geißblattgewächse*

Sträucher, Stauden u. Kräuter; Blätt. gegenst. od. in grdst. Rosetten; Bltn. radiär od. zygomorph, m. u. ohne Sporn; Stbblätt. 1–5; Frkn. unterst.; Fr. Beere, Steinfr., Kapsel, Nuss od. Achäne. Nach neuesten Forschungen sind die Familien *Diervillaceae, Linnaeaceae, Dipsacaceae* und *Valerianaceae* mit den *Caprifoliaceae* zu vereinigen.

1. Pfl. 5–12 cm hoch; Bltn. trichterf, einzeln od. zu 2 auf lg. Stielen . . . . . **Linnaea,** 825
— Pfl. höher od. Bltn. nicht auf lg. Stielen **2**
2. Krautige Pfl., höchstens am Grd. verholzt u. dann Blätt. grasartig schmal *(Lomelosia)* **5**
— Aufrechte od. windende Sträucher **3**
3. Blkr. tief 2-lippig *(1246, 1247a, 1248a)* . . . . . **Lonicera,** 825
— Bltn. fast radiär, glockig bis trichterf.; aufrechte Sträucher **4**
4. Blkr. 30–35 mm lg.; Kapselfr. . . . . . **Weigela,** 826
— Blkr. höchstens 6 mm lg.; Fr. weiße Beere **Symphoricarpos,** 825
5(2). Stbblätt. 4 . . . . . **8**
— Stbblätt. 1 od. 3 . . . . . **6**
6. Blkr. röhrig, m. lg. Sporn *(229);* nur 1 Stbblatt **Centranthus,** 833
— Blkr. trichterf., nicht gespornt, am Grd. nur ausgesackt *(228)* **7**
7. Stg. wiederholt gabelästig *(307);* K. ± deutl. 1–6-zähnig, z. Frzt. nicht auswachsend; Bltn. bläul. bis weißl. . . . . . **Valerianella,** 830
— Stg. nicht gabelästig; Bltn. nie blau; K. z. Frzt. zu behaarten Strahlen auswachsend *(227)* . . . . . **Valeriana,** 831
8(5). Stg. u. Kopfstiele stachelig; Bltn. in walzenf. od. halbkugeligen Ähren, in den Achseln stacheliger Tragblätt. *(1249–1251);* randst. Bltn. nicht strahlend; K. ohne Borsten . . . **Dipsacus,** 827
— Stg. u. Kopfstiele ohne Stacheln; Bltn. in verbreiterten, flachen od. halbkugeligen Köpfchen; Randbltn. oft strahlend **9**
9. Köpfchenboden ohne Spreublätt., aber haarig; K. m. 8–16 Borsten od. Zähnen . . . . . **Knautia,** 828
— Köpfchenboden m. Spreublätt.; K. m. 4-5 Borsten od. Zähnen **10**
10. Randbltn. strahlend; Blkr. 5-zipfelig **13**
— Randbltn. nicht strahlend; Blkr. 4-zipfelig **11**
11. Hüllblätt. in mehr als 3 Reihen; Außenk. m. 8 pfrieml. Zähnchen . . . . . **Cephalaria,** 826
— Hüllblätt. in 1-3 Reihen; Außenk. 4-spitzig od. 8-furchig **12**
12. Außenk. 4-kantig, rauhaarig, m. 4 Spitzen; Blkr. dkblau; K. m. 5 borstenf. Strahlen *(1252)* . . . . . **Succisa,** 827
— Außenk. 8-furchig, kahl; Blkr. lila od. blassblau; K. ohne Borsten . . . . . **Succisella,** 827
13(10). Blätt. grasartig, höchstens 3,5 mm breit, ungeteilt, ganzrandig . . . . . **Lomelosia,** 830

— Blätt. breiter als 4 mm, nicht grasartig, oft geteilt od. gekerbt **Scabiosa,** 829

1. Symphoricárpos DUH., *Schneebeere*
Blätt. einfach od. gelappt *(258, 259)*; Bltn. rötl.; Fr. verschieden große, kugelige, weiße Beeren; Gr. kahl; ♄; VI–VIII. Gepfl., *v* verwild. u. eingebürgert. (Heimat: westl. N-Am.) (= *S. racemosus* MICHX.; = *S. rivularis* SUKSDORF) **Giftig!** * **S. álbus** (L.) BLAKE

2. Linnaéa L., *Moosglöckchen*
Sprossachse fädl., kriechend; Blätt. breit eif., m. wenigen Kerbzähnen, gestielt, unterststs. bläul.; Bltn. rosarot, glockig, zu 1–2 auf lg. Stielen *(198)*, nachts nach Vanille duftend; ♃; VII–VIII. Moosige Nadelwälder; *v* in O-Dt bis OPr, *s* im N, *z* Alp., Au, früher ČR. ⓖ * **L. boreális** L.

3. Lonícera L., *Heckenkirsche, Geißblatt*
1. Stg. nicht windend 5
— Stg. windend 2
2. Bltn. zu 2 in den Blattachseln; Tragblätt. groß, blattartig; Blätt. teilw. immergrün, ganzrandig od. fiedteilig; Blkr. erst weiß od. rosa, später gelb, drüsig behaart; Beeren schwarz; ♄; VI–IX. Hecken, Waldränder; *s*, in Ts u. Gr eingebürgert. (Heimat. O-As.) *Japanisches G.,* **L. japónica** THUNB.
— Bltnstand mehrblütig; Bltn. in kopfigen Quirlen 3
3. Alle Blätt. getrennt, auch die unterhalb des Bltnstandes; Bltnstand kopfig, gestielt; Blkr. gelbl.weiß, oft rot überlaufen, meist drüsig behaart; Beeren rot; ♄; V–VI. Wälder, Waldränder; *v, f* OPr, S-Ba, in Au u. ČR nur verwild. **Giftig!** *Wald-G.,* * **L. periclýmenum** L.
— Ob. Blätt. am Grd. paarweise verwachsen 4
4. Endst. Bltnstand sitzend *(1246)*; Blkr. 3–5 cm lg., weiß, gelbl. od. rötl., kahl od. schwach behaart; Beeren rot od. orange; ♄; V–VII. Hecken, Waldränder; *z*, Au, CH, in S-Dt u. ČR eingebürgert, nördl. bis Saarland-Rheingau, Th, SaAn, Sa, *f* Bz; häufig als Zierstrauch. *Jelängerjelieber, Wohlriechendes G.,* * **L. caprifólium** L.
— Endst. Bltnstand 1–5 cm gestielt; Bltn. weiß bis gelb od. rötl., wenig duftend; Fr. rote Beeren; Pfl. meist < 2 m hoch; ♄; V–VI. Sonnige Abhänge, Auwälder; *s*, nur Vs, Ts. *Etrusker-G.,* **L. etrúsca** SANTI
5(1). Frkn. u. Fr. eines jeden Bltnpaars vollständig od. fast vollständig miteinander verwachsen *(1248)* 8
— Frkn. u. Fr. eines jeden Bltnpaars vollständig getrennt od. nur am Grd. miteinander verwachsen *(1247)* 6
6. Blätt. beidersts. flaumig, breit oval; gemeinsamer Bltnstiel wenig länger als gelbl.weiße Blkr.; Fr. scharlachrot; Äste hohl; ♄; V–VI. Wälder,

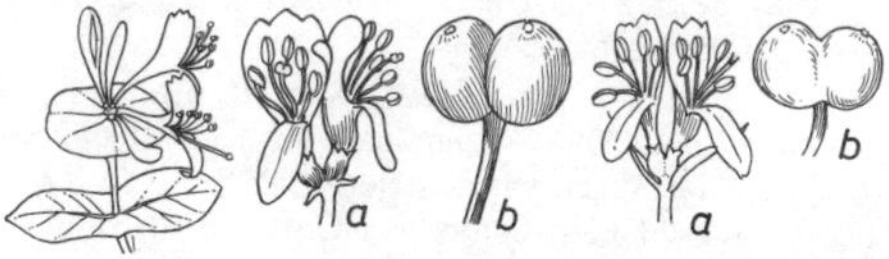

1246 *1247* *1248*

Gebüsche, kalkliebend; *v, z* im N, *f* NW-Dt; zuw. gepflanzt.
Giftig! *Rote H.,* * **L. xylósteum** L.

— Blätt. kahl od. nur an den Nerven flaumig 7

7. Gemeinsamer Bltnstiel so lg. od. wenig länger als die Bltn.; Blätt. herz-eif.; Blkr. rot od. weiß; Fr. scharlachrot od. gelb; Äste hohl; ♄; V–VI. Gepfl., stellenw. verwild. (Heimat: M-As.) *Tataren-H.,* * **L. tatárica** L.

— Gemeinsamer Bltnstiel 3–4-mal so lang wie die Bltn.; Blätt. längl.-elliptisch; Blkr. rötl. od. weiß; Fr. schwarz, bläul. bereift; Äste m. weißem Mark; ♄; IV–V. Gebirgswälder (bis 2200 m); *z* Alp. u. Vorland, Mittelgeb. (Schweizer Jura/Schw./Vog., Bayr./Böhmw., Rhön, Thw., Lausitz, Erzgeb., Sudeten). **Giftig!** *Schwarze H.,* **L. nígra** L.

8(5). Blkr. gelbl.; Beeren schwarzblau bereift; gemeinsamer Bltnstiel kürzer als die Blüte; ♄; VI–VII. Feuchte Wälder, Gebüsche, Krummholzreg., bis 2630 m, kalkmeidend; *z* Alp., Vorland u. Schweizer Jura.
Blaue H., **L. caerúlea** L.

— Blkr. rötl.; Beeren glzd.kirschrot; gemeinsamer Bltnstiel länger als die Blüte; ♄; V–VII. Bergwälder, Schluchten, bis 2180 m, kalkliebend; *v* Alp., Schweizer Jura, *z* Vorland, *s* Baar, W-SchwAlb, Bodenseegebiet.
Giftig! *Alpen-H.,* * **L. alpígena** L.

4. Weígela Thunb., *Weigelie*

Bltn. weiß bis dkrot, kurz gestielt; Blätt. eif.-spitz, fein gesägt, meist behaart; ♄; V–VI. Zuw. verwild., aber *v* angepfl. Ziersträucher; meist Hybriden aus mehreren Stammarten. (Heimat: O-As.) [= *Diervilla florida* (Bge.) S. & Z.]
W. flórida (Bge.) DC.

5. Cephalária Schrad., *Schuppenkopf*

1. Blkr. gelb 3

— Blkr. blau; Pfl. einjährig 2

2. Hüllblätt. 3–4 mm lg.; Spreublätt. 8–12 mm lg. m. lg. Stachelspitze; Blätt. 3–15 cm lg. u. 1,5–3,5 cm breit, eif., gesägt bis schwach gelappt; Blkr. blau bis lila, 8–14 mm lg.; Pfl. bis 90 cm hoch; ⊙; VI–VII. Unbeständig, m. Vogelfutter eingeschleppt, *s,* z. B. St. (Heimat: SW-As.)
Orientalischer Sch., **C. syríaca** (L.) R. & Sch.

— Hüllblätt. 5–8 mm lg.; Spreublätt. 7–10 mm lg. m. kurzer Spitze, lg. bewimpert; Blätt. 5–12 cm lg. u. 1–5 cm breit, eif.-lanzettl., ungeteilt, gesägt od. gelappt; Blkr. blau od. gelbl.weiß; Pfl. 30–100 cm hoch; ⊙; VII–X. Wegränder, Böschungen; unbeständig od. eingebürgert, nur NÖ, Bgl. (Heimat: SO-Eur.).
Siebenbürger Sch., **C. transsylvánica** (L.) R. & Sch.

3(1). Blätt. 5–12 cm lg. ; Pfl. einjährig .... **C. transsylvanica** vgl. Nr. **2**—

— Blätt. > 12 cm lg.; Pfl. ausdauernd 4

4. Blätt. 8–18 cm breit u. 15–42 cm lg.; Spreublätt 9–12 mm lg., m. Stachelspitze, seidig-zottig behaart; Hüllblätt. spitz; Außenk. z. Frzt. 9–12 mm lg.; Blkr. gelbl.weiß; Pfl. 60–100 cm hoch; ♃; VI–VIII. Hochstaudenfluren; *s,* CH, Vb (Arlberg).
Alpen-Sch., **C. alpína** (L.) R. & Sch.

— Blätt. 4–10 cm breit; Spreublätt. 7–9 mm lg., spitz; Hüllblätt. stumpf; Außenk. z. Frzt. 5 mm lg., an der Spitze verschmälert; Blkr. gelb, 12–17 mm lg.; Pfl. 60–120 cm hoch; ♃; VI–VII. Eingebürgert in NÖ (Kamp). (Heimat: Rumänien)
Strahlender Sch., **C. radiáta** Gris. & Schenk

6. Dípsacus L. (incl. **Vírga** HILL), *Karde*

1. Blätt. sitzend, am Grd. paarweise miteinander verwachsen; Infl. längl., aufrecht **3**

— Blätt. gestielt, am Grd. nicht miteinander verwachsen; Infl. kugelig, vor dem Aufblühen nickend **2**

2. Infl. 1,5–2 cm breit; Tragblätt. 10–12 mm lg., borstig bewimpert *(1249)*; Blkr. weißl.; Antheren schwarzviolett; Pfl. 60–120 cm hoch; ♃; VII–VIII. Auwälder, Waldlichtungen; *z*, im N seltener, *f* NW-Dt, OPr. [= *Virga pilosa* (L.) HILL] *Behaarte K.*, * **D. pilósus** L.

— Infl. 2,5–4 cm breit; Tragblätt. 15–20 mm lg., schwach behaart; Blkr. blassgelb; Antheren hellgrün; Pfl. 80–150 cm hoch; ♃; VII–VIII. Gepfl., *s* an Ruderalstellen verwild. u. eingebürgert. (Heimat: S-Russland, Ukraine) *Schlanke K.*, **D. strigósus** WILLD. ex R. & SCH.

3(1). Tragblätt. meist kürzer als die Bltn., mit starrer, zurückgekrümmter Spitze *(1250)*; Blkr. violett; Hochblätt. kürzer als die Ähre; ⊙; VII–VIII. Angebaut (S-Dt) u. stellenw. verwild., z. B. Oberrhein, Bodenseegebiet, auch Vb; (nur kult. bekannt). (= *D. fullonum* HUDS., non L.) *Weber-K.*, * **D. satívus** (L.) HONCK.

— Tragblätt. so lg. wie od. länger als die Bltn., m. gerader Spitze *(1251)* **4**

4. Blätt. leierf. fiedspaltig, am Rand borstig bewimpert, untersts. am Mittelnerven stachelig; Hochblätt. weit absthd., kürzer als die Ähre; Blkr. weiß; ⊙; VII–VIII. Ruderalfluren; *s* M- u. S-Dt, CH, ČR, Au, Ho, Be. Ⓖ *Gelappte K.*, **D. laciniátus** L.

— Blätt. ungeteilt, kahl od. am Mittelnerven untersts. stachelig; Hochblätt. ungleich groß, bogig aufstgd., die längeren die Ähre überragend; Blkr. lila; ⊙; VII–VIII. Ufer, Ruderalstellen, Wegränder; *z*, im N *s*. (= *D. sylvestris* HUDS.) *Wilde K.*, * **D. fullónum** L.

7. Succísa HALL., *Teufelsabbiss*

Pfl. 15–100 cm hoch; Blätt. längl. bis längl-lanzettl., ganzrandig od. schwach gekerbt; Blkr. lila bis blauviolett, 4–7 mm lg.; Fr. 4-kantig, zottig behaart; Außenk. in 4 Spitzen auslaufend; K. m. 5 borstenf. Strahlen *(1252)*; ♃; VII–IX. Pfeifengraswiesen, Wälder; *v*. * **S. praténsis** MOENCH

8. Succisélla BECK, *Moorabbiss*

Pfl. 30–120 cm hoch; Blätt. lanzettl.; Blkr. lila od. blassblau; Fr. flaschenf., ± rund; Außenk. 8-furchig, kahl; K. ohne Borsten; ♃; VI–IX. Wiesenmoore; *s*, Schl (Liegnitz), Kt, St, OÖ, Bgl, früher NÖ, auch eingebürgert (He, Ba). [= *Succisa inflexa* (KLUK) JUNDZ.] **S. infléxa** (KLUK) BECK

1249 1250 1251 1252 1253

9. Knaútia L., *Witwenblume* [1]

1. Ob. Stgblätt. leierf. fiedspaltig, größte Blattbreite in der ob. Hälfte **5**

— Ob. Stgblätt. ungeteilt, aber häufig gezähnt/gezähnelt; größte Blattbreite in der unt. Hälfte **2**

2. Unt. Stg.hälfte u. unt. Stgblätt. behaart **4**

— Unt. Stg.hälfte u. unt. Stgblätt. kahl **3**

3. Stiele der Köpfchen drüsig behaart; Stgblätt. lanzettl., zugespitzt, etwas lederig, ungeteilt, obersts. glzd., ganzrandig od. schwach gekerbt, kahl od. nur am Rand behaart; Köpfchen 3,5–6 cm im Dm; Blkr. rosa bis purpurn; K. m. 8 Borsten; ♃; VII–VIII. Matten, Waldränder, Hochstaudenfluren, 1400–1800 m; *z* Ti, Sb, Kt, Bz.
Langblättrige W., **K. longifólia** (W. & Kit.) Koch

— Stiele der Köpfchen ohne Drüsenhaare; Blätt. lineal-lanzettl., unt. Stgblätt. mehr als 5-mal so lg. wie breit, leicht gezähnt, mittl. u. ob. Stgblätt. am Grd. keilig; Köpfchen 2,5–4 cm im Dm; Blkr. lila-rosa; K. m. 7–9 Borsten; ♃; VI–VIII. Feuchte Wiesen, Waldränder, auf Kalk; *s,* nur Schweizer Jura. *Jura-W.,* **K. godétii** Reut.

4. Rhizom m. dem Bltntrieb abschließend (z. Bltzt. nur m. 1 Bltnstg. u. seitl. davon eine kleine Blattrosette vorhanden); Blätt. längl.-elliptisch, entfernt gesägt, zum Grd. hin lg. u. schmal stielart. verschmälert; K. m. 8 Borsten *(1253);* ♃; VI–IX. Bergwälder, Wiesen; *v* im S, sonst *s* u. nördl. bis Be, Ho, Westw., Th, Sa, Schl, ČR. (= *K. sylvatica* auct.; incl. ssp. *sixtina* (Briq.) Ehrend. u. ssp. *gracilis* (Szabó) Ehrend.). Formenreich.
Wald-W., **K. dipsacifólia** Kreutzer

— Rhizom m. einer zentralen, sterilen Blattrosette u. mehreren seitl. bogig aufstgd. Bltntrieben; K. m. 8–16 borstenf. Strahlen; Blätt. kürzer u. breiter stielart. verschmälert; ♃; V–IX.
Ungarische W., **K. drymḗia** Heuff.

a. Rosettenblätt. u. Stgbasis m. steifen, gelbl. Borstenhaaren; Pfl. 30–60 cm hoch u. meist gering verzweigt. Waldränder; *s* Lungau (Sb), Ti, Kt, St. (= *K. intermedia* Pernh. & Wettst.) (2n = 40).
ssp. **intermédia** (Pernh. & Wettst.) Ehrendf.

— Rosettenblätt. u. Stg. m. weichen, kurzen, weißen u. gräul. Haaren; Pfl. 40–80 cm hoch u. reich verzweigt . . . . **b**

b. Stg. dicht behaart; Stgblätt. obersts. hellgrün, untersts. graufilzig; *s,* Gr, Ts. ssp. **céntrifrons** (Borb.) Ehrend.

— Stg. weniger dicht behaart; Stgblätt. obersts. dkgrün, untersts. behaart od. fast kahl; Bergwälder; *s,* Sa (Pirna), Au, ČR. ssp. **drymḗia**

5(1). Endlappen der Stgblätt. kürzer als der übrige Teil der Spr.; Blätt. meist grün, untersts. behaart **7**

— Endlappen der Stgblätt. etwa so lg. wie der übrige Teil der Spr.; Blätt. graugrün, stark behaart, auch untersts. **6**

5. Stiele der Köpfchen drüsenlos; Köpfchen 2–3 cm im Dm; Blkr. blass lila; K. 6–8-borstig; Pfl. 10–30(–50) cm hoch; ⊙; V–VIII. Kiefernwälder; *s* Kt. Ⓖ *Kärntner W.,* **K. carinthíaca** Ehrendf.

---

[1] Schwierige Gattung. Polyploidkomplex m. offenbar noch nicht abgeschlossener Sippenneubildung.

— Stiele der Köpfchen m. Drüsen; Köpfchen 3–4,5 cm im Dm; Blkr. lilarosa; Pfl. 20–70 cm hoch; ♃; VII–VIII. Wiesen, Gebüsche, auf Kalk; *s*, nur Ts, Gr (Puschlav). *Südalpen-W.*, **K. transalpína** (CHRIST) BRIQ.

7(5). Blkr. blauviolett bis lila; Pfl. m. unterirdischen Ausläufern; K. 8–10-borstig; Köpfchenstiele drüsig od. drüsenlos; Blkr. blauviolett bis lila, selten gelbl.; Pfl. m. unterirdischen Ausläufern; K. m. 8 gefiederten Borsten; ♃; V–IX. Trockene Wiesen, Wegränder, Äcker; *v.* Formenreich. *Acker-W.*, * **K. arvénsis** (L.) COULT.

a. Blkr. gelbl.; Stgbasis nie m. roten Flecken. Nur O-Sa, NÖ, Bgl, ČR. [= *K. kitaibelii* (SCHULT.) BORB.] ssp. **kitaibélii** (SCHULT.) SZABÓ

— Blkr. blauviolett bis lila; Stgbasis meist m. rötl. Flecken . . . . **b**

b. Laubblätt. kahl bis behaart; Stghaare am Grd. oft m. rötl. Flecken, derb, *v.* ssp. **arvénsis**

— Laubblätt. graufilzig; Stghaare am Grd. grünl., fein; Stg. an der Basis graufilzig; *s* OÖ, NÖ, Bgl, ČR. (= *K. pannonica* HEUFF.) ssp. **pannónica** (HEUFF.) O. SCHWARZ

— Blkr. rot; Pfl. ohne unterirdische Ausläufer, m. Bltnstg. u. Blattrosetten; Köpfchenstiele drüsig; Köpfchen 18–35 mm im Dm; K. m. 8–12 Borsten; ♃; VI–VIII. Wiesen, Gebüsche; *s*, Vs. *Purpur-W.*, **K. purpúrea** (VILL.) BORB.

Ⓖ **K.** × **nórica** EHRENDF. (= *K. drymeia* × *K. carinthiaca; = K. illyrica* auct.), *s* Kt, St.

10. Scabiósa L., *Skabiose, Grindkraut*

1. Bltn. (meist) schwarzpurpurn; Außenk. knorpelig; Pfl. 60–120 cm hoch; ♃; VII–IX. Zierpfl., zuw. verwild. (Heimat: Mittelmeergebiet) *Samt-S.*, **S. atropurpúrea** L.

— Bltn. andersfarbig; Außenk. häutig **2**

2. Grdblätt. ungeteilt, ± lanzettl., ganzrandig (selten m. kleinen Zähnchen); Kborsten blassgelb, höchstens 2-mal so lg. wie der Außenk.; Blkr. meist hellblau; Pfl. 20–50 cm hoch; ♃; VII–IX. Trockene Wiesen, lichte Kiefernwälder, kalkliebend; *z* E, S-Dt, im O, nordwestl. bis Be, Harz, auch Da, OÖ, NÖ, Bgl, ČR, *f* CH. *Graue S.*, **S. canéscens** W. & K.

— Kborsten dkbraun bis fuchsrot, deutl. länger; Grd.- u. Stgblätt. geteilt bis gelappt, jedenfalls nicht ganzrandig **3**

3. Blkr. gelbl.weiß bis blassgelb; Kborsten, bes. jung, fuchsrot; ⊙–♃; VII–IX. Steppenrasen, Waldränder; *v* im O, westl. bis Po/SaAn/Th/Sa, sonst nur b. Frankfurt/M., außerdem Au; eingeschleppt Bayrw., Ti. *Gelbe S.*, **S. ochroleúca** L.

— Blkr. blau bis violett **4**

4. Stgblätt. stark behaart, unterststs. fast stets samtig, Endabschnitt recht groß; Kborsten purpurschwarz, 4 mm lg., fast 3-mal so lg. wie der Außenk.; ♃; VIII. Buschig- u. felsig-sonnige Abhänge; Slowenien. [= *S. cinerea* LAP. ex LAM. ssp. *hladnikiana* (HOST) JASIEWICZ] *Krainer S.*, **S. hladnikiána** HOST

— Stgblätt. fast kahl bis zwar dicht, aber nur kurz behaart, niemals samtig **5**

5. Blätt. ± kahl, etwas glzd.; Kborsten gekielt, im Querschnitt gerundet-3-eckig; ♃; VII–IV. Felsen, Schutt, Wiesen, kalkliebend; *z* Alp. (1300–

2300 m), Schweizer Jura, *s* Vog., Riesengeb., Gesenke. Formenreich.
Glänzende S., **S. lúcida** VILL.

— Blätt. deutl. behaart bis kraushaarig, glanzlos; Kborsten im Querschnitt rund 6

6. Kborsten kürzer als der Außenk., zu 1–2 od. ganz fehlend; Grdblätt. u. unterste Stgblätt. fiedspaltig; Pfl. 30–100 cm hoch; ♃; VII–IX. Trockenrasen; *z* S-CH, Bz, Au. [= *S. gramuntia* L.; = *S. columbaria* ssp. *gramuntia* (L.) HAY.] *Südliche S.*, **S. triándra** L.

— Kborsten 2–5-mal so. lg. wie der Außenk. (*224*, aK), zu 5; Grdblätt. u. unterste Stgblätt. meist ungeteilt; Pfl. 20–60(–80) cm hoch; ♃; VII–X. Trockenrasen, Magerwiesen; *v.* Formenreich.
Tauben-S., * **S. columbária** L.

11. Lomelósia RAF., *Grasblättrige Skabiose*

Pfl. 20–40 cm hoch; Stg. am Grd. verholzt; Blkr. hellblau bis lila; Köpfchen 25–45 mm im Dm; Saum d. Außenk. 2–3,5 mm hoch; ♃, VI–VIII. Felsen, Trockenrasen, auf Kalk; *s*, Ts, Bz (Salurn). (= *Scabiosa graminifolia* L.)
L. graminifólia (L.) GREUT. & BURDET

12. Valerianélla MILL., *Feldsalat, Ackersalat, Rapunzel* [1]

1. Ksaum an der zottig behaarten Fr. becherf. ausgebreitet, netzadrig, m. 6 begrannten Zähnen *(1254)*; Blätt. grob gezähnt ⊙; V–VI. Äcker, Wegränder; *s* in SW-Dt eingeschleppt. (Heimat: Mittelmeergebiet)
Krönchen-F., **V. coronáta** (L.) DC.

— Ksaum an der Fr. undeutl. od. 1–3-zähnig od. schief abgeschnitten *(1255–1258)* 2

2. Fr. m. deutl., meist einseitig gezähntem, kurzem Ksaum, eif.-kugelig *(1257, 1258)*; Blätt. am Grd. gezähnt; in den Astgabeln unterhalb der köpfchenart. Infl. noch einzelne Bltn. 4

— Fr. m. undeutl. Ksaum u. kaum erkennbaren Zähnen *(1255, 1256)*; Blätt. meist ganzrandig; Bltnstand gedrungen, in den Gabeln unterhalb der Bltnköpfchen keine Bltn. 3

3. Fr. seitl. etwas zusammengedrückt, kurz zugespitzt, rundl., glatt *(1255)*, m. 1 Furche (unreif runzelig!); ob. Stgblätt. lanzettl.-spitz; ⊙. IV–V. Weinberge, Äcker; [als var. **olerácea** (SCHLTR.) BREISTR. *v* kult. u. oft verwild.]; *v*, im N *z–s*. [= *V. olitoria* (L.) POLL.]
Gewöhnlicher F., * **V. locústa** (L.) LATERRADE em. BETCKE

— Fr. längl., fast prismatisch 4-kantig, auf der Vorderfläche tiefrinnig *(1256)*, ohne deutl. Ksaum; ob. Stgblätt. längl.-lineal, stumpf; ⊙; IV–V. Äcker, Weinberge; *z* im S- u. M-Gebiet, im N nur Ho, SH (Hamburg), MeVp, auch kult. *Kiel-F.*, * **V. carináta** LOIS.

4(2). Fr. nach oben wenig verschmälert, m. breitem, hohem, schiefem Ksaum *(1257)*, m. 5 kurzen Zähnchen, kurzflaumig behaart; Stg. gespreizt gabelästig, 10–30 cm hoch; ⊙; IV–V. Äcker, Schuttfluren; E, RhPf, BW, Ba, N-Th/S-SaAn, zuw. eingeschleppt. (Heimat: Mittelmeergebiet)
Wollfrüchtiger F., **V. eriocárpa** DESV.

---

[1] Nur mit reifen Früchten zu bestimmen!

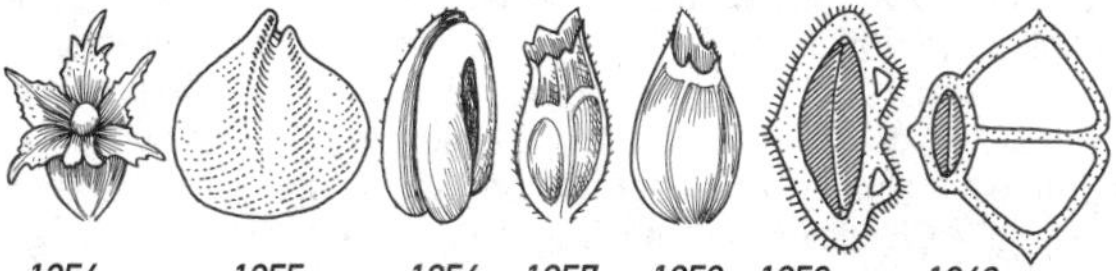

1254 1255 1256 1257 1258 1259 1260

— Fr. nach oben verschmälert; Ksaum klein *(1258)*; nur m. 1 deutl. Zahn; Gabeläste aufrecht **5**

5. Fr. eif.-kegelig, dem Kzahn gegenüber gewölbt u. fein 3-rippig, kahl od. behaart; neben einem großen Frfach m. Samen liegen zwei schmale, leere Fächer *(1259)*; ⊙; VI–VIII. Äcker, Gartenland; *v–z* im S, *s* im N (*f* NW-Dt). *Gezähnter F.*, * **V. dentáta** (L.) POLL.

— Fr. gedunsen, fast kugelig, dem Kzahn gegenüber 1-furchig, kahl; die beiden leeren Frfächer sind größer als das Samenfach *(1260)*; ⊙; IV–V. Äcker; *v–z*, im N *s*, *f* NW-Dt u. im NO. (= *V. auricula* DC.) *Geöhrter F.*, **V. rimósa** BAST.

13. Valeriána L., *Baldrian*

1. Alle Blätt. gefied.; alle Bltn. ⚥ **11**

— Unt. Blätt. od. alle Blätt. ungeteilt **2**

2. Mittl. u. ob. Stgblätt. gefied. od. 3-teilig **7**

— Mittl. u. ob. Stgblätt. ungeteilt **3**

3. Blkr. weiß, rötl. bis lilafarben **5**

— Blkr. gelbl. od. bräunl., bis purpurrot; Alpenpfl. **4**

4. Alle Laubblätt. ganzrandig, ± spatelf.; Blkr. gelbl.weiß bis purpurrot; Pfl. 5–15 cm hoch; ♃; VII–VIII. Krummseggenrasen, kalkmeidend, 800–2800 m. 🄶 *Baldrianspeik, Echter Speik*, **V. céltica** L.

a. Blätt. m. 3 Längsnerven, 1–8,5 mm breit; Blkr. m. gelber Röhre, sonst purpur- bis braunrot, bis 3 mm lg.; W-Alp., oberhalb 2060 m; *s*, Vs. ssp **céltica**

— Blätt. m. 5 Längsnerven, 1–14 mm breit; Blkr. gelb bis gelbl.weiß, bis 4 mm lg.; O-Alp., 800–2400 m; *z*, Sb, OTi, Kt, St, S-OÖ. ssp. **nórica** VIERH.

— Stgblätt. meist grob gezähnt, im Umriss eif. bis 3-eckig; Blkr. bräunl., 2–3 mm lg.; Pfl. 5–25 cm hoch; ♃; VI–VIII. Schuttfluren, Krummholzstufe, 1400–2300 m, kalkstet; *z–s* OTi, Kt, St, NÖ, Bz. *Ostalpen-B.*, **V. elongáta** JACQ.

5(3). Infl. ± locker, dolden- od. rispenartig, nicht von Hüllblätt. umgeben; Blätt. wenigstens teilweise nicht ganzrandig **9**

— Bis 15 cm hohe Alpenpfl. (oberhalb 1800 m); Infl. dicht, ± kopfig zusammengezogen, von die Bltn. nicht überragenden Hüllblätt. umgeben; nur selten die obersten Stgblätt. 3-spaltig; sonst ungeteilt u. ganzrandig **6**

6. Blätt. bewimpert; Stgblätt. umgekehrt eif.-längl.; Stg. angedrückt kurzhaarig; Hüllblätt. der Infl. bewimpert; ♃; VII–VIII. Felsentriften, Geröll, auch Schneetälchen, 1800–3020 m, kalkliebend; *z* Alp. (*f* OÖ, *s* in Dt: Allgäu, Wettersteingeb., b. Berchtesgaden). 🄶 *Zwerg-B.*, **V. supína** ARD.

— Blätt. kahl (zuw. spärl. drüsig); Stgblätt. lineal od. fehlend; Stg. kahl; Hüllblätt. der Infl. kahl; ♃; VII–VIII. Felsen, Magerrasen, bis 2790 m; *s* Ti, Bz, W-CH. *Weidenblättriger B.*, **V. saliúnca** ALL.

7(2). Pfl. 70–110 cm hoch; Grdblätt. lg. gestielt, herzf., unregelm. u. tief gezähnt, bis 20 cm lg. u. fast ebenso breit; ob. Stgblätt. m. 1–2 schmalen Fiedpaaren, Endzipfel groß; Bltnstand weit verzweigt; Blkr. rosa; Röhre 2,5–3 mm lg.; ♃; VI–VIII. Wälder, Gebüsche; *s*, Gr (Arosa, Prättigau), Vb. *Pyrenäen-B.*, **V. pyrenáica** L.

— Pfl. höchstens 50 cm hoch **8**

8. Mittl. u. ob. Stgblätt. gefied. od. fiedteilig, m. mehr als 3 Fiedern; Grdblätt. gestielt, eif., ganzrandig; Stg. am Grd. m. beblätt. Ausläufern; Bltnstand dicht schirmf.; Bltn. ± 2-häusig; ♂ Bltn. rötl., 3,5 mm lg.; ♀ Bltn. weiß, 1,5 mm lg.; ♃; V–VI. Nasse Wiesen, Gräben, Flachmoore; *v*. *Kleiner B.*, * **V. dióica** L.

— Mittl. u. ob. Stgblätt. 3-teilig; Grdblätt. lg. gestielt, herzf., entfernt grob gesägt; Bltnstand schirmf.; Blkr. weiß od. blassrosa; ♃; IV–VII. Felsen, Schluchtwälder, bis 2650 m; *z*, Alp., Vorland, Schweizer Jura, Ba, BW, Vog., ČR. (incl. ssp. *austriaca* E. WALTHER) Formenreich. *Dreizipfliger B.*, * **V. trípteris** L.

9(5). Pfl. m. beblätt. Ausläufern; Stg. aufrecht, 4-kantig geflügelt, kahl (aber entlang der Kanten kurze abw. gerichtete Haare), 10–45 cm hoch; Ausläuferblätt. lg. gestielt, eif.; Stgblätt. eif., kurz gestielt bis sitzend; Blkr. rosarot bis weiß; ♃; V–VI. Nasse Wiesen, Kiefernwälder; *z–s* Gesenke, Schl, OPr, in Au NÖ, OÖ, St, ČR. [= *V. dioica* ssp. *simplicifolia* (RCHB.) NYM.] *Ganzblättriger B.*, **V. simplicifólia** (RCHB.) KABATH

— Gebirgspfl. ohne Ausläufer **10**

10. Bltnstg. blattlos od. in der Mitte m. 1 Blattpaar, kahl; Stgblätt. lineal, meist ganzrandig; Bltn. in armbltg. Bltnständen, weiß; ♃; VI–VIII. Felsspalten, Schutt, bis 2800 m, häufig herabgeschwemmt, kalkstet; *v* Alp., *s* Voralp. (Au), *f* W-CH. *Felsen-B.*, **V. saxátilis** L.

— Bltnstg. m. 3–8 Blattpaaren, an der Basis behaart; ob. Stgblätt. eif.-lanzettl., entfernt gezähnt; Bltn. in reichbltg. Thyrsen, weiß bis hell-lila; ♃; IV–VII. Schattige, felsige Wälder, Schotterfluren, kalkliebend, 600–2780 m; *v* Alp., Vorland u. Schweizer Jura. Formenreich. *Berg-B.*, **V. montána** L.

11(1). Hierher nur: Artengruppe *Arznei-B.*, * **V. officinális** L. agg.

Außerordentlich formenreiche u. noch in Entwicklung begriffene Gruppe. Nach dem heutigen Kenntnisstand gehören hierher 6 Sippen, die unter sich nicht so ungleichgewichtig sind, um daraus unterschiedliche taxonomische Rangstufen abzuleiten. Nachgewiesen sind di-, tetra- u. oktoploide Typen, die offenbar weitgehend mit taxonomischen Einheiten deckungsgleich sind. Die folgende Behandlung legt – mehr aus Kontinuitäts- u. praktischen Gründen – den Sippen einen Kleinartrang zugrunde. – Zur Bestimmung verwende man ausgewachsene, kräftige Pflanzen.

a. Mittl. Stgblätt. m. 3–6 Paar breit lanzettl. Fied., diese nicht od. kaum an der Rhachis herablaufend; Pfl. m. ober- u. unterirdischen Ausläufern; Blkr. 4–8 mm, Fr. 4–5 mm lg.; 2n = 56 (oktoploid) . . . . **d**

— Mittl. Stgblätt. m. 5–12 Paar schmal lanzettl. Fied., diese deutl. an der Rhachis herablaufend; Pfl. ohne od. nur m. kurzen, unterirdischen Ausläufern, stockbildend; Blkr. 2–6 mm, Fr. 2–4 mm lg.; 2n = 14 od. 28 (di- od. tetraploid) . . . . **b**

b. Blätt. untersts., kahl od. kurz u. steif behaart; Pfl. ohne Ausläufer; mittl. Stgblätt. m. 6–8 Fiedpaaren, fast ganzrandig; ♃; V–VI. Moorwiesen, Auwälder; *v* M-Rhein, *z* Oberrhein, Saarland, Eifel, Lx, Hochrhein, Gr, FL, Vb, Ti; 2n = 28. *Wiesen-Arznei-B.*, **V. praténsis** Dierb. ex Walther

— Blätt. untersts. locker u. lg. steif behaart . . . . **c**

c. Pfl. ohne Ausläufer; Stg. meist kahl; mittl. Stgblätt. m. 7–9 Fiedpaaren; Fied. m. bis 11 Zähnchen; Infl. reich verzweigt; ♃; VII–VIII. Feuchte Laubwälder, Gebüsche, Hochstaudenfluren; *v* im O u. Au, *z–s* M-Gebiet, CH, *f* NW-Dt, Ho, Be, Lx, Rheinl. (genaue W-Grenze?; wohl Hamburg/Dümmer See/Edersee/Eifel); 2n = 14. *Echter Arznei-B.*, * **V. officinális** L. (s.str.)

— Pfl. m. kurzen Ausläufern; Stg. an der Basis absthd. behaart; mittl. Stgblätt. m. 8–12 Fiedpaaren; Fied. m. 0–5 Zähnchen; Infl. wenig verzweigt; ♃; V–VI. Trockene Wälder, Gebüschränder, Halbtrockenrasen; *z* im S u. M-Gebiet, im N nur bei Berlin, NW-Grenze wohl Harz/Sauerland/Eifel/Be? (genaue Verbreitung noch nicht bekannt); 2n = 28. (= *V. collina* Wallr.)
Hügel-Arznei-B., **V. wallróthii** Kreyer

d(a). Fr. behaart; Stg. u. Blattunterseiten behaart; unt. u. mittl. Stgblätt. m. 5–8 Fiedpaaren; Pfl. bis 80 cm hoch; ♃; VII–IX. Hochstaudenfluren; nur Allgäu, Bern, OTi, Vb, Ti (östl. bis Brenner?).
Westalpen-Arznei-B., **V. versifólia** Brügger

— Fr. kahl . . . . **e**

e. Pfl. (fast) kahl; unt. u. mittl. Stgblätt. bis 20 cm lg., m. meist 3–4 Fiedpaaren; Pfl. 40–80 cm hoch; ♃; V–VI. Feuchte Wälder, Gebüsche; *z* in Au, ČR u. O-Dt (westl. bis O-SH/Br/Sa/O-Ba; Einzelfunde westl. hiervon sowie genaue W-Grenze noch unsicher).
Holunderblättriger Arznei-B., **V. sambucifólia** Mik f. ex Pohl (s. str.)

— Pfl. reich behaart; unt. u. mittl. Stgblätt. 20–40 cm lg., m. meist 4–6 Fiedpaaren; Pfl. 80–150 cm hoch; ♃;VI–VIII. Quellige Orte, schattige Wälder; *z* westl. der vorigen Kleinart, östl. bis Rügen/W-MeVp/Th/ČR, in Au nur OÖ. (= *V. procurrens* Wallr.) *Kriechender Arznei-B.*, **V. répens** Host

Zuw. **Bastarde** u. Übergangsformen.

14. Centránthus Necker ex Lam. & DC. (= *Kentranthus* Raf.), *Spornblume*

1. Blätt. eif. bis breit lanzettl., 5–60 mm breit; Sporn der Blkr. 2-mal so lg. wie der Frkn., 4–7 mm lg.; Blkr. dkrot od. weiß, in dichten Thyrsen *(229);* Pfl. 25–100 cm hoch; Blätt. blaugrün, eif., stumpfl. od. spitzl., kurz gestielt bis sitzend; V–VIII. Felsen, Mauern; *s* in Dt, Au, z S-CH, Bz, aus Gärten verwild. u. in wärmeren Lagen eingebürgert. (Heimat: Mittelmeergebiet)
Gewöhnliche S., **C. rúber** (L.) DC.

— Blätt. lineal-lanzettl. bis lineal, 2–4 mm breit; Sporn der Blkr. so lg. wie der Frkn., 2–4 mm lg.; Blkr. rosa; Bltnstand meist kopfig; Pfl. 30–80 cm hoch; VI–VIII. Felsschutt, auf Kalk; *s,* Schweizer Jura, Bz.
Schmalblättrige S., **C. angustifólius** (Mill.) DC.

Ordnung: **Apiáles**

Familie: **Araliáceae**, *Efeugewächse*

Holzgewächse od. Stauden; Blätt. m. od. ohne Nebenblätt.; Bltn. 5-zählig, in Dolden; Frkn. unterst.; Beeren-, Stein- od. Spaltfr. Nach neueren Erkenntnissen wird die Familie *Hydrocotylaceae* nicht mehr zu den *Apiaceae*, sondern hierher gestellt.

1. Immergrüne Holzpfl. trockener Standorte; Blätt. lederig, nicht schildf., vorn zugespitzt . . . . **Hedera,** 834

— Zarte krautige Pfl. nasser Standorte; Blätt. nicht lederig, schildf. od. quer oval, ohne Spitze . . . . **Hydrocotyle,** 834

1. Hédera L., *Efeu*

Immergrüne, m. Haftwurzeln kletternde Holzpfl.; Blätt. nichtblühender Triebe 2-zeilig gestellt, 3–5-eckig gelappt *(271a);* Blätt. der Bltntriebe ei-rautenf., lg. zugespitzt *(271b);* Bltn. in halbkugeligen Dolden, unscheinbar, grünl.; Fr. kugelig, zuletzt blauschwarz; ♄; IX–X. Wälder, an Felsen u. Mauern; *v;* auch als Zierpfl. **Giftig!** * **H. hélix** L.

2. Hydrocótyle L., *Wassernabel*

1. Blätt. auf dem Wasser schwimmend, nierenf., gekerbt od, gelappt, am Grd. m. Bucht; Bltnstand. doldenf., m. 5–10 Bltn.; Pfl. 20–35 cm hoch; ♃; VIII–X. Wassergräben, wohl aus Amerika eingeschleppt; *s,* Be, Ho, NrWe (Neuss). *Großer W.,* **H. ranunculoídes** L. f.

— Blätt. schildf., nicht schwimmend, am Grd. ohne Bucht; Bltnstand quirlig; Pfl. 6–20 cm hoch; ♃; VI–IX. Moore, Teiche, Gräben; im N *v,* sonst *z–s,* Alp. *f.* *Gewöhnlicher W.,* * **H. vulgáris** L.

Familie: **Apiáceae** *(= Umbelliferae), Doldenblütler*

Kräuter od. Stauden; Blätt. wechselst., meist gefied., zuw. m. großer Blattscheide; Stg. oft hohl, knotig u. gleich den Wurzeln u. Früchten von Ölgängen durchzogen, Pfl. deshalb von aromatischem Geruch; Bltn. in Köpfchen, einfachen *(101)* od. zusammengesetzten Dolden *(106).* Im letzteren Fall werden die Tragblätt. der Hauptdoldenstrahlen als **Hülle**, jene der Döldchenstrahlen als **Hüllchen** bezeichnet; Bltn. radiär *(1261)* od. (vor allem die randst. einer Dolde) zygomorph *(1262),* meist ⚥; K. u. Blkrblätt. in Knospenlage eingeschlagen *(1261),* oft hinfällig; K. oft stark reduziert bis fehlend; Stbblätt. 5; Gr. 2, einem rundl. kegeligen, drüsigen **Griffelpolster** (= **Stylopodium**, = Diskus; *1261,* D) aufsitzend; Frkn. unterst., 2-fächerig, sich bei der Reife an der Verwachsungsstelle beider Frblätt. (= Fugenfläche; *1263,* F) lösend u. in 2 1-samige Spaltfr. zerfallend, die längere Zeit an einem 2-schenkeligen Frträger *(1263,* Ft; = **Karpophor**) hängen bleiben. Der erhalten bleibende Gr. mit dem ob. verschmälerten Teil d. Frkn. wird als **Schnabel** *(1264)* bezeichnet.
Zur Bestimmung vieler Gattungen sind **reife** Früchte notwendig!
(Schlüssel z. T. verändert nach Schmitz u. Froebe 1988)

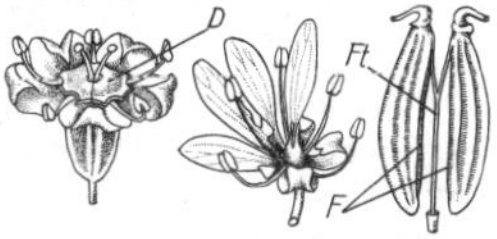

1261 *1262* *1263*

1. Pfl. distelartig, m. harten, stacheligen Blätt.; Bltn. in kugeligen od. walzenf. Köpfchen, die am Grd. von einer Hülle stacheliger Hochblätt. umgeben sind *(1279–1282)* .... **Eryngium**, 844
— Pfl. nicht distelartig **2**
2. Blätt. gelappt, gefied., handf. geteilt od. 3-zählig; Grd.- u. ob. Stgblätt. zuw. aber ungeteilt **4**
— Alle Blätt. m. ungeteilter Spr. **3**
3. Blätt. schildf. *(53),* am Rand gekerbt; Bltn. klein, weiß, in Köpfchen; Sumpfpfl. .... **Hydrocotyle** *(Araliaceae)*, 834
— Blätt. nicht schildf., sondern grasartig od. breit längl., zuw. vom Stg. durchwachsen *(25);* Bltn. gelb, selten rötl.grün, in zusammengesetzten, häufig von einer auffälligen Hochblatthülle umgebenen Dolden *(219)* .... **Bupleurum**, 849
4(2). Fr. m. sehr langem Schnabel; dieser 2–6-mal so lg. wie der samentragende Teil der Fr. *(1264);* Blätt. 2–4fach fiedteilig **Scandix**, 846
— Fr. ungeschnäbelt od. m. nur kurzem Schnabel **5**
5. Bltn. in deutl. zusammengesetzten, nicht köpfchenf. Dolden **11**
— Bltn. in einfachen Dolden *(215, 235),* Köpfchen od. köpfchenf. zusammengezogenen Döldchen **6**
6. Blätt. handf. geteilt **9**
— Blätt. gefied. **7**
7. Fr. m. sehr langem Schnabel; Frkn. verlängert sich schon z. Bltzt. *(1264)* .... **Scandix**, 846
— Fr. ohne Schnabel **8**
8. Frkn. m. Stacheln; Pfl. trockener Standorte **Torilis nodosa**, 847
— Frkn. ohne Stacheln; Sumpfpfl. .... **Oenanthe**, 854
9(6). Bltn. grünl.gelb, in einfachen, von großen Hüllblätt. umgebenen Dolden *(215);* alle Blätt. grdst. .... **Hacquetia**, 843
— Bltn. weiß od. rötl. **10**
10. Dolde einfach, von auffälligen, weißen od. rötl. Hüllblätt. umgeben *(235)* .... **Astrantia**, 843
— Dolde zusammengesetzt, m. kleinen, köpfchenf. Döldchen; Hüllblätt. grünl., unscheinbar; Stgblätt. viel kleiner als die grdst. Rosettenblätt. *(1286)* .... **Sanicula**, 843
11(5). Blkr. reinweiß od. rötl. **30**
— Blkr. gelb, grünl.gelb od. grünl.weiß **12**
12. Hülle fehlend od. m. 1–2, selten m. mehr Blätt. **15**

— Hülle u. Hüllchen 3- bis mehrblättrig; Spaltfr. am Rand geflügelt **13**

13. Grdblätt. 3fach gefied., m. schmal linealen *(1274)*, dünnen, am Rand rauen Fied.; K. deutl. 5-zähnig . . . . **Peucedanum**, 858

— Grdblätt. einfach gefied., doppelt gefied. od. doppelt 3-teilig, mit breit eif. od. linealischen, dick fleischigen Fied. **14**

14. Blattfied. dünn; Pfl. nach Maggi riechend, 1–2 m hoch; Gartenpfl. . . . . **Levisticum**; 858

— Blattfied. dick fleischig; Pf. 15–50 cm hoch; Küstenpfl. **Crithmum**, 853

15(12). Fied. eif., lanzettl. od. lineal, breiter als ½ mm; Stg. kantig, gerillt, gestreift od. häufig geflügelt **17**

— Fied. lg. haarf., kaum ½ mm breit; Stg. glatt; stark riechende Gartenpfl. **16**

16. Fr. ungeflügelt, Blattscheiden 3–6 cm lg.; Pfl. 80–200 cm hoch . . . . **Foeniculum**, 856

— Fr. breit geflügelt, linsenf.; Blattscheiden kurz, kaum über 2 cm lg.; Stg. weiß gestreift, 40–120 cm hoch . . . . **Anethum**, 856

17(15). Blätt. einfach gefied., m. breiten, gekerbten, gesägten, oft gelappten od. handf. geteilten Fied.; Fr. (reif!) geflügelt **29**

— Blätt. 2–3fach gefied. od fiedteilig od. 1- bis mehrfach 3-zählig zusammengesetzt; ob. Stgblätt. zuw. ungeteilt **18**

18. Ob. Stgblätt. ungeteilt, gekerbt, am Grd. tief herzf. stgumfassend, gelb; Stg. spitzenw. häutig geflügelt **Smyrnium**, 848

— Ob. Stgblätt. nicht herzf. stgumfassend **19**

19. Pfl. höchstens 120 cm hoch **22**

— Pfl. meist > 120 cm **20**

20. Blattzipfel lineal, 1–3 mm breit; Blkr. gelb **Peucedanum officinale**, 859

— Blattzipfel breiter als 3 mm **21**

21. Oberste Zweige u. Dolden quirlst.; K. deutl. 5-zähnig **Peucedanum verticillare**, 859

— Oberste Zweige u. Dolden nicht gegenst. od. quirlst.; K.-Rand fast ungezähnt . . . . **Angelica archangelica**, 858

22(19). Blattzipfel schmal, nicht gezähnt od. gesägt **25**

— Blätt. m. im Umriss breit eif. Zipfeln; Zipfel gezähnt, gesägt od. gelappt **23**

23. Hüllchen fehlend . . . . **Pastinaca**, 860

— Hüllchen vorhanden **24**

24. Blattzipfel der unt. Blätt. 1–2 cm lg.; Doldenstrahlen ungefähr gleich lg.; Pfl. beim Zerreiben nach Petersilie riechend **Petroselinum**, 851

— Blattzipfel der unt. Blätt. 2–8 cm lg.; Doldenstrahlen auffallend ungleich lg. . . . . **Laserpitium**, 861

25(22). Pfl. 2-häusig; die meisten Bltn. eingschl. . . . . . . **Trinia**, 850

— Bltn. alle zwittrig **26**

26. Hüllchen fehlend . . . . **Peucedanum**, 858

— Hüllchen vielblättrig **27**

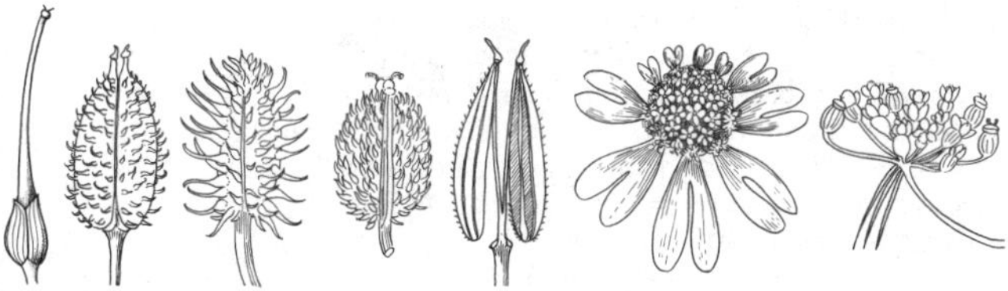

1264 1265 1266 1267 1268 1269 1270

27. Einw. gebogenes Ende der Blkrblätt. gleichmäßig zur Spitze verschmälert; Grdblätt. 2(–3)fach gefied. **Angelica pyrenaea**, 858
— Einw. gebogenes Ende der Blkrblätt. riemenf. od. verbreitert, 1–4-spitzig **28**
28. Grdblätt. 3–4fach gefied. *(1289)* . . . . . . **Silaum**, 856
— Grdblätt. 1fach gefied. . . . . **Peucedanum**, 858
29(17). Hüllchen fehlend od. 1–2-blättrig; Randbltn. nicht vergrößert (nicht strahlend) . . . . **Pastinaca**, 860
— Hüllchen mehrblättrig (häufig fehlend); Randbltn. vergrößert *(1262)* . . . . **Heracleum**, 860
30(11). Frkn. u. Fr. kahl (Lupe!) **47**
— Frkn. u. Fr. ± kurz behaart, borstig od. stachelig *(1265–1267)*, z. Frreife mitunter wieder kahl **31**
31. Fr. ohne schnabelart. Fortsatz **33**
— Fr. m. schnabelart. Fortsatz *(1264, 1265)* **32**
32. Schnabel länger als die Fr., m. dieser zusammen 2–6 cm lg., Teilfr. am Rande kurz bewimpert *(1264)* . . . . **Scandix**, 846
— Schnabel kürzer als die Fr., m. dieser zusammen 4–12 mm lg., Teilfr. m. gekrümmten Borsten *(1265)* . . . . **Anthriscus**, 846
33(31). Hüllchen fehlend od. 1–2-blättrig; Grdblätt. ungeteilt, herzf.-rundl., würzig riechend od. gefied. u. dann geruchlos **Pimpinella**, 852
— Hüllchen 3- bis vielblättrig; Blätt. gefied. od. fiedteilig . . . **34**
34. Blätt., zumindest aber die Grdblätt., 2–3fach gefied. . . . **38**
— Alle Blätt. einfach gefied. od. fiedteilig **35**
35. Blätt. bis 60 cm lg.; Blattscheiden bauchig aufgeblasen; Hülle fehlend od. 1–2-blättrig; Randbltn. vergrößert; Fr. linsenf., breit geflügelt, jung behaart; Stg. rauhaarig, m. Borstenkranz an den Knoten . . . . **Heracleum**, 860
— Blätt. viel kleiner; Blattscheiden nicht bauchig aufgeblasen; Hülle mehrblättrig **36**
36. Dolden vielstrahlig; Strahlen dick, gleich den Bltnstielen m. aufrecht-absthd., gekörnelten Börstchen; Fr. rundl.-elliptisch, auf der Außenseite m. kurzen Borstenhaaren; Stg. borstenhaarig . . . . **Tordylium**, 861
— Dolden 2–5-strahlig **37**

37. Unterhalb der Dolde zahlr. strahlende, oft gefärbte Hüllblätt. *(235);* Blätt. gefing. od. handf. gelappt; Pfl. ♃ . . . **Astrantia**, 843
— Hüllblätt. 2–5, unscheinbar; Blätt. gefied.; Pfl. ⊙ **Turgenia**, 847
38(34). Fr. bestachelt, borstig-haarig od. warzig *(1265–1268)* **41**
— Fr. kurzhaarig, aber nicht bestachelt od. borstig **39**
39. Blätt. fein zerteilt, m. schmal-linealen Zipfeln, diese ca. 1 mm breit; Pfl. 15–40 cm hoch . . . . **Athamanta,** 856
— Blattzipfel mindestens 2 mm breit **40**
40. Basale Fied. 2. Ordnung an die Blattrhachis gerückt und hier kreuzweise gestellt *(1275);* Stg. fast kahl, bes. tief kantig gefurcht . . . . **Seseli libanotis,** 853
— Basale Fied. 2. Ordnung anders angeordnet, nicht kreuzweise gestellt; Fr. schmal geflügelt; Stg. steifhaarig, kantig gefurcht . . . . **Laserpitium prutenicum,** 861
41(38). Hülle 3- bis mehrblättrig **44**
— Hülle fehlend od. 1–2-blättrig; Hüllchen 3- bis vielblättrig **42**
42. Fr. ± 2 cm lg., lineal, nur an den Kanten haarig bis borstenhaarig *(1268);* Pfl. stark riechend . . . . **Myrrhis**, 847
— Fr. ± 1 cm lg., m. vielen hakigen Stacheln od. rauhaarig **43**
43. Frstacheln in Reihen *(1266);* Fr. 6–13 mm lg.; Dolde 2–5-strahlig; Pfl. 10–30 cm hoch . . . . **Caucalis**, 848
— Frstacheln regellos angeordnet *(1267);* Fr. 3–5 mm lg.; Dolde 4–10-strahlig; Pfl. 30–100 cm hoch . . . . . . **Torilis arvensis**, 847
44(41). Hüllblätt., z. T. auch die Hüllchenblätt. fiedspaltig; Doldenstrahlen z. Frreife vogelnestartig zusammenneigend
Daucus, 862
— Hüllblätt. ungeteilt **45**
45. Dolde 20–30-strahlig; Fr. kurzhaarig; Stg. gefurcht **Seseli**, 853
— Dolde höchstens 12-strahlig; Fr. stachelig **46**
46. Randbltn. strahlend, viel größer als zentrale Bltn. *(1269),* weiß; Frstacheln in Reihen angeordnet; Hüllchenblätt. häutig berandet . . . . **Orlaya**, 848
— Randbltn. kaum vergrößert; Bltn. weiß od. rötl.; Frstacheln regellos angeordnet *(1267);* Hüllchenblätt. pfrieml.
Torilis japonica, 847
47(30). Hülle fehlend od. 1–2-, selten mehrblättrig, aber dann unscheinbar **67**
— Hülle u. Hüllchen 3- bis mehrblättrig **48**
48. Blätt., zumindest die Grdblätt., 2–4fach gefied., fiedteilig od. 3-zählig zusammengesetzt **51**
— Blätt. einfach gefied. (bei *Sium* sind nur die Unterwasserblätt. doppelt gefied.) **49**
49. Stg. niederlgd., flutend od. im Schlamm wurzelnd; Dolde 3–6-strahlig, meist den Blätt. gegenübersthd. **Helosciadium** 851
— Stg. aufrecht **50**
50. Hüllblätt. wenigstens teilweise gezähnt od. eingeschnitten; Dolde 10–30-strahlig; K. mit 5 deutl. Zähnen; Pfl. nasser Standorte . . . . **Sium,** 853

— Hüllblätt. lineal, nicht geteilt; Dolde 3–6-strahlig; K. fehlend; Pfl. meist trockenerer Standorte . . . . **Sison,** 851

51(48). Hüllblätt. alle ungeteilt **55**

— Hüllblätt. wenigstens teilweise (z. B. an den Seitendolden) fiedspaltig **52**

52. Hüllblätt. der Gipfeldolde ungeteilt, bei den Seitendolden fiedspaltig od. gezähnt; Pfl. 80–150 cm hoch **Molopospermum,** 847

— Hüllblätt. alle fiedspaltig, groß; Fr. ungeflügelt **53**

53. Kelchrand deutl. 5-zähnig; Blkrblätt. nicht ausgerandet; Stg. röhrig, gefurcht; Blätt. dkgrün, glzd., 60–100 cm lg. **Pleurospermum,** 849

— Kelchrand undeutl. 5-zähnig; Blkrblätt. ausgerandet **54**

54. Dolden m. 8–20 Strahlen; Pfl. ausdauernd, 5–15 cm hoch; Stg. fast nur am Grd. beblättert . . . . **Pachypleurum,** 857

— Dolden m. 20–30 Strahlen; Pfl. einjährig, 30–100 cm hoch; Stgblätt. vorhanden, die ob. m. schmal-lanzettl. od. linealen Zipfeln, gezähnt . . . . **Ammi,** 851

55(51). Spaltfr. auch auf dem Rücken geflügelt **64**

— Fr. ungeflügelt od. die Spaltfr. nur am Rand geflügelt od. gerippt **56**

56. Blätt. 3-zählig gefied. od. jede dieser 3 Fied. nochmals bis 3-zählig gefied. (= doppelt 3-zählig) bzw. Fied. 3-spaltig od. 3-lappig, kreisrund od. lineal-lanzettl. **62**

— Blätt., wenigstens die Grdblätt., mehrfach gefied. **57**

57. Fr. im Alter linsenf. zusammengedrückt, reif am Rand geflügelt; K. deutl. gezähnt . . . . **Peucedanum,** 858

— Fr. nicht zusammengedrückt, ungeflügelt od. nur gerippt **58**

58. Hüllchenblätt. einseitswendig, nur an äußerer Seite der Döldchen *(1270),* am Grd. verwachsen; Stg. kahl, bläul. bereift, an der Basis oft gefleckt; Fr. m. wellig gekerbten Rippen; Pfl. übelriechend . . . . **Conium,** 848

— Hüllchen allstswendig; Frrippen nicht gewellt **59**

59. K. deutl. 5-zähnig; Fr. walzl., an der Spitze halsförmig, vom K. gekrönt; Sumpf- od. Wasserpfl. . . . . **Oenanthe,** 854

— K. undeutl. od. nicht 5-zähnig **60**

60. Blätt. im Umriss lineal bis dünn walzl., m. kurzen, fast quirlig angeordneten Seitenfied. *(1271)* . . . **Carum verticillatum,** 852

— Blätt. im Umriss 3-eckig; Fied. nicht quirlig angeordnet; Fr. reif schwarzbraun **61**

61. Nährgewebe der Teilfr. im Querschnitt (Fr. durchschneiden!) stumpf 5-eckig, an der Fugenfläche abgeflacht; Stg. markig **Bunium,** 852

— Nährgewebe der Teilfr. im Querschnitt an der Fugenfläche tief gefurcht, nierenf.; Stg. hohl . . . . **Conopodium,** 852

62(56). Fied. lg., lineal (bis 15 cm lg. u. 10 mm breit), oft sichelf., scharf gesägt m. grannenart. Sägezähnen; Pfl. blaugrün, sparrig-ästig . . . . **Falcaria,** 852

— Fied. rundl. > 1 cm breit **63**
63. Fied. vorn abgerundet, ungleich breit gekerbt; Dolde bis 25 cm im Dm, m. 11–20 Strahlen; Pfl. m. Kümmelgeruch . . **Laser,** 861
— Fied. vorn zugespitzt, gesägt; Dolde 4–6 cm im Dm, mit 8–20 Strahlen . . . . **Ligusticum,** 857
64(55). Flügel der Spaltfr. ungleich breit, die am Rand viel breiter als die auf dem Rücken . . . . **Laserpitium,** 861
— Flügel der Spaltfr. alle etwa gleich breit **65**
65. Pfl. 3–15 cm hoch, fast nur am Grd. beblättert; Blätt. 2–3-fach gefied.; Blattzipfel schmal lineal, nur ca. 1 mm breit; Alpenpfl. **Pachypleurum,** 857
— Pfl. > 15 cm, m. mehreren Stgblätt.; Blattzipfel > 5 mm breit **66**
66. Dolde m. 25–50 Strahlen, bis über 20 cm im Dm; Blattzipfel am Grd. oft herzf., 0,7–10 cm breit; Stg. markig; Pfl. 60–150 cm hoch; Fr. 2–2,5 mm breit geflügelt, oft wellig geflügelt **Laserpitium latifolium,** 862
— Dolde m. 8–20 Strahlen, 4–6 cm im Dm; Blattzipfel am Grd. keilig; Stg. hohl; Pfl. 15–90 cm hoch; Fr. schmal geflügelt **Ligusticum,** 857
67(47). Blätt. einfach bis mehrfach gefied., jedoch nicht 3-zählig (zuw. nur die Grdblätt. od. diese ungeteilt) **72**
— Blätt. einfach 3-zählig od. jede dieser 3 Fied. nochmals bis 3-zählig gefied. (= doppelt 3-zählig), m. eif.-längl. bis rundl. Fied. **68**
68. Fied. rundl. meist 3-lappig, grob gekerbt, untersts. bläul.; Stg. fein gerillt, kahl; Fr. zusammengedrückt; K. deutlich 5-zähnig; Pfl. m. Kümmelgeruch . . . . **Laser,** 861
— Fied. eif., zugespitzt, gesägt od. gezähnt, beidersts. grün **69**
69. Dolden nur 4–8-strahlig; zahlreiche Dolden einen rispenähnl. Bltnstand bildend; Fiedblätt. grob gesägt, 5–11 cm lg. (an *Aegopodium podagraria* erinnernd); Hüllchen 3–5-blättrig **Trochiscanthes,** 856
— Dolden 8–50-strahlig, keine rispenähnl. Infl. bildend **70**
70. Fiedblätt. nur in der oberen Hälfte gezähnt, in der unt. Hälfte meist keilig verschmälert, 2–5 cm lg.; Dolde m. 8–20 Strahlen; Hüllchen 1–7-blättrig . . . . **Ligusticum,** 857
— Fiedblätt. auch in der unteren Hälfte gesägt **71**
71. Dolde 20–50-strahlig; Hüllchen borstl., hinfällig; Fr. linsenf., breit geflügelt; Blattstiel rundl.-kantig; Pfl. aromatisch **Peucedanum ostruthium** 859
— Dolde 10–20-strahlig, Hüllchen fehlend; Fr. ohne Flügel; Blätt. meist 3-zählig gefied. *(1272);* Blattstiel auffallend 3-kantig **Aegopodium,** 853
72(67). Fr. lg. geschnäbelt, bis 6 cm lg. *(1264),* m. 2 Reihen kurzer Borsten . . . . **Scandix,** 846
— Fr. ungeschnäbelt od. Schnabel höchstens ½ so lg. wie die Fr. **73**

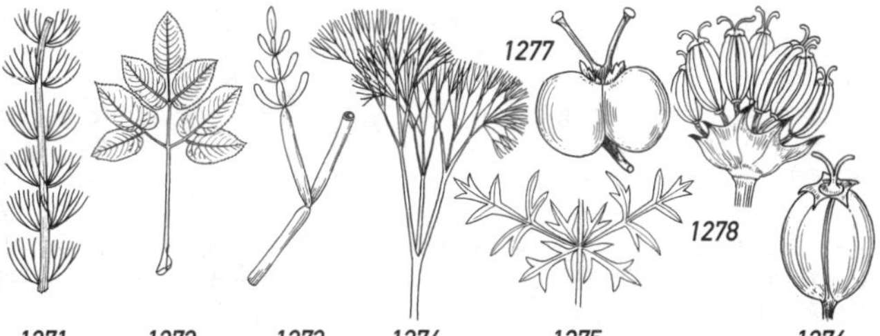

73. Fr. linsenf., eif. od. kugelig, höchstens doppelt so lg. wie breit **78**
— Fr. zumindest an älteren Bltn. längl. od. lineal, 3–6-mal so lg. wie breit **74**
74. Blkrblätt. am Rand deutlich bewimpert . . . **Chaerophyllum**, 845
— Blkrblätt. am Rand kahl **75**
75. Blkrblätt. flach, etwas gewölbt od. an der Spitze höchstens um 90°(–180°) einw. gebogen, nie deutlich herzf. **Anthriscus**, 846
— Blkrblätt. in eine mind. 180° einw. gebogene Spitze verschmälert, oft deutl. herzf. **76**
76. Fr. nur am kurzen Schnabel 10-rippig, sonst glatt, Gartenpfl. **Anthriscus**, 846
— Fr. ungeschnäbelt, in reifem und trockenem Zustand der ganzen Länge nach gerippt **77**
77. Fr. 15–25 mm lg., reif glzd. braun, scharf gerippt, an den Kanten kurz borstenhaarig; Blätt. zottig behaart, beim Zerreiben stark riechend . . . . **Myrrhis**, 847
— Fr. höchstens 15 mm lg., stumpf gerippt, kahl **Chaerophyllum**, 845
78(73). Bltn. fast alle eingschl., z. T. auf verschiedenen Pfl. **Trinia,** 850
— Bltn. alle od. fast alle zwittrig **79**
79. Hüllchen 3–8-blättrig, zuw. am Grd. verwachsen, oft sehr klein u. unscheinbar **82**
— Hüllchen fehlend od. 1–2-blättrig **80**
80. Grdblätt. doppelt bis 3fach gefied., unterstes Fiedpaar 2. Ordn. an die Blattrhachis herabgerückt u. zusammen m. dem gegenübersthd. kreuzweise gestellt *(1275);* Bltnkrblätt. verkehrt herzf.; Pfl. m. Kümmelgeruch . . . . **Carum carvi,** 852
— Grdblätt. ungeteilt od. 1fach gefied.; Fied. zuw. tief eingeschnitten **81**
81. Dolden kurz gestielt, endst. od. den Blätt. gegenübersthd.; Blattfied. rautenf. od. keilf., tief eingeschnitten . . . . **Apium,** 850
— Dolden mehrere cm lg. gestielt; Fied. der Grdblätt. im Umriss rundl. od. längl.-eif. . . . . **Pimpinella,** 852

82(79). Wenigstens die Stgblätt. doppelt bis 3-fach gefied. . . **85**
— Blätt. einfach gefied. **83**
83. Stg. fadenf.; Pfl. flutend od. auf Schlamm kriechend; Dolden den Blätt. gegenübersthd. . . . . **Helosciadium,** 851
— Stg. nicht fadenf.; Pfl. trockener Standorte **84**
84. Pfl. kahl; ob Blätt. m. linealen Zipfeln; Dolde 6–12-strahlig, nur 2–5 cm im Dm; Fr. 2–3 mm lg. . . . . **Ptychotis,** 852
— Pfl. behaart; ob. Blätt. mit breiten Zipfeln; Dolde oft mehr als 15-strahlig, > 5 cm im Dm; Fr. > 7 mm lg. . . . **Heracleum,** 860
85(82). K. deutl. 5-zähnig; Kzähne zuw. ungleich groß **96**
— K. undeutl. 5-zähnig od. nur als Saum ausgebildet **86**
86. Hüllchenblätt. 3, einstswendig *(1270);* Blätt. glzd. dkgrün **Aethusa**, 855
— Hüllchenblätt. allstswendig **87**
87. Blattfied. haarfein, zahlr., quirlig gestellt; Bltn. weiß; Fr. nicht geflügelt; Pfl. aromatisch riechend . . . . **Meum**, 856
— Blattfied. breiter, nicht haarfein **88**
88. Stg. hohl **93**
— Stg. markig **89**
89. Bltn. gelbl.weiß; Pfl. 5–40 cm hoch; Stgblätt. 0–2; Pfl. der Vogesen . . . . **Angelica pyrenaea,** 858
— Bltn. weiß; Pfl. 30–150 cm hoch; Stgblätt. meist mehr als 2 **90**
90. Fr. 6-kantig, nicht geflügelt; Dolde 30–40-strahlig; Papillen der Doldenstrahlen (Lupe!) aufwärts gerichtet **Selinum silaifolium,** 857
— Fr. geflügelt **91**
91. Seitl. Flügel der Fr. breiter als die Flügel am Rücken; Stg. stark gefurcht, oben fast geflügelt; Dolde 15-20-strahlig; Blattzipfel m. weißer Stachelspitze; Pfl. feuchter Standorte **Selinum carvifolia,** 856
— Seitl. Flügel der Fr. nicht auffallend breiter; Stg. nur gerillt **92**
92. Blattfied. 1. Ordnung aufrecht-absthd.; Dolde 20–50-strahlig; Fied. letzter Ordnung am Rand glatt, m. grannenartiger Spitze, meist ca. 1 mm breit, die mittlere nicht auffallend verlängert; Hüllchen 5–8-blättrig, etwa halb so lg. wie das Döldchen; Pfl. der Südalpen . . . . **Coristospermum,** 857
— Blattfied. 1. Ordnung absthd. bis zurückgebogen; Dolde 15–30-strahlig; Fied. letzter Ordnung am Rand papillös (Lupe!) rau, oft sichelig gebogen, meist 1–2 mm breit, die mittlere oft auffallend verlängert; Rippen der Fr. hohl, aufgeblasen; Hüllchen ca. 10-blättrig; Pfl. von OPr . . . . . **Cenolophium,** 857
93(88). Blattfied. groß, 1,5–3 cm breit, scharf gesägt; Blattscheiden stark aufgeblasen; Fr. geflügelt . . . . **Angelica**, 858
— Blattfied. kleiner u. schmäler **94**
94. Bltn. oft rötl.; Hüllchenblätt. lanzettl., zuw. hautrandig; Gebirgspfl. . . . . **Mutellina,** 857

— Bltn. stets weiß; Hüllchenblätt. pfrieml. **95**

95. Pfl. 60–150 cm hoch; Frrippen geflügelt, die randst. breiter als die mittl.; Stg. bereift; Äste gefurcht; Blattscheiden aufgeblasen . . . . **Conioselinum**, 857

— Pfl. 30–60 cm hoch; Frrippen schwach geflügelt **Selinum venosum**, 857

96(85). Blattfied. groß, herz-eif. (2–3 cm breit) od. schmal lanzettl., bis 6 cm lg. *(1287)* **100**

— Blattfied. schmal lineal, Blätt. (wenigstens die mittl. Stgblätt.) fein zerteilt **97**

97. Fr. walz.-längl., vom bleibenden K. gekrönt **99**

— Fr. kugelig; Geruch unangenehm, nach Wanzen **98**

98. Fr. einfach kugelig *(1276);* Stg. rund, gestreift; Grdblätt. bald abfallend; K. 5-zähnig, die beiden äußeren Kblätt. auffallend länger; Randbltn. vergrößert . . . . **Coriandrum**, 848

— Fr. doppelt kugelig *(1277),* breiter als lg.; Stg. kantig gefurcht; K. 5-zähnig, undeutl. . . . . **Bifora**, 848

99(97). Sumpfpfl.; Kzähne lg. zugespitzt; Gr. aufrecht; Stg. u. Blattstiele zuw. röhrig u. blasig aufgetrieben *(1273)* **Oenanthe**, 853

— Landpfl.; Kzähne 3-eckig, kurz; Gr. zurückgebogen; Hüllchenblätt. zuw. zu becherf., am Rand gezähnter Scheide verwachsen *(1278)* . . . . **Seseli**, 853

100(96). Blattfied. schmal lanzettl., scharf gesägt *(1287)*; Stgbasis rhizomart., hohl, von möhrenart. Geruch, durch Querwände gekammert; Sumpfpfl. der Verlandungszone . . . . . **Cicuta**, 851

— Blattfied. schief herz-eif.; Fr. eif., geflügelt; feuchte Wiesen, Wälder . . . . **Angelica palustris**, 858

1. Sanícula L., *Sanikel*

Grdblätt. wintergrün, handf. 3–5-teilig; *(1286);* Döldchen köpfchenf.; ♃; V–VII. Schattige Laubwälder; *z.* * **S. europāea** L.

2. Hacquétia Neck., *Schaftdolde*

Blätt. grdst., handf.-3-teilig; Dolde von 5 blattart., gelbl.grünen Hüllblätt. umgeben *(215); ♃;* IV–V. Lichte Laubwälder; nur in Schl, Kt, St, ČR, in Ba (Kaufbeuren) verschleppt. **H. epipáctis** (Scop.) DC.

3. Astrántia L., *Sterndolde, Strenze*

1. Hüllblätt. derb, m. hervorsthd. Quernerven, grünl. bis rosa; Teilfr. 3-mal so lg. wie breit; Blätt. 3–7-teilig; Pfl. kräftig, 30–100 cm hoch; ♃; VI–VIII. Gebüsche, Wiesen; *v, s* im W, im N nur in S-Br. *Große St.,* * **A. májor** L.

a. Hüllblätt. wenig länger als die Bltn., weißl. od. grünl.; Kzähne sehr spitz, kaum länger als die Blkrblätt.; *z* im S, im N nur in SO-Br. ssp. **májor**

— Hüllblätt. doppelt so lg. wie die Dolde, an der Spitze 3-zähnig, oft purpurrosa; Kzähne länger als die Blkrblätt.; Au, Bz, *s* in Ba, *f* CH. [= ssp. *carinthiaca* (Hoppe) Arcang.] ssp. **involucráta** (Koch) Ces.

— Hüllblätt. dünn, m. undeutl. Quernerven; Kzähne stumpf bis spitz, aber nicht lg. zugespitzt **2**

2. Grdblätt. mehr als 5-, gewöhnlich 7-teilig; Hüllblätt. so lg. wie od. wenig länger als die Dolde; Pfl. nur 20–40 cm hoch. In Dt *f,* Alp. von CH, Bz *z.* *Kleine S.,* **A. mínor** L.

— Grdblätt. 5-teilig **3**

3. Hüllchen das Döldchen überragend; Mittelabschnitt der Blätt. bis zur Basis frei; Fr. 4 mm lg.; ♃; VI–VII. Auf Bergwiesen (900–2300 m); *s,* K-Alp. von Ba, N-Ti, S-Kt, *f* CH. *Bayerische St.,* **A. bavárica** F. W. Schultz

— Hüllchen höchstens etwa so lg. wie das Döldchen; Mittelabschnitt der Blätt. die seitl. berührend; Fr. 3 mm lg.; ♃; VI–VIII. Laubwälder, Hochstaudenfluren, Bachufer, 800–2100 m; *s,* nur Kt. *Krainer St.,* **A. carniólica** Jacq.

4. Erýngium L., *Mannstreu*

1. Bltnköpfe von > 25 Hüllblätt. umgeben, bis 6 cm lg.; Hüllblätt. blau, z. T. doppelt fiedspaltig, m. vorwärts gerichteten, weichen Stacheln *(1279);* Grdblätt. ungeteilt, ungleich grob gesägt; Pfl. 30–100 cm hoch; ♃; VII–IX. Felsige Weiden, Hochstaudenfluren der Alp.; *s,* CH, FL, Vb, Kt, auch Zierpfl. Ⓖ *Alpen-M.,* **E. alpínum** L.

— Bltnköpfe von < 25 Hüllblätt. umgeben; Hüllblätt. gezähnt bis fiedspaltig **2**

2. Hüllblätt. verkehrt eif., meist weniger als doppelt so lg. wie breit, seicht 3-lappig, sich mit den Rändern deckend, gezähnt *(1280);* Grdblätt. nierenf., gegen die Spitze 3–5-lappig, am Rand buchtig-stachelig gezähnt, weiß bereift; Blkrblätt. blau; Pfl. 15–60 cm hoch; ♃; VI–X. Dünen der Nord- u. Ostsee m. Inseln; *z.* Ⓖ *Stranddistel,* * **E. marítimum** L.

— Hüllblätt. lineal bis lanzettl., meist stachelig gezähnt, mindestens 3-mal so lg. wie breit **3**

3. Unt. u. mittl. Stgblätt. wie die Grdblätt. ungeteilt; Spr. der Grdblätt. eirund-herzf., am Rand stachelig gekerbt-gesägt; ob. Stgblätt. sitzend, handf. 3–5-teilig; Hüllblätt. meist wenig länger als das Köpfchen *(1282);* Köpfchen eif.; Blkrblätt. meist blau; Pfl. oberw. ästig, dort oft blau überlaufen, 30–100 cm hoch; ♃; VI–IX. Trockenrasen, Flussniederungen; *z* Br (Odergebiet), *s* M-Dt, NÖ, ČR, auch Zierpfl. *Flachblättriger M.,* **E. plánum** L.

— Unt. u. mittl. Stgblätt. wie die Grdblätt. der blühenden Pfl. fiedteilig; Basis der Grdblätt. nicht herzf.; Hüllblätt. oft viel länger als das Köpfchen *(1281)* **4**

4. Mittl. u. ob. Stgblätt. sitzend, bis zum Grd. gezähnt u. stgumfassend; Pfl. weißl.grün; Köpfchen fast kugelig *(1281);* Blätt. handf. fiedspaltig od. doppelt fiedspaltig; Blattstiel der Grdblätt. ungeflügelt; Hüllblätt. ganzrandig od. m. 1–2 Stachelpaaren, graugrün; Spreublätt. ungeteilt; Blkrblätt. weißl. od. graugrün; Pfl. 15–60 cm hoch, sparrig-ästig, einen halbkugeligen Busch bildend; ♃; VII–IX. Trockenrasen, Wegränder, Böschungen; *z, f* Alp. u. höh. Mittelgeb. Ⓖ *Feld-M.,* * **E. campéstre** L.

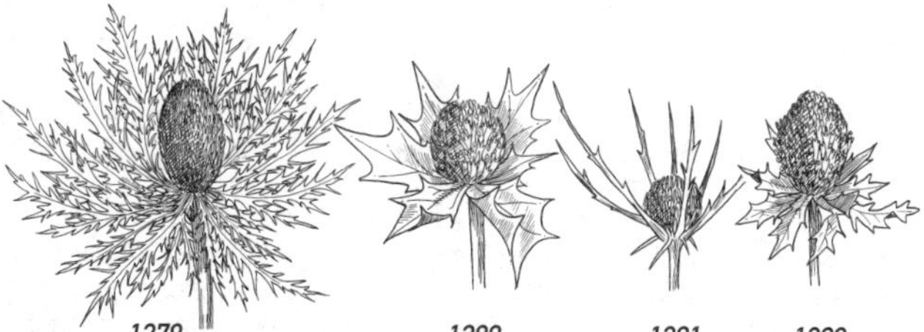

1279 *1280* *1281* *1282*

— Mittl. u. ob. Stgblätt. m. breit geflügeltem Stiel, nicht stgumfassend; Hüllblätt. m. 1–4 Stachelpaaren, hellblau; Spreublätt. ungeteilt od. 3-spitzig; Blkrblätt. blau; Stg. aufrecht, oberw. ästig u. blau überlaufen, 20–45 cm hoch; ♃; VII–X. Trockenrasen, Felsen; *s,* früher Bz.
Amethyst-M., * **E. amethýstinum** L.

5. Chaerophýllum L. em. Hoffm., *Kälberkropf*

1. Blkrblätt. am Rand deutl. bewimpert (Lupe!), oft rötl.; Hüllchen lg. bewimpert; Stg. unter den Knoten nicht deutlich verdickt; Blätt. 3–4-fach gefied., meist behaart; ♃; V–VIII. Feuchte Wiesen, Bergwälder; *v* Alp. u. Mittelgeb., sonst *z,* im N nur Br.
Artengruppe *Behaarter K.,* * **Ch. hirsútum** L. agg.

a. Unterste Fied. fast so groß wie die übrige Blattspr., Blätt. daher 3-teilig erscheinend; Fied. fast flächendeckend, sich teilweise etwas überlappend; Fied. letzter Ordnung breit, wenig geteilt; Dolden z. Bltzt. klein u. stark gewölbt; Frhalter nur im obersten Drittel 2-spaltig, am Grd. etwas verdickt; Fr. bis 12 mm lg.; *v–z.* [= ssp. *cicutaria* (Vill.) Briq.]
Behaarter K., **Ch. hirsútum** L.

— Unterste Fied. kleiner als die übrige Blattspr., Blätt. daher mehrteilig gefied. erscheinend; Fied. getrennt, sich nicht überlappend; Fied. letzter Ordnung schmal, tief geteilt; Frhalter bis zum Grd. 2-spaltig, nicht verdickt . . . . . **b**

b. Blätt. unterstS. borstl. behaart od. kahl; seitl. Dolden wechselst.; Dolden groß, flach; Scheiden der obersten Blätt. 2–10 mm lg.; Fr. 8–20 mm lg.; Hochstaudenfluren der Alp. u. Voralp. bis 2350 m, auch Schweizer Jura; *z.* [= *Ch. hirsutum* ssp. *villarsii* (W. D. J. Koch) Arcang.]
Gebirgs-K., **Ch. villársii** Koch

— Blätt. unterstS. flaumig behaart; seitl. Dolden gegenst. od. quirlst.; Scheiden der obersten Blätt. 15–20 mm lg.; Fr. 8–12 mm lg.; *s,* Vs (Großer St. Bernhard). [= *Ch. hirsutum* ssp. *elegans* (Gaud.) Arcang.]
Zierlicher K., **Ch. élegans** Gaud.

— Blkrblätt. kahl, weiß; Stg. unter den Knoten meist verdickt **2**

2. Hüllchen kahl; Stg. rot gefleckt, oben kahl, blaugrün bereift; Endabschnitte der Fied. lineal, schmal; Pfl. 80–180 cm hoch; ⊙–♃; VI–VIII. Flussufer, feuchte Wälder; *z.* *Knolliger K.,* * **Ch. bulbósum** L.

— Hüllchen bewimpert **3**

3. Grdblätt. doppelt 3-zählig gefied., m. 3–7 cm langen, elliptischen, gesägten Fied.; Pfl. m. Möhrengeruch; ♃; VI–VIII. Feuchte Laubwälder, Bäche; *z* in Sa, *s* Bayrw., SO-Th, Br, OÖ, NÖ, Bgl, ČR, in St eingeschleppt. *Gewürz-K.,* **Ch. aromáticum** L.

— Grdblätt. 2–4fach gefied. **4**

4. Blätt. 2–3fach gefied., m. stumpfen, eif. Endabschnitten *(1290);* Dolde 6–12-strahlig; Stg. bis oben gefleckt; Fr. 4–7 mm lg.; ⊙–⊙; V–VII. Gebüsch, Waldränder; *v.* (= *Ch. temulentum* L.) **Giftig**! *Taumel-K., Hecken-K.,* * **Ch. témulum** L.

— Blätt. 3–4fach gefied.; Endabschnitte lg. zugespitzt *(1284, 1291);* Dolde 12–18-strahlig; Stg. rot gefleckt (Unterschied zu *Anthriscus sylvestris*); Fr. 8–12 mm lg.; ♃; VI–VII. Wiesenraine, Dorfplätze, im S *v,* sonst *z,* im N *f.* *Gold-K.,* **Ch. aureum** L.

6. Anthríscus PERS., *Kerbel*

1. Dolden 8–15-strahlig; Hüllchen 5–8-blättrig; Stg. gefurcht **3**

— Dolden 2–6-strahlig, kurz gestielt bis sitzend; Hüllchen 1–4(–5)-blättrig; Stg. rundl., fein gerillt **2**

2. Doldenstrahlen dicht weichflaumig; Fr. glatt, doppelt so lg. wie der Schnabel, kahl od. mit steifen Borsten [var. **trichocárpa** NEILR. = ssp. *trichosperma* (SCHULT.) ARCANG.]; Blätt. weich, zart, hellgrün, 2–4fach gefied., im Umriss 3-eckig; Pfl. m. Anisgeruch (zerreiben!); ⊙; V–VIII. Kulturpfl., Heimat: wahrscheinl. SO-Eur. *Garten-K.,* * **A. cerefólium** (L.) HOFFM.

— Doldenstrahlen fast kahl; Fr. dicht hakig-borstig *(1265);* Bltn. sehr klein; Blätt. 3–4fach gefied., untersts. an den Nerven absthd. weichborstig; ⊙; V–VI. Hecken, Ruderalstellen, Küstendünen; *z,* im W, NW, Au, ČR *s.* [= *A. scandicina* MANSF.; = *A. vulgaris* PERS. non BERNH.; = *Chaerophyllum anthriscus* (L.) CR.] *Hunds-K.,* * **A. caucalis** BIEB.

3(1). Randbltn. wenig vergrößert; Fr. länger als ihr Stiel; Stg. unterw. rauhaarig; Blätt. 2–3fach gefied.; unterstes Fiedpaar 1. Ordn. viel kleiner als übriger Teil der Spr. *(1283);* Stg. nicht rötl. überlaufen od. gefleckt u. nicht borstig behaart; ⊙; IV–VIII. Wiesen, Hecken, Straßenränder; *g* u. *h.* Formenreich. *Wiesen-K.,* * **A. sylvéstris** (L.) HOFFM.

a. Endabschnitte der Fied. < 2 mm breit, lineal lanzettl.; VII–VIII. Kalk-Schutthalden; *s,* BW, Schweizer Jura. ssp. **stenophýlla** (R. & CAM.) BRIQ.

— Endabschnitte der Fied. > 2 mm breit, breit lanzettl.; IV–VI. Wiesen, Straßenränder; *g.* ssp. **sylvéstris**

— Randbltn. deutl. vergrößert, strahlend; Fr. meist kürzer als ihr Stiel; Stg. kahl od. fast kahl; Blätt. doppelt 3-zählig gefied., untersts. stark glzd.; unterstes Fiedpaar fast so groß wie übrige Spr.; ⊙; VI–VIII. Schluchtwälder; Alp. u. Mittelgeb., *z.* *Glänzender K.,* **A. nítida** (WAHL.) HAZSLINSZKY

7. Scándix L., *Nadelkerbel, Venuskamm*

Frschnabel bis 6-mal so lg. wie die Fr. *(1264);* Dolden scheinbar blattgegenst., 1–3-strahlig; Hülle fehlend; Hüllchen 5-blättrig; Blätt. 2–3fach gefied.; Stg. absthd. steifhaarig; ⊙; IV–VII. Saatfelder; vor allem auf Kalk u. Lehm; *s, f* im Mittelgeb. u. den Alp. * **S. pécten-véneris** L.

8. Mýrrhis Mill., *Süßdolde*

Pfl. ähnl. *Chaerophyllum* od. *Anthriscus,* aber nach Anis duftend; Blätt. 2–4fach gefied., untersts. borstig-zottig; reife Fr. bis 2,5 cm lg.; braunschwarz glzd., an den Kanten kurzborstig-rau *(1268);* V–VII. Hochstaudenfluren; *s* in Be, Lx, E, CH, Ti, Sb, Kt, St, Bayr. Alp., Riesengeb., sonst aus ehemaligen Kulturen verwild. **M. odoráta** (L.) Scop.

9. Molospérmum W. D. J. Koch, *Striemensame*

Pfl. 80–150 cm hoch; Blätt. 2–4fach gefied., bis 1 m lg.; Endfied. lg. spitzig auslaufend; Gipfeldolde groß, 15–40-strahlig, oft m. 2–4 quirlig sthd. Seitendolden; Blkr. weiß; Fr. 12 mm lg.; ♃; VI–VII. Felsige Abhänge, 750–2000 m; *s,* nur Vs, Ts, Gr. **M. peloponnesíacum** (L.) W. D. J. Koch

10. Tórilis Adans., *Klettenkerbel*

1. Dolden fast sitzend, geknäuelt *(1008a),* einem Blatt gegenübersthd.; äußere Teilfr. widerhakig bestachelt, innere nur warzig *(1292b);* Pfl. 10–35 cm hoch; ⊙–⚇; IV–IX. Marschen der Nordsee u. Unterelbe *z,* sonst *s.* *Knotiger K.,* **T. nodósa** (L.) Gaertn.

— Dolden lg. gestielt, 4–12-strahlig; beide Teilfr. stachelig*(1293)* . . . **2**

2. Hüllblätt. 5 u. mehr; Frstacheln ohne Widerhaken, gebogen *(1267);* Pfl. 30–120 cm hoch; ⊙–⚇; VI–VIII. Wälder, Hecken; *v.* [= *T. anthriscus* (L.) Gmel.] *Gewöhnlicher K.,* * **T. japónica** (Houtt.) DC.

— Hüllblätt. 0–2; Frstacheln gerade, vorn m. Widerhaken (*1293);* Pfl. 30–90 cm hoch; ⊙; VI–IX. Weinberge, Wegränder, auf Kalk; *z, s* im N, *f* Geb. [= *T. infesta* (L.) Clairv.] *Acker-K.,* * **T. arvénsis** (Huds.) Lk.

11. Turgénia Hoffm., *Haftdolde*

Blätt. 1fach gefied.; Fied. eingeschnitten gezähnt; Döldchen armbltg.; Randbltn. vergrößert; Blkrblätt. weiß od. rot, tief 2-lappig; Hüllblätt. 2–5; Hüllchenblätt. 5–7, breit hautrandig; ⊙; VI–VIII. Äcker auf Kalk; *s,* meist unbeständig. (= *Caucalis latifolia* L.)

Breitblättrige H., **T. latifólia** (L.) Hoff.

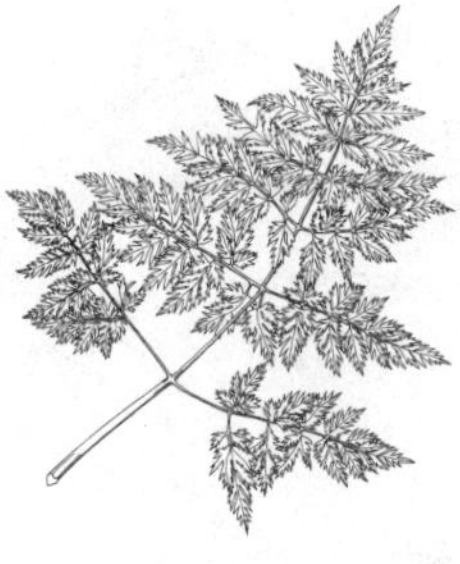

1283

1284

1285

12. Caúcalis L., *Haftdolde*

Blätt. 2–3fach gefied.; Döldchen armbltg.; Hüllblätt. 0–2; Hüllchenblätt. 3–5, schmal berandet; Blkrblätt. weiß, selten rötl., tief 2-lappig; ⊙; V–VII. Brachäcker, Weinberge, auf Kalk; *z.* [= *C. daucoides* auct.; = *C. lappula* (Web.) Grande] *Möhren-H.,* * **C. platycárpos** L.

a. Frstacheln lg., an der Spitze m. kräftigem Haken; im S *z,* im N *s.* ssp. **platycárpos**

— Frstacheln kurz, kaum 1 mm lg., borstenf.; *s* in Ti, OÖ, NÖ, Bgl, ČR, Ba, Sa, RhPf, früher auch CH, Vb, Kt ssp. **muricáta** (Bischoff ex Čel.) Tichomirov

13. Orláya Hoffm., *Breitsame*

Randbltn. der Döldchen stark vergrößert *(1269);* Blätt. 2–3fach gefied.; ⊙; V–VII. Weinberge, Trockenrasen, auf Kalk und Lehm; *s,* Dt, Be, CH, Bz, Au, ČR, oft unbeständig. **O. grandiflóra** (L.) Hoffm.

14. Coriándrum L., *Koriander*

Grdblätt. (bald absterbend) ungeteilt, gekerbt; Stgblätt. 2–3fach gefied., m. linealen Zipfeln; Fr. kugelig *(1276),* braun bis strohgelb; Pfl. nach Wanzen riechend; ⊙; VI–VII. Gewürzpfl. u. verwild. (Heimat: S-Eur.) * **C. satívum** L.

15. Bífora Hoffm., *Hohlsame*

Blätt. 2–3fach gefied.; Hülle 0–1-blättrig; Hüllchen einstswendig, 2–3-blättrig; Randbltn. vergrößert; Fr. doppelkugelig *(1277);* Pfl. nach Wanzen riechend; ⊙; V–VIII. Brachäcker, Ruderalstellen; in Au u. Bz *z–s,* sonst *s,* Dt, CH, ČR, auch eingeschleppt. **B. rádians** Bieb.

16. Smýrnium L., *Gelbdolde*

Grdblätt. 1- bis mehrfach 3-zählig gefied.; Stgblätt. m. tief herzf. Grd. stgumfassend, gelbgrün; ⊙; VI–VII. Aus Gärten verwild. u. vereinzelt eingebürgert BW (Schwetzingen), Sa, NÖ, ČR, St (Graz), Ho (Texel). (Heimat: SO-Eur.) **S. perfoliátum** L.

17. Cónium L., *Schierling*

Stg. kahl, fein gerillt, bläul. bereift, an der Basis meist rot gefleckt, 0,5–2 m lg.; Blätt. weich, schlaff, kahl, 2–4fach gefied., im Umriss 3-eckig *(1285);* Hüllchenblätt. einstswendig; ⊙–⊙; VI–IX. Hecken, Straßenränder; *z.*
Giftig! *Gefleckter Sch.,* * **C. maculátum** L.

1286

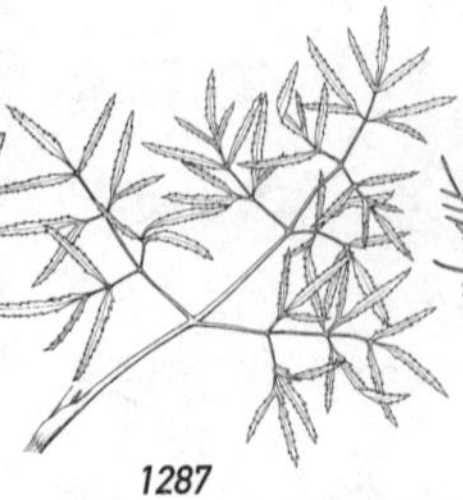
1287

1288

1289

17. Pleurospérmum HOFFM., *Rippensame*
Stg. 60–120 cm hoch, sehr dick, gefurcht, röhrig, an den Kanten kurz rauflaumig; Blätt. dkgrün glzd., sehr groß; Enddolde sehr groß; Fr. kürzer als ihr Stiel, reif gelb-blassbräunl.; ⊙–♃; VI–VIII. Wälder, Bachschluchten; *v* Alp., sonst auch Au, Bz, CH, BW, Ba, Th, He (Rhön), NrWe, ČR.
P. austríacum (L.) HOFFM.

18. Bupléurum L., *Hasenohr*

1. Blätt. eif. bis längl., mittl. u. ob. vom Stg. durchwachsen *(25);* Blkrblätt. gelb; Hüllchenblätt. breit-eif.-zugespitzt, gelbgrün, z. Bltzt. absthd., z. Reifezt. zusammenneigend; ⊙; VI–VII. Kalkäcker; *s.* *Durchwachsenes H., Acker-H.,* **B. rotundifólium** L.
— Stgblätt. nicht durchwachsen, z. T. aber stgumfassend, längl.-lanzettl. bis lineal **2**
2. Pfl. ausdauernd, mit kräftigem Wurzelstock **6**
— Pfl. einjährig, mit kurzen Wurzeln **3**
3. Untere Blätt. untersts. m. vorspringendem Kiel, am Grd. plötzlich in eine Blattscheide verschmälert; Bltn goldgelb; Dolden m. 2–5 Strahlen; Hüllchen die Spitzen der Fr. nicht erreichend; Fr. 4–6 mm lg.; Pfl. 20–100 cm hoch, im Herbst auffallend violett; ⊙; VII–IX. Magerrasen, auf Kalk; nur NÖ (Alpen-Ostrand) (= *B. junceum* L.) *Simsen-H.,* **B. praeáltum** L.
— Blätt. untersts. ohne vorspringenden Kiel **4**
4. Dolden nur m. 2–3 Strahlen; Döldchen 3–5-bltg.; Bltn. gelbl.grün; Blätt. lineal, 5–7-nervig; Pfl. ästig, bis 75 cm hoch, vom Grd. an verzweigt; Fr. höckerig; ⊙; VIII–XI. Salzwiesen der Küsten u. des Binnenlandes; *s.* *Feines H.,* **B. tenuíssimum** L.
— Dolden m. mindestens 4 Strahlen **5**
5. Pfl. m. zahlr. kurzen, aufrecht abstehd. od. anlgd. Zweigen; Hüllchenblätt. die Spitzen der Fr. überragend; Bltn. rötl.grün; Pfl. 20–70 cm hoch; Enddolden 3–8-strahlig; ⊙; VII–IX. Wegränder, Weinberge; *s,* nur NÖ, Bgl, ČR. *Ungarisches H.,* **B. affíne** SADLER
— Pfl. m. wenigen lg. Zweigen; Blätt. lineal-lanzettl., 3–5-nervig, ohne deutl. Zwischennerven; Hüllchenblätt. lanzettl.-pfrieml.; Stg. dünn, 20–60 cm hoch; ⊙; VII–VIII. Trockenrasen, kalkmeidend; nur SaAn (Harz) (= *B. jacquinianum* Jord.) *Südliches H.,* **B. gerárdi** ALL.
6(2). Stg. m. mehreren Blätt. **8**
— Stg. ohne Blätt. od. außer den Hochblätt. nur m. 1 Blatt **7**

1290

1291
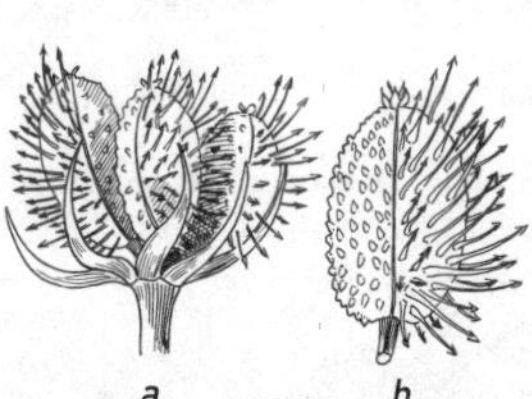
a *1292* *b*
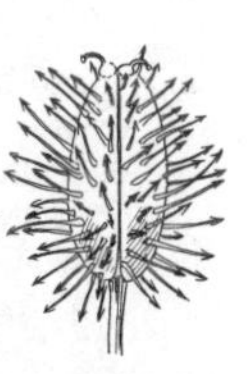
1293

7. Hüllchenblätt. 8–12, becherf., bis zum ob. Drittel verwachsen; Blätt. m. netzart. verbundenen Seitennerven; Grdblätt. 3–15 mm breit, schmal lineal od. schmal lanzettl.; ♃; VII–VIII. Felsspalten, alpine Rasen, auf Urgestein, 980–2800 m; *z* CH, Bz, *s* Vb.
Sterndolden-H., **B. stellátum** L.

— Hüllchenblätt. 5–10, frei od. am Grd. etwas verwachsen; Blätt. parallelnervig; Grdblätt. 2–5 mm breit, grasart.; ♃; VII–VIII. Felspalten, alpine Rasen, auf Kalk, 1800–3000 m; *z,* nur S-Kt.
Felsen-H., **B. petraéum** L.

8(6). Ob. Stgblätt. am Grd. verschmälert, längl.-lanzettl., 5–7-nervig, m. deutl. Zwischennerven; Hüllchenblätt. lanzettl., unscheinbar; Pfl. 20–100 cm hoch, etwas zickzackf. gebogen; ♃; VII–IX. Trockenrasen, Waldränder, auf Kalk; *z, f* im NW. Formenreich. *Sichel-H.,* * **B. falcátum** L.

— Ob. Stgblätt. m. herzf. Grd. sitzend; Hüllchenblätt. auffällig, meist > als die Bltn. **9**

9. Pfl. 30–100 cm hoch; unt. Stgblätt. bis 6 cm breit; Blätt. m. netzart. verbundenen Seitennerven; Grdblätt. lg. gestielt, eif.; Hüllchenblätt. 5–8 (*219b),* am Grd. kurz verwachsen, fast kreisrund; Fr. 4–5,5 mm lg.; ♃; VI–VIII. Lichte Laubwälder, auf Kalk; *z,* im N u. NW *f.* [incl. ssp. *vapincense* (Vill.) Todor] *Langblättriges H.,* * **B. longifólium** L.

— Pfl. 10–30(–50) cm hoch; unt. Blätt. grasart., schmal, < 1 cm breit; Blätt. parallelnervig; Hüllchenblätt. 5–7; Fr. 2,5–3 mm lg.; ♃; VII–VIII. Felsen, alpine Rasen, auf Kalk; *s,* Ba (Allgäu, Berchtesgaden), CH, Vb, Sb, Ti, St. *Hahnenfuß-H.,* **B. ranunculoídes** L.

20. Trínia Hoffm., *Faserschirm*

1. Hüllchen vorhanden, 5-blättrig; Pfl. 30–80 cm hoch, oberw. stark verzweigt, 2-häusig; Blätt. doppelt gefied., m. schmal linealen Zipfeln; ⊙–♃; V–VI. Trockenrasen; sehr *s,* nur NÖ (Marchfeld, Weinviertel), früher ČR. (= *T. ucrainica* Schischkin).
Großer F., **T. ramosíssima** (Fisch. ex Trev.) Koch

— Hüllchen fehlend; Pfl. 15–30(–50) cm hoch, blaugrün, 2-häusig, vom Grd. an ästig; Äste oft fast so lg. wie der Stg.; Blätt. m. schmal linealen Zipfeln; Döldchen der ♂ Pfl. klein, 4–8-bltg., die der ♀ Pfl. 4–10-bltg.; ⊙; IV–V. Trockenrasen; *s,* BW, NW-Ba, RhPf, OÖ, NÖ, Bgl, CH, Bz, ČR, früher He (= *T. vulgaris* DC.). *Kleiner F.,* **T. glaúca** (L.) Dum.

21. Ápium L., *Echter Sellerie*

Stg. aufrecht, 30–100 cm hoch; Blattfied. breit rautenf. od. keilf.; Hülle u. Hüllchen fehlend; Dolde 6–12-strahlig; ⊙; VI–X. Salzstellen; *z* im N, *s* im S. * **A. gravéolens** L.

a. Wurzel dünn, nicht genießbar; Blattstiele nicht fleischig. Nur an Salzstellen; Wildform. ssp. **gravéolens**

— Wurzel verdickt, knollig, essbar (= *Knollen-S.,* var. **rapáceum** (Mill.) DC.) od. Blattstiel verlängert, dick fleischig, genießbar (= *Bleich-S.,* var. **dúlce** (Mill.) DC.). Kulturpfl. ssp. **dúlce** (Mill.) Lemke & Rothm.

22. Helosciádium Koch, *Sellerie*

1. Unterwasserblätt. 2–4fach gefied., m. haarf. Zipfeln; Luftblätt. einfach gefied.; Dolden 2–3-strahlig; Hülle fehlend; ♃; VI–VII. Sthd. u. langsam fließende Gewässer; *z–s* vor allem im NW, östl. bis Sa, Br, *s* E, Bz, früher MeVp. [= *Apium inundatum* (L.) Rchb. f.]

Ⓖ *Flutender S.,* * **H. inundátum** (L.) Koch

— Alle Blätt. einfach gefied.; Dolde mehr als 3-strahlig; Hülle 1–6-blättrig **2**

2. Blattfied. rundl.-eif., unregelmäßig grob gezähnt bis gelappt; Dolden 4–7-strahlig, lg. gestielt; Hülle 3–6-blättrig; Stg. kriechend, an den Knoten wurzelnd; ♃; VII–VIII. Sthd. u. langsam fließende Gewässer; *z–s.* [= *Apium repens* (Jacq.) Lag.]

Ⓖ *Kriechender S.,* * **H. répens** (Jacq.) Koch

— Blattfied. eif.-lanzettl., gleichmäßig seicht gezähnt; Dolden 5–12-strahlig, fast sitzend; Hülle 1–2-blättrig; Stg. niederlgd., nur am Grd. wurzelnd; ♃; VII–VIII. Sthd. u. langsam fließende Gewässer; *z* Ba, BW, RhPf, He, Be, Lx, E, *s* im W. [= *A. nodiflorum* (L.) Lag.]

Knotenblütiger S., **H. nodiflórum** (L.) Koch

23. Petroselínum Hill, *Petersilie*

Wurzel ± rübenf.; Blätt. dkgrün, doppelt bis 3-zählig gefied.; Dolden lg. gestielt; Blkrblätt. grünl.gelb; ⊙; VI–VII. In zahlr. Formen als Gewürzpfl. kultiviert u. zuw. verwild. (= *P. sativum* Hoffm.; = *P. hortense* Hoffm.) (Heimat: wahrscheinl. SO-Eur.)

Garten-P., * **P. críspum** (Mill.) A. W. Hill

a. Wurzel dünn, nicht genießbar; Blattfied. glatt od. kraus. In mehreren Sorten kultiviert. [= *P. hortense* ssp. *foliosum* (Alef.) Janch.]

Blatt-P., ssp. **críspum**

— Wurzel fleischig, essbar. [= *P. hortense* ssp. *tuberosum* (Rchb.) Janch.]

Knollen-P., Wurzel-P., ssp. **tuberósum** (Rchb.) Soó

24. Síson L., *Gewürzdolde*

Pfl. 30–50 cm hoch, zerrieben von auffallendem Geruch; Blätt. gefied. m. 7–9 Fiedpaaren; Fied. gesägt bis gelappt; Dolden 3–6-strahlig; Döldchenstrahlen sehr ungleich lg.; Hüll- u. Hüllchenblätt. lineal; ⊙; VII–IX. Hecken, schattige Ruderalstellen; *s,* Be, auch gepflanzt. **S. amómum** L.

25. Cicúta L., *Wasserschierling*

Stgbasis verdickt, möhrenähnl., aber hohl u. durch Scheidewände gekammert; Blätt. groß, 2–3fach gefied., m. lanzettl., scharf gesägten Fied. *(1287);* Hülle fehlend; Hüllchenblätt. zahlr:, Dolden reichbltg., gedrungen; ♃; VII–IX. Gräben, Teiche; *z,* im Geb. *f.* **Sehr giftig**! Ⓖ * **C. virósa** L.

26. Ámmi L., *Knorpelmöhre*

Grdblätt. einfach bis doppelt gefied., m. breit elliptischen, gesägten Fied.; Stgblätt. fein zerteilt; Hüllblätt. zahlr., 3-spaltig bis fiedteilig; Hüllchenblätt. weiß hautrandig; ⊙; VI–X. Äcker; *s* eingeschleppt (Gewürzpfl.). (Heimat: S-Eur.) **A. május** L.

27. Ptychótis Koch, *Faltenohr*
Pfl. ästig, 30–60 cm hoch; grundst. Blätt. einfach gefied., m. breit ovalen, gezähnten Abschnitten; Stgblätt. mit linealen Zipfeln, diese < 1 mm breit; Blkr. weiß; ⊙; VII. Schotter der Seeufer; *s,* früher CH (Genf, Waadt).
P. saxífraga (L.) Loret et Barrandon

28. Falcária Bernh., *Sichelmöhre*
Stg. sparrig-ästig; Blätt. starr, doppelt 3-zählig gefied.; Endfied. 3-teilig; Fied. scharf gesägt; Dolden m. 12–18 Strahlen; ♃; VII–X. Trockenrasen, Raine, auf Löss u. Kalk; *z, s* im N, *f* im NW bis W-MeVp u. in den Geb. (= *F. rivini* Host; = *F. sioides* Asch.) * **F. vulgáris** Bernh.

29. Cárum L., *Kümmel*
1. Hülle 0–1-blättrig; Blätt. doppelt bis 3fach gefied.; unterste Paare der Fied. 2. Ordnung kreuzweise gestellt *(1275);* Scheide der ob. Stgblätt. m. nebenblattart. Fiedpaaren; Wurzel rübenf.; ⊙; V–VII. Wiesen, Wegränder; *v,* auch als Gewürzpfl. *Echter K.,* * **C. cárvi** L.
— Hülle mehrblättrig; Grdblätt. im Umriss zylindrisch, m. 25–30 Paar quirlig gestellter, fein zerteilter Fied. *(1271);* Scheide der Stgblätt. ohne Fiedpaare; Stg. m. fleischigen, gebüschelten Wurzeln; ♃; VII–VIII. Feuchte Wiesen; *s* Ho, Be, E, in Dt. früher RhPf (Lauterburg) u. bei Aachen. *Quirlblättriger K.,* **C. verticillátum** (L.) Koch

30. Búnium L., *Knollenkümmel*
Blätt. 2–3fach gefied., m. elliptisch-lanzettl. Abschnitten; Pfl. 30–100 cm lg.; Stg. markig, am Grd. m. kugeliger, dkbrauner, bis 4 cm dicker, essbarer Knolle; Nährgewebe an der Fugenfläche abgeflacht; ♃; VI–VII. Ton- u. Kalkäcker, Weiden; *s* in Dt, E, Vs, Gr, Kt, NÖ (Wien), Be, Ho.
* **B. bulbocástanum** L.

31. Conopódium Koch, *Französische Erdkastanie*
Pfl. ähnl. *Bunium,* von diesem durch den hohlen Stg. u. das im Querschnitt nierenf. Nährgewebe der Fr. zu unterscheiden; Hülle meist fehlend; Hüllchen 2–5-blättrig; ♃; VI–VII. Wiesen; *s,* Jütland, Insel Seeland, SaAn, Th, W-Harz (Andreasberg), NrWe (Düsseldorf). [= *Bunium maius* Gouan; = *C. denudatum* (DC.) Koch] **C. május** (Gouan) Loret

32. Pimpinélla L., *Bibernelle*
1. Fr. kahl 3
— Fr. behaart 2
2. Haare der Fr. absthd., Grdblätt. ungeteilt; Dolde m. 8–50 Strahlen, vor dem Aufblühen nickend; ⊙; V–VII. Böschungen, selten eingeschleppt. (Heimat: S-Eur., W-As.) *Fremde B.,* **P. peregrína** L.
— Haare der Fr. angedrückt; Grdblätt. ungeteilt, herzf.-rundl.; Dolde m. 7–15 Strahlen; Fr. nach Anis riechend; ⊙; VII–VIII. Gewürzpfl. (Heimat: O-Mittelmeergebiet) *Anis,* * **P. anísum** L.
3(1). Stg. kantig gefurcht, bis zur Spitze beblättert; Fied. kurz gestielt od. sitzend; Gr. z. Bltzt. länger als der Frkn., ♃; VI–IX. Wiesen, Gebüsch; *v.* (= *P. magna* L.) *Große B.,* * **P. májor** (L.) Huds.

a. Bltn. weiß bis blassrosa; *v.* ssp. **májor**
— Bltn. dkrosa; *z* in Alp., Voralp. u. M-Geb. ssp. **rúbra** (HOPPE) O. SCHWARZ

— Stg. stielrund od. etwas kantig, fein gerillt, spitzenw. fast blattlos; Fied. der Grdblätt. sitzend; Bltn. meist weiß, selten rosa; Gr. z. Frzt. kürzer als der Frkn.; ♃; VII–IX. Magerweiden, Raine; *v.* Formenreich. Artengruppe *Kleine B.,* * **P. saxífraga** L. agg.

a. Stg. kahl, höchstens am Grd. locker behaart; Blätt. obersts. kahl; Dolden 8–15-strahlig; Blkrblätt. bewimpert. Weiden; *v.* *Kleine B.,* **P. saxífraga** L.
b. Stg. völlig kahl, am Grd. m. Faserschopf; Dolden 8–12-strahlig; Blkrblätt. kahl. Alp. Rasen; *s,* z. B. Vs, NÖ, St. *Alpen-B.,* **P. alpína** HOST
c. Stg. im unt. Teil dicht zottig behaart; Blätt. beidersts. dicht behaart; Dolden 15–24-strahlig. Kiefernwälder, Trockenwiesen; *z–s,* z. B. SaAn, Br, MeVp, S-CH, Bz, Au, ČR. *Schwarze B.,* **P. nígra** MILL.

33. Aegopódium L., *Geißfuß, Giersch*
Pfl. m. unterirdischen Ausläufern; Stg. 50–100 cm lg., kantig gefurcht; Blätt. doppelt 3-zählig; Fied. 1. Ordnung oft nur 2-spaltig, einem Ziegenfuß ähnl. *(1271);* Fr. kümmelähnl.; ♃; V–IX. Feuchte Gebüsche, Hecken, Flussufer; *g.* * **A. podagrária** L.

34. Síum L. (incl. **Bérula** KOCH), *Merk*
1. Stg. fein gerillt, am Grd. m. Ausläufern, 30–100 cm lg.; Dolden wenigstens z. T. den Blätt. gegenübersthd., m. 8–20 Strahlen; Fied. ungleich grob gesägt; Hüllblätt. oft fiedspaltig; ♃; VI–VIII. Bäche, Gräben; *v–z.* [= *Berula angustifolia* MERT. & KOCH; = *B. erecta* (HUDS.) COVILLE] *Berle, Aufrechter M.,* * **S. eréctum** HUDS.
— Stg. kantig gefurcht, ohne Ausläufer, am Grd. m. Büscheln sprossbürtiger Wurzeln, 60–150 cm lg.; alle Dolden endst., m. ca. 20–30 Strahlen; Unterwasserblätt. fein zerteilt, 2–3fach gefied.; Überwasserblätt. einfach gefied.; Fied. scharf gesägt; Hüllblätt. ungeteilt; Fr. 3–4 mm lg.; ♃; VII–VIII. Röhrichte; *v* im N, *z* in Be, M u. S-Dt, NÖ, OÖ, Bgl, CH, ČR, *f* in Alp. u. Vorland. **Giftig!** *Breitblättriger M.,* * **S. latifólium** L.
Aus der Kultur nahezu verschwunden ist der früher häufig als Gemüsepfl. angepfl. *Zucker-M. (Zuckerwurz)* (Heimat: O-Eur. bis W-As.), **S. sísarum** L.: Wurzeln fleischig verdickt, genießbar; Stg. gestreift; Blattfied. längl. bis eilanzettl.

35. Críthmum L., *Meerfenchel*
Blätt. doppelt 3-teilig, dick fleischig; Fied. lineal-lanzettl., oft nach oben gerichtet; Bltn. gelbl.grün; ♃; VII–X. Hafenmolen, Küstenfelsen; *s,* Helgoland, Ho, Be. **C. marítimum** L.

33. Séseli L. (incl. **Libanótis** HILL), *Sesel*
1. Blattzipfel breiter als 2 mm, 3-eckig; Blätt. 2–-fach fiedteilig; basales Fiedpaar der Fied. 2. Ordnung an die Rhachis gerückt u. hier kreuzweise gestellt *(1275);* Stg. bes. stark kantig gefurcht, 30–120 cm hoch; ⊙–♃; VII–IX. Trockenrasen, Waldränder, kalkliebend; *z.* [= *Libanotis pyrenaica* (L.) BOURGEAU; = *L. montana* CR.] *Heilwurz,* **S. libanótis** (L.) KOCH
— Blattzipfel lineal, ca. 1 mm breit; Stg. nicht scharf kantig gefurcht **2**

2. Hüllchenblätt. becherf. verwachsen *(1278);* Grdblätt. blaugrün, 2- bis mehrfach fiedschnittig, m. schmal linealen Zipfeln; ob. Blattscheiden ohne Spr.; ♃; VII–VIII. Trockenrasen, Kalkfelsen; *s,* S-BW (Kaiserstuhl), RhPf (Nahetal), SaAn (Saale, Unstrut), O-Harz, Schl, NÖ, Bgl, ČR, früher OÖ. *Pferde-S.,* **S. hippomárathrum** JACQ.

— Hüllchenblätt. frei **3**

3. Doldenstrahlen kahl, fast rund **5**

— Doldenstrahlen kantig, wenigstens auf der Innenseite flaumig od. papillös **4**

4. Pfl. fast kahl; Hüllchenblätt. m. sehr schmalem, häutigem Rand; Dolde 5–12-strahlig; ♃; VII–IX. Kalktrockenrasen; *s,* E, Schweizer Jura, Ho, früher RhPf (Kallstadt). *Berg-S.,* **S. montánum** L.

— Pfl. flaumig behaart; Hüllchenblätt. m. breitem, häutigem Rand, z. Bltzt. länger als das Döldchen; Dolde 12–40-strahlig; ♃; VII–X. Kalkmagerrasen; *s,* stark zurückgegangen. (= *S. coloratum* EHRH.) *Steppenfenchel,* **S. ánnuum** L.

5(3). Blattstiel oberstś. rinnig; Dolde 15–25-strahlig; ⊙–♃. Trockenrasen; *s,* Bz, Bgl, NÖ, ČR (Mähren). *Bunter Bergfenchel,* **S. pallásii** BESSER

— Blattstiel rund; Dolde 8–15(–20)-strahlig; ⊙–♃; VII–IX. Trockenrasen; Au, *z.* *Hoher S.,* **S. elátum** L.

a. Fr. kahl od. schwach behaart; *s,* NÖ, Bgl, OÖ, ČR. (= *S. osseum* CR.) *Seegrüner S.,* ssp. **ósseum** (CR.) BALL

— Fr. dicht papillös behaart; *z,* NÖ, OÖ, St, Kt. [= *S. austriacum* (BECK) WOHLFAHRT] Ⓖ *Österreichischer S.,* ssp. **austríacum** (BECK) BALL

36. Oenánthe L., *Wasserfenchel, Rebendolde, Pferdesaat*

1. Bltn. alle gestielt u. ⚥, die randl. nicht strahlend; Dolden kurz gestielt, meist blattgegenst.; Stgblätt. 2–3fach gefied., m. gekerbten Abschnitten letzter Ordnung; Wurzeln nicht knollig verdickt **7**

— Mittl. Bltn. der Döldchen fast sitzend, ⚥; Randbltn. lg. gestielt, ♂, strahlend; Dolden lg. gestielt, endst.; Stgblätt. einfach bis doppelt gefied., m. ganzrandigen Abschnitten; Wurzeln oft knollig verdickt **2**

2. Blatt- u. Doldenstiele röhrig-hohl, oft bauchig *(1273),* leicht zusammendrückbar; Stg. rund, röhrig, fein gerillt, am Grd. m. Ausläufern; Dolden 2–4-strahlig; Frdöldchen fast kugelig; ♃; V–VII. Röhrichte, Gräben; *v–z* im N, *s* im S, *f* in Alp. u. Vorland. *Röhren-W.,* * **Oe. fistulósa** L

— Blattstiele nicht röhrig-hohl; Dolden 5- bis vielstrahlig **3**

3. Grdblätt. doppelt gefied., mit breit eif. bis rautenf., gezähnten bis gelappten Teilblätt.; Stgblätt. einfach bis doppelt gefied. m. lineal-lanzettl. Fied.; Frdöldchen flach, die Doldenstiele verdickt; Wurzelknollen gestielt; Pfl. 25–50 cm hoch; ♃; VI–VII. Feuchte Wiesen; *z* in Be u. Ho, in Dt *f.* *Bibernell-W.,* **Oe. pimpinelloídes** L.

— Grdblätt. m. linealen bis lineal-lanzettl. Teilblätt.; Frdöldchen flach bis halbkugelig od. kugelig; mittl. Bltn. fast sitzend; Wurzelknollen nicht od. sehr kurz gestielt od. fehlend **4**

4. Frdöldchen flach bis halbkugelig **6**
— Frdöldchen fast kugelig; Frstiele u. Doldenstrahlen nicht verdickt, dünn **5**
5. Randblt. 2–3 mm lg.; Hülle 0–1-blättrig; Hüllchen kürzer als die Bltnstiele; reife Fr. ellipsoidisch; ♃; V–VII. Feuchte Wiesen, Gräben; *s*, nur im W, Ho, auch CH.
Haarstrangblättriger W., **Oe. peucedanifólia** Poll.
— Randbltn. 1,5 mm lg.; Hülle 4–6-blättrig; Hüllchen so lg. wie die Bltnstiele; ♃; VII–VIII. Sumpfwiesen, Gräben, auf Salzböden; *z* im W u. im Küstengebiet, *s* Oberrheingebiet bis Bingen, CH.
Wiesen-W., **Oe. lachenálii** Gmel.
6(4). Doldenstiele z. Frzt. verdickt, so dick wie die Basis der reif kreiself. Fr.; Fr. 3,5 mm breit; Gr. ca. 2 mm lg., so lg. wie die Fr.; Dolde 4–10-strahlig; Hülle 0–1-blättrig; Blätt. 1–3fach gefied., m. lineal-lanzettl. Zipfeln; ♃; V–VII. Nasse Wiesen; *s*, NÖ, früher Bgl, ČR (Mähren), Ba (Hassfurt), He (Hanau), RhPf (Schifferstadt). (incl. *Oe. media* Gris.)
Silgen-W., **Oe. silaifólia** Bieb.
— Doldenstiele z. Frzt. nicht verdickt; Fr. 1,5–2 mm breit; Gr. ca. 1 mm lg., 1/4 so lg. wie die Fr.; Dolde 9–16-strahlig; Blätt. 1–3fach gefied., m. lineal-lanzettl. Zipfeln; ♃; V–VI. Nasswiesen, Bruchwälder; sehr *s*, nur Bgl (Rauchwart), ČR. *Banat-W.*, **Oe. banática** Heuff.
7(1). Fied. der Luftblätt. 2–6 mm lg., ungeteilt od. 2–3-spaltig; Unterwasserblätt. haarf. zerschlitzt; Stg. aufrecht (Landform) od. aufstgd. (Wasserform), bis 1,5 m lg. u. 8 cm dick; Fr. 3,5– 4,5 mm lg.; ⊙–♃; VI–VIII. Sthd., seichte Gewässer; im N *v*, im S *z*. (= *Phellandrium aquaticum* L.) **Giftig!** Ⓖ *Gewöhnlicher W.*, * **Oe. aquática** (L.) Poir.
— Fied. der Luftblätt. größer, m. breiten, z. T. gekerbten Zipfeln; Wasserblätt. fehlend od. nicht haarf. zerschlitzt; Fr. 5–6 mm lg. **8**
8. Stg. im Wasser flutend od. im Schlamm wurzelnd; Wasserblätt. reich zerteilt, m. linealen, gegen die Spitze gesägten Fied.; Luftblätt. 3fach gefied., schmal rautenf.; ⊙; VI–VII. Fließende Gewässer des Oberrheingebiets, Lothringen, Da; *s*.
Flutender W., **Oe. fluviátilis** (Bab.) Colem.
— Stg. aufrecht; Wasserblätt. meist fehlend; Bltn.- und Doldenstiele z. Frreife nicht verdickt; Pflanze ⊙, heterophyll; Blätt. des 1. Jahrs (= Grdblätt.) einfach gefied.; die des 2. Jahrs doppelt gefied., denen von *Conium maculatum* (S. 848) ähnlich. VII. In Dt nur an regelmäßig überfluteten Stellen der Unterelbe, *z* auch in Be.
Schierlings-W., **Oe. conioídes** (Nolte) Lange

37. Aethúsa L., *Hundspetersilie*
Blätt. untersts. stark glzd. (Unterschied zum ähnl. *Petroselinum*), beim Zerreiben unangenehm riechend; Pfl. 5–80(–200) cm hoch; [incl. ssp. *elata* (Friedlein) Schübler & Martens (= *Ae. cynapioides* Bieb.); 140–200 cm hoch, in Wäldern, *z*]; ⊙–⊙; VI–X. Äcker, Gebüsche, Wälder; *v*.
Giftig! * **Ae. cynápium** L.

38. Athamánta L., *Augenwurz*

1. Dolden 15–25-strahlig; Blätt. meist verkahlend, glzd.; mittl. Dolde die seitl. meist deutl. überragend; Pfl. 20–40 cm hoch; ♃; VI–VII. Schattige Kalkfelsen; *s*, nur Bz. *Südalpen-A.*, **A. vestína** Kern.

— Dolden 5–12-strahlig; Blätt. rauhaarig, 2–3-fach gefied., graugrün, m. linealen, 3–5 mm lg. u. 1 mm breiten Zipfeln; Pfl. 15–30 cm hoch; ♃; V–VIII. Felsspalten, nur auf Kalk; *v* Alp. 900–2650 m, *z* Schweizer Jura, *s* BW, E. *Gewöhnliche A.*, **A. creténsis** L.

39. Foenículum Mill., *Fenchel*

Blätt. 3–5fach gefied., m. fädl. Abschnitten; Dolden groß, bis 25-strahlig; Hülle u. Hüllchen fehlend; Pfl. oberw. bläul. bereift, bis 2 m hoch, kahl, aromatisch duftend; ⊙–♃; VI–X. Trockenrasen; auch Kulturpfl., *s* verwild. * **F. vulgáre** Mill.

a. Fied. meist > 10 mm lg., schlaff; mittl. Dolde von den seitl. Dolden nicht überragt; Dolden 12–25-strahlig; Fr. süß schmeckend; Kulturpfl., *s* verwild., Sa, SaAn, Au, CH, Bz. ssp. **vulgáre**

Gewürz-F., var. **dúlce** (Mill.) Thell : Fr. als Gewürz verwendet.

Knollen-F., var. **azóricum** (Mill.) Thell.: Blattscheiden am Stggrd. eine essbare Zwiebel bildend; diese als Gemüse verwendet.

— Fied. selten > 10 mm lg., steif u. fleischig; mittl. Dolde oft von den seitl. Dolden überragt; Dolden 4–10-strahlig; Fr. scharf schmeckend; Trockenrasen; *s*, Ts, Bz. *Pfeffer-F.*, ssp. **pipéritum** (Ucria) Béguinot

40. Anéthum L., *Dill*

Blätt. 3–4fach fein gefied.; Dolden groß, bis 50-strahlig; Hülle u. Hüllchen fehlend; Pfl. oberw. bläul. bereift, kahl, von durchdringend würzigem Geruch; ⊙; VII–VIII. Gewürzpfl.; *h* kult., *s* verwild. (Heimat: Vorder-Asien) * **A. gravéolens** L.

41. Sílaum Mill., *Wiesensilge, Rossfenchel*

Stg. 30–100 cm lg., seicht gerillt, fast blattlos; Grdblätt. 2–4fach gefied., Fied. z. T. lang gestielt *(1289)*; Blkrblätt. grünl.gelb; Hüll- u. Hüllchenblätt. weißhäutig berandet; Frrippen scharf, schmal geflügelt; ♃; VI–IX. Wiesen, Flachmoore, Gebüsch; *z–v*, im N *s*. [= *Silaus pratensis* Bess.; incl. *S. alpestre* (L.) Thell] * **S. sílaus** (L.) Sch. & Th.

42. Trochiscánthes Koch, *Radblüte*

Pfl. 1–2 m hoch; Stg. m. zahlreichen gegenst. od. quirlst. Zweigen; Blätt. mehrfach 3-zählig; Fiedblätt. 5–11 cm lg. u. 2–4,5 cm breit, unregelmäßig gesägt; ♃; VI–VIII. Kastanienwälder; *s*, nur Vs. **T. nodiflóra** (Vill.) Koch

43. Méum Mill., *Bärwurz*

Pfl. von stark würzigem Geruch; Blätt. vielfach gefied., m. haarf. Zipfeln; Hüllchen 3–8-blättrig; Döldchen reichbltg.; Bltn. gelbl.weiß, oft rötl.; ♃; V–VIII. Kalkmeidend; Wiesen u. Weiden der Alp. u. Mittelgeb. *v–z*, im N u. S-Ba *f*. * **M. athamánticum** Jacq.

44. Selínum L. (incl. **Cnídium** Cuss. ex DC.), *Silge*

1. Dolden 15–20-strahlig; Fr. 10-flügelig, 3–4 mm lg.; Stg. stark gefurcht, oben fast geflügelt, markig; Blattzipfel m. weißer Spitze; Pfl. 40–80 cm

hoch; ♃; VII–IX. Moorwiesen; *v*, im NW bis W-MeVp *s*.
Kümmel-S., * **S. carvifólia** (L.) L.

— Dolden 20–40-strahlig **(Cnídium)** **2**

2. Stg. hohl, unten glatt, oben gefurcht; Dolden 20–30-strahlig; Fr. 2–3 mm lg., ungeflügelt; mittl. u. ob. Blattscheiden dem Stg. anlgd.; Pfl. 30–100 cm hoch; ⊙; VII–X. Moorwiesen; *z* SaAn, Br, sonst *s*, auch NÖ, Bgl, ČR, *f* CH. [= *Cnidium venosum* (Hoffm.) W. D. J. Koch; = *C. dubium* (Schk.) Thell.] *Brenndolde*, **S. venósum** (Hoffm.) Prantl

— Stg. markig; Dolden 30–40-strahlig; Fr. 3–4 mm lg., 6-kantig, nicht geflügelt; Blattscheiden locker, vom Stg. absthd.; ob. Blätt. der (nichtkrausen) Petersilie ähnlich; Pfl. 60–120 cm hoch; ♃; VI–VIII. Felsige Abhänge; *s*, nur Ba (Hassfurt), Ts. [= *Cnidium silaifolium* (Jacq.) Simk.] *Brennsaat*, **S. silaifólium** (Jacq.) G. Beck

45. Ligústicum L., *Mutterwurz*

Pfl. 15–90 cm hoch, kahl; Stg. verzweigt, hohl, beblättert; Blätt. doppelt 3-zählig, 10–20 cm lg.; Fied. ei-rautenf., 2–5 cm lg., vorne gekerbt-gesägt; Dolde m. 8–20 Strahlen; Hülle u. Hüllchen lineal, 1–7-blättrig; Fr. 5–8 mm lg.; ♃; VII. Küste von N-Da; *s*. Ⓖ *Schottische M.*, **L. scóticum** L.

46. Mutellína Wolf, *Alpenmutterwurz*

Pfl. 10–50 cm hoch; Stg. m. 1–2 Blätt., am Grd. m. Faserschopf; Blätt. im Umriss 3-eckig, 2–3-fach fiedteilig; Hülle fehlend od. 1–2-blättrig; Blkrblätt. beim Aufblühen oft purpurn; ♃; VI–VIII. Alpenmatten, 1300–3020 m; *v–z* Alp., *s* Schw., Bayrw., ČR. [= *Meum mutellina* (L.) Gaertn.; = *Ligusticum mutellina* (L.) Cr.] **M. adonidifólia** (J. Gay) Gutermann

47. Pachypleúrum Ledeb., *Zwergmutterwurz*

Pfl. 3–15 cm hoch; Stg. am Grd ohne Faserschopf; Blätt. im Umriss längl.-3-eckig, meist alle grdst.; Hüllblätt. 5–10, oft fiedspaltig; Blkr. weiß; ♃; VII–VIII. Matten u. Schuttfluren der Alp., 1700–3000 m, kalkmeidend; *z*. [= *Ligusticum mutellinoides* (Cr.) Vill.; = *L. simplex* (L.) All.; = *Gaya simplex* (L.) Gaud.; = *P. simplex* (L.) Rchb.] **P. mutellinoídes** (Cr.) Holub

48. Coristospérmum Bertol., *Glänzende Mutterwurz*

Pfl. 60–150 cm hoch; ob. Äste gegenst. od. quirlst.; Dolden 20–50-strahlig; Blätt. ca. 30 cm lg.; Stg. am Grd. m. Faserschopf; Blkrblätt. weiß; Hülle 0–3-blättrig; Hüllchen 5–8-blättrig; VII–VIII. Felsige Abhänge, auf Kalk; *s*, Ts. (= *Ligusticum lucidum* Mill.)
C. lúcidum (Mill.) Reduron, Charpin & Pimenov

49. Cenolóphium Koch, *Hohlrippe*

Stg. 60–150 cm lg.; Blätt. doppelt bis 5fach gefied.; Hülle fehlend; Hüllchenblätt. zahlr.; Fr. m. aufgeblasenen Rippen; ♃; VII–VIII. Wiesen; nur in OPr. [= *C. fischeri* (Spr.) Koch] **C. denudátum** (Hornem.) Tutin

50. Conioselínum Fisch., *Schierlingssilge*

Stg. bis 1,5 m lg., gerillt, bereift; Blätt. gelbgrün, im Umriss 3-eckig-rhombisch, 2–3fach gefied.; Hülle fehlend; Fr. 8-flügelig, vom Rücken her

zusammengedrückt; ♃; VII–IX. Buschige Hänge, Wälder; *s*, Schl, OPr, N-ČR, Voralp. von Sb, Kt, St. (= *C. vaginatum* THELL.)
Ⓖ **C. tatáricum** HOFFM.

51. Angélica L. (incl. **Archangélica** N. M. WOLF), *Engelwurz, Brustwurz*

1. Endzipfel der Blättchen lineal, nur 1–2 mm breit; Blkr. gelb.weiß; Pfl. bis 40 cm hoch; Stgblätt. 0–2; ⊙–♃; VII–IX. Bergwiesen der Vog.; *s*. [= *Selinum pyrenaeum* (L.) GOUAN]
Pyrenäen-Silge, **A. pyrenǽa** (L.) SPR.

— Blättchen breit lanzettl., gesägt, breiter als 2 mm **2**

2. Stg. scharfkantig gefurcht, 0,5–1 m lg., armblättrig; Blätt. 3- bis mehrfach fiedteilig; Fied. spitz, kerbig gesägt, m. Knorpelspitzchen, am Rande u. untersts. rau; Ksaum m. 5 deutl. breiten Zähnen; randl. Rippen der Teilfr. flügelartig; mehrjährig; VII–VIII. Feuchte Wiesen; *z*, MeVp, Th, Br, Po, WPr, OPr, ČR, früher Kt. [= *Ostericum palustre* (BESS.) BESS.] Ⓖ *Sumpf-E.*, **A. palústris** (BESS.) HOFFM.

— Stg. wenigstens an der Basis stielrund, schwach gerillt; Blätt. nur 2–3fach gefied.; Fied. lg. stachelspitzig; Kzähne undeutl. **3**

3. Blattstiel obersts. rinnig; Blattfied. am Rande rau u. untersts. behaart; Doldenstrahlen flaumig behaart; Blkrblätt. weiß od. rötl., Gr. schon z. Bltzt. verlängert; Pfl. 50–150 cm hoch, dkgrün; mehrjährig; VII–IX. Feuchte Wiesen, Auwälder, Flachmoore. *Wilde E.*, * **A. sylvéstris** L.

a. Fr. 4–5,5 mm lg.; Fied. eif. bis längl., kaum herablaufend; *v.* ssp. **sylvéstris** L.

— Fr. 6–8 mm lg.; Fied. lanzettl., die ob. herablaufend. Feuchte Bergwälder; *z* in Alp. u. Mittelgeb. ssp. **montána** (BROT.) ARCANG.

— Blattstiel rund, hohl; Blattfied. untersts. kahl; Doldenstrahlen nur spitzenw. behaart; Bltn. grünl.; Gr. z. Bltzt. kurz; Fr. 5–8 mm lg. u. 3,5–5 mm breit, m. 3 stark vorspringenden, scharfen Rippen; Hüllchenblätt. lineal, kürzer als od. so lg. wie das Döldchen; Stg. würzig schmeckend; Pfl. hellgrün; ⊙–♃; VII–VIII. Feuchte Wiesen, Ufer; *z;* auch als Gewürz- u. Heilpfl. (= *Archangelica officinalis* HOFFM.)
Echte E., Garten-E., * **A. archangélica** L.

a. Hüllchenblätt. so lg. wie die Döldchenstiele; Fr. 6–8 mm lg. u. 4–5 mm breit; Pfl. von angenehmem Geruch; Kulturpfl, auch verwild. ssp. **archangélica**

— Hüllchenblätt. halb so lg. wie die Döldchenstiele; Fr. 5–6 mm lg. u. 3,5–4,5 mm breit; Pfl. von scharfem Geruch; ♃; VI–VIII. Feuchte Ufer u. Gebüsche der Küstenregion *v*, sonst *s* im N, auch NÖ, OÖ. (= *Archangelica litoralis* KOCH) ssp. **litorális** (FR.) THELL.

52. Levísticum HILL, *Liebstöckel*

Stg. 1–2 m lg., rund; Blätt. dkgrün, dickl., glzd., bis 3fach gefied.; Fied. bis 11 cm lg., verkehrt eif., eingeschnitten gezähnt; Pfl. nach Maggi-Gewürz riechend; ♃; VII–VIII. Gewürzpfl.; *v* kult., *s* verwild. (Heimat: Vorder-As.) * **L. officinále** KOCH

53. Peucédanum L., *Haarstrang*

1. Hülle u. Hüllchen vielblättrig, bleibend **6**

— Hülle fehlend od. wenigblättrig u. abfallend; Stg. kahl **2**

2. Fiedabschnitte letzter Ordnung breit eif, gesägt od. gezähnt **5**

— Fiedabschnitte letzter Ordnung lineal, meist ganzrandig **3**

3. Blätt. einfach gefied.; Fied. lineal, beiderststs. glzd.; Doldenstrahlen innen kurz behaart; Hüllchen 1–3-blättrig; Stg. wenigstens oberw. kantig gefurcht, 30–100 cm hoch; Blkr. gelbl. od. grünl.weiß; ♃; VII–IX. Halbtrockenrasen, Waldränder; *s,* E, Schweizer Jura, RhPf, Mosel-, Nahe-, Saartal; Rheintal nördl. Köln, Be, Lx, Ba (Donautal), Kt, St, OÖ, NÖ, Bgl, ČR. *Kümmelblättriger H.,* **P. carvifólia** VILL.

— Blätt. mehrfach gefied.; Doldenstrahlen glatt, kahl; Blkr. gelb **4**

4. Fiedabschnitte letzter Ordnung stumpf od. m. aufgesetzter Spitze, 4–20 mm lg., oberhalb der Mitte am breitesten, lederig, untsts. ohne deutl. vorspringende Randnerven; Pfl. 90–150 cm hoch; unt. Blätt. 3–4fach gefied.; Blkr. hellgelb; ♃; VII–IX. Trockenrasen; früher ČR. (Mähren). *Sand-H.,* **P. arenárium** W. & K.

— Fiedabschnitte letzter Ordnung lg. u. fein zugespitzt, 25–90 mm lg., unterhalb der Mitte am breitesten, untsts. m. 2 deutl. vorspringenden Randnerven; Blätt. reisbesenart. *(1274);* Stg. stielrund; Pfl. 60–200 cm hoch; Blkr. gelb; ♃; VII–IX. Halbtrockenrasen, Auewiesen, bes. der Stromtäler; *z* in S- u. M-Dt, E, NÖ, Bgl, ČR, im N nur im Elbetal, *f* CH. *Echter H.,* **P. officinále** L.

5(2). Pfl. 120–360 cm hoch; ob. Zweige gegenst. od. quirlst.; Bltn. grünl.-gelb; unterste Blätt. 2–3fach gefied. (an *Laserpitium latifolium* erinnernd); Stg. oft purpurn überlaufen; ♃; VI–VIII. Trockene Abhänge, auf Kalk; *z* in Au, O-CH, Bz, *f* Sb. (= *Angelica verticillaris* L.) *Riesen-H.,* **P. verticilláre** (L.) KOCH ex DC.

— Pfl. 30–100 cm hoch; Bltn. weiß od. rosa; unterste Blätt. 3-zählig m. tief 3-teiligen Fied.; ♃; VI–VIII. Wiesen u. Hochstaudenfluren, 1200–2200 m; *v* in Alp. u. Mittelgeb., sonst *s.* (= *Imperatoria ostruthium* L.) *Meisterwurz,* * **P. ostrúthium** (L.) KOCH

6(1). Bltn. gelbl.; Hülle aufrecht-absthd.; Stg. kantig gefurcht; ♃; VII–IX. Waldränder, Gebüsche; im W u. SW *z, s* in M-Dt, NÖ, Bgl, früher in Kt, St, OÖ. *Elsässer H.,* **P. alsáticum** L.

— Bltn. weiß; Hülle zurückgeschlagen **7**

7. Stg. kantig gefurcht **9**

— Stg. stielrund, fein gerillt, markig, Fied. breit **8**

8. Blätt. derb, fast ledrig, obersts. hell-, untersts. blassgrün u. netzadrig. 2–3fach gefied.; Fied. 1. Ordn. im spitzen Winkel nach vorn gerichtet, Fied. letzter Ordn. eif., scharf gesägt; ♃; VII–IX. Trockenhänge, lichte Wälder; *z–s,* im NW u. N *f.* *Hirschwurz,* * **P. cervária** (L.) LAP.

— Blätt. nicht ledrig, beiderststs. grün u. glzd.; Blattrhachis bei jedem Fiedpaar abwärts geknickt; Fied. 1. Ordn. im rechten bis stumpfen Winkel ansetzend; ♃; VII–IX. Trockene Wiesen u. Wälder; *z,* im NW bis O-SH *f.* *Berg-H.,* **P. oreoselínum** (L.) MOENCH

9(7). Stg. hohl, kantig gefurcht, am Grd. oft stark purpurn; Dolden 20–40-strahlig; Gr. bis 1 mm lg.; Flügel der reifen Fr. 0,5–0,75 mm breit; Fr. 4–5 mm lg.; Blattzipfel kurz zugespitzt *(1288);* Pfl. 50–150 cm hoch; ♃; VII–VIII. Sumpfwiesen, Moore, bis in die montane Reg. aufstgd.; *v–z.* *Sumpf-H.,* * **P. palústre** (L.) MOENCH

— Stg. am Grd. nicht purpurn; Dolden 6–20-strahlig; Gr. 1,5–3 mm lg. **10**

10. Stg. hohl; Dolden klein, 6–15-strahlig; Hülle absthd.; Doldenstrahlen innen auf der ganzen Länge gezähnelt-flaumig; Blätt. dem *P. alsaticum* ähnl.; Gr. 2–3-mal so lg. wie das Griffelpolster; Fr. 5,5–6 mm lg.; Pfl. 50–100 cm hoch; ♃; VII–VIII. Steinige Abhänge, lichte Wälder; *s,* nur Vs, Ts, Bz. *Venezianischer H.,* **P. vénetum** (Spr.) Koch

— Stg. markig; Dolden groß, 15–20-strahlig; Hülle schon z. Bltzt. zurückgeschlagen; Flügel der reifen Fr. 1,5–2,5 mm breit; Fr. 6–9 mm lg.; Pfl. 60–120 cm hoch; Blattzipfel m. verlängerter Spitze, eif.; ♃; VII–VIII. Waldränder, Gebüsch; *s,* nur CH, Kt, St, NÖ. *Österreichischer H.,* **P. austríacum** (Jacq.) Koch

a. Blattzipfel bis 5-mal so lg. wie breit; Blkrblätt. beiderstS. weiß; *s,* W-CH, Kt, St, NÖ. ssp. **austríacum**

— Blattzipfel mehr als 10-mal so lg. wie breit; Blkrblätt. außen rosa; *s,* Ts, Gr, Bz, Kt. (= var. *rablense* (Wulf.) Koch) ssp. **rablénse** (Wulf.) Čel.

54. Pastináca L., *Pastinak*

Stg. kantig gefurcht, 30–100 cm lg.; Blätt. meist 1fach gefied., m. 2–5 Paaren am Rand ungleich gekerbter Fied.; ⊙; VII–VIII. Wiesen, Trockenhänge; *v,* auch als Kulturpfl. * **P. satíva** L.

a. Pfl. fast kahl; Dolden 7–20-strahlig, flach, Doldenstrahlen daher ungleich lg.; Fr. breit elliptisch; Wurzeln fleischig, essbar (Gartenpfl: var. **satíva**) od. dünn u. holzig (Wiesenpfl.: var. **praténsis** Pers.) ssp. **satíva**

— Pfl. u. Blätt. ± stark grauhaarig, später mitunter verkahlend; Fr. schmal elliptisch . . . . **b**

b. Stg. kantig, weichzottig; Dolde flach, Doldenstrahlen daher ungleich lg.; sonnige Hänge; *s,* nur in Ba (Berchtesgaden u. Oberpfalz). ssp. **sylvéstris** (Mill.) R. & Cam.

— Stg. fast stielrund, höchstens gerieft, weniger stark behaart, oft verkahlend; Dolde gewölbt, Doldenstrahlen ± gleich lg.; Äcker, Felsen; *s,* nur Ba (Oberpfalz), BW, RhPf, NrWe, SH, Vs, Bz, ČR (Böhmen). ssp. **úrens** (Req. ex Godr.) Čel.

55. Heracléum L., *Bärenklau*

1. Stg. stielrund, höchstens 4 mm im Dm, 10–60 cm hoch; Blattscheiden wenig aufgeblasen; Hüllchenblätt. fast fädl.; ♃; VII–VIII. Matten der K-Alp., 600–2110 m. *Österreichischer B.,* **H. austríacum** L.

a. Blkrblätt. weiß; *z* Ba (Chiemgau, Berchtesgaden), *v* Au, *s* CH (Napf). ssp. **austríacum**

— Blkrblätt. rosa; *s,* nur S-Kt. ssp. **siifólium** (Scop.) Nym.

— Stg. mehr als 4 mm im Dm; Pfl. 50–500 cm hoch **2**

2. Pfl. 50–150 cm hoch; Stg. 4–20 mm im Dm; Dolden bis 20 cm im Dm, m. 15–45 Strahlen; Blätt. gekerbt-gesägt; Bltn. meist weiß od. rosa; ⊙–♃; VI–X. Wiesen, Wälder, Hochstaudenfluren; *v.* Formenreich. *Wiesen-B.,* * **H. sphondýlium** L.

a. Blkr. gelbl.grün; *s* W- u. OPr, O-Br, MeVp bis O-SH, ČR. [= *H. flavescens* Willd.; = *H. sphondylium* ssp. *flavescens* (Willd.) Soó] ssp. **sibíricum** (L.) Simk.

— Blkr. weiß od. rosa . . . . **b**

b. Grdst. Blätt. gefied.; Blkr. weiß od. rosa; VI–IX. Fettwiesen, Wälder; *g.* ssp. **sphondýlium**

— Grdst. Blätt. gelappt; Blkr. weiß . . . . **c**

c. Fied.lappen den grdst. Blätt. abgerundet; V–VII. Bergwälder; *z,* Schweizer Jura. [= ssp. *alpinum* (L.) Bonnier & Layens] ssp. **juránum** (Genty) Thell.

— Fiedlappen der grdst. Blätt. zugespitzt . . . . **d**

d. Blätt. untersts. zw. den Adern kahl; VII–VIII. Gebirgswiesen, Hochstaudenfluren; *z,* Alp., Schweizer Jura. [= ssp. *montanum* (Schl.) Briq.] ssp. **élegans** (Cr.) Schübler & G. Martens

— Blätt. untersts. zw. den Adern weich behaart; VII–VIII. Kalkschotter der subalp. Reg.; *z,* Gr, Vb, Ti, OTi, Kt. ssp. **pyrenáicum** (Lam.) Bonnier & Layens

— Pfl. 1,7–5 m hoch; Stg. bis 10 cm im Dm, meist purpurn gefleckt; Dolden bis 50 cm im Dm, m. 50–150 Strahlen; Blätt. unregelmäßig gezähnt, m. weißen Spitzen; ⊙–♃; VI–VIII. Straßenränder, Waldränder, Flussufer; *z,* eingebürgert (Heimat: Kaukasus). Vorsicht bei Berührung: **Hautausschlag! Brandblasen!** *Riesen-B.,* * **H. mantegazziánum** Sommier & Levier

56. Tordýlium L., *Zirmet, Drehkraut*

Stg. kantig gefurcht, m. nach rückw. gerichteten Borstenhaaren, 30–120 cm lg.; Blätt. einfach gefied., m. 2–4 Fiedpaaren; Doldenstrahlen dick, borstig behaart; Randbltn. vergrößert; Fr. borstig-rau; ⊙; VI–VIII. Magerrasen, Hecken, Wege; *s,* im N *f.* **T. máximum** L.

57. Láser Borkh. ex G. M. Sch., *Rosskümmel*

Stg. 60–120 cm lg., von starkem Kümmelgeruch, fein gerillt, bläul. bereift; Grdblätt. groß, 3-mal 3-zählig gefied.; Fied. kreisrundl., stumpf gekerbt, unterstš. bläul. bereift, ♃; V–VI. Buschige Berghänge; *s* in Ba, He, S-We, NS, Lothringen, Kt, St, NÖ, Bgl, ČR. (= *Siler trilobum* Cr.; = *Laserpitium trilobum* L.) Ⓖ **L. trílobum** (L.) Borkh.

58. Laserpítium L., *Laserkraut*

1. Blattfied. in sehr schmale Zipfel zerschnitten, Zipfel höchstens 3 mm lg. u. 2 mm breit; Pfl. an *Athamanta cretensis* (S. 856) erinnernd; Stg. kurzborstig-steifhaarig, 15–60 cm hoch; Hülle und Hüllchen bewimpert, breit hautrandig; Bltn. weiß od. rötl.; ♃; VI–VII. Steinige Magerrasen, kalkmeidend, 1250–2710 m; *z,* Alp. u. Voralp. von CH, Bz, Ti u. Vb. *Rauhaar-L.,* **L. hálleri** Cr.

— Blattzipfel mindestens 3 mm breit **2**

2. Stg. rund, etwas gerillt, kahl od. schwach behaart **4**

— Stg. kantig, gefurcht, mindestens im unt. Teil behaart; Hüllblätt. zahlreich, bewimpert **3**

3. Stg. nur im unt. Teil rauhaarig, 30–100 cm hoch, meist nicht über 3 mm dick; oberste Blattscheiden nicht aufgeblasen; Blätt. 2–3fach gefied., Zipfel 10–25 mm lg. u. 2–9 mm breit; Hülle u. Hüllchen breit hautrandig; Bltn. gelbl.weiß; Fr. kurz borstig behaart; ⊙; VII–IX. Moorwiesen, trockene Eichen- und Kiefernwälder, kalkmeidend; *s,* im NW *f,* überall stark zurückgegangen. *Preußisches L.,* **L. prutënicum** L.

— Stg. auch oben besonders an den Knoten behaart, hohl, 80–150 cm hoch; oberste Blattscheiden stark aufgeblasen, Pfl. an *Angelica* erinnernd (S. 858); Blätt. mehrfach 3-zählig, Blättchen gesägt; ♃, VII–VIII. Hochstaudenfluren; sehr *s,* ČR (Gesenke), OÖ.
Engelwurz-L., **L. archangélica** Wulf.

4(2). Fied. breit eif., gesägt, gekerbt oder eingeschnitten **6**

— Fied. lineal-lanzettl., ganzrandig **5**

5. Dolde 2–15-strahlig, 5–8 cm im Dm; Fied. längl., 15–100 mm lg. u. 2–12 mm breit; Bltn. blasspurpurn bis weißl.; ♃; VI–VIII. Bergwiesen; *z,* Ti, Kt, Bz. *Haarstrang-L.,* **L. peucedanoídes** L.

— Dolde 20–40-strahlig, 10–25 cm im Dm; Fied. seegrün, elliptisch, etwas ledrig, 15–70 mm lg. u. 3–25 mm breit; Stg. 30–100 cm lg.; Bltn. weiß; ♃; VI–VIII. Trockene Bergwiesen, sonnige Felsen, kalkliebend; *v* Alp., *z* Schweizer Jura, *s* Ba u. SchwAlb. (= *Siler montanum* Cr.)
Berg-L., **L. síler** L.

6(4). Dolde 5–20-strahlig; Döldchenstiele auffallend ungleich lang; Blkrblätt. grünl.gelb, kaum 1,5 mm lg., m. rotem Rand u. rotem Mittelstreifen; Hüllblätt. 0–5, hinfällig; Blättchen der ob. bzw. unt. Blätt. deutl. verschieden; Fied. 2. Ordnung meist 3-teilig und unregelmäßig gesägt; ♃; VI–VIII. Berghänge; *z–s,* CH, W-Ti, Bz.
Schweizer L., **L. krápfii** Cr. ssp. **gaudínii** (Moretti) Thell.

— Dolde 25–50-strahlig; Blkrblätt. 2–2,5 mm lg., weiß; Hüllblätt. zahlreich, kahl, bleibend; Fied. 2. Ordnung ungeteilt, oft asymmetrisch, regelmäßig gesägt; ♃; VI–VIII. Bergwiesen, Steppenheidewälder, Hochstaudenfluren, kalkliebend; *v* in Alp. u. Schweizer Jura, *z* Vog., Lx, S- u. M-Dt, im N nur Br. *Breitblättriges L.,* * **L. latifólium** L.

59. Daūcus L., *Möhre*

Stg. 50–120 cm lg., borstig behaart; Blätt. 2–4fach gefied.; Dolden z. Bltzt. flach gewölbt, in der Mitte häufig m. schwarz-purpurner „Mohrenblüte"; Doldenstrahlen z. Frreife vogelnestartig zusammenneigend; ⊙; V–VII. Wiesen, Wege, Steinbrüche; *g.* *Wilde M.,* * **D. caróta** L.

D. satívus (Hoffm.) Roehl.; *Garten-Möhre,* m. stark verdickter gelber Primärwurzel; als Wurzelgemüse in zahlr. Sorten kultiviert.

Literaturverzeichnis

Die nachfolgenden Hinweise sind keineswegs erschöpfend. Sie enthalten nur die wichtigsten Werke für das Gebiet der Flora. Im folgenden Verzeichnis werden abgekürzt: o. = ohne; m. = mit; BSchl. = Bestimmungsschlüssel; Zeichn. = Zeichnung; F. = Farbe: SW = Schwarz-Weiß; Aufl. = Auflage; S. = Seiten; Tab. = Tabelle(n); Verbr. = Verbreitung(s); zahlr. = zahlreich(e); Zeichn. = Zeichnung(en)

A. Allgemeine Literatur (Auswahl)

1. Botanik/Systematik/Morphologie

A. D. Bell: Illustrierte Morphologie der Blütenpflanzen; Stuttgart 1995 (335 S., 202 Fotos, 157 Zeichn.)
R. Bornkamm: Die Pflanze; 3. Aufl.; Stuttgart 1990 (191 S.)
D. Frohne & U. Jensen: Systematik des Pflanzenreiches; 4. Aufl.; Stuttgart/New York 1992 (X + 344 S., zahlr. Abb.)
F. Jacob, E. J. Jäger & E. Ohmann: Botanik; 4. Aufl.; Jena/Stuttgart 1994 (609 S.)
U. Kull: Grundriß der Allgemeinen Botanik; 2. Aufl.; Stuttgart 2000 (469 S.)
U. M. Lüttge, M. Kluge & G. Bauer: Botanik – Ein grundlegendes Lehrbuch; 4. Aufl.; Weinheim 2002 (XIX + 625 S., zahlr. Abb.)
G. Natho, C. Müller & H. Schmidt: Systematik und Morphologie der Pflanzen; Stuttgart 1990 (2 Bde.)
W. Nultsch: Allgemeine Botanik; 11. Aufl.; Stuttgart 2001 (663 S.)
O. Rohweder & P. K. Endress: Samenpflanzen; Stuttgart1983 (391 S.)
L. Steubing & H. O. Schwantes: Ökologische Botanik; 3. Aufl.; Heidelberg/Wiesbaden 1992 (408 S.)
E. Strasburger: Lehrbuch der Botanik für Hochschulen; 35. Aufl. (bearb. P. Sitte, E. W. Weiler, A. Bresinsky, C. Körner; J. W. Kadereit: Höhere Pflanzen S. 750–865); Heidelberg 2002.
G. Throm: Grundlagen der Botanik; 2. Aufl.; Heidelberg/Wiesbaden 1996 (425 S.)
W. Troll & K. Höhn: Allgemeine Botanik. Ein Lehrbuch auf vergleichend-biologischer Grundlage; 4. Aufl.; Stuttgart 1973 (XIX + 994 S., 712 Abb.)
W. Troll: Praktische Einführung in die Pflanzenmorphologie; 2 Bde.; Jena 1954, 1957 (258 + 420 S.)
D. Vogellehner: Botanische Terminologie und Nomenklatur; 2. Aufl.; Stuttgart 1983 (140 S.)
F. Weberling & H. O. Schwantes: Pflanzensystematik; 7. Aufl.; Stuttgart 2000 (536 S.)
F. Weberling & Th. Stützel: Biologische Systematik. Grundlagen und Methoden; Darmstadt 1993 (209 S.)

2. Geobotanik/Vegetationskunde/Pflanzensoziologie

K-A. v. Bezold: Katalog der Pflanzengesellschaften Mitteleuropas. Bd. I: Assoziationen (Gesellschaften) in Deutschland, westlichem Österreich und Südtirol; Mittenwald 1991 (Eigenverlag; 250 S.)

H. Dierschke: Pflanzensoziologie; Stuttgart/Wien 1994 (683 S., 343 Abb., 55 Tab.)

H. Ellenberg: Vegetation Mitteleuropas mit den Alpen in ökologischer, dynamischer und historischer Sicht; 5. Aufl.; Stuttgart 1996 (1096 S., 623 Abb., 170 Tab.)

H. Ellenberg (Hrsg.) u.a.: Zeigerwerte von Pflanzen Mitteleuropas; 3. Aufl.; Göttingen 2001 (= Scripta Botanica H. **18**, 262 S.)

W. Frey, R. Lösch: Lehrbuch der Geobotanik. Pflanze und Vegetation in Raum und Zeit; 2. Aufl.; Heidelberg 2004 (440 S., 250 Abb.)

L. & E. Jedicke: Farbatlas Landschaften und Biotope Deutschlands; Stuttgart 1992 (320 S., zahlr. Farb-Abb.)

N. Knauer: Vegetationskunde und Landschaftsökologie; Heidelberg 1981 (315 S.)

K. H. Kreeb: Vegetationskunde: Stuttgart 1983 (331 S.)

W. Larcher: Ökophysiologie der Pflanzen; 6. Aufl.; Stuttgart/Wien 2001 (408 S., zahlr. Abb. u. Tab.)

E. Oberdorfer (Hrsg.): Süddeutsche Pflanzengesellschaften; Teil I–IV; Stuttgart/New York 1977–.

R. Pott: Die Pflanzengesellschaften Deutschlands; Stuttgart 1995 (622 S., zahlr. Abb.)

R. Pott: Biotoptypen – Schützenswerte Lebensräume Deutschlands....; Stuttgart 1996 (448 S., 872 Farb-Abb.)

F. Runge: Die Pflanzengesellschaften Mitteleuropas; 12./13. Aufl.; Münster 1994 (312 S., zahlr. Fotos)

R. Schubert, W. Hilbig, S. Klotz: Bestimmungsbuch der Pflanzengesellschaften Mittel- und Nordostdeutschlands; Stuttgart 2001 (472 S., 56 Abb.)

H. Walter: Allgemeine Geobotanik; 6. Aufl.; Stuttgart 1986 (279 S.)

O. Wilmanns: Ökologische Pflanzensoziologie. Eine Einführung in die Vegetation Mitteleuropas; 6. Aufl.; Heidelberg/Wiesbaden 1998 (405 S.)

S. Winkler: Einführung in die Pflanzenökologie; 2. Aufl.; Stuttgart 1980 (255 S.)

B. Größere Florenwerke

D. Aeschimann, K. Lauber, D. M. Moser: Flora alpina. Ein Atlas sämtlicher 4500 Gefäßpflanzen der Alpen; 3 Bde., Bern 2004 (1159 + 1188 + 323 S., ca. 6000 Farbfotos)

D. Aichele & H.W. Schwegler: Die Blütenpflanzen Mitteleuropas. Bd. **1–5**, Stuttgart (m. 2453 Farbabb. u. vielen SW-Abb.); 2. Aufl. 2000 (2700 S.)

D. Benkert, F. Fukarek; H. Korsch: Verbreitungsatlas der Farn- und Blütenpflanzen Ostdeutschlands; Jena/Stuttgart 1996 (1998 Verbr.Karten)

F. EHRENDORFER: Liste der Gefäßpflanzen Mitteleuropas; 2. erw. Aufl., Stuttgart 1973 (318 S., Listengrundlage für die floristische Kartierung Mitteleuropas)

H. GAMS (Begr.); W. FREY, J.-P. FRAHM, E. FISCHER & W. LOBIN: Kleine Kryptogamenflora – Die Moos- und Farnpflanzen Europas; 6. Aufl.; Stuttgart/Jena/New York 1995 (426 S.; BSchl.)

A. GARCKE: Illustrierte Flora, Deutschland und angrenzende Gebiete (Hrsg. K. v. WEIHE); Berlin u. Hamburg 1972 (1607 S., 460 Abb. m. 3704 Einzelbildern)

H. HAEUPLER & P. SCHÖNFELDER (Hrsg.): Atlas der Farn- und Blütenpflanzen der Bundesrepublik Deutschland; 2. Aufl., Stuttgart 1989 (768 S. m. 96 Farbabb. u. 2490 Verbr.karten)

H. HAEUPLER, H. KORSCH & P. SCHÖNFELDER: Verbreitungsatlas der Farn- und Blütenpflanzen Deutschlands; Stuttgart; in Vorber.

H. HAEUPLER & T. MUER: Bildatlas der Farn- und Blütenpflanzen Deutschlands; Stuttgart 2007 (789 S., 4050 Farbfotos, 140 Zeichn.)

G. HEGI (Begründer): Illustrierte Flora von Mitteleuropa; Berlin/Hamburg; Standardwerk der mitteleuropäischen Flora, z.Zt. 2. u. teilweise sogar 3. Aufl. im Erscheinen; derzeit VII Bde. mit 24 Teilbänden; ausführliche Beschreibungen u. reichhaltige Illustrierung; zahlr. führende Bearbeiter zu HEGI: U. HAMANN & G. WAGENITZ: Bibliographie zur Flora von Mitteleuropa; 2. Aufl., Berlin/Hamburg 1977 (376 S.)

G. HEGI – H. MERXMÜLLER (Hrsg.: H. REISIGL): Alpenflora; 25. Aufl., Berlin/Hamburg 1977 (Auswahl der wichtigsten Alpenpflanzen, o. BSchl.; 196 S., 283 Farbabb. + 34 Fotos auf 43 Taf. + Karte)

F. HERMANN: Flora von Nord- u. Mitteleuropa; 2. Aufl., Stuttgart 1956 (1154 S., o. Abb.)

E. HULTÉN: Atlas över växternas utbredning i Norden. Stockholm 1950

J. JALAS & J. SUOMINEN (Hrsg.): Atlas Florae Europaeae; Helsinki, seit 1972 (gesamteuropäische Verbr.karten aller Arten); Lfg. 14 = 2007

E. LANDOLT: Unsere Alpenflora; 6. Aufl.; Stuttgart/Jena, 1992 (320 S., 120 Farbtaf. m. 480 Fotos)

W. LIPPERT: Fotoatlas der Alpenblumen; München 1981 (259 S., 400 Farbabb., 600 Zeichn. u. Verbr.karten)

H. O. MARTENSEN & W. PROBST: Farn- und Samenpflanzen in Europa. Stuttgart 1990 (525 S.; m. BSchl., 51 Abb., 233 illustr. Best. Tab.)

E. OBERDORFER: Pflanzensoziologische Exkursionsflora; 8. Aufl., Stuttgart 2001 (Gebiet: Deutschland u. angrenzende Gebiete der Alpen und Vogesen; Schwerpunkt: pflanzensoziologische Angaben; 1051 S., 64 Zeichn.)

A. PASCHER (Hrsg., jetzt: H. ETTL, I. GERLOFF & H. HEYNING): Süßwasserflora von Mitteleuropa. Bd. **23**: S. J. CASPER & H. D. KRAUSCH: Pteridophyta und Anthophyta 1. Teil: Lycopodiaceae bis Orchidaceae; Jena 1980 (403 S., 109 Taf. m. 1038 Abb.)

A. PASCHER (Hrsg., jetzt: H. ETTL, I. GERLOFF & H. HEYNING): Süßwasserflora von Mitteleuropa. Bd. **24**: S. J. CASPER & H. D. KRAUSCH: Pteridophyta und Anthophyta 2. Teil: Saururaceae bis Asteraceae; Jena 1981 (540 S., 119 Taf. m. 1695 Abb.)

H. REISIGL & R. KELLER: Alpenpflanzen im Lebensraum; 2. Aufl. Stuttgart/New York 1994 (150 S., 189 Farbfotos, 86 mehrteilige Zeichn., 58 Grafiken)

W. ROTHMALER: Exkursionsflora. Bd. **1**: Niedere Pflanzen; bearb. H. H. HANDKE, H. PANKOW, R. SCHUBERT; 3. Aufl., Berlin 1983 (812 S., 2400 Abb.); Bd. **2**: Gefäßpflanzen – Grundband; bearb. R. SCHUBERT, K. WERNER & H. MEUSEL; 19. Aufl., Jena/Stuttgart 2005 (639 S., 992 Abb.); Bd. **3**: Atlas der Gefäßpflanzen, Hrsg. R. SCHUBERT, E. JÄGER, K. WERNER; 11. Aufl., Heidelberg 2007 (753 S., 2814 Zeichn. je Habitus u. Details); Bd. **4**: Kritischer Band; Herausg. E. J. JÄGER, K. WERNER;10. Aufl., München 2005 (980 S., 1596 Abb.; wichtig für Arealdiagnosen und kritische, kleinartenreiche Gattungen; Gebiet aller Bände: Deutschland); Bd. **5:** Krautige Zier- und Nutzpflanzen; Herausgeb. E. J. Jäger, F. Ebel, P. Hanelt, G. K. Müller; Berlin/Heidelberg 2007 (880 S., 1320 Abb.)

T. G. TUTIN u.a. (Hrsg.): Flora Europaea; Cambridge Bd. **1–5**, 1964–1980 (umfaßt als einziges Florenwerk das gesamte Europa; m. BSchl., Arten mit kurzer Beschreibung o. Abb.); 2. Aufl.: Bd. 1, 1993 (erweitert)

R. WISSKIRCHEN & H. HAEUPLER: Standardliste der Farn- und Blütenpflanzen Deutschlands mit Chromosomenatlas von F. ALBERS. Stuttgart 1998 (765 S.)

ZENTRALSTELLE FÜR DIE FLORISTISCHE KARTIERUNG DER BUNDESREPUBLIK DEUTSCHLAND (Hrsg.): Floristische Rundbriefe, Beiheft **3**: Standardliste der Farn- und Blütenpflanzen der Bundesrepublik Deutschland (vorläufige Fassung); Göttingen 1993 (478 S.) – Beiheft **4** (Bearb. E. BERGMAIER): Bestimmungshilfen zur Flora Deutschlands. Eine kommentierte bibliographische Übersicht; Göttingen 1994 (420 S.)

C. Länder- und Gebietsfloren

(Anordnung der Gebiete von N nach S)

1. Außerdeutsche Floren

Dänemark

K. HANSEN u.a. (Hrsg.): Dansk feltflora; 3. Aufl.; Kopenhagen 1983 (757 S., Abb. im Text m. BSchl.)

B. LØJTNANT & E. WORSØE: Status over den danske Flora; København, 1993 (177 S.)

E. ROSTRUP & C. A. JØRGENSEN; bearb. A. HANSEN: Den Danske flora; 20. Aufl., 1973 (664 S., 139 Abb.)

Niederlande/Holland

E. HEIMANS, H. W. HEINSIUS & J.P. THIJSSE: Geillustreede Flora van Nederland; Amsterdam 1965 (1182 S., zahlr. Zeichn.)

R. V. D. MEIJDEN, E. J. WEEDA, W. J. HOLVERDA & P. H. HOVENKAMP: H. HEUKELS' Flora van Nederland; 21. Aufl., Groningen 1990 (662 S., viele hundert Abb., m. BSchl. u. guten Beschreibungen)

J. Mennema, A. J. Quene-Boterenbrood & C. L. Plate (Hrsg.): Atlas of the Netherlands Flora. 1. Extinct and very rare species; The Hague/ Boston/London (226 S.), 1980. Bd. **2**: Zeldzame en vrij zeldzame Planten (349 S.), 1985. Bd. **3:** Minder Zeldzame en algemene Soorten (264 S.), 1989 (insgesamt m. 1966 Verbr.karten)

Th. Weevers u. a. (Hrsg.): Flora Neerlandica; Amsterdam (ausführliche Flora mit Abb., von der seit 1948 bisher 11 Lfg. erschienen sind; nicht mehr fortgeführt)

Belgien

B. Bastin, J. R. de Sloover, C. Evrard & P. Moens: Flore de la Belgique; 4. Aufl.; Louvain-La-Neuve 1993 (358 S., m. BSchl., zahlr. Abb.)

J. Lambinon, L. Delvosalle, J. Duvigneaud: Nouvelle Flore de la Belgique, du Grand-Duché de Luxembourg, du Nord de la Françe et des Régions voisines. 5. Aufl., Meise 2004. (1167 S., 1528 Abb.)

W. Mullenders (Hrsg.): Flore de la Belgique, du Nord de la France et des Régions voisines; Liège 1967 (425 S., ca. 725 Abb.)

W. Mullenders: Flore moderne de la Belgique (Phanérogames); 4. Aufl., Louvain 1981 (293 S., o. Abb.)

W. Robyns (Hrsg.): Flore générale de Belgique; Brüssel (ausführliche Flora m. Abb., von der seit 1955 bisher 6 Teilbände erschienen sind)

E. van Rompaey & L. Delvosalle: Atlas van de Belgische en Luxemburgse Flora; Pteridofyten en Spermatofyten; 2. Aufl., Meise 1979 (1425 Verbr.-karten)

Frankreich

G. Bonnier & R. Douin: La Grande Flore en couleur de Gaston Bonnier – France, Suisse, Belgique et pays voisins; 2 Bde., Berlin/Hamburg 1991 (959 S., davon 729 Taf.S. m. 7863 Farbabb.)

H. Coste: Flore descriptive et illustrée de la France, de la Corse et des contrées limitrophes; 3 Bde.; Paris 1901–1906, Nachdruck 1937

P. Fournier: Les quatres flores de la France, I–II; neue Aufl., Paris 1990; Bd. I = Text (1106 S., BSchl.), Bd. II = Atlas (308 S. mit 4264 Einzel-Abb.)

M. Guinochet & R. de Vilmorin: Flore de France; Paris, 5 Bde., 1973–1984.

Issler, Loyson & Walter: Flore d'Alsace; 2. Aufl., Strasbourg 1982 (621 S., m. Abb. u. BSchl.)

Schweiz

D. Aeschimann & H. M. Burdet: Flore de la Suisse et des territoires limitrophes; Neuchâtel 1989 (597 S., m. BSchl., 343 Abb.)

A. Binz – Ch. Heitz: Schul- u. Exkursionsflora für die Schweiz mit Berücksichtigung der Grenzgebiete; 19. Aufl., Basel 1990 (659 S., 890 Fig.)

S. Eggenberg & A. Möhl: Flora Vegetativa – Ein Bestimmungsbuch für die Pflanzen der Schweiz im blütenlosen Zustand; 2. Aufl.; Bern, 2009 (680 S., über 3000 Abb.)

H. E. Hess, E. Landolt & R. Hirzel: Flora der Schweiz und angrenzender Gebiete. Bd. **1**, Basel 1967 (858 S., 1050 Abb., 9 F.-Taf.), Bd. 2, Basel 1970 (956 S.), Bd. 3, Basel, Stuttgart 1972 (876 S.)
H. E. Hess, E. Landolt & R. Hirzel: Bestimmungsschlüssel zur Flora der Schweiz und angrenzender Gebiete; Basel/Stuttgart 1976 (657 S., zahlr. Zeichn.; Zusammenfassung der BSchl. aus vorigem 3bändigem Werk)
K. Lauber & G. Wagner: Flora des Kantons Bern; 2. Aufl., Bern/Stuttgart 1992 (958 S., 1836 Farbabb.); dazu separates Heft: Bestimmungsschlüssel zur Flora des Kantons Bern (150 S.)
K. Lauber & G. Wagner: Flora Helvetica; 4. Aufl., Bern/Stuttgart 2007 (1632 S., 3773 Farbfotos, 2500 Karten, 150 Zeichn.); dazu separates Heft: Bestimmungsschlüssel zur Flora Helvetica (280 S.)
E. Thommen – A. Becherer: Taschenatlas der Schweizer Flora (bearb. A. Antonietti); 7. Aufl., Basel & Stuttgart 1993 (352 S., enthält > 3055 Strichzeichn.)
M. Welten & R. Sutter: Verbreitungsatlas der Farn- und Blütenpflanzen der Schweiz; 2 Bde., Basel, Boston & Stuttgart 1982 (2572 Verbr.karten)

ČR

J. Dostal: Klíč k upliné Květeně CSR; Prag 1958 (982 S., 3113 Abb.)
J. Dostal: Květena CSSR; 2 Bde., Prag 1989 (1548 S., m. sehr zahlr. Abb.)
S. Hejny; B. Slavik (Hrsg.): Květena České (socialistické) republiky; Bd. **1**, Praha 1988 (557 S.); Bd. **2**, 1990 (541 S.); Bd. **3**, 1992 (542 S.); Bd. **4**, 1995 (532 S.) (m. BSchl., zahlr. Abb.); Bd. **5**, 1997 (568 S.); Bd. **6**, 2000 (770 S.); Bd. **7**, 2004 (767 S.)
K. Kubát et al.: Klíč ke květeně České republiky; Praha 2002 (927 S., m. Bschl. ,1401 Abb.)
B. Slavik: Fytokartograficke syntezy CSR; Bd. **1**, Pruhonice 1986 (200 S.). Bd. **2.** 1990 (180 S.) (zahlr. Verbr.karten)
J. Sourek: Květena Krkonos Česky a polsky krkonosky park. Academia Praha, 1969 (451 S., o. BSchl., 2 Karten)

Polen

S. Jávorka & V. Csapody: Ikonographie der Flora des südöstlichen Mitteleuropa; Stuttgart 1979 (73S., 40 Farbtaf., 576 hervorragende SW-Tafeln; über 4000 Arten)
H. Steffen: Flora von Ostpreußen. Königsberg 1940 (319 S.)
W. Szafer (Hrsg.): Flora Polska; 14 Bde.; Krakowie u. Warszawa 1919–1980

Österreich und Liechtenstein

M. A. Fischer (Hrsg.), K. Oswald, W. Adler: Exkursionsflora für Österreich, Liechtenstein und Südtirol. 3. Aufl., Linz 2008. (1392 S., m. BSchl., zahlr. Abb.)

M. A. Fischer & E. Hörandl (Hrsg.): Flora von Österreich; 3 Bde. (in Vorbereitung)

K. Fritsch: Exkursionsflora für Österreich und die ehemals österreichischen Nachbargebiete; 3. Aufl.; Wien 1922 – Nachdruck Lehre 1973 (824 S.; o. Abb.) (behandelt auch Böhmen, Mähren, Österr.-Schlesien, Südtirol, Trentino, Slowenien, Triest u. Istrien m. Kvarner-Inseln; veraltet)

G. Grabherr & A. Polatschek: Lebensräume und Flora Vorarlbergs; Dornbirn 1986 (261 S., o. BSchl., zahlr. farb. Abb.; mit Artenliste)

H. Hartl, G. Kniely, G. H. Leute, H. Niklfeld & M. Perko: Verbreitungsatlas der Farn- und Blütenpflanzen Kärntens; Klagenfurt 1992 (451 S., 2457 Verbr. Karten)

E. Janchen: Catalogus Florae Austriae, 1. Teil: Farne u. Blütenpflanzen; Heft 1–4, Wien 1956–1959, hierzu 4 Ergänzungshefte, Wien 1963–1968 (insgesamt 1515 S.; o. BSchl. u. Abb.; durch seine reichhaltige Synonymie und Literaturzusammenstellung aber weit über Österreich hinaus von Bedeutung)

E. Janchen: Flora von Wien, Niederösterreich und Burgenland; 2. Aufl. Wien 1977 (758 S., o. BSchl.; Verbr.Angaben)

W. Maurer: Flora der Steiermark. Ein Bestimmungsbuch der Farn- und Blütenpflanzen des Landes Steiermark und angrenzender Gebiete am Ostrand der Alpen. Bd. I: Farnpflanzen (Pteridophyten) und Freikronblättrige (Apetale und Dialypetale); Graz 1996 (311 S., ca. 700 Farbfotos); Bd. II/1, 1998 (176 S., 378 Farbfotos)

L. Mucina, G. Grabherr & Th. Ellmauer (Hrsg.): Die Pflanzengesellschaften Österreichs. Teil I: Anthropogene Vegetation (578 S.); Teil II: Natürliche waldfreie Vegetation (523 S.); Teil III: Wälder und Gebüsche (mit S. Wallnöfer; 353 S.). Jena 1993

A. Polatschek et al.: Flora von Nordtirol, Osttirol und Vorarlberg. Band 1, Innsbruck 1997 (1024 S., o. BSchl., zahlreiche Karten); Band 2, 1999 (1077 S.); Band 3, 2000 (1354 S.); Band 4, 2001 (1083 S.); Band 5, 2001 (664 S.)

H. Seitter: Die Flora des Fürstentums Liechtenstein; Vaduz 1977 (578 S., 22 Farbtaf.)

G. Traxler: Liste der Gefäßpflanzen des Burgenlandes; 2. Aufl.; Veröff. Internat. Clusius-Forschungsgesellschaft Güssing **7** (32 S.; zugleich Rote Liste für das Burgenland)

H. Wittmann, A. Siebenbrunner, P. Pilsl & P. Heiselmayer: Verbreitungsatlas der Salzburger Gefäßpflanzen; Sauteria Bd. **2** (1926 Verbr.karten, 403 S.); Salzburg 1987

A. Zimmermann, G. Kniely, H. Melzer, W. Maurer, R. Höllriegl: Atlas gefährdeter Farn- und Blütenpflanzen der Steiermark (302 S., 110 farb. Abb., 579 Verbr.karten); Graz 1989 (zugl. Nr. 18/19 der Mitt. Abt. Bot. Landesmus. Joanneum Graz)

2. Deutsche Regionalfloren

Schleswig-Holstein/Hamburg

E. Christensen & J. Westdörp: Flora von Fehmarn (= Mitt. AG Geobotanik in Schleswig-Holstein u. Hamburg, H. 30); Kiel 1979 (262 S. einschl. 445 Verbr.karten, o. BSchl.)

W. Christiansen: Neue kritische Flora von Schleswig-Holstein; Rendsburg 1953 (532 S., über 200 Verbr.karten, o. BSchl.)

W. Christiansen: Flora der nordfriesischen Inseln; Hamburg 1961 (127 S., o. BSchl.)

W. Christiansen & H.-L. Kohn: Flora von Helgoland. – Abh. Naturwiss. Verein Bremen **35:** 209–227, 1958.

W. Jansen: Flora des Kreises Steinburg. – Mitt. Arbeitsgem. Geobot. Schl.-Holst. Hamburg **36:** 1–403; Kiel 1986

G.-U. Kresken: Atlas der Flora von Lauenburg und Umgebung. – Ber. Bot. Ver. Hamburg **21:** 5–106; Hamburg 2004

K. Petersens: Flora von Lübeck und Umgebung; fortgeführt von K. Konopka. Lübeck 1966 (132 S., o. BSchl. u. Abb.)

H.-H. Poppendieck, I. Brandt & J. von Prondzinski: Die vom Aussterben bedrohten, stark gefährdeten und sehr seltenen Farn- und Blütenpflanzen von Hamburg; Hamburg 2001 (186 S.)

E. W. Raabe: Atlas der Flora Schleswig-Holsteins und Hamburgs (Hrsg: K. Dierssen & U. Mierwald); Neumünster 1987 (654 S. m. 1163 Verbr. karten; Raster: 1/36 MTB)

J. Urbschat: Flora des Kreises Pinneberg; Kiel 1972 (281 S., einschl. 486 Verbr.karten)

Niedersachsen/Bremen

M. Bollmeier, M., A. Gerlach & A. Kätzel: Flora des Landkreises Goslar. – Mitt. Naturwiss. Vereins Goslar 8(1–4): 1–1223; Goslar 2004

F. Buchenau: Flora von Bremen, Oldenburg, Ostfriesland und der ostfriesischen Inseln; bearb. B. Schütt, 10. Aufl. 1936; Reprint Bremen 1986 (448 S., zahlr. Abb., m. BSchl.)

J. Feder & B. Schäfer: Flora des Landkreises Wittmund; Friedeburg 2003 (140 S.)

I. Fiebig: Flora von Buxtehude. – Ber. Bot. Vereins Hamburg **14:** 1–98; Hamburg 1994

H. Fuchs: Flora von Göttingen; Göttingen 1964 (156 S., o. BSchl., o. Abb.)

E. Garve: Atlas der gefährdeten Farn- und Blütenpflanzen in Niedersachsen und Bremen. – Naturschutz Landschaftspflege Niedersachsen **30/1:** 1–478; **30/2:** 479–895; Hannover 1994

E. Garve & D. Letschert: Liste der wildwachsenden Farn- und Blütenpflanzen Niedersachsens, 1. Fassung 1.1. 1991. – Naturschutz u. Landschaftspflege in Niedersachsen, Bd. **24** (154 S., Namenliste, o. BSchl., ausgewählte Farbfotos)

H. Haeupler: Atlas zur Flora von Südniedersachsen; Teil I, Atlas; Göttingen 1976 (367 S., über 1800 Verbr.karten)
K. Johannsen: Pflanzenatlas des mittleren Ostfriesland; 2. Aufl.; Aurich 1987 (226 S.)
M. Kauers & R. Theunert: Die Flora von Peine. – Ökologieconsult-Schr. **2:** 1–372; Peine 1994.
K. Koch: Flora des Regierungsbezirks Osnabrück und der benachbarten Gebiete; Osnabrück 1958 (543 S., o. Abb.)
H. Lenski: Farn- und Blütenpflanzen des Landkreises Grafschaft Bentheim; Bad Bentheim 1990 (226 S.; o. BSchl.; zahlr. Karten; sehr gute Farbfotos)
W. Meyer & J. van Dieken: Pflanzenbestimmungsbuch für die Landschaften Osnabrück, Oldenburg-Ostfriesland und ihre Inseln; 3. Aufl., Oldenburg 1949 (265 S., m. Abb.)
R. Müller: Flora des Landkreises Harburg und angrenzender Gebiete; Wienen 1983 (248 S.; o. BSchl.; zahlr. Karten); 2. Aufl. 1991 (415 S.)
W. Müller: Flora von Hildesheim; Hildesheim 2001 (366 S., zahlr. Abb.)
A. Nagler, H. Cordes: Atlas der gefährdeten und seltenen Farn- und Blütenpflanzen im Land Bremen mit Auswertung für den Arten- und Biotopschutz. – Abh. naturwiss. Ver. Bremen **42:** 161–580, 1993.
H. Oelke & O. Hever: Die Pflanzen des Peiner Moränen- und Lößgebietes; 2. Aufl., Peine, 1993 (= Beitr. Naturk. Niedersachsen, Sonderband **1**/1993, Jahrg. 46) (359 S., o. BSchl, wenige Abb.)
J. Van Dieken: Beiträge zur Flora Nordwest-Deutschlands, unter besonderer Berücksichtigung Ostfrieslands; Jever 1970 (284 S., o. BSchl. u. Abb.)
H. E. Weber: Flora von Südwest-Niedersachsen und dem benachbarten Westfalen; Osnabrück 1995 (m. Bschl., 770 S., 118 Abb.)
E. Ziebell: Atlas der Farn- und Blütenpflanzen des Landkreises Osterholz; Lilienthal 1997 (143 S.)

Mecklenburg-Vorpommern/Brandenburg

P. Ascherson: Flora der Provinz Brandenburg, der Altmark und des Herzogthums Magdeburg; 3 Teile; Berlin 1859–64
R. Doll: Kritische Flora des Kreises Neustrelitz; Natur Naturschutz Meckl.-Vorpomm. **22**: 3–60, 1985, **29**: 1–81, 1991, Greifswald (ohne BSchl., mit zahlr. Verbreitungskarten)
F. Fukarek & M. Henker: Neue kritische Flora von Mecklenburg; 1983–1987 (5 Teile in Archiv d. Freunde d. Naturgeschichte in Mecklenburg, H. **23–27**; o. BSchl.; Artenliste m. Kommentaren)
H. Henker & C. Berg: Flora von Mecklenburg- Vorpommern. Farn- und Blütenpflanzen. Jena 2006 (425 S.)
V. Höhlein: Flora von Bützow und Umgebung; Bützow 1977–1982
G. Klemm: Flora des Kreises Spremberg; Berlin 1974 (Gleditschia **2,** 65 S., o. BSchl.; SO-Brandenburg)
P. König: Floren- und Landschaftswandel von Greifswald und Umgebung; Jena 2005. (629 S.)

H. Pankow: Flora von Rostock und Umgebung; Rostock 1967 (359 S., m. BSchl., o. Abb., 148 Verbr.karten)
E. Richter & H. Sluschny: Flora des Stadt- und Landkreises Schwerin; Schwerin 1983 (188 S. + 19 Abb., o. BSchl.)

Nordrhein-Westfalen

H. Adolphi: Flora des Kreises Mettmann unter besonderer Berücksichtigung von Schutzgebieten; Düsseldorf 1994 (265 S.)
K. Beckhaus: Flora von Westfalen. Die in der Provinz Westfalen wild wachsenden Gefäss-Pflanzen. Münster 1893 (1096 S., o. BSchl., o. Abb.), Nachdruck Beverungen 1993
A. Belz, P. Fasel & A. Peter: Die Farn- und Blütenpflanzen Wittgensteins; Wittgenstein 1992 (276 S., o. BSchl., zahlr. Karten u. F.-Abb.)
H. Burckhardt: Wandel der Landschaft und Flora von Duisburg u. Umgebung seit 1800; Duisburg 1973 (115 S., zahlr. Strichzeichn.)
R. Düll & H. Kutzelnigg: Punktkarten von Duisburg und Umgebung; 2. Aufl., Rheurdt 1987 (378 S., Verbr.kärtchen, o. BSchl., Kommentare)
R. Galunder, E. Patzke, R. U. Neumann: Flora des Oberbergischen Kreises; Gummersbach 1990 (227 S.; o. BSchl., zahlr. Karten u. F.-Abb.)
S. Häcker: Atlas zur Verbreitung der Farn- und Blütenpflanzen im Kreis Höxter und angrenzenden Gebieten. Egge–Weser **9:** 9–151, Höxter 1997
H. Haeupler, A. Jagel & W. Schumacher: Verbreitungsatlas der Farn- und Blütenpflanzen in Nordrhein-Westfalen; 2003 (616 S.)
M. Hölting: Farn- und Blütenpflanzen in Solingen; 2. Aufl.; Solingen 1994 (217 S.)
M. Hölting: Atlas der Farn- und Blütenpflanzen in Solingen und der grenznahen Umgebung; 3. Aufl.; Solingen 2000 (145 S.)
H. Höppner & H. Preuss: Flora des Westfälisch-Rheinischen Industriegebietes – unter Einschluß der Rheinischen Bucht; Duisburg 1971 (381 S., Nachdruck von 1926)
J. Illmer : Vorläufige Florenliste von Wesel. Wesel 1986 (260 S.)
A. Jung: Die Pflanzenwelt im Sauerland und Siegerland. Ein Bestimmungsbuch der Blütenpflanzen; Fredeburg 1978 (269 S., einschl. zahlr. F.-Taf.)
K. Kaplan & A. Jagel: Atlas zur Flora der Kreise Borken, Coesfeld und Steinfurt – eine Zwischenbilanz.– Metelener Schriftenreihe Naturschutz **7:** 1–257; Metelen 1997
H. Kersberg, H. Hestermann, W. Langhorst & P. Engemann: Flora von Hagen und Umgebung; Hagen 1985 (136 S., o. BSchl., 78 F.-Abb.)
H. Kersberg, H. Horstmann & H. Hestermann: Flora und Vegetation von Hagen und Umgebung; Nümbrecht-Elsenroth 2004 (362 S.)
L. Laven & P. Thyssen: Flora des Köln-Bonner Wandergebietes; Bonn 1959 (179 S., 17 Abb.-Taf., o. BSchl.)
H. Leschus: Flora von Remscheid; Jahresber. Naturw. Ver. Wuppertal, Beih. 3, 400 S.; Wuppertal 1996 (o. Bschl., zahlr. Verbr.kärtchen)
A. Meier-Böke: Flora von Lippe. – Sonderveröff. Naturwiss. Hist. Vereins Land Lippe **29:** 1–518; Detmold 1978.

F. RUNGE: Die Flora Westfalens; 3. verb. u. verm. Aufl., Münster 1989 (589 S., o. BSchl. u. Abb.)
W. SCHUMACHER: Atlas der Farn- und Blütenpflanzen des Rheinlandes. – Forschungsberichte **33:** 1–355; Bonn 1995
W. STIEGLITZ: Flora von Wuppertal (Jahresber. Naturwiss. Ver. Wuppertal, Beih. **1**); Wuppertal 1987 (227 S., o. BSchl., zahlr. Zeichn., 1093 Verbr. kärtchen)
R. WOLFF-STRAUB u.a.: Florenliste von Nordrhein-Westfalen; 1988 (Schriften LÖLF Nordrh.-Westf. **7,** 2. Aufl., 128 S. + Karte; tabellarische Liste)
R. WOLFF-STRAUB u.a.: Florenliste von Nordrhein-Westfalen, 2. Aufl., 1988 (Schriftenr. Landesanst. Ökol., Landschaftsentw. u. Forstplanung Nordrh.-Westf., Bd. **7**) (128 S. einschl. 26 farb. Abb.; Florenliste regional u. nach Vegetationstypen)
W. ZENKER & H.-W. SCHMITZ: Flora von Kerpen und Umgebung. – Naturschutzbund Rhein-Erft, Erftstadt 2004 (167 S.)

Hessen

E. BAIER & S. C. PEPPLER: Die Pflanzenwelt des Altkreises Witzenhausen mit Meißner und Kaufunger Wald. Eine erste Flora dieses Gebietes; Witzenhausen 1988 (Schriften d. Werratalvereins H. **18**; 310 S., o. BSchl.)
E. BAIER, C. PEPPLER-LISBACH & V. SAHLFRANK: Die Pflanzenwelt des Altkreises Witzenhausen mit Meißner und Kaufunger Wald. – Schr. d. Werratalvereins Witzenhausen **39:** 1–460; Witzenhausen 2005.
W. BECKER, A. FREDE & W. LEHMANN, Pflanzenwelt zwischen Eder und Diemel. Flora des Landkreises Waldeck-Frankenberg mit Verbreitungsatlas. – Naturschutz Waldeck-Frankenberg **5:** 1–510; Korbach 1996
K. P. BUTTLER & U. Schippmann: Namensverzeichnis zur Flora der Farn- und Samenpflanzen Hessens (Erste Fassung) – Botanik & Naturschutz in Hessen, Beiheft **6;** Frankfurt 1993 (476 S.; bedeutend für die Nomenklatur, auch über Hessen hinaus)
F. GRAFFMANN: Neue Flora von Herborn und dem ehemaligen Dillkreis sowie ihre Entwicklung in den letzten 250 Jahren. – Botanische Vereinigung für Naturschutz in Hessen, Herborn 2004 (414 S.)
Th. GREGOR: Flora des Schlitzerlandes. – In: Beitr. Naturk. Osthessen **28** (231 S.), Fulda, 1992 (ohne Bschl., o. Abb., mit Verbkarten)
A. GRIMME: Flora von Nordhessen; 61. Abh. Ver. f. Naturk. Kassel 1958 (XII + 212 S., o. BSchl. u. Abb.)
H. GROSSMANN: Flora vom Rheingau; Frankfurt 1976 (329 S., o. BSchl., zahlr. Zeichn.)
K.-D. JUNG: Punktkartenflora des Stadtgebietes von Darmstadt; Darmstadt 1991 (Schriftenreihe Umweltamt Stadt Darmstadt **14**; X + 546 S., Verbr.karten)
D. KIENAST: Die spontane Vegetation der Stadt Kassel in Abhängigkeit von bau- u. stadtstrukturellen Quartierstypen; Kassel 1978 (414 S., m. zahlr. Zeichn. u. Abb.)

E. & W. Klein: Pflanzen des östlichen Wetteraukreises; Friedberg 1985 (Beitr. Naturk. Wetterau **5** (1 + 2); (393 S., Verbr.karten)

W. Ludwig: Neues Fundortverzeichnis zur Flora von Hessen; erscheint innerhalb des Jahresbandes d. Nassauischen Vereins f. Naturk. Wiesbaden (bisher 2 Lfg. 1962 u. 1966 erschienen; o. BSchl. u. Abb.)

L. & S. Nitsche & V. Lucan: Flora des Kasseler Raumes. Teil I, Kassel 1988 (150 S., Artenliste; o. Abb.). – Teil II, Kassel 1990 (181 S., 1308 Verbr.karten)

H. Streitz: Die Farn- und Blütenpflanzen von Wiesbaden und dem Rheingau-Taunus-Kreis. – Abh. Senckenberg. Naturf. Ges. 562: 1–402; Frankfurt a. M. 2005.

W. Wittenberger, H. Lipser & G. Wittenberger: Flora von Offenbach; Darmstadt 1968 (278 S., o. BSchl., 16 Abb.)

Thüringen/Sachsen-Anhalt/Sachsen

K.-J. Barthel & J. Pusch: Flora des Kyffhäusergebirges und der näheren Umgebung; Jena 1999 (465 S.)

H. Falkenberg & H.-J. Zündorf: Die Farn- und Blütenpflanzen des Mittleren Elstergebirges um Gera. – Veröff. Museen Gera, Naturwiss. Reihe, H. **14** (208 S., 37 Verbr.karten, 25 Abb.); Gera 1987

H. Grundmann: Die wildwachsenden und verwilderten Gefäßpflanzen der Stadt Chemnitz und ihrer unmittelbaren Umgebung. – Veröff. Mus. Naturk. Chemnitz **15:** 1–240; Chemnitz 1992

P. Gutte: Die wildwachsenden und verwilderten Gefäßpflanzen der Stadt Leipzig; Veröff. Naturkundemus. Leipzig **7,** 1989 (95 S., o. BSchl.)

H.-J. Hardtke & A. Ihl: Atlas der Farn- und Samenpflanzen Sachsens; Dresden 2000

H. Herdam: Neue Flora von Halberstadt. Farn- und Blütenpflanzen des Nordharzes und seines Vorlandes; Quedlinburg 1993 (385 S.)

H.-U. Kison & J. Wernecke: Die Farn- und Blütenpflanzen des Nationalparks Hochharz; Wernigerode 2004

H. Korsch, W. Westhus, H.-J. Zündorf: Verbreitungsatlas der Farn- und Blütenpflanzen Thüringens; Jena 2002 (419 S., 1968 Verbr.karten)

L. Meinunger: Florenatlas der Moose und Gefäßpflanzen des Thüringerwaldes und angrenzender Gebiete; Jena 1992 (Haussknechtia, Beih. **3**; 2 Bde; Text- u. Kartenteil; Textbd.: 423 S., Fundortliste, o. BSchl.; Kartenbd.: 1671 halbseitige Verbr.karten)

F. Mertens: Flora von Halberstadt; Halberstadt 1961 (113 S., 41 Fot.-Taf., o. BSchl.)

M. Militzer & T. Schütze: Die Farn- und Blütenpflanzen im Kreis Bautzen; Jahresber. Inst. Sorb. Volksforsch.; Bautzen 1953 (318 S., o. BSchl.)

K. Oehmig: Die Pflanzen von Penig und Umgebung einschl. der Gebiete des Meßtischblattes Burgstädt; Penig 1999 (155 S.)

H. W. Otto: Flora des Kreises Bischofswerda. Abh. Ber. Naturkundemuseum Görlitz, **47** (8). Leipzig 1972 (86 S., o. BSchl.)

H. W. Otto: Die Farn- und Samenpflanzen der Oberlausitz; Ber. naturforsch. Ges. Oberlausitz **12,** Görlitz 2004 (376 S., 40 Abb., 23 Kt., 6 Tab., o. BSchl)

H. Passig: Flora von Herrnhut und Umgebung. – Ber. Naturforsch. Ges. Oberlausitz **9**, Suppl.: 1–76; Görlitz 2000
M. Ranft, P. Stephan & W. Wagner: Flora des Kreises Freital; Ber. Arbeitsgem. sächs. Bot. NF **7**, 1967; **10**, 1972. (o. BSchl.)
J. Stolle & S. Klotz: Flora der Stadt Halle (Saale). – Calendula, Hallesche Umweltblätter, Sonderh. **5:** 1–164; Halle (Saale) 2005
K. Strumpf: Flora von Altenburg unter besonderer Berücksichtigung der Entwicklung des Artenbestandes von 1768–1968; Abh. Ber. Naturkundemus. Mauritianum **6**, S. 93–161, 1969 (o. BSchl.)
K. Strumpf: Flora von Altenburg.– Mauritiana **13(3):** 339–523; Altenburg 1992
H.-J. Tillich: Flora von Mühlhausen/Thüringen. – Haussknechtia, Beih. **5:** 1–143; Jena 1996
H. Uhlmann: Flora Nossen/Rosswein im Klosterbezirk Altzella; Mittweida 2005 (248 S.)
O. Voigt: Flora von Dessau und Umgebung. 1. u. 2. Teil, Dessau 1980 u. 1982 (181 S., Artenliste; 33 Fotos)
O. Voigt: Flora von Dessau und Umgebung, ed. 2. – Naturwiss. Beitr. Mus. Dessau, Sonderh. 1993, 1–160; Dessau 1993.
R. Weber & S. Knoll: Flora des Vogtlandes; Plauen 1965 (204 S., o. BSchl, o. Abb.)
O. Wünsche & B. Schorler: Die Pflanzen Sachsens; 12. Aufl., Hrsg.: W. Flossner u. a., Berlin 1956 (636 S., 758 Abb.)

Rheinland-Pfalz/Saarland

A. Berlin & H. Hoffmann: Flora von Mayen und Umgebung.– Beitr. Landespflege Rheinland-Pfalz **3:** 167–391; Oppenheim 1975
A. Blaufuss & H. Reichert: Die Flora des Nahegebietes und Rheinhessens; Pollichia-Buch Nr. **26**; Bad Dürkheim 1992 (o. BSchl., 1061 S., 16 FarbTaf., 218 Verbr.karten)
P. Haffner u.a.: Atlas der Gefäßpflanzen des Saarlandes; Saarbrücken 1979 (o. S.-Angabe, m. 1352 Verbr.karten)
P. Haffner: Geobotanische Untersuchungen im Saar-Mosel-Raum; Abh. der DELATTINIA Nr.**18**, Saarbrücken 1990 (383S., 360 Verbr.karten, 93 Fotos)
W. Lang & P. Wolff: Flora der Pfalz – Verbreitungsatlas der Farn- und Blütenpflanzen für die Pfalz und ihre Randgebiete; Speyer 1993 (o. BSchl., 2045 Verbr. Karten, 8 allg. Karten)
S. Maas: Die Flora von Saarlouis. – Natur & Landschaft Saarland **13:** 1–107; Saarbrücken 1983
E. Sauer: Die Gefäßpflanzen des Saarlandes, mit Verbreitungskarten; Natur u. Landschaft im Saarland, Sonderband **5**; Saarbrücken 1993 (708 S., 932 Verbr. Karten)
F. Schultz: Flora der Pfalz; Speyer 1846 (Nachdruck Pirmasens 1971) (575 S. u. Nachtrag, o. Abb.)

Baden-Württemberg

M. Ade: Flora von Oberndorf am Neckar; Veröff. Naturschutz u. Landschaftspflege Baden-Württ. **64/65**, S. 509–583; 1989 (o. BSchl.)

U. Ade, B. & H. Baumann, W. Wahrenburg: Naturnahe Lebensräume und Flora in Schönbuch und Gäu; Remshalden 1990 (248S., 65 Verbr. karten, zahlr. Farbfotos) (Gebiet um Böblingen)

H. Balters: Flora um obere Jagst, Bühler und Rotach, der nördlichen Alb und des Riesrandes; Westhausen 2001 (170 S., o. BSchl.)

K. Bertsch: Flora von Südwest-Deutschland; 3. Aufl., Stuttgart 1962 (umfaßt Baden-Württ., 471 S., m. BSchl., 55 Abb.)

S. Demuth: Die Pflanzenwelt von Weinheim und Umgebung; Ubstadt-Weiher, 2001 (416 S., zahlr. Farbfotos u. Verbr.karten)

M. Hassler (Hrsg.): Flora und Fauna der Bruchsaler Region; AGNUS (Arbeitsgemeinschaft für Natur und Umweltschutz), Bruchsal, 1993 (551 S.; o. BSchl., Florenliste m. ausführl. Kommentaren)

N. Höll & Th. Breunig (Hrsg.): Biotopkartierung Baden-Württemberg (= Beih. Veröff. Natursch. u. Landschaftspfl. Baden-Württ.); Karlsruhe 1995 (539 S., 536 Abb.).

F. S. Meszmer: Flora von Mosbach. Verbreitungsatlas gefährdeter, geschützter sowie weiterer charakteristischer Gefäßpflanzen und thermophiler Erdflechten. 160 S., o. BSchl., nur Karten. Elztal-Dallar 1995

F.-S. Meszmer: Flora des Neckar-Odenwald- Kreises; Elztal-Dallau 1998 (304 S.)

K. Müller: Ulmer Flora – Eine Standortflora der Südostalb und des angrenzenden Alpenvorlandes; Ulm 1957 mit Nachtrag von G. W. Brielmaier 1964 (m. wenigen Fotos, Verbr.karten; o. BSchl.)

H. Rauneker: Ulmer Flora (= Mitt. Ver. Naturwiss. u. Mathem. Ulm, H. **33**); Ulm 1984 (280 S., o. BSchl., 6 Karten)

A. Rosenbauer: Flora von Korntal-Münchingen; Jahresh. Ges. Naturk. Württ. **158,** 119–169, 2002

F. X. Schultheiss: Flora von Ellwangen; Ellwanger Jahrb. **26**, S. 143–212; Ellwangen 1975/76 (o. BSchl.)

O. Sebald, S. Seybold & G. Philippi (Hrsg.): Die Farn- und Blütenpflanzen Baden-Württembergs; Bd. **1** u. **2,** Stuttgart 2. Aufl. 1993 (1075 S., 535 Farbfotos, 38 Farbtaf., 33 SW-Fotos, 564 Verbr.karten); Bd. **3** u. **4**, Stuttgart 1992 (845 S., 513 Farbfotos, 13 Farbtaf., 456 Verbr.kar-ten). Bd. **5** u. **6** Stuttgart 1996 (1116 S., 559 Farbfotos, 620 Verbr.karten), Bd. **7** u. **8**, Stuttgart 1998 (1135 S., 575 Farbfotos, 49 Diagr. u. Zeichn., 443 Verbr.karten).

S. Seybold: Flora von Stuttgart; Stuttgart 1969 (160S., o. BSchl. u. Abb.)

S. Seybold: Die aktuelle Verbreitung der höheren Pflanzen im Raum Württemberg; Karlsruhe 1977 (201 S., 1494 Verbr.karten)

J. Trittler: Die Flora des Kreises Heidenheim; Heidenheim 2006 (608 S.)

Bayern

TH. BLACHNIK-GÖLLER: Flora des Bayerischen Vogtlandes; 38. Ber. d. Nordoberfränkischen Ver. Natur-, Geschichts- u. Landeskunde in Hof; Hof 1994 (218 S.. 12 Farbfotos, 15 Verbr.karten; o. BSchl.)

E. DÖRR: Flora des Allgäus; Ber. Bayer. Bot. Ges. ab Bd. **37** (1964) in Forts. (bis 1984) (o. BSchl., Fundortkartei)

E. DÖRR, W. LIPPERT: Flora des Allgäus und seiner Umgebung; (o. BSchl); Band 1, 680 S., 81 Abb., 46 Kart.; Eching 2001; Band 2, 752 S., 100 Abb., 101 Kart., Eching 2004

E. EICHHORN: Flora von Regensburg; Regensburg 1961 (Denkschr. Regensb. Bot. Ges. **24**/Sonderheft (111 S., o. BSchl., o. Abb.)

R. FISCHER: Flora des Rieses und seiner näheren Umgebung; 2. Aufl.; Nördlingen 2002 (661 S.)

K. GATTERER, W. NEZADAL, F. FÜRNROHR, J. WAGENKNECHT, W. WELSS: Flora des Regnitzgebietes; 2 Bände; Eching 2003 (1060 S., 320 Abb., 1820 Verbr.karten)

F. HIEMEYER: Flora von Augsburg; Augsburg 1978 (332 S., einschl. 48 F.-Fotos, zahlr. Verbr.karten)

L. MEIEROTT: Flora der Hassberge und des Grabfelds: neue Flora von Schweinfurt; Eching 2008 (1448 S.)

O. MERGENTHALER: Verbreitungsatlas zur Flora von Regensburg; Hoppea – Denkschr. Regensb. Bot. Ges. **40**, 1982 (1554 Verbr.karten)

H. MERXMÜLLER: Neue Übersicht der im rechtsrheinischen Bayern einheimischen Farne und Blütenpflanzen. Berichte d. Bayerischen Bot. Gesellschaft: I: **38**, 93–115, 1965; II: **41**, 17–44, 1969; III: **44**, 221–238, 1973; IV: **48**, 5–26, 1977; V: **51**, 5–29, 1980

P. RESSÉGUIER, P. & W. HILDEL: Flora von Marktheidenfeld. – Mitt. Naturwiss. Mus. Aschaffenburg **18:** 3–432; Aschaffenburg 1999

H. SCHELLER: Flora von Coburg (Naturmus. Coburg, Schriftenreihe Sonderbd. **5**, 392 S.; 974 Verbr.karten); Coburg 1989

P. SCHÖNFELDER, K. A. BRESINSKY (Hrsg.): Verbreitungsatlas der Farn- und Blütenpflanzen Bayerns; Stuttgart 1990 (752 S. m. 2496 Verbr.karten)

R. SCHUWERK & H. SCHUWERK, H.: Flora des Naturparks Altmühltal und seiner Umgebung. Bd. **1:** S. 1–512; Bd. **2:** S. 513–1014. Eichstätt 1993

F. VOLLMANN: Flora von Bayern; Stuttgart 1914 (840 S., m. BSchl., 21 Abb.)

E. WALTER: Wildpflanzen in Fichtelgebirge und Steinwald; Hof 1982 (176 S., 190 Zeichn., 25 farb. Abb.; o. BSchl.)

E. WALTER: Wildpflanzen im Frankenwald und auf der Münchberger Hochfläche (195 S., 46 Farbfotos, über 200 Zeichn.); Hof 1984

E. WALTER: Wildpflanzen in der Fränkischen Schweiz und im Veldensteiner Forst (252 S., 68 Farbfotos u. Zeichn.); Hof 1988

M. WEIGEND: Zur Flora von Weiden i.d.OPf.: Eine Untersuchung von Lokalverbreitungen anhand einer Feinrasterkartierung. Ber. Bayer. Bot. Ges., Beih. **9**, 1995 (68 S. mit 298 Verbr.Karten)

W. WELSS: Flora und Vegetation der Umgebung von Kulmbach; LV. Bericht d. Naturforsch.Ges. Bamberg 1980 (129S., o. BSchl., mit Karten)

K. F. WOLFSTETTER: Farne und Blütenpflanzen in der Umgebung von Wörth (Altlandkreis Obernburg, Bayerischer Untermain). – Nachr. Naturwiss. Mus. Aschaffenburg **91:** 1–107; Aschaffenburg 1983

3. Naturschutz

H. ANT & H. ENGELKE: Die Naturschutzgebiete der Bundesrepublik Deutschland; 2. erg. Aufl., Bonn 1973 (361 S., Auflistung aller NSGe, Daten u. Würdigung)

G. EBERLE: Pflanzen unserer Feuchtgebiete und ihre Gefährdung. Frankfurt 1979 (236 S., 197 SW-Fotos)

S. HAMSCH, L. JESCHKE & H. D. KNAPP (Red.): Florenwandel und Florenschutz. II. zentrale Tagung für Botanik 1977; Hrsg. Kulturbund der DDR Berlin 1978 (112 S., vielseitige Beiträge zu den Titelstichworten)

E. JEDICKE (Hrsg.): Die Roten Listen. Gefährdete Pflanzen, Tiere, Pflanzengesellschaften und Biotope in Bund und Ländern; Stuttgart 1997 (581 S., 11 Abb., 41 Tab., 33 Listen)

G. KAULE: Arten- und Biotopschutz; 2. Aufl., Stuttgart 1991 (519 S., 85 Zeichn., 54 SW-Fotos, 145 Tab.)

W. KOFLER: Natur- u. Umweltschutz in Tirol. Taschenbuchreihe „Natur u. Land", Bd. **1**; 2. Aufl., Innsbruck 1976 (366 S., m. F.-Taf. geschützter Tiere u. Pflanzen; NSGe, LschSchGe, Behörden, Rechtsprechung, Gesetze)

W. KOFLER & E. STÜBER: Natur- u. Umweltschutz in Salzburg; Taschenbuchreihe „Natur u. Land", Bd. **3**; 2. Aufl., Innsbruck 1979 (216 S. + 55 S. + 72 S., Inhalt wie Voriges)

W. KOFLER: Natur- u. Umweltschutz in Vorarlberg. In Vorbereitung!

S. KORNECK & H. SUKOPP: Rote Liste der in der Bundesrepublik Deutschland ausgestorbenen, verschollenen und gefährdeten Farn- und Blütenpflanzen und ihre Auswertung für den Arten- und Biotopschutz (Schr.Reihe f. Vegetationskunde H. **19**); Bonn-Bad Godesberg 1988 (210 S.)

S. KÜNKELE: Einführung in die Bundesartenschutzverordnung. AHO-Mitteilungsblatt (Stuttgart) **12**, 191–210, 1980

E. LANDOLT: Geschützte Pflanzen in der Schweiz; 3. Aufl.; Basel 1982 (215 S., m. 160 F.-Taf.)

B. LØJTNANT & E. WORSØE: Foreløbig status over den danske Flora (Reports from the Botanical Institute, University of Aarhus, № 2), 1977 (341 S., zahlr. Zeichn.)

H. NIKLFELD (Hrsg.): Rote Liste gefährdeter Pflanzen; 1. Fassung (202 S., 85 Farbabb.); Grüne Reihe Bundesministerium f. Gesundheit u. Umweltschutz, Bd. **5;** Wien 1986 (gilt für Österreich)

ST. RAUSCHERT u.a.: Liste der in der Deutschen Demokratischen Republik erloschenen u. gefährdeten Farn- u. Blütenpflanzen. Hrsg. Kulturbund der DDR, o.J. (56 S., 5 F.-Taf.)

A. & J. SCHMIDT-RÄNTSCH: Leitfaden zum Artenschutzrecht; Bundesanzeiger Köln 1990 (466 S.; Gesetze, Kommentare, Geschichte)

H. WEINITSCHKE: Wir und die Natur – Naturschutz: gestern – heute – morgen. Leipzig/Jena/Berlin 1980 (104 S., 17 Abb.)

4. Bemerkenswert ist auch ...

E. BERGMEIER (Hrsg.): Grundlagen und Methoden floristischer Kartierungen in Deutschland; Floristische Rundbriefe, Beih. **2** (146 S.); Göttingen 1992 (vgl. S. 37)

E. BERGMEIER: Bestimmungshilfen zur Flora Deutschlands – Eine kommentierte bibliographische Übersicht. Floristische Rundbriefe (Göttingen), Beih. **4** (420 S., o. Abb.); 1994

K. P. BUTTLER: Mein Hobby: Pflanzen kennenlernen. Botanisieren und Geländebeobachtungen; München 1983 (191 S.) (Einführung in die Freilandbotanik für Amateure)

R. DÜLL & H. KUTZELNIGG: Taschenlexikon der Pflanzen Deutschlands; Wiebelsheim 2005 (592 S., 550 Farbfotos, 80 Abb.)

J. FITSCHEN: Gehölzflora; 12. Aufl. bearb. F. H. MEYER, U. HECKER, H. R. HÖSTER, F.-G. SCHROEDER; Wiebelsheim 2007 (BSchl. der in M-Europa wildwachsenden und angepflanzten Bäume und Sträucher; 927 S., zahlr. Abb.)

H. GENAUST : Etymologisches Wörterbuch der botanischen Pflanzennamen; 3. Aufl.; Basel 1996 (701 S.)

J.-D. GODET: Knospen und Zweige der einheimischen Baum- und Straucharten; Melsungen 1983 (431 S., zahlr. Farbfotos); 2. Aufl. 1987

B. HALLER & W. PROBST: Botanische Exkursionen. Bd. **1**: Exkursionen im Winterhalbjahr; 2. Aufl.; Stuttgart 1983 (188 S., zahlr. Abb., m. BSchl.); Bd. **2**: Exkursionen im Sommerhalbjahr; 2. Aufl.; Stuttgart 1989 (292 S.)

R. PROBST: Wolladventivflora Mitteleuropas; Solothurn 1949

SCHMEIL-FITSCHEN, Die Flora von Deutschland interaktiv, CD-ROM. Datenbank mit mehr als 4000 farbigen Abbildungen, auch Bestimmungsmöglichkeiten nach einfachen Merkmalen; herausgeg. von S. Seybold; 2. Aufl.; Wiebelsheim 2004

R. SCHUBERT & G. WAGNER: Botanisches Wörterbuch; 11. Aufl.; Stuttgart/ Wien 1993 (645 S.)

G. STEHLI & G. BRÜNNER: Pflanzensammeln – aber richtig; 9. Aufl.; Stuttgart 1976 (130 S.; Präparations- u. Herbartechnik, u.a.)

H. SUKOPP: Übersicht über die in der Zeit von 1945–1959 erschienenen Gefäßpflanzenfloren Deutschlands, mit allgemeinen Bemerkungen zur Abfassung von Floren; Willdenowia (Berlin) 1960; Bd. **2** (S. 563–583)

S. M. WALTERS u. a. (Hrsg.): The European Garden Flora. Bd. **1–6;** Cambridge 1984–2000 (m. BSchl.)

U. WILLERDING: Zur Geschichte der Unkräuter Mitteleuropas (Göttinger Schr. z. Ur- u. Frühgeschichte, Bd. **22**; 382 S.); Neumünster 1986

R. ZANDER (Begr.), F. ENCKE, G. BUCHHEIM & S. SEYBOLD: Handwörterbuch der Pflanzennamen; 15. Aufl.; Stuttgart 1994 (810 S.)

R. ZANDER (Begr.), W. ERHARDT, E. GÖTZ, N. BÖDEKER, S. SEYBOLD: Handwörterbuch der Pflanzenamen; 18. Aufl.; Stuttgart 2008 (983 S.)

Und im **Internet**:
Index Kewensis: *www.ipni.org/index.html*
Index Herbariorum: *http://207.156.243.8/emu/ih/index.php*
Botaniker: *http://brisma.huh.harvard.edu/cms-wb/botanist_index.html*
Flora-Web: *http://www.floraweb.de*
Systematik: *http://www.mobot.org*
Naturschutz: *http://www.wisia.de*

Notwendige Neukombinationen

1. Scorzoneroides montana (LAM.) HOLUB ssp. montaniformis (WIDDER) SEYBOLD comb. nov.

   Basionym: *Leontodon montaniformis* WIDDER Phyton (Horn) 2: 226, 1950

2. Microrrhinum mínus (L.) FOURR. ssp. litorale (BERNH. ex WILLD.) SEYBOLD comb. nov.

   Basionym: *Linaria litoralis* BERNH. ex WILLD. Enum. Pl. 2: 641, 1809

Liste der geschützten Pflanzenarten

Nach der Bundesartenschutzverordnung vom 16. 2. 2005 sowie der EU-Verordnung (FFH-Richtlinie) und dem Washingtoner Artenschutz-Abkommen sind alle nachfolgenden Arten in Deutschland geschützt; besonders geschützte Arten, die vom Aussterben bedroht sind, sind durch Fettdruck hervorgehoben.

Achillea atrata
Achillea clavennae
Aconitum, alle Arten
Adenophora liliifolia
Adonis vernalis
Agrimonia pilosa
Aldrovanda vesiculosa
Allium angulosum
Allium senescens ssp. montanum
Althaea officinalis
Alyssum montanum
Anacamptis, alle Arten
Anagallis tenella
Androsace, alle Arten außer
 A. elongata, A. maxima,
 A. septentrionalis
Anemonastrum narcissiflorum
Anemone sylvestris
Angelica palustris
Antennaria dioica
Anthericum liliago
Anthericum ramosum
Aquilegia, alle Arten
Arctostaphylos uva-ursi
Armeria maritima ssp. purpurea
Armeria, alle Arten
Arnica montana
Artemisia umbelliformis
Artemisia rupestris
Asplenium adulterinum
Asplenium ceterach
Asplenium cuneifolium
Asplenium fissum
Asplenium fontanum
Asplenium foreziense
Asplenium obovatum
Asplenium scolopendrium
Aster alpinus
Aster amellus
Astragalus arenarius
Aurinia saxatilis

Betula nana
Biscutella laevigata
Botrychium matricariifolium
Botrychium multifidum
Botrychium, alle weiteren Arten
Bromus grossus
Buxus sempervirens

Caldesia parnassiifolia
Calla palustris
Calystegia soldanella
Campanula bononiensis
Campanula cervicaria
Campanula latifolia
Campanula thyrsoides
Carex baldensis
Carlina acaulis
Centaurium, alle Arten
Cephalanthera, alle Arten
Chamorchis alpina
Chimaphila umbellata
Clematis alpina
Cochlearia, alle Arten
Coleanthus subtilis
Corallorhiza trifida
Cornus suecica
Cotoneaster integerrimus
Crambe maritima
Crambe tataria
Crocus, alle Arten
Cryptogramma crispa
Cyclamen, alle Arten
Cypripedium calceolus
Cystopteris montana
Cystopteris sudetica

Dactylorhiza, alle Arten
Daphne, alle Arten

Delphinium elatum
Dianthus, alle Arten
Dictamnus albus
Digitalis grandiflora
Digitalis lutea
Diphasiastrum, alle Arten
Draba, alle Arten außer
D. muralis, D. nemorosa,
D. verna
Dracocephalum austriacum
Drosera, alle Arten
Dryopteris cristata

Eleocharis carniolica
Epipactis, alle Arten
Epipogium aphyllum
Erucastrum supinum
Eryngium alpinum
Eryngium campestre
Eryngium maritimum
Euphorbia lucida
Euphorbia palustris

Fritillaria meleagris

Galanthus nivalis
Gentiana, alle Arten
Gentianella lutescens
Gentianella, alle weiteren Arten
Gladiolus, alle Arten
Globularia, alle Arten
Goodyera repens
Gratiola officinalis
Gymnadenia, alle Arten
Gypsophila fastigiata

Hammarbya paludosa
Helianthemum apenninum
Helianthemum canum
Helichrysum arenarium
Helleborus, alle Arten
Helosciadum inundatum
Helosciadum repens
Hepatica nobilis
Herminium monorchis
Himantoglossum, alle Arten
Horminum pyrenaicum
Hottonia palustris
Huperzia selago
Hyacinthoides, alle Arten
Hymenophyllum tunbrigense
Hypericum elodes

Ilex aquifolium
Inula germanica
Iris spuria
Iris variegata
Iris, alle weiteren Arten
Isoetes lacustris

Jovibarba, alle Arten
Juncus stygius
Jurinea cyanoides

Laser trilobum
Lathyrus bauhini
Lathyrus japonicus
Lathyrus pannonicus
Leontopodium nivale
Leucojum aestivum
Leucojum vernum
Lilium, alle Arten
Limodorum abortivum
Limonium vulgare
Lindernia procumbens
Linnaea borealis
Linum flavum
Linum perenne
Linum, alle weiteren Arten
außer L. catharticum
Liparis loeselii
Lloydia serotina
Lobelia dortmanna
Lomatogonium carinthiacum
Lunaria rediviva
Luronium natans
Lycopodiella inundata
Lycopodium, alle Arten

Malaxis monophyllos
Marsilea quadrifolia
Matteuccia struthiopteris
Melittis melissophyllum
Menyanthes trifoliata
Muscari, alle Arten
Myosotis rehsteineri

Najas flexilis
Narcissus, alle Arten
Narthecium ossifragum
Neotinea, alle Arten
Neottia, alle Arten
Neottianthe cucullata
Nigritella, alle Arten
Nuphar lutea
Nuphar pumila
Nymphaea alba
Nymphaea candida
Nymphoides peltata

Oenanthe conioides
Oenothera glazioviana
Onosma, alle Arten
Ophrys, alle Arten
Orchis, alle Arten

Osmunda regalis
Oxytropis pilosa

Papaver alpinum
Parnassia palustris
Pedicularis sceptrum-carolinum
Pedicularis, alle weiteren Arten
Petrocallis pyrenaica
Physoplexis comosa
Pinguicula alpina
Pinguicula vulgaris
Platanthera, alle Arten
Polemonium caeruleum
Polystichum, alle Arten
Primula, alle Arten
Pseudorchis albida
Pulmonaria angustifolia
Pulmonaria mollis
Pulmonaria montana
Pulsatilla alpina ssp. alba
Pulsatilla vernalis
Pulsatilla, alle weiteren Arten

Ranunculus lingua
Rhododendron luteum
Rhododendron tomentosum
Rubus chamaemorus

Salvinia natans
Saxifraga, alle Arten außer S. tridactylites
Scheuchzeria palustris
Scilla, alle Arten
Scorzonera austriaca
Scorzonera hispanica
Scorzonera humilis
Scorzonera purpurea
Sempervivum, alle Arten
Senecio incanus ssp. carniolicus
Soldanella, alle Arten
Spiranthes, alle Arten
Stipa dasyphylla
Stipa, alle weiteren Arten
Stratiotes aloides
Swertia perennis

Taxus baccata
Trapa natans
Traunsteinera globosa
Trichomanes speciosum
Trifolium saxatile
Trollius europaeus
Tulipa, alle Arten

Utricularia bremii
Utricularia ochroleuca

Veronica longifolia
Veronica spicata
Viola calcarata
Viola guestphalica
Viola lutea ssp. calaminaria
Vitis vinifera ssp. sylvestris

Wahlenbergia hederacea
Woodsia, alle Arten

Verzeichnis der abgekürzten Autorennamen

A. Br. = Braun, A.
A. DC. = De Candolle, A. L.
A. & Gr. = Ascherson, P. Fr. A. u. Graebner, P. P.
A. & J. Kern. = Kerner, Anton u. Josef
Abr. & Gr. = Abromeit, J. u. Graebner, P. P.
Adans. = Adanson, M.
Ag. = Agardh, J. G.
Airy-Sh. = Airy-Shaw, H. K.
Ait. = Aiton, W. T.
Alb. = Albert, A.
Alef. = Alefeld, F.
All. = Allioni, C.
Almq. = Almquist, S. O. J.
Anders. = Andersson, N. J.
Andr. = Andrews, H.
Andrz. = Andrzejowsky, A. L.
Ant. = Antoine, F.
Arcang. = Arcangeli, G.
Ard. = Arduino, L.
Asch. = Ascherson, P. Fr. A.
Asch., Abr., Gr. = Ascherson, P. Fr. A., Abromeit, J. u. Graebner, P.
aut., auct. = autorum (der Autoren; Gen. Plural)
Avé-Lall. = Avé-Lallement, J. L. E.

B. & Reut. = Boissier, P. E. u. Reuter, G. Fr.
Bab. = Babington, Ch. C.
Baill. = Baillon, H. E.
Bak. = Baker, J. G.
Balb. = Balbis, G. B.
Bart. = Barton, W. P. C.
Bartl. = Bartling, F. G.
Bast. = Bastard, T.
Baum. = Baumann, E.
Baumg. = Baumgarten, J. C. B.
Beauv. = Beauverd, G.
Bech. = Becherer, A.
Beck. = Becker, W.
Beg. = Beger, H.
Bell. = Bellardi, C. A. L.
Benek. = Beneken, F.
Benn. = Bennet, J. J.
Benth. = Bentham, G.
Berg. = Bergius, P. J.
Bernh. = Bernhardi, J. J.
Bert. = Bertero, C. G.
Berth. = Berthelot, S.
Bertol. = Bertoloni, A.
Bess. = Besser, W. S. J. G.
Beyr. = Beyrich, H. C.
Bge. = Bunge, A. von
Bieb. = Marschall von Bieberstein, F. A. Freiherr
Bickn. = Bicknell, C.
Big. = Bigelow, J.
Biv. = Bivona-Bernardi, A.
Bluff & Fing. = Bluff, M. J. u. Fingerhuth, K. A.
Bod. = Bodard, M.
Boehm. = Boehmer, G. R.
Boenn. = Boenninghausen, C. M. Fr.
Boiss. = Boissier, P. E.
Bolt. = Bolton, J.
Bonn. = Bonnet, E.
Bor. = Boreau, A.
Borb. = Borbás, V. von
Borkh. = Borkhausen, M. B.
Br.-Bl. = Braun-Blanquet, J.
Bréb. = Brébisson, L. A. de
Breistr. = Breistroffer, M.
Briq. = Briquet, J. I.
Briq. & Cav. = Briquet, J. I. u. Cavillier, F.
Britt. = Britton, N. Lord
Brot. = Brotero, F. de Avellar
Brügg. = Brügger, Ch. G.
Buch. = Buchenau, F.
Burm. = Burmann, J.
Bus. = Buser, R.

C. Christ. = Christensen, C.
C. Gmel. = Gmelin, C. Ch.
C. A. Mey. = Meyer, Carl Anton

C. Rich. = Richard, C. A. G.
Caj. = Cajander, A.
Cam. = Camus, E. G.
Carr. = Carrière, E. A.
Casp. = Caspary, J. X. R.
Cass. = Cassini, A. H. G. von
Cav. = Cavanilles, A. J.
Čel. = Čelakovsky, L. J.
Čern. = Czernjajew, V. M.
Čern. & Coss. = Czernjajew, V. M. u. Cosson, E. St. Ch.
Chab. = Chabert, A.
Chab. & Schldl. = Chamisso, L. Ch. Ad. von u. Schlechtendal, D. F. L. von
Chât. = Châtelain, J. J.
Chaub. = Chaubard, L. A.
Chav. = Chavannes, E. L.
Chev. = Chevallier, F. F.
Chiov. = Chiovenda, E.
Chod. = Chodat, R.
Christians. = Christiansen, A.
Clairv. = Clairville, J. Ph. de
Claph. = Clapham, A. R.
Colem. = Coleman, W. H.
Corb. = Corbière, L.
Coss. & Germ. = Cosson, E. St.-Ch. u. Germain de St. Pierre
Coult. = Coulter, J. M.
Court. = Courtois, R. J. C.
Cr. = Crantz, H. J. N. von
Cronq. = Cronquist, A.
Cuf. = Cufodontis, G.
Curt. = Curtis, W.
Cuss. = Cusson, P.
Cust. = Custer, J. L.

D. T. = Dalla Torre K. W. von
D. & Wilm. = Dandy, J. E. u. Wilmott, A. J.
Dahlst. = Dahlstedt, H. G. A.
DC. = De Candolle, A. P.
Decne. = Decaisne, J.
Deck. = Decker, P.
Degl. = Degland, J. V. Y.
Del. = Delarbre, A.
De Not. = De Notaris, C.
Déségl. = Déséglise, P. A.
Desf. = Desfontaines, R. L.
Desp. = Desportes, N. H. Fr.
Desr. = Desrousseaux, L. A. J.
Desv. = Desvaux, A. N.
Dierb. = Dierbach, J. H.
Dietr. = Dietrich, A.
Dipp. = Dippel, L.
Dom. = Domin, K.
Dougl. = Douglas, D.
Drej. = Drejer, S. Th. N.
Dub. = Dubois (d'Amiens), F. N. A.
Duch. = Duchesne, A. N.
Ducr. = Ducros
Duh. = Duhamel du Monceau, H. L.
Dum. = Dumortier, B. Ch.
Dun. = Dunal, M. F.
Dur. = Durieu de Maisonneuve J. Ch.

E. Mey. = Meyer, Ernst H. Fr.
Edm. = Edmondston, Th.
Egor. = Egorova. T. V.
Ehrendf. = Ehrendorfer, F.
Ehrh. = Ehrhart, Fr.
Ekm. = Ekman, E. L.
Ell. = Elliot, St.
Endl. = Endlicher, St. L.
Endtm. = Endtmann, J.
Engelm. = Engelmann, G.
Engl. & Irm. = Engler, H. G. A. u. Irmscher, E.

F. & M. = Fischer, Fr. E. L. von u. Meyer, C. A.
F. W. Sch. = Schultz, Friedr. Wilh.
F. Schm. = Schmidt, Friedrich
F. W. Schm. = Schmidt, Franz Willibald
Fabr. = Fabricius, Ph. K.
Farw. = Farwell, O. A.
Fern. = Fernald, M. L.
Fieb. = Fieber, F. X.
Fing. = Fingerhuth, K. A.
Fisch. = Fischer, Friedr. E. L. von
Fors. = Forselles, J. H. af
Forssk. = Forskål, P.
Fourn. = Fournier, P.-V.

FOURR. = Fourreau, J.
FR. = Fries, E. M.
FRES. = Fresenius, G.
FROEL. = Froelich, J. A.

G. = Gáyer, G.
G. & SCH. = Günther, K. Ch. u. Schummel, T. F.
G. M. SCH. = Gaertner, J., Meyer, B. u. Scherbius, J.
GAERTN. = Gaertner, J.
GARS. = Garsault, F. A. de
GAUD. = Gaudin, J. Fr. G. Ph.
GEORG. = Georghieff, T.
GIBS. = Gibson, G. S.
GIL. = Gilibert, J. Em.
GLED. = Gleditsch, J. G.
GMEL. = C. C. GMEL. = Gmelin, C. Ch.
J. F. GMEL. = Gmelin, J. F.
S. G. GMEL. = Gmelin, S. G.
GODR. = Godron, D. A.
GOOD. = Goodenough, S.
GR. = Graebner, K. O. R. P. P.
GR. & SCH. = Grisebach, H. R. A. u. Schenk, A.
GREN. = Grenier, J. Ch. M.
GREN. & GODR. = Grenier, J. Ch. M. u. Godron, D. A.
GREUT. = Greuter, W.
GRIS. = Grisebach, H. R. A.
GRON. = Gronovius, J. F.
GROV. = Groves, H. u. J.
GRUFB. = Grufberg, J. O.
GUERS. = Guersent, L. B.
GUETT. = Guettard, J. E.
GUG. = Gugler, W.
GUIN. = Guinochet, M.
GUNN. = Gunner, J. E.
GUSS. = Gussone, G.
GUSS. M. = Gussone, M.

H. B. K. = Humboldt, Fr. A. von, Bonpland, A. J. A. u. Kunth, C. S.
HACK. = Hackel, E.
HACQ. = Hacquet, B.
HAG. = Hagerup, O.
HAL. = Halácsy, E. von
HALL. = Haller, A. von
HALL. f. = Haller, A. von (Sohn)
HAND.-MAZ. = Handel-Mazzetti, H. von
HARD. = Hardouin, L.
HART. = Hartig, H. J. A. R.
HARTM. = Hartman, C. J.
HAUSM. = Hausmann, Fr. von
HAUSSKN. = Haußknecht, H. K.
HAW. = Haworth, A. H.
HAY. = Hayek, A. von
HEG. = Hegetschweiler, J. J.
HEIM. = Heimerl, A.
HELDR. = Heldreich, Th. von
HERB. = Herbert, W.
HERM. = Hermann, F.
HERRM. = Herrmann, J.
HEUFF. = Heuffel, J.
HEUFL. = Heufler, L. von
HEYNH. = Heynhold, G.
HEYW. = Heywood, V. H.
HITCHC. = Hitchcock, A. Sp.
HOCHST. = Hochstetter, Ch. Fr.
HOFFM. = Hoffmann, F. G.
HOFFMGG. & Lk. = Hoffmannsegg, J. C. Graf von u. Link, H. Fr.
HOL. = Holandre, J. J. J.
HOLMB. = Holmberg, O. R.
HONCK. = Honckeny, G. A.
HOOK. = Hooker, W. J.
HOOK. f. = Hooker, J. D. (Sohn)
HOOP. = Hoopes, J.
HORN. = Hornung, E. G.
HORNEM. = Hornemann, J. W.
hort. = hortorum (der Gärten; Gen. Pl.)
HOUTT. = Houttuyn, M.
HOW. = Howell, Th.
HUBB. = Hubbard, C. E.
HUDS. = Hudson, W.
HULT. = Hultén, O. E.
HYL. = Hylander, N.

ITZ. & HERTSCH = Itzigsohn, H. u. Hertsch, H.

JACKS. = Jackson, B. D.
JACQ. = Jacquin, N. J. Baron von
JAV. = Jávorka, S.
JAEG. = Jaeger, H.
JAEG. = Jahandiez, E.
JANCH. = Janchen, E.
JANCZ. = Janczewski v. Glinka, E.
JORD. = Jordan, A.
JUNDZ. = Jundzill, B. St.
JUNG. & ENGL. = Jung, W. u. Engler, A.
JUNG. = Junger, E.
JUSL. = Juslenius, A. D.
JUSS. = Jussieu, A. L. de

K. &. ALMQ. = Krock, T.O. B.N. u. Almquist, S. O. J.
KALT. = Kaltenbach, J. H.
KARST. = Karsten, G. K. W. H.
KELL. = Keller, R.
KER-GAWL. = Ker, J. B. (früher J. Gawler)
KERN. = Kerner von Marilaun, A. J.
KIRSCHL. = Kirschleger, F.
KIT. = Kitaibel, P.
KOCH & SOND. = Koch, W. D. J. u. Sonder, O. W.
KOEHL. = Koehler, J. Ch. G.
KOEL. = Koeler, G. L.
KÖRN. = Körnicke, F.
KOST. = Kosteletzky, V. F.
KOV. = Kováts, J. V.
KRAM. = Kramer, J. G. H.
KRAJ. = Krajina, V.
KRAS. = Krasan, F.
KROCK. = Krocker, A. J.
KTH. = Kunth, C. S.
KÜK. = Kükenthal, G.
KÜTZ. = Kützing, F. T.

L. = Linné, C. Ritter von
L. f. = Linné, C. von (Sohn)
LAG. = Lagasca y Segura, M.
LAGR. = Lagrèze-Fossat, A.
LAH. = Laharpe, J. J. Ch. de
LAICH. = Laicharding, J. N. von
LAM. = Lamarck, J. B. A. P. M. de
LAM. & DC. = Lamarck, J. B. u. De Candolle, A. P.
LAMB. = Lambert, A. B.
LAP. = Lapeyrouse, Ph. P. de
LAT. = La Tourette, M. A. de
LDL. = Lindley, J.
LED. = Ledebour, C. Fr. von
LEHM. = Lehmann, J. G. Chr.
LEJ. = Lejeune, A. L. S.
LEM. = Lemaire, Ch.
LEP. = Lepechin, I.
LER. = Leresche, L.
LESS. = Lessing, Chr. Fr.
LEJ. & COURT. = Lejeune, A. L. S. u. Courtois, R. J. L.
LEYB. = Leybold, F. E.
LEYSS. = Leyßer, F. W. von
LGE. = Lange, J. M. Ch.
L'HÉR. = L'Héritier de Brutelle, Ch. L.
LIEBL. = Lieblein, F. K.
LIGHTF. = Lighffoot, J.
LILJ. = Liljeblad, S.
LINDB. = Lindenberg, J. B. W.
LINDB. f. = Lindberg, H.
LINDEM. = Lindemann, E. V.
LINDM. = Lindman, C. A. M.
LK. = Link, H. Fr.
LODD. = Loddiges, C.
LOEFL. = Loefling, P.
LOENNR. = Lönnroth, K. J.
LOIS. = Loiseleur-Deslongchamps, J. L. A.
LOUD. = Loudon, J. Cl.
LUERSS. = Luerssen, Chr.
LUMN. = Lumnitzer, St.

MANSF. = Mansfeld, R.
MANSF. & ROTHM. = Mansfeld, R. u. Rothmaler, W.
MARSH. = Marshall, H.
MARSS. = Marsson, Th.
MART. = Martius, K. Fr. Ph. von
MARTIN. = Martinovský, J. O.
MAST. = Masters, M. T.
MATT. = Mattuschka, H. G. Graf von

MAXIM. = Maximowicz, C. J.
MED. = Medicus, Fr. C.
MÉR. = Mérat, Fr. V.
MERT. & K. = Mertens F. K. u. Koch, W. D. J.
MERXM. = Merxmüller, H.
METT. = Mettenius, G. H.
MEY. = Meyer, C. A.
MEY. & BGE. = Meyer, B. u. Bunge, A. von
MGF.-DBG. = Markgraf-Dannenberg, I.
MICH. = Micheli, P. A.
MICHX. = Michaux, F. A.
MIK = Mikan, J. C.
MIK. p. = Mikan, J. G. (pater)
MILL. = Miller, Ph.
MIRB. = Mirbel, C. F. de
MOQ. = Moquin-Tandon, Ch. H. A. B.
MOR. = Moretti, G.
MTZG. = Metzger, J.
MÜHLENB. = Mühlenberg, H. L.
MÜLL. = Müller, O. F.
MÜNCHH. = Münchhausen, O. Freiherr von
MURB. = Murbeck, S.
MURB. & WETTST. = Murbeck u. Wettstein
MURR. = Murray, J. A.
MYG. = Mygind, F. von

NECK. = Necker, N. J. de
NEILR. = Neilreich, A.
NESTL. = Nestler, Chr. G.
NEUM. = Neumayer, J.
NEWM. = Newman, E.
NORDH. = Nordhagen, R.
NUTT. = Nuttal, Th.
NYM. = Nyman, C. Fr.

O. E. SCH. = Schulz, O. E.
O. KTZE. = Kuntze, Otto C. E.
OBERD. = Oberdorfer, E.
OED. = Oeder, G. Chr.
OETT. = Oettingen, H. von
OSB. = Osbeck, P.

P. = Poggenburg, J. F.
P. B. = Palisot de Beauvois, A. M. F. J.
P. BR. = Browne, P.
PALL. = Pallas, P. S.
PANZ. = Panzer, G. W. F.
PARL. = Parlatore, F.
PARM. = Parmentier, P. E.
PERNH. = Pernhoffer, G. von
PERR. & SONG. = Perrier, E. de la Bathie u. Songeon, A.
PERS. = Persoon, Chr. H.
PET. = Petermann, W. L.
PILG. = Pilger, R.
PLANCH. = Planchon, J. E.
PODL. = Podlech, D.
PODP. = Podpěra, J.
POIR. = Poiret, J. L. M.
POLL. = Pollich, J. A.
PORT. = Porter, Th. C.
POURR. = Pourret, P. A.

R. BR. = Brown, Robert
R. & CAM. = Rouy u. Camus
R. & F. = Rouy, G. C. Ch. u. Foucauld, J.
R. & P. = Ruiz Lopez, H. u. Pavon, J.
R. & SCH. = Roemer, J. J. u. Schultes, J. A.
R. HARTM. = Hartman, R.
RABENH. = Rabenhorst, L.
RAEUSCH. = Räuschel, E. A.
RAF. = Rafinesque-Schmaltz, C. S.
RAM. = Ramond de Carbonnières, L. Fr. E.
RAUSCH. = Rauschert, S.
RCHB. = Reichenbach, H. G. L.
RCHB. f. = Reichenbach, H. G. (Sohn)
RECH. = Rechinger, K.
RECH. f. = Rechinger, K. H. (Sohn)
REG. = Regel, E. A. v.
REHD. = Rehder, A.
REICH. = Reichard, J. J.
REICHG. = Reichgelt, T. J.
REQ. = Requien, E.
RETZ. = Retzius, A. J.

REUT. = Reuter, G. Fr.
REYN. = Reynier, L.
RICH. = Richard, L. C. M.
RICHT. = Richter, K.
RIV. = Rivinus (Bachmann), A. Qu.
ROBS. = Robson, St.
ROEHL. = Roehling, J. Chr.
ROEM. = Roemer, J. J.
ROG. = Rogowitsch, A. S.
RONN. = Ronniger, K.
ROSTK. & SCHM. = Rostkovius, Fr. W. G. u. Schmidt, W. L. E.
ROTHM. = Rothmaler, W.
ROTTB. = Rottboell, Chr. F.
ROXB. = Roxburgh, W.
ROZ. = Rozier, F.
RUPR. = Ruprecht, F. J.
RYDB. = Rydberg, P. A.

S. & Z. = Siebold, Ph. F. von u. Zuccarini, J. G.
SAG. & W. SCH. = Sagorski, E. u. Schultze, W.
SAL. = Salisbury, R. A. M
SAUT. = Sauter, A. El.
SCH. & KELL. = Schinz, H. u. Keller, R.
SCH.-MOT. = Schultze-Motel, W.
SCH. & SP. = Schimper, W. Ph. u. Spenner, F. K. L.
SCH. & TH. = Schinz, H. u. Thellung, A.
SCHAEFF. = Schaeffer, J. Chr.
SCHAG. = Schagerström, J. A.
SCHERB. = Scherbius, J.
SCHIMP. = Schimper, K.
SCHIPCZ. = Schipczinski, N. V.
SCHK. = Schkuhr, Chr.
SCHLDL. = Schlechtendal, D. F. L. von
SCHLEICH. = Schleicher, J. Chr.
SCHLEID. = Schleiden, M. J.
SCHLTR. = Schlechter, R.
SCHNIZL. = Schnizlein, A.
SCHÖNL. = Schönland, S.
SCHOLL. = Scholler, F. A.
SCHR. & MOLL. = Schrank, F. F. P. von u. Moll, K. M. E.
SCHRAD. = Schrader, H. A.
SCHREB. = Schreber, J. Chr. D.
SCHULT. = Schultes, J. A.
SCHULTZ-BIP. = Schultz-Bipontinus, K. H.
SCHUM. = Schumacher, H. Chr. Fr.
SCHUMM. = Schummel, Th. E.
SCHW. & K. = Schweigger, A. Fr. u. Koerte, F.
SCHWEIGG. = Schweigger, A. Fr.
SCHWERTSCHL. = Schwertschlager, J.
SCOP. = Scopoli, G. A.
SEB. & M. = Sebastiani, A. u. Mauri, E.
SEEM. = Seemann, B. K.
SEML. = Semler, K.
SENDTN. = Sendtner, O.
SENGH. = Senghas, K.
SER. = Seringe, N. Ch.
SEREBR. = Serebryakova, T. J.
S. G. GMEL. = Gmelin, S. G.
SIBTH. = Sibthorp, J.
SIBTH. & SM. = Sibthorp, J. u. Smith
SIEB. = Siebold, Ph. F. von
SIM. = Simonet, M.
SIMK. = Simonkai, L.
SM. = Smith, J. E.
SM. & SOW. = Smith, J. E. u. Sowerby, J.
SMOLJ. = Smoljaninova, L. A.
SOL. = Solander, D.
SOM. = Sommerauer, J.
SOND. = Sonder, W.
SONG. & PERR. = Songeon, A. u. Perrier de la Bathie, E.
SOY.-WILL. = Soyer-Willemet, H.F.
SPENN. = Spenner, F. K. L.
SPR. = Spring, A. F.
SPRENG. = Sprengel, K.
STEF. = Stefanoff, B.
STEPH. = Stephan, Ch.
STEPH S. = Stephenson, T. u. T. A. (p. et fil.)
STERN. = Sterneck, J. von
STERNBG. = Sternberg, K. M. Graf von

STEV. = Steven, Chr. von
ST.-LAG. = Saint-Lager, J. B.
ST.-YV. = Saint-Yves, A.
STOK. = Stokes, J.
SUMMERH. = Summerhayes, V. S.
SÜND. = Sündermann, Fr.
SÜSS. = Süssenguth, K.
SUT. = Suter, J. R.
SW. = Swartz, O.

TEN. = Tenore, M.
TERRACC. = Terracciano, N.
THELL. = Thellung, A.
THÉV. = Théveneau, A.
THOM. = Thomas, E.
THUILL. = Thuillier, J. L.
THUNB. = Thunberg, C. P.
TOD. = Todaro, A.
TORR. & GRAY = Torrey, J. u. Gray, A.
TOURL. = Tourlet, E. H.
TOUV. = Arvet-Touvet, J. M. C.
TOWNS. = Townsend, F.
TRAB. = Trabut, L.
TRATT. = Trattinnick, L.
TRAUTV. = Trautvetter, R. E. v.
TREV. = Trevisan de Saint-Léon, V. B. A.
TRIN. = Trinius, K. B. von
TURCZ. = Turczaninow, N. von
TUTIN = Tutin, T. G.

UECHTR. & KÖRN. = Uechtritz, R. von u. Körnicke, F.
UNDERW. = Underwood, L. M.

VACC. = Vaccari, L.
VALCK.-SURINGAR = Valckenier-Suringar, J.
VEL. = Velenovsky, J.
VENT = Ventenat, Et. P.
VERL. = Verlot, J. B.
VERM. = Vermeulen, P.
VEST. = Vestergren, T.
VIERH. = Vierhapper, Fr.
VILL. = Villars, D.
VIS. = Visiani, R. de
VIV. = Viviani, D.
VOLK. = Volkens, G. L. A.
VOLLM. = Vollmann, F.

W. & K. = Waldstein-Wartemberg, F. A. von u. Kitaibel, P.
WAG. = Wagenitz, G.
WAHL. = Wahlenberg, G.
WAHLB. = Wahlberg, P. F.
WALLR. = Wallroth, C. Fr. W.
WALP. = Walpers, W. G.
WARTM. = Wartmann, F. B.
WEATH. = Weatherby, Ch. A.
WEB. = Weber, F.
WEB. & MOHR = Weber, F. u. Mohr, D. M. H.
WEBB & BERTH. = Webb, Ph. B. u. Berthelot, S.
WEIG. = Weigel, Chr. E. von
WELW. = Welwitsch, Fr.
WEND. = Wenderoth, G. W. F.
WETTST. = Wettstein, R. von
WH. = Weihe, C. E. A.
WH. & N. = Weihe, C. u. Nees von Esenbeck, Ch. G. D.
WIB. = Wibel, A. W. E. Ch.
WIEG. = Wiegand, K. M.
WILCZ. = Wilczek, E.
WILLD. = Willdenow, K. L.
WIMM. = Wimmer, Chr. Fr. H.
WIMM. & GRAB. = Wimmer, Chr. Fr. H. u. Grabowsky, H.
WINKL. = Winkler, H. J. P. W.
WIRTG. = Wirtgen, Ph. W.
WIT. = Witasek, J.
WITH. = Withering, W.
WOLFG. = Wolfgang, J. F.
WOYN. = Woynar, H. K.
WULF. = Wulfen, F. X. von

YUNCK. = Yuncker, T.G.

ZAHLBR. = Zahlbruckner, J.
ZAP. = Zapalowicz, H.
ZAUSCHN. = Zauschner, J. B. J.
ZEN. = Zenari, S.
ZIMM. = Zimmeter, A.
ZING. = Zinger, N. V.

Verzeichnis der Abbildungen

Verzeichnis der wissenschaftlichen und deutschen Pflanzennamen

Die Verweise auf die Seiten 59–162 beziehen sich auf die einleitenden Tabellen zur Bestimmung der Familien und Gattungen. *Kursivdruck* = Synonyme. Fettgedruckte Seitenzahlen verweisen auf den Beginn des Gattungssschlüssels.